土木工程材料手册

（下册）

中交第一公路工程局有限公司　编

人民交通出版社股份有限公司
China Communications Press Co.,Ltd.

内 容 提 要

本手册从实用出发，以土木工程常用材料为主，分十八章汇集了“常用资料、地方材料、钢产品、常用有色金属、生铁、铸铁和铸铁制品、水泥及水泥制品、沥青、木材和竹材、爆破器材、五金制品、电工器材、化轻产品、燃料和润滑油脂、周转材料及器材、公路专用材料、房建材料、铁路专用材料和附录”等物资的有关名称、规格、技术性能和用途等资料。并在附录中汇集了国外主要产钢国家有关建筑用钢筋和预应力混凝土用钢丝、钢绞线等资料。

手册主要以产品现行的国家标准和行业标准为依据。

手册可供土木工程技术人员、材料人员和其他相关专业人员使用、参考。

图书在版编目(CIP)数据

土木工程材料手册 ：全2册 / 中交第一公路工程局有限公司编. —北京 ：人民交通出版社股份有限公司，2016.9

ISBN 978-7-114-13255-1

Ⅰ. ①土… Ⅱ. ①中… Ⅲ. ①土木工程—建筑材料—技术手册 Ⅳ. ①TU5-62

中国版本图书馆 CIP 数据核字(2016)第 185655 号

书　　名：土木工程材料手册(下册)
著 作 者：中交第一公路工程局有限公司
责任编辑：韩亚楠　崔　建　朱明周
出版发行：人民交通出版社股份有限公司
地　　址：(100011)北京市朝阳区安定门外外馆斜街3号
网　　址：http://www.ccpress.com.cn
销售电话：(010)59757973
总 经 销：人民交通出版社股份有限公司发行部
经　　销：各地新华书店
印　　刷：北京盛通印刷股份有限公司
开　　本：880×1230　1/16
印　　张：81.25
字　　数：2400千
版　　次：2016年9月　第1版
印　　次：2016年9月　第1次印刷
书　　号：ISBN 978-7-114-13255-1
定　　价：320.00元(上、下册)
(有印刷、装订质量问题的图书由本公司负责调换)

《土木工程材料手册》编委会

主任委员：都业洲　卢　静

副主任委员：刘元泉　韩国明

主　　审：周　兵

主　　编：孙重光

副 主 编：贺晓红

编　　委：周　兵　田克平　侯坤立　张军性　刘　晟　张志新

吴文明　方文富　刘继先　刘亚军

前　言

材料手册来源于工程实践，也服务于工程实践。

改革开放进入新世纪以后，社会生产力得到了极大的提升，各施工企业主营业务都在不断拓展和快速发展，过去那种设计、施工及公路、铁路、房建、机场等井水不犯河水的分界已基本不复存在。我公司如今已发展为以承建基础设施工程为主，集投资、设计、咨询、施工、监理、科研、检测、机械制造为一体的国家大型公路工程施工总承包特级企业，涵盖公路、桥梁、隧道、铁路、市政、房建、机场、港航、交通工程、钢结构等各方面业务。

工程使用物资数量大、品种多、规格复杂、质量要求高，占工程成本比例也高；同时，新工艺、新技术、新材料层出不穷；各类材料本身也在不断升级换代，带动着新的产品标准不断地涌现和现行的产品标准不断地更新，我国的多数产品标准更换周期在十年左右。因此，以现行的产品标准为依据编制一本适用企业当前主营业务范围的材料手册，对工程设计及施工的有关从业人员提高对材料的认识，更好地管理、使用材料有着十分重要的实际意义。

我公司以孙重光、贺晓红等同志为主的大批资深材料管理专家，长期对土木工程材料的使用、管理及产品标准进行深入的研究和跟踪，积累了丰富的经验，近三十多年来，结合工程实践和产品标准的更新，分别在人民交通出版社出版了《公路施工手册——常用工程材料》(1984 年出版)、《道路建筑工程材料手册》(1995 年出版)和《公路施工材料手册》(2002 年出版)。本次公司组织编写出版的这部《土木工程材料手册》，也是我们企业在三十多年时间里连续编制的第四部材料手册。手册从实用出发，以土木工程设计、施工用料为主，汇集了工程中常用的金属材料、水泥及制品、沥青、木材及竹木制品、爆破器材、五金制品、电工器材、化轻产品、燃润料、地方材料及公路、房建、铁路专用材料等的有关名称、用途、规格、技术条件、性能要求等内容资料。手册后的附录以各产钢国家现行标准和 ISO 国际标准为依据，汇集了国外主要产钢国家(美国、日本、德国、英国)部分现行建筑用钢筋和预应力钢丝、钢绞线的资料，为提高用料人员对这部分材料的认识提供帮助。

手册以现行的产品标准为依据，取材于国家标准、行业标准和少量的地方标准及产品说明书等。希望能为土木工程设计及施工的技术人员、物资管理人员和其他专业人员查找资料提供参考和带来方便，以起到加深对材料的认识，更好地管理、使用材料的目的。

但由于我们水平有限，对各类工程特别是公路工程以外的工程所用材料的接触范围和深度不够充分，在资料取舍上可能有不当之处，恳请广大读者批评指正。

中交第一公路工程局有限公司
2015 年 10 月

目　录

（上册）

(下册)

第十一章　电 工 器 材

电工器材品种繁多，规格复杂。工程及施工中常用的有照明器材，电线电缆，低压和部分高压电瓷及线路金具，低压开关和绝缘材料等。电工器材主要作为工程及施工场地照明，电动施工机械的供电及因施工而对原有供电线路的拆迁等。

第一节　常用照明器材

一、分类及型号命名方法

(一)电光源产品的分类和型号命名方法(QB/T 2274—2013)

电光源根据发光原理分为热辐射光源、气体放电光源和固态光源三大类。表 11-1～表 11-3 汇总了电光源性能标准规定的型号命名方法。若相应产品标准的型号命名发生变更，以产品标准规定的为准。

1. 热辐射光源的分类和型号命名

表 11-1

电光源名称	型号的组成			相关标准
	第 1 部分	第 2 部分	第 3 部分	
1. 普通照明用钨丝灯	PZ	额定电压(V)	额定功率(W)	GB/T 10681
2. 局部照明灯泡	JZ			QB/T 2054
3. 装饰灯泡	ZS			QB/T 2055
4. 船用钨丝灯				QB/T 2056
(1)船用一般照明灯	CY			
(2)船用指示灯	CZ			
(3)船用桅杆灯	CW			
5. 红外线灯泡	HW			GB/T 23140
6. 照相灯泡	ZX			QB/T 2058
照相放大灯泡	ZF			QB/T 2059
反射型照相灯泡	ZXF			QB/T 2060
7. 聚光灯泡及反射型聚光摄影灯泡				QB/T 2061
(1)聚光灯泡	JG			
(2)反射型聚光灯泡	JGF			
(3)反射型聚光摄影灯泡	SYF			
8. 道路机动车辆灯泡——灯丝灯泡(前照灯、雾灯、信号灯)	—	额定电压(V)	额定功率(W)	GB 15766.1 GB/T 15766.2
9. 铁路信号灯泡	TX	额定电压(V)	额定功率(W)	GB/T 14046

续表 11-1

电光源名称	型号的组成			相关标准
	第1部分	第2部分	第3部分	
10.家用及类似电器照明用灯泡	DZ	额定电压(V)	额定功率(W)	QB/T 2939
11.卤钨灯(非机动车辆用)				
(1)投影灯	LTY		额定电压(V)	
(2)摄影灯(摄影棚用灯)	LSY		电压范围(B或C)	
(3)泛光灯(管形卤钨泛光灯)	LZG		额定电压(V)	
(4)特殊用途灯				
A)飞机场用灯	FJ		额定电流(A)	
B)交通信号卤钨灯	LJT		额定电压(V)	
C)带介质膜反光碗特殊用途灯	LTS	额定功率(W)	额定电压(V)	GB/T 14094
(5)普通用途灯(普通照明卤钨灯)	LW			
A)双插脚卤钨灯、带反光碗的卤钨灯			额定电压(V)	
B)带电压符合B和C的卤钨灯			电压范围(B或C)	
(6)舞台照明灯(双插脚灯)	LWT		电压范围(B或C)	
12.仪器灯泡 第1部分:白炽灯	YQ	额定电压(V)	额定功率(W)	QB 1116.1
第2部分:卤钨灯	LYQ			QB 1116.2
13.小型灯				
(1)道路机动车辆辅助用灯泡	—	标称电压(V)	额定功率(W)	GB/T 15766.3
(2)手电筒灯泡	—		额定电流(A)	
(3)矿用头灯灯泡	KT		额定电流(A)	
14.飞机用钨丝灯	FJ	额定电压(V)	额定电流(A)或额定电压(V)	GB/T 21095
15.双端白炽灯	ZZ	额定电压(V)	额定功率(W)	GB/T 21092
16.标准灯泡				
(1)发光强度标准灯泡	BDQ	不同规格顺序号	—	GB 15039
(2)总光通量标准灯泡	BDT	不同规格顺序号	—	GB 15039
(3)普通测光标准灯泡	BDP	额定功率(W)	—	GB 15040
(4)光谱辐射照度标准灯泡	BFZ	额定电压(V)	额定功率(W)	—
(5)温度标准灯泡	BW	温度范围(K)	额定功率(W)	—
(6)辐射能量标准灯泡	BDW	温度范围(K)	额定功率(W)	—
17.坦克灯泡	TK	标称电压(V)	额定功率(W)	—
18.水下灯泡	SX	标称电压(V)	额定功率(W)	—
反射型彩色水下灯泡	SSF			

2.气体放电光源分类和型号命名

表 11-2

电光源名称	型号的组成			相关标准
	第1部分	第2部分	第3部分	
一、低气压荧光灯				
1.双端荧光灯 (1)普通直管型	YZ	额定功率(W)	色调	GB/T 10682 QB/T 4354

续表 11-2

电光源名称	型号的组成			相关标准
	第1部分	第2部分	第3部分	
(2)快速启动型 (3)瞬时启动型	YK YS	额定功率(W)	色调	GB/T 10682 QB/T 4354
2. U形双端荧光灯(杂类灯)	YU	额定功率(W)	色调	GB/T 21092
3. 彩色双端荧光灯	YZ	额定功率(W)	色调	QB/T 4059
4. 普通测光标准荧光灯	YCB	额定功率(W)	色调	—
5. 自镇流双端荧光灯	YZZ	额定功率(W)	色调	QB/T 4355
6. 单端荧光灯 (1)单端内启动荧光灯 (2)单端外启动荧光灯 (3)环形荧光灯	 YDN YDW YH	 标称功率(W)—灯的形式 标称功率(W)—灯的形式 标称功率(W)	色调	GB/T 17262
7. 普通照明用自镇流荧光灯	YPZ	额定电压(V)、额定功率(W)、额定频率(Hz)、工作电流(A或mA)	结构形式	GB/T 17263
8. 冷阴极荧光灯	YL	管径(10^{-1}mm)—管长(mm)	色温(K)	GB/T 26186
9. 自镇流冷阴极荧光灯	YLZ	标称电压/频率(V/W)	透明罩(T)、漫射罩(M)、反射罩(F)	GB/T 22706
10. 植物生长用荧光灯	YZ	标称功率(W)	用途(ZW)	QB/T 2944
11. 单端无极荧光灯	WJY	额定功率(W)	玻壳形状	QB/T 2938
12. 普通照明用自镇流无极荧光灯	WJZ	额定电压、频率(V、Hz)	额定功率(W)	GB/T 21091
二、低气压紫外灯				
1. 紫外线杀菌灯	ZW	标称功率(W)	单端(D)、双端(S)或自镇流(Z)	GB 19258
2. 冷阴极紫外线杀菌灯	ZWL	标称功率(W)	单端(D)、双端(S)或自镇流(Z)	GB/T 28795
3. 紫外保健灯	ZWJ	标称功率(W)	—	—
4. 黑光荧光灯	ZY	标称功率(W)	—	—
5. 单端紫外灯	ZWD	标称功率(W)	紫外波长(纳米数)	—
6. 紫外复印灯	ZWF	标称功率(W)	缝隙式(FX)	—
三、高压汞灯				
1. 自镇流荧光高压汞灯	GGZ	标称功率(W)	玻壳型号	QB/T 2050
2. 荧光高压汞灯	GGY	标称功率(W)	玻壳型号	GB/T 21093
3. 反射型荧光高压汞灯	GYF	标称功率(W)	玻壳型号	—
4. 紫外线高压汞灯 (1)直管型紫外线高压汞灯 (2)U形紫外线高压汞灯	 GGZ GGU	标称功率(W)	—	QB/T 2988
5. 反射型黑光高压汞灯	GHF	标称功率(W)	玻壳型号	—
6. 专用高压汞灯	GGX	标称功率(W)	玻壳型号	—

续表 11-2

电光源名称	型号的组成			相关标准
	第1部分	第2部分	第3部分	
四、超高压汞灯				
1. 超高压短弧汞灯	GGQ			
2. 毛细管超高压汞灯	GCM	额定功率(W)	直流(DC)、灯头形式(A、B、C)	QB/T 4540 GB/T 24332
3. 球形超高压汞氙灯	GXQ			
五、氙灯				
1. 光化学、光老化长弧氙灯	XC	额定功率(W)	冷却方式(S为水冷型、F为风冷型)	GB/T 23141
2. 高压短弧氙灯	XHA		顺序(A、B、C、D、E)	GB/T 15041
3. 脉冲氙灯(直管形)	XMZ	内径(mm)	电弧长度(mm)和灯管材料(P或L)	GB/T 23139
4. 带触发变压器的闪弧氙灯	X1	—	—	GB/T 21092
5. 管形高压氙灯	XG	额定功率(W)	水冷(SL)	—
6. 封闭式冷光束氙灯	XFL		—	
7. 螺旋形脉冲氙灯	XML	额定功率(W)	—	—
8. 重复频率脉冲氙灯	XMC			
六、钠灯				
1. 高压钠灯:普通型	NG			
中显色	NGZ			
高显色	NGG	额定功率(W)	灯的启动方式(N为内启动,外启动可省略)	GB/T 13259
漫射型	NGM			
反射型	NGF			
2. 植物生长灯用高压钠灯	NG	灯的类别号P	额定功率(W)	QB/T 4060
3. 低压钠灯	ND	额定功率(W) 或灯的标志(E型)	—	GB/T 23126
仪器灯泡 单色低压钠灯	NDD	额定功率(W)	灯头形式	QB/T 4145
七、金属卤化物灯				
1. 石英金属卤化物灯	JLZ(单端) JLS(双端)	额定功率(W)	钪钠系列(KN)	GB/T 18661
			稀土系列(XT)	GB/T 24457
			钠铊铟系列(NTY)	GB/T 24333
2. 陶瓷金属卤化物灯	JLT	额定功率(W)	玻壳型号	GB/T 24458
3. 彩色金属卤化物灯	JLC	额定功率(W)	色调	QB/T 4058
4. 紫外线金属卤化物灯	JLZ	额定功率(W)	波长(nm)	GB/T 23112
5. 投影仪用金属卤化物灯	JLP	额定功率(W)	灯头型号	GB/T 22935
6. 短弧投光金属卤化物灯	JLD	额定功率(W)	灯的引出方式(S、D)	GB/T 23145
7. 碘镓灯	JGD	额定功率(W)	管形代号(T)	QB/T 2943
8. 镝灯	JLZ	额定功率(W)	镝灯代号(D)	QB/T 2516
9. 电影与电视录像用金属卤化物灯(杂类灯)		额定功率(W)	灯的类型(B、C、D、E、F)	GB/T 21092
10. 管形铊灯	JTG	额定功率(W)	灯的引出方式	—
11. 球形铟灯	JYQ	额定功率(W)	灯的引出方式	—

续表 11-2

电光源名称	型号的组成			相关标准
	第 1 部分	第 2 部分	第 3 部分	
12.球形镝钬灯	JDH	额定功率(W)	灯的引出方式	—
13.铊铟灯泡	JTY	额定功率(W)	灯的引出方式	
14.锡灯	JX	额定功率(W)	灯的引出方式	
15.植物生长用金属卤化物灯	JLZ	灯的类别号 P	额定功率(W)	—
八、霓虹灯管				
1.氖管	NE	灯电流(mA)	色别(红)	GB 19261
2.汞氩管	NH	—	色别(绿、蓝、白、黄)	
九、高压氪灯管	KG	额定功率(W)	—	QB/T 1114
十、臭氧管	XY	臭氧量(mg/h)	—	—
十一、闪光灯				
1.直管形闪光灯	PSZ	最大闪光频率	—	—
2.圆柱形闪光灯	PSY	—	—	—
3.U 形闪光灯	PSU	—	—	—
4.环形闪光灯	PSH	—	—	—
5.螺旋形闪光灯	PSL	—	—	—
十二、光谱灯				
1.光谱灯	GP	元素符号	填充物	—
2.空心阴极灯	KY	元素符号	阴极材料	—
3.氘灯	DD	灯丝电压(V)	—	QB 1116.3
十三、道路机动车辆灯泡——放电灯	—	额定电压(V)	额定功率(W)	GB 15766.1 GB/T 15766.2

3.固态光源分类和型号命名

表 11-3

电光源名称	型号的组成			相关标准
	第 1 部分	第 2 部分	第 3 部分	
1.普通照明用 LED 模块	SSL	额定电压(额定电流)/频率[V(mA)/Hz]	额定功率(W)	GB/T 24823
2.普通照明用自镇流 LED 灯 (1)普通照明用非定向自镇流 LED 灯 (2)反射型自镇流 LED 灯	BPZ	光通量规格(lm)	配光类型(O、Q、S) 光束角规格	GB/T 24908 GB/T 29296
3.普通照明用单端 LED 灯	BD	光通量规格(lm)	额定功率(W)	—
4.装饰照明用 LED 灯	BZ	额定电压(V)	额定功率(W)	GB/T 24909
5.道路照明用 LED 灯	BDZ	额定电压/额定功率(V/W)	色调	GB/T 24907
6.普通照明用双端 LED 灯	BS	光通量规格(lm)	额定功率(W)	—
7.普通照明用自镇流双端 LED 灯	BZS	光通量规格(lm)	额定功率(W)	—
8.普通照明用低压自镇流 LED 灯	BZA	—	—	—
9.普通照明用低压非自镇流 LED 灯	BA	—	—	—
10.普通照明用电压 50V 以下 OLED 平板灯	BYA	—	—	—

4. 电光源型号的标记及示例

型号的各部分按表 11-1～表 11-3 所列顺序直接编排。当相邻部分同为数字时,用短横线"-"分开;同一部分有多组数字时,用斜线"/"分开;相邻同为字母时,用圆点"·"分开。

注:①部分类型产品只规定了第 1 部分或第 1、2 部分。

②个别情况下第 1 部分包含数字,如带触发变压器的闪弧氙灯是"X1"。

③个别类型产品,如单端荧光灯,除了产品参数外还包括其他信息,如灯的形式;还有一些产品,例如光谱灯,指的是灯的关键特征(元素符号)。

示例:

(1)220V 15W 普通照明灯泡(磨砂、螺口灯头)的型号表示为:

PZ220-15(PZ 220-15S·E)

(2)220V 10W 装饰灯泡(球形玻壳)的型号表示为:

ZS220-10(ZS 220-10G)

(3)40W 直管形荧光灯(日光色、32mm 管径)的型号表示为:

YZ40(YZ 40RR32)

(4)1 000W 透明型高压钠灯(双芯、BT 型玻壳)的型号表示为:

NG1000(NG1000 SX·BT)

(5)3 000W 球形超高压氙灯的型号表示为:

XQ3000

(6)2U 形日光色 13W 单端内启动荧光灯的型号表示为:

YDN13-2U·RR

(7)220V、光通量规格为 500lm、半配光型、显色指数为 80、色温 6500K、E27 灯头的普通照明用非定向自镇流 LED 灯的型号表示为:

BPZ500-865.E27

(二)镇流器的型号命名方法(QB/T 2275—2008)

镇流器是连接在电源和放电灯之间(一只或多只),利用电感、电容或电感与电容的组合将灯的电流限制在规定值的一种装置。镇流器还可以包括电源电压的转换及有助于提供启动电压和预热电流的装置。

镇流器型号由 4 部分组成:第 1 部分为字母,第 2 部分为数字,第 3 部分为字母,第 4 部分为补充说明。

(1)型号的第一部分表示镇流器的名称,如表 11-4 所示。电参数相同的气体放电灯可使用同一种型号的镇流器,如黑光荧光灯管、U 形荧光灯管均可使用功率相同的荧光灯镇流器。电子镇流器的名称应在"镇流器"前加"电子"二字,不加"电子"则为电感镇流器。

当一种镇流器相关参数能适用于两种不同的灯时,前面标一种灯的代表字母,后面加一个"/",标另一种灯的代表字母。

镇流器的名称及代号 表 11-4

类　别	镇流器名称	代表字母
低压汞灯用	荧光灯镇流器	YZ
	快速启动荧光灯镇流器	YK
	瞬时启动荧光灯镇流器	YS
	紫外线灯镇流器	ZW
	无极荧光灯镇流器	WJ
高压汞灯用	高压汞灯镇流器	GGY
超高压汞灯用	球形超高压汞灯镇流器	GGQ
	毛细管超高压汞灯镇流器	GGM
	球形超高压汞氙灯镇流器	GGX

续表 11-4

类 别	镇流器名称	代 表 字 母
钠灯用	低压钠灯镇流器	ND
	高压钠灯镇流器	NG
金属卤化物灯用	照明金属卤化物灯镇流器	JLZ[a]
	稀土灯镇流器	XT
	钠铊铟灯镇流器	NTY
	钪钠灯镇流器	KN

注：[a] 当某种规格镇流器的参数同时适用于稀土灯、钠铊铟灯、钪钠灯时，才允许标 JLZ。

(2)型号的第 2 部分表示镇流器适用的气体放电灯的额定电源电压、额定功率和灯的数量。只适用于一只放电灯时，数量部分可以省略。当额定电源电压为 220V 时，额定电压可以省略。

同一镇流器配合多支额定功率相同或不同的气体放电灯使用。灯的额定功率相同时，在额定功率和灯管数量之间用"×"连接；灯的额定功率不同时，在每个额定功率数之间用"/"连接；在额定电压和功率之间，用"－"连接。同一镇流器可适用多种规格灯管时，用最大灯管功率数表示。

(3)型号的第 3 部分代表参数相同，但结构形式或用途不同的镇流器，如表 11-5 规定。参数相同，但设计顺序或形式不同的镇流器可在该部分最后一个字母的后面用与字母大小相同的阿拉伯数字加顺序号。几种特征同时存在时，按表 11-5 所列顺序编号。

镇流器的结构形式 表 11-5

序 号	镇流器的结构形式及用途		代 表 字 母
1	阻抗式镇流器		Z
2	电容式镇流器		R
3	漏磁式镇流器		L
4	超前顶峰式镇流器		C
5	基准镇流器		J
6	寿命试验用镇流器		S
7	启动试验用镇流器		Q
8	电子式镇流器		D
8.1	直流电子镇流器	普通照明用镇流器	PZ
		公共运输交通工具用镇流器	GZ
		应急照明用镇流器	YZ
		航空照明用镇流器	HZ
8.2	交流电子镇流器	可控式镇流器	KJ
		应急照明用交流/直流电子镇流器	YJ

(4)型号的第 4 部分，在不违反上述编号的情况下，由制造商进行补充说明。

示例：

(1)YZ110-40ZS：灯的额定电压为 110V，功率 40W，寿命试验用、阻抗式荧光灯镇流器。

(2)GGY400Z：灯的额定电压为 220V，功率 400W，阻抗式高压汞灯镇流器。

(3)XT3500LF：灯的额定电压为 220V，功率 3500W，防腐防潮、漏磁式稀土灯镇流器。

(4)YZ13D：灯的额定电压为 220V，功率 13W，荧光灯电子镇流器。

(5)YZ110-100Z：灯的额定电压 110V，功率 100W，阻抗式荧光灯镇流器。

(6)NG250J：灯的额定电压为 220V，功率 250W，高压钠灯基准镇流器。

(7)YZ40×3：配合使用三支额定电压为 220V，功率 40W 灯管，荧光灯镇流器。

(8)YZ8/30：配合使用两支额定功率不同的 8W 或 30W 灯管，荧光灯镇流器。

(9)YZ24-13GZD：灯的额定电压 24V，功率 13W，公共运输交通工具用荧光灯直流电子镇流器。

(10)YZ40Z:灯的额定电压为220V,功率40W,阻抗式荧光灯镇流器。

(11)YZ20×2Z:灯的额定电压为220V,功率20W灯管两支,阻抗式荧光灯镇流器。

(12)YZ120V-20×2Z:灯的额定电压为120V,功率20W灯管两支,阻抗式荧光灯镇流器。

(13)YZ40/20×2Z:灯的额定电压为220V,功率40W灯管一支或20W灯管两支,阻抗式荧光灯镇流器。

(三)灯具的分类(GB 7000.1—2007)

灯具按防触电保护形式,防尘、防固体异物和防水等级,安装表面材料及使用环境进行分类。

1.按防触电保护形式分类

按防触电保护形式,灯具分为:

Ⅰ类灯具——灯具的防触电保护不仅依靠基本绝缘,还包括附加安全措施,即易触及的导电部件连接到设施的固定布线中保护接地导体上,使易触及的导电部件在万一基本绝缘失效时不致带电。

Ⅱ类灯具——灯具的防触电保护不仅依靠基本绝缘,还包括附加安全措施,例如双重绝缘或加强绝缘。没有保护接地或依赖安装条件的措施。

Ⅲ类灯具——灯具的防触电保护依靠电源电压为安全特低电压(SELV),并且不会产生高于SELV的电压。无保护接地措施。

2.按防尘、防固体异物和防水等级分类

灯具按电气设备外壳防护等级(IP)代码(GB 4208)进行分类。

3.按灯具设计的安装表面材料分类

——仅适宜于安装在非可燃材料表面上;

——适宜于直接安装在普通可燃材料表面上;

——当隔热材料可能覆盖灯具时,灯具适宜于直接安装在普通可燃材料表面上或表面内。

4.按使用环境分类

正常条件下使用的灯具——无符号;

恶劣条件下使用的灯具——有符号,如下。

Ⅱ类 …… 回

Ⅲ类 …… Ⅲ(菱形内)

额定最高环境温度 …… t_a...℃

不能使用冷光束灯的警告 …… COOL BEAM

离被照物最短距离(米) …… ◁---m

适宜于直接安装在普通可燃材料表面的灯具 …… ▽F

仅适宜于直接安装在非可燃材料表面的灯具 …… ▽F(带叉)

普通 …… IP20 无符号

防滴 …… IPX1 ●(一滴)

防淋 …… IPX3 ▣(正方形内一滴)

防溅 …… IPX4 ▲(三角形内一滴)

防喷 …… IPX5 ▲▲(两个三角形内各一滴)

防强喷 …… IPX6 无符号

水密(浸没) …… IPX7 ●●(两滴)

加压水密(潜水) …… IPX8 ●●--m

(两滴后跟以米为单位的最大潜水深度)

当隔热材料可能覆盖住灯具时,适宜于直接安装在普通可燃材料表面上(内)的灯具 …… ▽

防直径大于2.5mm固体异物 …… IP3X 无符号

防直径大于1mm固体异物 ………………………………………………………… IP4X 无符号
防尘 ……………………………………………………………………… IP5X（无框网络）
尘密 ……………………………………………………………………… IP6X（有框网络）
使用耐热电源电缆、连接电缆或外部接线 ……………………（所示的电缆芯数是非强制性的）
设计使用碗形镜面反射灯泡的灯具 ………………………………………………………………
恶劣条件下使用的灯具 ……………………………………………………………………………
使用需要带外触发器（连到光源）的高压钠灯的灯具 …………………………………………
使用带内启动装置的高压钠灯的灯具 ……………………………………………………………
设计成只能使用自带防护罩卤钨灯的灯具 ………………………………………………………
注：相应的IP数字的符号的标记是非强制性的。

（四）灯具型号命名（QB/T 2905—2007）

1.灯具型号用字母及数字表达

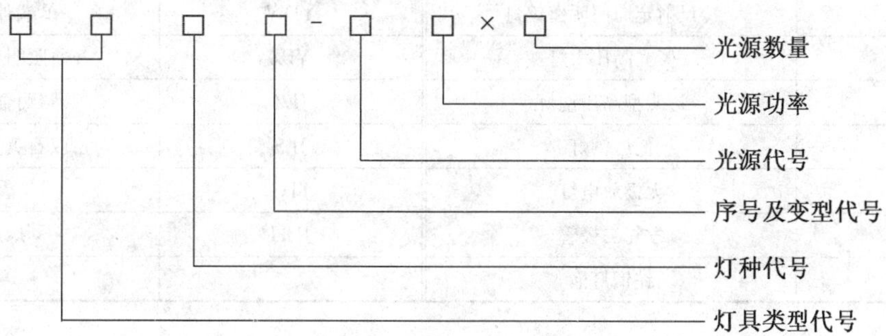

（1）灯具类型代号。

表11-6

代　号	灯具类型	代　号	灯具类型
YJ	应急照明灯具	TF	通风式灯具
TY	庭院用的可移式灯具	ST	手提灯
ET	儿童感兴趣的可移式灯具	WT	舞台灯光、电视、电影及摄像场所（室内外）用灯具
DL	道路与街路照明灯具	YH	医院和康复大楼诊所用灯具
TG	投光灯具	XW	限制表面温度灯具
YC	游泳池和类似场所用灯具	WD	钨丝灯用特低电压照明系统
DC	灯串	FZ	非专业用照相和电影用灯具
GD	固定式通用灯具	DM	地面嵌入式灯具
KY	可移式通用灯具	SZ	水族箱灯具
QR	嵌入式灯具	CT	插头安装式灯具

（2）灯种代号。

表11-7

代　号	灯　种	代　号	灯　种
SS	疏散照明灯具	S	射灯
B	备用照明灯具	T	筒灯
DL	道路照明灯具	GS	格栅灯具
SD	隧道照明灯具	Q	嵌壁式灯具

续表 11-7

代　号	灯　种	代　号	灯　种
Z	柱式合成灯具	J	夹灯
M	密封灯串	L	落地灯
D	吊式灯具	TD	台灯
X	吸顶灯具	G	挂壁灯具
XB	吸壁灯具	JC	机床灯

(3)常用光源代号。

表 11-8

代　号	光源种类	代　号	光源种类
PZ	白炽类普通照明灯泡	YZ	直管型荧光灯
PZQ	白炽类普通照明球形灯泡	YU	U形荧光灯
LZG	照明管形卤钨灯	YH	环形荧光灯
LZD	照明单端卤钨灯	YDN	单端内启动荧光灯
LLZ	冷反射定向照明卤钨灯	YDW	单端外启动荧光灯
GGY	荧光高压汞灯	YPZ	普通照明用自镇流荧光灯
NG	透明型高压钠灯	JLZ	照明金属卤化物灯
ND	低压钠灯	JLS	双石英金属卤化物灯
WJ	无极放电灯	JTG	管形铊灯
LED	发光二极管	JDH	球形镝钬灯
JTY	铊铟灯泡		

(4)序号用阿拉伯数字表示,位数不限;变型代号用汉语拼音小写字母表示。

(5)光源功率用以瓦(W)为单位的实数表示。

(6)光源个数为1时,可以省略不写。

2.型号命名示例

GDX1-YH22 表示:固定式通用灯具;吸顶灯具;序号为1;使用1个22W环形荧光灯管。

注:更多光源代号可见 QB/T 2274—2013(表 11-1～表 11-3)。

(五)灯用玻壳的型号命名方法(QB/T 1112—2013)

灯用玻壳的型号分为基本型、改进型、特殊型三类。

玻壳型号由字母和数字组成,数字表示玻壳的主要直径(mm)。矩形玻壳采用字母 REC 后加两组数字[短边尺寸(mm)×长边尺寸(mm)]表示。

1.灯用玻壳的外形示意图

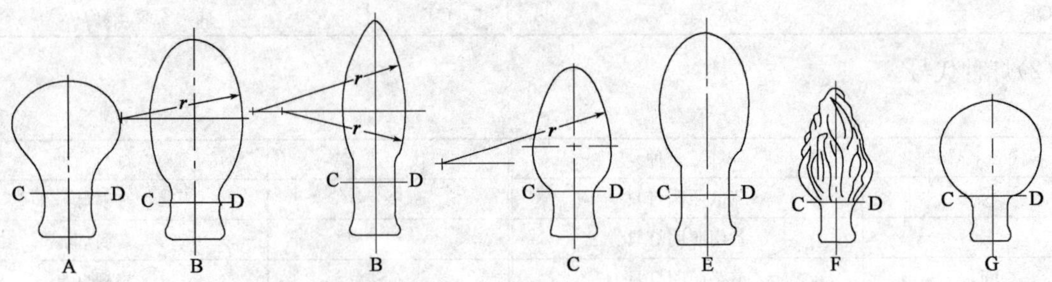

图 11-1

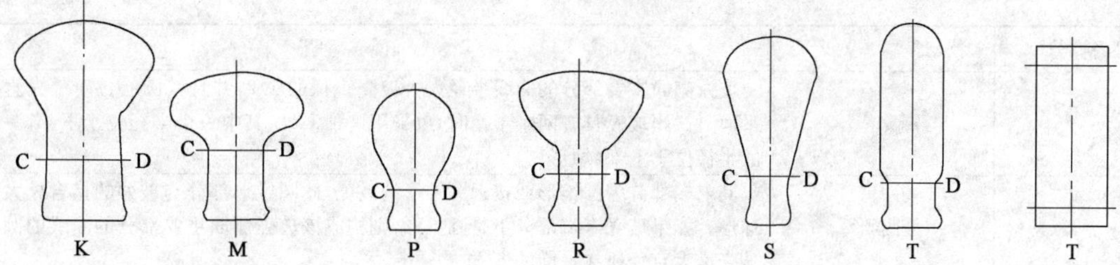

图 11-1　基本玻壳形状示意图

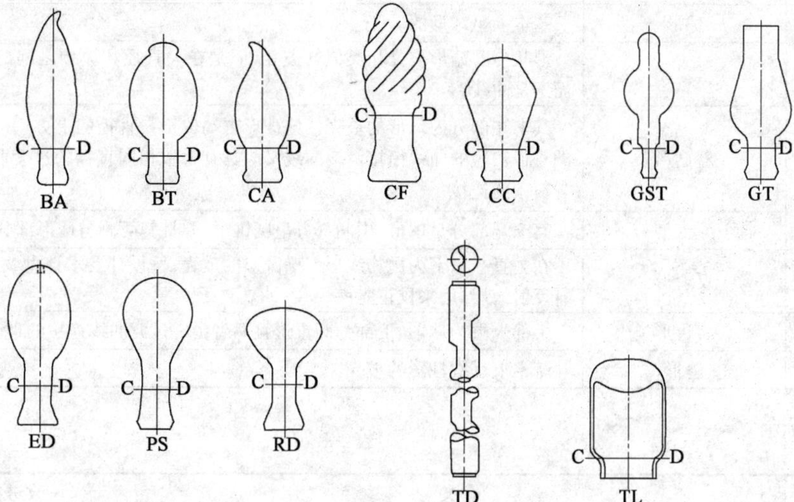

图 11-2　改进型玻壳形状示意图

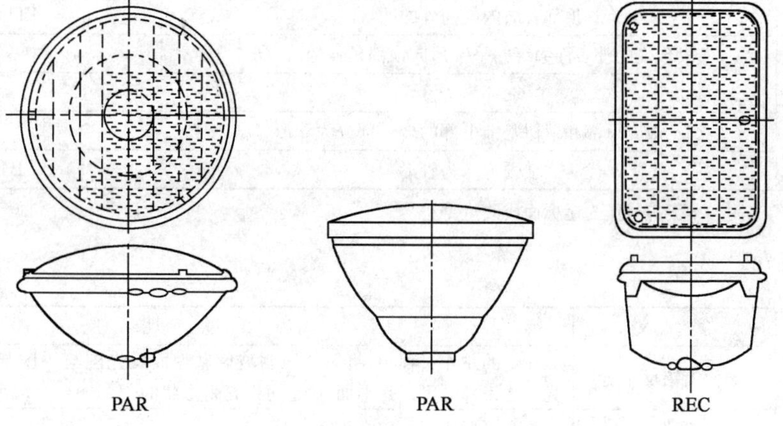

图 11-3　特殊型玻壳形状示意图

2.玻壳型号字母及含义

(1)基本型玻壳

表 11-9

字母符号	含　义	说　明
A		末端部分为球形的玻壳形状,球形部分与玻颈接合处曲线的半径具有下述特点: a)该半径的圆心位于玻壳之外; b)该半径的值大于球形部分的半径; c)该半径同时与玻颈和球形末端的曲线相切。 注:这种玻壳的球形末端与玻颈之间没有任何明显的直线部分

续表 11-9

字母符号	含义	说明
B	瓢形	玻壳侧面主要部分的曲线半径大于玻壳直径的 1/2,并且其圆心位于最大直径所在平面上。当玻壳具有两个半径时,也采用这种型号,其中一个半径位于下部,一个较大的半径位于上部(烛形)
C	圆锥形	其末端部分为圆锥形或接近圆锥形的玻壳,此圆锥形部分与玻颈的接合处大致呈半球形。如果玻壳末端部分不是圆锥形,则构成该玻壳侧面主要部分的曲线的圆心位于玻壳最大直径所在平面的下方
E	椭圆形	与"B"形玻壳形状相似,但其侧面为一段椭圆形状的玻壳
F	火苗形	侧面具有不规则波纹并且形状类似于蜡烛火苗的玻壳
G	球形	基本上呈球形的玻壳
K		形状与蘑菇形玻壳相类似的玻壳,但是在大直径和玻颈之间的过渡部分呈圆锥形,而不是曲线形
M	蘑菇形	其末端部分为球形的玻壳。该球形末端位于大直径的上方,并与圆心位于大直径上的直径较短的曲线衔接。该曲线又与具有大致相同直径的过渡曲线相衔接,从而完成与玻颈的连接
P		其末端部分呈球形,中间部分呈圆锥形,并且其两侧与球形部分相切的玻壳
R	反射形	在主直径以下为抛物线形或椭圆形的玻壳,按设计要求该抛物线形或椭圆形部分镀有反射涂层,用来校正光束
S	直边形	上部末端为球形,下部为圆锥形且两者由一过渡曲线连接的玻壳
T	管形	基本上呈圆柱形的玻壳

(2)改进型玻壳

表 11-10

字母符号	含义	改进符号示例
A	尖顶形	CA、BA 和 BTA
C	玻壳下部和近似基准线以上部分均为圆锥形	CC
D	顶部有向内或向外的凹坑	ED、RD 和 TD
F	沿玻壳的外表面缠绕并呈锥形向顶部延伸的波纹形	CF
L	端部为透镜	TL
S	玻壳下部和近似基准上部的玻颈部分为管形	PS
T	玻颈上部为管形	BT 和 GST

注:以基本型玻壳符号附加本表符号作为尾标而成改进型符号。

(3)特殊型玻壳

表 11-11

字母符号	含义	说明
PAR	抛物面镀铝反光碗*	在灯的制作过程中,将一个压制玻璃抛物面反光碗与一压制玻璃透镜封装形成玻壳。透镜部分可以是平面的,也可以是带形状的
REC	矩形	具有矩形正面的玻壳

*铝不是唯一用作反光碗涂层的材料

3. 玻壳型号示例

A60:标称直径为 60mm 的"A"型玻壳。

T38:标称管径为 38mm 的管形玻壳。

PAR121:标称直径为 121mm 的"PAR"型灯。

(六)电气绝缘的耐热性分级(GB/T 11021—2014)

电气绝缘材料(EIM)或电气绝缘系统(或电气绝缘结构)(EIS)的耐热性表示方法以与 EIM 或 EIS 相对应的最高连续使用摄氏温度的数值表示。对于电气绝缘某一特定的耐热等级,就表明与其相对应的最高连续使用摄氏温度。

电气绝缘的耐热性分级　　表 11-12

ATE 或 RTE(摄氏温度范围)	耐热等级	代号	ATE 或 RTE(摄氏温度范围)	耐热等级	代号
90～<105	90	Y	180～<200	180	H
105～<120	105	A	200～<220	200	N
120～<130	120	E	220～<250	220	R
130～<155	130	B	250～<275	250	…
155～<180	155	F			

注:①ATE——预估耐热指数,RTE——相对耐热指数,都为某一摄氏温度的数值。

②绝缘系统的耐热等级不等于其中某一材料的耐热等级。

③耐热等级超过 250 的可按 25 间隔递增的方式表示。

(七)电气设备外壳防护等级(IP)代码(GB 4208—2008)

适用于额定电压不超过 72.5kV 电气设备的外壳防护分级。

目的:①防止人体接近壳内危险部件;②防止固体异物进入壳内设备;③防止由于水进入壳内对设备造成有害影响。

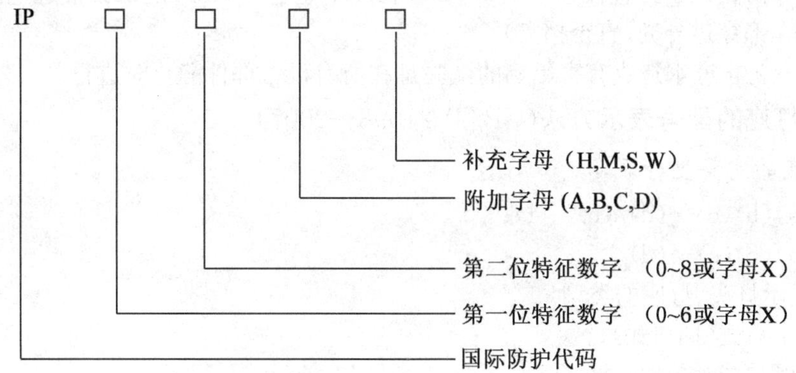

不要求规定特征数字时,由字母"X"代替(如果两个字母都省略则用"XX"表示)。

附加字母和(或)补充字母可省略,不需代替。

当使用一个以上的补充字母时,应按字母顺序排列。

当外壳采用不同安装方式提供不同的防护等级时,制造厂应在相应安装方式的说明书上表明该防护等级。

第 1 位特征数字的含义　　表 11-13

数字	对设备防护的含义(防止固体异物进入)	对人员防护的含义(防止接近危险部件)	数字	对设备防护的含义(防止固体异物进入)	对人员防护的含义(防止接近危险部件)
0	无防护	无防护	4	直径≥1.0mm	金属线
1	直径≥50mm	手背	5	防尘	金属线
2	直径≥12.5mm	手指	6	尘密	金属线
3	直径≥2.5mm	工具			

第 2 位特征数字的含义　　表 11-14

数　字	对设备防护的含义(防止进水造成有害影响)	数　字	对设备防护的含义(防止进水造成有害影响)
0	无防护	5	喷水
1	垂直滴水	6	猛烈喷水
2	15°滴水	7	短时间浸水
3	淋水	8	连续浸水
4	溅水		

附加字母的含义(可选择) 表 11-15

字　母	对人员防护的含义 (防止接近危险部件)	字　母	对人员防护的含义 (防止接近危险部件)
A	手背	C	工具
B	手指	D	金属线

补充字母的含义(可选择) 表 11-16

字　母	对设备防护的含义 (专门补充的信息)	字　母	对设备防护的含义 (专门补充的信息)
H	高压设备	S	做防水试验时试样静止
M	做防水试验时试样运行	W	气候条件

示例:IP23CS

(2)——防止人用手指接近危险部件;

——防止直径不小于 12.5mm 的固体异物进入外壳内。

(3)——防止淋水对外壳内设备的有害影响。

(C)——防止人手持直径不小于 2.5mm 长度不超过 100mm 的工具接近危险部件(工具应全部穿过外壳,直至挡盘)。

(S)——防止进水造成有害影响的试验是在所有设备部件静止时进行。

(八)灯头、灯座的型号表示方法(GB/T 21098—2007)

1.灯头、灯座的完整型号表示

灯头型号:(a)(b)(c)—(d)/(e)×(f);

灯座型号:(a)(b)(c)—(d)。

1)(a)——表示灯头、灯座的类型。

其中:B——卡口式(插口式);

E——螺口式(爱迪生式);

F——带一个凸出触点(单插脚式),F 之后的字母,a 表示圆柱形插脚、b 表示有凹槽的插脚、c 表示特殊形状的插脚;

G——两个或多个凸出触点(双插脚、多插脚或接线柱);

P——预聚焦式;

R——带凹式触点;

S——圆筒式(不采用凸出部件将灯头固定在灯座中);

SV——带锥形末端(V 形)的外壳式;

BM——矿灯用卡口式;

BA——汽车用卡口式;

K——带电缆连接件的灯头;

W——灯端,与灯座的电接触是直接通过位于灯端表面的引线来完成的,玻璃部件(或其他绝缘材料部件)对灯端在灯座中的匹配安装是必不可少的。此种型号也适用于一作为整体式灯端的替代品,并符合相同的互换性要求的独立的绝缘材料灯头。

在特殊情况下,型号的(a)部分之前可带有一个数字,通常是 2。这种型号表示整个灯头是由两个或两个以上单个相同的灯头构成的。

示例:2G13——由两个并列排列并相隔一定距离的 G13 灯头构成的组合灯头(这种灯头用于 U 形荧光灯)。

补充一:如果附加特征与以上大写字母相对应,则可用字母组合表示。表示最重要意义的字母位于字母组合之首。

示例:PK22s——带有电缆连接件的预聚焦灯头。

补充二：特性规则相符灯头可采用以上类型代号，如在电器和机械要求方面不能互换，则可将字母X、Y、Z、U或两个以上的字母组合加在基本型号之后。如果以机械方式固定的触点位置与灯头轴线成一角度，则加字母J。

示例：BY22d——符合特殊要求的B22灯头；

PGJ13——触点位置与灯头轴线成一定角度的PG13灯头。

2)(b)——表示灯头主要尺寸(mm)，由数字组成。

其中：B、BM、S、SV后面数字——灯头外壳的直径；

E后面数字——螺纹的牙顶直径；

F后面数字——触点的直径或其他类似尺寸；

G后面数字——对于双插脚，表示插脚间的中心距离；对于多插脚，表示各插脚中心所圈定圆周的直径；

P后面数字——灯横向定位部件的最重要的尺寸；

R后面数字——灯头在灯座中匹配安装的绝缘部件的最大横向尺寸；

W后面数字——玻璃部件(或其他绝缘部件)与一根引线的总厚度×灯端宽度。

3)(c)——表示触点、触片、插脚或挠性连接件的数量，以小写字母表示。

其中：s——一个触点；

d——两个触点；

t——三个触点；

q——四个触点；

p——五个触点。

灯头外壳不管其是否是带电部件，均不视为是触点。

4)(d)——表示辅助部件，一般用数字表示。

示例：B22d-3——具有三个定位销钉的B22灯头。

PG22-6.35——聚焦盘直径约为22mm，两个触点式插脚的间隔约为6.35mm的预聚焦灯头。

5)(e)——表示灯头的总长度(mm)，此长度包括凸出的绝缘材料，不包括触点或插脚的高度。SV型(彩灯用)灯头的长度在外壳的开口端与圆锥形上直径为3.5mm的圆周之间进行测量。为了避免误解，该长度标在所采用的连字符之后，斜线之前。

6)(f)——表示灯头裙边外径或旋制外壳开口端的内径(mm)。

2.常用灯头的型号示例

1)插口式灯头的型号由下列五部分组成：

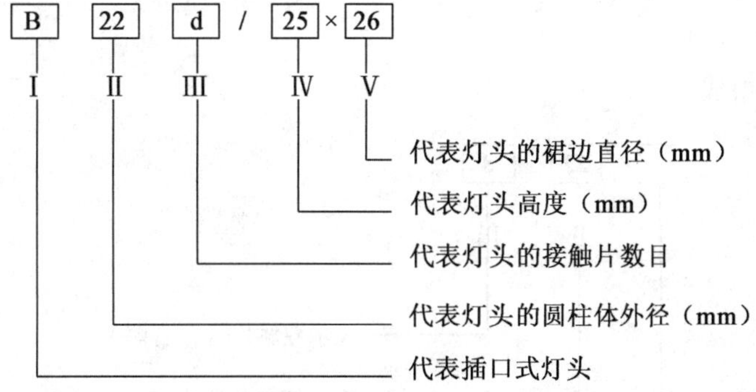

注：①无裙边灯头第Ⅴ部分省略。

②带有三个销钉的插口式灯头，应在第Ⅲ部分后面加上表示销钉数量和它们之间夹角的数字。

2)螺口式灯头的型号，由下列四部分组成：

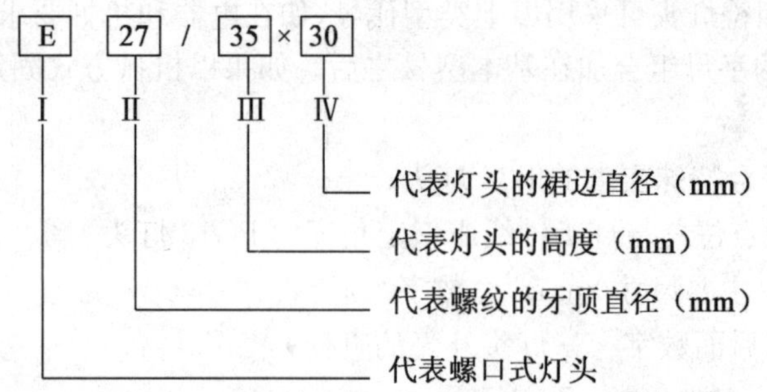

注:①无裙边灯头第Ⅳ部分取消。

②双接触片灯头,在第Ⅱ部分后面加小写字母“d”。

3)单插脚灯头的型号由下列三部分组成:

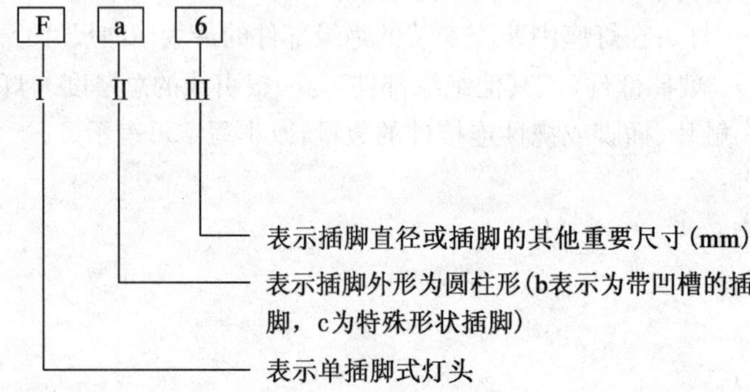

4)双插脚灯头和多插脚灯头的型号由下列三部分组成:

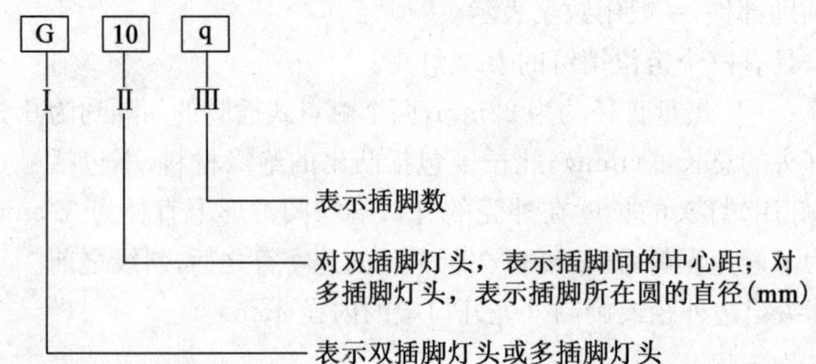

注:双插脚灯头第Ⅲ部分省略。

3.常用灯座的型号示例

1)插口式灯座型号组成

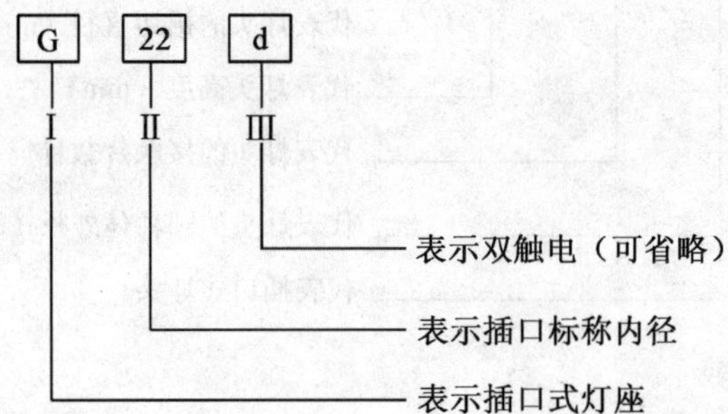

2)螺口式灯座型号组成

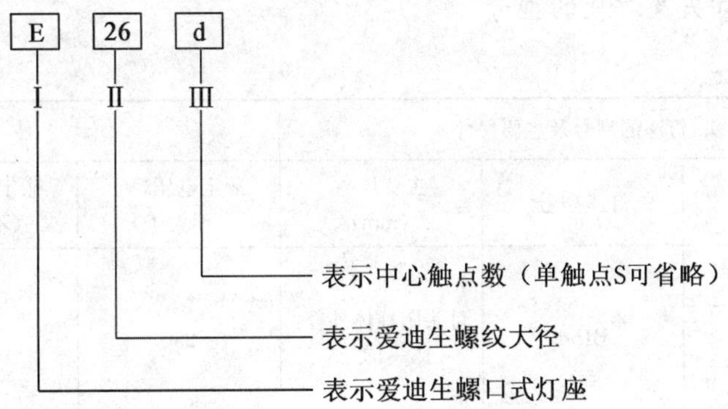

3)单插脚灯座型号组成

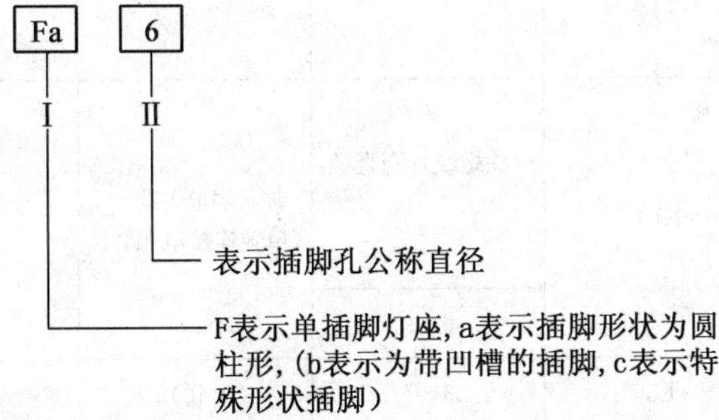

4)双插脚灯座和多插脚灯座型号组成

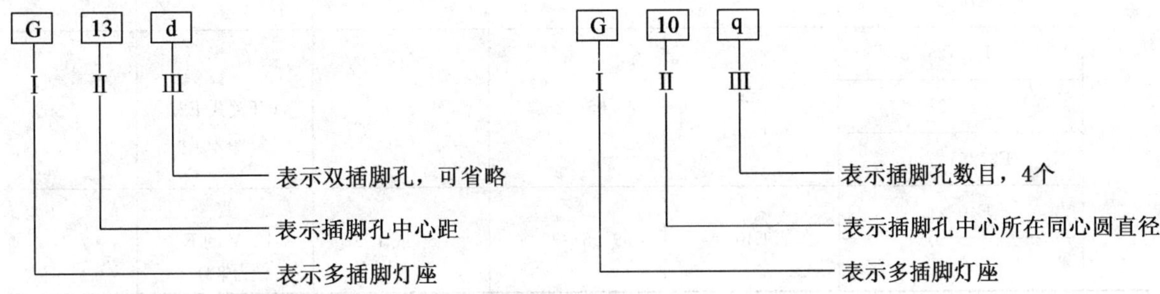

(九)常用灯头和灯座

1.常用螺口、卡口灯座的分类(GB 17935—2007、GB 17936—2007)

表 11-17

根据外部部件材料分	根据防固体异物和防水等级分	根据安装方法分	根据带开关分类	根据防触电性能分	根据耐热性能分
全部塑料制成的灯座	普通灯座	管接式灯座	开关式灯座	封闭式灯座	不带温度标记 T,额定工作温度： B15d、E14—135℃ B22d、E27—165℃ E40—225℃
全部陶瓷材料灯座		悬吊式灯座		敞开式灯座	
全部或部分金属材料灯座	防滴漏型灯座	平装式灯座	非开关式灯座	独立式灯座	带温度标记 T,额定工作温度：≥ B15d、E14—140℃ B22d、E27—170℃ E40—230℃
		其他灯座			

注：卡口式灯座带温度标记 T1,适用温度为 165℃；温度标记 T2,适用温度为 210℃。

2.常用螺口、卡口灯头及灯座的型号

表 11-18

类别	常用灯头、灯座的型号及主要尺寸			使用范围		
	灯头型号	灯座型号	主要尺寸(mm)	额定电压(V)(不大于)	额定电流(A)(不小于)	额定功率(W)(不大于)
卡口式	B15d/19	B15d	灯头圆柱体外径：15～15.25	250	2	
	B15d/24×17					
	B15d/27×22					
	B22d/22	B22d	21.75～22.15	250	2	300
	B22d/25×26					
	B22d-3(90°/135°)/25×26					
螺口式	E10/12	E10	灯头螺纹外圆直径：9.27～9.53	(串联)60 (单独连接电源)250	0.5	25
	E10/13					
	E10/19×13					
	EP10/14×11		9.36～9.53			
	E5/9	E5	5.23～5.33	(串联)25	0.2	10
	E14/23×15	E14	13.6～13.84	250	2	60
	E14/25×17					
	E14/20					
	E27/25	E27	26.05～26.45	250	4 (开关式 E27 灯座为 2)	300
	E27/27					
	E27/51×39					
	E40/41	E40	39.05～39.5	250 或 125	16 (125V 的 E40 为 32)	2 000
	E40/45					

注：表列数据选自 GB/T 19148.1、GB/T 19148.5、GB/T 1406.1、GB/T 1406.5、GB 17935、GB 17936 等标准。

3.常用插脚式灯头、灯座的型号及基本尺寸(GB/T 1406.2—2008、GB/T 19148.2—2008)

表 11-19

灯头型号		灯头					灯座型号
		插脚中心距	插脚直径	插脚长度	灯头柱体尺寸	灯头圆柱体高度	
		主要尺寸(mm)					
双插脚灯头、灯端	G1.27	1.27	0.45～0.55	5.85～6.85	ϕ3.7～3.9	5.2～5.7	
	GX1.27				ϕ3.2～3.4	3.0～3.4	
	G2.54	2.54			ϕ4.6～4.8	7.2～7.7	
	GX2.54				ϕ3.7～3.9	5.2～5.7	

续表 11-19

灯头型号		灯头					灯座型号
		插脚中心距	插脚直径	插脚长度	灯头柱体尺寸	灯头圆柱体高度	
		主要尺寸(mm)					
双插脚灯头、灯端	G3.17	3.17	0.45～0.55	5.85～6.85	ϕ5.7～5.9	8.5～9.0	
	GY3.2				ϕ5.59～5.84	7.49	
	G4 双插脚灯端	4.0	0.65～0.75	7.5	6.0×11.0		G4
	GY4 双插脚灯端			6.0	ϕ17.0		
	G5	4.75	2.29～2.67	6.6～7.62	ϕ15.75		G5
	G5.3	5.33	1.47～1.65	6.1～7.11	8.76×18.92	15.24	G5.3
	G5.3—4.8 灯端	5.3	4.9×0.53	6.7～7.3	ϕ28	9	G5.3—4.8
	G6.35 灯端	6.35	0.95～1.05	7.5	7.5×15,7.5×20 9.0×25,9.0×30	9.5,13,15	G6.35
	GX6.35 灯端						GX6.35
	GY6.35 灯端						GY6.35
	2G7	7.0	2.29～2.67	6.0～6.8	18.1×32.5		2G7
	2G8	7.5			ϕ59.4～59.6		2G8
	G8.5 灯端	8.5	0.95～1.05	11～13	9.5×15		G8.5
	G9 灯端	9.0		5.3	4.9×13.7		G9
	G9.5	9.53	3.1～3.25	9.53～11.43	9.78×23.95	23.37	G9.5
	G10q	7.92×6.85	2.29～2.44	6.35～7.62	ϕ31.0		G10q
	2G10	10	2.29～2.67	6.0～6.8	23.6×83.7		2G10
	2G11	11		6.0～6.8	23.6×43.9		2G11
	G12	12		11.4～12.5	19.5×30.6		G12
	G13,2G13 荧光灯管用	12.7		6.60～7.62	ϕ25.78,ϕ31.50, ϕ36.52		G13,2G13
	2GX13	13		6.0～6.80	ϕ9.25		2GX13
	GY16	15.87	3.5 和 5.0	15.4～17	16×(33～35)	24	
	G20	19.84	3.1～3.53	15.62～16.13			
	G22 灯头、灯端	22.22	6.3～6.4	24.89～26.54	ϕ47.17		G22
	G23	23	2.29～2.67	6.0～6.8	18.1×32.5		G23
	G24d,GX24d	23×8			35×35,ϕ61		G24d,GX24d
	G32d	31×8			23.6×39		G32d
	GX32d				32×39		GX32d
	G38	38.1	10.97～11.23	29.36	ϕ76.5～89.0		G38

续表 11-19

灯头型号		灯头					灯座型号
		插脚中心距	插脚直径	插脚长度	灯头柱体尺寸	灯头圆柱体高度	
		主要尺寸(mm)					
单插脚灯头、灯端	Fc2 灯头、灯端		1.8～2.2	10.8～12.2			Fc2
	Fa4 管形灯头		3.98～4.0	9.7～10.3			
	Fa6 单插灯头		5.92～6.0	17.5～18.0			Fa6
	Fa8 单插灯头		7.62～8.26	9.65			Fa8

注:①插脚中心距带"×"的为四个插脚两个方向(90°)的中心距。

②灯头柱体尺寸带"×"的为柱体截面是矩形的两个边长;不带"×"的为圆柱体直径。

③2G13 成对的灯头根据灯头两插脚中心(灯管)距离组合成有 41mm、56mm、92mm、152mm 四种,型号分别为:2G13—41、2G13—56、2G13—92 和 2G13—152。

4.防爆灯具专用螺口灯座(GB 1444—2008)

防爆灯具专用螺口式灯座以陶瓷或塑料(E10、E14、E27)等Ⅰ级绝缘材料制成。

1)防爆灯具专用螺口式灯座的基本参数

表 11-20

灯座规格	所接灯头型号	最高工作电压(V)	最大工作电流(A)	所接灯泡最大额定功率(W)	灯座安装尺寸(mm)			灯座接线导线规格(mm^2)	灯座中心触点总弹力(N)
					安装孔中心距	安装孔径 ϕ	安装孔数(个)		
E10	E10/12 E10/13 E10/13×11 E10/14×11	50	2.5	25	26	4	2	0.2～1	10～20
E14	E14/12 E14/23×15 E14/25×17	250	2.5	60	30	4	2	0.2～1	15～25
E27	E27/25 E27/27 E27/35×30 E27/65×45	250	4	300	50	5	2	0.5～2.5	20～35
E40	E40/45 E40/55×47 E40/75×54 E40/75×64	250	10	1 000	70	6	2	1～4	30～50

2)防爆灯具专用螺口式灯座的标记

每个灯座的明显处须有清晰的永久性标志,标志内容包括:

(1)额定电流,A;

(2)额定电压,V;额定脉冲电压高于以下各值,则应将其标出,kV:

额定电压为 250V 的灯座:2.5kV;

额定电压为 500V 的灯座:4kV;

注:灯座的额定脉冲电压(kV)可标示在灯座上或在制造商的产品样本或类似文件中注明。

(3)型号标记;

(4)防爆标志 Ex;

(5)防爆合格证编号;

(6)符号"U";

(7)极限工作温度。

灯座最高工作温度应比材料的极限工作温度低 20℃。

二、常用灯泡、灯管和附件

(一)普通照明用钨丝灯泡(GB/T 10681—2009)

表 11-21

灯参数表编号	功率(W)	玻壳型号	灯头	玻壳种类	寿命(h)	额定光通量(lm)			额定光效(lm/w)		灯泡尺寸(mm)	
						光通量	220V	230V	220V	230V	玻壳外径	全长
GB/T 10681-4005	15	A60. PS60	B22d/25×26	C,F,W	1 000	N	104	104	6.93	6.93	62	108.5
GB/T 10681-4010	25	A60. PS60	B22d/25×26	C,F,W	1 000	H	223	223	8.92	8.92		
GB/T 10681-4015	25	A60. PS60	B22d/25×26	C,F,W	1 000	N	201	201	8.04	8.04		
GB/T 10681-4030	40	A60. PS60	B22d/25×26	C,F,W	1 000	H	402	402	10.05	10.05		
GB/T 10681-4035	40	A60. PS60	B22d/25×26	C,F,W	1 000	N	330	318	8.25	7.95		
GB/T 10681-4050	60	A60. PS60	B22d/25×26	C,F,W	1 000	H	692	687	11.54	11.45		
GB/T 10681-4055	60	A60. PS60	B22d/25×26	C,F,W	1 000	N	574	548	9.57	9.13		
GB/T 10681-4060	75	A60. PS60	B22d/25×26	C,F,W	1 000	H	907	905	12.09	12.07		
GB/T 10681-4070	100	A60. PS60	B22d/25×26	C,F,W	1 000	H	1 306	1 297	13.06	12.97		
GB/T 10681-4075	100	A60. PS60	B22d/25×26	C,F,W	1 000	N	1 179	1 152	11.79	11.52		
GB/T 10681-4090	150	A68. PS68	B22d/25×26	C,F,W	1 000	H	2 110	2 090	14.07	13.93	70	128.5
GB/T 10681-4095	150	A80. PS80	B22d/25×26	C,F,W	1 000	N	1 971	1 865	13.14	12.43	82	165
GB/T 10681-4110	200	A80. PS80	B22d/25×26	C,F,W	1 000	H	2 990	2 942	14.95	14.71		
GB/T 10681-4115	200	A80. PS80	B22d/25×26	C,F,W	1 000	N	2 819	2 742	14.10	13.71		
GB/T 10681-5005	15	A60. PS60	E27/27	C,F,W	1 000	N	104	104	6.93	6.93	62	110
GB/T 10681-5010	25	A60. PS60	E27/27	C,F,W	1 000	H	223	223	8.92	8.92		
GB/T 10681-5015	25	A60. PS60	E27/27	C,F,W	1 000	N	201	201	8.04	8.04		
GB/T 10681-5030	40	A60. PS60	E27/27	C,F,W	1 000	H	402	402	10.05	10.05		
GB/T 10681-5035	40	A60. PS60	E27/27	C,F,W	1 000	N	330	318	8.25	8.25		
GB/T 10681-5050	60	A60. PS60	E27/27	C,F,W	1 000	H	692	687	11.53	11.45		
GB/T 10681-5055	60	A60. PS60	E27/27	C,F,W	1 000	N	574	548	9.57	9.13		
GB/T 10681-5060	75	A60. PS60	E27/27	C,F,W	1 000	H	907	905	12.09	12.07		
GB/T 10681-5070	100	A60. PS60	E27/27	C,F,W	1 000	H	1 306	1 297	13.06	12.97		
GB/T 10681-5075	100	A60. PS60	E27/27	C,F,W	1 000	N	1 179	1 152	11.79	11.52		
GB/T 10681-5090	150	A68. PS68	E27/27	C,F,W	1 000	H	2 110	2 090	14.07	13.93	70	130
GB/T 10681-5095	150	A80. PS80	E27/27	C,F,W	1 000	N	1 971	1 865	13.14	12.43	82	166.5
GB/T 10681-5110	200	A80. PS80	E27/27	C,F,W	1 000	H	2 990	2 942	14.95	14.71		
GB/T 10681-5115	200	A80. PS80	E27/27	C,F,W	1 000	N	2 819	2 742	14.10	13.71		

注:①C 表示透明;F 表示磨砂或表示类似于磨砂效果的涂层;W 表示涂白;N 表示正常光通量;H 表示高光通量。
②单个透明灯泡的初始光通量和光效应不小于额定值的93%。
③单个磨砂、类似磨砂效果涂层灯泡的初始光通量和光效应不小于额定值的91%。
④单个涂白灯泡的初始光通量和光效应不小于额定值的85%。

(二)卤钨灯(GB/T 14094—2005)

卤钨灯是在有钨丝的灯管内加入微量卤簇元素(氟、氯、溴、碘)或卤化物而成。卤钨灯具有体积小、光效高、寿命长、光色好、光衰退小和使用方便等特点。其广泛适用于工厂、矿山、广场、建筑工地等作照明用。

卤钨灯按用途分为投影灯、摄影灯、泛光灯、特殊用途灯、普通用途灯和舞台照明灯六个大类。手册列了泛光灯、舞台灯和普通用途灯的有关数据。

卤钨灯有不同的电源电压要求,其电压符号:电源电压范围<50V——A;电源电压范围 50~170V——B;电源电压范围 170~250V——C。

卤钨灯的最大过电压要求(表示为额定电压的百分数):B 类、C 类——110%;A 类——100%~110%(灯寿命越短数越小)。

卤钨灯的玻壳壁温度较高(当温度能传递到玻壳时),在额定电压下可达 250~900℃。

泛光卤钨灯需与熔断器串联使用,其熔断器的推荐额定值如表 11-22 所示。

1. 泛光灯熔断器的推荐额定值

表 11-22

泛光灯		熔断器	
额定电压(V)	额定功率(W)	额定电流(A)	
		①	②
100~135	100	2.0	—
200~250		2.0	—
100~135	150	2.0	—
200~250		2.0	—
100~135	200	4.0	—
200~250		2.0	—
100~135	250	4.0	—
200~250		2.0	—
100~135	300	4.0	—
200~250		2.0	—
100~135	500	6.3	—
200~250		4.0	—
100~135	750	10.0[3)]	10.0
200~250		6.3	6.0
100~135	1 000	10.0[3)]	10.0
200~250		6.3	6.0
100~135	1 500	—	20.0
200~250		—	10.0
100~135	2 000	—	25.0
200~250		—	10.0

注:①250V"快速"微型高分断能力熔断器(GB 9364.2)。

②500V"快速"D 型熔断器(GB/T 13539.5)。

2. 卤钨灯的光电参数

(1)管型泛光卤钨灯的光电参数

表 11-23

参数表号	额定功率(W)	额定光通量(lm)	额定寿命(h)	外形尺寸(mm)			灯头型号	压封部位允许温度(℃)
				长度	两触点长	灯管直径		
14094-GB/T-4005	100	1 200	1 500	78.3	74.9	12.0	R7s	≤350
	150	2 000						
	250	3 500						
14094-GB/T-4105	200	3 000	1 000	117.6	114.2	12.0	R7s	≤350
	300	4 500						
	500	8 000						
	750	—	—	1891.1	185.7			
	1 000	20 000	1 500					
	1 000	20 000		254.1	250.7			
	1 500	30 000						
	2 000	40 000		330.8	327.4			
14094-GB/T-4205	2 000	40 000	1 500	334.4			Fa4	

注：R7s灯头管型泛光灯的外形尺寸的长度为任一触点至另一顶端的长度。Fa4灯头管型泛光灯为全长。

(2)普通照明单端卤钨灯的光电参数

表 11-24

参数表号	额定功率(W)	额定电压(V)	外形尺寸(mm)			玻壳最小允许温度(℃)	灯头-灯端型号	压封部位最大允许温度(℃)
			玻壳直径	至基准面距离	光中心高度			
14094-GB/T-6710	75	50～170 170～250	19.0	78.5	55	250	B15d	350
	100							
	150							
14094-GB/T-6712	150			87.5	67			
	250							
14094-GB/T-6720	75	50～170	18	76.2	35		E11	
	100							
	150							
	200							
14094-GB/T-6722	250		18	85	41			
14094-GB/T-6725	500	B,C	19	100	51			
14094-GB/T-6726	65	150～170	14	75	35			
	85							
14094-GB/T-6727	130		16	75	35			

注：额定电压：B——50～170V；C——170～250V。

(3)普通照明用灯端卤钨灯的光电参数

表 11-25

参数表号	额定功率(W)	额定电压(V)	额定光通量(lm)	额定寿命(h)	灯端型号	最大外形尺寸(mm)		
						玻壳直径	至基准面距离	光中心高度
14094-GB/T-6730	25	50～170 170～250	190	1 500	G9	14	51	30
	40		370					
	60		630					
	75		840					

续表 11-25

参数表号	额定功率(W)	额定电压(V)	额定光通量(lm)	额定寿命(h)	灯端型号	最大外形尺寸(mm) 玻壳直径	至基准面距离	光中心高度
14094-GB/T-6810	50	50～170 170～250	640	1 500	GZ10	50.7	与 51mm 组合式介质膜或镀铝反光碗及前罩组成	
	50				GU10			
14094-GB/T-6815	75				GZ10		与 64mm 组合式介质膜或镀铝反光碗及前罩组成	
	75				GU10			
14094-GB/T-6817	50	170～250			GZ10		与 111mm 组合式介质膜或镀铝反光碗及前罩组成。其中:GU10 灯端仅用于镀铝反光碗卤钨灯	
	50				GU10			
	75				GZ10			
	75				GU10			
	100				GZ10			
	100				GU10			
14094-GB/T-6820	50	50～170			E11	ϕ53×72(长)	与 51mm 组合式介质膜或镀铝反光碗及前罩组成	
	75							

注:触点最大允许温度为 250℃。

(4)舞台照明用卤钨灯的光电参数

表 11-26

参数表号	额定功率(W)	额定电压(V)	灯头-灯端型号	最大外形尺寸(mm) 玻壳直径	总长度	光中心高度	类型	压封部位允许温度(℃)
14094-GB/T-7150	500	50～170 170～250	GY9.5	25	90	48.5	石英	≤350
	650							
14094-GB/T-7165	650		GX9.5	35	110	57		
	1 000							

(三)普通照明用双端荧光灯(GB/T 10682—2010)

双端荧光灯是带有两个独立灯头的直管形荧光灯(俗称日光灯)。

1.双端荧光灯的示意图

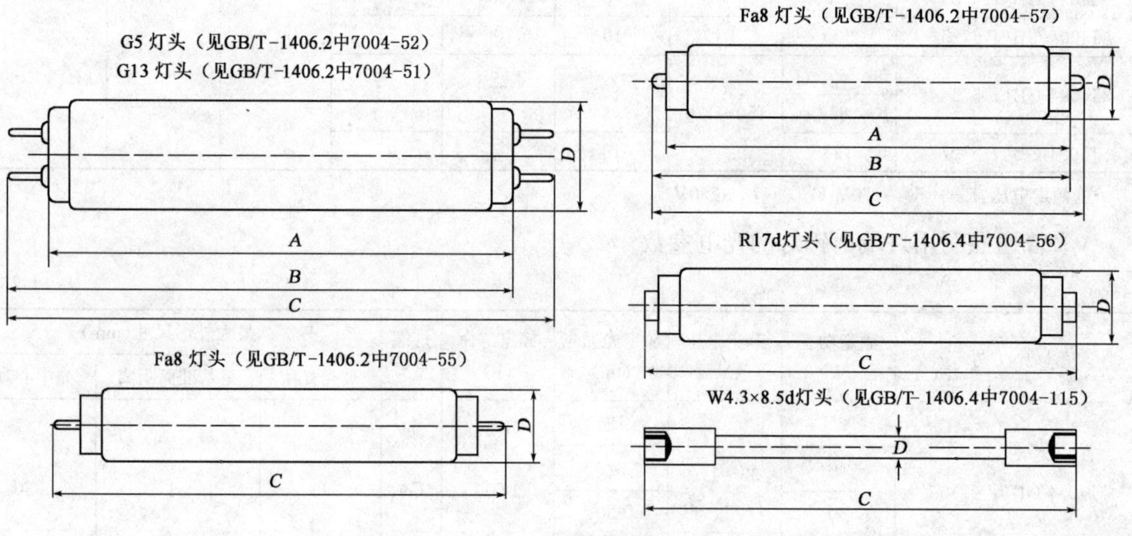

图 11-4 双端荧光灯示意图

2. 双端荧光灯的标记

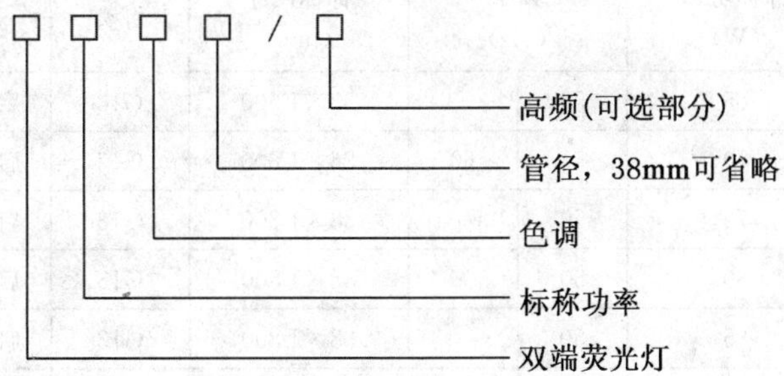

双端荧光灯：YZ表示普通直管型，YK表示快速启动型，YS表示瞬时启动型。而型号最后部分则可用"G"来表示高频荧光灯。

色调：用两位字母代表灯的"颜色"，如表11-27所示。

各种灯"颜色"的色调　　表11-27

"颜色"	F 8000	F 6500	F 5000	F 4000	F 3500	F 3000	F 2700
色调	RC	RR	RZ	RL	RB	RN	RD

示例：YZ36RR26　表示管径26mm，功率36W，日光色普通直管形荧光灯。

YK20RN32　表示管径32mm，功率20W，暖白色快速启动荧光灯。

YZ28RR16/G　表示管径16mm，功率28W，日光色普通直管形高频荧光灯。

注：最后一例中"/G"可不标注。

3. 双端荧光灯的规格尺寸

表11-28

工作类型	参数表号 GB/T 10682-	标称功率 (W)	频率 (Hz)		标称尺寸 (mm)	灯头	线路		阴极类型
							交流电源	高频	
交流电源频率带启动器预热阴极荧光灯	1020	4	50	60	16×150	G5	启动器	—	预热
	1030	6	50	60	16×220	G5	启动器	—	预热
	1040	8	50	60	16×300	G5	启动器	—	预热
	1060	13	50	60	16×525	G5	启动器	—	预热
	2120	15	50	60	26×450	G13	启动器	无启动器	预热
	2215	15	50	60	26×550	G13	启动器	无启动器	预热
	2220	18	50	—	26×600	G13	启动器	无启动器	预热
	2230	20	50	60	32×600	G13	启动器	—	预热
	2240	20	50	60	38×600	G13	启动器	—	预热
	2315	25	50	—	38×970	G13	启动器	—	预热
	2320	30	50	60	26×900	G13	启动器	无启动器	预热
	2340	30	50	—	38×900	G13	启动器	—	预热
	2415	33	50	60	26×1 150	G13	启动器	无启动器	预热
	2420	36	50	—	26×1 200	G13	启动器	无启动器	预热
	2425	38	50	—	26×1 050	G13	启动器	无启动器	预热
	2430	40	50	60	32×1 200	G13	启动器	—	预热
	2440	40	50	60	38×1 200	G13	启动器	—	预热
	2520	58	50	—	26×1 500	G13	启动器	无启动器	预热
	2530	65	50	—	32×1 500	G13	启动器	—	预热

续表 11-28

工作类型	参数表号 GB/T 10682-	标称功率 (W)	频率 (Hz)		标称尺寸 (mm)	灯头	线 路		阴极类型
							交流电源	高频	
交流电源频率带启动器预热阴极荧光灯	2540	65	50	—	38×1 500	G13	启动器	—	预热
	2620	70	50	60	26×1 800	G13	启动器	无启动器	预热
	2640	75	50	—	38×1 800	G13	启动器	—	预热
	2660[a]	80	50	—	38×1 500	G13	启动器	—	预热
	2670[a]	85	50	—	38×1 800	G13	启动器	—	预热
	2840	100	50	—	38×2 400	G13	启动器	—	预热
	2880[a]	125	50	—	38×2 400	G13	启动器	—	预热
快速启动荧光灯(高阴极电阻)	3020	4	50	60	16×150	G5	无启动器	—	预热,高阻
	3030	6	50	60	16×225	G5	无启动器	—	预热,高阻
	3040	8	50	60	16×300	G5	无启动器	—	预热,高阻
	4240	20	50	60	38×600	G13	无启动器	—	预热,高阻
	4340	30	50	—	38×900	G13	无启动器	—	预热,高阻
	4440	40	50	60	38×1 200	G13	无启动器	—	预热,高阻
	4540	65	50	—	38×1 500	G13	无启动器	—	预热,高阻
	4640	75	50	—	38×1 800	G13	无启动器	—	预热,高阻
	4660[a]	80	50	—	38×1 500	G13	无启动器	—	预热,高阻
	4670[a]	85	50	—	38×1 800	G13	无启动器	—	预热,高阻
	4680	125	50	—	38×2 400	G13	无启动器	—	预热,高阻
快速启动荧光灯(低阴极电阻)	5230	20	50	60	32×600	G13	无启动器	—	预热,低阻
	5240	20	50	60	38×600	G13	无启动器	—	预热,低阻
	5340	30	50	60	38×900	G13	无启动器	—	预热,低阻
	5430	40	50	60	32×1 200	G13	无启动器	—	预热,低阻
	5440	40	50	60	38×1 200	G13	无启动器	—	预热,低阻
	5540	65	50		38×1 500	G13	无启动器	—	预热,低阻
	5840	85	50	—	38×2 400	G13	无启动器	—	预热,低阻
	5960	60	—	60	38×1 200	R17d	无启动器	—	预热,低阻
	5970	87		60	38×1 800	R17d	无启动器	—	预热,低阻
	5980	112		60	38×2 400	R17d	无启动器	—	预热,低阻
高频预热阴极荧光灯	6030	6	25k		7×220	W4.3	—	无启动器	预热
	6040	8	25k		7×320	W4.3	—	无启动器	预热
	6050	11	25k		7×420	W4.3	—	无启动器	预热
	6060	13	25k		7×520	W4.3	—	无启动器	预热
	6520	14	≥20k		16×550	G5		无启动器	预热
	6530	21	≥20k		16×850	G5	—	无启动器	预热
	6620	24	≥20k		16×550	G5		无启动器	预热
	6640	28	≥20k		16×1 150	G5	—	无启动器	预热
	6650	35	≥20k		16×1 450	G5		无启动器	预热
	6730	39	≥20k		16×850	G5	—	无启动器	预热
	6750	49	≥20k		16×1 450	G5	—	无启动器	预热

续表 11-28

工作类型	参数表号 GB/T 10682-	标称功率 (W)	频率 (Hz)		标称尺寸 (mm)	灯头	线路		阴极类型
							交流电源	高频	
高频预热阴极荧光灯	6840	54	≥20k		16×1 150	G5	—	无启动器	预热
	6850	80	≥20k		16×1 450	G5	—	无启动器	预热
	7220	16	≥20k		26×600	G13	—	无启动器	预热
	7222	23	≥20k		26×600	G13	—	无启动器	预热
	7420	32	≥20k		26×1 200	G13	—	无启动器	预热
	7422	45	≥20k		26×1 200	G13	—	无启动器	预热
	7520	50	≥20k		26×1 500	G13	—	无启动器	预热
交流电源频率非预热阴极灯	8240	20	50	—	38×600	Fa6	无启动器	—	非预热
	8440	40	50	—	38×1 200	Fa6	无启动器	—	非预热
	8540	65	50	—	38×1 500	Fa6	无启动器	—	非预热
	8640	39	—	60	38×1 200	Fa8	无启动器	—	非预热
	8740	57	—	60	38×1 800	Fa8	无启动器	—	非预热
	8840	75	—	60	38×2 400	Fa8	无启动器	—	非预热
高频非预热阴极灯	9420	32	≥20k		26×1 200	Fa6	—	无启动器	非预热
	9520	50	≥20k		26×1 500	Fa6	—	无启动器	非预热

注：①[a] 主要用于替换目的。

②标称尺寸为灯的管径(mm)×全长(mm)。

4. 双端荧光灯的初始光效和额定寿命

表 11-29

工作类型	标称功率 (W)	参数表号	光效(斜线"/"前后分别是额定值和极限值),(lm/W)								额定寿命(h)	
			使用三基色荧光粉的灯				使用卤磷酸钙荧光粉的灯				三基色荧光粉灯	卤磷酸钙荧光粉灯
			RC	RR RZ	RL RB	RN RD	RC	RR RZ	RL RB	RN RD		
交流电源频率带启动器预热阴极荧光灯	4	1020	—	*	*	*	—	24/22	29/27	29/27	*	5 000
	6	1030	—	*	*	*	—	35/32	40/37	43/40		
	8	1040	—	*	60/55	63/58	—	44/40	49/45	53/49	6 000	
	13	1060	—	*	74/68	76/70	—	50/46	57/52	62/57		
	15	2120	—	60/55	63/58	63/58	—	45/41	47/43	47/43	1 300	10 000
	15	2215	—	63/58	66/61	66/61	—	47/43	52/48	53/49		
	18	2220	70/64	72/66	75/69	75/69	52/48	54/50	57/52	57/52		
	20	2230	—	—	—	—	—	51/47	60/55	60/55	—	
	20	2240	—	—	—	—	—	51/47	60/55	60/55		
	25	2315	—	—	—	—	—	*	*	*		
	30	2320	75/69	77/71	80/74	80/74	56/52	58/53	62/57	62/57	13 000	
	30	2340	—	—	—	—	—	59/54	69/63	71/65	—	
	33	2415	—	*	*	*	—	61/56	64/59	65/60	13 000	
	36	2420	80/74	84/78	86/80	86/80	62/57	67/62	69/63	69/63		
	38	2425	—	*	*	*	—	*	*	*		
	40	2430	—	—	—	—	—	62/57	68/63	70/64	—	
	40	2540	—	—	—	—	—	61/56	67/62	70/64		

续表 11-29

工作类型	标称功率(W)	参数表号	光效(斜线"/"前后分别是额定值和极限值),(lm/W)								额定寿命(h)	
			使用三基色荧光粉的灯				使用卤磷酸钙荧光粉的灯				三基色荧光粉灯	卤磷酸钙荧光粉灯
			RC	RR RZ	RL RB	RN RD	RC	RR RZ	RL RB	RN RD		
交流电源频率带启动器预热阴极荧光灯	58	2520	80/74	82/74	86/77	86/77	62/57	64/59	67/62	67/62	13 000	10 000
	65	2530	—	—	—	—	—	66/61	77/71	81/75	—	
	65	2540	—	—	—	—	—	64/59	75/69	78/72		
	70	2620	—	*	*	*	—	*	*	*	13 000	
	75	2640	—	—	—	—	—	*	*	*	—	
	80	2660	—	—	—	—	—	61/56	72/66	74/68		
	85	2670	—	—	—	—	—	61/56	75/69	78/71		
	100	2840	—	—	—	—	—	59/54	71/65	73/67		
	125	2880	—	—	—	—	—	61/56	71/65	72/66		
快速启动荧光灯(高阴极电阻)	4	3020	—	*	*	*	—	*	*	*	*	*
	6	3030	—	*	*	*	—	*	*	*		
	8	3040	—	*	*	*	—	*	*	*		
	20	4240	—	—	—	—	—	40/37	48/44	48/44	—	8 000
	30	4340	—	—	—	—	—	*	*	*		
	40	4440	—	—	—	—	—	51/47	54/50	56/52		
	65	4540	—	—	—	—	—	*	*	*		
	75	4640	—	—	—	—	—	*	*	*		
	80	4660	—	—	—	—	—	*	*	*		
	85	4670	—	—	—	—	—	*	*	*		
	125	4680	—	—	—	—	—	*	*	*		
快速启动荧光灯(低阴极电阻)	20	5230	—	—	—	—	—	40/37	48/44	48/44	—	8 000
	20	5240	—	—	—	—	—	40/37	48/44	48/44		
	30	5340	—	—	—	—	—	*	*	*		
	40	5430	—	—	—	—	—	51/47	54/80	56/52		
	40	5440	—	—	—	—	—	51/47	54/80	56/52		
	65	5540	—	—	—	—	—	*	*	*		
	85	5840	—	—	—	—	—	*	*	*		
	60	5960	—	—	—	—	—	*	*	*		
	87	5970	—	—	—	—	—	*	*	*		
	112	5980	—	—	—	—	—	*	*	*		
高频预热阴极荧光灯	6	6030		*	*	*		*	*	*	*	*
	8	6040	—	*	*	*	—	*	*	*		
	11	6050	—	*	*	*	—	*	*	*		
	13	6060	—	*	*	*	—	*	*	*		
	14	6520	71/65	75/69	81/75	81/75	—	—	—	—	10 000	—
	21	6530	78/72	81/75	90/83	90/83	—	—	—	—		
	24	6620	68/63	71/65	73/67	73/67	—	—	—	—		
	28	6640	80/74	84/77	89/82	89/82	—	—	—	—		

续表 11-29

工作类型	标称功率(W)	参数表号	光效(斜线"/"前后分别是额定值和极限值),(lm/W)								额定寿命(h)	
			使用三基色荧光粉的灯				使用卤磷酸钙荧光粉的灯				三基色荧光粉灯	卤磷酸钙荧光粉灯
			RC	RR RZ	RL RB	RN RD	RC	RR RZ	RL RB	RN RD		
高频预热阴极荧光灯	35	6 650	81/75	82/75	89/82	89/82	—	—	—	—	10 000	—
	39	6730	70/64	73/67	77/71	77/71	—	—	—	—		
	49	6750	78/72	82/75	86/79	86/79	—	—	—	—		
	54	6840	70/64	73/67	78/72	78/72	—	—	—	—		
	80	6850	66/61	69/63	73/67	73/67	—	—	—	—		
	16	7220	—	72/66	81/75	81/75	—	—	—	—	13 000	
	32	7420	—	85/78	91/84	91/84	—	—	—	—		
	23	7222	—	84/76	90/85	90/85	—	—	—	—		
	45	7422	—	93/85	98/90	98/90	—	—	—	—	15 000	
	50	7520	—	*	*	*	—	*	*	*		
工作于交流电源频率线路的非预热阴极灯	20	8240	—	—	—	—	—	38/35	44/40	46/42	—	5 000
	40	8440	—	—	—	—	—	50/46	55/51	55/51		
	65	8540	—	—	—	—	—	*	*	*		
	39	8640	—	—	—	—	—	*	*	*		
	57	8740	—	—	—	—	—	*	*	*		
	75	8840	—	—	—	—	—	*	*	*		
工作于高频线路的非预热阴极灯	32	9420	—	*	*	*	—	*	*	*	*	5 000
	50	9520	—	*	*	*	—	*	*	*		

注:①对于显色指数在 90 以上的灯,表中的光效要求不适用。由于这种灯对光谱分布的高要求而采用特别的荧光粉,因此其光效低于同型号的三基色荧光灯。

②"*"表示相关参数待定。

③"—"表示无相应的灯种。

5.用启动器的荧光灯镇流器基本参数(GB/T 10682—2010)

表 11-30

参数表号 GB/T 10682-	额定功率(灯管功率)(W)	额定电压(V)	额定功率(Hz)	标称工作电流(A)	开路电压(V)		启动器上最大电压有效值(V)	两串联阴极等效电阻(Ω)	预热电流(A)	
					启动器有效值≥	灯管峰值≤			最小值	最大值
1020	4	110/120	50/60	0.170	103.5	400	68	140	0.144	0.275
1030	6	110/120	50/60	0.160	103.5	400	68	140	0.144	0.275
1040	8	110/120	50/60	0.145	103.5	400	68	140	0.144	0.275
1060	13	220	50/60	0.165	198	400	128	140	0.146	0.297
2120	15	110/120	50/60	0.310/0.305	103.5	400	68	50	0.280	0.650
2215	15	110	50	0.300	103.5	400	68	50	0.270	0.630
2220	18	110	50	0.37	103.5	400	68	50	0.333	0.800
2230	20	110	50/60	0.360	95	400	68	50	0.333	0.800
2240	20	110	50/60	0.370/0.380	103.5	400	68	50	0.333	0.800

续表 11-30

参数表号 GB/T 10682-	额定功率(灯管功率)(W)	额定电压(V)	额定功率(Hz)	标称工作电流(A)	开路电压(V)		启动器上最大电压有效值(V)	两串联阴极等效电阻(Ω)	预热电流(A)	
					启动器有效值≥	灯管峰值≤			最小值	最大值
2315	25	220	50	0.290	198	400	128	50	0.261	0.609
2320	30	220	50/60	0.365/0.355	198	400	128	50	0.328	0.766
2340	30	220	50	0.405	198	400	128	40	0.365	0.850
2415	33	220	50	0.380	198	400	128	40	0.342	0.798
2420	36	220	50	0.430	198	400	128	40	0.387	0.904
2425	38	220	50	0.430	198	400	128	40	0.387	0.904
2430	40	220	50/60	0.42/0.425	180	400	128	40	0.387	0.904
2440	40	220	50/60	0.43/0.435	198	400	128	40	0.387	0.904
2520	58	220	50	0.670	198	400	132	25	0.603	1.410
2530	65	220	50	0.670	198	400	132	25	0.603	1.410
2540	65	220	50	0.670	198	400	132	25	0.603	1.410
2620	70	240	50/60	0.70	216	400	160	25	0.590	1.470
2640	75	240	50	0.670	216	400	160	25	0.570	1.410
2660	80	240	50	0.870	198	400	128	25	0.790	1.830
2670	85	240	50	0.80	216	400	160	25	0.680	1.70
2840	100	240	50	0.96	216	400	160	25	0.81	2.00
2880	125	240	50	0.94	216	400	160	25	0.80	1.97

注:标称工作电流中数据:分子为 50Hz;分母为 60Hz。

(四)普通照明用单端荧光灯(GB/T 17262—2011)

单端荧光灯是一种低压汞蒸气放电灯,其大部分光是由放电产生的紫外线激活荧光粉涂层而发出的。单端荧光灯具有单灯头,并装有内启动或外启动装置,连接在外电路上工作。

单端荧光灯按放电管数量及形状分为双管、四管、多管、方形和环形。

单端荧光灯配有镇流器和启动器使用。

单端荧光灯的平均寿命不低于 8 000h。灯在燃点 2 000h 寿命时的光通维持率不应低于 82%,70%寿命时的光通维持率不应低于 70%。

1. 单端荧光灯的额定颜色特性

单端荧光灯的额定颜色特性　　表 11-31

颜　色	代表符号	色品坐标目标值		相关色温(K)	一般显色指数
		x	y		
F 6500(日光色)	RR	0.313	0.337	6 400	80
F 5000(中性白色)	RZ	0.346	0.359	5 000	
F 4000(冷白色)	RL	0.380	0.380	4 040	82
F 3500(白色)	RB	0.409	0.394	3 450	
F 3000(暖白色)	RN	0.440	0.403	2 940	84
F 2700(白炽灯色)	RD	0.463	0.420	2 720	

2.单端荧光灯的标记

单端管形荧光灯：

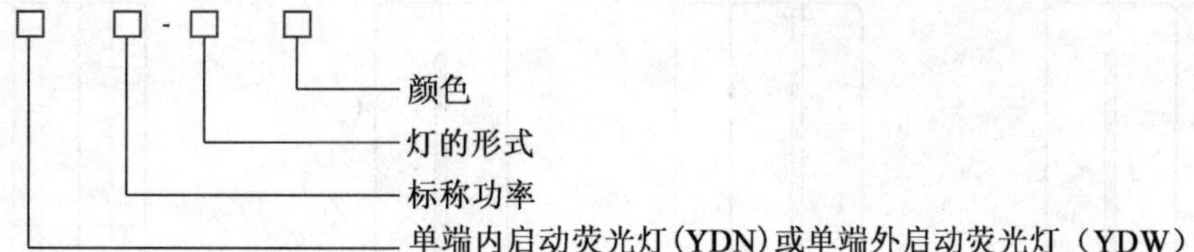

颜色：RR 表示日光色(6500K)，RZ 表示中性白色(5000K)，RL 表示冷白色(4000K)，RB 表示白色(3500K)，RN 表示暖白色(3000K)，RD 表示白炽灯色(2700K)。

示例：YDN9-2U·RR 表示 9W2U 型日光色单端内启动荧光灯。

YDW16-2D·RN 表示 16W2D 型暖白色单端外启动荧光灯。

环形荧光灯：

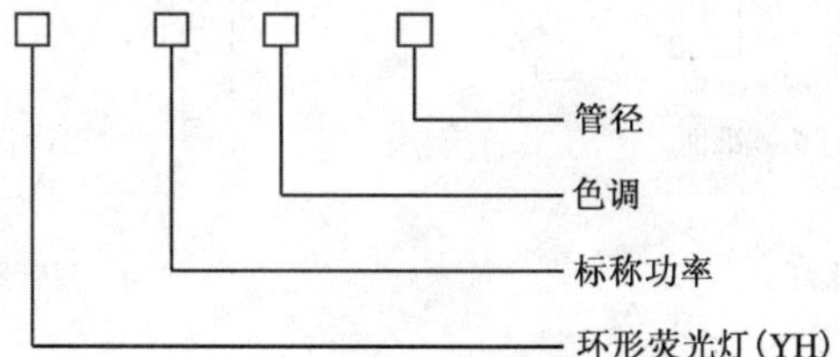

示例：YH32RR29 表示管径为 29mm 的 32W 日光色环形荧光灯。

YH55RZ16 表示管径为 16mm 的 55W 中性白色环形荧光灯。

灯的形式命名及其主要特征　　表 11-32

灯的形式	主要特征
H 形	灯的两个放电管用“接桥”法连接在一起，使灯的外形近似于“H”形
π 形	灯的顶部弯成“π”形的灯
U 形	灯的顶部弯成“U”形的灯
2U 形	灯的顶部由两个“U”形放电管并列排放并连在一起的灯
2U1 形	灯的顶部由两个“U”形放电管“一”字排放并连在一起的灯
2π 形	灯的顶部由两个“π”形放电管并列排放并连在一起的灯
2π1 形	灯的顶部由两个“π”形放电管“一”字排放并连在一起的灯
2H 形	灯的顶部由两个“H”形放电管并列排放并连在一起的灯
2H1 形	灯的顶部由两个“H”形放电管“一”字排放并连在一起的灯
3U 形	灯的顶部由三个“U”形放电管圆周排放并连在一起的灯
3U1 形	灯的顶部由三个“U”形放电管并列排放并连在一起的灯
3H 形	灯的顶部由三个“H”形放电管圆周排放并连在一起的灯
3H1 形	灯的顶部由三个“H”形放电管并列排放并连在一起的灯
3π 形	灯的顶部由三个“π”形放电管圆周排放并连在一起的灯
3π1 形	灯的顶部由三个“π”形放电管并列排放并连在一起的灯
2D 形	放电管弯成近似两个 D 形的方形灯

注：以放电管的近似形状为灯形式命名的依据，如“H”形、“π”形、“U”形、“2U”形和“2H”形等。对于 2U、2H、3U 和 3H 形灯，又可根据不同的排列方法，分为 0 型和 1 型两种。0 型灯在型号中通常可以省略，1 型灯应标出。

3. 单端荧光灯尺寸示意图

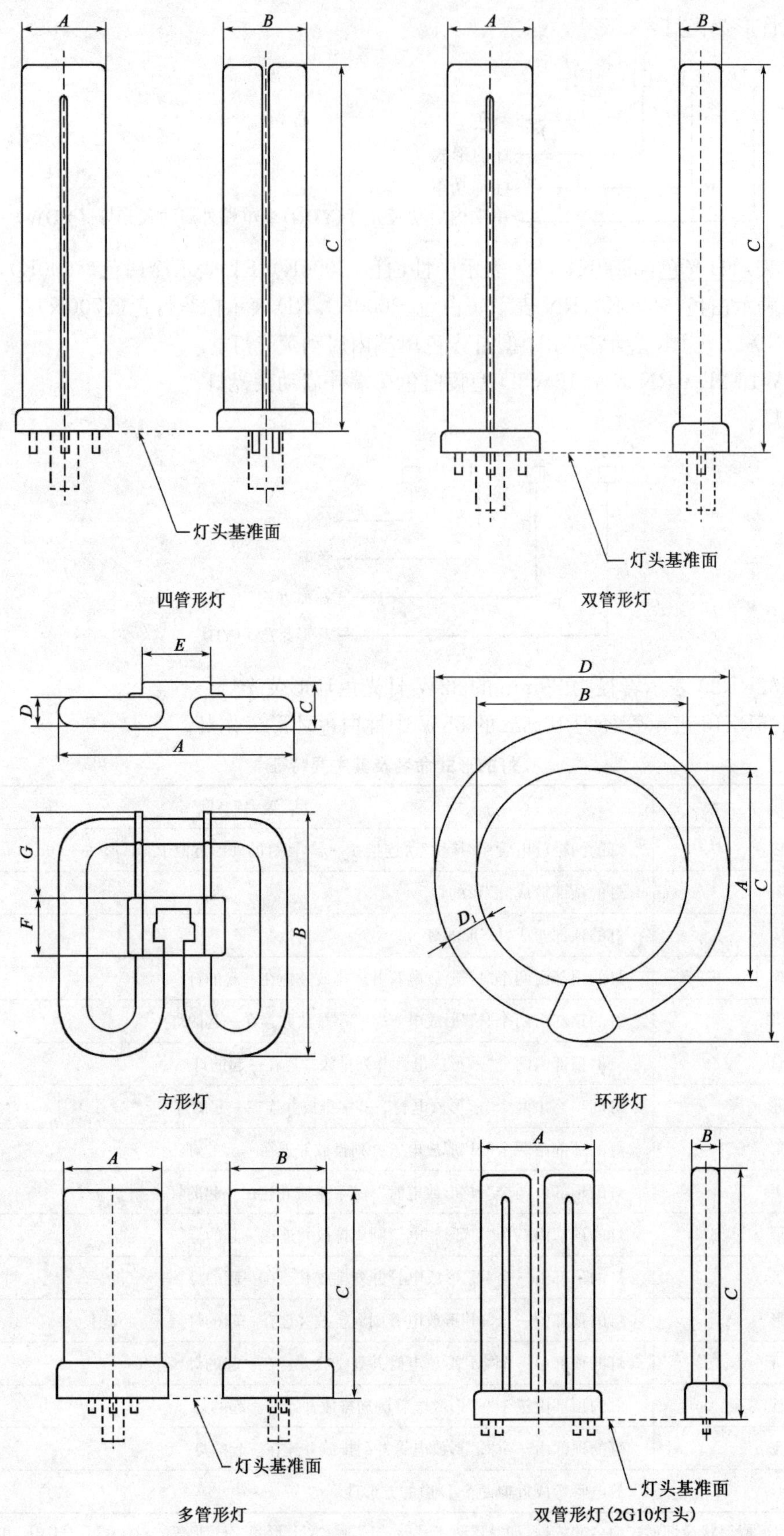

图 11-5 单端荧光灯尺寸示意图

4. 单端荧光灯的初始光效

表 11-33

灯的类型	标称功率(W)	光效(lm/W)			
		RR,RZ		RL,RB,RN,RD	
		额定值	极限值	额定值	极限值
双管类	5	46	42	48	44
	7	50	46	54	50
	9	60	55	64	59
	11	75	69	80	74
	18	62	57	67	62
	24	67	62	71	65
	27	65	60	68	63
	28	69	63	73	67
	30	69	63	73	67
	36	73	67	76	70
	40	73	67	76	70
	55	73	67	76	70
	80	75	69	78	72
四管类	10	56	52	60	55
	13	65	60	68	63
	18	62	57	67	62
	26	65	60	68	63
	27	56	52	59	54
多管类	13	65	60	68	63
	18	62	57	67	62
	26	65	60	68	63
	32	60	55	65	60
多管类	42	60	55	65	60
	57	64	59	67	62
	60	64	59	67	62
	62	64	59	67	62
	70	64	59	67	62
	82	64	59	67	62
	85	64	59	67	62
	120	64	59	67	62

续表 11-33

灯的类型		标称功率(W)	光效(lm/W)			
			RR,RZ		RL,RB,RN,RD	
			额定值	极限值	额定值	极限值
方形		10	59	54	63	58
		16	60	55	66	61
		21	60	55	66	61
		24	62	57	67	62
		28	64	59	66	61
		36	66	61	68	63
		38	68	63	70	64
环形	ϕ29(卤粉)	22	45	41	51	47
		32	50	46	57	52
		40	56	52	65	60
	ϕ29(三基色粉)	22	60	55	64	59
		32	70	64	74	68
		40	70	64	74	68
	ϕ16	20	78	72	82	75
		22	78	72	82	75
		27	78	72	82	75
		34	78	72	82	75
		40	75	69	80	74
		41	75	69	80	74
		55	69	63	72	66
		60	69	63	72	66
	ϕ38	41				
		68	待定	待定		
		97				

5. 单端荧光灯参数

表 11-34

参数表编号 17272-GB/T-	标称功率(W)	频率(Hz)		灯形	灯头	启动方式	电路		阴极类型	灯尺寸(mm)		
							交流电源	高频		A	B	C
0005	5	50	60	双管形	G23	内启动	—	—	预热式	28	13	85
0007	7	50	60	双管形	G23	内启动	—	—	预热式	28	13	115
0009	9	50	60	双管形	G23	内启动	—	—	预热式	28	13	145
0011	11	50	—	双管形	G23	内启动	—	—	预热式	28	13	215
0013	13	—	60	双管形	GX23	内启动	—	—	预热式	28	13	170
0510	10	50	60	四管形	G24d-1	内启动	—	—	预热式	28	28	95
0513	13	50	60	四管形	G24d-1	内启动	—	—	预热式	28	28	130
0518	18	50	60	四管形	G24d-2	内启动	—	—	预热式	28	28	140
0526	26	50	60	四管形	G24d-3	内启动	—	—	预热式	28	28	160
0715	15	—	60	四管形	GX32d-1	内启动	—	—	预热式	41	41	117

续表 11-34

参数表编号 17272-GB/T-	标称功率 (W)	频率 (Hz)		灯形	灯头	启动方式	电路		阴极类型	灯尺寸(mm)		
							交流电源	高频		A	B	C
0720	20	—	60	四管形	GX32d-2	内启动	—	—	预热式	41	41	130
0727	27	—	60	四管形	GX32d-3	内启动	—	—	预热式	41	41	146
1016	16	50	—	方形	GR8	内启动	—	—	预热式	138	141	27.5
1028	28	50	—	方形	GR8	内启动	—	—	预热式	205	207	33
1413	13	50	60	多管形	GX24d-1	内启动	—	—	预热式	52	52	90
1418	18	50	60	多管形	GX24d-2	内启动	—	—	预热式	52	52	110
1426	26	50	60	多管形	GX24d-3	内启动	—	—	预热式	52	52	130
2005	5	50	60	双管形	2G7	外启动	启动器	无启动器	预热式	28	13	85
2007	7	50	60	双管形	2G7	外启动	启动器	无启动器	预热式	28	13	115
2009	9	50	60	双管形	2G7	外启动	启动器	无启动器	预热式	28	13	145
2011	11	50	—	双管形	2G7	外启动	启动器	无启动器	预热式	28	13	215
2127	27	50	60	双管形	GY10q-4	外启动	启动器	—	预热式	44	21	265
2128	28	50	60	双管形	GY10q-5	外启动	启动器	—	预热式	44	21	340
2130	30	50	60	双管形	GY10q-4	外启动	启动器	—	预热式	54	25	280
2136	36	50	60	双管形	GY10q-6	外启动	启动器	—	预热式	44	21	430
2218	18	50	60	双管形	2G11	外启动	启动器	无启动器	预热式	40	20	225
2224	24	50	60	双管形	2G11	外启动	启动器	无启动器	预热式	40	20	320
2236	36	50	60	双管形	2G11	外启动	启动器	无启动器	预热式	40	20	415
2510	10	50	60	四管形	G24q-1	外启动	启动器	无启动器	预热式	28	28	95
2513	13	50	60	四管形	G24q-1	外启动	启动器	无启动器	预热式	28	28	130
2518	18	50	60	四管形	G24q-2	外启动	启动器	无启动器	预热式	28	28	140
2526	26	50	60	四管形	G24q-3	外启动	启动器	无启动器	预热式	28	28	160
2613	13	50	60	四管形	GX10q-2	外启动	启动器	—	预热式	39	39	120
2618	18	50	60	四管形	GX10q-3	外启动	启动器	—	预热式	39	39	128
2627	27	50	60	四管形	GX10q-4	外启动	启动器	—	预热式	39	39	142
3010	10	50	—	方形	GR10q	外启动	启动器	—	预热式	92	95	34.5
3016	16	50	—	方形	GR10q	外启动	启动器	—	预热式	138	141	27.5
3021	21	50	—	方形	GR10q	外启动	启动器	—	预热式	138	141	27.5
3028	28	50	—	方形	GR10q	外启动	启动器	—	预热式	205	207	33
3038	38	50	—	方形	GR10q	外启动	启动器	—	预热式	205	207	33
3118	18	50	60	方形	2G10	外启动	启动器	无启动器	预热式	79	18	122
3124	24	50	60	方形	2G10	外启动	启动器	无启动器	预热式	79	18	165

续表 11-34

参数表编号 17272-GB/T-	标称功率 (W)	频率 (Hz)		灯形	灯头	启动方式	电路		阴极类型	灯尺寸(mm)			
							交流电源	高频		A	B	C	D_1
3136	36	50	60	方形	2G10	外启动	启动器	无启动器	预热式	79	18	217	-
3222	22	50	60	环形	G10q	外启动	启动器	—	预热式	155.6	157.2	215.9	30.9
3232	32	50	60	环形	G10q	外启动	启动器	—	预热式	246.1	246.1	304.8	30.9
3240	40	50	—	环形	G10q	外启动	启动器	—	预热式	347.7	347.7	406.4	30.9
3413	13	50	60	多管形	GX24q-1	外启动	启动器	无启动器	预热式	52	52	90	
3418	18	50	60	多管形	GX24q-2	外启动	启动器	无启动器	预热式	52	52	110	
3426	26	50	60	多管形	GX24q-3	外启动	启动器	无启动器	预热式	52	52	130	
4224	24/27	—	60	双管形	2G11	外启动	无启动器	—	预热式低电阻	40	20	320	
4236	36/39	—	60	双管形	2G11	外启动	无启动器	—	预热式低电阻	40	20	415	
5010	10	50	—	方形	GR10q	外启动	无启动器	—	预热式高电阻	92	95	34.5	14
5016	16	50	—	方形	GR10q	外启动	无启动器	—	预热式高电阻	138	141	27.5	15
5021	21	50	—	方形	GR10q	外启动	无启动器	—	预热式高电阻	138	141	27.5	15
5028	28	50	—	方形	GR10q	外启动	无启动器	—	预热式低电阻	205	207	33	24
5038	38	50	—	方形	GR10q	外启动	无启动器	—	预热式低电阻	205	207	33	24
5222	22	—	60	环形	G10q	外启动	无启动器	—	预热式低电阻	155.6	157.2	215.9	30.9
5232	32	—	60	环形	G10q	外启动	无启动器	—	预热式低电阻	246.1	246.1	304.8	30.9
5240	40	—	60	环形	G10q	外启动	无启动器	—	预热式低电阻	347.7	347.7	406.4	30.9
6240	40	≥20k		双管形	2G11	外启动	—	无启动器	预热式	40	20	535	
6255	55	≥20k		双管形	2G11	外启动	—	无启动器	预热式	40	20	535	
6280	80	≥20k		双管形	2GX13	外启动	—	无启动器	预热式	40	20	565	
6722	22	≥20k		环形	2GX13	外启动	—	无启动器	预热式		197	230	18
6740	40	≥20k		环形	2GX13	外启动	—	无启动器	预热式		272	305	18
6755	55	≥20k		环形	2GX13	外启动	—	无启动器	预热式		272	305	18
6760	60	≥20k		环形	2GX13	外启动	—	无启动器	预热式		346	379	18
6820	20	≥20k		环形	GZ10q	外启动	—	无启动器	预热式		197	230	18
6827	27	≥20k		环形	GZ10q	外启动	—	无启动器	预热式		272	305	18
6834	34	≥20k		环形	GZ10q	外启动	—	无启动器	预热式		346	379	18
6841	41	≥20k		环形	GZ10q	外启动	—	无启动器	预热式		420	453	18
6941	41	≥20k		环形	GU10q	外启动	—	无启动器	预热式		112	200	48
6968	68	≥20k		环形	GU10q	外启动	—	无启动器	预热式		216	304	48
6997	97	≥20k		环形	GU10q	外启动	—	无启动器	预热式		320	408	48
7432	32	≥20k		多管形	GX24q-1	外启动	—	无启动器	预热式	52	52	145	
7442	42	≥20k		多管形	GX24q-2	外启动	—	无启动器	预热式	52	52	155	
7456	57	≥20k		多管形-6	GX24q-3	外启动	—	无启动器	预热式	52	52	191	
7457	57	≥20k		多管形-8	GX24q-3	外启动	—	无启动器	预热式	52	52	169	
7469	70	≥20k		多管形-6	GX24q-6	外启动	—	无启动器	预热式	52	52	219	
7470	70	≥20k		多管形-8	GX24q-6	外启动	—	无启动器	预热式	52	52	197	
7660	60	≥20k		多管形-6	2G8-1	外启动	—	无启动器	预热式	59	59	167	

续表 11-34

参数表编号 17272-GB/T-	标称功率 (W)	频率 (Hz)	灯形	灯头	启动方式	电路		阴极类型	灯尺寸(mm)			
						交流电源	高频		A	B	C	D_1
7685	85	≥20k	多管形-6	2G8-1	外启动	—	无启动器	预热式	59	59	208	
7719	120	≥20k	多管形-6	2G8-1	外启动	—	无启动器	预热式	59	59	285	
7720	120	≥20k	多管形-8	2G8-1	外启动	—	无启动器	预热式	72	72	225	
7862	62	≥20k	多管形-8	2G8-2	外启动	—	无启动器	预热式	70	70	161	
7882	82	≥20k	多管形-8	2G8-2	外启动	—	无启动器	预热式	70	70	203	

注：参数表编号 6722～6997 的环形灯 C 栏尺寸数据应为图中的 D 尺寸。

(五)普通照明用自整流荧光灯(GB/T 17263—2013)

普通照明用自整流荧光灯额定电压为 220V，频率为 50Hz，额定功率不大于 60W。灯含有灯头、灯管、镇流器，并集成一体，适用于家庭和类似场合的普通照明。

1.普通照明用自整流荧光灯的标记

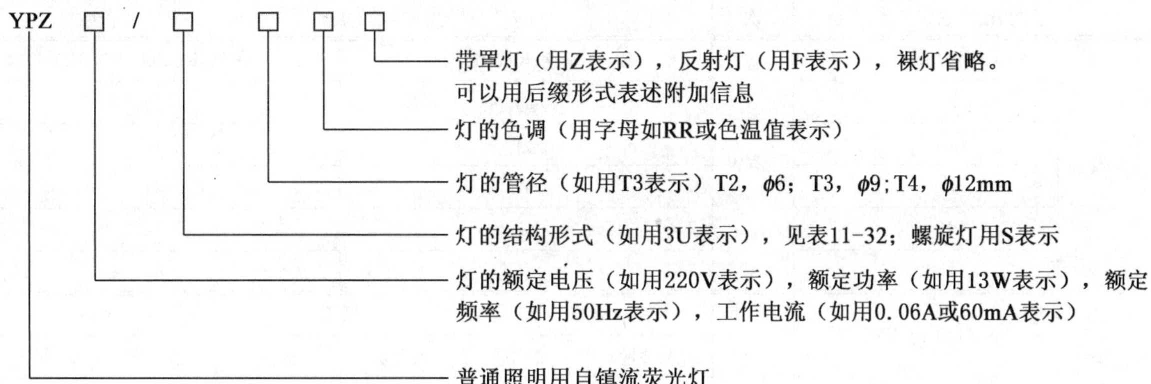

示例：220V13W50Hz0.06A3Uϕ9 型日光色普通照明用自镇流荧光灯的型号为：YPZ 220V 13W 50Hz 0.06A 3U/T3·RR。

2.自整流荧光灯的外形尺寸示意图

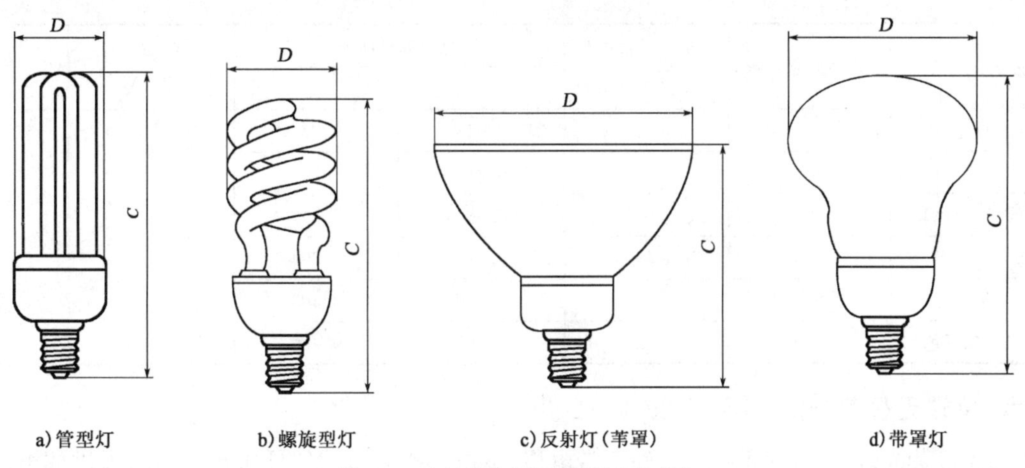

图 11-6 自镇流荧光灯外形尺寸示意图

3.自整流荧光灯的规格

自整流荧光灯用灯头有螺口式、卡口式、插脚式等。产品规格和外形尺寸由生产方定。常用规格(额定功率)主要有 5、7、9、10、11、13、16、18、21、24、26、28、36、38W 等。

4. 普通照明用自整流荧光灯的通用技术要求

表 11-35

项　目				裸　灯	带　罩　灯
正常启动时间(25℃,92%额定电压)			s	≤2	
低温启动时间(−10℃,92%额定电压)				≤10	
光通量	标称等同的白炽灯的功率	15W	lm 不小于	125	
		25W		229	
		40W		432	
		60W		741	
光通维持率	2 000h		%	85	80
	40%额定寿命			80	75
	70%额定寿命			70	65
中值寿命			h	管径＞T2 的裸灯,≥10 000	≥6 000
				管径为 T2 的螺旋裸灯,≥8 000	
耐开关次数			次	预热启动的灯应≥10 000	
光效	额定功率(W)		lm/W	颜色:RZ,RR	颜色:RL,RB,RN,RD
	≤5			36	38
	6～8			44	46
	9～14			51	54
	15～24			57	60
	≥25			61	64

灯的汞含量要求	灯功率(W)		合格		低汞		微汞	
			汞含量	极差	汞含量	极差	汞含量	极差
	≤30	mg	2.5	1.5	1.5	1.0	1.0	0.5
	＞30		3.5	2.0	2.5	1.5	1.5	1.0

5. 自整流荧光灯的颜色特性

表 11-36

色　调	表 示 符 号	相关色温目标值(K)	色坐标目标值		色容差 SDCM	平均显色指数 Ra
			x	y		
F 6500(日光色)	RR	6 430	0.313	0.337	≤5	80
F 5000(中性白色)	RZ	5 000	0.346	0.359		
F 4000(冷白色)	RL	4 040	0.380	0.380		
F 3500(白色)	RB	3 450	0.409	0.394		
F 3000(暖白色)	RN	2 940	0.440	0.403		
F 2700(白炽灯色)	RD	2 720	0.453	0.420		

(六)单端无极荧光灯(GB/T 2938—2008)

单端无极荧光灯(代号 WJY)是一种不带电极、以电磁耦合方式给低压水银蒸汽提供放电能量的荧光灯,分为外耦合和内耦合两种。外耦合是将电磁能量耦合线圈置于灯管外侧(磁路闭合)的单端无极荧光灯;内耦合是将电磁能量耦合线圈置于玻壳内腔(磁路开放)的单端无极荧光灯。

外耦合单端无极荧光灯工作频率为 200～300kHz;内耦合单端无极荧光灯的工作频率为 2.65MHz。

无极荧光灯分六种色调：RR——日光色；RZ——中性白色；RL——冷白色；RB——白色；RN——暖白色；RD——白炽灯色。

1.额定电压下配用基准镇流器时灯的光特性

表 11-37

色 调	代表符号	一般显色指数		色品参数			
		内耦合灯(不含85W,200W)	外耦合管及内耦合85W,200W	色坐标目标值		相关色温(K)	色品容差SDCM
				x	y		
F 6500(日光色)	RR	76	78	0.313	0.337	6 430	≤5
F 5000(中性白色)	RZ			0.346	0.359	5 000	
F 4000(冷白色)	RL	78	80	0.380	0.380	4 040	
F 3500(白色)	RB			0.409	0.394	3 450	
F 3000(暖白色)	RN	80	80	0.440	0.403	2 940	
F 2700(白炽灯色)	RD			0.463	0.420	2 720	

注：光效分三级：Ⅰ级为灯光效的额定值，Ⅱ级为灯光效额定值的90%，Ⅲ级为灯光效额定值的80%。光效见表11-38。

2.单端无极荧光灯参数表

表 11-38

项目	指标名称	额定功率(W)																
		外耦合矩形和环形(方形)灯											内耦合球形灯					
		40	48	70	80	100	120	150	200	250	300	400	45	75	85	120	150	200
		指标参数																
启动	试验电压AC(V)	890	1 050	1 000	1 100	1 200	1 200	1 400	1 660	1 700	1 770	2 000	820	1 060	1 200	1 060	1 200	1 500
启动	最大启动时间(ms)小于	10																
额定电压下配用基准镇流器时的特性 电特性	灯电压(V)	97	128	145	134	195	185	192	222	235	250	265	170	180	150	195	205	190
电特性	灯电流(A)	0.43	0.39	0.51	0.63	0.54	0.68	0.83	0.96	1.12	1.28	1.60	0.26	0.42	0.61	0.62	0.73	1.14
电特性	灯功率(W)	40	48	70	80	100	120	150	200	250	300	400	45	75	85	120	150	200
灯的光特性	F 6500-RR Ⅰ级光效(lm/W)	63	66	74	78	78	78	78	82	82	82	87			68			68
灯的光特性	F 5000-RZ Ⅰ级光效(lm/W)	65	68	76	80	80	80	80	85	85	85	90	65	70	70	70	70	70
灯的光特性	F 4000-RL Ⅰ级光效(lm/W)												65	70	70	70	70	70
灯的光特性	F 3500-RB Ⅰ级光效(lm/W)														70			70
灯的光特性	F 3000-RN Ⅰ级光效(lm/W)														70			70
灯的光特性	F 2700-RD Ⅰ级光效(lm/W)	63	66	74	78	78	78	78	82	82	82	87	62	69	68	69	67	68
灯寿命参数	2 000h光通维持率(%)	93																
灯寿命参数	6 000h光通维持率(%)	85																
灯寿命参数	56 000h光通维持率(%)	70																
灯寿命参数	平均寿命(h)	80 000																
灯寿命参数	个别寿命(h)	50 000																
基准镇流器	工作频率(kHz)	230	230	250	230	250	230	250	250	250	250	250						
基准镇流器	校准电流(A)	0.43	0.39	0.51	0.63	0.54	0.68	0.83	0.96	1.12	1.28	1.60						
基准镇流器	输出功率(W)	40	48	70	80	100	120	150	200	250	300	400						
基准镇流器	测试电压(V)	200	260	300	280	400	380	400	550	520	520	530						
基准镇流器	阻抗(Ω)	240	339	305	232	380	287	251	345	255	212	166						

续表 11-38

项目		指标名称		额定功率(W)																
				外耦合矩形和环形(方形)灯											内耦合球形灯					
				40	48	70	80	100	120	150	200	250	300	400	45	75	85	120	150	200
				指标参数																
灯尺寸(mm)	矩(环)形	灯管长	不大于	200	200	330	300	330	370	420	580		830	1080						
		灯管高度		90(90)		100(90)	100(100)				100(110)	(110)	110(110)							
		灯管宽度		115(185)		140(245)			140(305)	140(310)	150(360)	(380)	150(475)	160(600)						
	球形灯	灯高度													158	252	185	252	233	217
		玻壳直径													86	121	115	131	141	140
		灯头直径													58	58	55	58	58	67

注:灯尺寸栏中括号内数值为环形灯(方形灯)尺寸。

(七)管形荧光灯用交流电子整流器(GB/T 15144—2009)

管形荧光灯用交流电子整流器的使用频率为 50Hz 或 60Hz,电源电压在 1 000V 以下。与其匹配使用的管形荧光灯应符合 GB/T 10682 和 GB/T 17262 的要求。

各规格整流器的能效等级分为:可调光电子整流器——等级 A1;

减少损耗后电子整流器——等级 A2;

电子镇流器——等级 A3。

双端荧光灯用镇流器的能效等级　　表 11-39

灯型号(T)	ILCOS 编码	灯功率(W)		能效等级(W)		
		(50Hz)	高频	A1	A2	A3
T	FD-15-E-G13-26/450	15	13.5	9	16	18
	FD-30-E-G13-26/895	18	16	10.5	19	21
	FD-18-E-G13-26/600	30	24	16.5	31	33
	FD-36-E-G13-26/1 200	36	32	19	36	38
	FD-58-E-G13-26/1 500	38	32	20	38	40
	FD-38-E-G13-26/1 047	58	50	29.5	55	59
	FD-70-E-G13-26/1 800	70	60	36	68	72
	FDH-14-G5-L/H-16/550		14	9.5	17	19
	FDH-21-G5-L/H-16/850		21	13	24	26
	FDH-24-G5-L/H-16/550		24	14	26	28
	FDH-28-G5-L/H-16/1 150		28	17	32	34
	FDH-35-G5-L/H-16/1 450		35	21	39	42
	FDH-39-G5-L/H-16/850		39	23	43	46
	FDH-49-G5-L/H-16/1 450		49	29	55	58
	FDH-54-G5-L/H-16/1 150		54	31.5	60	63
	FDH-80-G5-L/H-16/1 150		80	47.5	88	92
	FDH-16-L/P-G13-26/600		16	10.5	19	21
	FDH-23-L/P-G13-26/600		23	14.5	27	29
	FDH-32-L/P-G13-26/1 200		32	19	36	38
	FDH-45-L/P-G13-26/1 200		45	27	51	54

单端双管荧光灯用镇流器的能效等级 表 11-40

灯型号(TC-L)	ILCOS 编码	灯功率(W)		能效等级(W)		
		(50Hz)	高频	A1	A2	A3
TC-L	FSD-18-E-2G11	18	16	10.5	19	21
	FSD-24-E-2G11	24	22	13.5	25	27
	FSD-36-E-2G11	36	32	19	36	38
	FCH-40-L/P-2GX13-16		40	24	45	48
	FCH-55-L/P-2GX13-16		55	32.5	61	32

单端单排四管荧光灯用镇流器的能效等级 表 11-41

灯型号(TC-F)	ILCOS 编码	灯功率(W)		能效等级(W)		
		(50Hz)	高频	A1	A2	A3
TC-F	FSS-18-E-2G10	18	16	10.5	19	21
	FSS-24-E-2G10	24	22	13.5	25	27
	FSS-36-E-2G10	36	32	19	36	38

单端四管荧光灯用镇流器的能效等级 表 11-42

灯型号(TC-D/TC-DE)	ILCOS 编码	灯功率(W)		能效等级(W)		
		(50Hz)	高频	A1	A2	A3
TC-D TC-DE	FSQ-10-E-G24q1 FSQ-10-I-G24d1	10	9.5	6.5	11	13
	FSQ-13-E-G24q1 FSQ-13-I-G24d1	13	12.5	8	14	16
	FSQ-18-E-G24q2 FSQ-18-I-G24d2	18	16.5	10.5	19	21
	FSQ-26-E-G24q3 FSQ-26-I-G24d3	26	24	14.5	27	29

单端六管荧光灯用镇流器的能效等级 表 11-43

灯型号(TC-T/TC-TE)	ILCOS 编码	灯功率(W)		能效等级(W)		
		(50Hz)	高频	A1	A2	A3
TC-T TC-TE	FSM-18-I-GX24d2 FSM-18-E-GX24q2	18	16.5	10.5	19	21
	FSM-26-I-GX24d3 FSM-26-E-GX24q3	26	24	14.5	27	29
	FSMH-32-L/P-GX24q4		32	19.5	36	39
	FSMH-42-L/P-GX24q4		42	25	47	50

双 D 荧光灯用镇流器的能效等级 表 11-44

灯型号(TC-DD/TC-DDE)	ILCOS 编码	灯功率(W)		能效等级(W)		
		(50Hz)	高频	A1	A2	A3
TC-DD TC-DDE	FSS-10-E-GR10q FSS-10-L/P/H-GR10q	10	9	6.5	11	13
	FSS-16-I-GR8 FSS-16-E-GR10q FSS-16-L/P/H-GR10q	16	14	8.5	17	19
	FSS-21-E-GR10q FSS-21-L/P/H-GR10q	21	19	12	22	24

续表 11-44

灯型号(TC-DD/TC-DDE)	ILCOS 编码	灯功率(W)		能效等级(W)		
		(50Hz)	高频	A1	A2	A3
TC-DD TC-DDE	FSS-28-I-GR8 FSS-28-E-GR10q FSS-28-L/P/H-GR10q	28	25	15.5	29	31
	FSS-38-E-GR10q FSS-38-L/P/H-GR10q	38	34	20	38	40
	FCH-55-L/P-2GX13-16		55	32.5	61	65

单端双管荧光灯用镇流器的能效等级　　表 11-45

灯型号(TC)	ILCOS 编码	灯功率(W)		能效等级(W)		
		(50Hz)	高频	A1	A2	A3
TC	FSD-5-I-G23 FSD-5-E-2G7	5	4.5	4	7	8
	FSD-7-I-G23 FSD-7-E-2G7	7	6.5	5	9	10
	FSD-9-I-G23 FSD-9-E-2G7	9	8	6	11	12
	FSD-9-I-G23 FSD-9-E-2G7	11	11	7.5	14	15

双端荧光灯用镇流器的能效等级　　表 11-46

灯型号(T)	ILCOS 编码	灯功率(W)		能效等级(W)		
		(50Hz)	高频	A1	A2	A3
T	FD-4-G5-16/150	4	3.4	3.5	6	7
	FD-6-G5-16/225	6	5.1	4	8	9
	FD-8-G5-16/300	8	6.7	5	11	12
	FD-13-G5-16/626	13	11.8	8	15	16

环形荧光灯用镇流器的能效等级　　表 11-47

灯型号(T9-C)	ILCOS 编码	灯功率(W)		能效等级(W)		
		(50Hz)	高频	A1	A2	A3
T9-C	FC-22-E-G-G10q-29	22	19	12	22	24
	FC-32-E-G-G10q-29	32	30	18.5	35	37
	FC-40-E-G-G10q-29	40	32	19.5	37	39
	FCH-22-L/P-2GX13-16		22	14	26	28
	FCH-40-L/P-2GX13-16		40	24	45	48
	FCH-55-L/P-2GX13-16		55	32.5	61	65

(八)高压钠灯(GB/T 13259—2005)

高压钠灯为气体放电光源,由高压钠蒸气放电发光。高压钠灯光色为金白色,透雾性强,光效高(可达 100lm/W 以上),有用电省的优点。适合作街道、广场、港口和交通枢纽等场所照明用。

高压钠灯泡以显色指数分为普通型、中显色型和高显色型;按启动方式分为内启动式和外启动式;按玻壳形式分为椭球型(E)和管型(T)。

高压钠灯泡配相应的镇流器使用。适用环境温度为－40～40℃。

1. 高压钠灯泡的型号表示方法

灯泡型号由五部分组成

Ⅰ. NG——电光源代号，高压钠灯；

Ⅱ. 显色性：Z——中显色型

G——高显色型

普通型不表示；

Ⅲ. 灯泡功率，以数字表示；

Ⅳ. 启动方式：N——内启动式

外启动不表示；

Ⅴ. 玻壳形式：E——E 型玻壳

T 型玻壳不表示。

示例：250W 普通型内启动式椭球型玻壳高压钠灯泡（简称 250W（内启动式）高压钠灯泡）的型号为 NG 250 N-E。

400W 中显色型外启动式管型玻壳高压钠灯泡（简称 400W 中显色型高压钠灯泡）的型号为：NG Z 400。

2. 高压钠灯泡外形尺寸示意图

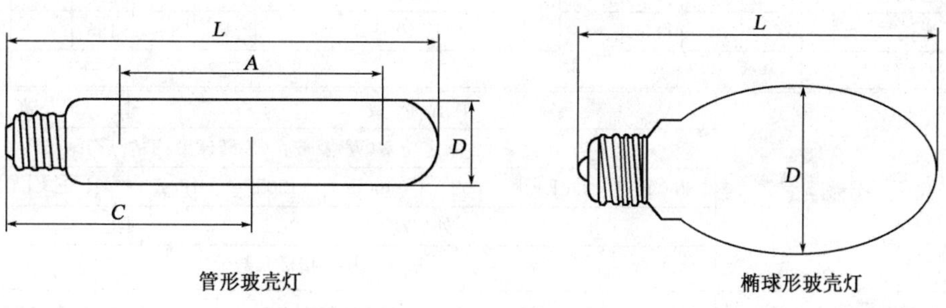

图 11-7　高压钠灯泡外形尺寸示意图

3. 高压钠灯的基本参数

表 11-48

项目		指标名称	普通型															
			额定功率(W)及玻壳(E-椭球形;T-管形)															
			250T	250E	400T	400E	150T	150E	100T	100E	70E	70T	70E	1 000T	1 000E	50E	50T	50E
			内启动或外启动		内启动或外启动		内启动或外启动		外启动		内启动	外启动		外启动		内启动	外启动	
			指标参数															
启动		试验电压(V)	198															
		最大启动时间(s)小于	5						10		60	10				60	10	
额定电压下配用基准镇流器时的特性	电特性	灯电压(V)	100	100	100	105	100	100	100	100	90	90	90	100	110	85	85	85
		灯电流(A)	3.0		4.6	4.45	1.8		1.2		0.98			10.6	10.6	0.76		
		灯功率(W)	250		392	400	150		100		70			960	1 000	50		
		光通量(lm)	25 000	24 300	44 000	42 700	14 000	13 500	8 300	8 000	5 200	5 400	5 200	120 000	116 000	3 200	3 400	3 200
	灯寿命参数	2 000h 光通维持率(%)	90						85									
		平均寿命(h)	24 000 外启动，16 000 内启动				18 000 外启动，12 000 内启动		18 000		12 000	18 000				12 000	18 000	
		个别寿命(h)	5 000 外启动，4 000 内启动				4 000											

续上表

项目	指标名称	普通型															
		额定功率(W)及玻壳(E-椭球形;T-管形)															
		250T	250E	400T	400E	150T	150E	100T	100E	70E	70T	70E	1 000T	1 000E	50E	50T	50E
		内启动或外启动		内启动或外启动		内启动或外启动		外启动		内启动	外启动		外启动		内启动	外启动	
		指标参数															
额定电压下配用基准镇流器时的特性 / 基准镇流器	额定电压(V)	220															
	校准电流(A)	3.0		4.6		1.8		1.2		0.98			10.3		0.76		
	工作频率(Hz)	50														60	
	电流电压比	60		39		99		148		188			16.8		246		
	功率因素	0.06±0.005								0.075±0.005			0.06±0.005		0.075±0.005		
灯尺寸(mm) 不大于	灯总长 L	260	227	292		211	227	211	186	165	156	165	400	410	165	156	165
	玻壳直径 D	48	91	48	122	48	91	48	78	72	39	72	68	170	72	39	72
	光中心高度 C	163		180		137		137			107	115	248		115	107	115
	弧长	65		85		55		40			35	28～45	155		23～37	30	23～37
	灯头型号	E40								E27			E40		E27		

项目	指标名称	中显色型						高显色型		
		额定功率(W)及玻壳(E-椭球形;T-管形)								
		250T	250E	400T	400E	150T	150E	150E	250E	400E
		外启动						内启动		
		指标参数								
启动	试验电压(V)	198								
	最大启动时间(s)小于	5						60		
额定电压下配用基准镇流器时的特性 / 电特性	灯电压(V)	100	100	100	105	100	100	100	100	100
	灯电流(A)	2.95		4.5	4.4	1.8		1.9	3.1	4.9
	灯功率(W)	245		380	385	148		150	250	400
	光通量(lm)	20 000	19 400	30 000	29 100	10 500	10 100	6 600	13 000	22 000
	色温(K)	2 170						2 500		
灯寿命参数	2 000h 光通维持率(%)	80						70		
	平均寿命(h)	12 000				9 000		8 000		
	个别寿命(h)	4 000				3 600		3 200		
基准镇流器	额定电压(V)	220								
	校准电流(A)	3.0		4.6		1.8		1.9	3.1	4.9
	工作频率(Hz)	50						50/60		
	电流电压比	60		39		99		88.6	54.7	34.5
	功率因素	0.06±0.005						0.075±0.005		
灯尺寸(mm) 不大于	灯总长 L	260	227	292		211	227	250		290
	玻壳直径 D	48	91	48	122	48	91	102		122
	光中心高度 C	163		180		137		165	165	190
	弧长	50		55		40		33	41	49
	灯头型号	E40								

注:①T——管形灯为透明玻壳。

②E——椭球形玻壳分漫射涂粉型玻壳和透明玻壳;其中普通型 70W、50W 和高显色型的椭球形玻壳有以上两种形式,其他椭球形玻壳都为漫射涂粉型玻壳。

(九)高压汞灯(GB/T 21093—2007)

高压汞灯的光主要由分压超过 10^5 Pa 的汞蒸气辐射,直接或间接产生的一种高强度放电灯。

1. 高压汞灯的标记

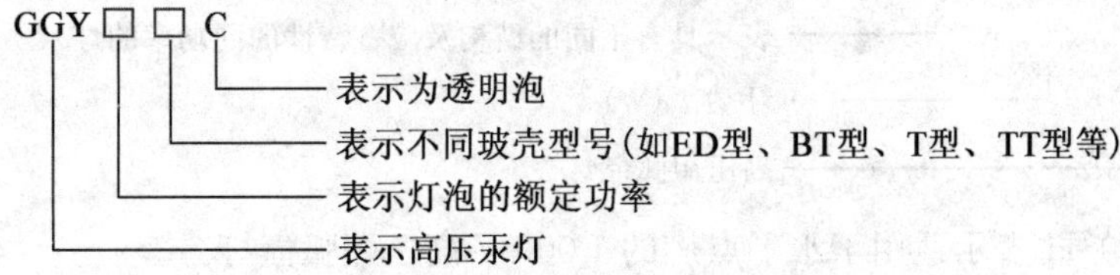

2. 高压汞灯的性能参数

表 11-49

<table>
<tr><th colspan="3" rowspan="3">项 目</th><th colspan="10">额定功率(W)</th></tr>
<tr><th>50HV</th><th>80HV</th><th>125HV</th><th>250HV</th><th>400HV</th><th>700HV</th><th>700EHV</th><th>1 000HV</th><th>1 000EHV</th><th>2 000EHV</th></tr>
<tr><th colspan="10">指标</th></tr>
<tr><td rowspan="5">启动升温特性</td><td>启动电压</td><td>V</td><td colspan="6">180</td><td>290</td><td>180</td><td>290</td><td>310</td></tr>
<tr><td>启动时间</td><td>s</td><td colspan="10">10</td></tr>
<tr><td>温升电流</td><td>A</td><td>0.58</td><td>0.72</td><td>1.04</td><td>1.94</td><td>2.93</td><td>4.9</td><td>2.52</td><td>6.75</td><td>3.6</td><td>7.2</td></tr>
<tr><td>温升电压</td><td>V</td><td>72</td><td>85</td><td>93</td><td>98</td><td>102</td><td>106</td><td>204</td><td>110</td><td>204</td><td>208</td></tr>
<tr><td>温升时间</td><td>min</td><td colspan="10">12</td></tr>
<tr><td rowspan="4">光电特性</td><td>功率</td><td>W</td><td>50</td><td>80</td><td>125</td><td>250</td><td>400</td><td>700</td><td>700</td><td>1 000</td><td>1 000</td><td>2 000</td></tr>
<tr><td>灯电压</td><td>V</td><td>95</td><td>115</td><td>125</td><td>130</td><td>135</td><td>140</td><td>265</td><td>145</td><td>265</td><td>270</td></tr>
<tr><td>电流</td><td>A</td><td>0.61</td><td>0.80</td><td>1.15</td><td>2.13</td><td>3.25</td><td>5.40</td><td>2.80</td><td>7.50</td><td>4.0</td><td>8.0</td></tr>
<tr><td>光通量</td><td>lm</td><td>1 650</td><td>3 200</td><td>5 500</td><td>12 000</td><td>22 000</td><td></td><td></td><td>56 000</td><td>56 000</td><td></td></tr>
<tr><td rowspan="5">基准镇流器</td><td>频率</td><td>Hz</td><td colspan="10">50</td></tr>
<tr><td>额定电压</td><td>V</td><td colspan="6">220</td><td>460</td><td>220</td><td>380</td><td>380</td></tr>
<tr><td>校准电流</td><td>A</td><td>0.62</td><td>0.80</td><td>1.15</td><td>2.15</td><td>3.25</td><td>5.45</td><td>2.8</td><td>7.5</td><td>4.0</td><td>8.0</td></tr>
<tr><td>电压电流比</td><td>Ω</td><td>297±0.5%</td><td>206±0.5%</td><td>134±0.5%</td><td>71±0.5%</td><td>45±0.5%</td><td>26.7±0.5%</td><td>112±0.5%</td><td>18.5±0.5%</td><td>52±0.5%</td><td>28±0.5%</td></tr>
<tr><td>功率因素</td><td></td><td colspan="5">0.075±0.005</td><td>0.04±0.002</td><td>0.075±0.005</td><td colspan="3">0.04±0.002</td></tr>
<tr><td colspan="2">镇流器设计最小开路电压</td><td>V</td><td colspan="6">198</td><td>342</td><td>198</td><td>342</td><td>342</td></tr>
<tr><td colspan="2">镇流器设计最大短路电流</td><td>A</td><td>1.22</td><td>1.6</td><td>2.3</td><td>4.26</td><td>6.83</td><td>11.34</td><td>5.88</td><td>15.75</td><td>8.4</td><td>16.8</td></tr>
<tr><td rowspan="3">灯尺寸</td><td colspan="2">灯头型号</td><td colspan="3">E27</td><td colspan="7">E40</td></tr>
<tr><td>玻壳直径</td><td rowspan="2">mm</td><td>56</td><td>71</td><td>76</td><td>91</td><td>122</td><td colspan="2">152</td><td colspan="2">167</td><td>187</td></tr>
<tr><td>全长</td><td>130</td><td>166</td><td>178</td><td>228</td><td>292</td><td colspan="2">357</td><td colspan="2">411</td><td>446</td></tr>
<tr><td rowspan="3">灯寿命</td><td>平均寿命</td><td rowspan="2">≥h</td><td colspan="10">10 000</td></tr>
<tr><td>个别寿命</td><td colspan="10">2 000</td></tr>
<tr><td>2 000h 光通维持率</td><td>%</td><td colspan="3">≥75</td><td colspan="7">≥80</td></tr>
</table>

注:HV——表示灯端额定电压为 70～180V;EHV——表示灯端额定电压大于 180V。

(十)高压短弧氙灯(GB/T 15041—2008)

1. 高压短弧氙灯的标记

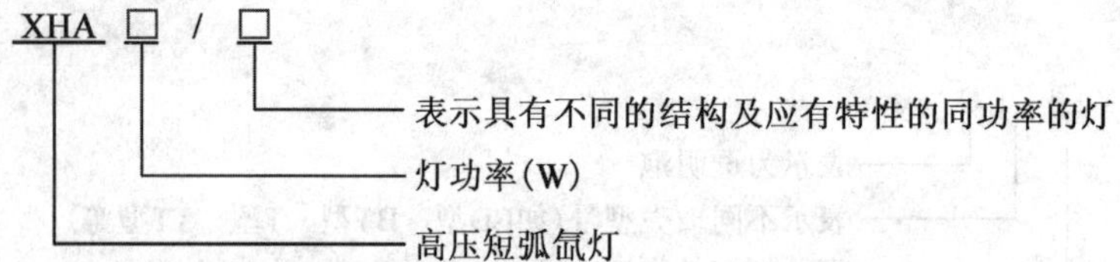

示例:XHA1000/H 表示适用于水平点燃的 1 000W 高压短弧氙灯。

注:第三部分出现一个或者几个字母的含义如下。

F:弯管;

H:适宜于水平点燃;

S:短管;

C:多芯导线;

HS:适宜于水平点燃的短管;

TC:一端螺纹,一端多芯导线;

HTP:适宜于水平点燃的灯,其阳极灯头为插针方式引出(其侧面留有螺孔可外接引线);

HSC:适宜于水平点燃的短管,其阳极灯头为 SK27/50,侧面用多芯导线引出。

2. 高压短弧氙灯尺寸示意图

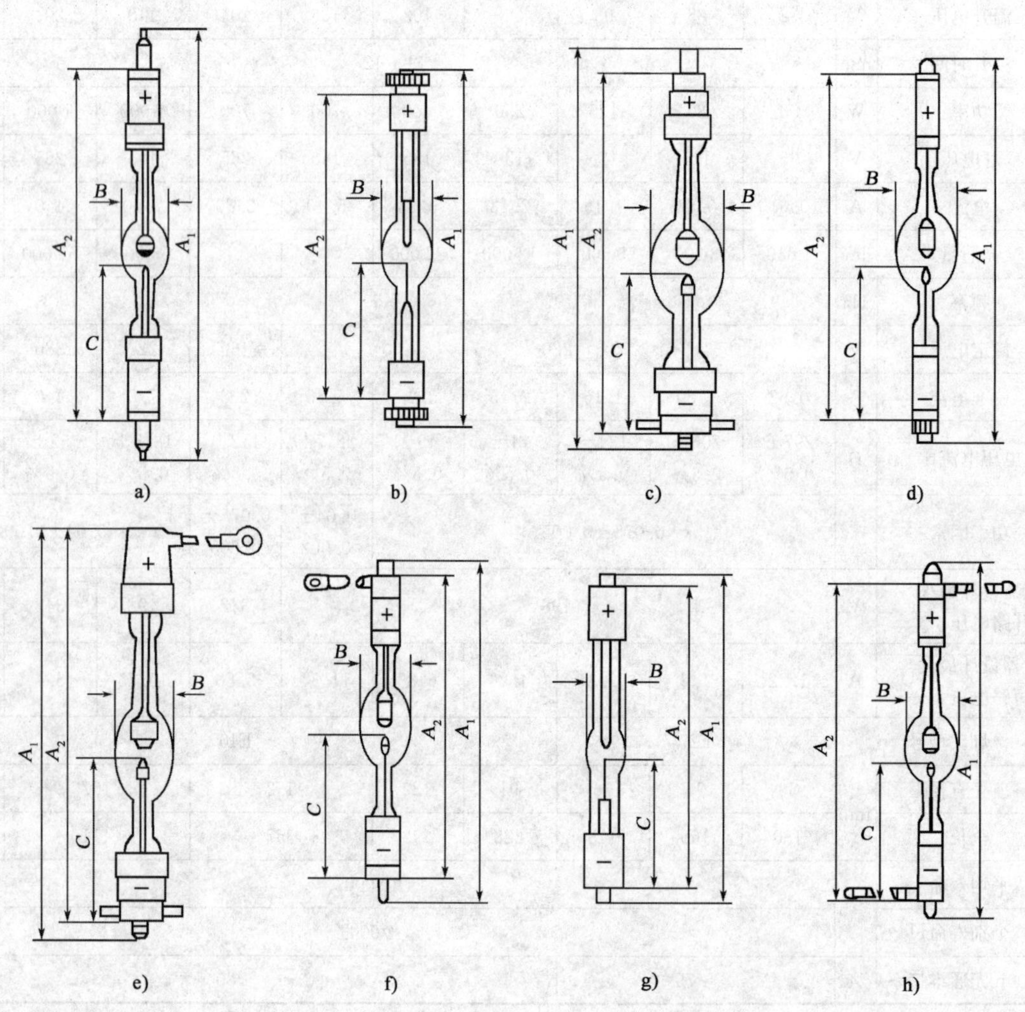

图 11-8

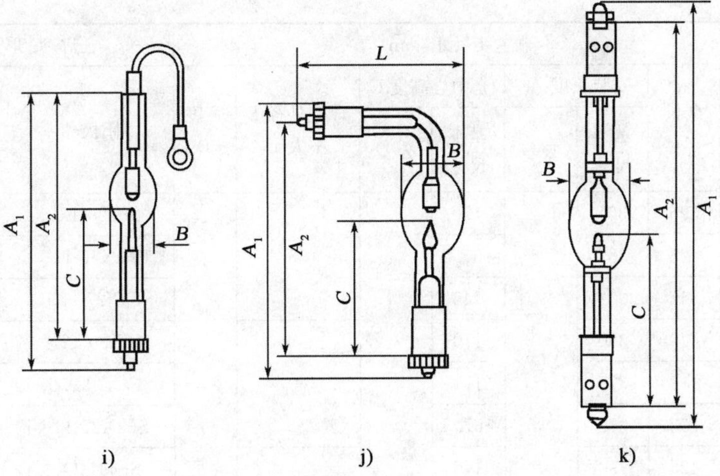

图 11-8 高压短弧氙灯尺寸示意图

3. 高压短弧氙灯的形式和主要尺寸

表 11-50

序号	灯的型号	主要尺寸(mm)							灯头形式		图号
		全长 A_1	安装长度 A_2		光中心高度 C		球泡外径 B 不大于	宽度 L	阳极	阴极	
			基本尺寸	公差	基本尺寸	公差					
1	XHA50	80	70	±1	35	±1	13	—	SFa9-2	SFa7.5-2	图 g)
2	XHA75	90	82		37		14		SFa9-2	SFa7.5-2	图 g)
3	XHA150	150	127		37		20		SFc12-4	SFc12-4	图 b)
4	XHA350/TC	133	120	±2	65	+1 −2	23		软引线	SFc13-5	图 i)
5	XHA450	260	212		95.5	±1	31		SFa20-8	SFa20-10	图 a)
6	XHA450/F	120	110		63		26	93	SFc13-5	SFc15-5	图 j)
7	XHA500	175	150		73		35	—	SFc17-6	SFc17-6	图 b)
8	XHA500/H	190	165		75				SFa16-8	SFa15-10	图 a)
9	XHA750	200	175		80		36		SFc17-6	SFc17-6	图 k)
10	XHA750/HS	136	125		60				SFa17-6	SFa17-6	图 a)
11	XHA1000	200	175		80		40		SFc17-6	SFc17-6	图 k)
12	XHA1000/HS	235	205		95				SFa27-11	SFcX27-8	图 c)
13	XHA1000/HSC	236	222						Sk27/50	SFcX27-8	图 e)
14	XHA1000/HTP	330	277		123				SFa25-14	SFcX25-14	图 d)
15	XHA1600	370	322		143		48		SFa27-10	SFa27-12	图 a)
16	XHA1600/HS	235	205		95				SFa27-11	SFcX27-8	图 c)
17	XHA1600/HSC	236	222						SK27/50	SFcX27-8	图 e)
18	XHA2000	345	320		145		52		SFc25-10	SFc25-10	图 k)
19	XHA2000/H	370	322		142.5				SFaX27-10	SFaX27-12	图 h)
20	XHA2000/HTP	375							SFa25-14	SFc25-14	图 d)
21	XHA2500	428	382		167.5		55		SFaX27-13	SFcX27-14	图 h)
22	XHA2500/HS	342	303		145				SFaX27-9.5	SFc27-7.9	图 f)

续表 11-50

序号	灯的型号	主要尺寸(mm) 全长 A_1	安装长度 A_2 基本尺寸	安装长度 A_2 公差	光中心高度 C 基本尺寸	光中心高度 C 公差	球泡外径 B 不大于	宽度 L	灯头形式 阳极	灯头形式 阴极	图号
23	XHA3000	395	365	±2	170	±1	55	—	SFa28-12	SFc28-12	图 k)
24	XHA3000/H	428	382		167.5				SFaX27-13	SFaX27-14	图 h)
25	XHA3000/HS	342	302		145				SFaX27-9.5	SFa27-7.9	图 f)
26	XHA4000	440	380		170		60		SFc30-12	SFc30-12	图 k)
27	XHA4000/HS	410	370		171				SFaX30-9.5	SFa30-7.9	图 f)
28	XHA4000/HTP	433	382		167.5				SFaX27-14	SFc27-14	图 d)
29	XHA5000	425	390		175		70		SFc34-14	SFc34-14	图 k)
30	XHA5000/HS	410	370		171				SFaX30-9.5	SFa30-7.9	图 f)
31	XHA5000/H	433	382		167.5				SFaX30-16	SFa28-18	图 f)
32	XHA6000	420	390		175		75		SFc34-14	SFc34-14	图 k)
33	XHA6000/HS	433	393		170.5				SFaX30-9.5	SFa30-7.9	图 f)
34	XHA6000/HTP	433	382		165				SFa30-14	SFc30-14	图 d)
35	XHA7000	425	395		175				SFc34-14	SFc34-14	图 k)
36	XHA7000/HS	433	393		170.5				SFaX30-9.5	SFa30-7.9	图 f)
37	XHA10000	444	414		175		90		SFc34-14	SFc34-14	图 k)
38	XHA10000/HS	433	393		170.5				SFaX30-9.5	SFa30-7.9	图 f)

4. 短弧氙灯的光电参数

表 11-51

序号	灯的型号	额定功率(W)	额定工作电流(A)	工作电压(V) 额定值	工作电压(V) 公差	初始光通量(lm) 一级品 额定值	一级品 极限值	二级品 额定值	二级品 极限值	三级品 额定值	三级品 极限值	平均寿命(h) 一级品	平均寿命(h) 二级品	平均寿命(h) 三级品
1	XHA50	50	4	12.5	±2	510	>460	460	>410	410	≥370	400	300	200
2	XHA75	75	5.4	14		1 000	>900	900	>800	800	≥720			
3	XHA150	150	8.5	17.5		2 900	>2 610	2 610	>2 320	2 320	≥2 088	1 200	900	500
4	XHA350/TC	350	16	22		11 500	>10 350	10 350	>9 200	9 200	≥8 280	1 000	750	
5	XHA450	450	25	17		13 000	>11 700	11 700	>10 400	10 400	≥9 360			
6	XHA450/F													
7	XHA500	500		20		14 500	>13 050	13 050	>11 600	11 600	≥10 440			
8	XHA500/H		28	17									800	
9	XHA750	750	33	23		24 000	>21 600	21 600	>19 200	19 200	≥17 280			600
10	XHA750/HS		36	21								800	600	500
11	XHA1000	1 000	45	22		32 000	>28 800	28 800	>25 600	25 600	≥23 040	1 000	750	
12	XHA1000/HS		50	19								1 200	100	750
13	XHA1000/HSC											1 500		
14	XHA1000/HTP		45	21										
15	XHA1600	1 600	65	24		60 000	>54 000	54 000	>48 000	48 000	≥43 200			

续表 11-51

序号	灯的型号	额定功率(W)	额定工作电流(A)	工作电压(V)		初始光通量(lm)						平均寿命(h)		
				额定值	公差	一级品		二级品		三级品		一级品	二级品	三级品
						额定值	极限值	额定值	极限值	额定值	极限值			
16	XHA1600/HS	1 600	65	23	±2	60 000	>54 000	54 000	>48 000	48 000	≥43 200	1 200	1 000	750
17	XHA1600/HSC													
18	XHA2000	2 000	70	28	±3	80 000	>72 000	72 000	>64 000	64 000	≥57 600	1 500		
19	XHA2000/H			27										
20	XHA2000/HTP			28										
21	XHA2500	2 500	85	29		100 000	>90 000	90 000	>80 000	80 000	≥72 000			
22	XHA2500/HS		90	28								1 200		
23	XHA3000	3 000	100	30		130 000	>117 000	117 000	>104 000	104 000	≥93 600	1 500		
24	XHA3000/H			29										
25	XHA2000/HS											1 200		
26	XHA4000	4 000	130	31		155 000	>139 500	139 500	>124 000	124 000	≥111 600	1 000	800	600
27	XHA4000/HS		135	29										
28	XHA4000/HTP		130	30										
29	XHA5000	5 000	145	34		225 000	>202 500	202 500	>180 000	180 000	≥162 000			
30	XHA5000/HS		140											
31	XHA5000/H													
32	XHA6000	6 000	160	37		280 000	>252 000	252 000	>224 000	224 000	≥201 600	600	500	400
33	XHA6000/HS													
34	XHA6000/HTP													
35	XHA7000	7 000		43		350 000	>315 000	315 000	>280 000	280 000	≥252 000	500	400	300
36	XHA7000/HS			42										
37	XHA10000	10 000	195	50		500 000	>450 000	450 000	>400 000	400 000	≥360 000	400	300	200
38	XHA10000/HS													

(十一)稀土金属卤化物灯(GB/T 24457—2009)

稀土金属卤化物灯是指光主要有金属蒸气、金属卤化物和其分解物的混合物产生的高强度气体放电灯。产品的灯头分单端和双端。灯的玻壳形式分为:双端灯为 T 型;单端灯有 T 型(均为透明灯泡)、ED 型和 BT 型(透明或涂粉灯泡)。适用于普通照明。

1. 稀土金属卤化物灯的标记

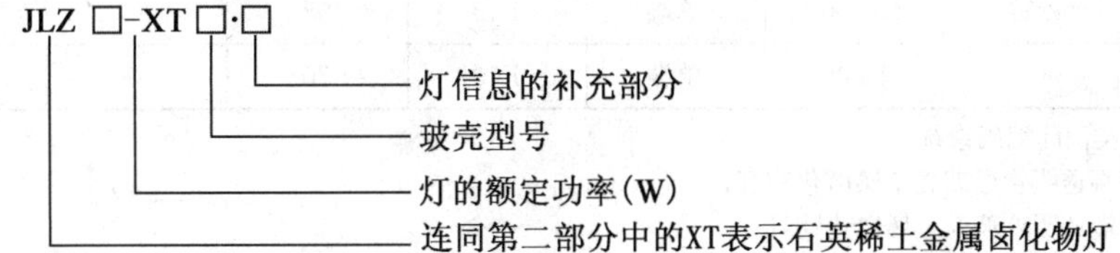

示例:

JLZ150XT・ED55・E27(150W ED55 型玻壳、E27 灯头的单端石英稀土金属卤化物灯);
JLZ250XT・T46・5.2K(250W T46 型玻壳的 5200K 色温单端石英稀土金属卤化物灯);
JLZ70XT・T22RX7s(70W T 型玻壳 RX7s 灯头的双端石英稀土金属卤化物灯)。

2. 稀土金属卤化物灯规格参数

表 11-52

参数表编号 GB/T 24457-	标称功率 (W)	相关色温 (K)	类型	灯头型号	光效 (lm/W)	2 000h 光通维持率(%)	平均寿命 (h)	ILCOS L
1070	70	3 000	单端	G12	62	82	9 000	MT
1075	70	4 200	单端	G12	68	82	9 000	MT
1080	70	5 200	单端	G12	68	82	9 000	MT
1150	150	3 000	单端	G12	76	82	9 000	MT
1155	150	4 200	单端	G12	76	82	9 000	MT
1160	150	5 200	单端	G12	76	82	9 000	MT
1260	250	5 200	单端	E40	72	80	12 000	MT
1265	250	6 000	单端	E40	68	80	12 000	MT
1410	400	5 200	单端	E40	73	80	12 000	MT
1415	400	6 500	单端	E40	70	80	12 000	MT
3070	70	3 000	双端	R7s RX7s	70	80	12 000	MD
3075	70	4 200	双端		70	80	12 000	MD
3080	70	5 200	双端		70	80	12 000	MD
3150	150	3 000	双端		73	80	12 000	MD
3155	150	4 200	双端		70	80	12 000	MD
3160	150	5 200	双端		70	80	12 000	MD
3165	150	6 500	双端		70	80	12 000	MD
3250	250	3 000	双端	Fc2	77	80	12 000	MD
3255	250	4 200	双端	Fc2	72	80	12 000	MD
3260	250	5 200	双端	Fc2	72	80	12 000	MD
3405	400	4 200	双端	Fc2	88	80	12 000	MD
3410	400	5 200	双端	Fc2	88	80	12 000	MD
4070	70	3 000	单端	E27	64/58	75	9 000	MC/ME
4075	70	4 200	单端	E27	68/61	75	9 000	MC/ME
4100	100	3 000	单端	E27	76/68	75	9 000	MC/ME
4105	100	4 200	单端	E27	76/68	75	9 000	MC/ME
4150	150	3 000	单端	E27	76/68	75	9 000	MC/ME
4155	150	4 200	单端	E27	76/68	75	9 000	MC/ME
4261	250	5 200	单端	E40	68	85	12 000	ME
4411	400	5 200	单端	E40	70	85	12 000	ME

注：ILCOSL——L 类国际编码系统。

MT——单端透明管形玻壳金属卤化物灯；

MD——双端透明外玻壳金属卤化物灯；

MC/ME——透明/反射涂层，ED 或 BT 型玻壳单端金属卤化物灯；

MCS/MES——其中 S 表示自屏蔽式，即设计用于敞开式灯具的金属卤化物灯。

(十二)钠铊铟系列金属卤化物灯(GB/T 24333—2009)

钠铊铟系列金属卤化物灯需配用镇流器和触发器使用，在额定电源电压的 92%～106%、环境温度 −20～40℃的范围内能正常启动和燃点。

1. 钠铊铟灯的标记

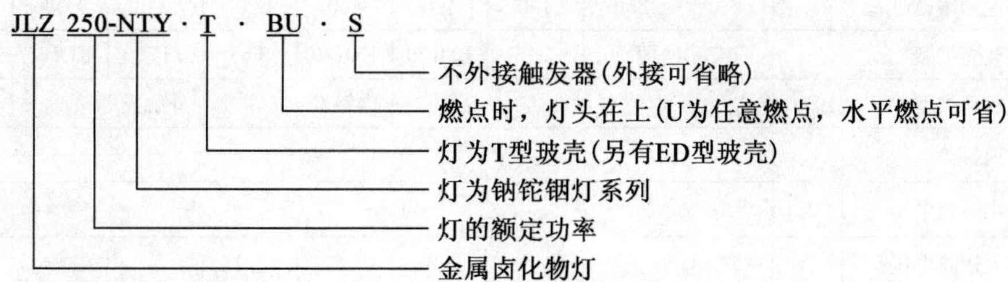

2. 钠铊铟灯的外形尺寸示意图

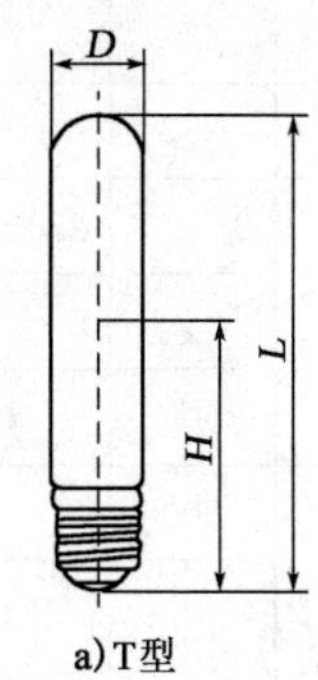

a) T型

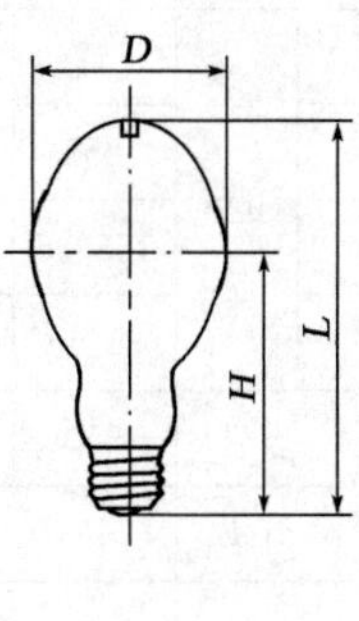

b) ED型

图 11-9　钠铊铟灯外形示意图

3. 钠铊铟系列金属卤化物灯光电参数

表 11-53

灯规格	额定功率(W)		250	250	400	400	400	1 000	1 000	1 000	2 000	2 000
	玻壳类型		T46	ED90	T46	ED120	ED120	T65	T76	ED165	T100	T100
	启动类型		外触发				内触发	外触发			内触发	外触发
	项目		指标									
启动升温特性	启动电压	V	198								310	198
	启动时间	S	10									
	温升时间	min	3									
光电特性及寿命	功率	W	250	253	390			985	1 050		2 000	
	灯电压	V	128		125			130	125	125	240	120
	电流	A	2.15		3.4			8.25	9.10	9.5	9.0	19
	初始光效	lm/W	78	68	85	78	78	82	92	88	95	86
	相关色温	K	4 500						3 500	3 800	4 000	4 400
	显色指数	Ra	65					60				
	光通维持率(%)	2 000h	90					85				
		5 000h	80					75	80			
	平均寿命	h	20 000					10 000	9 000			
基准镇流器	频率	Hz	50									
	额定电压	V	220								380	220
	校准电流	A	2.15		3.25			7.5	10.3	10.3	8.0	15
	电压/电流比	Ω	71±0.5%		45±0.5%			18.5±0.5%	16.8±0.5%		28±0.5%	9.25±0.5%
	功率因素		0.075±0.005					0.04±0.002	0.06±0.002		0.04±0.002	

续表 11-53

灯规格	额定功率(W)		250	250	400	400	400	1 000	1 000	1 000	2 000	2 000
	玻壳类型		T46	ED90	T46	ED120	ED120	T65	T76	ED165	T100	T100
	启动类型		外触发				内触发	外触发			内触发	外触发
项目			指标									
镇流器设计最小开路电压		V	198								342	198
镇流器设计最大短路电压		A	4.26		6.83			15.75	—	—	16.8	15.75
灯尺寸	灯头型号		E40									
	玻壳外径 *D*	mm	47	91	47	122	122	65	77	167	102	102
	全长 *L*	mm	257	228	286	292	292	382	345	380	430	430
	光中心高度 *H*	mm	155±5	—	168±5	—		240±8	220±5		265±6	
	有效弧长	mm	31±3	34±3	35±5	42±5		80±6	47±7		112±12	102±22
灯具参数	允许最大温度(℃)	玻壳	550	350	600	350	350	600	550	400	550	500
		灯头	250					300	250			
	燃点位置		水平	垂直灯头向上	水平	垂直灯头向上	垂直灯头向上	水平	水平±30°	灯头向上±45°	水平±60°	水平±30°
触发器	脉冲幅值	kV	0.56～0.75				—	0.56～0.75	4～5		—	0.56～0.75
	脉冲宽度	μs	≥260				—	≥140	≥1		—	≥140
	脉冲频率	Hz	≥50				—	≥50	≥100		—	≥50

注:2 000W 外触发灯的校准电流是使用两个 1 000W 高压汞灯镇流器的数据。

(十三)钪钠系列金属卤化物灯(GB/T 18661—2008)

钪钠系列金属卤化物灯的灯头分单端灯头和双端灯头。产品按其透明外玻壳材料分为普通型(外玻壳为硬料玻璃,代号为 JLZ)和双石英型(外玻壳为石英管,代号为 JLS)。

钪钠系列金属卤化物灯需有镇流器和触发器配套使用。

1. 钪钠系列灯的标记

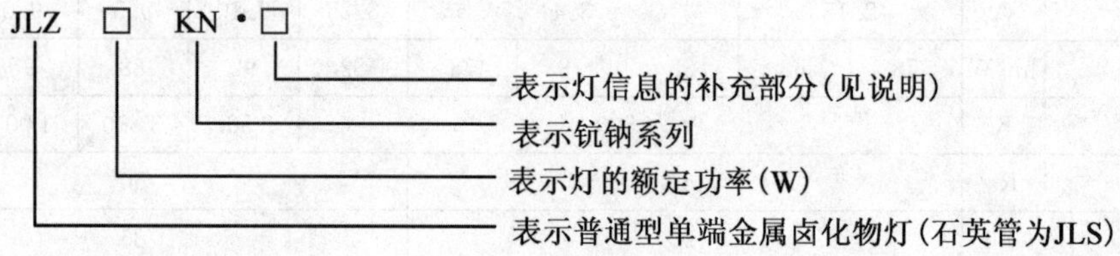

示例:JLZ 175 KN・ED(175W ED 型玻壳的钪钠系列单端金属卤化物灯);

JLZ 250 KN・PS(250W 脉冲启动的钪钠系列单端金属卤化物灯);

JLS 150 KN・3K(150W 色温为 3 000K,钪钠系列双石英金属卤化物灯);

JLS 70 KN・G12(70W 灯头型号为 G12,钪钠系列单端双石英金属卤化物灯)。

说明:可采用色温(如 3K、4K 和 5K 等,是用色温值除以 1 000 的数值加上大写字母 K 表示),也可采用启动类型(如开关启动可省略、脉冲启动用 PS 表示),也可采用灯头型号和/或采用玻壳型号(如 ED 型、BT 型、T 型、TT 型等)或其他信息,各制造商可自行选择和取舍,如果上述两种或者多种内容同时出现,中间用符号隔开。

2. 钪钠系列金属卤化物灯光电参数

表 11-54

灯规格	额定功率(W)		70		100		150		175				175				250			250		
	玻壳类型		ED54	PAR38	ED54	PAR38	ED54	PAR38	ED54	PAR38	ED90	BT90	T46	ED54	ED90	BT90	T46	ED90	BT90	T46	ED90	BT90
	启动类型		脉冲启动						开关启动				脉冲启动				开关启动			脉冲启动		
	灯头型号		E27						E27		E40			E27	E40							
项目			指标																			
灯尺寸	玻壳外径 D	mm	56	122	56	122	56	122	56	122	91		48	56	91		48	91		48	91	
	全长 L	mm	141								228	234	209	141	228	234	255	228	234	255	228	234
	光中心高度 H	mm	88	—	88	—	88	—	88	—	130		132	88	130		149	130		149	130	
	有效弧长	mm	5.5 ~ 11.5	—	8.5 ~ 16.5	—	7.5 ~ 20.5		21 ~ 29		21 ~ 29		20 ~ 30				29.5 ~ 37.5			28.5 ~ 38.5		
	允许最大温度 玻壳	℃	400	350	400	350	400	350	400	350	400											
	允许最大温度 灯头	℃	190						210	190	210											
电特性	灯端电压	V	85		100		95		132								133					
	电流	A	0.9		1.1		1.8		1.5								2.1					
	功率	W	70		100		150		175				175				250					
光特性和灯寿命	初始光效(lm/W) 1 级		88		93		99		88				88				90			96		
	初始光效(lm/W) 2 级		80		85		90		80				80				82			88		
	初始光效(lm/W) 3 级		67		72		76		64				68				70			75		
	相关色温	K	4 000																			
	显色指数	Ra	65																			
	2 000h 光通维持率	%	70						75													
	平均寿命	h	6 000						10 000													
升温期再启动电压尖峰		V	150																			
镇流器	输入电压	V	300						340													
	短路电流	A	1.28		1.5		2.5		1.9								2.5					
	阻抗	Ω	234		200		120		179								136					
工作期再启动电压		V	240				250		250				270				250			270		
工作位置限制			任意																			
图号(图 11-10)			c)	g)	c)	g)	c)	g)	c)	g)	c)	d)	e)	c)	c)	d)	e)	c)	d)	e)	c)	d)

续表 11-54

项目		单位																				
灯规格	额定功率(W)		320		350				360				400					400				
灯规格	玻壳类型		ED90	BT90	ED90	BT90	ED120	BT118	ED90	BT90	ED120	BT118	T46	ED90	BT90	ED120	BT118	T46	ED90	BT90	ED120	BT118
灯规格	启动类型		脉冲启动						开关启动									脉冲启动				
灯规格	灯头型号		E40																			
项目			指标																			
灯尺寸	玻壳外径 D	mm	91				122		91		122		48	91		122		48	91		122	
灯尺寸	全长 L	mm	228	234	228	234	292		228	234	292		286	228	234	292		286	228	234	292	
灯尺寸	光中心高度 H	mm	130				181		130		181		170	130		181		149	130		180	
灯尺寸	有效弧长	mm	24～38		32～42				30～40				32～46									
灯尺寸	允许最大温度 玻壳	℃	400										430	400				430	400			
灯尺寸	允许最大温度 灯头	℃	210																			
电特性	灯端电压	V	135						120				垂直灯头 135;水平 133									
电特性	电流	A	2.63		2.8				3.25													
电特性	功率	W	320		350				360				400									
光特性和灯寿命	初始光效(lm/W)	1 级	103		110				107				99					110				
光特性和灯寿命	初始光效(lm/W)	2 级	94		100				97				90					100				
光特性和灯寿命	初始光效(lm/W)	3 级	80		85				83				76					85				
光特性和灯寿命	相关色温	K	4 000																			
光特性和灯寿命	显色指数	Ra	65																			
光特性和灯寿命	2 000h 光通维持率	%	80																			
光特性和灯寿命	平均寿命	h	12 000																			
升温期再启动电压尖峰		V	150																			
镇流器	输入电压	V	350																			
镇流器	短路电流	A	3.89		3.4				4.0													
镇流器	阻抗	Ω	90		89.1				87.5													
工作期再启动电压		V	270						250							270						
工作位置限制			任意																			
图号(图 11-10)			c)	d)	c)	d)	c)	d)	c)	d)	c)	d)	e)	c)	d)	c)	d)	e)	c)	d)	c)	d)

续表 11-54

	项目																			
灯规格	额定功率(W)			750		1 000			1 000			1 500	50	70	100	150	250		70	150
	玻壳类型			ED120	BT118	ED120	BT118	TT76	ED120	BT118	BT180	BT180	ED54	T20	T20	T24	T25	T25	T24	T24
	启动类型			脉冲启动					开关启动				脉冲	脉冲启动						
	灯头型号			E40									E27	R7s,Rx7s			Fc2	Rx7s	G12	
项目				指标																
灯尺寸	玻壳外径 D		mm	122				80	122		182		56	21		25	27.5		26	
	全长 L		mm	292				338	292		396		141	117.6		135.4	163.7		90	100
	光中心高度 H		mm	180				210	180		244		88					56		
	有效弧长		mm	55～67		79～95			82～98				4～11	7	14	16.5	27		7	16.5
	允许最大温度	玻壳	℃	430									400	500		650			500	
		灯头	℃	210									190	280			300		280	
电特性	灯端电压		V	200	灯头垂直向上 263,水平 255							268	85	90	100	95	100		90	95
	电流		A	4.0	灯头垂直向上 4.1,水平 4.2							6.2	0.68	0.98	1.1	1.8	3.0		0.98	1.82
	功率		W	750		1 000			1 000			1 500	50	75	100	150	250		75	146
光特性和灯寿命	初始光效(lm/W)	1 级		102		110			120			110	75	80	93	91	88		80	91
		2 级		93		100			110			103	68	73	85	83	80		73	83
		3 级		79		85			88			87	56	61	72	71	68		61	71
	相关色温		K	4 000										4 200						
	显色指数		Ra	65										65						
	2 000h 光通维持率		%	80		75							70	70						
	平均寿命		h	12 000		10 000						3 000	5 000	5 000						
升温期再启动电压尖峰			V	150		250						150	150	200			205		200	
镇流器	输入电压		V	440									300	220	300		220			300
	短路电流		A	5.1		5.7						7.6	0.77	1.17	1.5	2.5	3.0		1.17	2.5
	阻抗		Ω	86.3		77.4						57.9	390	188	200	120	59		188	120
工作期再启动电压			V	375		470							250	240		200			240	200
工作位置限制				任意				水平	任意				任意	水平 ±45°					任意	
图号(图 11-10)				c)	d)	c)	d)	f)	c)	d)	d)	d)	c)	h)	h)	h)	a)	h)	b)	b)

注:①电特性、光特性都是在额定电压下配用基准镇流器时,灯的特性参数。

②T20、T25、T24 的玻壳为截紫外石英管玻壳。

3.钪钠系列灯的外形尺寸示意图

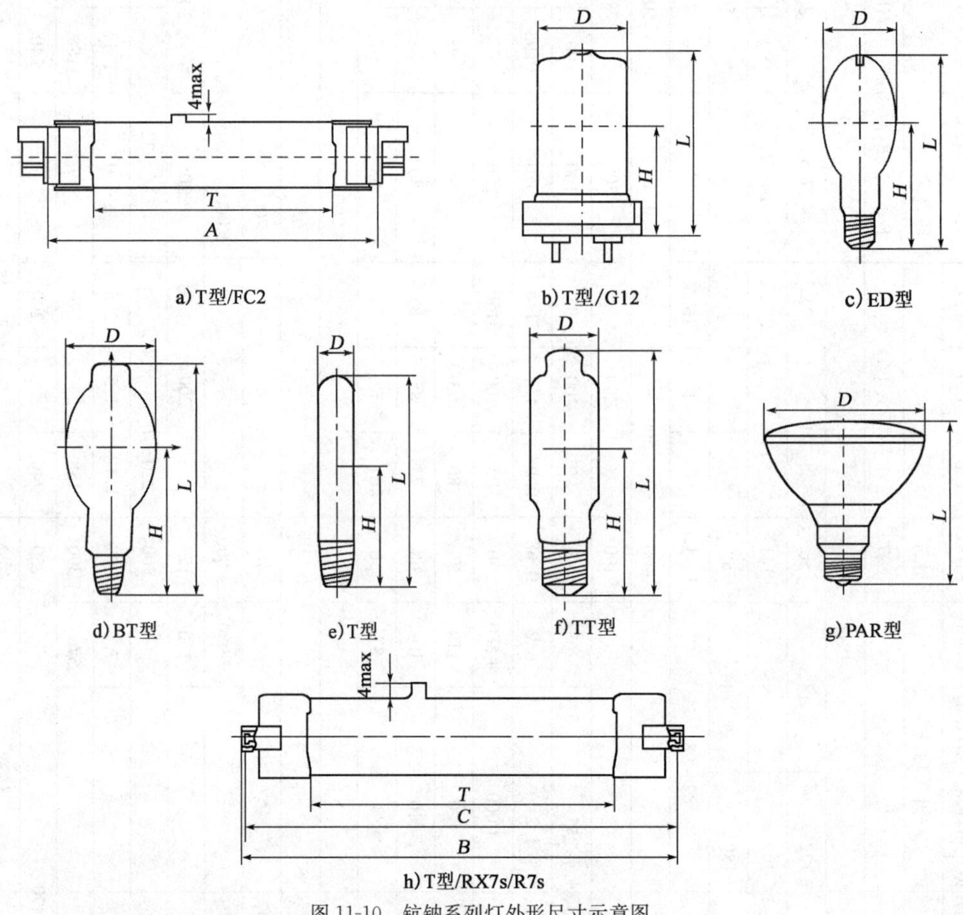

图 11-10　钪钠系列灯外形尺寸示意图

(十四)聚光灯泡及反射型聚光摄影灯泡(QB/T 2061—2008)

聚光灯泡所用电源电压为220V,功率不大于3 000W。

聚光灯泡的光电参数

表 11-55

灯泡型号	额定值					光通维持率(%)	平均寿命(h)	主要尺寸(mm)		灯头型号
	电压(V)	功率(W)	光通量(lm)	平均发光强度[1)](cd)	色温[2)](K)			玻壳最大直径	全长	
JG 220-300	220	300	4 800	—	—	≥80	400	81	118±4	E27
JG 220-500-1		500	8 000							
JG 220-500-2								127	190±5	E40
JG 220-1000		1 000	19 500				—			
JGF 220-300		300	4 200	850	2 900		100	81	118±4	E27
JGF 220-500-1		500	7 120	1 200						
JGF 220-500-2							50	127	190±5	E40
JGF 220-1000		1 000	17 000	4 000			100			
SYF 220-2000		2 000	35 200	9 200	2 900		50	152	215±5	E40
SYF 220-3000		3 000	528 00	14 100					282±8	E40/75×54

注:①1) 发光中心 2×20°范围内的平均发光强度。

②2) 参考值。

(十五)陶瓷金属卤化物灯(GB/T 24458—2009)

陶瓷金属卤化物灯按灯头数量分为单灯头(单端)和双灯头(双端);按色温分为 3 000K 和 4 200K;按玻壳形式分为 ED 型、T 型和反射型。灯配用镇流器和触发器使用。

1. 陶瓷金属卤化物灯外形示意图

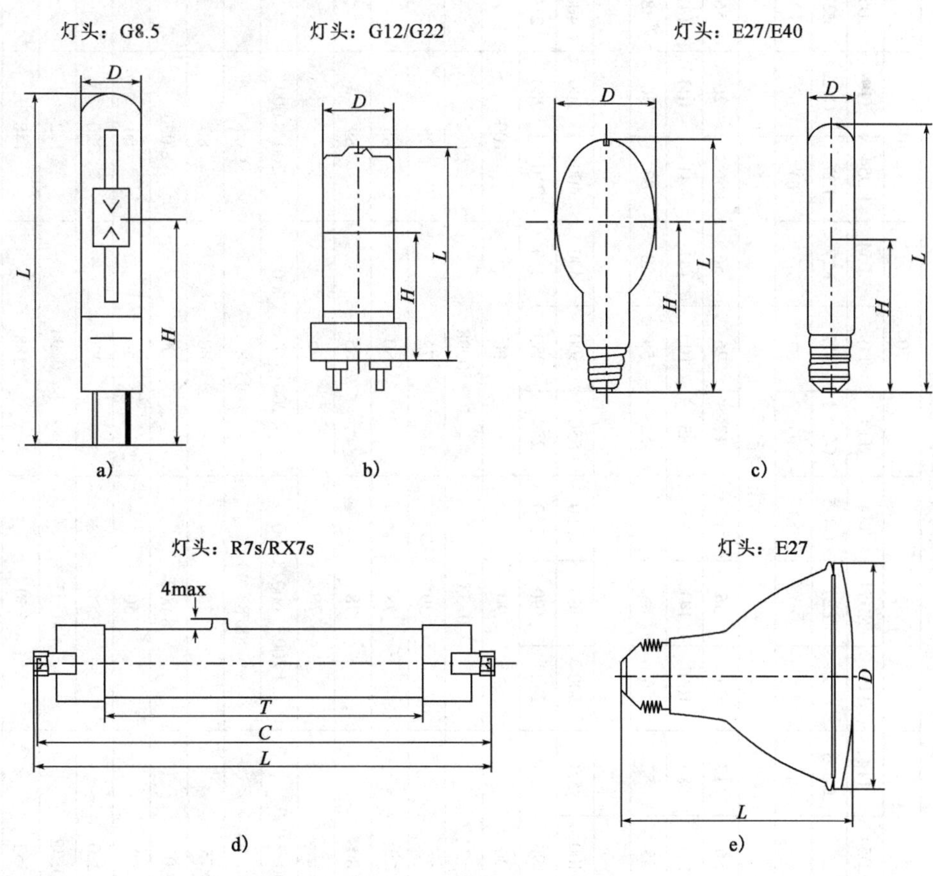

图 11-11 陶瓷金属卤化物灯外形示意图

2. 陶瓷金属卤化物灯的标记

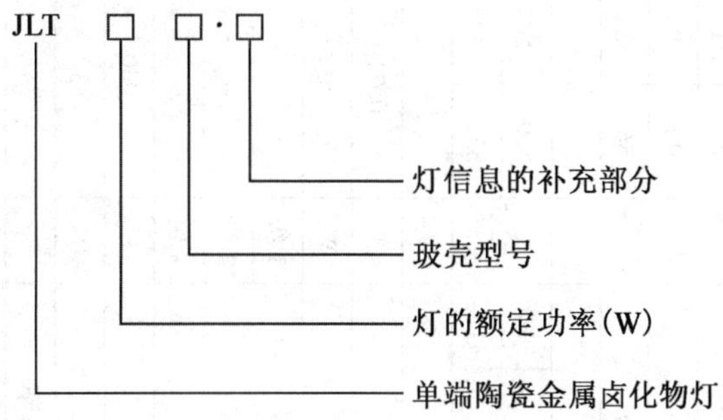

示例:JLT150 ED54·E27(150W ED54 型玻壳、E27 灯头的单端陶瓷金属卤化物灯);

JLT35 PAR·3K(35W、反射型色温为 3 000K 的单端陶瓷金属卤化物灯);

JLT70 T·R7s(70W T 型玻壳的双端陶瓷金属卤化物灯)。

注:第四部分为补充部分,可采用色温(如 3K 和 4K 等,是用色温值除 1 000 的数值加上大写字母 K 表示,制造商也可选择其他表示方法),也可采用灯头型号(如 G12、E27、R7s 等)和/或其他信息,各制造商可自行选择和取舍,如果上述两种或者多种内容同时出现,中间用符号隔开。

3. 陶瓷金属卤化物灯的光电参数

表 11-56

	项目		单位	单端陶瓷金属卤化物灯															
灯规格	额定功率(W)			20		25			35			70			100		150		
灯规格	玻壳类型			T19	T14	T19	ED54	T14	T19	ED54	T14	T14	T19	ED54	ED54	T19	ED54	T19	T46
灯规格	灯头型号			G12	G8.5	G12	E27	G8.5	G12	E27	G8.5	G8.5	G12	E27	E27	G12	E27	G12	E27
灯规格	图号(图 11-11)			b)	a)	b)	c)	a)	b)	c)	a)	a)	b)	c)	c)	b)	c)	b)	c)
	项目			指标															
灯尺寸	玻壳外径 D		mm	26	17	26	56	17	26	56	17	17	26	56	56	26	56	26	47
灯尺寸	全长 L		mm	90	85	100	141	85	100	141	85	85	100	141	141	100	141	110	204
灯尺寸	光中心高度 H		mm	56	52	56	88	52	56	88	52	52	56	88	88	56	88	56	132
灯尺寸	同轴度(°)			3															
灯尺寸	允许最大温度	玻壳	℃	500	500	500	400	550	500	400	550	550	500	400	400	500	400	650	400
灯尺寸	允许最大温度	灯头	℃	350	300	280	190	250	280	190	250	250	280	210	210	280	210	300	210
电特性	灯端电压		V	95		90			90			90			100		95		
电特性	电流		A	0.21		0.32			0.53			0.98			1.2		1.8		
电特性	功率		W	20		25			39			72			95		147		
光特性和灯寿命	初始光效(lm/W)	1 级		78		78			78			80			85		85		
光特性和灯寿命	初始光效(lm/W)	2 级		—		80			78			85			89		90		
光特性和灯寿命	初始光效(lm/W)	3 级		—		—			70			75			—		—		
光特性和灯寿命	相关色温		K	3 000		4 200/3 000			4 200/3 000/3 000			4 200/3 000/3 000			4 200/3 000		4 200/3 000		
光特性和灯寿命	显色指数		Ra	83		88/83			88/83/93			93/83/93			93/83		93/83		
光特性和灯寿命	2 000h 光通维持率		%	75		75			75			80			80		80		
光特性和灯寿命	平均寿命		h	8 000		8 000			8 000			8 000			8 000		10 000		
基准镇流器	额定频率		Hz	—		50			50			50			50		50		
基准镇流器	额定电压		V	—		220			220			220			220		220		
基准镇流器	校准电流		A	—		0.32			0.53			0.98			1.2		1.8		
基准镇流器	电压/电流比		Ω	—		552			350			188			148		99		
基准镇流器	功率因素			—		0.075			0.075			0.075			0.06		0.06		
	串联电阻(配电子整流器)		Ω	680		476			340			170			—		97		
	工作位置限制			任意															

续表 11-56

	额定功率(W)		单端陶瓷金属卤化物灯						双端陶瓷金属卤化物灯			反射型单端陶瓷金属卤化物灯						
			250			400			70	100	150	25	35		70		100	150
灯规格	玻壳类型		T46	ED90	T28	T46	ED90	ED120	T20	T20	T24	PAR20	PAR30	PAR20	PAR30	PAR38	PAR38	PAR38
	灯头型号		E40	E40	G22	E40	E40	E40	R7s RX7s	R7s RX7s	R7s RX7s	E27	E27	E27	E27	E27	E27	E27
	图号(图 11-11)		c)	c)	b)	c)	c)	c)	d)	d)	d)	e)	e)	e)	e)	e)	e)	e)
项目			指 标															
灯尺寸	玻壳外径 D	mm	48	91	29	48	91	122	22	22	25	65	97	65	97	122	122	122
	全长 L	mm	260	228	150	292	228	292	117.6	117.6	135.4	96	125	96	125	141	141	141
	光中心高度 H	mm	158	130	90	175	130	180	—	—	—	—	—	—	—	—	—	—
	同轴度(°)		3	—	3	3			—			3						
	允许最大温度 玻壳	℃	500	400	580	500	400	400	500	500	650	300	300	300	300	350	350	350
	允许最大温度 灯头	℃	250	250	280	250	250	250	280	280	280	200	210	210	210	210	210	210
电特性	灯端电压	V	100			垂直 100,水平 95			90	100	95	90	90		90		100	95
	电流	A	3.0			4.6			0.98	1.2	1.8	0.32	0.53		0.98		1.2	1.8
	功率	W	250			400			72	95	147	25	39		72		95	147
光特性和灯寿命	初始光效(lm/W)	1 级	83			90			78	82	82	—	—		—		—	—
		2 级	98			—			82	87	87	—	—		—		—	—
		3 级	—			—			—	—	—	—	—		—		—	—
	相关色温	K	4 200/3 000			4 200			4 200/3 000			4 200/3 000						
	显色指数	Ra	85			85			93/83	93/83	93/83	88/83	88/83		93/83		93/83	93/85
	2 000h 光通维持率	%	85			85			80	80	80	—	—		—		—	—
	平均寿命	h	12 000			12 000			10 000	8 000	10 000	8 000	8 000		8 000		8 000	8 000
基准镇流器	额定频率	Hz	50			50			50	50	50	50	50		50		50	50
	额定电压	V	220			220			220	220	220	220	220		220		220	220
	校准电流	A	3.0			4.60			0.98	1.2	1.8	0.32	0.53		0.98		1.2	1.8
	电压/电流比	Ω	60			39			188	148	99	552	350		188		148	99
	功率因素		0.06			0.06			0.075	0.06	0.06	0.075	0.075		0.075		0.06	0.06
串联电阻(配电子整流器)		Ω	—			—			—	—	—	476	340		170		—	170
工作位置限制			任意						水平 ±45°			任意						

注:①电特性、光特性都是在额定电压下配用基准镇流器时灯的特性参数。

②相关色温及显色指数对应于初始光效为 1 级/2 级/3 级。

(十六)局部照明灯泡(QB/T 2054—2008)

局部照明灯泡为白炽灯泡,额定电压有6V、12V、24V、36V;电源有直流或50Hz交流。

局部照明灯泡的平均寿命不低于1 000h,每个灯泡点燃750h后的光通维持率应不低于85%。

1.局部照明灯泡的标记

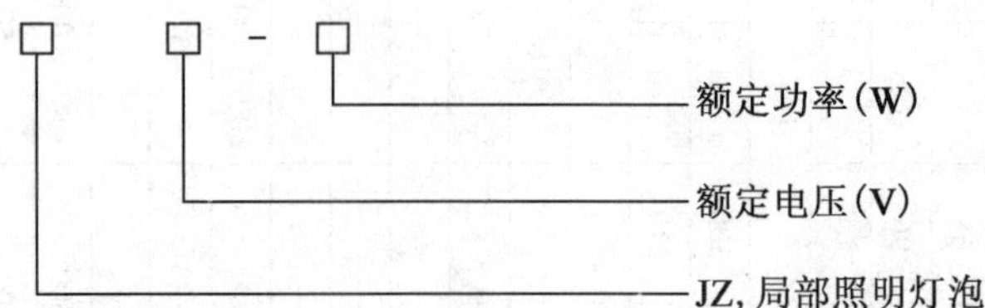

2.局部照明灯泡的光电参数

表11-57

灯的型号	额定值			极限值	
	电压(V)	功率(W)	光通量(lm)	功率(W)	光通量(lm)
JZ 6-10	6	10	120	10.9	112
JZ 6-20		20	260	21.3	242
JZ 12-15	12	15	180	16.1	167
JZ 12-25		25	325	26.5	302
JZ 12-40		40	550	42.1	512
JZ 12-60		60	850	62.9	791
JZ 24-15	24	15	150	16.1	140
JZ 24-25		25	295	26.5	274
JZ 24-40		40	520	42.1	484
JZ 24-60		60	820	62.9	762
JZ 24-100		100	1 570	104.5	1 460
JZ 36-15	36	15	135	16.1	126
JZ 36-25		25	250	26.5	233
JZ 36-40		40	500	42.1	465
JZ 36-60		60	800	62.9	744
JZ 36-100		100	1 550	104.5	1 440

3.局部照明灯泡的外形尺寸

灯泡玻壳的外径≥61mm;灯泡全长≥110mm;灯泡光中心高度为(77±3)mm。

局部照明灯泡的灯头为E27/27。如采用B22d/25×26灯头和其他玻壳,灯泡的全长和光中心高度会有相应改变。

(十七)氖灯(QB/T 2942—2008)

氖灯系列产品分为:标准亮度、准高亮度、高亮度、超高亮度和荧光辉光灯五类。

1. 氖灯规格型号的标记

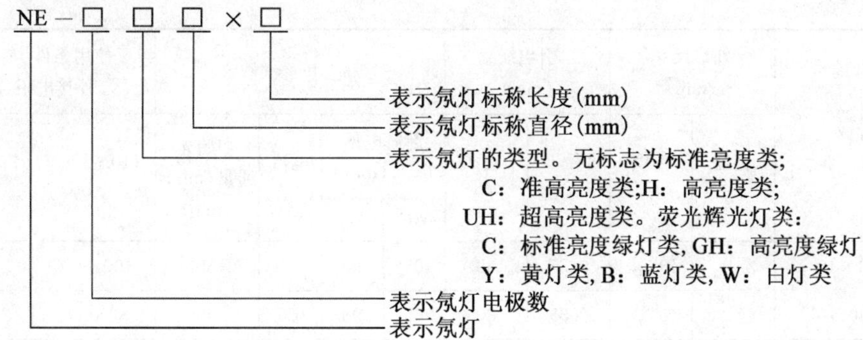

2. 氖灯规格尺寸示意图

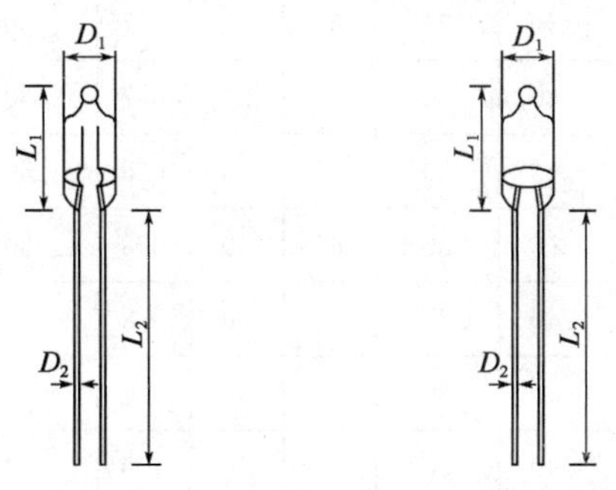

图 11-12 氖灯规格尺寸示意图

注:氖灯引线具有足够的机械强度,应能承受五次 20N 的拉力。

3. 氖灯的光电参数

(1)标准亮度氖灯的外形尺寸和光电参数

表 11-58

序号	型号规格	外形尺寸(mm)		引出线(mm)		光电参数				使用条件(参考值)外接电阻(kΩ)		平均寿命(h)
		直径 D_1	长度 L_1	直径 D_2 ±0.02	长度 L_2 ±1	起辉电压(V),(max)		电流(mA)	初始光通量(mlm)(min)	100～120V AC	220～240V AC	
						AC	DC					
1	NE-2 3×10	$3^{+0.3}_{-0.1}$	$10^{0}_{-1.5}$	0.35	30	65	90	0.3	50	150±5%	510±5%	25 000
2	NE-2 4×10	$4^{+0.1}_{-0.3}$	$10^{0}_{-1.5}$	0.35	30	65	90	0.5	50	100±5%	330±5%	25 000
3	NE-2 4×10.5	$4^{+0.1}_{-0.3}$	$10^{+0.5}_{-1}$	0.35	30	65	90	0.5	50	100±5%	330±5%	25 000
4	NE-2 5×12	$5^{+0.1}_{-0.3}$	$12^{+0.5}_{-1}$	0.40	30	65	90	0.5	50	100±5%	330±5%	25 000
5	NE-2 5×13	$5^{+0.1}_{-0.3}$	13^{0}_{-2}	0.40	30	65	90	0.5	50	100±5%	330±5%	25 000
6	NE-2 5×16	$5^{+0.1}_{-0.3}$	$16^{+0.5}_{-1.5}$	0.40	30	65	90	0.5	50	100±5%	330±5%	25 000
7	NE-2 6×12	$6^{+0.1}_{-0.3}$	$12^{+0.5}_{-1}$	0.40	30	65	90	0.5	50	100±5%	330±5%	25 000
8	NE-2 6×13	$6^{+0.1}_{-0.3}$	13^{0}_{-2}	0.40	30	65	90	0.5	50	100±5%	330±5%	25 000
9	NE-2 6×16	$6^{+0.1}_{-0.3}$	$16^{+0.5}_{-1.5}$	0.40	30	65	90	0.5	50	100±5%	330±5%	25 000
10	NE-2 6×18	$6^{+0.1}_{-0.3}$	$18^{+0.5}_{-1.5}$	0.40	30	65	90	0.5	50	100±5%	330±5%	25 000
11	NE-2 6×20	$6^{+0.1}_{-0.3}$	$20^{+0.5}_{-1.5}$	0.40	30	65	90	0.5	50	100±5%	330±5%	25 000
12	NE-2 6×22	$6^{+0.1}_{-0.3}$	$22^{+0.5}_{-1.5}$	0.40	30	65	90	0.5	50	100±5%	330±5%	25 000

(2)准高亮度氖灯的外形尺寸和光电参数

表 11-59

序号	型号规格	外形尺寸(mm)		引出线(mm)		光电参数				使用条件(参考值)外接电阻(kΩ)		平均寿命(h)
		直径 D_1	长度 L_1	直径 D_2 ±0.02	长度 L_2 ±1	起辉电压(V),(max)		电流(mA)	初始光通量(mlm)(min)	110~120V AC	220~240V AC	
						AC	DC					
1	NE-2C 3×10	$3^{+0.3}_{-0.1}$	$10^{0}_{-1.5}$	0.35	30	65	90	0.5	50	100±5%	330±5%	25 000
2	NE-2C 4×10	$4^{+0.1}_{-0.3}$	$10^{0}_{-1.5}$	0.35	30	65	90	0.7	50	82±5%	220±5%	25 000
3	NE-2C 4×10.5	$4^{+0.1}_{-0.3}$	$10^{+0.5}_{-1}$	0.35	30	65	90	0.7	50	82±5%	220±5%	25 000
4	NE-2C 5×12	$5^{+0.1}_{-0.3}$	$12^{+0.5}_{-1}$	0.40	30	65	90	0.7	50	82±5%	220±5%	25 000
5	NE-2C 5×13	$5^{+0.1}_{-0.3}$	13^{0}_{-2}	0.40	30	65	90	0.7	50	82±5%	220±5%	25 000
6	NE-2C 5×16	$5^{+0.1}_{-0.3}$	$16^{+0.5}_{-1.5}$	0.40	30	65	90	0.8	50	68±5%	180±5%	25 000
7	NE-2C 6×12	$6^{+0.1}_{-0.3}$	$12^{+0.5}_{-1}$	0.40	30	65	90	0.8	50	68±5%	180±5%	25 000
8	NE-2C 6×13	$6^{+0.1}_{-0.3}$	13^{0}_{-2}	0.40	30	65	90	0.8	50	68±5%	180±5%	25 000
9	NE-2C 6×16	$6^{+0.1}_{-0.3}$	$16^{+0.5}_{-1.5}$	0.40	30	65	90	1.0	50	47±5%	150±5%	25 000
10	NE-2C 6×18	$6^{+0.1}_{-0.3}$	$18^{+0.5}_{-1.5}$	0.40	30	65	90	1.0	50	47±5%	150±5%	25 000
11	NE-2C 6×20	$6^{+0.1}_{-0.3}$	$20^{+0.5}_{-1.5}$	0.40	30	65	90	1.0	50	47±5%	150±5%	25 000
12	NE-2C 6×22	$6^{+0.1}_{-0.3}$	$22^{+0.5}_{-1.5}$	0.40	30	65	90	1.0	50	47±5%	150±5%	25 000

(3)高亮度氖灯的外形尺寸和光电参数

表 11-60

序号	型号规格	外形尺寸(mm)		引出线(mm)		光电参数				使用条件(参考值)外接电阻(kΩ)		平均寿命(h)
		直径 D_1	长度 L_1	直径 D_2 ±0.02	长度 L_2 ±1	起辉电压(V),(max)		电流(mA)	初始光通量(mlm)(min)	110~120V AC	220~240V AC	
						AC	DC					
1	NE-2H 3×10	$3^{+0.3}_{-0.1}$	$10^{0}_{-1.5}$	0.35	30	95	135	0.5	80	100±5%	270±5%	25 000
2	NE-2H 4×10	$4^{+0.1}_{-0.3}$	$10^{0}_{-1.5}$	0.35	30	95	135	0.8	80	68±5%	180±5%	25 000
3	NE-2H 4×10.5	$4^{+0.1}_{-0.3}$	$10^{+0.5}_{-1}$	0.35	30	95	135	0.8	80	68±5%	180±5%	25 000
4	NE-2H 5×12	$5^{+0.1}_{-0.3}$	$12^{+0.5}_{-1}$	0.40	30	95	135	1.0	80	47±5%	150±5%	25 000
5	NE-2H 5×13	$5^{+0.1}_{-0.3}$	13^{0}_{-2}	0.40	30	95	135	1.0	80	47±5%	150±5%	25 000
6	NE-2H 5×16	$5^{+0.1}_{-0.3}$	$16^{+0.5}_{-1.5}$	0.40	30	95	135	1.0	80	47±5%	150±5%	25 000
7	NE-2H 6×12	$6^{+0.1}_{-0.3}$	$12^{+0.5}_{-1}$	0.40	30	95	135	1.0	80	47±5%	150±5%	25 000
8	NE-2H 6×13	$6^{+0.1}_{-0.3}$	13^{0}_{-2}	0.40	30	95	135	1.2	80	39±5%	120±5%	25 000
9	NE-2H 6×16	$6^{+0.1}_{-0.3}$	$16^{+0.5}_{-1.5}$	0.40	30	95	135	1.2	80	39±5%	120±5%	25 000
10	NE-2H 6×18	$6^{+0.1}_{-0.3}$	$18^{+0.5}_{-1.5}$	0.40	30	95	135	1.2	80	39±5%	120±5%	25 000
11	NE-2H 6×20	$6^{+0.1}_{-0.3}$	$20^{+0.5}_{-1.5}$	0.40	30	95	135	1.5	80	33±5%	100±5%	25 000
12	NE-2H 6×22	$6^{+0.1}_{-0.3}$	$22^{+0.5}_{-1.5}$	0.40	30	95	135	1.5	80	33±5%	100±5%	25 000

(4)超高亮度氖灯的外形尺寸和光电参数

表 11-61

序号	型号规格	外形尺寸(mm)		引出线(mm)		光电参数				使用条件(参考值)外接电阻(kΩ)		平均寿命(h)
		直径 D_1	长度 L_1	直径 D_2 ±0.02	长度 L_2 ±1	起辉电压(V),(max) AC	起辉电压(V),(max) DC	电流(mA)	初始光通量(mlm)(min)	110～120V AC	220～240V AC	
1	NE-2UH 4×10	$3^{+0.3}_{-0.1}$	$10^{0}_{-1.5}$	0.35	30	95	135	1.5	80	33±5%	100±5%	15 000
2	NE-2UH 5×13	$5^{+0.1}_{-0.3}$	13^{0}_{-2}	0.40	30	95	135	2.0	80	22±5%	68±5%	15 000
3	NE-2UH 6×13	$6^{+0.1}_{-0.3}$	13^{0}_{-2}	0.40	30	95	135	2.0	80	22±5%	68±5%	15 000
4	NE-2UH 6×16	$6^{+0.1}_{-0.3}$	$16^{+0.5}_{-1.5}$	0.40	30	95	135	2.0	80	22±5%	68±5%	15 000
5	NE-2UH 6×18	$6^{+0.1}_{-0.3}$	$18^{+0.5}_{-1.5}$	0.40	30	95	135	3.0	80	15±5%	47±5%	15 000
6	NE-2UH 6×20	$6^{+0.1}_{-0.3}$	$20^{+0.5}_{-1.5}$	0.40	30	95	135	3.0	80	15±5%	47±5%	15 000

(5)标准亮度绿灯的外形尺寸和光电参数

表 11-62

序号	型号规格	外形尺寸(mm)		引出线(mm)		光电参数				使用条件(参考值)外接电阻(kΩ)		平均寿命(h)
		直径 D_1	长度 L_1	直径 D_2 ±0.02	长度 L_2 ±1	起辉电压(V),(max) AC	起辉电压(V),(max) DC	电流(mA)	初始光通量(mlm)(min)	110～120V AC	220～240V AC	
1	NE-2G 3×10	$3^{+0.3}_{-0.1}$	$10^{0}_{-1.5}$	0.35	30	85	120	0.5	20	100±5%	270±5%	20 000
2	NE-2G 4×10	$4^{+0.1}_{-0.3}$	$10^{0}_{-1.5}$	0.35	30	85	120	0.5	40	100±5%	270±5%	20 000
3	NE-2G 5×13	$5^{+0.1}_{-0.3}$	13^{0}_{-2}	0.40	30	85	120	0.6	55	82±5%	250±5%	20 000
4	NE-2G 5×16	$5^{+0.1}_{-0.3}$	$16^{+0.5}_{-1.5}$	0.40	30	85	120	0.6	55	82±5%	250±5%	20 000
5	NE-2G 6×12	$6^{+0.1}_{-0.3}$	$12^{+0.5}_{-1}$	0.40	30	85	120	0.6	55	82±5%	250±5%	20 000
6	NE-2G 6×13	$6^{+0.1}_{-0.3}$	13^{0}_{-2}	0.40	30	85	120	0.7	55	68±5%	220±5%	20 000
7	NE-2G 6×16	$6^{+0.1}_{-0.3}$	$16^{+0.5}_{-1.5}$	0.40	30	85	120	0.7	55	68±5%	220±5%	20 000
8	NE-2G 6×18	$6^{+0.1}_{-0.3}$	$18^{+0.5}_{-1.5}$	0.40	30	85	120	0.7	55	68±5%	220±5%	20 000
9	NE-2G 6×20	$6^{+0.1}_{-0.3}$	$20^{+0.5}_{-1.5}$	0.40	30	85	120	0.7	55	68±5%	220±5%	20 000

(6)高亮度绿灯的外形尺寸和光电参数

表 11-63

序号	型号规格	外形尺寸(mm)		引出线(mm)		光电参数				使用条件(参考值)外接电阻(kΩ)		平均寿命(h)
		直径 D_1	长度 L_1	直径 D_2 ±0.02	长度 L_2 ±1	起辉电压(V),(max) AC	起辉电压(V),(max) DC	电流(mA)	初始光通量(mlm)(min)	110～120V AC	220～240V AC	
1	NE-2GH 3×10	$3^{+0.3}_{-0.1}$	$10^{0}_{-1.5}$	0.35	30	85	120	0.7	20	82±5%	220±5%	20 000
2	NE-2GH 4×10	$4^{+0.1}_{-0.3}$	$10^{0}_{-1.5}$	0.35	30	85	120	0.7	40	82±5%	220±5%	20 000
3	NE-2GH 5×13	$5^{+0.1}_{-0.3}$	13^{0}_{-2}	0.40	30	85	120	0.8	55	68±5%	180±5%	20 000
4	NE-2GH 5×16	$5^{+0.1}_{-0.3}$	$16^{+0.5}_{-1.5}$	0.40	30	85	120	0.8	55	68±5%	180±5%	20 000
5	NE-2GH 6×12	$6^{+0.1}_{-0.3}$	$12^{+0.5}_{-1}$	0.40	30	85	120	0.8	55	68±5%	180±5%	20 000
6	NE-2GH 6×13	$6^{+0.1}_{-0.3}$	13^{0}_{-2}	0.40	30	85	120	1.0	55	47±5%	150±5%	20 000
7	NE-2GH 6×16	$6^{+0.1}_{-0.3}$	$16^{+0.5}_{-1.5}$	0.40	30	85	120	1.0	55	47±5%	150±5%	20 000
8	NE-2GH 6×18	$6^{+0.1}_{-0.3}$	$18^{+0.5}_{-1.5}$	0.40	30	85	120	1.0	55	47±5%	150±5%	20 000
9	NE-2GH 6×20	$6^{+0.1}_{-0.3}$	$20^{+0.5}_{-1.5}$	0.40	30	85	120	1.0	55	47±5%	150±5%	20 000

(7)黄灯的外形尺寸和光电参数

表 11-64

序号	型号规格	外形尺寸(mm)		引出线(mm)		光电参数				使用条件(参考值)外接电阻(kΩ)		平均寿命(h)
		直径 D_1	长度 L_1	直径 D_2 ±0.02	长度 L_2 ±1	起辉电压(V),(max)		电流(mA)	初始光通量(mlm)(min)	110～120V AC	220～240V AC	
						AC	DC					
1	NE-2Y 3×10	$3^{+0.3}_{-0.1}$	$10^{0}_{-1.5}$	0.35	30	85	120	0.5	50	100±5%	270±5%	20 000
2	NE-2Y 4×10	$4^{+0.1}_{-0.3}$	$10^{0}_{-1.5}$	0.35	30	85	120	0.5	50	100±5%	270±5%	20 000
3	NE-2Y 5×13	$5^{+0.1}_{-0.3}$	13^{0}_{-2}	0.40	30	85	120	0.7	60	82±5%	220±5%	20 000
4	NE-2Y 5×16	$5^{+0.1}_{-0.3}$	$16^{+0.5}_{-1.5}$	0.40	30	85	120	0.7	60	82±5%	220±5%	20 000
5	NE-2Y 6×12	$6^{+0.1}_{-0.3}$	$12^{+0.5}_{-1}$	0.40	30	85	120	0.7	60	82±5%	220±5%	20 000
6	NE-2Y 6×13	$6^{+0.1}_{-0.3}$	13^{0}_{-2}	0.40	30	85	120	0.8	60	68±5%	180±5%	20 000
7	NE-2Y 6×16	$6^{+0.1}_{-0.3}$	$16^{+0.5}_{-1.5}$	0.40	30	85	120	0.8	60	68±5%	180±5%	20 000
8	NE-2Y 6×18	$6^{+0.1}_{-0.3}$	$18^{+0.5}_{-1.5}$	0.40	30	85	120	0.8	60	68±5%	180±5%	20 000
9	NE-2Y 6×20	$6^{+0.1}_{-0.3}$	$20^{+0.5}_{-1.5}$	0.40	30	85	120	0.8	60	68±5%	180±5%	20 000

(8)蓝灯的外形尺寸和光电参数

表 11-65

序号	型号规格	外形尺寸(mm)		引出线(mm)		光电参数				使用条件(参考值)外接电阻(kΩ)		平均寿命(h)
		直径 D_1	长度 L_1	直径 D_2 ±0.02	长度 L_2 ±1	起辉电压(V),(max)		电流(mA)	初始光通量(mlm)(min)	110～120V AC	220～240V AC	
						AC	DC					
1	NE-2B 3×10	$3^{+0.3}_{-0.1}$	$10^{0}_{-1.5}$	0.35	30	85	120	0.5	15	100±5%	270±5%	15 000
2	NE-2B 4×10	$4^{+0.1}_{-0.3}$	$10^{0}_{-1.5}$	0.35	30	85	120	0.5	15	100±5%	270±5%	15 000
3	NE-2B 5×13	$5^{+0.1}_{-0.3}$	13^{0}_{-2}	0.40	30	85	120	0.7	20	82±5%	220±5%	15 000
4	NE-2B 5×16	$5^{+0.1}_{-0.3}$	$16^{+0.5}_{-1.5}$	0.40	30	85	120	0.7	20	82±5%	220±5%	15 000
5	NE-2B 6×12	$6^{+0.1}_{-0.3}$	$12^{+0.5}_{-1}$	0.40	30	85	120	0.7	20	82±5%	220±5%	15 000
6	NE-2B 6×13	$6^{+0.1}_{-0.3}$	13^{0}_{-2}	0.40	30	85	120	0.8	20	68±5%	180±5%	15 000
7	NE-2B 6×16	$6^{+0.1}_{-0.3}$	$16^{+0.5}_{-1.5}$	0.40	30	85	120	0.8	20	68±5%	180±5%	15 000
8	NE-2B 6×18	$6^{+0.1}_{-0.3}$	$18^{+0.5}_{-1.5}$	0.40	30	85	120	0.8	20	68±5%	180±5%	15 000
9	NE-2B 6×20	$6^{+0.1}_{-0.3}$	$20^{+0.5}_{-1.5}$	0.40	30	85	120	0.8	20	68±5%	180±5%	15 000

(9)白灯的外形尺寸和光电参数

表 11-66

序号	型号规格	外形尺寸(mm)		引出线(mm)		光电参数				使用条件(参考值)外接电阻(kΩ)		平均寿命(h)
		直径 D_1	长度 L_1	直径 D_2 ±0.02	长度 L_2 ±1	起辉电压(V),(max)		电流(mA)	初始光通量(mlm)(min)	110～120V AC	220～240V AC	
						AC	DC					
1	NE-2W 3×10	$3^{+0.3}_{-0.1}$	$10^{0}_{-1.5}$	0.35	30	85	120	0.5	15	100±5%	270±5%	15 000
2	NE-2W 4×10	$4^{+0.1}_{-0.3}$	$10^{0}_{-1.5}$	0.35	30	85	120	0.5	15	100±5%	270±5%	15 000
3	NE-2W 5×13	$5^{+0.1}_{-0.3}$	13^{0}_{-2}	0.40	30	85	120	0.7	20	82±5%	220±5%	15 000
4	NE-2W 5×16	$5^{+0.1}_{-0.3}$	$16^{+0.5}_{-1.5}$	0.40	30	85	120	0.7	20	82±5%	220±5%	15 000

续表 11-66

序号	型号规格	外形尺寸(mm)		引出线(mm)		光电参数				使用条件(参考值)外接电阻(kΩ)		平均寿命(h)
		直径 D_1	长度 L_1	直径 D_2 ±0.02	长度 L_2 ±1	起辉电压(V),(max)		电流(mA)	初始光通量(mlm)(min)	110~120V AC	220~240V AC	
						AC	DC					
5	NE-2W 6×12	$6^{+0.1}_{-0.3}$	$12^{+0.5}_{-1}$	0.40	30	85	120	0.7	20	82±5%	220±5%	15 000
6	NE-2W 6×13	$6^{+0.1}_{-0.3}$	13^{0}_{-2}	0.40	30	85	120	0.8	20	68±5%	180±5%	15 000
7	NE-2W 6×16	$6^{+0.1}_{-0.3}$	$16^{+0.5}_{-1.5}$	0.40	30	85	120	0.8	20	68±5%	180±5%	15 000
8	NE-2W 6×18	$6^{+0.1}_{-0.3}$	$18^{+0.5}_{-1.5}$	0.40	30	85	120	0.8	20	68±5%	180±5%	15 000
9	NE-2W 6×20	$6^{+0.1}_{-0.3}$	$20^{+0.5}_{-1.5}$	0.40	30	85	120	0.8	20	68±5%	180±5%	15 000

(十八)红外线灯泡(GB/T 23140—2009)

1.红外线灯泡的标记

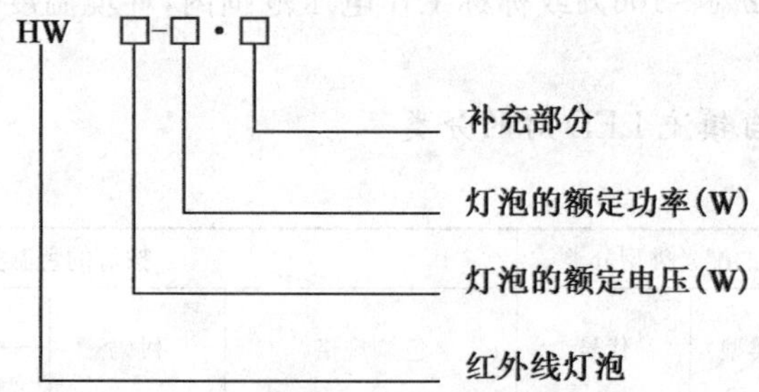

示例:HW220·250·R125(220V 250W 玻壳型号为 R125 的红外线灯泡);
HW220·275·Y(220V 275W 的红外线灯泡、机械强度能达到 5.10 的要求)。

2.红外线灯泡外形图

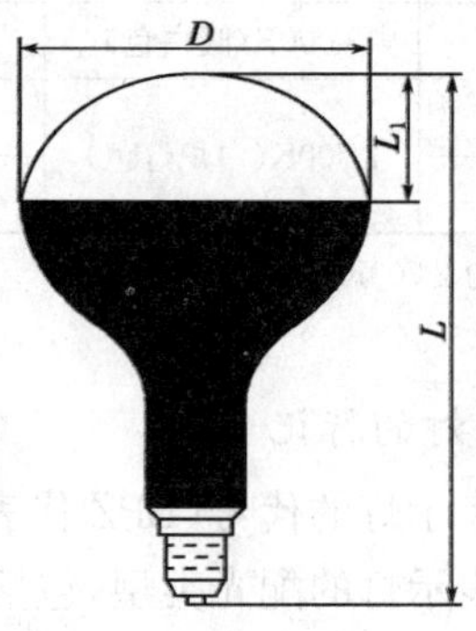

图 11-13 红外线灯泡外形图

3.红外线灯泡的规格尺寸和光电参数

表 11-67

额定功率(W)	主要尺寸(mm)			玻壳型号	灯头型号	极限功率(W)	全辐射效率(%)	红外辐射转换效率(%)	色温(K)
	玻壳最大径 D	全长 L	L_1 *						
125	127	185	33±5	R125	E27	130.5	≥70	≥58 *	2 350
200						208.5			
250						260.5			
275						286.5			

续表 11-67

额定功率(W)	主要尺寸(mm)			玻壳型号	灯头型号	极限功率(W)	全辐射效率(%)	红外辐射转换效率(%)	色温(K)
	玻壳最大径 D	全长 L	L_1 *						
200	117	162	30±3	R115	E27	208.5	≥70	≥58 *	2 350
250						260.5			

注:①色温的初始值不应比表列数据高 100K。

②全辐射通量和红外辐射通量应不低于标称值的 90%,其与灯泡所消耗的功率之比即为全辐射效率和红外辐射转换效率。

③“*”为参考值。

④灯泡的电源电压为 220V,50Hz。

(十九)普通照明用非定向自镇流 LED 灯(GB/T 31112—2014、GB/T 24908—2014)

普通照明用非定向自镇流 LED 灯的额定功率不大于 60W,采用螺口式灯头和卡口式灯头。灯的额定电压为 220V,频率为 50Hz。

灯在额定电源电压的 92%～106%或标称工作电压范围内,环境温度为－20～45℃条件下应能启动并正常工作。

1. 普通照明用非定向自镇流 LED 灯的分类

表 11-68

按灯的标称光通量分类		按灯的配光类型分类		按灯的色温类型分类				
光通量规格(lm)	替换的白炽灯规格(W)	配光类型	代号	色调规格	代码	色坐标目标值 x	色坐标目标值 y	显色指数
150	15	全配光型	O	6 500K(日光色)	65	0.313	0.337	一般显色指数:80;高显色指数:90
250	25	准全配光型	Q	5 000K(中性白色)	50	0.346	0.359	
500	40	半配光型	S	4 000K(冷白色)	40	0.380	0.380	
800	60			3 500K(白色)	35	0.409	0.394	
1 000	75			3 000K(暖白色)	30	0.440	0.403	
1 500	100			2 700K(白炽灯色)	27	0.463	0.420	
					P27	0.458	0.410	

注:①P27 代表色坐标最接近普朗克曲线、色温为 2 700K 的色调代码。

②色品容差 SDCM≤5。

2. 普通照明用非定向自镇流 LED 灯的标记

灯的型号由五部分组成:第一部分表示灯的代号(BPZ 代表普通照明用非定向自镇流 LED 灯);第二部分表示灯的光通量规格;第三部分表示灯的配光类型,包括全配光型(代码为 O)、准全配光型(代码为 Q)和半配光型(代码为 S,可省略);第四部分表示灯的颜色特征,采用显色指数代码(一般显色指数不低于 80 的代码为“8”、高显色指数代码为“9”)和色调代码的组合表示,如 865 代表显色指数为 80、色温 6 500K;第五部分为补充部分,表示灯的其他信息,可采用灯头型号(如 E27、B22d 等)和/或其他信息,各生产者可自行选择和取舍,如果上述两种或者多种内容同时出现,中间用符号隔开。

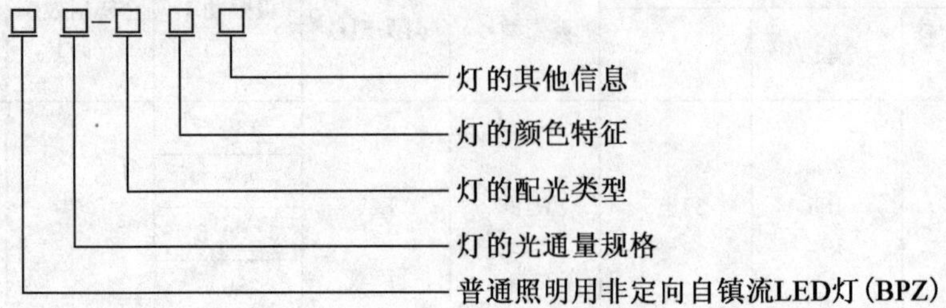

示例：额定电压220V、光通量规格为500lm、半配光型、显色指数为80、色温6 500K、E27灯头的普通照明用非定向自镇流LED灯的型号为：BPZ500-865 E27。

3.普通照明用非定向自镇流LED灯技术要求

表11-69

灯的光通量规格(lm)		150(15W)	250(25W)	500(40W)	800(60W)	1 000(75W)	1 500(100W)
项目		指标和要求					
灯头		梨形、蘑菇形：B22d、E27；管形：E14、B15d、B22d					
最大外形尺寸(mm)	常用梨形蘑菇形玻壳×全长	—	62×108.5；62×110；51×90.5；61×103.5；61×105；51×92				
	常用管形玻壳×全长	17×54；21×115；23×68.5；26×73.5；26×67 26×85；30×100；30×94				—	—
实际消耗的功率		为标称功率的80%～110%					
功率因数		灯≤5W的≥0.4；灯>5W的≥0.7；高功率因数的灯≥0.9					
初始光效(lm/W)	光效等级	色调代码：65、50、40			色调代码：35、30、27		
	Ⅰ	100			95		
	Ⅱ	85			80		
	Ⅲ	70			65		
光通维持率	标称平均寿命(h)	25 000	30 000	35 000	40 000	45 000	50 000
	3 000h光通维持率(%)	95.8	96.5	97.0	97.4	97.7	97.9
	6 000h光通维持率(%)	91.8	93.1	94.1	94.8	95.4	95.8
灯平均寿命(h)		≥25 000					
灯开关寿命(次)		额定电压下启闭各30s，循环重复25 000次					
初始光通量(lm)		125～165	225～300	420～565	725～950	950～1270	1 370～1 825
灯最大重量(g)		80	100	150	180	210	250

注：灯的无线电骚扰特性、谐波电流、电磁兼容抗扰度等符合相关标准要求。

(二十)装饰照明用LED灯(GB/T 24909—2010)

装饰照明用LED灯适用于室内外，额定电压250V、频率50Hz的交流或直流电源。

产品按用途分为透光型装饰照明用LED灯和投光型装饰照明用LED灯。产品发光部分的有效长度单位为m。

1.装饰照明用LED灯的标记

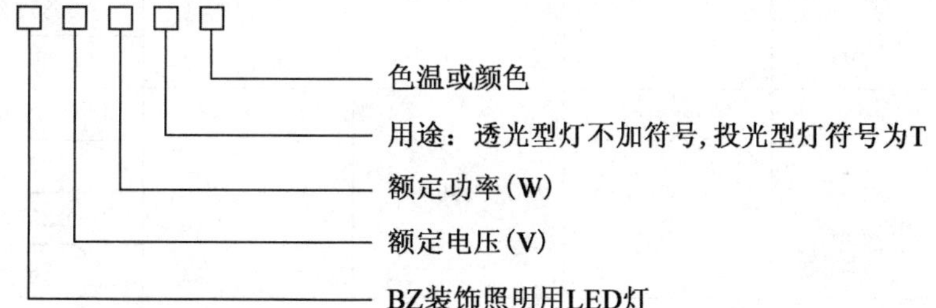

示例：220V 12W投光型6 500K LED灯的型号为：BZ220/12 T RR。

2.装饰照明用LED灯的技术要求

表11-70

项　目	指标和要求
外观	外形尺寸按生产厂规定。灯外罩无影响发光效果和使用的缺陷
	灯经初始燃点后，其内壁无明显的水或胶等附着物

续表 11-70

项　目		指标和要求
光参数		透光型灯亮度≥90%标称值;投光型灯光通量≥90%标称值
显色指数		≥67
光通(亮度)维持率	3 000h 维持率	≥85%
	6 000h 维持率	≥83%
	70%额定寿命时	≥65%
平均寿命(h)		≥30 000
灯功率		在额定电压、频率下,其消耗功率与额定功率之差≤10%
功率因数		在额定电压、频率下,其实际功率因数与标称功率因数之差≤5%

3. 装饰照明用 LED 灯的初始色度特性要求

表 11-71

标称 CCT	色调符号	色品参数				
		中心色品坐标		色温允许范围(CCT)	色品坐标允许范围	
		x	y		x	y
6 500K	RR	0. 312 3	3. 282	6 530K±510K	0. 320 5	0. 328 2
					0. 302 8	0. 330 4
					0. 306 8	0. 311 3
					0. 322 1	0. 326 1
5 700K	RM	0. 328 7	0. 341 7	5 665K±355K	0. 337 6	0. 361 6
					0. 320 7	0. 346 2
					0. 322 2	0. 324 3
					0. 336 6	0. 336 9
5 000K	RZ	0. 344 7	0. 355 3	5 028K±283K	0. 355 1	0. 376 0
					0. 337 6	0. 361 6
					0. 336 6	0. 336 9
					0. 351 5	0. 348 7
4 500K	RC	0. 361 1	0. 365 8	4 503K±243K	0. 373 6	0. 387 4
					0. 354 8	0. 373 6
					0. 351 2	0. 346 5
					0. 367 0	0. 357 8
4 000K	RI	0. 381 8	0. 379 7	3 985K±275K	0. 400 6	0. 404 4
					0. 373 6	0. 387 4
					0. 357 0	0. 357 8
					0. 389 8	0. 371 6
3 500K	RB	0. 4073	0. 3717	3 465K±245K	0. 429 9	0. 416 5
					0. 399 6	0. 401 5
					0. 388 9	0. 369 0
					0. 414 7	0. 381 4
3 000K	RN	0. 433 8	0. 403 0	3 045K±175K	0. 456 2	0. 426 0
					0. 429 9	0. 416 5
					0. 414 7	0. 381 4

续表 11-71

标称 CCT	色调符号	色品参数				
		中心色品坐标		色温允许范围(CCT)	色品坐标允许范围	
		x	y		x	y
3 000K	RN	0.433 8	0.403 0	3 045K±175K	0.437 3	0.389 3
2 700K	RD	0.457 8	0.410 1	2 725K±145K	0.481 3	0.431 9
					0.456 2	0.426 0
					0.437 3	0.389 3
					0.459 3	0.394 4

(二十一)反射型自镇流 LED 灯(GB/T 31111—2014)

反射型自镇流 LED 灯作为定向照明,适用于家庭、商业等类似场合,用于替换 PAR 系列卤钨灯。额定电压 220V、额定频率 50Hz。

1. 灯按光束角分为 10°、18°、24°、36°、45°、60°六种规格

2. 反射性自镇流 LED 灯的外形规格尺寸及光通量规格

表 11-72

灯的外形规格	灯最大外形尺寸(玻壳×全长)	灯头型号	玻壳型号	光通量规格	替换的卤钨灯规格
	mm			lm	W
PAR16	57.2×86.5	E14/25×17	PAR50(PAR16)	250	35
				400	50
PAR20	72.3×105	E27/27	PAR63(PAR20)	400	50
				700	75
PAR30	106×99	E27/27	PAR95(PAR30)	700	75
				1 100	100
PAR38	135×139	E27/51×39	PAR121(PAR38)	700	75
				1 100	100

3. 反射型自镇流 LED 灯的色调规格

表 11-73

色调规格	色调代码	色坐标目标值	
		x	y
6 500K(日光色)	65	0.313	0.337
5 000K(中性白色)	50	0.346	0.359
4 000K(冷白色)	40	0.380	0.380
3 500K(白色)	35	0.409	0.394
3 000K(暖白色)	30	0.440	0.403
2 700K(白炽灯色)	27	0.463	0.420
	P27	0.458	0.410

注:P27 代表色坐标最接近普朗克曲线、色温为 2700K 的色调代码。

(二十二)道路照明用 LED 灯(GB/T 24907—2010)

道路照明用 LED 灯采用交流 220V、50Hz 电源供电,在额定电压的 92%~106%及-30~45℃条件下能正常启动和燃点工作。

1. 道路照明用 LED 灯的分类

表 11-74

灯的额定功率(W)	按不同配光类型的光斑型分类		按调光类型分类		按 LED 器件功率分类	
20,30,45,60,75,90,120,160,180,200,250,300	矩形光斑型 LED 灯	代号 J	调光型 LED 灯	代号 T	小于 0.5W 的小功率器件组合的 LED 灯	代号 X
	圆形、椭圆形光斑型 LED 灯	代号 Y	非调光型 LED 灯	代号 F	功率≥0.5W 器件组合的 LED 灯	代号 G

2. 道路照明用 LED 灯的标记

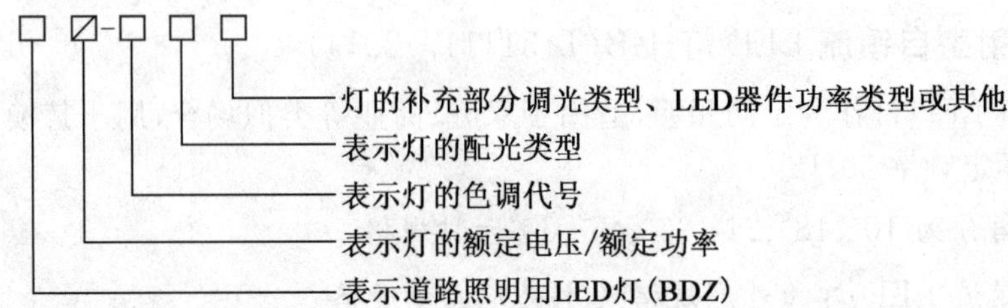

如:"BDZ 220/120 RR JT"表示额定电压为 220V、额定功率为 120W、色调为日光色(RR)的矩形光斑型、调光型道路照明用 LED 灯。

3. 道路照明用 LED 灯的主要技术要求

表 11-75

项目		指标和要求	
外形尺寸		制造方定	
灯功率		实际消耗的功率与额定功率之差≤10%	
功率因素		实测值不低于标称值的 5%	
显色指数		额定值为 70,实测值不低于额定值的三个数值	
平均寿命(h)		≥20 000	
光通维持率	3 000h 时	≥90%	
	6 000h 时	≥85%	
开关次数		在各 60s 启闭条件下,≥5 000 次	
初始光通量		由厂方标出,实测值应≥90%的标称值	
初始光效(lm/W)	等级	颜色:RR、RZ	颜色:RL、RB、RN、RD
	Ⅰ	75	70
	Ⅱ	60	55
	Ⅲ	50	45

注:灯的无线电骚扰特性、谐波电流、电磁兼容抗扰度等应符合相关标准要求。

(二十三)公路 LED 照明灯具(JT/T 939.1~5—2014)

公路 LED 照明灯具一般由 LED 发光光源、配光组件、驱动电源、机架外壳、安装连接件等组成,照明控制器一般由输入模块、输出模块、处理器及控制软件组成。主要用于公路隧道、路段、桥梁、收费广场和服务区等使用场所。

公路 LED 照明灯具按用途分为:隧道 LED 照明灯具、公路室外 LED 照明灯具和桥梁护栏 LED 照明灯具等。

1. 公路 LED 照明灯具产品型号标记

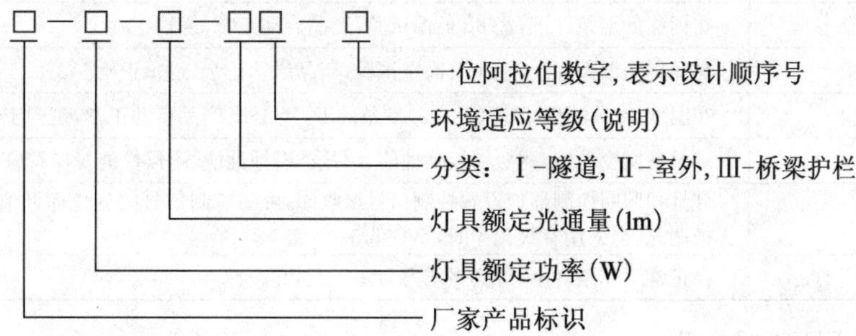

2. 照明控制器产品型号标记

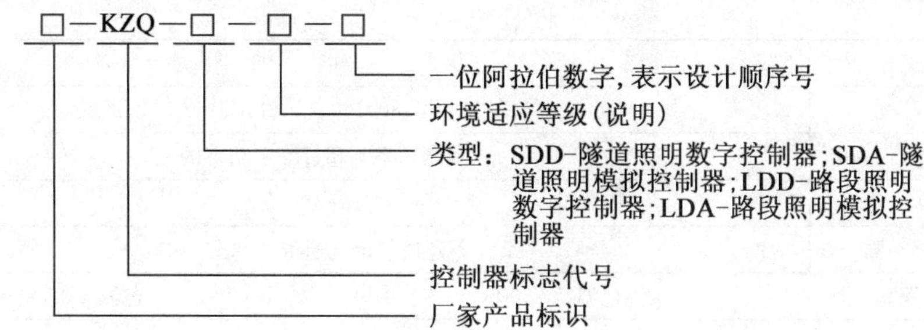

说明:适用条件

(1)安装环境:室外。

(2)环境温度。

——S2 型:－5～＋55℃;

——A 型:－20～＋55℃;

——B 型:－40～＋50℃;

——C 型:－55～＋45℃。

3. 公路 LED 照明灯具的主要性能要求

表 11-76

项　目		指　标
材料要求		发光二极管在 85℃时的使用寿命应≥50 000h
		其他电子元件的平均无故障时间应≥30 000h
灯具初始光效		≥85lm/W
灯具的噪声功率级		≤55dB(A)
灯具结温		灯具应散热良好,达到稳定状态后,结温≤105℃
显色指数		≥60
灯具机械力学性能		在承受 40m/s 风速产生的风压后,不影响使用,几何变形量应≤1mm
光度性能		符合 GB/T 9468 的规定的光度数据
电气安全性	绝缘电阻	电源接线端子与机壳、控制端子的绝缘电阻≥100MΩ
	电气强度	电源接线端子与机壳之间施加 50Hz、1500V 正弦交流电压 1min,无火花、闪络和击穿
	接触电阻	接地端子与机壳的接触电阻应<0.1Ω
	适应电网波动	在电压交流 220V±15%;频率 50Hz±2Hz 的条件下,能正常工作
	防雷电	有必要的防雷电和过电压保护

续表 11-76

项目		指标
环境适用性	耐低温性能	在标称低温条件下,经 8h 低温试验,产品启动正常,逻辑正确
	耐高温性能	在标称高温条件下,经 16h 高温试验,产品启动正常,逻辑正确
	耐湿热性能	在温度 40℃,相对湿度(98±2)%条件下,经 48h,产品启动正常,逻辑正确
	其他要求	耐温度交变性能、耐机械振动性能、耐盐雾腐蚀性能、耐候性能等应符合 JT/T 817 的相关要求
调光功能		灯具和照明控制器应设置控制信号接收端,可随控制信号的变化而调节发光亮度。灯具应采用无极调光,当采用有级调光时,不宜低于 24 级
平均寿命		在正常工作条件下,灯具平均寿命≥30 000h

4. 公路隧道 LED 照明灯具

1)公路隧道 LED 照明灯具的主要性能要求

表 11-77

项目		指标	
灯具功率	功率等级(W)	40、50、60、70、80、100、120、140、160、180、200、240	
	功率允差	实测功率不超过额定功率的±5%	
	功率因数	≥0.9	
初始光通量		不超过额定光通量的 90%~120%	
初始光效(lm/W)	等级	色温≤3 500K	色温>3 500~5 500K
	Ⅰ	100	110
	Ⅱ	90	100
	Ⅲ	85	90
老化试验后的光通量维持率	老化时间	光通量维持率(%)不小于	
	3 000h	96	
	6 000h	92	
	10 000h	86	
灯具总高度要求		灯具从出光面到连接件顶面的总高度宜为(175±5)mm 或(275±5)mm	
灯具配光要求		采用中投射、短投射或超短投射类型,其空间光强分布应满足 GB/T 24827 中Ⅰ类、Ⅱ类、Ⅲ类或Ⅳ类的要求	
防护等级		不低于 IP65	
寿命		平均寿命≥40 000h,单灯最低有效寿命应≥30 000h	
眩光限制		应采取措施抑制眩光	

注:①公路隧道 LED 照明灯具的环境温度适用等级分为 S2 型、A 型和 B 型三种。

②公路隧道 LED 照明灯具分为调光类型 LED 照明灯具(T)和非调光类型 LED 照明灯具(F)。

③公路隧道 LED 照明灯具的其他主要性能要求见表 11-76。

④老化时间包括灯具老炼试验时间 1 000h。

2)公路隧道 LED 照明灯具的相关色温要求

表 11-78

名义值(K)	目标值(K)	容差范围		
		边界点名称	边界点色品坐标	
			x	y
3 000	3 045±175	中心点	0.433 8	0.403 0
		右上点	0.456 2	0.426 0
		左上点	0.429 9	0.416 5
		左下点	0.414 7	0.381 4
		右下点	0.437 3	0.389 3

续表 11-78

名义值(K)	目标值(K)	容差范围		
		边界点名称	边界点色品坐标	
			x	y
3 500	3 465±245	中心点	0.407 3	0.391 7
		右上点	0.429 9	0.416 5
		左上点	0.399 6	0.401 5
		左下点	0.388 9	0.369 0
		右下点	0.414 7	0.381 4
4 000	3 985±275	中心点	0.381 8	0.379 7
		右上点	0.400 6	0.404 4
		左上点	0.373 6	0.387 4
		左下点	0.367 0	0.357 8
		右下点	0.389 8	0.371 6
4 500	4 503±243	中心点	0.361 1	0.365 8
		右上点	0.373 6	0.387 4
		左上点	0.354 8	0.373 6
		左下点	0.351 2	0.346 5
		右下点	0.367 0	0.357 8
5 000	5 028±283	中心点	0.344 7	0.355 3
		右上点	0.355 1	0.376 0
		左上点	0.337 6	0.361 6
		左下点	0.336 6	0.336 9
		右下点	0.351 5	0.348 7

注:公路隧道 LED 照明灯具在额定工作条件下的相关色温应为 3 000～5 500K。

三、插头插座(GB 2099.1—2008、GB 1003—2008)

表 11-79

<table>
<tr><th colspan="5">插 座 分 类</th><th>插 头 分 类</th></tr>
<tr><th>按使用安装方法分类</th><th>按有无保护门分类</th><th>按防触电保护等级分类</th><th>按结构决定的安装方法分类</th><th>按指定用途分类</th><th>按所连接的设备类别分类</th></tr>
<tr><td>明装式插座</td><td rowspan="5">无保护门插座</td><td rowspan="5">具有正常保护的插座</td><td rowspan="5">无需移动导线即可拆卸盖或盖板的固定式插座(结构A)</td><td rowspan="5">对设备和插座暴露的导电部分,有单独的接地电路提供接地保护</td><td rowspan="3">O类设备用插头</td></tr>
<tr><td>暗装式插座</td></tr>
<tr><td>半暗装式插座</td></tr>
<tr><td>镶板式插座</td><td rowspan="3">Ⅰ类设备用插头</td></tr>
<tr><td>框缘式插座</td></tr>
<tr><td>移动式插座</td><td rowspan="4">有保护门插座</td><td rowspan="4">具有加强保护的插座</td><td rowspan="4">需要移动导线才能拆卸盖或盖板的固定式插座(结构B)</td><td rowspan="4">对设备的接地电路希望提供抗电干扰电路的插座。设备的接地电路从为插座的暴露导电部件提供的保护接地电路上电气隔离</td></tr>
<tr><td>台式插座</td><td rowspan="3">Ⅱ类设备用插头</td></tr>
<tr><td>地板暗装式插座</td></tr>
<tr><td>器具上的插座</td></tr>
</table>

注:①O类设备——采用基本绝缘作为基本防护,而没有故障防护措施。

②Ⅰ类设备——采用基本绝缘作为基本防护,采用保护连接作为故障防护措施。标记为字母 PE 或绿黄双色。

③Ⅱ类设备——采用基本绝缘作为基本防护,附加绝缘作为故障防护措施或能提供基本防护和故障防护的加强绝缘。标记为双正方形"回"。

④Ⅲ类设备——将电压限制到特低电压值作为基本防护,而不具有故障防护措施。(设备最高电压不超过交流 50V 或直流<无纹波>120V)。标记以Ⅲ表示。

(一)单相插头插座(GB 1002—2008)

单相插头插座适用于额定电压250V、交流频率50Hz、额定电流不超过16A的电源电路。单相插头插座分为两极无接地和两极带接地两种基本形式。使用环境温度通常不超过35℃,偶尔会达到40℃。

1.单相插头插座尺寸示意图

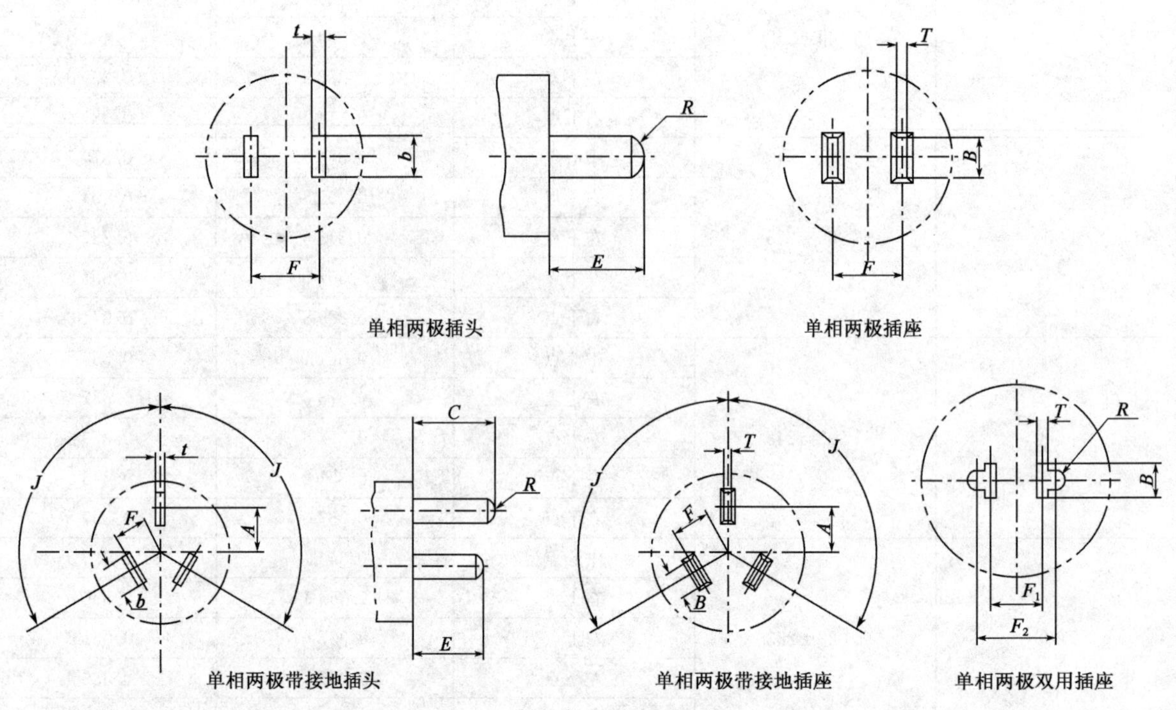

图11-14 单相插头插座尺寸示意图

2.单相插头插座的基本参数和尺寸(额定电压250V)

表11-80

名称	额定电流(A)	主要尺寸(mm)							
单相两极插头		开档距离	插头插销尺寸						
		F	t	b	E	R			
	6[a] 10	12.7±0.14	1.5	6.4	16	6.0			
单相两极插座		开档距离	插座插孔尺寸						
		F	T	B					
	10	12.7±0.14	2.0	7.3					
单相两极带接地插头		开档距离			插头插销尺寸				
		A	F	J	t	b	C	E	R
	6[a] 10	10.3±0.14	7.9±0.11	120°±30′	1.5	6.4	21	18	6
	16[b]	11.1±0.14	9.5±0.11		1.8	8.1			

续表 11-80

名 称	额定电流(A)	主要尺寸(mm)					
单相两极带接地插座		开档距离			带接地插座插孔尺寸		
		A	F	J	T	B	—
	10	10.3±0.14	7.9±0.11	120°±30′	2.0	7.3	—
	16	11.1±0.14	9.5±0.11		2.4	9.0	—
单相两极双用插座		开档距离		两极双用插座插孔尺寸			
		F_1	F_2	T	B	R	
	10	12.7±0.14	19±0.17	2.0	7.3	2.8	

注:①[a] 仅作为不可拆线插头用。

②[b]16A2P 仅作为不可拆线插头用。

③插头插销离边缘的距离应不小于 6.5mm。

④额定电流为 16A 的单相两极无接地插头形式、参数和尺寸应与额定电流 16A 的单相两极带接地插头形式、参数和尺寸一样，但应制成不可拆线插头。接地插销位置为保护门驱动片，颜色为黑色，并不接导线，不标注接地符号，仅作为与插座插合时打开保护门的驱动装置。

⑤产品上标识：L——火线；N——中性线；㊂或⚌或 E——接地线。

(二)三相插头插座(GB 1003—2008)

三相插头插座适用于交流频率 50Hz、额定电压 440V、额定电流不超过 32A 的电源电路。使用环境温度通常不超过 35℃，偶尔会达到 40℃。

1. 三相插头插座的尺寸示意图

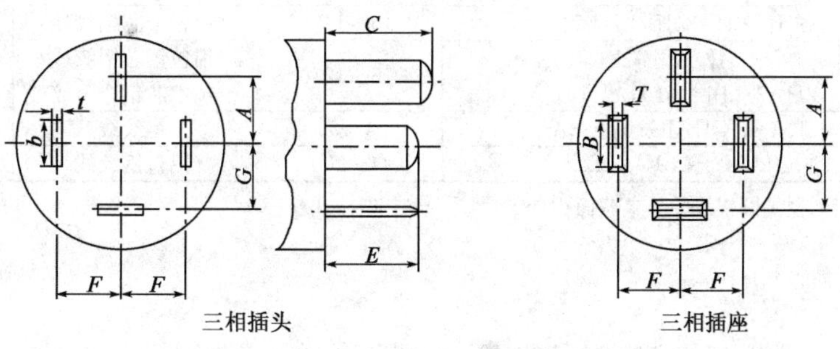

图 11-15 三相插头插座尺寸示意图

2. 三相插头插座的基本参数和尺寸

表 11-81

额定电压(V)	额定电流(A)	开 档 距 离			插头插销尺寸				插座插孔尺寸	
		A	G	F	t	b	C	E	T	B
		mm								
440	16	9.5±0.11	10.3±0.14		1.8	8	21	18	2.4	9
	25	17.5±0.14			2.2	12	29	26	3.2	13
	32	20±0.17			3	15	38	35	4	16

注:①插头插销的端部厚度适当倒角。

②插头插销离边缘的距离应保证符合防触电要求。

③产品上标识：L——火线；N——中性线；㊂或 E 或⚌——接地线。

第二节 常用电线电缆

一、裸电线

(一)裸电线型号及主要用途

1. 铜裸电线型号

表 11-82

标准号	型号	名称	标称截面(mm^2)	主要用途
	TJ	裸硬铜绞线	10～400	高、低压架空电力线路
GB/T 12970.2—2009	TJR_1	1 型软铜绞线	0.1～1 000	适用于电气装备及电子电器及元件接线用
	$TJRX_1$	1 型镀锡软铜绞线	0.1～2.5	
	TJR_2	2 型软铜绞线	2.5～63	
	$TJRX_2$	2 型镀锡软铜绞线	2.5～63	
	TJR_3	3 型软铜绞线	0.025～500	
	$TJRX_3$	3 型镀锡软铜绞线	0.025～500	

注:型号中,T——铜,J——绞合,R——软,X——镀锡。R 后面数字 1、2、3 表示柔软程度,数字越大越柔软。

2. 铝裸电线及钢绞线型号

表 11-83

标准号	型号	规格号	名称	主要用途
GB/T 1179—2008	JL	10～1500	铝绞线	用于高低压架空电力线路
	JLHA2、JLHA1	16～1250	铝合金绞线	
	JL/G1A、JL/G1B、JL/G2A、JL/G2B、JL/G3A		钢芯铝绞线	
	JL/G1AF、JL/G2AF、JL/G3AF		防腐型钢芯铝绞线	
	JLHA2/G1A、JLHA2/G1B、JLHA2/G3A	16～1120	钢芯铝合金绞线	
	JLHA1/G1A、JLHA1/G1B、JLHA1/G3A		钢芯铝合金绞线	
	JL/LHA2、JL/LHA1	16～1400	铝合金芯铝绞线	
	JL/LB1A	16～1250	铝包钢芯铝绞线	
	JLHA2/LB1A、JLHA1/LB1A		铝包钢芯铝合金绞线	
	JG1A、JG1B、JG2A、JG3A	4～63	钢绞线	
	JLB1A、JLB1B、JLB2	4～200	铝包钢绞线	

注:①规格号表示相当于硬拉圆铝线的导电截面积(mm^2)。

②型号中:

类别代号:J——同心绞合,F——防腐。

导线用单线代号:

硬圆铝线:LY_9 省略为 L,其中:LY——硬圆铝线,9—硬拉状态。

高强度铝合金线:LHA1 和 LHA2

其中:LH——铝合金圆线,A——高强,1 或 2——性能。

铝包钢线:LB1A 和 LB1B

其中:LB——铝包钢线,1——导电系列 20.3%IACS,2——导电系列 27%IACS。

A 或 B——机械性能系列。

镀锌钢线:G1A、G1B、G2A、G2B、G3A

其中:G——绞线用镀锌钢线。

1、2、3——普通强、高强和特高强度。

A——普通镀锌厚度,B——加厚镀锌厚度。

③产品型号表示方法:按型号、规格号、绞合结构和标准号表示。其中:绞合结构用构成导线的单线根数表示。单一导线直接用单线根数,组合导线用前面为外层线根数,后面为内层线根数,中间用“/”分开。

④防腐型绞线有四种涂覆方式,订货时需注明:

情况 1:钢芯涂涂料;

情况 2:除外层线,所有线涂涂料;

情况 3:除外层单线外表面外,所有线涂涂料;

情况 4:包括外层全涂涂料。

(涂料密度 0.87g/cm^3,最小填充系数 0.70)。

(二)裸铝绞线、铝合金绞线和钢绞线(GB/T 1179—2008)

1. IEC 61089 推荐 JL 铝绞线性能

表 11-84

标称截面铝	规格号	计算面积 (mm^2)	单线根数	直径(mm)		单位长度重量 (kg/km)	额定拉断力 (kN)	直流电阻(20℃) (Ω/km)
				单线	绞线			
10	10	10	7	1.35	4.05	27.4	1.95	2.863 3
16	16	16	7	1.71	5.12	43.8	3.04	1.789 6
25	25	25	7	2.13	6.40	68.4	4.50	1.145 3
40	40	40	7	2.70	8.09	109.4	6.80	0.715 8
63	63	63	7	3.39	10.2	172.3	10.39	0.454 5
100	100	100	19	2.59	12.9	274.8	17.00	0.287 7
125	125	125	19	2.89	14.5	343.6	21.25	0.230 2
160	160	160	19	3.27	16.4	439.8	26.40	0.179 8
200	200	200	19	3.66	18.3	549.8	32.00	0.143 9
250	250	250	19	4.09	20.5	687.1	40.00	0.115 1
315	315	315	37	3.29	23.0	867.9	51.97	0.091 6
400	400	400	37	3.71	26.0	1 102.0	64.00	0.072 1
450	450	450	37	3.94	27.5	1 239.8	72.00	0.064 1
500	500	500	37	4.15	29.0	1 377.6	80.00	0.057 7
560	560	560	37	4.39	30.7	1 542.9	89.60	0.051 5
630	630	630	61	3.63	32.6	1 738.3	100.80	0.045 8
710	710	710	61	3.85	34.6	1 959.1	113.60	0.040 7
800	800	800	61	4.09	36.8	2 207.4	128.00	0.036 1
900	900	900	61	4.33	39.0	2 483.3	144.00	0.032 1
1 000	1 000	1 000	61	4.57	41.1	2 759.2	160.00	0.028 9
1 120	1 120	1 120	91	3.96	43.5	3 093.5	179.20	0.025 8
1 250	1 250	1 250	91	4.18	46.0	3 452.6	200.00	0.023 1
1 400	1 400	1 400	91	4.43	48.7	3 866.9	224.00	0.020 7
1 500	1 500	1 500	91	4.58	50.4	4 143.1	240.00	0.019 3

国内常用 JL 铝绞线性能

标称截面铝	面积 (mm^2)	单线根数	直径(mm)		单位长度重量 (kg/km)	额定抗拉力 (kN)	直流电阻(20℃) (Ω/km)
			单线	绞线			
35	34.36	7	2.50	7.50	94.0	6.01	0.833 3
50	49.48	7	3.00	9.00	135.3	8.41	0.578 7
70	71.25	7	3.60	10.8	194.9	11.40	0.401 9
95	95.14	7	4.16	12.5	260.2	15.22	0.301 0
120	121.21	19	2.85	14.3	333.2	20.61	0.237 4
150	148.07	19	3.15	15.8	407.0	24.43	0.194 3
185	182.80	19	3.50	17.5	502.4	30.16	0.157 4
210	209.85	19	3.75	18.8	576.8	33.58	0.137 1
240	238.76	19	4.00	20.0	656.3	38.20	0.120 5
300	297.57	37	3.20	22.4	819.8	49.10	0.096 9
500	502.90	37	4.16	29.1	1385.5	80.46	0.057 3

2. IEC 61089 推荐 JLHA2 铝合金绞线性能

表 11-85

标称截面 铝合金	规格号	面积 (mm^2)	单线根数	直径(mm)		单位长度重量 (kg/km)	额定拉断力 (kN)	直流电阻(20℃) (Ω/km)
				单线	绞线			
20	16	18.4	7	1.83	5.49	50.4	5.43	1.789 6
30	25	28.8	7	2.29	6.86	78.7	8.49	1.145 3
45	40	46.0	7	2.89	8.68	125.9	13.58	0.715 8
75	63	72.5	7	3.63	10.9	198.3	21.39	0.454 5
120	100	115	19	2.78	13.9	316.3	33.95	0.287 7
145	125	144	19	3.10	15.5	395.4	42.44	0.230 2
185	160	184	19	3.51	17.6	506.1	54.32	0.179 8
230	200	230	19	3.93	19.6	632.7	67.91	0.143 9
300	250	288	19	4.39	22.0	790.8	84.88	0.115 1
360	315	363	37	3.53	24.7	998.9	106.95	0.091 6
465	400	460	37	3.98	27.9	1 268.4	135.81	0.072 1
520	450	518	37	4.22	29.6	1 426.9	152.79	0.064 1
580	500	575	37	4.45	31.2	1 585.5	169.76	0.057 7
650	560	645	61	3.67	33.0	1 778.4	190.14	0.051 6
720	630	725	61	3.89	35.0	2 000.7	213.90	0.045 8
825	710	817	61	4.13	37.2	2 254.8	241.07	0.040 7
930	800	921	61	4.38	39.5	2 540.6	271.62	0.036 1
1 050	900	1 036	91	3.81	41.8	2 861.1	305.58	0.032 1
1 150	1 000	1 151	91	4.01	44.1	3 179.0	339.53	0.028 9
1 300	1 120	1 289	91	4.25	46.7	3 560.5	380.27	0.025 8
1 450	1 250	1 439	91	4.49	49.4	3 973.7	424.41	0.023 1

国内常用 JLHA2 铝合金绞线性能

标称截面 铝合金	面积 (mm^2)	单线根数	直径(mm)		单位长度重量 (kg/km)	额定抗拉力 (kN)	直流电阻(20℃) (Ω/km)
			单线	绞线			
10	10.02	7	1.35	4.05	27.4	2.96	3.289 1
16	16.08	7	1.71	5.13	44.0	4.74	2.050 0
25	24.94	7	2.13	6.39	68.2	7.36	1.321 3
35	34.91	7	2.52	7.56	95.5	10.30	0.943 9
50	50.14	7	3.02	9.06	137.2	14.79	0.657 3
70	70.07	7	3.57	10.7	191.7	20.67	0.470 3
95	95.14	7	4.16	12.5	261.5	28.07	0.348 1
120	120.36	19	2.84	14.2	330.8	35.51	0.275 1
150	149.96	19	3.17	15.9	412.2	44.24	0.220 8
210	209.85	19	3.75	18.8	576.8	61.91	0.157 8
240	239.96	19	4.01	20.1	661.1	70.79	0.138 3
300	299.43	37	3.21	22.5	825.0	88.33	0.110 9
400	399.98	37	3.71	26.0	1 102.0	117.99	0.083 0
500	500.48	37	4.15	29.1	1 380.9	147.64	0.066 4
630	631.30	61	3.63	32.7	1 741.8	186.23	0.052 7
800	801.43	61	4.09	36.8	2 211.3	236.42	0.041 5
1 000	1 000.58	61	4.57	41.1	2 760.7	295.17	0.033 2

3. IEC 61089 推荐 JLHA1 铝合金绞线性能

表 11-86

标称截面 铝合金	规格号	面积 (mm²)	单线根数	直径(mm)		单位长度重量 (kg/km)	额定拉断力 (kN)	直流电阻(20℃) (Ω/km)
				单线	绞线			
20	16	18.6	7	1.84	5.52	50.8	6.04	1.789 6
30	25	29.0	7	2.30	6.90	79.5	9.44	1.145 3
45	40	46.5	7	2.91	8.72	127.1	15.10	0.715 8
75	63	73.2	7	3.65	10.9	200.2	23.06	0.454 5
120	100	116	19	2.79	14.0	319.3	37.76	0.287 7
145	125	145	19	3.12	15.6	399.2	47.20	0.230 2
185	160	186	19	3.53	17.6	511.0	58.56	0.179 8
230	200	232	19	3.95	19.7	638.7	73.20	0.143 9
300	250	290	19	4.41	22.1	798.4	91.50	0.115 1
360	315	366	37	3.55	24.8	1 008.4	115.29	0.091 6
465	400	465	37	4.00	28.0	1 280.5	146.40	0.072 1
520	450	523	37	4.24	29.7	1 440.5	164.70	0.064 1
580	500	581	37	4.47	31.3	1 600.6	183.00	0.057 7
650	560	651	61	3.69	33.2	1 795.3	204.96	0.051 6
720	630	732	61	3.91	35.2	2 019.8	230.58	0.045 8
825	710	825	61	4.15	37.3	2 276.2	259.86	0.040 7
930	800	930	61	4.40	39.6	2 564.8	292.80	0.036 1
1 050	900	1 046	91	3.83	42.1	2 888.3	329.40	0.032 1
1 150	1 000	1 162	91	4.03	44.4	3 209.3	366.00	0.028 9
1 300	1 120	1 301	91	4.27	46.9	3 594.4	409.92	0.025 8

国内常用 JLHA1 铝合金绞线性能

标称截面 铝合金	面积 (mm²)	单线根数	直径(mm)		单位长度重量 (kg/km)	额定抗拉力 (kN)	直流电阻(20℃) (Ω/km)
			单线	绞线			
10	10.02	7	1.35	4.05	27.4	3.26	3.320 5
16	16.08	7	1.71	5.13	44.0	5.22	2.069 5
25	24.94	7	2.13	6.39	68.2	8.11	1.333 9
35	34.91	7	2.52	7.56	95.5	11.35	0.952 9
50	50.14	7	3.02	9.06	137.2	16.30	0.663 5
70	70.07	7	3.57	10.7	191.7	22.07	0.474 8
95	95.14	7	4.16	12.5	261.5	29.97	0.351 4
150	149.96	19	3.17	15.9	412.2	48.74	0.222 9
210	209.85	19	3.75	18.8	576.8	66.10	0.159 3
240	239.96	19	4.01	20.1	661.1	75.59	0.139 7
300	299.43	37	3.21	22.5	825.0	97.32	0.111 9
400	399.98	37	3.71	26.0	1 102.0	125.99	0.083 8
500	500.48	37	4.15	29.1	1 380.9	157.65	0.067 1
630	631.30	61	3.63	32.7	1 741.8	198.86	0.053 2
800	801.43	61	4.09	36.8	2 211.3	252.45	0.041 9
1 000	1 000.58	61	4.57	41.1	2 760.7	315.18	0.033 5

4. IEC 61089 推荐 JL/G1A、JL/G1B、JL/G2A、JL/G2B、JL/G3A 钢芯铝绞线性能

表 11-87

标称截面铝/钢	规格号	钢比(%)	面积(mm^2)			单线根数		单线直径(mm)		直径(mm)		单位长度重量(kg/km)	额定拉断力(kN)					直流电阻(20℃)(Ω/km)
			铝	钢	总和	铝	钢	铝	钢	钢芯	绞线		JL/G1A	JL/G1B	JL/G2A	JL/G2B	JL/G3A	
16/3	16	17	16	2.67	18.7	6	1	1.84	1.84	1.84	1.84	64.6	6.08	5.89	6.45	6.27	6.83	1.793 4
25/4	25	17	25	4.17	29.2	6	1	2.30	2.30	2.30	2.30	100.9	9.13	8.83	9.71	9.42	10.25	1.147 8
40/6	40	17	40	6.67	46.7	6	1	2.91	2.91	2.91	2.91	161.5	14.40	13.93	15.33	14.87	16.20	0.717 4
65/10	63	17	63	10.5	73.5	6	1	3.66	3.66	3.66	3.66	254.4	21.63	20.58	22.37	21.63	24.15	0.455 5
100/17	100	17	100	16.7	117	6	1	4.61	4.61	4.61	4.61	403.8	34.33	32.67	35.50	34.33	38.33	0.286 9
125/7	125	6	125	6.94	132	18	1	2.97	2.97	2.97	14.9	397.9	29.17	28.68	30.14	29.65	31.04	0.230 4
125/20	125	16	125	20.4	145	26	7	2.47	1.92	5.77	15.7	503.9	45.69	44.27	48.54	47.12	51.39	0.231 0
160/9	160	6	160	8.89	169	18	1	3.36	3.36	3.36	16.8	509.3	36.18	35.29	37.42	36.80	38.67	0.180 0
160/26	160	16	160	26.1	186	26	7	2.80	2.18	6.53	17.7	644.9	57.69	55.86	61.34	59.51	64.99	0.180 5
200/11	200	6	200	11.1	211	18	1	3.76	3.76	3.76	18.8	636.7	44.22	43.11	45.00	44.22	46.89	0.144 0
200/32	200	16	200	32.6	233	26	7	3.13	2.43	7.30	19.8	806.2	70.13	67.85	74.69	72.41	78.93	0.144 4
250/25	250	10	250	24.6	275	22	7	3.80	2.11	6.34	21.6	880.6	68.72	67.01	72.16	70.44	75.60	0.115 4
250/40	250	16	250	40.7	291	26	7	3.50	2.72	8.16	22.2	1 007.7	87.67	84.82	93.37	90.52	98.66	0.115 5
315/22	315	7	315	21.8	337	45	7	2.99	1.99	5.97	23.9	1 039.6	79.03	77.51	82.08	80.55	85.13	0.091 7
315/50	315	16	315	51.3	366	26	7	3.93	3.05	9.16	24.9	1 269.7	106.83	101.70	114.02	110.43	121.20	0.091 7
400/28	400	7	400	27.7	428	45	7	3.36	2.24	6.73	26.9	1 320.1	98.36	96.42	102.23	100.29	106.10	0.072 2
400/50	400	13	400	51.9	452	54	7	3.07	3.07	9.21	27.6	1 510.3	123.04	117.85	130.30	126.67	137.56	0.072 3
450/30	450	7	450	31.1	481	45	7	3.57	2.38	7.14	28.5	1 485.2	107.47	105.29	111.82	109.64	115.87	0.064 2

续表 11-87

标称截面 铝/钢	规格号	钢比（%）	面积（mm^2）			单线根数		单线直径（mm）		直径（mm）		单位长度重量（kg/km）	额定拉断力（kN）					直流电阻（20℃）（Ω/km）
			铝	钢	总和	铝	钢	铝	钢	钢芯	绞线		JL/G1A	JL/G1B	JL/G2A	JL/G2B	JL/G3A	
450/60	450	13	450	58.3	508	54	7	3.26	3.26	9.77	29.3	1 699.1	138.42	132.58	146.58	142.50	154.75	0.064 3
500/35	500	7	500	34.6	535	45	7	3.76	2.51	7.52	30.1	1 650.2	119.41	116.99	124.25	121.83	128.74	0.057 8
500/65	500	13	500	64.8	565	54	7	3.43	3.43	10.3	30.9	1 887.9	153.80	147.31	162.87	158.33	171.94	0.057 8
560/40	560	7	560	38.7	599	45	7	3.98	2.65	7.96	31.8	1 848.2	133.74	131.03	139.16	136.45	144.19	0.051 6
560/70	560	13	560	70.9	631	54	19	3.63	2.18	10.9	32.7	2 103.4	172.59	167.63	182.52	177.56	192.45	0.051 6
630/45	630	7	630	43.6	674	45	7	4.22	2.81	8.44	33.8	2 079.2	150.45	147.40	156.55	153.50	162.21	0.045 9
630/80	630	13	630	79.8	710	54	19	3.85	2.31	11.6	34.7	2 366.3	191.77	186.19	202.94	197.36	213.32	0.045 9
710/50	710	7	710	49.1	759	45	7	4.48	2.99	8.96	35.9	2 343.2	169.56	166.12	176.43	172.99	282.81	0.040 7
710/90	710	13	710	89.9	800	54	19	4.09	2.45	12.3	36.8	2 666.8	216.12	209.83	228.71	222.42	240.41	0.040 7
800/35	800	4	800	34.6	835	72	7	3.76	2.51	7.52	37.6	2 480.2	167.41	164.99	172.25	169.83	176.74	0.036 1
800/65	800	8	800	66.7	867	84	7	3.48	3.48	10.4	38.3	2 732.7	205.33	198.67	214.67	210.00	224.00	0.036 2
800/100	800	13	800	101	901	54	19	4.34	2.61	13.0	39.1	3 004.2	243.52	236.43	257.71	250.61	270.88	0.036 2
900/40	900	4	900	38.9	939	72	7	3.99	2.66	7.98	39.9	2 790.2	188.33	185.61	193.78	191.06	198.83	0.032 1
900/75	900	8	900	75.0	975	84	7	3.69	3.69	11.1	40.6	3 074.2	226.50	219.00	231.75	226.50	244.50	0.032 2
1 000/45	1 000	4	1 000	43.2	1043	72	7	4.21	2.80	8.41	42.1	3 100.3	209.26	206.23	215.31	212.28	220.93	0.028 9
1 120/50	1 120	4	1 120	47.3	1167	72	19	4.45	1.78	8.90	44.5	3 464.9	234.53	231.22	241.15	237.84	247.77	0.025 8
1 120/90	1 120	8	1 120	91.2	1211	84	19	4.12	2.47	12.4	45.3	3 811.5	283.17	276.78	295.94	289.55	307.79	0.025 8
1 250/50	1 250	4	1 250	52.8	1303	72	19	4.70	1.88	9.40	47.0	3867.1	261.75	258.06	269.14	265.44	267.53	0.023 1
1 250/100	1 250	8	1 250	102	1352	84	19	4.35	2.61	13.1	47.9	4 253.9	316.04	308.91	330.29	323.16	343.52	0.023 2

注：表中性能同样适用于 JL/G1AF、JL/G2F、JL/G3AF 防腐型钢芯铝绞线。

国内常用 JL/G1A 钢芯铝绞线性能

续表 11-87

标称截面 铝/钢	钢比 (%)	面积(mm^2)			单线根数		单线直径(mm)		直径(mm)		单位长度重量 (kg/km)	额定抗拉力 (kN)	直流电阻 (20℃) (Ω/km)
		铝	钢	总和	铝	钢	铝	钢	钢芯	绞线			
10/2	17	10.60	1.77	12.37	6	1	1.50	1.50	1.50	4.50	42.8	4.14	2.706 2
16/3	17	16.13	2.69	18.82	6	1	1.85	1.85	1.85	5.55	65.1	6.13	1.779 1
35/6	17	34.86	5.81	40.67	6	1	2.72	2.72	2.72	8.16	140.8	12.55	0.823 0
50/8	17	48.25	8.04	56.30	6	1	3.20	3.20	3.20	9.60	194.8	16.81	0.594 6
50/30	58	50.73	29.59	80.32	12	7	2.32	2.32	6.96	11.6	371.1	42.61	0.569 3
70/10	17	68.05	11.34	79.39	6	1	3.80	3.80	3.80	11.4	274.8	23.36	0.421 7
70/40	58	69.73	40.67	110.40	12	7	2.72	2.72	8.16	13.6	510.2	58.22	0.414 1
95/15	16	94.39	15.33	109.73	26	7	2.15	1.67	5.01	13.6	380.2	34.93	0.305 9
95/20	20	95.14	18.82	113.96	7	7	4.16	1.85	5.55	13.9	408.2	37.24	0.302 0
95/55	58	96.51	56.30	152.81	12	7	3.20	3.20	9.60	16.0	706.1	77.85	0.299 2
120/7	6	118.89	6.61	125.50	18	1	2.90	2.90	2.90	14.5	378.5	27.74	0.242 2
120/20	16	115.67	18.82	134.49	26	7	2.38	1.85	5.55	15.1	466.1	42.26	0.249 6
120/25	20	122.48	24.25	146.73	7	7	4.72	2.10	6.30	15.7	525.7	47.96	0.234 6
120/70	58	122.15	71.25	193.40	12	7	3.60	3.60	10.8	18.0	893.7	97.92	0.236 4
150/8	6	144.76	8.04	152.80	18	1	3.20	3.20	3.20	16.0	460.9	32.73	0.199 0
150/20	13	145.68	18.82	164.50	24	7	2.78	1.85	5.55	16.7	548.5	46.78	0.198 1
150/25	16	148.86	24.25	173.11	26	7	2.70	2.10	6.30	17.1	600.1	53.67	0.194 0
150/35	23	147.26	34.36	181.62	30	7	2.50	2.50	7.50	17.5	675.0	64.94	0.196 2
185/10	6	183.22	10.18	193.40	18	1	3.60	3.60	3.60	18.0	583.3	40.51	0.157 2
185/25	13	187.03	24.25	211.28	24	7	3.15	2.10	6.30	18.9	704.9	59.23	0.154 3
185/30	16	181.34	29.59	210.93	26	7	2.98	2.32	6.96	18.9	731.4	64.56	0.159 2
185/45	23	184.73	43.10	227.83	30	7	2.80	2.80	8.40	19.6	846.7	80.54	0.156 4
210/10	6	204.14	11.34	215.48	18	1	3.80	3.80	3.80	19.0	649.9	45.14	0.141 1
210/25	13	209.02	27.10	236.12	24	7	3.33	2.22	6.66	20.0	787.8	66.19	0.138 0
210/35	16	211.73	34.36	246.09	26	7	3.22	2.50	7.50	20.4	852.5	74.11	0.136 4
210/50	23	209.24	48.82	258.06	30	7	2.98	2.98	8.94	20.9	959.0	91.23	0.138 1
240/30	13	244.29	31.67	275.96	24	7	3.60	2.40	7.20	21.6	920.7	75.19	0.118 1
240/40	16	238.84	38.90	277.74	26	7	3.42	2.66	7.98	21.7	962.8	83.76	0.120 9
240/55	23	241.27	56.30	297.57	30	7	3.20	3.20	9.60	22.4	1 105.8	101.74	0.119 8
300/15	5	296.88	15.33	312.21	42	7	3.00	1.67	5.01	23.0	938.7	68.41	0.097 3
300/20	7	303.42	20.91	324.32	45	7	2.93	1.95	5.85	23.4	1 000.8	76.04	0.095 2
300/25	9	306.21	27.10	333.31	48	7	2.85	2.22	6.66	23.8	1 057.0	83.76	0.094 4
300/40	13	300.09	38.90	338.99	24	7	3.99	2.66	7.98	23.9	1 131.0	92.36	0.096 1
300/50	16	299.54	48.82	348.37	26	7	3.83	2.98	8.94	24.3	1 207.7	103.58	0.096 4
300/70	23	305.36	71.25	376.61	30	7	3.60	3.60	10.80	25.2	1 399.6	127.23	0.09 46
400/20	5	406.40	20.91	427.31	42	7	3.51	1.95	5.85	26.9	1 284.3	89.48	0.071 0
400/25	7	391.91	27.10	419.01	45	7	3.33	2.22	6.66	26.6	1 293.5	96.37	0.073 7
400/35	9	390.88	34.36	425.24	48	7	3.22	2.50	7.50	26.8	1 347.5	103.67	0.073 9
400/65	16	398.94	65.06	464.00	26	7	4.42	3.44	10.3	28.0	1 608.7	135.39	0.072 4
400/95	23	407.75	93.27	501.02	30	19	4.16	2.50	12.5	29.1	1 856.7	171.56	0.070 9
500/45	9	488.58	43.10	531.68	48	7	3.60	2.80	8.40	30.0	1 685.5	127.31	0.059 1
630/55	9	639.92	56.30	696.22	48	7	4.12	3.20	9.60	34.3	2 206.4	164.31	0.045 2
800/55	7	814.30	56.30	870.60	45	7	4.80	3.20	9.60	38.4	2 687.5	192.22	0.035 5
800/70	9	808.15	71.25	879.40	48	7	4.63	3.60	10.8	38.6	2 787.6	207.68	0.035 8

5. IEC 61089 推荐 JLHA2/G1A、JLHA2/G1B、JLHA2/G3A 钢芯铝合金绞线性能

表 11-88

标称截面 铝合金/钢	规格号	钢比 (%)	面积(mm^2)			单线根数		单线直径(mm)		直径(mm)		单位长度重量 (kg/km)	额定拉断力(kN)			直流电阻 (20℃) (Ω/km)
			铝	钢	总和	铝	钢	铝	钢	钢芯	绞线		JLHA2/G1A	JLHA2/G1B	JLHA2/G3A	
18/3	16	17	18.4	3.07	21.5	6	1	1.98	1.98	1.98	5.93	74.4	9.02	8.81	9.88	1.793
30/5	25	17	28.8	4.80	33.6	6	1	2.47	2.47	2.47	7.41	116.2	13.96	13.62	15.25	1.147
40/7	40	17	46.0	7.67	53.7	6	1	3.13	3.13	3.13	9.38	185.9	22.05	21.25	24.17	0.717
70/12	63	17	72.5	12.1	84.6	6	1	3.92	3.92	3.92	11.8	292.8	34.68	33.48	37.58	0.455
115/6	100	6	115	6.39	121	18	1	2.85	2.85	2.85	14.3	366.4	41.24	40.79	42.97	0.2880
145/8	125	6	144	7.99	152	18	1	3.19	3.19	3.19	16.0	458.0	51.23	50.43	53.47	0.230
145/23	125	16	144	23.4	167	26	7	2.65	2.06	6.19	16.8	579.9	69.86	68.22	76.42	0.231
185/10	160	6	184	10.2	194	18	1	3.61	3.61	3.61	18.0	586.2	65.58	64.56	68.03	0.180
185/30	160	16	184	30.0	214	26	7	3.00	2.34	7.01	19.0	742.3	88.52	86.42	96.61	0.180
230/13	200	6	230	12.8	243	18	1	4.04	4.04	4.04	20.2	732.8	81.97	80.69	85.04	0.144
230/38	200	16	230	37.5	268	26	7	3.36	2.61	7.83	21.3	927.9	110.64	108.02	120.77	0.144
290/28	250	10	288	28.3	316	22	7	4.08	2.27	6.80	23.1	1 013.5	117.09	115.12	124.72	0.115
290/45	250	16	288	46.9	335	26	7	3.75	2.92	8.76	23.8	1 159.8	138.31	135.03	150.96	0.115
365/25	315	7	363	25.1	388	45	7	3.20	2.14	6.41	25.6	1 196.5	136.28	134.52	143.30	0.091
365/60	315	16	363	59.0	422	26	7	4.21	3.28	9.83	26.7	1 461.4	171.90	166.00	188.44	0.091
460/30	400	7	460	31.8	492	45	7	3.61	2.41	7.22	28.9	1 519.4	172.10	169.87	180.69	0.072

续表 11-88

标称截面 铝合金/钢	规格号	钢比 (%)	面积(mm^2)			单线根数		单线直径(mm)		直径(mm)		单位长度重量 (kg/km)	额定拉断力(kN)			直流电阻 (20℃) (Ω/km)
			铝	钢	总和	铝	钢	铝	钢	钢芯	绞线		JLHA2/G1A	JLHA2/G1B	JLHA2/G3A	
460/60	400	13	460	59.7	520	54	7	3.29	3.29	9.88	29.7	1 738.3	201.46	195.49	218.17	0.072
520/35	450	7	518	35.8	554	45	7	3.83	2.55	7.66	30.6	1 709.3	193.61	191.10	203.28	0.064
520/67	450	13	518	67.1	585	54	7	3.49	3.49	10.5	31.5	1 955.6	226.64	219.93	245.44	0.064
575/40	500	7	575	39.8	615	45	7	4.04	2.69	8.07	32.3	1 899.3	215.12	212.33	225.86	0.057
575/75	500	13	575	74.6	650	54	7	3.68	3.68	11.1	33.2	2 172.9	251.82	244.36	269.73	0.057
645/45	560	7	645	44.6	689	45	7	4.27	2.85	8.54	34.2	2 127.2	240.93	237.82	252.97	0.051
645/80	560	13	645	81.6	726	54	19	3.90	2.34	11.7	35.1	2 420.9	283.21	277.49	305.25	0.051
725/30	630	4	725	31.3	756	72	7	3.58	2.39	7.16	35.8	2 248.0	249.62	247.43	258.08	0.045
725/90	630	13	725	91.8	817	54	19	4.13	2.48	12.4	37.2	2 723.5	318.61	312.18	343.4	0.045
820/35	710	4	817	35.3	852	72	7	3.80	2.53	7.60	38.0	2 533.4	281.32	278.85	290.85	0.040
820/100	710	13	817	104	921	54	19	4.39	2.63	13.2	39.5	3 069.4	359.06	351.82	387.01	0.040
920/40	800	4	921	39.8	961	72	7	4.04	2.69	8.07	40.4	2 854.6	316.98	314.19	327.72	0.036
920/75	800	8	921	76.7	997	84	7	3.74	3.74	11.2	41.1	3 145.1	356.03	348.35	374.44	0.036
1 040/45	900	4	1036	44.8	1081	72	7	4.28	2.85	8.6	42.8	3 211.4	356.60	353.47	368.69	0.032
1 040/85	900	8	1036	86.3	1122	84	7	3.96	3.96	11.9	43.6	3 538.3	400.53	391.90	421.25	0.032
1 150/95	1 000	8	1151	93.7	1245	84	19	4.18	2.51	12.5	45.9	3 916.8	446.37	439.81	471.67	0.028
1 300/105	1 120	8	1289	105	1391	84	19	4.42	2.65	13.3	48.6	4 386.8	499.93	492.59	528.27	0.025

国内常用 JLHA2/G1A 钢芯铝合金绞线性能

续表 11-88

标称截面 铝合金/钢	钢比 (%)	面积(mm²)			单线根数		单线直径(mm)		直径(mm)		单位长度重量 (kg/km)	额定抗拉力 (kN)	直流电阻 (20℃) (Ω/km)
		铝	钢	总和	铝	钢	铝	钢	钢芯	绞线			
10/2	17	10.60	1.77	12.37	6	1	1.50	1.50	1.50	4.50	42.8	5.20	3.114 7
16/3	17	16.13	2.69	18.82	6	1	1.85	1.85	1.85	5.55	65.1	7.90	2.047 6
25/4	17	25.36	4.23	39.59	6	1	2.32	2.32	2.32	6.96	102.4	12.30	1.302 0
35/6	17	34.86	5.81	40.67	6	1	2.72	2.72	2.72	8.16	140.8	16.91	0.947 2
50/30	58	50.73	29.59	80.32	12	7	2.32	2.32	6.96	11.6	371.1	48.70	0.655 2
70/10	17	68.05	11.34	79.39	6	1	3.80	3.80	3.80	11.4	274.8	32.55	0.485 3
70/40	58	69.73	40.67	110.40	12	7	2.72	2.72	8.16	13.6	510.2	66.94	0.476 6
95/15	16	94.39	15.33	109.73	26	7	2.15	1.67	5.01	13.6	380.2	45.79	0.352 1
95/55	58	96.51	56.30	152.81	12	7	3.20	9.60	9.60	16.0	706.1	90.40	0.344 4
120/7	6	118.89	6.61	125.50	18	1	2.90	2.90	8.70	14.5	378.5	42.60	0.278 8
120/20	16	115.67	18.82	134.49	26	7	2.38	1.85	5.55	15.1	466.1	56.14	0.287 3
120/70	58	122.15	71.25	193.40	12	7	3.60	3.60	10.8	18.0	893.7	114.41	0.272 1
150/8	6	144.76	8.04	152.81	18	1	3.20	3.20	3.20	16.0	460.9	51.55	0.229 0
150/25	16	148.86	24.25	173.11	26	7	2.70	2.10	6.30	17.1	600.1	72.28	0.223 2
210/10	6	204.14	11.34	215.48	18	1	3.80	3.80	3.80	19.0	649.9	72.70	0.162 4
210/35	16	211.73	34.36	246.09	26	7	3.22	2.50	7.50	20.4	852.5	101.63	0.157 0
240/30	13	244.29	31.67	275.96	24	7	3.60	2.40	7.20	21.6	920.7	108.17	0.135 9
240/40	16	238.84	38.90	277.74	26	7	3.42	2.66	7.98	21.7	962.8	114.81	0.139 1
300/20	7	303.42	20.91	324.32	45	7	2.93	1.95	5.85	23.4	1 000.8	113.97	0.109 6
300/50	16	299.54	48.82	348.37	26	7	3.83	2.98	8.94	24.3	1 207.7	144.02	0.110 9
300/70	23	305.36	71.25	376.61	30	7	3.60	3.60	10.8	25.2	1 399.6	168.46	0.108 9
400/25	7	391.91	27.10	419.01	45	7	3.33	2.22	6.66	26.6	1 293.5	147.32	0.084 9
400/50	13	399.72	51.82	451.54	54	7	3.07	3.07	9.21	27.6	1 509.3	174.92	0.083 3
400/95	23	407.75	93.27	501.02	30	19	4.16	2.50	12.5	29.1	1 856.7	226.61	0.081 6
500/35	7	497.01	34.36	531.37	45	7	3.75	2.50	7.50	30.0	1 640.3	185.79	0.066 9
500/65	13	501.88	65.06	566.94	54	7	3.44	3.44	10.3	31.0	1 895.0	219.62	0.066 3
630/45	7	623.45	43.10	666.55	45	7	4.20	2.80	8.40	33.6	2 057.6	233.05	0.053 3
630/80	13	635.19	80.32	715.51	54	19	3.87	2.32	11.6	34.8	2 384.7	278.95	0.052 4
800/55	7	814.30	56.30	870.60	45	7	4.80	3.20	9.60	38.4	2 687.5	302.15	0.040 8
800/100	13	795.17	100.88	896.05	54	19	4.33	2.60	13.0	39.0	2 987.8	349.57	0.041 9
1 000/45	4	1 002.27	43.10	1 045.38	72	7	4.21	2.80	8.40	42.1	3 106.8	344.81	0.033 2
1 000/125	13	993.51	125.50	1 119.01	54	19	4.84	2.90	14.5	43.5	3 728.9	436.16	0.033 5

6. IIEC 61089 推荐 JLHA1/G1A、JLHA1/G1B、JLHA1/G3A 钢芯铝合金绞线性能

表 11-89

标称截面铝合金/钢	规格号	钢比(%)	面积(mm^2)			单线根数		单线直径(mm)		直径(mm)		单位长度重量(kg/km)	额定拉断力(kN)			直流电阻(20℃)(Ω/km)
			铝	钢	总和	铝	钢	铝	钢	钢芯	绞线		JLHA1/G1A	JLHA1/G1B	JLHA1/G3A	
18/3	16	17	18.6	3.10	21.7	6	1	1.99	1.99	1.99	5.96	75.1	9.67	9.45	10.53	1.793 4
30/5	25	17	29.0	4.84	33.9	6	1	2.48	2.48	2.48	7.45	117.3	14.96	14.62	16.27	1.147 8
35/7	40	17	46.5	7.75	54.2	6	1	3.14	3.14	3.14	9.42	187.7	23.63	22.85	25.79	0.717 4
70/12	63	17	73.2	12.2	85.4	6	1	3.94	3.94	3.94	11.8	295.6	36.48	35.26	39.41	0.455 5
115/6	100	6	116	6.46	123	18	1	2.87	2.87	2.87	14.3	369.9	45.12	44.67	46.86	0.288 0
145/8	125	6	145	8.07	153	18	1	3.21	3.21	3.21	16.0	462.3	56.08	55.27	58.34	0.230 4
145/23	125	16	145	23.7	169	26	7	2.67	2.07	6.22	16.9	585.4	74.88	73.22	81.50	0.231 0
185/10	160	6	186	10.3	196	18	1	3.63	3.63	3.63	18.1	591.8	69.92	68.89	72.40	0.180 0
185/30	160	16	186	30.3	216	26	7	3.02	2.35	7.04	19.1	749.4	94.94	92.82	103.11	0.180 5
230/13	200	6	232	12.9	245	18	1	4.05	4.05	4.05	20.3	739.8	87.40	86.11	90.50	0.144 4
230/38	200	16	232	37.8	270	26	7	3.37	2.62	7.87	21.4	936.7	118.67	116.02	128.89	0.144 4
290/28	250	10	290	28.5	319	22	7	4.10	2.28	6.83	23.2	1 023.2	124.02	122.02	131.72	0.155 4
290/45	250	16	290	47.3	338	26	7	3.77	2.93	8.80	23.9	1 170.9	145.43	142.12	158.21	0.115 5
365/25	315	7	366	25.3	391	45	7	3.22	2.15	6.44	25.7	1 207.9	148.56	146.78	155.64	0.091 7
365/60	315	16	366	59.6	426	26	7	4.23	3.29	9.88	26.8	1 475.3	180.86	174.90	197.55	0.091 7
460/30	400	7	465	32.1	497	45	7	3.63	2.43	7.25	29.0	1 533.9	183.03	180.78	191.71	0.072 2

续表 11-89

标称截面铝合金/钢	规格号	钢比(%)	面积(mm^2)			单线根数		单线直径(mm)		直径(mm)		单位长度重量(kg/km)	额定拉断力(kN)			直流电阻(20℃)(Ω/km)
			铝	钢	总和	铝	钢	铝	钢	钢芯	绞线		JLHA1/G1A	JLHA1/G1B	JLHA1/G3A	
460/60	400	13	465	60.2	525	54	7	3.31	3.31	9.93	29.8	1 754.9	217.32	211.29	234.19	0.072 3
520/35	450	7	523	36.1	559	45	7	3.85	2.56	7.69	30.8	1 725.6	203.91	203.38	215.67	0.064 2
520/67	450	13	523	67.8	591	54	7	3.51	3.51	10.5	31.6	1 974.2	239.26	232.48	255.52	0.064 3
575/40	500	7	581	40.2	621	45	7	4.05	2.70	8.11	32.4	1 917.3	228.79	225.98	239.63	0.057 8
575/75	500	13	581	75.3	656	54	7	3.70	3.70	11.1	33.3	2 193.6	265.84	258.31	283.91	0.057 8
645/45	560	7	651	45.0	696	45	7	4.29	2.86	8.58	34.3	2 147.4	256.24	253.09	268.39	0.051 6
645/80	560	13	651	82.4	733	54	19	3.92	2.35	11.8	35.3	2 444.0	298.92	293.15	321.17	0.051 6
725/30	630	4	732	31.6	764	72	7	3.60	2.40	7.20	36.0	2 269.4	266.64	264.42	275.18	0.045 9
725/90	630	13	732	92.7	825	54	19	4.15	2.49	12.5	37.4	2 749.5	336.28	329.79	361.32	0.045 9
820/35	710	4	825	35.6	861	72	7	3.82	2.55	7.64	38.2	2 557.6	300.50	298.00	310.12	0.040 7
820/100	710	13	825	104	929	54	19	4.41	2.65	13.2	39.7	3 098.6	378.98	371.67	407.20	0.040 7
920/40	800	4	930	40.2	970	72	7	4.05	2.70	8.11	40.5	2 881.8	338.59	335.78	349.43	0.036 1
920/75	800	8	930	77.5	1 007	84	7	3.75	3.75	11.3	41.3	3 175.1	378.01	370.26	396.60	0.036 2
1 040/45	900	4	1 046	45.2	1 091	72	7	4.30	2.87	8.60	43.0	3 242.0	380.91	377.75	393.11	0.032 1
1 040/85	900	8	1 046	87.1	1 133	84	7	3.98	3.98	11.9	43.8	3 572.0	425.26	416.54	446.17	0.032 2
1 150/95	1 000	8	1 162	94.6	1 257	84	19	4.20	2.52	12.6	46.2	3 954.1	473.86	467.24	499.40	0.028 9
1 300/105	1 120	8	1 301	106	1 407	84	19	4.44	2.66	13.3	48.9	4 428.6	530.72	523.30	559.33	0.025 8

国内常用 JLHA1/G1A 钢芯铝合金绞线性能

续表 11-89

标称截面 铝合金/钢	钢比(%)	面积(mm^2)			单线根数		单线直径(mm)		直径(mm)		单位长度质量(kg/km)	额定抗拉力(kN)	直流电阻(20℃)(Ω/km)
		铝	钢	总和	铝	钢	铝	钢	钢芯	绞线			
10/2	17	10.60	1.77	12.37	6	1	1.50	1.50	1.50	4.50	42.8	5.51	3.144 4
16/3	17	16.13	2.69	18.82	6	1	1.85	1.85	1.85	5.55	65.1	8.39	2.067 1
25/4	17	25.36	4.23	29.59	6	1	2.32	2.32	2.32	6.96	102.4	13.06	1.314 4
35/6	17	34.86	5.81	40.67	6	1	2.72	2.72	2.72	8.16	140.8	17.96	0.956 3
50/8	17	48.25	8.04	56.30	6	1	3.20	3.20	3.20	9.60	194.8	24.53	0.690 9
50/30	58	50.73	29.59	80.32	12	7	2.32	2.32	6.96	11.6	371.1	50.22	0.661 4
70/10	17	68.05	11.34	79.39	6	1	3.80	3.80	3.80	11.4	274.8	33.91	0.489 9
70/40	58	69.73	40.67	110.40	12	7	2.72	2.72	8.16	13.6	510.2	69.03	0.481 2
95/15	16	94.39	15.33	109.73	26	7	2.15	1.67	5.01	13.6	380.2	48.62	0.355 4
95/55	58	96.51	56.30	152.81	12	7	3.20	3.20	9.60	16.0	706.1	93.29	0.347 7
120/7	6	118.89	6.61	125.50	18	1	2.90	2.90	8.70	14.5	378.5	46.17	0.281 5
120/20	16	115.67	18.82	134.49	26	7	2.38	1.85	5.55	15.1	466.1	59.61	0.290 0
120/70	58	122.15	71.25	193.40	12	7	3.60	3.60	10.8	18.0	893.7	116.85	0.274 7
150/8	6	144.76	8.04	152.81	18	1	3.20	3.20	3.20	16.0	460.9	55.90	0.231 2
150/25	16	148.86	24.25	173.11	26	7	2.70	2.10	6.30	17.1	600.1	76.75	0.225 4
185/10	6	183.22	10.18	193.40	18	1	3.60	3.60	3.60	18.0	583.3	68.91	0.182 6

续表 11-89

标称截面 铝合金/钢	钢比(%)	面积(mm^2)			单线根数		单线直径(mm)		直径(mm)		单位长度质量(kg/km)	额定抗拉力(kN)	直流电阻(20℃)(Ω/km)
		铝	钢	总和	铝	钢	铝	钢	钢芯	绞线			
210/10	6	204.14	11.34	215.48	18	1	3.80	3.80	3.80	19.0	649.9	76.78	0.163 9
210/35	16	211.73	34.36	246.09	26	7	3.22	2.50	7.50	20.4	852.5	107.98	0.158 5
240/30	13	244.29	31.67	275.96	24	7	3.60	2.40	7.20	21.6	920.7	113.05	0.137 2
240/40	16	238.84	38.90	277.74	26	7	3.42	2.66	7.98	21.7	962.8	121.97	0.140 5
300/20	7	303.42	20.91	324.32	45	7	2.93	1.95	5.85	23.4	1 000.8	123.07	0.110 6
300/50	16	299.54	48.82	348.37	26	7	3.83	2.98	8.94	24.3	1 207.7	150.01	0.112 0
300/70	23	305.36	71.25	376.61	30	7	3.60	3.60	10.8	25.2	1 399.6	174.57	0.109 9
400/25	7	391.91	27.10	419.01	45	7	3.33	2.22	6.66	26.6	1 293.5	159.07	0.085 7
400/50	13	399.72	51.82	451.54	54	7	3.07	3.07	9.21	27.6	1 509.3	186.91	0.084 1
400/95	23	407.75	93.27	501.02	30	19	4.16	2.50	12.5	29.1	1 856.7	234.77	0.082 3
500/35	7	497.01	34.36	531.37	45	7	3.75	2.50	7.50	30.0	1 640.3	195.73	0.067 5
500/65	13	501.88	65.06	566.94	54	7	3.44	3.44	10.3	31.0	1 895.0	234.68	0.067 0
630/45	7	623.45	43.10	666.55	45	7	4.20	2.80	8.40	33.6	2 057.6	245.52	0.053 8
630/80	13	635.19	80.32	715.51	54	19	3.87	2.32	11.6	34.8	2 384.7	291.65	0.052 9
800/55	7	814.30	56.30	870.60	45	7	4.80	3.20	9.60	38.4	2 687.5	318.43	0.041 2
800/100	13	795.17	100.88	896.05	54	19	4.33	2.60	13.0	39.0	2 987.8	365.48	0.042 3
1 000/45	4	1 002.27	43.10	1 045.38	72	7	4.21	2.80	8.40	42.1	3 106.8	364.85	0.033 5
1 000/125	13	993.51	125.50	1 119.01	54	19	4.84	2.90	14.5	43.5	3 728.9	456.03	0.033 8

7. IEC 61089 推荐 JL/LHA2 铝合金芯铝绞线性能

表 11-90

标称截面铝/铝合金	规格号	直径(mm)		单线根数		面积(mm²)			单位长度重量(kg/km)	额定抗断力(kN)	直流电阻(20℃)(Ω/km)
		单线	导体	铝	铝合金	铝	铝合金	总			
10/7	16	1.76	5.28	4	3	9.73	7.30	17.0	46.6	3.85	1.789 6
15/10	25	2.20	6.60	4	3	15.2	11.4	26.6	72.8	5.93	1.145 3
24/20	40	2.78	8.25	4	3	24.3	18.3	42.6	116.5	9.25	0.715 8
40/30	63	3.49	10.5	4	3	38.3	28.7	67.1	183.5	14.38	0.454 5
60/45	100	4.40	13.2	4	3	60.8	45.6	106	291.2	22.52	0.286 3
80/50	125	2.97	14.9	12	7	83.3	48.6	132	362.7	27.79	0.230 2
105/60	160	3.36	16.8	12	7	107	62.2	169	464.2	35.04	0.179 8
135/80	200	3.76	18.8	12	7	133	77.8	211	580.3	43.13	0.143 9
170/95	250	4.21	21.0	12	7	167	97.2	264	725.3	53.92	0.115 1
130/140	250	3.04	21.3	18	19	131	138	269	742.2	60.39	0.115 4
265/60	315	3.34	23.4	30	7	263	61.3	324	892.6	60.52	0.091 6
165/175	315	3.42	23.9	18	19	165	174	339	935.1	76.09	0.091 6
335/80	400	3.76	26.3	30	7	334	77.8	411	1 133.5	75.19	0.072 1
210/220	400	3.85	27.0	18	19	210	221	431	1 187.5	95.58	0.072 1
375/85	450	3.99	27.9	30	7	375	87.6	463	1 275.2	84.59	0.064 1
235/250	450	4.08	28.6	18	19	236	249	485	1 335.9	107.52	0.064 1
415/95	500	4.21	29.4	30	7	417	97.3	514	1 416.9	93.98	0.057 7
260/275	500	4.31	30.1	18	19	262	277	539	1 484.3	119.47	0.057 7
465/110	560	4.45	31.2	30	7	467	109	576	1 586.9	105.26	0.051 5
505/65	560	3.45	31.0	54	7	504	65.4	570	1 571.9	101.54	0.051 6
455/205	630	3.17	33.4	42	19	454	205	660	1 820.0	130.25	0.045 8
270/420	630	3.79	34.1	24	37	271	417	688	1 897.5	160.19	0.045 8
514/230	710	3.94	35.5	42	19	512	232	743	2 051.2	146.78	0.040 7
307/470	710	4.02	36.2	24	37	305	470	775	2 138.4	180.53	0.040 7
580/260	800	4.18	37.6	42	19	577	261	838	2 311.2	165.39	0.036 1
345/530	800	4.27	38.4	24	37	344	530	873	2 409.5	203.41	0.036 1
650/295	900	4.43	39.9	42	19	649	294	942	2 600.1	186.06	0.032 1
570/390	900	3.66	40.2	54	37	567	388	955	2 638.4	199.54	0.032 1
820/215	1 000	3.80	41.8	72	19	816	215	1 032	2 849.1	190.94	0.028 9
630/430	1 000	3.85	42.4	54	37	630	432	1 061	2 931.6	221.71	0.028 9
915/240	1 120	4.02	44.2	72	19	914	241	1 155	3 191.0	213.85	0.025 8
705/485	1 120	4.08	44.9	54	37	705	483	1 189	3283.4	248.32	0.025 8
1 020/270	1 250	4.25	46.7	72	19	1 020	269	1 289	3 561.4	238.68	0.023 1
790/540	1 250	4.31	47.4	54	37	787	539	1 327	3 664.5	277.14	0.023 1
1 145/300	1 400	4.50	49.4	72	19	1 143	302	1 444	3 988.8	267.32	0.020 7

8. IEC 61089 推荐 JL/LHA1 铝合金芯铝绞线性能

表 11-91

标称截面铝/铝合金	规格号	直径(mm)		单线根数		面积(mm²)			单位长度重量(kg/km)	额定抗断力(kN)	直流电阻(20℃)(Ω/km)
		单线	导体	铝	铝合金	铝	铝合金	总			
10/7	16	1.76	5.29	4	3	9.78	7.33	17.1	46.8	4.07	1.789 6
15/10	25	2.21	6.62	4	3	15.3	11.5	26.7	73.1	6.29	1.145 3
24/20	40	2.79	8.37	4	3	24.4	18.3	42.8	117.0	9.82	0.715 8
40/30	63	3.50	10.5	4	3	38.5	28.9	67.4	184.3	14.80	0.454 5
60/45	100	4.41	13.2	4	3	61.1	45.8	107	292.5	23.49	0.286 3
80/50	125	2.98	14.9	12	7	84	48.8	132	364.1	29.49	0.230 2
105/60	160	3.37	16.9	12	7	107	62.5	170	466.0	36.95	0.179 8
135/80	200	3.77	18.8	12	7	134	78.1	212	582.5	44.78	0.143 9
170/95	250	4.21	21.1	12	7	167	97.6	265	728.1	55.98	0.115 1
130/140	250	3.05	21.4	18	19	132	139	271	746	64.67	0.115 4
265/60	315	3.34	23.4	30	7	263	61.4	325	894.4	62.40	0.091 6
165/175	315	3.43	24.0	18	19	166	175	341	940.0	81.48	0.091 6
335/80	400	3.77	26.4	30	7	334	78	412	1 135.8	76.82	0.072 1
210/220	400	3.86	27.0	18	19	211	222	433	1 193.7	100.30	0.072 1
375/85	450	3.99	28.0	30	7	376	87.7	464	1 277.8	86.42	0.064 1
235/250	450	4.10	28.7	18	19	237	250	487	1 342.9	112.84	0.064 1
415/95	500	4.21	29.5	30	7	418	97.5	515	1 419.8	96.03	0.057 7
260/275	500	4.32	30.2	18	19	263	278	542	1 492.1	125.38	0.057 7
465/110	560	4.46	31.2	30	7	468	109	577	1 590.1	107.55	0.051 5
505/65	560	3.45	31.1	54	7	505	65.5	570	1 573.9	103.53	0.051 6
455/205	630	3.72	33.4	42	19	456	206	662	1 826.0	134.59	0.045 8
270/420	630	3.80	34.2	24	37	272	420	692	1 909.0	169.14	0.045 8
514/230	710	3.95	35.5	42	19	514	232	746	2 057.8	151.68	0.040 7
307/470	710	4.03	36.3	24	37	307	473	780	2 151.4	190.61	0.040 7
580/260	800	4.19	37.7	42	19	579	262	840	2 318.7	170.9	0.036 1
345/530	800	4.28	38.5	24	37	346	533	879	2 424.2	214.78	0.036 1
650/295	900	4.44	40.0	42	19	651	294	945	2 608.5	192.27	0.032 1
570/390	900	3.66	40.3	54	37	569	390	959	2 649.5	207.79	0.032 1
820/215	1 000	3.80	41.8	72	19	818	216	1 034	2 855.4	195.47	0.028 9
630/430	1 000	3.86	42.5	54	37	632	433	1 066	2 943.9	230.88	0.028 9
915/240	1 120	4.02	44.3	72	19	916	242	1 158	3 198.1	218.92	0.025 8
705/485	1 120	4.09	45.0	54	37	708	485	1 194	3 297.2	258.58	0.025 8
1 020/270	1 250	4.25	46.8	72	19	1 022	270	1 292	3 569.3	244.33	0.023 1
790/540	1 250	4.32	47.5	54	37	791	542	1 332	3 679.9	288.6	0.023 1
1 145/300	1 400	4.50	49.5	72	19	1 145	302	1 447	3 997.6	273.65	0.020 7

9. IEC 61089 推荐 JL/LB1A 铝包钢芯铝绞线性能

表 11-92

标称截面铝/铝包钢	规格号	钢比(%)	面积(mm²)			单线根数		单线直径(mm)		直径(mm)		单位长度重量(kg/km)	额定拉断力(kN)	直流电阻(20℃)(Ω/km)
			铝	铝包钢	总	铝	铝包钢	铝	铝包钢	铝包钢芯	绞线			
15/3	16	16.7	15	2.56	17.9	6	1	1.81	1.81	1.81	5.43	59.0	5.91	1.792 3
24/4	25	16.7	24	4.00	28.0	6	1	2.26	2.26	2.26	6.78	92.1	9.00	1.147 1
38/5	40	16.7	38	6.40	44.8	6	1	2.85	2.85	2.85	8.55	147.4	14.21	0.716 9
60/10	63	16.7	60	10.08	70.6	6	1	3.58	3.58	3.58	10.7	232.2	21.17	0.455 2
95/15	100	16.7	96	16.00	112	6	1	4.51	4.51	4.51	13.5	368.6	31.84	0.286 8
125/5	125	5.6	123	6.85	130	18	1	2.95	2.95	2.95	14.8	384.3	29.18	0.230 4
120/20	125	16.3	120	19.6	140	26	7	2.43	1.89	5.66	15.4	460.8	44.49	0.230 8
160/10	160	5.6	158	8.77	167	18	1	3.34	3.34	3.34	16.7	491.9	36.38	0.180 0
155/25	160	16.3	154	25.00	179	26	7	2.74	2.13	6.40	17.4	599.8	56.18	0.180 3
200/10	200	5.6	197	10.96	208	18	1	3.74	3.74	3.74	18.7	614.9	43.62	0.144 0
200/30	200	16.3	192	31.3	223	26	7	3.07	2.39	7.16	19.4	737.2	69.27	0.144 3
250/25	250	9.8	244	24.0	268	22	7	3.76	2.09	6.26	21.3	830.9	67.80	0.115 3
250/40	250	16.3	240	39.1	279	26	7	3.43	2.67	8.00	21.7	921.5	86.58	0.155 4
310/20	315	6.9	310	21.4	331	45	7	2.96	1.97	5.92	23.7	996.4	78.33	0.091 7
300/50	315	16.3	303	49.3	352	26	7	3.85	2.99	8.98	24.4	1 161.1	107.58	0.091 6
395/25	400	6.9	393	27.2	420	45	7	3.34	2.22	6.67	26.7	1 265.3	97.50	0.072 2
387/50	400	13.0	387	50.2	438	54	7	3.02	3.02	9.07	27.2	1 402.9	124.20	0.072 3
440/30	450	6.9	442	30.6	473	45	7	3.54	2.36	7.08	28.3	1 423.4	107.48	0.064 2
435/35	450	13.0	436	36.5	492	54	7	3.21	3.21	9.62	28.9	1 578.2	139.7	0.064 2
490/35	500	6.9	492	34.0	525	45	7	3.73	2.49	7.46	29.8	1 581.6	119.4	0.057 8
485/60	500	13.0	484	62.8	547	54	7	3.38	3.38	10.14	30.4	1 753.6	153.9	0.057 8
550/40	560	6.9	550	38.1	589	45	7	3.95	2.63	7.89	31.6	1 771.4	133.7	0.051 6
545/70	560	12.7	543	68.8	612	54	19	3.58	2.15	10.73	32.2	1 956.3	169.3	0.051 6
620/40	630	6.9	619	42.8	662	45	7	4.19	2.79	8.37	33.5	1 992.8	150.47	0.045 8
610/75	630	12.7	611	77.3	688	54	19	3.79	2.28	11.38	34.2	2 200.9	190.5	0.045 9
700/50	710	6.9	698	48.3	746	45	7	4.44	2.96	8.89	35.6	2 245.8	169.5	0.040 7
700/85	710	12.7	688	87.2	775	54	19	4.03	2.42	12.08	36.3	2 480.3	214.7	0.040 7
790/35	800	4.3	791	34.2	826	72	7	3.74	2.49	7.48	37.4	2 412.8	167.6	0.063 1
785/65	800	8.3	784	65.3	849	84	7	3.45	3.45	10.34	37.9	2 598.9	206.3	0.036 2
775/100	800	12.7	775	98.2	874	54	19	4.28	2.57	12.83	38.5	2 794.7	241.9	0.036 1
900/40	900	4.3	890	38.5	929	72	7	3.97	2.65	7.94	39.7	2 714.4	188.63	0.032 1
880/75	900	8.3	882	73.5	955	84	7	3.66	3.66	10.97	40.2	2 923.8	224.8	0.032 1
990/45	1 000	4.3	989	42.7	1 032	72	7	4.18	2.79	8.37	41.8	3 016.0	209.5	0.028 9
1 110/45	1 120	4.2	1 108	46.8	1 155	72	19	4.43	1.77	8.85	44.3	3 372.6	233.4	0.025 8
1 100/90	1 120	8.1	1 098	89.4	1 187	84	19	4.08	2.45	12.24	44.9	3 628.4	282.8	0.025 8
1 235/50	1 250	4.2	1 237	52.2	1 289	72	19	4.68	1.87	9.35	46.8	3 764.1	260.5	0.023 1
1 225/100	1 250	8.1	1 225	99.8	1 325	84	19	4.31	2.59	12.93	47.4	4 049.5	315.7	0.023 1

10. IEC 61089 推荐 JLHA2/LB1A 铝包钢芯铝合金绞线性能

表 11-93

标称截面铝/铝包钢	规格号	钢比(%)	面积(mm²)			单线根数		单线直径(mm)		直径(mm)		单位长度重量(kg/km)	额定拉断力(kN)	直流电阻(20℃)(Ω/km)
			铝	铝包钢	总	铝	铝包钢	铝	铝包钢	铝包钢芯	绞线			
15/5	16	16.7	17.6	2.93	20.5	6	1	1.93	1.93	1.93	5.79	67.5	8.7	1.769 4
25/5	25	16.7	27.5	4.58	32.0	6	1	2.41	2.41	2.41	7.23	105.4	13.59	1.132 4
45/10	40	16.7	4.39	7.32	51.2	6	1	3.05	3.05	3.05	9.15	168.7	21.74	0.707 7
70/10	63	16.7	69.2	11.5	80.7	6	1	3.83	3.83	3.83	11.5	265.6	33.09	0.449 4
110/20	100	16.7	110	18.3	128	6	1	4.83	4.83	4.83	14.5	421.6	50.70	0.283 1
140/10	125	5.6	142	7.87	149	18	1	3.16	3.16	6.16	15.8	441.4	51.21	0.229 3
135/20	125	16.3	137	22.4	160	26	7	2.59	2.02	6.05	16.4	527.2	67.40	0.227 9
180/10	160	5.6	181	10.1	191	18	1	3.58	3.58	3.58	17.9	565.0	64.94	0.179 2
175/30	160	16.3	176	28.6	205	26	7	2.93	2.28	6.85	18.6	674.8	86.27	0.178 1
227/10	200	5.6	227	12.6	239	18	1	4.00	4.00	4.00	20.0	706.2	80.67	0.143 3
220/35	200	16.3	220	35.8	256	26	7	3.28	2.55	7.66	20.8	843.5	107.8	0.142 5
280/30	250	9.8	280	27.5	307	22	7	4.02	2.24	6.71	22.8	952.8	115.53	0.114 4
275/45	250	16.3	275	44.8	320	26	7	3.67	2.85	8.56	23.2	1 054.4	134.7	0.114 0
355/25	315	6.9	355	24.6	380	45	7	3.17	2.11	6.34	25.4	1 143.9	134.3	0.091 2
345/55	315	16.3	346	56.4	403	26	7	4.12	3.20	9.61	26.1	1 328.5	169.84	0.090 4
450/30	400	6.9	451	31.2	483	45	7	3.57	2.38	7.15	28.6	1 452.5	170.62	0.071 8
445/60	400	13.0	444	57.5	501	54	7	3.23	3.23	9.70	29.1	1 606.8	199.94	0.071 5
560/35	450	6.9	508	35.1	543	45	7	3.79	2.53	7.58	30.3	1634.1	191.94	0.063 8
500/65	450	13.0	499	64.7	564	54	7	3.43	3.43	10.3	30.9	1 807.7	223.6	0.63 6
565/40	500	6.9	564	39.0	603	45	7	4.00	2.66	7.99	32.0	1 815.7	213.2	0.057 4
555/70	500	13.0	555	71.9	627	54	7	3.62	3.62	10.8	32.6	2 008.5	245.6	0.057 2
630/45	560	6.9	632	43.7	676	45	7	4.23	2.82	8.46	33.8	2 033.6	238.8	0.051 3
630/75	560	12.7	622	78.8	701	54	19	3.83	2.30	11.5	34.5	2 241.0	277.9	0.051 1
710/50	630	6.9	711	49.2	760	45	7	4.49	2.99	8.97	35.9	2 287.8	268.72	0.045 6
700/90	630	12.7	700	88.6	788	54	19	4.06	2.44	12.2	36.5	2 521.1	312.6	0.045 4
800/55	710	6.9	801	55.4	857	45	7	4.76	3.17	9.52	38.1	2578.3	302.8	0.040 5
790/100	710	12.7	788	99.9	888	54	19	4.31	2.59	12.9	38.8	2 841.3	352.3	0.040 3
910/40	800	4.3	909	30.3	949	72	7	4.01	2.67	8.02	40.1	2 772.7	315.4	0.036 0
900/75	800	8.3	899	74.9	974	84	7	3.69	3.69	11.1	40.6	2 982.3	347.7	0.035 9
890/115	800	12.7	888	113	1 001	54	19	4.58	2.75	13.7	41.2	3 201.5	397.0	0.035 8
1 025/45	900	4.3	1 023	44.2	1 067	72	7	4.25	2.84	8.51	42.5	3 119.3	354.89	0.032 0
1 015/85	900	8.3	1 012	84.3	1 096	84	7	3.92	3.92	11.7	4 3.1	3 355.1	391.1	0.031 9
1 140/50	1 000	4.3	1 137	49.1	1 186	72	7	4.48	2.99	8.97	44.8	3 465.9	394.3	0.028 8
1 275/55	1 120	4.2	1 274	53.8	1 327	72	19	4.75	1.90	9.49	47.5	3 875.8	440.2	0.025 7
1 260/100	1 120	8.1	1 260	103	1 362	84	19	4.37	2.62	13.1	48.1	4 164.0	494.7	0.025 7
1420/60	1 250	4.2	1 421	60.0	1 482	72	19	5.01	2.01	10.0	50.1	4 325.6	491.3	0.023 1
1 405/115	1 250	8.1	1 406	114	1 520	84	19	4.62	2.77	13.8	50.8	4 647.3	552.1	0.023 0

11. IEC 61089 推荐 JLHA1/LB1A 铝包钢芯铝合金绞线性能

表 11-94

标称截面铝/铝包钢	规格号	钢比(%)	面积(mm²)			单线根数		单线直径(mm)		直径(mm)		单位长度重量(kg/km)	额定拉断力(kN)	直流电阻(20℃)(Ω/km)
			铝	铝包钢	总	铝	铝包钢	铝	铝包钢	铝包钢芯	绞线			
15/5	16	16.7	17.7	2.96	20.7	6	1	1.94	1.94	1.94	5.82	68.1	9.31	1.769 1
25/5	25	16.7	27.7	4.62	32.3	6	1	2.42	2.42	24.1	7.26	106.4	14.54	1.132 3
45/5	40	16.7	44.3	7.39	51.7	6	1	3.07	3.07	3.07	9.21	170.2	23.27	0.707 7
70/10	63	16.7	69.8	11.6	81.4	6	1	3.85	3.85	3.85	11.6	268.0	34.79	0.449 3
110/20	100	16.7	110	18.5	129	6	1	4.85	4.85	4.85	14.6	425.5	53.38	0.283 1
143/5	125	5.6	143	7.94	151	18	1	3.18	3.18	3.18	15.9	445.5	55.97	0.229 3
140/20	125	16.3	139	22.6	161	26	7	2.61	2.03	6.08	16.5	532.0	72.17	0.227 9
185/10	160	5.6	183	10.2	193	18	1	3.60	3.60	3.60	18.0	570.3	69.21	0.179 2
180/30	160	16.3	178	28.9	206	26	7	2.95	2.29	6.88	18.7	680.9	92.38	0.178 1
230/15	200	5.6	229	12.7	241	18	1	4.02	4.02	4.02	20.1	712.8	86.00	0.143 3
220/36	200	16.3	222	36.1	358	26	7	3.30	2.56	7.69	20.9	851.2	115.4	0.142 4
282/30	250	9.8	282	27.7	310	22	7	4.04	2.25	6.74	22.9	961.7	122.25	0.114 4
275/45	250	16.3	277	45.2	323	26	7	3.69	2.87	8.60	23.4	1 064.0	141.5	0.114 0
360/25	315	6.9	359	24.8	384	45	7	3.19	2.12	6.37	25.5	1 154.6	146.3	0.091 2
350/55	315	16.3	349	56.9	406	26	7	4.14	3.22	9.65	26.2	1 340.6	178.38	0.090 4
455/30	400	6.9	456	31.5	487	45	7	3.59	2.39	7.18	28.7	1 466.1	181.32	0.071 8
450/60	400	13.0	448	58.1	506	54	7	3.25	3.25	9.75	29.3	1 621.6	215.22	0.071 5
515/35	450	6.9	513	35.4	548	45	7	3.81	2.54	7.62	30.5	1 649.4	203.99	0.063 8
505/65	450	13.0	504	65.3	569	54	7	3.45	3.45	10.3	31.0	1 824.3	240.8	0.063 6
570/40	500	6.9	570	39.4	609	45	7	4.01	2.68	8.03	32.1	1 832.6	226.6	0.057 4
560/70	500	13.0	560	72.6	632	54	7	3.63	3.63	10.9	32.7	2 027.0	259.0	0.057 2
640/45	560	6.9	638	44.1	682	45	7	4.25	2.83	8.50	34.0	2 052.6	253.8	0.051 3
630/80	560	12.7	628	79.5	707	54	19	3.85	2.31	11.5	34.6	2 261.6	293.0	0.051 1
715/50	630	6.9	718	49.6	767	45	7	4.51	3.00	9.01	36.1	2 309.1	285.58	0.045 6
705/90	630	12.7	7.06	89.4	795	54	19	4.08	2.45	12.2	36.7	2 544.3	329.6	0.045 4
810/55	710	6.9	809	55.9	865	45	7	4.78	3.19	9.57	38.3	2 602.3	321.8	0.040 5
800/100	710	12.7	796	101	896	54	19	4.33	2.60	13.0	39.0	2 867.4	371.5	0.040 3
920/40	800	4.3	918	39.7	958	72	7	4.03	2.69	8.06	40.3	2 798.8	336.7	0.036 0
910/75	800	8.3	908	75.6	983	84	7	3.71	3.71	11.1	40.8	3 010.0	369.1	0.035 9
900/115	800	12.7	896	114	1 010	54	19	4.60	2.76	13.8	41.4	3 230.9	418.6	0.035 8
1 035/45	900	4.3	1 033	44.6	1077	72	7	4.27	2.85	8.55	42.7	3148.6	378.9	0.032 0
1 020/85	900	8.3	1 021	85.1	1 106	84	7	3.9	3.93	11.8	43.2	3 386.3	415.2	0.031 9
1 150/50	1 000	4.3	1 148	49.6	1 197	72	7	4.50	3.00	9.01	45.0	3 498.5	420.9	0.028 8
1 290/55	1 120	4.2	1 286	54.3	1 340	72	19	4.77	1.91	9.54	47.7	3 912.3	470.1	0.025 7
1 270/105	1 120	8.1	1 271	104	1 375	84	19	4.39	2.63	13.2	48.3	4 202.7	524.73	0.025 7
1 435/60	1 250	4.2	1 435	60.6	1 495	72	19	5.04	2.01	10.1	50.4	4366.4	524.6	0.023 1
1 420/115	1 250	8.1	1 419	116	1 535	84	19	4.64	2.78	13.9	51.0	4 690.5	585.6	0.023 0

12. IEC 61089 推荐 JG1A、JG1B、JG2A、JG3A 钢绞线性能

表 11-95

标称截面钢	规格号	面积(mm^2)	单线根数	直径(mm)		单位长度重量(kg/km)	额定拉断力(kN)				直流电阻(20℃)(Ω/km)
				单线	绞线		JG1A	JG1B	JN2A	JG3A	
30	4	27.1	7	2.22	6.66	213.3	36.3	33.6	39.3	43.9	7.144 5
40	6.3	42.7	7	2.79	8.36	335.9	55.9	51.7	60.2	67.9	4.536 2
65	10	67.8	7	3.51	10.53	533.2	87.4	80.7	93.5	103.0	2.857 8
85	12.5	84.7	7	3.93	11.78	666.5	109.3	100.8	116.9	128.8	2.286 2
100	16	108.4	7	4.44	13.32	853.1	139.9	129.0	199.7	164.8	1.786 1
100	16	108.4	19	2.70	13.48	857.0	142.1	131.2	152.9	172.4	1.794 4
150	25	169.4	19	3.37	16.85	1 339.1	218.6	201.6	238.9	262.6	1.148 4
250	40	271.1	19	4.26	21.31	2 142.6	349.7	322.6	374.1	412.1	0.717 7
250	40	271.1	37	3.05	21.38	2 148.1	349.7	322.6	382.3	420.2	0.719 6
400	63	427.0	37	3.83	26.83	3383.2	550.8	508.1	589.3	649.0	0.456 9

13. IEC 61089 推荐 JLB1A、JLB1B 铝包钢绞线性能

表 11-96

标称截面钢	规格号	面积(mm^2)	单线根数	直径(mm)		单位长度重量(kg/km)		额定拉断力(kN)		直流电阻(20℃)(Ω/km)
				单线	绞线	JLB1A	JLB1B	JLB1A	JLB1B	
15	4	12	7	1.48	4.43	80.1	79.4	16.08	15.84	7.159 2
20	6.3	18.9	7	1.85	5.56	126.2	125.0	25.33	24.95	4.545 5
30	10	30	7	2.34	7.01	200.3	198.5	40.20	39.60	2.863 7
35	12.5	37.5	7	2.61	7.84	250.4	248.1	50.25	49.50	2.291 0
50	16	48	7	2.95	8.86	320.5	317.5	64.32	63.36	1.789 8
75	25	75	7	3.69	11.08	500.7	496.2	93.75	99.00	1.145 5
120	40	120	7	4.67	14.02	801.2	793.9	132.00	158.40	0.715 9
120	40	120	19	2.84	14.18	805.0	797.7	160.80	158.40	0.719 4
200	63	189	19	3.56	17.79	1 267.9	1 256.4	240.03	249.48	0.456 8
300	100	300	37	3.21	22.49	2 017.3	1 999.0	402.00	396.00	0.288 4
350	125	375	37	3.59	25.15	2 521.7	2 498.3	476.25	495.00	0.230 7
450	160	480	37	4.06	28.45	3 227.7	3 198.3	580.80	633.60	0.180 3
600	200	600	37	4.54	31.81	4 034.7	3 997.9	684.00	792.00	0.144 2
600	200	600	61	3.54	31.85	4 040.6	4 003.8	762.00	792.00	0.144 4

14. IEC 61089 推荐 JLB2 铝包钢绞线性能

表 11-97

标称截面钢	规格号	面积(mm^2)	单线根数	直径(mm)		单位长度重量(kg/km)	额定拉断力(kN)	直流电阻(20℃)(Ω/km)
				单线	绞线			
35	16	36.2	7	2.56	7.69	216.4	39.04	1.789 6
55	25	56.5	7	3.21	9.62	338.2	61.00	1.145 4
100	40	90.4	7	4.05	12.2	541.1	97.61	0.715 9
100	40	90.4	19	2.46	12.3	543.7	97.61	0.719 3
150	63	142	19	3.09	15.4	856.4	153.73	0.456 7
220	100	226	37	2.79	19.5	1 362.6	244.02	0.288 4
300	125	282	37	3.12	21.8	1 703.2	305.02	0.230 7
350	160	362	37	3.53	24.7	2 180.1	390.43	0.180 3
450	200	452	37	3.94	27.6	2 725.1	488.03	0.144 2
450	200	452	61	3.07	27.6	2 729.1	488.03	0.144 4

(三)软铜绞线(GB/T 12970.2—2009)

1. TJR1 和 TJRX1 型软铜绞线性能

表 11-98

标称截面积 (mm^2)	计算截面积 (mm^2)	结构		计算外径 (mm)	20℃直流电阻(Ω/km)最大值		计算重量 (kg/km)
		单线总数	股数×根数/单线标称直径(mm)		TJR1	TJRX1	
0.10	0.102	9	9/0.12	0.44	176	179	0.94
(0.12)	0.124	7	7/0.15	0.45	145	147	1.15
0.16	0.159	9	9/0.15	0.56	113	115	1.47
(0.20)	0.194	11	11/0.15	0.60	92.9	94.4	1.80
0.25	0.247	14	14/0.15	0.68	72.9	74.1	2.29
(0.30)	0.300	17	17/0.15	0.74	60.3	61.3	2.80
0.40	0.408	13	13/0.20	0.86	44.2	44.90	3.79
0.50	0.503	16	16/0.20	0.96	36.0	36.6	4.70
0.63	0.628	20	20/0.20	1.05	28.8	29.3	5.86
(0.75)	0.754	24	24/0.20	1.14	24.0	24.4	7.04
1.00	1.01	32	32/0.20	1.30	17.9	18.2	9.43
1.60	1.57	32	32/0.25	1.63	11.5	11.7	14.7
(2.00)	1.96	40	40/0.25	1.82	9.24	9.39	18.3
2.5	2.41	49	7×7/0.25	2.25	7.58	7.92	22.7
4.0	3.94	49	7×7/0.32	2.88	4.64	—	37.1
6.3	6.16	49	7×7/0.40	3.60	2.97	—	58.0
10	10.01	49	7×7/0.51	4.59	1.83	—	94.3
16	15.84	84	7×12/0.49	6.17	1.16	—	150
25	25.08	133	19×7/0.49	7.35	0.736	—	239
(35)	35.14	133	19×7/0.58	8.70	0.525	—	334
40	40.15	133	19×7/0.62	9.30	0.459	—	382
(50)	48.30	133	19×7/0.68	10.20	0.382	—	459
63	62.72	189	27×7/0.65	12.00	0.294	—	597
(70)	68.64	189	27×7/0.68	12.53	0.269	—	653
80	78.20	259	37×7/0.62	13.02	0.236	—	744
(95)	94.06	259	37×7/0.68	14.28	0.196	—	895
100	99.68	259	37×7/0.70	14.70	0.185	—	948
(120)	117.67	324	27×12/0.68	17.39	0.157	—	1 119
125	124.69	324	27×12/0.70	17.90	0.148	—	1 186
160	162.86	324	27×12/0.80	20.20	0.113	—	1 549
(185)	183.85	324	27×12/0.85	21.74	0.100	—	1 749
200	196.15	444	37×12/0.75	21.80	0.094 0	—	1 866
250	251.95	444	37×12/0.85	24.72	0.0732	—	2 397
315	310.58	703	37×19/0.75	26.25	0.059 4	—	2 954
400	398.92	703	37×19/0.85	29.75	0.046 2	—	3 795
500	498.30	703	37×19/0.95	33.25	0.037 0	—	4 740
630	627.1	1 159	61×19/0.83	37.35	0.029 4	—	5 965
800	804.3	1159	61×19/0.94	42.30	0.022 9	—	7 651
1 000	1 003.6	1 159	61×19/1.05	47.25	0.018 4	—	9 547

2. TJR3 型及 TJRX3 型软铜绞线性能

表 11-99

标称截面积 (mm²)	计算截面积 (mm²)	结构		计算外径(mm)	20℃直流电阻(Ω/km) 不大于		计算重量 (kg/km)
		单线总数	股数×根数/单线标称直径(mm)		TJR3	TJRX3	
0.025	0.025 5	13	13/0.05	0.22	707	759	0.24
0.04	0.038 5	10	10/0.07	0.27	466	500	0.36
0.063	0.061 6	16	16/0.07	0.34	294	316	0.58
0.10	0.100	26	26/0.07	0.42	181	194	0.93
0.16	0.158	41	41/0.07	0.52	115	123	1.47
0.25	0.250	65	65/0.07	0.65	72.4	77.7	2.33
(0.30)	0.296	77	7×11/0.07	0.84	61.7	64.5	2.79
0.40	0.404	105	7×15/0.07	0.97	45.2	48.5	3.81
(0.50)	0.512	133	7×19/0.07	1.05	35.7	38.3	4.82
0.63	0.620	161	7×23/0.07	1.18	29.5	31.7	5.84
(0.75)	0.754	196	7×28/0.07	1.28	24.2	26.0	7.11
1.00	0.997	259	7×37/0.07	1.47	18.3	19.6	9.40
1.60	1.57	408	12×34/0.07	1.97	11.70	12.6	14.8
2.5	2.49	646	19×34/0.07	2.35	7.41	7.96	23.7
4.0	4.03	513	19×27/0.10	3.08	4.58	4.79	38.3
6.3	6.27	798	19×42/0.10	3.73	2.94	3.07	59.6
10	10.00	1 273	19×67/0.10	4.73	1.85	1.93	95.1
16	15.83	2 016	12×7×24/0.10	7.18	1.16	1.21	150
25	25.07	3 192	19×7×24/0.10	8.55	0.736	0.769	238
(35)	34.47	4 389	19×7×33/0.10	9.90	0.535	0.559	328
40	39.96	2 261	19×7×17/0.15	11.03	0.462	0.483	380
(50)	49.36	2 793	19×7×21/0.15	12.15	0.374	0.391	470
63	63.46	3 591	19×7×27/0.15	13.50	0.291	0.304	604
(70)	70.51	3 990	19×7×30/0.15	14.18	0.262	0.274	671
80	79.91	4 522	19×7×34/0.15	15.08	0.231	0.241	760
(95)	94.01	5 320	19×7×40/0.15	16.43	0.196	0.205	894
100	100.73	5700	19×12×25/0.15	18.27	0.183	0.191	958
(120)	120.87	6 840	19×12×30/0.15	20.24	0.153	0.160	1 150
125	127.59	7 220	19×19×20/0.15	20.29	0.145	0.152	1 214
160	159.42	9 025	19×19×25/0.15	21.75	0.116	0.121	1 517
(185)	185.00	10 469	19×19×29/0.15	23.25	0.099 7	0.104	1 760
200	196.15	11 100	37×12×25/0.15	25.58	0.094 0	0.098 2	1 866
250	251.08	14 208	37×12×32/0.15	28.67	0.073 5	0.076 8	2 388
315	310.58	17575	37×19×25/0.15	30.45	0.059 4	0.062 1	2 954
400	397.54	22 496	37×19×32/0.15	34.13	0.046 4	0.048 5	3 782
500	496.92	28 120	37×19×40/0.15	38.06	0.037 1	0.038 8	4 727

注：股线应采用正规绞合或束绞，绞合及束绞方向可由制造厂规定。

3. TJR2 型和 TJRX2 型软铜绞线性能

表 11-100

标称截面积 (mm^2)	计算截面积 (mm^2)	结构		计算外径 (mm)	20℃直流电阻(Ω/km)不大于		计算重量 (kg/km)
		单线总数	股数×根数/单线标称直径(mm)		TJR2	TJRX2	
2.5	2.47	140	7×20/0.15	2.369	7.40	7.73	23.3
4.0	3.96	126	7×18/0.20	3.00	4.62	4.82	37.3
6.3	6.16	196	7×28/0.20	3.72	2.97	3.10	58.0
10	9.90	315	7×45/0.20	4.62	1.85	1.93	93.3
16	15.83	504	12×42/0.20	6.18	1.16	1.23	150
25	25.07	798	19×42/0.20	7.45	0.736	0.781	238
(35)	35.41	1 127	7×7×23/0.20	10.57	0.521	0.545	337
40	40.02	1 274	7×7×26/0.20	10.62	0.461	0.482	381
(50)	49.26	1 568	7×7×32/0.20	11.70	0.375	0.392	469
63	63.11	2 009	7×7×41/0.20	13.32	0.292	0.305	600

(四)TJ 型裸硬铜绞线

TJ 型裸硬铜绞线(企标)　　表 11-101

标称截面积 (mm^2)	铜线根数×单线直径	电线外径	20℃直流电阻 (Ω/km) 不大于	容许电流(A)		参考重量 (kg/km)	制造长度 (m)
	(mm)			屋外	屋内		
10	7×1.33	3.99		95	60	88	5 000
16	7×1.68	5.0	1.2	130	100	140	4 000
25	7×2.11	6.3	0.74	180	140	221	3 000
35	7×2.49	7.5	0.54	220	175	323	2 500
50	7×2.97	8.9	0.39	270	220	439	2 000
70	19×2.14	10.6	0.28	340	280	618	1 500
95	19×2.49	12.4	0.20	415	340	837	1 200
120	19×2.8	14.0	0.158	485	405	1 058	1 000
150	19×3.15	15.8	0.123	570	480	1 338	800
185	37×2.49	17.5	0.103	645	550	1 627	800
240	37×2.84	19.9	0.078	770	650	2 120	800
300	37×3.15	22.1	0.062	890		2 608	600
400	37×3.66	25.6	0.047	1 085		3 521	600

注:允许不超过交货总质量 5%的短线交货。但短线的长度应符合下列规定:

截面积在 $70mm^2$ 及以下者,不短于 150mm;

截面积在 $95mm^2$ 及以上者,不短于 250m。

(五)架空电力线路用导线最小允许截面积(mm^2)

表 11-102

导线种类	35kV 送电线路	6~10kV 配电线路		1kV 以下配电线路
		居民区	非居民区	
铝及铝合金线	35	35	25	16
钢芯铝线	25	25	16	16
铜线	16	16	16	直径 3.2mm

注:①高压配电线路不应使用单股铜导线。

②裸铝线及铝合金不宜使用单股线。

③避雷线采用镀锌钢绞线,其最小允许截面积为 $25mm^2$。

二、绝缘线芯导体

(一)电工圆铜线(GB/T 3953—2009)

1.电工圆铜线的规格型号及电参数

表 11-103

型　　号	名　　称	规格范围(mm)	20℃电阻率(Ω·mm²/m)	
			直径<2mm	直径≥2mm
TR	软圆铜线	0.020～14.00	0.017241	0.017241
TY	硬圆铜线	0.020～14.00	0.01796	0.01777
TYT	特硬圆铜线	1.50～5.00		

注:20℃时的铜线物理参数计算时,应取下列数值:

密度,8.89g/cm³;

线膨胀系数,0.000017℃⁻¹;

电阻温度系数:

TR 型,0.00393℃⁻¹;

TY、TYT 型标称直径 2.00mm 及以上,0.00381℃⁻¹,

标称直径 2.00mm 以下,0.00377℃⁻¹。

2.电工圆铜线的规格及机械性能

表 11-104

标称直径(mm)	TR	TY		TYT	
	伸长率(%)	抗拉强度(N/mm²)	伸长率(%)	抗拉强度(N/mm²)	伸长率(%)
	不小于				
0.020	10	421	—	—	—
0.100	10	421	—	—	—
0.200	16	420	—	—	—
0.290	15	419	—	—	—
0.300	15	419	—	—	—
0.380	20	418	—	—	—
0.480	20	417	—	—	—
0.570	20	416	—	—	—
0.660	25	415	—	—	—
0.750	25	414	—	—	—
0.850	25	413	—	—	—
0.940	25	412	0.5	—	—
1.03	25	411	0.5	—	—
1.12	25	410	0.5	—	—
1.22	25	409	0.5	—	—
1.31	25	408	0.6	—	—
1.41	25	407	0.6	—	—
1.50	25	406	0.6	446	0.6
1.56	25	405	0.6	445	0.6
1.60	25	404	0.6	445	0.6

续表 11-104

标称直径(mm)	TR	TY		TYT	
	伸长率(%)	抗拉强度(N/mm²)	伸长率(%)	抗拉强度(N/mm²)	伸长率(%)
	不小于				
1.70	25	403	0.6	444	0.6
1.76	25	403	0.7	443	0.7
1.83	25	402	0.7	442	0.7
1.90	25	401	0.7	441	0.7
2.00	25	400	0.7	440	0.7
2.12	25	399	0.7	439	0.7
2.24	25	398	0.8	438	0.8
2.36	25	396	0.8	436	0.8
2.50	25	395	0.8	435	0.8
2.62	25	393	0.9	434	0.9
2.65	25	393	0.9	433	0.9
2.73	25	392	0.9	432	0.9
2.80	25	391	0.9	432	0.9
2.85	25	391	0.9	431	0.9
3.00	25	389	1.0	430	1.0
3.15	30	388	1.0	428	1.0
3.35	30	386	1.0	426	1.0
3.55	30	383	1.1	423	1.1
3.75	30	381	1.1	421	1.1
4.00	30	379	1.2	419	1.2
4.25	30	376	1.3	415	1.3
4.50	30	373	1.3	413	1.3
4.75	30	370	1.4	411	1.4
5.00	30	368	1.4	408	1.4
5.30	30	365	1.5	—	—
5.60	30	361	1.6	—	—
6.00	30	357	1.7	—	—
6.30	30	354	1.8	—	—
6.70	30	349	1.8	—	—
7.10	30	345	1.9	—	—
7.50	30	341	2.0	—	—
8.00	30	335	2.2	—	—
8.50	35	330	2.3	—	—
9.00	35	325	2.4	—	—
9.50	35	319	2.5	—	—
10.00	35	314	2.6	—	—
10.60	35	307	2.8	—	—
11.20	35	301	2.9	—	—
11.80	35	294	3.1	—	—
12.50	35	287	3.2	—	—
13.20	35	279	3.4	—	—
14.00	35	271	3.6	—	—

(二)电工圆铝线(GB/T 3955—2009)

1.电工圆铝线的规格型号及电参数

表 11-105

型 号	状态代号	名 称	直径范围(mm)	20℃时最大直流电阻率(Ω·mm²/m)
LR	O	软圆铝线	0.30～10.00	0.027 59
LY4	H4	H4 状态硬圆铝线	0.30～6.00	0.0282 64
LY6	H6	H6 状态硬圆铝线	0.30～10.00	
LY8	H8	H8 状态硬圆铝线	0.30～5.00	
LY9	H9	H9 状态硬圆铝线	1.25～5.00	

注:计算时,20℃时的物理数据应取下列数值:

密度,2.703kg/dm³;

线膨胀系数,0.000 023℃⁻¹;

电阻温度系数,LR 型,0.004 13℃⁻¹;

其余型号,0.004 03℃⁻¹。

2.电工圆铝线的机械性能

表 11-106

型 号	直径(mm)	抗拉强度(N/mm²)		断裂伸长率(最小值),(%)	卷 绕
		最小	最大		
LR	0.30～1.00	—	98	15	—
	1.01～10.00	—	98	20	—
LY4	0.30～6.00	95	125	—	见 LY9
LY6	0.30～6.00	125	165	—	见 LY9
	6.01～10.00	125	165	3	—
LY8	0.30～5.00	160	205	—	见 LY9
LY9	1.25 及以下	200	—	—	试样在等于自身直径的圆棒上紧密卷绕 8 圈,退绕 6 圈后重新卷绕,目视铝线无裂断,但允许铝线表面有轻微裂纹
	1.26～1.50	195			
	1.51～1.75	190			
	1.76～2.00	185			
	2.10～2.25	180			
	2.26～2.50	175			
	2.51～3.00	170			
	3.01～3.50	165			
	3.51～5.00	160			

(三)电缆的导体(GB/T 3956—2008)

电缆导体以镀金属或不镀金属的退火铜线或铝及铝合金线制成。

电缆导体的分类:

导体共分四种:第 1 种、第 2 种、第 5 种和第 6 种。第 1 种和第 2 种导体用于固定敷设的电缆中。第 5 种和第 6 种导体用于软电缆和软线中,也可用于固定敷设。

——第 1 种:实心导体;

——第 2 种:绞合导体(包括非紧密绞合圆形导体、紧密绞合圆形导体、绞合成型导体);

——第 5 种:软导体;

——第 6 种:比第 5 种更柔软的导体。

1. 电缆导体的规格及电参数

(1)单芯和多芯电缆用第 1 种实心导体 表 11-107

标称截面积(mm²)	20℃时导体最大电阻(Ω·km)		
	圆形退火铜导体		铝导体和铝合金导体,圆形或成型[c]
	不镀金属	镀金属	
0.5	36.0	36.7	—
0.75	24.5	24.8	—
1.0	18.1	18.2	—
1.5	12.1	12.2	—
2.5	7.41	7.56	—
4	4.61	4.70	—
6	3.08	3.11	—
10	1.83	1.84	3.08[a]
16	1.15	1.16	1.91[a]
25	0.727[b]	—	1.20[a]
35	0.524[b]	—	0.868[a]
50	0.387[b]	—	0.641
70	0.268[b]	—	0.443
95	0.193[b]	—	0.320[d]
120	0.153[b]	—	0.253[d]
150	0.124[b]	—	0.206[d]
185	0.101[b]	—	0.164[d]
240	0.077 5[b]	—	0.125[d]
300	0.062 0[b]	—	0.100[d]
400	0.046 5[b]	—	0.077 8
500	—	—	0.060 5
630	—	—	0.046 9
800	—	—	0.036 7
1 000	—	—	0.029 1
1 200	—	—	0.024 7

注:①[a] 仅适用于截面积 10～35mm² 的圆形铝导体。

②[b] 标称截面积 25mm² 及以上的实心铜导体用于特殊类型的电缆,如矿物绝缘电缆,而非一般用途。

③[c] 对于具有与铝导体相同标称截面积的实心铝合金导体,表中给出的电阻值可乘以 1.162 的系数,除非制造方和买方另有规定。

④[d] 对于单芯电缆,四根扇形成型导体可以组合成一根圆形导体。该组合导体的最大电阻值应为单根构件导体的 25%。

⑤截面积 10～35mm² 的实心铝导体和实心铝合金导体应是圆形截面。对于单芯电缆,更大尺寸的导体应是圆形截面;而对多芯电缆,可以是圆形或成型截面。

(2)单芯和多芯电缆用第 2 种绞合导体 表 11-108

标称截面积(mm^2)	导体的最少单线数量						20℃导体最大电阻(Ω/km)		
	非紧压圆形		紧压圆形		成型		退火铜导体		铝或铝合金导体[c]
	铜	铝	铜	铝	铜	铝	不镀金属单线	镀金属单线	
0.5	7	—	—	—	—	—	36.0	36.7	—
0.75	7	—	—	—	—	—	24.5	24.8	—
1.0	7	—	—	—	—	—	18.1	18.2	—
1.5	7	—	6	—	—	—	12.1	12.2	—
2.5	7	—	6	—	—	—	7.41	7.56	—
4	7	—	6	—	—	—	4.61	4.70	—
6	7	—	6	—	—	—	3.08	3.11	—
10	7	7	6	6	—	—	1.83	1.84	3.08
16	7	7	6	6	—	—	1.15	1.16	1.91
25	7	7	6	6	6	6	0.727	0.734	1.20
35	7	7	6	6	6	6	0.524	0.529	0.868
50	19	19	6	6	6	6	0.387	0.391	0.641
70	19	19	12	12	12	12	0.268	0.270	0.443
95	19	19	15	15	15	15	0.193	0.195	0.320
120	37	37	18	15	18	15	0.153	0.154	0.253
150	37	37	18	15	18	15	0.124	0.126	0.206
185	37	37	30	30	30	30	0.099 1	0.100	0.164
240	37	37	34	30	34	30	0.075 4	0.076 2	0.125
300	61	61	34	30	34	30	0.060 1	0.060 7	0.100
400	61	61	53	53	53	53	0.047 0	0.047 5	0.077 8
500	61	61	53	53	53	53	0.036 6	0.036 9	0.060 5
630	91	91	53	53	53	53	0.028 3	0.028 6	0.046 9
800	91	91	53	53	—	—	0.022 1	0.022 4	0.036 7
1 000	91	91	53	53	—	—	0.017 6	0.017 7	0.029 1
1 200	[b]						0.015 1	0.015 1	0.024 7
1 400[a]	[b]						0.012 9	0.012 9	0.021 2
1 600	[b]						0.011 3	0.011 3	0.018 6
1800[a]	[b]						0.010 1	0.010 1	0.016 5
2 000	[b]						0.009 0	0.009 0	0.014 9
2 500	[b]						0.007 2	0.007 2	0.012 7

注:①[a] 这些尺寸不推荐。其他不推荐的尺寸针对某些特定应用,但未包含进本范围内。

②[b] 这些尺寸的最小单线数量未作规定。这些尺寸可以由 4、5 或 6 个均等部分构成。

③[c] 对于具有与铝导体标称截面积的相同的绞合铝合金导体,其电阻值宜由制造方与买方商定。

④非紧压圆形导体,每根导体的单线应具有相同的标称直径;紧压圆形导体和绞合成型导体,同一导体内不同单线的直径之比应不大于 2。

(3)单芯和多芯电缆用第5种软铜导体 表11-109

标称截面积(mm²)	导体内最大单线直线(mm)	20℃时导体最大电阻(Ω/km)	
		不镀金属单线	镀金属单线
0.5	0.21	39.0	40.1
0.75	0.21	26.0	26.7
1.0	0.21	19.5	20.0
1.5	0.26	13.3	13.7
2.5	0.26	7.98	8.21
4	0.31	4.95	5.09
6	0.31	3.30	3.39
10	0.41	1.91	1.95
16	0.41	1.21	1.24
25	0.41	0.780	0.795
35	0.41	0.554	0.565
50	0.41	0.386	0.393
70	0.51	0.272	0.277
95	0.51	0.206	0.210
120	0.51	0.161	0.164
150	0.51	0.129	0.132
185	0.51	0.106	0.108
240	0.51	0.080 1	0.081 7
300	0.51	0.064 1	0.065 4
400	0.51	0.048 6	0.049 5
500	0.61	0.038 4	0.039 1
630	0.61	0.028 7	0.029 2

注:导体中的单线直径相同。

(4)单芯和多芯电缆用第6种软铜导体 表11-110

标称截面积(mm²)	导体内最大单线直径(mm)	20℃时导体最大电阻(Ω/km)	
		不镀金属单线	镀金属单线
0.5	0.16	39.0	40.1
0.75	0.16	26.0	26.7
1.0	0.16	19.5	20.0
1.5	0.16	13.3	13.7
2.5	0.16	7.98	8.21
4	0.16	4.95	5.09
6	0.21	3.30	3.39
10	0.21	1.91	1.95
16	0.21	1.21	1.24
25	0.21	0.780	0.795
35	0.21	0.554	0.565
50	0.31	0.386	0.393
70	0.31	0.272	0.277

续表 11-110

标称截面积(mm^2)	导体内最大单线直径(mm)	20℃时导体最大电阻(Ω/km)	
		不镀金属单线	镀金属单线
95	0.31	0.206	0.210
120	0.31	0.161	0.164
150	0.31	0.129	0.132
185	0.41	0.106	0.108
240	0.41	0.080 1	0.081 7
300	0.41	0.064 1	0.065 4

注:导体中的单线直径相同。

(5)导体电阻值的温度校正系数 k_t,校正 t℃至 20℃时的测量电阻值 表 11-111

测量时导体温度 t(℃)	校正系数 k_t(对所有导体)	测量时导体温度 t(℃)	校正系数 k_t(对所有导体)
0	1.087	21	0.996
1	1.082	22	0.992
2	1.078	23	0.988
3	1.073	24	0.984
4	1.068	25	0.980
5	1.064	26	0.977
6	1.059	27	0.973
7	1.055	28	0.969
8	1.050	29	0.965
9	1.046	30	0.962
10	1.042	31	0.958
11	1.037	32	0.954
12	1.033	33	0.951
13	1.029	34	0.947
14	1.025	35	0.943
15	1.020	36	0.940
16	1.016	37	0.936
17	1.012	38	0.933
18	1.008	39	0.929
19	1.004	40	0.926
20	1.000		

注:校正系数 k_t 值是根据 20℃时电阻—温度系数 0.004/K 计算的。

依据整根电缆的长度,而非单独的线芯或单线长度,计算每千米长度电缆的电阻值。

如果必要,应采用下列公式将电阻值修正到 20℃时和 1km 长度的电阻值。

$$R_{20}=R_t\times k_t\times\frac{1\,000}{L}$$

式中:k_t——温度校正系数;

R_{20}——20℃时导体电阻(Ω/km);

R_t——导体测量电阻值(Ω);

L——电缆长度(m)。

2. 导体的直径尺寸要求

(1)圆形铜导体的最大直径——实心、非紧压绞合和软导体 表 11-112

截面积(mm^2)	固定敷设用电缆导体最大直径(mm)		软导体(第5种和第6种)最大直径(mm)
	实心导体(第1种)	绞合导体(第2种)	
0.5	0.9	1.1	1.1
0.75	1.0	1.2	1.3
1.0	1.2	1.4	1.5
1.5	1.5	1.7	1.8
2.5	1.9	2.2	2.4
4	2.4	2.7	3.0
6	2.9	3.3	3.9
10	3.7	4.2	5.1
16	4.6	5.3	6.3
25	5.7	6.6	7.8
35	6.7	7.9	9.2
50	7.8	9.1	11.0
70	9.4	11.0	13.1
95	11.0	12.9	15.1
120	12.4	14.5	17.0
150	13.8	16.2	19.0
185	15.4	18.0	21.0
240	17.6	20.6	24.0
300	19.8	23.1	27.0
400	22.2	26.1	31.0
500	—	29.2	35.0
630	—	33.2	39.0
800	—	37.6	—
1 000	—	42.2	—

(2)铜、铝和铝合金的紧压绞合圆形导体的最大和最小直径 表 11-113

截面积(mm^2)	紧压绞合圆形导体(第2种)	
	最小直径(mm)	最大直径(mm)
10	3.6	4.6
16	4.6	5.2
25	5.6	6.5
35	6.6	7.5
50	7.7	8.6
70	9.3	10.2
95	11.0	12.0

续表 11-113

截面积(mm^2)	紧压绞合圆形导体(第 2 种)	
	最小直径(mm)	最大直径(mm)
120	12.3	13.5
150	13.7	15.0
185	15.3	16.8
240	17.6	19.2
300	19.7	21.6
400	22.3	24.6
500	25.3	27.6
630	28.7	32.5

注:①由于紧压技术通常未确定,截面积 630mm^2 以上铝导体的尺寸范围未作规定。
②对 1.5～6mm^2 范围的紧压铜导体,未给出数值。

(3)实心圆形铝导体的最小和最大直径 表 11-114

截面积(mm^2)	实心导体(第 1 种)	
	最小直径(mm)	最大直径(mm)
10	3.4	3.7
16	4.1	4.6
25	5.2	5.7
35	6.1	6.7
50	7.2	7.8
70	8.7	9.4
95	10.3	11.0
120	11.6	12.4
150	12.9	13.8
185	14.5	15.4
240	16.7	17.6
300	18.8	19.8
400	21.2	22.2
500	24.0	25.1
630	27.3	28.4
800	30.9	32.1
1 000	34.8	36.0
1 200	37.8	39.0

三、电力电缆

(一)电力电缆的通用外护层(GB/T 2952.1～3—2008)

1.电力电缆的外护层结构

(1)金属套电缆通用外护层的结构 表 11-115

<table>
<tr><th rowspan="2">型 号</th><th colspan="3">外护层结构</th></tr>
<tr><th>内衬层</th><th>铠装层</th><th>外被层和外护套</th></tr>
<tr><td>02</td><td>无</td><td>无</td><td>电缆沥青(或热熔胶)—聚氯乙烯外套</td></tr>
<tr><td>03</td><td>无</td><td>无</td><td>电缆沥青(或热熔胶)—聚乙烯(或聚烯烃)外套</td></tr>
<tr><td>04</td><td>无</td><td>无</td><td>电缆沥青(或热熔胶)—弹性体外套</td></tr>
<tr><td>22</td><td rowspan="5">绕包型:电缆沥青—塑料带或电缆沥青—塑料带—无纺麻布带或电缆沥青—塑料带—浸渍纸带(或浸渍麻)电缆沥青
挤出型:电缆沥青—聚氯乙烯套或电缆沥青—聚乙烯套</td><td rowspan="2">双钢带</td><td>聚氯乙烯外套</td></tr>
<tr><td>23</td><td>聚乙烯(或聚烯烃)外套</td></tr>
<tr><td>32</td><td rowspan="3">单细圆钢丝</td><td>聚氯乙烯外套</td></tr>
<tr><td>33</td><td>聚乙烯(或聚烯烃)外套</td></tr>
<tr><td>34</td><td>弹性体外套</td></tr>
<tr><td>41</td><td>电缆沥青(或热熔胶)—聚乙烯套,允许用:电缆沥青—塑料带浸渍麻电缆沥青</td><td>单粗圆钢丝</td><td>胶粘涂料—聚丙烯绳或电缆沥青—浸渍麻—电缆沥青—白垩粉</td></tr>
<tr><td>61</td><td rowspan="6">挤出型:电缆沥青—聚氯乙烯套或电缆沥青—聚乙烯套</td><td rowspan="3">(双)非磁性金属带</td><td>胶粘涂料—聚丙烯绳</td></tr>
<tr><td>62</td><td>聚氯乙烯外套</td></tr>
<tr><td>63</td><td>聚乙烯(或聚烯烃)外套</td></tr>
<tr><td>71</td><td rowspan="3">非磁性金属丝</td><td>胶粘涂料—聚丙烯绳</td></tr>
<tr><td>72</td><td>聚氯乙烯外套</td></tr>
<tr><td>73</td><td>聚乙烯(或聚烯烃)外套</td></tr>
<tr><td>441</td><td rowspan="2">电缆沥青(或热熔胶)—聚乙烯套,允许用:电缆沥青—塑料带浸渍麻电缆沥青</td><td>双粗圆钢丝</td><td rowspan="2">胶粘涂料—聚丙烯绳或电缆沥青—浸渍麻—电缆沥青—白垩粉</td></tr>
<tr><td>241</td><td>双钢带—单粗圆钢丝</td></tr>
</table>

(2)充油电缆外护层的结构 表 11-116

<table>
<tr><th rowspan="2">型 号</th><th colspan="5">外护层结构</th></tr>
<tr><th>外衬层</th><th>加强层</th><th>隔离层</th><th>铠装层</th><th>外被层</th></tr>
<tr><td>102</td><td rowspan="6">电缆沥青—塑料带或其他性能相当的防水层</td><td>径向铜带</td><td>—</td><td>无</td><td rowspan="4">塑料带—聚氯乙烯外套</td></tr>
<tr><td>202</td><td>径向不锈钢带</td><td>—</td><td>无</td></tr>
<tr><td>203</td><td>径向铜带纵向窄铜带</td><td>—</td><td>无</td></tr>
<tr><td>402</td><td>径向不锈钢带,纵向窄不锈钢带</td><td>—</td><td>无</td></tr>
<tr><td>141</td><td>径向铜带</td><td rowspan="2">塑料带—塑料套</td><td>单粗圆钢线</td><td rowspan="2">胶粘涂料—聚丙烯绳</td></tr>
<tr><td>241</td><td>径向不锈钢带</td><td>单粗圆钢丝</td></tr>
</table>

(3)非金属套电缆外护层的结构 表 11-117

型 号	外护层结构		
	内衬层	铠装层	外被层
12	绕包型:塑料带或无纺布带 挤出型:塑料套	联锁铠装	聚氯乙烯外套
22		双钢带铠装	聚氯乙烯外套
23			聚乙烯(或聚烯烃)外套
32		单细圆钢丝铠装	聚氯乙烯外套
33			聚乙烯(或聚烯烃)外套
34			弹性体外套
62		(双)非磁性金属带铠装	聚氯乙烯外套
63			聚乙烯(或聚烯烃)外套
42	塑料套	单粗圆钢丝铠装	聚氯乙烯外套
43			聚乙烯(或聚烯烃)外套
52		皱纹钢带铠装	聚氯乙烯外套
53			聚乙烯(或聚烯烃)外套
72		非磁性金属丝	聚氯乙烯外套
73			聚乙烯(或聚烯烃)外套
41		单粗圆钢丝铠装	胶粘涂料—聚丙烯绳或电缆沥青—浸渍麻—电缆沥青—白垩粉
441		双粗圆钢丝铠装	
241		双钢带—单粗圆钢丝铠装	

2. 电力电缆外护层型号、名称及使用场所

(1)非金属套电缆通用外护层的型号、名称和主要敷设场所 表 11-118

型号	名 称	主要适用敷设场所										
		敷设方式								特殊环境		
		室内	隧道	电缆沟	管道	埋地		竖井	水下	易燃	严重腐蚀	拉力
						一般土壤	多砾石					
12	联锁钢带铠装聚氯乙烯外套	△	△	△		△	△			△	△	
22	钢带铠装聚氯乙烯外套	△	△	△		△	△			△	△	
23	钢带铠装聚乙烯(或聚烯烃)外套	△		△		△	△				△	
32	细圆钢丝铠装聚氯乙烯外套					△	△	△	△	△	△	△
33	细圆钢丝铠装聚乙烯(或聚烯烃)外套					△	△	△	△		△	△
34	细圆钢丝铠装弹性体外套					△	△	△	△		△	△
41	粗圆钢丝铠装纤维外被								△		○	△
52	皱纹钢带铠装聚氯乙烯外套	△	△	△	△	△				△	△	
53	皱纹钢带铠装聚乙烯(或聚烯烃)外套	△		△	△	△					△	
62	(双)非磁性金属带铠装聚氯乙烯外套	△	△	△		△	△			△	△	
63	(双)非磁性金属带铠装聚乙烯(或聚烯烃)外套	△		△		△	△				△	
72	非磁性金属丝聚氯乙烯外套							△	△	△	△	△
73	非磁性金属丝聚乙烯(或聚烯烃)外套						△	△			△	△
441	双粗圆钢丝铠装纤维外被									△	○	△
241	钢带—粗圆钢丝铠装纤维外被									△	○	△

注:△表示适用;○表示当采用具有良好非金属防蚀层的钢丝时适用。

(2)充油电缆外护层的型号、名称及主要敷设方法 表 11-119

型号	名称	敷设方法		承受张力	
		陆上	水下	一般	较大
102	径向铜带加强聚氯乙烯外套	△			
202	径向不锈钢带加强聚氯乙烯外套	△			
301	径向铜带纵向窄铜带加强聚氯乙烯外套	△		△	
402	径向不锈钢带纵向窄不锈钢带加强聚氯乙烯外套	△		△	
141	径向铜带加强单粗圆钢丝铠装纤维外被		△		△
241	径向不锈钢带加强单粗圆钢丝铠装纤维外被		△		△

(3)金属套电缆通用外护层的型号、名称和主要敷设场所 表 11-120

型号	名称	被保护的金属套	主要适用敷设场所												
			敷设方式									特殊环境			
			架空	室内	隧道	电缆沟	管道	埋地 一般土壤	埋地 多砾石	竖井	水下	易燃	强电干扰	严重腐蚀	拉力
02	聚氯乙烯外套	铅套	△	△	△	△	△					△		△	
		铝套	△	△	△	△	△	△		△		△		△	
		皱纹钢套或铝套			△	△	△	△				△		△	
03	聚乙烯(或聚烯烃)外套	铅套	△	△		△	△							△	
		铝套	△	△		△	△	△		△				△	
		皱纹钢套或铝套	△	△		△	△	△						△	
04	弹性体外套	铅套	△	△		△	△							△	
		铝套	△	△		△	△	△		△				△	
		皱纹钢套或铝套		△		△	△	△						△	
22	钢带铠装聚氯乙烯外套	铅套		△	△	△		△	△			△		△	
		铝套或皱纹铝套		△	△	△			△			△	△	△	
23	铠装钢带聚乙烯(或聚烯烃)外套	铅套		△		△		△	△					△	
		铝套或皱纹铝套		△		△			△				△	△	
32	细圆钢丝铠装聚氯乙烯外套	各种金属套						△	△	△	△	△		△	△
33	细圆钢丝铠装聚乙烯(或聚烯烃)外套	各种金属套						△	△	△	△			△	△
34	细圆钢丝铠装弹性体外套	各种金属套						△	△	△	△			△	△
41	粗圆钢丝铠装纤维外被	铅套									△			○	△

续表 11-120

型号	名　　称	被保护的金属套	主要适用敷设场所												
			敷设方式									特殊环境			
			架空	室内	隧道	电缆沟	管道	埋地		竖井	水下	易燃	强电干扰	严重腐蚀	拉力
								一般土壤	多砾石						
61	(双)非磁性金属带铠装纤维外被	铅套									△			○	△
62	(双)非磁性金属带铠装聚氯乙烯外套	铅套 铝套或皱纹铝套		△	△	△		△	△			△		△	
63	(双)非磁性金属带铠装聚乙烯(或聚烯烃)外套	铅套 铝套或皱纹铝套		△	△	△		△	△					△	
71	非磁性金属丝铠装纤维外被	铅套									△			○	△
72	非磁性金属丝铠装聚氯乙烯外套	各种金属套								△	△	△		△	△
73	非磁性金属丝铠装聚乙烯(或聚烯烃)外套	各种金属套								△	△			△	△
441	双粗圆钢丝铠装纤维外被	铅套									△			○	△
241	钢带—粗圆钢丝铠装纤维外被	铅套									△			○	△

注:△表示适用;○表示当采用具有良好非金属防蚀层钢丝时适用。

3.电力电缆绝缘线芯的识别标志(GB/T 6995.5—2008)

电力电缆绝缘线芯采用数字识别和颜色识别两种方法。充油电缆和油浸纸绝缘电缆采用白色数字识别;挤包固体绝缘电缆采用颜色识别,特殊情况可采用数字识别。

(1)数字标志:

——2 芯电缆:0、1;

——3 芯电缆:1、2、3;

——4 芯电缆:0、1、2、3;

——5 芯电缆:0、1、2、3、4。

其中数字 1、2、3 用于主线芯,0 用于中性线芯。在 5 芯电缆中,数字“4”指特定目的导体(包括接地导体)。

(2)颜色识别:

——2 芯电缆:红、蓝;

——3 芯电缆:黄、绿、红;

——4 芯电缆:黄、绿、红、蓝;

——5 芯电缆:由供需双方协商确定。

注:颜色红、黄、绿用于主线芯。蓝色用于中性线芯,为了避免和其他颜色产生混淆,推荐使用淡蓝色。

聚氯乙烯绝缘电缆的绝缘线芯一般采用着色绝缘料。

不易着色的绝缘线芯允许采用标志纱或标志色带。

(二)额定电压1kV及以下架空绝缘电缆(GB/T 12527—2008)

额定电压1kV及以下架空绝缘电缆(代号JK)线芯有铜芯(T,可省)、铝芯(L)、铝合金芯(LH),绝缘层为耐候型聚氯乙烯(V)、聚乙烯(Y)或交联聚乙烯(YJ)。

架空绝缘电缆的使用特性:

额定电压U为1kV及以下。

长期允许工作温度:聚氯乙烯、聚乙烯绝缘不超过70℃,交联聚乙烯绝缘不超过90℃。

电缆敷设温度应不低于-20℃。

电缆弯曲半径:外径$D<25$mm的,弯曲半径$\geqslant 4D$;$D\geqslant 25$mm的,弯曲半径$\geqslant 6D$。

1.架空绝缘电缆的型号表示方法

产品以型号+规格+标准号表示。

示例:

额定电压1kV铜芯聚氯乙烯绝缘架空电缆,单芯,标称截面为70mm²,表示为:

JKV-1 1×70 GB/T 12527—2008;

额定电压1kV铝合金芯交联聚乙烯绝缘架空电缆,4芯,标称截面积为16mm²,表示为:

JKLHYJ-1 4×70 GB/T 12527—2008;

额定电压1kV铝芯聚乙烯绝缘架空电缆,4芯,其中主线芯为3芯,其标称截面积为35mm²,承载中性导体为铝合金芯,其标称截面积为50mm²,表示为:

JKLY-1 3×35+1×50(B) GB/T 12527—2008。

2.架空绝缘电缆的型号及规格

表11-121

电缆型号	名称	主线芯标称截面积(mm²)				用途
		1芯	2芯	4芯	3+K芯	
JKV	额定电压1kV铜芯聚氯乙烯绝缘架空电缆	100~400	10~120		—	架空固定敷设、引户线
JKLV	额定电压1kV铝芯聚氯乙烯绝缘架空电缆				10~120	
JKLHV	额定电压1kV铝合金芯聚氯乙烯绝缘架空电缆				—	
JKY	额定电压1kV铜芯聚乙烯绝缘架空电缆				—	
JKLY	额定电压1kV铝芯聚乙烯绝缘架空电缆				10~120	
JKLHY	额定电压1kV铝合金芯聚乙烯绝缘架空电缆				—	
JKYJ	额定电压1kV铜芯交联聚乙烯绝缘架空电缆				—	
JKLYJ	额定电压1kV铝芯交联聚乙烯绝缘架空电缆				10~120	
JKLHYJ	额定电压1kV铝合金芯交联聚乙烯绝缘架空电缆				—	

注:辅助线芯K为承载线芯或带承载的中线线芯。根据工程需求,任选其中截面与主线芯搭配。(A)表示钢承载绞线,(B)表示铝合金承载绞线。

3.铜芯架空绝缘电缆技术要求

表11-122

导体标称截面积(mm²)	导体中最少单线根数	导体外径(参考值)(mm)	绝缘标称厚度(mm)	电缆平均外径最大值(mm)	20℃时最大导体电阻(Ω/km)		额定工作温度时最小绝缘电阻(MΩ·km)		单芯电缆拉断力(N)
					硬铜	软铜	70℃	90℃	硬铜
10	6	3.8	1.0	6.5	1.906	1.83	0.006 7	0.67	3 471
16	6	4.8	1.2	8.0	1.198	1.15	0.006 5	0.65	5 486
25	6	6.0	1.2	9.4	0.749	0.727	0.005 4	0.54	8 465

续表 11-122

导体标称截面积（mm^2）	导体中最少单线根数	导体外径（参考值）（mm）	绝缘标称厚度（mm）	电缆平均外径最大值（mm）	20℃时最大导体电阻（Ω/km）		额定工作温度时最小绝缘电阻（MΩ·km）		单芯电缆拉断力（N）
					硬铜	软铜	70℃	90℃	硬铜
35	6	7.0	1.4	11.0	0.540	0.524	0.005 4	0.54	11 731
50	6	8.4	1.4	12.3	0.399	0.387	0.004 6	0.46	16 502
70	12	10.0	1.4	14.1	0.276	0.268	0.004 0	0.40	23 461
95	15	11.6	1.6	16.5	0.199	0.193	0.003 9	0.39	31 759
120	18	13.0	1.6	18.1	0.158	0.153	0.003 5	0.35	39 911
150	18	14.6	1.8	20.2	0.128	0.124	0.003 5	0.35	49 505
185	30	16.2	2.0	22.5	0.102 1	0.099 1	0.003 5	0.35	61 846
240	34	18.4	2.2	25.6	0.077 7	0.075 4	0.003 4	0.34	79 823

4.铝芯、铝合金芯架空绝缘电缆技术要求

表 11-123

导体标称截面积（mm^2）	导体中最少单线根数	导体外径（参考值）（mm）	绝缘标称厚度（mm）	单根线芯标称平均外径最大值（mm）	20℃时最大导体电阻（Ω/km）		额定工作温度时最小绝缘电阻（MΩ·km）		单芯电缆拉断力（N）	
					铝芯	铝合金	70℃	90℃	铝芯	铝合金芯
10	6	3.8	1.0	6.5	3.08	3.574	0.006 7	0.67	1 650	2 514
16	6	4.8	1.2	8.0	1.91	2.217	0.006 5	0.65	2 517	4 022
25	6	6.0	1.2	9.4	1.20	1.393	0.005 4	0.54	3 762	6 284
35	6	7.0	1.4	11.0	0.868	1.007	0.005 4	0.54	5 177	8 800
50	6	8.4	1.4	12.3	0.641	0.744	0.004 6	0.46	7 011	12 569
70	12	10.0	1.4	14.1	0.443	0.514	0.004 0	0.40	10 354	17 596
95	15	11.6	1.6	16.5	0.320	0.371	0.003 9	0.39	13 727	23 880
120	15	13.0	1.6	18.1	0.253	0.294	0.003 5	0.35	17 339	30 164
150	15	14.6	1.8	20.2	0.206	0.239	0.003 5	0.35	21 033	37 706
185	30	16.2	2.0	22.5	0.164	0.190	0.003 5	0.35	26 732	46 503
240	30	18.4	2.2	25.6	0.125	0.145	0.003 4	0.34	34 679	60 329
300	30	20.8	2.2	27.2	0.100	0.116	0.003 3	0.33	43 349	75 411
400	53	23.2	2.2	30.7	0.077 8	0.090 4	0.003 2	0.32	55 707	100 548

导体应采用紧压圆形绞合的铜、铝线或铝合金导线。导体中的单线在 7 根及以下不允许有接头。7 根以上的绞线中单线允许有接头，但成品绞线上两接头间的距离不小于 15m。

（三）额定电压 10kV 架空绝缘电缆（GB/T 14049—2008）

1.架空绝缘电缆的结构型号及主要用途

表 11-124

型号	名 称	主 要 用 途	芯数	标称截面积（mm^2）
JKYJ	铜芯交联聚乙烯绝缘架空电缆	架空固定敷设，软铜芯产品用于变压器引下线；电缆架设时，应考虑电缆和树木保持一定距离，电缆运行时，允许电缆和树木频繁接触	1	10～400
JKTRYJ	软铜芯交联聚乙烯绝缘架空电缆		3	25～400
JKLYJ	铝芯交联聚乙烯绝缘架空电缆		3+K(A)或3+K(B)	25～400 其中：K 为 25～120
JKLHYJ	铝合金芯交联聚乙烯绝缘架空电缆			

续表 11-124

型号	名　称	主要用途	芯数	标称截面积(mm^2)
JKY JKTRY JKLY JKLHY	铜芯聚乙烯绝缘架空电缆 软铜芯聚乙烯绝缘架空电缆 铝芯聚乙烯绝缘架空电缆 铝合金芯聚乙烯绝缘架空电缆	架空固定敷设，软铜芯产品用于变压器引下线； 电缆架设时，应考虑电缆和树木保持一定距离，电缆运行时，允许电缆和树木频繁接触	1	10～400
JKLYJ/B	铝芯本色交联聚乙烯绝缘架空电缆	架空固定敷设； 电缆架设时，应考虑电缆和树木保持一定距离，电缆运行时，允许电缆和树木频繁接触	3	25～400
JKLHYJ/B	铝合金芯本色交联聚乙烯绝缘架空电缆		3+K(A)或 3+K(B)	25～400 其中：K为25～120
JKLYJ/Q JKLHYJ/Q JKLY/Q JKLHY/Q	铝芯轻型交联聚乙烯薄绝缘架空电缆 铝合金芯轻型交联聚乙烯绝缘架空电缆 铝芯轻型聚乙烯绝缘架空电缆 铝合金芯轻型聚乙烯绝缘架空电缆	架空固定敷设用； 电缆架设时，应考虑电缆和树木保持一定距离，电缆运行时，只允许电缆和树木作短时接触	1	10～400

注：①K为承载绞线，按工程设计要求，可任选表中规定截面与相应导体截面相匹配，如杆塔跨距更大采用外加承载索时，该承载索不包括在电缆结构内。

②(A)表示钢承载绞线，(B)表示铝合金承载绞线。

2. 架空绝缘电缆各型号含义

表 11-125

导　体		绝　缘　层	
名称	代号	材料名称	代号
铜导体	省略	交联聚乙烯	YJ
软铜导体	TR	高密度聚乙烯	Y
铝导体	L	本色绝缘	/B
铝合金导体	LH	耐候黑色绝缘	省略
		轻型薄绝缘结构	/Q
		普通绝缘结构	省略

架空绝缘电缆的产品用型号＋规格＋标准号表示。

示例：铝芯本色交联聚乙烯绝缘架空电缆，额定电压10kV，4芯，其中主线芯为3芯，标称截面积240mm^2，承载绞线为镀锌钢丝，标称截面95mm^2，表示为：

JKLYJ/B-10 3×240＋95(A)　　GB/T 14049—2008

3. 架空绝缘电缆的技术参数

表 11-126

导体标称截面积(mm^2)	导体最少单线根数	导体直径(参考值)(mm)	导体屏蔽层最小厚度[a](近似值)[b](mm)	绝缘标称厚度(mm)		绝缘屏蔽层标称厚度(mm)	20℃时导体电阻(Ω/km)不大于				导体拉断力(N)不小于		
				薄绝缘	普通绝缘		硬铜芯	软铜芯	铝芯	铝合金芯	硬铜芯	铝芯	铝合金芯
10	6	3.8	0.5	—	3.4	—	—	1.830	3.080	3.574	—	—	—
16	6	4.8	0.5	—	3.4	—	—	1.150	1.910	2.217	—	—	—
25	6	6.0	0.5	2.5	3.4	1.0	0.749	0.727	1.200	1.393	8 465	3 762	6 284
35	6	7.0	0.5	2.5	3.4	1.0	0.540	0.524	0.868	1.007	11 731	5 177	8 800
50	6	8.3	0.5	2.5	3.4	1.0	0.399	0.387	0.641	0.744	16 502	7 011	12 569
70	12	10.0	0.5	2.5	3.4	1.0	0.276	0.268	0.443	0.514	23 461	10 354	17 596
95	15	11.6	0.6	2.5	3.4	1.0	0.199	0.193	0.320	0.371	31 759	13 727	23 880

续表 11-126

导体标称截面积(mm^2)	导体最少单线根数	导体直径(参考值)(mm)	导体屏蔽层最小厚度[a](近似值)[b](mm)	绝缘标称厚度(mm)		绝缘屏蔽层标称厚度(mm)	20℃时导体电阻(Ω/km)不大于				导体拉断力(N)不小于		
				薄绝缘	普通绝缘		硬铜芯	软铜芯	铝芯	铝合金芯	硬铜芯	铝芯	铝合金芯
120	18	13.0	0.6	2.5	3.4	1.0	0.158	0.153	0.253	0.294	39 911	17 339	30 164
150	18	14.6	0.6	2.5	3.4	1.0	0.128	—	0.206	0.239	49 505	21 033	37 706
185	30	16.2	0.6	2.5	3.4	1.0	0.102 1	—	0.164	0.190	61 846	26 732	46 503
240	34	18.4	0.6	2.5	3.4	1.0	0.077 7	—	0.125	0.145	79 823	34 679	60 329
300	34	20.6	0.6	2.5	3.4	1.0	0.061 9	—	0.100	0.116	99 788	43 349	75 411
400	53	23.8	0.6	2.5	3.4	1.0	0.048 4	—	0.077 8	0.090 4	133 040	55 707	100 548

注:①[a] 轻型薄绝缘结构架空电缆无内半导电屏蔽层。

②[b] 近似值是既不要验证又不要检查的数值,但在设计与工艺制造上需予充分考虑。

4.架空绝缘电缆承载绞线的拉断力

表 11-127

承载绞线截面积(mm^2)	钢承载绞线拉断力(N),不小于	铝合金承载绞线拉断力(N),不小于
25	30 000	6 284
35	42 000	8 800
50	56 550	12 569
70	81 150	17 596
95	110 150	23 880
120	—	30 164

5.架空绝缘电缆的使用特性

额定电压 10kV。

电缆敷设温度应不低于−20℃。

短路时(最长持续时间不超过 5s)电缆的最高温度:交联聚乙烯绝缘 250℃;高密度聚乙烯绝缘 150℃。

电缆导体的最高长期允许工作温度:有承载线结构的电缆,由绝缘的最高长期允许工作温度决定。

交联聚乙烯绝缘 90℃;高密度聚乙烯绝缘 75℃。

电缆的允许弯曲半径应不小于电缆弯曲试验用圆柱体直径。

(四)额定电压 30kV 及以下挤包绝缘电力电缆(GB/T 12706.1~2—2008)

挤包绝缘电力电缆按额定电压 $U_0/U(U_m)$分为:0.6/1(1.2)、1.8/3(3.6)、3.6/6(7.2)、6/10(12)、8.7/10(12)、8.7/15(17.5)、12/20(24)、18/30(36)和 26/35(40.5)各级别电缆。

在电缆的电压标示 $U_0/U(U_m)$中:

U_0——电缆设计用的导体对地或金属屏蔽之间的额定工频电压;

U——电缆设计用的导体之间的额定工频电压;

U_m——设备可使用的“最高系统电压”的最大值,参见 GB/T 156—2007。

挤包绝缘电力电缆由导体、绝缘层、屏蔽层、内护层、铠装层和外护套层组成。

电缆导体符合 GB/T 3956 中的规定。其中:额定电压 0.6/1(1.2)、1.8/3(3.6)电缆用第一种导体、第二种导体、第五种铜导体;额定电压 3.6/6(7.2)、6/10(12)、8.7/10(12)、8.7/15(17.5)、12/20(24)、18/30(36)电缆用第一种导体或第二种导体。第二种导体也可以是纵向阻水结构。

1.挤包绝缘电力电缆产品型号的标记

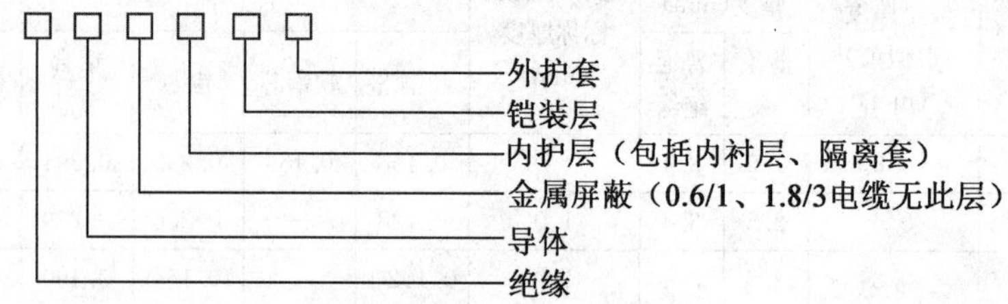

电缆型号标记的含义　　表 11-128

导体		绝缘层		金属屏蔽层		内护层(包括挤包内层和隔离套)		铠装层		外护套层	
导体	代号	名称	代号	名称	代号	名称	代号	名称	代号	名称	代号
铜软铜	T(省略) R	聚氯乙烯	V	铜带	D(可省略)	聚氯乙烯	V	双钢带	2	聚氯乙烯	2
		交联聚乙烯	YJ			聚乙烯	Y	细圆钢丝	3		
		乙丙橡胶	E			弹性体	F	粗圆钢丝	4	聚乙烯	3
铝	L	硬乙丙橡胶	EY	铜丝	S	金属箔复合护套	A	非磁性金属带	6		
						铅套	Q	非磁性金属丝	7	弹性体(氯丁橡胶,氯磺化聚乙烯)	4

注:①非磁性金属带:不锈钢、铝、铝合金带等。
②非磁性金属丝:不锈钢、铝、铝合金、铜、铜合金、镀锡铜及镀锡铜合金丝。
③弹性体:氯丁橡胶,氯磺化聚乙烯或类似聚合物。

电缆产品用型号(型号中有数字代号的电缆外护层,数字前的文字代号表示内护层)、规格(额定电压、芯数、标称截面积)及标准编号表示。

示例:铝芯交联聚乙烯绝缘铜带屏蔽钢带铠装聚氯乙烯护套电力电缆,额定电压为 8.7/10kV,三芯,标称截面积 120mm²,表示为:

YJLV22-8.7/10　3×120　GB/T 12706.2—2008

交联聚乙烯绝缘铜丝屏蔽聚氯乙烯内护套钢带铠装聚氯乙烯护套电力电缆,额定电压为 8.7/10kV,单芯铜导体,标称截面积 240mm²,铜丝屏蔽标称截面积 25mm²,表示为:

YJSV22-8.7/10　1×240/25　GB/T 12706.2—2008

铜芯交联聚乙烯绝缘钢带铠装聚氯乙烯护套电力电缆,额定电压为 0.6/1kV,3+1 芯,标称截面积 95mm²,中性线截面积 50mm²,表示为:

YJV22-0.6/1　3×95+1×50　GB/T 12706.1—2008

2.挤包绝缘电力电缆的常用型号

表 11-129

型号		名称
铜芯	铝芯	
VV	VLV	聚氯乙烯绝缘聚氯乙烯护套电力电缆
VY	VLY	聚氯乙烯绝缘聚乙烯护套电力电缆
VV22	VLV22	聚氯乙烯绝缘钢带铠装聚氯乙烯护套电力电缆
VV23	VLV23	聚氯乙烯绝缘钢带铠装聚乙烯护套电力电缆
VV32	VLV32	聚氯乙烯绝缘细钢丝铠装聚氯乙烯护套电力电缆
VV33	VLV33	聚氯乙烯绝缘细钢丝铠装聚乙烯护套电力电缆

续表 11-129

型号		名称
铜芯	铝芯	
YJV	YJLV	交联聚乙烯绝缘聚氯乙烯护套电力电缆
YJY	YJLY	交联聚乙烯绝缘聚乙烯护套电力电缆
YJV22	YJLV22	交联聚乙烯绝缘钢带铠装聚氯乙烯护套电力电缆
YJV23	YJLV23	交联聚乙烯绝缘钢带铠装聚乙烯护套电力电缆
YJV32	YJLV32	交联聚乙烯绝缘细钢丝铠装聚氯乙烯护套电力电缆
YJV33	YJLV33	交联聚乙烯绝缘细钢丝铠装聚乙烯护套电力电缆

注:本表中未列出的电缆型号可按产品型号标记方法规定组成。

3. 挤包绝缘电力电缆的选择

电缆的额定电压应适合电缆所在系统的运行条件。为了便于选择电缆,将系统划分为下列三类:

——A类:该类系统任一相导体与地或接地导体接触时,能在1min内与系统分离;

——B类:该类系统可在单相接地故障时作短时运行,接地故障时间按照JB/T 8996应不超过1h。对于本部分包括的电缆,在任何情况下允许不超过8h的更长的带故障运行时间。任何一年接地故障的总持续时间应不超过125h;

——C类:包括不属于A类、B类的所有系统。

注:在系统接地故障不能立即自动解除时,故障期间加在电缆绝缘上过高的电场强度,会在一定程度上缩短电缆寿命。如系统预期会经常地运行在持久的接地故障状态下,该系统可建议划为C类。

用于三相系统电缆额定电压 U_0 推荐值 表 11-130

系统最高电压 U_m(kV)	额定电压 U_0(kV)	
	A类、B类	C类
7.2	3.6	6.0
12.0	6.0	8.7
17.5	8.7	12.0
24.0	12.0	18.0
36.0	18.0	—
1.2	0.6	0.6
3.6	1.8	3.6

4. 不同电压等级电缆的绝缘层厚度

表 11-131

<table>
<tr><td>材料名称</td><td colspan="2">聚氯乙烯</td><td colspan="2">交联聚乙烯</td><td colspan="2">乙丙橡胶</td><td colspan="2">硬乙丙橡胶</td><td>聚氯乙烯</td><td colspan="5">交联聚乙烯</td><td colspan="6">乙丙橡胶、硬乙丙橡胶</td></tr>
<tr><td>额定电压(kV)</td><td>0.6/1</td><td>1.8/3</td><td>0.6/1</td><td>1.8/3</td><td>0.6/1</td><td>1.8/3</td><td>0.6/1</td><td>1.8/3</td><td>3.6/6</td><td>3.6/6</td><td>6/6
6/10</td><td>8.7/10
8.7/15</td><td>12/20</td><td>18/30</td><td>3.6/6无屏蔽</td><td>3.6/6有屏蔽</td><td>6/6
6/10</td><td>8.7/10
8.7/15</td><td>12/20</td><td>18/30</td></tr>
<tr><td>导体截面积(mm²)</td><td colspan="20">绝缘厚度(mm)</td></tr>
<tr><td>1.5,2.5</td><td>0.8</td><td>—</td><td rowspan="4">0.7</td><td>—</td><td rowspan="4">1.0</td><td>—</td><td rowspan="4">0.7</td><td>—</td><td>—</td><td>—</td><td>—</td><td>—</td><td>—</td><td>—</td><td>—</td><td>—</td><td>—</td><td>—</td><td>—</td><td>—</td></tr>
<tr><td>4,6</td><td rowspan="3">1.0</td><td>—</td><td>—</td><td>—</td><td>—</td><td>—</td><td>—</td><td>—</td><td>—</td><td>—</td><td>—</td><td>—</td><td>—</td><td>—</td><td>—</td><td>—</td><td>—</td><td>—</td></tr>
<tr><td>10</td><td rowspan="3">2.2</td><td rowspan="3">2.0</td><td rowspan="3">2.2</td><td rowspan="3">2.0</td><td rowspan="3">3.4</td><td rowspan="3">2.5</td><td>—</td><td>—</td><td>—</td><td>—</td><td rowspan="3">3.0</td><td rowspan="3">2.5</td><td>—</td><td>—</td><td>—</td><td>—</td></tr>
<tr><td>16</td><td rowspan="2">3.4</td><td>—</td><td>—</td><td>—</td><td rowspan="2">3.4</td><td>—</td><td>—</td><td>—</td></tr>
<tr><td>25</td><td>1.2</td><td>0.9</td><td>1.2</td><td>0.9</td><td>4.5</td><td>—</td><td>—</td><td>4.5</td><td>—</td><td>—</td></tr>
</table>

续表 11-131

<table>
<tr><td>材料名称</td><td colspan="2">聚氯乙烯</td><td colspan="2">交联聚乙烯</td><td colspan="2">乙丙橡胶</td><td colspan="2">硬乙丙橡胶</td><td>聚氯乙烯</td><td colspan="5">交联聚乙烯</td><td colspan="6">乙丙橡胶、硬乙丙橡胶</td></tr>
<tr><td>额定电压(kV)</td><td>0.6/1</td><td>1.8/3</td><td>0.6/1</td><td>1.8/3</td><td>0.6/1</td><td>1.8/3</td><td>0.6/1</td><td>1.8/3</td><td>3.6/6</td><td>3.6/6</td><td>6/6
6/10</td><td>8.7/10
8.7/15</td><td>12/20</td><td>18/30</td><td>3.6/6
无屏蔽</td><td>3.6/6
有屏蔽</td><td>6/6
6/10</td><td>8.7/10
8.7/15</td><td>12/20</td><td>18/30</td></tr>
<tr><td>导体截面积(mm^2)</td><td colspan="20">绝缘厚度(mm)</td></tr>
<tr><td>35</td><td>1.2</td><td rowspan="8">2.2</td><td>0.9</td><td rowspan="10">2.0</td><td>1.2</td><td rowspan="3">2.2</td><td>0.9</td><td rowspan="10">2.0</td><td rowspan="15">3.4</td><td rowspan="7">2.5</td><td rowspan="15">3.4</td><td rowspan="15">4.5</td><td rowspan="15">5.5</td><td>—</td><td rowspan="10">3.0</td><td rowspan="7">2.5</td><td rowspan="15">3.4</td><td rowspan="15">4.5</td><td rowspan="15">5.5</td><td>—</td></tr>
<tr><td>50</td><td rowspan="2">1.4</td><td>1.0</td><td rowspan="2">1.4</td><td>1.0</td><td rowspan="14">8.0</td><td rowspan="14">8.0</td></tr>
<tr><td>70</td><td rowspan="2">1.1</td><td rowspan="2">1.1</td></tr>
<tr><td>95</td><td rowspan="2">1.6</td><td rowspan="2">1.6</td><td rowspan="6">2.4</td></tr>
<tr><td>120</td><td>1.2</td><td>1.2</td></tr>
<tr><td>150</td><td>1.8</td><td>1.4</td><td>1.8</td><td>1.4</td></tr>
<tr><td>185</td><td>2.0</td><td>1.6</td><td>2.0</td><td>1.6</td></tr>
<tr><td>240</td><td>2.2</td><td>1.7</td><td>2.2</td><td>1.7</td><td>2.6</td><td>2.6</td></tr>
<tr><td>300</td><td>2.4</td><td>2.4</td><td>1.8</td><td>2.4</td><td>1.8</td><td>2.8</td><td>2.8</td></tr>
<tr><td>400</td><td>2.6</td><td>2.6</td><td>2.0</td><td>2.6</td><td>2.6</td><td>2.0</td><td>3.0</td><td>3.0</td></tr>
<tr><td>500</td><td rowspan="3">2.8</td><td rowspan="3">2.8</td><td>2.2</td><td>2.2</td><td rowspan="3">2.8</td><td rowspan="3">2.8</td><td>2.2</td><td>2.2</td><td rowspan="5">3.2</td><td rowspan="5">3.2</td><td rowspan="5">3.2</td></tr>
<tr><td>630</td><td>2.4</td><td>2.4</td><td>2.4</td><td>2.4</td></tr>
<tr><td>800</td><td>2.6</td><td>2.6</td><td>2.6</td><td>2.6</td></tr>
<tr><td>1 000</td><td>3.0</td><td>3.0</td><td>2.8</td><td>2.8</td><td>3.0</td><td>3.0</td><td>2.8</td><td>2.8</td></tr>
<tr><td>1 600</td><td>—</td><td>—</td><td>—</td><td>—</td><td>—</td><td>—</td><td>—</td><td>—</td></tr>
</table>

5. 绝缘及护套材料的使用温度

表 11-132

材料名称	绝缘层材料				护套层材料					
	聚氯乙烯	交联聚乙烯	乙丙橡胶	硬乙丙橡胶	聚氯乙烯		聚乙烯		无卤阻燃材料	弹性体
代号	PVC	XLPE	EPR	HEPR	ST1	ST2	ST3	ST7	ST8	SE1
正常运行导体最高温度(℃)	70	90	90	90	80	90	80	90	90	85
短路(5s)导体最高温度(℃)	160/140	250	250	250	—	—	—	—	—	—

注:①聚氯乙烯短路导体最高温度,分子为导体截面积≤300mm^2 的温度;分母为导体截面积>300mm^2 的温度。

②护套层的厚度:无铠装的电缆和护套不直接包覆在铠装、金属屏蔽或同心导体上的电缆,其单芯电缆护套的标称厚度应不小于 1.4mm,多芯电缆护套的标称厚度应不小于 1.8mm。护套直接包覆在铠装、金属屏蔽或同心导体上的电缆,护套的标称厚度应不小于 1.8mm。

6. 多芯电缆中性线和保护线导体标称截面积

表 11-133

主绝缘线芯导体标称截面积(mm^2)	中性线和保护线较小导体标称截面积(mm^2)	主绝缘线芯导体标称截面积(mm^2)	中性线和保护线较小导体标称截面积(mm^2)	主绝缘线芯导体标称截面积(mm^2)	中性线和保护线较小导体标称截面积(mm^2)
4	2.5	35	16	150	70
6	4	50	25	185	95
10	6	70	35	240	120

续表 11-133

主绝缘线芯导体标称截面积（mm^2）	中性线和保护线较小导体标称截面积（mm^2）	主绝缘线芯导体标称截面积（mm^2）	中性线和保护线较小导体标称截面积（mm^2）	主绝缘线芯导体标称截面积（mm^2）	中性线和保护线较小导体标称截面积（mm^2）
16	10	95	50	300	150
25	16	120	70	400	185

7. 挤包绝缘电力电缆的安装及储运要求

电缆安装时的最小弯曲半径 表 11-134

项　　目	单芯电缆		三芯电缆	
	无铠装	有铠装	无铠装	有铠装
安装时的电缆最小弯曲半径	20D	15D	15D	12D
靠近连接盒和终端的电缆的最小弯曲半径（但弯曲要小心控制，如采用成型导板）	15D	12D	12D	10D

注：①D为电缆外径。

②具有聚氯乙烯绝缘或聚氯乙烯护套的电缆，安装时的环境温度应不低于0℃。

运输和储存有如下要求：

(1)电缆应避免在露天存放，电缆盘不允许平放。

(2)运输中严禁从高处扔下装有电缆的电缆盘，严禁机械损伤电缆。

(3)吊装包装件时，严禁几盘同时吊装。在车辆、船舶等运输工具上，电缆盘应放稳，并用合适方法固定，防止互撞或翻倒。

8. 挤包绝缘电力电缆常用型号的规格尺寸(供参考)

(1)600/1 000V　VV 22、VLV 22型聚氯乙烯绝缘电力电缆

表 11-135

导电线芯				2芯电缆				3芯电缆				3+1芯电缆			
标称截面（mm^2）	绝缘厚度（mm）	20℃时直流电阻（Ω/km）不大于		芯数×标称截面（mm^2）	电缆外径（mm）	电缆重量（kg/km）		芯数×标称截面（mm^2）	电缆外径（mm）	电缆重量（kg/km）		芯数×标称截面（mm^2）	电缆外径（mm）	电缆重量（kg/km）	
		铜	铝			VV 22	VLV 22			VV 22	VLV 22			VV 22	VLV 22
4	1.0	4.61	7.41	2×4	16.2	445	396	3×4	16.5	512	439	3×4+1×2.5	17.8	567	482
6	1.0	3.08	4.61	2×6	17.2	515	451	3×6	17.6	605	506	3×6+1×4	19.4	687	567
10	1.0	1.83	3.02	2×10	18.8	644	515	3×10	20.4	775	582	3×10+1×6	21.1	889	661
16	1.0	1.15	1.91	2×16	20.4	785	588	3×16	22.3	975	676	3×16+1×10	23.1	1 133	771
25	1.2	0.727	1.2	2×25	24.4	1 103	796	3×25	23.7	1 497	824	3×25+1×16	25.3	1 513	948
35	1.2	0.524	0.868	2×35	26.4	1 357	922	3×35	25.7	1 622	970	3×35+1×16	27.6	1 860	1 109
50	1.4	0.387	0.641	2×50	29.8	1 787	1 166	3×50	29.9	2 378	1 445	3×50+1×25	33.1	2 794	1 707
70	1.4	0.268	0.443	2×70	34.4	2 548	1 678	3×70	33.3	3 070	1 765	3×70+1×25	35.9	3 562	2 040
95	1.6	0.193	0.320	2×95	38.7	3 247	2 066	3×95	37.4	3 986	2 215	3×95+1×50	41.6	4 691	2 609
120	1.6	0.153	0.253	2×120	41.7	3 865	2 374	3×120	40.2	4 804	2 567	3×120+1×70	44.4	5 700	3 027
150	1.8	0.124	0.206	2×150	46.2	4 707	2 839	3×150	44.9	5 877	3 080	3×150+1×70	48.8	6 777	3 545
185	2.0	0.099 1	0.164	2×185	50.4	5 622	3 323	3×185	48.8	7 092	3 642	3×185+1×95	53.8	8 296	4 255
240	2.2	0.075 4	0.125					3×240	54.0	8 951	4 477				
300	2.4	0.060 1	0.10					3×300	59.5	10 931	5 338				

(2) YJV 22、YJLV 22、YJV 32、YJLV 32、YJV 42、YJLV 42型交联聚乙烯绝缘电力电缆

表 11-136

导电线芯					3 600/6 000V 3芯电缆									6 000/6 000V 3芯电缆								
标称截面积 (mm^2)	绝缘厚度(mm)		20℃时直流电阻(Ω/km)不大于		电缆外径(mm)			电缆重量(kg/km)						电缆外径(mm)			电缆重量(kg/km)					
	$\frac{3\,600}{6\,000}$V	$\frac{6\,000}{6\,000}$V	铜	铝	YJV22 YJLV22	YJV32 YJLV32	YJV42 YJLV42	YJV22	YJLV22	YJV32	YJLV32	YJV42	YJLV42	YJV22 YJLV22	YJV32 YJLV32	YJV42 YJLV42	YJV22	YJLV22	YJV32	YJLV32	YJV42	YJLV42
25	2.5	3.4	0.727	1.20																		
35	2.5	3.4	0.524	0.868	43.1	47.1	50.1	3 110		4 931		6 556		48	51.2	54.2	3 522		5 447		7 225	
50	2.5	3.4	0.387	0.641	46.9	49.9	53.1	3 894	2 869	5 752	4 727	7 508	6 483	51	54	57	4 256	3 231	6 278	5 253	8 159	7 134
70	2.5	3.4	0.268	0.443	50.8	53.8	56.8	4 845	3 353	6 858	5 366	8 733	7 240	55.2	58.2	61.2	5 286	3 794	7 482	5 990	9 519	8 027
95	2.5	3.4	0.193	0.320	54.8	57.8	60.8	6 378	4 026	8 590	6 238	10 623	8 271	58.7	62.9	65.9	6 803	4 451	9 330	6 978	11 512	9 160
120	2.5	3.4	0.153	0.253	57.9	60.9	65.1	6 932	4 372	9 254	6 694	11 579	9 019	62.9	65.9	68.9	7 490	4 930	9 987	7 427	12 768	10 117
150	2.5	3.4	0.124	0.206	62.5	65.5	67.5	8 291	5 078	10 708	7 495	12 934	9 721	66.6	70.9	72.6	8 704	5 491	12 432	9 213	13 823	10 610
185	2.5	3.4	0.099 1	0.164	66.1	69.1	72.1	9 626	5 685	12 259	8 319	14 672	10 732	71.2	74.5	76.2	10 872	6 847	13 982	10 041	15 449	11 509
240	2.6	3.4	0.075 4	0.125	72.7	75.8	78.5	12 502	7 398	15 723	10 619	17 389	12 285	76.2	80.3	82.0	12 922	7 818	16 483	11 380	18 057	12 953
300	2.8	3.4	0.060 1	0.10	78.7	82.0	83.5	14 735	8 393	18 421	12 079	19 976	13 634	81.5	84.6	86.1	15 288	8 946	18 887	12 545	20 496	14 153

(五)额定电压 30kV 及以下纸绝缘电力电缆(GB/T 12976.1—2008)

纸绝缘电力电缆为油浸渍纸绝缘铅套电力电缆。按额定电压 U_0/U 分为:0.6/1、1.8/3、3/3、3.6/6、6/6、6/10、8.7/10、8.7/15、12/20、18/30 各种等级。

1.纸绝缘电力电缆的使用温度

不同电压及绝缘的导体最高温度　　表 11-137

电缆的额定电压(U_0/U)(kV)	设备最高电压 U_m(kV)	正常运行导体最高允许温度	
		径向场强电缆(℃)	带绝缘电缆(℃)
0.6/1	1.2	80	80
1.8/3 和 3/3	3.6	80	80
3.6/6 和 6/6	7.2	80	80
6/10 和 8.7/10	12	70	65
8.7/15	17.5	70	—
12/20	24	65	—
18/30	36	65(不滴流电缆)	—

注:①除非采用不滴流浸渍,表所给温度仅适用于电缆基本上是水平埋设。

②如果电缆埋在土壤中持续运行在表所列的最大允许导体温度下(100%负载因数),电缆周围的土壤热阻可能会随着时间由于土壤变干而变大。这样,导体温度可能明显超出最大允许值,如果预期存在这种运行条件,应采取相应的预防措施。

2.纸绝缘电力电缆的型号表示方法

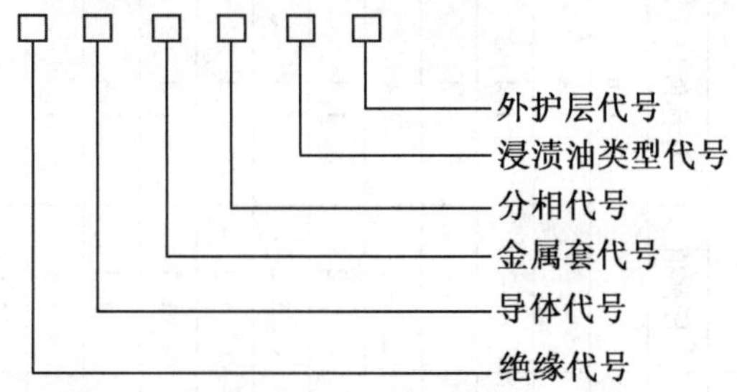

纸绝缘电力电缆的产品以型号+规格(额定电压、芯数×标称截面)+标准编号表示。

示例 1:铝芯不滴流油浸纸绝缘分相铅套钢带铠装聚氯乙烯套电力电缆,额定电压 8.7/15kV,三芯,标称截面积 150mm²,表示为:

ZLQFD22-8.7/15　3×150　GB/T 12976.1—2008

示例 2:铜芯黏性油浸纸绝缘铅套聚氯乙烯套电力电缆,额定电压 0.6/1kV,三个主线芯标称截面积 150mm²,中性线芯截面积 70mm²,表示为:

ZQ02-0.6/1　3×150+1×70　GB/T 12976.1—2008

纸绝缘电力电缆型号中代号的含义　　表 11-138

导体		绝缘层		金属套		分相		浸渍油类		外护层	
名称	代号	名称	代号	名称	代号	名称	代号	名称	代号	名称	代号
铜	T 省略	纸绝缘	Z	铅套	Q	分相电缆	F	不滴流电缆	D	纤维	1
										聚氯乙烯	2
铝	L							黏性电缆	省略	聚乙烯	3
										弹性体	4
										交联聚烯烃	5

注:铠装层:无铠装为 0,联锁钢带为 1,其他同表 11-128(挤包绝缘电力电缆)。

3. 纸绝缘电力电缆的规格参数

(1) $U_0/U=0.6/1\text{kV}$ 两芯带绝缘电缆

表 11-139

标称截面积（mm^2）	绝缘厚度				铅套厚度		铅套上的PVC护套厚度	挤出衬垫层和铠装厚度[c,d]			铠装层外PVC护套标称厚度			
	导体之间		导体/屏蔽		圆形导体	扇形导体		挤出衬垫层	铠装		钢带铠装		钢丝铠装	
									钢带	钢丝	电缆衬垫			
	最小值	标称值	最小值	标称值	标称值	标称值	标称值[b,e]	标称值	标称值	直径	挤包	绕包[e]	挤包	绕包
	mm													
4	1.2	1.4	1.0	1.2	1.2	—	1.4	1.0	—	0.8	—	—	1.5	1.5
6	1.2	1.4	1.0	1.2	1.2	—	1.4	1.0	—	0.8	—	—	1.5	1.6
10	1.2	1.4	1.0	1.2	1.2	—	1.4	1.0	0.5	0.8	1.6	1.6	1.6	1.6
16	1.2	1.4	1.0	1.2	1.2	—	1.4	1.0	0.5	1.6	1.6	1.7	1.7	1.7
25[a]	1.4	1.6	1.2	1.4	1.2	1.2	1.4	1.0	0.5	1.6	1.7	1.7	1.7	1.8
35	1.4	1.6	1.2	1.4	1.2	1.2	1.4	1.0	0.5	1.6	1.8	1.8	1.8	1.8
50	1.4	1.6	1.2	1.4	1.3	1.2	1.4	1.0	0.5	1.6	1.9	1.9	1.9	1.9
70	1.4	1.6	1.2	1.4	1.4	1.3	1.4	1.1	0.5	2.0	1.9	2.0	2.0	2.0
95	1.4	1.6	1.2	1.4	1.5	1.4	1.4	1.2	0.5	2.0	2.0	2.1	2.1	2.1
120	1.4	1.6	1.2	1.4	1.6	1.5	1.5	1.2	0.5	2.0	2.1	2.1	2.2	2.2
150	1.8	2.0	1.4	1.6	1.7	1.6	1.6	1.3	0.5	2.5	2.2	2.2(2.3)	2.3	2.3
185	1.8	2.0	1.4	1.6	1.8	1.7	1.7	1.4	0.5	2.5	2.3	2.3	2.4	2.4
240	2.0	2.2	1.6	1.8	1.9	1.8	1.8	1.5	0.5	2.5	2.5	2.5	2.6	2.6
300	2.0	2.2	1.6	1.8	2.0	1.9	2.0	1.6	0.5	2.5	2.6	2.6	2.7	2.7
400	2.0	2.2	1.6	1.8	2.2	2.1	2.1(2.2)	1.7	0.8	2.5	2.8	2.8	2.9	2.9

注：①[a] 截面积 $25mm^2$ 及以上可以为扇形导体。

②[b] 仅适用于无铠装电缆。

③[c] 外被层：近似厚度 2.0mm（纤维）。

④[d] 绕包衬垫层：近似厚度 1.5mm。

⑤[e] 厚度适用于圆形和扇形导体，除给出两个值外，括号内值适用于圆形导体，无括号的值适用于扇形导体。

A. C. 试验电压：4.0kV（单相试验）。

D. C. 试验电压：9.5kV。

(2) $U_0/U=0.6/1kV$ 三芯带绝缘电缆

表 11-140

标称截面积(mm^2)	绝缘厚度				铅套厚度		铅套上的PVC护套厚度	挤出衬垫层和铠装厚度[c,d]			铠装层外PVC护套标称厚度			
	导体之间		导体/屏蔽		圆形导体	扇形导体		挤出衬垫层	铠装		钢带铠装		钢丝铠装	
									钢带	钢丝	电缆衬垫			
	最小值	标称值	最小值	标称值	标称值	标称值	标称值[b]	标称值	标称值	直径	挤包[e]	绕包	挤包[e]	绕包
	mm													
4	1.2	1.4	1.0	1.2	1.2	—	1.4	1.0	—	0.8	—	—	1.5	1.5
6	1.2	1.4	1.0	1.2	1.2	—	1.4	1.0	0.5	0.8	1.6	1.6	1.5	1.6
10	1.2	1.4	1.0	1.2	1.2	—	1.4	1.0	0.5	0.8	1.6	1.6	1.6	1.6
16	1.2	1.4	1.0	1.2	1.2	—	1.4	1.0	0.5	1.6	1.7	1.7	1.7	1.7
25[a]	1.4	1.6	1.2	1.4	1.2	1.2	1.4	1.0	0.5	1.6	1.7	1.8	1.8	1.8
35	1.4	1.6	1.2	1.4	1.3	1.2	1.4	1.0	0.5	1.6	1.8	1.8	1.8(1.9)	1.9
50	1.4	1.6	1.2	1.4	1.4	1.3	1.4	1.1	0.5	1.6	1.9	1.9	1.9	2.0
70	1.4	1.6	1.2	1.4	1.4	1.3	1.4	1.2	0.5	2.0	2.0	2.0	2.0(2.1)	2.1
95	1.4	1.6	1.2	1.4	1.5	1.4	1.5	1.2	0.5	2.0	2.1	2.1	2.2	2.2
120	1.4	1.6	1.2	1.4	1.6	1.5	1.6	1.3	0.5	2.0	2.2	2.2	2.3	2.3
150	1.8	2.0	1.4	1.6	1.8	1.7	1.7	1.4	0.5	2.5	2.3	2.3	2.4	2.4
185	1.8	2.0	1.4	1.6	1.9	1.8	1.8	1.4	0.5	2.5	2.4	2.4	2.5	2.5
240	2.0	2.2	1.6	1.8	2.0	1.9	1.9	1.6	0.5	2.5	2.6	2.6	2.7	2.7
300	2.0	2.2	1.6	1.8	2.1	2.0	2.1	1.6	0.8	2.5	2.7	2.7	2.8	2.8
400	2.0	2.2	1.6	1.8	2.3	2.2	2.3	1.8	0.8	2.5	2.9(3.0)	2.9	3.0	3.0

注:同表 11-139。

(3)$U_0/U=0.6/1kV$ 四芯(一芯小截面导体)带绝缘电缆

表 11-141

标称截面积[a] (mm^2)	绝缘厚度						铅套厚度		铅套上的PVC护套厚度	挤出衬垫层和铠装厚度[c,d]			铠装层外PVC护套标称厚度			
	主线芯				小截面积导体线芯		圆形导体	扇形导体		挤出衬垫层	铠装		钢带铠装		钢丝铠装	
	导体之间		导体/屏蔽								钢带	钢丝	电缆衬垫[e]			
	最小值	标称值	最小值	标称值	最小值	标称值	标称值	标称值	标称值[b]	标称值	标称值	直径	挤包	绕包	挤包	绕包
	mm															
25/16	1.4	1.6	1.2	1.4	0.6	0.7	1.2	1.2	1.4	1.0	0.5	1.6	1.8	1.8	1.8	1.8
35/16	1.4	1.6	1.2	1.4	0.6	0.7	1.3	1.2	1.4	1.0	0.5	1.6	1.8	1.9	1.9	1.9
50/25	1.4	1.6	1.2	1.4	0.7	0.8	1.4	1.3	1.4	1.1	0.5	2.0	1.9	2.0	2.0	2.0
70/35	1.4	1.6	1.2	1.4	0.7	0.8	1.5	1.4	1.4	1.2	0.5	2.0	2.0	2.0(2.1)	2.1	2.1
95/50	1.4	1.6	1.2	1.4	0.7	0.8	1.6	1.5	1.5	1.3	0.5	2.0	2.1(2.2)	2.2	2.2	2.2
120/70	1.4	1.6	1.2	1.4	0.7	0.8	1.7	1.6	1.6	1.3	0.5	2.5	2.2(2.3)	2.3	2.3	2.3
150/70	1.8	2.0	1.4	1.6	0.7	0.8	1.8	1.7	1.7	1.4	0.5	2.5	2.3(2.4)	2.4	2.4	2.4
185/95	1.8	2.0	1.4	1.6	0.7	0.8	1.9	1.8	1.8	1.5	0.5	2.5	2.5	2.5	2.5(2.6)	2.5(2.6)
240/120	2.0	2.2	1.6	1.8	0.7	0.8	2.1	2.0	2.0	1.6	0.5	2.5	2.6	2.6	2.7	2.7
300/150	2.0	2.2	1.6	1.8	1.0	1.1	2.2	2.1	2.1	1.7	0.8	2.5	2.8	2.8	2.9	2.9
400/185	2.0	2.2	1.6	1.8	1.0	1.1	2.4	2.3	2.3	1.8	0.8	3.15	3.0	3.0	3.1	3.1

注:同表 11-139。

(4) $U_0/U=0.6/1kV$ 四芯带绝缘电缆

表 11-142

标称截面积 (mm^2)	绝缘厚度				铅套厚度		铅套上的PVC护套厚度	挤出衬垫层和铠装厚度[c,d]			铠装层外PVC护套标称厚度			
	导体之间		导体/屏蔽		圆形导体	扇形导体		挤出衬垫层	铠装		钢带铠装		钢丝铠装	
									钢带	钢丝	电缆衬垫			
	最小值	标称值	最小值	标称值	标称值	标称值	标称值[b,e]	标称值	标称值	直径	挤包[e]	绕包[e]	挤包	绕包[e]
	mm													
4	1.2	1.4	1.0	1.2	1.2	—	1.4	1.0	0.5	0.8	1.6	1.6	1.5	1.6
6	1.2	1.4	1.0	1.2	1.2	—	1.4	1.0	0.5	0.8	1.6	1.6	1.6	1.6
10	1.2	1.4	1.0	1.2	1.2	—	1.4	1.0	0.5	1.6	1.6	1.7	1.7	1.7
16	1.2	1.4	1.0	1.2	1.2	—	1.4	1.0	0.5	1.6	1.7	1.7	1.7	1.8
25[a]	1.4	1.6	1.2	1.4	1.3	1.2	1.4	1.0	0.5	1.6	1.8	1.8	1.8	1.9
35	1.4	1.6	1.2	1.4	1.3	1.2	1.4	1.1	0.5	1.6	1.9	1.9	1.9	1.9
50	1.4	1.6	1.2	1.4	1.4	1.3	1.4	1.1	0.5	2.0	2.0	2.0	2.0	2.0(2.1)
70	1.4	1.6	1.2	1.4	1.5	1.4	1.5	1.2	0.5	2.0	2.1	2.1	2.1	2.2
95	1.4	1.6	1.2	1.4	1.6	1.5	1.6	1.3	0.5	2.0	2.2	2.2	2.3	2.3
120	1.4	1.6	1.2	1.4	1.7	1.6	1.7	1.4	0.5	2.5	2.3	2.3	2.4	2.4
150	1.8	2.0	1.4	1.6	1.9	1.8	1.8	1.5	0.5	2.5	2.4	2.4	2.5	2.5
185	1.8	2.0	1.4	1.6	2.0	1.9	1.9	1.5	0.5	2.5	2.5(2.6)	2.5(2.6)	2.6	2.6
240	2.0	2.2	1.6	1.8	2.2	2.1	2.1	1.7	0.8	2.5	2.8	2.8	2.8	2.8
300	2.0	2.2	1.6	1.8	2.3	2.2	2.2	1.8	0.8	2.5	2.9	2.9	3.0	3.0
400	2.0	2.2	1.6	1.8	2.5	2.4	2.4(2.5)	1.9	0.8	3.15	3.1	3.1	3.2	3.2

注:同表 11-139。

(5) $U_0/U=1.8/3kV$ 三芯带绝缘电缆

表 11-143

标称截面积(mm^2)	绝缘厚度				铅套厚度		铅套上的PVC护套厚度	挤出衬垫层和铠装厚度[c,d]			铠装层外PVC护套标称厚度			
	导体之间		导体/屏蔽		圆形导体	扇形导体		挤出衬垫层	铠装		钢带铠装		钢丝铠装	
									钢带	钢丝	电缆衬垫			
	最小值	标称值	最小值	标称值	标称值	标称值	标称值[b]	标称值	标称值	直径	挤包	绕包	挤包[e]	绕包[e]
	mm													
16	2.4	2.6	1.8	2.0	1.2	—	1.4	1.0	0.5	1.6	1.7	1.8	1.8	1.8
25[a]	2.4	2.6	1.8	2.0	1.3	1.2	1.4	1.0	0.5	1.6	1.8	1.8	1.8(1.9)	1.9
35	2.4	2.6	1.8	2.0	1.3	1.2	1.4	1.1	0.5	1.6	1.9	1.9	1.9	1.9
50	2.4	2.6	1.8	2.0	1.4	1.3	1.4	1.1	0.5	2.0	2.0	2.0	2.0	2.0(2.1)
70	2.4	2.6	1.8	2.0	1.5	1.4	1.4	1.2	0.5	2.0	2.1	2.1	2.1	2.1
95	2.4	2.6	1.8	2.0	1.6	1.5	1.5	1.3	0.5	2.0	2.2	2.2	2.2	2.2
120	2.4	2.6	1.8	2.0	1.7	1.6	1.6	1.3	0.5	2.5	2.3	2.3	2.3(2.4)	2.4
150	2.4	2.6	1.8	2.0	1.8	1.7	1.7	1.4	0.5	2.5	2.4	2.4	2.4	2.4(2.5)
185	2.4	2.6	1.8	2.0	1.9	1.8	1.8	1.5	0.5	2.5	2.5	2.5	2.5	2.5
240	2.4	2.6	1.8	2.0	2.0	1.9	2.0	1.6	0.5	2.5	2.6	2.6	2.7	2.7
300	2.4	2.6	1.8	2.0	2.2	2.1	2.1	1.7	0.8	2.5	2.8	2.8	2.8	2.8
400	2.4	2.6	1.8	2.0	2.4	2.3	2.3	1.8	0.8	3.15	3.0	3.0	3.1	3.0(3.1)

注:①[a] 截面积 $25mm^2$ 及以上可以为扇形导体。

②[b] 仅适用于铠装电缆。

③[c] 外被层:近似厚度 2.0mm(纤维)。

④[d] 绕包衬垫层:近似厚度 1.5mm。

⑤[e] 厚度适用于圆形和扇形导体,除给出两个值外,括号内值适用于圆形导体,无括号的值适用于扇形导体。

A. C. 试验电压:8.0kV(单相试验)或 9.5kV(三相试验)。

D. C. 试验电压:19kV。

(6) $U_0/U=3/3$kV 三芯带绝缘电缆

表 11-144

标称截面积（mm²）	绝缘厚度				铅套厚度		铅套上的PVC护套厚度	挤出衬垫层和铠装厚度[c,d]			铠装层外PVC护套标称厚度			
	导体之间		导体/屏蔽		圆形导体	扇形导体		挤出衬垫层	铠装		钢带铠装		钢丝铠装	
									钢带	钢丝	电缆衬垫			
	最小值	标称值	最小值	标称值	标称值	标称值	标称值[b]	标称值	标称值	直径	挤包	绕包	挤包[e]	绕包
	mm													
16	2.4	2.6	2.1	2.3	1.2	—	1.4	1.0	0.5	1.6	1.8	1.8	1.8	1.8
25[a]	2.4	2.6	2.1	2.3	1.3	1.2	1.4	1.0	0.5	1.6	1.8	1.9	1.9	1.9
35	2.4	2.6	2.1	2.3	1.4	1.3	1.4	1.1	0.5	1.6	1.9	1.9	1.9	2.0
50	2.4	2.6	2.1	2.3	1.4	1.3	1.4	1.2	0.5	2.0	2.0	2.0	2.0(2.1)	2.1
70	2.4	2.6	2.1	2.3	1.5	1.4	1.5	1.2	0.5	2.0	2.1	2.1	2.1	2.2
95	2.4	2.6	2.1	2.3	1.6	1.5	1.6	1.3	0.5	2.0	2.2	2.2	2.2	2.3
120	2.4	2.6	2.1	2.3	1.7	1.6	1.7	1.4	0.5	2.5	2.3	2.3	2.4	2.4
150	2.4	2.6	2.1	2.3	1.8	1.7	1.7	1.4	0.5	2.5	2.4	2.4	2.5	2.5
185	2.4	2.6	2.1	2.3	1.9	1.8	1.8	1.5	0.5	2.5	2.5	2.5	2.6	2.6
240	2.4	2.6	2.1	2.3	2.1	2.0	2.0	1.6	0.5	2.5	2.6	2.6	2.7	2.7
300	2.4	2.6	2.1	2.3	2.2	2.1	2.1	1.7	0.8	2.5	2.8	2.8	2.8	2.8
400	2.4	2.6	2.1	2.3	2.4	2.3	2.3	1.8	0.8	3.15	3.0	3.0	3.1	3.1

注：①[a] 截面积25mm² 及以上可以为扇形导体。

②[b] 仅适用于无铠装电缆。

③[c] 外被层：近似厚度2.0mm（纤维）。

④[d] 绕包衬垫层：近似厚度1.5mm。

⑤[e] 厚度适用于圆形和扇形导体，除给出两个值外，括号内值适用于圆形导体，无括号的值适用于扇形导体。

A. C. 试验电压：9.5kV（单相试验）或9.5kV（三相试验），附加单相试验9.5kV。

D. C. 试验电压：23kV。

(7) $U_0/U=3.6/6kV$ 三芯带绝缘电缆

表 11-145

标称截面积(mm^2)	绝缘厚度				铅套厚度		铅套上的PVC护套厚度	挤出衬垫层和铠装厚度[c,d]			铠装层外PVC护套标称厚度			
	导体之间		导体/屏蔽		圆形导体	扇形导体		挤出衬垫层	铠装		钢带铠装		钢丝铠装	
									钢带	钢丝	电缆衬垫			
	最小值	标称值	最小值	标称值	标称值	标称值	标称值[b,e]	标称值	标称值	直径	挤包	绕包[e]	挤包[e]	绕包
	mm													
16	4.2	4.4	2.7	2.9	1.3	—	1.4	1.0	0.5	1.6	1.9	1.9	1.9	1.9
25[a]	4.2	4.4	2.7	2.9	1.4	1.3	1.4	1.1	0.5	2.0	1.9	2.0	2.0	2.0
35	4.2	4.4	2.7	2.9	1.5	1.4	1.4	1.2	0.5	2.0	2.0	2.0	2.1	2.1
50	4.2	4.4	2.7	2.9	1.5	1.4	1.5	1.2	0.5	2.0	2.1	2.1	2.1(2.2)	2.2
70	4.2	4.4	2.7	2.9	1.6	1.5	1.6	1.3	0.5	2.0	2.2	2.2	2.2	2.3
95	4.2	4.4	2.7	2.9	1.7	1.6	1.7	1.4	0.5	2.5	2.3	2.3	2.4	2.4
120	4.2	4.4	2.7	2.9	1.8	1.7	1.7(1.8)	1.4	0.5	2.5	2.4	2.4	2.5	2.5
150	4.2	4.4	2.7	2.9	1.9	1.8	1.8	1.5	0.5	2.5	2.5	2.5	2.6	2.6
185	4.2	4.4	2.7	2.9	2.0	1.9	1.9	1.6	0.5	2.5	2.6	2.6	2.7	2.7
240	4.2	4.4	2.7	2.9	2.2	2.1	2.1	1.7	0.8	2.5	2.8	2.7(2.8)	2.8	2.8
300	4.2	4.4	2.7	2.9	2.3	2.2	2.2	1.7	0.8	2.5	2.9	2.9	2.9	2.9
400	4.2	4.4	2.7	2.9	2.5	2.4	2.4	1.9	0.8	3.15	3.1	3.1	3.2	3.2

注:①[a] 截面积25mm^2及以上可以为扇形导体。

②[b] 仅适用于无铠装电缆。

③[c] 外被层:近似厚度2.0mm(纤维)。

④[d] 绕包衬垫层:近似厚度1.5mm。

⑤[e]厚度适用于圆形和扇形导体,除给出两个值外,括号内值适用于圆形导体,无括号的值适用于扇形导体。

A. C. 试验电压:14kV(单相试验)或17kV(三相试验)。

D. C. 试验电压:34kV。

(8) $U_0/U=6/6kV$ 三芯带绝缘电缆

表 11-146

标称截面积(mm²)	绝缘厚度				铅套厚度		铅套上的PVC护套厚度	挤出衬垫层和铠装厚度[c,d]			铠装层外PVC护套标称厚度			
	导体之间		导体/屏蔽		圆形导体	扇形导体		挤出衬垫层	铠装		钢带铠装		钢丝铠装	
									钢带	钢丝	电缆衬垫			
	最小值	标称值	最小值	标称值	标称值	标称值	标称值[b]	标称值	标称值	直径	挤包	绕包[e]	挤包	绕包[e]
	mm													
16	4.2	4.4	3.1	3.3	1.3	—	1.4	1.1	0.5	1.6	1.9	1.9	1.9	1.9
25[a]	4.2	4.4	3.1	3.3	1.4	1.3	1.4	1.1	0.5	2.0	2.0	2.0	2.0	2.0
35	4.2	4.4	3.1	3.3	1.5	1.4	1.4	1.2	0.5	2.0	2.0	2.0(2.1)	2.1	2.1
50	4.2	4.4	3.1	3.3	1.6	1.5	1.5	1.2	0.5	2.0	2.1	2.1	2.2	2.2
70	4.2	4.4	3.1	3.3	1.7	1.6	1.6	1.3	0.5	2.5	2.2	2.2	2.3	2.3
95	4.2	4.4	3.1	3.3	1.8	1.7	1.7	1.4	0.5	2.5	2.3	2.3	2.4	2.4
120	4.2	4.4	3.1	3.3	1.8	1.7	1.8	1.4	0.5	2.5	2.4	2.4	2.5	2.5
150	4.2	4.4	3.1	3.3	1.9	1.8	1.9	1.5	0.5	2.5	2.5	2.5	2.6	2.6
185	4.2	4.4	3.1	3.3	2.0	1.9	2.0	1.6	0.5	2.5	2.6	2.6	2.7	2.7
240	4.2	4.4	3.1	3.3	2.2	2.1	2.1	1.7	0.8	2.5	2.8	2.8	2.8	2.8
300	4.2	4.4	3.1	3.3	2.3	2.2	2.2	1.8	0.8	2.5	2.9	2.9	3.0	3.0(2.9)
400	4.2	4.4	3.1	3.3	2.5	2.4	2.4	1.9	0.8	3.15	3.1	3.1	3.2	3.2

注：①[a] 截面积25mm² 及以上可以为扇形导体。

②[b] 仅适用于无铠装电缆。

③[c] 外被层：近似厚度2.0mm（纤维）。

④[d] 绕包衬垫层：近似厚度1.5mm。

⑤[e] 厚度适用于圆形和扇形导体，除给出两个值外，括号内值适用于圆形导体，无括号的值适用于扇形导体。

A.C. 试验电压：17kV（单相试验）或17kV（三相试验并附加单相试验17kV）。

D.C. 试验电压：41kV。

(9) $U_0/U=6/10$kV 三芯带绝缘电缆

表 11-147

标称截面积(mm²)	绝缘厚度*				铅套厚度		铅套上的PVC护套厚度	挤出衬垫层和铠装厚度[c,d]			铠装层外PVC护套标称厚度			
	导体之间		导体/屏蔽		圆形导体	扇形导体		挤出衬垫层	铠装		钢带铠装		钢丝铠装	
									钢带	钢丝	电缆衬垫			
	最小值	标称值	最小值	标称值	标称值	标称值	标称值[b]	标称值	标称值	直径	挤包	绕包	挤包	绕包
	mm													
16	5.8	6.1	3.5	3.7	1.4	—	1.4	1.1	0.5	2.0	2.0	2.0	2.0	2.0
25	5.8	6.1	3.5	3.7	1.5	—	1.4	1.2	0.5	2.0	2.0	2.1	2.1	2.1
35[a]	5.8	6.1	3.5	3.7	1.6	1.5	1.5	1.2	0.5	2.0	2.1	2.1	2.2	2.2
50	5.8	6.1	3.5	3.7	1.6	1.5	1.6	1.3	0.5	2.0	2.2	2.2	2.3	2.3
70	5.8	6.1	3.5	3.7	1.7	1.6	1.7	1.4	0.5	2.5	2.3	2.3	2.4	2.4
95	5.8	6.1	3.5	3.7	1.8	1.7	1.8	1.4	0.5	2.5	2.4	2.4	2.5	2.5
120	5.8	6.1	3.5	3.7	1.9	1.8	1.9	1.5	0.5	2.5	2.5	2.5	2.6	2.6
150	5.8	6.1	3.5	3.7	2.0	1.9	1.9	1.6	0.5	2.5	2.6	2.6	2.7	2.7
185	5.8	6.1	3.5	3.7	2.1	2.0	2.1	1.6	0.8	2.5	2.7	2.7	2.8	2.8
240	5.8	6.1	3.5	3.7	2.3	2.2	2.2	1.7	0.8	2.5	2.9	2.9	2.9	2.9
300	5.8	6.1	3.5	3.7	2.4	2.3	2.3	1.8	0.8	3.15	3.0	3.0	3.1	3.1
400	5.8	6.1	3.5	3.7	2.6	2.5	2.5	2.0	0.8	3.15	3.2	3.2	3.3	3.3

注:①[a] 截面积35mm² 及以上可以为扇形导体。

②[b] 仅适用于无铠装电缆。

③[c] 外被层:近似厚度2.0mm(纤维)。

④[d] 绕包衬垫层:近似厚度1.5mm。

⑤* 由制造商决定是否采用半导电层:1)仅在导体上;

2)仅在带绝缘上;

3)导体和带绝缘上。

在情况1)中,最小厚度5.8mm中包括屏蔽层厚度最多0.4mm,最小厚度3.5mm中包括屏蔽层厚度最多0.2mm。

在情况2)中,仅最小厚度3.5mm中包括屏蔽层厚度最多0.2mm。

在情况3)中,最小厚度5.8mm和3.5mm中均包括屏蔽层厚度最多0.4mm。

标称值包括所有屏蔽层厚度。

A.C.试验电压:20kV(单相试验)或25kV(三相试验)。

D.C.试验电压:48kV。

(10) $U_0/U=6/10\text{kV}$ 三芯径向电场电缆

表 11-148

标称截面积 (mm^2)	绝缘厚度[b]		铅套厚度		铅套上的PVC护套厚度	挤出衬垫层和铠装厚度[d,e]			铠装层外PVC护套标称厚度			
			圆形导体	扇形导体		挤出衬垫层	铠装		钢带铠装		钢丝铠装	
							钢带	钢丝	电缆衬垫			
	最小值	标称值	标称值	标称值	标称值[c]	标称值[f]	标称值	直径	挤包	绕包	挤包[f]	绕包[f]
	mm											
16	3.0	3.2	1.4	—	1.4	1.1	0.5	2.0	2.0	2.0	2.0	2.0
25	3.0	3.2	1.5	—	1.4	1.2	0.5	2.0	2.0	2.0	2.1	2.1
35[a]	3.0	3.2	1.5	1.4	1.5	1.2	0.5	2.0	2.1	2.1	2.1(2.2)	2.1
50	3.0	3.2	1.6	1.5	1.6	1.3	0.5	2.0	2.2	2.2	2.2	2.2
70	3.0	3.2	1.7	1.6	1.6	1.3	0.5	2.5	2.3	2.3	2.4	2.4
95	3.0	3.2	1.8	1.7	1.7	1.4	0.5	2.5	2.4	2.4	2.5	2.5
120	3.0	3.2	1.9	1.8	1.8	1.5	0.5	2.5	2.5	2.5	2.6	2.6
150	3.0	3.2	2.0	1.9	1.9	1.5	0.5	2.5	2.6	2.6	2.6(2.7)	2.6(2.7)
185	3.0	3.2	2.1	2.0	2.0	1.6	0.8	2.5	2.7	2.7	2.7(2.8)	2.7
240	3.0	3.2	2.2	2.1	2.2	1.7	0.8	2.5	2.8	2.8	2.9	2.9
300	3.0	3.2	2.4	2.3	2.3	1.8	0.8	3.15	3.0	3.0	3.1	3.0(3.1)
400	3.0	3.2	2.6	2.5	2.5	1.9(2.0)	0.8	3.15	3.2	3.2	3.3	3.2(3.3)

注:①[a] 截面积 $35mm^2$ 及以上可以为扇形导体。

②[b] 对每一芯最小值中包括导体半导电层和绝缘半导电层或金属化层最多0.2mm,标称值中最多0.3mm。

③[c] 仅适用于无铠装电缆。

④[d] 外被层:近似厚度2.0mm(纤维)。

⑤[e] 绕包衬垫层:近似厚度1.5mm。

⑥[f] 厚度适用于圆形和扇形导体,除给出两个值外,括号内值适用于圆形导体,无括号的值适用于扇形导体。

A. C. 试验电压:15.0kV(单芯试验)。

D. C. 试验电压:36.0kV。

(11) $U_0/U=8.7/10$kV 三芯带绝缘电缆

表 11-149

标称截面积(mm²)	绝缘厚度*				铅套厚度		铅套上的PVC护套厚度	挤出衬垫层和铠装厚度[c,d]			铠装层外PVC护套标称厚度			
	导体之间		导体/屏蔽		圆形导体	扇形导体		挤出衬垫层	铠装		钢带铠装		钢丝铠装	
									钢带	钢丝	电缆衬垫			
	最小值	标称值	最小值	标称值	标称值	标称值	标称值[b,e]	标称值	标称值	直径	挤包[e]	绕包[e]	挤包	绕包[e]
	mm													
16	5.8	6.1	4.3	4.5	1.5	—	1.4	1.2	0.5	2.0	2.0	2.0	2.1	2.1
25	5.8	6.1	4.3	4.5	1.5	—	1.5	1.2	0.5	2.0	2.1	2.1	2.2	2.2
35[a]	5.8	6.1	4.3	4.5	1.6	1.5	1.5	1.3	0.5	2.0	2.2	2.2	2.2	2.2
50	5.8	6.1	4.3	4.5	1.7	1.6	1.6	1.3	0.5	2.5	2.2(2.3)	2.3	2.3	2.3
70	5.8	6.1	4.3	4.5	1.8	1.7	1.7	1.4	0.5	2.5	2.3	2.3(2.4)	2.4	2.4
95	5.8	6.1	4.3	4.5	1.9	1.8	1.8	1.5	0.5	2.5	2.5	2.5	2.5	2.5
120	5.8	6.1	4.3	4.5	2.0	1.9	1.9	1.5	0.5	2.5	2.5	2.5	2.6	2.6
150	5.8	6.1	4.3	4.5	2.1	2.0	2.0	1.6	0.5	2.5	2.6	2.6	2.7	2.7
185	5.8	6.1	4.3	4.5	2.2	2.1	2.1	1.7	0.8	2.5	2.8	2.8	2.8	2.8
240	5.8	6.1	4.3	4.5	2.3	2.2	2.2	1.8	0.8	2.5	2.9	2.9	3.0	2.9(3.0)
300	5.8	6.1	4.3	4.5	2.4	2.3	2.4	1.9	0.8	3.15	3.0(3.1)	3.0	3.1	3.1
400	5.8	6.1	4.3	4.5	2.6	2.5	2.5(2.6)	2.0	0.8	3.15	3.3	3.2	3.3	3.3

注:①[a] 截面积 35mm² 及以上可以为扇形导体。

②[b] 仅适用于无铠装电缆。

③[c] 外被层:近似厚度 2.0mm(纤维)。

④[d] 绕包衬垫层:近似厚度 1.5mm。

⑤[e] 厚度适用于圆形和扇形导体,除给出两个值外,括号内值适用于圆形导体,无括号的值适用于扇形导体。

⑥* 导体上必须有半导电层,带绝缘上是否采用半导电层或金属化层由制造商决定。

最小厚度 5.8mm 中包括必须采用的导体屏蔽层厚度最多 0.4mm。

最小厚度 4.3mm 中包括:

——或者仅采用必需的导体屏蔽层,厚度最多至 0.2mm;

——或者采用了导体屏蔽层和带绝缘屏蔽,厚度最多至 0.4mm,标称厚度总是包括所有屏蔽层厚度。

A.C. 试验电压:24kV(单相试验)或 25kV(三相试验并附加单相试验 24kV)。

D.C. 试验电压:58kV。

(12) $U_0/U=8.7/15$kV 单芯径向电场和三芯分相铅套电缆

表 11-150

标称截面积 (mm²)	绝缘厚度[b]		铅套厚度		铅套上的PVC护套厚度	分相铅套电缆铅套外挤出衬垫层和铠装厚度[c,d]			分相铅套电缆 铠装层外PVC护套标称厚度			
									钢带铠装		钢丝铠装	
			单芯电缆	分相铅套电缆	单芯电缆	挤出衬垫层	铠装		电缆衬垫			
							钢带	钢丝	挤包	绕包	挤包	绕包
	最小值	标称值	标称值	标称值	标称值	标称值	标称值[e]	直径[e]				
	mm											
25	3.9	4.2	—	1.2	—	1.0	0.5	2.5	2.3	2.2	2.3	2.3
35	3.9	4.2	—	1.2	—	1.0	0.5	2.5	2.3	2.3	2.4	2.4
50[a]	3.9	4.2	1.3	1.2	1.4	1.0	0.5	2.5	2.4	2.4	2.5	2.5
70	3.9	4.2	1.3	1.2	1.4	1.0	0.5	2.5	2.5	2.5	2.6	2.5
95	3.9	4.2	1.4	1.3	1.4	1.0	0.8(0.5)	2.5	2.6	2.6	2.7	2.6
120	3.9	4.2	1.4	1.3	1.4	1.1	0.8	2.5	2.7	2.7	2.8	2.7
150	3.9	4.2	1.5	1.4	1.4	1.1	0.8	2.5	2.8	2.8	2.9	2.9
185	3.9	4.2	1.5	1.4	1.4	1.1	0.8	(3.15)2.5	2.9	2.9	3.0	2.8
240	3.9	4.2	1.6	1.5	1.4	1.2	0.8	3.15	3.1	3.0	3.2	3.1
300	3.9	4.2	1.6	1.5	1.5	1.2	0.8	3.15	3.2	3.1	3.3	3.2
400[a]	3.9	4.2	1.7	1.6	1.6	1.3	0.8	3.15	3.4	3.3	3.5	3.4
500	3.9	4.2	1.8	—	1.6	—	—	—	—	—	—	—
630	3.9	4.2	1.9	—	1.7	—	—	—	—	—	—	—
800	3.9	4.2	2.0	—	1.8	—	—	—	—	—	—	—
1 000	3.9	4.2	2.1	—	2.0	—	—	—	—	—	—	—

注:①[a] 最小单芯电缆应为 50mm²,最大三芯分相铅套电缆应为 400mm²。

②[b] 对每一芯最小值中包括导体屏蔽和绝缘半导电层或金属化层最多至 0.3mm,标称值中最多至 0.4mm。

③[c] 外被层:近似厚度 2.0mm(纤维)。

④[d] 绕包衬垫层:近似厚度 1.5mm。

⑤[e] 给出两个值的,括号内的值适用于绕包衬垫电缆,无括号的值适用于挤包衬垫电缆;其余给出一个值的适用于挤包和绕包衬垫电缆。

A. C. 试验电压:22.0kV(单相试验)。

D. C. 试验电压:53.0kV。

(13) $U_0/U=8.7/15kV$ 三芯径向电场电缆

表 11-151

标称截面积(mm²)	绝缘厚度[b]		铅套厚度	铅套上的PVC护套厚度	挤出衬垫层和铠装厚度[d,e]			铠装层外PVC护套标称厚度			
					挤出衬垫层	铠装		钢带铠装		钢丝铠装	
						钢带	钢丝	电缆衬垫			
	最小值	标称值	标称值	标称值[c]	标称值	标称值	直径	挤包	绕包	挤包	绕包
	mm										
25	3.9	4.2	1.6	1.5	1.3	0.5	2.0	2.2	2.2	2.2	2.2
35	3.9	4.2	1.7	1.6	1.3	0.5	2.5	2.2	2.2	2.3	2.3
50[a]	3.9	4.2	1.8	1.7	1.4	0.5	2.5	2.3	2.3	2.4	2.4
70	3.9	4.2	1.8	1.8	1.4	0.5	2.5	2.4	2.4	2.5	2.5
95	3.9	4.2	2.0	1.9	1.5	0.5	2.5	2.5	2.5	2.6	2.6
120	3.9	4.2	2.0	2.0	1.6	0.5	2.5	2.6	2.6	2.7	2.7
150	3.9	4.2	2.1	2.1	1.6	0.8	2.5	2.7	2.7	2.8	2.8
185	3.9	4.2	2.2	2.2	1.7	0.8	2.5	2.8	2.8	2.9	2.9
240	3.9	4.2	2.4	2.3	1.8	0.8	3.15	3.0	3.0	3.1	3.1
300	3.9	4.3	2.5	2.4	1.9	0.8	3.15	3.1	3.1	3.2	3.2
400	3.9	4.3	2.7	2.6	2.1	0.8	3.15	3.3	3.3	3.4	3.4

注:①[a] 截面积 50mm² 及以上可以为扇形导体。

②[b] 对每一芯最小值中包括导体屏蔽和绝缘半导电层或金属化层最多至0.3mm,标称值中最多至0.4mm。

③[c] 仅适用于铠装电缆。

④[d] 外被层:近似厚度2.0mm(纤维)。

⑤[e] 绕包衬垫层:近似厚度1.5mm。

A. C. 试验电压:22.0kV(单相试验)。

D. C. 试验电压:53.0kV。

(14) $U_0/U=12/20$kV 径向电场单芯和三芯分相铅套电缆

表 11-152

标称截面积(mm^2)	绝缘厚度[b]		铅套厚度		铅套上的PVC护套厚度	分相铅套电缆铅套外挤出衬垫层和铠装厚度[c,d]			分相铅套电缆 铠装层外PVC护套标称厚度			
							铠装		钢带铠装		钢丝铠装	
			单芯电缆	分相铅套电缆	单芯电缆	挤出衬垫层	钢带	钢丝	电缆衬垫			
	最小值	标称值	标称值	标称值	标称值	标称值	标称值[e]	直径[e]	挤包	绕包	挤包	绕包
	mm											
25	5.0	5.4	—	1.2	—	1.0	0.5	2.5	2.4	2.4	2.5	2.5
35	5.0	5.4	—	1.2	—	1.0	0.5	2.5	2.5	2.4	2.6	2.5
50[a]	5.0	5.4	1.4	1.3	1.4	1.0	0.8(0.5)	2.5	2.6	2.5	2.6	2.6
70	5.0	5.4	1.4	1.3	1.4	1.1	0.8(0.5)	2.5	2.7	2.6	2.7	2.7
95	5.0	5.4	1.5	1.4	1.4	1.1	0.8	2.5	2.8	2.8	2.9	2.8
120	5.0	5.4	1.5	1.4	1.4	1.1	0.8	3.15(2.5)	2.9	2.8	3.0	2.9
150	5.0	5.4	1.5	1.4	1.4	1.1	0.8	3.15(2.5)	3.0	2.9	3.1	3.0
185	5.0	5.4	1.6	1.5	1.4	1.2	0.8	3.15	3.1	3.0	3.2	3.1
240	5.0	5.4	1.6	1.5	1.5	1.2	0.8	3.15	3.2	3.2	3.3	3.2
300	5.0	5.4	1.7	1.6	1.5	1.3	0.8	3.15	3.4	3.3	3.4	3.4
400[a]	5.0	5.4	1.8	1.7	1.6	1.3	0.8	3.15	3.6	3.5	3.6	3.6
500	5.0	5.4	1.9	—	1.7	—	—	—	—	—	—	—
630	5.0	5.4	2.0	—	1.8	—	—	—	—	—	—	—
800	5.0	5.4	2.1	—	1.9	—	—	—	—	—	—	—
1 000	5.0	5.4	2.2	—	2.0	—	—	—	—	—	—	—

注:①[a] 最小单芯电缆应为 $50mm^2$,最大三芯分相铅套电缆应为 $400mm^2$。

②[b] 对每一芯最小值中包括导体屏蔽和绝缘半导电层或金属化层最多至 0.3mm,标称值中最多至 0.4mm。

③[c] 外被层:近似厚度 2.0mm(纤维)。

④[d] 绕包衬垫层:近似厚度 1.5mm。

⑤[e] 给出两个值的,括号内的值适用于绕包衬垫电缆,无括号的值适用于挤包衬垫电缆;其余给出一个值的适用于挤包和绕包衬垫电缆。

A. C. 试验电压:30.0kV(单相试验)。

D. C. 试验电压:72.0kV。

(15) $U_0/U=12/20kV$ 三芯径向电场电缆

表 11-153

标称截面积(mm^2)	绝缘厚度[b]		铅套厚度	铅套上的 PVC 护套厚度	挤出衬垫层和铠装厚度[d,e]			铠装层外 PVC 护套标称厚度			
					挤出衬垫层	铠装		钢带铠装		钢丝铠装	
						钢带	钢丝	电缆衬垫			
								挤包	绕包	挤包	绕包
	最小值	标称值	标称值	标称值[c]	标称值	标称值	直径				
	mm										
25	5.0	5.4	1.8	1.7	1.4	0.5	2.5	2.3	2.3	2.4	2.4
35	5.0	5.4	1.8	1.8	1.4	0.5	2.5	2.4	2.4	2.5	2.5
50	5.0	5.4	1.9	1.8	1.5	0.5	2.5	2.5	2.5	2.6	2.6
70[a]	5.0	5.4	2.0	1.9	1.5	0.5	2.5	2.6	2.6	2.7	2.7
95	5.0	5.4	2.1	2.0	1.6	0.8	2.5	2.7	2.7	2.8	2.8
120	5.0	5.4	2.2	2.1	1.7	0.8	2.5	2.8	2.8	2.9	2.8
150	5.0	5.4	2.3	2.2	1.8	0.8	2.5	2.9	2.9	3.0	2.9
185	5.0	5.4	2.4	2.3	1.8	0.8	3.15	3.0	3.0	3.1	3.1
240	5.0	5.4	2.5	2.4	1.9	0.8	3.15	3.1	3.1	3.2	3.2
300	5.0	5.4	2.7	2.6	2.0	0.8	3.15	3.3	3.2	3.4	3.3
400	5.0	5.4	2.9	2.8	2.2	0.8	3.15	3.5	3.4	3.6	3.5

注:①[a] 截面积 $70mm^2$ 及以上可以为扇形导体。

②[b] 对每一芯最小值中包括导体屏蔽和绝缘半导电层或金属化层最多至 0.3mm,标称值中最多至 0.4mm。

③[c] 仅适用于无铠装电缆。

④[d] 外被层:近似厚度 2.0mm(纤维)。

⑤[e] 绕包衬垫层:近似厚度 1.5mm。

A. C. 试验电压:30.0kV(单相试验)。

D. C. 试验电压:72.0kV。

(16) $U_0/U=18/30kV$ 径向电场单芯和三芯分相铅套电缆

表 11-154

标称截面积 (mm^2)	绝缘厚度[b]		铅套厚度		铅套上的PVC护套厚度	分相铅套电缆铅套外挤出衬垫层和铠装厚度[c,d]			分相铅套电缆 铠装层外PVC护套标称厚度			
									钢带铠装		钢丝铠装	
			单芯电缆	分相铅套电缆	单芯电缆	挤出衬垫层	铠装		电缆衬垫			
							钢带	钢丝	挤包	绕包	挤包	绕包
	最小值	标称值	标称值	标称值	标称值	标称值	标称值[e]	直径[e]				
	mm											
35	7.8	8.3	—	1.4	—	1.1	0.8	3.15(2.5)	2.9	2.8	3.0	2.9
50[a]	7.3	7.8	1.5	1.4	1.4	1.1	0.8	3.15(2.5)	2.9	2.9	3.0	2.9
70	7.0	7.5	1.5	1.4	1.4	1.1	0.8	3.15(2.5)	3.0	2.9	3.0	3.0
95	7.0	7.5	1.6	1.5	1.4	1.2	0.8	3.15	3.1	3.0	3.2	3.1
120	7.0	7.5	1.6	1.5	1.5	1.2	0.8	3.15	3.2	3.1	3.2	3.2
150	7.0	7.5	1.7	1.6	1.5	1.2	0.8	3.15	3.3	3.2	3.3	3.3
185	7.0	7.5	1.7	1.6	1.5	1.3	0.8	3.15	3.4	3.3	3.4	3.4
240	7.0	7.5	1.8	1.7	1.6	1.3	0.8	3.15	3.5	3.4	3.6	3.5
300	7.0	7.5	1.8	1.7	1.7	1.4	0.8	3.15	3.6	3.6	3.7	3.6
400[a]	7.0	7.5	1.9	1.8	1.8	1.4	0.8	3.15	3.8	3.8	3.9	3.8
500	7.0	7.5	2.0	—	1.8	—	—	—	—	—	—	—
630	7.0	7.5	2.1	—	1.9	—	—	—	—	—	—	—
800	7.0	7.5	2.2	—	2.0	—	—	—	—	—	—	—
1 000	7.0	7.5	2.3	—	2.1	—	—	—	—	—	—	—

注：①[a] 最小单芯电缆应为 $50mm^2$，最大三芯分相铅套电缆应为 $400mm^2$。

②[b] 对每一芯最小值中包括导体屏蔽和绝缘半导电层或金属化层最多至 0.3mm，标称值中最多至 0.4mm。

③[c] 外被层：近似厚度 2.0mm（纤维）。

④[d] 绕包衬垫层：近似厚度 1.5mm。

⑤[e] 给出两个值的，括号内的值适用于绕包衬垫电缆，无括号的值适用于挤包衬垫电缆；其余给出一个值的适用于挤包和绕包衬垫电缆。

(17) $U_0/U=18/30kV$ 三芯径向电场电缆

表 11-155

标称截面积(mm^2)	绝缘厚度[b]		铅套厚度	铅套上的PVC护套厚度	挤出衬垫层和铠装厚度[d,e]			铠装层外PVC护套标称厚度			
					挤出衬垫层	铠装		钢带铠装		钢丝铠装	
						钢带	钢丝	电缆衬垫			
	最小值	标称值	标称值	标称值[c]	标称值	标称值	直径	挤包	绕包	挤包	绕包
	mm										
35	7.8	8.3	2.2	2.1	1.7	0.8	2.5	2.8	2.8	2.9	2.9
50	7.3	7.8	2.2	2.1	1.7	0.8	2.5	2.8	2.8	2.9	2.9
70	7.0	7.5	2.3	2.2	1.7	0.8	2.5	2.9	2.9	2.9	2.9
95[a]	7.0	7.5	2.4	2.3	1.8	0.8	3.15	3.0	3.0	3.1	3.1
120	7.0	7.5	2.5	2.4	1.9	0.8	3.15	3.1	3.1	3.2	3.1
150	7.0	7.5	2.6	2.5	1.9	0.8	3.15	3.2	3.2	3.3	3.3
185	7.0	7.5	2.7	2.6	2.0	0.8	3.15	3.3	3.2	3.4	3.3
240	7.0	7.5	2.8	2.7	2.1	0.8	3.15	3.4	3.4	3.5	3.5
300	7.0	7.5	2.9	2.8	2.2	0.8	3.15	3.6	3.5	3.6	3.6
400	7.0	7.5	3.1	3.0	2.3	0.8	3.15	3.8	3.7	3.8	3.8

注:①[a] 截面积 $95mm^2$ 及以上可以为扇形导体。

②[b] 对每一芯最小值中包括导体屏蔽和绝缘半导电层或金属化层最多至0.3mm,标称值中最多至0.4mm。

③[c] 仅适用于无铠装电缆。

④[d] 外被层:近似厚度2.0mm(纤维)。

⑤[e] 绕包衬垫层:近似厚度1.5mm。

A.C.试验电压:45.0kV(单相试验)。

D.C.试验电压:108.0kV。

4.常用纸绝缘金属套电力电缆的规格尺寸(供参考)

(1)6 000/6 000V　ZLQD 22、ZQD 22、ZLQD 32、ZQD 32、ZLQ 22、ZLQ 32、ZQ 22、ZQ 32型电力电缆

表 11-156

导电线芯			3 芯电缆					
标称截面(mm²)	20℃时直流电阻(Ω/km)不大于		电缆外径(mm)		电缆重量(kg/km)			
	铜	铝	ZLQD 22 ZQD 22	ZLQD 32 ZQD 32	ZLQD 22	ZQD 22	ZLQD 32	ZQD 32
25	0.727	1.20	38.8	39.8	3 089	3 555	3 814	4 280
35	0.524	0.868	40.9	41.9	3 497	4 150	4 266	4 918
50	0.387	0.641	43.6	44.6	4 037	4 969	4 861	5 794
70	0.268	0.443	47.7	48.7	4 787	6 092	5 678	6 983
95	0.193	0.320	51.1	53.1	5 540	7 311	6 973	8 743
120	0.153	0.253	53.9	55.9	6 114	8 351	7 629	9 866
150	0.124	0.206	57.0	59	6 790	9 586	8 401	11 197
185	0.099 1	0.164	60.8	65.1	7 899	11 348	10 507	13 955
240	0.075 4	0.125	66.2	69.5	9 438	13 911	12 106	16 580
300	0.060 1	0.10						
400	0.047 0	0.077 8						

注:①电缆敷设时最小弯曲半径应不小于15×(金属套外径+导体外径)。

②电缆交货长度:70mm² 及以下者不小于300m,95～120mm² 者不小于250m,大于120mm² 者不小于200m。

6 000/6 000V　ZLQ 22、ZLQ 32、ZQ 22、ZQ 32型黏性油浸纸绝缘电缆规格、尺寸、重量可参照不滴流电缆各相应型号、规格。

(2)600/1 000V　ZLQD 22、ZLQD 32、ZQD 22、ZQD 32、ZLQ 22、ZLQ 32、ZQ 22、ZQ 32型电力电缆

表 11-157

导电线芯			2 芯 电 缆							3 芯 电 缆							3+1 芯 电 缆						
标称截面积（mm^2）	20℃时直流电阻（Ω/km）不大于		芯数×标称截面积（mm^2）	电缆外径（mm）		电缆重量（kg/km）				芯数×标称截面积（mm^2）	电缆外径（mm）		电缆重量（kg/km）				芯数×标称截面积（mm^2）	电缆外径（mm）		电缆重量（kg/km）			
	铜	铝		ZLQD22 ZQD22	ZLQD32 ZQD32	ZLQD22	ZLQD32	ZQD22	ZQD32		ZLQD22 ZQD22	ZLQD32 ZQD32	ZLQD22	ZLQD32	ZQD22	ZQD32		ZLQD22 ZQD22	ZLQD32 ZQD32	ZLQD22	ZLQD32	ZQD22	ZQD32
25	0.727	1.20	2×25	27.7	27.9	1 705	2 018	2 016	2 329	3×25	30.1	30.3	2 008	2 353	2 474	2 819	3×25+1×16	32.2	32.4	2 267	2 638	2 836	3 207
35	0.524	0.868	2×35	29.3	29.5	1 906	2 240	2 341	2 675	3×35	32	32.2	2 267	2 636	2 919	3 288	3×35+1×16	35.3	35.5	2 621	3 020	3 377	3 776
50	0.387	0.641	2×50	31.1	31.3	2 154	2 511	2 775	3 132	3×50	35.7	35.9	2 789	3 193	3 720	4 125	3×50+1×25	38.0	39	3 110	3819	4 197	4 906
70	0.268	0.443	2×70	33.9	35.1	2 589	3 055	3 459	3 925	3×70	38.7	39.7	3 246	3 969	4 551	5 274	3×70+1×35	41.8	42.8	3 777	4 564	5 300	6 086
95	0.193	0.320	2×95	37.7	37.9	3 151	3 581	4 331	4 761	3×95	42	43	3 881	4 673	5 652	6 444	3×95+1×50	46.3	47.3	4 600	5 462	6 681	7 543
120	0.153	0.253	2×120	40.1	41.1	3 617	4 369	5 109	5 860	3×120	46	47	4 590	5 445	6 827	7 682	3×120+1×70	48.8	50.8	5 288	6 602	7 911	9 274
150	0.124	0.206	2×150	43.1	44.1	4 234	5 049	6 098	6 913	3×150	50.5	52.5	5 634	7 049	8 430	9 845	3×150+1×70	53.9	55.9	6 281	7 790	9 513	11 030
185	0.099 1	0.164								3×185	54.1	56.1	6 487	8 010	9 935	11 458	3×185+1×95	59.0	63.3	7 425	9 950	11 464	13 989
240	0.075 4	0.125								3×240	59.2	63.5	7 768	10 303	12 242	14 777							

注:①电缆敷设时最小弯曲半径不小于 15×(金属套外径+导体外径)。

②电缆交货长度:≤70mm^2 者不小于 300m,95～120mm^2 者不小于 250m,>120mm^2 者不小于 200m。

③额定电压值:分子——主导体与屏蔽或金属套(地)之间的电压,分母——两相导体之间的电压。(下同)。

600/1 000V ZLQ 22、ZLQ 32、ZQ 22、ZQ 32型黏性油浸纸绝缘电缆规格、尺寸、重量可参照不滴流电缆各相应型号、规格。

5.纸绝缘电力电缆的常用型号

铜芯	铝芯	名 称
ZQ02-	ZLQ02-	黏性油浸纸绝缘铅套聚氯乙烯套电力电缆
ZQ22-	ZLQ22-	黏性油浸纸绝缘铅套钢带铠装聚氯乙烯套电力电缆
ZQ32-	ZLQ32-	黏性油浸纸绝缘铅套细钢丝铠装聚氯乙烯套电力电缆
ZQD02-	ZLQD02-	不滴流油浸纸绝缘铅套聚氯乙烯套电力电缆
ZQD03-	ZLQD03-	不滴流油浸纸绝缘铅套聚乙烯套电力电缆
ZQD22-	ZLQD22-	不滴流油浸纸绝缘铅套钢带铠装聚氯乙烯套电力电缆
ZQD23-	ZLQD23-	不滴流油浸纸绝缘铅套钢带铠装聚乙烯套电力电缆
ZQD32-	ZLQD32-	不滴流油浸纸绝缘铅套细钢丝铠装聚氯乙烯套电力电缆
ZQD33-	ZLQD33-	不滴流油浸纸绝缘铅套细钢丝铠装聚乙烯套电力电缆
ZQD41-	ZLQD41-	不滴流油浸纸绝缘铅套粗钢丝铠装纤维外被电力电缆
ZQD42-	ZLQD42-	不滴流油浸纸绝缘铅套粗钢丝铠装聚氯乙烯套电力电缆
ZQD43-	ZLQD43-	不滴流油浸纸绝缘铅套粗钢丝铠装聚乙烯套电力电缆
ZQFD22-	ZLQFD22-	不滴流油浸纸绝缘分相铅套钢带铠装聚氯乙烯套电力电缆
ZQFD23-	ZLQFD23-	不滴流油浸纸绝缘分相铅套钢带铠装聚乙烯套电力电缆
ZQFD41-	ZLQFD41-	不滴流油浸纸绝缘分相铅套粗钢丝铠装纤维外被电力电缆
ZQFD42-	ZLQFD42-	不滴流油浸纸绝缘分相铅套粗钢丝铠装聚氯乙烯套电力电缆
ZQFD43-	ZLQFD43-	不滴流油浸纸绝缘分相铅套粗钢丝铠装聚乙烯套电力电缆

(六)额定电压30kV及以下盾构机用电缆(DB51/T 1456—2012)

盾构机用电缆(代号DG)的额定电压$U_0/U(U_m)$分为:3.6/6(7.2)、6/6(7.2)、6/10(12)、8.7/10(12)、8.7/15(17.5)、12/20(24)、18/30(36)kV各类。

电缆绝缘层为硅橡胶(代号G)或高电性能热塑性弹性体TPV或类似聚合物(代号N):护套层为聚氯乙烯丁腈复合物(代号F)或热塑性弹性体TPU、TPV、TPE或类似聚合物(代号N)。

产品型号以DG、绝缘层代号、护套层代号、额定电压、线芯规格按顺序表示。

电缆导体符合GB/T 3956的第5种,长期工作温度大于等于105℃的电缆,无论导体或编织用丝,应采用镀锡铜丝。

1.盾构机用电缆的使用特性

电缆导体的最高长期允许工作温度:

硅橡胶绝缘 180℃

热塑性弹性体绝缘 90℃

短路时(最长持续时间不超过5s)电缆导体的最高温度不超过250℃

电缆敷设时的环境温度应不低于-30℃;

电缆的允许弯曲半径应不小于:用于固定设备时为10D;以自由活动方式连接时为6D;用电缆盘收放时为15D;用转向导轮时为12D。其中,D为成品电缆外径。

2. 盾构机用电缆的型号

表 11-158

型号	名称	规格范围
DGGN	铜芯硅橡胶绝缘热塑性弹性体护套盾构机用动力电缆	10～185mm²
DGGF	铜芯硅橡胶绝缘丁腈聚氯乙烯护套盾构机用动力电缆	
DGNN	铜芯热塑性弹性体绝缘热塑性弹性体护套盾构机用动力电缆	
DGNF	铜芯热塑性弹性体绝缘丁腈聚氯乙烯护套盾构机用动力电缆	

注:阻燃型电缆在型号前加 ZR-。

3. 盾构机用电缆的规格

电缆芯数×导体标称截面积(mm²)

表 11-159

单　芯	3+3 型	3+3/3 型*	3+1 型
1×10	3×25+3×10	3×16+3×16/3	3×10+1×10
1×16	3×35+3×10	3×25+3×16/3	3×16+1×16
1×25	3×50+3×16	3×35+3×16/3	3×25+1×16
1×35	3×70+3×16	3×50+3×25/3	3×35+1×16
1×50	3×95+3×16	3×70+3×25/3	3×50+1×25
1×70	3×120+3×25	3×70+3×35/3**	3×70+1×25
1×95	3×150+3×25	3×95+3×35/3	3×95+1×35
1×120	3×185+3×35	3×95+3×50/3**	3×120+1×35
1×150		3×120+3×35/3	3×150+1×50
1×185		3×120+3×50/3**	3×185+1×50

注:* 3/3 型表示分相金属屏蔽的截面,如 3×16/3 表示每相金属屏蔽的截面积为 5.3mm²;** 用于 6/10kV 及以上电缆。

4. 盾构机用电缆绝缘层的标称厚度

表 11-160

标称截面积(mm²)	绝缘标称厚度(mm)				
	3.6/6kV	6/6kV 6/10kV	8.7/10kV 8.7/15kV	12/20kV	18/30kV
10	2.5	—	—	—	—
16	2.5	3.4	—	—	—
25	2.5	3.4	4.5	—	—
35	2.5	3.4	4.5	5.5	—
50	2.5	3.4	4.5	5.5	8.0
70	2.5	3.4	4.5	5.5	8.0
95	2.5	3.4	4.5	5.5	8.0
120	2.5	3.4	4.5	5.5	8.0
150	2.5	3.4	4.5	5.5	8.0
185	2.5	3.4	4.5	5.5	8.0

5. 盾构机用电缆的储运要求

电缆应避免在露天存放，电缆盘不允许平放。

运输中严禁从高处扔下装有电缆的电缆盘，严禁机械损伤电缆。

吊装包装件时，严禁几盘同时吊装。在车辆、船舶等运输工具上，电缆盘应放稳，并用合适方法固定，防止互撞或翻倒。

四、橡皮绝缘电线电缆

1. 绝缘电线电缆型号中字母的含义

表 11-161

小类代号		导体代号		绝缘代号		护套代号		特征代号	
字母	含义	字母	含义	字母	含义	字母	含义	字母	含义
B	布电线	T	铜(省略)	V	聚氯乙烯	V	聚氯乙烯	R	软线
Y	移动电器用电缆	R	软铜	Y	聚乙烯	F	氯丁胶	S	双绞型
R	家庭电器用软电线	L	铝	YJ	交联聚乙烯	VJ	交联聚氯乙烯	B	扁(平)型
H	电焊机用	LH	铝合金	VJ	交联聚氯乙烯	H	橡皮保护层结构	W	户外耐候型
JK	架空	G	钢	E	乙丙胶混合物		护套编织物(省略)	C	重型
A	安装用线	TP	铜皮铜导体	F	氯丁胶		天然丁苯橡胶省略	Z	中型
T	电梯用线			G	硅橡胶混合物	VY	耐油聚氯乙烯	Q	轻型
S	双饰回路，装饰照明用软线			YY	乙烯一乙酸乙烯酯混合物				圆形(省略)
				X	橡皮			P	屏蔽型

2. 绝缘线芯的颜色识别和数字识别

(1)颜色识别

五芯及以下电缆用颜色识别：

除绿/黄组合色外，电缆的每一线芯应只用一种颜色。

任何多芯电缆均不应使用红色、灰色、白色以及不是组合色用的绿色和黄色。

优先选用的色谱如下：

单芯电缆：无优先选用色谱；

两芯电缆；无优先选用色谱；

三芯电缆：绿/黄色、浅蓝色、棕色，或是浅蓝色、黑色、棕色；

四芯电缆：绿/黄色、浅蓝色、黑色、棕色，或是浅蓝色、黑色、棕色、黑色或棕色；

五芯电缆：绿/黄色、浅蓝色、黑色、棕色、黑色或棕色，或是浅蓝色、黑色、棕色、黑色或棕色、黑色或棕色；

大于五芯的电缆：在外层，一芯是绿/黄色，一芯是浅蓝色，其他线芯是同一种颜色，但不是绿色、黄色、浅蓝色或棕色；在其他层，一芯是棕色，其他线芯是同一种颜色，但不是绿色、黄色、浅蓝色或棕色，或者在外层，一芯是浅蓝色，一芯是棕色，而其他线芯是同一种颜色，但不是绿色、黄色、浅蓝色或棕色；在其他层,一芯是棕色,而其他线芯是同一种颜色,但不是绿色、黄色、浅蓝色或棕色。

注:关于使用绿/黄组合色和浅蓝色的情况说明:当按上述规定绿/黄组合色时,表示专门用作识别连接接地或类似保护用途的绝缘线芯。浅蓝色用作识别连接中性线的绝缘线芯,如果没有中性线,则浅蓝色可用于识别除接地或保护导体以外的任一绝缘线芯。

(2)数字识别

五芯以上电缆用颜色或数字识别:

线芯的绝缘应是同一种颜色,并按数序排列,但绿/黄色线芯(或有)除外,并应放外层。

数字编号应从内层以数字1开始。

数字应用阿拉伯数字印在绝缘线芯的外表面上。数字颜色相同并与绝缘颜色有明显反差,数字应字迹清晰。

(一)通用橡套电缆及橡皮绝缘编织软线(JB/T 8735.1～3—2011)

通用橡套电缆及橡皮绝缘编织软线正常工作温度为60℃。绝缘层为乙丙橡胶混合物或性能相当的合成弹性体,编织软线有不分层的两层绝缘和编织保护层;软电缆的护套层为硫化橡皮混合物。

1.通用橡套电缆的型号和结构

表11-162

型　号	名　称	额定电压(V)	芯　数	标称截面积(mm^2)	主要用途
YQ、YQW	轻型橡套软电缆	300/300	2、3	0.3～0.5	轻型移动工具和设备
YZ、YZW	中型橡套软电缆	300/500	2、3、4、5	4～6	各种移动电动工具和设备
			4(3大1小)	1.5～6	
			5(3大2小、4大1小)	1.5～6	
			6	0.75～6	
YZB、YZWB	中型橡套扁形软电缆	300/500	2、3、4、5、6	0.75～6	
YC	重型橡套软电缆	450/750	1	1.0～400	各种移动电器设备,能承受较大的机械外力作用
			2	1.0～95	
			3、4、5	1.0～150	
			4(3大1小)	2.5～150	
			5(3大2小,4大1小)	2.5～150	
YCW	重型橡套软电缆	450/750	2	35～95	各种移动电器设备,能承受较大的机械外力作用
			3	120～150	
			4(3大1小)	2.5～150	
			5	35～150	
			5(3大2小,4大1小)	2.5～150	
RE	橡皮绝缘编织软电线	300/300	2、3	0.3～4	室内照明灯具及家用电器
RES	橡皮绝缘编织双绞软电线		2	0.3～4	
REH	橡皮绝缘橡皮护套总编织圆形软电线		2、3	0.3～4	

注:YQ、YZ、YZB、YC型电缆的护套应为SE3型的橡皮混合物。YQW、YZW、YZWB、YCW型电缆的护套应为SE4型的橡皮混合物。YCW的护套也可以是两层,内层为SE3型的橡皮混合物,外层为SE4型的橡皮混合物。

2.300/300V YQ、YQW 轻型橡套软电缆规格参数

表 11-163

芯数×标称截面积 (mm^2)	导体中单线最大直径 (mm)	绝缘厚度规定值 (mm)	护套厚度规定值 (mm)	平均外径(mm)		20℃时导体电阻最大值(Ω/km)	
				下限	上限	铜芯	镀锡铜芯
2×0.3	0.16	0.5	0.7	4.3	5.8	69.2	71.2
2×0.5	0.16	0.5	0.7	4.8	6.4	39.0	40.1
3×0.3	0.16	0.5	0.7	4.6	6.1	69.2	71.2
3×0.5	0.16	0.5	0.7	5.1	6.7	39.0	40.1
2×4	0.31	1.0	1.2	10.6	13.7	4.95	5.09
2×6	0.31	1.0	1.3	11.8	15.1	3.30	3.39
3×4	0.31	1.0	1.2	11.3	14.5	4.95	5.09
3×6	0.31	1.0	1.3	12.6	16.1	3.30	3.39
4×4	0.31	1.0	1.3	12.7	16.2	4.95	5.09
4×6	0.31	1.0	1.4	14.0	17.9	3.30	3.39
四芯(3大1小)						(主线芯导体电阻)	
3×1.5+1×1.0	0.26/0.21	0.8/0.6	1.1	8.6	11.2	13.3	13.7
3×2.5+2×1.5	0.26/0.26	0.9/0.8	1.2	10.4	13.3	7.98	8.21
3×4+1×2.5	0.31/0.26	1.0/0.9	1.3	12.3	15.7	4.95	5.09
3×6+1×4	0.31/0.31	1.0/1.0	1.4	13.7	17.5	3.30	3.39
五芯							
5×4	0.31	1.0	1.4	14.1	17.9	4.95	5.09
5×6	0.31	1.0	1.6	15.7	20.0	3.30	3.39
五芯(3大2小)							
3×1.5+2×1.0	0.26/0.21	0.8/0.6	1.1	9.1	11.8	13.3	13.7
3×2.5+2×1.5	0.26/0.26	0.9/0.8	1.3	11.2	14.4	7.98	8.21
3×4+2×2.5	0.31/0.26	1.0/0.9	1.4	13.3	17.0	4.95	5.09
3×6+2×4	0.31/0.31	1.0/1.0	1.6	15.2	19.4	3.30	3.39
五芯(4大1小)							
4×1.5+1×1.0	0.26/0.21	0.8/0.6	1.1	9.5	12.2	13.3	13.7
4×2.5+1×1.5	0.26/0.26	0.9/0.8	1.3	11.6	14.8	7.98	8.21
4×4+1×2.5	0.31/0.26	1.0/0.9	1.5	13.9	17.7	4.95	5.09
4×6+1×4	0.31/0.31	1.0/1.0	1.6	15.5	19.7	3.30	3.39
六芯							
6×0.75	0.21	0.6	1.0	8.2	10.7	26.0	26.7
6×1.0	0.21	0.6	1.1	8.7	11.5	19.5	20.0
6×1.5	0.26	0.8	1.2	10.9	14.0	13.3	13.7
6×2.5	0.26	0.9	1.4	13.2	16.9	7.98	8.21
6×4	0.31	1.0	1.5	15.5	19.8	4.95	5.09
6×6	0.31	1.0	1.7	17.4	22.1	3.30	3.39

注：四芯(3大1小)及五芯(3大2小)结构中，小芯的直流电阻值与同型号相应截面积主线芯相同。

3.300/500V YZB、YZWB中型橡套扁形软电缆规格参数

表11-164

芯数×标称截面积(mm^2)	导体中单线最大直径(mm)	绝缘厚度规定值(mm)	护套厚度规定值(mm)	平均外径(mm)		20℃时导体电阻最大值(Ω/km)	
				下限	上限	铜芯	镀锡铜芯
2×0.75	0.21	0.6	0.8	3.9×6.3	4.9×7.8	26.0	26.7
2×1.0	0.21	0.6	0.9	4.2×6.7	5.3×8.4	19.5	20.0
2×1.5	0.26	0.8	1.0	5.1×8.2	6.3×10.2	13.3	13.7
2×2.5	0.26	0.9	1.1	5.9×9.6	7.3×12.0	7.98	8.21
2×4	0.31	1.0	1.2	6.8×11.3	8.5×14.1	4.95	5.09
2×6	0.31	1.0	1.3	7.5×12.4	9.3×15.5	3.30	3.39
3×0.75	0.21	0.6	0.9	4.1×8.8	5.1×11.0	26.0	26.7
3×1.0	0.21	0.6	0.9	4.2×9.2	5.3×11.6	19.5	20.0
3×1.5	0.26	0.8	1.0	5.0×11.3	6.3×14.1	13.3	13.7
3×2.5	0.26	0.9	1.1	5.9×13.4	7.3×16.7	7.98	8.21
3×4	0.31	1.0	1.2	6.8×15.7	8.5×19.7	4.95	5.09
3×6	0.31	1.0	1.3	7.5×17.4	9.3×21.7	3.30	3.39
4×0.75	0.21	0.6	0.9	4.1×11.2	5.1×14.0	26.0	26.7
4×1.0	0.21	0.6	0.9	4.2×11.8	5.3×14.7	19.5	20.0
4×1.5	0.26	0.8	1.0	5.2×14.6	6.6×18.3	13.3	13.7
4×2.5	0.26	0.9	1.1	6.1×17.3	7.6×21.6	7.98	8.21
4×4	0.31	1.0	1.2	7.0×20.4	8.7×25.5	4.95	5.09
4×6	0.31	1.0	1.3	7.6×22.5	9.6×28.1	3.30	3.39
5×0.75	0.21	0.6	1.0	4.3×13.7	5.4×17.2	26.0	26.7
5×1.0	0.21	0.6	1.0	4.4×14.5	5.5×18.1	19.5	20.0
5×1.5	0.26	0.8	1.1	5.2×17.8	6.6×22.2	13.3	13.7
5×2.5	0.26	0.9	1.3	6.3×21.3	7.8×26.6	7.98	8.21
5×4	0.31	1.0	1.4	7.2×25.1	9.0×31.3	4.95	5.09
5×6	0.31	1.0	1.6	8.0×17.8	10.0×34.8	3.30	3.39
6×0.75	0.21	0.6	1.0	4.3×16.1	5.4×20.1	26.0	26.7
6×1.0	0.21	0.6	1.1	4.6×17.1	5.8×21.4	19.5	20.0
6×1.5	0.26	0.8	1.2	5.4×21.1	6.8×26.4	13.3	13.7
6×2.5	0.26	0.9	1.4	6.4×25.2	8.1×31.5	7.98	8.21
6×4	0.31	1.0	1.5	7.4×29.7	9.2×37.2	4.95	5.09
6×6	0.31	1.0	1.7	8.2×33.0	10.1×41.2	3.30	3.39

4.450/750V YC重型橡套软电缆规格参数

表11-165

芯数×标称截面积(mm^2)	导体中单线最大直径(mm)	绝缘厚度规定值(mm)	护套厚度规定值(mm)			平均外径(mm)		20℃时导体电阻最大值(Ω/km)	
			单层	双层		下限	上限	铜芯	镀锡铜芯
				内层	外层				
1×1.5	0.26	0.8	1.4	—	—	5.7	7.1	13.3	13.7
1×2.5	0.26	0.9	1.4	—	—	6.3	7.9	7.98	8.21
1×4	0.31	1.0	1.5	—	—	7.2	9.0	4.95	5.09
1×6	0.31	1.0	1.6	—	—	7.9	9.8	3.30	3.39
1×10	0.41	1.2	1.8	—	—	9.5	11.9	1.91	1.95
1×16	0.41	1.2	1.9	—	—	10.8	13.4	1.21	1.24
1×25	0.41	1.4	2.0	—	—	12.7	15.8	0.780	0.795
1×35	0.41	1.4	2.2	—	—	14.3	17.9	0.554	0.565
1×50	0.41	1.6	2.4	—	—	16.5	20.6	0.386	0.393
1×70	0.51	1.6	2.6	—	—	18.6	23.3	0.272	0.277
1×95	0.51	1.8	2.8	—	—	20.8	26.0	0.206	0.210
1×120	0.51	1.8	3.0	—	—	22.8	28.6	0.161	0.164
1×150	0.51	2.0	3.2	—	—	25.2	31.4	0.129	0.132
1×185	0.51	2.2	3.4	—	—	27.2	34.4	0.106	0.108
1×240	0.51	2.4	3.5	—	—	30.6	38.3	0.0801	0.0817
1×300	0.51	2.6	3.6	—	—	33.5	41.9	0.0641	0.0654
1×400	0.51	2.8	3.8	—	—	37.4	46.8	0.0486	0.0495
2×1.0	0.21	0.8	1.3	—	—	7.7	10.0	19.5	20.0
2×1.5	0.26	0.8	1.5	—	—	8.5	11.0	13.3	13.7
2×2.5	0.26	0.9	1.7	—	—	10.2	13.1	7.98	8.21
2×4	0.31	1.0	1.8	—	—	11.8	15.1	4.95	5.09
2×6	0.31	1.0	2.0	—	—	13.1	16.8	3.30	3.39
2×10	0.41	1.2	3.1	—	—	17.7	22.6	1.91	1.95
2×16	0.41	1.2	3.3	1.3	2.0	20.2	25.7	1.21	1.24
2×25	0.41	1.4	3.6	1.4	2.2	24.3	30.7	0.780	0.795
2×35	0.41	1.4	3.9	1.5	2.4	27.3	34.6	0.554	0.565
2×50	0.41	1.6	4.3	1.7	2.6	31.8	40.1	0.386	0.393
2×70	0.51	1.6	4.6	1.8	2.8	35.8	45.1	0.272	0.277
2×95	0.51	1.8	5.0	2.0	3.0	40.2	51.0	0.206	0.210
3×1.0	0.21	0.8	1.4	—	—	8.3	10.7	19.5	20.0
3×1.5	0.26	0.8	1.6	—	—	9.2	11.9	13.3	13.7
3×2.5	0.26	0.9	1.8	—	—	10.9	14.0	7.98	8.21
3×4	0.31	1.0	1.9	—	—	12.7	16.2	4.95	5.09
3×6	0.31	1.0	2.1	—	—	14.1	18.0	3.30	3.39
3×10	0.41	1.2	3.3	—	—	19.1	24.2	1.91	1.95
3×16	0.41	1.2	3.5	1.4	2.1	21.8	27.6	1.21	1.24

续表 11-165

芯数×标称截面积(mm^2)	导体中单线最大直径(mm)	绝缘厚度规定值(mm)	护套厚度规定值(mm)			平均外径(mm)		20℃时导体电阻最大值(Ω/km)	
			单层	双层		下限	上限	铜芯	镀锡铜芯
				内层	外层				
3×25	0.41	1.4	3.8	1.5	2.3	26.1	33.0	0.780	0.795
3×35	0.41	1.4	4.1	1.6	2.5	29.3	37.1	0.554	0.565
3×50	0.41	1.6	4.5	1.8	2.7	34.1	42.9	0.386	0.393
3×70	0.51	1.6	4.8	1.9	2.9	38.4	48.3	0.272	0.277
3×95	0.51	1.8	5.3	2.1	3.2	43.3	54.0	0.206	0.210
3×120	0.51	1.8	5.6	2.2	3.4	47.3	60.0	0.161	0.164
3×150	0.51	2.0	6.0	2.4	3.6	52.0	66.0	0.129	0.132
4×1.0	0.21	0.8	1.5	—	—	9.2	11.9	19.5	20.0
4×1.5	0.26	0.8	1.7	—	—	10.2	13.1	13.3	13.7
4×2.5	0.26	0.9	1.9	—	—	12.1	15.5	7.98	8.21
4×4	0.31	1.0	2.0	—	—	14.0	17.9	4.95	5.09
4×6	0.31	1.0	2.3	—	—	15.7	20.0	3.30	3.39
4×10	0.41	1.2	3.4	—	—	20.9	26.5	1.91	1.95
4×16	0.41	1.2	3.6	1.4	2.2	23.8	30.1	1.21	1.24
4×25	0.41	1.4	4.1	1.6	2.5	28.9	36.6	0.780	0.795
4×35	0.41	1.4	4.4	1.7	2.7	32.5	41.1	0.554	0.565
4×50	0.41	1.6	4.8	1.9	2.9	37.7	47.5	0.386	0.393
4×70	0.51	1.6	5.2	2.0	3.2	42.7	54.0	0.272	0.277
4×95	0.51	1.8	5.9	2.3	3.6	48.4	61.0	0.206	0.210
4×120	0.51	1.8	6.0	2.4	3.6	53.0	66.0	0.161	0.164
4×150	0.51	2.0	6.5	2.6	3.9	58.0	73.0	0.129	0.132
四芯(3大1小)								(主线芯导体电阻)	
3×2.5+1×1.5	0.26/0.26	0.9/0.8	1.9	—	—	11.7	15.0	7.98	8.21
3×4+1×2.5	0.31/0.26	1.0/0.9	2.1	—	—	13.8	17.6	4.95	5.09
3×6+1×4	0.31/0.31	1.0/1.0	2.3	—	—	15.4	19.7	3.30	3.39
3×10+1×6	0.41/0.31	1.2/1.0	3.4	—	—	21.0	25.5	1.91	1.95
3×16+1×6	0.41/0.31	1.2/1.0	3.6	1.4	2.2	22.4	28.4	1.21	1.24
3×25+1×10	0.41/0.41	1.4/1.2	4.1	1.6	2.5	27.3	34.5	0.780	0.795
3×35+1×10	0.41/0.41	1.4/1.2	4.3	1.7	2.6	29.9	37.8	0.554	0.565
3×50+1×16	0.41/0.41	1.6/1.2	4.8	1.9	2.9	34.8	43.9	0.386	0.393
3×70+1×25	0.51/0.41	1.6/1.4	5.2	2.1	3.1	39.8	50.1	0.272	0.277
3×95+1×35	0.51/0.41	1.8/1.4	5.7	2.3	3.4	44.8	56.4	0.206	0.210
3×120+1×35	0.51/0.41	1.8/1.4	6.1	2.4	3.7	48.5	61.0	0.161	0.164
3×150+1×50	0.51/0.41	2.0/1.6	6.6	2.6	4.0	54.1	68.0	0.129	0.132
5×1.0	0.26	0.8	1.6	—	—	10.2	13.1	19.5	20.0
5×1.5	0.26	0.8	1.8	—	—	11.2	14.4	13.3	13.7
5×2.5	0.26	0.9	2.0	—	—	13.3	17.0	7.98	8.21

续表 11-165

芯数×标称截面积(mm^2)	导体中单线最大直径(mm)	绝缘厚度规定值(mm)	护套厚度规定值(mm)			平均外径(mm)		20℃时导体电阻最大值(Ω/km)	
			单层	双层		下限	上限	铜芯	镀锡铜芯
				内层	外层				
5×4	0.31	1.0	2.2	—	—	15.6	19.9	4.95	5.09
5×6	0.31	1.0	2.5	—	—	17.5	22.2	3.30	3.39
5×10	0.41	1.2	3.6	—	—	22.9	29.1	1.91	1.95
5×16	0.41	1.2	3.9	1.5	2.4	26.4	33.3	1.21	1.24
5×25	0.41	1.4	4.4	1.7	2.7	32.0	40.4	0.780	0.795
5×35	0.41	1.4	4.7	1.9	2.8	33.4	42.1	0.554	0.565
5×50	0.41	1.6	5.1	2.0	3.1	38.5	48.5	0.386	0.393
5×70	0.51	1.6	5.5	2.2	3.3	42.9	54.0	0.272	0.277
5×95	0.51	1.8	6.1	2.4	3.7	49.3	51.9	0.206	0.210
5×120	0.51	1.8	6.6	2.6	4.0	53.8	57.7	0.161	0.164
5×150	0.51	2.0	7.1	2.8	4.3	59.5	74.7	0.129	0.132
五芯(3 大 2 小)									
3×2.5+2×1.5	0.26/0.26	0.9/0.8	1.9	—	—	12.6	16.1	7.98	8.21
3×4+2×2.5	0.31/0.26	1.0/0.9	2.2	—	—	14.8	18.9	4.95	5.09
3×6+2×4	0.31/0.31	1.0/1.0	2.4	—	—	16.7	21.3	3.30	3.39
3×10+2×6	0.41/0.31	1.2/1.0	3.5	—	—	21.4	27.1	1.91	1.95
3×16+2×6	0.41/0.31	1.2/1.0	3.7	1.4	2.3	23.5	29.7	1.21	1.24
3×25+2×10	0.41/0.41	1.4/1.2	4.2	1.7	2.5	28.6	36.1	0.780	0.795
3×35+2×10	0.41/0.41	1.4/1.2	4.4	1.8	2.6	31.0	39.1	0.554	0.565
3×50+2×16	0.41/0.41	1.6/1.2	4.9	2.0	2.9	36.1	45.5	0.386	0.393
3×70+2×25	0.51/0.41	1.6/1.4	5.4	2.2	3.2	41.7	52.5	0.272	0.277
3×95+2×35	0.51/0.41	1.8/1.4	5.9	2.4	3.5	47.0	59.2	0.206	0.210
3×120+2×35	0.51/0.41	1.8/1.4	6.2	2.5	3.7	50.2	63.1	0.161	0.164
3×150+2×50	0.51/0.41	2.0/1.6	6.8	2.7	4.1	56.4	70.9	0.129	0.132
五芯(4 大 1 小)									
4×2.5+1×1.5	0.26/0.26	0.9/0.8	2.0	—	—	12.9	16.5	7.98	8.21
4×4+1×2.5	0.31/0.26	1.0/0.9	2.3	—	—	15.4	19.6	4.95	5.09
4×6+1×4	0.31/0.31	1.0/1.0	2.5	—	—	17.2	21.9	3.30	3.39
4×10+1×6	0.41/0.31	1.2/1.0	3.6	—	—	22.3	28.2	1.91	1.95
4×16+1×6	0.41/0.31	1.2/1.0	3.9	1.6	2.3	25.1	31.8	1.21	1.24
4×25+1×10	0.41/0.41	1.4/1.2	4.4	1.8	2.6	30.5	38.5	0.780	0.795
4×35+1×10	0.41/0.41	1.4/1.2	4.7	1.9	2.8	33.8	42.6	0.554	0.565
4×50+1×16	0.41/0.41	1.6/1.2	5.2	2.1	3.1	39.2	49.4	0.386	0.393
4×70+1×25	0.51/0.41	1.6/1.4	5.7	2.3	3.4	44.9	56.4	0.272	0.277
4×95+1×35	0.51/0.41	1.8/1.4	6.3	2.3	3.8	50.7	63.7	0.206	0.210
4×120+1×35	0.51/0.41	1.8/1.4	6.7	2.7	4.0	54.9	69.0	0.161	0.164
4×150+1×50	0.51/0.41	2.0/1.6	7.2	2.9	4.3	61.0	76.6	0.129	0.132

注:四芯(3 大 1 小)、五芯(3 大 2 小)、五芯(4 大 1 小)结构中,小芯的直流电阻值与同型号相应截面积主线芯相同。

5.450/750V YCW 重型橡套软电缆规格参数

表 11-166

芯数×标称截面积(mm^2)	导体中单线最大直径(mm)	绝缘厚度规定值(mm)	护套厚度规定值(mm)			平均外径(mm)		20℃时导体电阻最大值(Ω/km)	
			单层	双层		下限	上限	铜芯	镀锡铜芯
				内层	外层				
2×35	0.41	1.4	3.9	1.5	2.4	27.3	34.6	0.554	0.565
2×50	0.41	1.6	4.3	1.7	2.6	31.8	40.1	0.386	0.393
2×70	0.51	1.6	4.6	1.8	2.8	35.8	45.1	0.272	0.277
2×95	0.51	1.8	5.0	2.0	3.0	40.2	51.0	0.206	0.210
3×120	0.51	1.8	5.6	2.2	3.4	47.3	60.0	0.161	0.164
3×150	0.51	2.0	6.0	2.4	3.6	52.0	66.0	0.129	0.132
四芯(3大1小)								(主线芯导体电阻)	
3×2.5+1×1.5	0.26/0.26	0.9/0.8	1.9	—	—	11.7	15.0	7.98	8.21
3×4+1×2.5	0.31/0.26	1.0/0.9	2.1	—	—	13.8	17.6	4.95	5.09
3×6+1×4	0.31/0.31	1.0/1.0	2.3	—	—	15.4	19.7	3.30	3.39
3×10+1×6	0.41/0.31	1.2/1.0	3.4	—	—	21.0	25.5	1.91	1.95
3×16+1×6	0.41/0.31	1.2/1.0	3.6	1.4	2.2	22.4	28.4	1.21	1.24
3×25+1×10	0.41/0.41	1.4/1.2	4.1	1.6	2.5	27.3	34.5	0.780	0.795
3×35+1×10	0.41/0.41	1.4/1.2	4.3	1.7	2.6	29.9	37.8	0.554	0.565
3×50+1×16	0.41/0.41	1.6/1.2	4.8	1.9	2.9	34.8	43.9	0.386	0.393
3×70+1×25	0.51/0.41	1.6/1.4	5.2	2.1	3.1	39.8	50.1	0.272	0.277
3×95+1×35	0.51/0.41	1.8/1.4	5.7	2.3	3.4	44.8	56.4	0.206	0.210
3×120+1×35	0.51/0.41	1.8/1.4	6.1	2.4	3.7	48.5	61.0	0.161	0.164
3×150+1×50	0.51/0.41	2.0/1.6	6.6	2.6	4.0	54.1	68.0	0.129	0.132
5×35	0.41	1.4	4.7	1.9	2.8	33.4	42.1	0.554	0.565
5×50	0.41	1.6	5.1	2.0	3.1	38.5	48.5	0.386	0.393
5×70	0.51	1.6	5.5	2.2	3.3	42.9	54.0	0.272	0.277
5×95	0.51	1.8	6.1	2.4	3.7	49.3	51.9	0.206	0.210
5×120	0.51	1.8	6.6	2.6	4.0	53.8	57.7	0.161	0.164
5×150	0.51	2.0	7.1	2.8	4.3	59.5	74.7	0.129	0.132
五芯(3大2小)									
3×2.5+2×1.5	0.26/0.26	0.9/0.8	1.9	—	—	12.6	16.1	7.98	8.21
3×4+2×2.5	0.31/0.26	1.0/0.9	2.2	—	—	14.8	18.9	4.95	5.09
3×6+2×4	0.31/0.31	1.0/1.0	2.4	—	—	16.7	21.3	3.30	3.39
3×10+2×6	0.41/0.31	1.2/1.0	3.5	—	—	21.4	27.1	1.91	1.95
3×16+2×6	0.41/0.31	1.2/1.0	3.7	1.4	2.3	23.5	29.7	1.21	1.24
3×25+2×10	0.41/0.41	1.4/1.2	4.2	1.7	2.5	28.6	36.1	0.780	0.795
3×35+2×10	0.41/0.41	1.4/1.2	4.4	1.8	2.6	31.0	39.1	0.554	0.565
3×50+2×16	0.41/0.41	1.6/1.2	4.9	2.0	2.9	36.1	45.5	0.386	0.393
3×70+2×25	0.51/0.41	1.6/1.4	5.4	2.2	3.2	41.7	52.5	0.272	0.277
3×95+2×35	0.51/0.41	1.8/1.4	5.9	2.4	3.5	47.0	59.2	0.206	0.210
3×120+2×35	0.51/0.41	1.8/1.4	6.2	2.5	3.7	50.2	63.1	0.161	0.164

续上表

芯数×标称截面积(mm^2)	导体中单线最大直径(mm)	绝缘厚度规定值(mm)	护套厚度规定值(mm)			平均外径(mm)		20℃时导体电阻最大值(Ω/km)	
			单层	双层		下限	上限	铜芯	镀锡铜芯
				内层	外层				
3×150+2×50	0.51/0.41	2.0/1.6	6.8	2.7	4.1	56.4	70.9	0.129	0.132
五芯(4大1小)									
4×2.5+1×1.5	0.26/0.26	0.9/0.8	2.0	—	—	12.9	16.5	7.98	8.21
4×4+1×2.5	0.31/0.26	1.0/0.9	2.3	—	—	15.4	19.6	4.95	5.09
4×6+1×4	0.31/0.31	1.0/1.0	2.5	—	—	17.2	21.9	3.30	3.39
4×10+1×6	0.41/0.31	1.2/1.0	3.6	—	—	22.3	28.2	1.91	1.95
4×16+1×6	0.41/0.31	1.2/1.0	3.9	1.6	2.3	25.1	31.8	1.21	1.24
4×25+1×10	0.41/0.31	1.4/1.2	4.4	1.8	2.6	30.5	38.5	0.780	0.795
4×35+1×10	0.41/0.41	1.4/1.2	4.7	1.9	2.8	33.8	42.6	0.554	0.565
4×50+1×16	0.41/0.41	1.6/1.2	5.2	2.1	3.1	39.2	49.4	0.386	0.393
4×70+1×25	0.51/0.41	1.6/1.4	5.7	2.3	3.4	44.9	56.4	0.272	0.277
4×95+1×35	0.51/0.41	1.8/1.4	6.3	2.5	3.8	50.7	63.7	0.206	0.210
4×120+1×50	0.51/0.41	1.8/1.4	6.7	2.7	4.0	54.9	69.0	0.161	0.164
4×150+1×70	0.51/0.41	2.0/1.6	7.2	2.9	4.3	61.0	76.6	0.129	0.132

注:四芯(3大1小)、五芯(3大2小)、五芯(4大1小)结构中,小芯的直流电阻值与同型号相应截面积主线芯相同。

6. RE型橡皮绝缘编织软电线规格参数

表11-167

标称截面积(mm^2)	导体中单线最大直径(mm)	绝缘厚度规定值(mm)	平均外径(mm)				20℃时导体电阻最大值(Ω/km)	
			两芯		三芯			
			下限	上限	下限	上限	铜芯	镀锡铜芯
0.3	0.16	0.6	3.9	5.3	4.2	5.6	71.3	73.0
0.4	0.16	0.6	4.2	5.6	4.5	6.0	49.6	51.1
0.5	0.16	0.8	5.2	6.8	5.6	7.3	39.0	40.1
2.5	0.16	1.0	7.9	10.2	8.5	11.0	7.98	8.21
4	0.16	1.0	8.9	11.5	9.6	12.4	4.95	5.09

7. RES型橡皮绝缘编织双绞软电线规格参数

表11-168

标称截面积(mm^2)	导体中单线最大直径(mm)	绝缘厚度规定值(mm)	每根编织绝缘线芯平均外径最大值(mm)	20℃时导体电阻最大值(Ω/km)	
				铜芯	镀锡铜芯
0.3	0.16	0.6	2.6	71.3	73.0
0.4	0.16	0.6	2.8	49.6	51.1
0.5	0.16	0.6	2.9	39.0	40.1
0.75	0.16	0.6	3.1	26.0	26.7
1	0.16	0.6	3.3	19.5	20.0
1.5	0.16	0.8	4.1	13.3	13.7
2.5	0.16	0.8	4.6	7.98	8.21
4	0.16	0.8	5.3	4.95	5.09

8. REH 型橡皮绝缘橡皮保护层总编织圆形软电线规格参数

表 11-169

标称截面积（mm^2）	导体中单线最大直径（mm）	绝缘厚度规定值（mm）	平均外径(mm)				20℃时导体电阻最大值（Ω/km）	
			两芯		三芯			
			下限	上限	下限	上限	铜芯	镀锡铜芯
0.3	0.16	0.6	4.2	5.6	4.5	6.0	71.3	73.0
0.4	0.16	0.6	4.5	6.0	4.8	6.4	49.6	51.1
0.5	0.16	0.6	4.7	6.2	5.0	6.7	39.0	40.1
0.75	0.16	0.6	5.0	6.6	5.3	7.0	26.0	26.7
1	0.16	0.6	5.3	7.0	5.6	7.4	19.5	20.0
1.5	0.16	0.8	6.5	8.5	7.0	9.1	13.3	13.7
2.5	0.16	0.8	7.4	9.6	7.9	10.3	7.98	8.21
4	0.16	0.8	8.4	10.9	9.1	11.7	4.95	5.09

(二)额定电压 450/750V 及以下橡皮绝缘电缆(GB/T 5013.1～7—2008,GB/T 5013.8—2013)

橡皮绝缘电缆(某些软电缆术语“软线”)以硫化橡皮绝缘和护套(或无护套),用于交流额定电压不超过 450/750V 的动力装置。

绝缘层材料包括:硅橡胶——IE2 型;乙烯—乙酸乙烯酯橡皮混合物——IE3 型;乙柄橡皮混合物——IE4 型。

护套支材料包括:硫化橡皮混合物——SE3 型;氯丁橡皮混合物或相当的弹性体——SE4 型。护套有单层护套和双层护套。

导体线芯的 20℃电阻符合 GB/T 3956 的规定。

1. 橡皮绝缘电缆(软线)的型号和结构

表 11-170

型号		名　称	额定电压(V)	芯数	标称截面积(mm^2)
GB/T 5013	IEC 60245				
YG	60245　IEC03	最高温度 180℃耐热硅橡胶绝缘电缆	300/500	1	0.5～16
YYY	60245 IEC 04	最高温度 110℃,750V 实心或绞合硬导体,耐热乙烯—乙酸乙烯酯橡皮绝缘单芯无护套电缆	450/750	1	0.5～95
	60245 IEC 06	最高温度 110℃,500V 硬导体,耐热乙烯—乙酸乙烯酯橡皮或相当弹性体绝缘单芯无护套电缆	300/500	1	0.5～1
YRYY	60245 IEC05	最高温度 110℃,750V 软导体,耐热,乙烯—乙酸乙烯酯橡皮绝缘单芯无护套电缆	450/750	1	0.5～95
	60245 IEC07	最高温度 110℃,500V 软导体,耐热乙烯—乙酸乙烯酯橡皮或相当弹性体绝缘单芯无护套电缆	300/500	1	0.5～1
YZ	60245 IEC 53	最高温度 60℃,普通强度橡套软线	300/500	2、3、4、5	0.75～2.5
YZW	60245 IEC 57	最高温度 60℃,氯丁或相当弹性体橡套软线	300/500	2、3、4、5	0.75～2.5
YCW	60245 IEC 66	最高温度 60℃,重型氯丁或相当弹性体绝缘橡套软电缆	450/750	1	1.5～400
				2、5	1～25
				3	1～95
				4	1～150

续表 11-170

型号		名　　称	额定电压(V)	芯数	标称截面积(mm^2)
GB/T 5013	IEC 60245				
YS	60245 IEC 58	最高温度 60℃,装饰回路用氯丁或相当弹性体绝缘橡套圆电缆、扁电缆	300/500	1	0.75～1.5
YSB	60245 IEC 58f			2	1.5
YTB	60245 IEC 70	最高温度 60℃,编织电梯电缆	300/500	6、9、12、18、24、30	0.75～1
YT	60245 IEC 74	最高温度 60℃,高强度橡套电梯电缆			
YTF	60245 IEC 75	最高温度 60℃,氯丁或相当弹性体橡套电梯电缆			
YH	60245 IEC 81	橡套电焊机电缆			
YHF	60245 IEC 82	氯丁或相当弹性体橡套电焊机电缆		1	16～95
RQB	60245 IEC 89	最高温度 60℃,乙丙橡皮绝缘编织护层特软电线	300/300	2、3	0.75～1.5

注:①电缆的额定电压是电缆设计和进行电性能试验用的基准电压。

a. 额定电压用 U_0/U 表示,单位为 V:

U_0 为任一绝缘导体和"地"(电缆的金属护层或周围介质)之间的电压有效值。

U 为多芯电缆或单芯电缆系统中任何两相导体之间的电压有效值。

在交流系统中,电缆的额定电压应至少等于使用电缆的系统的标称电压。这个条件对 U_0 和 U 值均适用。

在直流系统中,该系统的标称电压应不大于电缆额定电压的 1.5 倍。

b. 系统的工作电压允许长时间地超过该系统标称电压的 10%。如果电缆额定电压至少等于系统的标称电压,则该电缆能在高于额定电压 10%的工作电压下使用。

②按国际电工委员会标准规定的橡套电缆(软线)的型号表示方法,各种电缆的型号用两位数字表示,放在 IEC 60245 标准号后面。第一位数字表示电缆的基本分类,第二类数字表示在基本分类中的特定形式。

分类和型号如下:

0——固定布线用无护套电缆

03——导体最高温度 180℃耐热硅橡胶绝缘电缆(60245 IEC 03)

04——导体最高温度 110℃,750V 硬导体、耐热乙烯－乙酸乙烯酯橡皮绝缘单芯无护套电缆(60245 IEC 04)

05——导体最高温度 110℃,750V 软导体、耐热乙烯－乙酸乙烯酯橡皮绝缘单芯无护套电缆(60245 IEC 05)

06——导体最高温度 110℃,500V 硬导体、耐热乙烯－乙酸乙烯酯橡皮或其他相当的合成弹性体绝缘单芯无护套电缆(60245 IEC 06)

07——导体最高温度 110℃,500V 软导体、耐热乙烯－乙酸乙烯酯橡皮或其他相当的合成弹性体绝缘单芯无护套电缆(60245 IEC 07)

5——一般用途软电缆

53——普通强度橡套软线(60245 IEC 53)

57——普通氯丁或其他相当的合成弹性体橡套软线(60245 IEC 57)

58——装饰回路用氯丁或其他相当的合成弹性体橡套圆电缆(60245 IEC 58),扁电缆(60245 IEC 58f)

6——重型软电缆

66——重型氯丁或其他相当的合成弹性体橡套软电缆(60245 IEC 66)

7——特殊型软电缆

70——编织电梯电缆(60245 IEC 70)

74——橡套电梯电缆(60245 IEC 74)

75——氯丁或其他相当的合成弹性体橡套电梯电缆(60245 IEC 75)

8——特殊用途软电缆

81——橡套电焊机电缆(60245 IEC 81)

82——氯丁或其他相当的合成弹性体橡套电焊机电缆(60245 IEC 82)

86——橡皮绝缘和护套高柔软性电缆(60245 IEC 86)

87——橡皮绝缘、交联聚氯乙烯护套高柔软性电缆(60245 IEC 87)

88——交联聚氯乙烯绝缘和护套高柔软性电缆(60245 IEC 88)

89——乙丙橡皮绝缘编织高柔软性电缆(60245 IEC 89)

2.300/500V 耐热硅橡胶 YG 型电缆的规格尺寸

表 11-171

导体标称截面积(mm^2)	绝缘厚度规定值(mm)	平均外径(mm)	
		下限	上限
0.5	0.6	2.6	3.3
0.75	0.6	2.8	3.5
1	0.6	2.9	3.7
1.5	0.7	3.4	4.2
2.5	0.8	4.0	5.0
4	0.8	4.5	5.6
6	0.8	5.0	6.2
10	1.0	6.2	7.8
16	1.0	7.3	9.1

注:导体应符合 GB/T 3956 中第 5 种导体规定的要求。单线可以不镀锡或镀锡,或镀一种除锡以外的金属,例如银。

3.450/750V YYY 和 YRYY 电缆技术参数

表 11-172

导体标称截面积(mm^2)	GB/T 3956 中的导体种类	绝缘厚度规定值(mm)	平均外径(mm)		110℃空气中的最小绝缘电阻[a](MΩ·km)
			下限	上限	
0.5	1	0.8	2.3	2.9	0.018
0.75	1	0.8	2.4	3.1	0.016
1	1	0.8	2.6	3.2	0.014
1.5	1	0.8	2.8	3.5	0.012
2.5	1	0.9	3.4	4.3	0.011
4	1	1.0	4.0	5.0	0.010
6	1	1.0	4.5	5.6	0.009
10	1	1.2	5.7	7.1	0.008
1.5	2	0.8	2.9	3.7	0.012
2.5	2	0.9	3.5	4.4	0.011
4	2	1.0	4.2	5.2	0.010
6	2	1.0	4.7	5.9	0.008
10	2	1.2	6.0	7.4	0.008
16	2	1.2	6.8	8.5	0.006
25	2	1.4	8.4	10.6	0.006
35	2	1.4	9.4	11.8	0.005
50	2	1.6	10.9	13.7	0.005
70	2	1.6	12.5	15.6	0.004
95	2	1.8	14.5	18.1	0.004
0.5	5	0.8	2.4	3.1	0.016
0.75	5	0.8	2.6	3.2	0.015
1	5	0.8	2.7	3.4	0.013
1.5	5	0.8	3.0	3.7	0.012
2.5	5	0.9	3.6	4.5	0.011
4	5	1.0	4.3	5.4	0.010
6	5	1.0	4.8	6.0	0.008

续表 11-172

导体标称截面积 (mm²)	GB/T 3956 中的导体种类	绝缘厚度规定值 (mm)	平均外径(mm)		110℃空气中的最小绝缘电阻 (MΩ·km)
			下限	上限	
10	5	1.2	6.0	7.6	0.008
16	5	1.2	7.1	8.9	0.006
25	5	1.4	8.8	11.0	0.005
35	5	1.4	10.1	12.6	0.005
50	5	1.6	11.9	14.9	0.004
70	5	1.6	13.6	17.0	0.004
95	5	1.8	15.5	19.3	0.004

注：①[a] 这些数据是以在 110℃空气中的绝缘电阻率为 $10^{10}\Omega\cdot cm$ 为根据的。

②电缆主要用于工作在高温区的电气设备内部接线。

4.300/500V YYY 和 YRYY 电缆技术参数

表 11-173

导体标称截面积 (mm²)	GB/T 3956 中的导体种类	绝缘厚度规定值 (mm)	平均外径(mm)		110℃空气中的最小绝缘电阻[a] (MΩ·km)
			下限	上限	
0.5	1	0.6	1.9	2.4	0.015
0.75	1	0.6	2.1	2.6	0.013
1	1	0.6	2.2	2.8	0.012
0.5	5	0.6	2.1	2.6	0.014
0.75	5	0.6	2.2	2.8	0.012
1	5	0.6	2.4	2.9	0.011

注：[a]这些数据是以在 110℃空气中的绝缘电阻率为 $10^{10}\Omega\cdot cm$ 为根据的。

5.300/500V YZ 型橡套软线技术参数

表 11-174

芯数及导体标称截面积 (mm²)	绝缘厚度规定值 (mm)	护套厚度规定值 (mm)	平均外径(mm)	
			下限	上限
2×0.75	0.6	0.8	5.7	7.4
2×1	0.6	0.9	6.1	8.0
2×1.5	0.8	1.0	7.6	9.8
2×2.5	0.9	1.1	9.0	11.6
3×0.75	0.6	0.9	6.2	8.1
3×1	0.6	0.9	6.5	8.5
3×1.5	0.8	1.0	8.0	10.4
3×2.5	0.9	1.1	9.6	12.4
4×0.75	0.6	0.9	6.8	8.8
4×1	0.6	0.9	7.1	9.3
4×1.5	0.8	1.1	9.0	11.6
4×2.5	0.9	1.2	10.7	13.8
5×0.75	0.6	1.0	7.6	9.9
5×1	0.6	1.0	8.0	10.3
5×1.5	0.8	1.1	9.8	12.7
5×2.5	0.9	1.3	11.9	15.3

注：电缆的平均外形尺寸按 IEC 60719 进行计算。

6.300/500V　YZW 型橡套软线技术参数

表 11-175

芯数及导体标称截面积(mm²)	绝缘厚度规定值(mm)	护套厚度规定值(mm)	平均外径(mm)	
			下限	上限
2×0.75	0.6	0.8	5.7	7.4
2×1	0.6	0.9	6.1	8.0
2×1.5	0.8	1.0	7.6	9.8
2×2.5	0.9	1.1	9.0	11.6
3×0.75	0.6	0.9	6.2	8.1
3×1	0.6	0.9	6.5	8.5
3×1.5	0.8	1.0	8.0	10.4
3×2.5	0.9	1.1	9.6	12.4
4×0.75	0.6	0.9	6.8	8.8
4×1	0.6	0.9	7.1	9.3
4×1.5	0.8	1.1	9.0	11.6
4×2.5	0.9	1.2	10.7	13.8
5×0.75	0.6	1.0	7.6	9.9
5×1	0.6	1.0	8.0	10.3
5×1.5	0.8	1.1	9.8	12.7
5×2.5	0.9	1.3	11.9	15.3

注:电缆的平均外形尺寸按 IEC 60719 进行计算。

7.450/750V　YCW 型电缆技术参数

表 11-176

芯数及导体标称截面积(mm²)	绝缘厚度规定值(mm)	护套厚度规定值(mm)			平均外径(mm)	
		单层	两层		下限	上限
			内层	外层		
1×1.5	0.8	1.4	—	—	5.7	7.1
1×2.5	0.9	1.4	—	—	6.3	7.9
1×4	1.0	1.5	—	—	7.2	9.0
1×6	1.0	1.6	—	—	7.9	9.8
1×10	1.2	1.8	—	—	9.5	11.9
1×16	1.2	1.9	—	—	10.8	13.4
1×25	1.4	2.0	—	—	12.7	15.8
1×35	1.4	2.2	—	—	14.3	17.9
1×50	1.6	2.4	—	—	16.5	20.6
1×70	1.6	2.6	—	—	18.6	23.3
1×95	1.8	2.8	—	—	20.8	26.0
1×120	1.8	3.0	—	—	22.8	28.6
1×150	2.0	3.2	—	—	25.2	31.4
1×185	2.2	3.4	—	—	27.6	34.4
1×240	2.4	3.5	—	—	30.6	38.3
1×300	2.6	3.6	—	—	33.5	41.9
1×400	2.8	3.8	—	—	37.4	46.8
2×1	0.8	1.3	—	—	7.7	10.0
2×1.5	0.8	1.5	—	—	8.5	11.0
2×2.5	0.9	1.7	—	—	10.2	13.1
2×4	1.0	1.8	—	—	11.8	15.1

续表 11-176

芯数及导体标称截面积(mm^2)	绝缘厚度规定值(mm)	护套厚度规定值(mm)			平均外径(mm)	
		单层	两层		下限	上限
			内层	外层		
2×6	1.0	2.0	—	—	13.1	16.8
2×10	1.2	3.1	—	—	17.7	22.6
2×16	1.2	3.3	1.3	2.0	20.2	25.7
2×25	1.4	3.6	1.4	2.2	24.3	30.7
3×1	0.8	1.4	—	—	8.3	10.7
3×1.5	0.8	1.6	—	—	9.2	11.9
3×2.5	0.9	1.8	—	—	10.9	14.0
3×4	1.0	1.9	—	—	12.7	16.2
3×6	1.0	2.1	—	—	14.1	18.0
3×10	1.2	3.3	—	—	19.1	24.2
3×16	1.2	3.5	1.4	2.1	21.8	27.6
3×25	1.4	3.8	1.5	2.3	26.1	33.0
3×35	1.4	4.1	1.6	2.5	29.3	37.1
3×50	1.6	4.5	1.8	2.7	34.1	42.9
3×70	1.6	4.8	1.9	2.9	38.4	48.3
3×95	1.8	5.3	2.1	3.2	43.3	54.0
4×1	0.8	1.5	—	—	9.2	11.9
4×1.5	0.8	1.7	—	—	10.2	13.1
4×2.5	0.9	1.9	—	—	12.1	15.5
4×4	1.0	2.0	—	—	14.0	17.9
4×6	1.0	2.3	—	—	15.7	20.0
4×10	1.2	3.4	—	—	20.9	26.5
4×16	1.2	3.6	1.4	2.2	23.8	30.1
4×25	1.4	4.1	1.6	2.5	28.9	36.6
4×35	1.4	4.4	1.7	2.7	32.5	41.1
4×50	1.6	4.8	1.9	2.9	37.7	47.5
4×70	1.6	5.2	2.0	3.2	42.7	54.0
4×95	1.8	5.9	2.3	3.6	48.4	61.0
4×120	1.8	6.0	2.4	3.6	53.0	66.0
4×150	2.0	6.5	2.6	3.9	58.0	73.0
5×1	0.8	1.6	—	—	10.2	13.1
5×1.5	0.8	1.8	—	—	11.2	14.4
5×2.5	0.9	2.0	—	—	13.3	17.0
5×4	1.0	2.2	—	—	15.6	19.9
5×6	1.0	2.5	—	—	17.5	22.2
5×10	1.2	3.6	—	—	22.9	29.1
5×16	1.2	3.9	1.5	2.4	26.4	33.3
5×25	1.4	4.4	1.7	2.7	32.0	40.4

注：电缆的外形尺寸按 IEC 60719 进行计算。

8. 300/500V YS、YSB电缆技术参数

表 11-177

芯数及导体标称截面积(mm^2)	绝缘厚度规定值(mm)	导体中心间距(mm)		护套厚度规定值(mm)	平均外形尺寸(mm)	
		平均下限	平均上限		下限	上限
1×0.75	0.8	—	—	0.8	4.1	5.2
1×1.5	0.8	—	—	0.8	4.5	5.6
2×1.5	0.8	6.7	7.0	0.8	5.0×13.0	6.0×14.0

注:电缆的平均外形尺寸按 IEC 60719 进行计算。

9. 300/500V YTB、YT、YTF电梯电缆技术参数

表 11-178

芯数与导体标称截面积[a](mm^2)	绝缘厚度规定值[b](mm)	护套厚度规定值(mm)
(6×0.75)	0.8	1.5
6×1	0.8	1.5
(9×0.75)	0.8	2.0
9×1	0.8	2.0
(12×0.75)	0.8	2.0
12×1	0.8	2.0
(18×0.75)	0.8	2.0
18×1	0.8	2.0
(24×0.75)	0.8	2.5
24×1	0.8	2.5
(30×0.75)	0.8	2.5
30×1	0.8	2.5

注:①[a] 有括号的为非优先芯数与导体截面积。

②[b] 如果绝缘线芯外面覆了一层织物编织层或相当的保护层,则 0.75mm^2 绝缘线芯的绝缘厚度可减薄到 0.6mm。

③导体应符合 GB/T 3956 中第 5 种导体规定的要求,但导体在 20℃时的最大电阻值应增加 5%,单线可以不镀锡或镀锡。

10. YH、YHF型电焊机电缆尺寸

表 11-179

导体标称截面积(mm^2)	导体中单线最大直径(mm)	覆盖层总厚度规定值(mm)	复合覆盖层中的护套厚度规定值(mm)	平均外径(mm)		20℃时导体最大电阻(Ω/km)	
				下限	上限	单线镀锡	单线未镀锡
16	0.21	2.0	1.3	8.8	11.0	1.19	1.16
25	0.21	2.0	1.3	10.1	12.7	0.780	0.758
35	0.21	2.0	1.3	11.4	14.2	0.552	0.536
50	0.21	2.2	1.5	13.2	16.5	0.390	0.379
70	0.21	2.4	1.6	15.3	19.2	0.276	0.268
95	0.21	2.6	1.7	17.1	21.4	0.204	0.198

注:复合覆盖层的绝缘厚度不单独测量。

11. RQB 型特软电线尺寸

表 11-180

芯数及导体标称截面积(mm^2)	绝缘厚度规定值(mm)	平均外径(mm)	
		下限	上限
2×0.75	0.8	5.5	7.2
2×1	0.8	5.7	7.5
2×1.5	0.8	6.2	8.2
3×0.75	0.8	5.9	7.7
3×1	0.8	6.2	8.1
3×1.5	0.8	6.7	8.8

注:导体应符合 GB/T 3956—2008 中第 6 种导体的规定,但 20℃导体电阻的最大值比 GB/T 3956—2008 中规定增大 3%。单线可以不镀锡或镀锡。

(三)橡皮绝缘电线(JB 1601—1993)

1. 橡皮绝缘电线的型号和结构

表 11-181

型号	名　称		用　途	额定电压(V)	芯数	标称截面(mm^2)	工作温度(℃) 不大于
BXF	铜芯	橡皮绝缘氯丁或其他相当合成胶混合物护套电线	适用于户内明敷和户外特别是寒冷地区	300/500	1	0.75～240	65
BLXF	铝芯					2.5～240	
BXY	铜芯	橡皮绝缘黑色聚乙烯护套电线	适用于户内穿管和户外特别是寒冷地区			0.75～240	
BLXY	铝芯					2.5～240	
BX	铜芯	橡皮绝缘棉纱或其他相当纤维编织电线	固定明敷、暗敷			0.75～630	
BLX	铝芯					2.5～630	
BXR	铜芯	橡皮绝缘棉纱或其他相当纤维编织软线	要求较柔软的室内			0.75～400	

2. 300/500V　BXF、BLXF、BXY、BLXY 型橡皮绝缘电线

表 11-182

导体标称截面积(mm^2)	导电线芯结构 根数/单线 标称直径(mm)	绝缘与护套厚度之和 标称值(mm)	绝缘最薄点厚度(mm) 不小于	护套最薄点厚度(mm) 不小于	平均外径上限(mm)	20℃时导体电阻(Ω/km) 不大于		
						铜芯	镀锡铜芯	铝芯
0.75	1/0.97	1.0	0.4	0.2	3.9	24.5	24.7	—
1.0	1/1.13	1.0	0.4	0.2	4.1	18.1	18.2	—
1.5	1/1.38	1.0	0.4	0.2	4.4	12.1	12.2	—
2.5	1/1.78	1.0	0.6	0.2	5.0	7.41	7.56	11.8
4	1/2.25	1.0	0.6	0.2	5.6	4.61	4.70	7.39
6	1/2.76	1.2	0.6	0.25	6.8	3.08	3.11	4.91
10	7/1.35	1.2	0.75	0.25	8.3	1.83	1.84	3.08
16	7/1.70	1.4	0.75	0.25	10.1	1.15	1.16	1.91
25	7/2.14	1.4	0.9	0.30	11.8	0.727	0.734	1.20
35	7/2.52	1.6	0.9	0.30	13.8	0.524	0.529	0.868

续表 11-182

导体标称截面积(mm²)	导电线芯结构根数/单线标称直径(mm)	绝缘与护套厚度之和标称值(mm)	绝缘最薄点厚度(mm)不小于	护套最薄点厚度(mm)不小于	平均外径上限(mm)	20℃时导体电阻(Ω/km)不大于		
						铜芯	镀锡铜芯	铝芯
50	19/1.78	1.6	1.0	0.30	15.4	0.387	0.391	0.641
70	19/2.14	1.8	1.0	0.35	18.2	0.263	0.270	0.443
95	19/2.52	1.8	1.1	0.35	20.6	0.193	0.195	0.320
120	37/2.03	2.0	1.2	0.40	23.0	0.153	0.154	0.253
150	37/2.25	2.0	1.3	0.40	25.0	0.124	0.126	0.206
185	37/2.52	2.2	1.3	0.40	27.9	0.0991	0.100	0.164
240	61/2.25	2.4	1.4	0.40	31.4	0.0754	0.0762	0.125

3. 300/500V BX、BLX 型橡皮绝缘电线

表 11-183

标称截面积(mm²)	导电线芯结构根数/单线标称直径(mm)	绝缘标称厚度(mm)	平均外径上限(mm)	20℃时导体电阻(Ω/km)不大于	
				铜芯	铝芯
0.75	1/0.97	1.0	4.4	24.5	—
1	1/1.13	1.0	4.5	18.1	—
1.5	1/1.38	1.0	4.8	12.1	—
2.5	1/1.78	1.0	5.2	7.41	11.8
4	1/2.25	1.0	5.8	4.61	7.39
6	1/2.76	1.0	6.3	3.08	4.91
10	7/1.35	1.2	8.2	1.83	3.08
16	7/1.70	1.2	9.4	1.15	1.91
25	7/2.14	1.4	11.2	0.727	1.20
35	7/2.52	1.4	12.5	0.524	0.868
50	19/1.78	1.6	14.4	0.387	0.641
70	19/2.14	1.6	16.4	0.263	0.443
95	19/2.52	1.8	18.9	0.193	0.320
120	37/2.03	1.8	19.8	0.153	0.253
150	37/2.25	2.0	21.8	0.124	0.206
185	37/2.52	2.2	24.2	0.0991	0.164
240	61/2.25	2.4	27.4	0.0754	0.125
300	61/2.52	2.6	30.3	0.0601	0.100
400	61/2.85	2.8	33.9	0.0470	0.0778
500	91/2.65	3.0	38.0	0.0366	0.0603
630	127/2.52	3.2	42.2	0.0283	0.0469

4. 300V/500V BXR 型铜芯橡皮软线

表 11-184

标称截面积 (mm²)	铜线根数	单线直径	绝缘厚度	电线外径	线芯直流电阻(20℃) (Ω/km) 不大于	参考质量(kg/km)	
		(mm)				铜重	电线重
0.75	7	0.37	1.0	4.5	24.5	6.8	23.4
1	7	0.43	1.0	4.7	18.1	9.2	27.1
1.5	7	0.52	1.0	5.0	12.1	13.4	33.4
2.5	19	0.41	1.0	5.6	7.41	22.6	46
4	19	0.52	1.0	6.2	4.61	36.4	63.8
6	19	0.64	1.0	6.8	3.08	55.1	87.1
10	49	0.52	1.2	8.9	1.83	90.5	137
16	49	0.64	1.2	10.1	1.15	143.2	212
25	98	0.58	1.4	12.6	0.727	235.6	335
35	133	0.58	1.4	13.8	0.524	319.8	430
50	133	0.68	1.6	15.8	0.387	439.6	583
70	189	0.68	1.6	18.4	0.263	626.6	802
95	259	0.68	1.8	20.8	0.193	859.2	1074
120	259	0.76	1.8	21.6	0.153	1073.0	1335
150	336	0.74	2.0	25.9	0.124	1327.0	1715
185	427	0.74	2.2	26.6	0.0991	1686.0	2134
240	427	0.85	2.4	30.2	0.0754	2224.0	2771
300	513	0.85	2.6	33.3	0.0601	2667.0	3352
400	703	0.85	2.8	38.2	0.047	3658.0	4462

五、塑料绝缘电线电缆

(一)聚氯乙烯绝缘电线电缆Ⅰ(GB/T 5023.1～7—2008)

1. 聚氯乙烯绝缘电线电缆Ⅰ的型号及规格

表 11-185

型号		名称	额定电压 (V)	工作温度 (℃) ≤	芯数	导体截面积 (mm²)
GB/T 5023	60227 IEC					
BV	60227 IEC 01	一般用单芯硬导体无护套电缆	450/750	70	1	1.5～400
	60227 IEC 05	内部布线用单芯软导体无护套电缆	300/500		1	0.5～1
RV	60227 IEC 02	一般用单芯硬导体无护套电缆	450/750	70	1	1.5～240
	60227 IEC 06	内部布线用单芯软导体无护套电缆	300/500		1	0.5～1
BV—90	60227 IEC 07	内部布线用单芯实心导体无护套电缆	300/500	90	1	0.5～2.5
BV—90	60227 IEC 08	内部布线用单芯软导体无护套电缆				
BVV	60227 IEC 10	轻型聚氯乙烯护套电缆	300/500	70	2、3、4、5	1.5～35
SVR	60227 IEC 43	户内装饰照明回路用软线	300/300	70	1	0.5～0.75
RVV	60227 IEC 52	轻型聚氯乙烯护套软线	300/300	70	2、3	0.5～0.75
	60227 IEC 53	普通聚氯乙烯护套软线	300/500	70	2、3、4、5	0.75～2.5
RVV—90	60227 IEC 56	耐热轻型聚氯乙烯护套软线	300/300	90	2、3	0.5～0.75
	60227 IEC 57	耐热普通聚氯乙烯护套软线	300/500	90	2、3、4、5	0.75～2.5
RVVYP	60227 IEC 74	耐油聚氯乙烯护套屏蔽软电缆	300/500	70	优选:2、3、4、5、6、7、12、18、27、36、48、60	0.5～2.5
RVVY	60227 IEC 75	耐油聚氯乙烯护套非屏蔽软电缆				

注:①型号字母含义见表 11-161。

②根据 60227 IEC 标准规定的聚氯乙烯绝缘电缆的型号表示方法：

GB/T 5023 所包含的各种电缆型号用两位数表示，放在 60227 IEC 后面，第一位数字表示电缆的基本分类，第二位数字表示在基本分类中的特定形式。

分类和型号如下：

0——固定布线用无护套电缆

01——一般用途单芯硬导体无护套电缆(60227 IEC 01)

02——一般用途单芯软导体无护套电缆(60227 IEC 02)

05——内部布线用导体温度为 70℃的单芯实心导体无护套电缆(60227 IEC 05)

06——内部布线用导体温度为 70℃的单芯软导体无护套电缆(60227 IEC 06)

07——内部布线用导体温度为 90℃的单芯实心导体无护套电缆(60227 IEC 07)

08——内部布线用导体温度为 90℃的单芯软导体无护套电缆(60227 IEC 08)

1——固定布线用护套电缆

10——轻型聚氯乙烯护套电缆(60227 IEC 10)

4——轻型无护套软电缆

43——户内装饰照明回路用软线(60227 IEC 43)

5——一般用途护套软电缆

52——轻型聚氯乙烯护套软线(60227 IEC 52)

53——普通聚氯乙烯护套软线(60227 IEC 53)

56——导体温度为 90℃耐热轻型聚氯乙烯护套软线(60227 IEC 56)

57——导体温度为 90℃耐热普通聚氯乙烯护套软线(60227 IEC 57)

7——特殊用途护套软电缆

74——耐油聚氯乙烯护套屏蔽软电缆(60227 IEC 74)

75——耐油聚氯乙烯护套非屏蔽软电缆(60227 IEC 75)

2. 450/750V　BV 一般用单芯硬导体无护套电缆规格参数

表 11-186

导体标称截面积 (mm^2)	导体种类	绝缘厚度规定值 (mm)	平均外径(mm)		70℃时最小绝缘电阻 (MΩ·km)
			下限	上限	
1.5	1	0.7	2.6	3.2	0.011
1.5	2	0.7	2.7	3.3	0.010
2.5	1	0.8	3.2	3.9	0.010
2.5	2	0.8	3.3	4.0	0.009
4	1	0.8	3.6	4.4	0.0085
4	2	0.8	3.8	4.6	0.0077
6	1	0.8	4.1	5.0	0.0070
6	2	0.8	4.3	5.2	0.0065
10	1	1.0	5.3	6.4	0.0070
10	2	1.0	5.6	6.7	0.0065
16	2	1.0	6.4	7.8	0.0050
25	2	1.2	8.1	9.7	0.0050
35	2	1.2	9.0	10.9	0.0043
50	2	1.4	10.6	12.8	0.0043
70	2	1.4	12.1	14.6	0.0035
95	2	1.6	14.1	17.1	0.0035
120	2	1.6	15.6	18.8	0.0032
150	2	1.8	17.3	20.9	0.0032
185	2	2.0	19.3	23.3	0.0032
240	2	2.2	22.0	26.6	0.0032
300	2	2.4	24.5	29.6	0.0030
400	2	2.6	27.5	33.2	0.0028

3. 300/500V BV 内部布线用单芯实心导体无护套电缆

11-187

导体标称截面积(mm^2)	绝缘厚度规定值(mm)	平均外径(mm)		70℃时最小绝缘电阻(MΩ·km)
		下限	上限	
0.5	0.6	1.9	2.3	0.015
0.75	0.6	2.1	2.5	0.012
1	0.6	2.2	2.7	0.011

4. 450/750V RV 一般用单芯软导体无护套电缆

11-188

导体标称截面积(mm^2)	绝缘厚度规定值(mm)	平均外径(mm)		70℃时最小绝缘电阻(MΩ·km)
		下限	上限	
1.5	0.7	2.8	3.4	0.010
2.5	0.8	3.4	4.1	0.009
4	0.8	3.9	4.8	0.007
6	0.8	4.4	5.3	0.006
10	1.0	5.7	6.8	0.0056
16	1.0	6.7	8.1	0.0046
25	1.2	8.4	10.2	0.0044
35	1.2	9.7	11.7	0.0038
50	1.4	11.5	13.9	0.0037
70	1.4	13.2	16.0	0.0032
95	1.6	15.1	18.2	0.0032
120	1.6	16.7	20.2	0.0029
150	1.8	18.6	22.5	0.0029
185	2.0	20.6	24.9	0.0029
240	2.2	23.5	28.4	0.0028

5. 300/500V RV 内部布线用单芯软导体无护套电缆

11-189

导体标称截面积(mm^2)	绝缘厚度规定值(mm)	平均外径(mm)		90℃时最小绝缘电阻(MΩ·km)
		下限	上限	
0.5	0.6	2.1	2.5	0.013
0.75	0.6	2.1	2.7	0.011
1	0.6	2.4	2.8	0.010

6. 300/500V BV-90 内部布线用单芯实心导体无护套电缆

11-190

导体标称截面积(mm^2)	绝缘厚度规定值(mm)	平均外径(mm)		90℃时最小绝缘电阻(MΩ·km)
		下限	上限	
0.5	0.6	1.9	2.3	0.015
0.75	0.6	2.1	2.5	0.013
1	0.6	2.2	2.7	0.012
1.5	0.7	2.6	3.2	0.011
2.5	0.8	3.2	3.9	0.009

注：在电缆的使用环境可防止热塑流动和允许减少绝缘电阻的情况下，能连续在90℃使用的PVC混合物，在缩短总工作时间的前提下，其工作温度可提高至105℃。

7.300/500V RV-90 内部布线用单芯软导体无护套电缆

表 11-191

导体标准截面积(mm^2)	绝缘厚度规定值(mm)	平均外径(mm)		90 ℃时最小绝缘电阻(MΩ·km)
		下限	上限	
0.5	0.6	2.1	2.5	0.013
0.75	0.6	2.2	2.7	0.012
1	0.6	2.4	2.8	0.010
1.5	0.7	2.8	3.4	0.009
2.5	0.8	3.4	4.1	0.009

注:在电缆的使用环境可防止热塑流动和允许减小绝缘电阻的情况下,能连续在 90 ℃使用的 PVC 混合物,在缩短总工作时间的前提下,其工作温度可提高至 105 ℃。

8.300/500V BVV 轻型聚氯乙烯护套电缆

表 11-192

导体芯数和标称截面积(mm^2)	导体种类	绝缘厚度规定值(mm)	内护层厚度近似值(mm)	护套厚度规定值(mm)	平均外径(mm)		70 ℃时最小绝缘电阻(MΩ·km)
					下限	上限	
2×1.5	1	0.7	0.4	1.2	7.6	10.0	0.011
	2	0.7	0.4	1.2	7.8	10.5	0.010
2×2.5	1	0.8	0.4	1.2	8.6	11.5	0.010
	2	0.8	0.4	1.2	9.0	12.0	0.009
2×4	1	0.8	0.4	1.2	9.6	12.5	0.008 5
	2	0.8	0.4	1.2	10.0	13.0	0.007 7
2×6	1	0.8	0.4	1.2	10.5	13.5	0.007 0
	2	0.8	0.4	1.2	11.0	14.0	0.006 5
2×10	1	1.0	0.6	1.4	13.0	16.5	0.007 0
	2	1.0	0.6	1.4	13.5	17.5	0.006 5
2×16	2	1.0	0.6	1.4	15.5	20.0	0.005 2
2×25	2	1.2	0.8	1.4	18.5	24.0	0.005 0
2×35	2	1.2	1.0	1.6	21.0	27.5	0.004 4
3×1.5	1	0.7	0.4	1.2	8.0	10.5	0.011
	2	0.7	0.4	1.2	8.2	11.0	0.010
3×2.5	1	0.8	0.4	1.2	9.2	12.0	0.010
	2	0.8	0.4	1.2	9.4	12.5	0.009
3×4	1	0.8	0.4	1.2	10.0	13.0	0.008 5
	2	0.8	0.4	1.2	10.5	13.5	0.007 7
3×6	1	0.8	0.4	1.4	11.5	14.5	0.007 0
	2	0.8	0.4	1.4	12.0	15.5	0.006 5
3×10	1	1.0	0.6	1.4	14.0	17.5	0.007 0
	2	1.0	0.6	1.4	14.5	19.0	0.006 5
3×16	2	1.0	0.8	1.4	16.5	21.5	0.005 2
3×25	2	1.2	0.8	1.6	20.5	26.0	0.005 0
3×35	2	1.2	1.0	1.6	22.0	29.0	0.004 4
4×1.5	1	0.7	0.4	1.2	8.6	11.5	0.011
	2	0.7	0.4	1.2	9.0	12.0	0.010
4×2.5	1	0.8	0.4	1.2	10.0	13.0	0.010
	2	0.8	0.4	1.2	10.0	13.5	0.009
4×4	1	0.8	0.4	1.4	11.5	14.5	0.008 5
	2	0.8	0.4	1.4	12.0	15.0	0.007 7
4×6	1	0.8	0.6	1.4	12.5	16.0	0.007 0
	2	0.8	0.6	1.4	13.0	17.0	0.006 5
4×10	1	1.0	0.6	1.4	15.5	19.0	0.007 0
	2	1.0	0.6	1.4	16.0	20.5	0.006 5
4×16	2	1.0	0.8	1.4	18.0	23.5	0.005 2
4×25	2	1.2	1.0	1.6	22.5	28.5	0.005 0

续表 11-192

导体芯数和标称截面积(mm²)	导体种类	绝缘厚度规定值(mm)	内护层厚度近似值(mm)	护套厚度规定值(mm)	平均外径(mm)		70 ℃时最小绝缘电阻(MΩ·km)
					下限	上限	
4×35	2	1.2	1.0	1.6	24.5	32.0	0.004 4
5×1.5	1	0.7	0.4	1.2	9.4	12.0	0.011
	2	0.7	0.4	1.2	9.8	12.5	0.010
5×2.5	1	0.8	0.4	1.2	11.0	14.0	0.010
	2	0.8	0.4	1.2	11.0	14.5	0.009
5×4	1	0.8	0.6	1.4	12.5	16.0	0.008 5
	2	0.8	0.6	1.4	13.0	17.0	0.007 7
5×6	1	0.8	0.6	1.4	13.5	17.5	0.007 0
	2	0.8	0.6	1.4	14.5	18.5	0.006 5
5×10	1	1.0	0.6	1.4	17.0	21.0	0.007 0
	2	1.0	0.6	1.4	17.5	22.0	0.006 5
5×16	2	1.0	0.8	1.6	20.5	26.0	0.005 2
5×25	2	1.2	1.0	1.6	24.5	31.5	0.005 0
5×35	2	1.2	1.2	1.6	27.0	35.0	0.004 4

注:电缠平均外径上下限的计算未遵从 IEC 60719-1992 的规定。

9.300/300V SVR 户内装饰照明回路用软线

表 11-193

导体标称截面积(mm²)	绝缘各层厚度最小值(mm)	绝缘总厚度最小值(mm)	绝缘总厚度平均值(mm)	平均外径(mm)		70 ℃时最小绝缘电阻(MΩ·km)
				下限	上限	
0.5	0.2	0.6	0.7	2.3	2.7	0.014
0.75	0.2	0.6	0.7	2.4	2.9	0.012

注:平均外径依据 IEC 60719 标准计算。

10.300/300V RVV 轻型聚氯乙烯护套软线

表 11-194

导体芯数和标称截面积(mm²)	绝缘厚度规定值(mm)	护套厚度规定值(mm)	平均外形尺寸(mm)		70 ℃时最小绝缘电阻(MΩ·km)
			下限	上限	
2×0.5	0.5	0.6	4.6 或 3.0×4.9	5.9 或 3.7×5.9	0.012
2×0.75	0.5	0.6	4.9 或 3.2×5.2	6.3 或 3.8×6.3	0.010
3×0.5	0.5	0.6	4.9	6.3	0.012
3×0.75	0.5	0.6	5.2	6.7	0.010

注:平均外形尺寸依据 IEC 60719 标准计算。

11.300/500V RVV 普通聚氯乙烯护套软线

表 11-195

导体芯数和标称截面积(mm²)	绝缘厚度规定值(mm)	护套厚度规定值(mm)	平均外形尺寸(mm)		70 ℃时最小绝缘电阻(MΩ·km)
			下限	上限	
2×0.75	0.6	0.8	5.7 或 3.7×6.0	7.2 或 4.5×7.2	0.011
2×1	0.6	0.8	5.9 或 3.9×6.2	7.5 或 4.7×7.5	0.010
2×1.5	0.7	0.8	6.8	8.6	0.010
2×2.5	0.8	1.0	8.4	10.6	0.009

续表 11-195

导体芯数和标称截面积(mm^2)	绝缘厚度规定值(mm)	护套厚度规定值(mm)	平均外形尺寸(mm)		70 ℃时最小绝缘电阻(MΩ·km)
			下限	上限	
3×0.75	0.6	0.8	6.0	7.6	0.011
3×1	0.6	0.8	6.3	8.0	0.010
3×1.5	0.7	0.9	7.4	9.4	0.010
3×2.5	0.8	1.1	9.2	11.4	0.009
4×0.75	0.6	0.8	6.6	8.3	0.011
4×1	0.6	0.9	7.1	9.0	0.010
4×1.5	0.7	1.0	8.4	10.5	0.010
4×2.5	0.8	1.1	10.1	12.5	0.009
5×0.75	0.6	0.9	7.4	9.3	0.011
5×1	0.6	0.9	7.8	9.8	0.010
5×1.5	0.7	1.1	9.3	11.6	0.010
5×2.5	0.8	1.2	11.2	13.9	0.009

注:平均外形尺寸依据 IEC 60719 标准计算。

12.300/300V RVV-90 耐热轻型聚氯乙烯护套软线

表 11-196

导体芯数及标称截面积(mm^2)	绝缘厚度规定值(mm)	护套厚度规定值(mm)	平均外形尺寸(mm)		90 ℃时最小绝缘电阻(MΩ·km)
			下限	上限	
2×0.5	0.5	0.6	4.6 或 3.0×4.9	5.9 或 3.7×5.9	0.012
2×0.75	0.5	0.6	4.9 或 3.2×5.2	6.3 或 3.8×6.3	0.010
3×0.5	0.5	0.6	4.9	6.3	0.012
3×0.75	0.5	0.6	5.2	6.7	0.010

注:平均外形尺寸依据 IEC 60719 标准计算。

13.300/500V RVV—90 耐热普通聚氯乙烯护套软线

表 11-197

导体芯数及标称截面积(mm^2)	绝缘厚度规定值(mm)	护套厚度规定值(mm)	平均外形尺寸(mm)		90 ℃时最小绝缘电阻(MΩ·km)
			下限	上限	
2×0.75	0.6	0.8			0.011
			5.7 或 3.7×6.0	7.2 或 4.5×7.2	
2×1	0.6	0.8	5.9 或 3.9×6.2	7.5 或 4.7×7.5	0.010
			6.8	8.6	
2×1.5	0.7	0.8	8.4	10.6	0.010
2×2.5	0.8	1.0			0.009
3×0.75	0.6	0.8	6.0	7.6	0.011
3×1	0.6	0.8	6.3	8.0	0.010
3×1.5	0.7	0.9	7.4	9.4	0.010
3×2.5	0.8	1.1	9.2	11.4	0.009
4×0.75	0.6	0.8	6.6	8.3	0.011
4×1	0.6	0.9	7.1	9.0	0.010
4×1.5	0.7	1.0	8.4	10.5	0.010
4×2.5	0.8	1.1	10.1	12.5	0.009
5×0.75	0.6	0.9	7.4	9.3	0.011
5×1	0.6	0.9	7.8	9.8	0.010
5×1.5	0.7	1.1	9.3	11.6	0.010
5×2.5	0.8	1.2	11.2	13.9	0.009

注:平均外形尺寸依据 IEC 60719 标准计算。

14. 300/500V RVVYP 耐油聚氯乙烯护套屏蔽软电缆

表 11-198

导体芯数和标称截面积(mm^2)	绝缘厚度规定值(mm)	内护层厚度规定值(mm)	屏蔽层铜线最大直径(mm)	外护套厚度规定值(mm)	平均外径(mm)		70℃时最小绝缘电阻(MΩ·km)
					下限	上限	
2×0.5	0.6	0.7	0.16	0.9	7.7	9.6	0.013
2×0.75	0.6	0.7	0.16	0.9	8.0	10.0	0.011
2×1	0.6	0.7	0.16	0.9	8.2	10.3	0.010
2×1.5	0.7	0.7	0.16	1.0	9.3	11.6	0.010
2×2.5	0.8	0.7	0.16	1.1	10.7	13.3	0.009
3×0.5	0.6	0.7	0.16	0.9	8.0	10.0	0.013
3×0.75	0.6	0.7	0.16	0.9	8.3	10.4	0.011
3×1	0.6	0.7	0.16	1.0	8.8	11.0	0.010
3×1.5	0.7	0.7	0.16	1.0	9.7	12.1	0.010
3×2.5	0.8	0.7	0.16	1.1	11.3	14.0	0.009
4×0.5	0.6	0.7	0.16	0.9	8.5	10.7	0.013
4×0.75	0.6	0.7	0.16	1.0	9.1	11.3	0.011
4×1	0.6	0.7	0.16	1.0	9.4	11.7	0.010
4×1.5	0.7	0.7	0.16	1.1	10.7	13.2	0.010
4×2.5	0.8	0.8	0.16	1.2	12.6	15.5	0.009
5×0.5	0.6	0.7	0.16	1.0	9.3	11.6	0.013
5×0.75	0.6	0.7	0.16	1.0	9.7	12.1	0.011
5×1	0.6	0.7	0.16	1.1	10.3	12.8	0.010
5×1.5	0.7	0.8	0.16	1.2	11.8	14.7	0.010
5×2.5	0.8	0.8	0.21	1.3	13.9	17.2	0.009
6×0.5	0.6	0.7	0.16	1.0	9.9	12.4	0.013
6×0.75	0.6	0.7	0.16	1.1	10.5	13.1	0.011
6×1	0.6	0.7	0.16	1.1	11.0	13.6	0.010
6×1.5	0.7	0.8	0.16	1.2	12.7	15.7	0.010
6×2.5	0.8	0.8	0.21	1.4	15.2	18.7	0.009
7×0.5	0.6	0.7	0.16	1.1	10.8	13.5	0.013
7×0.75	0.6	0.7	0.16	1.2	11.5	14.3	0.011
7×1	0.6	0.8	0.16	1.2	12.2	15.1	0.010
7×1.5	0.7	0.8	0.21	1.3	14.1	17.4	0.010
7×2.5	0.8	0.8	0.21	1.5	16.5	20.3	0.009
12×0.5	0.6	0.8	0.21	1.3	13.3	16.5	0.013
12×0.75	0.6	0.8	0.21	1.3	13.9	17.2	0.011
12×1	0.6	0.8	0.21	1.4	14.7	18.1	0.010
12×1.5	0.7	0.8	0.21	1.5	16.7	20.5	0.010
12×2.5	0.8	0.9	0.21	1.7	19.9	24.4	0.009
18×0.5	0.6	0.8	0.21	1.3	15.1	18.6	0.013
18×0.75	0.6	0.8	0.21	1.5	16.2	19.9	0.011
18×1	0.6	0.8	0.21	1.5	16.9	20.8	0.010
18×1.5	0.7	0.9	0.21	1.7	19.6	24.1	0.010
18×2.5	0.8	0.9	0.21	2.0	23.3	28.5	0.009
27×0.5	0.6	0.8	0.21	1.6	18.0	22.1	0.013
27×0.75	0.6	0.9	0.21	1.7	19.3	23.7	0.011
27×1	0.6	0.9	0.21	1.7	20.2	24.7	0.010
27×1.5	0.7	0.9	0.21	2.0	23.4	28.6	0.010
27×2.5	0.8	1.0	0.26	2.3	28.2	34.5	0.009
36×0.5	0.5	0.9	0.21	1.7	20.1	24.7	0.013
36×0.75	0.6	0.9	0.21	1.8	21.3	26.2	0.011
36×1	0.6	0.9	0.21	1.9	22.5	27.6	0.010
36×1.5	0.7	1.0	0.26	2.2	26.6	32.5	0.010
36×2.5	0.8	1.1	0.26	2.4	31.5	38.5	0.009

续表 11-198

导体芯数和标称截面积（mm^2）	绝缘厚度规定值（mm）	内护层厚度规定值（mm）	屏蔽层铜线最大直径（mm）	外护套厚度规定值（mm）	平均外径(mm)		70 ℃时最小绝缘电阻（MΩ·km）
					下限	上限	
48×0.5	0.6	0.9	0.26	1.9	23.1	28.3	0.013
48×0.75	0.6	1.0	0.26	2.1	24.9	30.4	0.011
48×1	0.6	1.0	0.26	2.1	26.1	31.9	0.010
48×1.5	0.7	1.1	0.26	2.4	30.4	37.0	0.010
48×2.5	0.8	1.2	0.31	2.4	35.9	43.7	0.009
60×0.5	0.6	1.0	0.26	2.1	25.5	31.1	0.013
60×0.75	0.6	1.0	0.26	2.2	27.0	32.9	0.011
60×1	0.6	1.0	0.26	2.3	28.5	34.7	0.010
60×1.5	0.7	1.1	0.26	2.4	32.7	39.9	0.010
60×2.5	0.8	1.2	0.31	2.4	38.8	47.2	0.009

15.300/500V RVVY耐油聚氯乙烯护套非屏蔽软电缆

表 11-199

导体芯数和标称截面积（mm^2）	绝缘厚度规定值（mm）	护套厚度规定值（mm）	平均外径(mm)		70 ℃时最小绝缘电阻（MΩ·km）
			下限	上限	
2×0.5	0.6	0.7	5.2	6.6	0.013
2×0.75	0.6	0.8	5.7	7.2	0.011
2×1	0.6	0.8	5.9	7.5	0.010
2×1.5	0.7	0.8	6.8	8.6	0.010
2×2.5	0.8	0.9	8.2	10.3	0.009
3×0.5	0.6	0.7	5.5	7.0	0.013
3×0.75	0.6	0.8	6.0	7.6	0.011
3×1	0.6	0.8	6.3	8.0	0.010
3×1.5	0.7	0.9	7.4	9.4	0.010
3×2.5	0.8	1.0	9.0	11.2	0.009
4×0.5	0.6	0.8	6.2	7.9	0.013
4×0.75	0.6	0.8	6.6	8.3	0.011
4×1	0.6	0.8	6.9	8.7	0.010
4×1.5	0.7	0.9	8.2	10.2	0.010
4×2.5	0.8	1.1	10.1	12.5	0.009
5×0.5	0.6	0.8	6.8	8.6	0.013
5×0.75	0.6	0.9	7.4	9.3	0.011
5×1	0.6	0.9	7.8	9.8	0.010
5×1.5	0.7	1.0	9.1	11.4	0.010
5×2.5	0.8	1.1	11.0	13.7	.0009
6×0.5	0.6	0.9	7.6	9.6	0.013
6×0.75	0.6	0.9	8.1	10.1	0.011
6×1	0.6	1.0	8.7	10.8	0.010
6×1.5	0.7	1.1	10.2	12.6	0.010
6×2.5	0.8	1.2	12.2	15.1	0.009
7×0.5	0.6	0.9	8.3	10.4	0.013
7×0.75	0.6	1.0	9.0	11.3	0.011
7×1	0.6	1.0	9.5	11.8	0.010
7×1.5	0.7	1.2	11.3	14.1	0.010
7×2.5	0.8	1.3	13.6	16.8	0.009
12×0.5	0.6	1.1	10.4	12.9	0.013
12×0.75	0.6	1.1	11.0	13.7	0.011
12×1	0.6	1.2	11.8	14.6	0.010
12×1.5	0.7	1.3	13.8	17.0	0.010

续表 11-199

导体芯数和标称截面积(mm^2)	绝缘厚度规定值(mm)	护套厚度规定值(mm)	平均外径(mm)		70℃时最小绝缘电阻(MΩ·km)
			下限	上限	
12×2.5	0.8	1.5	16.8	20.6	0.009
18×0.5	0.6	1.2	12.3	15.3	0.013
18×0.75	0.6	1.3	13.2	16.4	0.011
18×1	0.6	1.3	14.0	17.2	0.010
18×1.5	0.7	1.5	16.5	20.3	0.010
18×2.5	0.8	1.8	20.2	24.8	0.009
27×0.5	0.6	1.4	15.1	18.6	0.013
27×0.75	0.6	1.5	16.2	19.9	0.011
27×1	0.6	1.5	17.0	21.0	0.010
27×1.5	0.7	1.8	20.3	24.9	0.010
27×2.5	0.8	2.1	24.7	30.2	0.009
36×0.5	0.6	1.5	17.0	20.9	0.013
36×0.75	0.6	1.6	18.2	22.4	0.011
36×1	0.6	1.7	19.4	23.8	0.010
36×1.5	0.7	2.0	23.0	28.2	0.010
36×2.5	0.8	2.3	28.0	34.2	0.009
48×0.5	0.6	1.7	19.8	24.3	0.013
48×0.75	0.6	1.8	21.2	25.9	0.011
48×1	0.6	1.9	22.5	27.6	0.010
48×1.5	0.7	2.2	26.2	32.5	0.010
48×2.5	0.8	2.4	32.1	39.1	0.009
60×0.5	0.6	1.8	21.7	26.6	0.013
60×0.75	0.6	2.0	23.4	28.7	0.011
60×1	0.6	2.1	24.9	30.5	0.010
60×1.5	0.7	2.4	29.5	35.8	0.010
60×2.5	0.8	2.4	35.0	42.6	0.009

16.塑料绝缘电缆绝缘线芯的颜色识别

(1)电缆的绝缘线芯应用着色绝缘或其他合适的方法进行识别,除用黄/绿组合色识别的绝缘线芯外,电缆的每一绝缘线芯应只用一种颜色。

任一多芯电缆均不应使用不是组合色用的绿色和黄色。

(2)软电缆和单芯电缆优先选用的色谱是:

——单芯电缆:无优先选用色谱;

——两芯电缆:无优先选用色谱;

——三芯电缆:黄/绿色、蓝色、棕色,或是棕色、黑色、灰色;

——四芯电缆:黄/绿色、棕色、黑色、灰色,或是蓝色、棕色、黑色、灰色;

——五芯电缆:黄/绿色、蓝色、棕色、黑色、灰色,或是蓝色、棕色、黑色、灰色、黑色。

(3)黄/绿组合色绝缘线芯的双色分配应符合下列条件(按 IEC 60173-1964):

对每一段长 15mm 的双色绝缘线芯,其中一种颜色应至少覆盖绝缘线芯表面的 30%,且不大于 70%,而另一种颜色则覆盖绝缘线芯的其余部分。

注:关于使用黄/绿组合色和蓝色的情况说明:当按上述规定使用黄/绿组合色时,表示专门用来识别连接接地或类似保护用途的绝缘线芯,而蓝色用作连接中性线的绝缘线芯。如果没有中性线,则蓝色可用于识别除接地或保护导体外的任一绝缘线芯。

(二)聚氯乙烯绝缘电线电缆Ⅱ(JB/T 8734.1～5—2012)

1.聚氯乙烯绝缘电线电缆Ⅱ的型号及规格

表 11-200

型号	名称	额定电压(V)	工作温度(℃)	芯数	导体截面积(mm^2)	主要用途及特性
BV	铜芯聚氯乙烯绝缘电线	300/500	≤70	1	0.75～1	固定布线用，软电缆用于要求柔软场合。敷设温度应≥0℃。其允许弯曲半径：外径 D<25mm 时，大于或等于 4D；D≥25mm 时，大于或等于 6D
BLV	铝芯聚氯乙烯绝缘电缆	450/750		1	2.5～400	
BVR	铜芯聚氯乙烯绝缘软电缆	450/750		1	0.75～185	
BVV	铜芯聚氯乙烯绝缘聚氯乙烯护套圆形电缆	300/500		1	0.75～185	
BLVV	铝芯聚氯乙烯绝缘聚氯乙烯护套圆形电缆			1	2.5～185	
BVVB	铜芯聚氯乙烯绝缘聚氯乙烯护套扁形电缆			2、3	0.75～10	
BLVVB	铝芯聚氯乙烯绝缘聚氯乙烯护套扁形电缆			2、3	2.5～10	
RVS	铜芯聚氯乙烯绝缘绞型连接用软电线	300/300	≤70	2	0.5～6	电器、仪器仪表及动力照明
RVB	铜芯聚氯乙烯绝缘扁形无护套软电线			2	0.5～6	
RVV	聚氯乙烯绝缘聚氯乙烯护套软电缆	300/500		2～41	0.5～10	
AV	铜芯聚氯乙烯绝缘安装用电缆	300/300	≤70	1	0.08～0.4	电器、仪表、电子设备及自动化装置内部布线用的安装用线
AVR	铜芯聚氯乙烯绝缘安装用软电线			1	0.08～0.4	
AVRB	铜芯聚氯乙烯绝缘扁形安装用软电线			2	0.12～～0.4	
AVRS	铜芯聚氯乙烯绝缘绞型安装用软电线			2	0.12～～0.4	
AV-90	耐热 90 ℃铜芯聚氯乙烯绝缘安装用电缆		≤90	1	0.08～0.4	
AVR-90	耐热 90 ℃铜芯聚氯乙烯绝缘安装用软电线			1	0.08～0.4	
AVVR	铜芯聚氯乙烯绝缘聚氯乙烯护套安装用电缆		≤70	2 3～30	0.08～0.4 0.12～0.4	
AVP	铜芯聚氯乙烯绝缘安装用屏蔽电线	300/300	≤70	1	0.08～0.4	电器、仪表、电子设备及自动化装置内部布线用的屏蔽用线
RVP	铜芯聚氯乙烯绝缘屏蔽软电线			1 2	0.08～2.5 0.08～0.75	
RVVP	铜芯聚氯乙烯绝缘聚氯乙烯护套屏蔽软电缆			1 2	0.08～2.5 0.08～4	
RVVP1	铜芯聚氯乙烯绝缘聚氯乙烯护套缠绕屏蔽软电缆			3～12 14,19,24 16 20,26	0.12～4 0.12～0.4 0.12～2.5 0.12～0.5	
PVP-90	耐热 90℃铜芯聚氯乙烯绝缘屏蔽软电线		≤90	1	0.08～0.4	
AVP-90	耐热 90℃铜芯聚氯乙烯绝缘安装用屏蔽电线			1	0.08～2.5	
RVVPS	铜芯聚氯乙烯绝缘聚氯乙烯护套对绞屏蔽软电缆		≤70	2×2	0.12～2.5	

注:①AVVR 型电缆的线芯系列有 3、4、5、6、7、8、9、10、12、14、16、18、19、20、24、26、28、30 芯。

②RVVP、RVVP1 型电缆 3～12 的芯数系列有 3、4、5、6、7、8、9、10、12 芯。

③耐热 90 ℃电缆，当使用环境可防止热塑流动和允许减小绝缘电阻时，能连续在 90 ℃使用的 PVC 混合物，在缩短总工作时间的前提下，其工作温度可提高到 105 ℃。

④屏蔽电缆型号中：P1——缠绕屏蔽型；P2——铜带屏蔽型；P3——铝带(或铝塑复合带)屏蔽型；P4——半导电屏蔽型。型号的其他字母含义见表 11-161。

2.300/500V　BV 铜芯聚氯乙烯绝缘电线

表 11-201

标称截面积(mm^2)	绞合导体中单线最小根数	绝缘厚度规定值(mm)	平均外径上限(mm)	20 ℃时导体电阻最大值(Ω/km)		70 ℃时绝缘电阻最小值(MΩ·km)
				铜芯	镀锡铜芯	
0.75	7	0.6	2.6	24.5	24.8	0.014
1.0	7	0.6	2.8	18.1	18.2	0.013

3. 450/750V　BLV 铝芯聚氯乙烯绝缘电缆

表 11-202

标称截面积（mm²）	实心导体或绞合导体中单线最少根数	绝缘厚度规定值（mm）	平均外径上限（mm）	20 ℃时导体电阻最大值(Ω/km)	70 ℃时绝缘电阻最小值(MΩ·km)
2.5	1	0.8	3.9	12.1	0.010
4	1	0.8	4.4	7.41	0.008 5
6	1	0.8	5.0	4.61	0.007 0
10	7	1.0	6.7	3.08	0.006 5
16	7	1.0	7.8	1.91	0.005 0
25	7	1.2	9.7	1.20	0.005 0
35	7	1.2	10.9	0.868	0.004 5
50	19	1.4	12.8	0.641	0.004 0
70	19	1.4	14.6	0.443	0.003 5
95	19	1.6	17.1	0.320	0.003 5
120	37	1.6	18.7	0.253	0.003 2
150	37	1.8	20.9	0.206	0.003 2
185	37	2.0	23.3	0.164	0.003 2
240	61	2.2	26.6	0.125	0.003 2
300	61	2.4	29.6	0.100	0.003 0
400	61	2.6	33.2	0.077 8	0.002 8

4. 450/750 V　BVR 铜芯聚氯乙烯绝缘软电缆

表 11-203

标称截面积（mm²）	绞合导体中单线最少根数	绝缘厚度规定值（mm）	平均外径上限（mm）	20 ℃时导体电阻最大值(Ω/km)		70 ℃时绝缘电阻最小值(MΩ·km)
				铜芯	镀锡铜芯	
0.75	7	0.7	2.9	24.5	24.8	0.013
1.0	7	0.7	3.1	18.1	18.2	0.012
1.5	7	0.7	3.4	12.1	12.2	0.011
2.5	19	0.8	4.1	7.41	7.56	0.011
4	19	0.8	4.8	4.61	4.70	0.009
6	19	0.8	5.3	3.08	3.11	0.008 4
10	49	1.0	7.3	1.83	1.84	0.007 2
16	49	1.0	8.6	1.15	1.16	0.006 2
25	98	1.2	10.2	0.727	0.734	0.005 8
35	133	1.2	11.7	0.524	0.529	0.005 2
50	133	1.4	13.9	0.387	0.391	0.005 1
70	189	1.4	16.0	0.268	0.270	0.004 5
95	259	1.6	18.2	0.193	0.195	0.004 4
120	259	1.6	19.8	0.153	0.154	0.004 0
150	336	1.8	22.2	0.124	0.126	0.004 0
185	427	2.0	24.6	0.099 1	0.100	0.004 0

5. 300/500V　BVV、BLVV 铜芯和铝芯聚氯乙烯绝缘聚氯乙烯护套圆形电缆

表 11-204

标称截面积（mm²）	导体中单线最少根数	绝缘厚度规定值（mm）	护套厚度规定值（mm）	平均外径(mm)		20 ℃时导体电阻最大值(Ω/km)			70 ℃时绝缘电阻最小值(MΩ·km)
				下限	上限	铜芯	镀锡铜芯	铝芯	
0.75	1	0.6	0.8	3.6	4.4	24.5	24.8	—	0.012
1.0	1	0.6	0.8	3.7	4.5	18.1	18.2	—	0.011
1.5	1	0.7	0.8	4.2	5.0	12.1	12.2	—	0.011
1.5	7	0.7	0.8	4.3	5.2	12.1	12.2	—	0.010
2.5	1	0.8	0.8	4.8	5.7	7.41	7.56	12.1	0.010
2.5	7	0.8	0.8	4.8	5.9	7.41	7.56	—	0.009
4	1	0.8	0.9	5.4	6.5	4.61	4.70	7.41	0.008 5

续表 11-204

标称截面积(mm²)	导体中单线最少根数	绝缘厚度规定值(mm)	护套厚度规定值(mm)	平均外径(mm)		20℃时导体电阻最大值(Ω/km)			70℃时绝缘电阻最小值(MΩ·km)
				下限	上限	铜芯	镀锡铜芯	铝芯	
4	7	0.8	0.9	5.5	6.8	4.61	4.70	—	0.0077
6	1	0.8	0.9	5.9	7.1	3.08	3.11	4.61	0.0070
6	7	0.8	0.9	6.0	7.3	3.08	3.11	—	0.0065
10	7	1.0	0.9	7.3	8.8	1.83	1.84	3.08	0.0065
16	7	1.0	0.9	8.0	9.5	1.15	1.16	1.91	0.0059
25	7	1.2	1.0	9.7	12.3	0.727	0.734	1.20	0.0057
35	7	1.2	1.1	10.9	14.1	0.524	0.529	0.868	0.0049
50	19	1.4	1.3	12.8	17.5	0.387	0.391	0.641	0.0048
70	19	1.4	1.4	14.4	19.8	0.268	0.270	0.443	0.0042
95	19	1.6	1.5	16.6	24.2	0.193	0.195	0.320	0.0041
120	37	1.6	1.6	18.1	26.6	0.153	0.154	0.253	0.0037
150	37	1.8	1.8	20.1	31.0	0.124	0.126	0.206	0.0037
185	37	2.0	1.9	22.3	35.8	0.0991	0.100	0.164	0.0037

6. 300/500V BVVB、BLVVB 铜芯和铝芯聚氯乙烯绝缘聚氯乙烯护套扁形电缆

表 11-205

芯数×标称截面积(mm²)	实心导体或绞合导体中单线最少根数	绝缘厚度规定值(mm)	护套厚度规定值(mm)	平均外形尺寸(mm)		20℃时导体电阻最大值(Ω/km)			70℃时绝缘电阻最小值(MΩ·km)
				下限	上限	铜芯	镀锡铜芯	铝芯	
2×0.75	1	0.6	0.9	3.8×5.9	4.6×7.1	24.5	24.8	—	0.012
2×1.0	1	0.6	0.9	3.9×6.1	4.8×7.4	18.1	18.2	—	0.011
2×1.5	1	0.7	0.9	4.4×7.0	5.3×8.5	12.1	12.2	—	0.011
2×2.5	1	0.8	1.0	5.1×8.4	6.2×10.1	7.41	7.56	12.1	0.010
2×4	1	0.8	1.0	5.6×9.2	6.7×11.1	4.61	4.70	7.41	0.0085
2×4	7	0.8	1.0	5.7×9.5	6.9×11.5	4.61	4.70	—	0.0080
2×6	1	0.8	1.1	6.2×10.4	7.5×12.5	3.08	3.11	4.61	0.0070
2×6	7	0.8	1.1	6.4×10.8	7.8×13.0	3.08	3.11	—	0.0065
2×10	7	1.0	1.2	7.9×13.4	9.5×16.2	1.83	1.84	3.08	0.0065
3×0.75	1	0.6	0.9	3.8×7.9	4.6×9.6	24.5	24.8	—	0.012
3×1.0	1	0.6	0.9	3.9×8.4	4.8×10.1	18.1	18.2	—	0.011
3×1.5	1	0.7	0.9	4.4×9.6	5.3×11.7	12.1	12.2	—	0.011
3×2.5	1	0.8	1.0	5.1×11.6	6.2×14.0	7.41	7.56	12.1	0.010
3×4	1	0.8	1.0	5.8×13.1	7.0×15.8	4.61	4.70	7.41	0.0085
3×4	7	0.8	1.0	5.9×13.5	7.1×16.3	4.61	4.70	—	0.0080
3×6	1	0.8	1.1	6.2×14.5	7.5×17.5	3.08	3.11	4.61	0.0070
3×6	7	0.8	1.1	6.4×15.1	7.8×18.2	3.08	3.11	—	0.0065
3×10	7	1.0	1.2	7.9×19.0	9.5×23.0	1.83	1.84	3.08	0.0065

7. 300/300V RVS 铜芯聚氯乙烯绝缘绞型连接用软电线

表 11-206

芯数×标称截面积(mm²)	导体中单线最大直径(mm)	绝缘厚度规定值(mm)	平均外径上限(mm)	20℃时导体电阻最大值(Ω/km)		70℃时绝缘电阻最小值(MΩ·km)
				铜芯	镀锡铜芯	
2×0.5	0.16	0.8	6.0	39.0	40.1	0.016
2×0.75	0.16	0.8	6.2	26.0	26.7	0.014
2×1.0	0.16	0.8	6.6	19.5	20.0	0.011
2×1.5	0.16	0.8	7.2	13.3	13.7	0.010
2×2.5	0.16	0.8	8.2	7.98	8.21	0.009
2×4	0.16	0.8	9.2	4.95	5.09	0.007
2×6	0.21	1.0	10.6	3.30	3.39	0.006

8. 300/300V　RVB 铜芯聚氯乙烯绝缘扁形无护套软电线

表 11-207

芯数×标称截面积（mm^2）	绝缘厚度规定值（mm）	平均外径（mm）		70 ℃时绝缘电阻最小值（MΩ·km）
		下限	上限	
2×0.5	0.8	2.5×5.0	3.0×6.0	0.016
2×0.75	0.8	2.7×5.4	3.2×6.4	0.014
2×1.0	0.8	2.8×5.6	3.3×6.6	0.012
2×1.5	0.8	3.0×6.0	3.6×7.2	0.011
2×2.5	0.8	3.4×6.8	4.1×8.2	0.010
2×4	1.0	4.3×8.6	5.2×10.4	0.008
2×6	1.0	4.8×9.6	5.8×11.6	0.006 5

9. 300/500V　RVV 聚氯乙烯绝缘聚氯乙烯护套软电缆

表 11-208

芯数×标称截面积（mm^2）	绝缘厚度规定值（mm）	护套厚度规定值（mm）	平均外形尺寸（mm）		70 ℃时绝缘电阻最小值（MΩ·km）
			下限	上限	
2×1.0	0.6	0.8	3.9×5.5	5.2×7.3	0.010
2×1.5	0.7	0.8	4.3×6.0	5.8×8.0	0.010
2×2.5	0.8	1.0	5.3×7.6	7.1×10.0	0.009 0
2×4	0.8	1.0	5.9×8.6	7.9×11.6	0.008 5
2×4	0.8	1.1	10.0	12.4	0.007 0
2×6	0.8	1.1	6.5×10.0	8.8×13.4	0.008 0
2×6	0.8	1.1	12.5	14.5	0.008 0
2×10	1.0	1.2	12.0	14.3	0.005 6
3×4	0.8	1.2	10.8	13.5	0.007 0
3×6	0.8	1.2	12.4	14.0	0.007 0
4×4	0.8	1.2	11.8	14.6	0.007 0
4×6	0.8	1.2	14.0	16.0	0.006 0
4×10	1.0	1.4	17.3	19.0	0.005 6
5×4	0.8	1.4	13.3	16.5	0.007 0
5×6	1.0	1.4	15.3	17.5	0.006 0
5×10	1.2	1.6	19.5	22.0	0.005 6
6×0.75	0.4	0.8	6.5	9.6	0.011
6×1.0	0.6	1.0	8.7	11.0	0.010
6×1.5	0.7	1.1	9.9	13.3	0.010
6×2.5	0.8	1.2	12.4	15.8	0.009 0
7×0.75	0.4	0.8	6.5	9.6	0.011
7×1.0	0.6	1.1	8.7	11.0	0.010
7×1.5	0.7	1.1	9.9	13.3	0.010
7×2.5	0.8	1.2	13.7	16.0	0.009 0
8×0.75	0.4	1.0	7.5	10.6	0.011
8×1.0	0.6	1.2	9.5	13.2	0.010
8×1.5	0.7	1.2	10.8	14.2	0.010
8×2.5	0.8	1.2	14.5	16.5	0.009 0
10×0.5	0.4	1.0	9.0	10.5	0.012
10×0.75	0.4	1.0	9.0	13.2	0.011
10×1.0	0.6	1.2	11.7	14.5	0.010
10×1.5	0.7	1.4	13.5	16.7	0.010
10×2.5	0.8	1.5	16.2	20.0	0.009
12×0.5	0.4	1.0	9.7	11.0	0.012
12×0.75	0.4	1.2	9.5	13.2	0.011
12×1.0	0.6	1.2	11.9	14.8	0.010
15×0.75	0.4	1.2	10.7	14.0	0.011
15×1.0	0.6	1.2	11.6	15.5	0.010

续表 11-208

芯数×标称截面积(mm^2)	绝缘厚度规定值(mm)	护套厚度规定值(mm)	平均外形尺寸(mm)		70 ℃时绝缘电阻最小值(MΩ·km)
			下限	上限	
16×0.75	0.4	1.2	10.7	14.0	0.011
16×1.0	0.6	1.2	11.6	15.5	0.010
19×0.75	0.4	1.2	11.3	15.0	0.011
19×1.0	0.6	1.2	14.1	17.8	0.010
20×0.5	0.4	1.2	12.5	14.0	0.012
20×0.75	0.4	1.2	11.6	15.5	0.011
20×1.0	0.6	1.2	14.6	18.3	0.010
24×0.75	0.4	1.2	13.5	17.0	0.011
24×1.0	0.6	1.2	16.8	20.5	0.010
25×0.75	0.4	1.2	13.6	17.1	0.011
25×1.0	0.6	1.2	17.0	20.8	0.010
30×0.75	0.4	1.4	14.3	19.5	0.011
30×1.0	0.6	1.4	18.1	22.6	0.010
37×0.75	0.4	1.4	15.5	21.6	0.011
37×1.0	0.6	1.4	19.0	23.0	0.010
40×0.75	0.4	1.4	16.2	21.8	0.011
40×1.0	0.6	1.4	20.6	25.5	0.010
41×0.75	0.4	1.4	16.8	22.5	0.011
41×1.0	0.6	1.4	21.6	27.0	0.010
2×0.75+1×2.0	0.4/0.4	0.8	6.3	8.5	0.011/0.009 0
5×0.75+1×2.0	0.4/0.4	1.0	7.7	9.8	0.011/0.009 0
6×0.75+1×2.0	0.4/0.4	1.0	8.0	11.0	0.011/0.009 0
7×0.75+1×2.0	0.4/0.4	1.2	8.4	11.5	0.011/0.009 0
11×0.75+1×2.0	0.4/0.4	1.2	9.5	14.2	0.011/0.009 0
12×0.75+1×2.0	0.4/0.4	1.2	9.7	14.5	0.011/0.009 0
18×0.75+1×2.0	0.4/0.4	1.2	12.2	15.5	0.011/0.009 0
19×0.75+1×2.0	0.4/0.4	1.2	12.8	16.0	0.011/0.009 0
24×0.75+1×2.0	0.4/0.4	1.4	14.0	18.8	0.011/0.009 0
29×0.75+1×2.0	0.4/0.4	1.4	14.5	19.5	0.011/0.009 0
36×0.75+1×2.0	0.4/0.4	1.4	15.8	22.0	0.011/0.009 0
38×0.75+1×2.0	0.4/0.4	1.4	16.7	23.0	0.011/0.009 0

注:允许选用其他芯数或更多芯数的电缆结构。

10. 300/300V AV、AV 90 铜芯聚氯乙烯绝缘安装用电线

表 11-209

标称截面积(mm^2)	实心导体根数	绝缘厚度规定值(mm)	平均外径上限(mm)	20 ℃时导体电阻最大值(Ω/km)		70 ℃或 90 ℃时绝缘电阻最小值(MΩ·km)
				铜芯	镀锡铜芯	
0.08	1	0.4	1.3	225.2	229.6	0.018
0.12	1	0.4	1.4	144.1	146.9	0.016
0.2	1	0.4	1.5	92.3	94.0	0.015
0.3	1	0.4	1.6	64.1	65.3	0.014
0.4	1	0.4	1.7	47.1	48.0	0.012

11. 300/300V AVR、AVR-90 铜芯聚氯乙烯绝缘安装用软电线

表 11-210

标称截面积(mm^2)	导体中单线最大直径(mm)	绝缘厚度规定值(mm)	平均外径上限(mm)	20℃时导体电阻最大值(Ω/km)		70℃或90℃时绝缘电阻最小值(MΩ·km)
				铜芯	镀锡铜芯	
0.08	0.13	0.4	1.3	247	254	0.018
0.12	0.16	0.4	1.5	158	163	0.016
0.2	0.16	0.4	1.6	92.3	95.0	0.014
0.3	0.16	0.5	2.0	69.2	71.2	0.014
0.4	0.16	0.5	2.1	48.2	49.6	0.012

12. 300/300V AVRB 铜芯聚氯乙烯绝缘扁形安装用软电线

表 11-211

芯数×标称截面积(mm^2)	导体中单线最大直径(mm)	绝缘厚度规定值(mm)	平均外径上限(mm)	20℃时导体电阻最大值(Ω/km)		70℃时绝缘电阻最小值(MΩ·km)
				铜芯	镀锡铜芯	
2×0.12	0.16	0.5	1.7×3.4	158	163	0.018
2×0.2	0.16	0.6	2.1×4.2	92.3	95.0	0.017
2×0.3	0.16	0.6	2.2×4.4	69.2	71.2	0.016
2×0.4	0.16	0.6	2.4×4.8	48.2	49.6	0.014

13. 300/300V AVRS 铜芯聚氯乙烯绝缘绞型安装用软电线

表 11-212

芯数×标称截面积(mm^2)	导体中单线最大直径(mm)	绝缘厚度规定值(mm)	平均外径上限(mm)	20℃时导体电阻最大值(Ω/km)		70℃时绝缘电阻最小值(MΩ·km)
				铜芯	镀锡铜芯	
2×0.12	0.16	0.5	3.4	158	163	0.018
2×0.2	0.16	0.6	4.2	92.3	95.0	0.017
2×0.3	0.16	0.6	4.4	69.2	71.2	0.016
2×0.4	0.16	0.6	4.8	48.2	49.6	0.014

14. 300/300V AVVR 铜芯聚氯乙烯绝缘聚氯乙烯护套安装用电缆

表 11-213

芯数×标称截面积(mm^2)	导体中单线最大直径(mm)	绝缘厚度规定值(mm)	护套厚度规定值(mm)	平均外径或外形尺寸(mm)		20℃时导体电阻最大值(Ω/km)		70℃时绝缘电阻最小值(MΩ·km)
				下限	上限	铜芯	镀锡铜芯	
2×0.08	0.13	0.4	0.6	3.1 或 2.3×3.4	4.1 或 2.7×4.1	247	254	0.018
2×0.12	0.16	0.4	0.6	3.3 或 2.4×3.6	4.3 或 2.8×4.3	158	163	0.016
2×0.2	0.16	0.4	0.6	3.6 或 2.5×3.9	4.7 或 3.0×4.7	92.3	95.0	0.014
2×0.3	0.16	0.5	0.6	4.1 或 2.8×4.4	5.3 或 3.4×5.3	69.2	71.2	0.014
2×0.4	0.16	0.5	0.6	4.4 或 2.9×4.7	5.7 或 3.5×5.7	48.2	49.6	0.013
3×0.12	0.16	0.4	0.6	3.4	4.5	158	163	0.016
3×0.2	0.16	0.4	0.6	3.8	4.9	92.3	95.0	0.014
3×0.3	0.16	0.5	0.6	4.4	5.7	69.2	71.2	0.014
3×0.4	0.16	0.5	0.6	4.7	6.0	48.2	49.6	0.013
4×0.12	0.16	0.4	0.6	3.8	4.9	158	163	0.016
4×0.2	0.16	0.4	0.6	4.2	5.4	92.3	95.0	0.014
4×0.3	0.16	0.5	0.6	4.8	6.2	69.2	71.2	0.014
4×0.4	0.16	0.5	0.6	5.1	6.6	48.2	49.6	0.013
5×0.012	0.16	0.4	0.6	4.1	5.3	158	163	0.016

续表 11-213

芯数×标称截面积(mm^2)	导体中单线最大直径(mm)	绝缘厚度规定值(mm)	护套厚度规定值(mm)	平均外径或外形尺寸(mm)		20℃时导体电阻最大值(Ω/km)		70℃时绝缘电阻最小值(MΩ·km)
				下限	上限	铜芯	镀锡铜芯	
5×0.2	0.16	0.4	0.6	4.5	5.8	92.3	95.0	0.014
5×0.3	0.16	0.5	0.6	5.3	6.7	69.2	71.2	0.014
5×0.4	0.16	0.5	0.6	5.6	7.2	48.2	49.6	0.013
(6、7)×0.12	0.16	0.4	0.6	4.4	5.7	158	163	0.016
(6、7)×0.2	0.16	0.4	0.6	4.9	6.3	92.3	95.0	0.014
(6、7)×0.3	0.16	0.5	0.6	5.7	7.3	69.2	71.2	0.014
(6、7)×0.4	0.16	0.5	0.6	6.2	7.8	48.2	49.6	0.013
3×2×0.4+1×0.4	0.16	0.5	0.6	6.8	9.0	48.2	49.6	0.013
8×0.12	0.16	0.4	0.6	5.3	6.5	158	163	0.016
8×0.2	0.16	0.4	0.6	5.6	7.2	92.3	95.0	0.014
8×0.3	0.16	0.5	0.6	6.5	8.2	69.2	71.2	0.014
8×0.4	0.16	0.5	0.6	7.0	8.6	48.2	49.6	0.013
9×0.12	0.16	0.4	0.6	5.5	7.2	158	163	0.016
9×0.2	0.16	0.4	0.6	6.0	7.6	92.3	95.0	0.014
9×0.3	0.16	0.5	0.8	7.2	9.0	69.2	71.2	0.014
9×0.4	0.16	0.5	0.8	7.8	9.2	48.2	49.6	0.013
10×0.12	0.16	0.4	0.6	5.7	7.2	158	163	0.016
10×0.2	0.16	0.4	0.6	6.3	8.0	92.3	95.0	0.014
10×0.3	0.16	0.5	0.8	7.8	9.7	69.2	71.2	0.014
10×0.4	0.16	0.5	0.8	8.3	10.4	48.2	49.6	0.013
12×0.12	0.16	0.4	0.6	5.8	7.4	158	163	0.016
12×0.2	0.16	0.4	0.6	6.5	8.2	92.3	95.0	0.014
12×0.3	0.16	0.5	0.8	8.0	10.1	69.2	71.2	0.014
12×0.4	0.16	0.5	0.8	8.6	10.8	48.2	49.6	0.013
14×0.12	0.16	0.4	0.6	6.1	7.8	158	163	0.016
14×0.2	0.16	0.4	0.8	7.2	9.1	92.3	95.0	0.014
14×0.3	0l.16	0.5	0.8	8.4	10.6	69.2	71.2	0.014
14×0.4	0.16	0.5	0.8	9.1	11.3	48.2	49.6	0.013
16×0.12	0.16	0.4	0.6	6.5	8.2	158	163	0.016
16×0.2	0.16	0.4	0.8	7.6	9.6	92.3	95.0	0.014
16×0.3	0.16	0.5	0.8	8.9	11.1	69.2	71.2	0.014
16×0.4	0.16	0.5	0.8	9.6	11.9	48.2	49.6	0.013
18×0.12	0.16	0.4	0.8	7.8	9.2	158	163	0.016
18×0.2	0.16	0.4	0.8	8.6	10.0	92.3	95.0	0.014
18×0.3	0.16	0.5	0.8	9.5	11.0	69.2	71.2	0.014
18×0.4	0.16	0.5	0.8	10.5	11.6	48.2	49.6	0.013
19×0.12	0.16	0.4	0.8	7.2	9.1	158	163	0.016
19×0.2	0.16	0.4	0.8	8.1	10.1	92.3	95.0	0.014
19×0.3	0.16	0.5	0.8	9.4	11.7	69.2	71.2	0.014
19×0.4	0.16	0.5	0.8	10.1	12.6	48.2	49.6	0.013
20×0.12	0.16	0.4	0.8	8.0	9.5	158	163	0.016
20×0.2	0.16	0.4	0.8	8.8	11.0	92.3	95.0	0.014
20×0.3	0.16	0.5	0.8	10.0	12.3	69.2	71.2	0.014
20×0.4	0.16	0.5	0.8	10.8	12.5	48.2	49.6	0.013
24×0.12	0.16	0.4	0.8	8.4	10.6	158	163	0.016
24×0.2	0.16	0.4	0.8	9.4	11.7	92.3	95.0	0.014
24×0.3	0.16	0.5	1.0	11.4	14.2	69.2	71.2	0.014
24×0.4	0.16	0.5	1.0	12.3	15.2	48.2	49.6	0.013
26×0.12	0.16	0.4	0.8	8.9	10.7	158	163	0.016
26×0.2	0.16	0.4	0.8	9.8	12.0	92.3	95.0	0.014

续表 11-213

芯数×标称截面积(mm²)	导体中单线最大直径(mm)	绝缘厚度规定值(mm)	护套厚度规定值(mm)	平均外径或外形尺寸(mm)		20℃时导体电阻最大值(Ω/km)		70℃时绝缘电阻最小值(MΩ·km)
				下限	上限	铜芯	镀锡铜芯	
26×0.3	0.16	0.5	1.0	11.8	13.5	69.2	71.2	0.014
26×0.4	0.16	0.5	1.0	12.5	14.0	48.2	49.6	0.013
28×0.12	0.16	0.4	0.8	9.4	11.6	158	163	0.016
28×0.2	0.16	0.4	1.0	10.6	13.0	92.3	95.0	0.014
28×0.3	0.16	0.5	1.0	12.2	14.5	69.2	71.2	0.014
28×0.4	0.16	0.5	1.0	13.0	15.2	48.2	49.6	0.013
30×0.12	0.16	0.4	0.8	9.5	12.5	158	163	0.016
30×0.2	0.16	0.4	1.0	10.8	13.2	92.3	95.0	0.014
30×0.3	0.16	0.5	1.0	12.5	15.5	69.2	71.2	0.014
30×0.4	0.16	0.5	1.0	13.5	16.0	48.2	49.6	0.013

15. 300/300V AVP、AVP-90 铜芯聚氯乙烯绝缘安装用屏蔽电线

表 11-214

标称截面积(mm²)	实心导体根数	绝缘厚度规定值(mm)	屏蔽层单线直径(mm)	平均外径上限(mm)	20℃时导体电阻最大值(Ω/km)		70℃或90℃时绝缘电阻最小值(MΩ·km)
					铜芯	镀锡铜芯	
0.08	1	0.4	0.10	1.9	225.2	229.6	0.019
0.12	1	0.4	0.10	2.0	144.1	146.9	0.015
0.2	1	0.4	0.10	2.1	92.3	94.0	0.015
0.3	1	0.4	0.10	2.2	64.1	65.3	0.014
0.4	1	0.4	0.10	2.3	47.1	48.0	0.012

16. 300/300V RVP、RVP-90 铜芯聚氯乙烯绝缘屏蔽软电线

表 11-215

芯数×标称截面积(mm²)	导体中单线最大直径(mm)	绝缘厚度规定值(mm)	屏蔽层单线直径(mm)	平均外径或外形尺寸上限(mm)	20℃时导体电阻最大值(Ω/km)		70℃或90℃时绝缘电阻最小值(MΩ·km)
					铜芯	镀锡铜芯	
1×0.08	0.13	0.4	0.10	1.9	247	254	0.018
1×0.12	0.16	0.4	0.10	2.0	158	163	0.016
1×0.2	0.16	0.4	0.10	2.2	92.3	95.0	0.013
1×0.3	0.16	0.5	0.10	2.6	69.2	71.2	0.014
1×0.4	0.16	0.5	0.15	3.0	48.2	49.6	0.013
1×0.5	0.21	0.5	0.15	3.1	39.0	40.1	0.012
1×0.75	0.21	0.5	0.15	3.4	26.0	26.7	0.010
1×1.0	0.21	0.6	0.15	3.8	19.5	20.0	0.010
1×1.5	0.26	0.6	0.15	4.1	13.3	13.7	0.009
1×2.5	0.26	0.7	0.15	4.9	7.98	8.21	0.008
2×0.08	0.13	0.4	0.10	3.3或 1.9×3.3	247	254	0.018
2×0.12	0.16	0.4	0.10	3.5或 2.0×3.5	158	163	0.016
2×0.2	0.16	0.4	0.10	3.9或 2.2×3.9	92.3	95.0	0.013
2×0.3	0.16	0.5	0.15	4.8或 2.8×4.8	69.2	71.2	0.014
2×0.4	0.16	0.5	0.15	5.2或 3.0×5.2	48.2	49.6	0.013
2×0.5	0.21	0.5	0.15	5.4或 3.1×5.4	39.0	40.1	0.012
2×0.75	0.21	0.5	0.15	6.0或 3.4×6.0	26.0	26.7	0.010

17. 300/300V RVVPS铜芯聚氯乙烯绝缘聚氯乙烯护套对绞屏蔽软电线

表11-216

对数×芯数×标称截面积(mm^2)	导体中单线最大直径(mm)	绝缘厚度规定值(mm)	屏蔽层单线直径(mm)	护套厚度规定值(mm)	平均外径(mm)		20℃时导体最大电阻(Ω/km)		70℃时绝缘电阻最小值(MΩ·km)
					下限	上限	铜芯	镀锡铜芯	
2×2×0.12	0.16	0.4	0.15	0.8	4.3	6.3	158	163.0	0.016
2×2×0.2	0.16	0.4	0.15	0.8	4.7	6.7	92.3	95.0	0.013
2×2×0.3	0.16	0.5	0.15	0.8	6.2	8.2	69.2	71.2	0.014
2×2×0.4	0.16	0.5	0.15	0.8	6.4	8.6	48.2	49.6	0.013
2×2×0.5	0.21	0.5	0.15	0.9	6.8	8.8	39.0	40.1	0.013
2×2×0.75	0.21	0.5	0.15	1.0	7.4	9.4	26.0	26.7	0.010
2×2×1.0	0.21	0.6	0.20	1.0	8.4	10.4	19.5	20.0	0.010
2×2×1.5	0.21	0.6	0.20	1.0	8.8	10.8	13.3	13.7	0.009
2×2×2.5	0.26	0.7	0.20	1.1	10.8	12.8	4.95	5.09	0.009

18. 300/300V RVVP、RVVP1铜芯聚氯乙烯绝缘聚氯乙烯护套屏蔽或缠绕屏蔽软电线(一)

表11-217

芯数×标称截面积(mm^2)	导体中单线最大直径(mm)	绝缘厚度规定值(mm)	屏蔽层单线直径(mm)	护套厚度规定值(mm)	平均外径(mm)				20℃时导体电阻最大值(Ω/km)		70℃时绝缘电阻最小值(MΩ·km)
					RVVP		RVVP1				
					下限	上限	下限	上限	铜芯	镀锡铜芯	
1×0.08	0.13	0.4	0.10	0.4	2.4	2.9	2.1	2.5	247	254	0.018
1×0.12	0.16	0.4	0.10	0.4	2.4	3.0	2.2	2.6	158	163	0.016
1×0.2	0.16	0.4	0.10	0.4	2.6	3.2	2.3	2.8	92.3	95.0	0.013
1×0.3	0.16	0.5	0.10	0.4	2.9	3.5	2.6	3.1	69.2	71.2	0.014
1×0.4	0.16	0.5	0.10	0.4	3.0	3.7	2.7	3.3	48.2	49.6	0.013
1×0.5	0.21	0.5	0.10	0.4	3.1	3.8	2.8	3.4	39.0	40.1	0.012
1×0.75	0.21	0.5	0.10	0.4	3.4	4.1	3.1	3.7	26.0	26.7	0.010
1×1.0	0.21	0.6	0.10	0.6	4.1	4.9	3.8	4.6	19.5	20.0	0.010
1×1.5	0.26	0.6	0.10	0.6	4.3	5.2	4.0	4.9	13.3	13.7	0.009
11×2.5	0.26	0.7	0.15	0.6	4.9	6.0	4.7	5.6	7.98	8.21	0.008

19. 300/300V RVVP、RVVP1铜芯聚氯乙烯绝缘聚氯乙烯护套屏蔽或缠绕屏蔽软电线(二)

表11-218

芯数×标称截面积(mm^2)	导体中单线最大直径(mm)	绝缘厚度规定值(mm)	屏蔽层单线直径(mm)	护套厚度规定值(mm)	平均外径或外形尺寸(mm)		20℃时导体电阻最大值(Ω/km)		70℃时绝缘电阻最小值(MΩ·km)
					下限	上限	铜芯	镀锡铜芯	
2×0.08	0.13	0.4	0.10	0.4	3.2或 2.4×3.5	4.2或 2.9×4.2	247	254	0.018
2×0.12	0.16	0.4	0.10	0.6	3.7或 2.8×4.0	4.9或 3.4×4.9	158	163	0.016
2×0.2	0.16	0.4	0.10	0.6	4.1或 3.0×4.4	5.3或 3.6×5.3	92.3	95.0	0.013
2×0.3	0.16	0.5	0.15	0.6	4.8或 3.5×5.1	6.2或 4.2×6.2	69.2	71.2	0.014
2×0.4	0.16	0.5	0.15	0.6	5.1或 3.6×5.4	6.6或 4.4×6.6	48.2	49.6	0.013
2×0.5	0.21	0.5	0.15	0.6	5.3或 3.7×5.6	6.8或 4.5×6.8	39.0	40.1	0.012
2×0.75	0.21	0.5	0.15	0.6	5.8或 4.0×6.1	7.4或 4.8×7.4	26.0	26.7	0.010

续表 11-218

芯数×标称截面积(mm²)	导体中单线最大直径(mm)	绝缘厚度规定值(mm)	屏蔽层单线直径(mm)	护套厚度规定值(mm)	平均外径或外形尺寸(mm)		20℃时导体电阻最大值(Ω/km)		70℃时绝缘电阻最小值(MΩ·km)
					下限	上限	铜芯	镀锡铜芯	
2×1.0	0.21	0.6	0.15	0.6	6.4或 4.3×6.7	8.2或 5.2×8.3	19.5	20.0	0.010
2×1.5	0.26	0.6	0.15	0.8	7.3或 4.9×7.6	9.2或 6.0×9.3	13.3	13.7	0.009
2×2.5	0.26	0.7	0.16	1.0	8.5	10.5	1.98	8.21	0.009
2×4	0.31	0.8	0.21	1.2	10.0	12.0	4.95	5.09	0.007
3×0.12	0.16	0.4	0.10	0.6	3.9	5.1	158	163	0.016
3×0.2	0.16	0.4	0.15	0.6	4.5	5.8	92.3	95.0	0.013
3×0.3	0.16	0.5	0.15	0.6	5.1	6.5	69.2	71.2	0.014
3×0.4	0.16	0.5	0.15	0.6	5.4	6.9	48.2	49.6	0.013
3×0.5	0.21	0.5	0.15	0.6	5.6	7.1	39.0	40.1	0.012
3×0.75	0.21	0.5	0.15	0.6	6.1	7.8	26.0	26.7	0.010
3×1.0	0.21	0.6	0.15	0.8	7.2	9.1	19.5	20.0	0.010
3×1.5	0.26	0.6	0.20	0.8	8.0	10.0	13.3	13.7	0.009
3×2.5	0.26	0.7	0.16	1.0	9.1	11.1	7.98	8.21	0.009
3×4	0.31	0.8	0.21	1.2	11.0	13.0	4.95	5.09	0.007
4×0.12	0.16	0.4	0.15	0.6	4.5	5.8	158	163	0.016
4×0.2	0.16	0.4	0.15	0.6	4.9	6.2	92.3	95.0	0.013
4×0.3	0.16	0.5	0.15	0.6	5.5	7.0	69.2	71.2	0.014
4×0.4	0.16	0.5	0.15	0.6	5.9	7.5	48.2	49.6	0.013
4×0.5	0.21	0.5	0.16	0.8	5.8	7.8	39.0	40.1	0.013
4×0.75	0.21	0.5	0.16	0.8	6.1	8.1	26.0	26.7	0.011
4×1.0	0.21	0.6	0.16	0.9	7.4	9.4	19.5	20.0	0.010
4×1.5	0.26	0.6	0.16	0.9	8.0	10.0	13.3	13.7	0.010
4×2.5	0.26	0.7	0.16	1.0	10.2	12.2	4.95	5.09	0.009
5×0.12	0.16	0.4	0.15	0.6	4.8	6.2	158	163	0.016
5×0.2	0.16	0.4	0.15	0.6	5.3	6.7	92.3	95.0	0.013
5×0.3	0.16	0.5	0.15	0.6	6.0	7.6	69.2	71.2	0.014
5×0.4	0.16	0.5	0.15	0.6	6.4	8.1	48.2	49.6	0.013
5×0.5	0.21	0.5	0.16	0.8	6.2	8.2	39.0	40.1	0.013
5×0.75	0.21	0.5	0.16	0.8	6.6	8.6	26.0	26.7	0.011
5×1.0	0.21	0.6	0.16	0.9	8.0	10.0	19.5	20.0	0.010
5×1.5	0.26	0.6	0.16	1.0	9.1	11.1	13.3	13.7	0.010
5×2.5	0.26	0.7	0.21	1.1	11.7	13.7	4.95	5.09	0.009
(6、7)×0.12	0.16	0.4	0.15	0.6	5.2	6.6	158	163	0.016
(6、7)×0.2	0.16	0.4	0.15	0.6	5.7	7.2	92.3	95.0	0.013
(6、7)×0.3	0.16	0.5	0.15	0.6	6.5	8.2	69.2	71.2	0.014
(6、7)×0.4	0.16	0.5	0.15	0.8	7.3	9.2	48.2	49.6	0.013
6×0.5	0.21	0.5	0.16	0.8	7.0	9.0	39.0	40.1	0.013
6×0.75	0.21	0.5	0.16	0.8	7.5	9.5	26.0	26.7	0.011
6×1.0	0.21	0.6	0.16	1.0	9.0	11.0	19.5	20.0	0.010
6×1.5	0.26	0.6	0.16	1.0	10.0	12.0	13.3	13.7	0.010
6×2.5	0.26	0.7	0.21	1.1	13.0	15.0	4.95	5.09	0.009
7×0.5	0.21	0.5	0.16	0.8	7.3	9.3	39.0	40.1	0.013
7×0.75	0.21	0.5	0.16	0.8	8.5	10.3	26.0	26.7	0.011
7×1.0	0.21	0.6	0.16	1.0	10.2	12.2	19.5	20.0	0.010
7×1.5	0.26	0.6	0.21	1.0	11.0	13.0	13.3	13.7	0.010
7×2.5	0.26	0.7	0.21	1.1	14.0	16.2	4.95	5.09	0.009
8×0.12	0.16	0.4	0.16	0.6	5.1	7.1	158.0	163.0	0.016
8×0.2	0.16	0.4	0.16	0.6	5.6	7.6	92.3	95.0	0.013
8×0.3	0.16	0.5	0.16	0.6	6.7	8.7	69.2	71.2	0.014
8×0.4	0.16	0.5	0.16	0.8	7.8	9.8	48.2	49.6	0.013

续表 11-218

芯数×标称截面积 (mm^2)	导体中单线最大直径 (mm)	绝缘厚度规定值 (mm)	屏蔽层单线直径 (mm)	护套厚度规定值 (mm)	平均外径或外形尺寸 (mm)		20℃时导体电阻最大值(Ω/km)		70℃时绝缘电阻最小值 (MΩ·km)
					下限	上限	铜芯	镀锡铜芯	
8×0.5	0.21	0.5	0.16	0.8	7.9	9.9	39.0	40.1	0.013
8×0.75	0.21	0.5	0.16	0.8	8.5	10.5	26.0	26.7	0.011
8×1.0	0.21	0.6	0.16	0.9	10.4	12.6	19.5	20.0	0.010
8×1.5	0.26	0.6	0.21	1.0	11.6	13.8	13.3	13.7	0.010
8×2.5	0.26	0.7	0.21	1.2	15.0	17.2	4.95	5.09	0.009
9×0.12	0.16	0.4	0.16	0.6	5.5	7.5	158	163.0	0.016
9×0.2	0.16	0.4	0.16	0.8	6.9	9.0	92.3	95.0	0.013
9×0.3	0.16	0.5	0.16	0.8	7.0	9.2	69.2	71.2	0.014
9×0.4	0.16	0.5	0.16	0.8	8.2	9.8	48.2	49.6	0.013
9×0.5	0.21	0.5	0.16	0.8	8.6	10.6	39.0	40.1	0.013
9×0.75	0.21	0.5	0.16	0.8	8.3	10.3	26.0	26.7	0.011
9×1.0	0.21	0.6	0.21	0.9	11.0	12.8	19.5	20.0	0.010
9×1.5	0.26	0.6	0.21	1.0	12.0	14.2	13.3	13.7	0.010
9×2.5	0.26	0.7	0.21	1.2	15.6	17.8	4.95	5.09	0.009
10×0.12	0.16	0.4	0.15	0.6	6.4	8.1	158	163	0.016
10×0.2	0.16	0.4	0.15	0.8	7.4	9.3	92.3	95.0	0.013
10×0.3	0.16	0.5	0.20	0.8	8.7	10.9	69.2	71.2	0.014
10×0.4	0.16	0.5	0.20	0.8	9.3	11.6	48.2	49.6	0.013
10×0.5	0.21	0.5	0.21	0.9	8.9	10.9	39.0	40.1	0.013
10×0.75	0.21	0.5	0.21	1.0	10.3	12.3	26.0	26.7	0.011
10×1.0	0.21	0.6	0.21	1.0	12.0	14.0	19.5	20.0	0.010
10×1.5	0.26	0.6	0.21	1.1	12.7	15.0	13.3	13.7	0.010
10×2.5	0.26	0.7	0.21	1.2	16.3	18.5	4.95	5.09	0.009
12×0.12	0.16	0.4	0.15	0.6	6.6	8.3	158	163	0.016
12×0.2	0.16	0.4	0.15	0.8	7.6	9.6	92.3	95.0	0.013
12×0.3	0.16	0.5	0.20	0.8	9.0	11.2	69.2	71.2	0.014
12×0.4	0.16	0.5	0.20	0.8	9.6	11.9	48.2	49.6	0.013
12×0.5	0.21	0.5	0.21	0.9	9.5	11.5	39.0	40.1	0.013
12×0.75	0.21	0.5	0.21	1.0	11.2	13.2	26.0	26.7	0.011
12×1.0	0.21	0.6	0.21	1.0	12.5	14.8	19.5	20.0	0.010
12×1.5	0.26	0.6	0.21	1.2	14.0	16.2	13.3	13.7	0.010
12×2.5	0.26	0.7	0.21	1.4	18.0	20.2	4.95	5.09	0.009
14×0.12	0.16	0.4	0.15	0.8	7.2	9.1	158	163	0.016
14×0.2	0.16	0.4	0.20	0.8	8.2	10.3	92.3	95.0	0.013
14×0.3	0.16	0.5	0.20	0.8	9.4	11.7	69.2	71.2	0.014
14×0.4	0.16	0.5	0.20	0.8	10.0	12.5	48.2	49.6	0.013
16×0.12	0.16	0.4	0.15	0.8	7.6	9.5	158	163	0.016
16×0.2	0.16	0.4	0.20	0.8	8.6	10.8	92.3	95.0	0.013
16×0.3	0.16	0.5	0.20	0.8	9.9	12.3	69.2	71.2	0.014
16×0.4	0.16	0.5	0.20	0.8	10.5	13.1	48.2	49.6	0.013
16×0.5	0.21	0.5	0.21	1.0	10.7	12.7	39.0	40.1	0.013
16×0.75	0.21	0.5	0.21	1.2	12.4	14.6	26.0	26.7	0.013
16×1.0	0.21	0.6	0.21	1.2	14.5	16.8	19.5	20.0	0.010
16×1.5	0.26	0.6	0.21	1.2	15.6	17.8	13.3	13.7	0.010
16×2.5	0.26	0.7	0.21	1.4	20.0	22.5	4.95	5.09	0.009
19×0.12	0.16	0.4	0.20	0.8	8.2	10.3	158	163	0.016
19×0.2	0.16	0.4	0.20	0.8	9.0	11.3	92.3	95.0	0.013
19×0.3	0.16	0.5	0.20	0.8	10.4	12.9	69.2	71.2	0.014
19×0.4	0.16	0.5	0.20	1.0	11.5	14.2	48.2	49.6	0.013
20×0.12	0.16	0.4	0.16	0.8	7.4	9.4	158	163.0	0.016

续表 11-218

芯数×标称截面积(mm²)	导体中单线最大直径(mm)	绝缘厚度规定值(mm)	屏蔽层单线直径(mm)	护套厚度规定值(mm)	平均外径或外形尺寸(mm)		20 ℃时导体电阻最大值(Ω/km)		70 ℃时绝缘电阻最小值(MΩ·km)
					下限	上限	铜芯	镀锡铜芯	
20×0.2	0.16	0.4	0.16	0.8	9.8	11.8	92.3	95.0	0.013
20×0.3	0.16	0.5	0.16	0.8	10.6	12.2	69.2	71.2	0.014
20×0.4	0.16	0.5	0.16	1.0	11.6	13.8	48.2	49.6	0.013
20×0.5	0.21	0.5	0.21	1.0	12.5	14.6	39.0	40.1	0.013
24×0.12	0.16	0.4	0.20	0.8	9.4	11.7	158	163	0.016
24×0.2	0.16	0.4	0.20	0.8	10.4	12.9	92.3	95.0	0.013
24×0.3	0.16	0.5	0.20	1.0	12.4	14.4	69.2	71.2	0.014
24×0.4	0.16	0.5	0.20	1.0	13.2	16.4	48.2	49.6	0.013
26×0.12	0.16	0.4	0.21	0.8	9.0	11.0	158	163.0	0.016
26×0.2	0.16	0.4	0.21	0.8	9.6	11.8	92.3	95.0	0.013
26×0.3	0.16	0.5	0.21	1.0	10.0	12.2	69.2	71.2	0.014
26×0.4	0.16	0.5	0.21	1.0	13.0	15.6	48.2	49.6	0.013
26×0.5	0.21	0.5	0.21	1.2	14.4	16.6	39.0	40.1	0.013

20.聚氯乙烯绝缘电线电缆Ⅱ的线芯颜色识别

电缆的绝缘线芯应用着色绝缘或其他合适的方法进行识别，除用黄/绿组合色识别绝缘线芯外，电缆的每一绝缘线芯应只用一种颜色。

任一多芯电缆均不应使用不是组合色用的绿色和黄色。

软电缆和单芯电缆优先选用的色谱为：

——单芯电缆：无优先选用色谱。

——两芯电缆：无优先选用色谱。

——三芯电缆：黄/绿色、蓝色、棕色，或是棕色、黑色、灰色。

——四芯电缆：黄/绿色、棕色、黑色、灰色，或是蓝色、棕色、黑色、灰色。

——五芯电缆：黄/绿色、蓝色、棕色、黑色、灰色，或是蓝色、棕色、黑色、灰色、黑色。

——大于五芯电缆：在外层，一芯是黄/绿色，一芯是蓝色，其他线芯是同一种颜色，但不是绿色、黄色、蓝色或棕色；在其他层，一芯是棕色，其他线芯是同一种颜色，但不是绿色、黄色、蓝色或棕色。或者在外层，一芯是蓝色、一芯是棕色，而其他线芯是同一种颜色，但不是绿色、黄色、蓝色或棕色；在其他层，一芯是棕色，而其他线芯是同一种颜色，但不是绿色、黄色、蓝色或棕色。

注：关于使用黄/绿组合色和蓝色的情况说明：当按上述规定使用黄/绿组合色时，表示专门用来识别连接接地或类似保护用途的绝缘线芯，而蓝色用作连接中性线的绝缘线芯。如果没有中性线，则蓝色可用于识别除接地或保护导体外的任一绝缘线芯。

(三)额定电压 450/750 V 及以下交联聚烯烃绝缘电线电缆(JB/T 10491.1～4—2004)

交联聚烯烃绝缘电线电缆的长期允许工作温度分为 105 ℃、125 ℃、150 ℃三种。

1.交联聚烯烃绝缘电线电缆的型号和规格

表 11-219

型 号	名 称	额定电压(V)	工作温度(℃)	芯数	标称截面积(mm²)
Z-BYJ-105	耐热 105 ℃阻燃交联聚烯烃绝缘电缆	450/750	105	1	0.5～240
WDZ-BYJ-105	耐热 105 ℃无卤低烟阻燃交联聚烯烃绝缘电缆				
Z-RYJ-105	耐热 105 ℃阻燃交联聚烯烃绝缘软电缆	450/750		1	0.5～240
WDZ-RYJ-105	耐热 105 ℃无卤低烟阻燃交联聚烯烃绝缘软电缆				
Z-BYJYJ-105	耐热 105 ℃阻燃交联聚烯烃绝缘和护套电缆	300/500		1	0.75～10
WDZ-BYJYJ-105	耐热 105 ℃无卤低烟阻燃交联聚烯烃绝缘和护套电缆				
Z-RYJYJ-105	耐热 105 ℃阻燃交联聚烯烃绝缘和护套软电缆	300/500		2、3、4、5	0.75～2.5
WDZ-RYJYJ-105	耐热 105 ℃无卤低烟阻燃交联聚烯烃绝缘和护套软电缆				

续表 11-219

型　号	名　称	额定电压(V)	工作温度(℃)	芯数	标称截面积(mm²)
Z－BYJ－125	耐热 125 ℃阻燃交联聚烯烃绝缘电缆	450/750	125	1	9.5～240
WDZ－BYJ－125	耐热 125 ℃无卤低烟阻燃交联聚烯烃绝缘电缆				
Z－RYJ－125	耐热 125 ℃阻燃交联聚烯烃绝缘软电缆	450/750		1	0.5～240
WDZ－RYJ－125	耐热 125 ℃无卤低烟阻燃交联聚烯烃绝缘软电缆				
Z－BYJYJ－125	耐热 125 ℃阻燃交联聚烯烃绝缘和护套电缆	300/500		1	0.75～10
WDZ－BYJYJ－125	耐热 125 ℃无卤低烟燃交联聚烯烃绝缘和护套电缆				
Z－RYJYJ－125	耐热 125 ℃阻燃交联聚烯烃绝缘和护套软电缆	300/500		2、3、4、5	0.75～2.5
WDZ－RYJYJ－125	耐热 125 ℃无卤低烟阻燃交联聚烯烃绝缘和护套软电缆				
Z－BYJ－150	耐热 150 ℃阻燃交联聚烯烃绝缘电缆	450/750	150	1	0.5～240
WDZ－BYJ－150	耐热 150 ℃无卤低烟阻燃交联聚烯烃绝缘电缆				
Z－RYJ－150	耐热 150 ℃阻燃交联聚烯烃绝缘软电缆	300/500		1	0.5～240
WDZ－RYJ－150	耐热 150 ℃无卤低烟阻燃交联聚烯烃绝缘软电缆				
Z－BYJYJ－150	耐热 150 ℃阻燃交联聚烯烃绝缘和护套电缆	300/500		1	0.75～10
WDZ－BYJYJ－150	耐热 150 ℃无卤低烟阻燃交联聚烯烃绝缘和护套电缆				
Z－RYJYJ－150	耐热 150 ℃阻燃交联聚烯烃绝缘和护套软电缆	300/500		2、3、4、5	0.75～2.5
WDZ－RYJYJ－150	耐热 150 ℃无卤低烟阻燃交联聚烯烃绝缘和护套软电缆				

注:①型号中:Z 表示阻燃;W 表示无卤;D 表示低烟;B 表示固定布线用;R 表示连接用软电缆;YJ 交联聚乙烯。其他字母含义见表 11—161。

②产品用型号、规格和标准号表示。规格包括额定电压、芯数、导体标称截面积等。同一型号品种、规格采用规定的不同导体结构时,实心导体(第 1 种)用 A 表示,可省略;绞合导体(第 2 种)用 B 表示,在规格后标明。

③电缆线芯的颜色识别同塑料绝缘控制电缆。

2.耐热 105 ℃电线电缆的技术要求

(1)Z－BYJ－105 和 WDZ－BYJ－105 型 450/750 V 铜芯耐热 105 ℃交联聚烯烃绝缘电缆

表 11-220

导体标称截面积(mm²)	导体种类	绝缘厚度规定值(mm)	平均外径上限(mm)	20 ℃时导体电阻最大值(Ω/km)		105 ℃时绝缘电阻最小值(MΩ·km)
				铜芯	镀锡铜芯	
0.5	1	0.6	2.6	36.0	36.7	0.015
0.5	2	0.6	2.7	36.0	36.7	0.014
0.75	1	0.6	2.7	24.5	24.8	0.014
0.75	2	0.6	2.8	24.5	24.8	0.013
1	1	0.7	2.9	18.1	18.2	0.012
1	2	0.7	3.1	18.1	18.2	0.013
1.5	1	0.7	3.3	12.1	12.2	0.013
1.5	2	0.7	3.4	12.1	12.2	0.010
2.5	1	0.8	3.9	7.41	7.56	0.009
2.5	2	0.8	4.2	7.41	7.56	0.008 5
4	1	0.8	4.4	4.61	4.70	0.007 7
4	2	0.8	4.8	4.61	4.70	0.007 0
6	1	0.8	4.9	3.08	3.11	0.006 5
6	2	0.8	5.4	3.08	3.11	0.007 0
10	2	1.0	6.8	1.83	1.84	0.006 5
16	2	1.0	8.0	1.15	1.16	0.005 0
25	2	1.2	9.8	0.727	0.734	0.005 0
35	2	1.2	11.0	0.524	0.529	0.004 0
50	2	1.4	13.0	0.387	0.391	0.004 5

续表 11-220

导体标称截面积(mm^2)	导体种类	绝缘厚度规定值(mm)	平均外径上限(mm)	20 ℃时导体电阻最大值(Ω/km)		105 ℃时绝缘电阻最小值(MΩ·km)
				铜芯	镀锡铜芯	
70	2	1.4	15.0	0.268	0.270	0.003 5
95	2	1.6	17.0	0.193	0.195	0.003 5
120	2	1.6	19.0	0.153	0.154	0.003 2
150	2	1.8	21.0	0.124	0.126	0.003 2
185	2	2.0	23.5	0.099 1	0.100	0.003 2
240	2	2.2	26.5	0.075 4	0.076 2	0.003 2

(2)Z－RYJ－105 和 WDZ－RYJ－105 型 450/750 V 铜芯耐热 105 ℃交联聚烯烃绝缘软电缆

表 11-221

导体标称截面积(mm^2)	绞合导体中单线最大直径(mm)	绝缘厚度规定值(mm)	平均外径上限(mm)	20 ℃时导体电阻最大值(Ω/km)		105 ℃时绝缘电阻最小值(MΩ·km)
				铜芯	镀锡铜芯	
0.5	0.21	0.6	2.6	39.0	40.1	0.013
0.75	0.21	0.6	2.8	26.0	26.7	0.012
1	0.21	0.7	3.0	19.5	20.0	0.011
1.5	0.26	0.7	3.4	13.3	13.7	0.010
2.5	0.26	0.8	4.0	7.98	8.21	0.009
4	0.31	0.8	5.0	4.95	5.09	0.007
6	0.31	0.8	5.8	3.30	3.39	0.006
10	0.41	1.0	6.9	1.91	1.95	0.005 6
16	0.41	1.0	8.5	1.21	1.24	0.004 6
25	0.41	1.2	10.4	0.780	0.780	0.004 4
35	0.41	1.2	11.8	0.554	0.565	0.003 8
50	0.41	1.4	14.0	0.386	0.393	0.003 7
70	0.41	1.4	16.2	0.272	0.277	0.003 2
95	0.51	1.6	18.6	0.206	0.210	0.003 2
120	0.51	1.6	20.5	0.161	0.164	0.002 9
150	0.51	1.8	22.5	0.129	0.132	0.002 9
185	0.51	2.0	25.0	0.106	0.108	0.002 9
240	0.51	2.2	28.4	0.081	0.082	0.002 8

(3)Z－BYJYJ－105 和 WDZ－BYJYJ－105 型 300/500 V 耐热 105 ℃交联聚烯烃绝缘和护套电缆

表 11-222

导体标称截面积(mm^2)	导体种类	绝缘厚度规定值(mm)	护套厚度规定值(mm)	平均外径(mm)		20 ℃时导体电阻最大值(Ω/km)		105 ℃绝缘电阻最小值(MΩ·km)
				下限	上限	铜芯	镀锡铜芯	
0.75	1	0.6	0.8	3.6	4.4	24.5	24.8	0.012
1.0	1	0.7	0.8	3.7	4.5	18.1	18.2	0.011
1.5	1	0.7	0.8	4.2	5.0	12.1	12.2	0.011
1.5	2	0.7	0.8	4.3	5.2	12.1	12.2	0.010
2.5	1	0.8	0.8	4.8	5.7	7.41	7.56	0.010
2.5	2	0.8	0.8	4.8	5.9	7.41	7.56	0.009
4	1	0.8	0.9	5.4	6.5	4.61	4.70	0.008 5
4	2	0.8	0.9	5.5	6.8	4.61	4.70	0.007 7
6	1	0.8	0.9	5.9	7.1	3.08	3.11	0.007
6	2	0.8	0.9	6.0	7.3	3.08	3.11	0.006 5
10	2	1.0	0.9	7.3	8.8	1.83	1.84	0.006 5

(4)Z—RYJYJ—105 和 WDZ—RYJYJ—105 型 300/500 V 耐热 105 ℃交联聚烯烃绝缘和护套电缆

表 11-223

导体芯数和标称截面积(mm^2)	绞合导体中单线最大直径	绝缘厚度规定值(mm)	护套厚度规定值(mm)	平均外径尺寸(mm)		20 ℃时导体电阻最大值(Ω/km)		105℃时绝缘电阻最小值(MΩ·km)
				下限	上限	铜芯	镀锡铜芯	
2×0.75	0.21	0.6	0.8	6.0 或 3.8×6.0	7.6 或 5.2×7.6	26.0	26.7	0.012
2×1	0.21	0.6	0.8	6.4	8.0	19.5	20.0	0.011
2×1.5	0.26	0.7	0.8	7.4	9.0	13.3	13.7	0.011
2×2.5	0.26	0.8	1.0	8.9	11.0	7.98	8.21	0.010
3×0.75	0.21	0.6	0.8	6.4	8.0	26.0	26.7	0.012
3×1	0.21	0.6	0.8	6.8	8.4	19.5	20.0	0.011
3×1.5	0.26	0.7	0.9	8.0	9.8	13.3	13.7	0.011
3×2.5	0.26	0.8	1.0	9.6	12.0	7.98	8.21	0.010
4×0.75	0.21	0.6	0.8	6.8	8.6	26.0	26.7	0.012
4×1	0.21	0.6	0.9	7.6	9.4	19.5	20.0	0.011
4×1.5	0.26	0.7	1.0	9.0	11.0	13.3	13.7	0.011
4×2.5	0.26	0.8	1.1	10.5	13.0	7.98	8.21	0.010
5×0.75	0.21	0.6	0.9	7.4	9.6	26.0	26.7	0.012
5×1	0.21	0.6	0.9	8.3	10.0	19.5	20.0	0.011
5×1.5	0.26	0.7	1.1	10.0	12.0	13.3	13.7	0.011
5×2.5	0.26	0.8	1.2	11.5	14.0	7.98	8.21	0.010

3. 耐热 125 ℃电线电缆的技术要求

(1)Z—BYJ—125 和 WDZ—BYJ—125 型 450/750 V 耐热 125 ℃阻燃交联聚烯烃绝缘电缆

表 11-224

导体标称截面积(mm^2)	导体种类	绝缘厚度规定值(mm)	平均外径上限(mm)	20 ℃时导体电阻最大值(Ω/km)		125℃时绝缘电阻最小值(MΩ·km)
				铜芯	镀锡铜芯	
0.5	1	0.6	2.6	36.0	36.7	0.015
0.5	2	0.6	2.7	36.0	36.7	0.014
0.75	1	0.6	2.7	24.5	24.8	0.014
0.75	2	0.6	2.8	24.5	24.8	0.013
1	1	0.7	2.9	18.1	18.2	0.013
1	2	0.7	3.1	18.1	18.2	0.012
1.5	1	0.7	3.3	12.1	12.2	0.011
1.5	2	0.7	3.4	12.1	12.2	0.010
2.5	1	0.8	3.9	7.41	7.56	0.009
2.5	2	0.8	4.2	7.41	7.56	0.008 5
4	1	0.8	4.4	4.61	4.70	0.007 7
4	2	0.8	4.8	4.61	4.70	0.007 0
6	1	0.8	4.9	3.08	3.11	0.006 5
6	2	0.8	5.4	3.08	3.11	0.007 0
10	2	1.0	6.8	1.83	1.84	0.006 5
16	2	1.0	8.0	1.15	1.16	0.005 0
25	2	1.2	9.8	0.727	0.734	0.005 0
35	2	1.2	11.0	0.524	0.529	0.004 0
50	2	1.4	13.0	0.387	0.391	0.004 5
70	2	1.4	15.0	0.268	0.270	0.003 5
95	2	1.6	17.0	0.193	0.195	0.003 5
120	2	1.6	19.0	0.153	0.154	0.003 2
150	2	1.8	21.0	0.124	0.126	0.003 2
185	2	2.0	23.5	0.099 1	0.100	0.003 2
240	2	2.2	26.5	0.075 4	0.076 2	0.003 2

(2)Z—RYJ—125 和 WDZ—RYJ—125 型 450/750 V 耐热 125 ℃阻燃交联聚烯烃绝缘软电缆

表 11-225

导体标称截面积(mm^2)	绞合导体中单线最大直径(mm)	绝缘厚度规定值(mm)	平均外径上限(mm)	20 ℃时导体电阻最大值(Ω/km)		125℃时绝缘电阻最小值(MΩ·km)
				铜芯	镀锡铜芯	
0.5	0.21	0.6	2.6	39.0	40.1	0.013
0.75	0.21	0.6	2.8	26.0	26.7	0.012
1	0.21	0.7	3.0	19.5	20.0	0.011
1.5	0.26	0.7	3.4	13.3	13.7	0.010
2.5	0.26	0.8	4.0	7.98	8.21	0.009
4	0.31	0.8	5.0	4.95	5.09	0.007
6	0.31	0.8	5.8	3.30	3.39	0.006
10	0.41	1.0	6.9	1.91	1.95	0.005 6
16	0.41	1.0	8.5	1.21	1.24	0.004 6
25	0.41	1.2	10.4	0.780	0.780	0.004 4
35	0.41	1.2	11.8	0.554	0.565	0.003 8
50	0.41	1.4	14.0	0.386	0.393	0.003 7
70	0.41	1.4	16.2	0.272	0.277	0.003 2
95	0.51	1.6	18.6	0.206	0.210	0.003 2
120	0.51	1.6	20.5	0.161	0.164	0.002 9
150	0.51	1.8	22.5	0.129	0.132	0.002 9
185	0.51	2.0	25.0	0.106	0.108	0.002 9
240	0.51	2.2	28.4	0.080 1	0.081 7	0.002 8

(3)Z—BYJYJ—125 和 WDZ—BYJYJ—125 型 300/500 V 耐热 125 ℃阻燃交联聚烯烃绝缘和护套电缆

表 11-226

导体标称截面积(mm^2)	导体种类	绝缘厚度规定值(mm)	护套厚度规定值(mm)	平均外径(mm)		20 ℃时导体电阻最大值(Ω/km)		125℃时绝缘电阻最小值(MΩ·km)
				下限	上限	铜芯	镀锡铜芯	
0.75	1	0.6	0.8	3.6	4.4	24.5	24.8	0.012
1.0	1	0.7	0.8	3.7	4.5	18.1	18.2	0.011
1.5	1	0.7	0.8	4.2	5.0	12.1	12.2	0.011
1.5	2	0.7	0.8	4.3	5.2	12.1	12.2	0.010
2.5	1	0.8	0.8	4.8	5.7	7.41	7.56	0.010
2.5	2	0.8	0.8	4.8	5.9	7.41	7.56	0.009
4	1	0.8	0.9	5.4	6.5	4.61	4.70	0.008 5
4	2	0.8	0.9	5.5	6.8	4.61	4.70	0.007 7
6	1	0.8	0.9	5.9	7.1	3.08	3.11	0.007
6	2	0.8	0.9	6.0	7.3	3.08	3.11	0.006 5
10	2	1.0	0.9	7.3	8.8	1.83	1.84	0.006 5

(4)Z—RYJYJ—125 和 WDZ—RYJYJ—125 型 300/500 V 耐热 125 ℃阻燃交联聚烯烃绝缘和护套软电缆

表 11-227

导体芯数和标称截面积(mm^2)	绞合导体中单线最大直径(mm)	绝缘厚度规定值(mm)	护套厚度规定值(mm)	平均外形尺寸(mm)		20 ℃时导体电阻最大值(Ω/km)		125 ℃时绝缘电阻最小值(MΩ·km)
				下限	上限	铜芯	镀锡铜芯	
2×0.75	0.21	0.6	0.8	6.0 或 3.8×6.0	7.6 或 5.2×7.6	26.0	26.7	0.012
2×1	0.21	0.6	0.8	6.4	8.0	19.5	20.0	0.011
2×1.5	0.26	0.7	0.8	7.4	9.0	13.3	13.7	0.011
2×2.5	0.26	0.8	1.0	8.9	11.0	7.98	8.21	0.010
3×0.75	0.21	0.6	0.8	6.4	8.0	26.0	26.7	0.012

续表 11-227

导体芯数和标称截面积(mm^2)	绞合导体中单线最大直径(mm)	绝缘厚度规定值(mm)	护套厚度规定值(mm)	平均外形尺寸(mm)		20℃时导体电阻最大值(Ω/km)		125℃时绝缘电阻最小值(MΩ·km)
				下限	上限	铜芯	镀锡铜芯	
3×1	0.21	0.6	0.8	6.8	8.4	19.5	20.0	0.011
3×1.5	0.26	0.7	0.9	8.0	9.8	13.3	13.7	0.011
3×2.5	0.26	0.8	1.0	9.6	12.0	7.98	8.21	0.010
4×0.75	0.21	0.6	0.8	6.8	8.6	26.0	26.7	0.012
4×1	0.21	0.6	0.9	7.6	9.4	19.5	20.0	0.011
4×1.5	0.26	0.7	1.0	9.0	11.0	13.3	13.7	0.011
4×2.5	0.26	0.8	1.1	10.5	13.0	7.98	8.21	0.010
5×0.75	0.21	0.6	0.9	7.4	9.6	26.0	26.7	0.012
5×1	0.21	0.6	0.9	8.3	10.0	19.5	20.0	0.011
5×1.5	0.26	0.7	1.1	10.0	12.0	13.3	13.7	0.011
5×2.5	0.26	0.8	1.2	11.5	14.0	7.98	8.21	0.010

4. 耐热 150 ℃电线电缆的技术要求

(1)Z－BYJ－150 和 WDZ－BYJ－150 型 450/750 V 铜芯耐热 150 ℃阻燃交联聚烯烃绝缘电缆

表 11-228

导体标称截面积(mm^2)	导体种类	绝缘厚度规定值(mm)	平均外径上限(mm)	20℃时导体电阻最大值(Ω/km)		150℃时绝缘电阻最小值(MΩ·km)
				铜芯	镀锡铜芯	
0.5	1	0.6	2.6	36.0	36.7	0.015
0.5	2	0.6	2.7	36.0	36.7	0.014
0.75	1	0.6	2.7	24.5	24.8	0.014
0.75	2	0.6	2.8	24.5	24.8	0.013
1	1	0.7	2.9	18.1	18.2	0.013
1	2	0.7	3.1	18.1	18.2	0.012
1.5	1	0.7	3.3	12.1	12.2	0.011
1.5	2	0.7	3.4	12.1	12.2	0.010
2.5	1	0.8	3.9	7.41	7.56	0.009
2.5	2	0.8	4.2	7.41	7.56	0.008 5
4	1	0.8	4.4	4.61	4.70	0.007 7
4	2	0.8	4.8	4.61	4.70	0.007 0
6	1	0.8	4.9	3.08	3.11	0.006 5
6	2	0.8	5.4	3.08	3.11	0.007 0
10	2	1.0	6.8	1.83	1.84	0.006 5
16	2	1.0	8.0	1.15	1.16	0.005 0
25	2	1.2	9.8	0.727	0.734	0.005 0
35	2	1.2	11.0	0.524	0.529	0.004 0
50	2	1.4	13.0	0.387	0.391	0.004 5
70	2	1.4	15.0	0.268	0.270	0.003 5
95	2	1.6	17.0	0.193	0.195	0.003 5
120	2	1.6	19.0	0.153	0.154	0.003 2
150	2	1.8	21.0	0.124	0.126	0.003 2
185	2	2.0	23.5	0.099 1	0.100	0.003 2
240	2	2.2	26.5	0.075 4	0.076 2	0.003 2

(2)Z－RYJ－150 和 WDZ－RYJ－150 型 450/750 V 铜芯耐热 150 ℃阻燃交联聚烯烃绝缘软电缆

表 11-229

导体标称截面积(mm^2)	绞合导体中单线最大直径(mm)	绝缘厚度规定值(mm)	平均外径上限(mm)	20 ℃时导体电阻最大值(Ω/km)		150 ℃时绝缘电阻最小值(MΩ·km)
				铜芯	镀锡铜芯	
0.5	0.21	0.6	2.6	39.0	40.1	0.013
0.75	0.21	0.6	2.8	26.0	26.7	0.012
1	0.21	0.7	3.0	19.5	20.0	0.011
1.5	0.26	0.7	3.4	13.3	13.7	0.010
2.5	0.26	0.8	4.0	7.98	8.21	0.009
4	0.31	0.8	5.0	4.95	5.09	0.007
6	0.31	0.8	5.8	3.30	3.39	0.006
10	0.41	1.0	6.9	1.91	1.95	0.005 6
16	0.41	1.0	8.5	1.21	1.24	0.004 6
25	0.41	1.2	10.4	0.780	0.780	0.004 4
35	0.41	1.2	11.8	0.554	0.565	0.003 8
50	0.41	1.4	14.0	0.386	0.393	0.003 7
70	0.41	1.4	16.2	0.272	0.277	0.003 2
95	0.51	1.6	18.6	0.206	0.210	0.003 2
120	0.51	1.6	20.5	0.161	0.164	0.002 9
150	0.51	1.8	22.5	0.129	0.132	0.002 9
185	0.51	2.0	25.0	0.106	0.108	0.002 9
240	0.51	2.2	28.4	0.080 1	0.081 7	0.002 8

(3)Z－BYJYJ－150 和 WDZ－BYJYJ－150 型 300/500V 耐热 150 ℃交联聚烯烃绝缘电线

表 11-230

导体标称截面积(mm^2)	导体种类	绝缘厚度规定值(mm)	护套厚度规定值(mm)	平均外径(mm)		20 ℃时导体电阻最大值(Ω/km)		150 ℃绝缘电阻最小值(MΩ·km)
				下限	上限	铜芯	镀锡铜芯	
0.75	1	0.6	0.8	3.6	4.4	24.5	24.8	0.012
1.0	1	0.7	0.8	3.7	4.5	18.1	18.2	0.011
1.5	1	0.7	0.8	4.2	5.0	12.1	12.2	0.011
1.5	2	0.7	0.8	4.3	5.2	12.1	12.2	0.010
2.5	1	0.8	0.8	4.8	5.7	7.41	7.56	0.010
2.5	2	0.8	0.8	4.8	5.9	7.41	7.56	0.009
4	1	0.8	0.9	5.4	6.5	4.61	4.70	0.008 5
4	2	0.8	0.9	5.5	6.8	4.61	4.70	0.007 7
6	1	0.8	0.9	5.9	7.1	3.08	3.11	0.007
6	2	0.8	0.9	6.0	7.3	3.08	3.11	0.006 5
10	2	1.0	0.9	7.3	8.8	1.83	1.84	0.006 5

(4)Z－RYJYJ－150 和 WDZ－RYJYJ－150 型 300/500 V 铜芯耐热 150 ℃阻燃交联聚烯烃绝缘及护套软电缆

表 11-231

导体芯数和标称截面积(mm^2)	绞合导体中单线最大直径(mm)	绝缘厚度规定值(mm)	护套厚度规定值(mm)	平均外形尺寸(mm)		20 ℃时导体电阻最大值(Ω/km)		150 ℃时绝缘电阻最小值(MΩ·km)
				下限	上限	铜芯	镀锡铜芯	
2×0.75	0.21	0.6	0.8	6.0 或 3.8×6.0	7.6 或 5.2×7.6	26.0	26.7	0.012
2×1	0.21	0.6	0.8	6.4	8.0	19.5	20.0	0.011
2×1.5	0.26	0.7	0.8	7.4	9.0	13.3	13.7	0.011
2×2.5	0.26	0.8	1.0	8.9	11.0	7.98	8.21	0.010
3×0.75	0.21	0.6	0.8	6.4	8.0	26.0	26.7	0.012
3×1	0.21	0.6	0.8	6.8	8.4	19.5	20.0	0.011
3×1.5	0.26	0.7	0.9	8.0	9.8	13.3	13.7	0.011

续表 11-231

导体芯数和标称截面积(mm^2)	绞合导体中单线最大直径(mm)	绝缘厚度规定值(mm)	护套厚度规定值(mm)	平均外形尺寸(mm)		20 ℃时导体电阻最大值(Ω/km)		150 ℃时绝缘电阻最小值(MΩ·km)
				下限	上限	铜芯	镀锡铜芯	
3×2.5	0.26	0.8	1.0	9.6	12.0	7.98	8.21	0.010
4×0.75	0.21	0.6	0.8	6.8	8.6	26.0	26.7	0.012
4×1	0.21	0.6	0.9	7.6	9.4	19.5	20.0	0.011
4×1.5	0.26	0.7	1.0	9.0	11.0	13.3	13.7	0.011
4×2.5	0.26	0.8	1.1	10.5	13.0	7.98	8.21	0.010
5×0.75	0.21	0.6	0.9	7.4	9.6	26.0	26.7	0.012
5×1	0.21	0.6	0.9	8.3	10.0	19.5	20.0	0.011
5×1.5	0.26	0.7	1.1	10.0	12.0	13.3	13.7	0.011
5×2.5	0.26	0.8	1.2	11.5	14.0	7.98	8.21	0.010

(四)塑料绝缘控制电缆(GB/T 9330.1～3—2008)

塑料绝缘控制电缆的额定电压 U_0/U 为 450/750V,电缆的敷设温度应不低于 0℃。控制电缆包括聚氯乙烯绝缘、护套控制电缆(长期允许工作温度 70℃)和交联聚乙烯绝缘控制电缆(长期允许工作温度 90℃)两类。

1. 塑料绝缘控制电缆的产品代号

表 11-232

系列代号		导体代号		绝缘代号		护套代号		特征代号	
字母	含义	字母	含义	字母	含义	字母	含义	字母	含义
K	控制电缆	T	铜导体(省略)	YJ	交联聚乙烯	V	聚氯乙烯	P	编织屏蔽
		R	软铜结构	V	聚氯乙烯	Y	聚乙烯或聚烯烃	P2	铜带屏蔽
						2	聚氯乙烯外护套	P3	铝塑复合屏蔽
						3	聚乙烯或聚烯烃外护套	2	双钢带铠装
								3	钢丝铠装

2. 塑料绝缘控制电缆产品表示方法

产品用型号、规格及标准编号表示。

当产品有燃烧特性要求时,产品表示方法符合 GB/T 19666—2005 的规定。

同一品种采用规定的不同导体结构时,第 1 种导体用(A)表示(省略),第 2 种导体用(B)表示,排规格后。电缆中的绿/黄双色绝缘线芯应与其他线芯分别表示。

示例:

(1)铜芯聚氯乙烯绝缘聚氯乙烯护套控制电缆,固定敷设用,额定电压 450/750 V、24 芯、1.5mm^2 有绿/黄双色绝缘线芯,表示为:

第 1 种导体结构者:KVV－450/750 23×1.5＋1×1.5 GB/T 9330.2—2008

第 2 种导体结构者:KVV－450/750 23×1.5(B)＋1×1.5 GB/T 9330.2—2008

(2)铜芯交联聚乙烯绝缘聚氯乙烯护套铜带屏蔽控制电缆,固定敷设用,额定电压 450/750 V、24 芯,1.5mm^2,铜带屏蔽,无绿/黄双色绝缘线芯,表示为:

KYJVP2－450/750　24×1.5　GB/T 9330.3—2008

3. 塑料绝缘控制电缆绝缘线芯的识别

(1)五芯及以下电缆的颜色识别:

电缆优先选用的色谱是:

——两芯电缆:无优先选用色谱;

——三芯电缆:黄/绿色、浅蓝色、棕色,或是浅蓝色、黑色、棕色;

——四芯电缆:黄/绿色、浅蓝色、黑色、棕色,或是浅蓝色、黑色、棕色、黑色或棕色;

——五芯电缆：黄/绿色、浅蓝色、黑色、棕色、黑色或棕色；或是浅蓝色、黑色、棕色、黑色或棕色，黑色或棕色。

黄/绿组合色绝缘芯的双色分配应符合下列条件：

对每一段长 15mm 的双色绝缘线芯，其中一种颜色应至少覆盖绝缘线芯表面的 30%，且不大于 70%，而另一种颜色则覆盖绝缘线芯的其余部分。

(2)数字识别：

数定应用阿拉伯数字印在绝缘线芯的外表面上，数字颜色应相同并与绝缘颜色有明显反差且字迹清楚。

4. 塑料绝缘控制电缆的型号和规格

表 11-233

<table>
<tr><th rowspan="3">型号</th><th rowspan="3">名　称</th><th colspan="8">导体标称截面积(mm^2)</th></tr>
<tr><th>0.5</th><th>0.75</th><th>1.0</th><th>1.5</th><th>2.5</th><th>4</th><th>6</th><th>10</th></tr>
<tr><th colspan="8">芯数</th></tr>
<tr><td>KVV</td><td>聚氯乙烯绝缘聚氯乙烯护套控制电缆</td><td rowspan="2">—</td><td rowspan="2" colspan="4">2～61</td><td rowspan="2" colspan="2">2～14</td><td rowspan="2">2～10</td></tr>
<tr><td>KVVP</td><td>聚氯乙烯绝缘聚氯乙烯护套编织屏蔽控制电缆</td></tr>
<tr><td>KVVP2</td><td>聚氯乙烯绝缘聚氯乙烯护套铜带屏蔽控制软电缆</td><td rowspan="2">—</td><td rowspan="2" colspan="4">4～61</td><td rowspan="2" colspan="2">4～14</td><td rowspan="2">4～10</td></tr>
<tr><td>KVVP3</td><td>聚氯乙烯绝缘聚氯乙烯护套铝塑屏蔽控制电缆</td></tr>
<tr><td>KVV22</td><td>聚氯乙烯绝缘聚氯乙烯护套钢带铠装控制电缆</td><td>—</td><td colspan="2">7～61</td><td colspan="2">4～61</td><td colspan="2">4～14</td><td>4～10</td></tr>
<tr><td>KVVP2－22</td><td>聚氯乙烯绝缘聚氯乙烯护套铜带屏蔽钢带铠装控制电缆</td><td>—</td><td colspan="2">7～61</td><td colspan="2">4～61</td><td colspan="2">4～14</td><td>4～10</td></tr>
<tr><td>KVV32</td><td>聚氯乙烯绝缘聚氯乙烯护套细钢丝铠装控制电缆</td><td>—</td><td colspan="2">19～61</td><td colspan="2">7～61</td><td colspan="2">4～14</td><td>4～10</td></tr>
<tr><td>KVVR</td><td>聚氯乙烯绝缘聚氯乙烯护套控制软电缆</td><td colspan="5">2～61</td><td>—</td><td>—</td><td>—</td></tr>
<tr><td>KVVRP</td><td>聚氯乙烯绝缘聚氯乙烯护套编织屏蔽控制软电缆</td><td colspan="3">2～61</td><td colspan="2">2～48</td><td>—</td><td>—</td><td>—</td></tr>
<tr><td>KYJV</td><td>交联聚乙烯绝缘聚氯乙烯护套控制电缆</td><td>—</td><td rowspan="2" colspan="4">2～61</td><td rowspan="2" colspan="2">2～14</td><td rowspan="2">2～10</td></tr>
<tr><td>KYJVP</td><td>交联聚乙烯绝缘聚氯乙烯护套编织屏蔽控制电缆</td><td>—</td></tr>
<tr><td>KYJVP2</td><td>交联聚乙烯绝缘聚氯乙烯护套铜带屏蔽控制电缆</td><td>—</td><td rowspan="2" colspan="4">4～61</td><td rowspan="2" colspan="2">4～14</td><td rowspan="2">4～10</td></tr>
<tr><td>KYJVP3</td><td>交联聚乙烯绝缘聚氯乙烯护套铝塑屏蔽控制电缆</td><td>—</td></tr>
<tr><td>KYJV22</td><td>交联聚乙烯绝缘聚氯乙烯护套钢带铠装控制电缆</td><td>—</td><td rowspan="2" colspan="3">7～61</td><td rowspan="2">4～61</td><td rowspan="2" colspan="2">4～14</td><td rowspan="2">4～10</td></tr>
<tr><td>KYJVP2－22</td><td>交联聚乙烯绝缘聚氯乙烯护套铜带屏蔽钢带铠装控制电缆</td><td>—</td></tr>
<tr><td>KYJV32</td><td>交联聚乙烯绝缘聚氯乙烯护套钢丝铠装控制电缆</td><td>—</td><td colspan="2">19～61</td><td colspan="2">7～61</td><td colspan="2">4～14</td><td>4～10</td></tr>
<tr><td>KYJY</td><td>交联聚乙烯绝缘聚烯烃护套控制电缆</td><td>—</td><td rowspan="2" colspan="4">2～61</td><td rowspan="2" colspan="2">2～14</td><td rowspan="2">2～10</td></tr>
<tr><td>KYJYP</td><td>交联聚乙烯绝缘聚烯烃护套编织屏蔽控制电缆</td><td>—</td></tr>
<tr><td>KYJYP2</td><td>交联聚乙烯绝缘聚烯烃护套铜带屏蔽控制电缆</td><td>—</td><td rowspan="2" colspan="4">4～61</td><td rowspan="2" colspan="2">4～14</td><td rowspan="2">4～10</td></tr>
<tr><td>KYJYP3</td><td>交联聚乙烯绝缘聚烯烃护套铝塑带屏蔽控制电缆</td><td>—</td></tr>
<tr><td>KYJY23</td><td>交联聚乙烯绝缘聚烯烃护套钢带铠装控制电缆</td><td>—</td><td rowspan="2" colspan="3">7～61</td><td rowspan="2">4～61</td><td rowspan="2" colspan="2">4～14</td><td rowspan="2">4～10</td></tr>
<tr><td>KYJYP2－23</td><td>交联聚乙烯绝缘聚烯烃护套铜带屏蔽钢带铠装控制电缆</td><td>—</td></tr>
<tr><td>KYJY33</td><td>交联聚乙烯绝缘聚烯烃护套钢丝铠装控制电缆</td><td>—</td><td colspan="2">19～61</td><td colspan="2">7～61</td><td colspan="2">4～14</td><td>4～10</td></tr>
</table>

注：聚氯乙烯控制电缆推荐的芯数系列为 2、3、4、5、7、8、10、12、14、16、19、24、27、30、37、44、48、52 和 61 芯。

5. 塑料绝缘控制电缆的允许弯曲半径

表 11-234

项　目	交联聚乙烯绝缘控制电缆	聚氯乙烯绝缘、护套控制电缆
无铠装层电缆	≥8 *D*	≥6 *D*
有铠装或铜带屏蔽结构的电缆	≥12 *D*	≥12 *D*
有屏蔽层结构的软电缆	—	≥6 *D*

注：*D*——电缆外径。

6.聚氯乙烯绝缘聚氯乙烯护套控制电缆的外径

(1)KVV型电缆

表 11-235

线芯×标称截面积(mm^2)	第1种导体 平均外径(mm)		第2种导体 平均外径(mm)	
	下限	上限	下限	上限
2×0.75	6.7	8.1	6.9	8.4
2×1.0	7.0	8.5	7.2	8.7
2×1.5	7.9	9.5	8.1	9.7
2×2.5	9.0	10.9	9.2	11.1
2×4	9.9	11.9	10.2	12.3
2×6	10.8	13.1	11.2	13.6
2×10	—	—	14.3	17.3
3×0.75	7.1	8.5	7.3	8.8
3×1.0	7.4	8.9	7.6	9.1
3×1.5	8.3	10.0	8.5	10.3
3×2.5	9.5	11.5	9.7	11.8
3×4	10.5	12.7	10.8	13.0
3×6	11.5	13.9	11.9	14.4
3×10	—	—	15.2	18.4
4×0.75	7.6	9.2	7.8	9.4
4×1.0	7.9	9.6	8.2	9.9
4×1.5	9.0	10.9	9.2	11.1
4×2.5	10.4	12.5	10.6	12.8
4×4	11.4	13.8	11.8	14.2
4×6	13.2	15.9	13.6	16.5
4×10	—	—	16.6	20.1
5×0.75	8.2	9.9	8.4	10.2
5×1.0	8.6	10.3	8.8	10.6
5×1.5	9.7	11.7	10.0	12.1
5×2.5	11.3	13.6	11.5	13.9
5×4	13.0	15.7	13.4	16.2
5×6	14.3	17.3	14.8	17.9
5×10	—	—	18.2	22.0
7×0.75	8.8	10.6	9.1	11.0
7×1.0	9.2	11.1	9.5	11.5
7×1.5	10.5	12.7	10.8	13.1
7×2.5	12.8	15.5	13.1	15.8
7×4	14.1	17.1	14.5	17.6
7×6	15.6	18.8	16.1	19.5
7×10	—	—	20.3	24.5
8×0.75	9.7	11.7	10.0	12.1
8×1.0	10.2	12.3	10.5	12.7
8×1.5	11.7	14.1	12.6	15.2
8×2.5	14.3	17.2	14.6	17.6
8×4	15.8	19.0	16.3	19.6
8×6	17.4	21.0	18.1	21.8
8×10	—	—	22.8	27.5
10×0.75	10.8	13.1	11.2	13.6
10×1.0	11.4	13.8	11.8	14.3
10×1.5	13.7	16.6	14.1	17.1
10×2.5	16.0	19.4	16.4	19.8
10×4	17.8	21.5	18.7	22.6
10×6	20.1	24.2	20.8	25.2
10×10	—	—	25.8	31.2
12×0.75	11.2	13.5	11.6	14.0
12×1.0	11.8	14.2	12.8	15.4
12×1.5	14.2	17.1	14.5	17.6
12×2.5	16.5	20.0	16.9	20.5
12×4	18.7	22.6	19.3	23.4
12×6	20.7	25.0	21.5	26.0
14×0.75	11.7	14.1	12.7	15.3
14×1.0	12.9	15.6	13.3	16.1
14×1.5	14.8	17.9	15.2	18.4
14×2.5	17.4	21.0	17.8	21.5
14×4	19.6	23.7	20.3	24.5
14×6	21.8	26.3	22.6	27.3
16×0.75	12.9	15.5	13.3	16.1
16×1.0	13.5	16.4	14.0	16.9
16×1.5	15.6	18.8	16.0	19.4
16×2.5	18.3	22.1	19.1	23.1
19×0.75	13.5	16.3	14.0	16.9
19×1.0	14.2	17.2	14.7	17.7
19×1.5	16.4	19.8	16.8	20.4
19×2.5	19.6	23.7	20.1	24.3
24×0.75	15.6	18.8	16.1	19.5
24×1.0	16.4	19.8	17.0	20.5
24×1.5	19.4	23.4	20.0	24.1
24×2.5	22.8	27.6	23.4	28.3
27×0.75	15.9	19.2	16.5	19.9
27×1.0	16.7	20.2	17.3	20.9
27×1.5	19.8	23.9	20.4	24.6
27×2.5	23.3	28.2	23.9	28.9
37×0.75	16.4	19.8	17.0	20.6
37×1.0	19.0	23.0	19.7	23.8
37×1.5	22.0	26.6	22.7	27.4
37×2.5	26.1	31.5	26.7	32.3
44×0.75	20.1	24.2	20.8	25.2
44×1.0	21.2	25.6	22.0	26.6
44×1.5	24.7	29.8	25.4	30.7
44×2.5	29.9	36.1	30.6	37.0
48×0.75	20.4	24.6	21.2	25.6
48×1.0	21.5	26.0	22.3	27.0
48×1.5	25.1	30.3	25.9	31.2
48×2.5	30.3	36.7	31.1	37.6
52×0.75	20.9	25.3	21.7	26.2
52×1.0	22.1	26.7	22.9	27.7
52×1.5	25.8	31.1	26.6	32.1
52×2.5	31.2	37.7	32.0	38.6
61×0.75	21.9	26.5	22.8	27.5
61×1.0	23.2	28.0	24.1	29.1
61×1.5	27.0	32.7	28.5	34.4
61×2.5	33.1	40.0	34.0	41.1

(2)KVVP 型电缆

表 11-236

线芯×标称截面积（mm^2）	第 1 种导体		第 2 种导体	
	平均外径(mm)		平均外径(mm)	
	下限	上限	下限	上限
2×0.75	7.7	9.3	7.9	9.6
2×1.0	8.0	9.7	8.2	9.9
2×1.5	8.9	10.7	9.1	11.0
2×2.5	10.0	12.1	10.2	12.4
2×4	10.9	13.2	11.2	13.5
2×6	11.9	14.3	12.8	15.5
2×10	—	—	15.6	18.8
3×0.75	8.1	9.7	8.3	10.0
3×1.0	8.4	10.1	8.6	10.4
3×1.5	9.3	11.2	9.5	11.5
3×2.5	10.5	12.7	10.8	18.0
3×4	11.5	13.9	11.8	14.2
3×6	13.1	15.8	13.7	16.6
3×10	—	—	16.4	19.9
4×0.75	8.6	10.4	8.8	10.7
4×1.0	8.9	10.8	9.2	11.1
4×1.5	10.0	12.1	10.2	12.4
4×2.5	11.4	13.8	11.6	14.0
4×4	13.0	15.7	13.6	16.4
4×6	14.4	17.4	14.9	18.0
4×10	—	—	17.9	21.6
5×0.75	9.2	11.1	9.4	11.4
5×1.0	9.6	11.6	9.8	11.9
5×1.5	10.7	13.0	11.0	13.3
5×2.5	12.9	15.5	13.1	15.9
5×4	14.3	17.2	14.7	17.7
5×6	15.6	18.8	16.1	19.4
5×10	—	—	19.8	24.0
7×0.75	9.8	11.8	10.1	12.2
7×1.0	10.2	12.4	10.5	12.7
7×1.5	11.5	13.9	11.8	14.3
7×2.5	14.1	17.0	14.4	17.3
7×4	15.4	18.6	15.8	19.1
7×6	16.8	20.3	17.4	21.0
7×10	—	—	21.5	26.0
8×0.75	10.7	13.0	11.1	13.4
8×1.0	11.2	13.5	11.5	11.0
8×1.5	13.5	16.3	13.9	16.7
8×2.5	15.5	18.7	15.8	19.1
8×4	17.0	20.5	17.5	21.1
8×6	19.0	23.0	19.7	23.8
8×10	—	—	24.2	29.3
10×0.75	11.9	14.3	12.8	15.5
10×1.0	13.0	15.7	13.6	16.5
10×1.5	15.0	18.1	15.4	18.6
10×2.5	17.3	20.9	17.7	21.3
10×4	19.4	23.4	20.0	24.1
10×6	21.3	25.8	22.1	26.7
10×10	—	—	27.9	33.7

线芯×标称截面积（mm^2）	第 1 种导体		第 2 种导体	
	平均外径(mm)		平均外径(mm)	
	下限	上限	下限	上限
12×0.75	12.8	15.4	13.2	15.9
12×1.0	13.6	16.4	14.0	16.9
12×1.5	15.4	18.6	15.8	19.1
12×2.5	17.8	21.5	18.2	22.0
12×4	20.0	24.1	20.6	24.9
12×6	32.0	26.6	22.8	27.5
14×0.75	18.5	16.3	13.9	16.8
14×1.0	44.2	17.1	14.6	17.6
14×1.5	16.1	19.4	16.5	19.9
14×2.5	19.0	22.9	19.4	23.4
14×4	20.9	25.2	21.5	26.0
14×6	23.0	27.8	24.1	29.1
16×0.75	14.1	17.1	14.6	17.6
16×1.0	14.8	17.9	15.2	18.4
16×1.5	16.8	20.3	17.8	20.9
16×2.5	19.9	24.1	20.4	24.6
19×0.75	14.7	17.8	15.2	18.4
19×1.0	15.5	18.7	15.9	19.3
19×1.5	17.6	21.3	18.1	21.9
19×2.5	20.9	25.2	21.4	25.8
24×0.75	16.8	20.3	17.4	21.0
24×1.0	17.7	21.3	18.2	22.0
24×1.5	20.6	24.9	21.2	25.6
24×2.5	24.3	29.4	24.9	30.1
27×0.75	17.1	20.7	17.7	21.4
27×1.0	18.0	21.7	19.0	22.9
27×1.5	21.0	25.4	21.5	26.1
27×2.5	24.8	30.0	25.4	30.7
30×0.75	17.6	21.8	18.3	22.1
30×1.0	19.0	22.9	19.6	23.6
30×1.5	21.7	26.2	22.3	27.0
30×2.5	25.7	31.0	26.3	31.7
37×0.75	19.2	23.3	19.9	24.1
37×1.0	20.3	24.5	20.9	25.3
37×1.5	23.3	28.1	24.2	29.2
37×2.5	28.1	34.0	28.8	34.8
44×0.75	21.3	25.8	22.1	26.7
44×1.0	22.5	27.1	23.2	28.1

(3)KVVP2 型电缆、KVVP3 型电缆

表 11-237

线芯×标称截面积(mm^2)	导体种类	平均外径(mm)		线芯×标称截面积(mm^2)	导体种类	平均外径(mm)	
		下限	上限			下限	上限
4×0.75	1	8.1	9.7	14×0.75	1	12.2	14.7
4×1.0	1	8.4	10.2	14×1.0	1	13.4	16.2
4×1.5	1	9.5	11.4	14×1.5	1	15.3	18.5
4×2.5	1	10.9	13.1	14×2.5	1	17.8	21.5
4×4	1	12.5	15.1	14×4	1	20.1	24.3
4×6	1	13.6	16.5	14×6	1	22.2	26.9
4×10	3	17.1	20.7	16×0.75	1	13.3	16.1
5×0.75	1	8.6	10.4	16×1.0	1	14.0	16.9
5×1.0	1	9.0	10.9	16×1.5	1	16.1	19.4
5×1.5	1	10.2	12.5	16×2.5	1	19.1	23.1
5×2.5	1	11.8	14.2	19×0.75	1	14.0	16.9
5×4	1	13.5	16.3	19×1.0	1	14.7	17.7
5×6	1	14.8	17.9	19×1.5	1	16.8	20.4
5×10	2	19.1	23.0	19×2.5	1	20.1	24.3
7×0.7	1	9.8	11.2	24×0.75	1	16.0	19.4
7×1.0	1	9.8	11.7	24×1.0	1	16.9	20.4
7×1.5	1	11.0	13.3	24×1.5	1	19.9	24.0
7×2.5	1	13.3	16.1	24×2.5	1	23.3	28.2
7×4	1	14.6	17.6	27×0.75	1	16.3	19.7
7×6	1	16.0	19.4	27×1.0	1	17.2	20.8
7×10	2	20.7	25.1	27×1.5	1	20.3	24.5
				27×2.5	1	23.8	28.8
8×0.75	1	10.2	12.3	30×0.75	1	16.9	20.4
8×1.0	1	10.7	12.9	30×1.0	1	17.8	21.5
8×1.5	1	12.8	15.4	30×1.5	1	21.0	25.3
				30×2.5	1	24.6	29.8
8×2.5	1	14.7	17.8	37×0.75	1	18.1	21.9
8×4	1	16.2	19.6	37×1.0	1	19.5	23.5
8×6	1	17.9	21.6	37×1.5	1	22.5	27.2
8×10	2	23.2	28.1	37×2.5	1	26.5	32.1
10×0.75	1	11.3	13.7	44×0.75	1	20.5	24.8
				44×1.0	1	21.7	26.2
10×1.0	1	12.5	15.1	44×1.5	1	25.2	30.4
10×1.5	1	14.2	17.2	44×2.5	1	30.3	36.7
10×2.5	1	16.5	20.0	48×0.75	1	20.9	25.2
10×4	1	18.6	22.5	48×1.0	1	22.0	26.6
10×6	1	20.5	24.8	48×1.5	1	25.5	30.9
				48×2.5	1	30.8	37.2
10×10	2	26.3	31.8	52×0.75	1	21.4	25.8
12×0.75	1	11.7	14.1	52×1.0	1	22.6	27.3
12×1.0	1	12.8	15.5	52×1.5	1	26.2	31.7
				52×2.5	1	31.7	38.2
12×1.5	1	14.6	17.7	61×0.75	1	22.6	27.3
12×2.5	1	17.0	20.6	61×1.0	1	23.9	28.9
12×4	1	19.2	23.2	61×1.5	1	28.4	34.3
12×6	1	21.2	25.6	61×2.5	1	33.9	41.0

(4)KVV22 型电缆

表 11-238

线芯×标称截面积(mm^2)	导体种类	平均外径(mm)		线芯×标称截面积(mm^2)	导体种类	平均外径(mm)	
		下限	上限			下限	上限
4×1.5	1	12.0	14.4	16×0.75	1	15.3	18.5
4×2.5	1	13.4	16.1	16×1.0	1	16.0	19.3
4×4	1	14.4	17.4	16×1.5	1	18.0	21.7
4×6	1	15.6	18.8	16×2.5	1	21.1	25.5
4×10	2	19.4	23.5	19×0.75	1	15.9	19.2
5×1.5	1	12.7	15.3	19×1.0	1	16.6	20.1
5×2.5	1	14.3	17.2	19×1.5	1	19.2	23.1
5×4	1	15.4	18.6	19×2.5	1	22.0	26.6
5×6	1	16.7	20.2	24×0.75	1	18.0	21.7
5×10	2	21.0	25.4	24×1.0	1	19.2	23.2
7×0.75	1	11.8	14.2	24×1.5	1	21.8	26.3
7×1.0	1	12.2	14.7	24×2.5	1	25.6	31.0
7×1.5	1	13.5	16.3	27×0.75	1	18.7	22.5
7×2.5	1	15.2	18.4	27×1.0	1	19.5	23.6
7×4	1	16.5	20.0	27×1.5	1	22.2	26.8
7×6	1	18.0	21.7	27×2.5	1	26.1	31.6
7×10	2	22.7	27.4	30×0.75	1	19.2	23.2
8×0.75	1	12.7	15.3	30×1.0	1	20.1	24.3
8×1.0	1	13.2	15.9	30×1.5	1	22.9	27.6
8×1.5	1	14.7	17.7	30×2.5	1	27.0	32.6
8×2.5	1	16.7	20.1	37×0.75	1	20.4	24.7
8×4	1	18.2	21.9	37×1.0	1	21.4	25.9
8×6	1	20.2	24.4	37×1.5	1	24.4	29.5
8×10	2	25.2	30.4	37×2.5	1	29.4	35.6
10×0.75	1	13.8	16.7	44×0.75	1	22.5	27.1
10×1.0	1	14.4	17.4	44×1.0	1	23.6	28.5
10×1.5	1	16.1	19.5	44×1.5	1	28.0	33.9
10×2.5	1	18.8	22.7	44×2.5	1	33.0	39.9
10×4	1	20.5	24.8	48×0.75	1	22.8	27.5
10×6	1	22.5	27.1	48×1.0	1	24.0	28.9
10×10	2	29.2	35.3	48×1.5	1	28.4	34.4
12×0.75	1	14.1	17.1	48×2.5	1	33.5	40.5
12×1.0	1	14.8	17.8	52×0.75	1	23.3	28.2
12×1.5	1	16.6	20.0	52×1.0	1	24.5	29.6
12×2.5	1	19.3	23.4	52×1.5	1	29.1	35.2
12×4	1	21.1	25.5	52×2.5	1	35.5	42.9
12×6	1	23.1	27.9	61×0.75	1	24.5	29.6
14×0.75	1	14.7	17.7	61×1.0	1	26.2	31.7
14×1.0	1	15.3	18.5	61×1.5	1	30.7	37.1
14×1.5	1	17.2	20.8	61×2.5	1	37.4	45.2
14×2.5	1	20.1	24.3				
14×4	1	22.0	26.6				
14×6	1	24.2	29.2				

(5)KVVP2－22 型电缆

表 11-239

线芯×标称截面积(mm^2)	导体种类	平均外径(mm)	
		下限	上限
4×1.5	1	12.7	15.4
4×2.5	1	14.1	17.1
4×4	1	15.2	18.3
4×6	1	16.3	19.7
4×10	2	20.2	24.4
5×1.5	1	13.5	16.3
5×2.5	1	15.0	18.1
5×4	1	16.2	19.6
5×6	1	17.5	21.1
5×10	2	21.8	26.3
7×0.75	1	12.5	15.1
7×1.0	1	13.0	15.7
7×1.5	1	14.3	17.2
7×2.5	1	16.0	19.3
7×4	1	17.3	20.9
7×6	1	19.1	23.1
7×10	2	23.4	28.3
8×0.75	1	13.5	16.3
8×1.0	1	14.0	16.9
8×1.5	1	15.4	18.7
8×2.5	1	17.4	21.1
8×4	1	19.3	23.3
8×6	1	21.0	25.3
8×10	2	26.3	31.8
10×0.75	1	14.6	17.6
10×1.0	1	15.2	18.3
10×1.5	1	16.9	20.4
10×2.5	1	19.6	23.7
10×4	1	21.3	25.8
10×6	1	23.2	28.1
10×10	2	30.0	36.2
12×0.75	1	14.9	18.0
12×1.0	1	15.5	18.8
12×1.5	1	17.3	20.9
12×2.5	1	20.1	24.3
12×4	1	21.9	26.5
12×6	1	23.9	28.9
14×0.75	1	15.4	18.7
14×1.0	1	16.1	19.4
14×1.5	1	18.4	22.2
14×2.5	1	20.9	25.3
14×4	1	22.8	27.6
14×6	1	24.9	30.1
16×0.75	1	16.0	19.4
16×1.0	1	16.7	20.2
16×1.5	1	19.1	23.1
16×2.5	1	21.8	26.4
19×0.75	1	16.7	20.1
19×1.0	1	17.4	21.0
19×1.5	1	19.9	24.1
19×2.5	1	22.8	27.6
24×0.75	1	19.1	23.1
24×1.0	1	20.0	24.1
24×1.5	1	22.6	27.3
24×2.5	1	26.4	31.9
27×0.75	1	19.4	23.5
27×1.0	1	20.3	24.5
27×1.5	1	23.0	27.7
27×2.5	1	26.9	32.5
30×0.75	1	20.0	24.1
30×1.0	1	20.9	25.2
30×1.5	1	23.6	28.6
30×2.5	1	28.3	34.2
37×0.75	1	21.2	25.6
37×1.0	1	22.2	26.8
37×1.5	1	25.6	30.9
37×2.5	1	30.2	36.5
44×0.75	1	23.2	28.1
44×1.0	1	24.4	29.5
44×1.5	1	28.8	34.8
44×2.5	1	33.8	40.8
48×0.75	1	23.5	28.4
48×1.0	1	24.7	29.9
48×1.5	1	29.2	35.3
48×2.5	1	35.4	42.8
52×0.75	1	24.9	30.1
52×1.0	1	26.6	32.1
52×1.5	1	30.9	37.4
52×2.5	1	37.5	45.4
61×0.75	1	25.7	31.0
61×1.0	1	27.0	32.6
61×1.5	1	31.4	38.0
61×2.5	1	38.2	46.1

(6)KVV32 型电缆

表 11-240

线芯×标称截面积(mm^2)	导体种类	平均外径(mm)	
		下限	上限
4×4	1	16.0	19.4
4×6	1	17.2	20.8
4×10	2	21.7	26.3
5×4	1	17.0	20.6
5×6	1	18.7	22.6
5×10	2	23.3	28.1
7×1.5	1	15.1	18.3
7×2.5	1	16.8	20.4
7×4	1	18.1	21.9
7×6	1	20.0	24.1
7×10	2	25.0	30.2
8×1.5	1	16.3	19.7
8×2.5	1	18.7	22.6
8×4	1	20.8	25.2
8×6	1	22.5	27.2
8×10	2	27.5	33.2
10×1.5	1	17.8	21.5
10×2.5	1	21.1	25.5
10×4	1	22.8	27.6
10×6	1	24.8	29.9
10×10	2	32.3	39.0
12×1.5	1	18.2	22.0
12×2.5	1	21.6	26.1
12×4	1	23.4	28.3
12×6	1	25.4	30.7
14×1.5	1	19.2	23.2
14×2.5	1	22.4	27.1
14×4	1	24.3	29.4
14×6	1	26.5	32.0
16×1.5	1	20.0	24.2
16×2.5	1	23.4	28.2
19×0.75	1	17.5	21.2
19×1.0	1	18.2	22.0
19×1.5	1	21.5	25.9
19×2.5	1	24.3	29.4
24×0.75	1	20.0	24.1
24×1.0	1	21.5	26.0
24×1.5	1	24.1	29.1
24×2.5	1	28.5	34.5
27×0.75	1	20.9	25.3
27×1.0	1	21.8	26.4
27×1.5	1	24.5	29.6
27×2.5	1	29.0	35.0
30×0.75	1	21.5	26.0
30×1.0	1	22.4	27.1
30×1.5	1	25.2	30.4
30×2.5	1	29.8	36.0
37×0.75	1	22.7	27.4
37×1.0	1	23.7	28.7
37×1.5	1	26.7	32.3
37×2.5	1	32.5	39.3
44×0.75	1	24.8	29.9
44×1.0	1	25.9	31.3
44×1.5	1	30.3	36.7
44×2.5	1	36.1	43.6
48×0.75	1	25.1	30.3
48×1.0	1	26.3	31.7
48×1.5	1	30.7	37.1
48×2.5	1	35.6	44.2
52×0.75	1	25.1	30.3
52×1.0	1	26.3	31.7
52×1.5	1	30.7	37.1
52×2.5	1	36.6	44.2
61×0.75	1	26.8	32.4
61×1.0	1	29.1	35.1
61×1.5	1	34.1	41.2
61×2.5	1	39.3	47.5

(7)KVVR(型电缆)

表 11-241

线芯×标称截面积(mm^2)	导体种类	平均外径(mm)	
		下限	上限
2×0.5	5	6.4	8.1
2×0.75	5	6.7	8.5
2×1.0	5	7.0	8.8
2×1.5	5	7.9	9.9
2×2.5	5	9.1	11.4
3×0.5	5	6.8	8.5
3×0.75	5	7.1	8.9
3×1.0	5	7.4	9.3
3×1.5	5	8.3	10.4
3×2.5	5	9.7	12.0
4×0.5	5	7.3	9.2
4×0.75	5	7.6	9.6
4×1.0	5	8.0	10.0
4×1.5	5	9.0	11.3
4×2.5	5	10.5	13.1
5×0.5	5	7.9	9.9
5×0.75	5	8.3	10.3
5×1.0	5	8.6	10.8
5×1.5	5	9.8	12.2
5×2.5	5	11.5	14.3
7×0.5	5	8.5	10.6
7×0.75	5	8.9	11.1
7×1.0	5	9.3	11.7
7×1.5	5	10.6	13.2
7×2.5	5	13.1	16.2
8×0.5	5	9.4	11.7
8×0.75	5	9.9	12.3
8×1.0	6	10.4	12.9
8×1.5	5	12.5	15.4
8×2.5	5	14.6	18.0
10×0.5	5	10.5	13.1
10×0.75	5	11.1	13.8
10×1.0	5	12.3	15.2
10×1.5	5	14.0	17.3
10×2.5	5	16.5	20.3
12×0.5	5	10.9	13.5
12×0.75	5	11.5	14.2
12×1.0	5	12.7	15.7
12×1.5	5	14.4	17.8
12×2.5	5	17.0	21.0
14×0.5	5	11.4	14.1
14×0.75	5	12.6	15.6
14×1.0	5	13.2	16.4
14×1.5	5	15.1	18.7
14×2.5	5	17.9	22.0
16×0.5	5	12.6	15.5
16×0.75	5	13.2	16.4
16×1.0	5	13.9	17.2
16×1.5	5	16.0	19.6
16×2.5	5	19.3	23.6
19×0.5	5	13.2	16.3
19×0.75	5	13.9	17.2
19×1.0	5	14.6	18.0
19×1.5	5	16.8	20.6
19×2.5	5	20.3	24.9
24×0.5	5	15.3	18.8
24×0.75	5	16.1	19.8
24×1.0	5	17.0	20.9
24×1.5	5	20.0	24.5
24×2.5	5	23.7	29.0
27×0.5	5	15.6	19.2
27×0.75	5	16.4	20.2
27×1.0	5	17.3	21.3
27×1.5	5	20.4	25.0
27×2.5	5	24.2	29.6
30×0.5	5	16.1	19.8
30×0.75	5	17.0	20.9
30×1.0	5	17.9	22.0
30×1.5	5	21.1	25.9
30×2.5	5	25.1	30.7
37×0.5	5	17.3	21.3
37×0.75	5	18.7	23.0
37×1.0	5	19.7	24.2
37×1.5	5	22.7	27.8
37×2.5	5	27.7	33.8
44×0.5	5	19.8	24.2
44×0.75	5	20.9	25.6
44×1.0	5	22.1	27.0
44×1.5	5	25.5	31.2
44×2.5	5	31.1	37.9
48×0.5	5	20.1	24.6
48×0.75	5	21.2	26.0
48×1.0	5	22.4	27.5
48×1.5	5	25.9	31.7
48×2.5	5	31.6	38.5
52×0.5	5	20.6	25.3
52×0.75	5	21.8	26.7
52×1.0	5	23.0	28.2
52×1.5	5	26.7	32.6
52×2.5	5	32.9	40.1
61×0.5	5	21.8	26.7
61×0.75	5	23.1	28.3
61×1.0	5	24.4	29.9
61×1.5	5	28.9	35.3
61×2.5	5	34.9	42.5

(8)KVVRP 型电缆

表 11-242

线芯×标称截面积(mm^2)	导体种类	平均外径(mm)		线芯×标称截面积(mm^2)	导体种类	平均外径(mm)	
		下限	上限			下限	上限
2×0.5	5	7.4	9.3	19×0.5	5	14.4	17.8
2×0.75	5	7.7	9.7	19×0.75	5	15.2	18.7
2×1.0	5	8.0	10.0	19×1.0	5	15.9	19.5
2×1.5	5	8.9	11.1	19×1.5	5	18.4	22.6
2×2.5	5	10.1	12.6	19×2.5	5	21.5	26.4
3×0.5	5	7.8	9.7	24×0.5	5	16.5	20.3
3×0.75	5	8.1	10.1	24×0.75	5	17.4	21.3
3×1.0	5	8.4	10.5	24×1.0	5	18.6	22.9
3×1.5	5	9.3	11.6	24×1.5	5	21.2	26.0
3×2.5	5	10.7	13.2	24×2.5	5	25.2	30.8
4×0.5	5	8.3	10.4	27×0.5	5	16.8	20.7
4×0.75	5	8.6	10.8	27×0.75	5	17.7	21.7
4×1.0	5	9.0	11.2	27×1.0	5	19.0	23.3
4×1.5	5	10.0	12.5	27×1.5	5	21.6	26.5
4×2.5	5	11.5	14.3	27×2.5	5	25.7	31.4
5×0.5	5	8.9	11.1	30×0.5	5	17.3	21.3
5×0.75	5	9.3	11.6	30×0.75	5	18.7	22.9
5×1.0	5	9.7	12.0	30×1.0	5	19.6	24.0
5×1.5	5	10.8	13.4	30×1.5	5	22.3	27.4
5×2.5	5	13.3	16.5	30×2.5	5	26.6	32.5
7×0.5	5	9.5	11.8	37×0.5	5	18.9	23.3
7×0.75	5	9.9	12.4	37×0.75	5	20.0	24.5
7×1.0	5	10.4	12.9	37×1.0	5	21.0	25.7
7×1.5	5	12.2	15.1	37×1.5	5	24.2	29.6
7×2.5	5	14.3	17.7	37×2.5	5	29.2	35.6
8×0.5	5	10.4	13.0	44×0.5	5	21.0	25.8
8×0.75	5	10.9	13.6	44×0.75	5	22.2	27.1
8×1.0	5	11.4	14.2	44×1.0	5	23.6	28.8
8×1.5	5	13.7	16.9	44×1.5	5	27.6	33.7
8×2.5	5	15.9	19.5	44×2.5	5	33.0	40.2
10×0.5	5	11.6	14.3	48×0.5	5	21.3	26.1
10×0.75	5	12.7	15.7	48×0.75	5	22.5	27.5
10×1.0	5	13.5	16.7	48×1.0	5	23.9	29.3
10×1.5	5	15.3	18.8	48×1.5	5	28.0	34.2
10×2.5	5	17.7	21.8	48×2.5	5	33.5	40.8
12×0.5	5	12.5	15.4	52×0.5	5	21.9	26.8
12×0.75	5	13.3	16.4	52×0.75	5	23.1	28.2
12×1.0	5	13.9	17.2	52×1.0	5	24.5	30.0
12×1.5	5	15.7	19.3	61×0.5	5	23.1	28.2
12×2.5	5	18.7	22.9	61×0.75	5	24.6	30.1
14×0.5	5	13.2	16.3	61×1.0	5	25.9	31.7
14×0.75	5	13.9	17.1				
14×1.0	5	14.5	17.9				
14×1.5	5	16.4	20.2				
14×2.5	5	19.5	24.0				
16×0.5	5	13.8	17.1				
16×0.75	5	14.5	17.9				
16×1.0	5	15.2	18.7				
16×1.5	5	17.2	21.1				
16×2.5	5	20.5	25.2				

7. 交联聚乙烯绝缘控制电缆的外径

(1)KYJV 型电缆

表 11-243

线芯×标称截面积(mm^2)	第1种导体 电缆平均外径(mm)		第2种导体 电缆平均外径(mm)		线芯×标称截面积(mm^2)	第1种导体 电缆平均外径(mm)		第2种导体 电缆平均外径(mm)	
	下限	上限	下限	上限		下限	上限	下限	上限
2×0.75	6.7	8.1	6.9	8.4	8×0.75	9.7	11.7	10.0	12.1
2×1.0	7.0	8.5	7.2	8.7	8×1.0	10.2	12.3	10.5	12.7
2×1.5	7.5	9.0	7.7	9.3	8×1.5	11.0	13.3	11.4	13.7
2×2.5	8.6	10.4	8.8	10.7	8×2.5	13.6	16.4	13.9	16.8
2×4	9.5	11.5	9.8	11.8	8×4	15.1	18.2	15.6	18.8
2×6	10.5	12.6	10.8	13.1	8×6	16.7	20.2	17.4	21.0
2×10	—	—	13.2	15.9	8×10	—	—	20.8	25.1
3×0.75	7.1	8.5	7.3	8.8	10×0.75	10.8	13.1	11.2	13.6
3×1.0	7.4	8.9	7.6	9.1	10×1.0	11.4	13.8	11.8	14.3
3×1.5	7.9	9.5	8.1	9.8	10×1.5	13.0	15.7	13.3	16.1
3×2.5	9.1	11.0	9.3	11.3	10×2.5	15.3	18.4	15.6	18.9
3×4	10.1	12.2	10.4	12.5	10×4	17.0	20.5	17.6	21.2
3×6	11.1	13.4	11.5	13.9	10×6	19.3	23.3	20.1	24.2
3×10	—	—	14.0	16.9	10×10	—	—	23.5	28.4
4×0.75	7.6	9.2	7.8	9.4	12×0.75	11.2	13.5	11.6	14.0
4×1.0	7.9	9.6	8.2	9.9	12×1.0	11.8	14.2	12.8	15.4
4×1.5	8.5	10.3	8.7	10.6	12×1.5	13.4	16.1	13.8	16.6
4×2.5	9.9	12.0	10.1	12.3	12×2.5	15.7	19.0	16.1	19.5
4×4	11.0	13.2	11.3	13.7	12×4	17.5	21.2	18.1	21.9
4×6	12.7	15.3	13.2	15.9	12×6	19.9	24.1	20.7	25.0
4×10	—	—	15.2	18.4	14×0.75	11.7	14.1	12.7	15.3
5×0.75	8.2	9.9	8.4	10.2	14×1.0	12.9	15.6	13.3	16.1
5×1.0	8.6	10.3	8.8	10.6	14×1.5	14.0	16.9	14.4	17.4
5×1.5	9.2	11.1	9.5	11.4	14×2.5	16.5	19.9	16.9	20.5
5×2.5	10.8	13.0	11.0	13.3	14×4	18.8	22.7	19.4	23.5
5×4	11.9	14.4	12.9	15.6	14×6	20.9	25.3	21.8	26.3
5×6	13.8	16.7	14.3	17.3	16×0.75	12.9	15.5	13.3	16.1
5×10	—	—	16.6	20.1	16×1.0	13.5	16.4	14.0	16.9
7×0.75	8.8	10.6	9.1	11.0	16×1.5	14.7	17.7	15.1	18.3
7×1.0	9.2	11.1	9.5	11.5	16×2.5	17.4	21.0	17.8	21.5
7×1.5	9.9	12.0	10.2	12.4	19×0.75	13.5	16.3	14.0	16.9
7×2.5	11.7	14.1	12.5	15.1	19×1.0	14.2	17.2	14.7	17.7
7×4	13.5	16.4	14.0	16.9	19×1.5	15.4	18.6	15.9	19.2
7×6	15.0	18.1	15.6	18.8	19×2.5	18.7	22.6	19.2	23.1
7×10	—	—	18.1	21.9					

续表 11-243

线芯×标称截面积(mm²)	第 1 种导体 电缆平均外径(mm) 下限	第 1 种导体 电缆平均外径(mm) 上限	第 2 种导体 电缆平均外径(mm) 下限	第 2 种导体 电缆平均外径(mm) 上限	线芯×标称截面积(mm²)	第 1 种导体 电缆平均外径(mm) 下限	第 1 种导体 电缆平均外径(mm) 上限	第 2 种导体 电缆平均外径(mm) 下限	第 2 种导体 电缆平均外径(mm) 上限
24×0.75	15.6	18.8	16.1	19.5	44×0.75	20.1	24.2	20.8	25.2
24×1.0	16.4	19.8	17.0	20.5	44×1.0	21.2	25.6	22.0	26.6
24×1.5	17.9	21.6	18.8	22.7	44×1.5	23.1	28.0	23.9	28.9
24×2.5	21.7	26.2	22.3	26.9	44×2.5	28.3	34.2	29.1	35.1
27×0.75	15.9	19.2	16.5	19.9	48×0.75	20.4	24.6	21.2	25.6
27×1.0	16.7	20.2	17.3	20.9	48×1.0	21.5	26.0	22.3	27.0
27×1.5	18.2	22.0	19.2	23.2	48×1.5	23.5	28.4	24.3	29.3
27×2.5	22.1	26.8	22.7	27.5	48×2.5	28.8	34.8	29.6	35.7
30×0.75	16.4	19.8	17.0	20.6	52×0.75	20.9	25.3	21.7	26.2
30×1.0	17.3	20.9	17.9	21.7	52×1.0	22.1	26.7	22.9	27.7
30×1.5	19.2	23.3	19.9	24.0	52×1.5	24.1	29.2	24.9	30.1
30×2.5	22.9	27.7	23.6	28.5	52×2.5	29.6	35.7	30.4	36.7
37×0.75	17.6	21.3	18.7	22.6	61×0.75	21.9	26.5	22.8	27.5
37×1.0	19.0	23.0	19.7	23.8	61×1.0	23.2	28.0	24.1	29.1
37×1.5	20.7	25.0	21.4	25.8	61×1.5	25.3	30.6	26.2	31.7
37×2.5	24.7	29.9	25.4	30.7	61×2.5	31.0	37.5	31.9	38.5

(2)KYJVP 型电缆

表 11-244

线芯×标称截面积(mm²)	第 1 种导体 电缆平均外径(mm) 下限	第 1 种导体 电缆平均外径(mm) 上限	第 2 种导体 电缆平均外径(mm) 下限	第 2 种导体 电缆平均外径(mm) 上限	线芯×标称截面积(mm²)	第 1 种导体 电缆平均外径(mm) 下限	第 1 种导体 电缆平均外径(mm) 上限	第 2 种导体 电缆平均外径(mm) 下限	第 2 种导体 电缆平均外径(mm) 上限
2×0.75	7.7	9.3	7.9	9.6	4×0.75	8.6	10.4	8.8	10.7
2×1.0	8.0	9.7	8.2	9.9	4×1.0	8.9	10.8	9.2	11.1
2×1.5	8.5	10.3	8.7	10.5	4×1.5	9.5	11.5	9.8	11.8
2×2.5	9.6	11.7	9.8	11.9	4×2.5	10.9	13.2	11.2	13.5
2×4	10.5	12.7	10.8	13.1	4×4	12.5	15.2	12.9	15.6
2×6	11.5	13.9	12.4	15.0	4×6	13.9	16.8	14.4	17.4
2×10	—	—	14.4	17.4	4×10	—	—	16.5	19.9
3×0.75	8.1	9.7	8.3	10.0	5×0.75	9.2	11.1	9.4	11.4
3×1.0	8.4	10.1	8.6	10.4	5×1.0	9.6	11.6	9.8	11.9
3×1.5	8.9	10.7	9.1	11.0	5×1.5	10.2	12.3	10.5	12.6
3×2.5	10.1	12.2	10.3	12.5	5×2.5	12.3	14.9	12.6	15.2
3×4	11.1	13.4	11.4	13.7	5×4	13.7	16.6	14.1	17.1
3×6	12.7	15.3	13.1	15.8	5×6	15.0	18.2	15.6	18.8
3×10	—	—	15.2	18.4	5×10	—	—	17.9	21.6

续表 11-244

线芯×标称截面积(mm^2)	第1种导体 电缆平均外径(mm)		第2种导体 电缆平均外径(mm)	
	下限	上限	下限	上限
7×0.75	9.8	11.8	10.1	12.2
7×1.0	10.2	12.4	10.5	12.7
7×1.5	10.9	13.2	11.2	13.6
7×2.5	13.2	16.0	13.8	16.6
7×4	14.8	17.9	15.2	18.4
7×6	16.2	19.6	16.8	20.3
7×10	—	—	19.8	23.9
8×0.75	10.7	13.0	11.1	13.4
8×1.0	11.2	13.6	11.5	14.0
8×1.5	12.6	15.3	13.0	15.7
8×2.5	14.8	17.9	15.2	18.3
8×4	16.3	19.7	16.8	20.3
8×6	18.4	22.2	19.0	23.0
8×10	—	—	22.3	26.9
10×0.75	12.4	15.0	12.8	15.5
10×1.0	13.0	15.7	13.4	16.2
10×1.5	14.2	17.2	14.6	17.6
10×2.5	16.5	20.0	16.9	20.4
10×4	18.6	22.5	19.2	23.2
10×6	20.5	24.8	21.3	25.8
10×10	—	—	25.0	30.2
12×0.75	12.8	15.4	13.2	15.9
12×1.0	13.4	16.1	14.0	16.9
12×1.5	14.6	17.6	15.0	18.1
12×2.5	17.0	20.5	17.4	21.0
12×4	19.2	23.2	19.8	23.9
12×6	21.2	25.6	22.0	26.6
14×0.75	13.3	16.0	13.9	16.8
14×1.0	14.2	17.1	14.6	17.6
14×1.5	15.2	18.4	15.6	18.9
14×2.5	17.8	21.5	18.6	22.4
14×4	20.0	24.2	20.7	25.0
14×6	22.2	26.8	23.0	27.9
16×0.75	14.1	17.1	14.6	17.6
16×1.0	14.8	17.9	15.2	18.4
16×1.5	15.9	19.2	16.4	19.8
16×2.5	19.0	23.0	19.5	23.5
19×0.75	14.7	17.8	15.2	18.4
19×1.0	15.5	18.7	15.9	19.3
19×1.5	16.7	20.1	17.1	20.7
19×2.5	19.9	24.1	20.4	24.7
24×0.75	16.8	20.3	17.4	21.0
24×1.0	17.7	21.3	18.6	22.5
24×1.5	19.5	23.5	20.1	24.2
24×2.5	22.9	27.7	23.5	28.4
27×0.75	17.1	20.7	17.7	21.4
27×1.0	18.4	22.2	19.0	22.9
27×1.5	19.9	24.0	20.4	24.7
27×2.5	23.4	28.3	24.2	29.3
30×0.75	17.6	21.3	18.6	22.5
30×1.0	19.0	22.9	19.6	23.6
30×1.5	20.5	24.8	21.1	25.5
30×2.5	24.4	29.5	25.0	30.3
37×0.75	19.2	23.3	19.9	24.1
37×1.0	20.3	24.5	20.9	25.3
37×1.5	21.9	26.5	22.6	27.3
37×2.5	26.2	31.7	26.9	32.5
44×0.75	21.3	25.8	22.1	26.7
44×1.0	22.5	27.1	23.2	28.1
44×1.5	24.6	29.8	25.4	30.7
44×2.5	29.8	36.0	30.6	36.9
48×0.75	21.6	26.1	22.4	27.1
48×1.0	22.8	27.5	23.6	28.5
48×1.5	25.0	30.2	25.8	31.1
48×2.5	30.3	36.6	31.0	37.5
52×0.75	22.2	26.8	23.0	27.8
52×1.0	23.4	28.2	24.4	29.5
52×1.5	25.6	31.0	26.4	31.9
52×2.5	31.0	37.5	31.9	38.5
61×0.75	23.4	28.2	24.5	29.6
61×1.0	24.9	30.1	25.8	31.1
61×1.5	27.6	33.4	28.5	34.5
61×2.5	32.8	39.7	34.1	41.2

(3)KYJVP2、KYJVP3 型电缆

表 11-245

线芯×标称截面积(mm^2)	导体种类	电缆平均外径(mm)	
		下限	上限
4×0.75	1	8.1	9.7
4×1.0	1	8.4	10.2
4×1.5	1	9.0	10.9
4×2.5	1	10.4	12.6
4×4	1	11.4	13.8
4×6	1	13.2	15.9
4×10	2	15.7	19.0
5×0.75	1	8.6	10.4
5×1.0	1	9.0	10.9
5×1.5	1	9.7	11.7
5×2.5	1	11.2	13.6
5×4	1	13.0	15.7
5×6	1	14.3	17.2
5×10	2	17.1	20.7
7×0.75	1	9.3	11.2
7×1.0	1	9.7	11.7
7×1.5	1	10.4	12.6
7×2.5	1	12.7	15.4
7×4	1	14.0	16.9
7×6	1	15.5	18.7
7×10	2	19.0	23.0
8×0.75	1	10.2	12.3
8×1.0	1	10.7	12.9
8×1.5	1	11.5	13.9
8×2.5	1	14.1	17.0
8×4	1	15.6	18.8
8×6	1	17.2	20.8
8×10	2	21.3	25.7
10×0.75	1	11.3	13.7
10×1.0	1	12.5	15.1
10×1.5	1	13.4	16.2
10×2.5	1	15.7	19.0
10×4	1	17.5	21.1
10×6	1	19.8	23.9
10×10	2	24.0	29.0
12×0.75	1	12.2	14.8
12×1.0	1	12.8	15.5
12×1.5	1	13.8	16.7
12×2.5	1	16.2	19.6
12×4	1	18.4	22.2
12×6	1	20.4	24.7
14×0.75	1	12.8	15.4
14×1.0	1	13.4	16.2
14×1.5	1	14.4	17.5
14×2.5	1	17.0	20.5
14×4	1	19.3	23.3
14×6	1	21.4	25.8
16×0.75	1	13.3	16.1
16×1.0	1	14.0	16.9
16×1.5	1	15.2	18.3
16×2.5	1	17.9	21.6
19×0.75	1	14.0	16.9
19×1.0	1	14.7	17.7
19×1.5	1	15.9	19.2
19×2.5	1	19.2	23.1
24×0.75	1	16.0	19.4
24×1.0	1	16.9	20.4
24×1.5	1	18.7	22.6
24×2.5	1	22.2	26.8
27×0.75	1	16.3	19.7
27×1.0	1	17.2	20.8
27×1.5	1	19.1	23.1
27×2.5	1	22.6	27.3
30×0.75	1	16.9	20.4
30×1.0	1	17.8	21.5
30×1.5	1	19.7	23.8
30×2.5	1	23.4	28.3
37×0.75	1	18.5	22.3
37×1.0	1	19.5	23.5
37×1.5	1	21.2	25.6
37×2.5	1	25.2	30.5
44×0.75	1	20.5	24.8
44×1.0	1	21.7	26.2
44×1.5	1	23.6	28.5
44×2.5	1	28.8	34.8
48×0.75	1	20.9	25.2
48×1.0	1	22.0	26.6
48×1.5	1	24.0	29.0
48×2.5	1	29.3	35.3
52×0.75	1	21.4	25.8
52×1.0	1	22.6	27.3
52×1.5	1	24.6	29.7
52×2.5	1	30.0	36.3
61×0.75	1	22.6	27.3
61×1.0	1	23.9	28.9
61×1.5	1	26.1	31.5
61×2.5	1	31.8	38.5

(4)KYJV22 型电缆

表 11-246

线芯×标称截面积(mm²)	导体种类	电缆平均外径(mm)		线芯×标称截面积(mm²)	导体种类	电缆平均外径(mm)	
		下限	上限			下限	上限
4×2.5	1	12.9	15.6	16×0.75	1	15.3	18.4
4×4	1	13.9	16.8	16×1.0	1	15.9	19.3
4×6	1	15.1	18.2	16×1.5	1	17.1	20.6
4×10	2	17.6	21.3	16×2.5	1	20.2	24.4
5×2.5	1	13.7	16.6	19×0.75	1	15.9	19.2
5×4	1	14.9	18.0	19×1.0	1	16.6	20.1
5×6	1	16.2	19.6	19×1.5	1	17.8	21.5
5×10	2	19.4	23.5	19×2.5	1	21.1	25.5
7×0.75	1	11.2	13.5	24×0.75	1	18.0	21.7
7×1.0	1	11.6	14.0	24×1.0	1	19.2	23.2
7×1.5	1	12.9	15.6	24×1.5	1	20.6	24.9
7×2.5	1	14.6	17.7	24×2.5	1	24.1	29.1
7×4	1	15.9	19.3	27×0.75	1	18.6	22.5
7×6	1	17.4	21.0	27×1.0	1	19.5	23.6
7×10	2	20.9	25.3	27×1.5	1	21.0	25.4
8×0.75	1	12.7	15.3	27×2.5	1	24.5	29.7
8×1.0	1	13.2	15.9	30×0.75	1	19.2	23.2
8×1.5	1	14.0	16.9	30×1.0	1	20.1	24.3
8×2.5	1	16.0	19.3	30×1.5	1	21.6	26.2
8×4	1	17.5	21.1	30×2.5	1	25.7	31.1
8×6	1	19.5	23.6	37×0.75	1	20.4	24.7
8×10	2	23.2	28.0	37×1.0	1	21.4	25.9
10×0.75	1	13.8	16.7	37×1.5	1	23.1	27.9
10×1.0	1	14.4	17.4	37×2.5	1	28.1	33.9
10×1.5	1	15.4	18.6	44×0.75	1	22.5	27.1
10×2.5	1	17.7	21.3	44×1.0	1	23.6	28.5
10×4	1	19.8	23.9	44×1.5	1	25.9	31.3
10×6	1	21.7	26.2	44×2.5	1	31.1	37.6
10×10	2	26.3	31.8	48×0.75	1	22.8	27.5
12×0.75	1	14.2	17.1	48×1.0	1	23.9	28.9
12×1.0	1	14.8	17.8	48×1.5	1	26.3	31.8
12×1.5	1	15.8	19.0	48×2.5	1	31.6	38.1
12×2.5	1	18.1	21.9	52×0.75	1	23.3	28.2
12×4	1	20.3	24.6	52×1.0	1	24.5	29.6
12×6	1	22.3	27.0	52×1.5	1	26.9	32.5
14×0.75	1	14.7	17.7	52×2.5	1	32.7	39.5
14×1.0	1	15.3	18.5	61×0.75	1	24.5	29.6
14×1.5	1	16.4	19.8	61×1.0	1	26.2	31.7
14×2.5	1	19.3	23.3	61×1.5	1	28.9	35.0
14×4	1	21.2	25.6	61×2.5	1	35.7	43.1
14×6	1	23.3	28.2				

(5)KYJVP2－22 型电缆

表 11-247

线芯×标称截面积(mm^2)	导体种类	电缆平均外径(mm)	
		下限	上限
4×2.5	1	13.7	16.5
4×4	1	14.7	17.8
4×6	1	15.9	19.2
4×10	2	18.8	22.7
5×2.5	1	14.5	17.5
5×4	1	15.7	18.9
5×6	1	17.0	20.5
5×10	2	20.2	24.4
7×0.75	1	12.5	15.1
7×1.0	1	13.0	15.7
7×1.5	1	13.7	16.5
7×2.5	1	15.4	18.6
7×4	1	16.7	20.2
7×6	1	18.1	21.9
7×10	2	21.7	26.2
8×0.75	1	13.5	16.3
8×1.0	1	14.0	16.9
8×1.5	1	14.8	17.9
8×2.5	1	16.8	20.3
8×4	1	18.6	22.5
8×6	1	20.3	24.5
8×10	2	23.9	28.9
10×0.75	1	14.6	17.6
10×1.0	1	15.2	18.3
10×1.5	1	16.1	19.5
10×2.5	1	18.8	22.7
10×4	1	20.5	24.8
10×6	1	22.5	27.1
10×10	2	27.1	32.7
12×0.75	1	14.9	18.0
12×1.0	1	15.5	18.8
12×1.5	1	16.5	20.0
12×2.5	1	19.3	23.3
12×4	1	21.1	25.5
12×6	1	23.1	27.8
14×0.75	1	15.4	18.7
14×1.0	1	16.1	19.4
14×1.5	1	17.1	20.7
14×2.5	1	20.1	24.2
14×4	1	22.0	26.5
14×6	1	24.1	29.1

线芯×标称截面积(mm^2)	导体种类	电缆平均外径(mm)	
		下限	上限
16×0.75	1	16.0	19.4
16×1.0	1	16.7	20.2
16×1.5	1	17.8	21.6
16×2.5	1	20.9	25.3
19×0.75	1	16.7	20.1
19×1.0	1	17.4	21.0
19×1.5	1	19.0	22.9
19×2.5	1	21.8	26.4
24×0.75	1	19.1	23.1
24×1.0	1	20.0	24.1
24×1.5	1	21.4	25.9
24×2.5	1	24.9	30.0
27×0.75	1	19.4	23.5
27×1.0	1	20.3	24.5
27×1.5	1	21.8	26.3
27×2.5	1	25.7	31.1
30×0.75	1	20.0	24.1
30×1.0	1	20.9	25.2
30×1.5	1	22.4	27.1
30×2.5	1	26.5	32.0
37×0.75	1	21.2	25.6
37×1.0	1	22.2	26.8
37×1.5	1	23.9	28.8
37×2.5	1	28.8	34.9
44×0.75	1	23.2	28.1
44×1.0	1	24.4	29.5
44×1.5	1	26.7	32.2
44×2.5	1	31.9	38.5
48×0.75	1	23.5	28.4
48×1.0	1	24.7	29.9
48×1.5	1	27.1	32.7
48×2.5	1	32.3	39.1
52×0.75	1	24.1	29.1
52×1.0	1	25.7	31.0
52×1.5	1	28.3	34.2
52×2.5	1	34.6	41.9
61×0.75	1	25.7	31.0
61×1.0	1	27.0	32.6
61×1.5	1	29.7	35.9
61×2.5	1	36.4	44.0

(6)KYJV32 型电缆

表 11-248

线芯×标称截面积(mm^2)	导体种类	电缆平均外径(mm)		线芯×标称截面积(mm^2)	导体种类	电缆平均外径(mm)	
		下限	上限			下限	上限
4×4	1	15.6	18.8	24×0.75	1	20.0	24.1
4×6	1	16.7	20.2	24×1.0	1	21.5	26.0
4×10	2	19.7	23.8	24×1.5	1	22.9	27.7
5×4	1	16.5	20.0	24×2.5	1	26.4	31.9
5×6	1	17.8	21.5	27×0.75	1	20.9	25.3
5×10	2	21.7	26.3	27×1.0	1	21.8	26.4
7×1.5	1	13.7	16.5	27×1.5	1	23.3	28.2
7×2.5	1	16.3	19.7	27×2.5	1	26.9	32.4
7×4	1	17.6	21.2	30×0.75	1	21.5	26.0
7×6	1	19.4	23.4	30×1.0	1	22.4	27.1
7×10	2	23.2	28.1	30×1.5	1	23.9	28.9
8×1.5	1	15.6	18.9	30×2.5	1	28.6	34.6
8×2.5	1	17.6	21.3	37×0.75	1	22.7	27.4
8×4	1	19.5	23.6	37×1.0	1	23.7	28.7
8×6	1	21.8	26.4	37×1.5	1	25.4	30.7
8×10	2	25.5	30.8	37×2.5	1	30.4	36.7
10×1.5	1	17.0	20.5	44×0.75	1	24.8	29.9
10×2.5	1	19.7	23.8	44×1.0	1	25.9	31.3
10×4	1	22.1	26.7	44×1.5	1	28.8	34.8
10×6	1	24.0	29.0	44×2.5	1	34.6	41.8
10×10	2	29.2	35.3	48×0.75	1	25.1	30.3
12×1.5	1	17.4	21.0	48×1.0	1	26.3	31.7
12×2.5	1	20.8	25.2	48×1.5	1	29.2	35.2
12×4	1	22.6	27.3	48×2.5	1	35.0	42.3
12×6	1	24.6	29.8	52×0.75	1	25.1	30.3
14×1.5	1	18.0	21.7	52×1.0	1	26.3	31.7
14×2.5	1	21.6	26.1	52×1.5	1	29.2	35.2
14×4	1	23.5	28.4	52×2.5	1	35.0	42.3
14×6	1	25.6	30.9	61×0.75	1	26.8	32.4
16×1.5	1	19.1	23.1	61×1.0	1	29.1	35.1
16×2.5	1	22.5	27.1	61×1.5	1	32.0	38.7
19×0.75	1	17.5	21.2	61×2.5	1	37.6	45.4
19×1.0	1	18.2	22.0				
19×1.5	1	19.8	24.0				
19×2.5	1	23.4	28.2				

六、绝缘导线长期连续负荷允许载流量(非现行标准资料,仅供参考)

1.通用橡套软电缆载流量表(GB 1169—74)

线芯长期允许工作温度为+65℃。

周围环境温度为+25℃。

表 11-249

主线芯截面积(mm^2)	载流量(A)								
	YQ、YQW		YZ、YZW			YC、YCW			
	两芯	三芯	两芯	三芯	四芯	单芯	两芯	三芯	四芯
0.3	7	6	—	—	—	—	—	—	—
0.5	11	9	12	10	9	—	—	—	—
0.75	14	12	14	12	11	—	—	—	—
1	—	—	17	14	13	—	—	—	—
1.5	—	—	21	18	18	—	—	—	—
2	—	—	26	22	22	—	—	—	—
2.5	—	—	30	25	25	37	30	26	27
4	—	—	41	35	36	47	39	34	34
6	—	—	53	45	45	52	51	43	44
10	—	—	—	—	—	75	74	63	63
16	—	—	—	—	—	112	98	84	84
25	—	—	—	—	—	148	135	115	116
35	—	—	—	—	—	183	167	142	143
50	—	—	—	—	—	226	208	176	177
70	—	—	—	—	—	289	259	224	224
95	—	—	—	—	—	353	318	273	273
120	—	—	—	—	—	415	371	316	316

2.环境温度 25 ℃时,500 V 铜芯绝缘导线允许载流量(单位:A)

表 11-250

导线截面积(mm^2)	明敷设		橡皮绝缘导线穿管敷设						塑料绝缘导线穿管敷设					
			穿钢管			穿塑料管			穿钢管			穿塑料管		
	橡皮线	塑料线	2 根	3 根	4 根	2 根	3 根	4 根	2 根	3 根	4 根	2 根	3 根	4 根
1.0	21	19	15	14	12	13	12	11	14	13	11	12	11	10
1.5	27	24	20	18	17	17	16	14	19	17	16	16	15	13
2.5	35	32	28	25	23	25	22	20	26	24	22	24	21	19
4	45	42	37	33	30	33	30	26	35	31	28	31	28	25
6	58	55	49	43	39	43	38	34	47	41	37	41	36	32
10	85	75	68	60	53	59	52	46	65	57	50	56	49	44
16	110	105	86	77	69	76	68	60	82	73	65	72	65	57
25	145	138	113	100	90	100	90	80	107	95	85	95	85	75
35	180	170	140	122	110	125	110	98	133	115	105	120	105	93
50	230	215	175	154	137	160	140	123	165	146	130	150	132	117
70	285	265	215	193	173	195	175	155	205	183	165	185	167	148
95	345	325	260	235	210	240	215	195	250	225	200	230	205	185
120	400		300	270	245	278	250	227						
150	470	—	340	310	280	320	290	265						
185	540	—						—						
240	660	—						—						

注:①导电线芯最高允许工作温度为+65 ℃。

②铜芯绝缘导线包括 BXF、BX、BXR、BV。

3.环境温度 25 ℃时 500 V 铝芯绝缘导线允许载流量(单位:A)

表 11-251

导线截面积(mm^2)	明敷设		橡皮绝缘导线穿管敷设						塑料绝缘导线穿管敷设					
			穿钢管			穿塑料管			穿钢管			穿塑料管		
	橡皮线	塑料线	2 根	3 根	4 根	2 根	3 根	4 根	2 根	3 根	4 根	2 根	3 根	4 根
2.5	27	25	21	19	16	19	17	15	20	18	15	18	16	14
4	35	32	28	25	23	25	23	20	27	24	22	24	22	19
6	45	42	37	34	30	33	29	26	35	32	28	31	27	25
10	65	59	52	46	40	44	40	35	49	44	38	42	38	33
16	85	80	66	59	52	58	52	46	63	56	50	55	49	44
25	110	105	86	76	68	77	68	60	80	70	65	73	65	57
35	138	130	106	94	83	95	84	74	100	90	80	90	80	70
50	175	165	133	118	105	120	108	95	125	110	100	114	102	90
70	220	205	165	150	153	153	135	120	155	143	127	145	130	115
95	265	250	200	180	160	184	165	150	190	170	152	175	158	140
120	310		230	210	190	210	190	170						
150	360		260	240	220	250	227	205						

注:①导电线芯最高允许工作温度为+65℃。

②铝芯绝缘导线包括 BLXF、BLX、BLV。

4.环境温度 25℃时 500V BVV、BLVV 护套线在空气中敷设允许载流量(单位:A)

表 11-252

导线截面(mm^2)	一芯		两芯		三芯		导线截面(mm^2)	一芯		两芯		三芯	
	铜芯	铝芯	铜芯	铝芯	铜芯	铝芯		铜芯	铝芯	铜芯	铝芯	铜芯	铝芯
1.0	19		15		11	4.0	4.0	42	34	36	26	26	22
1.5	24		19		14		6.0	55	43	49	33	32	25
2.5	32	25	26	20	20	16	10.0	75	59	65	51	52	40

注:线芯最高允许工作温度为+65 ℃。

5.环境温度变化时线芯载流量变动系数

表 11-253

线芯长期允许工作温度(℃)	环境温度(℃)								
	5	10	15	20	25	30	35	40	45
	载流量校正系数								
+80	1.17	1.13	1.09	1.04	1.0	0.954	0.905	0.853	0.798
+65	1.22	1.17	1.12	1.06	1.0	0.935	0.865	0.791	0.707
+60	1.25	1.20	1.13	1.07	1.0	0.926	0.845	0.760	0.655
+50	1.34	1.26	1.18	1.09	1.0	0.895	0.775	0.733	0.447

第三节 电瓷和线路金具

一、常用低、高压电瓷

(一)低压布线用绝缘子(JB/T 10585.3—2006)

低压布线用绝缘包括鼓形绝缘子、瓷夹板、瓷管三类。适用于交流或直流 1 000 V 以下户内配电线路中作绝缘和固定导线用。

1.鼓形绝缘子

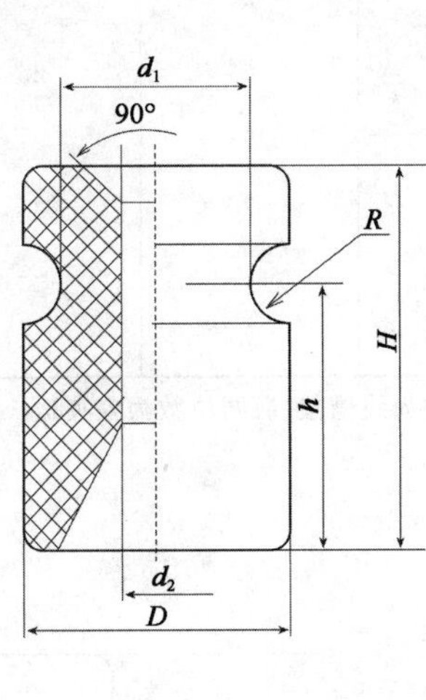

a)

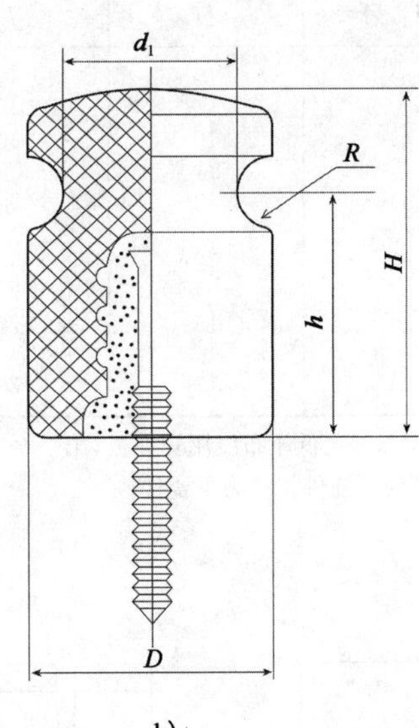

b)

图 11-16 鼓形绝缘子示意图

鼓形绝缘子主要尺寸(mm) 表 11-254

型号	图号	H	h	D	d_1	d_2	R
G—25	a)	25	15	22	16	7	3
G—38	a)	38	25	30	20	8	5
G—50	a)	50	35	36	24	9	6
G—60	a)	60	40	45	30	10	7.5
GK—50	b)	50	35	35	24	—	6

注:产品型号说明为:G——低压布线用鼓形绝缘子;K——胶装木螺钉;"—"后数字为瓷件高度,单位为 mm。

2.瓷夹板

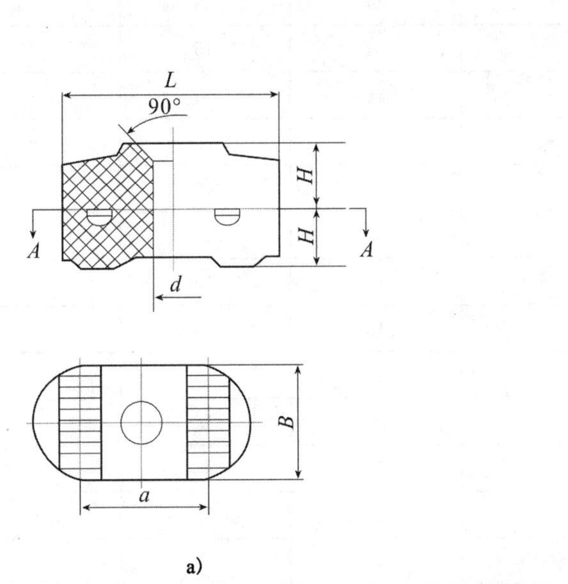

a)

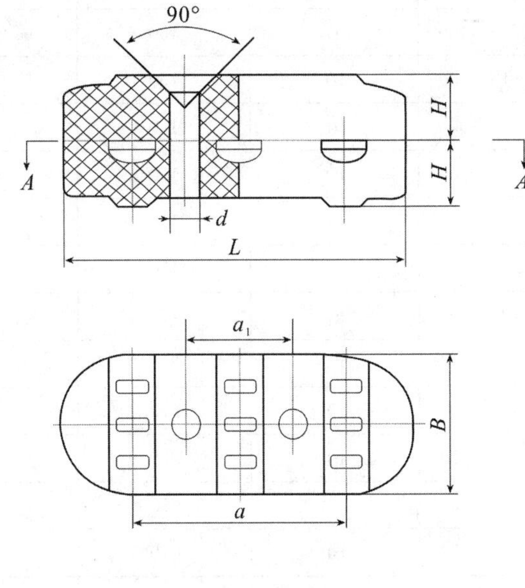

b)

图 11-17 瓷夹板示意图

瓷夹板主要尺寸(mm)　　表 11-255

型　号	图　号	H	L	B	d	a	a_1
N—240—1	a)	10	40	20	6	—	—
N—240—2	a)	10	40	20	6	25	—
N—250—1	a)	12	50	22	7	—	—
N—250—2	a)	12	50	22	7	28	—
N—376—1	b)	15	76	30	7	—	24
N—376—2	b)	15	76	30	7	46	24

注:产品型号说明为:N——低压布线用瓷夹板;第一个"—"后数字:首位数为线槽数,后两位数为瓷夹板长度,单位为 mm;第二个"—"后数字:"1"为上瓷件;"2"为下瓷件。

3.瓷管

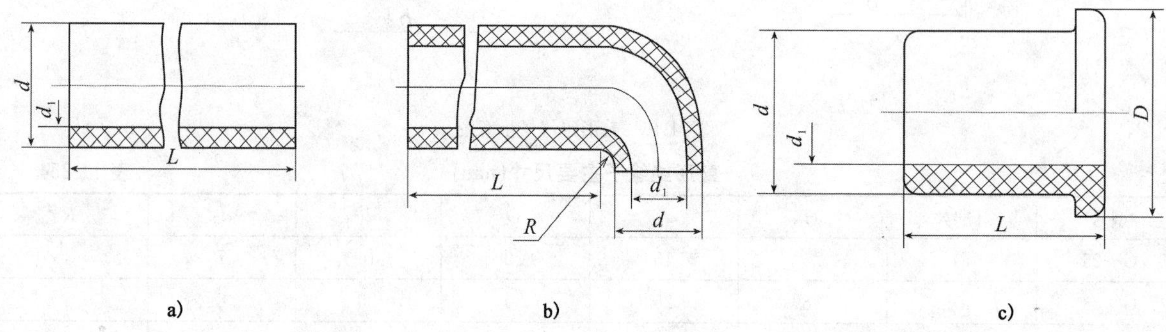

图 11-18　瓷管示意图

瓷管主要尺寸(mm)　　表 11-256

型　号	图　号	L	D	d	d_1	R
U—10—150	a)	150	—	16	10	—
UW—10—150	b)	150	—	16	10	4
U—15——150	a)	150	—	24	15	—
UW—15—150	b)	150	—	24	15	4
U—25—150	a)	150	—	36	25	—
UW—25—150	b)	150	—	36	25	6
U—40—150	a)	150	—	52	40	—
UW—40—150	b)	150	—	52	40	6
U—10—270	a)	270	—	16	10	—
UW—10—270	b)	270	—	16	10	4
U—15—270	a)	270	—	24	15	—
UW—15—270	b)	270	—	24	15	4
U—25—270	a)	270	—	36	25	—
UW—25—270	b)	270	—	36	25	6
U—40—270	a)	270	—	52	40	—
UW—40—270	b)	270	—	52	40	6

续表 11-256

型 号	图 号	L	D	d	d_1	R
UB—10—30	c)	30	26	16	10	—
UB—15—30	c)	30	34	24	15	—
UB—25—30	c)	30	48	36	25	—
UB—40—30	c)	30	66	52	40	—

注：产品型号说明为：U——低压布线用直瓷管；UW——低压布线用弯头瓷管；UB——低压布线用包头瓷管；第一个"—"后数字为瓷管内径，单位为 mm；第二个"—"后数字为瓷管长度，单位为 mm。

(二)低压架空电力线路用绝缘子(JB/T 10585.1—2006)

低压架空电力线路用绝缘子分为针式绝缘子、蝶式绝缘子和线轴式绝缘子三种。适用于交流、直流 1 000V以下的架空电力线路中作绝缘和固定电线用。

1. 低压架空电力线路用绝缘子的电气机械性能

表 11-257

绝缘子形式	型 号	弯曲破坏负荷(kN)不小于	工频闪络电压(kV),不小于	
			干	湿
针式	PD—1	8	35	15
	PD—2	5	30	12
蝶式	ED—1	12	22	10
	ED—2	10	18	9
	ED—3	8	16	7
	ED—4	5	14	6
线轴式	EX—1	15	22	9
	EX—2	12	18	8
	EX—3	10	16	6
	EX—4	7	14	5

2. 低压架空电力线路用针式绝缘子

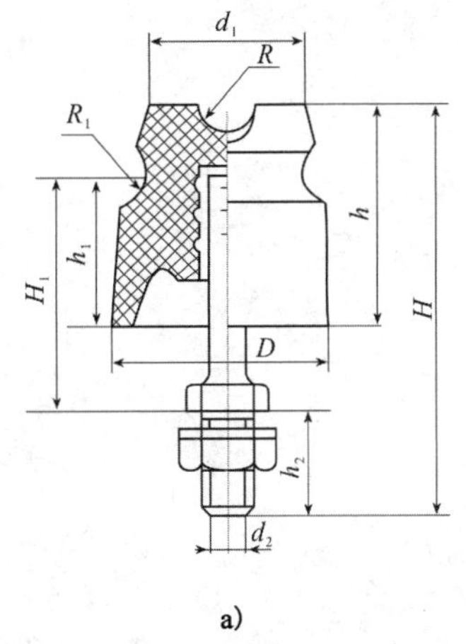

a)

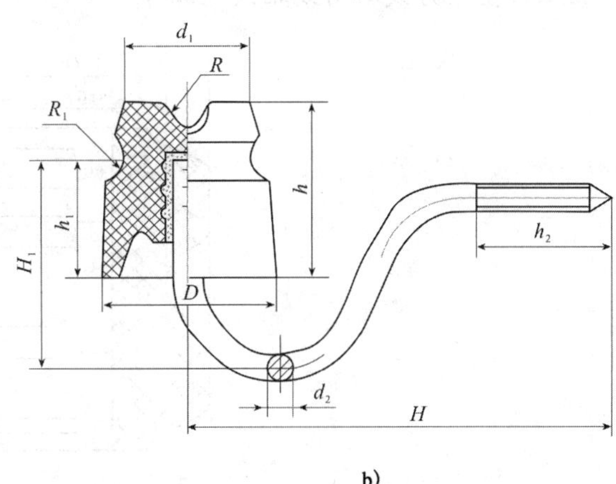

b)

图 11-19 针式绝缘子示意图

针式绝缘子主要尺寸(mm)　　表 11-258

型号	图号	H	H_1	h	h_1	h_2	D	d_1	d_2	R	R_1
PD—1T	a)	145	80	80	50	35	80	50	16	10	10
PD—1M	a)	220	80	80	50	110	80	50	16	10	10
PD—2T	a)	125	69	66	45	35	70	44	12	8	8
PD—2M	a)	195	69	66	45	105	70	44	12	8	8
PD—2W	b)	155	72	66	45	55	70	44	12	8	8

注:产品型号说明为:PD——低压线路针式绝缘子;"—"后数字为形状尺寸序数,"1"为尺寸最大的一种;T、M、W——安装连接形式代号,分别表示铁担直脚、木担直脚和弯脚。

3.低压架空电力线路用蝶式绝缘子

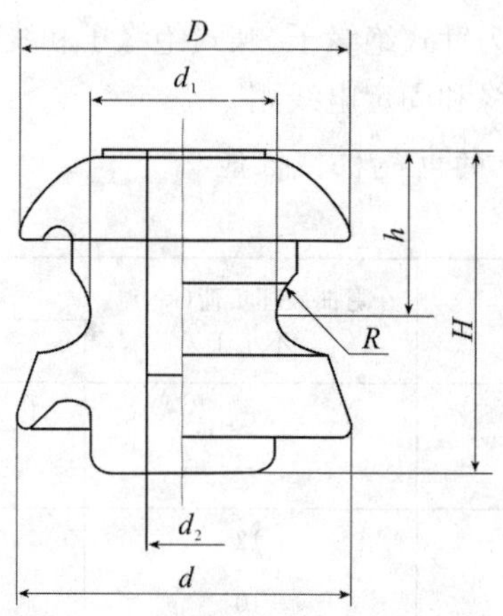

图 11-20　蝶式绝缘子示意图

低压蝶式绝缘子主要尺寸(mm)　　表 11-259

型　号	H	h	D	d	d_1	d_2	R
ED—1	90	46	100	95	50	22	12
ED—2	75	38	80	75	42	20	10
ED—3	65	34	70	65	36	16	8
ED—4	50	26	60	55	30	16	6

注:产品型号说明为:ED——低压线路蝶式绝缘子;"—"后数字为形状尺寸序数,"1"为尺寸最大的一种。

4.低压架空电力线路用线轴式绝缘子

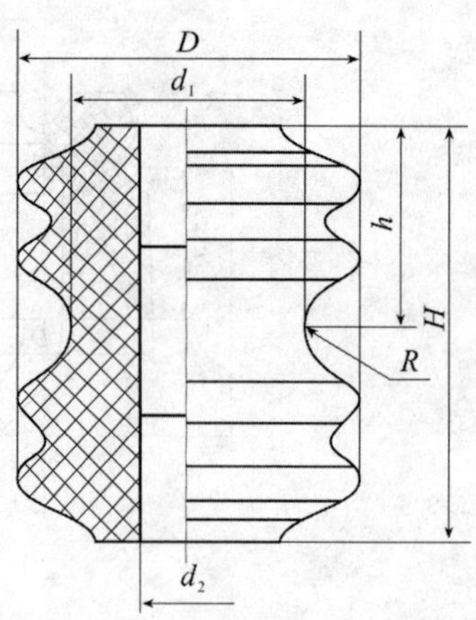

图 11-21　线轴式绝缘子示意图

低压线轴式绝缘子主要尺寸(mm)　　表 11-260

型 号	H	h	D	d_1	d_2	R
EX—1	90	45	85	55	22	12
EX—2	75	37.5	70	45	20	10
EX—3	65	32.5	65	40	16	8
EX—4	50	25	55	35	16	6

注:产品型号说明为:EX——低压线轴式绝缘子;“—”后数字为形状尺寸序数,“1”为尺寸最大的一种。

(三)低压架空电力线路用拉紧绝缘子(JB/T 10585.2—2006)

低压架空电力线路用拉紧绝缘子分为蛋形绝缘子、四角形绝缘子和八角形绝缘子三种。适用于交流、直流架空电力线路中作电杆拉线、张紧导线及绝缘用。

1. 低压架空电力线路用拉紧绝缘子的电气机械性能

表 11-261

型 号	机械拉伸破坏负荷(kN)不小于	工频闪络电压(kV),不小于	
		干	湿
J—5	5	4	2
J—10	10	5	2.5
J—20	20	6	2.8
J—45	45	20	10
J—54	54	25	12
J—70	70	—	15
J—90	90	30	20
J—160	160	—	—

2. 低压架空电力线路用拉紧绝缘子示意图及主要尺寸

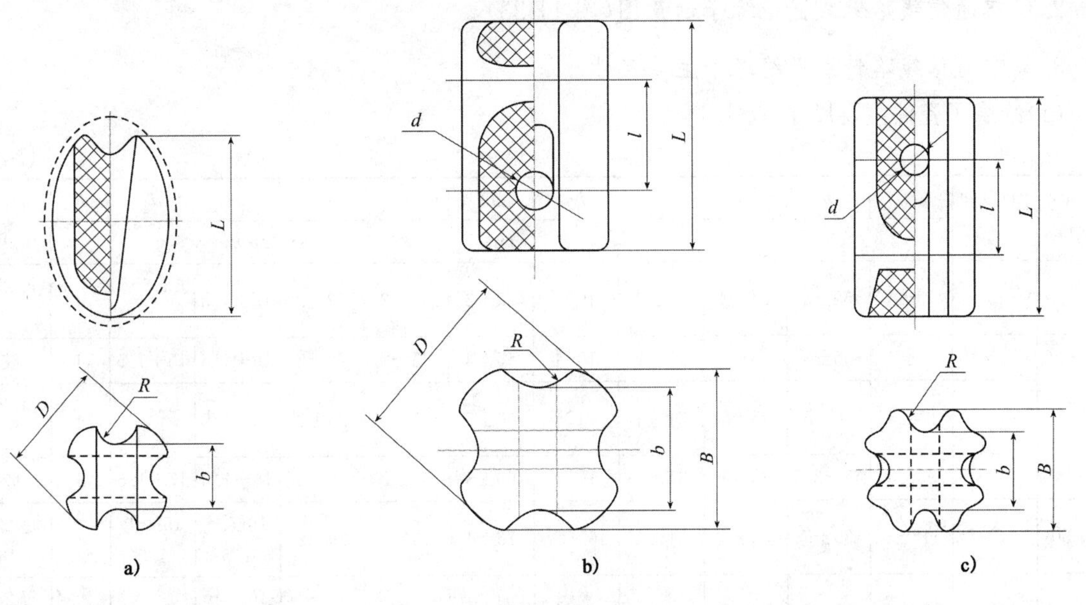

图 11-22　拉紧绝缘子示意图

拉紧绝缘子主要尺寸(mm)　　表 11-262

型　号	图　号	L	l	D	B	b	d	R
J—5	a)	38	—	30	—	20	—	4
J—10	a)	50	—	38	—	26	—	6
J—20	a)	72	—	53	—	30	—	8
J—45	b)	90	42	64	58	45	14	10
J—54	b)	108	57	73	68	54	22	10
J—70	c)	146	73	—	73	44	22	13
J—90	c)	172	72	—	88	60	25	14
J—160	c)	216	90	—	115	67	38	22

注:产品型号说明为:J—架空电力线路用拉紧绝缘子;"—"后数字为机械拉伸破坏负荷数,单位为 kN。

(四)架空通信线路针式瓷绝缘子(JB/T 10584—2006)

架空通信线路针式瓷绝缘子适用于架空通信线路中作绝缘和支持导线用。

架空通信线路针式瓷绝缘子按额定绝缘电阻值分为 20GΩ、40GΩ、50GΩ 三级。按用途分为铁担、木担用直脚及木担加长型、木杆用弯脚型,钢筋混凝土杆用弯脚型及其加长型、拉力弯脚型。

1. 架空通信线路针式瓷绝缘子型号表示方法

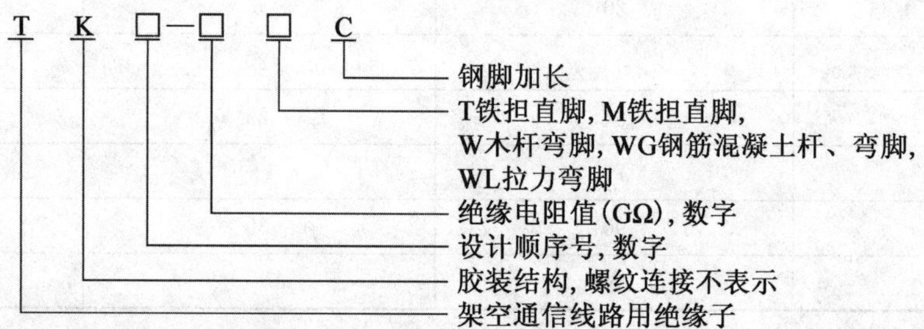

注:上面的表示方法若去掉最后两个表示脚的字母部分,则为此绝缘子的瓷件的型号。

2. 架空通信线路针式瓷绝缘子示意图(图 11-23)

3. 架空通信线路针式瓷绝缘子主要尺寸

(1)绝缘子瓷件主要尺寸

表 11-263

绝缘子瓷件型号	图号(图 11-23)	H	h	h_1	h_2	h_3	D	d_1	d_2	d_3	d_4	R	瓷件内孔螺蚊
		mm											
T1—20	c)	75±4	55±3	24±3	29±3	10^{+2}_{-3}	55±3	35±2	22±2	13±1.5	12.5±1.5	4	每 25.4mm 7 牙
TK—20	a)	75±4	55±3	24±3	27±2	10^{+2}_{-3}	55±3	35±2	22±2	16+1.5	15+1.5	4	胶装槽
T—40	c)	95±5	70±5	45±5	31+4	14^{+2}_{-4}	60±3	40±2	25±2	13+1.5	12.5+1.5	4	每 25.4mm 7 牙
TK—40	a)	95±5	65±3.5	25±4	31±2	14^{+2}_{-4}	60±3	40±2	25±2	18+1.5	17+1.5	4	胶装槽
T—50	c)	112±6	86±5	55±5	31±4	16.5^{+2}_{-3}	76±4	43±2	29±2	16.4+1.5	15.9+1.5	4	每 25.4mm 6 牙
T1—50	b)	130±7	95±5	55±5	32±4	18^{+2}_{-4}	76±4	50±3	29±2	16.5+1.5	12+1.5	4	每 25.4mm 6 牙

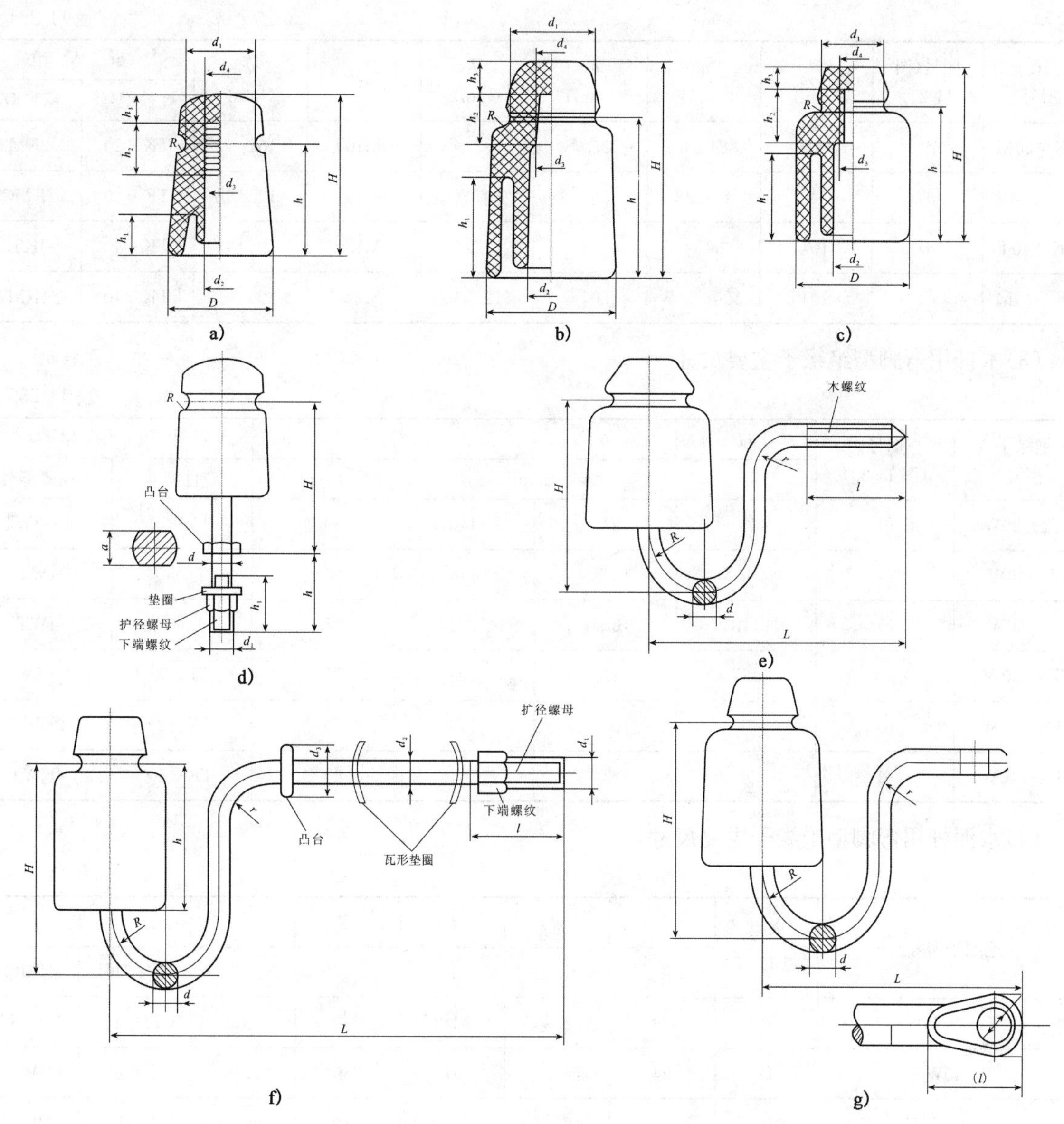

图 11-23　通信针式绝缘子示意图

(2)直脚型绝缘子主要尺寸

表 11-264

绝缘子型号	图号(图 11-23)	H (mm)	h (mm)	h_1 (mm)	d (mm)	d_1	a (mm)	组装用	
								瓷件型号	钢脚型号
T1—20T	d)	83	30^{+3}_{-2}	—	$12^{+1}_{-0.5}$	M12	$20^{+1}_{-0.5}$	T1—20	1—2TT
T1—20M	d)	83	102±3.5	45_{0}^{+4}	$12^{+1}_{-0.5}$	M12	$20^{+1}_{0.05}$	T1—20	1—2MT
T—40T	d)	104	30^{+3}_{-2}	—	$12^{+1}_{-0.5}$	M12	$20^{+1}_{-0.5}$	T—40	4TT
T—40M	d)	104	100±3.5	50_{0}^{+5}	$12^{+1}_{-0.5}$	M12	$20^{+1}_{-0.5}$	T—40	4MT
T—50T	d)	119	30^{+3}_{-2}	—	$16^{+1}_{-0.5}$	M16	$26^{+1}_{-0.5}$	T—50	5TT
T—50M	d)	119	108±3.5	50_{0}^{+5}	$16^{+1}_{-0.5}$	M16	$26^{+1}_{-0.5}$	T—50	5MT
T1—50M	d)	128	110±3.5	50_{0}^{+5}	$16^{+1}_{-0.5}$	M16	$26^{+1}_{-0.5}$	T1—50	1—5MT
TK—20T	d)	82	30^{+3}_{-2}	—	$10^{+1}_{-0.5}$	M10	$16^{+1}_{-0.5}$	TK—20	2KTT

续表 11-264

绝缘子型号	图号(图11-23)	H (mm)	h (mm)	h_1 (mm)	d (mm)	d_1	a (mm)	组装用	
								瓷件型号	钢脚型号
TK—20M	d)	82	84±3	35_{0}^{+4}	$10_{-0.5}^{+1}$	M10	$16_{-0.5}^{+1}$	TK—20	2KMT
TK—20MC	d)	82	104±3	50_{0}^{+5}	$10_{-0.5}^{+1}$	M10	$16_{-0.5}^{+1}$	TK—20	2KMCT
TK—40T	d)	104	30_{-2}^{+3}	—	$12_{-0.5}^{+1}$	M12	$20_{-0.5}^{+1}$	TK—40	4KTT
TK—40M	d)	104	106±3.5	50_{0}^{+5}	$12_{-0.5}^{+1}$	M12	$20_{-0.5}^{+1}$	TK—40	4KMT

(3)木杆用弯脚型绝缘子主要尺寸

表 11-265

绝缘子型号	图号(图 11-23)	H	b	L	l	组装用	
		mm				瓷件型号	钢脚型号
T1—20W	e)	79	$12_{-0.5}^{+1}$	146	50_{0}^{+5}	T1—20	1—2WT
T—40W	e)	94	$12_{-0.5}^{+1}$	146	60_{0}^{+5}	T—40	4WT
T—50W	e)	118	$16_{-0.5}^{+1}$	208	75_{0}^{+5}	T—50	4WT
T1—50W	e)	127	$16_{-0.5}^{+1}$	208	75_{0}^{+5}	T1—50	1—5WT
TK—20W	e)	78	$10_{-0.5}^{+1}$	146	50_{0}^{+5}	TK—20	2KWT
TK—40W	e)	95	$12_{-0.5}^{+1}$	164	60_{0}^{+5}	TK—40	4KWT

(4)水泥杆用弯脚型绝缘子主要尺寸

表 11-266

绝缘子型号	图号(图 11-13)	H	d	d_1	L	l	组装用	
		mm					瓷件型号	钢脚型号
T1—20WG	f)	79	$12_{-0.5}^{+1}$	M12	240	45_{0}^{+5}	T1—20	1—2WTG
T—40WG	f)	94	$12_{-0.5}^{+1}$	M12	250	45_{0}^{+5}	T—40	4WTG
T—40WGC	f)	94	$12_{-0.5}^{+1}$	M12	270	50_{0}^{+5}	T—40	4WTGC
T—50WG	f)	118	$16_{-0.5}^{+1}$	M16	320	45_{0}^{+5}	T—50	5WTG
T—50WGC	f)	118	$16_{-0.5}^{+1}$	M16	360	50_{0}^{+5}	T—50	5WTGC

(5)拉力用弯脚型绝缘子主要尺寸

表 11-267

绝缘子型号	图号(图 11-23)	H	d	d_1	L	l	组装用	
		mm					瓷件型号	钢脚型号
T—40WL	g)	94	$12_{-0.5}^{+1}$	14_{0}^{+1}	125	(40)	T—40	4WTL

注:括号内尺寸为参考尺寸。

4.通信用绝缘子的技术要求

(1)绝缘子应能耐受三次温度循环试验而不应开裂和损坏。试验温差为 70K。

(2)绝缘子的绝缘电阻应不小于:

T—50、T1—50:50GΩ;

T—40、TK—40：40GΩ；

T1—20、TK——20：20GΩ。

(3)绝缘子瓷件剪切破坏负荷应不小于：

T—50、T1—50：8kN；

T—40、TK—40：6kN；

T1—20、TK—20：3kN。

(五)高压线路蝶式瓷绝缘子(JB/T 10586—2006)

高压线路蝶式瓷绝缘子适用于标称电压高于 1 000 V 的架空电力线路终端、耐张或转角电杆上作绝缘和固定电线用。通常情况下高压线路蝶式瓷绝缘子不单独使用。

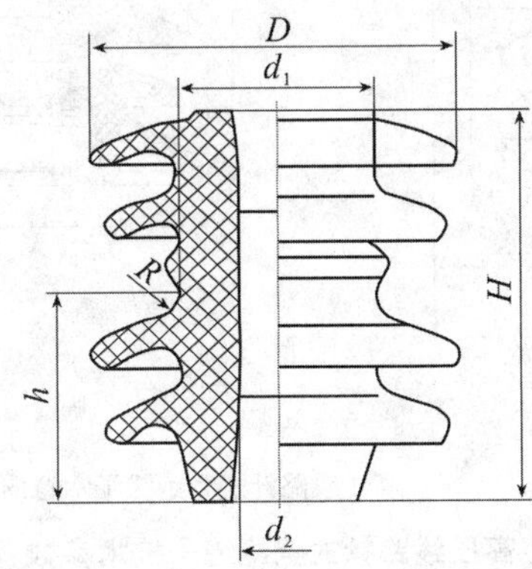

图 11-24　高压蝶式绝缘子示意图

1. 绝缘子主要尺寸(mm)

表 11-268

型　号	H	h	D	d_1	d_2	R
E-1	180	95	150	70	26	12
E-2	150	80	130	70	26	12

注：产品型号说明：E——高压线路蝶式绝缘子；破折号后数字为形状尺寸序数。

2. 高压蝶式绝缘子工频电压试验值和机械破坏负荷试验值

表 11-269

型　　号	工频电压(kV)　不小于			机械破坏负荷(kN) 不小于
	干闪	湿闪	击穿	
E-1	45	27	78	20
E-2	38	23	65	20

(六)高压线路针式瓷绝缘子(GB 1000. 2—1988)

高压线路针式瓷绝缘子适用于交流 10 kV 的普通地区、污秽地区高压架空电力线路中作绝缘和支持导线用，其安装地点的环境温度为－40 ℃～＋40 ℃(P－10T 型绝缘子适用海拔高度不超过1 000m，加强绝缘 1 型和 2 型可用于高海拔地区)。

针式绝缘子按结构形式分为胶装式(用水泥胶合剂永久性连接)和锌套螺纹连接式(瓷件和脚是可分开的螺纹连接)。

针式绝缘子按适用环境条件分为普通型、加强绝缘 1 型和加强绝缘 2 型。

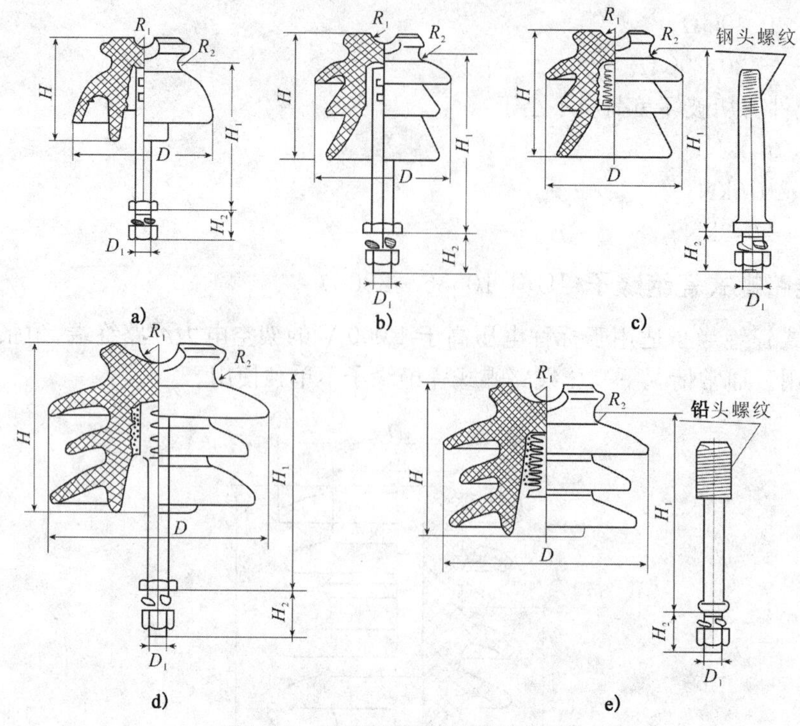

图 11-25 高压线路针式瓷绝缘子示意图

高压线路针式瓷绝缘子技术参数 表 11-270

<table>
<tr><td rowspan="3">高压针式绝缘子型号</td><td rowspan="3">示意图号</td><td colspan="8">主要尺寸(mm)</td><td colspan="5">机械电气特性</td><td rowspan="3">参考质量(kg)</td></tr>
<tr><td rowspan="2">瓷件高 H</td><td rowspan="2">瓷件直径 D</td><td rowspan="2">顶槽半径 R_1</td><td rowspan="2">侧槽半径 R_2</td><td rowspan="2">H_1</td><td rowspan="2">安装长度 H_2</td><td rowspan="2">钢脚螺栓直径 D_1</td><td rowspan="2">最小公称爬电距离</td><td>标准雷电冲击全波耐受电压</td><td>工频湿耐受电压</td><td>工频击穿电压</td><td>绝缘子弯曲耐受负荷</td><td>瓷件弯曲破坏负荷</td></tr>
<tr><td>(kV)(峰值)
不小于</td><td colspan="2">(kV)(有效值)
不小于</td><td colspan="2">(kN)
不小于</td></tr>
<tr><td>P—10T</td><td>a)</td><td>105</td><td>145</td><td>11</td><td>9</td><td>151</td><td>35</td><td>M16</td><td>195</td><td>75</td><td>28</td><td>95</td><td>1.4</td><td>13.7</td><td>2.2</td></tr>
<tr><td>PQ1—10T16</td><td rowspan="2">b)</td><td rowspan="4">133</td><td rowspan="4">140</td><td rowspan="4">13</td><td rowspan="4">9.5</td><td rowspan="2">183</td><td rowspan="2">40</td><td>M16</td><td rowspan="4">255</td><td rowspan="4">90</td><td rowspan="4">40</td><td rowspan="4">130</td><td rowspan="2">2.0</td><td rowspan="4">10.6</td><td>2.3</td></tr>
<tr><td>PQ1—10T20</td><td>M20</td><td>2.35</td></tr>
<tr><td>PQ1—10E</td><td rowspan="2">c)</td><td>—</td><td>—</td><td>—</td><td>—</td><td>2.35</td></tr>
<tr><td>PQ1—10LT</td><td>183</td><td>40</td><td>M20</td><td>4.0</td><td>2.35</td></tr>
<tr><td>PQ2—10T</td><td>d)</td><td rowspan="7">165</td><td rowspan="7">228</td><td rowspan="7">19</td><td rowspan="7">14</td><td>209</td><td>40</td><td>M20</td><td rowspan="7">450</td><td rowspan="7">110</td><td rowspan="7">50</td><td rowspan="7">145</td><td>3.0</td><td rowspan="7">13.3</td><td>6.7</td></tr>
<tr><td>PQ2—10L</td><td rowspan="2">e)</td><td>—</td><td>—</td><td>—</td><td>—</td><td>7.3</td></tr>
<tr><td>PQ2—10LT</td><td rowspan="2">209</td><td rowspan="2">40</td><td rowspan="2">M20</td><td>3.5</td><td>6.5</td></tr>
<tr><td>PQ2—10BT</td><td>d)</td><td>3.0</td><td>6.7</td></tr>
<tr><td>PQ2—10BL</td><td rowspan="2">e)</td><td>—</td><td>—</td><td>—</td><td>—</td><td>5.5</td></tr>
<tr><td>PQ2—10BLT</td><td>209</td><td>40</td><td>M20</td><td>3.5</td><td>6.5</td></tr>
</table>

注:①绝缘子弯曲耐受负荷系指对绝缘子施加弯曲负荷时,瓷件受力点相对轴线偏移 5°时的负荷值。

②标准雷电冲击全波耐受电压和工频湿耐受电压值,其试验安装方式为模拟铁横担安装。

③绝缘子型号说明:

P——普通型针式绝缘子;

PQ1——加强绝缘 1 型(中污型)针式绝缘子;

PQ2——加强绝缘 2 型(特重污型)针式绝缘子;

B——瓷件侧槽以上部位,除承烧面外,全部上半导体釉;

T——带脚,铁担;

L——不带脚,瓷件与脚螺纹连接;

LT——带脚,瓷件与脚螺纹连接,铁担;

破折号后的数字 10 表示额定电压 10 kV;T 后的数字 16、20 表示下端螺纹直径。

线路针式瓷绝缘子 JB/T 9683—2012 标准规定的型号表示方法:

1)全型号(1) (2)/(3) (4) (5)/(6)-(7)

(1)型式代号:用字母 PL 表示。

(2)规定弯曲耐受负荷等级的千牛(kN)数。

(3)雷电冲击耐受电压等级的千伏(kV)数。

(4)结构形式:C——胶装;S——螺纹联接。

(5)下端联接螺纹直径毫米(mm)数。

(6)公称爬电距离毫米(mm)数。

(7)设计序号。

2)基本型号

产品全型号的前五部分。

3)示例

产品全型号 PL4/90S20/255-01 表示:线路针式瓷绝缘子,规定弯曲耐受负荷等级 4 kN,雷电冲击耐受电压等级 90 kV,瓷件与钢脚螺纹联接,下端联接螺纹直径 20mm,公称爬电距离 255mm,设计序号 01。

(七)高压盘形悬式绝缘子(GB/T 7253—2005)

高压盘形悬式绝缘子适用于标称电压大于 1 000 V、频率不高于 100 Hz 的交流架空线路和变电站。其绝缘子串元件分为瓷质和玻璃材质,连接方式有球窝连接和槽形连接。

1.球窝连接高压盘形悬式绝缘子

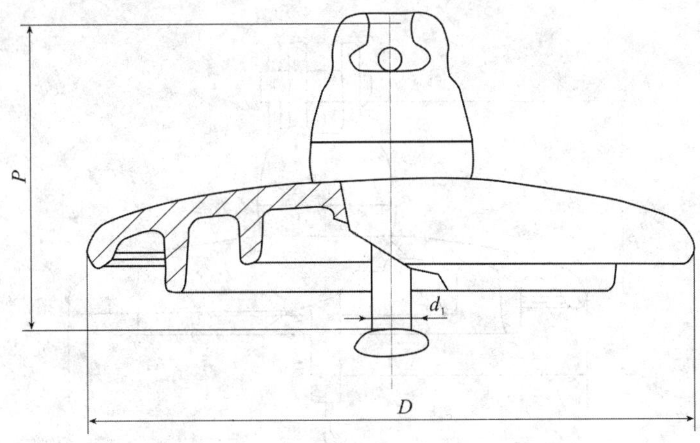

图 11-26 球窝连接的绝缘子串元件示意图

球窝连接的绝缘子串元件的机械和尺寸特性规定值 表 11-271

型 号	机电或机械破坏负荷(kN)	绝缘件的最大公称直径 D(mm)	公称结构高度 P(mm)	最小公称爬电距离(mm)	标准连接标记 d_1(mm)
U40B	40	175	110	190	11
U40BP	40	210	110	295	11
U70BS	70	255	127	295	16
U70BL	70	255	146	295	16
U70BLP	70	280	146	440	16
U100BS	100	255	127	295	16
U100BL	100	255	146	295	16
U100BLP	100	280	146	440	16
U120B	120	255	146	295	16

续表 11-271

型　　号	机电或机械破坏负荷(kN)	绝缘件的最大公称直径 D(mm)	公称结构高度 P(mm)	最小公称爬电距离(mm)	标准连接标记 d_1(mm)
U120BP	120	280	146	440	16
U160BS	160	280	146	315	20
U160BSP	160	330	146	440	20
U160BL	160	280	170	340	20
U160BLP	160	330	170	525	20
U210B	210	300	170	370	20
U210BP	210	330	170	525	20
U300B	300	330	195	390	24
U300BP	300	400	195	590	24
U400B	400	380	205	525	28
U530B	530	380	240	600	32

注：型号中，S——短结构高度；L——长结构高度；M——中长结构高度；EL——超长结构高度；P——大爬距。

在 JB/T 9683—2012 中改用具体数据表示。

2. 槽形连接高压盘形悬式绝缘子

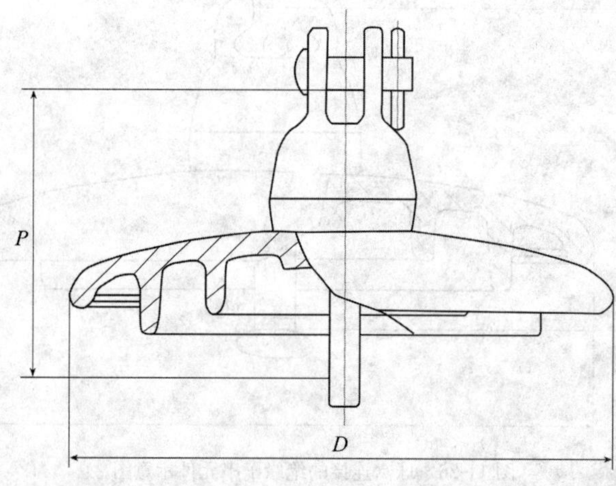

图 11-27　槽形连接的绝缘子串元件示意图

槽形连接的绝缘子串元件的机械和尺寸特性规定值　　表 11-272

型　　号	机电或机械破坏负荷(kN)	绝缘件的最大公称直径 D(mm)	公称结构高度 P(mm)	最小公称爬电距离(mm)	标准连接标记
U70C	70	255	146	295	16C
U70CP	70	280	146	440	16C
U100C	100	255	146	295	16C
U100CP	100	280	146	440	16C
U120C	120	255	146	295	16C
U120CP	120	280	146	440	16C

续表 11-272

型　号	机电或机械破坏负荷(kN)	绝缘件的最大公称直径 D (mm)	公称结构高度 P (mm)	最小公称爬电距离(mm)	标准连接标记
U160C	160	280	170	340	19C
U160CP	160	330	170	525	19C
U210C	210	300	178	370	22C
U210CP	210	330	178	525	22C

注：机电或机械破坏负荷大于 210 kN 的绝缘子未做规定。如有需要，应最好使用在表 11-271 中规定的球窝连接绝缘子。

3. 高压盘形悬式绝缘子全型号表示方法(JB/T 9683—2012)

[(1)] [(2)] [(3)] [(4)]/[(5)] [(6)] [(7)]-[(8)]

(1)型式代号：

U——交流系统用盘形悬式瓷绝缘子串元件；

UD——直流系统用盘形悬式瓷绝缘子串元件；

UG——交流系统用盘形悬式玻璃绝缘子串元件；

UDG——直流系统用盘形悬式玻璃绝缘子串元件；

UC——交流系统用盘形悬式瓷复合绝缘子串元件；

UDC——直流系统用盘形悬式瓷复合绝缘子串元件；

UGC——交流系统用盘形悬式玻璃复合绝缘子串元件；

UDGC——直流系统用盘形悬式玻璃复合绝缘子串元件。

(2)规定机电或机械破坏负荷(SFL)等级的千牛(kN)数。

(3)金属附件的连接形式：

B——球头球窝连接；

C——槽形连接。

(4)结构高度等级的毫米(mm)数。

(5)公称爬电距离毫米(mm)数。

(6)伞形结构：

N——标准伞形；

D——双伞形；

T——三伞形；

H——钟罩伞形；

A——空气动力伞形(开放伞形)；

R——其他伞形。

(7)连接标记：

×R——连接标记×R 型锁紧销：

×W——连接标记×W 型锁紧销。

(8)设计序号。

示例：产品全型号 U160B170/525D20R-04 表示交流系统用盘形悬式瓷绝缘子串元件，其规定机电破坏强度等级 160 kN，球头球窝连接方式，结构高度等级 170mm，公称爬电距离 525mm，双伞形，连接标记 20，R 型锁紧销，设计序号 04。

产品的基本型号为全型号的前六部分。

(八)线路柱式绝缘子(GB/T 21206—2007)

线路柱式绝缘子适用于额定电压高于 1 000 V、频率不大于 100 Hz 的交流架空线路。安装形式分为直立安装和水平安装;每种按顶部特征分为顶部绑扎型和顶部线夹型两类。

1.线路柱式绝缘子示意图

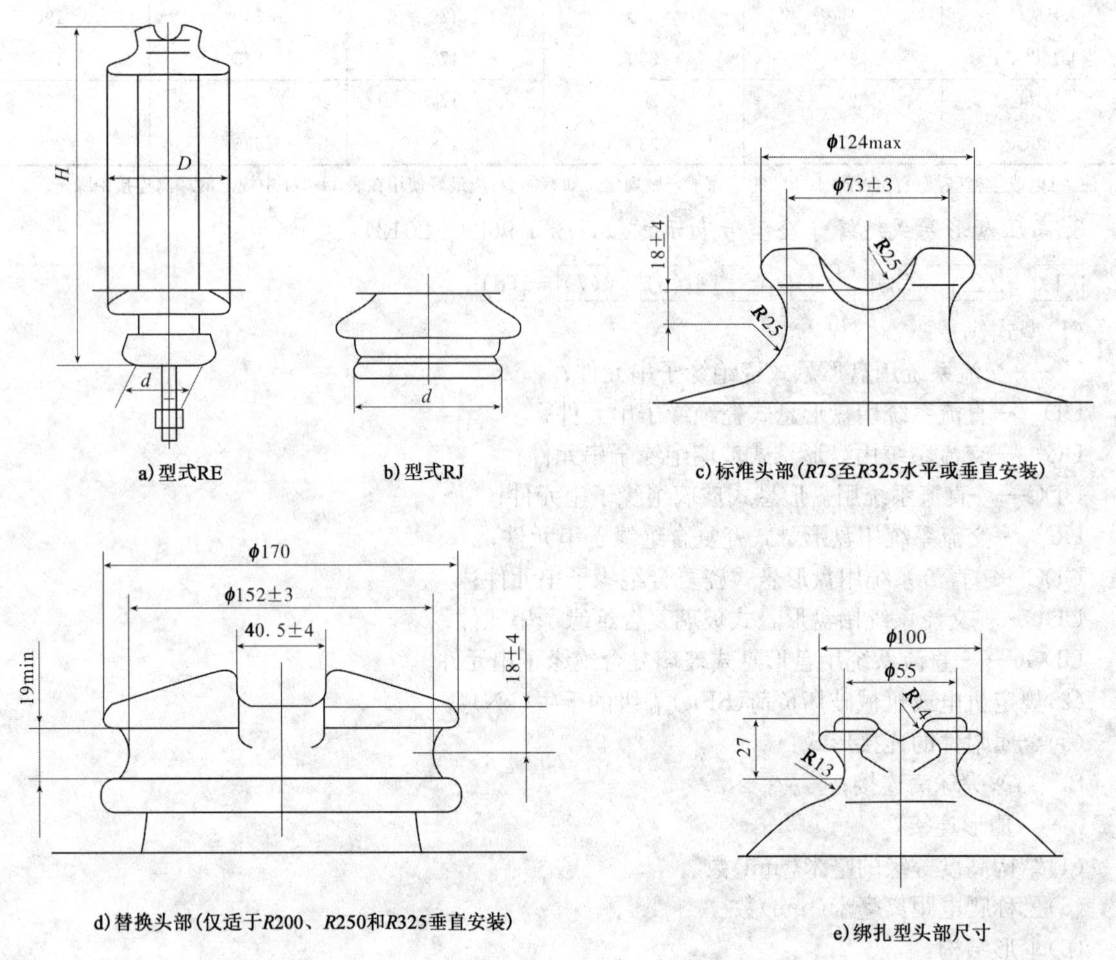

图 11-28　顶部绑扎型线路柱式绝缘子示意图

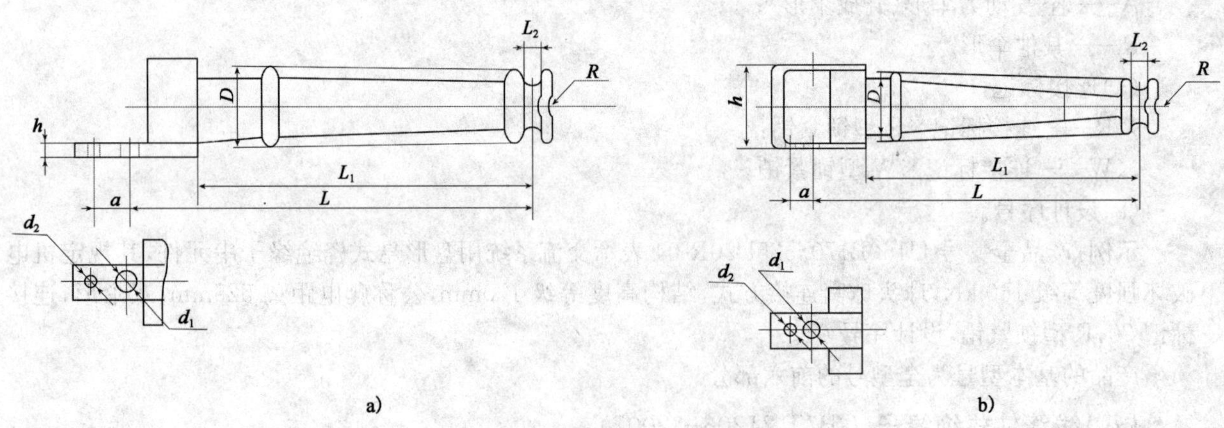

图 11-29　线路横担绝缘子示意图

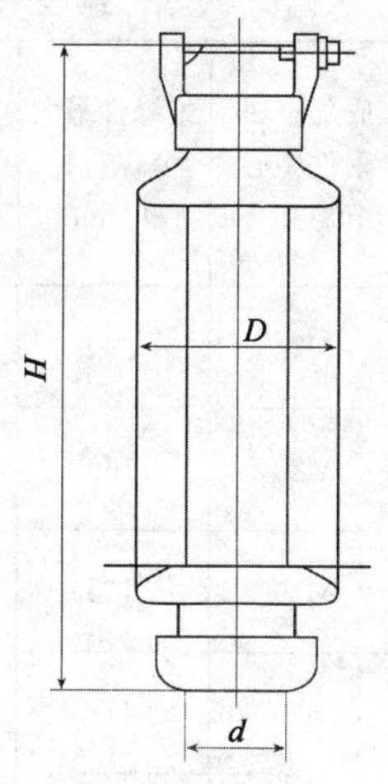

a)型式R-EC直立安装

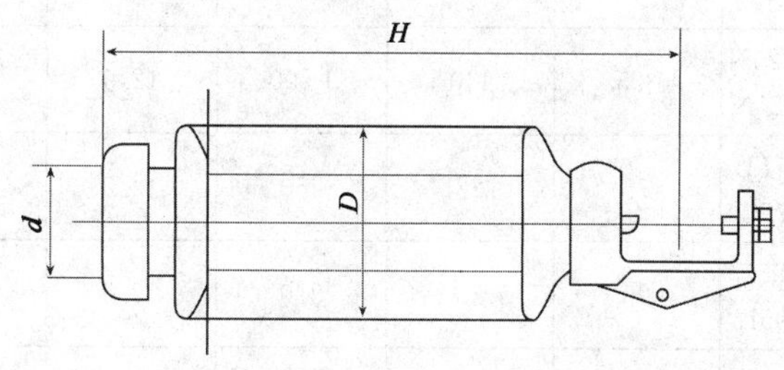

b)型式R-EH水立平安装

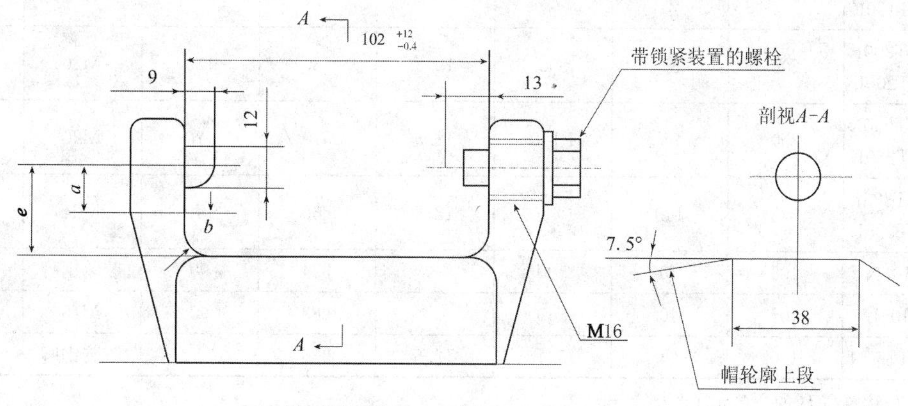

c)头部详图(单位：mm)

图 11-30 顶部线夹型线路柱式绝缘子

2.顶部绑扎型线路柱式绝缘子的特性

表 11-273

线路柱式绝缘子型号	雷电冲击耐受电压峰值(kV)	工频湿耐受电压有效值(kV)	最小公称爬电距离(mm)	最小弯曲破坏负荷(kN)	公称总离[a] H(mm)	底部金属附件最小公称直径 d(mm)	底部金属附件中心螺孔	绝缘件最大公称直径 D(mm)	图号(图 11-28)
R8 ET75L R8 JT75L	75	28	250	8	190	90	M20	140	a) b) c) d)
R8 ET95L R8 JT95L	95	38	350	8	222	90	M20	145	
R8 ET125L R8JT125L	125	50	530	8	305	90	M20	150	
R8 ET170L R8 JT170L	170	70	720	8	370	90	M20	160	
R12. 5 ET125N R12. 5 JT125 N	125	50	400	12. 5	305	100	M20	160	
R12. 5 ET170N R12. 5 JT170N	170	70	580	12. 5	370	110	M20	170	
R12. 5 ET200N R12. 5 JT200N	200	85	620	12. 5	430	120	M20	180	
R12. 5 ET250N R12. 5 JT250N	250	95	860	12. 5	510	120	M20	190	

续表 11-273

线路柱式绝缘子型号	雷电冲击耐受电压峰值(kV)	工频湿耐受电压有效值(kV)	最小公称爬电距离(mm)	最小弯曲破坏负荷(kN)	公称总离[a] H(mm)	底部金属附件最小公称直径 d(mm)	底部金属附件中心螺孔	绝缘件最大公称直径 D(mm)	图号(图 11-28)
R12.5 ET325N R12.5 JT325N	325	140	1 200	12.5	660	140	M24	200	
R12.5 ET75L R12.5 JT75L	75	28	250	12.5	190	90	M20	160	
R12.5 ET95L R12.5 JT95L	95	38	350	12.5	222	100	M20	165	
R12.5 ET125L R1.25 JT125L	125	50	530	12.5	305	100	M20	170	a) b) c) d)
R12.5 ET170L R12.5 JT170L	170	70	720	12.5	370	110	M20	180	
R12.5 ET200L R12.5 JT200L	200	85	900	12.5	430	120	M20	190	
R12.5 ET250L R12.5 JT250L	250	95	1 140	12.5	510	120	M20	200	
R12.5 ET325L R12.5 JT325L	325	140	1 450	12.5	660	140	M24	210	
R3ET105N	105	40	300	3	224	90	胶装钢脚	120	a),e)
R5ET105L	105	40	360	5	283	90	M16	125	
R12.5ET150N	150	65	534	12.5	336	110	胶装钢脚	170	

注:[a] 公称总高 H 的公差允许±8%。

3. 顶部线夹型线路柱式绝缘子特性

表 11-274

线路柱式绝缘子型号	雷电冲击耐受电压峰值(kV)	工频湿耐受电压有效值(kV)	最小公称爬电距离(mm)	最小弯曲破坏负荷(kN)	公称总离[a] H(mm)	底部金属附件最小公称直径 d(mm)	底部金属附件中心螺孔	绝缘件最大公称直径 D(mm)	图号(图 11-30)
R12.5EC 125N R12.5EH 125N	125	50	400	12.5	350 370	100	M20	160	
R12.5EC 170N R12.5EH 170N	170	70	580	12.5	420 440	110	M20	170	
R12.5EC 200N R12.5EH 200N	200	85	620	12.5	495 515	120	M20	180	
R12.5EC 250N R12.5EH 250N	250	95	860	12.5	570 590	120	M20	190	a) b) c)
R12.5EC 325N R12.5EH 325N	325	140	1 200	18.5	710 730	140	M24	200	
R12.5EC 75L R12.5EH 75L	75	28	250	12.5	235 255	90	M20	160	
R12.5EC 95L R12.5EH 95L	95	38	350	12.5	270 290	100	M20	165	
R12.5EC 125L R12.5EH 125L	125	50	530	12.5	350 370	100	M20	170	

续表 11-274

线路柱式绝缘子型号	雷电冲击耐受电压峰值(kV)	工频湿耐受电压有效值(kV)	最小公称爬电距离(mm)	最小弯曲破坏负荷(kN)	公称总离[a] H(mm)	底部金属附件最小公称直径 d(mm)	底部金属附件中心螺孔	绝缘件最大公称直径 D(mm)	图号(图 11-30)
R12.5EC 170L R12.5EH 170L	170	70	720	12.5	420 440	110	M20	180	
R12.5EC 200L R12.5EH 200L	200	85	900	12.5	495 515	120	M20	190	a) b) c)
R12.5EC 250L R12.5EH 250L	250	95	1 140	12.5	570 590	120	M20	200	
R12.5EC 325L R12.5EH 325L	325	140	1 450	12.5	710 730	140	M24	210	

注:[a] 公称总高 H 公差允许±8%。

4. 作为横担使用的线路柱式绝缘子特性

表 11-275

绝缘子型号	图号(图 11-29)	线槽与安装孔中心距 L(mm)	绝缘距离 L_1(mm)	线槽尺寸		安装尺寸		稳定孔直径 d_2(mm)	安装孔与稳定孔中心距 a(mm)	最小公称爬电距离(mm)	工频湿耐受电压有效值(kV)	雷电冲击耐受电压峰值(kV)	额定弯曲破坏负荷(kN)
				L_2(mm)	R(mm)	孔直径 d_1(mm)	高度 h(mm)						
RA2.5ET165N	a)	390	315	22	11	18±0.5	14	6.5±0.5	40±1	320	45	165	2.5
RA2.5ET185L	a)	440	365	22	11	18±0.5	14	6.5±0.5	40±1 30±1	380	50	185	2.5
RA5.0ET165L	b)	400	320	28	14	18±0.5	140	11.0	40±1 30±1	360	45	165	5.0
RA5.0ET250N	b)	580	490	28	14	22±0.5	140	11.0	40±1	700	85	250	5.0
RA5.0ET265L	b)	620	520	28	14	22±0.5	140	11.0	40±1	1 120	100	265	5.0

注:RA 表示作为横担使用的线路柱式绝缘子。

5. 线路柱式绝缘子的型号表示方法(JB/T 9683—2012)

1)全型号

(1) (2) (3) (4) (5)/(6)-(7)

(1)型式代号:

R——线路柱式瓷绝缘子(不包括横担安装方式);

RC——线路柱式复合绝缘子(不包括横担安装方式);

RA——横担安装方式的线路柱式瓷绝缘子;

RCA——横担安装方式的线路柱式复合缘缘子。

(2)规定弯曲破坏负荷(SCL)等级的千牛(kN)数。

(3)固定端金属附件的连接形式:

E——金属附件为外胶装型;

J——金属附件为内胶装型;

P——金属附件为压接型;

R——采用其他形式连接。

(4)和导线的连接形式:

T——顶部绑扎形式;

C——直立安装的顶部线夹形式;

H——水平安装的顶部线夹形式;

R——采用其他连接形式。

(5)雷电冲击耐受电压等级的千伏(kV)数。

(6)公称爬电距离毫米(mm)数。

(7)设计序号。

2)基本型号

产品全型号的前五部分。

3)示例

产品全型号 RC12.5PH650/3150-04 表示线路柱式复合绝缘子,规定弯曲破坏负荷等级12.5 kN,固定端金属附件压接形式,水平安装的顶部线夹形式,雷电冲击耐受电压等级 650 kV,公称爬电距离 3 150mm,设计序号 04。

产品全型号 R8ET75/250-01 表示线路柱式瓷绝缘子,规定弯曲破坏负荷等级 8 kN,固定端金属附件外胶装形式,顶部绑扎形式,雷电冲击耐受电压等级 75 kV,公称爬电距离 250mm,设计序号 01。

(九)电气化铁路用棒形瓷绝缘子(GB/T 11030—2006)

电气化铁路用棒形瓷绝缘子适用于轻污区、重污区和高海拔地区,标称电压 25 kV、工频单相交流电气化铁路接触网腕臂支撑用。

1. 电气化铁路用棒形瓷绝缘子型号表示方法

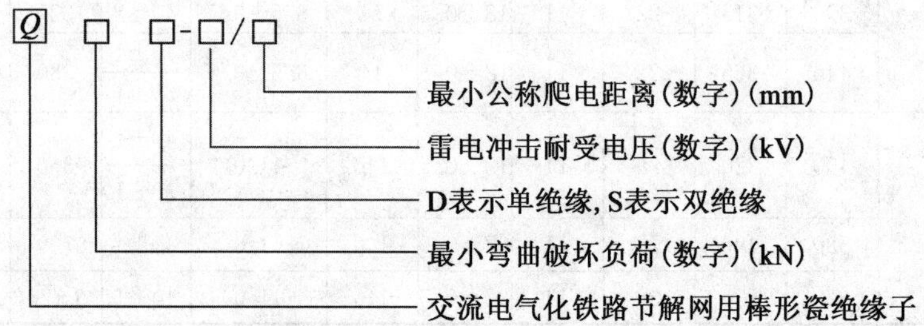

2. 电气化铁路用棒形瓷绝缘子示意图

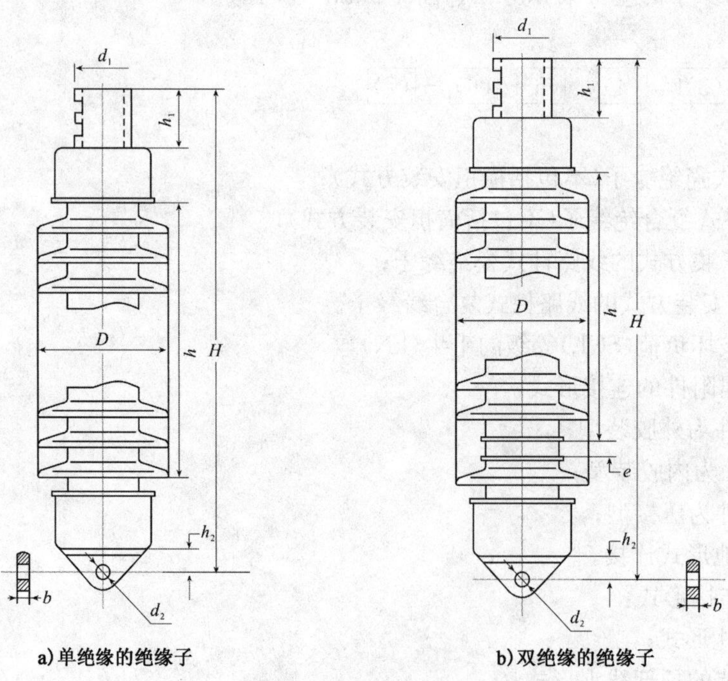

图 11-31　棒形瓷绝缘子示意图

绝缘子电气、机械和尺寸特性

表 11-276

型号	图号（图 11-31）	最小机械破坏负荷（kN）		雷电冲击耐受电压（kV）（峰值），不小于	工频湿耐受电压（kV）（有效值），小不于	盐密/灰密（mg/cm²）人工污秽耐受电压（kV），不小于	盐密/灰密（mg/cm²）适用海拔高度（m），不小于		公称结构高度 H（mm）	绝缘件最大公称直径 D（mm）	最小绝缘距离 h（mm）	最小公称爬电距离（主/辅）（mm）	主要连接尺寸（mm）					
		弯曲	拉伸										h_1	h_2	d_1^b	d_2^b	b^c	e^d
Q4D－270/1 200	a)	4	40	270	130	0.3/2.0 31.5	0.1/1.0 2 000	0.3/2.0 1 000	750	200	490	1 200	90	30	62	21	16	—
Q4S－270/1 200	b)								850			1 200/145						22
Q4D－290/1 400	a)			290	140	0.35/2.0 31.5	0.1/1.0 1 000	0.35/2.0 1 500	775		510	1 400						—
Q4S－290/1 400	b)								865			1 400/145						22
Q4D－310/1 600	a)			310	150	0.35/2.0 35.0	0.1/1.0 4 000	0.35/2.0 3 000	790		530	1 600						—
Q4S－310/1 600	b)								880			1 600/145						22
Q8D－270/1 200	a)	8	80	270	130	0.3/2.0 31.5	0.1/1.0 2 000	0.3/2.0 1 000	760	200	490	1 200						—
Q8S－270/1 200	b)								850			1 200/145						22
Q8D－290/1 400	a)			290	140	0.35/2.0 31.5	0.1/1.0 3 000	0.35/2.0 1 500	775		510	1 400						—
Q8S－290/1 400	b)								865			1 400/145						22
Q8D－310/1 600	a)			310	150	0.35/2.0 35.0	0.1/1.0 4 000	0.35/2.0 2 000	790		530	1 600						—
Q8S－310/1 600	b)								880			1 600/145						22
Q12D－270/1 200	a)	12	100	270	130	0.3/2.0 31.5	0.1/1.0 2 000	0.3/2.0 1 000	760	210	490	1 200						—
Q12S－270/1 200	b)								850			1 200/145						22
Q12D－290/1 400	a)			290	140	0.35/2.0 31.5	0.1/1.0 3 000	0.25/2.0 1 500	775		510	1 400						—
Q12S－290/1 400	b)								865			1 400/145						22
Q12D－310/1 600	a)			310	150	0.35/2.0 35.0	0.1/1.0 4 000	0.35/2.0 2 000	790		530	1600						—
Q12S－310/1 600	b)								880			1600/145						22
Q16D－270/1 200	a)	16	120	270	130	0.3/2.0 31.5	0.1/1.0 2 000	0.3/2.0 1 000	760	220	490	1 200	90	30	62	21	16	—
Q16S－270/1 200	b)								850			1 200/145						22
Q16D－290/1 400	a)			290	140	0.35/2.0 31.5	0.1/1.0 3 000	0.35/2.0 1 500	775		510	1 400						—
Q16S－290/1 400	b)								865			1 400/145						22
Q16D－310/1 600	a)			310	150	0.35/2.0 35.0	0.1/1.0 4 000	0.35/2.0 2 000	790	220	530	1 600						—
Q16S－310/1 600	b)								880			1 600/145						22

注：①如果要求盐密和灰密不在列表中时，人工污秽耐受电压由双方协议。

②盐密和灰密单位均为 mg/cm²。

二、常用线路金具

(一)电缆导体用压接型铜、铝接线端子和连接管(GB/T 14315—2008)

电缆导体用压接型铜、铝接线端子(代号 D)和连接管(代号 G)适用导体截面积范围为 10～630mm^2。产品按结构分为堵油、密封式(代号 M)和非堵油、非密封式及直通式(代号可省略)。型号中铜代号 T;铝代号 L;铜铝过渡代号 TL。

1. DT 型铜接线端子规格尺寸及示意图

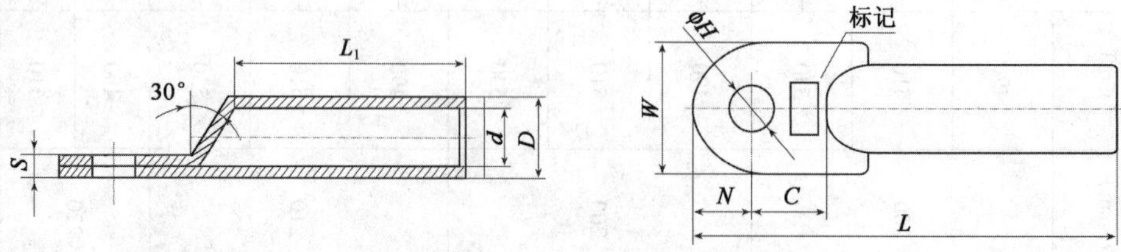

图 11-32　DT 型铜接线端子示意图

DT 型铜接线端子规格尺寸　　表 11-277

导体标称截面积(mm²)	螺栓直径	ϕH H12	d		D		L_1	C	N	W	L	
			标称值	偏差	标称值	偏差	最小值	标称值	标称值	参考值	标称值	偏差
	mm											
10	6	6.5	5	±0.5	8	0 −0.12	30	9	9	10	50	±1.5
16	6	6.5	6		9		31	10	9	12	55	
25	6	6.5	7		10		34	11	9	14	60	
35	8	8.4	8.5		12	0 −0.16	36	14	9	16	66	
50	8	8.4	10	±0.4	14		40	14	11	19	72	
70	10	10.5	12		16		42	16	12	22	80	
95	10	10.5	12		18		46	17	14	25	87	
120	12	13	15	±0.5	20	0 −0.24	48	18	16	28	96	
150	12	13	16		22		52	20	17	32	103	
185	16	16.5	18		25		55	23	19	36	115	
240	16	16.5	20		27		60	23	20	40	120	
300	16	17	24	±0.6	31	0 −0.30	65	25	20	45	135	±2.0
400	16	17	26		34		70	31	20	50	150	
500			30		38		75	35	24	56	170	
630			35		45		85	44	24	65	210	

2. 密封式 OTM 及 DLM 型铜、铝接线端子

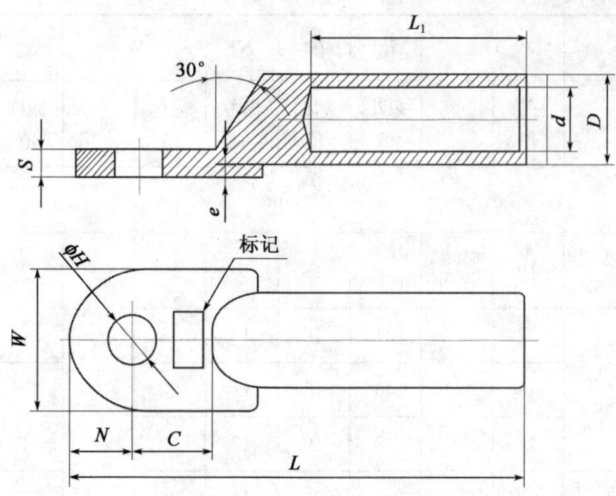

图 11-33 密封式铜或铝接线端子(DTM 型或 DLM 型)示意图

(1)密封式铜接线端子(DTM 型)尺寸

表 11-278

<table>
<tr><th rowspan="2">导体标称截面积(mm²)</th><th rowspan="2">螺栓直径</th><th rowspan="2">φH H12</th><th colspan="2">d</th><th colspan="2">D</th><th>L1</th><th>C[b]</th><th>N[a]</th><th colspan="2">W</th><th colspan="2">S</th><th colspan="2">L</th><th>e</th></tr>
<tr><th>标称量</th><th>偏差</th><th>标称值</th><th>偏差</th><th>最小值</th><th>标称值</th><th>标称值</th><th>标称值</th><th>偏差</th><th>标称值</th><th>偏差</th><th>标称值</th><th>偏差</th><th>最小值</th></tr>
<tr><th></th><th colspan="15">mm</th></tr>
<tr><td>10</td><td>8</td><td>8.4</td><td>5.5</td><td rowspan="5">+0.36
0</td><td>9</td><td rowspan="3">+0.2
−0.12</td><td>30</td><td>12</td><td>7</td><td>16</td><td rowspan="11">±0.3</td><td>2.2</td><td rowspan="3">+0.6
0</td><td>66</td><td rowspan="11">±1.5</td><td>1</td></tr>
<tr><td>16</td><td>8</td><td>8.4</td><td>6</td><td>10</td><td>31</td><td>13</td><td>8</td><td>16</td><td>2.5</td><td>67</td><td>1</td></tr>
<tr><td>25</td><td>8</td><td>8.4</td><td>7</td><td>11</td><td>34</td><td>14</td><td>10</td><td>18</td><td>3</td><td>70</td><td>1</td></tr>
<tr><td>35</td><td>10</td><td>10.5</td><td>8.5</td><td>12</td><td rowspan="4">+0.3
−0.17</td><td>36</td><td>16</td><td>11</td><td>20</td><td>3</td><td rowspan="6">+0.8
0</td><td>79</td><td>1</td></tr>
<tr><td>50</td><td>10</td><td>10.5</td><td>9.6</td><td>14</td><td>40</td><td>17</td><td>12</td><td>23</td><td>3.5</td><td>87</td><td>1</td></tr>
<tr><td>70</td><td>12</td><td>12.5</td><td>12</td><td rowspan="4">+0.43
0</td><td>16</td><td>44</td><td>18</td><td>13</td><td>26</td><td>4</td><td>95</td><td>1</td></tr>
<tr><td>95</td><td>12</td><td>12.5</td><td>13</td><td>18</td><td>47</td><td>20</td><td>15</td><td>28</td><td>4.5</td><td>105</td><td>1.5</td></tr>
<tr><td>120</td><td>14</td><td>14.5</td><td>15</td><td>20</td><td rowspan="4">+0.3
−0.20</td><td>50</td><td>22</td><td>16</td><td>30</td><td>5</td><td>112</td><td>1.5</td></tr>
<tr><td>150</td><td>14</td><td>14.5</td><td>16</td><td>22</td><td>54</td><td>23</td><td>17</td><td>34</td><td>5.5</td><td>118</td><td>1.5</td></tr>
<tr><td>185</td><td>15</td><td>16.5</td><td>18</td><td rowspan="5">+0.52
0</td><td>25</td><td>56</td><td>24</td><td>18</td><td>38</td><td>6</td><td rowspan="6">+0.9
0</td><td>125</td><td>2</td></tr>
<tr><td>240</td><td>16</td><td>16.5</td><td>20</td><td>27</td><td>60</td><td>28</td><td>20</td><td>42</td><td>7</td><td>136</td><td>2</td></tr>
<tr><td>300</td><td>20</td><td>21</td><td>23</td><td>30</td><td rowspan="4">+0.4
−0.20</td><td>65</td><td>32</td><td>25</td><td>48</td><td rowspan="4">±0.5</td><td>8</td><td>160</td><td rowspan="4">±2.0</td><td>2</td></tr>
<tr><td>400</td><td>20</td><td>21</td><td>26</td><td>34</td><td>70</td><td>33</td><td>25</td><td>54</td><td>9</td><td>165</td><td>2</td></tr>
<tr><td>500[b]</td><td></td><td></td><td>29</td><td>38</td><td>75</td><td>38</td><td>30</td><td>64</td><td>9.5</td><td>190</td><td>2</td></tr>
<tr><td>630[b]</td><td></td><td></td><td>34</td><td>+0.62
0</td><td>45</td><td>85</td><td>45</td><td>40</td><td>78</td><td>10</td><td>220</td><td>2</td></tr>
</table>

注:①[a] 表中 C、N 的偏差为 GB/T 1800.3—1998 规定的标准公差等级 IT14 级。

②[b] 螺栓直径和数量由供需双方商定。

(2)密封式铝接线端子(DLM 型)尺寸

表 11-279

导体标称截面积(mm²)	螺栓直径	ϕH H12	d 标称值	d 偏差	D 标称值	D 偏差	L_1 最小值	C[a] 标称值	N[a] 标称值	W 标称值	W 偏差	S 标称值	S 偏差	L 标称值	L 偏差	e 最小值
	mm															
16	8	8.4	5.5	+0.30 0	10	+0.20 −0.12	32	13	9	16	±0.3	3	+0.6 0	70	±1.5	1.5
25	8	8.4	7	+0.35 0	12	+0.30 −0.17	34	15	10	18		3.5	+0.8 0	75		1.5
35	10	10.5	8.5		14		40	18	11	20		3.5		85		1.5
50	10	10.5	9.5		16		42	19	12	23		4		90		1.5
70	12	12.5	12	+0.43 0	18		47	20	14	26		4.5		102		1.5
95	12	12.5	13		21	+0.30 −0.02	50	21	15	28		5		112		2
120	14	14.5	15		23		53	24	16	30		5.5		120		2
150	14	14.5	16		25		55	25	17	34		6		126		2
185	16	16.5	18	+0.52 0	27		58	29	18	37		6.5	+0.9 0	133		2
240	16	16.5	20		30	+0.40 −0.20	60	30	20	40		7.5		140		2
300	20	21	23		34		65	37	25	45		8.5		165	±2.0	2
400	20	21	26		38		70	37	25	52	±0.5	9.5		170		2
500[b]			29		42		75	37	30	60		10		190		2
630[b]			34	+0.62 0	54		80	45	40	78		10.5	+1.1 0	225		2

注:①[a] 表中 C、N 的偏差为 GB/T 1800.3—1998 规定的标准公差等级 IT14 级。

②[b] 螺栓直径和数量由供需双方商定。

3. DTL 铜铝过渡接线端子

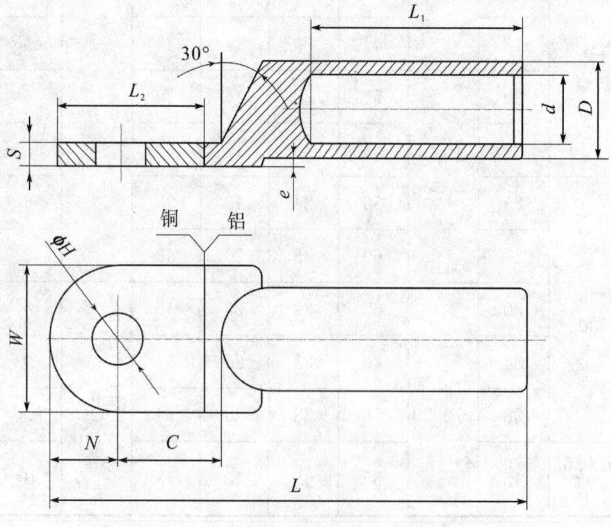

图 11-34　铜铝过渡接线端子示意图

DTL 型铜铝过渡接线端子尺寸　　表 11-280

导体标称截面积（mm^2）	螺栓直径	ϕH H12	d		D		L_1	C[a]	N[a]	W		S		L		e
			标称值	偏差	标称值	偏差	最小值	标称值	标称值	标称值	偏差	标称值	偏差	标称值	偏差	最小值
	mm															
16	8	8.4	5.5	+0.30 0	10	+0.20 −0.12	32	13	9	16		3	+0.6 0	70		1.5
25	8	8.4	7		12		34	15	10	18		3.5		75		1.5
35	10	10.5	8.5	+0.35 0	14	+0.30 −0.17	40	18	11	20		3.5		85		1.5
50	10	10.5	9.5		16		42	19	12	23		4		90		1.5
70	12	12.5	12		18		47	20	14	26		4.5	+0.8 0	102	±1.5	1.5
95	12	12.5	13	+0.43 0	21		50	21	15	28	±0.3	5		112		2
120	14	14.5	15		23	+0.30 −0.02	53	24	16	30		5.5		120		2
150	14	14.5	16		25		55	25	17	34		6		126		2
185	16	16.5	18		27		58	29	18	37		6.5		133		2
240	16	16.5	20		30		60	30	20	40		7.5	+0.9 0	140		2
300	20	21	23	+0.52 0	34		65	37	25	45		8.5		165		2
400	20	21	26		38	+0.40 −0.20	70	37	25	52		9.5		170		2
500[b]			29		42		75	37	30	60	±0.5	10	+1.1 0	190	±2.0	2
630[b]			34	+0.62 0	54		80	45	40	78		10.5		225		2

注：①[a] 表中 C、N 的偏差为 GB/T 1800.3—1998 规定的标准公差等级 IT14 级。

②[b] 螺栓直径和数量由供需双方商定。

4. GT 型及 GL 型铜、铝连接管

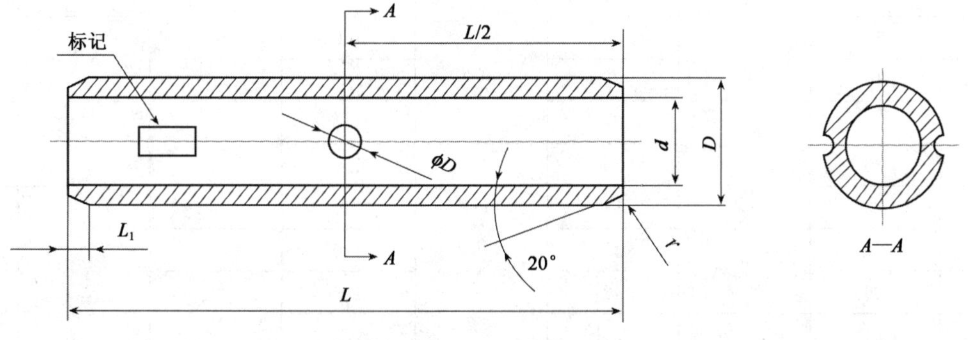

图 11-35　铜或铝连接管（GT 型或 GL 型）示意图

(1)铜连接管(GT 型)规格尺寸

表 11-281

导体标称截面积(mm²)	d 标称值	d 偏差	D 标称值	D 偏差	L 最小值	L_1 参考值	ϕD 参考值	r 最小值
	mm							
10	5		8		50			
16	6	±0.3	9	0 −0.12	56		2	0.5
25	7		10		60	2.0		
35	8.5		12		64			
50	10		14		72		4	
70	12	±0.4	16	0 −0.16	78	3.0		0.6
95	13		18		85		5	
120	15		20		90	3.5		0.8
150	16	±0.5	22	0 −0.24	94		6	
185	18		25		100	4.0		0.9
240	20		28		110		7	
300	24		31		120			1.2
400	26	±0.6	34	0 −0.30	135			1.3
500	30		38		150	5.0	8	
630	35		45		170			1.5

注:ϕD 坑深度应略大于导体外径与压接圆筒内径两者配合间隙的 1/2。

(2)铝连接管(GL 型)规格尺寸

表 11-282

导体标称截面积(mm²)	d 标称值	d 偏差	D 标称值	D 偏差	L 最小值	L_1 参考值	ϕD 参考值	r 最小值
	mm							
16	5.5	+0.2 0	10	+0.2 −0.12	65	3	2	0.7
25	7		12		70	3.5		0.8
35	8.5	+0.36 0	14	+0.3 −0.17	75		4	
50	9.5		16		80	4		1.0
70	12		18		90		4.5	
95	13	+0.27 0	21		95			
120	15		23	+0.3 −0.20	100	4.5	5.5	1.2
150	16		25		105			
185	18		27		110	5.5	7	1.7
240	20		30		120			
300	23	+0.52 0	34		130	7		1.8
400	26		38	+0.4 −0.2	140	8		2.2
500	29		42		150		8	
630	34	+0.62 0	54		170	10		2.5

注:ϕD 坑深度应略大于导体外径与压接圆筒内径两者配合间隙的 1/2。

5. 堵油式 GTM 及 GLM 型铜、铝连接管

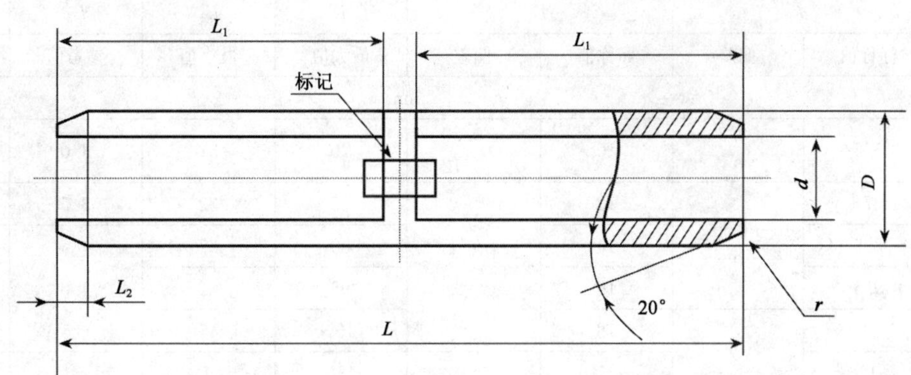

图 11-36　堵油式铝或铜连接管(GLM 型或 GTM)示意图

(1)堵油式铜连接管(GTM 式)尺寸

表 11-283

<table>
<tr><th rowspan="3">导体标称截面积(mm²)</th><th colspan="2">d</th><th colspan="2">D</th><th>L</th><th>L₁</th><th>L₂</th><th>r</th></tr>
<tr><th>标称值</th><th>偏差</th><th>标称值</th><th>偏差</th><th>最大值</th><th>最小值</th><th>参考值</th><th>不小于</th></tr>
<tr><th colspan="8">mm</th></tr>
<tr><td>10</td><td>5</td><td rowspan="5">+0.36
0</td><td>9</td><td rowspan="3">+0.20
−0.12</td><td>62</td><td>28</td><td rowspan="3">3.0</td><td rowspan="3">0.7</td></tr>
<tr><td>16</td><td>6</td><td>10</td><td>65</td><td>30</td></tr>
<tr><td>25</td><td>7</td><td>11</td><td>70</td><td>32</td></tr>
<tr><td>35</td><td>8.5</td><td>12</td><td rowspan="4">+0.30
−0.17</td><td>75</td><td>34</td><td>3.5</td><td>0.8</td></tr>
<tr><td>50</td><td>9.6</td><td>14</td><td>80</td><td>35</td><td rowspan="3">4.0</td><td rowspan="3">1.0</td></tr>
<tr><td>70</td><td>12</td><td rowspan="4">+0.43
0</td><td>16</td><td>90</td><td>41</td></tr>
<tr><td>95</td><td>13</td><td>18</td><td>95</td><td>43</td></tr>
<tr><td>120</td><td>15</td><td>20</td><td rowspan="4">+0.30
−0.20</td><td>100</td><td>45</td><td rowspan="3">4.5</td><td rowspan="3">1.2</td></tr>
<tr><td>150</td><td>16</td><td>22</td><td>105</td><td>48</td></tr>
<tr><td>185</td><td>18</td><td rowspan="5">+0.52
0</td><td>25</td><td>110</td><td>50</td></tr>
<tr><td>240</td><td>20</td><td>27</td><td>120</td><td>55</td><td rowspan="2">5.5</td><td rowspan="2">1.7</td></tr>
<tr><td>300</td><td>23</td><td>30</td><td rowspan="4">+0.40
−0.20</td><td>130</td><td>60</td></tr>
<tr><td>400</td><td>26</td><td>34</td><td>140</td><td>64</td><td>7.0</td><td>1.8</td></tr>
<tr><td>500</td><td>29</td><td>38</td><td>155</td><td>70</td><td rowspan="2">8.0</td><td rowspan="2">2.0</td></tr>
<tr><td>630</td><td>34</td><td>+0.62
0</td><td>45</td><td>170</td><td>80</td></tr>
</table>

(2)堵油式铝连接管(GLM 型)尺寸

表 11-284

<table>
<tr><th rowspan="3">导体标称截面积(mm²)</th><th colspan="2">d</th><th colspan="2">D</th><th>L</th><th>L₁</th><th>L₂</th><th>r</th></tr>
<tr><th>标称值</th><th>偏差</th><th>标称值</th><th>偏差</th><th>最大值</th><th>最小值</th><th>参考值</th><th>不小于</th></tr>
<tr><th colspan="8">mm</th></tr>
<tr><td>16</td><td>5.5</td><td>+0.30
0</td><td>10</td><td>+0.20
−0.12</td><td>70</td><td>31</td><td>3.0</td><td>0.7</td></tr>
<tr><td>25</td><td>7</td><td rowspan="3">+0.36
0</td><td>12</td><td rowspan="4">+0.30
−0.17</td><td>75</td><td>32</td><td>3.5</td><td>0.8</td></tr>
<tr><td>35</td><td>8.5</td><td>14</td><td>85</td><td>37</td><td rowspan="3">4.0</td><td rowspan="3">1.0</td></tr>
<tr><td>50</td><td>9.5</td><td>16</td><td>95</td><td>42</td></tr>
<tr><td>70</td><td>12</td><td rowspan="4">+0.43
0</td><td>18</td><td>105</td><td>46</td></tr>
<tr><td>95</td><td>13</td><td>21</td><td rowspan="4">+0.30
−0.20</td><td>110</td><td>50</td><td rowspan="3">4.5</td><td rowspan="3">1.2</td></tr>
<tr><td>120</td><td>15</td><td>23</td><td>115</td><td>52</td></tr>
<tr><td>150</td><td>16</td><td>25</td><td>120</td><td>55</td></tr>
<tr><td>185</td><td>18</td><td rowspan="5">+0.52
0</td><td>27</td><td>125</td><td>57</td><td rowspan="2">5.5</td><td rowspan="2">1.7</td></tr>
<tr><td>240</td><td>20</td><td>30</td><td rowspan="5">+0.40
−0.20</td><td>130</td><td>61</td></tr>
<tr><td>300</td><td>23</td><td>34</td><td>140</td><td>65</td><td>7.0</td><td>1.8</td></tr>
<tr><td>400</td><td>26</td><td>38</td><td>150</td><td>70</td><td rowspan="3">8.0</td><td>2.2</td></tr>
<tr><td>500</td><td>29</td><td>42</td><td>160</td><td>75</td><td rowspan="2">2.5</td></tr>
<tr><td>630</td><td>34</td><td>+0.62
0</td><td>54</td><td>170</td><td>80</td></tr>
</table>

6. 接线端子和连接管的机械、电气性能要求

表 11-285

试验项目	要　求
热循环试验	初始离散度:$\delta \leqslant 0.30$ 平均离散度:$\beta \leqslant 0.30$ 电阻比率的变化:$D \leqslant 0.15$ 电阻比率增长率[a]:$\lambda \leqslant 2.0$ 最高温度:$\theta_{max} \leqslant \theta_{ref}$
机械试验	拉力负荷:铝 40×A[b],最大 20 000N 铜 60×A[b],最大 20 000N 接头承受上述的拉力负荷,于 1min 内压接处应不发生滑移

注:①[a] 仅对 A 类连接接头。
②[b]A 为标称横截面面积(mm²)。

(二)额定电压 10 kV 以下架空裸导线金具(DL/T 765.2—2004)

额定电压 10 kV 以下架空裸导线金具包括耐张线夹和接续金具两类。

1. 耐张线夹

(1)NEC 形楔形耐张线夹

表 11-286

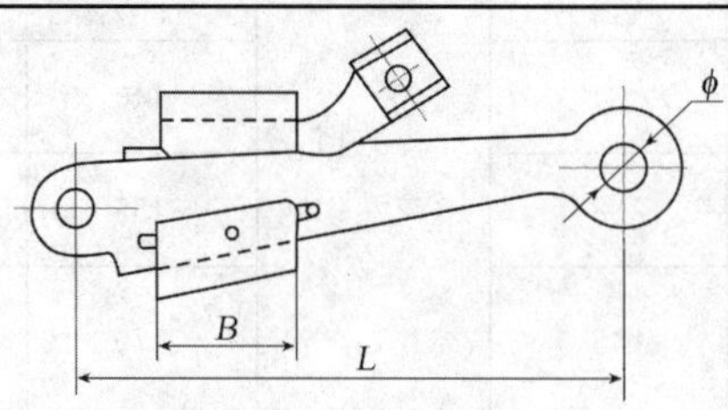

续表 11-286

型号	适用铝绞线直径范围(mm)	主要参考尺寸(mm)		
		B	ϕ	*L*
NEC-1	6.40	60	17.5	200
NEC-2	8.09～10.20	70	17.5	220
NEC-3	12.90～14.50	80	17.5	240

注："型号"栏中字母数字意义为：N——耐张线夹；B——楔型；C——C字型；数字表示顺序号。

(2)NEU 型耐张线夹

表 11-287

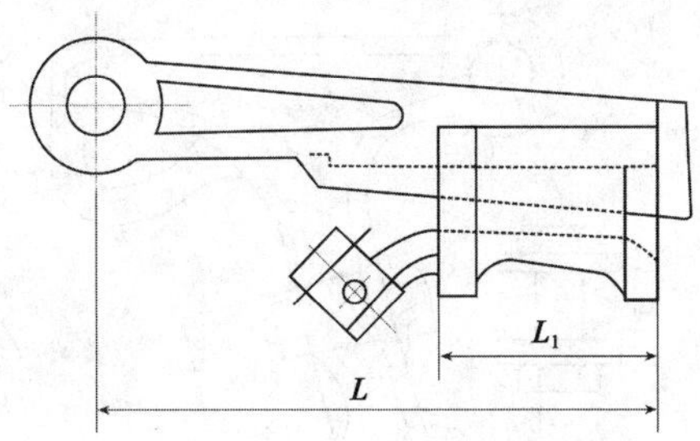

型号	适用铝绞线直径范围(mm)	主要参考尺寸(mm)	
		L	L_1
NEU-1	40～63	190	50
NEU-2	63～100	210	60
NEU-3	100～125	240	80

注："型号"栏中字母及数字意义为：N——耐张线夹；B——楔型；U——U字型；数字表示顺序号。

(3)楔型耐张线夹(NK、NKK 型)

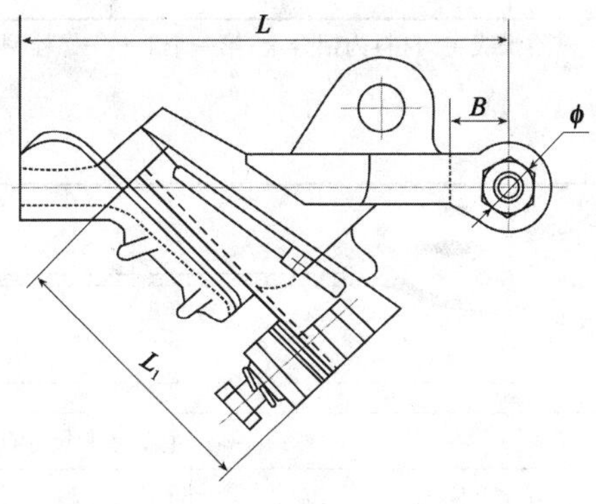

图 11-37　楔型耐张线夹(NK、NKK 型)结构形式

楔型耐张线夹(NK 型)主要参考尺寸　　表 11-288

型　号	适用铝绞线直径范围(mm)	主要参考尺寸(mm)			
		L	*B*	L_1	ϕ
NK-1	8.09～10.20	170	24	120	18
NK-2	12.90～14.50	175	24	130	18
NK-3	16.40～18.30	205	24	140	18

注："型号"栏中字母及数字意义为：N——耐张线夹，线夹材料为铝合金；K——卡子；数字表示顺序号。

楔型耐张线夹(NKK 型)主要参考尺寸 表 11-289

型号	适用铜绞线直径范围(mm)	主要参考尺寸(mm)			
		L	B	L_1	ϕ
NKK-1	7.50～9.00	170	24	100	18
NKK-2	10.80～12.48	175	24	110	18
NKK-3	14.25～15.75	205	24	140	18

注:"型号"栏中字母及数字意义为:N——耐张线夹;第一个 K——卡子;第二个 K——可锻铸铁;数字表示顺序号。

(4)螺栓型耐张线夹

表 11-290

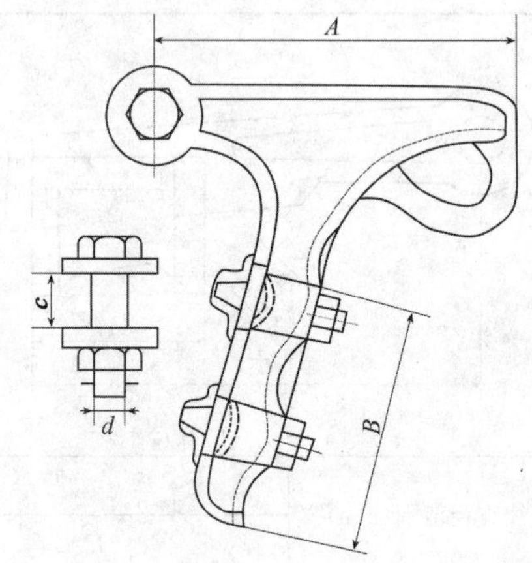

型号	适用绞线直径范围(mm)	主要参考尺寸(mm)				U 型 螺 丝	
		c	d	A	B	规格	个数
NLL-16	6.40～8.09	16	16	140	115	M12	2
NLL-19	10.20～12.90	19	16	160	120	M12	2
NLL-22	14.50～16.40	22	16	170	125	M12	2
NLL-29	18.30～20.50	29	16	200	130	M12	2

注:"型号"栏中字母及数字意义为:N——耐张线夹,材料为铝合金;第一个 L——螺栓型;第二个 L——铝合金;数字表示线夹开档。

(5)预绞式铝绞线用耐张线夹

表 11-291

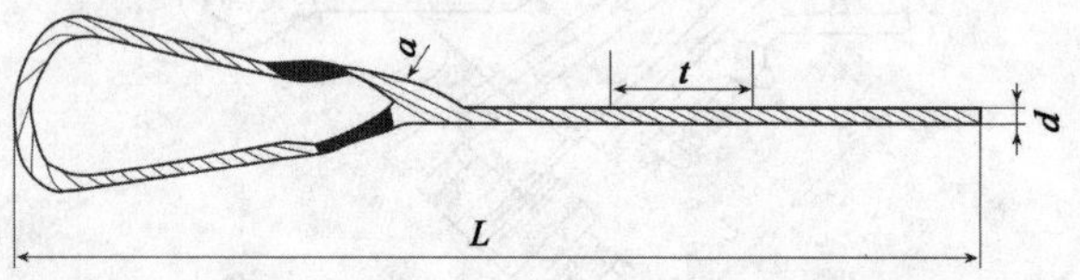

型号	适用铝绞线直径范围(mm)	主要参考尺寸(mm)				
		a	b	t	L	根数
NL-25/LJ	6.40	2.15	5.2	65	650	5
NL-40/LJ	8.09	2.32	6.7	75	800	5
NL-63/LJ	10.20	2.63	8.4	95	1 050	5
NL-100/LJ	12.90	2.90	10.7	120	1 250	5
NL-125/LJ	14.50	3.60	12.0	135	1 400	6

注:"型号"栏中字母及数字意义为:N——耐张线夹;L——螺旋预绞式;数字表示导线规格号;LJ——铝绞线。

2. 接续金具

(1)异径铜铝并沟线夹

表 11-292

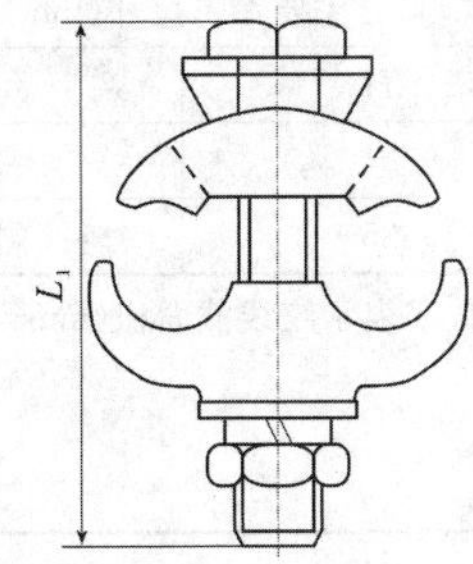

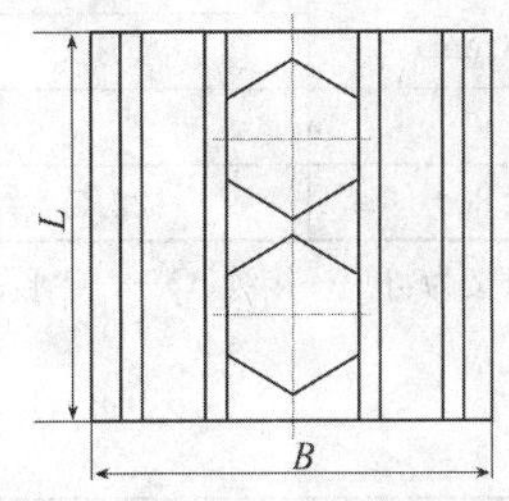

型号	适用铝绞线直径范围(mm)	主要参考尺寸(mm)		
		L	L_1	B
JBY-1	5.12～14.50	45	48	66
JBY-2	8.09～20.50	45	60	70

注:"型号"栏中字母及数字意义为:J——接续;B——并沟;Y——异径;数字表示顺序号。

(2)弹射型楔型并沟线夹

表 11-293

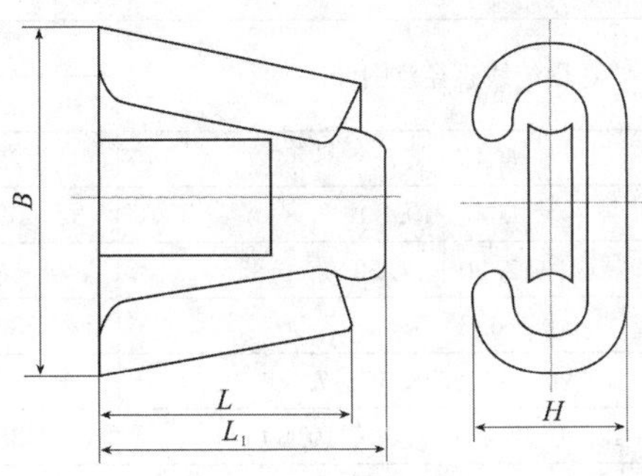

型号	适用绞线直径范围(mm)		主要参考尺寸(mm)			
	主线	支线	L	L_1	B	H
JED-1	10.50～11.50	6.40～7.40	42	50	66	26
JED-2	15.00～16.00	6.40～7.40	42	50	66	26
JED-3	10.50～11.50	10.50～11.50	42	50	66	26
JED-4	15.00～16.00	10.50～11.50	42	50	66	26
JED-5	15.00～16.00	15.00～16.00	50	56	68	28

注:"型号"栏中字母数字意义为:J——接续;E——楔型;D——弹射;数字表示顺序号。

(3)C 形线夹

表 11-294

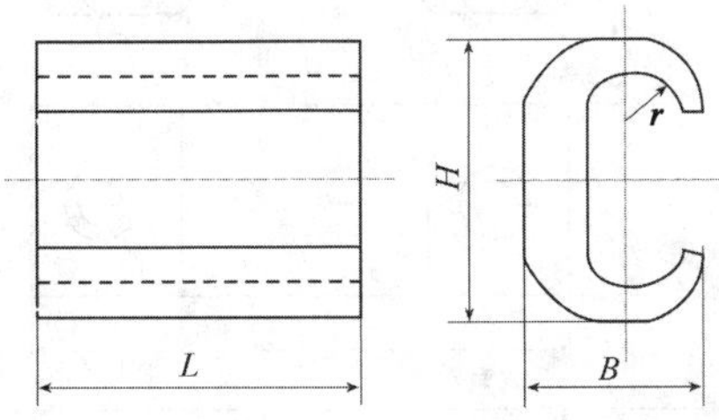

型号	适用铜绞线直径范围(mm)	主要参考尺寸(mm)			
		B	H	L	r
JC-25T	6.45	12.4	20	20	3.4
JC-35T	7.50	16.0	25	20	4.0

续表 11-294

型号	适用铜绞线直径范围(mm)	主要参考尺寸(mm)			
		B	H	L	r
JC-50T	9.00	21.0	34	27	5.0
JC-70T	10.80	22.5	35	27	6.5

注:“型号”栏中字母及数字意义为:J——接续;C——C形;T——铜;数字表示绞线截面积(mm^2)。

(4)H形线夹

表 11-295

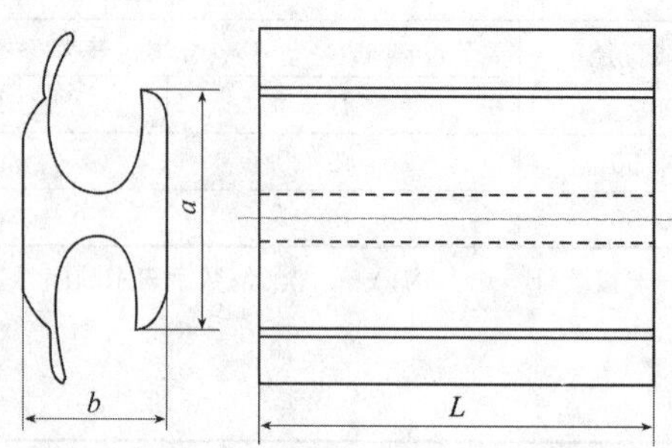

型号	连接方式	适用绞线直径范围(mm)	主要参考尺寸(mm)		
			a	b	L
JH-1	等径	6.45~7.50	29	18	45
JH-2		9.00~10.80	38	23	45
JH-3		12.90~14.50	38	23	70
JH-21	异径	9.00~10.80/6.45~7.50	30	23	45
JH-31		12.90~14.50/6.45~7.50	38	23	45
JH-32		12.90~14.50/9.00~10.80	38	23	70

注:“型号”栏中字母及数字意为:J——接续;H——H形;数字——连接方式为等径的型号数字表示顺序号,连接方式为异径的型号第一个数字表示母线直径范围,第二个数字表示子线直径范围。

(5)单槽铜线夹

表 11-296

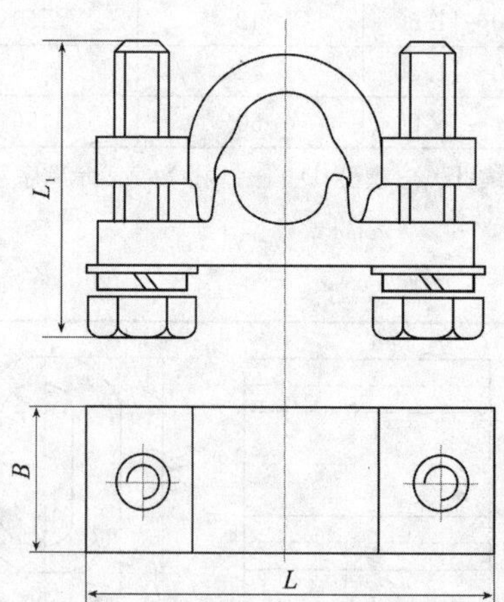

型号	适用绞线直径范围(mm)	主要参考尺寸(mm)		
		L	B	L_1
JDT-1	9.00~10.80	45	20	45
JDT-2	12.00~14.50	55	22	55

注:“型号”栏中字母及数字意义为:J——接续;D——单槽;T——铜;数字表示顺序号。

(三)额定电压 10 kV 以下架空绝缘导线金具(DL/T 765.3—2004)

额定电压 10 kV 以下架空绝缘导线金具包括悬垂线夹、耐张线夹和接续金具三类。

1. 悬垂线夹

(1)1 kV 单根绝缘导线用固定型悬垂线夹

表 11-297

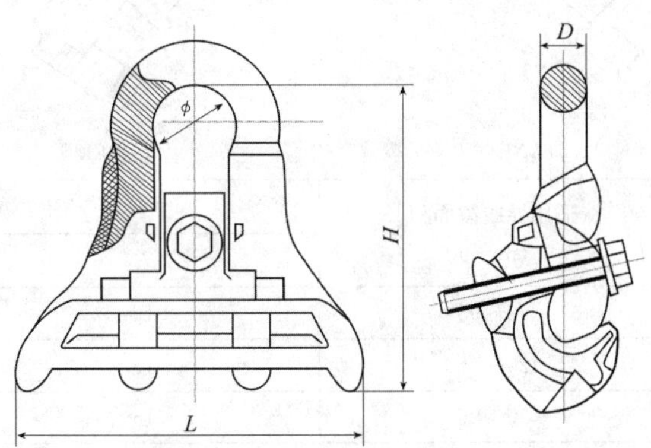

型号	适用导线截面(mm²)	主要参考尺寸(mm)			
		L	H	ϕ	D
CG-1D	16～50	108	88	22	16
CG-2D	70～120	116	92	24	18
CG-3D	150～240	120	98	26	20

注:"型号"栏中字母及数字意义为:C——悬垂;G——固定;数字表示顺序号;D——1 kV 单根绝缘导线。

(2)1 kV 集束绝缘导体用固定型悬垂线夹

表 11-298

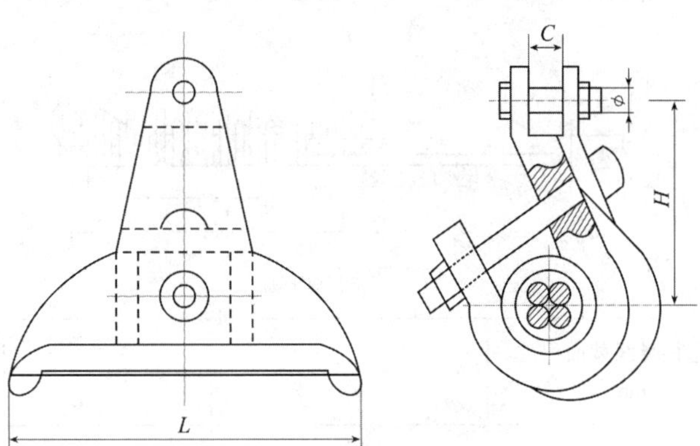

型号	适用导线截面积(mm²)	主要参考尺寸(mm)			
		L	H	Φ	C
CG-1S	16～50	160	80	16	18
CG-2S	70～120	180	90	16	18
CG-3S	150～240	200	110	16	18

注:"型号"栏中字母及数字意义为:C——悬垂;G——固定;数字表示顺序号;S—1 kV 集束绝缘导线。

2. 耐张线夹

(1)NET 形、NEL 型楔型耐张线夹

表 11-299

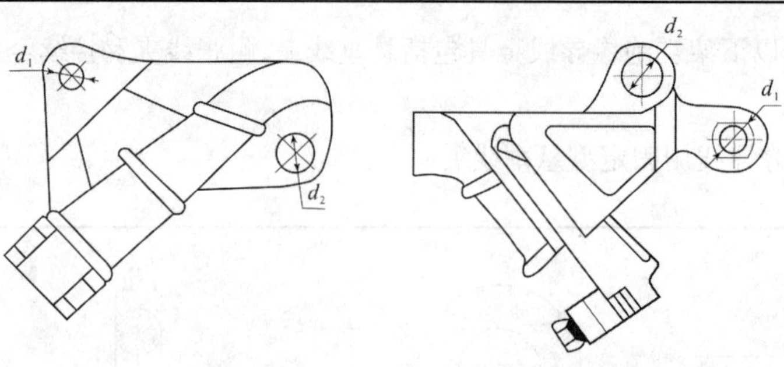

a）NET型　　b）NEL型

型号	适用导线截面积 (mm²)	主要参考尺寸(mm)	
		d_1	d_2
NET-1T	70～95	16	19
NET-2T	120～150	16	19
NEL-1L	50～95	16	19
NEL-2L	120～150	16	19
NEL-3L	185～240	16	19

注:“型号”栏中字母及数字意义为:N——耐张;E——楔型;T——线夹本体为可锻铸铁,楔子为铜;L——线夹本体为铸铝,楔子为铝;数字表示顺序号;数字后 T——铜芯绝缘导线;数字后 L——铝芯绝缘导线。

(2)NEJ 型楔型耐张线夹

表 11-300

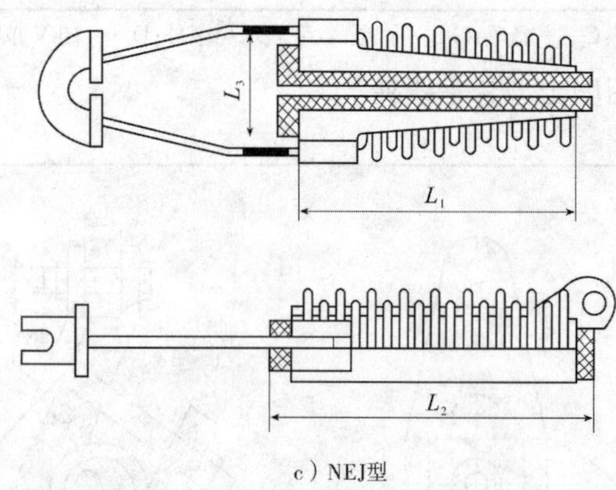

c）NEJ型

型号	适用导线截面积 (mm²)	主要参考尺寸(mm)		
		L_1	L_2	L_3
NEJ-1A	50	158	175	67
NEJ-2A	70	190	210	80
NEJ-3A	95～120	190	210	80
NEJ-4A	150～185	190	210	80
NEJ-1B	35～50	158	175	67
NEJ-2B	70	190	210	80
NEJ-3B	95	190	210	80
NEJ-4B	120	190	210	80

注:“型号”栏中字母及数字意义为:N——耐张;E——楔型;J——直接安装于绝缘层上;数字表示顺序号;A——10 kV 架空绝缘导线;B——1 kV 架空绝缘导线。

(3)楔型耐张线夹(NET 型、NEL 型)绝缘罩

表 11-301

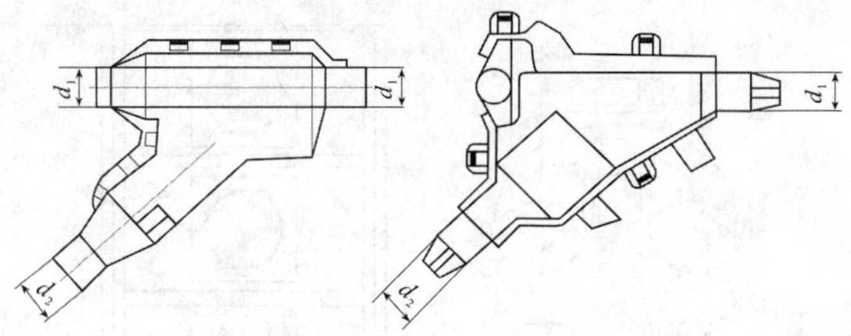

型号	适用导线截面积(mm²)	适用楔型耐张线夹	主要参考尺寸(mm)	
			d_1	d_2
NET(Z)-1	50～95	NET-1T、NEL-1L	30	30
NEL(Z)-1				
NET(Z)-2	120～50	NET-2T、NEL-2L	30	30
NEL(Z)-2				
NET(Z)-3	185-240	NET-3L	30	30

注:"型号"栏中字母及数字意义为:N——耐张;E——楔型;T——钢芯绝缘导线;L——铝芯绝缘导线;Z——绝缘罩;数字表示顺序号。

3. 接续金具

(1)架空铝芯绝缘导线用接续管

表 11-302

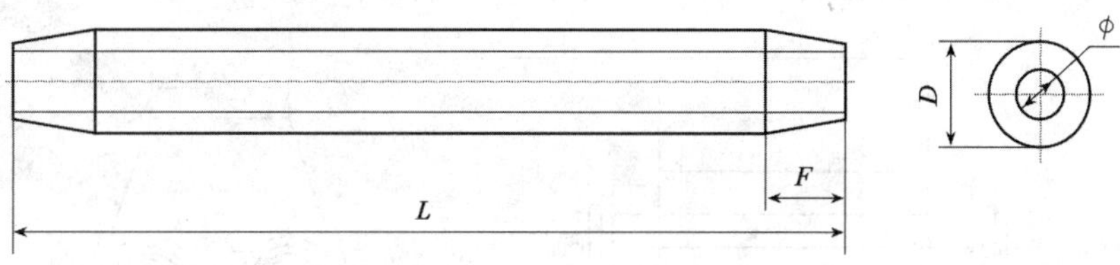

型号	适用导线截面积(mm²)	主要参考尺寸(mm)			
		ϕ	D	F	L
JJY-1L	35	7.5	14	15	120
JJY-2L	50	9.0	16	15	140
JJY-3L	70	10.5	20	20	170
JJY-4L	95	12.0	22	25	200
JJY-5L	120	14.0	24	25	230
JJY-6L	150	15.0	28	30	250
JJY-7L	185	17.0	30	30	280
JJY-8L	240	19.0	36	35	320

注:"型号"栏中字母及数字意义为:第一个 J——接续金具;第二个 J——接续管;Y——压接;数字表示顺序号;L——铝芯绝缘导线。

(2)异径并沟线夹

表 11-303

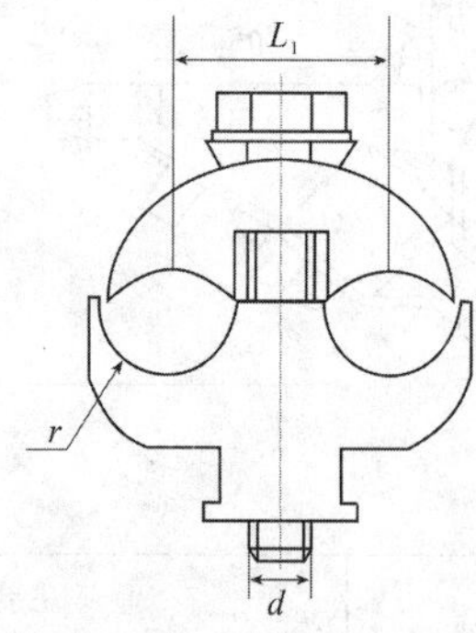

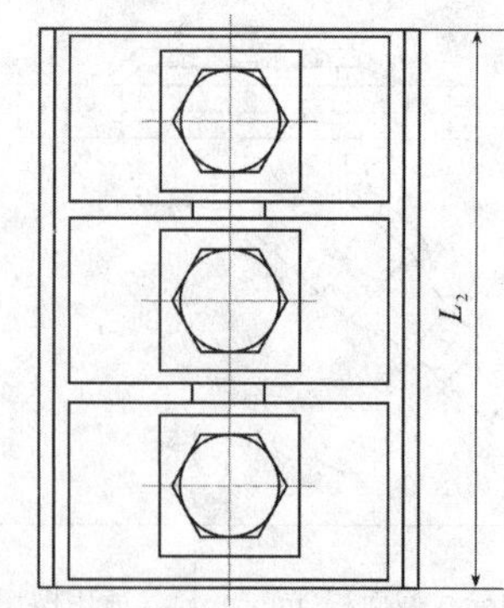

型号	适用导线截面积 (mm²)	主要参考尺寸(mm)			
		d	r	L_1	L_2
JBY-1L	16～70	8	5.5	22	63
JBY-2L	35～120	10	7.1	30	66
JBY-3L	95～240	10	10.0	34	70

注:"型号"栏中字母及数字意义为:J——接续金具;B——并沟线夹;Y——异径;数字表示顺序号;L——铝芯绝缘导线。

(3)异径并沟线夹绝缘罩

表 11-304

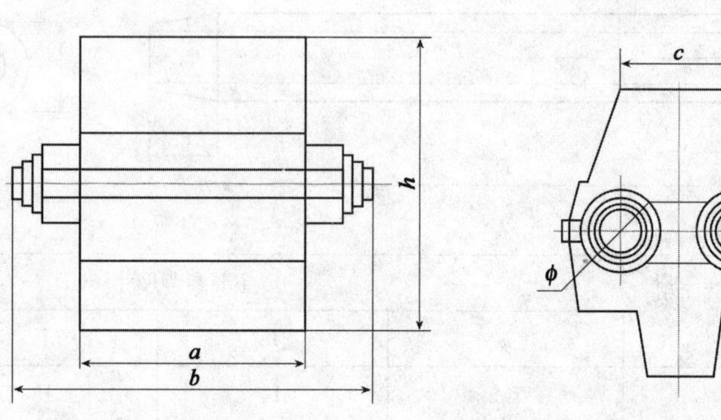

型号	适用导线截面积 (mm²)	适用异径并沟线夹	主要参考尺寸(mm)				
			a	b	c	h	ϕ
JBY(Z)-1	16～70	JBY-1L	68	140	48	64	18
JBY(Z)-2	35～120	JBY-2L	72	152	58	74	22
JBY(Z)-3	95～240	JBY-3L	82	170	75	95	30

注:"型号"栏中字母及数字意义为:J——接续金具;B——并沟线夹;Y——异径;Z——绝缘罩;数字表示顺序号。

(4)1 kV 绝缘穿刺线夹

表 11-305

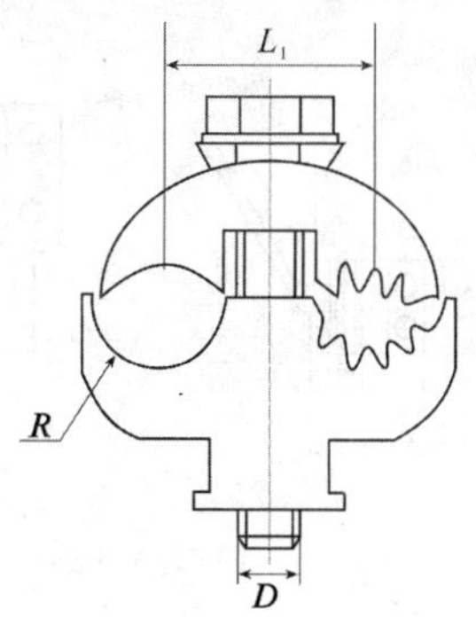

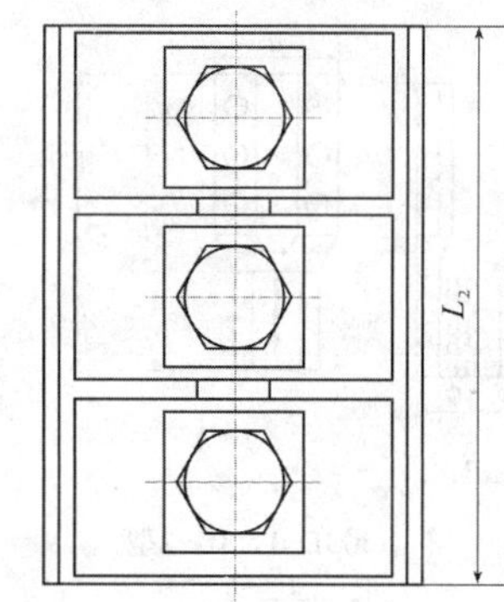

型号	适用导线截面积 (mm^2)	主要参考尺寸(mm)			
		D	R	L_1	L_2
JBC-1L	16～70	8	5.5	22	63
JBC-2L	35～120	10	7.1	30	66
JBC-3L	95～240	10	10.0	34	70

注:"型号"栏中字母及数字意义为:J——接续金具;B——并沟;C——穿刺线夹;数字表示顺序号;L——1 kV 铝芯绝缘导线。

(5)1 kV 绝缘穿刺线夹绝缘罩

表 11-306

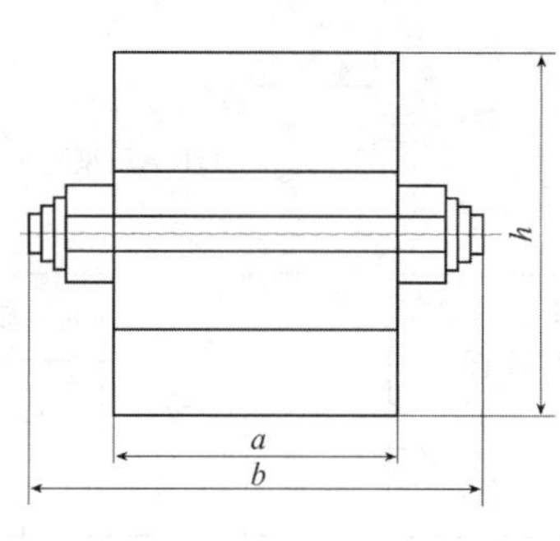

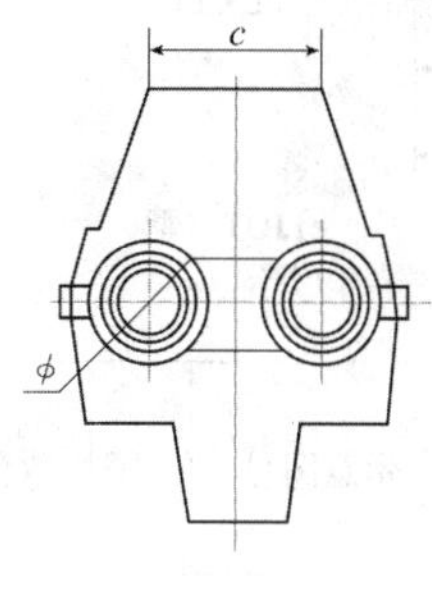

型号	适用导线截面积 (mm^2)	适用异径并沟线夹	主要参考尺寸(mm)				
			a	b	c	h	ϕ
JCZ-1	16～70	JC-1L	68	140	48	64	18
JCZ-2	35～120	JC-2L	72	152	58	74	22
JCZ-3	95～240	JC-2L	82	170	75	95	30

注:"型号"栏中字母及数字意义为:J——接续金具;C——穿刺线夹;Z——绝缘罩;数字表示顺序号。

（6）螺杆端子线夹

表 11-307

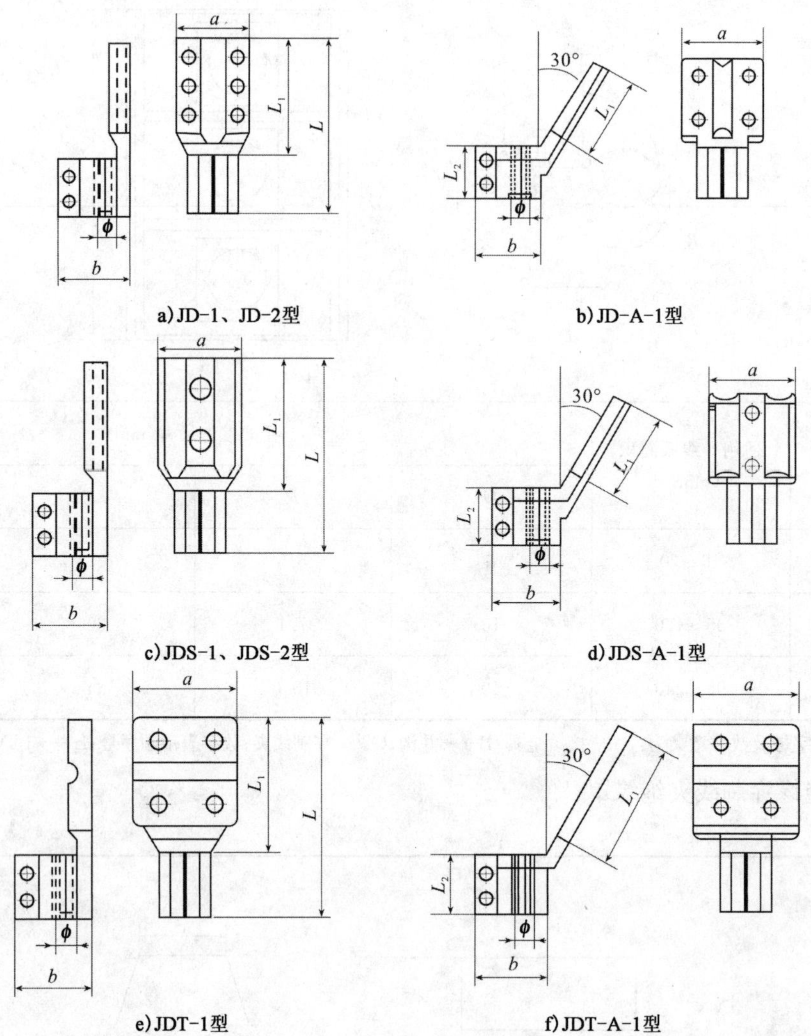

a) JD-1、JD-2型　b) JD-A-1型

c) JDS-1、JDS-2型　d) JDS-A-1型

e) JDT-1型　f) JDT-A-1型

型号	适用导线截面积(mm^2)	示意图号	螺栓数量	螺栓直径	主要参考尺寸(mm)					
					a	b	L_1	L_2	L	ϕ
JD-1	50～120	a)	8	M8	52	46	67	—	117	M20
JD-2	95～240	a)	8	M8	65	60	75	—	137	M12
JD-A-A-1	95～240	b)	6	M10	65	60	75	45	—	M20
JDS-1	50～120	c)	4	M10	52	46	67	—	117	M12
JDS-2	95～240	c)	4	M10	65	60	75	—	135	M20
JDS-A-1	95～240	d)	4	M10	65	60	75	45	—	M20
JDT-1	95～240	e)	6	M10	75	60	65	—	135	M20
JDT-A-1	95～240	f)	6	M10	75	60	65	45	—	M20

注："型号"栏中字母及数字意义为：J——接续金具；D——螺杆端子线夹；S——双线；T——铜线；A——表示 30°；数字表示顺序号。

(7)螺杆端子线夹绝缘罩

表 11-308

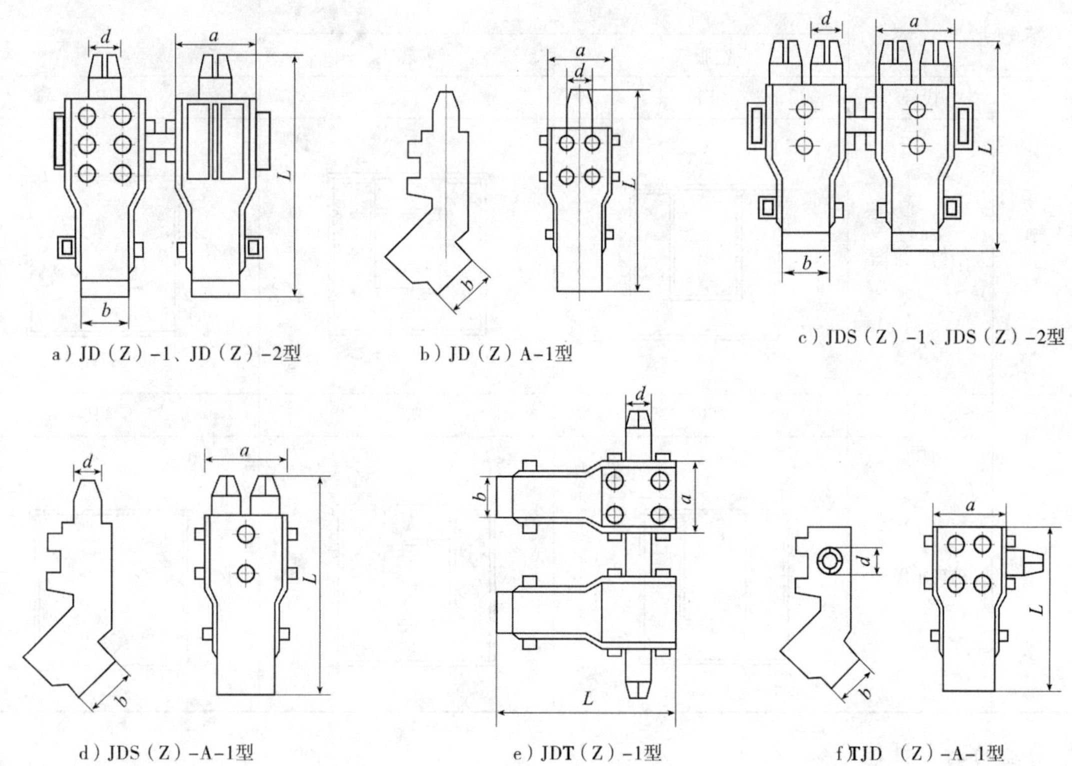

型　　号	适用导线截面积(mm^2)	示意图号	适用接头型号	主要参考尺寸(mm)			
				a	*b*	*L*	*d*
JD(Z)-1	50～120	a)	JD-1	65	60	180	28
JD(Z)-2	95～240	a)	JD-2	80	80	220	35
JD(Z)-A-1	95～240	b)	JD-A-1	80	90	220	35
JDS(Z)-1	50～120	c)	JDS-1	65	60	180	28
JDS(Z)-2	95～240	c)	JDS-2	80	80	220	35
JDS(Z)-A-1	95～240	d)	JDS-A-1	80	90	220	35
JDT(Z)-1	95～240	e)	JDT-1	140	80	170	35
JDT(Z)-A-1	95～240	f)	JDT-A-1	140	90	170	35

注:"型号"栏中字母及数字意义为:J——接续金具;D——螺杆端子线夹;Z——绝缘罩;S——双线;T——铜线;A——表示 30°;数字表示顺序号。

第四节　线路导管及辅助材料

(一)耐火电缆槽盒(GB　29415—2013)

耐火电缆槽盒为连续刚性结构体,属电缆桥架系统中的关键部件,由无孔托盘或有孔托盘和盖板组成,能满足规定的耐火维持工作时间(在标准温升条件下,自试验开始至槽盒内电缆所连接 3A 熔丝熔断的时间),用于铺装并支撑电缆及相关连接器件。

耐火电缆槽盒在承受额定均匀荷载时的最大挠度与其跨度之比不大于 1/200。

1. 耐火电缆槽盒的分类

表 11-309

结构形式		复合型		普通型
		空腹式	夹芯式	
非透气型	代号	FK	FX	P
	结构示意图			
透气型	代号	TFK	TFX	TP
	结构示意图	透气孔	透气孔	透气孔

2. 槽盒的耐火性能分级

表 11-310

耐火性能分级	F1	F2	F3	F4
耐火维持工作时间	≥90	≥60	≥45	≥30

3. 耐火电缆槽盒型号标记

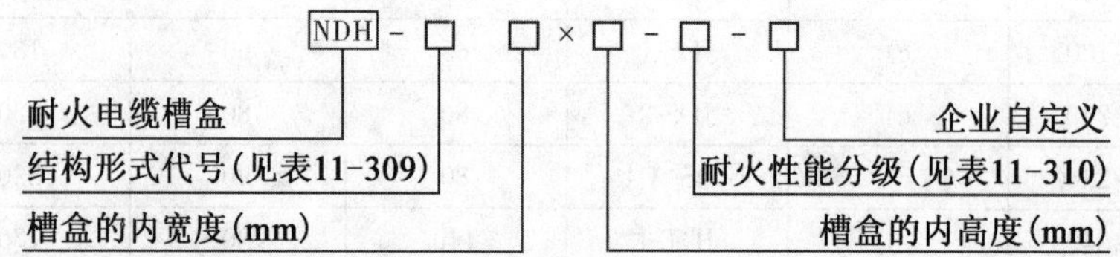

示例 1:结构形式为普通型且是透气型,内部宽度为 400mm,高度为 150mm,耐火性能为 F1 级,企业自定义型号内容为 abc,槽盒的型号表示为:NDH－TP 400×150－F1－abc。

示例 2:结构形式为复合型夹芯式且是非透气型,内部宽度为 600mm,高度为 150mm,耐火性能为 F2 级,企业自定义型号内容为 abc,槽盒的型号表示为:NDH－FX 600×150－F2－abc。

4. 耐火电缆槽盒的常用规格

表 11-311

槽盒内宽度(mm)	槽盒内高度(mm)						
	40	50	60	80	100	150	200
60	√	√					
80	√	√	√				
100	√	√	√	√			

续表 11-311

槽盒内宽度(mm)	槽盒内高度(mm)						
	40	50	60	80	100	150	200
150	√	√	√	√			
200		√	√	√	√		
250		√	√	√	√	√	
300			√	√	√	√	√
350			√	√	√	√	√
400			√	√	√	√	√
450			√	√	√	√	√
500				√	√	√	√
600				√	√	√	√
800					√	√	√
1 000					√	√	√

注：√表示常用规格。

(二)玻璃纤维增强塑料电缆导管(DL/T 802.2—2007)

玻璃纤维增强塑料电缆导管以玻璃纤维无捻粗纱及其制品为增强材料，热固性树脂为基材，采用手工或机械缠绕制成。产品的型号有 DBJ、DBJJ、DBS。机械缠绕管分有夹砂管与不夹砂管。

产品按环刚度(5%)等级分为 SN25、SN50、SN100 三种。按增强材料分为无碱玻璃纤维和中碱玻璃纤维两种。导管连接接头采用橡胶弹性密封圈密封连接。

1.玻璃纤维增强塑料电缆导管示意图

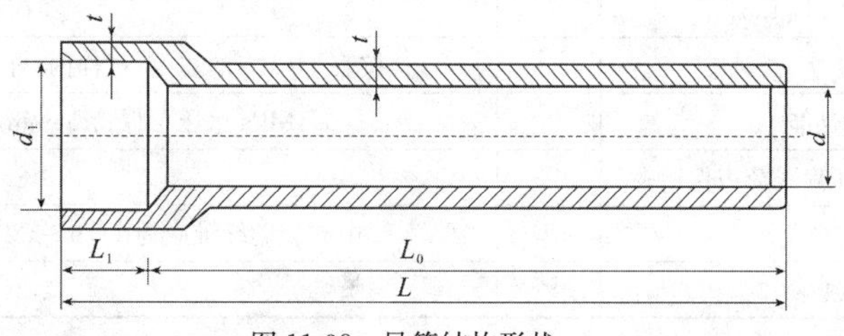

图 11-38 导管结构形状

d-公称内径；d_1-承口内径；L_1-承口深度；t-壁厚；L-总长；L_0-有效长度

2.玻璃纤维增强塑料电缆导管的标记

导管的标记表示方法如下：

DBJ、DBJJ(或 DBS)＋规格＋原材料类型＋DL/T 802.2—2007

标记按顺序含义如下：

a)D 表示电缆用导管；

b)B 表示玻璃纤维；

c)J、JJ 表示机械缠绕工艺(JJ 特指夹砂)，S 表示手工缠绕工艺；

d)规格用“公称内径×公称壁厚×公称长度＋产品等级”表示；产品等级用环刚度(5%)等级 SN25、SN50、SN100 表示；

e)原材料类型：无碱玻璃纤维用 E 表示，中碱玻璃纤维用 C 表示。

标记示例如下：

DBJ 200×8×4 000 SN25 E DL/T 802.2—2007：表示采用机械缠绕工艺生产的公称内径为 200mm、公称壁厚为 8mm、公称长度为 4 000mm、环刚度等级为 SN25 的无碱玻璃纤维增强塑料电缆导管。

3.玻璃纤维增强塑料缆导管的规格尺寸

表 11-312

公称内径(mm)	公称壁厚(mm)			公称长度 L_0(mm)	承口深度 L_1(mm)
	SN25	SN50	SN100		
100	3	5	8		≥80
125	4	6	9		
150	5	7	10		≥100
175	7	9	12	4 000 或 6 000	
200	8	10	13		
225	10	12	15		≥120
250	12	14	17		

注:①当用户有特殊要求时,也可生产其他规格的导管。

②SN25、SN50、SN100 分别为环刚度(5%)等级。

4.玻璃纤维增强塑料电缆导管的技术要求

(1)导管的技术性能

表 11-313

序号	项　目	单位	技术性能指标
1	拉伸强度	MPa	≥160
2	弯曲强度	MPa	≥190
3	浸水后弯曲强度	MPa	≥150
4	巴氏硬度	—	≥38
5	环刚度(5%)	kPa	应符合表 11-314 的规定,且当管径变化量≤5%时,不应出现显著性事件
6	负荷变形温度($T_{le}1.8$)	℃	≥160
7	落锤冲击	—	按表 11-315 的规定,试样内、外壁不应有分层、裂缝或破裂
8	接头密封性能[a]	—	0.1MPa 水压下保持 15min,接头处不应渗水、漏水
9	机械缠绕导管浸水后压扁线荷载保留率[b]	%	≥85
10	碱金属氧化物含量	%	中碱玻璃纤维应为 11.6～12.4,无碱玻璃纤维应≤0.8
11	氧指数	%	≥26

注:①[a] 在用户有要求时进行。

②[b] 此项试验仅适用于机械缠绕管,且在未能提供同条件下制作的平板试样时进行。

(2)环刚度(5%)等级(kPa)

表 11-314

SN25	SN50	SN100
≥25	≥50	≥100

(3)落锤冲击试验

表 11-315

公称内径(mm)	落锤质量(偏差±1.0%)(kg)	冲击高度(偏差±20)(mm)
100	1.00	
125	1.25	
150	1.60	
175	1.80	1 200
200	2.00	
225	2.25	
250	2.50	

5. 玻璃纤维增强塑料电缆导管的外观质量

导管颜色应为材料本身颜色或按用户要求，色泽应均匀；导管内外表面应无龟裂、分层、针孔、毛边、毛刺、杂质、贫胶区、气泡等缺陷；内表面应光滑平整，不得有凹凸不平；导管两端面应平齐、无毛边、毛刺；承口、插口两端内外侧边缘均应有倒角，以防止电缆在抽拉时受到损伤。

（三）氯化聚氯乙烯及硬聚氯乙烯塑料电缆导管（DL/T 802.3—2007）

氯化聚氯乙烯（CPVC）及硬聚氯乙烯（UPVC）塑料电缆导管的环刚度（3%）等级：

氯化聚氯乙烯（CPVC）等级（80 ℃）分为 SN8、SN12、SN16；硬聚氯乙烯（UPVC）等级（常温）分为 SN16、SN24、SN32。产品型号用 DS 表示。导管连接接头采用橡胶弹性密封圈密封连接。

1. 氯化聚氯乙烯及硬聚氯乙烯塑料电缆导管外形见图 11-38

2. 氯化聚氯乙烯及硬聚氯乙烯塑料电缆导管的标记

导管的标记表示方法如下：

DS＋规格＋原材料类型＋DL/T 802.3—2007

标记按顺序含义如下：

a）D 表示电缆用导管。

b）S 表示塑料。

c）规格用“公称内径×公称壁厚×公称长度＋产品等级”表示，产品等级用环刚度（3%）等级表示。氯化聚氯乙烯塑料电缆导管的环刚度（3%）等级（80 ℃）为 SN8、SN12、SN16，硬聚氯乙烯塑料电缆导管的环刚度（3%）等级（常温）为 SN16、SN24、SN32。

d）原材料类型：氯化聚氯乙烯塑料用 CPVC 表示，硬聚氯乙烯塑料用 UPVC 表示。

标记示例如下：

DS 150×8×6 000 SN24 UPVC DL/T 802.3—2007 表示公称内径为 150mm、公称壁厚为 8mm、公称长度为 6 000mm、环刚度（3%）等级（常温）为 SN24 的硬聚氯乙烯塑料电缆导管。

3. 氯化聚氯乙烯及硬聚氯乙烯塑料电缆导管的规格尺寸

表 11-316

<table>
<tr><th rowspan="5">公称内径
（mm）</th><th colspan="3">公称壁厚[a]（mm）</th><th rowspan="5">公称长度 L_0
（mm）</th><th rowspan="5">承口最小
深度 L_1
（mm）</th></tr>
<tr><th colspan="3">硬聚氯乙烯塑料电缆导管环刚度（3%）等级（常温）</th></tr>
<tr><th>SN16</th><th>SN24</th><th>SN32</th></tr>
<tr><th colspan="3">氯化聚氯乙烯塑料电缆导管环刚度（3%）等级（80 ℃）</th></tr>
<tr><th>SN8</th><th>SN12</th><th>SN16</th></tr>
<tr><td>100</td><td>4</td><td>5</td><td>6</td><td rowspan="7">6 000</td><td>80</td></tr>
<tr><td>125</td><td>5</td><td>6.5</td><td>8</td><td rowspan="3">100</td></tr>
<tr><td>150</td><td>6.5</td><td>8</td><td>9.5</td></tr>
<tr><td>175</td><td>8</td><td>9.5</td><td>11</td></tr>
<tr><td>200</td><td>9</td><td>11</td><td>13</td><td rowspan="3">120</td></tr>
<tr><td>225</td><td>10</td><td>12</td><td>14</td></tr>
<tr><td>250</td><td>11</td><td>13</td><td>15</td></tr>
</table>

注：[a] 特殊情况下，对用于有混凝土包封的工程，经供需双方商定可以生产公称壁厚小于表中规定的薄壁导管。

4.氯化聚氯乙烯及硬聚氯乙烯塑料电缆导管的技术要求

表 11-317

项　目		单位	氯化聚氯乙烯塑料电缆导管	硬聚氯乙烯塑料电缆导管
密度		g/cm³	≤1.60	≤1.55
环刚度(3%)	常温	kPa	应符合表 11-316 的规定	应符合表 11-316 的规定
	80 ℃			
压扁试验			如荷至试样垂直方向变形量为原内径 30%时,试样不应出现裂缝或破裂	
落锤冲击[a]			按表 11-318 试验,试样不应出现裂缝或破裂	
维卡软化温度		℃	≥93	≥80
纵向回缩率		%	≤5	
接头密封性能[a]			0.10MPa 水压下保持 15min,接头处不应渗水、漏水	

注:[a] 在用户有要求时进行。

落锤冲击试验　　表 11-318

公称内径(mm)	落锤质量(偏差±1.0%)(kg)	冲击高度(偏差±20)(mm)
100	2.50	1 200
125	2.50	
150	3.20	
175	4.00	
200	5.00	
225	5.00	
250	5.00	

5.氯化聚氯乙烯及硬聚氯乙烯塑料电缆导管的外观质量

导管颜色应均匀一致,氯化聚氯乙烯电缆导管与硬聚氯乙烯电缆导管的颜色应有明显区别。

导管内外壁不允许有气泡、裂口和明显的痕纹、凹陷、杂质、分解变色线以及颜色不均等缺陷;导管内壁应光滑、平整;导管端面应切割平整并与轴线垂直;插口端外壁加工时应有倒角;承口端加工时允许有不大于 1°的脱模斜度,且不得有挠曲现象。

(四)氯化聚氯乙烯及硬聚氯乙烯塑料双壁波纹电缆导管(DL/T 802.4—2007)

氯化聚氯乙烯及硬聚氯乙烯塑料双壁波纹电缆导管符号 DSS,分为氯化聚氯乙烯双壁波纹电缆导管和硬聚氯乙烯双壁波纹电缆导管两种。导管连接接头采用橡胶弹性密封圈密封连接。

1.双壁波纹电缆导管示意图

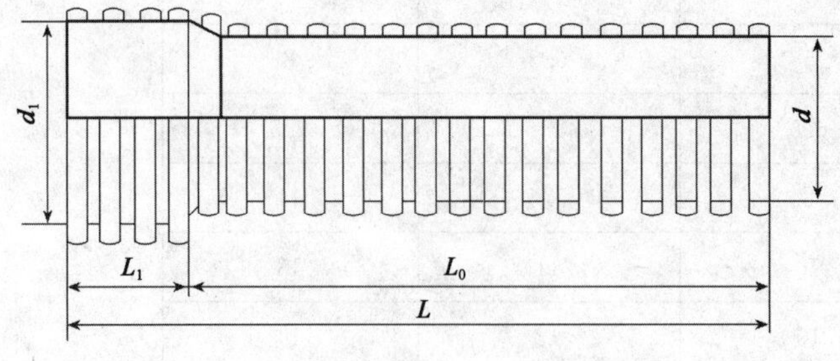

图 11-39　双壁波纹电缆导管结构形式图

d-公称内径;d_1-承口内径;L_1-承口深度;L-总长;L_0-有效长度

2. 双壁波纹电缆导管的标记

导管的标记表示方法如下：

DSS＋规格＋原材料类型＋DL/T 802. 4—2007

标记按顺序含义如下：

a)D 表示电缆用导管。

b)第一个 S 表示塑料。

c)第二个 S 表示双壁波纹结构。

d)规格用“公称内径×公称长度＋产品等级”表示，产品等级用环刚度(3%)等级(常温)表示，均为 SN8。

e)原材料类型：氯化聚氯乙烯塑料用 CPVC 表示，硬聚氯乙烯塑料用 UPVC 表示。

标记示例如下：

DSS 150×6 000 SN8 UPVC DL/T 802. 4—2007 表示公称内径为 150mm、公称长度为 6 000mm、环刚度(3%)等级(常温)为 SN8 的硬聚氯乙烯塑料双壁波纹电缆导管。

3. 双壁波纹电缆导管的规格尺寸

表 11-319

公称内径(mm)	插口最小内径(mm)	公称长度 L_0(mm)	环刚度(3%)等级(常温)(kPa)	承口深度 L_1(mm)
100	95	6 000	8	≥80
125	120			≥100
150	145			
175	170			
200	195			≥120
225	220			
250	245			

注：其他规格由供需双方协商确定，其插口最小内径以与表中最接近的一档为准。

4. 双壁波纹电缆导管的技术要求

(1)技术性能

表 11-320

项　　目		单位	氯化聚氯乙烯塑料双壁波纹电缆导管	硬聚氯乙烯塑料双壁波纹电缆导管
密度		g/cm³	≤1. 60	≤1. 55
环刚度(3%)	常温	kPa	≥8	≥8
	80 ℃		≥6	—
压扁试验			当压至试样在垂直方向变形量为原内径的 40%时，试样应未破裂、两壁未脱开	
烘箱试验			试样不应出现分层、开裂或起皮	
落锤冲击			按表 11-321 试验，试样内、外壁不应出现裂缝或破裂	
二氯甲烷浸渍			试样不应出现内外壁分层、破洞、爆皮、裂口或内外表面变化劣于 4 L	
维卡软化温度		℃	≥93	≥80
接头密封性能[a]			0. 10 MPa 水压下保持 15min，接头处不应掺水、漏水	

注：[a] 在用户有要求时进行。

(2)落锤冲击试验

表 11-321

公称内径(mm)	落锤质量(偏差 1.0%)(kg)	冲击高度(偏差±20)(mm)
100	1.00	1 200
125	1.25	
150	1.60	
175	2.00	
200	2.50	
225	3.20	
250	4.00	

注:试验前,试样置于(0±1)℃下保温至少 1 h。

5. 双壁波纹电缆导管的外观质量

(1)颜色

导管的颜色应均匀一致,硬聚氯乙烯塑料双壁波纹电缆导管与氯化聚氯乙烯塑料双壁波纹电缆导管的颜色应有明显区别,也可由供需双方商定。

(2)外观质量

导管内外壁不允许有气泡、针眼、砂眼、裂口、分解变色线及明显杂质;导管内表面应光滑平整,不应有明显的波纹;外壁波纹应规则、均匀,不应有凹陷:导管两端应平整并与轴线垂直;导管内外壁应紧密熔合,不应出现脱开现象。

(五)纤维水泥电缆导管(DL/T 802.5—2007)

纤维水泥电缆导管中所掺加的纤维可以是海泡石、维纶纤维或对导管及人体无害的直径不大于 15μm 的其他纤维。

纤维水泥电缆导管按强度等级分为Ⅰ、Ⅱ、Ⅲ三级。型号以 DX 表示。

导管连接接头采用橡胶弹性密封圈密封连接。

1. 纤维水泥电缆导管结构示意图

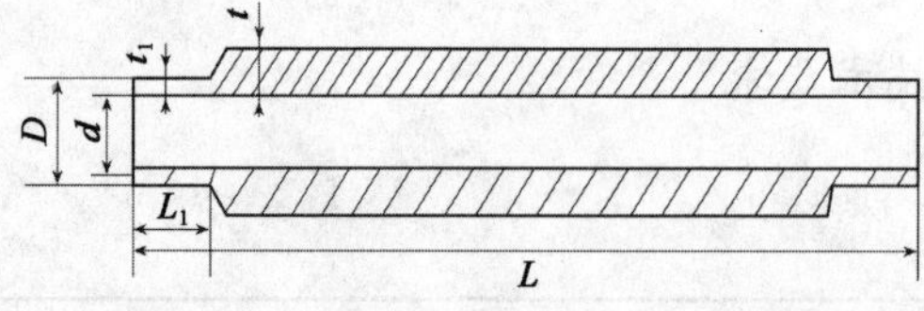

图 11-40 纤维水泥电缆导管结构形状图

d-公称内径;D-车削端外径;t-壁厚;t_1-车削端壁厚;L_1-车削端长度;L-公称长度

2. 纤维水泥电缆导管的标记

导管的标记表示方法如下:

DX+规格+DL/T 802.5

标记按顺序含义如下:

a)D 表示电缆用导管;

b)X 表示纤维水泥;

c)规格用公称内径×公称壁厚×公称长度+产品等级表示;产品等级用强度等级表示,分Ⅰ、Ⅱ、Ⅲ三级。

标记示例如下:

DX 150×12×4 000 Ⅰ DL/T 802.5—2007 表示公称内径为 150mm、公称壁厚为 12mm、公称长度为 4 000mm、强度等级为Ⅰ级的纤维水泥电缆导管。

3. 纤维水泥电缆导管的规格尺寸

表 11-322

公称内径(mm)	公称壁厚(mm)	公称长度(mm)	强度等级	车削端			套管(接头)		
				厚度(mm)	外径(mm)	长度(mm)	内径(mm)	外径(mm)	长度(mm)
100	10	2 000 3 000 4 000	Ⅰ级	8	116	65	122	162	150
125	11			9	143		149	189	
150	12			10	170		176	218	
175	13			11	197		203	245	
200	14			12	224		230	274	
100	12		Ⅱ级	10	120		126	168	
125	13			11	147		153	195	
150	14			12	174		180	224	
175	15			13	201		207	251	
200	16			14	228		234	278	
150	18		Ⅲ级	16	182		188	234	
175	19			17	209		215	263	
200	20			18	236		242	292	

4. 纤维水泥电缆导管的技术要求

(1)导管的技术性能

表 11-323

序号	项　目		单位	指　标
1	力学性能[a]	抗折荷载	kN	承受表 11-324 规定的试验值而不发生破坏
2		导管外压破坏荷载	kN	承受表 11-324 规定的试验值而不发生破坏
3		套管外压强度	MPa	承受表 11-324 规定的试验值而不发生破坏
4	抗渗性和接头密封性能[b]			在 0.10 MPa 的水压下保持 15min,导管外表面不应有渗水、洇湿或水斑;接头处不应渗水、漏水
5	导管和套管的管壁吸水率		%	≤20
6	抗冻性			反复交替冻融 25 次,导管与套管的外观不应出现龟裂、起层现象
7	耐酸、碱腐蚀[c]			耐酸腐蚀后其质量损失率应≤6%,耐碱腐蚀后其质量应无损失

注:①[a] 试验前,试样需在温度(20±5)℃的水中浸泡 48 h;抗折荷载试验支距为 1 000m。

②[b] 在用户有要求时进行。

③[c] 埋设管道的土壤地质条件较特殊,用户对耐酸、碱腐蚀有要求时测定。

(2)导管的力学性能

表 11-324

强度等级	公称内径(mm)	抗折荷载(kN)	导管外压破坏荷载(kN)	套管外压强度(MPa)
Ⅰ级	100	6.0	5.5	20
	125	9.0		
	150	15.0		
	175	19.0		
	200	23.0		
Ⅱ级	100	7.0	10.0	24
	125	13.0		
	150	18.0		
	175	23.0		
	200	28.0		

续表 11-324

强度等级	公称内径(mm)	抗折荷载(kN)	导管外压破坏荷载(kN)	套管外压强度(MPa)
Ⅲ级	150	25.0	18.0	28
	175	28.0		
	200	33.0		

5. 纤维水泥电缆导管的外观质量

表 11-325

未加工表面	伤痕、脱皮深度≤2mm,单处面积≤10 cm^2,总面积≤50 cm^2
内表面	内壁光滑,不得粘有凸起硬块,粘皮深度、凸起高度≤3mm
车削面	不得有伤痕、脱皮、起鳞
端面质量	端面与中心线垂直,不应有毛刺和起层

(六)承插式混凝土预制电缆导管(DL/T 802.6—2007)

承插式混凝土预制电缆导管型号为DH。导管按孔数分为2孔管、4孔管、6孔管三种;导管内径分为125mm和150mm两种。导管出厂时的混凝土抗压强度应不低于32 MPa;混凝土28天抗压强度应不低于40 MPa。

1. 承插式混凝土预制电缆导管结构示意图

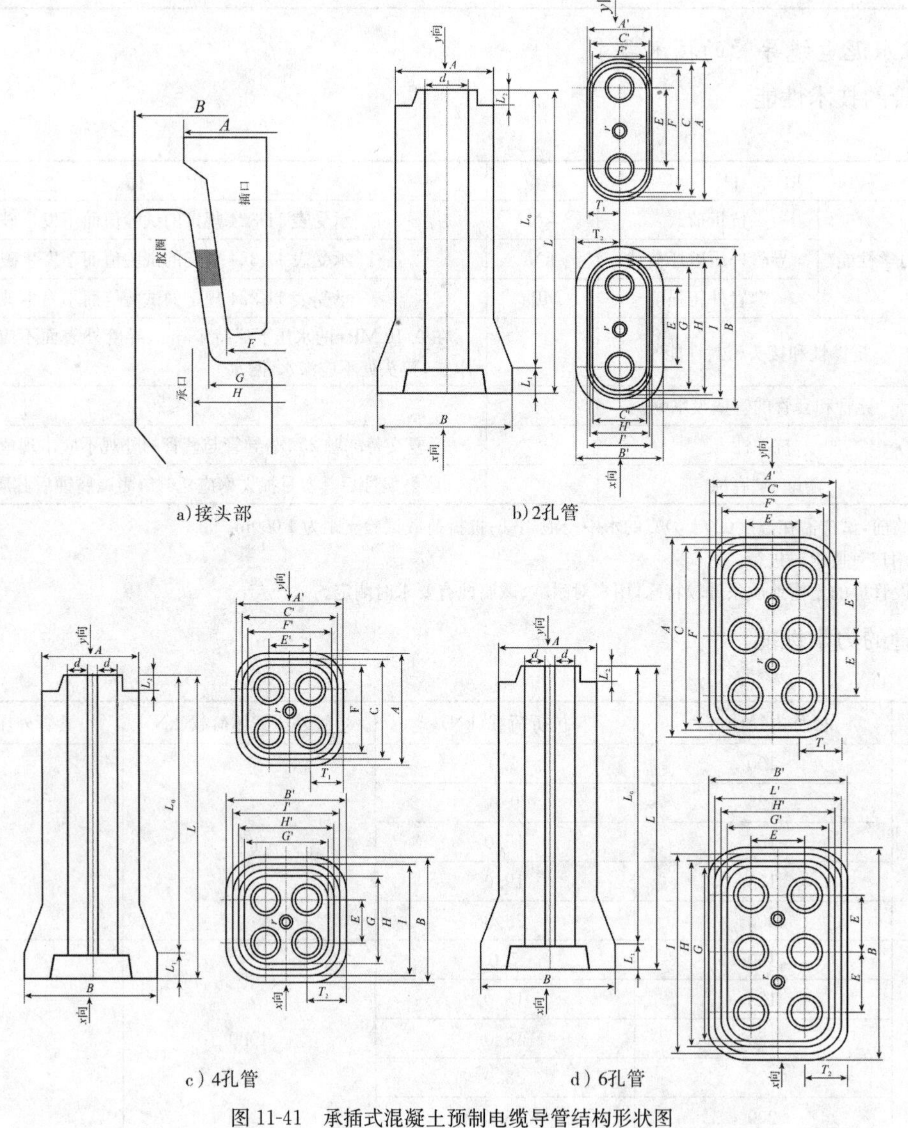

图 11-41 承插式混凝土预制电缆导管结构形状图

2. 承插式混凝土预制电缆导管的标记

导管的标记表示方法如下：

DH＋规格＋DL/T 802.6

标记按顺序含义如下：

a)D表示电缆用导管；

b)H表示混凝土；

c)规格用公称内径×公称长度—孔数表示。

标记示例如下：

DH 150×1 000—4 DL/T 802.6—2007 表示公称内径为150mm、公称长度为1 000mm、孔数为4的承插式凝土预制电缆导管。

3. 承插式混凝土预制电缆导管的规格尺寸(mm)

表 11-326

分类			2孔管		4孔管		6孔管	
公称内径		mm	125	150	125	150	125	150
总长度 L			1 050					
有效长度 L_0			1 000					
承口深度 L_1			50					
插口长度 L_2			38					
插口部	E		176	176	200	150	176	150
	T_1		90	102	90	102	90	102
	A		556	356	404	330	380	480
	A'		180	204	330	380	330	380
	C		344	392	318	368	468	544
	C'		168	192	318	368	318	368
	F		338	386	312	362	462	538
	F'		162	186	312	362	312	362
承口部	E		176	200	150	176	150	176
	T_2		124	136	124	136	124	136
	B		424	472	398	448	548	624
	B'		248	272	398	448	398	448
	G		356	404	330	380	480	556
	G'		180	204	330	380	330	380
	H		362	410	336	386	486	562
	H'		186	210	336	386	336	386
	I		368	416	342	392	492	568
	I'		192	216	342	392	342	392

注：导管连接接头采用橡胶弹性密封圈密封连接。

4. 承插式混凝土预制电缆导管的技术性能

表 11-327

序号	项目		单位	指标		
				2孔导管	4孔导管	6孔导管
1	力学性能	管体破坏弯矩	kN·m	≥8	≥10	≥18
2		管体外压破坏荷载	kN	≥100	≥150	≥200
3		接头部剪切破坏荷载	kN	≥15	≥30	≥40
4	接头密封性能[a]		在 0.10 MPa 水压下保持 15min,接头处不应渗水、漏水			

注:[a] 在用户有要求时进行。

5. 承插式混凝土预制电缆导管的外观质量

表 11-328

检验项目	外观要求
起皮、粘皮、麻面	孔内壁表面局部起皮、粘皮、麻面深度不超过 3mm,累计面积不超过内表面积的 1/100,导管外表面局部起皮、粘皮、麻面深度不超过 5mm,累计面积不超过外面积的 1/20,可以修补。修补后的孔内壁表面和导管外表面应光滑平整,且孔内壁表面不得有凸出或凸起物
承口、插口凹槽、麻面和插口缝错缝	承口、插口工作面局部凹槽与麻面深度不超过 3mm,宽度不超过 10mm,单处长度不超过 50mm,插口合缝处的错缝长度不超过 50mm,可以修补。修补后工作面应光滑平整
端部局部磕损	局部磕损沿管轴长度未达到承插口工作面,面积不超过 $50mm^2$,可以修补。修补后的尺寸和外观应符合要求
蜂窝	不允许
塌落	不允许
表面裂缝	不允许(水纹、龟裂不在此限)

(七)绝缘软管(GB/T 7113.3~6—2011)

绝缘软管包括聚氯乙烯(PVC)玻璃纤维软管、丙烯酸酯玻璃纤维软管、硅橡胶玻璃纤维软管、聚氨酯(PUR)玻璃纤维软管。主要用于电气设备的导体及接线的绝缘,某些类型管也适用于将若干根绝缘导线合并套在一起。

1. 绝缘软管分类

表 11-329

名称	型号(区分号)	耐电压等级	最高使用温度(℃)	规格范围(mm)	软管颜色
聚氯乙烯玻璃纤维软管	406	高击穿电压	105	内径 0.3~25	黑、白、红、黄、蓝、棕、绿、灰、橙、粉红、黄/绿色
	407	中击穿电压			
	408	低击穿电压			
丙烯酸酯玻璃纤维软管	403	高击穿电压	155	内径 0.3~25;壁厚 0.15~1.2	本色、黑、白、红、黄、蓝、棕、绿、黄/绿色
	404	中击穿电压			
	405	低击穿电压			
硅橡胶玻璃纤维软管	400	高击穿电压	180	内径 0.3~25	本色、黑、白、灰、红、黄、蓝、棕、绿、黄/绿色
	401	中击穿电压			
	402	低击穿电压			
聚氨酯玻璃纤维软管	409		155	内径 0.5~30	本色、黑、白、灰、红、粉红、紫、黄、蓝、棕、绿、黄/绿色

注:①硅橡胶玻璃纤维软管的区分号后有“L”,表示为具有低挥发物含量的软管。

②型号中数字“4”为有涂层纺织纤维管的代号。

2. 绝缘软管对击穿电压的要求

表 11-330

<table>
<tr><th rowspan="3">试验方法（直芯棒/100mm箔电极）</th><th colspan="3">硅橡胶玻璃纤维软管</th><th colspan="3">丙烯酸酯玻璃纤维软管</th><th colspan="3">聚氯乙烯玻璃纤维软管</th><th>聚氨酯玻璃纤维软管</th></tr>
<tr><th>400</th><th>401</th><th>402</th><th>403</th><th>404</th><th>405</th><th>406</th><th>407</th><th>408</th><th>409</th></tr>
<tr><th colspan="10">击穿电压(kV)，不小于</th></tr>
<tr><td>室温下</td><td>5.7/4.3</td><td>3.3/2.5</td><td>2.2/1.5</td><td>5.7/4.3</td><td>3.3/2.5</td><td>1.8/1.2</td><td>5.7/4.3</td><td>3.0/2.5</td><td>1.5/1.0</td><td>5.7/4.3</td></tr>
<tr><td>高温下</td><td>4.5/3.3</td><td>2.5/1.8</td><td>1.5/1.0</td><td>2.9/2.3</td><td>1.9/1.4</td><td>—</td><td>2.6/2.0</td><td>1.5/1.2</td><td>—</td><td>2.9/2.3</td></tr>
<tr><td>湿热后</td><td>4.0/3.0</td><td>2.1/1.5</td><td>—</td><td>1.7/1.3</td><td>1.4/1.1</td><td>—</td><td>2.5/2.0</td><td>1.8/1.2</td><td>—</td><td>1.7/1.3</td></tr>
</table>

注：①施加电压的速度为 500 V/s 或在 10～20 s 之间达到所要求的击穿电压值。

②高温试验：聚氯乙烯玻璃纤维软管应在(130±2)℃下进行；其他应在最高使用温度±3 ℃进行。

③击穿电压数值，分子为中值/分母为最低值。

3. 绝缘软管的性能要求

表 11-331

<table>
<tr><th colspan="2" rowspan="3">项　目</th><th colspan="3">硅橡胶玻璃纤维软管</th><th colspan="3">丙烯酸酯玻璃纤维软管</th><th>聚氨酯玻纤软管</th><th colspan="3">聚氯乙烯玻璃纤维软管</th></tr>
<tr><th>400</th><th>401</th><th>402</th><th>403</th><th>404</th><th>405</th><th>409</th><th>406</th><th>407</th><th>408</th></tr>
<tr><th colspan="10">性能要求</th></tr>
<tr><td rowspan="2">挥发物含量(%)</td><td>低含量</td><td>≤1.0</td><td>≤0.7</td><td>≤0.4</td><td>—</td><td>—</td><td>—</td><td>—</td><td>—</td><td>—</td><td>—</td></tr>
<tr><td>其他级</td><td>≤1.5</td><td>≤1.5</td><td>≤1.5</td><td>—</td><td>—</td><td>—</td><td>—</td><td>—</td><td>—</td><td>—</td></tr>
<tr><td colspan="2">加热后弯曲性</td><td colspan="7">(180±3)℃，涂层无裂痕或脱落，允许颜色变深</td><td colspan="3">(130±2)℃，96 h 涂层无裂纹或脱落</td></tr>
<tr><td colspan="2">低温弯曲性</td><td colspan="3">(−70±5)℃，涂层无裂痕或脱落</td><td colspan="4">(−15±3)℃，涂层无裂痕或脱落</td><td colspan="3">(−25±2)℃，涂层无裂痕或脱落</td></tr>
<tr><td colspan="2">涂层耐水解性</td><td colspan="7">涂层无迁移，软管与纸及软管试片之间无黏着，纸无任何变色迹象</td><td colspan="3">—</td></tr>
<tr><td rowspan="2">绝缘电阻(Ω)</td><td>室温下</td><td colspan="3">≥1.0×10^11</td><td colspan="3">≥1.0×10^9</td><td>≥1.0×10^9</td><td colspan="2">≥1.0×10^9</td><td>—</td></tr>
<tr><td>湿热后</td><td colspan="3">≥1.0×10^10</td><td colspan="3">—</td><td>—</td><td colspan="2">≥1.0×10^8</td><td>—</td></tr>
<tr><td colspan="2">火焰蔓延性(s)</td><td colspan="10">燃烧时间≤60；目测检查；三个试样的指标数，无烧焦或烧掉，棉花层不被燃着的颗粒或滴落物等点燃</td></tr>
<tr><td colspan="2">耐焊热性</td><td colspan="10">通过(仅适用内径≤5mm 管)</td></tr>
<tr><td colspan="2">耐霉菌生长性</td><td colspan="3">1 级或更优</td><td colspan="3">—</td><td>—</td><td colspan="3">1 级或更优</td></tr>
<tr><td colspan="2">拉伸强度、断裂伸长率</td><td colspan="3" rowspan="2">按订货合同</td><td colspan="3">—</td><td>—</td><td colspan="3">—</td></tr>
<tr><td colspan="2">耐电解腐蚀</td><td colspan="3">—</td><td>不次于 A1.4 级</td><td colspan="3">—</td></tr>
</table>

4. 绝缘软管的规格尺寸

表 11-332

<table>
<tr><th rowspan="3">标称内径(mm)</th><th>聚氨酯玻纤软管</th><th colspan="3">硅橡胶玻璃纤维软管</th><th colspan="3">丙烯酸酯玻璃纤维软管</th><th colspan="3">聚氯乙烯玻璃纤维软管</th></tr>
<tr><th>409</th><th>400</th><th>401</th><th>402</th><th>403</th><th>404</th><th>405</th><th>406</th><th>407</th><th>408</th></tr>
<tr><th colspan="10">软管壁厚(mm)</th></tr>
<tr><td>0.3</td><td rowspan="14">0.5</td><td>0.2/0.3</td><td>0.15/0.3</td><td>0.1/0.3</td><td rowspan="3">0.25/0.5</td><td rowspan="3">0.2/0.5</td><td rowspan="3">0.15/0.5</td><td>0.2/0.3</td><td>0.15/0.3</td><td>0.1/0.3</td></tr>
<tr><td>0.5</td><td rowspan="2">0.25/0.5</td><td rowspan="2">0.2/0.5</td><td rowspan="2">0.15/0.5</td><td rowspan="2">0.25/0.5</td><td rowspan="2">0.2/0.5</td><td rowspan="2">0.15/0.5</td></tr>
<tr><td>0.8</td></tr>
<tr><td>1.0</td><td>0.25/0.7</td><td rowspan="2">0.2/0.6</td><td rowspan="2">0.15/0.6</td><td>0.25/0.75</td><td rowspan="5">0.2/0.75</td><td rowspan="5">0.15/0.75</td><td>0.25/0.9</td><td rowspan="5">0.2/0.75</td><td rowspan="5">0.15/0.75</td></tr>
<tr><td>1.5</td><td>0.35/0.7</td><td rowspan="2">0.35/0.75</td><td rowspan="2">0.35/0.9</td></tr>
<tr><td>2.0</td><td>0.35/0.8</td><td rowspan="3">0.2/0.7</td><td rowspan="3">0.15/0.65</td></tr>
<tr><td>2.5</td><td rowspan="2">0.4/0.8</td><td rowspan="2">0.4/0.75</td><td rowspan="2">0.4/0.9</td></tr>
<tr><td>3.0</td></tr>
<tr><td>3.5</td><td>—</td><td>—</td><td>—</td><td>—</td><td>—</td><td>—</td><td>—</td><td>—</td><td>—</td></tr>
<tr><td>4.0</td><td>0.5/0.8</td><td>0.3/0.7</td><td>0.2/0.65</td><td>0.5/0.75</td><td>0.3/0.75</td><td>0.2/0.75</td><td>0.5/0.9</td><td>0.3/0.75</td><td>0.2/0.75</td></tr>
<tr><td>4.5</td><td>—</td><td>—</td><td>—</td><td>—</td><td>—</td><td>—</td><td>—</td><td>—</td><td>—</td></tr>
<tr><td>5.0</td><td rowspan="2">0.5/0.8</td><td rowspan="2">0.3/0.7</td><td rowspan="2">0.2/0.65</td><td rowspan="2">0.5/0.75</td><td rowspan="2">0.3/0.75</td><td rowspan="2">0.2/0.75</td><td rowspan="2">0.5/0.9</td><td rowspan="2">0.3/0.75</td><td rowspan="2">0.2/0.75</td></tr>
<tr><td>6.0</td></tr>
<tr><td>7.0</td><td>—</td><td>—</td><td>—</td><td>—</td><td>—</td><td>—</td><td>—</td><td>—</td><td>—</td></tr>
</table>

续表 11-332

标称内径(mm)	聚氨酯玻纤软管	硅橡胶玻璃纤维软管			丙烯酸酯玻璃纤维软管			聚氯乙烯玻璃纤维软管		
	409	400	401	402	403	404	405	406	407	408
	软管壁厚(mm)									
8.0	0.7	0.5/1.0	0.3/1.0	0.2/0.8	0.5/0.75	0.3/0.75	0.2/0.75	0.5/1.2	0.3/0.9	0.2/0.75
9.0		—	—	—	—	—	—	—	—	—
10.0		0.65/1.0	0.4/1.0	0.4/1.0	0.65/1.0	0.4/0.9	0.4/0.75	0.65/1.2	0.4/0.9	0.4/0.75
12.0		0.65/1.2	0.4/1.2	0.4/1.2						
14.0		—	—	—	—	—	—	—	—	—
16.0		0.65/1.2	0.4/1.2	0.4/1.2	0.65/1.0	0.4/0.9	0.4/0.75	0.65/1.2	0.4/0.9	0.4/0.75
18.0		—	—	—	—	—	—	—	—	—
20.0		0.65/1.2	0.4/1.2	0.4/1.2	0.65/1.2	0.4/0.9	0.4/0.75	0.65/1.2	0.4/0.9	0.4/0.75
25.0	1.0	0.65/1.4	0.4/1.4	0.4/1.4						
30.0	1.50	—	—	—	—	—	—	—	—	—

注:软管壁厚数据是分数的,分子为最小值,分母为最大值。

绝缘软管的长度:1、10、25、50、100、200、400m。

(八)电气用绝缘胶带(GB 20415—2006)

绝缘胶带以纤维织物为骨架经涂覆绝缘胶料制成。适用于在−10～+40 ℃的环境中供不高于 380 V 的通用电线、电缆的包扎防护绝缘用。

1.绝缘胶带的规格尺寸(mm)

表 11-333

长　度	宽　度	厚　度	
没规定 (一般有 10、15、20m)	10±1.0	0.3±0.05	0.38±0.08
	15±1.0		
	20±1.0		

2.绝缘胶带的性能要求

表 11-334

项　目		指标和要求
外观质量	露布、脱胶	不允许
	盘面离缝	宽度小于 1mm,两面长度总和小于 15 cm
	双刀痕	不允许
	盘面不平	同一平面内高低相差不大于 1mm
	凹、凸心	凹、凸心处高低相差不大于 2mm
	透光点(针眼)	在 0.02m^2 的面积内不超过 5 个
	疵点	因织物纱结造成影响电性能的疵点不允许
	接头	每盘不超过 1 个
耐电压性能		在 50 Hz、1 000 V 交流电压下保持 1min,不被击穿
黏合性能		下坠负荷试验,在 1min 内的相对脱落长度不大于黏合总长度的 50%

续表 11-334

项　　目	指标和要求
热空气老化后的黏合性能	绝缘带经 70 ℃,24 h 老化后的黏合性能,在下坠负荷试验作用下,试样在 1min 内的相对脱落长度不大于黏合总长度的 50%
对金属的腐蚀性能	对金属导线无任何腐蚀作用

第五节　常用低压电器

(一)低压电器产品型号编制方法(JB/T 2930—2007)

低压电器是指交流额定电压不超过 1 000 V(1 140 V 产品参照执行),直流额定电压不超过 1 500 V 的电器。产品型号可以使用通用型号或企业专用型号。

1. 低压电器通用型号的组成

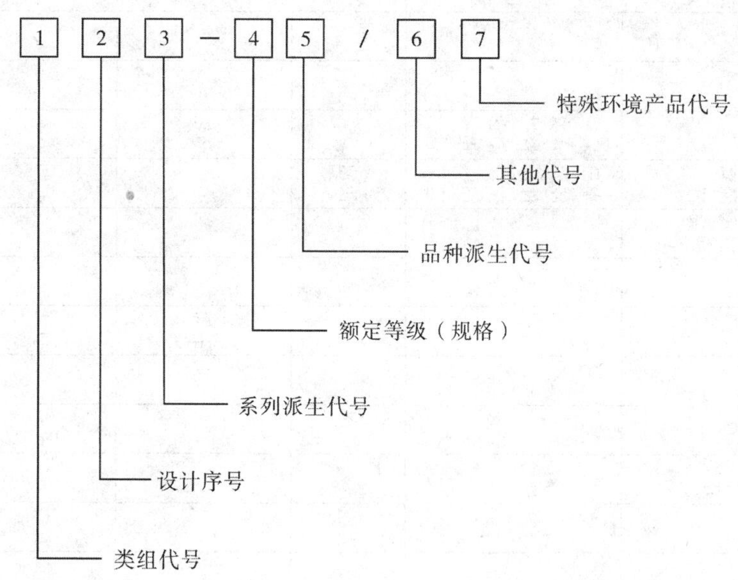

(1)类组代号

用两位或三位汉语拼音字母,第一位为类别代号,第二、三位为组别代号,代表产品名称,由型号登记部门按表 11-335 确定。

(2)设计序号

用阿拉伯数字表示,位数不限。由型号登记部门统一编排。

(3)系列派生代号

一般用一位或两位汉语拼音字母,表示全系列产品变化的特征,由型号登记部门根据表 11-336 统一确定。

(4)额定等级(规格)

用阿拉伯数字表示,位数不限,根据各产品的主要参数确定,一般用电流、电压或容量参数表示。

(5)品种派生代号

一般用一位或两位汉语拼音字母,表示系列内个别品种的变化特征,由型号登记部门根据表 11-336统一确定。

低压电器通用产品型号类组代号

表 11-335

类别代号及名称		第一位组别代号及名称																							第二位组别代号及名称									
		A	B	C	D	E	F	G	H	J	K	L	M	N	P	Q	R	S	T	U	W	X	Y	Z	D	G	J	L	R	S	T	X	Z	H
H	空气式开关、隔离器、隔离开关及熔断器组合电器				隔离器			熔断器式隔离器	开关熔断器组(负荷开关)			隔离开关					熔断器式开关	转换隔离器				旋转式开关	其他	组合开关										
R	熔断器								汇流排式			螺旋式	密闭管式					半导体元件保护(快速)	有填料封闭管式			熔断信号器	其他	自复						半导体元件保护(快速)				
D	断路器										真空		灭磁					快速			万能式		其他	塑料外壳式				漏电			可通信	限流		
K	控制器		控制与保护开关电器					鼓形							平面				凸轮				其他				交流				可通信		直流	
C	接触器					固态		高压		交流	真空		灭磁		中频			时间					其他	直流		高压	交流							混合式(无弧)
Q	起动器	按钮式		电磁式						减压							软	手动		油浸	无触点	星三角	其他	综合										
J	控制继电器			可编程	漏电							电流			频率		热	时间	通用		温度		其他	中间										

续表 11-335

类别代号及名称		第一位组别代号及名称																							第二位组别代号及名称									
		A	B	C	D	E	F	G	H	J	K	L	M	N	P	Q	R	S	T	U	W	X	Y	Z	D	G	J	L	R	S	T	X	Z	H
L	主令电器	按钮								接近开关	主令控制器							主令开关	中踏开关	旋钮	万能转换开关	行程开关	超速开关											
Z	电阻器变阻器			旋臂式								励磁			频敏	起动	非线性电力				液体起动	电阻器												
T	自动转换开关电器									接触器式					一体式						万能断路器式			塑壳断路器式							可通信		智能型	
B	总线电器																		接口															
M	电磁铁															牵引					起动		液压	制动			交流				推动器		直流	
P	组合电器																							终端										
A	其他		保护器	插座	信号灯			电涌保护器（过电压保护器）	接线盒	交流接触器节电器		电铃							插头			电子消弧器	模数化电压表		多功能电子式		交流	漏电	热		可通信		直流	
F	辅助电器						导线分流器			接线端子排																								

注：①本表系按目前已有的低压电器产品编制的，随着新产品的开发，表内所列汉语拼音大写字母将相应增加。

②表中第二位组别代号一般不使用，仅在第一位组别代号不能充分表达时才使用。

(6)其他代号

用阿拉伯数字或汉语拼音字母表示,位数不限,表示除品种以外的需进一步说明的产品特征,如极数、脱扣方式、用途等。

(7)特殊环境产品代号

表示产品的环境适应性特征,由型号登记部门根据表 11-337 确定。

2.低压电器企业产品型号的组成

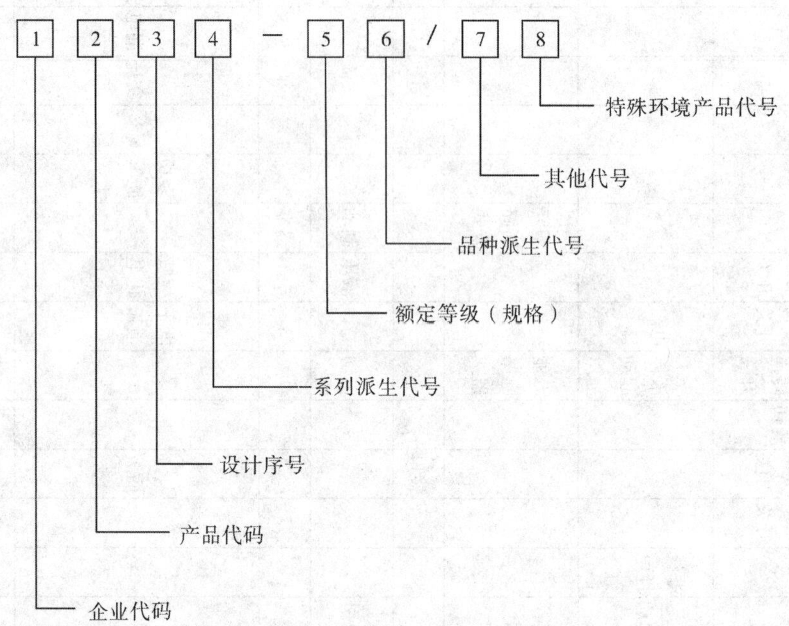

(1)企业代码

用两位或三位汉语拼音字母,表示企业特征。由企业自行确定,并保持唯一性。一般一家企业使用一种企业代码。

(2)产品代码

用一位或两位汉语拼音字母,代表产品名称,由型号登记部门根据表 11-338 统一确定。

(3)设计序号

用阿拉伯数字表示,位数不限。由企业自行编排。

(4)系列派生代号

一般用一位或两位汉语拼音字母,表示全系列产品变化的特征,由型号登记部门根据表 11-336 推荐使用。

(5)额定等级(规格)

用阿拉伯数字表示,位数不限,根据各产品的主要参数确定,一般用电流、电压或容量参数表示。

(6)品种派生代号

一般用一位或两位汉语拼音字母,表示系列内个别品种的变化特征,由型号登记部门根据表 11-336推荐使用。

(7)其他代号

用阿拉伯数字或汉语拼音字母表示,位数不限,表示除品种以外需进一步说明的产品特征,如极数、脱扣方式、用途等。

(8)特殊环境产品代号

表示产品的环境适应性特征,由型号登记部门根据表 11-337 推荐使用。

派生代号 表 11-336

派生代号	代表意义
C	插入式、抽屉式
E	电子式
J	交流、防溅式、节电型
Z	直流、防震、正向、重任务、自动复位、组合式、中性接线柱式、智能型
W	失压、无极性、外销用、无灭弧装置、零飞弧
N	可逆、逆向
S	三相、双线圈、防水式、手动复位、三个电源、有锁住机构、塑料熔管式、保持式、外置式通信接口
P	单相、电压的、防滴式、电磁复位、两个电源、电动机操作
K	开启式
H	保护式、带缓冲装置
M	灭磁、母线式、密封式、明装式
Q	防尘式、手车式、柜式
L	电流的、摺板式、剩余电流动作保护、单独安装式
F	高返回、带分励脱扣、多纵缝灭弧结构式、防护盖式
X	限流
T	可通信、内置式通信接口

特殊环境产品代号 表 11-337

代 号	代表意义	代 号	代表意义
TH	湿热带产品	G	高原型
TA	干热带产品		

企业产品型号名称代码 表 11-338

产 品 名 称	代码	产 品 名 称	代码
塑料外壳式断路器	M	控制与保护开关电器、控制器	K
万能式断路器	W	行程开关、微动开关	X
真空断路器	V	自动转换开关电器	Q
开关、开关熔断器组、熔断器式刀开关	H	熔断器	F
隔离器、隔离开关等	G	小型断路器	B
电磁起动器	CQ	剩余电流动作断路器	L
手动起动器	S	电涌保护器	U
交流接触器	C	终端组合电器	P
热继电器	R	终端防雷组合电器	PS
电动机保护器	D	漏电继电器	JD
万能转换开关	Y	插头、插座	A
按钮、信号灯	AL	通信接口、通信适配器	T
电流继电器、时间继电器、中间继电器	J	电量监控仪	E
软起动器	RQ	过程 IO 模块	I
接线端子	JF	通信接口附件	TF

(二)隔离开关(开启式负荷开关)(JB/T 10185—2008)

隔离开关利用触刀和触头进行接通和分断,用于交流 50/60 Hz,额定电压为单相 220/230 V、三相 400/380 V 及以下、额定电流至 100 A 的电路作总开关、支路开关及电灯、电热器等用电设备的操作隔离开关。作为手动不频繁地接通与分断负载电路和隔离电源用,也可不频繁地直接通断单台小功率交流异步电动机之用。

隔离开关的形式:产品极数分 2 极、3 级;产品结构分中央手柄式、中央手柄自锁式。

1. 产品型号表示方法

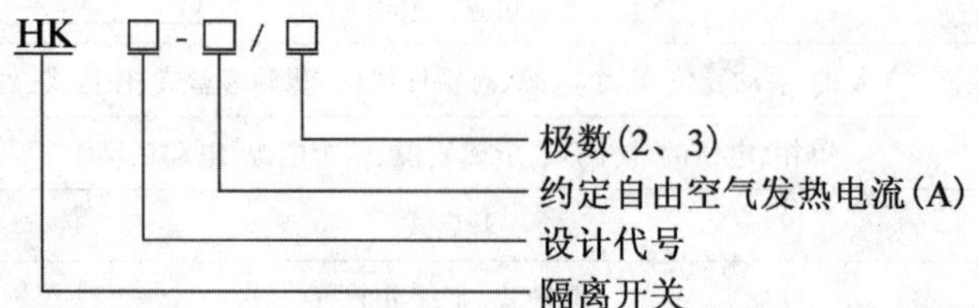

2. 产品类别代号和用途

表 11-339

电路性质	使用类别代号	典型用途举例
主电路	AC-22 A(230 V、220 V)	通断电阻性和电感性混合负载,包括适当的过负载
	AC-21 A(400 V、380 V)	通断电阻负载,包括适当的过负载
	AC-3	笼型电动机:起动、运转中断开电动机

注:产品的绝缘电压 U_i=500 V。

3. 产品的正常工作条件

1)周围空气温度

(1)周围空气温度上限不超过+40 ℃;

(2)周围空气温度 24 h 的平均值不超过+35 ℃;

(3)周围空气温度下限不低于-5 ℃。

注:①周围空气温度下限为-10 ℃或-25 ℃的工作条件,在订货时须向制造厂申明。

②周围空气温度上限+40 ℃或下限低于-25 ℃的工作条件,用户应与制造厂协商。

2)海拔

安装地点的海拔一般不超过 2 000m。

3)大气条件

大气相对湿度在周围温度为+40 ℃时不超过 50%;在较低温度下可以有较高的相对湿度;最湿月的月平均最大相对湿度为 90%,同时该月的月平均最低温度为+20 ℃,并考虑到因温度变化发生在产品表面上的凝露。

4)污染等级

污染等级 3。

5)安装条件

隔离开关应按制造厂提供的使用说明书的安装要求安装。

6)过电压类别(安装类别)

Ⅲ类。

7)防护等级

隔离开关的防护等级表征符号为 IP20。

4. 隔离开关的技术性能

表 11-340

额定电压(V)	极数	额定电流(A)	适用导线截面(mm^2)	额定接通及分断能力				工频耐电压性能(V)	额定限制短路电流(A)	操作寿命		开关操作拉力(N)	正常工作环境温度(℃)	适应海拔高度(m)
				I_c/I_e I/I_e	U_r/U_e U/U_e	$\cos\varphi$	操作次数			总数(次)	其中有载(次)			
220	2	6	0.75~1.5	3	1.05	0.65	5	2 000	25 000	10 000	1 500	1.96~13.7	+40~−5	≤2 000
		10										3.9~24.5		
		16	1~2.5									3.9~34.3		
		32	2.5~6									7.8~34.3		
		63	6~16									11.8~44.1		
380	3	16	1~2.5	1.5	1.05	0.95	5	2 500		10 000	1 500	7.8~44.1	+40~−5	≤2 000
		32	2.5~6									11.8~49		
		63	6~16									19.6~78.5		
		100	16~35									39.8~100		

注：①操作循环时间间隔为(30±10)s；

②I_c——分断电流；

I_e——额定工作电流；

U_r——工频恢复电压；

U_e——额定工作电压；

$\cos\phi$——功率因数；

I——接通电流；

U——接通前电压。

5. 隔离开关主电路的额定工作电流

表 11-341

I_{th}(A)			6	10	16	32	63	100[a]
I_e(A)	AC-21A、AC-22A		6	10	16	32	63	100[a]
	AC-3	2 级	1.5	3	3.5	7	10	—
		3 级	—	—	5	9	12	16
交流电动机功率[b](kW)	AC-3	2 级	0.5	1.1	1.5	3.0	4.5	—
		3 级	—	—	2.2	4.0	5.5	7.6

注：①[a] 仅适用于 400 V(380 V)。

②[b] 相配的推荐值。

③额定工作制：八小时工作制。隔离开关的约定自由空气发热电流就是按此工作制确定的。

6. HK_4 型开启式负荷开关技术参数

表 11-342

型 号	额定电流(A)	额定电压(V)	极数	外形尺寸(mm)			额定熔断短路能力 $\cos\varphi=0.5$ 实验电流(A)	额定通断能力 $\cos\varphi=0.65I/I_e$	绝缘性能(MΩ)	介电性能(V)	机械寿命(次)	电寿命次	操作力(N)	熔丝直径(mm)	
				长	宽	高								铜熔丝	铅熔丝
HK4—10/2	10	220	2	121	44	50	1 000	4	≥100	2 000	10 000	2 000	3.9~24.5	0.25	0.98
HK_4—16/2	16			138	46	50	1 500						3.9~34.3	0.41	1.67
HK_4—32/2	32			159	54	56	2 000						7.8~34.3	0.62	1.98
HK_4—63/2	63			205	67	70	2 500						11.8~44.1	1.0	2.95
HK_4—16/3	16	380	3	152	70	50	1 500	3		2 500			7.8~44.1	0.44	1.74
HK_4—32/3	32			174	82	56	2 000						11.8~49	0.72	2.4
HK_4—63/3	63			219	108	70	2 500						19.6~78.5	1.12	3.14

7. HK_8 型开启式负荷开关技术参数

表 11-343

型号	极数	额定电压(V)	额定电流(A)	外形尺寸(mm)			熔丝	
							直径(mm)	材料
HK_8—10/2	2	220	10	88	40	49.5	1.25	铅熔丝
HK_8—16/2			16	95	44	50.5	1.67	
HK_8—32/2			32	124	52	59.5	2.4	
HK_8—16/3	3	380	16	99	62.5	49.5	0.44	紫铜丝
HK_8—32/3			32	132	72	67	0.72	
HK_8—63/3			63	164	100	92	1.02	

(三)倒顺开关(双向开关)(JB/T 8663—2006)

倒顺开关用手柄旋转操作,分为单相和三相。适用于交流 50 Hz、额定工作电压 380 V 及以下,额定工作电流至 25 A 作直接通断单台鼠笼式感应电动机,使其正转、反转和停止。倒顺开关的使用环境温度为不超过+40 ℃(其 24 h 内的平均温度值不超过+35 ℃),不低于−5 ℃。海拔不超过 2 000m。开关的耐污染等级为 3 级。

倒顺开关按工作时间分为八小时工作制、不间断工作制、断续工作制(优选级别为 6~12 A,120 级)和短时工作制(额定电流值不大于 2.5 A,通电时间值 3 分钟)。

1. 倒顺开关的型号表示方法

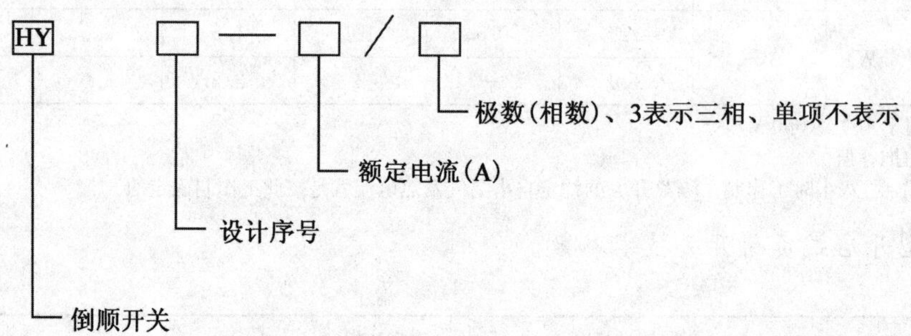

2. 倒顺开关的型号和使用类别

开关的使用类别通常为 AC—3 及 AC—4 的混合工作,主要为 AC—3,也遇有少量 AC—4,总通断循环次数中,AC—4 一般不超过 2%。各使用类别所规定的预定用途见表 11-344。

表 11-344

电流种类	使用类别	典型用途
交流	AC—3	笼型异步电动机的起动、运转中分断
	AC—4	笼型异步电动机的起动、反接制动与反向、密接通断

3. 倒顺开关的技术要求

表 11-345

额定电压(V)		相数	额定电流(A)	控制电动机功率(kW)	工频耐电压(V)	额定限制短路电流(A)	接通和分断能力条件						寿命		
工作电压	绝缘电压						$I_c/I_e(I/I_e)$		Ur/Ue U/Ue	cosϕ	通电时间(s)	操作循环次数	有载(次)		总数
							Ac-3	Ac-4					Ac-3	Ac-4	
220	250	2	6	0.75	2 000	120	8(10)	10(12)	1.05	0.45	0.05	50	9 800	200	30 000
			8	1.1		160									
380	400	3	6	2.2	2 500	120	8(10)	10(12)	1.05	0.45	0.05				
			8	3		160									
			10	4		200									
			12	5.5		240									
			16	7.5		320									
			20	10		400									
			25	13		500									

注：I_c——接通和分断电流；I_e——额定工作电流；U_r——工频恢复电压；U_e——额定工作电压；I——接通电流；U——外施电压；Ac-3——(使用类别代号)鼠笼电机起动、运转中分断；Ac-4——(使用类别代号)鼠笼电机起动、反接制动或反向运转、点动。

(四)铁壳开关

铁壳开关又叫封闭式负荷开关。适用于工矿企业、农村电力排灌和电热、照明等各种配电设备供手动不频繁启、闭负载电路，且具有短路保护作用，并可作为交流感应电动机的不频繁直接起动及分断之用。

铁壳开关由外壳(分铸铁和钢板两种)，加速机构、刀开关和熔断器等组合而成。主要型号有 HH_3、HH_4、HH_{10} 和 HH_{12} 等型号。

1. 主要技术参数

表 11-346

型号	额定电压(V)	额定电流(A)	极数	外形尺寸(mm)			型号	额定电压(V)	额定电流(A)	极数	外形尺寸(mm)		
				长	宽	高					长	宽	高
HH_3—15/2Z	250	10	2	172	122	85	HH_4—60/2Z	250	60	2	349	301	198
HH_3—15/2Z		15		172	122	85	HH_4—15/3Z	500	15	3	209	183	91
HH_3—20/2Z		20		225	150	95	HH_4—30/3Z		30		234	211	100
HH_3—30/2Z		30		225	150	95	HH_4—60/3Z		60		310	267	132
HH_3—100/2Z		100		437	294	243	HH_4—100/3Z		100		410	340	235
HH_3—200/2Z		200		507	294	306	HH_{10}—15/2Z	250	15	2	140	104	100
HH_3—10/3Z	380	10	3	181	160	86	HH_{10}—10/3Z	380 440	10	3	174	134	118
HH_3—15/3Z		15		242	216	98	HH_{10}—20/3Z		20		204	162	124
HH_3—20/3Z		20		242	216	98	HH_{10}—30/3Z		30		234	212	137
HH_3—100/3Z	440 500	100	3	411	341	166	HH_{10}—60/3Z		60		352	288	168
HH_3—200/3Z		200		507	364	306	HH_{10}—100/3Z		100		500	355	165
HH_4—15/2Z	250	15	2	247	242	157	HH_{12}—100/3Z	415	100		430	347	134
HH_4—30/2Z		30		247	242	157	HH_{12}—200/3Z		200		490	361	143

注：①"Z"中性接线柱。

②外形尺寸各厂有出入。

2. 铁壳开关直接起动和分断交流电动机的功率选配

表 11-347

额定电流(A)	可控制的交流感应电动机功率(kW)			额定电流(A)	可控制的交流感应电动机功率(kW)		
	500 V	380 V	220 V		500 V	380 V	220 V
10	3.5	2.7	1.5	30	10	7	4.5
15	4.5	3.0	2	60	20	15	9.5
20	7	5	3.5				

3. HH_{12D}系列封闭式负荷开关的技术参数

表 11-348

产品型号	额定工作电压(V)	额定工作电流(A)	额定熔断短路电流 $\cos\varphi=0.5$(A)	额定通断能力 $\cos\varphi=0.35\sim0.65$(A)	介电性能(V)	机械寿命(次)	电寿命(次)
HH_{12D}—20/3	415	20	1 500	80	2 500	10 000	5 000
HH_{12D}—32/3		32		140			
HH_{12D}—63/3		63	2 500	250			2 000
HH_{12D}—100/3		100		400		3 000	
HH_{12D}—200/3		200		800			

(五)保险铅丝(GB 3132—82)

保险铅丝用于交流 50/60 Hz,电压 500 V 以下或直流 400 以下的各种熔断器内作熔断体用。化学成分主要是 Pb 和 Sb。工作环境温度为−40～+60 ℃。保险铅丝按外形分为圆形和扁形。

1. 圆形保险铅丝的规格特性

表 11-349

安全电流(A)	直径(mm)近似值	熔断电流 倍数	熔断电流 (A)	熔断电流 时间(min)	熔断电流 结果	额定电流 倍数	额定电流 (A)	额定电流 时间(min)	额定电流 结果	每卷质量(kg)	每卷近似长度(m)
0.25	0.08	2	0.5	1	熔断	0.725	0.36	5	不熔断	0.125	2 183
0.50	0.15		1.0				0.73			0.25	1 241
0.75	0.20		1.5				1.09			0.25	698
0.80	0.22		1.6				1.16			0.25	577
0.90	0.25		1.8				1.31			0.25	447
1.00	0.28		2.0				1.45			0.25	356
1.05	0.29		2.1				1.52			0.25	331
1.10	0.32		2.2				1.60			0.5	546
1.25	0.35		2.5				1.81			0.5	456
1.35	0.36		2.7				1.96			0.5	431
1.50	0.40		3.0				2.18			0.5	349
1.85	0.46		3.7				2.68			0.5	264
2.00	0.52		4.0				2.90			0.5	206.6
2.25	0.54		4.5				3.26			0.5	191.6
2.50	0.60		5.0				3.63			0.5	155
3.00	0.71		6.0				4.35			0.5	111
3.75	0.81		7.5				5.44			0.5	85.2
5.00	0.98		10.0				7.25			0.5	58.2
6.00	1.02		12.0				8.70			0.5	54
7.50	1.25		15.0				10.88			0.5	36
10.00	1.51		20.0				14.50			0.5	24.5
11.00	1.67		22.0				15.95			0.5	20
12.50	1.75		25.0				18.13			0.5	18.2
15.00	1.98		30.0				21.75			0.5	14.2
20.00	2.40		40.0				29.00			0.5	9.7
25.00	2.78		50.0				36.25			0.5	7.2
27.50	2.95		55.0				39.88			0.5	6.4
30.00	3.14		60.0				43.50			0.5	5.6
40.00	3.81		80.0				58.00			0.5	3.8
45.00	4.12		90.0				62.25			0.5	3.3
50.00	4.44		100.0				72.50			0.5	2.8
60.00	4.91		120.0				87.00			0.5	2.3
70.00	5.24		140.0				101.50			0.5	2.0

2. 扁形保险铅丝的规格特性

表 11-350

安全电流(A)	面积(mm^2)近似值	熔断电流				额定电流				每卷质量(kg)
		倍数	(A)	时间(min)	结果	倍数	(A)	时间(min)	结果	
5.0	0.75	2	10	1	熔断	0.725	7.25	5	不熔断	1
7.5	1.23		15				10.88			
10.0	1.79		20				14.50			
12.5	2.41		25				18.13			
15.0	3.08		30				21.75			
20.0	4.52		40				29.00			
25.0	6.07		50				36.25			
30.0	7.71		60				43.50			
35.0	9.51		70				50.75			
37.5	—		75				54.38			
40.0	11.40		80				58.00			
45.0	13.30		90				62.25			
50.0	15.28		100				72.50			
60.0	—		120				87.00			
75.0	26.33		150				108.75			
100.0	38.60		200				145.00			
125.0	52.04		250				181.25			
150.0	—		300				217.50			
200.0	—		400				290.00			
250.0	—		500				362.50			

第六节 太阳能灯具

(一)太阳能 LED 灯(山东省地方标准 DB 37/T 1181—2009)

太阳能 LED 灯是一种发光二极管，与太阳能电池组件、充放电控制器组合成完整灯具。适用于环境温度－20 ℃～＋60 ℃、相对湿度不大于 90％、没有腐蚀性和破坏性物质的公共场所使用。

1. 太阳能 LED 灯的型号表示方法及工作原理

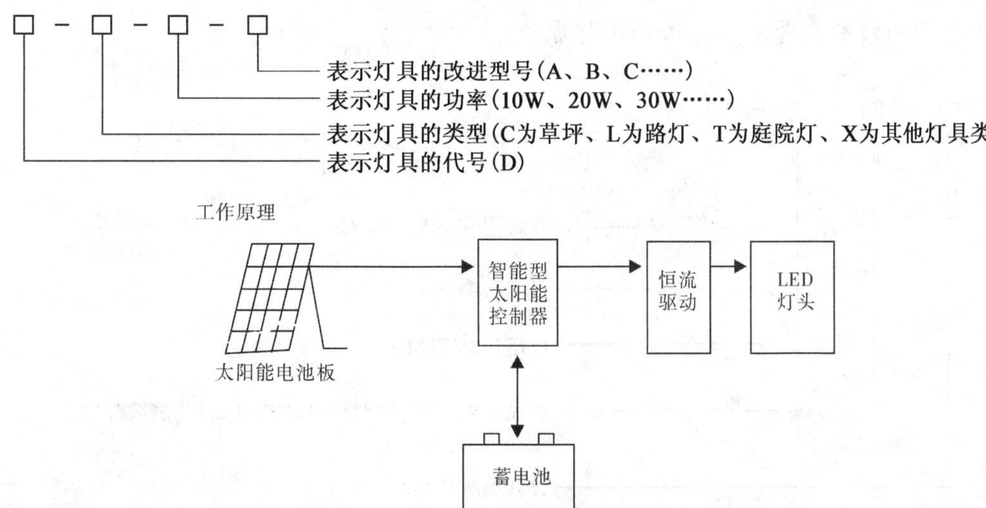

2. 太阳能 LED 灯蓄电池的容量需求

表 11-351

光源功率(W)	蓄 电 池	
	电压(V)	容量(A·h)
0～10	3～12	10～65
10～35	12	100～200
35～60	12	200～300
	24	100～150

注:①蓄电池充满电后,能保证连续 24 小时正常放电。
②蓄电池的容量应满足正常照明的容量要求,一般按光源功率的 4～5 倍选择。

3. 太阳能 LED 灯的外观及安装要求

1)外观

产品表面应平整光洁,色泽均匀;螺栓紧固到位,无松动;LED 灯珠焊接牢固;LED 封装玻璃无划伤,封胶均匀。

2)安装要求

应具有足够的机械强度,能承受 10 级以上的风载荷。

应有良好防雷接地措施,接地电阻应小于 10Ω。

应维护、检修方便,具有防盗措施。

所有部件应需借助工具才能拆卸。

灯具外壳的防护等级为 IP65。

(二)太阳能照明灯(山东省地方标准 DB37/T 730—2007)

太阳能灯具是一种小型化的太阳能光伏系统,将太阳能电池板正对太阳采光,实现光电转换,通过控制器将电能储存于蓄电池,夜间用电时,经过控制器,为灯具提供电能。

太阳能灯具组件包括能提供 12 V 和 24 V 的直流电流的电池组件、控制灯具开关的光控组件、定时的时控组件、充放电控制器和电光源等。在良好光照条件下,白天充电 8 小时以上,能保证连续 3 个阴雨天正常照明。

太阳能照明灯按用途分为:路灯、庭院灯、景观灯、草坪灯和地埋灯等。

太阳能照明灯的环境使用温度为－20～＋60 ℃,路灯、庭院灯、景观灯的相对湿度不大于 85%,使用场所没有腐蚀性、破坏性物质。

1. 太阳能照明灯的型号表示方法和工作原理

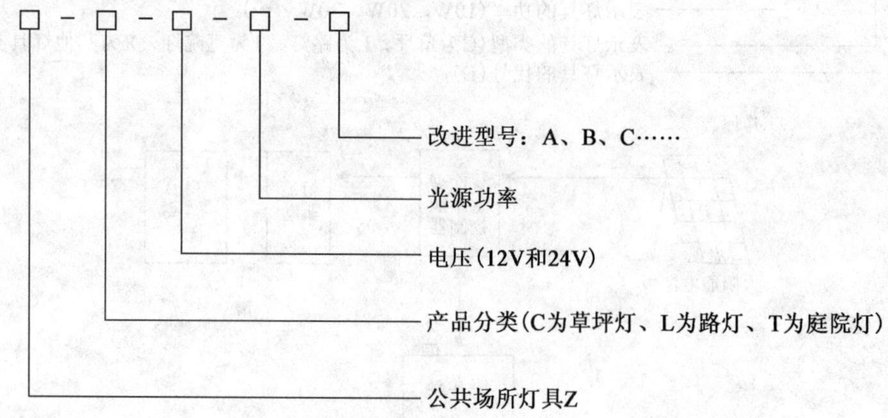

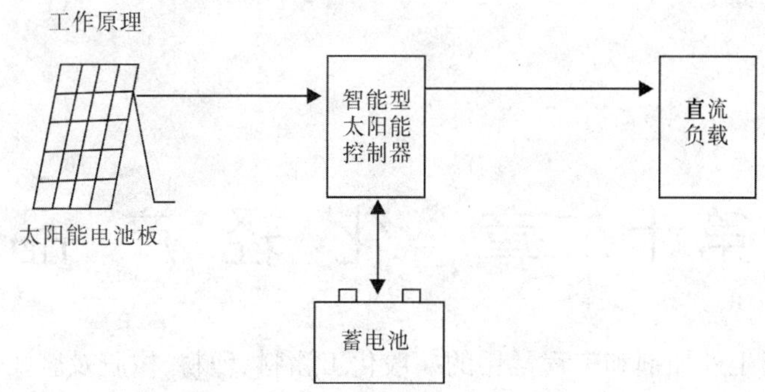

2.产品外观质量要求

产品表面应平整光洁，色泽均匀；产品无明显的裂纹、划痕、损伤、锈蚀及变形；主要表面漆膜不应有明显的流挂、起泡、橘皮、针孔、咬底、渗色和杂质等缺陷。

3.太阳能照明灯的光通量和照度

表 11-352

项　目	指　标	项　目	指　标
草坪灯的光通量(lm)	≥2	路灯的照度(lx)	15～35
庭院灯、景观灯的照度(lx)	1～5		

4.太阳能灯具的光控和时控

太阳能灯具光控。

当没有阳光时，光强降到启动点，在设定启动值的±5%范围内自动发光；当有阳光时，光强升到启动点，在设定启动值的±5%范围内自动充电。

太阳能灯具时控。

按所设定时间，灯具亮灭的时间误差应小于 5 s。

第十二章　化 轻 产 品

化轻产品包括混凝土外加剂和工程常用的一般化工涂料、塑料、橡胶及轻工产品等。

第一节　水泥混凝土外加剂及常用化工产品

一、混凝土外加剂

混凝土外加剂是在混凝土制作过程中加入的一种少量甚至微量的材料。它使得混凝土在施工时、硬化过程中或硬化后具有某些新的特性。混凝土外加剂的发展很快、种类很多。

(一)混凝土外加剂的分类和命名

1.混凝土外加剂按其主要功能分类

(1)改善混凝土拌和物流变性能的外加剂——各种减水剂、引气剂和泵送剂等。

(2)调节混凝土凝结时间、硬化性能的外加剂——早强剂、缓凝剂、速凝剂和促凝剂等。

(3)改善混凝土耐久性的外加剂——引气剂、防水剂、阻锈剂和矿物外加剂等。

(4)改善混凝土其他性能的外加剂——加气剂、膨胀剂、防冻剂、着色剂、防水剂和泵送剂等。

2.混凝土外加剂的名称

①普通减水剂;②高效减水剂;③早强减水剂;④缓凝减水剂;⑤引气减水剂;⑥早强剂;⑦速凝剂;⑧缓凝剂;⑨引气剂;⑩防水剂;⑪阻锈剂;⑫加气剂;⑬膨胀剂;⑭防冻剂;⑮着色剂;⑯泵送剂;⑰促凝剂;⑱缓凝高效减水剂;⑲保水剂;⑳絮凝剂;㉑增稠剂;㉒减缩剂;㉓保塑剂;㉔高性能减水剂。

3.混凝土外加剂重要产品介绍

(1)减水剂

减水剂是混凝土外加剂中最重要的品种,按减水率大小可分为普通减水剂(以木质素磺酸盐类为代表)、高效减水剂(包括萘系、密胺系、氨基磺酸盐系、脂肪族系等)和高性能减水剂(以聚羧酸系高性能减水剂为代表)。

普通减水剂又称塑化剂和水泥分散剂,高效减水剂又称超塑化剂。减水剂是指在混凝土坍落度基本相同的条件下,可以减少拌和用水量的外加剂;高效减水剂是指能大幅度减少拌和用水量的外加剂;高性能减水剂是指具有更高减水率、更好坍落度保持性能、较小干燥收缩,并具有一定引气性能的减水剂。

早强减水剂、缓凝减水剂和引气减水剂分别指兼有早强、缓凝和引气功能的减水剂。

(2)早强剂

早强剂能加速混凝土早期强度的发展、缩短混凝土凝结时间。早强剂有助于冬季施工、提早拆模和缩短工期。主要产品有三乙醇胺、氯化钙、硫酸钠等。

(3)速凝剂

速凝剂能使混凝土迅速凝结硬化，主要用于隧道的喷射衬砌。主要产品有红星速凝剂、711 型水泥速凝剂等。速凝剂和早强剂也叫作促凝剂。

(4)缓凝剂

缓凝剂能延长混凝土凝结和硬化时间，有助于炎热气候下的施工和浇筑、捣实大体积混凝土不致形成施工缝及减慢水化放热等。主要产品有含糖的木质素磺酸盐类(缓凝型减水剂)、酒石酸钠和含糖的碳水化合物等，但有些促凝剂在低浓度使用时也起缓凝作用。

(5)加气剂

加气剂能增强混凝土中均匀分布的微小空气泡(0.05～1.25mm)，能增强混凝土的抗冻融性和抗渗性，但会导致混凝土的一些强度损失。常用的加气剂有松香热聚物、松香皂(松香酸钠)、烷基磺酸钠等，前两种加气剂的主要组成材料有松香和氢氧化钠等。

(6)泵送剂

泵送剂能改善混凝土拌和物泵送性能。由减水剂、调凝剂、引气剂、润滑剂等复合而成。

(7)防水剂

防水剂能降低砂浆、混凝土在静水压力下的透水性。提高水泥砂浆、混凝土抗渗性能。

(8)防冻剂

防冻剂能使混凝土在负温下硬化，并在规定养护条件下达到预期性能。

(9)膨胀剂

膨胀剂能在混凝土拌制过程中与水泥、水结合后经水化反应生成钙矾石或氢氧化钙而使混凝土膨胀。

(10)引气剂

引气剂能在混凝土搅拌过程中引入大量均匀分布、稳定而封闭的微小气泡并能保留在硬化混凝土中。

(11)引气减水剂

引气减水剂是兼有引气和减水功能的外加剂。

混凝土外加剂有的单独使用，也有的根据各种配方由几种材料组成复合外加剂使用。

(二)减水剂等混凝土外加剂(GB 8076—2008)

1.减水剂等外加剂的类型及代号

早强型高性能减水剂：HPWR-A。

标准型高性能减水剂：HPWR-S。

缓凝型高性能减水剂：HPWR-R。

标准型高效减水剂：HWR-S。

缓凝型高效减水剂：HWR-R。

早强型普通减水剂：WR-A。

标准型普通减水剂：WR-S。

缓凝型普通减水剂：WR-R。

引气减水剂：AEWR。

泵送剂：PA。

早强剂：Ac。

缓凝剂：Re。

引气剂：AE。

2. 掺减水剂等外加剂的混凝土性能指标

表 12-1

项目		高性能减水剂 HPWR			高效减水剂 HWR		普通减水剂 WR			引气减水剂 AEWR	泵送剂 PA	早强剂 Ac	缓凝剂 Re	引气剂 AE
		早强型 HPWR-A	标准型 HPWR-S	缓凝型 HPWR-R	标准型 HWR-S	缓凝型 HWR-R	早强型 WR-A	标准型 WR-S	缓凝型 WR-R					
减水率(%)	不小于	25	25	25	14	14	8	8	8	10	12	—	—	6
泌水率比(%)	不大于	50	60	70	90	100	95	100	100	70	70	100	100	70
含气量(%)		≤6.0	≤6.0	≤6.0	≤3.0	≤4.5	≤4.0	≤4.0	≤5.5	≥3.0	≤5.5	—	—	≥3.0
凝结时间之差(min)	初凝	-90 ~ +90	-90 ~ +120	> +90	-90 ~ +120	> +90	-90 ~ +90	-90 ~ +120	> +90	-90 ~ +120	—	-90 ~ +90	> +90	-90 ~ +120
	终凝			—		—			—			—	—	
1h 经时变化量	坍落度(mm)	—	≤80	≤60	—	—	—	—	—	—	≤80	—	—	—
	含气量(%)	—	—	—						-1.5 ~ +1.5	—			-1.5 ~ +1.5
抗压强度比(%) 不小于	1d	180	170	—	140	—	135	—	—	—	—	135	—	—
	3d	170	160	—	130	—	130	115	—	115	—	130	—	95
	7d	145	150	140	125	125	110	115	110	110	115	110	100	95
	28d	130	140	130	120	120	100	110	110	100	110	100	100	90
收缩率比(%) 不大于	28d	110	110	110	135	135	135	135	135	135	135	135	135	135
相对耐久性(200 次)(%)	不小于	—	—	—	—	—	—	—	—	80	—	—	—	80

注:①表中抗压强度比、收缩率比、相对耐久性为强制性指标,其余为推荐性指标。
②除含气量和相对耐久性外,表中所列数据为掺外加剂混凝土与基准混凝土的差值或比值。
③凝结时间之差性能指标中的"-"号表示提前,"+"号表示延缓。
④相对耐久性(200 次)性能指标中的"≥80"表示将 28d 龄期的受检混凝土试件快速冻融循环 200 次后,动弹性模量保留值≥80%。
⑤1h 含气量经时变化量指标中的"-"号表示含气量增加,"+"号表示含气量减少。
⑥其他品种的外加剂是否需要测定相对耐久性指标,由供、需双方协商确定。
⑦当用户对泵送剂等产品有特殊要求时,需要进行的补充试验项目、试验方法及指标,由供需双方协商决定。

3. 减水剂等外加剂匀质性指标

表 12-2

项　　目	指　　标
氯离子含量(%)	不超过生产厂控制值
总碱量(%)	不超过生产厂控制值
含固量(%)	$S>25\%$,应控制在 $0.95S\sim1.05S$; $S\leqslant25\%$时,应控制在 $0.90S\sim1.10S$
含水率(%)	$W>5\%$时,应控制在 $0.90W\sim1.10W$; $W\leqslant5\%$时,应控制在 $0.80W\sim1.20W$
密度(g/cm^3)	$D>1.1$ 时,应控制在 $D\pm0.03$; $D\leqslant1.1$ 时,应控制在 $D\pm0.02$
细度	应在生产厂控制范围内
pH 值	应在生产厂控制范围内
硫酸钠含量(%)	不超过生产厂控制值

注:①生产厂应在相关的技术资料中明示产品匀质性指标的控制值。
②对相同和不同批次之间的匀质性和等效性的其他要求,可由供需双方商定。
③表中的 S、W 和 D 分别为含固量、含水率和密度的生产厂控制值。

4. 减水剂等外加剂的储存、退货

生产厂随货提供技术文件的内容应包括:产品名称及型号、出厂日期、特性及主要成分、适用范围及推荐掺量、外加剂总碱量、氯离子含量、安全防护提示、储存条件及有效期等。

(1)储存

外加剂应存放在专用仓库或固定的场所妥善保管,以易于识别,便于检查和提货为原则。搬运时应轻拿轻放,防止破损,运输时避免受潮。

(2)退货

①使用单位在规定的存放条件和有效期限内,经复验发现外加剂性能与本标准不符时,则应予以退回或更换。

②净重量和体积误差超过 1%时,可以要求退货或补足。粉状的外加剂可取 50 包,液体的外加剂可取 30 桶(其他包装形式由双方协商),称量取平均值计算。

③凡无出厂文件或出厂技术文件不全,以及发现实物质量与出厂技术文件不符合,可退货。

5. 应用外加剂注意事项

外加剂的使用效果受到多种因素的影响,因此,选用外加剂时应特别予以注意。

(1)外加剂的品种应根据工程设计和施工要求选择。应使用工程原材料,通过试验及技术经济比较后确定。

(2)几种外加剂复合使用时,应注意不同品种外加剂之间的相容性及对混凝土性能的影响。使用前应进行试验,满足要求后,方可使用。如:聚羧酸系高性能减水剂与萘系减水剂不宜复合使用。

(3)严禁使用对人体产生危害,对环境产生污染的外加剂。用户应注意工厂提供的混凝土外加剂安全防护措施的有关资料,并遵照执行。

(4)对钢筋混凝土和有耐久性要求的混凝土,应按有关标准规定严格控制混凝土中氯离子含量和碱的数量。混凝土中氯离子含量和总碱量是指其各种原材料所含氯离子和碱含量之和。

(5)由于聚羧酸系高性能减水剂的掺加量对其性能影响较大,用户应注意按照规定准确计量。

(三)混凝土防冻泵送剂(JG/T 377—2012)

混凝土防冻泵送剂既能使混凝土在负温下硬化,并在规定养护条件下达到预期性能,又能改善混凝土拌和物泵送性能的外加剂。

混凝土防冻泵送剂按性能分为Ⅰ型、Ⅱ型,按规定温度分为−5℃、−10℃、−15℃。

1.受检混凝土的性能指标

表 12-3

<table>
<tr><th colspan="2" rowspan="2">项　目</th><th colspan="6">指　标</th></tr>
<tr><th colspan="3">Ⅰ型</th><th colspan="3">Ⅱ型</th></tr>
<tr><td colspan="2">减水率(%)</td><td colspan="3">≥14</td><td colspan="3">≥20</td></tr>
<tr><td colspan="2">泌水率比(%)</td><td colspan="6">≤70</td></tr>
<tr><td colspan="2">含气量(%)</td><td colspan="6">2.5～5.5</td></tr>
<tr><td rowspan="2">凝结时间之差(min)</td><td>初凝</td><td colspan="6" rowspan="2">−150～+210</td></tr>
<tr><td>终凝</td></tr>
<tr><td colspan="2">坍落度 1h 经时变化量(mm)</td><td colspan="6">≤80</td></tr>
<tr><td rowspan="4">抗压强度比(%)　不小于</td><td>规定温度(℃)</td><td>−5</td><td>−10</td><td>−15</td><td>−5</td><td>−10</td><td>−15</td></tr>
<tr><td>R_{28}</td><td>110</td><td>110</td><td>110</td><td>120</td><td>120</td><td>120</td></tr>
<tr><td>R_{-7}</td><td>20</td><td>14</td><td>12</td><td>20</td><td>14</td><td>12</td></tr>
<tr><td>R_{-7+28}</td><td>100</td><td>95</td><td>90</td><td>100</td><td>100</td><td>100</td></tr>
<tr><td colspan="2">收缩率比(%)</td><td colspan="6">≤135</td></tr>
<tr><td colspan="2">50 次冻融强度损失率比(%)</td><td colspan="6">≤100</td></tr>
</table>

注:①除含气量和坍落度 1h 经时变化量外,表中所列数据为受检混凝土与基准混凝土的差值或比值。

②凝结时间之差性能指标中的"−"号表示提前,"+"号表示延缓。

③当用户有特殊要求时,需要进行的补充试验项目、试验方法及指标,由供需双方协商决定。

2.混凝土防冻泵送剂的匀质性指标

表 12-4

项　目	指　标
含固量	液体: $S>25\%$时,应控制在 $0.95S\sim1.05S$; $S\leq25\%$时,应控制在 $0.90S\sim1.10S$
含水率	粉状: $W>5\%$时,应控制在 $0.90W\sim1.10W$ $W\leq5\%$时,应控制在 $0.80W\sim1.20W$
密度	液体: $D>1.1g/cm^3$ 时,应控制在 $D\pm0.03g/cm^3$; $D\leq1.1g/cm^3$ 时,应控制在 $D\pm0.02g/cm^3$
细度	粉状:应在生产厂控制范围内
总碱量	不超过生产厂控制值

注:①生产厂应在相关的技术资料中明示产品匀质性指标的控制值。

②对相同和不同批次之间的匀质性和等效性的其他要求可由买卖双方商定。

③表中的 S、W 和 D 分别为含固量、含水率和密度的生产厂控制值。

④氯离子含量不大于 0.1%。氨释放量应符合 GB 18588 的规定。

3.混凝土防冻泵送剂的储存和退货

生产厂随货提供技术文件的内容应包括:产品说明书、产品合格证、检验报告。

储存和运输:混凝土防冻泵送剂应存放在专用仓库或固定的场所妥善保管,以易于识别,便于检查和提货为原则。防冻泵送剂在储存和运输过程中应防止破损、防潮、防火、防高温。有强氧化性的产品应避免和有机物、有还原性的物质混存。

混凝土防冻泵送剂的退货规定同减水剂等外加剂。

(四)混凝土膨胀剂(GB 23439—2009)

混凝土膨胀剂是指与水泥、水拌和后经水化反应生成钙矾石、氢氧化钙或钙矾石和氢氧化钙,使混凝土产生体积膨胀的外加剂。

混凝土膨胀剂按水化产物分为:硫铝酸钙类混凝土膨胀剂(代号 A)、氧化钙类混凝土膨胀剂(代号 C)和硫铝酸钙—氧化钙类混凝土膨胀剂(代号 AC)三类;按限制膨胀率分为Ⅰ型和Ⅱ型。

1. 混凝土膨胀剂的物理性能指标

表 12-5

项　　目		指标值	
		Ⅰ型	Ⅱ型
细度	比表面积(m^2/kg)	≥200	
	1.18mm 筛筛余(%)	≤0.5	
凝结时间	初凝(min)	≥45	
	终凝(min)	≤600	
限制膨胀率(%)	水中 7d	≥0.025	≥0.050
	空气中 21d	≥−0.020	≥−0.010
抗压强度(MPa)	7d	≥20.0	
	28d	≥40.0	

注:本表中的限制膨胀率为强制性的,其余为推荐性的。

2. 混凝土膨胀剂的储存要求

混凝土膨胀剂自包装日期起计算,储存期为 180d,过期应重新进行物理性能检验。

(五)混凝土养护剂

混凝土养护剂是一种覆盖、喷洒或涂刷于混凝土表面,具备足够的保水养生功能,但不影响混凝土性能的饱水膜材和悬浮物乳液。它们能在混凝土表面形成一层连续的基本不透水的密闭养生薄膜,以防止混凝土硬化早期的水分挥发,可用于新浇筑混凝土的养护,也可用于养护脱模后的混凝土以及经过早期湿养护混凝土的继续养护。混凝土养护剂可分为饱水膜材型和乳液型养护剂。

1. 混凝土养护剂的技术要求

表 12-6

项　　目		混凝土养护剂(JT/T 522—2004)				混凝土养护剂(JC 901—2002)	
		饱水膜材型		乳液型		乳液或高分子溶液	
		一等品	合格品	一等品	合格品	一等品	合格品
一般要求	外观	均匀,无明显色差、不含其他杂质					
	稠度	—		满足在 4℃以上易于喷涂(或按需要涂刷或辊刷),能形成均匀涂层			
	有害影响	不得对混凝土表面及混凝土性能造成有害影响					
	毒性	不得含有任何对人体、生物与环境有危害的化学成分					
	稳定性	储存期内不得出现老化、破损		储存期内,不得出现异味、分层、结块和絮凝现象			
	用量	—		无特别要求时,质量检验原液的用量为 0.2kg/m^2;也可采用厂家推荐的原液用量			
性能要求	有效保水率(%)　不小于	90	75	90	75	90	75

续表 12-6

项目			混凝土养护剂(JT/T 522—2004)				混凝土养护剂(JC 901—2002)	
			饱水膜材型		乳液型		乳液或高分子溶液	
			一等品	合格品	一等品	合格品	一等品	合格品
性能要求	抗压强度比(%) 不小于	7d	95	90	95	90	95	90
		28d	95	90	95	90	95	90
	磨耗量[①](kg/m^2)	不大于	2.0	2.5	2.0	2.5	3.0	3.5
	干燥时间(h)	不大于	—		4		4	
	浸水溶解性		不溶		不溶或溶解		不溶或溶解	
	耐热性		无熔化、变形				合格	
	密封性		膜材完整、无破损、无透孔		连续成膜、无透孔		—	
	固含量(%)	不小于	—				20	

注:①JG 901—2002 规定在对表面耐磨性能有要求的表面上使用混凝土养护剂时为必检指标。

2.乳液型养护剂储存要求

乳液型养护剂有效储存期为半年,储存期超过半年或发现表面结硬皮、底部大量沉淀的,应废弃或由生产厂家重新检验,合格后方可使用。

(六)混凝土防冻剂(JC 475—2004)

混凝土防冻剂是指能使混凝土在负温下硬化,并在规定养护条件下达到预期性能的外加剂。防冻剂的规定温度为−5℃、−10℃、−15℃,按规定温度检测合格的防冻剂,可在比规定温度低5℃的条件下使用。

1.防冻剂的分类

防冻剂按其成分可分为强电解质无机盐类(氯盐类、氯盐阻锈类、无氯盐类)、水溶性有机化合物类,有机化合物与无机盐复合类、复合型防冻剂。

(1)氯盐类:以氯盐(如氯化钠、氯化钙等)为防冻组分的外加剂。

(2)氯盐阻锈类:含有阻锈组分,并以氯盐为防冻组分的外加剂。

(3)无氯盐类:以亚硝酸盐、亚酸盐等无机盐为防冻组分的外加剂。

(4)有机化合物类:以某些醇类、尿素等有机化合物为防冻组分的外加剂。

(5)复合型防冻剂:以防冻组分复合早强、引气、减水等组分的外加剂。

2.防冻剂的匀质性指标

表 12-7

试验项目	指标
固体含量(%)	液体防冻剂: $S \geqslant 20\%$时,$0.95S \leqslant X < 1.05S$; $S < 20\%$时,$0.90S \leqslant X < 1.10S$; S是生产厂提供的固体含量(质量%),X是测试的固体含量(质量%)
含水率(%)	粉状防冻剂: $W \geqslant 5\%$时,$0.90W \leqslant X < 1.10W$; $W < 5\%$时,$0.80W \leqslant X < 1.20W$; W是生产厂提供的含水率(质量%),X是测试的含水率(质量%)
密度	液体防冻剂: $D > 1.1$时,要求为$D \pm 0.03$; $D \leqslant 1.1$时,要求为$D \pm 0.02$; D是生产厂提供的密度值

续表 12-7

试验项目	指标
氯离子含量(%)	无氯盐防冻剂：≤0.1%(质量百分比)
	其他防冻剂：不超过生产厂控制值
碱含量(%)	不超过生产厂提供的最大值
水泥净浆流动度(mm)	应不小于生产厂控制值的95%
细度(%)	粉状防冻剂细度应不超过生产厂提供的最大值

注：含有氨或氨基类的防冻剂释放氨量应符合 GB 18588 规定的限值。

3. 掺防冻剂混凝土的性能指标

表 12-8

试验项目		性能指标					
		一等品			合格品		
减水率(%)		≥10			—		
泌水率比(%)		≤80			≤100		
含气量(%)		≥2.5			≥2.0		
凝结时间差(min)	初凝	−150～+150			−210～+210		
	终凝						
抗压强度比(%)	规定温度(℃)	−5	−10	−15	−5	−10	−15
	R_{-7}	≥20	≥12	≥10	≥20	≥10	≥8
	R_{28}	≥100		≥95	≥95		≥90
	R_{7+28}	≥95	≥90	≥85	≥90	≥85	≥80
	R_{7+56}	≥100			≥100		
28d 收缩率比(%)		≤135					
渗透高度比(%)		≤100					
50 次冻融强度损失率比(%)		100					
对钢筋锈蚀作用		应说明对钢筋有无锈蚀作用					

注：材料、配合比及搅拌按 GB 8076 的规定进行，混凝土的坍落度控制为 80mm±10mm。

(七)水泥砂浆防冻剂(JC/T 2031—2010)

水凝砂浆防冻剂是能使水泥砂浆在负温下硬化，并在规定养护条件下达到预期性能的外加剂，其最低使用温度为−5℃、−10℃。

水泥砂浆防冻剂按防冻剂性能分为Ⅰ型和Ⅱ型；按最低使用温度分为−5℃和−10℃。

1. 受检水泥砂浆的技术指标

表 12-9

试验项目		性能指标			
		Ⅰ型		Ⅱ型	
泌水率比(%)		≤100		≤70	
分层度(mm)		≤30			
凝结时间差(min)		−150～+90			
含气量(%)		≥3.0			
抗压强度比(%)	规定温度(℃)	−5	−10	−5	−10
	R_{-7}	≥10	≥9	≥15	≥12
	R_{28}	≥100	≥95	≥100	≥100

续表 12-9

试验项目		性能指标			
		Ⅰ型		Ⅱ型	
抗压强度比(%)	R_{-7+28}	≥90	≥85	≥100	≥90
收缩率比(%)		≤125			
抗冻性(25次冻融循环)	抗压强度损失率比(%)	≤85			
	质量损失率比(%)	≤70			

2. 水泥砂浆防冻剂的匀质性指标

表 12-10

试验项目	性能指标
液体砂浆防冻剂固体含量(%)	0.95*S*～1.05*S*
粉状砂浆防冻剂含水率(%)	0.95*W*～1.05*W*
液体砂浆防冻剂密度(g/cm^3)	应在生产厂所控制值的±0.02g/cm^3
粉状砂浆防冻剂细度(公称粒径300μm筛余)(%)	0.95*D*～1.05*D*
碱含量(Na_2O+0.658K_2O)(%)	不大于生产厂控制值

注:①生产厂控制值在产品说明书或出厂检验报告中明示。
②表中*S*、*W*、*D*分别为固体含量、含水率和细度的生产厂控制值。
③用于钢筋配置部位的水泥砂浆防冻剂的氯离子含量不应大于0.1%
④氨释放量应符合GB 18588的规定

3. 受检砂浆的性能指标

表 12-11

试验项目		性能指标	
		一等品	合格品
安定性		合格	合格
凝结时间	初凝(min)	≥45	≥45
	终凝(h)	≤10	≤10
抗压强度比(%)	7d	≥100	≥85
	28d	≥90	≥80
透水压力比(%)		≥300	≥200
吸水量比(48h)(%)		≤65	≤75
收缩率比(28d)(%)		≤125	≤135

注:安定性和凝结时间为受检净浆的试验结果,其他项目数据均为受检砂浆与基准砂浆的比值。

(八)砂浆、混凝土防水剂(JC 474—2008)

砂浆、混凝土防水剂是指能降低砂浆、混凝土在静水压力下的透水性的外加剂。产品分为液体和粉状两种。

1. 砂浆、混凝土防水剂匀质性指标

表 12-12

试验项目	指标	
	液体	粉状
密度(g/cm^3)	*D*>1.1时,要求为*D*±0.03 *D*≤1.1时,要求为*D*±0.02 *D*是生产厂提供的密度值	—
氯离子含量	应小于生产厂最大控制值	应小于生产厂最大控制值

续表 12-12

试验项目	指标	
	液体	粉状
总碱量(%)	应小于生产厂最大控制值	应小于生产厂最大控制值
细度(%)	—	0.315mm 筛筛余应小于 15%
含水率(%)	—	$W \geqslant 5\%$时，$0.90W \leqslant X < 1.10W$； $W < 5\%$时，$0.80W \leqslant X < 1.20W$。 W 是生产厂提供的含水率(质量%)， X 是测试的含水率(质量%)
固体含量(%)	$S \geqslant 20\%$时，$0.95S \leqslant X < 1.05S$； $S < 20\%$时，$0.90S \leqslant X < 1.10S$。 S 是生产厂提供的固体含量(质量%)， X 是测试的固体含量(质量%)	—

注：生产厂应在产品说明书中明示产品匀质性指标的控制值。

2.受检砂浆、混凝土的性能指标

表 12-13

试验项目		受检混凝土性能指标		受检砂浆性能指标	
		一等品	合格品	一等品	合格品
安定性		合格			
泌水率比(%)		≤50	≤70	—	—
凝结时间	初凝(min)	—	—	≥45	≥45
	终凝(h)	—	—	≤10	≤10
凝结时间差	初凝(min)	≥提前 90	≥提前 90	—	—
抗拉强度比(%)	3d	≥100	≥90	—	—
	7d	≥110	≥100	≥100	≥85
	28d	≥100	≥90	≥90	≥80
渗透高度比(%)		≤30	≤40	—	—
透水压力比(%)		—	—	≥300	≥200
吸水量比 (48h) (%)		≤65	≤75	≤65	≤75
收缩率比 (28d) (%)		≤125	≤135	≤125	≤135

注：①砂浆：安定性和凝结时间为受检净浆的试验结果，其他项目数据均为受检砂浆与基准砂浆的比值。

②混凝土：安定性为受检净浆的试验结果，凝结时间差为受检混凝土与基准混凝土的差值，表中其他数据为受检混凝土与基准混凝土的比值。

(九)消泡剂

消泡剂包括有机硅消泡剂和有机硅高温消泡剂。

有机硅消泡剂是以聚甲基硅氧烷为活性主体制成的，分为本体型、乳液型和固体型三种类型。有机硅消泡剂不适用于食品、医药工业。

有机硅高温消泡剂主要用于高温染色过程的消泡。

1.消泡剂的技术要求

表 12-14

项目	指标			
	有机硅消泡剂(GB/T 26527—2011)			有机硅高温消泡剂(HG/T 4028—2008)
	本体型	乳液型	固体型	
外观	半透明至白色的黏稠液体，无可见机械杂质	白色至微显黄色的均匀乳状液体，无沉淀物，无可见机械杂质	白色粉末或颗粒状物体，无可见异物	白色黏稠浆状物

续表 12-14

项　目		指　标			
		有机硅消泡剂(GB/T 26527—2011)			有机硅高温消泡剂(HG/T 4028—2008)
		本体型	乳液型	固体型	
pH 值		—	5.0～8.5	6.5～10.0	7.5～9.5
固含量[①](%)	不小于	85.0	10.0	—	30.0
稳定性(mL)	不大于	0.5		—	—
消泡性能(消泡时间)(s) 不大于	10 次	15	15	30	60
	100 次	30	30	60	
高温消泡性能(s)	不大于	—			30
抑泡性能(泡沫体积)(mL) 不大于	气鼓 30min	200	150	200	—

注:[①]乳液型消泡剂固含量指标可根据用户的特殊要求双方商定。

2.消泡剂的储存要求

消泡剂应储存于阴凉、干燥、通风的库房内,禁止久置于热源附近。

有机硅消泡剂自生产之日起,本体型消泡剂储存期为 12 个月;乳液型消泡剂储存期为 6 个月;固体型消泡剂储存期为 12 个月。

有机硅高温消泡剂储存期为 6 个月,逾期产品应重新检验。

(十)喷射混凝土用速凝剂(JC 477—2005)

喷射混凝土用速凝剂是指能使混凝土迅速凝结硬化的外加剂,适用于水泥混凝土采用喷射法施工时掺加。喷射混凝土用速凝剂按产品形态分为粉状速凝剂和液体速凝剂;按产品等级分为一等品和合格品。

1.掺速凝剂的净浆和硬化砂浆性能指标

表 12-15

产 品 等 级	试 验 项 目			
	净浆		砂浆	
	初凝时间(min:s)	终凝时间(min:s)	1d 抗压强度(MPa)	28d 抗压强度比(%)
一等品	≤3:00	≤8:00	≥7.0	≥75
合格品	≤5:00	≤12:00	≥6.0	≥70

2.速凝剂的匀质性指标

表 12-16

试 验 项 目	指　标	
	液体	粉状
密度	应在生产厂所控制值的±0.02g/cm^3 之内	—
氯离子含量	应小于生产厂最大控制值	应小于生产厂最大控制值
总碱量	应小于生产厂最大控制值	应小于生产厂最大控制值
pH 值	应在生产厂控制值±1 之内	—
细度	—	80μm 筛余应小于 15%
含水率	—	≤2.0%
含固量	应大于生产厂的最小控制值	—

3. 速凝剂的储存要求

速凝剂在包装无破损的条件下，应储存在干燥通风的库房中，距顶面100mm以上。在正常运输与储存条件下，储存期从产品包装之日起为5个月。

(十一)混凝土制品用脱模剂[JC/T 949—2005(2012年确认)]

混凝土制品用脱模剂是喷涂(刷涂)于模具工作面，起隔离作用，在拆模时能使混凝土与模具顺利脱离，保持混凝土形状完整及模具无损的材料(液体或可溶解成液体的固体材料)。

脱模剂应无毒、无刺激性气味，不应对混凝土表面及混凝土性能产生有害影响。

1. 脱模剂的施工性能指标

表12-17

检验项目		指标
施工性能	干燥成膜时间	10～50min
	脱模性能	能顺利脱模，保持棱角完整无损，表面光滑，混凝土黏附量不大于5g/m²
	耐水性能①	按试验规定水中浸泡后不出现溶解、黏手现象
	对钢模具锈蚀作用	对钢模具无锈蚀危害
	极限使用温度	能顺利脱模，保持棱角完整无损，表面光滑；混凝土黏附量不大于5g/m²

注：①脱模剂在室内使用时，耐水性能可不检。

2. 脱模剂的匀质性指标

表12-18

检验项目		指标
匀质性	密度	液体产品应在生产厂控制值的±0.02g/mL以内
	黏度	液体产品应在生产厂控制值的±2s以内
	pH值	产品应在生产厂控制值的±1以内
	固体含量	a. 液体产品应在生产厂控制值的相对量的6%以内； b. 固体产品应在生产厂控制值的相对量的10%以内
	稳定性	产品稀释至使用浓度的稀释液无分层离析，能保持均匀状态

3. 脱模剂的交货和储运要求

出厂产品应附上产品说明书、产品合格证。产品说明书应包括主要特性及成分、有无毒性、腐蚀性及易燃性状况、储存条件及期限、使用条件及方法、注意事项等。产品合格证应包括生产厂名、产品名称及型号、执行标准、生产日期及使用有效期、检验结果及检验人员签章。

产品运输中应防止暴晒、雨淋及冰冻，装卸时应轻装轻卸，并应遵守运输部门的有关规定。储存期限为自生产之日起不超过一年。超过储存期限，产品应重新检验，合格的仍允许使用。

(十二)预应力孔道灌浆剂(GB/T 25182—2010，JTG/T F50—2011，JT/T 946—2014)

预应力孔道灌浆剂是由减水组分、膨胀组分、矿物掺和料及其他功能性材料干拌而成，用于后张法预应力结构孔道灌浆施工的外加剂。其和一定比例的硅酸盐水泥混合后制成预应力孔道灌浆料。

1. 后张预应力孔道灌浆剂浆体的性能指标

表12-19

项目		JT/T 946—2014	JTG/T F50—2011	GB/T 25182—2010
		性能指标		
水胶比(%)		0.26～0.28		—
凝结时间(h)	初凝	≥5	≥5	≥4
	终凝	≤14	≤24	≤24

续表 12-19

项目		JT/T 946—2014	JTG/T F50—2011	GB/T 25182—2010
		性能指标		
流动度(s)	初始流动度	≤17	10～17(25℃)	18±4(水泥浆稠度)
	30min 流动度	≤20	10～20(25℃)	≤28(水泥浆稠度)
	60min 流动度	≤25	10～25(25℃)	—
泌水率(%)	钢丝间泌水率	(4h) 0	(3h) 0	—
	自由泌水率 3h	0	—	(常压) ≤2
	自由泌水率 24h	0	0	(常压) 0
压力泌水率(%)	0.22MPa	≤1.0	≤2.0	(无 MPa 规定) ≤3.5
	0.36MPa	≤2.0		
膨胀率(%)	3h 自由膨胀率	0～1.0	0～2	—
	24h 自由膨胀率	0～2.0	0～3	0～1
	7d 限制膨胀率	(水中) 0.03～0.1	—	0～0.1
抗压强度(MPa)	3d	—	≥20	—
	7d	≥40	≥40	≥28
	28d	≥50	≥50	≥40
抗折强度(MPa)	3d	—	≥5.0	—
	7d	≥6.0	≥6.0	≥6.0
	28d	≥10.0	≥10.0	≥8.0
充盈度		合格	合格	合格
对钢筋的锈蚀作用		—	无锈蚀	—

注:JTG/T F50 要求:①有抗冻性要求时,宜掺加适量引气剂,且含气量宜为 1%～3%。有抗渗要求时,抗氯离子渗透的 28 天电量指标宜≤1 500C。

②材料中氯离子含量不应超过胶凝材料总量的 0.06%,比表面积应大于 350m²/kg,三氧化硫含量应≤6.0%。

2.预应力孔道灌浆剂及灌浆料的匀质性指标

表 12-20

试验项目		JT/T 946—2014	GB/T 25182—2010
		性能指标	
含水率(%)		≤3.0	
细度(%)(0.08mm 方孔筛筛余量)	灌浆剂	≤6.0	≤8.0
	灌浆料	≤10.0	—
氯离子含量(%)		≤0.06	

注:GB/T 25182 规定,配置灌浆材料时,预应力孔道灌浆剂引入到浆体中的氯离子总量应≤0.1kg/m³。

3.预应力孔道灌浆剂的储存要求

预应力孔道灌浆剂在包装无破损的条件下,储存于干燥通风库房中,距地面 10cm 以上,其有效储存期自生产之日起为 6 个月,逾期应检验合格后方可使用。

(十三)混凝土防腐阻锈剂(GB/T 31296—2014)

混凝土防腐阻锈剂是渗入混凝土中用于抵抗硫酸盐对混凝土的侵蚀,抑制氯离子对钢筋锈蚀的外加剂。适用于硫酸盐、氯盐侵蚀环境中混凝土的防腐阻锈。

混凝土防腐阻锈剂按性能与用途分为 A 型、B 型、AB 型。

1. 混凝土防腐阻锈剂的分类

表 12-21

类 别	硫酸盐环境作用等级	氯化物环境作用等级
A 型	V-C、V-D、V-E	Ⅲ-C、Ⅳ-C
B 型	V-C	Ⅲ-D、Ⅲ-E、Ⅲ-F、Ⅳ-D、Ⅳ-E
AB 型	V-D、V-E	Ⅲ-D、Ⅲ-E、Ⅲ-F、Ⅳ-D、Ⅳ-E

注：混凝土防腐阻锈剂在不同环境作用等级下参考本表进行选用。

2. 混凝土防腐阻锈剂的匀质性指标

表 12-22

试 验 项 目	性 能 指 标
粉状混凝土防腐阻锈剂含水率(%)	$W>5\%$时，应控制在 $0.90W \sim 1.10W$； $W \leqslant 5\%$时，应控制在 $0.80W \sim 1.20W$
液体混凝土防腐阻锈剂密度(g/cm^3)	$W>1.1$时，应控制在 $D \pm 0.03$； $D \leqslant 1.1$时，应控制在 $D \pm 0.02$
粉状混凝土防腐阻锈剂细度(%)	应在生产厂控制范围内
pH 值	应在生产厂控制范围内

注：①生产厂控制值在产品说明书或出厂检验报告中明示。

②W、D 分别为含水率和密度的生产厂控制值。

③氯离子含量≤0.1%；碱含量≤1.5%；硫酸钠含量应≤1.0%。

3. 受检混凝土的性能指标

表 12-23

试 验 项 目		性 能 指 标		
		A 型	B 型	AB 型
泌水率比(%)		≤100		
凝结时间差(min)	初凝	−90～+120		
	终凝			
抗压强度比(%)	3d	≥90		
	7d	≥90		
	28d	≥100		
收缩率比(%)		≤110		
率离子渗透系数比(%)		≤85	≤100	≤85
硫酸盐侵蚀系数比(%)		≥115	≥100	≥115
腐蚀电量比(%)		≤80	≤50	≤50

(十四)混凝土用硅质防护剂(JC/T 2235—2014)

混凝土用硅质防护剂是一种渗透型表面防护材料，是通过喷涂或刷涂在混凝土表面渗透到混凝土内部或在表面形成一道保护屏障，从而提高混凝土性能的一类防护材料。外观为无沉淀、无漂浮物，呈均匀状态的液体或白色膏状物。

混凝土用硅质防护剂根据使用用途分为两类：Ⅰ类，混凝土结构用防护剂；Ⅱ类，混凝土地面用防护剂。

1.混凝土用硅质防护剂的性能指标

表 12-24

项　　目	混凝土结构用防护剂性能指标	项　　目	混凝土地面用防护剂性能指标
活性物含量	生产厂家控制值[①]的±2%	固含量	生产厂家控制值的±5%
干燥系数(%)	≥30	pH 值	生产厂家控制值的±5%
吸水率比(%)	≤7.5	挥发性有机化合物(VOC)(g/L)	≤30
抗碱性(%)	≤10	抗滑性(BPN 值)	≥45
氯离子吸收降低率(%)	≥80	耐磨度比(%)	≥150
渗透深度(mm)	≥2.0	抗冻融性[②](%)	≥100
抗冻融性[②](%)	≥100		

注:[①]生产厂家控制值应在包装物和产品说明书中明示。
[②]在非冻融环境下使用,可以不进行抗冻融性项目检测。

2.混凝土用硅质防护剂储存要求

混凝土用硅质防护剂储存时应远离明火和热源,储存温度保持在 5～30℃。储存期为自生产厂之日起 6 个月。超过 6 个月应进行复检,合格后方能使用。

二、常用化工产品

表 12-25

名　称	别　名	规　　格	性　　能	用　　量	保管注意事项
硫酸 H_2SO_4	磺镪水 硫镪水 矾油	含量 1.≥98%; 2.92.5%; 3.75%; 4.发烟硫酸,SO_3≥20%; 5.蓄电池用≥92%。 每种分一级品和二级品	无色或淡黄色油状液体,100%硫酸 20℃时相对密度 1.831,沸点 338℃。有强腐蚀性,有吸水性,能与水按任何比例混合成溶液,但与水混合时只能把酸慢慢倒入水中,不可把水注入酸中	用于腐蚀及清洁金属表面。电源、灌蓄电池及用于染料、肥料、冶金、石油、医药等工业	发烟硫酸有用铁桶装,其他为坛装或瓶装,但都要密封。 不可和金属粉、有机物、电石、氧化剂等混放
盐酸 HCl	盐镪水 氢氧酸 焊锡药水	含量: ≥31%; ≥33%; ≥35%	系氯化氢的水溶液,呈淡黄或无色液体。有毒和强腐蚀性,发烟有刺激性臭味。 相对密度 1.187(含:HCl31%)	用于金属除锈、焊接、镀锡等工艺,清洁蒸汽锅炉,食品、染料、冶金工业及蚀刻和制皮革等	坛装或瓶装,但都要密封。搬运时戴橡皮手套、口罩并防碰撞。其他要求同硫酸
硝酸 HNO_3	硝镪水	含量 一级品≥98%; 二级品≥97%; 稀硝酸≥49%	淡黄色或无色透明的发烟液体,相对密度 1.503,沸点 86℃。系强氧化剂,有窒息性和强腐蚀性,能溶于水和醇	用于电镀,雕刻等工业及冶金、炸药、肥料等工业和配置王水等	坛装并要密封不可堆叠,不可与易燃物共储存以防爆炸燃烧。 造作人员要穿戴防护帽、手套、靴子和面具等
烧碱 NaOH	氢氧化钠 苛性钠 火碱 苛性碱	含量:(固体)不小于 水银法:1 级 99.5%; 2 级 99%; 3 级 98%。 苛化法:1 级 97%; 2 级 96%。 隔膜法:1 级 96%; 2 级 95%	白色固体、有块状、棒状和柱状各形,相对密度 2.13,熔点 318.4℃。易吸潮、溶化、淌水,易溶于水,有强腐蚀性,能吸收空气中的二氧化碳和水分	用于金属氧化、去油、电镀、制皂、造纸、制革、染织、医药和精炼石油等	铁桶装,密封。不可接触皮肤,不可与酸类共储存

续表 12-25

名 称	别 名	规 格	性 能	用 量	保管注意事项
纯碱 Na_2CO_3	碳酸钠 碱面 苏打粉 洗粉 曹打粉	含量:不小于 一级品 99%; 二级品 98.5%; 三级品 98%	白色粉状结晶,无臭,相对密度为 2.53,熔点 850℃。能溶于水,吸收空气中的 CO_2 和潮气后生成 $NaHCO_3$,与酸类化合能生成各种盐	用于水之软化、去垢、电镀、制皂、玻璃、纺织、冶金、制革及日常生活等	袋装。要注意防潮。不可与酸类共储
碳酸氢钠 $NaHCO_3$	重碳酸钠 小苏打	含量:不小于 一级品 99%; 二级品 98.2%; 三级品 97.4%	白色粉末,味凉微涩,并有咸味。相对密度 2.16,溶于水,热至 270℃时会失去 CO_2,遇湿气也能放出 CO_2	用于食品工业作苏打饼干、汽水、馒头等,也用于化工、制革、纺织、灭火剂等工业和作镀金点解质等	袋装。防潮。不可与酸类共储
硝酸铵 NH_4NO_3	硝铵 铵硝石	含量: 工业用≥99.5%; 农业用(含氮量)≥34.6%	白色或淡黄色细小结晶。有潮解性,易溶于水。加热至 160℃以上会分解并放出氧化亚氮(笑气)。硝酸铵属于氧化剂 相对密度 1.725	做肥料(氮肥)和制作炸药、烟火、冷冻剂及笑气等	袋装。注意防潮。不可与金属性粉末、油类、有机物、木屑等易燃易爆物混合贮运,也不可和石灰氮、草木灰等碱性肥料共贮存
硫酸铝钾 $KAl(SO_4)\cdot 12H_2O$	钾明矾 明矾 白矾	工业用级分:块状、粒状、粉状。 另有分大明珠、田片和头等、二等等	无色八面晶体,有酸涩味,能溶于水,相对密度 1.75 熔点 92℃,受热会失去结晶水而形成白色粉末	用于净水、造纸、染织、制革、电镀及防腐剂和止血剂等	袋装。注意防潮
漂白粉 $Ca(OCl)_2\cdot CaCl_2\cdot 2H_2O$	氯化石灰 漂粉	有效氯含量: 一级品≥32%; 二级品≥30%; 三级品≥28%	白色粉末,有氯臭味,性毒。遇空气、水、无机酸即分解生成次氯酸,新生氧有破坏色团起漂白作用。受高热会发生爆炸,与有机物等混合能发生自燃属于强氧化剂	是价廉有效的消毒剂、杀菌剂、漂白剂。用于水的净化和纺织物、纸张的漂白及当氧化剂等	铁桶装。密封,存于干燥阴凉处切不可和酸类物质、易燃、易爆物、还原剂、食品、金属件及压缩气体的钢瓶、有机物等共储运
硼砂 $Ba_2B_4O_7\cdot 10H_2O$	四硼酸钠 硼酸钠 黄月砂 月石砂 焦性硼酸钠	含量: 一级品≥99.5%; 二极品≥95%	洁白细小结晶,味咸。相对密度 1.73,在干热空气中能风化,加热熔化冷却后能生成玻璃状硼砂球,水溶液(1:20)呈碱性	用作生铁、铜焊焊剂,作医药上的消毒剂和食品工业的保藏剂,也用于玻璃工业、制皂工业和搪瓷工业等	袋装。注意防潮

续表 12-25

名称	别名	规格	性能	用量	保管注意事项
氯化钠 NaCl	工业盐	含量： 优级 95.5%； 一级 94%； 二级 92%； 三级 89%	白色细结晶粉末或立方晶体，相对密度 2.1，熔点 801℃。味咸，20℃时在水中的溶解度为 350g/l	用作水泥混凝土外加剂起防冻作用。 热处理作淬火剂(盐浴)及用于制皂、制革、造纸等工业	注意防潮
电石 CaC_2	碳化钙 臭煤石 二碳化钙	在 20℃常压下，发气量(L/kg)不小于 优等品 300～305； 一等品 280～285； 合格品 250～255	纯的电石为无色结晶，一般都为暗灰色硬块，相对密度2.22。易吸收水分放出可以助燃烧乙炔气体并有恶臭，乙炔气遇火即燃烧。电石遇水放出乙炔后生成氢氧化钙	主要用于化工工业作原料，及熔接、切割金属	铁桶装。以红、绿、黄三种色泽商标分别表示优等、一等和合格品。注意防潮、防撞、防火、不可与易燃物、强酸共储，装卸中要轻搬轻放
氧气 O_2		按体积计的含量： 一级品≥99.5%； 二级品≥99.2%； 三级品≥98.5%	无色、无味、无臭、无毒的气体，自己不会燃烧，可以助燃烧。乙炔在纯氧的助燃下，火焰可达 3 000℃	用于气割、气焊、助燃和病人输氧等	钢瓶装。注意轻搬、轻放、避火，绝对不可沾染油脂，不要戴油手套搬弄。钢瓶容积 $6m^3$，压力 14.71MPa
酒精 CH_3CH_2OH	乙醇	含量： ≥95%	纯酒精为无色易流动液体，有挥发性和酒香味，极易燃烧，相对密度 0.789 3；熔点－117.3℃，沸点 78.5℃	用作有机溶剂、化工原料、燃烧、杀菌剂和制药等。工业用酒精有毒，不可作饮料	容器装，密封。不可与易燃物、强酸及氧化剂混放。 不可用镀锌容器盛装
松香 $C_{20}H_{30}O_2$	无油松脂	分为特、一、二、三、四、五等级	淡黄至褐色不定形块状，稍具光泽，质脆，不溶于水，溶于醇，醚、苯、丙酮、松节油等。相对密度1.070～1.085。受热发生易燃蒸气，烧时有黑烟	用于防水混凝土和泡沫混凝土作外加剂，电器工业作绝缘材料。也用于造纸、油漆和制皂等工业及加入汽油内提高辛烷值等	不可与火种、强氧化剂接近
松节油	松节水	分优级、一级、重级	无色至黄色澄清液体，有芳香味，不溶于水，能溶于酒精、醚等。相对密度 0.86～0.9，系易燃性危险品	主要用作油漆溶剂和干燥剂，也用于医药、纺织、化工等工业	容器必须密封，不可近火种，热源及氧化剂，搬运时不可滚移和撞击

续表 12-25

名称	别名	规格	性能	用量	保管注意事项
丙酮 CH_3COH_3	二甲酮	分一级品、二级品和三级品	无色透明液体，有芳香气味，相对密度为0.789 8，沸点56.5℃。能溶解油、脂、树脂和橡胶，易挥发，其蒸汽与空气能形成爆炸性混合物，为一级易燃液体	主要用作溶剂和作有机合成的原料等	铁桶装。储存于干燥、通风、温度低于35℃的防火、防爆仓库内。搬运时防止猛烈撞击和日晒雨淋
合成洗衣粉	肥皂粉	按活性物含量分为： 30型含30%； 25型含25%； 20型含20%	白色～微黄色的均匀颗粒，着色洗衣粉有天蓝等色。有洗涤剂的固有气味，易溶于水	适用于洗涤棉、麻、人造棉、聚酯、尼龙、丙烯腈等纤维制品。 公路工程中，在熬制沥青时，用它加入沥青中以防止沥青外溢	存放于通风干燥处
聚醋酸乙烯 乳液 木材 胶黏剂		分：Ⅰ型、Ⅱ型	水溶性乳白黏稠液体，黏着力强，耐烯酸、稀碱、无臭、无毒。常温下能挥发固化。 黏度不小于0.5Pa·s	用于木材、皮革制品及纤维纸张等的黏结，制水性涂料漆等。 强度：Ⅰ型大于Ⅱ型	容器装，密封
一般用乙二醇 $C_2H_4(OH)_2$	甘醇	一般乙二醇	无色或淡黄色黏稠液体，无气味，有毒，相对密度1.113 2，沸点197.6℃，凝点−12℃，很易吸湿，能与水、乙醇和丙酮混溶。能大大降低水的冰点	可用作溶剂，制造树脂，配置发动机低凝点冷却液等	桶装，注意密封防潮，存于阴凉通风干燥的库内。搬运时不可接触皮肤，工作人员应戴口罩手套。储存期：镀锌桶三个月；涂树脂桶六个月
E型环氧树脂	万能胶	按环氧值平均数分类	固化后的E型环氧树脂具有很高的黏合强度、优异的电气绝缘性能和优越的耐化学稳定性，对各种酸、碱及有机溶剂的腐蚀都很稳定。 能溶于丙酮、环乙酮、甲苯、乙二醇等。无臭、无味	用于各种金属非金属材料的黏合、制作各种耐腐蚀涂料及用作绝缘材料等	容器装并应严加密封，存放在通风、干燥的库房内，防止日光直接照射，并应隔绝火源，远离热源。储藏期为一年
		E-51	淡黄色至黄色高黏度透明液体，系分子量最小、黏度最低的一个品种	主要适于作高强度的电绝缘材料及光弹性材料和光学仪器的黏合剂	
		E-44、E-42	淡黄色至棕黄色高黏度透明液体	主要用于各种材料的黏合、密封、层压及浇铸等	
		E-20、E-12	淡黄色至棕黄色透明固体	主要用于配制防腐蚀涂料及绝缘漆等	

续表 12-25

名 称	别 名	规 格	性 能	用 量	保管注意事项
502 黏合剂	型号	固化速速(s)	黏度(Pa·s)	用途	黏结物表面必须清洁、干燥,本胶存放阴凉处
	T-1	15	0.002～0.005	适用于橡胶、塑料、金属及陶瓷等	
	T-2	30	0.045～0.055		
	K-1	30	0.002～0.005	同上,并有优良的耐冲击性和抗张强度	
	K-2	60	0.075～0.100		

第二节 涂 料

涂料又称油漆,系有机高分子胶体混合物的溶液或粉末。涂料品种繁多,我国市场上销售的也近千种。涂料由于成本低、资源丰富、施工简单,所以被非常广泛地应用于工业、农业、国防、科技等各方面。涂料对被涂敷物件的作用有:

(1)保护作用:如对金属物件防锈蚀。

(2)装饰作用:如对各种工业产品装饰美化。

(3)色彩标志:如钢铁产品、化学品、危险品及公路上的涂色标志。

(4)特殊作用:如对海船水下部分的防生物附殖,仪器设备的防雾、防热、防菌、防雷达波等。

一、涂料产品的分类和命名(GB/T 2705—2003)

1.涂料产品的分类

分类方法 1,主要是以涂料产品的用途为主线,并辅以主要成膜物的分类方法。将涂料产品划分为三个主要类别:建筑涂料、工业涂料和通用涂料及辅助材料(表 12-26)。

分类方法 2,除建筑涂料外,主要以涂料产品的主要成膜物为主线,并适当辅以产品主要用途的分类方法。将涂料产品划分为两个主要类别:建筑涂料、其他涂料及辅助材料(表 12-27～表 12-29)。

2.涂料产品的命名

(1)命名原则。涂料全名一般是由颜色或颜料名称加上成膜物质名称,再加上基本名称(特性或专业用途)而组成。对于不含颜料的清漆,其全名一般是由成膜物质名称加上基本名称而组成。

(2)颜色名称通常由红、黄、蓝、白、黑、绿、紫、棕、灰等颜色,有时再加上深、中、浅(淡)等词构成。若颜料对漆膜性能起显著作用,则可用颜料的名称代替颜色的名称,例如铁红、锌黄、红丹等。

(3)成膜物质名称可适当简化,例如聚氨基甲酸酯简化成聚氨酯;环氧树脂简化成环氧;硝酸纤维素(酯)简化为硝基等。漆基中含有多种成膜物质时,选取起主要作用的一种成膜物质命名。必要时也可选取两或三种成膜物质命名,主要成膜物质名称在前,次要成膜物质名称在后,例如红环氧硝基磁漆。成膜物名称可参见表 12-28。

(4)基本名称表示涂料的基本品种、特性和专业用途,例如清漆、磁漆、底漆、锤纹漆、罐头漆、甲板漆、汽车修补漆等,涂料基本名称可参见表 12-30。

(5)在成膜物质名称和基本名称之间,必要时可插入适当词语来标明专业用途和特性等,例如白硝基球台磁漆、绿硝基外用磁漆、红过氯乙烯静电磁漆等。

(6)需烘烤干燥的漆,名称中(成膜物质名称和基本名称之间)应有“烘干”字样,例如银灰氨基烘干磁漆、铁红环氧聚酯酚醛烘干绝缘漆。如名称中无“烘干”词,则表明该漆是自然干燥,或自然干燥、烘烤干燥均可。

(7)凡双(多)组分的涂料,在名称后应增加“(双组分)”或“(三组分)”等字样,例如聚氨酯木器漆(双组分)。

注:除稀释剂外,混合后产生化学反应或不产生化学反应的独立包装的产品,都可认为是涂料组分之一。

3.涂料产品分类方法1

表12-26

主要产品类型			主要成膜物类型
建筑涂料	墙面涂料	合成树脂乳液内墙涂料; 合成树脂乳液外墙涂料; 溶剂型外墙涂料; 其他墙面涂料	丙烯酸酯类及其改性共聚乳液;醋酸乙烯及其改性共聚乳液;聚氨酯、氟碳等树脂;无机黏合剂等
	防水涂料	溶剂型树脂防水涂料; 聚合物乳液防水涂料; 其他防水涂料	EVA、丙烯酸酯类乳液;聚氨酯、沥青、PVC胶泥或油膏、聚丁二烯等树脂
	地坪涂料	水泥基等非木质地面用涂料	聚氨酯、环氧等树脂
	功能性建筑涂料	防火涂料; 防霉(藻)涂料; 保温隔热涂料; 其他功能性建筑涂料	聚氨酯、环氧、丙烯酸酯类、乙烯类、氧碳等树脂
工业涂料	汽车涂料(含摩托车涂料)	汽车底漆(电泳漆); 汽车中涂漆; 汽车面漆; 汽车罩光漆; 汽车修补漆; 其他汽车专用漆	丙烯酸酯类、聚酯、聚氨酯、醇酸、环氧、氨基、硝基、PVC等树脂
	木器涂料	溶剂型木器涂料; 水性木器涂料; 光固化木器涂料; 其他木器涂料	聚酯、聚氨酯、丙烯酸酯类、醇酸、硝酸、氨基、酚醛、虫胶等树脂
	铁路、公路涂料	铁路车辆涂料; 道路标志涂料; 其他铁路、公路设施用涂料	丙烯酸酯之类、聚氨酯、环氧、醇酸、乙烯类等树脂
	轻工涂料	自行车涂料; 家用电器涂料; 仪器、仪表涂料; 塑料涂料; 纸张涂料; 其他轻工专用涂料	聚氨酯、聚酯、醇酸、丙烯酸酯类、环氧、酚醛、氨基、乙烯类等树脂
	船舶涂料	船壳及上层建筑物漆; 船底防锈漆; 船底防污染; 水线漆; 甲板漆; 其他船舶漆	聚氨酯、醇酸、丙烯酸酯类、环氧、乙烯类、酚醛、氯化橡胶、沥青等树脂

续表 12-26

<table>
<tr><th colspan="3">主要产品类型</th><th>主要成膜物类型</th></tr>
<tr><td rowspan="2">工业涂料</td><td>防腐涂料</td><td>桥梁涂料；
集装箱涂料；
专用埋地管道及设施涂料；
耐高温涂料；
其他防腐涂料</td><td>聚氨酯、丙烯酸酯类、环氧、醇酸、酚醛、氯化橡胶、乙烯类、沥青、有机硅、氟碳等树脂</td></tr>
<tr><td>其他专用涂料</td><td>卷材涂料；
绝缘涂料；
机床、农机、工程机械等涂料；
航空、航天涂料；
军用器械涂料；
电子元器件涂料；
以上未涵盖的其他专用涂料</td><td>聚酯、聚氨酯、环氧、丙烯酸酯类、醇酸、乙烯类、氨基、有机硅、氟碳、酚醛、硝基等树脂</td></tr>
<tr><td>通用涂料及辅助材料</td><td>调合漆；
清漆；
磁漆；
底漆；
腻子；
稀释剂；
防潮剂；
催干剂；
脱漆剂；
固化剂；
其他通用涂料及辅助材料</td><td>以上未涵盖的无明确应用领域的涂料产品</td><td>改性油脂，天然树脂；酚醛、沥青、醇酸等树脂</td></tr>
</table>

注：主要成膜物类型中树脂类型包括水性、溶剂型、无溶剂型、固体粉末等。

4.涂料产品分类方法 2

(1)建筑涂料

表 12-27

<table>
<tr><th colspan="3">主要产品类型</th><th>主要成膜物类型</th></tr>
<tr><td rowspan="4">建筑涂料</td><td>墙面涂料</td><td>合成树脂乳液内墙涂料；
合成树脂乳液外墙涂料；
溶剂型外墙涂料；
其他墙面涂料</td><td>丙烯酸酯类及其改性共聚乳液；醋酸乙烯及其改性共聚乳液；聚氨酯、氟碳等树脂；无机黏合剂等</td></tr>
<tr><td>防水涂料</td><td>溶剂型树脂防水涂料；
聚合物乳液防水涂料；
其他防水涂料</td><td>EVA、丙烯酸酯类乳液；聚氨酯、沥青、PVC 胶泥或油膏、聚丁二烯等树脂</td></tr>
<tr><td>地坪涂料</td><td>水泥基等非木质地面用涂料</td><td>聚氨酯、环氧等树脂</td></tr>
<tr><td>功能性建筑涂料</td><td>防火涂料；
防霉(藻)涂料；
保温隔热涂料；
其他功能性建筑涂料</td><td>聚氨酯、环氧、丙烯酸酯类、乙烯类、氟碳等树脂</td></tr>
</table>

注：主要成膜的类型中树脂类型包括水性、溶剂型、无溶剂型等。

(2)其他涂料

表 12-28

主要成膜物类型		主要产品类型
油脂漆类	天然植物油、动物油(脂)、合成油等	清油、厚漆、调和漆、防锈漆、其他油脂漆
天然树脂[a]漆类	松香、虫胶、乳酪素、动物胶及其衍生物等	清漆、调合漆、磁漆、底漆、绝缘漆、生漆、其他天然树脂漆
酚醛树脂漆类	酚醛树脂、改性酚醛树脂等	清漆、调合漆、磁漆、底漆、绝缘漆、船舶漆、防锈漆、耐热漆、黑板漆、防腐漆、其他酚醛树脂漆
沥青漆类	天然沥青、(煤)焦油沥青、石油沥青等	清漆、磁漆、底漆、绝缘漆、防污漆、船舶漆、耐酸漆、防腐漆、锅炉漆、其他沥青漆
醇酸树脂漆类	甘油醇酸树脂、季戊四醇醇酸树脂、其他醇类的醇酸树脂、改性醇酸树脂等	清漆、调合漆、磁漆、底漆、绝缘漆、船舶漆、防锈漆、汽车漆、木器漆、其他醇酸树脂漆
氨基树脂漆类	三聚氰胺甲醛树脂、脲(甲)醛树脂及其改性树脂等	清漆、磁漆、绝缘漆、美术漆、闪光漆、汽车漆、其他氨基树脂漆
硝基漆类	硝基纤维素(酯)等	清漆、磁漆、铅笔漆、木器漆、汽车修补漆、其他硝基漆
过氯乙烯树脂漆类	过氯乙烯树脂等	清漆、磁漆、机床漆、防腐漆、可剥漆、胶液、其他过氯乙烯树脂漆
烯类树脂漆类	聚二乙烯乙炔树脂、聚多烯树脂、氯乙烯醋酸乙烯共聚物、聚乙烯醇缩醛树脂、聚苯乙烯树脂、含氟树脂、氯化聚丙烯树脂、石油树脂等	聚乙烯醇缩醛树脂漆、氯化聚烯烃树脂漆、其他烯类树脂漆
丙烯酸酯类树脂漆类	热塑性丙烯酸酯类树脂、热固性丙烯酸酯类树脂等	清漆、透明漆、磁漆、汽车漆、工程机械漆、摩托车漆、家电漆、塑料漆、标志漆、电泳漆、乳胶漆、木器漆、汽车修补漆、粉末涂料、船舶漆、绝缘漆、其他丙烯酸酯类树脂漆
聚酯树脂漆类	饱和聚酯树脂、不饱和聚酯树脂等	粉末涂料,卷材涂料、木器漆、防锈漆、绝缘漆、其他聚酯树脂漆
环氧树脂漆类	环氧树脂、环氧酯、改性环氧树脂等	底漆、电泳漆、光固化漆、船舶漆、绝缘漆、画线漆、罐头漆、粉末涂料、其他环氧树脂漆
聚氨酯树脂漆类	聚氨(基甲酸)酯树脂等	清漆、磁漆、木器漆、汽车漆、防腐漆、飞机蒙皮漆、车皮漆、船舶漆、绝缘漆、其他聚氨酯树脂漆
元素有机漆类	有机硅、氟碳树脂等	耐热漆、绝缘漆、电阻漆、防腐漆、其他元素有机漆
橡胶漆类	氯化橡胶、环化橡胶、氯丁橡胶、氯化氯丁橡胶、丁苯橡胶、氯磺化聚乙烯橡胶等	清漆、磁漆、底漆、船舶漆、防腐漆、防火漆、画线漆、可剥漆、其他橡胶漆
其他成膜物类涂料	无机高分子材料、聚酰亚胺树脂、二甲苯树脂等以上未包括的主要成膜材料	

注:①主要成膜物类型中树脂类型包括水性、溶剂型、无溶剂型、固体粉末等。

②[a] 包括直接来自天然资源的物质及其经过加工处理后的物质。

(3)辅助材料

表 12-29

主　要　品　种	
稀释剂	脱漆剂
防潮剂	固化剂
催干剂	其他辅助材料

5.涂料的基本名称

表 12-30

基本名称	基本名称
清油	铅笔漆
清漆	罐头漆
厚漆	木器漆
调合漆	家用电器涂漆
磁漆	自行车涂料
粉末涂料	玩具涂料
底漆	塑料涂料
腻子	(浸渍)绝缘漆
大漆	(覆盖)绝缘漆
电泳漆	抗孤(磁)漆、互感器漆
乳胶漆	(黏合)绝缘漆
水溶(性)漆	漆包线漆
透明漆	硅钢片漆
斑纹漆、裂纹漆、桔纹漆	电容器漆
锤纹漆	电阻漆、电位器漆
皱纹漆	半导体漆
金属漆、闪光漆	电缆漆
防污漆	可剥漆
水线漆	卷材涂料
甲板漆、甲板防滑漆	光固化涂料
船壳漆	保温隔热涂料
船底防锈漆	机床漆
饮水舱漆	工程机械用漆
油舱漆	农机用漆
压载舱漆	发电、输配电设备用漆
化学品舱漆	内墙涂料
车间(预涂)底漆	外墙涂料
耐酸漆、耐碱漆	防水涂料
防腐漆	地板漆、地坪漆
防锈漆	锅炉漆
耐油漆	烟囱漆
耐水漆	黑板漆
防火涂料	标志漆、路标漆、马路画线漆
防霉(藻)涂料	汽车底漆、汽车中涂漆、汽车面漆、汽车罩光漆
耐热(高温)涂料	汽车修补漆
示温涂料	集装箱涂料
涂布器	铁路车辆涂料
桥梁漆、输电塔漆及其他(大型露天)钢结构漆	胶液
航空、航天用漆	其他未列出的基本名称

二、各种涂料性能比较表(供参考)

表 12-31

涂料种类	优　点	缺　点
油脂漆	1. 耐大气性较好;2. 适用于室内外作打底罩面用;3. 廉价;4. 涂刷性能好,渗透性好	1. 干燥较慢;2. 漆膜软;机械性能差;3. 水膨胀性大;4. 不能打磨、抛光;5. 不耐碱
天然树脂漆	1. 干燥比油脂漆快;2. 短油度的漆膜坚硬好打磨;3. 长油度的漆膜柔韧;耐大气性较好	1. 机械性能差;2. 短油度漆耐大气性差;3. 长油度漆不能打磨、抛光
酚醛树脂漆	1. 漆膜坚硬;2. 耐水性良好;3. 纯酚醛漆耐化学腐蚀性良好;4. 有一定的绝缘强度;5. 附着力好	1. 漆膜较脆;2. 颜色易变深;3. 耐大气性比醇酸漆差;易粉化
沥青漆	1. 价廉;2. 耐潮、耐水好;3. 耐化学腐蚀性较好;4. 有一定的绝缘强度;5. 黑度好	1. 色黑;不能制白及浅色漆;2. 对日光不稳定;3. 有渗色性;4. 自干漆干燥不爽滑
醇酸漆	1. 光亮丰满;2. 耐候性优良;3. 施工性能好;可刷、可喷、可烘;4. 附着力较好	1. 漆膜较软;2. 耐水、耐碱性差;3. 干燥较挥发性漆慢;4. 不能打磨
氨基漆	1. 漆膜坚硬;可打磨抛光;2. 光泽亮,丰满度好;3. 色浅;不易泛黄;4. 附着力较好;5. 有一定的耐热性;6. 耐候性好;7. 耐水性较好	1. 须高温下烘烤才能固化;2. 烘烤过度会使漆膜发脆
硝基漆	1. 干燥迅速;2. 耐油;3. 漆膜坚韧;可打磨抛光;4. 耐候性好	1. 易燃;2. 清漆不耐紫外光线;3. 不能在 60℃ 以上温度使用;4. 固体份低
纤维素漆	1. 耐大气性、保色性好;2. 可打磨抛光;3. 个别品种有耐热、耐碱性、绝缘性也较好	1. 附着力较差;2. 耐潮性差;3. 价格高
过氯乙烯漆	1. 耐候性和耐化学腐蚀性优良;2. 耐水、耐油、防延燃性好	1. 附着力较差;2. 打磨抛光性较差;3. 不能在 70℃以上高温使用;4. 固体份低
乙烯漆	1. 有一定的柔韧性;2. 色泽浅淡;3. 耐化学腐蚀性较好;4. 耐水性好	1 耐溶剂性差;2. 固体份低;3. 高温时易碳化;4. 清漆不耐紫外光线
丙烯酸漆	1. 漆膜色浅;保色性良好;2. 耐候性优良;3. 有一定的耐化学腐蚀性;4. 耐热性较好	1. 耐溶剂性差;2. 固体份低
聚酯漆	1. 固体份高;2. 耐一定的温度;3. 耐磨;能抛光;4. 具有较好的绝缘性	1. 干性不易掌握;2. 施工方法较复杂;3. 对金属附着力差
环氧漆	1. 附着力强;2. 耐碱、耐溶剂;3. 具有较好的绝缘性能;4. 漆膜坚韧	1. 室外曝晒易粉化;2. 保光性差;3. 色泽较深;4. 漆膜外观较差
聚氨酯漆	1. 耐磨性强;附着力好;2. 耐潮、耐水、耐热、耐溶剂性好;3. 耐化学和石油腐蚀;4. 具有良好的绝缘性	1. 漆膜易粉化、泛黄;2. 对酸、碱、盐、醇、水等物很敏感;因此施工要求高;3. 有一定毒性
有机硅漆	1. 耐高温;2. 耐候性极优;3. 耐潮、耐水性好;4. 具有良好的绝缘性	1. 耐汽油性差;2. 漆膜坚硬较脆;3. 一般需要烘烤干燥;4. 附着力较差

续表 12-31

涂料种类	优　点	缺　点
橡胶漆	1.耐化学腐蚀性强;2.耐水性好;3.耐磨、耐老化	1.易变色;2.清漆不耐紫外光;3.固体份低,个别品种施工复杂

注:表列性能仅指一般而言,具体品种尚有各自的特点及具体品种性能。

三、常用涂料

(一)复层建筑涂料(GB/T 9779—2005)

复层建筑涂料是以水泥系、硅酸盐系、合成树脂乳液系等胶结料及颜料和骨料为主要原料作为主涂层,用刷制、辊涂或喷涂等方法,在建筑物外墙面上至少涂布二层的立体或平状复层涂料。

1.复层涂料的组成、分类、代码和等级

表 12-32

项　目	名　称	定义或要求	代号
组成	底涂层	用于封闭基层和增强主涂层附着能力的涂层	
	主涂层	用于形成立体或平状装饰面的涂层,厚度≥1mm(如立体状,指凸部厚度)	
	面涂层	用于增加装饰效果,提高涂膜性能的涂层。 其中:溶剂型面涂层为A型,水性面涂层为B型	
按主涂层中黏结材料主要成分分类	聚合物水泥系复层涂料	用混有聚合物分散剂或可再乳化粉状树脂的水泥作为黏结料	CE
	硅酸盐系复层涂料	用混有合成树脂乳液的硅溶胶等作为黏结料	Si
	合成树脂乳液系复层涂料	用合成树脂乳液作为黏结料	E
	反应固化型合成树脂乳液系复层涂料	用环氧树脂或类似系统通过反应固化的合成树脂乳液等作为黏结料	RE
等级	按耐污染性和耐候性分为	优等品、一等品、合格品	

2.复层涂料的理化性能

表 12-33

项　目			指　标		
			优等品	一等品	合格品
容器中状态			无硬块,呈均匀状态		
涂膜外观			无开裂、无明显针孔、无气泡		
低温稳定性			不结块、无组成物分离、无凝聚		
初期干燥抗裂性			无裂纹		
黏结强度(MPa)	标准状态	RE	≥1.0		
		E、Si	≥0.7		
		CE	≥0.5		
	浸水后	RE	≥0.7		
		E、Si、CE	≥0.5		
涂层耐温变性(5次循环)			不剥落;不起泡;无裂纹;无明显变色		

续表 12-33

项　目		指　标		
		优等品	一等品	合格品
透水性(mL)	A 型	<0.5		
	B 型	<2.0		
耐冲击性		无裂纹、剥落以及明显变形		
耐沾污性（白色和浅色[①]）	平状(%)	≤15	≤15	≤20
	立体状(级)	≤2	≤2	≤3
耐候性(白色和浅色[①])	老化时间(h)	600	400	250
	外观	不起泡、不剥落、无裂纹		
	粉化(级)	≤1		
	变色(级)	≤2		

注：[①]浅色是指以白色涂料为主要成分，添加适量色浆后配置成的浅色涂料形成的涂膜所呈现的浅颜色，按《中国颜色体系》(GB/T 15608)中4.3.2规定，明度值为 6～9 之间(三刺激值中的 Y_{D65}≥31.26)；其他颜色的耐候性要求由供需双方商定。

(二)合成树脂乳液外墙涂料(GB/T 9755—2014)

合成树脂乳液外墙涂料是以合成树脂乳液为基料，与颜料、体质颜料(底漆可无颜料或体质颜料)及各种助剂配制而成。其施涂后能形成表面平整的薄质涂层的外墙涂料。适用于对建筑物和构筑物的外表面进行装饰和防护。

合成树脂乳液外墙涂料包括：底漆、中涂漆(中间漆)、面漆三类。

面漆按使用要求分为优等品、一等品和合格品三个等级。

底漆按抗泛盐碱性和不透水性要求的高低分为Ⅰ型和Ⅱ型。

合成树脂乳液外墙涂料的技术要求　　表 12-34

项　目	指　标					
	底漆		中间漆	面漆		
	Ⅰ型	Ⅱ型		合格品	一等品	优等品
容器中状态	无硬块、搅拌后呈均匀状态					
施工性	涂料无障碍		涂刷二道无障碍			
低温稳定性	不变质					
涂膜外观	正常					
干燥时间(表干)(h)	≤2					
耐碱性[①](48h)	无异常					
耐水性[②](96h)	无异常					
抗泛盐碱性	72h 无异常	48h 无异常	—	—		
透水性(mL)	≤0.3	≤0.5	—	≤1.4	≤1.0	≤0.6
涂层耐温变性[③](3 次循环)	—		无异常			
耐洗刷性	—		1 000 次，漆膜未损坏	2 000 次，漆膜未损坏		
附着力[④](级)	—		≤2	—		
对比率(白色和浅色[⑤])	—			≥0.87	≥0.90	≥0.93
耐沾污性(白色和浅色[⑤])(%)	—			20	15	15

续表 12-34

项目	指标					
	底漆		中间漆	面漆		
	Ⅰ型	Ⅱ型		合格品	一等品	优等品
耐人工气候老化性⑥	—			250h 不起泡、不剥落、无裂纹	400h 不起泡、不剥落、无裂纹	600h 不起泡、不剥落、无裂纹
粉化(级)	—			≤1		
变色(白色和浅色⑤)(级)	—			≤2		
变色(其他色)(级)	—			商定		
与下道涂层的适应性	正常			—		

注:①②③④中间漆可根据有关方商定测试与新底漆配套后的性能。

①②③⑥面漆可根据有关方商定测试与底漆配套后或与底漆和中间漆配套后的性能。

⑤浅色是指以白色涂料为主要成分,添加适量色浆后配制成的浅色涂料形成的涂膜所呈现的浅颜色,按《中国颜色体系》(GB/T 15608)中规定,明度值为 6~9 之间(三刺激值中的 $Y_{D65} \geqslant 31.26$)。

(三)合成树脂乳液内墙涂料(GB/T 9756—2009)

合成树脂乳液内墙涂料以合成树脂乳液为基料、与颜料、体质颜料及各种助剂配置而成。

涂料分为:合成树脂乳液内墙底漆和合成树脂乳液内墙面漆两类。

内墙面漆分为:合格品、一等品、优等品三个等级。

内墙底漆的技术要求 表 12-35

项目	指标
容器中状态	无硬块,搅拌后呈均匀状态
施工性	刷涂无障碍
低温稳定性(3 次循环)	不变质
涂膜外观	正常
干燥时间(表干)(h)	≤2
耐碱性(24h)	无异常
抗泛碱性(48h)	无异常

内墙面漆的技术要求 表 12-36

项目	指标		
	合格品	一等品	优等品
容器中状态	无硬块,搅拌后呈均匀状态		
施工性	刷涂二道无障碍		
低温稳定性(3 次循环)	不变质		
涂膜外观	正常		
干燥时间(表干)(h)	≤2		
对比率(白色和浅色①)	≥0.90	≥0.93	≥0.95
耐碱性(24h)	无异常		
耐洗刷性(次)	≥300	≥1 000	≥5 000

注:①浅色是指以白色涂料为主要成分,添加适量色浆后配制成的浅色涂料形成的涂膜所呈现的浅颜色,按 GB/T 15608 中规定,明度值为 6~9 之间(三刺激值中的 $Y_{D65} \geqslant 31.26$)。

(四)建筑涂料用乳液(GB/T 20623—2006)

建筑涂料用乳液是由丙烯酸酯类、甲基丙烯酸酯类、醋酸或其他有机酸的乙烯基酯类、苯乙烯等单体通过乳液聚合而成的以水作为分散介质的各类通用型合成树脂乳液。在建筑内外墙涂料中起成膜黏结作用。

1. 建筑涂料用乳液的要求

表 12-37

项　　目	指　　标
容器中状态	乳白色均匀流体,无杂质、无沉淀、不分层
不挥发物的质量分数(%)	≥45 或商定
pH 值	商定
黏度(mPa·s)	商定
最低成膜温度(℃)	商定
冻融稳定性(3 次)	无异常
储存稳定性	无硬块,无絮凝,无明显分层和结皮
稀释稳定性(%) 上层清液 下层沉淀	 ≤5 ≤5
机械稳定性	不破乳,无明显絮凝物
钙离子稳定性(0.5%$CaCl_2$ 溶液)	48h 无分层,无沉淀,无絮凝
残余单体总和[①](%)	≤0.10
游离甲醛的质量分数(g/kg) (限内墙涂料用乳液)	≤0.08
挥发性有机化合物的含量(g/L) (限内墙涂料用乳液)	≤30

注:[①]以乳液中不挥发物质量分数为 50%计。

2. 建筑涂料用乳液储存要求

建筑涂料用乳液冬季储存时应采取适当防冻措施。

(五)弹性建筑涂料(JG/T 172—2014)

弹性建筑涂料是以合成树脂乳液为基料,与颜料、填料及助剂配置而成,施涂一定厚度(干膜厚度≥150μm)后,具有弥盖因基材伸缩(运动)产生的细小裂纹作用的功能性涂料。

根据使用环境不同,将弹性建筑涂料分为内墙弹性建筑涂料和外墙弹性建筑涂料。外墙弹性建筑涂料根据功能不同分为弹性面涂和弹性中涂,根据适用地区不同分为Ⅰ型和Ⅱ型,按 JGJ 75 规定的划分方式,Ⅰ型适用于夏热冬暖以外的地区,Ⅱ型适用于夏热冬暖地区。

1. 弹性建筑涂料的技术要求

表 12-38

<table>
<tr><th rowspan="3">项　　目</th><th colspan="5">技 术 指 标</th></tr>
<tr><th colspan="2">外墙面涂</th><th colspan="2">外墙中涂</th><th rowspan="2">内墙</th></tr>
<tr><th>Ⅰ型</th><th>Ⅱ型</th><th>Ⅰ型</th><th>Ⅱ型</th></tr>
<tr><td>容器中状态</td><td colspan="5">搅拌混合后无硬块;呈均匀状态</td></tr>
<tr><td>施工性</td><td colspan="5">施工无障碍</td></tr>
<tr><td>涂膜外观</td><td colspan="5">正常</td></tr>
</table>

续表 12-38

项目		技术指标				
		外墙面涂		外墙中涂		内墙
		Ⅰ型	Ⅱ型	Ⅰ型	Ⅱ型	
干燥时间(表干)(h)		≤2				
对比率(白色或浅色)①		≥0.90		—		≥0.93
低温稳定性		不变质				
耐碱性(48h)		无异常				
耐水性(96h)		无异常				—
耐人工老化性(白色或浅色①)		400h不起泡、不剥落、无裂纹		—		—
		粉化≤1级;变色≤2级				
涂层耐温变性(3次循环)		无异常				—
耐沾污性(白色或浅色①)(%)		<25		—		—
0℃低温柔性	ϕ10mm	—		—	无裂纹或断裂	—
−10℃低温柔性	ϕ10mm	—		无裂纹或断裂	—	—
拉伸强度(MPa)	标准状态下	≥2.0				
断裂伸长率(%)	标准状态下	≥150		≥150		≥80
	0℃	—	≥35	—		—
	10℃	≥35	—	—		—

注:①浅色是指以白色涂料为主要成分,添加适量色浆后配制成的浅色涂料形成的涂膜所呈现的浅颜色,按GB/T 15608中4.3.2的规定,明度值为6~9之间(三刺激值中的Y_{D65}≥31.26)。

2.弹性建筑涂料储存要求

弹性建筑涂料冬季储存时应采取防冻措施。

(六)建筑无机仿砖涂料(JG/T 444—2014)

建筑无机仿砖涂料是由底缝涂料和面层涂料组成,经过现场配套施工而成的具有砖型装饰效果的干粉涂料。适用于建筑外墙。产品外观应均匀,无结块。

底缝涂料是以无机胶凝材料为主要黏结剂,与细集料、颜填料及添加剂等配制而成的干粉涂料(代号D)。现场使用时加水搅拌均匀,施工在基材表面,形成厚度不小于1mm具有砖缝效果的涂层。

面层涂料是以无机胶凝材料为主要黏结剂,与细集料、颜填料及添加剂等配制而成的干粉涂料(代号M)。现场使用时加水搅拌均匀,施工在底缝涂料表面,形成厚度不小于1mm具有砖型装饰效果的涂层。

1.建筑无机仿砖涂料的技术要求

表 12-39

项目		技术指标	
		底缝涂料(D)	面层涂料(M)
施工性		30min刮涂无障碍	
初期干燥抗裂性		无裂纹	
干燥时间(表干)(h)		≤2	
吸水量(g)	30min	≤2.0	
	240min	≤5.0	
涂层耐温变性(5次)①		不剥落、不起泡、无裂纹、无明显变色	
耐冲击性①		无裂纹、无剥落、无明显变形	

续表 12-39

项　　目		技 术 指 标	
		底缝涂料(D)	面层涂料(M)
耐水性(168h)		无起鼓、无开裂、不剥落	
耐碱性(168h)		无起鼓、无开裂、不剥落	
柔韧性		直径 100mm,无裂纹	—
抗泛碱性		无可见泛碱	
黏结强度[①](MPa)	标准状态	≥0.7	≥0.5
	浸水后	≥0.5	≥0.5
耐沾污性(白色和浅色[②])		≤2 级	
耐候性(白色和浅色[②])	老化时间(h)	500	800
	外观	不剥落、无裂纹	
	粉化(级)	≤1	
	变色(级)	≤2	
燃烧性能		A 级	

注:①面层涂料的涂层耐温变性、耐冲击性和黏结强度均按复合涂层制备试件后进行试验。

②浅色是指以白色涂料为主,添加适量颜料后配置的涂料形成的涂膜所呈现的浅颜色,按 GB/T 15608 的规定,明度值为 6～9 之间(三刺激值中的 Y_{D65}≥31.26);其他颜色的耐候性要求由供需双方商定。

2. 建筑无机仿砖涂料储存要求

建筑无机仿砖涂料有效储存期自生产日期起至少 6 个月。

(七)无机干粉建筑涂料(JG/T 455—2014)

无机干粉建筑涂料是以无机胶凝材料为主要黏结剂,与颜料、填料及添加剂配制而成的干粉涂料,主要用于建筑内外墙装饰用。现场施工时加水搅拌均匀,施涂后形成装饰涂层。产品应外观均匀,无结块。

无机干粉建筑涂料按使用环境分为:无机干粉内墙涂料(代号 N)和无机干粉外墙涂料(代号 W)。按性能分为:Ⅰ型、Ⅱ型、Ⅲ型。

1. 无机干粉内墙涂料的技术要求

表 12-40

项　　目		技 术 指 标		
		Ⅰ型	Ⅱ型	Ⅲ型
施工性		分散均匀,滚涂无障碍		
可操作时间		2h 滚涂无障碍		
涂膜外观		正常		
干燥时间(表干)(h)		≤2		
对比率(白色和浅色[①])		≥0.90	≥0.93	≥0.95
柔韧性		直径 100mm,无裂纹		
耐碱性(48h)		无异常		
耐洗刷性(次)		≥500	≥1 000	≥2 000
挥发性有机化合物含量(VOC)(g/kg)		≤1		
苯、甲苯、乙苯和二甲苯含量总和(mg/kg)		≤50		
游离甲醛含量(mg/kg)		≤20	≤20	≤5
可溶性重金属含量(mg/kg)	铅 Pb	符合 GB 18582 的规定		

续表 12-40

项　目		技术指标		
		Ⅰ型	Ⅱ型	Ⅲ型
可溶性重金属含量(mg/kg)	镉 Cd	符合 GB 18582 的规定		
	铬 Cr			
	汞 Hg			

注:①浅色是指以白色涂料为主,添加适量颜料后配制的涂料形成的涂膜所呈现的浅颜色,按 GB/T 15608 的规定,明度值为 6～9 之间(三刺激值中的 Y_{D65}≥31.26)。

2. 无机干粉外墙涂料的技术要求

表 12-41

项　目		技术指标		
		Ⅰ型	Ⅱ型	Ⅲ型
施工性		分散均匀,滚涂无障碍		
可操作时间		2h 滚涂无障碍		
涂膜外观		正常		
干燥时间(表干)(h)		≤2		
对比率(白色和浅色①)		≥0.90	≥0.93	≥0.95
柔韧性		直径 50mm,无裂纹		
耐水性(168h)		无异常		
耐碱性(168h)		无异常		
耐洗刷性(次)		≥500	≥1 000	≥2 000
涂层耐温变性(5 次)		不剥落、不起泡、无裂纹、无明显变色		
耐沾污性(白色和浅色①)(%)		≤20	≤15	≤15
耐人工气候老化性(白色和浅色①)	老化时间(h)	500	500	800
	外观	不起泡、不剥落、不裂纹		
	粉化(级)	≤1		
	变色(级)	≤2		

注:①浅色是指以白色涂料为主:添加适量颜料后配制的涂料形成的涂膜所呈现的浅颜色,按 GB/T 15608 的规定,明度值为 6～9 之间(三刺激值中的 Y_{D65}≥31.26)。

3. 无机干粉建筑涂料储存要求

无机干粉建筑涂料有效储存期自生产日期起至少 6 个月。

(八)外墙光催化自洁涂覆材料(GB/T 30191—2013)

外墙光催化自洁涂覆材料是以光催化作用的纳米材料为主要成分,与基料及各种助剂配制而成的,施涂于外墙涂料表面具有亲水性自洁功能的涂覆材料。产品分为两种类型,一是渗透型外墙自洁涂覆材料,代号 S;二是成膜型外墙自洁涂覆材料,代号 M。

1. 外墙光催化自洁涂覆材料的技术要求

表 12-42

项　目	指　标	
	S 型	M 型
容器中状态	无杂质和硬块	
储存稳定性	不变质	

续表 12-42

项　目	指　标	
	S型	M型
干燥时间(表干)(h)	—	≤2
涂膜外观	—	涂膜均匀,无针孔、流挂、缩孔、气泡和开裂
耐水性	—	96h 无异常
耐碱性	—	48h 无异常
涂层耐温变性(5 次循环)	—	无异常
最小接触角(≤72h)/(°)	≤15	

注:①外墙光催化涂覆材料涂层系统的耐人工气候老化性和耐沾污性应符合与自清洁涂覆材料配套的外墙涂料相应产品标准规定的最高等级要求。

②外墙光催化自洁涂覆材料涂层系统的其他性能还应符合配套外墙涂料相应产品标准(如,GB/T 9755、GB/T 9757、JG/T 172、HG/T 3792、HG/T 4104 等)规定的涂层性能的技术要求。

2. 外墙光催化自洁涂覆材料储存要求

外墙光催化自洁涂覆材料冬季储存时应采取适当防冻措施。

(九)建筑内外墙用底漆(JG/T 210—2007)

建筑内外墙用底漆是指涂饰工程多层涂装时,直接施涂于建筑物内外墙底材上的涂料,是以合成树脂乳液,溶剂型树脂或其他材料为主要黏结剂,配以助剂、颜填料等制成的。用于建筑内外墙。

建筑内外墙用底漆分为内墙用底漆和外墙用底漆两类。其中,外墙用底漆分为两种:

(1)Ⅰ型:用于抗泛碱性及抗盐析性要求较高的建筑外墙涂饰工程。

(2)Ⅱ型:用于抗泛碱性及抗盐析性要求一般的建筑外墙涂饰工程。

建筑内外墙用底漆的技术要求　　表 12-43

项目　分类	内墙	外　墙	
		Ⅰ型	Ⅱ型
容器中状态	无硬块,搅拌后呈均匀状态		
施工性	刷涂无障碍		
低温稳定性[①]	不变质		
涂膜外观	正常		
干燥时间(表干)(h)	≤2		
耐水性	—	96h 无异常	
耐碱性	24h 无异常	48h 无异常	
附着力(级)	≤2	≤1	≤2
透水性(mL)	≤0.5	≤0.3	≤0.5
抗泛碱性	48h 无异常	72h 无异常	48h 无异常
抗盐析性	—	144h 无异常	72h 无异常
有害物质限量[②]	—	—	—
面涂适应性	商定		

注:[①]水性底漆测试此项内容。

[②]水性内墙底漆符合 GB 18582 技术要求;溶剂型内墙底漆符合 GB 50325 技术要求。

(十)建筑外表面用热反射隔热涂料(JC/T 1040—2007)

建筑外表面用热反射隔热涂料是通过反射太阳热辐射来减少建筑物和构筑物热荷载的隔热装饰涂料，按产品的组成可分为水性(W)和溶剂型(S)两类。

1. 建筑外表面用热反射隔热涂料的技术要求

表 12-44

<table>
<tr><th colspan="2" rowspan="2">项　目</th><th colspan="2">指　标</th></tr>
<tr><th>水性 W</th><th>溶剂型 S</th></tr>
<tr><td colspan="2">容器中状态</td><td colspan="2">搅拌后无硬块、凝聚，呈均匀状态</td></tr>
<tr><td colspan="2">施工性</td><td colspan="2">刷涂二道无障碍</td></tr>
<tr><td colspan="2">涂膜外观</td><td colspan="2">无针孔、流挂，涂膜均匀</td></tr>
<tr><td colspan="2">低温稳定性</td><td>无硬块、凝聚及分离</td><td>—</td></tr>
<tr><td colspan="2">干燥时间(表干)(%)</td><td colspan="2">≤2</td></tr>
<tr><td colspan="2">耐碱性</td><td colspan="2">48h 无异常</td></tr>
<tr><td colspan="2">耐水性</td><td>96h 无异常</td><td>168h 无异常</td></tr>
<tr><td colspan="2">耐洗刷性</td><td>2 000 次</td><td>5 000 次</td></tr>
<tr><td colspan="2">耐沾污性(白色和浅色[a])(h)</td><td><20</td><td><10</td></tr>
<tr><td colspan="2">涂层耐温变性(5 次循环)</td><td colspan="2">无异常</td></tr>
<tr><td colspan="2">太阳反射比(白色)</td><td colspan="2">≥0.83</td></tr>
<tr><td colspan="2">半球发射率</td><td colspan="2">≥0.85</td></tr>
<tr><td colspan="2">耐弯曲性(mm)</td><td>—</td><td>≤2</td></tr>
<tr><td rowspan="2">拉伸性能</td><td>拉伸强度(MPa)</td><td>≥1.0</td><td>—</td></tr>
<tr><td>断裂伸长率(%)</td><td>≥100</td><td>—</td></tr>
<tr><td rowspan="5">耐人工气候老化性(W 类 400h,S 类 500h)</td><td>外观</td><td colspan="2">不起泡，不剥落，无裂纹</td></tr>
<tr><td>粉化(级)</td><td colspan="2">≤1</td></tr>
<tr><td>变色(白色和浅色[a])(级)</td><td colspan="2">≤2</td></tr>
<tr><td>太阳反射比(白色)</td><td colspan="2">≥0.81</td></tr>
<tr><td>半球发射率</td><td colspan="2">≥0.83</td></tr>
<tr><td colspan="2">不透水性[b]</td><td>0.3MPa,30min 不透水</td><td></td></tr>
<tr><td colspan="2">水蒸气透湿率[b],g/(m²·s·Pa)</td><td>≥8.0×10⁻⁸</td><td>—</td></tr>
</table>

注:①仅对白色涂料的太阳反射比提出要求，浅色涂料太阳反射比由供需双方商定。

②[a] 浅色是指以白色涂料为主要成分，添加适量色浆后配制成的浅色涂料形成的涂膜干燥后所呈现的浅颜色。

③[b] 附加要求，由供需双方协商。

2. 建筑外表用热反射隔热涂料储存要求

建筑外表面用热反射隔热涂料储存时，溶剂型产品应隔绝远离火源；水性产品冬季应采取防冻措施。

(十一)建筑用钢结构防腐涂料(JG/T 224—2007)

建筑用钢结构防腐涂料包括底漆、中间漆和面漆，主要用于在大气环境下建筑钢结构防护，也可用于大气环境下其他钢结构防护。

建筑用钢结构防腐涂料面漆产品依据 GB/T 15957 的级别分为Ⅰ型和Ⅱ型两类；中间漆底漆产品依据耐盐雾性分为普通型和长效型两类。

建筑用钢结构防腐涂料的性能要求 表 12-45

<table>
<tr><th colspan="2" rowspan="3">项 目</th><th colspan="5">技 术 指 标</th></tr>
<tr><th colspan="2">面漆</th><th colspan="2">底漆</th><th rowspan="2">中间漆</th></tr>
<tr><th>Ⅰ型</th><th>Ⅱ型</th><th>普通底漆</th><th>长效型底漆</th></tr>
<tr><td colspan="2">在容器中状态</td><td colspan="5">搅拌混合后无硬块，呈均匀状态</td></tr>
<tr><td colspan="2">施工性</td><td colspan="5">涂刷二道无障碍</td></tr>
<tr><td colspan="2">漆膜外观</td><td colspan="2">正常</td><td colspan="3">—</td></tr>
<tr><td colspan="2">遮盖力(白色或浅色①)(g/m²)</td><td colspan="2">≤150</td><td colspan="3">—</td></tr>
<tr><td rowspan="2">干燥时间(h)</td><td>表干</td><td colspan="2">≤4</td><td colspan="3">≤4</td></tr>
<tr><td>实干</td><td colspan="2">≤24</td><td colspan="3">≤24</td></tr>
<tr><td colspan="2">细度②(μm)</td><td colspan="2">≤60(片状颜料除外)</td><td colspan="3">≤70(片状颜料除外)</td></tr>
<tr><td colspan="2">耐水性</td><td colspan="2">168h 无异常</td><td colspan="3">168h 无异常</td></tr>
<tr><td colspan="2">附着力(化格法)(级)</td><td colspan="5">≤1</td></tr>
<tr><td colspan="2">耐弯曲性(mm)</td><td colspan="5">≤2</td></tr>
<tr><td colspan="2">耐冲击性(cm)</td><td colspan="5">≥30</td></tr>
<tr><td colspan="2">涂层耐温变性(5 次循环)</td><td colspan="5">无异常</td></tr>
<tr><td rowspan="2">储存稳定性</td><td>结皮性(级)</td><td colspan="5">≥8</td></tr>
<tr><td>沉降性(级)</td><td colspan="5">≥6</td></tr>
<tr><td colspan="2">耐人工老化性(白色或浅色①③)</td><td>500h 不起泡、不剥落、无裂纹；粉化≥1 级；变色≤2 级</td><td>1 000h 不起泡、不剥落、无裂纹；粉化≤1 级；变色≤2 级</td><td colspan="3">—</td></tr>
<tr><td colspan="2">耐酸性④(5%H_2SO_4)</td><td>96h 无异常</td><td>168h 无异常</td><td colspan="3">—</td></tr>
<tr><td colspan="2">耐盐水性(3%NaCl)</td><td>120h 无异常</td><td>240h 无异常</td><td colspan="3">—</td></tr>
<tr><td colspan="2">耐盐雾性</td><td>500h 不起泡、不脱落</td><td>1 000h 不起泡、不脱落</td><td>200h 不脱落、不出现红锈⑤</td><td>1 000h 不脱落、不出现红锈⑤</td><td>—</td></tr>
<tr><td colspan="2">面漆适应性</td><td colspan="2">—</td><td colspan="3">商定</td></tr>
</table>

注：①浅色是指以白色涂料为主要成分，添加适量色浆后配制成的浅色涂料形成的涂膜所呈现的浅颜色。

②对多组分产品，细度是指主漆的细度。

③其他颜色变色等级由双方商定。

④面漆中含有金属颜料时不测定耐酸性。

⑤红锈是指漆膜下面的钢铁表面局部或整体产生红色的氧化铁层的现象。它常伴随漆膜的起泡、开裂、片落等病态。

(十二)建筑用防涂鸦抗粘贴涂料(JG/T 304—2011)

建筑用防涂鸦抗粘贴涂料是施涂于混凝土、金属、涂层、玻璃、石材、瓷砖等表面用以提高材料表面的防涂鸦能力和(或)抗粘贴能力的涂料。涂料根据产品的功能分为三种类型：A 型——抗粘贴型；B 型——防涂鸦型；C 型——抗粘贴并防涂鸦型。根据产品的分散介质可分为水性(W)和溶剂型(S)两种类别。

建筑用防涂鸦抗粘贴涂料主要用于建筑室外、城市公共设施等场所。其他具有防涂鸦功能和(或)抗粘贴功能的产品也可参照采用。

1. 建筑用防涂鸦抗粘贴涂料的物理性能

表 12-46

<table>
<tr><th colspan="2" rowspan="2">项　目</th><th colspan="3">技术指标</th></tr>
<tr><th>A型</th><th>B型</th><th>C型</th></tr>
<tr><td colspan="2">容器中状态</td><td colspan="3">搅拌后无硬块、无凝聚,呈均匀状态</td></tr>
<tr><td colspan="2">施工性</td><td colspan="3">施涂无障碍</td></tr>
<tr><td colspan="2">涂膜外观</td><td colspan="3">涂膜均匀,无针孔、无流挂</td></tr>
<tr><td colspan="2">表干时间(h)</td><td colspan="3">≤1</td></tr>
<tr><td colspan="2">耐水性</td><td colspan="3">96h 无起泡,无掉粉、无明显变色和失光</td></tr>
<tr><td colspan="2">耐碱性[①]</td><td colspan="3">48h 无起泡、无掉粉、无明显变色和失光</td></tr>
<tr><td colspan="2">铅笔硬度</td><td colspan="3">≥2H</td></tr>
<tr><td colspan="2">耐溶剂擦拭性</td><td colspan="3">100 次不露底</td></tr>
<tr><td colspan="2">附着力(划格法)(级)</td><td colspan="3">≤1</td></tr>
<tr><td colspan="2">抗粘贴性(180°剥离强度)(N/mm)</td><td>≤0.10</td><td>—</td><td>≤0.10</td></tr>
<tr><td rowspan="2">抗反复粘贴性(50 次)</td><td>外观</td><td>无剥落、无明显失光、无胶残留物</td><td>—</td><td>无剥落、无明显失光、无胶残留物</td></tr>
<tr><td>180°剥离强度(N/mm)</td><td>≤0.20</td><td>—</td><td>≤0.20</td></tr>
<tr><td rowspan="2">抗高温粘贴性 50℃(24h)</td><td>外观</td><td>无剥落、无明显失光、无胶残留物</td><td>—</td><td>无剥落、无明显失光、无胶残留物</td></tr>
<tr><td>180°剥离强度(N/mm)</td><td>≤0.25</td><td>—</td><td>≤0.25</td></tr>
<tr><td rowspan="2">耐人工气候老化性(400h)</td><td>外观</td><td>无开裂、无剥落、无明显失光</td><td>—</td><td>无开裂、无剥落、无明显失光</td></tr>
<tr><td>180°剥离强度(N/mm)</td><td>≤0.20</td><td>—</td><td>≤0.20</td></tr>
<tr><td rowspan="3">防涂鸦性(可清洗级别)</td><td>墨汁(级)</td><td>—</td><td>≤2</td><td>≤2</td></tr>
<tr><td>油性记号笔(级)</td><td>—</td><td>≤3</td><td>≤3</td></tr>
<tr><td>喷漆(级)</td><td>—</td><td>≤3</td><td>≤3</td></tr>
</table>

注:① 仅适用于混凝土、砂浆等碱性基面上使用的产品。

2. 建筑用防涂鸦抗粘贴涂料如需加水或溶剂稀释,应明确稀释比例。储存时,溶剂型产品应远离热源和火源,水性产品冬季应采取防冻措施。溶剂型产品保质期为 12 个月,水性产品保质期为 6 个月。

(十三)金属屋面丙烯酸高弹防水涂料(TG/T 375—2012)

金属屋面丙烯酸高弹防水涂料是应用在金属屋面,以丙烯酸乳液为主要原料,通过加入其他添加剂制得的单组分水性防水涂料。包括普通型(P)和热反射型(R)。

热反射型金属屋面丙烯酸高弹防水涂料是具有较高太阳光反射比和较高半球发射率的金属屋面丙烯酸高弹防水涂料。

1. 金属屋面丙烯酸高弹防水涂料的物理性能

表 12-47

项　目	技术指标	
	普通型	热反射型
固体含量(%)	≥65	
无处理拉伸强度(MPa)	≥1.5	
无处理断裂伸长率(%)	≥150	
撕裂强度(N/mm)	≥12	

续表 12-47

项目		技术指标	
		普通型	热反射型
吸水率(%)		≤15	
不透水性		0.3MPa,30min 不透水	
耐热性		90℃,5h 无起泡、剥落、裂纹	
低温弯折		−30℃,1h 无裂纹,并不与底材脱离	
剥离黏结性(N/mm)		≥0.30	
加热处理	拉伸强度保持率(%)	≥80	
	断裂伸长率(%)	≥100	
浸水处理	拉伸强度保持率(%)	≥80	
	断裂伸长率(%)	≥100	
酸处理	拉伸强度保持率(%)	≥80	
	断裂伸长率(%)	≥100	
人工气候老化处理	拉伸强度保持率(%)	≥80	
	断裂伸长率(%)	≥100	
加热伸缩率	伸长(%)	≤1.0	
	缩短(%)	≤1.0	
耐沾污性(白色和浅色[a])(%)		—	<20
太阳光反射比(白色)		—	≥0.80
半球发射率		—	≥0.80

注:①仅对白色涂料的太阳反射比提出要求,浅色涂料太阳反射比由供需双方商定。

②[a] 浅色是指以白色涂料为主要成分,添加适量色浆后配制成的浅色涂料形成的涂膜干燥后所呈现的浅颜色,按 GB/T 15608 规定,明度值为 6~9(三刺激值中的 Y_{D65}≥31.26)。

2.金属屋面丙烯酸高弹防水涂料的储存和运输要求

金属屋面丙烯酸高弹防火涂料储存温度不低于 5℃,有效储存期自产品生产之日起不少于 6 个月。超过储存期的应重新检验,检验结果符合要求的产品仍可使用。

运输时应防冻、防雨、防曝晒、防挤压、防碰撞。

(十四)钢结构防火涂料(GB 14907—2002)

钢结构防火涂料是施涂于建筑物及构筑物的钢结构表面,能形成耐火耐热保护层以提高钢结构耐火极限的涂料。主要用于建(构)筑物室内外钢结构表面。

1.钢结构防火涂料的分类

表 12-48

分类依据	类别和代号
按产品名称分	室内超薄型钢结构防火涂料(NCB)、室外超薄型钢结构防火涂料(WCB)、室内薄型钢结构防火涂料(NB)、室外薄型钢结构防火涂料(WB)、室内厚型钢结构防火涂料(NH)、室外厚型钢结构防火涂料(WH)
按使用场合分	室内钢结构防火涂料:用于建筑物室内或隐蔽工程的钢结构表面
	室外钢结构防火涂料:用于建筑物室外或露天工程的钢结构表面
按使用厚度分	超薄型钢结构防火涂料:涂层厚度≤3mm
	薄型钢结构防火涂料:涂层厚度>3~7mm
	厚型钢结构防火涂料:涂层厚度>7~45mm

2. 室内钢结构防火涂料的技术性能

表 12-49

检验项目		技术指标			缺陷分类
		NCB	NB	NH	
在容器中的状态		经搅拌后呈均匀细腻状态,无结块	经搅拌后呈均匀液态或稠厚流体状态,无结块	经搅拌后呈均匀稠厚流体状态,无结块	C
干燥时间(表干)(h)		≤8	≤12	≤24	C
外观与颜色		涂层干燥后,外观与颜色同样品相比应无明显差别	涂层干燥后,外观与颜色同样品相比应无明显差别	—	C
初期干燥抗裂性		不应出现裂纹	允许出现1~3条裂纹,其宽度应≤0.5mm	允许出现1~3条裂纹,其宽度应≤1mm	C
黏结强度(MPa)		≥0.20	≥0.15	≥0.04	B
抗压强度(MPa)		—	—	≥0.3	C
干密度(kg/m³)		—	—	≤500	C
耐水性(h)		≥24,涂层应无起层、发泡、脱落现象	≥24,涂层应无起层、发泡、脱落现象	≥24,涂层应无起层、发泡、脱落现象	B
耐冷热循环性(次)		≥15,涂层应无开裂、剥落、起泡现象	≥15,涂层应无开裂、剥落、起泡现象	≥15,涂层应无开裂、剥落、起泡现象	B
耐火性能	涂层厚度(mm)不大于	2.00±0.20	5.0±0.5	25±2	A
	耐火极限(不低于)(h)(以I36b或I40b标准工字钢梁作基材)	1.0	1.0	2.0	

注:①裸露钢梁耐火极限为15min(I36b、I40b验证数据),作为表中0mm涂层厚度耐火极限基础数据。

②缺陷分类:A为不合格;B为严重缺陷;C为轻缺陷。

当室内防火涂料的B≤1且B+C≤3,室外防火涂料(表12-50)的B≤2且B+C≤4时,亦可综合判定该产品质量合格,但结论中需注明缺陷性质和数量。

3. 室外钢结构防火涂料的技术性能

表 12-50

检验项目	技术指标			缺陷分类
	WCB	WB	WH	
在容器中的状态	经搅拌后细腻状态,无结块	经搅拌后呈均匀液态或稠厚流体状态,无结块	经搅拌后呈均匀稠厚流体状态,无结块	C
干燥时间(表干)(h)	≤8	≤12	≤24	C
外观与颜色	涂层干燥后,外观与颜色同样品相比应无明显差别	涂层干燥后,外观与颜色同样品相比应无明显差别	—	C
初期干燥抗裂性	不应出现裂纹	允许出现1~3条裂纹,其宽度应≤0.5mm	允许出现1~3条裂纹,其宽度应≤1mm	C
黏结强度(MPa)	≥0.20	≥0.15	≥0.04	B
抗压强度(MPa)	—	—	≥0.5	C
干密度(kg/m³)	—	—	≤650	C

续表 12-50

检验项目		技术指标			缺陷分类
		WCB	WB	WH	
耐曝热性(h)		≥720,涂层应无起层、脱落、空鼓、开裂现象	≥720,涂层应无起层、脱落、空鼓、开裂现象	≥720,涂层应无起层、脱落、空鼓、开裂现象	B
耐湿热性(h)		≥504,涂层应无起泡、脱落现象	≥504,涂层应无起泡、脱落现象	≥504,涂层应无起泡、脱落现象	B
耐冻融循环性(次)		≥15,涂层应无开裂、脱落、起泡现象	≥15,涂层应无开裂、脱落、起泡现象	≥15,涂层应无开裂、脱落、起泡现象	B
耐酸性(h)		≥360,涂层应无起泡、脱落、开裂现象	≥360,涂层应无起泡、脱落、开裂现象	≥360,涂层应无起泡、脱落、开裂现象	B
耐碱性(h)		≥360,涂层应无起层、脱落、开裂现象	≥360,涂层应无起层、脱落、开裂现象	≥360,涂层应无起层、脱落、开裂现象	B
耐盐雾腐蚀性(次)		≥30,涂层应无起泡,明显的变质、软化现象	≥30,涂层应无起泡,明显的变质、软化现象	≥30,涂层应无起泡,明显的变质、软化现象	B
耐火性能	涂层厚度(mm)不大于	2.00±0.20	5.0±0.5	25±2	A
	耐火极限(不低于)(h)(以I36b或I40b标准工字钢梁作基材)	1.0	1.0	2.0	

注:裸露钢梁耐火极限为15min(I36b、I40b验证数据),作为表中0mm涂层厚度耐火极限基础数据。耐久性项目(耐曝热性、耐湿热性、耐冻融循环性、耐酸性、耐碱性、耐盐雾腐蚀性)的技术要求除表中规定外,还应满足附加耐火性能的要求,方能判定该对应项性能合格。耐酸性和耐碱性可仅进行其中一项测试。

4.防火涂料的其他要求

用于制造防火涂料的原料应不含石棉和甲醛,不宜采用苯类溶剂。涂层实干后无刺激性气味。

涂料可用喷涂、抹涂、刷涂、辊涂、刮涂等方法中的任何一种或多种方法方便地施工,并能在通常的自然环境条件下干燥固化。

复层涂料应相互配套,底层涂料应能同普通的防锈漆配合使用,或者底层涂料自身具有防锈性能。

(十五)混凝土结构防火涂料(GB 28375—2012)

混凝土结构防火涂料是涂覆在石油化工储罐区防火堤等建(构)筑物和公路、铁路、城市交通隧道混凝土表面、能形成耐火隔热保护层以提高其结构耐火极限的防火涂料。代号为H。

涂料中不得有石棉等对人体有害的物质。涂层干实后应无刺激性气味。

涂料可用喷涂、抹涂、辊涂、刮涂、刷涂等任一种方法施工,并能在自然环境条件下干燥固化。

混凝土结构防火涂料按使用场所分为:

(1)防火堤防火涂料:用于石油化工储罐区防火堤混凝土表面的防护,代号为DH。

(2)隧道防火涂料:用于公路、铁路、城市交通隧道混凝土结构表面的防护,代号为SH。

1.防火堤防火涂料的技术要求

表 12-51

检验项目	技术指标	缺陷分类
在容器中的状态	经搅拌后呈均匀稠厚流体,无结块	C
干燥时间(表干)(h)	≤24	C

续表 12-51

检验项目	技术指标	缺陷分类
黏结强度(MPa)	≥0.15(冻融前)	A
	≥0.15(冻融后)	
抗压强度(MPa)	≥1.50(冻融前)	B
	≥1.50(冻融后)	
干密度(kg/m³)	≤700	C
耐水性(h)	≥720,试验后,涂层不开裂、起层、脱落,允许轻微发胀和变色	A
耐酸性(h)	≥360,试验后,涂层不开裂、起层、脱落,允许轻微发胀和变色	B
耐碱性(h)	≥360,试验后,涂层不开裂、起层、脱落,允许轻微发胀和变色	B
耐曝热性(h)	≥720,试验后,涂层不开裂、起层、脱落,允许轻微发胀和变色	B
耐湿热性(h)	≥720,试验后,涂层不开裂、起层、脱落,允许轻微发胀和变色	B
耐冻融循环试验(次)	≥15,试验后,涂层不开裂、起层、脱落,允许轻微发胀和变色	B
耐盐雾腐蚀性(次)	≥30,试验后,涂层不开裂、起层、脱落,允许轻微发胀和变色	B
产烟毒性	不低于 GB/T 20285—2006 规定材料产烟毒性危险分级 ZA_1 级	B
耐火性能(h)	≥2.00(标准升温)	A
	≥2.00(HC 升温)	
	≥2.00(石油化工升温)	

注:①A 为致命缺陷,B 为严重缺陷,C 为轻缺陷。

②型式检验时,可选择一种升温条件进行耐火性能的检验和判定。

2. 隧道防火涂料的技术要求

表 12-52

检验项目	技术指标	缺陷分类
在容器中的状态	经搅拌后呈均匀稠厚流体,无结块	C
干燥时间(表干)(h)	≤24	C
黏结强度(MPa)	≥0.15(冻融前)	A
	≥0.15(冻融后)	
干密度(kg/m³)	≤700	C
耐水性(h)	≥720,试验后,涂层不开裂、起层、脱落,允许轻微发胀和变色	A
耐酸性(h)	≥360,试验后,涂层不开裂、起层、脱落,允许轻微发胀和变色	B
耐碱性(h)	≥360,试验后,涂层不开裂、起层、脱落,允许轻微发胀和变色	B
耐湿热性(h)	≥720,试验后,涂层不开裂、起层、脱落,允许轻微发胀和变色	B
耐冻融循环试验(次)	≥15,试验后,涂层不开裂、起层、脱落,允许轻微发胀和变色	B
产烟毒性	不低于 GB/T 20285—2006 规定产烟毒性危险分级 ZA_1 级	B
耐火性能(h)	≥2.00(标准升温)	A
	≥2.00(HC 升温)	
	升温≥1.50,降温≥1.83(RABT 升温)	

注:①A 为致命缺陷,B 为严重缺陷,C 为轻缺陷。

②型式检验时,可选择一种升温条件进行耐火性能的检验和判定。

3. 混凝土结构防火涂料的储存要求

混凝土结构防火涂料储存时,堆码高度不得超过 3m。

(十六)道桥用防水涂料(JC/T 975—2005)

道桥用防水涂料是用于以水泥混凝土为面层的道路和桥梁表面,并在其上面加铺沥青混凝土层的防水涂料。

1. 道桥用防水涂料的分类和外观要求

表 12-53

分类依据	名称、代号和要求		
按材料性质分	道桥用聚合物改性沥青防水涂料(PB)	道桥用聚氨酯防水涂料(PU)	道桥用聚合物水泥防水涂料(JS)
按使用方式分	水性冷施工(L 型)、热熔施工(R 型)	—	—
按性能分	Ⅰ类、Ⅱ类		
外观要求	L 型:棕褐色或黑褐色液体,搅拌后无凝胶、结块,呈均匀状态; R 型:黑色块状物,无杂质	均匀黏稠体,搅拌后无凝胶、结块,呈均匀状态	液料组分:均匀黏稠体,无凝胶、结块; 粉料组分:无杂质、结块

2. 道桥用防水涂料的通用性能

表 12-54

项目		PB		PU	JS
		Ⅰ	Ⅱ		
固体含量[①](%)		≥45	≥50	≥98	≥65
表干时间[①](h)		≤4			
实干时间[①](h)		≤8			
耐热度(℃)		140	160	160	
		无流淌、滑动、滴落			
不透水性(0.3MPa,30min)		不透水			
低温柔度(℃)		−15	−25	−40	−10
		无裂纹			
拉伸强度(MPa)		≥0.50	≥1.00	≥2.45	≥1.20
断裂延伸率(%)		≥800		≥450	≥200
盐处理	拉伸强度保持率(%)	≥80			
	断裂延伸率(%)	≥800		≥400	≥140
	低温柔度(℃)	−10	−20	−35	−5
		无裂纹			
	质量增加(%)	≤2.0			
热老化	拉伸强度保持率(%)	≥80			
	断裂延伸率(%)	≥600		≥400	≥150
	低温柔度(℃)	−10	−20	−35	−5
		无裂纹			
	加热伸缩率(%)	≤1.0			
	质量损失(%)	≤1.0			
涂料与水泥混凝土黏结强度(MPa)		≥0.40	≥0.60	≥1.00	≥0.70

注:[①]不适用于 R 型道桥用聚合物改性沥青防水涂料。

3. 道桥用防水涂料的应用性能

表 12-55

项目	PB		PU	JS
	Ⅰ型	Ⅱ型		
50℃剪切强度[a](MPa)	≥0.15	≥0.20	≥0.20	
50℃黏结强度[a](MPa)	≥0.050			
热碾压后抗渗性	0.1MPa,30min 不透水			
接缝变形能力	10 000 次循环无破坏			

注:①a 供需双方根据需要可以采用其他温度。

②道桥用防水涂料在应用时,应与增强材料和(或)保护层结合使用,其中聚氨酯防水涂料与沥青混凝土层间需设过渡界面层。

4.道桥用防水涂料的储存要求

涂料的储存温度为5～40℃;在正常储运条件下,有效储存期自生产之日起不少于6个月。

(十七)混凝土桥梁结构表面用防腐涂料

混凝土桥梁结构表面用防腐涂料包括:溶剂型防腐涂料(JT/T 821.1—2011)、湿表面防腐涂料(JT/T 821.2—2011)、柔性防腐涂料(JT/T 821.3—2011)、水性防腐涂料(JT/T 821.4—2011)四种。每一涂料品种都包括底漆、中间漆和面漆三类。各类底漆、中间漆、面漆包含有1～3个涂料产品(表12-58)。

溶剂型防腐涂料:主要用于大气区或施工及养护时处于大气环境下干湿交替区的混凝土结构表面防护和装饰。

湿表面防腐涂料:主要用于混凝土桥梁结构表面处于涨落潮或干湿交替状态环境下涂装用。

柔性防腐涂料:主要用于已经出现裂纹或防止裂纹产生的桥梁混凝土结构表面,也可用于混凝土结构表面出现裂缝后采用化学灌浆或其他密封补强措施后的表面防护和修饰。

水性防腐涂料:主要用于JT/T 695规定的处于中等以下腐蚀环境下的大气区混凝土桥梁结构表面。

以上涂料也可用于其他类似使用环境的混凝土结构表面。

1.混凝土桥梁结构表面用防腐涂料的配套涂层体系

(1)湿表面防腐涂料的配套涂层体系

表12-56

配套涂层体系编号	涂料(涂层)名称	涂装道数	干膜厚度(μm)	涂装环境适应性	装饰效果
1	潮湿表面容忍性环氧封闭底漆	1	—	恶劣	一般
	快干型环氧云铁厚浆漆	3	450		
2	潮湿表面容忍性环氧封闭底漆	1	—	一般	较好
	快干型环氧云铁厚浆漆	2	300		
	快干型丙烯酸聚氨酯面漆	1～2	80		
3	潮湿表面容忍性环氧封闭底漆	1	—	较恶劣	较好
	快干型环氧云铁厚浆漆	2	300		
	聚天门冬氨酸酯聚脲面漆	1	100		

(2)柔性防腐涂料和水性防腐涂料的配套涂层体系

表12-57

涂层	涂料品种		施工道数		干膜厚度(μm)	
	柔性涂料	水性涂料	柔性涂料	水性涂料	柔性涂料	水性涂料
底涂层	环氧封闭底漆	水性丙烯酸封闭底漆	1	1	—	—
		或水性环氧封闭底漆				
中间涂层	柔性环氧中间漆	水性丙烯酸中间漆	1～2	2	80～200①	≥80
	或柔性聚氨酯中间漆					
面涂层	柔性聚氨酯面漆	水性氟碳面漆	2	2	≥100	≥60
	或柔性氟碳面漆				≥60	

注:①柔性防腐涂料中间层干膜厚度依据混凝土基面状况、腐蚀环境情况和预期防腐年限而定。

2. 混凝土桥梁结构表面用防腐涂料的技术要求

表 12-58

项目		涂料品种和分类																				
		溶剂型防腐涂料						湿表面防腐涂料				柔性防腐涂料					水性防腐涂料					
		环氧封闭底漆		环氧云铁中间漆		面漆		底漆	中间漆	面漆		底漆	中间漆		面漆		底漆		中间漆	水性氟碳面漆		
		普通型	高固体分型	普通型	厚浆型	丙烯酸聚氨酯面漆	氟碳面漆	潮湿表面容忍性环氧封闭底漆	快干型环氧云铁厚浆漆	快干型丙烯酸聚氨酯面漆	聚天门冬氨酸酯聚脲面漆	环氧封闭底漆	柔性环氧中间漆	柔性聚氨酯中间漆	柔性聚氨酯面漆	柔性氟碳面漆	水性丙烯酸封闭底漆	水性环氧封闭底漆	水性丙烯酸中间漆	含氟丙烯酸类③	FEVE类	PVDF类
		技术要求																				
在容器中状态		淡黄色或其他色透明均一液体		搅拌混合后无硬块、呈均匀状态				淡黄色或其他色透明均一液体	搅拌混合后无硬块、呈均匀状态			淡黄色或其他色透明均一液体	搅拌混合后无硬块、呈均匀状态				乳白色等透明或半透明均一液体		搅拌混合后无硬块、呈均匀状态			
细度(μm)		≤15		≤90		≤35		≤15	≤90	≤35		≤15	≤60		≤35		—		≤80	≤40		
不挥发物含量(%)		40~50	70~90	≥75 符合产品要求，允许偏差值±2	≥85 符合产品要求，允许偏差值±2	≥55		≥40	≥85	≥60	≥85	≥40	≥90		≥80	≥60	—					
干燥时间(h)	表干	≤2	≤6	≤1	≤4	≤1		≤2	≤1.5	≤0.5	≤1	≤4	≤4		≤4	≤2	≤2	≤3	≤2	≤2		
	实干	≤12	≤24	≤8	≤24	≤12		≤12	≤8	≤10	≤12	≤24	≤24		≤24	≤24	—					
黏度(涂-4杯)(s)		≤25	≤35	—		—		≤25	—			≤25	40~100		40~80							
柔韧性(mm)		≤2		≤2		≤2		≤2	≤2	≤2	1	1	—		—				—	—	—	—
附着力(画圈法)(级)		1		≤2		≤2		1	≤2	≤2	1	1	—		—							
拉伸强度(MPa)		—						—				—	≥8		≥10				≥1.5	≥1.5		
拉断伸长率(%)		—						—					≥60		≥150	≥100	—	—	≥100	≥100		
耐冲击性(cm)		50		50		50		50	50	50		50	—									
抗流挂性(μm)		—		≥150	≥250	—		—	≥250	—		—	—						—			
密度(g/mL)		—		1.7~1.9 符合产品要求，允许偏差值±0.05		—		—	1.55~1.65	—		—	≤1.45		—							

续表 12-58

项目	涂料品种和分类																				
	溶剂型防腐涂料						湿表面防腐涂料				柔性防腐涂料					水性防腐涂料					
	环氧封闭底漆		环氧云铁中间漆		面漆		底漆	中间漆	面漆		底漆	中间漆		面漆		底漆		中间漆	水性氟碳面漆		
	普通型	高固体分型	普通型	厚浆型	丙烯酸聚氨酯面漆	氟碳面漆	潮湿表面容忍性环氧封闭底漆	快干型环氧云铁厚浆漆	快干型丙烯酸聚氨酯面漆	聚天门冬氨酸酯聚脲面漆	环氧封闭底漆	柔性环氧中间漆	柔性聚氨酯中间漆	柔性聚氨酯面漆	柔性氟碳面漆	水性丙烯酸封闭底漆	水性环氧封闭底漆	水性丙烯酸中间漆	含氟丙烯酸类③	FEVE类	PVDF类
	技术要求																				
耐酸性(10% H_2SO_4)(240h)	—		—		白色漆膜无失光、变色、起泡等现象。其他颜色漆膜无起泡、开裂、明显变色和失光现象		—	—	漆膜无起泡、开裂、明显变色和失光现象		—	—		72h,漆膜无起泡、开裂、明显变色和失光现象		—					
耐水性(24h)	—				漆膜无失光、变色、起泡等现象		—	—	72h,漆膜无失光、变色、起泡等现象		—	—		漆膜无失光、变色、起泡等现象		—		168h,漆膜不起泡、不开裂、不粉化、允许轻微变色和失光			
耐碱性(10% NaOH)(240h)	—				漆膜无变化	优等品漆膜无失光、变色、气泡等现象;一等品漆膜无起泡、开裂、明显变色和失光现象	—	—	漆膜无起泡、开裂、明显变色和失光现象		—	—		72h,漆膜无起泡、开裂、明显变色和失光现象		168h,漆膜无起泡、开裂、明显变色和失光等现象	168h,漆膜无失光、变色、起泡等现象	—			

续表 12-58

项目	涂料品种和分类																				
	溶剂型防腐涂料						湿表面防腐涂料				柔性防腐涂料					水性防腐涂料					
	环氧封闭底漆		环氧云铁中间漆		面漆		底漆	中间漆	面漆		底漆	中间漆		面漆		底漆		中间漆	水性氟碳面漆		
	普通型	高固体分型	普通型	厚浆型	丙烯酸聚氨酯面漆	氟碳面漆	潮湿表面容忍性环氧封闭底漆	快干型环氧云铁厚浆漆	快干型丙烯酸聚氨酯面漆	聚天门冬氨酸酯聚脲面漆	环氧封闭底漆	柔性环氧中间漆	柔性聚氨酯中间漆	柔性聚氨酯面漆	柔性氟碳面漆	水性丙烯酸封闭底漆	水性环氧封闭底漆	水性丙烯酸中间漆	含氟丙烯酸类③	FEVE类	PVDF类
	技术要求																				
耐磨性(1kg·500r)(g)	—						—	—	≤0.05		—					—	—	—	—	—	—
主剂溶剂可溶物氟含量①(%)	—				—	优等品≥24；一等品≥22	—				—	—		—	≥20						
潮湿混凝土基面施涂性	—						能均匀涂刷，形成均匀涂膜	—			—										
适用期(min)							—	—	≥120	≥45	—										
低温稳定性(%)							—				—					不变质					
漆膜外观	—						—				—					漆膜均匀，无流挂、发花、针孔、开裂和剥落等异常现象					
基料中氟含量④(%)	—						—				—					—			≥6	≥14	≥16
配套涂层体系⑤ 耐碱性(720h)	漆膜无起泡、开裂、脱落等现象或混凝土破坏						—				—					—					
配套涂层体系⑤ 耐人工气候老化性(h)	丙烯酸聚氨酯面漆1 000h，氟碳面漆一等品3 000h、优等品5 000h，漆膜无起泡、脱落和粉化等现象。允许轻微变色，保光率≥80%						1 500h，漆膜不起泡、不脱落、不开裂、不粉化，无明显变色②				柔性聚氨酯面漆1 000h，柔性氟碳面漆3 000h，漆膜无起泡、脱落和粉化等现象，允许轻微变色					水性氟碳面漆优等品5 000h，一等品3 000h，漆膜无起泡、脱落、粉化、明显变色等现象					
配套涂层体系⑤ 抗氯离子渗透性[mg/(cm²·d)]	$\leqslant 1.5\times10^{-4}$						$\leqslant 1.0\times10^{-4}$				$\leqslant 2.0\times10^{-4}$					—					

续表 12-58

项目		涂料品种和分类																				
		溶剂型防腐涂料						湿表面防腐涂料				柔性防腐涂料					水性防腐涂料					
		环氧封闭底漆		环氧云铁中间漆		面漆		底漆	中间漆	面漆		底漆	中间漆		面漆		底漆		中间漆	水性氟碳面漆		
		普通型	高固体分型	普通型	厚浆型	丙烯酸聚氨酯面漆	氟碳面漆	潮湿表面容忍性环氧封闭底漆	快干型环氧云铁厚浆漆	快干型丙烯酸聚氨酯面漆	聚天门冬氨酸酯聚脲面漆	环氧封闭底漆	柔性环氧中间漆	柔性聚氨酯中间漆	柔性聚氨酯面漆	柔性氟碳面漆	水性丙烯酸封闭底漆	水性环氧封闭底漆	水性丙烯酸中间漆	含氟丙烯酸类③	FEVE类	PVDF类
		技术要求																				
配套涂层体系⑤	配套涂层体系附着力(MPa)	≥3						≥2.5				≥1.5					≥1.0					
	耐湿热性(1 000h)	—						漆膜无起泡、开裂、脱落等现象,允许轻微变色和失光				—					—					
	裂缝追随性(min)	—						—				≥1					—					
	中性化深度(28d)(mm)	—						—				—					≤1					
	耐冻融循环性(5 次)	—						—				—					漆膜无起泡、开裂、剥落、掉粉、明显变色和失光等现象					

注:①生产氟碳涂料所用的 FEVE 氟碳树脂的氟含量,优等品≥25,一等品≥23。

②表 12-56 中的配套涂层体系编号 1 不作要求。

③制备涂料所用氟树脂的氟含量:含氟丙烯酸类型≥8%;PEVE 类型≥16%;PVDF 类型≥18%。

④含氟丙烯酸类应通过红外光谱或其他适宜的检测手段鉴定不含氯元素。

⑤溶剂型防水涂料配套体系的选择按 JT/T 695—2007 规定进行。

3. 水性防腐涂料储存温度应适应≥5℃

(十八)交通钢构件聚苯胺防腐涂料(JT/T 657—2006)

交通钢构件聚苯胺防腐涂料是一种高强度、重防腐的新型防腐涂料,应用范围包括公路交通工程、桥梁、港口设施,集装箱等的钢构件。其他钢构件用聚苯胺防腐涂料可参照使用。

聚苯胺防腐涂料按基质树脂和成膜机理不同分为单组分涂料和双组分涂料:

(1)单组分聚苯胺防腐涂料由热塑性树脂、聚苯胺、颜填料、溶剂等组成。

(2)双组分聚苯胺防腐涂料由热固性树脂、聚苯胺、颜填料、溶剂及固化剂等组成。

1.聚苯胺防腐涂料的技术要求

表 12-59

项 目		单 位	技术要求	
			面漆	底漆
外观		—	漆膜平整光滑,色泽均匀	漆膜平整光滑,色泽均匀
黏度		s/KU	≥40s(涂4号杯)	≥80KU(斯托默黏度计法)
细度		μm	≤30	≤70
表干时间	单组分涂料	h	≤2	≤2
	双组分涂料		≤4	≤5
实干时间		h	≤24	≤24
双组分适用期		h	≥4	≥3
附着力(画格法)		级	≤1	≤1
抗弯曲性		mm	≤2	≤2
耐冲击性		cm	≥40	≥40

2.聚苯胺防腐涂料涂层的性能要求

表 12-60

项 目	单 位	性能要求	
		单组分	双组分
耐化学腐蚀性(在30%硫酸溶液、40%氢氧化钠溶液、10%氯化钠溶液内浸泡)	h	480h,涂层无脱落、起泡、生锈、变色	1 200h,涂层无脱落、起泡、生锈、变色
耐盐雾性	h	600h,除划痕部位任何一侧0.5mm内,涂层不起泡、不脱落、表面无锈点	1 500h,除划痕部位任何一侧0.5mm内,涂层不起泡、不脱落、表面无锈点
耐湿热性	h	100h,除划痕部位任何一侧0.5mm内,涂层无气泡、剥离、生锈等现象	200h,除划痕部位任何一侧0.5mm内,涂层无气泡、剥离、生锈等现象
耐候性	h	600h,涂层不产生开裂、破损等现象,允许轻微褪色	1 000h,涂层不产生开裂、破损等现象,允许轻微褪色

注:涂层为底漆加面漆的双涂层,底漆厚度(80±5)μm、面漆厚度(70±5)μm。

3. 施工工艺参考

(1)金属基材预处理

钢构件涂装时,要求金属表面清洗干净,以喷砂或抛丸除锈的方法将氧化皮、铁锈及其他杂质消除干净。喷砂处理达到 Sa2.5 级。或者通过酸洗—磷化的方法,达到表面无油、无锈,磷化膜完整,无缺陷。

(2)涂装

涂装方式可采用刷涂、滚涂、喷涂。喷涂前,应用专用稀释剂将涂料调制成需要的黏度;双组分聚苯胺涂料,应按照说明书所给的比例将基料与固化剂混合均匀。喷涂可采用有气喷涂或无气喷涂。如果一次喷涂达不到要求的厚度,可在第一遍喷完以后,闪蒸 3~5min,等漆膜流平且不再流淌后,可再喷涂第二遍(即采用"湿碰湿"的方法)。

底漆喷完应待实干后再喷涂面漆。若底漆表面不平,可用砂纸打磨后再喷涂面漆。

喷涂时应平行、等速并应有 50%的交叉覆盖,以避免空洞、漏涂、不均匀等缺陷的产生;在拐角、凸出处,焊点、焊缝、边角处应重点喷涂。

(十九)混凝土结构防护用渗透型涂料(JG/T 337—2011)

混凝土结构防护用渗透型涂料是能渗入混凝土内部并使混凝土表层具有憎水性、阻滞水与其他有害介质进入,延缓混凝土结构腐蚀破坏,并延长其使用寿命的材料。按产品状态分为:液体渗透型涂料,代号为 Y;膏体渗透型涂料,代号为 G;凝胶体渗透型涂料,代号为 N。按稀释剂类型分为:溶剂类渗透型涂料,代号为 R 型;水性渗透型涂料,代号为 S。

溶剂类渗透型涂料是以硅烷、硅氧烷等为主要组分,采用有机溶剂作为稀释剂的渗透型涂料。

水性渗透型涂料是以硅烷、硅氧烷等为主要组分,采用水作为稀释剂的渗透型涂料。

1. 混凝土结构防护用渗透型涂料的匀质性能

表 12-61

项　　目	指标要求
外观	颜色均匀无杂质
稳定性	无分层、无漂油、无明显沉淀
密度	偏差不超过生产厂控制值的±2%
pH 值	应在生产厂控制值的±1 之内

2. 混凝土结构防护用渗透型涂料的技术性能

表 12-62

项　　目	指标要求	
渗透深度(mm)	氯化物环境	一般环境
	≥6	≥2
吸水量比(%)	≤10	≤20
氯离子渗透深度(mm)	≤7	—
耐紫外光老化	1 000h 紫外光照射后吸水量比≤10%	1 000h 紫外光照射后吸水量比≤20%
耐碱性	碱处理后吸水量比≤12%	碱处理后吸水量比≤20%
挥发性有机化合物(VOC)	内墙满足 GB 18582 要求,外墙满足 GB 24408 要求	

注:氯化物环境是指海洋环境、除冰盐环境及氯离子含量较高的环境。

3.混凝土结构防护用渗透型涂料运输和储存要求

混凝土结构防护用渗透型涂料在运输时，应防雨、防曝晒，勿接近热源火源。储存时，应避免阳光直射和雨淋，不得靠近火源，储存温度为10～25℃。产品有效储存期不少于6个月。

(二十)地坪涂料(HG/T 3829—2006)

地坪涂料包括地坪涂料底漆(A类)、薄型地坪涂料面漆(B类)、厚型地坪涂料面漆(C类)。此类地坪涂料不包括水性地坪涂料和弹性地坪涂料。

地坪涂料适用于涂装在水泥、混凝土、石材、钢材等基面上。

地坪涂料的技术要求　　表12-63

项目		指标和要求		
		地坪涂料底漆(A类)	薄型地坪涂料面漆(B类)	厚型地坪涂料面漆(C型)
在容器中状态		搅拌后均匀无硬块		
固体含量(混合后)(%)		≥50或商定	≥60	—
干燥时间(h)	表干	≤3	≤4	≤8
	实干	≤24	≤24	≤24
适用期		时间商定		
附着力(划格间距1mm)(级)		≤1	≤1	—
柔韧性(mm)		≤2	≤2	—
铅笔硬度(擦伤)		—	≥H	—
硬度(邵氏硬度计,D型)		—	—	75
耐磨性(750g/500r)(g)			≤0.060	≤0.060
耐冲击性(cm)			50	涂层无裂纹、剥落、明显变形
耐水性(7d)			不起泡、不脱落，允许轻微变化	
耐油性(120号汽油,7d)			不起泡、不脱落，允许轻微变化	
耐酸性(H_2SO_4　48h)			10%H_2SO_4,48h不起泡、不脱落，允许轻微变化	20%H_2SO_4,48h不起泡、不脱落，允许轻微变化
耐碱性			10%NaOH,48h不起泡、不脱落，允许轻微变化	20%NaOH,72h不起泡、不脱落，允许轻微变化
耐盐水性(3%NaCl,7d)			不起泡、不脱落，允许轻微变化	
黏结强度(MPa)				≥3
抗压强度(MPa)				≥80

(二十一)环氧树脂防水涂料(JC/T 2217—2014)

环氧树脂防水涂料是以环氧树脂为主要组分，与固化剂反应后生成的具有防水功能的双组分反应型涂料(简称EP防水涂料)。适用于建设工程非外露防水使用。

1. 环氧树脂防水涂料的物理力学性能

表 12-64

项目		技术指标
固体含量(%)		≥60
初始黏度(mPa·s)		≤生产企业标称值[a]
干燥时间(h)	表干时间	≤12
	实干时间	报告实测值
柔韧性		涂层无开裂
黏结强度(MPa)	干基面	≥3.0
	潮湿基面	≥2.5
	浸水处理	≥2.5
	热处理	≥2.5
涂层抗渗压力(MPa)		≥1.0
抗冻性		涂层无开裂、起皮、剥落
耐化学介质	耐酸性	涂层无开裂、起皮、剥落
	耐碱性	涂层无开裂、起皮、剥落
	耐盐性	涂层无开裂、起皮、剥落
抗冲击性(落球法)/(500g,500mm)		涂层无开裂、脱落

注:①[a] 生产企业标称值应在产品包装或说明书、供货合同中明示,告知用户。

②产品各组分为均匀的液体,无凝胶、结块。

2. 环氧树脂防水涂料的储运要求

(1)搬运时应轻搬轻放、防止碰撞、挤压。运输中应防日晒雨淋,禁止接近热源、火源,注意通风。

(2)仓库储存时应有垫架,不得靠墙,储存温度在40℃以下。产品不得露天堆放。储存保质期自生产日起至少12个月。

(二十二)环氧树脂地面涂层材料(JC/T 1015—2006)

环氧树脂地面涂层材料包括环氧树脂底层涂料(EP)、自流平环氧树脂地面涂层材料(ESL)和薄涂型环氧树脂地面涂层材料(ET)。

环氧树脂底层涂料是由环氧树脂、固化剂、稀释剂及其他助剂等组成,在环氧树脂地面涂层材料涂装时,直接涂到地面基体上,起到封闭和黏结作用的涂料。

自流平环氧树脂地面涂层材料是由环氧树脂、稀释剂、固化剂及其他添加剂等组成,搅拌后具有流动性或稍加辅助性铺摊就能流动找平的地面用材料。

薄涂型环氧树脂地面涂层材料是由环氧树脂、稀释剂、固化剂及其他添加剂等组成,采用喷涂、滚涂或刷涂等施工方法,通常一遍施工干膜厚度在100μm以下的地面涂层材料。

1. 环氧树脂底层涂料的要求

表 12-65

项目		技术指标
容器中的状态		搅拌后无硬块,呈均匀状态
固体含量(%)		≥50
干燥时间(h)	表干	≤6
	实干	≤24
7d拉伸黏结强度(MPa)		≥2.0

2. 自流平环氧树脂地面涂层材料的要求

表 12-66

<table>
<tr><th colspan="2">项目</th><th></th><th>技术指标</th></tr>
<tr><td colspan="2">容器中的状态</td><td></td><td>搅拌后无硬块,呈均匀状态</td></tr>
<tr><td colspan="2">涂膜外观</td><td></td><td>平整,无折皱、针孔、气泡等缺陷</td></tr>
<tr><td colspan="2">固体含量(%)</td><td>≥</td><td>95</td></tr>
<tr><td colspan="2">流动度(mm)</td><td>≥</td><td>140</td></tr>
<tr><td rowspan="2">干燥时间(h)</td><td>表干</td><td>≤</td><td>8</td></tr>
<tr><td>实干</td><td>≤</td><td>24</td></tr>
<tr><td colspan="2">7d 抗压强度(MPa)</td><td>≥</td><td>60</td></tr>
<tr><td colspan="2">7d 拉伸黏结强度(MPa)</td><td>≥</td><td>2.0</td></tr>
<tr><td colspan="2">邵氏硬度(D 型)</td><td>≥</td><td>70</td></tr>
<tr><td colspan="2">抗冲击性 φ60mm,1 000g 的钢球</td><td></td><td>涂膜无裂纹,无剥落</td></tr>
<tr><td colspan="2">耐磨性(g)</td><td>≤</td><td>0.15</td></tr>
<tr><td rowspan="3">耐化学性</td><td>15%的 NaOH 溶液</td><td></td><td rowspan="3">涂膜完整,不起泡、不剥落,允许轻微变色</td></tr>
<tr><td>10%的 HCl 溶液</td><td></td></tr>
<tr><td>120 号溶剂汽油</td><td></td></tr>
</table>

3. 薄涂型环氧树脂地面涂层材料的要求

表 12-67

<table>
<tr><th colspan="2">项目</th><th>技术指标</th></tr>
<tr><td colspan="2">容器中的状态</td><td>搅拌后无硬块,呈均匀状态</td></tr>
<tr><td colspan="2">涂膜外观</td><td>平整、无刷痕、折皱、针孔、气泡等缺陷</td></tr>
<tr><td colspan="2">固体含量(%)</td><td>≥60</td></tr>
<tr><td rowspan="2">干燥时间(h)</td><td>表干</td><td>≤6</td></tr>
<tr><td>实干</td><td>≤24</td></tr>
<tr><td colspan="2">铅笔硬度</td><td>≥3H</td></tr>
<tr><td colspan="2">抗冲击性,φ50mm,500g 的钢球</td><td>涂膜无裂纹、无剥落</td></tr>
<tr><td colspan="2">耐磨性(g)</td><td>≤0.20</td></tr>
<tr><td colspan="2">7d 拉伸黏结强度(MPa)</td><td>2.0</td></tr>
<tr><td colspan="2">耐水性</td><td>涂膜完整,不起泡、不剥落,允许轻微变色</td></tr>
<tr><td rowspan="3">耐化学性</td><td>15%的 NaOH 溶液</td><td rowspan="3">涂膜完整,不起泡、不剥落,允许轻微变色</td></tr>
<tr><td>10%的 HCl 溶液</td></tr>
<tr><td>120 号溶剂汽油</td></tr>
</table>

4. 环氧树脂地面涂层材料的储存要求

环氧树脂地面涂层材料产品储存时应隔绝火源,远离热源。产品保质期为 1 年以上。

(二十三)环氧沥青防腐涂料(GB/T 27806—2011)

环氧沥青防腐涂料是以环氧树脂和煤焦沥青为主要成膜物质,加入固化剂、溶剂、颜料等组成的双组分涂料,包括普通型底漆、面漆和厚浆型底漆、面漆,主要用于水下及地下等钢结构和混凝土表面的重防腐涂装。环氧沥青防腐涂料分为普通型和厚浆型两类。

环氧沥青防腐涂料的要求

表 12-68

项　　目	指　　标	
	普通型	厚浆型
在容器中状态	搅拌后均匀无硬块	
流挂性(μm)	—	≥400
不挥发物含量(%)	≥65	
试用期[a](3h)	通过	
施工性	施涂无障碍	
干燥时间(h)	≤24	
漆膜外观	正常	
弯曲试验(mm)	≤8	≤10
耐冲击性(cm)	≥40	
冷热交替试验(3次循环)	无异常	
耐水性(30d)	无异常	
耐盐水性(浸入3%NaCl溶液中168h)	无异常	
耐碱性[b](浸入5%NaOH溶液中168h)	无异常	
耐酸性[b](浸入5%H_2SO_4溶液中168h)	无异常	
耐挥发油性(浸入3号普通型油漆及清洗用溶剂油中48h)	无异常	
耐湿热性(120h)	无异常	
耐盐雾性(120h)	无异常	

注:①[a] 不挥发物含量大于95%的产品除外。

②[b] 含铝粉的产品除外。

(二十四)聚氨酯防水涂料(GB/T 19250—2013)

聚氨酯防水涂料(简称PU防水涂料)适用于工程防水。产品为均匀黏稠体,无凝胶、结块。

1. PU防水涂料的分类

表 12-69

分 类 依 据	分类和代号
按组分分	单组分(S)、多组分(M)
按基本性能分	Ⅰ型:可用于工业与民用建筑工程
	Ⅱ型:可用于桥梁等非直接通行部位
	Ⅲ型:可用于桥梁、停车场、上人屋面等外露通行部位
按是否暴露使用分	外露(E)、非外露(N)
按有害物质限量分	A类、B类

注:①室内、隧道等密闭空间宜选用有害物质限量A类的产品,施工与使用时应注意通风。

②表中给出的Ⅰ、Ⅱ、Ⅲ型产品应用领域为建议应用的领域,不表明该类产品仅限于该应用领域。

2. PU 防水涂料的基本性能

表 12-70

序号	项　　目		技术指标		
			Ⅰ	Ⅱ	Ⅲ
1	固体含量(%)	单组分	≥85.0		
		多组分	≥92.0		
2	表干时间(h)		≤12		
3	实干时间(h)		≤24		
4	流平性[a]		20min 时，无明显齿痕		
5	拉伸强度(MPa)		≥2.00	≥6.00	≥12.0
6	断裂伸长率(%)		≥500	≥450	≥250
7	撕裂强度(N/mm)		≥15	≥30	≥40
8	低温弯折性		−35℃无裂纹		
9	不透水性		0.3MPa，120min 不透水		
10	加热伸缩率(%)		−4.0～+1.0		
11	黏结强度(MPa)		≥1.0		
12	吸水率(%)		≤5.0		
13	定伸时老化	加热老化	无裂纹及变形		
		人工气候老化[b]	无裂纹及变形		
14	热处理(80℃，168h)	拉伸强度保持率(%)	80～150		
		断裂伸长率(%)	≥450	≥400	≥200
		低温弯折性	−30℃无裂纹		
15	碱处理[0.1%NaOH+饱和 $Ca(OH)_2$ 溶液，168h]	拉伸强度保持率(%)	80～150		
		断裂伸长率(%)	≥450	≥400	≥200
		低温弯折性	−30℃无裂纹		
16	酸处理(2% H_2SO_4 溶液，168h)	拉伸强度保持率(%)	80～150		
		断裂伸长率(%)	≥450	≥400	≥200
		低温弯折性	−30℃无裂纹		
17	人工气候老化[b](1 000h)	拉伸强度保持率(%)	80～150		
		断裂伸长率(%)	≥450	≥400	≥200
		低温弯折性	−30℃无裂纹		
18	燃烧性能[b]		B_2-E(点火 15s，燃烧 20s，F_s≤150mm，无燃烧滴落物引燃滤纸)		

注：[a]该项性能不适用于单组分和喷涂施工的产品。流平性时间也可根据工程要求和施工环境由供需双方商定并在订货合同与产品包装上明示。

[b]仅外露产品要求测定。

3. PU 防水涂料的可选性能

表 12-71

序　号	项　　目	技术指标	应用的工程条件
1	硬度(邵 AM)	≥60	上人屋面、停车场等外露通行部位
2	耐磨性(750g，500r)(mg)	≤50	上人屋面，停车场等外露通行部位
3	耐冲击性(kg·m)	≥1.0	上人屋面、停车场等外露通行部位
4	接缝动态变形能力(10 000 次)	无裂纹	桥梁、桥面等动态变形部位

注：可选性能须根据产品应用的工程或环境条件由供需双方商定选用，并在订货合同与产品包装上明示。

4. PU防水涂料的有害物质限量

表 12-72

序号	项目		有害物质限量	
			A类	B类
1	挥发性有机化合物(VOC)(g/L)		≤50	≤200
2	苯(mg/kg)		≤200	
3	甲苯+乙苯+二甲苯(g/kg)		≤1.0	≤5.0
4	苯酚(mg/kg)		≤100	≤100
5	蒽(mg/kg)		≤10	≤10
6	萘(mg/kg)		≤200	≤200
7	游离 TDI(g/kg)		≤3	≤7
8	可溶性重金属(mg/kg)①	铅 Pb	≤90	
		镉 Cd	≤75	
		铬 Cr	≤60	
		汞 Hg	≤60	

注:①可选项目,由供需双方商定。

5. PU防水涂料的储存要求

PU防水涂料的储存温度为5~40℃,在正常储存、运输条件下,有效储存期自生产之日起至少为6个月。

(二十五)聚合物水泥防水涂料(GB/T 23445—2009)

聚合物水泥防水涂料是以丙烯酸酯、乙烯—乙酸乙烯酯等聚合物乳液和水泥为主要原料,加入填料及其他助剂配制而成,经水分挥发和水泥水化反应固化成膜的双组分水性防水涂料。适用于房屋建筑及土木工程涂膜防水用。

产品按物理力学性能分为Ⅰ型、Ⅱ型和Ⅲ型。Ⅰ型适用于活动量较大的基层,Ⅱ型和Ⅲ型适用于活动量较小基层。

1. 聚合物水泥防水涂料的物理力学性能

表 12-73

试验项目		技术指标		
		Ⅰ型	Ⅱ型	Ⅲ型
固体含量(%)		≥70	≥70	≥70
拉伸强度	无处理(MPa)	≥1.2	≥1.8	≥1.8
	加热处理后保持率(%)	≥80	≥80	≥80
	碱处理后保持率(%)	≥60	≥70	≥70
	浸水处理后保持率(%)	≥60	≥70	≥70
	紫外线处理后保持率(%)	≥80	—	—
断裂伸长率	无处理(%)	≥200	≥80	≥30
	加热处理(%)	≥150	≥65	≥20
	碱处理(%)	≥150	≥65	≥20
	浸水处理(%)	≥150	≥65	≥20
	紫外线处理(%)	≥150	—	—
低温柔性(ϕ10mm棒)		−10℃无裂纹	—	—

续表 12-73

试验项目		技术指标		
		Ⅰ型	Ⅱ型	Ⅲ型
黏结强度	无处理(MPa)	≥0.5	≥0.7	≥1.0
	潮湿基层(MPa)	≥0.5	≥0.7	≥1.0
	碱处理(MPa)	≥0.5	≥0.7	≥1.0
	浸水处理(MPa)	≥0.5	≥0.7	≥1.0
不透水性(0.3MPa,30min)		不透水	不透水	不透水
抗渗性(砂浆背水面)(MPa)		—	≥0.6	≥0.8

注:①产品中有害物质含量应符合 JC 1066—2008 中 4.1A 级的要求。

②产品的两组分经分别搅拌后,其液体组分应为无杂质、无凝胶的均匀乳液;固体组分应为无杂质、无结块的粉末。

2.聚合物水泥防水涂料的储存要求

聚合物水泥防水涂料液体组分的储存温度不低于 5℃,产品自生产之日起,在正常运输、储存条件下,有效储存期不少于 6 个月。

(二十六)硅酸盐复合绝热涂料(GB/T 17371—2008)

硅酸盐复合绝热涂料适用于热面温度不大于 600℃的绝热工程。按产品整体有无憎水剂分为普通型(代号 P)和憎水型(代号 Z);按干密度分为 A、B、C 三个等级。

硅酸盐复合绝热涂料的物理性能　　表 12-74

项目		指标		
		A 等级	B 等级	C 等级
外观质量		色泽均匀一致黏稠状浆体		
浆体密度(kg/m³)		≤1 000		
浆体 pH 值		9～11		
干密度(kg/m³)		≤180	≤220	≤280
体积收缩率(%)		≤15.0	≤20.0	≤20.0
抗拉强度(kPa)		≥100		
黏结强度(kPa)		≥25		
导热系数[W/(m·K)]	平均温度 350℃±5℃	≤0.10	≤0.11	≤0.12
	平均温度 70℃±2℃	≤0.06	≤0.07	≤0.08
高温后抗拉强度(kPa)(600℃恒温 4h)		≥50		

注:①憎水型硅酸盐复合绝热涂料的憎水率应不小于 98%。

②用于奥氏体不锈钢材料表面绝热时,应符合 GB/T 17393 的要求。

(二十七)过氯乙烯树脂防腐涂料(GB/T 25258—2010)

过氯乙烯树脂防腐涂料是以过氯乙烯树脂为主要成膜物质制成的防腐涂料。主要用于各种化工设备、管道、钢结构、混凝土结构表面的防腐蚀保护。

过氯乙烯树脂防腐涂料的技术要求　　表 12-75

项目		指标
黏度(涂-4 杯)(s)	≥	30
不挥发物含量(%)	≥	20
遮盖力(g/m²)	≤	
白色		70
黑色		30
其他色		商定

续表 12-75

项　　目	指　　标
干燥时间(实干)(min)	≤60
涂膜外观	正常
硬度	≥0.40
弯曲试验(mm)	2
耐冲击性(cm)	50
附着力(级)	≤2
耐酸性(25% H_2SO_4 溶液,30d)	不起泡、不生锈、不脱落
耐碱性(40% NaOH 溶液,20d)	不起泡、不生锈、不脱落

(二十八)酚醛树脂防锈涂料(GB/T 25252—2010)

酚醛树脂防锈涂料是以酚醛树脂或改性酚醛树脂为主要成膜物质制成的,主要用于金属基材表面的保护和装饰。

酚醛树脂防锈涂料的技术要求　　表 12-76

项　　目	指　　标				
	红丹	铁红	锌黄	云母氧化铁	其他
在容器中状态	搅拌混合后无硬块,呈均匀状态				
流出时间(ISO 6 号杯)(s)	≥35	≥45	≥55	≥40	≥45
细度(μm)	≤60	≤55	≤50	—	≤55①
遮盖力(g/m^2)	商定	≤55	≤180	商定	
施工性	施涂无障碍				
干燥时间(h)					
表干	≤5				
实干	≤24				
涂膜外观	正常				
耐冲击性(cm)	50				
硬度	≥0.20	≥0.20	≥0.20	≥0.30	≥0.20
附着力(级)	≤2				
结皮性(48h)	不结皮				
耐盐水性(3% NaCl 溶液)	120h	48h	168h	120h	48h
	无异常				

注:①含片状颜料,如铝粉等颜料的产品除外。

(二十九)酚醛树脂涂料(GB/T 25253—2010)

酚醛树脂涂料是由酚醛树脂或改性酚醛树脂为主要成膜物制成的。主要用于交通工具、机械设备、木器家具等表面的保护和装饰。

酚醛树脂涂料分为清漆和色漆两类,其中色漆中分为调合漆、磁漆和底漆三类。

酚醛树脂涂料的技术要求　　表 12-77

项　　目	指　　标			
	清漆	色漆		
		调合漆	磁漆	底漆
在容器中状态	搅拌混合后无硬块,呈均匀状态			
原漆颜色[a](号)	≤14	—		
流出时间(ISO 6 号杯)(s)	≥35	≥40		≥45

续表 12-77

项 目	指 标			
	清漆	色漆		
		调合漆	磁漆	底漆
细度[b](μm)	—	≤40	≤30	≤60
遮盖力[c](g/m^2)				
黑色		≤45	≤45	
白色	—	≤200	≤120	—
其他色		商定	商定	
不挥发物含量(%)	≥45	≥50		
结皮性(48h)	不结皮			
施工性	施涂无障碍			
耐硝基漆性	—			涂膜不膨胀，不起皱、不渗色
涂膜外观	正常			
干燥时间(h)				
表干	≤8			
实干	≤24			
硬度	≥0.20	≥0.20	≥0.25	—
柔韧性(mm)	≤2			—
耐冲击性(cm)	—	—	50	—
附着力(级)	≤2			
光泽(60°)(单位值)	商定			—
耐水性(8h)	无异常			—

注：[a]仅限于透明液体。

[b]含铝粉、云母氧化铁、玻璃鳞片、锌粉等颜料的产品除外。

[c]含有透明颜料的产品除外。

(三十)溶剂型丙烯酸树脂涂料(GB/T 25264—2010)

溶剂型丙烯酸树脂涂料是以丙烯酸酯树脂为主要成膜物质。主要用于各类金属及塑料等表面的装饰与保护。

溶剂型丙烯酸树脂涂料分为以下两种类型：

Ⅰ型：以热塑型丙烯酸酯树脂为主要成膜物质，可加入适量纤维素酯等成膜物改性而成的单组分面漆。Ⅰ型产品又可分为A类和B类两个类别，其中A类产品主要适用于金属表面，B类产品主要适用于塑料表面。

Ⅱ型：以热固型丙烯酸酯树脂为主要成膜物质，加入氨基树脂交联剂等调制而成的单组分面漆。产品主要适用于金属表面。

溶剂型丙烯酸树脂涂料的要求 表 12-78

项 目	要 求					
	Ⅰ型产品				Ⅱ型产品	
	A类		B类		清漆	色漆
	清漆	色漆	清漆	色漆		
在容器中状态	搅拌混合后无硬块，呈均匀状态					
原漆颜色①(号)(铁钴比色计)	≤2	—	≤2	—	≤2	—

续表 12-78

项目		要求					
		Ⅰ型产品				Ⅱ型产品	
		A类		B类		清漆	色漆
		清漆	色漆	清漆	色漆		
细度②(μm) ≤	光泽(60°)≥80	—	20	—	20	—	20
	光泽(60°)<80		40		40		30
遮盖力③(g/m^2) ≤	白色	—	110	—	110	—	110
	其他色		商定		商定		商定
流出时间(s)(ISO 6号杯) ≥		20	40	20	40	20	40
不挥发物含量(%) ≥		35	40	35	40	35	40
干燥时间	表干(min)	≤30				—	
	实干(h)	≤2				通过	
漆膜外观		正常					
弯曲试验(mm)	光泽(60°)≥80	2		—		2	
	光泽(60°)<80	商定					
划格试验(级) ≤		1					
铅笔硬度(擦伤) ≥		HB				H	
光泽(60°)(单位值)		商定					
耐汽油性[符合SH 0004—1990(1998)的溶剂油]		1h,不发软、不发黏、不起泡		—		3h,不发软、不发黏、不起泡	
耐水性		8h,不起泡、不脱落,允许轻微变色				24h,不起泡,不脱落,允许轻微变色	
耐冲击性(cm)		—				50	
耐热性 90℃±2℃,3h		不鼓泡、不起皱		—		—	
与底材的适应性		—		通过		—	

注:①不透明液体除外。

②含效应颜料,如珠光粉、铝粉等的产品除外。

③含有透明颜料的产品除外。

(三十一)建筑室内用腻子(JG/T 298—2010)

建筑室内用腻子是指在装饰工程前,施涂于建筑室内,以找平为主要目的的基层表面处理材料。包括薄型室内用腻子(单道施工厚度<2mm)和厚型室内用腻子(单道施工厚度≥2mm)。

建筑室内用腻子外形为液态膏状或粉状加胶液(分装)。

建筑室内用腻子按适用特点分为:

(1)一般型室内用腻子(代号 Y):适用于一般室内装饰工程。

(2)柔韧型室内用腻子(代号 R):适用于有一定抗裂要求的室内装饰工程。

(3)耐水型室内用腻子(代号 N):适用于要求耐水、高粘接强度场所的室内装饰工程。

1.建筑室内用腻子的物理性能指标

表 12-79

项目	技术指标[a]		
	一般型(Y)	柔韧型(R)	耐水型(N)
容器中状态	无结块、均匀		
低温储存稳定性[b]	三次循环不变质		

续表 12-79

项　目			技术指标[a]		
			一般型(Y)	柔韧型(R)	耐水型(N)
施工性			制涂无障碍		
干燥时间(表干)(h)不大于	单道施工厚度(mm)	<2	2		
		≥2	5		
初期干燥抗裂性(3h)			无裂纹		
打磨性			手工可打磨		
耐水性			—	4h 无起泡、开裂及明显掉粉	48h 无起泡、开裂及明显掉粉
黏结强度(MPa)　大于		标准状态	0.30	0.40	0.50
		浸水后	—	—	0.30
柔韧性			—	直径 100mm,无裂纹	—

注:①[a] 在报告中给出 pH 值实测值。

②[b] 液体组分或膏状组分需测试此指标。

③有害物质限量应符合 GB 18582 中水性墙面腻子产品的规定。

2. 建筑室内用腻子的储存要求

建筑室内用非粉状组分腻子冬季储存时应采取适当防冻措施。

(三十二)外墙柔性腻子(GB/T 23455—2009)

外墙柔性腻子适用于建筑外墙找平,起到柔性抗裂作用。

1. 外墙柔性腻子的分类及标记

(1)类别

外墙柔性腻子按其组分分为单组分和双组分。

单组分(代号 D):工厂预制,包括水泥、可再分散聚合物粉末、填料以及其他添加剂等搅拌而成的粉状产品,使用时按生产商提供的配比加水搅拌均匀后使用。

双组分(代号 S):工厂预制,包括由水泥、填料以及其他添加剂组成的粉状组分和由聚合物乳液组成的液状组分,使用时按生产商提供的配比将两组份按配比搅拌均匀后使用。

(2)型号

按适用的基面分为Ⅰ型和Ⅱ型两种型号。

Ⅰ型:适用于水泥砂浆、混凝土、外墙外保温基面。

Ⅱ型:适用于外墙陶瓷砖基面。

2. 外墙柔性腻子的技术要求

表 12-80

序　号	项　目		技术指标	
			Ⅰ型	Ⅱ型
1	混合后状态		均匀、无结块	
2	施工性		刮涂无障碍,无打卷,涂层平整	
3	干燥时间(表干)(h)		≤4	
4	初期干燥抗裂性(6h)		无裂纹	
5	打磨性(磨耗值)(g)		≥0.20	—
6	与砂浆的拉伸黏结强度(MPa)	标准状态	≥0.6	—
		碱处理	≥0.3	—
		冻融循环处理	≥0.3	—

续表 12-80

序号	项目		技术指标	
			Ⅰ型	Ⅱ型
7	与陶瓷砖的拉伸黏结强度(MPa)	标准状态	—	≥0.5
		浸水处理	—	≥0.2
		冻融循环处理	—	≥0.2
8	柔韧性	标准状态	直径 50mm,无裂纹	
		冷热循环 5 次	直径 100mm,无裂纹	

四、颜料及其他

(一)颜料分类、命名和型号(GB/T 3182—1995)

1. *颜料的分类*

颜料按颜色或特性分类,并以两个相应的大写汉语拼音字母组成的类别代号表示,见表 12-81。颜料根据其化学组成分为无机颜料和有机颜料两大体系。每类无机颜料按其化学属类又分为若干品种系列,并在类别代号之后,用一组两位阿拉伯数字 01~49 表示,见表 12-82。每类有机颜料按其结构属类又分为若干品种系列,并在类别代号之后,用一组两位阿拉伯数字 51~99 表示,见表 12-83。

颜料类别代号 表 12-81

颜色或特性	红	橙	黄	绿	蓝	紫	棕	黑	白	灰	金属	发光	珠光	体质
类别代号	HO	CH	HU	LU	LA	ZI	ZO	HE	BA	HI	JS	FG	ZH	TZ

无机颜料品种系列代号 表 12-82

品种系列代号	化学属类	品种系列代号	化学属类
01	氧化物	08	磷酸盐
02	铬酸盐	09	铁氰酸盐
03	硫酸盐	10	氢氧化物
04	碳酸盐	11	硫化物
05	硅酸盐	12	元素
06	硼酸盐	13	金属
07	钼酸盐	40	其他

有机颜料品种系列代号 表 12-83

品种系列代号	结构属类	品种系列代号	结构属类
51	亚硝基类	59	二噁嗪类
52	单偶氮类	60	还原类
53	多偶氮类	61	酞菁类
54	偶氮色淀类	62	异吲哚啉酮类
55	偶氮缩合类	63	三芳甲烷类
56	碱性染料色淀类	64	苯并咪唑酮类
57	酸性染料色淀类	90	其他
58	喹吖啶酮类		

2. *颜料的命名*

颜料命名基本上沿用国内现行习惯名称,同时也采用部分国际通用名称。

有机颜料的名称结尾可用字母符号表示色相、特性及结构等含义(表 12-84)。在色相与特性字母符号之前有时还用阿拉伯数字表示其程度。

有机颜料名称结尾符号含义　　表 12-84

符　号	含　义
R	红相
G	黄相或绿相①
B	蓝相
X	着色强度良好
H	耐热
L	日耐牢度
S	稳定型
N	发展品种

注:① 系指带黄相的绿色颜料、带黄相的红色颜料或带绿相的黄色颜料。

3.颜料的型号

(1)颜料型号用于区别具体颜料品种,它位于颜料名称之前。

颜料型号由两个汉语拼音字母和两组阿拉伯数字组成。字母表示颜料类别代号,位于型号的最前部;第一组两位阿拉伯数字表示颜料的品种系列代号;第二组两位阿拉伯数字表示颜料序号;两组阿拉伯数字之间加有半字线“-”,把品种系列代号和序号分开。

(2)颜料类别代号和品种系列代号见表 12-81～表 12-83。

(3)颜料序号(01～99)用于区分同类、同品种系列的不同颜料品种。

无机颜料的序号用于区分同类、同一化学属类中分子式不同的颜料,或相同分子式而生产工艺、晶型、色相等不同的颜料。

有机颜料的序号用于区分同类、同一结构属类中不同化学结构式、组成、色相等的颜料。

①01～49 为单一化学结构式的不同品种。

②51～79 为两种有机颜料混合的品种。

③81～99 为无机颜料与有机颜料复合的品种。

④品种系列代号为 54、56、57 的有机颜料有单一组分与混合组分之分,故对这三品种系列的序号另规定如下:01～25 为单一色淀,26～49 为单一色原,51～75 为混合色淀,76～99 为混合色原。

(4)颜料型号名称举例

表 12-85

型　号	名　称	型　号	名　称
HO01-01	氧化铁红	HO52-01	甲苯胺红
HU02-02	中铬黄	CH53-02	永固橙 HG
LA09-10	铁蓝	HU64-01	永固黄 HS2G
BA01-01	二氧化钛	LA61-02	酞青蓝 BGS
JS13-01	铝粉	ZI58-01	喹吖啶酮紫
TZ03-01	沉淀硫酸钡	FG90-01	荧光橘红

(5)修改过的型号名称新旧对照表

表 12-86

新型号名称	被替代的旧型号名称
HO01-40 红丹	HO01-10 红丹
HO11-22 银硃	HO11- 02 银硃

续表 12-86

新型号名称	被替代的旧型号名称
HU02-36 碱式铬酸锌钾	HU02-06 碱式锌黄
HU02-37 四盐基铬酸锌	HU02-07 四盐基锌黄
HU02-48 铬酸锶	HU02-08 锶黄
HU02-59 铬酸钡	HU02-09 钡黄
HU02-70 铬酸钙	HU02-10 钙黄
HU02-81 锶钙黄	HU02-11 锶钙黄
HU11-12 镉钡黄	HU11-02 镉钡黄
LA01-12 群青	LA01-02 群青
ZO01-13 锌铁棕	ZO01-03 锌铁棕
HE01-22 铬铁黑	HE01-02 铬铁黑
BA01-34 氧化锌	BA01-04 氧化锌
BA01-35 氧化锌	BA01-05 氧化锌
BA01-36 含铅氧化锌	BA01-06 含铅氧化锌
BA11-07 锌钡白(立德粉)	含 ZnS40%未处理(新增品种)
BA11-08 锌钡白(立德粉)	含 ZnS40%后处理(新增品种)
HI01-03 云母氧化铁灰	HE01-03 云母氧化铁黑
JS13-03 铝粉浆	JS13-03 铝粉
JS13-04 铝粉浆	JS13-04 铝粉
JS13-35 铜粉	JS13-05 铜粉
ZH04-01 珠光铅白	BA04-01 珠光铅白

(二)常用颜料和虫胶

1. 红丹

红丹又名铅丹,由原高铅酸铅(Pb_3O_4)及一氧化铅(PbO)组成。

红丹为橙红至红色,分涂料工业用和其他工业用两大类。涂料工业用分不凝结型(高百分含量红丹)和高分散性两种。不凝结型红丹与亚麻仁油混合时,不引起过度增稠。涂料用红丹是制造防锈漆的主要原料之一。红丹有毒。应存放于干燥处,严禁潮湿,要与酸碱物品隔离存放。红丹相对密度约9.1。

2. 黄丹(一氧化铅)PbO

土黄色粉末。相对密度一般为 9.53,不溶于水和醇而溶于硝酸、醋酸和烧碱中,有毒。黄丹根据纯度分为一级(≥99.3%)、二级(≥99%)。用于油漆、橡胶、杀虫剂、玻璃、陶瓷、搪瓷等工业。用铁桶或木箱装,防潮,不可与酸、碱类物品共储。

3. 铅铬黄(又名巴黎黄、可龙黄)$PbCrO_4$

其主要成分为铬酸铅、硫酸铅或碱式铬酸铅。以铬酸铅含量计,分柠檬铬黄(≥50%),浅铬黄(≥60%),中铬黄(≥90%)深铬黄(≥85%)和桔铬黄(≥55%)五种。相对密度为 5.6~6。铅铬黄颜色鲜艳,耐气,耐光性好,遮盖力,耐热性强。不溶于水、油、醋酸;溶于无机强酸和碱;遇硫化氢气体和含硫颜料会变成黑色;有毒。用于油漆、油墨、塑料、橡胶等工业。桶装或箱装,防潮,不可与酸、碱类物品共储。

4. 钛白粉(又名二氧化钛)TiO_2

颜色洁白,质地柔软,着色力、遮盖力很强,不溶于水,微溶于碱,易溶于热硫酸及盐酸。相对密度3.9~4.2,怕受潮。用于油漆、造纸、橡胶,制电焊条等工业。袋装。防潮,不可与酸、碱类物品共储。

二氧化钛颜料根据晶型分为锐钛型和金红石型两类，每类又分为下列品种和等级：

锐钛型：BA01-01　一级品　BA01—02　一级品

合格品　合格品

金红石型：BA01-03　一级品

合格品

5. 锌氧粉（又名氧化锌、锌白粉、锌华）ZnO

洁白色无臭粉末。根据氧化锌含量分为一级品（≥99.7%），二级品（≥99.5%），三级品（≥99.4%）。着色力、遮盖力强，不溶于水和乙醇，能溶于淡酸和氨水，吸收空气中的 CO_2 会变成碳酸锌，故不宜久贮。氧化锌有良好的耐热性和耐候性，用于油漆、橡胶、印染、医药等工业。袋装或箱装。严禁受潮，防止和酸、碱性化学物品共储。有效储存期 6 个月。

6. 立德粉（又名锌钡白）$ZnS+BaSO_4$

白色晶状粉末，是硫化锌和硫酸钡的混合物，分 B301、B302、B311、B312 四个品种。每种各分为一、二级品。B302 的着色力、遮盖力大于 B301。相对密度为 4.136～4.39，耐热性好，对碱溶液有抵抗力，不溶于水，遇酸能分解放出硫化氢气体。用于油漆、橡胶，塑料、搪瓷等工业。

袋装。防潮，不可与酸类物品共储。

7. 涂料铝粉（又称银粉）

涂料铝粉分为 FLU_1 和 FLU_2 两个牌号，其活性铝含量不小于 82%，每个牌号按化学成分和盖水面积不同分为 A 级和 B 级。涂料铝粉呈银白色、花瓣状，质地轻，遮盖力强，稳定性好，反射光和热的性能好，能和酸、碱起反应，常温下遇水或水蒸气起反应能放出氢气，可以引起燃烧和爆炸，是易燃性危险品。用于调制银粉漆。严禁受潮。不可与酸，碱和氧化剂类物品共储运。

8. 虫胶（漆片、洋干漆）

棕红色片状树脂，系热带地区树木上的一种昆虫分泌的胶质经加工制得。质地脆硬，无臭无味，略带透明，不溶于水，能溶于酒精、松节油等，它的酒精溶液即为虫胶清漆。袋装，存阴凉、通风干燥处，远离火种、氧化剂和易燃物等。

（三）常用辅助材料（仅供参考）

表 12-87

名　称	型号	组　成	性能和用途
稀释剂			
硝基漆稀释剂（香蕉水）	X-1 X-2	由酯、醇、酮、苯类等混合溶剂配制而成的无色透明液体	X-1 含酯、酮溶剂比例较高，溶解性能较好，可作硝基清漆、磁漆、底漆稀释之用；X-2 含酯、酮溶剂比例较低，溶解性能稍差，可作要求不高的硝基漆及底漆的稀释剂，或作洗涤硝基漆施工工具及用品等。 不能用于稀释过氯乙烯漆类 有效储存期两年
过氯乙烯漆稀释剂	X-3	由酯、酮和苯等溶剂调制而成的无色透明液体	具有较好的稀释能力和适当的挥发速度。主要用于稀释各种过氯乙烯清漆、磁漆、底漆及腻子。 使用时不可混入其他稀释剂，特别不可混入醇类和汽油等。有效储存期两年
氨基漆稀释剂	X-4	由二甲苯和丁醇混合制成	具有良好的溶解性。供氨基烘漆，氨基锤纹漆稀释用，也可用于环氧酯类漆
丙烯酸漆稀释剂	X-5	由酯、醇、苯类溶剂混合制成，酯类溶剂占 50%以上	供丙烯酸漆稀释用。也可用于硝基漆

续表 12-87

名　称	型号	组　成	性能和用途
醇酸漆稀释剂	X-6	由二甲苯与 200 号溶剂油或松节油经净化处理而制成	适用于各种长、中油度醇酸漆稀释用,也可供一般油基漆(酯胶漆、酚醛漆)稀释用,但不能用于硝基漆及过氯乙烯漆
环氧漆稀释剂	X-7	由二甲苯,丁醇及酮类或醚类混合配制而成的透明液体	对环氧树脂有较好的溶解性,可供由纯环氧树脂及高分子环氧树脂所制成的清漆、底漆、磁漆及腻子、防腐漆稀释用
防潮剂			
硝基漆防潮剂	F-1	由沸点较高、挥发速度较慢的酯类、醇类、酮类等有机溶剂混合成的无色透明液体	与硝基漆稀释剂配合使用时,可在湿度高的环境下施工,以防止硝基漆发白。但不能单独作为硝基漆稀释剂用,也不能用于过氯乙烯漆内
过氯乙烯漆防潮剂	F-2	由沸点较高的酯、酮类溶剂混合而成的无色透明液体	具有较高的稀释能力。与过氯乙烯漆稀释剂配合使用,在相对湿度较大的气候条件下施工,可防止过氯乙烯漆漆膜发白。 使用时不能混入其他有机溶剂,特别是醇类和汽油等。也不宜单独使用,否则会影响漆膜的干燥时间和颜色等
脱漆剂			
脱漆剂	T-1	由酮、醇、酯、苯类等混合溶剂,加入适量的石蜡配制而成的一种乳白色糊状物	具有溶解、溶胀漆膜使之剥离的性能。主要用于消除旧的油基漆(酯胶、油脂、酚醛漆)漆膜。 决不能与其他溶剂混合使用。 使用量≤150g/m²
脱漆剂	T-2	由酮、醇、苯、酯等溶剂混合而成的无色透明液体	具有较高的溶解、溶胀漆膜的性能,脱漆速度快。主要用于消除油基(油脂、酯胶、酚醛)醇酸及硝基漆的旧漆膜。 不能与其他脱漆剂混合使用。 使用量≤170g/m²
脱漆剂	T-3	由二氯甲烷、有机玻璃、乙醇、甲苯、石蜡及有机酸配制而成	毒性较小,脱漆速度较快,供清除各类油漆的旧漆膜。对环氧漆、聚氨酯漆的脱漆效果差
催干剂			
催干剂	G-1	由环烷酸与钴盐反应而生成的金属皂溶于 200 号溶剂油等有机溶剂中的溶剂	系氧化型,能加速油漆表面干燥。主要用于以氧化作用成膜的自干型清漆、磁漆、底漆(包括油基漆、醇酸漆)作催干用。 使用量≤0.5%
催干剂	C-4	为钴、锰等金属的亚麻油酸或环烷酸皂溶解在干性油和有机溶剂中	用于各种氧化干燥的磁漆、清漆、作调节干燥时间之用。 使用量在 3%左右

第三节　塑 料 制 品

塑料品种很多且性能多种多样,被广泛地使用于国民经济各个部门。塑料因原料来源丰富易得,成型、加工简单、成本低等,使得塑料行业发展很快,塑料工业是现代国民经济的一个重要方面。

一、塑料的组成、分类及代号

塑料主要是以有机合成树脂或有机合成树脂加各种添加剂经加热、加压塑制而成的一种高分子有机材料。有机合成树脂按合成方法不同分为缩合树脂和聚合树脂两种,缩合树脂系指两个或两个以上的不同物质化合时,放出水或其他物质而生成一种与原来分子完全不同的化学反应物。聚合树脂则系许多相同物质分子联结成庞大分子,但其基本化学组成不变。树脂内加入某些添加剂是为了得到多种多样的改性塑料品种,以满足不同的需要。

塑料根据树脂性质的不同,分为热塑性塑料和热固性塑料两类。热塑性塑料能加热软化,熔融,冷却后固化成型,并可多次反复重塑。热固性塑料是指原料在一定温度下固化成型后变得质地坚硬并不溶于溶剂,即使再加热到近于分解温度也不会软化,所以只能塑制一次。

塑料根据用途可分为日用塑料和工程塑料两类。

塑料产品主要有塑料薄膜(布),泡沫塑料,塑料板、棒,塑料管和人造革等。

塑料产品的加工方式主要有挤压成型、模压及层压成型,发泡成型和吹塑成型等。

1.塑料的组成和添加剂

表 12-88

<table>
<tr><td colspan="2" rowspan="2">树脂
40%～100%</td><td colspan="29">常用添加剂及举例</td></tr>
<tr><td colspan="8">填料和增强材料
20%～50%</td><td colspan="2">增塑剂</td><td colspan="2">润滑剂
0.5%～1.5%</td><td colspan="2">固化剂</td><td colspan="2">阻燃剂</td><td colspan="2">稳定剂</td><td rowspan="3">着色剂</td><td rowspan="3">发泡剂</td><td rowspan="3">抗氧剂</td><td rowspan="3">开口剂</td><td rowspan="3">抗静电剂</td><td rowspan="3">促进剂</td><td rowspan="3">阻聚剂</td><td rowspan="3">阻滞剂</td><td rowspan="3">引发剂</td><td rowspan="3">调聚剂</td><td rowspan="3">稀释剂</td></tr>
<tr><td rowspan="2">天然树脂</td><td rowspan="2">合成树脂</td><td colspan="4">有机材料</td><td colspan="4">无机材料</td><td rowspan="2">樟脑</td><td rowspan="2">邻苯二甲酸酯</td><td rowspan="2">油脂</td><td rowspan="2">硬脂酸</td><td rowspan="2">乌洛托品</td><td rowspan="2">乙二胺</td><td rowspan="2">三氧化锑</td><td rowspan="2">氢氧化铝</td><td rowspan="2">硬脂酸铝</td><td rowspan="2">有机锡类</td></tr>
<tr><td>木粉</td><td>棉织品</td><td>纸</td><td>石棉</td><td>云母</td><td>石粉</td><td>碳纤维</td><td>玻璃纤维</td></tr>
</table>

2.常用塑料的分类

表 12-89

<table>
<tr><td rowspan="8">热固性塑料(塑制一次)</td><td>酚醛塑料</td><td rowspan="8">热塑性塑料(可重复塑制)</td><td>聚氯乙烯塑料</td></tr>
<tr><td>氨基塑料</td><td>聚乙烯塑料</td></tr>
<tr><td>聚酯塑料</td><td>聚苯乙烯塑料</td></tr>
<tr><td>环氧塑料</td><td>聚酰胺塑料(尼龙)</td></tr>
<tr><td>有机硅塑料</td><td>聚苯烯塑料</td></tr>
<tr><td></td><td>聚四氟乙烯塑料</td></tr>
<tr><td></td><td>聚甲基丙烯酸甲酯(有机玻璃)</td></tr>
<tr><td></td><td>聚甲醛塑料</td></tr>
</table>

3. 塑料的名称、缩略语及代号(GB/T 16288—2008)

表 12-90

名　称	缩略语	代号	名　称	缩略语	代号
聚对苯二甲酸乙二酯	PET	01	三聚氰胺-酚醛树脂	MP	41
高密度聚乙烯	PE-HD	02	α-甲基苯乙烯-丙烯腈塑料	MSAN	42
聚氯乙烯	PVC	03	聚酰胺	PA	43
低密度聚乙烯	PE-LD	04	聚丙烯酸	PAA	44
聚丙烯	PP	05	聚芳醚酮	PAEK	45
聚苯乙烯	PS	06	聚酰胺(酰)亚胺	PAI	46
丙烯腈-丁二烯塑料	AB	07	聚丙烯酸酯	PAK	47
丙烯腈-丁二烯-丙烯酸酯塑料	ABAK	08	聚丙烯腈	PAN	48
丙烯腈-丁二烯-苯乙烯塑料	ABS	09	聚芳酯	PAR	49
丙烯腈-氯化聚乙烯-苯乙烯塑料	ACS	10	聚芳酰胺	PARA	50
丙烯腈-(乙烯-丙烯-二烯)-苯乙烯塑料	AEPDS	11	聚丁烯	PB	51
丙烯腈-甲基丙烯酸甲酯塑料	AMMA	12	聚丙烯酸丁酯	PBAK	52
丙烯腈-苯乙烯-丙烯酸酯塑料	ASA	13	聚对苯二甲酸/己二酸/丁二酯	PBAT	53
乙酸纤维素	CA	14	1,2-聚丁二烯	PBD	54
乙酸丁酸纤维素	CAB	15	聚萘二甲酸丁二酯	PBN	55
乙酸丙酸纤维素	CAP	16	聚丁二酸丁二酯	PBS	56
甲醛纤维素	CEF	17	聚对苯二甲酸丁二酯	PBT	57
甲酚-甲醛树脂	CF	18	聚碳酸酯	PC	58
羧甲基纤维素	CMC	19	亚环己基-二亚甲基—环己基二羧酸酯	PCCE	59
硝酸纤维素	CN	20	聚己内酯	PCL	60
环烯烃共聚物	COC	21	聚(对苯二甲酸亚环己基—二亚甲酯)	PCT	61
丙酸纤维素	CP	22	聚三氟氯乙烯	PCTFE	62
三乙酸纤维素	CTA	23	聚邻苯二甲酸二烯丙酯	PDAP	63
乙烯-丙烯塑料	E/P	24	聚二环戊二烯	PDCPD	64
乙烯-丙烯酸塑料	EAA	25	聚碳酸/丁二酸丁二酯	PEC	65
乙烯-丙烯酸丁酯塑料	EBAK	26	聚酯碳酸酯	PEC	66
乙基纤维素 ethyl cellu	EC	27	氯化聚乙烯	PE-C	67
乙烯-丙烯酸乙酯塑料	EEAK	28	聚醚醚酮	PEEK	68
乙烯-甲基丙烯酸塑料	EMA	29	聚醚酯	PEEST	69
环氧;环氧树脂或塑料	EP	30	聚醚(酰)亚胺	PEI	70
乙烯-四氟乙烯塑料	ETFE	31	聚醚酮	PEK	71
乙烯-乙酸烯酯塑料	EVAC	32	线性低密度聚乙烯	PE-LLD	72
乙烯-乙烯醇塑料	EVOH	33	中密度聚乙烯	PE-MD	73
全氟(乙烯-丙烯)塑料	FEP	34	聚萘二甲酸乙二酯	PEN	74
呋喃-甲醛树脂	FF	35	聚氧化乙烯	PEOX	75
液晶聚合物	LCP	36	聚丁二酸乙二酯	PES	76
甲基丙烯酸甲酯-丙烯腈-丁二烯苯乙烯	MABS	37	聚酯型聚氨酯	PESTUR	77
甲基丙烯酸甲酯-丁二烯苯乙烯	MBS	38	聚醚砜	PESU	78
甲基纤维素	MC	39	超高分子量聚乙烯	PE-UHMW	79
三聚氰胺-甲醛树脂	MF	40	聚醚型聚氨酯	PEUR	80

续表 12-90

名称	缩略语	代号	名称	缩略语	代号
极低密度聚乙烯	PE-VLD	81	聚乙烯醇	PVAL	115
酚醛树脂	PF	82	聚乙烯醇缩丁醛	PVB	116
全氟烷氧基烷树脂	PFA	83	氯化聚氯乙烯	PVC-C	117
聚乙交酯	PGA	84	未增塑聚氯乙烯	PVC-U	118
聚羟基烷酸酯	PHA	85	聚偏二氯乙烯	PVDC	119
聚-3-羟基丁酸	PHB	86	聚偏二氟乙烯	PVDF	120
聚羟基丁酸戊酸酯	PHBV	87	聚氟乙烯	PVF	121
聚酰亚胺	PI	88	聚乙烯醇缩甲醛	PVFM	122
聚异丁烯	PIB	89	聚-N-乙烯基咔唑	PVK	123
聚异氰脲酸酯	PIR	90	聚-N-乙烯基吡咯烷酮	PVP	124
聚酮	PK	91	苯乙烯-丙烯腈塑料	SAN	125
聚乳酸	PLA	92	苯乙烯-丁二烯塑料	SB	126
聚甲基丙烯酰亚胺	PMI	93	有机硅塑料	SI	127
聚甲基丙烯酸甲酯	PMMA	94	苯乙烯-顺丁烯二酸酐塑料	SMAH	128
聚 N-甲基甲基丙烯酰亚胺	PMMI	95	苯乙烯-α-甲基苯乙烯塑料	SMS	129
聚-4-甲基戊烯-1	PMP	96	脲-甲醛树脂	UF	130
聚-α-甲基苯乙烯	PMS	97	不饱和聚酯树脂	UP	131
聚氧亚甲基;聚甲醛;聚缩醛	POM	98	氯乙烯-乙烯塑料	VCE	132
二氧化碳和环氧丙烷共聚合物	PPC	99	氯乙烯-乙烯-丙烯酸甲酯塑料	VCEMAK	133
聚对二氧环己酮	PPDO	100	氯乙烯-乙烯-丙烯酸乙酯塑料	VCEVAC	134
聚苯醚	PPE	101	氯乙烯-丙烯酸甲酯塑料	VCMAK	135
可发性聚丙烯	PP-E	102	氯乙烯-甲基丙烯酸甲酯塑料	VCMMA	136
高抗冲聚丙烯	PP-HI	103	氯乙烯-丙烯酸辛酯塑料	VCOAK	137
聚氧化丙烯	PPOX	104	氯乙烯-乙酸乙烯酯塑料	VCVAC	138
聚苯硫醚	PPS	105	氯乙烯-偏二氯乙烯塑料	VCVDC	139
聚苯砜	PPSU	106	乙烯基酯树脂	VE	140
可发聚苯乙烯	PS-E	107	均聚聚丙烯	PP-H	
高抗冲聚苯乙烯	PS-HI	108	耐冲击共聚聚丙烯	PP-B	
聚砜	PSU	109	无规共聚聚丙烯	PP-R	
聚四氟乙烯	PTFE	110	耐热聚乙烯	PE-RT	
poly(tetramethylene adipate/ terephthalate)	PTMAT	111	交联聚乙烯	PE-X	
聚对苯二甲酸丙二酯	PTT	112	丙烯酸共聚聚氯乙烯	AGR	
聚氨酯	PUR	113	聚乙烯	PE	
聚乙酸乙烯酯	PVAC	114			

4. 塑料制品的标志图形和名称(GB/T 16288——2008)

表 12-91

序号	图形	名称
1	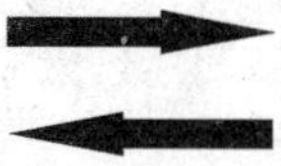	可重复使用
2		可回收再生利用
3		不可回收再生利用塑料
4	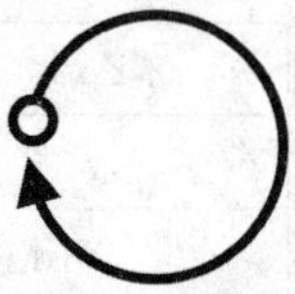	再生塑料
5	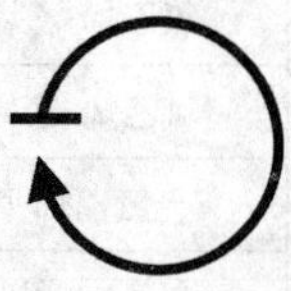	回收再加工利用塑料

注:各类塑料的名称,代号见表 12-90。

二、常用塑料的一般性能和用途

1. 常用塑料的一般性能和通途

表 12-92

名称和代号	外观	特性	主要用途
硬聚氯乙烯(硬 PVC)	不透明硬质固体,其色泽由加入的填料而定	系产品和产量最多的一种热塑性塑料。价格低,化学稳定性较好,它对大多数无机酸、碱是稳定的,溶于酮和其他芳香族溶剂,耐老化性较好,但软化点低,适用温度范围为−15~+60℃,低温下易脆裂,特殊配方的有所改进	有各种板、管、棒、膜、焊条等型材,波型瓦材、泡沫保温材,防腐蚀材。广泛地用于工业、建筑、交通和日常生活等各方面
软聚氯乙烯(软 PVC)	半透明到乳白色,加入填料、颜料后可成不透明柔软体	抗拉、抗弯强度较硬 PVC 低,延伸率高,性质柔软,耐摩擦、挠曲,弹性良好,使用温度与硬 PVC 相似,天冷时会变硬	有板、管、薄膜、焊条等,广泛应用于建筑、电器、农业和日常生活等

续表 12-92

名称和代号	外　观	特　性	主 要 用 途
聚乙烯(PE)	乳白色,蜡状或半透明固体,分高密度和低密度	相对密度小,无毒。耐寒性好,化学稳定性很高,室温下能耐除浓硝酸以外的强酸、强碱的腐蚀及有机溶剂的侵蚀。吸水率小。电绝缘性和耐辐射性好。 机械强度不高,质地较软,不能承受高负载	用于化工建筑上金属表面的防腐蚀喷涂保护层。 制作组装式散光格栅。并广泛用于电气、食品、医药、机械制造等工业部门
尼龙(聚酰胺)(PA)	多为乳白到淡黄半透明或不透明固体	品种有:尼龙 6、66、7、8、9、11、12、610、1010 等及各种组分的共聚物。无毒、无味、无臭,有较高的抗拉强度和冲击韧性,一定的耐热性(80℃以下),良好的耐磨性和耐油性,能耐弱酸、弱碱和一般溶剂,不耐强酸、碱和酚类,导热率低,热膨胀大,吸水性较大	广泛用于机械、化工、建筑等方面作机械零件、给水及输油管件、电缆护套、装饰部件及金属制品表面喷涂作保护层等
聚甲基丙烯酸甲酯(有机玻璃)(PMMA)	无色透明固体,或随附加剂不同,有色泽丰满的透明体、半透明体、珠光体等	相对密度 1.19,有较好的透光性,可透过光线 92%和紫外光 73%;质量轻,机械强度高,有一定的耐热性、抗寒性;耐候性和耐腐蚀性及电绝缘性良好;易于机械加工、热塑成型和溶剂胶合,易溶于有机溶剂中,耐磨性差,容易擦毛,可燃	建筑上作装饰材料,灯具,汽车挡风玻璃,光学仪器镜片,防爆和防护罩及日用装饰等
聚甲醛(POM)	乳白色固体或粉末	在较大温度范围内有较高的机械强度,抗疲劳和耐蠕变性好,耐磨,耐候性较好,不受大部分化学试剂侵蚀,价低,加热易分解	用于机械、化工、汽车等作各种润滑装饰,传动零件等
聚丙烯(PP)	乳白色半透明固体	相对密度小,系目前最轻的塑料;机械性能优于高密度的聚乙烯,刚性和耐热性好,可在100℃下使用,几乎不吸水;除浓硫酸、浓硝酸外,化学稳定性好。高频电性能优良并不受湿度影响,成型易。不耐磨,成型收缩大,对紫外线敏感,小裂纹易迅速扩大	用于化工管道,机械零件,金属表面喷涂作防腐保护层等
聚苯乙烯(PS)	无味、无臭、白色或无色透明脆性固体	有良好的透光率,优良的化学稳定性和电气绝缘性能,耐水、耐碱、耐酸,能溶于芳香烃化合物及酮类。脆性大、机械强度不高,耐热性差,易燃	作泡沫保温材料、酸输送槽、各种灯罩、蓄电池外壳等
玻璃钢(玻璃纤维增强塑料)	酚醛型:黄到红褐色。环氧型:白到浅黄色。聚酯型:乳白或微黄色。都系表面光滑,不透明或半透明体	以玻璃纤维或制品加塑料以手糊或层压等方式成型,在一定温度、压力下使树脂固化而成。比强度高(即抗拉强度/相对密度),耐腐蚀性和耐热性好,导热系数小,绝缘性好,但不耐磨,有分层现象	广泛用于工业部门及建筑上用作防腐材料、瓦材、落水管等
聚四氟乙烯 PTFE 简称 F_4,俗称"塑料王"	透明或不透明蜡状固体。树脂呈白色粉末状、粒状或分散液状三种	密度平均 2.2,折光率 1.37,完全不吸水,光滑不黏,摩擦系数极低,本身摩擦类似于冰块间的摩擦。有良好的耐候性,耐温度变化和极好的耐腐蚀性,能在−195～260℃内长期使用,除金属钠、氟元素及其化合物对 F_4 有侵蚀作用外,其他强酸、强碱、王水、油脂、溶剂等对它不起作用,而且可耐各种浓度沸腾的氢氟酸侵蚀。电介性能好。不燃。热胀冷缩比大多数塑料和金属大,耐辐射性和电晕性较差	用于防腐蚀化工零部件,高频电子部件的绝缘材料,医疗上特殊的人造器官,如血管、人工心、肺等。 工程上利用 F_4 摩擦系数低,与其他物质具有不黏性而用作脱膜剂和滑动垫板(如钢筋混凝土梁的顶推垫板)等。 机械工业中作无油润滑的轴承、活塞环等

2. 常见塑料的燃烧特性

表 12-93

品　名	燃烧难易	离火后是否自熄	火焰状态	燃后塑料变化情况	燃后气味
聚氯乙烯	难	离火即灭	黄色、下端绿色、白烟	软化	刺激性酸味
聚甲基丙烯酸甲酯(有机玻璃)	容易	继续燃烧	淡蓝色、顶端白色	融化、起泡	强烈花果臭味,腐烂蔬菜臭味
苯乙烯—丙烯氰共聚物	容易	继续燃烧	黄色、浓黑烟	软化起泡,比苯乙烯易焦	特殊聚丙烯氰味
聚苯乙烯	容易	继续燃烧	橙黄色,浓黑烟炭束	软化、起泡	特殊苯乙烯单体味
聚乙烯	容易	继续燃烧	上端黄色、下端蓝色	熔融、滴落	石蜡燃烧气味
聚丙烯	容易	继续燃烧	上端黄色、下端蓝色、少量黑烟	熔融、滴落	石油味
尼龙	慢慢燃烧	慢慢熄灭	蓝色,上端黄色	熔融、滴落、起泡	特殊,羊毛、指甲燃焦气味
聚甲醛	容易	继续燃烧	上端黄色,下端蓝色	熔融、滴落	强刺激甲醛味,鱼腥臭味
醋酸纤维素	容易	继续燃烧	暗黄色、少量黑烟	熔融、滴落	醋酸味
聚醋酸乙烯	容易	继续燃烧	暗黄色,黑烟	软化	醋酸味
酚醛树脂(木粉)	慢慢燃烧	自熄	黄色	膨胀,开裂	木材和苯酚味
酚醛树脂(布基)	慢慢燃烧	继续燃烧	黄色,少量黑烟	膨胀,开裂	布和苯酚味
酚醛树脂(纸基)	慢慢燃烧	继续燃烧	黄色,少量黑烟	膨胀,开裂	纸和苯酚味
脲甲醛树脂	难	自熄	黄色,顶端淡蓝色	膨胀开裂燃烧处变白色	特殊,甲醛味

三、塑料薄膜

薄膜一般是指厚度在0.25mm以下的平整而柔软的塑料制品。根据材料不同分为聚氯乙烯、聚乙烯、聚丙烯等品种,按加工工艺分为吹塑薄膜、压延薄膜和拉伸薄膜等。按用途分为工业用、农业用、包装用、雨衣用、印花用和民杂用等。按颜色分为有色薄膜和无色薄膜。

(一)普通用途双向拉伸聚丙烯(BOPP)薄膜(GB/T 10003——2008)

普通用途双向拉伸聚丙烯薄膜是以聚丙烯树脂为主要原料,用平膜法经双向拉伸制得的用于普通用途的薄膜。薄膜按表层是否有热封层,分为普通型(光膜)(A类)和热封型(B类)。

薄膜的规格尺寸:厚度为12～60μm;宽度≤1 600mm;长度和宽、厚度的具体尺寸,由生产厂确定。

1. 薄膜及膜卷外观

表 12-94

项目名称			要　求
薄膜外观	皱纹、划痕		允许轻微
	气泡、晶点		不允许直径大于2mm气泡、晶点
	折皱、损伤		不允许
	杂质、污染		不允许
膜卷外观	端面整齐度(mm)	宽度≤200	≤2
		宽度>200	≤3

续表 12-94

项 目 名 称		要　　求
膜卷外观	暴筋	不允许
	同卷膜端面色差	允许轻微差异
	卷芯凹陷或缺口	不允许

2. 薄膜的物理机械性能

表 12-95

项　　目		指　　标	
		普通型(A 类)	热封型(B 类)
拉伸强度(MPa)	纵向	≥120	
	横向	≥200	
断裂标称应变(%)	纵向	≤180	≤200
	横向	≤65	≤80
热收缩率(%)	纵向	≤4.5	≤5.0
	横向	≤3.0	≤4.0
热封强度(N/15mm)		—	≥2.0
雾度(%)		≤2.0	≤4.0
光泽度(%)		≥85	≥80
润湿张力(mN/m)	处理面[a]	≥38	≥38
透湿量[g/(m²·24h·0.1mm)]		≥2.0	

注:①[a] 处理面指经过电晕、火焰或等离子体处理的表面。

②直接接触食品的包装薄膜,卫生指标应符合 GB 9688 的规定。

3. 普通用途双向拉伸聚丙烯薄膜的储存期从生产日期起不超过 6 个月。

(二)丙烯酸涂布双向拉伸聚丙烯薄膜(GB/T 26690—2011)

丙烯酸涂布双向拉伸聚丙烯薄膜是以丙烯酸乳胶为涂料,以双向拉伸聚丙烯薄膜(BOPP)为基材经涂布而得的薄膜。分为单面涂布膜和双面涂布膜。

薄膜的宽度为 25～1 700mm;厚度为 19～70μm。

1. 薄膜的外观要求

表 12-96

项　　目	指　　标	项　　目	指　　标
单卷端面颜色	允许稍有不同	涂布条纹	轻微
薄膜皱褶	不允许	暴筋	不允许
膜面污染	不允许	端面划痕	不允许
涂布层	均匀		

注:不同膜卷端面颜色可能出现差异但这不影响产品使用性能。

2. 薄膜的物理力学性能

表 12-97

项目		指标	
		单面涂布	双面涂布
拉伸强度(MPa)	纵向	≥130	
	横向	≥200	
断裂标称应变(%)	纵向	≤200	
	横向	≤80	
热收缩率(%)	纵向	≤4.0	
	横向	≤2.0	
雾度(%)		≤2.5	≤3.5
动摩擦系数(涂层/图图)		≤0.60	
涂布润湿张力(mN/m)		≥38	
热封强度(N/15mm)		≥2.0	
起始热封温度[a](℃)		≤90	
光泽度(45°)(%)		≥90	
水蒸气透过率[g/(m² · 24h)]		≤9.0	

注:①[a] 指热封强度达到 1.2N/15mm 时的热封温度。

②用于食品包装的丙烯酸涂布膜卫生指标应符合 GB 9688—1998 规定;涂布膜涂层萃取物含量应符合 FDA 21 CFR 175.300 要求;涂层表面总迁移量应符合 2002/72/EC 要求。

3. 薄膜的储存要求

薄膜应储存在清洁、干燥库房内远离热源,避免有毒、有害污染源,避免阳光直射。储存期自生产之日起不超过一年。

(三)双向拉伸聚酰胺(尼龙)薄膜(GB/T 20218—2006)

双向拉伸聚酰胺(尼龙)薄膜是以聚酰胺 6 树脂为主要原料,以平膜法经双向拉伸制得的。

1. 薄膜的外观要求

表 12-98

项目名称	要求
皱纹	膜卷表面允许有轻微软皱纹
污点、杂质	不允许
端面不整齐度(mm)	≤5
暴筋	不允许
同卷膜端面颜色	允许轻微差异
膜卷卷芯	不允许凹陷或缺口

2. 薄膜的物理机械性能

表 12-99

项目	单位	指标
拉伸强度(纵向/横向)	MPa	≥180
断裂伸长率(纵向/横向)	%	≤180
热收缩率(纵向/横向)	%	≤3.0
耐撕裂力(纵向/横向)	mN	≥60
雾度	%	≤7.0

续表 12-99

项　　目	单　　位	指　　标
摩擦系数(动)　非处理面/非处理面		≤0.6
润湿张力(处理面)	mN/m	≥50
氧气透过量	$cm^3/m^2 \cdot d \cdot Pa$	$\leqslant 5.0\times10^{-4}$

注:①特殊性能指标,由供需双方协商。

②直接用于食品包装时,卫生性能应符合 GB 16332 的规定。

3.薄膜的储存要求

薄膜储存时不得受阳光直接照射。储存期自生产之日起为一年。薄膜的具体尺寸、规格由生产厂确定,但每卷薄膜的接头个数应少于 2 个。每段长度应大于 1 000m。

(四)软聚氯乙烯压延薄膜和片材(GB/T 3830—2008)

软聚氯乙烯压延薄膜和片材是由悬浮法聚氯乙烯树脂加入增塑剂、稳定剂及其他助剂,以压延成型方法生产而成的,包括光面或浅花纹软聚氯乙烯压延薄膜和片材。

1.软质聚氯乙烯压延薄膜和片材的分类

表 12-100

分类依据	类　别	简　称	要　求
按用途分	雨衣用薄膜	雨衣膜	—
	民杂用薄膜或片材	民杂膜或片	
	印花用薄膜	印花膜	
	农业用薄膜	农业膜	
	工业用薄膜	工业膜	
	玩具用薄膜	玩具膜	
按增塑剂添加量分	特软质薄膜	特软膜	增塑剂含量≥56PHR
	软质薄膜	软质膜	增塑剂含量 20PHR～56PHR
按透明程度分	高透明薄膜	高透膜	雾度≤2%
	一般薄膜	一般膜	雾度>2%

注:①PHR:指每百份聚氯乙烯树脂中添加的增塑剂份数。

②软质膜包括按用途分的 6 类产品。

2.软质聚氯乙烯压延薄膜和片材的物理力学性能

表 12-101

项　目		指　标								
		雨衣膜	民杂膜	民杂片	印花膜	玩具膜	农业膜	工业膜	特软膜	高透膜
拉伸强度(MPa)　不小于	纵向	13.0	13.0	15.0	11.0	16.0	16.0	16.0	9.0	15.0
	横向									
断裂伸长率(%)　不小于	纵向	150	150	180	130	220	210	200	140	180
	横向									
低温伸长率(%)　不小于	纵向	20	10	—	8	20	22	10	30	10
	横向									
直角撕裂强度(kN/m)　不小于	纵向	30	40	45	30	45	40	40	20	50
	横向									
尺寸变化率(%)　不大于	纵向	7	7	5	7	6	—	—	8	7
	横向									

续表 12-101

<table>
<tr><th colspan="2" rowspan="2">项　目</th><th colspan="9">指　　标</th></tr>
<tr><th>雨衣膜</th><th>民杂膜</th><th>民杂片</th><th>印花膜</th><th>玩具膜</th><th>农业膜</th><th>工业膜</th><th>特软膜</th><th>高透膜</th></tr>
<tr><td>加热损失率(%)</td><td>不大于</td><td colspan="4">5.0</td><td>—</td><td colspan="4">5.0</td></tr>
<tr><td>低温冲击性(%)</td><td>不大于</td><td>—</td><td colspan="2">20</td><td colspan="6">—</td></tr>
<tr><td>水抽出率(%)</td><td>不大于</td><td colspan="5">—</td><td>1.0</td><td colspan="3">—</td></tr>
<tr><td colspan="2">耐油性</td><td colspan="6">—</td><td>不破裂</td><td colspan="2">—</td></tr>
<tr><td>雾度(%)</td><td>不大于</td><td colspan="8">—</td><td>2.0</td></tr>
</table>

注:低温冲击性属于供需双方商定的项目,测试温度由供需双方商定。

3.软聚氯乙烯压延薄膜和片材的外观质量

表 12-102

项　目	指　标	项　目	指　标
色泽	均匀	穿孔	不应存在
花纹	清晰、均匀	永久性皱褶	不应存在
冷疤	不明显	卷端面错位(mm)	≤5
气泡	不明显	收卷	平整
喷霜	不明显		

4.软聚氯乙烯压延薄膜和片材的储存要求

产品储存时应横放,不得堆放过高,以不超过 6 层为宜。产品距热源大于 1m,有效储存期为自生产之日起 18 个月。

(五)包装用聚乙烯吹塑薄膜(GB/T 4456—2008)

包装用聚乙烯吹塑薄膜是用低密度聚乙烯(PE-LD)、线形低密度聚乙烯(PE-LLD)、中密度聚乙烯(PE-MD)、高密度聚乙烯(PE-HD)等树脂及以上树脂共混为主要原料,用吹塑法生产的直接包装用和复合膜基材用的薄膜。

按使用原料种类不同包装用聚乙烯吹塑薄膜分为 PE-LD 薄膜、PE-LLD 薄膜、PE-MD 薄膜、PE-HD 薄膜、PE-LD/PE-LLD 薄膜 5 个类别。

包装用聚乙烯吹塑薄膜每卷段数应不大于 4 段,每段长度不应小于 20m,断头处应有明显标记。其表面不应存在有碍使用的气泡、穿孔、水纹、条纹、暴筋、塑化不良、鱼眼、僵块等瑕疵。

1.包装用聚乙烯吹塑薄膜的物理力学性能

表 12-103

<table>
<tr><th colspan="2">项　目</th><th>PE-LD 薄膜</th><th>PE-LLD 薄膜</th><th>PE-MD 薄膜</th><th>PE-HD 薄膜</th><th>PE-LD/PE-LLD 薄膜</th></tr>
<tr><td colspan="2">拉伸强度(纵横向)(MPa)</td><td>≥10</td><td>≥14</td><td>≥10</td><td>≥25</td><td>≥11</td></tr>
<tr><td rowspan="2">断裂标称应变(纵横向)(%)</td><td>厚度<0.050mm</td><td>≥130</td><td>≥230</td><td>≥100</td><td>≥180</td><td>≥100</td></tr>
<tr><td>厚度≥0.050mm</td><td>≥200</td><td>≥280</td><td>≥150</td><td>≥230</td><td>≥150</td></tr>
<tr><td colspan="2">落镖冲击</td><td colspan="5">不破裂样品数≥8 为合格,PE-MD 薄膜不要求</td></tr>
</table>

注:①其他共混材料的物理力学性能要求由供需双方协商。

②用于食品包装、医药包装的薄膜应符合 GB 9687 的规定,其添加剂应符合 GB 9685 的规定。

③对摩擦系数、透光率、雾度、光泽度、润湿张力、热合强度、水蒸气透过量和气体透过量的要求由供需双方协商。

2. 包装用聚乙烯吹塑薄膜的储存要求

薄膜储存时应堆放整齐，不得受挤压变形或损伤，距热源≥1m。储存期自生产之日起不超过两年。

(六)混凝土节水保湿养护膜(JG/T 188—2010)

混凝土节水保湿养护膜适用于现浇和预制混凝土的节水和保湿，简称养护膜，代号为 YHM。养护膜分为平面养护膜(代号 P)和立面养护膜(代号 L)。

养护膜按结构分类为：单层养护膜，代号为 D；双层养护膜，代号为 S；接枝型养护膜，代号为 J。

1. 养护膜的标记方法

养护膜的标记由养护膜代号、结构类型代号、应用分类代号和标准编号四部分组成。

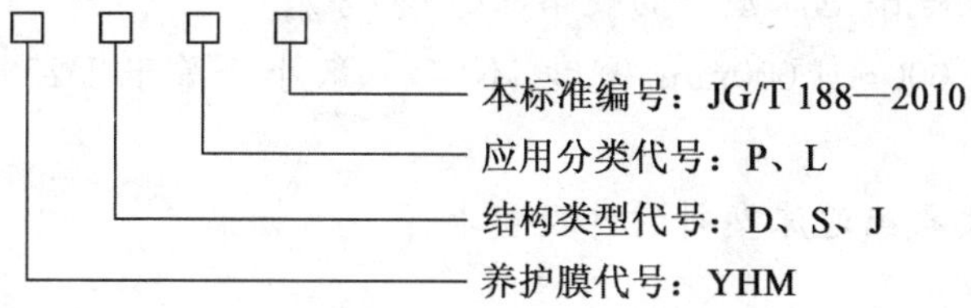

示例：单层平面养护膜应表示为 YHM D P JG/T 188—2010。

2. 养护膜的规格和外观要求

养护膜单层厚度不应小于 0.01mm；长度允许偏差为±1.5%；宽度不应有负偏差。养护膜应干净，整齐，无破损。不起皱。

3. 养护膜的性能要求

表 12-104

项目			要求	
			单层养护膜	双层养护膜
3d 有效保水率(%)		不小于	90	95
一次性保水时间(d)			7	7
单位面积吸蒸馏水量(kg/m²)			0.5	0.5
拉伸强度(MPa)			10	12
直角撕裂强度(kN/m)			50	50
保温性能(℃)			4	4
混凝土抗压强度比(%)	3d		90	95
	7d		90	95
混凝土折压强度比(%)	3d		90	95
	7d		90	95
混凝土磨耗量(kg/m²)		不大于	2.5	2.0

养护膜保质期自生产之日起 12 个月。

四、泡沫塑料

泡沫塑料分为软质泡沫塑料和硬质泡沫塑料。

泡沫塑料可根据需要制成各种板材、管材、棒材等，可根据一定的形状用切割或专用磨具进行模塑成型，还可以进行现场喷涂、灌注，直接对各种几何形状物件进行喷塑施工。

(一)通用软质聚醚型聚氨酯泡沫塑料(GB/T 10802—2006)

通用软质聚醚型聚氨酯泡沫塑料按 25%压陷硬度分为 245N，196N，151N，120N，93N，67N，40N，22N

八个等级;按恒定负荷反复压陷疲劳性能分为AP,BP,CP,DP四类,其适用类型和应用领域见表12-105。

1.聚醚型聚氨酯泡沫塑料的类别、适用类型和应用领域

表12-105

类型	适用类型	应用领域
AP	非常严峻	运输机械座椅
BP	严峻	垫子、床垫
CP	一般	手扶椅、靠背
DP	轻微	其他的缓冲物

2.通用软质聚醚型聚氨酯泡沫塑料的规格(仅供参考)

长度:不定,一般为1 000～4 000mm;宽度:不定,一般小于等于1 250mm;厚度≥4mm,一般为4～250mm。

3.通用软质聚醚型聚氨酯泡沫塑料的外观要求

表12-106

项目	要求
色泽	颜色应均匀,允许轻微杂色,黄芯
气孔	不允许有长度大于6mm的对穿孔和长度大于10mm的气孔
裂缝	每平方米内弥合裂缝总长小于100mm,最大裂缝小于30mm
两侧表皮	片材两侧斜表皮宽度不超过厚度的一倍,并且最大不得超过40mm
污染	不允许严重污染
气味	无刺激性气味

4.通用软质聚醚型聚氨酯泡沫塑料的物理力学性能

表12-107

项目	性能指标							
等级(N)	245	196	151	120	93	67	40	22
25%压陷硬度(N)	245±18	196±18	151±14	120±14	93±12	67±12	40±8	22±8
65%/25%压陷比	≥1.8							
75%压缩永久变形(%)	≤8							
回弹率(%)	≥35							
拉伸强度(kPa)	≥100			≥90		≥80		
伸长率(%)	≥100			≥130		≥150		
撕裂强度(N/cm)	≥1.8			≥2.0		≥2.5		
干热老化后拉伸强度(kPa)	≥55							
干热老化后拉伸强度变化率(%)	±30							
湿热老化后拉伸强度(kPa)	≥55							
湿热老化后拉伸强度变化率(%)	±30							

5.通用软质聚醚型聚氨酯泡沫塑料的恒定负荷反复压陷疲劳性能

表12-108

类别	恒定负荷反复压陷疲劳后40%压陷硬度损失值(%)
AP	≤20
BP	≤30

续表 12-108

类　别	恒定负荷反复压陷疲劳后 40%压陷硬度损失值(%)
CP	≤35
DP	≤40

注:应用于汽车领域的产品燃烧性能应符合 GB 8410 规定。产品应用于其他领域时,燃烧性能应符合该领域相关标准要求。

6. 产品储存要求

产品在运输中严禁烟火,防止日晒雨淋,避免长期受压和机械损伤。储存时,不得接近热源,不得与化学药品接触。

(二)高回弹软质聚氨酯泡沫塑料(QB/T 2080—2010)

高回弹软质聚氨酯泡沫塑料是以聚醚多元醇与异氰酸酯为主要原料生产的块状、冷固化模塑成型的,含有相连的开孔的网络状泡孔的软质泡沫塑料。根据产品的使用需求,按恒定负荷反复压陷疲劳性能分为 X、V、S、A、L 五个级别。

1. 高回弹软质聚氨酯泡沫塑料的分级、应用领域和 40%压陷硬度最大损失率

表 12-109

级别	程度描述	应用领域(推荐)	40%压陷硬度最大损失率(%)
X	要求非常高	公众长期连续使用重载座垫、重载公共运输工具座垫及类似用途	12
V	要求很高	私人和商用交通工具驾驶员坐垫、影剧院座垫、公共和办公用座垫、床垫及类似用途	22
S	要求高	私人和商用交通工具乘客座垫、家居座垫、公共交通工具、影剧院和商用座椅的靠背、扶手及类似用途	32
A	要求一般	私人交通工具和家居座椅的靠背、扶手	39
L	要求低	填充垫、靠垫、枕垫、其他的缓冲物	45

2. 高回弹软质聚氨酯泡沫塑料的物理力学性能

表 12-110

物 理 性 质		级　别				
		X	V	S	A	L
40%压陷硬度最大损失率(%)	≤	12	22	32	39	45
压陷比	≥	2.7	2.6	2.4	2.4	2.4
回弹率(%)	≥	50	50	55	55	55
拉伸强度(kPa)	≥	82	80	75	50	50
断裂伸长率(%)	≥	100	90	90	90	90
撕裂强度(N/cm)	≥	1.75	1.75	1.50	1.50	1.50
压缩永久变形(75%)(%)	≤	8	8	12	15	15
干热老化后拉伸强度(kPa)	≥	57.5	56	52.5	35	35
干热老化后拉伸强度变化率(%)	≥	30	30	30	30	30
湿热老化后拉伸强度(kPa)	≥	57.5	56	52.5	35	35
湿热老化后拉伸强度变化率(%)	≥	30	30	30	30	30

注:①应用于公共场所领域的产品阻燃性能应符合 GB 20286 的规定。

②应用于汽车领域的产品燃烧性能应符合 GB 8410 规定。

③应用于其他领域时,燃烧性能应符合该领域相关标准要求。

3. 高回弹软质聚氨酯泡沫塑料的外观质量

表 12-111

项　目	要　求
色泽	颜色应基本均匀,允许有杂色、黄芯,但应由供需双方之间约定
气孔	不允许有尺寸大于 6mm 的对穿孔和尺寸大于 10mm 的气孔
裂缝	每平方米内弥合裂缝总长小于 200mm
两侧表皮	片材两侧斜表皮宽度不超过厚度的一倍,并且最大不应超过 40mm
污染	不允许严重污染
气味	无令人难受的气味

4. 泡沫塑料的规格尺寸

长、宽、厚的具体尺寸不定,尺寸偏差无负偏差。通常尺寸:长、宽为 250～4 000mm;厚度为 25～250mm。

质量指标要求由供需双方约定,如没有对质量偏差规定,其偏差为±15%。

密度指标要求由供需双方约定,如没有对密度偏差规定,其偏差为±15%。

5. 高回弹软质聚氨酯泡沫塑料运输时严禁烟火,防止日晒雨淋,避免长期受压和机械损伤。储存时远离热源,严禁与化学药品接触。

(三)建筑绝热用硬质聚氨酯泡沫塑料(GB/T 21558—2008)

建筑绝热用硬质聚氨酯泡沫塑料主要为板材,按用途分为三类:

Ⅰ类——适用于无承载要求的场合。

Ⅱ类——适用于有一定承载要求,具有抗高温和抗压缩蠕变要求的场合。本类产品也可用于Ⅰ类产品的应用领域。

Ⅲ类——适用于有更高承载要求,且有抗压、抗压缩蠕变要求的场合。本类产品也可用于Ⅰ类和Ⅱ类产品的应用领域。

产品按燃烧性能根据 GB 8624—2012 的规定分为 B、C、D、E、F 级。

板材产品外观表面基本平整,无严重凹凸不平。

1. 板材产品的规格

具体尺寸不定,通常尺寸:厚度<100mm;长度、宽度<4 000mm。

2. 板材产品的物理力学性能

表 12-112

项　目	单　位	性能指标		
		Ⅰ类	Ⅱ类	Ⅲ类
芯密度	kg/m²	≥25	≥30	≥35
压缩强度或形变 10%压缩应力	kPa	≥80	≥120	≥180
导热系数				
初期导热系数				
平均温度 10℃、28d 或	W/(m·K)	—	≤0.022	≤0.022
平均温度 23℃、28d	W/(m·K)	≤0.026	≤0.024	≤0.024
长期热阻 180d	(m²·K)/W	供需双方协商	供需双方协商	供需双方协商
尺寸稳定性				
高温尺寸稳定性 70℃、48h 长、宽、厚	%	≤3.0	≤2.0	≤2.0
低温尺寸稳定性－30℃、48h 长、宽、厚		≤2.5	≤1.5	≤1.5

续表 12-112

项 目	单 位	性能指标		
		Ⅰ类	Ⅱ类	Ⅲ类
压缩蠕变				
80℃、20kPa、48h 压缩蠕变	%	—	≤5	—
70℃、40kPa、7d 压缩蠕变		—	—	≤5
水蒸气透过系数 (23℃/相对湿度梯度 0～50%)	ng/(Pa·m·s)	≤6.5	≤6.5	≤6.5
吸水率	%	≤4	≤4	≤3

注:燃烧性能应符合应用领域相关法规和规范的要求,应达到所标明的燃烧性能等级。

3. 储存要求

建筑绝热用硬质聚氨酯泡沫塑料的储运要求同通用软质聚醚型聚氨酯泡沫塑料。

(四)喷涂硬质聚氨酯泡沫塑料(GB/T 20219—2015)

喷涂硬质聚氨酯泡沫塑料适用于建筑物或非建筑物绝热用、服务温度范围－60℃到 80℃。

1. 产品分类

产品按照发泡剂类型、是否承载、泡沫开闭孔状态分为ⅠA、ⅠB、ⅠC、ⅡA、ⅡB 五类,见表 12-113。

表 12-113

分 类	发 泡 剂	开 闭 孔	承 载	说 明
ⅠA	氟碳类	闭孔	非承载	可能不暴露于环境中,泡沫仅需自撑,比如用于墙体、屋顶或者类似场所的绝热
ⅠB	水与异氰酸酯反应生成的二氧化碳	半闭孔	非承载	可能不暴露于环境中,泡沫仅需自撑,比如用于墙体、屋顶或者类似场所的绝热
ⅠC	水与异氰酸酯反应生成的二氧化碳	开孔	非承载	可能不暴露于环境中,泡沫仅需自撑,比如用于墙体、屋顶或者类似场所的绝热
ⅡA	氟碳类	闭孔	有限承载	可能暴露于或不暴露于环境中,如可以承载人员踩踏的甲板等场合,可能会遇到升温或压缩蠕变等情况
ⅡA	水与异氰酸酯反应生成的二氧化碳	闭孔	有限承载	可能暴露于或不暴露于环境中,如可以承载人员踩踏的甲板等场合,可能会遇到升温或压缩蠕变等情况

2. 喷涂硬质聚氨酯泡沫塑料的物理性能

表 12-114

项 目		单位	要 求				
			ⅠA	ⅠB	ⅠC	ⅡA	ⅡB
表观芯密度		kg/m³	≥30		—	≥45	
压缩强度或 10% 形变的压缩应力		kPa	≥120	≥100	—	≥200	
尺寸稳定性	－20℃	%	±1.0	±1.0	—	±1.0	±1.0
	70℃,相对湿度(97±3)%		±4.0	±4.0		±4.0	±4.0
	80℃		±2.0	±2.0		±2.0	±2.0
闭孔率		%	≥85	≥40	—	≥90	≥85

续表 12-114

项　目	单位	要　求				
		ⅠA	ⅠB	ⅠC	ⅡA	ⅡB
初始导热系数[a] 平均温度 23℃	W/(m·K)	≤0.024	≤0.030	≤0.040	≤0.024	≤0.030
老化导热系数 23℃ 平均温度,制造 后 3～6 个月之间	W/(m·K)	≤0.026	≤0.034	≤0.040	≤0.026	≤0.034
抗拉强度	kPa	≥120	≥110	—	≥200	
黏结性	—	泡沫体内部破坏[b]				
吸水率(体积比)	%	≤4	—	—	≤4	≤4
水蒸气渗透率 相对湿度 0%～50%	ng/ (Pa·s·m)	≤4.5	≤9.0	—	≤4.5	≤4.5

注:①"在泡沫体内部"是指距离底层或层间黏合缝 1mm 以上。

②[a] 喷涂聚氨酯的绝热性能随发泡剂种类、温度、湿度、厚度和时间的变化而变化,表中所列初始导热系数数值是在标准规定条件下对新喷制样品的要求。该值仅用于制定材料规范,并不反映建筑现场条件下的实际保温性能。

③[b] 破坏是由泡沫体内部破坏引起,而不是由底基脱层、黏合层破坏或试验装置与黏合剂黏合缝的破坏引起。

④产品的燃烧性能应达到所标明的阻燃性能等级。

(五)绝热用硬质酚醛泡沫制品(GB/T 20974—2014)

硬质酚醛泡沫制品(PF)是由苯酚和甲醛的缩聚物(如酚醛树脂)与固化剂、发泡剂、表面活性剂和填充剂等混合制成的多孔型硬质泡沫塑料。

1.绝热用硬质酚醛泡沫制品的分类

按制品的压缩强度和外形分为以下三类:

Ⅰ类——管材或异型构件,压缩强度不小于 0.10MPa(用于管道、设备、通风管道等)。

Ⅱ类——板材,压缩强度不小于 0.10MPa(用于墙体、空调风管、屋面、夹芯板等)。

Ⅲ类——板材、异型构件,压缩强度不小于 0.25MPa(用于地板、屋面、管道支撑等)。

2.绝热用硬质酚醛泡沫制品的规格

Ⅰ类制品:管材以内径×壁厚表示。

Ⅱ类、Ⅲ类制品:板材以长×宽×厚表示。

制品的具体规格尺寸由供需双方商定。

3.绝热用硬质酚醛泡沫制品的物理力学性能

表 12-115

项　目			Ⅰ	Ⅱ	Ⅲ
压缩强度(MPa)		不小于	0.10		0.25
弯曲断裂力(N)			15		20
垂直于板面的拉伸强度(MPa)[a]			—	0.08	—
压缩蠕变(%)	80℃±2℃,20kPa 荷载 48h		—	—	≤3
尺寸稳定性(%)	−40℃±2℃,7d	不大于	2.0		
	70℃±2℃,7d		2.0		
	130℃±2℃,7d		3.0		
导热系数[W/(m·K)]	平均温度 10℃±2℃		0.032		0.038
	或平均温度 25℃±2℃		0.034		0.040

续表 12-115

项目		Ⅰ	Ⅱ	Ⅲ
透湿系数[ng/(Pa·s·m)]	23℃±1℃,相对湿度 50%±2%	≤8.5	≤8.5	≤8.5
			2.0~8.5①	
体积吸水率(V/V)(%)	不大于	7.0		
甲醛释放量(mg/L)[b]	不大于	1.5		

注:①[a] 用于墙体时。

②[b] 用于有人长期居住室内时。

③制品燃烧性能等级应符合 GB 8624—2012 中 B_1 级材料的要求,且氧指数不小于 38%,烟密度等级(SDR)不大于 10。

4. 使用注意事项

国外有资料显示,某些酚醛泡沫在有液态水的环境下长期与未做表面处理的金属直接接触可能会对金属表面有影响,使用时可要求厂家提供技术指导。

五、塑料板材、棒材

塑料板材、棒材主要有聚氯乙烯、聚丙烯、聚乙烯和聚四氟乙烯制成的塑料板及塑料棒。

(一)硬质聚氯乙烯板(GB/T 22789.1—2008)

硬质聚氯乙烯板材按加工工艺分为层压板材(代号 P)和挤出板材(代号 E)。

硬质聚氯乙烯板材根据主要性能和特点(拉伸屈服性能、简支梁冲击性能、维卡软化温度),将板材分为五类:第一类,一般用途级;第二类,透明级;第三类,高模量级;第四类,高抗冲级;第五类,耐热级。

1. 硬质聚氯乙烯板的规格尺寸

长度、宽度尺寸范围在 910~4 000mm 之间;通常尺寸,长(mm)×宽(mm)为:1 800×910;2 000×1 000;2 440×1 220;3 000×1 500;4 000×2 500。

板材的长度、宽度、对角线的极限偏差不允许有负偏差。

硬质聚氯乙烯板材的厚度≥1mm;常用厚度为 1~20mm。

2. 硬质聚氯乙烯板材外观要求

板材板面无明显的划痕、斑点、孔眼、气泡、水纹、异物等瑕疵,无影响使用的其他缺陷。

除压花板外,板面应光滑。压花板面应有统一的花式。

板材的包装方式、板面及板间的色差由供需双方商定。

3. PVC 板材的基本性能

表 12-116

性能	单位	层压板材(P)					挤出板材(E)				
		第 1 类 一般用途级	第 2 类 透明级	第 3 类 高模量级	第 4 类 高抗冲级	第 5 类 耐热级	第 1 类 一般用途级	第 2 类 透明级	第 3 类 高模量级	第 4 类 高抗冲级	第 5 类 耐热级
拉伸屈服应力	MPa	≥50	≥45	≥60	≥45	≥50	≥50	≥45	≥60	≥45	≥50
拉伸断裂伸长率	%	≥5	≥5	≥8	≥10	≥8	≥8	≥5	≥3	≥8	≥10
拉伸弹性模量	MPa	≥2 500	≥2 500	≥3 000	≥2 000	≥2 500	≥2 500	≥2 000	≥3 200	≥2 300	≥2 500
缺口冲击强度(厚度小于 4mm 的板材不做缺口冲击强度)	kJ/m²	≥2	≥1	≥2	≥10	≥2	≥2	≥1	≥2	≥5	≥2
维卡软化温度	℃	≥75	≥65	≥78	≥70	≥90	≥70	≥60	≥70	≥70	≥85

续表 12-116

性　能	单位	层压板材(P)					挤出板材(E)				
		第1类一般用途级	第2类透明级	第3类高模量级	第4类高抗冲级	第5类耐热级	第1类一般用途级	第2类透明级	第3类高模量级	第4类高抗冲级	第5类耐热级
加热尺寸变化率	%	−3～+3					1.0mm≤d≤2.0mm：−10～+10 2.0mm<d≤5.0mm：−5～+5 5.0mm<d≤10.0mm：−4～+4 d>10.0mm：−4～+4				
层积性(层间剥离力)		无气泡、破裂或剥落(分层剥离)					—				
总透光率(只适用于第2类)	%	厚度：d≤2.0mm：≥82 2.0mm<d≤6.0mm：≥78 6.0mm<d≤10.0mm：≥75 d>10.0mm：—									

注：①压花板的基本性能由供需双方商定。

②板材的其他物理力学性能[无缺口简支架冲击强度(0℃和−20℃)，负荷变形温度，5MPa 弯曲蠕变，密度，弯曲强度，球压痕硬度，体积电阻率]、可燃性能、耐化学品腐蚀性能及卫生指标的要求，根据需要由供需双方商定。用于与食品直接接触的板材，执行相关法规。

(二)玻璃纤维增强聚酯波纹板(GB/T 14206—2005)

玻璃纤维增强聚酯波纹板是以玻璃纤维无捻粗纱及其制品和不饱和聚酯树脂等为主要原材料，具有近似正弦波形和梯形截面的波纹板。

波纹板按成型方法可分为手糊型和机制型；按产品性能可分为普通型、透光型、阻燃型和阻燃透光型，阻燃型按阻燃性能可分为 2 级。

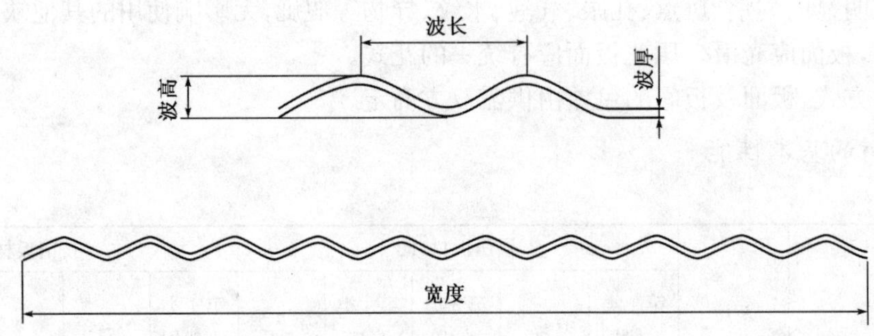

图 12-1　波纹板截面形状图

1. 波纹板的产品代号

表 12-117

类　型	成型方法		性　能			截面形状		尺寸标记
	机制	手制	普通型	透光型	阻燃型	正弦波	梯形波	
代号	J	S	CB	TB	F1，F2	z	t	波长—波高—公称厚度

2. 波纹板的各等级透光率和允许挠度

表 12-118

公称厚度(mm)	各等级可见光透光率(%) ≥		允许挠度(mm) ≤	
	普通透明型	阻燃透光性	机制(J)	手糊(S)
0.5	82	78	50	32
0.7			40	28
0.8	80	76	36	24
0.9			34	22
1.0			30	20
1.2	77	73	24	16
1.5	75	70	22	14
1.6			18	12
2.0	64	60	15	10
2.5	60	55	12	8

3. 波纹板的外观及其他技术要求

表 12-119

项 目			要 求
外观			波形圆滑、无明显皱纹。色泽基本均匀。板边齐、直。不得有直径>4mm 的气泡、穿透性针孔、露丝、断裂、分层等缺陷
固化度(%)			≥82
冲击强度			试验后,不得有断裂或贯穿的孔穴
树脂含量(%)	类型	J	≥60
		S	≥48
氧指数(%)	等级	F1	≥30
		F2	≥26

4. 波纹板储存和运输要求

波纹板应储存在干燥、通风、地面平整的室内。储存时,应竖放;需平放时,不准在上面堆压重物。

汽车运输时,底层和最高层必须用草垫等软物垫衬,并用绳子拴紧扎牢,不可随其在车内颠簸。其他运输方式应按运输部门要求办理。

5. 安装

对具有保护层的波纹板在安装时,必须使保护层处在接受阳光的一面。

在波纹板的长度方向应根据要求加设檩条。

施工时可用螺钉或螺栓固定,同时应使用橡胶垫片和金属弧形垫片、垫衬。两张波纹板在宽度方向搭接时至少应有一个波。

安装时不能接触明火,并防止重物或工具将波纹板砸伤。

(三)塑料防护排水板(JC/T 2112—2012)

塑料防护排水板是以聚乙烯、聚丙烯等树脂为主要原材料制成的,表面呈凹凸形状。用于种植屋面、地下建筑、隧道等工程的排水防护。

1.塑料防护排水板的分类和规格

表 12-120

项　目		要　求	
分类依据	按表面是否覆盖过滤用无纺布分	不带无纺布排水板(N)	带无纺布排水板(F)
	按厚度分(mm)	0.50、0.60、0.70、0.80、1.00	
	按宽度分(mm)	≥1 000	
	按凹凸高度分(mm)	8、12、20	
	按单位面积质量分(g/m^2)	—	无纺布≥200
外观质量		边缘整齐,无裂纹、缺口、机械损伤等可见缺陷	
		每卷板材接头不得超过一个。较短的一段长度≥2 000mm,接头处应剪切整齐,并加长 300mm	

注:①排水板的其他规格由供需双方商定。

②厚度指排水板主材厚度,不含无纺布。

③排水板主材单位面积质量和无妨布单位面积质量应不小于生产商明示值。

2.排水板的物理力学性能

表 12-121

项　目		指　标
伸长率 10%时拉力(N/100mm)		≥350
最大拉力(N/100mm)		≥600
断裂伸长率(%)		≥25
撕裂性能(N)		≥100
压缩性能	压缩率为 20%时最大强度(kPa)	≥150
	极限压缩现象	无破裂
低温柔度		-10℃无裂纹
热老化(80℃,168h)	伸长率 10%时拉力保持率(%)	≥80
	最大拉力保持率(%)	≥90
	断裂伸长率保持率(%)	≥70
	压缩率为 20%时最大强度保持率(%)	≥90
	极限压缩现象	无破裂
	低温柔度	-10℃无裂纹
纵向通水量(侧压力 150kPa)(cm^3/s)		≥10

3.排水板的储存要求

排水板的储存温度≤45℃。在正常储存条件下,有效储存期为自生产之日起至少一年。

(四)浇铸型工业有机玻璃板材(GB/T 7134—2008)

浇铸型工业有机玻璃板材是以甲基丙烯酸甲酯为原料,在特定的模具内进行本体聚合而成。分为无色和有色的透明、半透明和不透明,厚度为 1.5~50mm 的板材。

浇铸型工业有机玻璃板材(简称板材)主要用于仪器、仪表、风挡、防护罩、电气绝缘、建材、光学及各种文化生活用品等。

1. 板材的规格尺寸

板材的厚度(mm) 表 12-122

厚度	厚度	厚度	厚度	厚度	厚度	厚度
1.5	3.0	5.0	10.0	15.0	25.0	45.0
2.0	3.5	6.0	11.0	16.0	30.0	50.0
2.5	4.0	8.0	12.0	18.0	35.0	
2.8	4.5	9.0	13.0	20.0	40.0	

注:板材的长度和宽度由相关方商定。

2. 板材的性能指标

表 12-123

项目		指标	
		无色	有色
拉伸强度(MPa)		≥70	≥65
拉伸断裂应变(%)		≥3	—
拉伸弹性模量(MPa)		≥3 000	—
简支梁无缺口冲击强度(kJ/m^2)		≥17	≥15
维卡软化温度(℃)		≥100	—
加热时尺寸变化(收缩)(%)		≤2.5	—
总透光率(%)		≥91	—
420nm 透光率(厚度 3mm)(%)	氙孤灯照射之前	≥90	—
	氙孤灯照射 1 000h 之后	≥88	—

注:如有需要,可对弯曲强度、洛氏硬度、热变形温度、线性膨胀系数、光折射指数、密度、吸水性和银纹进行测定。

3. 板材的外观质量

表 12-124

项目		要求	
表面缺陷		板材表面平滑:划痕、斑点或其他表面缺陷≤$3mm^2$	
内部缺陷		板材中不应有>$3mm^2$ 的气泡、杂质、裂纹或其他对板材预期应用性能可能产生不利影响的缺陷	
缺陷的面积分类(mm^2)	类别	表面缺陷的面积	内部缺陷的面积
	可忽略	<1	<1
	可接收	1~3	1~3
缺陷的分布		板材不应有大量影响使用的确定为可忽略的<$1mm^2$ 的缺陷,具体数目及构成由各相关方商定	
		板材表面上和内部存在的确定为可接受的缺陷,其间距>500mm	
颜色		颜色分布均匀,色泽一致,或按相关方要求确定	

4. 板材的包装、运输和储存要求

交付时板材表面应采用胶面纸或牛皮纸、聚乙烯薄膜、板箱或其他材料进行包装。包装材料应易于除去而不引起板材表面污染或损坏。

运输、储存时不得与有机溶剂接触或存放在一起。

(五)聚四氟乙烯板材(QB/T 3625—1999)

聚四氟乙烯板材简称“四氟板”。四氟板分 SFB-1 型(用于电器绝缘)、SFB-2 型(用于衬垫、密封件及润滑材料)和 SFB-3 型(用作腐蚀介质中的隔膜与视镜)。

1. 四氟板的物理力学性能

表 12-125

项 目	型 号		
	SFB-1	SFB-2	SFB-3
相对密度	2.10～2.30		
拉伸强度(MPa)	≥15		
断裂伸长率(%)	≥150	≥150	≥30
耐电压(kV/mm)	10	—	—

2. 四氟板的规格尺寸(mm)

表 12-126

厚 度	宽 度	长 度
0.5,0.6,0.7,0.8,0.9,1.0,1.2,1.5,2.0,2.5	60,90,120,150,200,250,300,600,1 000,1 200,1 500	≥500
1.0 1.2 1.5	120×120,160×160,200×200,250×250	
2～20(隔 1.0),2.5	120×120,160×160,200×200,250×250,300×300,400×400,450×450	
22～40(隔 2.0)		
45～75(隔 5.0)		
80～100(隔 5.0)	300×300,400×400,450×450	

3. 四氟板的外观质量要求

板材颜色为树脂本色。

板材表面应光滑,不允许有裂纹、气泡、分层,不允许有影响使用的机械损伤、板面刀痕等缺陷。

SFB-1:不允许夹带金属杂质,但允许在 10cm×10cm 的面积上存在直径为 0.1～0.5mm 的非金属杂质不超过 1 个,直径为 0.5～2mm 的非金属杂质不超过 1 个。

SFB-2 和 SFB-3:板面允许在 10cm×10cm 的面积上存在直径为 0.5mm 的金属杂质不超过 1 个,直径为 0.5～2mm 的非金属杂质不超过 3 个,直径为 2～3mm 的斑点不超过 1 个。

(六)聚四氟乙烯棒材(QB/T 4041—2010)

聚四氟乙烯棒材(简称棒材)主要用作各种腐蚀介质中工作的衬垫、密封件和润滑材料以及在各种频率下使用的电绝缘零件等。棒材分为Ⅰ型-T、Ⅰ型-D、Ⅱ型三种型号:

Ⅰ型-T——聚四氟乙烯树脂(不含再生聚四氟乙烯树脂)加工的通用型棒材。

Ⅰ型-D——聚四氟乙烯树脂(不含再生聚四氟乙烯树脂)加工的电气型棒材。

Ⅱ型——聚四氟乙烯树脂(含再生聚四氟乙烯树脂)加工的棒材。

棒材的颜色一般应为树脂本色。表面光滑,不应有气泡、裂纹、分层和任何其他对使用造成影响的外部杂质和表面缺陷。

1. 棒材的性能

表 12-127

试验项目	指标值		
	Ⅰ型-T	Ⅰ型-D	Ⅱ型
拉伸强度(MPa)	≥15.0		≥10.0
断裂标称应变(%)	≥160		≥130
密度(g/cm^3)	2.10～2.30		2.10～2.30
介电强度[a](kV/mm)	≥18.0	≥25.0	≥10.0

注：[a] 直径小于 10.0mm 的棒材不考核介电强度。

2. 棒材的规格尺寸

直径：3.0～18.0mm(隔 1.0mm)；18.0～22.0mm(隔 2.0mm)；22.0～25.0mm(隔 3.0mm)；25.0～100.0mm(隔 5.0mm)；100.0～200.0mm(隔 10.0mm)；长度：≥100mm 尺寸可由供需双方商定。

3. 棒材的运输和储存要求

棒材在运输时，禁止与锐利硬物触及，防止撞击、挤压和日晒雨淋。储存时，包装完好，不载重、不受挤压，室温不大于 45℃

(七)尼龙棒材及管材 (JB/ZQ 4196—2006)

1. 尼龙棒材及管材的特性和用途

表 12-128

名　称	特性和用途
尼龙 1010 棒材	尼龙 1010 是我国独创的一种新型聚酰胺品种，它具有优良的减摩、耐磨和自润滑性，且抗霉、抗菌、无毒、半透明，吸水性较其他尼龙品种小，有较好的刚性、力学强度和介电稳定性，耐寒性也很好，可在－60～＋80℃下长期使用；做成零件有良好的消音性，运转时噪声小；耐油性优良，能耐弱酸、弱碱及醇、酯、酮类溶剂，但不耐苯酚、浓硫酸及低分子有机酸的腐蚀。尼龙 1010 棒材主要用于切削加工制作成螺帽、轴套、垫圈、齿轮、密封圈等机械零件，以代替铜和其他金属制件
尼龙 1010 管材	性能同上。主要用作机床输油管(代替铜管)，也可输送弱酸、弱碱及一般腐蚀性介质；但不宜与酚类、强酸、强碱及低分子有机酸接触。可用管件连接，也可用黏结剂黏接；其弯曲可用弯卡弯成 90°，也可用热空气或热油加热至 120℃弯成任意弧度。使用温度为－60～＋80℃，使用压力为 9.8～14.7MPa
MC 尼龙	强度、耐疲劳性、耐热性、刚性均优于尼龙 6 及尼龙 66，吸湿性低于前者。耐磨性好，能直接在模型中聚合成型。宜浇铸大型零件，如大型齿轮、蜗轮、轴承及其他受力零件等。摩擦系数为 0.15～0.30。适宜于制作在较高负荷、较高的使用温度(最高使用温度不大于 120℃)、无润滑或少润滑条件下工作的零件

2. 尼龙棒材及管材的规格尺寸

(1)尼龙 1010 棒材的规格尺寸以公称直径(mm)表示：10、12、15、20、25、30～100(隔 10)，100～160(隔 20)。

(2)尼龙 1010 管材的规格尺寸以外径(mm)×壁厚(mm)表示：4×1、6×1、8×1、8×2、9×2、10×1、12×1、12×2、14×2、16×2、18×2、20×2。

管材长度由供需方协议。

3. 尼龙 1010 棒材及其他尼龙材料的性能

表 12-129

性能		品种			
		尼龙 1010 棒材	尼龙 66 树脂	玻纤增强尼龙 6 树脂	MC 尼龙
密度(g/cm^3)		1.04～1.05	1.10～1.14	1.30～1.40	1.16
抗拉屈服强度(MPa)		49～59	59～79	≥118	90～97
断裂强度(MPa)		41～49	—	—	—
相对伸长率(%)		160～320	—	—	—
拉伸弹性模量(MPa)		0.18×10^4～0.22×10^4	—	—	$\geq0.36\times10^4$
抗弯强度(MPa)		67～80	98～118	≥196	152～171
弯曲弹性模量(MPa)		0.11×10^4～0.14×10^4	0.2×10^4～0.3×10^4	—	$\geq0.42\times10^4$
抗压强度(MPa)		470～570(46～56)	≥79	≥137	107～130
抗剪强度(MPa)		400～420(39～41)	—	—	—
布氏硬度(HB)		7.3～8.5	≥10	≥12	14～21
冲击韧度(J/cm^2)	缺口	1.47～2.45	≥0.88	≥1.47	—
	无缺口	不断	4.9～9.8	4.9～7.9	>5

(八)浇铸型聚甲基丙烯酸甲酯声屏板(GB/T 29641—2013)

浇铸型聚甲基丙烯酸甲酯声屏板是以甲基丙烯酸甲酯(有机玻璃)为原料,以浇铸形式进行本体聚合而成的、不嵌或嵌有加强筋的声屏板(简称浇铸型 PMMA 声屏板)。

浇铸型 PMMA 声屏板的长度和宽度由供需双方商定。厚度为 10.0、11.0、12.0、13.0、15.0、16.0、18.0、20.0、25.0、30.0、35.0、40.0mm。

1. 浇铸型 PMMA 声屏板的性能

表 12-130

项目		指标			
		无加强筋	有加强筋		
简支梁无缺口冲击强度(kJ/m^2)		≥17	≥17		
拉伸强度(MPa)		≥70	≥70		
弯曲强度(MPa)		≥98	≥98		
弯曲弹性模量(MPa)		≥3 100	≥3 100		
维卡软化温度(℃)		≥100	≥100		
透光率(%)		≥90	≥90		
计权隔声量(Rw/dB)		≥25	≥25		
阻燃性(GB/T8624 规定)		E 级及以上	E 级及以上		
抗冲击性能(重锤 400kg,冲击力 6 000J)		—	1)	cm^2	碎片不大于 25
				g	碎片质量不应超过 100
				(°)	碎片角度大于 15
				mm	碎片不薄于 1
			2)	g	碎片质量不应超过 400
			3)	cm	碎片不长于 15
老化性能(氙弧灯照射 6 000h 之后)	简支梁无缺口冲击强度下降率(%)	≤30	≤30		
	透光率下降率(%)	≤10	≤10		

2. 浇铸型 PMMA 声屏板的外观质量

表 12-131

项 目		要 求	
表面缺陷		声屏板表面平滑;斑点、收缩痕或其他表面缺陷≤$3mm^2$	
内部缺陷		声屏板中不应有>$3mm^2$ 的气泡、杂质或其他对声屏板预期应用性能可能产生不利影响的缺陷	
缺陷的面积分类(mm^2)	类别	表面缺陷的面积	内部缺陷的面积
	可忽略	<1	<1
	可接受	1~3	1~3
缺陷的分布		声屏板不应有大量影响使用的确定为可忽略的<$1mm^2$ 的缺陷,具体数目及构成由各相关方商定	
		声屏板表面上和内部存在的确定为可接受的缺陷,其间距>500mm	

3. 浇铸型 PMMA 声屏板的运输和储存要求

浇铸型 PMMA 声屏板在运输和储存中,不应与有机溶剂接触或存放在一起。

六、输水塑料管

塑料管品种繁多,包括聚乙烯系列、聚氯乙烯系列、聚丙烯系列等,主要用于流体输送和电缆套管等。

(一)热塑性塑料管的使用条件和通用壁厚

1. 热塑性塑料管材的通用使用条件级别

热塑性塑料管按使用条件选用其中的 1、2、4、5 四个使用条件级别。每个级别均对应着特定的应用范围及 50 年的使用寿命,在具体应用时还应考虑 0.4MPa、0.6MPa、0.8MPa、1.0MPa 不同的设计压力。

热塑性塑料管的使用条件级别 表 12-132

使用条件级别	设计温度 T_D		最高设计温度 T_{max}		故障温度 T_{mal}		典型应用范围
	T_D(℃)	T_D 下的使用时间(年)	T_{max}(℃)	T_{max}下的使用时间(年)	T_{mal}(℃)	T_{mal}下的使用时间(h)	
1	60	49	80	1	95	100	供应热水(60℃)
2	70	49	80	1	95	100	供应热水(70℃)
4	40 60	20 25	70	2.5	100	100	地板采暖和低温散热器采暖
5	60 80	25 10	90	1	100	100	高温散热器采暖

注:①T_D、T_{max}和 T_{mal}值超出本表范围时,不能用本表。

②表中所列各种级别的管道系统均应同时满足在 20℃和 1.0MPa 下输送冷水,达到 50 年寿命。所有加热系统的介质只能是水或者经处理的水。

③本表根据 GB/T 18991—2003 等选录。

2. 热塑性塑料管材的管系列 S 和通用壁厚 e_n(GB/T 10798—2001)

管系列 S 是与公称外径 d_n 和公称壁厚 e_n 有关的无量纲数。S 值为:

$$S值=\frac{SDR-1}{2}=\frac{d_n-e_n}{2e_n}$$

对于压力管可表达为：

$$S值=\frac{\sigma_s}{\rho_{pms}}$$

式中：σ_s——设计压力(MPa)；

ρ_{pms}——最大允许工作压力(MPa)；

SDR——管材的公称外径与公称壁厚之比，即 d_n/e_n。

设计应力是规定条件下的允许应力，等于管材(在 20℃、50 年的内水压下)最小要求强度允许值 MRS，(MRS 有 1、1.25、1.6、2、2.5、3.15、4、5、6.3、8、10、11.2、12.5、14、16、18、20、22.4、25、28、31.5、35.5、40MPa 等)除以总体使用系数 C，(C 值一般为 1.0、1.25、1.3、1.5)，单位(MPa)。

(1)由所选设计应力 σ_s 和最大许用工作压力 p_{pms} 所得 S 值

表 12-133

设计应力 σ_s (MPa)	最大许用工作压力 p_{pms}(MPa)											
	2.5	2.0	1.6	1.25	1.0	0.8	0.63	0.6	0.5	0.4	0.315	0.25
	S 值											
16	6.4000	8.0000	10.000	12.800	16.000	20.000	25.397	26.667	32.000	40.000	50.794	64.000
14	5.6000	7.0000	8.7500	11.200	14.000	17.000	22.222	23.333	28.000	35.000	44.444	56.000
12.5	5.0000	6.2500	7.8125	10.000	12.500	15.625	19.841	20.833	25.000	31.250	39.683	50.000
11.2	4.4800	5.6000	7.0000	8.9600	11.200	14.000	17.778	18.667	22.400	28.000	35.556	44.800
10	4.0000	5.0000	6.2500	8.0000	10.000	12.500	15.873	16.667	20.000	25.000	31.746	40.000
8	3.2000	4.0000	5.0000	6.4000	8.0000	10.000	12.698	13.333	16.000	20.000	25.397	32.000
6.3	2.5200	3.1500	3.9375	5.0400	6.3000	7.8750	10.000	10.500	12.600	15.750	20.000	25.200
5	2.0000	2.5000	3.1250	4.0000	5.0000	6.2500	7.9365	8.3333	10.000	12.500	15.873	20.000
4		2.0000	2.5000	3.2000	4.0000	5.0000	6.4392	6.6667	8.0000	10.000	12.698	16.000
3.15			1.9688	2.1500	3.1500	3.9375	5.0000	5.2500	6.3000	7.8750	10.000	12.600
2.5					2.5000	3.1250	3.9683	4.1667	5.0000	6.2500	7.9365	10.000

注：S 值分级低于 2.000 的不包含在本表中，因为实际应用中这种管子的几何形状是不合格的。

(2)最大许用工作压力 p_{pms} 值为 0.25；0.315；0.4；0.5；0.63；0.8；1.0；1.25；1.6；2.0 和 2.5MPa 时的管系列 S 及公称壁厚 e_a

表 12-134

公称外径 d_a (mm)	管系列 S(标准尺寸比 SDR)																	
	2 (5)	2.5 (6)	3.2 (7.4)	4 (9)	5 (11)	6.3 (13.6)	8 (17)	10 (21)	11.2 (23.4)	12.5 (26)	14 (29)	16 (33)	20 (41)	25 (51)	32 (65)	40 (81)	50 (101)	63 (127)
	公称壁厚 e_n(mm)																	
2.5	0.5																	
3	0.6	0.5	0.5															
4	0.8	0.7	0.6	0.5														
5	1.0	0.9	0.7	0.6	0.5													
6	1.2	1.0	0.9	0.7	0.6	0.5												
8	1.6	1.4	1.1	0.9	0.8	0.6	0.5											
10	2.0	1.7	1.4	1.2	1.0	0.8	0.6	0.5	0.5									
12	2.4	2.0	1.7	1.4	1.1	0.9	0.8	0.6	0.6	0.5	0.5							

续表 12-134

公称外径 d_a (mm)	管系列 S(标准尺寸比 SDR)																	
	2 (5)	2.5 (6)	3.2 (7.4)	4 (9)	5 (11)	6.3 (13.6)	8 (17)	10 (21)	11.2 (23.4)	12.5 (26)	14 (29)	16 (33)	20 (41)	25 (51)	32 (65)	40 (81)	50 (101)	63 (127)
	公称壁厚 e_n(mm)																	
16	3.3	2.7	2.2	1.8	1.5	1.2	1.0	0.8	0.7	0.7	0.6	0.5						
20	4.1	3.4	2.8	2.3	1.9	1.5	1.2	1.0	0.9	0.8	0.7	0.7	0.5					
25	5.1	4.2	3.5	2.8	2.3	1.9	1.5	1.2	1.1	1.0	0.9	0.8	0.7	0.5				
32	6.5	5.4	4.4	3.6	2.9	2.4	1.9	1.6	1.4	1.3	1.1	1.0	0.8	0.7	0.5			
40	8.1	6.7	5.5	4.5	3.7	3.0	2.4	1.9	1.8	1.6	1.4	1.3	1.0	0.8	0.7	0.5		
50	10.1	8.3	6.9	5.6	4.6	3.7	3.0	2.4	2.2	2.0	1.8	1.6	1.3	1.0	0.8	0.7	0.5	
63	12.7	10.5	8.6	7.1	5.8	4.7	3.8	3.0	2.7	2.5	2.2	2.0	1.6	1.3	1.0	0.8	0.7	0.5
75	15.1	12.5	10.3	8.4	6.8	5.6	4.5	3.6	3.2	2.9	2.6	2.3	1.9	1.5	1.2	1.0	0.8	0.6
90	18.1	15.0	12.3	10.1	8.2	6.7	5.4	4.3	3.9	3.5	3.1	2.8	2.2	1.8	1.4	1.2	0.9	0.8
110	22.1	18.3	15.1	12.3	10.0	8.1	6.6	5.3	4.7	4.2	3.8	3.4	2.7	2.2	1.8	1.4	1.1	0.9
125	25.1	20.8	17.1	14.0	11.4	9.2	7.4	6.0	5.4	4.8	4.3	3.9	3.1	2.5	2.0	1.6	1.3	1.0
140	28.1	23.3	19.2	15.7	12.7	10.3	8.3	6.7	6.0	5.4	4.8	4.3	3.5	2.8	2.2	1.8	1.4	1.1
160	32.1	26.6	21.9	17.9	14.6	11.8	9.5	7.7	6.9	6.2	5.5	4.9	4.0	3.2	2.5	2.0	1.6	1.3
180	36.1	29.9	24.6	20.1	16.4	13.3	10.7	8.6	7.7	6.9	6.2	5.5	4.4	3.6	2.8	2.3	1.8	1.5
200	40.1	33.2	27.4	22.4	18.2	14.7	11.9	9.6	8.6	7.7	6.9	6.2	4.9	3.9	3.2	2.5	2.0	1.6
225	45.1	37.4	30.8	25.2	20.5	16.6	13.4	10.8	9.6	8.6	7.7	6.9	5.5	4.4	3.5	2.8	2.3	1.8
250	50.1	41.5	34.2	27.9	22.7	18.4	14.8	11.9	10.7	9.6	8.6	7.7	6.2	4.9	3.9	3.1	2.5	2.0
280	56.2	46.5	38.3	31.3	25.4	20.6	16.6	13.4	12.0	10.7	9.6	8.6	6.9	5.5	4.4	3.5	2.8	2.2
315		52.3	43.1	35.2	28.6	23.2	18.7	15.0	13.5	12.1	10.8	9.7	7.7	6.2	4.9	4.0	3.2	2.5
355		59.0	48.5	39.7	32.2	26.1	21.1	16.9	15.2	13.6	12.2	10.9	8.7	7.0	5.6	4.4	3.6	2.8
400			54.7	44.7	36.3	29.4	23.7	19.1	17.1	15.3	13.7	12.3	9.8	7.9	6.3	5.0	4.0	3.2
450			61.5	50.3	40.9	33.1	26.7	21.5	19.2	17.2	15.4	13.8	11.0	8.8	7.0	5.6	4.5	3.6
500				55.8	45.4	36.8	29.7	23.9	21.4	19.1	17.1	15.3	12.3	9.8	7.8	6.2	5.0	4.0
560					50.8	41.2	33.2	26.7	23.9	21.4	19.2	17.2	13.7	11.0	8.8	7.0	5.6	4.4
630					57.2	46.3	37.4	30.0	26.9	24.1	21.6	19.3	15.4	12.3	9.9	7.9	6.3	5.0
710						52.2	42.1	33.9	30.3	27.2	24.3	21.8	17.4	13.9	11.1	8.9	7.1	5.6
800						58.8	47.4	38.1	34.2	30.6	27.4	24.5	19.6	15.7	12.5	10.0	7.9	6.3
900							53.3	42.9	38.4	34.4	30.8	27.6	22.0	17.6	14.1	11.2	8.9	7.1
1 000							59.3	47.7	42.7	38.2	34.2	30.6	24.5	19.6	15.6	12.4	9.9	7.9
1 200								57.2	51.2	45.9	41.1	36.7	29.4	23.5	18.7	14.9	11.9	9.5
1 400										53.5	47.9	42.9	34.3	27.4	21.8	17.4	13.9	11.1

续表 12-134

公称外径 d_a (mm)	管系列 S(标准尺寸比 SDR)																	
	2 (5)	2.5 (6)	3.2 (7.4)	4 (9)	5 (11)	6.3 (13.6)	8 (17)	10 (21)	11.2 (23.4)	12.5 (26)	14 (29)	16 (33)	20 (41)	25 (51)	32 (65)	40 (81)	50 (101)	63 (127)
	公称壁厚 e_n(mm)																	
1 600										61.2	54.7	49.0	39.2	31.3	24.9	19.9	15.8	12.6
1 800											61.6	55.1	44.0	35.2	28.1	22.4	17.8	14.2
2 000											68.4	61.2	48.9	39.1	31.2	24.9	19.8	15.8

(3)最大工作压力 0.6MPa 的管系列 S 及公称壁厚 e_n

表 12-135

公称外径 d_n(mm)	管系列 S(标准尺寸比 SDR)										
	4.2 (9.4)	5.3 (11.6)	6.7 (14.4)	8.3 (17.6)	10.5 (22)	13.3 (27.6)	16.7 (34.4)	18.7 (38.4)	20.8 (42.6)	23.3 (47.6)	26.7 (54.4)
	公称壁厚 e_a(mm)										
2.5											
3											
4	0.5										
5	0.6	0.5									
6	0.7	0.6	0.5								
8	0.9	0.7	0.6	0.5							
10	1.1	0.9	0.7	0.6	0.5						
12	1.3	1.1	0.9	0.7	0.6	0.5					
16	1.8	1.4	1.2	1.0	0.8	0.6	0.5	0.5			
20	2.2	1.8	1.4	1.2	1.0	0.8	0.6	0.6	0.5	0.5	
25	2.7	2.2	1.8	1.5	1.2	0.9	0.8	0.7	0.6	0.6	0.5
32	3.5	2.8	2.3	1.9	1.5	1.2	1.0	0.9	0.8	0.7	0.6
40	4.3	3.5	2.8	2.3	1.9	1.5	1.2	1.1	1.0	0.9	0.8
50	5.4	4.4	3.5	2.9	2.3	1.9	1.5	1.3	1.2	1.1	1.0
63	6.8	5.5	4.4	3.6	2.9	2.3	1.9	1.7	1.5	1.4	1.2
75	8.1	6.6	5.3	4.3	3.5	2.8	2.2	2.0	1.8	1.6	1.4
90	9.7	7.9	6.3	5.1	4.1	3.3	2.7	2.4	2.2	1.9	1.7
110	11.8	9.6	7.7	6.3	5.0	4.0	3.2	2.9	2.6	2.4	2.1
125	13.4	10.9	8.8	7.1	5.7	4.6	3.7	3.3	3.0	2.7	2.3
140	15.0	12.2	9.8	8.0	6.4	5.1	4.1	3.7	3.3	3.0	2.6
160	17.2	14.0	11.2	9.1	7.3	5.8	4.7	4.2	3.8	3.4	3.0
180	19.3	15.7	12.6	10.2	8.2	6.6	5.3	4.7	4.3	3.8	3.4
200	21.5	17.4	14.0	11.4	9.1	7.3	5.9	5.3	4.7	4.2	3.7
225	24.2	19.6	15.7	12.8	10.3	8.2	6.6	5.9	5.3	4.8	4.2

续表 12-135

公称外径 d_n(mm)	管系列 S(标准尺寸比 SDR)										
	4.2 (9.4)	5.3 (11.6)	6.7 (14.4)	8.3 (17.6)	10.5 (22)	13.3 (27.6)	16.7 (34.4)	18.7 (38.4)	20.8 (42.6)	23.3 (47.6)	26.7 (54.4)
	公称壁厚 e_a(mm)										
250	26.8	21.8	17.5	14.2	11.4	9.1	7.3	6.6	5.9	5.3	4.6
280	30.0	24.4	19.6	15.9	12.8	10.2	8.2	7.3	6.6	5.9	5.2
315	33.8	27.4	22.0	17.9	14.4	11.4	9.2	8.3	7.4	6.7	5.8
355	38.1	30.9	24.8	20.1	16.2	12.9	10.4	9.3	8.4	7.5	6.6
400	42.9	34.8	28.0	22.7	18.2	14.5	11.7	10.5	9.4	8.4	7.4
450	48.3	39.2	31.4	25.5	20.5	16.3	13.2	11.8	10.6	9.5	8.3
500	53.6	43.5	34.9	28.3	22.8	18.1	14.6	13.1	11.8	10.5	9.2
560	60.0	48.7	39.1	31.7	25.5	20.3	16.4	14.7	13.2	11.8	10.4
630		54.8	44.0	35.7	28.7	22.8	18.4	16.5	14.8	13.3	11.6
710			49.6	40.2	32.3	25.7	20.7	18.6	16.7	14.9	13.1
800			55.9	45.3	36.4	29.0	23.3	20.9	18.8	16.8	14.8
900				51.0	41.0	32.6	26.3	23.5	21.1	18.9	16.6
1 000				56.6	45.5	36.2	29.2	26.1	23.5	21.0	18.4
1 200					54.6	43.4	35.0	31.3	28.2	25.2	22.1
1 400						50.6	40.8	36.6	32.9	29.4	25.8
1 600						57.9	46.6	41.8	37.5	33.6	29.5
1 800							52.5	47.0	42.2	37.8	33.2
2 000							58.3	52.2	46.9	42.0	36.9

(二)冷热水用聚丙烯(PP)管(GB/T 18742.1～3—2002)

冷热水用聚丙烯管适用于建筑物内冷热水管道系统，包括工业和民用冷热水、饮用水及采暖系统等。

(1)聚丙烯管按材料分为三个类型。

PP-H——均聚聚丙烯。

PP-B——耐冲击共聚聚丙烯(曾称为嵌段共聚聚丙烯)。由 PP-H 和 PP-R 与橡胶相形成的两相或多相丙烯共聚物。橡胶相是由丙烯和另一种烯烃单体(或多种烯烃单体)的共聚物组成。该烯烃单体无烯烃外的其他官能团。

PP-R——无规共聚聚丙烯。丙烯与另一种烯烃单体(或多种烯烃单体)共聚而成的无规共聚物，烯烃单体中无烯烃外的其他官能团。

(2)聚丙烯管按使用条件分为 1、2、4、5 四个等级，每个级别均对应于一个特定的应用范围及 50 年的使用寿命，在具体应用时，应考虑 0.4MPa、0.6MPa、0.8MPa、1.0MPa 不同的使用压力(表 12-132)。

(3)聚丙烯管按尺寸分为 S5、S4、S3.2、S2.5 和 S2 五个管系列。

①PP-H 管管系列 S 的选择

表 12-136

设计压力(MPa)	管系列 S 值			
	级别 1 σ_d=2.90MPa	级别 2 σ_d=1.99MPa	级别 4 σ_d=3.24MPa	级别 5 σ_d=1.83MPa
0.4	5	5	5	4
0.6	4	3.2	5	2.5
0.8	3.2	2.5	4	2
1.0	2.5	2	3.2	—

②PP-B 管管系列 S 的选择

表 12-137

设计压力(MPa)	管系列 S 值			
	级别 1 σ_d=1.67MPa	级别 2 σ_d=1.19MPa	级别 4 σ_d=1.95MPa	级别 5 σ_d=1.19MPa
0.4	4	2.5	4	2.5
0.6	2.5	2	3.2	2
0.8	2	—	2	—
1.0	—	—	2	—

③PP-R 管管系列 S 的选择

表 12-138

设计压力(MPa)	管系列 S 值			
	级别 1 σ_d=3.09MPa	级别 2 σ_d=2.13MPa	级别 4 σ_d=3.30MPa	级别 5 σ_d=1.90MPa
0.4	5	5	5	4
0.6	5	3.2	5	3.2
0.8	3.2	2.5	4	2
1.0	2.5	2	3.2	—

(4)管系列 S 与公称压力 PN 的关系。

表 12-139

C=1.25	管系列	S5	S4	S3.2	S2.5	S2
	公称压力 PN(MPa)	1.25	1.6	2.0	2.5	3.2
C=1.5	管系列	S5	S4	S3.2	S2.5	S2
	公称压力 PN(MPa)	1.0	1.25	1.6	2.0	2.5

注:C 为管道系统总使用(设计)系数。

(5)聚丙烯管材管系列和规格尺寸。

表 12-140

公称外径 d_n(mm)	平均外径(mm)		管 系 列				
			S5	S4	S3.2	S2.5	S2
	$d_{em,min}$	$d_{em,max}$	公称壁厚 e_n(mm)				
12	12.0	12.3	—	—	—	2.0	2.4
16	16.0	16.3	—	2.0	2.2	2.7	3.3
20	20.0	20.3	2.0	2.3	2.8	3.4	4.1
25	25.0	25.3	2.3	2.8	3.5	4.2	5.1
32	32.0	32.3	2.9	3.6	4.4	5.4	6.5
40	40.0	40.4	3.7	4.5	5.5	6.7	8.1
50	50.0	50.5	4.6	5.6	6.9	8.3	10.1
63	63.0	63.6	5.8	7.1	8.6	10.5	12.7
75	75.0	75.7	6.8	8.4	10.3	12.5	15.1
90	90.0	90.9	8.2	10.1	12.3	15.0	18.1
110	110.0	111.0	10.0	12.3	15.1	18.3	22.1
125	125.0	126.2	11.4	14.0	17.1	20.8	25.1
140	140.0	141.3	12.7	15.7	19.2	23.3	28.1
160	160.0	161.5	14.6	17.9	21.9	26.6	32.1

管材的长度一般为 4m 或 6m，也可以根据用户的要求由供需双方协商确定。管材长度不允许有负偏差。

(6)聚丙烯管材的物理力学和化学性能。

表 12-141

项　目	材　料	试 验 参 数			试样数量	指　标
		试验温度(℃)	试验时间(h)	静液压应力(MPa)		
纵向回缩率	PP-H	150±2	$e_n \leqslant 8$mm：1 8mm$< e_n \leqslant 16$mm：2 $e_n > 16$mm：4	—	3	≤2%
	PP-B	150±2		—		
	PP-R	135±2		—		
简支梁冲击试验	PP-H	23±2	—		10	破损率<试样的 10%
	PP-B	0±2				
	PP-R	0±2				
静液压试验	PP-H	20	1	21.0	3	无破裂 无渗漏
		95	22	5.0		
		95	165	4.2		
		95	1 000	3.5		
	PP-B	20	1	16.0	3	
		95	22	3.4		
		95	165	3.0		
		95	1 000	2.6		

续表 12-141

项目	材料	试验参数			试样数量	指标
		试验温度(℃)	试验时间(h)	静液压应力(MPa)		
静液压试验	PP-R	20	1	16.0	3	无破裂 无渗漏
		95	22	4.2		
		95	165	3.0		
		95	1 000	2.6		
熔体质量流动速率,MFR(230℃/2.16kg)　(g/10min)					3	变化率 ≤原料的 30%
静液压状态下热稳定性试验	PP-H	110	8 760	1.9	1	无破裂 无渗漏
	PP-B			1.4		
	PP-R			1.9		

注:管材的卫生性能应符合 GB/T 17219 的规定。

(7)聚丙烯管材的技术要求和表示方法。

表 12-142

项目		指标和要求					
颜色		一般为灰色,其他由双方商定					
外观		管材的色泽应基本一致;内外表面应光滑、平整、无凹陷、气泡和其他影响性能的表面缺陷;管材不含有可见杂质;端面应切割平整并与轴线垂直					
不透光性		管材应不透光					
管材规格尺寸表示		管材规格用管系列 S、公称外径 d_n×公称壁厚 e_n 表示。例:管系列 S5、公称外径 32mm、公称壁厚 2.9mm 的聚丙烯管表示为 S5、d_n32×e_n2.9mm					
热循环试验	材料	最高试验温度(℃)	最低试验温度(℃)	试验压力(MPa)	循环次数	试验数量	指标
	PP-H	95	20	1.0	5 000	1	无破裂 无渗漏
	PP-B						
	PP-R						
	一个循环的时间为 30min,包括最高试验温度 15min 和最低试验温度 15min						

(8)聚丙烯管材的内压试验要求。

表 12-143

管系列 \ 项目	材料	试验温度(℃)	试验压力(MPa)	试验时间(h)	试样数量	指标
S5	PP-H	95	0.70	1 000	3	无破裂 无渗漏
	PP-B		0.50			
	PP-R		0.68			
S4	PP-H	95	0.88	1 000	3	无破裂 无渗漏
	PP-B		0.62			
	PP-R	95	0.80	1 000	3	无破裂无渗漏

续表 12-143

管系列＼项目	材料	试验温度(℃)	试验压力(MPa)	试验时间(h)	试样数量	指标
S3.2	PP-H	95	1.10	1 000	3	无破裂 无渗漏
	PP-B		0.76			
	PP-R		1.11			
S2.5	PP-H	95	1.41	1 000	3	无破裂 无渗漏
	PP-B		0.93			
	PP-R		1.31			
S2	PP-H	95	1.76	1 000	3	无破裂 无渗漏
	PP-B		1.31			
	PP-R		1.64			

注：聚丙烯管及管件连接后应通过内压和热循环二项组合试验。

(9)冷热水用聚丙烯管件。

聚丙烯管件按熔接方式分为热熔承插连接管件和电熔连接管件。管件的原材料分类及管系列S的分类与管材相同，管件的壁厚应不小于相同管系列S的管材的壁厚。

①热熔承插连接管件的规格尺寸及结构示意图

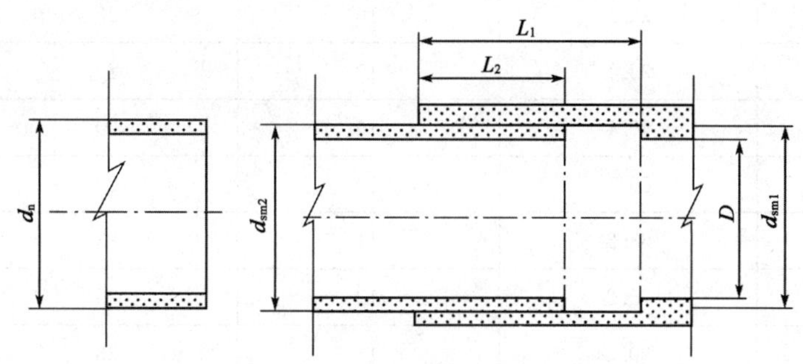

图 12-2 热熔承插连接管件承口示意图

热熔承插连接管件承口尺寸与相应公称外径(mm) 表 12-144

公称外径 d_n	最小承口深度 L_1	最小承插深度 L_2	承口的平均内径				最大不圆度	最小通径 D
			d_{sm1}		d_{sm2}			
			最小	最大	最小	最大		
16	13.3	9.8	14.8	15.3	15.0	15.5	0.6	9
20	14.5	11.0	18.8	19.3	19.0	19.5	0.6	13
25	16.0	12.5	23.5	24.1	23.8	24.4	0.7	18
32	18.1	14.6	30.4	31.0	30.7	31.3	0.7	25
40	20.5	17.0	38.3	38.9	38.7	39.3	0.7	31
50	23.5	20.0	48.3	48.9	48.7	49.3	0.8	39
63	27.4	23.9	61.1	61.7	61.6	62.2	0.8	49
75	31.0	27.5	71.9	72.7	73.2	74.0	1.0	58.2
90	35.5	32.0	86.4	87.4	87.8	88.8	1.2	69.8
110	41.5	38.0	105.8	106.8	107.3	108.5	1.4	85.4

注：此处的公称外径 d_n 指与管件相连的管材的公称外径。

②电熔连接管件的规格尺寸及结构示意图

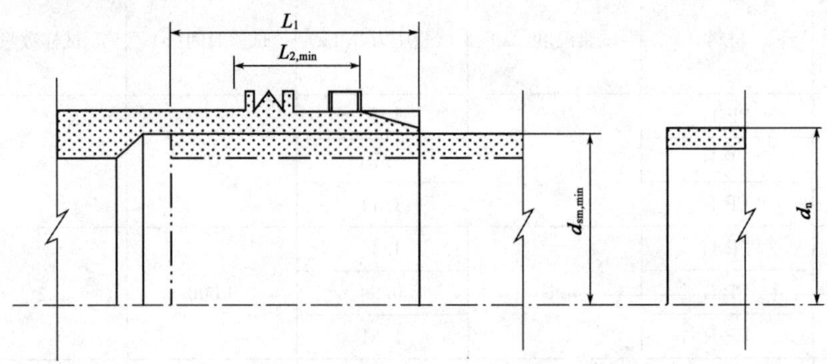

图 12-3 电熔连接管件承口示意图

电熔连接管件承口尺寸与相应公称外径(mm) 表 12-145

公称外径 d_n	熔合段最小内径 $d_{sm,min}$	熔合段最小长度 $L_{2,min}$	插入长度 L_1	
			min	max
16	16.1	10	20	35
20	20.1	10	20	37
25	25.1	10	20	40
32	32.1	10	20	44
40	40.1	10	20	49
50	50.1	10	20	55
63	63.2	11	23	63
75	75.2	12	25	70
90	90.2	13	28	79
110	110.3	15	32	85
125	125.3	16	35	90
140	140.3	18	38	95
160	160.4	20	42	101

注:此处的公称外径 d_n 指与管件相连的管材的公称外径。

③聚丙烯管件的物理力学性能

表 12-146

项 目	管系列	试验压力(MPa)			试验温度(℃)	试验时间(h)	试样数量	指标
		材料						
		PP-H	PP-B	PP-R				
静液压试验	S_5	4.22	3.28	3.11	20	1	3	无裂纹 无渗漏
	S_4	5.19	3.83	3.88				
	S3.2	6.48	4.92	5.05				
	S2.5	8.44	5.75	6.01				
	S2	10.55	8.21	7.51				

续表 12-146

项　目	管系列	试验压力(MPa)			试验温度(℃)	试验时间(h)	试样数量	指标
		材料						
		PP-H	PP-B	PP-R				
静液压试验	S5	0.70	0.50	0.68	95	1 000	3	无破裂 无渗漏
	S4	0.88	0.62	0.80				
	S3.2	1.10	0.76	1.11				
	S2.5	1.41	0.93	1.31				
	S2	1.76	1.31	1.64				
熔体质量流动速率，MFR(230℃/2.16kg)　(g/10min)							3	变化率≤ 原料的 30%

注：聚丙烯管件的静液压状态下热稳定性能、内压试验指标、热循环试验指标与管材相同。

④聚丙烯管件产品的标记

产品应有下列永久性标记：

①产品名称：应注明原料名称，例：PP-R。

②产品规格：应注明公称外径、管系列 S。

例：等径管件标记为 d_n20　S3.2，异径管件标记为 d_n40×20　S3.2，带螺纹管件的标记为 d_n20×1/2″　S3.2。

注：①带金属螺纹接头的管件其螺纹部分应符合 GB/T 7306 的规定。

②管件金属部分的材料在管道使用过程中对塑料管道材料不应造成降解或老化。

推荐采用：铬含量不小于 10.5%，碳含量不大于 1.2%的不锈钢；经表面处理的铜或铜合金。

10. *聚丙烯管材的标记和储存要求*

管材应有间隔不超过 1m 的永久性标记。内容为：生产厂；原材料名如 PP-R；管系列 S；公称外径 d_n；壁厚 e_n；生产日期等(不标记 PN 值)。

管材储存在库房内，远离热源，堆放高度≤1.5m。

(三)纤维增强无规共聚聚丙烯复合管(CJ/T 258—2014)

纤维增强无规共聚聚丙烯复合管是一种内、外层为 PP-R 材料，中间层为纤维增强 PP-R(硅酸盐类或二氧化硅类纤维)复合材料的三层共挤出结构的复合管材。当纤维保留长度≤0.4mm 且中间层厚度占比≥30%时，称为 F-PPR 复合管；当纤维保留长度>0.4mm 且中间层度占比≥50%时，称为 MF-PPR 复合管；管材不允许使用回用料。

F-PPR 和 MF-PPR 复合管适用于建筑物内冷热水管道系统，包括工业及民用冷热水、饮用水和采暖系统等。

(1)F-PPR 和 MF-PPR 复合管按 GB/T 18991 规定，根据使用条件选用 1、2、4、5 四个级别，每个级别均对应于一个特定的应用范围及 50 年的使用寿命。在具体应用时，应考虑 0.4MPa、0.6MPa、0.8MPa、1.0MPa 不同的使用压力(表 12-132)。

(2)F-PPR 和 MF-PPR 复合管分为 S5、S4、S3.2、S2.5 四个管系列。

管系列 S 值符合下式计算：

$$S值=\frac{d_n(公称外径,mm)-e_n(公称壁厚,mm)}{2e_n}$$

管材按公称外径(mm)分规格，F-PPR 管有：20、25、32、40、50、63、75、90、110、125、140、160mm；

MF-PPR 管有:63、75、90、110、125、140、160mm。

管材规格以管系列 S、公称外径 d_n×公称壁厚 e_n 表示。管材按使用条件级别及设计压力选择对应的 S 值,见表 12-147。其他情况,可按表 12-148 选择对应的 S 值。

①管系统 S 值的选择Ⅰ

表 12-147

设计压力(MPa)	管系列 S 值			
	级别 1 σ_D=3.09MPa	级别 2 σ_D=2.13MPa	级别 3 σ_D=3.30MPa	级别 5 σ_D=1.90MPa
0.4	5	5	5	4
0.6	5	3.2	5	3.2
0.8	3.2	2.5	4	—
1.0	2.5	—	3.2	—

②管系列 S 的选择Ⅱ(C=1.25)

表 12-148

工作温度(℃)	使用年限	S5	S4	S3.2	S2.5	工作温度(℃)	使用年限	S5	S4	S3.2	S2.5
		允许工作压力(MPa)						允许工作压力(MPa)			
20	10	1.68	2.10	2.63	3.36	60	10	0.85	1.06	1.33	1.70
	25	1.60	2.00	2.50	3.20		25	0.81	1.01	1.27	1.62
	50	1.55	1.94	2.43	3.10		50	0.78	0.98	1.23	1.57
30	10	1.39	1.74	2.18	2.78	70	10	0.70	0.88	1.10	1.41
	25	1.34	1.68	2.10	2.69		25	0.61	0.76	0.95	1.22
	50	1.31	1.64	2.05	2.62		50	0.52	0.65	0.81	1.04
40	10	1.18	1.48	1.85	2.37	80	10	0.50	0.62	0.78	0.99
	25	1.15	1.44	1.80	2.30		25	0.38	0.48	0.60	0.77
	50	1.10	1.38	1.73	2.21		50	0.34	0.43	0.54	0.69
50	10	1.01	1.26	1.58	2.02	90	10	0.27	0.34	0.43	0.54
	25	0.96	1.20	1.50	1.92		25	0.26	0.32	0.40	0.51
	50	0.93	1.16	1.45	1.86		50	0.22	0.27	0.34	0.44

(3)F-PPR 和 MF-PPR 复合管的外观质量要求。

管材内外层颜色为绿色或白色,中间层颜色应与内外层有明显区别。

管材内外层色泽应一致,三层结构应明晰而均匀。管材内外表面应光滑、平整、无凹陷、气泡和其他影响性能的表面缺陷,管材不含有可见的杂质,管材端面切割平整并与轴线垂直。

(4)纤维增强无规共聚聚丙烯复合管的管系列和规格尺寸(mm)。

表 12-149

管材类别	公称外径 d_n	平均外径		管系列							
				S5		S4		S3.2		S2.5	
		$d_{em,min}$	$d_{em,max}$	公称壁厚 e_n	中间层最小厚度 e_{mid}	公称壁厚 e_n	中间层最小厚度 e_{mid}	公称壁厚 e_n	中间层最小厚度 e_{mid}	公称壁厚 e_n	中间层最小厚度 e_{mid}
F-PPR 管材	20	20.0	20.3	2.0	0.6	2.3	0.7	2.8	0.9	3.4	1.1
	25	25.0	25.3	2.3	0.7	2.8	0.9	3.5	1.1	4.2	1.3

续表 12-149

管材类别	公称外径 d_n	平均外径		管系列							
				S5		S4		S3.2		S2.5	
		$d_{em,min}$	$d_{em,max}$	公称壁厚 e_n	中间层最小厚度 e_{mid}	公称壁厚 e_n	中间层最小厚度 e_{mid}	公称壁厚 e_n	中间层最小厚度 e_{mid}	公称壁厚 e_n	中间层最小厚度 e_{mid}
F-PPR管材	32	32.0	32.3	2.9	0.9	3.6	1.1	4.4	1.4	5.4	1.7
	40	40.0	40.4	3.7	1.1	4.5	1.4	5.5	1.7	6.7	2.0
	50	50.0	50.5	4.6	1.4	5.6	1.7	6.9	2.1	8.3	2.5
	63	63.0	63.6	5.8	1.8	7.1	2.2	8.6	2.6	10.5	3.2
	75	75.0	75.7	6.8	2.1	8.4	2.6	10.3	3.1	12.5	3.8
	90	90.0	90.9	8.2	2.5	10.1	3.1	12.3	3.7	15.0	4.5
	110	110.0	111.0	10.0	3.0	12.3	3.7	15.1	4.6	18.3	5.5
	125	125.0	126.2	11.4	3.5	14.0	4.2	17.1	5.2	20.8	6.3
	140	140.0	141.3	12.7	3.8	15.7	4.7	19.2	5.8	23.3	7.0
	160	160.0	161.5	14.6	4.4	17.9	5.4	21.9	6.6	26.6	8.0
MF-PPR管材	63	63.0	63.6	5.8	2.9	7.1	3.6	8.6	4.3	10.5	5.3
	75	75.0	75.7	6.8	3.4	8.4	4.2	10.3	5.2	12.5	6.3
	90	90.0	90.9	8.2	4.1	10.1	5.1	12.3	6.2	15.0	7.5
	110	110.0	111.0	10.0	5.0	12.3	6.2	15.1	7.6	18.3	9.2
	125	125.0	126.2	11.4	5.7	14.0	7.0	17.1	8.6	20.8	10.4
	140	140.0	141.3	12.7	6.4	15.7	7.9	19.2	9.6	23.3	11.7
	160	160.0	161.5	14.6	7.3	17.9	9.0	21.9	11.0	26.6	13.3

管材长度一般为 4m，也可由供需双方商定。管材长度不允许负偏差。用于输送饮用水的管材应符合 GB/T 17219 的相关规定。

(5)纤维增强无规共聚聚丙烯复合管的理化性能。

表 12-150

项　目	试验参数			试样数量	指　标
	试验温度(℃)	试验时间 (h)	静液压应力(MPa)		
纵向回缩率	135±2	e_n≤8mm：1； 8mm<e_n≤16mm：2； e_n>16mm：4	—	3	≤2%
落锤冲击试验	23±2	—	—	10	破损率≤10%
轴向线膨胀系数 (m/m·℃)	20～95	—	—	3	对 F-PPR，≤5×10^{-5}； 对 MF-PPR，≤3×10^{-5}
静液压试验	20	1	16.0	3	无破裂无渗漏
	95	22	4.2	3	
	95	165	3.8	3	
	95	1 000	3.5	3	
静液压状态下的热稳定性试验	110	8 760	1.9	1	无破裂 无渗漏
熔体质量流动速率 (MFR)，(g/10min)	230	负荷 2.16kg		3	变化率≤原材料的 30%
不透光性	—	—	—	4	透光率≤0.2%

(6)纤维增强无规共聚聚丙烯复合管的系统适用性。

管材与 GB/T 18742.3 规定的构件连接后，应通过内压和热循环两项组合试验。

①耐内压性能

表 12-151

管系列	试验压力(MPa)	试验温度(℃)	试验时间(h)	试样数量	要　求
S5	0.68	95	1 000	3	无破裂 无渗漏
S4	0.80			3	
S3.2	1.11			3	
S2.5	1.31			3	

②耐冷热循环性能

表 12-152

最高试验温度(℃)	最低试验温度(℃)	试验压力(MPa)	循环次数	试样数量	指　标
95	20	1.0	5 000	1	无破裂 无渗漏

注:一个循环的时间为 30^{+2}_{0}min,包括 15^{+1}_{0}min 最高试验温度和 15^{+1}_{0}min 最低试验温度。

(7)管材的标志和储运要求

标志内容:生产厂名或商标;产品名称(F-PPR 或 MF-PPR);规格尺寸(管系列 S、公称外径、公称壁厚);生产批号和生产日期;产品标准号。管材标志应打印或直接成型在管上,间隔不超过 1m,颜色不同于管材本体。

管材储运要求:管材应堆放室内库房,堆高不超过 1.5m。远离热源,防止日光照射。管材装运时不应抛掷、曝晒、沾污、重压和损伤。

(四)埋地给水用聚丙烯(PP)管材(QB/T 1929—2006)

埋地给水用聚丙烯(PP)管材是以熔体质量流动速率 MFR(230℃,2.16kg)≤2.3g/10min 的耐冲击聚丙烯树脂制成。

埋地给水用聚丙烯(PP)管材适用于 40℃以下乡镇给水及农业灌溉用埋地管。

1.埋地给水用聚丙烯(PP)管材分类

管材按公称压力分为 0.4、0.6、0.8、1.0MPa 四个等级,分别对应 S16、S10、S8、S6.3 四个管系列。管材按用途分为给水用和灌溉用两种。"灌溉用"或"饮水用"应标明。

管材的公称压力相当于管材 20℃时的最大工作压力,当温度升高时最大工作压力等于公称压力×下降系数。

下降系数:20℃时,系数为 1.0;30℃时,系数为 0.88;40℃时,系数为 0.64。

2.埋地给水用聚丙烯(PP)管材的颜色和外观

管材颜色一般为本色,其他颜色由供需双方商定。

管材的色泽应基本一致:内外表面应光滑、平整、无凹陷、气泡、杂质和其他影响使用性能的表面缺陷。管材端面应切割平整并与轴线垂直。

3.管材的规格尺寸

表 12-153

公称外径 d_n (mm)	平均外径 (mm)		公称压力(MPa)				管材长度 (m)
			PN0.4	PN0.6	PN0.8	PN1.0	
			管系列				
	最小值 $d_{em,min}$	最大值 $d_{em,max}$	S16	S10	S8	S6.3	
			公称壁厚 e_n(mm)				
50	50.0	50.5	2.0	2.4	3.0	3.7	一般为 4m,6m (长度不允许有负偏差)
63	63.0	63.6	2.0	3.0	3.8	4.7	

续表 12-153

公称外径 d_n (mm)	平均外径(mm)		公称压力(MPa)				管材长度(m)
			PN0.4	PN0.6	PN0.8	PN1.0	
			管系列				
	最小值 $d_{em,min}$	最大值 $d_{em,max}$	S16	S10	S8	S6.3	
			公称壁厚 e_n(mm)				
75	75.0	75.7	2.3	3.6	4.5	5.6	一般为 4m,6m(长度不允许有负偏差)
90	90.0	90.9	2.8	4.3	5.4	6.7	
110	110.0	111.0	3.4	5.3	6.6	8.1	
125	125.0	126.2	3.9	6.0	7.4	9.2	
140	140.0	141.3	4.3	6.7	8.3	10.3	
160	160.0	161.5	4.9	7.7	9.5	11.8	
180	180.0	181.7	5.5	8.6	10.7	13.3	
200	200.0	201.8	6.2	9.6	11.9	14.7	
225	225.0	227.1	6.9	10.8	13.4	16.6	
250	250.0	252.3	7.7	11.9	14.8	18.4	

注:①公称压力 PN 为管材在 20℃时的工作压力。
②管系列 S 由设计应力与公称压力之比得出。

4. 管材的物理力学性能

表 12-154

项 目	试验参数			指 标
	试验温度(℃)	试验时间(h)	环向静液压应力(MPa)	
纵向回缩率	PP-H、PP-B:150±2 PP-R:135±2	$e_n \leqslant 8mm$:1 $8mm < e_n \leqslant 16mm$:2 $e_n > 16mm$:4	—	≤2%
静液压试验	20	1	16.0	无破裂、无渗漏
	80	22	4.8	
		165	4.2	
熔体质量流动速率 MFR(230℃/2.16kg)/(g/10min)			变化率≤原料 MFR 的 30%	
落锤冲击试验			合格	

注:用于饮用水的管材卫生性能应符合 GB/T 17219—1998 的规定。

5. 管材的储存要求同 PP 管。

(五)无规共聚聚丙烯(PP-R)塑铝稳态复合管(CJ/T 210—2005)

无规共聚聚丙烯(PP-R)塑铝稳态复合管内层为 PP-R 塑料,外层包覆铝层及塑料保护层,各层间通过热熔胶黏结而成的五层结构的管材(简称 PP-R 塑铝稳态复合管)。

PP-R 塑铝稳态复合管适用于工业及民用冷热水、饮用水及热水采暖、中央空调系统等管道系统。

1. PP-R 塑铝稳态复合管的使用条件级别

PP R 塑铝稳态复合管按使用条件分为 1、2、4、5 四个等级,每个级别均对应于一个特定的应用范围及

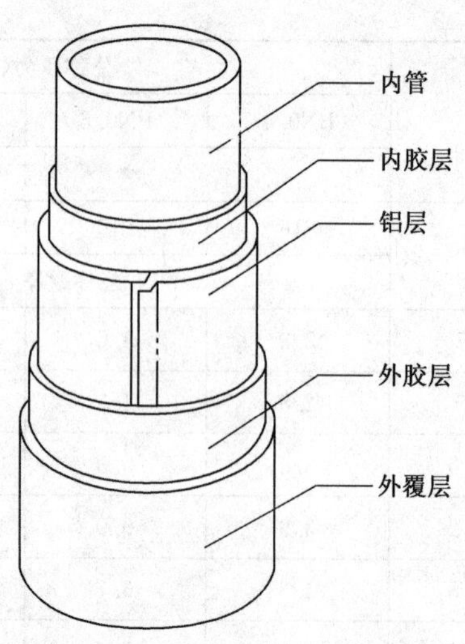

图 12-4 PP-R 塑铝稳态复合管五层结构示意图

50 年的使用寿命。在具体应用时，应考虑 0.4MPa、0.6MPa、0.8MPa、1.0MPa 不同的使用压力(表 12-132)。

2. PP-R 塑铝稳态复合管的内管尺寸级别

PP-R 塑铝稳态复合管按内管尺寸分为 S4、S3.2、S2.5 三个管系列。管材按使用条件级别和设计压力选用对应的管系列 S 值(表 12-155)。其他情况可按表 12-156、表 12-157 选用管系列 S 值。

(1)PP-R 塑铝稳态管管系列 S 值的选择Ⅰ

表 15-155

设计压力(MPa)	管系列 S			
	级别 1 $\sigma_D=3.28$	级别 2 $\sigma_D=2.52$	级别 4 $\sigma_D=3.54$	级别 5 $\sigma_D=2.19$
0.4	4	4	4	4
0.6	4	4	4	3.2
0.8	4	2.5	4	2.5
1.0	3.2	2.5	3.2	—

(2)PP-R 塑铝稳态管管系列 S 值的选择Ⅱ

表 13-156

工作温度(℃)	使用年限	S4	S3.2	S2.5	工作温度(℃)	使用年限	S4	S3.2	S2.5
		允许工作压力(MPa)					允许工作压力(MPa)		
20	1	2.27	2.86	3.60	60	1	1.17	1.47	1.86
	5	2.14	2.69	3.39		5	1.09	1.37	1.73
	10	2.08	2.62	3.30		10	1.05	1.33	1.67
	25	2.01	2.53	3.18		25	1.01	1.28	1.61
	50	1.96	2.46	3.10		50	0.98	1.23	1.55
40	1	1.64	2.07	2.60	70	1	0.98	1.24	1.56
	5	1.54	1.93	2.43		5	0.91	1.15	1.45
	10	1.49	1.88	2.36		10	0.88	1.11	1.40
	25	1.43	1.81	2.27		25	0.77	0.97	1.22
	50	1.39	1.76	2.21		50	0.65	0.82	1.03

(3)PP-R 塑铝稳态管管系列 S 值的选择Ⅲ

表 12-157

工作温度		使用年限	S4	S3.2	S2.5	工作温度		使用年限	S4	S3.2	S2.5
			允许工作压力(MPa)						允许工作压力(MPa)		
70℃，其中每年有 30 天在下列温度	75℃	5	0.89	1.11	1.42	70℃，其中每年有 90 天在下列温度	75℃	5	0.87	1.09	1.39
		10	0.86	1.07	1.37			10	0.84	1.05	1.35
		25	0.74	0.93	1.19			25	0.70	0.83	1.13
		45	0.64	0.80	1.03			45	0.61	0.76	0.98
	80℃	5	0.84	1.06	1.35		80℃	5	0.81	1.01	1.29
		10	0.82	1.02	1.31			10	0.78	0.98	1.25
		25	0.70	0.87	1.12			25	0.62	0.78	1.00
		42.5	0.61	0.77	0.98			37.5	0.56	0.71	0.91
	85℃	5	0.78	0.98	1.25	70℃，其中每年有 60 天在下列温度	75℃	5	0.88	1.10	1.41
		10	0.75	0.94	1.21			10	0.85	1.06	1.36
		25	0.63	0.79	1.02			25	0.72	0.90	1.16
		37.5	0.57	0.72	0.92			45	0.62	0.78	1.00
	90℃	5	0.71	0.89	1.15		80℃	5	0.82	1.03	1.32
		10	0.69	0.86	1.11			10	0.79	0.99	1.27
		25	0.55	0.69	0.89			25	0.66	0.82	1.05
		35	0.51	0.64	0.82			40	0.58	0.73	0.94
70℃，其中每年有 60 天在下列温度	85℃	5	0.75	0.94	1.21	70℃，其中每年有 90 天在下列温度	85℃	5	0.74	0.93	1.19
		10	0.71	0.89	1.15			10	0.67	0.83	1.07
		25	0.57	0.72	0.92			25	0.53	0.67	0.85
		35	0.55	0.69	0.88			32.5	0.50	0.62	0.80
	90℃	5	0.69	0.86	1.11		90℃	5	0.66	0.82	1.06
		10	0.61	0.76	0.97			10	0.56	0.7	0.89
		25	0.48	0.61	0.78			25	0.44	0.56	0.71
		30	0.46	0.58	0.74			—	—	—	—

3. PP-R 塑铝稳态复合管的外观质量要求

管材内外层色泽应基本一致，内外表面应光滑、平整、无气泡和其他影响性能的表面缺陷，管材不得含有可见的杂质，管材端面切割平整并与轴线垂直。管材内层及外覆层均为灰色。

4. PP-R 塑铝稳态复合管的规格尺寸

(1)PP-R 管材外径及参考内径尺寸(mm)

表 12-158

公称直径 d_n	平均外径		参考内径			管材长度
	最小值	最大值	S4	S3.2	S2.5	
20	21.6	22.1	15.1	14.1	12.8	4 000（不允许有负偏差）
25	26.8	27.3	19.1	17.6	16.1	
32	33.7	34.2	24.4	22.5	20.6	
40	42.0	42.6	30.5	28.2	25.9	
50	52.0	52.7	38.2	35.5	32.6	
63	65.4	66.2	48.1	44.8	41.0	
75	77.8	78.7	58.3	54.4	49.8	
90	93.3	94.3	70.0	65.4	59.8	
110	114.0	115.1	85.8	79.9	73.2	

注：小于及等于 d_n32 的管材可做盘管，其长度由供需双方协商确定。

(2)PP-R管材壁厚、内管壁厚及铝层最小厚度尺寸(mm)

表 12-159

公称直径 d_n	铝层最小厚度	S4				S3.2				S2.5			
		管壁厚		内管壁厚		管壁厚		内管壁厚		管壁厚		内管壁厚	
		最小值	最大值	公称值	公差	最小值	最大值	公称值	公差	最小值	最大值	公称值	公差
20	0.15	3.2	3.6	2.3	+0.4 0	3.7	4.1	2.8	+0.4 0	4.3	4.8	3.4	+0.5 0
25	0.15	3.9	4.3	2.8	+0.4 0	4.6	5.1	3.5	+0.5 0	5.3	5.9	4.2	+0.6 0
32	0.20	4.6	5.1	3.6	+0.5 0	5.5	6.1	4.4	+0.6 0	6.4	7.0	5.4	+0.7 0
40	0.20	5.6	6.2	4.5	+0.6 0	6.7	7.4	5.5	+0.7 0	7.8	8.6	6.7	+0.8 0
50	0.20	6.7	7.4	5.6	+0.7 0	8.0	8.8	6.9	+0.8 0	9.4	10.4	8.3	+1.0 0
63	0.25	8.4	9.3	7.1	+0.9 0	10.0	11.0	8.6	+1.0 0	11.8	13.0	10.5	+1.2 0
75	0.30	9.6	11.0	8.4	+1.0 0	11.5	13.0	10.3	+1.2 0	13.8	15.4	12.5	+1.4 0
90	0.35	11.5	12.9	10.1	+1.2 0	13.7	15.2	12.3	+1.4 0	16.4	18.2	15.0	+1.6 0
110	0.35	13.7	15.2	12.3	+1.4 0	16.6	18.3	15.1	+1.7 0	19.8	21.8	18.3	+2.0 0

注:铝层搭接(重叠部分)最小宽度为0.5mm。

5.管材的物理力学性能

表 12-160

项目	试验参数					试样数量	指标
	温度(℃)	时间(h)	静液压试验压力(MPa)				
			S4	S3.2	S2.5		
纵向回缩率	135±2	e_n≤8mm:1 8mm<e_n≤16mm:2 e_n>16mm:4	—			3	≤2%
静液压试验	20	1	4.00	5.00	6.40	3	无破裂无渗漏
	95	22	1.05	1.31	1.68		
	95	165	0.95	1.19	1.52		
	95	1 000	0.88	1.09	1.40		
静液压状态下的热稳定性试验	110	8 760	0.48	0.59	0.76	1	无破裂无渗漏
熔体质量流动速率,MFR(230℃/2.16kg) (g/10min)						3	变化率≤原料的30%

注:管材的卫生性能应符合GB/T 17219的规定。

6.管材试验要求

PP-R塑铝稳态管与符合GB/T 18742.3—2002规定的管件连接后应通过内压试验和热循环二项

组合试验。其指标同 F-PPR 管。

(六)给水用低密度聚乙烯管(QB/T 1930—2006)

给水用低密度聚乙烯管是以低密度聚乙烯(LDPE)树脂或线性低密度聚乙烯(LLDPE)树脂及两者的混合物经挤压成型;适用于公称压力不大于 0.6MPa、公称外径 16~110mm、输送水温≤40℃的给水管材。

管材颜色一般为黑色或由双方商定的其他颜色;管材内外壁应光滑平整,无气泡、裂纹、分解变色线及明显的沟槽、杂质等,端面应切割平整并与轴线垂直。

管分为饮用水管和非饮用水管,产品应标明饮用水用或非饮用水用;饮用水管的卫生性能应符合 GB/T 17219 的规定。

公称压力相当于管材 20℃时的最大工作压力,当温度升高时最大工作压力等于公称压力×下降系数。

下降系数:20℃时,系数为 1.0;25℃时,系数为 0.82;30℃时,系数为 0.65;35℃时,系数为 0.48;40℃时,系数为 0.30。

管材以直管或盘卷交货,盘卷的最小内径应不小于公称外径的 18 倍。

1.给水用低密度聚乙烯管的规格尺寸

表 12-161

公称外径(mm)	不同公称压力下的公称壁厚(mm)		
	PN0.25(MPa)	PN0.4(MPa)	PN0.6(MPa)
16	0.8	1.2	1.8
20	1.0	1.5	2.2
25	1.2	1.9	2.7
32	1.6	2.4	3.5
40	1.9	3.0	4.3
50	2.4	3.7	5.4
63	3.0	4.7	6.8
75	3.6	5.6	8.1
90	4.3	6.7	9.7
110	5.3	8.1	11.8

2.给水用低密度聚乙烯管材的物理力学性能

表 12-162

项 目				指 标
密度(g/cm³)			<	0.940
氧化诱导时间(190℃)(min)			≥	20
断裂伸长率(%)			≥	350
纵向回缩率(%)			≤	3
耐环境应力开裂①				折弯处不合格数不超过 10%
静液压强度	短期	20℃,6.9MPa 环应力,1h		不破裂、不渗漏
	长期	70℃,2.5MPa 环应力,100h		

注:① d_n≤32mm 的灌溉用管材有此项要求。

(七)冷热水用耐热聚乙烯(PE-RT)管(GB/T 28799.1～3—2012)

冷热水用耐热聚乙烯管适用于民用与工业建筑冷热水、饮用水和采暖系统的管道等。

耐热聚乙烯管的原材料为耐热聚乙烯(PE-RT),根据材料的预测静液压强度曲线分为 PE-RT Ⅰ型和 PE-RT Ⅱ型两种。

1.耐热聚乙烯管的使用条件级别

耐热聚乙烯管按使用条件分为 1、2、4、5 四个级别,每个级别对应着特定的应用范围及 50 年的设计使用寿命,在实际应用时还应考虑 0.4MPa、0.6MPa、0.8MPa 和 1.0MPa 不同的设计压力(表 12-132)。

2.耐热聚乙烯管材的尺寸级别

耐热聚乙烯管材按尺寸分为 S2.5、S3.2、S4、S5 四个管系列。管按使用条件级别和设计压力选择对应的管系列 S 值。

(1)PE-RT Ⅰ型管系列 S 的选择

表 12-163

设计压力(MPa)	级别 1 (σ_D=3.29MPa)	级别 2 (σ_D=2.68MPa)	级别 4 (σ_D=3.25MPa)	级别 5 (σ_D=2.38MPa)
	管系列 S 值			
0.4	5	5	5	5
0.6	5	4	5	3.2
0.8	4	3.2	4	2.5
1.0	3.2	2.5	3.2	—

(2)PE-RT Ⅱ型管系列 S 的选择

表 12-164

设计压力(MPa)	级别 1 (σ_D=3.84MPa)	级别 2 (σ_D=3.72MPa)	级别 4 (σ_D=3.60MPa)	级别 5 (σ_D=3.16MPa)
	管系列 S 值			
0.4	5	5	5	5
0.6	5	5	5	5
0.8	4	4	4	3.2
1.0	3.2	3.2	3.2	2.5

3.耐热聚乙烯管材的规格尺寸(mm)

表 12-165

公称外径 d_n	平均外径		公称壁厚 e_n			
			管系列			
	$d_{em,min}$	$d_{em,max}$	S5	S4	S3.2	S2.5
12	12.0	12.3	—	—	—	2.0
16	16.0	16.3	1.8	2.0	2.2	2.7
20	20.0	20.3	2.0	2.3	2.8	3.4
25	25.0	25.3	2.3	2.8	3.5	4.2
32	32.0	32.3	2.9	3.6	4.4	5.4
40	40.0	40.4	3.7	4.5	5.5	6.7
50	50.0	50.5	4.6	5.6	6.9	8.3
63	63.0	63.6	5.8	7.1	8.6	10.5
75	75.0	75.7	6.8	8.4	10.3	12.5

续表 12-165

公称外径 d_n	平均外径		公称壁厚 e_n			
			管系列			
	$d_{em,min}$	$d_{em,max}$	S5	S4	S3.2	S2.5
90	90.0	90.9	8.2	10.1	12.3	15.0
110	110.0	111.0	10.0	12.3	15.1	18.3
125	125.0	126.2	11.4	14.0	17.1	20.8
140	140.0	141.3	12.7	15.7	19.2	23.3
160	160.0	161.5	14.6	17.9	21.9	26.6

注:①对于熔接连接的管材,最小壁厚不得低于 2mm。

②耐热聚乙烯管材按功能分为带阻隔层的管材和普通管材,带阻隔层管材的壁厚值不包括阻隔层和黏结层厚度。

4.耐热聚乙烯管材的静液压强度

表 12-166

材料	要求	试验参数		
		静液压应力(MPa)	试验温度(℃)	试验时间(h)
PE-RT Ⅰ型	无渗漏 无破裂	9.9	20	1
		3.8	95	22
		3.6	95	165
		3.4	95	1 000
PE-RT Ⅱ型	无渗漏 无破裂	11.2	20	1
		4.1	95	22
		4.0	95	165
		3.8	95	1 000

5.耐热聚乙烯管材的理化性能

表 12-167

项目	要求	试验参数			标准
		参数	数值		
纵向回缩率	≤2%	温度 试验时间: e_n≤8mm 8mm<e_n≤16mm e_n>16mm	110℃ 1h 2h 4h		GB/T 6671
静液压状态下的热稳定性	无破裂 无渗漏	静液压应力 试验温度 试验时间 试样数量	PE-RT Ⅰ型 1.9MPa 110℃ 8 760h 1	PE-RT Ⅱ型 2.4MPa 110℃ 8 760h 1	GB/T 6111
熔体质量流动速率 MFR	与对原料测定值之差,不应超过±0.3g/10min 且不超过±20%	砝码质量 试验温度	5kg 190℃		GB/T 3682—2000
透光率[a]	≤0.2%	—	—		GB/T 21300
透氧率[b]	0.1g/(d·m)³	—	—		ISO 17455

注:①[a] 仅适用于输送生活饮用水用管材。

②[b] 仅适用于带阻氧层的管材。

③用于输送生活饮用水的管材应符合 GB/T 17219 的规定。

6.耐热聚乙烯管材的系统适用性能

(1)系统适用性试验要求

管材、管件根据连接方式要求的系统适用性试验

表 12-168

系统适用性试验	连接方式		
	热熔承插连接 SW	电熔焊连接 EF	机械连接 M
耐内压试验	●	●	●
弯曲试验	○	○	●
耐拉拔试验	○	○	●
热循环试验	●	●	●
循环压力试验	○	○	●
耐真空试验	○	○	●

注:●—需要试验;○—不需要试验。

(2)管材、管件耐内压及弯曲试验

表 12-169

试验名称	材料	管系列	试验压力(MPa)	试验温度(℃)	试验时间(h)	试样数量(件)	要求
耐内压试验	PE-RT Ⅰ型	S5	0.68	95	1 000	3	管材、管件及连接处应无破裂、无渗漏
		S4	0.85				
		S3.2 S2.5	1.06				
	PE-RT Ⅱ型	S5	0.76				
		S4	0.90				
		S3.2 S2.5	1.18				
弯曲试验	PE-RT Ⅰ型	S5	1.98	20	1	3	
		S4	2.47				
		S3.2 S2.5	3.09				
	PE-RT Ⅱ型	S5	2.24				
		S4	2.80				
		S3.2 S2.5	3.50				

注:仅当管材公称直径≥32mm 时做弯曲试验。

(3)耐拉拔试验

表 12-170

温度(℃)	系统设计压力(MPa)	轴向拉力(N)	试验时间(h)	要求
23±2	所有压力等级	$1.178d_n^{2a}$	1	管材、管件连接处不发生松脱
95	0.4	$0.314d_n^2$	1	
95	0.6	$0.471d_n^2$	1	
95	0.8	$0.628d_n^2$	1	
95	1.0	$0.785d_n^2$	1	

注:①[a] d_n 为管材的公称径,单位为 mm。

②对各种设计压力的管道系统均应按本表规定进行 23℃±2℃的拉拔试验,同时根据管道系统的设计压力选取对应的轴向拉力,进行拉拔试验,试件数量为 3 个。

③较高压力下的试验结果也可适用于较低压力下的应用级别。

(4)热循环试验

表 12-171

材料	管系列	试验压力(MPa)	最高试验温度(℃)	最低试验温度(℃)	循环次数(次)	试验时间(min)	试样数量(件)	要求
PE-RT Ⅰ型	S5	0.6	95	20	5 000	30^{-2}_{0} 冷热水各 15^{-1}_{0}	1	管材、管件连接处无破裂、无渗漏
	S4	0.8						
	S3.2	1.0						
	S2.5	1.0						
PE-RT Ⅱ型	S5	0.8						
	S4	1.0						
	S3.2	1.0						
	S2.5	1.0						

注:较高温度、较高压力下的试验结果也可适用于较低温度或较低压力下的应用级别。

(5)循环压力冲击试验

表 12-172

试验压力(MPa)			试验温度(℃)	循环次数(次)	循环频率次(mm)	试样数量(件)	要求
设计压力(MPa)	最高试验压力(MPa)	最低试验压力(MPa)					
0.4	0.6	0.05	23±2	10 000	30±5	1	管材、管件连接处无破裂、无渗漏
0.6	0.9	0.05					
0.8	1.2	0.05					
1.0	1.5	0.05					

(6)真空试验

表 12-173

项目	试验参数		要求
真空密封性	试验温度 试验时间 试验压力 试样数量	23℃ 1h −0.08MPa 3	真空压力变化≤0.005MPa

7.耐热聚乙烯管材外观质量、标记和储运要求

(1)颜色

地暖管材为本色;生活饮用水管材为灰色;其他由供需双方商定。

(2)外观

管材内外表面应光滑、平整、清洁,无影响产品性能的明显划痕、凹陷、气泡、杂质等;管材表面颜色应均匀一致,不允许有明显色差。管材端面应切割平整并与轴线垂直。

(3)产品标记

生产厂名和商标:产品名称并标明 PE RT Ⅰ型或 PE-RT Ⅱ型;规格尺寸并标明管系列 S、公

称外径和公称壁厚;生产批号和生产日期;执行标准;如管材带阻隔层或为生活饮用水管,应单标明。

(4)储运要求

管材装卸运输时,不得抛掷、曝晒、沾污、重压和损伤。管材应合理堆放室内库房,远离热源、防止阳光照射。

8.耐热聚乙烯管材管系列和工作压力的计算

(1)管系列S值=管材、管件的设计应力σ/管材内压ρ。

(2)管材最大允许工作压力:

$$p_{pms}=\frac{\sigma_D\times 2e_n}{d_n-e_n}$$

式中:p_{pms}——最大允许工作压力(MPa);

σ_D——对应级别下的设计应力(MPa);

d_n——公称外径(mm);

e_n——公称壁厚(mm)。

示例:$d_n16\times e_n2.0$PE-RT Ⅰ型管材,应用于级别4的领域,最大允许工作压力计算如下:

$$p_{pms}=\frac{3.25\times 2\times 2.0}{16-2.0}=0.9\text{MPa}$$

设计应力 表12-174

使用条件级别	设计应力 σ_D(MPa)		使用条件级别	设计应力 σ_D(MPa)	
	PE-RT Ⅰ型	PE-RT Ⅱ型		PE-RT Ⅰ型	PE-RT Ⅱ型
1	3.29	3.84	5	2.38	3.16
2	2.68	3.72	20℃/50年	6.68	7.99
4	3.25	3.60			

总体使用系数 表12-175

温　度(℃)	总体使用系数C	温　度(℃)	总体使用系数C
T_D	1.5	T_{mal}	1.0
T_{max}	1.3	T_{cold}	1.25

注:不同使用条件级别的管材的设计应力σ_D应用Miner's规则,并考虑到与表12-174中相对应的使用条件级别,以及本表中所给出的使用系数来确定。

9.冷热水用耐热聚乙烯管件

冷热水用耐热聚乙烯管件按连接方式分为熔接管件和机械连接管件。熔接管件又分为热熔承插连接管件和电熔连接管件。机械连接管件主要指螺纹连接和法兰连接方式。

管件的原材料分类及管系列S的分类与管材相同,管件的主体壁厚应不小于相同管系列S的管材的壁厚。管件中金属部分不能对PE-RT材料产生不利影响。

管件的颜色同管材。管件外观应光滑、平整、无裂纹、气泡、蜕皮、明显的杂质、冷斑、色泽不匀和分解变色等。

(1)热熔承插连接管件规格尺寸和承口示意图

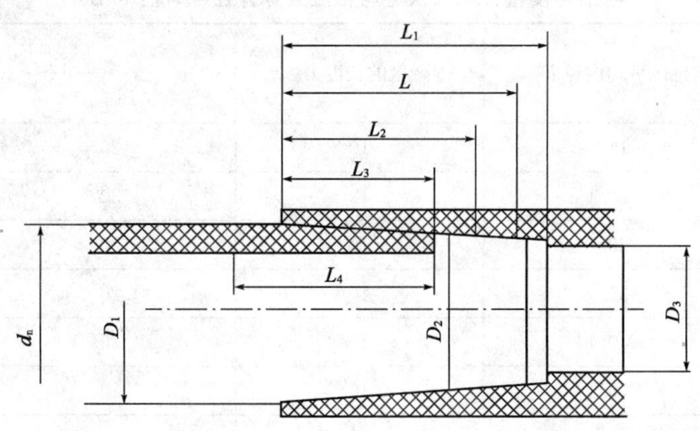

图 12-5　热熔承插连接管件承口示意图

d_n-指与管件相连的管材的公称外径；D_1-承口口部平均内径；D_3-最小通径；L-承口参照深度；L_1-承口实际深度，$L_1 \geqslant L$；L_2-承口加热深度，即加热工具插入的深度；L_3-承插深度；L_4-插口管端加热长度，即插口管端进入加热工具的深度，$L_4 \geqslant L_3$；D_2-承口根部平均内径。即距端口距离为 L 的、平行于端口平面的圆环的平均直径，其中 L 为插口工件深度

热熔承插连接管件承口尺寸与相应公称外径（单位：mm）　　表 12-176

公称外径	承口平均内径				最大不圆度	最小通径	承口参照深度	承口加热深度		承插深度	
	口部		根部					$L_{2,min}$	$L_{2,max}$	$L_{3,min}$	$L_{3,max}$
d_n^a	$D_{1,min}$	$D_{1,max}$	$D_{2,min}$	$D_{2,max}$		D_3	L_{min} ($=0.3d_n+8.5$)	($=L-2.5$)	($=L$)	($=L-3.5$)	($=L$)
16	15.0	15.5	14.8	15.3	0.6	9	13.3	10.8	13.3	9.8	13.3
20	19.0	19.5	18.8	19.3	0.6	13	14.5	12.0	14.5	11.0	14.5
25	23.8	24.4	23.5	24.1	0.7	18	16.0	13.5	16.0	12.5	16.0
32	30.7	31.3	30.4	31.0	0.7	25	18.1	15.6	18.1	14.6	18.1
40	38.7	39.3	38.3	38.9	0.7	31	20.5	18.0	20.5	17.0	20.5
50	48.7	49.3	48.3	48.9	0.8	39	23.5	21.0	23.5	20.0	23.5
63	61.6	62.2	61.1	61.7	0.8	49	27.4	24.9	27.4	23.9	27.4
不去皮											
75	73.2	74.0	71.9	72.7	1.0	58.2	31.0	28.5	31.0	27.5	31.0
90	87.8	88.8	86.4	87.4	1.2	69.8	35.5	33.0	35.5	32.0	35.5
110	107.3	108.5	105.8	106.8	1.4	85.4	41.5	39.0	41.5	38.0	41.5
去皮[b]											
75	72.6	73.2	72.3	72.9	1.0	58.2	31.0	28.5	31.0	27.5	31.0
90	87.1	87.8	86.7	87.4	1.2	69.8	35.5	33.0	35.5	32.0	35.5
110	106.3	107.1	105.7	106.5	1.4	85.4	41.5	39.0	41.5	38.0	41.5

注：①[a] 管件的公称外径 d_n 指与其相连接的管材的公称外径。

②[b] 去皮是指去掉与管件连接的管材的表皮。

(2)电熔连接管件规格尺寸和承口示意图

电熔连接管件承口尺寸与相应公称外径(单位:mm) 表 12-177

公称外径 d_n①	熔融区平均内径 $D_{1,min}$	熔融区的长度 $L_{2,min}$	承插深度 L_1	
			$L_{1,min}$	$L_{1,max}$
16	16.1	10	20	35
20	20.1	10	20	37
25	25.1	10	20	40
32	32.1	10	20	44
40	40.1	10	20	49
50	50.1	10	20	55
63	63.2	11	23	63
75	75.2	12	25	70
90	90.2	13	28	79
110	110.3	15	32	85
125	125.3	16	35	90
140	140.3	18	38	95
160	160.4	20	42	101

注:①公称外径 d_n 指与其相连接的管材的公称外径。

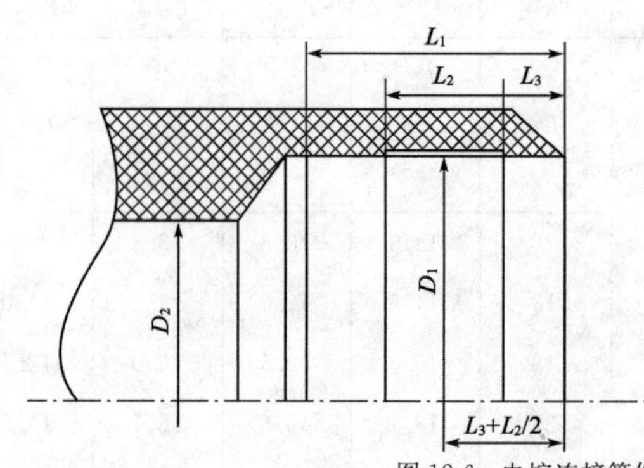

D_1-熔融区平均内径;
D_2-最小通径;
L_1-承插深度;
L_2-熔融区的长度;
L_3-管件承口口部非加热长度

图 12-6 电熔连接管件承口示意图

(3)耐热聚乙烯管件的理化性能

表 12-178

项 目	要 求	试验参数				试验方法
		PE-RT Ⅰ型		PE-RT Ⅱ型		
		参数	数值	参数	数值	
静液压状态下的热稳定性①,②	无破裂 无渗漏	静液压应力 试验温度 试验时间 试样数量	1.9MPa 110℃ 8 760h 1	静液压应力 试验温度 试验时间 试样数量	2.4MPa 110℃ 8 760h 1	GB/T 6111
熔体质量流动速率 MFR	与对原料测定值之差不应超过±0.3g/10min且不超±20%	砝码质量 试验温度	5kg 190℃	砝码质量 试验温度	5kg 190℃	GB/T 3682—2000
透光率③	≤0.2%	—				GB/T 21300

注:①用管件与管材相连进行试验,按照管件的管系列 S 计算试验压力,如试验中管材破裂则试验应重做。

②相同原料同一生产厂家生产的管材已做过本试验的管件可不做。

③仅适用于生活饮用水管件。相同原料同一生产厂家生产的管材已做过本试验的管件可不做。

(4)耐热聚乙烯管件的系统适用性能的各试验指标、静液压强度、饮用水管件卫生性能要求同冷热水用耐热聚乙烯管材。

管件的产品标记、储运要求同管材。如为去皮管件应标注"P"。

带金属螺纹接头的管件,其螺纹部分应符合 GB/T 7306 的规定。

(八)冷热水用交联聚乙烯(PE-X)管(GB/T 18992.1~2—2003)

冷热水用交联聚乙烯(PE-X)管的主体原材料为高密度聚乙烯;在管材成型过程中或成型后进行交联。其交联工艺有过氧化物交联(PE-X_a)、硅烷交联(PE-X_b)、电子束交联(PE-X_c)及偶氮交联(PE-X_d),交联的目的是使聚乙烯的分子链之间形成化学键,获得三维网状结构。

冷热水用交联聚乙烯(PE-X)管适用于建筑物内冷热水管道,包括工业及民用冷热水、饮用水和采暖系统等。

冷热水用交联聚乙烯(PE-X)管按使用条件分为级别 1、级别 2、级别 4 和级别 5 四个级别,每个级别对应着特定的应用范围及 50 年的设计使用寿命,在实际应用时还应考虑 0.4MPa、0.6MPa、0.8MPa 和 1.0MPa 不同的设计压力。其使用条件级别同冷热水用耐热聚乙烯管(表 12-132)。

交联聚乙烯(PE-X)管按尺寸分为 S6.3、S5、S4、S3.2 四个管系列;管材按使用条件级别和设计压力选择对应的管系列 S 值。

1.冷热水用交联聚乙烯(PE-X)管系列 S 的选择

表 12-179

设计压力 p_D(MPa)	级别 1 σ_D=3.85MPa	级别 2 σ_D=3.54MPa	级别 4 σ_D=4.00MPa	级别 5 σ_D=3.24MPa
	管系列 S 值			
0.4	6.3	6.3	6.3	6.3
0.6	6.3	5	6.3	5
0.8	4	4	5	4
1.0	3.2	3.2	4	3.2

注:σ_D 为设计应力。

2.冷热水用交联聚乙烯(PE-X)管的规格尺寸(mm)

表 12-180

公称外径 d_n	平均外径		最小壁厚 e_{min}(数值等于 e_n)			
			管系列			
	$d_{em,min}$	$d_{em,max}$	S6.3	S5	S4	S3.2
16	16.0	16.3	1.8[①]	1.8[a]	1.8	2.2
20	20.0	20.3	1.9[①]	1.9	2.3	2.8
25	25.0	25.3	1.9	2.3	2.8	3.5
32	32.0	32.3	2.4	2.9	3.6	4.4
40	40.0	40.4	3.0	3.7	4.5	5.5
50	50.0	50.5	3.7	4.6	5.6	6.9
63	63.0	63.6	4.7	5.8	7.1	8.6
75	75.0	75.7	5.6	6.8	8.4	10.3
90	90.0	90.9	6.7	8.2	10.1	12.3
110	110.0	111.0	8.1	10.0	12.3	15.1
125	125.0	126.2	9.2	11.4	14.0	17.1
140	140.0	141.3	10.3	12.7	15.7	19.2
160	160.0	161.5	11.8	14.6	17.9	21.9

注:[①]考虑到刚性与连接的要求,该厚度不按管系列计算。

3. 交联聚乙烯(PE-X)管的耐静液压性能

表 12-181

项目	要求	试验参数		
		静液压应力(MPa)	试验温度(℃)	试验时间(h)
耐静液压	无渗漏、无破裂	12.0 4.8 4.7 4.6 4.4	20 95 95 95 95	1 1 22 165 1 000

4. 交联聚乙烯(PE-X)管的理化性能

表 12-182

项目	要求	试验参数	
		参数	数值
纵向回缩率	≤3%	温度 试验时间： e_n≤8mm 8mm<e_n≤16mm e_n<16mm 试样数量	120℃ 1h 2h 4h 3
静液压状态下的热稳定性	无破裂 无渗漏	静液压应力 试验温度 试验时间 试样数量	2.5MPa 110℃ 8 760h 1
交联度： ——过氧化物交联 ——硅烷交联 ——电子束交联 ——偶氮交联	 ≥70% ≥65% ≥60% ≥60%		

5. 交联聚乙烯(PE-X)管的系统适用性能

(1)静液压试验

表 12-183

管系列	试验温度(℃)	试验压力(MPa)	试验时间(h)	试样数量	结果
S6.3	20 95	$1.5P_D$ 0.70	1 1 000	3	管材、管件及连接处无破裂无渗漏
S5	20 95	$1.5P_D$ 0.88	1 1 000		
S4	20 95	$1.5P_D$ 1.10	1 1 000		
S3.2	20 95	$1.5P_D$ 1.38	1 1 000		

(2)热循环试验

表 12-184

项　目	级别1	级别2	级别4	级别5	要　求
最高设计温度 T_{max}(℃)	80	80	70	90	管材、管件及连接处无破裂无渗漏
最高试验温度(℃)	90	90	80	95	
最低试验温度(℃)	20	20	20	20	
试验压力(MPa)	P_D	P_D	P_D	P_D	
循环次数	5 000	5 000	5 000	5 000	
每次循环的时间(min)	30^{+2}_{0}(冷热水各 15^{+1}_{0})				
试样数量	1				

(3)循环压力冲击试验

表 12-185

最高试验压力(MPa)	最低试验压力(MPa)	试验温度(℃)	循环次数	循环频率(次)(min)	试样数量	要　求
1.5±0.05	0.1±0.05	23±2	10 000	≥30	1	无破裂、无渗漏

(4)弯曲试验

表 12-186

项　目	级别1	级别2	级别4	级别5	要求
最高设计温度 T_{max}(℃)	80	80	70	90	管材、管件及连接处无破裂，无渗漏
管材材料的设计应力 σ_{DP}(MPa)	3.85	3.54	4.00	3.24	
试验温度(℃)	20	20	20	20	
试验时间(h)	1	1	1	1	
管材材料的静液压应力 σ_P(MPa)	12	12	12	12	
试验压力(MPa) 设计压力 P_D 为:0.4MPa 0.6MPa 0.8MPa 1.0MPa	 1.58[a] 1.87 2.50 3.12	 1.58[a] 2.04 2.72 3.39	 1.58[a] 1.80 2.40 3.00	 1.58[a] 2.23 2.97 3.71	
试样数量	3				

注:①[a] 该值按 20℃,1MPa,50 年计算。

②管材公称直径≥32mm 时做此试验。

(5)耐拉拔试验、真空试验同耐热聚乙烯管(PE-RT)。

6. 交联聚乙烯(PE-X)管的外观质量、标记和储运要求

(1)颜色

管材颜色由供需双方商定。明装有遮光要求的管材不透光。

(2)外观

管材内外表面应光滑、平整、清洁,无影响产品性能的明显划痕、凹陷、气泡、杂质等;管材表面颜色应均匀一致,不允许有明显色差。管材端面应切割平整并与轴线垂直。

(3)产品标记

生产厂名和商标;产品名称、交联工艺、用途;规格尺寸并标明管系列 S、公称外径和公称壁厚;生产批号和生产日期;执行标准;如管材为生活饮用水用,应以 Y 单标明。

(4)储运要求

管材装卸运输时,不得抛掷、曝晒、沾污、重压和损伤。管材应合理地堆放在室内库房,远离热源、防止阳光照射。

(九)给水用聚乙烯(PE)管(GB/T 13663—2000;GB/T 13663.2—2005)

给水用聚乙烯(PE)管以PE63、PE80、PE100材料制造,管材公称压力为0.32~1.6MPa,管材公称外径为16~1 000mm。适用于温度不超过40℃的一般压力输水和饮用水输送。

给水用聚乙烯(PE)管材按照选定的公称压力、设计应力来确定管材的公称外径和壁厚。管材公称压力(PN)与设计应力σ_S、标准尺寸比(SDR)之间的关系为:$PN=2\sigma_S/(SDR-1)$。管材按照希望使用寿命50年设计。

公称压力相当于管材20℃时的最大工作压力,当温度升高时最大工作压力等于公称压力×下降系数。

下降系数:20℃时,系数为1.0;30℃时,系数0.87;40℃时,系数0.74。

1. 管材颜色、外观和交货

市政饮用水管,一般为蓝色或黑色,黑色管上应有挤出的蓝色色条,色条沿管材纵向至少有三条。其他用途水管可以是蓝色或黑色;暴露在阳光下(如地面铺设)的管道必须是黑色。产品应注明饮用水用或非饮用水用;饮用水管的卫生性能应符合GB/T 17219的规定。

管材内外壁应清洁、光滑平整,无气泡、凹陷、明显的划痕、杂质、颜色不均等缺陷。端面应切割平整并与管轴线垂直。管材根据平均外径精度分为标准公差管材(A)和精公差管材(B)两个等级,订货时应明确等级。

管材以直管或盘卷交货,直管长度一般为6m、9m、12m或双方商定;长度偏差为+0.4%~-0.2%。盘卷的最小内径应不小于管材公称外径的18倍,长度由双方商定。

2. 给水用聚乙烯(PE)管的规格尺寸

(1)PE100级聚乙烯管材公称压力和规格尺寸

表12-187

公称外径 d_n (mm)	公称壁厚 e_n(mm)				
	标准尺寸比				
	SDR26	SDR21	SDR17	SDR13.6	SDR11
	公称压力(MPa)				
	0.6	0.8	1.0	1.25	1.6
32	—	—	—	—	3.0
40	—	—	—	—	3.7
50	—	—	—	—	4.6
63	—	—	—	4.7	5.8
75	—	—	4.5	5.6	6.8
90	—	4.3	5.4	6.7	8.2
110	4.2	5.3	6.6	8.1	10.0
125	4.8	6.0	7.4	9.2	11.4
140	5.4	6.7	8.3	10.3	12.7
160	6.2	7.7	9.5	11.8	14.6
180	6.9	8.6	10.7	13.3	16.4
200	7.7	9.6	11.9	14.7	18.2
225	8.6	10.8	13.4	16.6	20.5
250	9.6	11.9	14.8	18.4	22.7
280	10.7	13.4	16.6	20.6	25.4

续表 12-187

公称外径 d_n (mm)	公称壁厚 e_n(mm)				
	标准尺寸比				
	SDR26	SDR21	SDR17	SDR13.6	SDR11
	公称压力(MPa)				
	0.6	0.8	1.0	1.25	1.6
315	12.1	15.0	18.7	23.2	28.6
355	13.6	16.9	21.1	26.1	32.2
400	15.3	19.1	23.7	29.4	36.3
450	17.2	21.5	26.7	33.1	40.9
500	19.1	23.9	29.7	36.8	45.4
560	21.4	26.7	33.2	41.2	50.8
630	24.1	30.0	37.4	46.3	57.2
710	27.2	33.9	42.1	52.2	
800	30.6	38.1	47.4	58.8	
900	34.4	42.9	53.3		
1 000	38.2	47.7	59.3		

注：PE100 级材料的 MRS 为 10.0MPa。

(2)PE80 级聚乙烯管材公称压力和规格尺寸

表 12-188

公称外径 d_n (mm)	公称壁厚 e_n(mm)				
	标准尺寸比				
	SDR33	SDR21	SDR17	SDR13.6	SDR11
	公称压力(MPa)				
	0.4	0.6	0.8	1.0	1.25
16	—	—	—	—	—
20	—	—	—	—	—
25	—	—	—	—	2.3
32	—	—	—	—	3.0
40	—	—	—	—	3.7
50	—	—	—	—	4.6
63	—	—	—	4.7	5.8
75	—	—	4.5	5.6	6.8
90	—	4.3	5.4	6.7	8.2
110	—	5.3	6.6	8.1	10.0
125	—	6.0	7.4	9.2	11.4
140	4.3	6.7	8.3	10.3	12.7
160	4.9	7.7	9.5	11.8	14.6
180	5.5	8.6	10.7	13.3	16.4
200	6.2	9.6	11.9	14.7	18.2
225	6.9	10.8	13.4	16.6	20.5
250	7.7	11.9	14.8	18.4	22.7
280	8.6	13.4	16.6	20.6	25.4
315	9.7	15.0	18.7	23.2	28.6
355	10.9	16.9	21.1	26.1	32.2
400	12.3	19.1	23.7	29.4	36.3
450	13.8	21.5	26.7	33.1	40.9

续表 12-188

公称外径 d_n (mm)	公称壁厚 e_n(mm)				
	标准尺寸比				
	SDR33	SDR21	SDR17	SDR13.6	SDR11
	公称压力(MPa)				
	0.4	0.6	0.8	1.0	1.25
500	15.3	23.9	29.7	36.8	45.4
560	17.2	26.7	33.2	41.2	50.8
630	19.3	30.0	37.4	46.3	57.2
710	21.8	33.9	42.1	52.2	
800	24.5	38.1	47.4	58.8	
900	27.6	42.9	53.3		
1 000	30.6	47.7	59.3		

注:PE80 级材料的 MRS 为 8.0MPa。

(3)PE63 级聚乙烯管材公称压力和规格尺寸

表 12-189

公称外径 d_n (mm)	公称壁厚 e_n(mm)				
	标准尺寸比				
	SDR33	SDR26	SDR17.6	SDR13.6	SDR11
	公称压力(MPa)				
	0.32	0.4	0.6	0.8	1.0
16	—	—	—	—	2.3
20	—	—	—	2.3	2.3
25	—	—	2.3	2.3	2.3
32	—	—	2.3	2.4	2.9
40	—	2.3	2.3	3.0	3.7
50	—	2.3	2.9	3.7	4.6
63	2.3	2.5	3.6	4.7	5.8
75	2.3	2.9	4.3	5.6	6.8
90	2.8	3.5	5.1	6.7	8.2
110	3.4	4.2	6.3	8.1	10.0
125	3.9	4.8	7.1	9.2	11.4
140	4.3	5.4	8.0	10.3	12.7
160	4.9	6.2	9.1	11.8	14.6
180	5.5	6.9	10.2	13.3	16.4
200	6.2	7.7	11.4	14.7	18.2
225	6.9	8.6	12.8	16.6	20.5
250	7.7	9.6	14.2	18.4	22.7
280	8.6	10.7	15.9	20.6	25.4
315	9.7	12.1	17.9	23.2	28.6
355	10.9	13.6	20.1	26.1	32.2
400	12.3	15.3	22.7	29.4	36.3
450	13.8	17.2	25.5	33.1	40.9
500	15.3	19.1	28.3	36.8	45.4
560	17.2	21.4	31.7	41.2	50.8
630	19.3	24.1	35.7	46.3	57.2

续表 12-189

公称外径 d_n (mm)	公称壁厚 e_n(mm)				
	标准尺寸比				
	SDR33	SDR26	SDR17.6	SDR13.6	SDR11
	公称压力(MPa)				
	0.32	0.4	0.6	0.8	1.0
710	21.8	27.2	40.2	52.2	
800	24.5	30.6	45.3	58.8	
900	27.6	34.4	51.0		
1 000	30.6	38.2	56.6		

注:PE63 级材料的 MRS 为 6.3MPa。

3.给水用聚乙烯(PE)管材的物理性能

表 12-190

序　号	项　　目		要　求
1	断裂伸长率(%)		≥350
2	纵向回缩率(110℃)(%)		≤3
3	氧化诱导时间(200℃)(min)		≥20
4	耐候性[a] (管材累计接受≥3.5GJ/m² 老化能量后)	80℃静液压强度(165h),试验条件同表 12-191	不破裂,不渗漏
		断裂伸长率(%)	≥350
		氧化诱导时间(200℃)(min)	≥10

注:①[a] 仅适用于蓝色管材。

②管材的物理性能应符合本表要求。当在混配料中加入回用料挤管时,对管材测定的熔体流动速率(MFR)(5kg,190℃)与对混配料测定值之差,不应超过 25%。

4.给水用聚乙烯(PE)管材的静液压强度

(1)管材的静液压强度

表 12-191

序号	项　　目	环向应力(MPa)			要　　求
		PE63	PE80	PE100	
1	20℃静液压强度(100h)	8.0	9.0	12.4	不破裂,不渗漏
2	80℃静液压强度(165h)	3.5	4.6	5.5	不破裂,不渗漏
3	80℃静液压强度(1 000h)	3.2	4.0	5.0	不破裂,不渗漏

(2)80℃时静液压强度(165h)再实验要求

表 12-192

PE63		PE80		PE100	
应力(MPa)	最小破坏时间(h)	应力(MPa)	最小破坏时间(h)	应力(MPa)	最小破坏时间(h)
3.4	285	4.5	219	5.4	233
3.3	538	4.4	283	5.3	332
3.2	1 000	4.3	394	5.2	476
		4.2	533	5.1	688
		4.1	727	5.0	1 000
		4.0	1 000		

注:80℃静液压强度(165h)试验只考虑脆性破坏。如果在要求的时间(165h)内发生韧性破坏,则按本表选择较低的破坏应力和相应的最小破坏时间重新试验。

5. 给水用聚乙烯(PE)管的标记和储运要求

(1)标记

生产厂名或商标、管材规格尺寸(外径、标准尺寸比或“SDR”、材料等级、公称压力)、生产日期、标准号、饮用水管标志(“水”或“water”字样)。

(2)储运要求

管材运输不得划伤、抛、摔、剧烈撞击、油污及化学品污染;管材应储存在库房内,储存地应平整、通风良好、远离热源和污染物;管材如室外堆放,应有苫盖;管材的堆放高度不超过1.5m。

6. 给水用聚乙烯管件简介

给水用聚乙烯管件按连接方式分为熔接连接管件、机械连接管件、法兰连接管件三类。

其中,熔接连接管件分为电熔管件、插口管件、热熔承插连接管件三种。

机械连接管件是通过机械作用将聚乙烯管材相互连接的管件,一般可在施工现场装配或在工厂预装。通常通过压缩部件以提供压力的完整性、密封性和抗端部荷载的能力。并通过插到管材内部的支撑衬套为聚乙烯管材提供永久支撑,以阻止管材壁在径向压力下的蠕变[可以通过螺纹、压缩接头、焊接或法兰(包括PE法兰)与金属部件连接装配]。

管件聚乙烯部分的颜色为黑色或蓝色,蓝色聚乙烯管件应避免紫外光线的直接照射。

(十)耐热聚乙烯(PE-RT)塑铝稳态复合管(CJ/T 238—2006)

耐热聚乙烯(PE-RT)塑铝稳态复合管(以下简称PE-RT塑铝稳态管)是一种内层为PE-RT管,外层包覆铝层及塑料(PE-RT或PE)保护层,各层间通过热熔胶黏结而成的五层结构管材。

PE-RT塑铝稳态管适用于工业及民用的冷热水、饮用水、采暖热水、中央空调等的管道系统。

PE-RT塑铝稳态管的结构示意图同PP-R塑铝稳态复合管(图12-4)。

1. PE-RT塑铝稳态管的使用级别

PE-RT塑铝稳态管按使用条件分为1、2、4、5四个等级,每个级别均对应于一个特定的应用范围及50年的使用寿命。在具体应用时,应考虑0.4MPa、0.6MPa、0.8MPa、1.0MPa不同的使用压力(见表12-132)。

2. PE-RT塑铝稳态管的内管尺寸级别

PE-RT塑铝稳态管按内管尺寸分为S4、S3.2、S2.5三个管系列。

3. PE-RT塑铝稳态管管系列S的选择

管按使用条件级别、材料及设计压力选择对应的管系列S值(选择一),其他情况可按选择二、选择三表选择对应的S值。

(1)PE-RT塑铝稳态管管系列S值的选择一

表12-193

设计压力(MPa)	管系列S			
	级别1 σ_D=3.45MPa	级别2 σ_D=3.24MPa	级别4 σ_D=4.40MPa	级别5 σ_D=3.06MPa
0.4	4	4	4	4
0.6	4	4	4	4
0.8	4	4	4	3.2
1.0	3.2	3.2	4	2.5

(2)PE-RT塑铝稳态管管系列S值的选择二

表 12-194

工作温度(℃)	使用年限	S4	S3.2	S2.5	工作温度(℃)	使用年限	S4	S3.2	S2.5
		允许工作压力(MPa)					允许工作压力(MPa)		
20	1	1.75	2.19	2.80	60	1	1.16	1.45	1.86
	5	1.71	2.14	2.75		5	1.13	1.41	1.81
	10	1.70	2.13	2.72		10	1.11	1.39	1.78
	25	1.68	2.10	2.69		25	1.09	1.37	1.75
	50	1.66	2.08	2.67		50	1.08	1.35	1.73
40	1	1.46	1.83	2.34	70	1	1.01	1.26	1.62
	5	1.42	1.78	2.28		5	0.98	1.22	1.57
	10	1.41	1.76	2.26		10	0.96	1.21	1.54
	25	1.39	1.74	2.23		25	0.93	1.16	1.49
	50	1.38	1.72	2.20		50	0.81	1.01	1.30

(3)PE-RT 塑铝稳态管管系列 S 值的选择三

表 12-195

工作温度		使用年限	S4	S3.2	S2.5	工作温度		使用年限	S4	S3.2	S2.5
			允许工作压力(MPa)						允许工作压力(MPa)		
常年 70℃，其中每年有 30 天在下列温度	75℃	5	0.95	1.19	1.52	常年 70℃，其中每年有 60 天在下列温度	75℃	5	0.94	1.17	1.50
		10	0.94	1.17	1.50			10	0.93	1.16	1.48
		25	0.92	1.15	1.47			25	0.91	1.14	1.45
		45	0.91	1.14	1.45			45	0.90	1.12	1.44
	80℃	5	0.88	1.10	1.41		80℃	5	0.87	1.08	1.39
		10	0.87	1.08	1.39			10	0.85	1.07	1.37
		25	0.85	1.06	1.36			25	0.84	1.05	1.34
		42.5	0.84	1.05	1.34			40	0.83	1.03	1.33
	85℃	5	0.81	1.01	1.29		85℃	5	0.79	0.99	1.27
		10	0.79	0.99	1.27			10	0.78	0.98	1.25
		25	0.78	0.97	1.24			25	0.76	0.95	1.22
		37.5	0.77	0.96	1.23			35	0.76	0.95	1.21
	90℃	5	0.73	0.92	1.17		90℃	5	0.72	0.90	1.15
		10	0.72	0.90	1.15			10	0.71	0.89	1.13
		25	0.70	0.88	1.13			25	0.69	0.87	1.11
		35	0.70	0.87	1.12			30	0.69	0.86	1.10
常年 70℃，其中每年有 90 天在下列温度	75℃	5	0.93	1.17	1.49	常年 70℃，其中每年有 90 天在下列温度	85℃	5	0.79	0.98	1.26
		10	0.92	1.15	1.47			10	0.77	0.97	1.24
		25	0.90	1.13	1.44			25	0.76	0.95	1.21
		45	0.89	1.11	1.43			32.5	0.75	0.94	1.20
	80℃	5	0.86	1.07	1.38		90℃	5	0.71	0.89	1.14
		10	0.85	1.06	1.36			10	0.70	0.88	1.12
		25	0.83	1.04	1.33			25	0.68	0.86	1.10
		37.5	0.82	1.03	1.32			30	0.68	0.85	1.09

4. PE-RT 塑铝稳态管的外观质量

管材的色泽应基本一致。管材内外表面应光滑、平整、清洁、无气泡、明显的划伤、凹陷、杂质和影响使用性能的表面缺陷。管材端头应切割平整,并与管轴线垂直。管材一般情况下,内管和外覆层均为白色。

5. PE-RT 塑铝稳态管的规格尺寸

(1)管材外径及参考内径尺寸(mm)

表 12-196

公称直径	平均外径		参考内径		
	最小值	最大值	S4	S3.2	S2.5
20	21.6	22.1	15.1	14.1	12.8
25	26.8	27.3	19.1	17.6	16.1
32	33.7	34.2	24.4	22.5	20.6
40	42.0	42.6	30.5	28.2	25.9
50	52.0	52.7	38.2	35.5	32.6
63	65.4	66.2	48.1	44.8	41.0
75	77.8	78.7	58.3	54.4	49.8
90	93.3	94.3	70.0	65.4	59.8
110	114.0	115.1	85.8	79.9	73.2
160	166.0	167.5	124.2	116.2	106.8

(2)管材壁厚、内管壁厚及铝层最小厚度尺寸(mm)

表 12-197

公称直径	铝层最小厚度	S4				S3.2				S2.5				管材长度
		管壁厚		内管壁厚		管壁厚		内管壁厚		管壁厚		内管壁厚		
		最小值	最大值	公称值	公差	最小值	最大值	公称值	公差	最小值	最大值	公称值	公差	
20	0.15	3.2	3.6	2.3	+0.4 0	3.7	4.1	2.8	+0.4 0	4.3	4.8	3.4	+0.5 0	直管长 4m,≤d_n 32 的管可盘卷交货,长度一般为 110m(长度不允许有负偏差)
25	0.15	3.9	4.3	2.8	+0.4 0	4.6	5.1	3.5	+0.5 0	5.3	5.9	4.2	+0.6 0	
32	0.20	4.6	5.1	3.6	+0.5 0	5.5	6.1	4.4	+0.6 0	6.4	7.0	5.4	+0.7 0	
40	0.20	5.6	6.2	4.5	+0.6 0	6.7	7.4	5.5	+0.7 0	7.8	8.6	6.7	+0.8 0	
50	0.20	6.7	7.4	5.6	+0.7 0	8.0	8.8	6.9	+0.8 0	9.4	10.4	8.3	+1.0 0	
63	0.25	8.4	9.3	7.1	+0.9 0	10.0	11.0	8.6	+1.0 0	11.8	13.0	10.5	+1.2 0	
75	0.30	9.6	11.0	8.4	+1.0 0	11.5	13.0	10.3	+1.2 0	13.8	15.4	12.5	+1.4 0	
90	0.35	11.5	12.9	10.1	+1.2 0	13.7	15.2	12.3	+1.4 0	16.4	18.2	15.0	+1.6 0	
110	0.35	13.7	15.2	12.3	+1.4 0	16.6	18.3	15.1	+1.7 0	19.8	21.8	18.3	+2.0 0	
160	0.60	19.8	21.7	17.9	+1.9 0	23.8	26.1	21.9	+2.3 0	28.5	31.3	26.6	+2.8 0	

注:①铝层搭接(重叠部分)最小宽度为 0.5mm。

②PE-RT 塑铝稳态管的规格用管系列 S、公称直径 d_n 及内管公称壁厚 e'_n 表示。

示例:管系列 S4、公称直径为 20mm、内管公称壁厚为 2.3mm,表示为 S4 d_n20×e'_n2.3mm。

6. 管材的物理力学性能

表 12-198

项目	试验参数					试样数量	指标
	温度(℃)	时间(h)	静液压试验压力(MPa)				
			S4	S3.2	S2.5		
纵向回缩率	110	e_n≤8mm 1 8mm<e_n≤16mm 2 e_n>16mm 4	—			3	≤2%
静液压试验	20	1	2.50	3.12	4.00	3	无破裂 无渗漏
	95	165	0.90	1.12	1.44		
	95	1 000	0.87	1.09	1.40		
静液压状态下的热稳定性试验	110	8 760	0.47	0.59	0.76	1	无破裂 无渗漏
熔体质量流动速率,MFR(190℃,2.16kg)g/10min						3	变化率≤原料的 30%

注:管材的卫生性能应符合 GB/T 17219 的规定。

7. PE-RT 塑铝稳态管的系统适用性能

PE-RT 塑铝稳态管配套管件的材料应和 PE-RT 塑铝稳态管内管材料一致,管件还应符合 CJ/T 175—2002 中热熔承插连接管件的要求。

PE-RT 塑铝稳态管与管件连接后应通过系统静液压,热循环两种系统适用性试验。

(1)系统静液压试验

表 12-199

管系列	试验温度(℃)	试验压力(MPa)	试验时间(h)	试样数量	指标
S4	95	0.87	1 000	3	无破裂 无渗漏
S3.2		1.09			
S2.5		1.40			

(2)热循环试验

表 12-200

最高试验温度(℃)	最低试验温度(℃)	试验压力(MPa)	循环次数	试样数量	指标
90	20	1.0	5 000	1	无破裂 无渗漏

注:一个循环周期为 30^{+2}_{0}min,包括 15^{-1}_{0}min 最高试验温度及 15^{+1}_{0}min 最低试验温度。

8. 管材的储运要求同 PE 管。

(十一)超高分子量聚乙烯复合管材(CJ/T 320—2009)

超高分子量聚乙烯复合管是以超高分子量聚乙烯为内层,高密度聚乙烯(HDPE)树脂(符合 PE100 原料)为外层经复合挤出的管材;其中添加剂含量不超过 5%。适用于输送水、液体、浆体、粉体及颗粒状固体。

管材颜色外层为黑色,内层为本色,或由双方商定的其他颜色;管材内外壁应清洁、光滑平整,无气泡、明显的划痕、凹陷、杂质、颜色不均等,端面应切割平整并与轴线垂直。

管材的交货长度为 6m、9m、12m,或供需商定的其他尺寸;长度的允许偏差为 0~+4%。

公称压力相当于管材 20℃时的最大工作压力,当温度升高时,最大工作压力=公称压力×温度折减系数×介质折减系数。

温度折减系数:20℃时,系数为1.0;30℃时,系数为0.87;40℃时,系数为0.74。

介质折减系数:液体系数为1.0;浆体系数为0.8;固体颗粒或气力输送系数为0.67;气送尖锐硬质颗粒系数<0.4。

用于饮用水管材的卫生性能应符合GB/T 17219的规定。

1.超高分子量聚乙烯复合管材的规格尺寸

表12-201

公称外径 d_n (mm)	公称壁厚 e_n(mm)				
	标准尺寸比				
	SDR26	SDR21	SDR17	SDR13.6	SDR11
	公称压力(MPa)				
	0.6	0.8	1.0	1.25	1.6
50	2.0	2.5	3.1	3.7	4.6
63	2.5	3.1	3.9	4.7	5.8
75	3.0	3.8	4.5	5.6	6.8
90	3.7	4.3	5.4	6.7	8.2
110	4.2	5.3	6.6	8.1	10.0
125	4.8	6.0	7.4	9.2	11.4
140	5.4	6.7	8.3	10.3	12.7
160	6.2	7.7	9.5	11.8	14.6
180	6.9	8.6	10.7	13.3	16.4
200	7.7	9.6	11.9	14.7	18.2
225	8.6	10.8	13.4	16.6	20.5
250	9.6	11.9	14.8	18.4	22.7
280	10.7	13.4	16.6	20.6	25.4
315	12.1	15.0	18.7	23.2	28.6
355	13.6	16.9	21.1	26.1	32.2
400	15.3	19.1	23.7	29.4	36.3
450	17.2	21.5	26.7	33.1	40.9
500	19.1	23.9	29.7	36.8	45.4
560	21.4	26.7	33.2	41.2	50.8
630	24.1	30.0	37.4	46.3	57.2

注:管材内层壁厚为总壁厚的50%,其他比例供需双方协商确定。

2.超高分子量聚乙烯复合管材的物理力学性能

表12-202

项　目		指标和要求
物理性能	断裂伸长率(%)	≥200
	纵向回缩率,110℃(%)	≤3
	氧化诱导时间,200℃(min)	≥20
	砂浆磨损率(%)	≤0.4

续表 12-202

项 目		指标和要求	
		环向应力(MPa)	要求
静液压强度	20℃ 100h	12.4	不破裂,不渗漏
	80℃ 165h	5.5	
	80℃ 1 000h	5.0	

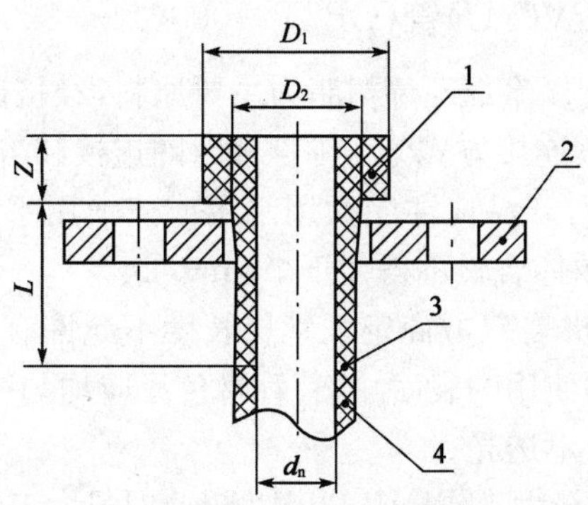

图 12-7 法兰连接示意图

1-聚乙烯接头;2-金属法兰;3-焊接;4-超高分子量聚乙烯复合管

3. 超高分子量聚乙烯复合管材法兰连接管件尺寸

法兰连接管件尺寸(m) 表 12-203

管材和插口的公称外径 d_n	D_{1min}	D_2	Z	L
50	88	61	15	75
63	102	75	15	80
75	122	89	16	80
90	138	105	18	82
110	158	125	18	85
125	168	132	18	90
140	188	155	18	90
160	212	175	27	100
180	212	180	27	100
200	268	232	31	112
225	268	235	21	120
250	320	285	36	130
280	320	291	36	130
315	370	335	36	140
355	430	373	36	140
400	482	427	50	150
450	585	514	55	160
500	585	530	55	170
560	685	615	55	170

续表 12-203

管材和插口的公称外径 d_n	D_{1min}	D_2	Z	L
630	685	642	55	180

注:法兰连接管件金属材料不应对所输送水质及聚乙烯材料性能产生不良影响或引发应力开裂,并且应满足管道系统中的总体要求。金属部分易腐蚀的应充分保护。当使用不同金属材料并且可能与水分接触时,应采取措施防止电化学腐蚀。法兰的孔数应根据公称压力来决定。

(十二)给水用硬聚氯乙烯(PVC-U)管(GB/T 10002.1—2006)

给水用硬聚氯乙烯(PVC-U)管以聚氯乙烯树脂为主要原料,经挤出成型制成。主要用于建筑物内外供水。水温不超过 45℃。管材按连接方式分为弹性密封圈连接和溶剂黏结两种。

管分为饮用水管和非饮用水管,产品应注明饮用水用或非饮用水用;饮用水管的卫生性能应符合 GB/T 17219 的规定;且其氯乙烯单体含量不得大于 1.0mg/kg。

管材的长度一般为 4m、6m 或供需双方商定。管材长度不允许有负偏差。管材内外表面应光滑、无明显划痕、凹陷、杂质和其他影响使用的表面缺陷,管材色泽应均匀一致,颜色由双方商定;管材端面应切割平整并与轴线垂直。管材应不透光。

公称压力相当于管材 20℃时的最大工作压力,当温度升高时最大工作压力等于公称压力×下降系数。下降系数:≤25℃时,系数为 1;>25~35℃时,系数 0.8;>35~45℃时,系数 0.63。

硬聚氯乙烯管材按 S 管系列、SDR 系列和公称压力分为七类。

1.硬聚氯乙烯管材的长度和有效长度示意图

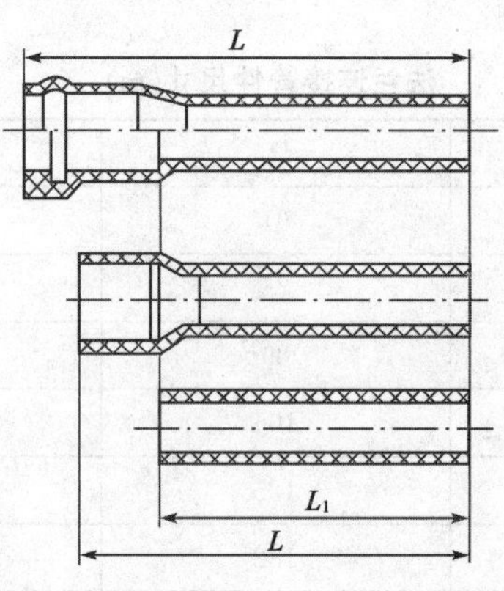

图 12-8　管材长度示意图

L-管材长度;L_1-管材有效长度

2.管材接口形式示意图

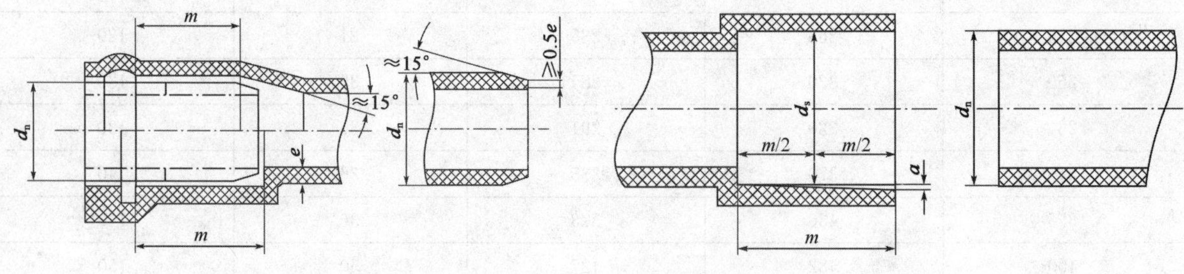

图 12-9　弹性密封圈式承插口示意图　　　　图 12-10　溶剂黏结式承插口示意图

3.给水用硬聚氯乙烯(PVC-U)管的规格尺寸

(1)公称压力等级和规格尺寸

表 12-204

公称外径 d_n (mm)	管材 S 系列 SDR 系列和公称压力						
	S16 SDR33 PN0.63	S12.5 SDR26 PN0.8	S10 SDR21 PN1.0	S8 SDR17 PN1.25	S6.3 SDR13.6 PN1.6	S5 SDR11 PN2.0	S4 SDR9 PN2.5
	公称壁厚 e_n(mm)						
20	—	—	—	—	—	2.0	2.3
25	—	—	—	—	2.0	2.3	2.8
32	—	—	—	2.0	2.4	2.9	3.6
40	—	—	2.0	2.4	3.0	3.7	4.5
50	—	2.0	2.4	3.0	3.7	4.6	5.6
63	2.0	2.5	3.0	3.8	4.7	5.8	7.1
75	2.3	2.9	3.6	4.5	5.6	6.9	8.4
90	2.8	3.5	4.3	5.4	6.7	8.2	10.1

注：公称壁厚(e_n)根据设计应力(σ_s)10MPa 确定，最小壁厚不小于 2.0mm。

(2)公称压力等级和规格尺寸

表 12-205

公称外径 d_n (mm)	管材 S 系列 SDR 系列和公称压力						
	S20 SDR41 PN0.63	S16 SDR33 PN0.8	S12.5 SDR26 PN1.0	S10 SDR21 PN1.25	S8 SDR17 PN1.6	S6.3 SDR13.6 PN2.0	S5 SDR11 PN2.5
	公称壁厚 e_n(mm)						
110	2.7	3.4	4.2	5.3	6.6	8.1	10.0
125	3.1	3.9	4.8	6.0	7.4	9.2	11.4
140	3.5	4.3	5.4	6.7	8.3	10.3	12.7
160	4.0	4.9	6.2	7.7	9.5	11.8	14.6
180	4.4	5.5	6.9	8.6	10.7	13.3	16.4
200	4.9	6.2	7.7	9.6	11.9	14.7	18.2
225	5.5	6.9	8.6	10.8	13.4	16.6	—
250	6.2	7.7	9.6	11.9	14.8	18.4	—
280	6.9	8.6	10.7	13.4	16.6	20.6	—
315	7.7	9.7	12.1	15.0	18.7	23.2	—
355	8.7	10.9	13.6	16.9	21.1	26.1	—
400	9.8	12.3	15.3	19.1	23.7	29.4	—
450	11.0	13.8	17.2	21.5	26.7	33.1	—
500	12.3	15.3	19.1	23.9	29.7	36.8	—
560	13.7	17.2	21.4	26.7	—	—	—
630	15.4	19.3	24.1	30.0	—	—	—
710	17.4	21.8	27.2	—	—	—	—
800	19.6	24.5	30.6	—	—	—	—
900	22.0	27.6	—	—	—	—	—
1 000	24.5	30.6	—	—	—	—	—

注：公称壁厚(e_n)根据设计应力(σ_s)12.5MPa 确定。

4.给水用硬聚氯乙烯(PVC-U)管的承口尺寸(mm)

表 12-206

公称外径 d_n	弹性密封圈承口最小配合深度 m_{min}	溶剂黏结承口最小深度 m_{min}	溶剂黏结承口中部平均内径 d_{sm}	
			$d_{sm,min}$	$d_{sm,max}$
20	—	16.0	20.1	20.3
25	—	18.5	25.1	25.3
32	—	22.0	32.1	32.3
40	—	26.0	40.1	40.3
50	—	31.0	50.1	50.3
63	64	37.5	63.1	63.3
75	67	43.5	75.1	75.3
90	70	51.0	90.1	90.3
110	75	61.0	110.1	110.4
125	78	68.5	125.1	125.4
140	81	76.0	140.2	140.5
160	86	86.0	160.2	160.5
180	90	96.0	180.3	180.6
200	94	106.0	200.3	200.6
225	100	118.5	225.3	225.6
250	105	—	—	—
280	112	—	—	—
315	118	—	—	—
355	124	—	—	—
400	130	—	—	—
450	138	—	—	—
500	145	—	—	—
560	154	—	—	—
630	165	—	—	—
710	177	—	—	—
800	190	—	—	—
1 000	220	—	—	—

注:①承口中部的平均内径是指在承口深度二分之一处所测定的相互垂直的两直径的算术平均值。承口的最大锥度(α)不超过 0°30′。

②当管材长度大于 12m 时,密封圈式承口深度 m_{min}需另行设计。

③弹性密封圈式承口的密封环槽处的壁厚应不小于相连管材公称壁厚的 0.8 倍,见图 12-9。

④溶剂黏结式承口壁厚应不小于相连管材公称壁厚的 0.75 倍,见图 12-10。

5.给水用 PVC-U 管的物理力学性能

表 12-207

项目	技术指标	项目		技术指标
密度	1 350~1 460kg/m³	落锤冲击试验(0℃)TIR		≤5%
维卡软化温度	≥80℃	液压试验		无破裂,无渗漏
纵向回缩率	≤5%	连接密封试验		无破裂,无渗漏
二氯甲烷浸渍试验(15℃,15min)	表面变化不劣于 4N	偏角试验	弹性密封圈连接	无破裂,无渗漏
		负压试验		

6. PVC-U 管的储运要求

管材在运输时，不得曝晒、玷污、重压、抛摔和损伤。

管材堆放应整齐，承口部位应交错放置，避免挤压变形。管材不得曝晒，距热源不少于 1m，堆放高度不超过 2m。

7. 给水用硬聚氯乙烯(PVC-U)管件简介(GB/T 10002.2—2003)

给水用硬聚氯乙烯(PVC-U)管件与 PVC-U 管配套使用。

管件按连接方式不同，分为黏结式承口管件、弹性密封圈式承口管件、螺纹接头管件和法兰连接管件。

管件按加工方式不同，分为注塑成型管件和管材弯制成型管件。

管件的原材料、适用温度、卫生要求、工作压力等同 PVC-U 管材。管件内外表面应光滑、不允许有蜕层、明显气泡、痕纹、冷斑及色泽不匀等缺陷。

(十三)冷热水用氯化聚氯乙烯(PVC-C)管(GB/T 18993.1～3—2003)

冷热水用氯化聚氯乙烯(PVC-C)管是以氯化聚氯乙烯(PVC-C)树脂、添加剂混合后制成。适用于工业及民用的冷热水管道系统。用于饮用水的氯化聚氯乙烯(PVC-C)管的卫生要求应符合 GB/T 17219 规定。

1. 氯化聚氯乙烯(PVC-C)的使用级别

氯化聚氯乙烯(PVC-C)管按使用条件分为级别 1、级别 2 两个应用等级，每个级别对应着特定的应用范围及 50 年的设计使用寿命，在实际应用时还应考虑 0.6MPa、0.8MPa 和 1.0MPa 不同的设计压力(表 12-132)。

2. 氯化聚氯乙烯(PVC-C)管的尺寸级别

氯化聚氯乙烯(PVC-C)管按尺寸分为 S6.3、S5、S4 三个管系列，对应的设计压力分别为0.6MPa、0.8MPa 和 1.0MPa。管按使用条件级别和设计压力选择对应的管系列 S 值(级别 1 的 σ_D 为4.38MPa；级别 2 的 σ_D 为 4.16MPa)。

管材规格用管系列 S、公称外径×公称壁厚(mm)表示。

3. 氯化聚氯乙烯管的规格尺寸(mm)

表 12-208

公称外径 d_n	平均外径		管系列		
			S6.3	S5	S4
	$d_{em,min}$	$d_{em,max}$	公称壁厚 e_n		
20	20.0	20.2	2.0*(1.5)	2.0*(1.9)	2.3
25	25.0	25.2	2.0*(1.9)	2.3	2.8
32	32.0	32.2	2.4	2.9	3.6
40	40.0	40.2	3.0	3.7	4.5
50	50.0	50.2	3.7	4.6	5.6
63	63.0	63.3	4.7	5.8	7.1
75	75.0	75.3	5.6	6.8	8.4
90	90.0	90.3	6.7	8.2	10.1
110	110.0	110.4	8.1	10.0	12.3
125	125.0	125.4	9.2	11.4	14.0
140	140.0	140.5	10.3	12.7	15.7
160	160.0	160.5	11.8	14.6	17.9

注：考虑到刚度要求，带"*"的最小壁厚为 2.0mm，计算液压试验压力时使用括号中的壁厚。

4.氯化聚氯乙烯(PVC-C)管材的物理性能

表 12-209

项　目	要　求	项　目	要　求
密度(kg/m³)	1 450～1 650	纵向回缩率(%)	≤5
维卡软化温度(℃)	≥110		

5.氯化聚氯乙烯(PVC-C)管材的力学性能

表 12-210

项　目	试验参数			要　求
	试验温度(℃)	试验时间(h)	静液压应力(MPa)	
静液压试验	20	1	43.0	无破裂 无泄漏
	95	165	5.6	
	95	1 000	4.6	
静液压状态下的热稳定性试验	95	8 760	3.6	无破裂 无泄漏
落锤冲击试验(0℃),TIR				≤10%
拉伸屈服强度(MPa)				≥50

6.氯化聚氯乙烯(PVC-C)管材的系统适用性(与管件连接的组合试验)

(1)内压试验

表 12-211

管系列 S	试验温度(℃)	试验压力(MPa)	试验时间(h)	要　求
S6.3	80	1.2	3 000	无破裂 无渗漏
S5	80	1.59	3 000	
S4	80	1.99	3 000	

(2)热循环试验

表 12-212

最高试验温度(℃)	最低试验温度(℃)	试验压力(MPa)	循环次数	要　求
90	20	p_D	5 000	无破裂、无渗漏

注:①一次循环的时间为 30^{+2}_{0}min,包括 15^{+1}_{0}min 最高试验温度和 15^{+1}_{0}min 最低试验温度。

②p_D:S6.3——0.6MPa;S5——0.8MPa;S4——1.0MPa。

7.氯化聚氯乙烯(PVC-C)管的交货和储运要求

(1)交货长度

管材长度一般为 4m,或由供需双方商定;允许偏差为 0～+4%。

(2)颜色和外观

管材的内外表面应光滑、平整、色泽均匀,无凹陷、气泡及其他影响性能的表面缺陷,管材不含有明显杂质。管材端面应切割平整并与轴线垂直。管材应不透光。

产品应注明饮用水用管或非饮用水用管。

(3)储运要求

管材不得曝晒、沾污、重压和损伤;应在室内合理堆放,远离热源,堆放高度不得超过 1.5m。

8.氯化聚氯乙烯(PVC-C)管件

氯化聚氯乙烯(PVC-C)管件是与氯化聚氯乙烯(PVC-C)管配套使用的产品。管件按连接形式分为溶剂黏结型管件、法兰连接型管件、螺纹连接型管件。

(1)氯化聚氯乙烯(PVC-C)管件体的壁厚(mm)。

表 12-213

公称外径 d_n	S6.3	S5	S4
	管件体最小壁厚 e_{min}		
20	2.1	2.6	3.2
25	2.6	3.2	3.8
32	3.3	4.0	4.9
40	4.1	5.0	6.1
50	5.0	6.3	7.6
63	6.4	7.9	9.6
75	7.6	9.2	11.4
90	9.1	11.1	13.7
110	11.0	13.5	16.7
125	12.5	15.4	18.9
140	14.0	17.2	21.2
160	16.0	19.8	24.2

(2)溶剂黏结圆柱形管件承口尺寸及示意图。

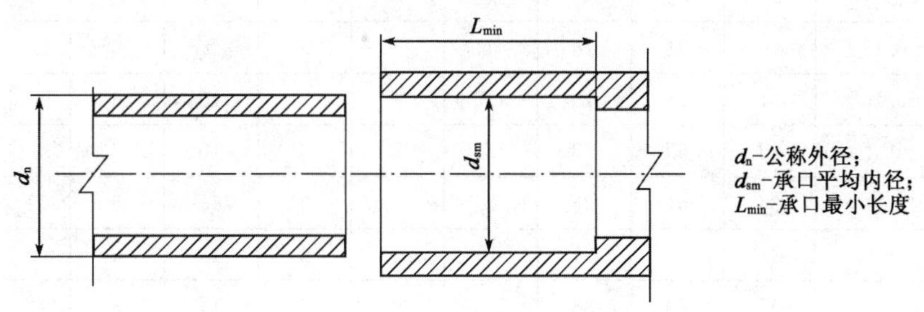

图 12-11 管件圆柱形承口示意图

管件圆柱形承口尺寸(单位:mm)

表 12-214

公称外径 d_n	承口的平均内径[c] d_{sm}		不圆度[a]	承口长度[b] L 最小
	最小	最大	最大	
20	20.1	20.3	0.25	16.0
25	25.1	25.3	0.25	18.5
32	32.1	32.3	0.25	22.0
40	40.1	40.3	0.25	26.0
50	50.1	50.3	0.3	31.0
63	63.1	63.3	0.4	37.5
75	75.1	75.3	0.5	43.5
90	90.1	90.3	0.6	51.0
110	110.1	110.4	0.7	61.0
125	125.1	125.4	0.8	68.5
140	140.2	140.5	0.9	76.0
160	160.2	160.5	1.0	86.0

注:①[a] 不圆度偏差小于等于 $0.007d_n$,若 $0.007d_n < 0.2$mm,则不圆度偏差小于等于 0.2mm。

②[b] 承口最小长度等于 $0.5d_n + 6$mm,最短为 12mm。

③[c] 承口的平均内径 d_{sm},应在承口中部测量,承口部分最大夹角应不超过 0°30′。

④溶剂型管件承口内径与管材的公称外径相一致。

(3)活套法兰管件规格尺寸及示意图。

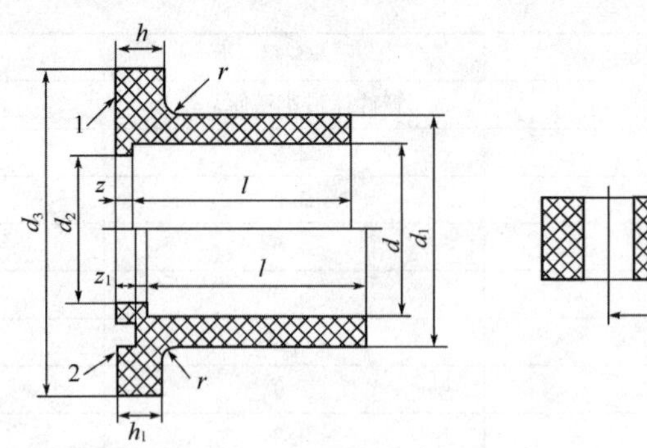

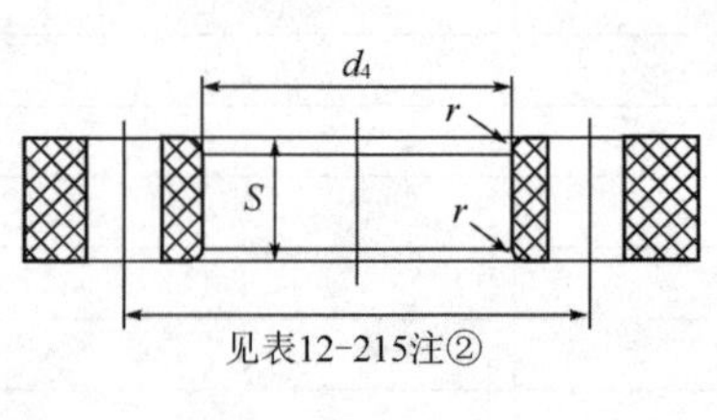

图 12-12　活套法兰变接头示意图

1-平面垫圈接合面;2-密封圈槽接合面

活套法兰变接头尺寸(单位:mm)　　表 12-215

承口公称直径 d	法兰变接头									活套法兰		
	d_1	d_2	d_3	l	r 最大	h	z	h_1	z_1	d_4	r 最小	S
20	27±0.15	16	34	16	1	6	3	9	6	$28_{-0.5}^{0}$	1	根据材质而定
25	33±0.15	21	41	19	1.5	7	3	10	6	$34_{-0.5}^{0}$	1.5	
32	41±0.2	28	50	22	1.5	7	3	10	6	$42_{-0.5}^{0}$	1.5	
40	50±0.2	36	61	26	2	8	3	13	8	$51_{0.5}^{0}$	2	
50	61±0.2	45	73	31	2	8	3	13	8	$62_{-0.5}^{0}$	2	
63	76±0.3	57	90	38	2.5	9	3	14	8	78_{1}^{0}	2.5	
75	90±0.3	69	106	44	2.5	10	3	15	8	92_{-1}^{0}	2.5	
90	108±0.3	82	125	51	3	11	5	16	10	110_{-1}^{0}	3	
110	131±0.3	102	150	61	3	12	5	18	11	133_{-1}^{0}	3	
125	148±0.4	117	170	69	3	13	5	19	11	150_{-1}^{0}	3	
140	165±0.4	132	188	76	4	14	5	20	11	167_{-1}^{0}	4	
160	188±0.4	152	213	86	4	16	5	22	11	190_{-1}^{0}	4	

注:①承口尺寸及公差按照图 12-12 和表 12-214。

②法兰外径螺栓孔直径及孔数按照 GB/T 9112 规定。

(4)管件用于连接的螺纹部分应符合 GB/T 7306 的规定。

(十四)给水用丙烯酸共聚聚氯乙烯管(CJ/T 218—2010)

给水用丙烯酸共聚聚氯乙烯(AGR)管用于长期输送水温不大于 45℃的水。AGR 由丙烯酸与氯乙烯共聚,加入管材、管件所需添加剂组成混配料而成;添加剂应分散均匀,且不允许加入增塑剂。

管材按连接方式分为弹性密封圈连接和溶剂黏结两种。

管材的有效长度(图 12-8)一般为 4m、6m 或供需双方商定。管材长度不允许有负偏差。管材内外表面应光滑、平整、无明显划痕、凹陷、杂质和其他影响使用的表面缺陷。

管材颜色一般为灰蓝色或由双方商定的其他颜色;管材端面应切割平整并与轴线垂直。管材应不透光。

管分为饮用水管和非饮用水管,产品应注明饮用水用或非饮用水用;饮用水管的卫生性能应符合 GB/T 17219 的规定,且其氯乙烯单体含量不得大于 1.0mg/kg。

公称压力相当于管材20℃时的最大工作压力，当温度升高时最大工作压力等于公称压力×下降系数。

下降系数：≤25℃时，系数为1；>25～35℃时，系数为0.8；>35～45℃时，系数为0.63。

给水用丙烯酸共聚聚氯乙烯(AGR)管材按S管系列、SDR系列和公称压力分为七类。

1.给水用丙烯酸共聚聚氯乙烯(AGR)管的规格尺寸(符合GB/T 10002.1的规定)

公称压力等级和规格尺寸 表12-216

公称外径 d_n (mm)	管材S系列SDR系列和公称压力						
	S16	S12.5	S10	S8	S6.3	S5	S4
	SDR33	SDR26	SDR21	SDR17	SDR13.6	SDR11	SDR9
	PN0.63	PN0.8	PN1.0	PN1.25	PN1.6	PN2.0	PN2.5
	公称壁厚 e_n(mm)						
20	—	—	—	—	—	2.0	2.3
25	—	—	—	—	2.0	2.3	2.8
32	—	—	—	2.0	2.4	2.9	3.6
40	—	—	2.0	2.4	3.0	3.7	4.5
50	—	2.0	2.4	3.0	3.7	4.6	5.6
63	2.0	2.5	3.0	3.8	4.7	5.8	7.1
75	2.3	2.9	3.6	4.5	5.6	6.9	8.4
90	2.8	3.5	4.3	5.4	6.7	8.2	10.1
110	2.7	3.4	4.2	5.3	6.6	8.1	10.0
125	3.1	3.9	4.8	6.0	7.4	9.2	11.4
160	4.0	4.9	6.2	7.7	9.5	11.8	14.6
200	4.9	6.2	7.7	9.6	11.9	14.7	18.2
250	6.2	7.7	9.6	11.9	14.8	18.4	—
315	7.7	9.7	12.1	15.0	18.7	23.2	—
355	8.7	10.9	13.6	16.9	21.1	26.1	—
400	9.8	12.3	15.3	19.1	23.7	29.4	—

注：①管材最小壁厚不小于2.0mm。

②公称压力PN的单位为MPa。

2.给水用丙烯酸共聚聚氯乙烯(AGR)管的承口尺寸(mm)

表12-217

公称外径 d_n	弹性密封圈承口最小深度	溶剂黏结承口最小深度	溶剂黏结承口中部平均内径 d_{sm}	
	m_{min}	m_{min}	$d_{sm,min}$	$d_{sm,max}$
20	—	26.0	20.1	20.3
25	—	35.0	25.1	25.3
32	—	40.0	32.1	32.3
40	—	44.0	40.1	40.3
50	—	55.0	50.1	50.3
63	64	63.0	63.1	63.3
75	67	74.0	75.1	75.3

续表 12-217

公称外径 d_n	弹性密封圈承口最小深度 m_{min}	溶剂黏结承口最小深度 m_{min}	溶剂黏结承口中部平均内径 d_{sm}	
			$d_{sm,min}$	$d_{sm,max}$
90	70	74.0	90.1	90.3
110	75	84.0	110.1	110.4
125	78	68.5	125.1	125.4
160	86	86.0	160.2	160.5
200	94	106.0	200.3	200.6
250	105	131.0	250.3	250.8
315	118	163.5	315.4	316.0
355	124	183.5	355.5	356.2
400	130	206.0	400.5	401.5

注:①承口中部的平均内径是指在承口深度二分之一处所测定的互相垂直的两直径的算术平均值。承口的最大锥度(α)不超过 0°30′。
②弹性密封圈式承口的密封环槽处的壁厚不应小于相连管材的公称壁厚。示意图见图 12-9。
③溶剂黏结式承口壁厚不应小于相连管材公称壁厚的 0.75 倍。示意图见图 12-10。

3. AGR 管材的物理力学性能

表 12-218

序 号	项 目	技 术 指 标
1	密度(kg/m³)	1 350～1 460
2	维卡软化温度(℃)	≥76
3	纵向回缩率(%)	≤5
4	压扁试验	无断裂或裂痕(压缩量为管内面互相接触)
5	拉伸试验	23℃时的拉伸强度大于 40MPa,拉伸率≥120%
6	二氯甲烷浸渍试验(15℃·15min)	表面变化不劣于 4N
7	落锤冲击试验(−10℃)TIR	≤5%
8	液压试验	无破裂、无渗透

4. 给水用丙烯酸共聚聚氯乙烯(AGR)管件

管件按连接方式不同,分为黏结式承口管件、弹性密封圈式承口管件、螺纹接头管件和法兰连接管件。管件按加工方式不同,分为注塑成型管件和管材弯制成型管件。管件一般为灰蓝色。

(1)黏结式承口管件及管材弯制成型管件的规格尺寸符合表 12-217 的规定。

(2)弹性密封圈式承口管件的尺寸符合 GB/T 10002.2(PVC-U)的规定。

(3)螺纹接头管件及法兰连接管件的螺纹和法兰尺寸符合相关标准规定。

(4)连接用胶黏剂的性能要求。

表 12-219

项 目		指 标	试 验 方 法
树脂含量(%)		≥10	按照 QB/T 2568—2002 的规定
溶解度		不出现凝胶结块	
黏度(mPa·s)		500±100	
黏结强度(MPa)	固化 15min	≥1.25	
	固化 2h	≥2.50	
水压爆破强度(MPa)		≥2.80	

注:连接用胶黏剂为管材及管件配套生产的专用胶黏剂。

(十五)钢塑复合管(GB/T 28897—2012)

钢塑复合管是以钢管为基管,在其内表面或外表面或内外表面黏结上塑料防腐层的钢塑复合产品。包括衬塑复合钢管、涂塑复合钢管、外覆塑复合钢管。

衬塑复合钢管——在钢管内壁黏衬薄壁塑料管的钢塑复合管。

涂塑复合钢管——钢管内壁或内外表面熔融一层塑料粉末的钢塑复合管。

外覆塑复合钢管——在钢管外表面覆塑熔融的胶黏剂和熔融的塑料层的钢塑复合管。

钢塑复合管的基管分有直缝、螺旋缝焊接管和无缝钢管,应分别符合 GB/T 3091 及 GB/T 8163 的规定。

钢塑复合管适用于输送饮用水、冷热水、消防用水、排水、空调用水、中低压燃气、压缩空气等介质。

1. 钢塑复合管的分类

表 12-220

按防腐形式分类		按输送介质分类		按塑层材料分类	
名称	代号	名称	代号	名称	代号
衬塑复合钢管	SP-C	冷水用钢塑复合钢管	—	聚乙烯	PE
涂塑复合钢管	SP-T	热水用钢塑复合钢管(外表面应有红色标志或按红色制作内衬塑料管)	—	耐热聚乙烯	PE-RT
外覆塑复合钢管	SP-F			交联聚乙烯	PE-X
				聚丙烯	PP
				硬聚氯乙烯	PVC-U
				氯化聚氯乙烯	PVC-C
				环氧树脂	EP

2. 钢塑复合管的标记

钢塑管的产品标记代号由防腐形式代号、塑层材料代号和公称通径组成。

示例 1:公称通径为 100mm、内衬氯化聚氯乙烯的衬塑复合钢管,其标记代号为:SP-C-(PVC-C)-DN100。

示例 2:公称通径为 80mm、涂环氧树脂的涂塑复合钢管,其标记代号为:SP-T-(EP)-DN80。

示例 3:公称通径为 50mm、外覆塑聚乙烯的外覆塑复合钢管,其标记代号为:SP-F-(PE)-DN50。

示例 4:公称通径为 100mm、内衬氯化聚氯乙烯、外覆塑聚乙烯的钢塑管,其标记代号为:SP-C-(PVC-C)-F-(PE)-DN100。

3. 钢塑复合管的交货

通常长度:钢塑复合管的通常长度为 3~12m。

定尺长度:钢塑复合管定尺长度为 6m 或 12m;允许偏差为 0~+20mm。

范围长度:钢塑复合无缝钢管可按范围长度供货,范围长度应在通常长度范围内。

重量:钢塑复合管按实际重量交货,也可按基管理论重量或长度交货,基管的理论重量按所执行标准。

4. 钢塑复合管的规格尺寸

(1)衬塑管和外覆塑复合钢管塑层厚度和允许偏差(mm)

表 12-221

<table>
<tr><th rowspan="2">公称通径 DN</th><th colspan="2">内衬塑料层</th><th colspan="2">法兰面覆塑层</th><th rowspan="2">外覆塑层
最小厚度</th></tr>
<tr><th>厚度</th><th>允许偏差</th><th>厚度</th><th>允许偏差</th></tr>
<tr><td>15</td><td rowspan="7">1.5</td><td rowspan="7">+0.2
−0.2</td><td rowspan="7">1.0</td><td rowspan="18">+不限
−0.5</td><td>0.5</td></tr>
<tr><td>20</td><td>0.6</td></tr>
<tr><td>25</td><td>0.7</td></tr>
<tr><td>32</td><td>0.8</td></tr>
<tr><td>40</td><td>1.0</td></tr>
<tr><td>50</td><td>1.1</td></tr>
<tr><td>65</td><td>1.1</td></tr>
<tr><td>80</td><td rowspan="2">2.0</td><td rowspan="4">+0.2
−0.2</td><td rowspan="3">1.5</td><td>1.2</td></tr>
<tr><td>100</td><td>1.3</td></tr>
<tr><td>125</td><td></td><td>1.4</td></tr>
<tr><td>150</td><td rowspan="2">2.5</td><td rowspan="2">2.0</td><td>1.5</td></tr>
<tr><td>200</td><td rowspan="7">+不限
−0.5</td><td rowspan="2">2.0</td></tr>
<tr><td>250</td><td rowspan="6">3.0</td><td rowspan="6">2.2</td></tr>
<tr><td>300</td><td rowspan="4">2.2</td></tr>
<tr><td>350</td></tr>
<tr><td>400</td></tr>
<tr><td>450</td></tr>
<tr><td>500</td><td>2.5</td></tr>
</table>

(2)涂塑复合钢管塑层的最小厚度(mm)

表 12-222

<table>
<tr><th rowspan="3">公称通径 DN</th><th colspan="2">内面涂塑层</th><th colspan="2">外面涂塑层</th></tr>
<tr><th colspan="2">最小厚度</th><th colspan="2">最小厚度</th></tr>
<tr><th>聚乙烯</th><th>环氧树脂</th><th>聚乙烯</th><th>环氧树脂</th></tr>
<tr><td>15</td><td rowspan="7">0.4</td><td rowspan="7">0.3</td><td rowspan="7">0.5</td><td rowspan="7">0.3</td></tr>
<tr><td>20</td></tr>
<tr><td>25</td></tr>
<tr><td>32</td></tr>
<tr><td>40</td></tr>
<tr><td>50</td></tr>
<tr><td>65</td></tr>
<tr><td>80</td><td rowspan="4">0.5</td><td rowspan="11">0.35</td><td rowspan="4">0.6</td><td rowspan="11">0.35</td></tr>
<tr><td>100</td></tr>
<tr><td>125</td></tr>
<tr><td>150</td></tr>
<tr><td>200</td><td rowspan="7">0.6</td><td rowspan="7">0.8</td></tr>
<tr><td>250</td></tr>
<tr><td>300</td></tr>
<tr><td>350</td></tr>
<tr><td>400</td></tr>
<tr><td>450</td></tr>
<tr><td>500</td></tr>
</table>

续表 12-222

<table>
<tr><th rowspan="3">公称通径 DN</th><th colspan="2">内面涂塑层</th><th colspan="2">外面涂塑层</th></tr>
<tr><th colspan="2">最小厚度</th><th colspan="2">最小厚度</th></tr>
<tr><th>聚乙烯</th><th>环氧树脂</th><th>聚乙烯</th><th>环氧树脂</th></tr>
<tr><td>600
700</td><td>0.8</td><td>0.4</td><td>1.0</td><td>0.4</td></tr>
<tr><td>800
900</td><td rowspan="4">1.0</td><td rowspan="4">0.45</td><td rowspan="4">1.2</td><td rowspan="4">0.45</td></tr>
<tr><td>1 000</td></tr>
<tr><td>1 100</td></tr>
<tr><td>1 200</td></tr>
</table>

5. 钢塑复合管技术要求

表 12-223

<table>
<tr><th>项　　目</th><th>指标和要求</th></tr>
<tr><td>外形</td><td>钢塑复合管外形是直管，端面应与管轴线垂直</td></tr>
<tr><td rowspan="3">表面质量</td><td>钢塑复合管内外表面塑层应光滑、无气泡、裂纹、脱皮、划痕、凹陷和色泽不均</td></tr>
<tr><td>涂塑复合钢管的涂塑层应覆盖基管端面</td></tr>
<tr><td>根据双方合同，采用沟槽连接方式的衬塑复合钢管，供方可供应端面保护处置符合 GB/T 17219 规定卫生要求的衬塑复合钢管</td></tr>
<tr><td>内衬塑结合强度</td><td>冷水用衬塑复合钢管的基管与内衬塑料层之间结合强度不小于 1.0MPa，热水用衬塑复合钢管的基管与内衬塑料层之间结合强度不小于 1.5MPa</td></tr>
<tr><td>外覆塑层剥离强度</td><td>外覆塑层剥离强度应不小于 35N/cm</td></tr>
<tr><td>螺旋缝衬塑复合钢管剥离强度</td><td>基管为螺旋缝埋弧焊钢管的衬塑复合钢管，基管与内衬塑料层之间剥离强度不小于 35N/cm</td></tr>
<tr><td>涂塑层附着力</td><td>聚乙烯涂塑层附着力不小于 30N/cm。环氧树脂涂层的附着力应为 1～3 级（1 级——涂层明显地不能被撬剥下来；2 级——被撬离的涂层≤50%；3 级——被撬离涂层＞50%）</td></tr>
<tr><td>弯曲性能</td><td>公称通径≤50mm 的钢塑管试验后不允许出现裂纹，钢与内外塑层之间不发生分层现象</td></tr>
<tr><td>压扁性能</td><td>公称通径＞50～600mm 的钢塑管进行压扁试验，试样压扁后不允许出现裂纹，钢与内外塑层之间不发生分层现象</td></tr>
<tr><td>卫生要求</td><td>输送饮用水、冷热水的钢塑复合管的内塑层应符合 GB/T 17219 的规定</td></tr>
<tr><td>耐冷热循环性能</td><td>输送热水的钢塑复合管经三个周期冷热循环试验后，塑层不允许变形和裂纹，其结合强度应不小于 1.5MPa</td></tr>
<tr><td>涂塑层冲击试验</td><td>试验后，涂层不发生剥落、断裂</td></tr>
<tr><td>涂覆塑层针孔试验</td><td>内外表面用电火花检测仪检测，无电火花产生</td></tr>
<tr><td>耐火性能试验</td><td>消防用钢塑复合管应能承受耐火性能试验 15min，试验后无泄漏和变形损坏</td></tr>
<tr><td>耐低温性能试验</td><td>消防用钢塑复合管应能承受耐低温性能试验 24h，试验后无压力损失和变形损坏</td></tr>
<tr><td>焊在基管上的附件的要求</td><td>带法兰的衬塑复合钢管的内衬塑层应和法兰面覆塑层连成一个整体。带法兰的涂塑复合钢管的法兰密封面应覆盖涂塑层。钢法兰材质、尺寸应符合相关标准</td></tr>
</table>

6. 钢塑复合管的包装和储运要求

(1)包装

钢塑复合管包装、质量证明书应符合 GB/T 2102 的规定，并注明产品代号、基管执行标准和塑层材料代号。

(2)储运

钢塑复合管运输过程不允许抛摔和剧烈撞击。

管应平直堆放在阴凉处,远离热源、火种,不能长期堆放在室外阳光直射和严寒场所。

(十六)低压输水灌溉用硬聚氯乙烯(PVC-U)管(GB/T 13664—2006)

低压输水灌溉用硬聚氯乙烯(PVC-U)管是以 PVC-U 树脂为主要原料,经挤出成型制成。适用于公称压力 0.4MPa 以下低压输水。

管材颜色一般为灰色:管材内外壁应光滑,无气泡、裂纹、分解变色线及明显的痕纹、杂质、颜色不均匀等,管材端头应切割平整并与轴线垂直。

1. PVC-U 低压灌溉用管的规格尺寸(mm)

表 12-224

公称外径 d_n	平均外径极限偏差	壁厚 e								管材长度
		公称压力 0.2MPa		公称压力 0.25MPa		公称压力 0.32MPa		公称压力 0.4MPa		
		公称壁厚	极限偏差	公称壁厚	极限偏差	公称壁厚	极限偏差	公称壁厚	极限偏差	
75	+0.3 0	—	—	—	—	1.6	+0.4 0	1.9	+0.4 0	
90	+0.3 0	—	—	—	—	1.8	+0.4 0	2.2	+0.5 0	
110	+0.4 0	—	—	1.8	+0.4 0	2.2	+0.4 0	2.7	+0.5 0	
125	+0.4 0	—	—	2.0	+0.4 0	2.5	+0.4 0	3.1	+0.6 0	
140	+0.5 0	2.0	+0.4 0	2.2	+0.4 0	2.8	+0.5 0	3.5	+0.6 0	
160	+0.5 0	2.0	+0.4 0	2.5	+0.4 0	3.2	+0.5 0	4.0	+0.6 0	4 000,6 000,(管材长度不允许有负偏差)
180	+0.6 0	2.3	+0.5 0	2.8	+0.5 0	3.6	+0.5 0	4.4	+0.7 0	
200	+0.6 0	2.5	+0.5 0	3.2	+0.6 0	3.9	+0.5 0	4.9	+0.8 0	
225	+0.7 0	2.8	+0.5 0	3.5	+0.6 0	4.4	+0.7 0	5.5	+0.9 0	
250	+0.8 0	3.1	+0.6 0	3.9	+0.6 0	4.9	+0.8 0	6.2	+1.0 0	
280	+0.9 0	3.5	+0.6 0	4.4	+0.7 0	5.5	+0.9 0	6.9	+1.1 0	
315	+1.0 0	4.0	+0.6 0	4.9	+0.8 0	6.2	+1.0 0	7.7	+1.2 0	

注:公称壁厚(e_n)根据设计应力(σ_s)8MPa 确定。

2. 低压输水灌溉用硬聚氯乙烯管的物理力学性能

表 12-225

项　目	指　标
密度(kg/m³)	1 350～1 550
纵向回缩率(%)	≤5
拉伸屈服应力(MPa)	≥40
静液压试验 (20℃,4倍公称压力,1h)	不破裂 不渗漏

续表 12-225

项 目	指 标
落锤冲击(0℃)	9/10 为通过
环刚度(kN/m^2)	
公称压力 0.2MPa 管材	≥0.5
公称压力 0.25MPa 管材	≥1.0
公称压力 0.32MPa 管材	≥2.0
公称压力 0.4MPa 管材	≥4.0
扁平试验(压至 50%)	不破裂

注:管材同方向弯曲度应不大于 1.0%,管材不得呈 S 形弯曲。

3. 管材的储存

远离热源(不小于 1m),堆放高度不超过 2m,不得露天曝晒。

(十七)埋地用聚乙烯(PE)双壁波纹管(GB/T 19472.1—2004)

埋地用聚乙烯双壁波纹管是以 80%以上聚乙烯树脂为主,加入为提高管材加工性能的其他添加剂制成。

埋地用聚乙烯双壁波纹管适用于长期温度不超过 45℃的埋地排水和通讯套管,也可用作工业排水、排污管。

聚乙烯双壁波纹管按环刚度分为 SN2、SN4、SN6.3、SN8、SN12.5、SN16 六个级别。

聚乙烯双壁波纹管材结构分为带承口(单承)管和不带承口(双插)管。管材连接方式有弹性密封圈承插式连接;弹性密封圈管件连接和弹性密封圈哈夫外固连接等。

1. 聚乙烯双壁波纹管结构和连接方式示意图

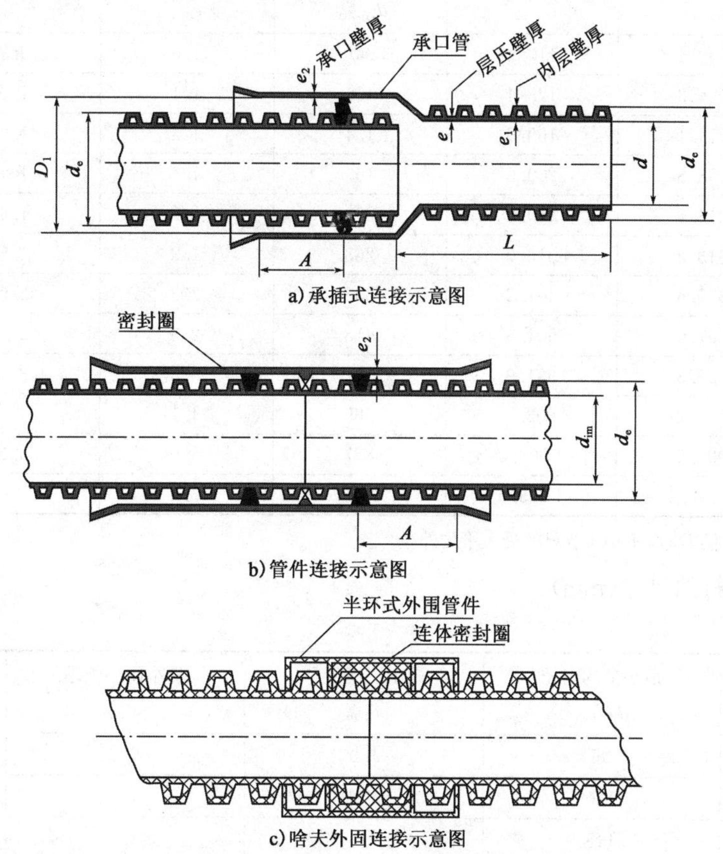

图 12-13 PE 双壁波纹管结构和连接方式示意图

2.聚乙烯双壁波纹管的环刚度等级和标记

(1)公称环刚度等级

表 12-226

等级	SN2	SN4	(SN6.3)	SN8	(SN12.5)	SN16
环刚度(kN/m^2)	2	4	(6.3)	8	(12.5)	16

注:仅在 $d_c \geqslant 500$mm 的管材中允许的 SN2 级,括号内数值为非首选等级。

(2)标记

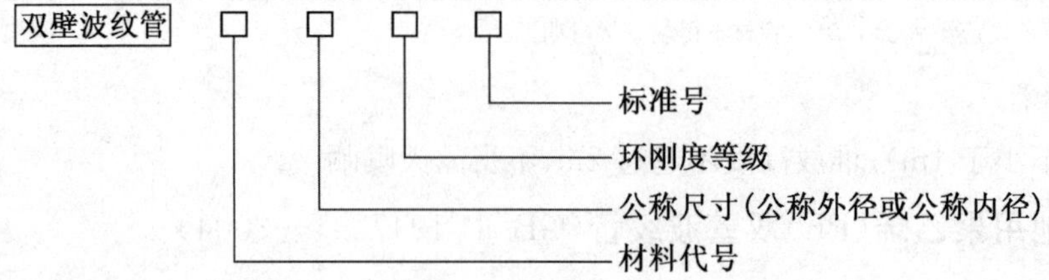

标记示例如下:

公称内径为 500mm,环刚度等级为 SN8 的 PE 双壁波纹管材的标记为:
双壁波纹管 PE DN/ID500 SN8 GB/T 19472.1—2004。

3.聚乙烯双壁波纹管的规格尺寸

(1)外径系列管材的尺寸(mm)

表 12-227

公称外径 DN/OD	最小平均外径 $d_{em,min}$	最大平均外径 $d_{em,max}$	最小平均内径 $d_{im,min}$	最小层压壁厚 e_{min}	最小内层壁厚 $e_{1,min}$	接合长度 A_{min}
110	109.4	110.4	90	1.0	0.8	32
125	124.3	125.4	105	1.1	1.0	35
160	159.1	160.5	134	1.2	1.0	42
200	198.8	200.6	167	1.4	1.1	50
250	248.5	250.8	209	1.7	1.4	55
315	313.2	316.0	263	1.9	1.6	62
400	397.6	401.2	335	2.3	2.0	70
500	497.0	501.5	418	2.8	2.8	80
630	626.3	631.9	527	3.3	3.3	93
800	795.2	802.4	669	4.1	4.1	110
1 000	994.0	1 003.0	837	5.0	5.0	130
1 200	1 192.8	1 203.6	1 005	5.0	5.0	150

注:承口的最小平均内径 D_{im}应不小于管材的最大平均外径。

(2)内径系列管材的尺寸(mm)

表 12-228

公称内径 DN/ID	最小平均内径 $d_{im,min}$	最小层压壁厚 e_{min}	最小内层壁厚 $e_{1,min}$	接合长度 A_{min}
100	95	1.0	0.8	32
125	120	1.2	1.0	38
150	145	1.3	1.0	43
200	195	1.5	1.1	54

续表 12-228

公称内径 DN/ID	最小平均内径 $d_{im,min}$	最小层压壁厚 e_{min}	最小内层壁厚 $e_{1,min}$	接合长度 A_{min}
225	220	1.7	1.4	55
250	245	1.8	1.5	59
300	294	2.0	1.7	64
400	392	2.5	2.3	74
500	490	3.0	3.0	85
600	588	3.5	3.5	96
800	785	4.5	4.5	118
1 000	985	5.0	5.0	140
1 200	1 185	5.0	5.0	162

注:承口的最小平均内径 D_{im}应不小于管材的最大平均外径。

4.聚乙烯双壁波纹管的物理力学性能

表 12-229

项 目		要 求
环刚度(kN/m²)	SN2	≥2
	SN4	≥4
	(SN6.3)	≥6.3
	SN8	≥8
	(SN12.5)	≥12.5
	SN16	≥16
冲击性能(TIR)(%)		≤10
环柔性		试样圆滑,无反向弯曲,无破裂,两壁无脱开
烘箱试验		无气泡,无分层,无开裂
蠕变比率		≤4

注:括号内数值为非首选的环刚度等级。

5.聚乙烯双壁波纹管系统的适用性能

弹性密封圈连接管材的系统适用性能要求　　表 12-230

试验条件	项 目		要 求
条件 B:径向变形 连接密封处变形:5% 管材变形:10% 温度:(23±2)℃	较低的内部静液压(15min)	0.005MPa	不泄漏
	较高的内部静液压(15min)	0.05MPa	不泄漏
	内部气压(15min)	−0.03MPa	≤−0.027MPa
条件 C:角度偏差 d_e≤315:2° 315<d_e≤630:1.5° 630<d_e:1° 温度:(23±2)℃	较低的内部静液压(15min)	0.005MPa	不泄漏
	较高的内部静液压(15min)	0.05MPa	不泄漏
	内部气压(15min)	−0.03MPa	≤−0.027MPa

6.聚乙烯双壁波纹管的外观、交货和储运要求

颜色:管材内外层各自的颜色应均匀一致,外层一般为黑色,其他颜色由供需双方商定。

外观:管材内外壁不允许有气泡、凹陷、明显的杂质和不规则波纹。管材两端平整、与轴线垂直并位于波谷区。管材波谷区内外壁应紧密熔接,不出现脱开现象。

管材长度:管材有效长度 L 一般为 6m(无承口管的有效长度等于全长);其他长度由供需双方商定。

储运:管材装卸运输不得受剧烈撞击,抛摔和重压;存放场地应平整,堆放高度不得超过 4m,远离热源,不得曝晒。

(十八)埋地用聚乙烯(PE)缠绕结构壁管材(GB/T 19472.2—2004)

聚乙烯(PE)缠绕结构壁管材是以聚乙烯为主要原料,以相同或不同材料为辅助支撑结构,采用缠绕成型工艺加工制成。

聚乙烯(PE)缠绕结构壁管材适用于长期温度不超过 45℃的埋地排水、埋地农田排水等工程。

聚乙烯缠绕结构壁管材按环刚度分为 SN2、SN4、SN6.3、SN8、SN12.5、SN16 六个级别。

1. 聚乙烯缠绕结构壁管材的分类

管材按结构形式分为:

A 型结构壁管——具有平整的内外表面,在内外壁之间由内部的螺旋肋连接的管材(典型示例 1);或内表面光滑,外表面平整,管壁中埋螺旋形中空管的管材(典型示例 2)。

B 型结构壁管——内表面光滑,外表面为中空螺旋形肋的管材(中空管可为一层或多层)。

2. 聚乙烯缠绕结构壁管件

聚乙烯缠绕结构壁管件采用相应类型的管材或实壁管二次加工成型,主要有各种连接方式的弯头、三通、管堵等。

管材、管件的连接方式主要有:弹性密封件连接、承插口电熔焊接连接。其他接方式还有:双向承插弹性密封件连接、位于插口的密封件连接、承插口焊接连接、热熔对焊连接、V 形焊接连接、热收缩套连接、电热熔带连接、法兰连接等。

3. 聚乙烯缠绕结构壁管材的环刚度和标记

(1)管材环刚度等级

表 12-231

等级	SN2	SN4	(SN6.3)	SN8	(SN12.5)	SN16
环刚度(kN/m²)	2	4	(6.3)	8	(12.5)	16

注:①括号内数值为非首选等级。

②管材 DN/ID≥500mm 时允许有 SN2 等级;管材 DN/ID≥1 200mm 时,可按工程条件选用环刚度低于 SN2 等级的产品。

(2)管材标记

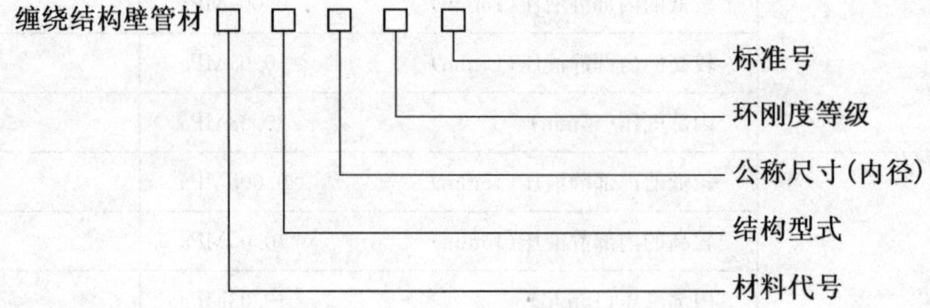

示例:公称尺寸为 800mm,环刚度等级为 SN4 的 B 型聚乙烯缠绕结构壁管材的标记为:缠绕结构壁管材 PE B DN/ID800 SN4 GB/T 19472.2—2004。

4.聚乙烯缠绕结构壁管材的结构和典型连接示意图

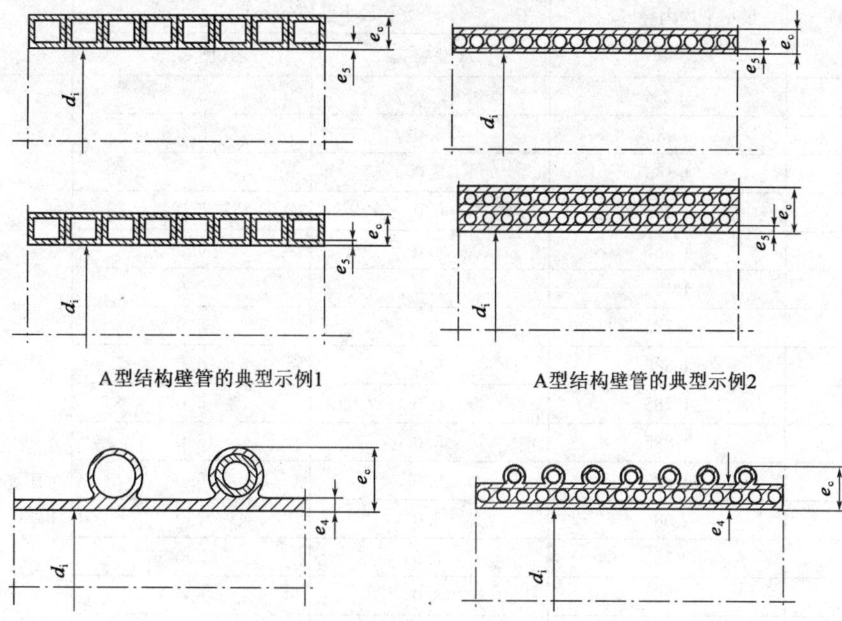

A型结构壁管的典型示例1　　A型结构壁管的典型示例2

B型结构壁管的典型示意图

图 12-14　PE 缠绕结构壁管结构示意图

d_i-内径;e_c-结构高度;e_4-内层壁厚;e_5-空腔下内层壁厚

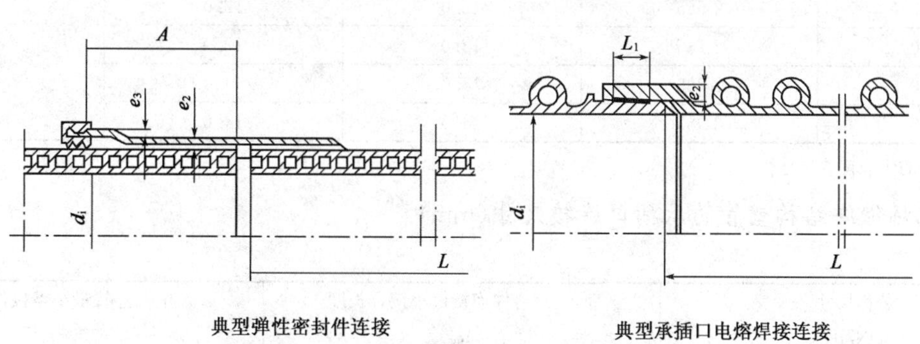

典型弹性密封件连接　　典型承插口电熔焊接连接

图 12-15　PE 缠绕结构壁管主要连接方式示意图

5.聚乙烯缠绕结构壁管材的规格尺寸

表 12-232

公称尺寸 DN/ID（内径）(mm)	最小平均内径 $d_{im,min}$ (mm)	最小壁厚(mm)		管 长 度
		A 型 $e_{5,min}$	B 型 $e_{4,min}$	
150	145	1.0	1.3	管有效长度一般为 6m（有效长度不允许有负偏差）
200	195	1.1	1.5	
(250)	245	1.5	1.8	
300	294	1.7	2.0	
400	392	2.3	2.5	
(450)	441	2.8	2.8	
500	490	3.0	3.0	
600	588	3.5	3.5	
700	673	4.1	4.0	
800	785	4.5	4.5	
900	885	5.0	5.0	

续表 12-232

公称尺寸 DN/ID (内径)(mm)	最小平均内径 $d_{im,min}$ (mm)	最小壁厚(mm)		管长度
		A型 $e_{5,min}$	B型 $e_{4,min}$	
1 000	985	5.0	5.0	管有效长度一般为 6m (有效长度不允许有负偏差)
1 100	1 085	5.0	5.0	
1 200	1 185	5.0	5.0	
1 300	1 285	6.0	5.0	
1 400	1 385	6.0	5.0	
1 500	1 485	6.0	5.0	
1 600	1 585	6.0	5.0	
1 700	1 685	6.0	5.0	
1 800	1 785	6.0	5.0	
1 900	1 885	6.0	5.0	
2 000	1 985	6.0	6.0	
2 100	2 085	6.0	6.0	
2 200	2 185	7.0	7.0	
2 300	2 285	8.0	8.0	
2 400	2 385	9.0	9.0	
2 500	2 485	10.0	10.0	
2 600	2 585	10.0	10.0	
2 700	2 685	12.0	12.0	
2 800	2 785	12.0	12.0	
2 900	2 885	14.0	14.0	
3 000	2 985	14.0	14.0	

注:加(　)的为非首选尺寸。

6.聚乙烯缠绕结构壁管的承插口连接尺寸(mm)

表 12-233

公称尺寸 DN/ID	弹性密封件连接最小接合长度 A_{min}	电熔连接最小熔接件长度 $L_{1,min}$
150	51	59
200	66	59
(250)[a]	76	69
300	84	59
400	106	59
(450)[a]	118	59
500	128	59
600	146	59
700	157	59
800	168	59
900	174	59
1 000	180	59
1 100	196	59
1 200	212	59
≥1 300	238	59

注:①[a] 加(　)的为非首选尺寸。

②管件长度由供需双方商定。

7. 聚乙烯缠绕结构壁管材的物理力学性能

表 12-234

项　目	要　求	项　目	要　求
环刚度(kN/m²)	SN2≥2 SN4≥4 SN6.3≥6.3 SN8≥8 SN12.5≥12.5 SN16≥16	缝的拉伸强度 DN≤300mm 400～500mm 600～700mm ≥800mm	管材能承受的最小拉伸力 380N 510N 760N 1 020N
		A 型管的纵向回缩率	≤3%,管材无分层、无开裂
		B 型管的烘箱试验	管材熔缝处无分层、无开裂
冲击性能	TIR≤10%	环柔性	按规定试验后,管材壁结构部分不发生永久性扭曲变形、凹陷和凸起。管无分层、无破裂
蠕变比率	≤4		

8. 聚乙烯缠绕结构壁管材的外观质量要求

管材、管件的颜色应为黑色,颜色应色泽均匀。

管材、管件内表面应平整,外部肋应规整;内外壁无气泡和可见杂质,无熔缝脱开。切割后的断面应修整、无毛刺。

－10℃下安装铺设的管材应标记一个冰晶(＊)符号。

9. 管材的储运要求

管材的储运要求参照 PE 双壁波纹管,但堆码高度应不超过 2m 或外径(直径＞2m 管)。

(十九)埋地排水用钢带增强聚乙烯(PE)螺旋波纹管(CJ/T 225—2011)

钢带增强聚乙烯(PE)螺旋波纹管以 95%以上的聚乙烯树脂为基体,用表面涂敷黏结树脂的镀锌钢带或冷轧钢带成型为波形,作为主要支撑结构,并与内外层聚乙烯复合,成整体内壁平直外部呈波纹状的钢带增强螺旋波纹管。

钢带增强聚乙烯螺旋波纹管适用于输送温度不大于 45℃的雨水、污水的排放。

钢带增强聚乙烯螺旋波纹管按环刚度分为:SN8、SN10、SN12.5、SN16 四个级别。

波纹管的端口结构分为:螺旋形端口和平面形端口两种。

管材的连接方式:螺旋形端口的连接方式采用热熔挤出焊接、电热熔带焊接、热收缩管(带)连接;平面形端口的连接方式采用法兰连接、法兰端热熔对接、锥形承插焊接、承插式密封圈连接。

1. 钢带增强聚乙烯螺旋波纹管结构示意图

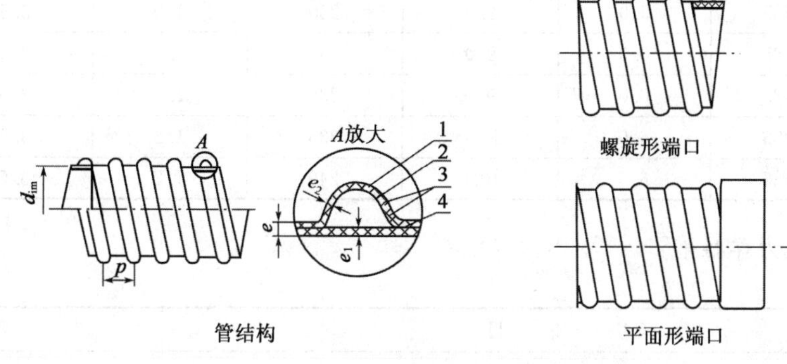

图 12-16　管材结构示意图

1-外层聚乙烯;2-钢带;3-粘接树脂;4-内层聚乙烯

2. 钢带增强聚乙烯螺旋波纹管的环刚度和标记

(1)管材公称环刚度级别

表 12-235

级别	SN8	SN10	SN12.5	SN16
环刚度(kN/m²)	≥8	≥10	≥12.5	≥16

(2)标记

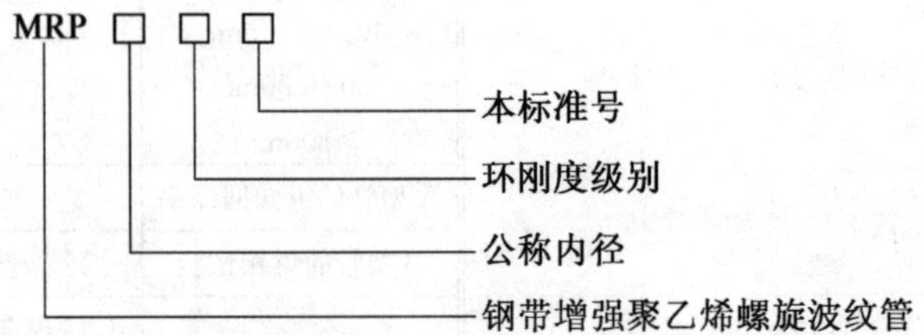

示例:公称内径为 800mm,环刚度为 16kN/m² 的钢带增强聚乙烯(PE)螺旋波纹管材标记为:MRP DN/ID800 SN16 CJ/T 225—2011。

3.钢带增强聚乙烯螺旋波纹管的规格尺寸(mm)

表 12-236

公称内径 DN/ID	最小平均内径 $d_{im,min}$	最小内层壁厚 $e_{1,min}$	最小层压壁厚 e_{min}	最大螺旋 P_{max}	最小钢带厚度 t_{min}	最小防腐层厚度 $e_{2,min}$	管材长度
300	294	2.5	4.0	75	0.4	2.2	6 000, 9 000, 10 000, 12 000
400	392	3.0	4.5	85	0.4	2.2	
500	490	3.5	5.0	100	0.5	2.5	
600	588	4.0	6.0	110	0.5	2.5	
700	685	4.0	6.0	115	0.5	2.5	
800	785	4.5	7.5	120	0.7	3.0	
900	885	5.0	7.5	135	0.7	3.0	
1 000	985	5.0	8.0	150	0.7	3.0	
1 100	1 085	5.0	8.0	165	0.7	3.0	
1 200	1 185	5.0	8.0	180	0.7	3.0	
1 300	1 285	5.0	8.0	210	1.0	3.0	
1 400	1 385	5.0	8.0	210	1.0	3.0	
1 500	1 485	5.0	8.0	220	1.0	3.0	
1 600	1 585	5.0	9.0	230	1.0	3.5	
1 800	1 785	5.0	9.0	230	1.0	3.5	
2 000	1 985	6.0	9.0	235	1.0	3.5	
2 200	2 185	6.0	9.0	235	1.2	3.5	
2 400	2 385	6.0	10.0	235	1.2	3.5	
2 600	2 585	6.5	10.0	240	1.2	3.5	

4.管材的物理力学性能

表 12-237

序号	项目		要求
1	环刚度(kN/m²)	SN8	≥8
		SN10	≥10
		SN12.5	≥12.5
		SN16	≥16

续表 12-237

序号	项　目		要　求
2	冲击性能(TIR)(%)		≤10
3	剥离强度(23℃±2℃),(N/cm)		≥100
4	环柔性		无破裂,两壁无脱开
5	烘箱试验		无分层,无开裂
6	管材层压壁的拉伸强度(N)	300≤DN/ID≤500	≥600
		600≤DN/ID≤800	≥840
		900≤DN/ID≤1 200	≥1 020
		1 300≤DN/ID≤2 000	≥1 460
		2 200≤DN/ID≤2 600	≥1 600
7	蠕变比率		≤2

5. 钢带增强聚乙烯螺旋波纹管材的系统适用性要求

表 12-238

项　目		要　求
承插式弹性密封圈等柔性连接	在连接处有变形和偏转角下的水压密封试验(在必要时)	不泄露
其他连接	0.1MPa(15min)水压密封试验	不泄漏
热熔挤出焊接式连接	焊缝的拉伸强度(N)	见表 12-237 中序号 6

6. 钢带增强聚乙烯螺旋波纹管的外观质量

(1)颜色

管材颜色宜为黑色,色泽应均匀。当采用其他颜色时,可由供需双方协商。

(2)外观

管材内表面应规整平滑,外部波形应规整;管材内外壁应无气泡,无裂纹和可见杂质。

管材采用螺旋形端口时,切口应选在管材波谷的无钢带处,且切口两端应在管材的同一纵向线。

管材采用平面形端口时,切口应与管材轴线垂直。

管材在切割后的断面应修整,无毛刺,管材端口及空腔部分应密封,不允许钢带外露。

7. 钢带增强 PE 螺旋波纹管材常用连接方式

1)螺旋形端口管材常用连接方式

(1)热熔挤出焊接连接

热熔挤出焊接连接是通过专用挤出焊接工具及挤出焊条将相邻管端加热熔接,使其聚乙烯材料熔融成整体,用此种连接方式时,宜内、外双面焊接。如果只在一侧(内或外)焊接,应采取加堵塞等方法防止水进入波形钢肋的空腔,避免腐蚀钢肋。

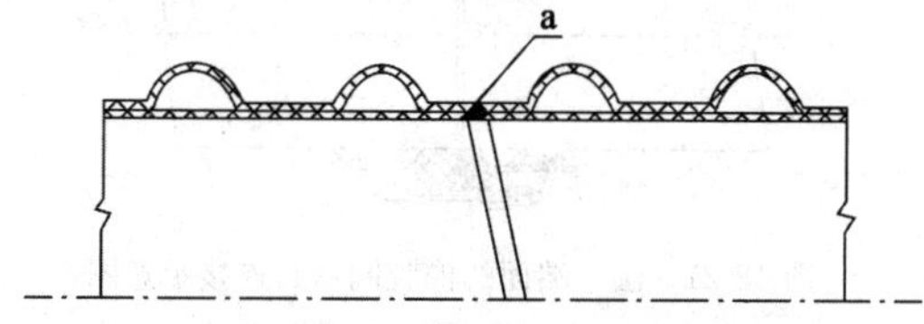

图 12-17　热熔挤出焊接连接示意图

a-焊缝

(2)电热熔带焊接连接

电热熔带焊接连接是先热风挤出焊接,再在外层波谷内用电热熔带焊接。

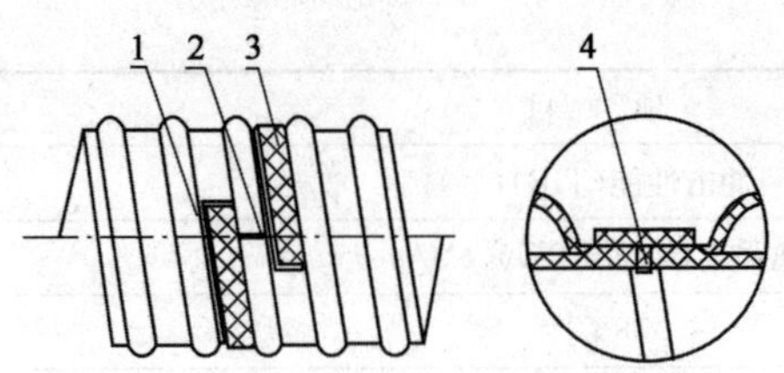

图 12-18　电热熔带焊接连接示意图

1-导线;2-焊缝;3-电热熔带;4-焊缝

(3)热收缩管(带)连接

热收缩管(带)连接是通过对热收缩管(带)进行火焰加热,使其收缩后内表面的热熔胶与管材外表面黏结成一体;热收缩管(带)冷却固化形成恒定的包紧力。用此种连接方式时,应与内或外热熔挤出焊接组合使用。如果内侧不焊接,应采取加堵塞等方法防止雨污水进入波形钢肋的空隙,避免腐蚀钢肋。

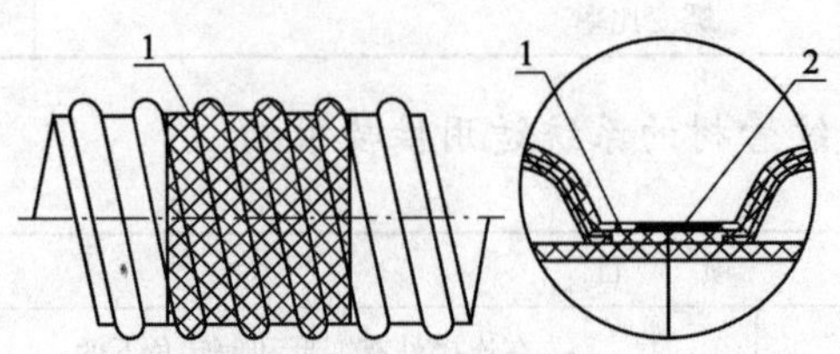

图 12-19　热收缩管(带)连接示意图

1-热收缩管(带);2-加强带

(4)卡箍连接

卡箍连接是通过金属卡箍将待接管材连接并固定,采用弹性密封圈和阻水泡沫进行密封。

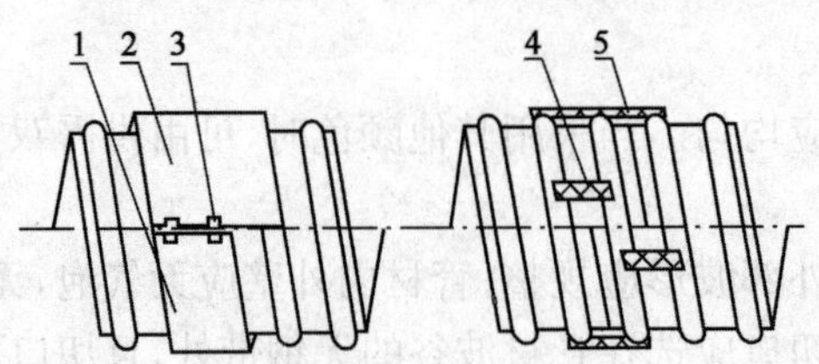

图 12-20　卡箍连接示意图

1-上卡箍;2-下卡箍;3-螺栓;4-弹性密封塞;5-弹性密封材料

2)平面形端口管材常用连接方式

(1)平面形端口法兰机械压紧连接

平面形端口法兰连接可采用法兰卡环和螺栓两种形式,使端面的橡胶圈达到密封作用。

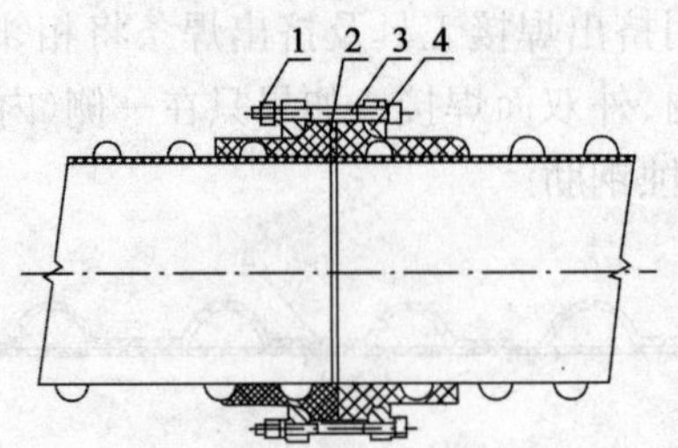

图 12-21　法兰端面的橡胶圈密封连接示意图

1-螺帽;2-密封橡胶圈;3-螺栓;4-法兰

(2)平面形端口法兰端热熔对接连接

平面形端口法兰端热熔对接连接是平面形端口聚乙烯管材用对接熔焊机将法兰端热熔对接。

(3)锥形承插式电熔连接

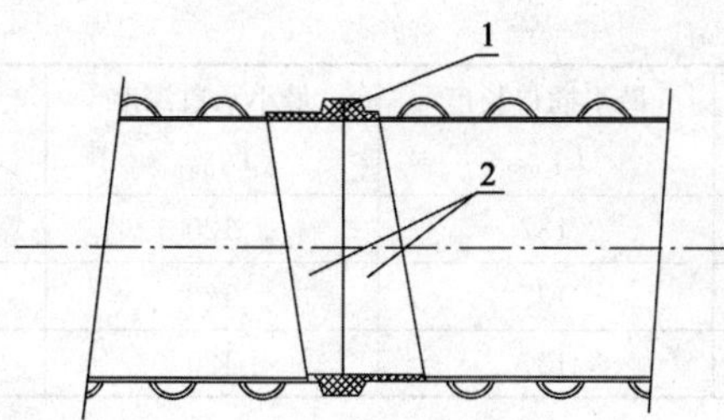

图 12-22 法兰端热熔对接连接示意图

1-法兰端热熔对接;2-法兰端熔接构件

锥形承插式电熔连接是将管材两端的连接构件分别加工成锥形承口和插口,连接时将接头中电热元件通电,使材料熔化将两管连接。

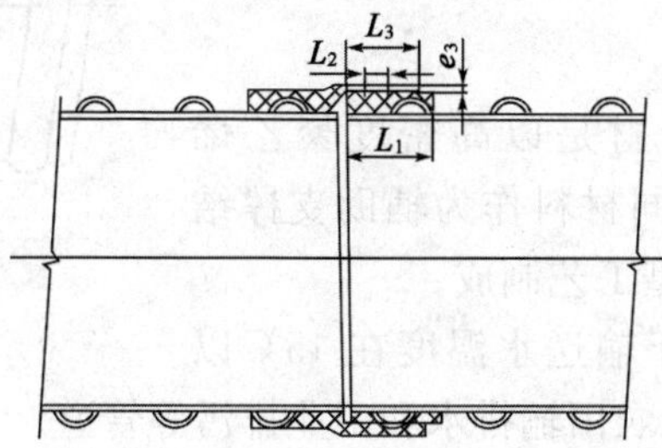

图 12-23 锥形承插式电熔连接示意图

管材锥形承插式电熔连接尺寸表(mm) 表 12-239

公称内径 DN/ID	最小插口长度 $L_{1,\min}$	最小熔接长度 $L_{2,\min}$	最小承口深度 $L_{3,\min}$	最小承口壁厚 $e_{3,\min}$
300≤DN/ID≤1 100	137	59	120	17
1 200≤DN/ID≤2 600	137	59	120	20

(4)承插式橡胶密封圈连接

承插式橡胶密封圈连接是将管材两端的连接构件分别加工成承口和插口,利用套入插口槽中的橡胶密封圈的弹性变形达到密封连接。

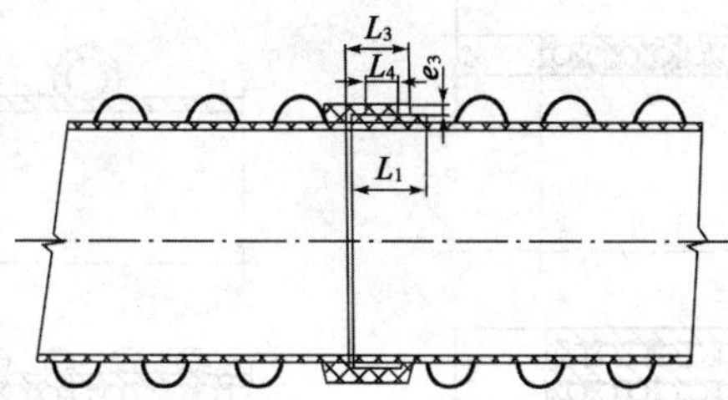

图 12-24 承插式橡胶密封圈连接示意图

管材承插式橡胶密封圈连接尺寸表(单位:mm) 表 12-240

序 号	公称内径 DN/ID	最小插口长度 $L_{1,\min}$	最小承口深度 $L_{3,\min}$	最小接合长度 $L_{4,\min}$	承口最小壁厚 $e_{3,\min}$
7	900	137	120	129	11.4
1	300	137	120	64	6.9
2	400	137	120	74	9.1
3	500	137	120	85	11.4
4	600	137	120	96	11.4
5	700	137	120	107	11.4
6	800	137	120	118	11.4

续表 12-240

序　　号	公称内径 DN/ID	最小插口长度 $L_{1,\min}$	最小承口深度 $L_{3,\min}$	最小接合长度 $L_{4,\min}$	承口最小壁厚 $e_{3,\min}$
8	1 000	137	120	140	11.4
9	1 100	137	120	151	11.4
10	1 200	137	120	162	11.4

(5)柔性套筒连接

柔性套筒连接是用橡胶套包住待接管材端口,通过卡箍固定。

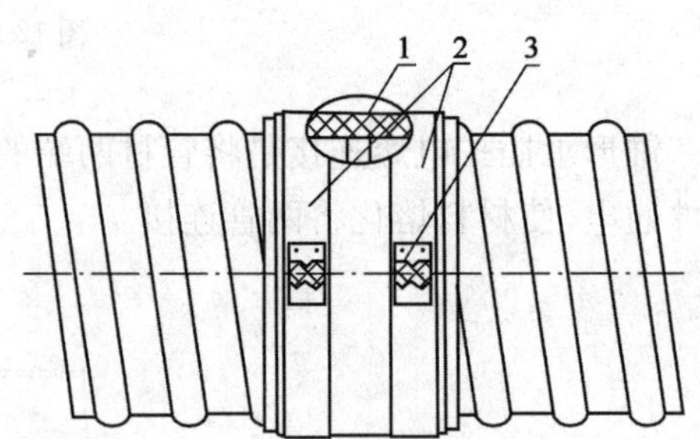

图 12-25　柔性套筒连接示意图

1-橡胶套;2-卡箍;3-螺栓

(二十)高密度聚乙烯缠绕结构壁管材(CJ/T 165—2002)

高密度聚乙烯缠绕结构壁管材是以高密度聚乙烯(HDPE)为主要材料,以相同或不同材料作为辅助支撑结构(C 型无支撑材料),经热缠绕成型工艺制成。

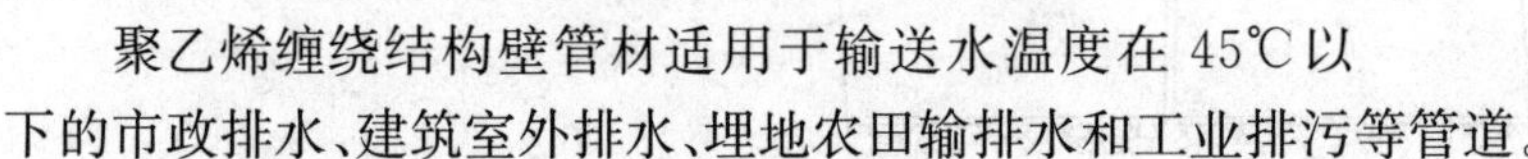

聚乙烯缠绕结构壁管材适用于输送水温度在 45℃以下的市政排水、建筑室外排水、埋地农田输排水和工业排污等管道。

1. 聚乙烯缠绕结构壁管材的分类

管材按管壁结构分类如下:

A 型结构管壁——内表面光滑,外表平整,管壁中间埋有沿轴向螺旋排列的中空管的管材。

B 型结构壁管——内表面光滑,外表面为沿轴向螺旋排放中空肋的管材,且部分中空管可为多层。

C 型实壁管——内表面光滑,外表面平整的实壁管。

2. 聚乙烯缠绕结构壁管材的典型连接方式

承插口电熔连接;承插口焊接连接;热熔对焊连接;V 型平焊连接。

3. 聚乙烯缠绕结构壁管材的管壁结构及焊接示意图

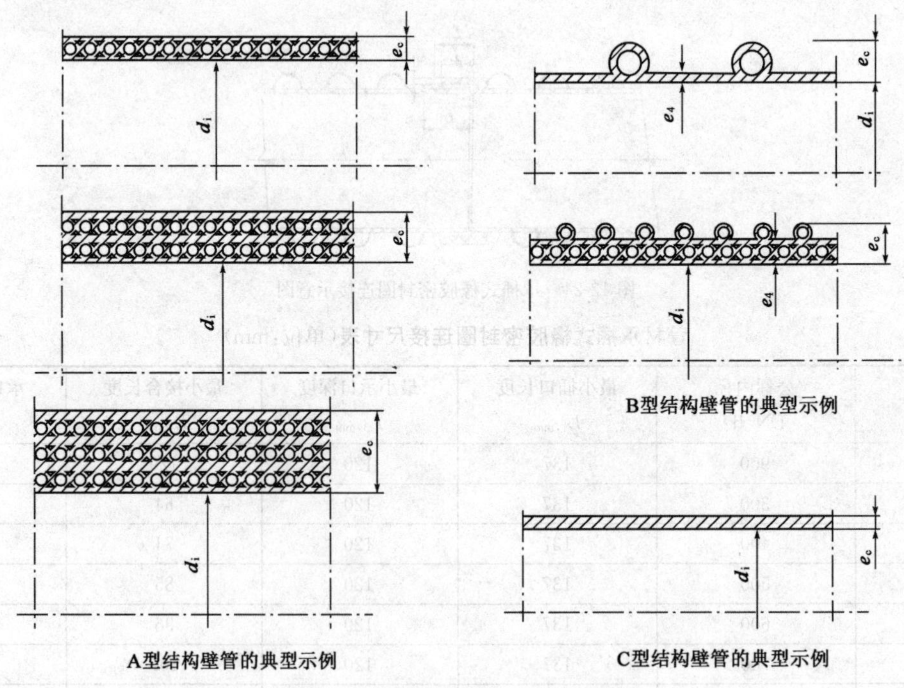

图 12-26　缠绕管的管壁结构示意图

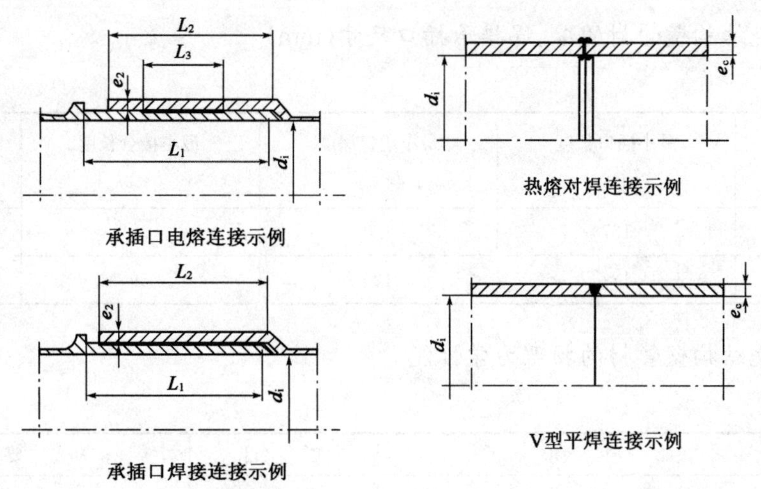

图 12-27　缠绕管的焊接示意图

4.聚乙烯缠绕结构壁管材的外观质量

管材颜色一般为黑色，其他颜色由供需双方商定。管材色泽应均匀一致。

管材内外表面应光滑、干净，管壁内无可见杂质、孔洞和其他影响使用性能的表面缺陷；管材端面应平整，切断断面应修整，无锐边、毛刺。

5.聚乙烯缠绕结构壁管材的规格尺寸

表 12-241

公称直径(内径) DN (mm)	最小平均内径 $d_{im,min}$ (mm)	壁 厚 (mm)			管 长
		A 型管最小结构高度 $e_{c,min}$	B 型管最小内层壁厚 $e_{4,min}$	C 型管结构高度 $e_{c,min}$	
300	294	6.0	2.0	根据工程条件确定	6m，小于 6m 时由供需方商定，不允许大于规定的长度
400	392	8.0	2.5		
500	490	9.9	3.0		
600	588	10.0	3.5		
700	688	10.0	4.0		
800	785	11.0	4.5		
900	885	12.0	5.0		
1 000	985	14.0	5.0		
1 100	1 085	18.0	5.0		
1 200	1 185	22.0	5.0		
1 400	1 365	28.0	5.0		
1 500	1 462	34.0	5.0		
1 600	1 560	40.0	5.0		
1 800	1 755	44.0	5.0		
2 000	1 950	50.0	6.0		
2 200	2 145	52.0	7.0		
2 400	2 340	53.0	9.0		
2 500	2 437	55.0	10.0		
2 600	2 535	57.0	10.0		
3 000	2 925	65.0			

6.聚乙烯缠绕结构壁管材的熔、焊接承插口尺寸(mm)

表 12-242

公称直径 DN	最小插口长度 $L_{1,\min}$	最小承口深度 $L_{2,\min}$	最小接合长度 $L_{3,\min}$	最小承口壁厚 $e_{2,\min}$
300≤DN≤1 100	137	120	59	17
1 200≤DN≤3 000	137	120	59	20

7.聚乙烯缠绕结构壁管材的物理力学性能

表 12-243

项　目	要　求	项　目	要　求
环刚度	≥相关的 SN SN0.5：　0.5kN/m² SN1：　1kN/m² SN2：　2kN/m² SN4：　4kN/m² SN6.3：　6.3kN/m² SN8：　8kN/m² SN16：　16kN/m²	缝的拉伸强度 DN<400mm 400～<600mm 600～700mm ≥800mm	熔缝处能承受的最小拉伸力 380N 510N 760N 1 020N
		A、C 型管的 纵向回缩率	≤3%,管材无分层、开裂、起泡
		B 型管的烘箱试验	管材无分层、开裂、起泡
冲击强度	TIR≤10%	扁平试验	壁结构部分无开裂,允许 A、B 型管沿肋切割处撕裂小于 75mm 或 0.075(d_{im}+$2e_c$);壁结构任何部位、任何方向不发生永久性的屈曲变形、凹陷和凸起。管无分层、破裂
蠕变比率	≤4		

注:纵向回缩率和烘箱试验允许辅助支撑结构与管壁的分层。

8.聚乙烯缠绕结构壁管材的储存

管材存放场地应平整,直径小于 2m 的管材,堆放高度应在 4m 以下;直径超过 2m 的管材,其堆放不得超过两层。管材距热源不少于 1m。自生产之日起,有效储存期一般不超过两年。

(二十一)聚乙烯塑钢缠绕排水管(CJ/T 270—2007)

聚乙烯塑钢缠绕排水管是以钢带与中密度或高密度聚乙烯(基础树脂密度≥930kg/m³)通过挤出方式成型的塑钢复合带材,经缠绕焊接制成的塑钢缠绕管材。

聚乙烯塑钢缠绕排水管适用于长期输送温度不超过 45℃的无压埋地城镇排水、工业排水及农田排水等。

聚乙烯塑钢缠绕排水管按环刚度分为:SN4、SN8、SN10、SN12.5、四个级别。

缠绕排水管的连接方式分为以下两种:

(1)卡箍式弹性连接——适用于公称尺寸 DN/ID200～1 200 的管材,此种连接方式的管材,管端连接部位的螺旋槽内在密封区域要有不少于两个焊接的塑料密封块,密封块的高度与加强筋的高度相等。

(2)电热熔带连接——适用于公称尺寸 DN/ID1200～2 600 的管材。

1. 聚乙烯塑钢缠绕排水管结构和连接方式示意图

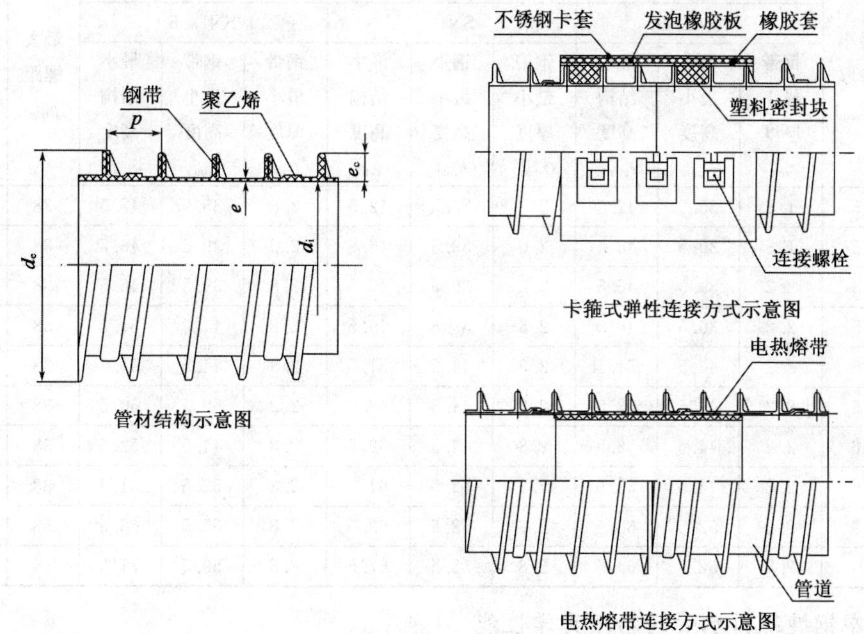

图 12-28 PE 塑钢管材结构和连接方式示意图

2. 聚乙烯塑钢缠绕排水管的外观质量

管材颜色一般为黑色，管材应色泽均匀。其他颜色由供需双方商定。

管材内表面应平整，内外壁无气泡和可见杂质，管壁焊缝无脱开，加强筋应规整，无钢带裸露。

管材切割后的断面应补焊修整，无毛刺、无钢带裸露。

3. 聚乙烯塑钢缠绕排水管的规格尺寸(mm)

表 12-244

公称尺寸DN/ID(内径)	最小平均内径 $d_{im,min}$	最小壁厚 e_{min}	钢带截面参数及加强筋结构高度									最大螺距 p_{max}	钢带两侧塑料最小厚度 $e_{1,min}$	管材有效长度 L
			SN4/SN8			SN10			SN12.5					
			钢带最小厚度 t_{min}	钢带最小高度 h_{min}	最小结构高度 $e_{c,min}$	钢带最小厚度 t_{min}	钢带最小高度 h_{min}	最小结构高度 $e_{c,min}$	钢带最小厚度 t_{min}	钢带最小高度 h_{min}	最小结构高度 $e_{c,min}$			
200	195	1.5	1.1	8.5	12.0	1.1	8.5	12.0	—	—	—	38	1.5	6 000，8 000，10 000；(管材实际长度不允许有负偏差)
300	294	2.0	1.1	8.5	12.5	1.4	8.5	12.5	—	—	—	38	1.5	
400	392	2.5	1.1	14.5	19.0	1.1	14.5	19.0	—	—	—	38	1.5	
500	490	3.0	1.1	14.5	19.5	1.4	14.5	19.5	—	—	—	38	1.5	
600	588	3.5	1.4	16.5	22.0	1.7	16.5	22.0	1.8	16.5	22.0	38	1.5	
700	685	4.0	1.8	16.5	22.5	1.8	19.5	25.5	1.8	19.5	25.5	38	1.5	
800	785	4.5	1.8	19.5	26.0	2.2	19.5	26.0	1.4	24.5	31.0	38	1.5	
900	885	5	1.4	24.5	31.5	1.7	24.5	31.5	1.8	24.5	31.5	38	1.5	
1 000	985	5	1.8	24.5	31.5	2.2	24.5	31.5	2.2	24.5	31.5	38	1.5	
1 100	1 085	5	1.8	29.5	36.5	2.0	29.5	36.5	2.2	29.5	36.5	38	1.5	
1 200	1 185	5	1.8	29.5	36.5	2.0	29.5	36.5	2.2	29.5	36.5	38	1.5	
1 300	1 285	5	1.4	35.5	42.5	1.7	35.5	42.5	1.8	35.5	42.5	38	1.5	
1 400	1 385	5	1.8	35.5	42.5	1.8	35.5	42.5	2.8	35.5	42.5	38	2	

续表 12-244

公称尺寸 DN/ID（内径）	最小平均内径 $d_{im,min}$	最小壁厚 e_{min}	钢带截面参数及加强筋结构高度									最大螺距 p_{max}	钢带两侧塑料最小厚度 $e_{1,min}$	管材有效长度 L
			SN4/SN8			SN10			SN12.5					
			钢带最小厚度 t_{min}	钢带最小高度 h_{min}	最小结构高度 $e_{c,min}$	钢带最小厚度 t_{min}	钢带最小高度 h_{min}	最小结构高度 $e_{c,min}$	钢带最小厚度 t_{min}	钢带最小高度 h_{min}	最小结构高度 $e_{c,min}$			
1 500	1 485	5	1.8	35.5	42.5	2.2	35.5	42.5	2.8	35.5	42.5	38	2	6 000，8 000，10 000；（管材实际长度不允许有负偏差）
1 600	1 585	5	1.8	39.5	46.5	2.0	39.5	46.5	2.2	39.5	46.5	38	2	
1 700	1 685	5	2.2	39.5	46.5	2.2	39.5	46.5	2.8	39.5	46.5	38	2	
1 800	1 785	5	2.2	39.5	46.5	2.8	39.5	46.5	2.8	44.5	51.5	38	2	
1 900	1 885	5	2.2	44.5	51.5	2.2	44.5	51.5	2.8	44.5	51.5	38	2	
2 000	1 985	6	2.2	44.5	52.5	2.8	44.5	52.5	2.2	52.5	60.5	38	2	
2 100	2 085	6	2.8	44.5	52.5	2.8	44.5	52.5	2.8	44.5	52.5	38	2	
2 200	2 185	7	2.8	44.5	53.5	2.2	52.5	61.5	2.8	52.5	61.5	38	2	
2 400	2 385	9	2.2	52.5	63.5	2.8	52.5	63.5	2.8	55.5	66.5	38	2	
2 600	2 585	10	2.8	52.5	64.5	2.8	55.5	67.5	2.8	59.5	71.5	38	2	

4. 聚乙烯塑钢缠绕排水管的物理力学性能

表 12-245

项目	要求		项目	要求
环刚度（kN/m²）	SN4	≥4	缝的拉伸强度 DN/ID 200～300mm 400～500mm 600～800mm 900～1 900mm 2 000～2 600mm	管材能承受的最小拉伸力 380N 600N 840N 1 200N 1 440N
	SN8	≥8		
	SN10	≥10		
	SN12.5	≥12.5	烘箱试验	管材熔缝处无分层、无开裂
冲击性能	TIR≤10%		环柔性	按规定试验后，试样圆滑、无反向弯曲、无破裂、加强筋与基体无脱开
蠕变比率	≤2			

5. 聚乙烯塑钢缠绕排水管的系统适用性要求

表 12-246

项目	试验条件	要求	
卡箍式弹性连接的密封性	条件 B：径向变形 管材变形 10% 不锈钢卡套 5% 温度：23℃±2℃	较低的内部静液压(15min)0.005MPa	无泄漏
		较高的内部静液压(15min)0.05MPa	无泄漏
		内部气压(15min)－0.03MPa	≤－0.027MPa
	条件 C：角度偏转 DN/ID≤300：2° 400≤DN/ID≤600：1.5° DN/ID>600：1° 温度：23℃±2℃	较低的内部静液压(15min)0.005MPa	不泄漏
		较高的内部静液压(15min)0.05MPa	不泄漏
		内部气压(15min)－0.03MPa	≤－0.027MPa
电热熔带连接的焊缝拉伸强度	最小拉伸力应符合表 12-245 中缝的拉伸强度要求	连接不破坏	

6. 排水管储存要求

管材堆放场地应平整，远离热源，堆放高度≤3m。

(二十二)非开挖铺设用高密度聚乙烯排水管(CJ/T 358—2010)

非开挖铺设用高密度聚乙烯排水管以≥90%的高密度聚乙烯(HDPE)为主,加入抗氧剂、紫外线稳定剂、着色剂等制成。(HDPE)树脂密度应>940kg/m³。

非开挖铺设用高密度聚乙烯排水管适用于城镇输送温度不超过40℃,采用非开挖铺设的压力小于0.1MPa的雨水、污水的排放[非开挖包括导向或定向钻进,胀(裂)管技术,地表面微开挖或不开挖等]。

聚乙烯排水管按标准尺寸比SDR、环刚度分为五个系列。

1.聚乙烯排水管的外观质量

管材颜色一般为黑色,其他颜色由供需双方商定。

管材内外表面应光滑、清洁、无气泡、明显的划伤、凹陷、杂质和颜色不均等缺陷。管材端头应切割平整,并与管轴线垂直。

2.聚乙烯排水管的规格尺寸

表12-247

公称外径 d_n (mm)	公称壁厚 e_n(mm)					管长(m)
	SDR33	SDR26	SDR21	SDR17	SDR13.6	
160	4.9	6.2	7.7	9.5	11.8	9或12(管长不允许有负偏差)
180	5.5	6.9	8.6	10.7	13.3	
200	6.2	7.7	9.6	11.9	14.7	
225	6.9	8.6	10.8	13.4	16.6	
250	7.7	9.6	11.9	14.8	18.4	
280	8.6	10.7	13.4	16.6	20.6	
315	9.7	12.1	15.0	18.7	23.2	
355	10.9	13.6	16.9	21.1	26.1	
400	12.3	15.3	19.1	23.7	29.4	
450	13.8	17.2	21.5	26.7	33.1	
500	15.3	19.1	23.9	29.7	36.8	
560	17.2	21.4	26.7	33.2	41.2	
630	19.3	24.1	30.0	37.4	46.3	
710	21.8	27.2	33.9	42.1	52.2	
800	24.5	30.6	38.1	47.4	58.8	
900	27.6	34.4	42.9	53.3	—	
1 000	30.6	38.2	47.7	59.3	—	
1 200	36.7	45.9	57.2	—	—	

注:①SDR33、SDR26系列仅适用于作为内衬管。

②管材的最小壁厚应等于公称壁厚。

3.聚乙烯排水管的物理力学性能

表12-248

项　目		要　求
环刚度	SDR33系列(SN2)	≥2kN/m²
	SDR26系列(SN4)	≥4kN/m²
	SDR21系列(SN8)	≥8kN/m²
	SDR17系列(SN16)	≥16kN/m²
	SDR13.6系列(SN32)	≥32kN/m²

续表 12-248

项　目		要　求
蠕变比率		≤4
环柔性(压缩 50%)		内壁应圆滑,无反向弯曲,无破裂
拉伸屈服应力		≥20MPa
断裂伸长率		≥350%
纵向回缩率(110℃)		≤3%
热稳定性(氧化诱导时间)(200℃)		≥20min
抗冲击性能(TIR)		≤10%
热熔对接接头的拉伸性能	拉伸强度	≥20MPa
	破坏形式	韧性破坏

4. 管材的储存要求

管材储存应防晒、防火、远离热源,堆放高度≤3m。

(二十三)农田排水用塑料单壁波纹管(GB/T 19647—2005)

农田排水用塑料单壁波纹管主要用于农田排水,亦可用作建筑物基坑降水、堤坝、渠基、飞机场、体育场、矿山等地下排水管材。单壁波纹管包括打孔管和不打孔管。

波纹管所用材料分为聚乙烯(PE)管材专用料、改性聚丙烯(PP)树脂和聚氯乙烯(PVC)树脂。

1. 管材的规格尺寸

表 12-249

公称尺寸 DN/OD(外径)	最小平均外径 $d_{e_{min}}$	最大平均外径 $d_{e_{max}}$	最小平均内径 $d_{i_{min}}$
(60)	59.5	60.5	52
63	62.5	63.5	54
(65)	64.5	65.5	58
75	74.5	75.5	65
(80)	79.5	80.5	72
90	89.5	90.5	77
(100)	99.5	100.5	87
110	109.5	110.5	97
125	124.0	125.5	115
160	159.0	160.5	144
200	199.0	200.5	182

注:括号内尺寸为非首选尺寸。

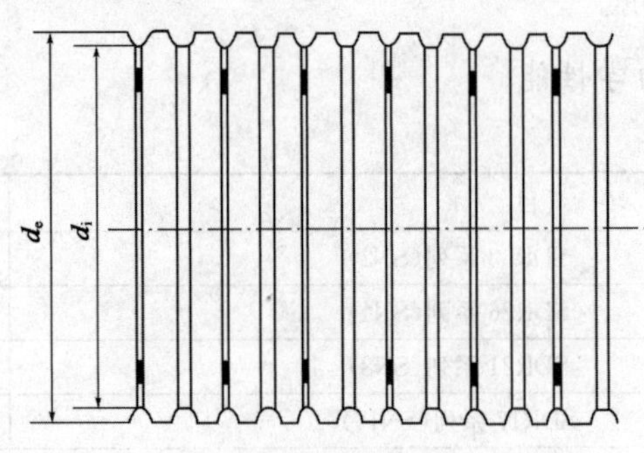

图 12-29　管材形状示例

2.管材的物理力学性能

表 12-250

项　目	指　标	项　目	指　标
环刚度(kN/m²)	≥20	落锤冲击(0℃)	9/10 不破裂
扁平试验	无裂缝		

3.单壁波纹管的外观、交货长度

(1)交货长度

公称尺寸 90mm 及以下的管材成卷供应,每卷管长 60m,卷盘内径不小于 0.3m,也可由供需双方协商确定。

公称尺寸 100mm 以上的管材,宜成根供应,每根长度 6m。亦可成卷供应,每卷管长 40m,卷盘内径不小于 0.4m,或由供需双方协商确定。

(2)外观

管材内外壁呈波纹状,不允许有气泡、裂口、分解变色线及明显的杂质。管材两端应平整并与轴线垂直。管材颜色由供需双方协商确定,但色泽应均匀一致。

(3)带孔管进水孔

尺寸:进水孔直径或较小轴线(宽度)的长度应小于 2.0mm。

分布:进水孔全圆周分布,也可制成上半圆分布。进水孔应处于波谷底部,处于波峰处的进水孔数应不大于总数的 5%。同一圆周上进水孔个数不少于 3 个。

进水面积:每米管长进水孔面积应不少于 $31cm^2$。

4.管材储存要求

管材储存时距热源>1m,不得露天曝晒。有效储存期自生产之日起不超过两年。

(二十四)埋地排水用硬聚氯乙烯(PVC-U)双壁波纹管(GB/T 18477.1—2007)

硬聚氯乙烯(PVC-U)双壁波纹管是以聚氯乙烯树脂为主(一般不小于 80%),加入可提高管材加工性能和物理力学性能的添加剂制成。

硬聚氯乙烯双壁波纹管适用于无压市政埋地排水、建筑物外排水、农田排水、通讯线缆穿线等;如考虑到耐化学性和耐温性后,可用于无压埋地工业排污的管道。

硬聚氯乙烯双壁波纹管按环刚度分为 SN2、SN4、SN8、SN12.5 和 SN16 五个级别。

双壁波纹管分为:带承口管和不带承口(双插)管;管材主要使用弹性密封圈承插连接。

双壁波纹管的颜色由供需双方商定,管材内外层应色泽均匀。

1.硬聚氯乙烯双壁波纹管的环刚度等级

表 12-251

级别	SN2①	SN4	SN8	(SN12.5)②	SN16
环刚度/(kN/m²)	2	4	8	(12.5)	16

注:①仅在 d_e≥500mm 的管材中允许有 SN2 级。

②括号内为非首选环刚度等级。

2.硬聚氯乙烯双壁波纹管的标记

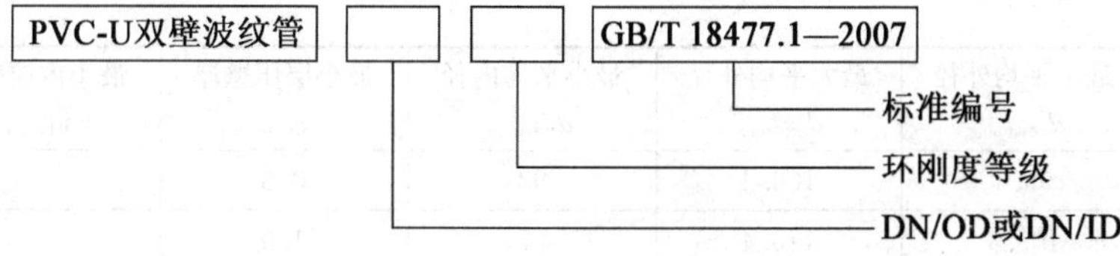

标记示例：

公称尺寸 DN/ID 为 400mm，环刚度等级为 SN8 的 PVC-U 双壁波纹管材：

PVC-U 双壁波纹管　　DN/ID400　　SN8　　GB/T 18477.1—2007。

3.硬聚氯乙烯双壁波纹管结构示意图

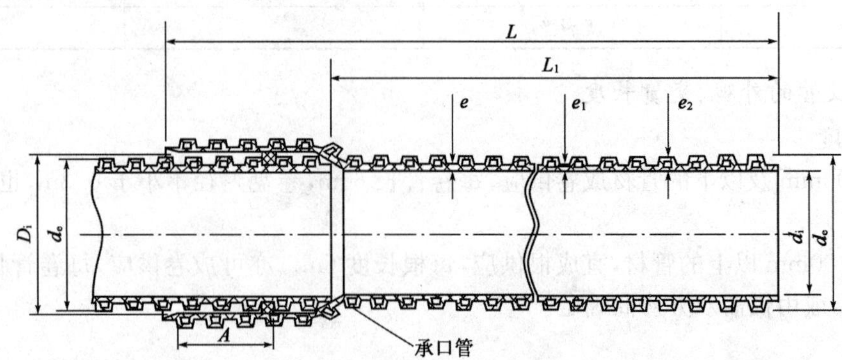

图 12-30　双壁波纹管结构和连接示意图

L-管长；L_1-有效长度；e-波谷高度；e_1-内层壁厚；e_2-波峰高度

4.硬聚氯乙烯双壁波纹管的规格尺寸

硬聚氯乙烯双壁波纹管的规格分为：内径系列管材(DN/ID)和外径系列管材(DN/OD)。

(1)内径系列管材的尺寸(mm)

表 12-252

公称尺寸 DN/ID	最小平均内径 $d_{im,min}$	最小层压壁厚 e_{min}	最小内层壁厚 $e_{1,min}$	最小承口接合长度 A_{min}	管材有效长度 L_1
100	95	1.0	—	32	6 000 或供需双方商定；长度不允许负偏差
125	120	1.2	1.0	38	
150	145	1.3	1.0	43	
200	195	1.5	1.1	54	
225	220	1.7	1.4	55	
250	245	1.8	1.5	59	
300	294	2.0	1.7	64	
400	392	2.5	2.3	74	
500	490	3.0	3.0	85	
600	588	3.5	3.5	96	
800	785	4.5	4.5	118	
1 000	985	5.0	5.0	140	

注：①内径系列管材的尺寸应符合本表的要求，且承口最小平均内径 $D_{im,min}$ 应不小于管材的最大平均外径。表中管材外径的最大值和最小值应符合下列公式计算的数值：

$$d_{e,min} \geqslant 0.994 \times d_e$$

$$d_{e,max} \geqslant 1.003 \times d_e$$

其中 d_e 为管材生产商规定的外径，计算结果保留一位小数。

②无承口管的有效长度等于全长。

(2)外径系列管材的尺寸(mm)

表 12-253

公称尺寸 DN/OD	最小平均外径 $d_{em,min}$	最大平均外径 $d_{em,max}$	最小平均内径 $d_{im,min}$	最小层压壁厚 e_{min}	最小内层壁厚 $e_{1,min}$	最小承口接合长度 A_{min}
(100)	99.4	100.4	93	0.8	—	32
110	109.4	110.4	97	1.0	—	32

续表 12-253

公称尺寸 DN/OD	最小平均外径 $d_{em,min}$	最大平均外径 $d_{em,max}$	最小平均内径 $d_{im,min}$	最小层压壁厚 e_{min}	最小内层壁厚 $e_{1,min}$	最小承口接合长度 A_{min}
125	124.3	125.4	107	1.1	1.0	35
160	159.1	160.5	135	1.2	1.0	42
200	198.8	200.6	172	1.4	1.1	50
250	248.5	250.8	216	1.7	1.4	55
280	278.3	280.9	243	1.8	1.5	58
315	313.2	316.0	270	1.9	1.6	62
400	397.6	401.2	340	2.3	2.0	70
450	447.3	451.4	383	2.5	2.4	75
500	497.0	501.5	432	2.8	2.8	80
630	626.3	631.9	540	3.3	3.3	93
710	705.7	712.2	614	3.8	3.8	101
800	795.2	802.4	680	4.1	4.1	110
1 000	994.0	1 003.0	854	5.0	5.0	130

注：承口最小平均内径($D_{im,min}$)应不小于管材的最大平均外径。

5.硬聚氯乙烯双壁波纹管物理力学性能

表 12-254

项　目		要　求	
密度(kg/m³)		≤1 550	
环刚度(kN/m²)	SN2	≥2	
	SN4	≥4	
	SN8	≥8	
	(SN12.5)	≥12.5	
	SN16	≥16	
冲击性能		TIR≤10%	
环柔性		试样圆滑，无破裂，两壁无脱开	DN≤400 内外壁均无反向弯曲
			DN>400 波峰处不得出现超过波峰高度 10%的反向弯曲
烘箱试验		无分层，无开裂	
蠕变比率		≤2.5	

6.硬聚氯乙烯双壁波纹管的系统适用性

表 12-255

项　目	试 验 参 数	要　求	
弹性密封圈连接的密封性	条件 B：径向变形管材插口变形 10% 承口变形 5% 温度：(20±2)℃	较低的内部静液压(15min)0.005MPa	无泄漏
		较高的内部静液压(15min)0.05MPa	无泄漏
		内部气压(15min)－0.03MPa	≤－0.027MPa
	条件 C：角度偏转 d_e≤315：2° 315<d_e≤630：1.5° d_e>630：1° 温度：(20±2)℃	较低的内部静液压(15min)0.005MPa	无泄漏
		较高的内部静液压(15min)0.05MPa	无泄漏
		内部气压(15min)－0.03MPa	≤－0.027MPa

7.硬聚氯乙烯双壁波纹管的外观和储运要求

(1)外观

管材内外壁不应有气泡、裂口、分解变色线及明显的杂质和不规则波纹。管材内壁应光滑,管材端面应平整并与轴线垂直。

管材波谷区内外壁应紧密熔接,不应出现脱开现象。

(2)储运

产品在装卸运输时,不得抛掷、重压和撞击;存放场地应平整,承口管应交错放置,堆放高度不得超过 2m,远离热源,避免曝晒。

(二十五)埋地排水用硬聚氯乙烯(PVC-U)结构壁加筋管材(GB/T 18477.2—2011)

埋地排水用硬聚氯乙烯(PVC-U)结构壁加筋管材(简称埋地排水用加筋管材)是以聚氯乙烯(PVC)为主要原料,经挤出成型,适用于工作压力不大于 0.2MPa 的市政工程、公共建筑室外、住宅小区的埋地排污、排水、排气、通讯电缆穿线等的埋地管材。在考虑到材料的耐化学性和耐温性后,也可用于工业排水、排污。

埋地排水用加筋管材分为带承口管材和无承口管材;承插口使用弹性密封圈连接方式,弹性密封圈应符合 HG/T 3091 的规定。

1.埋地排水用加筋管材按环刚度分为五个等级。

管材的公称环刚度等级(kN/m²)　　表 12-256

级别	SN4	(SN6.3)	SN8	(SN12.5)	SN16
环刚度	≥4.0	≥6.3	≥8.0	≥12.5	≥16.0

注:括号内为非首选环刚度等级。

2.埋地排水用加筋管材的标记

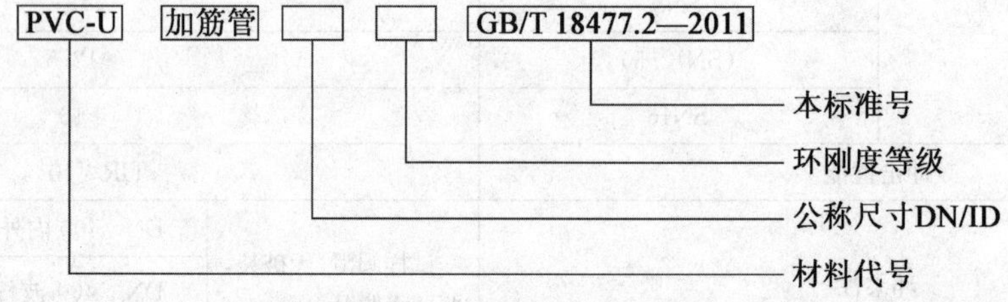

标记示例:

公称内径为 400mm,环刚度等级为 SN8 的 PVC-U 管材:

PVC-U 加筋管　　DN/ID400　　SN8　　GB/T 18477.2—2011。

3.埋地排水用加筋管材结构示意图

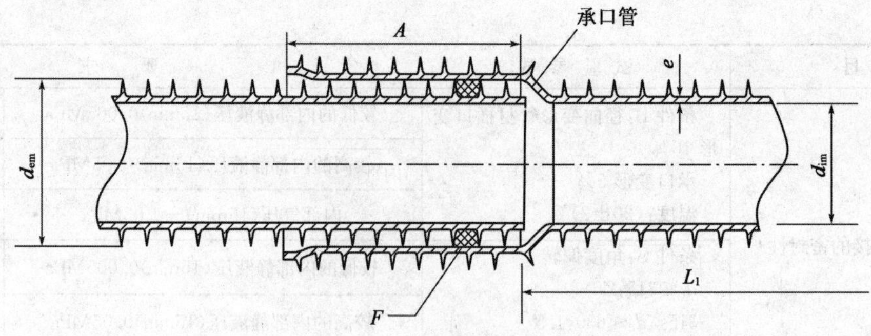

图 12-31　典型的弹性密封圈连接示意图

A-承口深度;d_{em}-平均外径;e-壁厚;F-弹性密封圈;d_{im}-平均外径;L_1-有效长度

4.埋地排水用加筋管材的规格尺寸(mm)

表 12-257

公称尺寸(内径) DN/ID	最小平均内径 $d_{im,min}$	最小壁厚 e_{min}	最小承口深度 A_{min}	管材有效长度 L_1
150	145.0	1.3	85.0	3 000 或 6 000 (不允许有负偏差)
225	220.0	1.7	115.0	
300	294.0	2.0	145.0	
400	392.0	2.5	175.0	
500	490.0	3.0	185.0	
600	588.0	3.5	220.0	
800	785.0	4.5	290.0	
1 000	985.0	5.0	330.0	

注:无承口管的有效长度等于全长。

5.埋地排水用加筋管材的物理力学性能

表 12-258

项　目		要　求
密度(g/cm³)		1.35～1.55
环刚度(kM/m²)	SN4	≥4.0
	(SN6.3)[a]	≥6.3
	SN8	≥8.0
	(SN12.5)[a]	≥12.5
	SN16	≥16.0
维卡软化温度(℃)		≥79
落锤冲击		TIR≤10%
静液压试验[b]		试验压力为 0.8MPa,无破裂,无渗漏
环柔性		试样圆滑,无反向弯曲,无破裂
烘箱试验		无分层、开裂、起泡
蠕变比率		≤2.5

注:[a]括号内为非首选环刚度。

[b]当管材用于低压输水灌溉时应进行此项试验。

6.埋地排水用加筋管材的系统适用性能

表 12-259

项　目	试 验 参 数	要　求	
连接密封性能		用于低压灌溉时(1h)0.3MPa	无破裂,无泄漏
		其他用途(15min)0.05MPa	无破裂,无泄漏
弹性密封圈连接的密封性	条件 B:径向变形 管材变形 10% 承口变形 5% 温度:(23±2)℃	较低的内部静液压(15min)0.005MPa	无泄漏
		较高的内部静液压(15min)0.05MPa	无泄漏
		内部气压(15min)−0.03MPa	≤−0.027MPa
	条件 C:角度偏转 DN/ID≤300:2° 400≤DN/ID≤600:1.5° DN/ID>600:1° 温度:(23±2)℃	较低的内部静液压(15min)0.005MPa	无泄漏
		较高的内部静液压(15min)0.05MPa	无泄漏
		内部气压(15min)−0.03MPa	≤−0.027MPa

7. 埋地排水用加筋管材的外观和储运要求

(1)外观

管材内外表面颜色应均匀一致。管材内外表面不应有气泡、可见杂质、分解变色线和其他影响产品性能的表面缺陷。管材内壁应光滑,端面应切割平整,并与轴线垂直。

当管材用于低压输水排污时应有"DS××"标志。

"××"为低压输水排污最大允许工作压力,用阿拉伯数字表示,单位为MPa。

(2)储运要求

管材在运输时,不得抛掷、沾污、重压和损伤。

管材存放场地应平整,堆放应整齐,承口应交错堆放,堆放高度不宜超过2m,远离热源,不得露天曝晒。

(二十六)无压埋地硬聚氯乙烯(PVC-U)排污、排水管(GB/T 20221—2006)

无压埋地硬聚氯乙烯(PVC-U)排污、排水管以不少于80%的聚氯乙烯树脂为主要原料,经挤出成型制成。

无压埋地硬聚氯乙烯排污、排水管的连接方式分为:弹性密封圈连接——适用外径110~1 000mm的管材;黏结式连接——适用外径110~200mm的管材。

管材主要用于建筑物外排污、排水,在考虑材料许可的耐化学性和耐温性后,也可用于无压埋地的工业排污管道。

无压埋地硬聚氯乙烯排污、排水管按公称环刚度分为:SN2、SN4、SN8三个级别。

管材颜色由供需双方商定,颜色应均匀一致。管材内外壁应光滑、无气泡、裂纹、凹陷及分解变色线。管材端面应切割平整并与轴线垂直。管材不圆度≤0.024dn。

无压埋地硬聚氯乙烯排污、排水管分为带承口管材和无承口管材。管材以有效长度交货。

1. 无压埋地硬聚氯乙烯排污、排水管的规格尺寸(mm)

表12-260

公称外径[a] d_n	平均外径 d_{em}		壁厚						管材有效长度 L
			SN2 SDR51		SN4 SDR41		SN8 SDR34		
	min	max	e min	e_m max	e min	e_m max	e min	e_m max	
110	110.0	110.3	—	—	3.2	3.8	3.2	3.8	4 000,6 000(管材长度不允许有负偏差)
125	125.0	125.3	—	—	3.2	3.8	3.7	4.3	
160	160.0	160.4	3.2	3.8	4.0	4.6	4.7	5.4	
200	200.0	200.5	3.9	4.5	4.9	5.6	5.9	6.7	
250	250.0	250.5	4.9	5.6	6.2	7.1	7.3	8.3	
315	315.0	315.6	6.2	7.1	7.7	8.7	9.2	10.4	
(355)	355.0	355.7	7.0	7.9	8.7	9.8	10.4	11.7	
400	400.0	400.7	7.9	8.9	9.8	11.0	11.7	13.1	
(450)	450.0	450.8	8.8	9.9	11.0	12.3	13.2	14.8	
500	500.0	500.9	9.8	11.0	12.3	13.8	14.6	16.3	
630	630.0	631.1	12.3	13.8	15.4	17.2	18.4	20.5	
(710)	710.0	711.2	13.9	15.5	17.4	19.4	—	—	
800	800.0	801.3	15.7	17.5	19.6	21.8	—	—	
(900)	900.0	901.5	17.6	19.6	22.0	24.4	—	—	
1 000	1 000.0	1 001.6	19.6	21.8	24.5	27.2	—	—	

注:[a] 括号内为非优选尺寸。

2. PVC-U 排污、排水管材的物理力学性能要求

表 12-261

项目		单位	技术指标
密度		g/cm^3	≤1.55
环刚度	SN2	kN/m^2	≥2
	SN4		≥4
	SN8		≥8
落锤冲击(TIR)		%	≤10
维卡软化温度		℃	≥79
纵向回缩率		%	≤5，管材表面应无气泡和裂纹
二氯甲烷浸渍			表面无变化

3. 硬聚氯乙烯排污、排水管的承插口尺寸及示意图

(1)弹性密封圈连接

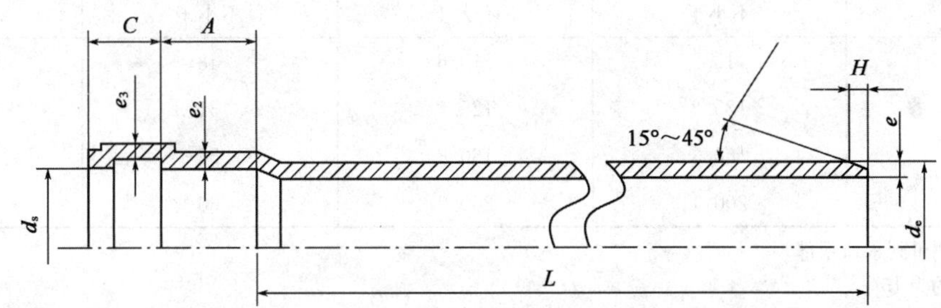

图 12-32 弹性密封圈连接示意图

d_s-管材承口内径；d_e-管材外径；e-管材壁厚；e_2-承口处壁厚；e_3-密封槽处壁厚；A-承插长度；C-密封区长度；H-倒角宽度

弹性密封圈连接承口和插口的基本尺寸(单位:mm) 表 12-262

公称外径[①] d_n	承口			插口
	平均内径 d_{sm} 不小于	A 不小于	C 不大于	H[②]
110	110.4	32	26	6
125	125.4	35	26	6
160	160.5	42	32	7
200	200.6	50	40	9
250	250.8	55	70	9
315	316.0	62	70	12
(355)	356.1	66	70	13
400	401.2	70	80	15
(450)	451.4	75	80	17
500	501.5	80	80[③]	18
630	631.9	93	95[③]	23
(710)	712.1	101	109[③]	28
800	802.4	110	110[③]	32
(900)	902.7	120	125[③]	36
1 000	1003.0	130	140[③]	41

注：①括号内为非优选尺寸。

②倒角角度约为 15°。

③允许高于 C 值，生产商应提供实际的 $L_{1,min}$，并使 $L_{1,min}=A_{min}+C$。

(2)胶黏剂黏结

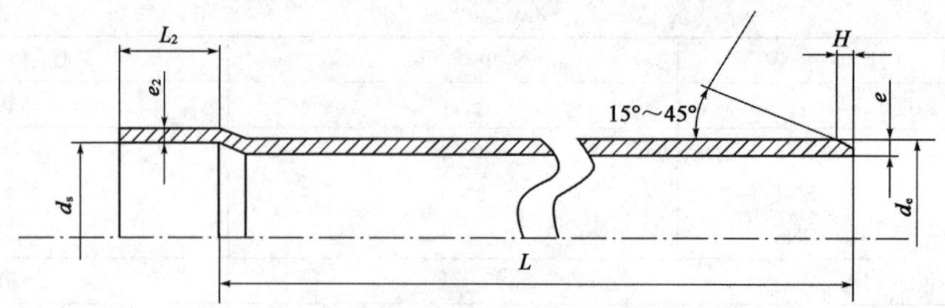

图 12-33　胶黏剂粘接示意图

d_s-管材承口内径;d_e-管材外径;e-管材壁厚;e_2-承口处壁厚;L_2-胶黏剂黏结型承口长度;H-倒角宽度;L-管材有效长度

胶黏剂黏结型承口和插口的基本尺寸(单位:mm)　表 12-263

公称外径 d_n	承口[1]			插口
	平均内径 d_{sm}		$L2$	H[2]
	不小于	不大于	不小于	
110	110.2	110.6	48	6
125	125.2	125.7	51	6
160	160.3	160.8	58	7
200	200.4	200.9	66	9

注:[1]承口长度测量到承口根部。

[2]倒角角度约为 15°。

4. 管材的储存要求

管材合理堆放,远离热源,防止曝晒;堆放高度≤1.5m。

(二十七)埋地钢塑复合缠绕排水管(QB/T 2783—2006)

埋地钢塑复合缠绕排水管是以聚氯乙烯(PVC)或聚乙烯(PE)树脂为主要原料,以异形钢肋(包塑钢带、不锈钢带、镀铝锌钢带成型)作为支撑结构,采用缠绕成型工艺制成。

埋地钢塑复合缠绕排水管适用于无压埋地市政排水、引水工程,公路路基排水、农田灌溉、低压电缆套管等;在考虑材料许可的耐化学性和耐温性后,也可用于海水养殖、工业排污管道。

1. 埋地钢塑复合缠绕排水管的分类

管按生产缠绕管材料不同分为:硬聚氯乙烯(PVC-U)缠绕管、聚乙烯(PE) 缠绕管。

管按结构分为:B1 型、B2 型两种结构缠绕管。

2. 埋地钢塑复合缠绕排水管结构示意图

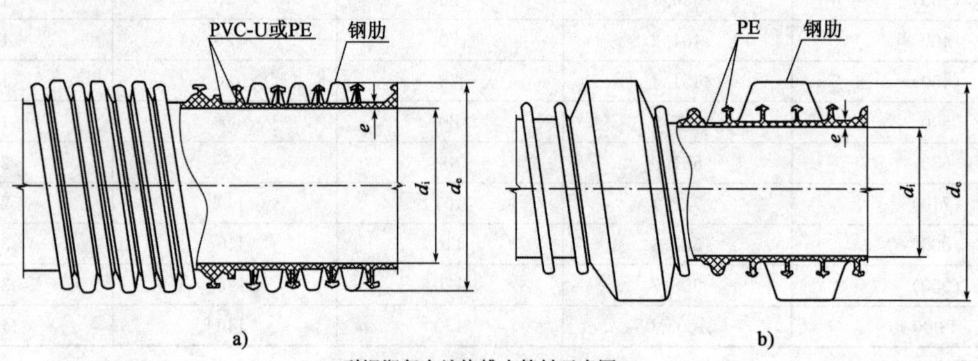

图　12-34

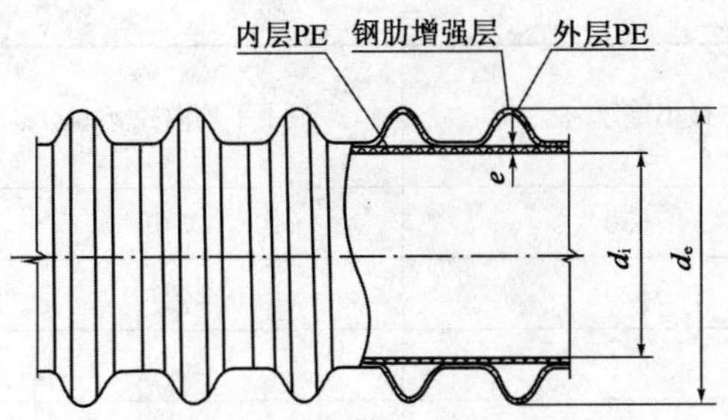

B2型钢塑复合缠绕排水管材示意图

图 12-34　埋地钢塑缠绕排水管结构示意图

3.埋地钢塑复合缠绕排水管的规格尺寸

(1)PVC-U 缠绕管规格尺寸(mm)

表 12-264

公称尺寸 ND/ID（内径）	最小壁厚 e_{min}	最小平均内径 $d_{im,min}$	最大平均外径[a] $d_{em,max}$
300	1.8	294	330
400	2.0	392	450
500	3.0	490	555
600	3.0	588	660

注:①[a] 最大平均外径仅作为管材生产时外径控制和管材施工参考值,不作为质量控制的依据。

②DN/ID——与内径相关的公称尺寸(mm)。

(2)PE 缠绕管规格尺寸(mm)

表 12-265

公称尺寸 DN/ID（内径）	最小壁厚 e_{min}	最小平均内径 $d_{im,min}$	最大平均外径① $d_{em,max}$
400	2.4	390	455
500	3.0	490	560
600	4.1	588	660
700	4.1	688	800
800	4.1	785	905
900	5.0	885	1 010
1 000	5.0	985	1 115
1 100	5.0	1 085	1 215
1 200	5.0	1 185	1 320
1 400	5.0	1 365	1 525
1 500	5.0	1 462	1 680
1 600	5.0	1 560	1 785
1 800	5.0	1 755	1 990
2 000	5.0	1 950	2 200
2 200	6.0	1 145	2 400

续表 12-265

公称尺寸 DN/ID（内径）	最小壁厚 e_{min}	最小平均内径 $d_{im,min}$	最大平均外径①$d_{em,max}$
2 400	6.0	2 340	2 615
2 500	6.0	2 437	2 715
2 600	6.0	2 535	2 820
2 800	6.0	2 730	3 025
3 000	6.0	2 925	3 230

注：①最大平均外径仅作为管材生产时外径控制和管材施工参考值，不作为质量控制的依据。

(3)管材长度要求

管材长度一般为 6m。长度不允许有负偏差。

4. 埋地钢塑复合缠绕排水管的物理力学性能

表 12-266

项目		要求	
		PVC-U 缠绕管	PE 缠绕管
环刚度(kN/m²)	SN2	≥2.0	
	SN4	≥4.0	
	(SN6.3)①	≥6.3	
	SN8	≥8.0	
	(SN12.5)	≥12.5	
	SN16	≥16.0	
冲击强度 TIR(%)		≤10	
环柔性		试样圆滑，无反向弯曲，无破裂，B2 型缠绕管两壁应无脱开	
维卡软化温度 VST(℃)		≥79	—
二氯甲烷浸渍		内、外壁无分离，内、外表面变化不劣于 4L	—
烘箱试验		管材熔缝处无分层、开裂或起泡	
纵向回缩率(%)		≤5	≤3
蠕变比率		≤2.5	≤4
缝的拉伸强度		熔缝处能承受的最小拉伸力(N) DN/ID≤300mm；≥380 400mm≤DN/ID≤500mm；≥510 600mm≤DN/ID≤800mm；≥760 900mm≤DN/ID≤2 000mm；≥1 020 DN/ID≥2 200min；≥1 200	
拉伸强度(MPa)		≥35	—
断裂伸长率(%)		—	≥300
钢肋与 T 形筋结合强度(B1 型)(kN/m²)		≥405	
剥离强度(B2 型)(N/cm)		—	≥70

注：①非首选环刚度。

5.埋地钢塑复合缠绕排水管的外观质量要求和连接方式

颜色:PVC-U 缠绕管用塑料带材一般为白色,PE 缠绕管用塑料带材一般为黑色。

外观:管材内表面应平整,管壁无孔缝和其他影响使用的表面缺陷,B1 型管用带材缠绕结合缝处应结合紧密无松脱现象,带材上的 T 形筋不发生明显变形。管材端面应切割平整,无锐边和毛刺并与管材轴线垂直。

连接方式:管材可采用热熔焊、电焊、黏结、热收缩套等连接方式。管道连接的系统适用性为:管道连接密封性试验结果应无渗漏、无破裂。

管材的堆放高度应≤2m,直径大于 1.2m 的管材不宜叠放。

(二十八)饮水用橡胶或塑料软管(GB/T 28605—2012)

饮水用橡胶或塑料软管包括连接软管和非增强(无增强层)软管。

饮水用橡胶或塑料软管根据使用温度分为:普通型,输送水温 0~30℃;耐热型,输送水温 30~100℃。

1.饮水用橡胶或塑料软管的规格尺寸(mm)

表 12-267

内径		外覆层最小厚度	长度及公差		
公称内径	内径公差		0~400	>400~800	>800
4	±0.10	1.2	±2	±3	±4
6					
8					
10					
12					
14					
16	±0.20	1.5	±2	±3	±4
18					
20					

2.饮水用橡胶或塑料软管的静液压要求

表 12-268

类型	最大工作压力(MPa)	验证试验	最小爆破压力(MPa)
普通型	0.5	水温 10℃±6℃,静压 0.5MPa,1h 后压力升至 2.0MPa,保持 3min,无渗漏	3.5
耐热型	0.5	水温 82℃±2℃,静压 0.7MPa,保持 30min,无渗漏;完全自然冷却后压力升至 2.0MPa,保持 3min,无渗漏	2.0

3.饮水用橡胶或塑料软管性能要求

表 12-269

项目	性能和要求
外观	软管内外表面应清洁、干燥,在 1 000mm² 面积管体上不应有 3 个及以上≥1mm 的颗粒或炭化点、杂质点,不应有凹凸不平、毛刺和深度≥0.1mm,长度≥3mm 的刮伤等缺陷
	保护层断缺丝根数,当长度≤200mm 时,不应有丝线合股、断线;当长度>200~500mm 时,允许有一个小圆圈跳丝(直径≤2mm 的圆圈不断线)
	保护层花纹应分布均匀,表面应光滑、平整,不得有折叠和扭曲

续表 12-269

项　目	性能和要求
外观	连接螺母为铜时,表面应镀镍、镀铬或其它表层保护处理,应光亮、均匀,不应有漏镀和起皮、剥落、起泡等;径向与轴向应有活动间隙,并转动自如,无卡涩现象
	管接头的密封面无裂纹、擦伤、毛刺和砂眼等缺陷
扭矩性能	组合件两端的连接螺母承受 60N·m 力矩时,连接螺母不断、不裂、不滑牙、无损坏
拉伸性能	固定软管组件一端,另一端承受 500N 拉力,静止吊拉(5±0.2)min 或承受 67N 拉力,经过 1 000 次拉伸后,连接螺母或管接头应无拔脱、管体永久性变形或其他异常现象,然后在 0.5MPa 压力下进行静液压试验,应无渗漏和异常现象
	软管组件在直径 50mm 圆柱上弯曲缠绕一周,两端承受 67N 拉力,经 5min 后应无损坏和影响性能的永久变形,然后在 0.5MPa 压力下进行静液压试验,应无渗漏和异常现象
冷热循环性能	试样依次置于(23±2)℃、(−40±2)℃、(82±2)℃三个不同温度水槽中循环 450 个周期,每个水槽浸入时间 40s(移动试样应迅速)。试验后应无裂缝、起泡、脱皮及变色,允许轻微的扭曲
镀层耐腐蚀性能	按 GB/T 10125 规定进行 96h 中性盐雾试验,金属镀层耐腐蚀性能应达 GB/T 6461 中的 9 级
水质保持性能	按 GB/T 17219 进行试验,水质应符合要求

七、其他塑料管

(一)压缩空气用织物增强热塑性塑料软管(HG/T 2301—2008)

压缩空气用织物增强热塑性塑料软管(简称软管)由内衬层、增强层和外覆层组成,公称内径为 4~50mm,适用于−10~+60℃的温度范围以及在 23℃和 60℃温度下的最大工作压力。

软管的内衬层和外覆层应厚度均匀、同心、充分凝胶,没有可见的龟裂、孔隙、外来杂质或其他影响软管使用性能的缺陷。

软管可装配适当的管接头形成软管组合件。软管组合件分为:扣压式、卡箍式和夹持式三种形式。管接头分为:快速装卸式、螺杆螺纹式和芯管/套筒式三种类型。

软管根据在规定温度下的压力等级分为 A、B、C、D 四种级别:

A 型:普通工业用—轻型——最大工作压力在 23℃下为 0.7MPa,在 60℃下为 0.45MPa。

B 型:普通工业用—中型——最大工作压力在 23℃下为 1.0MPa,在 60℃下为 0.65MPa。

C 型:重型——最大工作压力在 23℃下为 1.6MPa,在 60℃下为 1.1MPa。

D 型:重型——采矿和户外工作用——最大工作压力在 23℃下为 2.5MPa,在 60℃下为 1.3MPa。

1. 软管的公称内径、最小壁厚及同心度

表 12-270

公称直径(mm)	内径(mm)	公差(mm)	最小壁厚(mm)				最小壁厚(mm)	同心度
			A 型	B 型	C 型	D 型		
4	4	±0.25	1.5	1.5	1.5	2.0	1.5~3.0	≤0.3mm
5	5	±0.25	1.5	1.5	1.5	2.0		
6.3	6.3	±0.25	1.5	1.5	1.5	2.3		
8	8	±0.25	1.5	1.5	1.5	2.3		
9	8.5	±0.25	1.5	1.5	1.5	2.3	>3.0~5.0	≤壁厚的10%
10	9.5	±0.35	1.5	1.5	1.8	2.3		
12.5	12.5	±0.35	2.0	2.0	2.3	2.8		
16	16	±0.5	2.4	2.4	2.8	3.0		

续表 12-270

公称直径(mm)	内径(mm)	公差(mm)	最小壁厚(mm)				最小壁厚(mm)	同心度
			A型	B型	C型	D型		
19	19	±0.7	2.4	2.4	2.8	3.5	>5.0	≤壁厚的15%
25	25	±1.2	2.7	3.0	3.3	4.0		
31.5	31.5	±1.2	3.0	3.3	3.5	4.5		
38	38	±1.2	3.0	3.5	3.8	4.5		
40	40	±1.5	3.3	3.5	4.1	5.0		
50	50	±1.5	3.5	3.8	4.5	5.0		

2. 成品软管的性能要求

表 12-271

项　目			要　求						
			最大工作压力(MPa)		试验压力(MPa)	最小爆破压力(MPa)		验证压力下尺寸变化(23℃)	
			23℃	60℃	23℃	23℃	60℃	长度(%)	直径(%)
静液压要求	软管型别	A	0.7	0.45	1.4	2.8	1.8	±8	±10
		B	1.0	0.65	2.0	4.0	2.6		
		C	1.6	1.1	3.2	6.4	4.5		
		D	2.5	1.3	5.0	10.0	5.0		
黏合强度			内衬层与外覆层之间的黏合强度≥2.0kN/m。						
氙弧灯暴露			试验时,外覆层无龟裂迹象。因暴露引起的任何颜色变化应通过灰色分级卡进行测定,灰色分级卡等级≤3						
低温屈挠性			按规定的方法在(−10±2)℃下将软管环绕外径为本表规定的最小弯曲半径二倍的芯轴弯曲,软管无龟裂现象;之后再进行验证压力试验,软管无泄漏或裂纹						

最小弯曲半径(mm)	公称内径	最小弯曲半径	公称内径	最小弯曲半径	公称内径	最小弯曲半径
	4	24	10	60	31.5	220
	5	30	12.5	75	38	310
	6.3	40	16	96	40	320
	8	50	19	115	50	400
	9	55	25	175		

注:①最大工作压力 1MPa=10bar。

②在施加验证压力期间和之后,软管应无泄漏、龟裂、突然变形(包括结构的不规律性)或其他缺陷。

③黏合强度试验:内径≤32mm 的软管用 1 型试验,≥38mm 的软管用 2 型试验。

④氙弧灯暴露项建议采用无喷雾试验;经有关方面同意,也可采用喷雾试验。

⑤当使用最适合软管的方法将软管弯曲到表中规定的最小弯曲半径时,目视检查,软管不应出现折曲、破裂或脱皮迹象。变形系数(T/D)值≥0.8。

⑥软管内衬层与外覆层的拉伸强度≥15MPa;最小拉断伸长率为 250%。在 70±2℃下老化 7 天后,其拉伸强度的变化率≤15%;拉断伸长率的变化率≤25%。

(二)玻璃纤维增强塑料顶管(GB/T 21492—2008)

玻璃纤维增强塑料顶管(简称 GRP 顶管),是以无碱玻璃纤维及其制品为增强材料,以热固性树脂为基体材料,包含(或不含)石英砂等颗粒材料夹芯层,按一定工艺制成。顶管是用于地下顶进法施工的管道。

GRP 顶管主要用于输水、排污等,用于给水的顶管应符合 GB5749 的要求,并按国家卫生部门要求定期检测。

GRP 顶管采用套管连接、承插连接等。连接材料有玻璃钢、不锈钢、碳素钢。玻璃钢连接材料的初始环向拉伸强度应≥150MPa,初始轴向拉伸强度应≥60MPa,钢套筒采用不锈钢板或经过防腐处理的碳素钢板制成,应按 GB150 选取其拉伸强度。

1. GRP 顶管的分类

表 12-272

分类依据	类别
按工艺方法分	Ⅰ——定长缠绕、Ⅱ——离心浇筑、Ⅲ——连续缠绕
按公称直径分(mm)	400、500、600、700、800、900、1 000、1 200、1 400、1 600、1 800、2 000、2 200、2 400、2 600、2 800、3 000
按轴向压缩强度等级分(MPa)	65、75、90、105
按压力等级分(MPa)	0.10、0.25、0.40、0.60、0.80、1.00
按刚度等级分(N/m²)	15 000、20 000、30 000、50 000、100 000

注:其他公称直径、轴向压缩强度等级、压力等级、刚度等级由供需双方商定。

2. GRP 顶管的规格尺寸(mm)

表 12-273

<table>
<tr><th rowspan="3">公称直径</th><th colspan="2">内径(ID)系列管径</th><th rowspan="2">外径(OD)系列管径</th><th rowspan="2">管壁厚度</th><th colspan="3" rowspan="2">套筒最小厚度(压力等级≤0.25MPa)</th><th rowspan="3">管长度</th></tr>
<tr><th colspan="2">内径范围</th></tr>
<tr><th>最小值</th><th>最大值</th><th>外直径</th><th>最小公称壁厚</th><th>玻璃钢套环</th><th>不锈钢套环</th><th>钢套环</th></tr>
<tr><td>400</td><td>397</td><td>403</td><td>412</td><td>15</td><td rowspan="4">4</td><td rowspan="8">3</td><td rowspan="8">5</td><td rowspan="17">2 000、2 500、3 000、4 000、6 000</td></tr>
<tr><td>500</td><td>497</td><td>503</td><td>514</td><td>16</td></tr>
<tr><td>600</td><td>597</td><td>603</td><td>616</td><td>17</td></tr>
<tr><td>700</td><td>697</td><td>703</td><td>718</td><td>19</td></tr>
<tr><td>800</td><td>797</td><td>803</td><td>820</td><td>21</td><td rowspan="3">6</td></tr>
<tr><td>900</td><td>897</td><td>903</td><td>924</td><td>24</td></tr>
<tr><td>1 000</td><td>997</td><td>1 003</td><td>1 026</td><td>25</td></tr>
<tr><td>1 200</td><td>1 197</td><td>1 203</td><td>1 229</td><td>30</td><td rowspan="2">8</td></tr>
<tr><td>1 400</td><td>1 397</td><td>1 403</td><td>1 434</td><td>35</td><td rowspan="3">4</td><td rowspan="3">6</td></tr>
<tr><td>1 600</td><td>1 597</td><td>1 603</td><td>1 638</td><td>40</td><td rowspan="2">10</td></tr>
<tr><td>1 800</td><td>1 797</td><td>1 803</td><td>1 842</td><td>45</td></tr>
<tr><td>2 000</td><td>1 997</td><td>2 003</td><td>2 046</td><td>50</td><td rowspan="2">12</td><td rowspan="3">5</td><td rowspan="3">7</td></tr>
<tr><td>2 200</td><td>2 197</td><td>2 203</td><td>2 250</td><td>55</td></tr>
<tr><td>2 400</td><td>2 397</td><td>2 403</td><td>2 453</td><td>60</td><td rowspan="2">14</td></tr>
<tr><td>2 600</td><td>2 597</td><td>2 603</td><td>2 658</td><td>65</td><td rowspan="3">6</td><td rowspan="3">8</td></tr>
<tr><td>2 800</td><td>2 797</td><td>2 803</td><td>2 861</td><td>70</td><td rowspan="2">16</td></tr>
<tr><td>3 000</td><td>2 997</td><td>3 003</td><td>3 066</td><td>75</td></tr>
</table>

注：①管径、长度和偏差如有特殊要求由供需双方商定。

②管壁由内衬层、结构层组成。内衬层的厚度≥1.2mm；结构层厚度由设计确定。

③压力等级>0.25MPa时，套筒最小厚度应不小于本表数值，并满足下式要求：

$$t \geqslant f\frac{PN \times DN}{2\sigma_b} + t_0$$

式中：t——套筒最小厚度(mm)；

f——安全系数；

PN——压力等级(MPa)；

DN——公称直径(mm)；

σ_b——套筒材料抗拉强度(MPa)；

t_0——内衬厚度或腐蚀余量(mm)。

不同套筒材料的 f 和 t_0 取值见表12-274。

3. GRP顶管的标记

GRP顶管按产品代号、生产工艺、公称直径、压缩强度等级、压力等级、刚度等级和标准号顺序进行标记。

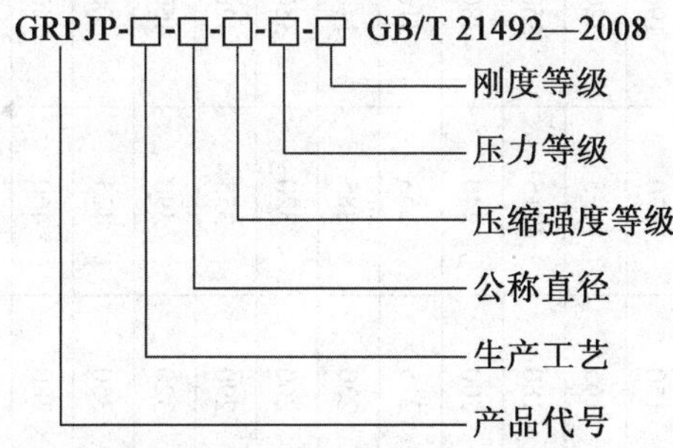

示例：采用定长缠绕工艺，公称直径为2 000mm、轴向压缩强度等级为65MPa和105MPa的组合、压力等级为0.25MPa、刚度等级为20 000N/m²，按本标准生产的GRP顶管标记为：GRP JP—Ⅰ—2 000—65(105)—0.25—20 000　　GB/T 21492—2008。

注：上述分类有各种可能的组合，但不意味任何一种组合都有对应的商品管。

GRPJP——英文全称首字母。

4. 不同套筒材料的 f 和 t_0 取值

表12-274

套筒材料	f	t_0(mm)
玻璃钢	6	1.2
不锈钢	2	0
碳素钢	2	1.6

5. GRP顶管初始挠曲性的径向变形率及要求

表12-275

挠曲水平	刚度等级(N/m²)					要　求
	15 000	20 000	30 000	50 000	100 000	
A(%)	6.6	6.0	5.1	4.2	3.3	管内壁无裂纹
B(%)	11.0	10.0	8.5	7.0	5.0	管壁结构无分层、无纤维断裂及屈曲

注：①环刚度在15 000N/m²～100 000N/m²范围内的其他环刚度的GRP顶管初始挠度性的抗挠曲水平按线性插值法确定。

②环刚度大于100 000N/m²时，B 挠曲水平 $=\frac{100}{428}\left(\frac{D}{t}\right)\left[1+\frac{1}{428}\left(\frac{D}{t}\right)\right]$(%)，$A$ 挠曲水平 $=0.6\times B$ 挠曲水平(%)；

式中：D——管道计算直径(mm)；

t——管道壁厚(mm)。

③初始挠曲水平 A 和挠曲水平 B 应同时满足本表要求。

6. GRP 顶管的技术要求

表 12-276

公称直径(mm)	初始环向拉伸强度(kN/m)					初始轴向拉伸强度(kN/m)				初始环刚度≥	管端面垂直度(mm)	允许顶力(kN)
	压力等级(MPa)									最小刚度等级(N/m^2)		
	≤0.25	0.4	0.6	0.8	1.0	≤0.4	0.6	0.8	1.0			
400	315	504	756	1 008	1 260	105	130	145	160	50 000	1.5	269
450	354	567	851	1 134	1 418	110	140	158	175	—		—
500	394	630	945	1 260	1 575	115	150	170	190	30 000		383
600	473	756	1 134	1 512	1 890	125	165	193	220			517
700	551	882	1 323	1 764	2 205	135	180	215	250	20 000		737
800	630	1 008	1 512	2 016	2 520	150	200	240	280		2.0	918
900	709	1 134	1 701	2 268	2 835	165	215	263	310			1 294
1 000	788	1 260	1 890	2 520	3 150	185	230	285	340			1 556
1 200	945	1 512	2 268	3 024	3 780	205	260	320	380	15 000		2 153
1 400	1 103	1 764	2 646	3 528	4 410	225	290	355	420			2 930
1 600	1 260	2 016	3 024	4 032	5 040	250	320	390	460			3 827
1 800	1 418	2 268	3 402	4 536	5 670	275	350	425	500		2.5	4 844
2 000	1 575	2 520	3 780	5 040	6 300	300	380	460	540			5 980
2 200	1 733	2 772	4 158	5 544	6 930	325	410	495	580			7 236
2 400	1 890	3 024	4 536	6 048	7 560	350	440	530	620			8 612
2 600	2 048	3 276	4 914	6 552	8 190	375	470	565	660			10 107
2 800	2 205	3 528	5 292	7 056	8 820	400	505	605	705			11 721
3 000	2 363	3 780	5 670	7 560	9 450	430	540	645	750			13 456

注:①同一根 GRP 顶管可以由一种或两种不同的初始轴向压缩强度性能的材料组成,其初始轴向压缩强度不小于相应的初始轴向压缩强度等级值。

②压力等级≥0.25MPa 的 GRP 顶管,施加压力等级 1.5 倍的静水内压,保存 2min,GRP 顶管不渗漏。

③GRP 顶管外表层的巴氏硬度≥40。

④GRP 顶管管壁中的树脂不可溶分含量(质量分数)≥90%。

⑤表中 GRP 顶管的允许顶力是按最小管壁厚度给出的。如需增加允许顶力,则需增加管壁厚度。

7. GRP 顶管的外观质量

GRP 顶管的内表面应光滑、平整、无对使用性能有影响的龟裂、分层、气泡、针孔、裂纹、凹陷、砂眼、外来夹杂物和贫胶区；管道的外表面无龟裂、分层、气泡、裂纹、外来夹杂物和贫胶区；管端面应平齐，边棱与切削部位应除覆树脂层，所有部位应无毛刺。

8. GRP 顶管的标志、包装及储运要求

(1)标志

每根 GRP 顶管至少应在一处做上耐久标志。标志不应损伤管壁，在正常装卸和安装中字迹仍应保持清楚。标志应包括下列内容：

①生产厂名称(或商标)。

②产品标记。

③批号及产品编号。

④生产日期。

(2)包装

GRP 顶管发运前应用发泡塑料膜等柔性包装物对管道两端的管端面和外侧连接面进行包装。

包装宽度应比管道外侧连接面宽度大 100mm。

(3)运输及起吊

GRP 顶管的起吊宜用柔性绳索，若用铁链或钢索起吊，必须在吊索与管道棱角处衬填橡胶或其他柔性物。

①GRP 顶管起吊时必须采用双点起吊，严禁单点起吊。

②GRP 顶管起吊及装卸时，应轻起轻放，严禁抛掷。

③GRP 顶管运输时应固定牢靠，应采用卧式堆放。

④在运输和装卸过程中应不受到剧烈的撞击。

(4)储存

GRP 顶管应按类型、规格，等级分类堆放。堆放场地应平整。管的叠层堆放应满足表 12-277 的要求。堆放处应远离热源，不宜长期露天存放。

GRP 顶管的最大堆放层数　　表 12-277

公称直径(mm)	400	500	600～700	800～1 200	≥1 400
最大层数	5	4	3	2	1

GRP 顶管堆放时应设置管座，层与层之间应用垫木隔开。

(三)电缆用玻璃钢保护管(JC/T 988—2006)

电缆用玻璃钢保护管(简称保护管)按成型工艺分为三类：卷制玻璃钢保护管——代号 J、缠绕玻璃钢保护管——代号 C、其他工艺成型的玻璃钢保护管——代号 Q。玻璃钢保护管通用代号 B。

电缆用玻璃钢保护管是用于电力电缆和通信电缆的、用玻璃钢材料制成的保护电缆的管道。

卷制玻璃钢管是用整块玻璃纤维布浸渍树脂后、布经向沿管子模具轴向，布纬向沿模具周向卷制固化后的管子。

缠绕玻璃钢管是用缠绕机把玻璃纤维浸渍树脂缠绕制成固化后的管子。分夹砂管和非夹砂管。

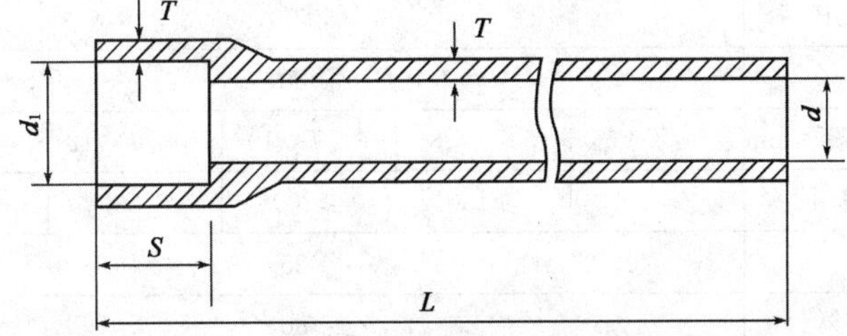

图 12-35　玻璃钢保护管的形状和尺寸图

d-保护管内径；d_1-承插端内径；T-管壁厚度；S 承插端长度；L 保护管长度

1. 保护管的规格尺寸(mm)

表 12-278

规　格	d	T	d_1	S	L
50×5×4 000	50	5	68	80	4 000
70×5×4 000	70	5	88	80	4 000
80×5×4 000	80	5	98	80	4 000
100×3×4 000	100	3	114	80	4 000
100×5×4 000	100	5	118	80	4 000
100×8×4 000	100	8	124	80	4 000
125×3×4 000	125	3	139	100	4 000
125×5×4 000	125	5	143	100	4 000
125×8×4 000	125	8	149	100	4 000
125×10×4 000	125	10	153	100	4 000
150×3×4 000	150	3	164	100	4 000
150×5×4 000	150	5	168	100	4 000
150×6×4 000	150	6	170	100	4 000
150×8×4 000	150	8	174	100	4 000
150×10×4 000	150	10	178	100	4 000
175×5×4 000	175	5	193	100	4 000
175×6×4 000	175	6	195	100	4 000
175×8×4 000	175	8	199	100	4 000
175×10×4 000	175	10	203	100	4 000
200×5×4 000	200	5	218	120	4 000
200×6×4 000	200	6	220	120	4 000
200×8×4 000	200	8	224	120	4 000
200×10×4 000	200	10	228	120	4 000
200×12×4 000	200	12	232	120	4 000

注:按用户需要,规格及尺寸可以协商。

2. 保护管的理化性能

表 12-279

<table>
<tr><th rowspan="3">项　目</th><th rowspan="3">单位</th><th colspan="6">指　标</th></tr>
<tr><th colspan="5">卷制玻璃钢管</th><th rowspan="2">缠绕玻璃钢管</th></tr>
<tr></tr>
<tr><td>密度</td><td>g/cm³</td><td colspan="5">1.5～1.8</td><td>1.75～1.95</td></tr>
<tr><td>拉伸强度</td><td>MPa</td><td colspan="5">≥160</td><td>≥170</td></tr>
<tr><td>弯曲强度</td><td>MPa</td><td colspan="5">≥150</td><td>≥180</td></tr>
<tr><td>弯曲模量</td><td>GPa</td><td colspan="5">≥9</td><td>—</td></tr>
<tr><td>浸水后弯曲强度保留率</td><td>%</td><td colspan="5">≥80</td><td>≥80</td></tr>
<tr><td rowspan="2">冲击韧性</td><td>公称壁厚 mm</td><td>3≤T<5</td><td>5≤T<8</td><td>8≤T<10</td><td>10≤T<12</td><td>T≥12</td><td rowspan="2">同卷制玻璃钢管</td></tr>
<tr><td>kJ/m²</td><td>≥100</td><td>≥130</td><td>≥200</td><td>≥260</td><td>≥300</td></tr>
<tr><td>巴氏硬度</td><td></td><td colspan="5">≥35</td><td>≥38</td></tr>
<tr><td>固化度</td><td>%</td><td colspan="5">≥80</td><td>≥80</td></tr>
<tr><td>摩擦系数</td><td></td><td colspan="5">≤0.34</td><td>≤0.34</td></tr>
</table>

续表 12-279

项 目	单位	指 标	
		卷制玻璃钢管	缠绕玻璃钢管
负荷变形温度	℃	≥135	≥135
导热系数	W/m·K	≥0.22	≥0.22
氧指数[a]	%	≥26	≥26

注:①[a] 阻燃玻璃钢保护管的氧指数≥26%,不要求阻燃时,不测此性能。

②管子外表应色泽均匀,无毛边、毛刺、气泡,内壁光滑平整,管子圆直。

3.保护管的力学性能

表 12-280

管子规格(mm)	平行板线荷载(kN/m)	环向刚度(kN/m²)
50×5	≥38	≥350
70×5	≥29	≥160
80×5	≥24	≥110
100×3	≥7.0	≥12.0
100×5	≥19	≥62.0
100×8	≥50	≥230
125×3	≥6.0	≥7.00
125×5	≥18	≥32.0
125×8	≥46	≥130
125×10	≥68	≥230
150×3	≥5.0	≥4.00
150×5	≥15	≥22.0
150×6	≥22	≥36.0
150×8	≥38	≥76.0
150×10	≥54	≥145
175×5	≥12	≥12.0
175×6	≥18	≥20.0
175×8	≥32	≥48.0
175×10	≥50	≥92.0
200×5	≥11	≥8.00
200×6	≥17	≥14.0
200×8	≥29	≥32.0
200×10	≥44	65.0
200×12	≥58	≥110

注:缠绕管的平行板线荷载和环向刚度应为表列对应值的 1.2 倍。

4.产品的运输和储存要求

产品运输时必须装车稳固牢靠,卸车时严禁直接从车上抛掷或滚落下来,以免损伤管端及表面。储存时应堆置在干燥平整的场地上,底部用枕木或草包垫高。堆高在 1m 以下时,可采用单向排列,超过 1m 时,必须采用分层交叉堆放,堆高不得超过 1.5m。

(四)聚氯乙烯(PVC)塑料波纹电线管(QB/T 3631—1999)

PVC 波纹电线管根据基本尺寸分为 A 系列管和 B 系列管,属单壁波纹管。适用于建筑工程中电器装置连接导线的保护管(图 12-36)。

1. PVC 波纹电线管规格尺寸

表 12-281

公称口径(mm)	管外径(mm)		管内径(mm)		每卷长度(m) 不小于
	A 系列	B 系列	A 系列	B 系列	
			不小于		
9	14	13.8	9.2	9.3	100
10	16	15.8	10.7	10.3	
15	20	18.7	14.1	13.8	
20	25	21.2	18.3	16.0	50
25	30	28.5	24.3	22.7	
	32				
32	40	34.5	31.2	28.4	
40	50	45.5	39.6	35.6	25
50	63	54.5	50.6	46.9	15

注:每卷长度≥50m 时,允许有 3 个断头,长度<50m 时,允许有两个断头,最小管段长度不得小于 10m。

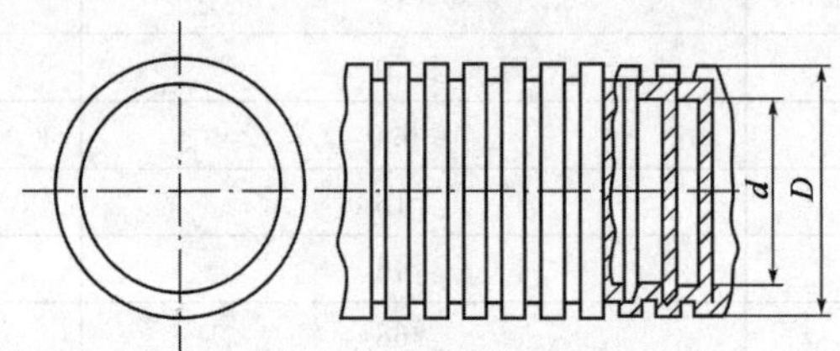

图 12-36　单壁波纹电线管图

D-管外径;d-管内径

2. PVC 波纹电线管机械性能

表 12-282

检测项目		指　标	检测项目	指　标
扁平	管径变化率(%)	≤25	低温弯曲	塞规自重通过,无裂缝
	管径弹性复原变化率(%)	≤10	低温冲击	合格
热变形		塞规自重通过	氧指数(%)	≥30
常温弯曲		塞规自重通过,无裂缝	耐电压,2kV,15min	不击穿

3. PVC 波纹电线管储运要求

储运过程不得重压,应储存在干燥通风场所,远离热源,不可长期受日光曝晒。

(五)埋地式高压电力电缆用氯化聚氯乙烯(PVC—C)套管(QB/T 2479—2005)

埋地式高压电力电缆用氯化聚氯乙烯(PVC—C)套管(简称套管)是以氯化聚氯乙烯树脂为主要原料,加入必要的添加剂,经挤出成型的,用于保护埋设地下的高压电力电缆。套管一般为橘红色,内外壁应光滑、平整,无气泡、裂口、痕纹、凹陷及分解变色线。套管端面应平直。

套管采用弹性密封圈连接,管材插入端应做出明显的插入深度标记。弹性密封圈性能应符合相关产品标准要求。

1. 套管和套管承口的规格尺寸

(1)套管规格尺寸

套管规格用 d_n(公称外径)mm×e_n(公称壁厚)mm 表示：110×5.0,139×6.0,167×6.0,167×8.0,192×6.5,192×8.5,219×7.0,219×9.5,其他规格按用户要求生产。

套管长度一般为 6m,也可以由供需双方商定。套管长度应包括承口部分的长度。

套管的弯曲度≤1.0%。

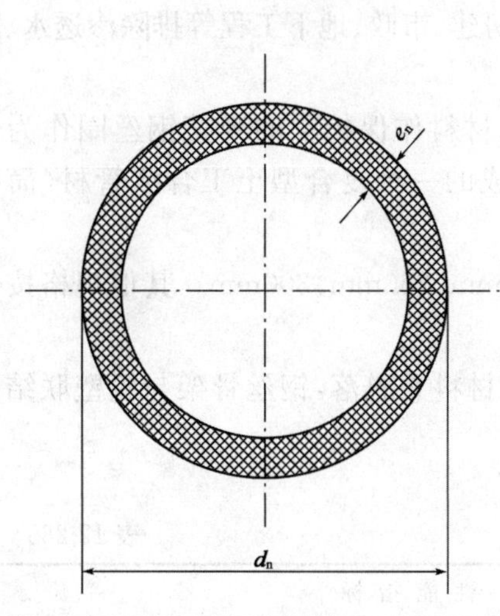

图 12-37　套管公称外径与壁厚示意图

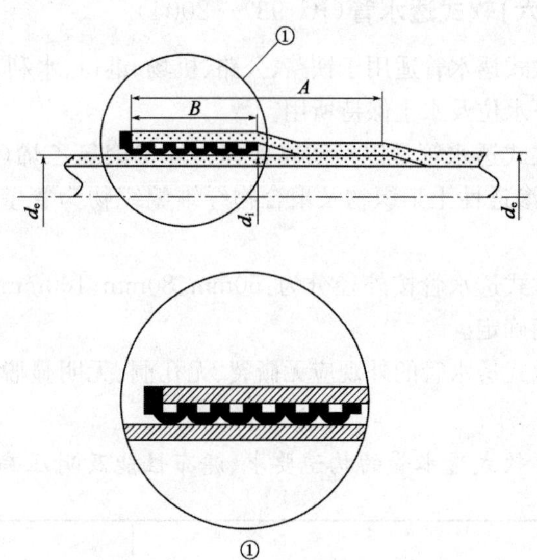

图 12-38　承插口示意图

A-承口长度；B-承口第一阶长度；d_i-承口第二阶内径；d_e-外径

(2)套管承口尺寸

表 12-283

规格 d_n×e_n (mm×mm)	最小承口长度 A_{min} (mm)	承口第一阶最小长度 B_{min} (mm)	承口第二阶最小内径 d_{imin} (mm)
110×5.0	100	60	111.0
139×6.0	120		140.2
167×6.0	140		168.5
167×8.0			
192×6.5	160		193.8
192×8.5			
219×7.0	180		221.0
219×9.5			

2.套管的物理力学性能

表 12-284

项　目			单　位	指　标
维卡软化温度		≥	℃	93
环段热压缩力≥	公称壁厚 e_n(mm)	5.0~<8.0	kN	0.45
		≥8.0		1.26
体积电阻率		≥	Ω·m	1.0×10^{11}
落锤冲击试验			—	9/10 通过
纵向回缩率		≤	—	5%

3. 套管的储运要求

套管应合理堆放,远离热源。堆放高度不超过2m,采用“井”字形交叉放置,承口交错悬出,避免挤压变形。露天堆放时,应遮盖,防止曝晒。运输时,不应受剧烈撞击、抛摔和重压,不应曝晒。

(六)软式透水管(JC 937—2004)

软式透水管适用于铁路、公路、机场、港口、水利、电力、矿山、房建、市政、地下工程等排除渗透水、降低地下水位及水土保持所用。

软式透水管是以经防腐处理并外覆聚氯乙烯(PVC)或其他材料作保护层的弹簧钢丝圈作为骨架;以渗透性土工织物及聚合物纤维编织物为管壁包裹材料组成的一种复合型土工合成管材(简称FH)。

软式透水管按外径分为:50mm、80mm、100mm、150mm、200mm、250mm、300mm。其他规格按供需协商确定。

软式透水管的外观应无撕裂、无孔洞、无明显脱纱,钢丝保护材料无脱落,钢丝骨架与管壁联结为一体。

1. 软式透水管的构造要求、滤布性能及耐压扁平率

表 12-285

项目				性能指标						
				FH50	FH80	FH100	FH150	FH200	FH250	FH300
构造要求	钢丝	直径(mm)	不小于	1.6	2.0	2.6	3.5	4.5	5.0	5.5
		间距(圈/m)		55	40	34	25	19	19	17
		保护层厚度(mm)		0.30	0.34	0.36	0.38	0.42	0.60	0.60
滤布性能	纵向抗拉强度(kN/5cm)			1.0						
	纵向伸长率(%)			12						
	横向抗拉强度(kN/5cm)			0.8						
	横向伸长率(%)			12						
	圆球顶破强度(kN)			1.1						
	CBR顶破强力(kN)			2.8						
	渗透系数 K_{20}(cm/s)			0.1						
	等效孔径 O_{95}(mm)			0.06~0.25						
耐压扁平率(N/m)	1%		不小于	400	720	1 600	3 120	4 000	4 800	5 600
	2%			720	1 600	3 120	4 000	4 800	5 600	6 400
	3%			1 480	3 120	4 800	6 400	6 800	7 200	7 600
	4%			2 640	4 800	6 000	7 200	8 400	8 800	9 600
	5%			4 400	6 000	7 200	8 000	9 200	10 400	12 000

注:①滤布:指渗透性土工织物与聚合物纤维组成的复合层。

②耐压扁平率:指软式透水管径向压缩至规定的扁平率时单位长度所能承受的最大压力。

③钢丝直径可加大并减少每米的圈数,但应能保证耐压扁平率的要求。

④圆球顶破强度试验及CBR顶破强力试验只需进行其中的一项,FH50因滤布面积较小,应采用圆球顶破强度试验;FH80及以上的建议采用CBR顶破强力试验。

2. 软式透水管储运要求

软式透水管在储运过程中,堆放高度不得超过4m。产品应储存在防潮和防虫咬的仓库内,避免阳光曝晒。

八、工程增强材料

(一)水泥混凝土和砂浆用合成纤维(GB/T 21120—2007)

水泥混凝土和砂浆用合成纤维(简称合成纤维)是在水泥混凝土和砂浆搅拌之前或拌制过程中加入的、能在混凝土和砂浆中均匀分散、用以改善新拌混凝土和砂浆、硬化混凝土和砂浆性能的长度小于60mm的以合成高分子化合物为原料制成的化学纤维。不包括聚酯类纤维。

1.合成纤维的分类

表 12-286

分类依据	类别和代号
按材料组成分	聚丙烯纤维(代号 PPF)、聚丙烯腈纤维(代号 PANF)、聚酰胺纤维(即尼龙 6 和尼龙 66 代号 PAF)、聚乙烯醇纤维(代号 PVAF)
按外形粗细分	单丝纤维(代号 M)、膜裂网状纤维(代号 S)、粗纤维(代号 T)
按用途分	混凝土防裂抗裂纤维(代号 HF)、混凝土增韧纤维(代号 HZ)、砂浆防裂抗裂纤维(代号 SF)

注:①聚丙烯纤维是由丙烯聚合成等规度 97%～98%聚丙烯树脂后经熔融挤压法纺丝制成的纤维。

②聚丙烯腈纤维是由丙烯腈单体聚合或与其他单体共聚后再经纺丝制成的纤维。

③聚酰胺纤维是由聚酰胺树脂经熔融纺丝制成的纤维。可用于混凝土中的主要有尼龙 6 和尼龙 66 两种纤维。

④聚乙烯醇纤维是以聚乙烯醇为主要原材料制成的纤维。

⑤单丝纤维是由相应的合成纤维基材经截面呈圆形或异形的喷丝头细孔压出,经后处理所制成的(当量直径为 5～100μm)单丝和束状单丝纤维。

⑥膜裂网状纤维是由相应的有机熔体经挤出裂膜和高倍拉伸取向后制成相互牵连的网状纤维束。

⑦粗纤维是由相应的合成纤维基材经成形制成的当量直径大于 100μm 的纤维。其中包括单根纤维和由多根细纤维粘集成束状的纤维。

⑧当量直径是指异形、非圆截面的纤维按等面积原则折算为圆形截面后的计算直径。

2.合成纤维产品的标记

产品标记由材料组成、用途、公称长度、当量直径、外形、断裂强度、断裂伸长率和标准号组成。

示例:用于混凝土的防裂抗裂纤维、长度 15mm、当量直径 20μm、断裂强度大于 380MPa、断裂伸长率不大于 15%的聚丙烯单丝纤维,标记如下:

PPF-HF-15/20-M-380/15 GB/T 21120—2007

3.合成纤维的规格

表 12-287

外形分类	公称长度(mm)		当量直径(μm)
	用于水泥砂浆	用于水泥混凝土	
单丝纤维	3～20	6～40	5～100
膜裂网状纤维	5～20	15～40	—
粗纤维	—	15～60	>100

注:经供需双方协商,可生产其他规格的合成纤维。

4.合成纤维及掺合成纤维水泥混凝土和砂浆的性能

表 12-288

试验项目			用于混凝土的合成纤维		用于砂浆的合成纤维
			防裂抗裂纤维(HF)	增韧纤维(HZ)	防裂抗裂纤维(SF)
合成纤维	断裂强度(MPa)	≥	270	450	270
	初始模量(MPa)	≥	3.0×10^3	5.0×10^3	3.0×10^3

续表 12-288

试验项目			用于混凝土的合成纤维		用于砂浆的合成纤维
			防裂抗裂纤维(HF)	增韧纤维(HZ)	防裂抗裂纤维(SF)
合成纤维	断裂伸长率(%)	≤	40	30	50
	耐碱性能(极限拉力保持率)(%)	≥	95.0		
掺合成纤维水泥混凝土和砂浆	分散性相对误差(%)		−10～+10		
	混凝土和砂浆裂缝降低系数(%)	≥	55		
	混凝土抗压强度比(%)	≥	90		—
	砂浆抗压强度比(%)	≥	—	—	90
	混凝土渗透高度比(%)	≤	30		—
	砂浆透水压力比(%)	≥	—	—	120
	韧性指数(I_5)	≥	—	3	—
	抗冲击次数比	≥	1.5	3.0	—

5. 合成纤维的基本要求

合成纤维外观色泽应均匀、表面无污染。交货时，生产厂应随货提供产品说明书，其内容应包括产品名称及型号、出厂日期、主要特性、适用范围及推荐掺量、储存条件、使用方法及注意事项。

合成纤维包装应采取避光、密封防潮的措施。运输过程应防止包装损坏。出厂产品在使用前应安置阴凉、干燥的地方，避免与其他易腐蚀的化学产品混放。

合成纤维产品应对人体、生物、环境无危害。

(二)聚丙烯腈基碳纤维(GB/T 26752—2011)

聚丙烯腈基碳纤维按力学性能分位高强型、高强中模型、高模型和高强高模型四种类型；按加捻情况分为有捻纤维、无捻纤维和解捻纤维三种类型；按上浆剂类型分为环氧类树脂型，乙烯基酯、环氧类树脂型，环氧、酚醛、双马类树脂型和通用型四种类型。

1. 聚丙烯腈基碳纤维牌号表示方法

碳纤维牌号由力学性能类型、丝束规格、加捻情况、上浆剂类型、上浆剂含量和制造商标记组成。

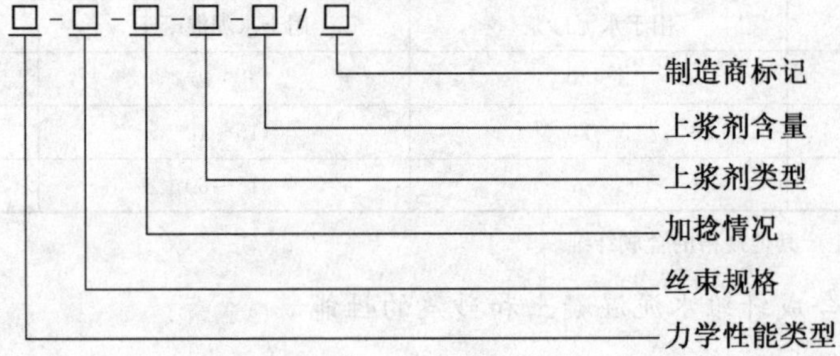

示例：表示××公司生产的高强型有捻碳纤维，其拉伸强度大于 3 500MPa、拉伸弹性模量在 220～260GPa 之间、上浆剂含量在 1.0%～1.5%之间，上浆剂适用于环氧类树脂，丝束中单丝为 3 000 根的牌号标记为：

GQ3522-3K-1-1-1/××

2. 聚丙烯腈基碳纤维的分类及代号

表 12-289

分类依据	力学性能						加捻情况		上浆剂类型		上浆剂含量		丝束规格	
	力学性能分类及代号		拉伸强度分类及代号		拉伸弹性模量分类及代号									
	力学性能分类	代号	拉伸强度范围（MPa）	代号	拉伸弹性模量范围（GPa）	代号	类型	代号	上浆剂类型	代号	上浆剂含量（%）	代号	每束纤维中单丝根数	丝束代号
类别和代号	高强型	GQ	3 500 ~ 4 500	35	220 ~ 260	22	有捻纤维	1	适用于环氧类树脂	1	0.5 ~ 1.0	0	数字	K
			>4 500	45			无捻纤维	2	适用于乙烯基酯、环氧类树脂	2	1.0 ~ 1.5	1	如:每束单丝根数 $\frac{3\,000\ 丝}{1\,000}=3$	3k
	高强中模型	QZ	4 500 ~ 5 000	45	260 ~ 350	26	解捻纤维	3			1.5 ~ 2.0	2		
			>5 000 ~ 5 500	50			—	—	适用于环氧、酚醛、双马类树脂	3	2.0 ~ 2.5	3		
			>5 500 ~ 6 000	55							—	—		
			>6 000	60					通用型	4				
	高模型	GM	3 000 ~ 3 500	30	400 ~ 450	40								
					>450	45			—	—				
	高强高模型	QM	>4 500	45	≥350	35								
			4 000 ~ 4 500	40	350 ~ 400	35								
					>400 ~ 450	40								
					>450 ~ 500	45								
					>500 ~ 550	50								
					>550	55								

注:①力学性能代号示例:拉伸强度≥4 500MPa、拉伸弹性模量≥220 ~ 260GPa 的高强型碳纤维,其代号为 GQ4522。

②每束纤维中单丝根数数字是每束纤维中单丝根数与 1 000 的比值,如 3 000 根单丝的纤维束,其丝束规格代号为 3K。

3. 聚丙烯腈基碳纤维的理化性能

表 12-290

力学性能类型	丝束规格	线密度(g/km)	拉伸强度(MPa)	拉伸弹性模量(GPa)	断裂伸长率(%)	密度(g/cm^3)	含碳量(%)	灰分(%)
GQ3522	1K	66±3	3 500~4 500	220~260	1.3~2.0	1.78±0.02	91~94	≤0.5
	3K	198±6						
	6K	400±12						
	12K	800±20						
GQ4522	3K	198±6	≥4 500	220~260	1.8~2.5	1.80±0.02	91~94	≤0.5
	6K	400±12						
	12K	800±20						
QZ4526	3K	198±6	4 500~5 000	260~350	1.3~1.9	1.80±0.02	94~97	≤0.5
	6K	400±12						
	12K	800±20						
QZ5026	3K	111±4	5 000~5 500	260~350	1.4~2.1	1.80±0.02	94~97	≤0.5
	6K	223±6						
	12K	445±12						
QZ5526	3K	111±4	5 500~6 000	260~350	1.5~2.3	1.80±0.02	94~97	≤0.5
QZ5526	6K	223±6	5 500~6 000	260~350	1.5~2.3	1.80±0.02	94~97	≤0.5
	12K	445±12						
GM3040	1K	61±3	3 000~3 500	400~450	≥0.6	≥1.81	≥98	≤0.5
	3K	182±6						
	6K	364±10						
	12K	728±18						

注:①拉伸强度筒内离散系数应不超过 6%,拉伸弹性模量筒内离散系数应不超过 3%。

②碳纤维颜色为黑色,有光泽,外观均匀,无明显毛丝,无毛团,无异物,纤维束间无黏连。

4. 聚丙烯腈基碳纤维的包装和储运要求

(1)碳纤维必须紧密的缠绕在纸筒上,纸筒的表面应能使纱线顺利退下来。纸筒的规格见表 12-291。每筒纱线需用柔软的透明材料包裹外表面,装在清洁、干燥的瓦楞纸箱内,每筒之间用硬质隔板固定,防止挤压和碰撞。

碳纤维包装纸筒规格尺寸(mm)

表 12-291

纸筒型号	长度	内径
TYPE Ⅰ	192	76
TYPE Ⅱ	290	

(2)碳纤维应采用干燥、有蓬的交通工具运输,严防受潮,避免撞击。

(3)碳纤维应储存在干燥、阴凉通风的库房内,远离火源和热源,采取防潮措施,堆码层数不得超过 GB/T 191 规定的"堆码层数极限"。在符合储存条件下,碳纤维的有效储存期为 2 年。逾期后,经检验合格可继续使用,最多不超过 5 年。

(三)经编碳纤维增强材料(GB/T 30021—2013)

经编碳纤维增强材料是以碳纤维(代号 C)为主要原材料,经聚酯纤维沿经向缝编而成的多轴向增强材料。产品的含水率≤0.10%。

1. 碳纤维力学性能为GQ45级别和GQ35级别的经编碳纤维增强材料拉伸断裂强力指标

表 12-292

代　　号	拉伸断裂强力(N/25mm)			
	0°	45°	90°	−45°
CGQ45-192[0°]-1270	3 500	—	—	—
CGQ45-600[0°]-1270	11 000	—	—	—
CGQ45-200[+45°,−45°]-1270	—	1 800	—	1 800
CGQ45-400[+45°,−45°]-1270	—	3 600	—	3 600
CGQ45-450[0°,+45°,−45°]-1270	2 800	2 800	—	2 800
CGQ45-600[0°,+45°,90°,−45°]-1270	2 800	2 800	2 800	2 800
CGQ35-150[0°]-1270	1 900	—	—	—
CGQ35-200[0°]-1270	2 600	—	—	—
CGQ35-200[+45°,−45°]-1270	—	1 300	—	1 300
CGQ35-300[+45°,−45°]-1270	—	1 900	—	1 900
CGQ35-200[0°,90°]-1270	1 300	—	1 300	—
CGQ35-450[0°,+45°,−45°]-1270	1 900	1 900	—	1 900
CGQ35-400[0°,+45°,90°,−45°]-1270	1 300	1 300	1 300	1 300

2. 碳纤维的产品标记

产品按碳纤维力学性能级别、单位面积质量、纱线角度、碳纤维毡、宽度和本标准号进行标记(碳纤维力学性能级别代号按GB/T 26752)。

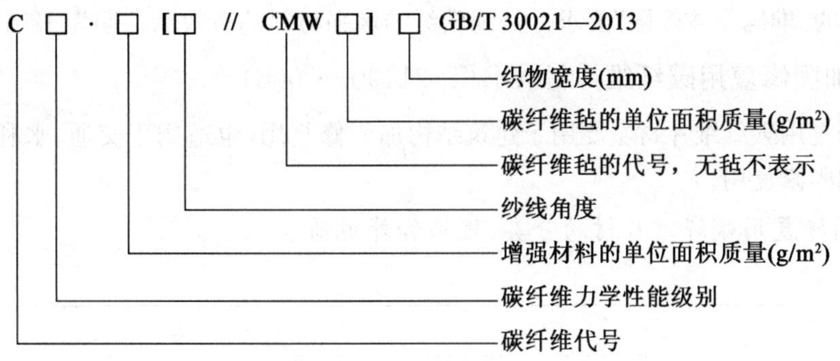

示例1:单层单位面积重量为150g/m²,使用GQ45级别碳纤维,纱线角度为0°,织物宽度1 270mm的经编碳纤维增强材料标记为：

CGQ45-150[0]-1270　GB/T 30021—2013

示例2:单层单位面积重量为200g/m²,使用GQ35级别碳纤维,纱线角度为+45°和−45°,织物宽度1 270mm的经编碳纤维增强材料标记为：

CGQ35-400[+45/−45]-1270　GB/T 30021—2013

示例3:单层单位面积重量为150g/m²,使用GQ45级别碳纤维,纱线角度为0°、+45°和−45°,碳纤维毡的单位面积重量为30g/m²,织物宽度1 270mm的经编碳纤维增强材料标记为：

CGQ45-450[0/+45/−45//CMW30]-1270　GB/T 30021—2013

3. 经编碳纤维增强材料的外观疵点名称及要求

表 12-293

疵点名称		要求
结头(0°/45°/90°/−45°)		不允许纱线打结
捆绑纱断头		不允许每次大于 10cm。不大于 10cm 的，每 5m 有 1 次，记 1 个疵点
断经		不允许断经
断纬		不允许整幅缺纱
错经	单根整卷错经	不允许单根整卷错经
	单根错经	不允许每次大于 5cm。不大于 5cm 的，每 50m 有 1 次，记 1 个疵点
	双根或以上错经	不允许双根或以上错经
错纬	整幅错纬	不允许单根整幅错纬
	单根错纬	不允许每次大于 10cm。不大于 10cm 的，每 5m 有 1 次，记 1 个疵点
	两根以上错纬	不允许两根或以上错纬
	错纬宽度	每 5m 内，不允许有宽度大于 2mm 的错纬，宽度不大于 2mm 的错纬记 1 个疵点
毛边		不允许有大于 5mm 的毛边，不大于 5mm 的毛边记 1 个疵点
杂物		不允许有废丝、杂质等
污渍		不允许有油污等
破洞		不允许有破洞

注：经编碳纤维增强材料每 50m 不应超过 2 个疵点，疵点应标明具体位置。

4. 经编碳纤维增强材料的包装、运输和储存要求

(1)产品应紧密、整齐地卷绕在硬纸管上，用防潮材料密封。

(2)运输时，应采用干燥遮篷工具运输，避免机械损伤、日光直射和受潮。

(3)储存场所应干燥通风，储存温度在 10～35℃之间为宜，相对湿度<70%。产品的堆码高度执行 GB/T 191 规定的“堆码层数极限”要求。经编碳纤维增强材料的有效储存期为 12 个月。

(四)结构加固修复用碳纤维片材(GB/T 21490—2008)

结构加固修复用碳纤维片材主要用于建筑结构加固修复用，也适用于交通、水利、核电及能源等基础设施中结构加固修复用。

1. 结构加固修复用碳纤维片材的分类、规格和外观质量

表 12-294

项目		要求	
分类依据	按结构形态分	碳纤维布(代号 CFF)	碳纤维复合材料板(简称碳纤维板，代号 CFP)
	按单位面积重量分(g/m²)	200、300、450 等	—
	按宽度分(mm)	300、400、500 等	20、50、80、100、120、150 等
	按厚度分(mm)	—	1.0、1.2、1.4、1.5、2.0 等
	按力学性能分	Ⅰ级、Ⅱ级和Ⅲ级	—
外观质量		外观均一、整齐，表面干净，不得夹杂杂物，不得有破洞、灰尘和其他污染；碳纤维布中纤维排列均匀，不得有歪斜、起皱现象	
		碳纤维布每 50m 的缺纬、脱纬现象不得多于 2 处；每 50m 断经长度>10mm 的不得多于 1 处；断经长度≤10mm 的不得多于 2 处	

2. 碳纤维布和碳纤维板的力学性能

表 12-295

项目		拉伸强度(MPa)	拉伸弹性模量(GPa)	伸长率(%)
碳纤维布	Ⅰ级	≥3 500	≥230	≥1.5
	Ⅱ级	≥3 000	≥210	≥1.4
	Ⅲ级	≥2 500	≥210	≥1.3
碳纤维板		≥2 300	≥150	≥1.4

3. 典型规格碳纤维布单位宽度的截面面积和计算厚度

表 12-296

碳纤维单位面积质量(g/m²)	密度(kg/m³)	单位宽度的截面面积(mm²/m)	计算厚度(mm)
200	1 800	111	0.111
300		167	0.167
450		250	0.250

4. 碳纤维片材的运输与储存要求

碳纤维片材运输时，运输车辆以及堆放处应有防雨、防潮设施。装卸车时不可损伤包装，应避免日光直射和雨淋、浸水。储存时应避免火种，隔离热源，室内干燥通风。有效储存期(在室温下)为 2 年。

(五)结构加固修复用芳纶布(GB/T 21491—2008)

结构加固修复用芳纶布适用于建筑结构加固修复用，也适用于交通、水利、核电及能源等基础设施中结构加固修复用。

1. 芳纶布的规格

芳纶布按纤维布单位面积重量分为 280g/m²、415g/m²、623g/m²、830g/m² 等规格，按宽度分为 300mm、400mm、500mm 等规格。

典型规格芳纶布单位宽度的截面面积和计算厚度 表 12-297

芳纶单位面积重量/(g/m²)	密度(g/m³)	单位宽度的截面面积(mm²/m)	计算厚度(mm)
280	1.44×10^6	193	0.193
415		286	0.286
623		430	0.430
830		572	0.572

2. 芳纶布的外观要求

外观应均一、整齐，表面干净，不得夹杂杂物，不得有灰尘和其他污染，不得有破洞。芳纶布中纤维排列均匀，不得有歪斜、起皱现象。缺纬、脱纬现象每 50m 不得多于 2 处。每 50m 芳纶布断经长度超过 10mm 的不得多于 1 处，断经长度不超过 10mm 的不得多于 2 处。

3. 单向芳纶布的力学性能

表 12-298

项目	拉伸强度(MPa)	拉伸弹性模量(GPa)	伸长率(%)
指标	≥2 000	≥110	≥2.0

4. 芳纶布的包装与储运要求

芳纶布应在硬质卷芯上卷紧包装，包装芳纶布时卷芯直径宜不小于 76mm。

装卸车时不可损伤包装，应避免日光直射和雨淋、浸水。芳纶布的有效储存期(在室温下)为 2 年。

(六)高分子增强复合防水片材(GB/T 26518—2011)

高分子增强复合防水片材是以聚乙烯、乙烯—乙酸乙烯共聚物等高分子材料为主体材料,复合织物等为保护或增强层制成的,用于屋面、室内、墙体、水工水利设施、地下工程等构筑物的防水、防潮以及各类绿化种植屋面。

片材按主体材料分为两类:聚乙烯类复合环保片材,类型代号为 F-PE;乙烯-乙酸乙烯共聚物类复合环保片材,类型代号为 F-EVA。

1. 片材的规格尺寸、有害物质限量、配套用水性胶粘剂性能及外观质量

表 12-299

项目		要求
规格尺寸		厚度≥0.6mm;宽度≥1.0m;长度≥50m
有害物质限量值(mg/kg)不大于	可溶性铅	10
	可溶性镉	10
	可溶性铬	10
	可溶性汞	10
配套用水性胶黏剂性能	潮湿基面粘接强度(MPa)(常温×168h) 不小于	0.6
	抗渗性(MPa)(常温×168h) 不小于	1.0
	剪切状态下的黏合性(片材与片材)(N/mm) 不小于	3.0 或黏合面外断裂
	游离甲醛(g/kg) 不大于	1.0
	总挥发物有机物(g/L) 不大于	110
外观质量		表面织物不得熔化变形,不允许有长度超过 500mm 的皱褶
		长度不超过 500mm 皱褶的数量:每延米内≤2 个;卷长≤50m 时,整卷长度内≤3 个;卷长>50m 时,整卷长度内≤5 个
		片材表面为不织布时,每百平方米内僵块(10～50mm 的不透气树脂片)数量不得超过 15 个
		片材芯层不允许有气泡、漏洞。片材应平整,表面不得有影响使用性能的杂质、机械损伤、折痕及异常粘着等缺陷,不得有油迹及其他污物

2. 片材的物理性能

表 12-300

项目			指标	
			厚度≥1.0mm	厚度<1.0mm
断裂拉伸强度(N/cm)	常温(纵/横)	≥	60.0	50.0
	60℃(纵/横)	≥	30.0	30.0
拉断伸长率(%)	常温(纵/横)	≥	400	100
	−20℃(纵/横)	≥	300	80
撕裂强度(N)	(纵/横)	≥	50.0	50.0
不透水性(0.3MPa×30min)			无渗漏	无渗漏
低温弯折(−20℃)			无裂纹	无裂纹
加热伸缩量(mm)	延伸	≤	2.0	2.0
	收缩	≤	4.0	4.0
热空气老化(80℃×168h)	断裂拉伸强度保持率(%)(纵/横)	≥	80	80
	拉断伸长率保持率(%)(纵横)	≥	70	70

续表 12-300

项目		指标	
		厚度≥1.0mm	厚度<1.0mm
耐碱性[饱和 $Ca(OH)_2$ 溶液,常温×168h]	断裂拉伸强度保持率(%)(纵/横) ≥	80	80
	拉断伸长率保持率(%)(纵/横) ≥	80	80
复合强度(表层与芯层)(MPa) ≥		0.8	0.8

注:用于种植屋面的片材应用性能应符合 JC/T 1075 的规定。

3.片材的运输与储存要求

片材在运输与储存时,应注意勿使包装损坏,竖立放置于通风、干燥的水平地面上,避免阳光直射,禁止与酸、碱、油类及有机溶剂等接触,且隔离热源。

在遵守储运规定的条件下,有效储存期自生产之日起不超过一年。

(七)建筑结构裂缝止裂带(GB/T 23660—2009)

建筑结构裂缝止裂带(简称止裂带)是一种采用弹性模量 200~300MPa 的合成高分子材料为芯层,芯层表面复合切向布置的热轧法成型的耐酸碱的合成纤维带状可卷取复合片。主要用于各类砌筑框剪等结构的建筑主体结构缝与对应抹面之间,防止由于建筑主体结构缝变形或裂开导致的对应抹面部位产生裂缝。

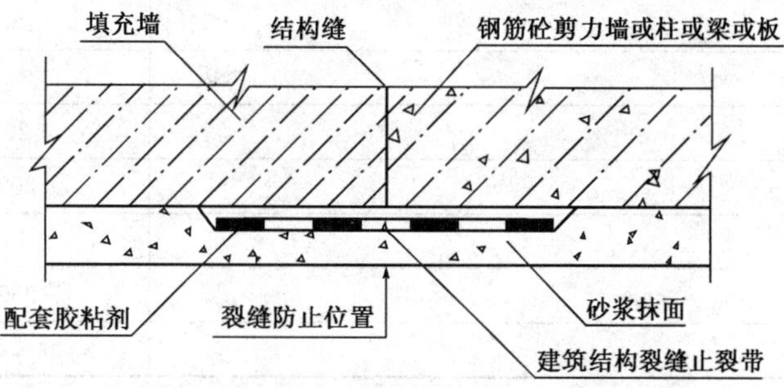

图 12-39 建筑结构裂缝止裂带应用示意图

1.止裂带的规格尺寸及允许偏差

表 12-301

项目	宽度(mm)	厚度(mm)	长度(m/盘)
规格尺寸	190、230、285、385	0.60	50 以上
允许偏差	±5mm	±10%	不允许出现负值

注:特殊规格由供需双方商定。

2.止裂带的物理性能

表 12-302

项目		指标
拉伸强度(纵/横)(N/cm) ≥		45
断裂伸长率(纵/横)(%) ≥		35
复合强度(N/cm) ≥		1.0
黏结剪切强度(MPa) ≥		0.8
耐碱性(纵/横)[10%$Ca(OH)_2$,23℃×168h]	拉伸强度保持率(%) ≥	70
	断裂伸长率保持率(5) ≥	70

注:①复合强度指建筑结构裂缝止裂带的芯层与表层的结合力度。

②黏结剪切强度指建筑结构裂缝止裂带与工程主体粘接所承受剪切力大小。

③特殊规格性能由供需双方商定。

3. 止裂带的外观、运输与储存要求

止裂带表面应平整、色泽均匀,不得有油迹、机械损伤及其他污物。运输时勿损坏包装,置于干燥通风处。储存时,止裂带的圆盘平面应水平放置,放置高度不得超过 2.5m,接触面应保持干燥,禁止与酸、碱、油类及有机溶剂等接触,避免阳光直射,并远离热源。在符合规定的储运条件下,有效储存期自生产之日起不超过 12 个月。

(八)聚氨酯灌浆材料(JC/T 2041—2010)

聚氨酯灌浆材料是以多异氰酸酯与多羟基化合物聚合反应制备的预聚体为主剂,通过灌浆注入基础或结构,与水反应生成不溶于水的具有一定弹性或强度固结体的浆液材料。用于水利水电、建筑、交通、采矿等领域中混凝土裂缝修补、防渗堵漏、加固补强及基础帷幕防渗等工程。

产品按原材料组成分为两类:水溶性聚氨酯灌浆材料,代号 WPU 和油溶性聚氨酯灌浆材料,代号 OPU。产品为均匀的液体,无杂质、不分层。

聚氨酯灌浆材料的物理性能 表 12-303

试验项目		指标	
		WPU	OPU
密度/(g/cm³)	≥	1.00	1.05
黏度[a](mPa·s)	≤	1.0×10³	
凝胶时间[a](s)	≤	150	—
凝固时间[a](s)	≤	—	800
遇水膨胀率(%)	≥	20	—
包水性(10 倍水)(s)	≤	200	—
不挥发物含量(%)	≥	75	78
发泡率(%)	≥	350	1 000
抗压强度[b](MPa)	≥	—	6

注:[a]也可根据供需双方商定。

[b]有加固要求时检测。

(九)混凝土裂缝用环氧树脂灌浆材料(JC/T 1041—2007)

环氧树脂灌浆材料(代号 EGR)是指以环氧树脂为主剂加入固化剂、稀释剂、增韧剂等组分所形成的 A、B 双组分商品灌浆材料。A 组分是以环氧树脂为主的体系,B 组分为固化体系。适用于修补混凝土裂缝用。

环氧树脂灌浆材料按初始黏度分为低黏度型(L)和普通型(N);按固体物力学性能分为Ⅰ、Ⅱ两个等级。

1. 环氧树脂灌浆材料物理力学性能

表 12-304

项目			浆液性能	
			L	*N*
浆液性能	浆液密度(g/cm³)	>	1.00	1.00
	初始黏度(mPa·s)	<	30	200
	可操作时间(min)	>	30	30
固化物性能	项目		Ⅰ	Ⅱ
	抗压强度(MPa)	≥	40	70
	拉伸剪切强度(MPa)	≥	5.0	8.0
	抗拉强度(MPa)	≥	10	15

续表 12-304

项　目				浆液性能	
				L	N
固化物性能	黏结强度	干黏结(MPa)	≥	3.0	4.0
		湿黏结[a](MPa)	≥	2.0	2.5
	抗渗压力(MPa)		≥	1.0	1.2
	渗透压力比(%)		≥	300	400

注:①湿黏结强度:潮湿条件下必须进行测定。

②固化物性能的测定试龄期为 28d。

2.环氧树脂灌浆材料的外观、运输与储存要求

环氧树脂灌浆材料 A、B 组分外观应均匀、无分层。产品用铁皮桶或塑料桶密封包装。运输中应避免火种、受热及剧烈冲击和包装破损,不准倒置包装桶。运输时应轻拿轻放。产品储存于干燥通风处。

3.产品使用时的劳动安全与环境保护

(1)浆液的配制

配浆工人必须配载好劳保用品,包括防护眼镜、胶手套等。

配浆的四周严禁存在火源。

(2)劳动安全与环境保护

施工人员应穿戴工作服,防护手套、眼镜、口罩及胶鞋,保护眼睛与皮肤不受浆液伤害。盛浆容器应密封加盖,随用随盖。浆液拌制及灌注宜在密闭设备中进行。

施工场所应通风良好,严禁饮食和吸烟。

废弃浆液必须加入固化剂使其固化,并找合适地点掩埋,严禁随意倾倒。

(十)丙烯酸盐灌浆材料(JC/T 2037—2010)

丙烯酸盐灌浆材料是以丙烯酸盐单体水溶液为主剂加入适量交联剂、促进剂、引发剂、水和/或改性剂制成的双组分或多组分均质液体灌浆材料。用于水利、采矿、交通、工业及民用建筑等领域的防渗堵漏以及软弱地层处理。

丙烯酸盐灌浆材料(代号 AG)按固化物物理性能分为Ⅰ型和Ⅱ型。

1.丙烯酸盐灌浆材料浆液的物理性能

表 12-305

项　目	技术要求	项　目	技术要求
外观	不含颗粒的均质液体	pH 值	6.0～9.0
密度①(g/cm³)	生产厂控制值±0.05	凝胶时间(s)	报告实测值
黏度(mPa·s)≤	10		

注:①生产厂控制值应在产品包装与说明书中明示用户。

2.丙烯酸盐灌浆材料固化物物理性能

表 12-306

项　目		技术要求	
		Ⅰ型	Ⅱ型
渗透系数(cm/s)	<	1.0×10^{-6}	1.0×10^{-7}
固砂体抗压强度(kPa)	≥	200	400
抗挤出破坏比降	≥	300	600
遇水膨胀率(%)	≥	30	

3. 丙烯酸盐灌浆材料的储存要求

产品应储存在阴凉干燥处。有效储存期自生产之日起至少为半年。

(十一)遇水膨胀止水胶(JG/T 312—2011)

遇水膨胀止水胶(简称止水胶)是以聚氨酯预聚体为基础、含有特殊接枝的脲烷膏状体。固化成形后具有遇水体积膨胀密封止水作用。主要用于工业与民用建筑地下工程、隧道、防护工程、地下铁道、污水处理池等土木工程的施工缝(含后浇带)、变形缝和预埋构件的防水,以及既有工程的渗漏水治理。

止水胶按照体积膨胀倍率分为:

膨胀倍率为⩾220％且＜400％的遇水膨胀止水胶,代号为PJ-220。

膨胀倍率为⩾400％的遇水膨胀止水胶,代号为PJ-400。

1. 止水胶的性能

表12-307

项目		指标	
		PJ-220	PJ-400
固含量(％)		⩾85	
密度(g/cm^3)		规定值±0.1	
下垂度(mm)		⩽2	
表干时间(h)		⩽24	
7d拉伸黏结强度(MPa)		⩾0.4	⩾0.2
低温柔性		-20℃,无裂纹	
拉伸性能	拉伸强度(MPa)	⩾0.5	
	断裂伸长率(％)	⩾400	
体积膨胀倍率(％)		⩾220	⩾400
长期浸水体积膨胀倍率保持率(％)		⩾90	
抗水压(MPa)		1.5,不渗水	2.5,不渗水
实干厚度(mm)		⩾2	
浸泡介质后体积膨胀倍率保持率[a](％)	饱和$Ca(OH)_2$溶液	⩾90	
	5％ NaCl溶液	⩾90	
有害物质含量	VOC(g/L)	⩽200	
	游离甲苯二异氰酸酯TDI(g/kg)	⩽5	

注:①[a] 此项根据地下水性质由供需双方商定执行。

②产品应为细腻、黏稠、均匀膏状物,应无气泡、结皮和凝胶现象。

2. 止水胶的储存要求

止水胶应储存于干燥、通风、阴凉处,避免阳光直射。冬季应采取适当防冻措施,有效储存期自生产之日起9个月。

九、其他

(一)人造革

人造革包括聚氯乙烯人造革(PVC革)和聚氨酯干法人造革(PU革),都是以树脂等覆在布基上经加工而成。

1. 人造革的分类

表 12-308

分 类 依 据	PVC 革(GB/T 8948—2008)	PU 革(GB/T 8949—2008)
按布基或布基品种分	A 类—平纹布、B 类—斜纹布	A 类—针织布基、B 类—机织布基
按涂层是否发泡分	发泡革、不发泡革	—

2. PVC 革的厚度尺寸(mm)

表 12-309

类 别		厚 度
A	发泡革	0.70～1.00
		1.10～1.60
	不发泡革	0.35～0.65
		0.70～1.20
B	发泡革	0.70～1.00
		1.10～1.60
	不发泡革	0.70～0.90
		1.00～1.20

注:①宽度及每卷长度由供需双方协商确定。

②PU 革产品的厚度、宽度、每卷长度由供需双方商定,但长度不能为负偏差。

3. 人造革的外观质量

表 12-310

项 目	指 标	
	PVC 革	PU 革
花纹及色差	花纹清晰、深浅一致、无色差	花纹清晰、色泽基本一致
边陷	每边宽度≤1cm,长度≤40cm。20m 或 20m 以下一卷的不多于 1 处,20m 至 30m(不含 20m)一卷的不多于 2 处,30m 以上(不含 30m)一卷的不多于 3 处	—
料块、焦巴、杂质	不应存在	—
气泡、脱层(含空壳及贴合不良)	不应存在	不应存在
道痕、皱纹	长度≤50cm,20m 或 20m 以下一卷的道痕不多于 1 处,20m 至 30m(不含 20m)一卷的道痕不多于 2 处,30m 以上(不含 30m)一卷的道痕不多于 3 处	不应存在
油渍、污渍和色渍	$2.5m^2$ 以下,20m 或 20m 以下一卷的不多于 2 处,20m 至 30m(不含 20m)一卷的不多于 3 处,30m 以上(不含 30m)一卷的不多于 4 处	—
布折	不应存在	—
布基透油	不应存在	—
底基破裂	不应存在	—
针孔	—	不应存在
油污、杂质及其他缺陷	—	不应存在

注:PVC 革以上缺陷,每出现一处应加 0.1m。

4.人造革通用物理力学性能

表 12-311

项目			PVC 革(GB/T 8948—2008)		PU 革(GB/T 8949—2008)			
			A类	B类	A类		B类	
					<0.6	≥0.6	<0.6	≥0.6
拉伸负荷(N)	经向	不小于	200	400	200	250	200	250
	纬向		150	300	100	100	120	300
断裂伸长率(%)	经向		4	8	90	100	15	25
	纬向		10	13	100	200	20	35
撕裂负荷(N)	经向		12	20	20	25	14	20
	纬向				12	18	14	25
剥离负荷(N)			15	18	18	20	15	18
表面颜色(级)			4		4			
抗黏连性(级)			—		4			
耐寒性			表面不裂		—			
老化性								

5.人造革由供需方协商物理力学性能

表 12-312

项目		PVC 革(GB/T 8948—2008)		PU 革(GB/T 8949—2008)	
		A类	B类	A类	B类
耐顶破强度(MPa)	不小于	1.0	1.2	—	1.0
耐折牢度		3万次表面不裂		23℃,2.5万次　无裂口	
				−10℃,5 000次　无裂口	
低温耐折/耐寒性				无裂口	
耐揉搓性		表面无裂纹、损伤或布基与涂层分离等现象			
耐黄变(级)	不小于	—		4	
耐光性(级)	不小于	4		—	
硫化性(级)	不小于			—	
黏着性		表面无异状		—	

注:协商物理力学性能是指由供需双方协商确定的物理力学性能项目。

6.人造革储存要求

人造革应储放室内,空气要流通、干燥,并要远离热源(距热源不小于1m)。储运时不可重压,切勿日晒雨淋;产品自生产之日起,有效储存期为18个月。

(二)复合塑料编织布(QB/T 3808—1999)

编织布是以高密度聚乙烯或聚丙烯各色扁丝,经编织和流延法复合聚乙烯或聚丙烯膜而制成。为单经平纹复合塑料编织布,按覆膜情况分为双面复合布(膜/布/膜)和单面复合布(膜/布)两种。按每平方米重量分为A型(大于200g/m²),B型(181～200g/m²)和C型(125～180g/m²)三个型号。编织布根据外观、质量分为一等品和合格品两级。

编织布主要适用于各种露天建筑遮布和篷布及缝制手提袋等。

编织布的规格尺寸如下:

宽：100～200cm；　　　长：100m 或 200m。

宽：>200cm；　　　长：50m 或 100m。

1. 编织布的物理机械性能

表 12-313

项目		指标		
		A 型	B 型	C 型
拉断力(N) ≥	经向	900	750	650
	纬向	850	700	570
剥离力(N) ≥		2.5	2.5	2.5

2. 编织布的外观质量

表 12-314

项目	说明	指标	
		一等品	合格品
接缝线	每匹布中接缝数目	允许 1 个，每段不少于 10m	允许 2 个，每段不少于 10m
稀档	10m 内经、纬丝每 10cm 内少 2 根	允许 1 处	允许 2 处
破洞	经纬线在同一处各断二根形成破洞	不允许	不允许
错织	布面经纬线明显错织	不允许	不允许
	每 10m 内错织 $1cm^2$	1 处	2 处
折皱	每匹内因卷取不良造成布面折叠 每处长不超过 30cm，累计不超过	2m	3m
污点	油污、杂物污点大于 $0.5cm^2$	不允许	不允许
复合质量	覆膜开裂、缺膜、气泡、硬块、分层	不允许	不允许
密度(根/10cm)	经密	40～60	
	纬密	40～56	
外观		表面平整、无明显色差、图案及色条应整齐	

3. 编织布的储存要求

编织布在储运中应远离火源、热源和日光曝晒，有效储存期自生产之日起不超过一年。

(三)聚酯打包带(QB/T 4010—2010)

聚酯打包带(简称 PET 打包带)是以聚对苯二甲酸乙二醇酯(PET)为主要原料，经挤出单向拉伸成型的。PET 打包带根据同等截面积的拉伸断裂负荷值，分为 *H*、*M*、*L* 三级。*H* 表示高拉伸断裂负荷级，*M* 表示中拉伸断裂负荷级，*L* 表示低拉伸断裂负荷级。

PET 打包带型号用材质、宽度、厚度、拉伸断裂负荷级别、长度等的代号或数字命名。宽度代号由公称宽度×10 的三位数表示，厚度代号由公称厚度×100 三位数表示。长度由 4 位数字表示，其单位为 m/卷。

1. PET 打包带的规格及参数

表 12-315

规格代号	公称宽度(mm)	公称厚度(mm)	最小拉伸断裂负荷(kN)		
			H	*M*	*L*
090050	9.0	0.5	1.98	1.78	1.58
090060	9.0	0.6	2.38	2.13	1.89

续表 12-315

规格代号	公称宽度(mm)	公称厚度(mm)	最小拉伸断裂负荷(kN)		
			H	*M*	*L*
090070	9.0	0.7	2.77	2.49	2.21
090080	9.0	0.8	3.17	2.84	2.52
100050	10.0	0.5	2.20	1.98	1.75
100060	10.0	0.6	2.64	2.37	2.10
100070	10.0	0.7	3.08	2.77	2.45
100080	10.0	0.8	3.52	3.16	2.80
120050	12.0	0.5	2.64	2.37	2.10
120060	12.0	0.6	3.17	2.84	2.52
120070	12.0	0.7	3.70	3.32	2.94
120080	12.0	0.8	4.22	3.79	3.36
130050	13.0	0.5	2.86	2.57	2.28
130060	13.0	0.6	3.43	3.08	2.73
130070	13.0	0.7	4.00	3.59	3.19
130080	13.0	0.8	4.58	4.11	3.64
150050	15.0	0.5	3.30	2.96	2.63
150060	15.0	0.6	3.96	3.56	3.15
150070	15.0	0.7	4.62	4.15	3.68
150080	15.0	0.8	5.28	4.74	4.20
160050	16.0	0.5	3.52	3.16	2.80
160060	16.0	0.6	4.22	3.79	3.36
160070	16.0	0.7	4.93	4.42	3.92
160080	16.0	0.8	5.63	5.06	4.48
190080	19.0	0.8	6.69	6.00	5.32
190100	19.0	1.0	8.36	7.51	6.65
190120	19.0	1.2	10.03	9.01	7.98
190140	19.0	1.4	11.70	10.51	9.31
220080	22.0	0.8	7.74	6.95	6.16
220100	22.0	1.0	9.68	8.69	7.70
220120	22.0	1.2	11.62	10.43	9.24
220140	22.0	1.4	13.55	12.17	10.78
250080	25.0	0.8	8.80	7.90	7.00
250100	25.0	1.0	11.00	9.88	8.75
250120	25.0	1.2	13.20	11.85	10.50
250140	25.0	1.4	15.40	13.83	12.25
320080	32.0	0.8	11.26	10.11	8.96
320100	32.0	1.0	14.08	12.64	11.20
320120	32.0	1.2	16.90	15.17	13.44
320140	32.0	1.4	19.71	17.70	15.68

注:其他规格可由供需双方合同约定,交货时标明。

2. PET 打包带的运输、储存要求

PET 打包带在运输中不得抛摔,注意防护,防止机械性损伤。产品应储存在干燥、不受太阳曝晒的场所,离热源 2m 以上。有效储存期自生产之日起为 2 年。

(四)螺纹密封用聚四氟乙烯未烧结带(生料带)(QB/T 4008—2010)

螺纹用聚四氟乙烯(PTFE)未烧结带(生料带)是用聚四氟乙烯分散树脂加工而成的,不含任何添加剂的未烧结带(生料带)。主要用于各种螺纹接头密封,特别是接触强氧化剂、化学腐蚀和化工易燃易爆密封情况下使用。

生料带按工艺分为:$4FD_1$——未拉伸;$4FD_2$——拉伸二个类别。

生料带为白色。外观应质地均匀,表面光滑、平整、无裂纹、撕裂、异物和其他缺陷。

1. 生料带的规格

表 12-316

项 目		规 格
厚度(mm)		<0.1 ±0.015
		≥0.1 ±0.020
宽度(mm)		12、13、16、19、25、52 ±0.5
长度[a](m)		5、10、12、15、20、25 不允许负偏差
表观密度(g/cm^3)	$4FD_1$	≥1.40
	$4FD_2$	1.20、1.00、0.80、0.70、0.60、0.50、0.40、0.35、0.30、0.25

注:①[a] 长度为 5m、10m、12m 的生料带允许有 1 个断头;15m 及以上的不超过 2 个断头。

②表中为推荐规格,其他规格由供需双方商定。

2. 生料带的性能

表 12-317

项 目		指 标	
		$4FD_1$	$4FD_2$
拉伸强度(MPa)	不小于	7.0	
断裂拉伸应变(%)	不小于	50	20
挥发减量(%)	不大于	0.45	

3. 生料带的包装和储运要求

(1)生料带内包装应选用合适的纸盒、塑料盒、塑料袋、收缩膜等。外包装一般用瓦楞纸箱。

(2)生料带在运输中应防止重压、日晒、雨淋,不得从高处跌落。储存时,库房应干燥、清洁,并应远离火源。

第四节 橡胶制品

橡胶是一种高分子材料。根据原料来源不同分为天然橡胶和合成橡胶两类。

天然橡胶是从橡胶植物中获取的胶乳经加工而成,有烟胶片、皱胶片和乳胶。合成橡胶是从石油、乙醇、乙炔、苯等碳氢化合物经提炼加工而成的高分子合成产物。合成橡胶品种较多,其名称和略称如下:

名称(习惯简称)	略称(汉语拼音字首表示)	名称(习惯简称)	略称(汉语拼音字首表示)
聚丁二烯橡胶	DJ	乙丙橡胶	YBJ
丁苯橡胶	DBJ	丁基橡胶	DJJ
丁腈橡胶	DQJ	聚硫橡胶	JLJ
氯丁橡胶	LDJ	氯醚橡胶	LMJ
异戊橡胶	YWJ	氯磺化聚乙烯橡胶	LHYJ

橡胶由于其具有的优良性质如高度的弹性、不透水性、耐磨性、气密性和电绝缘性等,而使得橡胶制品被广泛地使用于工农业生产、交通运输及人民生活的各个方面。

工程中除了各种施工机械的轮胎,运输胶带和传动胶带是橡胶制品外,输送水、油和空气等用的胶管及橡胶板、密封圈等也都是橡胶制品。特别是氯丁橡胶,由于其物理性能接近天然橡胶,而且具有天然橡胶所不具备的耐油、耐燃、耐化学腐蚀、耐大气老化等优良性能,所以近年来被公路上用作桥梁的大梁支座。

一、橡胶板

橡胶板按性能和用途分为工业用橡胶板、电绝缘橡胶板和石棉橡胶板。

(一)工业用橡胶板(GB/T 5574—2008)

工业橡胶板(简称工业胶板)包括普通、耐酸碱、耐油和耐热橡胶板。分光面板、布纹板、花纹板和夹织物板。橡胶板可以带各种颜色。

1.工业用橡胶板规格尺寸

表 12-318

厚度(mm)	宽度(mm)	厚度(mm)	宽度(mm)	厚度(mm)	宽度(mm)
0.5	500～2 000	5	500～2 000	18	500～2 000
1		6		20	
1.5		8		22	
2		10		25	
2.5		12		30	
3		14		40	
4		16		50	

注:橡胶板的长度由供需双方协商。

2.工业胶板的分类

表 12-319

类　别	耐 油 性 能	体积变化率 ΔV(%)
A类	不耐油	—
B类	中等耐油 3 号标准油,100℃×72h	+40～+90
C类	耐油 3 号标准油,100℃×72h	−5～+40

3.工业胶板的表面质量

工业胶板表面不允许有开裂、穿孔等影响使用性能的缺陷。对于其他不影响使用性能的缺陷,每处缺陷深度不超过产品厚度的1/10,最深不超过2mm,缺陷面积不超过1cm^2,每平方米内缺陷不得超过3处,整件产品不超过5处;胶板两边应平直近似于两条平行线,不应有弯曲翘起,每10m直线最大偏差不大于15mm。如另有要求,可由供需双方商定。

4. 工业胶板的性能

表 12-320

项目	拉伸性能				公称硬度		热空气老化性能 Ar(A 类)				附加性能(具体指标由供需双方商定)							
							Ar1		Ar2		耐低温性能 (T_b)		耐热性能 (H_r)		抗撕裂性能 (T_s)	耐臭氧性能 (O_r)	压缩永久变形性能(Cs)	阻燃性能 (FR)
	拉伸强度 (MPa) ≥	代号	拉断伸长率(%) ≥	代号	邵尔A硬度	代号	热空气老化 70℃ ×72h ≤		热空气老化 100℃ ×72h ≤		试验温度		试验条件			试验条件	试验条件	
							拉伸强度降低率 (%)	拉断伸长率降低率 (%)	拉伸强度降低率 (%)	拉断伸长率降低率 (%)	T_b	℃	H_r	℃ ×h			℃ ×h	
性能指标	3	03	100	1	30	H3					T_b1	-20	H_r1	(100 ±1) ×96		拉伸:20%;	(70 ±1) ×24	
	4	04	150	1.5	40	H4					T_b2	-40	H_r2	(125 ±2) ×96		臭氧浓度:(50 ±5) × 10^{-8}、	(100 ±1) ×72	
	5	05	200	2	50	H5							H_r3	(150 ±2) ×168		(200 ±20) × 10^{-8};		
	7	07	250	2.5	60	H6							H_r4	(180 ±2) ×168			(150 ±2) ×72	
	10	10	300	3	70	H7	30	40	20	50						温度:(40 ±2)℃;		
	14	14	350	3.5	80	H8												
	17	17	400	4	90	H9										时间:72h、96h、168h		
			500	5														
			600	6														

注:①B 类、C 类工业胶板热空气老化性能应符合 Ar2 的要求。

②表中未列出的其他附加性能由供需双方商定。

③特殊性能:工业胶板耐化学腐蚀性能执行 GB 18241.1 的规定;工业用导电和抗静电橡胶板执行 HG 2793 的规定;电绝缘橡胶板执行 HG 2949 的规定;其他特殊性能的橡胶板技术要求应符合相关标准的规定。

5. 工业胶板的储运要求

工业胶板在储运时,应保持清洁,不得与酸、碱、油类及有机溶剂等接触,避免阳光直射。储存时应竖放,储存温度为−15～+35℃,相对湿度≤85%,距热源1m以外。在符合规定储运条件下,工业胶板的有效储存期自制造之日起(以产品质量合格证日期为准)不超过1年。

(二)电绝缘橡胶板(HG 2949—1999)

电绝缘橡胶板作为电气设备辅助安全用具,分为普通电绝缘橡胶板和特种电绝缘橡胶板。

特种电绝缘胶板包括耐臭氧(TA型)绝缘胶板;难燃(TB型)绝缘胶板和耐油(TC型)绝缘胶板。

1. 绝缘橡胶板尺寸和电绝缘性能

表 12-321

规格尺寸(mm)			电绝缘性能(kV)		胶板颜色
厚度	宽度	长度	试验电压(有效值)	最小击穿电压(有效值)	
4	1 000,1 200	供需协商	10	15	供需双方商定
6			20	30	
8			25	35	
10			30	40	
12			35	45	

注:绝缘胶板在使用时,应根据有关规定在试验电压和最大使用电压之间有一定的裕度,以保证人身安全。

2. 绝缘橡胶板物理性能

表 12-322

项　　目		特种电绝缘橡胶板(TA、TB、TC型)	普通电绝缘橡胶板
硬度(邵尔A)(度)		55～70	55～70
拉伸强度(MPa)	≥	5.0	5.0
扯断伸长率(%)	≥	250	250
定伸(150%)永久变形(%)	≤	25	25
热空气老化(70℃,72h):拉伸强度降低率(%)	≤	30	30
吸水率(%)	≤	3	1.5
耐臭氧性能(40℃,3h,臭氧浓度为50±5pphm,使用20%的伸长率)		无可见裂纹	—
难燃性能		12.7mm,30s后	—
耐油性能(2号标准油,23℃,24h);体积变化率(%)	≤	4	—

3. 绝缘橡胶板的外观质量

表 12-323

缺陷名称	质量要求
明疤或凹凸不平	深度或高度不得超过胶板厚度的极限偏差,每5m² 内面积小于100mm² 的明疤不超过两处
气泡	每平方米内,面积小于100mm² 的气泡不超过5个,任意两个气泡间距离不小于40mm
杂质	深度及长度不超过胶板厚度的1/10
海绵状	不允许有
裂纹	不允许有

4. 绝缘橡胶板的储运要求

绝缘橡胶板应保持清洁，不得与油类、酸碱物接触，避免日光直射。储存时应竖放，温度为－15～＋40℃。相对湿度为50％～85％，距热源1m以外。有效储存期为自制造之日起不超过一年。如果超过储存期限，应对性能进行检测，符合要求后方可使用。

（三）耐油石棉橡胶板（GB/T 539—2008）

耐油石棉橡胶板是以温石棉为增强纤维、以耐油橡胶为黏合剂，经辊压形成的。用于制造耐油密封垫片。耐油石棉橡胶板的表面应平滑，不允许有裂纹、气泡、分层、外来杂质和其他对使用有影响的缺陷。

耐油石棉橡胶板按用途分为一般工业用耐油石棉橡胶板和航空工业用耐油石棉橡胶板两类。

1. 耐油石棉橡胶板的分类、等级牌号和推荐使用范围

表 12-324

分　类	等级牌号	表面颜色	推荐使用范围
一般工业用耐油石棉橡胶板	NY510	草绿色	温度510℃以下、压力5MPa以下的油类介质
	NY400	灰褐色	温度400℃以下、压力4MPa以下的油类介质
	NY300	蓝色	温度300℃以下、压力3MPa以下的油类介质
	NY250	绿色	温度250℃以下、压力2.5MPa以下的油类介质
	NY150	暗红色	温度150℃以下、压力1.5MPa以下的油类介质
航空工业用耐油石棉橡胶板	HNY300	蓝色	温度300℃以下的航空燃油、石油基润滑油及冷气系统的密封垫片

2. 耐油石棉橡胶板的物理机械性能

表 12-325

项　目			NY510	NY400	NY300	NY250	NY150	HNY300
横向拉伸强度（MPa）		≥	18.0	15.0	12.7	11.0	9.0	12.7
压缩率（％）			7～17					
回弹率（％）		≥	50			45	35	50
蠕变松弛率（％）		≤	45				—	45
密度（g/cm³）			1.6～2.0					
常温柔软性			在直径为试样公称厚度12倍的圆棒上弯曲180°，试样不得出现裂纹等破坏迹象					
浸渍IRM903油后性能 149℃，5h	横向拉伸强度（MPa）	≥	15.0	12.0	9.0	7.0	5.0	9.0
	增重率（％）	≤	30					
	外观变化		—					无起泡
浸渍ASTM燃料油B后性能 21～30℃，5h	增厚率（％）		0～20				—	0～20
	浸油后柔软性		—					同常温柔软性要求
对金属材料的腐蚀性			—					无腐蚀
常温油密封性	介质压力（MPa）		18	16	15	10	8	15
	密封要求		保持30min，无渗漏					
氮气泄漏率［mL/（h·mm）］		≤	300					

注：厚度大于3mm的耐油石棉橡胶板，不做拉伸强度试验。

3. 耐油石棉橡胶板包装和储运要求

（1）耐油石棉橡胶板应以衬有防潮纸或塑料纸的箱装或捆装。净重偏差不得超过±2％。

(2)每箱(捆)耐油石棉橡胶板不允许超过两个取样口,只允许有不小于 500mm×500mm 的零散产品一张。

(3)耐油石棉橡胶板应采用防雨防晒的交通工具运输。储存时,仓库内温度为 0～30℃,防雨防潮,不允许日光直接照射,距离热源应在 1.5m 以上,距离地面、墙壁应在 10cm 以上。成批堆放时,如果外包装为软质材料,堆垛高度不得超过 10 层。储存有效期从制造日起为 30 个月。

二、橡胶管

胶管的品种很多,工程上常用的有空压胶管、输吸水胶管、输吸油胶管、钢丝增强液压胶管、耐稀酸(碱)胶管、喷砂胶管、氧气乙炔气胶管、蒸气胶管等。

(一)压缩空气用织物增强橡胶软管(GB/T 1186—2007)

压缩空气用织物增强橡胶软管(简称空压胶管)适用最大工作压力为 2.5MPa,工作温度为－40～＋70℃。空压胶管按最大工作压力分为七个型别;按工作温度范围分为两种类别。

1. 空压胶管的型别和类别

(1)型别

1 型:最大工作压力为 1.0MPa 的一般工业用空气软管。

2 型:最大工作压力为 1.0MPa 的重型建筑用空气软管。

3 型:最大工作压力为 1.0MPa 的具有良好耐油性能的重型建筑用空气软管。

4 型:最大工作压力为 1.6MPa 的重型建筑用空气软管。

5 型:最大工作压力为 1.6MPa 的具有良好耐油性能的重型建筑用空气软管。

6 型:最大工作压力为 2.5MPa 的重型建筑用空气软管。

7 型:最大工作压力为 2.5MPa 的具有良好耐油性能的重型建筑用空气软管。

(2)类别

A 类:软管工作温度范围为:－25～＋70℃。

B 类:软管工作温度范围为:－40～＋70℃。

2. 空压胶管的规格尺寸(mm)

表 12-326

项目		规格尺寸						
公称内径		5、6.3、8、10、12.5、16、20(19)、25、31.5、40(38)、50、63、80(76)、100(102)						
最小厚度	型别	1	2	3	4	5	6	7
	内衬层	1.0			1.5		2.0	
	外覆层	1.5			2.0		2.5	

注:①括号中的数字为供选择。

②如果特殊情况需要特别的规格:

a)对于更小或更大的尺寸,另外的数字应从 R10 优先数系(GB/T 321)选取。

b)对于居于中间的尺寸,数字应从 R20 优先数系(GB/T 321)选取。

3. 空压胶管内衬层和外覆层材料的物理性能

表 12-327

项目			指标和要求	
拉伸强度和拉断伸长率不小于	软管型别	软管组成	拉伸强度(MPa)	拉断伸长率(%)
	1	内衬层	5.0	200
		外覆层	7.0	250
	2、3、4、5、6、7	内衬层	7.0	250
		外覆层	10.0	300

续表 12-327

项 目			指标和要求	
加速老化(100℃,3d)的变化 不大于		内衬层	±25%	原始值的±50%
		外覆层		
耐液体性能	2、4、6(1号油,70℃下浸泡72h)		内衬层不收缩,体积增大≤15%	
	3、5、7(3号油,70℃下浸泡72h)	内衬层	不收缩,体积增大≤30%	
		外覆层	不收缩,体积增大≤75%	

4. 空压胶管的性能

表 12-328

项 目	指标和要求					
	软管型别	工作压力	试验压力	最小爆破压力	试验压力下	
		MPa			长度变化率(%)	直径变化率(%)
静液压要求	1、2、3	1.0	2.0	4.0	±5%	±5%
	4、5	1.6	3.2	6.4		
	6、7	2.5	5.0	10.0		
黏合强度	1	各层间的黏合强度≥1.5kN/m				
	其他型别	各层间的黏合强度≥2.0kN/m				
耐臭氧性能	试验时,试片不出现龟裂					
低温屈挠性	软管类别	按照GB 5564—2006方法B试验时,软管不出现龟裂迹象,并通过静液压试验压力的试验				
	A类(−25℃)					
	B类(−40℃)					
弯曲变形	按照GB 5564—2006方法A,采用C=10倍公称内径试验时,最小变形系数T/D为0.8					

注:T/D指试验时软管外部尺寸与原外径尺寸的比值。

(二)通用输水织物增强橡胶软管(HG/T 2184—2008)

通用输水织物增强橡胶软管(简称软管)最大工作压力为2.5MPa,使用温度范围为−25~+70℃,主要用于输送降低水的冰点的添加剂。软管不适用于输送饮用水、洗衣机进水和专用农业机械,也不可用作消防软管或可折叠式水管。

软管根据其压力等级分为以下三种型别:

1型:低压——设计用于0.7MPa最大工作压力。

2型:中压——设计用于1.0MPa最大工作压力。

3型:高压——设计用于2.5MPa最大工作压力。

三个型别又细分为a、b、c、d、e五个级别。

1. 软管的型号和级别

表 12-329

型 号	类 型	级 别	工作压力范围
1型	低压型	a级	工作压力≤0.3MPa
		b级	0.3MPa<工作压力≤0.5MPa
		c级	0.5MPa<工作压力≤0.7MPa
2型	中压型	d级	0.7MPa<工作压力≤1.0MPa
3型	高压型	e级	1.0MPa<工作压力≤2.5MPa

2. 软管的规格尺寸(mm)

表 12-330

内径		胶层厚度(≥)	
公称尺寸	公差	内衬层	外覆层
10	±0.75	1.5	1.5
12.5			
16			
19		2.0	1.5
20			
22	±1.25		
25			
27		2.5	1.5
32			
38	±1.50		
40			
50			
63		3.0	2.0
76			
80	±2.00		
100			

注:①未标注的软管内径、公差及胶层厚度,可比照临近软管的内径、公差及胶层厚度为准。

②内径在 76mm 及以下的软管同心度不应大于 1.0mm,内径大于 76mm 的软管不应大于 1.5mm。

3. 成品软管的物理性能

表 12-331

性能	要求
23℃下验证压力	1 型 a 级:0.5MPa; b 级:0.8MPa; c 级:1.1MPa 2 型 d 级:1.6MPa 3 型 e 级:5.0MPa
验证压力下的长度变化	±7%
最小爆破压力	1 型 a 级:0.9MPa; b 级:1.6MPa; c 级:2.2MPa 2 型 d 级:3.2MPa 3 型 e 级:10.0MPa
层间黏合强度	1.5kN/m(最小)
耐臭氧性能	2 倍放大镜下未见龟裂
23℃下屈挠性	T/D 不小于 0.8
低温屈挠性	不应检测出龟裂,软管应通过上面规定的验证试验

(三)输送混凝土用橡胶软管及软管组合件(GB/T 27571—2011)

输送混凝土用橡胶软管及软管组合件适用于在－30～＋70℃的环境温度下以正、负压输送混凝土、泥浆(简称软管及软管组合件)。

软管按结构及承压能力分为以下几种型别:

(1)A 型:增强层为帘布层的软管。

(2)B 型:增强层由钢丝绳缠绕层与帘布层组成的软管。

(3)C 型和 D 型:增强层为钢丝绳(或钢丝)缠绕的软管。

软管应由耐磨的橡胶内衬层、增强层和耐磨耐天候老化的橡胶外覆层组成。组合件由软管和永久性的管接头组成。推荐以法兰形式连接的管接头。

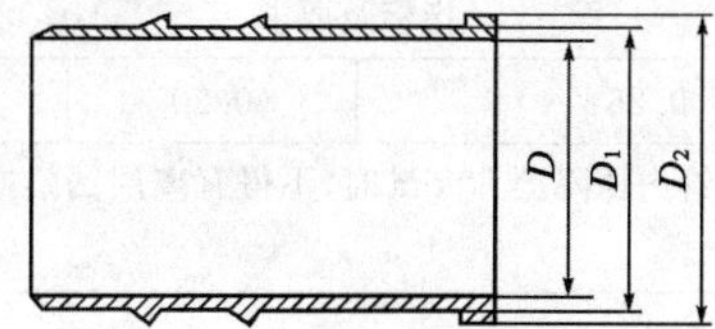

图 12-40　A 型软管组合件示意图

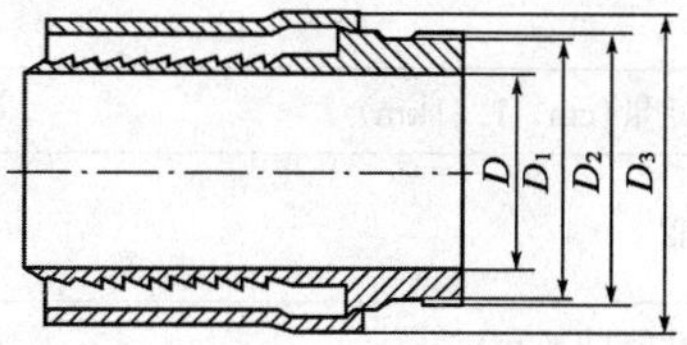

图 12-41　B、C、D 型软管组合件示意图

1. 软管的规格尺寸(mm)

表 12-332

公称内径	内径公差	内衬层厚度(不小于)				外覆层厚度(不小于)	长度(m)
		A 型	B 型	C 型	D 型	A、B、C、D 型	
102	±1.6	4.5	4.5	4.5	4.5	1.7	3
127	±1.6	4.8	4.8	4.8	4.8	1.7	
152	±2	4.8	4.8	4.8	4.8	1.7	

注:除另有规定,软管长度为 3m,长度公差应符合 GB/T 9575 的规定。

2. 软管组合件的尺寸(mm)

表 12-333

公称内径	型别	法兰内径 D	法兰卡口 D_1	法兰外径 D_2	外套外径 D_3	公差
102	A	102	107	117	—	±0.5
	B、C、D	102	107	117	148	±0.5
127	A	127	139	148	—	±0.5
	B、C、D	127	139	148	178	±0.5
152	A	152	165	174	—	±0.5
	B、C、D	152	165	174	201	±0.5

注:未列规格法兰尺寸由供需双方协商。

3. 软管及软管组合件的性能要求

表 12-334

项目			指标及要求			
	性能	公称内径(mm)	型别			
			A	B	C	D
静液压要求	最大工作压力(MPa)	102	2.5	7.0	8.0	8.5
		127	2.0	6.0	7.0	8.0
		152	1.5	5.0	6.0	7.0
	验证压力(MPa)	102	3.8	10.5	12.0	12.8
		127	3.0	9.0	10.5	12.0
		152	2.3	7.5	9.0	10.5
	最小爆破压力(MPa)	102	6.3	17.5	20.0	21.0
		127	5.0	15.0	17.5	20.0
		152	3.8	12.5	15.0	17.5
	最大工作压力下的长度变化率(15min)(%)		−1.5～+1.5			
	最大工作压力下的外径变化率(15min)(%)		−0.5～+0.5			

续表 12-334

项　目		指标及要求		
内衬层磨耗量(cm^3/1.61km)	不大于	0.25	0.20	0.15
耐真空性能		60s内软管内压降至80kPa时,不得有离层凹陷或塌瘪等异常现象		
层间黏合性能(kN/m)	不小于	1.5		
弯曲性能		除A型外,其他型别软管按10倍于公称内径的最小弯曲半径进行弯曲试验时,T/D值≥0.90		

注:T/D指试验时软管外部尺寸与原外径的比值。

4.软管的标志要求

软管上应有连续的牢固的标志;管接头上应有永久性标志。

(四)吸水和排水用橡胶软管及软管组合件(HG/T 3035—2011)

吸水和排水用橡胶软管及软管组合件的使用环境温度为－25～＋70℃,输送水温范围为0～＋70℃。根据使用要求,软管分为1型、2型、3型三种型别。

1.吸排水软管及软管组合件的分类

表 12-335

型　别	使用条件	温　度
1型(轻型软管)	吸水压力至－0.063MPa 最大排水压力至0.3MPa	环境温度:－25～＋70℃ 输送水温:0～＋70℃
2型(中型软管)	吸水压力至－0.080MPa 最大排水压力至0.5MPa	环境温度:－25～＋70℃ 输送水温:0～＋70℃
3型(重型软管)	吸水压力至－0.097MPa 最大排水压力至1.0MPa	环境温度:－25～＋70℃ 输送水温:0～＋70℃

2.吸排水软管及软管组合件的物理性能

表 12-336

项　目			指标及要求		
软管尺寸					
内径		mm	16、20、25、31.5、40、50、63、80、100、125、150、160、200、250、315		
最小内衬层厚度		mm	1.5		
最小外覆层厚度		mm	2		
软管及软管组合件					
静液压试验(验证压力)(MPa)	软管型别		最大工作压力	验证压力	最小爆破压力
	1型		0.3	0.5	1.0
	2型		0.5	0.8	1.6
	3型		1.0	1.5	3.0
	最大工作压力下的长度变化率(%)		±7		
	最大工作压力下的外径变化率(%)		±7		
	外观		软管及软管组合件不应爆破或出现泄漏、龟裂、表面材料或加工不均的局部变形,以及其他失效现象		
耐真空性能(1型软管－0.063MPa、2型软管－0.080MPa、3型软管－0.097MPa,持续时间10min)			公称内径＞80mm的软管,测得的塌瘪量不得超过公称内径的5%		

续表 12-336

项　　目	指标及要求					
	公称内径	最小弯曲半径	公称内径	最小弯曲半径	公称内径	最小弯曲半径
耐弯曲性能(mm)	16	50	50	150	150	960
	20	60	63	250	160	
	25	75	80	320	200	1 200
	31.5	95	100	500	250	1 500
	40	120	125	750	315	1 900
	软管弯曲到最小弯曲半径时，不得出现弯结、破裂或脱层。T/D 值≥0.95					
低温曲挠性能(−25℃)	所有型别软管不得有龟裂，并符合验证压力的试验要求					
最小层间黏合强度(kN/m)	≥2.0(若软管带螺旋线，不包含螺旋线)					
外覆层耐臭氧性能	2 倍放大下，所有型别软管不得出现龟裂					

注：T/D 指试验时软管外部尺寸与原外径的比值。

3. 吸排水软管的接头形式

软管可装配如下形式的接头形成软管组合件。

埋入式(仅用于特定条件)；对壳式；扣压式和挤压式；卡箍式。

管头装配可为如下连接形式：快速连接；螺纹连接；法兰连接；由任连接；特殊形式连接(凸轮锁式、消防用 storz 式、爪式等)。

(五)喷砂用橡胶软管(HG/T 2192—2008)

喷砂用橡胶软管(简称软管)的最大工作压力为 0.63MPa，工作温度范围为 −25～+70℃，适用于金属表面作风压喷砂除锈、打麻、工程施工中湿喷砂和干喷砂。

软管依据电性能分为：电连接的，标志“M”级；具有导电橡胶层的，标志“Ω”级；不导电的普通型，标志“A”级。

软管由内衬层、天然或合成织物增强层及外履层构成。

1. 软管的规格尺寸(mm)

表 12-337

内　　径			同心度不大于	最小壁厚	
				内衬层	外覆层
12.5	25	45	1.0	5.0	1.0
16	31.5	50			
19	38	51			
20	40				

2. 成品软管的物理性能

表 12-338

性　　能	要　　求
验证压力	1.25MPa
验证压力下的长度变化	±8%
验证压力下的直径变化	±10%

续表 12-338

性 能	要 求
验证压力下的扭转	20°/m(最大)
最小爆破压力	2.5MPa
层间黏合强度	2.0kN/m(最小)
耐臭氧性能	2 倍放大镜下未见龟裂
23℃曲挠性	T/D 不小于 0.8
低温曲挠性	不应检测出龟裂,软管应通过上面规定的验证试验
电阻(电大)	“M”级:$10^2\Omega$/根
	“Ω”级:$10^6\Omega$/根

注:T/D 指试验时软管外部尺寸与原外径的比

(六)气体焊接设备——焊接、切割和类似作业用橡胶软管(GB/T 2550—2007)

气体焊接设备——焊接、切割和类似作业(专指加热、铜焊和金属喷镀)用橡胶软管(包括并联管)的使用温度范围为－20～＋60℃。软管按最大工作压力分为正常负荷(最大工作压力 2MPa)和轻负荷(最大工作压力 1MPa)。软管适用于气体焊接和切割、在惰性或活性气体保护下的电弧焊接、类似焊接和切割的作业。塑料软管和工作压力＞1.5MPa 的高压乙炔软管不适用。

软管由橡胶内衬层(最小厚度为 1.5mm)、增加层和橡胶外覆层(最小厚度为 1.0mm)构成。软管的外覆层全部着色。

1. 软管的规格尺寸(mm)

表 12-339

公称内径	内 径	公 差	同心度(最大)
4	4	±0.55	1
5	5	±0.55	1
6.3	6.3	±0.55	1
8	8	±0.65	1.25
10	10	±0.65	1.25
12.5	12.5	±0.7	1.25
16	16	±0.7	1.25
20	20	±0.75	1.5
25	25	±0.75	1.5
32	32	±1.0	1.5
40	40	±1.25	1.5
50	50	±1.25	1.5

2. 软管的性能要求

表 12-340

项 目		指标和要求	
		轻负荷管	正常负荷管
静液压要求	公称内径(mm)	≤6.3	所有规格
	最大工作压力(MPa)(bar)	1(10)	2(20)
	验证压力(MPa)(bar)	2(20)	4(40)
	最小爆破压力(MPa)(bar)	3(30)	6(60)

续表 12-340

项目		指标和要求	
		轻负荷管	正常负荷管
静液压要求	最大工作压力下长度变化(%)	±5	
	最大工作压力下直径变化(%)	±10	
最小层间黏合强度(kN/m)		1.5	
屈挠性		公称内径×10 的弯曲直径(最小 80mm),变形系数 $K \geqslant 0.8$ 时,软管的弯曲部位没有弯折	
低温屈挠性(−25℃±2℃)下		公称内径×10 的弯曲直径(最小 80mm),承受本表验证压力时,软管不得出现泄漏现象	
耐炽热颗粒和热表面性能		经 60s 耐炽热颗粒和热表面性能试验,外覆层不得泄露	
耐臭氧性能		2 倍放大下,外覆层不得出现龟裂现象	
气体渗透性(95%丙烯,0.6MPa,23℃下)		试验时,不管内径规格大小,气体渗透量不得超过 $25cm^3/(m \cdot h)$	
并联管要求		每根软管或两根软管均应符合要求,满足性能要求	

注:气体渗透性指标适用于 LPG、MPS 软管和所有燃气管。

3. 软管的颜色和标识

表 12-341

气体	外覆层颜色
乙炔和其他可燃性气体[a](除 LPG、MPS、天然气、甲烷外)	红色
氧气	蓝色
空气、氮气、氩气、二氧化碳	黑色
液化石油气(LPG)和甲基乙炔-丙二烯混合物(MPS)、天然气、甲烷	橙色
所有燃气(本表中包括的)	红色-橙色

注:①[a] 对此软管用于氢气的适用性,应与制造厂协商。
②如果是并联管,每根单独软管应按本标准进行着色和标志。
③适用所有燃气的软管颜色的着色应一半着红色一半着橙色(一侧红色和一侧橙色)。
④如果使用不带调节器的液化石油气软管,不允许使用轻负荷软管。
⑤如果软管用于装配有液体流量分配器的燃气供应管路上,对软管此用途的适用性应与制造厂协商。

(七)饱和蒸汽用橡胶软管及软管组件(HG/T 3036—2009)

饱和蒸汽用橡胶软管及软管组合件(简称蒸汽软管及软管组合件)用于输送饱和蒸汽和热冷凝水。蒸汽软管由内衬层、增强层和外覆层组成。软管组合件由软管和金属接头组成。

1. 蒸汽软管及软管组合件的分类

表 12-342

分类依据	类别	
按工作压力分	1 型(低压蒸汽软管)	2 型(高压蒸汽软管)
	最大工作压力 0.6MPa,对应温度为 164℃	最大工作压力 1.8MPa,对应温度为 210℃
按外覆层是否耐油分	A 级:外覆层不耐油; B 级:外覆层耐油	
按电阻性能分	M:表示电连接的; Ω:表示导电性的	

2.蒸汽软管的规格尺寸(mm)

表 12-343

内径		外径		厚度(最小)		弯曲半径(最小)
数值	偏差范围	数值	偏差范围	内衬层	外覆层	
9.5	±0.5	21.5	±1.0	2.0	1.5	120
13	±0.5	25	±1.0	2.5	1.5	130
16	±0.5	30	±1.0	2.5	1.5	160
19	±0.5	33	±1.0	2.5	1.5	190
25	±0.5	40	±1.0	2.5	1.5	250
32	±0.5	48	±1.0	2.5	1.5	320
38	±0.5	54	±1.2	2.5	1.5	380
45	±0.7	61	±1.2	2.5	1.5	450
50	±0.7	68	±1.4	2.5	1.5	500
51	±0.7	69	±1.4	2.5	1.5	500
63	±0.8	81	±1.6	2.5	1.5	630
75	±0.8	93	±1.6	2.5	1.5	750
76	±0.8	94	±1.6	2.5	1.5	750
100	±0.8	120	±1.6	2.5	1.5	1 000
102	±0.8	122	±1.6	2.5	1.5	1 000

注:①软管组合件的长度应为从接头密封面一端至另一端测量的距离。

②内径为 51mm 及以下的软管,其管壁的同心度不应大于 1.0mm;内径大于 51mm 的,其同心度不应大于 1.5mm。

3.蒸汽软管及软管组合件成品的物理性能

表 12-344

项目	指标和要求	
软管		
最小爆破压力(MPa)	1 型:6MPa	2 型:18MPa
验证压力(MPa)	在 5 倍最大工作压力下无泄漏或扭曲	
最小层间黏合强度(kN/m)	2.4	
最小弯曲试验(无压力下)(T/D)	0.8	
验证压力下长度变化(%)	−3~+8	
验证压力下最大扭转(℃/m)	10	
外覆层耐臭氧性能	相对湿度(55±10)%,臭氧浓度(50±5)×10^{-9},伸长率 20%,温度 40℃条件下,放大 2 倍时无可视龟裂	

续表 12-344

项 目			指标和要求	
软管组合件				
验证压力(MPa)			在5倍最大工作压力下无泄漏或扭曲	
电阻(Ω)			M型组合件≤10^2	
			组合件≤10^6	
			Ω型内衬层与外覆层间≤10^9	
耐蒸汽性能	短期试验(168h)	性能	1型	2型
		实际爆破压力的最大降低率(%)	25	10
		内衬层拉断伸长率的最大降低率(%)	50	50
		内衬层最小拉断伸长率(%)	150	150
		内衬层硬度增加最大值(1RHD)	10	10
	长期试验(720h)		通蒸汽20h,停蒸汽4h,循环30次(720h)	
	要求		短期和长期试验中,管壁不得有蒸汽泄漏;试验后内衬层无龟裂、气泡或“爆米花现象”,外覆层不得出现龟裂或气泡	
附加试验			短期和长期试验时,在适当半径的芯轴上弯曲4次,弯曲部位不得有龟裂;测定电阻不应大于表中规定	

注:T/D指试验时软管外部尺寸与原外径的比值。耐蒸汽短期试验为:通蒸汽20h,通蒸汽4h,循环7次。

4.标记

所有软管都要连续打上清晰持久、便于识别的凸起的浮文或商标。管接头上应有永久标记。软管组合件在第一次使用之前,除了软管和管接头的标记外,还应具有两个不锈钢标识环。这些标识环应固定于软管组合件上靠近两端接头的位置(标识环1永久固定于软管组合件上)。

5.其他注意事项

(1)任何情况下都不得使用快速装配管接头。

(2)过热的蒸汽会减少产品的使用寿命。

(3)封闭软管组合件两端引起的真空会导致“爆米花现象”或内胶脱层。

(4)使用中软管组合件的试验频次,通常为6个月1次。如果在恶劣的工作环境下永久使用,试验频次不宜超过1个月1次。如果压力和(或)温度有极大变动,应对软管组合件进行定期试验,不超过6个月1次。

试验项目:压力试验、电阻、目视检查、移除/更换标识环2(组装日期、试验、后续试验日期等)。

(5)蒸汽软管及软管组合件的储存期自生产日起为3年。如果自生产日期或最近一次试验算起储存期已超过3年,使用前应按规定实施进一步例行试验。

(八)疏浚工程用钢丝或织物增强的橡胶软管和软管组合件(HG/T 2490—2011)

疏浚工程用钢丝或织物增强的橡胶软管和软管组合件(简称软管和软管组合件)适用于在-20~+40℃温度范围内,排送或抽吸相对密度介于1.0~2.3之间的海水、淡水、淤泥、砂子、珊瑚和砾石。软管的公称直径在100~1 300mm之间。软管分为2种型别、8个类别和3个级别。在每一类别内,所有级别和规格都具有相同的最大工作压力。

Ⅰ型软管组合件应由耐磨橡胶内衬层、增强层、耐天候橡胶层及装配在管体两端的软管接头构成。其中漂浮橡胶软管应由柔软闭孔泡棉层作为浮材,外覆层由织物增强层及耐天候橡胶构成。

Ⅱ型软管组合件应由耐磨橡胶内衬层、增强层、耐天候橡胶外覆层和装配在管体两端的软管接头所构成。根据船上软管位置及功能的不同,对耐磨橡胶内衬层、增强层、外覆层有不同的要求,实际依据顾客的要求。

1. 软管的分类

表 12-345

<table>
<tr><td colspan="2">分类依据</td><td colspan="5">型别和级别</td></tr>
<tr><td colspan="2" rowspan="2">按使用要求分</td><td colspan="2">Ⅰ型</td><td colspan="3">Ⅱ型</td></tr>
<tr><td colspan="2">管线性橡胶软管(漂浮软管、排泥软管、排吸泥软管等)</td><td colspan="3">船用型橡胶软管(高压喷射软管、排吸泥软管、吸引软管和橡胶膨胀节等)</td></tr>
<tr><td rowspan="3">按结构分</td><td>级别</td><td>A级</td><td>B级</td><td>A级</td><td>B级</td><td>C级</td></tr>
<tr><td>钢骨架</td><td>无</td><td>有</td><td>无</td><td>有</td><td>有</td></tr>
<tr><td>用途</td><td>排送</td><td>排送和吸引</td><td>排送</td><td>排送和吸引</td><td>吸引</td></tr>
</table>

2. 软管的类别、规格尺寸和每一类别中的型别及级别

表 12-346

<table>
<tr><td colspan="2" rowspan="4">公称内径(mm)</td><td colspan="8">类 别</td><td colspan="3">厚度(mm)不小于</td></tr>
<tr><td>−0.8</td><td>5</td><td>10</td><td>15</td><td>20</td><td>25</td><td>30</td><td>40</td><td rowspan="3">内衬层</td><td colspan="2">外覆层</td></tr>
<tr><td colspan="8">最大工作压力(MPa)</td><td rowspan="2">Ⅰ、Ⅱ型排吸泥软管</td><td rowspan="2">Ⅱ型漂浮软管(含织物增强层)</td></tr>
<tr><td>−0.08</td><td>0.5</td><td>1.0</td><td>1.5</td><td>2.0</td><td>2.5</td><td>3.0</td><td>4.0</td></tr>
<tr><td colspan="2">100</td><td>×</td><td>×</td><td>×</td><td>×</td><td>×</td><td>×</td><td>×</td><td>×</td><td rowspan="5">10</td><td rowspan="21">6</td><td rowspan="5">8</td></tr>
<tr><td colspan="2">150</td><td>×</td><td>×</td><td>×</td><td>×</td><td>×</td><td>×</td><td>×</td><td>×</td></tr>
<tr><td colspan="2">200</td><td>×</td><td>×</td><td>×</td><td>×</td><td>×</td><td>×</td><td>×</td><td>×</td></tr>
<tr><td colspan="2">250</td><td>×</td><td>×</td><td>×</td><td>×</td><td>×</td><td>×</td><td>×</td><td>×</td></tr>
<tr><td colspan="2">300</td><td>×</td><td>×</td><td>×</td><td>×</td><td>×</td><td>×</td><td>×</td><td>N/A</td></tr>
<tr><td colspan="2">350</td><td>×</td><td>×</td><td>×</td><td>×</td><td>×</td><td>×</td><td>×</td><td>N/A</td><td rowspan="4">15</td><td rowspan="4">10</td></tr>
<tr><td colspan="2">400</td><td>×</td><td>×</td><td>×</td><td>×</td><td>×</td><td>×</td><td>×</td><td>N/A</td></tr>
<tr><td colspan="2">450</td><td>×</td><td>×</td><td>×</td><td>×</td><td>×</td><td>×</td><td>×</td><td>N/A</td></tr>
<tr><td colspan="2">500</td><td>×</td><td>×</td><td>×</td><td>×</td><td>×</td><td>×</td><td>×</td><td>N/A</td></tr>
<tr><td colspan="2">550</td><td>×</td><td>×</td><td>×</td><td>×</td><td>×</td><td>×</td><td>×</td><td>N/A</td><td rowspan="5">20</td><td rowspan="5">12</td></tr>
<tr><td colspan="2">600</td><td>×</td><td>×</td><td>×</td><td>×</td><td>×</td><td>×</td><td>×</td><td>N/A</td></tr>
<tr><td colspan="2">650</td><td>×</td><td>×</td><td>×</td><td>×</td><td>×</td><td>×</td><td>×</td><td>N/A</td></tr>
<tr><td colspan="2">700</td><td>×</td><td>×</td><td>×</td><td>×</td><td>×</td><td>×</td><td>×</td><td>N/A</td></tr>
<tr><td colspan="2">750</td><td>×</td><td>×</td><td>×</td><td>×</td><td>×</td><td>×</td><td>×</td><td>N/A</td></tr>
<tr><td colspan="2">800</td><td>×</td><td>×</td><td>×</td><td>×</td><td>×</td><td>×</td><td>×</td><td>N/A</td><td rowspan="3">25</td><td rowspan="3">15</td></tr>
<tr><td colspan="2">850</td><td>×</td><td>×</td><td>×</td><td>×</td><td>×</td><td>×</td><td>×</td><td>N/A</td></tr>
<tr><td colspan="2">900</td><td>×</td><td>×</td><td>×</td><td>×</td><td>×</td><td>×</td><td>×</td><td>N/A</td></tr>
<tr><td colspan="2">950</td><td colspan="8">—</td><td rowspan="5">30</td><td rowspan="5">18</td></tr>
<tr><td colspan="2">1 000</td><td>×</td><td>×</td><td>×</td><td>×</td><td>×</td><td>×</td><td>×</td><td>N/A</td></tr>
<tr><td colspan="2">1 100</td><td>×</td><td>×</td><td>×</td><td>×</td><td>×</td><td>×</td><td>×</td><td>N/A</td></tr>
<tr><td colspan="2">1 200</td><td>×</td><td>×</td><td>×</td><td>×</td><td>×</td><td>×</td><td>N/A</td><td>N/A</td></tr>
<tr><td colspan="2">1 300</td><td>×</td><td>×</td><td>×</td><td>×</td><td>×</td><td>N/A</td><td>N/A</td><td>N/A</td></tr>
<tr><td rowspan="2">Ⅰ型</td><td>A级</td><td>×</td><td>×</td><td>×</td><td>×</td><td>×</td><td>×</td><td>×</td><td>×</td><td colspan="3" rowspan="5">—</td></tr>
<tr><td>B级</td><td>×</td><td>×</td><td>×</td><td>×</td><td>×</td><td>×</td><td>×</td><td>×</td></tr>
<tr><td rowspan="3">Ⅱ级</td><td>A级</td><td>×</td><td>×</td><td>×</td><td>×</td><td>×</td><td>×</td><td>×</td><td>N/A</td></tr>
<tr><td>B级</td><td>×</td><td>×</td><td>×</td><td>×</td><td>×</td><td>N/A</td><td>N/A</td><td>N/A</td></tr>
<tr><td>C级</td><td>×</td><td>×</td><td>×</td><td>N/A</td><td>N/A</td><td>N/A</td><td>N/A</td><td>N/A</td></tr>
</table>

注:×=适用;N/A=不适用。特殊要求的工作压力由需方提出。

3. 软管的技术要求

表 12-347

<table>
<tr><td colspan="3">项　目</td><td colspan="4">要　求</td></tr>
<tr><td colspan="3">橡胶材料</td><td colspan="2">耐磨衬里</td><td colspan="2">外覆层</td></tr>
<tr><td colspan="2">拉伸强度(MPa)</td><td rowspan="3">不小于</td><td colspan="2">16</td><td colspan="2">10</td></tr>
<tr><td colspan="2">拉断伸长率(%)</td><td colspan="2">400</td><td colspan="2">400</td></tr>
<tr><td colspan="2">回弹性(%)</td><td colspan="2">30</td><td colspan="2">—</td></tr>
<tr><td colspan="3">耐磨性能(mm³)</td><td colspan="2">相对体积损失 $\Delta V_{rel} \leqslant 200$</td><td colspan="2">—</td></tr>
<tr><td colspan="3">耐臭氧性能</td><td colspan="2">—</td><td colspan="2">50pphm 浓度臭氧，40℃和 20℃伸长率下，72h，2 倍放大无龟裂或其他劣化现象</td></tr>
<tr><td rowspan="3">浮体材料</td><td colspan="2"></td><td colspan="4">闭孔浮体材料应牢固黏合到管体和外覆层上，在使用中不得移动或有离层现象；浮体材料分布在整个组合件长度上，与管线中的其他组合件连接时，保证整体软管浮力的要求</td></tr>
<tr><td>吸水性</td><td rowspan="2">不大于</td><td colspan="4">0.04g/100cm²</td></tr>
<tr><td>压缩永久变形</td><td colspan="4">15%</td></tr>
<tr><td colspan="7">产品性能</td></tr>
<tr><td rowspan="6">静液压性能</td><td colspan="2">定压试验(MPa)</td><td colspan="4">在 1.5 倍最大工作压力下，软管应无渗漏、局部脱层等其他异常现象</td></tr>
<tr><td colspan="2">爆破压力(MPa)</td><td colspan="4">不低于最大工作压力的 3 倍</td></tr>
<tr><td colspan="2" rowspan="2">加压时长度变化差(%)</td><td colspan="4">最大工作压力±10</td></tr>
<tr><td colspan="4">1.5 倍最大工作压力±15</td></tr>
<tr><td colspan="2" rowspan="2">加压时外径变化率(%)</td><td colspan="4">最大工作压力±5.0</td></tr>
<tr><td colspan="4">1.5 倍最大工作压力±7.5</td></tr>
<tr><td colspan="3">耐真空性能</td><td colspan="4">真空度 0.08MPa，保持 10min，软管组合件不得出现外部凹陷或塌瘪，无内衬层离层或气泡等质量缺陷</td></tr>
<tr><td colspan="3">弯曲性能</td><td colspan="4">最小弯曲半径 A 级为 12 倍公称内径，B 级为 8 倍公称内径，C 级为 6 倍公称内径，软管不得出现损坏或打折。变形系数 T/D 不得低于 0.95</td></tr>
<tr><td colspan="3">拉伸性能</td><td colspan="4">软管空腔拉伸时，轴向拉伸负荷等于在最大工作压力下做静水压测试，两端盲板承受轴向力的 50%。拉伸负荷计算公式见注①</td></tr>
<tr><td colspan="3">最低余量浮力(Br)</td><td colspan="4">当软管充满海水和固体混合物(包括漂浮材料和外覆层)浸泡在海水中时，Ⅰ型软管浮力的最小余量为 5%。余量浮力的计算公式见注②</td></tr>
<tr><td rowspan="2">层间黏合强度</td><td colspan="2">部位</td><td>耐磨衬里与增强层</td><td colspan="2">中间层与外覆层</td><td>端部钢接头与耐磨衬里</td></tr>
<tr><td colspan="2">黏合强度(kN/m)</td><td>≥4</td><td colspan="2">≥3</td><td>≥5</td></tr>
<tr><td colspan="3">外观</td><td colspan="4">耐磨橡胶内衬层和外覆层无可见缺陷，软管标识正确，进行了恰当的标志</td></tr>
</table>

注：①拉伸负荷计算：

$$T_s = \frac{0.5P\pi D_i^2}{4}$$

式中：T_s——需要的最小拉伸负荷(N)；

P——最大工作压力(MPa)；

D_i——软管实际直径(mm)。

②余量浮力 B_r(%)计算：

$$B_r = \frac{m_D - (m_H - m_W)}{m_H + m_W} \times 100\%$$

式中：m_D——当完全浸入海水时，橡胶软管排出的海水质量(g)，包括漂浮材料排出的海水和橡胶软管膛内的海水质量；

m_H——空腔时橡胶软管在空气中的质量(g)，包括漂浮材料；

m_W——橡胶软管腔内海水和固体混合物的质量(g)。

三、工程橡胶及高分子材料产品

(一)高分子防水材料——片材(GB 18173.1—2012)

高分子及防水材料——片材是以高分子材料为主材料,以挤出或压延等方法生产,用于各类工程防水、防渗、防潮、隔气、防污染、排水等的防水片材。片材分为:均质片材(简称均质片)、复合片材(简称复合片)、异形片材(简称异型片)、自粘片材(简称自黏片)、点(条)黏片材[简称点(条)黏片]等。

均质片是以高分子合成材料为主要材料,各部位截面结构一致的防水片材。

复合片是以高分子合成材料为主要材料,复合织物等保护或增强层,以改变其尺寸稳定性和力学特性,各部位截面结构一致的防水片材。

自黏片是在高分子片材表面复合一层自黏材料和隔离保护层,以改善或提高其与基层的黏结性能,各部位截面结构一致的防水片材。

异型片是以高分子合成材料为主要材料,经特殊工艺加工成表面为连接凸凹壳体或特定几何形状的防(排)水片材。

点(条)黏片是均质片材与织物等保护层多点(条)黏结在一起,黏结点(条)在规定区域内均匀分布,利用黏结点(条)的间距,使其具有切向排水功能的防水片材。

1.片材的分类

表 12-348

分类		代号	主要原材料
均质片	硫化橡胶类	JL1	三元乙丙橡胶
		JL2	橡塑共混
		JL3	氯丁橡胶、氯磺化聚乙烯、氯化聚乙烯等
	非硫化橡胶类	JF1	三元乙丙橡胶
		JF2	橡塑共混
		JF3	氯化聚乙烯
	树脂类	JS1	聚氯乙烯等
		JS2	乙烯醋酸乙烯共聚物、聚乙烯等
		JS3	乙烯醋酸乙烯共聚物与改性沥青共混等
复合片	硫化橡胶类	FL	(三元乙丙、丁基、氯丁橡胶、氯磺化聚乙烯等)/织物
	非硫化橡胶类	FF	(氯化聚乙烯、三元乙丙、丁基、氯丁橡胶、氯磺化聚乙烯等)/织物
	树脂类	FS1	聚氯乙烯/织物
		FS2	(聚乙烯、乙烯醋酸乙烯共聚物等)/织物
自粘片	硫化橡胶类	ZJL1	三元乙丙/自粘料
		ZJL2	橡塑共混/自粘料
		ZJL3	(氯丁橡胶、氯磺化聚乙烯、氯化聚乙烯等)/自粘料
		ZFL	(三元乙丙、丁基、氯丁橡胶、氯磺化聚乙烯等)/织物/自粘料

续表 12-348

分类		代号	主要原材料
自黏片	非硫化橡胶类	ZJF1	三元乙丙/自黏料
		ZJF2	橡塑共混/自黏料
		ZJF3	氯化聚乙烯/自黏料
		ZFF	(氯化聚乙烯、三元乙丙、丁基、氯丁橡胶、氯磺化聚乙烯等)/织物/自黏料
	树脂类	ZJS1	聚氯乙烯/自黏料
		ZJS2	(乙烯醋酸乙烯共聚物、聚乙烯等)/自黏料
		ZJS3	乙烯醋酸乙烯共聚物与改性沥青共混等/自黏料
		ZFS1	聚氯乙烯/织物/自黏料
		ZFS2	(聚乙烯、乙烯醋酸乙烯共聚物等)/织物/自黏料
异形片	树脂类(防排水保护板)	YS	高密度聚乙烯,改性聚丙烯,高抗冲聚苯乙烯等
点(条)黏片	树脂类	DS1/TS1	聚氯乙烯/织物
		DS2/TS2	(乙烯醋酸乙烯共聚物、聚乙烯等)/织物
		DS3/TS3	乙烯醋酸乙烯共聚物与改性沥青共混物等/织物

2. 片材的规格尺寸

表 12-349

项目	厚度 (mm)	宽度 (m)	长度 (m)
橡胶类	1.0,1.2,1.5,1.8,2.0	1.0,1.1,1.2	≥20[a]
树脂类	>0.5	1.0,1.2,1.5,2.0,2.5,3.0,4.0,6.0	

注:[a]橡胶类片材在每卷 20m 长度中允许有一处接头,且最小块长度应≥3m,并应加长 15cm 备作搭接;树脂类片材在每卷至少 20m 长度内不允许有接头;自黏片材及异型片材每卷 10m 长度内不允许有接头。

3. 片材的外观质量

(1)片材表面应平整,不能有影响使用性能的杂质、机械损伤、折痕及异常粘着等缺陷。

(2)在不影响使用的条件下,片材表面缺陷应符合下列规定:

①凹痕深度,橡胶类片材不得超过片材厚度的 20%;树脂类片材不得超过 5%。

②气泡深度,橡胶类不得超过片材厚度的 20%,每 $1m^2$ 内气泡面积不得超过 $7mm^2$;树脂类片材不允许有。

(3)异型片表面应边缘整齐、无裂纹、孔洞、黏连、气泡、疤痕及其他机械损伤缺陷。

4. 片材的产品标记

产品按类型代号、材质(简称或代号)、规格(长度×宽度×厚度),(异型片材加入壳体高度)的顺序标记。

标记示例:均质片:长度为 20.0m,宽度为 1.0m,厚度为 1.2mm 的硫化型三元乙丙橡胶(EPDM)片材标记为:JL1-EPDM-20.0m×1.0m×1.2mm。

异形片:长度为 20.0m,宽度为 2.0m,厚度为 0.8mm,壳体高度为 8mm 的高密度聚乙烯防排水片材标记为:YS-HDPE-20.0m×2.0m×0.8mm×8mm。

5. 高分子片材的物理性能

表 12-350

项目		指标																		
		均质片									复合片				异形片			点(条)黏片黏结部位		
		硫化橡胶类			非硫化橡胶类			树脂类			硫化橡胶类 FL	非硫化橡胶类 FF	树脂类		膜片厚度 <0.8mm	膜片厚度 0.8 ~ 1.0mm	膜片厚度 ≥1.0mm	DS1/TS1	DS2/TS2	DS3/TS3
		JL1	JL2	JL3	JF1	JF2	JF3	JS1	JS2	JS3			FS1	FS2						
拉伸强度(MPa) 不小于	常温(23℃)	7.5	6.0	6.0	4.0	3.0	5.0	10	16	14	—				—			—		
	高温(60℃)	2.3	2.1	1.8	0.8	0.4	1.0	4	6	5										
拉伸强度(N/cm) 不小于	常温(23℃)	—									80	60	100	60	40	56	72	100	60	
	高温(60℃)										30	20	40	30				—		
拉断伸长率(%) 不小于	常温(23℃)	450	400	300	400	200	200	200	550	500	300	250	150	400	25	35	50	150	400	
	低温(-20℃)	200	200	170	200	100	100	—	350	300	150	50	—	300				—		
撕裂强度(kN/m) 不小于		25	24	23	18	10	10	40	60	60	40N	20N	20N	50N				1N/mm		
不透水性(30min)(MPa)		0.3 无渗漏		0.2 无渗漏	0.3 无渗漏	0.2 无渗漏		0.3 无渗漏			0.3 无渗漏							同均质片		
低温弯折(℃)		-40 无裂纹	-30 无裂纹		-30 无裂纹	-20 无裂纹		-20 无裂纹	-35 无裂纹		-35 无裂纹	-20 无裂纹	-30 无裂纹	-20 无裂纹	—					
加热伸缩量(mm) 不大于	延伸	2			2	4		2			2									
	收缩	4			4	6	10	6			4		2	4						
热空气老化(80℃×168h)(%) 不小于	拉伸强度保持率	80			90	60	80	80			80				80					
	拉断伸长率保持率	70									70				70					
耐碱性[饱和 $Ca(OH)_2$ 溶液 23℃×168h](%) 不小于	拉伸强度保持率	80			80	70	70	80			80	60	80		80					
	拉断伸长率保持率	80			90	80	70	80	90	90	80	60	80		80					

续表 12-350

<table>
<tr><th colspan="2" rowspan="4">项　　目</th><th colspan="19">指　　标</th></tr>
<tr><th colspan="9">均质片</th><th colspan="4">复合片</th><th colspan="3">异形片</th><th colspan="3">点(条)黏片黏结部位</th></tr>
<tr><th colspan="3">硫化橡胶类</th><th colspan="3">非硫化橡胶类</th><th colspan="3">树脂类</th><th rowspan="2">硫化橡胶类 FL</th><th rowspan="2">非硫化橡胶类 FF</th><th colspan="2">树脂类</th><th rowspan="2">膜片厚度< 0.8mm</th><th rowspan="2">膜片厚度 0.8 ~ 1.0mm</th><th rowspan="2">膜片厚度≥ 1.0mm</th><th rowspan="2">DS1/ TS1</th><th rowspan="2">DS2/ TS2</th><th rowspan="2">DS3/ TS3</th></tr>
<tr><th>JL1</th><th>JL2</th><th>JL3</th><th>JF1</th><th>JF2</th><th>JF3</th><th>JS1</th><th>JS2</th><th>JS3</th><th>FS1</th><th>FS2</th></tr>
<tr><td rowspan="3">臭氧老化 (40℃ ×168h)</td><td>伸长率 40%, 500×10^{-8}</td><td>无裂纹</td><td colspan="2">—</td><td>无裂纹</td><td colspan="2">—</td><td colspan="3" rowspan="3">—</td><td colspan="4">—</td><td colspan="3" rowspan="8">—</td><td colspan="3" rowspan="7">同均质片</td></tr>
<tr><td>伸长率 40%, 200×10^{-8}</td><td>—</td><td>无裂纹</td><td>—</td><td colspan="3">—</td><td colspan="2">伸长率 20%, 200×10^{-8} 无裂纹</td><td colspan="2">—</td></tr>
<tr><td>伸长率 40%, 100×10^{-8}</td><td colspan="2">—</td><td>无裂纹</td><td>—</td><td>无裂纹</td><td>无裂纹</td><td colspan="4">—</td></tr>
<tr><td rowspan="2">人工气候老化 不小于</td><td>拉伸强度保持率(%)</td><td colspan="3">80</td><td>80</td><td>70</td><td>80</td><td colspan="3">80</td><td>80</td><td>70</td><td colspan="2">80</td></tr>
<tr><td>拉断伸长率保持率(%)</td><td colspan="9">70</td><td colspan="4">70</td></tr>
<tr><td rowspan="2">粘结剥离强度 (片材与片材) 不小于</td><td>标准试验条件 (N/mm)</td><td colspan="9">1.5</td><td colspan="4">1.5</td></tr>
<tr><td>浸水保持率 (23℃ ×168h)(%)</td><td colspan="9">70</td><td colspan="4">70</td></tr>
<tr><td colspan="2">复合强度(表层于芯层)(MPa) 不小于</td><td colspan="9">—</td><td colspan="3">—</td><td>0.8</td><td colspan="3" rowspan="4">—</td></tr>
<tr><td rowspan="2">抗压性能</td><td>抗压强度(MPa) 不小于</td><td colspan="9" rowspan="2">—</td><td colspan="4" rowspan="2">—</td><td>100</td><td>150</td><td>300</td></tr>
<tr><td>壳体高度压缩 50% 后外观</td><td colspan="3">无破损</td></tr>
<tr><td colspan="2">排水截面积(cm^2)不小于</td><td colspan="9">—</td><td colspan="4">—</td><td colspan="3">30</td></tr>
</table>

注:①均质片和复合片:人工气候老化和粘结剥离强度为推荐项目。

②均质片和复合片:非外露使用可不考核臭氧老化、人工气候老化、加热伸缩量、60℃拉伸强度性能。

③复合片:聚酯胎上涂覆三元乙丙橡胶的 FF 类片材,拉断伸长率(纵/横)不得小于 100%。总厚度小于 1.0mm 的 FS2 类片材,拉伸强度(纵/横)常温(23℃)时不得小于 50N/cm;高温(60℃)时不得小于 30N/cm;拉断伸长率(纵/横)常温(23℃)时不得小于 100%,低温(-20℃)时不得小于 80%。

④异形片的壳体形状和高度无具体要求,但性能指标必须符合本表规定。

6. 自黏片的自粘层性能

表 12-351

项　　目				指　　标
低温弯折				−25℃无裂纹
持黏性(min)			≥	20
剥离强度(N/mm)	标准试验条件	片材与片材	≥	0.8
		片材与铝材	≥	1.0
		片材与水泥砂浆板	≥	1.0
	热空气老化后(80℃×168h)	片材与片材	≥	1.0
		片材与铝材	≥	1.2
		片材与水泥砂浆板	≥	1.2

注:自黏片主体材料的物理性能同均质片和复合片相关类别要求。

7. 片材的储运要求

片材卷曲为圆柱形,外面用适宜材料包装。在运输和储存时,应保持包装完好。储存时,室内应干燥通风,垛高不应超过平放五个片材卷高度。堆放时,放置于干燥的水平地面上,避免阳光直射,禁止与酸、碱、油类及有机溶剂等接触,隔离热源。有效储存期自生产之日起不超过12个月。

(二)高分子防水材料——止水带(GB 18173.2—2014)

高分子防水材料——止水带包括全部或部分浇捣于混凝土中或外贴于混凝土表面的橡胶止水带、遇水膨胀橡胶复合止水带、具有钢边的橡胶止水带以及沉管隧道接头缝用橡胶止水带和橡胶复合止水带(简称止水带)。

1. 止水带的分类

表 12-352

分类依据	类别和代号			
按用途分	变形缝用止水带(代号 B)	施工缝用止水带(代号 S)	沉管隧道接头缝用止水带(代号 J)	
			可卸式止水带(代号 JX)	压缩式止水带(代号 JY)
按结构形式分	普通止水带(代号 P)	复合止水带(代号 F)		
		与钢边复合的止水带(代号 FG)	与遇水膨胀橡胶复合的止水带(代号 FP)	与帘布复合的止水带(代号 FL)

2. 止水带的标记

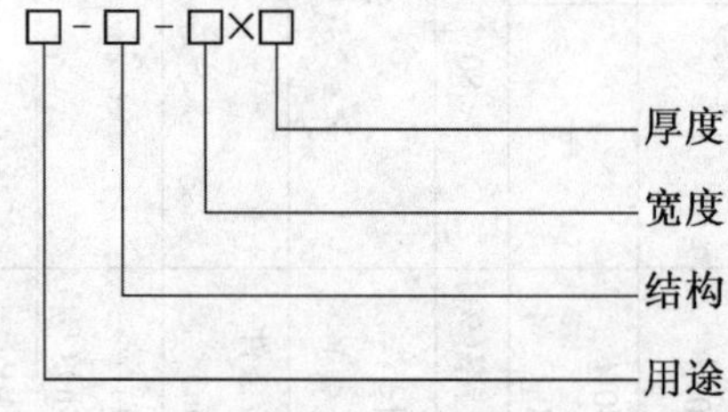

示例 1:宽度为 300mm,厚度为 8mm 施工缝用与钢边复合的止水带标记为:S-FG-300×8。

示例 2:宽度为 350mm,厚度为 8mm 变形缝用与膨胀倍率为 250%的遇水膨胀橡胶复合的止水带标记为:B-FP250-350×8。

示例 3:宽度为 240mm,厚度为 8mm 沉管隧道接头缝用与帘布复合可卸式止水带标记为:JX-FL-240×8。

示例 4:宽度为 250mm,厚度为 260mm 沉管隧道接头缝用压缩式止水带标记为:JY-P-250×260。

3. 止水带结构示意图

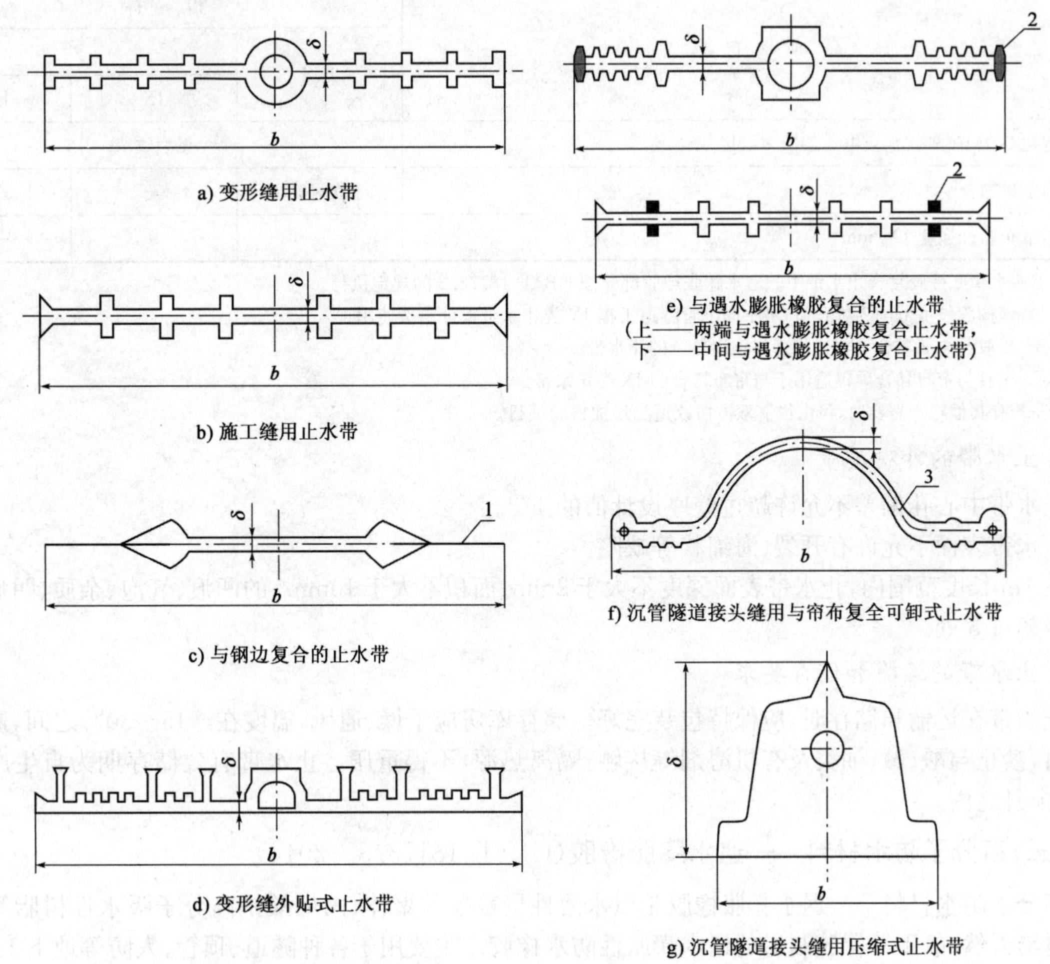

a) 变形缝用止水带

b) 施工缝用止水带

c) 与钢边复合的止水带

d) 变形缝外贴式止水带

e) 与遇水膨胀橡胶复合的止水带
（上——两端与遇水膨胀橡胶复合止水带，
下——中间与遇水膨胀橡胶复合止水带）

f) 沉管隧道接头缝用与帘布复全可卸式止水带

g) 沉管隧道接头缝用压缩式止水带

图 12-42　止水带结构示意图

b-止水带宽度；δ-止水带厚度；1-钢边；2-遇水膨胀橡胶；3-帘布

4. 止水带的物理性能

表 12-353

项　　目			指　　标		
			B、S	J	
				JX	JX
硬度(邵尔 A)(度)			60±5	60±5	40—70[a]
拉伸强度(MPa)		≥	10	16	16
拉断伸长率(%)		≥	380	400	400
压缩永久变形(%)	70℃×24h，25%	≤	35	30	30
	23℃×168h，25%	≤	20	20	15
撕裂强度(kN/m)		≥	30	30	20
脆性温度(℃)		≤	−45	−40	−50
热空气老化 70℃×168h	硬度变化(邵尔 A)(度)	≤	+8	+6	+10
	拉伸强度(MPa)	≥	9	13	13
	拉断伸长率(%)	≥	300	320	300

续表 12-353

项　　目	指　　标		
	B、S	J	
		JX	JX
臭氧老化 50×10^{-8};20%,(40±2)℃×48h	无裂纹		
橡胶与金属黏合[b]	橡胶间破坏	—	—
橡胶与帘布黏合强度[c](N/mm)　　≥	—	5	—

注:①遇水膨胀橡胶复合止水带中的遇水膨胀橡胶部分按 GB/T 18173.3 的规定执行。

②[a] 该橡胶硬度范围为推荐值,供不同沉管隧道工程 JY 类止水带设计参考使用。

③[b] 橡胶与金属黏合项仅适用于与钢边复合的止水带。

④[c] 橡胶与帘布黏合项仅适用于与帘布复合的 JX 类止水带。

⑤若有其他特殊需要时,可由供需双方协议适当增加检验项目。

5. 止水带的外观质量

止水带中心孔偏差不允许超过壁厚设计值的 1/3。

止水带表面不允许有开裂、海绵状等缺陷。

在 1m 长度范围内,止水带表面深度不大于 2mm、面积不大于 $10mm^2$ 的凹痕、气泡、杂质、明疤等缺陷不得超过 3 处。

6. 止水带的运输和储存要求

止水带在运输和储存时,应保持包装完好。储存库房应干燥、通风,温度在 −15～30℃之间,避免阳光直射,禁止与酸、碱、油类及有机溶剂等接触,隔离热源,不得重压。止水带有效储存期为自生产之日起 12 个月之内。

(三)高分子防水材料——遇水膨胀橡胶(GB/T 18173.3—2014)

高分子防水材料——遇水膨胀橡胶是以水溶性聚氨酯预聚体、丙烯酸钠高分子吸水性树脂等吸水性材料与天然、氯丁等橡胶制得的遇水膨胀性防水橡胶。主要用于各种隧道、顶管、人防等地下工程、基础工程的接缝、防水密封和船舶、机车等工业设备的防水密封。

1. 遇水膨胀橡胶的分类

表 12-354

分类依据	类别和代号	
按工艺分	制品型(代号 PZ)	腻子型(代号 PN)
按在静态蒸馏水中的体积膨胀倍率(%)分　不小于	150、250、400、600	150、220、300
按产品截面形状分	圆形(代号 Y)、矩形(代号 J)、椭圆形(代号 T)、其他形状(代号 Q)	

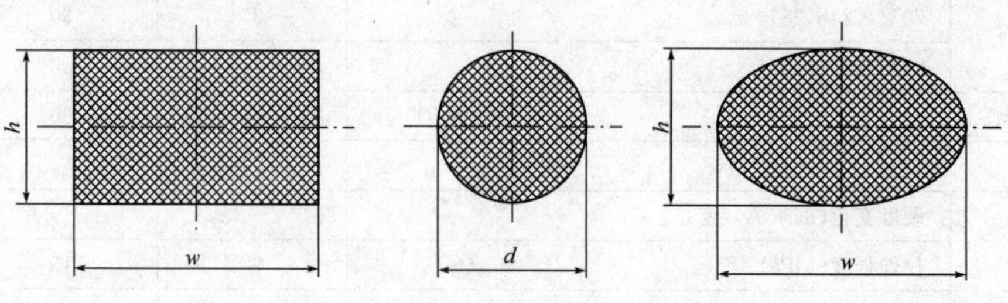

图 12-43　断面结构示意图

2.遇水膨胀橡胶的标记

产品应按下列顺序标记:类型-体积膨胀倍率、截面形状-规格、标准号。

示例:

(1)宽度为30mm、厚度为20mm的矩形制品型遇水膨胀橡胶,体积膨胀倍率≥400%,标记为:

PZ-400 J-30mm×20mm GB/T 18173.3—2014

(2)直径为30mm的圆形制品型遇水膨胀橡胶,体积膨胀倍率≥250%,标记为:

PZ-250 Y-30mm GB/T 18173.3—2014

(3)长轴为30mm、短轴为20mm的椭圆形制品型遇水膨胀橡胶,体积膨胀倍率≥250%,标记为:

PZ-250 T-30mm×20mm GB/T 18173.3—2014

3.制品型遇水膨胀橡胶胶料物理性能

表12-355

项目		指标			
		PZ-150	PZ-250	PZ-400	PZ-600
硬度(邵尔A)(度)		42±10		45±10	48±10
拉伸强度(MPa) ≥		3.5		3	
拉断伸长率(%) ≥		450		350	
体积膨胀倍率(%) ≥		150	250	400	600
反复浸水试验	拉伸强度(MPa) ≥	3		2	
	拉断伸长率(%) ≥	350		250	
	体积膨胀倍率(%) ≥	150	250	300	500
低温弯折(−20℃×2h)		无裂纹			

注:①成品切片测试拉伸强度、拉断伸长率应达到本标准的80%;接头部位的拉伸强度、拉断伸长率应达到规定的50%。

②制品型的外观质量:每米遇水膨胀橡胶表面允许有深度不大于2mm、面积不大于$16mm^2$的凹痕、气泡、杂质、明疤等缺陷不超过4处。

4.腻子型遇水膨胀橡胶物理性能

表12-356

项目	指标		
	PN-150	PN-220	PN-300
体积膨胀倍率[①](%) ≥	150	220	300
高温流淌性(80℃×5h)	无流淌	无流淌	无流淌
低温试验(−20℃×2h)	无脆裂	无脆裂	无脆裂

注:[①]检验结果应注明试验方法。

5.遇水膨胀橡胶的储运要求

遇水膨胀橡胶的储运要求同止水带。有效储存期自生产之日起为6个月之内。超过储存期的经检验合格后,方可继续使用。

(四)橡胶坝坝袋(SL 554—2011)

橡胶坝坝袋是指采用专用硫化设备并经过一定的工艺流程,将帆布等骨架材料和各层橡胶一起进行硫化,并拼接成设计尺寸的胶布制品。适用于橡胶坝工程。其他水工建筑物用胶布制品也可参照采用。坝袋代号为JBD,其中J为锦纶帆布的代号。

橡胶坝是将坝袋按设计的要求锚固于底板或端墙上成封闭体,用水(气)充胀形成的袋式挡水坝。

坝袋按胶布的组成结构不同分为一布两胶、两布三胶、三布四胶等。按胶布的拼接方式不同分为外搭接式坝袋和内搭接式坝袋。

1. 型号和参数

(1)坝袋骨架材料—锦纶浸胶帆布的基本参数

表 12-357

帆布型号	锦纶 6		锦纶 66		织物组织	厚度公差(mm)
	织物规格(分特/股数)	厚度(mm)	织物规格(分特/股数)	厚度(mm)		
J080080	1 400/1×1 870/1	0.77	1 400/1×1	0.70	经重平	
	1 400/1×1				方平	
J100050	1 400/1×1	0.75	1 400/1×1	0.67	经重平	
	1 870/1×1 400/1		1 870/1×1 400/1			
J100100	1 400/1×1	0.85	1 400/1×1	0.70	方平	
	1 870/1×1		1 400/1×1 870/1	0.77	经重平	
J120060	1 400/2×1	0.80	1 400/2×1 870/1	0.78	经重平	
	1 870/1×1					
J120100	1 400/2×1 870/1	0.88	1 870/1×1	0.80	经重平	
	1 870/1×1 400/2				方平	
J120120	1 400/2×2	0.95	1 400/2×1 870/1	0.85	经重平	
	1 870/2×1		1 870/1×1 400/2			
J140070	1 400/2×1	0.90	1 400/2×1 870/1	0.80	经重平	
	1 870/2×1					
J140100	1 400/2×1870/1	0.95	1 400/2×1 870/1	0.86	经重平	
	1 870/1×1 400/2				方平	
J140140	1 400/2×2	1.05	1 400/2×2	0.95	经重平	±0.10
	1 400/2×1 870/2		1 870/1×2	1.05	方平	
J160080	1 870/2×1	0.97	1 870/2×1	0.90	经重平	
J160120	1 400/2×2	1.05	1 400/2×2	0.95	经重平	
	1 400/2×1 870/2		1 400/2×1 870/1			
J160140	1 400/2×2	1.12	1 400/2×2	0.98	方平	
	1 400/2×1 870×2		1 400/2×1 870/2		经重平	
J160160	1 400/2×2	1.18	1 400/2×2	1.03	方平	
	1 870/2×2		1 400/2×1 870/2		经重平	
J180090	1 400/2×2	1.10	1 400/2×2	1.00	方平	
	1 870/2×1 400/2		1 870/2×1 400/2		经重平	
J180140	1 400/2×2	1.18	1 400/2×2	1.05	方平	
	1 870/2×2		1 870/2×2		经重平	
J180160	1 400/2×1 870×2	1.20	1 400/2×2	1.07	经重平	
	1 870/2×2		1 400/2×1 870/2			
J180180	1 400/2×1 870×2	1.35	1 400/2×1 870/2	1.22	方平	
	1 870/2×2					
J200100	1 870/2×1 400/2	1.12	1 870/2×1 400/2	1.10	经重平	
	1 400/2×2		1 400/2×2		方平	
J200140	1 870/2×2	1.30	1 870/2×2	1.22	经重平	±0.15
	1 400/2×1 870/2		1 400/2×1 870/2		方平	
J200160	1 870/2×2	1.40	1 870/2×2	1.30	方平	
J200180	1 870/2×2	1.47	1 870/2×2	1.39	方平	

续表 12-357

帆布型号	锦纶 6		锦纶 66		织物组织	厚度公差(mm)
	织物规格(分特/股数)	厚度(mm)	织物规格(分特/股数)	厚度(mm)		
J200200	1 870/2×2 1 870/2×3	1.56	1 870/2×2 1 870/2×1 400/3	1.48	方平	±0.15
J220110	1 870/2×1 400/2 1 870/2×2	1.28	1 870/2×1 400/2 1 870/2×2	1.20	方平 经重平	
J220180	1 870/2×1 400/3 1 870/2×2	1.56	1 870/2×2	1.45	方平	
J220200	1 870/2×1 400/3 1 870/2×3	1.58	1 870/2×2 1 870/2×1 400/3	1.48	方平	
J220220	1 870/2×3 1 400/3×3	1.63	1 870/2×3 1 400/3×3	1.55	方平	
J240120	1 870/2×2 1 400/3×3	1.40	1 870/2×2 1 400/3×3	1.30	方平	
J240200	1 870/3×3	1.67	1 870/3×3	1.58	方平	
J240240	1 870/3×4	1.75	1 870/3×3	1.65	方平	
J260130	1 870/3×3	1.50	1 870/2×2	1.37	方平	
J260200	1 870/3×3 1 870/3×1 400/4	1.70	1 870/3×3	1.60	方平	
J260220	1 870/3×1 400/4 1 870/3×3	1.75	1 870/3×3	1.65	方平	
J260240	1 870/3×4	1.80	1 870/3×4	1.68	方平	
J260260	1 870/3×4	1.85	1 870/3×4	1.70	方平	
J280140	1 870/3×3	1.63	1 400/3×3	1.45	方平	
J280220	1 870/3×4 1 870/3×3	1.78	1 870/3×3	1.58	方平	
J280240	1 870/3×4	1.80	1 870/3×3	1.60	方平	
J280260	1 870/3×4	1.88	1 870/3×4	1.75	方平	
J280280	1 870/4×4 1 870/3×4	1.95	1 870/3×4	1.85	方平	
J300150	1 870/3×3	1.65	1 870/3×3	1.55	方平	±0.18
J300240	1 870/4×4	1.88	1 870/3×4	1.76	方平	
J300260	1 870/3×4 1 870/4×4	1.95	1 870/3×4	1.80	方平	
J300300	1 870/4×5 1 870/5×5	2.15	1 870/3×4 1 870/4×4	1.95	方平	
J320300	1 870/4×5 1 870/5×5	2.28	1 870/3×4 1 870/4×4	2.00	方平	
J320320	1 870/4×6 1 870/5×5	2.35	1 870/4×4	2.05	加强方平 方平	

续表 12-357

帆布型号	锦纶 6		锦纶 66		织物组织	厚度公差(mm)
	织物规格(分特/股数)	厚度(mm)	织物规格(分特/股数)	厚度(mm)		
J340300	1 870/4×6	2.45	1 870/3×4	2.00	加强方平	±0.18
	1 870/5×5		1 870/4×4	2.10	方平	
J340340	1 870/4×6	2.55	1 870/4×5	2.26	加强方平	
	1 870/5×6		1 870/5×5			
J360320	1 870/4×6	2.55	1 870/4×5	2.26	加强方平	
	1 870/5×6		1 870/5×5			
J360360	1 870/4×6	2.65	1 870/4×5	2.35	加强方平	
	1 870/5×6		1 870/5×5		方平	
J400360	1 870/4×6	3.05	1 870/4×6	2.90	加强方平	±0.20
	1 870/5×6		1 870/5×6			
J460400	1 870/4×7	3.30	1 870/4×6	3.10	加强方平	
	1 870/5×7		1 870/5×6			
J500460	1 870/5×7	3.70	1 870/5×7	3.40	加强方平	
	1 870/6×7		1 870/6×7			

注:①锦纶浸胶帆布卷装长度为 200m。

②非标准的卷装长度由供需双方商定。

③锦纶浸胶帆布的型号由汉语拼音大写字母与阿拉伯数字等组成,其意义如下:

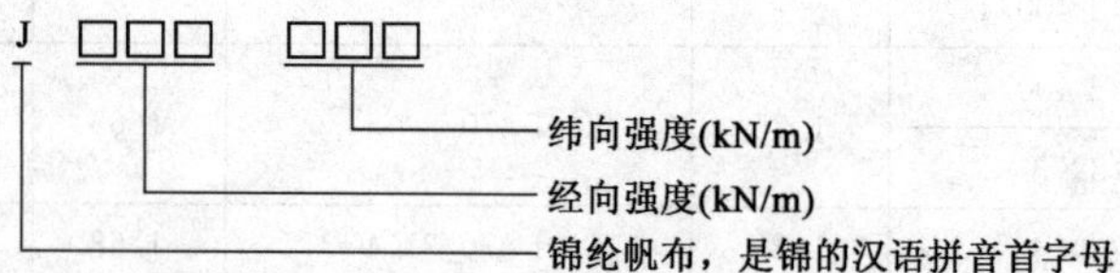

示例:经向强度为 100kN/m,纬向强度为 50kN/m 的锦纶浸胶帆布,其标记为:J100050。

(2)坝袋的型号参数

表 12-358

坝袋型号	胶布强度(kN/m)	胶布最小厚度(mm)	
	经向/纬向	锦纶 6	锦纶 66
JBD1.0-080080-1	68/68	5.2	5.1
JBD1.0-100050-1	85/43	5.2	5.1
JBD1.0-100100-1	85/85	5.2	5.1
JBD1.5-120060-1	102/51	5.3	5.2
JBD1.5-120100-1	102/85	5.3	5.2
JBD1.5-120120-1	102/102	5.3	5.2
JBD1.5-140070-1	119/60	5.3	5.2
JBD1.5-140100-1	119/85	5.4	5.3
JBD1.5-140140-1	119/119	5.4	5.3
JBD1.5-160080-1	136/68	5.4	5.3
JBD1.5-160120-1	136/102	5.4	5.3
JBD1.5-160140-1	136/119	5.5	5.4
JBD1.5-160160-1	136/136	5.5	5.4

续表 12-358

坝袋型号	胶布强度(kN/m)	胶布最小厚度(mm)	
	经向/纬向	锦纶 6	锦纶 66
JBD2.0-100050-2	160/80	6.3	6.2
JBD2.0-100100-2	160/160	6.5	6.4
JBD2.0-120060-2	192/96	6.6	6.4
JBD2.0-120100-2	192/160	6.6	6.4
JBD2.0-120120-2	192/192	6.7	6.5
JBD2.0-140070-2	224/112	6.6	6.4
JBD2.0-140100-2	224/160	6.7	6.5
JBD2.0-140140-2	224/224	6.8	6.7
JBD2.0-200100-1	170/85	5.6	5.5
JBD2.0-200140-1	170/119	5.7	5.6
JBD2.0-200160-1	170/136	5.8	5.7
JBD2.0-200180-1	170/153	5.8	5.7
JBD2.0-200200-1	170/170	5.9	5.8
JBD2.5-160080-2	256/128	6.7	6.6
JBD2.5-160120-2	256/192	6.9	6.8
JBD2.5-160140-2	256/224	7.0	6.8
JBD2.5-160160-2	256/256	7.1	6.8
JBD2.5-180090-2	288/144	7.0	6.8
JBD2.5-180140-2	288/224	7.1	6.9
JBD2.5-180160-2	288/256	7.1	6.7
JBD2.5-180180-2	288/288	7.4	7.2
JBD3.0-200100-2	320/160	7.2	7.0
JBD3.0-200140-2	320/224	7.4	7.2
JBD3.0-200160-2	320/256	7.4	7.2
JBD3.0-200180-2	320/288	7.5	7.3
JBD3.0-200200-2	320/320	7.5	7.3
JBD3.0-220110-2	352/176	7.3	7.1
JBD3.0-220180-2	352/288	7.5	7.3
JBD3.0-220200-2	352/320	7.5	7.3
JBD3.0-220220-2	352/352	7.8	7.7
JBD3.5-260130-2	416/208	7.6	7.3
JBD3.5-260200-2	416/320	7.9	7.7
JBD3.5-260220-2	416/352	8.0	7.8
JBD3.5-260240-2	416/384	8.0	7.8
JBD3.5-260260-2	416/416	8.1	7.9
JBD3.5-280140-2	448/224	7.8	7.6
JBD3.5-280220-2	448/352	8.0	7.8
JBD3.5-280240-2	448/384	8.0	7.8

续表 12-358

坝袋型号	胶布强度(kN/m)	胶布最小厚度(mm)	
	经向/纬向	锦纶 6	锦纶 66
JBD3.5-280260-2	448/416	8.1	8.0
JBD3.5-280280-2	448/448	8.3	8.2
JBD4.0-240120-3	540/270	9.1	8.8
JBD4.0-240200-3	540/450	9.7	9.5
JBD4.0-240240-3	540/540	10.0	9.7
JBD4.0-260130-3	585/293	9.3	9.0
JBD4.0-260200-3	585/450	9.8	9.6
JBD4.0-260220-3	585/495	9.9	9.7
JBD4.0-260240-3	585/540	10.1	9.8
JBD4.0-260260-3	585/585	10.2	9.8
JBD4.0-300150-2	480/240	8.0	7.8
JBD4.0-300240-2	480/384	8.4	8.2
JBD4.0-300260-2	480/416	8.5	8.3
JBD4.0-300300-2	480/480	8.9	8.5
JBD4.0-320300-2	512/480	9.1	8.6
JBD4.0-320320-2	512/512	9.2	8.7
JBD4.0-340300-2	544/480	9.4	8.8
JBD4.0-340340-2	544/544	9.5	9.0
JBD4.0-360320-2	576/512	9.5	9.0
JBD4.0-360360-2	576/576	9.7	9.2
JBD4.5-280140-3	630/315	9.7	9.2
JBD4.5-280220-3	630/495	10.0	9.5
JBD4.5-280240-3	630/540	10.1	9.6
JBD4.5-280260-3	630/585	10.3	10.0
JBD4.5-280280-3	630/630	10.5	10.2
JBD4.5-300150-3	675/338	9.7	9.5
JBD4.5-300240-3	675/540	10.3	10.0
JBD4.5-300260-3	675/585	10.5	10.1
JBD4.5-300300-3	675/675	11.0	10.5
JBD4.5-400360-2	640/576	10.4	10.1
JBD5.0-340300-3	765/675	11.7	10.9
JBD5.0-340340-3	765/765	12.0	11.3
JBD5.0-360320-3	810/720	12.0	11.3
JBD5.0-360360-3	810/810	12.3	11.5
JBD5.0-400360-3	900/810	13.3	12.9
JBD5.0-460400-2	736/640	10.8	10.5
JBD5.0-500460-2	800/736	11.5	11.0

注:①当设计坝高介于两个坝袋型号(坝高)之间时,按坝高较高的坝袋型号参数选用。

②坝袋型号由汉语拼音大写字母与阿拉伯数字等组成,其意义如下:

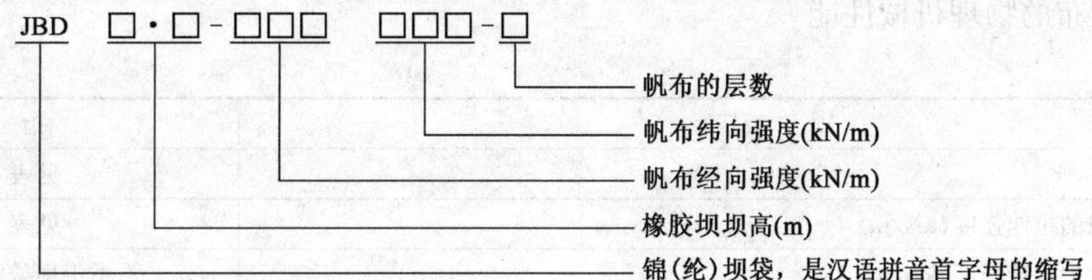

示例:适用于坝高 2.0m,每层帆布的经向强度为 100kN/m,纬向强度为 50kN/m,采用 2 层帆布制造的锦纶坝袋,其标记为:JBD2.0-100050-2。

(3)组成坝袋胶布的层胶厚度

表 12-359

层胶	外层覆盖胶	夹层胶	内层覆盖胶
厚度(mm)	＞2.5	0.3～0.5	＞2.0

2.物理机械性能

(1)锦纶浸胶帆布的主要物理性能

表 12-360

项　目		指　标
断裂强度(kN/m)	经向	不小于表 12-357 中的帆布型号示值
	纬向	
断裂伸长率(%)	经向	22^{+5}_{-5}
	纬向	60^{+8}_{-8}
浸胶帆布和橡胶的黏合强度		≥7.8kN/m
厚度		不小于表 12-357 中的帆布型号厚度值

(2)坝袋胶料的物理机械性能

表 12-361

项　目			单位	外层胶	内(夹)层胶	底垫片胶
拉伸强度		≥	MPa	14	12	6
扯断伸长率		≥	%	400	400	250
扯断永久变形		≤	%	30	30	35
硬度(邵尔 A)			度	55～65	50～60	55～65
脆性温度		≤	℃	−30	−30	−30
热空气老化(100℃×96h)	拉伸强度	≥	MPa	12	10	5
	扯断伸长率	≥	%	300	300	200
热淡水老化(70℃×96h)	拉伸强度	≥	MPa	12	10	5
	扯断伸长率	≥	%	300	300	200
	体积膨胀率	≤	%	15	15	15
臭氧老化:10 000×10^{-8},温度 40℃,拉伸 20%,不龟裂			min	120	120	100
磨耗量(阿克隆)		≤	cm^3/1.61km	0.8	1.0	1.2
屈挠性,不裂			万次	20	20	10

(3)坝袋胶布的物理机械性能

表 12-362

项　目	指　标
胶布厚度(mm)	见表 12-358
胶布经向及纬向的拉伸强度(kN/m)	见表 12-358
胶布纬向布幅间的搭接强度(kN/m)	不小于坝袋纬向设计强度
胶布经向及纬向拉伸强度的耐热空气老化(100℃×96h)(kN/m)	为老化前的80%以上
胶布经向及纬向拉伸强度的耐水老化(70℃×96h)(kN/m)	
内外层覆盖胶与浸胶帆布层间以及各浸胶帆布层间的黏合强度(kN/m)	≥6.0
内外层覆盖胶与浸胶帆布层间以及各浸胶帆布层间的黏合强度耐水老化(70℃×96h)(kN/m)	≥4.0

3.外观质量

(1)锦纶浸胶帆布的外观质量要求

表 12-363

项　目		单　位	指　标
磨损		只(处)/卷	不允许
撕裂		处/卷	不允许
浆斑	1～4cm^2	只(处)/卷	≤5
	>4cm^2	只(处)/卷	不允许
油污(<1cm^2)		只(处)/卷	≤5

注:锦纶浸胶帆布应表面平整,宽度均一,无波浪、打折、松紧不一现象。

(2)坝袋的外观质量要求

表 12-364

名　称	部　位	质 量 要 求
凹陷	胶布内外层覆盖胶	凹陷深度每 1m^2 范围内允许不超过 1/2 层胶厚度 1 处,面积不大于 30mm^2 1 处;每 10m^2 范围内不允许多于 3 处,超过允许修理
缺胶	搭接缝密封胶	不允许,但出现后允许修理
	胶布	缺胶深度每 1m^2 范围内允许不超过 1/2 层胶厚度 1 处,面积不大于 30mm^2 1 处;每 10m^2 范围内不允许多于 3 处,超过允许修理
帆布断裂	胶布	不允许
气泡	胶布内外层覆盖胶	每 1m^2 范围内允许有面积不大于 100mm^2 1 处,但每 10m^2 范围内不允许多于 3 处,超过允许修理
	帆布层间	不允许
	搭接缝密封胶条	每 1m 范围内允许宽度不大于 3mm、长度不大于 100mm 1 处或宽度不大于 5mm、长度不大于 40mm 3 处,超过允许修理
海绵现象	胶布内外层覆盖胶	不允许
	搭接缝密封胶条	距搭接边缘 10mm 以外允许有,10mm 以内允许修理 1 次
死褶	坝袋及胶布	不允许
	枕式橡胶坝的枕头与坝体连接处	不允许

4.储运要求

(1)锦纶浸胶帆布

浸胶帆布以卷为单位进行包装,应保证产品不受损伤并适于储运。浸胶帆布用木轴成卷,木轴应干燥，成卷的浸胶帆布外包牛皮纸、黑色聚乙烯薄膜和瓦楞纸，用打包机将布卷用塑料缠绕密封，然后外包装塑料编织袋缝口。

装卸运输时应轻搬轻放，以免损坏帆布。运输车辆应保持清洁，不得与各种油类混装、混运，以免玷污浸胶帆布。储存时，仓库应通风良好，防止过热、过湿和阳光照射，不得在地面堆放，不得与其他油类、化工原料混放在同一仓库内。浸胶帆布的存放期不宜超过半年，并应做到先进先用，使用前不得破坏其密封性能。

(2)橡胶材料

天然橡胶胶包应有遮盖物，以防日晒、雨淋及受外界污染。应避免阳光直接照射胶包，储存仓库应保持清洁、干燥和通风。胶包堆叠不应超过 6 包，仓库气温不应超过 40℃，储存期不应超过 2 年。仓库内不得同时储存橡胶溶剂、油类及对橡胶有害的化学原料，胶包应避免与铜、锰和铁等有害金属接触。运输装载工具应干燥清洁。

氯丁橡胶在储存和运输过程中，应通风干燥，严防日光曝晒，防止受潮和混入杂质，勿近热源，保持包装完好无损。长期超温(＞20℃)储存会引起颜色改变和黏度增加及焦烧性能下降。氯丁橡胶的质量保证期自生产之日起，20℃以下储存时应不超过 1 年，30℃以下储存时应不超过半年。

(3)坝袋

坝袋在运输过程中严禁拖拉造成机械损伤，应避免接触油类、酸碱类及有机溶剂等。

坝袋长期折叠储存宜保持在 0～35℃之间，并定期展开重叠，在储存期内不应把坝袋内胶面和底垫片暴露在日光下曝晒，距热源不应小于 2m。

交货时，每座橡胶坝坝袋应附有坝袋设计加工图纸、合格证、保修单并提供具有法律效力的检验报告或产品认证证书。合格证上应标明产品名称、编号、生产日期、生产单位及标准编号。

(五)橡胶充气芯模

橡胶充气芯模由橡胶与纤维加强层硫化制作而成。适用于做混凝土空心梁的内模，使用温度为－10～＋80℃。

1.橡胶充气芯模型号

表 12-365

型　号	外形结构	适用范围
A	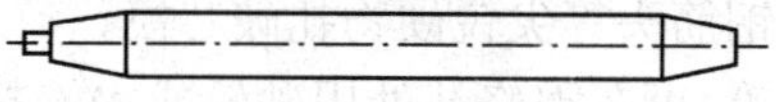	空心桩、空心柱
B	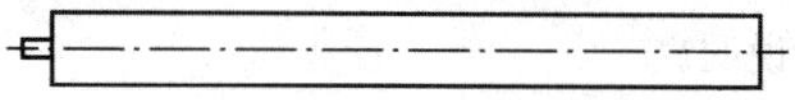	屋面板、通用管道
C	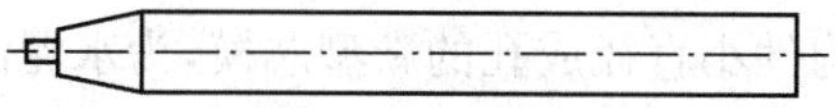	空心桩等
D	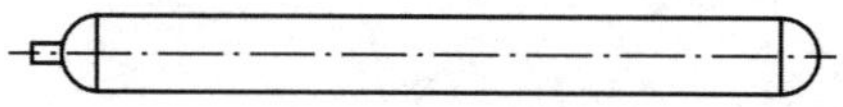	箱梁等
E	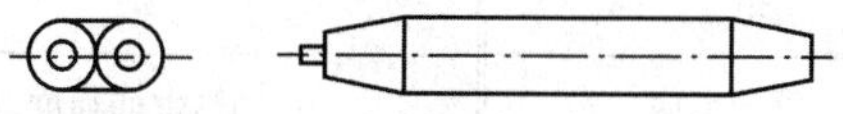	近似椭圆空心构件
F	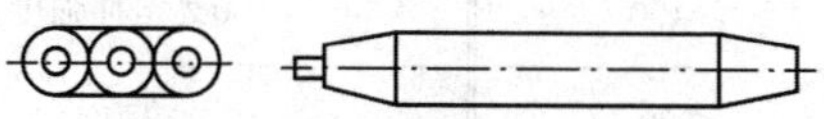	腰圆空心构件

2.橡胶充气芯模规格

表 12-366

常用规格		常用异型规格、双管加外套
ϕ120(ϕ150)mm×6～20m	ϕ350(ϕ360)mm×10～40m	350×530(540)mm×10～40m
ϕ180mm×6～20m	ϕ400mm×10～40m	350×520(540)mm×10～40m
ϕ200(ϕ220)mm×10～20m	ϕ500mm×10～40m	350(360)×560mm×10～40m
ϕ240(ϕ250)mm×15～20m	ϕ600mm×10～40m	360×560(570)mm×10～40m
ϕ270mm×15～40m	ϕ700mm×10～40m	360×640(650)mm×10～40m
ϕ300(330)mm×15～40m		350×540(550)mm×10～40m

3.橡胶充气芯模使用压力

表 12-367

直径(mm)	使用压力(MPa)	直径(mm)	使用压力(MPa)	直径(mm)	使用压力(MPa)
80	0.12	300	0.045	700	0.027
120	0.1	400	0.04	800	0.026
150	0.08	500	0.031	900	0.015
200	0.07	625	0.028	2 200	0.005
250	0.05				

4.橡胶充气芯模的保管

(1)芯模使用后用清水冲洗,有附着水泥处应小心刮除。

(2)芯模不用时应放置通风干燥处,避免日光直接照射及潮湿。

(3)不能接触重油、石油及其他有机溶剂。

(4)现场使用时要特别防止钉子、钢筋头等尖锐硬物扎破芯模。

(5)芯模如有漏气、封口胶片脱落等,可在需修补处用砂轮或木锉打毛,涂刷胶水复盖胶片修补,纤维撕破处则以胶布复盖修补。

注:橡胶充气芯模选自常熟橡胶厂产品说明。

(六)橡胶抽拔棒

橡胶抽拔棒是用于水泥混凝土构件小直径成孔的新型芯模,为水泥混凝土预留预应力孔而设计,代替金属波纹管。

1.橡胶抽拔棒的物理性能

表 12-368

项目	指标	项目	指标
扯断强度(MPa)	≥18	50%定伸强度(MPa)	≤1
扯断伸长率(%)	≥400	100%定伸强度(MPa)	≥2
扯断永久性变形(%)	≤20	硬度(A)	60±5

2.橡胶抽拔棒常用规格尺寸

表 12-369

规格(mm)(外径 D×内径 d×长度 L)	公 差 (mm)	
	外径	内径
30×10×L	$^{+1.5}_{0}$	±1.5
50×20×L	$^{+2}_{0}$	±2
55×20×L	$^{+2}_{0}$	±2
60×25×L	$^{+2.5}_{0}$	±3
65×25×L	$^{+2.5}_{0}$	±3
70×25×L	$^{+3}_{0}$	±3
70×30×L	$^{+3}_{0}$	±3
75×30×L	$^{+3}_{0}$	±3

注:外径椭圆度为 2,不同心度为±2。

3.橡胶抽拔棒使用注意事项

(1)抽拔时不要回力,要一直抽拔,直到全部拔出。

(2)抽拔棒表面千万别涂油类隔离剂。

(3)在抽拔棒使用一段时间后,检查抽拔棒上是否有划伤裂纹,如顺轴向出现裂纹不影响使用。如沿径向有裂纹深度 2mm 以上,请停止使用。

(4)在不用时应避高温、日光照射及接触腐蚀性物品。

(5)抽拔时间不受混凝土凝固时间的限制。

注:以上选自西安自力橡胶厂产品说明。

第十三章　燃料和润滑油脂

第一节　燃　　料

一、煤碳

煤炭的用途广泛，是我国的主要能源之一，它既是工业原料，又是人民生活的必需品。

煤炭的热值标准：

(1)煤炭的高位发热量减去其所含水分蒸发需要的热量称为低位发热量，规定把每千克低位发热量为29.307 6MJ[7 000kcal(千卡)]的燃煤，称为1kg标准煤。

(2)1kg标准煤等于0.7kg标准油。

(一)煤炭按成因分类

煤炭是地表的植物经地壳运动，被埋藏于地下，经久远年代的高温高压而形成。

(1)泥煤：生成年代短，含水分最多，新采泥煤象黄褐色稀泥，干后一般发热量为14.653 8MJ/kg(3 500kcal/kg)，挥发分很高，易燃，有明亮的火焰。

(2)褐煤：生成年代比泥煤久，颜色比泥煤深，呈黑色或褐色，水分多，风干后发热量约16.747 2MJ/kg(4 000kcal/kg)，性质很脆，易碎成粉末，挥发分高，易着火，燃烧时有浓烟。

(3)烟煤：褐煤进一步碳化的产物，呈亮黑色或暗黑色，质地细密，燃烧时发黄色火苗，冒黑烟，发热量高，品种复杂，用途最广，其中，胶质体多、结焦好的烟煤是主要的冶炼用煤。

(4)无烟煤：是变质程度最高的煤，比烟煤重，质地细密，亮黑色，挥发分少，一般含水分1%左右，不易着火，无烟，火力强，耐烧。是最好的家庭燃料，并可制作煤气。热稳定性好，加热后不爆裂的无烟煤也可作炼铁用。

(二)按工业用途分类

(1)冶金用煤：冶金用煤非常严格，要求有高度的黏结性和适量的挥发分，并要求灰分低，硫、磷含量少。

(2)动力用煤：煤都可作动力用，为了合理使用煤炭资源，以不适合冶炼或化工方面需要的煤或劣质煤，如灰分高或氧化过的烟煤、选煤厂的次煤，含油少的褐煤和贫煤等作为动力用煤。

(3)化工用煤：用于提炼液体燃料、化工原料和制煤气等。要求挥发分高、灰分少。褐煤、长焰煤、气煤等可作化工原料煤。

(三)按煤化程度分类

1. 无烟煤分类

表13-1

类　别	符　号	数　码	干燥无灰基挥发分(%)V_{daf}	干燥无灰基氢含量(%)H_{daf}
无烟煤一号	WY1	01	0～3.5	0～2.0
无烟煤二号	WY2	02	>3.5～6.5	>2.0～3.0
无烟煤三号	WY3	03	>6.5～10.0	>3.0

注：各类煤用两位阿拉伯数码表示，十位数系按煤的挥发分分组，无烟煤为0，烟煤为1～4，褐煤为5。个位数，无烟煤为1～3，表示煤化程度；烟煤为1～6，表示黏结性；褐煤为1～2，表示煤化程度。

2. 烟煤的分类

表 13-2

类别	符号	数码	干燥无灰基挥发分 V_{daf}（%）	黏结指数 G	胶质层的厚度 Y（mm）	奥阿膨胀度 b（%）
贫煤	PM	11	＞10.0～20.0	≤5		
贫瘦煤	PS	12	＞10.0～20.0	＞5～20		
瘦煤	SM	13	＞10.0～20.0	＞20～50		
		14	＞10.0～20.0	＞50～65		
焦煤	JM	15	＞10.0～20.0	＞65 *	≤25.0	(≤150)
		24	＞20.0～28.0	＞50～65		
		25	＞20.0～28.0	＞65 *	≤25.0	(≤150)
肥煤	FM	16	＞10.0～20.0	(＞85) *	＞25.0	(＞150)
		26	＞20.0～28.0	(＞85) *	＞25.0	(＞150)
		36	＞20.0～37.0	(＞85) *	＞25.0	(＞220)
1/3 焦煤	1/3JM	35	＞28.0～37.0	＞65 *	≤25.0	(≤220)
气肥煤	QF	46	＞37.0	(＞85) *	＞25.0	(＞220)
气煤	QM	34	＞28.0～37.0	＞50～65		
		43	＞37.0	＞35～50		
		44	＞37.0	＞50～65		
		45	＞37.0	＞65 *	≤25.0	(≤220)
1/2 中黏煤	1/2ZN	23	＞20.0～28.0	＞30～50		
		33	＞28.0～37.0	＞30～50		
弱黏煤	RN	22	＞20.0～28.0	＞5～30		
		32	＞28.0～37.0	＞5～30		
不黏煤	BN	21	＞20.0～28.0	≤5		
		31	＞28.0～37.0	≤5		
长焰煤	CY	41	＞37.0	≤5		
		42	＞37.0	＞5～35		

注：①当烟煤黏结指数测值 G≤85 时，用干燥无灰基挥发分 V_{daf} 和黏结指数 G 来划分煤类。当黏结指数测值 G＞85 时，则用干燥无灰基挥发分 V_{daf} 和胶质层最大厚度 Y，或用干燥无灰基挥发分 Y_{daf} 和奥阿膨胀度 b 来划分煤类。在 G＞85 的情况下，当 Y＞25.00mm 时，根据 V_{daf} 的大小可划分为肥煤或气肥煤；当 Y≤25.0mm 时，则根据 V_{daf} 的大小可划分为焦煤、1/3 焦煤或气煤。

②当 G＞85 时，用 Y 和 b 并列作为分类指标。当 V_{daf}≤28.0%时，b＞150%的为肥煤；当 V_{daf}＞28.0%时，b＞220%的为肥煤或气肥煤。如按 b 值和 Y 值划分的类别有矛盾时，以 Y 值划分的类别为准。

3. 褐煤分类

表 13-3

类 别	符 号	数 码	透光率(%) P_M	恒湿无灰基高位发热量 $Q_{gr\cdot mnf}$ (MJ/kg)
褐煤一号	HM1	51	0～30	—
褐煤二号	HM2	52	＞30～50	≤24

注：凡 V_{daf}＞37.0%，P_M＞30%～50%的煤，如恒温无灰基高位发热量 $Q_{gr\cdot mnf}$＞24MJ/kg，则划为长焰煤。

(四)按煤炭产品的用途、加工方法和技术要求分类

根据 GB/T 17608—2006 规定，把煤炭产品分为精煤、洗选煤、筛选煤、原煤和低值煤 5 类，共 29 个品种。

煤炭产品的类别、品种和技术要求 表13-4

产品类别	品种名称	技术要求			
		粒度(mm)	发热量($Q_{net,ar}$)(MJ/kg)	灰分(A_d)(%)	最大粒度[①]上限(%)
1 精煤	1-1 冶炼用炼焦精煤	<50,<100		≤12.50	
	1-2 其他用炼焦精煤	<50,<100		12.51~16.00	≤5
	1-3 喷吹用精煤	<25,<50	≥23.50	≤14.00	
2 洗选煤	2-1 洗原煤	<300			
	2-2 洗混煤	<50,<100			
	2-3 洗末煤	<13,<20,<25			
	2-4 洗粉煤	<6			
	2-5 洗特大块	>100			
	2-6 洗大块	50~100,>50	无烟煤、烟煤:≥14.50 褐煤:≥11.00	—	≤5
	2-7 洗中块	25~50			
	2-8 洗混中块	13~50,13~100			
	2-9 洗混块	>13,>25			
	2-10 洗小块	13~20,13~25			
	2-11 洗混小块	6~25			
	2-12 洗粒煤	6~13			
3 筛选煤	3-1 混煤	<50			
	3-2 末煤	<13,<20,<25			
	3-3 粉煤	<6			
	3-4 特大块	>100			
	3-5 大块	50~100,>50			
	3-6 中块	25~50	无烟煤、烟煤:≥14.50 褐煤:≥11.00	<40	≤5
	3-7 混块	>13,>25			
	3-8 混中块	13~50,13~100			
	3-9 小块	13~25			
	3-10 混小块	6~25			
	3-11 粒煤	6~13			
4 原煤	4-1 原煤,水采原煤	<300	无烟煤、烟煤:≥14.50 褐煤:≥11.00	<40	
5 低质煤[②]	5-1 原煤	<300	无烟煤、烟煤:<14.50 褐煤:<11.00	>40	
	5-2 煤泥,水采煤泥	<1.0,<0.5		16.50~49.00	

注:①取筛上物累计产率最接近,但不大于5%的那个筛孔尺寸,作为最大粒度。

②如用户需要,必须采取有效的环保措施,不违反环保法规的情况下供需双方协商解决。

(五)煤炭按产品质量(灰分、含硫量、发热量)分级

1.其他煤炭产品灰分等级划分

表 13-5

等　级	灰分(A_d)(%)	等　级	灰分(A_d)(%)
A-1	≤5.00	A-19	22.01～23.00
A-2	5.01～6.00	A-20	23.01～24.00
A-3	6.01～7.00	A-21	24.01～25.00
A-4	7.01～8.00	A-22	25.01～26.00
A-5	8.01～9.00	A-23	26.01～27.00
A-6	9.01～10.00	A-24	27.01～28.00
A-7	10.01～11.00	A-25	28.01～29.00
A-8	11.01～12.00	A-26	29.01～30.00
A-9	12.01～13.00	A-27	30.01～31.00
A-10	13.01～14.00	A-28	31.01～32.00
A-11	14.01～15.00	A-29	32.01～33.00
A-12	15.01～16.00	A-30	33.01～34.00
A-13	16.01～17.00	A-31	34.01～35.00
A-14	17.01～18.00	A-32	35.01～36.00
A-15	18.01～19.00	A-33	36.01～37.00
A-16	19.01～20.00	A-34	37.01～38.00
A-17	20.01～21.00	A-35	38.01～39.00
A-18	21.01～22.00	A-36	39.01～40.00[a]

注:①[a] 灰分(A_d)>40%的低质煤,如需要并能保证环境质量的条件下,可双方协商解决。

②其他煤炭产品指除冶炼用炼焦精煤、其他用炼焦精煤、喷吹用洗精煤以外的煤炭产品。

2.其他煤炭产品硫分等级划分

表 13-6

等　级	硫分($S_{t,d}$)(%)	等　级	硫分($S_{t,d}$)(%)
S-1	0～0.30	S-8	1.76～2.00
S-2	0.31～0.50	S-9	2.01～2.25
S-3	0.51～0.75	S-10	2.26～2.50
S-4	0.76～1.00	S-11	2.51～2.75
S-5	1.01～1.25	S-12	2.76～3.00
S-6	1.26～1.50	S-13	>3.00[①]
S-7	1.51～1.75	—	—

注:[①] 如用户需要,必须采取有效的环保措施,在不违反环保法规的情况下,由供需双方协商解决。

3.其他煤炭产品发热量等级划分

表 13-7

等　级	编　号	发热量($Q_{net,ar}$)(MJ/kg)	等　级	编　号	发热量($Q_{net,ar}$)(MJ/kg)
Q-1	295	>29.00	Q-5	275	27.01～27.50
Q-2	290	28.51～29.00	Q-6	270	26.51～27.00
Q-3	285	28.01～28.50	Q-7	265	26.01～26.50
Q-4	280	27.51～28.00	Q-8	260	25.51～26.00

续表 13-7

等级	编号	发热量($Q_{net,ar}$)(MJ/kg)	等级	编号	发热量($Q_{net,ar}$)(MJ/kg)
Q-9	255	25.01～25.50	Q-24	180	17.51～18.00
Q-10	250	24.51～25.00	Q-25	175	17.01～17.50
Q-11	245	24.01～24.50	Q-26	170	16.51～17.00
Q-12	240	23.51～24.00	Q-27	165	16.01～16.50
Q-13	235	23.01～23.50	Q-28	160	15.51～16.00
Q-14	230	22.51～23.00	Q-29	155	15.01～15.50
Q-15	225	22.01～22.50	Q-30	150	14.51～15.00①
Q-16	220	21.51～22.00	Q-31	145	14.01～14.50②
Q-17	215	21.01～21.50	Q-32	140	13.51～14.00②
Q-18	210	20.51～21.00	Q-33	135	13.01～13.50②
Q-19	205	20.01～20.50	Q-34	130	12.51～13.00②
Q-20	200	19.51～20.00	Q-35	125	12.01～12.50②
Q-21	195	19.01～19.50	Q-36	120	11.51～12.00②
Q-22	190	18.51～19.00	Q-37	115	11.01～11.50②
Q-23	185	18.01～18.50	Q-38	—	—

注:① 发热量($Q_{net,ar}$)≤14.50MJ/kg 的无烟煤、烟煤,如用户需要在不违反环保法规的情况下,由供需双方协商解决。

② 只适用于褐煤。发热量($Q_{net,ar}$)≤11.00MJ/kg 的褐煤,如用户需要在不违反环保法规的情况下,由供需双方协商解决。

煤炭产品的命名:以煤种、类别、品种名称和灰分等级组成。如无烟煤,粒度为 25～50mm,灰分在 21.01%～22%之间,则称无烟煤十八级中块。

二、木炭(GB/T 17664—1999)

木炭是以木材为原料经烧制而成的,主要用于结晶硅、二硫化碳、活性炭、有色金属冶炼以及合金等工业。木炭的外观为黑色不规则的棒、块状固体。根据烧制时所用原料的不同分为硬阔叶木炭、阔叶木炭和松木炭三种。

硬阔叶木炭:指由硬阔叶材及桦木材的混合材烧制的炭。

阔叶木炭:指由硬、软阔叶的混合材烧制的炭。

松木炭:指由松木或针叶材烧制的炭。

木炭按质量要求分为优级、一级和合格品三个等级。

1. 木炭的质量指标

表 13-8

项目	指标								
	硬阔叶木炭			阔叶木炭			松木炭		
	优级	一级	合格品	优级	一级	合格品	优级	一级	合格品
全水分(%)	≤7	≤7	≤10	≤7	≤10	≤12	≤7	≤10	≤12
灰分(%)	≤2.5	≤3.0	≤3.5	≤3.0	≤4.0	≤5.0	≤2.0	≤2.5	≤3.0
固定碳(%)	≥85	≥80	≥75	≥78	≥73	≥65	≥75	≥70	≥65
小于 10mm 的颗粒(%)	≤5	≤5	≤6	≤6	≤8	≤10	≤6	≤8	≤10
炭头及夹杂物(%)	≤1	≤3	≤3	≤1	≤3	≤5	≤1	≤3	≤5

注:如需指定混合材种或单一材种时,可由双方另行协议决定。

2. 木炭的标志、包装和储运要求

木炭可用草袋、麻袋以及塑料编织袋定量包装。同一批木炭应同一规格,每包装件内的木炭净重应

相同。包装物上应用牢固的标志，其内容包括：生产单位名称或代号、产品名称、产品等级、批号、净重、标准号。

木炭在运输中应防雨淋、积雪、冰冻等。装卸时应避免增加破碎。

木炭应储存在防雨遮棚或通风库房内，不能接触强氧化剂。为了安全，新烧制的木炭摊放三天后再进行包装、堆集、发运。

三、石油燃料

石油燃料用途广泛，主要有汽油、柴油、煤油和重油(燃料油)等，是主要的能源之一。汽油、柴油主要用作内燃机燃料；煤油主要为航空燃料、灯用燃料、溶剂和洗涤剂等；重油主要用作动力锅炉燃料；在道路沥青路面施工时，柴油也作为稀释沥青用。

石油燃料的热值标准：低位发热量为 41.868MJ/kg(10 000kcal/kg)的石油燃料为 1kg 标准油；1kg 标准油等于 1.428 6kg 标准煤。

(一)汽油

汽油是用量最大的轻质石油产品之一，分为车用汽油、车用乙醇汽油(E10)、车用甲醇汽油(M85)和航空汽油等产品。车用汽油分为Ⅲ、Ⅳ、Ⅴ三个品种。

1.车用汽油(GB 17930—2013)

车用汽油由液体烃类或由液体烃类及改善使用性能的添加剂组成。添加剂应无公认的有害作用，按推荐的适宜用量使用。车用汽油中不得含有任何可导致车辆无法正常运行的添加物和污染物，不得人为加入甲缩醛、苯胺类、卤素及含磷、含硅等化合物。

车用汽油分为Ⅲ、Ⅳ、Ⅴ三个品种。按研究法辛烷值分：车用汽油(Ⅲ)和车用汽油(Ⅳ)分为 90 号、93 号和 97 号三个牌号；车用汽油(Ⅴ)分为 89 号、92 号、95 号和 98 号四个牌号。

车用汽油所用的加油机和容器应标明下列标志："90 号汽油(Ⅳ)"、"93 号汽油(Ⅳ)"、"97 号汽油(Ⅳ)"、"89 号汽油(Ⅴ)"、"92 号汽油(Ⅴ)"、"95 号汽油(Ⅴ)"或"98 号汽油(Ⅴ)"。

车用汽油属于易燃液体，其产品标志、包装、运输、储存和交货验收按 SH 0164、GB 13690 和 GB 190 规定进行。

车用汽油(Ⅲ)的技术要求已于 2014 年 1 月 1 日起废止。车用汽油(Ⅴ)的技术要求过渡期至 2017 年 12 月 31 日，自 2018 年 1 月 1 日起，车用汽油(Ⅳ)的技术要求废止。

车用汽油的技术要求 表 13-9

项目		质量指标						
		车用汽油(Ⅳ)			车用汽油(Ⅴ)[⑥]			
		90 号	93 号	97 号	89 号	92 号	95 号	98 号
抗爆性： 研究法辛烷值(RON) 抗爆指数(RON+MON)/2	不小于	90 85	93 88	97 报告	89 84	92 87	95 90	98 93
铅含量[①](g/L)	不大于	0.005			0.005			
馏程： 10%蒸发温度(℃) 50%蒸发温度(℃) 90%蒸发温度(℃) 终馏点(℃)	不高于	70 120 190 205			70 120 190 205			
残留量(体积分数)(%)	不大于	2			2			

续表 13-9

项　　目		质量指标						
		车用汽油(Ⅳ)			车用汽油(Ⅴ)[⑥]			
		90号	93号	97号	89号	92号	95号	98号
蒸汽压:(kPa) 11月1日至4月30日 5月1日至10月30日		42～85 40～68			45～85[⑤] 40～65			
胶质含量(mg/100mL) 未洗胶质含量(加入清洁剂前) 溶剂洗胶质含量	不大于	30 5			30 5			
诱导期(min)	不小于	480			480			
硫含量(mg/kg)	不大于	50			10			
硫醇(满足下列指标之一,即判断为合格): 博士试验 硫醇硫含量(质量分数)(%)	不大于	通过 0.001			通过 0.001			
铜片腐蚀(50℃,3h)(级)	不大于	1			1			
水溶性酸或碱		无			无			
机械杂质和水分(目测)[②]		无			无			
苯含量(体积分数)(%)	不大于	1.0			1.0			
芳烃含量[③](体积分数)(%)	不大于	40			40			
烯烃含量[③](体积分数)(%)	不大于	28			24			
氧含量(质量分数)(%)	不大于	2.7			2.7			
甲醇含量[①](质量分数)(%)	不大于	0.3			0.3			
锰含量(g/L)	不大于	0.008[④]			0.002[①]			
铁含量[①](g/L)	不大于	0.01			0.01			
密度(20℃)(kg/m³)		—			720～775			

注:① 车用汽油中,不得人为加入甲醛及含铅、含铁、含锰的添加剂。
② 试样注入100mL玻璃量筒中观察,应当透明,没有悬浮和沉降的机械杂质和水分。
③ 95号、97号车用汽油,在烯烃、芳烃总量控制不变的前提下,允许芳烃的最大值为42%(体积分数)。
④ 锰含量是指汽油中以甲基环戊二烯三羰基锰形式存在的总锰含量,不得加入其他类型的含锰添加剂。
⑤ 广东、广西、海南全年执行此项要求。
⑥ 国家将适时对98号车用汽油(Ⅴ)的技术要求进行修订,届时以新规定为准。

2. 车用乙醇汽油(E10)(GB 18351—2015)

车用乙醇汽油(E10)是在不添加含氧化合物的车用乙醇汽油调合组分油中加入10%(体积分数)的变性燃料乙醇调合而成,用作车用点燃式发动机燃料。

车用乙醇汽油(E10)中使用的添加剂应无公认的有害作用。不含有任何可导致发动机无法正常工作的添加物或污染物。车用乙醇汽油(E10)不得人为加入甲缩醛、苯胺类、卤素及含磷、含硅等化合物。

车用乙醇汽油(E10)(Ⅳ)按研究法辛烷值分为90号、93号、97号三个牌号。

车用乙醇汽油(E10)(Ⅴ)按研究法辛烷值分为89与、92号、95号、98号四个牌号。

车用乙醇汽油(E10)所使用的加油机和容器上应标明相应标志:如90号车用乙醇汽油(E10)(Ⅳ);95号车用乙醇汽油(E10)(Ⅴ)等。

车用乙醇汽油(E10)中如含锰,则运输、储存时应避光。产品在运输、储存过程中应使用专用的管道、容器和机泵，整个系统应干净不含水。

车用乙醇汽油(E10)的技术要求 表 13-10

项 目		质量指标						
		89	92	95	98	90	93	97
抗爆性：								
研究法辛烷值(RON)	不小于	89	92	95	98	90	93	97
抗爆指数(RON+MON)/2	不小于	84	87	90	93	85	88	报告
铅含量(g/L)[①]	不大于	0.005			0.005	0.005		
馏程：								
10%蒸发温度(℃)	不高于	70			70	70		
50%蒸发温度(℃)	不高于	120			120	120		
90%蒸发温度(℃)	不高于	190			190	190		
终馏点(℃)	不高于	205			205	205		
残留量(体积分数)(%)	不大于	2			2	2		
蒸气压(kPa)								
11月1日至4月30日		45～85			45～85	42～85		
5月1日至10月31日		40～65°			40～65	40～68		
胶质含量(mg/100mL)	不大于							
未洗胶质含量(加入清净剂前)		30			30	30		
溶剂洗胶质含量		5			5	5		
诱导期(min)	不小于	480			480	480		
硫含量(mg/kg)	不大于	10			10	50		
硫醇(满足下列指标之一，即判断为合格)：								
博士试验		通过			通过	通过		
硫醇硫含量(质量分数)(%)	不大于	0.001			0.001	0.001		
铜片腐蚀(50℃,3h)(级)	不大于	1			1	1		
水溶性酸或碱		无			无	无		
机械杂质[②]		无			无	无		
水分(质量分数)(%)	不大于	0.20			0.20	0.20		
乙醇含量(体积分数)(%)		10.0±2.0			10.0±2.0	10.0±2.0		
其他有机含氧化合物(质量分数)(%)	不大于	0.5			0.5	0.5		
苯含量(体积分数)(%)	不大于	1.0			1.0	1.0		
芳烃含量(体积分数)(%)[③]	不大于	40			40	40		
烯烃含量(体积分数)(%)[③]	不大于	24			24	28		
锰含量(g/L)[④]	不大于	0.002			0.002	0.008		
铁含量(g/L)[①]	不大于	0.010			0.01	0.01		
密度(20℃)(kg/m³)		720～775			720～775	—		

注：① 车用乙醇汽油(E10)中，不得人为加入含铅、含铁的添加剂。

② 试样注入 100mL 玻璃量筒中观察，应当透明，没有悬浮和沉降的机械杂质及分层。

③ 95、97、98 号车用乙醇汽油(E10)，在烯烃、芳烃总量控制不变的前提下，允许芳烃的最大值为 42%(体积分数)。

④ 车用乙醇汽油(E10)(Ⅳ)中锰含量是指汽油中以甲基环戊二烯三羰基锰形式存在的总锰含量，不得加入其他类型的含锰添加剂。

3. 车用甲醇汽油(M85)(GB/T 23799—2009)

车用甲醇汽油(M85)是用 84%～86%(体积分数)的甲醇和 14%～16%的车用汽油调合而成的产品，只能用作车用甲醇汽油(M85)点燃式发动机汽车的燃料，不得用于任何其他用途。

(1)车用甲醇汽油(M85)的技术要求

表 13-11

项目		质量指标
外观(目测)[a]		橘红色透明液体,不分层,不含悬浮和沉降的机械杂质
甲醇+多碳醇(C_2~C_8)(体积分数)(%)		84~86
烃化合物+脂肪族醚(体积分数)(%)[b]		14~16
蒸气压(kPa) 11月1日至4月30日 5月1日至10月31日	 不大于 不大于	 78 68
铅含量(mg/L)	不大于	2.5
硫含量(mg/kg)	不大于	80
多碳醇(C_2~C_8)(体积分数)(%)	不大于	2
酸度(按乙醇计算)(mg/kg)	不大于	50
实际胶质(mg/100mL)	不大于	5
未洗胶质(mg/100mL)	不大于	20
有机氯含量(mg/kg)	不大于	2
无机氯含量(以 Cl^{-1}计),(mg/kg)	不大于	1
钠含量(mg/kg)	不大于	2
水分(质量分数)(%)	不大于	0.5
锰含量(mg/L)[c]	不大于	2.9

注:①[a] 将试样注入100mL玻璃量筒中观察,应当为橘红色透明液体,没有悬浮和沉降的机械杂质,在有异议时,以GB/T 511方法测定结果为准;橘红色是由于在车用甲醇汽油(M85)中加入了烛红(别名苏丹四)染料后形成的,烛红的添加量应为8~10mg/kg,烛红染料索引号为C. I. Solvent Red 24(26105),除此不得再人为添加其他类型的染料。

②[b]"烃化合物+脂肪族醚"为符合GB 17930的车用汽油。也可以根据甲醇、其他醇和水的含量,从100中减去其加和值,得到"烃化合物+脂肪族醚"的含量。

③[c] 锰含量是由于调入了车用汽油后引入的,是指以甲基环戊二烯三羰基锰形式存在的总锰含量,除此不得再人为添加其他类型的含锰添加剂。

④应加入有效的金属腐蚀抑制剂和有效的符合GB 19592的车用汽油清净剂。

⑤不得人为加入对车辆可靠性和后处理系统有害的含卤化物的添加剂及含铁、含铅和含磷的添加剂。

(2)车用甲醇汽油(M85)的标志,包装和储运要求

车用甲醇汽油(M85)为易燃液体和有毒品,具有刺激性,其标志、包装、运输和储存及交货验收按SH 0164、GB 12268、GB 13690和GB 190进行。

车用甲醇汽油(M85)所使用的加油机泵和容器上应标志"车用甲醇汽油(M85)",并应根据GB 12268、GB 13690及GB 190标明易燃液体和有毒品标志

车用甲醇汽油(M85)在运输、储存过程中应使用专用的管道、容器和机泵。在储存运输过程中,要保证整个系统干净和不含水,同时应严防外界水的吸入,对成品储罐须安装带有干燥剂的呼吸阀。如果发生相分离,应进行专门处理。

在车用甲醇汽油(M85)的分配和计量系统中应避免使用未经防护的铝材料和没有衬里的丁腈橡胶分配软管。

(3)车用甲醇汽油(M85)的安全要求

①车用甲醇汽油(M85)的运输、储存、使用和事故处理等环节涉及安全方面的数据和信息,应包括在产品的"化学品安全技术说明书"(Material Safety Data Sheet)中。生产商或供应商应提供根据GB/T 16483编写的其产品"化学品安全技术说明书"。

②车用甲醇汽油(M85)中的甲醇蒸气对神经系统有刺激作用,吸入人体内,可引起失明和中毒。因此装卸与加油时,尽量减少车用甲醇汽油(M85)蒸气的挥发。严禁口腔、眼睛、皮肤接触本品,避免吸

入车用甲醇汽油(M85)蒸气。配制、装卸、加油人员应做相应防护措施,避免过量吸入有害蒸气。

③车用甲醇汽油(M85)一旦溅到皮肤和眼睛里,应迅速用大量的清水冲洗,急速医疗。

④严禁用嘴吸车用甲醇汽油(M85),严禁用车用甲醇汽油(M85)洗手、擦洗衣服、机件、灌注打火机和作喷灯燃料。

⑤车用甲醇汽油(M85)着火时应用沙子、氟蛋白抗溶泡沫灭火剂、石棉布等进行扑救。车用甲醇汽油(M85)溢出时,应进行专门处理。

(二)柴油

柴油包括普通柴油和车用柴油。普通柴油按凝点分为5、0、−10、−20、−35、−50六个牌号;车用柴油按凝点分为5、0、−10、−20、−35、−50六个牌号。

普通柴油和车用柴油可按《各地区风险率为10%的最低气温》选用不同牌号的柴油。

1.普通柴油(GB 252—2015)

普通柴油是由石油制取的,或加有添加剂的烃类液体燃料,适用于拖拉机、内燃机车、工程机械、船舶和发电机组等压燃式发动机和GB 19756中规定的三轮汽车和低速货车使用。

普通柴油中使用的添加剂应无公认的有害作用。不含有任何可导致发动机无法正常工作的添加物或污染物。

(1)普通柴油的牌号及各地区风险率为10%的最低气温

①普通柴油按凝点分为六个牌号

5号普通柴油:适用于风险率为10%的最低气温在8℃以上的地区使用。

0号普通柴油:适用于风险率为10%的最低气温在4℃以上的地区使用。

−10号普通柴油,适用于风险率为10%的最低气温在−5℃以上的地区使用。

−20号普通柴油:适用于风险率为10%的最低气温在−14℃以上的地区使用。

−35号普通柴油:适用于风险率为10%的最低气温在−29℃以上的地区使用。

−50号普通柴油:适用于风险率为10%的最低气温在−44℃以上的地区使用。

②各地区风险率为10%的最低气温

表13-12

省(区)	气温(℃)											
	一月份	二月份	三月份	四月份	五月份	六月份	七月份	八月份	九月份	十月份	十一月份	十二月份
河北省	−14	−13	−5	1	8	14	19	17	9	1	−6	−12
山西省	−17	−16	−8	−1	5	11	15	13	6	−2	−9	−16
内蒙古自治区	−43	−42	−35	−21	−7	−1	4	1	−8	−19	−32	−41
黑龙江省	−44	−42	−35	−20	−5	1	7	4	−6	−20	−35	−43
吉林省	−29	−27	−17	−6	1	8	14	12	2	−6	−17	−26
辽宁省	−23	−21	−12	−1	6	12	18	15	6	−2	−12	−20
山东省	−12	−12	−5	2	8	14	19	18	11	4	−4	−10
江苏省	−10	−9	−3	3	11	15	20	20	12	5	−2	−8
安徽省	−7	−7	−1	5	12	18	20	20	14	7	0	−6
浙江省	−4	−3	1	6	13	17	22	21	15	8	2	−3
江西省	−2	−2	3	9	15	20	23	23	18	12	4	0
福建省	−4	−2	3	8	14	18	21	20	15	8	1	−3
台湾省	3	0	2	8	10	16	19	19	13	10	1	2
广东省	1	2	7	12	18	21	23	23	20	13	7	2
海南省	9	10	15	19	22	24	24	23	23	19	15	12
广西壮族自治区	3	3	8	12	18	21	23	23	19	15	9	4
湖南省	−2	−2	3	9	14	18	22	21	16	10	1	−1
湖北省	−6	−4	0	6	12	17	21	20	14	8	1	−4

续表 13-12

省(区)	气温(℃)											
	一月份	二月份	三月份	四月份	五月份	六月份	七月份	八月份	九月份	十月份	十一月份	十二月份
河南省	−10	−9	−2	4	10	15	20	18	11	4	−3	−8
四川省	−21	−17	−11	−7	−2	1	2	1	0	−7	−14	−19
贵州省	−6	−6	−1	3	7	9	12	11	8	4	−1	−4
云南省	−9	−8	−6	−3	1	5	7	7	5	−1	−5	−8
西藏自治区	−29	−25	−21	−15	−9	−3	−1	0	−6	−14	−22	−29
新疆维吾尔自治区	−40	−38	−28	−12	−5	−2	0	−2	−6	−14	−25	−34
青海省	−33	−30	−25	−18	−10	−6	−3	−4	−6	−16	−28	−33
甘肃省	−23	−23	−16	−9	−1	3	5	5	0	−8	−16	−22
陕西省	−17	−15	−6	−1	5	10	15	12	6	−1	−9	−15
宁夏回族自治区	−21	−20	−10	−4	2	6	9	8	3	−4	−12	−19

注:①台湾省所列的温度是绝对最低气温,即风险率为 0 的最低气温。

②表中某月风险率为 10%的最低气温值,表示该月中最低气温低于该值的概率为 0.1,或者说该月中最低气温高于该值的概率为 0.9。

③使用本表的最低气温来估计使用地区的最低操作温度,为柴油机在低温操作时的正常设备防寒、燃油系统的设计、柴油的生产、供销及使用提供可靠的气温数据。

(2)普通柴油的技术要求

表 13-13

项目		5号	0号	−10号	−20号	−35号	−50号
色度(号)	不大于	3.5					
氧化安定性(以总不溶物计)(mg/100mL)	不大于	2.5					
硫含量(mg/kg)	不大于	350(2017 年 6 月 30 日以前) 50(2017 年 7 月 1 日开始) 10(2018 年 1 月 1 日开始)					
酸度(以 KOH 计)(mg/100mL)	不大于	7					
10%蒸余物残炭①(质量分数)(%)	不大于	0.3					
灰分(质量分数)(%)	不大于	0.01					
铜片腐蚀(50℃,3h)(级)	不大于	1					
水分③(体积分数)(%)	不大于	痕迹					
机械杂质②		无					
运动黏度(20℃)(mm^2/s)		3.0~8.0			2.5~8.0	1.8~7.0	
凝点(℃)	不高于	5	0	−10	−20	−35	−50
冷滤点(℃)	不高于	8	4	−5	−14	−29	−44
闪点(闭口)(℃)	不低于	55				45	
着火性(应满足下列要求之一)③							
十六烷值	不小于	45					
十六烷指数	不小于	43					
馏程:							
50%回收温度(℃)	不高于	300					
90%回收温度(℃)	不高于	355					
95%回收温度(℃)	不高于	365					
润滑性:							
校正磨痕直径(60℃)(μm)	不大于	460					
密度(20℃)(kg/m③)		报告					
脂肪酸甲脂(体积分数)(%)	不大于	1.0					

注:①若普通柴油中含有硝酸酯型十六烷值改进剂,10%蒸余物残炭的测定,应用不加硝酸酯的基础燃料进行。柴油中是否含有硝酸酯型十六烷值改进剂的检验方法按标准规定。可用 GB/T 17144 方法测定。结果有争议时,以 GB/T 268 方法为准。

②可用目测法,即将试样注入 100mL 玻璃量筒中,在室温(20℃±5℃)下观察,应当透明,没有悬浮和沉降的水分及机械杂质。

③由中间基或环烷基原油生产的各号普通柴油的十六烷值或十六烷指数允许不小于 40(有特殊要求者由供需双方确定)。

(3)普通柴油的储运、验货要示

普通柴油属于易燃液体，产品的标志、包装和储运及交货验收按 SH 0164、GB 13690 和 GB 190 规定执行。

(4)普通柴油的加油机和容器标志要求

普通柴油所用的加油机和容器应标明下列标志：5 号普通柴油、0 号普通柴油、−10 号普通柴油、−20号普通柴渍、−35 号普通柴油、−50 号普通柴油。

2. 车用柴油(Ⅴ)(GB 19147—2013)

车用柴油是由石油制取或加有改善使用性能添加剂的烃类液体燃料，适用于压燃式发动机汽车使用。不适用以生物柴油为调合组分的车用柴油。添加剂应无公认的有害作用，按推荐的适宜用量使用。车用柴油中不得含有任何可导致车辆无法正常运行的添加物和污染物。

车用柴油分为Ⅲ、Ⅳ、Ⅴ三个品种。按凝点分为 5 号、0 号、−10 号、−20 号、−35 号、−50 号六个牌号。

车用柴油所使用的加油机和容器都应明确标示名称、牌号和等级(Ⅲ、Ⅳ或Ⅴ)。

车用柴油属于易燃液体，其产品标志、包装、运输、储存和交货验收与普通柴油相同。

车用柴油(Ⅲ)的技术要求已于 2015 年 1 月 1 日起废止。车用柴油(Ⅴ)的技术要求过渡期至 2017 年 12 月 31 日，自 2018 年 1 月 1 日起，车用柴油(Ⅳ)的技术要求废止。

(1)车用柴油的牌号

5 号车用柴油：适用于风险率为 10%的最低气温在 8℃以上的地区使用。

0 号车用柴油：适用于风险率为 10%的最低气温在 4℃以上的地区使用。

−10 号车用柴油：适用于风险率为 10%的最低气温在−5℃以上的地区使用。

−20 号车用柴油：适用于风险率为 10%的最低气温在−14℃以上的地区使用。

−35 号车用柴油：适用于风险率为 10%的最低气温在−29℃以上的地区使用。

−50 号车用柴油：适用于风险率为 10%的最低气温在−44℃以上的地区使用。

可根据《各地区风险率为 10%的最低气温》选用不同牌号的车用柴油。《各地区风险率为 10%的最低气温》见表 13-12。

(2)车用柴油的技术要求

表 13-14

项目		质量指标											
		车用柴油(Ⅳ)						车用柴油(Ⅴ)					
		5 号	0 号	−10 号	−20 号	−35 号	−50 号	5 号	0 号	−10 号	−20 号	−35 号	−50 号
氧化安定性(以总不溶物计)(mg/100mL)　不大于		2.5						2.5					
硫含量　(mg/kg)	不大于	50						10					
酸度(以 KOH 计)(mg/100mL)	不大于	7						7					
10%蒸余物残炭[①](质量分数)(%)	不大于	0.3						0.3					
灰分(质量分数)(%)	不大于	0.01						0.01					
铜片腐蚀(50℃,3h)(级)	不大于	1						1					
水分[②](体积分数)(%)	不大于	痕迹						痕迹					
机械杂质[③]		无						无					

续表 13-14

项目		质量指标											
		车用柴油(Ⅳ)						车用柴油(Ⅴ)					
		5号	0号	−10号	−20号	−35号	−50号	5号	0号	−10号	−20号	−35号	−50号
润滑性 校正磨痕直径(60℃)(μm)	不大于	460						460					
多环芳烃含量(质量分数)(%)	不大于	11						11					
运动黏度 (20℃)(mm²/s)		3.0~8.0		2.5~8.0		1.8~7.0		3.0~8.0		2.5~8.0		1.8~7.0	
凝点(℃)	不高于	5	0	−10	−20	−35	−50	5	0	−10	−20	−35	−50
冷凝点(℃)	不高于	8	4	−5	−14	−29	−44	8	4	−5	−14	−29	−44
闪点(闭口)(℃)	不低于	55		50		45		55		50		45	
十六烷值	不小于	49			46	45		51			49	47	
十六烷指数	不小于	46			46	43		46			46	43	
馏程 50%回收温度(℃) 90%回收温度(℃) 95%回收温度(℃)	不高于	300 355 365						300 355 365					
密度(20℃)(kg/m³)		810~850			790~840			810~850			790~840		
脂肪酸甲脂[4] (体积分数)(%)	不大于	1.0						1.0					

注:[1] 如车用柴油中含有硝酸酯型十六烷值改进剂,10%蒸余物残炭的测定,应以不加硝酸酯的基础燃料进行。

[2] 试样注入 100mL 玻璃量筒中观察,在室温 20℃±5℃下,应当透明,没有悬浮和沉降的水分。

[3] 试样注入 100mL 玻璃量筒中观察,在室温 20℃±5℃下,应当透明,没有悬浮和沉降的杂质。

[4] 脂肪酸甲酯应满足 GB/T 20828 的要求。

3. 柴油机燃料调合用生物柴油(BD100)(GB/T 20828—2015)

生物柴油是由动植物油脂或废弃油脂与甲醇或乙醇反应制得的脂肪酸单烷基酯,最典型为脂肪酸甲酯(FAME),以 BD100 表示。适用于汽车、拖拉机、内燃机车、工程机械、发电机组等压燃式发动机燃料。

柴油机燃料调合用生物柴油(BD100)按硫含量分为 S50 和 S10 两个类别,分别是指硫含量不超过 50mg/kg 和 10mg/kg。

柴油机燃料调合用生物柴油(BD100)的技术要求 表 13-15

项目		质量指标	
		S50	S10
密度(20℃)(kg/m³)		820~900	
运动黏度(40℃)(mm²/s)		1.9~6.0	
闪点(闭口)(℃)	不低于	101	
冷滤点(℃)		报告	
硫含量(mg/kg)	不大于	50	10
残炭(质量分数)(%)	不大于	0.050	

续表 13-15

项　目		质量指标	
		S50	S10
硫酸盐灰分(质量分数)(%)	不大于	0.020	
水含量(mg/kg)	不大于	500	
机械杂质[①]		无	
铜片腐蚀(50℃,3h)(级)	不大于	1	
十六烷值	不小于	49	51
氧化安定性(110℃)(h)	不小于	6.0[②]	
酸值(以 KOH 计)(mg/g)	不大于	0.50	
甲醇含量(质量分数)(%)	不大于	0.20	
游离甘油含量(质量分数)(%)	不大于	0.020	
单甘酯含量(质量分数)(%)	不大于	0.80	
总甘油含量(质量分数)(%)	不大于	0.240	
90%回收温度(℃)	不高于	360	
一价金属(Na+K)含量(mg/kg)	不大于	5	
二价金属(Ca+Mg)含量(mg/kg)	不大于	5	
酯含量(质量分数)(%)	不小于	96.5	
磷含量(mg/kg)	不大于	10.0	

注:[①]可用目测法,即将试样注入 100mL 玻璃量筒中,在室温 20℃±5℃下观察,应当透明,没有悬浮和沉降的机械杂质。

[②]可加抗氧剂。

4. 生物柴油调合燃料(B5)(GB/T 25199—2015)

生物柴油调合燃料(B5)是以生物柴油为调合组分,与石油柴油调合而成的燃料,适用于压燃式发动机使用。生物柴油调合燃料(B5)分为 B5 普通柴油和 B5 车用柴油。

生物柴油调合燃料(B5)中使用的添加剂应无公认的有害作用。不含有任何可导致发动机无法正常工作的添加物或污染物。

(1)生物柴油调合燃料(B5)的分类

表 13-16

分类依据	类　别		
	B5 普通柴油	B5 车用柴油	
		B5 车用柴油(Ⅳ)	B5 车用柴油(Ⅴ)
按用途分	用 1%～5%(体积分数)生物柴油(BD100)与 95%～99%(体积分数)石油柴油调合而成的燃料,适用于 GB 252 中规定的拖拉机、内燃机车、工程机械、船舶和发电机组等压燃式发动机和 GB 19756 中规定的三轮汽车和低速货车	用 1%～5%(体积分数)生物柴油(BD100)与 95%～99%(体积分数)石油柴油调合而成的燃料,适用于 GB 19147 中规定的压燃式发动机汽车	
按凝点分	5 号、0 号、−10 号三个牌号	5 号、0 号、−10 号三个牌号	
	5 号适用于风险率为 10%的最低气温在 8℃以上的地区使用; 0 号适用于风险率为 10%的最低气温在 4℃以上的地区使用; −10 号适用于风险率为 10%的最低气温在−5℃以上的地区使用		

注:①可根据《各地区风险率为 10%的最低气温》选用不同牌号的生物柴油调合燃料。《各地区风险率为 10%的最低气温》见表 13-12。

②表 13-17 中 B5 车用柴油(Ⅲ)为 GB/T 25199—2014 标准中产品,保留作参考。

(2)生物柴油调合燃料(B5)的技术要求

表 13-17

项目		质量指标											
		B5 普通柴油			B5 车用柴油								
					B5 车用柴油(Ⅲ)			B5 车用柴油(Ⅳ)			B5 车用柴油(Ⅴ)		
		5 号	0 号	−10 号	5 号	0 号	−10 号	5 号	0 号	−10 号	5 号	0 号	−10 号
色度(号)	不大于	3.5			—			—			—		
氧化安定性(总不溶物)(mg/100mL)	不大于	2.5			2.5			2.5			2.5		
硫含量⑤(mg/kg)	不大于	350→50→10			350			50			10		
酸值(以 KOH 计) (g/mg)	不大于	0.09			0.09			0.09			0.09		
10%蒸余物残炭①(质量分数)(%)	不大于	0.3			0.3			0.3			0.3		
灰分 (质量分数)(%)	不大于	0.01			0.01			0.01			0.01		
铜片腐蚀(50℃,3h)(级)	不大于	1			1			1			1		
水含量(质量分数)(%)	不大于	0.030			0.035			0.030			0.030		
机械杂质②		无			无			无			无		
20℃运动黏度(mm^2/s)		3.0~8.0			2.5~8.0			2.5~8.0			2.5~8.0		
闪点(闭口) (℃)	不低于	55			55			55			55		
冷滤点③ (℃)	不高于	8	4	−5	8	4	−5	8	4	−5	8	4	−5
凝点 (℃)	不高于	5	0	−10	5	0	−10	5	0	−10	5	0	−10
十六烷值	不小于	45④			49			49			51		
20℃密度(kg/m^3)		报告			810~850			810~850			800~850		
馏程:													
50%回收温度(℃)	不高于	300			300			300			300		
90%回收温度(℃)	不高于	355			355			355			355		
95%回收温度(℃)	不高于	365			365			365			365		
生物柴油(脂肪酸甲酯,FAME)含量(体积分数)	(%)	1~5			1~5			1~5			1~5		
润滑性(HFRR),校正磨斑直径(60℃)(μm)	不大于	460			460			460			460		
多环芳烃(质量分数) (%)	不大于	—			11			11			11		

注:① 如柴油中含有硝酸酯型十六烷值改进剂,10%蒸余物残炭的测定,应以不加硝酸酯的基础燃料进行。

② 试样注入 100mL 玻璃量筒中观察,在室温 20±5℃下,应当透明,没有悬浮和沉降的机械杂质。

③ 对于调配当年 11 月 15 日至次年 3 月 15 日使用的生物柴油调合燃料(B5)时,生物柴油(BD100)冷滤点不得大于 8℃(生物柴油 BD100 应满足 GB/T 20828 的要求)。

④ 由中间基或环烷基原油生产的石油柴油调合的 B5 普通柴油十六烷值允许不小于 40。

⑤ B5 普通柴油硫含量递减执行期为:350(2017 年 6 月 30 日前);50(2017 年 12 月 31 日前);10(2018 年 1 月 1 日开始)。

(三)燃料油(SH/T 0356—1996)

燃料油分1号、2号、4号轻、4号、5号轻、5号重、6号和7号八个牌号。1号、2号为馏分燃料油,适用于家用或工业小型燃烧器上使用。1号更适用于汽化型燃烧器或用于储存条件要求低倾点燃料油的场合。

4号轻和4号是重质馏分燃料油,或者是馏分燃料油与残渣燃料油混合而成的燃料油。适用于要求该黏度范围的工业燃烧器上。

5号轻、5号重、6号和7号是黏度和馏程范围递增的残渣燃料油。适用于工业燃料器。为了装卸和正常雾化,燃料油通常需要预热。

燃料油技术指标　　表13-18

项　目		质 量 指 标							
		1号	2号	4号轻	4号	5号轻	5号重	6号	7号
闪点(闭口)(℃)	不低于	38	38	38	55	55	55	60	—
闪点(开口)(℃)	不低于	—	—	—	—	—	—	—	130
水和沉淀物(%)(V/V)	不大于	0.05	0.05	0.50	0.50	1.00	1.00	2.00	3.00
馏程(℃)									
10%回收温度	不高于	215	—	—	—	—	—	—	—
90%回收温度	不低于	—	282	—	—	—	—	—	—
	不高于	288	338	—	—	—	—	—	—
运动黏度(mm^2/s)									
40℃	不小于	1.3	1.9	1.9	5.5	—	—	—	—
	不大于	2.1	3.4	5.5	24.0	—	—	—	—
100℃	不小于	—	—	—	—	5.0	9.0	15.0	—
	不大于	—	—	—	—	8.9	14.9	50.0	185
10%蒸余物残炭(%)(m/m)	不大于	0.15	0.35	—	—	—	—	—	—
灰分(%)(m/m)	不大于	—	—	0.05	0.10	0.15	0.15	—	—
硫含量(%)(m/m)	不大于	0.50	0.50	—	—	—	—	—	—
铜片腐蚀(50℃,3h)(级)	不大于	3	3	—	—	—	—	—	—
密度(20℃)(kg/m^3)									
	不小于	—	—	872	—	—	—	—	—
	不大于	846	872	—	—	—	—	—	—
倾点(℃)	不高于	−18	−6	−6	−6	—	—	—	—

注:①各号燃料油应是均匀的烃类油,无无机酸,无过量的固体物和外来的纤维状物质。

在正常储存条件下含有残渣组分的各号燃料油应保持均质,不因重力作用而分成黏度超出该牌号范围的轻和重的两种油。

②只要储存和使用需要,可以规定较低和较高的倾点,但当规定倾点低于−18℃时,2号燃料油的粘度应不小于1.7mm^2/s,同时不控制90%的回收温度。

③如果需要低硫燃料油,6号燃料油应分等级为低倾点的(不高于+15℃)或高倾点的(不控制最高值),如果油罐和管线无加热设施,应使用低倾点的燃料油。

(四)炉用燃料油(GB 25989—2010)

炉用燃料油是均质烃类油,不含无机酸、无过量固体物质或外来纤维物,适用于各种商业或工业燃油燃烧器。

炉用燃料油分为馏分型和残渣型两类。按运动黏度分:馏分型有F-D1、F-D2两个牌号:残渣型有F-R1、F-R2、F-R3、F-R4四个牌号。其中,F代表燃料类,D代理馏分型,R代表残渣型,数字代表产品性能的区分。

在正常储存条件下,含有残渣组分的燃料油应保持均质,不因重力作用而分成超出各牌号黏度范围的轻重两种组分。

馏分型燃料油闪点低于61℃,属于危险化学品第3类易燃液体,其包装和标志应按GB 13690和GB 190进行。安全问题应符合相关法律、法规和标准的规定。

残渣型燃料油F-R1、F-R2、F-R3、F-R4的黏度和沸程是递增的,需要预热到装卸、运输和正常雾化所需要的温度下使用。使用单位应建立适当的安全防护措施。

炉用燃料油的技术要求 表13-19

序号	项目	馏分型		残渣型			
		F-D1	F-D2	F-R1	F-R2	F-R3	F-R4
1	运动黏度(mm^2/s) 40℃ 100℃	 ≤5.5 —	 >5.5~24.0 —	 — 5.0~15.0	 — >15.0~25.0	 — >25.0~50	 — >50~185
2	闪点(℃) 不低于 闭口 开口	 55 —	 60 —	 80 —	 80 —	 80 —	 — 120
3	硫含量(质量分数)[a](%) 不大于	1.0	1.5	1.5	2.5	2.5	2.5
4	水和沉淀物(体积分数)(%) 不大于	0.50	0.50	1.00[b]	1.00[b]	2.00[b]	3.0[b]
5	灰分(质量分数)(%) 不大于	0.05	0.10	报告	报告	报告	报告
6	酸值(以KOH计)(mg/g) 不大于	报告		2.0			
7	馏程(250℃回收体积分数)(%)	—		报告			
8	倾点(℃)	报告					
9	密度(20℃)(kg/m^3)	报告					
10	水溶性酸或碱	报告					

注:①表中馏分型炉用燃料油的第1项、第2项、第3项、第4项和第5项技术要求为强制性的,残渣型炉用燃料油的第1项、第2项、第3项和第6项技术要求为强制性的,其余为推荐性的。

②对炉用燃料油中钒、铝、硅、钙、锌和磷等元素的要求由供需双方协商确定。

③[a] 为了符合国家或地方环保法规要求,或为满足热处理、有色金属、玻璃和陶瓷等生产特殊使用需求,由买卖双方协商提供低硫燃料油。有争议时,以GB/T 17040为仲裁方法。

④[b] 对于水分和沉淀物总量超过1.0%的应在总量中扣除。

(五)煤油(GB 253—2008)

煤油主要用于点灯照明、各种煤油燃烧器、溶剂和洗涤剂等。根据用途和硫含量不同,分为1号煤油和2号煤油两个牌号。

1号煤油:低硫煤油,适用于点灯照明及无烟道的煤油燃烧器,可用于煤矿洗煤、铜矿提纯、金属热处理工艺和铝制器加工等方面,也可作为防锈油的基础油原料。

2号煤油:普通煤油,适用于有烟道的煤油燃烧器、清洗设备和作为溶剂使用。

煤油产品的技术要求 表13-20

项目		质量指标	
		1号	2号
色度(号)	不小于	+25	+16
硫醇硫(质量分数)(%)	不大于	0.003	
硫含量(质量分数)(%)	不大于	0.04	0.10

续表 13-20

项目		质量指标	
		1号	2号
馏程 10%馏出温度(℃) 终馏点(℃)	 不高于 不高于	 205 300	
闪点(闭口)(℃)	不低于	38	
冰点(℃)	不高于	−30	
运动黏度(40℃)(mm^2/s)		1.0～1.9	
铜片腐蚀(100℃,3h)(级)	不大于	1	
机械杂质及水分[①]		无	
水溶性酸或碱		无	
密度(20℃)(kg/m^3)	不大于	840	
燃烧性: 1)16h 试验 平均燃烧速率(g/h) 火焰宽度变化(mm) 火焰高度降低(mm) 灯罩附着物颜色 或 2)8h 试验+烟点 8h 试验 烟点(mm)	 不大于 不大于 不深于 不小于	 18～26 6 5 轻微白色 合格 25	 — — — — 合格 20

注:目测方法是:将样品注入 100mL 玻璃量筒中,在室温 20℃±5℃下观察,透明、没有悬浮和沉降物,即为无机械杂质及水分。

(六)液化石油气(GB 11174—2011)

液化石油气作为工业和民用燃料,要求具有特殊臭味以确保使用安全。当液化石油气无臭味或臭味不足时,宜加入具有明显臭味的含硫化合物配制的加臭剂。

液化石油气按组成和挥发性分为 3 个品种:商品丙烷(要求高挥发性时使用)、商品丁烷(要求低挥发性时使用)、商品丙丁烷混合物(要求中等挥发性时使用)。

1. 液化石油气的技术要求

表 13-21

项目		质量指标		
		商品丙烷	商品丙丁烷混合物	商品丁烷
密度[①](15℃)(kg/m^3)		报告		
蒸气压(37.8℃)(kPa)	不大于	1430	1380	485
组分[②] C_3 烃类组分(体积分数)(%) C_4 及 C_4 以上 烃类组分(体积分数)(%) (C_3+C_4)烃类组分(体积分数)(%) C_5 及 C_5 以上 烃类组分(体积分数)(%)	 不小于 不大于 不小于 不大于	 9.5 2.5 — —	 — — 95 3.0	 — — 95 2.0
残留物 蒸发残留物(mL/100mL) 油渍观察	 不大于 	 0.05 通过[③]		

续表 13-21

项　目		质量指标		
		商品丙烷	商品丙丁烷混合物	商品丁烷
铜片腐蚀(40℃,1h)(级)	不大于		1	
总硫含量(mg/m³)	不大于		343	
硫化氢(需满足下列要求之一) 乙酸铅法 层析法　(mg/m³)	不大于		无 10	
游离水(目测④)			无	

注:①密度也可用 GB/T 12576 方法计算,有争议时以 SH/T 0221 为仲裁方法。
②液化石油气中不允许人为加入除加臭剂以外的非烃类化合物。
③按 SY/T 7509 方法所述,每次以 0.1mL 的增量将 0.3mL 溶剂－残留物混合液滴在滤纸上,2min 后在日光下观察,无持久不退的油环为通过。
④有争议时,采用 SH/T 0221 的仪器及试验条件目测是否存在游离水。

2.液化石油气的储运要求

液化石油气属于危险化学品第 2 类第 2.3 项易燃气体,其危险性标志按 GB 13690 和 GB 190 规定。

液化石油气储存场所应符合 GB 50016 和 GB 50028 的要求,应设“易燃品,严禁烟火”等醒目的标志牌。

液化石油气应装入液化石油气储罐或液化石油气专用钢瓶储存,并按 GB 14193 规定充装钢瓶,严禁超量充装。

(七)增效液化石油气(HG/T 4098—2009)

增效液化石油气是以未添加含硫化合物的液化石油气为原料,添加增效剂后在一定时间内能够稳定、均匀存在的液化燃气。在同样条件下,增效液化石油气与原料石油液化气相比,能够提高至少 60℃ 的燃气火焰温度。增效液化石油气主要用于金属火焰切割、焊接、火焰喷涂等工艺。

1.增效液化石油气的质量和性能指标

表 13-22

项　目	指　标
火焰温度增加值(与原料液化石油气相比)(℃)	≥60
总硫含量(mg/m³)	≤15.0
残留物(质量分数)(%)	≤3
37.8℃蒸气压(kPa)	≤1430
铜片腐蚀(级)	≤Ⅰ
水分含量	无游离水

注:不应采用向原料液化石油气中添加氧化剂、水、固体不溶物等方式生产增效液化石油气。

2.增效液化石油气的包装、标志和储运要求

增效液化石油气应使用棕色气瓶。包装容器上应用白色文字标明“增效液化石油气”,增效液化石油气包装的其他要求、标志、储运及安全按 HG/T 4097—2009 的第 6 章执行。

增效液化石油气应储存于阴凉、通风的库房。远离火种、热源。库温不宜超过30℃。应与氧化剂、卤素分开存放，切忌混储。采用防爆型照明、通风设施。禁止使用易产生火花的机械设备和工具。储存区应备有泄漏应急处理设备。

3.增效液化石油气的安全警示

(1)增效液化石油气的CAS编号为68476-85-7。CAS编号的中文全称为“化学物质登录号”，由一组数字组成。通俗的说，CAS编号就是化工产品的代号。一个编号唯一对应一种物质。

(2)增效液化石油气的危险性。

健康危害：本品有麻醉作用。急性中毒有头晕、头痛、兴奋或嗜睡、恶心、呕吐、脉缓等症状；重症者可突然倒下，尿失禁，意识丧失，甚至呼吸停止。可致皮肤冻伤。慢性影响：长期接触低浓度者，可出现头痛、头晕、睡眠不佳、易疲劳、情绪不稳以及自主神经功能紊乱等。

环境危害：对环境有危害，对水体、土壤和大气可造成污染。

燃爆危险：本品易燃，具麻醉性。

危险特性：极易燃，与空气混合能形成爆炸性混合物。遇热源和明火有燃烧爆炸的危险，与氟、氯等接触会发生剧烈的化学反应。其蒸气比空气重，能在较低处扩散到相当远的地方，遇火源会着火回燃。

有害燃烧产物：一氧化碳、二氧化碳。

灭火方法：切断气源。若不能切断气源，则不允许熄灭泄漏处的火焰。喷水冷却容器，可能的话将容器从火场移至空旷处，灭火剂有雾状水、泡沫、二氧化碳。

(3)增效液化石油气泄漏的应急处理。

迅速撤离泄漏污染区人员至上风处，并进行隔离，严格限制出入。切断火源。建议应急处理人员戴自给正压式呼吸器，穿防静电工作服。不要直接接触泄漏物。尽可能切断泄漏源。用工业覆盖层或吸附/吸收剂盖住泄漏点附近的下水道等地方，防止气体进入。合理通风，加速扩散。喷雾状水稀释。漏气容器要妥善处理，修复、检验后再用。

(4)增效液化石油气的操作处置和接触控制(个体防护)限值。

操作注意事项：应在密闭系统内操作液化石油气，操作环境应通风良好。操作人员必须经过专门培训，严格遵守操作规程。建议操作人员佩戴过滤式防毒面具(半面罩)，穿防静电工作服。远离火种、热源，工作场所严禁吸烟。使用防爆型的通风系统和设备。防止气体泄漏到工作场所空气中。避免与氧化剂、卤素接触。在传送过程中，钢瓶和容器必须接地和跨接，防止产生静电。搬运时轻装轻卸，防止钢瓶及附件破损。配备相应品种和数量的消防器材及泄漏应急处理设备。

职业接触限值：中国最高允许浓度(MAC)为1 000mg/m³。

闪点：－74℃。

引燃温度：426～537℃。

爆炸上限：33%(体积分数)。

爆炸下限：5%(体积分数)。

(八)车用液化石油气(GB 19159—2012)

车用液化石油气主要用于点燃式内燃机。

车用液化石油气根据发动机正常运行所需的最小蒸气压和燃料使用的环境温度，分为－10号、－5号、0号、10号、20号共5个牌号，其中：

(1)－10号车用液化石油气应在环境温度不低于－10℃时使用。

(2)－5号车用液化石油气应在环境温度不低于－5℃时使用。

(3)0号车用液化石油气应在环境温度不低于0℃时使用。

(4)10号车用液化石油气应在环境温度不低于10℃时使用。

(5)20号车用液化石油气应在环境温度不低于20℃时使用。

车用液化石油气的技术要求 表13-23

项目		质量指标
密度(15℃)(kg/m³)		报告
马达法辛烷值MON	不小于	89.0
二烯烃(包括1,3-丁二烯)摩尔分数(%)	不大于	0.5
硫化氢		无
铜片腐蚀(40℃,1h)(级)	不大于	1
总硫含量(含赋臭剂)① (mg/kg)	不大于	50
蒸发残留物(mg/kg)	不大于	60
C5及以上组分质量分数(%)	不大于	2.0
蒸气压(40℃,表压)/kPa	不大于	1 550
最低蒸气压(表压)为150kPa的温度(℃)		
−10号	不高于	−10
−5号	不高于	−5
0号	不高于	0
10号	不高于	10
20号	不高于	20
游离水②		通过
气味		体积浓度达到燃烧下限的20%时有明显异味

注:①气味检测未通过时,需要添加赋臭剂。

②在0℃和饱和蒸气压下,目测车用液化石油气中不含游离水。允许加入不大于2 000mg/kg的甲醇,但不允许加入除甲醇外的防冰剂及其他非烃化合物。

(九)天然气(GB 17820—2012)

天然气是一种矿产资源,经过处理的,通过管道输送的天然气称为商品天然气。

天然气按高位发热量,总硫、硫化氢和二氧化碳含量分为一类、二类和三类。一类和二类气体主要用作民用燃料和工业原料或燃料,三类气体主要作为工业用气。

1.天然气的技术指标

表13-24

项目	指标		
	一类	二类	三类
高位发热量[a] (MJ/m³)	≥36.0	≥31.4	≥31.4
总硫(以硫计)[a] (mg/m³)	≤60	≤200	≤350
硫化氢[a] (mg/m³)	≤6	≤20	≤350
二氧化碳(y)(%)	≤2.0	≤3.0	—
水露点[b,c] (℃)	在交接点压力下,水露点应比输送条件下最低环境温度低5℃		

注:①[a] 气体体积的标准参比条件是101.325kPa,20℃。

②[b] 在输送条件下,当管道管顶埋地温度为0℃时,水露点应不高于−5℃。

③[c] 进入输气管道的天然气,水露点的压力应是最高输送压力。

④作为民用燃料的天然气,总硫和硫化氢含量应符合一类气或二类气的技术指标。

⑤三个类别之外的天然气,供需双方可用合同或协议来确定其具体要求。

2.天然气的使用要求

在天然气交接点的压力和温度条件下,天然气中应不存在液态烃。

天然气中固体颗粒含量应不影响天然气的输送和利用。

作为城镇燃气的天然气,应具有可以察觉的臭味。燃气中加臭剂的最小量应符合GB 50028—2006中3.2.3的规定。使用加臭剂后,当天然气泄漏到空气中,达到爆炸下限的20%时,应能察觉。城镇燃气加臭剂应符合GB 50028—2006中3.2.4的规定。

第二节　润滑油及其他油品

一、润滑油

(一)汽油机油及柴油机油

1. 汽油机油、柴油机油的名称、牌号及部分质量指标

表 13-25

名称	质量等级(品种代号)	牌号(黏度等级)	低温动力黏度(mPa·s)	边界泵送温度(℃)	低温泵送黏度(mPa·s)在无屈服应力时,不大于	100℃运动黏度(mm^2/s)	高温高剪切黏度(150℃,$10^6/s$)(mPa·s)不小于	黏度指数不小于	倾点(℃)不高于	水分(体积分数,%)不大于	泡沫性(mL/mL) 24℃	93.5℃	后24℃	150℃	闪点(开口,℃)不低于	机械杂质(质量分数,%)不大于	硫酸盐灰分[c](质量分数)(%)	硫[c]、磷[c]、氮[c](质量分数)(%)
			不大于								不大于							
汽油机油(GB 11121—2006)	SE、SF	0W−20	3 250(−30℃)	−35	—	5.6~<9.3	—	—	−40	痕迹	25/0	150/0	25/0	—	200	0.01	报告	报告
		0W−30				9.3~<12.5												
		5W−20	3 500(−25℃)	−30		5.6~<9.3			−35									
		5W−30				9.3~<12.5												
		5W−40				12.5~<16.3												
		5W−50				16.3~<21.9												
		10W−30	3 500(−20℃)	−25		9.3~<12.5			−30						205			
		10W−40				12.5~<16.3												
		10W−50				16.3~<21.9												
		15W−30	3 500(−15℃)	−20		9.3~<12.5			−23						215			
		15W−40				12.5~<16.3												
		15W−50				16.3~<21.9												
		20W−40	4 500(−10℃)	−15		12.5~<16.3			−18									
		20W−50				16.3~<21.9												
		30	—	—		9.3~<12.5		75	−15						220			
		40				12.5~<16.3		80	−10						225			
		50				16.3~<21.9			−5						230			

续表 13-25

名称	质量等级(品种代号)	牌号(黏度等级)	低温动力黏度(mPa·s) 不大于	边界泵送温度(℃) 不大于	低温泵送黏度(mPa·s)在无屈服应力时,不大于	100℃运动黏度(mm^2/s)	高温高剪切黏度(150℃,$10^6/s$)(mPa·s)不小于	黏度指数 不小于	倾点(℃) 不高于	水分(体积分数,%) 不大于	泡沫性(mL/mL) 24℃ 不大于	泡沫性(mL/mL) 93.5℃ 不大于	泡沫性(mL/mL) 后24℃ 不大于	泡沫性(mL/mL) 150℃ 不大于	闪点(开口,℃) 不低于	机械杂质(质量分数,%) 不大于	硫酸盐灰分[c](质量分数)(%)	硫[c]、磷[c]、氮[c](质量分数)(%)
汽油机油(GB 11121—2006)	SG、SH、GF-1[a]、SJ、GF-2[b]、SL、GF-3	0W—20	6 200 (−35℃)	—	60 000 (−40℃)	5.6~<9.3	2.6	—	−40	痕迹	10/0	50/0	10/0	SG、SH、GF-1报告:	200	0.01	报告	硫、氮报告
		0W—30				9.3~<12.5	2.9											
		5W—20	6 600 (−30℃)		60 000 (−35℃)	5.6~<9.3	2.6		−35									
		5W—30				9.3~<12.5	2.9											
		5W—40				12.5~<16.3	2.9											
		5W—50				16.3~<21.9	3.7											
		10W—30	7 000 (−25℃)		60 000 (−30℃)	9.3~<12.5	2.9		−30					SJ、GF-2为200/50	205			SG[f]、SH[f]、GF-1磷含量≤0.12
		10W—40				12.5~<16.3	2.9											
		10W—50				16.3~<21.9	3.7											
		15W—30	7 000 (−20℃)		60 000 (−25℃)	9.3~<12.5	2.9		−25					SL、GF-3为100/0	215			SJ[g]、GF-2、SL[h]、GF-3[h]磷含量≤0.10
		15W—40				12.5~<16.3	3.7											
		15W—50				16.3~<21.9	3.7											
		20W—40	9 500 (−15℃)		60 000 (−20℃)	12.5~<16.3	3.7		−20									
		20W—50				16.3~<21.9												
		30	—		—	9.3~<12.5	—	75	−15						220			
		40				12.5~<16.3		80	−10						225			
		50				16.3~<21.9			−5						230			

续表 13-25

名称	质量等级（品种代号）	牌号（黏度等级）	低温动力黏度（mPa·s）	边界泵送温度（℃）	低温泵送黏度（mPa·s）在无屈服应力时，不大于	100℃运动黏度（mm^2/s）	高温高剪切黏度（150℃，$10^6/s$）（mPa·s）不小于	黏度指数不小于	倾点（℃）不高于	水分（体积分数，%）不大于	泡沫性（mL/mL）				闪点（开口，℃）不低于	机械杂质（质量分数，%）不大于	硫酸盐灰分[c]（质量分数）（%）	硫[c]、磷[c]、氮[c]（质量分数）（%）
			不大于								24℃	93.5℃	后24℃	150℃				
											不大于							
柴油机油（GB 11122—2006）	CC[d]、CD	0W−20	3 250（−30℃）	−35	—	5.6～<9.3	2.6	—	−40	痕迹	25/0	150/0	25/0		200	0.01	报告	报告
		0W−30				9.3～<12.5	2.9											
		0W−40				12.5～<16.3	2.9											
		5W−20	3 500（−25℃）	−30		5.6～<9.3	2.6		−35									
		5W−30				9.3～<12.5	2.9											
		5W−40				12.5～<16.3	2.9											
		5W−50				16.3～<21.9	3.7											
		10W−30	3 500（−20℃）	−25		9.3～<12.5	2.9		−30						205			
		10W−40				12.5～<16.3	2.9											
		10W−50				16.3～<21.9	3.7											
		15W−30	3 500（−15℃）	−20		9.3～<12.5	2.9		−23						215			
		15W−40				12.5～<16.3	3.7											
		15W−50				16.3～<21.9	3.7											
		20W−40	4 500（−10℃）	−15		12.5～<16.3	3.7		−18									
		20W−50				16.3～<21.9	3.7											
		20W−60				21.9～<26.1	3.7											
		30	—	—		9.3～<12.5	—	75	−15	—	—	—	—	—	220	—	—	—
		40				12.5～<16.3		80	−10						225			
		50				16.3～<21.9			−5						230			
		60				21.9～<26.1									240			

续表 13-25

名称	质量等级(品种代号)	牌号(黏度等级)	低温动力黏度(mPa·s)	边界泵送温度(℃)	低温泵送黏度(mPa·s)在无屈服应力时,不大于	100℃运动黏度(mm²/s)	高温高剪切黏度(150℃,10⁶/s)(mPa·s)	黏度指数	倾点(℃)	水分(体积分数,%)	泡沫性(mL/mL)				闪点(开口,℃)	机械杂质(质量分数,%)	硫酸盐灰分[c](质量分数)(%)	硫[c]、磷[c]、氮[c](质量分数)(%)
											24℃	93.5℃	后24℃	150℃				
			不大于				不小于	不小于	不高于	不大于	不大于				不低于	不大于		
柴油机油(GB 11122—2006)	CF、CF-4、CH-4、CI-4[e]	0W－20	6 200(－35℃)	—	60 000(－40℃)	5.6～<9.3	2.6	—	－40	痕迹	CF、CF-4 20/0;CH-4、CI-4、10/0	CF、CF-4 50/0;CH-4、CI-4、20/0	CF、CF-4 20/0;CH-4、CI-4、10/0		200	0.01	报告	报告
		0W－30				9.3～<12.5	2.9											
		0W－40				12.5～<16.3	2.9											
		5W－20	6 600(－30℃)		60 000(－35℃)	5.6～<9.3	2.6		－35									
		5W－30				9.3～<12.5	2.9											
		5W－40				12.5～<16.3	2.9											
		5W－50				16.3～<21.9	3.7											
		10W－30	7 000(－25℃)		60 000(－30℃)	9.3～<12.5	2.9		－30						205			
		10W－40				12.5～<16.3	2.9											
		10W－50				16.3～<21.9	3.7											
		15W－30	7 000(－20℃)		60 000(－25℃)	9.3～<12.5	2.9		－25						215			
		15W－40				12.5～<16.3	3.7											
		15W－50				16.3～<21.9	3.7											
		20W－40	9 500(－15℃)		60 000(－20℃)	12.5～<16.3	3.7		－20									
		20W－50				16.3～<21.9												
		20W－60				21.9～<26.1												
		30	—		—	9.3～<12.5	—	75	－15	—	—	—	—		220	—	—	—
		40				12.5～<16.3		80	－10						225			
		50				16.3～<21.9			－5						230			
		60				21.9～<26.1									240			

注:①[a] 汽油机油 GF-1 品种 10W 黏度等级低温动力黏度和低温泵送黏度的试验温度均升高 5℃,指标分别为:不大于 3 500mPa·s 和 30 000mPa·s。

②[b] 汽油机油 GF-2 品种 10W 黏度等级低温动力黏度的试验温度升高 5℃,指标为:不大于 3 500mPa·s。

③[c] 生产厂家在每批产品出厂时应向用户或经销商报告硫、磷、氮和硫酸盐灰分的实测值,有争议时以发动机台架试验结果为准。

④[d] CC 品种柴油机油,不要求测定高温高剪切黏度。

⑤[e] 柴油机油 CI-4 所有黏度等级的高温高剪切黏度均为不小于 3.5mPa·s,但当 SAE J300 指标高于 3.5mPa·s 时,允许以 SAE J300 为准。

⑥[f] 汽油机油 SG、SH 品种磷含量指标仅适用于 5W－30 和 10W－30 黏度等级。

⑦[g] 汽油机油 SJ 品种磷含量指标仅适用于 0W－20、5W－20、5W－30 和 10W－30 黏度等级。

⑧[h] 汽油机油 SL、GF-3 品种磷含量指标仅适用于 0W－20、5W－20、0W－30、5W－30 和 10W－30 黏度等级。

2. 汽油机油和柴油机油的产品标记

(1)汽油机油产品标记为：

质量等级　黏度等级　汽油机油

例如：SF 10W－30 汽油机油、SE 30 汽油机油。

(2)柴油机油产品标记为：

质量等级　黏度等级　柴油机油

例如：CD 10W－30 柴油机油、CC 30 柴油机油。

(3)通用内燃机油产品标记为：

汽油机油质量等级/柴油机油质量等级　黏度等级　通用内燃机油　或

柴油机油质量等级/汽油机油质量等级　黏度等级　通用内燃机油

例如：SJ/CF-4 5W－30 通用内燃机油或 CF-4/SJ 5W－30 通用内燃机油，前者表示其配方首先满足 SJ 汽油机油要求，后者表示其配方首先满足 CF-4 柴油机油要求，两者均需同时符合本标准中 CF-4 柴油机油和 GB 11121 中 SJ 汽油机油的全部质量指标。

3. 汽油机油和柴油机油的特性和使用条件(GB/T 28772—2012)

表 13-26

应用范围	品种代号	特性和使用场合
汽油机油	SE	用于轿车和某些货车的汽油机以及要求使用 API SE、SD①级油的汽油机。此种油品的抗氧化性能及控制汽油机高温沉积物、锈蚀和腐蚀的性能优于 SD①或 SC①
	SF	用于轿车和某些货车的汽油机以及要求使用 API SF、SE 级油的汽油机。此种油品的抗氧化和抗磨损性能优于 SE，同时还具有控制汽油机沉积、锈蚀和腐蚀的性能，并可代替 SE
	SG	用于轿车、货车和轻型卡车的汽油机以及要求使用 API SG 级油的汽油机。SG 质量还包括 CC 或 CD 的使用性能。此种油品改进了 SF 级油控制发动机沉积物、磨损和油的氧化性能，同时还具有抗锈蚀和腐蚀的性能，并可代替 SF、SF/CD、SE 或 SE/CC
	SH、GF-1	用于轿车、货车和轻型卡车的汽油机以及要求使用 API SH 级油的汽油机。此种油品在控制发动机沉积物、油的氧化、磨损、锈蚀和腐蚀等方面的性能优于 SG，并可代替 SG。 GF-1 与 SH 相比，增加了对燃料经济性的要求
	SJ、GF-2	用于轿车、运动型多用途汽车、货车和轻型卡车的汽油机以及要求使用 API SJ 级油的汽油机。此种油品在挥发性、过滤性、高温泡沫性和高温沉积物控制等方面的性能优于 SH。可代替 SH，并可在 SH 以前的“S”系列等级中使用。 GF-2 与 SJ 相比，增加了对燃料经济性的要求，GF-2 可代替 GF-1
	SL、GF-3	用于轿车、运动型多用途汽车、货车和轻型卡车的汽油机以及要求使用 API SL 级油的汽油机。此种油品在挥发性、过滤性、高温泡沫性和高温沉积物控制等方面的性能优于 SJ。可代替 SJ，并可在 SJ 以前的“S”系列等级中使用。 GF-3 与 SL 相比，增加了对燃料经济性的要求，GF-3 可代替 GF-2
	SM、GF-4	用于轿车、运动型多用途汽车、货车和轻型卡车的汽油机以及要求使用 API SM 级油的汽油机。此种油品在高温氧化和清净性能、高温磨损性能以及高温沉积物控制等方面的性能优于 SL。可代替 SL，并可在 SL 以前的“S”系列等级中使用。 GF-4 与 SM 相比，增加了对燃料经济性的要求，GF-4 可代替 GF-3
	SN、GF-5	用于轿车、运动型多用途汽车、货车和轻型卡车的汽油机以及要求使用 API SN 级油的汽油机。此种油品在高温氧化和清净性能、低温油泥以及高温沉积物控制等方面的性能优于 SM。可代替 SM，并可在 SM 以前的“S”系列等级中使用。 对于资源节约型 SN 油品，除具有上述性能外，强调燃料经济性、对排放系统和涡轮增压器的保护以及与含乙醇最高达 85%的燃料的兼容性能。 GF-5 与资源节约型 SN 相比对，性能基本一致，CF-5 可代替 CF-4

续表 13-26

应用范围	品种代号	特性和使用场合
柴油机油	CC	用于中负荷及重负荷下运行的自然吸气、涡轮增压和机械增压式柴油机以及一些重负荷汽油机。对于柴油机具有控制高温沉积物和轴瓦腐蚀的性能,对于汽油机具有控制锈蚀、腐蚀和高温沉积物的性能
	CD	用于需要高效控制磨损及沉积物或使用包括高硫燃料自然吸气、涡轮增压和机械增压式柴油机以及要求使用 API CD 级油的柴油机。具有控制轴瓦腐蚀和高温沉积物的性能,并可代替 CC
	CF	用于非道路间接喷射式柴油发动机和其他柴油发动机,也可用于需有效控制活塞沉积物、磨损和含铜轴瓦腐蚀的自然吸气、涡轮增压和机械增压式柴油机。能够使用硫的质量分数大于 0.5%的高硫柴油燃料,并可代替 CD
	CF-2	用于需高效控制气缸、环表面胶合和沉积物的二冲程柴油发动机,并可代替 CD-Ⅱ[a]
	CF-4	用于高速、四冲程柴油发动机以及要求使用 API CF-4 级油的柴油机,特别适用于高速公路行驶的重负荷卡车,此种油品在机油消耗和活塞沉积物控制等方面的性能优于 CE[a],并可代替 CE[a]、CD 和 CC
	CG-4	用于可在高速公路和非道路使用的高速、四冲程柴油发动机。能够使用硫的质量分数小于 0.05%～0.5%的柴油燃料。此种油品可有效控制高温活塞沉积物、磨损、腐蚀、泡沫、氧化和烟炱的累积,并可代替 CF-4、CE①、CD 和 CC
	CH-4	用于高速、四冲程柴油发动机。能够使用硫的质量分数不大于 0.5%的柴油燃料。即使在不利的应用场合,此种油品可凭借其在磨损控制、高温稳定性和烟炱控制方面的特性有效地保持发动机的耐久性;对于非铁金属的腐蚀、氧化和不溶性的增稠、泡沫性以及由于剪切所造成的黏度损失可提供最佳的保护。其性能优于 CG-4,并可替换 CG-4、CF-4、CE①、CD 和 CC
	CI-4	用于高速、四冲程柴油发动机。能够使用硫的质量分数不大于 0.5%的柴油燃料。此种油品在装有废气再循环装置的系统里使用可保持发动机的耐久性。对于腐蚀性和与烟炱有关的磨损倾向、活塞沉积物,以及由于烟炱累积所引起的粘温性变差、氧化增稠、机油消耗、泡沫性、密封材料的适应性降低和由于剪切所造成的黏度损失可提供最佳的保护。其性能优于 CH-4,并可替换 CH-4、CG-4、CF-4、CE①、CD 和 CC
	CJ-4	用于高速、四冲程柴油发动机。能够使用硫的质量分数不大于 0.05%的柴油燃料。对于使用废气后处理系统的发动机,如使用硫的质量分数大于 0.0015%的燃料,可能会影响废气后处理系统的耐久性和/或机油的换油期。此种油品在装有微粒过滤器和其他后处理系统里使用可特别有效地保持排放控制系统的耐久性。对于催化剂中毒的控制、微粒过滤器的堵塞、发动机磨损、活塞沉积物、高低温稳定性、烟炱处理特性、氧化增稠、泡沫性和由于剪切所造成的黏度损失可提供最佳的保护。其性能优于 CI-4,并可替换 CI-4、CH-4、CG-4、CF-4、CE①、CD 和 CC
农用柴油机油	—	用于以单缸柴油机为动力的三轮汽车(原三轮农用运输车)、手扶变型运输机、小型拖拉机,还可用于其他以单缸柴油机为动力的小型农机具,如抽水机、发电机等。具有一定的抗氧、抗磨性能和清净分散性能

注:[a]SD、SC、CD-Ⅱ和 CE 已经废止。

4. 汽油机油和柴油机油的换油指标

确定润滑油换油较现代的方法是换油指标法,即按标准规定的试验方法测定该油的某些技术指标,当使用中的油品有一项指标达到换油指标时,应更换新油。

(1)汽油机油的换油指标技术要求(GB/T 8028—2010)

表 13-27

项　　目	换油指标	
	SE、SF	SG、SH、SJ(SJ/GF-2)、SL(SL/GF-3)
运动黏度变化率(100℃)(%)	＞±25	＞±20
闭点(闭口)(℃)	＜100	
(碱值－酸值)(以 KOH 计)(mg/g)	—	＜0.5
燃油稀释(质量分数)(%)	—	＞5.0
酸值(以 KOH 计)(mg/g) 增加值	＞2.0	
正戊烷不溶物(质量分数)(%)	＞1.5	
水分(质量分数)(%)	＞0.2	
铁含量(μg/g)	＞150	＞70
铜含量(μg/g) 增加值	—	＞40
铝含量(μg/g)	—	＞30
硅含量(μg/g) 增加值	—	＞30

注:①GB/T 11137 的试验方法为运动黏度变化率的仲裁方法。
②执行本表的汽油发动机技术状况和使用情况正常。
③运动黏度变化率 η(%)按下式计算:

$$\eta=\frac{v_2-v_1}{v_1}\times 100\%$$

式中:v_1——新油运动黏度实测值(mm^2/s);
v_2——使用中油运动黏度实测值(mm^2/s)。

(2)柴油机油的换油指标技术要求(GB/T 7607—2010)

表 13-28

项　　目		换油指标			
		CC	CD、SF/CD	CF-4	CH-4
运动黏度变化率(100℃)(%)	超过	±25		±20	
闭点(闭口)(℃)	低于	130			
碱值下降率(%)	大于	50[b]			
酸值增值(以 KOH 计)(mg/g)	大于	2.5			
正戊烷不溶物质量分数(%)	大于	2.0			
水分(质量分数)(%)	大于	0.20			
铁含量(μg/g)	大于	200 100[a]	150 100[a]	150	
铜含量(μg/g)	大于	—	—	50	
铝含量(μg/g)	大于	—	—	30	
硅含量(增加值)(μg/g)	大于	—	—	30	

注:①执行本标准的柴油发动机技术状况和使用情况正常。
②[a] 适合于固定式柴油机。
③[b] 采用同一检测方法。
④运动黏度变化率计算公式同汽油机油。

(二)其他润滑油

1. 其他润滑油的名称、牌号、部分质量指标及用途

表 13-29

名称	标准号	牌号	100℃运动黏度(mm^2/s)	黏度指数 不小于	闪点(开口,℃) 不低于	凝点(倾点)(℃) 不高于	含机械杂质(%) 不大于	成沟点(%) 不高于	水分(%) 不大于	表观黏度150Pa·s时的温度(℃) 不高于	主要用途
重负荷车辆齿轮油GL—5	GB 13895—1992	75W	≥4.1	报告	150	报告	0.05	−45	痕迹	−40	适用于在高速冲击负荷,高速低扭矩和低速高扭矩工况下使用的车辆齿轮,特别是客车和其他各种车辆的准双曲面齿轮驱动桥,也可用于手动变速器的润滑。 严寒区适用75W,寒区适用80W/90,全国全年通用85W/90,长江以南全年通用90
		80W/90	13.5～<24	报告	165		0.05	−35		−26	
		85W/90	13.5～<24	报告	165		0.05	−20		−12	
		85W/140	24～<41	报告	180		0.05	−20		−12	
		90	13.5～<24	75	180		0.05	−17.8		—	
		140	24～<41	75	200		0.05	−6.7		—	
GL—3普通车辆齿轮油	SH 0350—1992(98)	80W/90	15～19	—	170	(−28)	0.05		痕迹	−26	适用于汽车手动变速箱和螺旋伞齿轮后桥的润滑。长城以北通用80W/90,长城以南通用90或85W/90
		85W/90	15～19	—	180	(−18)	0.02			−12	
		90	15～19	90	190	(−10)	0.02			—	
普通开式齿轮油	SH 0363—1992(98)	68	60～75		200						适用于开式齿轮、链条和钢丝绳的润滑
		100	90～110		200						
		150	135～165		200						
		220	200～245		210						
		320	290～350		210						

续表 13-29

名称	标准号	牌号	黏度等级（按 GB 3141—1994）	运动黏度（mm^2/s）		倾点(℃)不高于	闪点(开口,℃)不低于	抗乳化性(40—37—3)(min)不大于		水分(%)不大于	含机械杂质(%)不大于	主 要 用 途
				40℃	100℃			54℃	82℃			
			32	28.8～35.2			175					适用于有油润滑的活塞式和滴油回转式空气压缩机。L-DAA 用于轻负荷空气压缩机；L-DAB 用于中负荷空气压缩机
			46	41.6～50.6			185					
		L-DAA	68	61.2～74.8	报告	−9	195	—	—	痕迹	0.01	
			100	90～110			205					
			150	135～165		−3	215					
空气压缩机油	GB 12691—1990		32	28.8～35.2			175					
			46	41.6～50.6			185	30	—			
		L-DAB	68	61.2～74.8	报告	−9	195			痕迹	0.01	
			100	90～110			205	—	30			
			150	135～165		−3	215					

续表 13-29

名称	标准号	牌号	40℃运动黏度(mm^2/s)	黏度指数不小于	闪点(开口,℃)不低于	凝点(倾点)(℃)不高于	含机械杂质(%)不大于	腐蚀试验(铜片,100℃,3h,级)不大于	水分(%)不大于	残碳(%)不大于	主要用途
轻负荷喷油回转式空气压缩机油	GB 5904—1986	N15	13.5~16.5	90	165	(−9)	0.01	1	痕迹	报告	用于排气温度小于100℃,有效工作压力小于800kPa的轻负荷喷油内冷回转式空气压缩机
		N22	19.8~24.2	90	175	(−9)	0.01	1	痕迹	报告	
		N32	28.8~35.2	90	190	(−9)	0.01	1	痕迹	报告	
		N46	41.4~50.6	90	200	(−9)	0.01	1	痕迹	报告	
		N68	61.2~74.8	90	210	(−9)	0.01	1	痕迹	报告	
		N100	90~100	90	220	(−9)	0.01	1	痕迹	报告	
全损耗系统用油(机械油)L-AN	GB 443—1989	5	4.14~5.06		80	(−5)	无	1	痕迹	—	对润滑油无特殊要求的锭子、轴承、齿轮和其他低负荷机械部件的润滑。常用牌号32、46、68。 32用于中小型电机、机床和一般液压系统。 46用于中型电机和普通机床。 68用于重型机床、大型水泵等
		7	6.12~7.48		110	(−5)	无	1	痕迹	—	
		10	9~11		130	(−5)	无	1	痕迹	—	
		15	13.5~16.5		150	(−5)	0.005	1	痕迹	—	
		22	19.8~24.2		150	(−5)	0.005	1	痕迹	—	
		32	28.8~35.2		150	(−5)	0.007	1	痕迹	—	
		46	41.4~50.6		160	(−5)	0.007	1	痕迹	—	
		68	61.2~74.8		160	(−5)	0.007	1	痕迹	—	
		100	90~110		180	(−5)	0.007	1	痕迹	—	
		150	135~165		180	(−5)	0.007	1	痕迹	—	
仪表油	SH/T 0138—1994		9~11		125	−60	无		0.9	无	适用于各种仪表(包括低温下操作)的润滑
导轨油	SH/T 0361—1998	32	28.8~35.2	报告	150	−9	无		报告	痕迹	用于各种精密机床导轨的润滑,以及冲击振动(或负荷)润滑摩擦点的润滑,特别适应于工作台导轨在低速滑动时能减少其"爬行"滑动现象
		46	41.4~50.6	报告	160	−9	无		报告	痕迹	
		68	61.2~74.8	报告	180	−9	无		报告	痕迹	
		100	90~110	报告	180	−9	无		报告	痕迹	
		150	135~165	报告	180	−9	无		报告	痕迹	
		220	198~242	报告	180	−3	0.01		报告	痕迹	
		320	288~352	报告	180	−3	0.01		报告	痕迹	

2.压缩室有油润滑的往复式空气压缩机的用油选择

表 13-30

负 荷	用油品种代号 L-	操作条件	
轻	DAA	间断运转 连续运转	每次运转周期之间有足够的时间进行冷却 ——压缩机开停频繁 ——排气量反复变化 a)排气压力≤1 000kPa,排气温度≤160℃,级压力比<3∶1 或 b)排气压力>1 000kPa,排气温度≤140℃,级压力比≤3∶1
中	DAB	间断运转 连续运转	每次运转周期之间有足够的时间进行冷却 a)排气压力≤1 000kPa,排气温度>160℃ 或 b)排气压力>1 000kPa,排气温度>140℃,但≤160℃ 或 c)级压力比>3∶1
重	DAC	间断运转 或 连续运转	当达到上述中负荷使用条件,而预期用中负荷油(DAB)在压缩机排气系统严重形成积炭沉淀物的,则应选用重负荷油(DAC)
轻	DAG	空气和空气-油排出温度<90℃,空气排出压力<800kPa	
中	DAH	空气和空气-油排出温度<100℃,空气排出压力 800～1 500kPa 或 空气和空气-油排出温度 100～110℃,空气排出压力<800kPa	
重	DAJ	空气和空气-油排出温度>100℃,空气排出压力<800kPa 或 空气和空气-油排出温度≥100℃,空气排出压力 800～1 500kPa 或 空气排出压力>1 500kPa	

注:①在使用条件较缓和情况下,轻负荷(DAG)油可以用于空气排出压力大于 800kPa 的场合。
②以上选自 GB/T 7631.9—1997。

3.轻负荷喷油回转式空气压缩机的换油指标(NB/SH/T 0538—2013)

表 13-31

项 目		换油指标
40℃运动黏度变化率(%)	超过	±10
酸值增加值(mgKOH/g)	大于	0.2
正戊烷不溶物(质量分数)(%)	大于	0.2
氧化安定性(旋转氧弹,150℃)(min)	小于	50
水分(质量分数)(%)	大于	0.1

注:①运动黏度、酸值、正戊烷不溶物、水分每 500 小时(工作时间)测定一次;氧化安定性每 1 000 小时(工作时间)测定一次。
②运动黏度变化率计算公式同汽油机油。
③当使用中的空气压缩机油有一项指标达到本表要求时,应采取相应的维护措施或更换新油。

二、液压油(GB 11118.1—2011)

液压油适用于在流体静液压系统中使用,分为 L-HL 抗氧防锈液压油、L-HM 抗磨液压油(高压、普通)、L-HV 低温液压油、L-HS 超低温液压油和 L-HG 液压导轨油五个品种。

1. L-HL 抗氧防锈液压油的技术要求

表 13-32

项　　目		质量指标						
黏度等级(GB/T 3141)		15	22	32	46	68	100	150
20℃密度(kg/m³)		报告						
色度(号)		报告						
外观		透明						
闪点(开口)(℃)	不低于	140	165	175	185	195	205	215
运动黏度(mm²/s)								
40℃		13.5～16.5	19.8～24.2	28.8～35.2	41.4～50.6	61.2～74.8	90～110	135～165
0℃	不大于	140	300	420	780	1 400	2 560	—
黏度指数	不小于	80						
倾点[①](℃)	不高于	−12	−9	−6	−6	−6	−6	−6
酸值(以 KOH 计)(mg/g)		报告						
水分(质量分数)(%)	不大于	痕迹						
机械杂质		无						
清洁度[②]		—						
铜片腐蚀(100℃,3h,级)	不大于	1						
液相锈蚀 24h		无锈						
泡沫性(泡沫倾向/泡沫稳定性)(mL/mL)								
程序Ⅰ(24℃)	不大于	150/0						
程序Ⅱ(93.5℃)	不大于	75/0						
程序Ⅲ(后 24℃)	不大于	150/0						
50℃空气释放值(min)	不大于	5	7	7	10	12	15	25
密封适应性指数	不大于	14	12	10	9	7	6	报告
抗乳化性(乳化液到 3mL 的时间)(min)								
54℃	不大于	30	30	30	30	30	—	—
82℃	不大于	—	—	—	—	—	30	30
氧化安定性[③]								
1 000h 后总酸值(以 KOH 计)(mg/g)	不大于	—	2.0					
1 000h 后油泥/mg		—	报告					
旋转氧弹(150℃)(min)		报告	报告					
磨斑直径(392N,60min,75℃,1 200r/min)(mm)		报告						

注:①用户有特殊要求时,可与生产单位协商。

②由供需双方协商确定,也包括用 NAS 1638 分级。

③黏度等级为 15 的油不测定,但所含抗氧剂类型和量应与产品定型时黏度等级为 22 的试验油样相同。

2. L-HM抗磨液压油(高压、普通)的技术要求

表 13-33

项目	质量指标									
	L-HM(高压)				L-HM(普通)					
黏度等级(GB/T 3141)	32	46	68	100	22	32	46	68	100	150
20℃密度(kg/m³)	报告				报告					
色度(号)	报告				报告					
外观	透明				透明					
闪点(℃)开口 不低于	175	185	195	205	165	175	185	195	205	215
运动黏度(mm²/s) 40℃	28.8~35.2	41.4~50.6	61.2~74.8	90~110	19.8~24.2	28.8~35.2	41.4~50.6	61.2~74.8	90~110	135~165
0℃ 不大于	—	—	—	—	300	420	780	1 400	2 560	—
黏度指数 不小于	95				85					
倾点[1](℃) 不高于	-15	-9	-9	-9	-15	-15	-9	-9	-9	-9
酸值(以KOH计)(mg/g)	报告				报告					
水分(质量分数)(%) 不大于	痕迹				痕迹					
机械杂质	无				无					
清洁度[2]	—				—					
铜片腐蚀(100℃,3h,级) 不大于	1				1					
硫酸盐灰分(%)	报告				报告					
液相锈蚀(24h) A法	—				无锈					
B法	无锈				—					
泡沫性(泡沫倾向/泡沫稳定性)(mL/mL) 程序Ⅰ(24℃) 不大于	150/0				150/0					
程序Ⅱ(93.5℃) 不大于	75/0				75/0					
程序Ⅲ(后24℃) 不大于	150/0				150/0					
空气释放值(50℃)(min) 不大于	6	10	13	报告	5	6	10	13	报告	报告
抗乳化性(乳化液到3mL的时间)(min) 54℃ 不大于	30	30	30	—	30	30	30	30	—	—
82℃ 不大于	—	—	—	30	—	—	—	—	30	30
密封适应性指数 不大于	12	10	8	报告	13	12	10	8	报告	报告
氧化安定性 1 500h后总酸值(以KOH计)(mg/g) 不大于	2.0				—					
1 000h后总酸值(以KOH计)(mg/g) 不大于	—				2.0					
1 000h后油泥(mg)	报告				报告					
旋转氧弹(150℃)(min)	报告				报告					

续表 13-33

项目			质量指标									
			L-HM(高压)				L-HM(普通)					
黏度等级(GB/T 3141)			32	46	68	100	22	32	46	68	100	150
抗磨性	齿轮机试验(失效级)	不小于	10	10	10	10	—	10	10	10	10	10
	叶片泵试验(100h,总失重)(mg)③	不大于	—	—	—	—	100	100	100	100	100	100
	磨斑直径(392N,60min,75℃,1 200r/min)(mm)		报告				报告					
	双泵(T6H20C)试验③ 叶片和柱销总失重(mg)	不大于	15				—					
	柱塞总失重(mg)	不大于	300									
水解安定性												
	铜片失重(mg/cm²)	不大于	0.2				—					
	水层总酸度(以 KOH 计)(mg)	不大于	4.0				—					
	铜片外观		未出现灰、黑色				—					
热稳定性(135℃,168h)												
	钢棒失重(mg/200mL)	不大于	10				—					
	钢棒失重(mg/200mL)		报告				—					
	总沉渣重(mg/100mL)	不大于	100				—					
	40℃运动黏度变化率(%)		报告				—					
	酸值变化率(%)		报告				—					
	铜棒外观		报告				—					
	钢棒外观		不变色				—					
过滤性(s)												
	无水	不大于	600				—					
	2%水④	不大于	600				—					
剪切安定性(250 次循环后,40℃运动黏度下降率)(%)		不大于	1									

注:①用户有特殊要求时,可与生产单位协商。

②由供需双方协商确定。也包括用 NAS 1638 分级。

③对于 L-HM(普通)油,在产品定型时,允许只对 L-HM 22(普通)进行叶片泵试验,其他各黏度等级油所含功能剂类型和量应与产品定型时 L-HM 22(普通)试验油样相同。对于 L-HM(高压)油,在产品定型时,允许只对 L-HM 32(高压)进行齿轮机试验和双泵试验,其他各黏度等级油所含功能剂类型和量应与产品定型时 L-HM 32(高压)试验油样相同。

④有水时的过滤时间不超过无水时的过滤时间的两倍。

3. L-HV 低温液压油的技术要求

表 13-34

项目		质量指标						
黏度等级(GB/T 3141)		10	15	22	32	46	68	100
密度(20℃)(kg/m³)		报告						
色度(号)		报告						
外观		透明						
闪点(℃)								
开口	不低于	—	125	175	175	180	180	190
闭口	不低于	100	—	—	—	—	—	—
运动黏度(40℃)(mm²/s)		9.0~11.0	13.5~16.5	19.8~24.2	28.8~35.2	41.4~50.6	61.2~74.8	90~110

续表 13-34

项　　目	质 量 指 标						
黏度等级(GB/T 3141)	10	15	22	32	46	68	100
运动黏度 1 500mm²/s 时的温度(℃)　不高于	−33	−30	−24	−18	−12	−6	0
黏度指数　不小于	130	130	140	140	140	140	140
倾点[1](℃)　不高于	−39	−36	−36	−33	−33	−30	−21
酸值(以 KOH 计)(mg/g)	报告						
水分(质量分数)(%)　不大于	痕迹						
机械杂质	无						
清洁度[2]	—						
铜片腐蚀(100℃,3h)(级)不大于	1						
硫酸盐灰分(%)	报告						
液相锈蚀(24h)	无锈						
泡沫性(泡沫倾向/泡沫稳定性)(mL/mL) 程序Ⅰ(24℃)　不大于 程序Ⅱ(93.5℃)　不大于 程序Ⅲ(后 24℃)　不大于	 150/0 75/0 150/0						
空气释放值(50℃)(min) 不大于	5	5	6	8	10	12	15
抗乳化性(乳化液到 3mL 的时间)(min) 54℃　不大于 82℃　不大于	 30 —	 30 —	 30 —	 30 —	 30 —	 30 —	 — 30
剪切安定性(250 次循环后,40℃运动黏度下降率)(%)　不大于	10						
密封适应性指数　不大于	报告	16	14	13	11	10	10
氧化安定性[3] 1 500h 后总酸值(以 KOH 计)(mg/g)　不大于 1 000h 后油泥/mg	 — —	 — —	 2.0 报告				
旋转氧弹(150℃)(min)	报告	报告	报告				
抗磨性　齿轮机试验[4](失效级)　不小于	—	—	—	10	10	10	10
抗磨性　磨斑直径(392N,60min,75℃,1 200r/min)(mm)	报告						
抗磨性　双泵(T6H20C)试验[4] 叶片和柱销总失重(mg)　不大于 柱塞总失重(mg)　不大于	 — —	 — —	 — —	 15 300			
水解安定性 铜片失重(mg/cm²)　不大于 水层总酸度(以 KOH 计)(mg)　不大于 铜片外观	 0.2 4.0 未出现灰、黑色						

续表 13-34

项　目	质量指标						
黏度等级(GB/T 3141)	10	15	22	32	46	68	100
热稳定性(135℃,168h) 铜棒失重(mg/200mL) 不大于 钢棒失重(mg/200mL) 总沉渣重(mg/100mL) 不大于 40℃运动黏度变化率(%) 酸值变化率(%) 铜棒外观 钢棒外观	 10 报告 100 报告 报告 报告 不变色						
过滤性(s) 无水　不大于 2%水[5]　不大于	 600 600						

注:[1]用户有特殊要求时,可与生产单位协商。

[2]由供需双方协商确定。也包括用 NAS 1638 分级。

[3]黏度等级为 10 和 15 的油不测定,但所含抗氧剂类型和量应与产品定型黏度等级为 22 的试验油样相同。

[4]在产品定型时,允许只对 L-HV 32 油进行齿轮机试验和双泵试验,其他各黏度等级所含功能剂类型和量应与产品定型时黏度等级为 32 的试验油样相同。

[5]有水时的过滤时间不超过无水时的过滤时间的两倍。

4. L-HS 超低温液压油的技术要求

表 13-35

项　目		质量指标				
黏度等级(GB/T 3141)		10	15	22	32	46
密度(20℃)(kg/m³)		报告				
色度(号)		报告				
外观		透明				
闪点(℃) 开口 闭口	 不低于 不低于	 — 100	 125 —	 175 —	 175 —	 180 —
运动黏度(40℃)(mm²/s)		9.0～11.0	13.5～16.5	19.8～24.2	28.8～35.2	41.4～50.6
运动黏度 1 500mm²/s 时的温度(℃)	不高于	−39	−36	−30	−24	−18
黏度指数	不小于	130	130	150	150	150
倾点[1](℃)	不高于	−45	−45	−45	−45	−39
酸值(以 KOH 计)(mg/g)		报告				
水分(质量分数)(%)	不大于	痕迹				
机械杂质		无				
清洁度[2]		—				
铜片腐蚀(100℃,3h)(级)	不大于	1				
硫酸盐灰分(%)		报告				
液相锈蚀(24h)		无锈				
泡沫性(泡沫倾向/泡沫稳定性)(mL/mL) 程序Ⅰ(24℃) 程序Ⅱ(93.5℃) 程序Ⅲ(后 24℃)	 不大于 不大于 不大于	 150/0 75/0 150/0				

续表 13-35

项　目		质量指标				
黏度等级(GB/T 3141)		10	15	22	32	46
空气释放值(50℃)(min)	不大于	5	5	6	8	10
抗乳化性(乳化液到 3mL 的时间)(min) 54℃	不大于	30				
剪切安定性(250 次循环后,40℃运动黏度下降率)(%)	不大于	10				
密封适应性指数	不大于	报告	16	14	13	11
氧化安定性[③] 1 500h 后总酸值(以 KOH 计)(mg/g)	不大于	—	—	2.0		
1 000h 后油泥/mg		—	—	报告		
旋转氧弹(150℃)(min)		报告	报告	报告		
抗磨性　齿轮机试验(失效级)[④]	不小于	—	—	—	10	10
抗磨性　磨斑直径(392N,60min,75℃,1 200r/min)(mm)		报告				
抗磨性　双泵(T6H20C)试验[④] 叶片和柱销总失重(mg)	不大于	—	—	—	15	
抗磨性　柱塞总失重(mg)	不大于	—	—	—	300	
水解安定性 铜片失重(mg/cm^2)	不大于	0.2				
水层总酸度(以 KOH 计)(mg)	不大于	4.0				
铜片外观		未出现灰、黑色				
热稳定性(135℃,168h) 铜棒失重(mg/200mL)	不大于	10				
钢棒失重(mg/200mL)		报告				
总沉渣重(mg/100mL)	不大于	100				
40℃运动黏度变化率(%)		报告				
酸值变化率(%)		报告				
铜棒外观		报告				
钢棒外观		不变色				
过滤性(s) 无水	不大于	600				
2%水[⑤]	不大于	600				

注:①用户有特殊要求时,可与生产单位协商。

②由供需双方协商确定。也包括用 NAS 1638 分级。

③黏度等级为 10 和 15 的油不测定,但所含抗氧剂类型和量应与产品定型时黏度等级为 22 的试验油样相同。

④在产品定型时,允许只对 L-HS 32 进行齿轮机试验和双泵试验,其他各黏度等级油所含功能剂类型和量应与产品定型时黏度等级为 32 的试验油样相同。

⑤有水时的过滤时间不超过无水时的过滤时间的两倍。

5. L-HG 液压导轨油的技术要求

表 13-36

项　　目		质量指标			
黏度等级(GB/T 3141)		32	46	68	100
密度(20℃)(kg/m³)		报告			
色度(号)		报告			
外观		透明			
闪点(℃) 开口	不低于	175	185	195	205
运动黏度(40℃)(mm²/s)		28.8～35.2	41.4～50.6	61.2～74.8	90～110
黏度指数	不小于	90			
倾点[1](℃)	不高于	−6	−6	−6	−6
酸值(以 KOH 计)(mg/g)		报告			
水分(质量分数)(%)	不大于	痕迹			
机械杂质		无			
清洁度[2]		—			
铜片腐蚀(100℃,3h)(级)	不大于	1			
液相锈蚀(24h)		无锈			
皂化值(以 KOH 计)(mg/g)		报告			
泡沫性(泡沫倾向/泡沫稳定性)(mL/mL) 程序Ⅰ(24℃) 程序Ⅱ(93.5℃) 程序Ⅲ(后 24℃)	 不大于 不大于 不大于	 150/0 75/0 150/0			
密封适应性指数	不大于	报告			
抗乳化性(乳化液到 3mL 的时间)(min) 54℃ 82℃		 报告 —			 — 报告
黏滑特性(动静摩擦系数差值)[3]	不大于	0.08			
氧化安定性 1 000h 后总酸值(以 KOH 计)(mg/g) 1 000h 后油泥/mg 旋转氧弹(150℃)(min)	 不大于 	 2.0 报告 报告			
抗磨性 齿轮机试验(失效级) 磨斑直径(392N,60min,75℃,1 200r/min)(mm)	 不小于 	 10 报告			

注:①用户有特殊要求时,可与生产单位协商。

②由供需双方协商确定。也包括用 NAS 1638 分级。

③经供、需双方商定后也可以采用其他黏滑特性测定法。

6.液压油的产品标记

液压油标记为：品种代号　黏度等级　产品名称　标准号

示例：L-HL 46　抗氧防锈液压油　GB 11118.1。

L-HM 46　抗磨液压油(高压)　GB 11118.1。

L-HM 46　抗磨液压油(普通)　GB 11118.1。

L-HV 46　低温液压油　GB 11118.1。

L-HS 46　超低温液压油　GB 11118.1。

L-HG 46　液压导轨油　GB 11118.1。

7.L-HM 液压油换油指标的技术要求(NB/SH/T 0599—2013)

表 13-37

项　目		换油指标
40℃运动黏度变化率(%)	超过	±10
水分质量分数(%)	大于	0.1
色度增加(号)		2
酸值增加[a](mgKOH/g)		0.3
正戊烷不溶物[b](%)		0.10
铜片腐蚀(100℃,3h)(级)		2a
泡沫特性(24℃)(泡沫倾向　泡沫稳定性)(ML/mL)		450/10
清洁度[c]		—/18/15 或 NAS 9

注：①[a] 结果有争议时以 GB/T 7304 为仲裁方法。

②[b] 允许用 GB/T 511 方法，使用 60～90℃石油醚作溶剂，测定试样机械杂质。

③[c] 根据设备制造商的要求适当调整。

④40℃运动黏度变化率、水分、色度、酸值和清洁度每月测试一次；正戊烷不溶物、铜片腐蚀、泡沫特性每季度测试一次。当液压系统维修或更换元件后应即时进行清洁度检测。

⑤当使用中的液压油有一项指标达到本表要求时，应采取相应的维护措施或更换新油。

⑥40℃运动黏度变化率的计算公式同汽油机油。

三、机动车辆制动液(GB 12981—2012)

机动车辆制动液是机动车液压制动系统所采用的传递压力的工作介质，是以非石油基原料为基础液，并加入多种添加剂制成的。适用于与丁苯橡胶(SBR)或三元乙丙橡胶(EPDM)制作的密封件相接触。该机动车辆制动液不适用于极地环境条件下使用。

机动车辆制动液按产品使用工况温度和黏度要求的不同分为 HZY3、HZY4、HZY5、HZY6 四种级别，分别对应国际标准 ISO 4925：2005 中 Class3、Class4、Class5.1、Class6，其中 HZY3、HZY4、HZY5 对应于美国交通运输部制动液类型的 DOT3、DOT4、DOT5.1。

机动车辆制动液的技术要求

表 13-38

序号	项　目		质量指标			
			HZY3	HZY4	HZY5	HZY6
1	外观		清亮透明，无悬浮物、杂质及沉淀			
2	运动黏度(mm^2/s)					
	−40℃	不大于	1 500	1 500	900	750
	100℃	不小于	1.5	1.5	1.5	1.5
3	平衡回流沸点(ERBP)(℃)	不低于	205	230	260	250

续表 13-38

序号	项目		质量指标			
			HZY3	HZY4	HZY5	HZY6
4	湿平衡回流沸点(WERBP)(℃)	不低于	140	155	180	165
5	pH 值		7.0～11.5			
6	液体稳定性(ERBP 变化)(℃)					
	高温稳定性(185℃±2℃,120min±5min)		±5			
	化学稳定性		±5			
7	腐蚀性(100℃±2℃,120h±2h)					
	试验后金属片质量变化(mg/cm²)					
	镀锡铁皮		−0.2～+0.2			
	钢		−0.2～+0.2			
	铸铁		−0.2～+0.2			
	铝		−0.1～+0.1			
	黄铜		−0.4～+0.4			
	紫铜		−0.4～+0.4			
	锌		−0.4～+0.4			
	试验后金属片外观		无肉眼可见坑蚀和表面粗糙不平,允许脱色或色斑			
	试验后试液性能					
	外观		无凝胶,在金属表面无黏附物			
	pH 值		7.0～11.5			
	沉淀物(体积分数)(%)	不大于	0.10			
	试验后橡胶皮碗状态					
	外观		表面不发黏,无炭黑析出			
	硬度降低值	不大于	15			
	根径增值(mm)	不大于	1.4			
	体积增加值(%)	不大于	16			
8	低温流动性和外观					
	−40℃±2℃,144h±2h					
	外观		清亮透明均匀			
	气泡上浮至液面的时间(s)	不大于	10			
	沉淀物		无			
	−50℃±2℃,6h±0.2h					
	外观		清亮透明均匀			
	气泡上浮至液面的时间(s)	不大于	35			
	沉淀		无			
9	蒸发性能(100℃±2℃,168h±2h)[①]					
	蒸发损失(%)	不大于	80			
	残余物性质		用指尖摩擦时,沉淀中不含有颗粒性砂粒和磨蚀物			
	残余物倾点(℃)	不高于	−5			
10	溶水性(22h±2h)					
	−40℃					

续表 13-38

序号	项目		质量指标			
			HZY3	HZY4	HZY5	HZY6
10	外观		清亮透明均匀			
	气泡上浮至液面时间(s)	不大于	10			
	沉淀		无			
	60℃					
	外观		清亮透明均匀			
	沉淀量(体积分数)(%)	不大于	0.05			
11	液体相容性(22h±2h)					
	−40℃±2℃					
	外观		清亮透明均匀			
	沉淀		无			
	60℃±2℃					
	外观		清亮透明均匀			
	沉淀量(体积分数)(%)	不大于	0.05			
12	抗氧化性(70℃±2℃,168h±2h)					
	金属片外观		无可见坑蚀和点蚀,允许痕量胶质沉积,允许试片脱色			
	金属片质量变化/(mg/cm²)					
	铝		−0.05～+0.05			
	铸铁		−0.3～+0.3			
13	橡胶适应性(120℃±2℃,70h±2h)					
	丁苯橡胶(SBR)皮碗					
	根径增值(mm)		0.15～1.40			
	硬度降低值/IRHD	不大于	15			
	体积增加值(%)		1～16			
	外观		不发粘,无鼓泡,不析出炭黑			
	三元乙丙橡胶(EPDM)试件					
	硬度降低值/IRHD	不大于	15			
	体积增加值(%)		0～10			
	外观		不发粘,无鼓泡,不析出炭黑			
14	行程模拟性能(85000 次行程,120℃±5℃,7.0MPa±0.3MPa)②		通过			
15	防锈性能②		合格			

注:①测试结果出现争议时,推荐以 A 法的测试结果为准。

②由供需双方协商确定。

四、有机热载体(GB 23971—2009)

有机热载体是作为传热介质使用的有机物质的统称。包括被称为热传导液、导热油、有机传热介质、热媒等用于间接传热目的的所有有机介质。不包括以回收处理油生产的有机热载体。植物油和动物油脂或其加工的产品不能作为有机热载体。

有机热载体不得直接用于加热或冷却具有氧化作用的化学品。

有机热载体根据化学组成分为:合成型有机热载体、矿物油型有机热载体。

合成型有机热载体:以化学合成工艺生产,根据最高允许使用温度,合成型分为普通合成型和具有特殊高热稳定性合成型有机热载体两种:具有沸点和共沸点的合成型有机热载体可以在气相条件下使用,气相载体还可以通过加压方式在液相使用,因此又称为气相/液相有机热载体。具有一定馏程范围的合成型有机热载体只能在液相条件下使用。

矿物油型有机热载体:以石油为原料生产的主要组分为烃类的混合物。矿物油型有机热载体只能在液相条件下使用。

有机热载体产品包括:L-QB、L-QC、L-QD三个品种(L-QA类产品不适用于有机热载体锅炉)。

有机热载体产品的标记为:热传导液的组别代号(L-Q)、产品类别代号(B、C、D)、最高允许使用温度、标准号按顺序组成。如L-QB 280 GB 23971。

1.有机热载体的产品分类

表13-39

产品品种	L-QB		L-QC		L-QD
产品类型	精制矿物油型	普通合成型	精制矿物油型	普通合成型	具有特殊高热稳定性合成型
使用状态	液相	液相或 气相/液相	液相	液相或 气相/液相	液相或 气相/液相
适用的传热系统类型	闭式或开式		闭式		闭式
产品代号	L-QB 280 L-QB 300		L-QC 310 L-QC 320		L-QD 330、L-QD 340、 L-QD 350、L-QD ×××

注:L-QD ×××指经热稳定性试验确定的最高允许使用温度高于350℃的某一产品,如L-QD 360、L-QD 370、L-QD 380、L-QD 390、L-QD 400等。

2.有机热载体的技术要求

表13-40

项目		质量指标							
		L-QB		L-QC①		L-QD①			
		280	300	310	320	330	340	350	×××
最高允许使用温度②		280	300	310	320	330	340	350	×××
外观		清澈透明,无悬浮物							
自燃点(℃)	不低于	最高允许使用温度							
闪点(闭口)(℃)	不低于	100							
闪点(开口)(℃)③	不低于	180		—					
硫含量(质量分数)(%)	不大于	0.2							
氯含量(mg/kg)	不大于	20							
酸值(以KOH计)(mg/g)	不大于	0.05							
铜片腐蚀(100℃,3h)(级)	不大于	1							
水分(mg/kg)	不大于	500							
水溶性酸碱		无							
倾点(℃)	不高于	−9		报告					

续表 13-40

项目		质量指标							
		L-QB		L-QC①		L-QD①			
		280	300	310	320	330	340	350	×××
密度(20℃)(kg/m³)		报告							
灰分(质量分数)(%)		报告							
馏程⑤									
初馏点(℃)		报告							
2%(℃)		报告							
沸程(℃)(气相)		报告							
残炭(质量分数)(%)	不大于	0.05							
运动黏度(mm²/s)									
0℃		报告④							报告④
40℃	不大于	40							报告④
100℃		报告④							报告④
热氧化安定性⑥(175℃,72h)									
黏度增长(40℃)(%)	不大于	40		—					
酸值增加(以 KOH 计)(mg/g)	不大于	0.8							
沉渣(mg/100g)	不大于	50							
热稳定性(最高允许使用温度下加热)		720h				1 000h			
外观		透明、无悬浮物和沉淀				透明、无悬浮物和沉淀			
变质率(%)	不大于	10				10			

注:① L-QC 和 L-QD 类有机热载体应在闭式系统中使用。

② 在实际使用中,最高工作温度较最高允许使用温度至少应低 10℃,L-QB 和 L-QC 的最高允许液膜温度为最高允许使用温度加 20℃,L-QD 的最高允许液膜温度为最高允许使用温度加 30℃。相关要求见《锅炉安全技术监察规程》(TSG G0001)。

③ 有机热载体在开式传热系统中使用时,要求开口闪点符合指标要求。

④ 所有"报告"项目,由生产商或经销商向用户提供实测数据,以供选择。

⑤ 初馏点低于最高工作温度时,应采用闭式传热系统。

⑥ 热氧化安定性达不到指标要求时,有机热载体应在闭式系统中使用。

3. 有机热载体的标志要求

有机热载体的出厂检验报告和包装桶应明示产品标记;合成型有机热载体还应标明主要成分的化学名称。

4. 有机热载的供应要求

生产商或供应商应提供符合 GB/T 16483 规定的有机热载体的《化学品安全技术说明书》。

五、合成切削液(GB/T 6144—2010)

合成切削液是由多种水溶性添加剂和水配制而成的。适用于金属车削、铣削等多种切削加工工艺的润滑、冷却、防锈等。合成切削液的浓缩液可以是液态、膏状和固体粉剂等形态。使用时,用一定比例的水稀释后,形成透明或半透明的稀释液,无刺激性气味、不损害人体皮肤。

合成切削液按浓缩物组成分为以下两类:

(1)L-MAG 类,与水混合的浓缩物具有防锈性的透明液体,也可含有填充剂。

(2)L-MAH 类,具有减摩性和(或)极压性的 MAG 型浓缩物。

合成切削液出厂时的使用浓度(除特殊工艺或有特殊材料要求之外)一般不大于 5%。产品自生产之日起保存期在一年以上,在保存期内性能指标应达到标准要求。

1.合成切削液的技术要求

表 13-41

项目			质量指标	
			L-MAG	L-MAH
浓缩物	外观①		液态:无分层、无沉淀、呈均匀液体 膏状:无异相物析出,呈均匀膏状 固体粉剂:无坚硬结块物,易溶于水的均匀粉剂	
	贮存安全性		无分层、相变及胶状等,试验后能恢复原状	
稀释液	透明度		透明或半透明	
	pH 值		8.0～10.0	
	消泡性(mL/10min)	不大于	2	
	表面张力(mN/m)	不大于	40	
	腐蚀试验②(55℃±2℃)(h) 一级灰口铸铁,A 级 紫铜,B 级 LY12 铝,B 级	 不小于 不小于 不小于	 24 8 8	 24 4 4
	防锈性试验(35℃±2℃) 单片,24h 叠片,4h		 合格 合格	 合格 合格
	最大无卡咬负荷 P_B 值(N)	不小于	200	540
	对机床油漆的适应性③		允许轻微失光和变化,但不允许油漆起泡、开裂和脱落	
	NO_2^- 浓度检测④		报告	

注:①在 15～35℃温度下,用 100mL 量筒量取 100mL 被测液态浓缩物,静置 24h 后观察。

②产品只用于黑色金属加工时,不受紫铜和 LY12 铝试验结果限制。

③可根据用户需要,进行针对性试验。

④当测定值大于 0.1g/L 时视为含有亚硝酸钠。含有亚硝酸钠的产品需测定经口摄取半数致死量 LD_{50}、经皮肤接触 24h 半数致死量 LD_{50} 和蒸汽吸入半数致死量 LD_{50},按照 GB 13690 中 3.6 判定产品是否属于有毒品。如属于有毒品的产品,涉及的安全问题应符合相关法律法规和标准的规定,其标志、包装按照 GB 12268、GB 13690 和 GB 190 进行。

⑤试液制备,用蒸馏水配制。

2.合成切削液的供应要求

如果产品组分中含有亚硝酸钠,则生产商或供应商应提供符合 GB/T 16483 规定的"化学品安全技术说明书"。

六、机动车发动机冷却液(GB 29743—2013)

机动车发动机冷却液是以防冻剂、缓蚀剂等原料复配而成的,用于机动车发动机冷却系统中,具有冷却、防腐、防冻等作用的功能性液体。

冷却液按发动机使用负荷大小可分为轻负荷冷却液和重负荷冷却液两类,按主要原材料可分为乙二醇型、丙二醇型和其他类型三类。

1.冷却液的分类代号及型号

表 13-42

产品分类			代号	型号
轻负荷冷却液	乙二醇型	浓缩液	LEC-Ⅰ	—
		稀释液	LEC-Ⅱ	LEC-Ⅱ-15、LEC-Ⅱ-20、LEC-Ⅱ-25、LEC-Ⅱ-30、LEC-Ⅱ-35、LEC-Ⅱ-40、LEC-Ⅱ-45、LEC-Ⅱ-50
	丙二醇型	浓缩液	LPC-Ⅰ	—
		稀释液	LPC-Ⅱ	LPC-Ⅱ-15、LPC-Ⅱ-20、LPC-Ⅱ-25、LPC-Ⅱ-30、LPC-Ⅱ-35、LPC-Ⅱ-40、LPC-Ⅱ-45、LPC-Ⅱ-50
	其他类型		LOC	依据冰点标注值

续表 13-42

产品分类			代号	型号
重负荷冷却液	乙二醇型	浓缩液	HEC-Ⅰ	—
		稀释液	HEC-Ⅱ	HEC-Ⅱ-15、HEC-Ⅱ-20、HEC-Ⅱ-25、HEC-Ⅱ-30、HEC-Ⅱ-35、HEC-Ⅱ-40、HEC-Ⅱ-45、HEC-Ⅱ-50
	丙二醇型	浓缩液	HPC-Ⅰ	—
		稀释液	HPC-Ⅱ	HPC-Ⅱ-15、HPC-Ⅱ-20、HPC-Ⅱ-25、HPC-Ⅱ-30、HPC-Ⅱ-35、HPC-Ⅱ-40、HPC-Ⅱ-45、HPC-Ⅱ-50

2. 重负荷冷却液化学组分

表 13-43

项目		单组分要求	双组分要求
亚硝酸盐(以 NO_2 计)含量(mg/kg)		≥1 200	—
亚硝酸盐(以 NO_2 计)和钼酸盐(以 MoO_4 计)	总量(mg/kg)	—	≥780
	单组分含量(mg/kg)	—	≥300

注:浓缩液应稀释成冰点－15℃的溶液进行试验。

3. 冷却液的通用要求

表 13-44

项目	要求	试验方法
外观[a]	无沉淀及悬浮物、清亮透明液体	目测
颜色	有醒目颜色	目测
气味	无刺激性异味	嗅觉

注:[a]浓缩液允许有少量的沉淀,稀释后应清亮透明。

4. 冷却液的理化性能

(1)乙二醇型冷却液的理化性能要求

表 13-45

项目		要求								
		LEC-Ⅰ HEC-Ⅰ	LEC-Ⅱ-15 HEC-Ⅱ-15	LEC-Ⅱ-20 HEC-Ⅱ-20	LEC-Ⅱ-25 HEC-Ⅱ-25	LEC-Ⅱ-30 HEC-Ⅱ-30	LEC-Ⅱ-35 HEC-Ⅱ-35	LEC-Ⅱ-40 HEC-Ⅱ-40	LEC-Ⅱ-45 HEC-Ⅱ-45	LEC-Ⅱ-50 HEC-Ⅱ-50
其他二元醇含量(质量分数)[a](%)		≤15	—							
密度(20.0℃)(g/cm³)		1.108～1.144	≥1.036	≥1.044	≥1.050	≥1.055	≥1.060	≥1.065	≥1.070	≥1.076
冰点(℃)	原液	—	≤－15.0	≤－20.0	≤－25.0	≤－30.0	≤－35.0	≤－40.0	≤－45.0	≤－50.0
	50%体积稀释液	≤－36.4	—							
沸点(℃)	原液	≥163.0	≥105.5	≥106.0	≥106.5	≥107.0	≥107.5	≥108.0	≥108.5	≥109.0
	50%体积稀释液	≥108.0	—							
灰分(质量分数)(%)		≤5.0	≤2.5					≤3.0		
pH值	原液	—	7.5～11.0							
	50%体积稀释液	7.5～11.0	—							
氯含量(mg/kg)		≤60								
水分(质量分数)(%)		≤5.0	—							
储备碱度(mL)		报告值								
对汽车有机涂料的影响		无影响								

注:[a]其他二元醇包含:二乙二醇、三乙二醇、四乙二醇、丙二醇、二丙二醇、三丙二醇和1,3-丙二醇等。

(2)丙二醇型冷却液的理化性能要求

表 13-46

项目		要求								
		LPC-Ⅰ HPC-Ⅰ	LPC-Ⅱ-15 HPC-Ⅱ-15	LPC-Ⅱ-20 HPC-Ⅱ-20	LPC-Ⅱ-25 HPC-Ⅱ-25	LPC-Ⅱ-30 HPC-Ⅱ-30	LPC-Ⅱ-35 HPC-Ⅱ-35	LPC-Ⅱ-40 HPC-Ⅱ-40	LPC-Ⅱ-45 HPC-Ⅱ-45	LPC-Ⅱ-50 HPC-Ⅱ-50
其他二元醇含量(质量分数)[a](%)		≤1	—							
密度(20.0℃)(g/cm³)		1.028～1.063	≥1.015	≥1.018	≥1.020	≥1.022	≥1.024	≥1.025	≥1.027	≥1.028
冰点(℃)	原液	—	≤-15.0	≤-20.0	≤-25.0	≤-30.0	≤-35.0	≤-40.0	≤-45.0	≤-50.0
	50%体积稀释液	≤-31.0	—							
沸点(℃)	原液	≥152.0	≥102.0	≥102.5	≥103.0	≥103.5	≥104.0	≥104.5	≥105.0	≥105.5
	50%体积稀释液	≥104.0	—							
灰分(质量分数)(%)		≤5.0	≤2.5				≤3.0			
pH值	原液	—	7.5～11.0							
	50%体积稀释液	7.5～11.0	—							
氯含量(mg/kg)		≤60								
水分(质量分数)(%)		≤5.0	—							
储备碱度(mL)		报告值								
对汽车有机涂料的影响		无影响								

注:[a]其他二元醇包含:乙二醇、二乙二醇、三乙二醇、四乙二醇、二丙二醇、三丙二醇和1,3-丙二醇等。

(3)其他类型冷却液的理化性能要求

表 13-47

项目	要求
	LOC
冰点(℃)	≤标注值
沸点(℃)	≥102.0
灰分(质量分数)(%)	≤3.0
pH值	7.5～11.0
氯含量(mg/kg)	≤60
储备碱度(mL)	报告值
对汽车有机涂料的影响	无影响

5.冷却液的储存和运输要求

冷却液应储存放置在阴暗、通风的地方,避免阳光直射,其运输应符合SH 0164的规定。

第三节　润　滑　脂

1. 通用锂基润滑脂、极压锂基润滑脂、汽车通用润滑脂和钙基润滑脂的名称、型号(牌号)及部分质量指标

表 13-48

名称	型号(牌号)	外观	工作锥入度(0.1mm)	滴点(℃)不低于	腐蚀(T2铜片,100℃,24h)	钢网分油①(%)不大于	蒸发量(99℃,22h)(%)不大于	杂质(个/cm³)(不大于)				氧化安定性②压力降(MPa)不大于	相似黏度③(Pa·s)不大于	延长工作锥入度④不大于	水淋流失量⑤(%)不大于	防腐蚀性(52℃,48h)	极压性能(N)(不小于)		漏失量(104℃,6h)(g)不大于	游离碱(以折合的NaOH计)(%)不大于	适用温度范围及主要用途
								10μm以上	25μm以上	75μm以上	125μm以上						梯姆肯法OK值	四球机法(Ps)			
通用锂基润滑脂(GB/T 7324—2010)	1号	浅黄至褐色光滑油膏	310～340	170	铜片无绿色或黑色变化	10	2	2 000	1 000	200	0	0.070	800	300	10	合格	—		—	—	工作温度范围:－20～120℃,适用于各种机械设备滚动轴承和滑动轴承及其他摩擦部位的润滑
	2号		265～295	175		5							1 000	350	8						
	3号		220～250	180									1 300	320							
极压锂基润滑脂(GB/T 7323—2008)	00号	—	400～430	165		—	2	—	3 000	500	0	—	100	450	—		133	588	—	—	工作温度范围:－20～120℃,适用于高负荷机械设备轴承及齿轮的润滑,也可用于集中润滑系统
	0号		355～385	170									150	420							
	1号		310～340	175		10							250	380	10		156				
	2号		265～295			5							500	350							
汽车通用锂基润滑脂⑥(GB/T 5671—2014)	2号	—	265～295	180		5	2	2 000	1 000	200	0	0.070	—	20	10		—		5	0.15	工作温度范围:－30～120℃,适用于汽车轮毂轴承、底盘和水泵等摩擦部位的润滑
	3号		220～250																		
钙基润滑脂(GB/T 491—2008)								水分(%)不大于		灰分(%)不大于											
	1号	浅黄至暗褐色均匀油膏	310～340	80		—	—	1.5		3.0		—	—	—	—	—	—		—	—	工作温度范围:－10～60℃,适用于拖拉机等农用机械及冶金、纺织等机械设备的润滑与防护
	2号		265～295	85		12		2.0		3.5				30	10						
	3号		220～250	90		8		2.5		4.0				35							
	4号		175～205	95		6		3.0		4.5				40							

注:①钢网分油:通用锂基润滑脂、极压锂基润滑脂为100℃,24h;汽车通用锂基润滑脂为100℃,30h;钙基润滑脂为60℃,24h。
②氧化安定性:通用锂基润滑脂为99℃,100h,0.760MPa;汽车通用锂基润滑脂为99℃,100h,0.770MPa。
③相似黏度:通用锂基润滑脂为－15℃,$10s^{-1}$;极压锂基润滑脂为－10℃,$10s^{-1}$。
④延长工作锥入度:通用锂基润滑脂、极压锂基润滑脂为100 000次,0.1mm;汽车通用锂基润滑脂为100 000次,变化率(%);钙基润滑脂为10 000次,0.1mm。
⑤水淋流失量:通用锂基润滑脂、极压锂基润滑脂、钙基润滑脂为38℃,1h;汽车通用锂基润滑脂为79℃,1h。
⑥汽车通用锂基润滑脂的低温转矩(－20℃)/(mN·m):启动:2号≤790,3号≤990;运转:2号≤390,3号≤490。

2. 其他润滑脂的名称、牌号及部分质量指标

表 13-49

名称	标准号	牌号	外观	工作锥入度 1/10mm	滴点(℃)不低于	水分(%)不大于	钢网分油量(%)不大于	蒸发量(99℃)22h(%)不大于	灰分(%)不大于	游离碱 NaOH(%)不大于	适用温度范围(℃)	主要用途
钠基润滑脂	GB 492—1989	2号	深黄色到暗褐色均匀油膏	265～295	160			2			−10～110	适用于工业、农业等中等负荷机械设备的润滑。不适用于与水接触的润滑部分
		3号		220～250	160			2			−10～110	
钙钠基润滑脂	SH 0368—1992	ZGN-1	由黄色到深棕色的均匀软膏	250～290	120	0.7				0.2	不高于100	小电动机和发电机的滚动轴承以及其他高温轴承等的润滑
		ZGN-2		200～240	135	0.7				0.2		
石墨钙基润滑脂	SH 0369—1992	ZG-S	黑色均匀油膏		80	2					≤60	汽车弹簧、起重机齿轮转盘、绞车和钢丝绳等的润滑
铝基润滑脂	SH 0371—1992		黄色到暗褐色的光滑透明油膏	230～280	75	无	14					适用于航运机器摩擦部分的润滑及金属表面的防蚀
2号航空润滑脂(202润滑脂)	SH 0375—1992	ZL45-2	由黄至浅褐色的均匀软膏	285～315	170	无		3～6[注]	0.1			适用于在宽广温度范围内工作的滚珠轴承的润滑
4号高温润滑脂(50号高温润滑脂)	SH 0376—1992	ZN6-4	黑绿色均匀油性软膏	170～225	200	0.3		6[注]	0.15			适用于高温下工作的发动机摩擦部件润滑

续表 13-49

名称	标准号	牌号	外观	1/4 工作锥入度 1/10mm	滴点（℃）不低于	蒸发损失（%）200℃，1h 不大于	分油量（压力法）（%）不大于	腐蚀 T_3 铜片 100℃，3h	适用温度范围（℃）	主要用途
高低温润滑脂	SH 0431—1992(98)	7058 号		55～75	320	（250℃）5	13	合格	−40～300	适用于小型电机轴承的润滑
高低温润滑脂	SH 0431—1992(98)	7017-1 号	灰色均匀油膏	65～80	300	4	15	合格	−60～250	适用于高温下工作的滚珠和滚柱轴承的润滑
齿轮润滑脂	SH/T 0469—1994	7407 号	深棕色光滑均匀油膏	75～90	160	（120℃）2.5		合格注	≤120	适用于各种低速，中、重负荷齿轮、链轮和联轴节等部位的润滑

名称	标准号	牌号	外观	工作锥入度						滴点（℃）不低于	水分（%）不大于	分油量（压力法）（%）不大于	游离碱（NaOH）（%）不大于	适用温度范围（℃）	主要用途
				1/10mm	1/10mm										
					50℃	25℃	0℃	60 次	一万次						
钡基润滑脂	SH 0379—1992		黄到暗褐色均匀油膏	200～260						135	痕迹				适用于船舶推进器和抽水机的润滑

注：①2 号航空润滑脂的“分油量”为：漏斗法，75℃，24h，%；4 号高温润滑脂的分油量为：漏斗法，50℃，24h，%。

②7407 齿轮润滑脂“腐蚀”的试件为 45 号钢。

第四节　液态石油产品损耗(GB 11085—1989)

损耗是蒸发损耗和残漏损耗的总称。

本规定只适用于市场用车用汽油、灯用煤油、柴油和润滑油。

液态石油产品的损耗包括接卸、运输(含铁路、公路、水路运输)、储存和零售的损耗。

按本规定计算各项损耗时,除容器、量具必须经过检定合格外,尚应遵循GB 1884和GB 1885的有关规定。

1. 储存损耗率

表13-50

<table>
<tr><th rowspan="3">地　区</th><th colspan="3">立式金属罐</th><th rowspan="3">隐蔽罐、浮顶罐
不分油品、季节</th></tr>
<tr><th colspan="2">汽油</th><th rowspan="2">其他油不分季节</th></tr>
<tr><th>春冬季</th><th>夏秋季</th></tr>
<tr><td>A类</td><td>0.11%</td><td>0.21%</td><td rowspan="3">0.01%</td><td rowspan="3">0.01%</td></tr>
<tr><td>B类</td><td>0.05%</td><td>0.12%</td></tr>
<tr><td>C类</td><td>0.03%</td><td>0.09%</td></tr>
</table>

注:①卧式罐的储存损耗率可以忽略不计。

②A类地区包括江西、福建、广东、海南、云南、四川、湖南、贵州、台湾和广西;B类地区包括河北、山西、陕西、山东、江苏、浙江、安徽、河南、湖北、甘肃、宁夏、北京、天津、上海;C类地区包括辽宁、吉林、黑龙江、青海、内蒙古、新疆、西藏。

③季节的划分:A类、B类地区,每年1~3月,10~12月为春冬季,4~9月为夏秋季;C类地区每年1~4月,11~12月为春冬季,5—10月为夏秋季。

④立式金属罐指建于地面上的立式金属固定顶罐;浮顶罐指外浮顶和内浮顶罐;隐蔽罐指建于地下、半地下,复土和山洞中的油罐。

⑤储存损耗率:石油产品在静态储存期内,月累计储存损耗量同月平均储存量之百分比。月累计储存损耗量是该月内日储存损耗量的代数和;月平均储存量是该月内每天油品储存量的累计数除以该月的实际储存天数。

2. 海拔高度修正损耗率

表13-51

海拔高度(m)	增加损耗(%)	海拔高度(m)	增加损耗(%)
1 001~2 000	21	3 001~4 000	55
2 001~3 000	37	≥4 001	76

注:根据表列增加损耗百分率,按照不同的海拔高度,对表13-50的储存损耗率进行修正。

3. 装车(船)损耗率

表13-52

<table>
<tr><th rowspan="2">地　区</th><th colspan="3">汽　油　(%)</th><th rowspan="2">其他油(%)不分容器</th></tr>
<tr><th>铁路罐车</th><th>汽车罐车</th><th>油轮、油驳</th></tr>
<tr><td>A类</td><td>0.17</td><td>0.10</td><td rowspan="3">0.07</td><td rowspan="3">0.01</td></tr>
<tr><td>B类</td><td>0.13</td><td>0.08</td></tr>
<tr><td>C类</td><td>0.08</td><td>0.05</td></tr>
</table>

4.卸车(船)损耗率

表 13-53

地区	汽油(%)		煤、柴油(%)	润滑油(%)
	浮顶罐	其他罐	不分罐型	
A类	0.01	0.23	0.05	0.04
B类		0.20		
C类		0.13		

5.输转损耗率

输转损耗率

表 13-54

地区	汽油(%)				其他油(%)不分季节、罐型
	春冬季		夏秋季		
	浮顶罐	其他罐	浮顶罐	其他罐	
A类	0.01	0.15	0.01	0.22	0.01
B类		0.12		0.18	
C类		0.06		0.12	

注:油罐与油罐之间通过密闭的管线转移油品,叫"输转"。

6.灌桶损耗率

灌桶损耗率

表 13-55

油品	汽油(%)	其他油(%)
损耗率	0.18	0.01

7.零售损耗率

零售损耗率

表 13-56

零售方式	加油机付油			量提付油(%)	称重付油(%)
油品	汽油(%)	煤油(%)	柴油(%)	煤油(%)	润滑油
损耗率	0.29	0.12	0.08	0.16	0.47

8.运输损耗率

运输损耗率

表 13-57

运输方式 / 行驶里程(km) / 油品名称	水运			铁路运输			公路运输	
	≤500	501~1500	≥1501	≤500	501~1500	≥1501	≤50	>50
汽油(%)	0.24	0.28	0.36	0.16	0.24	0.30	0.01	每增加 50km,增加 0.01,不足 50km,按 50km 计
其他油(%)	0.15			0.12				

装车损耗率=(输出量-收入量)/输出量。

卸车损耗率=(卸油量-收入量)/卸油量。

输转损耗率=(输出量-收入量)/输出量。

运输损耗率=起运前和到达后装载量之差与起运前装载量百分比。

灌桶损耗率=(容器输出量-灌装量)/容器输出量。

零售损耗率=(盘点时库存商品的减少量-零售总量)/零售总量。

第五节　装油容器的刷洗要求和装油量

一、容器刷洗要求[SH 0164—1992(1998)]

表 13-58

刷洗要求 残存油类 / 要装入的油类	航空汽油	喷气燃料	汽油	溶剂油	煤油	轻柴油	重柴油	燃料油(重油)	一类润滑油	二类润滑油	三类润滑油
航空汽油	3*	3	3	3	3	3	0	0			
喷气燃料	3	3*	3	3	3	3	0	0			
汽油	1	2	1	1	2	2	0	0			
溶剂油	3**	2	3	1	2	2	0	0			
煤油	2	1	2	2	1	2	0	0			
轻柴油	2	1	2	2	1	1	0	0			
重柴油	0	0	0	0	0	0	1	1			
燃料油(重油)	0	0	0	0	0	0	1	1			
一类润滑油									2	3	3
二类润滑油									1	1	2
三类润滑油									1	1	1

注:①* 当残存油与要装入油的种类、牌号相同,并认为合乎要求时可按 1 执行。

** 食用油脂油提用溶剂油不包括在本项中,应专门容器储运。

②符号说明:

0——不宜装入。但遇特殊情况,可按 3 的要求,特制刷洗装入。

1——不需刷洗。但要求不得有杂物、油泥等。车底残存油宽度不宜超过 300mm,油船、油罐残存油深不宜超过 30mm(判明同号油品者不限)。

2——普通刷洗。清除残存油,进行一般刷洗。要求达到无明水油底、油泥及其他杂质。

3——特别刷洗。用适宜的洗刷剂刷净或溶剂喷刷(刷后需除净溶剂),必要时用蒸汽吹刷,要求达到无杂质、水及油垢和纤维,并无明显铁锈。目视或用抹布擦拭检查不呈现锈皮、锈渣及黑色。

③润滑油类别说明:

一类润滑油:仪表油、变压器油、汽轮机油、冷冻机油、真空泵油、航空润滑油、电缆油、白色油、优质机械油、高速机油、液压油等。

二类润滑油:机械油、汽油机润滑油、柴油机润滑油、压缩机油等。

三类润滑油:汽缸油、车轴油、齿轮油、重机油等。

二、各种容器装油量表

表 13-59

油品名称	200L 大桶(kg)		30L 扁桶(kg)	19L 方听(kg)	铁路油罐车(t)						
					30t	50t					60t
	夏季	冬季			500 型	4 型	600 型	601 型	604 型	605 型	660 型
汽油	135	140	21	13	22	36	37.5	35.5	38	37	43
120 号溶剂油	135	140	20	12	21	34	36	34	36	34	41
200 号溶剂油	140	145	21	13	23	38	40	38	39	37	45

续表 13-59

油品名称	200L 大桶（kg）		30L扁桶（kg）	19L方听（kg）	铁路油罐车（t）						
					30t	50t					60t
	夏季	冬季			500 型	4 型	600 型	601 型	604 型	605 型	660 型
灯用煤油	160		24	15	24	40	41.5	40	41.5	40.5	48
轻柴油	160		24	15	25	41	42.5	41	43	42	48.5
重柴油	165		25	16	25	41	42.5	41	43	42	48.5
汽油机油	170		26	17	27	43	45	44	46	44	51
柴油机油	170		26	17	27	43	45	44	46	44	51
压缩机油	170		26	17	27	43	45	44	46	44	51
乳化油	170		26	17							
变压器油	165		25	16	26	42	43	42	44	41	50
高速机械油	165		25	16							
机械油	170～175		26	17	27	43	44	43	44.5	44	50.6
齿轮油	175		26	17	28	45	46	45	47.5	46	53
液压油	165		25	16							
润滑油	180			18							

注：表列数据供参考。

第十四章　周转材料及器材

周转材料及器材是材料型工具，在施工中用量大，周转使用次数频繁，其价值一般不是一次摊入工程成本，而是根据周转使用次数逐渐摊入工程成本。

周转材料及器材主要包括各类模板、脚手架、支架和万能杆件、贝雷梁等和可能作为施工用料而周转使用的钢轨、钢板桩、大型工字钢、槽钢、H型钢等及非标加工而周转使用的导管、非随机护筒、导梁及水泥混凝土悬浇挂篮等。

部分周转材料已分别在相应的材料章节中作了介绍。

一、脚手架构件

（一）钢管脚手架扣件（GB 15831—2006）

钢管脚手架扣件是用可锻铸铁或铸钢制造的用于固定脚手架、井架、模板支撑等的连接部件（简称“扣件”），代号为GK。钢管脚手架扣件主要用于建筑、市政、公路、铁路、水利、化工、冶金、煤炭和船舶等工程。

扣件用脚手架钢管采用公称外径为48.3mm的普通钢管，其公称外径、壁厚的允许偏差及力学性能应符合GB/T 3091的规定。公称外径为51mm的钢管脚手架扣件及在用的扣件可参照执行。

扣件铸件的材料采用GB/T 9440中规定的力学性能不低于KTH 330-08牌号的可锻铸铁或GB/T 13352中ZG 230—450铸钢。

1. 扣件的分类和代号

表14-1

分类依据	类别和代号
钢扣件	代号GK，主参数为钢管外径，单位mm
按结构形式分	直角扣件（代号Z）、旋转扣件（代号U）、对接扣件（代号D）、底座（代号DZ）
按变型更新次数分	第1次更新（代号A）、第2次更新（代号B）、第3次更新（代号C）…

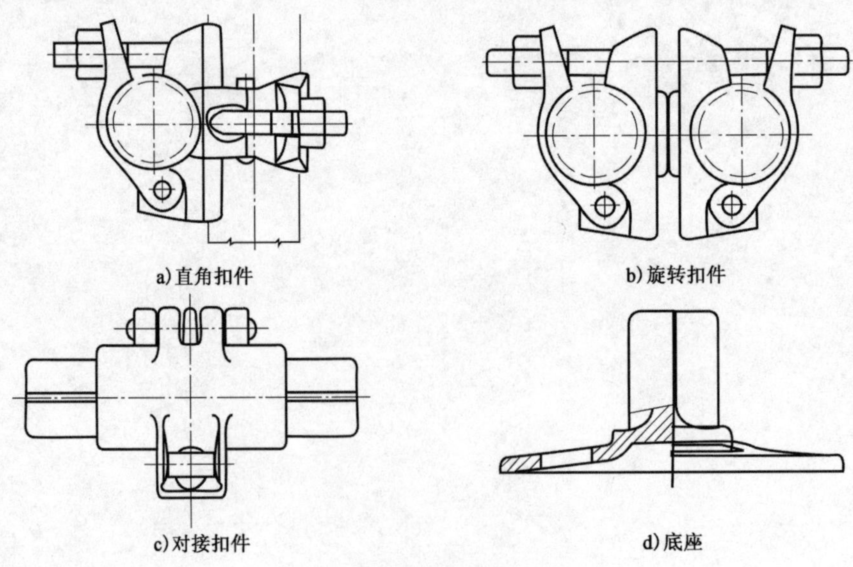

图14-1　扣件形式示意图

2. 扣件的型号(标记)

扣件型号由扣件代号、型式代号、主参数、变型更新代号以及所执行标准的代号组成。型号说明如下：

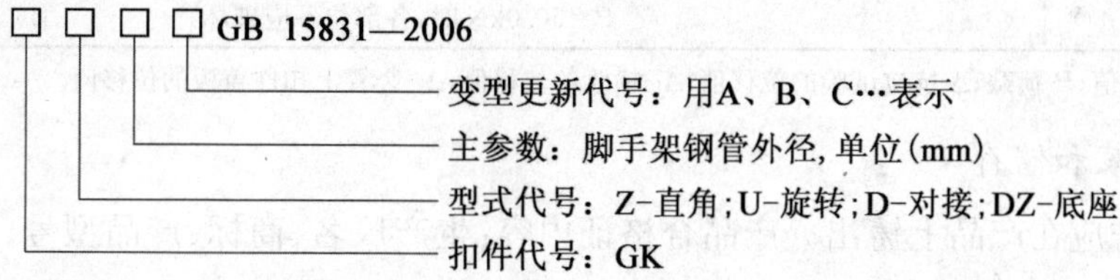

标记示例：

脚手架钢管外径为48.3mm,第1次变型更新的直角扣件。

标记为:GKZ48A　　GB 15831—2006

脚手架钢管外径为48.3mm,第1次变型更新的底座。

标记为:GKDZ48A　GB 15831—2006

3. 扣件的技术要求

表14-2

项　目		指标和要求
工艺要求	扣件	主要部位不得有缩松、夹渣、气孔等铸造缺陷。应严格整形,与钢管的贴合面应紧密接触,保证扣件抗滑、抗拉性能
		除底座外,经过65N·m扭力矩试压,各部位不得有裂纹
		所用T型螺栓、螺母、垫圈、铆钉采用的材料符合GB/T 700有关规定。螺栓与螺母连接的螺纹应符合GB/T 196的规定。铆钉应符合GB/T 867的规定
	尺寸及偏差	T型螺栓(M12)总长为72±0.5mm,螺母对边宽为22±0.5mm,厚度为14±0.5mm;铆钉直径为8±0.5mm,铆接头大于铆孔直径1mm;旋转扣件中心铆钉直径为14±0.5mm;垫圈厚度应符合GB/T 95的规定
外观和附件质量要求	扣件	各部位不得有裂纹;表面>10mm² 的砂眼不得超过3处,累计面积≤50mm²;表面粘砂面积累积≤150mm²;表面凹(或凸)的高(或深)值≤1mm;与钢管接触部位不得有氧化皮,其他部位氧化皮面积累积≤150mm²;表面应进行防锈处理(不得使用沥青漆),油漆应均匀美观,不得有堆漆或露铁等缺陷
	T型螺栓、螺母	符合GB/T 3098.1～2
	其他	盖板与座的张开距离≥50mm;钢管公称外径为51mm时,盖板与座的张开距离≥55mm;错箱≤1mm;铆接处应牢固,不得有裂纹;活动部位应灵活转动,旋转扣件的两旋转面间隙<1mm;产品型号、商标、生产年号等产品标志应在醒目处铸出,字迹、图案应清晰完整

4. 扣件的力学性能

表14-3

性能名称	扣件型式	性能要求
抗滑	直角	P=7.0kN时,Δ_1≤7.00mm;P=10.0kN时,Δ_2≤0.50mm
	旋转	P=7.0kN时,Δ_1≤7.00mm;P=10.0kN时,Δ_2≤0.50mm
抗破坏	直角	P=25.0kN时,各部位不应破坏
	旋转	P=17.0kN时,各部位不应破坏
扭转刚度	直角	扭力矩为900N·m时,f≤70.0mm

续表 14-3

性能名称	扣件型式	性能要求
抗拉	对接	P=4.0kN 时,$\Delta\leqslant$2.00mm
抗压	底座	P=50.0kN 时,各部位不应破坏

注:f-扭转刚度试验的位移值;P-荷载;Δ-抗拉试验的位移值;Δ_1-横管的位移值;Δ_2-竖管上扣件盖板的位移值。

5. 扣件的标志、包装和储存

(1)扣件的产品标志应在产品上铸出。产品合格证内容:生产厂名、商标、产品型号、数量、生产日期、检验员印记。

(2)扣件应分类包装,捆扎牢固,每袋(箱)重量≤30kg,每个包装应有产品合格证。每个包装上应标明:生产厂名、许可证号标记和编号、产品型号、数量。

(3)扣件可采用各种运输方法运输。扣件的储存应防锈、防潮。

(二)钢板冲压扣件(GB 24910—2010)

钢板冲击扣件是用钢板冲压成型的用于固定钢管公称外径 48.3mm 及 42.4mm 及其他尺寸的钢管脚手架、井架、模板支撑等的扣件(简称"冲压扣件")。冲压扣件的用途同钢管脚手架构件。

冲压扣件采用材料的力学性能不低于 GB/T 699 中 15Mn 或 GB/T 700 中同类材质的有关规定;螺栓、螺母、铆钉采用材料的力学性能应符合 GB/T 700 中 Q235 有关规定。

1. 冲压扣件的分类和代号

冲压扣件的代号为 CYK。冲压扣件的主参数、分类、型号表示方法及型式代号、变型更新代号同钢管脚手架扣件(表 14-1)。冲击扣件的示意图见图 14-1。

冲压扣件的标记示例:

示例 1:脚手架钢管外径为 48.3mm,第一次变型更新的直角扣件。

标记为:CYKZ48A GB 24910—2010

示例 2:脚手架钢管外径为 48.3mm,第一次变型更新的底座。

标记为:CYKDZ48B GB 24910—2010

2. 冲压扣件的性能指标

表 14-4

性能名称	扣件型式	性能要求
抗滑移变形	直角	P=10.0kN 时,$\Delta_1\leqslant$7.00mm
	旋转	P=7.0kN 时,$\Delta_1\leqslant$7.00mm
抗破坏	直角	P=15.0kN 时,各部位不应破坏
	旋转	P=10.0kN 时,各部位不应破坏
抗拉	对接	P=3.0kN 时,$\Delta\leqslant$2.00mm
抗拉	底座	P=50.0kN 时,各部位不应破坏

注:P-施加在扣件上的相应的试验荷载;Δ-抗拉试验的位移值;Δ_1-横管的位移值。

3. 冲击扣件的技术要求

表 14-5

项　目	指标和要求
工艺要求	扣件各部位不得有裂纹;扣件表面应进行镀锌处理,镀锌层厚度为 0.05~0.08mm
	螺栓应与扣件铆接,装配后螺栓应封口

续表 14-5

项　目	指标和要求
工艺要求	螺栓和螺母的螺纹符合 GB/T 196 规定；铆钉符合 GB/T 109 规定，铆接处应牢固
外观质量	盖钣与座的张开距离比钢管外径大 10mm
	活力部位应灵活转动，旋转扣件两旋转面的间隙<1mm
	产品型号、商标、生产年号应在醒目处冲压出，字迹、图案应清晰完整

(三)碗扣式钢管脚手架构件(GB 24911—2010)

碗扣式钢管脚手架构件由立杆、顶杆、横杆、斜杆、支座、碗扣节点等组成(简称"构件")。主要用于建筑、市政、水利、公路、铁路、化工、煤炭和船舶等工程。轮扣式、圆盘式、插卡式等钢管脚手架构件可参照执行。

1. 构件的材料要求

生产碗扣式钢管脚手架构件使用的原材料应符合产品图样规定，有合格证及材料质量保证书。

脚手架钢管的公称外径为 48.3mm，公称壁厚为 3.5mm，壁厚公差不应为负偏差，其他尺寸公差符合 GB/T 3091 的有关规定。钢管的力学性能应符合 GB/T 3091 中 Q235 的规定。

上碗扣、下碗扣、横杆接头、斜杆接头采用碳素铸钢制造，机械性能应符合 GB/T 11352 中 ZG 270—500 牌号的规定。上碗扣采用可锻铸铁制造的，应符合 GB/T 9440 中 KTH350—10 牌号的规定。下碗扣采用钢板冲压成形的，材料应符合 GB/T 700 中 Q235 的规定，板材厚度≥6mm，并经过 600～650℃时效处理。不许用废旧锈蚀钢板改制。

支座螺杆的材料应符合 GB/T 700 中 Q235 的规定；调节螺母铸件的材料采用可锻铸铁或铸钢制造，机械性能分别不低于 GB/T 9440 中 KTH330—08 牌号和 GB/T 11352 中 ZG 230—450 牌号的规定。

2. 碗扣式钢管脚手架的代号

表 14-6

名　称	代　号	名　称	代　号	名　称	代　号
碗扣式钢管脚手架	组代号 WKJ	上碗扣	SWK	横杆	HG
主参数	构件公称长度 1/10	下碗扣	XWK	斜杆	XG
变型更新	汉语拼音大写字母：第 1 次更新(A)、第 2 次更新(B)、第 3 次更新(C)…	立杆	LG	可调底座	KTZ
		顶杆	DG	可调托撑	KTC

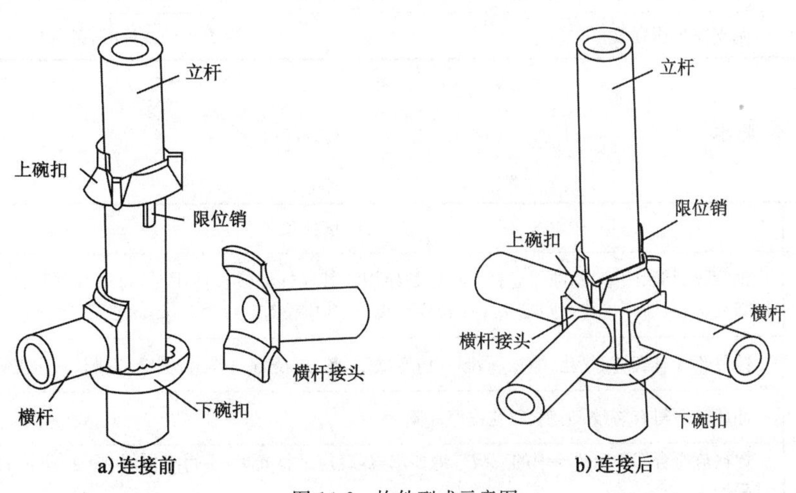

图 14-2　构件型式示意图

3. 构件的型号(标记)

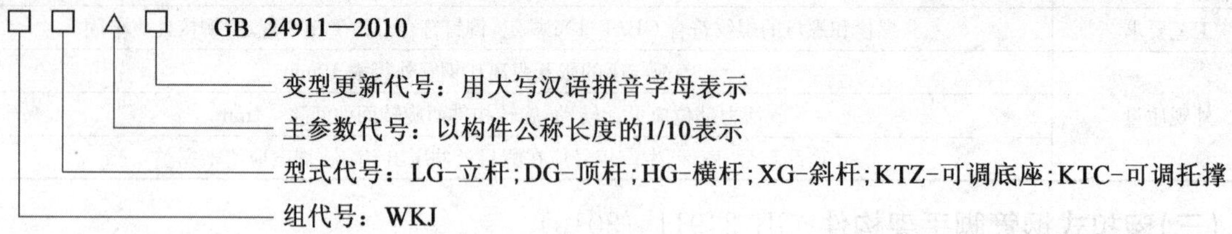

标记示例：

(1)公称长度为 3 000mm,第一次变型更新的碗扣式钢管脚手架立杆。

标记为:WKJL-G300A GB 24911—2010

(2)公称长度为 300mm,第二次变型更新的碗扣式钢管脚手架横杆。

标记为:WKJHG—30B GB 24911—2010

4. 构件主参数系列

表 14-7

名　称	型 式 代 号	主参数系列(mm)
立杆	LG	1 200、1 800、2 400、3 000
横杆	HG	300、600、900、1 200、1 500、1 800、2 400
顶杆	DG	900、1 200、1 500、1 800、2 400、3 000
斜杆	XG	1 697、2 160、2 343、2 546、3 000
可调底座	KTV	450、600、750
可调托撑	KTC	450、600、750

5. 主要构件强度指标

表 14-8

项　　目	要　　求
上碗扣强度	当 P=30kN 时,各部位不应破坏
下碗扣焊接强度	当 P=60kN 时,各部位不应破坏
横杆接头强度	当 P=50kN 时,各部位不应破坏
横杆接头焊接强度	当 P=25kN 时,各部位不应破坏
可调支座抗压强度	当 P=100kN 时,各部位不应破坏

注:P 为试验荷载。

6. 构件的技术要求

表 14-9

项　　目	指标和要求
工艺要求	钢管无裂缝、凹陷、锈蚀。立杆不得接长使用。其他杆件接长使用时,每根杆件只许设一个接缝,不得采用横断面接长,横杆接缝在距端头 1/4 长度内设置,并应设有长度≥100mm、壁厚≥2.5mm 的衬管
	铸件不得有裂缝、气孔、缩松、砂眼等铸造缺陷,粘砂、浇冒口残余、披缝、毛刺、氧化皮等应清除干净
	冲压件不得有裂纹、毛刺、氧化皮等缺陷
	焊接应符合 GB 50205 中的三级焊缝要求;焊缝应平整光滑,不得有漏焊、焊穿、夹渣、裂纹等缺陷;焊条型号宜采用 E4303

续表 14-9

项　　目	指标和要求
尺寸及偏差	立杆碗扣节点间距接 600mm 模数设置，间距偏差±1.0mm；立杆端面与立杆轴线垂直度偏差±0.5mm；横杆接头和立杆接触弧面的轴心线与横杆的轴心线、下碗扣碗口平面与立杆轴线垂直度偏差约为±1.0mm；可调底座底板的钢板厚度≥6mm，可调托撑"U"型钢板厚度≥5mm；立杆外插套壁厚≥3.5mm，内插套壁厚≥3mm，插套长度≥160mm，焊接端插入长度≥60mm，外伸长度≥100mm
外观质量	构件表面在涂防锈底漆前应进行表面清理。接头、支座（含调节螺母）应镀锌，其他构件应喷涂防锈漆。构件表面应光洁平整，涂层应均匀，不得有堆漆、露铁等缺陷

7. 构件的标志、包装和储存

(1)产品出厂合格证上应设置产品标志，合格证上注明：产品名称、商标、规格型号、数量、生产商名称及地址、生产日期、检验人员印记。

(2)构件按规格型号分类捆扎，每捆数量适合于装运即可。在储运时，应采取防潮、防腐蚀措施。

8. WDJ 碗扣型多功能脚手架构件（供参考）

(1)构件的型号、规格、重量和用途

表 14-10

<table>
<tr><th>名　　称</th><th>型　　号</th><th>规格(mm)</th><th>重量(mm)</th><th colspan="3">用　　途</th></tr>
<tr><td rowspan="5">立杆</td><td>LG-90</td><td>ϕ48×3.5×900(A)</td><td></td><td colspan="3" rowspan="5">框架垂直承力杆。
立杆设计荷载(kN)：
横杆步距 0.6m 时，40
横杆步距 1.2m 时，30
横杆步距 1.8m 时，25
横杆步距 2.4m 时，20</td></tr>
<tr><td>LG-120</td><td>ϕ48×3.5×1 200(A)</td><td>7.41</td></tr>
<tr><td>LG-180</td><td>ϕ48×3.5×1 800(A)</td><td>10.67</td></tr>
<tr><td>LG-240</td><td>ϕ48×3.5×2 400(A)</td><td>14.02</td></tr>
<tr><td>LG-300</td><td>ϕ48×3.5×3 000(A)</td><td>17.31</td></tr>
<tr><td rowspan="2">专用立杆</td><td>ZG-220</td><td>ϕ48×3.5×2 200(A)</td><td>10.45</td><td colspan="3" rowspan="2"></td></tr>
<tr><td>ZG-240</td><td>ϕ48×3.5×2 400(A)</td><td>11.22</td></tr>
<tr><td rowspan="3">顶杆</td><td>DG-90</td><td>ϕ48×3.5×900</td><td>5.5</td><td colspan="3" rowspan="3">支撑架顶端垂直承力杆</td></tr>
<tr><td>DG-150</td><td>ϕ48×3.5×1 500</td><td>8.7</td></tr>
<tr><td>DG-210</td><td>ϕ48×3.5×2 100</td><td></td></tr>
<tr><td rowspan="14">横杆</td><td>HG-30</td><td>ϕ48×3.5×300(A)</td><td>1.67</td><td rowspan="14">框架水平承力</td><td colspan="2">横杆设计荷载(kN)</td></tr>
<tr><td>HG-60</td><td>ϕ48×3.5×600(A)</td><td>2.82</td><td>集中荷载</td><td>均布荷载</td></tr>
<tr><td>HG-90</td><td>ϕ48×3.5×900(A)</td><td>3.97</td><td>6.77</td><td>14.81</td></tr>
<tr><td>HG-120</td><td>ϕ48×3.5×1 200(A)</td><td>5.12</td><td>5.08</td><td>11.11</td></tr>
<tr><td>HG-150</td><td>ϕ48×3.5×1 500(A)</td><td>6.28</td><td>4.06</td><td>8.89</td></tr>
<tr><td>HG-180</td><td>ϕ48×3.5×1 800(A)</td><td>7.43</td><td>3.39</td><td>7.40</td></tr>
<tr><td>HG-240</td><td>ϕ48×3.5×2 400(A)</td><td>9.73</td><td></td><td></td></tr>
<tr><td>HG-65</td><td>ϕ48×3.5×650(A)</td><td>3.02</td><td></td><td></td></tr>
<tr><td>HG-95</td><td>ϕ48×3.5×950(A)</td><td>4.17</td><td></td><td></td></tr>
<tr><td>HG-125</td><td>ϕ48×3.5×1 250(A)</td><td>5.32</td><td></td><td></td></tr>
<tr><td>HG-155</td><td>ϕ48×3.5×1 550(A)</td><td>6.48</td><td></td><td></td></tr>
<tr><td>HG-185</td><td>ϕ48×3.5×1 850(A)</td><td>7.63</td><td></td><td></td></tr>
<tr><td rowspan="2">间横杆</td><td>JHG-120</td><td>ϕ48×3.5×1 200(A)</td><td>6.43</td><td colspan="3">水平框架中间横杆</td></tr>
<tr><td>JHG-120+30</td><td>(A+B)
ϕ48×3.5×(1 200+300)</td><td>7.74</td><td colspan="3">水平框架中间横杆，有300 挑梁</td></tr>
</table>

续表 14-10

名 称		型 号	规格(mm)	重量(mm)	用 途
间横杆		JHG-120+60	(A+B) ϕ48×3.5×(1 200+600)	9.69	水平框架中间横杆，有600挑梁
窄挑梁		TL-30	ϕ48×3.5×300(A)	1.68	扩大作业平台
宽挑梁		TL-60	ϕ48×3.5×600(A)	9.30	
斜杆		XG-150	ϕ48×2.2×1 500(A)	7.11	0.9×1.2m 框架斜撑
		XG-170	ϕ48×2.2×1 700(A)	7.87	1.2×1.2m 框架斜撑
		XG-216	ϕ48×2.2×2 160(A)	9.66	1.2×1.8m 框架斜撑
		XG-234	ϕ48×2.2×2 340(A)	10.34	1.5×1.8m 框架斜撑
		XG-255	ϕ48×2.2×2 550(A)	11.13	1.8×1.8m 框架斜撑
		XG-300	ϕ48×2.2×3 000(A)	12.87	2.4×1.8m 框架斜撑
单排横杆		DHG-190	ϕ48×3.5×1 900(A)	9.45	
脚手板		JB-120	270×1 200(B×A)	9.20	作业平台承载板
		JB-150	270×1 500(B×A)	11.22	
		JB-180	270×1 800(B×A)	13.24	
		JB-240	270×2 400(B×A)	17.20	
斜道板		XB-190	540×1 897(B×A)	28.7	1∶3 升斜道板
架梯		JT-255	530×2 546(B×A)	26.32	用于 1.8×1.8m 框架
直角撑		ZJC	A=125，正角 90°	1.70	直角交叉连接
垫座	立杆垫座	LDZ	150×150×8	1.7	立杆支垫板
	支撑柱垫座	ZDZ-1	350×350 支撑面积	18.3	支撑柱垫板
	支撑柱转角座	ZZZ	可调角度 0～10°	21.54	支撑柱斜角垫座
底座、托撑	立杆可调底座	KTZ-30	可调范围 0～300°	5.24	立杆用可调高度底座 轴向承载力≥120kN
		KTZ-50	可调范围 0～500°	6.75	
		KTZ-60	可调范围 0～600°	7.50	
	立杆可调托撑	KTC-30	可调范围 0～300°	4.95	支撑架顶部可调托梁座
		KTC-50	可调范围 0～500°	6.45	
		KTC-60	可调范围 0～600°	7.20	
	可调横托撑	KHC-30	可调范围 488～788(A)	7.23	支撑架横向可调托撑
	支撑柱强力托撑	ZTC-30	可调范围 0～30°		
立杆连接销		LLX		0.18	立杆连接
提升滑轮		THL	提升质量≤100kg	1.55	提吊小构件
翼托	Ⅰ型双可调早拆翼托	STY(1)-75	T38×6×755(A)	8.46	设计荷载 15kN 竖向承载力≥60kN
		STY(1)-60	T38×6×655(A)	7.71	
	Ⅱ型双可调早拆翼托	STY(Ⅱ)-75	T38×6×755(A)	8.41	
		STY(Ⅱ)-60	T38×6×655(A)	7.66	
	Ⅰ型单可调早拆翼托	DTY(Ⅰ)-30	A=300	6.8	
	Ⅱ型单可调早拆翼托	DTY(Ⅱ)-30	A=300	6.75	
立杆可调底座(补充)		KTZ-45	T38×6×455		
		KTZ-75	T38×6×755		

续表 14-10

名　称	型　号	规格(mm)	重量(mm)	用　途
立杆可调托撑(补充)	KTC-45	T38×6×455		
	KTC-75	T38×6×755		

注:以上选自北京星河模板脚手架工程有限公司。

(2)构件示意图

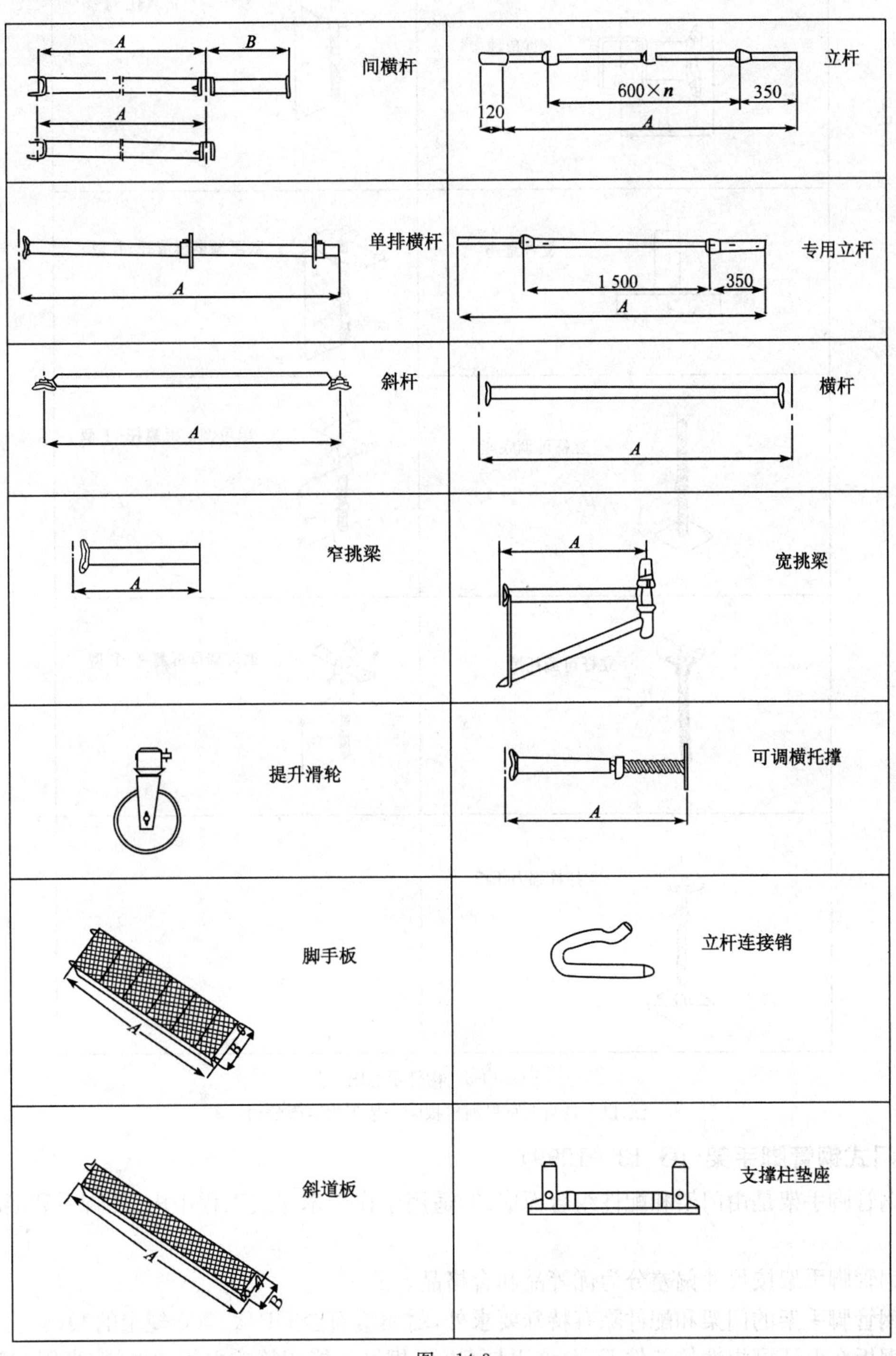

图　14-3

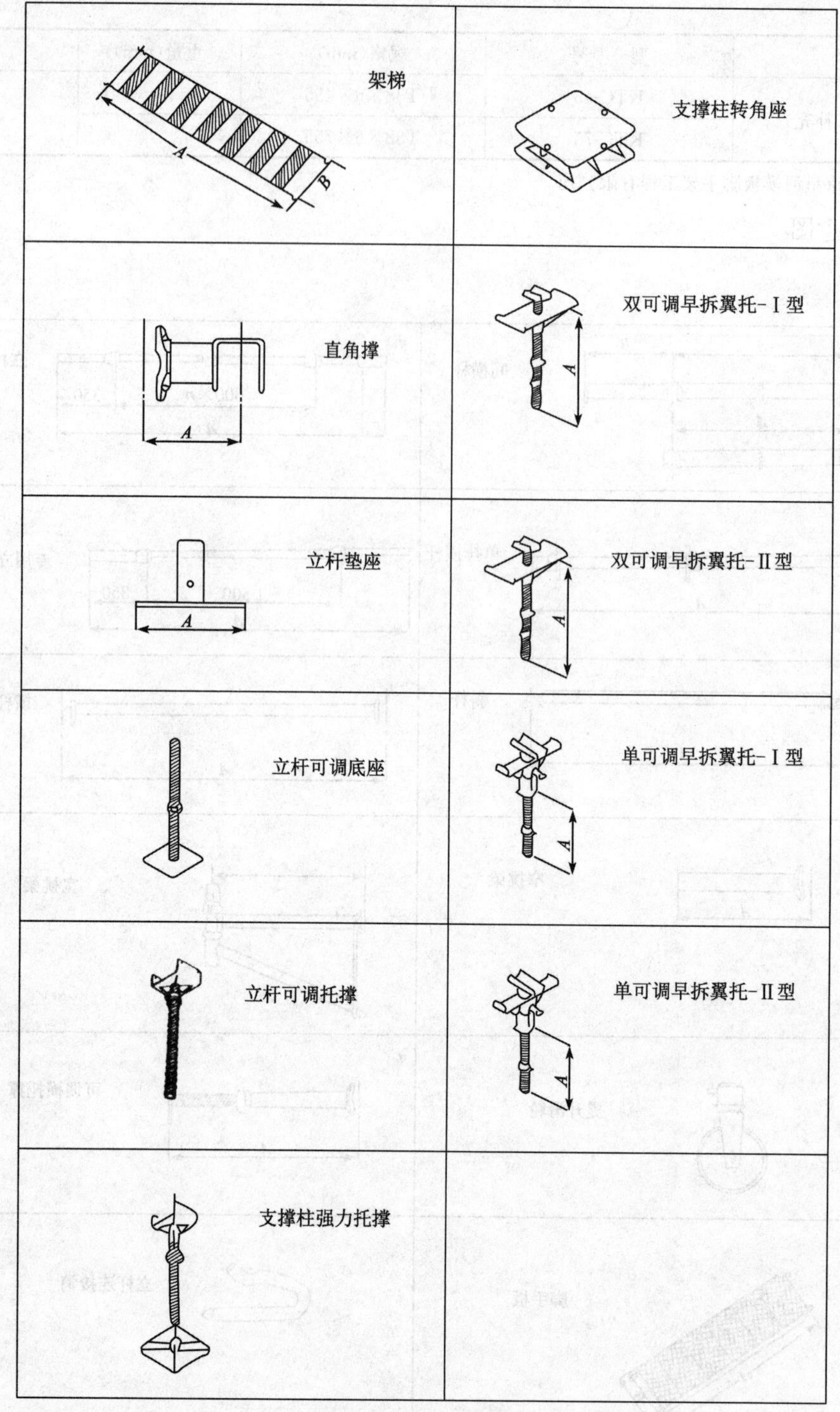

图 14-3 构件示意图

注:以上选自北京星河模板脚手架工程有限公司。

(四)门式钢管脚手架(JG 13—1999)

门式钢管脚手架是由门架和配件组合而成的,适用于作土木建筑工程中内、外脚手和混凝土模板的支架等。

门式钢管脚手架按尺寸偏差分为优等品和合格品。

门式钢管脚手架的门架和配件除有特殊要求外,材质应符合 GB/T 700 规定的 Q235。门架和配件用钢管和钢板在保证可焊性的条件下,允许用与 Q235 机械性能相符或更优的材料;当用 Q215 牌号时,在不影响连接和构造的情况下,允许用增加厚度弥补抗拉强度、屈服强度的不足。

可调底座和托座的手柄用铸件时，采用 GB 5679 规定的 KT-33-8 牌号的可锻铸铁；铆钉采用 YB/T 4155 规定的 BL1、BL2、BL3 钢制造；焊条采用 GB 5117 中的 E43 系列。

立杆、横杆、水平架横杆用钢管的规格和极限偏差：外径为 42mm，±0.5mm；壁厚为 2.5mm，±0.3mm。

其他用钢管的规格和极限偏差：外径为 22～36mm，±0.5mm；壁厚为 1.5～2.6mm，±(0.25～0.3)mm。

英制门式钢管脚手架材料的材质、工艺要求、尺寸偏差、性能试验、表面涂层、试验方法、检验规则和标志、包装、运输及储存等都应符合 JG 13—1999 标准的规定。

1. 门架和配件的名称表示方法

(1)门架

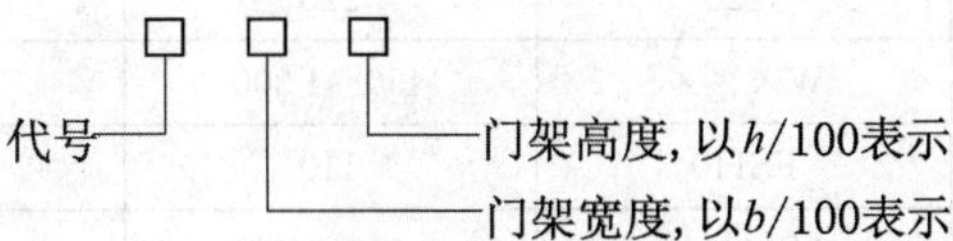

示例：MF1217 门型架宽度为 1 200mm，高度为 1 700mm。

(2)配件

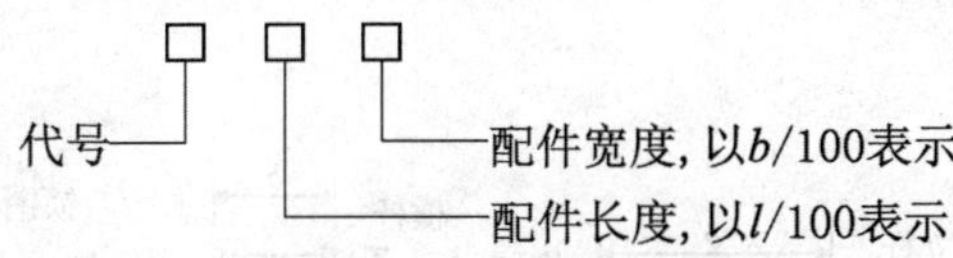

示例：H1805 水平架长度为 1 800mm，宽度为 500mm。

L525 锁臂长度为 525mm。

注：1)凡只有长度的配件，只写长度并以实际长度表示。

2. 门架和配件的名称、代号和外形尺寸

表 14-11

<table>
<tr><th rowspan="2">分　类</th><th rowspan="2">名　称</th><th rowspan="2">代　号</th><th colspan="3">外形尺寸(mm)</th></tr>
<tr><th>长(L)</th><th>宽(b)</th><th>高(h)</th></tr>
<tr><td rowspan="8">门架</td><td rowspan="3">门型架</td><td>MF1219</td><td rowspan="8"></td><td rowspan="5">1 200</td><td>1 900</td></tr>
<tr><td>MF1217</td><td>1 700</td></tr>
<tr><td>MF1215</td><td>1 500</td></tr>
<tr><td rowspan="2">梯型架</td><td>LF1212</td><td>1 200</td></tr>
<tr><td>LF1209</td><td>900</td></tr>
<tr><td>窄型架</td><td>NF0617</td><td>600</td><td rowspan="3">1 700</td></tr>
<tr><td rowspan="2">承托架</td><td>BF1217</td><td>1 200</td></tr>
<tr><td>BF0617</td><td>600</td></tr>
<tr><td rowspan="5">配件</td><td rowspan="2">水平架</td><td>H1811</td><td rowspan="2">1 800</td><td>1 100</td><td rowspan="2"></td></tr>
<tr><td>H1805</td><td>500</td></tr>
<tr><td rowspan="3">交叉支撑</td><td>C2118</td><td>2 163</td><td rowspan="3">1 800</td><td>1 200</td></tr>
<tr><td>C2018</td><td>2 012</td><td>900</td></tr>
<tr><td>C1918</td><td>1 897</td><td>600</td></tr>
</table>

续表 14-11

分类	名称		代号	外形尺寸(mm)		
				长(L)	宽(b)	高(h)
配件	脚手板		P1805	1 800	500	
	钢梯		S2605	2 617(2 635)		1 900(1 925)
			S2405	2 476(2 493)	500	1 700(1 725)
			S205	2 343(2 359)		1 500(1 525)
	锁臂		L725	700(725)		
			L525	500(525)	40	
			L325	300(325)		
	连接棒		J220	220	25(套环)	
	连墙杆		W×××	450～1 300		
	底座	固定底座	FS110	110		
		可调底座	AS×××	400～800		
	托座	固定托座	FU110	110		
		可调托座	AU×××	400～800		

注:括号内的数字为当连接棒有套环时的尺寸。

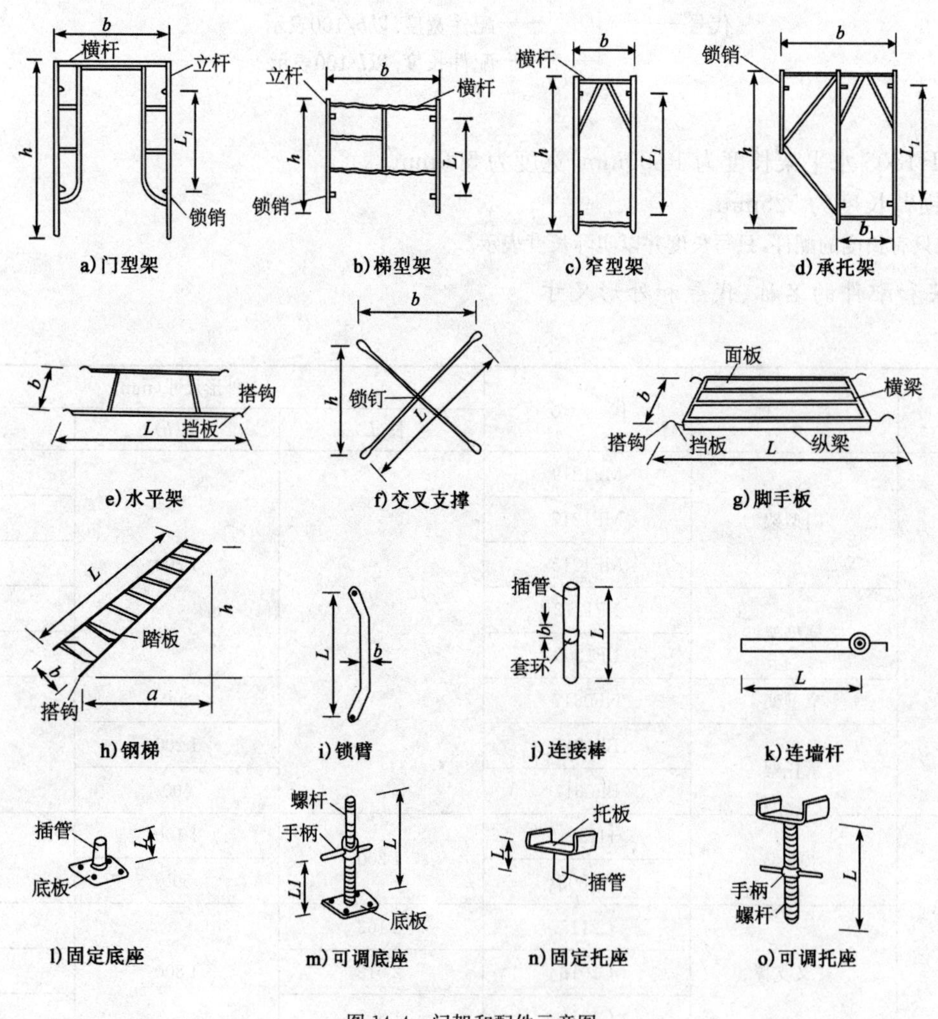

图 14-4　门架和配件示意图

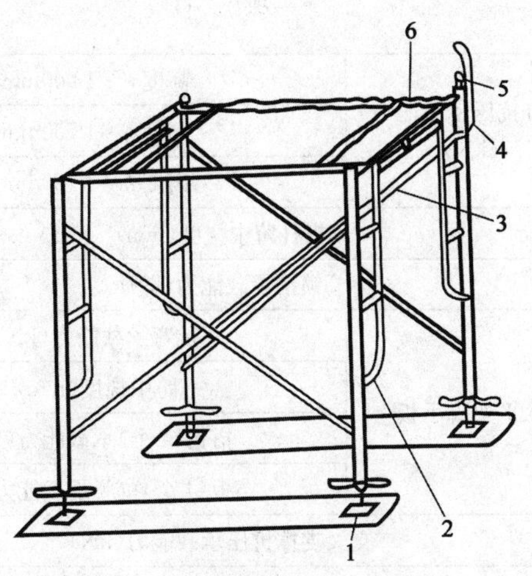

图 14-5　基本单元组成图

1-可调底座;2-门型架;3-交叉支撑;4-锁臂;5-连接棒;6-水平架

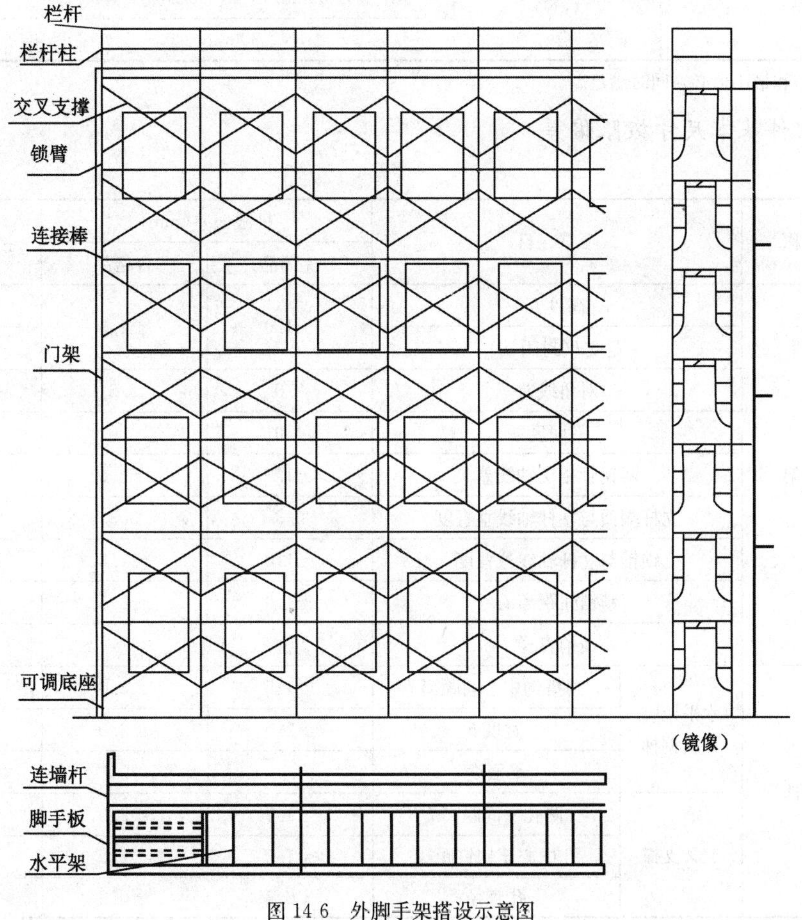

图 14 6　外脚手架搭设示意图

3. 门架和配件的性能指标

表 14-12

项　次	名　称	项　　目		规定值	
				平均值	最小值
1	门架	立杆抗压承载能力(kN)	高度 h=1 900mm	70	65
2			高度 h=1 700mm	75	70
3			高度 h=1 500mm	80	75
4		横杆跨中挠度(mm)		10	
5		锁销承载能力(kN)		6.3	6
6	配件	水平架脚手板	抗弯承载能力(kN)	5.4	4.9
7			跨中挠度(mm)	10	
8			搭钩(4 个)承载能力(kN)	20	18
9			挡板(4 个)抗脱承载能力(kN)	3.2	3
10		交叉支撑抗压承载能力(kN)		7.5	7
11		连接棒抗拉承载能力(kN)		10	9.5
12		锁臂	抗拉承载能力(kN)	6.3	5.8
13			拉伸变形(mm)	2	
14		连墙杆抗拉和抗压承载能力(kN)		10	9
15		可调底座抗压承载能力(kN)	$l_1 \leqslant 200$mm	45	40
16			200mm$<l_1\leqslant$250mm	42	38
17			250mm$<l_1\leqslant$300mm	40	36
18			$l_1>$300mm	38	34

注:表中的平均值和最小值必须同时满足。

4. 门架和配件基本尺寸极限偏差

表 14-13

项　次	名称	项　　目		极限偏差(mm)		主要项目	一般项目
				优等品	合格品		
1	门架	高度 h		±1.0	±1.5	·	
2		宽度 b(封闭端)				·	
3		对角线差		2.0	3.5		·
4		平面度		4.0	6.0		·
5		两钢管相交轴线差		±1.0	±2.0		·
6		立杆端面与立杆轴线垂直度		0.3	0.3	·	
7		锁销与立杆轴线位置度		±1.0	±1.5	·	
8		锁销间距离 l_1		±1.0	±1.5	·	
9		锁销直径		±0.3			·
10	配件	水平架脚手板钢梯	两搭钩中心间距离 l	±1.5	±2.0	·	
11			宽度 b	±2.0	±3.0	·	
12			平面度	4.0	6.0		·
13		交叉支撑	两孔中间距离 l	±1.5	±2.0	·	
14			孔中心至销钉距离	±1.5	±2.0		·
15			孔直径	±0.3	±0.5		·

续表 14-13

项　次	名称	项　　目		极限偏差(mm)		主要项目	一般项目
				优等品	合格品		
16	配件	交叉支撑	孔与钢管轴线	±1.0	±1.5	•	
17		连接棒	长度 l	±3.0	±5.0		•
18			套环高度 b	±1.0	±1.5	•	
19			套环端面与钢管垂直度	0.3		•	
20		锁臂	两孔中心间距离 l	±1.5	±2.0	•	
21			宽度 b	±1.5	±2.0		•
22			孔直径	±0.3	±0.5		•
23		底座、托座	长度 l	±3.0	±5.0		•
24			螺杆的直线度	±1.0			•
25			手柄端面与螺杆垂直度	$\frac{L}{200}$			•
26			插管、螺杆与底板、托板的垂直度				• •

5. 门架和配件的技术要求

表 14-14

项　　目	要　　求
基本要求	门架和配件按国家规定程序批准的设计加工图和技术文件制造；在不同组合的情况下，均应保证连接性和互换性
	交叉支撑、锁臂、连接棒等配件与门架连接时，有防止退出的止退机构。当连接棒与锁臂一起应用时，连接棒不受此限
	水平架、脚手板、钢梯与门架连接的搭钩，有防止脱落的扣紧机构
机构要求	锁销直径≥13mm；交叉支撑孔径≤16mm；搭钩厚度≥7mm；面板、踏板的钢板厚度≥1.2mm，并有防滑措施；连接棒、插管和螺杆插入立杆长度≥95mm
	底座板可做成方形或圆形，有 2 个以上钉孔；水平架、脚手板、钢梯四角的搭钩应焊接(或铆接)牢固可靠
	脚手板由 2 块面板组成时，间隙≤25mm；脚手板的面板应与纵梁和横梁焊接；如面板与纵梁弯折加工为一体时也应与横梁焊接
工艺要求	制造门架和配件不得因加工而使材料性能下降
	钢管应无裂纹、凹陷、锈蚀，不得接长使用，其初始弯曲≤l/1 000(l 为长度)
	立杆与横杆的焊接，螺杆、插管与底板的焊接均必须用周围焊缝；焊接连接采用手工电弧焊，在保证同等级强度的情况下也可采用其他方法焊接
	焊缝应平滑光滑、不得有漏焊、焊穿、裂纹和夹渣；焊缝气孔直接≤1.0mm，每条焊缝气孔数不得超过 2 个；焊接主体金属咬肉深度≤0.5mm，长度总和不得超过焊缝长度的 10%
表面涂层要求	锁臂、连接棒、可调底座和可调托座表面应镀锌；镀锌表面应光滑；连接处不得有毛刺、滴瘤和多余结块
	门架和不镀锌的配件表面应涂防锈漆 2 道和面漆 1 道，或磷化烤漆；涂层表面应均匀，无漏涂、流淌、脱皮、皱纹等缺陷

6. 门式钢管脚手架的标志、包装和贮运

(1)产品合格证内容：产品名称、型号、商标；产品等级(优等品或合格品)；制造厂厂名和地址；制造日期；检验员印章。

(2)门架应通过立杆上销孔拴在一起，每捆以 2 榀为宜；交叉支撑等细长配件以一定数量为 1 组捆牢在一起；零件或较小配件的包装符合 GB 6388 的要求。无论采用何种形式包装，均应有足够的刚度，并有避免损伤的措施。

(3)运输或装卸过程中应防止产品变形和损伤;产品按规格分类储存,放置于干燥场所,防止侵蚀介质和雨水侵害。

(五)承插型盘扣式钢管支架(JGJ 231—2010)

承插型盘扣式钢管支架以连接盘(扣盘)、横杆接头、插销为连接件,以钢管为主要构件,由立杆、水平杆、斜杆、可调底座及可调托座等构件组成。立杆采用套管或连接棒承插连接,水平杆和斜杆采用杆端扣接头卡入连接盘,用楔型插销快速连接,形成结构几何不变体系的钢管支架。可用于脚手架和模板支架。其架设高度不宜大于24m。

支架的立杆连接盘节点按0.5m摸数设计。连接盘为可扣接8个方向扣接头的八边形或圆环形孔板。

1.承插型盘扣式钢管支架示意图

盘扣节点构成由焊接于立杆上的连接盘、水平杆杆端扣接头和斜杆杆端扣接头组成

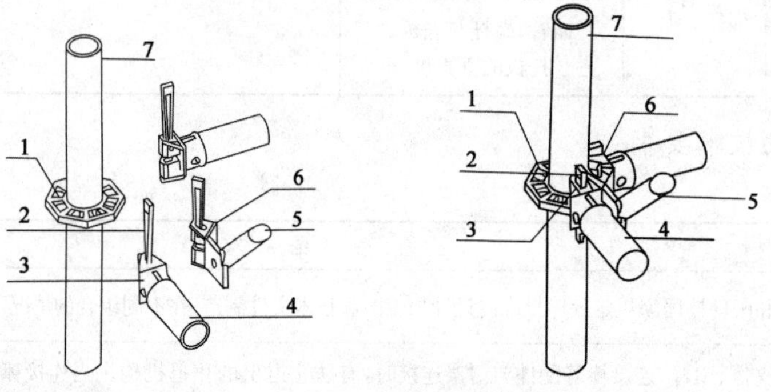

图14-7 钢管支架的盘扣节点示意图

1-连接盘;2-扣接头插销;3-水平杆杆端扣接头;4-水平杆;5-斜杆;6-斜杆杆端扣接头;7-立杆

2.承插型盘扣式钢管支架主要构配件材质要求

表14-15

立杆	水平杆	竖向斜杆	水平斜杆	扣接头	连接套管	可调底座、可调托座	可调螺母	连接盘、插销
Q345A	Q235B	Q195	Q235B	ZG230-450	ZG230-450或20号无缝钢管	Q235B	ZG270-500	ZG230-450或Q235B

3.承插型盘扣式钢管支架主要构、配件种类、规格

表14-16

名　称	型　号	规格(mm)	材　质	理论重量(kg)
立杆	A-LG-500	ϕ60×3.2×500	Q345A	3.75
	A-LG-1000	ϕ60×3.2×1 000	Q345A	6.65
	A-LG-1500	ϕ60×3.2×1 500	Q345A	9.60
	A-LG-2000	ϕ60×3.2×2 000	Q345A	12.50
	A-LG-2500	ϕ60×3.2×2 500	Q345A	15.50
	A-LG-3000	ϕ60×3.2×3 000	Q345A	18.40
	B-LG-500	ϕ48×3.2×500	Q345A	2.95

续表 14-16

名　称	型　号	规格(mm)	材　质	理论重量(kg)
立杆	B-LG-1000	ϕ48×3.2×1 000	Q345A	5.30
	B-LG-1500	ϕ48×3.2×1 500	Q345A	7.64
	B-LG-2000	ϕ48×3.2×2 000	Q345A	9.90
	B-LG-2500	ϕ48×3.2×2 500	Q345A	12.30
	B-LG-3000	ϕ48×3.2×3 000	Q345A	14.65
水平杆	A-SG-300	ϕ48×2.5×240	Q235B	1.40
	A-SG-600	ϕ48×2.5×540	Q235B	2.30
	A-SG-900	ϕ48×2.5×840	Q235B	3.20
	A-SG-1200	ϕ48×2.5×1 140	Q235B	4.10
	A-SG-1500	ϕ48×2.5×1 440	Q235B	5.00
	A-SG-1800	ϕ48×2.5×1 740	Q235B	5.90
	A-SG-2000	ϕ48×2.5×1 940	Q235B	6.50
	B-SG-300	ϕ42×2.5×240	Q235B	1.30
	B-SG-600	ϕ42×2.5×540	Q235B	2.00
	B-SG-900	ϕ42×2.5×840	Q235B	2.80
	B-SG-1200	ϕ42×2.5×1 140	Q235B	3.60
	B-SG-1500	ϕ42×2.5×1 440	Q235B	4.30
	B-SG-1800	ϕ42×2.5×1 740	Q235B	5.10
	B-SG-2000	ϕ42×2.5×1 940	Q235B	5.60
竖向斜杆	A-XG-300×1000	ϕ48×2.5×1 008	Q195	4.10
	A-XG-300×1500	ϕ48×2.5×1 506	Q195	5.50
	A-XG-600×1000	ϕ48×2.5×1 089	Q195	4.30
	A-XG-600×1500	ϕ48×2.5×1 560	Q195	5.60
	A-XG-900×1000	ϕ48×2.5×1 238	Q195	4.70
	A-XG-900×1500	ϕ48×2.5×1 668	Q195	5.90
	A-XG-900×2000	ϕ48×2.5×2 129	Q195	7.20
	A-XG-1200×1000	ϕ48×2.5×1 436	Q195	5.30
	A-XG-1200×1500	ϕ48×2.5×1 820	Q195	6.40
	A-XG-1200×2000	ϕ48×2.5×2 250	Q195	7.55
	A-XG-1500×1000	ϕ48×2.5×1 664	Q195	5.90
	A-XG-1500×1500	ϕ48×2.5×2 005	Q195	6.90
	A-XG-1500×2000	ϕ48×2.5×2 402	Q195	8.00
	A-XG-1800×1000	ϕ48×2.5×1 912	Q195	6.60
	A-XG-1800×1500	ϕ48×2.5×2 215	Q195	7.40
	A-XG-1800×2000	ϕ48×2.5×2 580	Q195	8.50
	A-XG-2000×1000	ϕ48×2.5×2 085	Q195	7.00
	A-XG-2000×1500	ϕ48×2.5×2 411	Q195	7.90
	A-XG-2000×2000	ϕ48×2.5×2 756	Q195	8.80
	B-XG-300×1000	ϕ33×2.3×1 057	Q195	2.95
	B-XG-300×1500	ϕ33×2.3×1 555	Q195	3.82

续表 14-16

名称	型号	规格(mm)	材质	理论重量(kg)
竖向斜杆	B-XG-600×1000	ϕ33×2.3×1 131	Q195	3.10
	B-XG-600×1500	ϕ33×2.3×1 606	Q195	3.92
	B-XG-900×1000	ϕ33×2.3×1 277	Q195	3.36
	B-XG-900×1500	ϕ33×2.3×1 710	Q195	4.10
	B-XG-900×2000	ϕ33×2.3×2 173	Q195	4.90
	B-XG-1200×1000	ϕ33×2.3×1 472	Q195	3.70
	B-XG-1200×1500	ϕ33×2.3×1 859	Q195	4.40
	B-XG-1200×2000	ϕ33×2.3×2 291	Q195	5.10
	B-XG-1500×1000	ϕ33×2.3×1 699	Q195	4.09
	B-XG-1500×1500	ϕ33×2.3×2 042	Q195	4.70
	B-XG-1500×2000	ϕ33×2.3×2 402	Q195	5.40
	B-XG-1800×1000	ϕ33×2.3×1 946	Q195	4.53
	B-XG-1800×1500	ϕ33×2.3×2 251	Q195	5.05
	B-XG-1800×2000	ϕ33×2.3×2 618	Q195	5.70
	B-XG-2000×1000	ϕ33×2.3×2 119	Q195	4.82
	B-XG-2000×1500	ϕ33×2.3×2 411	Q195	5.35
	B-XG-2000×2000	ϕ33×2.3×2 756	Q195	5.95
水平斜杆	A-SXG-900×900	ϕ48×2.5×1 273	Q235B	4.30
	A-SXG-900×1200	ϕ48×2.5×1 500	Q235B	5.00
	A-SXG-900×1500	ϕ48×2.5×1 749	Q235B	5.70
	A-SXG-1200×1200	ϕ48×2.5×1 697	Q235B	5.55
	A-SXG-1200×1500	ϕ48×2.5×1 921	Q235B	6.20
	A-SXG-1500×1500	ϕ48×2.5×2 121	Q235B	6.80
	B-SXG-900×900	ϕ42×2.5×1 272	Q235B	3.80
	B-SXG-900×1200	ϕ42×2.5×1 500	Q235B	4.30
	B-SXG-900×1500	ϕ42×2.5×1 749	Q235B	5.00
	B-SXG-1200×1200	ϕ42×2.5×1 697	Q235B	4.90
	B-SXG-1200×1500	ϕ42×2.5×1 921	Q235B	5.50
	B-SXG-1500×1500	ϕ42×2.5×2 121	Q235B	6.00
可调托座	A-ST-500	ϕ48×6.5×500	Q235B	7.12
	A-ST-600	ϕ48×6.5×600	Q235B	7.60
	B-ST-500	ϕ38×5.0×500	Q235B	4.38
	B-ST-600	ϕ38×5.0×600	Q235B	4.74
可调底座	A-XT-500	ϕ48×6.5×500	Q235B	5.67
	A-XT-600	ϕ48×6.5×600	Q235B	6.15
	B-XT-500	ϕ38×5.0×500	Q235B	3.53
	B-XT-600	ϕ38×5.0×600	Q235B	3.89

注:①立杆规格为 ϕ60×3.2mm 的为 A 型承插型盘扣式钢管支架;立杆规格为 ϕ48×3.2mm 的为 B 型承插型盘扣式钢管支架。

②A(B)SG 以及 A(B)-SXG 适用于 A 型、B 型承插型盘扣式钢管支架。

4. 盘扣式脚手架（选自北京捷安建筑脚手架有限公司）

盘扣式脚手架是以扣盘、横杆接头、插销为连接件，以钢管为主要构件的脚手架。其横杆插头和立杆紧贴结合（楔形插销穿插自锁结构），接触面大，施工更安全。横杆和扣盘可拼装出多种不同的角度，适用于不同形状建筑的使用。

（1）盘扣式脚手架示意图

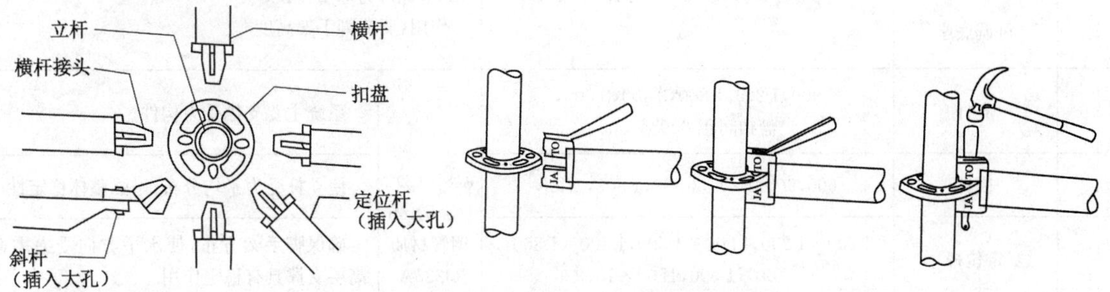

图 14-8　盘扣式脚手架扣盘示意图

连接方式简便，只要将接头插入扣盘，用锤子将插销敲紧，就完成了连接过程。

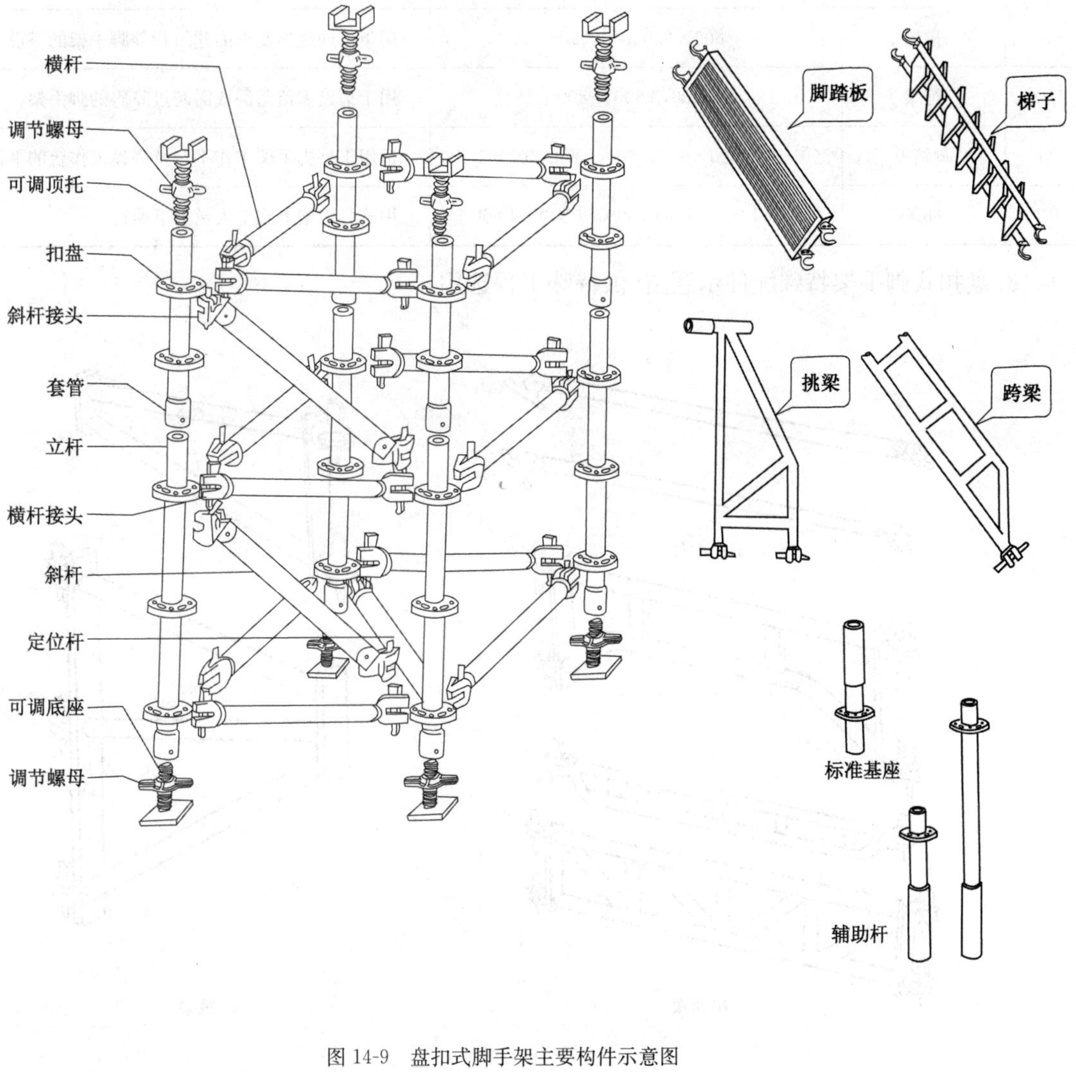

图 14-9　盘扣式脚手架主要构件示意图

(2)盘扣式脚手架主要构件

表 14-17

<table>
<tr><th>序号</th><th>名称</th><th>规格(mm)</th><th colspan="2">材料和作用</th></tr>
<tr><td>1</td><td>可调顶托</td><td rowspan="2">ϕ37×400,ϕ37×600,ϕ37×780</td><td colspan="2" rowspan="2">管式螺杆为 20 号钢无缝管;底板、U 形板为 Q235,厚度 5mm,螺母为球墨铸铁;
作用:调节脚手架高度</td></tr>
<tr><td>2</td><td>可调底座</td></tr>
<tr><td>3</td><td>立杆</td><td>900,1 200,1 800,2 400,3 000,
盘扣间距 600 或 500</td><td rowspan="4">ϕ48×(3.2~3.5)mm
钢管材质
Q235A</td><td>系统主要支撑受力构件</td></tr>
<tr><td>4</td><td>横杆</td><td>600,900,1 200,1 500,1 800,2 400</td><td>使立杆受力平均分布,增强整体稳定性</td></tr>
<tr><td>5</td><td>定位杆</td><td>1 200×1 200,1 500×1 500,1 800×1 800,
1 200×1 500,1500×1800</td><td>确保脚手架方正,使水平方向受力平衡,对高层支撑具有稳定作用</td></tr>
<tr><td>6</td><td>斜杆</td><td>1 200×1 200,1 200×1 500,1 800×1 200
1 800×1 500,2 400×1 800</td><td>可承受垂直方向的力,分散荷载,整体稳定</td></tr>
<tr><td>7</td><td>标准基座</td><td></td><td colspan="2" rowspan="2">立杆为内插形式时用。采用外套式立杆搭设,不用辅助杆和标准基座</td></tr>
<tr><td>8</td><td>辅助杆</td><td></td></tr>
<tr><td>9</td><td>挑梁</td><td>600×600,600×900</td><td colspan="2">用于不同挑出要求的建筑物外脚手架的搭设</td></tr>
<tr><td>10</td><td>跨梁</td><td>2 400,3 600,4 800</td><td colspan="2">用于搭设需留门洞或需跨过障碍的脚手架</td></tr>
<tr><td>11</td><td>脚踏板</td><td>500×600,500×900,500×1 200,500×1 800</td><td colspan="2">适用于外脚手架工作平台及搭设工作台的平板</td></tr>
<tr><td>12</td><td>梯子</td><td>50×1 200×1 800,500×1 800×1 800</td><td colspan="2">用于脚手架上施工人员上下通行</td></tr>
</table>

(3)盘扣式脚手架特殊配件示意图(供特殊工程选用)

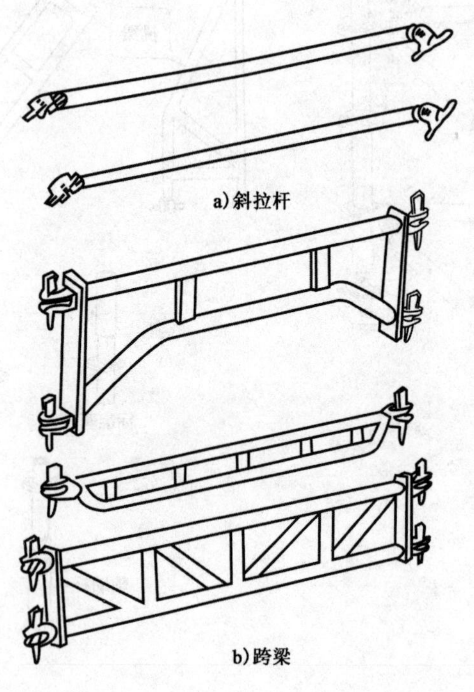

a)斜拉杆

b)跨梁

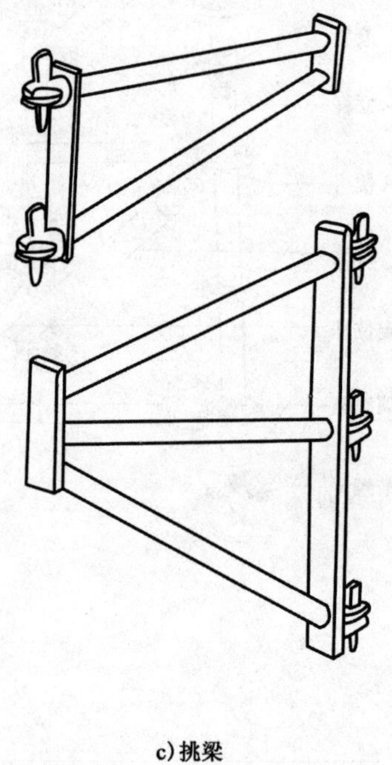

c)挑梁

图 14-10

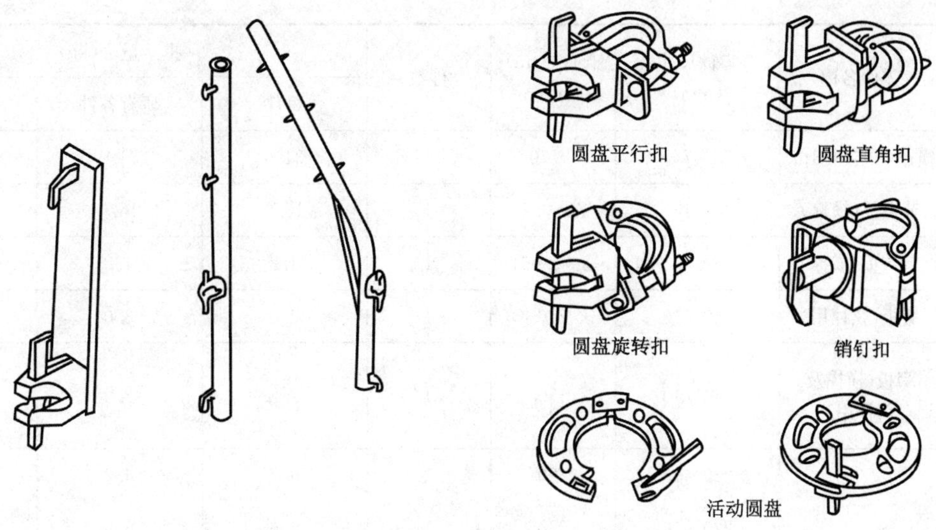

图 14-10　盘扣式脚手架特殊配件示意图

二、万能杆件

(一)N 形构件规格尺寸及重量

表 14-18

零件号数	零件名称	零件尺寸(mm)	长度(mm)或面积(m^2)	件数	重量(kg)		
					每件	所有各件	总计
1	弦杆或柱(长)	∠100×100×12	3 994	1	71.4	71.4	71.4
2	弦杆或柱(短)	∠100×100×12	1 994	1	35.7	35.7	35.7
3	斜杆(桁架腹部)	∠100×75×10	2 350	1	30.8	30.8	30.8
4	横撑(中至中 2m)	∠75×75×8	1 770	1	16.0	16.0	16.0
5	斜撑	∠75×75×8	2 478	1	22.4	22.4	22.4
6	拼接角铁(弦或柱)	∠90×90×10	580	1	7.8	7.8	7.8
7	柱头(接 1 或 2)	∠100×100×12	494	1	8.8	8.8	8.8
8	节点板(1、2 或 7)	250×10	480	1	9.6	9.6	9.6
9	联接角板(接 5)	∠75×75×8	630	1	5.7	5.7	5.7
10	横撑(中至中 6m)	∠75×75×8	5 770	1	52.1	52.1	52.1
11	节点板(弦或柱)	δ=10	ω=0.39	1	31.2	31.2	39.2
		200×10	ω=0.05	2	4.0	8.0	
12	节点板(弦或柱)	δ=10	ω=0.17	1	13.6	13.6	13.6
13	节点板(弦或柱)	δ=10	ω=0.25	1	20.0	20.0	20.0
14	节点板(弦或柱)	δ=10	ω=0.31	1	24.8	24.8	24.8
15	填板(弦或柱)	80×10	480	1	3.1	3.1	3.1

续表 14-18

零件号数	零件名称	零件尺寸(mm)	长度(mm)或面积(m^2)	件数	重量(kg)		
					每件	所有各件	总计
16	横撑(中至中 4m)	∠75×75×8	3 770	1	34.0	34.0	34.0
17	节点板(横撑)	$\delta=10$	$\omega=0.2$	1	16.0	16.0	16.0
18	节点板(横撑)	$\delta=10$	$\omega=0.061$	1	4.8	4.8	4.8
19	缀板(弦柱用)	180×10	210	1	3.0	3.0	3.0
20	缀板(横撑及斜杆用)	160×10	170	1	2.2	2.2	2.2
21	柱帽	220×16	220	1	6.2	6.2	25.6
		220×16	220	1	5.6	5.6	
		90×16	220	1	2.5	2.5	
		70×16	220	1	2.0	2.0	
		195×10	220	2	3.4	3.4	
		140×10	220	1	2.5	2.5	
22	节点板(柱)	388×10	580	1	18.0	18.0	18.0
22′	节点板(柱)	566×10	580	1	26.3	26.3	26.3
23	节点板(斜杆)	$\delta=10$	$\omega=0.13$	1	10.4	10.4	10.4
24	普通螺栓	$d=22$	50	1			
			60	1			
			60	1			
			70	1			
25	普通螺栓	$d=28$	80	1			
			90	1			

注:N形、M形两者结构、拼装接形式基本相同,仅弦杆角钢尺寸、部分缀板大小、螺孔直径稍有差异。

(二)M形构件规格尺寸及重量

表 14-19

零件号数	零件名称	零件尺寸(mm)	长度(mm)或面积(m^2)	件数	重量(kg)		
					每件	所有各件	总计
1	弦杆或柱(长)	∠120×120×10	3 994	1	73	73	73
2	弦杆或柱(短)	∠120×120×10	1 994	1	36.5	36.5	36.5
3	斜杆	∠100×75×10	2 290	1	30	30	30
4	横撑或竖杆	∠75×75×8	1 730	1	15.62	15.62	15.62
5	斜撑		2 418	1	21.8	21.8	21.8

续表 14-19

零件号数	零件名称	零件尺寸(mm)	长度(mm)或面积(m^2)	件数	重量(kg) 每件	重量(kg) 所有各件	重量(kg) 总计
6	弦或柱的拼接角钢	∠100×100×10	580	1	9.0	9.0	9.0
7	柱头(接1或2)	∠120×120×10	494	1	8.8	8.8	8.8
8	联接板	265×10	510	1	10.6	10.6	10.6
9	斜撑的拼接角铁	∠75×75×8	690	1	6.23	6.23	6.23
10	横撑或竖杆	∠75×75×8	5 730	1	51.8	51.8	51.8
11	斜杆与弦或柱的节点板	δ=10	ω=0.41	1	32.2	32.2	40.2
		200×10	ω=0.05	2	4.0	8.0	
12	横撑,竖杆与弦或柱的节点板	δ=10	ω=0.18	1	14.1	14.1	14.1
13	同上,在支承点处	δ=10	ω=0.27	1	19.1	19.1	19.1
14	斜杆与竖杆和弦的节点板	δ=10	ω=0.33	1	26.0	26.0	26.0
15	弦或柱拼点的填板	80×10	480	1	3.4	3.4	3.4
16	横撑或竖杆	∠75×75×8	3 730	1	33.6	33.6	33.6
17	斜撑与横撑竖杆的节点板	δ=10	ω=0.18	1	18.0	18.0	18.0
18	斜撑与横撑竖杆的节点板	δ=10	ω=0.076	1	5.9	5.9	5.9
19	弦或柱用的缀板	180×10	220	1	3.1	3.1	3.1
20	横撑竖杆用的缀板	160×10	180	1	2.26	2.26	2.26
21	支座或柱帽	260×16	260	1	8.5	8.5	32.4
		240×16	260	1	7.8	7.8	
		90×16	260	1	2.93	2.93	
		70×16	260	1	2.3	2.3	
		195×10	260	2	4.0	8.0	
		140×10	260	2	2.9	2.9	
22	斜撑与柱或弦及横撑竖杆的节点板	420×10	610	1	20.1	20.1	20.1
23	斜撑与竖杆的节点板	δ=10	ω=0.16	1	12.5	12.5	12.5
24	普通螺栓	d=22	60	1	0.48	0.48	0.48
25	普通螺栓	d=27	75	1	0.77	0.77	0.77

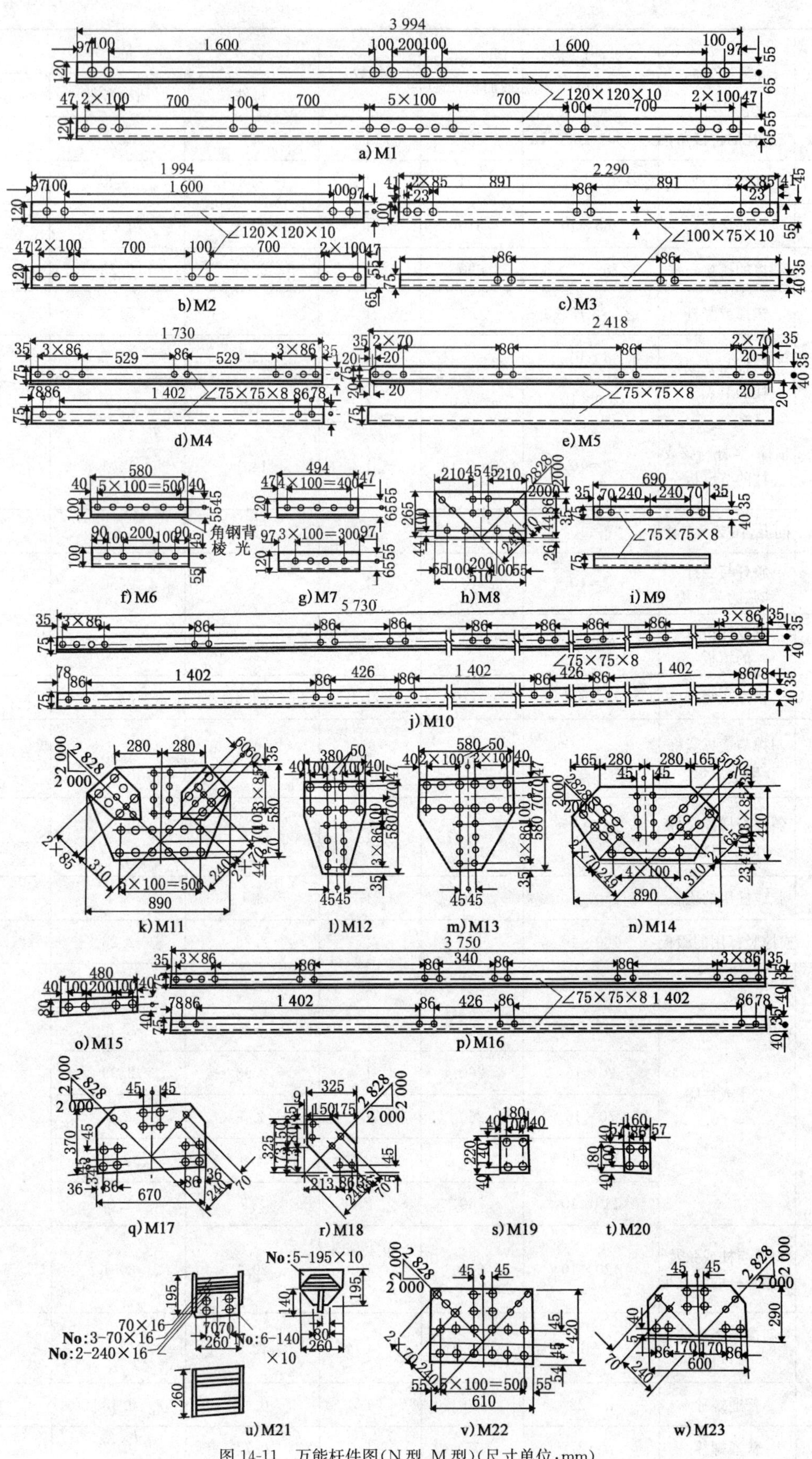

图 14-11　万能杆件图(N 型、M 型)(尺寸单位:mm)

(三)西乙型万能杆件规格尺寸及重量

表 14-20

编　号	名　称	规格(mm)	单位重量(kg)	附　注
①	长弦杆	∠100×100×12×3 994	71.49	
②	短弦杆	∠100×100×12×1 994	35.69	
③	斜杆	∠100×100×12×2 350	42.07	
④	立杆	∠75×75×8×1 770	15.98	
⑤	斜撑	∠75×75×8×2 478	22.38	
⑥	联接角钢	∠90×90×10×580	8.20	用于①或②
⑦	支承角钢	∠100×100×12×494	8.84	用于①或②
⑦A	支承靴角钢	∠100×100×12×594	10.63	用于①或②
⑧	节点板	▭250×280×10	9.42	①②与④⑤相连
⑪	节点板	▭860×552×10 $A=33.89\text{cm}^2$	135.88	①②与③④相连
⑬	节点板	□580×552×10 $A=2\,492\text{cm}^2$	19.56	①②与④⑯相连
⑮	弦杆填塞板	▭8×480×10	3.01	用于①或②
⑯	长立杆	∠75×75×8×3 770	34.04	
⑰	节点板	□626×350×10$A=2\,005\text{cm}^2$	15.74	④⑯与④⑤相连
⑱	节点板	305×314×10$A=606\text{cm}^2$	4.76	④⑯与④⑤水平相连
⑲	缀板	▭210×180×10	2.97	用于①或②
⑳	缀板	▭170×160×10	2.14	用于③④⑤⑯
㉑A	支承靴		24.01	
㉒	节点板	□580×392×10	17.85	①②与④⑤相连
㉒A	节点板	□580×566×10	25.77	①②与④⑤相连
㉓	节点板	□540×262×10$A=1\,334\text{cm}^2$	10.47	④⑯与④⑤相连
㉔	普通螺栓	ϕ22(40、50、60)		
㉕	普通螺栓	ϕ27(40、50、60、70、80)		
㉘	大节点板	□860×886×10 $A=7\,042\text{cm}^2$	73.84	①②与③④相连

注:①各种杆件除⑲⑳用 Q235 钢制作外,其余均用 16 锰钢制作。

②表中 A 为节点板面积。

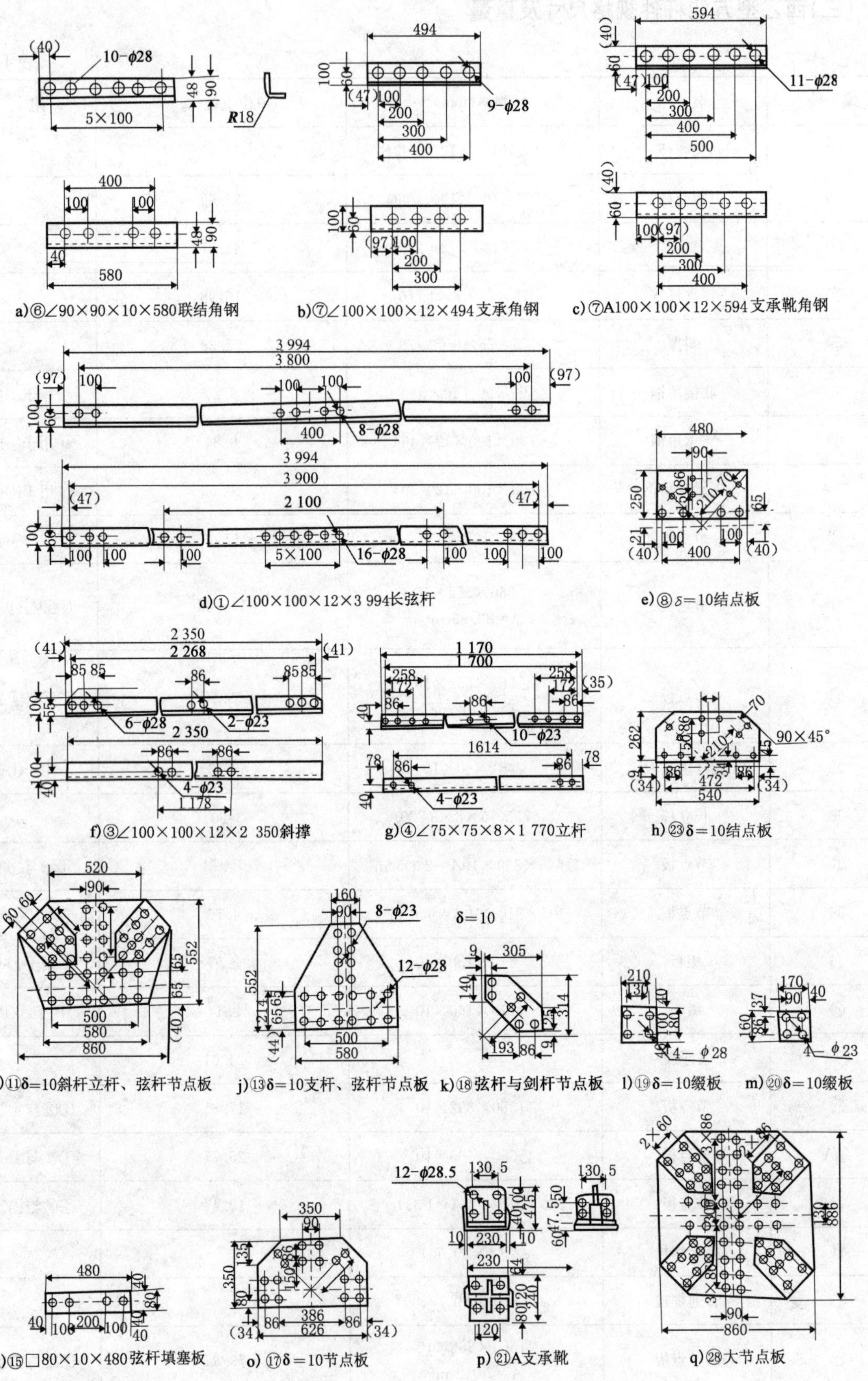

a)⑥∠90×90×10×580联结角钢　b)⑦∠100×100×12×494支承角钢　c)⑦A100×100×12×594支承靴角钢

d)①∠100×100×12×3 994长弦杆　e)⑧δ=10结点板

f)③∠100×100×12×2 350斜撑　g)④∠75×75×8×1 770立杆　h)㉓δ=10结点板

i)⑪δ=10斜杆立杆、弦杆节点板　j)⑬δ=10支杆、弦杆节点板　k)⑱弦杆与剑杆节点板　l)⑲δ=10缀板　m)⑳δ=10缀板

n)⑮□80×10×480弦杆填塞板　o)⑰δ=10节点板　p)㉑A支承靴　q)㉘大节点板

图　14-12

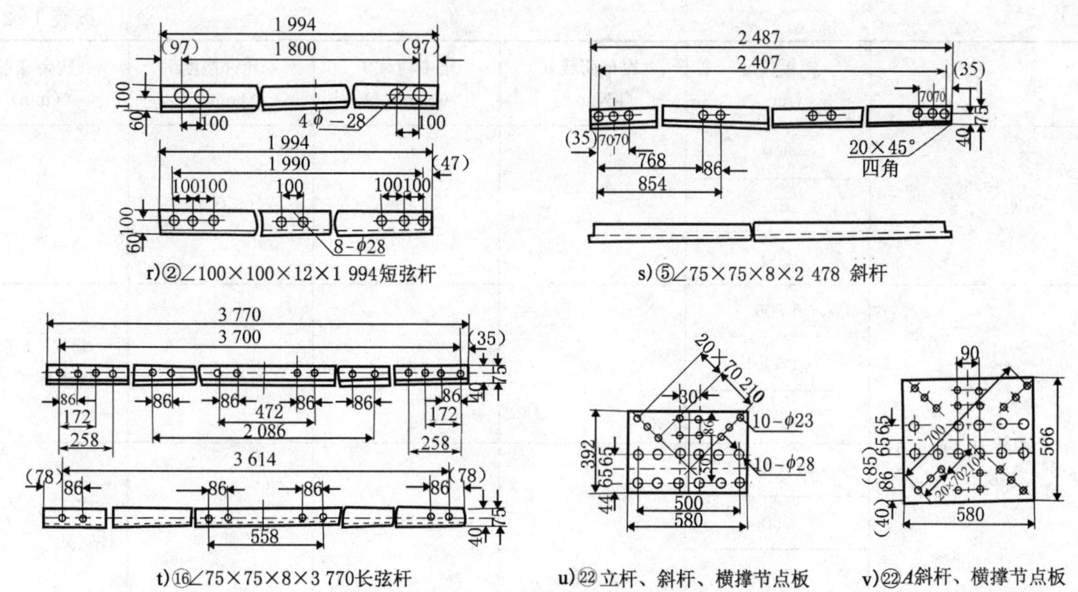

图 14-12 西乙型万能杆件图

三、钢模板

(一)组合钢模板(JG/T 3060—1999)

组合钢模板是宽度和长度采用模数制设计能相互组合拼装的钢模板，主要包括平面模板、阴角模板、阳角模板、连接角模等。

组合钢模板主要用于工业与民用建筑现浇钢筋混凝土工程。可整体吊装就位，也可采用散装散拆方法，施工方便，通用性强，易拼装，周转次数多。

组合钢模板按宽度和长度尺寸分为小钢模板和扩大钢模板两种。

钢模板应选择性能不低于 Q235A 碳素结构钢薄钢板制造。采用卷板制造的，必须经开卷校平后方可使用，不得采用锈蚀的钢材制造。

小钢模板面板采用的热扎钢板公称厚度≥2.5mm，扩大钢模板面板采用的钢板公称厚度≥2.8 mm。使用的钢板应有质量证明书，化学成分和力学性能应符合 GB/T 912 的要求。

1. 钢模板的规格系列

表 14-21

类 别		小 钢 模 板	扩大钢模板
肋高	mm	55	55
宽度	mm	100,150,200,250,300	400,450,500,600
长度	mm	450,600,750,900,1 200,1 500	600,700,900,1 200,1 500,1 800

2. 钢模板荷载指标

表 14-22

项 目	模板长度(mm)	均布荷载 q (kN/m²)	集中荷载 P (N/mm²)	允许挠度(mm)	残余变形(mm)
刚度	1 800	30	10	≤1.5	—
	1 500				
	1 200				

续表 14-22

项　目	模板长度(mm)	均布荷载 q (kN/m²)	集中荷载 P (N/mm²)	允许挠度(mm)	残余变形(mm)
刚度	900	—	10	≤0.2	
	750				
	600				
承载力	1 800	45	15	—	≤0.2,各部位不得破坏
	1 500				
	1 200				
	900	—	30	—	各部位不得破坏
	750				
	600				

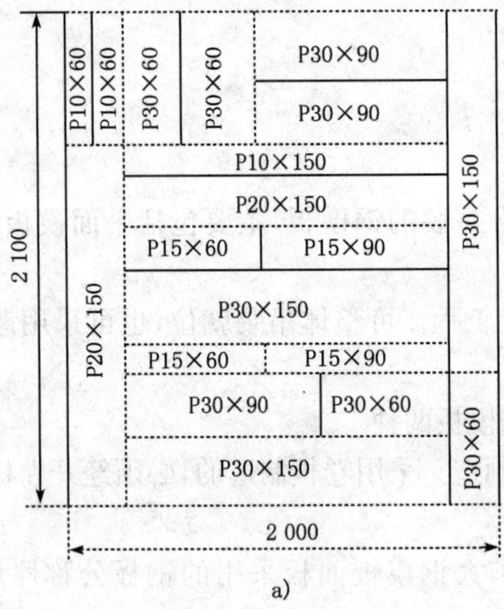

a)

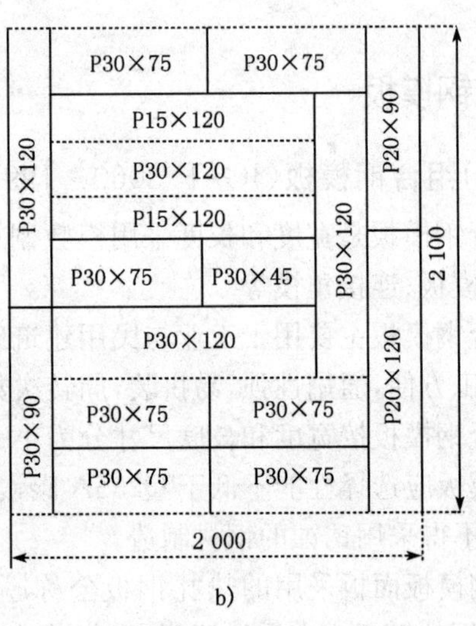

b)

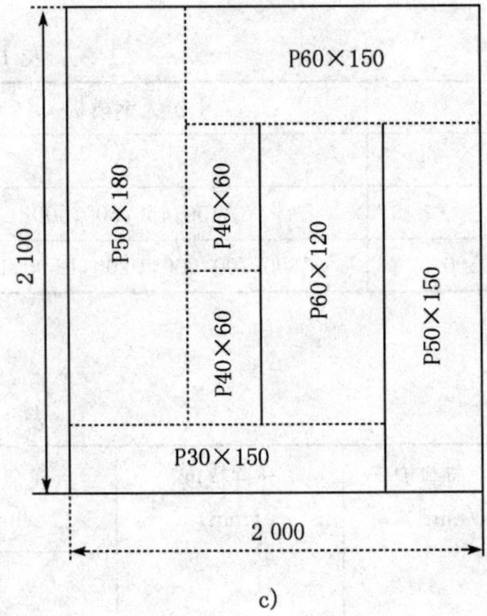

c)

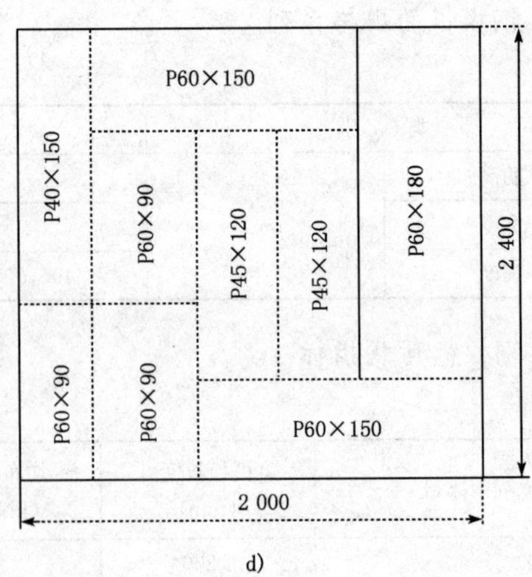

d)

图 14-13　钢模板拼装大块模板示意图(尺寸单位:mm)

3.钢模板拼装质量允许偏差

表 14-23

<table>
<tr><th colspan="2">检测项目</th><th>允许偏差(mm)</th></tr>
<tr><td colspan="2">拼装模板长度</td><td rowspan="2">±2.0</td></tr>
<tr><td colspan="2">拼装模板宽度</td></tr>
<tr><td>板面对角线差值</td><td rowspan="4">不大于</td><td>3.0</td></tr>
<tr><td>板面平面度</td><td>2.5</td></tr>
<tr><td>两块模板拼缝间隙</td><td>1.0</td></tr>
<tr><td>相邻模板板面高度差</td><td>2.0</td></tr>
</table>

注:拼装模板面积不小于 $4m^2$。

4.组合钢模板的技术要求

表 14-24

<table>
<tr><th>项目</th><th colspan="5">指标和要求</th></tr>
<tr><td rowspan="2">工艺要求</td><td colspan="5">钢模板的面板和边肋必须用整块材料制作,不得采用分体焊接形式;钢模板的凸棱宽度不得小于4mm,高度不得小于0.3mm,凸棱与板面保证90°,边肋圆角 ϕ0.5 钢针通不过去;钢模板的纵、横肋低于边肋≤1.2mm;凸鼓高度≥0.8mm</td></tr>
<tr><td colspan="5">钢模板组装焊接必须保证端肋、纵肋、横肋面板相互垂直度≤1.5mm;不得扭曲、偏斜、错位,端肋组焊不得超过板端,边肋外表面不得超出凸棱面;角模垂直度偏差<1mm;组装焊接后采取措施消除应力变形</td></tr>
<tr><td rowspan="8">外观质量</td><td>整形</td><td colspan="4">钢模板组焊后必须进行整形,使其板面平面度达到质量规定;整形宜用机械,手工整形板面不得留有锤痕;钢模板边缘棱角及孔缘不得有明显的飞边毛刺</td></tr>
<tr><td>涂装</td><td colspan="4">钢模板涂装前应去油除锈;焊渣清除干净;涂层应均匀,附着力强;涂装表面不得有皱皮、漏涂、流淌、气泡等缺陷;钢模板工作面可涂防锈油或脂</td></tr>
<tr><td rowspan="6">焊接</td><td colspan="4">钢模板焊接应符合 GB/T 12467.1～4 中的有关规定;焊缝应美观整齐,不得有漏焊、裂纹、弧坑、气孔、夹渣、烧穿、咬肉等缺陷;飞渣焊渣应清除干净</td></tr>
<tr><td rowspan="5">焊缝尺寸要求</td><td>焊缝</td><td>尺寸(mm)</td><td>允许偏差(mm)</td></tr>
<tr><td>肋间焊缝长度</td><td>30</td><td>±5.0</td></tr>
<tr><td>肋间焊脚高度</td><td>2.5</td><td>+1.0
0</td></tr>
<tr><td>肋与面板焊缝长度</td><td>10</td><td>+5.0
0</td></tr>
<tr><td>肋与面板焊脚高度</td><td>2.5</td><td>+1.0
0</td></tr>
</table>

5.组合钢模板的标志、包装和储运

(1)钢模板应在适当位置标记生产厂名称、商标、产品名称、产品型号及批号。

(2)钢模板可采用简易包装箱或同规格打捆包装;包装或码放时两块钢模板工作面应相对。

(3)散装运输时模板周围挤紧,不要相互碰撞;装卸时不得抛摔;钢模板应按规格堆放,存放场地平整结实,下垫垫木离开地面。

6.55 系列组合钢模板规格尺寸(供参考)

表 14-25

示意图	名称	型号	规格	理论重量(kg)
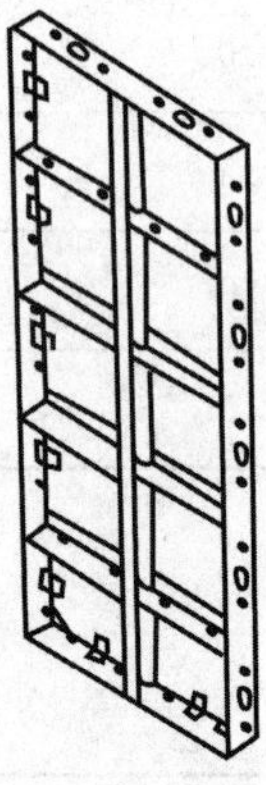	钢竹组合模板	M5A3009	300×900	7.70
		M5A4509	450×900	10.49
		M5A6009	600×900	14.82
		M5A3012	300×1 200	9.79
		M5A4512	450×1 200	13.45
		M5A6012	600×1 200	18.29
		M5A3015	300×1 500	12.06
		M5A4515	450×1 500	16.37
		M5A6015	600×1 500	22.48
		M5A3018	300×1 800	14.33
		M5A4518	450×1 800	19.29
		M5A6018	600×1 800	26.67
	组合钢模板	M5B1009	100×900	4.46
		M5B1509	150×900	5.89
		M5B2009	200×900	7.21
		M5B2509	250×900	9.58
		M5B1012	100×1 200	6.13
		M5B1512	150×1 200	7.73
		M5B2012	200×1 200	9.46
		M5B2512	250×1 200	12.74
		M5B1015	100×1 500	7.60
		M5B1515	150×1 500	9.57
		M5B2015	200×1 500	11.67
		M5B2515	250×1 500	15.77
	阴角模	M5C1009	100×150×900	7.50
		M5C1012	100×150×1 200	10.78
		M5C1015	100×150×1 500	13.32
		M5C1509	150×150×900	9.53
		M5C1512	150×150×1 200	12.47
		M5C1515	150×150×1 500	15.39
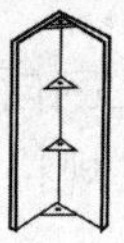	可调阴角模	M5D2509	250×250×900	10.99
		M5D2512	250×250×1 200	14.63
		M5D2515	250×250×1 500	18.25

续表 14-25

示意图	名称	型号	规格	理论重量(kg)
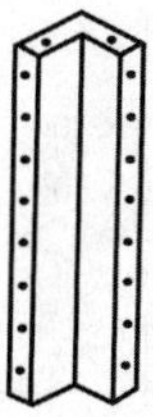	阳角模	M5E0509 M5E0512 M5E0515 M5E1009 M5E1012 M5E1015	50×50×900 50×50×1 200 50×50×1 500 100×100×900 100×100×1 200 100×100×1 500	5.09 6.62 8.16 7.70 9.99 12.29
	L 形调节模板	M5G1209 M5G1212 M5G1215	120×900 120×1 200 120×1 500	3.66 4.91 6.15
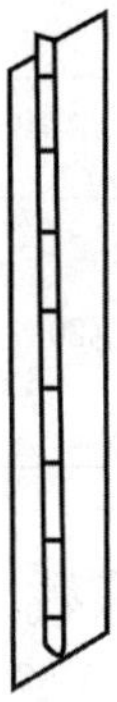	T 型调节模板	M5F2009 M5F2012 M5F2015	200×900 200×1 200 200×1 500	5.37 7.16 8.95
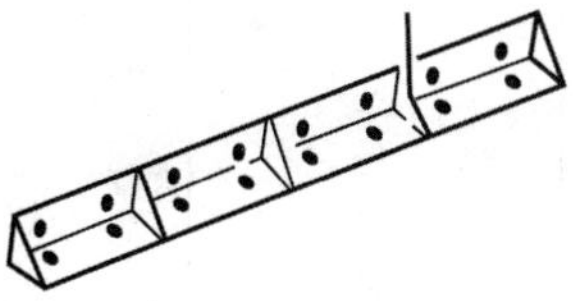	连接角钢	M5H5509 M5H5512 M5H5515	50×50×900 50×50×1 200 50×50×1 500	3.24 4.31 5.38
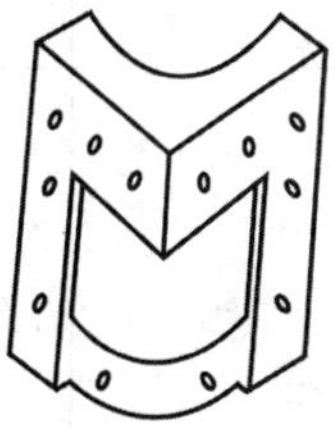	圆柱两阴一阳角模	M5I1503 M5I1506	300 600	
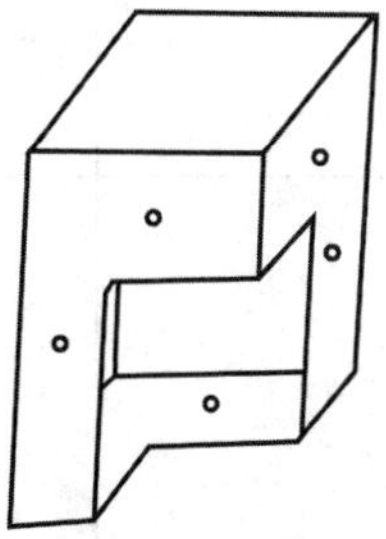	三阴角模	M5J1503 M5J1506	150×150×300 150×150×600	3.99 6.89

续表 14-25

示意图	名称	型号	规格	理论重量(kg)
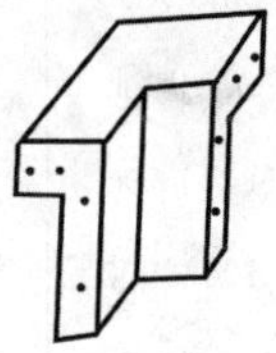	两阴一阳角模	M5K1503 M5K1506	150×150×300 150×150×600	
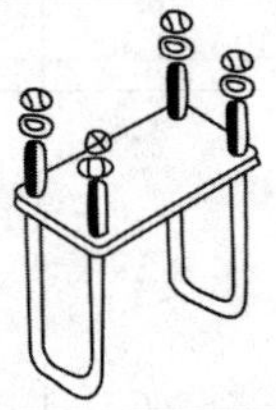	方钢卡	MPO3-50 MPO3-100		2.58 2.89
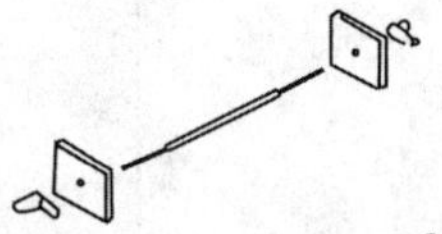	对拉螺栓	MP04-1	1 000×ϕ20	4.24
	防水螺栓-组合式拉杆	MP04-Ⅱ	1 000×ϕ20	6.41
	防水螺栓-螺母式拉杆	MP04-Ⅲ	1 000×ϕ20	6.78
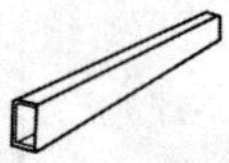	龙骨	MP05	50×100×3.0	6.65kg/m
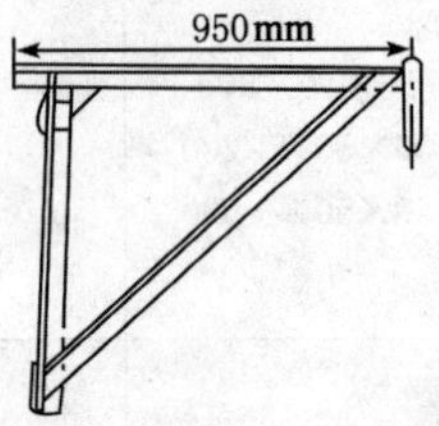 950mm	拼装大模板平台	MP06		12.4
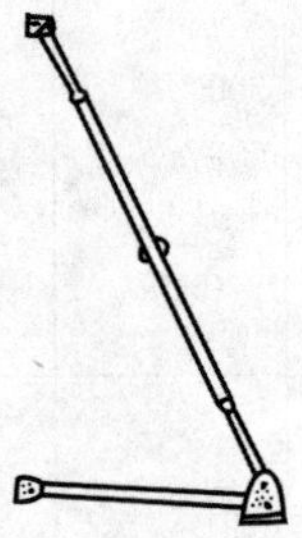	模板支腿	MP07		
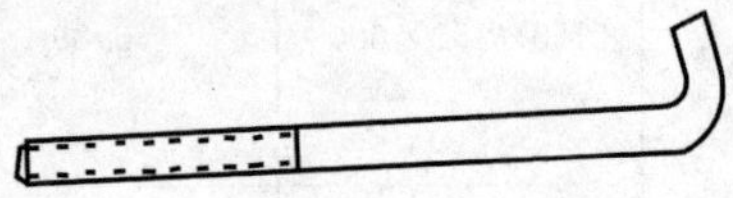	钩头螺栓	MP08		0.20

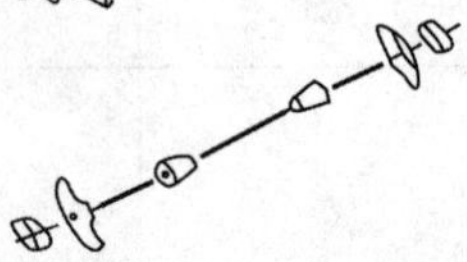

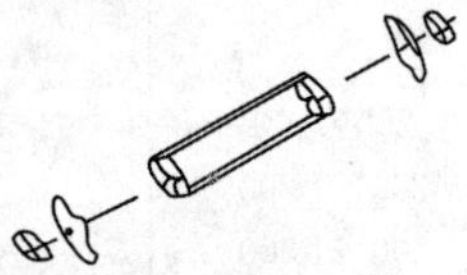

续表 14-25

示意图	名称	型号	规格	理论重量(kg)
	紧固螺栓	MP09		0.18
	L形插销	MP10		0.35
	模板	MP01-90		0.054
	钢卡	MP02-120	120	0.82
		MP02-120	170	1.01
	U形卡	MP11		0.20
	扣件	MP12		0.15～0.39

注:选自北京星河模板脚手架工程有限公司产品介绍。

(二)钢框组合竹胶合板模板(JG/T 428—2014)

钢框组合竹胶合板模板是由竹胶合板与钢框构成的模板。用于浇注混凝土。其中,钢框由边肋、主肋和次肋组成的钢结构骨架,用以承托竹胶合板。

钢框组合竹胶合板模板可根据边肋形式分为空腹钢框组合竹胶合板模板和实腹钢框组合竹胶合板模板。

1.钢框组合竹胶合板模板的标记

标记由名称代号、特征代号及主参数代号三个部分组成,按下列顺序排列。

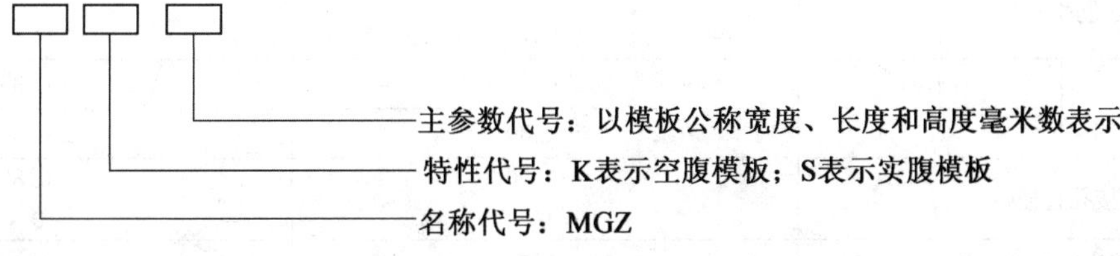

标记示例：

长 1 800mm，宽 600mm，高 75mm 的实腹钢框组合竹胶合板模板标记为：

MGZ・S600×1800×75

2. 钢框组合竹胶合板模板的主要规格(mm)

表 14-26

类　型		尺　寸		
		宽度 B	长度 L	高度 L
空腹 120 型		300、600、900、1 200、2 400	600、900、1 200、1 500、1 800、2 100、2 400、2 700、3 000	120
空腹 140 型		300、450、600、750、900、1 200、2 400	600、900、1 200、1 500、1 800、2 100、2 400、2 700、3 000、3 300	140
实腹 63 型		300、600	600、900、1 200、1 500、1 800	63
实腹 75 型	B1 系类	300、600、900、1 200	600、900、1 200、1 500、1 800、2 100、2 400	75
	B2 系列	300、600	600、900、1 200、1 500、1 800	

注：①模板的钢框用材料为：Q235；Q345；45 号钢。

②竹胶合板以酚醛树脂胶为胶黏剂，使用符合 JG/T 156 规定的优等品。

3. 钢框组合竹胶合板模板及主要部件尺寸允许偏差(mm)

表 14-27

项　目		允 许 偏 差	
		空腹	实腹
长度(L)		0 −1.0	0 −1.5
宽度(B)		0 −1.0	0 −1.5
高度(H)		±0.30	±0.50
对角线差		1.0	2.0
模板平整度		1.2	1.5
边肋直线度		1/1 000	1/500
边肋厚度		±0.2	±0.4
主肋厚度		+0.2 0	+0.3 0
主肋高度		0 −0.30	0 −0.50
板面与边肋高低差		0 −1.0	0 −1.5
边肋垂直度		0 −0.50	0 −1.0
连接孔位置	(a,e)	±0.30	±0.35
	(c)	±0.30	±0.60
连接孔直径(ϕ)		+0.50 0	+0.80 0
连接十字孔(f,k)		±0.50	±1.00

续表 14-27

项　目		允许偏差	
		空腹	实腹
焊缝	焊缝长度	±3	±5
	焊缝高度	+1.0 0	+1.0 0

4. 钢框组合竹胶合板模板永久荷载标准值限值

表 14-28

类型	空腹 120 型	空腹 140 型	实腹 63 型	实腹 75 型	
				B1 系列	B2 系列
荷载(kN/m^2)	55	55	15	55	20

注：永久荷载标准值限值是根据钢框结构和主要部件截面计算确定。对于非构件和超越该限值的工况应另行计算后确定。

5. 钢框组合竹胶合板模板的规格及钢框结构、辅助模板和主要配件的规格及构造

1)空腹 120 型钢框组合竹胶合板模板

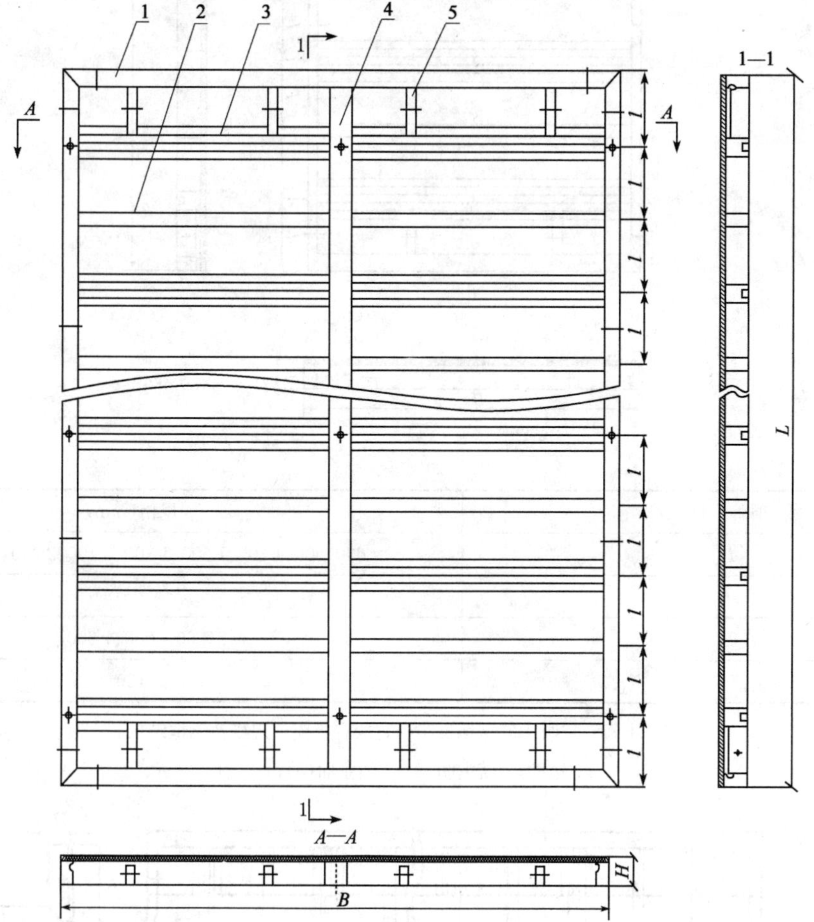

项　目	规格(mm)
L	600、900、1 200、1 500、1 800、2 100、2 400、2 700、3 000
l	300
B	2 400
H	120

图 14-14　空腹 120 型钢框组合竹胶合板模板规格及钢框结构

1-边肋；2-横主肋(2)；3-纵主肋；4-横主肋(3)；5-次肋

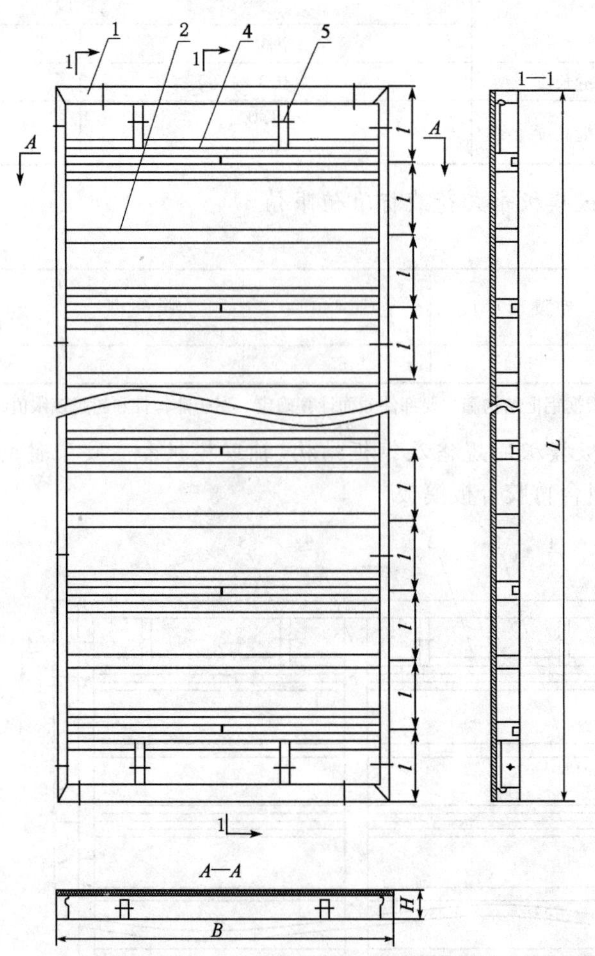

项　目	规格(mm)
L	600、900、1 200、1 500、1 800、2 100、2 400、2 700、3 000
l	300
B	600、900、1 200
H	120

图 14-15　空腹 120 型钢框组合竹胶合板模板规格及钢框结构

1-边肋;2-横主肋(2);3-横主肋(3);4-次肋

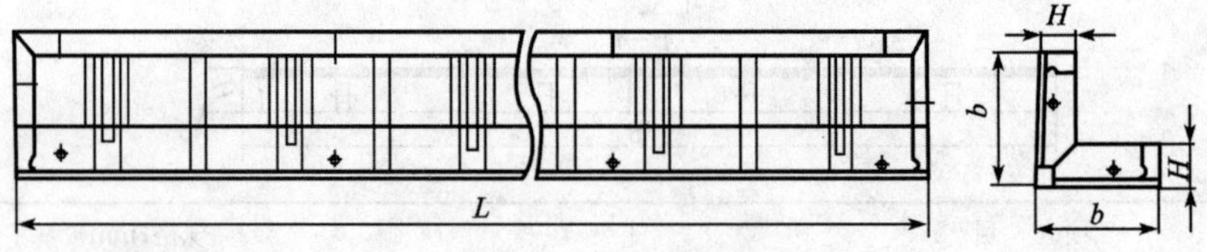

项目		L	b	H
规格(mm)		600、900、1 200、1 500、1 800、2 100、2 400、2 700、3 000	400	120

图 14-16　空腹 120 型钢框组合竹胶合板模板辅助模板—角模板图

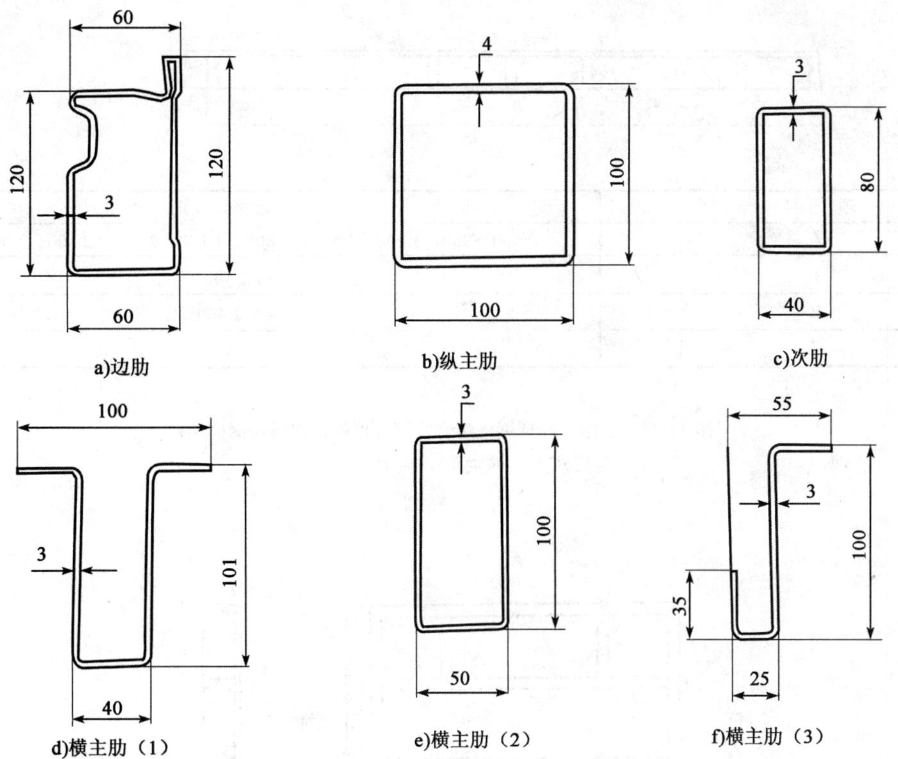

图 14-17 空腹 120 型钢框组合竹胶合板模板边肋、纵主肋、横主肋截面简图(尺寸单位:mm)

2)空腹 140 型钢框组合竹胶合板模板

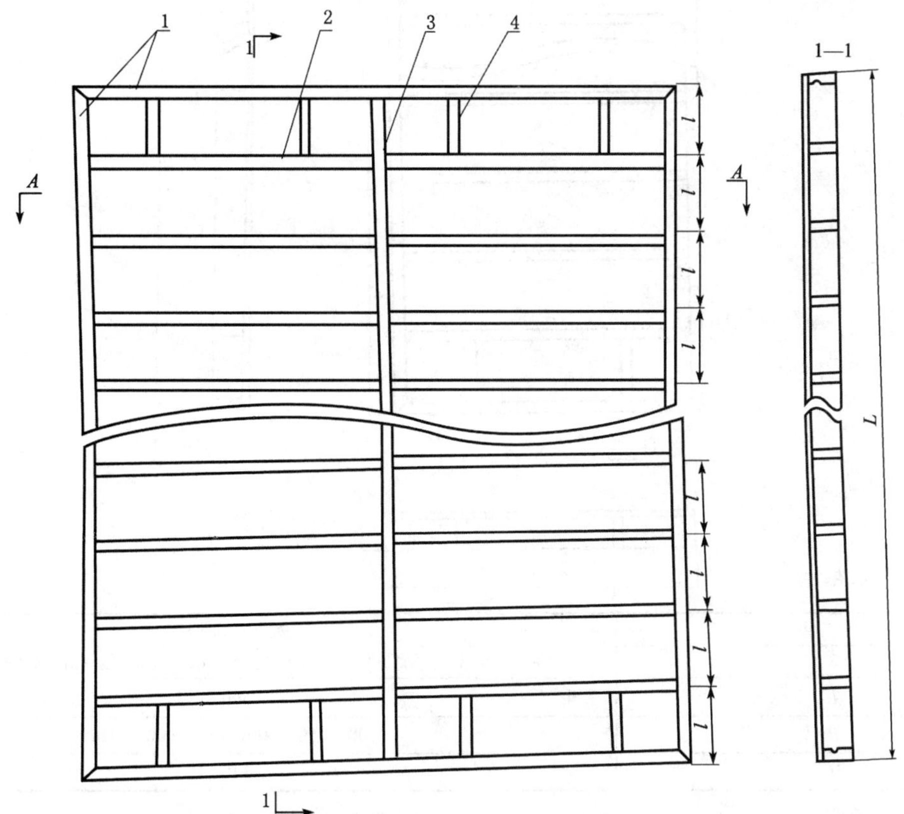

图 14-18

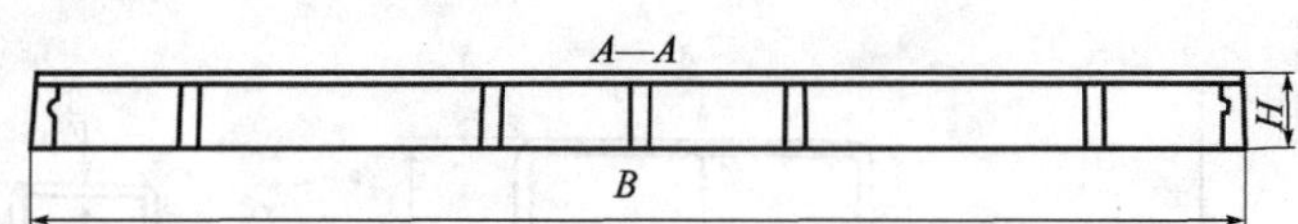

项　　目	规格(mm)
L	600、900、1 200、1 500、1 800、2 100、2 400、2 700、3 000、3 300
l	300
B	2 400
H	140

图 14-18　空腹 140 型钢框组合竹胶合板模板规格及钢框结构
1-边肋;2-横主肋;3-纵主肋;4-次肋

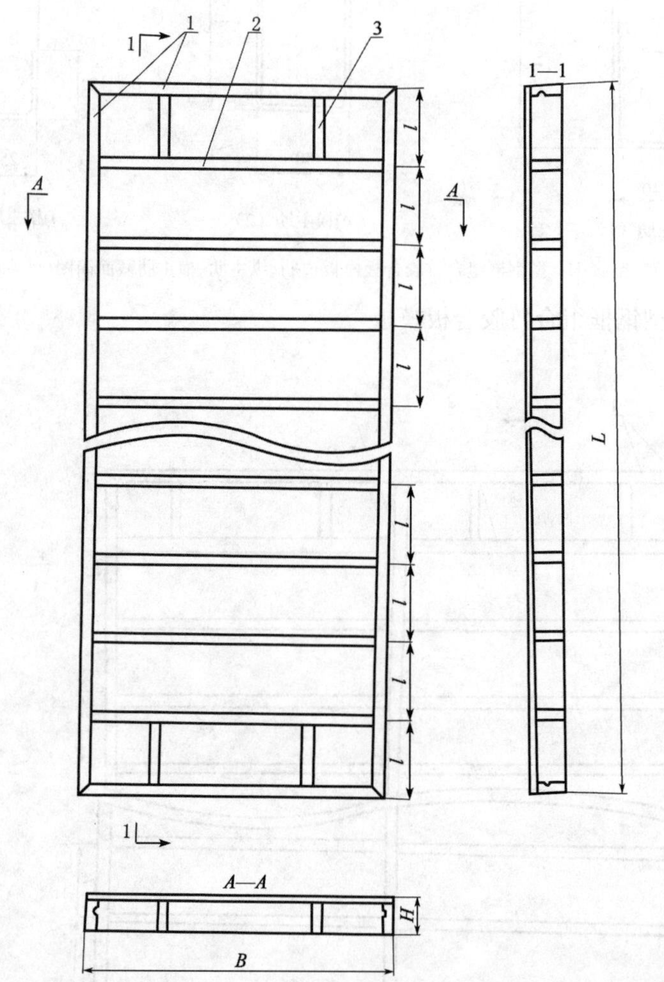

项　　目	规格(mm)
L	600、900、1 200、1 500、1 800、2 100、2 400、2 700、3 000、3 300
l	300
B	300、450、600、750、900、1 200
H	140

图 14-19　空腹 140 型钢框组合竹胶合板模板规格及钢框结构
1-边肋;2-横主肋;3-次肋

空腹 140 型钢框组合竹胶合板模板辅助模板：

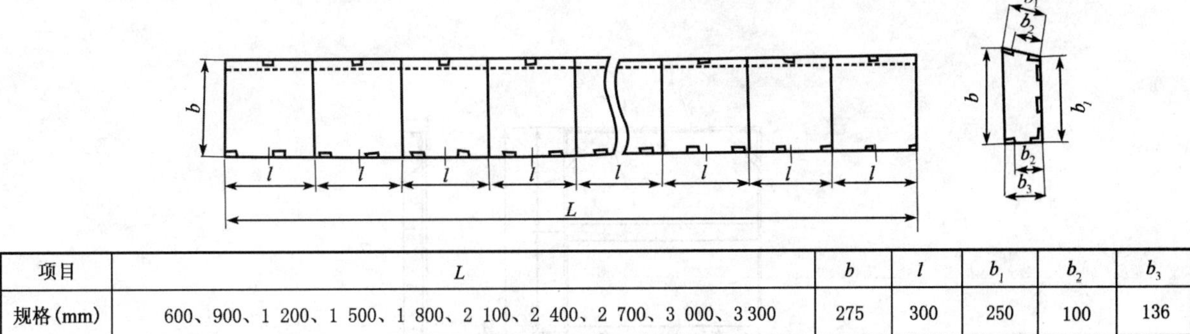

项目	L	b	l	b_1	b_2	b_3
规格(mm)	600、900、1 200、1 500、1 800、2 100、2 400、2 700、3 000、3 300	275	300	250	100	136

图 14-20　连接钢模板

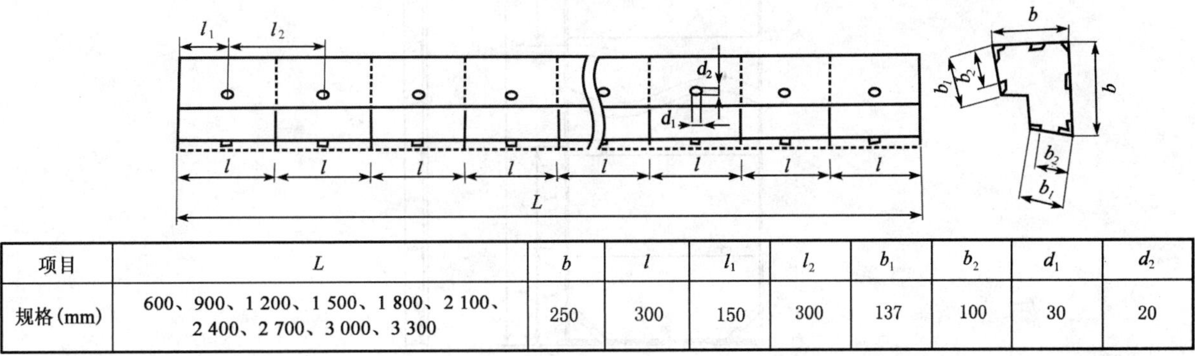

项目	L	b	l	l_1	l_2	b_1	b_2	d_1	d_2
规格(mm)	600、900、1 200、1 500、1 800、2 100、2 400、2 700、3 000、3 300	250	300	150	300	137	100	30	20

图 14-21　阴角模

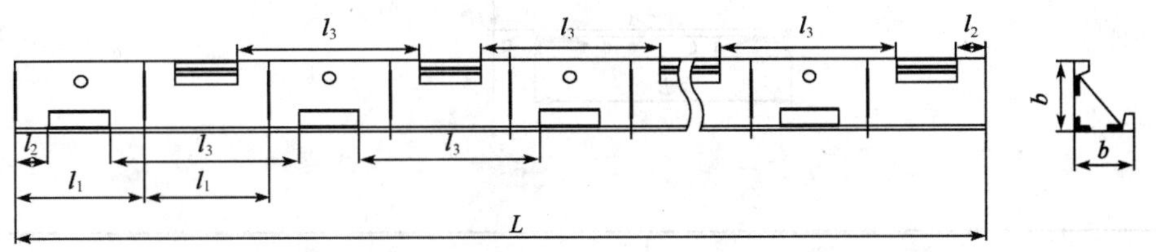

项目	L	b	l_1	l_2	l_3	b
规格(mm)	600、900、1 200、1 500、1 800、2 100、2 400、2 700、3 000、3 300	140	300	75	450	140

图 14-22　连接角模

140 型空腹钢框组合竹胶合板模板边肋、纵主肋、横主肋、次肋截面：

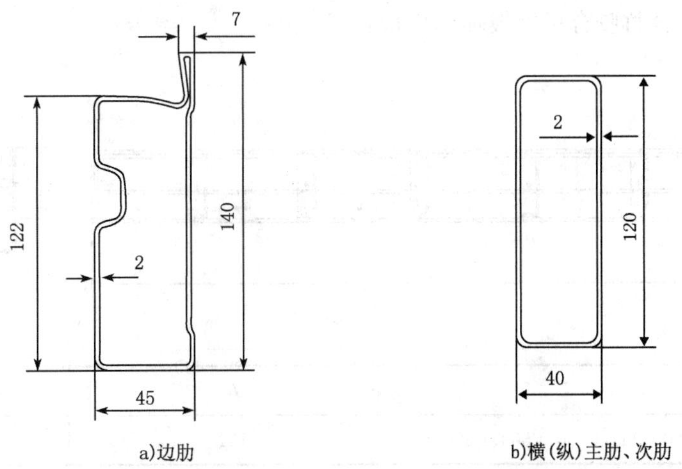

a)边肋　　b)横(纵)主肋、次肋

图 14-23　空腹 140 型钢框组合竹胶合板模板边肋、主肋、次肋截面简图(尺寸单位：mm)

3)实腹63型钢框组合胶合板模板

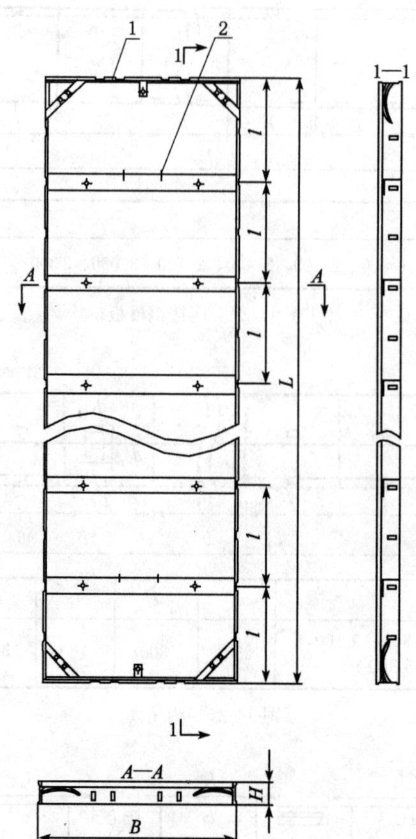

项目	L	l	B	H
规格(mm)	600、900、1 200、1 500、1 800	300	300、600、63	63

图14-24 实腹63型钢框组合竹胶合板模板钢框规格及结构

1-边肋;2-主肋

实腹63型钢框组合竹胶合板模板辅助模板:

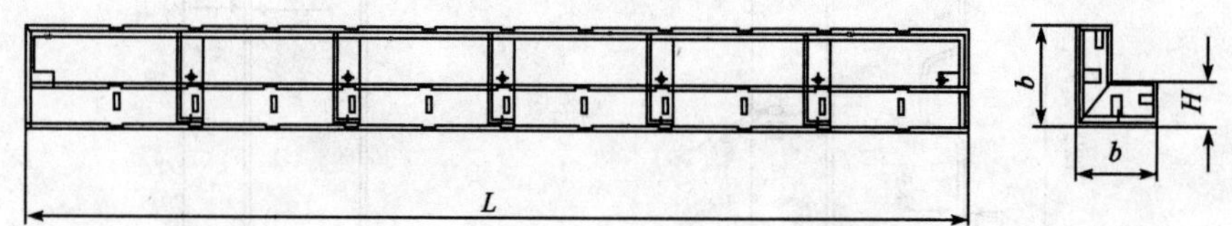

项目	L	b	H
规格(mm)	600、900、1 200、1 500、1 800	152	63

图14-25 阴角模

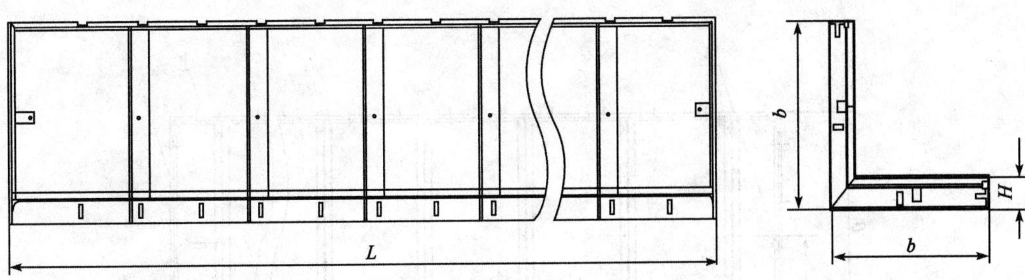

项目	L	b	H	l
规格(mm)	600、900、1 200、1 500、1 800	400	63	300

图 14-26　阳角模

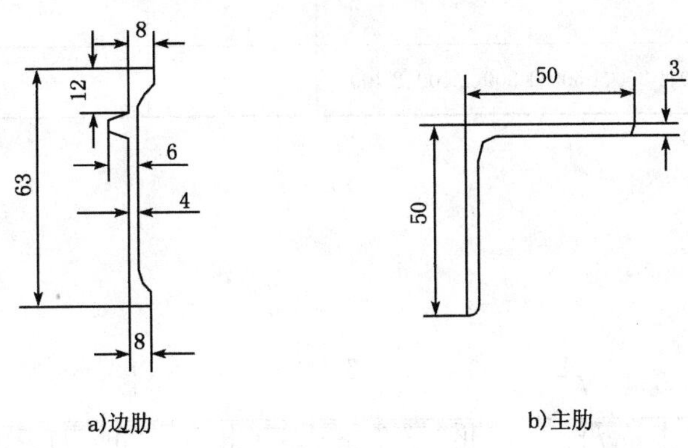

图 14-27　实腹 63 型钢框组合竹胶合板模板边肋、主肋截面简图

4)实腹 75 型钢框组合竹胶合板模板

(1)实腹 75 型 B1 系列钢框组合竹胶合板模板。

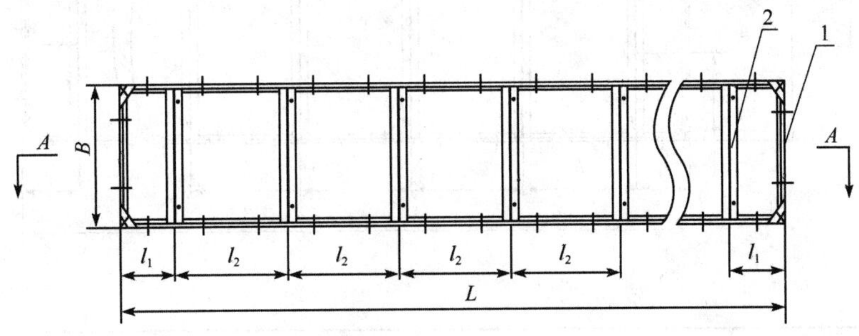

项目	L	B	l_1	l_2
规格(mm)	600、900、1 200、1 500、1 800、2 100、2 400	300	150	300

a)

图　14-28

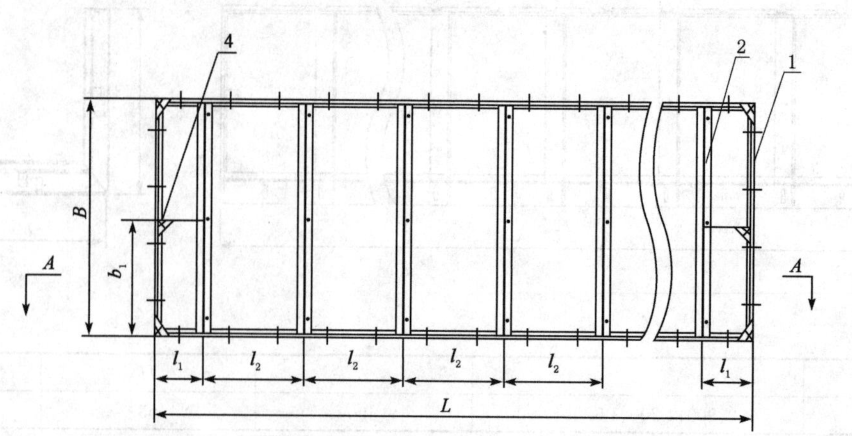

项目	L	B	l_1	l_2	b_1
规格(mm)	600、900、1 200、1 500、1 800、2 100、2 400	600	150	300	300

b)

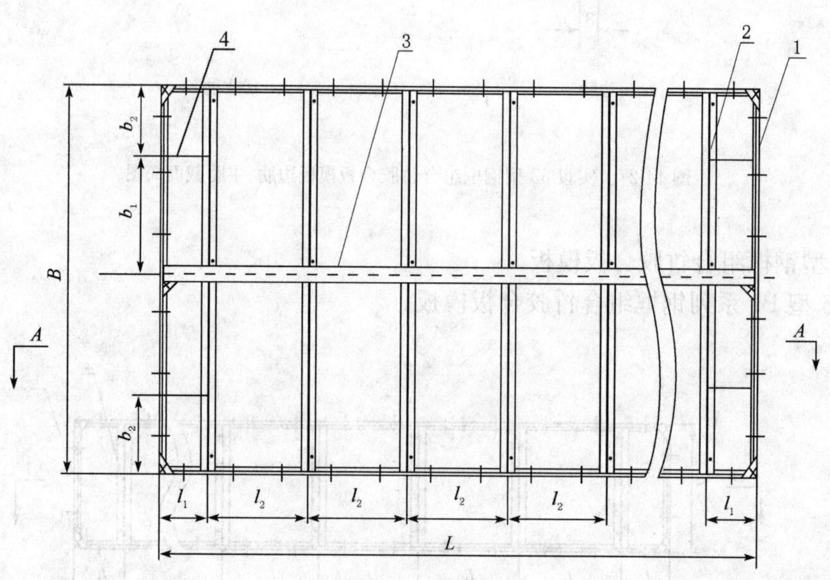

项目	L	B	l_1	l_2	b_1	b_2
规格(mm)	600、900、1 200、1 500、1 800、2 100、2 400	900	150	300	450	180

c)

图 14-28

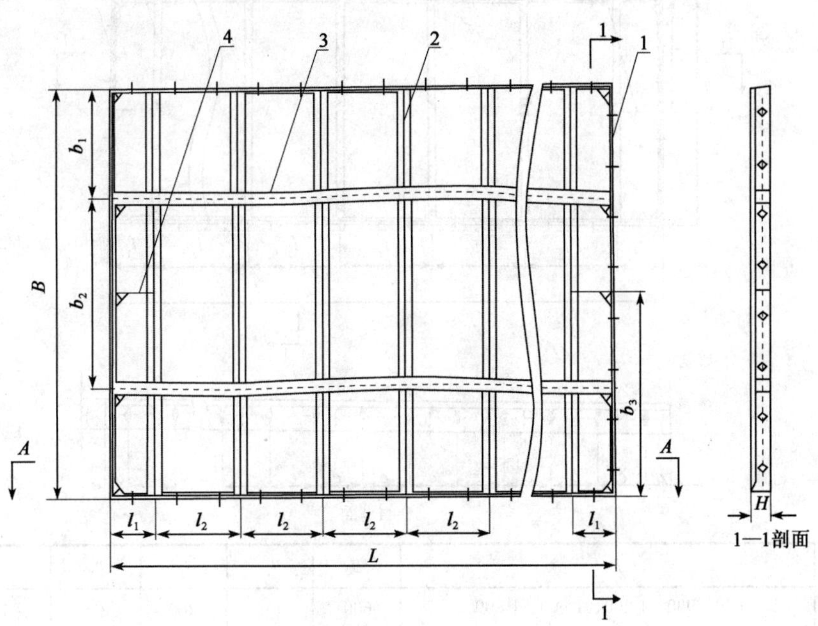

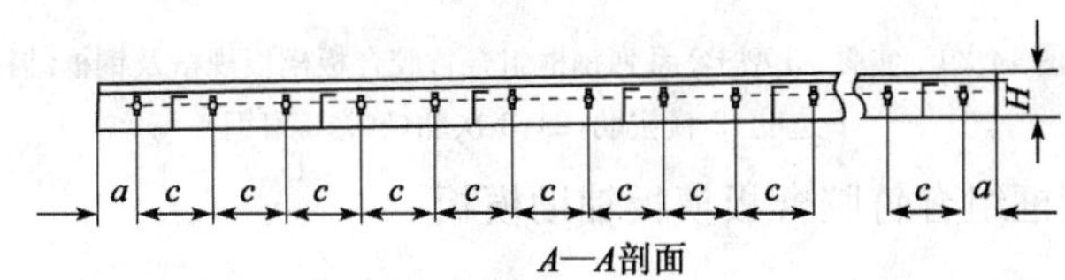

项目	L	B	l_1	l_2	b_1	b_2	b_3	a	c	H
规格(mm)	600、900、1 200、1 500、1 800、2 100、2 400	1 200	150	300	320	560	600	75	150	75

d)

图 14-28　实腹 75 型 B1 系列钢框组合竹胶合板模板规格及钢框结构
1-边肋；2-横主肋(1)；3-纵主肋；4-次肋(50×3 扁钢)

(2)实腹 75 型 B2 系列钢框组合竹胶合板模板

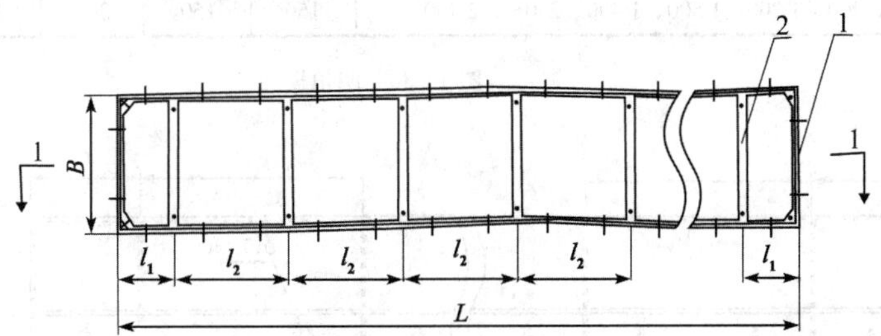

项目	L	B	l_1	l_2
规格(mm)	600、900、1200、1500、1800	300	150	300

a)

图　14-29

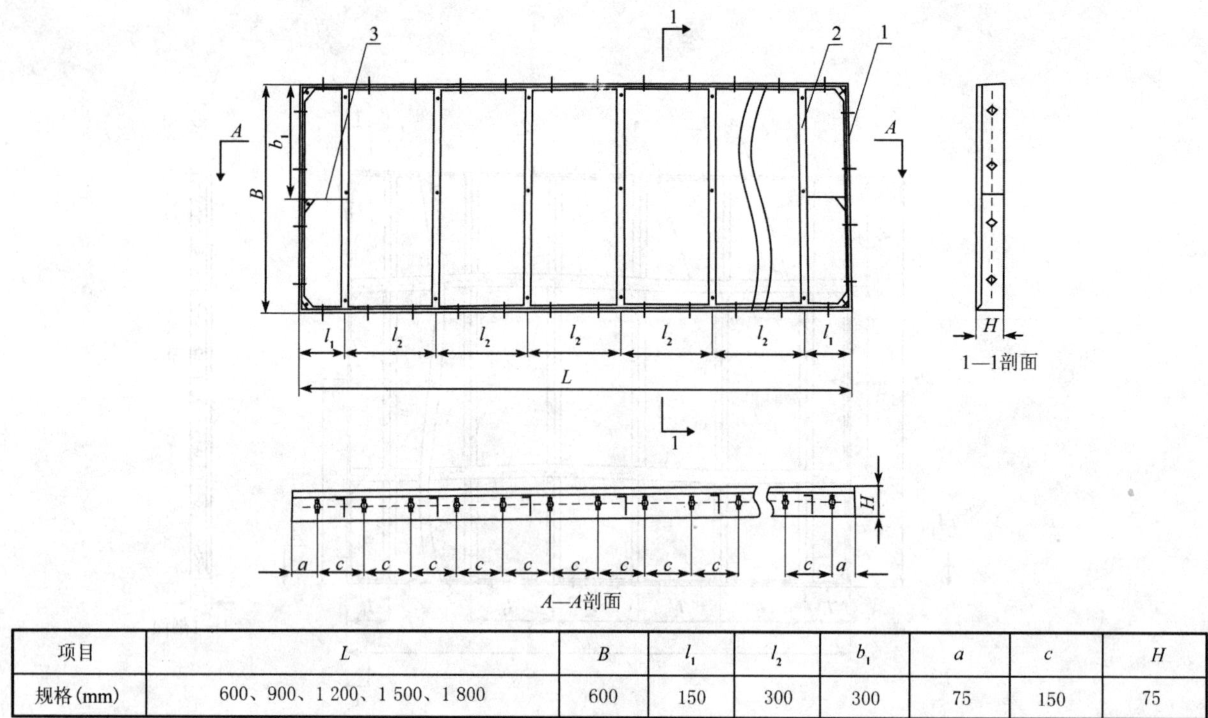

项目	L	B	l_1	l_2	b_1	a	c	H
规格(mm)	600、900、1 200、1 500、1 800	600	150	300	300	75	150	75

b)

图 14-29　实腹 75 型 B2 系列钢框组合竹胶合板模板规格及钢框结构

1-边肋;2-横主肋(2);3-次肋(50×3 扁钢)

(3)实腹 75 型钢框组合竹胶合板模板辅助模板

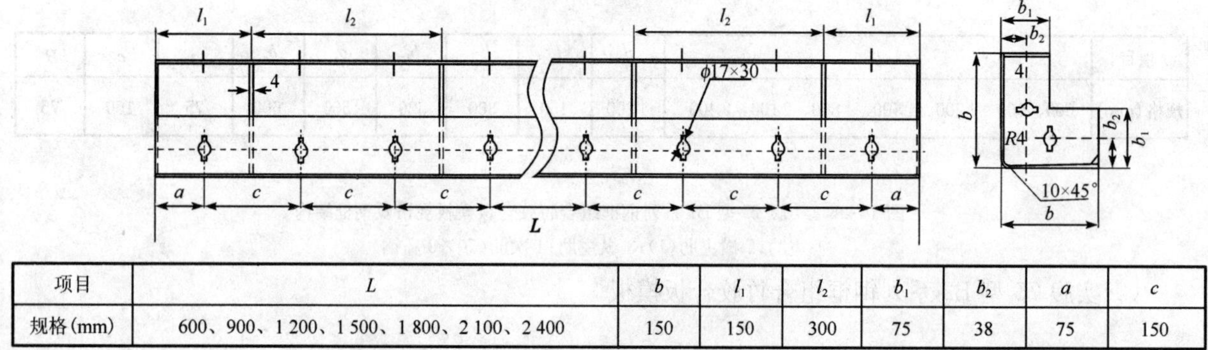

项目	L	b	l_1	l_2	b_1	b_2	a	c
规格(mm)	600、900、1 200、1 500、1 800、2 100、2 400	150	150	300	75	38	75	150

图 14-30　阴角模板

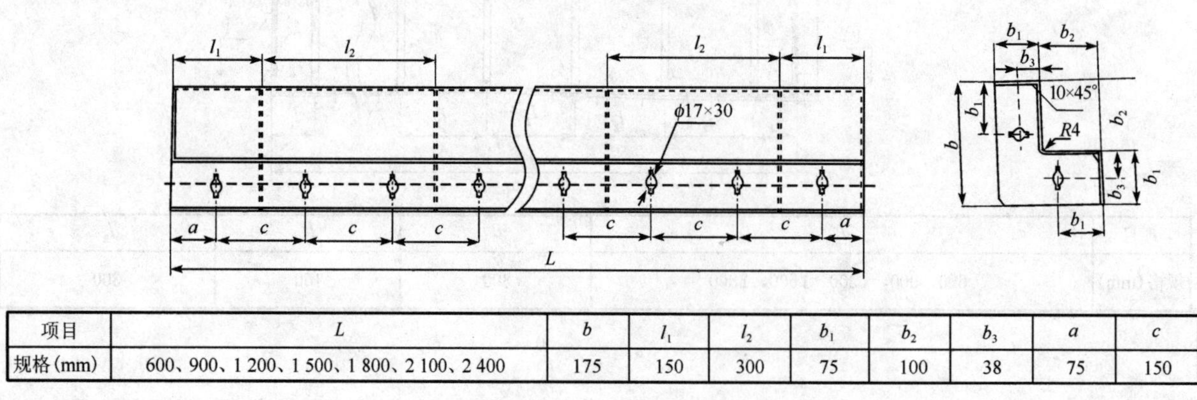

项目	L	b	l_1	l_2	b_1	b_2	b_3	a	c
规格(mm)	600、900、1 200、1 500、1 800、2 100、2 400	175	150	300	75	100	38	75	150

图 14-31　阳角模板

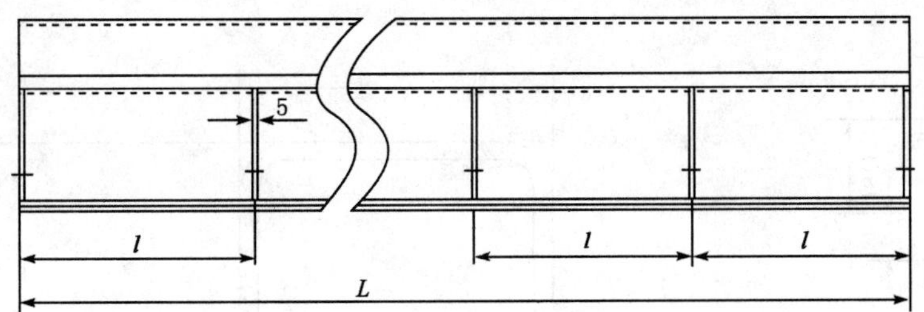

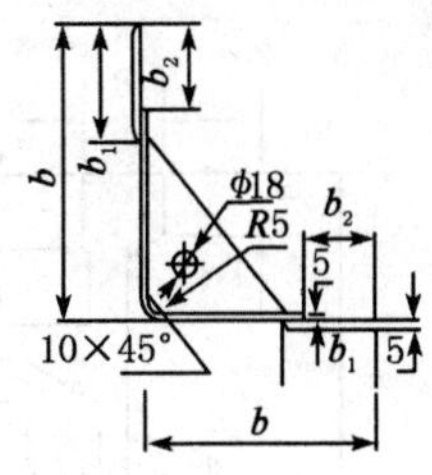

项目	L	b	l	b_1	b_2
规格(mm)	600、900、1 200、1 500、1 800、2 100、2 400	200	300	80	60

图 14-32　可调式阴角模(非定型)

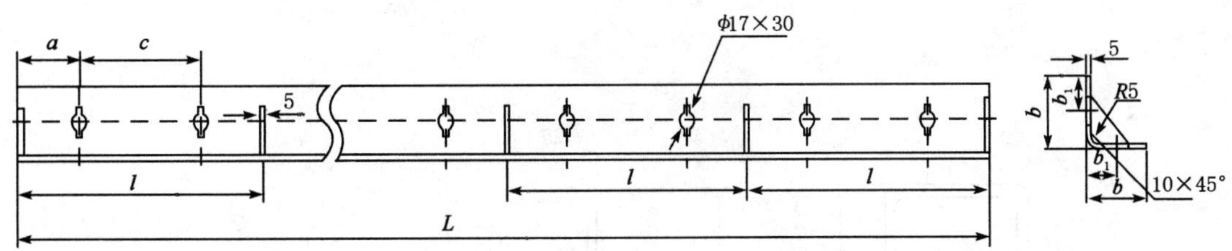

项目	L	b	l	b_1	a	c
规格(mm)	600、900、1 200、1 500、1 800、2 100、2 400	75	300	38	75	150

图 14-33　连接角模

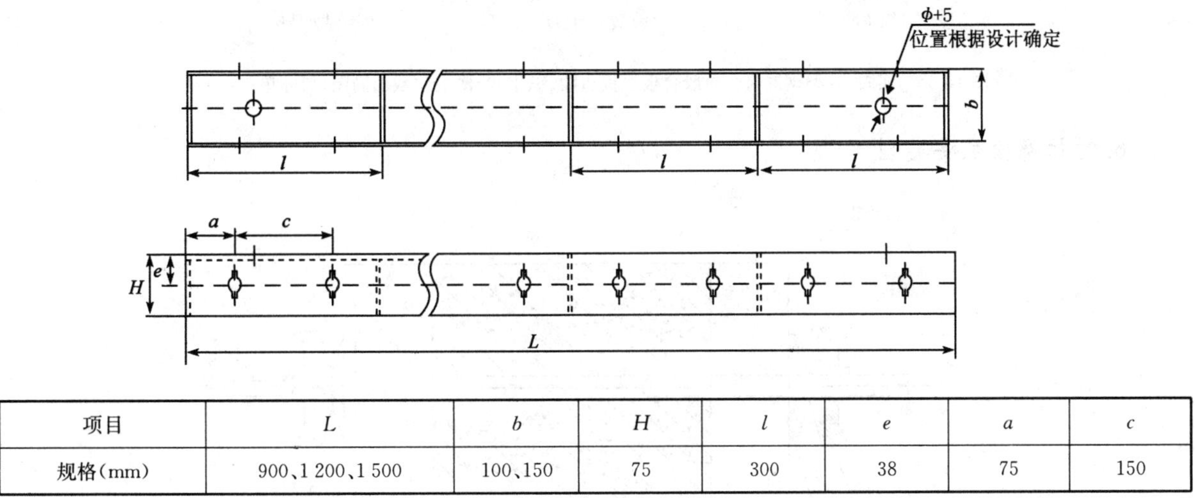

项目	L	b	H	l	e	a	c
规格(mm)	900、1 200、1 500	100、150	75	300	38	75	150

图 14-34　对拉螺栓模板

(4)75 型空腹钢框组合竹胶合板模板边肋、主肋截面

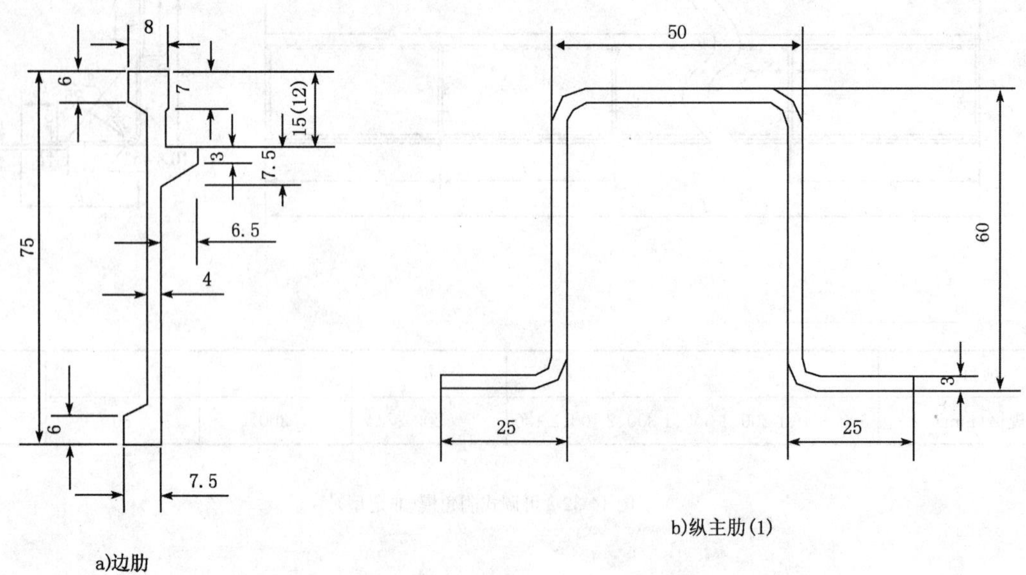

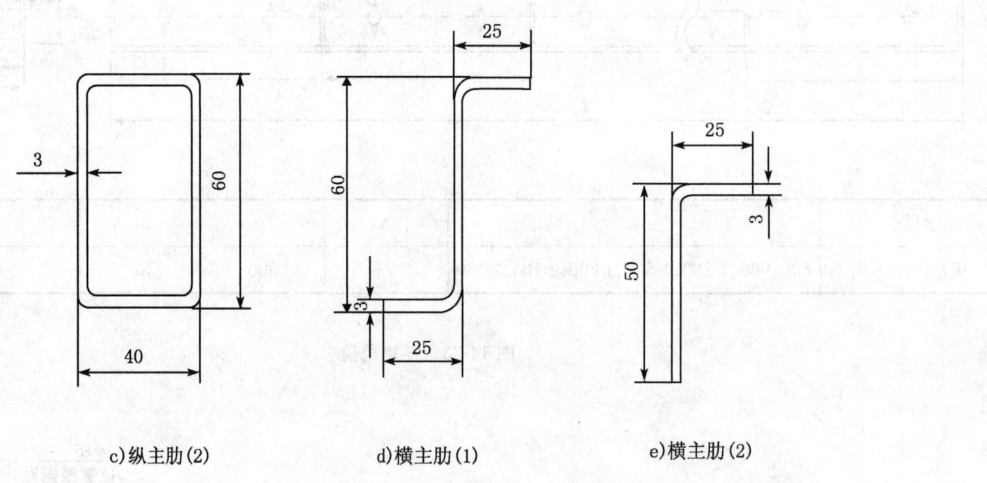

图 14-35　实腹 75 型钢框组合竹胶合板模板边肋、纵主肋、横主肋截面简图(尺寸单位:mm)

6. 对拉螺栓主要类型

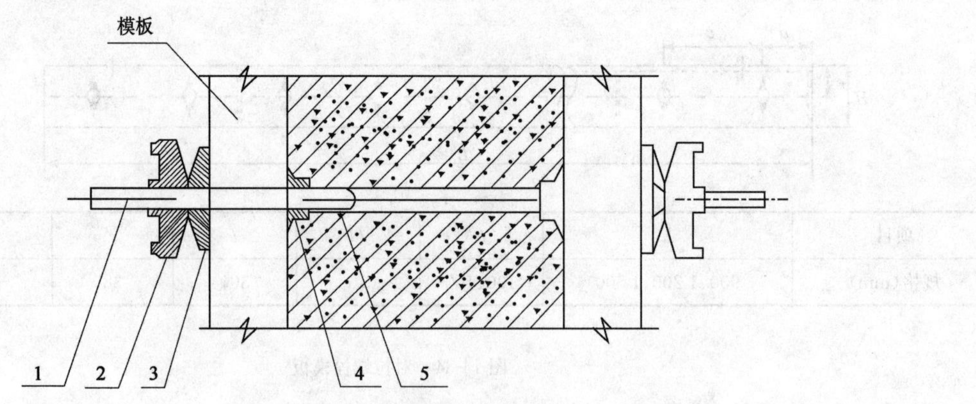

图 14-36　普通对拉螺栓

1-T 形螺杆;2-锁紧螺母;3-支撑垫;4-定位防浆堵;5-隔离套管

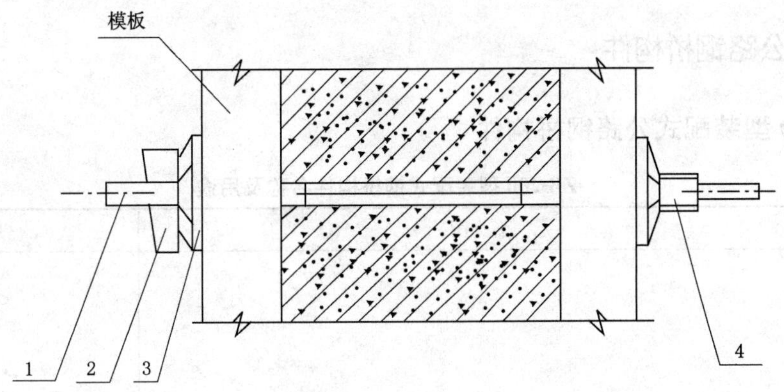

图 14-37　锥形对拉螺栓

1-椎体螺杆；2-斜铁；3-支撑垫；4-锁紧螺母

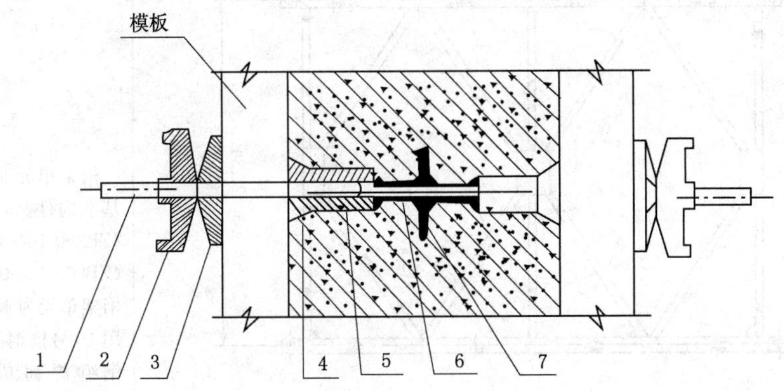

图 14-38　组合式止水对拉螺栓

1-T 形螺杆；2-锁紧螺母；3-支撑垫；4-定位防浆堵；5-连接螺母；6-圆杆；7-止水板

7. 钢框组合竹胶合板模板主要部件截面特性

表 14-29

类　别	部 件 名 称	截面面积 (mm^2)	截面惯性矩 I_x ($\times10^3mm^4$)	重量 (kg/m)
空腹 120 型	边肋	1 084.3	1 683	8.512
	纵主肋	1 494.7	2 263	11.733
	次肋	660.8	522	5.187
	横主肋(1)	868.5	1 127	6.818
	横主肋(2)	840.8	1 065	6.600
	横主肋(3)	538.5	680	4.227
空腹 140 型	边肋	751.7	1 517	5.901
	主肋	617.7	1 063	4.849
实腹 63 型	边肋	330.7	130	2.596
	横主肋	294.2	111	2.309
实腹 75 型	边肋	390.7	214	3.067
	纵主肋(1)	664.8	324	5.219
	纵主肋(2)	540.8	254	4.245
	横主肋(1)	332.4	162	2.609
	横主肋(2)	229.2	41	1.799

四、装配式公路钢桥构件

(一)ZB-200 型装配式公路钢桥构件

ZB-200 型装配式钢桥构件名称及用途　　表 14-30

名　称	示　意　图	用　　途
1. 桁架单元	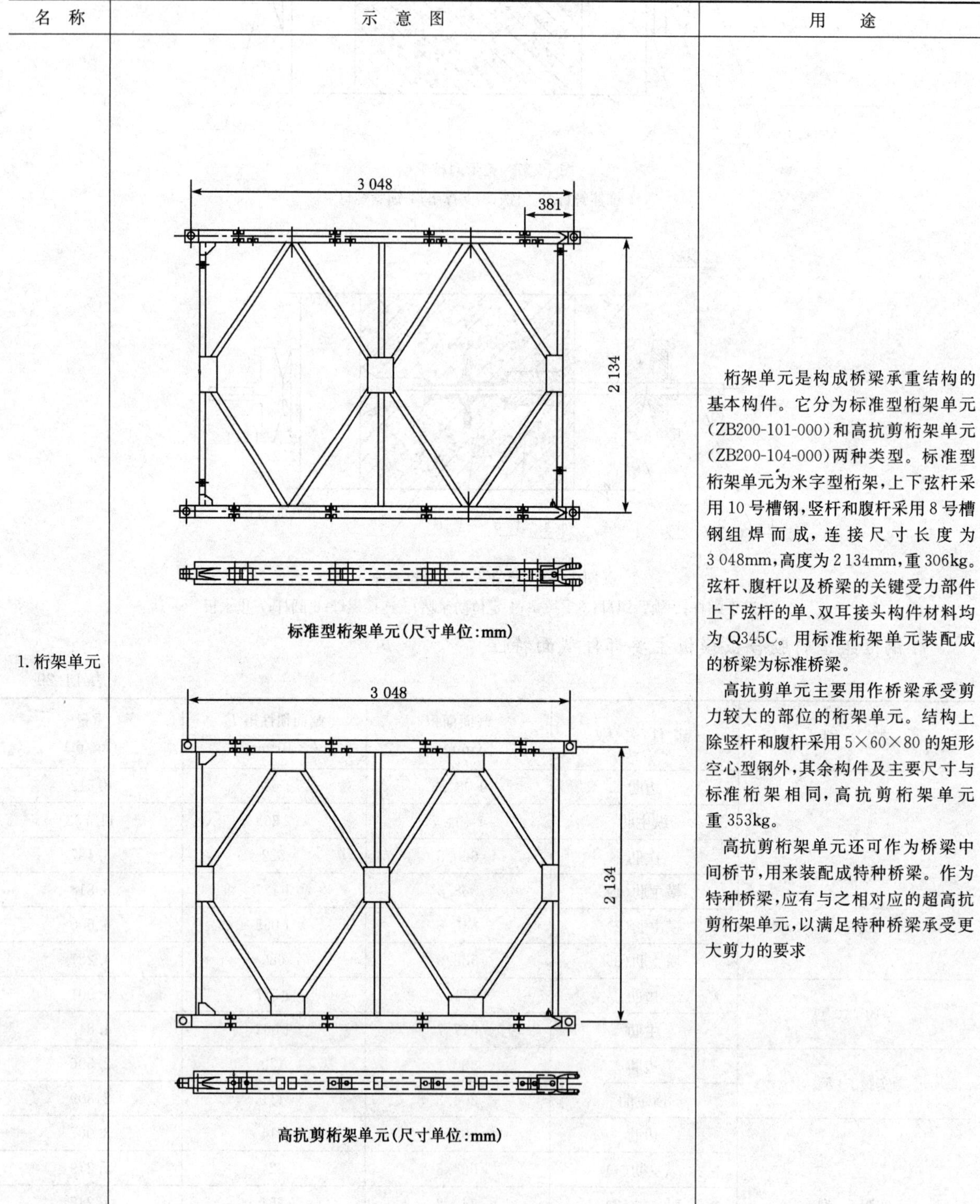标准型桁架单元(尺寸单位:mm) 高抗剪桁架单元(尺寸单位:mm)	桁架单元是构成桥梁承重结构的基本构件。它分为标准型桁架单元(ZB200-101-000)和高抗剪桁架单元(ZB200-104-000)两种类型。标准型桁架单元为米字型桁架,上下弦杆采用 10 号槽钢,竖杆和腹杆采用 8 号槽钢组焊而成,连接尺寸长度为 3 048mm,高度为 2 134mm,重 306kg。弦杆、腹杆以及桥梁的关键受力部件上下弦杆的单、双耳接头构件材料均为 Q345C。用标准桁架单元装配成的桥梁为标准桥梁。 高抗剪单元主要用作桥梁承受剪力较大的部位的桁架单元。结构上除竖杆和腹杆采用 5×60×80 的矩形空心型钢外,其余构件及主要尺寸与标准桁架相同,高抗剪桁架单元重 353kg。 高抗剪桁架单元还可作为桥梁中间桥节,用来装配成特种桥梁。作为特种桥梁,应有与之相对应的超高抗剪桁架单元,以满足特种桥梁承受更大剪力的要求

续表 14-30

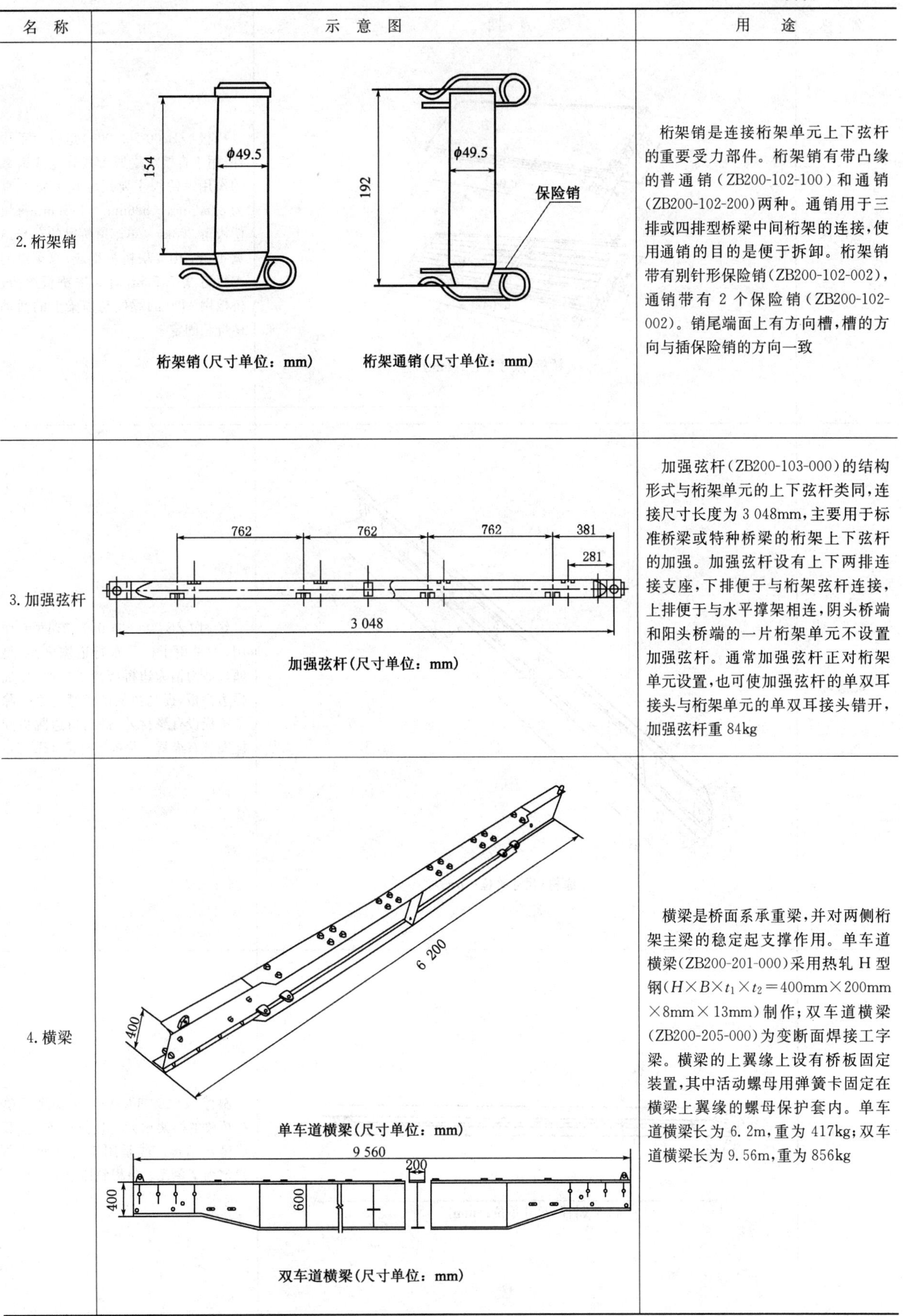

名 称	示 意 图	用 途
2. 桁架销	桁架销(尺寸单位:mm) 桁架通销(尺寸单位:mm)	桁架销是连接桁架单元上下弦杆的重要受力部件。桁架销有带凸缘的普通销(ZB200-102-100)和通销(ZB200-102-200)两种。通销用于三排或四排型桥梁中间桁架的连接,使用通销的目的是便于拆卸。桁架销带有别针形保险销(ZB200-102-002),通销带有 2 个保险销(ZB200-102-002)。销尾端面上有方向槽,槽的方向与插保险销的方向一致
3. 加强弦杆	加强弦杆(尺寸单位:mm)	加强弦杆(ZB200-103-000)的结构形式与桁架单元的上下弦杆类同,连接尺寸长度为 3 048mm,主要用于标准桥梁或特种桥梁的桁架上下弦杆的加强。加强弦杆设有上下两排连接支座,下排便于与桁架弦杆连接,上排便于与水平撑架相连,阴头桥端和阳头桥端的一片桁架单元不设置加强弦杆。通常加强弦杆正对桁架单元设置,也可使加强弦杆的单双耳接头与桁架单元的单双耳接头错开,加强弦杆重 84kg
4. 横梁	单车道横梁(尺寸单位:mm) 双车道横梁(尺寸单位:mm)	横梁是桥面系承重梁,并对两侧桁架主梁的稳定起支撑作用。单车道横梁(ZB200-201-000)采用热轧 H 型钢($H \times B \times t_1 \times t_2$=400mm×200mm×8mm×13mm)制作;双车道横梁(ZB200-205-000)为变断面焊接工字梁。横梁的上翼缘上设有桥板固定装置,其中活动螺母用弹簧卡固定在横梁上翼缘的螺母保护套内。单车道横梁长为 6.2m,重为 417kg;双车道横梁长为 9.56m,重为 856kg

续表 14-30

名 称	示 意 图	用 途
5. 桥板	836 135 3 042 836 135 3 042 桥板(尺寸单位：mm)	桥板(ZB200-202-000)是桥面系构件，用于直接承受履带式或轮式荷载的作用。桥板主要尺寸长×宽×高为3 042mm×836mm×135mm，每块桥板重268kg。单车道桥梁的车行道宽4.2m，由5块桥板组成；双车道的车行道宽7.56m，由9块桥板组成。桥板用M20的螺栓与横梁上的活动螺母相固定
6. 缘材	3 042 240 缘材(尺寸单位：mm)	缘材(ZB-200-204-000)有两个作用，一是用于标示车行道宽度，二是通过剪力销为边桥板提供支撑，以加强边桥板，提高桥板的承载能力。除了桥板设有缘材外，进出口边跳板同样安装有缘材。每根缘材重42kg
7. 斜撑	48 100 1 757 斜撑(尺寸单位：mm)	斜撑(ZB200-301-100)主要用于单排桥梁的桁架单元与横梁的连接，形成稳定结构。或是用于桥梁架设中稳定桁架单元。每根斜撑重19kg

续表 14-30

名　称	示　意　图	用　途
8. 水平撑架	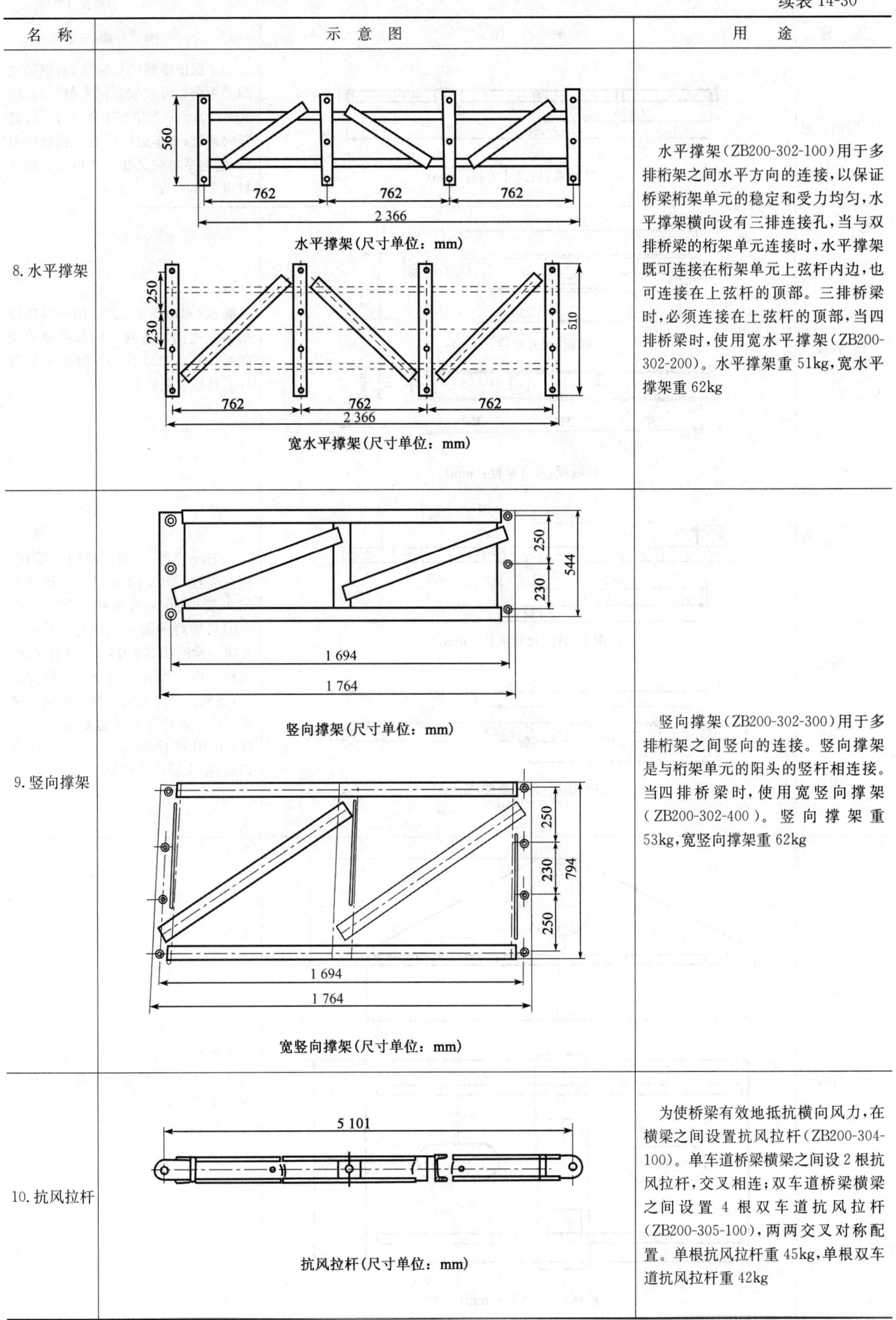 水平撑架(尺寸单位：mm) 宽水平撑架(尺寸单位：mm)	水平撑架(ZB200-302-100)用于多排桁架之间水平方向的连接，以保证桥梁桁架单元的稳定和受力均匀，水平撑架横向设有三排连接孔，当与双排桥梁的桁架单元连接时，水平撑架既可连接在桁架单元上弦杆内边，也可连接在上弦杆的顶部。三排桥梁时，必须连接在上弦杆的顶部，当四排桥梁时，使用宽水平撑架(ZB200-302-200)。水平撑架重 51kg，宽水平撑架重 62kg
9. 竖向撑架	竖向撑架(尺寸单位：mm) 宽竖向撑架(尺寸单位：mm)	竖向撑架(ZB200-302-300)用于多排桁架之间竖向的连接。竖向撑架是与桁架单元的阳头的竖杆相连接。当四排桥梁时，使用宽竖向撑架(ZB200-302-400)。竖向撑架重 53kg，宽竖向撑架重 62kg
10. 抗风拉杆	抗风拉杆(尺寸单位：mm)	为使桥梁有效地抵抗横向风力，在横梁之间设置抗风拉杆(ZB200-304-100)。单车道桥梁横梁之间设 2 根抗风拉杆，交叉相连；双车道桥梁横梁之间设置 4 根双车道抗风拉杆(ZB200-305-100)，两两交叉对称配置。单根抗风拉杆重 45kg，单根双车道抗风拉杆重 42kg

续表 14-30

名 称	示 意 图	用 途
11. 竖向系材	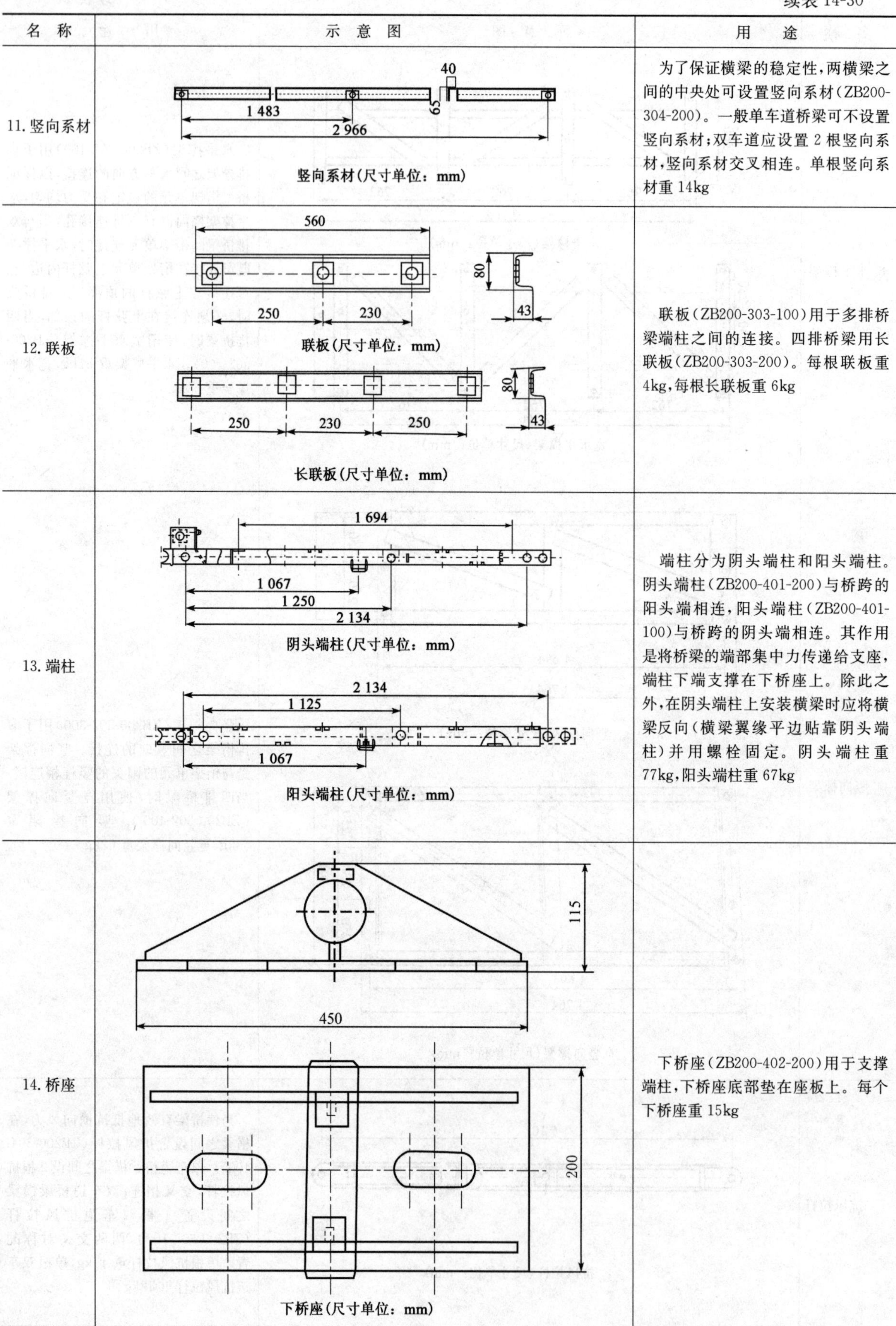 竖向系材(尺寸单位：mm)	为了保证横梁的稳定性，两横梁之间的中央处可设置竖向系材(ZB200-304-200)。一般单车道桥梁可不设置竖向系材；双车道应设置 2 根竖向系材，竖向系材交叉相连。单根竖向系材重 14kg
12. 联板	联板(尺寸单位：mm) 长联板(尺寸单位：mm)	联板(ZB200-303-100)用于多排桥梁端柱之间的连接。四排桥梁用长联板(ZB200-303-200)。每根联板重 4kg，每根长联板重 6kg
13. 端柱	阴头端柱(尺寸单位：mm) 阳头端柱(尺寸单位：mm)	端柱分为阴头端柱和阳头端柱。阴头端柱(ZB200-401-200)与桥跨的阳头端相连，阳头端柱(ZB200-401-100)与桥跨的阴头端相连。其作用是将桥梁的端部集中力传递给支座，端柱下端支撑在下桥座上。除此之外，在阴头端柱上安装横梁时应将横梁反向(横梁翼缘平边贴靠阴头端柱)并用螺栓固定。阴头端柱重 77kg，阳头端柱重 67kg
14. 桥座	下桥座(尺寸单位：mm)	下桥座(ZB200-402-200)用于支撑端柱，下桥座底部垫在座板上。每个下桥座重 15kg

续表 14-30

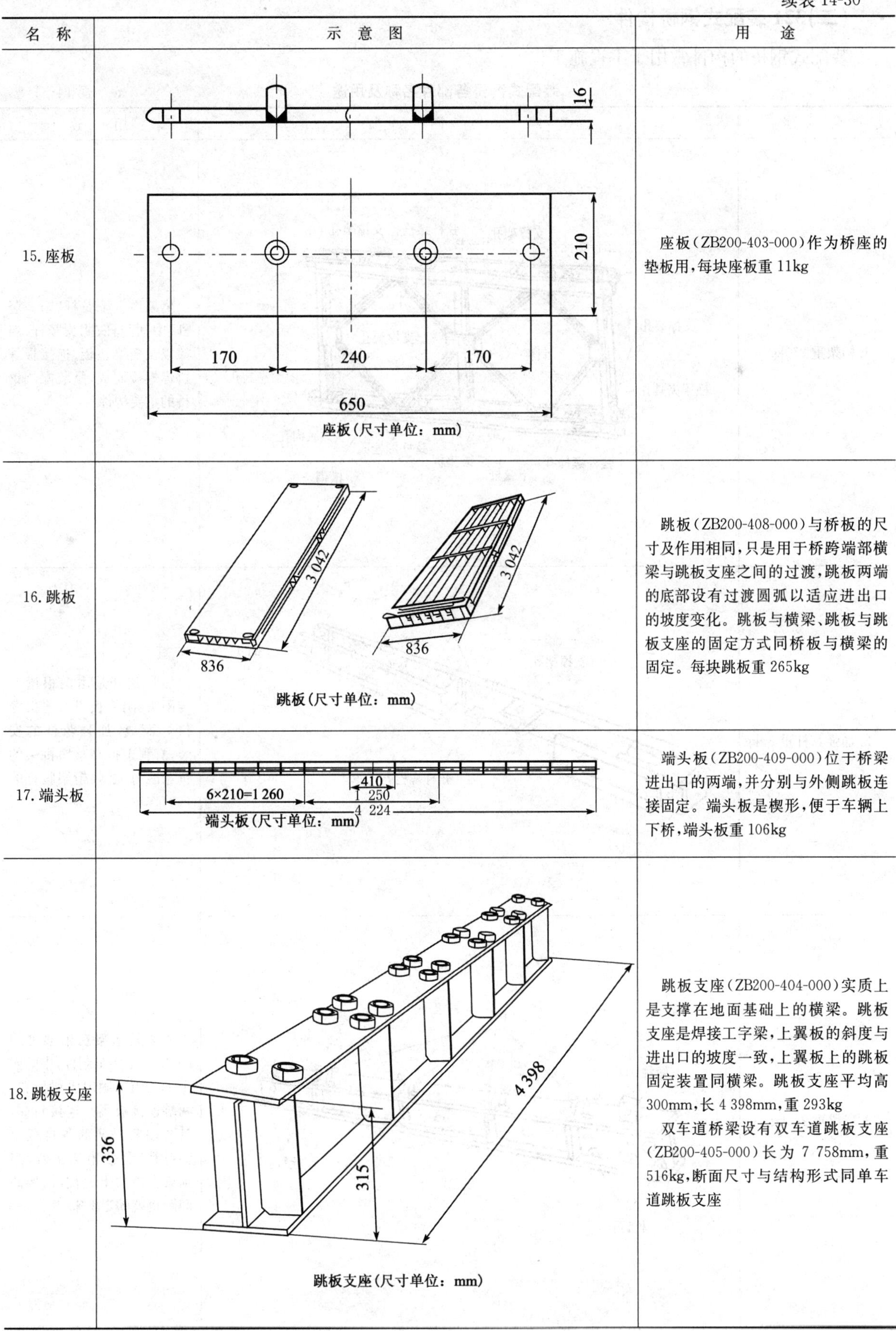

名　称	示　意　图	用　　途
15. 座板	座板(尺寸单位：mm)	座板(ZB200-403-000)作为桥座的垫板用，每块座板重 11kg
16. 跳板	跳板(尺寸单位：mm)	跳板(ZB200-408-000)与桥板的尺寸及作用相同，只是用于桥跨端部横梁与跳板支座之间的过渡，跳板两端的底部设有过渡圆弧以适应进出口的坡度变化。跳板与横梁、跳板与跳板支座的固定方式同桥板与横梁的固定。每块跳板重 265kg
17. 端头板	端头板(尺寸单位：mm)	端头板(ZB200-409-000)位于桥梁进出口的两端，并分别与外侧跳板连接固定。端头板是楔形，便于车辆上下桥，端头板重 106kg
18. 跳板支座	跳板支座(尺寸单位：mm)	跳板支座(ZB200-404-000)实质上是支撑在地面基础上的横梁。跳板支座是焊接工字梁，上翼板的斜度与进出口的坡度一致，上翼板上的跳板固定装置同横梁。跳板支座平均高 300mm，长 4 398mm，重 293kg 双车道桥梁设有双车道跳板支座(ZB200-405-000)长为 7 758mm，重 516kg，断面尺寸与结构形式同单车道跳板支座

(二)321 装配式钢桥构件

装配式钢桥的构件常用于工程施工。

装配式钢桥各部件名称及用途　　表 14-31

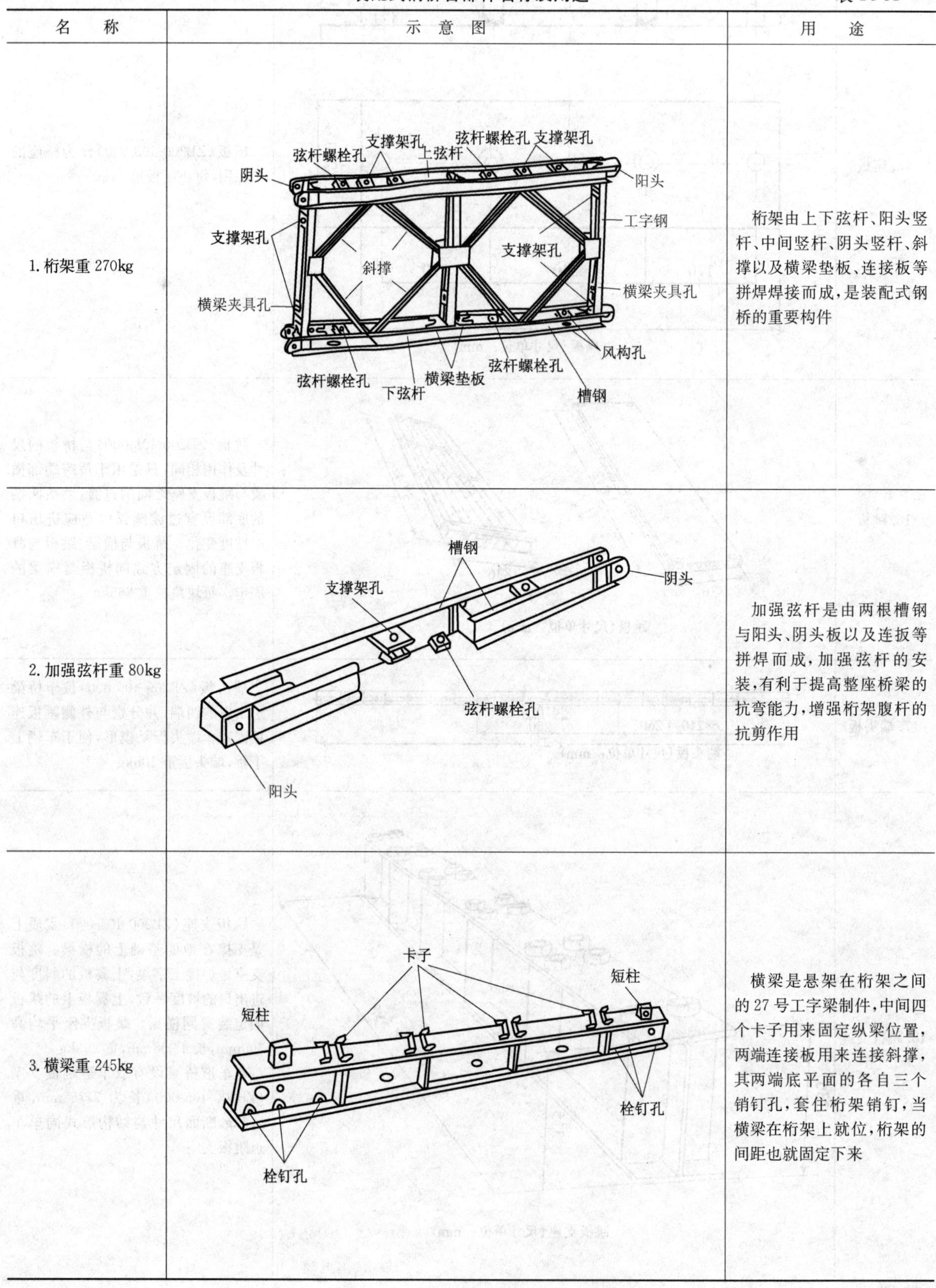

名　　称	示　意　图	用　　途
1. 桁架重 270kg		桁架由上下弦杆、阳头竖杆、中间竖杆、阴头竖杆、斜撑以及横梁垫板、连接板等拼焊焊接而成，是装配式钢桥的重要构件
2. 加强弦杆重 80kg		加强弦杆是由两根槽钢与阳头、阴头板以及连扳等拼焊而成，加强弦杆的安装，有利于提高整座桥梁的抗弯能力，增强桁架腹杆的抗剪作用
3. 横梁重 245kg		横梁是悬架在桁架之间的 27 号工字梁制件，中间四个卡子用来固定纵梁位置，两端连接板用来连接斜撑，其两端底平面的各自三个销钉孔，套住桁架销钉，当横梁在桁架上就位，桁架的间距也就固定下来

续表 14-31

名　称	示 意 图	用　途
4. 纵梁重 107kg	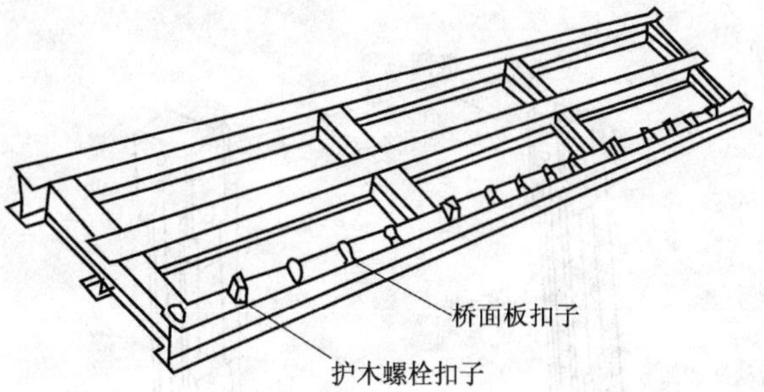 桥面板扣子 护木螺栓扣子 有扣纵梁 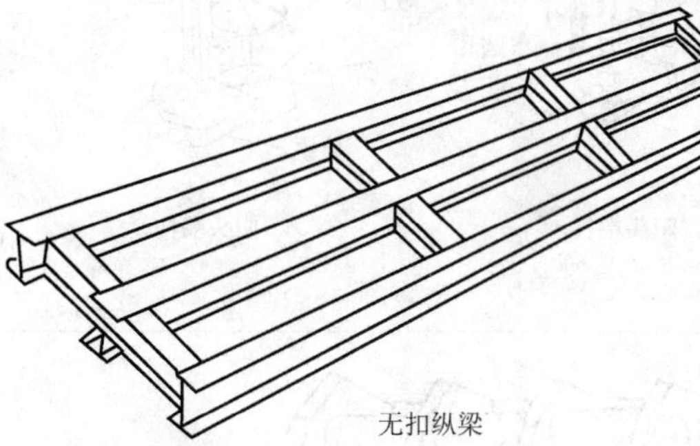 无扣纵梁	纵梁由工字梁、支撑、有(无)扣边梁拼焊而成，分别是：有扣纵梁和无扣纵梁，有扣纵梁安装在两边，梁扣在护轮螺栓的作用下，固定桥面板
5. 斜撑重 11kg	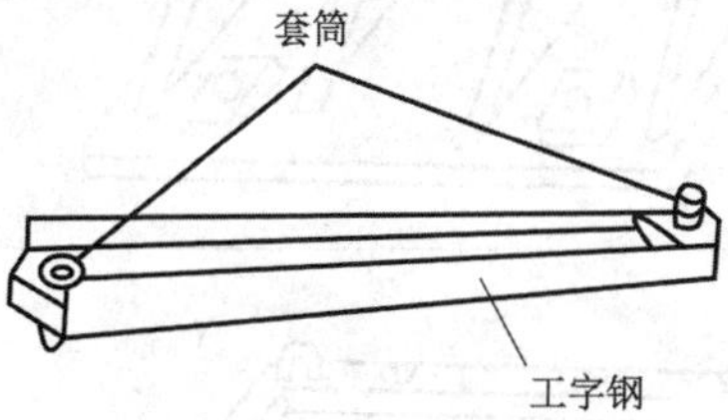 套筒 工字钢	斜撑由工字梁与加强块拼焊而成，用来连接桁架和横梁，以增强桥梁的横向稳定
6. 联板重 4kg	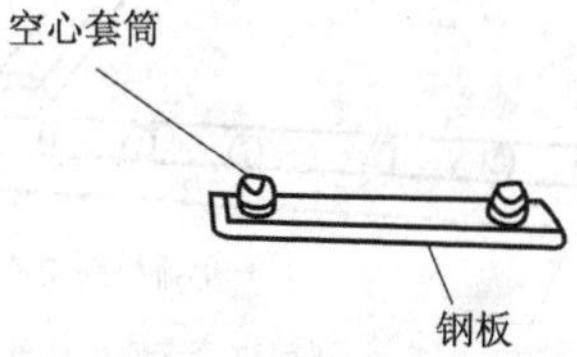 空心套筒 钢板	联板由 σ10 厚板、套筒制成，用于三排桁架和三排双层桁架拼装的连接，安装在第二排与第三排桁架的竖杆上
7. 支撑架重 21kg	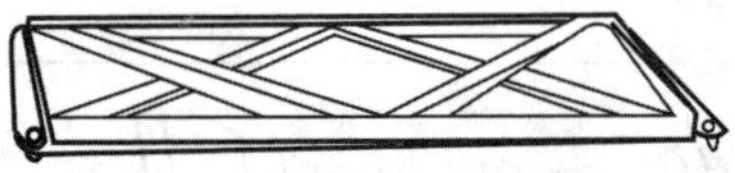	支撑架是角钢拼制成的矩形方框，用于双排桁架的垂直、平行安装，起到稳定作用
8. 抗风拉杆重 33kg	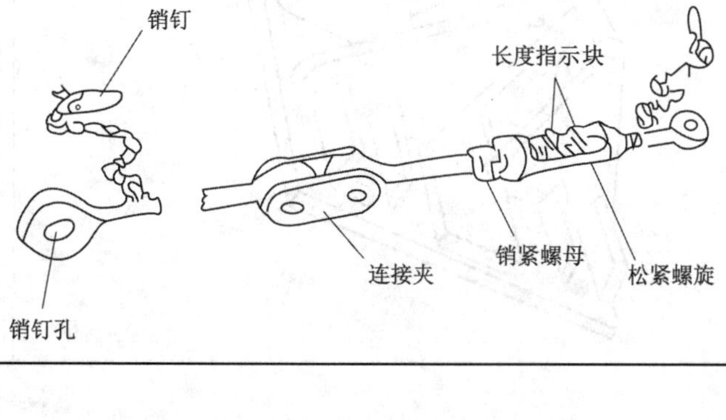 销钉 长度指示块 连接夹 销紧螺母 松紧螺旋 销钉孔	抗风拉杆每套有左拉杆、中拉杆、右拉杆、螺旋松紧套、连接块组成，在每节桁架上交叉安装两套抗风拉杆，以保证桥梁顺直和有效地承受横向风力

续表 14-31

名　称	示 意 图	用　途
9. 端柱重 70kg	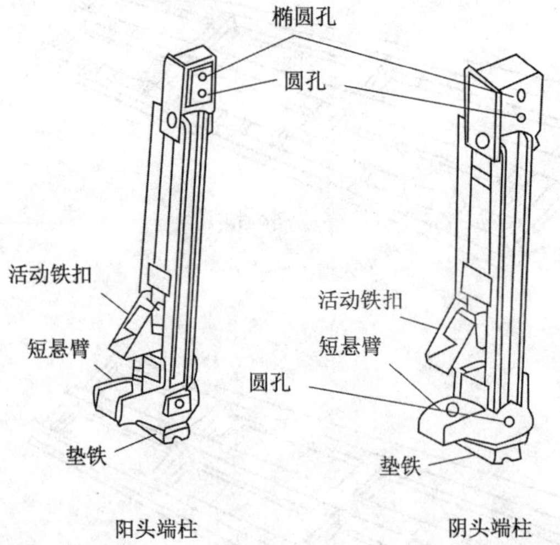 椭圆孔 圆孔 活动铁扣 短悬臂 垫铁 活动铁扣 短悬臂 圆孔 垫铁 阳头端柱　阴头端柱	端柱分阳头端柱和阴头端柱，与桁架、上、下弦杆的阴头。阳头耦合配装，端柱的作用在于将桥梁的荷载传递至桥梁支座上
10. 支座重 38kg		支座是承担端柱安放的基座，当架设单排桥梁时，每排需用一个支座，架设双排和三排桁架，则需两个支座
11. 支座板重 184kg	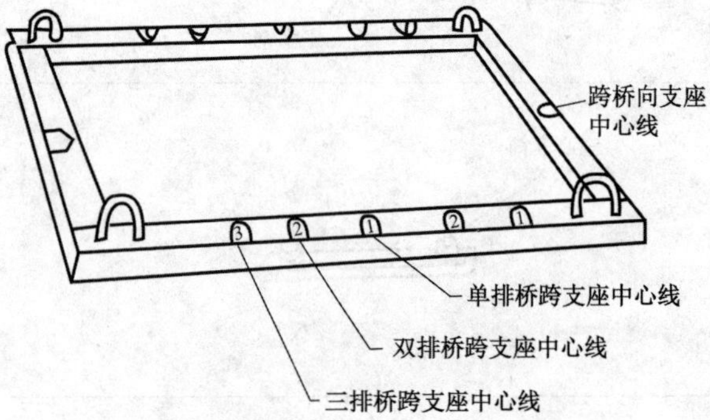 跨桥向支座中心线 单排桥跨支座中心线 双排桥跨支座中心线 三排桥跨支座中心线	支座板是一个封闭的箱式构件，为放置支座之用，同时将支座传来的重量平均分布于地基上
12. 搭板支座重 46kg	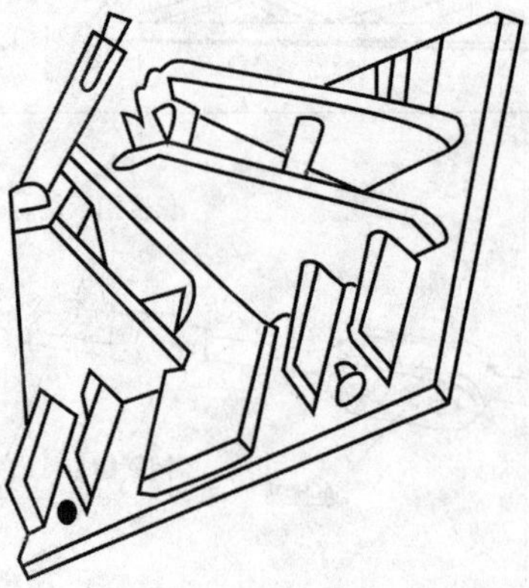	搭板支座是用来支撑引桥中间横梁，保持搭板的稳定

续表 14-31

名 称	示 意 图	用 途
13. 搭板重 142kg	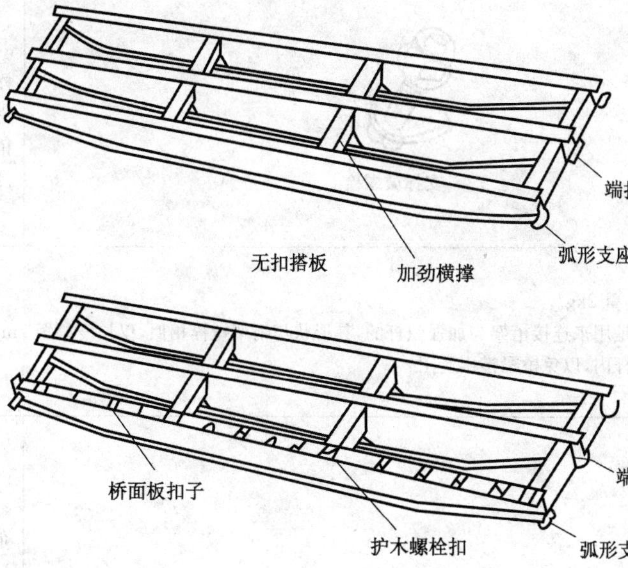 无扣搭板（端扣、弧形支座、加劲横撑）；有扣搭板（桥面板扣子、护木螺栓扣、端扣、弧形支座）	板搭分有扣搭板和无扣搭板，与纵梁相似，不同之处是搭板两端翘起，便于减低搭接高度
14. 桁架销重 3kg	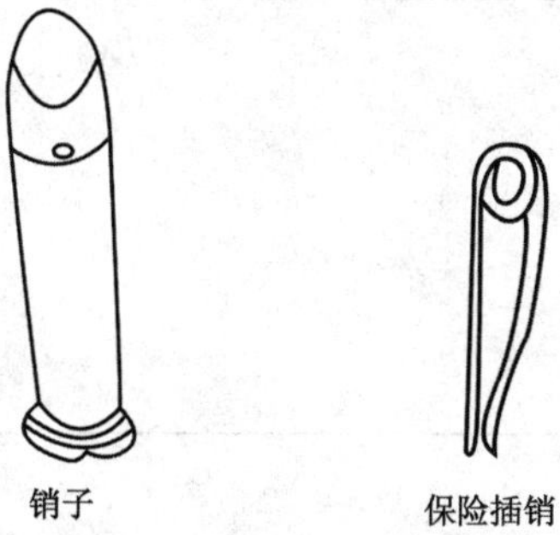 销子；保险插销	连接桁架专用销。并带有保险插销
15. 横梁夹具重 3kg	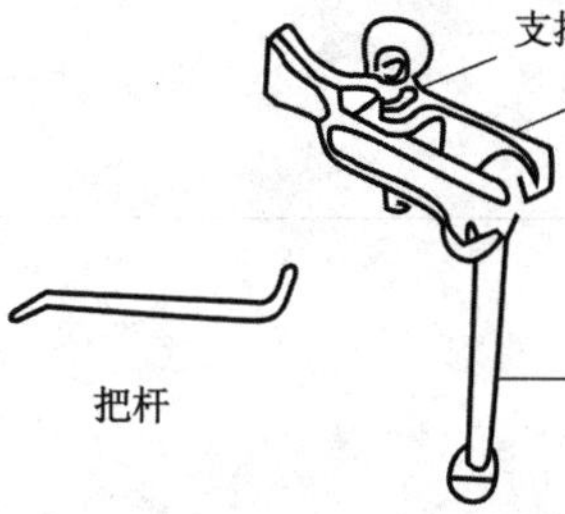 支撑杆；悬梁；把杆；拉杆	横梁夹具是横梁固定在桁架上的专用夹具，以保证横梁的定位和紧固
16. 桁架螺栓重 3kg	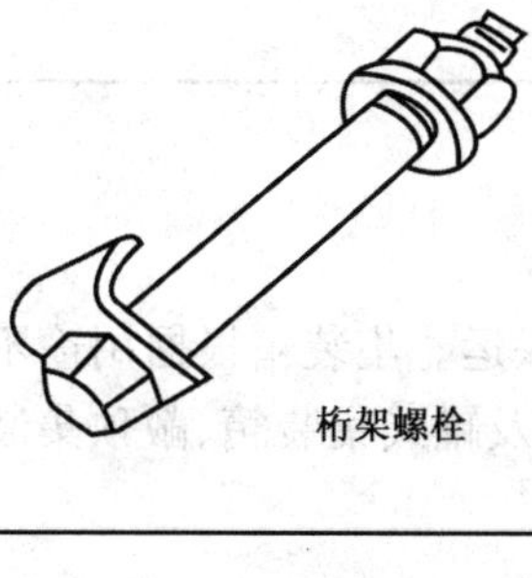 桁架螺栓	桁架螺栓是用来连接上、下层桁架用的，使用时将螺栓自下而上穿过，然后拧紧螺帽

续表 14-31

名　称	示意图	用　途
17. 支撑架螺栓和斜撑螺栓	支撑架螺栓	此两种螺栓形状完全一样,不同的是斜撑螺栓长于支撑架螺栓,使用时不要弄错,支撑架螺栓用以连接支撑架和联板
18. 弦杆螺栓	弦杆螺杆,重 2kg。 弦杆螺栓是用来连接桁架与加强弦杆的,其形状与桁架螺栓相似,仅长度要短 7mm,安装时一定要将螺杆头埋在加强弦杆内,以免桥梁推出受阻	
19. A 型桥面板及护轮角钢		A 型桥面板: 在每节桁架上,横向安装布置三片桥面板。 护轮角钢: 在桥面铺就后,将护轮角钢用角钢螺栓固定
20. B 型桥面板		B 型桥面板: 在每节桁架上,纵向安装布置五片桥面板,其每边铺就的是带护轮板边组构件
21. B 型桥头搭板边组构件		B 型桥头搭板边组构件: 同搭板相似,其中二件为带护轮板,三件为中间铺就组件。 B 型桥面以及桥头搭板紧固装置: 是用于 B 型桥面和桥头搭板的专用紧构件
22. B 型桥面用横梁		B 型桥面用横梁: 是用于 B 型桥面的 27 号工字梁,只是不同上述横梁用四个卡子固定纵梁,而是靠紧固装置来固定 B 型桥面

五、集装箱(GB/T 1413—2008)

集装箱适用于公路、铁路、水路的国际联运。集装箱根据用途不同分为通用集装箱和专用集装箱,专用集装箱主要有保温集装箱、冷藏集装箱及罐式集装箱、敞顶集装箱、干散货集装箱、平台集装箱、台架式集装箱等。

1. 系列 1 集装箱的型号及规格尺寸

表 14-32

<table>
<tr><th rowspan="2">集装箱型号</th><th colspan="5">长　度　L</th><th colspan="4">宽　度　W</th><th colspan="5">高　度　H</th><th colspan="2">额定总重量
R(总重量)</th></tr>
<tr><th>mm</th><th>公差
mm</th><th>ft
(英尺)</th><th>in
(英寸)</th><th>公差
in
(英寸)</th><th>mm</th><th>公差
mm</th><th>ft
(英尺)</th><th>公差
in
(英寸)</th><th>mm</th><th>公差
mm</th><th>ft
(英尺)</th><th>in
(英寸)</th><th>公差
(英寸)
in</th><th>kg</th><th>lb
(磅)</th></tr>
<tr><td>1EEE</td><td rowspan="2">13 716</td><td rowspan="2">0
−10</td><td rowspan="2">45</td><td rowspan="2"></td><td rowspan="2">0
$\frac{3}{8}$</td><td rowspan="2">2 438</td><td rowspan="2">0
−5</td><td rowspan="2">8</td><td rowspan="2">0
$-\frac{3}{16}$</td><td>2 896[b]</td><td>0
−5</td><td>9</td><td>6[b]</td><td>0
$\frac{3}{16}$</td><td rowspan="2">30 480[b]</td><td rowspan="2">67 200[b]</td></tr>
<tr><td>1EE</td><td>2 591[b]</td><td>0
−5</td><td>8</td><td>6[b]</td><td>0
$-\frac{3}{16}$</td></tr>
<tr><td>1AAA</td><td rowspan="4">12 192</td><td rowspan="4">0
−10</td><td rowspan="4">40</td><td rowspan="4"></td><td rowspan="4">0
$-\frac{3}{8}$</td><td rowspan="4">2 438</td><td rowspan="4">0
−5</td><td rowspan="4">8</td><td rowspan="4">0
$-\frac{3}{16}$</td><td>2 896[b]</td><td>0
−5</td><td>9</td><td>6[b]</td><td>0
$-\frac{3}{16}$</td><td rowspan="4">30 480[b]</td><td rowspan="4">67 200[b]</td></tr>
<tr><td>1AA</td><td>2 591[b]</td><td>0
−5</td><td>8</td><td>6[b]</td><td>0
$-\frac{3}{16}$</td></tr>
<tr><td>1A</td><td>2 438</td><td>0
−5</td><td colspan="2">8</td><td>0
$-\frac{3}{16}$</td></tr>
<tr><td>1AX</td><td><
2 438</td><td></td><td colspan="2"><8</td><td></td></tr>
<tr><td>1BBB</td><td rowspan="4">9 125</td><td rowspan="4">0
−10</td><td rowspan="4">29</td><td rowspan="4">$11\frac{1}{4}$</td><td rowspan="4">0
$-\frac{3}{8}$</td><td rowspan="4">2 438</td><td rowspan="4">0
−5</td><td rowspan="4">8</td><td rowspan="4">0
$-\frac{3}{16}$</td><td>2896[b]</td><td>0
−5</td><td>9</td><td>6[b]</td><td>0
$-\frac{3}{16}$</td><td rowspan="4">30 480[b]</td><td rowspan="4">67 200[b]</td></tr>
<tr><td>1BB</td><td>2 591[b]</td><td>0
−5</td><td>8</td><td>6[b]</td><td>0
$-\frac{3}{16}$</td></tr>
<tr><td>1B</td><td>2 438</td><td>0
−5</td><td colspan="2">8</td><td>0
$-\frac{3}{16}$</td></tr>
<tr><td>1BX</td><td><
2 438</td><td></td><td colspan="2"><8</td><td></td></tr>
<tr><td>1CC</td><td rowspan="3">6 058</td><td rowspan="3">0
−6</td><td rowspan="3">19</td><td rowspan="3">$10\frac{1}{2}$</td><td rowspan="3">0
$-\frac{1}{4}$</td><td rowspan="3">2 438</td><td rowspan="3">0
−5</td><td rowspan="3">8</td><td rowspan="3">0
$-\frac{3}{16}$</td><td>2591[b]</td><td>0
−5</td><td>8</td><td>6[b]</td><td>0
$-\frac{3}{16}$</td><td rowspan="3">30 480[b]</td><td rowspan="3">67 200[b]</td></tr>
<tr><td>1C</td><td>2 438</td><td>0
−5</td><td>8</td><td></td><td>0
$-\frac{3}{16}$</td></tr>
<tr><td>1CX</td><td><
2 438</td><td></td><td></td><td></td><td></td></tr>
<tr><td>1D</td><td rowspan="2">2 991</td><td rowspan="2">0
−5</td><td rowspan="2">9</td><td rowspan="2">$9\frac{3}{4}$</td><td rowspan="2">0
$-\frac{3}{16}$</td><td rowspan="2">2 438</td><td rowspan="2">0
−5</td><td rowspan="2">8</td><td rowspan="2">0
$-\frac{3}{16}$</td><td>2 438</td><td>0
−5</td><td>8</td><td></td><td>0
$-\frac{3}{16}$</td><td rowspan="2">10 160</td><td rowspan="2">22 400</td></tr>
<tr><td>1DX</td><td><
2 438</td><td></td><td><8</td><td></td><td></td></tr>
</table>

注：①[b] 某些国家对车辆和装载货物的总高度、荷载有法规限制(如铁路和公路部门)。

②特别注意：由于某些特殊运输的需要，出现了一定数量的长度和宽度类似 ISO 系列 1 的专用集装箱，但其额定质量(重量)和高度超过本表的规定，这类集装箱不能充分参与多式联运，其运输需作特殊安排。

③表所示的外部尺寸和允许公差适用于各种类型集装箱，但对允许降低高度的罐式集装箱、敞顶集装箱、干散货集装箱、平台集装箱和台架式集装箱除外。

2. 系列1通用集装箱的最小内部尺寸和门框开口尺寸

表14-33

集装箱型号	最小内部尺寸(mm)			最小门框开口尺寸(mm)	
	高度	宽度	长度	高度	宽度
1EEE	箱体外部高度减去241	2 330	13 542	2 566	2 286
1EE			13 542	2 261	
1AAA			11 998	2 566	
1AA			11 998	2 261	
1A			11 998	2 134	
1BBB			8 931	2 566	
1BB			8 931	2 261	
1B			8 931	2 134	
1CC			5 867	2 261	
1C			5 867	2 134	
1D			2 802	2 134	

第十五章　公路专用材料

一、桥梁缆、索

(一)大跨度斜拉桥平行钢丝斜拉索(JT/T 775—2010)

大跨度斜拉桥用平行钢丝斜拉索适用于跨度大于400m的斜拉桥。中小跨度斜拉桥斜拉索可参照使用。

大跨度斜拉桥用平行钢丝斜拉索包含锚具、索体、密封防腐构件、附属件等在内的斜拉索组装件。其索体为按照预定长度及规格要求，将确定根数的高强度镀锌钢丝呈正六边形或缺角六边形紧密排列，经左旋轻度扭绞后绕包高强度聚酯纤维带再热挤高密度聚乙烯(HDPE)护套的钢丝束。锚具为斜拉索索体与主梁及桥塔间的连接构件，斜拉索张力通过其传递给主梁和桥塔。锚具分为螺纹调整式和垫板调整式两种。螺纹调整式锚具采用螺纹调整斜拉索总成的安装长度，垫板调整式锚具采用调隙垫板调整斜拉索总成的安装长度。

1.成品平行钢丝斜拉索基本结构

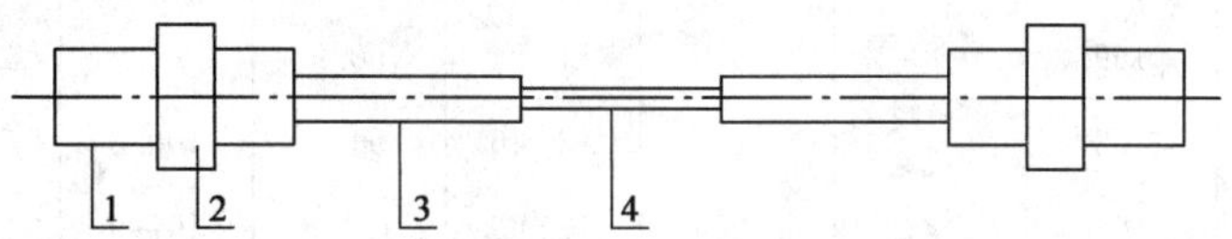

图15-1　成品斜拉索结构示意图

1-锚杯;2-锚圈;3-连接筒;4-索体

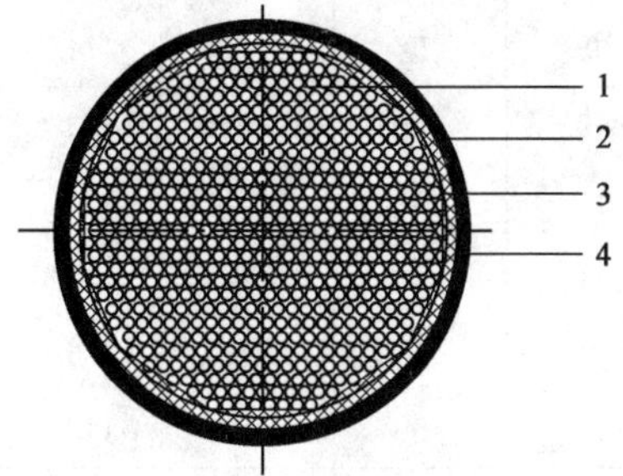

图15-2　索体断面结构示意图

1-高强度镀锌钢丝;2-高强聚酯纤维带;3-内层护套;4-外层护套

成品平行钢丝斜拉索索体防护采用热挤双层HDPE护套，内层护套为黑色，外层护套宜为彩色。为提高斜拉索的耐久性，可在上述结构基础上，在钢丝束外或高密度聚乙烯护套外缠绕氟化膜胶带。

2.斜拉索的型号表示方法

斜拉索的规格型号由斜拉索代号及钢丝根数组成，表示方法如下：

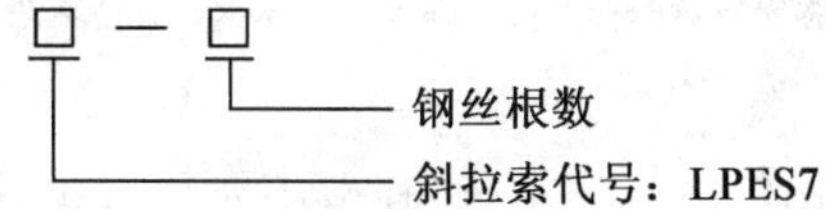

3. 斜拉索技术参数表(ϕ7mm,σ_b=1 770MPa)

表 15-1

规格型号	裸索直径(mm)	斜拉索外径(mm)	HDPE 保护层厚(mm)		钢丝束面积 A (mm^2)	钢丝束单位重量(kg/m)	斜拉索单位重量(kg/m)	破断索力 P_h (kN)	设计索力(kN) 安全系数 K	
			内层	外层					K=3	K=2.5
LPES7-109	81.7	100	5	4	4 195	32.9	35.5	7 425	2 475	2 970
LPES7-121	85.8	104	5	4	4 657	36.6	39.2	8 234	2 748	3 297
LPES7-127	91.9	110	5	4	4 888	38.4	41.2	8 652	2 884	3 461
LPES7-139	93.1	111	5	4	5 349	42.0	44.8	9 468	3 156	3 787
LPES7-151	95.6	116	6	4	5 811	45.6	48.9	10 285	3 428	4 114
LPES7-163	100.0	120	6	4	6 273	49.2	52.6	11 103	3 701	4 441
LPES7-187	106.2	126	6	4	7 197	56.5	60.0	12 738	4 246	5 095
LPES7-199	109.2	131	7	4	7 658	60.1	64.1	13 555	4 518	5 422
LPES7-211	113.9	136	7	4	8 120	63.7	68.0	14 372	4 791	5 749
LPES7-223	117.8	140	7	4	8 582	67.4	71.7	15 191	5 064	6 076
LPES7-241	120.5	145	8	4	9 275	72.8	77.8	16 417	5 472	6 567
LPES7-253	123.1	147	8	4	9 737	76.4	81.4	17 235	5 745	6 894
LPES7-265	128.1	152	8	4	10 198	80.1	85.2	18 050	6 017	7 220
LPES7-283	130.5	155	8	4	10 891	85.5	90.8	19 277	6 426	7 711
LPES7-301	134.5	159	8	4	11 584	90.9	96.4	20 503	6 834	8 201
LPES7-313	136.8	163	8	5	12 046	94.6	100.5	21 322	7 107	8 529
LPES7-337	142.3	168	8	5	12 969	101.8	107.9	22 955	7 652	9 182
LPES7-349	143.8	170	8	5	13 431	105.4	111.7	23 773	7 924	9 509
LPES7-367	148.9	177	9	5	14 124	110.9	117.8	25 000	8 333	10 000
LPES7-379	150.9	179	9	5	14 586	114.5	121.6	25 817	8 606	10 327
LPES7-409	156.3	186	10	5	15 740	123.6	131.3	27 859	9 286	11 144
LPES7-421	157.0	189	11	5	16 202	127.2	135.6	28 678	9 559	11 471
LPES7-439	163.1	195	11	5	16 895	132.6	141.3	29 904	9 968	11 962
LPES7-451	165.1	197	11	5	17 357	136.2	145.0	30 722	10 241	12 289
LPES7-475	168.1	200	11	5	18 280	143.5	152.4	32 356	10 785	12 942
LPES7-499	170.6	203	11	5	19 204	150.7	160.0	33 991	11 330	13 596
LPES7-511	174.5	209	12	5	19 665	154.4	164.5	34 808	11 603	13 923
LPES7-547	179.7	214	12	5	21 051	165.3	175.5	37 260	12 420	14 904
LPES7-583	184.8	219	12	5	22 436	176.1	186.6	39 713	13 238	15 885
LPES7-595	188.2	222	12	5	22 898	179.8	190.3	40 530	13 510	16 212
LPES7-649	194.6	229	12	5	24 976	196.1	207.2	44 208	14 736	17 683

注:公称破断索力=斜拉索索体所用高强镀锌钢丝标准抗拉强度×索体钢丝束公称截面积。

4. 斜拉索锚具结构

大跨度斜拉桥常用的锚固结构为冷铸镦头锚,其组成部件包括盖板、分丝板、连接筒、锚杯等。

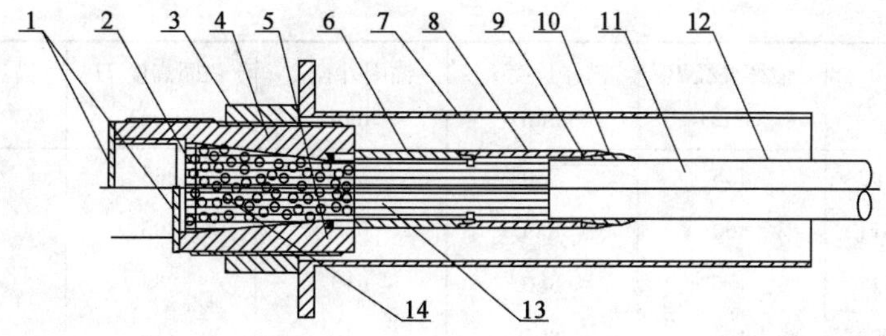

图 15-3　冷铸镦头锚结构示意图

1-盖板；2-分丝板；3-锚圈；4-张拉端锚杯；5-固定端锚杯；6-连接筒 a；7-预留管；8-连接筒 b；9-密对胶圈；10-密封压环；11-斜拉索索体；12-热收缩套；13-密封填料；14-冷铸锚固填料

5. 冷铸镦头锚的型号表示方法

冷铸镦头锚的规格型号由冷铸镦头锚代号与钢丝根数组成，表示方法如下：

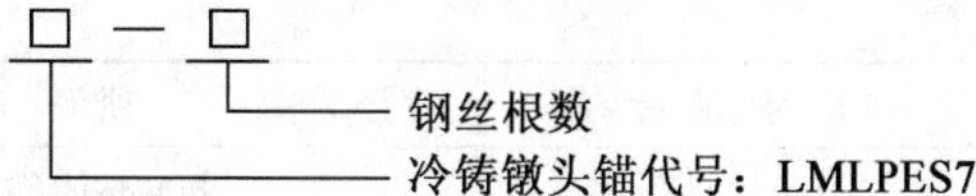

6. 冷铸镦头锚 ϕ7mm 锚具尺寸参数表

表 15-2

规格型号	配套斜拉索	锚杯外径 B (mm)	锚杯长度 L_s (mm)	锚圈外径 C (mm)	锚圈高度 H (mm)	锚具重量 W (kg)	预留管尺寸 D (mm)
LMLPES7-109	LPES7-109	225	430	305	110	120	ϕ273×11
LMLPES7-121	LPES7-121	240	450	310	135	140	ϕ273×11
LMLPES7-127	LPES7-127	245	450	315	135	147	ϕ273×9
LMLPES7-139	LPES7-139	250	460	325	135	155	ϕ273×7
LMLPES7-151	LPES7-151	265	480	340	135	177	ϕ299×11
LMLPES7-163	LPES7-163	270	510	350	135	192	ϕ299×8
LMLPES7-187	LPES7-187	285	520	380	155	231	ϕ325×10
LMLPES7-199	LPES7-199	300	540	385	155	253	ϕ325×7.5
LMLPES7-211	LPES7-211	305	555	405	180	287	ϕ351×12
LMLPES7-223	LPES7-223	310	575	405	180	297	ϕ351×12
LMLPES7-241	LPES7-241	325	585	420	180	329	ϕ351×8
LMLPES7-253	LPES7-253	335	595	440	180	361	ϕ377×10
LMLPES7-265	LPES7-265	340	610	445	200	387	ϕ377×10
LMLPES7-283	LPES7-283	345	635	450	200	402	ϕ377×10
LMLPES7-301	LPES7-301	360	645	475	200	452	ϕ402×10
LMLPES7-313	LPES7-313	365	655	480	200	466	ϕ402×10
LMLPES7-337	LPES7-337	375	695	485	220	513	ϕ402×9
LMLPES7-349	LPES7-349	385	710	505	220	569	ϕ426×12
LMLPES7-367	LPES7-367	390	715	510	220	577	ϕ426×12
LMLPES7-379	LPES7-379	400	725	530	220	627	ϕ450×12
LMLPES7-409	LPES7-409	415	755	540	245	703	ϕ450×10
LMLPES7-421	LPES7-421	420	775	545	245	728	ϕ450×10
LMLPES7-439	LPES7-439	425	785	560	245	758	ϕ465×10
LMLPES7-451	LPES7-451	430	790	560	245	775	ϕ465×10
LMLPES7-475	LPES7-475	445	815	580	265	861	ϕ480×10

续表 15-2

规格型号	配套斜拉索	锚杯外径 B (mm)	锚杯长度 L_s (mm)	锚圈外径 C (mm)	锚圈高度 H (mm)	锚具重量 W (kg)	预留管尺寸 D (mm)
LMLPES7-499	LPES7-499	455	830	600	265	924	ϕ500×12
LMLPES7-511	LPES7-511	460	835	605	265	956	ϕ500×10
LMLPES7-547	LPES7-547	470	880	610	265	1 019	ϕ500×10
LMLPES7-583	LPES7-583	490	905	640	310	1 177	ϕ530×10
LMLPES7-595	LPES7-595	495	910	645	310	1 206	ϕ530×10
LMLPES7-649	LPES7-649	515	940	670	310	1 333	ϕ550×10

7. 斜拉索用各项材料技术要求

1)斜拉索用镀锌钢丝技术要求

表 15-3

序号	项　目	技 术 指 标	序号	项　目	技 术 指 标
1	公称直径(mm)	7.0±0.07	11	扭转性能(≥8 次)	不断裂
2	不圆度(mm)	≤0.07	12	松弛(%)	≤2.5
3	公称截面积(mm^2)	38.5	13	疲劳性能(2×10^6 次)	不断裂
4	理论重量(g/m)	301	14	锌层单位重量(g/m^2)	≥300
5	抗拉强度(MPa)	≥1 770	15	线径增加的平均值(mm)	<0.13
6	屈服强度(MPa)	≥1 580	16	锌层附着性(8 圈)	不起层,不剥离
7	伸长率(%)	≥4.0	17	硫酸铜试验(≥4 次,每次 60s)	不挂铜
8	弹性模量(MPa)	$(2.0\pm0.1)\times10^5$	18	伸直性能	取弦长 1 000mm 的钢丝,弦与弧的最大自然矢高≤15mm
9	反复弯曲(≥5 次)	不断裂	19	自由圈升高度(mm)	≤150
10	缠绕(8 圈)	不断裂			

注:①大跨度斜拉桥平行钢丝斜拉索宜采用 ϕ7.0mm,强度为 1 770MPa 的高强度镀锌钢丝。其尺寸、外形、质量、力学性能、化学成分及技术指标应符合 GB/T 17101 及本表规定。镀锌钢丝应有质量保证单和合格证。

②制造钢丝用盘条的钢牌号由生产厂家选择,但硫、磷含量均不得超过 0.025%,铜含量不得超过 0.20%;应采用经索氏体化处理的盘条;锌锭应采用 GB/T 470 中 0 号或 1 号锌。

③钢丝镀锌后应进行相应的稳定化处理,以保证钢丝性能达到要求。

④镀锌钢丝进场后应按 GB/T 2103 的规定进行验收。使用前应进行每批 5%的抽样检测,检测项目为抗拉强度、屈服强度和伸长率。

2)斜拉索用锚具技术要求

(1)主件:锚具材料应采用优质碳素结构钢或合金结构钢,并应符合 GB/T 699 及 GB/T 3077 的要求。锚杯与锚圈的坯件应为锻件,并应符合 YB/T 036.7 的要求,锚杯与锚圈均为梯形螺纹。

锚杯与锚圈在表面镀锌前应逐个进行超声波检测和磁粉检测,并应达到 GB/T 4162 中 B 级和 JB/T 4730.4—2005 表 7 中Ⅱ级质量等级要求。

螺母式锚具应采用热镀锌防腐,镀层平均厚度为 90～120μm。非螺母式锚具可采用热喷锌或涂装防腐。

(2)锚具应有出厂检验报告和合格证。

(3)锚具的规格尺寸按表 15-2 的要求进行进场检验。

(4)锚杯和锚圈应标记锚具规格型号及产品流水号,同规格锚具的相同部件应保证互换件。

3)冷铸锚固填料技术要求

冷铸锚固填料由环氧树脂、固化剂、增韧剂、稀释剂、填弃料等构成。

冷铸锚固填料的试件强度在23℃±5℃下应达到147MPa。

4)附属件技术要求

附属件是指斜拉索防护罩、锚具保护罩、定位约束圈等。

防护罩材料宜采用优质不锈钢，其性能应符合GB/T 4237的要求。

锚具保护罩可采用优质不锈钢、碳索结构钢，优质不锈钢应符合GB/T 4237的要求，碳素结构钢应符合GB/T 700的要求。为方便检查锚具锈蚀情况，锚具保护罩宜设置窥视孔或其他有相似功能的构造。

定位约束圈采用硅橡胶或氯丁橡胶，橡胶硬度宜为50～60邵氏硬度。

5)斜拉索用高密度聚乙烯护套料技术要求

表15-4

<table>
<tr><th rowspan="2">序号</th><th rowspan="2" colspan="3">项　目</th><th colspan="2">指　标</th></tr>
<tr><th>黑色</th><th>彩色</th></tr>
<tr><td>1</td><td colspan="3">密度(g/cm³)</td><td>0.942～0.978</td><td>0.942～0.978</td></tr>
<tr><td>2</td><td colspan="3">熔体流动速率(g/10min)</td><td>≤0.45</td><td>≤0.45</td></tr>
<tr><td>3</td><td colspan="3">拉伸强度(MPa)</td><td>≥20</td><td>≥20</td></tr>
<tr><td>4</td><td colspan="3">拉伸屈服强度(MPa)</td><td>≥10</td><td>≥10</td></tr>
<tr><td>5</td><td colspan="3">断裂伸长率(%)</td><td>≥600</td><td>≥600</td></tr>
<tr><td>6</td><td colspan="3">硬度 Shore D</td><td>≥60</td><td>≥60</td></tr>
<tr><td>7</td><td colspan="3">拉伸弹性模量(MPa)</td><td>≥150</td><td>≥150</td></tr>
<tr><td>8</td><td colspan="3">冲击强度(kJ/m²)</td><td>≥25</td><td>≥25</td></tr>
<tr><td>9</td><td colspan="3">软化温度(℃)</td><td>≥115</td><td>≥110</td></tr>
<tr><td>10</td><td colspan="3">耐环境应力开裂(F_{50})(h)</td><td>≥5 000</td><td>≥5 000</td></tr>
<tr><td>11</td><td colspan="3">脆化温度(℃)</td><td><−76</td><td><−76</td></tr>
<tr><td rowspan="2">12</td><td rowspan="2" colspan="2">炭黑分散性</td><td>分散度(min)</td><td>≥6</td><td>—</td></tr>
<tr><td>吸收系数</td><td>≥400</td><td>—</td></tr>
<tr><td rowspan="2">13</td><td rowspan="2" colspan="2">耐热老化(100℃,168h)(%)</td><td>拉伸强度变化率</td><td>±20</td><td>±20</td></tr>
<tr><td>断裂伸长率变化率</td><td>±20</td><td>±20</td></tr>
<tr><td>14</td><td colspan="3">耐臭氧老化(温度24℃±8℃,臭氧浓度0.01～0.15mg/m³,暴露1h)</td><td>无异常变化</td><td>无异常变化</td></tr>
<tr><td rowspan="4">15</td><td rowspan="4">人工气候老化
(%)</td><td rowspan="2">老化时间:0～1 008h</td><td>拉伸强度变化率</td><td>±25</td><td>±25</td></tr>
<tr><td>断裂伸长率变化率</td><td>±25</td><td>±25</td></tr>
<tr><td rowspan="2">老化时间:504～1 008h</td><td>拉伸强度变化率</td><td>±15</td><td>±15</td></tr>
<tr><td>断裂伸长率变化率</td><td>±15</td><td>±15</td></tr>
<tr><td>16</td><td colspan="3">耐光色牢度(级)</td><td>—</td><td>≥7</td></tr>
</table>

注:①HDPE护套料应有质量保证单和合格证。

②黑色HDPE护套料的进场检验项目为本表的1、2、3、4、5、6、8、9、12项。彩色HDPE护套料进场检验项目为本表的1、2、3、4、5、6、8、9项。

6)斜拉索用高强聚酯纤维带技术要求

表15-5

项　目	宽度(mm)	厚度(mm)	抗拉力(10mm带宽)(N)	延伸率(%)
技术指标	30～50	≥0.10	≥250	≥3

注:①本产品为纤维增强的聚酯压敏胶带或两层聚酯带内夹纤维丝的增强复合带。

②高强聚酯纤维带应有质量保证单和合格证。

7)斜拉索用氟化膜胶带技术要求

表 15-6

项目	宽度(mm)	抗撕裂强度(kN/mm)	抗拉强度(MPa)	延伸率(%)
技术指标	50～110	≥129	≥55	≥90

注:氟化膜胶带应有质量保证单和合格证。

8. 成品斜拉索各项技术要求

表 15-7

类别	项目	指标
索体外表面	护套无破损,厚度均匀	允差:-0.5～1mm
	外表划痕深度	≤1mm
	索体外表面抗风雨振构造	设置凹坑或螺旋线
成品锚具	锚具外表面镀层或涂层可视损伤	不得有
	螺纹碰伤	不得有
	螺纹副	自由旋合
斜拉索长度允许误差	索长≤200m	≤0.020m
	索长>200m	≤(索长/20 000+0.010)m
超张拉检验	锚具的分丝板回缩值	≤6mm
	锚圈与锚环	旋合不受影响
静载性能要求	成品斜拉索弹性模量	$\geq 1.9\times10^5$MPa
	斜拉索效率系数 η①	≥0.95
	极限延伸率	≥2%
	断丝率	≤2%
轴向疲劳性能要求	应力上限(MPa)	$0.45\sigma_b$
	应力幅值 $\Delta\sigma$	200～250MPa
	循环次数	2×10^6 次
	断丝率②	≤2%
弯曲疲劳性能要求	应力上限(MPa)	$0.45\sigma_b$
	应力幅值 $\Delta\sigma$	200MPa
	弯曲角度(m·rad)	10 或 5±5(同步循环)
	循环次数	2×10^6 次
	断丝率②	≤2%
各项试验后的水密性能	索体及与锚具连接部位	不进水
	锚具及其密封结构	不进水

注:①η=实测最大索力/公称破断索力。

②如试验索规格为 151 以上,则允许断丝不大于三根。

③经过上述轴向疲劳性能或弯曲疲劳性能试验后,护套不应有损伤,且锚杯和锚圈旋合正常。

9. 斜拉索的标志、包装和储运

1)标志

在每根斜拉索两端锚具连接筒上,用红色油漆标明斜拉索编号与规格型号。

每根斜拉索应挂有合格标牌，标牌应牢固可靠地系于包装层外的两端锚具上，并确保在运输过程中不丢失，牌上注明斜拉索编号、规格型号、长度、质量、制造厂名、工程名称、生产日期等，字迹应清晰。

2)包装

成品斜拉索经常规检验合格后独立包装，斜拉索索体包装共两层：内层棉布、外层包覆纤维编织布。

斜拉索两端锚具涂上防锈油脂、用聚丙烯薄膜及塑料纤维编织布双层包装后，再用三合一塑料编织套作整体包裹。

斜拉索以脱胎成盘或钢盘卷绕的形式包装，其盘绕内径视斜拉索规格而定，一般不小于20倍斜拉索外径。

每盘成品斜拉索采用不损伤斜拉索表面质量的材料捆扎结实，捆扎不少于六道，然后用阻燃布将整个圆周紧密包裹。

3)储运

成品索不论采用何种运输工具，在运输和装卸过程中，应采取防水、防火措施并防止腐蚀或机械损伤。

按要求包装后的成品索应平稳整齐堆垛，不应与地面直接接触，且不宜户外存放，若户外存放应加防紫外线遮盖。同时两端的锚具须有保护和固定措施。

(二)环氧涂层高强度钢丝拉索(JT/T 902—2014)

环氧涂层高强度钢丝拉索，是将一定数量环氧涂层高强度钢丝轻度扭绞后，缠绕高强聚酯纤维带，并在表面热挤双层高密度聚乙烯(HDPE)防护套组成索体(代号EPES)，索端采用螺纹调整拉索长度的冷铸镦头锚锚具锚固，锚具与索体间进行了有效防腐密封处理的一种索具。

为防水，拉索锚固端采用锚具保护罩，预埋钢管端采用锥形拉索防护罩和拉索密封罩。

环氧涂层高强度钢丝拉索适用于缆索桥、拱桥的拉索、吊索、系杆。

拉索的钢丝为直径7mm，抗拉强度分为1 770MPa、1 860MPa、1 960MPa三个级别的环氧涂层无接头光面钢丝。

1.环氧涂层高强度钢丝拉索各部分示意图

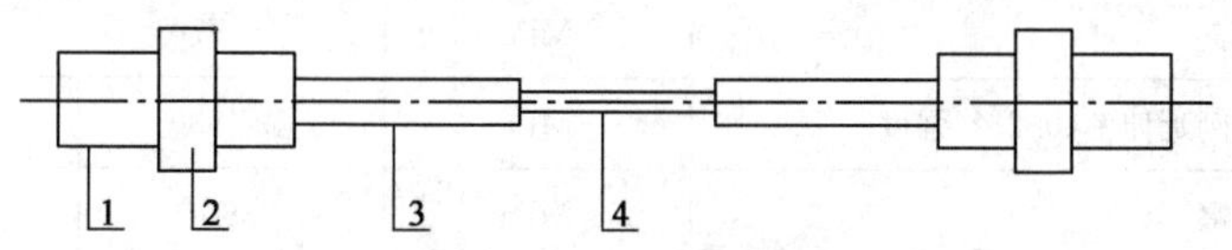

图15-4　拉索结构示意图

1-锚杯；2-锚圈；3-连接筒；4-环氧涂层钢丝拉索索体

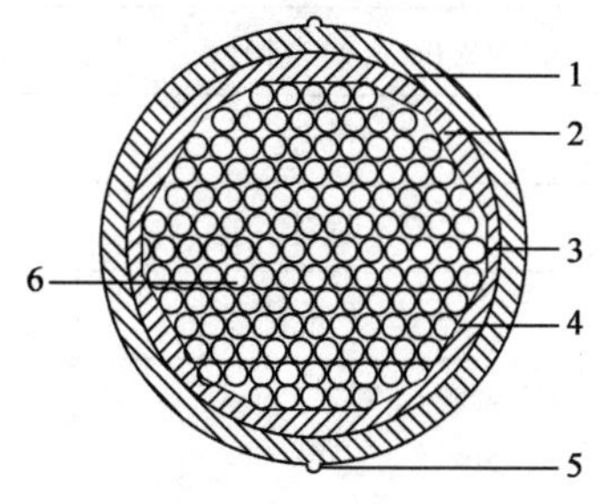

图15-5　索体断面示意图

1-外层彩色高密度聚乙烯护套；2-内层黑色高密度聚乙烯护套；3-高强聚酯纤维带；4-环氧涂层钢丝；5-抗风雨振措施；6-光面钢丝

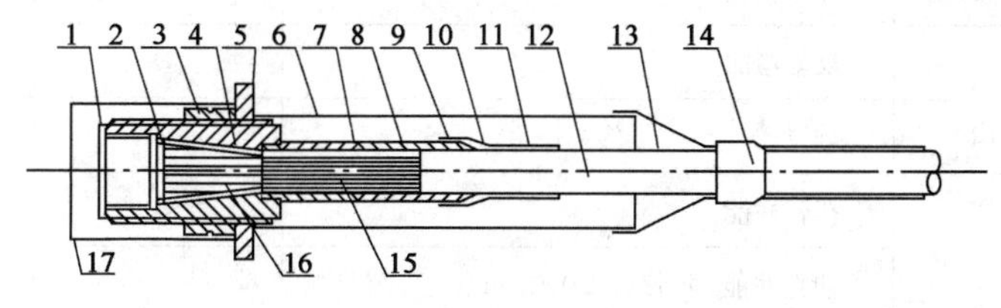

图15-6　锚具结构示意图

1-盖板；2-分丝板；3-锚圈；4-锚杯；5-锚垫板；6-预埋管；7-连接筒a；8-连接筒b；9-密封胶圈；10-密封压环；11-聚乙烯热收缩套；12-环氧涂层钢丝拉索索体；13-拉索防护罩；14-拉索密封罩；15-密封填料；16-冷铸锚固填料；17-锚具保护罩

2.环氧涂层高强度钢丝拉索的标记

1)拉索标记

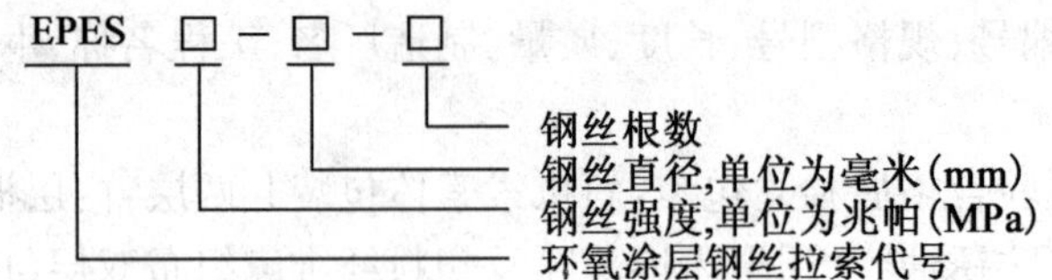

示例:109 根直径 7mm 钢丝、抗拉强度 1 960MPa 的环氧涂层钢丝拉索,其型号表示为 EPES 1960-7-109。

2)锚具标记

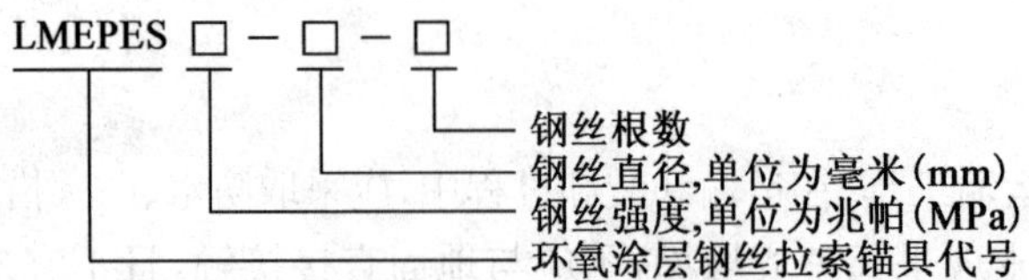

示例:109 根直径 7mm 钢丝、抗拉强度 1 960MPa 的环氧涂层钢丝拉索锚具,其型号表示为 LMEPES 1960-7-109。

3.环氧涂层高强度钢丝技术要求

表 15-8

序号	项目	单位	技术指标		
1	光面钢丝公称直径	mm	7.0±0.07		
2	光面钢丝不圆度	mm	≤0.07		
3	光面钢丝公称截面积	mm^2	38.5		
4	光面钢丝理论重量	g/m	301		
5	抗拉强度	MPa	≥1 770	≥1 860	≥1 960
6	规定非比例延伸率(0.2%)强度	MPa	≥1 580	≥1 660	≥1 770
7	疲劳应力幅	MPa	360	410	460
8	涂层厚度	mm	0.3±0.1		
9	伸长率	%	≥4.0		
10	弹性模量	MPa	$(2.0\pm0.1)\times10^5$		
11	反复弯曲	次	≥5,不断裂		
12	缠绕	圈	8,不断裂		
13	扭转性能	次	≥12,不断裂		
14	伸直性能(取弦长 1 000mm 钢丝,弦与弧的最大自然矢高)	mm	≤15		
15	自由圈升高度	mm	≤150		
16	松弛率	%	Ⅰ级应力松弛率≤7.5		
		%	Ⅱ级应力松弛率≤2.5		

注:①计算环氧涂层钢丝抗拉强度、规定非比例延伸率(0.2%)强度及弹性模量的钢丝面积为光面钢丝公称截面积。

②疲劳应力幅值是指应力上限在 $0.45f_{pk}$ 条件下,进行 2×10^6 次疲劳循环试验,钢丝不断裂的疲劳应力幅。

③松弛率是指钢丝在 70%公称破断索力下,经 1 000h 后的钢丝松弛率。

4. 环氧涂层钢丝拉索主要技术参数

表 15-9

规格型号	拉索索体				裸索			破断索力 P_b(kN)			设计索力(kN)					
	外径(mm)	护套层厚(mm)		单位重量(kg/m)	直径(mm)	面积(mm)	单位重量(kg/m)	钢丝抗拉强度 f_{pk}(MPa)			$K=3$			$K=2.5$		
											钢丝抗拉强度 f_{pk}(MPa)			钢丝抗拉强度 f_{pk}(MPa)		
		内层	外层					1 770	1 860	1 960	1 770	1 860	1 960	1 770	1 860	1 960
EPES( )-7-109	115	5	4	37.9	97	4 195	35.5	7 425	7 802	8 222	2 475	2 601	2 741	2 970	3 121	3 289
EPES( )-7-121	121	5	4	42.1	103	4 657	39.4	8 242	8 661	9 127	2 747	2 887	3 042	3 297	3 465	3 651
EPES( )-7-127	129	5	4	44.4	111	4 888	41.4	8 651	9 091	9 580	2 884	3 030	3 193	3 460	3 636	3 832
EPES( )-7-139	130	5	4	48.4	112	5 349	45.3	9 468	9 950	10 485	3 156	3 317	3 495	3 787	3 980	4 194
EPES( )-7-151	135	6	4	52.5	115	5 811	49.2	10 286	10 809	11 390	3 429	3 603	3 797	4 114	4 324	4 556
EPES( )-7-163	140	6	4	56.7	120	6 273	53.1	11 103	11 668	12 295	3 701	3 889	4 098	4 441	4 667	4 918
EPES( )-7-187	148	6	4	65.0	128	7 197	60.9	12 738	13 386	14 105	4 246	4 462	4 702	5 095	5 354	5 642
EPES( )-7-199	153	7	4	69.1	131	7 658	64.8	13 555	14 245	15 010	4 518	4 748	5 003	5 422	5 698	6 004
EPES( )-7-211	159	7	4	73.4	137	8 120	68.7	14 373	15 104	15 916	4 791	5 035	5 305	5 749	6 041	6 366
EPES( )-7-223	164	7	4	77.6	142	8 582	72.6	15 190	15 963	16 821	5 063	5 321	5 607	6 076	6 385	6 728
EPES( )-7-241	169	8	4	83.7	145	9 275	78.5	16 416	17 251	18 179	5 472	5 750	6 060	6 567	6 900	7 271
EPES( )-7-253	172	8	4	87.8	148	9 737	82.4	17 234	18 110	19 084	5 745	6 037	6 361	6 893	7 244	7 633
EPES( )-7-265	178	8	4	92.2	154	10 198	86.3	18 051	18 969	19 989	6 017	6 323	6 663	7 220	7 588	7 996
EPES( )-7-283	181	8	4	98.3	157	10 891	92.2	19 277	20 257	21 347	6 426	6 752	7 116	7 711	8 103	8 539
EPES( )-7-301	186	8	4	104.6	162	11 584	98.0	20 503	21 546	22 704	6 834	7 182	7 568	8 201	8 618	9 082

续表 15-9

规格型号	拉索索体				裸索			破断索力 P_b(kN)			设计索力(kN)					
	外径(mm)	护套层厚(mm)		单位重量(kg/m)	直径(mm)	面积(mm)	单位重量(kg/m)	钢丝抗拉强度 f_{pk}(MPa)			K=3			K=2.5		
											钢丝抗拉强度 f_{pk}(MPa)			钢丝抗拉强度 f_{pk}(MPa)		
		内层	外层					1 770	1 860	1 960	1 770	1 860	1 960	1 770	1 860	1 960
EPES( )-7-313	191	8	5	108.7	165	12 046	101.9	21 321	22 405	23 609	7 107	7 468	7 870	8 528	8 962	9 444
EPES( )-7-337	197	8	5	117.0	171	12 969	109.7	22 956	24 123	25 420	7 652	8 041	8 473	9 182	9 649	10 168
EPES( )-7-349	200	8	5	121.2	174	13 431	113.6	23 773	24 982	26 325	7 924	8 327	8 775	9 509	9 993	10 530
EPES( )-7-367	207	9	5	127.5	179	14 124	119.5	24 999	26 270	27 683	8 333	8 757	9 228	10 000	10 508	11 073
EPES( )-7-379	208	9	5	131.5	180	14 586	123.4	25 817	27 129	28 588	8 606	9 043	9 529	10 327	10 852	11 435
EPES( )-7-409	217	10	5	141.9	187	15 740	133.2	27 860	29 277	30 851	9 287	9 759	10 284	11 144	11 711	12 340
EPES( )-7-421	221	11	5	146.0	189	16 202	137.1	28 678	30 136	31 756	9 559	10 045	10 585	11 471	12 054	12 702
EPES( )-7-439	228	11	5	152.6	196	16 895	143.0	29 904	31 424	33 114	9 968	10 475	11 038	11 961	12 570	13 245
EPES( )-7-451	231	11	5	156.7	199	17 357	146.9	30 721	32 283	34 019	10 240	10 761	11 340	12 288	12 913	13 608
EPES( )-7-475	235	11	5	164.9	203	18 280	154.7	32 356	34 001	35 829	10 785	11 334	11 943	12 942	13 600	14 332

注:①K 为安全系数。

②括号中表示钢丝抗拉强度。

③不同抗拉强度钢丝使用相应锚具的材质要求：

钢丝抗拉强度(MPa)	锚杯材质	锚圈材质
1 770	40Cr	45 号钢
1 860	40Cr	40Cr
1 960	42CrMo	40Cr

锚杯、锚圈应采用锻钢件制作和热镀锌防腐，锌层厚度≥90μm；分丝板丝孔直径为 ϕ(7.8±0.1)mm。

5. 环氧涂层钢丝拉索锚具主要尺寸

表 15-10

规格型号	配套拉索	锚杯外径 B (mm)	锚杯长度 L_S (mm)	锚圈外径 C (mm)	锚圈高度 H (mm)	锚具重量 W (kg)	预留管尺寸 $\phi M\times t$ (mm)
LMEPES( )-7-109	EPES7-109	225	430	305	110	120	ϕ273×11
LMEPES( )-7-121	EPES7-121	240	450	310	135	140	ϕ273×11
LMEPES( )-7-127	EPES7-127	245	450	315	135	147	ϕ273×9
LMEPES( )-7-139	EPES7-139	250	460	325	135	155	ϕ273×7
LMEPES( )-7-151	EPES7-151	265	480	340	135	177	ϕ299×11
LMEPES( )-7-163	EPES7-163	270	510	350	135	192	ϕ299×8
LMEPES( )-7-187	EPES7-187	285	520	380	155	231	ϕ325×10
LMEPES( )-7-199	EPES7-199	300	540	385	155	253	ϕ325×7.5
LMEPES( )-7-211	EPES7-211	305	555	405	180	287	ϕ351×12
LMEPES( )-7-223	EPES7-223	310	575	405	180	297	ϕ351×12
LMEPES( )-7-241	EPES7-241	325	585	420	180	329	ϕ351×8
LMEPES( )-7-253	EPES7-253	335	595	440	180	361	ϕ377×10
LMEPES( )-7-265	EPES7-265	340	610	445	200	387	ϕ377×10
LMEPES( )-7-283	EPES7-283	345	635	450	200	402	ϕ377×10
LMEPES( )-7-301	EPES7-301	360	645	475	200	452	ϕ402×10
LMEPES( )-7-313	EPES7-313	365	655	480	200	466	ϕ402×10
LMEPES( )-7-337	EPES7-337	375	695	485	220	513	ϕ402×9
LMEPES( )-7-349	EPES7-349	385	710	505	220	569	ϕ426×12
LMEPES( )-7-367	EPES7-367	390	715	510	220	577	ϕ426×12
LMEPES( )-7-379	EPES7-379	400	725	530	220	627	ϕ450×12
LMEPES( )-7-409	EPES7-409	415	755	540	245	703	ϕ450×10
LMEPES( )-7-421	EPES7-421	420	775	545	245	728	ϕ450×10
LMEPES( )-7-439	EPES7-439	425	785	560	245	758	ϕ465×10
LMEPES( )-7-451	EPES7-451	430	790	560	245	775	ϕ465×10
LMEPES( )-7-475	EPES7-475	445	815	580	265	861	480×10

注：①不同环氧涂层钢丝抗拉强度所用锚具材质见表 15-9 注③。

②括号中表示钢丝抗拉强度。

6. 环氧涂层高强度钢丝拉索性能要求

表 15-11

项　目		指标和要求
外观	索体外表面	护套外表面无破损和无深于 1mm、面积大于 100mm^2 的表面缺陷，护套厚度均匀，厚度允许偏差为 −0.5～1.0mm
		应设置压花或螺旋线等抗风雨振构造
	锚杯、锚圈	外表面镀层应无可视损伤，螺纹无任何碰伤，螺纹连接副应能自由旋合
索长允许偏差		索长≤200m，索长允许偏差≤0.020m
		索长＞200m，索长允许偏差≤(索长/20 000＋0.010)m

续表 15-11

项目		指标和要求
力学性能	拉索弹性模量	钢丝拉索弹性模量≥1.9×10^5MPa
	预张拉性能	钢丝拉索预张拉性能符合 JT/T 775 规定
	静载性能	钢丝拉索静载性能符合 JT/T 775 规定
	疲劳性能	拉索经轴向疲劳性能或弯曲疲劳性能试验,再经拉伸试验后,护套应无损伤,且锚杯和锚圈旋合正常,拉索断丝率不应大于 2%。如拉索规格型号小于 151 根钢丝,允许在锚固区外断丝不大于 3 根
	水密性能	拉索水密性能符合 JT/T 775 规定
工艺性能	扭绞	拉索钢丝应呈正六边形或缺角六边形紧密排列,将钢丝束同心左向扭绞,最外层钢丝扭合角为(3±0.5)°,并右向缠绕高强度聚酯纤维带
	挤塑	经扭绞、缠绕后的钢丝束外表面热挤双层高密度聚乙烯形成防护套,内层护套为黑色,外层护套颜色可根据桥梁景观设计确定,但不宜黑色
	灌锚	灌注冷铸锚固填料,锚固力应不小于拉索公称破断索力的 95%
	预张拉	每根钢丝拉索均应进行预张拉,预张拉索力取 1.4～1.5 倍设计索力,分五级加载,加载速度不大于 100MPa/min

7. 环氧涂层高强度钢丝拉索的标志、包装和储运要求

1)标志

在每根环氧涂层钢丝拉索两端锚具连接筒上,用红色涂料标明拉索编号和规格型号。

每根环氧涂层钢丝拉索应有合格标牌,合格标牌和质量保证单相对应,标牌应牢固可靠地系于包装层外两端锚具上,并确保在运输过程中不丢失,标牌上应注明环氧涂层钢丝拉索编号、规格型号、长度、质量、制造厂名、工程名称、生产日期等,字迹应清晰。

2)包装

环氧涂层钢丝拉索外包装宜采用阻燃或经防火处理的材料。

环氧涂层钢丝拉索经出厂检验合格后独立包装,拉索索体包装共两层:内层棉布,外层包覆纤维编织布。

环氧涂层钢丝拉索两端锚具涂防锈油脂,用聚丙烯薄膜及塑料纤维编织布双层包装后,再用三合一塑料编织套作整体包裹。

环氧涂层钢丝拉索以脱胎成盘或钢盘卷绕的形式包装,其盘绕内径视环氧涂层钢丝拉索规格而定,不应小于 20 倍环氧涂层钢丝拉索外径。

每盘环氧涂层钢丝拉索采用不损伤环氧涂层钢丝拉索表面质量的材料捆扎结实,捆扎不少于六道,然后用阻燃布将整个圆周紧密包裹。

3)运输和储存

环氧涂层钢丝拉索运输和储存应按 JT/T 775 的规定进行。

(三)无粘结钢绞线体外预应力束(JT/T 853—2013)

无粘结钢绞线体外预应力束(简称体外束)适用于公路等桥梁结构。体外束由束体(无粘结预应力钢绞线+束套管)、锚具、转向器和减振装置等组成。体外束分为锚固段、转向段和自由段三部分。

1. 无粘结钢绞线体外预应力束型号表示方法

(1)体外束型号

体外束的型号由体外束代号、钢绞线直径和根数来表示。

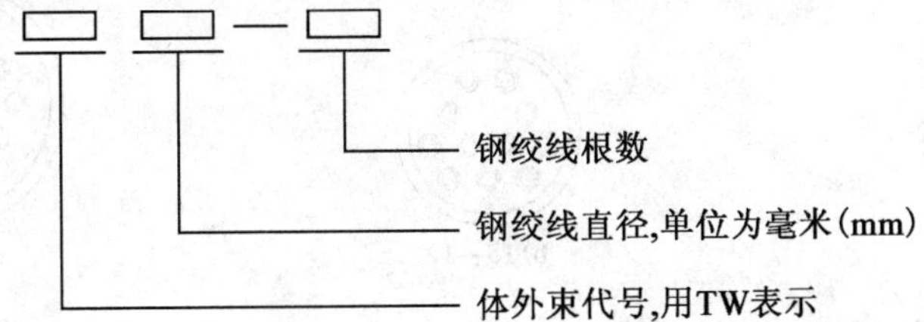

示例:19 根直径为 15.2mm 的钢绞线组成的体外束,型号表示为 TW 15—19。

(2)锚具、转向器型号

锚具的型号由体外束代号、锚具代号、钢绞线直径和根数来表示,转向器的型号由体外束代号、转向器代号、钢绞线直径和根数来表示。

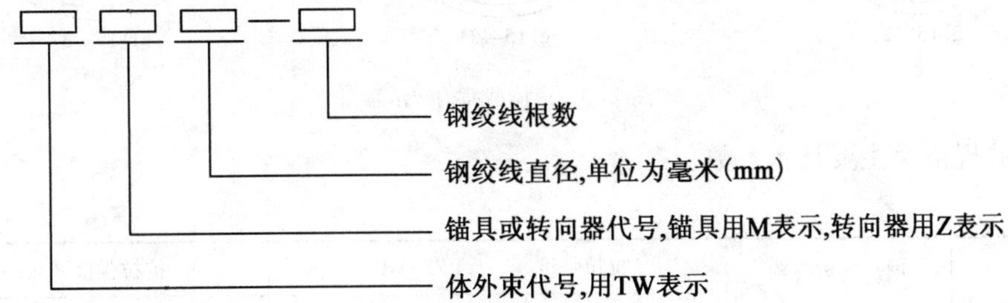

示例:与 19 根直径 15.2mm 的钢绞线组成的束体配合使用的锚具或转向器,其型号分别表示为 TWM15—19 或 TWZ15—19。

2.无粘结钢绞线体外预应力束结构与规格

(1)体外束

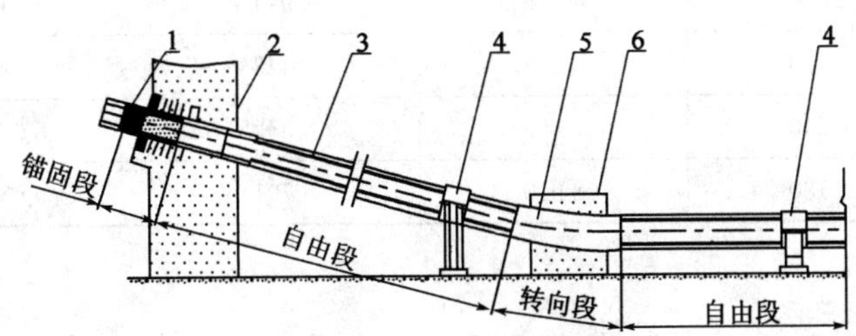

图 15-7　体外束结构示意图

1-锚具;2-梁体;3-束体;4-减振装置;5-转向器;6-转向块

(2)束体

束体截面中位于束套管内的无粘结钢绞线排列为六边形或对称切角六边形。

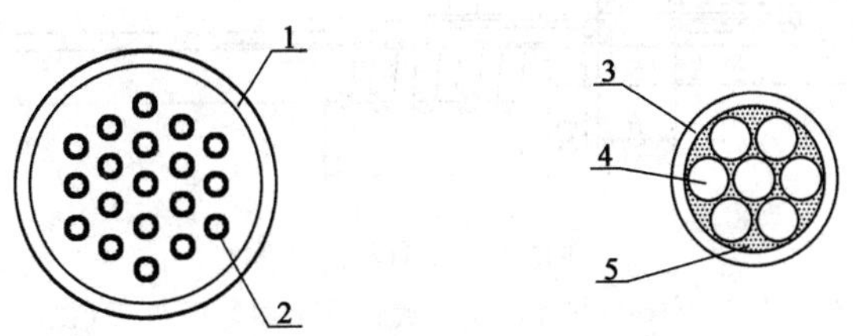

图 15-8　束体及单根无粘结钢绞线截面示意图

1-束套管;2-无粘结钢绞线;3-单根钢绞线护套;4-钢绞线;5-防腐润滑脂

(3)束体截面构造示意图

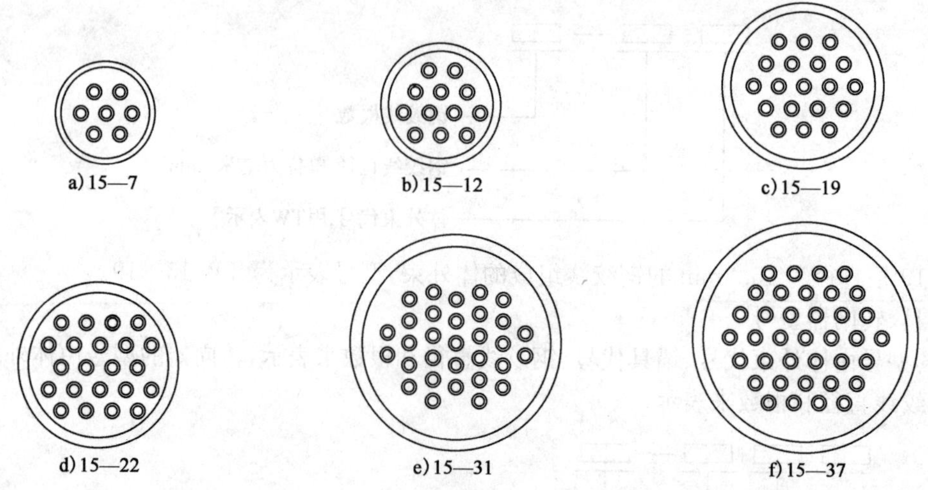

图 15-9 束体截面构造示意图

(4)束体的规格及主要技术参数

表 15-12

规格型号	钢绞线束公称截面积(mm^2)	抗拉强度 f_{ptk}=1 720MPa		抗拉强度 f_{ptk}=1 860MPa	
		公称破断索力(kN)	最大设计索力(kN)	公称破断索力(kN)	最大设计索力(kN)
15—7	980	1 686	1 096	1 823	1 185
15—12	1 680	2 890	1 878	3 125	2 031
15—19	2 660	4 575	2 974	4 948	3 216
15—22	3 080	5 298	3 443	5 729	3 724
15—31	4 340	7 465	4 852	8 072	5 247
15—37	5 180	8 910	5 791	9 635	6 263

3. 锚具

锚具由锚板、夹片、过渡管、密封装置、锚垫板及其他部件组成,在锚固区和防护帽内有防腐填充料。

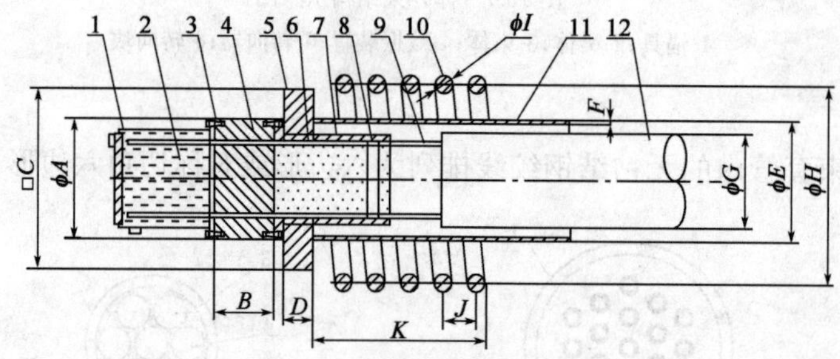

图 15-10 锚具结构示意图

1-防护帽;2-防腐填充料;3-夹片;4-锚板;5-锚垫板;6-穿线管;7-过渡管;8-密封装置;9-无粘结钢绞线;10-螺旋筋;11-预留导管;12-束套管

4. 转向器

转向器由转向器体、支撑板、穿线管等组成,截面为圆形或矩形。转向器的穿线管两端出口处应设置倒角形成圆滑过渡。

锚具主要规格尺寸(mm)　　表 15-13

规格	锚板		锚垫板		预留导管		束套管	螺旋筋			
	ϕA	B	$\square C$	D	ϕE	F	ϕG	ϕH	ϕI	J	K
15—7	155	80	220	35	140	4.5	100	275	14	50	300
15—12	185	85	260	40	180	4.5	140	325	16	50	350
15—19	230	100	335	50	203	5	160	420	18	60	480
15—22	250	100	355	50	219	6	180	450	18	60	540
15—31	280	125	415	60	245	6	200	520	20	65	600
15—37	300	150	455	70	273	6	225	570	22	70	630

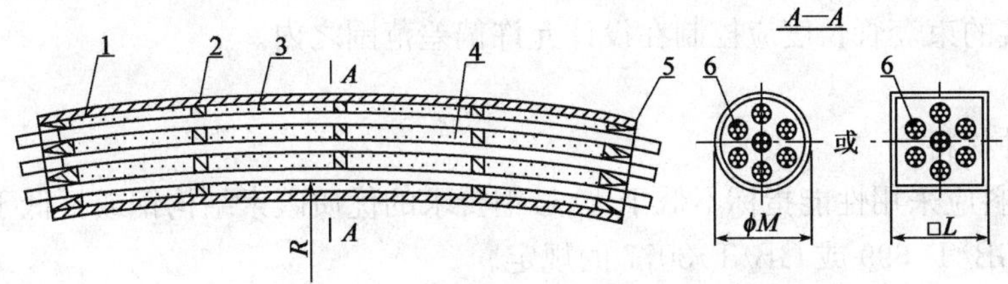

图 15-11　转向器结构示意图

1-转向器体；2-支撑板；3-穿线管；4-定位浆体；5-过渡倒角；6-无粘结钢绞线

转向器的最小弯曲半径 $R_{\min} \geqslant 580d$，靠近锚固段转向器的最小弯曲半径应增大 1 000mm，其他主要规格尺寸见表 15-14。

转向器主要规格尺寸(mm)　　表 15-14

规格	15—7	15—12	15—19	15—22	15—31	15—37
外径 ϕM	114	140	180	194	219	245
边长$\square L$	110	145	180	195	220	240

5.减振装置

当体外束自由段长度超过 10m 时，应设置减振装置，减振装置由调整螺杆、束卡箍、减振圈、减振垫和支架等组成，分Ⅰ型、Ⅱ型。

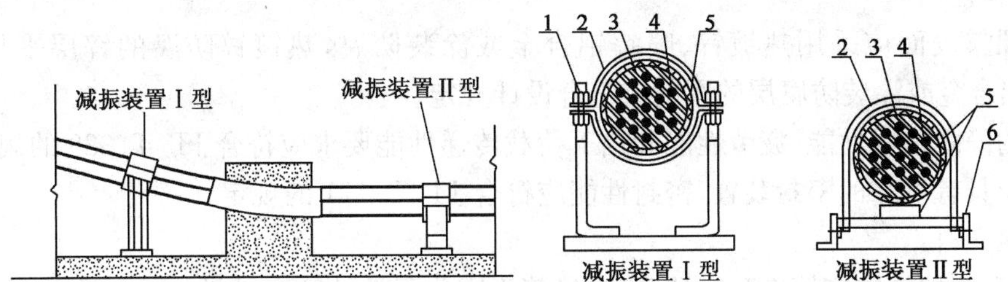

图 15-12　减振装置结构示意图

1-调整螺杆；2-束卡箍；3-减振圈；4-束体；5-减振垫；6-支架

6.无粘结钢绞线体外预应力束及采用材料的技术要求

1)束体

(1)无粘结钢绞线：

①无粘结钢绞线宜选用热镀锌钢绞线或光面钢绞线制作，所选用的钢绞线直径为 15.2mm，抗拉强度级别宜不小于 1 720MPa。

②选用的光面钢绞线或热镀锌钢绞线应分别符合 GB/T 5224 或 YB/T 152 的规定。

③无粘结钢绞线的护套应采用高密度聚乙烯(HDPE)材料，并应符合 CJ/T 297 的规定；护套厚度

应为 $1.5_{0}^{+0.5}$mm,防腐润滑脂的含量应不小于 50g/m,其他要求应符合 JG 161 的规定。

(2)束套管:

①束套管的材料应采用 HDPE 管、钢管或其他材料。HDPE 应符合 CJ/T 297 的规定,钢管应采用性能指标不低于 Q235 要求的无缝钢管,并应符合 GB/T 8162 的规定,采用其他材料的也应符合相关标准规定。

②束套管可设计成单层或双层,其截面形状为圆形或由两个半圆组成,外层可设计不同颜色。

③束套管的长度应符合设计或合同的要求,用 HDPE 制成束套管,管壁厚度应不小于 $G/32$(G 为束套管外径),且不小于 4mm。用钢管制成束套管,管壁厚度应不小于 $G/50$,且不小于 2mm。束套管表面应良好完整,划痕深度不得超过管壁厚度的 20%。

④束套管由若干节直管通过镜面焊接或管套连接,连接处应具有不低于束套管非连接处的拉伸屈服强度,现场焊接的束套管长度应控制在设计允许偏差范围之内。

2)锚具

(1)锚具组件材料:

①锚板的材料应采用性能指标不低于 45 号钢要求的优质碳素结构钢或不低于 40Cr 要求的合金结构钢,并应符合 GB/T 699 或 GB/T 3077 的规定。

②锚板的坯件应为锻件,并应符合 YB/T 036.7 的规定。

③锚板制作时应逐件进行超声波检测和磁粉检测,并应符合 GB/T 4162 中 B 级和 JB/T 4730.4 中Ⅱ级质量等级的要求。

④锚垫板的材料应采用性能指标不低于 Q345 要求的低合金高强度结构钢或不低于 Q345q 要求的桥梁用结构钢,并应符合 GB/T 1591 或 GB/T 714 的规定。

⑤夹片的材料应采用含碳量小于 0.25%的合金结构钢,并应符合 GB/T 3077 的规定,其热处理要求应符合 JT/T 329 的规定。

⑥预留导管和过渡管的材料应采用性能指标不低于 Q235 要求的无缝钢管,并应符合 GB/T 8162 的规定。

⑦穿线管的材料应采用 HDPE,并应符合 CJ/T 297 的规定。

⑧螺旋筋的材料应采用性能指标不低于 Q235 要求的碳素结构钢,并应符合 GB/T 700 的规定。

(2)锚具应标注规格型号及批号;外观、外形尺寸及硬度应符合设计图样要求;同一规格锚具的同类部件应具有互换性。

(3)锚具裸露表面应采用热镀锌、喷锌铝合金或涂装防腐,热镀锌防腐的锌层平均厚度为 90~120μm,喷锌铝合金或涂装防腐层的厚度应符合设计规定。

(4)锚具的静载锚固性能、疲劳性能和锚下荷载传递性能要求应符合 JT/T 329 的规定。

(5)锚具应具有可靠的密封装置,密封性能应符合 JT/T 771 的规定。

(6)防腐填充料:

①锚固区和防护帽内应填充防腐油脂、石蜡等不固化无粘结防腐材料。

②填充用防腐油脂应符合 JG 3007 的规定。

③填充用石蜡应符合 GB/T 254 的规定。

3)转向器

(1)转向器的钢质组件材料应采用性能指标不低于 Q345 要求的无缝钢管和钢板,并应符合 GB/T 8162 和 GB/T 1591 的规定;穿线管的材料应采用 HDPE,并应符合 CJ/T 297 的规定。

(2)外观及外形尺寸应符合设计图样要求。

(3)钢质组件裸露表面的防腐要求按锚具(3)的规定。

4)减振装置

(1)减振装置的钢质组件材料应采用性能指标不低于 Q235 要求的碳素结构钢,并应符合 GB/T

700 的规定；减振圈的材料应采用 HDPE，并应符合 CJ/T 297 的规定；减振垫应采用隔振橡胶，并应符合 GB/T 5574 的规定。

(2)外观及外形尺寸应符合设计图样要求。

(3)钢质组件表面的防腐要求按锚具(3)的规定。

5)体外束组装件

(1)转向器与钢绞线、锚具组装件的静载性能应符合以下要求：

①极限拉力 F_{apu} 不小于 0.95F_{pm}(实测抗拉强度平均值)。

②达到实测极限拉力 F_{apu} 时，钢绞线受力长度的总应变 $\varepsilon_{apu} \geqslant 2\%$($\varepsilon_{apu}$ 为静载试验达到实测极限拉力时钢绞线的总应变)。

③失效应是由钢绞线的断裂导致，而不是转向器组件的破坏导致。

(2)转向器与钢绞线、锚具组装件的疲劳荷载性能，在上限应力为 65%f_{ptk}(抗拉强度标准值)、应力幅为 80MPa 的试验条件下，经受 200 万次循环荷载后应符合以下要求：

①钢绞线疲劳破坏的截面面积不应大于试件总面积的 5%。

②转向段处钢绞线护套的最小残余厚度不应小于初始厚度的 50%。

③转向器、锚具组件不应疲劳破坏。

(3)束体转向段钢绞线护套抗磨损性能应符合以下要求：

①护套不允许折断。

②护套不允许穿透，无油脂渗出。

③护套的最小残余厚度不小于初始厚度的 50%。

(4)体外束组装件应满足分级张拉及补张拉的要求，并应满足对钢绞线实施单根监测、张拉或更换的要求。

(5)在体外束锚固区和防护帽内灌注的防腐填充料，应不影响体外束钢绞线的单根监测和更换性能。

(6)体外束应与锚垫板相垂直，其曲线段的起始点至锚固点的直线长度不宜小于 600mm。

(四)填充型环氧涂层钢绞线预应力锚索(JT/T 803—2011)

填充型环氧涂层钢绞线预应力锚索由符合 JT/T 737 标准的环氧涂层钢绞线、锚具和护套管等组合装配而成，适用于道路岩土工程中的预应力锚固。

锚索按锚固段注浆体承受荷载不同，分为拉力型(L)，图 15-13；拉力分散型(LF)，图 15-14；压力型(Y)，图 15-15；压力分散型(YF)，图 15-16 四类。

产品型号标记：由产品代号(FECSM)，钢绞线直径—钢绞线根数，锚固段荷载类型代号按顺序组成。必要时可加企业体系代号。

如：钢绞线根数为 10 根、直径 15.2mm 的拉力型预应力锚索，标记为 FECSM15—10L。

1. 各类锚索示意图

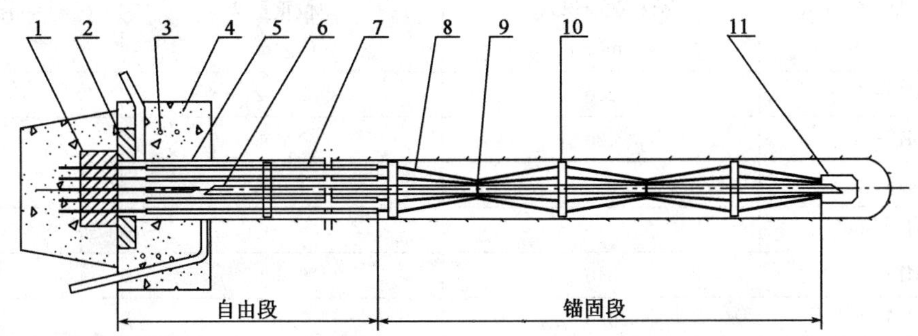

图 15-13　拉力型锚索构造示意图

1-外锚头；2-锚垫板；3-螺旋筋；4-锚镦；5-预埋管；6-灌浆管；7-护套管；8-环氧涂层钢绞线；9-紧扎带；10-隔离架；11-导向帽

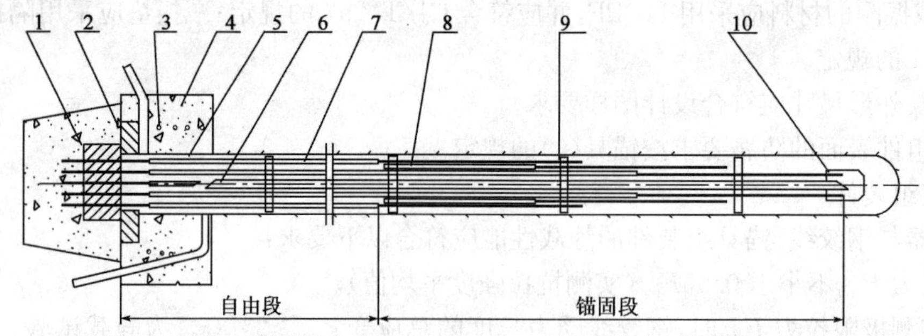

图 15-14 拉力分散型锚索构造示意图

1-外锚头;2-锚垫板;3-螺旋筋;4-锚镦;5-预埋管;6-灌浆管;7-护套管;8-环氧涂层钢绞线;9-隔离架;10-导向帽

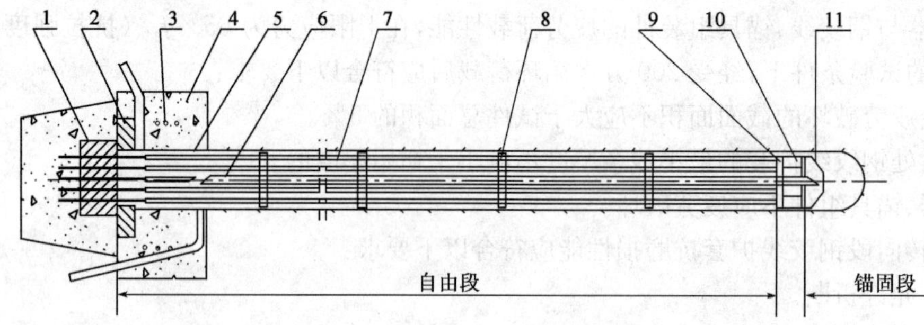

图 15-15 压力型锚索构造示意图

1-外锚头;2-锚垫板;3-螺旋筋;4-锚镦;5-预埋管;6-灌浆管;7-无黏结环氧涂层钢绞线;8-隔离架;9-承载板;10-挤压锚;11-导向帽

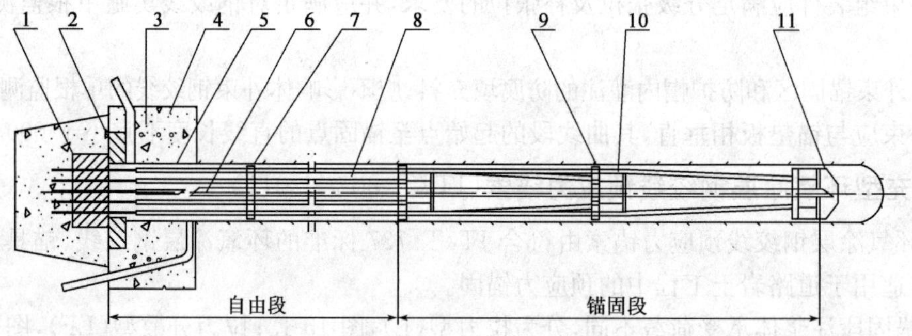

图 15-16 压力分散型锚索构造示意图

1-外锚头;2-锚垫板;3-螺旋筋;4-锚镦;5-预埋管;6-灌浆管;7-隔离架;8-无黏结环氧涂层钢绞线;9-承载板;10-挤压锚;11-导向帽

2. 填充型环氧涂层钢绞线预应力锚索产品规格参数

表 15-15

规格型号	组成锚索的钢绞线束公称截面积 A_p (mm²)	组成锚索的钢绞线束单位重量 W (kg/m)	锚索抗拉破断力标准值 F_{ptk} (kN)
FECSM15—2	280	2.202	520
FECSM15—3	420	3.303	780
FECSM15—4	560	4.404	1 040
FECSM15—5	700	5.505	1 300
FECSM15—6	840	6.606	1 560
FECSM15—7	980	7.707	1 820
FECSM15—8	1 120	8.808	2 080
FECSM15—9	1 260	9.909	2 340

续表 15-15

规格型号	组成锚索的钢绞线束公称截面积 A_p (mm^2)	组成锚索的钢绞线束单位质量 W (kg/m)	锚索抗拉破断力标准值 F_{ptk} (kN)
FECSM15—10	1 400	11.01	2 600
FECSM15—11	1 540	12.111	2 860
FECSM15—12	1 680	13.212	3 120
FECSM15—13	1 820	14.313	3 380
FECSM15—14	1 960	15.414	3 640
FECSM15—15	2 100	16.515	3 900
FECSM15—16	2 240	17.616	4 160
FECSM15—17	2 380	18.717	4 420
FECSM15—18	2 520	19.818	4 680
FECSM15—19	2 660	20.919	4 940

注:①环氧涂层钢绞线的抗拉强度标准值 f_{ptk}按 1 860MPa 计。

②钢绞线束的抗拉破断力 $F_{ptk}=f_{ptk}\times A_p$。

③建议容许锚固力 $F_a=0.6\times F_{ptk}$。

3.预应力锚索钻孔直径参数表

表 15-16

规格	拉力型和拉力分散型锚索 (mm)	压力型锚索 (mm)	压力分散型锚索	
			直径(mm)	各承载单元钢绞线分布示例(根)
FECSM15—2	ϕ90	ϕ140	—	—
FECSM15—3	ϕ90	ϕ140	ϕ120	2+1
FECSM15—4	ϕ115	ϕ140	ϕ140	2+2
FECSM15—5	ϕ115	ϕ140	ϕ140	3+2
FECSM15—6	ϕ115	ϕ140	ϕ140	3+3
FECSM15—7	ϕ135	ϕ150	ϕ140	3+2+2
FECSM15—8	ϕ135	ϕ160	ϕ150	3+3+2
FECSM15—9	ϕ135	ϕ170	ϕ150	3+3+3
FECSM15—10	ϕ155	ϕ180	ϕ165	4+3+3
FECSM15—11	ϕ155	ϕ180	ϕ165	4+4+3
FECSM15—12	ϕ155	ϕ180	ϕ165	4+4+4
FECSM15—13	ϕ155	ϕ190	ϕ170	4+3+3+3
FECSM15—14	ϕ160	ϕ190	ϕ170	4+3+3+4
FECSM15—15	ϕ160	ϕ200	ϕ170	3+4+4+4
FECSM15—16	ϕ160	ϕ200	ϕ170	4+4+4+4
FECSM15—17	ϕ160	ϕ205	ϕ180	4+4+3+3+3
FECSM15—18	ϕ165	ϕ205	ϕ180	4+4+4+3+3
FECSM15—19	ϕ165	ϕ205	ϕ180	4+4+4+4+3

注:①锚索的钻孔直径与地质条件、注浆体强度等因素相关,需设计验算确定,本表仅作参考。

②压力分散型锚索的钻孔直径还与承载单元的分布相关,本表分布示例的数据排列,左起依次为长锚固单元至短锚固单元。

4.填充型环氧涂层钢绞线预应力锚索外锚头技术参数

(1)普通封锚型外锚头

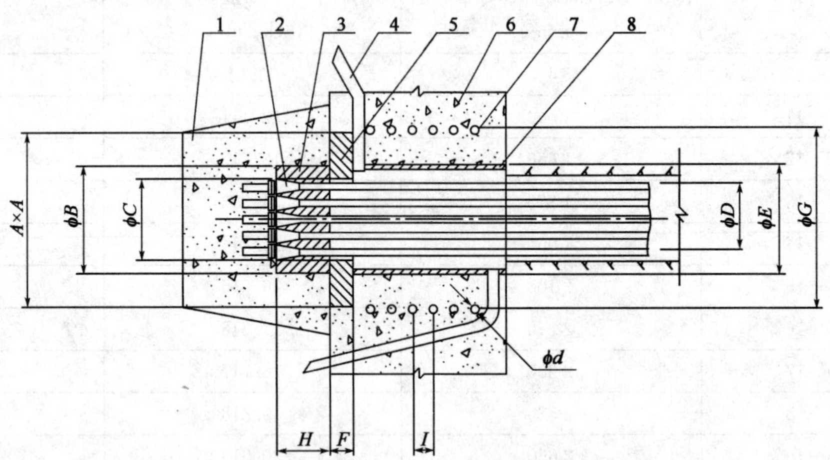

图 15-17 普通封锚型外锚头构造

1-封锚混凝土;2-夹片;3-锚板;4-孔口段灌浆及排气管;5-锚垫板;6-锚墩;7-螺旋筋;8-预埋管

普通封锚型外锚头技术参数表(单位:mm) 表 15-17

规格	锚垫板			锚板		螺旋筋			预埋管
	A	*ϕC*	*F*	*ϕB*	*H*	*ϕG*	*I*	*ϕd*	*ϕE*
FECSM15—2	190	ϕ65	20	ϕ85	60	ϕ190	40	ϕ10	ϕ76/5
FECSM15—3	210	ϕ70	25	ϕ95	60	ϕ210	40	ϕ10	ϕ83/5
FECSM15—4	225	ϕ80	25	ϕ110	60	ϕ225	50	ϕ12	ϕ89/5
FECSM15—5	240	ϕ92	30	ϕ125	60	ϕ240	50	ϕ12	ϕ102/5
FECSM15—6	250	ϕ102	30	ϕ138	60	ϕ250	50	ϕ12	ϕ114/5
FECSM15—7	255	ϕ102	32	ϕ145	60	ϕ255	50	ϕ14	ϕ114/5
FECSM15—8	285	ϕ112	36	ϕ155	65	ϕ285	50	ϕ14	ϕ121/5
FECSM15—9	295	ϕ123	36	ϕ168	65	ϕ295	50	ϕ14	ϕ133/5
FECSM15—10	310	ϕ136	40	ϕ180	70	ϕ310	60	ϕ16	ϕ146/5
FECSM15—11	320	ϕ139	42	ϕ185	70	ϕ320	60	ϕ16	ϕ152/5
FECSM15—12	320	ϕ139	45	ϕ190	70	ϕ320	60	ϕ16	ϕ152/5
FECSM15—13	330	ϕ145	48	ϕ200	70	ϕ330	60	ϕ16	ϕ168/5
FECSM15—14	340	ϕ150	48	ϕ205	70	ϕ340	60	ϕ20	ϕ168/5
FECSM15—15	350	ϕ157	48	ϕ215	80	ϕ350	60	ϕ20	ϕ168/5
FECSM15—16	360	ϕ162	48	ϕ220	85	ϕ360	60	ϕ20	ϕ168/5
FECSM15—17	375	ϕ168	50	ϕ230	85	ϕ375	60	ϕ20	ϕ180/5
FECSM15—18	375	ϕ172	50	ϕ235	90	ϕ375	60	ϕ20	ϕ180/5
FECSM15—19	380	ϕ172	60	ϕ240	90	ϕ380	60	ϕ20	ϕ180/5

注:①锚墩混凝土强度等级不低于 C30。

②锚下压浆应密实。

③封锚混凝土的抗渗等级不低于 P8。

④允许使用结构尺寸与锚具配套的铸造式喇叭形锚垫板。

(2)防腐型外锚头

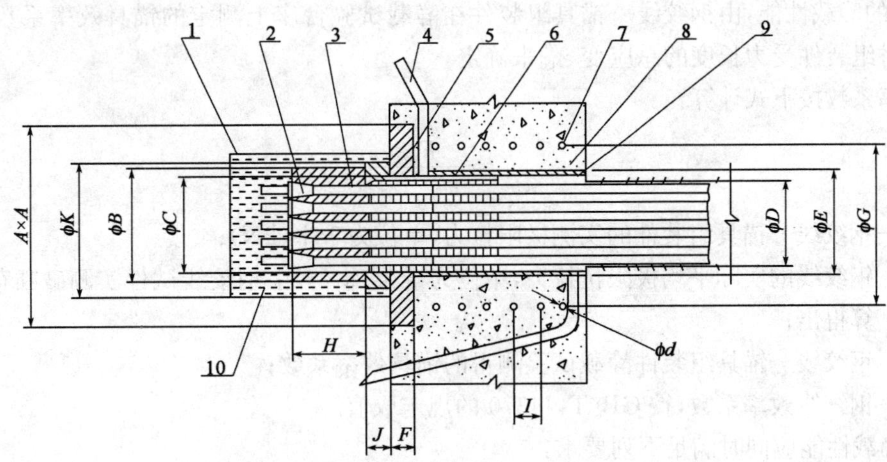

图 15-18　防腐型外锚头构造

1-防护罩；2-夹片；3-锚板；4-孔口段灌浆及排气管；5-锚垫板；6-密封筒；7-螺旋筋；8-锚墩；9-预埋管；10-防腐材料

防腐型外锚头技术参数表(单位:mm)　　表 15-18

规　格	锚　垫　板			锚　板		密　封　筒		螺　旋　筋			预埋管
	A	ϕC	F	ϕB	H	ϕK	J	ϕG	I	ϕd	ϕE
FECSM15—2	200	ϕ92	20	ϕ85	60	ϕ105	25	ϕ210	40	ϕ10	ϕ102/5
FECSM15—3	210	ϕ99	20	ϕ95	60	ϕ115	25	ϕ220	40	ϕ10	ϕ108/5
FECSM15—4	225	ϕ105	25	ϕ110	60	ϕ130	25	ϕ225	50	ϕ12	ϕ114/5
FECSM15—5	240	ϕ118	30	ϕ125	60	ϕ145	25	ϕ240	50	ϕ12	ϕ127/5
FECSM15—6	250	ϕ131	30	ϕ138	60	ϕ158	25	ϕ255	50	ϕ12	ϕ140/5
FECSM15—7	255	ϕ131	32	ϕ145	60	ϕ165	25	ϕ255	50	ϕ14	ϕ140/5
FECSM15—8	285	ϕ143	36	ϕ155	65	ϕ175	25	ϕ285	50	ϕ14	ϕ152/5
FECSM15—9	295	ϕ150	36	ϕ168	65	ϕ188	25	ϕ295	50	ϕ14	ϕ159/5
FECSM15—10	310	ϕ169	40	ϕ180	70	ϕ200	30	ϕ310	60	ϕ16	ϕ180/5
FECSM15—11	320	ϕ169	42	ϕ185	70	ϕ205	30	ϕ320	60	ϕ16	ϕ180/5
FECSM15—12	320	ϕ169	45	ϕ190	70	ϕ210	30	ϕ320	60	ϕ16	ϕ180/5
FECSM15—13	330	ϕ169	48	ϕ200	70	ϕ220	30	ϕ330	60	ϕ16	ϕ180/5
FECSM15—14	340	ϕ178	48	ϕ205	70	ϕ225	30	ϕ340	60	ϕ20	ϕ194/5
FECSM15—15	350	ϕ190	48	ϕ215	80	ϕ235	30	ϕ350	60	ϕ20	ϕ203/5
FECSM15—16	360	ϕ190	48	ϕ220	85	ϕ235	30	ϕ360	60	ϕ20	ϕ203/5
FECSM15—17	375	ϕ204	50	ϕ230	85	ϕ250	32	ϕ375	60	ϕ20	ϕ219/6
FECSM15—18	375	ϕ204	50	ϕ235	90	ϕ250	32	ϕ375	60	ϕ20	ϕ219/6
FECSM15—19	380	ϕ204	55	ϕ240	90	ϕ260	32	ϕ380	60	ϕ20	ϕ219/6

注:锚墩混凝土强度等级不低于 C30。

5.锚索性能要求

(1)拉力型锚索或有黏结型锚索使用的嵌砂型环氧涂层钢绞线与注浆体的黏结性能应符合 JT/T 737 的规定要求。

(2)锚索在张拉至 70%的标准抗拉强度的状态下,经过 3 000h 的盐雾试验,索体表面应没有锈蚀和针孔。

(3)锚索的静载性能，由钢绞线—锚具组装件在静载试验台座上测定的锚具效率系数 η_a 和达到实测极限拉力时组装件受力长度的总应变 ε_{apu} 来确定。

锚具效率系数按下式计算：

$$\eta_a = \frac{F_{apu}}{\eta_p \cdot F_{pm}}$$

式中：F_{apu}——钢绞线—锚具组装件的实测极限拉力，单位为千牛(kN)；

F_{pm}——钢绞线的实际平均极限抗拉力，单位为千牛(kN)，由纲绞线试件实测破断荷载平均值计算得出；

η_a——钢绞线—锚具组装件静载试验测得的锚具效率系数；

η_p——钢绞线效率系数，按 GB/T 14370 的规定取值。

锚索的静载性能应同时满足下列要求：

$$\eta_a \geqslant 0.95; \quad \varepsilon_{apu} \geqslant 2\%$$

(4)动载疲劳性能

锚索组装件应满足循环次数为 200 万次的疲劳荷载性能试验。试验应力上限为钢绞线抗拉强度标准值的 65%，疲劳应力幅度不应小于 80MPa。工程有特殊需要时，试验应力上限及疲劳应力幅度取值可另定。

锚索组装件经受 200 万次循环荷载后，锚具零件不应疲劳破坏，环氧涂层钢绞线因锚具夹持作用发生疲劳破坏的截面面积不应大于试件总截面积的 5%。

6. 锚索组件材料的技术要求

(1)无黏结环氧涂层钢绞线技术参数

表 15-19

钢绞线公称直径(mm)	防腐润滑脂重量 W(g/m)	护层厚度①(mm)
15.20	≥29	≥1.0

注：①水工及地下水丰富地段护套厚度不小于 1.2mm。
②填充性环氧涂层钢绞线性能应符合 JT/T 737 规定。

(2)锚具

预应力锚索所用的锚具技术性能应符合 GB/T 14370 的规定要求，应有锚具制造厂提供的有效检验合格证明。

锚具各组件的尺寸应符合设计图样的要求。

锚具制造厂供货时，应提供锚具各组件的表面硬度的规定值。

(3)护套管壁厚(mm)

表 15-20

护套管材料	公 称 厚 度	最 小 厚 度
高密度聚乙烯 HDPE/聚丙烯 PP	1.5	1.25
PVC 聚氯乙烯	1.0	0.9

注：护套管的制作材料不得采用再生材料。

(4)隔离架、对中架

锚索编制用的隔离架、对中架应采用聚乙烯(PE)或聚氯乙烯(PVC)材料制作。

(5)紧扎带

锚索编制用的紧扎带应采用自锁式尼龙扎带或活扣尼龙扎带。

(6)锚头采用蜡油防腐材料技术指标

表 15-21

项　　目		技 术 指 标	试 验 方 法
滴熔点(℃)		≥77	GB/T 8026
水分(%)		≤0.1	JG 3007
−20℃针入度		无裂缝	GB/T 269
钢网分油量(40℃,7d)(%)		≤0.5	SH/T 0324
耐腐蚀(45 号钢片,100℃,24h)(%)		≤0.5	JG 3007
耐湿热(45 号钢片,30d)(级)		≤2	JG 3007
耐盐雾(45 号钢片,30d)(级)		≤2	JG 3007
氧化安定性(99℃,100h,78.5×10⁴Pa)	氧化后压力降(Pa)	≤14.7×10⁴	JG 3007
	氧化后酸值(mg KOH/g)	≤1.0	
对套管的兼容性(65℃,40d)	吸油率(%)	≤10	JG 3007
	拉伸强度变化率(%)	≤10	
黏附性		金属黏附性好	目测

注:①锚头防腐材料若采用水泥浆,水泥浆应符合 JTG/T F50 关于孔道压浆的规定,并满足以下要求:水泥采用普通硅酸盐水泥;强度等级≥M30。

②锚头防腐材料若采用防腐油脂,其技术性能应符合 JG 3007 规定的要求。

(五)挤压锚固钢绞线拉索(JT/T 850—2013)

挤压锚固钢绞线拉索由防腐钢绞线(单根钢绞线用防腐润滑脂和 PE 护套涂包)、锚具、高密度聚乙烯外层(HDPE)护套等组合而成。索体两端通过挤压方式与锚具固结,组成拉索组件固定于结构中,承受结构静、动力荷载。适用于斜拉桥拉索和拱桥吊杆。岩锚拉索和建筑结构用拉索也可参照使用。

1. 挤压锚固钢绞线拉索结构和型号表示方法

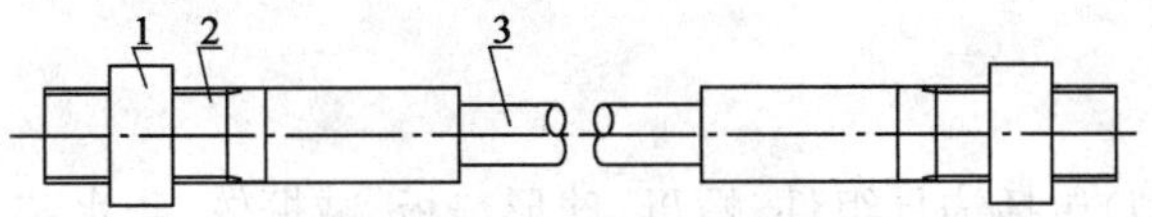

图 15-19　挤压拉索结构示意图

1-螺母;2-锚具组件;3-索体

(1)挤压拉索索体结构

挤压拉索索体由相应根数的单根防腐钢绞线经扭绞后缠包高强聚酯带,热挤外层 HDPE 护套。

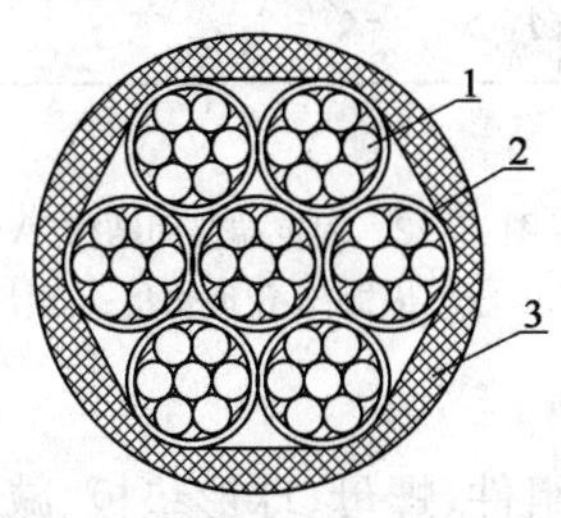

图 15-20　挤压拉索索体结构图(钢绞线断面排列见表 15-22)

1-单根防腐钢绞线;2-高强聚酯带;3-外层 HDPE 护套

(2)挤压拉索型号表示方法

挤压拉索型号表示方法如下：

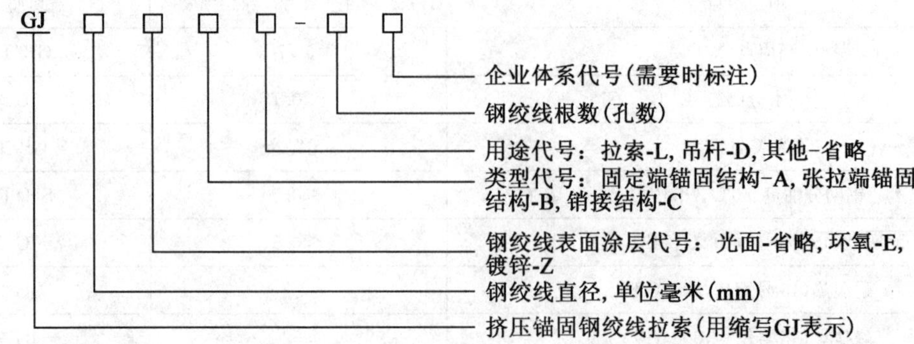

示例1：37根ϕ15.2mm环氧喷涂钢绞线索体，采用固定端锚固结构(A型)，用于拉索的挤压拉索标记为：GJ15EAL—37。

示例2：19根ϕ15.2mm光面钢绞线索体，采用张拉端锚固结构(B型)，用于吊杆的挤压拉索标记为：GJ15BD—19。

2.锚具组件结构

锚具组件由挤压锚固套、防腐材料、密封装置、螺母等组成。

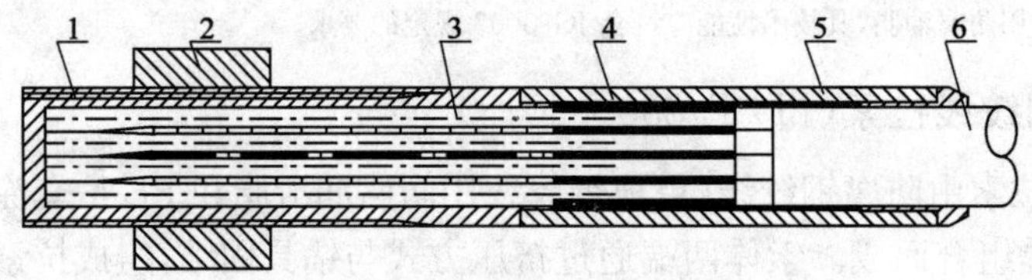

图15-21　锚具结构图

1-挤压锚固套；2-螺母；3-单根防腐钢绞线；4-防腐材料；5-密封装置；6-索体

3.锚固结构

(1)固定端锚固结构

固定端锚固结构(A型)包括锚具组件、螺母、球形垫板、减振体、防水装置、索体。

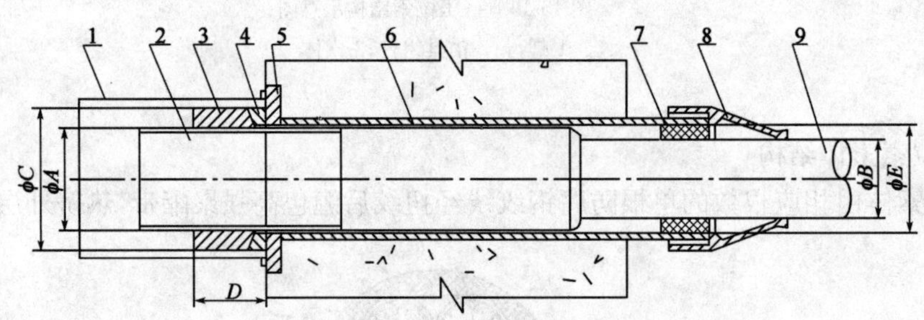

图15-22　固定端锚固结构(A型)

1-保护罩；2-拉索锚具；3-螺母；4-球形垫板；5-预埋垫板；6-预埋管；7-减振体；8-防水装置；9-索体

(2)张拉端锚固结构

张拉端锚固结构(B型)包括锚具组件、螺母、球形垫板、减振体、防水装置、索体。

(3)销接结构

销接结构(C型)包括铰接、铰接头、锚具组件和索体。

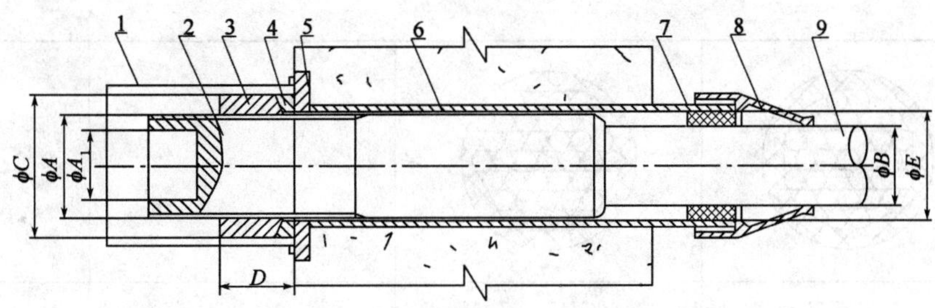

图 15-23　张拉端锚固结构(B 型)

1-保护罩;2-拉索锚具;3-螺母;4-球形垫板;5-预埋垫板;6-预埋管;7-减振体;8-防水装置;9-索体

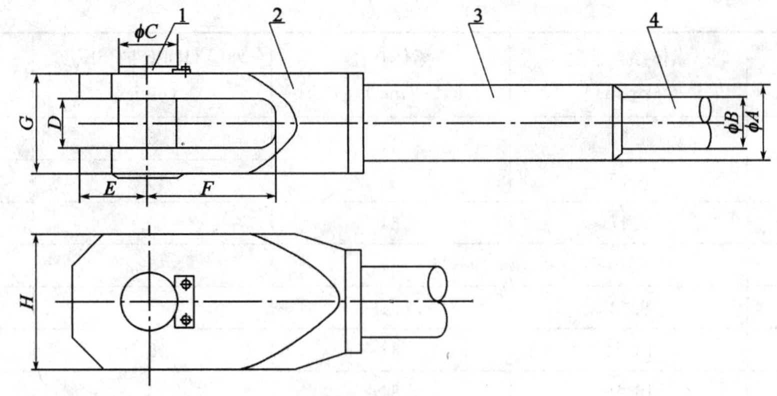

图 15-24　销接结构(C 型)

1-铰销;2-铰接头;3-锚具组件;4-索体

4. 挤压锚固钢绞线拉索索体截面排列和主要技术参数

(1)索体截面排列

表 15-22

结构图				
型号	GJ15—3	GJ15—4	GJ15—5	GJ15—6
结构图				
型号	GJ15—7	GJ15—9	GJ15—12	GJ15—15
结构图				
型号	GJ15—19	GJ15—22	GJ15—25	GJ15—27

续表 15-22

结构图				
型号	GJ15—31	GJ15—37		

(2)挤压拉索主要技术参数

表 15-23

型　号	索体参考重量(kg/m)	索体直径(mm)	外层 HDPE 护套厚度(mm)	破断索力(kN)
GJ15—3	4.53	49	5	≥780
GJ15—4	5.77	53	5	≥1 040
GJ15—5	7.17	64	5	≥1 300
GJ15—6	8.40	64	5	≥1 560
GJ15—7	9.64	64	5	≥1 820
GJ15—9	13.21	84	6	≥2 340
GJ15—12	16.16	84	6	≥3 120
GJ15—15	20.40	104	7	≥3 900
GJ15—19	25.17	104	7	≥4 940
GJ15—22	29.69	116	8	≥5 720
GJ15—25	33.34	125	8	≥6 500
GJ15—27	35.81	125	8	≥7 020
GJ15—31	40.90	129	8	≥8 060
GJ15—37	49.16	144	9	≥9 620

5. 挤压锚固钢绞线拉索的锚具主要技术参数

(1)固定端锚具(A 型)、张拉端锚具(B 型)规格(mm)

表 15-24

规格型号	锚具直径 ϕA		索体直径 ϕB	张拉端内螺纹 $\phi A1$	螺母外径 ϕC	D	预埋管直径(参考值)ϕE	
	斜拉桥拉索	拱桥吊杆					斜拉桥拉索	拱桥吊杆
GJ15—3	62		49	M45×3	95	60	87	72
GJ15—4	72		53	M52×4	105	60	98	82
GJ15—5	80		64	M60×4	135	60	105	92
GJ15—6	90	80	64	M60×4	135	70	115	92
GJ15—7	90	80	64	M60×4	135	70	115	92
GJ15—9	115		84	M84×6	175	116	140	127
GJ15—12	120	115	84	M84×6	175	116	145	127
GJ15—15	140		104	M102×8	215	128	165	152
GJ15—19	150	140	104	M102×8	215	128	175	152
GJ15—22	160		116	M122×8	240	150	185	172

续表 15-24

规格型号	锚具直径 ϕA		索体直径 ϕB	张拉端内螺纹 $\phi A1$	螺母外径 ϕC	D	预埋管直径(参考值)ϕE	
	斜拉桥拉索	拱桥吊杆					斜拉桥拉索	拱桥吊杆
GJ15—25	175	160	125	M122×8	255	150	200	172
GJ15—27	175	160	125	M122×8	255	150	200	172
GJ15—31	200		129	M132×10	275	200	225	216
GJ15—37	208	200	144	M142×10	285	200	235	216

(2)挤压拉索销接结构(C 型)锚具规格(mm)

表 15-25

规格型号	锚具直径 ϕA	索体直径 ϕB	ϕC	D	E	F	G	H
GJ15—3	62	49	50	35	65	100	80	105
GJ15—4	72	53	60	45	80	105	95	130
GJ15—5	80	64	65	50	85	110	110	130
GJ15—6	90	64	80	55	100	130	115	150
GJ15—7	90	64	80	55	100	130	115	160
GJ15—9	115	84	90	65	110	140	140	175
GJ15—12	120	84	100	75	125	150	155	200
GJ15—15	140	104	110	90	145	155	190	230
GJ15—19	150	104	120	95	155	190	200	250
GJ15—22	160	116	135	105	180	250	220	300
GJ15—25	175	125	140	110	185	280	230	300
GJ15—27	175	125	150	115	195	280	240	320
GJ15—31	200	129	160	130	210	330	270	330
GJ15—37	208	144	175	145	230	330	280	330

6.挤压锚固钢绞线拉索用材料的技术要求

(1)钢绞线

挤压拉索宜采用直径为 15.2mm、强度等级为 1 860MPa 的钢绞线。钢绞线应符合 GB/T 5224 的规定,环氧喷涂钢绞线应符合 GB/T 25823 的规定,镀锌钢绞线应符合 YB/T 152 的规定,并应附有质量保证书。

(2)单根防腐钢绞线

单根防腐钢绞线内的防腐材料选择防腐润滑脂或蜡,防腐材料应具有良好的化学稳定性,对周围材料无侵蚀作用。防腐润滑脂性能应符合 JG 3007 的规定,蜡的技术性能应符合表 15-26 的规定。

蜡的技术性能指标

表 15-26

项　目	性能指标	试验方法
工作温度(℃)	−40～80	—
20℃密度(g/cm³)	0.85～0.92	—
石蜡针入度(25℃)(0.1mm)	110～170	GB/T 4985
释油率(7d,40℃)(%)	≤0.5	SH/T 0324
滴点(℃)	≥70	GB/T 4929

(3)锚具组件

挤压锚固套、螺母等主要受力件应选用合金结构钢并应符合 GB/T 3077 的规定,其他零件材料应符合 GB/T 699 或 GB/T 700 的规定。锻件应符合 JB/T 5000.8 的规定。外购锚具组件应附质量保证书。

(4)外层 HDPE 护套

外层 HDPE 护套材料性能应符合 CJ/T 297 的规定。

(5)减振体

挤压拉索采用内置式减振体。

减振体材料宜采用丁基橡胶,其物理机械性能应符合表 15-27 的规定。

丁基橡胶物理机械性能指标 表 15-27

项　目		性能指标	试验方法
硬度(IRHD)		55±5	GB/T 6031
拉伸强度(MPa)		≥8	GB/T 528
扯断伸长率(%)		≥450	GB/T 528
阻尼比		>0.2	单向压缩法
热空气老化试验 (试验条件 70℃,96h)	拉伸强度变化率(%)	<25	GB/T 3512
	扯断伸长率变化率(%)	<25	

7.挤压锚固钢绞线拉索的性能要求

(1)静载锚固性能

挤压拉索的锚具效率系数 η_a 应不小于 0.95,总应变 ε_{apu}应不小于 2.0%。

(2)疲劳性能

挤压拉索疲劳性能应满足上限应力 45%f_{ptk}、应力幅 200MPa、循环次数 200 万次疲劳性能试验,拉索钢绞线断丝率不大于 2%。试验完成后,外层 HDPE 护套、锚具或其他构件不得损坏。疲劳试验后进行静载拉伸,其最小张拉应力不应低于 92%f_{pm}或 95%f_{ptk}(取两者中的较大值)。

其中:f_{ptk}为抗拉强度标准值(MPa);f_{pm}为实测极限抗拉强度平均值。

(3)密封性能

挤压拉索索体与锚具的过渡段应承受 3m 深水压,挤压拉索组件内钢绞线表面无渗水现象。

(4)超张拉

挤压拉索按设计索力的 1.2~1.4 倍进行超张拉,超张拉后钢绞线内缩值不大于 1mm,锚具及螺母的旋合不受影响。

(六)公路悬索桥吊索(JT/T 449—2001)

公路悬索桥吊索分平行钢丝束吊索(PSS)和钢丝绳吊索(GSS)两种,每种吊索锚头又分为冷铸锚(LM)和热铸锚(RM)两类。吊索是用于悬索桥连接主缆索夹与加劲梁的组装件。

吊索用高强镀锌钢丝应符合《桥梁缆索用高强镀锌钢丝》(GB/T 17101)的各项指标要求。吊索用钢丝绳应选用优质钢芯钢丝绳,其应符合重要用途钢丝绳 GB/T 8918 及 GB/T 11256 的各项指标要求。

锚头锚杯、盖板或销接式锚头的耳板、销轴等为主要受力构件,必须选用优质钢材制造,其技术条件应符合 GB/T 11352、GB/T 699 和 GB/T 3077 的规定。

热铸锚:选用低熔点锌铜合金,其中锌含量为(98±0.2)%,应符合 GB/T 470 的规定;铜含量为(2±0.2)%,应符合 GB/T 467 的规定。

冷铸锚:冷铸料为环氧树脂、铁砂、矿粉、固化剂等,均应符合相关产品标准。

1. 产品结构

(1)吊索成品

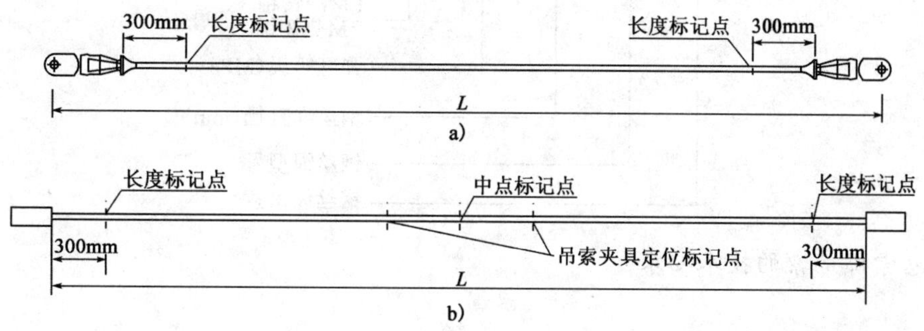

图 15-25　吊索成品示意图

L-吊索成品长度(mm)

(2)吊索断面

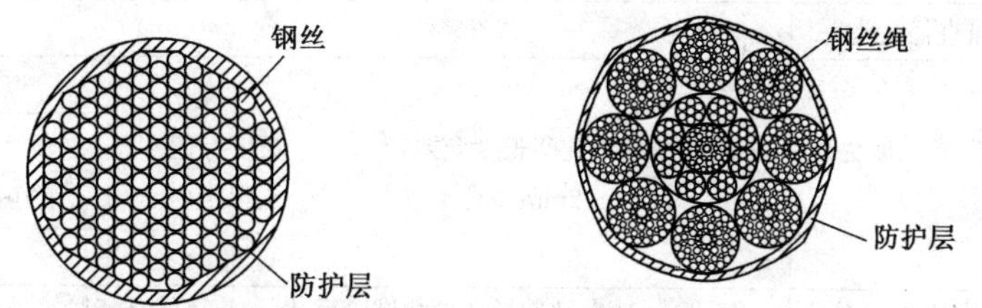

图 15-26　平行钢丝束吊索断面示意图　　　图 15-27　钢丝绳吊索断面示意图

(3)锚头

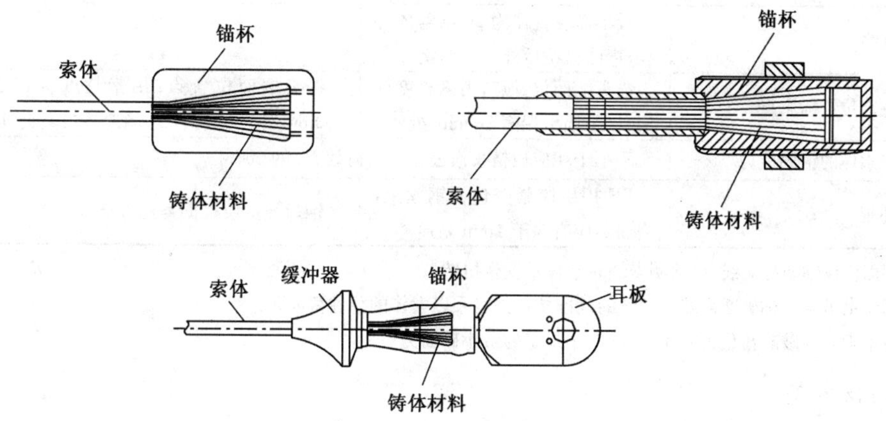

图 15-28　锚头构造示意图

2. 吊索型号表示方法

(1)平行钢丝束吊索型号表示方法

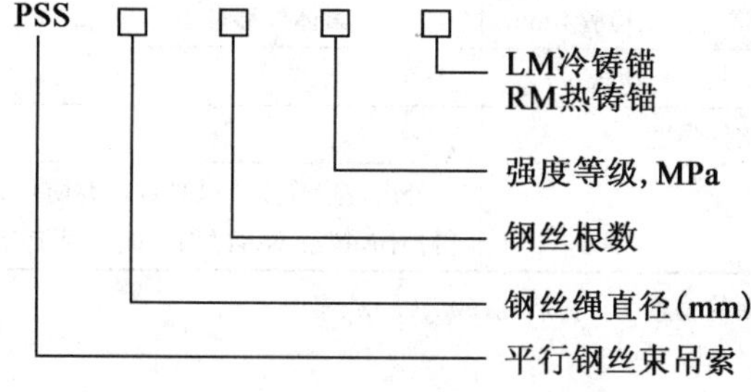

(2)钢丝绳吊索型号表示方法

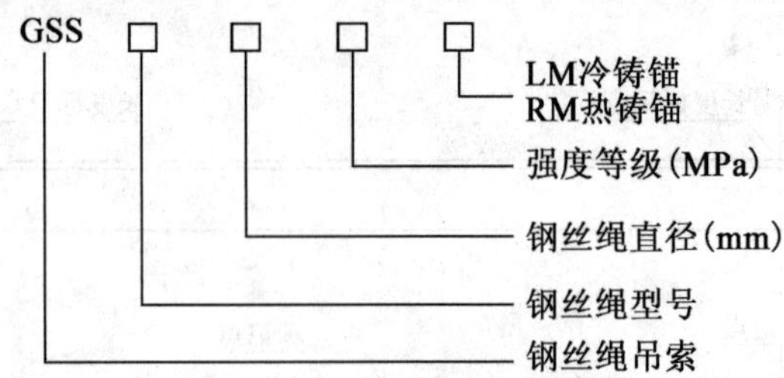

3.公路悬索桥吊索的技术要求

表 15-28

<table>
<tr><th>序号</th><th>指　　标</th><th>平行钢丝束吊索</th><th colspan="3">钢丝绳吊索</th></tr>
<tr><td>1</td><td>宏观弹性模量 E</td><td>≥1.9×10⁵MPa</td><td colspan="3">≥1.1×10⁵MPa(预张拉后实测值)</td></tr>
<tr><td>2</td><td>静力破断荷载 P/公称破断荷载 P_b</td><td>≥95%</td><td colspan="3">—</td></tr>
<tr><td>3</td><td>线接触钢丝绳捻距　不小于</td><td>—</td><td colspan="3">钢丝绳直径 8 倍</td></tr>
<tr><td>4</td><td>预张拉后钢丝绳直径允差</td><td>—</td><td colspan="3">0～+6%</td></tr>
<tr><td rowspan="4">5</td><td rowspan="4">长度允许误差(交货长度为恒载状态设计长度)</td><td rowspan="4">两端耳板销孔间长度允差:±2mm</td><td rowspan="4">长度标记点间距离</td><td><60m</td><td>±3.0mm</td></tr>
<tr><td>60～120m</td><td>±5.0mm</td></tr>
<tr><td>120～180m</td><td>±7.0mm</td></tr>
<tr><td>>180m</td><td>±9.0mm</td></tr>
<tr><td>6</td><td>疲劳性能:上限荷载 0.35P_b,应力幅 150MPa</td><td colspan="4">经 2×10⁶ 次脉冲循环加载试验后,断丝率不大于 5%。吊索护层不应有明显损伤,锚头无损坏</td></tr>
<tr><td>7</td><td>锚头端面与最近标记点距离允许误差</td><td>—</td><td colspan="3">±3mm</td></tr>
<tr><td>8</td><td>弯曲盘绕</td><td>最小盘绕直径为 20 倍索体外径,弯曲盘绕后外形无变化</td><td colspan="3">—</td></tr>
<tr><td>9</td><td>吊索特殊位置标志点</td><td>锚头端面位置点;吊索长度标记点(距锚头端面 300mm 处)</td><td colspan="3">锚头端面位置点;吊索长度标记点(距锚头端面 300mm 处);吊索中点;骑跨式吊索夹具定位点</td></tr>
<tr><td>10</td><td>锚头与索体的锚固能力</td><td colspan="4">不小于相应规格吊索公称破断荷载 P_b 的 95%</td></tr>
<tr><td>11</td><td>吊索外观</td><td>PE 护层应紧密包覆钢丝束,表面不应有深于 1mm 划痕</td><td colspan="3">钢丝绳护层根据委托方要求制作</td></tr>
</table>

注:①吊索侧面应设轴向标志线,以检测安装时索体不发生扭转。

②平行钢丝束吊索公称破断荷载为钢丝的标准抗拉强度乘以索体的公称截面积。

③钢丝绳吊索公称破断荷载为 GB/T 8918 中规定的最小破断力。

4.锚头的技术要求

表 15-29

序号	指　　标	热　铸　锚	冷　铸　锚
1	热铸合金的浇铸温度	460±10℃	—
2	浇铸材料的实际浇铸量	≥92%的理论计算量	—
3	常温下,以 1.25 倍设计荷载进行顶压检验 5min	索体外移量小于 5mm	—
4	常温下,以 1.25 倍设计荷载进行预张拉	—	锚板回缩值小于 5mm
5	常温下冷铸体的试件强度	—	≥147MPa
6	锚头外观	外露件应作发黑处理或镀锌防护(电镀锌后应作脱氢处理),锚头表面不得损伤,螺纹不得碰伤并能自由旋合	

注:①锚头灌铸后吊索与锚头端面的垂直度应控制在(90±0.5)°。

②锚杯内浇铸材料应密实,无气孔。

③销接式锚头叉形耳板以螺纹安装至锚杯时,应保证吊索两端锚头耳板方向一致。

5. 吊索的标志、包装和储运

(1)标志

每根吊索的两端锚头上，必须用红色油漆注明吊索编号和规格。

每根吊索均应挂有合格标牌，并应牢固地系于吊索两端锚头处。标牌上应写明工程名称、吊索编号、长度、质量、制造厂名及制作日期。

(2)包装

成品吊索采用成盘包装；索盘直径不应小于吊索直径的 20 倍。吊索两端锚头要牢固地固定在索盘上。

背骑式钢丝绳成品吊索上盘时，应将吊索在中央对弯，由中央向两侧卷绕，中央对弯部分的弯曲半径要大于钢丝绳直径的 8 倍以上。

成品吊索索盘应用不损伤吊索表面质量的防水及防腐蚀材料进行包装，具体要求可由委托方提出。

(3)储运

成品吊索索盘应水平堆放在离地面 30～50cm 的支架上，可以叠置，层间应加垫木。如露天存放，应采取防雨措施。要保持堆放场地的干燥、通风、不污染，以保证吊索不发生锈蚀及损伤。

成品吊索索盘在运输过程中应绑扎牢固，以保持稳定。起吊及装卸时应避免碰撞。

(七)无粘结钢绞线斜拉索(JT/T 771—2009)

无粘结钢绞线斜拉索主要部件有：张拉锚固段、固定锚固段、过渡段和斜拉索自由段组成。主要适用于公路斜拉索桥梁。

无粘结钢绞线是指用防腐润滑脂和 PE 护套涂包的钢绞线。斜拉索最外层一般选用高密度聚乙烯(HDPE)或金属管做索套管。

1. 斜拉索主要结构示意图

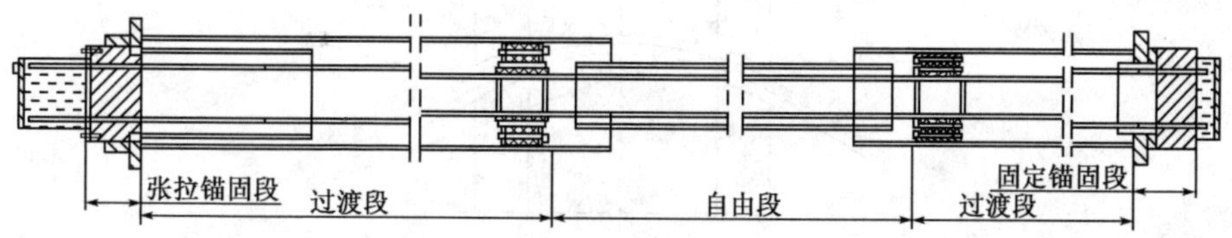

图 15-29　无粘结钢绞线斜拉索结构示意图

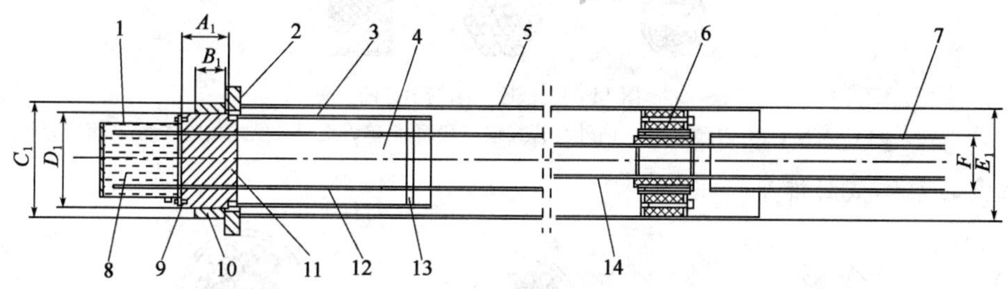

图 15-30　张拉锚固段及过渡段结构示意图

1-防护帽；2-锚垫板；3-过渡管；4-定位浆体；5-导管；6-定位器；7-索套管；8-防腐润滑脂；9-夹片；10-调整螺母；11-锚板；12-穿线管；13-密封装置；14-无粘结钢绞线

2. 自由段结构和索体截面示意图

自由段是斜拉索两过渡段之间的部分，由无粘结钢绞线、索套管组成。自由段中无粘结钢绞线的排列为六边形或对称切角六边形，见图 15-32。

3. 鞍座结构示意图

鞍座位于斜拉桥的塔上，斜拉索贯穿其中并锚固在塔的两侧桥面上。鞍座的结构通常有两种形式，即整束内外套管式和单根分丝式。其中单根分丝式又可分为单管组合分丝式及箱型分丝式，见图 15-33。

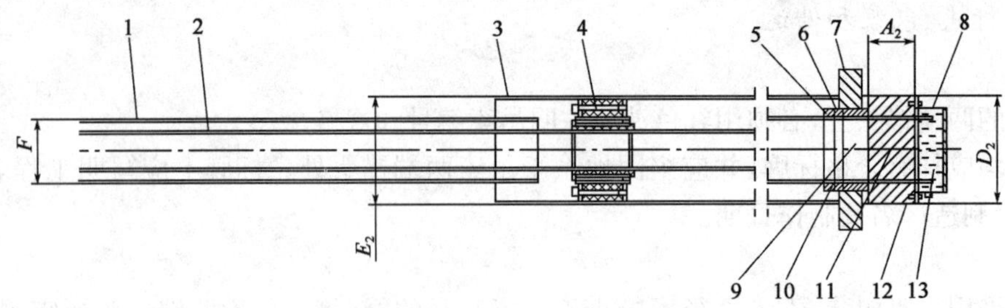

图 15-31　固定锚固段及过渡段结构示意图

1-索套管;2-无粘结钢绞线;3-导管;4-定位器;5-过渡管;6-密封装置;7-锚垫板;8-防护帽;9-定位浆体;10-穿线管;11-锚板;12-夹片;13-防腐润滑脂

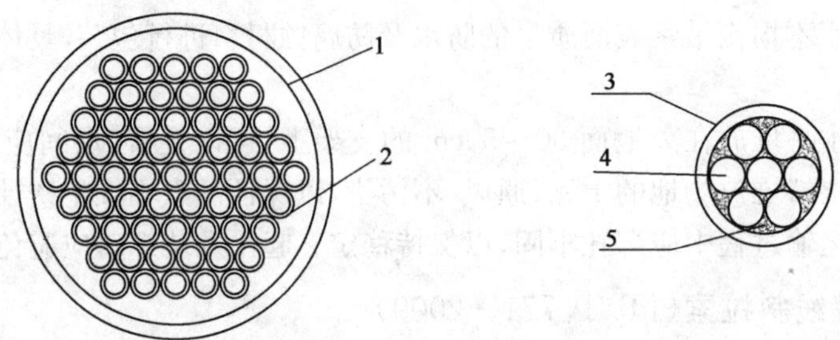

图 15-32　斜拉索索体截面及单根无粘结钢绞线截面示意图

1-索套管;2-单根无粘结钢绞线;3-单根无粘结钢绞线 PE 护套(厚 $1.5^{+0.5}_{-0}$mm;在钢绞线上最小摩擦阻力为 3 300N/m);4-钢绞线;5-防腐润滑脂(每米油脂用量 15～40g)

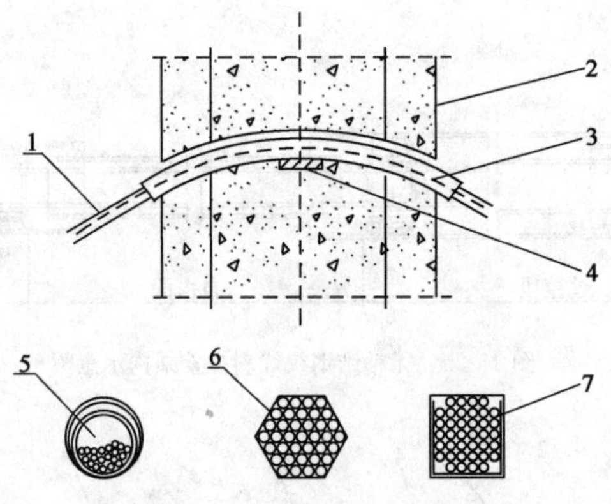

图 15-33　鞍座的结构示意图

1-无粘结钢绞线;2-塔柱;3-鞍座;4-剪力键;5-整束内外套管式鞍座截面;6-单管组合分丝式鞍座截面;7-箱型分丝式鞍座截面

4.斜拉索的索体截面排布

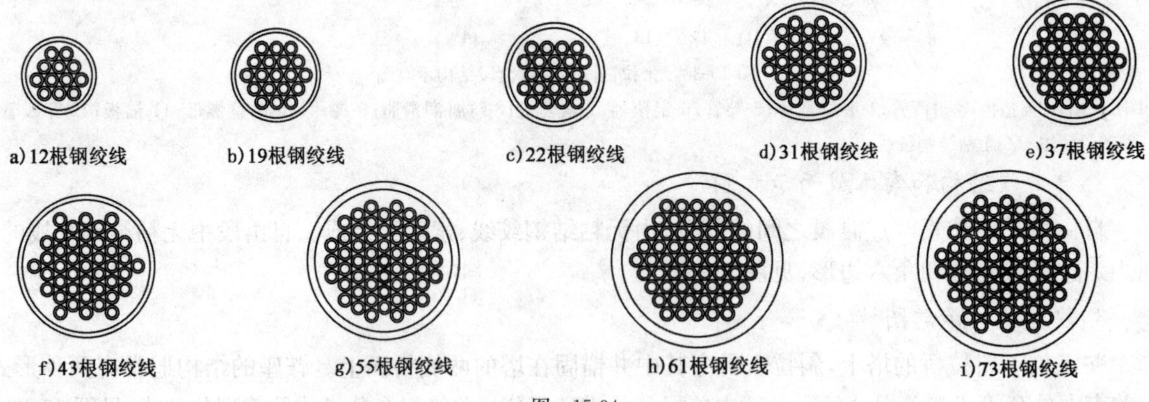

图　15-34

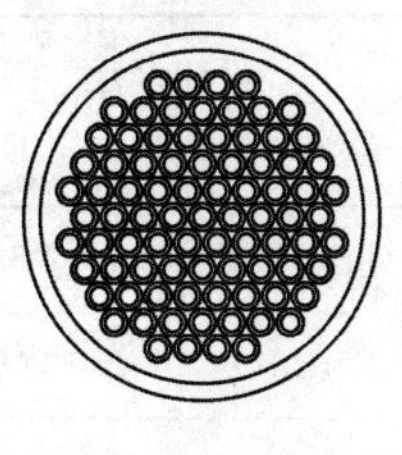
j)85根钢绞线

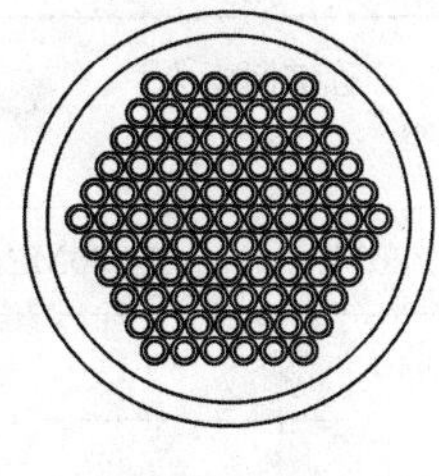
k)91根钢绞线

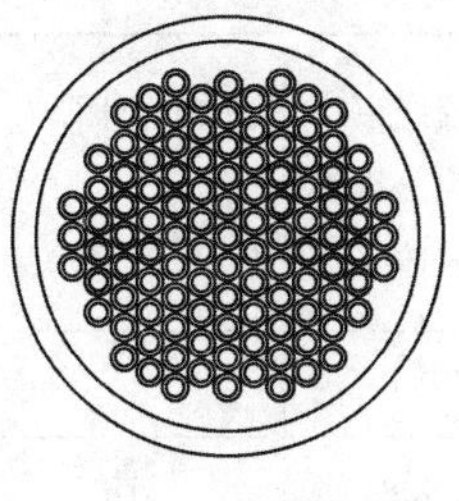
l)109根钢绞线

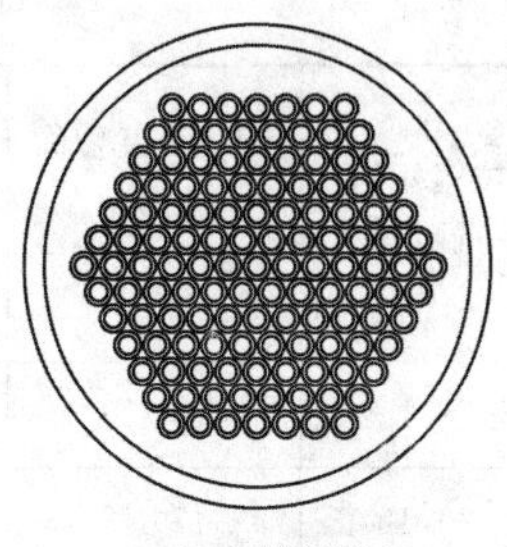
m)127根钢绞线

图 15-34　索体截面排布示意图

5. 无粘结钢绞线斜拉索的主要技术参数

表 15-30

斜拉索规格型号	钢绞线束公称截面积（mm^2）	钢绞线束单位重量（kg/m）	索套管外径 F（mm）	公称破断索力（kN）		设计索力（kN）	
				f_{ptk}=1 770MPa	f_{ptk}=1 860MPa	f_{ptk}=1 770MPa	f_{ptk}=1 860MPa
15.2—12	1 668	13.2	125	2 952	3 102	1 329	1 396
15.7—12	1 800	14.2	125	3 186	3 348	1 434	1 507
15.2—19	2 641	20.9	140	4 675	4 912	2 104	2 211
15.7—19	2 850	22.4	140	5 045	5 301	2 270	2 385
15.2—22	3 058	24.2	160	5 413	5 688	2 436	2 560
15.7—22	3 300	26.0	160	5 841	6 138	2 628	2 762
15.2—31	4 309	34.1	160	7 627	8 015	3 432	3 607
15.7—31	4 650	36.6	160	8 231	8 649	3 704	3 892
15.2—37	5 143	40.7	180	9 103	9 566	4 096	4 305
15.7—37	5 550	43.7	180	9 824	10 323	4 421	4 645
15.2—43	5 977	47.3	200	10 579	11 117	4 761	5 003
15.7—43	6 450	50.7	200	11 417	11 997	5 137	5 399
15.2—55	7 645	60.6	200	13 532	14 220	6 089	6 399
15.7—55	8 250	64.9	200	14 603	15 345	6 571	6 905
15.2—61	8 479	67.2	225	15 008	15 771	6 754	7 097
15.7—61	9 150	71.9	225	16 196	17 019	7 288	7 659
15.2—73	10 147	80.4	250	17 960	18 873	8 082	8 493
15.7—73	10 950	86.1	250	19 382	20 367	8 722	9 165
15.2—85	11 815	93.6	250	20 913	21 976	9 411	9 889
15.7—85	12 750	100.3	250	22 568	23 715	10 155	10 672
15.2—91	12 649	100.2	280	23 389	23 527	10 075	10 587
15.7—91	13 650	107.4	280	24 161	25 389	10 872	11 425

续表 15-30

斜拉索规格型号	钢绞线束公称截面积(mm^2)	钢绞线束单位重量(kg/m)	索套管外径 F (mm)	公称破断索力(kN)		设计索力(kN)	
				f_{ptk}=1 770MPa	f_{ptk}=1 860MPa	f_{ptk}=1 770MPa	f_{ptk}=1 860MPa
15.7—109	16 350	128.6	315	28 940	30 411	13 023	13 685
15.2—127	17 653	139.8	315	31 246	32 835	14 061	14 776
15.7—127	19 050	149.9	315	33 719	35 433	15 173	15 945

6. 无粘结钢绞线斜拉索锚具的主要技术参数

表 15-31

斜拉索规格型号	DR 张拉端(mm)					DS 固定端(mm)		
	锚板外径 D_1	锚板厚度 A_1	螺母外径 C_1	螺母厚度 B_1	导管参考尺寸 E_1	锚板外径 D_2	锚板厚度 A_2	导管参考尺寸 E_2
15.2—12	Tr190×6	90	230	50	ϕ219×6.5	185	85	ϕ180×4.5
15.2—19	Tr235×8	105	285	65	ϕ267×6.5	230	100	ϕ219×6.5
15.2—22	Tr255×8	115	310	75	ϕ299×8	250	100	ϕ219×6.5
15.2—31	Tr285×8	135	350	95	ϕ325×8	280	125	ϕ245×6.5
15.2—37	Tr310×8	145	380	105	ϕ356×8	300	150	ϕ273×6.5
15.2—43	Tr350×8	150	425	115	ϕ406×9	340	155	ϕ325×8
15.2—55	Tr385×8	170	470	130	ϕ419×10	380	175	ϕ325×8
15.2—61	Tr385×8	185	470	145	ϕ419×10	380	190	ϕ356×8
15.2—73	Tr440×8	185	530	145	ϕ508×11	430	190	ϕ406×9
15.2—85	Tr440×8	215	540	175	ϕ508×11	430	220	ϕ406×9
15.2—91	Tr490×8	215	590	160	ϕ559×13	480	230	ϕ457×10
15.2—109	Tr505×8	220	610	180	ϕ559×13	495	240	ϕ457×10
15.2—127	Tr560×8	260	670	200	ϕ610×13	550	290	ϕ508×11

注:①本表的锚具尺寸同时适应 ϕ15.7mm 钢绞线斜拉索。

②当斜拉索规格与本表不相同时,锚具应选择邻近较大规格,如 15.2—58 的斜拉索应选配 15.2—61 斜拉索锚具。

③当所选的斜拉索规格超过本表的范围,可咨询相关专业厂商。

7. 部分主要材料的技术要求

(1)镀锌或光面钢绞线

镀锌或光面钢绞线除符合 YB/T 152 及 GB/T 5224 要求外,还应满足表 15-32 和表 15-33 的规定。

钢绞线尺寸及偏差 表 15-32

公称直径 D_n (mm)	抗拉强度 f_{ptk} (MPa)	横截面积 A_{pk} (mm^2)	截面积允许偏差(%)	极限抗拉力 F_{pm} (kN)
15.2	1 860	139	±2	260
	1 770			248

续表 15-32

公称直径 D_n (mm)	抗拉强度 f_{ptk} (MPa)	横截面积 A_{pk} (mm^2)	截面积允许偏差 (%)	极限抗拉力 F_{pm} (kN)
15.7	1 770	150	±2	265
	1 860			279

钢绞线机械性能　　表 15-33

项　目	单　位	指　标	试验方法
延伸率	%	≥4.5	GB/T 228
断面收缩率	%	≥25	GB/T 228
松弛率	%	≤2.5	YB/T 152
应力上限为 0.45f_{ptk},应力范围 300MPa 的疲劳试验	次	≥2×10^6	YB/T 152
疲劳试验后的应力试验	MPa	≥95%f_{ptk}或 92%f_{pm}(取两者中的较大值)	YB/T 152
偏斜张拉试验	%	≤20	YB/T 152

(2)索套管

HDPE 索套管的性能要求　　表 15-34

序　号	项　目			指标：黑色	指标：彩色
1	密度(g/cm^3)			0.942～0.978	0.942～0.978
2	熔体流动速度(g/10min)			≤0.45	≤0.45
3	拉伸强度(MPa)			≥20	≥20
4	拉伸屈服强度(MPa)			≥10	≥10
5	断裂伸长率(%)			≥600	≥600
6	硬度 Shore D			≥60	≥60
7	拉伸弹性模量(MPa)			≥150	≥150
8	冲击强度(kJ/m^2)			≥25	≥25
9	软化温度(℃)			≥115	≥110
10	耐环境应力开裂(F_0/h)			≥1 500	≥1 500
11	脆化温度(℃)			≤−76	≤−76
12	炭黑分散性	分散度(分)		≥6	
		吸收系数		≥400	
13	耐热老化(100℃,168h)	拉伸强度变化率(%)		±20	±20
		断裂伸长率变化率(%)		±20	±20
14	耐臭氧老化,延伸 25%,温度 24℃±8℃,臭氧浓度 0.01～0.15mg/m^3,暴露 1h			无异常变化	无异常变化
15	人工气候老化(%)	老化时间:0～1 008h	拉伸强度变化率	±25	±25
			断裂伸长率变化率	±25	±25

续表 15-34

序 号	项 目			指 标	
				黑色	彩色
15	人工气候老化(%)	老化时间：504～1 008h	拉伸强度变化率	±15	±15
			断裂伸长率变化率	±15	±15
16	耐光色牢度(级)				≥7

注：①HDPE 索套管可制成单层或双层，外层可以设计成不同颜色。其截面形状为整圆或由两半圆组合而成。

②需灌注填充料的索套管，其壁厚应不小于 $D/17$(D 为索套管的直径)；无须灌注填充料的索套管，其壁厚应不小于 $D/32$，且不应小于 5mm。

③HDPE 索套管表面应良好完整，划痕深度不得超过 2mm，或不得超过管壁厚度的 20%。

④索套管外表面宜有双螺旋线或凹形花纹。

⑤索套管由若干节直管通过镜面焊接或管套连接成，连接口处应具有不低于整根索套管的屈服强度。

⑥HDPE 索套管在制作和安装时，应保证不会出现过度弯曲，防止 HDPE 索套管的损伤。

⑦现场焊接的 HDPE 索套管的长度应控制在设计允许偏差范围之内。

(八)公路桥梁预应力钢绞线用锚具、夹具和连接器(JT/T 329—2010)

公路桥梁预应力钢绞线用锚具、夹具和连接器适用于后张法施工的预应力混凝土结构和构件，不适用于桥梁拉索、斜拉索和吊索。

锚具按使用性能分为张拉端锚具和固定端锚具

1. 锚具、连接器的型号标记

锚具、连接器的型号由产品代号、预应力钢绞线直径及预应力钢绞线根数三部分组成，需要时可加注生产企业的体系代号，表示方法如下：

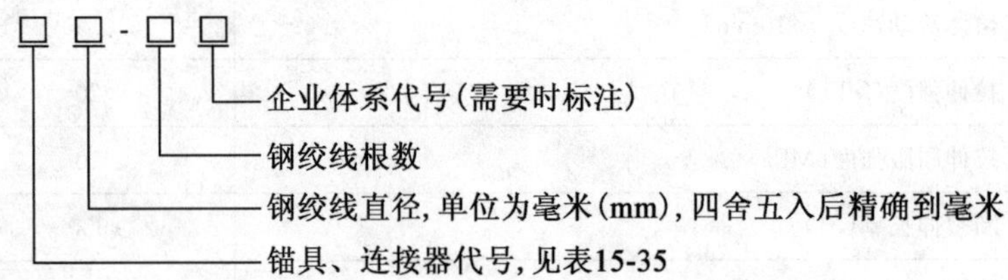

示例 1：锚固 19 根直径 15.2mm 预应力混凝土用钢绞线的圆锚张拉端锚具，其型号表示为 YM15-19。

示例 2：锚固 12 根直径 15.2mm 预应力混凝土用钢绞线的圆锚固定端挤压式锚具，其型号表示为 YMP15-12。

示例 3：连接七根直径 12.7mm 钢绞线的圆锚连接器，其型号表示为 YMJ13-7。

锚具、连接器名称及代号 表 15-35

分类名称				分类代号
锚具	张拉端锚具	圆锚张拉端锚具		YM
		扁锚张拉端锚具		YMB
	固定端锚具	固定端压花锚具	圆锚固定端压花锚具	YMH
			扁锚固定端压花锚具	YMHB
		固定端挤压式锚具	圆锚固定端挤压式锚具	YMP
			扁锚固定端挤压式锚具	YMPB

续表 15-35

分类名称	分类代号
夹具	YJ
连接器	YMJ

2. 性能要求

(1)锚具、夹具和连接器的基本性能要求符合 GB/T 14370 中的基本性能要求。

(2)钢绞线内缩量：

张拉端钢绞线内缩量应不大于 5mm。

(3)锚口(含锚下垫板)摩阻损失率合计不大于 6%。

(4)锚下垫板的长度应保证钢绞线在锚具底口处的最大折角不大于 4°。

(5)真空灌浆用锚下垫板安装密封罩的表面应进行机械加工，其表面粗糙度 $R_a \leqslant 12.5\mu m$，且设置安装密封罩的螺纹孔。

(6)锚具配套波纹管应符合 JT/T 529 和 JG 225 的有关规定。

(7)热处理：

夹片应进行热处理，表面硬度不小于 57HRC(或 79.5HRA)。夹片热处理后，应无氧化脱碳现象，同批次夹片硬度差不大于 5HRC，同件夹片硬度差不大于 3HRC。其他要求应符合 JB/T 5944 和 JB/T 3999 的有关规定。

锚板、连接器的连接体宜经调质处理或锥孔强化处理，若采用调质处理，则表面硬度不小于 225HB(或 20HRC)，其他要求应符合 JB/T 5944 的有关规定。

3. 外观和防腐

外观应符合设计图样要求，所有零件均不得有裂纹出现。

夹片、锚板、连接体表面应作防锈、防腐处理，符合设计图样要求。锚下垫板和局部承压配筋表面不得有油漆和油脂，并在储存和运输过程中采取必要的防护措施。

4. 公路桥梁预应力钢绞线用锚具的结构形式和规格尺寸

下列 1)～6)图表中锚具及连接器配套的钢绞线为强度级别为 1 860MPa 的七根钢丝捻制的标准型钢绞线，混凝土强度级别为 C40，按钢绞线公称直径分为 15 系列(ϕ15.2mm)和 13 系列(ϕ12.7mm)。其他强度级别的钢绞线用锚具可参照执行。

1)圆锚张拉端锚具

(1)圆锚张拉端锚具的结构形式

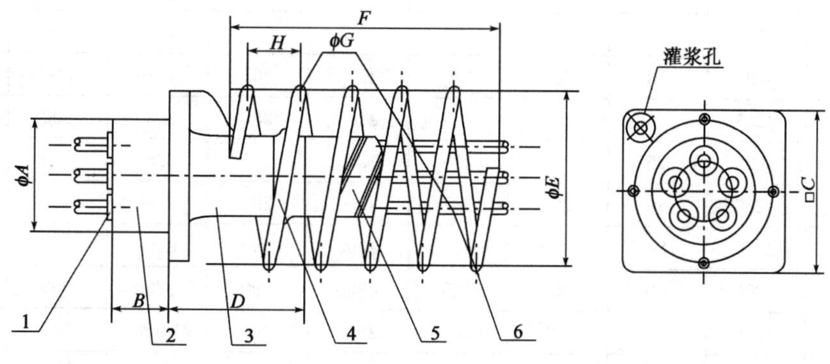

a)圆锚张拉端锚具结构形式图(方形锚下垫板)

图　15-35

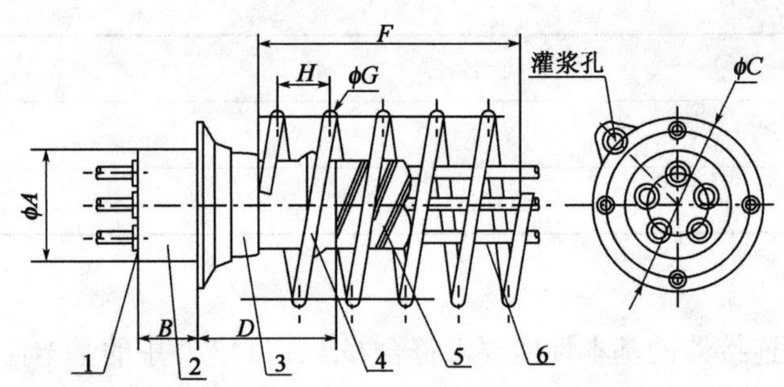

b)圆锚张拉端锚具结构形式图(圆形锚下垫板)

图 15-35 锚具结构形式图

1-工作夹片;2-圆锚板;3-圆形锚下垫板;4-螺旋筋;5-波纹管;6-钢绞线

(2)15 系列圆锚张拉端锚具的规格(mm)

表 15-36

型号	钢铰线根数	锚板		锚下垫板				螺旋筋			
				方形		圆形					
		ϕA	B	C	D	ϕC	D	ϕE	F	ϕG	H
YM15-1*	1	ϕ48	48	80	—	—	—	ϕ80	120	ϕ8	30
YM15-3*	3	ϕ91	50	130	100	ϕ130	110	ϕ120	160	ϕ10	40
YM15-4*	4	ϕ102	50	145	110	ϕ145	120	ϕ140	200	ϕ10	50
YM15-5*	5	ϕ112	50	160	125	ϕ160	130	ϕ150	200	ϕ10	50
YM15-6*	6	ϕ126	52	180	155	ϕ180	150	ϕ170	200	ϕ12	50
YM15-7*	7	ϕ126	52	180	155	ϕ180	150	ϕ170	200	ϕ12	50
YM15-8	8	ϕ136	55	195	175	ϕ195	160	ϕ190	200	ϕ12	50
YM15-9*	9	ϕ146	55	205	190	ϕ208	160	ϕ200	200	ϕ12	50
YM15-10	10	ϕ156	58	210	210	ϕ220	180	ϕ205	240	ϕ14	60
YM15-11	11	ϕ166	58	210	210	ϕ235	190	ϕ205	240	ϕ14	60
YM15-12*	12	ϕ166	60	235	210	ϕ235	190	ϕ230	240	ϕ14	60
YM15-13	13	ϕ170	63	235	210	ϕ235	190	ϕ230	240	ϕ14	60
YM15-14	14	ϕ176	65	245	210	ϕ250	210	ϕ240	240	ϕ14	60
YM15-15*	15	ϕ186	68	265	245	ϕ265	245	ϕ260	300	ϕ16	60
YM15-16	16	ϕ196	70	265	250	ϕ265	245	ϕ260	300	ϕ16	60
YM15-17	17	ϕ196	73	285	270	ϕ275	265	ϕ280	300	ϕ16	60
YM15-18	18	ϕ206	75	285	275	ϕ285	280	ϕ280	300	ϕ16	60
YM15-19*	19	ϕ206	75	285	275	ϕ285	280	ϕ280	300	ϕ16	60
YM15-20	20	ϕ226	80	300	285	ϕ300	290	ϕ290	300	ϕ16	60
YM15-21	21	ϕ226	80	300	285	ϕ300	290	ϕ290	300	ϕ16	60
YM15-22*	22	ϕ226	80	300	285	ϕ300	290	ϕ290	300	ϕ18	60
YM15-23	23	ϕ226	85	330	300	ϕ330	300	ϕ330	300	ϕ18	60
YM15-24	24	ϕ235	85	330	300	ϕ330	300	ϕ330	350	ϕ18	70
YM15-25	25	ϕ245	85	330	300	ϕ330	300	ϕ330	350	ϕ18	70
YM15-26	26	ϕ245	90	330	300	ϕ300	300	ϕ330	350	ϕ18	70

续表 15-36

型号	钢铰线根数	锚　板		锚下垫板				螺旋筋			
				方形		圆形					
		ϕA	B	C	D	ϕC	D	ϕE	F	ϕG	H
YM15-27*	27	ϕ245	90	330	300	ϕ300	300	ϕ330	350	ϕ18	70
YM15-31*	31	ϕ260	95	350	350	ϕ350	330	ϕ350	420	ϕ20	70
YM15-37*	37	ϕ290	100	400	370	ϕ400	370	ϕ400	420	ϕ20	70

注：加“*”者为优选规格。

(3)13 系列圆锚张拉端锚具的规格(mm)

表 15-37

型号	钢铰线根数	锚　板		锚下垫板				螺旋筋			
				方形		圆形					
		ϕA	B	C	D	ϕC	D	ϕE	F	ϕG	H
YM13-1*	1	ϕ40	40	—	—	—	—	ϕ80	90	ϕ6	30
YM13-3*	3	ϕ80	45	120	130	ϕ132	80	ϕ120	120	ϕ10	40
YM13-4*	4	ϕ85	48	135	130	ϕ135	102	ϕ135	150	ϕ10	50
YM13-5*	5	ϕ100	48	145	130	ϕ140	125	ϕ140	200	ϕ10	50
YM13-6*	6	ϕ105	48	165	130	ϕ155	130	ϕ160	200	ϕ12	50
YM13-7*	7	ϕ105	50	165	130	ϕ155	130	ϕ160	200	ϕ12	50
YM13-8	8	ϕ116	52	175	150	ϕ170	160	ϕ170	200	ϕ12	50
YM13-9*	9	ϕ126	53	185	150	ϕ175	160	ϕ180	200	ϕ12	50
YM13-10	10	ϕ136	53	195	160	ϕ200	180	ϕ200	200	ϕ14	50
YM13-11	11	ϕ136	53	195	160	ϕ200	180	ϕ200	200	ϕ14	50
YM13-12*	12	ϕ146	55	215	180	ϕ210	190	ϕ210	250	ϕ14	50
YM13-13	13	ϕ146	55	230	180	ϕ210	190	ϕ210	250	ϕ14	50
YM13-14	14	ϕ156	57	230	180	ϕ210	210	ϕ220	250	ϕ14	50
YM13-15*	15	ϕ166	60	240	220	ϕ215	230	ϕ220	250	ϕ14	50
YM13-16	16	ϕ176	62	240	220	ϕ245	240	ϕ240	300	ϕ16	60
YM13-17	17	ϕ176	62	240	220	ϕ245	240	ϕ240	300	ϕ16	60
YM13-18	18	ϕ176	65	270	245	ϕ245	240	ϕ260	300	ϕ16	60
YM13-19*	19	ϕ176	65	270	245	ϕ245	240	ϕ260	300	ϕ16	60
YM13-20	20	ϕ196	68	290	270	ϕ260	270	ϕ270	300	ϕ16	60
YM13-21	21	ϕ196	70	290	270	ϕ260	270	ϕ270	300	ϕ16	60
YM13-22*	22	ϕ196	70	290	270	ϕ260	270	ϕ270	300	ϕ18	60
YM13-23	23	ϕ216	73	300	290	ϕ275	290	ϕ280	360	ϕ18	60
YM13-24	24	ϕ216	73	300	290	ϕ275	290	ϕ280	360	ϕ18	60
YM13-25	25	ϕ216	75	300	290	ϕ275	290	ϕ280	360	ϕ18	60
YM13-26	26	ϕ216	75	300	290	ϕ275	290	ϕ280	360	ϕ18	60
YM13-27*	27	ϕ216	75	300	290	ϕ275	290	ϕ280	360	ϕ18	60
YM13-31*	31	ϕ224	80	315	330	ϕ300	330	ϕ310	420	ϕ18	60
YM13-37*	37	ϕ244	85	370	350	ϕ330	350	ϕ350	420	ϕ20	60

注：加“*”者为优选规格。

(4)张拉端锚板的最小外形尺寸及锚下垫板主要外形最小尺寸

不宜小于表 15-36、表 15-37 的规定。

相邻两锚孔的中心间距:YM15 系列不得小于 33mm,YM13 系列不得小于 30mm。

在实际混凝土结构中可用网片配筋代替螺旋筋,网片配筋可选用Ⅲ级螺纹钢筋,其外径比表 15-36 和表 15-37 中螺旋筋的线径大两个规格;钢筋间距为锚垫板大端边长(或直径)的 1.4 倍;网片间距为 100mm,网孔和锚垫板同。

(5)圆锚张拉端锚板推荐布孔形式

表 15-38

布孔形式	1 孔*	3 孔*	4 孔*	5 孔*	6 孔*
图式	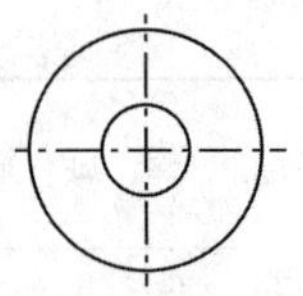	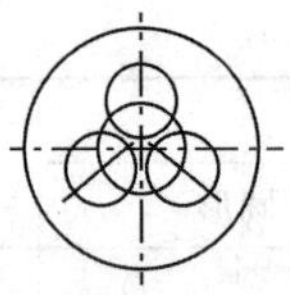	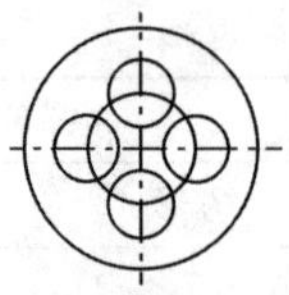	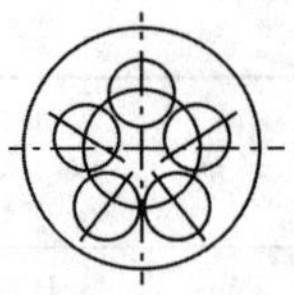	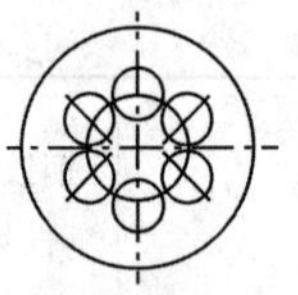
布孔形式	7 孔*	8 孔	9 孔*	10 孔	11 孔
图式	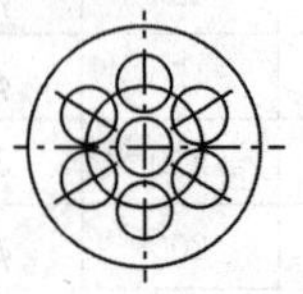	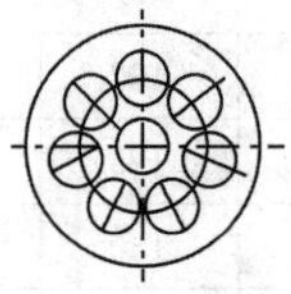	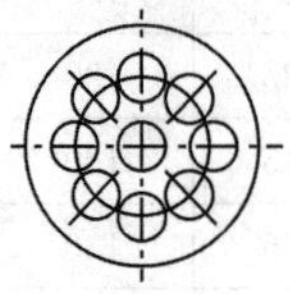	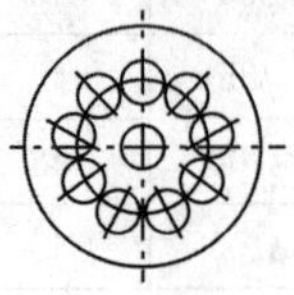	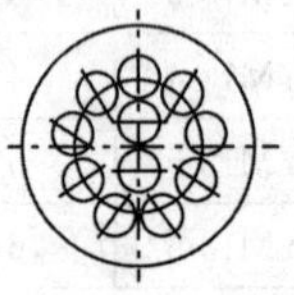
布孔形式	12 孔*	13 孔	14 孔	15 孔*	16 孔
图式	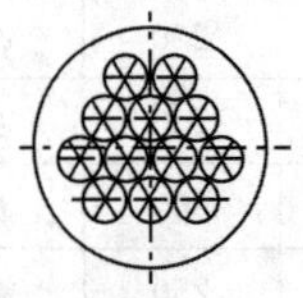	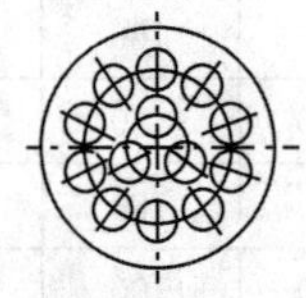	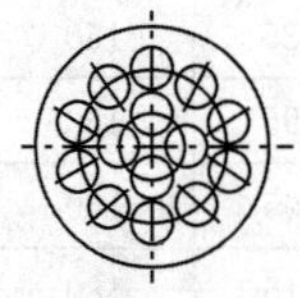	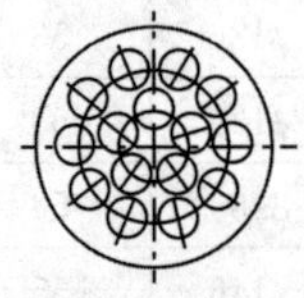	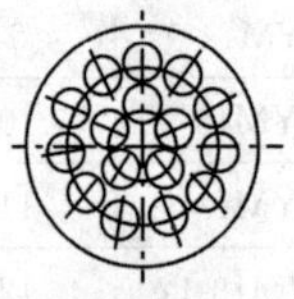
布孔形式	17 孔	18 孔	19 孔*	20 孔	21 孔
图式	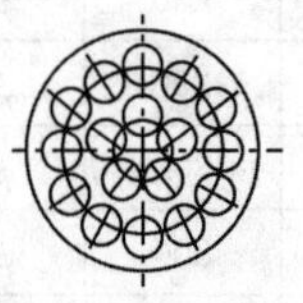	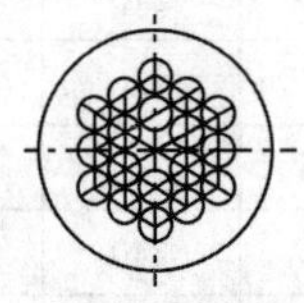	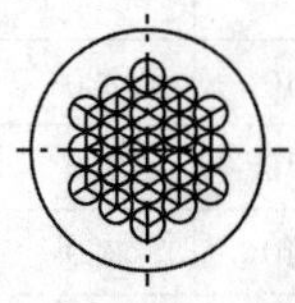	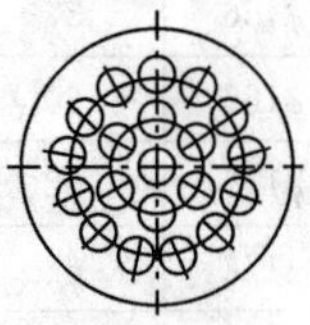	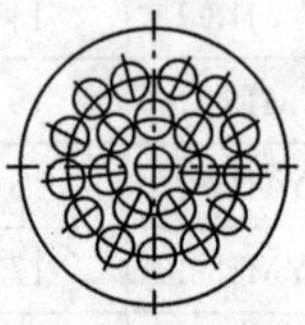
布孔形式	22 孔*	23 孔	24 孔	25 孔	26 孔
图式	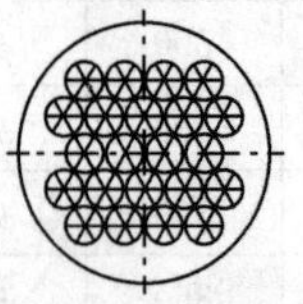		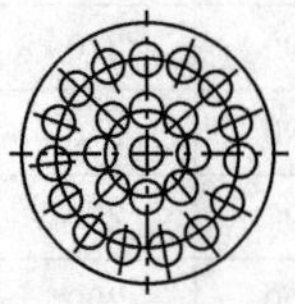	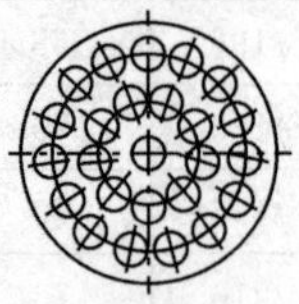	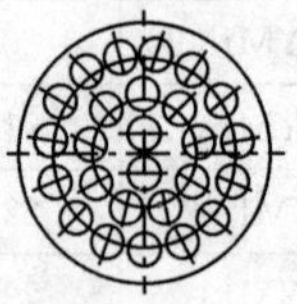
布孔形式	27 孔*	31 孔*	37 孔*		
图式	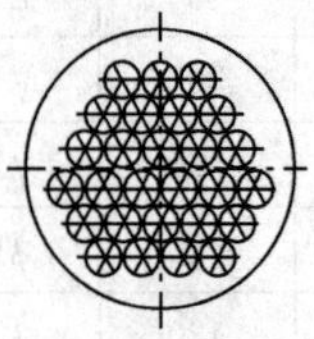	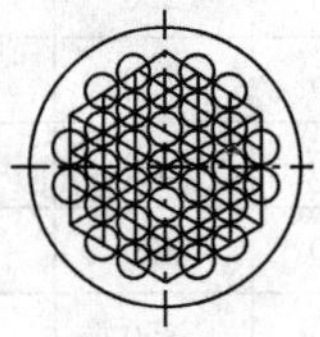	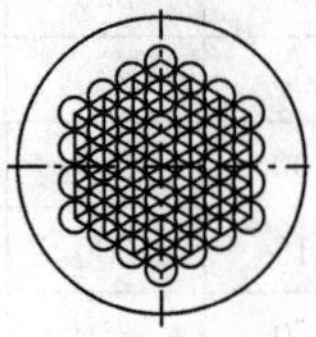		

注:加"*"者为优选规格。

2)扁锚张拉端锚具

(1)扁锚拉张端锚具的结构形式

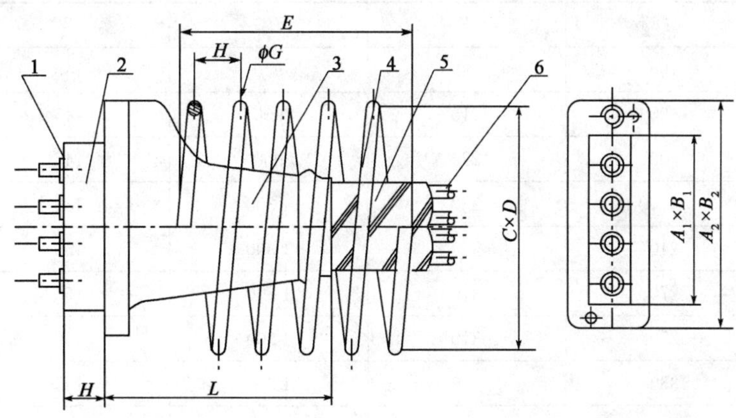

图 15-36　扁锚张拉端锚具结构形式图

1-工作夹片;2-扁锚板;3-扁锚下垫板;4-螺旋筋;5-扁形波纹管;6-钢绞线

(2)扁锚张拉端锚具的规格系列(mm)

表 15-39

型　号	扁　锚　板			扁锚下垫板				扁锚螺旋筋			
	A_1	B_1	H	A_2	B_2	L	C	D	E	ϕG	H
YMB15-2	80	48	50	142	70	140	140	70	200	$\phi8$	50
YMB15-3	115	48	50	180	70	160	180	70	200	$\phi8$	50
YMB15-4	150	48	50	220	70	210	220	70	250	$\phi8$	50
YMB13-2	77	48	50	120	70	130	120	70	200	$\phi8$	50
YMB13-3	108	48	50	150	70	160	150	70	200	$\phi8$	50
YMB13-4	140	48	50	190	70	180	190	70	250	$\phi8$	50

3)固定端压花锚具

(1)固定端压花锚具的结构形式

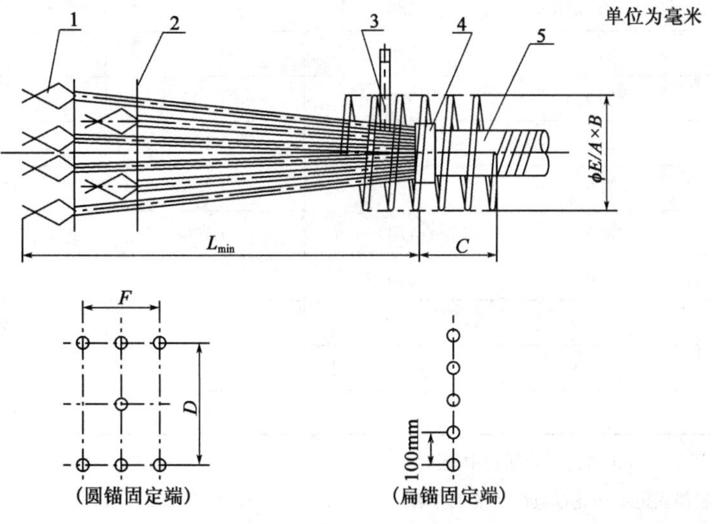

图 15-37　固定端压花锚具结构形式图

1-压花锚具;2-支架;3-排气管;4-紧箍环;5-波纹管

(2)15 系列固定端压花锚具的规格(mm)

表 15-40

型号	D	F	L	G	$\phi E/A\times B$
YMH15-3	190	90	950	145	ϕ120
YMH15-4	190	210	950	145	ϕ140
YMH15-5	200	220	950	145	ϕ150
YMH15-6	210	230	1 300	155	ϕ170
YMH15-7	210	230	1 300	155	ϕ190
YMH15-8	270	310	1 300	155	ϕ190
YMH15-9	270	310	1 300	155	ϕ210
YMH15-12	330	390	1 300	155	ϕ210
YMH15-15	360	420	1 300	155	ϕ240
YMH15-19	390	470	1 300	155	ϕ240
YMH15-27	450	520	1 700	155	ϕ250
YMHB15-2	—	—	950	145	120×65
YMHB15-3	—	—	950	145	160×65
YMHB15-4	—	—	950	145	200×65

注:①E——圆锚固定端压花锚具螺旋筋的中径。

②$A\times B$——扁锚固定端压花锚具螺旋筋的中径。

(3)13 系列固定端压花锚具的规格(mm)

表 15-41

型号	D	F	L	G	$\phi E/A\times B$
YMH13-3	190	90	800	145	ϕ120
YMH13-4	190	210	800	145	ϕ140
YMH13-5	200	220	800	145	ϕ150
YMH13-6	210	230	1 100	155	ϕ170
YMH13-7	210	230	1 100	155	ϕ190
YMH13-8	270	310	1 100	155	ϕ190
YMH13-9	270	310	1 100	155	ϕ210
YMH13-12	330	390	1 100	155	ϕ210
YMH13-15	360	420	1 100	155	ϕ240
YMH13-19	390	470	1 100	155	ϕ240
YMH13-27	450	520	1 400	155	ϕ250
YMHB13-3	—	—	800	145	120×65
YMHB13-2	—	—	800	145	160×65
YMHB13-4	—	—	800	145	200×65

注:①E——圆锚固定端压花锚具螺旋筋的中径。

②$A\times B$——扁锚固定端压花锚具螺旋筋的中径。

4)圆锚固定端挤压式锚具

(1)圆锚固定端挤压式锚具的结构形式

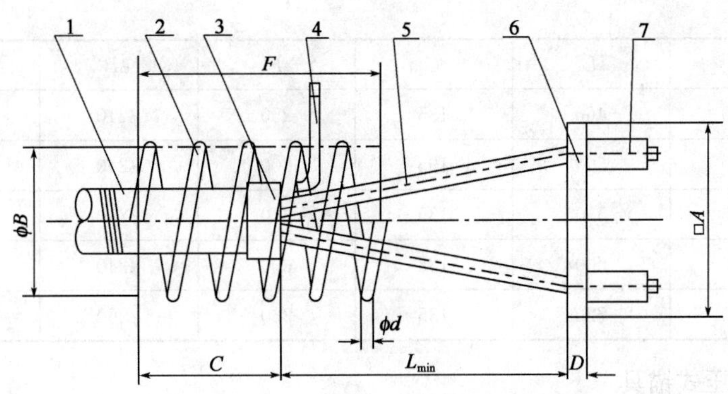

图 15-38　圆锚固定端挤压式锚具结构形式图

1-波纹管;2-螺旋筋;3-紧箍环;4-排气管;5-钢绞线;6-垫板;7-挤压式锚具

(2)15 系列圆锚固定端挤压式锚具的规格

表 15-42

型　号	□A	L	C	F	φB	φd	D
YMP15-1	□80	—	—	200	φ80	φ8	14
YMP15-3	□120	180	85	200	φ120	φ10	16
YMP15-4	□150	240	110	200	φ140	φ10	16
YMP15-5	□170	300	110	250	φ140	φ10	16
YMP15-6,7	□200	380	110	250	φ160	φ12	16
YMP15-8	□210	420	110	250	φ180	φ12	16
YMP15-9	□220	440	110	250	φ180	φ12	16
YMP15-10	□230	460	120	250	φ200	φ14	16
YMP15-12	□250	500	120	300	φ200	φ14	16
YMP15-15	□260	560	135	300	φ220	φ14	16
YMP15-19	□290	720	135	300	φ220	φ16	16
YMP15-22	□300	720	135	300	φ240	φ16	16
YMP15-27	□320	860	135	360	φ240	φ16	16

(3)13 系列圆锚固定端挤压式锚具的规格(mm)

表 15-43

型　号	□A	L	C	F	φB	φd	D
YMP13-1	□80	—	—	200	φ80	φ8	14
YMP13-3	□100	120	110	200	φ120	φ10	16
YMP13-4	□120	180	110	200	φ150	φ10	16
YMP13-5	□130	240	110	200	φ150	φ10	16
YMP13-6,7	□150	300	120	250	φ170	φ12	16
YMP13-8	□165	360	120	250	φ190	φ12	16
YMP13-9	□170	380	120	250	φ210	φ12	16
YMP13-10	□200	460	120	250	φ210	φ14	16

续表 15-43

型　号	□A	L	C	F	φB	φd	D
YMP13-12	□200	460	135	250	φ210	φ14	16
YMP13-15	□250	500	135	300	φ240	φ14	16
YMP13-19	□250	550	135	300	φ240	φ16	16
YMP13-22	□280	600	135	300	φ240	φ16	16
YMP13-27	□300	720	135	360	φ260	φ16	16

5)扁锚固定端挤压式锚具

(1)扁锚固定端挤压式锚具的结构形式。

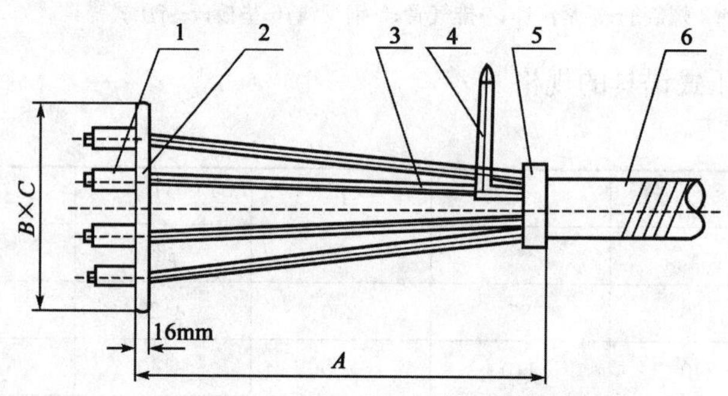

图 15-39　扁锚固定端挤压式锚具结构形式图

1-挤压式描具;2-垫板;3-钢绞线;4-排气管;5-紧箍环;6-扇形波纹管

(2)扁锚固定端挤压式锚具规格系列(mm)

表 15-44

型　号	A	B	C
YMPB15-2	650	140	75
YMPB15-3	650	180	75
YMPB15-4	650	220	80
YMPB13-2	650	120	75
YMPB13-3	650	150	75
YMPB13-4	650	190	80

6)连接器

(1)连接器的结构形式

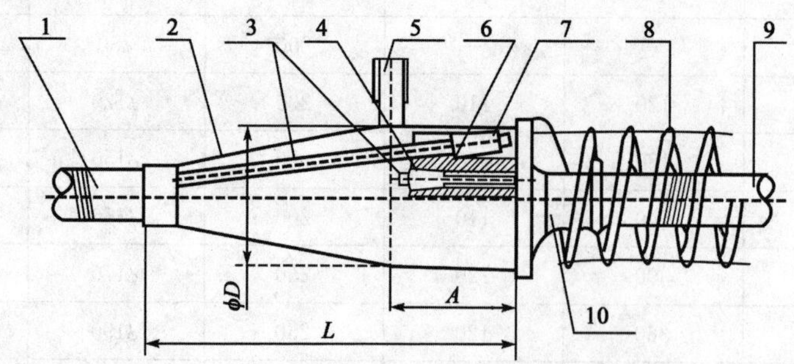

图 15-40　连接器的结构形式图

1、9-波纹管;2-罩壳;3-钢绞线;4-工作夹片;5-排气管;6-连接体;7-挤压式锚具;8-螺旋筋;10-锚下垫板

(2)15 系列连接器规格(mm)

表 15-45

型　号	L	A	ϕD
YMJ15-3	375	160	ϕ160
YMJ15-4	375	160	ϕ175
YMJ15-5	375	160	ϕ185
YMJ15-6,7	450	160	ϕ180
YMJ15-8	450	160	ϕ210
YMJ15-9	450	160	ϕ220
YMJ15-10	470	160	ϕ230
YMJ15-12	500	160	ϕ240
YMJ15-14	525	165	ϕ250
YMJ15-15	550	165	ϕ260
YMJ15-16	550	165	ϕ270
YMJ15-19	575	165	ϕ280
YMJ15-22	600	170	ϕ300
YMJ15-27	1 050	185	ϕ370

(3)13 系列连接器规格(mm)

表 15-46

型　号	L	A	ϕD
YMJ13-3	360	140	ϕ145
YMJ13-4	360	140	ϕ150
YMJ13-5	360	140	ϕ165
YMJ13-6,7	400	140	ϕ170
YMJ13-8	400	140	ϕ180
YMJ13-9	400	140	ϕ190
YMJ13-10	470	140	ϕ200
YMJ13-12	500	140	ϕ210
YMJ13-14	500	140	ϕ220
YMJ13-15	550	140	ϕ230
YMJ13-16	550	150	ϕ240
YMJ13-19	550	150	ϕ240
YMJ13-22	600	160	ϕ260
YMJ13-27	1 000	160	ϕ280

注:15 和 13 系列连接器用锚下垫板和螺旋筋的尺寸参见表 15-36 和表 15-37。

5.公路桥梁预应力钢绞线用锚具、夹具和连接器的交货和储运要求

1)标志

锚具、连接器产品外包装上应有制造厂名、产品名称、产品标记、执行标准、制造日期、生产批号及商标。

运输包装物上应按 GB/T 191 之规定标注“怕雨”等标志。

2)包装

(1)锚具、连接器出厂时应成箱包装,并符合 JB/T 5947 的有关规定,包装箱内应附有装箱单。

(2)出厂的每批产品应提供产品合格证和使用说明书,并随货发放至使用单位。

合格证内容包括:

型号和规格;适用的钢绞线品种、规格、强度等级;产品批号;出厂日期;质量合格签章;厂名、厂址。

使用说明书的编制应符合 GB/T 9969 的要求,说明书应包含产品使用工艺、钢绞线的匹配要求、保质期等内容。

3)运输、储存

锚具、连接器产品储运、运输过程中均需妥善保护,避免雨淋、锈蚀、沾污、遭受机械损伤或散失,临时性的防护措施不得影响安装操作效果和永久性防锈措施的实施。

(九)预应力筋用锚具、夹具和连接器(GB/T 14370—2015)

预应力筋(预应力钢丝、钢绞线、钢棒、钢丝绳、钢筋、钢拉杆或纤维增强复合材料筋等)用锚具、夹具和连接器用于体内或体外配筋的有粘结、无粘结、缓黏结的预应力混凝土结构及预应力钢结构等。拉索用锚具也可参照使用。

锚具是用于保持预应力筋的拉力并将其传递到结构上所用的永久性锚固装置。

夹具为建立和保持预应力筋预应力的临时性锚固装置,也称为工具锚。

连接器为连接预应力筋的装置。

1. 产品分类

锚具、夹具和连接器按对预应力筋的锚固方式不同,分为夹片式(单孔、多孔锚具)、支承式(镦头锚具、螺母锚具等)、握裹式(挤压锚具、压花锚具等)和组合式四种基本类型。

2. 锚具、夹具和连接器的产品代号

表 15-47

分类代号		锚具代号	夹具代号	连接器代号
夹片式	圆形	YJM	YJJ	YJL
	扁形	BJM	BJJ	BJL
支承式	镦头	DTM	DTJ	DTL
	螺母	LMM	LMJ	LML
握裹式	挤压	JYM	—	JYL
	压花	YHM	—	—
组合式	冷铸	LZM	—	—
	热铸	RZM	—	—

3. 锚具、夹具和连接器的标记

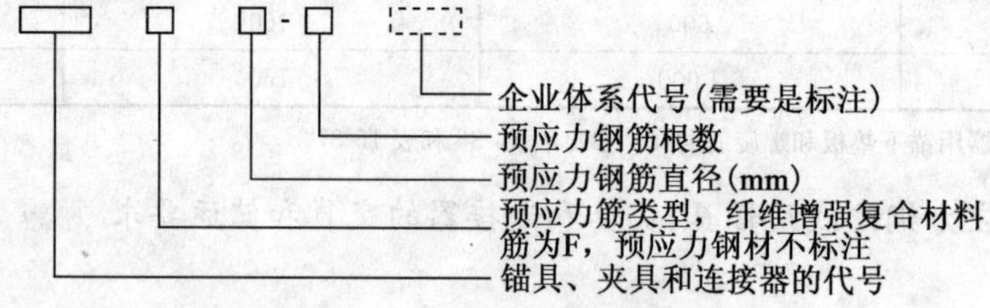

示例 1:锚固 12 根直径 15.2mm 钢绞线的圆形夹片式群锚锚具,标记为 YJM15-12。

示例 2:锚固 12 根直径为 12.7mm 钢绞线的挤压式锚具表示为 JYM13-12。

示例 3:用挤压头方法连接 12 根直径为 15.2mm 钢绞线的连接器表示为 JYL15-12。

示例 4:锚固 1 根直径为 10mm 碳纤维预应力筋的圆形夹片式群锚锚具表示为 YJMF10-1。

注:①特殊的或有必要阐明特点的新产品,可增加文字或图样以准确表达。

②拉索用锚具和连接器的分类、代号与标记按 JG/T 330 的规定执行。

4.锚具的基本性能要求

1)静载锚固性能

体内、体外束中预应力钢材用锚具的效率系数 $\eta_a=\frac{F_{Tu}}{n\times F_{pm}}\geqslant 0.95$。

拉索中预应力钢材用锚具的效率系数 $\eta_a=\frac{F_{Tu}}{F_{ptk}}\geqslant 0.95$。

以上预应力筋受力总伸长率 $\varepsilon_{Tu}\geqslant 2.0\%$。

纤维增强复合材料筋用锚具的效率系数 $\eta_a=\frac{F_{Tu}}{F_{ptk}}\geqslant 0.90$。

预应力筋公称极限抗拉强度 $F_{ptk}=A_{pk}\times F_{ptk}$。

预应力筋—锚具组装件的破坏形式应是预应力筋的破断,而不应由锚具失效所致。

2)疲劳荷载性能

(1)预应力筋—锚具组装件应通过 200 万次疲劳荷载性能试验,并应符合下列规定:

①当锚固的预应力筋为预应力钢材时,试验应力上限应为预应力筋公称抗拉强度 f_{ptk} 的 65%,疲劳应力幅度不应小于 80MPa。工程有特殊需要时,试验应力上限及疲劳应力幅度取值可另定。

②拉索疲劳荷载性能的试验应力上限和疲劳应力幅度应根据拉索的类型符合国家现行相关标准的规定,或按设计要求确定。

③当锚固的预应力筋为纤维增强复合材料筋时,试验应力上限应为预应力筋公称抗拉强度 f_{ptk} 的 50%,疲劳应力幅度不应小于 80MPa。

(2)预应力筋—锚具组装件经受 200 万次循环荷载后,锚具不应发生疲劳破坏。预应力筋因锚具夹持作用发生疲劳破坏的截面面积不应大于组装件中预应力筋总截面面积的 5%。

3)锚固区传力性能

与锚具配套的锚垫板和螺旋筋应能将锚具承担的预加力传递给混凝土结构的锚固区,锚垫板和螺旋筋的尺寸应与允许张拉时要求的混凝土特征抗压强度匹配;对规定尺寸和强度的混凝土传力试验构件施加不少于 10 次循环荷载,试验时传力性能应符合下列规定:

(1)循环荷载第一次达到上限荷载 $0.8F_{ptk}$ 时,混凝土构件裂缝宽度不应大于 0.15mm。

(2)循环荷载最后一次达到下限荷载 $0.12F_{ptk}$ 时,混凝土构件裂缝宽度不应大于 0.15mm。

(3)循环荷载最后一次达到上限荷载 $0.8F_{ptk}$ 时,混凝土构件裂缝宽度不应大于 0.25mm。

(4)循环加载过程结束时,混凝土构件的裂缝宽度、纵向应变和横向应变读数应达到稳定。

(5)循环加载后,继续加载至 F_{ptk} 时,锚垫板不应出现裂纹。

(6)继续加载直至混凝土构件破坏。混凝土构件破坏时的实测破坏荷载 F_u 应符合下式:

$$F_u\geqslant 1.1F_{ptk}\times\frac{f_{cm,e}}{f_{cm,o}}$$

4)低温锚固性能

非自然条件下有低温锚固性能要求的锚具应进行低温锚固性能试验并应符合下列规定:

(1)低温下预应力筋—锚具组装件的实测极限抗拉力 F_{Tu} 不应低于常温下预应力筋实测平均极限抗拉力 nF_{pm} 的 95%。

(2)最大荷载时预应力筋受力长度的总伸长率 ε_{Tu} 应明示。

(3)破坏形式应是预应力筋的破断,而不应由锚具的失效导致试验终止。

5)锚板强度

6 孔及以上的夹片式锚具的锚板应进行强度检验,并应符合下列规定:静载锚固性能试验合格并卸载之后的锚板表面直径中心的残余挠度不应大于配套锚垫板上口直径 D 的 1/600。

6)内缩量

采用无顶压张拉工艺时,ϕ15.2 钢绞线用夹片式锚具的预应力筋内缩量不宜大于 6mm。

7)锚口摩阻损失

夹片式锚具的锚口摩阻损失不宜大于6%。

8)张拉锚固工艺

锚具应满足分级张拉、补张拉和放张等张拉工艺的要求,张拉锚固工艺应易操作,加载力值均匀、稳定。

5.夹具的基本性能要求

(1)夹具的静载锚固性能应符合下式:

$$\eta_g=\frac{F_{Tu}}{F_{ptk}}\geqslant 0.95$$

(2)预应力筋—夹具组装件的破坏形式应是预应力筋的破断,而不应由夹具的失效导致试验终止。

6.连接器的基本性能要求

张拉后永久留在混凝土结构或构件中的连接器,其性能应符合锚具的规定;张拉后还需要放张和拆卸的连接器,其性能应符合夹具的规定。

说明:

A_{pk}——预应力筋的公称截面面积,单位为平方毫米(mm^2)。

F_{pm}——预应力筋单根试件的实测平均极限抗拉力,单位为千牛(kN)。

F_{ptk}——预应力筋的公称极限抗拉力,单位为千牛(kN)。

F_{Tu}——预应力筋—锚具、夹具或连接器组装件的实测极限抗拉力,单位为千牛(kN)。

F_u——锚固区传力性能试验的实测破坏荷载,单位为千牛(kN)。

$f_{ck,o}$——允许施加全部预加力时混凝土构件应达到的特征抗压强度,单位为兆帕(MPa)。

$f_{cm,e}$——锚固区传力性能试验时同条件养护混凝土立方体试件的实测平均抗压强度,单位为兆帕(MPa)。

$f_{cm,o}$——允许施加全部预加力时同条件养护混凝土立方体试件应达到的平均抗压强度,单位为兆帕(MPa)。

f_{ptk}——预应力筋的公称抗拉强度,单位为兆帕(MPa)。

n——预应力筋—锚具或连接器组装件中预应力筋的根数。

ε_{Tu}——预应力筋—锚具或连接器组装件达到实测极限抗拉力 F_{Tu}时预应力筋受力长度的总伸长率(%)。

η_a——预应力筋—锚具组装件静载锚固性能试验测得的锚具效率系数(%)。

η_g——预应力筋—夹具组装件静载锚固性能试验测得的夹具效率系数(%)。

7.锚具、夹具和连接器的标志、包装和储运要求

1)标志

在夹片大端平面、锚板和连接器体锥孔大端平面、锚垫板大端平面应有企业标志和产品规格的标识。

2)包装

(1)锚具、夹具和连接器出厂时应经防锈处理后成箱包装。

(2)包装箱外壁明显位置上应标明:制造厂名、产品名称、规格、型号、产品批号和出厂日期。

(3)产品出厂装箱时应附带下列文件,并装入防潮文件袋内:

①产品合格证。

②产品说明书。

③装箱单。

(4)产品合格证应包括以下内容:

①型号和规格。

②适用的预应力筋品种、规格、强度等级。

③产品批号。

④出厂日期。

⑤有签章的质量合格文件。

⑥厂名、厂址。

(5)产品说明书的编制应符合 GB/T 9969 的规定,并应包括以下内容:

①产品使用工艺。

②产品对预应力筋的匹配要求。

③产品应用技术参数。

④允许施加全部预加力时混凝土构件应达到的特征抗压强度。

⑤如产品为夹片式锚具,应说明在张拉过程中配套使用的限位板的标准限位距离即限位板凹槽深度,预应力筋直径有误差时限位距离的修正数据或计算方法。

⑥内缩量(夹片式锚具)。

⑦锚口摩阻损失(夹片式锚具)。

(6)产品包装的其他技术条件应符合 JB/T 5000.13 的规定。

3)运输和储存

(1)在运输、储存过程中,锚具、夹具、连接器、锚垫板和螺旋筋均应妥善保管,避免锈蚀、沾污、遭受机械损伤或散失。

(2)产品应存放在通风良好、防潮、防晒和防腐蚀的仓库内,临时性的防护措施不应影响安装操作的效果和永久性防锈措施的实施。

二、支座及伸缩装置

(一)公路桥梁板式橡胶支座(JT/T 4—2004;JT/T 663—2006)

公路桥梁普通板式橡胶支座由多层橡胶和被包在橡胶弹性材料内的至少两层以上加筋钢板制成。四氟滑板式橡胶支座是在普通橡胶支座顶面黏结一块一定厚度的聚四氟乙烯板材制成。

1.公路桥梁板式橡胶支座分类

表 15-48

按结构形式分类			按支座材料和适用温度分类			
类别	形式	代号	类别	采用材料	代号	适用温度(℃)
普通板式橡胶支座	矩形板式支座	GJZ	常温型橡胶支座	氯丁橡胶	CR	−25～+60
	圆形板式支座	GYZ				
四氟滑板式橡胶支座	矩形四氟板式支座	$GJZF_4$	耐寒型橡胶支座	天然橡胶	NR	−40～+60
	圆形四氟板式支座	$GYZF_4$				

注:不得使用天然橡胶代替氯丁橡胶,也不允许在氯丁橡胶中掺入天然橡胶。

2.公路桥梁板式橡胶支座的标记

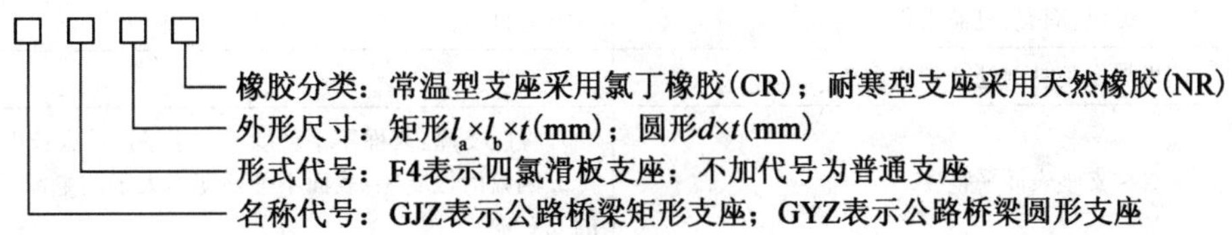

示例 1:公路桥梁矩形普通氯丁橡胶支座,短边尺寸为 300mm,长边尺寸为 400mm,厚度为 47mm,表示为:GJZ300×400×47(CR)。

示例 2:公路桥梁圆形四氟滑板天然橡胶支座,直径为 300mm,厚度为 54mm,表示为:$GYZF_4$300×54(NR)。

3. 公路桥梁板式橡胶支座力学性能要求

表 15-49

项　目		指　标
极限抗压强度 R_u(MPa)		≥70
实测抗压弹性模量 E_1(MPa)		$E\pm E\times20\%$
实测抗剪弹性模量 G_1(MPa)		$G\pm G\times15\%$
实测老化后抗剪弹性模量 G_2(MPa)		$G+G\times15\%$
实测转角正切值 $\tan\theta$	混凝土桥	≥1/300
	钢桥	≥1/500
实测四氟板与不锈钢板表面摩擦系数 μ_f(加硅脂时)		≤0.03

支座抗压弹性模量 E 和支座形状系数 S 应按下列公式计算:

$$E=5.4G\cdot S^2$$

矩形支座

$$S=\frac{l_{0a}\cdot l_{0b}}{2t_1(l_{0a}+l_{0b})}$$

圆形支座

$$S=\frac{d_0}{4t_1}$$

式中:E——支座抗压弹性模量(MPa);

G——支座抗剪弹性模量(MPa);

S——支座形状系数;

l_{0a}——矩形支座加劲钢板短边尺寸(mm);

l_{0b}——矩形支座加劲钢板长边尺寸(mm);

t_1——支座中间单层橡胶片厚度(mm);

d_0——圆形支座加劲钢板直径(mm)。

4. 公路桥梁板式橡胶支座外观质量要求

每块支座不允许有表 15-50 规定的两项以上缺陷同时存在。

表 15-50

名　称	成品质量标准
气泡、杂质	气泡、杂质总面积不得超过支座平面面积的 0.1%,且每一处气泡、杂质面积不能大于 $50mm^2$,最大深度不超过 2mm
凹凸不平	当支座平面面积小于 $0.15m^2$ 时,不多于两处;大于 $0.15m^2$ 时,不多于四处,且每处凹凸高度不超过 0.5mm,面积不超过 $6mm^2$
四侧面裂纹、钢板外露	不允许
掉块、崩裂、机械损伤	不允许
钢板与橡胶黏结处开裂或剥离	不允许
支座表面平整度	1. 橡胶支座:表面不平整度不大于平面最大长度的 0.4%; 2. 四氟滑板支座:表面不平整度不大于四氟滑板平面最大长度的 0.2%

续表 15-50

名　　称	成品质量标准
四氟滑板表面划痕、碰伤、敲击	不允许
四氟滑板与橡胶支座粘贴错位	不得超过橡胶支座短边或直径尺寸的 0.5‰

5. 板式橡胶支座的内在质量要求

表 15-51

名　　称	解剖检验标准
锯开后胶层厚度	胶层厚度应均匀，t_1 为 5mm 或 8mm 时，其偏差为±0.4mm；t_1 为 11mm 时，其偏差不得大于±0.7mm；t_1 为 15mm 时，其偏差不得大于±1.0mm
钢板与橡胶黏结	钢板与橡胶黏结应牢固，且无离层现象，其平面尺寸偏差为±1mm；上下保护层偏差为(+0.5,0)mm
剥离胶层(应按 HG/T 2198 规定制成试样)	剥离胶层后，测定的橡胶性能与规定相比，拉伸强度的下降不应大于 15%，扯断伸长率的下降不应大于 20%

6. 规格系列支座选用和安装

(1)选择规格系列表中支座时，其支座承载力偏差范围应控制在±10%。当 GJZ、GYZ 支座倾斜安装时应满足 JTG D62 第 9.7.5 条要求。$GJZF_4$、$GYZF_4$ 支座应水平安装，并应设置上、下钢板。四氟板与不锈钢板间应放 5201—2 硅脂润滑油。安装后一定要设置防尘罩。

(2)板式橡胶支座计算承载力时，应按有效面积(钢板面积)计算；计算水平剪应力时，应按支座平面毛面积(公称面积)计算。

(3)支座安装时应以短边尺寸顺桥向放置。

7. 公路桥梁普通板式橡胶支座规格系列

(1)普通板式橡胶支座结构示意图

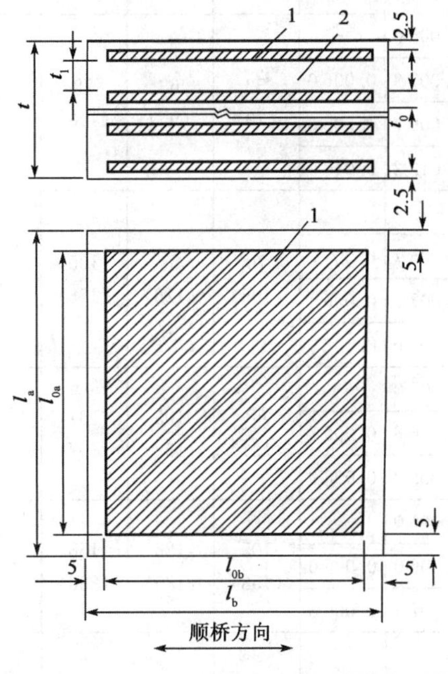

a)矩形板式橡胶支座结构示意图

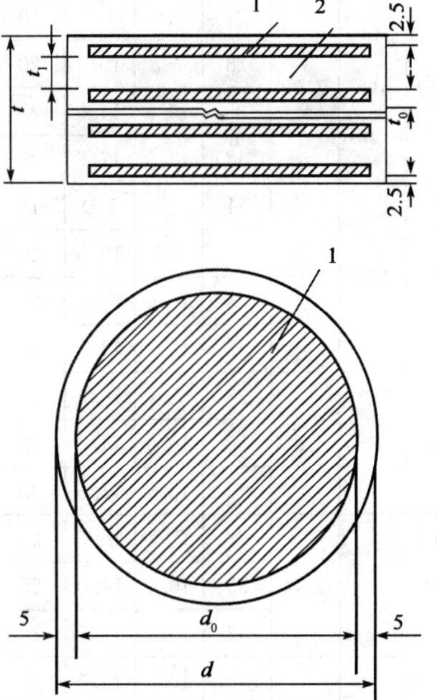

b)圆形板式橡胶支座结构示意图

图 15-41　橡胶支座结构示意图(尺寸单位：mm)

1 加劲钢板；2 橡胶层

(2)普通板式橡胶支座规格尺寸

$l_a \times l_b$ 或 d——平面尺寸或直径。

R_{ck}——最大承压力。

S——形状系数。

t——支座总厚度。

Δl_1——不计制动力时最大位移量。

Δl_2——计入制动力时最大位移量。

t_e——橡胶层总厚度。

$\tan\theta$——允许转角正切值。

R_{Gk}——抗滑最小承压力。

t_1——中间橡胶层厚度。

t_0——单层钢板厚度。

GJZ、GYZ 板式橡胶支座规格系列选用参数 表 15-52

序号	$l_a \times l_b$(或 d)(mm)	R_{ck}(kN)	S	t(mm)	Δl_1(mm)	Δl_2(mm)	t_e(mm)	$\tan\theta$(θ的单位为 rad)			R_{Gk}(kN)			t_1(mm)	t_0(mm)
								温热地区	寒冷地区	严寒地区	温热地区	寒冷地区	严寒地区		
1	100×150	101	5.48	21	5.0	7.0	15	0.010 7	0.009 0	0.007 4	35 (53)	42 (63)	53 (79)	5	2
				28	7.5	10.5	20	0.016 0	0.013 5	0.011 1					
2	100×200	137	6.11	21	5.0	7.0	15	0.008 7	0.007 4	0.006 1	47 (70)	56 (84)	70 (105)	5	2
				28	7.5	10.5	20	0.013 1	0.011 1	0.009 1					
3	d150	154	7.00	21	5.0	7.0	15	0.005 7	0.005 0	—	41 (62)	49 (74)	62 (93)	5	2
				28	7.5	10.5	20	0.008 5	0.007 3	0.006 0					
				35	10.0	14.0	25	0.011 4	0.009 7	0.008 0					
				42	12.5	17.5	30	0.014 3	0.012 2	0.010 1					
4	150×150	196	7.00	21	5.0	7.0	15	0.005 7	0.005 0	—	53 (79)	63 (95)	79 (118)	5	2
				28	7.5	10.5	20	0.008 5	0.007 3	0.006 0					
				35	10.0	14.0	25	0.011 4	0.009 7	0.008 0					
				42	12.5	17.5	30	0.014 3	0.012 2	0.010 1					
5	150×200	266	8.06	21	5.0	7.0	15	0.005 0	—	—	70 (105)	84 (126)	105 (158)	5	2
				28	7.5	10.5	20	0.006 7	0.005 7	0.005 0					
				35	10.0	14.0	25	0.008 9	0.007 7	0.006 4					
				42	12.5	17.5	30	0.011 2	0.009 6	0.008 0					
6	150×250	336	8.84	28	7.5	10.5	20	0.005 7	0.005 0	—	88 (131)	105 (158)	131 (197)	5	2
				35	10.0	14.0	25	0.007 7	0.006 6	0.005 5					
				42	12.5	17.5	30	0.009 6	0.008 3	0.006 9					
7	150×300	406	9.44	28	7.5	10.5	20	0.005 2	0.005 0	—	105 (158)	126 (189)	158 (236)	5	2
				35	10.0	14.0	25	0.006 9	0.006 0	0.005 0					
				42	12.5	17.5	30	0.008 6	0.007 4	0.006 3					
8	d200	284	9.50	35	10.0	14.0	25	0.005 1	—	—	73 (110)	88 (132)	110 (165)	5	2
				42	12.5	17.5	30	0.006 4	0.005 5	0.005 0					
				49	15.0	21.0	35	0.007 7	0.006 6	0.005 6					
				56	17.5	24.5	40	0.008 9	0.007 7	0.006 5					

续表 15-52

序号	$l_a \times l_b$（或 d）(mm)	R_{ck} (kN)	S	t (mm)	Δl_1 (mm)	Δl_2 (mm)	t_e (mm)	tanθ（θ 的单位为 rad）			R_{Gk}(kN)			t_1 (mm)	t_0 (mm)
								温热地区	寒冷地区	严寒地区	温热地区	寒冷地区	严寒地区		
9	200×200	361	9.50	35	10.0	14.0	25	0.005 1	—	—	93 (140)	112 (168)	140 (210)	5	2
				42	12.5	17.5	30	0.006 4	0.005 5	0.005 0					
				49	15.0	21.0	35	0.007 7	0.006 6	0.005 6					
				56	17.5	24.5	40	0.008 9	0.007 7	0.006 5					
10	200×250	456	10.60	42	12.5	17.5	30	0.005 4	0.005 0	—	117 (175)	140 (210)	175 (263)	5	2
				49	15.0	21.0	35	0.006 4	0.005 6	0.005 0					
				56	17.5	24.5	40	0.007 5	0.006 6	0.005 6					
11	200×300	551	7.17	30	8.0	11.2	21	0.006 6	0.005 6	0.005 0	140 (210)	168 (252)	210 (315)	8	3
				41	12.0	16.8	29	0.009 8	0.008 4	0.007 0					
				52	16.0	22.4	37	0.013 1	0.011 2	0.009 3					
12	200×350	646	7.62	30	8.0	11.2	21	0.005 9	0.005 1	—	163 (245)	196 (294)	245 (368)	8	3
				41	12.0	16.8	29	0.008 9	0.007 6	0.006 3					
				52	16.0	22.4	37	0.011 8	0.010 1	0.008 4					
13	200×400	741	7.98	30	8.0	11.2	21	0.005 5	0.005 0	—	187 (280)	224 (336)	280 (420)	8	3
				41	12.0	16.8	29	0.008 2	0.007 0	0.005 9					
				52	16.0	22.4	37	0.010 9	0.009 3	0.007 8					
14	d250	452	7.50	41	12.0	16.8	29	0.007 3	0.006 2	0.005 2	115 (172)	137 (206)	172 (258)	8	3
				52	16.0	22.4	37	0.009 7	0.008 3	0.006 9					
				63	20.0	28.0	45	0.012 1	0.010 4	0.008 6					
				74	24.0	33.6	53	0.014 6	0.012 4	0.010 3					
15	250×250	576	7.50	41	12.0	16.8	29	0.007 3	0.006 2	0.005 2	146 (219)	175 (263)	219 (328)	8	3
				52	16.0	22.4	37	0.009 7	0.008 3	0.006 9					
				63	20.0	28.0	45	0.012 1	0.010 4	0.008 6					
				74	24.0	33.6	53	0.014 6	0.012 4	0.010 3					
16	250×300	696	8.21	41	12.0	16.8	29	0.006 2	0.005 4	0.005 0	175 (263)	210 (315)	263 (394)	8	3
				52	16.0	22.4	37	0.008 3	0.007 1	0.006 0					
				63	20.0	28.0	45	0.010 4	0.008 9	0.007 5					
				74	24.0	33.6	53	0.012 5	0.010 7	0.009 0					
17	250×350	816	8.79	41	12.0	16.8	29	0.005 6	0.005 0	—	204 (306)	245 (368)	306 (459)	8	3
				52	16.0	22.4	37	0.007 4	0.006 4	0.005 4					
				63	20.0	28.0	45	0.009 3	0.008 0	0.006 7					
				74	24.0	33.6	53	0.011 1	0.009 6	0.008 1					
18	250×400	936	9.29	41	12.0	16.8	29	0.005 1	—	—	233 (350)	280 (420)	350 (525)	8	3
				52	16.0	22.4	37	0.006 8	0.005 9	0.005 0					
				63	20.0	28.0	45	0.008 5	0.007 3	0.006 2					
				74	24.0	33.6	53	0.010 2	0.008 8	0.007 4					

续表 15-52

序号	$l_a \times l_b$（或 d）(mm)	R_{ck} (kN)	S	t (mm)	Δl_1 (mm)	Δl_2 (mm)	t_e (mm)	$\tan\theta$（θ 的单位为 rad）			R_{Gk} (kN)			t_1 (mm)	t_0 (mm)
								温热地区	寒冷地区	严寒地区	温热地区	寒冷地区	严寒地区		
19	250×450	1 056	9.71	41	12.0	16.8	29	0.005 0	—	—	263 (394)	315 (473)	394 (591)	8	3
				52	16.0	22.4	37	0.006 3	0.005 5	0.005 0					
				63	20.0	28.0	45	0.007 9	0.006 8	0.005 8					
				74	24.0	33.6	53	0.009 5	0.008 2	0.006 9					
20	250×500	1 176	10.07	41	12.0	16.8	29	0.005 0	—	—	292 (438)	350 (525)	438 (656)	8	3
				52	16.0	22.4	37	0.006 0	0.005 2	—					
				63	20.0	28.0	45	0.007 4	0.006 5	0.005 5					
				74	24.0	33.6	53	0.008 9	0.007 8	0.006 6					
21	d300	661	9.06	52	16.0	22.4	37	0.005 9	0.005 1	—	165 (247)	198 (297)	247 (371)	8	3
				63	20.0	28.0	45	0.007 4	0.006 3	0.005 3					
				74	24.0	33.6	53	0.008 8	0.007 6	0.006 4					
				85	28.0	39.2	61	0.010 3	0.008 9	0.007 5					
22	300×300	841	9.06	52	16.0	22.4	37	0.005 9	0.005 1	—	210 (315)	252 (378)	315 (473)	8	3
				63	20.0	28.0	45	0.007 4	0.006 3	0.005 3					
				74	24.0	33.6	53	0.008 8	0.007 6	0.006 4					
				85	28.0	39.2	61	0.010 3	0.008 9	0.007 5					
23	300×350	986	9.78	52	16.0	22.4	37	0.005 2	0.005 0	—	245 (368)	294 (441)	368 (551)	8	3
				63	20.0	28.0	45	0.006 5	0.005 6	0.005 0					
				74	24.0	33.6	53	0.007 8	0.006 8	0.005 7					
				85	28.0	39.2	61	0.009 1	0.007 9	0.006 7					
24	300×400	1 131	10.40	52	16.0	22.4	37	0.005 0	—	—	280 (420)	336 (504)	420 (630)	8	3
				63	20.0	28.0	45	0.005 9	0.005 1	—					
				74	24.0	33.6	53	0.007 1	0.006 2	0.005 3					
				85	28.0	39.2	61	0.008 3	0.007 2	0.006 1					
25	300×450	1 276	10.92	63	20.0	28.0	45	0.005 5	0.005 0	—	315 (473)	378 (567)	473 (709)	8	3
				74	24.0	33.6	53	0.006 6	0.005 7	0.005 0					
				85	28.0	39.2	61	0.007 7	0.006 7	0.005 7					
26	300×500	1 421	8.28	54	16.5	23.1	38	0.007 0	0.006 1	0.005 1	350 (525)	420 (630)	525 (788)	11	4
				69	22.0	30.8	49	0.009 4	0.008 1	0.006 8					
				84	27.5	38.5	60	0.011 7	0.010 1	0.008 4					
27	300×550	1 566	8.58	54	16.5	23.1	38	0.006 6	0.005 7	0.005 0	385 (578)	462 (693)	578 (866)	11	4
				69	22.0	30.8	49	0.008 8	0.007 6	0.006 4					
				84	27.5	38.5	60	0.011 0	0.009 5	0.008 0					
28	300×600	1 711	8.84	54	16.5	23.1	38	0.006 3	0.005 4	0.005 0	420 (630)	504 (756)	630 (945)	11	4
				69	22.0	30.8	49	0.008 4	0.007 3	0.006 1					
				84	27.5	38.5	60	0.010 5	0.009 1	0.007 6					

续表 15-52

序号	$l_a \times l_b$（或 d）(mm)	R_{ck} (kN)	S	t (mm)	Δl_1 (mm)	Δl_2 (mm)	t_e (mm)	tanθ（θ 的单位为 rad）			R_{Gk}(kN)			t_1 (mm)	t_0 (mm)
								温热地区	寒冷地区	严寒地区	温热地区	寒冷地区	严寒地区		
29	d350	908	10.63	63	20.0	28.0	45	0.005 0	—	—	224 (337)	269 (404)	337 (505)	8	3
				74	24.0	33.6	53	0.005 9	0.005 1	—					
				85	28.0	39.2	61	0.006 8	0.006 0	0.005 1					
				96	32.0	44.8	69	0.007 8	0.006 8	0.005 8					
30	350×350	1 156	10.63	63	20.0	28.0	45	0.005 0	—	—	286 (429)	343 (515)	429 (643)	8	3
				74	24.0	33.6	53	0.005 9	0.005 1	—					
				85	28.0	39.2	61	0.006 8	0.006 0	0.005 1					
				96	32.0	44.8	69	0.007 8	0.006 8	0.005 8					
31	350×400	1 326	8.26	54	16.5	23.1	38	0.006 1	0.005 2	—	327 (490)	392 (588)	490 (735)	11	4
				69	22.0	30.8	49	0.008 1	0.006 9	0.005 8					
				84	27.5	38.5	60	0.010 1	0.008 7	0.007 3					
				99	33.0	46.2	71	0.012 1	0.010 4	0.008 7					
32	350×450	1 496	8.72	54	16.5	23.1	38	0.005 5	0.005 0	—	368 (551)	441 (662)	551 (827)	11	4
				69	22.0	30.8	49	0.007 4	0.006 4	0.005 3					
				84	27.5	38.5	60	0.009 2	0.007 9	0.006 7					
				99	33.0	46.2	71	0.011 1	0.009 5	0.008 0					
33	350×500	1 666	9.12	54	16.5	23.1	38	0.005 1	—	—	408 (613)	490 (735)	613 (919)	11	4
				69	22.0	30.8	49	0.006 9	0.005 9	0.005 0					
				84	27.5	38.5	60	0.008 6	0.007 4	0.006 2					
				99	33.0	46.2	71	0.010 3	0.008 9	0.007 5					
34	350×550	1 836	9.48	54	16.5	23.1	38	0.005 0	—	—	449 (674)	539 (809)	674 (1 011)	11	4
				69	22.0	30.8	49	0.006 4	0.005 6	0.005 0					
				84	27.5	38.5	60	0.008 1	0.007 0	0.005 9					
				99	33.0	46.2	71	0.009 7	0.008 4	0.007 1					
35	350×600	2 006	9.80	54	16.5	23.1	38	0.005 0	—	—	490 (735)	588 (882)	735 (1 103)	11	4
				69	22.0	30.8	49	0.006 1	0.005 3	0.005 0					
				84	27.5	38.5	60	0.007 6	0.006 6	0.005 6					
				99	33.0	46.2	71	0.009 2	0.007 9	0.006 7					
36	d400	1 195	8.86	54	16.5	23.1	38	0.005 0	—	—	293 (440)	352 (528)	440 (660)	11	4
				69	22.0	30.8	49	0.006 3	0.005 4	0.005 0					
				84	27.5	38.5	60	0.007 9	0.006 8	0.005 7					
				99	33.0	46.2	71	0.009 4	0.008 1	0.006 8					
37	400×400	1 521	8.86	54	16.5	23.1	38	0.005 0	—	—	373 (560)	448 (672)	560 (840)	11	4
				69	22.0	30.8	49	0.006 3	0.005 4	0.005 0					
				84	27.5	38.5	60	0.007 9	0.006 8	0.005 7					
				99	33.0	46.2	71	0.009 4	0.008 1	0.006 8					

续表 15-52

序号	$l_a \times l_b$ (或 d) (mm)	R_{ck} (kN)	S	t (mm)	Δl_1 (mm)	Δl_2 (mm)	t_e (mm)	$\tan\theta$(θ的单位为 rad)			R_{Gk}(KN)			t_1 (mm)	t_0 (mm)
								温热地区	寒冷地区	严寒地区	温热地区	寒冷地区	严寒地区		
38	400×450	1 716	9.40	69	22.0	30.8	49	0.005 7	0.005 0	—	420 (630)	504 (756)	630 (945)	11	4
				84	27.5	38.5	60	0.007 1	0.006 2	0.005 2					
				99	33.0	46.2	71	0.008 6	0.007 4	0.006 3					
				114	38.5	53.9	82	0.010 0	0.008 6	0.007 3					
39	400×500	1 911	9.87	69	22.0	30.8	49	0.005 3	0.005 0	—	467 (700)	560 (840)	700 (1 050)	11	4
				84	27.5	38.5	60	0.006 6	0.005 7	0.005 0					
				99	33.0	46.2	71	0.007 9	0.006 9	0.005 8					
				114	38.5	53.9	82	0.009 2	0.008 0	0.006 8					
40	400×550	2 106	10.29	69	22.0	30.8	49	0.005 0	—	—	513 (770)	616 (924)	770 (1 155)	11	4
				84	27.5	38.5	60	0.006 2	0.005 4	0.005 0					
				99	33.0	46.2	71	0.007 4	0.006 5	0.005 5					
41	400×600	2 301	10.67	69	22.0	30.8	49	0.005 0	—	—	560 (840)	672 (1 008)	840 (1 260)	11	4
				84	27.5	38.5	60	0.005 8	0.005 1	—					
				99	33.0	46.2	71	0.007 0	0.006 1	0.005 2					
42	400×650	2 490	11.02	69	22.0	30.8	49	0.005 0	—	—	607 (910)	728 (1 092)	910 (1 365)	11	4
				84	27.5	38.5	60	0.005 6	0.005 0	—					
				99	33.0	46.2	71	0.006 7	0.005 8	0.005 0					
43	d450	1 521	10.00	69	22.0	30.8	49	0.005 0	—	—	371 (557)	445 (668)	557 (835)	11	4
				84	27.5	38.5	60	0.005 7	0.005 0	—					
				99	33.0	46.2	71	0.006 9	0.006 0	0.005 1					
				114	38.5	53.9	82	0.008 0	0.007 0	0.005 9					
44	450×450	1 936	10.00	69	22.0	30.8	49	0.005 0	—	—	473 (709)	567 (851)	709 (1 063)	11	4
				84	27.5	38.5	60	0.005 7	0.005 0	—					
				99	33.0	46.2	71	0.006 9	0.006 0	0.005 1					
				114	38.5	53.9	82	0.008 0	0.007 0	0.005 9					
45	450×500	2 156	10.54	84	27.5	38.5	60	0.005 3	0.005 0	—	525 (788)	630 (945)	788 (1 181)	11	4
				99	33.0	46.2	71	0.006 4	0.005 5	0.005 0					
				114	38.5	53.9	82	0.007 4	0.006 5	0.005 5					
46	450×550	2 376	11.02	84	27.5	38.5	60	0.005 0	—	—	578 (866)	693 (1 040)	866 (1 299)	11	4
				99	33.0	46.2	71	0.005 9	0.005 2	—					
				114	38.5	53.9	82	0.006 9	0.006 1	0.005 2					
47	450×600	2 596	8.40	70	22.5	31.5	50	0.006 2	0.005 4	0.005 0	630 (945)	756 (1 134)	945 (1 418)	15	5
				90	30.0	42.0	65	0.008 3	0.007 2	0.006 0					
				110	37.5	52.5	80	0.010 4	0.009 0	0.007 5					
48	450×650	2 816	8.69	70	22.5	31.5	50	0.005 9	0.005 1	—	683 (1 024)	819 (1 229)	1 024 (1 536)	15	5
				90	30.0	42.0	65	0.007 9	0.006 8	0.005 7					
				110	37.5	52.5	80	0.009 8	0.008 5	0.007 1					

续表 15-52

序号	$l_a \times l_b$（或 d）(mm)	R_{ck} (kN)	S	t (mm)	Δl_1 (mm)	Δl_2 (mm)	t_e (mm)	$\tan\theta$（θ 的单位为 rad）			R_{Gk}(KN)			t_1 (mm)	t_0 (mm)
								温热地区	寒冷地区	严寒地区	温热地区	寒冷地区	严寒地区		
49	d500	1 886	8.17	70	22.5	31.5	50	0.005 9	0.005 1	—	458 (687)	550 (825)	687 (1 031)	15	5
				90	30.0	42.0	65	0.007 9	0.006 7	0.005 6					
				110	37.5	52.5	80	0.009 8	0.008 4	0.007 0					
				130	45.0	63.0	95	0.011 8	0.010 1	0.008 5					
50	500×500	2 401	8.17	70	22.5	31.5	50	0.005 9	0.005 1	—	583 (875)	700 (1 050)	875 (1 313)	15	5
				90	30.0	42.0	65	0.007 9	0.006 7	0.005 6					
				110	37.5	52.5	80	0.009 8	0.008 4	0.007 0					
				130	45.0	63.0	95	0.011 8	0.010 1	0.008 5					
51	500×550	2 646	8.56	70	22.5	31.5	50	0.005 4	0.005 0	—	642 (963)	770 (1 155)	963 (1 444)	15	5
				90	30.0	42.0	65	0.007 3	0.006 3	0.005 2					
				110	37.5	52.5	80	0.009 1	0.007 8	0.006 6					
				130	45.0	63.0	95	0.010 9	0.009 4	0.007 9					
52	500×600	2 891	8.92	70	22.5	31.5	50	0.005 1	—	—	700 (1 050)	840 (1 260)	1 050 (1 575)	15	5
				90	30.0	42.0	65	0.006 8	0.005 9	0.005 0					
				110	37.5	52.5	80	0.008 5	0.007 3	0.006 2					
				130	45.0	63.0	95	0.010 2	0.008 8	0.007 7					
53	500×650	3 136	9.25	70	22.5	31.5	50	0.005 0	—	—	758 (1 138)	910 (1 365)	1 138 (1 706)	15	5
				90	30.0	42.0	65	0.006 4	0.005 5	0.005 0					
				110	37.5	52.5	80	0.008 0	0.006 9	0.005 8					
				130	45.0	63.0	95	0.009 6	0.008 3	0.007 0					
54	500×700	3 381	9.55	70	22.5	31.5	50	0.005 0	—	—	817 (1 225)	980 (1 470)	1 225 (1 838)	15	5
				90	30.0	42.0	65	0.006 1	0.005 3	—					
				110	37.5	52.5	80	0.007 6	0.006 6	0.005 6					
				130	45.0	63.0	95	0.009 1	0.007 9	0.006 7					
55	d550	2 290	9.00	90	30.0	42.0	65	0.006 1	0.005 2	—	554 (832)	665 (998)	832 (1 247)	15	5
				110	37.5	52.5	80	0.007 6	0.006 6	0.005 5					
				130	45.0	63.0	95	0.009 1	0.007 9	0.006 6					
				150	52.5	73.5	110	0.010 6	0.009 2	0.007 7					
56	550×550	2 916	9.0	90	30.0	42.0	65	0.006 1	0.005 2	—	706 (1 059)	847 (1 271)	1 059 (1 588)	15	5
				110	37.5	52.5	80	0.007 6	0.006 6	0.005 5					
				130	45.0	63.0	95	0.009 1	0.007 9	0.006 6					
				150	52.5	73.5	110	0.010 6	0.009 2	0.007 7					
57	550×600	3 186	9.40	90	30.0	42.0	65	0.005 7	0.005 0	—	770 (1 155)	924 (1 386)	1 155 (1 733)	15	5
				110	37.5	52.5	80	0.007 1	0.006 1	0.005 2					
				130	45.0	63.0	95	0.008 5	0.007 3	0.006 2					
				150	52.5	73.5	110	0.010 9	0.008 6	0.007 2					
58	550×650	3 456	9.76	90	30.0	42.0	65	0.005 3	0.005 0	—	834 (1 251)	1 001 (1 502)	1 251 (1 877)	15	5
				110	37.5	52.5	80	0.006 7	0.005 8	0.005 0					
				130	45.0	63.0	95	0.008 0	0.006 9	0.005 9					
				150	52.5	73.5	110	0.009 3	0.008 1	0.006 9					

续表 15-52

序号	$l_a \times l_b$(或 d)(mm)	R_{ck}(kN)	S	t(mm)	Δl_1(mm)	Δl_2(mm)	t_e(mm)	$\tan\theta$(θ的单位为 rad)			R_{Gk}(KN)			t_1(mm)	t_0(mm)
								温热地区	寒冷地区	严寒地区	温热地区	寒冷地区	严寒地区		
59	d600	2 734	9.83	90	30.0	42.0	65	0.005 0	—	—	660(990)	792(1 188)	990(1 484)	15	5
				110	37.5	52.5	80	0.006 0	0.005 2	—					
				130	45.0	63.0	95	0.007 2	0.006 3	0.005 3					
				150	52.5	73.5	110	0.008 5	0.007 3	0.006 2					
60	600×600	3 481	9.83	90	30.0	42.0	65	0.005 0	—	—	840(1 260)	1 008(1 512)	1 260(1 890)	15	5
				110	37.5	52.5	80	0.006 0	0.005 2	—					
				130	45.0	63.0	95	0.007 2	0.006 3	0.005 3					
				150	52.5	73.5	110	0.008 5	0.007 3	0.006 2					
61	600×650	3 776	10.23	90	30.0	42.0	65	0.005 0	—	—	910(1 365)	1 092(1 638)	1 365(2 048)	15	5
				110	37.5	52.5	80	0.005 7	0.005 0	—					
				130	45.0	63.0	95	0.006 8	0.005 9	0.005 0					
				150	52.5	73.5	110	0.007 9	0.006 9	0.005 9					
62	600×700	4 071	10.60	110	37.5	52.5	80	0.005 4	0.005 0	—	980(1 470)	1 176(1 764)	1 470(2 205)	15	5
				130	45.0	63.0	95	0.006 4	0.005 6	0.005 0					
				150	52.5	73.5	110	0.007 5	0.006 6	0.005 6					
63	600×750	4 366	10.94	110	37.5	52.5	80	0.005 1	0.005 0	—	1 050(1 575)	1 260(1 890)	1 575(2 363)	15	5
				130	45.0	63.0	95	0.006 1	0.005 4	0.005 0					
				150	52.5	73.5	110	0.007 2	0.006 3	0.005 4					
64	d650	3 217	10.67	110	37.5	52.5	80	0.005 0	—	—	774(1 161)	929(1 394)	1 161(1 742)	15	5
				130	45.0	63.0	95	0.005 9	0.005 1	—					
				150	52.5	73.5	110	0.006 9	0.006 0	0.005 1					
				170	60.0	84.0	125	0.007 8	0.006 8	0.005 9					
65	650×650	4 096	10.67	110	37.5	52.5	80	0.005 0	—	—	986(1 479)	1 183(1 775)	1 479(2 218)	15	5
				130	45.0	63.0	95	0.005 9	0.005 1	—					
				150	52.5	73.5	110	0.006 9	0.006 0	0.005 1					
				170	60.0	84.0	125	0.007 9	0.006 8	0.005 9					
66	650×700	4 416	9.20	102	36.0	50.4	77	0.006 0	0.005 2	—	1 062(1 593)	1 274(1 911)	1 593(2 389)	18	5
				125	45.0	63.0	95	0.007 4	0.006 4	0.005 4					
				148	54.0	75.6	113	0.008 9	0.007 7	0.006 5					
				171	63.0	88.2	131	0.010 4	0.009 0	0.007 6					
67	650×750	4 736	9.53	102	36.0	50.4	77	0.005 6	0.005 0	—	1 138(1 706)	1 365(2 048)	1 706(2 559)	18	5
				125	45.0	63.0	95	0.007 0	0.006 1	0.005 1					
				148	54.0	75.6	113	0.008 4	0.007 3	0.006 2					
				171	63.0	88.2	131	0.009 9	0.008 5	0.007 2					
68	d700	3 739	9.58	102	36.0	50.4	77	0.005 2	0.005 0	—	898(1 347)	1 078(1 616)	1 347(2 020)	18	5
				125	45.0	63.0	95	0.006 5	0.005 6	0.005 0					
				148	54.0	75.6	113	0.007 8	0.006 7	0.005 7					
				171	63.0	88.2	131	0.009 1	0.007 9	0.006 6					

续表 15-52

序号	$l_a \times l_b$（或 d）(mm)	R_{ck} (kN)	S	t (mm)	Δl_1 (mm)	Δl_2 (mm)	t_e (mm)	tanθ(θ的单位为 rad) 温热地区	寒冷地区	严寒地区	R_{Gk}(kN) 温热地区	寒冷地区	严寒地区	t_1 (mm)	t_0 (mm)
69	700×700	4 761	9.58	102	36.0	50.4	77	0.005 2	0.005 0	—	1 143 (1 715)	1 372 (2 058)	1 715 (2 573)	18	5
				125	45.0	63.0	95	0.006 5	0.005 6	0.005 0					
				148	54.0	75.6	113	0.007 8	0.006 7	0.005 7					
				171	63.0	88.2	131	0.009 1	0.007 9	0.006 6					
70	d750	4 301	10.28	125	45.0	63.0	95	0.005 4	0.005 0	—	1 031 (1 546)	1 237 (1 856)	1 546 (2 319)	18	5
				148	54.0	75.6	113	0.006 5	0.005 6	0.005 0					
				171	63.0	88.2	131	0.007 6	0.006 6	0.005 6					
				194	72.0	100.8	149	0.008 6	0.007 5	0.006 4					
71	d800	4 902	10.97	125	45.0	63.0	95	0.005 0	—	—	1 173 (1 759)	1 407 (2 111)	1 759 (2 639)	18	5
				148	54.0	75.6	113	0.005 5	0.005 0	—					
				171	63.0	88.2	131	0.006 4	0.005 6	0.005 0					
				194	72.0	100.8	149	0.007 3	0.006 4	0.005 5					

注：①抗滑最小承载力栏中，括号外数字为支座与混凝土接触时采用值，括号内数字为支座与钢接触时采用值；其值均为不计汽车动力的情况。当计入汽车制动力时，应自行计算。

②允许转角正切值是沿支座短边方向转动时计算值，若沿长边方向转动则应自行计算。

8. 公路桥梁四氟滑板式橡胶支座规格系列

(1)四氟滑板橡胶支座示意图

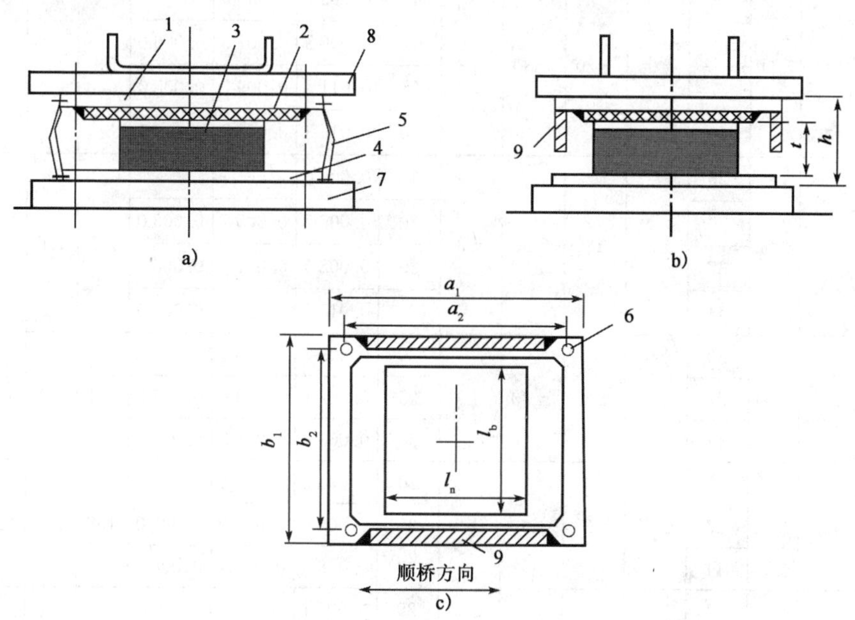

图 15-42　四氟滑板支座组装示意图

1-上钢板；2-不锈钢板；3-四氟滑板支座（$GJZF_4$、$GYZF_4$）；4-下钢板；5-防尘罩；6-锚固螺栓；7-支座垫石；8-梁底预埋钢板；9-导向板

(2)四氟滑板式橡胶支座规格尺寸

$l_a \times l_b$ 或 d——平面尺寸或直径。

R_{ck}——最大承压力。

S——形状系数。

t——支座总厚度。

Δl_3——多向支座位移量。

Δl_4——单向支座位移量。

t_e——橡胶层总厚度。

$\tan\theta$——允许转角正切值。

R_{Gk}——抗滑最小承压力。

t_1——中间橡胶层厚度。

t_0——单层钢板厚度。

t_f——四氟滑板厚度。

$GJZF_4$、$GYZF_4$ 板式橡胶支座规格系列选用参数 表 15-53

序号	$l_a \times l_b$(或 d)(mm)	R_{ck}(kN)	S	t(mm)	Δl_3(mm)		Δl_4(mm)		t_e(mm)	$\tan\theta$(θ 的单位为 rad)			R_{Gk}(kN)			t_1(mm)	t_0(mm)	t_f(mm)
					顺桥向	横桥向	顺桥向	横桥向		温热地区	寒冷地区	严寒地区	温热地区	寒冷地区	严寒地区			
1	100×150	101	5.48	23	±30	±20	±30	±3	15	0.010 7	0.009 0	0.007 4	53	63	79	5	2	2
				30					20	0.016 0	0.013 5	0.011 1						
2	100×200	137	6.11	23	±30	±20	±30	±3	15	0.008 7	0.007 4	0.006 1	70	84	105	5	2	2
				30					20	0.013 1	0.011 1	0.009 1						
3	d150	154	7.00	23	±30	±20	±30	±3	15	0.005 7	0.005 0	—	62	74	93	5	2	2
				30					20	0.008 5	0.007 3	0.006 0						
				37					25	0.011 4	0.009 7	0.008 0						
				44					30	0.014 3	0.012 2	0.010 1						
4	150×150	196	7.00	23	±30	±20	±30	±3	15	0.005 7	0.005 0	—	79	95	118	5	2	2
				30					20	0.008 5	0.007 3	0.006 0						
				37					25	0.011 4	0.009 7	0.008 0						
				44					30	0.014 3	0.012 2	0.010 1						
5	150×200	266	8.06	23	±30	±20	±30	±3	15	0.005 0	—	—	105	126	158	5	2	2
				30					20	0.006 7	0.005 7	0.005 0						
				37					25	0.008 9	0.007 7	0.006 4						
				44					30	0.011 2	0.009 6	0.008 0						
6	150×250	336	8.84	30	±30	±20	±30	±3	20	0.005 7	0.005 0	—	131	158	197	5	2	2
				37					25	0.007 7	0.006 6	0.005 5						
				44					30	0.009 6	0.008 3	0.006 9						
7	150×300	406	9.44	30	±30	±20	±30	±3	20	0.005 2	0.005 0	—	158	189	236	5	2	2
				37					25	0.006 9	0.006 0	0.005 0						
				44					30	0.008 6	0.007 4	0.006 3						
8	d200	284	9.50	37	±30	±20	±30	±3	25	0.005 1	—	—	110	132	165	5	2	2
				44					30	0.006 4	0.005 5	0.005 0						
				51					35	0.007 7	0.006 6	0.005 6						
				58					40	0.008 9	0.007 7	0.006 5						
9	200×200	361	9.50	37	±30	±20	±30	±3	25	0.005 1	—	—	140	168	210	5	2	2
				44					30	0.006 4	0.005 5	0.005 0						
				51					35	0.007 7	0.006 6	0.005 6						
				58					40	0.008 9	0.007 7	0.006 5						

续表 15-53

序号	$l_a \times l_b$（或 d）(mm)	R_{ck} (kN)	S	t (mm)	Δl_3 (mm) 顺桥向	Δl_3 (mm) 横桥向	Δl_4 (mm) 顺桥向	Δl_4 (mm) 横桥向	t_e (mm)	$\tan\theta$（θ 的单位为 rad）温热地区	寒冷地区	严寒地区	R_{Gk} (kN) 温热地区	寒冷地区	严寒地区	t_1 (mm)	t_0 (mm)	t_f (mm)
10	200×250	456	10.60	44	±30	±20	±30	±3	30	0.005 4	0.005 0	—	175	210	263	5	2	2
				51					35	0.006 4	0.005 6	0.005 0						
				58					40	0.007 5	0.006 6	0.005 6						
11	200×300	551	7.17	32	±30	±20	±30	±3	21	0.006 6	0.005 6	0.005 0	210	252	315	8	3	2
				43					29	0.009 8	0.008 4	0.007 0						
				54					37	0.013 1	0.011 2	0.009 3						
12	200×350	646	7.62	32	±30	±20	±30	±3	21	0.005 9	0.005 1	—	245	294	368	8	3	2
				43					29	0.008 9	0.007 6	0.006 3						
				54					37	0.011 8	0.010 1	0.008 4						
13	200×400	741	7.98	32	±30	±20	±30	±3	21	0.005 5	0.005 0	—	280	336	420	8	3	2
				43					29	0.008 2	0.007 0	0.005 9						
				54					37	0.010 9	0.009 3	0.007 8						
14	d250	452	7.50	43	±60	±30	±60	±3	29	0.007 3	0.006 2	0.005 2	172	206	258	8	3	2
				54					37	0.009 7	0.008 3	0.006 9						
				65					45	0.012 1	0.010 4	0.008 6						
				76					53	0.014 6	0.012 4	0.010 3						
15	250×250	576	7.50	43	±50	±20	±50	±3	29	0.007 3	0.006 2	0.005 2	219	263	328	8	3	2
				54					37	0.009 7	0.008 3	0.006 9						
				65					45	0.012 1	0.010 4	0.008 6						
				76					53	0.014 6	0.012 4	0.010 3						
16	250×300	696	8.21	43	±50	±20	±50	±3	29	0.006 2	0.005 4	0.005 0	263	315	394	8	3	2
				54					37	0.008 3	0.007 1	0.006 0						
				65					45	0.010 4	0.008 9	0.007 5						
				76					53	0.012 5	0.010 7	0.009 0						
17	250×350	816	8.79	43	±50	±20	±50	±3	29	0.005 6	0.005 0	—	306	368	459	8	3	2
				54					37	0.007 4	0.006 4	0.005 4						
				65					45	0.009 3	0.008 0	0.006 7						
				76					53	0.011 1	0.009 6	0.008 1						
18	250×400	936	9.29	43	±50	±20	±50	±3	29	0.005 1	—	—	350	420	525	8	3	2
				54					37	0.006 8	0.005 9	0.005 0						
				65					45	0.008 5	0.007 3	0.006 2						
				76					53	0.010 2	0.008 8	0.007 4						
19	250×450	1 056	9.71	43	±50	±20	±50	±3	29	0.005 0	—	—	394	473	591	8	3	2
				54					37	0.006 3	0.005 5	0.005 0						
				65					45	0.007 9	0.006 8	0.005 8						
				76					53	0.009 5	0.008 2	0.006 9						

续表 15-53

序号	$l_a \times l_b$(或 d)(mm)	R_{ck}(kN)	S	t(mm)	Δl_3(mm)		Δl_4(mm)		t_e(mm)	$\tan\theta$(θ 的单位为 rad)			R_{Gk}(kN)			t_1(mm)	t_0(mm)	t_f(mm)
					顺桥向	横桥向	顺桥向	横桥向		温热地区	寒冷地区	严寒地区	温热地区	寒冷地区	严寒地区			
20	250×500	1 176	10.07	43	±50	±20	±50	±3	29	0.005 0	—	—	438	525	656	8	3	2
				54					37	0.006 0	0.005 2	—						
				65					45	0.007 4	0.006 5	0.005 5						
				76					53	0.008 9	0.007 8	0.006 6						
21	d300	661	9.06	54	±60	±30	±60	±3	37	0.005 9	0.005 1	—	247	297	371	8	3	2
				65					45	0.007 4	0.006 3	0.005 3						
				76					53	0.008 8	0.007 6	0.006 4						
				87					61	0.010 3	0.008 9	0.007 5						
22	300×300	841	9.06	54	±70	±30	±70	±3	37	0.005 9	0.005 1	—	315	378	473	8	3	2
				65					45	0.007 4	0.006 3	0.005 3						
				76					53	0.008 8	0.007 6	0.006 4						
				87					61	0.010 3	0.008 9	0.007 5						
23	300×350	986	9.78	54	±70	±30	±70	±3	37	0.005 2	0.005 0	—	368	441	551	8	3	2
				65					45	0.006 5	0.005 6	0.005 0						
				76					53	0.007 8	0.006 8	0.005 7						
				87					61	0.009 1	0.007 9	0.006 7						
24	300×400	1 131	10.40	54	±70	±30	±70	±3	37	0.005 0	—	—	420	504	630	8	3	2
				65					45	0.005 9	0.005 1	—						
				76					53	0.007 1	0.006 2	0.005 3						
				87					61	0.008 3	0.007 2	0.006 1						
25	300×450	1 276	10.92	65	±70	±30	±70	±3	45	0.005 5	0.005 0	—	473	567	709	8	3	2
				76					53	0.006 6	0.005 7	0.005 0						
				87					61	0.007 7	0.006 7	0.005 7						
26	300×500	1 421	8.28	56	±70	±30	±70	±3	38	0.007 0	0.006 1	0.005 1	525	630	788	11	4	2
				71					49	0.009 4	0.008 1	0.006 8						
				86					60	0.011 7	0.010 1	0.008 4						
27	300×550	1 566	8.58	57	±70	±30	±70	±3	38	0.006 6	0.005 7	0.005 0	578	693	866	11	4	3
				72					49	0.008 8	0.007 6	0.006 4						
				87					60	0.011 0	0.009 5	0.008 0						
28	300×600	1 711	8.84	57	±70	±30	±70	±3	38	0.006 3	0.005 4	0.005 0	630	756	945	11	4	3
				72					49	0.008 4	0.007 3	0.006 1						
				87					60	0.010 5	0.009 1	0.007 6						
29	d350	908	10.63	65	±90	±40	±90	±3	45	0.005 0	—	—	337	404	505	8	3	2
				76					53	0.005 9	0.005 1	—						
				87					61	0.006 8	0.006 0	0.005 1						
				98					69	0.007 8	0.006 8	0.005 8						

续表 15-53

序号	$l_a \times l_b$（或 d）(mm)	R_{ck} (kN)	S	t (mm)	Δl_3(mm) 顺桥向	Δl_3(mm) 横桥向	Δl_4(mm) 顺桥向	Δl_4(mm) 横桥向	t_e (mm)	$\tan\theta$（θ 的单位为 rad）温热地区	$\tan\theta$ 寒冷地区	$\tan\theta$ 严寒地区	R_{Gk}(kN) 温热地区	R_{Gk} 寒冷地区	R_{Gk} 严寒地区	t_1 (mm)	t_0 (mm)	t_f (mm)
30	350×350	1 156	10.63	65	±90	±40	±90	±3	45	0.005 0	—	—	429	515	643	8	3	2
				76					53	0.005 9	0.005 1	—						
				87					61	0.006 8	0.006 0	0.005 1						
				98					69	0.007 8	0.006 8	0.005 8						
31	350×400	1 326	8.26	56	±90	±40	±90	±3	38	0.006 1	0.005 2	—	490	588	735	11	4	2
				71					49	0.008 1	0.006 9	0.005 8						
				86					60	0.010 1	0.008 7	0.007 3						
				101					71	0.012 1	0.010 4	0.008 7						
32	350×450	1 496	8.72	56	±90	±40	±90	±3	38	0.005 5	0.005 0	—	551	662	827	11	4	2
				71					49	0.007 4	0.006 4	0.005 3						
				86					60	0.009 2	0.007 9	0.006 7						
				101					71	0.011 1	0.009 5	0.008 0						
33	350×500	1 666	9.12	56	±90	±40	±90	±3	38	0.005 1	—	—	613	735	919	11	4	2
				71					49	0.006 9	0.005 9	0.005 0						
				86					60	0.008 6	0.007 4	0.006 2						
				101					71	0.010 3	0.008 9	0.007 5						
34	350×550	1 836	9.48	57	±90	±40	±90	±3	38	0.005 0	—	—	674	809	1 011	11	4	3
				72					49	0.006 4	0.005 6	0.005 0						
				87					60	0.008 1	0.007 0	0.005 9						
				102					71	0.009 7	0.008 4	0.007 1						
35	350×600	2 006	9.80	57	±90	±40	±90	±3	38	0.005 0	—	—	735	882	1 103	11	4	3
				72					49	0.006 1	0.005 3	0.005 0						
				87					60	0.007 6	0.006 6	0.005 6						
				102					71	0.009 2	0.007 9	0.006 7						
36	d400	1 195	8.86	56	±90	±40	±90	±3	38	0.005 0	—	—	440	528	660	11	4	2
				71					49	0.006 3	0.005 4	0.005 0						
				86					60	0.007 9	0.006 8	0.005 7						
				101					71	0.009 4	0.008 1	0.006 8						
37	400×400	1 521	8.86	56	±90	±40	±90	±3	38	0.005 0	—	—	560	672	840	11	4	2
				71					49	0.006 3	0.005 4	0.005 0						
				86					60	0.007 9	0.006 8	0.005 7						
				101					71	0.009 4	0.008 1	0.006 8						
38	400×450	1 716	9.40	71	±90	±40	±90	±3	49	0.005 7	0.005 0	—	630	756	945	11	4	2
				86					60	0.007 1	0.006 2	0.005 2						
				101					71	0.008 6	0.007 4	0.006 3						
				116					82	0.010 0	0.008 6	0.007 3						

续表 15-53

序号	$l_a \times l_b$(或 d)(mm)	R_{ck} (kN)	S	t (mm)	Δl_3(mm) 顺桥向	Δl_3(mm) 横桥向	Δl_4(mm) 顺桥向	Δl_4(mm) 横桥向	t_e (mm)	$\tan\theta$(θ的单位为 rad) 温热地区	$\tan\theta$ 寒冷地区	$\tan\theta$ 严寒地区	R_{Gk}(kN) 温热地区	R_{Gk} 寒冷地区	R_{Gk} 严寒地区	t_1 (mm)	t_0 (mm)	t_f (mm)
39	400×500	1 911	9.87	71	±90	±40	±90	±3	49	0.005 3	0.005 0	—	700	840	1 050	11	4	2
				86					60	0.006 6	0.005 7	0.005 0						
				101					71	0.007 9	0.006 9	0.005 8						
				116					82	0.009 2	0.008 0	0.006 8						
40	400×550	2 106	10.29	72	±90	±40	±90	±3	49	0.005 0	—	—	770	924	1 155	11	4	3
				87					60	0.006 2	0.005 4	0.005 0						
				102					71	0.007 4	0.006 5	0.005 5						
41	400×600	2 301	10.67	72	±90	±40	±90	±3	49	0.005 0	—	—	840	1 008	1 260	11	4	3
				87					60	0.005 8	0.005 1	—						
				102					71	0.007 0	0.006 1	0.005 2						
42	400×650	2 490	11.02	72	±90	±40	±90	±3	49	0.005 0	—	—	910	1 092	1 365	11	4	3
				87					60	0.005 6	0.005 0	—						
				102					71	0.006 7	0.005 8	0.005 0						
43	d450	1 521	10.00	71	±110	±40	±110	±3	49	0.005 0	—	—	557	668	835	11	4	2
				86					60	0.005 7	0.005 0	—						
				101					71	0.006 9	0.006 0	0.005 1						
				116					82	0.008 0	0.007 0	0.005 9						
44	450×450	1 936	10.00	71	±110	±40	±110	±3	49	0.005 0	—	—	709	851	1 063	11	4	2
				86					60	0.005 7	0.005 0	—						
				101					71	0.006 9	0.006 0	0.005 1						
				116					82	0.008 0	0.007 0	0.005 9						
45	450×500	2 156	10.54	86	±110	±40	±110	±3	60	0.005 3	0.005 0	—	788	945	1 181	11	4	2
				101					71	0.006 4	0.005 5	0.005 0						
				116					82	0.007 4	0.006 5	0.005 5						
46	450×550	2 376	11.02	87	±110	±40	±110	±3	60	0.005 0	—	—	866	1 040	1 299	11	4	3
				102					71	0.005 9	0.005 2	—						
				117					82	0.006 9	0.006 1	0.005 2						
47	450×600	2 596	8.40	73	±110	±40	±110	±3	50	0.006 2	0.005 4	0.005 0	945	1 134	1 418	15	5	3
				93					65	0.008 3	0.007 2	0.006 0						
				113					80	0.010 4	0.009 0	0.007 5						
48	450×650	2 816	8.69	73	±110	±40	±110	±3	50	0.005 9	0.005 1	—	1 024	1 229	1 536	15	5	3
				93					65	0.007 9	0.006 8	0.005 7						
				113					80	0.009 8	0.008 5	0.007 1						
49	d500	1 886	8.17	72	±110	±40	±110	±3	50	0.005 9	0.005 1	—	687	825	1 031	15	5	2
				92					65	0.007 9	0.006 7	0.005 6						
				112					80	0.009 8	0.008 4	0.007 0						
				132					95	0.011 8	0.010 1	0.008 5						

续表 15-53

序号	$l_a \times l_b$（或 d）(mm)	R_{ck} (kN)	S	t (mm)	Δl_3(mm)		Δl_4(mm)		t_e (mm)	$\tan\theta$（θ 的单位为 rad）			R_{Gk}(kN)			t_1 (mm)	t_0 (mm)	t_f (mm)
					顺桥向	横桥向	顺桥向	横桥向		温热地区	寒冷地区	严寒地区	温热地区	寒冷地区	严寒地区			
50	500×500	2 401	8.17	72	±130	±40	±130	±3	50	0.005 9	0.005 1	—	875	1 050	1 313	15	5	2
				92					65	0.007 9	0.006 7	0.005 6						
				112					80	0.009 8	0.008 4	0.007 0						
				132					95	0.011 8	0.010 1	0.008 5						
51	500×550	2 646	8.56	73	±130	±40	±130	±3	50	0.005 4	0.005 0	—	963	1 155	1 444	15	5	3
				93					65	0.007 3	0.006 3	0.005 2						
				113					80	0.009 1	0.007 8	0.006 6						
				133					95	0.010 9	0.009 4	0.007 9						
52	500×600	2 891	8.92	73	±130	±40	±130	±3	50	0.005 1	—	—	1 050	1 260	1 575	15	5	3
				93					65	0.006 8	0.005 9	0.005 0						
				113					80	0.008 5	0.007 3	0.006 2						
				133					95	0.010 2	0.008 8	0.007 7						
53	500×650	3 136	9.25	73	±130	±40	±130	±3	50	0.005 0	—	—	1 138	1 365	1 706	15	5	3
				93					65	0.006 4	0.005 5	0.005 0						
				113					80	0.008 0	0.006 9	0.005 8						
				133					95	0.009 6	0.008 3	0.007 0						
54	500×700	3 381	9.55	73	±130	±40	±130	±3	50	0.005 0	—	—	1 225	1 470	1 838	15	5	3
				93					65	0.006 1	0.005 3	—						
				113					80	0.007 6	0.006 6	0.005 6						
				133					95	0.009 1	0.007 9	0.006 7						
55	d550	2 290	9.00	93	±130	±40	±130	±3	65	0.006 1	0.005 2	—	832	998	1 247	15	5	3
				113					80	0.007 6	0.006 6	0.005 5						
				133					95	0.009 1	0.007 9	0.006 6						
				153					110	0.010 6	0.009 2	0.007 7						
56	550×550	2 916	9.00	93	±130	±40	±130	±3	65	0.006 1	0.005 2	—	1 059	1 271	1 588	15	5	3
				113					80	0.007 6	0.006 6	0.005 5						
				133					95	0.009 1	0.007 9	0.006 6						
				153					110	0.010 6	0.009 2	0.007 7						
57	550×600	3 186	9.40	93	±130	±40	±130	±3	65	0.005 7	0.005 0	—	1 155	1 386	1 733	15	5	3
				113					80	0.007 1	0.006 1	0.005 2						
				133					95	0.008 5	0.007 3	0.006 2						
				153					110	0.010 9	0.008 6	0.007 2						
58	550×650	3 456	9.76	93	±130	±40	±130	±3	65	0.005 3	0.005 0	—	1 251	1 502	1 877	15	5	3
				113					80	0.006 7	0.005 8	0.005 0						
				133					95	0.008 0	0.006 9	0.005 9						
				153					110	0.009 3	0.008 1	0.006 9						

续表 15-53

序号	$l_a \times l_b$(或 d)(mm)	R_{ck}(kN)	S	t(mm)	Δl_3(mm)		Δl_4(mm)		t_e(mm)	$\tan\theta$(θ 的单位为 rad)			R_{Gk}(kN)			t_1(mm)	t_0(mm)	t_f(mm)
					顺桥向	横桥向	顺桥向	横桥向		温热地区	寒冷地区	严寒地区	温热地区	寒冷地区	严寒地区			
59	d600	2 734	9.83	93	±130	±40	±130	±3	65	0.005 0	—	—	990	1 188	1 484	15	5	3
				113					80	0.006 0	0.005 2	—						
				133					95	0.007 2	0.006 3	0.005 3						
				153					110	0.008 5	0.007 3	0.006 2						
60	600×600	3 481	9.83	93	±130	±40	±130	±3	65	0.005 0	—	—	1 260	1 512	1 890	15	5	3
				113					80	0.006 0	0.005 2	—						
				133					95	0.007 2	0.006 3	0.005 3						
				153					110	0.008 5	0.007 3	0.006 2						
61	600×650	3 776	10.23	93	±130	±40	±130	±3	65	0.005 0	—	—	1 365	1 638	2 048	15	5	3
				113					80	0.005 7	0.005 0	—						
				133					95	0.006 8	0.005 9	0.005 0						
				153					110	0.007 9	0.006 9	0.005 9						
62	600×700	4 071	10.60	113	±150	±40	±150	±3	80	0.005 4	0.005 0	—	1 470	1 764	2 205	15	5	3
				133					95	0.006 4	0.005 6	0.005 0						
				153					110	0.007 5	0.006 6	0.005 6						
63	600×750	4 366	10.94	113	±150	±40	±150	±3	80	0.005 1	0.005 0	—	1 575	1 890	2 363	15	5	3
				133					95	0.006 1	0.005 4	0.005 0						
				153					110	0.007 2	0.006 3	0.005 4						
64	d650	3 217	10.67	113	±150	±40	±150	±3	80	0.005 0	—	—	1 161	1 394	1 742	15	5	3
				133					95	0.005 9	0.005 1	—						
				153					110	0.006 9	0.006 0	0.005 1						
				173					125	0.007 8	0.006 8	0.005 9						
65	650×650	4 096	10.67	113	±150	±40	±150	±3	80	0.005 0	—	—	1 479	1 775	2 218	15	5	3
				133					95	0.005 9	0.005 1	—						
				153					110	0.006 9	0.006 0	0.005 1						
				173					125	0007 8	0.006 8	0.005 9						
66	650×700	4 416	9.20	105	±150	±40	±150	±3	77	0.006 0	0.005 2	—	1 593	1 911	2 389	18	5	3
				128					95	0.007 4	0.006 4	0.005 4						
				151					113	0.008 9	0.007 7	0.006 5						
				174					131	0.010 4	0.009 0	0.007 6						
67	650×750	4 736	9.53	105	±150	±40	±150	±3	77	0.005 6	0.005 0	—	1 706	2 048	2 559	18	5	3
				128					95	0.007 0	0.006 1	0.005 1						
				151					113	0.008 4	0.007 3	0.006 2						
				174					131	0.009 9	0.008 5	0.007 2						
68	d700	3 739	9.58	105	±150	±40	±150	±3	77	0.005 2	0.005 0	—	1 347	1 616	2 020	18	5	3
				128					95	0.006 5	0.005 6	0.005 0						
				151					113	0.007 8	0.006 7	0.005 7						
				174					131	0.009 1	0.007 9	0.006 6						

续表 15-53

序号	$l_a \times l_b$（或 d）(mm)	R_{ck} (kN)	S	t (mm)	Δl_3(mm)		Δl_4(mm)		t_e (mm)	$\tan\theta$（θ 的单位为 rad）			R_{Gk}(kN)			t_1 (mm)	t_0 (mm)	t_f (mm)
					顺桥向	横桥向	顺桥向	横桥向		温热地区	寒冷地区	严寒地区	温热地区	寒冷地区	严寒地区			
69	700×700	4 761	9.58	105	±150	±40	±150	±3	77	0.005 2	0.005 0	—	1 715	2 058	2 573	18	5	3
				128					95	0.006 5	0.005 6	0.005 0						
				151					113	0.007 8	0.006 7	0.005 7						
				174					131	0.009 1	0.007 9	0.006 6						
70	d750	4 301	10.28	128	±180	±40	±180	±3	95	0.005 4	0.005 0	—	1 546	1 856	2 319	18	5	3
				151					113	0.006 5	0.005 6	0.005 0						
				174					131	0.007 6	0.006 6	0.005 6						
				197					149	0.008 6	0.007 5	0.006 4						
71	d800	4 902	10.97	128	±180	±40	±180	±3	95	0.005 0	—	—	1 759	2 111	2 639	18	5	3
				151					113	0.005 5	0.005 0	—						
				174					131	0.006 4	0.005 6	0.005 0						
				197					149	0.007 3	0.006 4	0.005 5						

注：①抗滑最小承载力栏中的数字为支座与钢材接触时采用数值；其值均为不计汽车制动力的情况。当计入汽车制动力时，应自行计算。

②允许转角正切值是沿支座短边方向转动时计算值，若沿长边方向转动则应自行计算。

$GJZF_4$、$GYZF_4$ 规格系列支座主要附件尺寸（单位：mm）　　表 15-54

序号	支座平面尺寸 $l_a \times l_b$（或 d）	主要附件尺寸									
		多向支座				单向支座				锚固螺栓规格 $\phi \times l$	支座组装高度 h
		上、下钢板尺寸		锚固螺栓间距		上、下钢板尺寸		锚固螺栓间距			
		a_1	b_1	a_2	b_2	a_1	b_1	a_2	b_2		
1	100×150	270	290	220	240	270	240	220	190	M16×160	37+t
2	100×200	270	340	220	290	270	290	220	240	M16×160	37+t
3	d150	280	290	230	220	280	240	230	170	M16×160	37+t
4	150×150	320	290	270	240	320	240	270	190	M16×160	37+t
5	150×200	320	340	270	290	320	290	270	240	M16×160	37+t
6	150×250	320	390	270	340	320	340	270	290	M16×160	37+t
7	150×300	320	440	270	390	320	390	270	340	M16×160	37+t
8	d200	330	340	280	270	330	290	280	220	M16×160	37+t
9	200×200	370	340	320	290	370	290	320	240	M16×160	37+t
10	200×250	370	390	320	340	370	340	320	290	M16×160	37+t
11	200×300	370	440	320	390	370	390	320	340	M16×160	37+t
12	200×350	370	490	320	440	370	440	320	390	M16×160	37+t
13	200×400	370	540	320	490	370	490	320	440	M16×160	37+t
14	d250	440	410	390	340	440	340	390	270	M16×160	37+t
15	250×250	460	390	410	340	460	340	410	290	M18×180	37+t
16	250×300	460	440	410	390	460	390	410	340	M18×180	37+t
17	250×350	460	490	410	440	460	440	410	390	M18×180	37+t
18	250×400	460	540	410	490	460	490	410	440	M18×180	37+t
19	250×450	460	590	410	540	460	540	410	490	M18×180	37+t

续表 15-54

序号	支座平面尺寸 $l_a \times l_b$(或 d)	主要附件尺寸									
		多向支座				单向支座				锚固螺栓规格 $\phi \times l$	支座组装高度 h
		上、下钢板尺寸		锚固螺栓间距		上、下钢板尺寸		锚固螺栓间距			
		a_1	b_1	a_2	b_2	a_1	b_1	a_2	b_2		
20	250×500	460	640	410	590	460	590	410	540	M18×180	37+t
21	d300	490	460	440	390	490	390	440	320	M16×160	37+t
22	300×300	550	460	500	410	550	390	500	340	M22×220	37+t
23	300×350	550	510	500	460	550	440	500	390	M22×220	37+t
24	300×400	550	560	500	510	550	490	500	440	M22×220	37+t
25	300×450	550	610	500	560	550	540	500	490	M22×220	37+t
26	300×500	550	660	500	610	550	590	500	540	M22×220	37+t
27	300×550	550	710	500	660	550	640	500	590	M22×220	37+t
28	300×600	550	760	500	710	550	690	500	640	M22×220	37+t
29	d350	600	530	550	460	600	440	550	370	M18×180	37+t
30	350×350	640	530	590	480	640	440	590	390	M22×220	37+t
31	350×400	640	580	590	530	640	490	590	440	M22×220	37+t
32	350×450	640	630	590	580	640	540	590	490	M22×220	37+t
33	350×500	640	680	590	630	640	590	590	540	M22×220	37+t
34	350×550	640	730	590	680	640	640	590	590	M22×220	38+t
35	350×600	640	780	590	730	640	690	590	640	M22×220	38+t
36	d400	650	580	600	510	650	490	600	420	M18×180	37+t
37	400×400	690	580	640	530	690	490	640	440	M22×220	37+t
38	400×450	690	630	640	580	690	540	640	490	M22×220	37+t
39	400×500	690	680	640	630	690	590	640	540	M22×220	37+t
40	400×550	720	750	660	680	720	660	660	590	M24×240	53+t
41	400×600	720	800	660	730	720	710	660	640	M24×240	53+t
42	400×650	720	850	660	780	720	760	660	690	M24×240	53+t
43	d450	740	630	690	560	740	540	690	470	M22×220	37+t
44	450×450	810	650	750	580	810	560	750	490	M22×220	52+t
45	450×500	810	700	750	630	810	610	750	540	M24×240	52+t
46	450×550	810	750	750	680	810	660	750	590	M24×240	53+t
47	450×600	810	800	750	730	810	710	750	640	M24×240	53+t
48	450×650	810	850	750	780	810	760	750	690	M24×240	53+t
49	d500	790	680	740	610	790	590	740	520	M22×220	37+t
50	500×500	900	700	840	630	900	610	840	540	M24×240	52+t
51	500×550	900	750	840	680	900	660	840	590	M24×240	53+t
52	500×600	900	800	840	730	900	710	840	640	M24×240	53+t
53	500×650	900	850	840	780	900	760	840	690	M28×280	53+t
54	500×700	900	900	840	830	900	810	840	740	M28×280	53+t

续表 15-54

序号	支座平面尺寸 $l_a \times l_b$(或 d)	主要附件尺寸									
		多向支座				单向支座				锚固螺栓规格 $\phi \times l$	支座组装高度 h
		上、下钢板尺寸		锚固螺栓间距		上、下钢板尺寸		锚固螺栓间距			
		a_1	b_1	a_2	b_2	a_1	b_1	a_2	b_2		
55	d550	880	750	820	680	880	660	820	590	M24×240	53+t
56	550×550	950	750	890	680	950	660	890	590	M28×280	53+t
57	550×600	950	800	890	730	950	710	890	640	M28×280	53+t
58	550×650	950	850	890	780	950	760	890	690	M28×280	53+t
59	d600	930	800	870	730	930	710	870	640	M24×240	53+t
60	600×600	1 000	800	940	730	1 000	710	940	640	M28×280	53+t
61	600×650	1 000	850	940	780	1 000	760	940	690	M28×280	53+t
62	600×700	1 040	900	980	830	1 040	810	980	740	M30×300	53+t
63	600×750	1 040	950	980	880	1 040	860	980	790	M30×300	53+t
64	d650	1 020	850	960	780	1 020	760	960	690	M28×280	53+t
65	650×650	1 090	850	1 030	780	1 090	760	1 030	690	M30×300	53+t
66	650×700	1 090	900	1 030	830	1 090	810	1 030	740	M30×300	53+t
67	650×750	1 090	950	1 030	880	1 090	860	1 030	790	M30×300	53+t
68	d700	1 070	900	1 010	830	1 070	810	1 010	740	M28×280	53+t
69	700×700	1 140	900	1 080	830	1 140	810	1 080	740	M30×300	53+t
70	d750	1 180	950	1 120	880	1 180	860	1 120	790	M30×300	53+t
71	d800	1 230	1 000	1 170	930	1 230	910	1 170	840	M30×300	53+t

(二)公路桥梁球形支座(JT/T 854—2013;GB/T 17955—2009)

公路桥梁球形支座按竖向承载力大小,从 1 000～60 000kN,共分为 30 个级别。

球形支座一般由上支座板(含不锈钢板)、平面聚四氟乙烯板、球冠衬板、球面聚四氟乙烯板和下支座板及防尘结构等组成:

支座适用的温度范围为－40～＋60℃。

1.公路桥梁球形支座的分类

公路桥梁球形支座按水平方向位移特性分为:

(1)双向活动支座,代号 SX——具有双向位移性能,不承担水平向荷载作用。

(2)单向活动支座,代号 DX——具有单向位移性能,承受单向水平荷载作用。

(3)固定支座,代号 GD——承受各向水平荷载作用,各向无水平位移。

2.公路桥梁球形支座的规格

(1)支座按竖向设计承载力(kN)分为 30 级:1 000、1 500、2 000、2 500、3 000、3 500、4 000、4 500、5 000、6 000、7 000、8 000、9 000、10 000、12 500、15 000、17 500、20 000、22 500、25 000、27 500、30 000、32 500、35 000、37 500、40 000、45 000、50 000、55 000、60 000。

(2)单、双向活动支座顺结构主位移方向位移量分为 6 级(mm),±50、±100、±150、±200、±250、±300。

(3)支座的横向位移量(mm):双向活动支座±40;单向活动支座的横向位移限值为±3(位移量可根据实际需要调整)。

(4)支座转角分为 5 级(rad):0.02、0.03、0.04、0.05、0.06。

3.公路桥梁球形支座的标记

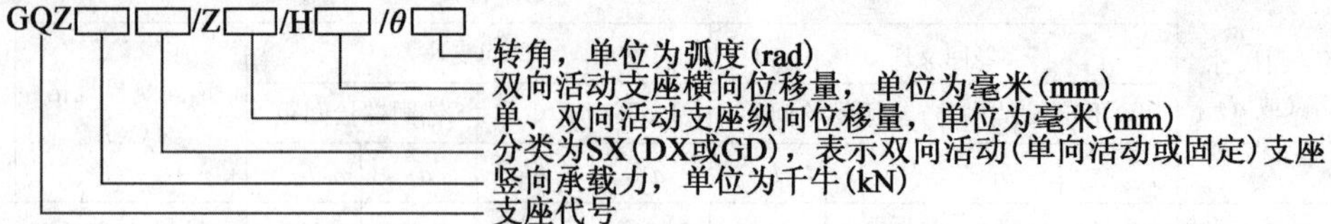

示例1:竖向承载力20 000kN、双向活动球形支座,纵向位移量±100mm、横向位移量±40mm,转角0.03rad,表示为GQZ20000SX/Z±100/H±40/θ0.03。

示例2:竖向承载力30 000kN、单向活动球形支座,纵向位移量±150mm,转角0.05rad,表示为GQZ30000DX/Z±150/θ0.05。

示例3:竖向承载力10 000kN、固定球形支座,转角0.03rad,表示为GQZ10000GD/θ0.03。

4.公路桥梁球形支座的选用要求

(1)对于单向活动支座及固定支座,非滑移方向的水平力应不大于支座设计竖向承载力的10%。

(2)当支座使用地区的温度变化范围在－25～60℃时,设计摩擦系数取0.03;温度变化范围在－40～60℃时,设计摩擦系数取0.05。

(3)支座垫石混凝土强度等级不应低于C40。

5.公路桥梁球形支座的规格尺寸

(1)表列符号说明

A、B——上顶板长、宽(mm)。

A_1、B_1——上顶板锚固螺栓间距(mm)。

C、D——下底盆长、宽(mm)。

C_1、D_1——下底盆锚固螺栓间距(mm)。

H——横向位移(mm)。

h——支座高度(mm)。

Z——纵向位移(mm)。

θ——支座转角(rad)。

(2)双向活动支座(GQZ-SX)

双向活动支座规格系列　　表15-55

序号	规格	纵向位移量 Z(mm)			横向位移量 H(mm)	支座高度 h(mm)					地脚螺栓底柱(mm)
						θ(rad)					
		Z_1	Z_2	Z_3		0.02	0.03	0.04	0.05	0.06	
1	GQZ 1000SX	±50	±100	±150	±20	83	84	85	—	—	ϕ42×252
2	GQZ 1500SX	±50	±100	±150	±20	86	87	88	—	—	ϕ42×252
3	GQZ 2000SX	±50	±100	±150	±20	91	92	93	—	—	ϕ42×252
4	GQZ 2500SX	±50	±100	±150	±20	96	97	99	—	—	ϕ42×252
5	GQZ 3000SX	±50	±100	±150	±20	100	102	103	—	—	ϕ46×260
6	GQZ 3500SX	±50	±100	±150	±20	105	106	108	—	—	ϕ46×260
7	GQZ 4000SX	±50	±100	±150	±20	109	111	113	—	—	ϕ46×260
8	GQZ 4500SX	±50	±100	±150	±20	113	115	117	—	—	ϕ46×260
9	GQZ 5000SX	±100	±150	±200	±20	117	119	121	—	—	ϕ58×300
10	GQZ 6000SX	±100	±150	±200	±20	125	127	130	—	—	ϕ58×300
11	GQZ 7000SX	±100	±150	±200	±20	132	134	137	—	—	ϕ58×300

续表 15-55

序号	规格	纵向位移量 Z(mm)			横向位移量 H (mm)	支座高度 h(mm)					地脚螺栓底柱 (mm)
						θ(rad)					
		Z_1	Z_2	Z_3		0.02	0.03	0.04	0.05	0.06	
12	GQZ 8000SX	±100	±150	±200	±20	139	141	143	—	—	ϕ70×352
13	GQZ 9000SX	±100	±150	±200	±20	145	147	149	—	—	ϕ70×352
14	GQZ 10000SX	±100	±150	±200	±40	152	154	156	—	—	ϕ70×352
15	GQZ 12500SX	±100	±150	±200	±40	173	175	177	—	—	ϕ80×352
16	GQZ 15000SX	±100	±150	±200	±40	188	192	196	200 (201)	204 (205)	ϕ80×352
17	GQZ 17500SX	±100	±150	±200	±40	199	201	205 (206)	209 (210)	214 (215)	ϕ90×400
18	GQZ 20000SX	±150	±200	±250	±40	214	216	221	224	229	ϕ90×400
19	GQZ 22500SX	±150	±200	±250	±40	221	223	227	232	238	ϕ90×400
20	GQZ 25000SX	±150	±200	±250	±40	232	236	241	247	250	ϕ100×400
21	GQZ 27500SX	±150	±200	±250	±40	243	245	251	254	261	ϕ100×400
22	GQZ 30000SX	±150	±200	±250	±40	255	258	262	268	273	ϕ100×400
23	GQZ 32500SX	±150	±200	±250	±40	267	270	274	281	286	ϕ110×460
24	GQZ 35000SX	±150	±200	±250	±40	277	279	286	291	296	ϕ110×460
25	GQZ 37500SX	±150	±200	±250	±40	286	289	293	302	307	ϕ110×460
26	GQZ 40000SX	±200	±250	±300	±40	297	300	304	310	315	ϕ120×480
27	GQZ 45000SX	±200	±250	±300	±40	323	324	329	334	344	ϕ120×480
28	GQZ 50000SX	±200	±250	±300	±40	342	344	346	354	363	ϕ124×520
29	GQZ 55000SX	±200	±250	±300	±40	361	363	366	373	381	ϕ124×520
30	GQZ 60000SX	±200	±250	±300	±40	379	381	385	393	400	ϕ128×560

序号	规格	上顶板宽 B(mm)					上顶板横桥向锚固螺栓间距 B_1(mm)				
		θ(rad)					θ(rad)				
		0.02	0.03	0.04	0.05	0.06	0.02	0.03	0.04	0.05	0.06
1	GQZ 1000SX	360	380	390	—	—	300	320	330	—	—
2	GQZ 1500SX	410	420	440	—	—	350	360	380	—	—
3	GQZ 2000SX	450	480	490	—	—	390	420	430	—	—
4	GQZ 2500SX	500	520	550	—	—	440	460	490	—	—
5	GQZ 3000SX	530	560	590	—	—	460	490	520	—	—
6	GQZ 3500SX	570	600	630	—	—	500	530	560	—	—
7	GQZ 4000SX	590	620	650	—	—	520	550	580	—	—
8	GQZ 4500SX	630	660	690	—	—	560	590	620	—	—
9	GQZ 5000SX	650	680	710	—	—	560	590	620	—	—
10	GQZ 6000SX	730	760	800	—	—	640	670	710	—	—
11	GQZ 7000SX	770	810	850	—	—	680	720	760	—	—
12	GQZ 8000SX	800	850	900	—	—	700	750	800	—	—
13	GQZ 9000SX	850	900	950	—	—	750	800	850	—	—
14	GQZ 10000SX	930	970	1 020	—	—	830	870	920	—	—

续表 15-55

序号	规格	上顶板宽 B(mm)					上顶板横桥向锚固螺栓间距 B_1(mm)				
		θ(rad)					θ(rad)				
		0.02	0.03	0.04	0.05	0.06	0.02	0.03	0.04	0.05	0.06
15	GQZ 12500SX	1 010	1 060	1 110	—	—	900	950	1 000	—	—
16	GQZ 15000SX	1 080	1 140	1 190	1 250	1 300	970	1 030	1 080	1 140	1 190
17	GQZ 17500SX	1 160	1 210	1 270	1 330	1 390	1 040	1 090	1 150	1 210	1 270
18	GQZ 20000SX	1 220	1 280	1 340	1 410	1 470	1 100	1 160	1 220	1 290	1 350
19	GQZ 22500SX	1 320	1 380	1 450	1 510	1 580	1 200	1 260	1 330	1 390	1 460
20	GQZ 25000SX	1 330	1 430	1 500	1 570	1 640	1 200	1 300	1 370	1 440	1 510
21	GQZ 27500SX	1 430	1 490	1 560	1 630	1 710	1 300	1 360	1 430	1 500	1 580
22	GQZ 30000SX	1 490	1 550	1 620	1 700	1 770	1 360	1 420	1 490	1 570	1 640
23	GQZ 32500SX	1 560	1 620	1 690	1 760	1 840	1 420	1 480	1 550	1 620	1 700
24	GQZ 35000SX	1 600	1 670	1 740	1 820	1 900	1 460	1 530	1 600	1 680	1 760
25	GQZ 37500SX	1 650	1 720	1 790	1 870	1 960	1 510	1 580	1 650	1 730	1 820
26	GQZ 40000SX	1 720	1 780	1 860	1 950	2 030	1 570	1 630	1 710	1 800	1 880
27	GQZ 45000SX	1 800	1 860	1 940	2 030	2 120	1 650	1 710	1 790	1 880	1 970
28	GQZ 50000SX	1 890	1 960	2 040	2 130	2 220	1 730	1 800	1 880	1 970	2 060
29	GQZ 55000SX	1 960	2 030	2 120	2 210	2 300	1 800	1 870	1 960	2 050	2 140
30	GQZ 60000SX	2 040	2 110	2 200	2 300	2 400	1 870	1 940	2 030	2 130	2 230

序号	规格	上顶板长 A(mm)														
		θ(rad)														
		0.02			0.03			0.04			0.05			0.06		
		Z_1	Z_2	Z_3	Z_1	Z_2	Z_3	Z_1	Z_2	Z_3	Z_1	Z_2	Z_3	Z_1	Z_2	Z_3
1	GQZ 1000SX	420	520	620	440	540	640	450	550	650	—	—	—	—	—	—
2	GQZ 1500SX	470	570	670	480	580	680	500	600	700	—	—	—	—	—	—
3	GQZ 2000SX	510	610	710	540	640	740	550	650	750	—	—	—	—	—	—
4	GQZ 2500SX	560	660	760	580	680	780	610	710	810	—	—	—	—	—	—
5	GQZ 3000SX	590	690	790	620	720	820	650	750	850	—	—	—	—	—	—
6	GQZ 3500SX	630	730	830	660	760	860	690	790	890	—	—	—	—	—	—
7	GQZ 4000SX	650	750	850	680	780	880	710	810	910	—	—	—	—	—	—
8	GQZ 4500SX	690	790	890	720	820	920	750	850	950	—	—	—	—	—	—
9	GQZ 5000SX	810	910	1 010	840	940	1 040	870	970	1 070	—	—	—	—	—	—
10	GQZ 6000SX	890	990	1 090	920	1 020	1 120	960	1 060	1 160	—	—	—	—	—	—
11	GQZ 7000SX	930	1 030	1 130	970	1 070	1 170	1 010	1 110	1 210	—	—	—	—	—	—
12	GQZ 8000SX	960	1 060	1 160	1 010	1 110	1 210	1 060	1 160	1 260	—	—	—	—	—	—
13	GQZ 9000SX	1 010	1 110	1 210	1 060	1 160	1 260	1 110	1 210	1 310	—	—	—	—	—	—
14	GQZ 10000SX	1 050	1 150	1 250	1 090	1 190	1 290	1 140	1 240	1 340	—	—	—	—	—	—
15	GQZ 12500SX	1 130	1 230	1 330	1 180	1 280	1 380	1 230	1 330	1 430	—	—	—	—	—	—
16	GQZ 15000SX	1 200	1 300	1 400	1 260	1 360	1 460	1 310	1 410	1 510	1 370	1 470	1 570	1 420	1 520	1620
17	GQZ 17500SX	1 280	1 380	1 480	1 330	1 430	1 530	1 390	1 490	1 590	1 450	1 550	1 650	1 510	1 610	1 710
18	GQZ 20000SX	1 440	1 540	1 640	1 500	1 600	1 700	1 560	1 660	1 760	1 630	1 730	1 830	1 690	1 790	1 890

续表 15-55

序号	规 格	上顶板长 A(mm)														
		θ(rad)														
		0.02			0.03			0.04			0.05			0.06		
		Z_1	Z_2	Z_3	Z_1	Z_2	Z_3	Z_1	Z_2	Z_3	Z_1	Z_2	Z_3	Z_1	Z_2	Z_3
19	GQZ 22500SX	1 540	1 640	1 740	1 600	1 700	1 800	1 670	1 770	1 870	1 730	1 830	1 930	1 800	1 900	2 000
20	GQZ 25000SX	1 550	1 650	1 750	1 650	1 750	1 850	1 720	1 820	1 920	1 790	1 890	1 990	1 860	1 960	2 060
21	GQZ 27500SX	1 650	1 750	1 850	1 710	1 810	1 910	1 780	1 880	1 980	1 850	1 950	2 050	1 930	2 030	2 130
22	GQZ 30000SX	1 710	1 810	1 910	1 770	1 870	1 970	1 840	1 940	2 040	1 920	2 020	2 120	1 990	2 090	2 190
23	GQZ 32500SX	1 780	1 880	1 980	1 840	1 940	2 040	1 910	2 010	2 110	1 980	2 080	2 180	2 060	2 160	2 260
24	GQZ 35000SX	1 820	1 920	2 020	1 890	1 990	2 090	1 960	2 060	2 160	2 040	2 140	2 240	2 120	2 220	2 320
25	GQZ 37500SX	1 870	1 970	2 070	1 940	2 040	2 140	2 010	2 110	2 210	2 090	2 190	2 290	2 180	2 280	2 380
26	GQZ 40000SX	2 040	2 140	2 240	2 100	2 200	2 300	2 180	2 280	2 380	2 270	2 370	2 470	2 350	2 450	2 550
27	GQZ 45000SX	2 120	2 220	2 320	2 180	2 280	2 380	2 260	2 360	2 460	2 350	2 450	2 550	2 440	2 540	2 640
28	GQZ 50000SX	2 210	2 310	2 410	2 280	2 380	2 480	2 360	2 460	2 560	2 450	2 550	2 650	2 540	2 640	2 740
29	GQZ 55000SX	2 280	2 380	2 480	2 350	2 450	2 550	2 440	2 540	2 640	2 530	2 630	2 730	2 620	2 720	2 820
30	GQZ 60000SX	2 360	2 460	2 560	2 430	2 530	2 630	2 520	2 620	2 720	2 620	2 720	2 820	2 720	2 820	2 920

序号	规 格	上顶板顺桥向锚固螺栓间距 A_1(mm)														
		θ(rad)														
		0.02			0.03			0.04			0.05			0.06		
		Z_1	Z_2	Z_3	Z_1	Z_2	Z_3	Z_1	Z_2	Z_3	Z_1	Z_2	Z_3	Z_1	Z_2	Z_3
1	GQZ 1000SX	360	460	560	380	480	580	390	490	590	—	—	—	—	—	—
2	GQZ 1500SX	410	510	610	420	520	620	440	540	640	—	—	—	—	—	—
3	GQZ 2000SX	450	550	650	480	580	680	490	590	690	—	—	—	—	—	—
4	GQZ 2500SX	500	600	700	520	620	720	550	650	750	—	—	—	—	—	—
5	GQZ 3000SX	520	620	720	550	650	750	580	680	780	—	—	—	—	—	—
6	GQZ 3500SX	560	660	760	590	690	790	620	720	820	—	—	—	—	—	—
7	GQZ 4000SX	580	680	780	610	710	810	640	740	840	—	—	—	—	—	—
8	GQZ 4500SX	620	720	820	650	750	850	680	780	880	—	—	—	—	—	—
9	GQZ 5000SX	720	820	920	750	850	950	780	880	980	—	—	—	—	—	—
10	GQZ 6000SX	800	900	1 000	830	930	1 030	870	970	1 070	—	—	—	—	—	—
11	GQZ 7000SX	840	940	1 040	880	980	1 080	920	1 020	1 120	—	—	—	—	—	—
12	GQZ 8000SX	860	960	1 060	910	1 010	1 110	960	1 060	1 160	—	—	—	—	—	—
13	GQZ 9000SX	910	1 010	1 110	960	1 060	1 160	1 010	1 110	1 210	—	—	—	—	—	—
14	GQZ 10000SX	950	1 050	1 150	990	1 090	1 190	1 040	1 140	1 240	—	—	—	—	—	—
15	GQZ 12500SX	1 020	1 120	1 220	1 070	1 170	1 270	1 120	1 220	1 320	—	—	—	—	—	—
16	GQZ 15000SX	1 090	1 190	1 290	1 150	1 250	1 350	1 200	1 300	1 400	1 260	1 360	1 460	1 310	1 410	1 510
17	GQZ 17500SX	1 160	1 260	1 360	1 210	1 310	1 410	1 270	1 370	1 470	1 330	1 430	1 530	1 390	1 490	1 590
18	GQZ 20000SX	1 320	1 420	1 520	1 380	1 480	1 580	1 440	1 540	1 640	1 510	1 610	1 710	1 570	1 670	1 770
19	GQZ 22500SX	1 420	1 520	1 620	1 480	1 580	1 680	1 550	1 650	1 750	1 610	1 710	1 810	1 680	1 780	1 880
20	GQZ 25000SX	1 420	1 520	1 620	1 520	1 620	1 720	1 590	1 690	1 790	1 660	1 760	1 860	1 730	1 830	1 930
21	GQZ 27500SX	1 520	1 620	1 720	1 580	1 680	1 780	1 650	1 750	1 850	1 720	1 820	1 920	1 800	1 900	2 000
22	GQZ 30000SX	1 580	1 680	1 780	1 640	1 740	1 840	1 710	1 810	1 910	1 790	1 890	1 990	1 860	1 960	2 060

续表 15-55

序号	规　格	上顶板顺桥向锚固螺栓间距 A_1(mm)														
		θ(rad)														
		0.02			0.03			0.04			0.05			0.06		
		Z_1	Z_2	Z_3	Z_1	Z_2	Z_3	Z_1	Z_2	Z_3	Z_1	Z_2	Z_3	Z_1	Z_2	Z_3
23	GQZ 32500SX	1 640	1 740	1 840	1 700	1 800	1 900	1 770	1 870	1 970	1 840	1 940	2 040	1 920	2 020	2 120
24	GQZ 35000SX	1 680	1 780	1 880	1 750	1 850	1 950	1 820	1 920	2 020	1 900	2 000	2 100	1 980	2 080	2 180
25	GQZ 37500SX	1 730	1 830	1 930	1 800	1 900	2 000	1 870	1 970	2 070	1 950	2 050	2 150	2 040	2 140	2 240
26	GQZ 40000SX	1 890	1 990	2 090	1 950	2 050	2 150	2 030	2 130	2 230	2 120	2 220	2 320	2 200	2 300	2 400
27	GQZ 45000SX	1 970	2 070	2 170	2 030	2 130	2 230	2 110	2 210	2 310	2 200	2 300	2 400	2 290	2 390	2 490
28	GQZ 50000SX	2 050	2 150	2 250	2 120	2 220	2 320	2 200	2 300	2 400	2 290	2 390	2 490	2 380	2 480	2 580
29	GQZ 55000SX	2 120	2 220	2 320	2 190	2 290	2 390	2 280	2 380	2 480	2 370	2 470	2 570	2 460	2 560	2 660
30	GQZ 60000SX	2 190	2 290	2 390	2 260	2 360	2 460	2 350	2 450	2 550	2 450	2 550	2 650	2 550	2 650	2 750

序号	规　格	下底盆边长、宽 $C=D$(mm)					下底盆锚固螺栓间距 $C_1=D_1$(mm)				
		θ(rad)					θ(rad)				
		0.02	0.03	0.04	0.05	0.06	0.02	0.03	0.04	0.05	0.06
1	GQZ 1000SX	300	320	330	—	—	240	260	270	—	—
2	GQZ 1500SX	350	360	380	—	—	290	300	320	—	—
3	GQZ 2000SX	390	420	430	—	—	330	360	370	—	—
4	GQZ 2500SX	440	460	490	—	—	380	400	430	—	—
5	GQZ 3000SX	470	500	530	—	—	400	430	460	—	—
6	GQZ 3500SX	510	540	570	—	—	440	470	500	—	—
7	GQZ 4000SX	530	560	590	—	—	460	490	520	—	—
8	GQZ 4500SX	570	600	630	—	—	500	530	560	—	—
9	GQZ 5000SX	590	620	650	—	—	500	530	560	—	—
10	GQZ 6000SX	670	700	740	—	—	580	610	650	—	—
11	GQZ 7000SX	710	750	790	—	—	620	660	700	—	—
12	GQZ 8000SX	740	790	840	—	—	640	690	740	—	—
13	GQZ 9000SX	790	840	890	—	—	690	740	790	—	—
14	GQZ 10000SX	830	870	920	—	—	730	770	820	—	—
15	GQZ 12500SX	910	960	1 010	—	—	800	850	900	—	—
16	GQZ 15000SX	980	1 040	1 090	1 150	1 200	870	930	980	1 040	1 090
17	GQZ 17500SX	1 060	1 110	1 170	1 230	1 290	940	990	1 050	1 110	1 170
18	GQZ 20000SX	1 120	1 180	1 240	1 310	1 370	1 000	1 060	1 120	1 190	1 250
19	GQZ 22500SX	1 220	1 280	1 350	1 410	1 480	1 100	1 160	1 230	1 290	1 360
20	GQZ 25000SX	1 230	1 330	1 400	1 470	1 540	1 100	1 200	1 270	1 340	1 410
21	GQZ 27500SX	1 330	1 390	1 460	1 530	1 610	1 240	1 260	1 330	1 400	1 480.
22	GQZ 30000SX	1 390	1 450	1 520	1 600	1 670	1 260	1 320	1 390	1 470	1 540
23	GQZ 32500SX	1 460	1 520	1 590	1 660	1 740	1 320	1 380	1 450	1 520	1600
24	GQZ 35000SX	1 500	1 570	1 640	1 720	1 800	1 360	1 430	1 500	1 580	1 660
25	GQZ 37500SX	1 550	1 620	1 690	1 770	1 860	1 410	1 480	1 550	1 630	1 720
26	GQZ 40000SX	1 620	1 680	1 760	1 850	1 930	1 470	1 530	1 610	1 700	1 780

续表 15-55

序号	规　格	下底盆边长、宽 $C=D$(mm)					下底盆锚固螺栓间距 $C_1=D_1$(mm)				
		θ(rad)					θ(rad)				
		0.02	0.03	0.04	0.05	0.06	0.02	0.03	0.04	0.05	0.06
27	GQZ 45000SX	1 700	1 760	1 840	1 930	2 020	1 550	1 610	1 690	1 780	1 870
28	GQZ 50000SX	1 790	1 860	1 940	2 030	2 120	1 630	1 700	1 780	1 870	1 960
29	GQZ 55000SX	1 860	1 930	2 020	2 110	2 200	1 700	1 770	1 860	1 950	2 040
30	GQZ 60000SX	1 940	2 010	2 100	2 200	2 300	1 770	1 840	1 930	2 030	2 130

序号	规　格	总重量(kg)														
		θ(rad)														
		0.02			0.03			0.04			0.05			0.06		
		Z_1	Z_2	Z_3	Z_1	Z_2	Z_3	Z_1	Z_2	Z_3	Z_1	Z_2	Z_3	Z_1	Z_2	Z_3
1	GQZ 1000SX	56	62	68	63	69	75	67	73	80	—	—	—	—	—	—
2	GQZ 1500SX	77	84	91	81	89	97	90	98	105	—	—	—	—	—	—
3	GQZ 2000SX	100	108	117	114	123	132	120	129	138	—	—	—	—	—	—
4	GQZ 2500SX	131	141	151	143	153	163	162	172	183	—	—	—	—	—	—
5	GQZ 3000SX	156	167	177	176	187	199	197	209	221	—	—	—	—	—	—
6	GQZ 3500SX	191	203	215	212	225	237	236	250	263	—	—	—	—	—	—
7	GQZ 4000SX	214	227	240	239	252	266	265	279	293	—	—	—	—	—	—
8	GQZ 4500SX	255	269	283	282	397	312	311	327	343	—	—	—	—	—	—
9	GQZ 5000SX	298	314	329	328	344	360	360	377	393	—	—	—	—	—	—
10	GQZ 6000SX	405	423	442	443	462	481	494	514	534	—	—	—	—	—	—
11	GQZ 7000SX	480	501	521	535	557	578	593	615	638	—	—	—	—	—	—
12	GQZ 8000SX	549	572	595	624	648	673	702	728	754	—	—	—	—	—	—
13	GQZ 9000SX	651	677	703	735	762	790	821	850	879	—	—	—	—	—	—
14	GQZ 10000SX	767	797	827	839	871	901	934	967	999	—	—	—	—	—	—
15	GQZ 12500SX	1 038	1 074	1 110	1 149	1 186	1 223	1 271	1 310	1 349	—	—	—	—	—	—
16	GQZ 15000SX	1 304	1 344	1 384	1 458	1 500	1 542	1 589	1 633	1 676	1 804	1 832	1 891	1 947	1 994	2 057
17	GQZ 17500SX	1 582	1 626	1 671	1 727	1 773	1 819	1 903	1 952	1 951	2 128	2 179	2 246	2 347	2 416	2 470
18	GQZ 20000SX	1 942	1 993	2 044	2 146	2 199	2 252	2 385	2 441	2 496	2 644	2 702	2 761	2 896	2 957	3 018
19	GQZ 22500SX	2 371	2 428	2 485	2 594	2 653	2 712	2 880	2 942	3 005	3 149	3 215	3 279	3 480	3 549	3 617
20	GQZ 25000SX	2 553	2 613	2 672	2 920	3 014	3 078	3 270	3 337	3 404	3 619	3 689	3 759	3 947	4 020	4 093
21	GQZ 27500SX	3 084	3 150	3 217	3 339	3 408	3 477	3 702	3 774	3 846	4 043	4 119	4 194	4 493	4 572	4 651
22	GQZ 30000SX	3 517	3 588	3 659	3 809	3 882	3 956	4 175	4 253	4 330	4 634	4 715	4 797	5 050	5 135	5 219
23	GQZ 32500SX	3 937	4 011	4 086	4 242	4 329	4 416	4 649	4 730	4 811	5 122	5 208	5 293	5 604	5 693	5 782
24	GQZ 35000SX	4 370	4 452	4 534	4 729	4 814	4 899	5 199	5 288	5 377	5 688	5 781	5 873	6 238	6 335	6 432
25	GQZ 37500SX	4 898	4 988	5 079	5 315	5 409	5 504	5 774	5 872	5 971	6 351	6 453	6 556	7 038	7 146	7 254
26	GQZ 40000SX	5 630	5 728	5 826	6 022	6 124	6 226	6 489	6 595	6 702	7 272	7 384	7 495	7 900	8 016	8 132
27	GQZ 45000SX	6 710	6 820	6 930	7 125	7 239	7 353	7 782	7 900	8 019	8 536	8 660	8 784	9 418	9 547	9 677
28	GQZ 50000SX	7 833	7 953	8 073	8 386	8 510	8 635	9 057	9 187	9 316	9 952	10 087	10 223	10 905	11 046	11 187
29	GQZ 55000SX	8 847	8 976	9 105	9 509	9 643	9 777	10 354	10 494	10 633	11 810	11 955	12 101	12 335	12 486	12 638
30	GQZ 60000SX	10 133	10 273	10 414	10 806	10 952	11 097	11 759	11 911	12 067	12 932	13 091	13 247	14 130	14 296	14 462

注：表中带括号数据，用于上顶板不锈钢板厚度为 3mm 的情况。

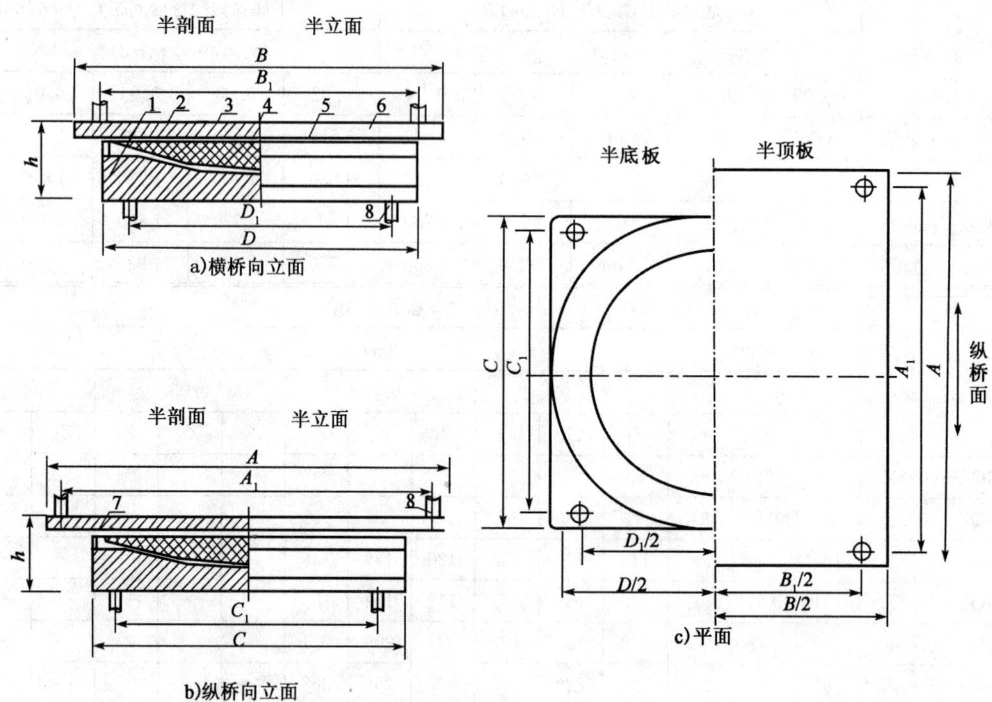

图 15-43　双向活动支座结构示意图

1-下底盆;2-球面聚四氟乙烯板;3-球形钢衬板;4-圆形平面聚四氟乙烯板;5-平面不锈钢板;6-上顶板;7-钢挡圈;8-锚固螺栓

(3)单向活动支座(GQZ-DX)

单向活动支座规格系列　　表 15-56

序号	规格	纵向位移量 Z(mm)			横向位移量 H (mm)	支座高度 h(mm) θ(rad)					地脚螺栓底柱 (mm)
		Z_1	Z_2	Z_3		0.02	0.03	0.04	0.05	0.06	
1	GQZ 1000DX	±50	±100	±150	±3	83	84	85	—	—	ϕ42×252
2	GQZ 1500DX	±50	±100	±150	±3	86	87	88	—	—	ϕ42×252
3	GQZ 2000DX	±50	±100	±150	±3	91	92	93	—	—	ϕ42×252
4	GQZ 2500DX	±50	±100	±150	±3	96	97	99	—	—	ϕ42×252
5	GQZ 3000DX	±50	±100	±150	±3	100	102	103	—	—	ϕ46×260
6	GQZ 3500DX	±50	±100	±150	±3	105	106	108	—	—	ϕ46×260
7	GQZ 4000DX	±50	±100	±150	±3	109	111	113	—	—	ϕ46×260
8	GQZ 4500DX	±50	±100	±150	±3	113	115	117	—	—	ϕ46×260
9	GQZ 5000DX	±100	±150	±200	±3	117	119	121	—	—	ϕ58×300
10	GQZ 6000DX	±100	±150	±200	±3	125	127	130	—	—	ϕ58×300
11	GQZ 7000DX	±100	±150	±200	±3	132	134	137	—	—	ϕ58×300
12	GQZ 8000DX	±100	±150	±200	±3	139	141	143	—	—	ϕ70×352
13	GQZ 9000DX	±100	±150	±200	±3	145	147	149	—	—	ϕ70×352
14	GQZ 10000DX	±100	±150	±200	±3	152	154	156	—	—	ϕ70×352
15	GQZ 12500DX	±100	±150	±200	±3	173	175	177	—	—	ϕ80×352

续表 15-56

序号	规　格	纵向位移量 Z(mm)			横向位移量 H (mm)	支座高度 h(mm)					地脚螺栓底柱 (mm)
						θ(rad)					
		Z_1	Z_2	Z_3		0.02	0.03	0.04	0.05	0.06	
16	GQZ 15000DX	±100	±150	±200	±3	188	192	196	200(201)	204(205)	ϕ80×352
17	GQZ 17500DX	±100	±150	±200	±3	199	201	205(206)	209(210)	214(215)	ϕ90×400
18	GQZ 20000DX	±150	±200	±250	±3	214	216	221	224	229	ϕ90×400
19	GQZ 22500DX	±150	±200	±250	±3	221	223	227	232	238	ϕ90×400
20	GQZ 25000DX	±150	±200	±250	±3	232	236	241	247	250	ϕ100×400
21	GQZ 27500DX	±150	±200	±250	±3	243	245	251	254	261	ϕ100×400
22	GQZ 30000DX	±150	±200	±250	±3	255	258	262	268	273	ϕ100×400
23	GQZ 32500DX	±150	±200	±250	±3	267	270	274	281	286	ϕ110×460
24	GQZ 35000DX	±150	±200	±250	±3	277	279	286	291	296	ϕ110×460
25	GQZ 37500DX	±150	±200	±250	±3	286	289	293	302	307	ϕ110×460
26	GQZ 40000DX	±200	±250	±300	±3	297	300	304	310	315	ϕ120×480
27	GQZ 45000DX	±200	±250	±300	±3	323	324	329	334	344	ϕ120×480
28	GQZ 50000DX	±200	±250	±300	±3	342	344	346	354	363	ϕ124×520
29	GQZ 55000DX	±200	±250	±300	±3	361	363	366	373	381	ϕ124×520
30	GQZ 60000DX	±200	±250	±300	±3	379	381	385	393	400	ϕ128×560

序号	规　格	上顶板长 A(mm)														
		θ(rad)														
		0.02			0.03			0.04			0.05			0.06		
		Z_1	Z_2	Z_3	Z_1	Z_2	Z_3	Z_1	Z_2	Z_3	Z_1	Z_2	Z_3	Z_1	Z_2	Z_3
1	GQZ 1000DX	420	520	620	440	540	640	450	550	650	—	—	—	—	—	—
2	GQZ 1500DX	470	570	670	480	580	680	500	600	700	—	—	—	—	—	—
3	GQZ 2000DX	510	610	710	540	640	740	550	650	750	—	—	—	—	—	—
4	GQZ 2500DX	560	660	760	580	680	780	610	710	810	—	—	—	—	—	—
5	GQZ 3000DX	590	690	790	620	720	820	650	750	850	—	—	—	—	—	—
6	GQZ 3500DX	630	730	830	660	760	860	690	790	890	—	—	—	—	—	—
7	GQZ 4000DX	650	750	850	680	780	880	710	810	910	—	—	—	—	—	—
8	GQZ 4500DX	690	790	890	720	820	920	750	850	950	—	—	—	—	—	—
9	GQZ 5000DX	810	910	1 010	840	940	1 040	870	970	1 070	—	—	—	—	—	—
10	GQZ 6000DX	890	990	1 090	920	1 020	1 120	960	1 060	1 160	—	—	—	—	—	—
11	GQZ 7000DX	930	1 030	1 130	970	1 070	1 170	1 010	1 110	1 210	—	—	—	—	—	—
12	GQZ 8000DX	960	1 060	1 160	1 010	1 110	1 210	1 060	1 160	1 260	—	—	—	—	—	—
13	GQZ 9000DX	1 010	1 110	1 210	1 060	1 160	1 260	1 110	1 210	1 310	—	—	—	—	—	—
14	GQZ 10000DX	1 050	1 150	1 250	1 090	1 190	1 290	1 140	1 240	1 340	—	—	—	—	—	—
15	GQZ 12500DX	1 130	1 230	1 330	1 180	1 280	1 380	1 230	1 330	1 430	—	—	—	—	—	—
16	GQZ 15000DX	1 200	1 300	1 400	1 260	1 360	1 460	1 310	1 410	1 510	1 370	1 470	1 570	1 420	1 520	1 620
17	GQZ 17500DX	1 280	1 380	1 480	1 330	1 430	1 530	1 390	1 490	1 590	1 450	1 550	1 650	1 510	1 610	1 710
18	GQZ 20000DX	1 440	1 540	1 640	1 500	1 600	1 700	1 560	1 660	1 760	1 630	1 730	1 830	1 690	1 790	1 890
19	GQZ 22500DX	1 540	1 640	1 740	1 600	1 700	1 800	1 670	1 770	1 870	1 730	1 830	1 930	1 800	1 900	2 000

续表 15-56

序号	规格	上顶板长 A(mm)														
		θ(rad)														
		0.02			0.03			0.04			0.05			0.06		
		Z_1	Z_2	Z_3	Z_1	Z_2	Z_3	Z_1	Z_2	Z_3	Z_1	Z_2	Z_3	Z_1	Z_2	Z_3
20	GQZ 25000DX	1 550	1 650	1 750	1 650	1 750	1 850	1 720	1 820	1 920	1 790	1 890	1 990	1 860	1 960	2 060
21	GQZ 27500DX	1 650	1 750	1 850	1 710	1 810	1 910	1 780	1 880	1 980	1 850	1 950	2 050	1 930	2 030	2 130
22	GQZ 30000DX	1 710	1 810	1 910	1 770	1 870	1 970	1 840	1 940	2 040	1 920	2 020	2 120	1 990	2 090	2 190
23	GQZ 32500DX	1 780	1 880	1 980	1 840	1 940	2 040	1 910	2 010	2 110	1 980	2 080	2 180	2 060	2 160	2 260
24	GQZ 35000DX	1 820	1 920	2 020	1 890	1 990	2 090	1 960	2 060	2 160	2 040	2 140	2 240	2 120	2 220	2 320
25	GQZ 37500DX	1 870	1 970	2 070	1 940	2 040	2 140	2 010	2 110	2 210	2 090	2 190	2 290	2 180	2 280	2 380
26	GQZ 40000DX	2 040	2 140	2 240	2 100	2 200	2 300	2 180	2 280	2 380	2 270	2 370	2 470	2 350	2 450	2 550
27	GQZ 45000DX	2 120	2 220	2 320	2 180	2 280	2 380	2 260	2 360	2 460	2 350	2 450	2 550	2 440	2 540	2 640
28	GQZ 50000DX	2 210	2 310	2 410	2 280	2 380	2 480	2 360	2 460	2 560	2 450	2 550	2 650	2 540	2 640	2 740
29	GQZ 55000DX	2 280	2 380	2 480	2 350	2 450	2 550	2 440	2 540	2 640	2 530	2 630	2 730	2 620	2 720	2 820
30	GQZ 60000DX	2 360	2 460	2 560	2 430	2 530	2 630	2 520	2 620	2 720	2 620	2 720	2 820	2 720	2 820	2 920

序号	规格	上顶板顺桥向锚固螺栓间距 A_1(mm)														
		θ(rad)														
		0.02			0.03			0.04			0.05			0.06		
		Z_1	Z_2	Z_3	Z_1	Z_2	Z_3	Z_1	Z_2	Z_3	Z_1	Z_2	Z_3	Z_1	Z_2	Z_3
1	GQZ 1000DX	360	460	560	380	480	580	390	490	590	—	—	—	—	—	—
2	GQZ 1500DX	410	510	610	420	520	620	440	540	640	—	—	—	—	—	—
3	GQZ 2000DX	450	550	650	480	580	680	490	590	690	—	—	—	—	—	—
4	GQZ 2500DX	500	600	700	520	620	720	550	650	750	—	—	—	—	—	—
5	GQZ 3000DX	520	620	720	550	650	750	580	680	780	—	—	—	—	—	—
6	GQZ 3500DX	560	660	760	590	690	790	620	720	820	—	—	—	—	—	—
7	GQZ 4000DX	580	680	780	610	710	810	640	740	840	—	—	—	—	—	—
8	GQZ 4500DX	620	720	820	650	750	850	680	780	880	—	—	—	—	—	—
9	GQZ 5000DX	720	820	920	750	850	950	780	880	980	—	—	—	—	—	—
10	GQZ 6000DX	800	900	1 000	830	930	1 030	870	970	1 070	—	—	—	—	—	—
11	GQZ 7000DX	840	940	1 040	880	980	1 080	920	1 020	1 120	—	—	—	—	—	—
12	GQZ 8000DX	860	960	1 060	910	1 010	1 110	960	1 060	1 160	—	—	—	—	—	—
13	GQZ 9000DX	910	1 010	1 110	960	1 060	1 160	1 010	1 110	1 210	—	—	—	—	—	—
14	GQZ 10000DX	950	1 050	1 150	990	1 090	1 190	1 040	1 140	1 240	—	—	—	—	—	—
15	GQZ 12500DX	1 020	1 120	1 220	1 070	1 170	1 270	1 120	1 220	1 320	—	—	—	—	—	—
16	GQZ 15000DX	1 090	1 190	1 290	1 150	1 250	1 350	1 200	1 300	1 400	1 260	1 360	1 460	1 310	1 410	1 510
17	GQZ 17500DX	1 160	1 260	1 360	1 210	1 310	1 410	1 270	1 370	1 470	1 330	1 430	1 530	1 390	1 490	1 590
18	GQZ 20000DX	1 320	1 420	1 520	1 380	1 480	1 580	1 440	1 540	1 640	1 510	1 610	1 710	1 570	1 670	1 770
19	GQZ 22500DX	1 420	1 520	1 620	1 480	1 580	1 680	1 550	1 650	1 750	1 610	1 710	1 810	1 680	1 780	1 880
20	GQZ 25000DX	1 420	1 520	1 620	1 520	1 620	1 720	1 590	1 690	1 790	1 660	1 760	1 860	1 730	1 830	1 930
21	GQZ 27500DX	1 520	1 620	1 720	1 580	1 680	1 780	1 650	1 750	1 850	1 720	1 820	1 920	1 800	1 900	2 000
22	GQZ 30000DX	1 580	1 680	1 780	1 640	1 740	1 840	1 710	1 810	1 910	1 790	1 890	1 990	1 860	1 960	2 060

续表 15-56

序号	规　格	上顶板顺桥向锚固螺栓间距 A_1(mm)														
		θ(rad)														
		0.02			0.03			0.04			0.05			0.06		
		Z_1	Z_2	Z_3	Z_1	Z_2	Z_3	Z_1	Z_2	Z_3	Z_1	Z_2	Z_3	Z_1	Z_2	Z_3
23	GQZ 32500DX	1 640	1 740	1 840	1 700	1 800	1 900	1 770	1 870	1 970	1 840	1 940	2 040	1 920	2 020	2 120
24	GQZ 35000DX	1 680	1 780	1 880	1 750	1 850	1 950	1 820	1 920	2 020	1 900	2 000	2 100	1 980	2 080	2 180
25	GQZ 37500DX	1 730	1 830	1 930	1 800	1 900	2 000	1 870	1 970	2 070	1 950	2 050	2 150	2 040	2 140	2 240
26	GQZ 40000DX	1 890	1 990	2 090	1 950	2 050	2 150	2 030	2 130	2 230	2 120	2 220	2 320	2 200	2 300	2 400
27	GQZ 45000DX	1 970	2 070	2 170	2 030	2 130	2 230	2 110	2 210	2 310	2 200	2 300	2 400	2 290	2 390	2 490
28	GQZ 50000DX	2 050	2 150	2 250	2 120	2 220	2 320	2 200	2 300	2 400	2 290	2 390	2 490	2 380	2 480	2 580
29	GQZ 55000DX	2 120	2 220	2 320	2 190	2 290	2 390	2 280	2 380	2 480	2 370	2 470	2 570	2 460	2 560	2 660
30	GQZ 60000DX	2 190	2 290	2 390	2 260	2 360	2 460	2 350	2 450	2 550	2 450	2 550	2 650	2 550	2 650	2 750

序号	规　格	上顶板宽 B(mm)					上顶板横桥向锚固螺栓间距 B_1(mm)					下底盆长、宽 $C=D$(mm)				
		θ(rad)					θ(rad)					θ(rad)				
		0.02	0.03	0.04	0.05	0.06	0.02	0.03	0.04	0.05	0.06	0.02	0.03	0.04	0.05	0.06
1	GQZ 1000DX	356	376	386	—	—	276	296	306	—	—	300	320	330	—	—
2	GQZ 1500DX	406	416	436	—	—	326	336	356	—	—	350	360	380	—	—
3	GQZ 2000DX	456	486	496	—	—	366	396	406	—	—	390	420	430	—	—
4	GQZ 2500DX	506	526	556	—	—	436	436	466	—	—	440	460	490	—	—
5	GQZ 3000DX	546	576	606	—	—	476	466	496	—	—	470	500	530	—	—
6	GQZ 3500DX	586	616	646	—	—	516	506	536	—	—	510	540	570	—	—
7	GQZ 4000DX	616	646	676	—	—	546	526	556	—	—	530	560	590	—	—
8	GQZ 4500DX	656	686	716	—	—	586	616	596	—	—	570	600	630	—	—
9	GQZ 5000DX	696	726	756	—	—	606	636	666	—	—	590	620	650	—	—
10	GQZ 6000DX	776	806	846	—	—	686	716	756	—	—	670	700	740	—	—
11	GQZ 7000DX	826	866	906	—	—	736	776	816	—	—	710	750	790	—	—
12	GQZ 8000DX	846	896	946	—	—	746	796	846	—	—	740	790	840	—	—
13	GQZ 9000DX	916	966	1 016	—	—	816	866	916	—	—	790	840	890	—	—
14	GQZ 10000DX	956	996	1 046	—	—	856	896	946	—	—	830	870	920	—	—
15	GQZ 12500DX	1 056	1 106	1 156	—	—	946	996	1 046	—	—	910	960	1 010	—	—
16	GQZ 15000DX	1 126	1 186	1 236	1 296	1 346	1 016	1 076	1 126	1 186	1 236	980	1 040	1 090	1 150	1 200
17	GQZ 17500DX	1 216	1 266	1 326	1 386	1 446	1 096	1 146	1 206	1 266	1 326	1 060	1 110	1 170	1 230	1 290
18	GQZ 20000DX	1 276	1 336	1 396	1 466	1 526	1 156	1 216	1 276	1 346	1 406	1 120	1 180	1 240	1 310	1 370
19	GQZ 22500DX	1 396	1 456	1 526	1 586	1 656	1 276	1 336	1 406	1 466	1 536	1 220	1 280	1 350	1 410	1 480
20	GQZ 25000DX	1 406	1 506	1 576	1 646	1 716	1 276	1 376	1 446	1 516	1 586	1 230	1 330	1 400	1 470	1 540
21	GQZ 27500DX	1 516	1 576	1 646	1 716	1 796	1 386	1 446	1 516	1 586	1 666	1 330	1 390	1 460	1 530	1 610
22	GQZ 30000DX	1 578	1 638	1 708	1 788	1 858	1 448	1 508	1 576	1 658	1 728	1 390	1 450	1 520	1 600	1 670
23	GQZ 32500DX	1 658	1 718	1 788	1 858	1 938	1 518	1 578	1 648	1 728	1 798	1 460	1 520	1 590	1 660	1 740
24	GQZ 35000DX	1 698	1 768	1 838	1 918	1 998	1 558	1 628	1 698	1 778	1 858	1 500	1 570	1 640	1 720	1 800
25	GQZ 37500DX	1 758	1 828	1 898	1 978	2 068	1 618	1 688	1 758	1 838	1 928	1 550	1 620	1 690	1 770	1 860

续表 15-56

序号	规格	上顶板宽 B(mm)					上顶板横桥向锚固螺栓间距 B_1 (mm)					下底盆长、宽 $C=D$(mm)				
		θ(rad)					θ(rad)					θ(rad)				
		0.02	0.03	0.04	0.05	0.06	0.02	0.03	0.04	0.05	0.06	0.02	0.03	0.04	0.05	0.06
26	GQZ 40000DX	1 838	1 898	1 978	2 068	2 148	1 688	1 748	1 828	1 918	2 008	1 620	1 680	1 760	1 850	1 930
27	GQZ 45000DX	1 938	1 998	2 078	2 168	2 258	1 788	1 848	1 928	2 018	2 108	1 700	1 760	1 840	1 930	2 020
28	GQZ 50000DX	2 028	2 098	2 178	2 268	2 358	1 868	1 938	2 018	2 108	2 198	1 790	1 860	1 940	2 030	2 120
29	GQZ 55000DX	2 118	2 188	2 278	2 368	2 458	1 958	2 028	2 118	2 208	2 298	1 860	1 930	2 020	2 110	2 200
30	GQZ 60000DX	2 198	2 268	2 358	2 458	2 558	2 028	2 098	2 188	2 288	2 388	1 940	2 010	2 100	2 200	2 300

序号	规格	下底盆锚固螺栓间距 $C_1=D_1$ 或 C_1/D_1(mm)										
		θ(rad)										
		0.02			0.03			0.04			0.05	0.06
		Z_1	Z_2	Z_3	Z_1	Z_2	Z_3	Z_1	Z_2	Z_3	$Z_1 \sim Z_3$	$Z_1 \sim Z_3$
1	GQZ 1000DX	260/220	260/220	260/220	280/240	280/240	280/240	290/250	290/250	290/250	—	—
2	GQZ 1500DX	310/270	310/270	310/270	320/280	320/280	320/280	340/300	340/300	340/300	—	—
3	GQZ 2000DX	350/300	350/300	350/300	380/330	380/330	380/330	390/340	390/340	390/340	—	—
4	GQZ 2500DX	380	380/350	380/350	400	400/370	400/370	430	430/400	430/400	—	—
5	GQZ 3000DX	400	400/360	400/360	430	430/390	430/390	460	460/420	460/420	—	—
6	GQZ 3500DX	440	440	440/400	470	470	470/430	500	500	500/460	—	—
7	GQZ 4000DX	460	460	460/410	490	490	490/440	520	520	520/470	—	—
8	GQZ 4500DX	500	500	500/450	530	530	530/480	560	560	560	—	—
9	GQZ 5000DX	500	500/440	500/440	530	530	530/470	560	560	560/500	—	—
10	GQZ 6000DX	580	580	580/520	610	610	610/550	650	650	650	—	—
11	GQZ 7000DX	620	620	620/560	660	660	660	700	700	700	—	—
12	GQZ 8000DX	640	640	640	690	690	690	740	740	740	—	—
13	GQZ 9000DX	690	690	690	740	740	740	790	790	790	—	—
14	GQZ 10000DX	730	730	730	770	770	770	820	820	820	—	—
15	GQZ 12500DX	800	800	800	850	850	850	900	900	900	—	—
16	GQZ 15000FC	870	870	870	930	930	930	980	980	980	1 040	1 090
17	GQZ 17500DX	940	940	940	990	990	990	1 050	1 050	1 050	1 110	1 170
18	GQZ 20000DX	1 000	1 000	1 000	1 060	1 060	1 060	1 120	1 120	1 120	1 190	1 250
19	GQZ 22500DX	1 100	1 100	1 100	1 160	1 160	1 160	1 230	1 230	1 230	1 290	1 360
20	GQZ 25000DX	1 100	1 100	1 100	1 200	1 200	1 200	1 270	1 270	1 270	1 340	1 410
21	GQZ 27500DX	1 200	1 200	1 200	1 260	1 260	1 260	1 330	1 330	1 330	1 400	1 480
22	GQZ 30000DX	1 260	1 260	1 260	1 320	1 320	1 320	1 390	1 390	1 390	1 470	1 540
23	GQZ 32500DX	1 320	1 320	1 320	1 380	1 380	1 380	1 450	1 450	1 450	1 520	1 600
24	GQZ 35000DX	1 360	1 360	1 360	1 430	1 430	1 430	1 500	1 500	1 500	1 580	1 660
25	GQZ 37500DX	1 410	1 410	1 410	1 480	1 480	1 480	1 550	1 550	1 550	1 630	1 720
26	GQZ 40000DX	1 470	1 470	1 470	1 530	1 530	1 530	1 610	1 610	1 610	1 700	1 780
27	GQZ 45000DX	1 550	1 550	1 550	1 610	1 610	1 610	1 690	1 690	1 690	1 780	1 870
28	GQZ 50000DX	1 630	1 630	1 630	1 700	1 700	1 700	1 780	1 780	1 780	1 870	1 960

续表 15-56

序号	规格	下底盆锚固螺栓间距 $C_1=D_1$ 或 C_1/D_1(mm)										
		θ(rad)										
		0.02			0.03			0.04			0.05	0.06
		Z_1	Z_2	Z_3	Z_1	Z_2	Z_3	Z_1	Z_2	Z_3	$Z_1 \sim Z_3$	$Z_1 \sim Z_3$
29	GQZ 55000DX	1 700	1 700	1 700	1 770	1 770	1 770	1 860	1 860	1 860	1 950	2 040
30	GQZ 60000DX	1 770	1 770	1 770	1 840	1 840	1 840	1 930	1 930	1 930	2 030	2 130

序号	规　格	总重量(kg)														
		θ(rad)														
		0.02			0.03			0.04			0.05			0.06		
		Z_1	Z_2	Z_3	Z_1	Z_2	Z_3	Z_1	Z_2	Z_3	Z_1	Z_2	Z_3	Z_1	Z_2	Z_3
1	GQZ 1000DX	63	71	79	71	79	87	75	83	91	—	—	—	—	—	—
2	GQZ 1500DX	86	94	103	90	99	109	99	109	118	—	—	—	—	—	—
3	GQZ 2000DX	113	124	134	126	139	150	131	145	157	—	—	—	—	—	—
4	GQZ 2500DX	142	158	171	154	170	183	173	190	204	—	—	—	—	—	—
5	GQZ 3000DX	171	191	205	191	212	228	213	232	251	—	—	—	—	—	—
6	GQZ 3500DX	207	226	246	228	248	269	252	273	296	—	—	—	—	—	—
7	GQZ 4000DX	233	255	278	258	281	306	285	308	335	—	—	—	—	—	—
8	GQZ 4500DX	275	298	323	303	326	354	332	357	382	—	—	—	—	—	—
9	GQZ 5000DX	377	412	440	412	445	479	448	482	518	—	—	—	—	—	—
10	GQZ 6000DX	448	479	513	486	518	555	538	572	605	—	—	—	—	—	—
11	GQZ 7000DX	530	565	607	586	622	660	645	682	721	—	—	—	—	—	—
12	GQZ 8000DX	602	640	678	677	717	757	756	798	839	—	—	—	—	—	—
13	GQZ 9000DX	714	757	801	799	844	889	886	933	981	—	—	—	—	—	—
14	GQZ 10000DX	827	874	920	900	948	996	995	1 045	1 095	—	—	—	—	—	—
15	GQZ 12500DX	1 121	1 178	1 235	1 233	1 292	1 350	1 357	1 418	1 479	—	—	—	—	—	—
16	GQZ 15000DX	1 402	1 466	1 531	1 558	1 626	1 693	1 708	1 778	1 848	1 891	1 964	2 037	2 054	2 130	2 216
17	GQZ 17500DX	1 693	1 768	1 841	1 839	1 917	1 992	2 019	2 099	2 188	2 247	2 341	2 423	2 469	2 567	2 652
18	GQZ 20000DX	2 095	2 177	2 259	2 300	2 385	2 470	2 543	2 631	2 719	2 803	2 895	2 987	3 059	3 154	3 249
19	GQZ 22500DX	2 562	2 656	2 750	2 786	2 883	2 980	3 076	3 177	3 278	3 350	3 455	3 559	3 686	3 795	3 904
20	GQZ 25000DX	2 750	2 848	2 945	3 152	3 255	3 357	3 477	3 584	3 691	3 831	3 943	4 054	4 162	4 277	4 392
21	GQZ 27500DX	3 305	3 413	3 521	3 562	3 673	3 785	3 931	4 047	4 163	4 276	4 396	4 515	4 734	4 859	4 984
22	GQZ 30000DX	3 779	3 898	4 017	4 074	4 197	4 319	4 447	4 573	4 700	4 913	5 045	5 176	5 334	5 470	5 607
23	GQZ 32500DX	4 351	4 481	4 612	4 674	4 807	4 941	5 082	5 220	5 359	5 552	5 696	5 839	6 064	6 212	6 361
24	GQZ 35000DX	4 753	4 885	5 022	5 136	5 272	5 413	5 619	5 761	5 907	6 138	6 285	6 437	6 699	6 851	6 009
25	GQZ 37500DX	5 244	5 386	5 534	5 667	5 813	5 965	6 133	6 284	6 441	6 723	6 881	7 045	7 417	7 581	7 751
26	GQZ 40000DX	6 081	6 245	6 410	6 480	6 649	6 818	6 954	7 129	7 303	7 750	7 931	8 112	8 387	8 574	8 762
27	GQZ 45000DX	7 250	7 441	7 631	7 669	7 864	8 058	8 337	8 538	8 739	9 104	9 312	9 520	10 008	10 190	10 441
28	GQZ 50000DX	8 426	8 633	8 844	8 984	9 197	9 412	9 662	9 880	10 101	10 576	10 802	11 031	11 548	11 783	12 021
29	GQZ 55000DX	9 529	9 755	9 986	10 197	10 428	10 663	11 052	11 290	11 532	12 527	12 773	13 023	13 073	13 328	13 587
30	GQZ 60000DX	10 827	11 059	11 292	11 510	11 748	11 986	12 475	12 720	12 966	13 670	13 925	14 181	14 888	15 152	15 417

注：①表中带括号数据，用于上顶板不锈钢板厚度为 3mm 的情况。

②表中一个数字时为 $C_1=D_1$ 的情况，否则为 C_1/D_1。

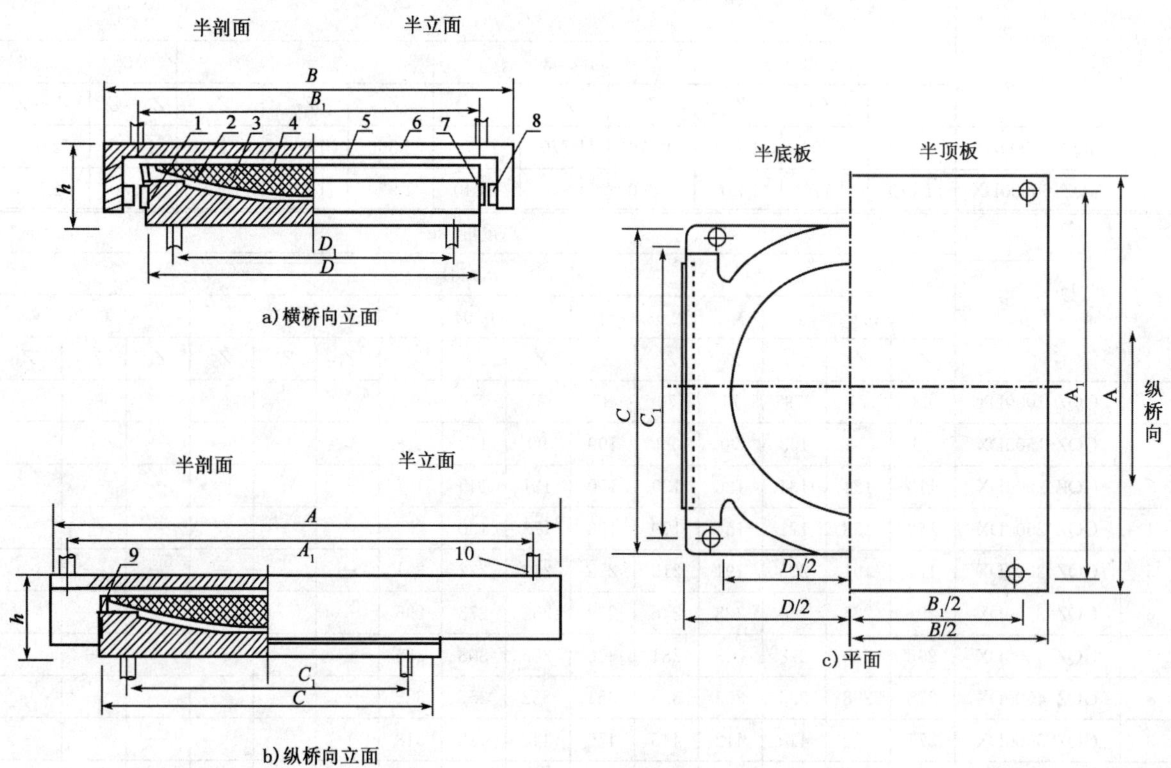

图 15-44 单向活动支座结构示意图

1-下底盆;2-球面聚四氟乙烯板;3-球形钢衬板;4-圆形平面聚四氟乙烯板;5-平面不锈钢板;6-上顶板;7-侧向滑条;8-不锈钢侧向滑条;9-钢挡圈;10-锚固螺栓

(4)固定支座(GQZ-GD)

固定支座规格系列　表 15-57

序号	规格	上顶板长、宽 $A=B$(mm)					上顶板锚固螺栓间距 $A_1=B_1$(mm)				
		θ(rad)					θ(rad)				
		0.02	0.03	0.04	0.05	0.06	0.02	0.03	0.04	0.05	0.06
1	GQZ 1000GD	342	363	374	—	—	280	300	310	—	—
2	GQZ 1500GD	392	403	424	—	—	330	340	360	—	—
3	GQZ 2000GD	442	473	484	—	—	380	410	420	—	—
4	GQZ 2500GD	492	513	544	—	—	430	450	480	—	—
5	GQZ 3000GD	532	563	594	—	—	460	490	520	—	—
6	GQZ 3500GD	572	603	634	—	—	500	530	560	—	—
7	GQZ 4000GD	602	633	665	—	—	530	560	590	—	—
8	GQZ 4500GD	642	673	705	—	—	570	600	630	—	—
9	GQZ 5000GD	682	713	745	—	—	590	620	650	—	—
10	GQZ 6000GD	762	793	835	—	—	670	700	740	—	—
11	GQZ 7000GD	812	854	895	—	—	720	760	800	—	—

续表 15-57

序号	规格	上顶板长、宽 $A=B$(mm)					上顶板锚固螺栓间距 $A_1=B_1$(mm)				
		θ(rad)					θ(rad)				
		0.02	0.03	0.04	0.05	0.06	0.02	0.03	0.04	0.05	0.06
12	GQZ 8000GD	842	894	945	—	—	740	790	840	—	—
13	GQZ 9000GD	902	954	1 005	—	—	800	850	900	—	—
14	GQZ 10000GD	942	984	1 036	—	—	840	880	930	—	—
15	GQZ 12500GD	1 043	1 094	1 146	—	—	930	980	1 030	—	—
16	GQZ 15000GD	1 113	1 174	1 227	1 290	1 343	1 000	1 060	1 110	1 170	1 230
17	GQZ 17500GD	1 203	1 255	1 317	1 380	1 443	1 080	1 130	1 190	1 260	1 320
18	GQZ 20000GD	1 263	1 325	1 387	1 460	1 524	1 140	1 200	1 260	1 340	1 400
19	GQZ 22500GD	1 383	1 445	1 518	1 581	1 655	1 260	1 320	1 390	1 460	1 530
20	GQZ 25000GD	1 393	1 495	1 568	1 641	1 715	1 260	1 360	1 430	1 510	1 580
21	GQZ 27500GD	1 503	1 565	1 638	1 711	1 796	1 370	1 430	1 500	1 580	1 660
22	GQZ 30000GD	1 563	1 626	1 699	1 783	1 856	1 430	1 490	1 566	1 650	1 720
23	GQZ 32500GD	1 644	1 706	1 779	1 853	1 937	1 500	1 560	1 636	1 710	1 790
24	GQZ 35000GD	1 684	1 756	1 829	1 913	1 998	1 540	1 610	1 686	1 770	1 850
25	GQZ 37500GD	1 744	1 816	1 889	1 974	2 068	1 600	1 670	1 746	1 830	1 920
26	GQZ 40000GD	1 824	1 886	1 970	2 064	2 148	1 670	1 730	1 820	1 910	1 990
27	GQZ 45000GD	1 924	1 987	2 070	2 164	2 259	1 770	1 830	1 920	2 010	2 106
28	GQZ 50000GD	2 014	2 087	2 170	2 265	2 360	1 850	1 920	2 010	2 100	2 200
29	GQZ 55000GD	2 014	2 177	2 271	2 365	2 461	1 940	2 010	2 110	2 200	2 300
30	GQZ 60000GD	2 185	2 258	2 351	2 456	2 562	2 010	2 080	2 180	2 280	2 390

序号	规格	下底盆长、宽 $C=D$(mm)					下底盆锚固螺栓间距 $C_1=D_1$(mm)					地脚螺栓底柱(mm)
		θ(rad)					θ(rad)					
		0.02	0.03	0.04	0.05	0.06	0.02	0.03	0.04	0.05	0.06	
1	GQZ 1000GD	300	320	330	—	—	240	260	270	—	—	ϕ42×252
2	GQZ 1500GD	350	360	380	—	—	290	300	320	—	—	ϕ42×252
3	GQZ 2000GD	390	420	430	—	—	330	360	370	—	—	ϕ42×252
4	GQZ 2500GD	440	460	490	—	—	380	400	430	—	—	ϕ42×252
5	GQZ 3000GD	470	500	530	—	—	400	430	460	—	—	ϕ46×260
6	GQZ 3500GD	510	540	570	—	—	440	470	500	—	—	ϕ46×260
7	GQZ 4000GD	530	560	590	—	—	460	490	520	—	—	ϕ46×260
8	GQZ 4500GD	570	600	630	—	—	500	530	560	—	—	ϕ46×260
9	GQZ 5000GD	590	620	650	—	—	500	530	560	—	—	ϕ58×300
10	GQZ 6000GD	670	700	740	—	—	580	610	650	—	—	ϕ58×300
11	GQZ 7000GD	710	750	790	—	—	620	660	700	—	—	ϕ58×300
12	GQZ 8000GD	740	790	840	—	—	640	690	740	—	—	ϕ70×352
13	GQZ 9000GD	790	840	890	—	—	690	740	790	—	—	ϕ70×352
14	GQZ 10000GD	830	870	920	—	—	730	770	820	—	—	ϕ70×352
15	GQZ 12500GD	910	960	1 010	—	—	800	850	900	—	—	ϕ80×352
16	GQZ 15000GD	980	1 040	1 090	1 150	1 200	870	930	980	1 040	1 090	ϕ80×352

续表 15-57

序号	规格	下底盆长、宽 $C=D$(mm)					下底盆锚固螺栓间距 $C_1=D_1$(mm)					地脚螺栓底柱(mm)
		θ(rad)					θ(rad)					
		0.02	0.03	0.04	0.05	0.06	0.02	0.03	0.04	0.05	0.06	
17	GQZ 17500GD	1 060	1 110	1 170	1 230	1 290	940	990	1 050	1 110	1 170	ϕ90×400
18	GQZ 20000GD	1 120	1 180	1 240	1 310	1 370	1 000	1 060	1 120	1 190	1 250	ϕ90×400
19	GQZ 22500GD	1 220	1 280	1 350	1 410	1 480	1 100	1 160	1 230	1 290	1 360	ϕ90×400
20	GQZ 25000GD	1 230	1 330	1 400	1 470	1 540	1 100	1 200	1 270	1 340	1 410	ϕ100×400
21	GQZ 27500GD	1 330	1 390	1 460	1 530	1 610	1 240	1 260	1 330	1 400	1 480	ϕ100×400
22	GQZ 30000GD	1 390	1 450	1 520	1 600	1 670	1 260	1 320	1 390	1 470	1 540	ϕ100×400
23	GQZ 32500GD	1 460	1 520	1 590	1 660	1 740	1 320	1 380	1 450	1 520	1 600	ϕ110×460
24	GQZ 35000GD	1 500	1 570	1 640	1 720	1 800	1 360	1 430	1 500	1 580	1 660	ϕ110×460
25	GQZ 37500GD	1 550	1 620	1 690	1 770	1 860	1 410	1 480	1 550	1 630	1 720	ϕ110×460
26	GQZ 40000GD	1 620	1 680	1 760	1 850	1 930	1 470	1 530	1 610	1 700	1 780	ϕ120×480
27	GQZ 45000GD	1 700	1 760	1 840	1 930	2 020	1 550	1 610	1 690	1 780	1 870	ϕ120×480
28	GQZ 50000GD	1 790	1 860	1 940	2 030	2 120	1 630	1 700	1 780	1 870	1 960	ϕ124×520
29	GQZ 55000GD	1 860	1 930	2 020	2 110	2 200	1 700	1 770	1 860	1 950	2 040	ϕ124×520
30	GQZ 60000GD	1 940	2 010	2 100	2 200	2 300	1 770	1 840	1 930	2 030	2 130	ϕ128×560

序号	规格	支座高度 h(mm)					总重量(kg)				
		θ(rad)					θ(rad)				
		0.02	0.03	0.04	0.05	0.06	0.02	0.03	0.04	0.05	0.06
1	GQZ 1000GD	83	84	85	—	—	54	61	66	—	—
2	GQZ 1500GD	86	87	88	—	—	74	80	89	—	—
3	GQZ 2000GD	91	92	93	—	—	101	116	123	—	—
4	GQZ 2500GD	96	97	99	—	—	132	145	166	—	—
5	GQZ 3000GD	100	102	103	—	—	161	184	208	—	—
6	GQZ 3500GD	105	106	108	—	—	197	220	248	—	—
7	GQZ 4000GD	109	111	113	—	—	226	254	284	—	—
8	GQZ 4500GD	113	115	117	—	—	268	299	333	—	—
9	GQZ 5000GD	117	119	121	—	—	310	345	382	—	—
10	GQZ 6000GD	125	127	130	—	—	417	460	519	—	—
11	GQZ 7000GD	132	134	137	—	—	501	564	632	—	—
12	GQZ 8000GD	139	141	143	—	—	571	654	742	—	—
13	GQZ 9000GD	145	147	149	—	—	685	780	879	—	—
14	GQZ 10000GD	152	154	156	—	—	790	877	981	—	—
15	GQZ 12500GD	173	175	177	—	—	1 094	1 220	1 362	—	—
16	GQZ 15000GD	188	192	196	200(201)	204(205)	1 368	1 544	1 717	1 932	2 125
17	GQZ 17500GD	199	201	205(206)	209(210)	214(215)	1 676	1 844	2 057	2 318	2 579
18	GQZ 20000GD	214	216	221	224	229	1 989	2 215	2 485	2 779	3 077
19	GQZ 22500GD	221	223	227	232	238	2 465	2 719	3 049	3 368	3 760

续表 15-57

序号	规格	支座高度 h(mm)					总重量(kg)				
		θ(rad)					θ(rad)				
		0.02	0.03	0.04	0.05	0.06	0.02	0.03	0.04	0.05	0.06
20	GQZ 25000GD	232	236	241	247	250	2 649	3 087	3 455	3 861	4 248
21	GQZ 27500GD	243	245	251	254	261	3 219	3 515	3 933	4 333	4 866
22	GQZ 30000GD	255	258	262	268	273	3 665	4 003	4 429	4 960	5 452
23	GQZ 32500GD	267	270	274	281	286	4 241	4 611	5 079	5 625	6 223
24	GQZ 35000GD	277	279	286	291	296	4 645	5 076	5 625	6 226	6 880
25	GQZ 37500GD	286	289	293	302	307	5 151	5 634	6 168	6 867	7 654
26	GQZ 40000GD	297	300	304	310	315	5 837	6 297	6 851	7 750	8 492
27	GQZ 45000GD	323	324	329	334	344	7 027	7 517	8 284	9 164	10 213
28	GQZ 50000GD	342	344	346	354	363	8 183	8 826	9 602	10 652	11 783
29	GQZ 55000GD	361	363	366	373	381	9 331	10 099	11 082	12 709	13 437
30	GQZ 60000GD	379	381	385	393	400	10 656	11 447	12 546	13 917	15 336

注:表中支座高度栏中带括号数据,对应于双向、单向活动支座高度,用于上顶板不锈钢板厚度为 3mm 的情况。

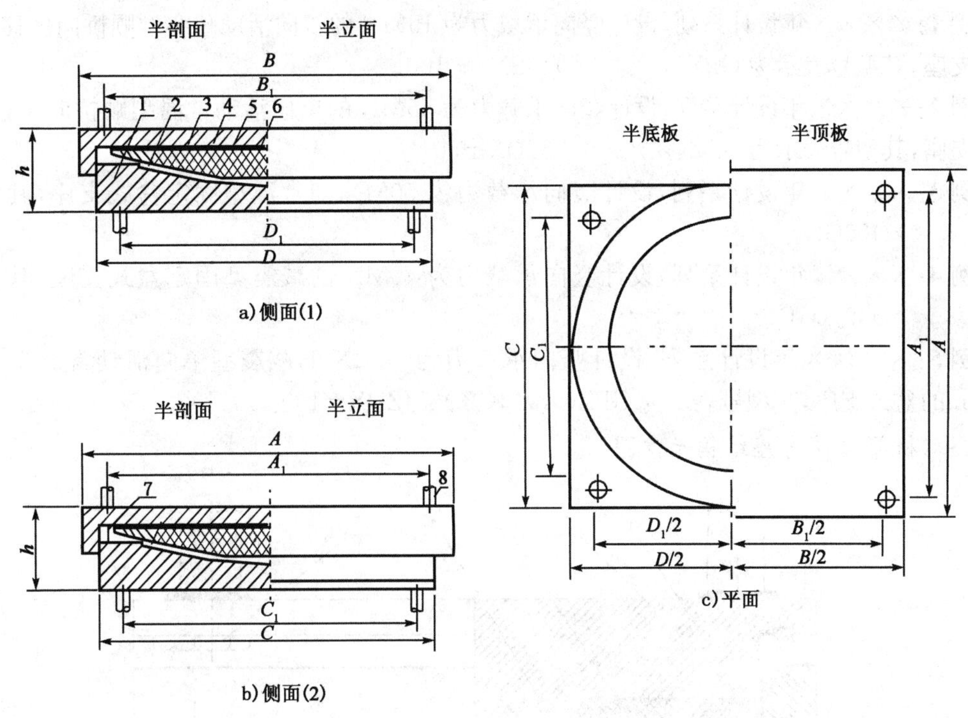

图 15-45 固定支座结构示意图

1-下底盆;2-球面聚四氟乙烯板;3-球面钢衬板;4-上顶板;5-平面聚四氟乙烯板;6-不锈钢板;7-防尘密封圈;8-锚固螺栓

(三)公路桥梁盆式支座(JT/T 391—2009)

公路桥梁盆式支座分为活动支座和固定支座。其均由顶板、黄铜密封圈、橡胶板、钢盆、锚固螺栓、防尘圈和防尘围板等组成;其中活动支座还有不锈钢冷轧钢板、聚四氟乙烯板和中间钢板。

1. 公路桥梁盆式支座的分类

表 15-58

分 类	名 称	代 号	性 能 要 求
按使用性能分类	双向活动支座	SX	具有竖向承载、竖向转动和双向滑移性能
	单向活动支座	DX	具有竖向承载、竖向转动和单一方向滑移性能
	固定支座	GD	具有竖向承载、竖向转动性能
	减震型固定支座	JZGD	具有竖向承载、竖向转动和减震性能
	减震型单向活动支座	JZDX	具有竖向承载、竖向转动和单一方向滑移及减震性能
按适用温度分类	常温型支座		适用于－25～＋60℃
	耐寒型支座	F	适用于－40～＋60℃

2. 公路桥梁盆式支座的标记

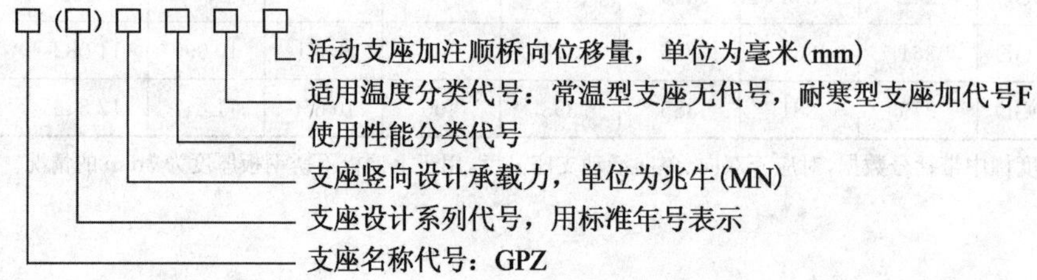

示例 1:××××年设计系列,设计竖向承载力为 15MN 的双向活动耐寒型顺桥向位移为±100mm 的盆式支座,其型号表示为 GPZ(××××)15SXF±100。

示例 2:××××年设计系列,设计竖向承载力为 35MN 的单向活动常温型顺桥向位移为±50mm 的盆式支座,其型号表示为 GPZ(××××)35DX±50。

示例 3:××××年设计系列,设计竖向承载力为 50MN 的常温型固定盆式支座,其型号表示为 GPZ(××××)50GD。

示例 4:××××年设计系列,设计竖向承载力为 40MN 的减震型固定盆式支座,其型号表示为 GPZ(××××)40JZGD。

示例 5:××××年设计系列,设计竖向承载力为 35MN 的减震型单向活动常温型顺桥位移为±150mm的盆式支座,其型号表示为 GPZ(××××)35JZDX±150。

3. 公路桥梁盆式支座结构示意图

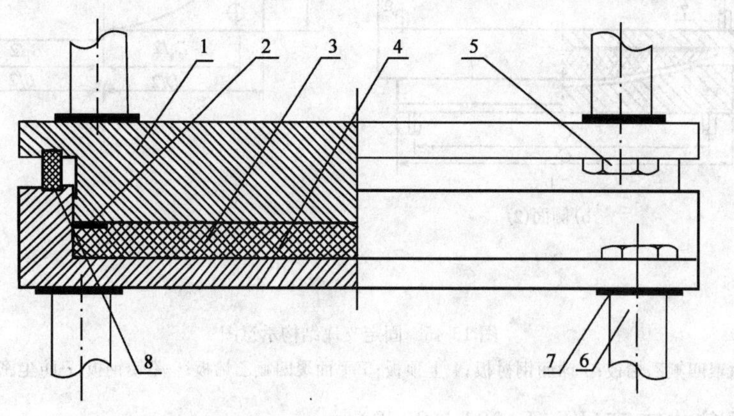

图 15-46 固定支座结构示意图

1-顶板;2-黄铜密封圈;3-橡胶板;4-钢盆;5-锚固螺栓;6-套筒;7-垫圈;8-防尘圈

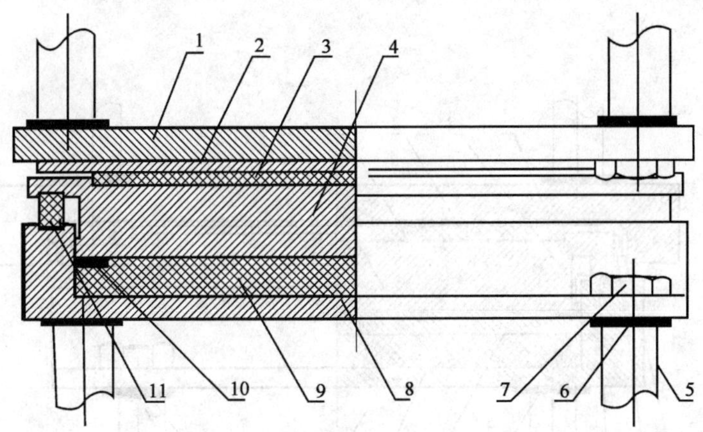

图 15-47　双向活动支座结构示意图

1-顶板;2-不锈钢冷轧钢板;3-聚四氟乙烯板;4-中间钢板;5-套筒;6-垫圈;7-锚固螺栓;8-钢盆;9-橡胶板;10-黄铜密封圈;11-防尘圈

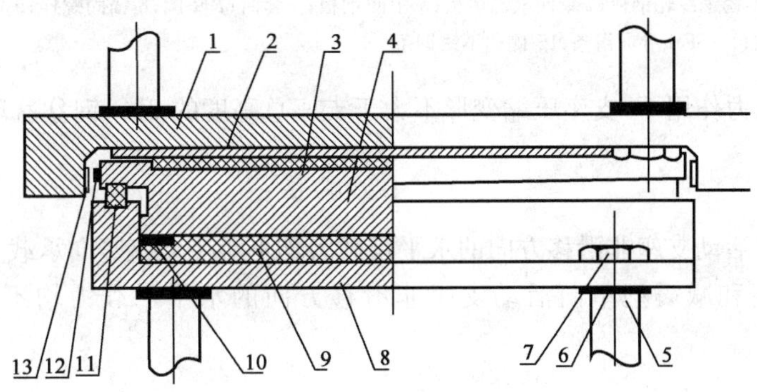

图 15-48　单向活动支座结构示意图

1-顶板;2-不锈钢冷轧钢板;3-聚四氟乙烯板;4-中间钢板;5-套筒;6-垫圈;7-锚固螺栓;8-钢盆;9-橡胶板;10-黄铜密封圈;11-防尘圈;12-SF-1 导向滑条;13-侧向不锈钢条

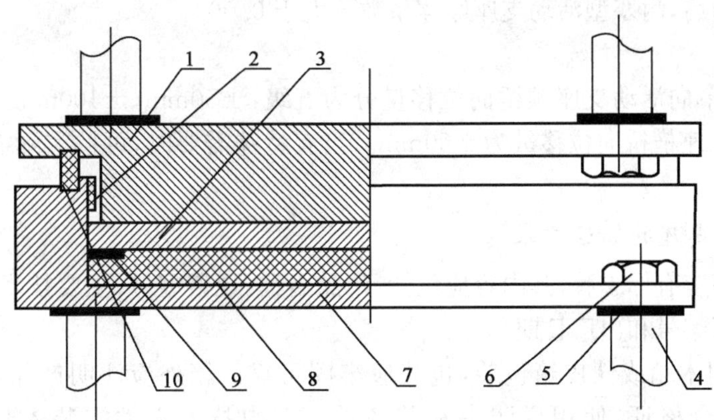

图 15-49　减震型固定支座结构示意图

1-顶板;2-高阻尼橡胶;3-下衬板;4-套筒;5-垫圈;6-锚固螺栓;7-钢盆;8-橡胶板;9-黄铜密封圈;10-防尘圈

4.公路桥梁盆式支座的规格及技术要求

(1)竖向承载力

支座竖向承载力分为 33 级，即 0.4MN，0.5MN，0.6MN，0.8MN，1MN，1.5MN，2MN，2.5MN，3MN，3.5MN，4MN，5MN，6MN，7MN，8MN，9MN，10MN，12.5MN，15MN，17.5MN，

20MN,22.5MN,25MN,27.5MN,30MN,32.5MN,35MN,37.5MN,40MN,45MN,50MN,55MN,60MN。

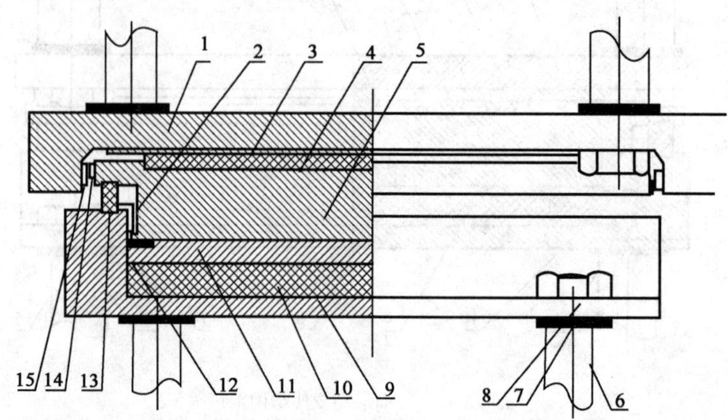

图 15-50 减震型单向活动支座结构示意图

1-顶板;2-高阻尼橡胶;3-不锈钢冷轧钢板;4-聚四氟乙烯板;5-中间钢板;6-套筒;7-垫圈;8-锚固螺栓;9-钢盆;10-橡胶板;11-下衬板;12-黄铜密封圈;13-防尘圈;14-SF-1 导向滑条;15-侧向不锈钢条

在竖向设计承载力作用下,支座压缩变形不大于支座总高度的 2%,钢盆盆环上口径向变形不大于盆环外径的 0.05%。

(2)水平承载力

固定支座和单向活动支座非滑移方向的水平承载力均不小于支座竖向承载力的 10%。

减震型固定支座和减震型单向活动支座非滑移方向的水平承载力均不小于支座竖向承载力的 20%。

(3)转角

支座竖向转动角度不小于 0.02rad。支座正常工作时,支座竖向转动角度不大于 0.02rad。

(4)摩擦系数

加 5201 硅脂润滑后,常温型活动支座摩擦系数不大于 0.030。

加 5201 硅脂润滑后,耐寒型活动支座摩擦系数不大于 0.060。

(5)位移

双向活动支座和单向活动支座顺桥向位移量分为五级:±50mm,±100mm,±150mm,±200mm,±250mm;双向活动支座横桥向位移量为±50mm。当有特殊需要时,可按实际需要调整位移量,调整位移级差为±50mm。

5.公路桥梁盆式支座的储运要求

(1)每个成品支座应有标志牌,其内容应包括:产品名称、规格型号、主要技术指标(设计承载力、位移量)、生产厂名、出厂编号和出厂日期。

(2)每个支座应用木箱或铁皮箱包装,包装应牢固可靠。箱外应注明产品名称、规格、体积和重量。箱内应附有产品合格证、使用说明书和装备单。箱内技术文件需装入封口的塑料袋中以防受潮。

(3)支座在运输、储存中,应避免阳光直接照射及雨雪浸淋,并保持清洁。严禁与酸、碱、油类、有机溶剂等可影响支座质量的物质相接触,距热源应在 5m 以外。

(四)公路桥梁合成材料调高盆式支座(JT/T 851—2013)

公路桥梁合成材料调高盆式支座,是通过设置在盆式支座底板上的填充孔道,向支座钢盆内注入合成材料,实现无级调高的支座。支座的竖向承载力为 0.4～60MN。

1. 公路桥梁合成材料调高盆式支座的分类

表 15-59

分　类	名　　称	代　号	性能要求
按使用性能分	双向活动调高盆式支座	SX	具有竖向承载、竖向转动、双向滑移性能和支座高度无级调高功能
	单向活动调高盆式支座	DX	具有竖向承载、竖向转动、单一方向滑移性能和支座高度无级调高功能
	固定调高盆式支座	GD	具有竖向承载、竖向转动性能和支座高度无级调高功能
	减震型固定调高盆式支座	JGD	具有竖向承载、竖向转动和减震性能及支座高度无级调高功能
	减震型单向活动调高盆式支座	JDX	具有竖向承载、竖向转动、单一方向滑移和减震性能及支座高度无级调高功能
按适用温度分	常温型支座		适用于－25～＋60℃
	耐寒型支座	F	适用于－40～＋60℃

2. 公路桥梁合成材料调高盆式支座标记

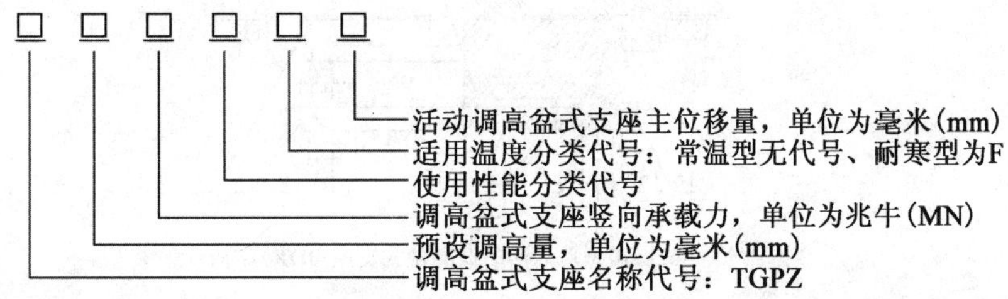

示例 1：设计竖向承载力为 15MN、预设调高量 10mm 的双向活动耐寒型、主位移量为±100mm 的调高盆式支座，其型号表示为 TGPZ(10)15SXF±100。

示例 2：设计竖向承载力为 35MN、预设调高量 15mm 的单向活动常温型、主位移量为±100mm 的调高盆式支座，其型号表示为 TGPZ(15)35DX±100。

示例 3：设计竖向承载力为 50MN、预设调高量 20mm 的常温型固定调高盆式支座，其型号表示为 TGPZ(20)50GD。

示例 4：设计竖向承载力为 35MN、预设调高量 15nm 的单向活动常温型、主位移量为±100mm 的减震型调高盆式支座，其型号表示为 TGPZ(15)35JDX±100。

3. 公路桥梁合成材料调高盆式支座结构示意图

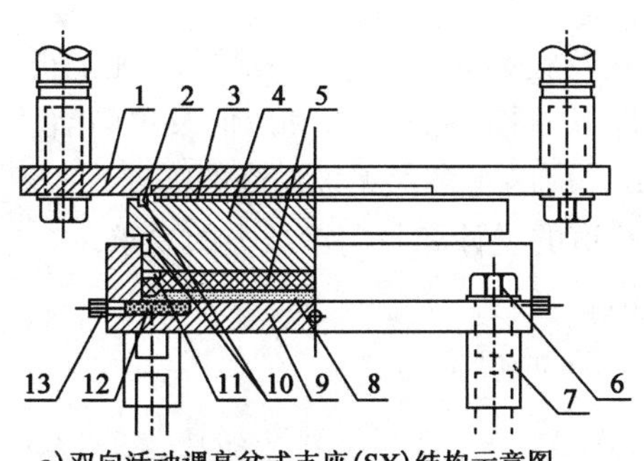

a) 双向活动调高盆式支座(SX)结构示意图

1-顶板；2-不锈钢冷轧钢板；3-滑板；4-中间钢板；5-橡胶板；6-固定螺栓；7-套筒；8-合成材料；9-钢盆；10-防尘圈；11-黄铜密封圈；12-填充孔道；13-丝堵

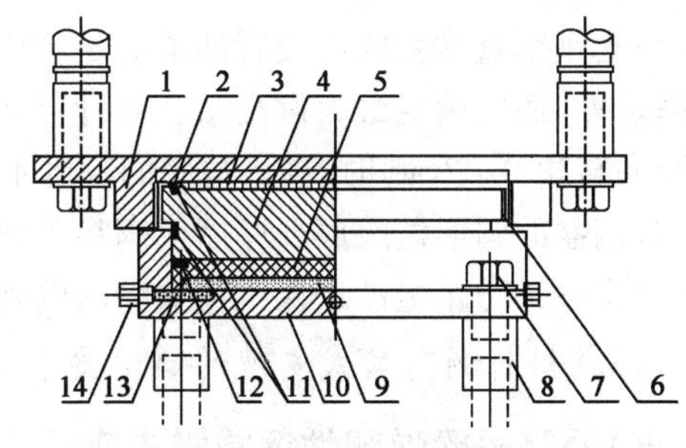

b) 单向活动调高盆式支座(DX)结构示意图

1-顶板；2-不锈钢冷轧钢板；3-滑板；4-中间钢板；5-橡胶板；6-SF-1板；7-锚固螺栓；8-套筒；9-合成材料；10-钢盆；11-防尘圈；12-黄铜密封圈；13-填充孔道；14-丝堵

图　15-51

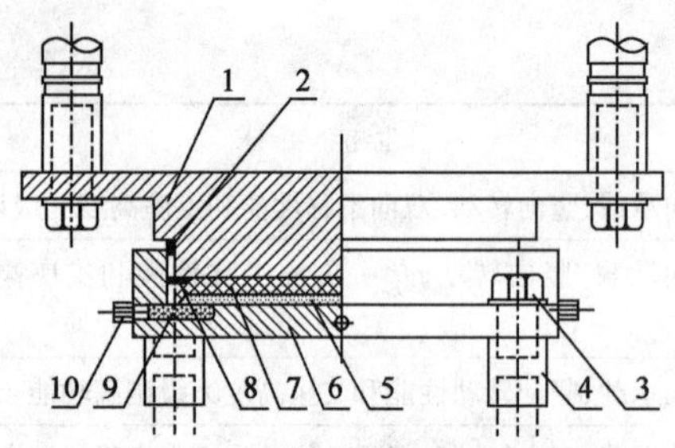

c）固定调高盆式支座（GD）结构示意图

1-顶板；2-防尘圈；3-锚固螺栓；4-套筒；5-合成材料；6-钢盆；7-橡胶板；8-黄铜密封圈；9-填充孔道；10-丝堵

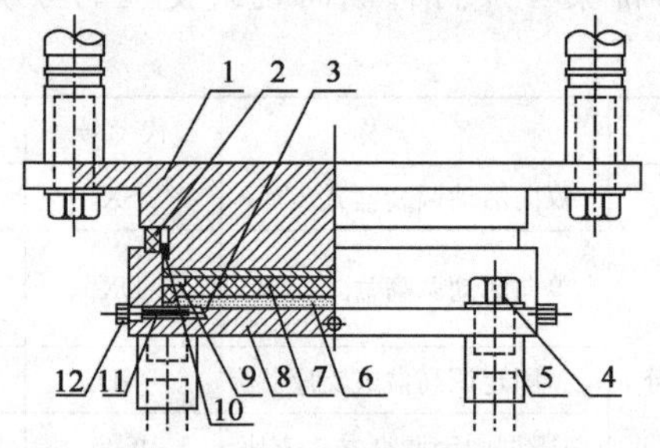

d）减震型固定调高盆式支座（JGD）结构示意图

1-顶板；2-防尘圈；3-下衬板；4-锚固螺栓；5-套管；6-合成材料；7-橡胶板；8-钢盆；9-黄铜密封圈；10-高阻尼橡胶；11-填充孔道；12-丝堵

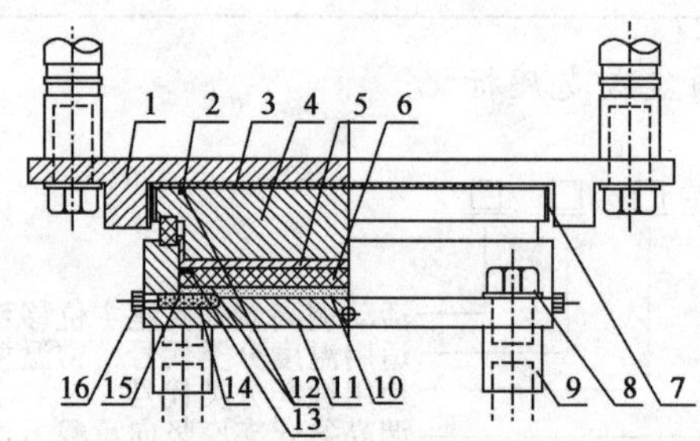

e）减震型单向活动调高盆式支座（JDX）结构示意图

1-顶板；2-不锈钢冷轧钢板；3-滑板；4-中间钢板；5-下衬板；6-橡胶板；7-SF-1板；8-锚固螺栓；9-套筒；10-合成材料；11-钢盆；12-防尘圈；13-黄筒密封圈；14-高阻尼橡胶；15-填充孔道；16-丝堵

图 15-51　合成材料调高盆式支座结构示意图

4.公路桥梁合成材料调高盆式支座规格及技术要求

支座在调高前、后的竖向承载力（规格）、水平承载力、转角、摩擦系数和位移均应符合《公路桥梁盆式支座》（JT/T 391）的规定

支座橡胶板应设置防止合成材料乳状液体泄露的密封结构。

支座最大可调高量宜分为 10mm、20mm、30mm。当有特殊需要时，可按实际需要调整。

单向活动调高盆式支座应设计导向结构，导向结构除满足支座上部结构水平方向直线位移外，还应满足相应的转角和承受水平荷载的要求。

5.支座钢盆要求

（1）支座钢盆盆腔底部设置四道满足合成材料注入盆腔底部的孔道。支座钢盆盆腔深度除满足预设调高量外，还应满足最大调高量在设计竖向承载力条件下，固定支座顶板和双向及单向活动支座中间钢板竖向转角 0.02rad 时，进入盆腔的深度不小于 5mm，并应满足多次无极调高的需要。

（2）钢盆的圆形盆腔底部厚度应满足合成材料填充孔道的设计和竖向承载力的要求。

（3）应设计防止尘沙进入钢盆盆腔内的外部密封结构。

6.合成材料调高盆式支座的储运要求符合 JT/T 391 的规定

（五）公路桥梁弹塑性钢减震支座（JT/T 843—2012）

公路桥梁弹塑性钢减震支座是利用弹塑性钢阻尼元件的塑性性能吸收和耗散地震能量的支座。其基本结构由支座本体与弹塑性钢阻尼元件组成；支座本体的结构形式为盆式支座或球形支座，弹塑性钢阻尼元件的外观形状有 C 型、E 型及非线性阻尼辐型等形状。

支座的竖向承载力为 2 000～60 000kN。

1.公路桥梁弹塑性钢减震支座的分类

表 15-60

分　类	名　称	代　号	性能要求
按使用性能分类	双向活动支座	SX	具有竖向承载、竖向转动和双向滑移性能
	纵向活动支座	ZX	具有竖向承载、竖向转动和纵向滑移性能
	横向活动支座	HX	具有竖向承载、竖向转动和横向滑移性能
	固定支座	GD	具有竖向承载、竖向转动性能
按适用温度分类	常温型支座	C(可省)	适用于－25～＋60℃
	耐寒型支座	F	适用于－40～＋60℃
按支座本体结构分类	盆式支座	PZ	具有普通盆式支座的所有功能
	球形支座	QZ	具有普通球形支座的所有功能
按支座阻尼元件外观分类	C 型钢支座	C	阻尼元件结构形式“C”形
	E 型钢支座	E	阻尼元件结构形式“E”形
	ND 非线性阻尼辐支座	ND	阻尼元件采用非线性结构形式

2.弹塑性钢减震支座的标记

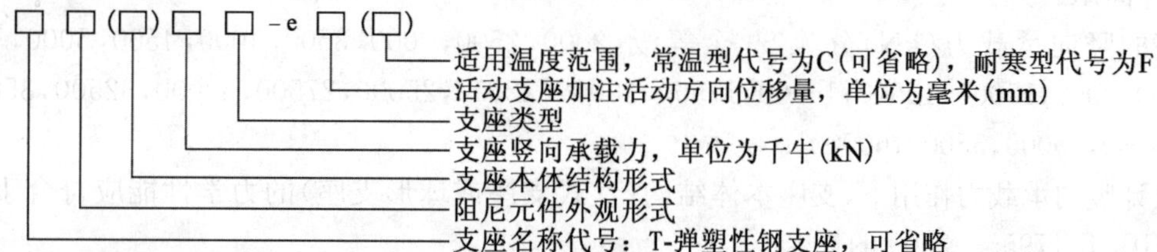

示例 1：设计竖向承载力为 15 000kN，纵桥向位移为±100mm，阻尼元件为 C 型，双向活动耐寒型弹塑性钢减震盆式支座的型号表示为：TC(PZ)-15000SX-e100(F)，可简称为：CPZ-15000SX-e100(F)。

示例 2：设计竖向承载力为 15 000kN，阻尼元件为 ND 非线性阻尼辐型，固定耐寒型弹塑性钢减震盆式支座的型号表示为：TND(PZ)-15000GD(F)，可简称为：NDPZ-15000GD(F)。

示例 3：设计竖向承载力为 20 000kN，纵桥向位移为±150mm，阻尼元件为 E 型，纵向活动常温型弹塑性钢减震球形支座的型号表示为：TE(QZ)-20000ZX-e150(F)，可简称为：EQZ-20000ZX-e150。

示例 4：设计竖向承载力为 20 000kN，纵桥向位移为±150mm，阻尼元件为 ND 非线性阻尼辐型，纵向活动常温型弹塑性钢减震球形支座的型号表示为：TND(QZ)-20000ZX-e150(C)，可简称为：NDQZ-20000ZX-e150。

3.弹塑性钢支座结构示意图

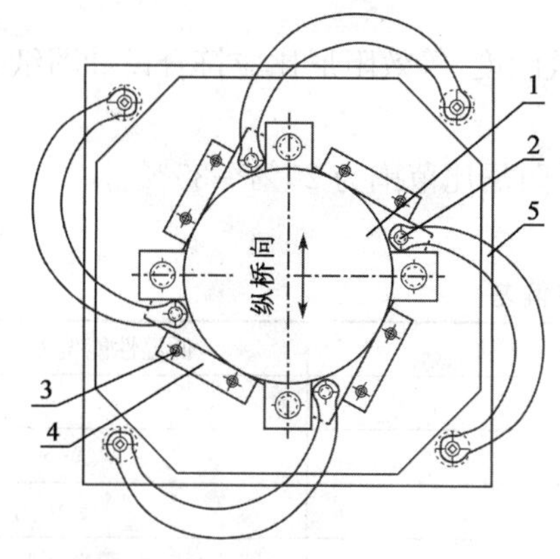

a)C型弹塑性钢减震支座结构示意图(固定型)
1-支座本体；2-连接销；3-保险销；4-限位导轨；5-C型弹塑性钢阻尼元件

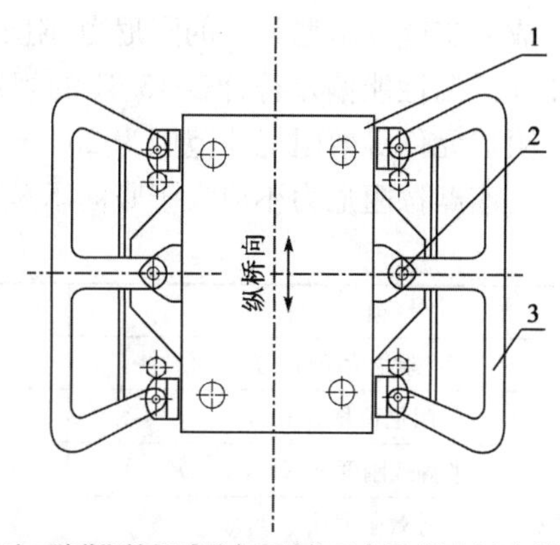

b)E型弹塑性钢减震支座结构示意图(纵向活动型)
1-支座本体；2-连接销；3-E型弹塑性钢阻尼元件

图　15-52

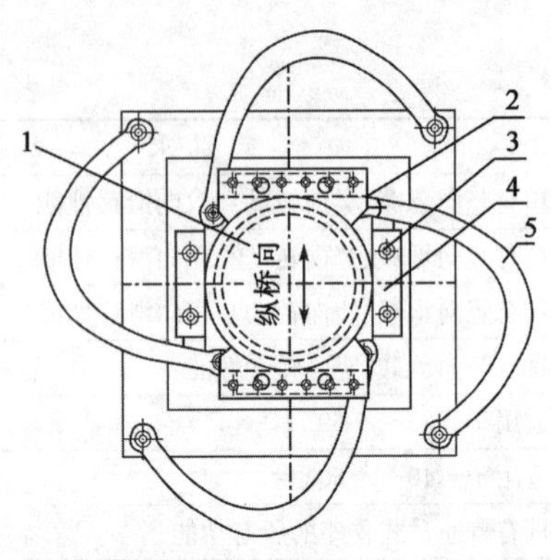

c)非线性阻尼辐减震支座结构示意图(固定型)

1-支座本体;2-连接销;3-保险销;4-限位导轨;5-非线性阻尼辐

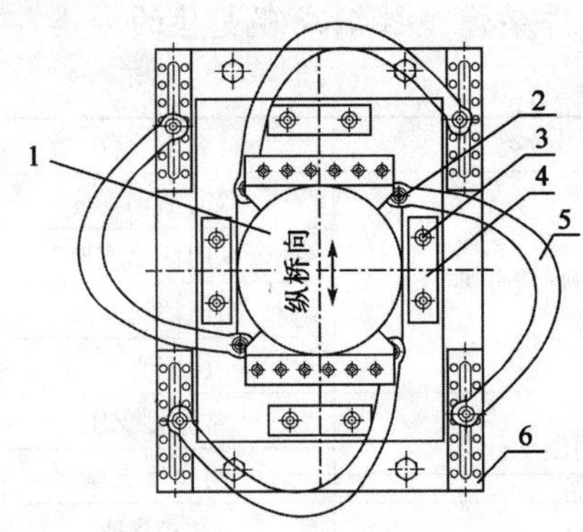

d)非线性阻尼辐减震支座结构示意图(双向活动型)

1-支座本体;2-连接销;3-保险销;4-限位导轨;5-非线性阻尼辐;6-功能板

图 15-52　弹塑性支座结构示意图

4.弹塑性钢减震支座的技术性能

(1)竖向承载力

支座的竖向承载力(kN)分为 29 个等级:2000,2500,3000,3500,4000,4500,5000,5500,6000,7000,8000,9000,10000,12500,15000,17500,20000,22500,25000,27500,30000,32500,35000,37500,40000,45000,50000,55000,60000。

在设计竖向承载力作用下,支座本体结构(盆式支座或球形支座)的力学性能应符合 JT/T 391—2009 和 GB/T 17955—2009 的规定。

(2)水平承载力

在设计水平承载力作用下,支座本体结构(盆式支座或球形支座)的力学性能应符合 JT/T 391—2009 和 GB/T 17955—2009 的规定。

保险销设计水平剪断力允许偏差为设计值的±15%。保险销按疲劳荷载加载,荷载循环次数应大于 200 万次。

连接销水平承载力不应低于 3 倍设计水平承载力。连接销按疲劳荷载加载,荷载循环次数不应低于 11 次。

支座水平约束方向承受的极限力不应小于该方向 1.5 倍设计水平承载力。

(3)阻尼性能

成品支座阻尼性能应由阻尼元件力学性能、摩擦阻尼性能或其他阻尼性能等效组合。阻尼元件的阻尼力、阻尼位移应符合双线性恢复力模型。

成品支座及阻尼元件的阻尼力、阻尼位移、水平等效刚度、等效阻尼比应符合设计图纸要求,其允许偏差和低温性能偏差符合表 15-61 的规定:

阻尼元件等效阻尼比范围为 25%～45%;成品支座阻尼比范围为 20%～35%。

支座摩擦阻尼力不应大于竖向承载力的 5%。

力学性能允许偏差　　表 15-61

项　　目	允 许 偏 差	低温性能偏差(−40℃)
阻尼力 F(kN)	±15%	—
阻尼位移 S(mm)	±5%	—
水平等效刚度 K_h(kN/mm)	±15%	±40%
等效阻尼比 ξ(%)	±15%	±20%

(4)转角

支座设计竖向转角不小于±0.02rad。

支座本体结构（盆式支座或球形支座）的转动性能应符合 JT/T 391—2009 和 GB/T 17955—2009 的规定。

(5)摩擦系数

加 5201-2 硅脂润滑后，常温型支座摩擦系数不大于 0.03，耐寒型支座摩擦系数不大于 0.05。

(6)位移

纵向和双向活动支座纵桥向位移量分为五级：±50mm，±100mm，±150mm，±200mm，±250mm。横向和双向活动支座横桥向位移量分为三级：±10mm，±30mm，±50mm。当有特殊需要时，可按实际需要调整位移量，纵桥向调整位移的级差为±50mm，横桥向调整位移的级差为±20mm；支座极限滑动位移量应大于支座设计滑动位移量。

(六)公路桥梁多级水平力盆式支座(JT/T 872—2013)

公路桥梁多级水平力盆式支座是在水平限位约束方向具有多级水平承载力的盆式支座。

多级水平力盆式支座的竖向承载力为 0.4～60MN。

1. 多级水平力盆式支座的分类

表 15-62

分　类	名　称	代　号	性能要求
按使用性能分类	双向活动支座	SX	具有竖向承载、竖向转动和双向滑移性能
	纵向活动支座	ZX	具有竖向承载、竖向转动、纵向滑移和横向水平承载性能
	横向活动支座	HX	具有竖向承载、竖向转动、横向滑移和纵向水平承载性能
	固定支座	GD	具有竖向承载、竖向转动和双向水平承载性能
按适用温度范围分类	常温型支座	C(可省)	适用于－25～＋60℃
	耐寒型支座	F	适用于－40～＋60℃
按水平承载力分类	Ⅰ型支座	JPZ(Ⅰ)	设计水平承载力为竖向承载力的 10%
	Ⅱ型支座	JPZ(Ⅱ)	设计水平承载力为竖向承载力的 15%
	Ⅲ型支座	JPZ(Ⅲ)	设计水平承载力为竖向承载力的 20%

2. 多级水平力盆式支座的标记

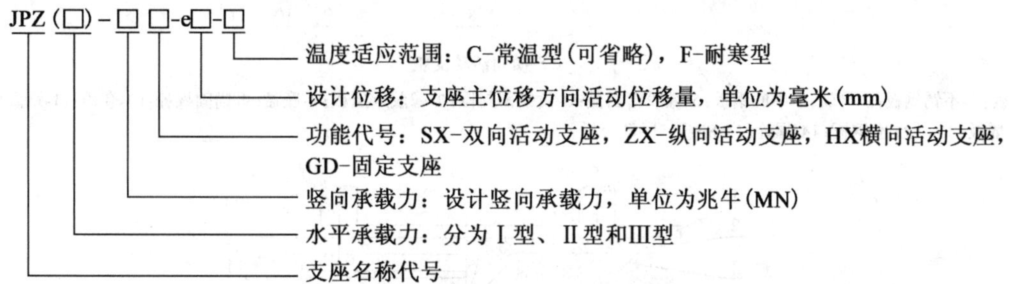

示例 1：支座设计竖向承载力为 15MN，主位移方向活动位移量为±50mm，耐寒型双向活动盆式支座，其型号表示为 JPZ-15SX-e50-F。

示例 2：支座设计竖向承载力为 10MN，设计水平承载力为竖向承载力的 15%，纵向活动位移量为±100mm，常温型横向活动多级水平力盆式支座，其型号表示为 JPZ(Ⅱ)-10ZX-e100-C，可简写为 JPZ(Ⅱ)-10ZX-e100。

示例 3：支座设计竖向承载力为 8MN，设计水平承载力为竖向承载力的 20%，横向活动位移量为±50mm，常温型横向活动多级水平力盆式支座，其型号表示为 JPZ(Ⅲ)-8HX-e50-C，可简写为 JPZ(Ⅲ)-8HX-e50。

示例 4:支座设计竖向承载力为 6MN,设计水平承载力为竖向承载力的 10%,常温型固定多级水平力盆式支座,其型号表示为 JPZ(Ⅰ)-6GD-C,可简写为 JPZ(Ⅰ)-6GD。

3. 多级水平力盆式支座结构示意图

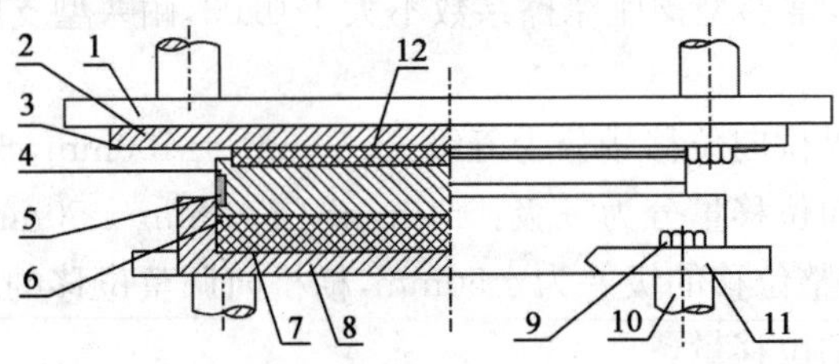

a)双向活动支座

1-预埋钢板;2-上支座钢板;3-不锈钢板;4-中间钢板;5-橡胶密封圈;6-黄铜密封圈;7-橡胶承压板;8-底盆;9-锚固螺栓;10-套筒;11-锚碇块;12-改性聚四氟乙烯板

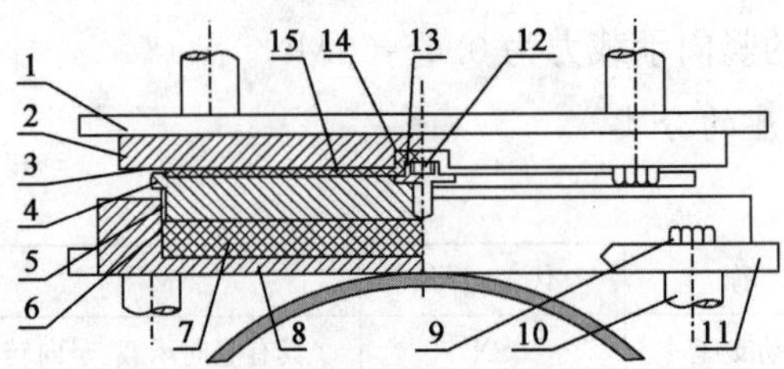

b)纵向活动支座

1-预埋钢板;2-上支座钢板;3-不锈钢板;4-中间钢板;5-橡胶密封圈;6-黄铜密封圈;7-橡胶承压板;8-底盆;9-锚固螺栓;10-套筒;11-锚碇块;12-螺栓;13-导轨;14-SF-Ⅰ三层复合;15-改性聚四氟乙烯板

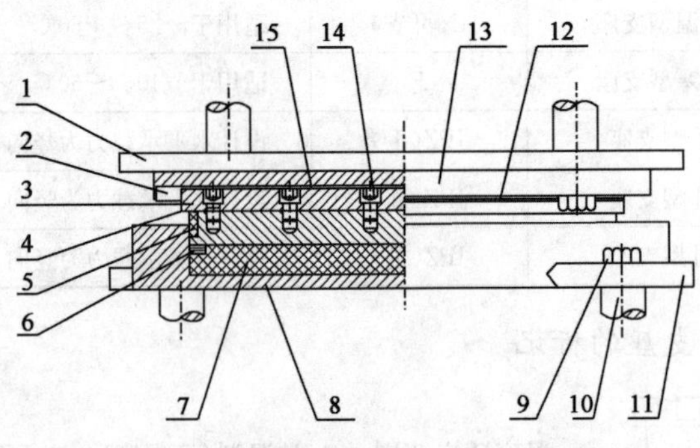

c)横向活动支座

1-预埋钢板;2-不锈钢板;3-导轨;4-中间钢板;5-橡胶密封圈;6-黄铜密封圈;7-橡胶承压板;8-底盆;9-锚固螺栓;10-套筒;11-锚碇块;12-改性聚四氟乙烯板;13-上支座钢板;14-螺栓;15-SF-Ⅰ三层复合板

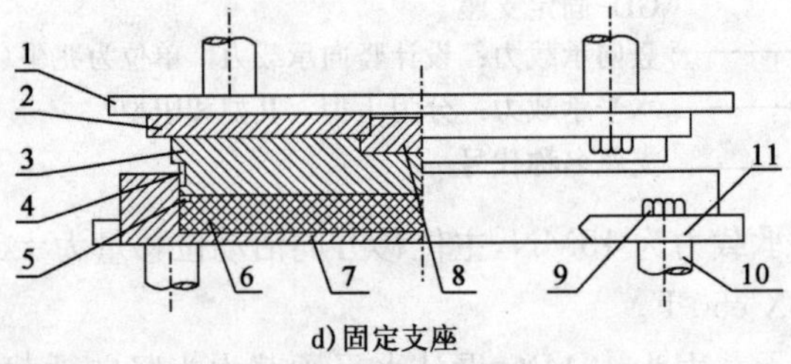

d)固定支座

1-预埋钢板;2-上支座钢板;3-中间钢板;4-橡胶密封圈;5-黄铜密封圈;6-橡胶承压板;7-底盆;8-剪力卡榫;9-锚固螺栓;10-套筒;11-锚碇块

图 15-53 多级水平力盆式支座结构示意图

4. 多级水平力盆式支座的技术性能和要求

(1)竖向承载力

支座的竖向承载力(MN)分为 33 个等级:0.4、0.5、0.6、0.8、1.0、1.5、2.0、2.5、3.0、3.5、4.0、5.0、

6.0、7.0、8.0、9.0、10、12.5、15、17.5、20、22.5、25、27.5、30、32.5、35、37.5、40、45、50、55、60。

在竖向设计承载力作用下，支座竖向压缩变形不大于支座总高度的2%，底盆盆环上口径向变形不大于盆环外径的0.05%。

(2)水平承载力

根据型号不同，纵向活动支座横向、横向活动支座纵向及固定支座双向的水平承载力可分为三级：分别是竖向承载力的10%、15%及20%。

在水平设计承载力作用下，支座水平方向残余变形不应大于整个加载过程中水平方向弹性变形的5%。

(3)转角

支座设计竖向转角不小于±0.02rad。

(4)摩擦系数

不加硅脂润滑时，支座设计摩擦系数不大于0.07；加5201-2硅脂润滑后，常温型活动支座设计摩擦系数不大于0.03，耐寒型活动支座设计摩擦系数不大于0.05。

(5)位移

双向活动支座和纵向活动支座纵桥向位移量(mm)分为六级：±50，±100，±150，±200，±250，±300；双向活动支座和横向活动支座横桥向位移量为±50mm。当有特殊需要时，可按实际需要调整位移量，调整位移的级差为±50mm。

(七)公路桥梁铅芯隔震橡胶支座(JT/T 822—2011)

公路桥梁铅芯隔震橡胶支座内部含有单个或多个铅芯，以提高支座的阻尼性能及减少结构地震力作用。支座适用的竖向承载力不大于16 000kN；适用的环境温度范围为－25～＋60℃。

公路桥梁铅芯隔震橡胶支座按外形分为矩形铅芯隔震橡胶支座和圆形铅芯隔震橡胶支座两种。

1.公路桥梁铅芯隔震橡胶支座的标记

(1)矩形铅芯隔震橡胶支座

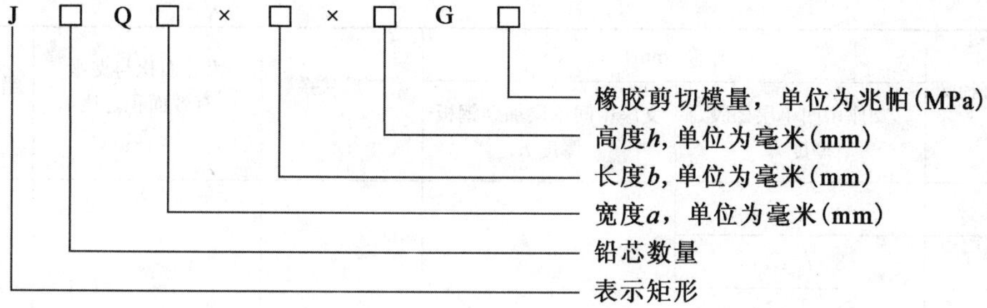

示例：支座有四个铅芯，宽度为1 320mm，长度为1 320mm，支座高度为273mm，橡胶剪切弹性模量为1.2MPa的矩形铅芯隔震橡胶支座型号表示为J4Q1320×1320×273G1.2。

(2)圆形铅芯隔震橡胶支座

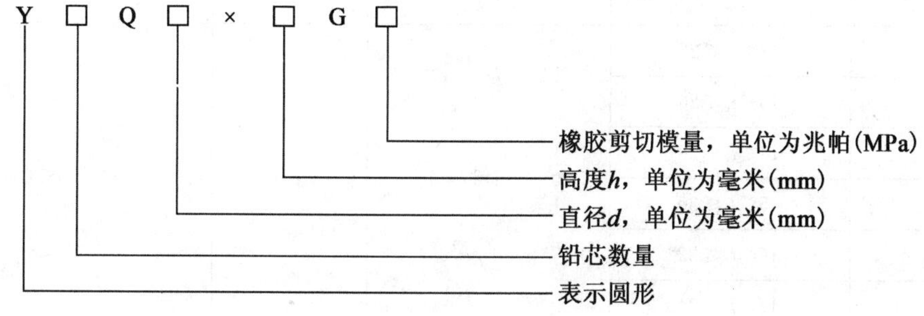

示例:支座有四个铅芯,直径为520mm,支座高度为135mm,橡胶剪切弹性模量为1.0MPa的圆形铅芯隔震橡胶支座型号表示为Y4Q520×135G1.0。

2.铅芯隔震支座的结构尺寸示意图

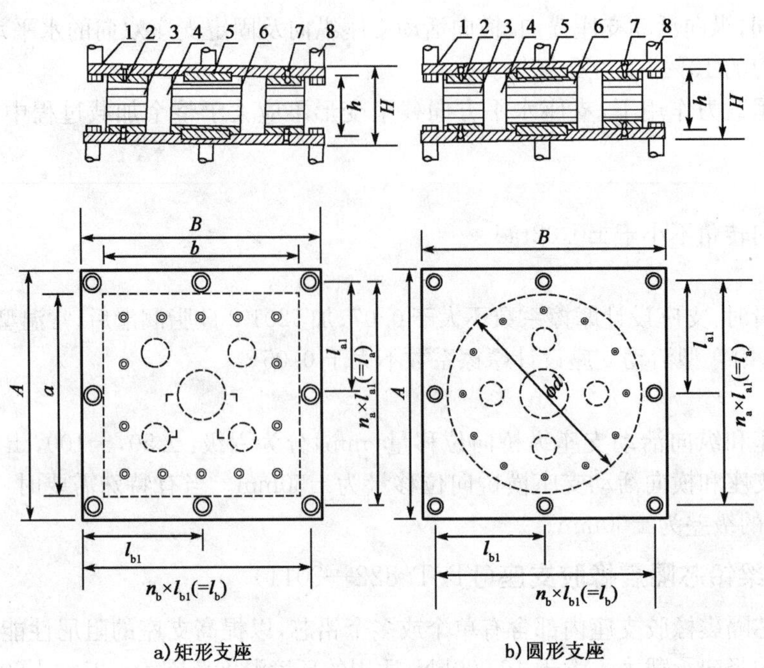

图15-54 铅芯隔震支座结构尺寸示意图

1-外连接钢板;2-封板;3-加劲钢板;4-铅芯;5-剪切键;6-橡胶;7-内六角螺钉;8-套筒螺栓

3.铅芯隔震橡胶支座结构尺寸要求

表15-63

支座长边 b 或直径 d (mm)	厚度(mm)		第二形状系数 S_2	铅芯面积与支座有效面积之比 A_p/A_e	铅芯高与直径之比 h_p/d_p
	支座中间单层橡胶厚度 t_e	支座中间单层加劲钢板厚度 t_s			
350	$6 \leqslant t_c \leqslant 12$	≥3	≥4	$0.03 \leqslant (A_p/A_e) \leqslant 0.1$	$1.25 \leqslant (h_p/d_p) \leqslant 5$
420	$8 \leqslant t_e \leqslant 14$				
470	$9 \leqslant t_e \leqslant 16$				
520	$9 \leqslant t_e \leqslant 18$				
570	$10 \leqslant t_e \leqslant 20$				
620	$11 \leqslant t_e \leqslant 21$				
670	$12 \leqslant t_e \leqslant 23$				
720	$13 \leqslant t_e \leqslant 26$	≥3	≥4	$0.03 \leqslant (A_p/A_e) \leqslant 0.1$	$1.25 \leqslant (h_p/d_p) \leqslant 5$
770	$13 \leqslant t_e \leqslant 26$				
820	$14 \leqslant t_e \leqslant 28$				
870	$15 \leqslant t_e \leqslant 30$				
920	$16 \leqslant t_e \leqslant 32$				
970	$17 \leqslant t_e \leqslant 34$				

续表 15-63

支座长边 b 或直径 d (mm)	厚度(mm)		第二形状系数 S_2	铅芯面积与支座有效面积之比 A_p/A_c	铅芯高与直径之比 h_p/d_p
	支座中间单层橡胶厚度 t_e	支座中间单层加劲钢板厚度 t_s			
1 020	$18 \leqslant t_e \leqslant 35$	≥5	≥4	$0.03 \leqslant (A_p/A_e) \leqslant 0.1$	$1.25 \leqslant (h_p/d_p) \leqslant 5$
1 070	$19 \leqslant t_e \leqslant 37$				
1 120	$20 \leqslant t_e \leqslant 39$				
1 170	$21 \leqslant t_e \leqslant 41$				
1 220	$22 \leqslant t_e \leqslant 43$				
1 270	$23 \leqslant t_e \leqslant 45$				
1 320	$24 \leqslant t_e \leqslant 46$				
1 370	$25 \leqslant t_e \leqslant 45$				
1 420	$25 \leqslant t_e \leqslant 48$				
1 470	$26 \leqslant t_e \leqslant 50$				

注：铅芯隔震橡胶支座保护橡胶层的厚度不应小于 10mm。同一支座中单层橡胶胶层厚度应一致；加劲钢板不允许拼接，且厚度应一致。

4. 铅芯隔震橡胶支座的规格尺寸

(1)J4Q 矩形铅芯隔震橡胶支座规格系列参数

表 15-64

支座平面尺寸 $a \times b$ (mm×mm)	承载力 (kN)	位移量 (mm)	支座高度 h (mm)	组装后高度 H (mm)	外连接钢板 $A \times B$ (mm×mm)	螺栓间距 $n_a \times l_{a1}(=l_a)$ $n_b \times l_{b1}(=l_b)$ (mm)	螺栓规格	锚固长度 L (mm)	铅芯屈服力 (kN)	剪切弹性模量 G (MPa)	屈服前刚度 (kN/mm)	屈服后刚度 (kN/mm)	水平等效刚度 K_{Bm} (kN/mm)	等效阻尼比 h_{Bm} (%)
300×420	1 000	±50	137	177	380×500	1×330(=330) 1×450(=450)	M16	250	67	0.8	5.4	0.8	1.4	22.3
		±50	137	177						1	7.4	1.1	1.8	18.9
		±50	137	177						1.2	9.3	1.4	2.0	16.3
350×350	1 000	±50	137	177	430×430	1×380(=380)	M16	250	67	0.8	5.2	0.8	1.3	22.7
		±50	137	177						1	7.1	1.1	1.6	19.3
		±50	137	177						1.2	9.0	1.4	1.9	16.7
350×520	1 500	±50	125	165	450×620	1×390(=390) 1×560(=560)	M20	250	96	0.8	8.7	1.4	2.2	21.9
										1	11.9	1.8	2.7	18.6
										1.2	14.9	2.3	3.1	16.0
420×420	1 500	±50	125	165	520×520	1×460(=460)	M20	250	96	0.8	8.3	1.3	2.1	22.4
		±75	169	209						0.8	5.6	0.9	1.4	22.4
		±50	125	165						1	11.4	1.8	2.6	19.1
		±75	169	209						1	7.6	1.2	1.7	19.1
		±50	125	165						1.2	14.5	2.2	3.1	16.5
		±75	169	209						1.2	9.6	1.5	2.1	16.5
470×570	2 000	±75	177	217	590×690	1×520(=520) 1×620(=620)	M24	250	150	0.8	7.4	1.1	1.9	22.6
		±75	177	217						1	10.2	1.6	2.4	19.1
		±75	177	217						1.2	12.9	2.0	2.7	16.5

续表 15-64

支座平面尺寸 $a\times b$ (mm×mm)	承载力 (kN)	位移量 (mm)	支座高度 h (mm)	组装后高度 H (mm)	外连接钢板 $A\times B$ (mm×mm)	螺栓间距 $n_a\times l_{a1}(=l_a)$ $n_b\times l_{b1}(=l_b)$ (mm)	螺栓规格	锚固长度 L (mm)	铅芯屈服力 (kN)	剪切弹性模量 G (MPa)	屈服前刚度 (kN/mm)	屈服后刚度 (kN/mm)	水平等效刚度 K_{Bm} (kN/mm)	等效阻尼比 h_{Bm} (%)
520×520	2 000	±50	121	161	640×640	1×570(=570)	M24	250	150	0.8	12.6	1.9	3.2	22.5
		±75	177	217						0.8	7.6	1.2	1.9	22.5
		±50	121	161						1	17.2	2.6	3.9	19.1
		±75	177	217						1	10.3	1.6	2.4	19.1
		±50	121	161						1.2	21.8	3.4	4.7	16.5
		±75	177	217						1.2	13.1	2.0	2.8	16.5
520×620	2 500	±75	172	212	670×770	1×580(=580) 1×680(=680)	M30	300	171	0.8	9.5	1.5	2.3	21.4
		±75	172	212						1	12.9	2.0	2.9	18.3
		±75	172	212						1.2	16.2	2.5	3.4	15.6
570×570	2 500	±50	127	167	720×720	1×630(=630)	M30	300	171	0.8	14.4	2.2	3.6	21.5
		±75	172	212						0.8	9.6	1.5	2.4	21.5
		±50	127	167						1	19.6	3.0	4.4	18.2
		±75	172	212						1	13.0	2.0	2.9	18.2
		±50	127	167						1.2	24.7	3.8	5.2	15.7
		±75	172	212						1.2	16.5	2.5	3.4	15.7
570×670	3 000	±75	175	225	720×820	1×630(=630) 1×730(=730)	M30	300	193	0.8	12.1	1.9	2.9	20.5
		±75	175	225						1	16.3	2.5	3.6	17.3
		±75	175	225						1.2	20.4	3.1	4.2	14.9
620×620	3 000	±75	175	225	770×770	1×680(=680)	M30	300	193	0.8	12.2	1.9	2.9	20.6
		±100	223	273						0.8	8.9	1.4	2.1	20.6
		±75	175	225						1	16.4	2.5	3.6	17.4
		±100	223	273						1	12.0	1.8	2.6	17.4
		±75	175	225						1.2	20.7	3.2	4.2	14.9
		±100	223	273						1.2	15.0	2.3	3.1	14.9
670×670	4 000	±75	183	233	820×820	1×730(=730)	M30	300	216	0.8	13.6	2.1	3.2	19.9
		±100	217	267						0.8	10.8	1.7	2.6	19.9
		±75	183	233						1	18.2	2.8	3.9	16.7
		±100	217	267						1	14.6	2.2	3.1	16.7
		±75	183	233						1.2	22.8	3.5	4.6	14.4
		±100	217	267						1.2	18.2	2.8	3.7	14.4
720×720	4 500	±100	227	277	900×900	1×790(=790)	M36	360	267	0.8	11.4	1.8	2.8	20.9
		±100	227	277						1	15.4	2.4	3.4	17.6
		±100	227	277						1.2	19.4	3.0	4.0	15.2

续表 15-64

支座平面尺寸 $a\times b$ (mm×mm)	承载力 (kN)	位移量 (mm)	支座高度 h (mm)	组装后高度 H (mm)	外连接钢板 $A\times B$ (mm×mm)	螺栓间距 $n_a\times l_{a1}(=l_a)$ $n_b\times l_{b1}(=l_b)$ (mm)	螺栓规格	锚固长度 L (mm)	铅芯屈服力 (kN)	剪切弹性模量 G (MPa)	屈服前刚度 (kN/mm)	屈服后刚度 (kN/mm)	水平等效刚度 K_{Bm} (kN/mm)	等效阻尼比 h_{Bm} (%)
770×770	5 000	±100	218	268	950×950	1×840(=840)	M36	360	323	0.8	13.2	2.0	3.3	21.8
		±125	256	306						0.8	10.8	1.7	2.7	21.8
		±100	218	268						1	18.0	2.8	4.1	18.2
		±125	256	306						1	14.7	2.3	3.3	18.2
		±100	218	268						1.2	22.8	3.5	4.8	15.9
		±125	256	306						1.2	18.6	2.9	3.9	15.9
820×820	5 500	±100	215	265	1 030×1 030	1×900(=900)	M42	420	353	0.8	15.4	2.4	3.8	21.1
		±125	257	307						0.8	12.3	1.9	3.0	21.1
		±100	215	265						1	20.8	3.2	4.6	17.8
		±125	257	307						1	16.6	2.6	3.7	17.8
		±100	215	265						1.2	26.2	4.0	5.4	15.4
		±125	257	307						1.2	21.0	3.2	4.4	15.4
870×870	6 500	±100	223	273	1 080×1 080	1×950(=950)	M42	420	384	0.8	16.7	2.6	4.0	20.3
		±125	267	317						0.8	13.4	2.1	3.2	20.3
		±150	289	339						0.8	12.2	1.9	2.9	20.3
		±100	223	273						1	22.6	3.5	4.9	17.3
		±125	267	317						1	18.0	2.8	3.9	17.3
870×870	6 500	±150	289	339	1 080×1 080	1×950(=950)	M42	420	384	1	16.4	2.5	3.6	17.3
		±100	223	273						1.2	28.4	4.4	5.8	14.9
		±125	267	317						1.2	22.7	3.5	4.6	14.9
		±150	289	339						1.2	20.6	3.2	4.2	14.9
920×920	7 500	±100	214	270	1 070×1 070	2×490(=980)	M30	300	417	0.8	20.7	3.2	4.9	20.0
		±125	260	316						0.8	16.1	2.5	3.8	20.0
	6 500	±150	306	362						0.8	13.2	2	3.1	20.0
	7 500	±100	214	270						1	27.8	4.3	6.0	16.8
		±125	260	316						1	21.6	3.3	4.6	16.8
	6 500	±150	306	362						1	17.7	2.7	3.8	16.8
	7 500	±100	214	270						1.2	34.9	5.4	7.1	14.5
		±125	260	316						1.2	27.1	4.2	5.5	14.5
	6 500	±150	306	362						1.2	22.2	3.4	4.5	14.5
970×970	8 000	±125	269	325	1 150×1 150	2×520(=1 040)	M36	360	486	0.8	16.7	2.6	4.0	20.5
	7 500	±150	293	349						0.8	15.0	2.3	3.6	20.5
	8 000	±125	269	325						1	22.5	3.5	4.9	17.5
	7 500	±150	293	349						1	20.3	3.1	4.4	17.5
	8 000	±125	269	325						1.2	28.4	4.4	5.8	15.1
	7 500	±150	293	349						1.2	25.5	3.9	5.3	15.1

续表 15-64

支座平面尺寸 $a\times b$ (mm×mm)	承载力 (kN)	位移量 (mm)	支座高度 h (mm)	组装后高度 H (mm)	外连接钢板 $A\times B$ (mm×mm)	螺栓间距 $n_a\times l_{a1}(=l_a)$ $n_b\times l_{b1}(=l_b)$ (mm)	螺栓规格	锚固长度 L (mm)	铅芯屈服力 (kN)	剪切弹性模量 G (MPa)	屈服前刚度 (kN/mm)	屈服后刚度 (kN/mm)	水平等效刚度 K_{Bm} (kN/mm)	等效阻尼比 h_{Bm} (%)
1 020×1 020	9 000	±100	240	296	1 200×1 200	2×545(=1 090)	M36	360	561	0.8	22.2	3.4	5.5	21.4
		±125	267	323						0.8	19.4	3.0	4.8	21.4
		±150	321	377						0.8	15.6	2.4	3.9	21.4
		±100	240	296						1	30.1	4.6	6.7	18.1
		±125	267	323						1	26.4	4.1	5.9	18.1
		±150	321	377						1	21.1	3.2	4.7	18.1
		±100	240	296						1.2	38.1	5.9	7.9	15.6
		±125	267	323						1.2	33.3	5.1	6.9	15.6
		±150	321	377						1.2	26.6	4.1	5.6	15.6
1 070×1 070	10 000	±150	303	359	1 250×1 250	2×570(=1 140)	M36	360	601	0.8	18.5	2.9	4.5	20.7
	9 000	±175	359	415						0.8	15.1	2.3	3.7	20.7
	10 000	±150	303	359						1	25.0	3.8	5.5	17.4
	9 000	±175	359	415						1	20.5	3.1	4.5	17.4
	10 000	±150	303	359						1.2	31.5	4.8	6.5	15.2
	9 000	±175	359	415						1.2	25.8	4.0	5.3	15.2
1 120×1 120	11 000	±125	283	339	1 300×1 300	2×595(=1 190)	M36	360	683	0.8	21.5	3.3	5.3	21.5
		±150	312	368						0.8	19.1	2.9	4.7	21.5
	10 000	±175	370	426						0.8	15.6	2.4	3.9	21.5
	11 000	±125	283	339						1	29.2	4.5	6.5	18.2
		±150	312	368						1	25.9	4.0	5.8	18.2
	10 000	±175	370	426						1	21.2	3.3	4.7	18.2
	11 000	±125	283	339						1.2	36.8	5.7	7.7	15.7
		±150	312	368						1.2	32.8	5.0	6.8	15.7
	10 000	±175	370	426						1.2	26.8	4.1	5.6	15.7
1 170×1 170	12 000	±150	321	377	1 380×1 380	2×625(=1 250)	M42	420	727	0.8	20.3	3.1	5.0	20.8
	11 000	±175	351	407						0.8	18.3	2.8	4.5	20.8
		±200	381	437						0.8	16.6	2.6	4.1	20.8
	12 000	±150	321	377						1	27.5	4.2	6.1	17.8
	11 000	±175	351	407						1	24.7	3.8	5.5	17.8
		±200	381	437						1	22.5	3.5	5.0	17.8
	12 000	±150	321	377						1.2	34.7	5.3	7.2	15.3
	11 000	±175	351	407						1.2	31.2	4.8	6.5	15.3
		±200	381	437						1.2	28.4	4.4	5.9	15.3
1 220×1 220	13 000	±125	268	324	1 430×1 430	2×650(=1 300)	M42	420	771	0.8	27.7	4.3	6.7	20.4
		±150	299	355						0.8	24.2	3.7	5.9	20.4
	12 000	±175	361	417						0.8	19.4	3.0	4.7	20.4
		±200	392	448						0.8	17.6	2.7	4.3	20.4

续表 15-64

支座平面尺寸 $a\times b$ (mm×mm)	承载力 (kN)	位移量 (mm)	支座高度 h (mm)	组装后高度 H (mm)	外连接钢板 $A\times B$ (mm×mm)	螺栓间距 $n_a\times l_{a1}(=l_a)$ $n_b\times l_{b1}(=l_b)$ (mm)	螺栓规格	锚固长度 L (mm)	铅芯屈服力 (kN)	剪切弹性模量 G (MPa)	屈服前刚度 (kN/mm)	屈服后刚度 (kN/mm)	水平等效刚度 K_{Bm} (kN/mm)	等效阻尼比 h_{Bm} (%)
1 220×1 220	13 000	±125	268	324	1 430×1 430	2×650(=1 300)	M42	420	771	1	37.4	5.7	8.2	17.4
		±150	299	355						1	32.7	5.0	7.1	17.4
	12 000	±175	361	417						1	26.2	4.0	5.7	17.4
		±200	392	448						1	23.8	3.7	5.2	17.4
	13 000	±125	268	324						1.2	47.0	7.2	9.7	15.0
		±150	299	355						1.2	41.2	6.3	8.5	15.0
	12 000	±175	361	417						1.2	32.9	5.1	6.8	15.0
		±200	392	448						1.2	29.9	4.6	6.1	15.0
1 270×1 270	14 500	±150	307	363	1 480×1 480	2×675(=1 350)	M42	420	865	0.8	24.9	3.8	6.1	21.2
	13 000	±175	339	395						0.8	22.1	3.4	5.4	21.2
		±200	403	459						0.8	18.1	2.8	4.5	21.2
	14 500	±150	307	363						1	33.7	5.2	7.5	17.9
	13 000	±175	339	395						1	30.0	4.6	6.6	17.9
1 270×1 270	13 000	±200	403	459	1 480×1 480	2×675(=1 350)	M42	420	865	1	24.5	3.8	5.4	17.9
	14 500	±150	307	363						1.2	42.5	6.5	8.8	15.4
	13 000	±175	339	395						1.2	37.8	5.8	7.9	15.4
		±200	403	459						1.2	30.9	4.8	6.4	15.4
1 320×1 320	15 500	±150	339	419	1 560×1 560	2×710(=1 420)	M48	480	964	0.8	25.6	3.9	6.4	21.4
	14 500	±175	372	452						0.8	22.7	3.5	5.7	21.4
		±200	405	485						0.8	20.5	3.2	5.1	21.4
	15 500	±150	339	419						1	34.7	5.3	7.8	18.1
	14 500	±175	372	452						1	30.9	4.8	6.9	18.1
		±200	405	485						1	27.8	4.3	6.2	18.1
	15 500	±150	339	419						1.2	43.9	6.8	9.2	15.6
	14 500	±175	372	452						1.2	39.0	6.0	8.2	15.6
		±200	405	485						1.2	35.1	5.4	7.4	15.6
1 370×1 370	15 500	175	381	461	1 610×1 610	2×735(=1 470)	M48	480	1 015	0.8	23.9	3.7	5.9	21.3
		±200	415	495						0.8	21.6	3.3	5.3	21.3
		±175	381	461						1	32.5	5.0	7.2	18.0
		±200	415	495						1	29.2	4.5	6.5	18.0
		±175	381	461						1.2	41.0	6.3	8.5	15.5
		±200	415	495						1.2	36.9	5.7	7.7	15.5

注：①位移量为环境温度引起的铅芯隔震橡胶支座剪切变形允许值。

②水平等效刚度及等效阻尼比均为对应铅芯隔震橡胶支座 175%的剪应变情况下的数值。

③矩形铅芯隔震橡胶支座产品使用的螺栓、螺钉、剪切键参数 GB 20688.3 进行设计。

④矩形铅芯隔震橡胶支座外连接钢板为正方形时，其每个单边上的螺栓间距都相同，在参数表上只用一行表示。

(2)Y4Q圆形铅芯隔震橡胶支座规格系列参数

表15-65

支座平面尺寸 d (mm)	承载力 (kN)	位移量 (mm)	支座高度 h (mm)	组装后高度 H (mm)	外连接钢板 $A\times B$ (mm×mm)	螺栓间距 $n_a\times l_{a1}(=l_a)$ $n_b\times l_{b1}(=l_b)$ (mm)	螺栓规格	锚固长度 L (mm)	铅芯屈服力 (kN)	剪切弹性模量 G (MPa)	屈服前刚度 (kN/mm)	屈服后刚度 (kN/mm)	水平等效刚度 K_{Bm} (kN/mm)	等效阻尼比 h_{Bm} (%)
420	1 000	±50	133	173	560×560	1×490(=490)	M24	250	61	0.8	6.4	1.0	1.5	19.3
		±75	169	209						0.8	4.6	0.7	1.1	19.3
		±50	133	173						1	8.2	1.3	1.8	16.2
		±75	169	209						1	6.2	1.0	1.3	16.2
		±50	133	173						1.2	10.3	1.6	2.1	13.9
		±75	169	209						1.2	7.5	1.2	1.5	13.9
470	1 500	±50	128	168	650×650	1×560(=560)	M30	300	81	0.8	8.1	1.3	1.9	20.0
		±75	180	220						0.8	5.2	0.8	1.2	20.0
		±50	128	168						1	10.6	1.7	2.3	16.7
		±75	180	220						1	6.9	1.1	1.5	16.7
		±50	128	168						1.2	13.3	2.1	2.8	14.3
		±75	180	220						1.2	8.7	1.3	1.8	14.3
520	2 000	±50	135	175	700×700	1×610(=610)	M30	300	96	0.8	9.3	1.4	2.1	19.3
		±75	177	217						0.8	6.5	1.0	1.5	19.3
		±50	135	175						1	12.1	1.9	2.6	16.2
		±75	177	217						1	8.7	1.3	1.8	16.2
		±50	135	175						1.2	15.2	2.4	3.1	13.9
		±75	177	217						1.2	10.8	1.7	2.2	13.9
570	2 300	±50	143	199	790×790	1×680(=680)	M36	360	113	0.8	12.1	1.9	2.8	18.9
		±75	188	244						0.8	8.1	1.2	1.8	18.9
		±50	143	199						1	15.9	2.5	3.4	15.8
		±75	188	244						1	10.8	1.7	2.3	15.8
		±50	143	199						1.2	19.9	3.1	4.0	13.5
		±75	188	244						1.2	13.2	2.1	2.7	13.5
620	2 700	±50	149	205	840×840	1×730(=730)	M36	360	142	0.8	12.8	2.0	3.0	19.6
		±75	181	237						0.8	9.8	1.5	2.3	19.6
		±100	229	285						0.8	7.1	1.1	1.7	19.6
		±50	149	205						1	17.1	2.7	3.7	16.6
		±75	181	237						1	13.1	2.0	2.8	16.6
		±100	229	285						1	9.5	1.5	2.0	16.6
		±50	149	205						1.2	21.5	3.4	4.4	14.2
		±75	181	237						1.2	16.4	2.5	3.3	14.2
		±100	229	285						1.2	11.7	1.8	2.4	14.2
670	3 200	±75	196	252	920×920	1×795(=795)	M42	420	162	0.8	10.8	1.7	2.5	19.3
		±100	232	288						0.8	8.6	1.3	2.0	19.3
		±75	196	252						1	14.4	2.2	3.0	16.2
		±100	232	288						1	11.5	1.8	2.4	16.2
		±75	196	252						1.2	17.7	2.8	3.6	13.9
		±100	232	288						1.2	14.2	2.2	2.9	13.9

续表 15-65

支座平面尺寸 d (mm)	承载力 (kN)	位移量 (mm)	支座高度 h (mm)	组装后高度 H (mm)	外连接钢板 $A\times B$ (mm×mm)	螺栓间距 $n_a\times l_{a1}(=l_a)$ $n_b\times l_{b1}(=l_b)$ (mm)	螺栓规格	锚固长度 L (mm)	铅芯屈服力 (MPa)	剪切弹性模量 G (MPa)	屈服前刚度 (kN/mm)	屈服后刚度 (kN/mm)	水平等效刚度 K_{Bm} (kN/mm)	等效阻尼比 h_{Bm} (%)
720	3 700	±75	185	241	970×970	1×845(=845)	M42	420	193	0.8	13.2	2.0	3.1	19.7
		±100	242	298						0.8	9.2	1.4	2.2	19.7
		±75	185	241						1	17.6	2.7	3.8	16.5
		±100	242	298						1	12.3	1.9	2.6	16.5
		±75	185	241						1.2	21.8	3.4	4.5	14.2
		±100	242	298						1.2	15.5	2.4	3.1	14.2
770	4 300	±75	192	248	990×990	2×440(=880)	M36	360	216	0.8	14.3	2.2	3.3	19.3
		±100	232	288						0.8	11.1	1.7	2.6	19.3
		±125	272	328						0.8	9.1	1.4	2.1	19.3
		±75	192	248						1	19.1	2.9	4.0	16.2
		±100	232	288						1	14.9	2.3	3.1	16.2
		±125	272	328						1	12.2	1.9	2.6	16.2
		±75	192	248						1.2	23.7	3.7	4.8	13.9
		±100	232	288						1.2	18.6	2.9	3.7	13.9
		±125	272	328						1.2	15.2	2.3	3.0	13.9
820	5 200	±75	183	239	1 070×1 070	2×475(=950)	M42	420	241	0.8	18.0	2.8	4.1	19.0
	4 600	±100	227	283						0.8	13.5	2.1	3.1	19.0
		±125	293	349						0.8	9.8	1.5	2.3	19.0
	5 200	±75	183	239						1	23.8	3.7	5.1	15.9
	4 600	±100	227	283						1	18.1	2.8	3.8	15.9
		±125	293	349						1	13.1	2.0	2.8	15.9
	5 200	±75	183	239						1.2	29.8	4.6	6.0	13.6
	4 600	±100	227	283						1.2	22.4	3.5	4.5	13.6
		±125	293	349						1.2	16.4	2.5	3.3	13.6
870	5 800	±75	189	245	1 120×1 120	2×500(=1 000)	M42	420	283	0.8	19.0	2.9	4.4	19.6
	5 300	±100	235	291						0.8	14.2	2.2	3.3	19.6
		±125	281	337						0.8	11.4	1.8	2.6	19.6
	5 800	±75	189	245						1	25.3	3.9	5.4	16.5
	5 300	±100	235	291						1	19.0	2.9	4.0	16.5
		±125	281	337						1	15.2	2.3	3.2	16.5
	5 800	±75	189	245						1.2	31.4	4.9	6.4	14.1
	5 300	±100	235	291						1.2	23.6	3.7	4.8	14.1
		±125	281	337						1.2	19.1	2.9	3.8	14.1
920	6 600	±75	195	251	1 170×1 170	2×525(=1 050)	M42	420	323	0.8	19.9	3.1	4.7	19.9
	6 000	±100	243	299						0.8	14.9	2.3	3.5	19.9
		±125	291	347						0.8	11.9	1.8	2.8	19.9
		±150	315	371						0.8	10.9	1.7	2.6	19.9

续表 15-65

支座平面尺寸 d (mm)	承载力 (kN)	位移量 (mm)	支座高度 h (mm)	组装后高度 H (mm)	外连接钢板 $A\times B$ (mm×mm)	螺栓间距 $n_a\times l_{a1}(=l_a)$ $n_b\times l_{b1}(=l_b)$ (mm)	螺栓规格	锚固长度 L (mm)	铅芯屈服力 (kN)	剪切弹性模量 G (MPa)	屈服前刚度 (kN/mm)	屈服后刚度 (kN/mm)	水平等效刚度 K_{Bm} (kN/mm)	等效阻尼比 h_{Bm} (%)
920	6 600	±75	195	251	1 170×1 170	2×525(=1 050)	M42	420	323	1	26.7	4.1	5.7	16.7
	6 000	±100	243	299						1	20.0	3.1	4.3	16.7
		±125	291	347						1	16.0	2.5	3.4	16.7
		±150	315	371						1	14.6	2.2	3.1	16.7
	6 600	±75	195	251						1.2	33.5	5.2	6.8	14.3
	6 000	±100	243	299						1.2	24.9	3.9	5.1	14.3
		±125	291	347						1.2	20.1	3.1	4.1	14.3
		±150	315	371						1.2	18.3	2.8	3.7	14.3
970	7 400	±75	201	257	1 220×1 220	2×550(=1 100)	M42	420	352	0.8	21.3	3.3	5.0	19.6
	6 900	±100	226	282						0.8	18.2	2.8	4.2	19.6
		±125	276	332						0.8	14.2	2.2	3.3	19.6
		±150	326	382						0.8	11.6	1.8	2.7	19.6
	7 400	±75	201	257						1	28.5	4.4	6.1	16.4
	6 900	±100	226	282						1	24.4	3.8	5.2	16.4
		±125	276	332						1	19.0	2.9	4.0	16.4
		±150	326	382						1	15.5	2.4	3.3	16.4
	7 400	±75	201	257						1.2	35.4	5.5	7.2	14.1
	6 900	±100	226	282						1.2	30.6	4.7	6.1	14.1
		±125	276	332						1.2	23.8	3.7	4.8	14.1
		±150	326	382						1.2	19.5	3.0	3.9	14.1
1 020	7 600	±100	233	289	1 270×1 270	2×575(=1 150)	M42	420	384	0.8	19.4	3.0	4.5	19.3
		±125	285	341						0.8	15.1	2.3	3.5	19.3
		±150	311	367						0.8	13.6	2.1	3.1	19.3
		±100	233	289						1	25.9	4.0	5.5	16.2
		±125	285	341						1	20.2	3.1	4.3	16.2
		±150	311	367						1	18.1	2.8	3.8	16.2
		±100	233	289						1.2	32.2	5.0	6.5	13.9
		±125	285	341						1.2	25.2	3.9	5.0	13.9
		±150	311	367						1.2	22.7	3.5	4.5	13.9
1 070	8 400	±100	246	302	1 320×1 320	2×600(=1 200)	M42	420	417	0.8	20.5	3.2	4.7	19.1
		±125	274	330						0.8	18.0	2.8	4.1	19.1
		±150	330	386						0.8	14.4	2.2	3.3	19.1
		±100	246	302						1	27.4	4.2	5.8	16.0
		±125	274	330						1	24.0	3.7	5.0	16.0
		±150	330	386						1	19.2	3.0	4.0	16.0
		±100	246	302						1.2	34.3	5.3	6.8	13.7
		±125	274	330						1.2	30.0	4.6	6.0	13.7
		±150	330	386						1.2	24.0	3.7	4.8	13.7

续表 15-65

支座平面尺寸 d (mm)	承载力 (kN)	位移量 (mm)	支座高度 h (mm)	组装后高度 H (mm)	外连接钢板 $A\times B$ (mm×mm)	螺栓间距 $n_a\times l_{a1}(=l_a)$ $n_b\times l_{b1}(=l_b)$ (mm)	螺栓规格	锚固长度 L (mm)	铅芯屈服力 (kN)	剪切弹性模量 G (MPa)	屈服前刚度 (kN/mm)	屈服后刚度 (kN/mm)	水平等效刚度 K_{Bm} (kN/mm)	等效阻尼比 h_{Bm} (%)
1 120	9 200	±125	282	338	1 410×1 410	2×630(=1 260)	M48	480	486	0.8	18.4	2.8	4.3	20.0
		±150	340	396						0.8	14.7	2.3	3.5	20.0
		±125	282	338						1	24.7	3.8	5.3	16.8
		±150	340	396						1	19.7	3.0	4.2	16.8
		±125	282	338						1.2	31.0	4.8	6.3	14.5
		±150	340	396						1.2	24.8	3.8	5.0	14.5
1 170	11 000	±125	290	346	1 460×1 460	2×655(=1 310)	M48	480	523	0.8	19.4	3.0	4.5	19.5
		±150	320	376						0.8	17.2	2.7	4.0	19.8
		±175	350	406						0.8	15.5	2.04	3.6	19.8
		±125	290	346						1	26.0	4.0	5.6	16.6
		±150	320	376						1	23.1	3.6	4.9	16.6
		±175	350	406						1	20.8	3.2	4.4	16.6
		±125	290	346						1.2	32.6	5.0	6.6	14.2
		±150	320	376						1.2	29.0	4.5	5.8	14.2
		±175	350	406						1.2	26.1	4.0	5.3	14.2
1 220	12 000	±100	242	298	1 510×1 510	2×680(=1 360)	M48	480	561	0.8	26.1	4.0	6.1	19.6
		±125	274	330						0.8	22.4	3.5	5.2	19.6
		±150	306	362						0.8	19.6	3.0	4.6	19.6
		±175	370	426						0.8	15.7	2.4	3.6	19.6
		±100	242	298						1	35.0	5.4	7.4	16.4
		±125	274	330						1	30.0	4.6	6.4	16.4
		±150	306	362						1	26.2	4.0	5.6	16.4
		±175	370	426						1	21.0	3.2	4.5	16.4
		±100	242	298						1.2	43.9	6.7	8.8	14.0
		±125	274	330						1.2	37.6	5.8	7.5	14.0
		±150	306	362						1.2	32.9	5.1	6.6	14.0
		±175	370	426						1.2	26.3	4.0	5.3	14.0
1 270	12 000	±125	281	337	1 610×1 610	2×720(=1 440)	M56	560	600	0.8	23.5	3.6	5.4	19.3
		±150	314	370						0.8	20.6	3.2	4.8	19.3
		±175	347	403						0.8	18.3	2.8	4.2	19.3
		±200	413	469						0.8	15.0	2.3	3.5	19.3
		±125	281	337						1	31.5	4.8	6.7	16.2
		±150	314	370						1	27.6	4.2	5.8	16.2
		±175	347	403						1	24.5	3.8	5.2	16.2
		±200	413	469						1	20.0	3.1	4.2	16.2
		±125	281	337						1.2	39.4	6.1	7.9	13.9
		±150	314	370						1.2	34.5	5.3	6.9	13.9
		±175	347	403						1.2	30.7	4.7	6.1	13.9
		±200	413	469						1.2	25.1	3.9	5.0	13.9

续表 15-65

支座平面尺寸 d (mm)	承载力 (kN)	位移量 (mm)	支座高度 h (mm)	组装后高度 H (mm)	外连接钢板 $A\times B$ (mm×mm)	螺栓间距 $n_a\times l_{a1}(=l_a)$ $n_b\times l_{b1}(=l_b)$ (mm)	螺栓规格	锚固长度 L (mm)	铅芯屈服力 (kN)	剪切弹性模量 G (MPa)	屈服前刚度 (kN/mm)	屈服后刚度 (kN/mm)	水平等效刚度 K_{Bm} (kN/mm)	等效阻尼比 h_{Bm} (%)
1 320	13 000	±125	314	384	1 660×1 660	2×745(=1 490)	M56	560	640	0.8	24.7	3.8	5.7	19.1
		±150	350	420						0.8	21.6	3.3	5.0	19.1
		±175	386	456						0.8	19.2	3.0	4.4	19.1
		±200	422	492						0.8	17.3	2.7	4.0	19.1
	13 000	±125	314	384						1	33.0	5.1	6.9	16.0
		±150	350	420						1	28.9	4.4	6.1	16.0
		±175	386	456						1	25.7	3.9	5.4	16.0
		±200	422	492						1	23.1	3.6	4.9	16.0
	13 000	±125	314	384						1.2	41.3	6.4	8.2	13.7
		±150	350	420						1.2	36.1	5.6	7.2	13.7
		±175	386	456						1.2	32.1	4.9	6.4	13.7
		±200	422	492						1.2	28.9	4.4	5.8	13.7
1 370	14 500	±125	284	354	1 710×1 710	2×770(=1 540)	M56	560	709	0.8	29.8	4.6	6.9	19.4
	13 500	±150	321	391						0.8	25.5	3.9	5.9	19.4
		±175	395	465						0.8	19.8	3.1	4.6	19.4
	14 500	±125	284	354						1	39.8	6.1	8.4	16.3
	13 500	±150	321	391						1	34.1	5.3	7.2	16.3
		±175	395	465						1	26.5	4.1	5.6	16.3
	14 500	±125	284	354						1.2	49.6	7.7	10.0	13.9
	13 500	±150	321	391						1.2	42.5	6.6	8.6	13.9
		±175	395	465						1.2	33.3	5.1	6.7	13.9
1 420	15 500	±125	290	360	1 710×1 710	4×391(=1 564)	M48	480	771	0.8	30.7	4.7	7.2	19.7
		±150	328	398						0.8	26.3	4.1	6.2	19.7
		±175	366	436						0.8	23.0	3.5	5.4	19.7
		±125	290	360						1	41.1	6.3	8.8	16.5
		±150	328	398						1	35.3	5.4	7.5	16.5
		±175	366	436						1	30.9	4.7	6.6	16.5
		±125	290	360						1.2	51.6	7.9	10.4	14.2
		±150	328	398						1.2	44.2	6.8	8.9	14.2
		±175	366	436						1.2	38.7	6.0	7.8	14.2
1 470	15 500	±125	302	372	1 810×1 810	4×410(=1 640)	M56	560	817	0.8	31.0	4.8	7.2	19.5
		±150	342	412						0.8	26.6	4.1	6.2	19.5
		±175	382	452						0.8	23.3	3.6	5.4	19.5
		±200	422	492						0.8	20.7	3.2	4.8	19.5
		±125	302	372						1	41.5	6.4	8.8	16.3
		±150	342	412						1	35.6	5.5	7.6	16.3
		±175	382	452						1	31.2	4.8	6.6	16.3

续表 15-65

支座平面尺寸 d（mm）	承载力（kN）	位移量（mm）	支座高度 h（mm）	组装后高度 H（mm）	外连接钢板 $A\times B$（mm×mm）	螺栓间距 $n_a\times l_{a1}(=l_a)$ $n_b\times l_{b1}(=l_b)$（mm）	螺栓规格	锚固长度 L（mm）	铅芯屈服力（kN）	剪切弹性模量 G（MPa）	屈服前刚度（kN/mm）	屈服后刚度（kN/mm）	水平等效刚度 K_{Bm}（kN/mm）	等效阻尼比 h_{Bm}（%）
		±200	422	492						1	27.7	4.3	5.9	16.3
		±125	302	372						1.2	52.1	8.0	10.4	14.0
1 470	15 500	±150	342	412	1 810×1 810	4×410(=1 640)	M56	560	817	1.2	44.6	6.9	9.0	14.0
		±175	382	452						1.2	39.1	6.0	7.8	14.0
		±200	422	492						1.2	34.7	5.3	7.0	14.0

注：①位移量为环境温度引起的铅芯隔震橡胶支座剪切变形允许值。

②水平等效刚度及等效阻尼比均为对应铅芯隔震橡胶支座175%的剪应变情况下的数值。

③圆形铅芯隔震橡胶支座产品使用的螺栓、螺钉、剪切键参照 GB 20688.3 进行设计。

④圆形铅芯隔震橡胶支座外连接钢板均为正方形，其每个单边上的螺栓间距都相同，在参数表上只用一行表示。

5. 铅芯隔震橡胶支座的外观质量要求

表 15-66

序　号	项　　目	成品外观质量要求
1	气泡、杂质	不允许
2	凹凸不平缺陷	当支座平面面积小于 0.15m² 时，不多于两处；大于 0.15m² 时，不多于四处，且每处凹凸高度不超过 0.5mm，面积不超过 6mm²
3	侧面裂纹、加劲钢板外露	不允许
4	掉块、崩裂、机械损伤	不允许
5	钢板与橡胶黏结处开裂或剥离	不允许

6. 铅芯隔震橡胶支座的储运要求

1）运输

铅芯隔震橡胶支座在运输过程中，应避免阳光直接暴晒、雨雪浸淋，并应保持清洁，不能与影响橡胶质量的物质相接触。

2）储存

（1）储存铅芯隔震橡胶支座产品的库房应干燥通风，室温应保持在－15～35℃范围内，产品应堆放整齐，保持清洁，严禁与酸、碱、油类、有机溶剂等相接触，并应距热源 1m、离地面 0.1m 以上。

（2）铅芯隔震橡胶支座储存期不宜超过两年，超过两年后在应用时要进行有关检验，检验结果应符合标准的规定与要求。

（八）公路桥梁摩擦摆式减隔震支座（JT/T 852—2013）

公路桥梁摩擦摆式减隔震支座是利用钟摆原理实现减隔震功能。支座通过滑动界面摩擦消耗地震能量而实现减震功能，通过球面摆动延长梁体运动周期实现隔震功能。

摩擦摆式减隔震支座适用于抗震设防地震烈度为不大于 9 度的竖向承载力为 1 000～60 000kN 的公路桥梁。市政、铁路桥梁可参照使用。

1. 摩擦摆式减隔震支座按使用性能的分类

表 15-67

名　　称	代　　号	使 用 性 能
双向活动摩擦摆式减隔震支座	SX	具有竖向承载、竖向转动、双向滑移和减隔震性能
单向活动摩擦摆式减隔震支座	DX	具有竖向承载、竖向转动、单一方向滑移和减隔震性能
固定摩擦摆式减隔震支座	GD	具有竖向承载、竖向转动和减隔震性能

2.摩擦摆式减隔震支座的型号标记

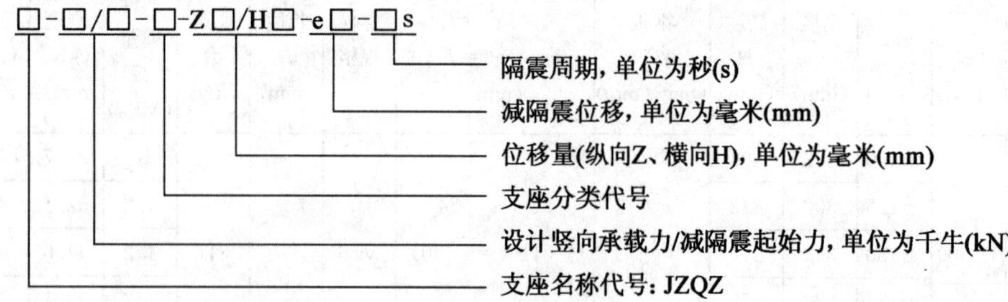

示例:设计竖向承载力为5 000kN,减隔震起始力为500kN,设计纵向位移±150mm,横向位移±50mm,减隔震位移300mm,隔震周期2s的摩擦摆式减隔震双向活动支座,其型号表示为:JZQZ-5000/500-SX-Z150/H50-e300-2s。

3.摩擦摆式减隔震支座结构示意图

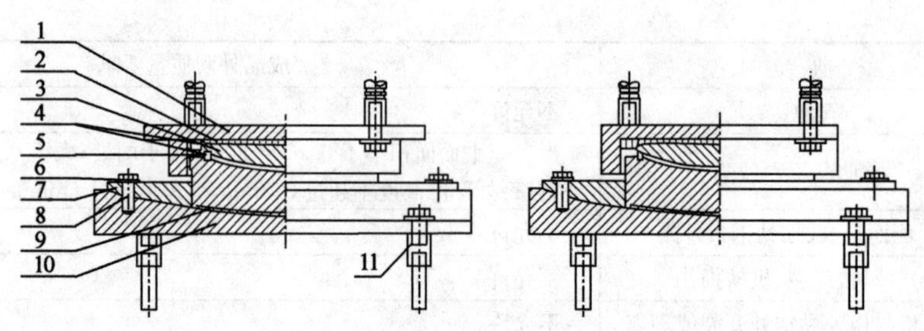

a)固定支座示意图

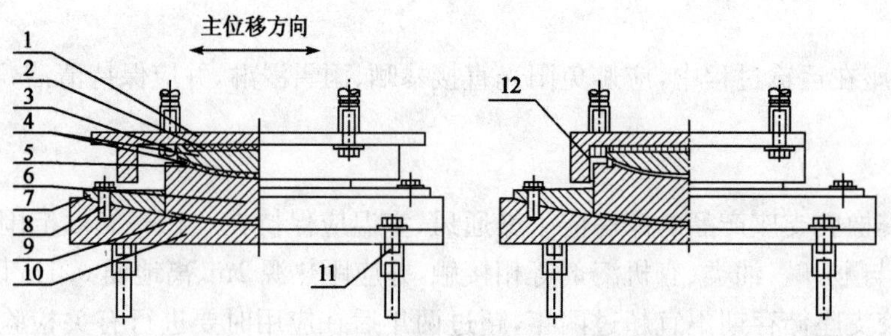

b)单向活动支座示意图

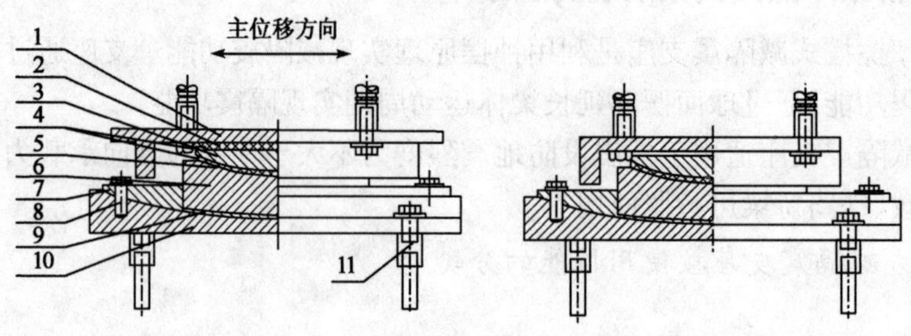

c)双向活动支座示意图

图15-55 摩擦摆式减隔震支座结构示意图

1-上座板;2-平面滑板;3-球冠衬板;4-防尘圈;5-球面滑板;6-减震球摆;7-隔震挡块;8-剪力销;9-减震滑板;10-减震底座;11-螺栓套筒;12-SF-1板

4. 摩擦摆式减隔震支座规格

(1)支座规格系列按承受的竖向荷载大小(kN)共分为 30 级,即 1 000,1 500,2 000,2 500,3 000,3 500,4 000,4 500,5 000,6 000,7 000,8 000,9 000,10 000,12 500,15 000,17 500,20 000,22 500,25 000,27 500,30 000,32 500,35 000,37 500,40 000,45 000,50 000,55 000,60 000。

(2)支座转角设计和双向活动摩擦摆式减隔震支座、单向活动摩擦摆式减隔震支座的位移设计应符合 GB/T 17955 的规定。

(3)支座减隔震转角 α 应不小于竖向转角 α_1 和支座减隔震位移最大值时产生转角 α_2 中的较大值。

(4)支座减隔震位移量分为四级:±100mm、±200mm、±300mm、±400mm。

(5)支座隔震周期分为五级:2s、2. 5s、3s、3. 5s、4s。当有特殊需要时,可按实际工程需要进行调整。

5. 摩擦摆式减隔震支座的性能要求

(1)支座适用的温度范围、支座减震球摆上部的设计转动力矩应符合 GB/T 17955 的规定。

(2)在竖向设计荷载作用下,1 000~25 000kN 支座竖向压缩变形不应大于 4mm,27 500~60 000kN 支座竖向压缩变形不应大于 6mm。在 1. 5 倍竖向设计荷载作用下,支座无损伤。

(3)竖向设计荷载作用下,上座板的不锈钢板与平面滑板、球冠衬板的镀铬面或包覆不锈钢板与球面滑板间的摩擦系数应符合 GB/T 17955 的规定。

(4)支座设计减隔震起始力为支座竖向承载力的 10%,其误差不超过起始力的±10%。当有特殊需要时,可按实际工程需要进行调整。

(5)支座等效刚度、阻尼比等支座减隔震性能技术参数的计算方法参见附录 A。等效刚度允许误差±15%,阻尼比允许误差±10%。

(6)支座应设有限制非地震状态下减震球摆移动或摆动的装置,该装置设计应便于地震发生后进行修复或更换。

(九)桥梁超高阻尼隔震橡胶支座(JT/T 928—2014)

桥梁超高阻尼隔震橡胶支座采用高阻尼橡胶制成的阻尼比大于 20%的隔震橡胶支座,通过支座在水平方向大位移剪切变形及滞回耗能来实现结构的减隔震功能。

桥梁超高阻尼隔震橡胶支座适用于竖向承载力不大于 21 000kN,抗震设防烈度为水平分值加速度 0. 4g 及以下地震烈度区的各类桥梁工程。

桥梁超高阻尼隔震橡胶支座按形状分类:矩形支座和圆形支座。

1. 桥梁超高阻尼隔震橡胶支座的标记

(1)矩形支座

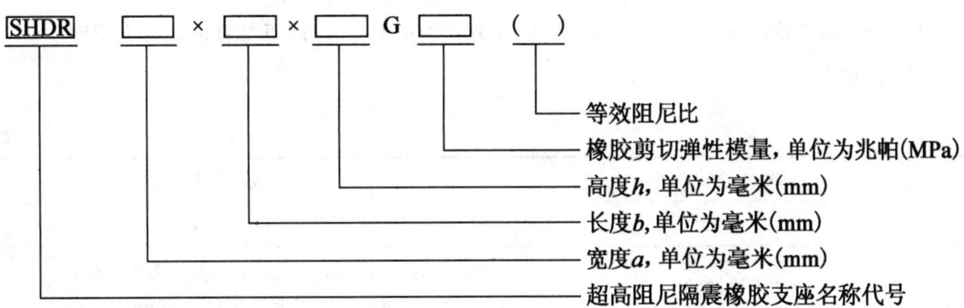

示例:矩形超高阻尼隔震橡胶支座,长度 420mm,宽度 420mm,高度 169mm,剪切弹性模量 1. 0MPa,等效阻尼比为 20%。型号表示为 SHDR420×420×169G1. 0(20)。

(2)圆形支座

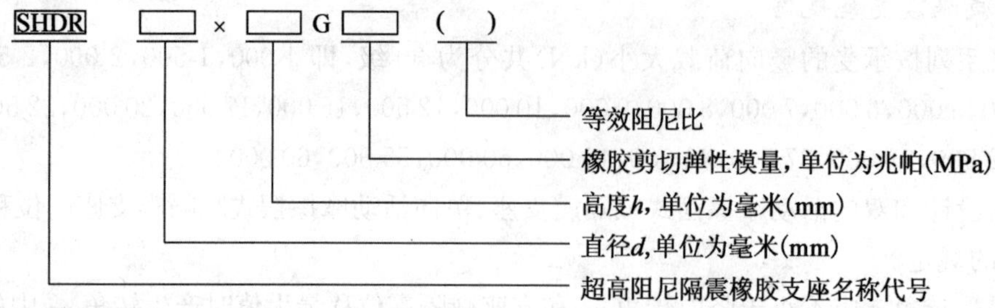

示例：圆形超高阻尼隔震橡胶支座，直径 420mm，高度 169mm，剪切弹性模量 0.8MPa，等效阻尼比为 20%，型号表示为 SHDR420×169G0.8(20)。

2. 桥梁超高阻尼隔震橡胶支座的结构示意图

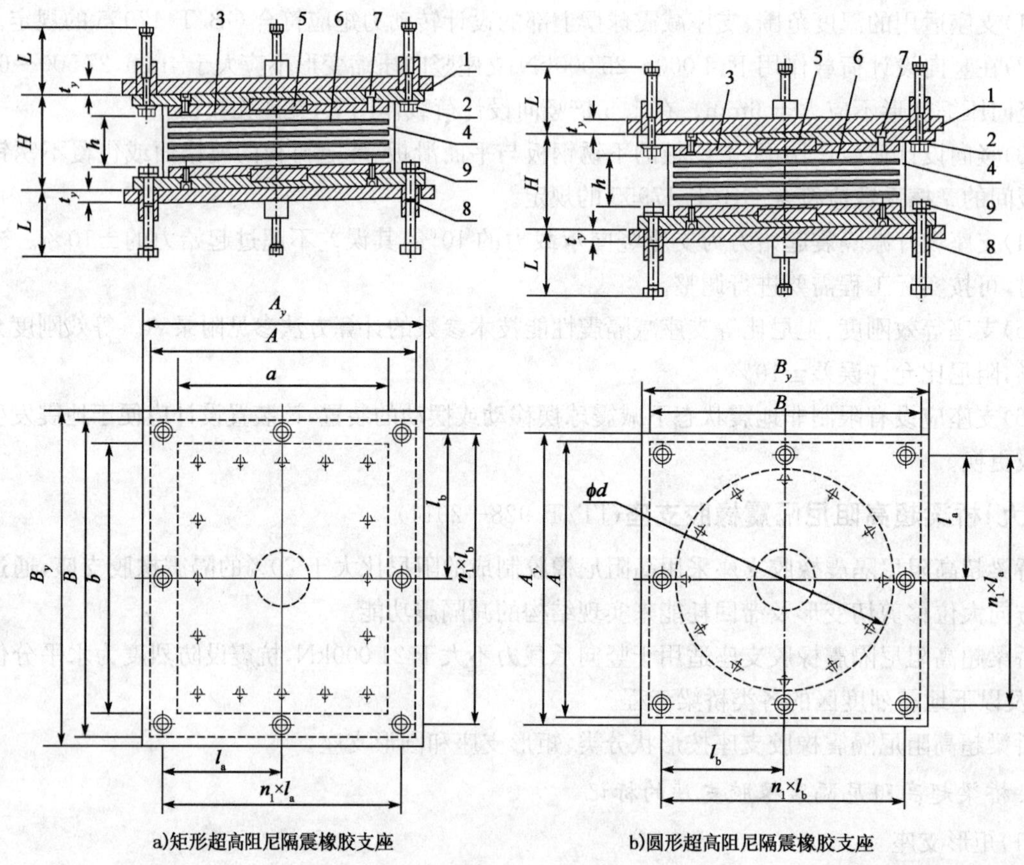

图 15-56　超高阻尼隔震橡胶支座结构尺寸示意图

1-预埋钢板；2-外连接钢板；3-封板；4-加劲钢板；5-剪切缝；6-橡胶；7-内六角螺钉；8-套筒；9-螺栓

3. 成品支座外观质量要求

表 15-68

序　号	项　目	成品质量要求
1	气泡、杂质	不允许
2	凹凸不平缺陷	当支座平面面积小于 0.15m² 时，不多于两处；大于 0.15m² 时，不多于四处，且每处凹凸高度不超过 0.5mm，面积不超过 6mm²
3	侧面裂纹、加劲钢板外露	不允许
4	掉块、崩裂、机械损伤	不允许
5	钢板与橡胶黏结处开裂或剥离	不允许

4. 成品支座尺寸允许偏差

表 15-69

项　目		范围(mm)	尺寸允许偏差
支座	宽度 a、长度 b、直径 d	≤500	(0～+5)mm
		500<(a,b,c)≤1 500	(0～+1)%
		>1 500	(0～+15)mm
	高度 h	≤160	±2.5%
		>160	±4mm
	平面度	短边或直径长度的 1/400	
组装产品	组装高度 H	允许公差±(h×2%+2.5mm)，且≤6mm	

5. 成品支座力学性能要求

表 15-70

项　目		单　位	性 能 要 求
竖向性能	竖向刚度	kN/mm	$K_v \pm K_v \times 50\%$
	压缩变形量	mm	设计荷载下，压缩变形量小于支座橡胶总厚度 7%
水平性能(100% T_e 剪切应变时)	水平等效刚度	kN/mm	$K_h \pm K_h \times 20\%$
	等效阻尼比	—	0.9×20%≤实测值 h'_{eq}
	最大水平位移	mm	最大水平剪切变形不小于 300% T_e
最大设计压实力	$8 > S_1$	MPa	8
	$8 \leq S_1 < 12$		S_1(第一形状系数)
	$12 \leq S_1$		12
最小压应力		MPa	≥1.5
适用环境温度		℃	−40～60

注：①最大设计压应力——支座发生 70% T_e 剪切应变后，其上下封板重叠面积所容许承受的压应力。

②$7 \leq S_1 \leq 13$。

③支座性能除符合本表的要求外，支座水平等效刚度和等效阻尼比还应符合以下相关稳定性要求：

a)压应力相关稳定性：支座在不同压应力下水平等效刚度和等效阻尼比的实测值变化率应在±30%以内。

b)温度相关稳定性：在−25～+40℃范围内，支座水平等效刚度和等效阻尼比实测值变化率应满足表 15-71 要求。

c)频率相关稳定性：在不同频率(模拟地震波)下，支座水平等效刚度和等效阻尼比实测值变化率应在±30%以内。

d)水平疲劳相关稳定性：支座在承受恒定竖向荷载和水平反复循环荷载作用下，应具有良好的耐疲劳能力；每 500 次循环加载后实测的水平等效刚度和等效阻尼比变化率应在±20%内。

e)剪切性能相关稳定性：检测支座不同水平应变下支座水平力学性能的变化。支座 175% T_e 剪应变与 100% T_e 剪应变的水平性能相比，要求支座水平等效刚度变化率应在±35%以内，等效阻尼比变化率应在±20%以内。

温度相关稳定性变化率要求　　表 15-71

项目	−25℃	−10℃	0℃	23℃	40℃
支座水平等效刚度和等效阻尼比变化率	−20%～+45%	−20%～+35%	±20%	基准值	−30%～+10%

6. 超高阻尼橡胶支座的规格尺寸

(1)矩形超高阻尼隔震橡胶支座规格系列参数

表 15-72

支座平面尺寸 $a\times b$ (mm)	承载力 (kN)	位移量 (mm)	支座高度 h (mm)	组装后高度 H (mm)	外连接钢板 (mm)		预埋钢板 (mm)			套筒螺栓间距 (mm)		螺栓规格	锚固长度 L (mm)	剪切弹性模量 G (MPa)	支座屈服力 Q_d (kN)	初始水平刚度 K_i (kN/mm)	屈服后水平刚度 K_d (kN/mm)	水平等效刚度 K_h (kN/mm)	等效阻尼比 h_{eq} (%)
					A	B	A_y	B_y	t_y	$n_1\times l_a$	$n_1\times l_b$								
300×420	1 000	±25	87	127	380	500	480	600	10	1×330	1×450	M16	250	0.8	50	9.2	2.0	3.2	20
														1.0	56	12.2	2.2	3.6	
														1.2	72	14.9	2.7	4.5	
		±50	137	177										0.8	50	4.6	1.0	1.6	
														1.0	56	6.1	1.1	1.8	
														1.2	72	7.4	1.4	2.3	
350×350	1 000	±25	87	127	430	430	530	530	10	1×380	1×380	M16	250	0.8	49	9.0	2.0	3.1	
														1.0	54	11.8	2.1	3.5	
														1.2	70	14.5	2.6	4.4	
		±50	137	177										0.8	49	4.5	1.0	1.6	
														1.0	54	5.9	1.1	1.8	
														1.2	70	7.2	1.3	2.2	
350×520	1 500	±25	81	122	450	620	550	720	10	1×390	1×560	M20	250	0.8	74	14.9	3.3	5.2	
														1.0	82	19.6	3.6	5.8	
														1.2	105	24.0	4.4	7.3	
		±50	125	165										0.8	74	7.4	1.7	2.6	
														1.0	82	9.8	1.8	2.9	
														1.2	105	12.0	2.2	3.7	
420×420	1 500	±25	81	121	520	520	620	620	10	1×460	1×460	M20	250	0.8	72	14.4	3.2	5.0	
														1.0	79	19.0	3.5	5.6	
														1.2	102	23.3	4.2	7.1	
		±50	125	165										0.8	72	7.2	1.6	2.5	
														1.0	79	9.5	1.7	2.8	
														1.2	102	11.6	2.1	3.5	

续表 15-72

支座平面尺寸 $a\times b$ (mm)	承载力 (kN)	位移量 (mm)	支座高度 h (mm)	组装后高度 H (mm)	外连接钢板 (mm)		预埋钢板 (mm)			套筒螺栓间距 (mm)		螺栓规格	锚固长度 L (mm)	剪切弹性模量 G (MPa)	支座屈服力 Q_d (kN)	初始水平刚度 K_i (kN/mm)	屈服后水平刚度 K_d (kN/mm)	水平等效刚度 K_h (kN/mm)	等效阻尼比 h_{eq} (%)
					A	B	A_y	B_y	t_y	$n_1\times l_a$	$n_1\times l_b$								
420×420	1 500	±75	169	209	520	520	620	620	10	1×460	1×460	M20	250	0.8	72	4.8	1.1	1.7	20
														1.0	79	6.3	1.2	1.9	
														1.2	102	7.8	1.4	2.4	
470×570	2 500	±25	79	119	590	690	690	790	10	1×520	1×620	M24	250	0.8	111	21.6	4.8	7.6	
														1.0	123	28.5	5.2	8.4	
														1.2	158	34.9	6.3	10.6	
		±50	121	161										0.8	111	10.8	2.4	3.8	
														1.0	123	14.2	2.6	4.2	
														1.2	158	17.5	3.2	5.3	
		±75	177	217										0.8	111	6.5	1.4	2.3	
														1.0	123	8.5	1.6	2.5	
														1.2	158	10.5	1.9	3.2	
520×520	2 500	±25	79	119	640	640	740	740	10	1×570	1×570	M24	250	0.8	112	21.8	4.9	7.6	
														1.0	124	28.8	5.2	8.5	
														1.2	160	35.3	6.4	10.7	
		±50	121	161										0.8	112	10.9	2.4	3.8	
														1.0	124	14.4	2.6	4.3	
														1.2	160	17.6	3.2	5.4	
		±75	177	217										0.8	112	6.6	1.5	2.3	
														1.0	124	8.6	1.6	2.6	
														1.2	160	10.6	1.9	3.2	
520×620	3 000	±50	127	167	670	770	770	870	10	1×580	1×680	M30	300	0.8	134	12.0	2.7	4.2	
														1.0	149	15.8	2.9	4.7	
														1.2	192	19.4	3.5	5.9	
		±50	127	167										0.8	134	8.0	1.8	2.8	
														1.0	149	10.5	1.9	3.1	
														1.2	192	12.9	2.4	3.9	

续表 15-72

支座平面尺寸 $a\times b$ (mm)	承载力 (kN)	位移量 (mm)	支座高度 h (mm)	组装后高度 H (mm)	外连接钢板 (mm)		预埋钢板 (mm)			套筒螺栓间距 (mm)		螺栓规格	锚固长度 L (mm)	剪切弹性模量 G (MPa)	支座屈服力 Q_d (kN)	初始水平刚度 K_i (kN/mm)	屈服后水平刚度 K_d (kN/mm)	水平等效刚度 K_h (kN/mm)	等效阻尼比 h_{eq} (%)
					A	B	A_y	B_y	t_y	$n_1\times l_a$	$n_1\times l_b$								
570×570	3 000	±50	127	167	720	720	820	820	10	1×630	1×630	M30	300	0.8	135	12.1	2.7	4.2	20
														1.0	150	16.0	2.9	4.7	
														1.2	193	19.6	3.6	6.0	
		±75	172	212										0.8	135	8.1	1.8	2.8	
														1.0	150	10.6	1.9	3.2	
														1.2	193	13.0	2.4	4.0	
570×670	3 500	±50	143	193	720	820	820	920	10	1×630	1×730	M30	300	0.8	160	13.2	2.9	4.6	
														1.0	178	17.4	3.2	5.2	
														1.2	228	21.3	3.9	6.5	
		±75	175	225										0.8	160	9.9	2.2	3.5	
														1.0	178	13.1	2.4	3.9	
														1.2	228	16.0	2.9	4.9	
620×620	3 500	±50	143	193	770	770	870	870	10	1×680	1×680	M30	300	0.8	161	13.3	3.0	4.6	
														1.0	179	17.5	3.2	5.2	
														1.2	230	21.5	3.9	6.5	
		±75	175	225										0.8	161	10.0	2.2	3.5	
														1.0	179	13.1	2.4	3.9	
														1.2	230	16.1	2.9	4.9	
		±100	223	273										0.8	161	7.3	1.6	2.5	
														1.0	179	9.6	1.7	2.8	
														1.2	230	11.7	2.1	3.6	
670×670	4 000	±50	149	199	820	820	920	920	15	1×730	1×730	M30	300	0.8	189	14.5	3.2	5.1	
														1.0	210	19.1	3.5	5.7	
														1.2	270	23.4	4.3	7.1	
		±75	183	233										0.8	189	10.9	2.4	3.8	
														1.0	210	14.3	2.6	4.2	
														1.2	270	17.6	3.2	5.3	

续表 15-72

支座平面尺寸 $a\times b$ (mm)	承载力 (kN)	位移量 (mm)	支座高度 h (mm)	组装后高度 H (mm)	外连接钢板 (mm)		预埋钢板 (mm)			套筒螺栓间距 (mm)		螺栓规格	锚固长度 L (mm)	剪切弹性模量 G (MPa)	支座屈服力 Q_d (kN)	初始水平刚度 K_i (kN/mm)	屈服后水平刚度 K_d (kN/mm)	水平等效刚度 K_h (kN/mm)	等效阻尼比 h_{eq} (%)
					A	B	A_y	B_y	t_y	$n_1\times l_a$	$n_1\times l_b$								
670×670	4 000	±100	217	267	820	820	920	920	15	1×730	1×730	M30	300	0.8	189	8.7	1.9	3.0	20
														1.0	210	11.5	2.1	3.4	
														1.2	270	14.0	2.6	4.3	
720×720	4 500	±50	137	187	900	900	1 000	1 000	15	1×790	1×790	M36	360	0.8	219	18.8	4.2	6.6	
														1.0	243	24.8	4.5	7.4	
														1.2	313	30.4	5.5	9.3	
		±75	173	223										0.8	219	13.5	3.0	4.7	
														1.0	243	17.7	3.2	5.3	
														1.2	313	21.7	3.9	6.6	
		±100	227	277										0.8	219	9.4	2.1	3.3	
														1.0	243	12.4	2.3	3.7	
														1.2	313	15.2	2.8	4.6	
770×770	5 500	±50	142	192	950	950	1 050	1 050	15	1×840	1×840	M36	360	0.8	252	20.3	4.5	7.1	
														1.0	279	26.7	4.9	7.9	
														1.2	359	32.7	6.0	10.0	
		±75	180	230										0.8	252	14.5	3.2	5.1	
														1.0	279	191	3.5	5.7	
														1.2	359	23.4	4.3	7.1	
		±100	218	268										0.8	252	11.3	2.5	3.9	
														1.0	279	14.8	2.7	4.4	
														1.2	359	18.2	3.5	5.5	
		±125	256	306										0.8	252	9.2	2.0	3.2	
														1.0	279	12.1	2.2	3.6	
														1.2	359	14.9	2.7	4.5	

续表 15-72

支座平面尺寸 $a\times b$ (mm)	承载力 (kN)	位移量 (mm)	支座高度 h (mm)	组装后高度 H (mm)	外连接钢板 (mm) A	B	预埋钢板 (mm) A_y	B_y	t_y	套筒螺栓间距 (mm) $n_1\times l_a$	$n_1\times l_b$	螺栓规格	锚固长度 L (mm)	剪切弹性模量 G (MPa)	支座屈服力 Q_d (kN)	初始水平刚度 K_i (kN/mm)	屈服后水平刚度 K_d (kN/mm)	水平等效刚度 K_h (kN/mm)	等效阻尼比 h_{eq} (%)
820×820	6 500	±50	131	181	1 030	1 030	1 130	1 130	15	1×900	1×900	M42	420	0.8	286	25.6	5.7	9.0	20
														1.0	318	33.8	6.1	10.0	
														1.2	409	41.4	7.5	12.6	
		±75	173	223										0.8	286	17.1	3.8	6.0	
														1.0	318	22.5	4.1	6.7	
														1.2	409	27.6	5.0	8.4	
		±100	215	265										0.8	286	12.8	2.8	4.5	
														1.0	318	16.9	3.1	5.0	
														1.2	409	20.7	3.8	6.3	
		±125	257	307										0.8	286	10.2	2.3	3.6	
														1.0	318	13.5	2.5	4.0	
														1.2	409	16.6	3.0	5.0	
870×870	7 000	±50	135	185	1 080	1 080	1 180	1 180	15	1×950	1×950	M42	420	0.8	323	27.4	6.1	9.6	
														1.0	359	36.1	6.6	10.7	
														1.2	461	44.3	8.0	13.5	
		±75	179	229										0.8	323	18.3	4.1	6.4	
														1.0	359	24.1	4.4	7.1	
														1.2	461	29.5	5.4	9.0	
		±100	223	273										0.8	323	13.7	3.0	4.8	
														1.0	359	18.0	3.3	5.4	
														1.2	461	22.1	4.0	6.7	
	6 700	±125	267	317										0.8	323	11.0	2.4	3.8	
														1.0	359	14.4	2.6	4.3	
														1.2	461	17.7	3.2	5.4	

续表 15-72

支座平面尺寸 $a \times b$ (mm)	承载力 (kN)	位移量 (mm)	支座高度 h (mm)	组装后高度 H (mm)	外连接钢板 (mm)		预埋钢板 (mm)			套筒螺栓间距 (mm)		螺栓规格	锚固长度 L (mm)	剪切弹性模量 G (MPa)	支座屈服力 Q_d (kN)	初始水平刚度 K_i (kN/mm)	屈服后水平刚度 K_d (kN/mm)	水平等效刚度 K_h (kN/mm)	等效阻尼比 h_{eq} (%)
					A	B	A_y	B_y	t_y	$n_1 \times l_a$	$n_1 \times l_b$								
870×870	6 700	±150	289	339	1 080	1 080	1 180	1 180	15	1×950	1×950	M42	420	0.8	323	10.0	2.2	3.5	20
														1.0	359	13.1	2.4	3.9	
														1.2	461	16.1	2.9	4.9	
920×920	8 000	±50	145	201	1 070	1 070	1 170	1 170	15	2×490	2×490	M30	300	0.8	363	29.2	6.5	10.2	
														1.0	402	38.4	7.0	11.4	
														1.2	517	47.1	8.6	14.4	
		±75	191	247										0.8	363	19.5	4.3	6.8	
														1.0	402	25.6	4.7	7.6	
														1.2	517	31.4	5.7	9.6	
		±100	214	270										0.8	363	16.7	3.7	5.8	
														1.0	402	22.0	4.0	6.5	
														1.2	517	26.9	4.9	8.2	
	7 500	±125	260	316										0.8	363	13.0	2.9	4.5	
														1.0	402	17.1	3.1	5.1	
														1.2	517	20.9	3.8	6.4	
		150	306	362										0.8	363	10.6	2.4	3.7	
														1.0	402	14.0	2.5	4.1	
														1.2	517	17.1	3.1	5.2	
970×970	9 000	±50	149	205	1 150	1 150	1 250	1 250	15	2×520	2×520	M36	360	0.8	404	31.0	6.9	10.8	
														1.0	448	40.8	7.4	12.1	
														1.2	576	50.0	9.1	15.2	
		±75	173	229										0.8	404	24.8	5.5	8.7	
														1.0	448	32.6	5.9	9.7	
														1.2	576	40.0	7.3	12.2	

续表 15-72

支座平面尺寸 $a\times b$ (mm)	承载力 (kN)	位移量 (mm)	支座高度 h (mm)	组装后高度 H (mm)	外连接钢板 (mm)		预埋钢板 (mm)			套筒螺栓间距 (mm)		螺栓规格	锚固长度 L (mm)	剪切弹性模量 G (MPa)	支座屈服力 Q_d (kN)	初始水平刚度 K_i (kN/mm)	屈服后水平刚度 K_d (kN/mm)	水平等效刚度 K_h (kN/mm)	等效阻尼比 h_{eq} (%)
					A	B	A_y	B_y	t_y	$n_1\times l_a$	$n_1\times l_b$								
970×970	9 000	±100	221	277	1 150	1 150	1 250	1 250	15	2×520	2×520	M36	360	0.8	404	17.7	3.9	6.2	20
														1.0	448	23.3	4.2	6.9	
														1.2	576	28.6	5.2	8.7	
	8 300	±125	269	325										0.8	404	13.8	3.1	4.8	
														1.0	448	18.1	3.3	5.4	
														1.2	576	22.2	4.0	6.8	
		±150	293	349										0.8	404	12.4	2.8	4.3	
														1.0	448	16.3	3.0	4.8	
														1.2	576	20.0	3.6	6.1	
		±175	341	397										0.8	404	10.3	2.3	3.6	
														1.0	448	13.6	2.5	4.0	
														1.2	576	16.7	3.0	5.1	
1 020×1 020	10 000	±75	186	242	1 200	1 200	1 300	1 300	20	2×545	2×545	M36	360	0.8	448	26.2	5.8	9.2	
														1.0	497	34.5	6.3	10.2	
														1.2	638	42.3	7.7	12.9	
		±100	240	296										0.8	448	18.7	4.2	6.5	
														1.0	497	24.7	4.5	7.3	
														1.2	638	30.2	5.5	9.2	
	9 000	±125	267	323										0.8	448	16.4	3.6	5.7	
														1.0	497	21.6	3.9	6.4	
														1.2	638	26.5	4.8	8.1	
		±150	321	377										0.8	448	13.1	2.9	4.6	
														1.0	497	17.3	3.1	5.1	
														1.2	638	21.2	3.8	6.4	

续表 15-72

支座平面尺寸 $a\times b$ (mm)	承载力 (kN)	位移量 (mm)	支座高度 h (mm)	组装后高度 H (mm)	外连接钢板 (mm)		预埋钢板 (mm)			套筒螺栓间距 (mm)		螺栓规格	锚固长度 L (mm)	剪切弹性模量 G (MPa)	支座屈服力 Q_d (kN)	初始水平刚度 K_i (kN/mm)	屈服后水平刚度 K_d (kN/mm)	水平等效刚度 K_h (kN/mm)	等效阻尼比 h_{eq} (%)
					A	B	A_y	B_y	t_y	$n_1\times l_a$	$n_1\times l_b$								
1 070×1 070	11 000	±75	191	247	1 250	1 250	1 350	1 350	20	2×570	2×570	M36	360	0.8	493	27.6	6.1	9.7	20
														1.0	547	36.4	6.6	10.8	
														1.2	704	44.6	8.1	13.6	
		±100	219	275										0.8	493	23.0	5.1	8.0	
														1.0	547	30.3	5.5	9.0	
														1.2	704	37.2	6.8	11.3	
	10 000	±125	275	331										0.8	493	17.3	3.8	6.0	
														1.0	547	22.8	4.1	6.8	
														1.2	704	27.9	5.1	8.5	
		±150	303	359										0.8	493	15.4	3.4	5.4	
														1.0	547	20.2	3.7	6.0	
														1.2	704	24.8	4.5	7.5	
		±175	359	415										0.8	493	12.6	2.8	4.4	
														1.0	547	16.5	3.0	4.9	
														1.2	704	20.3	3.7	6.2	
1 120×1 120	12 500	±75	196	252	1 300	1 300	1 400	1 400	20	2×595	2×595	M36	360	0.8	542	29.1	6.5	10.2	
														1.0	601	38.3	7.0	11.4	
														1.2	773	46.9	8.5	14.3	
		±100	225	281										0.8	542	24.2	5.4	8.5	
														1.0	601	31.9	5.8	9.5	
														1.2	773	39.1	7.1	11.9	
	11 500	±125	283	339										0.8	542	18.2	4.0	6.3	
														1.0	601	23.9	4.4	7.1	
														1.2	773	29.3	5.3	8.9	

续表 15-72

支座平面尺寸 $a\times b$ (mm)	承载力 (kN)	位移量 (mm)	支座高度 h (mm)	组装后高度 H (mm)	外连接钢板 (mm)		预埋钢板 (mm)			套筒螺栓间距 (mm)		螺栓规格	锚固长度 L (mm)	剪切弹性模量 G (MPa)	支座屈服力 Q_d (kN)	初始水平刚度 K_i (kN/mm)	屈服后水平刚度 K_d (kN/mm)	水平等效刚度 K_h (kN/mm)	等效阻尼比 h_{eq} (%)
					A	B	A_y	B_y	t_y	$n_1\times l_a$	$n_1\times l_b$								
1 120×1 120	11 500	±150	312	368	1 300	1 300	1 400	1 400	20	2×595	2×595	M36	360	0.8	542	16.1	3.6	5.6	20
														1.0	601	21.3	3.9	6.3	
														1.2	773	26.1	4.7	7.9	
		±175	370	426										0.8	542	13.2	2.9	4.6	
														1.0	601	17.4	3.2	5.2	
														1.2	773	21.3	3.9	6.5	
1 170×1 170	13 500	±75	171	227	1 380	1 380	1 480	1 480	20	2×625	2×625	M42	420	0.8	592	38.1	8.5	13.3	
														1.0	657	50.2	9.1	14.9	
														1.2	844	61.6	11.2	18.7	
		±100	231	287										0.8	592	25.4	5.6	8.9	
														1.0	657	33.5	6.1	9.9	
														1.2	844	41.0	7.5	12.5	
		±125	261	317										0.8	592	21.8	4.8	7.6	
														1.0	657	28.7	5.2	8.5	
														1.2	844	35.2	6.4	10.7	
	12 500	±150	321	377										0.8	592	16.9	3.8	5.9	
														1.0	657	22.3	4.1	6.6	
														1.2	844	27.4	5.0	8.3	
		±175	351	407										0.8	592	15.2	3.4	5.3	
														1.0	657	20.1	3.7	6.0	
														1.2	844	24.6	4.5	7.5	
		±200	381	437										0.8	592	13.9	3.1	4.8	
														1.0	657	18.3	3.3	5.4	
														1.2	844	22.4	4.1	6.8	

续表 15-72

支座平面尺寸 $a\times b$ (mm)	承载力 (kN)	位移量 (mm)	支座高度 h (mm)	组装后高度 H (mm)	外连接钢板 (mm)		预埋钢板 (mm)			套筒螺栓间距 (mm)		螺栓规格	锚固长度 L (mm)	剪切弹性模量 G (MPa)	支座屈服力 Q_d (kN)	初始水平刚度 K_i (kN/mm)	屈服后水平刚度 K_d (kN/mm)	水平等效刚度 K_h (kN/mm)	等效阻尼比 h_{eq} (%)
					A	B	A_y	B_y	t_y	$n_1\times l_a$	$n_1\times l_b$								
1 220×1 220	14 500	±75	175	231	1 430	1 430	1 530	1 530	20	2×650	2×650	M42	420	0.8	644	39.9	8.9	13.9	20
														1.0	715	52.6	9.6	15.6	
														1.2	919	64.5	11.7	19.6	
		±100	237	293										0.8	644	26.6	5.9	9.3	
														1.0	715	35.1	6.4	10.4	
														1.2	919	43.0	7.8	13.1	
		±125	268	324										0.8	644	22.8	5.1	8.0	
														1.0	715	30.0	5.5	8.9	
														1.2	919	36.8	6.7	11.2	
	13 500	±150	299	355										0.8	644	20.0	4.4	7.0	
														1.0	715	26.3	4.8	7.8	
														1.2	919	32.2	5.9	9.8	
		±175	361	417										0.8	644	16.0	3.5	5.6	
														1.0	715	21.0	3.8	6.2	
														1.2	919	25.8	4.7	7.8	
		±200	392	448										0.8	644	14.5	3.2	5.1	
														1.0	715	19.1	3.5	5.7	
														1.2	919	23.4	4.3	7.1	
1 270×1 270	15 500	±75	179	235	1 480	1 480	1 580	1 580	20	2×675	2×675	M42	420	0.8	699	41.7	9.3	14.6	
														1.0	776	54.9	10.0	16.3	
														1.2	998	67.3	12.2	20.5	
		±100	243	299										0.8	699	27.8	6.2	9.7	
														1.0	776	36.6	6.7	10.9	
														1.2	998	44.9	8.2	13.7	

续表 15-72

支座平面尺寸 $a\times b$ (mm)	承载力 (kN)	位移量 (mm)	支座高度 h (mm)	组装后高度 H (mm)	外连接钢板 (mm) A	外连接钢板 (mm) B	预埋钢板 (mm) A_y	预埋钢板 (mm) B_y	预埋钢板 (mm) t_y	套筒螺栓间距 (mm) $n_1\times l_a$	套筒螺栓间距 (mm) $n_1\times l_b$	螺栓规格	锚固长度 L (mm)	剪切弹性模量 G (MPa)	支座屈服力 Q_d (kN)	初始水平刚度 K_i (kN/mm)	屈服后水平刚度 K_d (kN/mm)	水平等效刚度 K_h (kN/mm)	等效阻尼比 h_{eq} (%)
1 270×1 270	15 500	±125	275	331	1 480	1 480	1 580	1 580	20	2×675	2×675	M42	420	0.8	699	23.8	5.3	8.3	20
														1.0	776	31.4	5.7	9.3	
														1.2	998	38.5	7.0	11.7	
	14 500	±150	307	363										0.8	699	20.8	4.6	7.3	
														1.0	776	27.5	5.0	8.1	
														1.2	998	33.7	6.1	10.3	
		±175	339	395										0.8	699	18.5	4.1	6.5	
														1.0	776	24.4	4.4	7.2	
														1.2	998	29.9	5.4	9.1	
		±200	403	459										0.8	699	15.2	3.4	5.3	
														1.0	776	20.0	3.6	5.9	
														1.2	998	24.5	4.5	7.5	
1 320×1 320	17 000	±100	240	320	1 560	1 560	1 660	1 660	25	2×710	2×710	M48	480	0.8	756	34.8	7.7	12.2	
														1.0	839	45.8	8.3	13.6	
														1.2	1 079	56.2	10.2	17.1	
		±125	273	353										0.8	756	29.0	6.4	10.1	
														1.0	839	38.2	6.9	11.3	
														1.2	1 079	46.8	8.5	14.3	
	16 000	±150	339	419										0.8	756	21.7	4.8	7.6	
														1.0	839	28.6	5.2	8.5	
														1.2	1 079	35.1	6.4	10.7	
		±175	372	452										0.8	756	19.3	4.3	6.8	
														1.0	839	25.5	4.6	7.6	
														1.2	1 079	31.2	5.7	9.5	

续表 15-72

支座平面尺寸 $a\times b$ (mm)	承载力 (kN)	位移量 (mm)	支座高度 h (mm)	组装后高度 H (mm)	外连接钢板 (mm)		预埋钢板 (mm)			套筒螺栓间距 (mm)		螺栓规格	锚固长度 L (mm)	剪切弹性模量 G (MPa)	支座屈服力 Q_d (kN)	初始水平刚度 K_i (kN/mm)	屈服后水平刚度 K_d (kN/mm)	水平等效刚度 K_h (kN/mm)	等效阻尼比 h_{eq} (%)
					A	B	A_y	B_y	t_y	$n_1\times l_a$	$n_1\times l_b$								
1 320×1 320	16 000	±200	405	485	1 560	1 560	1 660	1 660	25	2×710	2×710	M48	480	0.8	756	17.4	3.9	6.1	20
														1.0	839	22.9	4.2	6.8	
														1.2	1 079	28.1	5.1	8.6	
1 370×1 370	19 000	±100	245	325	1 610	1 610	1 710	1 710	25	2×735	2×735	M48	480	0.8	816	36.2	8.1	12.7	
														1.0	905	47.7	8.7	14.2	
														1.2	1 164	58.5	10.6	17.8	
		±125	279	359										0.8	816	30.2	6.7	10.6	
														1.0	905	39.8	7.2	11.8	
														1.2	1 164	48.8	8.9	14.8	
		±150	313	393										0.8	816	25.9	5.8	9.0	
														1.0	905	34.1	6.2	10.1	
														1.2	1 164	41.8	7.6	12.7	
	17 000	±175	381	461										0.8	816	20.1	4.5	7.0	
														1.0	905	26.5	4.8	7.9	
														1.2	1 164	32.5	5.9	9.9	
		±200	415	495										0.8	816	18.1	4.0	6.3	
														1.0	905	23.9	4.3	7.1	
														1.2	1 164	29.3	5.3	8.9	
1 420×1 420	20 000	±100	250	330	1 660	1 660	1 760	1 760	25	2×760	2×760	M48	480	0.8	877	37.7	8.4	13.2	
														1.0	973	49.6	9.0	14.7	
														1.2	1 251	60.8	11.1	18.5	
		±125	285	365										0.8	877	31.4	7.0	11.0	
														1.0	973	41.3	7.5	12.3	
														1.2	1 251	50.7	9.2	15.4	

续表 15-72

支座平面尺寸 $a\times b$ (mm)	承载力 (kN)	位移量 (mm)	支座高度 h (mm)	组装后高度 H (mm)	外连接钢板 (mm)		预埋钢板 (mm)			套筒螺栓间距 (mm)		螺栓规格	锚固长度 L (mm)	剪切弹性模量 G (MPa)	支座屈服力 Q_d (kN)	初始水平刚度 K_i (kN/mm)	屈服后水平刚度 K_d (kN/mm)	水平等效刚度 K_h (kN/mm)	等效阻尼比 h_{eq} (%)
					A	B	A_y	B_y	t_y	$n_1\times l_a$	$n_1\times l_b$								
1 420×1 420	20 000	±150	320	400	1 660	1 660	1 760	1 760	25	2×760	2×760	M48	480	0.8	877	26.9	6.0	9.4	20
														1.0	973	35.4	6.4	10.5	
														1.2	1 251	43.4	7.9	13.2	
	19 000	±175	355	435										0.8	877	23.5	5.2	8.2	
														1.0	973	31.0	5.6	9.2	
														1.2	1 251	38.0	6.9	11.6	
		±200	425	505										0.8	877	18.8	4.2	6.6	
														1.0	973	24.8	4.5	7.4	
														1.2	1 251	30.4	5.5	9.3	
1 470×1 470	21 000	±100	255	335	1 710	1 710	1 810	1 810	25	2×785	2×785	M48	480	0.8	941	39.1	8.7	13.7	
														1.0	1 044	51.5	9.4	15.3	
														1.2	1 342	63.1	11.5	19.2	
		±125	291	371										0.8	941	32.6	7.2	11.4	
														1.0	1 044	42.9	7.8	12.7	
														1.2	1 342	52.6	9.6	16.0	
		±150	327	407										0.8	941	27.9	6.2	9.8	
														1.0	1 044	36.8	6.7	10.9	
														1.2	1 342	45.1	8.2	13.7	
	20 000	±175	363	443										0.8	941	24.4	5.4	8.5	
														1.0	1 044	32.2	5.9	9.6	
														1.2	1 342	39.5	7.2	12.0	
		±200	339	479										0.8	941	21.7	4.8	7.6	
														1.0	1 044	28.6	5.2	8.5	
														1.2	1 342	35.1	6.4	10.7	

注：①位移量为环境温度等因素引起的平常时超高阻尼橡胶支座剪切变形允许值。

②水平等效刚度及等效阻尼比均为对应超高阻尼橡胶支座 100%的剪应变情况下的数值。

③预埋钢板的套筒孔应比套筒的外径大 4mm 以上。

④预埋钢板可根据工程需要另行设计。

(2)圆形超高阻尼隔震橡胶支座规格系列参数

表 15-73

支座平面尺寸 d (mm)	承载力 (kN)	位移量 (mm)	支座高度 h (mm)	组装后高度 H (mm)	外连接钢板 (mm)		预埋钢板 (mm)			套筒螺栓间距 (mm)		螺栓规格	锚固长度 L (mm)	剪切弹性模量 G (MPa)	支座屈服力 Q_d (kN)	初始水平刚度 K_i (kN/mm)	屈服后水平刚度 K_d (kN/mm)	水平等效刚度 K_h (kN/mm)	等效阻尼比 h_{eq} (%)
					A	B	A_y	B_y	t_y	$n_1 \times l_a$	$n_1 \times l_b$								
420	1 000	±25	85	125	560	560	660	660	10	1×490	1×490	M24	250	0.8	56	10.1	2.2	3.5	20
														1.0	62	13.2	2.4	3.9	
														1.2	80	16.2	3.0	4.9	
		±50	133	173										0.8	56	5.0	1.1	1.8	
														1.0	62	6.6	1.2	2.0	
														1.2	80	8.1	1.5	2.5	
		±75	169	209										0.8	56	3.7	0.8	1.3	
														1.0	62	4.8	0.9	1.4	
														1.2	80	5.9	1.1	1.8	
470	1 500	±25	89	129	650	650	750	750	10	1×560	1×560	M30	300	0.8	71	11.5	2.5	4.0	
														1.0	79	15.1	2.7	4.5	
														1.2	101	18.5	3.4	5.6	
		±50	128	168										0.8	71	6.5	1.5	2.3	
														1.0	79	8.6	1.6	2.6	
														1.2	101	10.6	1.9	3.2	
		±75	180	220										0.8	71	4.2	0.9	1.5	
														1.0	79	5.5	1.0	1.6	
														1.2	101	6.7	1.2	2.0	
520	2 000	±25	79	119	700	700	800	800	10	1×610	1×610	M30	300	0.8	88	17.1	3.8	6.0	
														1.0	97	22.6	4.1	6.7	
														1.2	125	27.7	5.0	8.4	
		±50	135	175										0.8	88	7.3	1.6	2.6	
														1.0	97	9.7	1.8	2.9	
														1.2	125	11.9	2.2	3.6	

续表 15-73

支座平面尺寸 d (mm)	承载力 (kN)	位移量 (mm)	支座高度 h (mm)	组装后高度 H (mm)	外连接钢板 (mm)		预埋钢板 (mm)			套筒螺栓间距 (mm)		螺栓规格	锚固长度 L (mm)	剪切弹性模量 G (MPa)	支座屈服力 Q_d (kN)	初始水平刚度 K_i (kN/mm)	屈服后水平刚度 K_d (kN/mm)	水平等效刚度 K_h (kN/mm)	等效阻尼比 h_{eq} (%)
					A	B	A_y	B_y	t_y	$n_1 \times l_a$	$n_1 \times l_b$								
520	2 000	±75	177	217	700	700	800	800	10	1×610	1×610	M30	300	0.8	88	5.1	1.1	1.8	20
														1.0	97	6.8	1.2	2.0	
														1.2	125	8.3	1.5	2.5	
570	2 300	±25	98	154	790	790	890	890	10	1×680	1×680	M36	360	0.8	106	19.0	4.2	6.6	
														1.0	118	25.0	4.6	7.4	
														1.2	152	30.7	5.6	9.3	
		±50	143	199										0.8	106	9.5	2.1	3.3	
														1.0	118	12.5	2.3	3.7	
														1.2	152	15.4	2.8	4.7	
		±75	188	244										0.8	106	6.3	1.4	2.2	
														1.0	118	8.3	1.5	2.5	
														1.2	152	10.2	1.9	3.1	
620	2 700	±50	149	205	840	840	940	940	10	1×730	1×730	M36	360	0.8	126	10.4	2.3	3.6	
														1.0	140	13.8	2.5	4.1	
														1.2	180	16.9	3.1	5.1	
		±75	181	237										0.8	126	7.8	1.7	2.7	
														1.0	140	10.3	1.9	3.1	
														1.2	180	12.6	2.3	3.9	
		±100	229	285										0.8	126	5.7	1.3	2.0	
														1.0	140	7.5	1.4	2.2	
														1.2	180	9.2	1.7	2.8	
670	3 200	±50	142	198	920	920	1 020	1 020	15	1×795	1×795	M42	420	0.8	148	13.7	3.0	4.8	
														1.0	165	18.0	3.3	5.3	
														1.2	212	22.1	4.0	6.7	

续表 15-73

支座平面尺寸 d (mm)	承载力 (kN)	位移量 (mm)	支座高度 h (mm)	组装后高度 H (mm)	外连接钢板 (mm)		预埋钢板 (mm)			套筒螺栓间距 (mm)		螺栓规格	锚固长度 L (mm)	剪切弹性模量 G (MPa)	支座屈服力 Q_d (kN)	初始水平刚度 K_i (kN/mm)	屈服后水平刚度 K_d (kN/mm)	水平等效刚度 K_h (kN/mm)	等效阻尼比 h_{eq} (%)
					A	B	A_y	B_y	t_y	$n_1 \times l_a$	$n_1 \times l_b$								
670	3 200	±75	196	252	920	920	1 020	1 020	15	1×795	1×795	M42	420	0.8	148	8.5	1.9	3.0	20
														1.0	165	11.2	2.0	3.3	
														1.2	212	13.8	2.5	4.2	
		±100	232	288										0.8	148	6.8	1.5	2.4	
														1.0	165	9.0	1.6	2.7	
														1.2	212	11.0	2.0	3.4	
720	3 700	±50	147	203	970	970	1 070	1 070	15	1×845	1×845	M42	420	0.8	172	14.8	3.3	5.2	
														1.0	191	19.5	3.5	5.8	
														1.2	246	23.9	4.3	7.3	
		±75	185	241										0.8	172	10.6	2.3	3.7	
														1.0	191	13.9	2.5	4.1	
														1.2	246	17.1	3.1	5.2	
		±100	242	298										0.8	172	7.4	1.6	2.6	
														1.0	191	9.7	1.8	2.9	
														1.2	246	11.9	2.2	3.6	
770	4 300	±50	152	208	990	990	1 090	1 090	15	2×440	2×440	M36	360	0.8	198	15.9	3.5	5.6	
														1.0	219	21.0	3.8	6.2	
														1.2	282	25.7	4.7	7.8	
		±75	192	248										0.8	198	11.4	2.5	4.0	
														1.0	219	15.0	2.7	4.4	
														1.2	282	18.4	3.3	5.6	
		±100	232	288										0.8	198	8.8	2.0	3.1	
														1.0	219	11.6	2.1	3.5	
														1.2	282	14.3	2.6	4.3	

续表 15-73

支座平面尺寸 d (mm)	承载力 (kN)	位移量 (mm)	支座高度 h (mm)	组装后高度 H (mm)	外连接钢板 (mm)		预埋钢板 (mm)			套筒螺栓间距 (mm)		螺栓规格	锚固长度 L (mm)	剪切弹性模量 G (MPa)	支座屈服力 Q_d (kN)	初始水平刚度 K_i (kN/mm)	屈服后水平刚度 K_d (kN/mm)	水平等效刚度 K_h (kN/mm)	等效阻尼比 h_{eq} (%)
					A	B	A_y	B_y	t_y	$n_1 \times l_a$	$n_1 \times l_b$								
770	4 300	±125	272	328	990	990	1 090	1 090	15	2×440	2×440	M36	360	0.8	198	7.2	1.6	2.5	20
														1.0	219	9.5	1.7	2.8	
														1.2	282	11.7	2.1	3.6	
820	5 200	±50	139	195	1 070	1 070	1 170	1 170	15	2×475	2×475	M42	420	0.8	225	21.3	4.7	7.4	
														1.0	249	28.1	5.1	8.3	
														1.2	321	34.4	6.3	10.5	
		±75	183	239										0.8	225	14.2	3.2	5.0	
														1.0	249	18.7	3.4	5.5	
														1.2	321	22.9	4.2	7.0	
	4 600	±100	227	283										0.8	225	10.6	2.4	3.7	
														1.0	249	14.0	2.6	4.2	
														1.2	321	17.2	3.1	5.2	
		±125	293	349										0.8	225	7.7	1.7	2.7	
														1.0	249	10.2	1.9	3.0	
														1.2	321	12.5	2.3	3.8	
870	5 800	±50	143	199	1 120	1 120	1 220	1 220	15	2×500	2×500	M42	420	0.8	254	22.7	5.0	7.9	
														1.0	282	29.9	5.4	8.9	
														1.2	362	36.7	6.7	11.2	
		±75	189	245										0.8	254	15.1	3.4	5.3	
														1.0	282	19.9	3.6	5.9	
														1.2	362	24.4	4.4	7.4	
	5 300	±100	235	291										0.8	254	11.4	2.5	4.0	
														1.0	282	15.0	2.7	4.4	
														1.2	362	18.3	3.3	5.6	

续表 15-73

支座平面尺寸 d (mm)	承载力 (kN)	位移量 (mm)	支座高度 h (mm)	组装后高度 H (mm)	外连接钢板 (mm)		预埋钢板 (mm)			套筒螺栓间距 (mm)		螺栓规格	锚固长度 L (mm)	剪切弹性模量 G (MPa)	支座屈服力 Q_d (kN)	初始水平刚度 K_i (kN/mm)	屈服后水平刚度 K_d (kN/mm)	水平等效刚度 K_h (kN/mm)	等效阻尼比 h_{eq} (%)
					A	B	A_y	B_y	t_y	$n_1 \times l_a$	$n_1 \times l_b$								
870	5 300	±125	281	337	1 120	1 120	1 220	1 220	15	2×500	2×500	M42	420	0.8	254	9.1	2.0	3.2	20
														1.0	282	12.0	2.2	3.5	
														1.2	362	14.7	2.7	4.5	
920	6 600	±50	147	203	1 170	1 170	1 270	1 270	15	2×525	2×525	M42	420	0.8	285	24.1	5.4	8.4	
														1.0	316	31.8	5.8	9.4	
														1.2	406	38.9	7.1	11.9	
		±75	195	251										0.8	285	16.1	3.6	5.6	
														1.0	316	21.2	3.9	6.3	
														1.2	406	26.0	4.7	7.9	
	6 000	±100	243	299										0.8	285	12.1	2.7	4.2	
														1.0	316	15.9	2.9	4.7	
														1.2	406	19.5	3.5	5.9	
		±125	291	347										0.8	285	9.6	2.1	3.4	
														1.0	316	12.7	2.3	3.8	
														1.2	406	15.6	2.8	4.7	
		±150	315	371										0.8	285	8.8	1.9	3.1	
														1.0	316	11.6	2.1	3.4	
														1.2	406	14.2	2.6	4.3	
970	7 400	±50	151	207	1 220	1 220	1 320	1 320	15	2×550	2×550	M42	420	0.8	317	25.5	5.7	8.9	
														1.0	352	33.6	6.1	10.0	
														1.2	452	41.2	7.5	12.6	
		±75	201	257										0.8	317	17.0	3.8	5.9	
														1.0	352	22.4	4.1	6.7	
														1.2	452	27.5	5.0	8.4	

续表 15-73

支座平面尺寸 d (mm)	承载力 (kN)	位移量 (mm)	支座高度 h (mm)	组装后高度 H (mm)	外连接钢板 (mm)		预埋钢板 (mm)			套筒螺栓间距 (mm)		螺栓规格	锚固长度 L (mm)	剪切弹性模量 G (MPa)	支座屈服力 Q_d (kN)	初始水平刚度 K_i (kN/mm)	屈服后水平刚度 K_d (kN/mm)	水平等效刚度 K_h (kN/mm)	等效阻尼比 h_{eq} (%)
					A	B	A_y	B_y	t_y	$n_1 \times l_a$	$n_1 \times l_b$								
														0.8	317	14.6	3.2	5.1	
		±100	226	282										1.0	352	19.2	3.5	5.7	
														1.2	452	23.6	4.3	7.2	
														0.8	317	11.3	2.5	4.0	
970	6 900	±125	276	332	1 220	1 220	1 320	1 320	15	2×550	2×550	M42	420	1.0	352	14.9	2.7	4.4	
														1.2	452	18.3	3.3	5.6	
														0.8	317	9.3	2.1	3.2	
		±150	326	382										1.0	352	12.2	2.2	3.6	
														1.2	452	15.0	2.4	4.6	
														0.8	351	26.9	6.0	9.4	
		±50	155	211										1.0	390	35.5	6.5	10.5	
														1.2	501	43.5	7.9	13.2	
	8 200													0.8	351	21.5	4.8	7.5	20
		±75	181	237										1.0	390	28.4	5.2	8.4	
														1.2	501	34.8	6.3	10.6	
														0.8	351	15.4	3.4	5.4	
1 020		±100	233	289	1 270	1 270	1 370	1 370	20	2×575	2×575	M42	420	1.0	390	20.3	3.7	6.0	
														1.2	501	24.9	4.5	7.6	
														0.8	351	12.0	2.7	4.2	
	7 600	±125	285	341										1.0	390	15.8	2.9	4.7	
														1.2	501	19.3	3.5	5.9	
														0.8	351	10.8	2.4	3.8	
		±150	311	367										1.0	390	14.2	2.6	4.2	
														1.2	501	17.4	3.2	5.3	

续表 15-73

支座平面尺寸 d (mm)	承载力 (kN)	位移量 (mm)	支座高度 h (mm)	组装后高度 H (mm)	外连接钢板 (mm)		预埋钢板 (mm)			套筒螺栓间距 (mm)		螺栓规格	锚固长度 L (mm)	剪切弹性模量 G (MPa)	支座屈服力 Q_d (kN)	初始水平刚度 K_i (kN/mm)	屈服后水平刚度 K_d (kN/mm)	水平等效刚度 K_h (kN/mm)	等效阻尼比 h_{eq} (%)
					A	B	A_y	B_y	t_y	$n_1 \times l_a$	$n_1 \times l_b$								
1 070	9 000	±75	190	246	1 320	1 320	1 420	1 420	20	2×600	2×600	M42	420	0.8	387	22.7	5.0	7.9	20
														1.0	430	29.9	5.4	8.9	
														1.2	553	36.6	6.7	11.2	
	8 400	±100	246	302										0.8	387	16.2	3.6	5.7	
														1.0	430	21.3	3.9	6.3	
														1.2	553	26.2	4.8	8.0	
		±125	274	330										0.8	387	14.2	3.1	5.0	
														1.0	430	18.7	3.4	5.5	
														1.2	553	22.9	4.2	7.0	
		±150	330	386										0.8	387	11.3	2.5	4.0	
														1.0	430	14.9	2.7	4.4	
														1.2	553	18.3	3.3	5.6	
1 120	9 800	±75	195	251	1 410	1 410	1 510	1 510	20	2×630	2×630	M48	480	0.8	425	23.8	5.3	8.3	
														1.0	472	31.4	5.7	9.3	
														1.2	606	38.4	7.0	11.7	
		±100	224	280										0.8	425	19.8	4.4	6.9	
														1.0	472	26.1	4.8	7.8	
														1.2	606	32.0	5.8	9.8	
	9 200	±125	282	338										0.8	425	14.9	3.3	5.2	
														1.0	472	19.6	3.6	5.8	
														1.2	606	24.0	4.4	7.3	
		±150	340	396										0.8	425	11.9	2.6	4.2	
														1.0	472	15.7	2.9	4.7	
														1.2	606	19.2	3.5	5.9	

续表 15-73

支座平面尺寸 d (mm)	承载力 (kN)	位移量 (mm)	支座高度 h (mm)	组装后高度 H (mm)	外连接钢板 (mm)		预埋钢板 (mm)			套筒螺栓间距 (mm)		螺栓规格	锚固长度 L (mm)	剪切弹性模量 G (MPa)	支座屈服力 Q_d (kN)	初始水平刚度 K_i (kN/mm)	屈服后水平刚度 K_d (kN/mm)	水平等效刚度 K_h (kN/mm)	等效阻尼比 h_{eq} (%)
					A	B	A_y	B_y	t_y	$n_1 \times l_a$	$n_1 \times l_b$								
1 170	11 000	±75	200	256	1 460	1 460	1 560	1 560	20	2×655	2×655	M48	480	0.8	465	24.9	5.5	8.7	20
														1.0	516	32.9	6.0	9.7	
														1.2	663	40.3	7.3	12.3	
		±100	230	286										0.8	465	20.8	4.6	7.3	
														1.0	516	27.4	5.0	8.1	
														1.2	663	33.6	6.1	10.2	
		±125	290	346										0.8	465	15.6	3.5	5.4	
														1.0	516	20.5	3.7	6.1	
														1.2	663	25.2	4.6	7.7	
		±150	320	376										0.8	465	13.9	3.1	4.8	
														1.0	516	18.3	3.3	5.4	
														1.2	663	22.4	4.1	6.8	
		±175	350	406										0.8	465	12.5	2.8	4.4	
														1.0	516	16.4	3.0	4.9	
														1.2	663	20.1	3.7	6.1	
1 220	12 000	±75	178	234	1 510	1 510	1 610	1 610	20	2×680	2×680	M48	480	0.8	506	31.3	7.0	10.9	
														1.0	561	41.3	7.5	12.2	
														1.2	722	50.6	9.2	15.4	
		±100	242	298										0.8	506	20.9	4.6	7.3	
														1.0	561	27.5	5.0	8.2	
														1.2	722	33.7	6.1	10.3	
		±125	274	330										0.8	506	17.9	4.0	6.3	
														1.0	561	23.6	4.3	7.0	
														1.2	722	28.9	5.3	8.8	

续表 15-73

支座平面尺寸 d (mm)	承载力 (kN)	位移量 (mm)	支座高度 h (mm)	组装后高度 H (mm)	外连接钢板 (mm)		预埋钢板 (mm)			套筒螺栓间距 (mm)		螺栓规格	锚固长度 L (mm)	剪切弹性模量 G (MPa)	支座屈服力 Q_d (kN)	初始水平刚度 K_i (kN/mm)	屈服后水平刚度 K_d (kN/mm)	水平等效刚度 K_h (kN/mm)	等效阻尼比 h_{eq} (%)
					A	B	A_y	B_y	t_y	$n_1\times l_a$	$n_1\times l_b$								
1 220	12 000	±150	306	362	1 510	1 510	1 610	1 610	20	2×680	2×680	M48	480	0.8	506	15.7	3.5	5.5	20
														1.0	561	20.6	3.8	6.1	
														1.2	722	25.3	4.6	7.7	
		±175	370	426										0.8	506	12.5	2.8	4.4	
														1.0	561	16.5	3.0	4.9	
														1.2	722	20.2	3.7	6.2	
1 270	12 500	±75	182	238	1 610	1 610	1 710	1 710	20	2×720	2×720	M56	560	0.8	549	32.7	7.3	11.4	
														1.0	609	43.1	7.8	12.8	
														1.2	783	52.9	9.6	16.1	
		±100	242	298										0.8	549	22.7	5.0	7.9	
														1.0	609	29.9	5.4	8.9	
														1.2	783	36.6	6.7	11.1	
		±125	281	337										0.8	549	18.7	4.2	6.5	
														1.0	609	24.6	4.5	7.3	
														1.2	783	30.2	5.5	9.2	
		±150	314	370										0.8	549	16.4	3.6	5.7	
														1.0	609	21.6	3.9	6.4	
														1.2	783	26.4	4.8	8.0	
		±175	347	403										0.8	549	14.5	3.2	5.1	
														1.0	609	19.2	3.5	5.7	
														1.2	783	23.5	4.3	7.2	
	12 000	±200	413	469										0.8	549	11.9	2.6	4.2	
														1.0	609	15.7	2.9	4.7	
														1.2	783	19.2	3.5	5.9	

续表 15-73

支座平面尺寸 d (mm)	承载力 (kN)	位移量 (mm)	支座高度 h (mm)	组装后高度 H (mm)	外连接钢板 (mm)		预埋钢板 (mm)			套筒螺栓间距 (mm)		螺栓规格	锚固长度 L (mm)	剪切弹性模量 G (MPa)	支座屈服力 Q_d (kN)	初始水平刚度 K_i (kN/mm)	屈服后水平刚度 K_d (kN/mm)	水平等效刚度 K_h (kN/mm)	等效阻尼比 h_{eq} (%)
					A	B	A_y	B_y	t_y	$n_1\times l_a$	$n_1\times l_b$								
1 320	13 500	±75	206	276	1 660	1 660	1 760	1 760	25	2×745	2×745	M56	560	0.8	594	35.1	7.6	11.9	20
														1.0	659	45.0	8.2	13.3	
														1.2	847	55.1	10.0	16.8	
		±100	242	312										0.8	594	27.3	6.1	9.5	
														1.0	659	36.0	6.5	10.7	
														1.2	847	44.1	8.0	13.4	
	13 000	±125	314	384										0.8	594	19.5	4.3	6.8	
														1.0	659	25.7	4.7	7.6	
														1.2	847	31.5	5.7	9.6	
		±150	350	420										0.8	594	17.1	3.8	6.0	
														1.0	659	22.5	4.1	6.7	
														1.2	847	27.6	5.0	8.4	
		±175	386	456										0.8	594	15.2	3.4	5.3	
														1.0	659	20.0	3.6	5.9	
														1.2	847	24.5	4.5	7.5	
		±200	422	492										0.8	594	13.7	3.0	4.8	
														1.0	659	18.0	3.3	5.3	
														1.2	847	22.1	4.0	6.7	
1 370	14 500	±75	210	280	1 710	1 710	1 810	1 810	25	2×770	2×770	M56	560	0.8	640	35.5	7.9	12.4	
														1.0	710	46.8	8.5	13.9	
														1.2	913	57.4	10.4	17.5	
		±100	247	317										0.8	640	28.4	6.3	9.9	
														1.0	710	37.5	6.8	11.1	
														1.2	913	45.9	8.4	14.0	

续表 15-73

支座平面尺寸 d (mm)	承载力 (kN)	位移量 (mm)	支座高度 h (mm)	组装后高度 H (mm)	外连接钢板 (mm)		预埋钢板 (mm)			套筒螺栓间距 (mm)		螺栓规格	锚固长度 L (mm)	剪切弹性模量 G (MPa)	支座屈服力 Q_d (kN)	初始水平刚度 K_i (kN/mm)	屈服后水平刚度 K_d (kN/mm)	水平等效刚度 K_h (kN/mm)	等效阻尼比 h_{eq} (%)
					A	B	A_y	B_y	t_y	$n_1 \times l_a$	$n_1 \times l_b$								
1 370	14 500	±125	284	354	1 710	1 710	1 810	1 810	25	2×770	2×770	M56	560	0.8	640	23.7	5.3	8.3	20
														1.0	710	31.2	5.7	9.3	
														1.2	913	38.3	7.0	11.7	
	13 500	±150	321	391										0.8	640	20.3	4.5	7.1	
														1.0	710	26.8	4.9	7.9	
														1.2	913	32.8	6.0	10.0	
		±175	395	465										0.8	640	15.8	3.5	5.5	
														1.0	710	20.8	3.8	6.2	
														1.2	913	25.5	4.6	7.8	
1 420	15 500	±75	214	284	1 710	1 710	1 810	1 810	25	4×391	4×391	M48	480	0.8	689	37.0	8.2	12.9	
														1.0	764	48.7	8.9	14.4	
														1.2	982	59.7	10.9	18.2	
		±100	252	322										0.8	689	29.6	6.6	10.3	
														1.0	764	38.9	7.1	11.6	
														1.2	982	47.7	8.7	14.5	
		±125	290	360										0.8	689	24.6	5.5	8.6	
														1.0	764	32.5	5.9	9.6	
														1.2	982	39.8	7.2	12.1	
		±150	328	398										0.8	689	21.1	4.7	7.4	
														1.0	764	27.8	5.1	8.3	
														1.2	982	34.1	6.2	10.4	
		±175	366	436										0.8	689	18.5	4.1	6.5	
														1.0	764	24.3	4.4	7.2	
														1.2	982	29.8	5.4	9.1	

续表 15-73

支座平面尺寸 d (mm)	承载力 (kN)	位移量 (mm)	支座高度 h (mm)	组装后高度 H (mm)	外连接钢板 (mm)		预埋钢板 (mm)			套筒螺栓间距 (mm)		螺栓规格	锚固长度 L (mm)	剪切弹性模量 G (MPa)	支座屈服力 Q_d (kN)	初始水平刚度 K_i (kN/mm)	屈服后水平刚度 K_d (kN/mm)	水平等效刚度 K_h (kN/mm)	等效阻尼比 h_{eq} (%)
					A	B	A_y	B_y	t_y	$n_1 \times l_a$	$n_1 \times l_b$								
1 470	16 500	±75	222	292	1 810	1 810	1 910	1 910	25	4×410	4×410	M56	560	0.8	739	37.2	8.3	13.0	20
														1.0	820	49.0	8.9	14.5	
														1.2	1 054	60.0	10.9	18.3	
		±100	262	332										0.8	739	29.7	6.6	10.4	
														1.0	820	39.2	7.1	11.6	
														1.2	1 054	48.0	8.7	14.6	
	16 000	±125	302	372										0.8	739	24.8	5.5	8.7	
														1.0	820	32.9	5.9	9.7	
														1.2	1 054	40.0	7.3	12.2	
		±150	342	412										0.8	739	21.2	4.7	7.4	
														1.0	820	28.0	5.1	8.3	
														1.2	1 054	34.3	6.2	10.4	
		±175	382	452										0.8	739	18.6	4.1	6.5	
														1.0	820	24.5	4.5	7.3	
														1.2	1 054	30.0	5.5	9.1	
		±200	422	492										0.8	739	16.5	3.7	5.8	
														1.0	820	21.8	4.0	6.5	
														1.2	1 054	26.7	4.9	8.1	
1 520	17 000	±75	246	336	1 860	1 860	1 960	1 960	25	4×422	4×422	M56	560	0.8	790	38.6	8.6	13.5	
														1.0	877	50.8	9.2	15.1	
														1.2	1 128	62.3	11.3	19.0	
		±100	287	377										0.8	790	30.9	6.9	10.8	
														1.0	877	40.6	7.4	12.1	
														1.2	1 128	49.8	9.1	15.2	

续表 15-73

支座平面尺寸 d (mm)	承载力 (kN)	位移量 (mm)	支座高度 h (mm)	组装后高度 H (mm)	外连接钢板 (mm)		预埋钢板 (mm)			套筒螺栓间距 (mm)		螺栓规格	锚固长度 L (mm)	剪切弹性模量 G (MPa)	支座屈服力 Q_d (kN)	初始水平刚度 K_i (kN/mm)	屈服后水平刚度 K_d (kN/mm)	水平等效刚度 K_h (kN/mm)	等效阻尼比 h_{eq} (%)
					A	B	A_y	B_y	t_y	$n_1 \times l_a$	$n_1 \times l_b$								
1 520	17 000	±125	328	418	1 860	1 860	1 960	1 960	25	4×422	4×422	M56	560	0.8	790	25.7	5.7	9.0	20
														1.0	877	33.9	6.2	10.0	
														1.2	1 128	41.5	7.6	12.6	
		±150	369	459										0.8	790	22.0	4.9	7.7	
														1.0	877	29.0	5.3	8.6	
														1.2	1 128	35.6	6.5	10.8	
		±175	410	500										0.8	790	19.3	4.3	6.7	
														1.0	877	25.4	4.6	7.5	
														1.2	1 128	31.1	5.7	9.5	
1 570	18 500	±75	208	298	1 910	1 910	2 010	2 010	25	4×435	4×435	M56	560	0.8	844	53.3	11.8	18.6	
														1.0	937	70.2	12.8	20.8	
														1.2	1 204	86.1	15.6	26.2	
		±100	250	340										0.8	844	40.0	8.9	14.0	
														1.0	937	52.7	9.6	15.6	
														1.2	1 204	64.6	11.7	19.7	
		±125	292	382										0.8	844	32.0	7.1	11.2	
														1.0	937	42.1	7.7	12.5	
														1.2	1 204	51.6	9.4	15.7	
		±150	334	424										0.8	844	26.6	5.9	9.3	
														1.0	937	35.1	6.4	10.4	
														1.2	1 204	43.0	7.8	13.1	
		±175	376	466										0.8	844	22.8	5.1	8.0	
														1.0	937	30.1	5.5	8.9	
														1.2	1 204	36.9	6.7	11.2	

续表 15-73

支座平面尺寸 d (mm)	承载力 (kN)	位移量 (mm)	支座高度 h (mm)	组装后高度 H (mm)	外连接钢板 (mm)		预埋钢板 (mm)			套筒螺栓间距 (mm)		螺栓规格	锚固长度 L (mm)	剪切弹性模量 G (MPa)	支座屈服力 Q_d (kN)	初始水平刚度 K_i (kN/mm)	屈服后水平刚度 K_d (kN/mm)	水平等效刚度 K_h (kN/mm)	等效阻尼比 h_{eq} (%)
					A	B	A_y	B_y	t_y	$n_1\times l_a$	$n_1\times l_b$								
1 570	18 500	±200	418	508	1 910	1 910	2 010	2 010	25	4×435	4×435	M56	560	0.8	844	20.0	4.4	7.0	20
														1.0	937	26.3	4.8	7.8	
														1.2	1 204	32.3	5.9	9.8	
1 620	20 000	±75	211	301	1 960	1 960	2 060	2 060	25	4×447	4×447	M56	560	0.8	899	55.2	12.3	19.3	
														1.0	988	72.7	13.2	21.6	
														1.2	1 283	89.1	16.2	27.1	
		±100	254	344										0.8	899	41.4	9.2	14.5	
														1.0	998	54.5	9.9	16.2	
														1.2	1 283	66.8	12.1	20.3	
		±125	297	387										0.8	899	33.1	7.4	11.6	
														1.0	998	43.6	7.9	12.9	
														1.2	1 283	53.5	9.7	16.3	
		±150	340	430										0.8	899	27.6	6.1	9.6	
														1.0	998	36.3	6.6	10.8	
														1.2	1 283	44.5	8.1	13.6	
		±175	383	473										0.8	899	23.6	5.3	8.3	
														1.0	998	31.1	5.7	9.2	
														1.2	1 283	38.2	6.9	11.6	
		±200	426	516										0.8	899	20.7	4.6	7.2	
														1.0	998	27.3	5.0	8.1	
														1.2	1 283	33.4	6.1	10.2	

注:①位移量为环境温度等因素引起的平常时超高阻尼橡胶支座剪切变形允许值。
②水平等效刚度及等效阻尼比均为对应超高阻尼橡胶支座 100%的剪应变情况下的数值。
③预埋钢板的套筒孔应比套筒的外径大 4mm 以上。
④预埋钢板可根据工程需要另行设计。

(十)桥梁双曲面球型减隔震支座(JT/T 927—2014)

桥梁双曲面球型减隔震支座是一种有两个曲面摩擦副,并设置有水平限位板,具备减隔震功能的球型支座。支座的竖向承载力为1 000～100 000kN,分为37级。

1.双曲面球型减隔震支座的分类

表15-74

按使用性能分类		按适用温度范围分类	
名称	代号	名称	代号
多向活动支座(承受竖向荷载,具有竖向转动和水平多向位移)	DX	常温型支座(适用于－25～＋60℃)	C
纵向活动支座(承受竖向和横桥向水平荷载,具有竖向转动及顺桥向位移)	ZX		
横向活动支座(承受竖向和顺桥向水平荷载,具有竖向转动及横桥向位移)	HX	耐寒型支座(适用于－40～＋60℃)	F
固定支座(承受竖向和各向水平荷载,具有竖向转动性能,水平各向均无位移)	GD		

2.双曲面球型减隔震支座的规格

表17-75

支座按竖向设计承载力(kN)分为37级	支座限位方向设计水平承载力分为5级	支座位移分为10级(mm)	支座转角分为5级(rad)
1 000、1 500、2 000、2 500、3 000、3 500、4 000、4 500、5 000、5 500、6 000、7 000、8 000、9 000、10 000、12 500、15 000、17 500、20 000、22 500、25 000、27 500、30 000、35 000、40 000、45 000、50 000、55 000、60 000、65 000、70 000、75 000、80 000、85 000、90 000、95 000、100 000	分别为设计竖向承载力的:10%、15%、20%、25%、30%	±50、±100、±150、±200、±250、±300、±350、±400、±450、±500	0.02、0.03、0.04、0.05、0.06

注:多向活动支座各向、纵向活动支座纵桥向和横向活动支座横桥向的综合位移(e)取正常使用位移(e_1)或正常使用位移0.5倍与设防地震作用产生位移(e_2)之和两者中较大者。固定支座各向、纵向活动支座横桥向的横向活动支座纵桥向位移量取设防地震作用产生位移(e_2)。

3.双曲面球型减隔震支座的标记

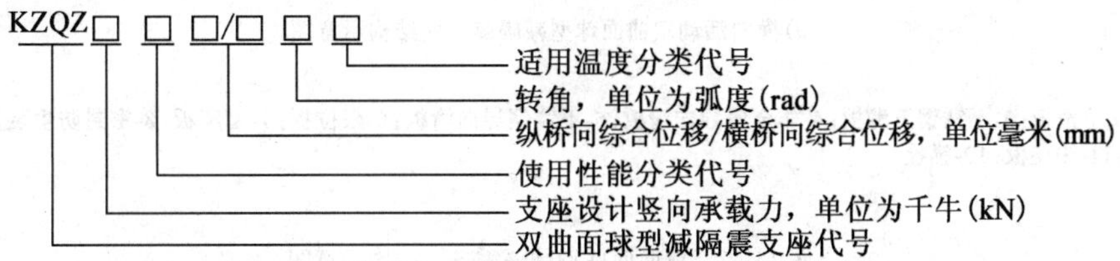

示例:支座设计竖向承载力为5 000kN的纵向活动常温型双曲面球型减隔震支座,纵桥向综合位移为±150mm、横桥向综合位移为±100mm、转角0.02rad,其型号表示为KZQZ5000ZX—150/100—0.02C。

4.双曲面球型减隔震支座结构示意图

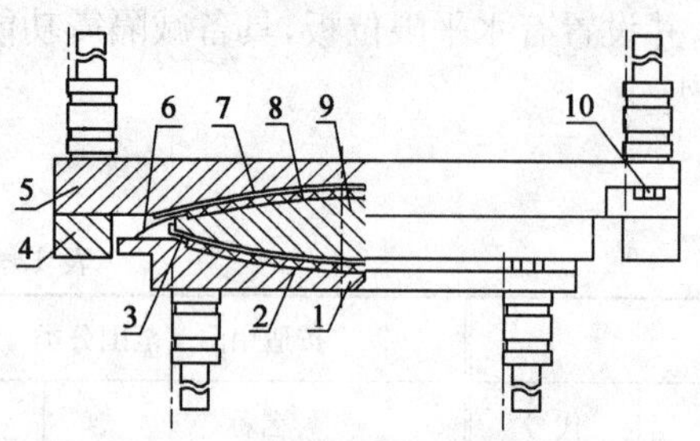

a)固定双曲面球型减隔震支座结构示意图

1-下座板;2-非金属下滑板;3-不锈钢下滑板;4-限位板;5-上座板;6-密封防尘装置;7-不锈钢上滑板;8-非金属上滑板;9-中座板;10-锚栓

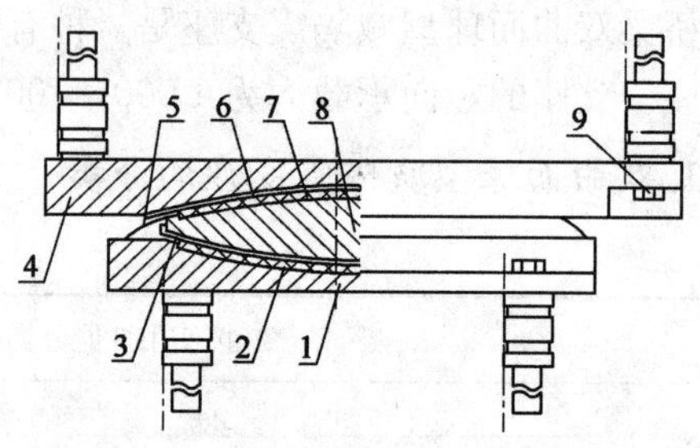

b)多向活动双曲面球型减隔震支座结构示意图

1-下座板;2-非金属下滑板;3-不锈钢下滑板;4-上座板;5-密封防尘装置;6-不锈钢上滑板;7-非金属上滑板;8-中座板;9-锚栓

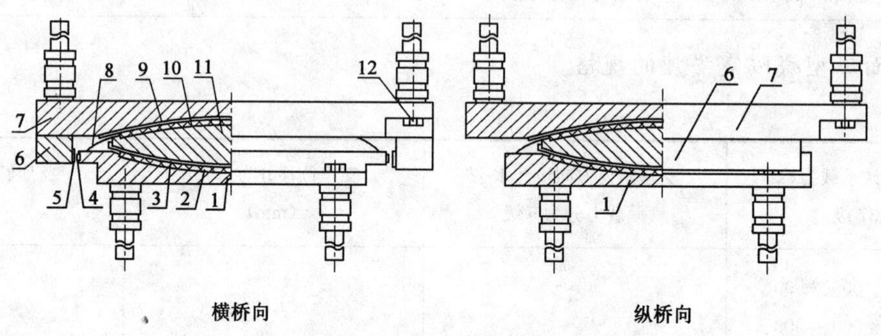

c)纵向活动双曲面球型减隔震支座结构示意图

1-下座板;2-非金属下滑板;3-不锈钢下滑板;4-非金属导向滑板;5-不锈钢导向滑板;6-限位板;7-上座板;8-密封防尘装置;9-不锈钢上滑板;10-非金属上滑板;11-中座板;12-锚栓

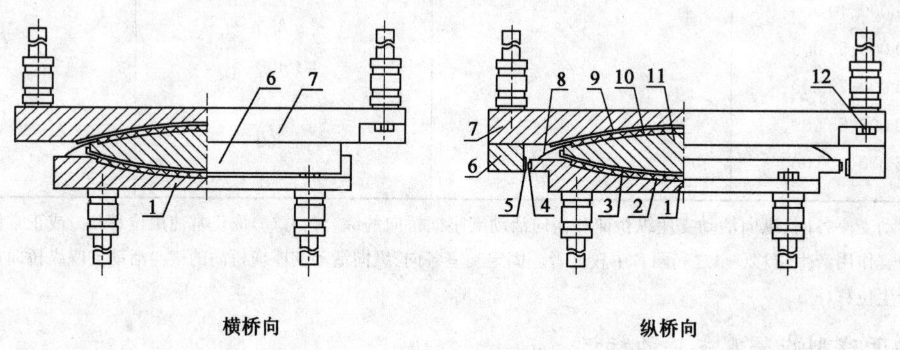

d)横向活动双曲面球型减隔震支座结构示意图

1-下座板;2-非金属下滑板;3-不锈钢下滑板;4-非金属导向滑板;5-不锈钢导向滑板;6-限位板;7-上座板;8-密封防尘装置;9-不锈钢上滑板;10-非金属上滑板;11-中座板;12-锚栓

图 15-57 双曲面球型减隔震支座结构示意图

5.双曲面球型减隔震支座的技术要求

1)外观

(1)支座外露表面应平整、美观、焊缝均匀。涂装表面应光滑,不应有脱落、流痕、褶皱等现象。

(2)支座组装后上座板与下座板应平行,平行度不应大于下座板长边的0.2%。单向活动支座上、下导向板应保持平行,最大交叉角不应大于0.08°。

(3)成品支座组装后高度(无荷载状态下)偏差为:

设计竖向承载力　1 000～<10 000kN,±2mm;

1 000～<27 500kN,±3mm;

27 500～100 000kN,±4mm。

2)支座性能

(1)支座应具有自复位功能。

(2)设计竖向承载力作用下,支座竖向压缩变形不应大于支座总高度的1%或2mm两者中较大者。

(3)设计竖向荷载力作用下,支座设计滑动摩擦系数取 $0.02 \leqslant \mu \leqslant 0.05$,其检测值与设计值偏差应在±15%以内。

(4)支座滞回曲线线形应近似平行四边形,支座水平滞回性能试验中第四、五次位移循环测得滑动摩擦系数和屈后刚度相差不应超过10%。实测支座屈后刚度与设计值偏差应在±15%以内。支座屈后刚度 K_h 按下式计算。

$$K_h = \frac{F}{R_{eq}}$$

(5)实测支座等效阻尼比与设计值偏差应在±15%以内。支座等效阻尼比 β_{eq} 按下式计算。

$$\beta_{eq} = \frac{2}{\pi[D/(\mu R_{eq}) + 1]}$$

式中:F——设计竖向承载力(kN);

R_{eq}——支座等效曲面半径(mm);

μ——支座滑动摩擦系数;

D——限位板破坏后,支座水平位移(mm)。

(6)支座应在限位方向设置限位板,限位板应满足以下要求:

①限位板应通过试验检测水平承载力,检测值不应低于设计值且偏差不应超过设计值的25%。

②正常使用和多遇地震作用下不失效。

③限位板失效后不影响地震作用下支座滑动功能和自复位功能。

④限位板失效后应可更换。

(7)支座应可更换。

(十一)公路桥梁伸缩装置(JT/T 327—2004)

公路桥梁伸缩装置是为使车辆平稳通过桥面并满足桥梁上部结构变形的需要,在桥梁伸缩缝处设置的由橡胶和钢材等构件组成的各种装置的总称。适用于伸缩量为200～2 000mm的公路桥梁。

公路桥梁伸缩装置按伸缩体结构分为:模数式伸缩装置、梳齿板式伸缩装置、橡胶式伸缩装置和异型钢单缝式伸缩装置四类。

1.公路桥梁伸缩装置的分类

表15-76

类别名称	结　　构	伸缩量(mm)
模数式伸缩装置	伸缩体由中梁钢和80mm的单元橡胶密封带组合而成	160～2 000
梳齿板式伸缩装置	伸缩体由钢制梳齿板组合而成	≤300
橡胶式伸缩装置分:板式橡胶伸缩装置和组合式橡胶伸缩装置两种	板式橡胶伸缩装置:伸缩体由橡胶、钢板或角钢硫化为一体的橡胶伸缩装置	<60
	组合式橡胶伸缩装置:伸缩体由橡胶板和钢托板组合而成	≤120
异型钢单缝式伸缩装置:伸缩体完全由橡胶密封带组成	由单缝钢和橡胶密封带组成的单缝式伸缩装置	≤60
	由边梁钢和橡胶密封带组成的单缝式伸缩装置	≤80

注:橡胶式伸缩装置不宜用于高速公路和一级公路上的桥梁工程。

2.公路桥梁伸缩装置的标记

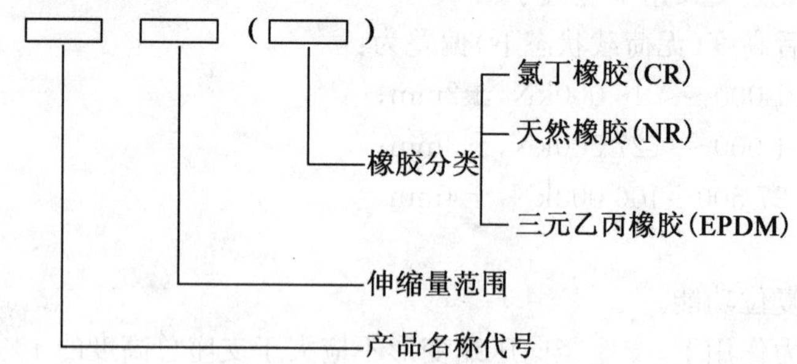

示例1:产品名称代号为GQF-C型,伸缩量为50mm的三元乙丙橡胶伸缩装置表示为:GQF-C50(EPDM)。

示例2:产品名称代号为GQF-MZI型,伸缩量为400mm的天然橡胶伸缩装置表示为:GQF-MZI400(NR)。

示例3:产品名称代号为J-75型,伸缩量为480mm的氯丁橡胶伸缩装置表示为:J-75 480(CR)。

3.公路桥梁伸缩装置的整体性能要求

表15-77

<table>
<tr><th rowspan="2">序号</th><th rowspan="2" colspan="2">项　目</th><th rowspan="2" colspan="2">模 数 式</th><th rowspan="2" colspan="2">梳 齿 板 式</th><th colspan="2">橡胶式</th><th rowspan="2">异型钢单缝式</th></tr>
<tr><th>板式</th><th>组合式</th></tr>
<tr><td>1</td><td colspan="2">拉伸、压缩时最大水平摩阻力(kN/m)</td><td colspan="2">≤4</td><td colspan="2">≤5</td><td><18</td><td>≤18</td><td></td></tr>
<tr><td rowspan="4">2</td><td rowspan="4">拉伸、压缩时变位均匀性(mm)</td><td>每单元最大偏差值</td><td colspan="2">-2~2</td><td colspan="2"></td><td></td><td></td><td></td></tr>
<tr><td rowspan="3">总变位最大偏差值</td><td>e≤480</td><td>-5~5</td><td>e≤80</td><td>±1.5</td><td></td><td></td><td></td></tr>
<tr><td>480<e≤800</td><td>-10~10</td><td>e>80</td><td>±2.0</td><td></td><td></td><td></td></tr>
<tr><td>e>800</td><td>-15~15</td><td colspan="2"></td><td></td><td></td><td></td></tr>
<tr><td>3</td><td colspan="2">拉伸、压缩时最大竖向偏差或变形(mm)</td><td colspan="2">1~2</td><td colspan="2">0.3~0.5</td><td>-3~3</td><td>-2~2</td><td></td></tr>
<tr><td rowspan="3">4</td><td rowspan="3">相对错位后拉伸、压缩试验(满足1、2项要求前提下)</td><td>纵向错位</td><td colspan="2">支承横梁倾斜角度不小于2.5°</td><td colspan="2"></td><td></td><td></td><td></td></tr>
<tr><td>竖向错位</td><td colspan="2">相当顺桥向产生5%坡度</td><td colspan="2"></td><td></td><td></td><td></td></tr>
<tr><td>横向错位</td><td colspan="2">两支承横梁3.6m范围内两端相差80mm</td><td colspan="2"></td><td></td><td></td><td></td></tr>
<tr><td>5</td><td colspan="2">最大荷载时中梁应力、横梁应力、应变测定、水平力(模拟制动力)</td><td colspan="2">满足设计要求</td><td colspan="2"></td><td></td><td></td><td></td></tr>
<tr><td>6</td><td colspan="2">防水性能</td><td colspan="2">注满水24h无渗漏</td><td colspan="2"></td><td></td><td></td><td>注满水24h无渗漏</td></tr>
</table>

4.橡胶伸缩装置、密封橡胶带的外观质量要求

表15-78

缺 陷 名 称	质 量 标 准
骨架钢板外露	不允许
钢板与黏结处开裂或剥离	不允许
喷霜、发脆、裂纹	不允许
明疤缺胶	面积不超过30mm×5mm,深度不超过2mm缺陷,每延米不超过4处
气泡、杂质	不超过成品表面面积的0.5%,且每处不大于25mm²,深度不超过2mm

续表 15-78

缺陷名称	质量标准
螺栓定位孔歪斜及开裂	不允许
连接榫槽开裂、闭合不准	不允许

伸缩装置的异型钢、型钢、钢板等外观应光洁、平整，表面不得有大于 0.3mm 的凹坑、麻点、裂纹、结疤、气泡和杂质，不得有机械损伤。上下表面应平行，端面应平整，长度大于 0.5mm 的毛刺应清除。

5.伸缩装置的材料要求

（1）异型钢材及钢材的性能要求（mm）

表 15-79

断面部位 \ 钢梁类别	中梁钢	边梁钢	单缝钢
H	≥120	≥80	≥50
B	≥16	≥15	≥11
t_1	≥10	≥10	≥10
t_2	≥15	≥12	≥10
B_1	≥80	≥40	≥40
B_2	≥80	≥70	≥50
重量(kg/m)	≥36	≥19	≥12
图例	B_1, t_1, H, B, t_2, B_2	B_1, t_1, H, B, t_2, B_2	B_1, t_1, H, B, t_2, B_2

注：①钢材的性能要求应符合 GB/T 699、GB/T 700、GB/T 1591 的规定，对异型钢材强度，当温度在－25～60℃时，应不低于 Q345C 钢材强度；当温度在－40～60℃时，应不低于 Q345D 钢材强度，同时应采用冷纠直次数不超过两次的产品；其余钢材强度，当温度在－25～60℃时，应不低于 Q235C 钢材强度；当温度在－40～60℃时，应不低于 Q235D 钢材强度。

②异型钢材沿长度方向的直线度公差应满足 1.0mm/m，全长直线度公差应满足 5mm/10m，扭曲度不大于 1/1 000。

③异型钢材的技术要求、试验方法、检验规则、包装、标志及质量证明应符合 GB/T 1591 的规定。

④不允许使用焊接成型异型钢材。生产整体热轧成型或整体热轧机加工成型异型钢材的工厂应确保异型钢材的整体质量无内部缺陷后方可出厂。异型钢应按实际质量或公称质量交货，其实际质量与公称质量允许偏差为±5%。出厂时应提供该批钢材化学成分分析报告和力学性能检验报告。

⑤异型钢材的外形、外观、孔口部位尺寸应满足设计图纸要求。

⑥伸缩装置中使用的钢板、圆钢、方钢、角钢等应符合 GB/T 702、GB/T 912、GB/T 3274 的规定。

⑦伸缩装置中使用的不锈钢板应符合 JT/T 4 的有关规定。

⑧沿海桥和跨海桥的伸缩装置使用的异型钢材，应采用 Q355NHD 级钢，其余形式伸缩装置使用的钢材应采用 Q235NHD 级钢，其力学性能和质量要求应符合 GB/T 4172 的规定。

（2）橡胶式伸缩装置、模数式伸缩装置中的密封带的橡胶的性能要求

表 15-80

项目	氯丁橡胶（适用于－25～60℃地区）		天然橡胶（适用于－40～60℃地区）		三元乙丙橡胶（适用于－40～60℃地区）	
	密封橡胶带	橡胶伸缩装置	密封橡胶带	橡胶伸缩装置	密封橡胶带	橡胶伸缩装置
硬度 IRHD	55±5	60±5	55±5	60±5	55±5	60±5
拉伸强度(MPa)	≥15		≥16		≥14	

续表 15-80

项目		氯丁橡胶(适用于-25～60℃地区)		天然橡胶(适用于-40～60℃地区)		三元乙丙橡胶(适用于-40～60℃地区)	
		密封橡胶带	橡胶伸缩装置	密封橡胶带	橡胶伸缩装置	密封橡胶带	橡胶伸缩装置
扯断伸长率(%)		≥400		≥400		≥350	
脆性温度(℃)		≤-40		≤-50		≤-60	
恒定压缩永久变形(室温×24h)		≤20		≤20		≤20	
耐臭氧老化(25～50pphm)20%伸长(40℃×96h)		无龟裂		无龟裂		无龟裂	
热空气老化试验(与未老化前数值相比发生最大变化)	试验条件(℃×h)	70℃×96h		70℃×96h		70℃×96h	
	拉伸强度(%)	±15		±15		±10	
	扯断伸长率(%)	±25		±25		±20	
	硬度变化 IRHD	0～+10		-5～+10		0～10	
橡胶与钢板黏结剥离强度(kN/m)		>7		>7		>7	
耐盐水性(23℃×14d,浓度 4%)	体积变化(%)	≤+10		≤+10		≤+10	
	硬度变化 IRHD	≤+10		≤+10		≤+10	
耐油污性(一号标准油,23℃×168h)	体积变化(%)	-5～+10		<+45		<+45	
	硬度变化 IRHD	-10～+5		<-25		<-25	

注:不允许使用再生胶或粉碎的硫化橡胶。

(3)模数式伸缩装置中的橡胶压紧支座、承压支座的橡胶的性能要求

表 15-81

项目		压紧支座	承压支座
硬度 IRHD		70±2	62±2
拉伸强度(MPa)	天然胶	≥18.5	≥18.5
	氯丁胶	≥17.5	≥17.5
扯断伸长率(%)	天然胶	≥350	≥500
	氯丁胶	≥300	≥450

注:氯丁胶、天然胶的其他性能应满足 JT/T 4 要求。

(4)模数式伸缩装置中的聚氨酯位移控制弹簧的性能要求

表 15-82

项目		计量单位	指标
密度		kg/m³	550±10
拉伸强度		MPa	≥4
扯断伸长率		%	≥350
恒定压缩变形(任选一项)	70℃×72h	%	≤6.5
	150℃×24h	%	≤8
抗撕裂强度		kN/m	≥120
60%压缩模量		MPa	4.0±0.2
疲劳试验 200 万次	频率≤3	Hz	无裂纹
	压应力=7	MPa	

6. 公路桥梁伸缩装置的包装、储运要求

1)包装

(1)伸缩装置应根据分类、规格及货运重量规定成套包装,可采用不同的包装方式。不论采用何种包装方式,都应捆扎包装平整、牢固可靠,如有特殊要求,可由厂方与用户协商确定。

(2)包装箱外应注明产品名称、规格、体积、重量及储存、运输时的注意事项。箱内应附有产品合格证。技术文件须用塑料薄膜装袋封口。

2)储存、运输

(1)储存产品的库房应干燥通风,产品应离热源 1m 以上,不与地面直接接触,伸缩装置应存放整齐、保持清洁,严禁与酸、碱、油类、有机溶剂等相接触,也不应露天堆放。

(2)产品在运输中,应避免阳光直接曝晒、雨淋、雪浸,并应保持清洁,防止变形,且不能与其他有害物质相接触,注意防火。

(十二)公路桥梁节段装配式伸缩装置(JT/T 892—2014)

公路桥梁节段装配式伸缩装置是边梁、组合中梁采用分节制造、节段间用对接装配的方式,并在边梁、组合中梁上,沿梁长方向开纵向槽口,将特殊设计的菱形密封橡胶带穿拉至纵向槽口内的一种伸缩装置。(组合中梁是在模数式伸缩装置中,由中梁主体——轻轨、辅助梁体——无缝钢管加工件所组成的构件)。适用于伸缩量为 0~240mm 的桥梁工程。

公路桥梁节段装配式伸缩装置分为:单缝式伸缩装置,代号 SE;(单缝式伸缩装置按外形又分为直形缝和齿形缝):模数式伸缩装置,代号 ME。

1. 公路桥梁节段装配式伸缩装置的分类

表 15-83

类别名称及代号		小类名称	结　　构	伸缩量(mm)
单缝式伸缩装置	SE	直形缝	由边梁、密封橡胶带、阳极防腐活性元件、边梁辅件、多孔锚固板、锚固钢筋、防裂钢筋网等组成	≤80
		齿形缝		100~140
模数式伸缩装置	ME		由边梁、密封橡胶带、阳极防腐活性元件、组合中梁、支承横梁、多孔锚固板、密封支承箱、三维支承和弹簧等组成	160~240

2. 公路桥梁节段装配式伸缩装置的标记

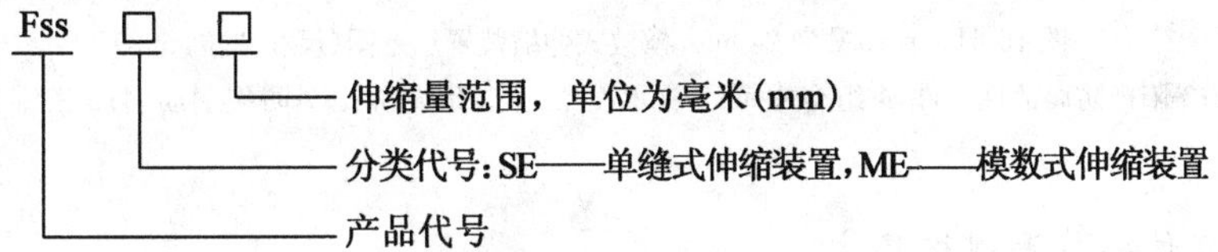

示例 1:伸缩量为 80mm 的单缝式伸缩装置,其型号表示为 Fss SE 80。

示例 2:伸缩量为 240mm 的模数式伸缩装置,其型号表示为 Fss ME 240。

3. 装配式伸缩装置外形示意图

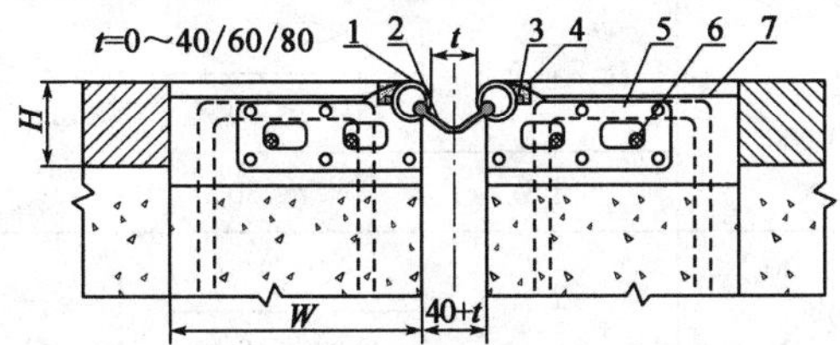

图 15-58　单缝式直形缝示意图(尺寸单位:mm)

1-边梁;2-密封橡胶带;3-阳极防腐活性元件;4-边梁辅件;5-多孔锚固板;6-锚固钢筋;7-防裂钢筋网

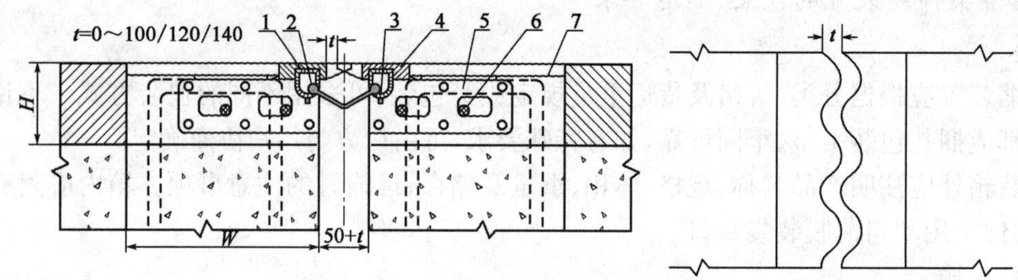

图 15-59　单缝式齿形缝示意图(尺寸单位:mm)

1-边梁;2-密封橡胶带;3-阳极防腐活性元件;4-齿形板;5-多孔锚固板;6-锚固钢筋;7-防裂钢筋网

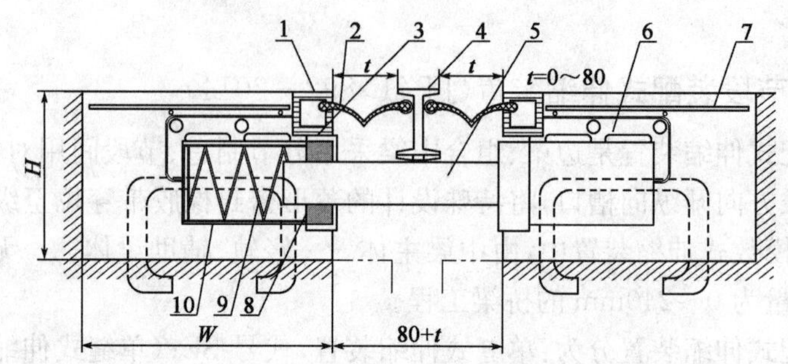

图 15-60　伸缩量为 160mm 的模数式伸缩装置示意图(尺寸单位:mm)

1-边梁;2-密封橡胶带;3-阳极防腐活性元件;4-组合中梁;5-支承横梁;6-多孔锚固板;7-防裂钢筋网;8-三维支承;9-弹簧;10-密封支承箱

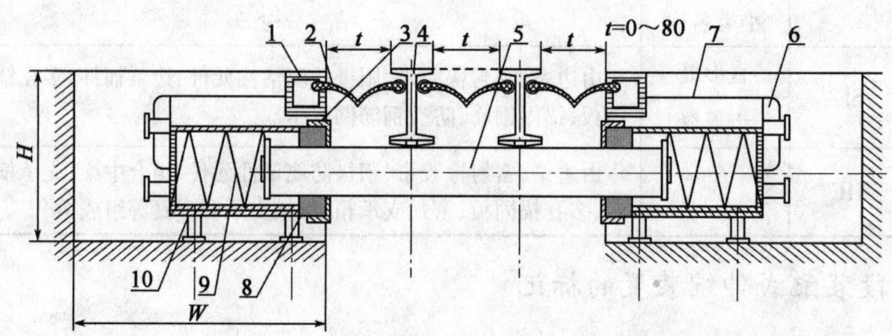

图 15-61　伸缩量为 240mm 模数式伸缩装置示意图(尺寸单位:mm)

1-边梁;2-密封橡胶带;3-阳极防腐活性元件;4-组合中梁;5-支承横梁;6-多孔锚固板;7-防裂钢筋网;8-三维支承;9-弹簧;10-密封支承箱

4. 节段装配式伸缩装置规格尺寸

表 15-84

分类		型号	标准节长度(mm)	长度允许误差(mm)	伸缩量 t(mm)	适应槽口(mm)		单位重量(kg/m)
						深 H	宽 W	
单缝式	直形缝	Fss SE 40	2 000 4 000	±2 或±3	0<t≤40	50<H≤100	250<W≤300	≥13.6
		Fss SE 60			0<t≤60			
		Fss SE 80		±3	0<t≤80			
	齿形缝	Fss SE 100	1 000 2 000 3 000 4 000	±3	0<t≤100	100<H≤140	250<W≤300	≥44
		Fss SE 120			0<t≤120			
		Fss SE 140		±4	0<t≤140			

续表 15-84

分类	型号	标准节长度(mm)	长度允许误差(mm)	伸缩量 t(mm)	适应槽口(mm)		单位重量(kg/m)
					深 H	宽 W	
模数式	Fss ME 160	4 000 6 000 8 000 10 000 12 000	±5	$0<\sum t\leqslant160$	$160<H\leqslant200$	$300<W\leqslant400$	≥80
	Fss ME 240		±5	$0<\sum t\leqslant240$	$200<H\leqslant260$	$300<W\leqslant400$	≥100

注：$\sum t$ 为模数式伸缩装置各密封橡胶带伸缩量的总和。

5. 密封橡胶带规格尺寸(mm)

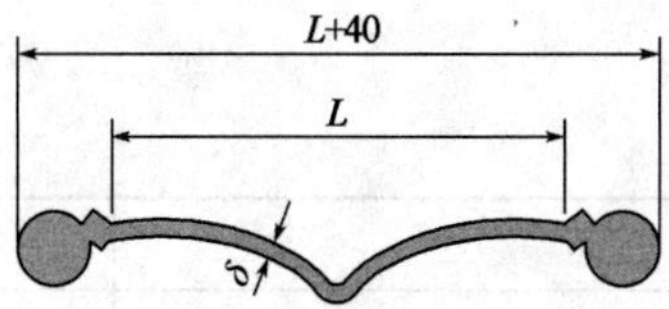

图 15-62 密封橡胶带断面示意图(尺寸单位：mm)

δ-密封橡胶带厚度；L-单缝自然状态下伸缩上限尺寸

密封橡胶带规格尺寸 表 15-85

分类		型号	L(mm)	δ(mm)
单缝式	直形缝	Fss SE 40	85、100	3.5
		Fss SE 60		
		Fss SE 80		
	齿形缝	Fss SE 100	120、140	
		Fss SE 120	140、160	
		Fss SE 140	160、200	
模数式		Fss ME 160	≥85	3.5
		Fss ME 240		

注：齿形缝橡胶密封带 L 值取决于设计的齿长有无重叠(最大允许重叠长度 20mm)部分。

6. 节段装配式伸缩装置性能要求

表 15-86

序号	项目	单位	模数式	单缝式
1	拉伸、压缩时最大水平摩阻力	kN/m	≤4	—
2	拉伸、压缩时变位均匀性	mm	每单元位移偏差−2～2	—
3	横向错位	mm	≥6.0	—
4	竖向错位	mm	≤5	—
5	纵向错位	mm	≤48.0	—
6	组合中梁水平制动位移	mm	≤15	—
7	密封橡胶带穿拉性能	—	密封橡胶带 100%穿入，无脱落和断裂	
8	节段接头密封及伸缩装置防水性能	—	注水 24h 无渗漏	

续表 15-86

序号	项目	单位	模数式	单缝式
9	锚固性能	—	伸缩装置应能通过插入多孔锚固板孔内的锚固钢筋与混凝土良好结合,形成 PBL 剪力键,试验后,锚固件不脱落,钢构件不开裂,试样无重大裂纹和破损现象	
10	适应的工作环境日平均温度	℃	−30～+36	

7.装配式伸缩装置的技术要求

1)外观要求

伸缩装置应装配牢固、稳定。钢构件外表应平整、光洁、美观,边角过渡圆滑,无飞边、毛刺。

2)材料要求

(1)密封橡胶带物理机械性能

表 15-87

序号	项目		单位	天然橡胶	三元乙丙橡胶
1	硬度		IRHD	60±5	60±5
2	拉伸强度		MPa	≥17	≥15.2
3	扯断伸长率		%	≥400	≥350
4	脆性温度		℃	≤−40	≤−60
5	恒定压缩永久变形(压缩率 25%,室温×24h)		%	≤15	≤25
6	耐臭氧老化[臭氧浓度(50±5)×10^{-8},20%伸长 40℃×96h]		—	无龟裂	无龟裂
7	热空气老化试验	试验条件	℃×h	70×168	100×70
		拉伸强度降低率	%	−15	±10
		扯断伸长率降低率	%	−40	±20
		硬度变化	IRHD	0～10	0～10
8	耐水性、质量变化(室温×144h)		%	<4	<4
9	耐油污性、体积变化(一号机油,室温×70h)		%	<45	<45

注:密封橡胶带材质应采用天然橡胶或三元乙丙橡胶,不应采用再生胶。

(2)钢材要求

边梁及中梁辅助梁采用不低于 20 号优质碳素结构钢,其中边梁壁厚不小于 5mm,中梁辅助梁壁厚不小于 3mm,应符合 GB/T 699 的规定。

中梁主梁体采用不低于 55Q 碳素钢,应符合 GB/T 11264 的规定。

弹簧材料采用 $60Si_2Mn$,其刚度应符合 GB/T 1222 的规定。

多孔锚固板宜采用不低于 ZG200—400H 铸钢,应符合 GB/T 7659 的规定。

其他钢材应符合 GB/T 700、GB/T 1591 及 GB/T 11352 的规定。

8.装配式伸缩装置的储运要求

伸缩装置可用常规运输工具运输,运输过程中应避免剧烈振动、雨雪淋袭、太阳曝晒、接触腐蚀性液体及机械损伤。

伸缩装置应储存在干燥、通风、遮阳、自然环境温度范围内,并远离热源、化工溶剂 1m 以上。

(十三)混凝土道路伸缩缝用橡胶密封件(GB/T 23662—2009)

混凝土道路伸缩缝用橡胶密封件由耐臭氧橡胶制造。材料应为黑色。尺寸应符合图纸或合同规定。

混凝土道路伸缩缝用橡胶密封件外观目视密封面上应无微孔、明显的缺陷和尺寸不一致。

硫化橡胶或成品密封件的物理性能要求　　表 15-88

序号	性　能	单　位	要　求				试验方法
			50	60	70	80	
1	硬度	IRHD 或邵尔 A	46～55	56～65	66～75	76～85	GB/T 6031 GB/T 531.1
2	拉伸长度，最小	MPa	9	9	9	9	GB/T 528
3	拉断伸长率，最小	%	375	300	200	125	GB/T 528
4	压缩永久变形，B 型试样最大 70℃，24h －25℃，24h	%	20 60	20 60	20 60	20 60	GB/T 7759
5	加速老化，70℃，7d 硬度变化 拉伸强度变化 拉断伸长率变化	IRHD 或邵尔 A % %	－5～＋8 －20～＋40 －30～＋10	－5～＋8 －20～＋40 －30～＋10	－5～＋8 －20～＋40 －30～＋10	－5～＋8 －20～＋40 －40～＋10	GB/T 3512
6	耐臭氧，臭氧浓度[a]50×10^{-8}； 预拉伸(72±2)h；(40±1)℃， (48±1)h，湿度(55±5)% 拉伸 20% 拉伸 15%		不龟裂	不龟裂	不龟裂	不龟裂	GB/T 7762
7	耐水(标准室温，7d)， 体积变化	%	0～＋5	0～＋5	0～＋5	0～＋5	GB/T 1690
8	成品密封件的压缩恢复率， 压缩 50% 70℃，72h±15min，最小 －25℃，24h±15min，最小	%	85 65	85 65	85 65	85 65	

注：[a] 如果用户有要求，可采用臭氧浓度 200×10^{-8}的苛刻条件。

三、防护装置

(一)公路护栏用镀锌钢丝绳(GB/T 25833—2010)

公路护栏用镀锌钢丝绳用钢丝采用符合 GB/T 4354 和 GB/T 24242.2 标准的盘条制造，但 S、P 含量各不得大于 0.030%。

钢丝的公称抗拉强度(MPa)有：1 270、1 370、1 470、1 570 和 1 670 各级。

钢丝的镀锌层按重量分为 B 级、AB 级、A 级和特 A 级四个级别(表 15-90)。

1. 公路护栏用镀锌钢丝绳的分类

表 15-89

组别	类　别	分 类 原 则	典 型 结 构		直径范围 (mm)
			钢丝绳	股	
1	3×7	3 个圆股，每股外层丝 6 根，中心丝外捻制 1 层钢丝。钢丝等捻距	3×7	(1—6)	16～24
2	3×19	3 个圆股，每股外层丝 12 根，中心丝外捻制 2 层钢丝	3×19	(1—6/12)	16～26
3	6×7	6 个圆股，每股外层丝 6 根，中心丝外捻制 1 层钢丝。钢丝等捻距	6×7＋WSC	(1—6)	16～28

续表 15-89

组别	类别	分类原则	典型结构		直径范围(mm)
			钢丝绳	股	
4	6×19(a)	6个圆股,每股外层丝9~12根,中心丝外捻制2层钢丝,钢丝等捻距	6×19S+WSC或IWRC 6×19W+WSC或IWRC 6×25Fi+WSC或IWRC	(1—9—9) (1—6—6+6) (1—6—6F—12)	18~28
5	6×19(b)	6个圆股,每股外层丝12根,中心丝外捻制2层钢丝	6×19+WSC或IWRC	(1—6/12)	18~28

注:钢丝绳芯为钢芯。钢芯分为独立钢丝绳芯(IWRC)和钢丝股芯(WSC)。

2.折股钢丝最小锌层重量

表 15-90

钢丝公称直径 d(mm)	最小锌层重量(g/m²)			
	B级镀锌钢丝	AB级镀锌钢丝	A级镀锌钢丝	特A级镀锌钢丝
0.8≤d<1.0	100	130	150	160
1.0≤d<1.2	110	140	160	180
1.2≤d<1.5	130	150	170	200
1.5≤d<1.9	160	170	180	220
1.9≤d<2.5	200	210	220	240
2.5≤d<3.2	230	240	250	270
3.2≤d<4.0	250	260	270	300

注:钢丝的锌层重量,允许有5%的钢丝低于表中的规定,但不低于表中10%。

3.公路护栏用镀锌钢丝绳技术参数

(1)3×7结构

钢丝绳结构:3×7　　股结构:(1—6)　　表 15-91

钢丝绳直径(mm)	钢丝绳近似重量(kg/100m)	公称抗拉强度(MPa)			
		钢丝绳最小破断拉力(kN)			
		1 270	1 370	1 470	1 570
16	95.2	109	118	126	135
18	120	138	149	160	170
20	149	170	184	197	210
22	180	206	222	238	254
24	214	245	264	284	303
26	251	288	310	333	355

注:最小钢丝破断拉力总和=钢丝绳最小破断拉力×1.110。

(2)3×19 结构

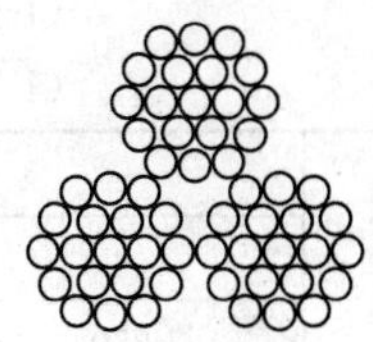

钢丝绳结构:3×19　　股结构:(1—6/12)　　表 15-92

钢丝绳直径(mm)	钢丝绳近似重量(kg/100m)	公称抗拉强度(MPa)			
		钢丝绳最小破断拉力(kN)			
		1 370	1 470	1 570	1 670
16	92.4	113	121	129	137
18	117	142	153	163	174
20	144	176	189	202	214
22	175	213	228	244	259
24	208	253	272	290	309
26	244	297	319	341	362
28	283	345	370	395	420

注:最小钢丝破断拉力总和=钢丝绳最小破断拉力×1.115。

(3)6×7 结构

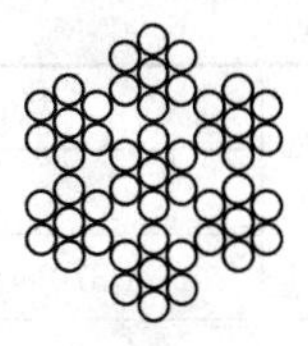

钢丝绳结构:6×7　　股结构:(1—6)　　表 15-93

钢丝绳直径(mm)	钢丝绳近似重量(kg/100m)	公称抗拉强度(MPa)			
		钢丝绳最小破断拉力(kN)			
		1 370	1 470	1 570	1 670
16	99.1	126	135	144	153
18	125	159	171	183	194
20	155	197	211	225	240
22	187	238	255	273	290
24	223	283	304	325	345
26	262	332	357	381	405
28	303	286	414	442	470

注:最小钢丝破断拉力总和=钢丝绳最小破断拉力×1.214。

(4)6×19(a)结构

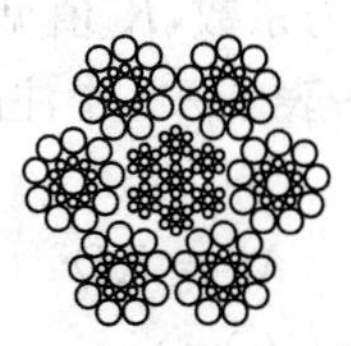

钢丝绳结构:6×19S+IWS/IWRC　　股结构:(1—9—9)
6×19W+IWS/IWRC　　(1—6—6+6)
6×25Fi+WSC或IWRC　　(1—6—6F—12)

表15-94

钢丝绳直径(mm)	钢丝绳近似重量(kg/100m)	公称抗拉强度(MPa) 钢丝绳最小破断拉力(kN)			
		1 370	1 470	1 570	1 670
18	135	158	170	181	193
20	167	195	209	224	238
22	202	236	253	271	288
24	241	281	301	322	342
26	283	330	354	378	402
28	328	386	414	442	470

注:最小钢丝破断拉力总和=钢丝绳最小破断拉力×1.308。

(5)6×19(b)结构

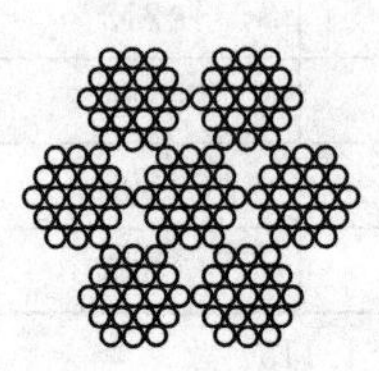

钢丝绳结构:6×19+IWS/IWRC　　股结构:(1—6/12)

表15-95

钢丝绳直径(mm)	钢丝绳近似重量(kg/100m)	公称抗拉强度(MPa) 钢丝绳最小破断拉力(kN)			
		1 370	1 470	1 570	1 670
18	130	147	158	169	180
20	160	182	195	208	222
22	194	220	236	252	268
24	230	262	281	300	319
26	270	307	330	352	375
28	314	357	383	409	435

注:最小钢丝破断拉力总和=钢丝绳最小破断拉力×1.321。

4.钢丝绳最小破断拉力和参考重量的计算

(1)钢丝绳最小破断拉力按下式计算:

$$F_0 = \frac{K'D^2R_0}{1\,000}$$

式中:F_0——钢丝绳最小破断拉力(kN);

D——钢丝绳公称直径(mm);

R_0——钢丝绳公称抗拉强度(MPa);

K'——某一类别钢丝绳的最小破断拉力系数,K'值见表15-96。

钢丝绳最小破断拉力总和,按表15-91～表15-95中注的换算系数计算。

(2)钢丝绳的参考重量按下式计算:

$$M = KD^2$$

式中:M——钢丝绳单位长度的参考重量(kg/100m);

D——钢丝绳的公称直径(mm)；

K——某一类别钢丝绳单位长度的重量系数[kg/(100m·mm²)]，K 值见表 15-96。

钢丝绳重量系数和最小破断拉力系数　　表 15-96

组　别	类　别	钢丝绳重量系数 K[kg/(100m·mm²)]	最小破断拉力系数 K'
1	3×7	0.332	0.341
2	3×19	0.330	0.395
3	6×7	0.387	0.359
4	6×19(a)	0.418	0.356
5	6×19(b)	0.400	0.332

(二)公路用缆索护栏(JT/T 895—2014)

公路用缆索护栏由端部立柱、中间端部立柱、中间立柱、托架、钢丝绳、索端锚具(包括连接杆、索端夹头、夹头螺母和楔子)夹扣等构件组成。其适用于公路路侧和中央分隔带。

1. 公路用缆索护栏结构示意图

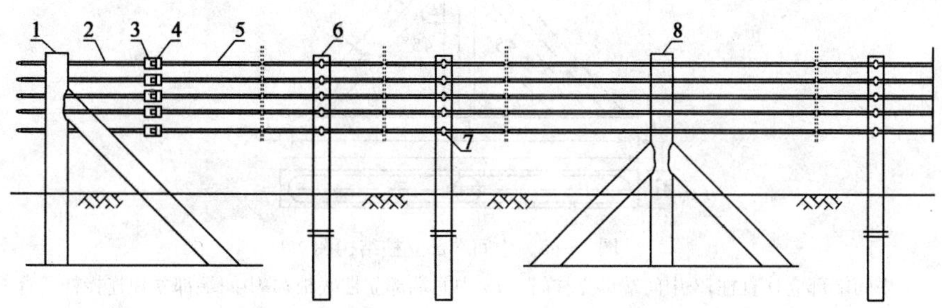

图 15-63　缆索护栏结构示意图

1-端部立柱；2-连接杆；3-夹头螺母；4-索端夹头；5-钢丝绳；6-中间立柱；7-夹扣；8-中间端部立柱

2. 缆索护栏的各分部结构尺寸

(1)端部立柱

端部立柱由直柱、斜撑、底板和连接杆套管部件组成，按连接杆套管根数分为DⅠ型和DⅡ型。

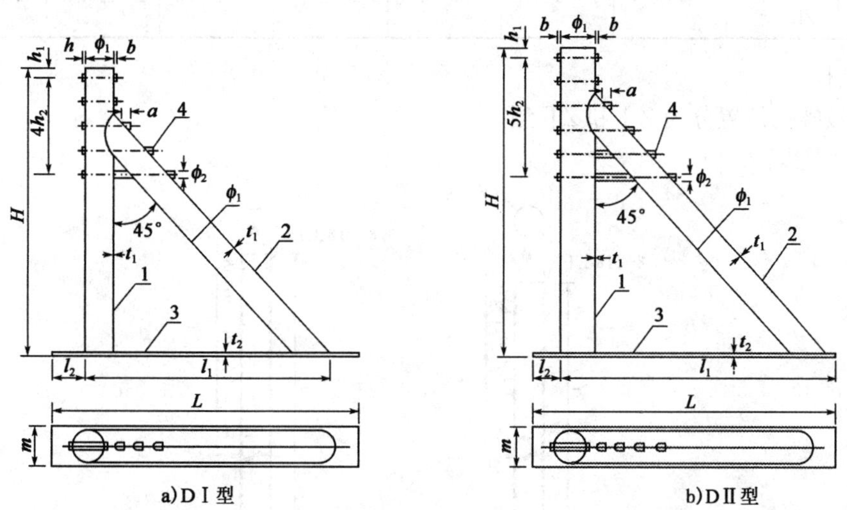

图 15-64　端部立柱结构图

1-端部立柱直柱；2-端部立柱斜撑；3-端部立柱底板；4-端部立柱连接杆套管

端部立柱结构尺寸和允许偏差(单位:mm) 表 15-97

代号		H	h_1	h_2	ϕ_1	ϕ_2	a	b
公称尺寸及允许偏差	DⅠ型	1 500±10	50±1	130±1	168±1.68	32±0.5	45±1	10±1
	DⅡ型	1 630±10			194±1.94			
代号		L	l_1	l_2	m	t_1	t_2	—
公称尺寸及允许偏差	DⅠ型	1 700±10	1 420±10	120±1	200±2	5.0±0.5	6±0.5	—
	DⅡ型	1 800±10	1 600±10		250±2			

(2)中间端部立柱

中间端部立柱由直柱、斜撑、底板和连接杆套管部件组成,按连接杆套管根数分为 ZDⅠ型和 ZDⅡ型。

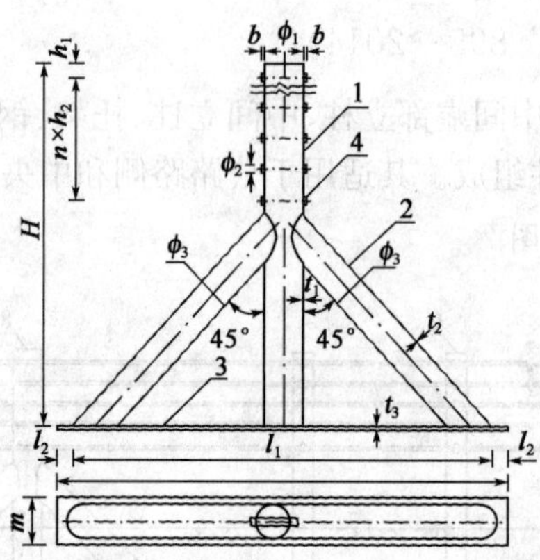

图 15-65 中间端部立柱结构图

1-中间端部立柱直柱;2-中间端部立柱斜撑;3-中间端部立柱底板;4-中间端部立柱连接杆套管

中间端部立柱结构尺寸和允许偏差(单位:mm) 表 15-98

代号		n	H	h_1	h_2	ϕ_1	ϕ_2	ϕ_3	b
公称尺寸及允许偏差	ZDⅠ型	4	1 500±10	50±1	130±1	168±1.68	32±0.5	140±1.4	10±1
	ZDⅡ型	5	1 630±10						
代号		L	l_1	l_2	m	t_1	t_2	t_3	—
公称尺寸及允许偏差	ZDⅠ型	2 000±10	1 930±10	35±1	200±2	5.0±0.5	4.5±0.45	6.0±0.5	—
	ZDⅡ型								

(3)中间立柱

中间立柱按螺孔位置分为 ZⅠ和 ZⅡ型。

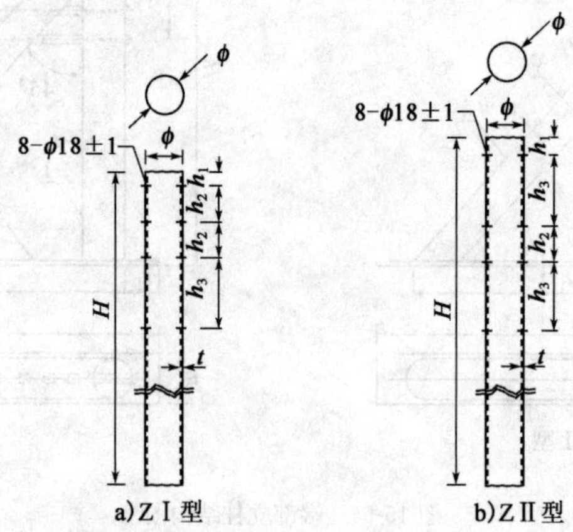

图 15-66 中间立柱结构图(尺寸单位:mm)

中间立柱结构尺寸和允许偏差(单位:mm)　　表 15-99

代号	ϕ	h_1	h_2	h_3	t
公称尺寸及允许偏差	140±1.4	50±1	130±1	260±2	4.5±0.45

注:定尺长度 H 应符合 JTG/T D81 和设计文件的规定,其允许偏差为±10mm。

(4)托架

托架按截面形式分为Ⅴ型的R型。

①Ⅴ型托架按长度分为Ⅵ型和Ⅶ型。

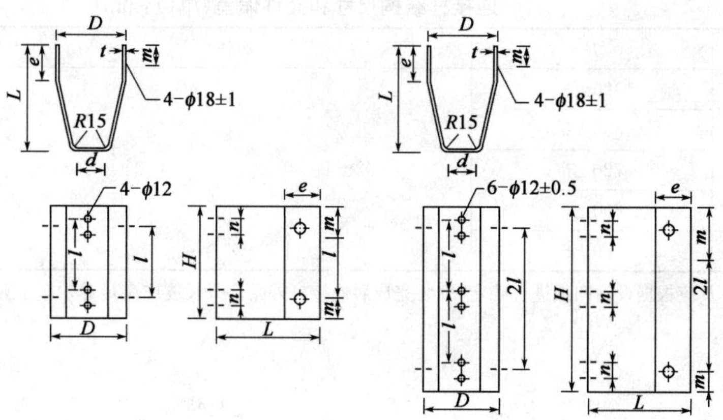

图 15-67　Ⅴ型托架结构图(尺寸单位:mm)

Ⅴ型托架结构尺寸和允许偏差(单位:mm)　　表 15-100

代号		H	L	D	e	d	l	m	n	t
公称尺寸及允许偏差	Ⅵ型	210±2	200±2	147±5	70±2	50±1	130±1	40±1	29±1	3±0.16
	Ⅶ型	340±3								

②R型托架按长度分为RⅠ型和RⅡ型。

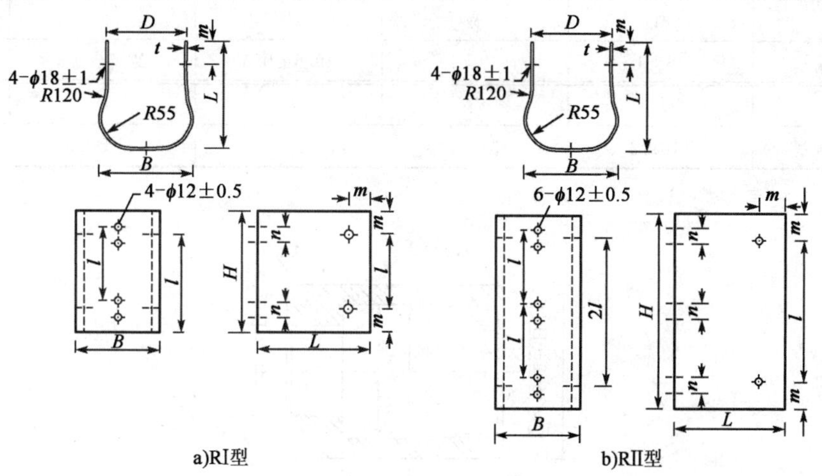

图 15-68　R型托架结构图(尺寸单位:mm)

R型托架结构尺寸和允许偏差(单位:mm)　　表 15-101

代号		H	L	D	l	m	n	t
公称尺寸及允许偏差	RⅠ型	210±2	192±2	148±5	130±1	40±1	29±1	3.2±0.17
	RⅡ型	340±3						

(5)连接杆

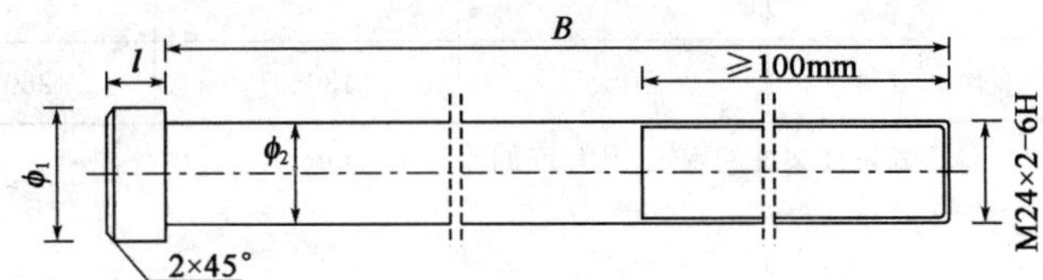

图 15-69　连接杆结构图

连接杆结构尺寸和允许偏差(单位:mm)　表 15-102

代号	B	ϕ_1	ϕ_2	l
公称尺寸及允许偏差	920±5 850±5 720±5 600±5 500±5	32±1	24±0.5	15±0.5

注:连接杆的定尺长度 B 应根据设计图纸进行确定,安装完成后连接杆外露部分长度应满足养护施工要求。

(6)索端夹头

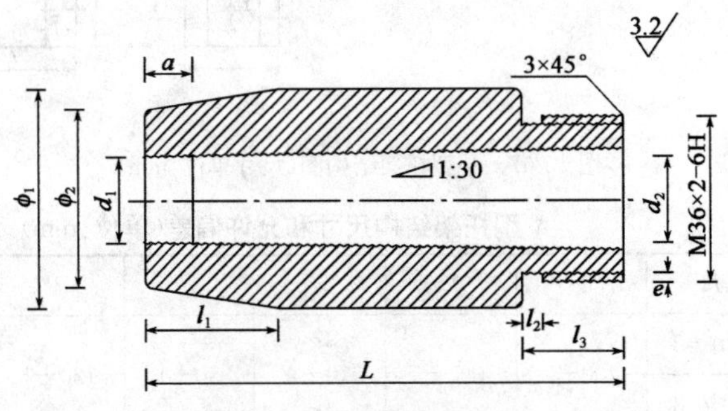

图 15-70　索端夹头结构图

索端夹头结构尺寸和允许偏差(单位:mm)　表 15-103

代号	ϕ_1	ϕ_2	d_1	d_2	a
公称尺寸及允许偏差	48±1	40±1	19.5±0.5	22.5±0.5	11±0.5
代号	L	l_1	l_2	l_3	e
公称尺寸及允许偏差	110±2	30±1	6±0.5	25±0.5	2±0.2

(7)夹头螺母

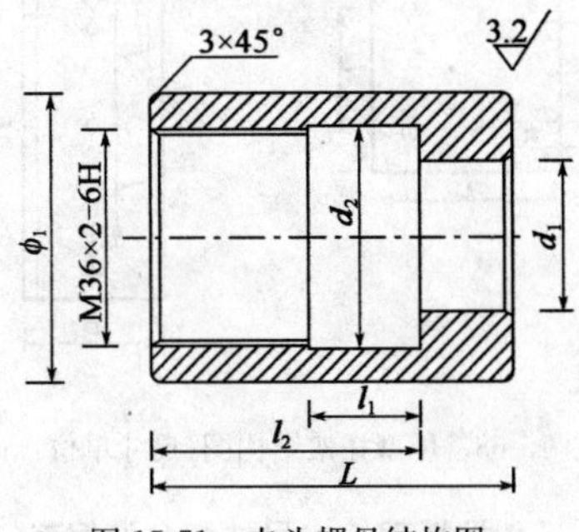

图 15-71　夹头螺母结构图

夹头螺母结构尺寸和允许偏差(单位:mm)　表 15-104

代号	ϕ_1	d_1	d_2	L	l_1	l_2
公称尺寸及允许偏差	48±1	25±1	38±0.5	60±1	18±0.5	44±1

(8)楔子

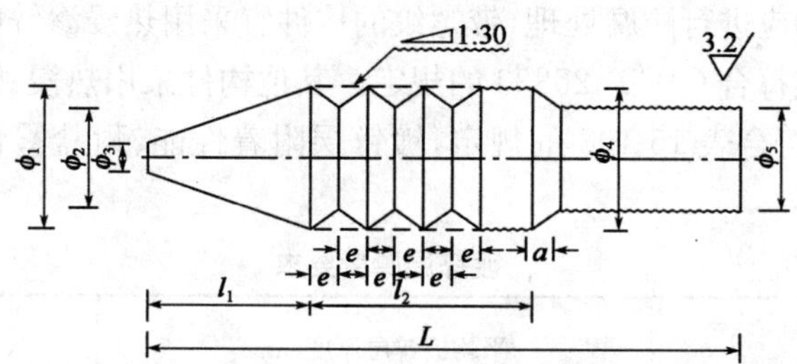

图 15-72　楔子结构图

楔子结构尺寸和允许偏差(单位:mm)　表 15-105

代号	ϕ_1	ϕ_2	ϕ_3	ϕ_4	ϕ_5
公称尺寸及允许偏差	15±0.5	11±0.5	3±0.1	15.8±0.5	12±0.5
代号	L	l_1	l_2	a	e
公称尺寸及允许偏差	65±1	18±0.5	24±0.5	3±0.1	3±0.1

注:楔子端部圆锥角度为 9°±1°。

(9)夹扣

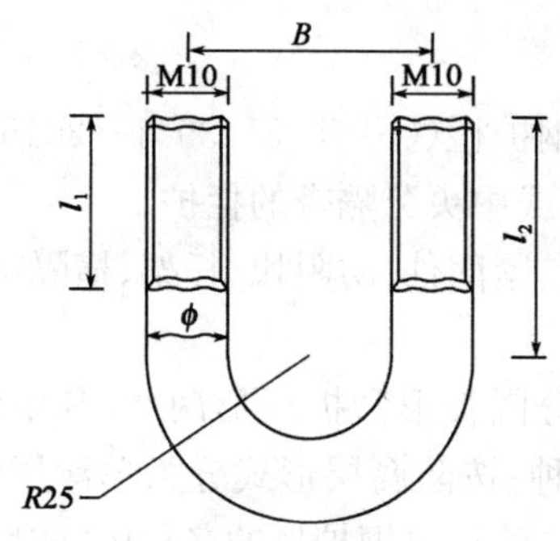

图 15-73　夹扣结构图(尺寸单位:mm)

夹扣结构尺寸和允许偏差(单位:mm)　表 15-106

代号	B	l_1	l_2	ϕ
公称尺寸及允许偏差	30±1	20±0.5	30±0.5	10±0.2

(10)钢丝绳

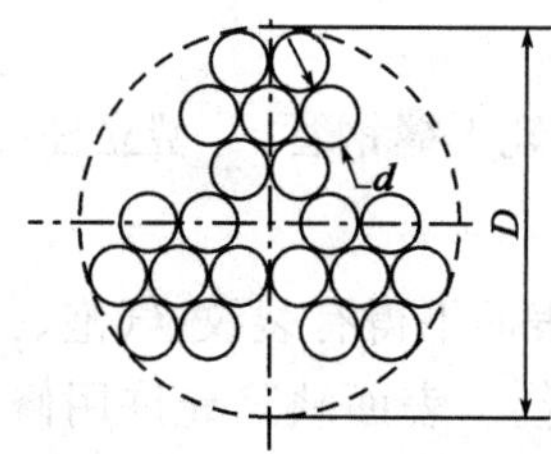

图 15-74　钢丝绳结构图

钢丝绳结构尺寸和允许偏差(单位:mm)　表 15-107

代　号	D	d
公称尺寸及允许偏差	$18_{0}^{+0.9}$	2.86±0.08

注:①钢丝绳的其他结构尺寸要求应符合 GB/T 25833 的规定。

②钢丝绳的抗拉强度应不小于 1 570MPa;破断拉力应不小于 170kN。

3. 公路用缆索护栏的外观质量及防腐要求

(1)护栏的所有构件均应进行防腐处理,带螺纹的构件宜采用热浸渗锌防腐处理。

(2)钢丝镀锌层重量应符合 GB/T 25833 的规定。其他构件采用热浸镀锌方法进行防腐处理时,镀锌层厚度和镀锌层重量应符合表 15-108 的规定,镀锌层附着性能、耐盐雾性能等应符合 GB/T 18226 的规定。

镀锌层厚度要求 表 15-108

构件名称	平均镀锌层厚度(μm)	平均镀锌层重量(g/m^2)
端部立柱、中间端部立柱、中间立柱	85	600
托架、索端锚具等连接件	50	350
钢丝绳中的钢丝	—	230

(3)采用涂塑层的方式进行防腐处理时,护栏的所有构件均应先进行金属涂层防腐处理。采用热浸镀铝、涂塑等防腐处理的,其防腐层应符合 GB/T 18226 的规定。

(4)连接杆、索端夹头、夹头螺母和夹扣带螺纹部分进行涂层处理后,应不影响安装。

(三)公路波形梁钢护栏

公路波形梁钢护栏包括二波形钢护栏(GB/T 31439.1—2015)和三波形钢护栏(GB/T 31439.2—2015)。适用于公路和城市道路两侧或中央分隔带的拦护。

波形梁钢护栏由波形梁板、立柱、紧固件、防阻块、托架、横隔梁和端头等组成;三波形梁护栏还有波形梁背板和过渡板等。

波形梁钢护栏的梁板外形截面分圆弧形和拆线形两类,其中圆弧形梁板分等截面和变截面两种。钢护栏按厚度分为 3mm 和 4mm 两种;按防腐层形式分为单涂层钢护栏和复合涂层钢护栏;按设置位置分为路侧护栏和中央分隔带护栏。波形梁钢护栏的名称由"防腐层分类名称(镀锌、镀铝、镀锌或镀铝后涂塑、涂塑) + 二(三)波形梁钢护栏"组成。

1. 材料

公路波形梁钢护栏的梁板、立柱、端头、防阻块、托架、背板等所用基底金属材料为碳素结构钢,其力学性能和化学成分指标不得低于 GB/T 700 中 Q235 钢的要求。

连接螺栓、螺母、垫圈所用基底金属材料为碳素结构钢,其抗拉强度应≥375MPa。

高强度拼接螺栓连接副选用优质碳素结构钢或合金结构钢制造,其公称直径 16mm,整体抗拉荷载不小于 133kN。

加强横梁的上部横梁和套管应为热轧无缝钢管,T 型立柱可为普通碳素结构钢有缝钢管。

2. 外观质量及防腐处理

(1)波形梁钢护栏的冷弯黑色构件表面不得有裂纹、气泡、折叠、夹杂和端面分层,允许有不大于公称厚度 10%的轻微凹坑、凸起、压痕、擦伤。表面缺陷允许用修磨方法清理,其整形深度不大于公称厚度的 10%;切断面及安装孔不允许有卷沿、飞边和严重毛刺。

(2)护栏的所有构件均应进行防腐处理,其防腐层要求应符合 GB/T 18226 规定。

(3)对于圆管立柱产品,其内壁防腐质量要求应不低于外壁防腐质量要求。

(4)采用热浸镀锌、热浸镀锌铝合金、热浸镀铝锌合金方法进行防腐处理时,锌层的均匀度应满足:平均厚度与最小厚度之差应不低于平均厚度的 25%,最大厚度与平均厚度之差应不低于平均厚度的 40%;其他要求应符合 GB/T 18226 的规定。

①二波形梁钢护栏(GB/T 31439.1—2015)

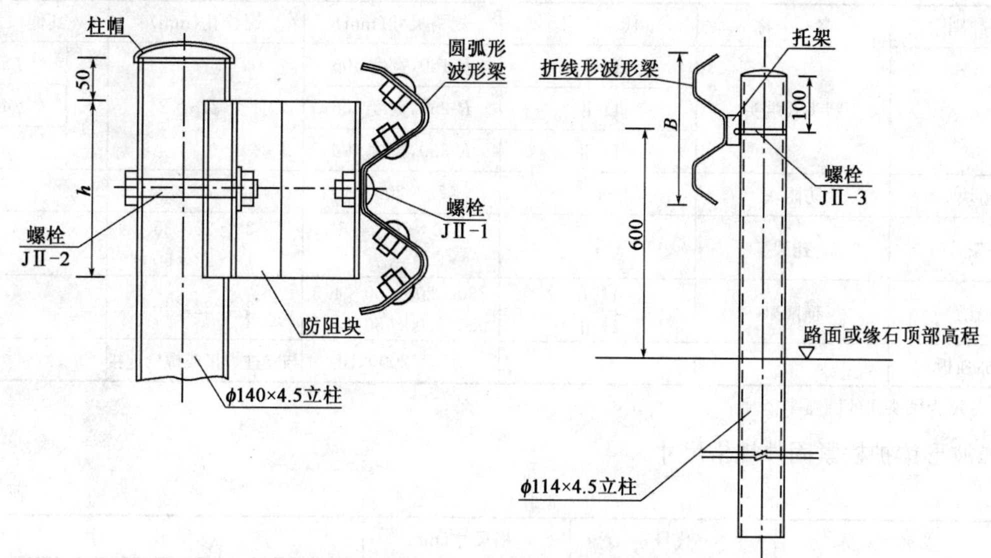

图 15-75　二波形梁钢护栏示意图(尺寸单位:mm)

a.二波形梁板规格尺寸(mm)

表 15-109

波形形状	截面状况	代号	规格(板长×板高×波高×板厚)	有效长度	用途	螺栓孔	
						连接孔	拼接孔
圆弧形	等截面	DB01	4 320×310×85×3(4)	4 000	标准板	18×50	20×30 24×20
		DB02	3 820×310×85×3(4)	3 500	调节板		
		DB03	3 320×310×85×3(4)	3 000			
		DB04	2 820×310×85×3(4)	2 500			
		DB05	2 320×310×85×3(4)	2 000			
圆弧形	变截面	BB01	4 320×310×85×3(4)	4 000	标准板	18×50	20×24
		BB02	3 820×310×85×3(4)	3 500	调节板		
		BB03	3 320×310×85×3(4)	3 000			
		BB04	2 820×310×85×3(4)	2 500			
		BB05	2 320×310×85×3(4)	2 000			
折线形	等截面	RB01	4 330×350×75×4	4 000	标准板		22×40 20×24
		RB02	3 830×350×75×4	3 500	调节板		
		RB03	3 330×350×75×4	3 000			
		RB04	2 830×350×75×4	2 500			

注:①等截面是板的各个部位横断面尺寸相同;变截面是等截面板的一端再进行压弯,板和板拼接时变截面一端在后面,拼接处面向交通面应平整,更有利于整体美观和安全。

②标准板是指安装中使用的标准长度的板;调节板是指安装中以分配方法处理非标准间距的板。

③折线形梁板为 JT/T 281—2007 标准。

b.二波形梁护栏的立柱、端头、防阻块、托架、横隔梁断规格尺寸

表 15-110

类　别	名　称	代　号	规格尺寸(mm)	螺栓孔(mm)	其他尺寸(mm)
立柱	钢管立柱	G-T	ϕ114×4.5	ϕ18	地上高度 700
		G-F	ϕ140×4.5		

续表 15-110

类别	名称	代号	规格尺寸(mm)	螺栓孔(mm)	其他尺寸(mm)	
端头	圆头式端头	D-Ⅰ	R-160,宽度 406	4 个 ϕ18×24	总长度	580+R
		D-Ⅱ	R-250,宽度 406			400+R
		D-Ⅲ	R-350,宽度 406			500+R
防阻块	防阻块	F	178×200×3	2 个 ϕ18×24		
托架	托架	T	370×70×4.5 R=57	2 个 22×25 1 个 22×50		
横隔梁	横隔梁	H-Ⅰ H-Ⅱ	730×200×50×4.5 980×200×50×4.5	2 个 22×40		
立柱加强板			310×200×10	与立柱焊接或螺栓连接		

注:端头 R 为圆头式的圆弧半径。

c.二波形梁护栏紧固件规格尺寸

表 15-111

类别	名称	代号	规格尺寸(mm)	用途
拼接螺栓	螺栓	JⅠ-1	M16×45	用于 3mm 厚度波形梁板的拼接
		JⅠ-2	M16×38	用于 4mm 厚度波形梁板的拼接
		JⅠ-3	M16×45	使用防盗螺栓进行波形梁板的拼接
	螺母	JⅠ-4	M16	与拼接螺栓配套使用
	垫圈	JⅠ-5	ϕ35×4	
连接螺栓	螺栓	JⅡ-1	M16×45	用于波形梁与防阻块的连接
		JⅡ-2	M16×170	用于防阻块与 ϕ140 钢管立柱的连接
		JⅡ-3	M16×140	用于托架与 ϕ114 钢管立柱的连接
	螺母	JⅡ-4	M16	与连接螺栓配套使用
	垫圈	JⅡ-5	ϕ35×4	
	横梁垫片	JⅡ-6	76×44×4	遮挡波形梁板的连接螺栓孔

②三波形梁钢护栏(GB/T 31439.2—2015)

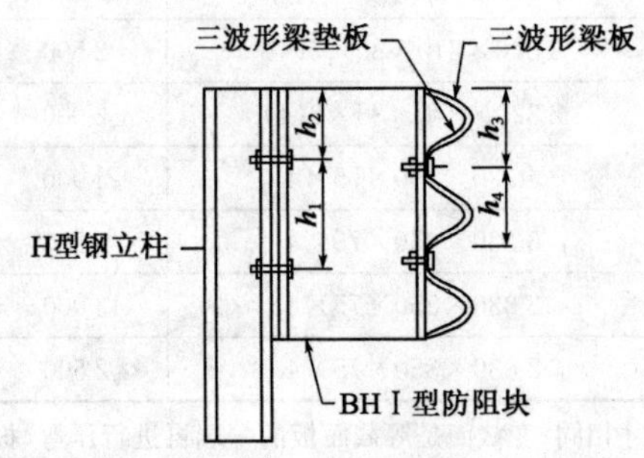

图 15-76　三波形梁钢护栏示意图

a.三波形梁板的规格尺寸

表 15-112

名称	型号	规格 板长×板宽×波高×板厚(mm)	有效长度(mm)	用途	螺栓孔(mm)
三波形梁板	RTB01-1	4 320×506×85×3(4)	4 000	方管立柱用板	方管立柱用板 36 个 24×30;
	RTB01-2			钢管立柱或 H 型钢立柱用板	

续表 15-112

<table>
<tr><th>名　称</th><th>型　号</th><th>规格
板长×板宽×波高×板厚(mm)</th><th>有效长度
(mm)</th><th>用　　途</th><th>螺栓孔(mm)</th></tr>
<tr><td rowspan="4">三波形梁板</td><td>RTB02-1</td><td rowspan="2">3 320×506×85×3(4)</td><td rowspan="2">3 000</td><td>方管立柱用板</td><td rowspan="4">方管立柱用板 36 个 24×30；
钢管立柱或 H 型钢立柱用板 24 个 24×30、4 个 20×65</td></tr>
<tr><td>RTB02-2</td><td>钢管立柱或 H 型钢立柱用板</td></tr>
<tr><td>RTB03-1</td><td rowspan="2">2 320×506×85×3(4)</td><td rowspan="2">2 000</td><td>方管立柱用板</td></tr>
<tr><td>RTB03-2</td><td>钢管立柱或 H 型钢立柱用板</td></tr>
</table>

注：三波形梁板采用 750mm 宽薄钢板连续辊压制成。

b. 三波形梁背板和过渡板的规格尺寸

表 15-113

<table>
<tr><th>名　称</th><th>型　号</th><th>规格(mm)</th><th>用　　途</th><th>螺栓孔(mm)</th></tr>
<tr><td rowspan="2">三波形梁背板</td><td>RTSB01</td><td rowspan="2">320×506×85×3(4)
(板长×板宽×波高×板厚)</td><td>方管立柱用板</td><td>4 个 24×30</td></tr>
<tr><td>RTSB02</td><td>钢管立柱或 H 型钢立柱用板</td><td>2 个 20×65</td></tr>
<tr><td rowspan="2">过渡板</td><td>TR01</td><td>4 000×130×139×6</td><td>用于三波形梁板与方管或钢管立柱的三波形梁板过渡</td><td rowspan="2">见注</td></tr>
<tr><td>TR02</td><td>2 000×150×100</td><td>用于二波形梁板与 H 型钢立柱的三波形梁板过渡</td></tr>
</table>

注：过渡板 TR01 型螺栓孔有：16 个 24×30；1 个 50×18；8 个 24×20。TR02 型螺栓孔有：20 个 24×30；2 个 20×56(钢管立柱或 H 型钢立柱用过渡板)；26 个 24×30(方管立柱用过渡板)。

c. 三波形梁横隔梁和加强横梁的规格尺寸

表 15-114

<table>
<tr><th>名　称</th><th>型　号</th><th>规格(mm)</th><th>用　　途</th><th>螺栓孔(mm)</th></tr>
<tr><td>横隔梁</td><td>CBP</td><td>974×325×290×4.5</td><td>配合方管立柱连接中央分隔带两侧的护栏</td><td>4 个 24×40</td></tr>
<tr><td rowspan="2">加强横梁</td><td>SPB01</td><td>ϕ89×5.5×2 994</td><td rowspan="2">由横梁、T 型立柱、套管组成，用于加强护栏结构上部</td><td rowspan="2">T 型立柱：2 个 24×40</td></tr>
<tr><td>SPB02</td><td>ϕ89×5.5×3 994</td></tr>
</table>

d. 三波形梁钢护栏的立柱、端头、防阻块的规格尺寸

表 15-115

<table>
<tr><th>类　别</th><th colspan="2">名　　称</th><th>代　号</th><th colspan="2">规格尺寸(mm)</th><th>螺栓孔(mm)</th></tr>
<tr><td rowspan="3">立柱</td><td colspan="2">钢管立柱</td><td>PSP</td><td colspan="2">ϕ140×4.5(钢管外径×壁厚)</td><td>1 个 ϕ18</td></tr>
<tr><td colspan="2">方管立柱</td><td>PST</td><td colspan="2">130×130×6(边长×边长×壁厚)</td><td>4 个 ϕ22</td></tr>
<tr><td colspan="2">H 型钢立柱</td><td>PHS</td><td colspan="2">150×100(H 型钢高×H 型钢宽)</td><td>8 个 ϕ20</td></tr>
<tr><td rowspan="3">端头</td><td colspan="2" rowspan="3">圆头式端头</td><td>A 型 DR1</td><td colspan="2">R-160(基底金属 4mm 厚)</td><td rowspan="3">4 个 ϕ24×30
8 个 ϕ24×30</td></tr>
<tr><td>B 型 DR2</td><td colspan="2">R-250(基底金属 4mm 厚)</td></tr>
<tr><td>B 型 DR3</td><td colspan="2">R-350(基底金属 4mm 厚)</td></tr>
<tr><td rowspan="6">防阻块</td><td rowspan="6">防阻块</td><td rowspan="3">用于方管立柱</td><td>BFⅠ</td><td>200×(66+300)×256×4.5</td><td rowspan="3">高×长×连接部位高×厚</td><td>2 个 ϕ22，
2 个 ϕ22×74</td></tr>
<tr><td>BFⅡ</td><td>200×(66+300)×256×4.5</td><td rowspan="2">2 个 ϕ22×74
2 个 ϕ22
4 个 ϕ22×54</td></tr>
<tr><td>BFⅢ</td><td>200×(66+350)×256×4.5</td></tr>
<tr><td rowspan="2">用于 H 型钢立柱</td><td>BHⅠ</td><td>554×150×100</td><td rowspan="2">长×H 型钢高×H 型钢宽</td><td>8 个 ϕ20</td></tr>
<tr><td>BHⅡ</td><td>554×350×100</td><td>6 个 ϕ20</td></tr>
<tr><td>用于 ϕ140 钢管立柱</td><td>BG</td><td colspan="2">178×400×4.5
(长×高×厚)</td><td>2 个 ϕ18×24 或
4 个 ϕ24×30</td></tr>
</table>

e. 三波形梁钢护栏紧固件规格

表 15-116

品　　名	代　　号	规格(mm)	用　　途
拼接螺栓	JⅠ-1	M16×35	用于波形梁板的拼接
拼接螺栓	JⅠ-2	M16×38	用于波形梁板的拼接
拼接螺栓	JⅠ-3	M16×45	用于波形梁板的拼接
螺母	JⅠ-2	M16	用于波形梁板的拼接
垫圈	JⅠ-3	ϕ35×4	用于波形梁板的拼接
连接螺栓	JⅡ-1	M20×45,M16×45	用于波形梁板与防阻块的连接
连接螺栓	JⅡ-2	M20×170,M16×170	用于防阻块与钢管或方管立柱连接
连接螺栓	JⅡ-3	M20×140,M16×140	用于防阻块与 H 型钢立柱连接
螺母	JⅡ-4	M16	与连接螺栓配套使用
螺母	JⅡ-4	M20	与连接螺栓配套使用
垫圈	JⅡ-5	ϕ35×4	与连接螺栓配套使用
横梁垫片	JⅡ-6	76×44×4	遮挡波形梁板的连接螺孔

(四)塑料隔离墩(JT/T 847—2013)

塑料隔离墩的主料采用高密度聚乙烯树脂制造。

塑料隔离墩要求外观颜色均匀一致,表面平整、均匀、光滑,无塌陷、凹坑、孔洞、撕裂痕迹及杂质麻点等缺陷;截开断面无气泡、裂痕;塑料隔离墩紧密、无脱开现象。

1. 塑料隔离墩的分类

塑料隔离墩根据壁厚分为:A 型——壁厚≥3mm;

B 型——壁厚≥2.5mm;

C 型——壁厚≥2mm。

外形如图 15-77 所示。

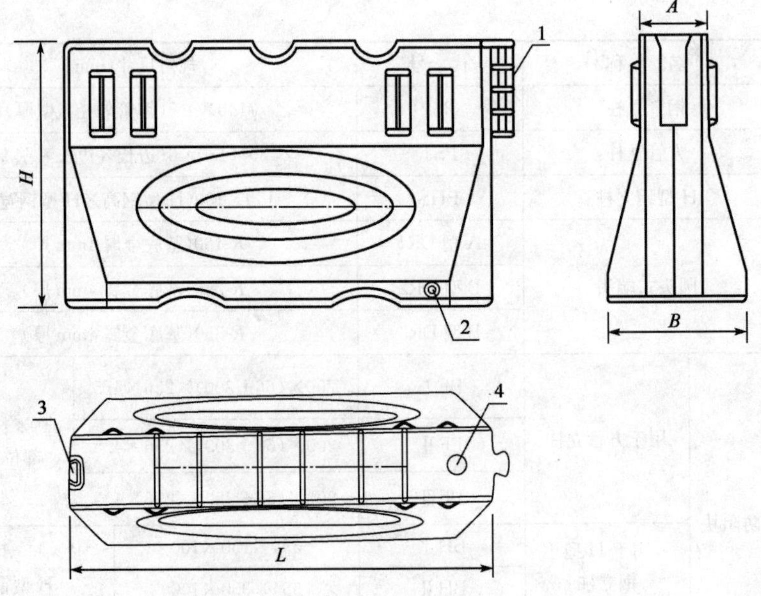

图 15-77　塑料隔离墩示意图

A-塑料隔离墩上顶宽;*B*-塑料隔离墩下底宽;*H*-塑料隔离墩高度;*L*-塑料隔离墩长度;1-连接销;2-排水口;3-连接槽;4-装水口

2. 各型塑料隔离墩规格尺寸(mm)

表 15-117

型　别	长　度	高　度	上　宽	下　宽
A 型塑料隔离墩	2 480	800	240	600
	1 500	1 300	120	400
	1 500	900	240	480
B 型塑料隔离墩	1 700	700	200	450
	1 500	800	240	480
	1 500	800	220	450
	1 450	700	180	400
C 型塑料隔离墩	2 000	800	145	400
	1 650	650	150	450
	1 650	650	150	400
	1 650	650	120	280
	1 300	650	200	400
	1 250	800	120	320
	1 100	600	120	280
	1 060	600	120	280
	600	600	150	430
	500	500	160	400

注:①产品最小壁厚不低于 2mm。
②表中的尺寸数值均为标称值。

3. 塑料隔离墩的物理化学性能

表 15-118

项　目		技术指标
外壁硬度(H_D)		≥59
拉伸屈服强度(MPa)		≥18
断裂伸长率(%)	常温	≥350
	低温 −20℃	≥250
冲击强度(kN/m²)		≥10
纵向收缩率(%)		≤3
维卡软化温度(℃)		≥90
脆化温度(℃)		≤−60
耐环境应力开裂(48h,失效数)(%)		≤20

4. 塑料隔离墩的储运要求

塑料隔离墩储存应防止利器刮碰,存放场地应平整,堆放应整齐,存放场地应设置明显的“禁止烟火”标志。

塑料隔离墩在运输时,不得受剧烈的撞击、摩擦和重压。

(五)交通锥(GB/T 24720—2009)

交通锥以塑料或橡胶制作,起到道路临时分隔车流、阻挡或引导交通的作用。

交通锥分为 A、B 两类。A 类——锥体被反光面全覆盖;B 类——锥体被反光面部分覆盖。

交通锥表面应平整、光滑、颜色均匀一致,无明显划痕、变形及其他缺陷;应无与使用功能无关的图案或文字;其反光面在正常使用中不得剥离脱开,且在潮湿状态下应保持逆反射性能。

交通锥按自重分为1级、2级和3级。

1.形状及质量

(1)交通锥的锥体应为圆锥形或多边锥形,顶部外径或外切圆直径为60mm±15mm,其上表面可有一直径为40~70mm、边缘光滑的圆孔。

(2)交通锥的底座应为边数不小于4而不大于8的正多边形或圆形。

(3)当底座外边缘的厚度大于15mm时,底座外边缘的内切圆直径一般为交通锥高度的0.75倍。当底座外边缘的厚度小于或等于15mm时,底座外边缘的内切圆直径一般为交通锥高度的0.9倍。

(4)交通锥的设计应确保在叠放后能方便分离,并不会损坏其反光面。两个交通锥当一个叠放在另一个上面时,其总体高度不超过单个交通锥高度的1.3倍。

(5)交通锥顶部下端可设计有手持的结构,该部分不反光,并且高度不超过交通锥总高的0.1倍或从顶部测量不超过60mm。

(6)交通锥的反光面至少为一条,每条反光面的最小宽度为8cm,反光面顶部距交通锥顶部10cm。

(7)交通锥内部允许放置填充物,以增加自重。但填充物不能是可能对车辆行人造成二次伤害的物品。

2.交通锥高度与最小重量

表15-119

高度 H(mm)	交通锥最小重量(kg)		
	1级	2级	3级
>900~1 000	4.8	6.0	7.5
>750~900	3.2	4.0	5.0
>500~750	1.3	1.9	2.5
>450~500	1.1	1.8	1.9
>300~450	0.8	0.8	0.8

3.交通锥性能要求

表15-120

项　目	指标和要求
颜色	椎体内、外部宜为红色,反光面为白色
反光面光度性能	分为R1级和R2级,R1级反光面的逆反射系数值不低于GB/T 18833中二级反光膜要求;R2级不低于四级反光膜的要求
稳定性能	不同重量交通锥分别承受5~13N顶部水平作用力时,不出现翻倒现象
抗坠落性能	由1 500mm处自由落下,其任何一部分,包括填充物,不出现破裂、破损、分离、散落现象
低温抗撞击性能	低温撞击试验后,交通锥任何部分包括反光面,不得脱落、破损,并能恢复原状
耐候性能	自然暴露1年或人工加速老化试验600小时后,交通锥及反光面无变形、开裂、剥离或其他损坏,反光面的逆反射系数不低于GB/T 18833中相应规定

(六)防眩板(GB/T 24718—2009)

道路防眩板表面颜色应均匀一致,无明显反光现象,边缘圆滑、无毛刺、无飞边;表面无剥离、无裂纹、无气泡、无砂眼等缺陷,整体成型完整,无明显歪斜。纵向直线度不大于2mm/m。

道路防眩板按产品结构分为:中空型、实体性和特殊造型。

道路防眩板按板体材料分为:塑料板体型、玻璃钢板体型、钢板体型和其他材质。

1.防眩板的分类及代号

表 15-121

按产品结构分		按板体材料分	
名称	代号	名称	代号
中空型	Z	塑料板体型	P
实体型	S	玻璃纤维增强塑料(玻璃钢)板体型	F
特殊造型	T	钢质金属板体型	M
		其他材质板体型	Q

2.防眩板的结构尺寸(除特殊造型防眩板)

防眩板主要结构尺寸(单位:mm)　表 15-122

高　度 H	宽　度 W	厚　度 t		固定螺孔直径 ϕ
$700 \sim 1\,000_{0}^{+5}$	80～250±2	中空塑料板体型	≥1.5	$8 \sim 10_{0}^{+5}$
		钢质金属板体型	2～4±0.3	
		玻璃钢及其他实体型	2.5～4	

3.防眩板的理化性能

(1)防眩板通用理化性能

表 15-123

项　　目	单　　位	技术要求
抗风荷载 F	N	F应不小于C与S的乘积,其中C为抗风荷载常数,取值为1 647.5N/m^2,S为该规格防眩板的有效承风面积
抗变形量 R	mm/m	≤10
抗冲击性能		经抗冲击性能试验后,以冲击点为圆心,半径6mm区域外,试样表面或板体无开裂、剥离或其他破坏现象

(2)塑料防眩板理化性能

表 15-124

项　　目		技术要求
耐溶剂性能	耐汽油性能	经耐溶剂试验后,试样表面不应出现软化、皱纹、起泡、开裂、被溶解、溶剂浸入等痕迹
	耐酸性能	
	耐碱性能	
环境适应性能	耐低温坠落性能	经低温坠落试验后,试样应无开裂、破损现象
	耐候性能	经总辐照能量大于3.5×10^5kJ/m^{2}的人工加速老化试验后,试样无明显变色、龟裂、粉化等老化现象,试样的耐候质量等级评定应符合GB/T 22040—2008中5.2的规定

(3)玻璃钢防眩板理化性能

表 15-125

项　　目	单　　位	技术要求
密度	g/cm^3	≥1.5
巴柯尔硬度	—	≥40
氧指数(阻燃性能)	%	≥26

续表 15-125

项目		单位	技术要求
耐溶剂性能	耐汽油性能	—	经耐溶剂试验后,试样表面不应出现软化、皱纹、起泡、开裂、被溶解、溶剂浸入等痕迹
	耐酸性能		
	耐碱性能		
耐水性能		—	经144h加速耐水试验后,试样表面不应出现软化、皱纹、起泡、开裂、被溶解、溶剂浸入等痕迹
环境适应性能	耐低温坠落性能	—	经低温坠落试验后,产品应无开裂、破损现象
	耐候性能		经总辐照能量大于 $3.5\times10^5 kJ/m^2$ 的人工加速老化试验后,试样无明显变色、龟裂、粉化等老化现象,试样耐候质量等级评定应符合GB/T 22040—2008中5.2的规定

(4)钢质金属基材防眩板理化性能

表 15-126

项目				单位	技术要求
涂塑层厚度	热塑性涂层	单涂层		mm	0.38～0.80
		双涂层			0.25～0.60
	热固性涂层	单涂层			0.076～0.150
		双涂层			0.076～0.120
双涂层基板镀锌层附着量				g/cm²	≥270
涂层附着性能	热塑性粉末涂料涂层			—	一般不低于2级
	热固性粉末涂料涂层			—	0级
环境适应性能	耐盐雾性能	钢质基底无其他防护层		—	经8h试验后,划痕部位任何一侧0.5mm外,涂层应无气泡、剥离的现象
		金属防护层基底	第Ⅰ段(8h)		经8h试验后,划痕部位任何一侧0.5mm外,涂层应无气泡、剥离的现象
			第Ⅱ段(200h)		
					经200h试验后,基底金属无锈蚀
	涂层耐湿热性能			—	经8h试验后,划痕部位任何一侧0.5mm外,涂层应无气泡、剥离的现象

4.防眩板的储运要求

存放场地应有“禁止烟火”标志,储运过程应防止利器刮碰,不与高温热源或明火接触。

产品运输时,不得受剧烈撞击和重压。

(七)公路用凸面反光镜(JT/T 801—2011)

公路用凸面反光镜是一种向外凸出的、用于视距不良公路路段的球形反射面的反光镜。结构由镜面、镜背及连接件组成。

凸面反光镜镜面为凸形球面,边缘为圆形,镜面颜色为原色或无色,镜背外表为橙色或红色。镜面影像清晰,无裂纹、斑点、气泡、夹杂、扭曲变形等缺陷,镜背无明显的划痕、损伤或颜色不均等。

凸面反光镜镜面材料分为:聚碳酸酯;聚甲基丙烯酸甲酯(有机玻璃);不锈钢。

镜背材料有用玻璃纤维增强材料或金属材料等。连接件用碳素结构钢。

1.公路用凸面反光镜的标记

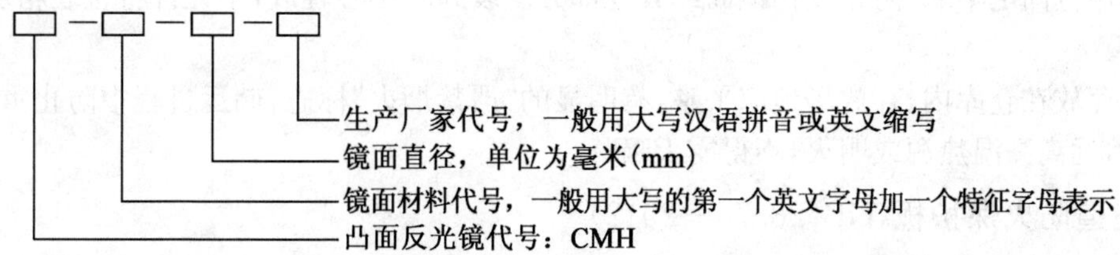

示例:AH 厂家生产的以聚碳酸酯为原材料、直径为 1 000mm 的凸面反光镜产品型号,可表示为:CMH—PC—1 000—AH。

2.公路用凸面反光镜镜面规格尺寸(mm)

表 15-127

镜面直径	镜面厚度		
	聚碳酸酯	聚甲基丙烯酸甲酯	不锈钢
600	2	3	0.8
800	2	3	0.8
1 000	2	3	1.0

注:镜面直径尺寸允差为±30mm;镜面厚度允差:不锈钢为±10%,其他为±17%。

3.公路用凸面反光镜镜面曲率半径

表 15-128

镜面直径(mm)	镜面曲率半径(mm)	允许偏差(%)
600	1 500、2 200	±5
800	2 200、3 000	±5
1 000	2 200、3 000、3 600	±5

4.公路用凸面反光镜性能要求

表 15-129

项目		指标和要求
镜面	耐候性能	聚碳酸酯、聚甲基丙烯酸甲酯的镜面经连续自然暴露或人工气候加速老化试验后,试样无裂缝、刻痕、凹陷、气泡、侵蚀、粉化、变形等破损
	耐盐雾腐蚀性能	镜面按 GB/T 22040 要求选用严酷等级 A,经循环耐盐雾腐蚀性能试验后,镜面无损伤或被侵蚀的痕迹
	抗冲击性能	聚碳酸酯、聚甲基丙烯酸甲酯的镜面经抗冲击性能试验后除以冲击点为圆心、直径 12mm 圆内区域外,镜面应无永久变形、开裂或其他破损现象
	耐低温坠落性能	聚碳酸酯,聚甲基丙烯酸甲酯反光镜产品经耐低温坠落性能试验后,镜面无开裂、破损现象
	镜面反射率	镜面反射率数值,在入射光束与试验表面的法线夹角呈 25°±5°时,不小于 40%
耐高低温性能		凸面反光镜产品经耐高低温性能试验后,不应有变形、破损现象
抗风荷载性能		凸面反光镜镜面、镜背应连接牢固,承受 40m/s 的风速产生的风压后,应不影响产品的使用性能,由此产生的偏移量不大于镜面直径的 3%

5. 公路用凸面反光镜的储运要求

产品运输应固定牢靠,防止损伤镜面或其他部分。装卸时小心轻放,不允许将包装箱从运输工具上推下。

产品应存放在仓库内,存放场地应平整,有明显的"严禁烟火"标志,储运过程中防止重压,防止被化学物品腐蚀,远离高温热源或明火,不得露天曝晒。

(八)隧道防火保护板(GB 28376—2012)

隧道防火保护板为固定安装在隧道的混凝土结构表面,用以提高隧道结构的耐火性能。

隧道防火保护板的尺寸为:长度不超过 3m±3mm;宽度不超过 1.25mm±3mm;厚度不超过 70mm(厚度偏差如下:厚度<10mm 时±1.0mm;10~<20mm 时±1.3mm;20~<30mm 时±1.5mm;≥30mm 时±2.0mm)。

隧道防火保护板应表面平整,板材无裂纹、分层、缺棱缺角、鼓泡、孔洞、凹陷等缺陷。复合隧道防火保护板的装饰面板如为金属材料,其面板应进行防腐处理。

1. 隧道防火保护板的分类

(1)按结构分

①单一隧道防火保护板,用符号 D 表示。

②复合隧道防火保护板,用符号 F 表示。

(2)按耐火试验升温曲线分

①BZ 类:按 GB/T 9978.1 规定的标准升温曲线进行升温和测量的隧道防火保护板。

②HC 类:按 GA/T 714—2007 规定的 HC 升温曲线进行升温和测量的隧道防火保护板。

③RABT 类:按 GA/T 714—2007 规定的 RABT 升温曲线进行升温和测量的隧道防火保护板。

2. 隧道防火保护板的标记

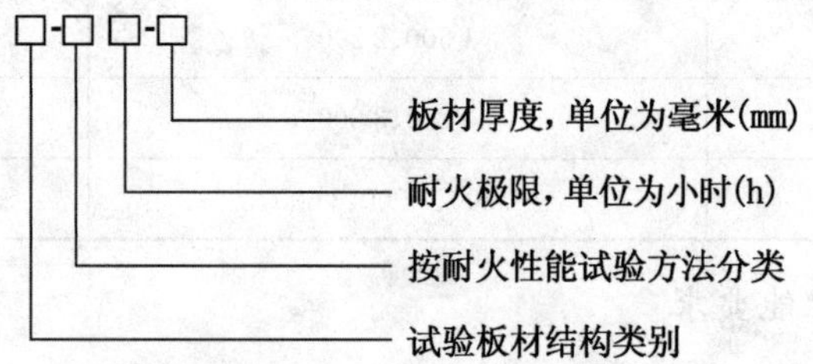

示例 1:D-BZ-2.00-30,表示板材厚度为 30mm,按标准曲线升温,耐火极限为 2.00h 的单一隧道防火保护板。

示例 2:D-HC-2.00-30,表示总厚度为 30mm,按 HC 曲线升温,耐火极限为 2.00h 的复合隧道防火保护板。

示例 3:D-RABT-1.50-30,表示板材厚度为 30mm,按 RABT 曲线升温,耐火极限为升温 1.50h、降温 1.83h 的单一隧道防火保护板。

3. 板材的耐火性能

表 15-130

升温曲线类别	耐火极限(h)
BZ 类	≥2.00
HC 类	≥2.00
RABT 类	升温≥1.50,降温≥1.83

4.隧道防火保护板的技术要求

表 15-131

序　号	项　　目		指标和要求
1	面密度(g/cm²)		≤25
2	板材边缘平直度		平直度<0.3%,与参考直线的最大距离应小于 5mm
3	干态抗弯强度		板材干态抗弯强度应不小于 6MPa
4	吸水饱和状态抗弯强度		应不低于干态抗弯强度的 70%
5	板材吸湿变形率		≤0.20%
6	抗返卤性		按要求试验后,板材无水珠、无返潮
7	产烟毒性		应不低于 GB/T 20285 中 ZA1 级
8	耐水性		按要求试验 30 天后,板材无开裂、起层、脱落、允许轻微发胀和变色
9	耐酸性		按要求试验 15 天后,板材无开裂、起层、脱落、允许轻微发胀和变色
10	耐碱性		
11	耐湿热性		按要求试验 30 天后,板材无开裂、起层、脱落、允许轻微发胀和变色
12	耐冻融循环性		按要求试验 15 次后,板材无开裂、起层、脱落、允许轻微发胀和变色
13	耐盐雾腐蚀性		按要求试验 30 次后,板材无开裂、起层、脱落、允许轻微发胀和变色;如装饰面板为金属,其金属表面应无锈蚀
14	板材的吸水率		≤12%
15	燃烧性能	燃烧增长速率指数	($FIGRA_{0.4MJ}$)　≤250W/S
		600s 内总热释放量	(THR_{600S})　≤15MJ
		火焰横向蔓延长度	(LFS)　未达到试样边缘(m)
		焰尖高度	(F_S)　≤150mm

5.隧道防火保护板储运要求

隧道防火保护板储运中应平码堆放,存放在通风干燥处,防止雨淋及损坏。

(九)弹性交通柱(GB/T 24972—2010)

弹性交通柱一般以高分子弹性材料制成。外形为圆柱形,包括柱体、底座和有逆反射性能的反光面。柱体及底座内、外部一般均为红色,反光面为白色。

交通柱用于道路交通安全警示及分隔交通流或渠化交通等。

弹性交通柱分为 A、B 两类:A 类——柱体被反光面全覆盖;B 类——柱体被反光面部分覆盖。

弹性交通柱的交通要求　表 15-132

项　目		指标和要求
外形尺寸	高度 H(mm)	300～1 250
	柱体直径(mm)	75～220
	柱体顶端中心孔	直径(30±10)mm 圆孔
	柱体反光面	不少于三条,每条反光面沿柱体纵向轴的尺寸不小于 50mm
外观		表面平整光洁、颜色均匀一致,无明显划痕、变形及其他缺陷
		在正常使用中,反光面不得与交通柱剥离脱开,且在湿状态下应保持逆反射性能
颜色		交通柱普通材料色和反光面的逆反射材料色,其色品坐标和亮度因素应符合规定
反光面光度性能		分为 R1 级和 R2 级,R1 级反光面的逆反射系数值不低于 GB/T 18833 中一级反光膜要求;R2 级不低于三级反光膜的要求
反光面与柱体附着性		垂直于交通柱反光面切割后,反光面不得从柱体上切割线处脱离或出现层间剥离现象

续表 15-132

项　　目	指标和要求
低温抗撞击性能	在(−18±2)℃温度下交通柱经受 0.9kg 实心钢球撞击后，其柱体、底座、反光面不得破裂或损伤，并能恢复原状。反光面的逆反射系数值不得低于撞击前的 80%
抗弯曲性能	经弯曲性能试验机往返 20 次碾压后，其柱体、底座、反光面不得有裂纹、破裂或分离，并能恢复原状，其柱体顶端在任意水平方向的残余偏斜不超过柱体高度 7%
耐候性能	自然暴露或人工加速老化试验后，各部位应无变形、开裂、剥离或其他损坏；其颜色和反光面的逆反射系数符合规定

(十)突起路标(GB/T 24725—2009)

1. 突起路标的分类

表 15-133

<table>
<tr><th>序号</th><th>分类依据</th><th colspan="2">名　　称</th><th>说　　明</th></tr>
<tr><td rowspan="4">1</td><td rowspan="4">按逆反射性能分</td><td rowspan="3">逆反射型
(A 类)</td><td>A1 类</td><td>由塑料或金属等材料基体和微棱镜逆反射器组成的逆反射突起路标</td></tr>
<tr><td>A2 类</td><td>由塑料或金属等材料基体和定向透镜逆反射器组成的逆反射突起路标</td></tr>
<tr><td>A3 类</td><td>由钢化玻璃基体和金属反射膜组成的一体化全向透镜逆反射突起路标</td></tr>
<tr><td colspan="2">非逆反射型
(B 类)</td><td>一般不含逆反射器，直接由塑料、陶瓷或金属材料基体和色表面组成</td></tr>
<tr><td rowspan="4">2</td><td rowspan="4">按基体材料分</td><td colspan="2">塑料(P)</td><td rowspan="14">突起路标的型号标记：
□ □ □ □-□
底边有效尺寸，单位为毫米(mm)
地面以上有效高度，单位为毫米(mm)
基体材料：P-塑料；M-金属；T-钢化玻璃；C-陶瓷
A类突起路标的逆反射器或B类突起路标的表面色颜色：
W-白色；Y-黄色；R-红色；G-绿色；B-蓝色
突起路标分类：A1、A2、A3和B</td></tr>
<tr><td colspan="2">钢化玻璃(T)</td></tr>
<tr><td colspan="2">金属(M)</td></tr>
<tr><td colspan="2">陶瓷(C)</td></tr>
<tr><td rowspan="3">3</td><td rowspan="3">按逆反射器分</td><td colspan="2">微棱镜</td></tr>
<tr><td colspan="2">定向透镜</td></tr>
<tr><td colspan="2">全向透镜</td></tr>
<tr><td rowspan="2">4</td><td rowspan="2">按位置分</td><td colspan="2">车道分界线型</td></tr>
<tr><td colspan="2">车道边缘线型</td></tr>
<tr><td rowspan="5">5</td><td rowspan="5">按颜色分</td><td colspan="2">白(W)</td></tr>
<tr><td colspan="2">黄(Y)</td></tr>
<tr><td colspan="2">红(R)</td></tr>
<tr><td colspan="2">绿(G)</td></tr>
<tr><td colspan="2">蓝(B)</td></tr>
</table>

2. 突起路标的性能要求

表 15-134

项　　目	部分指标和要求
突起路标尺寸	路标一般为梯形、圆形或椭圆形，底部边长或直径为：100mm、125mm、150mm 三种，允差±2mm
	位于路面以上高度：车道分界线型≤20mm；车道边缘线型≤25mm
结构要求	路标材料应具有良好的耐化学腐蚀、耐水、耐 UV 紫外线和耐候性能，金属材料应具有良好韧性，受过载破坏后不应有导致交通伤害的尖锐碎片
	路标轮廓边缘应平滑，不应有导致交通伤害尖锐边线；底部应作工艺处理，以便与路面黏结
	面向行车方向的坡度：A1 类≤45°；A2 类≤65°

续表 15-134

项　　目	部分指标和要求
外观质量	路标基体应成型完整，颜色均匀，外表面无明显划伤、裂缝、飞边等缺陷。金属基体表面不应有砂眼、毛刺；塑料基体不应有毛刺、气泡、隐纹、变形等；玻璃基体不应有气泡、裂纹
	路标逆反射器应完整、无缺损、反光均匀
	A3 类路标金属反射膜应完整、均匀，无剥离、浮起、杂质、针孔等缺陷
抗压荷载	A1 类、A2 类路标不大于 160kN；A3 类路标不大于 245kN
碎裂后状态	A3 类路标自爆或承压碎裂后，其碎片应呈钝角颗粒状，颗粒应不大于 40mm，30～40mm 的碎块应不大于 2 块
耐候性能（一年自然状态或 600h 人工老化试验后）	无明显褪色、粉化、龟裂、锈蚀等现象
	路标基体的色品坐标和亮度因素仍符合要求
	A 类路标逆反射器或金属反射膜不应脱落、分层
	A 类路标逆反射器的色品坐标仍应符合规定，发光强度系数不低于规定值 80%乘相应颜色系数

（十一）公路防撞桶（GB/T 28650—2012）

公路防撞桶由桶盖、桶身、横隔板、配载物及反光膜组成。

防撞桶桶盖、桶身、横隔板所用材料为聚乙烯、聚丙烯或其他类型合成树脂为原材料的塑料或硫化橡胶或热塑橡胶等；外贴反光膜等级为二级及以上；配载物所用砂为普通中砂，细度模数在 2.3～3.0 之间。

1. 防撞桶的形状、尺寸及外观要求

(1)形状及外观要求

防撞桶桶身为圆柱形，外表颜色为黄色，为中空形式，桶盖与桶身通过自攻螺丝固定；防撞桶桶身可设计结构件加固；防撞桶应有泄气孔；防撞桶表面不应有裂纹及明显凹痕和变形，不应有明显的划痕、损伤和颜色不均匀。

防撞桶内部应设置横隔板，放置水、砂等配载物；横隔板的强度应能承受配载物的自重；防撞桶在空桶状态及加载配载物后均可成型正面放置，加装配载物竖直放置时，配载物不能有内部和外向泄露。

(2)尺寸

防撞桶的直径为 900mm，高为 950mm，壁厚不小于 6mm，防撞桶外贴反光膜的单条宽度不小于 50mm，连续长度不小于 100mm，反光膜颜色和方向可根据实际情况调整，见图 15-78，其外形尺寸允许偏差为±0.5%。

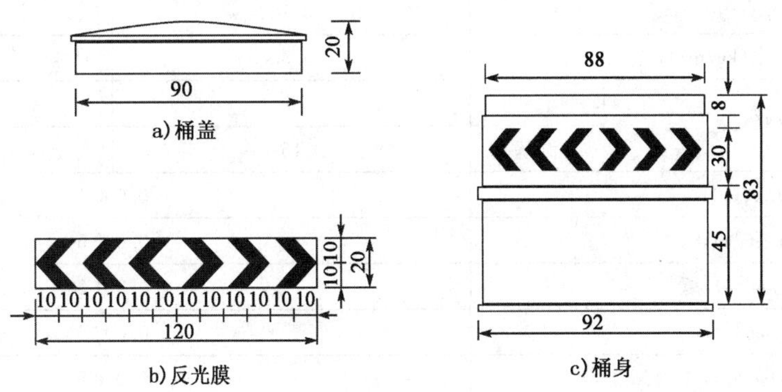

图 15-78　防撞桶大样图

注：防撞桶尺寸为产品外部尺寸，单位为厘米；反光膜颜色和粘贴方向仅为示意，可根据实际需要确定。

2.公路防撞桶性能要求

表 15-135

项目		性能和要求
材料要求		拉伸强度≥15MPa
		断裂伸长率≥200%
		塑料的冲击脆化温度低于−40℃
		反光膜的色度性能、光度性能、耐候性能、耐盐雾腐蚀性能、耐溶剂性能、抗冲击性能、耐弯曲性能、抗高低温性能应符合 GB/T 18833 的要求
耐高温性能		承受高温后,无明显变色、永久变形及表面贴膜剥裂等现象
耐低温性能		承受低温后,无明显变色、永久变形、裂纹、破裂、翘曲及表面贴膜剥裂等现象
耐候性能		正常环境下使用,应无明显裂纹、刻痕、凹陷、气泡、侵蚀、剥离、粉化或变形,反光膜无边缘被剥离现象,拉伸强度应不小于 15MPa×80%
耐盐雾腐蚀性能		正常盐雾环境下使用,桶体、桶盖不应有变色、损伤或被侵蚀的痕迹,反光膜无边缘被剥离现象
反光膜对防撞桶的附着性能		应符合 GB/T 23827—2009 中反光膜对标志底板附着性能的规定
碰撞性能	乘员安全性能	车辆碰撞防撞桶后,乘员纵横向碰撞速度均不超过 12m/s,纵横向碰撞加速度 10ms 间隔平均值的最大值不大于 20g
	结构安全性	碰撞时,桶的各结构组成部分及配载物不能飞散,不能对车辆、行人产生损坏或伤害
	车辆行驶轨迹	碰撞车辆能被有效地减速和停止,不能发生碰撞车辆穿越或翻越防撞桶

(十二)道路除冰融雪剂(GB/T 23851—2009)

道路除冰融雪剂的外观为颗料或片状固体、无色液体。适用于道路、机场、码头等的除冰和化雪。

1.道路除冰融雪剂的性能要求

表 15-136

项目		指标	
		固体	液体
溶解速度(g/min),≥		6.0	—
融雪化冰能力(g/min),≥		氯化钠融雪能力的 90%	氯化钠融雪能力的 90%
冰点(℃)(200g/L),		供需双方协商	
pH 值,≤		6.0~10	6.0~10
碳钢腐蚀率(mm/a),≤		0.18	0.18
混凝土腐蚀率(kg/m^2),≤		0.30	0.30
路面摩擦衰减率(%),≤	干基	6	6
	湿基	16	16
汞(Hg)ω(%),≤		0.000 1	
镉(Cd)ω(%),≤		0.000 5	
铬(Cr)ω(%),≤		0.001 5	
铅(Pb)ω(%),≤		0.002 5	
砷(As)ω(%),≤		0.000 5	

2.道路除冰融雪剂的储运要求

道路除冰融雪剂在运输过程中应有遮盖物,防止日晒、雨淋、受潮。

道路除冰融雪剂应储存于阴凉干燥处,防止日晒、雨淋、受潮。

道路除冰融雪剂在符合标准包装、运输、储存条件下，自生产之日起保质期为12个月。逾期检验合格，仍可继续使用。

四、隔离栅

(一)隔离栅分类及要求(GB/T 26941.1—2011)

隔离栅由网片、立柱、斜撑、门柱和连接件等组成。

隔离栅的所有钢构件均应进行防腐处理。当采用表15-137以外的防腐处理方法时，应有可靠的技术数据和试验验证资料，且防腐性能不得低于热浸镀锌的相应要求。

1. 隔离栅根据网片、立柱材料及成型工艺、防腐工艺的不同分为以下几类：

表15-137

按网片成型工艺不同分类		立柱、门柱和斜撑的分类		依据防腐处理形式分类	
名称	代号	名称	代号	名称	代号
焊接网型	Ww	直焊缝焊接钢管	Psp	热浸镀锌隔离栅	—
刺钢丝网型	Bw	冷弯等边槽钢	Psc	锌铝合金涂层隔离栅	—
编织网型	Cw	冷弯内卷边槽钢	Psr	浸塑隔离栅	—
钢板网型	GW	方管	Pss	双涂层隔离栅	—
		矩形管	Pst		
		燕尾形管	Psh		
		混凝土立柱	Pcs		

2. 隔离栅的外观质量和一般要求

(1)整张网面平整，无断丝，网孔无明显歪斜。

(2)钢丝防腐处理前表面不应有裂纹、斑痕、折叠、竹节及明显的纵面拉痕，且钢丝表面不应有锈蚀。

(3)钢管防腐处理前不应有裂缝、结疤、折叠、分层和搭焊等缺陷存在。使用连续热镀锌钢板和钢带成型的立柱，应在焊缝处进行补锌或整体表面电泳等防腐形式处理。

(4)型钢防腐处理前表面不应有气泡、裂纹、结疤、折叠、夹杂和端面分层；允许有不大于公称厚度10%的轻微凹坑、凸起、压痕、发纹、擦伤和压入的氧化铁皮。

(5)混凝土立柱表面应密实、平整，无裂缝和翘曲，如有蜂窝、麻面，其面积之和不应超过同侧面积的10%。

(6)螺栓、螺母和带螺纹构件在热浸镀锌后，应清理螺纹或做离心分离。采用热渗锌代替热浸镀锌防腐处理时，其防腐层质量参照热浸镀锌。

3. 各涂层、镀层的厚度要求

(1)锌铝合金涂层附着量

表15-138

钢丝直径 ϕ(mm)	锌铝合金涂层附着量(g/m^2)	钢丝直径 ϕ(mm)	锌铝合金涂层附着量(g/m^2)
$1.00 \leqslant \phi < 1.20$	115	$2.50 \leqslant \phi < 2.80$	185
$1.20 \leqslant \phi < 1.40$	125	$2.80 \leqslant \phi < 3.20$	195
$1.40 \leqslant \phi < 1.65$	135	$3.20 \leqslant \phi < 3.80$	210
$1.65 \leqslant \phi < 1.85$	145	$3.80 \leqslant \phi < 4.40$	220
$1.85 \leqslant \phi < 2.15$	155	$4.40 \leqslant \phi < 5.20$	220
$2.15 \leqslant \phi < 2.50$	170		

(2)热浸镀锌层的附着量

表 15-139

钢构件类型(mm)		单面平均镀锌层附着量(g/m²) I	单面平均镀锌层附着量(g/m²) Ⅱ	钢构件类型(mm)		单面平均镀锌层附着量(g/m²) I	单面平均镀锌层附着量(g/m²) Ⅱ
钢板厚度	3～<6	600 单面		钢丝直径	>1.8～2.0	105	230
	1.5～<3	500 单面			>2.0～2.2	110	230
	<1.5	395 单面			>2.2～2.5	110	240
紧固件、连接件		350 单面			>2.5～3.0	120	250
钢丝直径	>1.0～1.2	75	180		>3.0～3.2	125	260
	>1.2～1.4	85	200		>3.2～4.0	135	270
	>1.4～1.6	90	200		>4.0～7.5	135	290
	>1.6～1.8	100	220				

注:①热浸镀锌采用的锌为 GB/T 470 规定的 Zn 99.995 或 Zn 99.99。

②Ⅰ级用于除重工业、都市或沿海等腐蚀较严重地区以外的一般场所;Ⅱ级适用于重工业、都市或沿海等腐蚀严重的地区。

(3)热浸镀锌层和锌铝合金涂层的性能要求

表 15-140

项　目	技 术 要 求
外观质量	构件表面应有均匀、完整的镀(涂)层,颜色一致、表面光滑,无流挂、滴瘤或多余结块,无漏镀和露铁等缺陷
涂、镀层均匀性	涂、镀层应均匀,经硫酸铜溶液浸蚀规定次数后,表面无铜的红色沉积物
涂、镀层附着性能	涂、镀层应于基底金属结合牢固,经锤击或缠绕试验后,涂镀层不剥离、不凸起、不开裂或起层到用手指能擦掉的程度
涂、镀层耐盐雾腐蚀性能	经 200h 盐雾腐蚀试验后,不出现腐蚀现象,基体钢材在切割边缘出现的锈蚀不计

(4)涂塑层厚度

表 15-141

钢构件类型		涂塑层厚度(mm) 聚乙烯、聚氯乙烯
钢管、钢板、钢带		0.38
紧固件、连接件		0.38
钢丝直径 ϕ(mm)	$\phi \leqslant 1.8$	0.25
	$1.8 < \phi \leqslant 4.0$	0.30
	$4.0 < \phi \leqslant 5.0$	0.38

注:单涂层构件宜采用热塑性涂塑层,涂塑前应作相应的前处理,涂塑层为聚乙烯、聚氯乙烯等热塑性粉末涂层。

(5)涂塑层性能

表 15-142

序　号	项　目	技 术 要 求
1	外观质量	涂塑层表面应均匀完整,颜色一致
2	涂塑层均匀性	涂塑层应均匀光滑、连续,无肉眼可分辨的小孔、空间、孔隙、裂缝、脱皮及其他有害缺陷
3	涂塑层附着性能	热塑性粉末涂塑层不低于 2 级

续表 15-142

序　号	项　　目	技 术 要 求
4	涂塑层抗弯曲性能	聚乙烯、聚氯乙烯涂塑层试样应无肉眼可见的裂纹或涂塑层脱落现象
5	涂塑层耐冲击性能	除冲击部位外，无明显裂纹、皱纹及涂塑层脱落现象
6	涂塑层耐盐雾腐蚀性能	不应出现腐蚀现象，基体钢材在切割边缘出现的锈蚀不予考虑
7	涂塑层耐湿热性能	划痕部位任何一侧 0.5mm 外，涂塑层应无气泡、剥离、生锈等现象
8	涂塑层耐化学药品性能	涂塑层无气泡、软化、丧失黏结等现象
9	涂塑层耐候性能	经总辐照能量不小于 3.5×10^6kJ/m^2 的人工加速老化试验后，涂塑层不应产生裂纹、破损等损伤现象
10	涂塑层耐低温脆化性能	经低温脆化试验后，涂塑层应无明显变色及开裂现象；经耐冲击性能试验后，性能仍应符合本表内第 5 项的要求

注：①表内第 8～10 项为涂塑层粉末涂料的要求。

②表中第 4 项为钢丝涂塑性能要求；第 5 项为立柱涂塑性能要求。

（6）双涂层厚度

表 15-143

<table>
<tr><th colspan="2" rowspan="2">钢构件类型</th><th rowspan="2">平均锌层重量(g/m^2)</th><th colspan="2">涂塑层厚度(mm)</th></tr>
<tr><th>聚乙烯、聚氯乙烯</th><th>聚酯</th></tr>
<tr><td rowspan="2">钢管、钢板、钢带</td><td>加工成型后热浸镀锌</td><td>270(单面)</td><td rowspan="2">>0.25</td><td rowspan="2">>0.076</td></tr>
<tr><td>使用连续热镀锌钢板和钢带成型</td><td>150(双面)</td></tr>
<tr><td colspan="2">紧固件、连接件</td><td>120(单面)</td><td>>0.25</td><td>>0.076</td></tr>
<tr><td rowspan="4">钢丝直径 ϕ(mm)</td><td>$\phi\leqslant2.0$</td><td>30</td><td rowspan="4">>0.15</td><td rowspan="4">>0.076</td></tr>
<tr><td>$2.0<\phi\leqslant3.0$</td><td>45</td></tr>
<tr><td>$3.0<\phi\leqslant4.0$</td><td>60</td></tr>
<tr><td>$4.0<\phi\leqslant5.0$</td><td>70</td></tr>
</table>

注：双涂层构件第一层（内层）为金属镀层，第二层（外层）的非金属涂层可为聚乙烯、聚氯乙烯等热塑性粉末涂层或聚酯等热固性粉末涂层。

（7）双涂层性能

表 15-144

序　号	项　　目	技 术 要 求
1	外观质量	涂塑层表面应均匀完整，颜色一致
2	镀层均匀性	镀锌构件的锌层应均匀，试样经硫酸铜溶液浸蚀规定次数后，表面无金属铜的红色沉积物
3	涂塑层均匀性	涂塑层应均匀光滑、连续，无肉眼可分辨的小孔、空间、孔隙、裂缝、脱皮及其他有害缺陷
4	镀层附着性能	镀锌构件的锌层应与基底金属结合牢固，经锤击或缠绕试验后，镀锌层不剥离、不凸起，不应开裂或起层到用裸手指能够擦掉的程度
5	涂塑层附着性能	热塑性粉末涂层不低于 2 级；热固性粉末涂层不低于 0 级
6	涂塑层抗弯曲性能	聚乙烯、聚氯乙烯涂塑层试样应无肉眼可见的裂纹或涂塑层脱落现象
7	涂塑层耐冲击性能	除冲击部位外，无明显裂纹、皱纹及涂层脱落现象
8	涂塑层耐盐雾腐蚀性能	不应出现腐蚀现象，基体钢材在切割边缘出现的锈蚀不予考虑

续表 15-144

序号	项目	技术要求
9	涂塑层耐湿热性能	划痕部位任何一侧 0.5mm 外,涂塑层应无气泡、剥离、生锈等现象
10	涂塑层耐化学药品性能	涂塑层无气泡、软化、丧失黏结等现象
11	涂塑层耐候性能	经总辐照能量不小于 $3.5\times10^5 kJ/m^2$ 的人工加速老化试验后,涂塑层不应产生裂纹、破损等损伤现象
12	涂塑层耐低温脆化性能	经低温脆化试验后,涂层应无明显变色及开裂现象;经耐冲击性能试验后,性能仍应符合表中第 7 项的要求

注:①表中第 10~12 项为涂塑层粉末涂料的要求。

②表中第 6 项为钢丝涂塑性能要求;第 7 项为立柱涂塑性能要求。

(二)隔离栅用立柱、斜撑和门(GB/T 26941.2—2011)

1. 立柱和斜撑

1)直缝电焊钢管立柱和斜撑结构尺寸(mm)

表 15-145

代号	中间立柱		端角立柱		斜撑	
	外径	壁厚	外径	壁厚	外径	壁厚
Psp-1	48	2.5	60	3.0	48	2.5
Psp-2	48	3.0	60	3.5	48	3.0
Psp-3	60	3.0	75.5	3.5	60	3.0
Psp-4	60	3.5	75.5	3.5	60	3.0
Psp-5	75.5	3.5	88.5	4.0	75.5	3.5

2)冷弯等边型钢

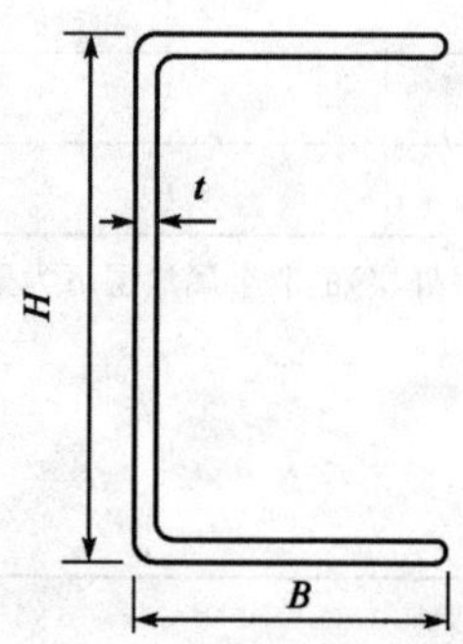

图 15-79 冷弯等边型钢示意图

H-非自由边长;*B*-自由边长;*t*-型钢壁厚

冷弯等边型钢立柱和斜撑结构尺寸(单位:mm) 表 15-146

代号	中间立柱			端角立柱			斜撑		
	H	*B*	*t*	*H*	*B*	*t*	*H*	*B*	*t*
Psc-1	60	30	3.0	80	40	2.5	60	30	3.0
Psc-2	80	40	2.5	50	50	3.0	80	40	2.5
Psc-3	50	50	3.0	80	40	3.0	50	50	3.0
Psc-4	80	40	3.0	80	40	4.0	80	40	3.0
Psc-5	80	40	4.0	100	50	3.0	80	40	4.0
Psc-6	100	50	3.0	100	50	4.0	100	50	3.0

3)冷弯内卷边型钢

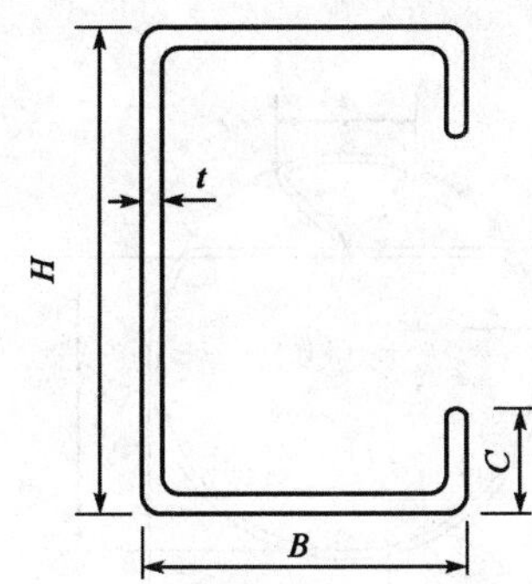

图 15-80　冷弯内卷边型钢示意图

H-非自由边长;B-自由边长;t-型钢壁厚;C-卷边长

冷弯内卷边型钢立柱和斜撑结构尺寸(单位:mm)　　表 15-147

代　号	中间立柱				端角立柱				斜　撑			
	H	*B*	*C*	*t*	*H*	*B*	*C*	*t*	*H*	*B*	*C*	*t*
Psr-1	60	30	10	2.5	60	30	15	2.5	60	30	10	2.5
Psr-2	60	30	10	3.0	60	30	15	3.0	60	30	10	3.0
Psr-3	60	30	15	2.5	80	40	15	2.5	60	30	15	2.5
Psr-4	60	30	15	3.0	80	40	15	3.0	60	30	15	3.0
Psr-5	80	40	15	2.5	80	50	25	2.5	80	40	15	2.5
Psr-6	80	40	15	3.0	80	50	25	3.0	80	40	15	3.0
Psr-7	80	50	25	2.5	100	50	20	2.5	80	50	25	2.5
Psr-8	80	50	25	3.0	100	50	20	3.0	80	50	25	3.0
Psr-9	100	50	20	2.5	100	60	20	2.5	100	50	20	2.5
Psr-10	100	50	20	3.0	100	60	20	3.0	100	50	20	3.0

4)方管立柱和斜撑结构尺寸(mm)

表 15-148

代　号	中间立柱		端角立柱		斜　撑	
	截面尺寸	壁厚	截面尺寸	壁厚	截面尺寸	壁厚
Pss-1	50×50	1.5～3.0	50×50	1.5～3.0	40×40 50×50	1.5～3.0
Pss-2	60×60	1.5～3.0	60×60	1.5～3.0		
Pss-3	80×80	2.5～4.0	80×80	2.5～4.0		
Pss-4	100×100	3.5～5.0	100×100	3.5～5.0		

5)矩形管立柱和斜撑结构尺寸(mm)

表 15-149

代　号	中间立柱		端角立柱		斜　撑	
	截面尺寸	壁厚	截面尺寸	壁厚	截面尺寸	壁厚
Pst-1	50×40	1.5～3.0	50×40	1.5～3.0	50×40 60×40	1.5～3.0
Pst-2	60×40	1.5～3.0	60×40	1.5～3.0		
Pst-3	80×60	2.5～4.0	80×60	2.5～4.0		
Pst-4	120×80	3.0～5.0	120×80	1.5～3.0		

6)燕尾形型钢

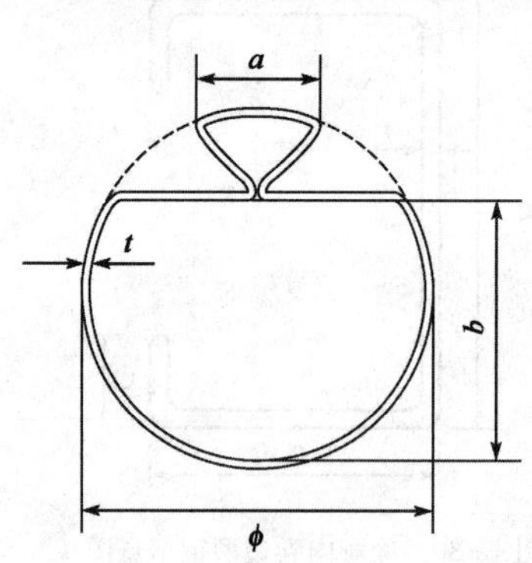

图 15-81 燕尾形型钢截面示意图

燕尾形柱和斜撑的结构尺寸(单位:mm) 表 15-150

代号	中间立柱				端角立柱				斜撑			
	ϕ	t	a	b	ϕ	t	a	b	ϕ	t	a	b
Psh-1	48	1.5	11.4	33.8	60	2.0	14.2	41.2	38	1.5	9.0	26.8
Psh-2	60	2.0	14.2	41.2	76	2.0	18.0	52.5	38	2.0	9.0	25.8

7)混凝土立柱和斜撑结构尺寸(mm)

表 15-151

代号	分类			
	中间立柱		端角立柱	
	断面尺寸	配筋直径	断面尺寸	配筋直径
Pcs-1	100×100	6	100×100	6
Pcs-2	125×125		125×125	8

8)立柱和斜撑说明

立柱和斜撑长度根据设计网高确定。

可根据要求通过折弯、焊接或用 M8 螺栓与立柱连接的方式形成延伸臂,折弯后与立柱夹 40°～45°的角,延伸臂长 250～350mm。延伸臂用于挂刺钢丝或网片相同的金属网。

直缝电焊钢管立柱、方管立柱、矩形管立柱、燕尾柱柱端应加柱帽,立柱与柱帽要连接牢固、紧密。

2. 门

1)直缝电焊钢管门结构尺寸

表 15-152

对应立柱类别	门宽(m) ≤	门柱尺寸(mm) 外径	壁厚	对应立柱类别	门宽(m) ≤	门柱尺寸(mm) 外径	壁厚
Psp-1	1.2	48	3.0	Psp-4	1.2	60	3.5
	3.2	60	3.0		3.2	75.5	3.5
Psp-2	1.2	48	3.5	Psp-5	1.2	75.5	3.5
	3.2	60	3.5		3.2	88.5	4.0
Psp-3	1.2	60	3.0				
	3.2	75.5	3.5				

2)冷弯等边型钢门结构尺寸

表 15-153

对应立柱类别	门宽(m)≤	门柱尺寸(mm)			对应立柱类别	门宽(m)≤	门柱尺寸(mm)		
		h	*B*	*d*			*h*	*B*	*d*
Psc-1	1.2	60	30	3.0	Psc-4	1.2	80	40	3.0
	3.2	80	40	2.5		3.2	80	40	4.0
Psc-2	1.2	80	40	2.5	Psc-5	1.2	80	40	4.0
	3.2	50	50	3.0		3.2	100	50	3.0
Psc-3	1.2	50	50	3.0	Psc-6	1.2	100	50	3.0
	3.2	80	40	3.0		3.2	100	50	4.0

3)冷弯内卷边型钢门结构尺寸

表 15-154

对应所用立柱类别	门宽(m)	门柱尺寸(mm)				对应所用立柱类别	门宽(m)	门柱尺寸(mm)			
		H	*B*	*C*	*t*			*H*	*B*	*C*	*t*
Psr-1	≤1.2	60	30	10	2.5	Psr-6	≤1.2	80	40	15	3.0
	≤3.2	60	30	15	2.5		≤3.2	80	50	25	4.0
Psr-2	≤1.2	60	30	10	3.0	Psr-7	≤1.2	80	50	25	3.0
	≤3.2	60	30	25	3.0		≤3.2	100	50	20	4.0
Psr-3	≤1.2	60	30	15	2.5	Psr-8	≤1.2	80	50	25	3.0
	≤3.2	80	40	15	2.5		≤3.2	100	50	20	4.0
Psr-4	≤1.2	60	30	15	3.0	Psr-9	≤1.2	100	50	20	3.0
	≤3.2	80	40	15	3.0		≤3.2	100	60	20	4.0
Psr-5	≤1.2	80	40	15	2.5	Psr-10	≤1.2	100	50	20	3.0
	≤3.2	80	50	25	2.5		≤3.2	100	60	20	4.0

4)方管门结构尺寸(mm)

表 15-155

对应所用立柱类别	门 柱 尺 寸		对应所用立柱类别	门 柱 尺 寸	
	截面尺寸	壁厚		截面尺寸	壁厚
Pss-1	50×50	1.5～3.0	Pss-3	80×80	2.5～4.0
Pss-2	60×60	1.5～3.0	Pss-4	100×100	3.5～5.0

5)矩形管门结构尺寸(mm)

表 15-156

对应所用立柱类别	门 柱 尺 寸		对应所用立柱类别	门 柱 尺 寸	
	截面尺寸	壁厚		截面尺寸	壁厚
Pst-1	50×40	1.5～3.0	Pst-3	80×60	2.5～4.0
Pst-2	60×40	1.5～3.0	Pst-4	120×80	3.5～5.0

6)燕尾柱门结构尺寸

表 15-157

对应所用立柱类别	门宽(m)	门柱尺寸(mm)	
		外径	壁厚
Psh-1	≤1.2	60	2.0
	≤3.2	76	2.0
Psh-2	≤1.2	60	2.0
	≤3.2	76	2.0

7)门宽不大于 1.2m 的门柱

门宽不大于 1.2m 的门柱也可采用混凝土立柱,其断面尺寸为 125mm×125mm,配筋直径不小于 8mm。

3.连接件

网片与立柱连接方式为连续安装或分片安装。

(1)连接安装有两种方式:

①直接挂在型钢立柱冲压而成的挂钩上或混凝土立柱中预埋的钢筋弯钩上,挂钩的距离应与网片网孔大小相匹配,挂钩的大小应能满足固定网片的要求。

②通过螺栓、螺母、垫片、抱箍、条形钢片等的连接附件将网片与立柱、立柱与斜撑连接。

注:①条形钢片用于网片端头与立柱的连接,其厚度不小于 3mm。

②抱箍用于立柱与网片的连接,针对立柱的外径进行设计。

(2)分片安装时可通过螺栓、螺母、垫片、抱箍、上横框、下横框、竖框等连接件将网片与立柱连接:

①上横框、下横框、竖框用于网片固定,其宽度不小于 30mm,厚度不小于 1.5mm;横框、竖框与网片之间可用直径为 6mm 的锚钉固定。

②抱箍用于立柱与网框的连接,针对立柱的外径进行设计;也可采用其他的装配方式安装。

(3)立柱与斜撑,立柱与网框用螺栓连接。

(4)斜撑如采用锚钉钢筋锚定,则锚钉钢筋的直径不应小于 20mm。

(5)门柱和门通过连接件用螺栓连接。

(三)隔离栅用焊接网(GB/T 26941.3—2011)

焊接网(代号 W_w)分为片网(P)或卷网(J);根据孔形又分为等孔网(D)和变孔网(B)。

1.钢丝焊接片网

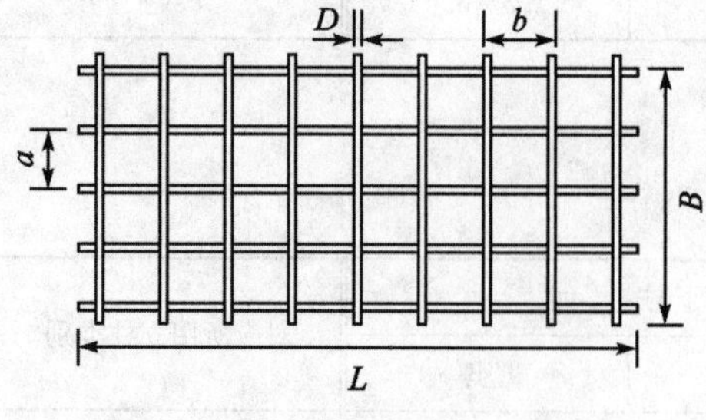

图 15-82 钢丝片网示意图

B-网面高度;*L*-网面长度;*a*-网孔纵向长度;*b*-网孔横向宽度;*D*-钢丝直径

钢丝片网结构尺寸　表 15-158

代　号	钢丝直径 D(mm)	网孔尺寸($a \times b$)(mm)	网面长度 L(m)	网面宽度 B(m)
W_w－3.5－75	3.5	75×75	1.9～3.0	1.5～2.5
W_w－3.5－100		100×50		
W_w－3.5－150		150×75		
W_w－3.5－195		195×65		
W_w－4.0－150	4.0	150×75		
W_w－4.0－195		195×65		
W_w－5.0－150	5.0	150×75		
W_w－5.0－200		200×75		

注：钢丝直径为防腐处理前；钢丝宜采用低碳钢丝。

2. 钢丝焊接卷网

卷网的横丝被压成波浪形，横丝的波高不小于 2mm。每个网孔横向宽度内含一个横丝波高。

卷 网 结 构 尺 寸　表 15-159

代　号	钢丝直径 (mm)	网孔尺寸($a \times b$) (mm)	网面长度 L (m)	网面宽度 B (m)	纵向钢丝强度 (MPa)
W_w－2.5－50	2.5	50×50	20～50	1.5～2.5	650～850
W_w－2.5－100		100×50			
W_w－2.95－50	2.95	50×50			
W_w－2.95－100		100×50			
W_w－2.95－150		150×75			

注：①钢丝直径为防腐处理前。
②卷网横向钢丝宜采用低碳钢丝，纵丝用高强度钢丝。

3. 变孔网

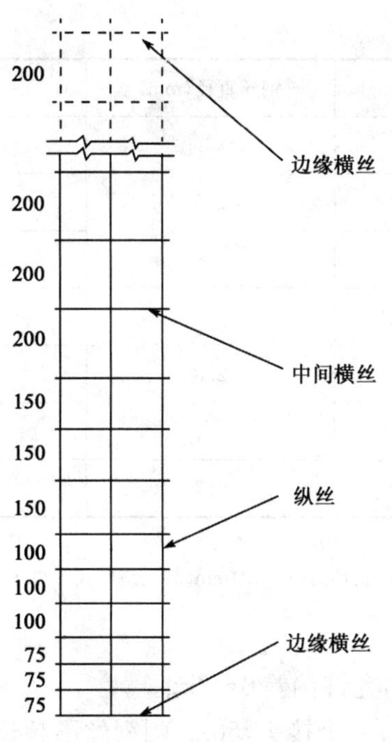

图 15-83　变孔网示意图

变孔网结构尺寸 表 15-160

纵丝及中间横丝直径(mm)	边缘横丝直径(mm)	网孔纵向长度(mm)	对应纵向网孔数量	网孔横向宽度(mm)
2.5	3.0	75	3	150
		100	3	
2.7	3.0	150	3	
		200	3~6	

注:钢丝直径为防腐处理前。

4.等孔网

等孔网各网孔纵向长度及结构尺寸与片网和卷网相同。

(四)隔离栅用刺钢丝网(GB/T 26941.4—2011)

刺钢丝网(Bw)根据钢丝强度分为普通型(P)和加强型(J)。

普通型刺钢丝网采用低碳钢丝,力学性能符合 YB/T 5294 规定,加强型刺钢丝网采用高强度低合金钢丝,其抗拉强度不低于 700~900MPa。各种规格刺钢丝的整股破断拉力不得低于 4 230N。

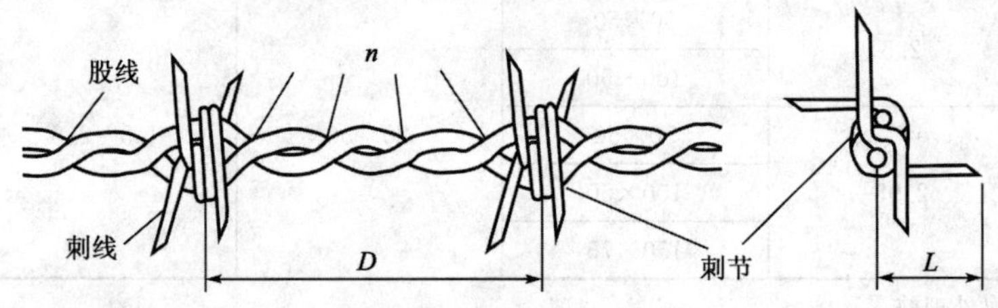

图 15-84 刺钢丝示意图

n-捻数;D-刺矩;L-刺长

1.刺钢丝网的结构尺寸

表 15-161

型 别	代 号	钢丝直径(mm)	刺距 D(mm)	捻数 n,≥
普通型刺钢丝网	Bw—2.5—76	2.5	76	3
	Bw—2.5—102		102	4
	Bw—2.5—127		127	5
	Bw—2.8—76	2.8	76	3
	Bw—2.8—102		102	4
	Bw—2.8—127		127	5
加强型刺钢丝网	Bw—1.7—102	1.7	102	7

注:①钢丝直径为防腐处理前。

②刺钢丝每个结有四个刺,刺形应规整,刺长为(16±3)mm,刺线绕股线不少于 1.5 圈。

2.刺钢丝的交货

刺钢丝每捆重量 25kg 或 50kg,允许偏差 0~2kg。

每捆 25kg 刺钢丝的股线不超过一个接头,50kg 刺钢丝不超过两个接头。接头应平行对绕在拧花处,不应挂钩。

(五)隔离栅用编织网(GB/T 26941.5—2011)

钢丝编织网由网片钢丝和张力钢丝组成,共用三根直径不小于3.0mm的张力钢丝将纵向编织的编织网串联成整体。底部一根靠近地面。顶部一根靠近网边。

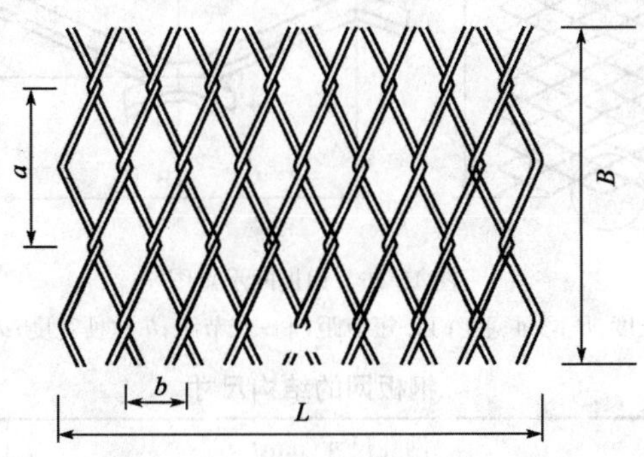

图15-85　编织网示意图

B-网面长度;L-网面宽度;a-纵向对角线;b-横向对角线

钢丝编织网的结构尺寸　　表15-162

代　　号	钢丝直径(mm)	网孔尺寸($a\times b$)(mm)	网面长度L(m)	网面宽度B(m)
Cw—2.2—50	2.2	50×50	3,4,5,6,10,15,30	1.5～2.5
Cw—2.2—100		100×50		
Cw—2.2—150		150×75		
Cw—2.8—50	2.8	50×50		
Cw—2.8—100		100×50		
Cw—2.8—150		150×75		
Cw—3.5—50	3.5	50×50		
Cw—3.5—100		100×50		
Cw—3.5—150		150×75		
Cw—3.5—160		160×80		
Cw—4.0—50	4.0	50×50		
Cw—4.0—100		100×50		
Cw—4.0—150		150×75		
Cw—4.0—160		160×80		

注:①钢丝直径为防腐处理前。

②其他规格片网由供需双方商定。

(六)隔离栅用钢板网(GB/T 26941.6—2011)

钢板网系采用低碳钢板制成。厚度不大于3mm的钢板网弯曲90°,应无折断现象。

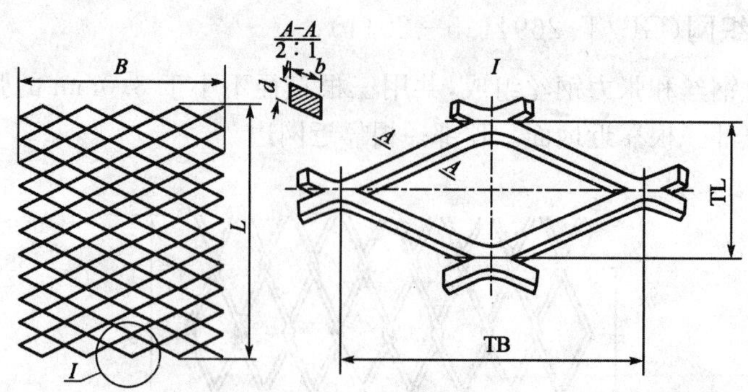

图 15-86 钢板网示意图

L-网面长度;*B*-网面宽度;TL-短节距;TB-长节距;*b*-丝梗宽度;*d*-钢板厚度

钢板网的结构尺寸 表 15-163

代　号	钢板厚度 *d*(mm)	网孔尺寸(mm)			网面尺寸(m)	
		短节距 TL	长节距 TB	丝梗宽度 *b*	网面长度 *L*	网面宽度 *B*
Gw−2.0−18	2.0	18	50	2.03	1.9～3.0	1.5～2.5
Gw−2.0−22		22	60	2.47		
Gw−2.0−29		29	80	3.26		
Gw−2.0−36		36	100	4.05		
Gw−2.0−44		44	120	4.95		
Gw−2.5−29	2.5	29	80	3.26		
Gw−2.5−36		36	100	4.05		
Gw−2.5−44		44	120	4.95		
Gw−3.0−36	3.0	36	100	4.05		
Gw−3.0−44		44	120	4.95		
Gw−3.0−55		55	150	4.99		
Gw−4.0−24	4.0	24	60	4.5		
Gw−4.0−32		32	80	5.0		
Gw−4.0−40		40	100	6.0		
Gw−5.0−24	5.0	24	60			
Gw−5.0−32		32	80			
Gw−5.0−40		40	100			
Gw−5.0−56		56	150			

注:钢板厚度和丝梗宽度为防腐处理前。

(七)公路用复合隔离栅立柱(JT/T 848—2013)

公路用复合隔离栅立柱是以玻璃纤维增强材料、树脂、硫铝酸盐水泥等材料加工制作。

产品按结构材料不同分为三类:

TP 型——无外皮包裹的纤维增强水泥复合隔离栅立柱。

KP 型——中空玻璃钢复合隔离栅立柱。

BP 型——玻璃钢填充无机材料复合隔离栅立柱。

1.立柱外观质量要求

产品表面应平整光滑、色泽均匀,无起皱、裂纹、破损等缺陷。玻璃钢材料应无分层、翘曲,表面的气泡、气孔累计面积不得大于 $100mm^2/m^2$,单个最大气泡或气孔面积不得大于 $15mm^2$。增强材料与机体应结合致密。

2. 立柱的结构尺寸

表 15-164

<table>
<tr><th rowspan="3">类型</th><th rowspan="3">长度</th><th colspan="4">截面尺寸(mm)</th><th rowspan="3">玻璃钢外层厚度(mm)</th><th rowspan="3">弯曲度(mm/m)，不大于</th></tr>
<tr><th colspan="2">矩形、方形</th><th>圆形</th><th rowspan="2" colspan="2">弦高 h</th></tr>
<tr><th>长度 L</th><th>宽度 W</th><th>直径 D</th></tr>
<tr><td>KP 型</td><td rowspan="3">根据设计确定</td><td rowspan="2">60～80</td><td rowspan="2">40～60</td><td>40～60</td><td>—</td><td rowspan="3">弦高如图：</td><td>≥3.0</td><td rowspan="3">2</td></tr>
<tr><td>BP 型</td><td>40～60</td><td>—</td><td>≥2.0</td></tr>
<tr><td>TP 型</td><td>68</td><td>58</td><td>—</td><td>5</td><td>—</td></tr>
</table>

注：截面的长度、宽度的允许偏差为 0～+5mm；弦高的偏差为±1mm。

公路用复合隔离栅立柱物理化学性能　表 15-165

<table>
<tr><th>序号</th><th colspan="3">项　目</th><th>技 术 要 求</th><th>适 用 类 型</th></tr>
<tr><td>1</td><td colspan="3">抗折荷载 F</td><td>≥10 000N</td><td>用于 KP、BP、TP 型</td></tr>
<tr><td rowspan="2">2</td><td rowspan="2" colspan="3">耐低温坠落性能</td><td>经低温坠落试验后，产品应无折断、开裂、破损现象</td><td>用于 KP、BP 型</td></tr>
<tr><td>经低温坠落试验后，产品应无折断、开裂、破损现象，且抗折荷载不小于 9 500N</td><td>用于 TP 型</td></tr>
<tr><td>3</td><td colspan="3">抗冻融性能</td><td>经规定时间试验后，产品表面不应出现裂纹、起层、剥落等痕迹，材料抗折荷载不小于 9 500N</td><td>用于 BP、TP 型</td></tr>
<tr><td>4</td><td colspan="3">耐水性能</td><td>经规定时间试验后，产品表面不应出现软化、皱纹、起泡、开裂、被溶解、溶剂浸入等痕迹</td><td rowspan="7">用于 KP、BP 型</td></tr>
<tr><td rowspan="3">5</td><td rowspan="3" colspan="2">耐化学溶剂性能</td><td>汽油</td><td rowspan="3">经规定时间试验后，产品表面不应出现软化、皱纹、起泡、开裂、被溶解、溶剂浸入等痕迹</td></tr>
<tr><td>酸</td></tr>
<tr><td>碱</td></tr>
<tr><td rowspan="3">6</td><td rowspan="3">环境适应性能</td><td colspan="2">耐湿热性能</td><td>经 240h 的耐湿热试验后，产品不应有变色或被侵蚀的痕迹</td></tr>
<tr><td rowspan="2">耐候性能</td><td>自然曝晒试验</td><td>经 5 年自然曝晒试验后，试样无变色、龟裂、粉化等明显老化现象</td></tr>
<tr><td>氙弧灯人工加速老化试验</td><td>经总辐照能量不小于 $3.5\times10^{6}kJ/m^2$ 的氙弧灯人工加速老化试验后，试样无变色、龟裂、粉化等明显老化现象</td></tr>
</table>

(八)铝包钢丝护栏网(JC/T 2161—2012)

铝包钢丝护栏网是由圆形钢芯外包覆一层连续均匀的铝层制成的线材，再加工成网孔呈菱形的金属网。

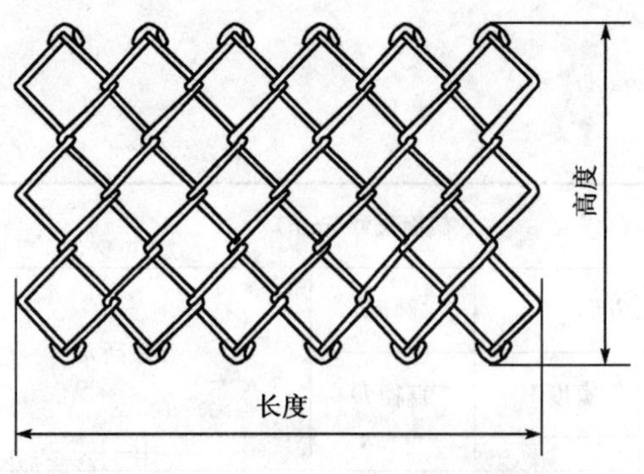

图 15-87 菱形护栏网示意图

1. 钢丝直径与网孔推荐尺寸(mm)

表 15-166

钢丝直径	网孔尺寸				
	25	30	40	50	55
4.5					+
4.0				+	+
3.5			+	+	+
3.2		+	+	+	+
2.8	+	+	+	+	+
2.6	+	+	+	+	+

注:"+"表示可选组合。

2. 铝包钢丝护栏网规格尺寸

表 15-167

指标	规格尺寸(mm)
钢丝公称直径	2.6;2.8;3.2;3.5;4.0;4.5
网孔尺寸	25;30;40;50;55
网片高度	1 000;1 250;1 500;1 800;2 000
网片长度	10～15m

3. 铝包钢丝护栏网外观质量和技术要求

表 15-168

项目		指标和要求	
抗拉强度(MPa)	公称直径(mm)	编织前	编织后
	2.6～2.8	≥600	≥540
	>2.8	≥540	≥486
铝包钢丝最小铝层厚度		不小于标称直径的 5%	
铝层附着力		在 100 倍公称直径长度试样上将钢丝扭断,断裂时扭转次数应大于 20 次,且目视条件下铝层与钢芯不应有分离现象	
网片耐盐雾性能		经中性盐雾试验后,网片表面不出现锈蚀现象	
编织质量要求		菱形网孔应接近统一,网片高度范围内每根网丝必须由一根构成,中间不得有接头。网片中网丝不得有脱扣现象,网片顶部和底部应弯折或扭结。网丝在编织过程中,不得产生影响使用的刮伤等缺陷。锁边形式由双方合同商定	
外观质量		铝包钢丝表面应光洁,不得有铝层脱落和裂纹	

五、公路工程土工合成材料

公路工程土工合成材料品种繁多，包括排水板、土工网、土工格室、土工膜、土工膜袋、土工格栅、土工加筋带、土工织物（布）、防水材料、保温隔热材料等。主要用于公路工程；根据标准规定，水运、铁路、水利、港口等工程也可参照使用。

公路工程土工合成材料产品的原材料多为工程塑料，其原材料代号见表 15-169。

土工合成产品原材料名称及代号

表 15-169

名　称	标 识 符	名　称	标 识 符	名　称	标 识 符
聚乙烯	PE	高密度聚乙烯	HDPE	乙烯共聚物沥青	ECB
聚丙烯	PP	丁腈聚合物	NPH	SBS 改性沥青	SBS
聚酯	PET	聚丙烯腈	PAC	钢丝	GSA
聚酰胺	PA	高强聚酯长丝	HP	钢丝绳	GSB
聚酯	PES	无碱玻璃纤维	GE		
聚氨酯	PU	玻璃纤维	EC		

（一）塑料排水板（带）（JT/T 521—2004）

塑料排水板（带）是以薄型土工织物包裹不同材料制成不同形状的芯材，组合成一定宽度的复合型排水产品。一般将宽度为 10cm 的称为排水带，将宽度不小于 100cm 的称为排水板。

1. 塑料排水板（带）结构

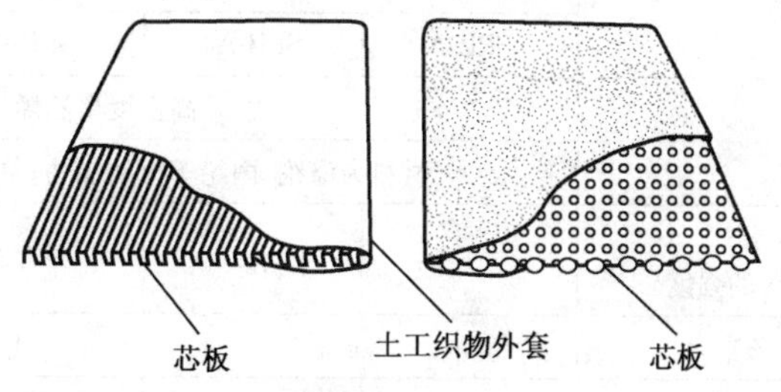

图 15-88　典型的塑料排水板（带）结构示意图

2. 塑料排水板（带）的分类

表 15-170

按打入软土地基深度分类		按功能分类	
类型	适用打设深度（m）	名称	代号
A	10	双面反滤排水板（带）	FF
A_0	15	单面反滤排水板（带）	F
B	20	一面反滤排水，一面隔离防渗排水板（带）	FL
B_0	25	加筋兼反滤排水板（带）	Fl
C	35		

3. 塑料排水板（带）的标记

示例：打设深度小于 25m 的软土地基，幅宽为 1 000mm、厚度为 10mm 的单面反滤排水板（带）表示为：SPB-B-F-1000-10。

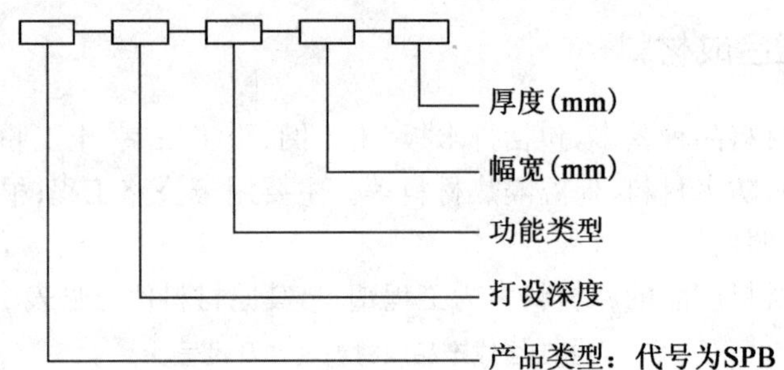

4.塑料排水板(带)的规格尺寸

表 15-171

项目	型号				
	SPB-A	SPB-A_0	SPB-B	SPB-B_0	SPB-C
厚度(mm)	≥3.5	≥3.5	≥4.0	≥4.0	≥4.5
厚度允许偏差(%)	±0.5				
宽度(mm)	>95				
宽度允许偏差(%)	±2				

5.塑料排水板(带)的基本技术要求

表 15-172

项目		型号规格				
		SPB-A	SPB-A_0	SPB-B	SPB-B_0	SPB-C
材质	芯带	高密度聚乙烯、聚丙烯等				
	滤膜	材料为涤纶、丙纶等无纺织物;单位面积重量宜大于 85g/m²				
复合体	抗拉强度(干态),kN/10cm(延伸率为 10%的强度)	>1.0	>1.0	>1.2	>1.2	>1.5
	延伸率(%)	>4				
纵向通水量 q_w(cm³/s)(侧压力为 350kPa)		≥25	≥25	≥30	≥30	≥40
滤膜的拉伸强度(kN/m)	干拉强度	1.5	1.5	2.5	2.5	3.0
	湿拉强度	1.0	1.0	2.0	2.0	2.5
芯板压屈强度(kPa)		>250			>350	
滤膜渗透反滤特征	渗透系数(cm/s)	$k_g \geq 5\times10^{-4}$, $k_g \geq 10k_s$				
	等效孔径 O_{95}(mm)	<0.075				

注:①k_g-滤膜的渗透系数;k_s-地基土的渗透系数。

②塑料排水板(带)滤膜干拉强度为延伸率 10%的纵向抗拉强度,湿拉强度为浸泡 24h 后,延伸率 15%的横向抗拉强度。

③芯板用 PP 为原材料时,严禁使用再生料。

6.塑料排水板(带)的外观质量和储运要求

1)外观质量

(1)槽型塑料排水板(带)板芯槽齿无倒伏现象,钉型排水板(带)板芯乳头圆滑不带刺。

(2)塑料排水板(带)板芯无接头,表面光滑、无空洞和气泡、齿槽应分布均匀。

(3)塑料排水板(带)滤膜应符合下列规定:

①每卷滤膜接头不多于一个。接头搭接长度大于 20cm。

②滤膜应包紧板芯，包覆时用热合法或黏合法。

③当用黏合法时，黏合缝应连续，缝宽为 5mm+1mm。

2)包装

塑料排水板(带)外包装应牢固，并确保在运输过程中不破损、不露板芯。对于存放时间较长的排水板(带)，包装材料应具有防紫外线辐射能力。

3)运输

塑料排水板(带)在运输过程中应轻放、轻卸，不能长期日晒雨淋。

4)储存

塑料排水板(带)应储存在通风、干燥、温度适宜的仓库内，产品不应重压。严禁与化工腐蚀物品一起堆放。

(二)公路工程土工加筋带(JT/T 517—2004)

公路工程土工加筋带按材料分为两类：塑料土工加筋带，代号 SLLD；钢塑土工加筋带，代号 GSLD。

土工加筋带外观应色泽均匀，无明显油污；产品无破裂、损伤、穿孔、露筋等缺陷；产品表面有粗糙整齐的花纹。

产品的原材料应符合相关标准的规定。塑料材料应使用原始粒状原料，严禁使用粉状或再造粒状颗粒原料。

1. 土工加筋带的结构示意

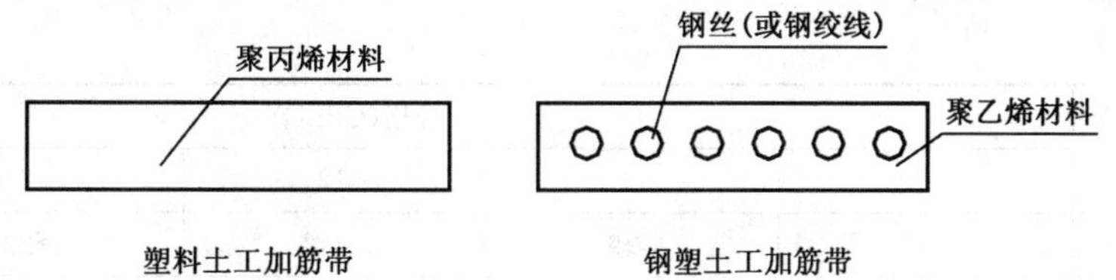

图 15-89　土工加筋带结构示意图

2. 土工加筋带的标记

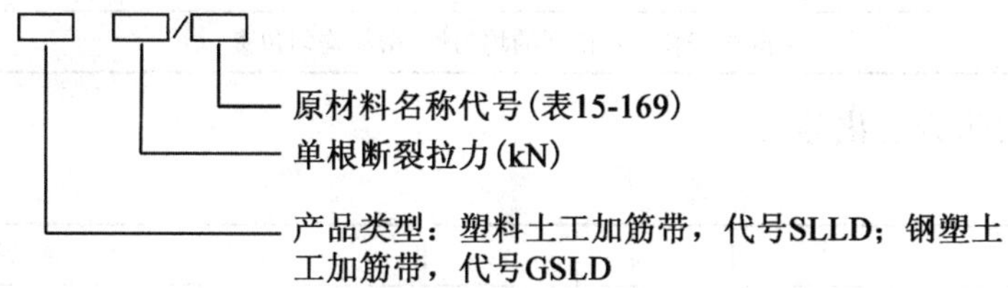

示例 1：断裂拉力为 10kN 的钢(丝)塑土工加筋带，可表示为：GSLD10/GSA。

示例 2：断裂拉力为 10kN 的聚丙烯土工加筋带，可表示为：SLLD10/PP。

3. 土工加筋带产品规格

表 15-173

加筋带种类	每根产品的标称断裂极限拉力(kN)				
塑料土工加筋带(SLLD)	3	7	10	13	—
钢塑土工加筋带(GSLD)	7	9	12	22	30

4. 土工加筋带产品的尺寸要求

表 15-174

产品类型和规格	塑料土工加筋带				钢塑土工加筋带				
	3	7	10	13	7	9	12	22	30
最小宽度(mm)	18	25	30	35	30	30	30	50	60
最小厚度(mm)	1.0	1.3	1.5	1.5	2.0	2.0	2.0	2.2	2.2
长度	每根长度≥100m,卷中不得有拼段								

注:标称宽度允差为±5%;标称厚度允差为±10%;标称单位长度质量允差为±5%。

5. 土工加筋带的力学性能

(1)塑料土工加筋带的技术参数

表 15-175

项　目	规格(SLLD)			
	3	7	10	13
每根的断裂拉力(kN)	≥3	≥7	≥10	≥13
断裂伸长率(%)	≤8			
2%伸长率时的拉力(kN)	≥1.2	≥3.0	≥3.5	≥4.0
似摩擦系数	≥0.4			
偏斜率(mm/m)	≤5			

(2)钢塑土工加筋带的技术参数

表 15-176

项　目	规格(GSLD)				
	7	9	12	22	30
每根的断裂拉力(kN)	≥7	≥9	≥12	≥22	≥30
断裂伸长率(%)	≤3				
钢丝(钢丝绳)的握裹力(kN/m)	≥4	≥4	≥4	≥6	≥6
似摩擦系数	≥0.4				
偏斜率(mm/m)	≤5				
钢丝(钢丝绳)排列的均匀性、塑料均匀包裹					

(3)塑料土工加筋带光老化等级

表 15-177

光老化等级	Ⅰ	Ⅱ	Ⅲ	Ⅳ
紫外线辐射强度为 550W/m² 照射 150h 强度保持率(%)	<50	50~80	80~95	>95
炭黑含量(%)	—		≥2.0±0.5	

注:对用其他抗老化助剂参照执行。

(4)塑料土工加筋带的蠕变性能要求

蠕变相对伸长率计算公式:

$$\varepsilon_1 = \varepsilon_0 + b\lg t$$

式中:ε_1——蠕变相对伸长率为在荷载 P 作用时间 t 后的总应变量(%);

ε_0——受力开始时的初始应变量(%);

t——试验历时(h)；

b——蠕变系数，$b \geqslant 0.0167$。

蠕变试验加荷水平：为产品标称断裂拉力的60%；试验温度为20℃；试验总的时间为500h。

6. 土工加筋带的储运要求

(1)运输

土工加筋带在运输过程中应轻放、轻卸，避免与尖锐物品或化学腐蚀物品混装运输，并应有遮篷等措施以防日晒雨淋。

(2)储存

土工加筋带应储存在通风、阴凉、干燥的仓库内，产品不应重压。并应避免日光长照照射，离热源距离应不小于5m。严禁与化工腐蚀物品一起堆放。自生产之日起，有效存储期为18个月。

(三)公路工程用长丝纺粘针刺非织造土工布(JT/T 519—2004)

公路工程用长丝纺粘针刺非织造土工布按原料品种分为：聚酯、聚丙烯、聚酰胺、聚乙烯等(各原料代号见表15-169)。

公路工程用长丝纺粘针刺非织造土工布按用途分为沥青铺面用和公路路基用。

用于沥青铺面用的，其耐高温性应在210℃以上，并需经单面烧毛工艺处理。可采用聚酯材料制造的150g/m² 土工布产品。用于公路路基的，其耐腐蚀、抗老化和导排性能应满足设计要求。

1. 长丝纺粘针刺非织造土工布的标记

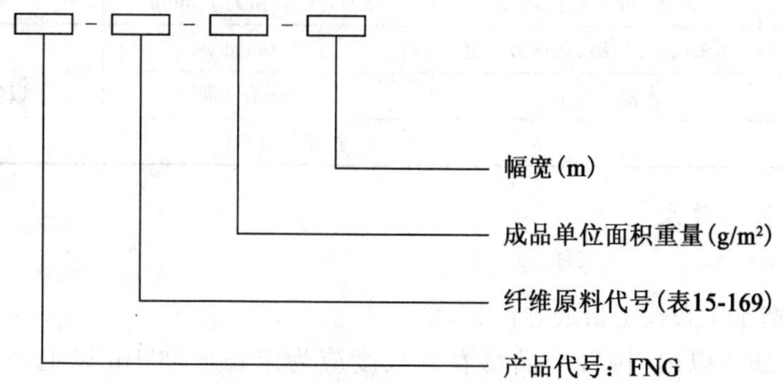

示例：聚丙烯长丝纺粘针刺非织造土工布，单位面积重量450g/m²，幅宽4.5m，其型号为：FNG-PP-450-4.5。

2. 长丝纺粘针刺非织造土工布的规格尺寸

表15-178

项　目	规格(g/m²)							
	150	200	250	300	350	400	450	500
单位面积重量(g/m²)	150	200	250	300	350	400	450	500
单位面积重量偏差(%)	−10	−6	−5	−5	−5	−5	−5	−4
厚度(mm)，≥	1.7	2.0	2.2	2.4	2.5	3.1	3.5	3.8
厚度偏差(%)	15							
宽度(m)	≥3.0							
标称宽度偏差(%)	−0.5							

注：①规格按单位面积质量，实际规格介于表中相邻规格之间时，按内插法计算相应考核指标。

②采用聚酯材料制造的150g/m² 长丝纺粘针刺非织造土工布用于沥青铺面。

3.长丝纺粘针刺非织造土工布基本项的性能要求

表 15-179

性能		规格(g/m²)							
		150	200	250	300	350	400	450	500
纵、横向	断裂强度(kN/m),≥	7.5	10.0	12.5	15.0	17.5	20.5	22.5	25.0
	断裂伸长率(%)	30～80							
CBR 顶破强度(kN),≥		1.4	1.8	2.2	2.6	3.0	3.5	4.0	4.7
等效孔径 O_{90}(O_{95})(mm)		0.08～0.20							
垂直渗透系数(cm/s)		5×10^{-2}～5×10^{-1}							
纵、横向	撕破强度(kN),≥	0.21	0.28	0.35	0.42	0.49	0.56	0.63	0.70

注:选择项包括动态穿孔(mm)、刺破强度(N)、纵横向强度比、平面内水流量(m^2/s)、湿筛孔径(mm)、摩擦系数、抗紫外线性能、抗酸碱性能、抗氧化性能、抗磨损性能、蠕变性能、拼接强度等。性能指标应符合 JTG/T D32 的规定。

4.长丝纺粘针刺非织造土工布外观疵点的评定

表 15-180

疵点名称	轻缺陷	重缺陷	要求
布面不匀、折痕	轻微	严重	
杂物、僵丝	软质,粗不大于 5mm	硬质,软质,粗大于 5mm	
边不良	≤300cm 时,每 50cm 计一处	>300cm	
破损	≤0.5cm	>0.5cm;破洞	以疵点最大长度计
其他	按相似疵点评定		

5.土工布的包装和储运要求

(1)包装

长丝纺粘针刺非织造土工布按定长成卷包装。

产品的拼接率应在 15%以内,拼接产品每卷总长度应为定长值加 1m 以上,每 100m 允许拼接二段。

长度在 30m 以下的小段产品可单独成包,作零头处理。

产品包装应保证不散落、不破损、不沾污。

(2)运输与储存

产品在运输和储存中不得沾污、雨淋、破损,不得长期曝晒和直立。产品应放置在干燥处,周围不得有酸、碱等腐蚀性介质,注意防潮、防火。

(四)公路工程用有纺土工织物(JT/T 514—2004)

公路工程用有纺土工织物由聚乙烯、聚丙烯、高密度聚乙烯、聚酯、无碱玻璃纤维、聚酰胺等工程塑料制成(原材料名称代号见表 15-169)。

有纺土工织物按编织类型分为机织有纺土工织物和针织有纺土工织物两类。

机织有纺土工织物是由不少于两组的纱线、条带等通过垂直相交编织制成。针织有纺土工织物是由一根或多根纱线或其他成分弯曲成圈并互相穿套制成。

1.有纺土工织物的标记

示例 1:拉伸强度为 35kN 的聚丙烯机织有纺土工织物,型号表示为 WJ35/PP。

示例 2:拉伸强度为 50kN 的聚乙烯针织有纺土工织物,型号表示为 WZ50/PE。

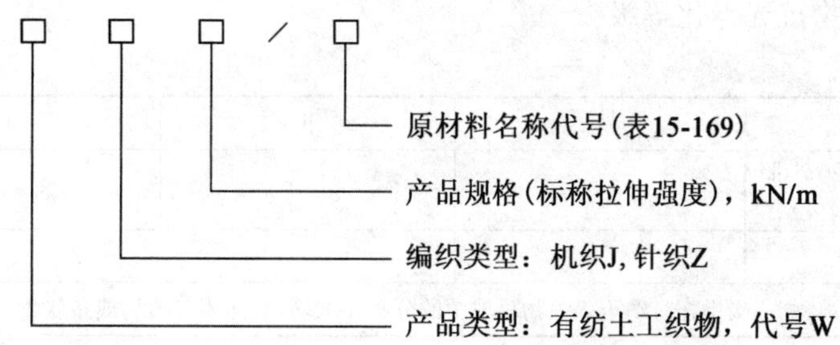

2.有纺土工织物

产 品 规 格 系 列　　表 15-181

有纺土工织物类型	型号规格								
机织有纺土工织物	WJ20	WJ35	WJ50	WJ65	WJ80	WJ100	WJ120	WJ150	WJ180
针织有纺土工织物	WZ20	WZ35	WZ50	WZ65	WZ80	WZ100	WZ120	WZ150	WZ180
标称纵、横向拉伸强度(kN/m)	≥20	≥35	≥50	≥65	≥80	≥100	≥120	≥150	≥180

注：单位面积重量允差为±7%。

3.有纺土工织物的尺寸

幅宽：≥2m，幅宽偏差+3%。

长度：每卷纵向基本长度不小于30m，卷中不得有拼段。

4.有纺土工织物的外观质量

表 15-182

序号	项　目	要　求
1	经、纬密度偏差	在100mm内与公称密度相比不允许缺两根以上
2	断丝	在同一处不允许有两根以上的断丝，同一处断丝两根以内(包括两根)，100m² 内不超过六处
3	蛛丝	不允许有大于50mm² 的蛛网，100m² 内不超过三个
4	布边不良	整卷不允许连续出现长度大于2 000mm的毛边、散边

注：产品颜色应均匀，无明显油污、损伤、破裂。

5.有纺土工织物的物理性能

(1)物理性能参数

表 15-183

项　目	型号规格								
	WJ20	WJ35	WJ50	WJ65	WJ80	WJ100	WJ120	WJ150	WJ180
	WZ20	WZ35	WZ50	WZ65	WZ80	WZ100	WZ120	WZ150	WZ180
标称纵、横向拉伸强度(kN/m)	≥20	≥35	≥50	≥65	≥80	≥100	≥120	≥150	≥180
纵、横向拉伸断裂伸长率(%)	≤30								
CBR顶破强度(kN)	≥1.6	≥2	≥4	≥6	≥8	≥11	≥13	≥17	≥21
纵、横向梯形撕破强度(kN)	≥0.3	≥0.5	≥0.8	≥1.1	≥1.3	≥1.5	≥1.7	≥2.0	≥2.3
垂直渗透系数(cm/s)	$5\times10^{-4}\sim5\times10^{-1}$								
等效孔径 O_{95}(mm)	0.07～0.5								

(2)土工有纺织物抗光老化等级

表 15-184

抗光老化等级	Ⅰ	Ⅱ	Ⅲ	Ⅳ
光照辐射强度为 550W/m^2 照射 150h,拉伸强度保持率(%)	<50	50~80	80~95	>95
炭黑含量(%)	—	2+0.5		
炭黑在有纺土工织物材料中的分布要求均匀、无明显聚块或条状物				

注:对不含炭黑或不采用炭黑作抗光老化助剂的土工有纺布,其抗光老化等级的确定参照执行。

6. 有纺土工织物的储运要求

(1)运输

产品在装卸运输过程中,不得抛摔,避免与尖锐物品混装运输,避免剧烈冲击。运输应有遮篷等防雨、防日晒等措施。

(2)储存

产品不得露天存放,应避免日光长期照射,并远离热源,距离应大于 15m。产品自生产日期起,保存期为 12 个月。玻纤有纺土工织物应储存在无腐蚀气体、无粉尘和通风良好干燥的室内。

(五)公路工程用无纺土工织物(JT/T 667—2006)

公路工程用无纺土工织物由聚乙烯、聚丙烯、高密度聚乙烯、聚酯、无碱玻璃纤维、聚酰胺等工程塑料制造(原材料名称代号见表 15-169)。

1. 无纺土工织物的分类和结构

(1)按纤丝的类型和固着成型工艺,无纺土工织物可分为八类:

①长丝热轧,代号:CZ。

②长丝热黏,代号:CN。

③长丝化黏,代号:CH。

④长丝针刺,代号:CC。

⑤短纤热轧,代号:DZ。

⑥短纤热黏,代号:DN。

⑦短纤化黏,代号:DH。

⑧短纤针刺,代号:DC。

(2)无纺土工织物结构:

①长丝无纺土工织物:由高分子聚合物材料喷丝,经一定处理后形成的无限长的细丝,按照定向排列或任意连列并结合在一起的平面结构织物,代号为 TCZ。

②短纤无纺土工织物:由高分子聚合物材料喷丝,经一定处理后形成的无限长的细丝,再将细丝切割成短丝,按照定向排列或任意连列并结合在一起的平面结构织物,代号为 TDZ。

③针刺无纺土工织物:由长丝或短纤按一定要求和工艺的铺置成纤网,利用带刺口的针对纤网上下反复穿刺,使纤维相互缠结固着而形成的土工织物,代号为 TCC 或 TDC。

④热黏无纺土工织物:由长丝或短纤按一定要求和工艺的铺置成纤网,让纤网在一定温度下热粘,使纤维之间相互黏合固着而形成的土工织物,代号为 TCN 或 TDN。

⑤化黏无纺土工织物:由长丝或短纤按一定要求和工艺的铺置成纤网,对纤网加化学黏合剂使纤维之间相互黏接固着而形成的土工织物,代号为 TCH 或 TDH。

2. 无纺土工织物的标记

示例 1:拉伸强度为 15kN 的聚丙烯长丝热黏无纺土工织物,型号表示为 TCN15/PP。

示例 2:拉伸强度为 10kN 的聚乙烯短纤针刺无纺土工织物,型号表示为 TDC10/PE。

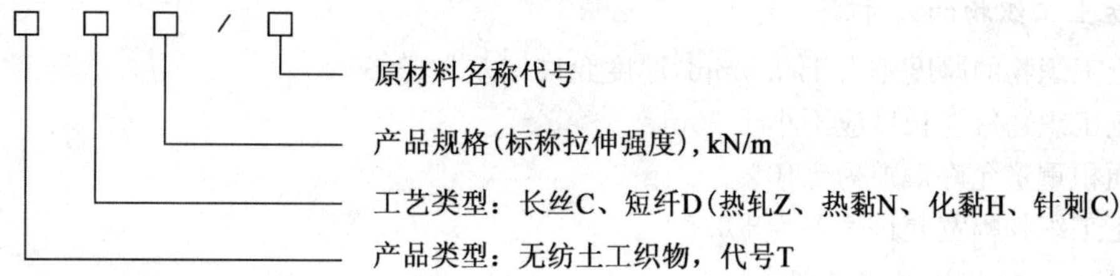

3. 无纺土工织物的规格系列

表 15-185

类　型	型 号 规 格								
长丝热轧	TCZ3	TCZ4	TCZ6	TCZ8	TCZ10	TCZ15	TCZ20	TCZ25	TCZ30	TCZ40
长丝热黏	TCN3	TCN4	TCN6	TCN8	TCN10	TCN15	TCN20	TCN25	TCN30	TCN40
长丝化黏	TCH3	TCH4	TCH6	TCH8	TCH10	TCH15	TCH20	TCH25	TCH30	TCH40
长丝针刺	TCC3	TCC4	TCC6	TCC8	TCC10	TCC15	TCC20	TCC25	TCC30	TCC40
短纤热轧	TDZ3	TDZ4	TDZ6	TDZ8	TDZ10	TDZ15	TDZ20	TDZ25	TDZ30	TDZ40
短纤热黏	TDN3	TDN4	TDN6	TDN8	TDN10	TDN15	TDN20	TDN25	TDN30	TDN40
短纤化黏	TDH3	TDH4	TDH6	TDH8	TDH10	TDH15	TDH20	TDH25	TDH30	TDH40
短纤针刺	TDC3	TDC4	TDC6	TDC8	TDC10	TDC15	TDC20	TDC25	TDC30	TDC40

4. 无纺土工织物的物理力学性能

表 15-186

项　目	型 号 规 格									
	TCZ3	TCZ4	TCZ6	TCZ8	TCZ10	TCZ15	TCZ20	TCZ25	TCZ30	TCZ40
	TCN3	TCN4	TCN6	TCN8	TCN10	TCN15	TCN20	TCN25	TCN30	TCN40
	TCH3	TCH4	TCH6	TCH8	TCH10	TCH15	TCH20	TCH25	TCH30	TCH40
	TCC3	TCC4	TCC6	TCC8	TCC10	TCC15	TCC20	TCC25	TCC30	TCC40
	TDZ3	TDZ4	TDZ6	TDZ8	TDZ10	TDZ15	TDZ20	TDZ25	TDZ30	TDZ40
	TDN3	TDN4	TDN6	TDN8	TDN10	TDN15	TDN20	TDN25	TDN30	TDN40
	TDH3	TDH4	TDH6	TDH8	TDH10	TDH15	TDH20	TDH25	TDH30	TDH40
	TDC3	TDC4	TDC6	TDC8	TDC10	TDC15	TDC20	TDC25	TDC30	TDC40
纵、横向拉伸强度(kN/m)	≥3	≥4	≥6	≥8	≥10	≥15	≥20	≥25	≥30	≥40
CBR 顶破强度(kN)	≥0.5	≥0.7	≥1.0	≥1.2	≥1.7	≥2.5	≥3.5	≥4.0	≥5.5	≥7.0
纵、横向梯形撕破强度(kN)	≥0.10	≥0.12	≥0.16	≥0.2	≥0.25	≥0.4	≥0.5	≥0.6	≥0.8	≥1.0
纵、横向拉伸断裂伸长率(%)	25～100									
等效孔径 O_{95}(mm)	0.07～0.3									

5. 无纺土工织物抗光老化等级

表 15-187

抗光老化等级	Ⅰ	Ⅱ	Ⅲ	Ⅳ
光照辐射强度为 550W/m² 照射 150h，拉伸强度保持率(%)	＜50	50～80	80～95	＞95
炭黑含量(%)	—	2.0～2.5		

注：对不含炭黑或不采用炭黑作抗光老化助剂的无纺土工织物，其抗光老化等级的确定参照执行。

6. 无纺土工织物的尺寸

无纺土工织物的厚度不大于0.5mm,厚度允许偏差±15%。

无纺土工织物每卷长度应不小于30m。

单位面积重量允许偏差为±10%。

无纺土工织物幅宽允许偏差为+0.5%。

7. 无纺土工织物的外观质量

表15-188

序号	疵点名称	轻缺陷	备注
1	布面不均、折痕	轻微	—
2	杂物	软质、粗径≤5mm	—
3	边不良	≤300cm时,每50cm计一处	—
4	破损	≤0.5cm	以疵点最大长度计
要求		在一卷无纺土工织物上不允许存在重缺陷,轻缺陷每200m² 应不超过5个	

注:产品颜色应均匀,无明显油污、损伤、破裂。

8. 无纺土工织物的储运要求

(1)运输

产品在装卸运输过程中,不得抛摔,避免与尖锐物品混装运输,避免剧烈冲击。运输工具应有遮篷等防雨与防晒措施。

(2)储存

未掺加防老化助剂的无纺土工织物产品不得露天存放,应避免日光长期照射,并离热源大于15m。对具有抗光老化能力以及掺加防老化助剂的无纺土工织物累积暴露存放不得超过1个月。玻纤无纺土工织物应储存在无腐蚀气体、无粉尘和通风良好、干燥的室内。

(六)公路工程用土工模袋(JT/T 515—2004)

公路工程用土工模袋由聚乙烯、聚丙烯、高密度聚乙烯、聚酯、无碱玻璃纤维、聚酰胺等工程塑料制成(原材料名称代号见表15-169)。

公路工程用土工模袋按编织类型分为:机织布土工模袋,代号FJ;针织布土工模袋,代号FZ。

土工模袋的几何形状有:矩形、铰链形、哑铃形、梅花形、框格形等。

土工模袋的最大填充厚度(mm):100、150、200、250、300、350、400、500。

土工模袋的填充物:混凝土、砂浆、黏土、膨胀土等。

1. 土工膜袋的标记

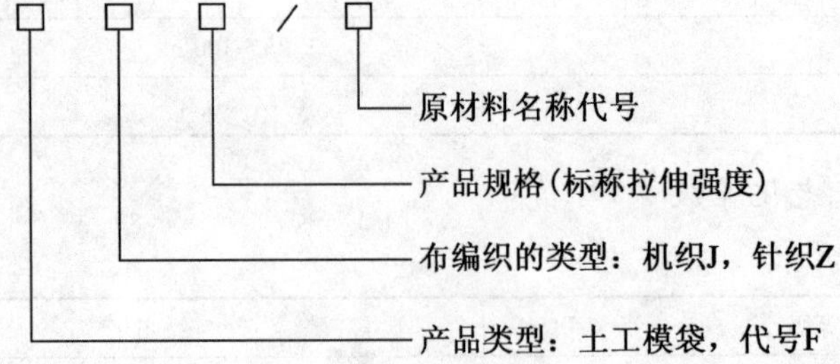

示例1:机织土工模袋布拉伸强度为60kN/m的聚丙烯土工模袋,表示为FJ60/PP。

示例2:针织土工模袋布拉伸强度为50kN/m的聚乙烯土工模袋,表示为FZ50/PE。

2.土工模袋产品的规格系列

表 15-189

项　目	型号规格								
	FJ40	FJ50	FJ60	FJ70	FJ80	FJ100	FJ120	FJ150	FJ180
	FZ40	FZ50	FZ60	FZ70	FZ80	FZ100	FZ120	FZ150	FZ180
模袋布拉伸强度(kN/m)	≥40	≥50	≥60	≥70	≥80	≥100	≥120	≥150	≥180

3.土工模袋的尺寸

长度：每卷长度≥30m。

宽度：≥5m，宽度偏差＋3％。

单位面积质量相对偏差为±2.5％。

4.土工模袋的理化性能

(1)物理性能参数

表 15-190

项　目	型号规格								
	FJ40 FZ40	FJ50 FZ50	FJ60 FZ60	FJ70 FZ70	FJ80 FZ80	FJ100 FZ100	FJ120 FZ120	FJ150 FZ150	FJ180 FZ180
标称纵、横向拉伸强度(kN/m)	≥40	≥50	≥60	≥70	≥80	≥100	≥120	≥150	≥180
纵、横向拉伸断裂伸长率(％)	≤30								
CBR 顶破强度(kN)	≥5								
纵、横向梯形撕破强度(kN)	≥0.9			≥1			≥1.1		
垂直渗透系数(cm/s)	$5\times10^{-4}\sim5\times10^{-2}$								
落锥穿透直径(mm)	≤6								
等效孔径 O_{95}(mm)	0.07～0.25								

(2)土工模袋抗光老化等级

表 15-191

抗光老化等级	Ⅰ	Ⅱ	Ⅲ	Ⅳ
光照辐射强度为 550W/m² 照射 150h，拉伸强度保持率(％)	＜50	50～80	80～95	＞95
炭黑含量(％)	—	2＋0.5		
炭黑在土工模袋材料中的分布要求	均匀、无明显聚块或条状物			

注：对不含炭黑或不采用炭黑作抗光老化助剂的土工模袋，其抗光老化等级的确定参照执行。

土工模袋布外观质量　　表 15-192

序号	项　目	要　求
1	经、纬密度偏差	在 100mm 内与公称密度相比不允许缺两根以上
2	断丝	在同一处不允许有两根以上的断丝；同一处断丝两根以内(包括两根)，100m² 内不超过六处
3	蛛丝	不允许有大于 50mm² 的蛛网，100m² 内不超过三个
4	模袋边不良	整卷模袋不允许连续出现长度大于 2 000mm 的毛边、散边
5	接口缝制	不允许有断口和开口。若有断线必须重合缝制，重合缝制搭接长度不小于 200mm
6	布边抽缩和边缘不良	允许距土工模袋边缘 20mm 内有布边抽缩和边缘不良现象

注：产品颜色应均匀，无明显油污、损伤、破裂。

5. 土工模袋的储存要求

产品不得露天存放,应避免日光长期照射,并远离热源,距离应大于15m。产品自生产日期起,保存期为12个月。玻纤土工模袋应储存在无腐蚀气体、无粉尘和通风良好干燥的室内。

(七)公路工程用土工膜(JT/T 518—2004)

公路工程用土工膜代号为M,土工膜由聚乙烯、聚丙烯、高密度聚乙烯、聚酯、聚丙烯腈、聚酰胺等工程塑料制成(原材料名称代号见表15-169)。

1. 公路工程用土工膜的标记

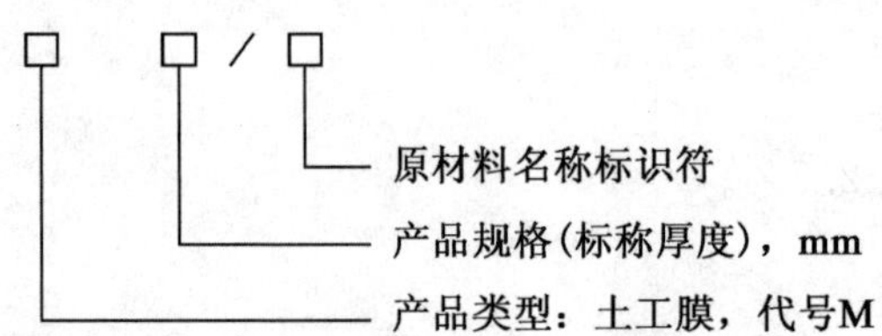

示例1:厚度为0.5mm的聚丙烯土工膜,型号为M0.5/PP。

示例2:厚度为1.5mm的聚乙烯土工膜,型号为M1.5/PE。

2. 土工膜的规格系列

表15-193

型号	M0.3	M0.4	M0.5	M0.6	M1	M1.5	M2	M2.5	M3
标称厚度(mm)	0.3	0.4	0.5	0.6	1	1.5	2	2.5	3
厚度偏差	+24%								
幅宽及允差	≥3m+2.5%								
长度	每卷纵向基本长度≥30m,卷中不得有拼段								

注:工程单一使用土工膜,则土工膜厚度不得小于0.5mm。

3. 土工膜的理化性能

(1)物理性能参数

表15-194

项　　目	参　　数								
型号	M0.3	M0.4	M0.5	M0.6	M1	M1.5	M2	M2.5	M3
纵、横向拉伸强度(kN/m)	≥3	≥5	≥6	≥8	≥12	≥17	≥18	≥19	≥20
纵、横向拉伸断裂伸长率(%)	≥100		≥300			≥500			
纵、横向直角撕裂强度(N/mm)	≥10	≥15	≥20	≥30	≥40	≥80	≥100	≥120	≥150
CBR顶破强度(kN)	≥1	≥1.5	≥2.5	≥3	≥4	≥5	≥6	≥7	≥8
低温弯折性(−20℃)	无裂纹								
纵、横向尺寸变化率(%)	≤5								

(2)土工膜耐静水压力和抗渗性

表15-195

项　　目	型号规格								
	M0.3	M0.4	M0.5	M0.6	M1	M1.5	M2	M2.5	M3
耐静水压力(MPa)	≥0.3	≥0.5	≥0.7	≥0.8	≥1.5	≥2.0	≥2.5	≥3	≥3.5
垂直渗透系数(cm/s)	$\leq 5\times10^{-11}$								

(3)土工膜光老化等级

表 15-196

光老化等级	Ⅰ	Ⅱ	Ⅲ	Ⅳ
光辐射强度为 550W/m² 照射 150h,标称拉伸强度保持率(%)	<50	50～80	80～95	>95
炭黑含量(%)	—	2+0.5		
炭黑在土工膜材料中的分布要求	均匀、无明显聚块或条状物			

注:对不含炭黑或不采用炭黑作抗光老化助剂的土工膜,其抗光老化等级的确定参照执行

4.土工膜的外观质量

表 15-197

序号	项　目	要　求
1	切口	平直,无明显锯齿现象
2	水云、云雾和机械划痕	不明显
3	杂质和僵块	直径 0.6～2.0mm 的杂质和僵块,允许每平方米 20 个以内;直径 2.0mm 以上的,不允许出现
4	卷端面错位	≤50mm

注:①产品颜色应色泽均匀,无明显油污。
②产品无损伤、无破裂、无气泡、不黏结、无孔洞,不应有接头、断头和永久性皱褶。

5.土工膜的储运要求

(1)运输

产品在装卸运输过程中,不得抛摔,避免与尖锐物品混装运输,避免剧烈冲击。运输应有遮篷等防雨、防日晒措施。

(2)储存

产品不得露天存放,应避免日光长期照射,并远离热源,距离应大于 5m。保存期自产品生产之日起不超过 12 个月。土工膜应包装完好,储存在无腐蚀气体、无粉尘和通风良好干燥的室内,堆码高度不超过 1.5m。

(八)公路、港口工程用土工格栅(JT/T 480—2002)

土工格栅是以聚丙烯、高密度聚乙烯、无碱玻璃纤维、高强聚酯长丝等工程塑料制成。

土工格栅按受力方向分为:单向土工格栅,代号 GD;双向土工格栅,代号 GS。

土工格栅的生产工艺有:拉伸、经编、黏结和焊接等。

1.土工格栅原材料的名称标识及技术要求

表 15-198

类　型	名　　称	标识符	技 术 要 求	主要生产工艺	
				名称	代号
塑料格栅	聚丙烯	PP	必须是原始粒状颗粒原料,严禁使用粉状和再造粒状颗粒原料	拉伸	L
	高密度聚乙烯	HDPE			
玻璃纤维格栅	无碱玻璃	GE	碱金属氧化物的含量不大于 0.8%	经编	B
经编格栅	高强聚酯长丝	HP			J
黏结格栅	聚丙烯或高密度聚乙烯	PP 或 HDPE	必须是原始粒状颗粒原料,严禁使用粉状和再造粒状颗粒原料	黏结	Z
焊接格栅				焊接	

单向拉伸塑料土工格栅原材料对蠕变的要求:高分子量高密度聚乙烯(HDPE)共聚物。密度应在 0.940～0.960g/cm³ 之间。在温度为 190℃、质量为 21.6kg 条件下,材料的 MFR(容体流动速度)小于

15,或在 2.16kg、190℃条件下 MFR 小于 0.25。

注:单向拉伸塑料土工格栅在拉伸后的纵向筋条中材料中的分子高度“取向性”并穿过横向肋条,分子排列方向与筋条方向一致(其他类型材料的土工格栅参照执行)。

2. 土工格栅的结构示意图

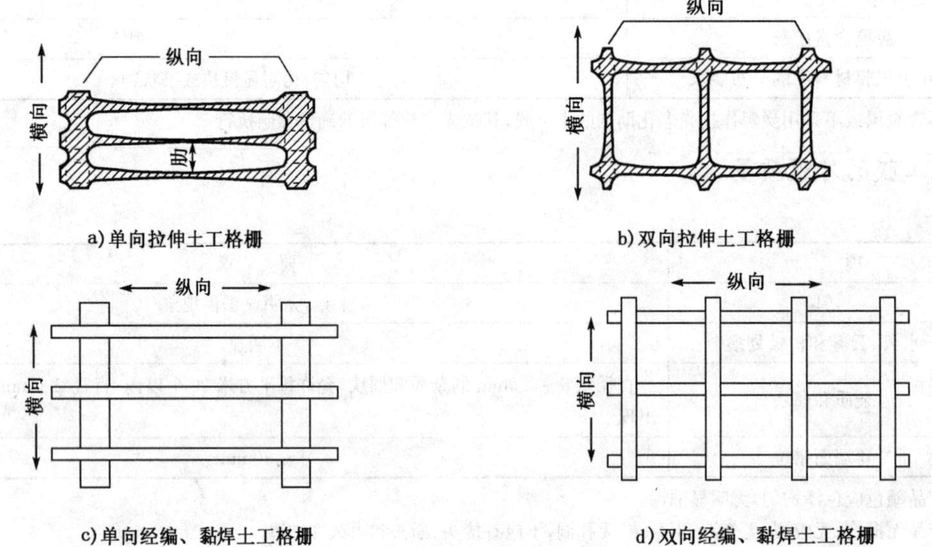

a)单向拉伸土工格栅　b)双向拉伸土工格栅

c)单向经编、黏焊土工格栅　d)双向经编、黏焊土工格栅

图 15-90　土工格栅示意图

3. 土工格栅的标记

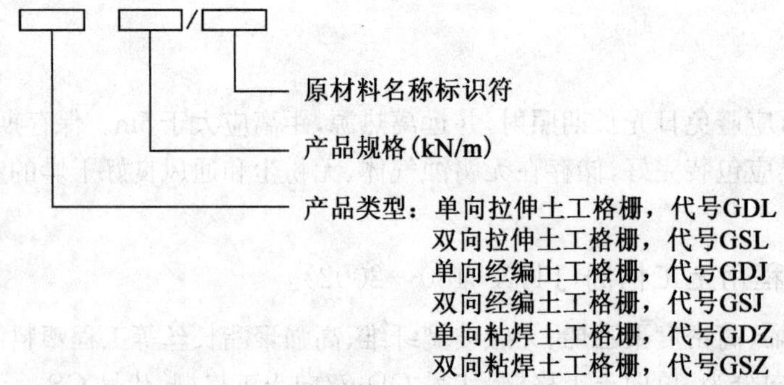

示例 1:每延米极限拉力 25kN 的单向拉伸土工格栅,原材料为聚丙烯,表示为 GDL25/PP。

示例 2:每延米纵、横向极限拉力均立为 20kN,双向拉伸土工格栅,原材料为聚乙烯,表示为 GSL20/PE。

4. 土工格栅的产品规格

表 15-199

格栅种类	标称每延米抗拉强度(kN/m)						
单向拉伸土工格栅 GDL	20	35	50	80	100	125	150
双向拉伸土工格栅 GSL	20	35	50	80	100	125	150
单向经编土工格栅 GDJ	25	40	60	80	100	125	150
双向经编土工格栅 GSJ	25	40	60	80	100	125	150
单向黏结、焊接土工格栅 GDZ	25	40	60	80	100	125	150
双向黏结、焊接土工格栅 GSZ	25	40	60	80	100	125	150

5. 土工格栅的尺寸及偏差

表 15-200

单向、双向拉伸及黏焊土工格栅		单向、双向经编玻纤格栅、高强聚酯长丝土工格栅	
项目	指标	项目	指标
标称单位面积重量相对偏差	±5.0%	标称单位面积重量相对偏差	±5.0%
单向土工格栅宽度	≥1.0m	单向土工格栅宽度	≥1.0m
双向土工格栅宽度	≥2.0m	双向土工格栅宽度	≥2.0m
宽度偏差	+20mm	宽度偏差	+19mm
单向土工格栅网孔中心最小净空尺寸	(12+2)mm	网孔中心纵、横向最小净空尺寸	(9+0.5)mm
双向土工格栅网孔中心最小净空尺寸	(20+2)mm	—	—
成品土工格栅每卷纵向基本长度不允许小于50m，卷中不得有拼段			
成品土工格栅宽度不得小于标称值			

注：土工格栅颜色应均匀，无明显油污、损伤、破裂。

6. 土工格栅的技术要求

(1)单向拉伸(GDL)和高强聚酯长丝经编(GDJ)土工格栅技术参数

表 15-201

项　目	规　格						
标称 GDL 或 GDJ	20	35	50	80	100	125	150
每延米极限抗拉强度(kN/m)	≥20	≥35	≥50	≥80	≥100	≥125	≥150
标称抗拉强度下的伸长率(%)	≤12	≤12	≤12	≤13	≤13	≤13	≤13
2%伸长率时的拉伸力(kN/m)	≥6	≥10	≥15	≥24	≥30	≥37	≥45
5%伸长率时的拉伸力(kN/m)	≥12	≥20	≥28	≥45	≥59	≥78	≥96

(2)双向拉伸(GSL)和高强聚酯长丝经编 GSJ)土工格栅技术参数

表 15-202

项　目	规　格						
标称 GSL 或 GSJ	20	35	50	80	100	125	150
每延米纵、横向极限抗拉强度(kN/m)	≥20	≥35	≥50	≥80	≥100	≥125	≥150
纵、横向标称抗拉强度下的伸长率(%)	≤13	≤13	≤13	≤13	≤13	≤14	≤14
纵、横向 2%伸长率时的拉伸力(kN/m)	≥7	≥12	≥17	≥28	≥35	≥43	≥52
纵、横向 5%伸长率时的拉伸力(kN/m)	≥14	≥24	≥34	≥56	≥70	≥86	≥104

(3)单向经编玻纤土工格栅(GDB)技术参数

表 15-203

项　目	规　格						
标称 GDB	25	40	60	80	100	125	150
每延米拉伸断裂强度(kN/m)	≥25	≥40	≥60	≥80	≥100	≥125	≥150
断裂伸长率(%)	≤4						

(4)双向经编玻纤土工格栅(GSB)技术参数

表 15-204

项　　目	规　　格						
标称 GSB	25	40	60	80	100	125	150
每延米纵、横向拉伸断裂强度(kN/m)	≥25	≥40	≥60	≥80	≥100	≥125	≥150
纵、横向断裂伸长率(%)	≤4						

(5)单向黏焊土工格栅(GDZ)技术参数

表 15-205

项　　目	规　　格						
标称 GDZ	25	40	60	80	100	125	150
每延米纵向极限抗拉强度(kN/m)	≥25	≥40	≥60	≥80	≥100	≥125	≥150
纵向标称抗拉强度下的伸长率(%)	≤10	≤10	≤10	≤11	≤11	≤11	≤11
纵向 2%伸长率时的拉伸力(kN/m)	≥10	≥20	≥22	≥35	≥55	≥60	≥85
纵向 5%伸长率时的拉伸力(kN/m)	≥15	≥25	≥40	≥55	≥65	≥90	≥100
黏、焊点极限剥离力(N)	≥30						

(6)双向黏焊土工格栅(GSZ)技术参数

表 15-206

项　　目	规　　格						
标称 GSZ	25	40	60	80	100	125	150
每延米纵、横向极限抗拉强度(kN/m)	≥25	≥40	≥60	≥80	≥100	≥125	≥150
纵、横向标称抗拉强度下的伸长率(%)	≤12	≤12	≤12	≤13	≤13	≤13	≤13
纵、横向 2%伸长率时的拉伸力(kN/m)	≥10	≥20	≥22	≥35	≥55	≥60	≥85
纵、横向 5%伸长率时的拉伸力(kN/m)	≥15	≥25	≥40	≥55	≥65	≥90	≥100
黏、焊点极限剥离力(N)	≥30						

(7)土工格栅光老化等级

表 15-207

光老化等级	Ⅰ	Ⅱ	Ⅲ	Ⅳ
紫外线辐射强度为 $550W/m^2$ 照射 150h 强度保持率(%)	<50	50～80	80～95	>95
工程情况	无光老化要求	0.5～1 年临时工程	1～3 年施工期	3～8 年质保工程
炭黑含量(%)	—	≥2.5±0.5		
炭黑粒径纳米(10^{-9}m)	—	≤25.0		
炭黑在格栅材料中的分布要求	均匀、无明显聚块或条状物			

(8)蠕变性能技术参数

计算公式:

$$\varepsilon_t = \varepsilon_o + b\lg t$$

式中:ε_t——在 P 荷载作用 t 时后的总应变量(%);

ε_o——受力开始时的初始应变量(%);

t——试验历时(h);

b——蠕变系数,$b \geq 0.0167$。

蠕变试验加荷水平：为产品标称极限(断裂)抗拉强度的60%。试验温度为20℃。

7. 土工格栅的储运要求

(1)运输

产品在装卸运输过程中，不得抛摔，避免与尖锐物品混装运输，避免剧烈冲击。运输应有遮篷等防雨、防日晒措施。

(2)储存

产品不得露天存放，应避免日光长期照射，并离热源大于5m。产品自生产日期起，保存期为12个月。玻纤土工格栅应储存在无腐蚀气体、无粉尘和通风良好干燥的室内。

(九)公路工程用土工网(JT/T 513—2004)

公路工程用土工网，代号为N；由聚乙烯、聚丙烯、高密度聚乙烯、聚酯、无碱玻璃纤维、聚酰胺等工程塑料制成(原材料名称代号见表15-169)。

土工网按结构形式分为：

塑料平面土工网，代号NSP——以高密度聚乙烯或其他塑料为原料，加入抗紫外线助剂等辅料，经挤出成型的平面网状结构制品。

塑料三维土工网，代号NSS——底面为一层或多层双向拉伸或挤出的平面网，表面为一层或多层非拉伸的挤出网，经点焊形成表面呈凹凸泡状的多层网状结构制品。

经编平面土工网，代号NJP——以无碱玻璃纤维或高强聚酯长丝由经编机编织并经表面涂覆的平面网状结构。

经编三维土工网，代号NJS——以塑料长丝或可降解的纤维为原料，经经编织造而成。

1. 土工网示意图

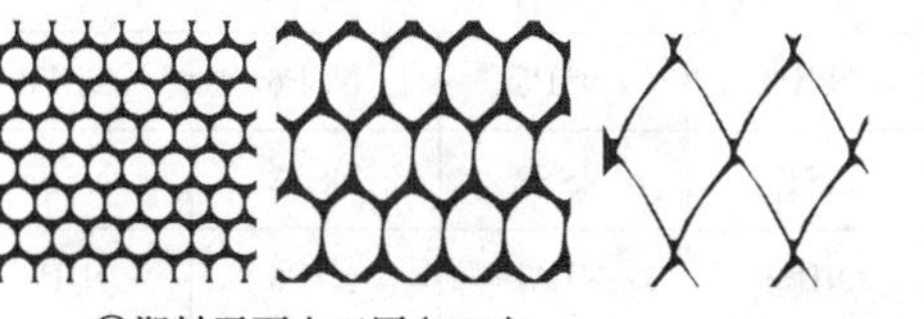

①塑料平面土工网(NSP)　　②经编平面土工网(NJP)

a)一层平面土工网示意图

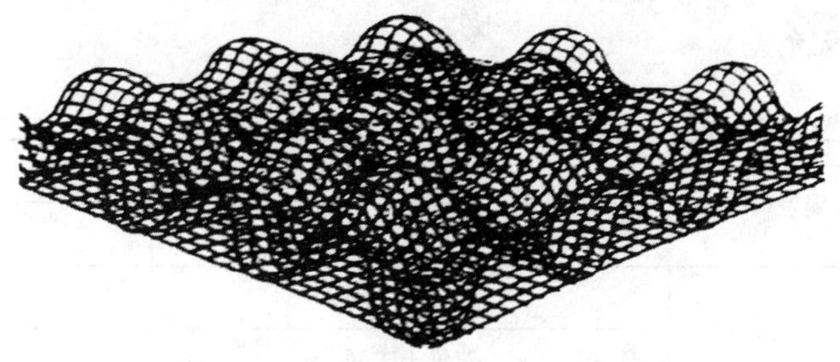

b)一层平网和一层泡网构成的三维土工网(NSS)

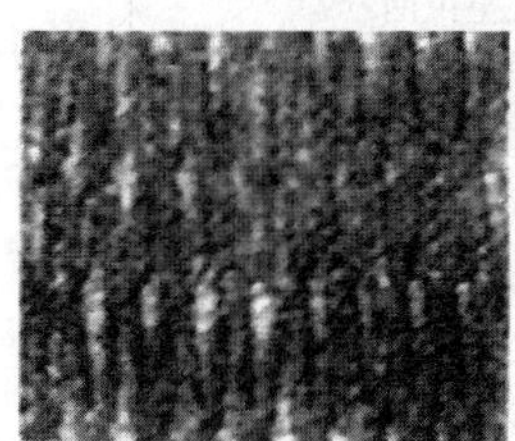

①横向拉伸展开前

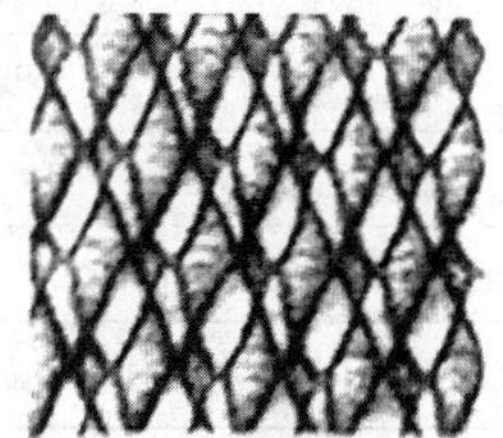

②横向拉伸展开后

c)长丝经编三维土工网(NJS)

图15-91　土工网示意图

2. 土工网的标记

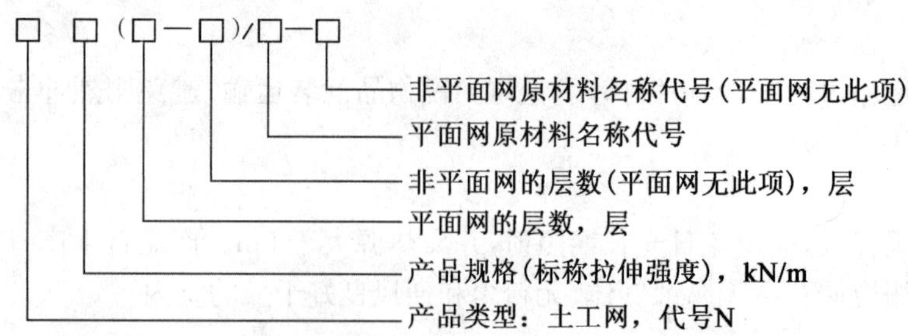

示例1:拉伸强度为10kN/m,由一层平面网组成的塑料平面土工网,原材料为聚丙烯。表示为:NSP10(1)/PP。

示例2:拉伸强度为4kN/m,由二层平面网和一层非平面网组成的塑料三维土工网,原材料为聚乙烯。表示为:NSS4(2—1)/PE—PE。

示例3:纵向拉伸强度为15kN/m,由一层平面网组成的经编平面土工网,原材料为聚乙烯。表示为:NJP15(1)/PE。

示例4:纵向拉伸强度为4kN/m,由一层经编平面网与另一层经编平面网中间用长丝连接组成的经编三维土工网,原材料为聚乙烯。表示为:NJS4(1—1)/PE—PE。

3. 土工网产品规格系列

表 15-208

土工网类型	型号规格						
塑料平面土工网	NSP2	NSP3	NSP5	NSP6	NSP8	NSP10	NSP15
塑料三维土工网	NSS0.8	NSS1.5	NSS2	NSS3	NSS4	NSS5	NSS6
经编平面土工网	NJP2	NJP3	NJP5	NJP6	NJP8	NJP10	NJP15
经编三维土工网	NJS0.8	NJS1.5	NJS2	NJS3	NJS4	NJS5	NJS6

4. 土工网的尺寸及允差

表 15-209

项目		
土工网单位面积重量相对偏差(%)	平面土工网	±8
	三维土工网	±10
土工网网孔中心最小净空尺寸(mm)	平面土工网	≥4
	三维土工网	≥4
土工网厚度(mm)	塑料三维土工网	≥10
	经编三维土工网	≥8
土工网宽度(m)		≥1
土工网宽度偏差(mm)		+60
土工网每卷纵向基本长度应不小于30m,卷中不得有拼段		

注:土工网外观颜色应均匀,无明显油污、损伤、破裂。

5. 土工网的理化性能

(1)n层平面网组成的塑料平面土工网物理性能参数

表 15-210

项　目	型　号						
	NSP2(n)	NSP3(n)	NSP5(n)	NSP6(n)	NSP8(n)	NSP10(n)	NSP15(n)
纵横向拉伸强度(kN/m)	≥2	≥3	≥5	≥6	≥8	≥10	≥15
纵横向 10%伸长率下的拉伸力(kN/m)	≥1.2	≥2	≥4	≥5	≥7	≥9	≥13
多层平网之间焊点抗拉力(N)	≥0.8	≥1.4	≥2	≥3	≥4	≥5	≥8

(2)n 层平面网组成的经编平面土工网物理性能参数

表 15-211

项　目	型　号						
	NJP2(n)	NJP3(n)	NJP5(n)	NJP6(n)	NJP8(n)	NJP10(n)	NJP15(n)
纵横向拉伸强度(kN/m)	≥2	≥3	≥5	≥6	≥8	≥10	≥15
经编无碱玻璃纤维平面土工网断裂伸长率(%)	≤4						

(3)n 层平面网 k 层非平面网组成的塑料三维土工网物理性能参数

表 15-212

项　目	型　号						
	NSS0.8 ($n-k$)	NSS1.5 ($n-k$)	NSS2 ($n-k$)	NSS3 ($n-k$)	NSS4 ($n-k$)	NSS5 ($n-k$)	NSS6 ($n-k$)
纵横向拉伸强度(kN/m)	≥0.8	≥1.5	≥2	≥3	≥4	≥5	≥6
平网与非平网之间焊点抗拉力(N)	≥0.6	≥0.9	≥4		≥8		

(4)n 层平面网 k 层非平面网组成的经编三维土工网物理性能参数

表 15-213

项目	型　号						
	NJS0.8 ($n-k$)	NJS1.5 ($n-k$)	NJS2 ($n-k$)	NJS3 ($n-k$)	NJS4 ($n-k$)	NJS5 ($n-k$)	NJS6 ($n-k$)
纵向拉伸强度(kN/m)	≥0.8	≥1.5	≥2	≥3	≥4	≥5	≥6
横向拉伸强度(kN/m)	≥0.6	≥0.8	≥1	≥1.8	≥2.5	≥4	≥6

(5)塑料土工网抗光老化等级

表 15-214

光老化等级	Ⅰ	Ⅱ	Ⅲ	Ⅳ
辐射强度为 550W/m² 照射 150h 标称拉伸强度保持率(%)	<50	50～80	80～95	>95
炭黑含量(%)	—	2+0.5		
炭黑在土工网材料中的分布要求	均匀、无明显聚块或条状物			

注:对采用非炭黑做抗光老化助剂的土工网,光老化等级参照执行。

6.土工网的储运要求

(1)运输

产品在装卸运输过程中,不得抛摔,避免与尖锐物品混装运输,避免剧烈冲击。运输应有遮篷等防雨、防日晒措施。

(2)储存

产品不得露天存放,应避免日光长期照射,并远离热源,距离应大于 15m。暴露存放不得超过三个月。

(十)公路工程用土工格室(JT/T 516—2004)

公路工程用土工格室由聚丙烯、聚乙烯、钢丝、钢丝绳、玻璃纤维等材料制成(原材料名称代号见表15-169)。

土工格室分为:塑料土工格室和增强土工格室。

塑料土工格室:由长条形的塑料片材,通过超声波焊接等方法连接而成,展开后是蜂窝状的立体网格。

长条片材的宽度即为格室的高度。格室未展开时,在同一条片材的同一侧,相邻两条焊缝之间的距离为焊接距离。

增强土工格室:是在塑料片材中加入低伸长率的钢丝、玻璃纤维、碳纤维等筋材所组成的复合片材,通过插件或扣件等形式连接而成,展开后是蜂窝状的立体网格。格室未展开时,在同一条片材的同一侧,相邻两连接处之间的距离为连接距离。

塑料材料应使用原始粒状原料,严禁使用粉状和再造粒状颗粒原料。现有材料应符合相应产品标准的规定。

1. 土工格室示意图

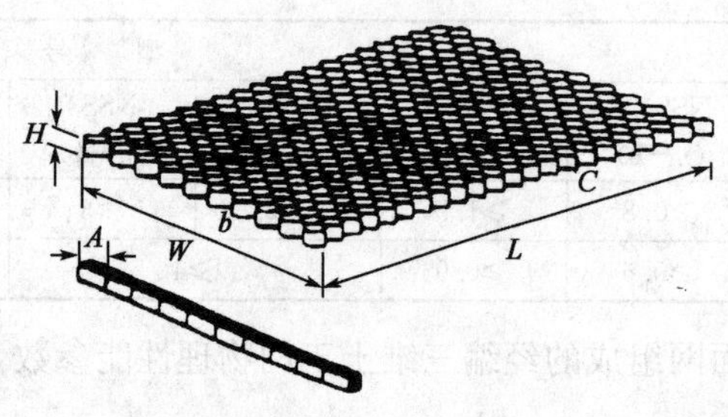

图 15-92 单组土工格室示意图

A-焊接距离;*H*-格室高度;*b*、*C*-格室间格室片的边缘连接处;*L*-单组格室展开后的长度;*W*-单组格室展开后的宽度

2. 土工格室的标记

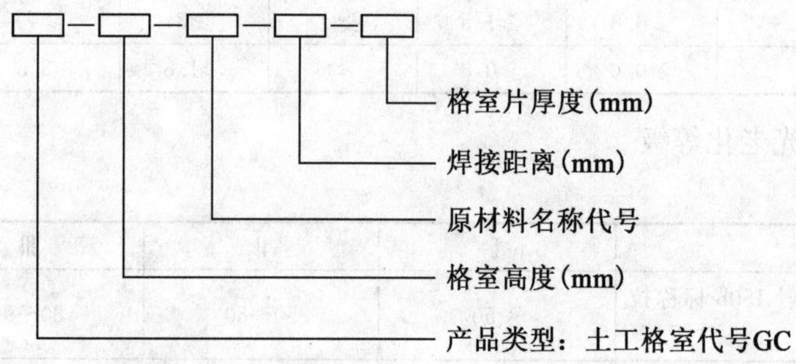

示例 1:聚乙烯为主要材料,其格室高度为100mm,焊接距离为340mm,格室片厚度为1.2mm,塑料土工格室型号为GC—100—PE—340—1.2。

示例 2:钢丝为受力材料(裹覆聚乙烯),其格室高度为150mm,焊接距离为400mm,格室片厚度为1.5mm,增强土工格室型号为GC—150—GSA—400—1.5。

3. 土工格室的规格尺寸

1)规格尺寸

土工格室的高度一般为50~300mm。

单组格室的展开面积应不小于4m×5m。

格室片边缘接近焊接处的距离不大于100mm。

2)尺寸偏差

(1)塑料土工格室的尺寸偏差(mm)

表15-215

序号	格室高度 H		格室片厚度 T		焊接距离 A	
	标称值	偏差	标称值	偏差	标称值	偏差
1	$H \leqslant 100$	±1	1.1	+0.3	340～800	±30
2	$100 < H \leqslant 200$	±2				
3	$200 < H \leqslant 300$	±2.5				

(2)增强土工格室的尺寸偏差(mm)

表15-216

序号	格室高度 H		格室片厚度 T		焊接距离 A	
	标称值	偏差	标称值	偏差	标称值	偏差
1	100	±2	1.5	+0.3	400～800	±2
2	150					
3	200					
4	300					

4.土工格室的理化性能

(1)塑料土工格室的力学性能

表15-217

序号	测试项目		材质为PP的土工格室	材质为PE的土工格室
1	格室片单位宽度的断裂拉力(N/cm)		≥275	≥220
2	格室片的断裂伸长率(%)		≤10	≤10
3	焊接处抗拉强度(N/cm)		≥100	≥100
4	格室组间连接处抗拉强度(N/cm)	格室片边缘	≥120	≥120
5		格室片中间	≥120	≥120

(2)增强土工格室的力学性能

表15-218

序号	型号	格室片单位宽度的断裂拉力(N/cm)	格室片的断裂伸长率(%)	格室片间连接处连接件的抗剪切力(N)
1	GC100	≥300	≤3	≥3 000
2	GC150			≥4 500
3	GC200			≥6 000
4	GC300			≥9 000

(3)塑料土工格室的光老化等级

表15-219

光老化等级	Ⅰ	Ⅱ	Ⅲ	Ⅳ
紫外线辐射强度为550W/m² 照射150h,格室片的拉伸屈服强度保持率[a](%)	<50	50～80	80～95	>95
炭黑含量[b](%)	—	≥2.0±0.5		

注:[a]对于高速公路、一级公路的边坡绿化,才需要做紫外线辐射试验。其他情况该指标仅作参考。

[b]采用其他抗老化外加剂的土工格室无指标要求。

5. 土工格室的外观质量和储运要求

(1)外观质量

塑料土工格室片为黑色或其他颜色聚乙烯塑料制成的片材,增强土工格室片用黑色聚乙烯塑料裹覆筋材制成的片材,其外观应色泽均匀。

塑料土工格室的表面应平整、无气泡。

增强土工格室片不应有裂缝、损伤、穿孔、沟痕和露筋等缺陷。

(2)运输

土工格室为非危险品。在装卸和运输过程中不得重压,严禁使用铁钩等锐利工具装卸,避免划伤。运输时应有遮篷等措施以防日晒雨淋。

(3)储存

土工格室产品应储存在库房内,远离热源,距离应不小于5m,并防止阳光直接照射。若在户外储存时,需用苫布盖上。

严禁与化工腐蚀物品一起堆放。

储存期自生产之日起,一般不超过12个月。

(十一)公路工程用排水材料(JT/T 665—2006)

公路工程用排水材料,代号为D,由聚乙烯、聚酯、无碱玻璃纤维、聚酰胺等工程塑料制成(原材料的名称代号见表15-169)。禁止使用再生原料、有毒原料以及对环境有污染的原料生产排水材料。

工程用排水材料按应用种类分为四类:

(1)排水带,代号DD——以透水土工织物为滤材,包裹不同形状的具有纵向排水通道的塑料芯板,组成有一定宽度的带状排水结构,又称排水板。

(2)长丝热黏排水体,代号DC——由高分子聚合物长丝经热黏堆缠成不同形状的排水芯体,外包土工织物作滤材,组成一定断面尺寸的排水结构体,又称速排龙。

(3)透水软管,代号DR——以经防腐处理,外覆高分子聚合物的弹簧钢丝或其他高强材料丝圈为骨架,外管壁采用复合土工织物包裹组成,又称软式透水管。

(4)透水硬管,代号DY——以高分子聚合物或其他材料制成的多孔管材为排水芯体,外包土工织物为滤材,组成的圆形复合硬式管状制品,又称硬式透水管。

1. 工程用排水材料结构示意图

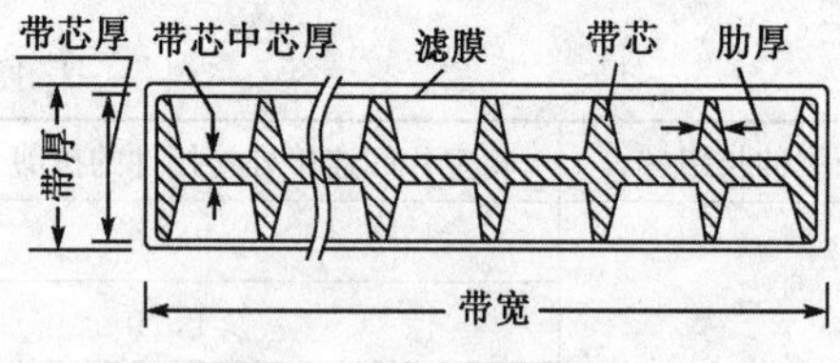

a)双面64槽形排水带(C64)

b)双面20丁形排水带(D20)

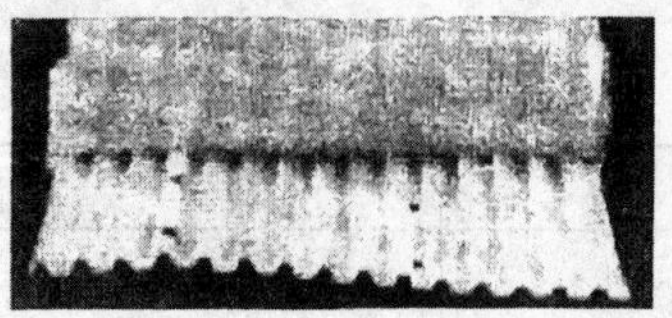

c)双面30槽波形排水带(B30)

d)双面11槽城墙形排水带(Q11)

图 15-93

e）长丝交叠形排水带（L）

图 15-93　典型排水带（DD）示意图

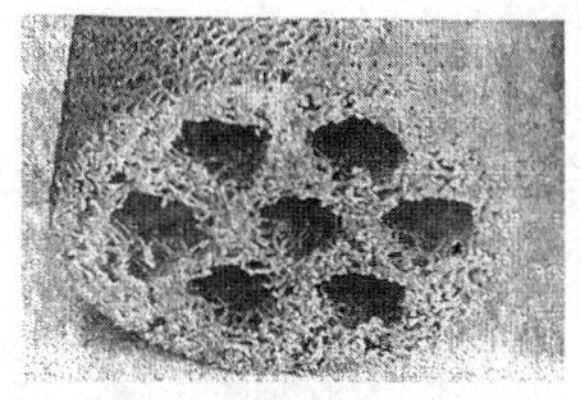

a）圆形七孔型（Y7）

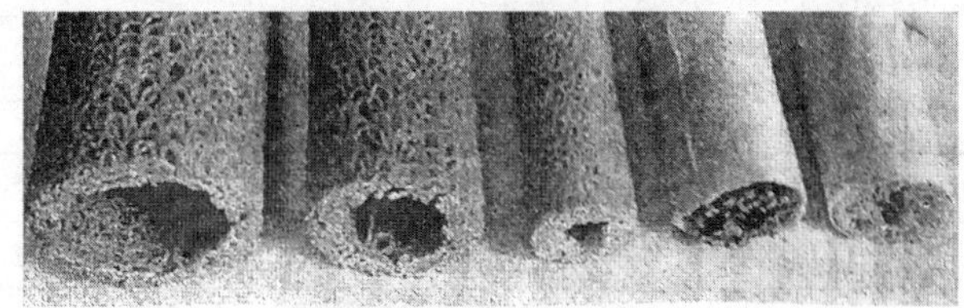

b）圆形单孔型（Y1）

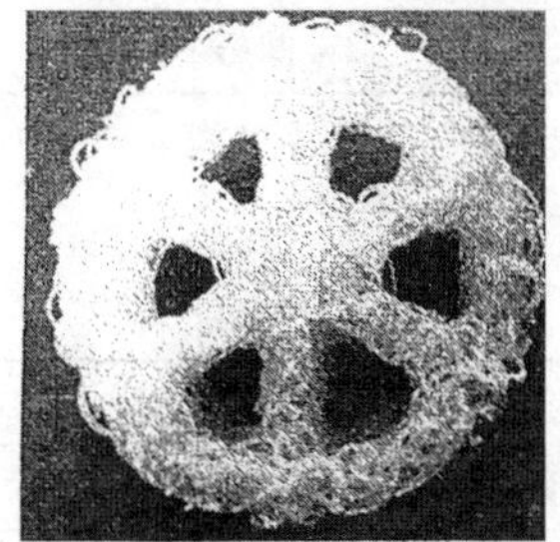
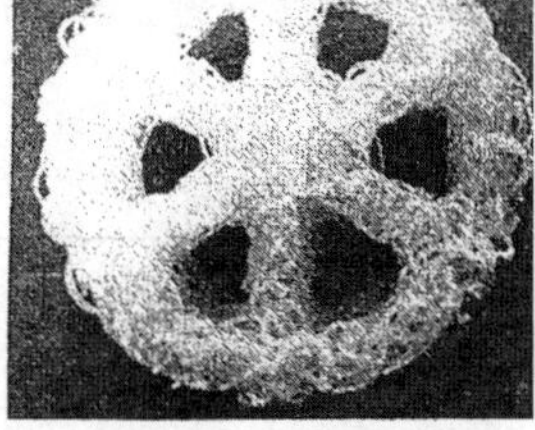

c）圆形六柱支撑型（Z6）

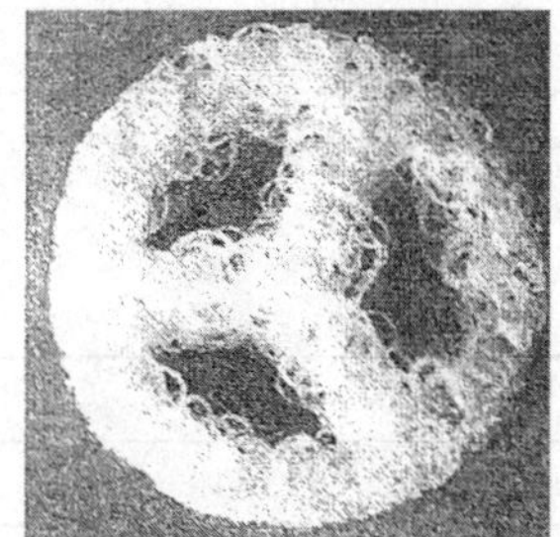

d）圆形三柱支撑型（Z3）

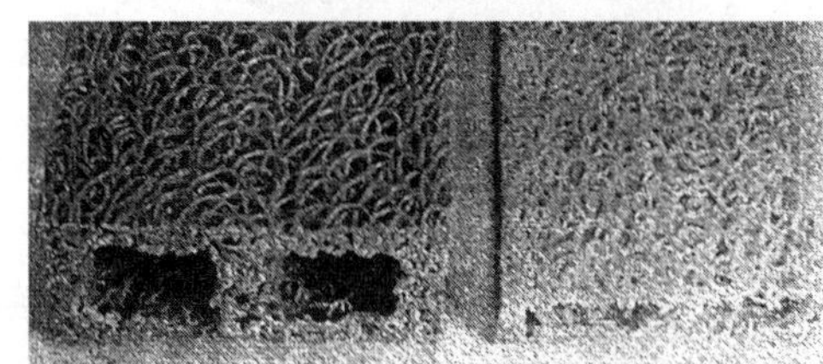

e）矩形双孔型（J2）

f）矩形五孔型（J5）

图 15-94　典型长丝热黏排水体（DC）示意图

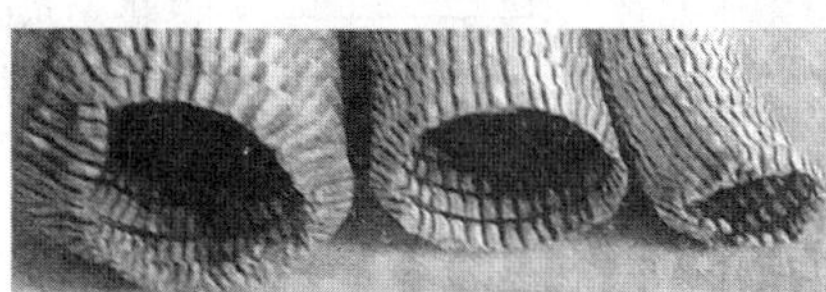

圆形单孔型（Y1）

a）典型透水软管（DR）示意图

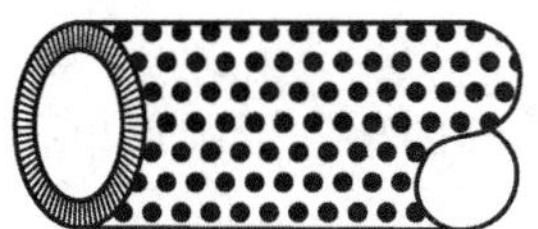
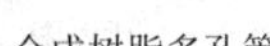

合成树脂多孔管

水泥多孔管

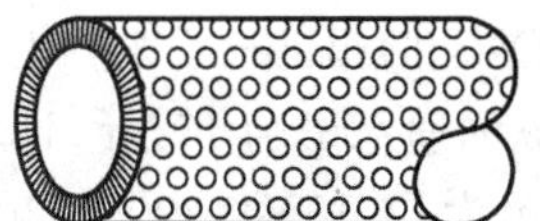

钢花管

b）典型透水硬管（DY）示意图

图 15-95　典型透水软管和透水硬管示意图

2. 工程用排水材料横截面形状及代号

(1)排水带芯体横截面形状及代号

表 15-220

横截面形状	代　号	横截面形状	代　号
双面槽形	C	丁字形	D
城墙形	Q	长丝交叠形	L
波形	B		

(2)长丝热黏排水体芯体横截面形状及代号

表 15-221

横截面形状	代　号	横截面形状	代　号	横截面形状	代　号
矩形实芯	J0	圆形实芯	Y0	圆形三柱支撑	Z3
矩形单孔	J1	圆形单孔	Y1	圆形四柱支撑	Z4
矩形双孔	J2	圆形三孔	Y3	圆形五柱支撑	Z5
矩形四孔	J4	圆形五孔	Y5	圆形六柱支撑	Z6

注:未列横截面状况的排水芯体应特殊说明。

(3)透水软管簧圈代号

表 15-222

簧 圈 材 料	代　号	簧 圈 材 料	代　号
钢丝簧圈	G	高强合成树脂簧圈	H

(4)透水硬管材料代号

表 15-223

硬 管 材 料	代　号	硬 管 材 料	代　号
合成树脂多孔管	H	钢花管	G
水泥多孔管	S		

3. 工程用排水材料的标记

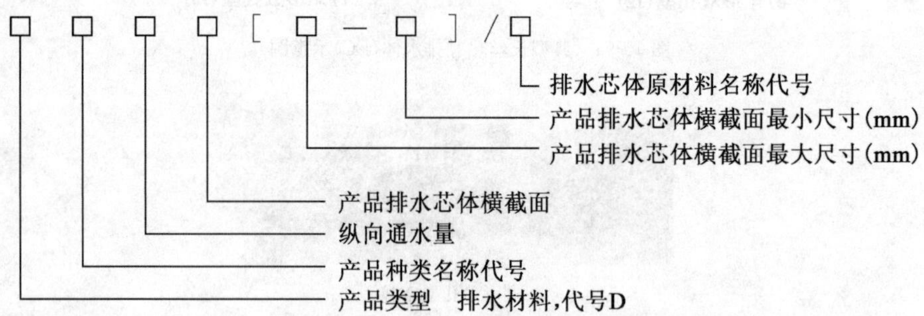

示例 1:纵向通水量为 80cm³/s,宽度是 150mm,厚度是 4.2mm 的聚乙烯双面 64 槽形(C64)的排水带,表示为 DD80C64(150—4.2)/PE。

示例 2:纵向通水量为 15cm³/h,外径是 200mm,内径是 140mm 的聚乙烯圆形单孔(Y1)的长丝热黏排水体,表示为 DC15Y1(200—140)/PE。

示例 3:纵向通水量为 30cm³/h,由钢丝簧圈作为软管内支撑,管壁为一层聚乙烯有纺土工织物的透水软管,表示为 DR30G/PE。

示例 4:纵向通水量为 15cm³/h,由合成树脂多孔管作为硬内管,硬管壁外为一层聚乙烯无纺土工织物的透水硬管,表示为 DY15H/PE。

注：纵向通水量的单位通常用立方米每小时(m^3/h)表示，对于排水带用立方厘米每秒(cm^3/s)表示。

4. 工程用排水材料产品规格

表 15-224

类型	代号	产品规格								
排水带	D	DD30	DD40	DD50	DD60	DD70	DD80	DD100	DD120	DD180
长丝热黏排水体	C	DC0.5	DC1.0	DC1.5	DC3	DC5	DC10	DC15	DC20	DC25
透水软管	R	DR1.5	DR6	DR10	DR30	DR70	DR110	DR150	DR200	DR250
透水硬管	Y	DY5	DY10	DY15	DY20	DY50	DY100	DY150	DY200	DY250

5. 排水材料轮廓尺寸允许偏差

表 15-225

类　型	项　目	允许偏差(%)
排水带或长丝热黏排水体	芯体纵向单位长度重量	+5
	芯体外轮廓厚度(芯体横断面最小几何尺寸)	±5
	芯体宽度(芯体横断面最大几何尺寸)	+3
透水软管	软管外径尺寸	±2.5
透水硬管(花管)	硬管(花管)外径尺寸	+2.5
外包裹滤布	滤布的尺寸偏差按 JT/T 667(无纺土工织物)或 JT/T 514 选用	

6. 工程用排水材料的理化性能

(1)排水带芯板技术性能指标

表 15-226

项　目	型　号								
	DD30	DD40	DD50	DD60	DD70	DD80	DD100	DD120	DD180
纵向通水量(m^3/s)	≥30	≥40	≥50	≥60	≥70	≥80	≥100	≥120	≥180
纵向拉伸强度(kN/10cm)	≥2								
延伸率(%)	≥6								
抗弯折性能	180°对折 10 次无断裂								

(2)长丝热黏排水体(速排龙)芯体技术性能指标

表 15-227

项　目		型　号								
		DC0.5	DC1.0	DC1.5	DC3	DC5	DC10	DC15	DC20	DC25
纵向通水量(m^3/h)		≥0.5	≥1.0	≥1.5	≥3	≥5	≥10	≥15	≥20	≥25
耐压力(kPa)	压应变 10%时	≥100					≥70		≥50	
	压应变 20%时	≥180					≥110		≥90	
塑丝抗弯折性能		180°对折 8 次无断裂								
实体(管壁)孔隙率(%)		≥70								

(3)透水软管技术性能指标

表 15-228

项　　目		型　　号								
		DR1.5	DR6	DR10	DR30	DR70	DR110	DR150	DR200	DR250
纵向通水量(m^3/h)		≥1.5	≥6	≥10	≥30	≥70	≥110	≥150	≥200	≥250
扁平耐压力(kN/m)	1%	≥0.10	≥0.18	≥0.40	≥0.78	≥1.00	≥1.15	≥1.30	≥1.55	≥1.80
	2%	≥0.18	≥0.40	≥0.78	≥1.00	≥1.20	≥1.35	≥1.50	≥1.75	≥2.00
	3%	≥0.40	≥0.78	≥1.20	≥1.40	≥1.70	≥1.75	≥1.85	≥1.90	≥1.95
	4%	≥0.70	≥1.20	≥1.50	≥1.80	≥2.10	≥2.15	≥2.30	≥2.55	≥2.80
	5%	≥1.20	≥1.50	≥1.80	≥2.00	≥2.30	≥2.55	≥2.80	≥3.10	≥3.40

(4)透水硬管(渗水管或花管)技术性能指标

表 15-229

项　　目	型　　号								
	DY5	DY10	DY15	DY20	DY50	DY100	DY150	DY200	DY250
纵向通水量(m^3/h)	≥5	≥10	≥15	≥20	≥50	≥100	≥150	≥200	≥250
管壁开孔率(%)	≥30								

(5)透水硬管(渗水管或花管)的环刚度指标

表 15-230

项　　目		壁　厚　(mm)						
外径(mm)	50	2.0	2.0	2.0	2.1	2.2	2.3	2.4
	63	2.0	2.2	2.5	2.6	2.7	2.8	3.0
	75	2.3	2.6	2.9	3.0	3.2	3.4	3.6
	90	2.8	3.1	3.5	3.7	3.9	4.1	4.3
环刚度(kPa)		≥2	≥3	≥4	≥5	≥6	≥7	≥8

注:①对于表中无相应管材规格尺寸时,应采用内插法取高值确定环刚度指标。

②表 15-226～表 15-230 合注:

滤布的技术性能应满足 JT/T 667 或 JT/T 514 的有关规定。当采用短纤类无纺土工织物作为塑料排水带(板)的滤布时,其纵、横向梯形撕破强度不得小于 30N。

③产品颜色应均匀,无明显油污、损伤、破裂。

(6)排水材料抗光老化等级

表 15-231

光老化等级	Ⅰ	Ⅱ	Ⅲ	Ⅳ
辐射强度为 550W/m^2 照射 150h,标称拉伸强度保持率(%)	<50	50～80	80～95	>95
炭黑含量(%)	—	2.0～2.5		

注:对采用非炭黑作抗光老化助剂的排水材料,光老化等级参照执行。

7.排水材料的储运要求

(1)运输

产品在装卸运输过程中,不得抛摔,避免与尖锐物品混装运输,避免剧烈冲击。运输工具应有遮篷等防雨与防晒措施。

(2)储存

产品不得露天存放,应避免日光长期照射,并离热源大于 15m。掺加抗老化助剂的排水材料累积暴露存放不得超过一个月,未掺加抗老化助剂的排水材料不得暴露存放。

(十二)公路工程用保温隔热材料(JT/T 668—2006)

公路工程用保温隔热材料,代号为 H,由聚乙烯、聚酯、聚氨酯、丁腈聚合物等工程塑料与适量的化学发泡剂、催化剂、稳定剂、溶剂等辅助料经发泡而制成的一种软质或硬质闭孔状材料(原材料的名称代号见表 15-169)。保温隔热材料禁止使用有毒、有害的原材料。

保温隔热材料按成型工艺分为:软质模数保温隔热材料,代号 HRM;
软质挤塑保温隔热材料,代号 HRJ;
硬质模数保温隔热材料,代号 HYM;
硬质挤塑保温隔热材料,代号 HYJ。

1. 保温隔热材料的标记

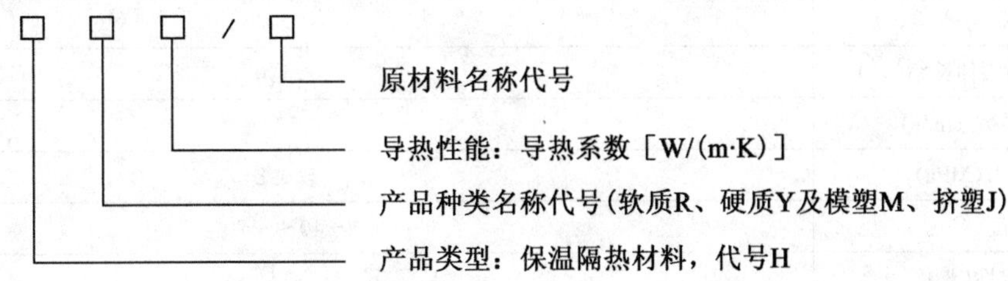

示例 1:导热系数为 0.035W/(m·K)的丁腈聚合物软质挤塑保温隔热材料,表示为 HRJ0.035/NPH。
示例 2:导热系数为 0.04W/(m·K)的聚乙烯硬质模塑保温隔热材料,表示为 HYM0.04/PE。

2. 保温隔热材料产品规格系列

表 15-232

类　型	产品规格						
软质模塑型	HRM0.1	HRM0.05	HRM0.04	HRM0.035	HRM0.03	HRM0.025	HRM0.02
软质挤塑型	HRJ0.1	HRJ0.05	HRJ0.04	HRJ0.035	HRJ0.03	HRJ0.025	HRJ0.02
硬质模塑型	HYM0.1	HYM0.05	HYM0.04	HYM0.035	HYM0.03	HYM0.025	HYM0.02
硬质挤塑型	HYJ0.1	HYJ0.05	HYJ0.04	HYJ0.035	HYJ0.03	HYJ0.025	HYJ0.02

3. 保温隔热材料的规格尺寸

表 15-233

检测项目	允许值	检测项目	允许值
密度(kg/m^3)	≤70	软质材料幅宽(m)	≥1.1
单位面积重量相对偏差(%)	±2.5	软质材料纵向长度(m)	≥20

注:厚度允许偏差为+5%;宽度允许偏差为+2.5%;硬质材料长度允许偏差为+1.0%。

4. 保温隔热材料的外观质量

表 15-234

序号	项　目	要　求
1	切口	平直、无明显锯齿现象
2	颜色	色泽均匀、无明显油污
3	外观	无损伤、无破裂、不黏结、无孔洞(无接头和断头、无永久性皱褶)
4	水云、云雾和机械划痕	不明显
5	杂质和僵块	直径 0.6～2.0mm 的杂质和僵块,允许每平方米 20 个以内,直径 2.0mm 以上的不允许出现
6	卷端面错位	≤10mm

注:括号内的内容是对软质保温隔热材料的单独要求。

5. 保温隔热材料的技术要求

(1)软质保温隔热材料技术性能指标

表 15-235

项　　目	型号规格					
	HRM0.05	HRM0.04	HRM0.035	HRM0.03	HRM0.025	HRM0.02
	HRJ0.05	HRJ0.04	HRJ0.035	HRJ0.03	HRJ0.025	HRJ0.02
导热系数[W/(m·K)]	≤0.05	≤0.04	≤0.035	≤0.03	≤0.025	≤0.02
CBR 顶破力(N)	≥350					
纵、横向撕破力(N)	≥100					
抗压强度(10%变形)(kPa)	≥200					
纵、横向拉伸抗力(kN/m)	≥4					
纵、横向拉伸断裂伸长率(%)	≥150					
垂直渗透系数(cm/s)	$\leqslant 10^{-7}$					
耐静水压力(MPa)	≥0.2					
工作温度(℃)	−40～+70					
温度稳定性(%)	≤4					
浸水 96h 的吸水率(%)	≤1.5					
低温弯折性(−20℃)	无裂纹					
纵、横向尺寸变化率(%)	≤2					

(2)硬质保温隔热材料技术性能指标

表 15-236

项　　目	型号规格					
	HYM0.05	HYM0.04	HYM0.035	HYM0.03	HYM0.025	HYM0.02
	HYJ0.05	HYJ0.04	HYJ0.035	HYJ0.03	HYJ0.025	HYJ0.02
导热系数[W/(m·K)]	≤0.05	≤0.04	≤0.035	≤0.03	≤0.025	≤0.02
CBR 顶破力(kN)	≥3	≥4.5	≥6	≥7.5	≥9	≥10.5
抗压强度(10%变形)(kPa)	≥300					
拉伸强度(kPa)	≥450					
纵、横向拉伸断裂伸长率(%)	≥10					
垂直渗透系数(cm/s)	$\leqslant 10^{-11}$					
耐静水压力(MPa)	≥0.2					
工作温度(℃)	−50～+70					
温度稳定性(%)	≤4					
浸水 96h 的吸水率(%)	≤1					
纵、横向尺寸变化率(%)	≤5					

6. 保温隔热材料的储运要求

(1)运输

产品在装卸运输过程中,不得抛摔,避免与尖锐物品混装运输,避免剧烈冲击。运输工具应有遮篷等防雨、防日晒设施。

(2)储存

未掺加防老化助剂的保温隔热材料产品不得露天存放,应避免日光长期照射,并离热源大于 15m。对具有抗光老化能力以及掺加防老化助剂的保温隔热材料累积暴露存放不得超过一个月。保温隔热材料应包装完好,储存在无腐蚀气体、无粉尘和通风良好、干燥的室内。

(十三)公路工程用轻型硬质泡沫材料(JT/T 666—2006)

公路工程用轻型硬质泡沫材料,代号为S,是由聚乙烯、聚氨酯、聚酰胺、聚丙烯等工程塑料与适量的化学发泡剂、催化剂、稳定剂、溶剂等辅助料经发泡而制成的一种硬质闭孔状材料(原材料的名称代号见表15-169)。

轻型硬质泡沫材料按产品发泡成型工艺地点的不同分为:

工厂发泡的轻型硬质泡沫材料,代号SG。

现场发泡的轻型硬质泡沫材料,代号SX。

1.轻型硬质泡沫材料的标记

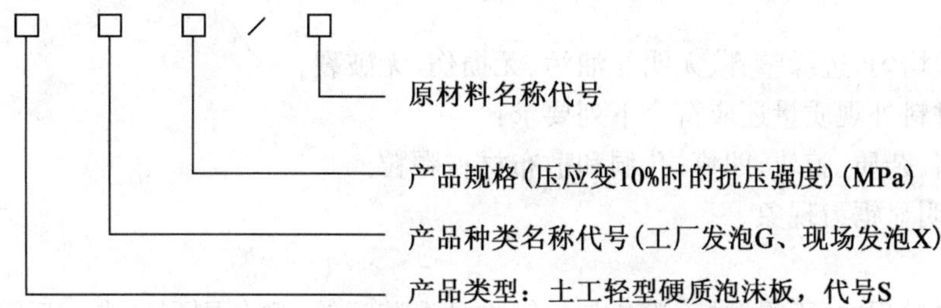

示例1:压应变10%时的耐压力为0.3MPa,主要原料为聚乙烯的工厂发泡的轻型硬质泡沫材料体(SG),表示为SG0.3/PE。

示例2:压应变10%时的耐压力为1.0MPa,主要原料为聚氨酯的现场发泡的轻型硬质泡沫材料体(SX),表示为SX1.0/PU。

2.轻型硬质泡沫材料的规格系列

表15-237

类　型	产品规格								
工厂发泡的泡沫板	SG0.1	SG0.15	SG0.2	SG0.25	SG0.5	SG1.0	SG1.5	SG2.0	SG3.0
现场发泡的泡沫板	SX0.1	SX0.15	SX0.2	SX0.25	SX0.5	SX1.0	SX1.5	SX2.0	SX3.0

3.轻型硬质泡沫材料重量、尺寸的允许偏差

表15-238

项　目	允许值	项　目	允许值
单位面积重量相对偏差(%)	±2	工厂生产的泡沫板长度(m)	≥1.5
厚度相对偏差(%)	+5	对角线偏差(%)	≤0.2
宽度相对偏差(%)	+3	泡沫材料的密度(g/cm^3)	≤0.05

4.轻型硬质泡沫材料技术性能指标

表15-239

项　目	规格								
	SG0.1	SG0.15	SG0.2	SG0.25	SG0.5	SG1.0	SG1.5	SG2.0	SG3.0
	SX0.1	SX0.15	SX0.2	SX0.25	SX0.5	SX1.0	SX1.5	SX2.0	SX3.0
压应变10%时的耐压力(MPa)	≥0.1	≥0.15	≥0.2	≥0.25	≥0.5	≥1.0	≥1.5	≥2.0	≥3.0
湿度100%温度−60～+90℃环境下尺寸稳定性(%)	≤±1								
吸水率(24h)(%)	≤5								

5.轻型硬质泡沫材料抗光老化等级

表 15-240

项目	要求			
光老化等级	Ⅰ	Ⅱ	Ⅲ	Ⅳ
辐射强度为 550W/m²,照射 150h 拉伸强度保持率(%)	<50	50~80	80~95	>95
炭黑含量(%)	—	20~2.5		

注:对采用非炭黑作抗光老化助剂的轻型硬质泡沫材料,光老化等级参照执行。

6.轻型硬质泡沫材料的外观质量与贮运要求

(1)外观

产品颜色应色泽均匀,边缘整齐、无明显油污、无损伤、无破裂。

轻型硬质泡沫材料外观质量还应符合下列要求:

①无永久性皱褶、杂质、胶块、凹痕、孔洞和散布材料颗粒。

②切口平直、无明显锯齿现象。

(2)运输

产品在装卸运输过程中,不得抛摔,避免与尖锐物品混装运输,避免剧烈冲击。运输工具应有遮篷等防雨、防日晒设施。

(3)储存

未掺加防老化助剂的轻型硬质泡沫材料产品不得露天存放,应避免日光长期照射,并离热源大于15m。对具有抗光老化能力以及掺加防老化助剂的轻型硬质泡沫材料累积暴露存放不得超过一个月。

(十四)公路工程用防水材料(JT/T 664—2006)

公路工程用防水材料代号为 R,由聚乙烯、聚酯、聚丙烯、聚酰胺、乙烯共聚物沥青、SBS 改性沥青等材料制成(原材料的名称代号见表 15-169)。

工程用防水材料按产品种类分为三类:

(1)防水卷材,代号 RJ——以高分子聚合物、改性材料、合成高分子复合材料为原料,加入功能性助剂等,以优质毡或复合毡为胎体,辅以功能性防水材料为覆面制成的平面防水片状卷状。

(2)防水涂料,代号 RT——以高分子聚合物及其改性材料、合成高分子材料为原料,加入一定的功能性助剂等制成的防水糊状制品。

(3)防水板,代号 RB——以高分子聚合物及其改性材料、合成高分子材料为原料,加入一定的功能性助剂等,经挤出成型的平面板状防水材料。

1.工程用防水材料的标记

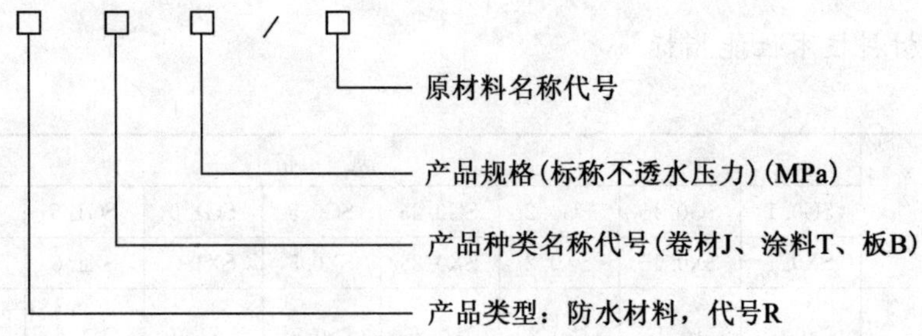

示例 1:采用 SBS 改性沥青为主要原料制成的防水层体,不透水的水压力为 0.3MPa 的防水卷材(RJ),表示为 RJ0.3/SBS。

示例 2:采用聚氨酯为主要原料制成的防水涂料,不透水的水压力为 0.3MPa 的防水涂料(RT),表示为 RT0.3/PU。

示例 3:采用聚丙烯为主要原料制成的板状防水层,且不透水的水压力为 0.2MPa 的防水板(RB),表示为 RB0.2/PP。

2.工程用防水材料规格系列

表 15-241

类 型	产品规格					
防水卷材	RJ0.1	RJ0.2	RJ0.3	RJ0.4	RJ0.5	RJ0.6
防水涂料	RT0.1	RT0.2	RT0.3	RT0.4	RT0.5	RT0.6
防水板	RB0.1	RB0.2	RB0.3	RB0.4	RB0.5	RB0.6

3.工程用防水材料的尺寸偏差

表 15-242

类 型	项 目	允许偏差
防水卷材	单位面积重量(%)	±5
	厚度(%)	+10
	宽度(%)	+3
防水板	厚度(%)	+10

注:防水卷材每卷长度一般不小于 20m,重量不大于 50kg。

4.工程用防水材料的理化性能

(1)防水卷材技术性能指标

表 15-243

项 目	规 格					
	RJ0.1	RJ0.2	RJ0.3	RJ0.4	RJ0.5	RJ0.6
耐静水压力(MPa)	≥0.1	≥0.2	≥0.3	≥0.4	≥0.5	≥0.6
纵、横向拉伸强度(kN/m)	≥7					
纵、横向拉伸强度时的伸长率(%)	≥30					
纵、横向撕裂力(N)	≥30					
−15℃环境 180°角弯折两次的柔度	无裂纹					
90℃环境保持 2h 的耐热度	无滑动、流淌与滴落					
黏结剥离强度(kN/m)	≥0.8					
胎体增强材料的重量	增强胎体基布的技术性能按 JT/T 514 或 JT/T 664 选用					

(2)防水涂料技术性能指标

表 15-244

项 目	规 格					
	RT0.1	RT0.2	RT0.3	RT0.4	RT0.5	RT0.6
耐静水压力(MPa)	≥0.1	≥0.2	≥0.3	≥0.4	≥0.5	≥0.6
可操作时间(min)	≥30					
潮湿基面黏结强度(MPa)	≥0.3					
表面干燥时间(h)	≤8					
实体干燥时间(h)	≤24					
浸水 168h 后抗拉强度(MPa)	≥0.5					

(3)防水板技术性能指标

表 15-245

项目	规格					
	RB0.1	RB0.2	RB0.3	RB0.4	RB0.5	RB0.6
耐静水压力(MPa)	≥0.1	≥0.2	≥0.3	≥0.4	≥0.5	≥0.6
抗拉强度(MPa)	≥30					
抗拉强度时的伸长率(%)	≥300					
−20℃环境 180°角弯折两次的柔度	无裂纹					
热处理尺寸变化率(%)	≤2					

(4)防水材料抗光老化

表 15-246

项目	要求			
光老化等级	Ⅰ	Ⅱ	Ⅲ	Ⅳ
辐射强度为 550W/m² 照射 150h 时拉伸强度保持率(%)	<50	50~80	80~95	>95
炭黑含量(%)	—	2.0~2.5		

注:对采用非炭黑作抗光老化助剂的防水材料,光老化等级参照执行。

5.工程用防水材料的外观质量和储运要求

(1)外观质量

表 15-247

类型	要求
防水卷材	无断裂、皱褶、折痕、杂质、胶块、凹痕、孔洞、剥离、边缘不整齐、胎体露白、未浸透、散布材料颗粒,卷端面错位不大于 50mm。切口平直、无明显锯齿现象
防水涂料	包装和商品标识完好无损,经搅拌分散均匀,无明显丝团等
防水板	无损伤、无破裂、无气泡、不黏结、无孔洞、无接头、断头和永久性皱褶。切口平直、无明显锯齿现象。直径 0.6~2.0mm 的杂质和僵块允许每平方米 20 个以内,直径 2.0mm 以上的不允许出现

(2)运输

产品在装卸运输过程中,不得抛摔,避免与尖锐物品混装运输,避免剧烈冲击。运输应有遮篷等防雨与防晒措施。

(3)储存

未掺加防老化助剂的防水材料产品不得露天存放,应避免日光长期照射,并离热源大于 15m。对具有抗光老化能力以及掺加防老化助剂的无纺土工织物累积暴露存放不得超过一个月。

(十五)公路工程用钢塑格栅(JT/T 925.1—2014)

公路工程用钢塑格栅以高强钢丝、聚乙烯等高分子聚合物为主要原料加入抗紫外线、防老化助剂等,经挤出、复合成钢塑条带再经向、纬向整合熔接制成,代号 GSGS。

钢塑格栅按受力分为两类:纵、横向极限抗拉强度相同的称为钢塑格栅;纵、横向极限抗拉强度不相同的称为异形钢塑格栅。

钢塑格栅产品应色泽均匀,无明显油污;无开裂露筋、损伤、穿孔等缺陷,每卷产品中不允许有拼接段。

钢塑格栅中塑料的炭黑含量应为2%～3%。

1. 公路工程用钢塑格栅的规格

表 15-248

分　类	规　格						
钢塑格栅	30－30	50－50	60－60	70－70	80－80	100－100	120－120
异型钢塑格栅	50－30	60－30	80－30	80－50	100－50	120－50	180－50

2. 钢塑格栅的标记

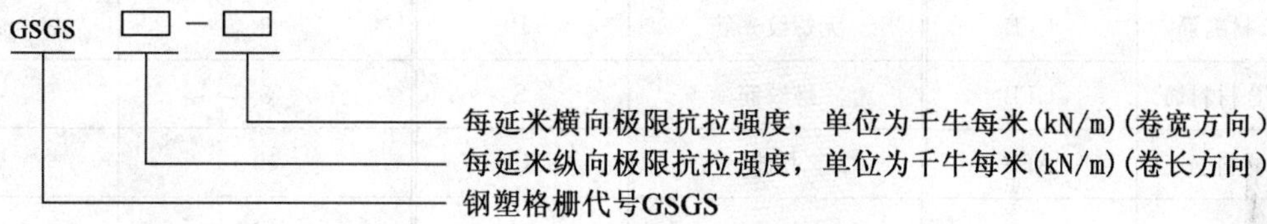

示例1：每延米纵向极限抗拉强度为50kN、横向极限抗拉强度为50kN的钢塑格栅，表示为GSGS50－50。

示例2：每延米纵向极限抗拉强度为60kN、横向极限抗拉强度为30kN的钢塑格栅，表示为GSGS60－30。

3. 公路工程用钢塑格栅的力学性能

(1)钢塑格栅技术参数

表 15-249

指　标	规格型号						
	30－30	50－50	60－60	70－70	80－80	100－100	120－120
纵、横向极限抗拉强度(kN/m)	≥30	≥50	≥60	≥70	≥80	≥100	≥120
纵、横向极限抗拉强度下的伸长率(%)	≤3						
连接点极限分离力(N)	≥300				≥500		

(2)异型钢塑格栅技术参数

表 15-250

指　标	规格型号						
	50－30	60－30	80－30	80－50	100－50	120－50	180－50
纵向极限抗拉强度(kN/m)	≥50	≥60	≥80	≥80	≥100	≥120	≥180
横向极限抗拉强度(kN/m)	≥30	≥30	≥30	≥50	≥50	≥50	≥50
纵、横向极限抗拉强度下的伸长率(%)	≤3						
连接点极限分离力(N)	≥300		≥500				

产品用于寒冷地区时，应进行抗冻试验。经抗冻试验后，强度、伸长率应符合表15-249和表15-250的规定。

4. 钢塑格栅的储存

产品不得露天堆放，避免日光长期照射，严禁与化工腐蚀物品一起堆放；产品除正常堆码外不应被重压;产品自生产日期起,保存期应不超过24个月。

(十六)结构工程用纤维增强复合材料筋(GB/T 26743—2011)

纤维增强复合材料筋是用连续纤维束按拉制成型工艺生产的棒状纤维增强复合材料制品。适用于在土木工程结构中受力构件当增强材料使用。

1.纤维增强复合材料筋分类

表 15-251

按增强纤维品种分类		按复合材料筋表面状态分		复合材料筋规格尺寸	
名称	代号	名称	代号	直径(mm)	长度(m)
碳纤维复合材料筋	CFB	无螺纹光筋	P	6	2
玻璃纤维复合材料筋	GFB	螺纹筋	S	8	4
芳纶复合材料筋	AFB	其他	O	10	6
				12	10
				14	20
				20	

注:复合材料筋的长度允许偏差为0～+10mm;直径允许偏差为0～+0.5mm。

2.纤维增强复合材料筋的标记

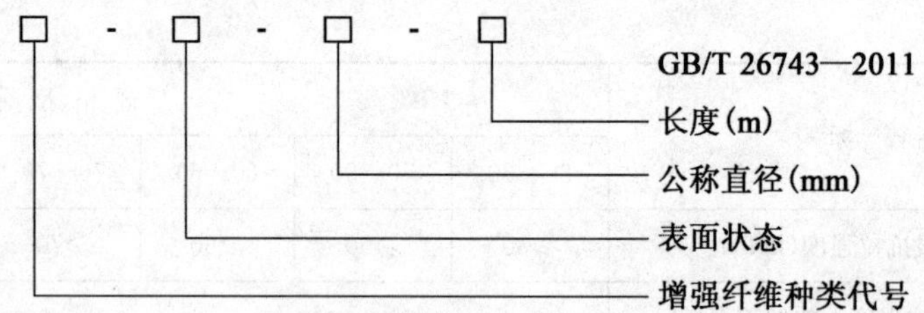

示例:长度6m,公称直径为12mm,按本标准生产的玻璃纤维复合材料螺纹筋标记为GFB-S-12-6 GB/T 26743—2011。

3.纤维增强复合材料筋外观

表面沾有石英砂的复合材料筋,石英砂应分布均匀,无其他可见杂质,无纤维外露和裂纹。

表面不沾有石英砂的复合材料筋,应无纤维外露,无断丝、松股和裂纹。

4.复合材料筋的拉伸性能

表 15-252

复合材料筋种类	拉伸强度(MPa)	弹性模量(GPa)	断裂伸长率(%)
CFB	≥1 800	≥120	≥1.5
GFB	≥600	≥40	≥1.8
AFB	≥1 300	≥65	≥2.0

5.纤维增强复合材料筋储运要求

材料筋储运过程应防雨、防潮,装卸时不可损伤包装,避免撞击、油污、日光曝晒和雨雪浸淋。

材料筋储运中避免火源、隔离热源和化学腐蚀物品。

(十七)公路工程用玄武岩短切纤维(JT/T 776.1—2010)

玄武岩短切纤维以连续玄武岩纤维为原料,经短切机短切而成,代号 BFCS。

玄武岩短切纤维主要用于增强水泥混凝土、水泥砂浆、沥青混凝土、沥青砂浆。

玄武岩短切纤维按纤维类型分为合股丝(S)和加捻合股纱(T);按用途分为防裂抗裂纤维(BF)和增韧增强纤维(BZ)。

1. 玄武岩短切纤维的标记

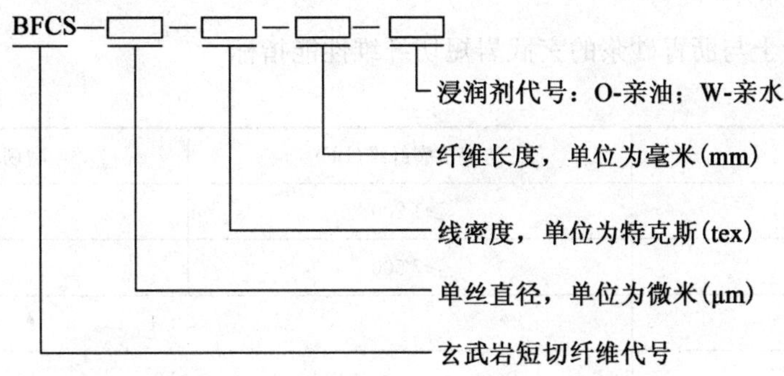

示例:单丝直径为 18μm,线密度为 264tex(g/km),长度为 25mm 用于沥青的玄武岩短切纤维的型号为 BFCS－18－264－25－0。

2. 玄武岩短切纤维的规格和尺寸

表 15-253

纤维类型	公称长度(mm)				单丝公称直径(μm)	线密度(tex)
	水泥混凝土	水泥砂浆	沥青混凝土	沥青砂浆		
合股丝(S)	15～30	6～15	5～15	3～6	9～25	50～900
加捻合股纱(T)	6～30		3～15		7～13	30～800

注:经供需双方协商,可生产其他规格及尺寸的玄武岩短切纤维。

3. 玄武岩短切纤维基本性能指标

表 15-254

性　能	指　标	性　能	指　标
外观合格率(%)	≥90	可燃物含量(%)	0.1～1.0
密度(g/cm^3)	2.60～2.80	含水率(%)	≤0.2
断裂强度(MPa)	1 200～2 200	耐热性,断裂强度保留率(%)	≥85
弹性模量(MPa)	≥7 500	耐碱性,断裂强度保留率(%)	≥75
断裂伸长率(%)	2.4～3.1		

注:①耐碱性的测试是在饱和 $Ca(OH)_2$ 溶液中煮沸 4h 的强度保留率。用于水泥混凝土与水泥砂浆的玄武岩纤维应检测耐碱性。

②耐热性的测试是在 250℃烘箱中加热 4h 的断裂强度保留率。用于沥青混凝土与沥青砂浆的玄武岩纤维应检测耐热性。

③用于沥青混凝土与沥青砂浆的玄武岩纤维应检测可燃物含量和含水率。

4. 玄武岩短切纤维的物理力学性能

(1)用于水泥混凝土与水泥砂浆的玄武岩短切纤维性能指标

表 15-255

项　　目	防裂抗裂纤维(BF)	增韧增强纤维(BZ)
断裂强度(MPa)	≥1 200	≥1 500
弹性模量(MPa)	≥7 500	≥8 000
断裂伸长率(%)	≤3.1	
耐碱性、断裂强度保留率(%)	≥75	

注:试验值的变异系数应不大于 10%。

(2)用于沥青混凝土与沥青砂浆的玄武岩短切纤维性能指标

表 15-256

项　　目	防裂抗裂纤维(BF)	增韧增强纤维(BZ)
断裂强度(MPa)	≥1 200	≥1 500
弹性模量(MPa)	≥7 500	≥8 000
断裂伸长率(%)	≤3.1	
吸油率(%)	≥50	
耐热性,断裂强度保留率(%)	≥85	
可燃性	明火点不燃	

注:试验值的变异系数不应大于 10%。

5.玄武岩短切纤维外观质量和储运要求

(1)外观

纯天然玄武岩短切纤维外观色泽应均匀,为金褐色或深褐色,表面无污染。

玄武岩短切纤维的公称长度和线密度偏差应在生产厂所控制值的相对量的±10%之内。

外观合格率应不小于 90%。

(2)储运要求

玄武岩短切纤维可按单位体积用量进行小袋包装,若干个小包装汇成大包装。包装应防晒、防水、防潮。

运输过程应防止包装损坏。储存环境应阴凉干燥,避免与其他腐蚀性的物品混放。

产品自生产之日起,有效期为 18 个月。

6.连续玄武岩纤维化学成分

表 15-257

化学成分	质量百分比(%)	化学成分	质量百分比(%)
SiO_2	48～60	Na_2O+K_2O	3～6
Al_2O_3	14～19	TiO_2	0.5～2.5
CaO	5～9	Fe_2O_3+FeO	9～14
MgO	3～6	其他	0.09～0.13

注:不同化学成分制成纤维后强度和物化性能不同。

(十八)公路工程用玄武岩纤维单向布(JT/T 776.2—2010)

玄武岩纤维单向布以玄武岩纤维无捻粗纱为主要原料,经过在与顺玄武岩纤维长度方向上平行铺设无捻粗纱后黏合(缝合)而成。主要用于工程结构加固和补强。

玄武岩纤维单向布的规格按单位面积重量划分,如 250g/m²、350g/m² 等。

1. 玄武岩纤维单向布的标记

玄武岩纤维单向布型号应按代号、单丝直径、经向密度、单位面积重量规格、宽度规格、质量级别以及浸润剂代号的顺序编写。

示例：单丝公称直径为 13μm、经向密度为 3.5 根/cm、单位面积重量为 280g/m³、宽度为 60cm、Ⅰ级质量玄武岩纤维单向布的型号为 BUF13-3.5-280-60-Ⅰ-GBF。

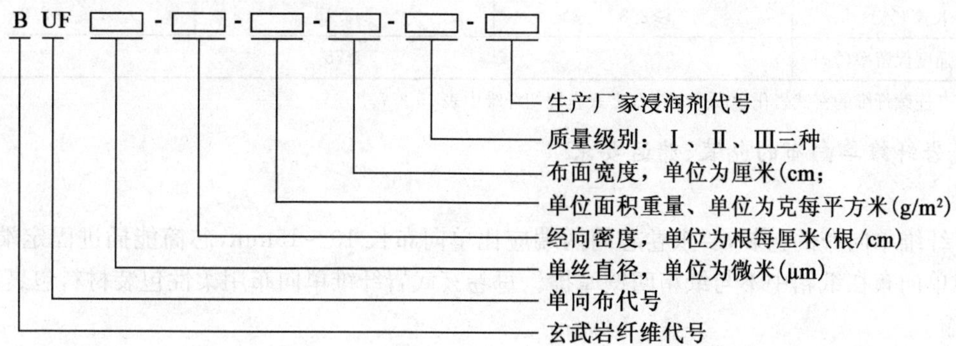

2. 玄武岩纤维单向布的外观

(1)玄武岩纤维单向布外观疵点分类

表 15-258

序　号	疵点名称	疵 点 特 征	疵 点 类 别
1	断纬、缺纬	单根断缺长度＜50mm	次要疵点
		单根断缺长度≥50mm 或两根断缺总长度＜20mm	主要疵点
		两根或大于两根，总长度≥20mm	严重疵点
2	纬斜（每米幅宽）	5mm≤歪斜长度＜20mm	次要疵点
		20mm≤歪斜长度＜50mm	主要疵点
		歪斜长度≥50mm	严重疵点

(2)外观质量要求

外观平整、色泽均匀，颜色应为金褐色或深褐色；表面干净，不应夹带杂物，不应有灰尘和其他污染，不应有破洞、污渍、跳花、起毛、破损等。

缺纬、断纬现象每 100m 不应多于三处。

不应存在断经现象。

纤维排列均匀，不应有明显歪斜，起皱现象。

3. 玄武岩纤维单向布规格尺寸

表 15-259

规　格	单位面积重量(g/m²)	单丝公称直径(μm)	卷长(m)	经向密度(根/cm)	计算厚度(mm)	宽度(cm)
BFUF－250－	250	13	50 或 100	3.1～4.0	0.951	50～150
BFUF－350－	350	13	50 或 100	4.4～5.0	1..331	50～150

注：①单丝直径和宽度可根据客户需求确定。

②玄武岩纤维单向布单位面积重量不应小于产品说明书中的数值。

③玄武岩纤维单向布允许尺寸偏差：长度＞0；宽度±0.5%；计算厚度±2.0%（实测单位面积重量除以玄武岩纤维密度而得到的值）。

4.玄武岩纤维单向布的物理力学性能

表 15-260

项　目	Ⅰ级	Ⅱ级	Ⅲ级
拉伸强度(MPa)	≥2 300	≥2 000	≥1 700
拉伸弹性模量(MPa)	$\geq 10.0\times10^3$	$\geq 9.3\times10^3$	$\geq 8.5\times10^3$
破坏伸长率(%)	≥2.3	≥2.15	≥2.0
耐碱性,拉伸强度保留率(%)		≥75	

注:用于生产连续纤维的玄武岩化学成分宜符合玄武岩短切纤维中表 15-257。

5.玄武岩纤维单向布的包装、储运要求

(1)包装

玄武岩纤维单向布的包装,要求卷芯筒两端应比单向布长 10～15mm,芯筒能插进固定端板中,使玄武岩纤维单向布在纸箱中不与纸箱四壁摩擦。每卷玄武岩纤维单向布用柔性包装材料包裹。

(2)运输

运输车辆以及堆放处应有防雨、防潮设施。

装卸车时不可损伤包装。

应避免日光直射和雨淋、浸水。

(3)储存

应储存在通风、阴凉、干燥的仓库内,避免曝晒,远离光源、热源。

严禁与化工腐蚀物品一起堆放。

自生产之日起,有效储存期为 18 个月。

(十九)公路工程用玄武岩纤维土工格栅(JT/T 776.3—2010)

玄武岩纤维土工格栅以玄武岩纤维无捻粗纱为主要原料,经编织成土工网格和表面涂覆处理、烘干成型制得。主要用于增强公路路面的抗裂性及耐久性。

1.玄武岩纤维土工格栅的标记

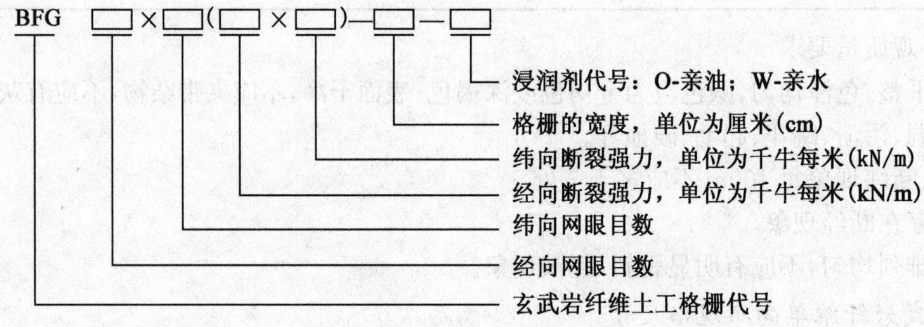

示例:经、纬向网眼目数均为 1,经、纬向公称断裂强度均为 30kN/m,幅宽为 200cm,沥青路面用玄武岩纤维土工格栅的型号为 BFG1×1(30×30)−200−0。

2.玄武岩纤维土工格栅的规格尺寸

表 15-261

项　目	规格尺寸				允许偏差
标准宽度(cm)	100	200	400	600	实际宽度不低于标准值
标准卷长(m)	50		100		±1.0%,卷内不得拼接

3. 玄武岩纤维土工格栅的外观

(1)玄武岩纤维土工格栅外观疵点分类

表 15-262

疵点名称	疵点特征	疵点类别
断经、断纬 缺经、缺纬	单根长度＜50mm 单根长度≥50mm 或两根长度＜20mm 两根或大于两根，长度≥20mm	次要疵点 主要疵点 不应有
斜纬(每米幅宽)	5mm≤歪斜长度＜30mm 30mm≤歪斜长度＜80mm 歪斜长度≥80mm	次要疵点 主要疵点 不应有
网眼抽缩(每米幅宽)	纬向宽＜10cm 纬向宽≥10cm	主要疵点 不应有
浸渍不良	面积小于 0.01m^2 面积大于 0.01m^2	主要疵点 不应有

(2)外观质量要求

凡邻近的各类疵点应分别计算，疵点混在一起的按主要疵点计。测量断续或分散的疵点长度时，间距在 10mm 以下的取其全部长度累计。

五个次要疵点计为一个主要疵点，每百平方米主要疵点数不应超过八个。

4. 玄武岩纤维土工格栅的技术要求

生产连续纤维的玄武岩化学成分符合短切纤维中表 15-257 的要求。

(1)玄武岩纤维土工格栅的耐碱性、耐温性要求

表 15-263

项目		指标和要求
耐碱性		在饱和 $Ca(OH)_2$ 溶液中煮沸 4h 后，强度保留率≥75%
耐温性	耐高温	经 170℃、1h 热处理后，其经向和纬向拉伸断裂强力保留率都不小于 90%
	耐低温	经－40℃、1h 冷冻处理后，其经向和纬向拉伸断裂强力保留率都不小于 80%

注：①用于水泥混凝土、砂浆时应检测耐碱性。

②用于沥青混凝土、沥青砂浆时，应检测耐温性。

(2)玄武岩纤维土工格栅的网眼目数、断裂强力、断裂伸长率

表 15-264

规格	网眼目数(网孔中心距)(mm)		断裂强力(kN/m)，≥		断裂伸长率(%)，≤	
	经向	纬向	经向	纬向	经向	纬向
BFG1×1(40×40)	1±0.15	1±0.15	40	40	4.0	4.0
BFG1×1(60×60)	1±0.15	1±0.15	60	60	4.0	4.0
BFG1×1(70×70)	1±0.15	1±0.15	70	70	4.0	4.0
BFG1×1(90×90)	1±0.15	1±0.15	90	90	4.0	4.0
BFG1×1(110×110)	1±0.15	1±0.15	110	110	4.0	4.0
BFG1×1(130×130)	1±0.15	1±0.15	130	130	4.0	4.0
BFG1×1(160×160)	1±0.15	1±0.15	160	160	4.0	4.0
BFG2×2(60×60)	2±0.15	2±0.15	60	60	4.0	4.0

续表 15-264

规　格	网眼目数(网孔中心距)(mm)		断裂强力(kN/m),≥		断裂伸长率(%),≤	
	经向	纬向	经向	纬向	经向	纬向
BFG2×2(90×90)	2±0.15	2±0.15	90	90	4.0	4.0
BFG2×2(110×110)	2±0.15	2±0.15	110	110	4.0	4.0

注:①其他规格由供需双方商定。

②网眼目数:指径向或纬向每 25.4mm 长度内的孔数。

5. 玄武岩纤维土工格栅的包装和储运要求

玄武岩纤维土工格栅应卷在直径不小于 76mm 的硬纸管上,并有防潮外包装。

玄武岩纤维土工格栅的储运要求及有效期同玄武岩纤维单向布。

(二十)公路工程用玄武岩纤维复合筋(JT/T 776.4—2010)

玄武岩纤维复合筋以玄武岩纤维无捻粗纱为主要原料,经过特有的热成型模、在一定的张力下将已经浸胶后的无捻粗纱束拉挤成型的玄武岩纤维棒材。其复合材料主要有环氧树脂、乙烯基树脂及不饱和聚酯树脂等和填料、固化剂等。

玄武岩纤维复合筋按外形分为螺旋筋(A)和无螺纹光面筋(B)两种。

1. 玄武岩纤维复合筋的标记

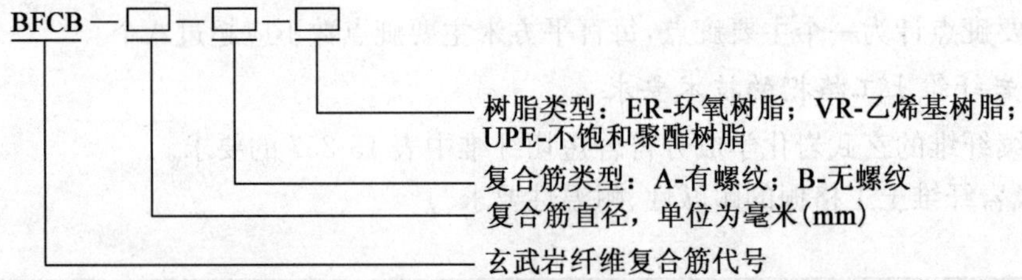

示例:直径为 10mm 的有螺纹的环氧树脂玄武岩纤维复合筋的型号为 BFCB—10—A—ER。

2. 玄武岩纤维复合筋的外观质量

玄武岩纤维复合筋表面不得有突出的纤维毛刺,纤维和树脂之间的界面不应被破坏。

3. 玄武岩纤维复合筋的规格尺寸

玄武岩纤维复合筋的公称直径范围为 3～50mm;推荐的公称直径(mm)为 3、6、8、10、12、14、16、18、20 和 25 等规格。

玄武岩纤维复合筋公称尺寸及允许偏差(单位:mm)　　表 15-265

公称直径	内径	
	公称尺寸	允许偏差
3	2.9	±0.3
6	5.8	
8	7.7	±0.4
10	9.6	
12	11.5	
14	13.4	
16	15.4	
18	17.3	
20	19.3	±0.5
25	24.2	

4. 玄武岩纤维复合筋的基本物理力学性能

表 15-266

名　称		玄武岩纤维筋
密度(g/cm^3)		1.9～2.1
拉伸强度(MPa)		≥750
拉伸弹性模量(MPa)		$\geq 4.0\times10^3$
断裂伸长率(%)		≥1.8
热膨胀系数($\times10^{-6}$/℃)	纵向	9～12
	横向	21～22
耐碱性(强度保留率)(%)		≥85
磁化率($4\pi\times10^{-8}$SI)		$\leq 5\times10^{-7}$

注:①磁化率检测视需要确定。

②测试样品时,玄武岩纤维复合筋材拉挤成型后应经过 28d 的养护定型后再进行测试。

5. 玄武岩纤维复合筋化学成分

用于生产连续纤维的玄武岩化学成分符合短切纤维中表 15-257 的规定。

6. 玄武岩纤维复合筋的储运

玄武岩纤维复合筋的储运要求同玄武岩纤维单向布。

六、其他

(一)公路涵洞通道用波纹钢管(板)(JT/T 791—2010)

公路涵洞、通道用波纹钢管系由钢板或钢带加工制成,分螺旋形波纹钢圆管(HCSP)、环形波纹钢圆管(ACSP)和波纹钢板件(CSPS)。波纹钢板件是由钢板经环向加工制成的具有一定曲面的波纹板件,用以拼装成圆形或拱形涵洞或通道结构。

1. 波纹钢管(板)示意图

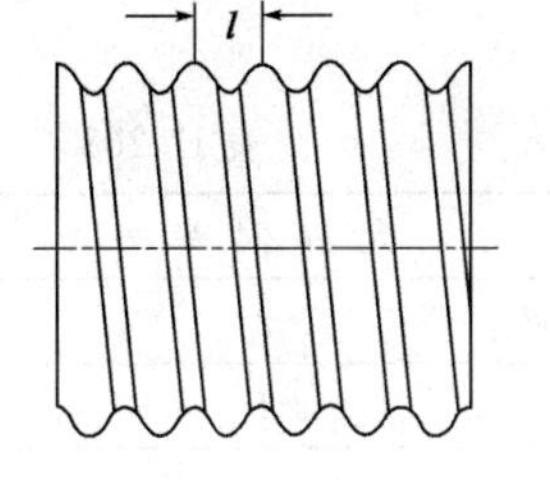

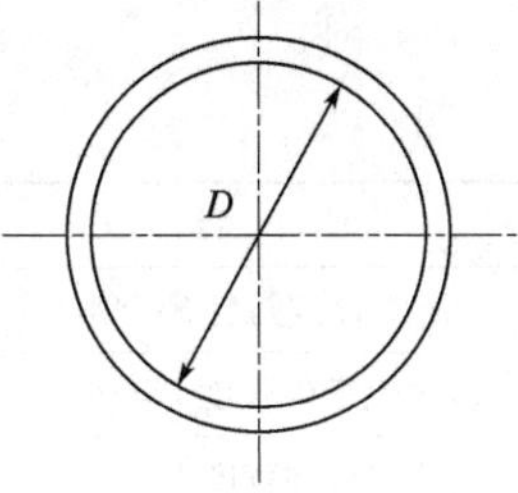

图 15-96　螺旋波纹钢圆管

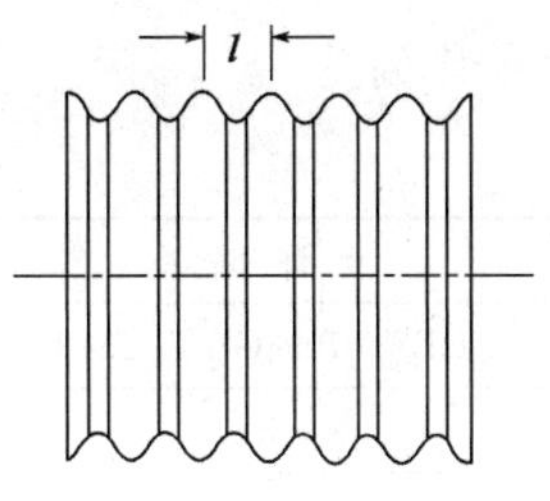

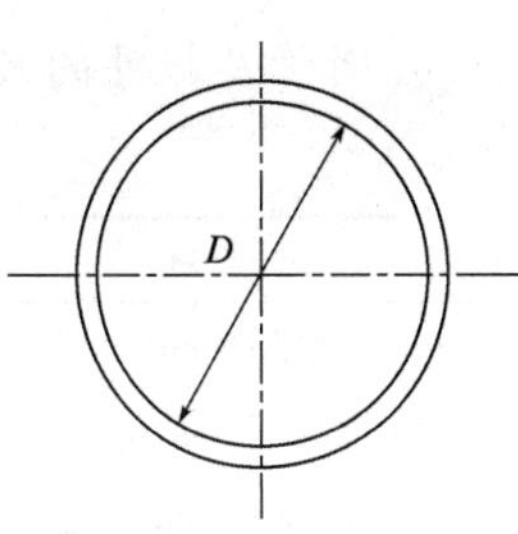

图 15-97　环形波纹钢圆管

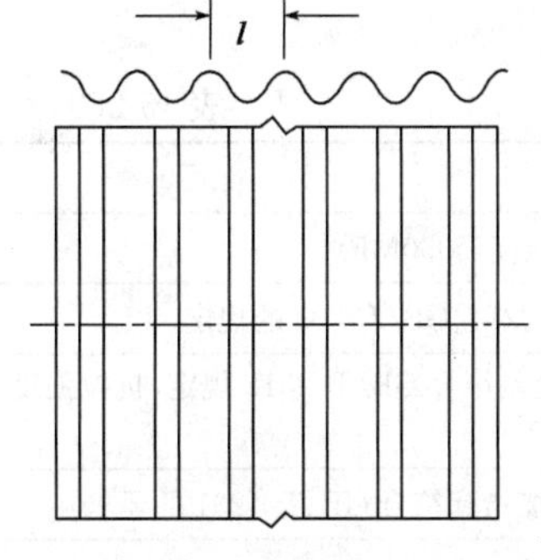

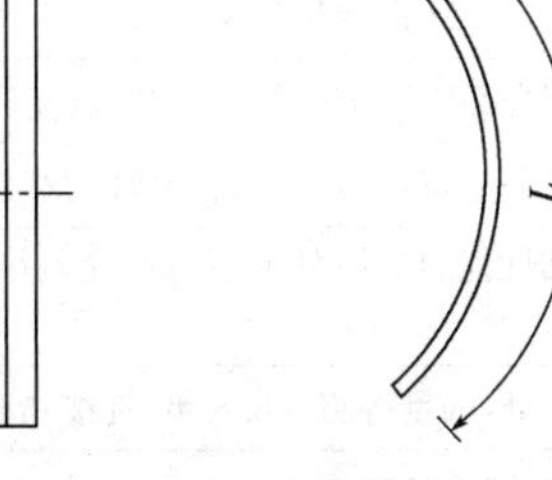

图 15-98　波纹钢板件

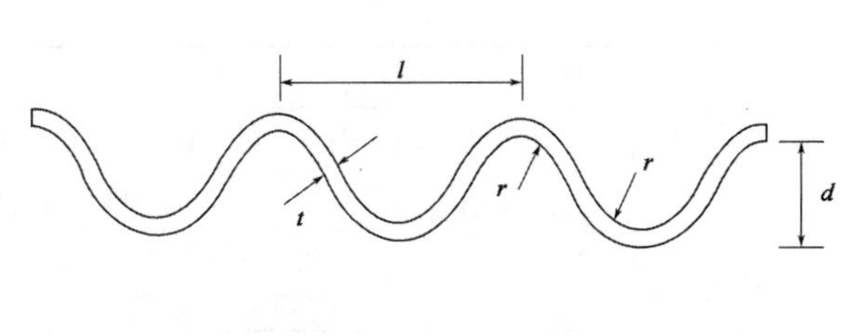

图 15-99　波形示意图

2. 型号表示方法

□□□
规格，内径D或跨径S，单位为毫米(mm)
波形代号，加工后的波形规格，代号为A~F,见表15-267
产品代号，螺旋波纹钢圆管-HCSP, 环形波纹钢圆管-ACSP, 波纹钢板件-CSPS

示例 1:内径 1 000mm、波形代号为 A 的螺旋波纹钢圆管,表示为 HCSP A1000。

示例 2:内径 2 000mm、波形代号为 C 的环形波纹钢圆管,表示为 ACSP C2000。

示例 3:跨径 6 000mm、波形代号为 E 的波形钢板件,表示为 CSPS E6000。

3. 螺旋波纹钢圆管、环形波纹钢圆管、波纹钢板件的波形尺寸规格(mm)

表 15-267

分　类	波形代号	波距 l	波高 d	壁厚 t	波峰波谷半径 r	适用内径 D 或跨径 S	拼装采用的高强度螺栓规格
螺旋波纹钢圆管	A	68	13	2.0～4.0	17.5	750～1 500	
	B	75	25	2.0～4.5	14.3	750～2 000	
	C	125	25	2.0～5.0	40.0	750～2 000	
环形波纹钢圆管	C	125	25	2.0～5.0	40.0	750～2 000	
	D	150	50	2.0～6.5	28.0	1 500～2 000	
	E	200	55	3.0～6.5	53.0	1 500～2 000	
	F	145	60	3.0～6.0	30.0	1 000～2 000	
波纹钢板件	A	68	13	2.0～4.0	17.5	750～1 500	M12
	C	125	25	2.0～5.0	40.0	750～3 000	M16
	D	150	50	2.0～6.5	28.0	1 500～8 000	M20
	E	200	55	3.0～6.5	53.0	1 500～8 000	M20

注:壁厚以表面附着防腐材料前的厚度为基准,壁厚设计应考虑力学特征及防腐要求。

4. 圆管及板件的尺寸允许偏差

表 15-268

项　目	允 许 偏 差	项　目	允 许 偏 差
壁厚 t(mm)	GB/T 709、GB/T 2518	直径 D 或跨径 S(%)	±2
波距 l(mm)	±3	波纹钢板件长度 L_c(%)	±1
波高 d(mm)	±3	波纹钢板件宽度 L_w(%)	±1
管节长度 L_p(%)	±2		

5. 公路涵洞、通道用波纹钢管、板的技术要求

表 15-269

项　目		指标和要求
材料	主体结构材料	材料采用碳素结构钢时,其性能符合 GB/T 700 要求,抗拉强度≥350MPa
		钢板、钢带尺寸、外形、重量及允许公差符合 GB 912、GB/T 3274、GB/T 709 的规定
		采用连续热镀锌钢板或钢带的,其性能、尺寸、外形、重量、允差符合 GB/T 2518 规定,抗拉强度≥350MPa
	连接件	连接件采用扭剪型高强度螺栓、螺母,强度等级≥8.8 级,性能指标符合 GB/T 1231 的要求
		螺栓、螺母规格为 M12、M16、M20,螺栓长度 30～60mm

续表 15-269

<table>
<tr><th colspan="2">项 目</th><th colspan="5">指标和要求</th></tr>
<tr><td rowspan="6">材料</td><td rowspan="3">主体结构材料</td><td colspan="5">结构用高强度垫圈符合 GB/T 1231 规定</td></tr>
<tr><td colspan="5">管箍、法兰盘用碳素结构钢，其性能符合 GB/T 700 要求，抗拉强度≥350MPa</td></tr>
<tr><td colspan="5">法兰盘用角钢尺寸、重量及允许偏差符合 GB/T 706 规定</td></tr>
<tr><td>焊接材料</td><td colspan="5">材料型号符合 GB/T 12467.1 要求，质量管理符合 GB/T 3223 的规定</td></tr>
<tr><td rowspan="2">密封材料</td><td colspan="5">材料应具有弹性和不透水性，并应填塞紧密，低温条件下应具有良好的抗冻、耐寒性能</td></tr>
<tr><td colspan="5">可采用天然橡胶、氯丁橡胶聚乙烯泡沫或耐候密封胶</td></tr>
<tr><td rowspan="6">防腐（碳素结构钢产品出厂前）</td><td rowspan="2">热浸镀锌</td><td colspan="5">锌应符合 GB/T 470 规定的 1 号或 0 号锌，钢表面处理最低等级为 Sa2.5，热浸镀锌质量符合表 15-270</td></tr>
<tr><td colspan="5">采用连续热镀锌钢板或钢带加工的，其加工后的有效锌层厚度和质量不得低于表 15-270 规定的要求</td></tr>
<tr><td>热浸镀铝</td><td colspan="5" rowspan="2">应有试验验证资料，确保其防腐性能不低于表 15-270 规定的热浸镀锌方法的相应要求</td></tr>
<tr><td>静电喷涂</td></tr>
<tr><td>镀锌后涂装</td><td colspan="5">涂装材料的品种、规格、性能符合 JT/T 722 要求，涂装总厚度＞120μm；表面应均匀、光滑、连续，无肉眼可见的小孔、孔隙、裂纹、脱皮及其他缺陷</td></tr>
<tr><td>镀锌后喷涂沥青</td><td colspan="5">沥青涂层厚度应为 0.5～1.0mm，涂层应均匀光滑、连续、无肉眼可见的孔隙、裂纹、脱皮及其他缺陷</td></tr>
<tr><td rowspan="8">外观质量</td><td>切口</td><td colspan="5">平直，无明显锯齿状</td></tr>
<tr><td>颜色</td><td colspan="5">表面色泽均匀，无明显缺陷</td></tr>
<tr><td>整体外观</td><td colspan="5">表面平整光滑，无损伤、破裂、孔洞，波形无明显变形</td></tr>
<tr><td>锌层</td><td colspan="5">表面平滑、均匀、无滴瘤、剥落、漏镀，无残留的溶剂渣</td></tr>
<tr><td>涂塑层、沥青层</td><td colspan="5">无破裂、剥离、孔洞</td></tr>
<tr><td>焊缝表面</td><td colspan="5">无气孔、裂纹、夹渣及飞溅物等缺陷，焊缝处镀锌层符合标准要求</td></tr>
<tr><td>机械划痕</td><td colspan="5">不明显</td></tr>
<tr><td>端面错位</td><td colspan="5">≤5mm</td></tr>
<tr><td>加工</td><td>圆管、钢板件</td><td colspan="5">螺旋圆管、环形圆管的每节长度由吊装、运输、安装条件确定；钢板件的长、宽根据钢板尺寸及吊装、运输、拼装条件确定</td></tr>
<tr><td rowspan="9">圆管和钢板件的装配要求</td><td rowspan="5">螺旋波纹钢圆管咬口连接、管箍连接（分螺旋式、平行式）</td><td colspan="5">螺旋波纹钢圆管咬口连接及管箍连接的要求</td></tr>
<tr><td>波形代号</td><td>咬口最小间距（mm）</td><td>咬口间螺旋波纹最少数量（个）</td><td>管箍形式</td><td>管箍最小宽度（mm）</td></tr>
<tr><td>A</td><td>610</td><td>6</td><td>1～2 片箍</td><td>410</td></tr>
<tr><td>B</td><td>533</td><td>7</td><td>2～3 片箍</td><td>430</td></tr>
<tr><td>C</td><td>750</td><td>6</td><td>2～3 片箍</td><td>—</td></tr>
<tr><td rowspan="3">环形波纹钢圆管</td><td colspan="5">内径≤2 000mm 的圆管，整体采用法兰盘连接，焊接质量应符合 TB 10212 要求</td></tr>
<tr><td colspan="5">内径 750～1 500mm 的圆管，采用半圆管节翻边连接时，螺栓采用纵向单排均布</td></tr>
<tr><td colspan="5">内径 750～1 500mm 的圆管，采用外套与管体相同波形的管箍进行轴向拼接时，管箍沿管轴向长度不应小于 5 个波距，管箍内径为圆管管节的外径</td></tr>
<tr><td>波纹钢板件拼装</td><td colspan="5">拼装板件采用搭接，并用高强螺栓连接，不得采用焊接。其环向搭接的重叠部分边缘至最外缘螺栓孔距离＞50mm，加工时根据设计弧长、波形确定螺栓孔位，螺栓孔位应偏离最大应力集中区</td></tr>
</table>

注：螺旋波纹钢圆管的管箍钢板厚度不得小于圆管壁厚。

6.波纹钢管(板)热浸镀锌质量要求

表 15-270

项目	要求
单面附着量(g/m^2)	强腐蚀性环境:波纹钢圆管、波纹钢板件和管箍≥600;螺栓、螺母≥350; 中等腐蚀性和弱腐蚀性环境:波纹钢圆管、波纹钢板件和管箍≥300;螺栓、螺母≥175
镀锌层附着性	镀锌层应与金属结合牢固,经锤击试验不剥离、不凸起
外观质量	锌层应均匀完整、颜色一致,无漏镀缺陷,表面光滑,不允许有流挂、滴瘤或结块
锌层均匀性	锌层应均匀,无金属铜的红色沉积物
锌层耐盐雾性	耐盐雾性实验后,基材不应出现腐蚀现象

注:强腐蚀性:指金属表面均匀腐蚀大于 0.5mm/年。中等腐蚀性:指金属表面均匀腐蚀(0.1～0.5)mm/年。弱腐蚀性:指金属表面均匀腐蚀小于 0.1mm/年。

7.圆管的性能要求

采用螺旋波纹钢圆管、环形波纹钢圆管管节时,应具有足够的刚度。管节的刚度用柔度系数 FF 表示。

管节柔度系数 FF 不宜大于表 15-271 参考值。

不同波形的柔度系数 FF 参考值

表 15-271

断面形状	孔径 D 或 S (mm)	波形代号	波距 (mm)	波高 (mm)	柔度系数 FF(mm/N)	
					开槽后回填法	路堤直接填筑法
圆管	$D<1\ 000$	A	68	13	0.245	0.245
圆管	$1\ 000 \leqslant D \leqslant 1\ 500$	A	68	13	0.342	0.245
圆管	各种孔径	B	75	25	0.342	0.188
圆管	各种孔径	C	125	25	0.342	0.188
圆管	各种孔径	D	150	50	0.114	0.114
拱形	各种孔径	D	150	50		0.171

8.公路涵洞、通道用波纹钢管(板)的储运要求

(1)产品应注明:产品名称、型号、生产日期、厂名、外形尺寸和产品执行标准。

(2)波纹板应按同规格、同曲度进行叠放,波纹管应安全叠放。

(3)公路涵洞、通道用波纹钢管(板)应储存于无腐蚀、无粉尘、干燥、通风良好的室内环境。

(4)运输时注意镀锌层的保护,必要时增加垫层。

(5)搬运过程应小心轻放,避免与坚硬尖锐物品混装,避免剧烈冲击,禁止摔、抛、扔,不得损伤镀锌层。

(6)每个涵洞、通道构件应附有安装说明。

(二)预应力混凝土桥梁用塑料波纹管(JT/T 529—2004)

预应力混凝土桥梁用塑料波纹管以高密度聚乙烯(HDPE)或聚丙烯(PP)为主要原料,经热熔挤出成型制得(产品代号 SBG)。

塑料波纹管按截面形状分为:圆形(代号 Y)和扁形(代号 B)。

预应力混凝土桥梁用塑料波纹管型号按:产品代号、圆形管材内径 d(mm)或扁形管材长轴 U_1(mm)、管材类别代号的顺序标记。

示例 1:内径为 50mm 的圆形塑料波纹管型号:SBG—50Y。

示例 2:长轴方向内径为 41mm 的扁形塑料波纹管型号:SBG—41B。

1. 塑料波纹管的结构图(波峰 4～5mm,波距 30～60mm)

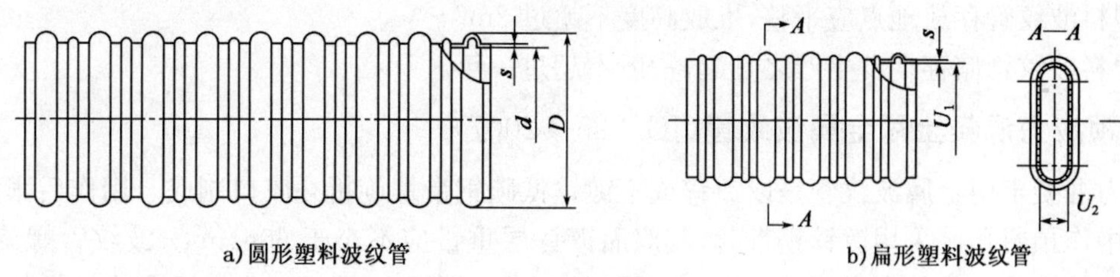

a)圆形塑料波纹管　　b)扁形塑料波纹管

图 15-100　塑料波纹管示意图

2. 圆形塑料波纹管规格

表 15-272

型　号	内径 d(mm)		外径 D(mm)		壁厚 s(mm)		不圆度	配套使用的锚具		塑料波纹管长度(m)
	标称值	偏差	标称值	偏差	标称值	偏差				
SBG—50Y	50	±1.0	63	±1.0	2.5	±0.5	6%	YM12—7	YM15—5	一般长度为6、8、10m;允差 0～10mm
SBG—60Y	60		73		2.5			YM12—12	YM15—7	
SBG—75Y	75		88		2.5			YM12—19	YM15—12	
SBG—90Y	90	±2.0	106	±2.0	3.0			YM12—22	YM15—17	
SBG—100Y	100		116		3.0			YM12—31	YM15—22	
SBG—115Y	115		131		3.0			YM12—37	YM15—27	
SBG—130Y	130		146		3.0			YM12—42	YM15—31	

3. 扁形塑料波纹管规格(mm)

表 15-273

型　号	长　轴　U_1		短　轴　U_2		壁　厚　s		配套使用的锚具
	标称值	偏差	标称值	偏差	标称值	偏差	
SBG—41B	41	±0.1	22	+0.5	2.5	+0.5	YMB
SBG—55B	55		22		2.5		
SBG—72B	72		22		3.0		
SBG—90B	90		22		3.0		

4. 预应力混凝土桥梁用塑料波纹管技术要求

表 15-274

项　　目	指标和要求
原材料	原材料应使用原始粒状原料,严禁使用粉状和再生原材料。(HDPE)应满足 GB/T 11116 要求,(PP)应满足 GB/T 18742.1 的要求
外观	波纹管外观应光滑,色泽均匀,内外壁不允许有隔体破裂、气泡、裂口、硬块及影响使用的划伤
环刚度	≥6kN/m²
局部横向荷载	波纹管承受横向局部荷载时,管材表面不得破裂;卸载 5min 后管材残余变形不得超过管材外径的 10%
柔韧性	波纹管按规定弯曲方式反复弯曲五次后,专用塞规能从波纹管中顺利通过
抗冲击性	波纹管低温落锤冲击试验的真实冲击率 TIR 最大允许值为 10%

5. 预应力混凝土桥梁用塑料波纹管储运要求

1)运输

塑料波纹管搬运时,不得抛摔或在地面拖拉,运输时防止剧烈的撞击,以及油污和化学品污染。

2)储存

(1)塑料波纹管应储存在远离热源及油污和化学品污染源的地方。室外堆放不可直接堆放在地面上,并应有遮盖物,避免曝晒。

(2)塑料波纹管存放地点应平整,堆放高度不超过 2m。

(3)塑料波纹管储存期自生产之日起,一般不超过一年。

(三)预应力混凝土用金属波纹管(JG 225—2007)

预应力混凝土用金属波纹管是以镀锌或不镀锌低碳钢带螺旋折叠咬口制成。用作后张法预应力混凝土结构中作预留孔。采用镀锌钢带时,其双面镀锌层重量应不小于 60g/m^2。波纹管螺旋宜为右旋,其折叠咬口的重叠部分的宽度不应小于钢带厚度的 8 倍,且不小于 2.5mm。折叠咬口部分之间的凸起波纹顶部和根部均应为圆弧过渡,不得有折角。

预应力混凝土用金属波纹管的最小波纹高度:40~95mm 内径的圆管应不小于 2.5mm;96mm 以上内径的圆管应不小于 3mm。

预应力混凝土用金属波纹管外观应清洁,内外表面无锈蚀、油污、附着物、孔洞和不规则的褶皱,咬口不得开裂、脱扣。

1. 预应力混凝土用金属波纹管的分类

产品按径向刚度分为:标准型、增强型。按截面形状分为:圆形、扁形。按两个相邻折叠咬口之间凸起波纹数量分为:双波管和多波管。

2. 预应力混凝土用金属波纹管的标记

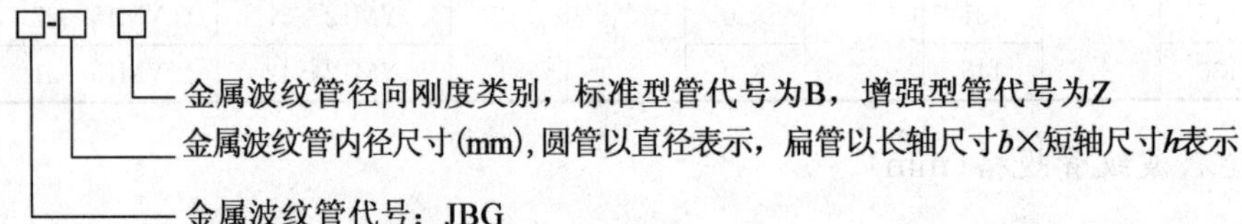

示例 1:内径为 70mm 的标准型圆管标记为 JBG-70B。

示例 2:内径为 70mm 的增强型圆管标记为 JBG-70Z。

示例 3:长轴为 65mm、短轴为 20mm 的标准型扁管标记为 JBG-65×20B。

示例 4:长轴为 65mm、短轴为 20mm 的增强型扁管标记为 JBG-65×20Z。

3. 预应力混凝土用金属波纹管示意图

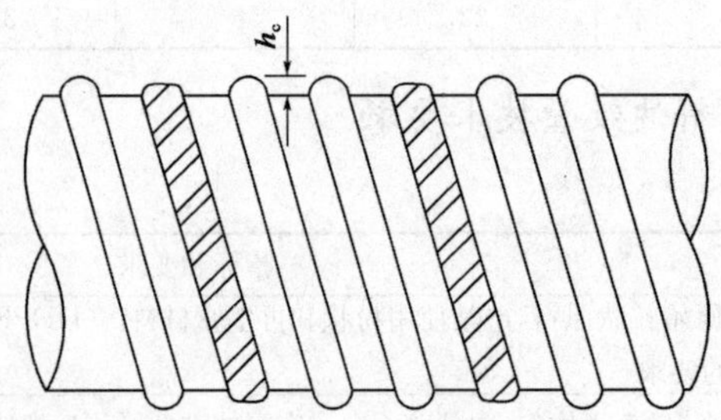

图 15-101 金属波纹管示意图

h_c-波纹高度

4. 预应力混凝土用金属波纹管的规格及钢带厚度

(1)圆管内径与钢带厚度对应关系表(mm)

表 15-275

圆管内径		40	45	50	55	60	65	70	75	80	85	90	95[a]	96	102	108	114	120	126	132
最小钢带厚度	标准型	0.28	0.28	0.30	0.30	0.30	0.30	0.30	0.30	0.35	0.35	0.35	0.35	0.40	0.40	0.40	0.40	0.40	0.40	0.40
	增强型	0.30	0.30	0.35	0.35	0.35	0.35	0.40	0.40	0.40	0.45	0.45	—	0.50	0.50	0.50	0.50	0.50	0.50	0.60

注:①[a] 直径 95mm 的波纹管仅用作连接用管。

②当有可靠的工程经验时,金属波纹管的钢带厚度可进行适当调整。

(2)扁管规格与钢带厚度对应关系表(mm)

表 15-276

扁管规格		52×20	65×20	78×20	60×22	76×22	90×22
最小钢带厚度	标准型	0.3	0.35	0.40	0.35	0.40	0.45
	增强型	0.35	0.40	0.45	0.40	0.45	0.50

5. 预应力混凝土用金属波纹管的径向刚度要求

表 15-277

截面形状			圆 形	扁 形
集中荷载(N)	标准型		800	500
	增强型			
均布荷载(N)	标准型		$F=0.31d^2$	$F=0.15d_e^2$
	增强型			
δ	标准型	$d\leqslant 75$mm	$\leqslant 0.20$	$\leqslant 0.20$
		$d>75$mm	$\leqslant 0.15$	
	增强型	$d\leqslant 75$mm	$\leqslant 0.10$	$\leqslant 0.15$
		$d>75$mm	$\leqslant 0.08$	

注:①表中:圆管内径及扁管短轴长度均为公称尺寸;

F-均布荷载值(N);d-圆管内径(mm);d_e-扁管等效内径(mm),$d_e=\frac{2(b+h)}{\pi}$;δ-内径变形比,$\delta=\frac{\Delta d}{d}$或$\delta=\frac{\Delta d}{h}$,$\Delta d$-外径变形值。

②抗渗漏性能:

在规定的集中荷载作用后或在规定的弯曲情况下,预应力混凝土用金属波纹管允许水泥浆泌水渗出,但不得渗出水泥浆。

预应力混凝土用金属波纹管选用表 表 15-278

预应力筋根数		3	4	5	6	7	8	9	10	11	12	13	14	15	16	17	18	19
ϕ15.2	先穿束	45	50	55	60	65	70	75	75	80	80	85	85	90	90	96	96	102
	后穿束	50	55	60	65	70	75	80	80	85	85	90	90	96	96	102	102	108
ϕ12.7	先穿束	40	45	50	55	55	60	60	65	65	70	70	75	75	80	80	85	85
	后穿束	40	50	55	60	60	65	65	70	70	75	75	80	80	85	85	90	90

注:上述管径与预应力束规格的对应关系尚可根据工程实际情况进行必要的调整。

6. 预应力混凝土用金属波纹管的储运及使用要求

(1)运输、储运

金属波纹管端部毛刺极易伤手,搬运时宜戴手套防护。

金属波纹管搬运时应轻拿轻放,不得投掷、抛甩或在地上拖拉;吊装工艺应确保金属波纹管不受损伤。

金属波纹管装车时,车底应平整,上部不得堆放重物,端部不宜伸出车外,装车完毕后应用绳索缚牢,并用苫布遮严。

金属波纹管在仓库内长期保管时,仓库应保持干燥,且应有防潮、通风措施。

金属波纹管在室外的保管时间不宜过长,不得直接堆放在地面上,应堆放在枕木上并用苫布等覆盖,防止雨露的影响。

金属波纹管的堆放高度不宜超过 3m。

(2)使用要求

现浇预应力工程中,宜选用镀锌金属波纹管;预制构件生产中,在确保金属波纹管不发生锈蚀的情况下,可采用非镀锌金属波纹管。

在预应力混凝土工程中,当采用先穿束工艺时,可选用标准型金属波纹管;当采用后穿束工艺时,宜选用增强型金属波纹管。增强型金属波纹管也适用于建筑工程的竖向及特殊位置的成孔;当用于核电站安全壳的环向孔道成孔时,其钢带厚度宜适当增加。金属波纹管直径的选取可参考表 15-278。

金属波纹圆管连接管的直径应大于被连接管一个直径级别,其长度为 4～5 倍被连接管内径,且不应小于 300mm。

金属波纹管应采用无齿锯切割,使用过程中严禁踩踏。

金属波纹管在施工现场制作时,可将产品出厂检验与进场检验合并进行。

(四)高密度聚乙烯硅芯塑料管(JT/T 496—2004)

高密度聚乙烯硅芯塑料管由高密度聚乙烯(HDPE)外壁、外层色条和永久性固体硅质内润滑层组成。断面结构示意图见图 15-102。

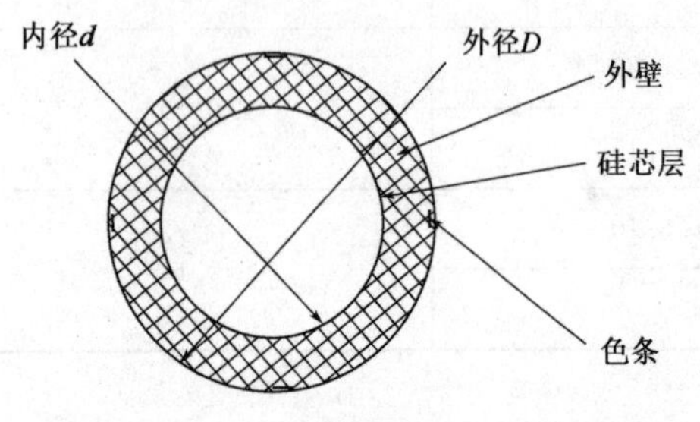

图 15-102 硅芯管结构示意图

高密度聚乙烯硅芯塑料管用于公路地下铺设的通信光缆、电缆的保护管。

硅芯塑料管工艺外观颜色应均匀一致,内外壁实体应平整、均匀、光滑,无塌陷、凹坑、孔洞、撕裂痕迹及杂质麻点等缺陷;截面无气泡、裂痕;硅芯管内壁紧密熔结、无脱开现象;外壁上产品标识完整、清楚。

1. 高密度聚乙烯硅芯塑料管分类

(1)按结构划分

①内壁和外壁均是平滑的实壁硅芯管,用大写英文字母 S 表示。

②外壁光滑、内壁纵向带肋的带肋硅芯管,用英文字母 R_1 表示。

③外壁带肋、内壁光滑的带肋硅芯管,用英文字母 R_2 表示。

④外壁、内壁均带肋的带肋硅芯管,用英文字母 R_3 表示。

(2)按产品外层颜色划分

①硅芯管基体为一种纯色,外层镶嵌不同颜色色条的彩条硅芯管。

②硅芯管通体为一种纯色的单色硅芯管。

产品的外层颜色用一至两个英文大写字母表示,BK 表示黑色,BL 表示蓝色,BR 表示棕色。

2. 高密度聚乙烯硅芯塑料管的标记

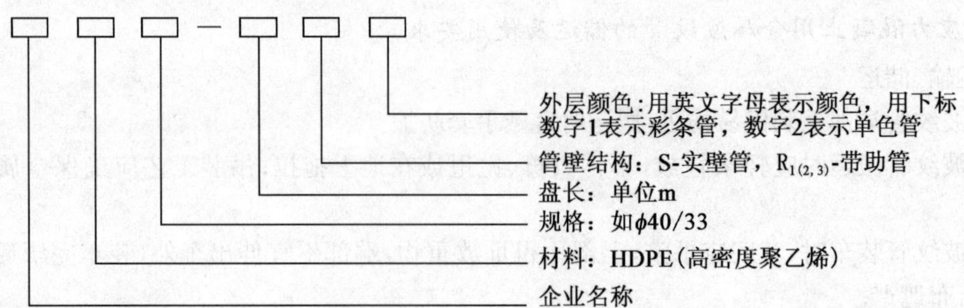

示例:如××HDPEϕ40/33—2000SBK_1 表示由××企业生产的规格为 ϕ40/33、盘长 2 000m 的黑色带彩条实壁高密度聚乙烯硅芯塑料管。

3.硅芯管规格尺寸及允差

表 15-279

规格(D/d)	外径 D(mm)		最小内径 d (mm)	壁厚(mm)		椭圆度(%)		长度 (m)
	标称值	允差		标准值	允差	绕盘前	绕盘后	
ϕ32/26[a]	32	+0.3 0	26	2.5	+0.2 −0.2	≤2	≤3	3 000
ϕ34/28	34	—[b]	28	3.0	+0.35 0	≤2	≤3	
ϕ40/33	40	—	33	3.5	+0.35 0	≤2.5	≤3.5	2 000
ϕ46/38	46	—	38	4.0	+0.35 0	≤3	≤5	1 500
ϕ50/41	50	—	41	4.5	+0.35 0	≤3	≤5	
ϕ63/54	63	—	54	5.0	+0.35 0	≤3	≤5	1 000

注:①[a] 适用于大管径保护管内的通信子管。

②[b] 表示只控制内径及壁厚,对外径不做规定。

③为运输及施工方便,硅芯管应顺序缠绕在盘架上,盘架的结构应满足硅芯管最小弯曲半径的要求,每盘硅芯管出厂标称长度宜符合本表的规定,也可由供需双方商定,但中部不得有断头。

④硅芯管两端应使用膨胀管塞和(或)热塑套管密封以防止潮气或尘土进入管内,管塞的密封性能应满足耐水压密封试验的要求。

⑤硅芯管应使用专用连接头连接,专用连接头的要求应符合第 5 条。

⑥硅芯管的长度允许偏差为:≥+0.3%。

4.硅芯管物理化学性能指标

表 15-280

序号	项　目		技术指标					
			ϕ32/26	ϕ34/28	ϕ40/33	ϕ46/38	ϕ50/41	ϕ63/54
1	外壁硬度		≥59(邵氏 D 型)					
2	内壁摩擦系数		静态:≤0.25(平板法,对 HDPE 标准试棒)					
			动态:≤015					
3	拉伸强度(MPa)		≥21					
4	断裂伸长率(%)		≥350					
5	最大牵引负荷(N)		≥5 000	≥6 000	≥8 000	≥10 000	≥11 000	≥12 000
6	冷弯曲半径(mm)		300	300	400	500	625	750
7	环刚度(kN/m²)		≥50			≥40		≥30
8	扁平试验		垂直方向加压至外径变形量为原外径的 50%时,立即卸荷,试样不破裂、不分层					
9	复原率(%)		垂直方向加压至外径变形量为原外径的 50%时,立即卸荷,试样不破裂、不分层,10min 外径能自然恢复到原来的 85%以上					
10	耐落锤冲击性能	常温	温度 23℃,高度 2m,用 15.3kg 重锤冲击 10 个试样,应 9 个以上无开裂现象					
		低温	温度−20℃,高度 2m,用 15.3kg 重锤冲击 10 个试验,应 9 个以上无开裂现象					
11	耐水压密封性能		温度 20℃,压力 50kPa 条件下,保持 24h,无渗漏					
12	抗裂强度(MPa)		≥2.0					
13	与管接头的连接力(N)		≥4 300	≥4 300	≥6 700	≥8 000		

续表 15-280

序号	项　目	技术指标					
		$\phi32/26$	$\phi34/28$	$\phi40/33$	$\phi46/38$	$\phi50/41$	$\phi63/54$
14	纵向收缩率(%)	≤3.0					
15	脆化温度(℃)	−75					
16	耐环境应力开裂	48h,失效数≤20%					
17	熔体流动速率[a](g/10min)	MFR(190/2.16)≤0.5					
18	耐热应力开裂[b]	168h 失效数≤20%					
19	工频击穿强度[b](MV/m)	≥24					
20	耐化学介质腐蚀[c]	将管试样分别置于5%的NaC1、40%的H_2SO_4、40%的NaQH溶液中浸泡24h,无明显被腐蚀现象					
21	耐碳氢化合物性能	用庚烷浸泡720h后对硅芯管施加528N的外力,试样不损坏,产生的永久变形不超过5%					

注:①[a] 该项指标只在生产企业生产前,对要使用的树脂进行检测时使用。
②[b] 该两项指标只用作电力保护管时使用;
③[c] 该项指标适用于现场有强烈酸、碱、盐等腐蚀的条件下。

5.硅芯管专用连接头技术要求

连接头一般由连接壳体、密封圈和卡簧组成,壳体由连接螺管、螺帽组成。壳体和卡簧宜选用聚碳酸酯(PC)、聚丙烯(PP)或工程塑料(ABS)注塑制成。

(1)连接头壳体主要性能见表 15-281。

表 15-281

项　目	单　位	技术指标	项　目	单　位	技术指标
硬度	邵氏,HD	≥75	脆化温度	℃	≤−60
拉伸强度	MPa	≥45	燃烧性	—	慢
冲击强度(缺口)	kJ/m²	≥50	耐化学介质腐蚀	—	同硅芯管
热变形温度	℃	≥90			

(2)橡胶密封圈性能:应具有高弹性能并且耐压、耐磨,耐酸、碱、盐等溶剂腐蚀,耐环境应力开裂,耐老化。

(3)外观:连接螺管与配合螺帽的内外壁应光滑,无缺陷;两者螺旋配合良好,外壁有规格型号标志。

(4)配合尺寸:

连接螺管内径 D_t 应在满足被接塑料管外径 D_0 及其公差的情况下顺利插入,即 $D_1>D_0$。

连接螺管长度 L_1 为塑料管外径 D_0 的 2.5 倍。

组装后连接件总长度 L_2 大于塑料管外径 D_0 的 3.5 倍。

经供需双方协商,可以生产其他规格的产品,但性能应不低于标准要求。

(5)连接件组装后可反复装卸使用,并具有气闭性能及连接强度。主要物理、机械性能应符合表 15-282。

连接件组装后的物理、机械性能与使用标准　　表 15-282

项　目	主要性能
气闭性能	两端口封闭,连接件内充气 0.1MPa,24h 内压力基本不变
耐工作气压	应能满足不同工作气压的需要,一般必须具有承受 2MPa 压力的能力
连接力	不同规格的连接件,应有不同的允许张力,一般应不小于 4 300N,见表 15-280

续表 15-282

项　目	主要性能
抗压荷载	连接件组装后，在 2 000N 侧压力作用下保持 1min，基本不变形，撤去作用后，不影响继续使用
耐冲击性能	连接件组装后，在其上方 0.54m 处自由跌落 3kg 钢球，冲击连接件或按 16N・m 标准进行冲击，在不同位置冲击三次，连接件无损伤并且不影响使用
使用环境温度	分别在－40℃和＋60℃条件下存放 5h，取出后立即在 2m 高度进行自由跌落试验，连接件无损伤并且不影响使用
使用环境与使用寿命	可以在各种土壤环境中使用 20 年

6. 硅芯管的包装、储运要求

(1)包装

硅芯管两端用专用管塞密封后，固定在盘架上，并用适当的包装物加以保护，以保证在正常运输存放过程中不进水或其他杂物，每个盘架上应附有盘架编号以备核查。每盘硅芯管应附有一份产品使用说明书。

(2)运输

硅芯管在运输时，不得受剧烈的撞击、摩擦和重压，从火车或卡车卸货时，应用叉车或吊车，不得将硅芯管直接从运输工具上推下。

(3)储存

硅芯管存放场地应平整，堆放应整齐，存放场地应有明显的“禁止烟火”标志。储存和使用过程中，应防止利器刮碰，不与高温热源或明火接触，不得长期露天曝晒。

(五)纤维增强复合材料桥板(GB/T 29552—2013)

纤维增强复合材料桥板(代号 FRP)，由玻璃纤维无捻粗纱及玻璃纤维制品、环氧树脂或乙烯基树脂采用拉挤工艺制成。适用于人行桥、车行桥梁或栈桥。

纤维增强复合材料桥板按可承受的荷载等级分为：人行级(P)、车行Ⅰ级(T1)、车行Ⅱ级(T2)。

桥板按有效宽度分为：300mm、600mm、900mm、1 200mm 等规格。

桥板表面应顺滑平直，无裂纹、气泡、毛刺、皱褶、纤维裸露、分层和断裂等。

1. 纤维增强复合材料桥板的标记

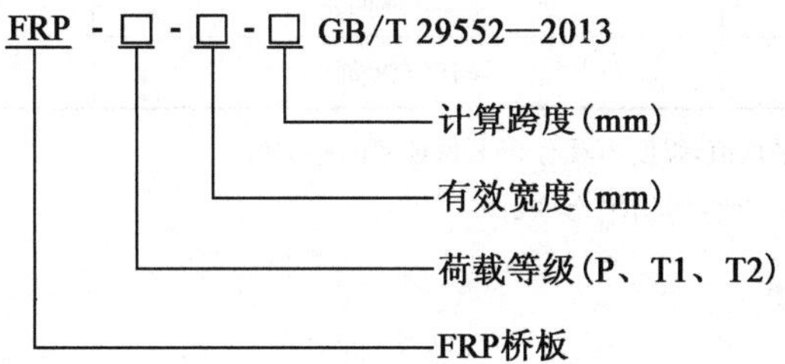

示例：车行Ⅰ级、有效宽度为 900mm、计算跨度为 4 000mm 的按本标准生产的 FRP 桥板标记为 FRP-T1-900-4000 GB/T 29552—2013。

2. 纤维增强复合材料桥板的尺寸要求

(1)FRP 桥板任意点的壁厚均不得小于设计厚度，上表面壁厚设计值不得小于 4mm，其他壁厚设计值不得小于 3mm。

(2)FRP 桥板面积不大于 $4m^2$ 时，尺寸偏差应符合表 15-283 规定；FRP 桥板面积大于 $4m^2$ 时，尺寸偏差由供需双方协商确定。

FRP 桥板尺寸偏差要求 表 15-283

项　目	偏　差(mm)	项　目	偏　差(mm)
高度	－0.1～＋0.5	长度	－5.0～＋20
有效宽度	－1.0～＋3.0		

3. FRP 桥板的承载力、变形和疲劳性能要求

表 15-284

项　目	要　求
弯曲极限承载力	不小于 3 倍的弯曲标准检验荷载
剪压极限承载力	不小于 4 倍的剪压标准检验荷载
变形	在 1 倍弯曲标准检验荷载下，最大挠度不超过 1/600 跨度
持荷挠度	在 1.5 倍弯曲标准检验荷载下，持荷 72h 后挠度增加量不应超过初始挠度的 5%
疲劳性能	200 万次疲劳加载后，在 1 倍弯曲标准检验荷载下的挠度增加量不应超过初始挠度的 15%

4. 纤维增强复合材料桥板的材料性能要求

表 15-285

项　目	指　标	
树脂含量(%)	25～35	
树脂不可溶分含量(%)	≥90	
冲击韧性(kJ/m^2)	≥200	
巴柯尔硬度	≥45	
拉伸强度(MPa)	≥250(纵向)	≥55(横向)
拉伸弹性模量(GPa)	≥25(纵向)	≥7(横向)
压缩强度(MPa)	≥200(纵向)	≥60(横向)
压缩弹性模量(GPa)	≥25(纵向)	≥7(横向)
弯曲强度(MPa)	≥230(纵向)	≥55(横向)
弯曲弹性模量(GPa)	≥25(纵向)	≥7(横向)
湿态弯曲强度(MPa)	≥100(纵向)	≥30(横向)

注：①表中项目各种弹性模量使用平均值，强度为具有 95%保证率的标准值。

②使用环境不超过 60℃时，湿态弯曲强度不作要求。

5. FRP 桥板标准检验荷载

表 15-286

FRP 桥板级别	弯曲荷载 P_b(N)	剪压荷载 P_a(N)
人行级(P)	$2.5\times B\times L_0$	$20\times B$
车行Ⅰ级(T1)	计算跨度 $L_0\leqslant3\,600$mm 时，取 70 000 和 $100\times B$ 两者的较大值	70 000
	计算跨度 $L_0>3\,600$mm 时，取 $70\times L_0/3\,600$ 和 $100\times B\times L_0/3\,600$ 两者的较大值	
车行Ⅱ级(T2)	计算跨度 $L_0\leqslant3\,600$mm 时，取 50 000 和 $75\times B$ 两者的较大值	70 000
	计算跨度 $L_0>3\,600$mm 时，取 $50\times L_0/3\,600$ 和 $75\times B\times L_0/3\,600$ 两者的较大值	

注：B 为有效宽度，单位为毫米；L_0 为计算跨度，单位为毫米。

(六)公路用钢网玻璃钢管箱(JT/T 800—2011)

1.公路用钢网玻璃钢管箱的分类

表 15-287

按结构分类		按用途分类		按工艺分类	钢网玻璃钢管箱代号
名称	代号	名称	代号	名称	
内卷边型	A型	普通管箱	Ⅰ类	拉挤成型	GBX
外卷边型	B型	接头管箱	Ⅱ类	模压成型	
				其他机械制造成型	

2.按照结构划分的管箱结构形式

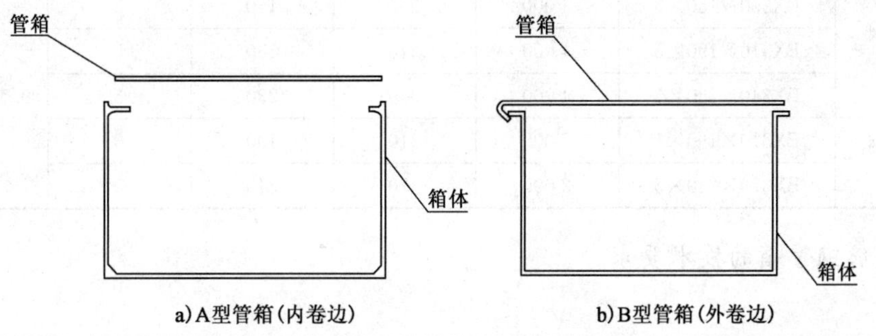

图 15-103　管箱结构示意图

3.按照用途划分的管箱结构形式

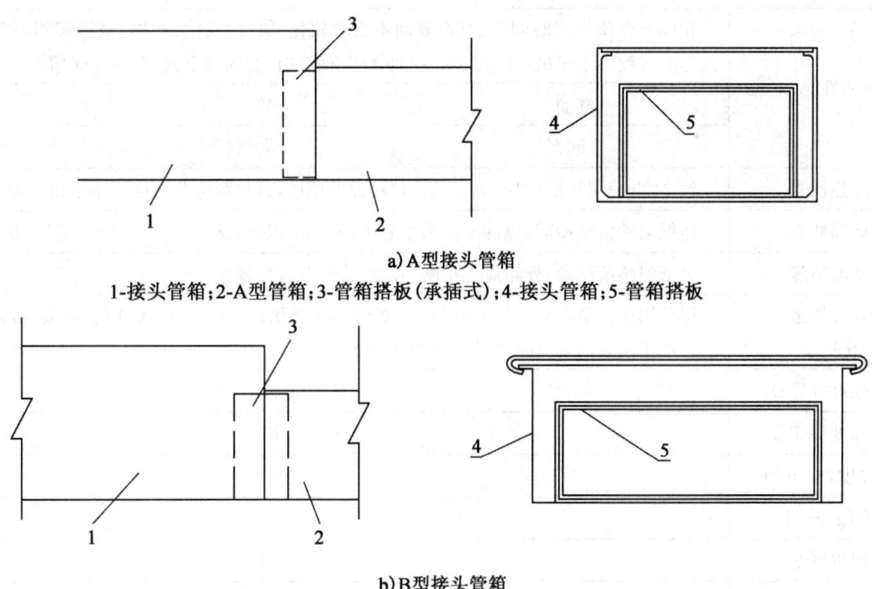

图 15-104　按照用途划分的管箱结构形式及部件图

4.钢网玻璃钢管箱的结构尺寸

长度允许偏差为±5mm;宽度、高度允许偏差为±2mm;厚度允许偏差为 0～+0.4mm。

(1)内卷边及内卷边接头钢网玻璃钢管箱规格和尺寸(mm)

表 15-288

型 号		长度 L	宽度 W	高度 H	壁厚 t	卷边宽度 W_J	卷边厚度 t_J	钢丝直径	钢丝间距
内卷边钢网玻璃钢管箱(A 型)	BX250×150×5	4 000	250	150	5	14～20	≥5	0.50～0.80	12～15
	BX310×190×5	4 000	310	190	5	14～20	≥5		
	BX340×230×5	4 000	340	230	5	14～20	≥5		
内卷边接头钢网玻璃钢管箱	BX310×190×5	2 000	310	190	5	14～20	≥5		
	BX370×240×5	2 000	370	240	5	14～20	≥5		

(2)外卷边及外卷边接头钢网玻璃钢管箱规格和尺寸(mm)

表 15-289

型 号		长度 L	宽度 W	高度 H	壁厚 t	钢丝直径	钢丝间距
外卷边钢网玻璃钢管箱(B 型)	BX250×150×5	4 000	250	150	5	0.50～0.80	12～15
	BX310×190×5	4 000	310	190	5		
	BX340×230×5	4 000	340	230	5		
外卷边接头钢网玻璃钢管箱	BX310×190×5	2 000	310	190	5		
	BX370×240×5	2 000	370	240	5		

5. 钢网玻璃钢管箱的技术要求

表 15-290

<table>
<tr><th colspan="2">项 目</th><th colspan="3">指标和要求</th></tr>
<tr><td colspan="2">氧指数(阻燃二级)</td><td colspan="3">≥26%,特殊要求由双方商定是否采用阻燃一级</td></tr>
<tr><td colspan="2">耐水性能</td><td colspan="3">规定试验后管箱表面不出现软化、皱纹、气泡、开裂、被溶解和溶剂浸入等痕迹,材料的弯曲强度不小于试验前的 85%或规定的弯曲强度值</td></tr>
<tr><td colspan="2" rowspan="3">耐化学介质性能</td><td colspan="3">在以下介质规定时间试验后,表面不出现软化、皱纹、气泡、开裂、被溶解和溶剂浸入等痕迹,材料的弯曲强度不小于试验前规定的弯曲强度值或试验前的以下数值(性能保留率)</td></tr>
<tr><td>汽油</td><td>酸</td><td>碱</td></tr>
<tr><td>≥90%</td><td>≥80%</td><td>—</td></tr>
<tr><td rowspan="4">环境适应性能</td><td>耐湿热性能</td><td colspan="3">经 240h 耐湿热试验后,无变色或被侵蚀的痕迹,其材料弯曲强度不小于试验前的 80%或规定值</td></tr>
<tr><td>耐低温冲击</td><td colspan="3">经低温冲击试验后,以冲击点为中心半径 6mm 以外,试样无开裂、分层、剥离等</td></tr>
<tr><td>耐低温坠落</td><td colspan="3">经低温坠落试验,管箱应无折断、开裂、分层等破损现象</td></tr>
<tr><td>耐人工加速老化试验</td><td colspan="3">用总辐照能量≥3.5×10^6kJ/m^2 氙弧灯加速老化试验后,试样无变色、龟裂、粉化现象,材料弯曲强度不小于试验前 80%或规定的弯曲强度值</td></tr>
<tr><td rowspan="7">力学性能</td><td>拉伸强度(MPa)</td><td colspan="3">≥160</td></tr>
<tr><td>弯曲强度(MPa)</td><td colspan="3">≥170</td></tr>
<tr><td>冲击强度(kJ/m^2)</td><td colspan="3">≥80</td></tr>
<tr><td>密度(g/cm^3)</td><td colspan="3">≥1.8</td></tr>
<tr><td>巴柯尔硬度</td><td colspan="3">≥45</td></tr>
<tr><td>负荷变形温度(℃)</td><td colspan="3">≥150</td></tr>
<tr><td>管箱内壁静摩擦系数</td><td colspan="3">≤0.363</td></tr>
</table>

注:拉伸强度、弯曲强度要求均为纵横两个方向。

6. 钢网玻璃钢管箱外观质量要求

钢网玻璃钢管箱应外形平直,无明显歪斜,管箱盖与管箱体配合紧密,具有良好的防水效果。钢网玻璃钢管箱表面平整光滑、色泽均匀，不得有起皱、裂纹、颗粒、流胶、树脂剥落、纤维裸露和表面发黏等缺陷。含胶量均匀、固化稳定，无分层，单件产品表面的气泡累计面积不得大于 100mm²，单个最大气泡面积不得大于 15mm²。钢网与玻璃钢基体材料结合紧密，无分层，无剥离。将管箱沿断面随机切开后钢网无锈蚀现象。

7. 管箱的储运要求

产品在运输过程中应固定牢固，装卸过程应中轻装轻卸，避免产品受到碰撞、重压。

产品应储存在防雨、防潮、避光、无腐蚀的环境中，不得与高温热源或明火接触。

(七)公路用玻璃钢管道(GB/T 24721.3—2009)

公路用玻璃钢管道(BD)按成型工艺分为：

(1)卷制成型玻璃钢管道——J。

(2)缠绕成型玻璃钢管道——C。

(3)其他成型玻璃钢管道——Q。

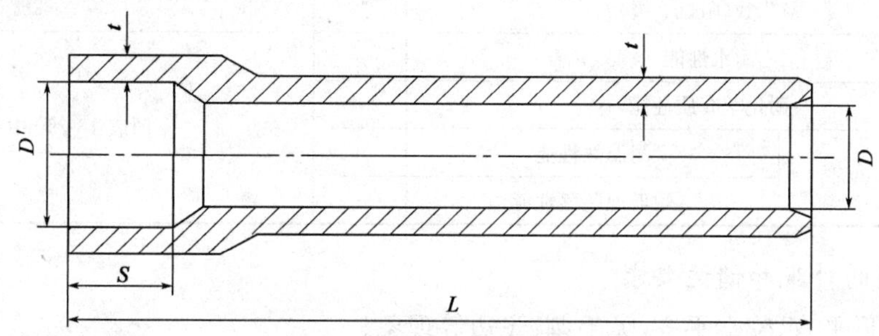

图 15-105　玻璃钢管道示意图

D-内经；D'-承插端内经；S-承插深度；L-长度；t-壁厚

1. 公路用玻璃钢管道标记

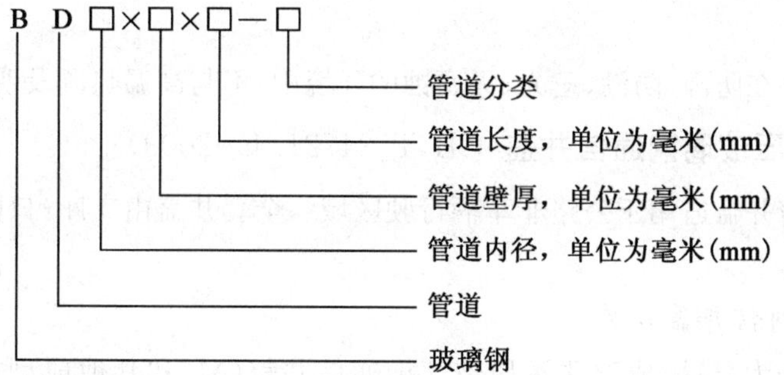

示例：内径为 200mm、壁厚 10mm、长度 4 000mm 的管道标记为：BD200×10×4000－C。

2. 玻璃钢管道的结构尺寸及允许偏差(mm)

表 15-291

玻璃钢管道规格(D×t)	内径 D		壁厚 t		承插端内径 D'		承插深度 S	长度 L	
	标准值	允差	标准值	允差	标准值	允差		标准值	允差
90×5	90	0～+0.75	5	0～+0.5	110	0～+0.5	80	4 000	0～+20 (0～+30)
100×5	100				120				
125×5	125				145		100	4 000 (6 000)	
150×8	150		8	0～+0.8	176				
175×8	175				205				

注：①管道的承口端和插口端可进行车削加工，以满足结构尺寸的偏差要求。

②管道的弯曲度不大于 0.5%。

3. 玻璃钢管道理化性能要求

表 15-292

序号	项目		单位	技术要求	
				卷制成型玻璃钢管道	缠绕成型玻璃钢管道
1	通用物理力学性能	拉伸强度	MPa	≥160(轴向)	≥180(环向)
		弯曲强度	MPa	≥140(轴向)	≥180(环向)
		密度	g/cm³	≥1.5	
		巴柯尔硬度	—	≥40	
		负荷变形温度	℃	≥130	
		管道内壁静摩擦系数(对 HDPE 硅芯塑料管)	—	≤0.363	
		管刚度	MPa	≥3.0	
		耐落锤冲击性能	—	10 次冲击 9 次通过	
2	氧指数(阻燃 2 级)		%	≥26	
3	耐水性能		—	参照表 15-290 中相应指标	
4	耐化学介质性能		—		
5	环境适应性能	耐温热性能	—		
		耐低温坠落性能	—		

4. 玻璃钢管道的外观和储运要求

玻璃钢管道外形平直,管端平齐,无毛刺、飞边等现象。

产品表面应平整光滑,色泽均匀,不得有起皱、裂纹、颗粒、流胶、树脂剥落、纤维裸露和表面发黏等缺陷。

含胶量均匀,固化稳定,不分层,单件产品表面气泡累计面积不大于 $100mm^2$,单个最大气泡面积不大于 $15mm^2$。

玻璃钢管道应储存在防雨、防潮、避光、无腐蚀的环境中,不与高温热源及明火接触。

(八)公路用非承压玻璃钢通信井盖(GB/T 24721.4—2009)

非承压玻璃钢通信井盖适用于公路非车辆行驶区域。全套井盖由支座(口圈)和井盖组成。井盖外形有圆形、方形和矩形。

1. 非承压玻璃钢通信井盖分类

井盖按成型工艺分为:模压成型非承压玻璃钢通信井盖(M)和其他成型非承压玻璃钢通信井盖(Q)。

2. 非承压玻璃钢通信井盖结构及尺寸

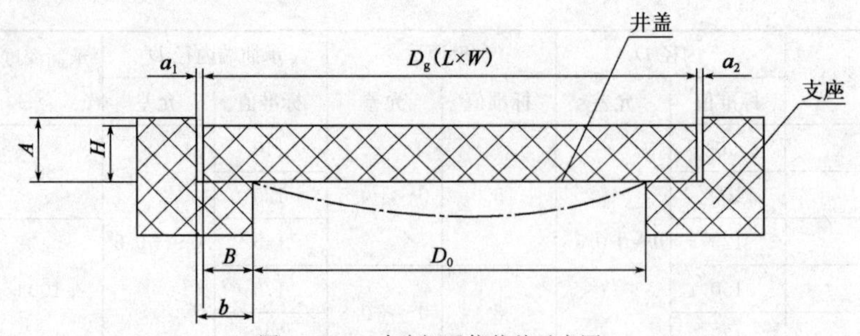

图 15-106 玻璃钢通信井盖示意图

A-井盖嵌入深度;H-井盖的接触面高度;a_1、a_2-单侧间隙,井盖缝宽 $a=a_1+a_2$;b-支座支承面宽度;B-井盖接触面宽度;D_0-井盖净宽;$D_g(L×W)$-井盖公称外径(矩形井盖的长×宽)

玻璃钢通信井盖产品的结构尺寸(单位:mm)　　表 15-293

井盖净宽 D_0	D_0<600						D_0≥600		
型号	350×350	ϕ450	450×450	730×530	ϕ550	550×550	ϕ650	ϕ700	ϕ730
支座孔口公称尺寸	350×350	ϕ450	450×450	730×530	ϕ550	550×550	ϕ650	ϕ700	ϕ730
井盖公称外径或边长	400×400	ϕ500	500×500	800×600	ϕ600	600×600	ϕ700	ϕ760	ϕ800
嵌入深度 A	≥20						≥30		
最大允许缝宽 $a=a_1+a_2$	≤6						≤8		
支承面宽度 b	≥15						≥20		

注:①支座孔口尺寸允许偏差为±10mm。

②井盖最大外径 D_g 或边长($L×W$):

——公称尺寸小于 600mm,允许偏差为±3mm;

——公称尺寸不小于 600mm,允许偏差为±4mm。

③井盖嵌入深度 A 与井盖的接触面高度 H 之差为−2～+1mm。

3.非承压玻璃钢通信井盖标记

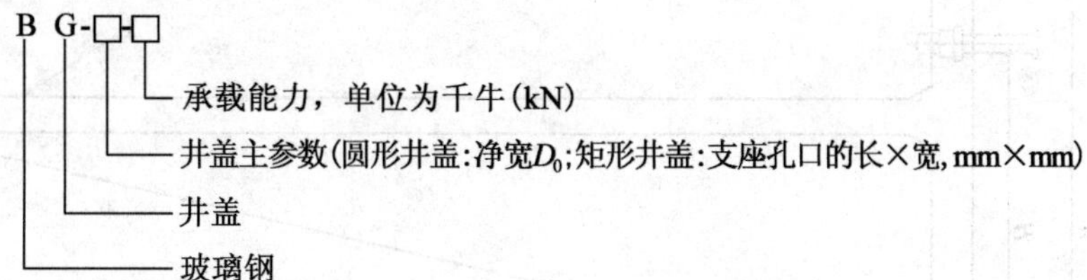

示例:承压能力为 20kN、净宽为 ϕ600mm 的非承压玻璃钢圆形井盖的型号表示为 BG-ϕ600-20。

4.玻璃钢通信井盖理化性能要求

表 15-294

序号	项　目			单位	技术要求
1	通用物理性能	密度		g/cm³	≥1.6
		巴柯尔硬度		—	≥45
		氧指数(阻燃 2 级)		%	≥26
2	承载性能(试验荷载:20kN)	残留变形		mm	反复施加 2/3 倍试验荷载 5 次后的残留变形量不大于 1%D_0
		承载力		kN	加荷至试验荷载,保持 5min 后卸载,井盖、支座无裂纹
3	耐水性能			—	根据 GB/T 24721.1—2009 的 4.2.3,弯曲强度保留率或整体破坏荷载保留率不小于 80%
4	耐化学介质性能			—	根据 GB/T 24721.1—2009 的 4.2.4 的全部化学介质种类,检查外观
5	环境适应性能	耐湿热性能		—	根据 GB/T 24721.1—2009 的 4.2.5.1,弯曲强度保留率或整体破坏荷载保留率不小于 80%
		耐低温冲击性能		—	GB/T 24721.1—2009 的 4.2.5.2
		耐候性能	人工加速老化试验	—	GB/T 24721.1—2009 表 2 中 4.2.5.4
			自然暴露试验	—	根据 GB/T 24721.1—2009 的 4.2.5.5,整体破坏荷载保留率不小于 60%

注:①经耐水性能、耐湿热性能、自然暴露试验后,整体破坏荷载保留率应符合表中规定或破坏荷载值不低于试验荷载值。

②耐水性能、耐化学介质性能、环境适应性能具体要求参照表 15-290 相应指标。

5.玻璃钢井盖的外观质量要求

(1)井盖与支座表面应光滑、平整、配合紧密,具有良好的防水效果。其外观质量应符合 GB/T 24721.1—2009 的 4.1.2 的规定。

(2)井盖表面应有凸起高度为 2～5mm 的防滑花纹,且标识清晰。井盖设有开启和锁止装置。

(3)井盖与支座装配结构尺寸应符合 GB/T 14486 的要求。其公差等级不应低于 GB/T 14486 中 MT5 的规定并保证井盖与支座的互换性。

6. 玻璃钢井盖的装卸

井盖使用叉车装卸时，产品底部应有托架，层高不超过 10 层。

(九)公路用玻璃钢电缆支架(JT/T 898—2014)

公路用玻璃钢电缆支架，代号 GRPB，分为两类：

组合式玻璃钢电缆支架——主要用于电缆沟管箱和管线的支撑。

单臂式玻璃钢电缆支架——主要用于桥梁管箱和管线的支撑。

1. 玻璃钢电缆支架结构示意图

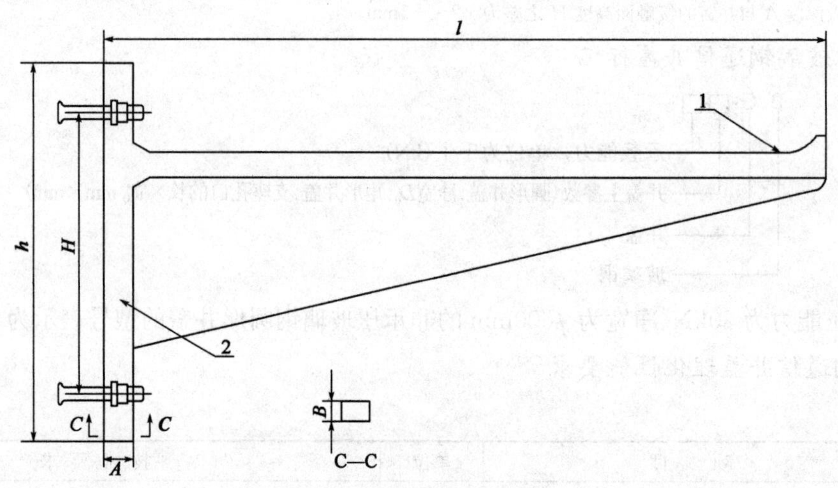

a)单臂式玻璃钢电缆支架结构图

1-托臂；2-支座；*A*-支座截面长度；*H*-定位孔距；*h*-支座高度；*B*-支座截面宽度；*l*-托臂长度

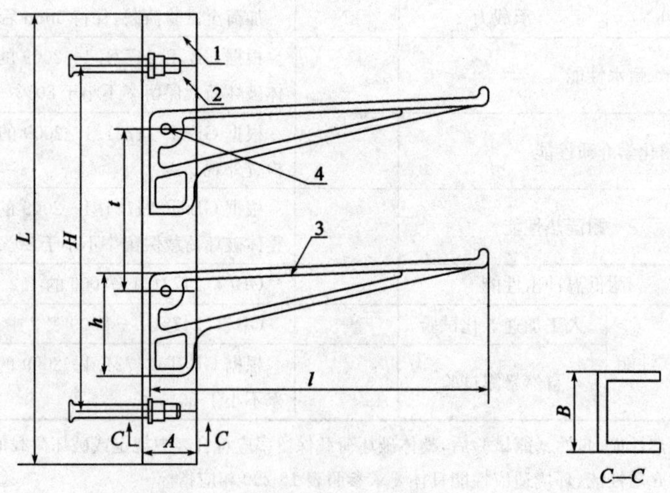

b)组合式玻璃钢电缆支架结构图

1-支座；2-定位螺孔；3-托臂；4-链接插孔；*A*-支座截面长度；*B*-支座截面宽度；*H*-定位孔距；*h*-托臂高度；*L*-支座长度；*l*-托臂长度；*t*-托臂间距

图 15-107　玻璃钢电缆支架结构示意图

2.玻璃钢电缆支架的标记

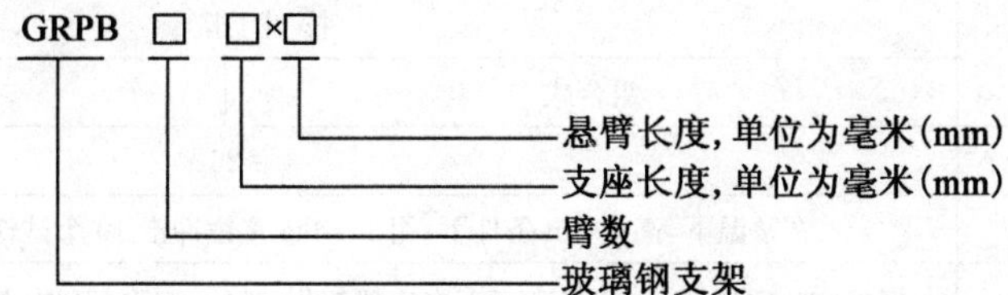

示例：玻璃钢支架的臂数为2，支座长度为395mm，悬臂长度为400mm，其型号表示为GRPB 2 395×400。

3.玻璃钢电缆支架的规格尺寸

(1)组合式玻璃钢电缆支架规格尺寸

表 15-295

项　目	规格尺寸(mm)	
	标称值	偏差
支座截面长度 A	50	±1
支座截面宽度 B	40	±1
托臂长度 l	400	±2
	350	±2
	300	±2
托臂承载面宽度 b	40	±1
支座长度 L	330	±2
定位孔距 H	150	±1
托臂间距 t	150	±2
螺孔直径 d	12	±0.5

(2)单臂式玻璃钢电缆支架规格尺寸

表 15-296

项　目	规格尺寸(mm)	
	标称值	偏差
支座截面长度 A	50	±1
支座截面宽度 B	40	±1
托臂长度 l	400	±2
	350	±2
	300	±2
托臂承载面宽度 b	45	±1
支座高度 h	200	±2
定位孔距 H	150	±2
螺孔直径 d	12	±0.5

4.玻璃钢电缆支架的理化性能

表 15-297

序号	项　目	技 术 指 标	
		组合式	单臂式
1	巴柯尔硬度	≥50	
2	密度(g/m³)	≥1.8	
3	单臂承载重量(N)	≥1 500	≥2 000

续表 15-297

序号	项　　目	技术指标	
		组合式	单臂式
4	氧指数(%)	≥26	
5	耐落锤冲击性能	在常温下,高度 2m 条件下,用 15.3kg 重锤冲击 10 个试样,应 9 个(含)以上通过	
6	耐水性能	经规定时间试验后,产品表面不应出现软化、皱纹、起泡、开裂、被溶解、溶剂浸入等痕迹,试验后单臂承载重量不低于下列值	
		≥1 500N	≥2 000N
7	耐化学介质性能	经规定时间试验后,产品表面不应出现软化、皱纹、气泡、开裂、被溶解、溶剂浸入等痕迹	

注:玻璃钢电缆支架托臂面与水平方向倾角为+5°,公差为±1°。

5.玻璃钢电缆支架外观质量和环境适应性能

表 15-298

项　　目	指标和要求
外观质量	填料充分饱满,产品表面平整光滑、色泽均匀,无起皱、颗粒、裂纹、流胶、树脂剥落、纤维裸露和表面发黏等缺陷
	含胶量均匀、固化稳定、无分层,单件产品表面气泡累积面积不得大于 $100mm^2/m^2$,单个最大气泡面积不得大于 $5mm^2$
耐湿热性能	经 240h 的耐湿热试验后,产品无变色或被侵蚀的痕迹
耐低温冲击性能	经低温冲击试验后,以冲击点为圆心,半径 6mm 区域,试样无开裂、分层、剥离或其他破坏
耐人工加速老化试验(氙弧灯)	经总辐照能量≥$3.5\times10^6 kJ/m^2$ 的加速老化试验后,试样无变色、龟裂、粉化等明显老化现象。形式检验应采用人工加速老化试验
耐自然暴露试验	经 5 年自然暴露试验后,试样无变色、龟裂、粉化等明显老化现象,仲裁试验应采用自然暴露试验

(十)通用型复合玻璃纤维增强水泥(GRC)集流槽(JT/T 858—2013)

复合玻璃纤维增强水泥(GRC)集流槽由镁质胶凝材料或水泥材料(硫铝酸盐水泥)、玻璃纤维增强材料制成。分为通用型集流槽和非通用型集流槽。适用于公路排水。

集流槽外观应密实、平整、无裂缝、无翘曲、无缺边掉角。

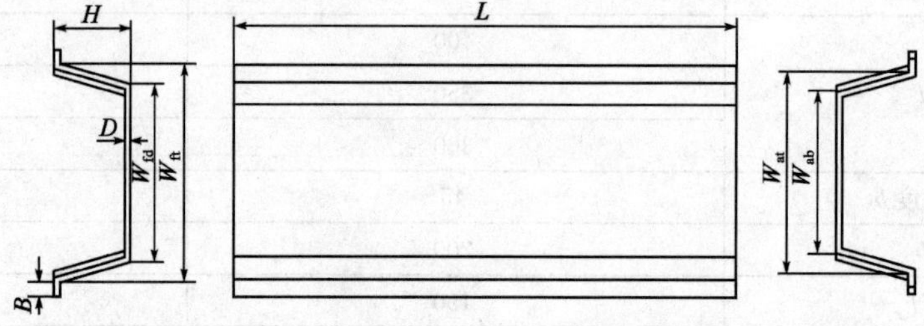

图 15-108　通用型复合玻璃纤维增强水泥(GRC)集流槽结构正视、侧视投影图

1.通用型复合玻璃纤维增强水泥(GRC)集流槽规格尺寸(mm)

表 15-299

长度 L	前底宽 W_{ab}	前上口宽 W_{at}	后底宽 W_{fb}	后上口宽 W_{ft}	边沿宽 B	厚度 D	高度 H
2 000	>400～500	>520～650	>422～522	>431～507	>65～80	20	>350～450
2 500	>300～400	>390～520	>320～420	>410～540		18	>300～350
3 000	250～300	325～390	268～318	431～507	65～80	16	250～300

注:尺寸允许偏差——横断面厚度±2mm;长度、宽度、高度−5～+10mm。

2. 集流槽物理力学性能技术要求

表 15-300

检验项目	技术指标
抗压强度(MPa)	>40
25 次冻融抗压强度(MPa)	>36
不透水性(24h)	外表无滴水等渗漏现象

(十一)树脂锚杆锚固剂(MT 146.1—2011)

树脂锚杆锚固剂由树脂胶泥与固化剂两组份,分装成卷形,混合后能使锚杆与被锚固体黏结在一起。主要用于矿山、基础工程等的支护和锚固。

树脂锚杆锚固剂按产品凝胶时间分为:超快速、快速、中速和慢速。

1. 树脂锚杆锚固剂产品分类

表 15-301

类　型	特　性	凝胶时间(s)	等待安装时间(s)	颜色标识
CKa	超快速	8～25	10～30	黄
CKb		26～40	30～60	红
K	快速	41～90	90～180	蓝
Z	中速	91～180	480	白
M	慢速	>180	—	—

注:①在(22±1)℃环境温度条件下测定。

②搅拌应在锚固剂凝胶之前完成。

③凝胶时间指从树脂胶泥与固化剂混合起,到胶泥开始变稠、温度开始上升时的时间。

④等待安装时间指安装锚杆时,搅拌停止后到可以上托盘的时间。

2. 树脂锚杆锚固剂产品规格

表 15-302

锚固剂直径(mm)	35	28	23	允许偏差±0.5mm
锚固剂长度(cm)	30～50	30～100	30～100	允许偏差±5mm
推荐适用钻孔直径(mm)	40～44	32～36	27～30	—

注:用户特殊需要时,可生产其他规格的锚固剂;锚固剂长度由供需双方商定。

3. 锚固剂的型号表示方法

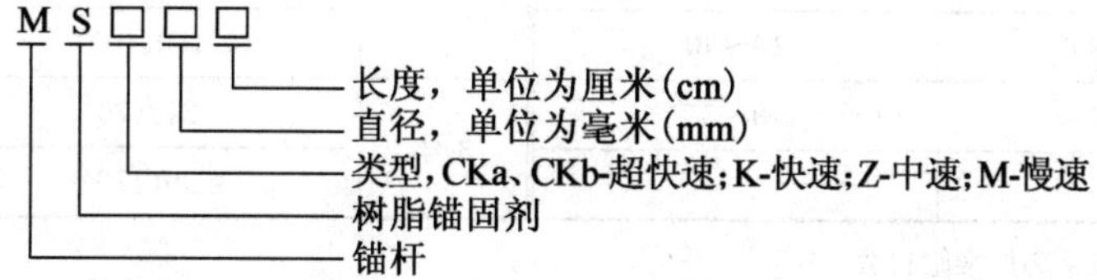

示例:直径为 23mm、长度为 35cm 的快速树脂锚杆锚固剂,可表示为 MSK2335。

4. 树脂锚杆锚固剂的技术要求

表 15-303

项　目	指标和要求
外观	锚固剂应装填饱满,质地柔软,颜色均匀,树脂胶泥不分层、不沉淀,固化剂分布均匀,封口严密,无渗漏
树脂胶泥稠度	环境温度(22±1)℃时,≥30mm
固胶化	固化剂与树脂胶泥的质量比≥4%

续表 15-303

项　目		指标和要求				
抗压强度		环境温度(22±1)℃,龄期 24h 条件下,锚固剂抗压强度≥60MPa				
抗拔力		锚固长度 125mm,模拟孔直径 28mm,配套杆体为直径 20mm、屈服强度 500MPa 的无纵肋螺纹钢杆体,龄期 2h 条件下,抗拔力≥100kN				
热稳定性能		树脂胶泥在(80±2)℃条件下放置 20h,又在环境温度(22±1)℃下放 4h,树脂胶泥不变硬,且稠度≥16mm				
锚固力	—	在以下规定龄期,锚固力应不小于与之配套杆体规定屈服力的 1.2 倍				
	类型	CKa	CKb	K	Z	M
	规定龄期(min)	5	10	15	30	—

5. 树脂锚杆锚固剂储运要求

锚固剂在运输过程应防止摔撞,不得在日光下曝晒或雨淋。

锚固剂应在 4~25℃环境下避光防火的库房中储存,有效期应不小于 3 个月。

(十二)路面标线用玻璃珠(GB/T 24722—2009)

1. 路面标线用玻璃珠的分类

表 15-304

按与涂料结合方式分类	根据玻璃珠折射率分类		按表面处理分类	按粒径分布分类及用途	
名称	名称	折射率 RI	名称	型号	用途
面撒玻璃珠	低折射率玻璃珠	1.5~<1.7	镀膜玻璃珠	1号	用作热熔性、双组分、水性路面标线涂料的面撒玻璃珠
预混玻璃珠	中折射率玻璃珠	1.7~<1.9	普通玻璃珠	2号	用作热熔性、双组分、水性路面标线涂料的预混玻璃珠
	高折射率玻璃珠	≥1.9		3号	用作溶剂型路面标线涂料的面撒玻璃珠

2. 玻璃珠的粒径分布

表 15-305

型号	玻璃珠粒径(μm)	玻璃珠质量百分比(%)	型号	玻璃珠粒径(μm)	玻璃珠质量百分比(%)
1号	>850(20)	0	2号	>600(30)	0
	>600~850	15~30		>300~600	50~90
	>300~600	30~75		>150~300(50)	5~50
	>106~300	10~40		≤150(100)	0~5
	≤106(140)	0~5	3号	>212(70)	0
				≤90(170)	0~4

注:玻璃珠项括号内的数字为标准筛目数。

3. 玻璃珠的技术要求

表 15-306

项　目	指标和要求
外观质量	应为无色松散球状,清洁无杂质,在显微镜或投影仪下,玻璃珠应为无色透明球体,光洁圆整,玻璃珠内无明显气泡或杂质
成圆率	成圆率应不小于 80%,其中粒径 600~850μm 的成圆率不小于 70%。有缺陷玻璃珠(不圆、失透、熔融黏连、有气泡、有杂质的玻璃珠)质量应小于 20%

续表 15-306

项目	指标和要求
密度	2.4～4.3g/cm³
耐水性	在沸水中加热后，玻璃珠表面无发雾现象。对1号、2号玻璃珠，中和所用0.01mol/L盐酸应在10mL以下；对3号玻璃珠，中和所用0.01mol/L盐酸应在15mL以下
磁性颗粒含量	≤0.1%
防水涂层要求	所有玻璃珠通过漏斗无停滞现象

4.玻璃珠储运要求

玻璃珠运输中应防受潮及包装袋破损。玻璃珠应储存在通风、干燥的库房内，按类堆码；严禁与强酸、强碱等对玻璃有腐蚀作用的物品混放。

(十三)路面标线涂料(JT/T 280—2004)

路面标线涂料包括液态溶剂型、双组分、水性和固态热熔型四种类型。

1.路面标线涂料的分类

表 15-307

型号	规格	玻璃珠含量和使用方法	状态
溶剂型	普通型	涂料中不含玻璃珠，施工时也不撒布玻璃珠	液态
	反光型	涂料中不含玻璃珠，施工时涂布涂层后立即将玻璃珠撒布在其表面	
热熔型	普通型	涂料中不含玻璃珠，施工时也不撒布玻璃珠	固态
	反光型	涂料中含18%～25%的玻璃珠，施工时涂布涂层后立即将玻璃珠撒布在其表面	
	突起型	涂料中含18%～25%的玻璃珠，施工时涂布涂层后立即将玻璃珠撒布在其表面	
双组分	普通型	涂料中不含玻璃珠，施工时也不撒布玻璃珠	液态
	反光型	涂料中不含(或含18%～25%)玻璃珠，施工时涂布涂层后立即将玻璃珠撒布在其表面	
	突起型	涂料中含18%～25%的玻璃珠，施工时涂布涂层后立即将玻璃珠撒布在其表面	
水性	普通型	涂料中不含玻璃珠，施工时也不撒布玻璃珠	液态
	反光型	涂料中不含(或含18%～25%)玻璃珠，施工时涂布涂层后立即将玻璃珠撒布在其表面	

2.路面标线涂料的技术要求

(1)溶剂型涂料的性能

表 15-308

项目		溶剂型	
		普通型	反光型
容器中状态		应无结块、结皮现象，易于搅匀	
黏度		≥100(涂4杯，s)	80～120(KU值)
密度(g/cm³)		≥1.2	≥1.3
施工性能		空气或无空气喷涂(或刮涂)施工性能良好	
加热稳定性		—	应无结块。结皮现象，易于搅匀，KU值不小于140
涂膜外观		干燥后，应无发皱、泛花、起泡、开裂、黏胎等现象，涂膜颜色和外观应与标准板差异不大	
不黏胎干燥时间(min)		≤15	≤10
遮盖率(%)	白色	≥95	
	黄色	≥80	

续表 15-308

项目		溶剂型	
		普通型	反光型
色度性能(45/0)	白色	涂料的色品坐标和亮度因数应符合表 15-312 和图 15-109 规定的范围	
	黄色		
耐磨性(mg)(200r/1 000g 后减重)		≤40(JM—100 橡胶砂轮)	
耐水性		在水中浸 24h 应无异常现象	
耐碱性		在氢氧化钙饱和溶液中浸 24h 应无异常现象	
附着性(划圈法)		≤4 级	
柔韧性(mm)		5	
固体含量(%)		≥60	≥65

(2)热熔型涂料的性能

表 15-309

项目		热熔型		
		普通型	反光型	突起型
密度(g/cm^3)		1.8~2.3		
软化点(℃)		90~125		≥100
涂膜外观		干燥后,应无皱纹、斑点、起泡、裂纹、脱落、黏胎现象,涂膜的颜色和外观应与标准板差别不大		
不黏胎干燥时间(min)		≤3		
色度性能(45/0)	白色	涂料的色品坐标和亮度因数应符合表 15-312 和图 15-109 规定的范围		
	黄色			
抗压强度(MPa)		≥12		23℃±1℃时,≥12 50℃±2℃时,≥2
耐磨性(mg)(200r/1 000g 后减重)		≤80(JM—100 橡胶砂轮)		—
耐水性		在水中浸 24h 应无异常现象		
耐碱性		在氢氧化钙饱和溶液中浸 24h 无异常现象		
玻璃珠含量(%)		—	18~25	
流动度(s)		35±10		—
涂层低温抗裂性		−10℃保持 4h,室温放置 4h 为一个循环,连续做三个循环后应无裂纹		
加热稳定性		在 200~220℃搅拌状态下保持 4h,应无明显泛黄、焦化、结块等现象		
人工加速耐候性		经人工加速耐候性试验后,试板涂层不产生龟裂、剥落;允许轻微粉化和变色,但色品坐标应符合表 15-312 和图 15-109 规定的范围,亮度因数变化范围应不大于原样板亮度因数的 20%		

(3)双组分涂料的性能

表 15-310

项目	双组分		
	普通型	反光型	突起型
容器中状态	应无结块、结皮现象,易于搅匀		
密度(g/cm^3)	1.5~2.0		
施工性能	按生产厂的要求,将 A、B 组分按一定比例混合搅拌均匀后,喷涂、刮涂施工性能良好		

续表 15-310

项　　目		双　组　分		
		普通型	反光型	突起型
涂膜外观		涂膜固化后应无皱纹、斑点、起泡、裂纹、脱落、粘胎等现象，涂膜颜色与外观应与样板差别不大		
不黏胎干燥时间(min)		≤35		
色度性能(45/0)	白色	涂膜的色品坐标和亮度因数应符合表 15-312 和图 15-109 规定的范围		
	黄色			
耐磨性(mg)(200r/1 000g 后减重)		≤40(JM—100 橡胶砂轮)		
耐水性		在水中浸 24h 应无异常现象		
耐碱性		在氢氧化钙饱和溶液中浸 24h 应无异常现象		
附着性(划圈法)		≤4 级(不含玻璃珠)	—	—
柔韧性(mm)		5(不含玻璃珠)	—	—
玻璃珠含量(%)		—	18～25	18～25
人工加速耐候性		经人工加速耐候性试验后，试板涂层不允许产生龟裂、剥落；允许轻微粉化和变色，但色品坐标应符合表 15-312 和图 15-109 规定的范围，亮度因数变化范围应不大于原样板亮度因数的 20%		

(4)水性涂料的性能

表 15-311

项　　目		水　　性	
		普通型	反光型
容器中状态		应无结块、结皮现象，易于搅匀	
黏度		≥70(KU 值)	80～120(KU 值)
密度(g/cm^3)		≥1.4	≥1.6
施工性能		空气或无气喷涂(或刮涂)施工性能良好	
漆膜外观		应无发皱、泛花、起泡、开裂、粘胎等现象，涂膜颜色和外观应与样板差异不大	
不黏胎干燥时间(min)		≤15	≤10
遮盖率(%)	白色	≥95	
	黄色	≥80	
色度性能(45/0)	白色	涂料的色品坐标和亮度因数应符合表 15-312 和图 15-109 规定的范围	
	黄色		
耐磨性(mg)(200r/1 000g 后减重)		≤40(JM—100 橡胶砂轮)	
耐水性		在水中浸 24h 应无异常现象	
耐碱性		在氢氧化钙饱和溶液中浸 24h 应无异常现象	
冻融稳定性		在−5℃±2℃条件下放置 18h 后，立即置于 23℃±2℃条件下放置 6h 为一个周期，3 个周期后，应无结块、结皮现象，易于搅匀	
早期耐水性		在温度为 23℃±2℃、湿度为 90%±3%的条件下，实干时间≤120min	
附着性(划圈法)		≤5 级	—
固体含量(%)		≥70	≥75

3.普通材料和逆反射材料的各角点色品坐标和亮度因数

表 15-312

颜色		坐标	1	2	3	4	亮度因数
		用角点的色品坐标来决定可使用的颜色范围（光源：标准光源 D_{65}；照明和观测几何条件：45/0）					
普通材料色	白	x	0.350	0.300	0.290	0.340	≥0.75
		y	0.360	0.310	0.320	0.370	
	黄	x	0.519	0.468	0.427	0.465	≥0.45
		y	0.480	0.442	0.483	0.534	
逆反材料色	白	x	0.350	0.300	0.290	0.340	≥0.35
		y	0.360	0.310	0.320	0.370	
	黄	x	0.545	0.487	0.427	0.465	≥0.27
		y	0.454	0.423	0.483	0.534	

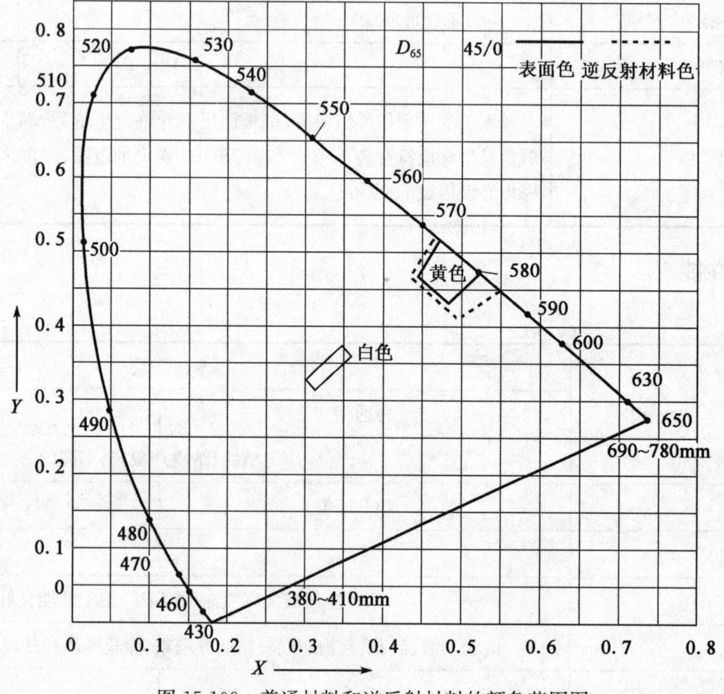

图 15-109　普通材料和逆反射材料的颜色范围图

4.路面标线涂料的包装和储运要求

(1)包装

溶剂型、双组分、水性涂料产品应储存在清洁、干燥、施工方便的带盖大开口的塑料或金属容器。

热熔型涂料产品应储存在内衬密封塑料袋外加编织袋的双层包装袋中，袋口封闭要严密。

(2)运输

产品在运输时，应防止雨淋、日光曝晒，并符合运输部门的有关规定。

(3)储存

产品存放时应保持通风、干燥，防止日光直接照射，并应隔绝火源，夏季温度过高时应设法降温，水性涂料产品存放时温度不得低于 0℃。

产品应标明储存期，超过储存期按本标准规定项目进行检验，如结果符合要求仍可使用。

(十四)道路交通反光膜(GB/T 18833—2012)

道路交通反光膜是一种已制成薄膜可直接应用的逆反射材料。主要用于交通标志、交通锥、交通柱、防撞桶、路栏等设施。

1.道路交通反光膜的分类

道路交通反光膜按其逆反射原理分为:玻璃珠型和微棱镜型。

道路交通反光膜按光度性能、结构和用途分为7种类型:

(1)Ⅰ类——通常为透镜埋入式玻璃珠型结构,称工程级反光膜,使用寿命一般为7年,可用于永久性交通标志和作业区设施。

(2)Ⅱ类——通常为透镜埋入式玻璃珠型结构,称超工程级反光膜,使用寿命一般为10年,可用于永久性交通标志和作业区设施。

(3)Ⅲ类——通常为密封胶囊式玻璃珠型结构,称高强级反光膜,使用寿命一般为10年,可用于永久性交通标志和作业区设施。

(4)Ⅳ类——通常为微棱镜型结构,称超强级反光膜,使用寿命一般为10年,可用于永久性交通标志、作业区设施和轮廓标。

(5)Ⅴ类——通常为微棱镜型结构,称大角度反光膜,使用寿命一般为10年,可用于永久性交通标志、作业区设施和轮廓标。

(6)Ⅵ类——通常为微棱镜型结构,有金属镀层,使用寿命一般为3年,可用于轮廓标和交通柱,无金属镀层时也可用于作业区设施和字符较少的交通标志。

(7)Ⅶ类——通常为微棱镜型结构,柔性材质,使用寿命一般为3年,可用于临时性交通标志和作业区设施。

注:①各类反光膜结构为通常使用的典型结构,不排除会有其他结构存在。如棱镜型工程级反光膜为Ⅰ类反光膜。

②各类反光膜使用寿命为制造商一般承诺的期限,实际使用寿命与其材质和用途有关。如荧光反光膜以及用于临时性交通标志和作业区设施的反光膜,使用寿命一般为3年。

2.反光膜的光度性能(逆反射系数)

(1)Ⅰ类反光膜

表15-313

观测角	入射角	最小逆反射系数 $R_A/(cd\cdot lx^{-1}\cdot m^{-2})$							
		白色	黄色	橙色	红色	绿色	蓝色	棕色	灰色
0.2°	−4°	70	50	25	14	9.0	4.0	1.0	42
	15°	50	35	16	11	7.0	3.0	0.6	30
	30°	30	22	7.0	6.0	3.5	1.7	0.3	18
0.5°	−4°	30	25	13	7.5	4.5	2.0	0.3	18
	15°	23	19	8.5	5.3	3.4	1.4	0.2	14
	30°	15	13	4.0	3.0	2.2	0.8	0.2	9.0
1°	−4°	5.0	3.0	1.8	2.0	1.0	0.6	0.2	3.0
	15°	3.0	2.0	1.1	1.0	0.8	0.3	0.2	2.1
	30°	2.0	1.5	0.7	0.6	0.4	0.2	0.1	1.2

(2)Ⅱ类反光膜

表15-314

观测角	入射角	最小逆反射系数 $R_A/(cd\cdot lx^{-1}\cdot m^{-2})$						
		白色	黄色	橙色	红色	绿色	蓝色	棕色
0.2°	−4°	140	100	60	30	30	10	5.0
	15°	110	80	41	22	22	8.0	3.5
	30°	60	36	22	12	12	4.0	2.0

续表 15-314

观测角	入射角	最小逆反射系数 R_A/(cd·lx^{-1}·m^{-2})						
		白色	黄色	橙色	红色	绿色	蓝色	棕色
0.5°	−4°	50	33	20	10	9.0	3.0	2.0
	15°	39	27	16	8.0	7.5	2.5	1.5
	30°	28	20	12	6.0	6.0	2.0	1.0
1°	−4°	11	6.0	3.9	2.5	2.5	0.8	0.6
	15°	9.0	4.0	3.2	1.6	1.6	0.6	0.4
	30°	5.0	2.0	1.8	0.8	0.8	0.3	0.2

(3)Ⅲ类反光膜

表 15-315

观测角	入射角	最小逆反射系数 R_A/(cd·lx^{-1}·m^{-2})										
		白色	黄色	橙色	红色	绿色	蓝色	棕色	灰色	荧光黄绿	荧光黄	荧光橙
0.2°	−4°	250	175	100	50	45	20	12	125	200	150	75
	15°	210	145	84	42	35	16	10	100	170	125	65
	30°	175	120	70	35	25	11	8.5	75	140	105	50
0.5°	−4°	95	66	38	19	15	7.5	5.0	48	75	55	30
	15°	90	62	36	18	13	6.3	4.3	40	70	55	25
	30°	70	50	28	14	10	5.0	3.5	32	55	40	20
1°	−4°	10	7.0	4.0	3.0	3.0	1.0	0.8	5.0	8.0	6.0	3.0
	15°	10	7.0	4.5	2.0	2.0	0.7	0.6	4.8	8.0	6.0	3.0
	30°	9.0	6.0	3.0	1.0	1.0	0.4	0.3	4.5	7.0	5.0	2.0

(4)Ⅳ类反光膜

表 15-316

观测角	入射角	最小逆反射系数 R_A/(cd·lx^{-1}·m^{-2})									
		白色	黄色	橙色	红色	绿色	蓝色	棕色	荧光黄绿	荧光黄	荧光橙
0.2°	−4°	360	270	145	65	50	30	18	290	220	105
	15°	265	202	106	48	38	22	13	212	160	78
	30°	170	135	68	30	25	14	8.5	135	100	50
0.5°	−4°	150	110	60	27	21	13	7.5	120	90	45
	15°	111	82	44	20	16	9.5	5.5	88	65	34
	30°	72	54	28	13	10	6.0	3.5	55	40	22
1°	−4°	35	26	12	5.2	4.0	2.0	1.0	28	22	11
	15°	28	20	9.4	4.1	3.0	1.5	0.8	22	17	8.5
	30°	20	15	6.8	3.0	2.0	1.0	0.6	16	12	6.0

(5)Ⅴ类反光膜

表 15-317

观测角	入射角	最小逆反射系数 R_A/(cd·lx^{-1}·m^{-2})									
		白色	黄色	橙色	红色	绿色	蓝色	棕色	荧光黄绿	荧光黄	荧光橙
0.2°	−4°	580	435	200	87	58	26	17	460	350	175
	15°	348	261	120	52	35	16	10	276	210	105
	30°	220	165	77	33	22	10	7.0	180	130	66

续表 15-317

观测角	入射角	最小逆反射系数 R_A/(cd·lx^{-1}·m^{-2})									
		白色	黄色	橙色	红色	绿色	蓝色	棕色	荧光黄绿	荧光黄	荧光橙
0.5°	−4°	420	315	150	63	42	19	13	340	250	125
	15°	252	189	90	38	25	11	7.8	204	150	75
	30°	150	110	53	23	15	7.0	5.0	120	90	45
1°	−4°	120	90	42	18	12	5.0	4.0	96	72	36
	15°	72	54	25	11	7.2	3.0	2.4	58	43	22
	30°	45	34	16	7.0	5.0	2.0	1.0	36	27	14

(6)Ⅵ类反光膜

表 15-318

观测角	入射角	最小逆反射系数 R_A/(cd·lx^{-1}·m^{-2})					
		白色	黄色	橙色	红色	绿色	蓝色
0.2°	−4°	700	470	280	120	120	56
	15°	550	370	220	96	96	44
	30°	400	270	160	72	72	32
0.5°	−4°	160	110	64	28	28	13
	15°	118	81	47	21	21	10
	30°	75	51	30	13	13	6.0

(7)Ⅶ类反光膜

表 15-319

观测角	入射角	最小逆反射系数 R_A/(cd·lx^{-1}·m^{-2})								
		白色	黄色	橙色	红色	绿色	蓝色	荧光黄绿	荧光黄	荧光橙
0.2°	−4°	500	350	125	70	60	45	400	300	200
	15°	350	245	88	49	42	32	280	210	140
	30°	200	140	50	28	24	18	160	120	80
0.5°	−4°	225	160	56	32	27	20	180	135	90
	15°	155	110	38	22	19	14	124	93	62
	30°	85	60	21	12	10	7.7	68	51	34

注:表 15-313～表 15-319 中,反光膜如不具备旋转均匀性,即在不同旋转角条件下的光度性能存在差异时,制造商应沿其逆反射系数值较大方向做出基准标记。

3.反光膜的色度性能(色品坐标及色品图)

(1)反光膜颜色(昼间色)

表 15-320

颜色	色品坐标 (标准照明体 D_{65},几何条件 45°α:0°,2°视场角)								亮度因数	
	1		2		3		4		无金属镀层	有金属镀层
	x	*y*	*x*	*y*	*x*	*y*	*x*	*y*		
白	0.350	0.360	0.305	0.315	0.295	0.325	0.340	0.370	≥0.27	≥0.15
黄	0.545	0.454	0.494	0.426	0.444	0.476	0.481	0.518	0.15～0.45	0.12～0.30
橙	0.558	0.352	0.636	0.364	0.570	0.429	0.506	0.404	0.10～0.30	0.07～0.25

续表 15-320

颜色	色品坐标 (标准照明体 D_{65},几何条件 45°α:0°,2°视场角)								亮度因数	
	1		2		3		4		无金属镀层	有金属镀层
	x	y	x	y	x	y	x	y		
红	0.735	0.265	0.681	0.239	0.579	0.341	0.655	0.345	0.02~0.15	0.02~0.11
绿	0.201	0.776	0.285	0.441	0.170	0.364	0.026	0.399	0.03~0.12	0.02~0.11
蓝	0.049	0.125	0.172	0.198	0.210	0.160	0.137	0.038	0.01~0.10	0.01~0.10
棕	0.430	0.340	0.610	0.390	0.550	0.450	0.430	0.390	0.01~0.09	0.01~0.09
灰	0.305	0.315	0.335	0.345	0.325	0.355	0.295	0.325	0.12~0.18	—
荧光黄绿	0.387	0.610	0.369	0.546	0.428	0.496	0.460	0.540	≥0.60	—
荧光黄	0.479	0.520	0.446	0.483	0.512	0.421	0.557	0.442	≥0.40	—
荧光橙	0.583	0.416	0.535	0.400	0.595	0.351	0.645	0.355	≥0.20	—

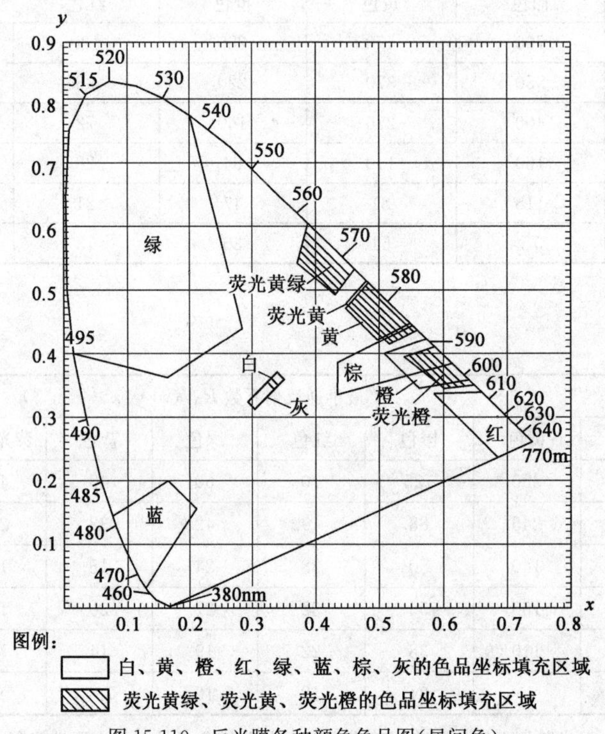

图 15-110 反光膜各种颜色色品图(昼间色)

(2)反光膜颜色(夜间色)

表 15-321

颜色	色品坐标 (标准照明体 A,2°视场角)							
	1		2		3		4	
	x	y	x	y	x	y	x	y
黄	0.513	0.487	0.500	0.470	0.545	0.425	0.572	0.425
橙	0.595	0.405	0.565	0.405	0.613	0.355	0.643	0.355
红	0.650	0.348	0.620	0.348	0.712	0.255	0.735	0.265
绿	0.007	0.570	0.200	0.500	0.322	0.590	0.193	0.782
蓝	0.033	0.370	0.180	0.370	0.230	0.240	0.091	0.133

续表 15-321

颜色	色品坐标（标准照明体 A，2°视场角）							
	1		2		3		4	
	x	*y*	*x*	*y*	*x*	*y*	*x*	*y*
棕	0.595	0.405	0.540	0.405	0.570	0.365	0.643	0.355
荧光黄绿	0.480	0.520	0.473	0.490	0.523	0.440	0.550	0.449
荧光黄	0.554	0.445	0.526	0.437	0.569	0.394	0.610	0.390
荧光橙	0.625	0.375	0.589	0.376	0.636	0.330	0.669	0.331

注：对白色和灰色的夜间色不作要求。

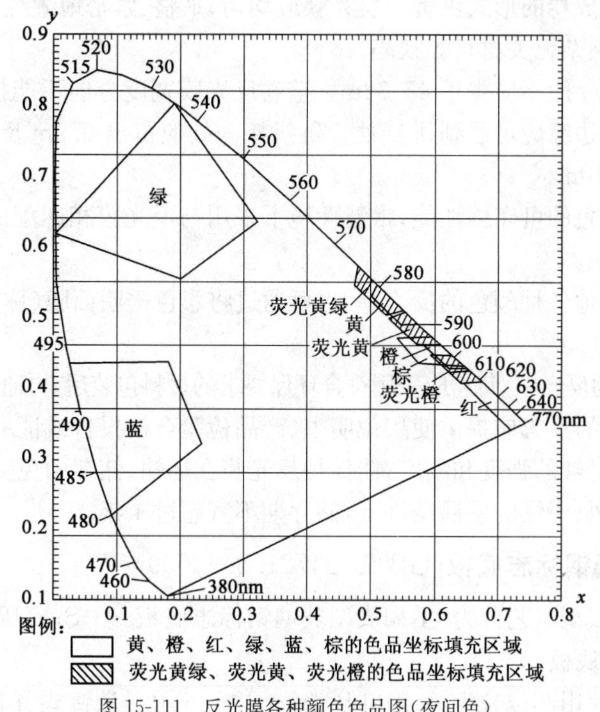

图 15-111　反光膜各种颜色色品图（夜间色）

4. 道路交通反光膜的性能要求

表 15-322

项　　目	性能和要求
外观	表面应平滑、洁净，无明显的划痕、条纹、气泡、颜色及逆反射不均匀等缺陷，其防黏纸不应有气泡、皱折、污点或杂物等缺陷
抗冲击性能	按规定试验后，在受到冲击的表面以外，无裂纹、层间脱离或其他损坏
耐弯曲性能	按规定试验后，表面无裂纹、剥落、层间分离等损坏
附着性能	反光膜背胶应有足够的附着力，试验后，在 5min 后的剥离长度不大于 20mm
收缩性能	试验后不出现明显收缩，任何一边尺寸在 10min 内，其收缩不超过 0.8mm；在 24h 内，其收缩不超过 3.2mm
防黏纸可剥离性能	试验后，反光膜无须用水或其他溶剂浸湿，防黏纸可方便地手工剥下，且无破损、撕裂或从反光膜上带下黏合剂等损坏出现
抗拉荷载	Ⅰ类、Ⅱ类反光膜的抗拉荷载值不小于 24N
耐溶剂性能	经汽油和乙醇浸泡后，反光膜表面不出现软化、皱纹、渗漏、起泡、开裂或被溶解等损坏
耐盐雾腐蚀性	试验后，反光膜表面无变色、渗漏、起泡或被侵蚀等损坏
耐高低温性能	试验后，反光膜表面无裂缝、软化、剥落、皱纹、起泡、翘曲或外观不均匀等损坏

续表 15-322

项　　目	性能和要求
耐候性能(自然老化或人工加速老化试验后)	反光膜无明显裂纹、皱折、刻痕、凹陷、起泡、侵蚀、剥离、粉化、变形等损坏
	从任何一边均不出现大于 0.8mm 的收缩,也不出现反光膜从底板边缘翘曲或脱离的痕迹
	在观测角为 0.2°,入射角为 -4°、15°和 30°时,各类反光膜的逆反射系数 R_A 值:Ⅰ类、Ⅵ类、Ⅶ类,不得低于表 15-313、表 15-318、表 15-319 的 50%;Ⅱ类不得低于表 15-314 的 65%;Ⅲ类、Ⅳ类、Ⅴ类不得低于表 15-315、表 15-316、表 15-317 的 80%
	反光膜各颜色的色品坐标及亮度因素应保持在表 15-321、表 15-320 规定的范围内

5. 道路交通反光膜的交货

(1)反光膜通常应以成卷的形式供货。反光膜应均匀、平整、紧密地缠绕在一刚性的圆芯上,不应有变形、缺损、边缘不齐或夹杂无关材料等缺陷。

(2)每卷反光膜长度一般不应少于 45.72m。整卷反光膜宽度方向不能拼接,长度方向的接头不应超过 3 处,并在成卷膜的边缘应可看到拼接处。每拼接一处应留出 0.5m 反光膜的富余量。每段反光膜的连续长度不应小于 10m。

(3)反光膜应具有颜色的可印刷性能,常温环境下采用与反光膜相匹配的油墨及印刷方式,可对反光膜进行各种颜色的印刷。

(4)除白色以外的其他各种颜色的反光膜,也可通过将彩色透明面膜(称"电刻膜")贴覆在白色反光膜上的方式形成。

(5)包装:成卷包装的反光膜,每卷应采用符合环保要求的材料包装后,再通过支架悬空放置于纸盒内。

对于每卷反光膜产品,厂方应提供使用说明书、产品检验合格报告或证书等证明材料。

(6)储运:纸盒应有足够的强度和刚度,能保护反光膜在运输、储存中免受损伤。

反光膜应储存在通风、干燥的室温条件下,储存期不宜超过 1 年。

(十五)公路用玻璃钢标志底板(GB/T 24721.5—2009)

玻璃钢标志底板按成型工艺分为:手糊成型玻璃钢标志底板——S;模压成型玻璃钢标志底板——M;其他成型玻璃钢标志底板——Q。

玻璃钢标志底板按使用部位分为 A 类和 B 类:A 类——用于悬臂式、门架式及附着在道路上方结构物上;B 类——用于单柱式、双柱式及附着在路旁结构物上。

玻璃钢标志底板应外形平整,无明显歪斜,版面不平度不大于 7mm/m。

在玻璃钢标志底板上增加标志面板后,才能形成完整的标志板,其技术要求应符合 GB/T 23827 的相关规定。

1. 玻璃钢标志底板理化性能要求

表 15-323

序号	项　　目		单位	技术要求	
				A类	B类
1	通用物理力学性能	拉伸强度	MPa	≥150	—
		压缩强度	MPa	≥130	—
		弯曲强度	MPa	≥240	—
		冲击强度	kJ/m²	≥80	—
		密度	g/cm³	≥1.6	≥1.5
		巴柯尔硬度	—	≥45	≥40
		负荷变形温度	℃	≥150	—

续表 15-323

<table>
<tr><th rowspan="2">序号</th><th rowspan="2" colspan="3">项　目</th><th rowspan="2">单位</th><th colspan="2">技 术 要 求</th></tr>
<tr><th>A类</th><th>B类</th></tr>
<tr><td>2</td><td colspan="3">氧指数(阻燃2级)</td><td>%</td><td colspan="2">≥26</td></tr>
<tr><td>3</td><td colspan="3">抗冲击性能</td><td>—</td><td>—</td><td>以冲击点为圆心，半径6mm区域外，试样无开裂、分层、剥离或其他破坏现象</td></tr>
<tr><td>4</td><td colspan="3">耐水性能</td><td>—</td><td>GB/T 24721.1—2009中4.2.3的外观质量要求，材料弯曲强度性能保留率不小于90%</td><td>GB/T 24721.1—2009中4.2.3的外观质量要求</td></tr>
<tr><td>5</td><td colspan="3">耐酸性能</td><td>—</td><td>GB/T 24721.1—2009中4.2.4的酸的要求</td><td>GB/T 24721.1—2009中4.2.4的酸的外观质量要求</td></tr>
<tr><td rowspan="5">6</td><td rowspan="5">环境适应性能</td><td colspan="2">耐湿热性能</td><td>—</td><td>GB/T 24721.1—2009中4.2.5.1的外观质量要求，材料弯曲强度性能保留率不小于90%</td><td>—</td></tr>
<tr><td colspan="2">耐低温冲击性能</td><td>—</td><td>GB/T 24721.1—2009中4.2.5.2</td><td>—</td></tr>
<tr><td colspan="2">耐低温坠落性能</td><td>—</td><td>—</td><td>GB/T 24721.1—2009中4.2.5.3</td></tr>
<tr><td rowspan="2">耐候性能</td><td>氙弧灯人工加速老化试验</td><td>—</td><td>GB/T 24721.1—2009中4.2.5.4的外观质量要求，材料弯曲强度性能保留率不小于90%</td><td>GB/T 24721.1—2009中4.2.5.4的外观质量要求</td></tr>
<tr><td>自然暴露试验</td><td>—</td><td>GB/T 24721.1—2009中4.2.5.5的外观质量要求，材料弯曲强度性能保留率不小于80%</td><td>—</td></tr>
<tr><td>7</td><td colspan="3">整体荷载 F</td><td>N</td><td colspan="2">F应不小于CS的乘积，其中C为荷载常数，取值为1 647.5N/m²，S为该规格标志底板的有效承风面积</td></tr>
</table>

注：①氧指数要求阻燃2级为一般要求，特殊要求可根据供求双方协商决定是否采用阻燃1级。

②耐水性能、耐酸性能、环境适应性能指标的具体要求，参照表15-290的相应指标。

2. 玻璃钢标志底板的储运要求

玻璃钢标志底板的储运要求参照“公路用玻璃钢管道”。

(十六)公路水泥混凝土用钢纤维(JT/T 524—2004)

公路水泥混凝土用钢纤维是由钢材料按一定工艺制成的短而细的纤维，能随机分布于水泥混凝土中，代号SF。

钢纤维外观应清洁干燥，不得粘有油污或其他影响钢纤维与水泥浆结合的杂质；钢纤维因加工和锈蚀造成的黏结片、铁屑、杂质的纤维总重量不得超过钢纤维重量的1%。

1. 钢纤维的分类

(1)按原材料分类及代号

①碳素结构钢——C。

②合金结构钢——A。

③不锈钢——S。

(2)按生产工艺分类及代号

①钢丝切断纤维——W。

②薄板剪切纤维——S。

③熔抽纤维——Me。

④铣削纤维——Mi。

(3)按抗拉强度等级分类及代号

①380～600MPa——Ⅰ级。

②>600～1 000MPa——Ⅱ级。

③>1 000MPa——Ⅲ级。

(4)按表面形状分类及代号

表 15-324

类别	代号	形状	表面
普通型	01	纵向为平直形	光滑
	02		粗糙或有细密压痕
异型	03	纵向平直两端带钩或锚尾纵向扭曲两端带钩或锚尾纵向为波纹形	光滑
	04		粗糙或有细密压痕

注:本表摘自《混凝土钢纤维》(YB/T 151)。

2. 钢纤维的标记

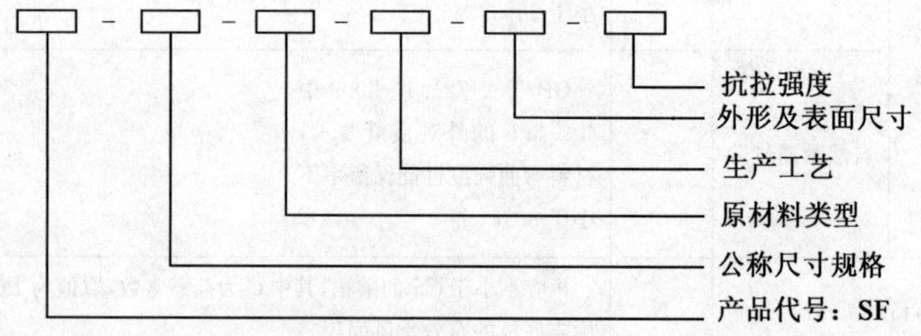

示例 1:低碳钢薄板剪切纤维,外形为纵向扭曲,表面光滑,抗拉强度大于 400MPa,长度为 35mm,型号为 SF-35-C-S-03-Ⅰ。

示例 2:合金钢铣削纤维,外形为纵向扭曲两端有锚尾,有一个粗糙的表面,抗拉强度大于 700MPa,长度为 30mm,型号为 SF-30-A-Mi-04-Ⅱ。

3. 水泥混凝土用钢纤维的规格尺寸

钢纤维产品规格尺寸参数　　表 15-325

型号	规格长度(mm)	等效直径(mm)	长径比
SF-20	20	0.4～0.5	40～50
SF-25	25	0.4～0.5	50～60
SF-30	30	0.5～0.6	50～60
SF-35	35	0.5～0.7	50～60

4.水泥混凝土用钢纤维的力学性能

表 15-326

项　目	指标和要求		
抗拉强度(MPa)	Ⅰ级	Ⅱ级	Ⅲ级
	380～600	＞600～1 000	＞1 000
弯曲性能	应满足弯曲 90°一次不断率≥95％		
每根钢纤维质量偏差	不超过公称计算的±15％		
形状合格率	对于异形钢纤维，其形状合格率≥90％		

注：原材料的化学成分和力学性能应符合相应标准的规定。

5.钢纤维储运要求

钢纤维应储存在清洁通风、干燥的库房内，不能与有腐蚀的物品同储。运输中要防止雨雪浸淋。

(十七)公路水泥混凝土用聚丙烯和聚丙烯腈纤维(JT/T 525—2004)

公路水泥混凝土用聚丙烯和聚丙烯腈纤维是以聚丙烯(PPF)和聚丙烯腈(PAN)树脂为主要原料，经挤出、拉伸、改性等生产工艺制成，分有单丝纤维(S)和网状纤维(M)；用于公路水泥混凝土防裂。聚丙烯纤维的生产原料严禁使用粉状和再造粒状颗粒原料。

1.聚丙烯和聚丙烯腈纤维的分类

按产品的原材料和结构形式分为三种：聚丙烯腈单丝纤维；聚丙烯单丝纤维；聚丙烯网状纤维。

2.聚丙烯和聚丙烯腈纤维的标记

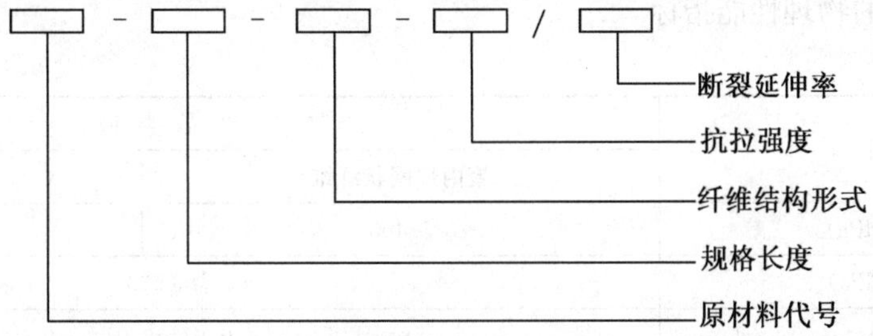

示例 1：长度为 18mm、抗拉强度大于 910MPa、断裂延伸率大于 15％的聚丙烯腈单丝纤维的型号为 PAN-18-S-910/15。

示例 2：长度为 20mm、抗拉强度大于 500MPa、断裂延伸率大于 20％的聚丙烯纤维网的型号为 PPF-20-M-500/20。

示例 3：长度为 19mm、抗拉强度大于 400MPa、断裂延伸率大于 10％的聚丙烯单丝纤维的型号为 PPF-19-S-400/10。

3.纤维的外观质量

表 15-327

项　目	指　标		
	聚丙烯单丝纤维	聚丙烯网状纤维	聚丙烯腈单丝纤维
形状	束状丝，切口均匀	开网均匀、规则，每 10mm 长度至少一个连接点，且为网状结构	束状丝，腰果形截面
色差	基本一致		
手感	柔软		
未牵引丝	不允许有		
洁净度	无污染		

4. 聚丙烯和聚丙烯腈纤维的尺寸

(1)纤维的长度规格及其偏差

表 15-328

项　目	聚丙烯腈纤维	聚丙烯纤维
长度规格(mm)	6～18	6～30
偏差(%),≤	±10	

(2)单丝当量直径及其偏差

表 15-329

项　目	聚丙烯腈单丝纤维	聚丙烯单丝纤维
当量直径(μm)	13	20～50
偏差(%),≤	±10	

(3)聚丙烯网状纤维的几何尺寸及其偏差

表 15-330

项　目		偏　差 (μm)
厚度范围	≤25	±4
	>25	±5
当量直径		100±50

5. 聚丙烯和聚丙烯腈纤维的物理性能

(1)聚丙烯纤维的物理性能指标

表 15-331

项　目	产 品 类 型	
	聚丙烯网状纤维	聚丙烯单丝纤维
抗拉强度(MPa)	≥400	≥350
弹性模量(MPa)	≥3 500	
密度(g/cm³)	0.91±0.01	
熔点(℃)	160～170	
断裂延伸率(%)	≥6	8～30
抗碱能力	抗拉强度的保持率不小于 99%	

(2)聚丙烯腈纤维的不同功能要求的物理性能指标

表 15-332

类　型	项　目		
	抗拉强度(MPa)	断裂延伸率(%)	弹性模量(MPa)
加强型纤维	≥910	>20	>17 100
防裂型纤维	>910	>15	
辅助型纤维	<910	10～15	

(3)聚丙烯腈纤维的物理性能指标

表 15-333

项　目	指　标
密度(g/cm³)	≥1.18
熔点(℃)	≥220

续表 15-333

项　目	指　标
抗碱能力	抗拉强度的保持率不小于 99%
耐热稳定性	良好

6. 聚丙烯和聚丙烯腈纤维的储运要求

(1)运输

运输时应轻装轻卸，防止挤压，避免与化学腐蚀物品混装运输，并应有遮篷等防日晒雨淋设施，避免包装破坏。

(2)储存

存储时应储存在通风、阴凉、干燥的仓库内，避免曝晒，并远离光源、热源。严禁与化工腐蚀物品一起堆放。自生产之日起，有效存储期为 18 个月。

(十八)沥青路面用木质素纤维(JT/T 533—2004)

沥青路面用木质素纤维是一种针叶木材纤维，属于有机纤维。其颜色与原材料有关，一般为灰色、絮状；在絮状木质素纤维中掺加一定量的沥青后形成颗粒状。适用于热拌沥青玛蹄脂碎石混合料(SMA)，对大孔隙热拌沥青混合料供参考。

木质素纤维技术指标　　表 15-334

序号	项　目			技术指标
1	长度(mm)			<6.0
2	筛分析(%)	冲气筛分析	0.150mm 筛通过率	70±10
		普通网筛分析	0.850mm 筛通过率	85±10
			0.425mm 筛通过率	65±10
			0.106mm 筛通过率	30±10
3	灰分含量(%)			18±5，无挥发物
4	pH 值			7.5±1.0
5	吸油率(%)			不小于纤维自身重量的 5 倍
6	含水率(%)(以重量计)			<5.0
7	耐热性，210℃，2h			颜色、体积基本无变化，热失重不大于 6%

(十九)沥青路面用聚合物纤维(JT/T 534—2004)

沥青路面用聚合物纤维为人工合成的有机高分子材料，属于有机合成纤维。适用于热拌沥青混合料作添加剂。

产品根据原材料不同有淡黄色、白色及其他颜色，产品外观不得有污迹和杂质。

1. 沥青路面用聚合物纤维的分类

聚合物纤维按化学成分不同分为：聚酯纤维(PES)、聚丙烯腈纤维(PAN)、聚丙烯纤维(PP)、芳簇聚酰胺纤维(PPTA)及其他(Q)。其中聚丙烯纤维(PP)、芳簇聚酰胺纤维(PPTA)为长纤维。

2. 沥青路面用聚合物纤维的标记

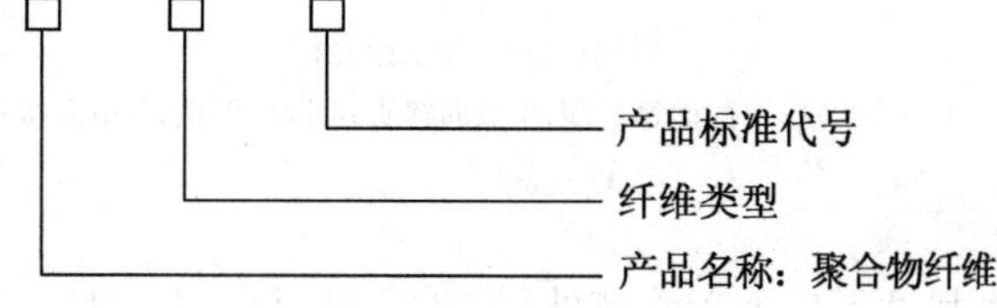

示例:化学成分为聚酯的聚合物纤维产品标记为聚合物纤维 PES JT/T 534—2004。

3.沥青路面用聚合物纤维的技术指标

(1)聚合物纤维的技术指标

表 15-335

序　号	项　　目	技术指标
1	直径(mm)	0.010～0.025
2	长度(mm)	6±1.5,12±1.5
3	抗拉强度(MPa)	≥500
4	断裂伸长率(%)	≥15
5	耐热性,210℃,2h	体积无变化

(2)聚合物长纤维的技术指标

表 15-336

序　号	项　　目	技术指标
1	直径(mm)	0.010～0.025
2	长度(mm)	19±1.5,38±1.5,54±1.5
3	抗拉强度(MPa)	≥500
4	断裂伸长率(%)	≥8
5	耐热性,177℃,2h	体积无变化

(二十)混凝土灌柱桩用高强钢塑声测管(JT/T 871—2013)

混凝土灌柱桩用高强钢塑声测管的管节用高强高密度聚乙烯管,接头用钳压式(代号 Q)钢套管连接制成(产品代号 SPP)。用于混凝土灌柱桩的超声波检测。

混凝土灌柱桩用高强钢塑声测管的接头分单向接头和双向接头。

单向接头——接头一端插入管节,一端封闭的钢套管。

双向接头——两端均可插入管节的钢套管接头。

混凝土灌柱桩用高强钢塑声测管按:声测管代号(SPP)、管外径(mm)×管壁厚(mm)、连接形式(Q)的顺序标记。

1.钳压式钢套管接头示意图

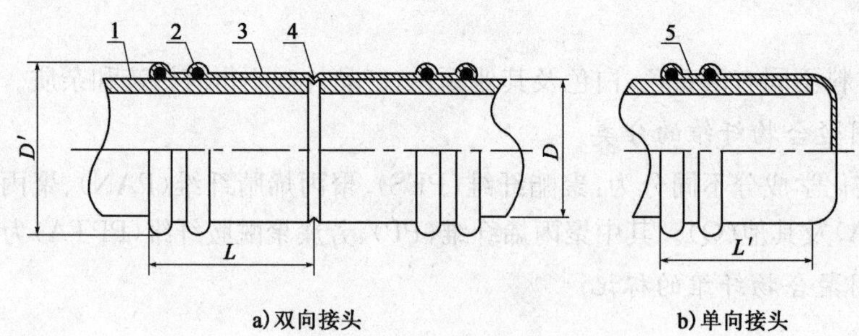

图 15-112　接头示意图

1-管节;2-O 形截面密封圈;3-双向接头;4-限位凹槽;5-单向接头

2.接头的规格尺寸

(1)接头凸起部分最大尺寸不应大于管节外径 18%,即$(D'-D)/D \leqslant 18\%$。

(2)双向接头长度不应小于 140mm,两端套接长度 L(管节插入接头至限位凹槽部分的长度)不应小于 70mm。

(3)单向接头长度不应小于 80mm,套接长度 L'(管节插入接头部分的长度)不应小于 75mm。

(4)接头内径应满足超声波检测用换能器检测要求。

(5)接头规格(mm)见表 15-337。

表 15-337

管节外径 D	凸起部分最大外径 D'	双向接头		单向接头	
		总长度	套接长度 L	总长度	套接长度 L'
50	59	140	70	80	75
54	63	140	70	80	75
57	67	150	75	80	75

3. 管节的外径、壁厚及单位重量

表 15-338

外径（mm）	壁厚（mm）		
	2.5	3.0	3.5
	单位重量(kg/m)		
50	0.56	—	—
54	0.61	0.72	0.83
57	—	0.76	0.88
外径允差±3.0%	壁厚允差−3%～+5%		

注:管节密度 1 499kg/m^3,每延米重量按下式计算:$G=0.00471(D-S)S$。G-管节每延米重量(kg/m),S-管节壁厚(mm),D-管节外径(mm)。

4. 混凝土灌柱桩用高强钢塑声测管的选用

表 15-339

桩基长度(m)	声测管（mm）	
	外径	壁厚,≥
≤50	50	2.5
50～70	54	3.0
>70	57	3.5

注:声测管的成品长度为 9.00m 和 12.00m,长度允许偏差为 0～+20mm。

5. 声测管的技术要求

表 15-340

项　　目	指标和要求
外观质量	声测管成品应顺直,塑性变形弯曲度≤5mm/m;管端切割平整,与管轴线垂直
	声测管内、外表面应光滑、平整、清洁,不应有气泡、凹陷、明显杂质等缺陷,允许有不大于壁厚负公差的划痕
	同一批次每根管节颜色应均匀一致
	接头环状凸起内的 O 形截面橡胶密封圈应光滑饱满无破损
	顶盖采用橡胶或 PVC 材料,内表面应光滑、平整、清洁、无破损

续表 15-340

项	目	指标和要求
工艺性能	回缩率	管节在热浴试验温度(110±2)℃下,持续 60min,纵向回缩率≤3.5%
	维卡软化温度	管节维卡软化温度≥80℃
力学性能	抗坠落性能	管节在(0±1)℃下,2m 高度的抗坠落冲击性能符合 GB/T 8801 规定
	抗冲击性能	管节在(23±2)℃下,用 0.5g 落锤在 2m 高度对其进行冲击,冲击率(TIR)<10%,冲击后符合 GB/T 14152 规定
	环刚度	管节在(23±2)℃下,≥40kN/m²
	拉伸屈服应力	管节在(23±2)℃下,≥40MPa
	密封耐压性能	声测管应进行液压试验,试验压力 P 按最大工作压力 2 倍且不小于 $P=215S/D$ 的计算值,试验持续时间 15s,声测管应无渗漏和永久变形
	密封性能	声测管内压试验压力为最大工作压力的 1.5 倍,且不低于 1MPa,持续时间 1min,不出现渗漏、变形等情况。声测管外压试验压力为最大工作压力 2 倍,且不低于 4MPa,持续 1min,不出现渗漏、变形等情况
	耐压扁性能	压扁试验时,当两平行板间净距压缩至声测管外径的 75%时,接头应无裂纹,外力消除后,管节能恢复原状
	连接可靠性	常温下,接头承受 3 000N 拉拔力,60min 后,接头钳压处无松动、断裂
	抗扭性能	常温下,接头承受 120N·m 扭矩,持续 10min,接头钳压处不发生滑移

6. 声测管的储运要求

(1)声测管 61 根一捆,采用六边形包装,不少于四道尼龙带捆绑。打包前声测管两端口应封盖处理。

(2)不同长度声测管应单独捆扎包装。

(3)吊装声测管宜使用纤维吊装带并注意轻拿轻放,上方不得压重物,运输中需防水、油污和各种腐蚀性气体或介质的影响。

(4)声测管宜存放在干燥地方,堆放高度不超过四层且不高于 1.5m,下垫枕木并防雨、防潮和防各种腐蚀性气体或介质的影响。

(二十一)混凝土灌注桩用钢薄壁声测管(GB/T 31438—2015)

钢薄壁声测管的管节一端焊有接头,可相互承插后钳压连接,随钢筋骨架一起置入基桩沉孔内,用做超声波检测通道。声测管有管节、接头(分单接头和双接头)、底盖、顶盖等组成。管节一般选用冷轧高频焊管。

1. 钢薄壁声测管的型号标记

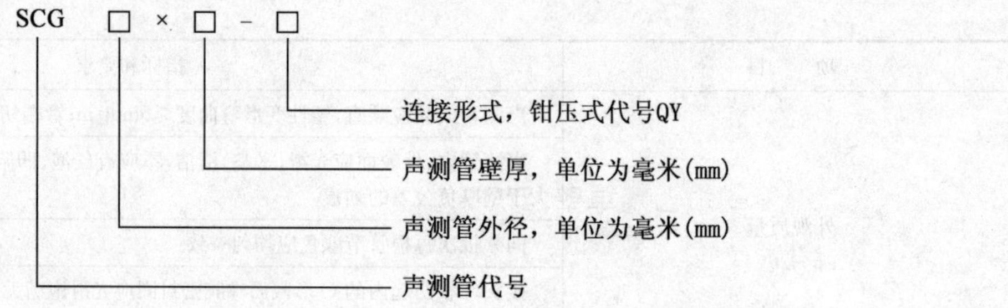

示例:钳压式声测管,管外径 50mm,壁厚 1.2mm,表示为 SCG50×1.2-QY。

2. 钢薄壁声测管的规格尺寸及重量

表 15-341

声测管外径 D(mm)	声测管壁厚 S(mm)					
	1.0	1.2	1.5	1.8	2.0	2.5
	每米重量(kg/m)(钢密度 7.85g/cm³)					
50	1.21	1.44	1.79	2.13	2.36	2.92
53	1.28	1.53	1.90	2.27	2.51	3.11
57	1.38	1.65	2.05	2.45	2.71	3.36
60	1.45	1.74	2.16	2.58	2.86	3.54
钢薄壁声测管的长度为:3m、6m、9m、12m。长度允许偏差为 0～+20mm						

注:声测管外径允许偏差为±2%;壁厚允许偏差为±5%。

3. 钢薄壁声测管的技术要求

表 15-342

项目		技术要求
外观质量		声测管应顺直,弯曲度不大于 5mm/m;椭圆度不大于外径允许公差;管内畅通无异物
		管端截面应垂直轴线,应无外毛刺,内毛刺不大于 0.5mm
		声测管无裂缝、结疤、折叠、分层、搭焊缺陷。划道、刮伤、管节纵向焊缝错位不大于 0.1mm
		管两端应封口,插入口端标志线清晰,钳压式接口的承插口端 U 形凹槽内,应有 O 形橡胶圈;底节管口焊有铁盖
力学性能	抗拉强度	≥315MPa
	伸长率	≥14%
抗弯曲性能		试验时,管内不带填充物,弯曲半径为管外径 6 倍,弯曲 45°,声测管不出现裂纹
耐压扁性能		压扁试验时,当两压平板间距离为声测管外径的 75%时,声测管不出现裂纹
密封耐压性能		液压试验压力按最大工作压力 2 倍且不小于试验压力 $P=215S/D$ 计算值(MPa),持续时间 15s,声测管应无渗漏和永久变形
声测管接头	形式	单接头和双接头,采用钳压式连接方式
	接头凸起尺寸	接头凸起部分最大尺寸不超过管外径的 25%
	接头长度	插口端进入承口端部分的长度不小于 50mm
	密封性能	内压试验压力为最大工作压力的 1.5 倍,且不小于 1MPa,持续时间 1min,不出现渗漏及接口变形等;外压试验压力为最大工作压力的 2 倍,且不小于 4MPa,持续时间 1min,不出现渗漏及接口变形等情况
	连接可靠性	常温下声测管应能承受 3 000N 的拉拔力,持续 60min,连接部分无松动、断裂
	耐震动性能	声测管接头在试验压力 1.2MPa 时,持续 10 万次振动,接头连接部位应无渗漏和脱落
	抗扭性能	声测管接头在扭力矩 120N·m 时持续 10min,接头不滑移

4. 钢薄壁声测管的选用

表 15-343

基桩长度(m)	<50	50～<70	70～<90	90～<120
声测管壁厚(mm)	≥1.0	≥1.2	≥1.5	≥1.8

(二十二)高密度聚乙烯单壁,双壁打孔波纹管

单、双壁打孔波纹管为新型渗排水管材,具有重量轻、承受压力强、弯曲性能好、便于施工等优点。产品是用聚乙烯单、双壁波纹管利用打孔机在管材的波谷中打成长条形管孔。管孔大小为 1×10mm～3×30mm,可按 360°、270°、180°和 90°范围内均匀分布。适用于工程渗排水盲管。管材型号为:ϕ116/

100HDPE 单、双壁打孔波纹管。

规格尺寸:

单壁:外径 114±2mm;内径 99±1mm。

双壁:外径 116±2mm;内径 99±1mm。

管长:(6 000±50)mm 或(9 000±50)mm。

颜色:一般为白色。

单、双壁打孔波纹管物理力学性能 表 15-344

项　　目	指　　标	项　　目	指　　标
外观质量	内壁均匀光滑、无分解变色线及无明显杂质;外壁波纹及颜色均匀一致,无气泡、裂口;内外壁紧密熔结、无脱开现象	低温坠落试验	低温 −30℃,高度 1m 的条件下,自由落下,试样不开裂
		纵向收缩率(%)	≤3
		弯曲度(%)	≤2
环刚度(kN/m^2)	≥6.3	刚性试验(MPa)	≥0.30
扁平试验	垂直方向加压至外径变形量为原外径的 40%时,立即卸荷,试样不破裂、不分层	透水率(%) 孔眼 19×2.5m	≥3
落锤冲击试验	温度 0℃,高度 1m,用 1kg 重锤冲击 10 次,应 9 次以上无开裂现象	透水率(%) 孔眼 21×2.5m	≥3.5
		透水率(%) 孔眼 25×2.5m	≥4.5

注:以上选自兰州鼎泰塑料有限公司产品介绍。

第十六章　房建材料

一、结构用材料

(一)建筑隔震橡胶支座(GB 20688.3—2006)

建筑隔震橡胶支座适用于建筑结构。隔震橡胶支座包括天然橡胶支座LNR、铅芯橡胶支座LRB和高阻尼橡胶支座HDR。

建筑隔震橡胶支座按外形分为:圆形支座、矩形支座、方形支座。

1. 建筑隔震橡胶支座的分类

建筑隔震橡胶支座按构造分为Ⅰ型、Ⅱ型、Ⅲ型三类;

支座按极限性能分为A、B、C、D、E、F六类;

支座按剪切性能的允许偏差分为S-A、S-B两型。

(1)按构造分类

表16-1

分类	说　明	图　示
Ⅰ型	连接板和封板用螺栓连接,封板与内部橡胶黏合; 橡胶保护层在支座硫化前包裹	连接板　螺栓　保护层　封板
	连接板和封板用螺栓连接,封板与内部橡胶黏合; 橡胶保护层在支座硫化后包裹	
Ⅱ型	连接板直接与内部橡胶黏合	
Ⅲ型	支座与连接板用凹槽或暗销连接	凹槽　暗销

(2)按剪切性能的允许偏差分类

表16-2

类　别	单个试件测试值	一批试件平均测试值
S-A	±15%	±10%
S-B	±25%	±20%

(3)按极限性能分类

表 16-3

极限剪应变	$\gamma_u \geqslant 350\%$	$350\% > \gamma_u \geqslant 300\%$	$300\% > \gamma_u \geqslant 250\%$	$250\% > \gamma_u \geqslant 200\%$	$200\% > \gamma_u \geqslant 150\%$	$\gamma_u < 150\%$
类别	A	B	C	D	E	F

注:①支座极限剪应变 γ_u 应根据指定的压应力确定。

②支座分类标志举例如下:

$$\sigma_{nom}=8\text{MPa}, \gamma_u=320\% \quad \text{B类}$$

$$2\sigma_{nom}=16\text{MPa}, \gamma_u=240\% \quad \text{D类}$$

式中:σ_{nom}——制造厂提供的名义压应力;

$2\sigma_{nom}$——地震作用时最大名义压应力;

γ_u——极限剪应变。

标志为:N8B-M16D,N代表名义值,M代表最大名义值。

2.建筑隔震橡胶支座的典型尺寸

表 16-4

<table>
<tr><th rowspan="2">尺寸 d_0 或 a
(mm)</th><th colspan="2">厚　度</th><th rowspan="2">第二形状系数 S_2</th><th rowspan="2">开孔直径 d_i(mm)</th></tr>
<tr><th>单层内部橡胶厚度
t_r(mm)</th><th>单层内部钢板厚度
t_s(mm)</th></tr>
<tr><td>400</td><td>$2.0 \leqslant t_r \leqslant 5.0$</td><td rowspan="7">≥2.0</td><td rowspan="7">≥3.0</td><td rowspan="12">天然橡胶支座和高阻尼橡胶支座:
$\leqslant \frac{d_o}{6}$ 或 $\leqslant \frac{a}{6}$
铅芯橡胶支座:
$\leqslant \frac{d_o}{4}$ 或 $\leqslant \frac{a}{4}$</td></tr>
<tr><td>450</td><td>$2.0 \leqslant t_r \leqslant 5.5$</td></tr>
<tr><td>500</td><td>$2.5 \leqslant t_r \leqslant 6.0$</td></tr>
<tr><td>550</td><td>$2.5 \leqslant t_r \leqslant 7.0$</td></tr>
<tr><td>600</td><td>$3.0 \leqslant t_r \leqslant 7.5$</td></tr>
<tr><td>650</td><td>$3.0 \leqslant t_r \leqslant 8.0$</td></tr>
<tr><td>700</td><td>$3.5 \leqslant t_r \leqslant 9.0$</td></tr>
<tr><td>750</td><td>$3.5 \leqslant t_r \leqslant 9.5$</td><td rowspan="5">≥2.5</td><td>≥3.0</td></tr>
<tr><td>800</td><td>$4.0 \leqslant t_r \leqslant 10.0$</td><td>≥3.0</td></tr>
<tr><td>850</td><td>$4.0 \leqslant t_r \leqslant 10.5$</td><td>≥3.5</td></tr>
<tr><td>900</td><td>$4.5 \leqslant t_r \leqslant 11.0$</td><td>≥3.5</td></tr>
<tr><td>950</td><td>$4.5 \leqslant t_r \leqslant 11.0$</td><td>≥3.5</td></tr>
<tr><td>1 000</td><td>$4.5 \leqslant t_r \leqslant 11.0$</td><td rowspan="6">≥3.0</td><td>≥3.5</td><td rowspan="11">天然橡胶支座和高阻尼橡胶支座:
$\leqslant \frac{d_o}{5}$ 或 $\leqslant \frac{a}{5}$
铅芯橡胶支座:
$\leqslant \frac{d_o}{4}$ 或 $\frac{a}{4}$</td></tr>
<tr><td>1 050</td><td>$5.0 \leqslant t_r \leqslant 11.0$</td><td>≥3.5</td></tr>
<tr><td>1 100</td><td>$5.5 \leqslant t_r \leqslant 11.0$</td><td>≥3.5</td></tr>
<tr><td>1 150</td><td>$5.5 \leqslant t_r \leqslant 12.0$</td><td>≥3.5</td></tr>
<tr><td>1 200</td><td>$6.0 \leqslant t_r \leqslant 12.0$</td><td>≥4.0</td></tr>
<tr><td>1 250</td><td>$6.0 \leqslant t_r \leqslant 13.0$</td><td>≥4.0</td></tr>
<tr><td>1 300</td><td>$6.5 \leqslant t_r \leqslant 13.0$</td><td rowspan="5">≥4.0</td><td rowspan="5">≥4.0</td></tr>
<tr><td>1 350</td><td>$6.5 \leqslant t_r \leqslant 14.0$</td></tr>
<tr><td>1 400</td><td>$7.0 \leqslant t_r \leqslant 14.0$</td></tr>
<tr><td>1 450</td><td>$7.0 \leqslant t_r \leqslant 15.0$</td></tr>
<tr><td>1 500</td><td>$7.0 \leqslant t_r \leqslant 15.0$</td></tr>
</table>

注:S_2,对于圆形支座,为内部橡胶层直径与内部橡胶总厚度之比;对于方形、矩形支座,为内部橡胶层有效宽度与内部橡胶总厚度之比。

(二)建筑用轻钢龙骨(GB/T 11981—2008)

建筑用轻钢龙骨是以连续热镀锌钢板(带)或以连续热镀锌钢板(带)为基材的彩色涂层钢板(带)做原料,采用冷弯工艺制成的薄壁型钢。

建筑用轻钢龙骨适用于以纸面石膏板、装饰石膏板、矿物棉装饰吸声板作饰面的非承重墙和吊顶。

1. 建筑用轻钢龙骨的分类及代号

轻钢龙骨分为墙体用龙骨和吊顶用龙骨。

龙骨根据断面形状分为U、C、T、L、H、V、CH七种形式。

Q表示墙体龙骨。

D表示吊顶龙骨。

ZD表示直卡式吊顶龙骨。

U表示龙骨断面形状为⊔形。

C表示龙骨断面形状为匚形。

T表示龙骨断面形状为T形。

L表示龙骨断面形状为L形

H表示龙骨断面形状为H形。

V表示龙骨断面形状为_/或△形。

CH表示龙骨断面形状为⊔H形。

2. 建筑用轻钢龙骨示意图

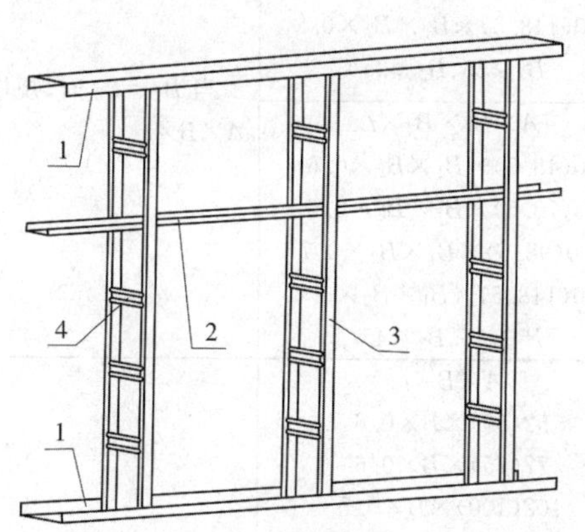

a)墙体龙骨示意图

1-横龙骨;2-通贯龙骨;3-竖龙骨;4-支撑卡

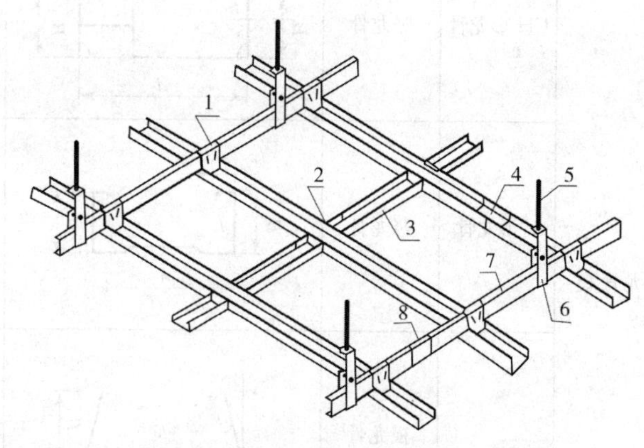

b)U形、C形龙骨吊顶示意图

1-挂件;2-挂插件;3-覆面龙骨;4-覆面龙骨连接件;5-吊杆;6-吊件;7-承载龙骨;8-承载龙骨连接件

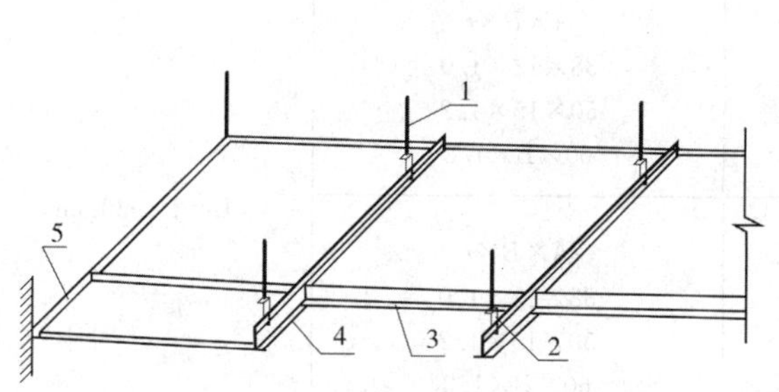

c)T形龙骨吊顶示意图

1-吊杆;2-吊件;3-次龙骨;4-主笼骨;5-边龙骨

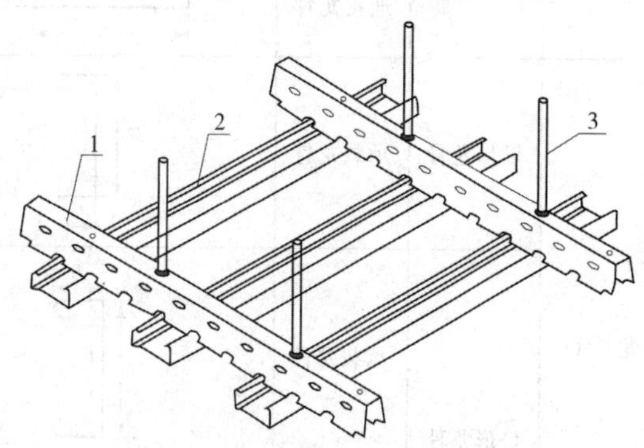

d)V形直卡式龙骨吊顶示意图

(L形替换V形为L形直卡式龙骨吊顶示意)

1-承载龙骨;2-覆面龙骨;3-吊件

图　16-1

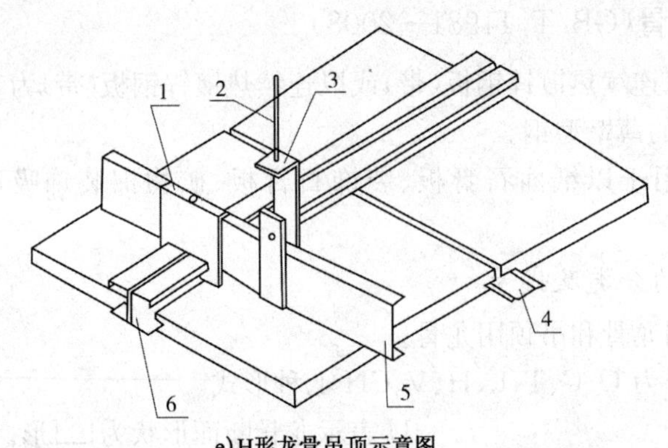

e)H形龙骨吊顶示意图

1-挂件；2-吊杆；3-吊杆；4-插片；5-承载龙骨；6-H形龙骨

图16-1　轻钢龙骨使用示意图

3.建筑用轻钢龙骨的规格尺寸(mm)

表16-5

类别	品种		断面形状	规格	备注
墙体龙骨Q	CH形龙骨	竖龙骨		$A\times B_1\times B_2\times t$ $75(73.5)\times B_1\times B_2\times 0.8$ $100(98.5)\times B_1\times B_2\times 0.8$ $150(148.5)\times B_1\times B_2\times 0.8$ $B_1\geqslant 35$、$B_2\geqslant 35$	当$B_1=B_2$时，规格为$A\times B\times t$
	C形龙骨	竖龙骨		$A\times B_1\times B_2\times t$ $50(48.5)\times B_1\times B_2\times 0.6$ $75(73.5)\times B_1\times B_2\times 0.6$ $100(98.5)\times B_1\times B_2\times 0.7$ $150(148.5)\times B_1\times B_2\times 0.7$ $B_1\geqslant 45$、$B_2\geqslant 45$	
	U形龙骨	横龙骨		$A\times B\times t$ $52(50)\times B\times 0.6$ $77(75)\times B\times 0.6$ $102(100)\times B\times 0.7$ $152(150)\times B\times 0.7$ $B\geqslant 35$	
		通贯龙骨		$A\times B\times t$ $38\times 12\times 1.0$	
吊顶龙骨D	U形龙骨	承载龙骨		$A\times B\times t$ $38\times 12\times 1.0$ $50\times 15\times 1.2$ $60\times B\times 1.2$	$B=24\sim 30$mm
	C形龙骨	承载龙骨		$A\times B\times t$ $38\times 12\times 1.0$ $50\times 15\times 1.2$ $60\times B\times 1.2$	
		覆面龙骨		$A\times B\times t$ $50\times 19\times 0.5$ $60\times 27\times 0.6$	

续表 16-5

类别	品 种		断 面 形 状	规 格	备 注
吊顶龙骨 D	T形龙骨	主龙骨	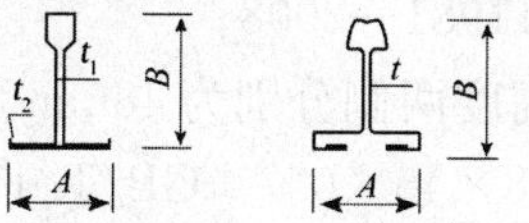	$A\times B\times t_1\times t_2$ 24×38×0.27×0.27 24×32×0.27×0.27 14×32×0.27×0.27	1. 中型承载龙骨 $B\geqslant 38$，轻型承载龙骨 $B<38$； 2. 龙骨由一整片钢板(带)成型时，规格为 $A\times B\times t$
		次龙骨	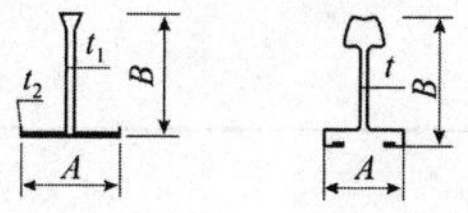	$A\times B\times t_1\times t_2$ 24×28×0.27×0.27 24×25×0.27×0.27 14×25×0.27×0.27	
	H形龙骨		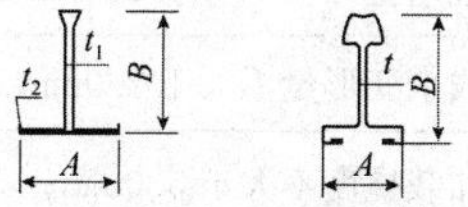	$A\times B\times t$ 20×20×0.3	
	V形龙骨	承载龙骨	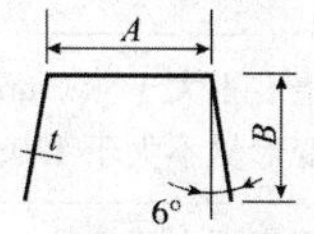	$A\times B\times t$ 20×37×0.8	造型用龙骨规格为 20×20×1.0
		覆面龙骨	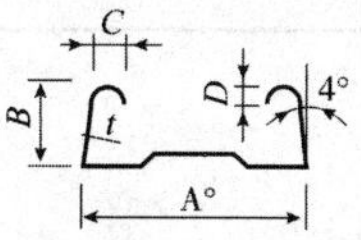	$A\times B\times t$ 49×19×0.5	
	L形龙骨	承载龙骨	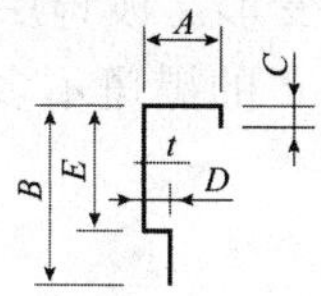	$A\times B\times t$ 20×43×0.8	
		收边龙骨	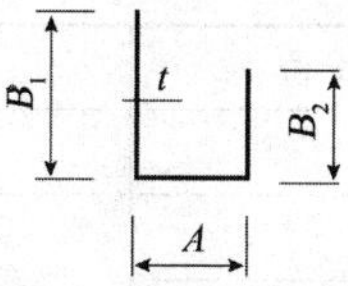	$A\times B_1\times B_2\times t$ $A\times B_1\times B_2\times 0.4$ $A\geqslant 20$；$B_1\geqslant 25$、$B_2\geqslant 20$	
		边龙骨	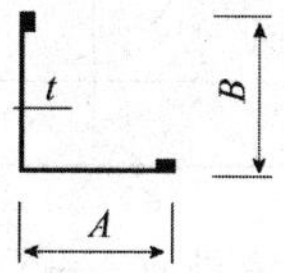	$A\times B\times t$ $A\times B\times 0.4$ $A\geqslant 14$；$B\geqslant 20$	

表 16-6

项 目	品 种	要 求
尺寸 C	CH形墙体竖龙骨、C形吊顶覆面龙骨、L形承载龙骨	≥5.0
	C形墙体竖龙骨	≥6.0
尺寸 D	覆面龙骨	≥3.0
	L形承载龙骨	≥7.0
尺寸 E	L形承载龙骨	≥30.0

4. 建筑用轻钢龙骨的标记

标记顺序：产品名称、代号、断面形状的宽度、高度、钢板带厚度和标准号。

示例 1：断面形状为 U 形，宽度为 50mm，高度为 15mm，钢板带厚度为 1.2mm 的吊顶承载龙骨标记为:建筑用轻钢龙骨 DU50×15×1.2　GB/T 11981—2008。

示例 2:断面形状为 C 形,宽度为 75mm,高度为 45mm.钢板带厚度为 0.7mm 的墙体竖龙骨标记为:建筑用轻钢龙骨 QC75×45×0.7　GB/T 11981—2008。

示例 3:断面形状为 C 形,宽度为 75mm,高度两侧分别为 48mm 和 45mm,钢板带厚度为 0.7mm 的墙体竖龙骨标记为:建筑用轻钢龙骨 QC75×48×45×0.7　GB/T 11981—2008。

5. 建筑用轻钢龙骨组件的力学性能

表 16-7

类别		项目		要求
墙体		抗冲击性试验		残余变形量不大于 10.0mm,龙骨不得有明显的变形
		静载试验		残余变形量不大于 2.0mm
吊顶	U、C、V、L 形(不包括造型用 V 形龙骨)	静载试验	覆面龙骨	加载挠度不大于 5.0mm; 残余变形量不大于 1.0mm
			承载龙骨	加载挠度不大于 4.0mm; 残余变形量不大于 1.0mm
	T、H 形		主龙骨	加载挠度不大于 2.8mm

6. 建筑用轻钢龙骨的外观和质量要求

(1)外观

龙骨外形要平整、棱角清晰,切口不应有毛刺和变形。镀锌层应无起皮、起瘤、脱落等缺陷,无影响使用的腐蚀、损伤、麻点,每米长度内面积不大于 1cm² 的黑斑不多于 3 处。涂层应无气泡、划伤、漏涂、颜色不均等影响使用的缺陷。

(2)侧面和底面平直度

表 16-8

类别	品种	检测部位	平直度(mm/1 000mm)
墙体	横龙骨和竖龙骨	侧面	≤1.0
		底面	≤2.0
	通贯龙骨	侧面和底面	
吊顶	承载龙骨和覆面龙骨	侧面和底面	≤1.5
	T 形、H 形龙骨	底面	≤1.3

(3)弯曲内角半径 R(不包括 T 形、H 形和 V 形龙骨)(mm)

表 16-9

钢板厚度 t	$t \leqslant 0.70$	$0.70 < t \leqslant 1.00$	$1.00 < t \leqslant 1.20$	$t > 1.20$
弯曲内角半径 R	≤1.50	≤1.75	≤2.00	≤2.25

(4)龙骨表面采用镀锌防锈时,其双面镀锌量或双面镀锌层厚度要求

表 16-10

项目	技术要求
双面镀锌量(g/m²)	≥100
双面镀锌层厚度(μm)	≥14

注:表面镀锌防锈的最终裁定以双面镀锌量为准。

(5)龙骨表面采用彩色涂层(烤漆涂层)防锈时,彩色涂层钢板(带)的性能要求

表 16-11

项　　目	技 术 要 求
涂(镀)层厚度(μm)	≥35
涂层硬度	≥HB(HB 铅笔硬度)

(6)在高湿度、高盐环境或室外使用时,根据需方要求并经供需双方商定,可增加耐盐雾性能试验,龙骨表面应无起泡、生锈现象。

(三)铝合金 T 形龙骨(JC/T 2220—2014)

铝合金 T 形龙骨以牌号为 6005、6005A、6060、6061、6061A、6063、6063A、6463、6463A 等基材,状态为 T4、T5、T6 的铝合金材料制成。T 形龙骨适用于建筑物的吊顶。

1. 铝合金 T 形龙骨分类

(1)产品分为 T 形主龙骨、T 形次龙骨、T 形边龙骨(分为 L 形、P 形、W 形边龙骨)。

(2)按 T 形主龙骨承载能力分为轻型、中型、重型。

①轻型龙骨(代号 Q)可承受面密度不大于 6 kg/m^2 的板材荷载。

②中型龙骨(代号 R)可承受面密度大于 6 kg/m^2,且不大于 14 kg/m^2 的板材荷载。

③重型龙骨(代号 S)可承受面密度大于 14 kg/m^2,且不大于 22 kg/m^2 的板材荷载。

注:T 形主龙骨限于主龙骨间距不大于 1 200mm,且吊件的间距也不大于 1 200mm 的情况下的承载能力。

(3)产品按表面处理工艺分为无表面处理(代号 K)、阳极氧化(代号 A)、电泳涂漆(代号 E)、粉末喷涂(代号 G)、液体喷涂(代号 F)五种。

2. 铝合金 T 形龙骨标记

按产品类型和代号、承载能力、表面处理、横截面外形的宽度、高度、厚度、卡孔距(卡位距)和标准编号的顺序标记。

示例:铝合金 T 形主龙骨,中型,粉末喷涂,尺寸分别为:宽度(w)24mm、高度(h)38mm、厚度(t_1)1.20mm,厚度(t_2)1.20mm,卡孔距 603.0mm,标记为:

TMRG 24×38×1.20×1.20—603.0　JC/T 2220—2014

3. 铝合金 T 形龙骨的规格尺寸(mm)

表 16-12

类型	代号	断 面 形 状	规格尺寸 $w×h×t_1×t_2$	承 载 能 力
T 形主龙骨	TM	t_1 t_2 h w	16×32×1.00×1.00 24×38×1.20×1.20 30×50×1.20×1.20 32×45×1.20×1.20 32×50×1.20×1.20	轻型主龙骨 $h<38$ 中型主龙骨 $38\leqslant h<45$ 重型主龙骨 $h\geqslant45$
T 形次龙骨	TN	t_1 t_2 h w	16×25×1.00×1.00 16×32×1.00×1.00 24×28×1.00×1.00 30×32×1.00×1.00 32×32×1.00×1.00	—

注:主龙骨的变形量:变曲度、拱曲度、扭曲度各≤1.3mm/m。

4.铝合金边龙骨的规格尺寸(mm)

表 16-13

类型	代号	断面形状	规格尺寸 $w\times h\times t$
L形边龙骨	LB		$w\geqslant16$ $h\geqslant20$ $t\geqslant1.00$
P形边龙骨	PB		$w\geqslant20$ $h\geqslant13$ $t\geqslant1.00$
W形边龙骨	WB		$w\geqslant28$ $h\geqslant30$ $t\geqslant1.00$

5.铝合金T形龙骨的力学性能和外观质量要求

1)力学性能

主龙骨加载受力后的挠度应不大于2.8mm。

龙骨的维氏硬度应不小于58 HV。

2)外观质量

(1)龙骨表面应平整、棱角分明、无毛刺,切口处不应有变形,且无影响使用的压痕、碰伤等损伤缺陷。

(2)膜层外观质量及厚度。

表 16-14

膜层类型	外观质量	膜层厚度(μm)
阳极氧化膜	不应有氧化膜疏松、脱落、铝合金过分腐蚀、电灼伤	≥10
电泳涂漆膜	不应有流痕、裂纹、鼓泡、皱褶、起皮、夹杂物、漆膜脱落、发黏	≥16
粉末喷涂膜	不应有流痕、裂纹、鼓泡、皱褶、起皮	≥40
液体喷涂膜	不应有流痕、裂纹、鼓泡、皱褶、起皮、漆膜脱落、发黏	≥30

6.龙骨的膜层性能

表 16-15

项目		膜层性能
色差		≤1级
硬度[a]		≥H(H为铅笔硬度)
耐腐蚀性	耐酸性[a]	无变化
	耐碱性[a]	无变化
	耐盐性	无变化
耐沸水性		无变化

注:[a] 仅适用于表面作电泳涂漆膜、粉末喷涂膜或液体喷涂膜处理的铝合金龙骨。

(四)冷弯波形钢板(YB/T 5327—2006)

冷弯波形钢板是由钢板在连续辊式冷弯成形机组上制成。

1. 冷弯波形钢板分类

按截面形状分为 A、B 两类;按截面边缘形状分为 K、L、N、R 四种。

表 16-16

按截面形状分类		按截面边缘形状分类	
代　号	一个波的截面形状	代　号	截面边缘形状
A		K	
B		L	
		N	
		R	

2. 冷弯波形钢板的规格尺寸

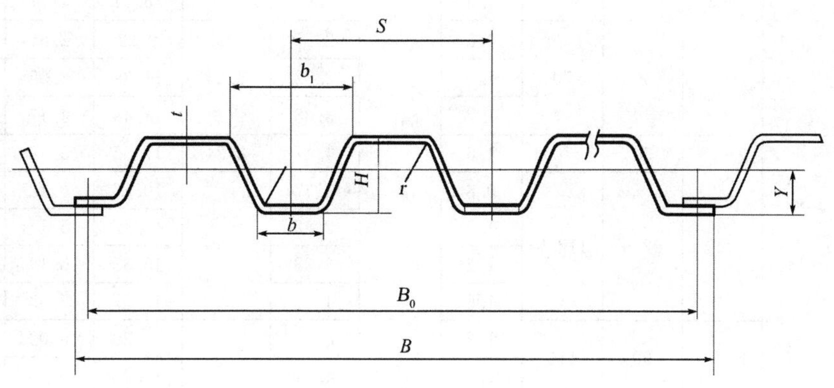

图 16-2　波形钢板断面尺寸示意图

波形钢板的规格尺寸　　表 16-17

代号	断面尺寸(mm)							S 宽度的断面性能				全宽度 B	
	H	B 或 B_0	S	b	b_1	t	r	断面积 A(cm²)	重心位置 Y(cm)	惯性矩 I(cm⁴)	断面系数 W(cm³)	断面积 (cm²)	单位重量 (kg/m)
AKA15	12	370	110	36	50	1.5		1.80	0.71	0.40	0.57	6.00	4.71
AKB12	14	488	120	50	70	1.2		1.58	0.70	0.54	0.77	6.30	4.95
AKC12		378	120			1.2	1t	1.60		0.63	0.84	5.02	3.94
AKD12	15	488	100	41.9	58.1	1.2		1.37	0.75	0.53	0.71	6.58	5.17
AKD15						1.5		1.71		0.63	0.84	8.20	6.44

续表 16-17

<table>
<tr><th rowspan="2">代号</th><th colspan="7">断面尺寸(mm)</th><th colspan="4">S宽度的断面性能</th><th colspan="2">全宽度 B</th></tr>
<tr><th>H</th><th>B或B_0</th><th>S</th><th>b</th><th>b_1</th><th>t</th><th>r</th><th>断面积 $A(cm^2)$</th><th>重心位置 Y(cm)</th><th>惯性矩 $I(cm^4)$</th><th>断面系数 $W(cm^3)$</th><th>断面积 (cm^2)</th><th>单位重量 (kg/m)</th></tr>
<tr><td>AKE05</td><td rowspan="8">25</td><td rowspan="4">830</td><td rowspan="8">90</td><td rowspan="8">40</td><td rowspan="8">50</td><td>0.5</td><td rowspan="5"></td><td>0.64</td><td rowspan="8">1.25</td><td>0.71</td><td>0.57</td><td>5.87</td><td>4.61</td></tr>
<tr><td>AKE08</td><td>0.8</td><td>1.02</td><td>1.10</td><td>0.88</td><td>9.32</td><td>7.32</td></tr>
<tr><td>AKE10</td><td>1.0</td><td>1.26</td><td>1.34</td><td>1.08</td><td>11.57</td><td>9.08</td></tr>
<tr><td>AKE12</td><td>1.2</td><td>1.51</td><td>1.57</td><td>1.26</td><td>13.79</td><td>10.83</td></tr>
<tr><td>AKF05</td><td rowspan="4">650</td><td>0.5</td><td>0.64</td><td>0.71</td><td>0.57</td><td>4.58</td><td>3.60</td></tr>
<tr><td>AKF08</td><td>0.8</td><td rowspan="19">1t</td><td>1.02</td><td>1.10</td><td>0.88</td><td>7.29</td><td>5.72</td></tr>
<tr><td>AKF10</td><td>1.0</td><td>1.26</td><td>1.34</td><td>1.08</td><td>9.05</td><td>7.10</td></tr>
<tr><td>AKF12</td><td>1.2</td><td>1.51</td><td>1.57</td><td>1.26</td><td>10.78</td><td>8.46</td></tr>
<tr><td>AKG10</td><td rowspan="3">30</td><td rowspan="3">690</td><td rowspan="3">96</td><td rowspan="3">38</td><td rowspan="3">58</td><td>1.0</td><td>1.35</td><td rowspan="3">1.50</td><td>1.98</td><td>1.32</td><td>9.6</td><td>7.54</td></tr>
<tr><td>AKG16</td><td>1.6</td><td>2.13</td><td>2.98</td><td>1.99</td><td>15.04</td><td>11.81</td></tr>
<tr><td>AKG20</td><td>2.0</td><td>2.64</td><td>3.58</td><td>2.38</td><td>18.60</td><td>14.60</td></tr>
<tr><td>ALA08</td><td rowspan="13">50</td><td rowspan="4">800</td><td rowspan="4">200</td><td rowspan="4">60</td><td rowspan="4">74</td><td>0.8</td><td>2.26</td><td rowspan="4">3.07</td><td>9.73</td><td>3.17</td><td>9.28</td><td>7.28</td></tr>
<tr><td>ALA10</td><td>1.0</td><td>2.82</td><td>12.01</td><td>3.91</td><td>11.56</td><td>9.07</td></tr>
<tr><td>ALA12</td><td>1.2</td><td>3.37</td><td>14.24</td><td>4.63</td><td>13.82</td><td>10.85</td></tr>
<tr><td>ALA16</td><td>1.6</td><td>4.46</td><td>18.51</td><td>6.02</td><td>18.30</td><td>14.37</td></tr>
<tr><td>ALB12</td><td rowspan="9">614</td><td rowspan="2">204.7</td><td rowspan="2">38.6</td><td rowspan="2">58.6</td><td>1.2</td><td>3.37</td><td rowspan="2">3.43</td><td>12.37</td><td>3.60</td><td>10.46</td><td>8.21</td></tr>
<tr><td>ALB16</td><td>1.6</td><td>4.47</td><td>16.06</td><td>4.68</td><td>13.86</td><td>10.88</td></tr>
<tr><td>ALC08</td><td rowspan="7">205</td><td rowspan="4">40</td><td rowspan="4">60</td><td>0.8</td><td>2.27</td><td rowspan="4">3.41</td><td>8.57</td><td>2.51</td><td>7.04</td><td>5.53</td></tr>
<tr><td>ALC10</td><td>1.0</td><td>2.82</td><td>10.58</td><td>3.10</td><td>8.76</td><td>6.88</td></tr>
<tr><td>ALC12</td><td>1.2</td><td>3.38</td><td>12.53</td><td>3.76</td><td>10.47</td><td>8.22</td></tr>
<tr><td>ALC16</td><td>1.6</td><td>4.47</td><td>16.27</td><td>4.77</td><td>13.87</td><td>10.89</td></tr>
<tr><td>ALD08</td><td rowspan="3">50</td><td rowspan="3">70</td><td>0.8</td><td>2.27</td><td rowspan="3">3.24</td><td>9.22</td><td>2.85</td><td>7.04</td><td>5.53</td></tr>
<tr><td>ALD10</td><td>1.0</td><td>2.82</td><td>11.39</td><td>3.52</td><td>8.76</td><td>6.88</td></tr>
<tr><td>ALD12</td><td>1.2</td><td>3.38</td><td>13.49</td><td>4.17</td><td>10.47</td><td>8.22</td></tr>
<tr><td>ALD16</td><td rowspan="7">50</td><td rowspan="7">614</td><td rowspan="5">205</td><td>50</td><td>70</td><td>1.6</td><td rowspan="19">1t</td><td>4.47</td><td>3.24</td><td>17.55</td><td>5.42</td><td>13.87</td><td>10.89</td></tr>
<tr><td>ALE08</td><td rowspan="4">92.5</td><td rowspan="4">112.5</td><td>0.8</td><td>2.27</td><td rowspan="4">2.50</td><td>10.46</td><td>4.18</td><td>7.04</td><td>5.53</td></tr>
<tr><td>ALE10</td><td>1.0</td><td>2.82</td><td>12.92</td><td>5.17</td><td>8.76</td><td>6.88</td></tr>
<tr><td>ALE12</td><td>1.2</td><td>3.38</td><td>15.33</td><td>6.13</td><td>10.47</td><td>8.22</td></tr>
<tr><td>ALE16</td><td>1.6</td><td>4.47</td><td>19.97</td><td>7.99</td><td>13.87</td><td>10.89</td></tr>
<tr><td>ALF12</td><td rowspan="2">204.7</td><td rowspan="2">90</td><td rowspan="2">110</td><td>1.2</td><td>3.37</td><td rowspan="2">2.54</td><td>15.30</td><td>6.02</td><td>10.46</td><td>8.21</td></tr>
<tr><td>ALF16</td><td>1.6</td><td>4.47</td><td>19.93</td><td>7.85</td><td>13.86</td><td>10.88</td></tr>
<tr><td>ALG08</td><td rowspan="4">60</td><td rowspan="12">600</td><td rowspan="12">200</td><td rowspan="4">80</td><td rowspan="4">100</td><td>0.8</td><td>2.38</td><td rowspan="4">3.20</td><td>15.14</td><td>4.73</td><td>7.49</td><td>5.88</td></tr>
<tr><td>ALG10</td><td>1.0</td><td>2.97</td><td>18.73</td><td>5.86</td><td>9.33</td><td>7.32</td></tr>
<tr><td>ALG12</td><td>1.2</td><td>3.55</td><td>22.25</td><td>6.96</td><td>11.17</td><td>8.77</td></tr>
<tr><td>ALG16</td><td>1.6</td><td>4.70</td><td>29.05</td><td>9.08</td><td>14.79</td><td>11.61</td></tr>
<tr><td>ALH08</td><td rowspan="8">75</td><td rowspan="8">58</td><td rowspan="4">65</td><td>0.8</td><td>2.71</td><td>4.59</td><td>24.41</td><td>5.31</td><td>8.42</td><td>6.61</td></tr>
<tr><td>ALH10</td><td>1.0</td><td>3.37</td><td rowspan="3">4.60</td><td>30.21</td><td>6.57</td><td>10.49</td><td>8.23</td></tr>
<tr><td>ALH12</td><td>1.2</td><td>4.03</td><td>35.89</td><td>7.81</td><td>12.55</td><td>9.85</td></tr>
<tr><td>ALH16</td><td>1.6</td><td>5.34</td><td>46.91</td><td>10.20</td><td>16.62</td><td>13.05</td></tr>
<tr><td>ALI08</td><td rowspan="4">73</td><td>0.8</td><td>2.65</td><td rowspan="4">4.52</td><td>23.93</td><td>5.29</td><td>8.38</td><td>6.58</td></tr>
<tr><td>ALI10</td><td>1.0</td><td>3.30</td><td>29.63</td><td>6.55</td><td>10.45</td><td>8.20</td></tr>
<tr><td>ALI12</td><td>1.2</td><td>3.95</td><td>35.22</td><td>7.78</td><td>12.52</td><td>9.83</td></tr>
<tr><td>ALI16</td><td>1.6</td><td>5.23</td><td>46.06</td><td>10.18</td><td>16.60</td><td>13.03</td></tr>
</table>

续表 16-17

代号	断面尺寸(mm)							S宽度的断面性能				全宽度 B	
	H	B或B_0	S	b	b_1	t	r	断面积 $A(cm^2)$	重心位置 $Y(cm)$	惯性矩 $I(cm^4)$	断面系数 $W(cm^3)$	断面积 (cm^2)	单位重量 (kg/m)
ALJ08						0.8		2.60		23.50	5.27	8.13	6.38
ALJ10						1.0		3.24		29.11	6.53	10.12	7.94
ALJ12					80	1.2		3.88	4.46	34.60	7.76	12.11	9.51
ALJ16						1.6		5.14		45.28	10.16	16.05	12.60
ALJ23		600	200	58		2.3		7.31		62.98	14.12	22.81	17.91
ALK08						0.8		2.55		23.00	5.25	8.06	6.33
ALK10						1.0		3.18		28.49	6.51	10.02	7.87
ALK12					88	1.2		3.81	4.38	33.88	7.74	11.95	9.38
ALK16						1.6		5.05		44.35	10.13	15.84	12.43
ALK23	75					2.3	1t	7.18		61.75	14.10	22.53	17.69
ALL08						0.8		2.95		28.98	6.86	9.18	7.21
ALL10					95	1.0		3.67	4.22	35.90	8.50	10.44	8.20
ALL12						1.2		4.39		42.69	10.11	13.69	10.75
ALL16						1.6		5.82		55.90	13.23	18.14	14.24
ALM08		690	230	88		0.8		2.84		27.79	6.80	8.93	7.01
ALM10						1.0		3.54		34.44	8.43	11.12	8.73
ALM12					110	1.2		4.24	4.08	40.97	10.03	13.31	10.45
ALM16						1.6		5.62		53.69	13.15	17.65	13.86
ALM23						2.3		8.00		74.87	18.33	25.09	19.70
ALN08						0.8		2.79		27.13	6.77	8.74	6.86
ALN10						1.0		3.48	4.01	33.62	8.40	10.89	8.35
ALN12	75	690	230	88	118	1.2		4.17		40.01	9.99	13.03	10.23
ALN16						1.6		5.53		52.45	13.10	17.28	13.56
ALN23						2.3		7.87	4.00	73.19	18.28	24.6	19.31
ALO10						1.0		3.26		30.41	6.00	10.18	7.99
ALO12	80	600	200		72	1.2		3.91	5.07	36.16	7.14	12.19	9.57
ALO16						1.6		5.18		47.33	9.34	16.15	12.68
ANA05						0.5		0.64		0.71	0.57	2.64	2.07
ANA08				40		0.8	1t	1.02		1.10	0.88	4.21	3.30
ANA10	25	360	90		50	1.0		1.26	1.25	1.34	1.08	5.23	4.11
ANA12						1.2		1.51		1.57	1.26	6.26	4.91
ANA16						1.6		1.98		2.00	1.60	8.29	6.51
ANB08						0.8		1.78		3.33	1.10	7.22	5.67
ANB10						1.0		2.21		4.07	1.34	8.99	7.06
ANB12	40	600	150	15	18	1.2		2.64	3.03	4.77	1.57	10.70	8.40
ANB16						1.6		3.48		6.09	2.01	14.17	11.12
ANB23						2.3		4.92		8.08	2.67	20.03	15.72
ARA08	50	614	205	40	60	0.8		2.27	3.41	8.57	2.51	7.04	5.53

续表 16-17

<table>
<tr><th rowspan="2">代号</th><th colspan="7">断面尺寸(mm)</th><th colspan="4">S宽度的断面性能</th><th colspan="2">全宽度 B</th></tr>
<tr><th>H</th><th>B或B_0</th><th>S</th><th>b</th><th>b_1</th><th>t</th><th>r</th><th>断面积 A(cm^2)</th><th>重心位置 Y(cm)</th><th>惯性矩 I(cm^4)</th><th>断面系数 W(cm^3)</th><th>断面积 (cm^2)</th><th>单位重量 (kg/m)</th></tr>
<tr><td>ARA10</td><td rowspan="8">50</td><td rowspan="8">614</td><td rowspan="3">205</td><td rowspan="3">40</td><td rowspan="3">60</td><td>1.0</td><td rowspan="13">1t</td><td>2.82</td><td rowspan="3">3.41</td><td>10.58</td><td>3.10</td><td>8.76</td><td>6.88</td></tr>
<tr><td>ARA12</td><td>1.2</td><td>3.38</td><td>12.53</td><td>3.67</td><td>10.47</td><td>8.22</td></tr>
<tr><td>ARA16</td><td>1.6</td><td>4.47</td><td>16.27</td><td>4.77</td><td>13.87</td><td>10.89</td></tr>
<tr><td>BLA05</td><td rowspan="5">204.7</td><td rowspan="5">50</td><td rowspan="5">70</td><td>0.5</td><td>1.42</td><td rowspan="4">3.24</td><td>5.87</td><td>1.81</td><td>4.69</td><td>3.68</td></tr>
<tr><td>BLA08</td><td>0.8</td><td>2.26</td><td>9.22</td><td>2.85</td><td>7.46</td><td>5.86</td></tr>
<tr><td>BLA10</td><td>1.0</td><td>2.82</td><td>11.38</td><td>3.52</td><td>9.29</td><td>7.29</td></tr>
<tr><td>BLA12</td><td>1.2</td><td>3.37</td><td>13.48</td><td>4.17</td><td>11.10</td><td>8.71</td></tr>
<tr><td>BLA15</td><td>1.5</td><td>4.19</td><td>3.23</td><td>16.54</td><td>5.11</td><td>13.78</td><td>10.82</td></tr>
<tr><td>BLB05</td><td rowspan="11">75</td><td rowspan="5">690</td><td rowspan="5">230</td><td rowspan="5">88</td><td rowspan="5">103</td><td>0.5</td><td>1.81</td><td rowspan="5">4.15</td><td>17.96</td><td>4.33</td><td>5.73</td><td>4.50</td></tr>
<tr><td>BLB08</td><td>0.8</td><td>2.89</td><td>28.36</td><td>6.83</td><td>9.13</td><td>7.17</td></tr>
<tr><td>BLB10</td><td>1.0</td><td>3.60</td><td>35.13</td><td>8.46</td><td>11.37</td><td>8.93</td></tr>
<tr><td>BLB12</td><td>1.2</td><td>4.31</td><td>41.79</td><td>10.07</td><td>13.61</td><td>10.68</td></tr>
<tr><td>BLB16</td><td>1.6</td><td>5.71</td><td>54.74</td><td>13.19</td><td>18.04</td><td>14.16</td></tr>
<tr><td>BLC05</td><td rowspan="6">600</td><td rowspan="6">200</td><td rowspan="6">58</td><td rowspan="6">88</td><td>0.5</td><td></td><td>1.6</td><td rowspan="6">4.38</td><td>14.57</td><td>3.33</td><td>5.05</td><td>3.96</td></tr>
<tr><td>BLC08</td><td>0.8</td><td></td><td>2.55</td><td>23.00</td><td>5.25</td><td>8.04</td><td>6.31</td></tr>
<tr><td>BLC10</td><td>1.0</td><td></td><td>3.18</td><td>28.49</td><td>6.51</td><td>10.02</td><td>7.87</td></tr>
<tr><td>BLC12</td><td>1.2</td><td></td><td>3.81</td><td>33.88</td><td>7.74</td><td>11.99</td><td>9.41</td></tr>
<tr><td>BLC16</td><td>1.6</td><td></td><td>5.05</td><td>44.35</td><td>10.13</td><td>15.89</td><td>12.47</td></tr>
<tr><td>BLC23</td><td>2.3</td><td></td><td>7.18</td><td>61.75</td><td>14.10</td><td>22.60</td><td>17.74</td></tr>
<tr><td>BLD05</td><td rowspan="6">75</td><td rowspan="6">690</td><td rowspan="6">230</td><td rowspan="6">88</td><td rowspan="6">118</td><td>0.5</td><td rowspan="6">1t</td><td>1.75</td><td rowspan="5">4.01</td><td>17.17</td><td>4.29</td><td>5.50</td><td>4.32</td></tr>
<tr><td>BLD08</td><td>0.8</td><td>2.79</td><td>27.13</td><td>6.77</td><td>8.76</td><td>6.88</td></tr>
<tr><td>BLD10</td><td>1.0</td><td>3.48</td><td>33.62</td><td>8.40</td><td>10.92</td><td>8.57</td></tr>
<tr><td>BLD12</td><td>1.2</td><td>4.17</td><td>40.01</td><td>9.99</td><td>13.07</td><td>10.26</td></tr>
<tr><td>BLD16</td><td>1.6</td><td>5.53</td><td>52.45</td><td>13.10</td><td>17.33</td><td>13.60</td></tr>
<tr><td>BLD23</td><td>2.3</td><td>7.87</td><td>4.00</td><td>73.19</td><td>18.28</td><td>24.67</td><td>19.37</td></tr>
</table>

注:①如需方有要求,供方须提出原料钢带的各项试验结果。

②代号中第三个英文字母表示截面形状及截面边缘形状相同,而其他各部尺寸不同的区别。

③弯曲部位的内弯曲半径按 1t 计算。

④镀锌波形钢板按锌层牌号为 275 计算。

3.冷弯波形钢板的交货和外观质量

(1)交货

冷弯波形钢板按实际重量交货;冷弯波形钢板以冷弯状态交货。

冷弯波形钢板的通常长度为 4~12m。经双方商定可供应定尺或倍尺长度的波形钢板。允许供应长度不小于 2.5m 的短尺波形钢板,但其重量不得超过该批重量的 5%。

(2)外形

冷弯波形钢板平板部分沿长度方向的镰刀弯不得大于总长度的 0.2%。

冷弯波形钢板的纵向弯曲,在每米长度上不得大于 2mm,总弯曲度不得大于总长度的 0.2%;横向弯曲不应超过宽度的 1.5%。

冷弯波形钢板的力学性能(平板时)和表面质量应符合相应钢板、钢带标准的规定。

(五)建筑用压型钢板(GB/T 12755—2008)

建筑用压型钢板是以各型涂层钢板或镀层钢板在连续式机组上经辊压冷弯,沿板宽方向形成波形截面的成形钢板。

建筑用压型钢板(代号 Y)按用途分为屋面用板(代号 W)、墙面用板(代号 Q)、楼盖用板(代号 L)三类。

1. 建筑用压型钢板的标记

建筑用压型钢板型号由压型代号 Y、用途代号、板型特征代号(波高尺寸与覆盖宽度,单位为 mm)按顺序标记。

压型钢板型号表示示例

波高 51mm、覆盖宽度 760mm 的屋面用压型钢板,其代号为 YW51-760;

波高 35mm、覆盖宽度 750mm 的墙面用压型钢板,其代号为 YQ35-750;

波高 50mm、覆盖宽度 600mm 的楼盖用压型钢板,其代号为 YL50-600。

2. 建筑用压型钢板的板型示意图

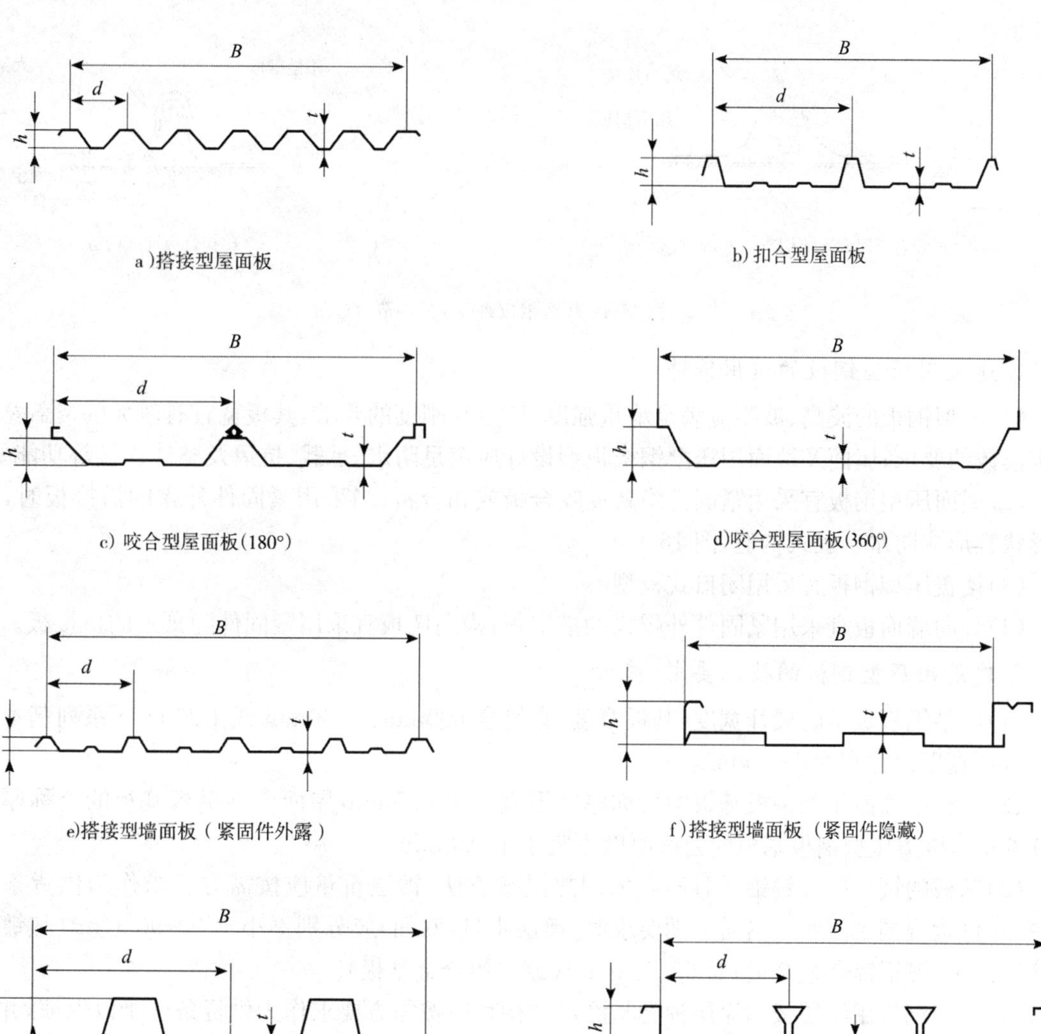

图 16-3 压型钢板典型板型示意图

B-板宽;d-波距;h-波高;t-板厚

3. 建筑用压型钢板连接构造示意图

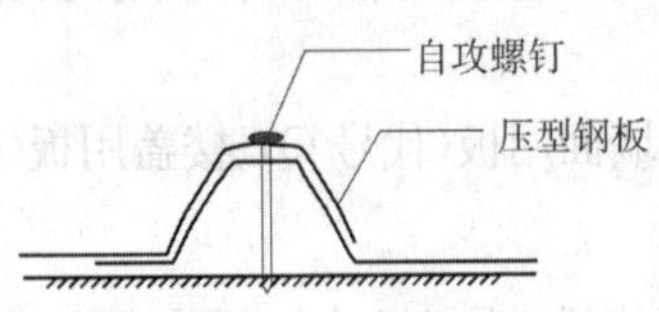

a)搭接板屋面连接构造（带防水空腔，紧固件外露）

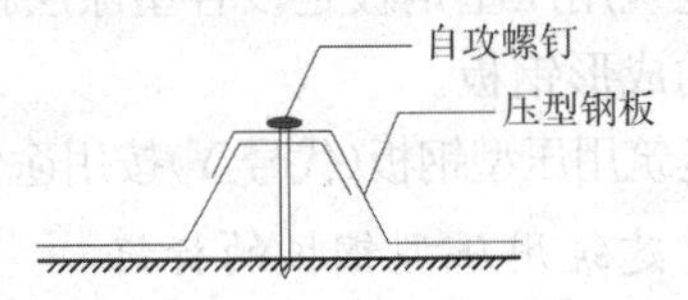

b)搭接板墙面连接构造（紧固件外露）

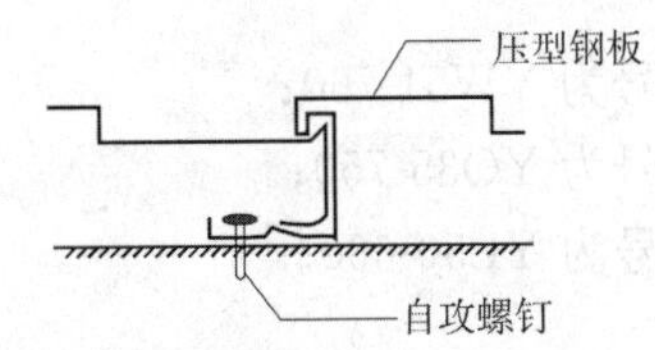

c)搭接板墙面连接构造二（紧固件隐藏）

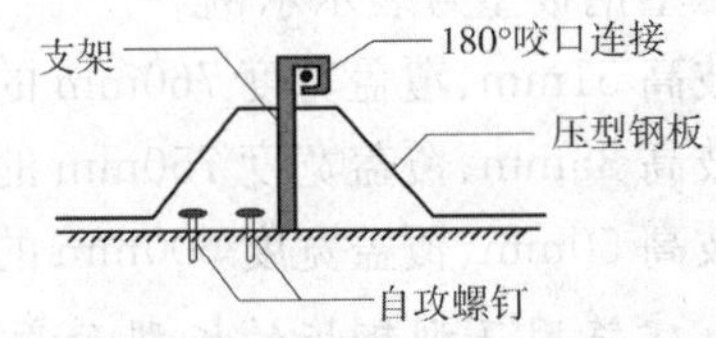

d)咬合板墙面连接构造一（180°咬合）

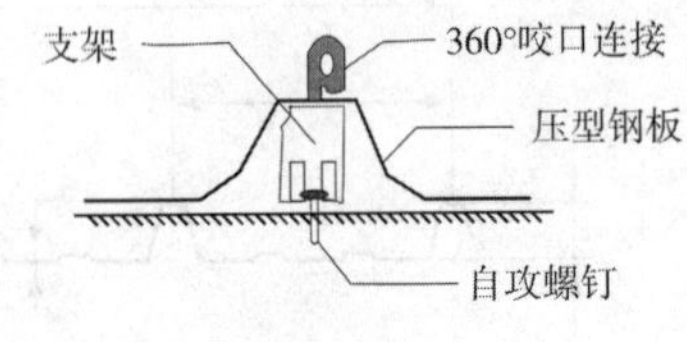

e)咬合板屋面连接构造二（360°咬合）

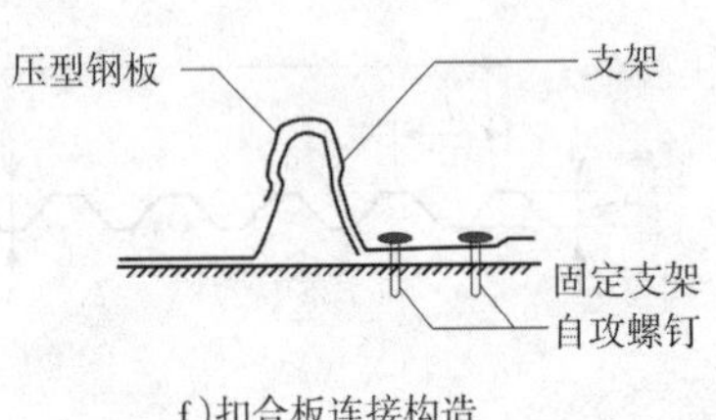

f)扣合板连接构造

图 16-4　压型钢板典型连接构造示意图

4. 建筑用压型钢板的适用条件

(1)压型钢板的波高、波距应满足承重强度、稳定与刚度的要求,其板宽宜有较大的覆盖宽度并符合建筑模数的要求;屋面及墙面用压型钢板板型设计应满足防水、承载、抗风及整体连接等功能要求。

(2)屋面压型钢板宜采用紧固件隐蔽的咬合板或扣合板,当采用紧固件外露的搭接板时,其搭接板边形状宜形成防水空腔式构造(图 16-4a)

(3)楼盖压型钢板宜采用闭口式板型。

(4)竖向墙面板宜采用紧固件外露式的搭接板;横向墙板宜采用紧固件隐藏式的搭接板。

5. 建筑用压型钢板的技术要求(摘录)

(1)压型钢板板型的展开宽度(基板宽度)宜符合 600mm、1 000mm 或 1 200mm 系列基本尺寸的要求。常用宽度尺寸宜为 1 000mm。

(2)工程中墙面压型钢板基板的公称厚度不宜小于 0.5mm,屋面压型钢板基板的公称厚度不宜小于 0.6mm,楼盖压型钢板基板的公称厚度不宜小于 0.8mm。

(3)基板的镀层(锌、锌铝、铝锌)应采用热浸镀方法,镀层重量应按需方要求作为供货条件予以保证,并在订货合同中注明。当需方无要求时,镀层重量(双面)应分别不小于 90/90 g/m^2(热镀锌基板)、50/50 g/m^2(镀铝锌合金基板)及 65/65 g/m^2(镀锌铝合金基板)。

(4)压型钢板用涂层板的涂层种类与涂层结构均应按需方要求作为供货条件予以保证,并在订货合同中约定与明示。当需方无要求时,涂层结构可按面漆正面二层、反面一层的做法交货。

(5)其他:建筑用压型钢板不应采用电镀锌钢板或无任何镀层与涂层的钢板(带)。

组合楼盖用压型钢板应采用热镀锌钢板。

压型钢板复合屋面的下板为穿孔吸声板时,其孔径、孔距等应专门设计确定。

同一屋面工程或同一墙面工程的压型钢板,宜按同一批号彩涂板订货与供货,以避免色差。

6. 建筑用压型钢板热镀基板在各类腐蚀环境中推荐使用的最小镀层重量

表 16-18

基板类型	公称镀层重量(g/m^2)		
	使用环境的腐蚀性		
	低	中	高
热镀锌基板	90/90	125/125	140/140
热镀锌铁合金基板	60/60	75/75	90/90
热镀铝锌合金基板	50/50	60/60	75/75
热镀锌铝合金基板	65/65	90/90	110/110

注:①使用环境的侵蚀程度分类可参照表 16-20。
②表中分子、分母值分别表示正面、反面的镀层重量。

7. 建筑压型钢板用涂层板的牌号及用途

表 16-19

涂层板的牌号					用途
热镀锌基板	热镀锌铁合金基板	热镀铝锌合金基板	热镀锌铝合金基板	电镀锌基板	
TDC51D+Z	TDC51D+ZF	TDC51D+AZ	TDC51D+ZA	TDC01+ZE	一般用
TDC52D+Z	TDC52D+ZF	TDC52D+AZ	TDC52D+ZA	TDC03+ZE	冲压用
TDC53D+Z	TDC53D+ZF	TDC53D+AZ	TDC53D+ZA	TDC04+ZE	深冲压用
TDC54D+Z	TDC54D+ZF	TDC54D+AZ	TDC54D+ZA	—	特深冲压用
TS250GD+Z	TS250GD+ZF	TS250GD+AZ	TS250GD+ZA	—	结构用
TS280GD+Z	TS280GD+ZF	TS280GD+AZ	TS280GD+ZA	—	
—	—	TS300GD+AZ	—	—	
TS320GD+Z	TS320GD+ZF	TS320GD+AZ	TS320GD+ZA	—	
TS350GD+Z	TS350GD+ZF	TS350GD+AZ	TS350GD+ZA	—	
TS550GD+Z	TS550GD+ZF	TS550GD+AZ	TS550GD+ZA	—	

注:结构板牌号中 250、280、320、350、550 分别表示其屈服强度的级别;Z、ZF、AZ、ZA 分别表示镀层种类为锌、锌铁、铝锌与锌铝。

8. 彩涂板使用环境腐蚀性的等级

表 16-20

腐蚀性	腐蚀性等级	典型大气环境示例	典型内部气氛示例
很低	C1	—	干燥清洁的室内场所,如办公室、学校、住宅、宾馆
低	C2	大部分乡村地区、污染较轻的城市	室内体育场、超级市场、剧院
中	C3	污染较重的城市、一般工业区、低盐度海滨地区	厨房、浴室、面包烘烤房
高	C4	污染较重的工业区、中等盐度滨海地区	游泳池、洗衣房、酿酒车间、海鲜加工车间、蘑菇栽培场
很高	C5	高湿度和腐蚀性工业区、高盐度海滨地区	酸洗车间、电镀车间、造纸车间、制革车间、染房

9. 建筑用压型钢板的订货内容

标准号;产品名称、类别;产品型号、厚度、长度、数量;镀层板的牌号、热镀层种类(锌、铝锌、锌铝、锌铁)、镀层重量、板厚、材质与性能要求;彩色涂层的涂层结构、涂层厚度与涂层表面状态;面漆种类及颜色;包装方式;其他附加要求。

(六)建筑用钢质拉杆构件(JG/T 389—2012)

建筑用钢质拉杆构件适用于建筑幕墙、采光顶、雨篷和建筑钢结构等。

1. 钢质拉杆构件的分类

表 16-21

按材质分类		按两端连接件形式分类	
名称	代号	名称	代号
不锈钢	B	双耳式—双耳式	DD
结构钢	J	单耳式—单耳式	SS
		螺杆式—螺杆式	RR
		双耳式—单耳式	DS
		双耳式—螺杆式	DR
		单耳式—螺杆式	SR

2. 钢质拉杆构件结构示意图

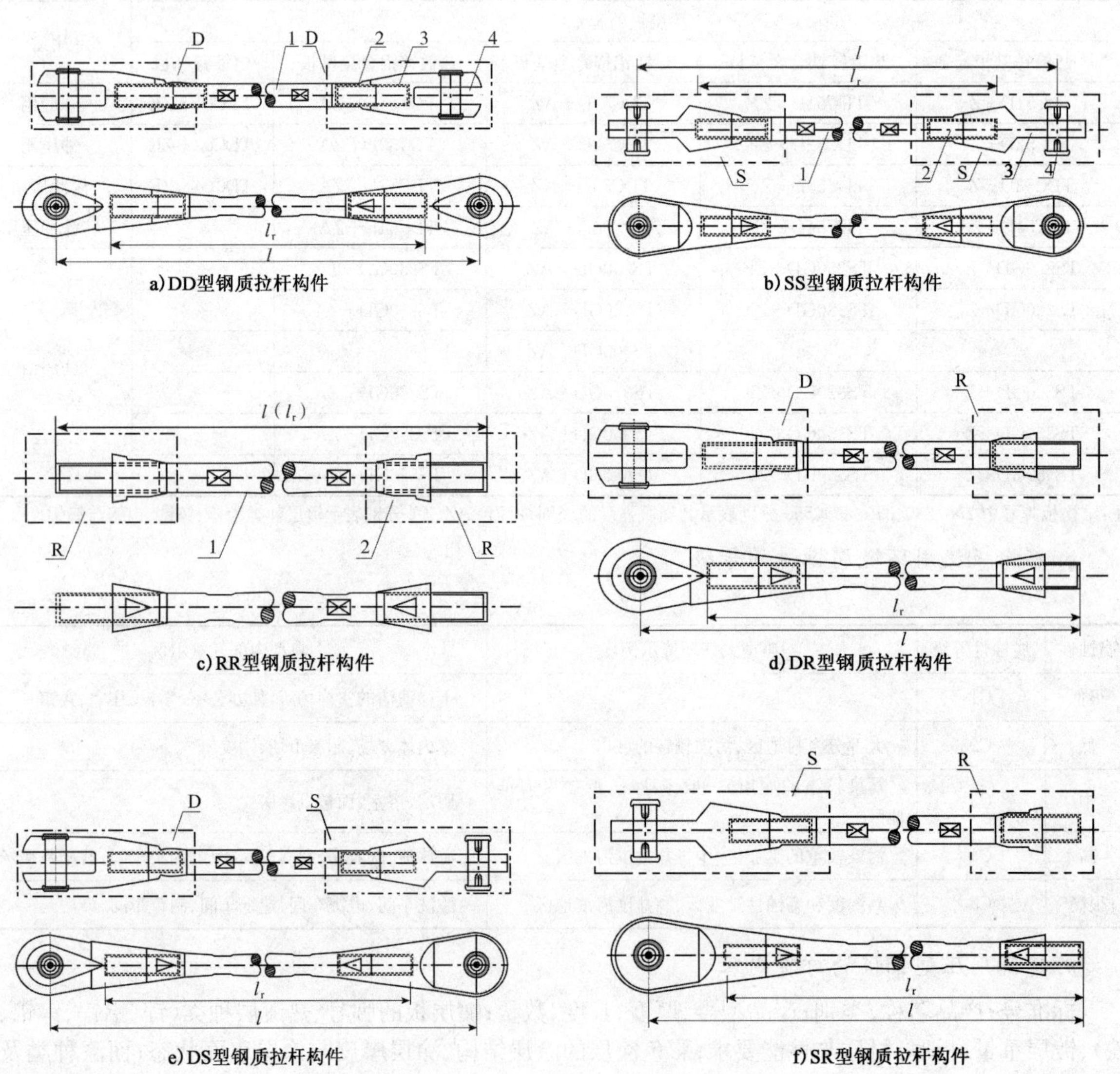

图 16-5 钢质拉杆结构示意图

1-杆体;2-锁紧螺母;3-双耳锁头(D型);3-单耳锁头(S型);4-销轴;R-螺杆式连接件;D-双耳式连接件;S-单耳式连接件;l-设计长度;l_r-杆体长度

3. 建筑用钢质拉杆构件的标记

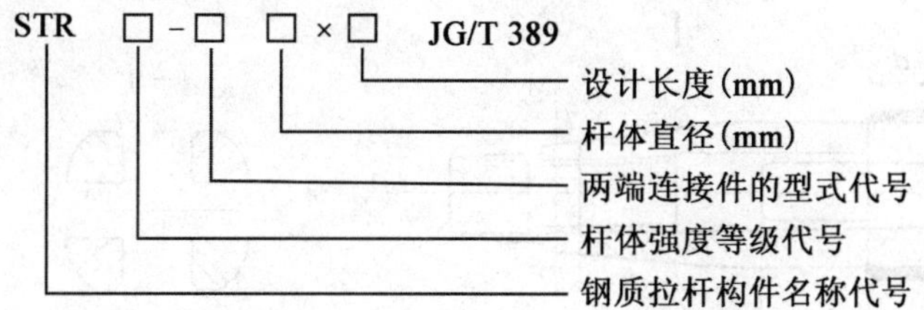

示例：以符合 JG/T 389，杆体强度等级代号为 B515，杆体直径为 14.6mm，设计长度为 2 200mm，两端连接件形式为双耳式—单耳式的钢质拉杆构件为例，其标记为：

STR B515－DS14.6×2 200JG/T 389

4. 钢质拉杆构件的力学性能

(1)不锈钢杆体力学性能

表 16-22

强度等级代号	杆体直径(mm)	规定非比例延伸强度 $R_{p0.2}$ (MPa)	抗拉强度 R_m (MPa)	断后伸长率 A (%)	断面收缩率 Z (%)
		≥			
B450	10～50	450	620	25	—
B515		515	650	25	40
B725		725	930	16	50

注：牌号及化学成分符合 GB/T 20878 规定。

(2)结构钢杆体力学性能

表 16-23

强度等级代号	杆体直径(mm)	屈服强度 R_{eH} (MPa)	抗拉强度 R_m (MPa)	断后伸长率 A (%)	断面收缩率 Z (%)	冲击试验(V形缺口) 温度(℃)	冲击吸收 A_{KV} (J)
J235	16～150	≥235	≥375	≥21	—	20	≥27
						0	
						−20	
J345	16～150	≥345	≥470			0	≥34
						−20	
						−40	≥27
J460	16～150	≥460	≥610	≥19	≥50	0	≥34
						−20	
						−40	≥27
J550	16～150	≥550	≥750	≥17	≥50	0	≥34
						−20	
						−40	≥27
J650	16～150	≥650	≥850	≥15	≥45	0	≥34
						−20	
						−40	≥27

注：牌号及化学成分符合应符合 GB/T 699、GB/T 700、GB/T 1591、GB/T 3077 的规定。

5.常用双耳式连接件的主要尺寸

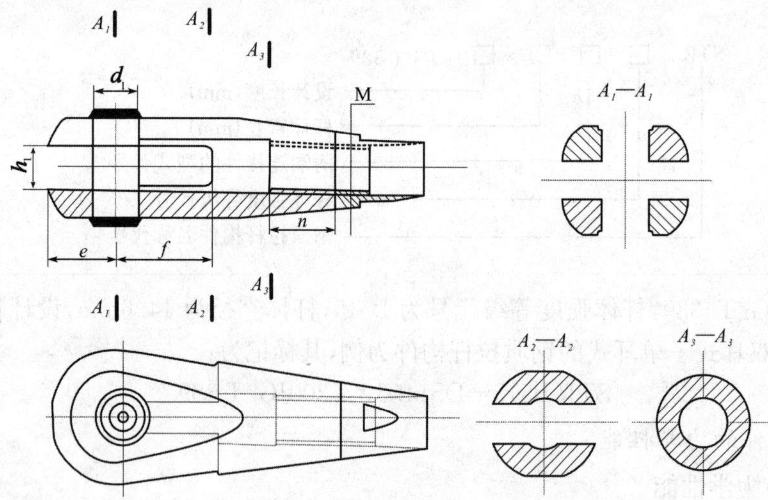

图 16-6　双耳式连接件的主要尺寸示意

M-螺纹规格；d_1-销轴直径；e-销轴中心到双耳锁头边缘的距离；f-销轴中心到双耳锁头槽口底部的距离；h_1-槽口宽度；n-螺纹旋合长度(不含调节量)；$A_1—A_1$、$A_2—A_2$、$A_3—A_3$-锁头主要控制截面

(1)常用不锈钢双耳式连接件的主要尺寸(杆体强度等级 B515)

表 16-24

M	e	f	h_1	d_1	n	$A_1—A_1$、$A_2—A_2$、$A_3—A_3$ 截面面积(mm²)
mm	mm	mm	mm	mm	mm	不小于
M10×1.5	18	23	11	13	10	125
M12×1.75	18	23	11	13	12	175
M14×2	20	25	13	15	14	240
M16×2	23	28	15	16	20	330
M18×2.5	25	35	17	18	20	400
M20×2.5	30	35	17	20	24	510
M22×2.5	32.5	42	21	22	30	630
M24×3	38	48	21	24	30	730
M27×3	42	52	25	27	37	950
M30×3.5	46	60	25	30	39	1 160
M33×3.5	49.5	65	27	33	45	1 450
M36×4	56.5	72	29	37	50	1 700
M40×4	58	80	38	42	60	2 150
M45×4	66	88	40	46	68	2 800
M50×4	78	95	42	50	75	3 500

注：双耳锁头的材质应符合 $R_{p0.2}$≥205MPa、R_m≥485MPa；销轴的材质应符合 $R_{p0.2}$≥450MPa、R_m≥620 Mpa。

(2)常用结构钢双耳式连接件的主要尺寸(杆体强度等级 J345)

表 16-25

杆体直径 D_1 (mm)	普通型杆体	螺纹增强型杆体	e	f	h_1	d_1	n	$A_1—A_1$、$A_2—A_2$、$A_3—A_3$ 截面面积(mm^2)
	螺纹规格 M(mm)		mm	mm	mm	mm	mm	不小于
16	M16×2	M20×2.5	23	42	16	15.5	30	435
20	M20×2.5	M24×3	28	50	20	19.5	36	720
25	M25×3	M30×3.5	37	63	25	24.5	42	1 170
30	M30×3.5	M36×4	44	72	30	29.5	48	1 600
35	M35×4	M39×4	53	85	35	34.5	48	2 460
40	M40×4	M45×4.5	61	98	40	39.5	50	3 060
45	M45×4.5	M52×5	71	108	45	44.5	52	4 215
50	M50×5	M56×5.5	77	115	50	49.5	56	5 005
55	M55×5.5	M64×6	84	125	55	54.5	64	5 865
60	M60×5.5	M68×6	87	137	60	59.5	68	6 340
65	M65×6	M72×6	98	152	65	64.5	72	7 945
70	M70×6	M76×6	104	165	70	69	76	9 020
75	M75×6	M85×6	111	177	75	74	85	9 960
80	M80×6	M90×6	117	188	80	79	90	11 155
85	M85×6	M95×6	124	200	85	84	95	12 640
90	M90×6	M100×6	131	212	90	89	100	13 980
95	M95×6	M105×6	137	222	95	94	105	15 620
100	M100×6	M110×6	144	232	100	99	110	17 230
105	M105×6	M115×6	150	242	105	104	115	18 915
110	M110×6	M120×6	157	252	110	109	120	20 800
115	M115×6	Tr125×6	163	262	115	114	125	22 635
120	M120×6	Tr130×6	170	272	120	119	130	24 680
125	Tr125×6	Tr135×6	176	282	125	124	135	25 390
130	Tr130×6	Tr140×6	182	292	130	129	140	27 430
135	Tr135×6	Tr145×6	188	302	135	134	145	29 550
140	Tr140×6	Tr150×6	194	312	140	139	150	31 750
145	Tr145×6	Tr155×6	200	322	145	144	155	34 025
150	Tr150×6	Tr160×6	206	335	150	149	160	36 380

注:双耳锁头的材质应符号 $R_{eH}\geqslant$345MPa、$R_m\geqslant$470MPa;销轴的材质应符合 $R_{eH}\geqslant$345MPa、$R_m\geqslant$470MPa。

6. 钢质拉杆构件的杆体最小拉断力理论计算值

(1)不锈钢钢质拉杆构件的杆体最小拉断力理论计算值

表 16-26

杆体直径 D_1(mm)		杆体螺纹规格 M (mm)	杆体最小拉断力($R_m\times S_{min}$)(kN)		
普通型杆体	螺纹增强型杆体		B450	B515	B725
10	9.0	M10×1.5	36.0	37.7	53.9
12	10.8	M12×1.75	52.2	54.8	78.4
14	12.6	M14×2	71.6	75.0	107
16	14.6	M16×2	97.1	102	146
18	16.3	M18×2.5	119	125	179

续表 16-26

杆体直径 D_1(mm)		杆体螺纹规格 M (mm)	杆体最小拉断力($R_m \times S_{min}$)(kN)		
普通型杆体	螺纹增强型杆体		B450	B515	B725
20	18.3	M20×2.5	152	159	228
22	20.3	M22×2.5	188	197	282
24	22.0	M24×3	219	229	328
27	25.0	M27×3	285	299	427
30	27.6	M30×3.5	348	364	521
33	30.6	M33×3.5	430	451	645
36	33.3	M36×4	506	531	760
40	37.3	M40×4	640	671	960
45	42.3	M45×4	828	869	1 243
50	47.3	M50×4	1 041	1 092	1 562

注:S_{min}——杆体的最小净截面面积(mm^2)。

(2)普通型杆体的结构钢钢质拉杆构件的杆体最小拉断力理论计算值

表 16-27

杆体直径 D_1 (mm)	杆体螺纹规格 M (mm)	杆体最小拉断力($R_m \times S_{min}$)(kN)				
		J235	J345	J460	J550	J650
16	M16×2	58.8	73.6	95.6	118	133
20	M20×2.5	91.8	115	149	184	208
25	M25×3	145	182	236	290	329
30	M30×3.5	210	263	342	420	476
35	M35×4	288	360	468	575	652
40	M40×4	387	485	629	774	877
45	M45×4.5	490	614	797	980	1 110
50	M50×5	605	758	984	1 209	1 370
55	M55×5.5	732	917	1 190	1 463	1 658
60	M60×5.5	886	1 110	1 441	1 772	2 008
65	M65×6	1 038	1 301	1 689	2 076	2 353
70	M70×6	1 220	1 530	1 985	2 441	2 766
75	M75×6	1 417	1 776	2 306	2 835	3 213
80	M80×6	1 629	2 042	2 650	3 258	3 692
85	M85×6	1 855	2 325	3 018	3 711	4 206
90	M90×6	2 097	2 628	3 410	4 193	4 752
95	M95×6	2 352	2 948	3 827	4 705	5 332
100	M100×6	2 623	3 287	4 267	5 246	5 945
105	M105×6	2 908	3 645	4 731	5 817	6 592
110	M110×6	3 208	4 021	5 219	6 417	7 272
115	M115×6	3 523	4 416	5 731	7 046	7 986
120	M120×6	3 853	4 829	6 267	7 705	8 733
125	Tr125×6	4 101	5 140	6 671	8 202	9 296

续表 16-27

杆体直径 D_1 (mm)	杆体螺纹规格 M (mm)	杆体最小拉断力($R_m \times S_{min}$)(kN)				
		J235	J345	J460	J550	J650
130	Tr130×6	4 456	5 585	7 248	8 912	10 100
135	Tr135×6	4 825	6 048	7 849	9 651	10 938
140	Tr140×6	5 210	6 530	8 475	10 420	11 809
145	Tr145×6	5 609	7 030	9 124	11 218	12 714
150	Tr150×6	6 023	7 548	9 797	12 045	13 652

注：S_{min}——杆体的最小净截面面积(mm^2)。

(3)螺纹增强型杆体的结构钢钢质拉杆构件的杆体最小拉断力理论计算值

表 16-28

杆体直径 D_1 (mm)	杆体螺纹规格 M (mm)	杆体最小拉断力($R_m \times S_{min}$)(kN)				
		J235	J345	J460	J550	J650
16	M20×2.5	75.4	94.5	123	151	171
20	M24×3	118	148	192	236	267
25	M30×3.5	184	231	299	368	417
30	M36×4	265	332	431	530	601
35	M39×4	361	452	587	722	818
40	M45×4.5	471	591	767	942	1 068
45	M52×5	596	748	970	1 193	1 352
50	M56×5.5	736	923	1 198	1 473	1 669
55	M64×6	891	1 117	1 449	1 782	2 019
60	M68×6	1 060	1 329	1 725	2 121	2 403
65	M72×6	1 244	1 560	2 024	2 489	2 821
70	M76×6	1 443	1 809	2 348	2 886	3 271
75	M85×6	1 657	2 076	2 695	3 313	3 755
80	M90×6	1 885	2 362	3 066	3 770	4 273
85	M95×6	2 128	2 667	3 461	4 256	4 823
90	M100×6	2 386	2 990	3 881	4 771	5 407
95	M105×6	2 658	3 331	4 324	5 316	6 025
100	M110×6	2 945	3 691	4 791	5 890	6 676
105	M115×6	3 247	4 070	5 282	6 494	7 360
110	M120×6	3 564	4 467	5 797	7 127	8 078
115	Tr125×6	3 895	4 882	6 336	7 790	8 829
120	Tr130×6	4 241	5 316	6 899	8 482	9 613
125	Tr135×6	4 602	5 768	7 486	9 204	10 431
130	Tr140×6	4 977	6 238	8 097	9 955	11 282
135	Tr145×6	5 368	6 728	8 731	10 735	12 167
140	Tr150×6	5 773	7 235	9 390	11 545	13 085
145	Tr155×6	6 192	7 761	10 073	12 385	14 036
150	Tr160×6	6 627	8 306	10 780	13 254	15 021

注：S_{min}——杆体的最小净截面面积(mm^2)。

(七)建筑用不锈钢绞线(JG/T 200—2007)

建筑用不锈钢绞线主要适用于建筑玻璃幕墙，其他用途也可参照使用。

建筑用不锈钢绞线的钢丝强度分为高强度(H)和中强度(M)两种。

钢绞线按横截面结构分为1×7、1×19、1×37、1×61四种。

1. 不锈钢绞线的公称直径、横截面示意图和结构参数

表16-29

公称直径(mm)	断面图	结构
6.0～10.0		1×7
6.0～16.0		1×19
16.0～24.0		1×37
26.0～34.0		1×61

2. 不锈钢绞线的结构和性能参数

表16-30

绞线公称直径(mm)	结构	公称金属截面积(mm^2)	钢丝公称直径(mm)	绞线计算最小破断拉力		每米理论重量(g/m)	交货长度(m)不小于
				高强度级(kN)	中强度级(kN)		
6.0	1×7	22.0	2.00	28.6	22.0	173	600
7.0	1×7	30.4	2.35	39.5	30.4	239	600
8.0	1×7	38.6	2.65	50.2	38.6	304	600
10.0	1×7	61.7	3.35	80.2	61.7	486	600
6.0	1×19	21.5	1.20	28.0	21.5	170	500
8.0	1×19	38.2	1.60	49.7	38.2	302	500
10.0	1×19	59.7	2.00	77.6	59.7	472	500
12.0	1×19	86.0	2.40	112	86.0	680	500
14.0	1×19	117	2.80	152	117	925	500
16.0	1×19	153	3.20	199	153	1 209	500
16.0	1×37	154	2.30	200	154	1 223	400
18.0	1×37	196	2.60	255	196	1 563	400
20.0	1×37	236	2.85	307	236	1 878	400
22.0	1×37	288	3.15	375	288	2 294	400
24.0	1×37	336	3.40	437	336	2 673	400
26.0	1×61	403	2.90	524	403	3 228	300
28.0	1×61	460	3.10	598	460	3 688	300
30.0	1×61	538	3.35	699	538	4 307	300
32.0	1×61	604	3.55	785	604	4 873	300
34.0	1×61	692	3.80	899	692	5 542	300

注:①任何一根绞线的交货长度的允许偏差为0～5%。

②产品中不宜保留任何形式的钢丝接头,不应保留任何形式的绞线接头。

③用户对捻向无特别要求时,外层捻向应为右捻,相邻两层捻向应相反。

④除非厂方另外提供了测试结果,不锈钢绞线的弹性模量设计时可取值(120±10)GPa。

（八）干挂饰面石材（JC 830.1—2005）

干挂饰面石材包括天然花岗石、天然大理石、天然石灰石、天然砂岩等加工成的建筑板材、花线和实心柱体等，用于建筑物的内外墙面、顶棚、柱面装饰等。干挂工艺是采用金属挂件将装饰材料牢固悬挂在结构件上形成饰面的一种挂装施工方法。用于干挂饰面工程的各类人造石材和建筑装饰用微晶玻璃也可参照此要求。

1. 干挂饰面石材的分类

表 16-31

按石材种类分		按加工产品种类分						按表面加工程度分		按质量等级分	
		板材		花线		实心柱体					
名称	代号	名称	代号	名称	代号	名称	代号	名称	代号	名称	代号
天然花岗石	G	普型板（正方形或长方形）	PX	直位花线（延伸轨迹为直线）	ZH	等直径普型柱	DP	镜面石材（有镜面光泽）	JM	优等品	A
天然大理石	M	圆弧板（曲率半径处处相同）	HM			等直径雕刻柱	DD	亚光面石材（饰面细腻）	YM	一等品	B
天然石灰石	L	异形板（普型板、圆弧板以外的板）	YA	弯位花线（延伸轨迹为曲线）	WA	变直径普型柱	BP	粗面石材（饰面粗糙规则有序的石材）	CM	合格品	C
天然砂岩	Q					变直径雕刻柱	BD				

注：实心柱体中的普型柱：表面为普通加工面。

2. 干挂饰面石材的命名及标记

(1)命名顺序

荒料产地名称、花纹色调特征描述、石材种类、产品种类。

(2)标记顺序

命名、类别、规格尺寸、等级、标准号。

可采用 GB/T 17670 的编号规定，标记顺序为：编号、类别、规格尺寸、等级、标准号。

(3)标记示例

示例 1：用山东荣成石岛产的红色花岗石荒料加工的长度 600mm、宽度 600mm、厚度 20mm、普型、镜面、优等品板材标记如下：

命名：石岛红花岗石板材

标记：石岛红花岗石板材 PXJM 600×600×20 A　JC 830.1—2005

示例 2：用福建晋江巴厝白（统一编号为 G3503）花岗石荒料加工的宽度 200mm、厚度 50mm、长度 800mm、直位、粗面、一等品花线标记如下：

命名：晋江巴厝白花岗石花线

标记：G3503 ZH CM 200×50×800 B　JC 830.1—2005

3. 干挂饰面石材的规格尺寸

表 16-32

安装部位	干挂饰面板材的厚度　(mm)		干挂饰面板材的单块面积 (m^2)	注
	亚光面及镜面板材	粗面板材		
室内饰面	≥20	≥23	≤1.5	天然石灰石、天然砂岩的厚度以设计为准
室外饰面	≥25	≥28		

干挂异形板材的各边长尺寸允许偏差、干挂花线、干挂实心柱体的尺寸及允许偏差由供需双方商定。

4. 干挂饰面石材的物理性能

(1)干挂饰面石材的物理技术指标

表 16-33

项　　目		指　　标			
		天然花岗石	天然大理石	天然石灰石	天然砂岩
体积密度(g/cm^3)		≥2.56	≥2.60	≥2.16	≥2.40
吸水率(%)		≤0.60	≤0.50	≤3.00	≤3.00
干燥压缩强度(MPa)		≥100.0	≥50.0	≥28.0	≥68.9
干燥	弯曲强度(MPa)	≥8.0	≥7.0	≥3.4	≥6.9
水饱和					
剪切强度(MPa)		≥4.0	≥3.5	≥1.7	≥3.5
抗冻系数(%)		≥80	≥80	≥80	≥80

(2)干挂饰面石材与使用挂件的挂装强度

表 16-34

项　　目	安装部位	
	室内饰面	室外饰面
挂件组合单元挂装强度	不低于 0.65kN	不低于 2.80kN

注:干挂饰面石材与挂件组成组合单元的挂装强度还应符合设计要求。

(3)干挂饰面石材与挂件组成挂装系统的结构强度

表 16-35

项　　目	室 内 饰 面	室 外 饰 面
石材挂装系统结构强度	不低于 1.20kPa	不低于 5.00kPa

(4)干挂天然花岗石放射性水平控制应符合 GB6566 的规定。

5. 干挂饰面石材的外观质量

(1)外观

干挂石材不允许有裂纹存在。

天然花岗石、天然砂岩板材的其他外观质量应符合 GB/T 18601 的规定。

天然大理石、天然石灰石板材的其他外观质量应符合 GB/T 19766 的规定。

干挂花线的其他外观质量应符合 JC/T 847.2 的规定。

实心柱体的外观质量应符合 JC/T 847.3 的规定。

(2)光泽度

天然花岗石镜面板材镜向光泽度应不低于 80 光泽单位或按供需双方协商确定。

天然大理石镜面板材镜向光泽度应不低于 70 光泽单位或按供需双方协商确定。

其余产品的镜向光泽度值由供需双方协商确定。

(九)干挂饰面石材金属挂件(JC 830.2—2005)

1. 干挂饰面石材金属挂件的分类(按使用要求分类)

表 16-36

插　板　(C)		背　栓　(I)		弯　板　(W)	
名称	代号	名称	代号	名称	代号
R 型插板(大面积外墙用)	R	标准型	A	带插件型	H
蝶形插板(小面积内墙用)	Y	非标准型	B	不带插件型	L
T 型插板(小面积内、外墙用)	T				
组合型插板(内、外墙面用)	X				

2. 干挂饰面石材金属挂件的标记

产品按名称、代号、标准号的顺序标记。

示例 1：长度为 60mm，宽度为 50mm，高度为 30mm，厚度为 5mm 的 T 型插板标记为：

插板 CT 60×50×5—50×30×5 JC 830.2—2005

示例 2：直径为 4mm，长度为 50mm 的标准型背栓标记为：

背栓 IA 4×50 JC 830.2—2005

示例 3：长度为 50mm，宽度为 50mm，高度为 50mm，厚度为 5mm 的不带插件型弯板标记为：

弯板 WL 50×50×50×5 JC 830.2—2005

3. 干挂饰面石材金属挂件结构示意图

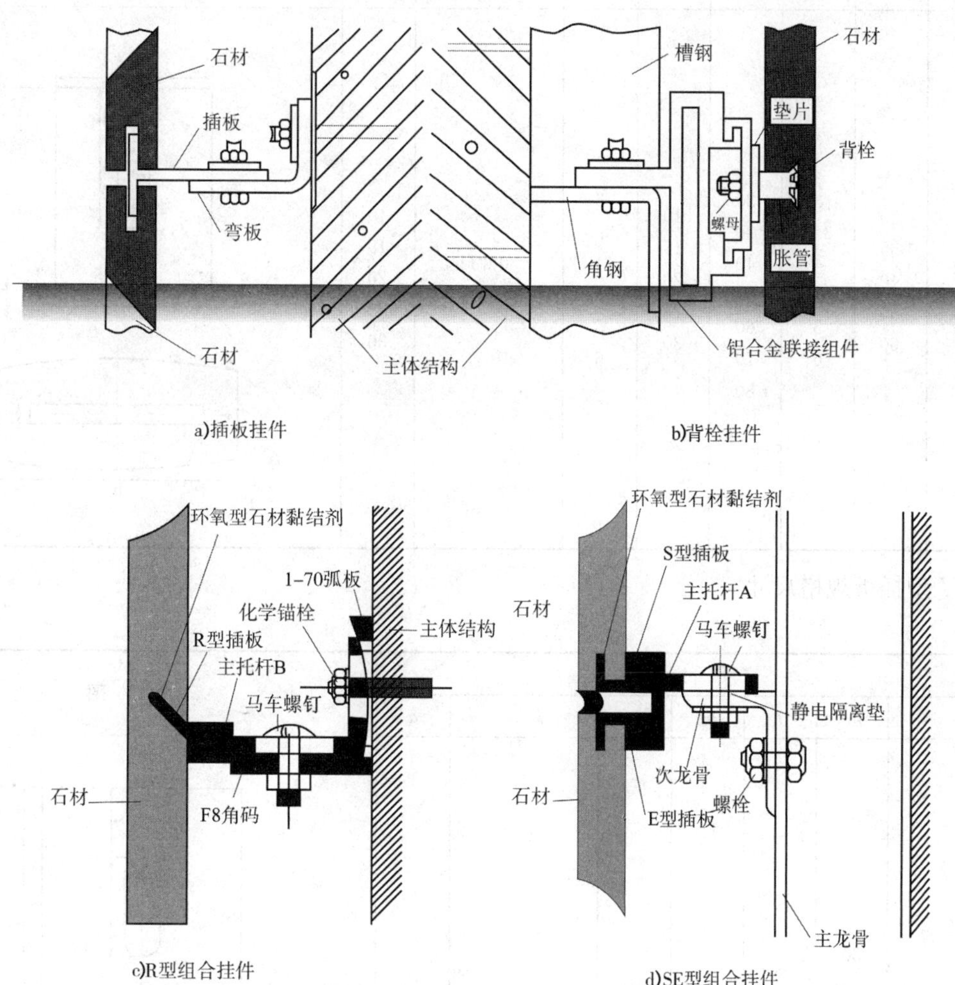

图 16-7 石材干挂结构示意图

4. 干挂饰面石材金属挂件的表面质量

挂件表面不得有气泡、裂纹、结疤、折叠、夹杂或端面分层，允许有不大于厚度公差一半的轻微凹坑、突起、压痕、发纹、擦伤和压入的氧化铁皮。

T 形插板角焊缝的焊脚尺寸应为插板最小厚度，焊缝应焊实，不得采用点焊连接。

冷加工后表面缺陷允许用修磨方法清理，但清理深度不得超过厚度公差的一半。

冷加工后配件厚度减薄量不得超过厚度公差的一半。

冲压孔边加工后应平整光滑，不得有毛刺、毛边。

5. 干挂饰面石材金属挂件的拉拔强度

表 16-37

项　目	室　内	室　外
拉拔强度	≥2.40kN	≥10.00kN

6. 干挂饰面石材金属挂件的规格尺寸

(1)CT 型插板规格尺寸

表 16-38

型号	尺　寸　(mm)								简　图
	l	b_1	t_1	b_2	h	t_2	$k\times c$	a	
CT	50 60 70 80	30 35 40 50 60	3 3.5 4 4.5 5 6	15 20 30 40 50 60 70 80	10 15 20 25 30	3 3.5 4 4.5 5 6	30×11 35×13	10 15 20 25 30	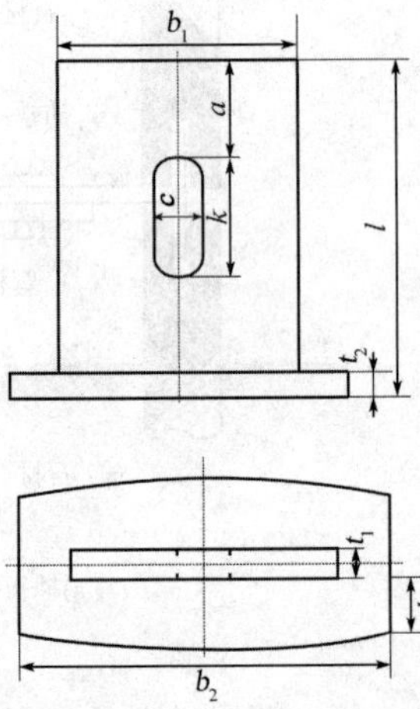

(2)CY 型插板规格尺寸

表 16-39

型号	尺　寸　(mm)							简　图
	l	b_1	t	b_2	h	$k\times c$	a	
CY	50 60 70 80	30 35 40 50 60 70 80	3 3.5 4 4.5 5 6	15 20 30 40	10 15 20 25 30	30×11 35×13	10 15 20 25 30	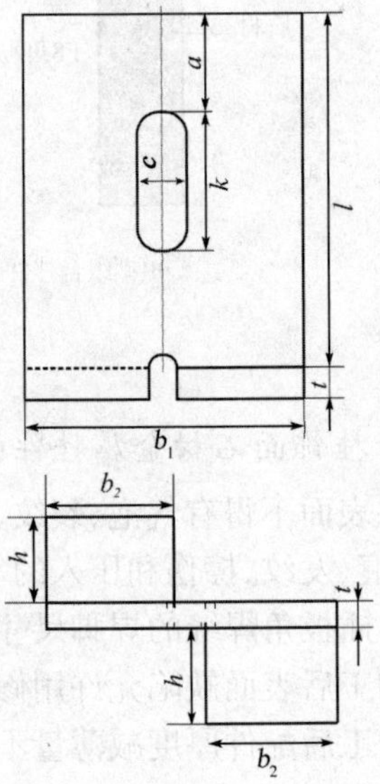

(3)CR 型插板规格尺寸

表 16-40

型号	尺　寸　(mm)						简　图
	l	b	t	h	$k \times c$	a	
CR	50 60 70 80	30 35 40 50 60	3 3.5 4 4.5 5 6	10 15 20 25 30	30×11 35×13	10 15 20 25 30	

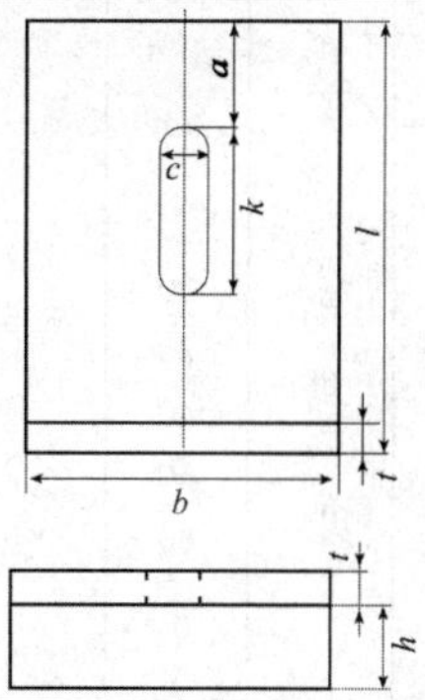

(4)IA 型背栓规格尺寸

表 16-41

型号	尺　寸　(mm)			简　图
	l	d	D	
IA	30 35 40 45 50 60 70 80	3 4 5 6 8 10	6 8 10 12 16 20	

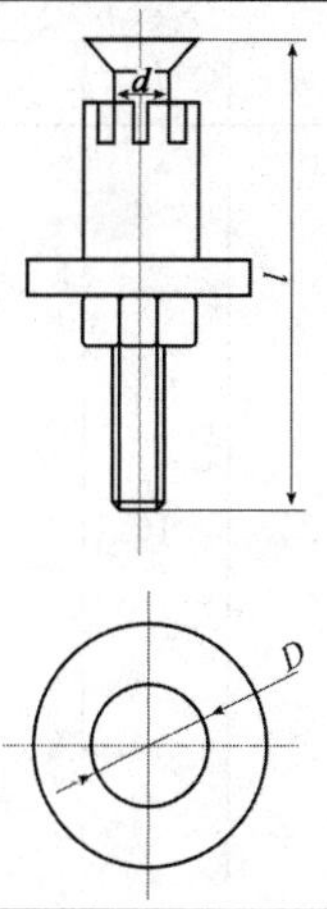

(5)R 型组合插板规格尺寸

表 16-42

型号	尺　寸　(mm)								简　图
	l	b	h	a	s	f	d	d_i	
R-型	40 50 60 80 100	28	26	4	12	12	135°	16	

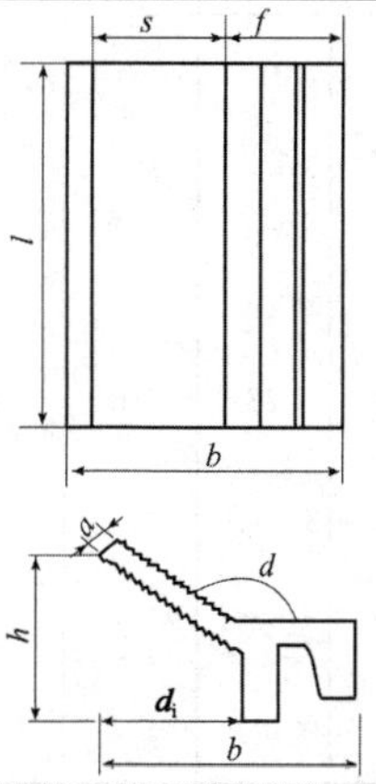

(6)WL 型弯板规格尺寸

表 16-43

型号	尺 寸 (mm)								简 图
	l	b	t	h	$k_1 \times c_1$	$k_2 \times c_2$	a_1	a_2	
WL	50 60 70 80	30 35 40 50 60	3 3.5 4 4.5 5 6	30 40 50 60 70	30×11 35×13	20×11 30×11 35×13	10 15 20 25 30	10 15 20 25 30	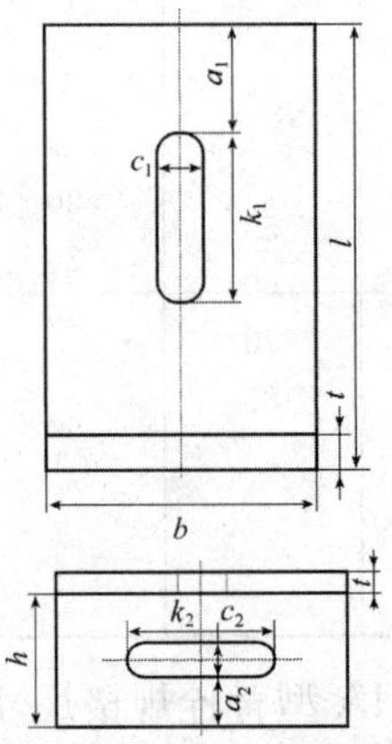

(7)E 型组合插板规格尺寸

表 16-44

型号	尺 寸 (mm)						简 图
	l	b	h	a	s	f	
E-型	40 50 60 80 100	28	16	4	12	12	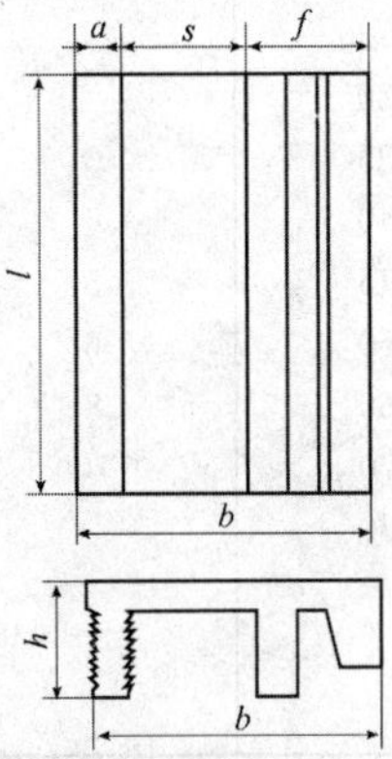

(8)S 型组合插板规格尺寸

表 16-45

型号	尺 寸 (mm)						简 图
	l	b	h	a	s	f	
S-型	40 50 60 80 100	28	16	4	12	12	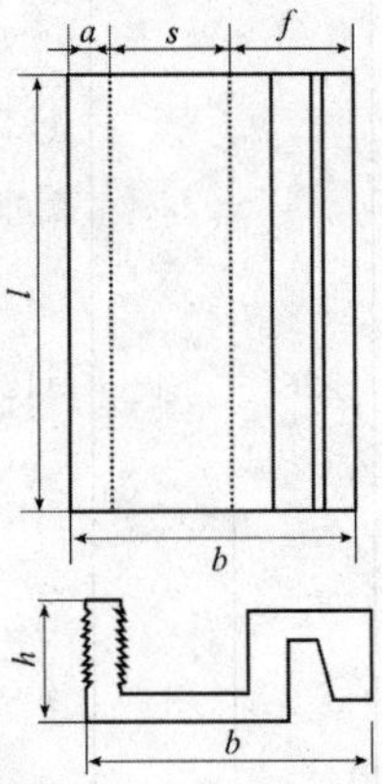

(9)主托杆A型件规格尺寸

表16-46

型号	尺寸(mm)							简图
	l	b	h	a	p	f	$k_1 \times c_1$	
主托杆A	40 50 60 80 100	45 55 65 75 85 95	12	5 10 15 20 25	41	15	30×11 45×11	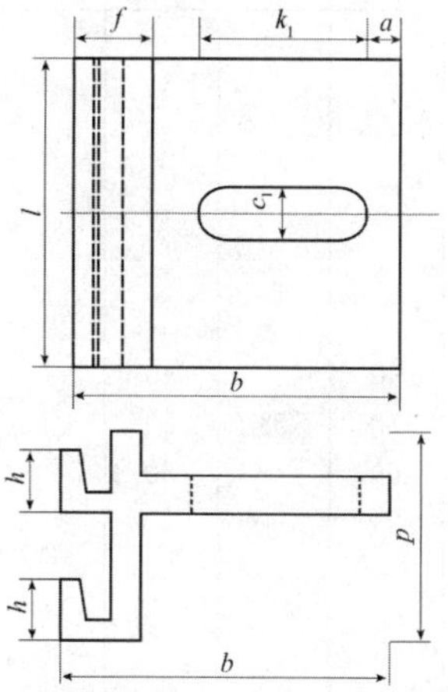

(10)主托杆B型件规格尺寸

表16-47

型号	尺寸(mm)							简图
	l	b	h	a	s	f	$k_1 \times c_1$	
主托杆B	40 50 60 80 100	45 55 65 75 85 95	12	5 10 15 20 25	30 40 50 60 70 80	15	30×11 45×11	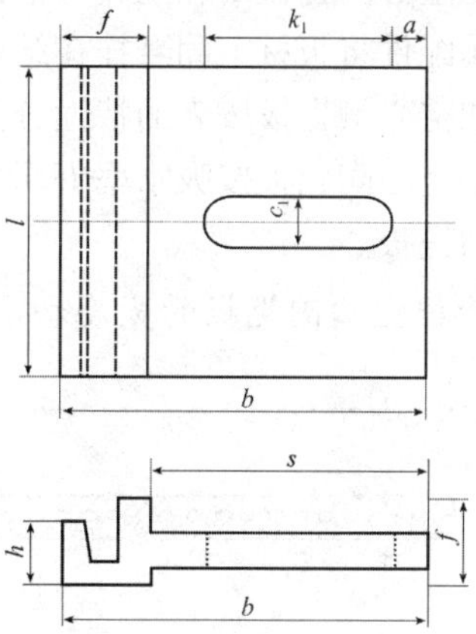

(11)1—70型件规格尺寸

表16-48

型号	尺寸(mm)					简图
	l	b	h	a	$k_1 \times c_1$	
1—70	40 50 60	67	10	6	50×11	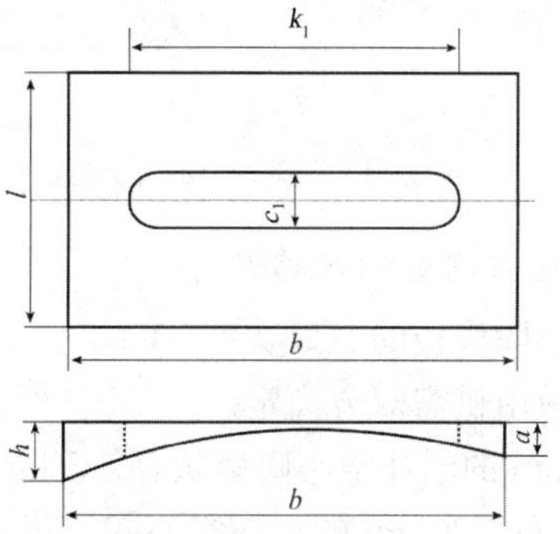

(12)F8 型件规格尺寸

表 16-49

型号	尺寸 (mm)							简图
	l	b	H	a	s	f	$k_1 \times c_1$	
F8	40 50 60	58	40 50 60	4	8	7	30×11	

(十)干挂空心陶瓷板(GB/T 27972—2011)

干挂空心陶瓷板由黏土和其他无机非金属材料经混练、挤出成型和烧结等工序制成。用于建筑上，采用金属配件将板材牢固悬挂在结构物上形成装饰面。

干挂空心陶瓷板按表面特性分为:无釉干挂空心陶瓷板、有釉干挂空心陶瓷板;

干挂空心陶瓷板按吸水率 E 分为:$E \leqslant 0.5\%$的瓷质干挂空心陶瓷板、$E > 0.5\% \sim 10\%$的炻质类干挂空心陶瓷板。

1. 干挂空心陶瓷板的宽度和承载力壁厚示意图

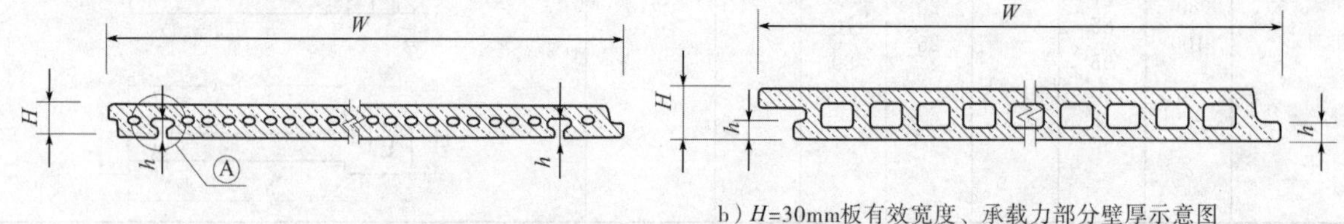

a) H=18mm板有效宽度、承载力部分壁厚示意图

b) H=30mm板有效宽度、承载力部分壁厚示意图

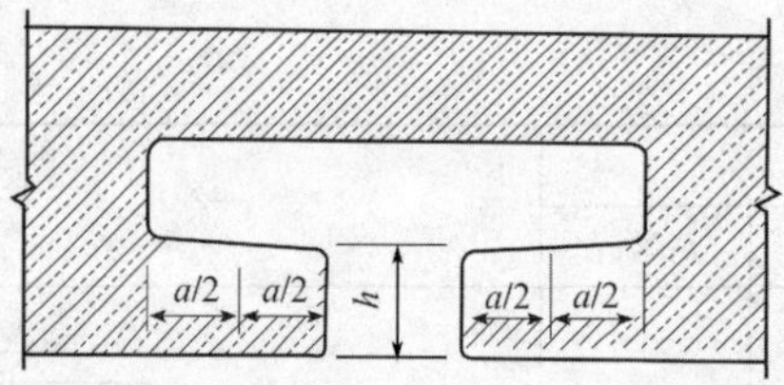

c) Ⓐ节点示意图

图 16-8 陶瓷板有效宽度、承载力部分壁厚示意图

2. 干挂空心陶瓷的规格尺寸

干挂空心陶瓷板的有效宽度(W)不宜大于 620mm。长度由供需双方商定。特殊形状或尺寸的干挂空心陶瓷板由供需双方商定。

$H \leqslant 18$mm 的干挂空心陶瓷板，$h \geqslant 5.5$mm。

18mm$< H \leqslant 30$mm 的干挂空心陶瓷板，$h \geqslant 7.7$mm。

干挂空心陶瓷板每块板的平均尺寸相对于工作尺寸允许偏差　表 16-50

长度、有效宽度		对角线	平整度		厚度	
允许偏差（%）	允许最大偏差（mm）	允许最大偏差（mm）	允许偏差（%）	允许最大偏差（mm）	允许偏差（%）	允许最大偏差（mm）
±1.0	长度±1.0 有效宽度±2.0	+2.0 0	±0.5	±2.0	±1.0	±2.0

注：①产品正面为非平面或有装饰性凹凸的异形干挂空心陶瓷板，尺寸偏差由供需双方商定。

②工作尺寸——按制造结果而确定的尺寸，实际尺寸与其之间的差应在规定的允许偏差之内。

3. 干挂空心陶瓷板的物理性能

表 16-51

物理性能	要求		
	瓷质干挂空心陶瓷板	炻质干挂空心陶瓷板	
吸水率（E）	平均值 $E\leqslant0.5\%$，单个值 $E\leqslant1\%$	$0.5\%<$平均值 $E\leqslant10\%$，单个值 $E\leqslant12\%$	
破坏强度	报告破坏强度值	$H\leqslant18$mm	平均值≥2 100N 单个值≥1 900N
		18mm$<H\leqslant30$mm	平均值≥4 500N 单个值≥4 200N
抗冲击性	报告恢复系数值		
线性热膨胀系数	报告线性热膨胀系数值		
抗热震性	经 10 次抗震性试验不出现裂纹或炸裂		
抗冻性	经 100 次抗冻性试验后无裂纹或剥落		
传热系数	根据需要报告传热系数值		

4. 干挂空心陶瓷板化学性能

表 16-52

化学性能	要求
耐化学腐蚀性	用低浓度酸和碱进行试验，有釉干挂空心陶瓷板不低于 GLB 级，无釉干挂空心陶瓷板不低于 ULB 级
耐污染性	有釉干挂空心陶瓷板不低于 3 级，无釉干挂空心陶瓷板报告耐污染性级别

5. 表面质量

至少 95%的干挂空心陶瓷板主要区域无明显缺陷。

(十一)陶瓷砖(GB/T 4100—2015)

陶瓷砖是由黏土、长石和石英为主要原料制造的薄板形制品，砖是在室温下通过挤压成型或干压成型等，干燥后，在一定的温度下烧制而成。陶瓷砖分为有釉（GL）和无釉（UGL）；陶瓷砖不可燃、不怕光。

陶瓷砖主要用于地面和墙面的铺砌覆盖。

1. 陶瓷砖的分类

陶瓷砖按成型方法分为挤压砖（A）和干压砖（B），挤压陶瓷砖按产品尺寸偏差分为精细砖和普通砖。

陶瓷砖按吸水率 E 大小分为低吸水率砖（Ⅰ类）、中吸水率砖（Ⅱ类）、高吸水率砖（Ⅲ类）。

陶瓷砖分类及代号 表 16-53

<table>
<tr><td colspan="2" rowspan="2">按吸水率(E)分类</td><td colspan="4">低吸水率(Ⅰ类)</td><td colspan="4">中吸水率(Ⅱ类)</td><td colspan="2">高吸水率(Ⅲ类)</td></tr>
<tr><td colspan="2">E≤0.5%
(瓷质砖)</td><td colspan="2">0.5%<E≤3%
(炻瓷砖)</td><td colspan="2">3%<E≤6%
(细炻砖)</td><td colspan="2">6%<E≤10%
(炻质砖)</td><td colspan="2">E>10%
(陶质砖)</td></tr>
<tr><td rowspan="3">按成型
方法分类</td><td rowspan="2">挤压砖(A)</td><td colspan="2">AⅠa类</td><td colspan="2">AⅠb类</td><td colspan="2">AⅡa类</td><td colspan="2">AⅡb类</td><td colspan="2">AⅢ类</td></tr>
<tr><td>精细</td><td>普通</td><td>精细</td><td>普通</td><td>精细</td><td>普通</td><td>精细</td><td>普通</td><td>精细</td><td>普通</td></tr>
<tr><td>干压砖(B)</td><td colspan="2">BⅠa类</td><td colspan="2">BⅠb类</td><td colspan="2">BⅡa类</td><td colspan="2">BⅡb类</td><td colspan="2">BⅢ类[a]</td></tr>
</table>

注:①[a] BⅢ类仅包括有釉砖。

②瓷质砖——吸水率 E 不超过 0.5%的陶瓷砖;

炻瓷砖——吸水率 E>0.5%~3%的陶瓷砖;

细炻砖——吸水率 E>3%~6%陶瓷砖;

炻质砖——吸水率 E>6%~10%的陶瓷砖;

陶质砖——吸水率 E>10%的陶瓷砖。

2. 陶瓷砖的外形尺寸示意图

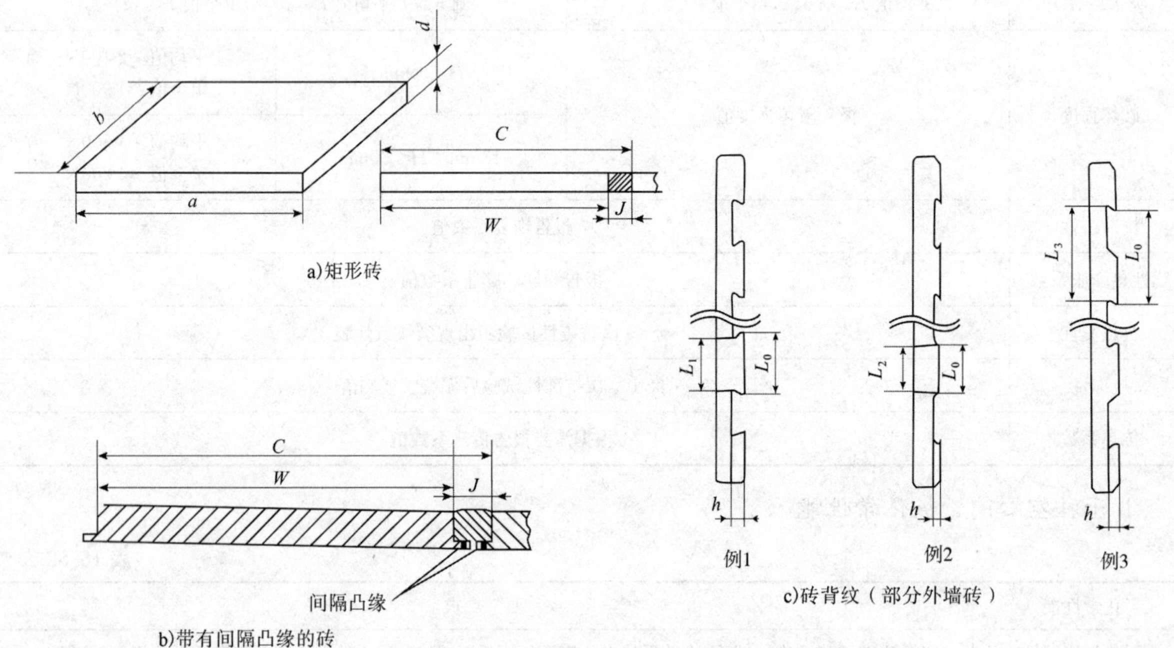

图 16-9 陶瓷砖外形尺寸示意图

注:1. 配合尺寸(C)=工作尺寸(W)+连接宽度(J)。

2. 工作尺寸(W)=可见面(a)、(b)和厚度(d)的尺寸。

3. h——深度;

4. L_i——长度,i=0,1,2,3。

3. 不同用途陶瓷砖的产品性能要求

表 16-54

<table>
<tr><td colspan="2" rowspan="3">性 能</td><td colspan="4">要 求</td><td rowspan="3">试 验 方 法</td></tr>
<tr><td colspan="2">地砖</td><td colspan="2">墙砖</td></tr>
<tr><td>室内</td><td>室外</td><td>室内</td><td>室外</td></tr>
<tr><td rowspan="3">尺寸和
表面
质量</td><td>长度和宽度</td><td>√</td><td>√</td><td>√</td><td>√</td><td>GB/T 3810.2</td></tr>
<tr><td>厚度</td><td>√</td><td>√</td><td>√</td><td>√</td><td>GB/T 3810.2</td></tr>
<tr><td>边直度</td><td>√</td><td>√</td><td>√</td><td>√</td><td>GB/T 3810.2</td></tr>
</table>

续表 16-54

性能		要求				试验方法
		地砖		墙砖		
		室内	室外	室内	室外	
尺寸和表面质量	直角度	√	√	√	√	GB/T 3810.2
	表面平整度(弯曲度和翘曲度)	√	√	√	√	GB/T 3810.2
	表面质量	√	√	√	√	GB/T 3810.2
	背纹[a]				√	图 16-9
物理性能	吸水率	√	√	√	√	GB/T 3810.3
	破坏强度	√	√	√	√	GB/T 3810.4
	断裂模数	√	√	√	√	GB/T 3810.4
	无釉砖耐磨深度	√	√			GB/T 3810.6
	有釉砖表面耐磨性	√	√			GB/T 3810.7
	线性热膨胀[b]	√	√	√	√	GB/T 3810.8
	抗热震性[b]	√	√	√	√	GB/T 3810.9
	有釉砖抗釉裂性	√	√	√	√	GB/T 3810.11
	抗冻性[c]		√		√	GB/T 3810.12
	摩擦系数	√	√			附录 M
	湿膨胀[b]	√	√	√	√	GB/T 3810.10
	小色差[b]	√	√	√	√	GB/T 3810.16
	抗冲击性[b]	√	√			GB/T 3810.5
	抛光砖光泽度	√	√	√	√	GB/T 13891
化学性能	有釉砖耐污染性	√	√	√	√	GB/T 3810.14
	无釉砖耐污染性[b]	√	√	√	√	GB/T 3810.14
	耐低浓度酸和碱化学腐蚀性	√	√	√	√	GB/T 3810.13
	耐高浓度酸和碱化学腐蚀性[b]	√	√	√	√	GB/T 3810.13
	耐家庭化学试剂和游泳池盐类化学腐蚀性	√	√	√	√	GB/T 3810.13
	有釉砖铅和镉的溶出量[b]	√	√	√	√	GB/T 3810.15

注:①[a] 通过水泥砂浆铺贴的外墙砖,包括隧道中铺贴的砖。

②[b] 参见附录 Q。

③[c] 砖在有冰冻情况下使用时。

4.陶瓷砖的技术性能要求

(1)(附录 A)挤压陶瓷砖($E \leqslant 0.5\%$ AⅠa 类)技术要求

表 16-55

项目		技术要求	
		精细	普通
长度和宽度	每块砖(2 条或 4 条边)的平均尺寸相对于工作尺寸(W)的允许偏差(%)	±1.0,最大±2mm	±2.0,最大±4mm
	每块砖(2 条或 4 条边)的平均尺寸相对于 10 块砖(20 条或 40 条边)平均尺寸的允许偏差(%)	±1.0	±1.5
	制造商选择工作尺寸应满足以下要求: 模数砖名义尺寸连接宽度允许为 3～11mm[a]; 非模数砖工作尺寸与名义尺寸之间的偏差不大于±3mm		

续表 16-55

项目			技术要求	
			精细	普通
厚度[b] 厚度由制造商确定; 每块砖厚度的平均值相对于尺寸厚度的允许偏差(%)			±10	±10
边直度[c](正面) 相对于工作尺寸的最大允许偏差(%)			±0.5	±0.6
直角度[c] 相对于工作尺寸最大允许偏差(%)			±1.0	±1.0
表面平整度最大允许值(%)	相对于由工作尺寸计算的对角线的中心弯曲度		±0.5	±1.5
	相对于工作尺寸的边弯曲度		±0.5	±1.5
	相对于由工作尺寸计算的对角线的翘曲度		±0.8	±1.5
背纹(有要求时)	深度 h(mm)		$h \geqslant 0.7$	
	形状		背纹形状由制造商确定,示例如图 16-9 所示。 示例 1:$L_0-L_1>0$ 示例 2:$L_0-L_2>0$ 示例 3:$L_0-L_3>0$	
表面质量[d]			至少砖的 95%的主要区域无明显缺陷	
吸水率[e](质量分数)			平均值≤0.5%, 单个值≤0.6%	
破坏强度(N)	厚度(工作尺寸)≥7.5mm		≥1 300	
	厚度(工作尺寸)<7.5mm		≥600	
断裂模数(MPa) 不适用于破坏强度≥3 000N 的砖			平均值≥28,单个值≥21	
耐磨性	无釉地砖耐磨损体积(mm^3)		≤275	
	有釉地砖表面耐磨性[f]		报告陶瓷砖耐磨性级别和转数	
线性热膨胀系数[g]	从环境温度到 100℃		参见附录 Q	
抗热震性[g]			参见附录 Q	
有釉砖抗釉裂性[h]			经试验应无釉裂	
抗冻性			经试验应无裂纹或剥落	
地砖摩擦系数			单个值≥0.50	
湿膨胀[g](mm/m)			参见附录 Q	
小色差[g]			纯色砖 有釉砖:$\Delta E<0.75$ 无釉砖:$\Delta E<1.0$	
抗冲击性[g]			参见附录 Q	
耐污染性	有釉砖		最低 3 级	
	无釉砖[g]		参见附录 Q	
抗化学腐蚀性	耐低浓度酸和碱	有釉砖	制造商应报告耐化学腐蚀性等级	
		无釉砖		

续表 16-55

项目			技术要求	
			精细	普通
抗化学腐蚀性	耐高浓度酸和碱[g]		参见附录 Q	
	耐家庭化学试剂和游泳池盐类	有釉砖	不低于 GB 级	
		无釉砖	不低于 UB 级	
铅和镉的溶出量[g]			参见附录 Q	

注:①[a] 以非公制尺寸为基础的习惯用法也可用在同类型砖的连接宽度上。

②[b] 在适用情况下,陶瓷砖厚度包括背纹的高度,按照图 16-9 测定。

③[c] 不适用于有弯曲形状的砖。

④[d] 在烧成过程中,产品与标准板之间的微小色差是难免的。本条款不适用于在砖的表面有意制造的色差(表面可能是有釉的、无釉的或部分有釉的)或在砖的部分区域内为了突出产品的特点而希望的色差。用于装饰目的的斑点或色斑不能看作为缺陷。

⑤[e] 吸水率最大单个值为 0.5%的砖是全玻化砖(常被认为是不吸水的)。

⑥[f] 有釉地砖耐磨性分级参见附录 P。

⑦[g] 表中所列"参见附录 Q"涉及的项目是否有必要进行检验,参见附录 Q。

⑧[h] 制造商对于为装饰效果而产生的裂纹应加以说明,这种情况下,GB/T 3810.11 规定的釉裂试验不适用。

(2)(附录 B)挤压陶瓷砖(0.5%<E≤3%AⅠb 类)技术要求

表 16-56

项目		技术要求	
		精细	普通
长度和宽度	每块砖(2 条或 4 条边)的平均尺寸相对于工作尺寸(W)的允许偏差(%)	±1.0, 最大±2mm	±2.0, 最大值±4mm
	每块砖(2 条或 4 条边)的平均尺寸相对于 10 块砖(20 条或 40 条边)平均尺寸的允许偏差(%)	±1.0	±1.5
	制造商选择工作尺寸应满足以下要求: 模数砖名义尺寸连接宽度允许为 3～11mm[a]; 非模数砖工作尺寸与名义尺寸之间的偏差不大于±3mm		
厚度[b] 厚度由制造商确定; 每块砖厚的平均值相对于工作尺寸厚度的允许偏差(%)		±10	±10
边直度[c](正面) 相对于工作尺寸的最大允许偏差(%)		±0.5	±0.6
直角度[c] 相对于工作尺寸的最大允许偏差(%)		±1.0	±1.0
表面平整度最大允许偏差(%)	相对于由工作尺寸计算的对角线的中心弯曲度	±0.5	±1.5
	相对于工作尺寸的边弯曲度	±0.5	±1.5
	相对于由工作尺寸计算的对角线的翘曲度	±0.8	±1.5
背纹(有要求时)	深度 h(mm)	h≥0.7	
	形状	背纹图形由制造商确定,示例如图 16-9 所示。 示例 1:$L_0-L_1>0$ 示例 2:$L_0-L_2>0$ 示例 3:$L_0-L_3>0$	
表面质量[d]		至少砖的 95%的主要区域无明显缺陷	
吸水率(质量分数)		平均值 0.5%<E≤3% 单个值≤3.3%	

续表 16-56

项目			技术要求	
			精细	普通
破坏强度(*N*)	厚度(工作尺寸)≥7.5mm		≥1 100	
	厚度(工作尺寸)<7.5mm		≥600	
断裂模数(MPa) 不适用于破坏强度≥3 000N 的砖			平均值≥23,单个值≥18	
耐磨性	无釉地砖耐磨损体积(mm^3)		≤275	
	有釉地砖表面耐磨性[e]		报告陶瓷砖耐磨性级别和转数	
线性热膨胀系数[f]	从环境温度到 100℃		参见射录 Q	
抗热震性[f]			参见附录 Q	
有釉砖抗釉裂性[g]			经试验应无釉裂	
抗冻性			经试验应无裂纹或剥落	
地砖摩擦系数			单个值≥0.50	
湿膨胀[f](mm/m)			参见附录 Q	
小色差[f]			纯色砖 有釉砖:$\Delta E<0.75$ 无釉砖:$\Delta E<1.0$	
抗冲击性[f]			参见附录 Q	
耐污染性	有釉砖		最低 3 级	
	无釉砖[f]		参见附录 Q	
抗化学腐蚀性	耐低浓度酸和碱	有釉砖	制造商应报告耐化学腐蚀性等级	
		无釉砖		
	耐高浓度酸和碱[f]		参见附录 Q	
	耐家庭化学试剂和游泳池盐类	有釉砖	不低于 GB 级	
		无釉砖	不低于 UB 级	
铅和镉的溶出量[f]			参见附录 Q	

注:①[a] 以非公制尺寸为基础的习惯用法也可用在同类型砖的连接宽度上。

②[b] 在适用情况下,陶瓷砖厚度包括背纹的高度,按照图 16-9 测定。

③[c] 不适用于有弯曲形状的砖。

④[d] 在烧成过程中,产品与标准板之间的微小色差是难免的。本条款不适用于在砖的表面有意制造的色差(表面可能是有釉的、无釉的或部分有釉的)或在砖的部分区域内为了突出产品的特点而希望的色差。用于装饰目的的斑点或色斑不能看作为缺陷。

⑤[e] 有釉地砖耐磨性分级参见附录 P。

⑥[f] 表中所列"参见附录 Q"涉及的项目是否有必要进行检验,参见附录 Q。

⑦[g] 制造商对于为装饰效果而产生的裂纹应加以说明,这种情况下,GB/T 3810.11 规定的釉裂袭试验不适用。

(3)(附录 C)挤压陶瓷砖(3%<*E*≤6% AⅡa 类)技术要求

表 16-57

项目		技术要求	
		精细	普通
长度和宽度	每块砖(2 条或 4 条边)的平均尺寸相对于工作尺寸(*W*)的允许偏差(%)	±1.25,最大±2mm	±2.0,最大±4mm
	每块砖(2 条或 4 条边)的平均尺寸相对于 10 块砖(20 条或 40 条边)平均尺寸的允许偏差(%)	±1.0	±1.5

续表 16-57

项　　目			技术要求	
			精细	普通
长度和宽度	制造商选择工作尺寸应满足以下要求： 模数砖名义尺寸连接宽度允许为 3～11mm[a]； 非模数砖工作尺寸与名义尺寸之间的偏差不大于±3mm			
厚度[b] 厚度由制造商确定； 每块砖厚度的平均值相对于工作尺寸厚度的允许偏差(%)			±10	±10
边直度[c](正面) 相对于工作尺寸的最大允许偏差(%)			±0.5	0.6
直角度[c] 相对于工作尺寸的最大允许偏差(%)			±1.0	±1.0
表面平整度最大允许偏差(%)	相对于由工作尺寸计算的对角线的中心弯曲度		±0.5	±1.5
	相对于工作尺寸的边弯曲度		±0.5	±1.5
	相对于由工作尺寸计算的对角线的翘曲度		±0.8	±1.5
背纹(有要求时)	深度 h(mm)		$h \geqslant 0.7$	
	形状		背纹形状由制造商确定，示例如图 16-9 所示。 示例 1：$L_0-L_1>0$ 示例 2：$L_0-L_2>0$ 示例 3：$L_0-L_3>$	
表面质量[d]			至少砖的 95%的主要区域无明显缺陷	
吸水率(质量分数)			平均值 3.0%<E≤6.0%，单个值≤6.5%	
破坏强度(N)	厚度(工作尺寸)≥7.5mm		≥950	
	厚度(工作尺寸)<7.5mm		≥600	
断裂模数(MPa) 不适用于破坏强度≥3 000N 的砖			平均值≥20，单个值≥18	
耐磨性	无釉地砖耐磨损体积(mm^3)		≤393	
	有釉地砖表面耐磨性[e]		报告陶瓷砖耐磨性级别和转数	
线性热膨胀系数[f]	从环境温度到 100℃		参见附录 Q	
抗热震性[f]			参见附录 Q	
有釉砖抗釉裂性[g]			经试验应无釉裂	
抗冻性[f]			参见附录 Q	
地砖摩擦系数			单个值≥0.50	
湿膨胀[f](mm/m)			参见附录 Q	
小色差[f]			纯色砖 有釉砖：$\Delta E<0.75$ 无釉砖：$\Delta E<1.0$	
抗冲击性[f]			参见附录 Q	
耐污染性	有釉砖		最低 3 级	
	无釉砖[f]		参见附录 Q	
抗化学腐蚀性	耐低浓度酸和碱	有釉砖	制造商应报告耐化学腐蚀性等级	
		无釉砖		

续表 16-57

<table>
<tr><th colspan="3" rowspan="2">项　目</th><th colspan="2">技术要求</th></tr>
<tr><th>精细</th><th>普通</th></tr>
<tr><td rowspan="3">抗化学腐蚀性</td><td colspan="2">耐高浓度酸和碱[f]</td><td colspan="2">参见附录 Q</td></tr>
<tr><td rowspan="2">耐家庭化学试剂和游泳池盐类</td><td>有釉砖</td><td colspan="2">不低于 GB 级</td></tr>
<tr><td>无釉砖</td><td colspan="2">不低于 UB 级</td></tr>
<tr><td colspan="3">铅和镉的溶出量[f]</td><td colspan="2">参见附录 Q</td></tr>
</table>

注:a、b、c、d、e、f、g 同表 16-56 注。

(4)(附录 D)挤压陶瓷砖(6%<E≤10% AⅡb 类)技术要求

表 16-58

<table>
<tr><th colspan="3" rowspan="2">项　目</th><th colspan="2">技术要求</th></tr>
<tr><th>精细</th><th>普通</th></tr>
<tr><td rowspan="3">长度和宽度</td><td colspan="2">每块砖(2 条或 4 条边)的平均尺寸相对于工作尺寸(W)的允许偏差(%)</td><td>±2.0,最大±2mm</td><td>±2.0,最大±4mm</td></tr>
<tr><td colspan="2">每块砖(2 条或 4 条边)的平均尺寸相对于 10 块砖(20 条或 40 条边)平均尺寸的允许偏差(%)</td><td>±1.5</td><td>±1.5</td></tr>
<tr><td colspan="4">制造商选择工作尺寸应满足以下要求:
模数砖名义尺寸连接宽度允许为 3～11mm[a];
非模数砖工作尺寸与名义尺寸间的偏差不大于±3mm</td></tr>
<tr><td colspan="3">厚度[b]
厚度由制造商确定;
每块砖厚度的平均值相对于工作尺寸厚度的允许偏差(%)</td><td>±10</td><td>±10</td></tr>
<tr><td colspan="3">边直度[c](正面)
相对于工作尺寸的最大允许偏差(%)</td><td>±1.0</td><td>±1.0</td></tr>
<tr><td rowspan="3">表面平整度
最大允许偏差(%)</td><td colspan="2">相对于由工作尺寸计算的对角线的中心弯曲度</td><td>±1.0</td><td>±1.5</td></tr>
<tr><td colspan="2">相对于工作尺寸的边弯曲度</td><td>±1.0</td><td>±1.5</td></tr>
<tr><td colspan="2">相对于由工作尺寸计算的对角线的翘曲度</td><td>±1.5</td><td>±1.5</td></tr>
<tr><td rowspan="2">背纹(有要求时)</td><td colspan="2">深度 h(mm)</td><td colspan="2">h≥0.7</td></tr>
<tr><td colspan="2">形状</td><td colspan="2">背纹形状由制造商确定,示例如图 16-9 所示。
示例 1:$L_0-L_1>0$
示例 2:$L_0-L_2>0$
示例 3:$L_0-L_3>0$</td></tr>
<tr><td colspan="3">表面质量[d]</td><td colspan="2">至少砖的 95%的主要区域无明显缺陷</td></tr>
<tr><td colspan="3">吸水率(质量分数)</td><td colspan="2">平均值 6%<E≤10%,单个值≤11%</td></tr>
<tr><td colspan="3">破坏强度(N)</td><td colspan="2">≥900</td></tr>
<tr><td colspan="3">断裂模数(MPa)
不适用于破坏强度≥3 000N 的砖</td><td colspan="2">平均值≥17.5,单个值≥15</td></tr>
<tr><td rowspan="2">耐磨性</td><td colspan="2">无釉地砖耐磨损体积(mm^3)</td><td colspan="2">≤649</td></tr>
<tr><td colspan="2">有釉地砖表面耐磨性[e]</td><td colspan="2">报告陶瓷砖耐磨性级别和转数</td></tr>
<tr><td>线性热膨胀系数[f]</td><td colspan="2">从环境温度到 100℃</td><td colspan="2">参见附录 Q</td></tr>
<tr><td colspan="3">抗热震性[f]</td><td colspan="2">参见附录 Q</td></tr>
<tr><td colspan="3">有釉砖抗釉裂性[g]</td><td colspan="2">经试验应无釉裂</td></tr>
</table>

续表 16-58

<table>
<tr><td colspan="3" rowspan="2">项　目</td><td colspan="2">技术要求</td></tr>
<tr><td>精细</td><td>普通</td></tr>
<tr><td colspan="3">抗冻性[f]</td><td colspan="2">参见附录 Q</td></tr>
<tr><td colspan="3">地砖摩擦系数</td><td colspan="2">单个值≥0.50</td></tr>
<tr><td colspan="3">湿膨胀[f](mm/m)</td><td colspan="2">参见附录 Q</td></tr>
<tr><td colspan="3">小色差[f]</td><td colspan="2">纯色砖
有釉砖：$\Delta E<0.75$
无釉砖：$\Delta E<1.0$</td></tr>
<tr><td colspan="3">抗冲击性[f]</td><td colspan="2">参见附录 Q</td></tr>
<tr><td rowspan="2">耐污染性[f]</td><td colspan="2">有釉砖</td><td colspan="2">最低 3 级</td></tr>
<tr><td colspan="2">无釉砖[f]</td><td colspan="2">参见附录 Q</td></tr>
<tr><td rowspan="5">抗化学腐蚀性</td><td rowspan="2">耐低浓度酸和碱</td><td>有釉砖</td><td colspan="2" rowspan="2">制造商应报告耐化学腐蚀性等级</td></tr>
<tr><td>无釉砖</td></tr>
<tr><td colspan="2">耐高浓度酸和碱[f]</td><td colspan="2">参见附录 Q</td></tr>
<tr><td rowspan="2">耐家庭化学试剂和游泳池盐类</td><td>有釉砖</td><td colspan="2">不低于 GB 级</td></tr>
<tr><td>无釉砖</td><td colspan="2">不低于 UB 级</td></tr>
<tr><td colspan="3">铅和镉的溶出量[f]</td><td colspan="2">参见附录 Q</td></tr>
</table>

注：a、b、c、d、e、f、g 同表 16-56 注。

(5)(附录 E)挤压陶瓷砖($E>10\%$ AⅢ类)技术要求

表 16-59

<table>
<tr><td colspan="2" rowspan="2">项　目</td><td colspan="2">技术要求</td></tr>
<tr><td>精细</td><td>普通</td></tr>
<tr><td rowspan="3">长度和宽度</td><td>每块砖(2 条或 4 条边)的平均尺寸相对于工作尺寸(W)的允许偏差(%)</td><td>±2.0，最大
±2mm</td><td>±2.0，最大
±4mm</td></tr>
<tr><td>每块砖(2 条或 4 条边)的平均尺寸相对于 10 块砖(20 条或 40 条边)平均尺寸的允许偏差(%)</td><td>±1.5</td><td>±1.5</td></tr>
<tr><td colspan="3">制造商选择工作尺寸应满足以下要求：
模数砖名义尺寸连接宽度允许为 3～11mm[a]；
非模数砖工作尺寸与名义尺寸之间的偏差不大于±3mm</td></tr>
<tr><td colspan="2">厚度[b]
厚度由制造商确定；
每块砖厚度的平均值相对于工作尺寸厚度的允许偏差(%)</td><td>±10</td><td>±10</td></tr>
<tr><td colspan="2">边直度[c](正面)
相对于工作尺寸的最大允许偏差(%)</td><td>±1.0</td><td>±1.0</td></tr>
<tr><td colspan="2">直角度[c]
相对于工作尺寸的最大允许偏差(%)</td><td>±1.0</td><td>±1.0</td></tr>
<tr><td rowspan="3">表面平整度
最大允许偏差(%)</td><td>相对于由工作尺寸计算的对角线的中心弯曲度</td><td>±1.0</td><td>±1.5</td></tr>
<tr><td>相对于工作尺寸的边弯曲度</td><td>±1.0</td><td>±1.5</td></tr>
<tr><td>相对于由工作尺寸计算的对角线的翘曲度</td><td>±1.5</td><td>±1.5</td></tr>
<tr><td rowspan="2">背纹(有要求时)</td><td>深度 h(mm)</td><td colspan="2">$h\geq0.7$</td></tr>
<tr><td>形状</td><td colspan="2">背纹形状由制造商确定，示例如图 16-9 所示。
示例 1：$L_0-L_1>0$
示例 2：$L_0-L_2>0$
示例 3：$L_0-L_3>0$</td></tr>
</table>

续表 16-59

<table>
<tr><th colspan="3" rowspan="2">项　　目</th><th colspan="2">技 术 要 求</th></tr>
<tr><th>精细</th><th>普通</th></tr>
<tr><td colspan="3">表面质量[d]</td><td colspan="2">至少砖的95%的主要区域无明显缺陷</td></tr>
<tr><td colspan="3">吸水率(质量分数)</td><td colspan="2">平均值>10%</td></tr>
<tr><td colspan="3">破坏强度(N)</td><td colspan="2">≥600</td></tr>
<tr><td colspan="3">断裂模数(MPa)
不适用于破坏强度≥3 000N 的砖</td><td colspan="2">平均值≥8,单个值≥7</td></tr>
<tr><td rowspan="2">耐磨性</td><td colspan="2">无釉地砖耐磨损体积(mm^3)</td><td colspan="2">≤2 365</td></tr>
<tr><td colspan="2">有釉地砖表面耐磨性[e]</td><td colspan="2">报告陶瓷砖耐磨性级别和转数</td></tr>
<tr><td>线性热膨胀系数[f]</td><td colspan="2">从环境温度到 100℃</td><td colspan="2">参见附录 Q</td></tr>
<tr><td colspan="3">抗热震性[f]</td><td colspan="2">参见附录 Q</td></tr>
<tr><td colspan="3">有釉砖抗釉裂性[g]</td><td colspan="2">经试验应无釉裂</td></tr>
<tr><td colspan="3">抗冻性[f]</td><td colspan="2">参见附录 Q</td></tr>
<tr><td colspan="3">地砖摩擦系数</td><td colspan="2">单个值≥0.50</td></tr>
<tr><td colspan="3">湿膨胀[f](mm/m)</td><td colspan="2">参见附录 Q</td></tr>
<tr><td colspan="3">小色差[f]</td><td colspan="2">纯色砖
有釉砖:ΔE<0.75
无釉砖:ΔE<1.0</td></tr>
<tr><td colspan="3">抗冲击性[f]</td><td colspan="2">参见附录 Q</td></tr>
<tr><td rowspan="2">耐污染性</td><td colspan="2">有釉砖</td><td colspan="2">最低 3 级</td></tr>
<tr><td colspan="2">无釉砖[f]</td><td colspan="2">参见附录 Q</td></tr>
<tr><td rowspan="5">抗化学腐蚀性</td><td rowspan="2">耐低浓度酸和碱</td><td>有釉砖</td><td colspan="2" rowspan="2">制造商应报告耐化学腐蚀性等级</td></tr>
<tr><td>无釉砖</td></tr>
<tr><td colspan="2">耐高浓度酸和碱[f]</td><td colspan="2">参见附录 Q</td></tr>
<tr><td rowspan="2">耐家庭化学试剂和游泳池盐类</td><td>有釉砖</td><td colspan="2">不低于 GB 级</td></tr>
<tr><td>无釉砖</td><td colspan="2">不低于 UB 级</td></tr>
<tr><td colspan="3">铅和镉的溶出量[f]</td><td colspan="2">参见附录 Q</td></tr>
</table>

注:a、b、c、d、e、f、g 同表 16-56 注。

(6)(附录 G)干压陶瓷砖($E\leqslant0.5\%$ BⅠa 类)技术要求

表 16-60

<table>
<tr><th colspan="2" rowspan="3">项　　目</th><th colspan="2">技 术 要 求</th></tr>
<tr><th colspan="2">名义尺寸</th></tr>
<tr><th>70mm≤N<150mm</th><th>N≥150mm</th></tr>
<tr><td rowspan="3">长度和宽度</td><td rowspan="2">每块砖(2 条或 4 条边)的平均尺寸相对于工作尺寸(W)的允许偏差(%)</td><td>±0.9mm</td><td>±0.6,最大值±2.0mm</td></tr>
<tr><td colspan="2">抛光砖:最大值±1.0mm</td></tr>
<tr><td colspan="3">制造商选择工作尺寸应满足以下要求:
模数砖名义尺寸连接宽度允许为 2~5mm[a];
非模数砖工作尺寸与名义尺寸之间的偏差不大于±2%,最大 5mm</td></tr>
<tr><td colspan="2">厚度[b]
厚度由制造商确定。
每块砖厚度的平均值相对于工作尺寸厚度的允许偏差(%)</td><td>±0.5mm</td><td>±5,最大值±0.5mm</td></tr>
<tr><td colspan="2" rowspan="2">边直度[c](正面)
相对于工作尺寸的最大允许偏差(%)</td><td>±0.75mm</td><td>±0.5,最大值±1.5mm</td></tr>
<tr><td colspan="2">抛光砖:±0.2,最大值≤1.5mm</td></tr>
</table>

续表 16-60

项目			技术要求	
			名义尺寸	
			70mm≤N<150mm	N≥150mm
直角度[c] 相对于工作尺寸的最大允许偏差(%)			±0.75mm	±0.5,最大值±2.0mm
			抛光砖:±0.2,最大值≤2.0mm	
表面平整度最大允许偏差(%)	相对于由工作尺寸计算的对角线的中心弯曲度		±0.75mm	±0.5,最大值±2.0mm
	相对于工作尺寸的边弯曲度		±0.75mm	±0.5,最大值±2.0mm
	相对于由工作尺寸计算的对角线的翘曲度		±0.75mm	±0.5,最大值±2.0mm
	抛光砖的表面平整度允许偏差为±0.15,且最大偏差≤2.0mm。 边长>600mm 的砖,表面平整度用上凸和下凹表示,其最大偏差≤2.0mm			
背纹(有要求时)	深度 h(mm)		h≥0.7	
	形状		背纹形状由制造商确定,示例如图 16-9 所示。 示例 1:$L_0-L_1>0$ 示例 2:$L_0-L_2>0$ 示例 3:$L_0-L_3>0$	
表面质量[d]			至少砖的 95%的主要区域无明显缺陷	
吸水率[e](质量分数)			平均值≤0.5%,单个值≤0.6%	
破坏强度(N)	厚度(工作尺寸)≥7.5mm		≥1 300	
	厚度(工作尺寸)<7.5mm		≥700	
断裂模数(MPa) 不知用于破坏强度≥3 000N 的砖			平均值≥35,单个值≥32	
耐磨性	无釉地砖耐磨损体积(mm^3)		≤175	
	有釉地砖表面耐磨性[f]		报告陶瓷砖耐磨性级别和转数	
线性热膨胀系数[g]	从环境温度到 100℃		参见附录 Q	
抗热震性[g]			参见附录 Q	
有釉砖抗釉裂性[h]			经试验应无釉裂	
抗冻性			经试验应无裂纹或剥落	
地砖摩擦系数			单个值≥0.50	
湿膨胀[g](mm/m)			参见附录 Q	
小色差[g]			纯色砖 有釉砖:ΔE<0.75 无釉砖:ΔE<1.0	
抗冲击性[g]			参见附录 Q	
抛光砖光泽度[i]			≥55	
耐污染性	有釉砖		最低 3 级	
	无釉砖[g]		参见附录 Q	
抗化学腐蚀性	耐低浓度酸和碱	有釉砖	制造商应报告耐化学腐蚀性等级	
		无釉砖		
	耐高浓度酸和碱[g]		参见附录 Q	
	耐家庭化学试剂和游泳池盐类	有釉砖	不低于 GB 级	
		无釉砖	不低于 UB 级	
铅和镉的溶出量[g]			参见附录 Q	

注:①a、b、c、d、e、f、g、h 同表 16-55 注。

②[i] 适用于有镜面效果的抛光砖,不包括平抛光和局部抛光的砖。

(7)(附录H)干压陶瓷砖($0.5\%<E\leqslant3\%$　BⅠb类)技术要求

表16-61

项目		技术要求 名义尺寸 70mm≤N<150mm	技术要求 名义尺寸 N≥150mm
长度和宽度	每块砖(2条或4条边)的平均尺寸相对于工作尺寸(W)的允许偏差(%)	±0.9mm	±0.6,最大值±2.0mm
长度和宽度	制造商选择工作尺寸应满足以下要求: 模数砖名义尺寸连接宽度允许为2~5mm[a]; 非模数砖工作尺寸与名义尺寸之间的偏差不大于±2%,最大5mm		
厚度[b] 厚度由制造商确定。 每块砖厚度的平均值相对于工作尺寸厚度的允许偏差(%)		±0.5mm	±5,最大值±0.5mm
边直度[c](正面) 相对于工作尺寸的最大允许偏差(%)		±0.75mm	±0.5,最大值±1.5mm
直角度[c] 相对于工作尺寸的最大允许偏差(%)		±0.75mm	±0.5,最大值±2.0mm
表面平整度最大允许偏差(%)	相对于由工作尺寸计算的对角线的中心弯曲度	±0.75mm	±0.5,最大值±2.0mm
表面平整度最大允许偏差(%)	相对于工作尺寸的边弯曲度	±0.75mm	±0.5,最大值±2.0mm
表面平整度最大允许偏差(%)	相对于由工作尺寸计算的对角线的翘曲度	±0.75mm	±0.5,最大值±2.0mm
表面平整度最大允许偏差(%)	边长>600mm的砖,表面平整度用上凸和下凹表示,其最大偏差≤2.0mm		
背纹(有要求时)	深度h(mm)	$h\geqslant0.7$	
背纹(有要求时)	形状	背纹形状由制造商确定,示例如图16-9所示。 示例1:$L_0-L_1>0$ 示例2:$L_0-L_2>0$ 示例3:$L_0-L_3>0$	
表面质量[d]		至少砖的95%的主要区域无明显缺陷	
吸水率(质量分数)		$0.5\%<E\leqslant3\%$,单个最大值≤3.3%	
破坏强度(N)	厚度(工作尺寸)≥7.5mm	≥1 100	
破坏强度(N)	厚度(工作尺寸)<7.5mm	≥700	
断裂模数(MPa) 不适用于破坏强度≥3 000N的砖		平均值≥30,单个值≥27	
耐磨性	无釉地砖耐磨损体积(mm^3)	≤175	
耐磨性	有釉地砖表面耐磨性[e]	报告陶瓷砖耐磨性级别和转数	
线性热膨胀系数[f]	从环境温度到100℃	参见附录Q	
抗热震性[f]		参见附录Q	
有釉砖抗釉裂性[g]		经试验应无釉裂	
抗冻性		经试验应无裂纹或剥落	
地砖摩擦系数		单个值≥0.50	
湿膨胀[f](mm/m)		参见附录Q	
小色差[f]		纯色砖 有釉砖:$\Delta E<0.75$ 无釉砖:$\Delta E<1.0$	
抗冲击性[f]		参见附录Q	
耐污染性	有釉砖	最低3级	
耐污染性	无釉砖[f]	参见附录Q	

续表 16-61

项 目			技术要求	
			名义尺寸	
			70mm≤N<150mm	N≥150mm
抗化学腐蚀性	耐低浓度酸和碱	有釉砖	制造商应报告耐化学腐蚀性等级	
		无釉砖		
	耐高浓度酸和碱[f]		参见附录 Q	
	耐家庭化学试剂和游泳池盐类	有釉砖	不低于 GB 级	
		无釉砖	不低于 UB 级	
铅和镉的溶出量[f]			参见附录 Q	

注：a、b、c、d、e、f、g、h 同表 16-56 注。

(8)(附录 J)干压陶瓷砖(3%<E≤6% BⅡa 类)技术要求

表 16-62

项 目		技术要求	
		名义尺寸	
		70mm≤N<150mm	N≥150mm
长度和宽度	每块砖(2 条或 4 条边)的平均尺寸相对于工作尺寸(W)的允许偏差(%)	±0.9mm	±0.6，最大值±2.0mm
	制造商选择工作尺寸应满足以下要求： 模数砖名义尺寸连接宽度允许为 2～5mm[a]； 非模数砖工作尺寸与名义尺寸之间的偏差不大于±2%，最大 5mm		
厚度[b] 厚度由制造商确定； 每块砖厚度的平均值相对于工作尺寸厚度的允许偏差(%)		±0.5mm	±5，最大值±0.5mm
边直度[c](正面) 相对于工作尺寸的最大允许偏差(%)		±0.75mm	±0.5，最大值±1.5mm
直角度[c] 相对于工作尺寸的最大允许偏差(%)		±0.75mm	±0.5，最大值±2.0mm
表面平整度最大允许偏差(%)	相对于由工作尺寸计算的对角线的中心弯曲度	±0.75mm	±0.5，最大值±2.0mm
	相对于工作尺寸的边弯曲度	±0.75mm	±0.5，最大值±2.0mm
	相对于由工作尺寸计算的对角线的翘曲度	±0.75mm	±0.5，最大值±2.0mm
	边长>600mm 的砖，表面平整度用上凸和下凹表示，其最大偏差≤2.0mm		
背纹(有要求时)	深度 h(mm)	h≥0.7	
	形状	背纹形状由制造商确定，示例如图 16-9 所示。 示例 1：$L_0-L_1>0$ 示例 2：$L_0-L_2>0$ 示例 3：$L_0-L_3>0$	
表面质量[d]		至少砖的 95% 的主要区域无明显缺陷	
吸水率(质量分数)		3%<E≤6%，单个最大值≤6.5%	
破坏强度(N)	厚度(工作尺寸)≥7.5mm	≥1 000	
	厚度(工作尺寸)<7.5mm	≥600	
断裂模数(MPa) 不适用于破坏强度≥3 000N 的砖		平均值≥22，单个值≥20	

续表 16-62

项目			技术要求 名义尺寸 70mm≤N<150mm	技术要求 名义尺寸 N≥150mm
耐磨性	无釉地砖耐磨损体积(mm^3)		≤345	
	有釉地砖表面耐磨性[e]		报告陶瓷砖耐磨性级别和转数	
线性热膨胀系数[f]	从环境温度到100℃		参见附录 Q	
抗热震性[f]			参见附录 Q	
有釉砖抗釉裂性[g]			经试验应无釉裂	
抗冻性[f]			参见附录 Q	
地砖摩擦系数			单个值≥0.50	
湿膨胀[f](mm/m)			参见附录 Q	
小色差[f]			纯色砖 有釉砖:ΔE<0.75 无釉砖:ΔE<1.0	
抗冲击性[f]			参见附录 Q	
耐污染性	有釉砖		最低 3 级	
	无釉砖[f]		参见附录 Q	
抗化学腐蚀性	耐低浓度酸和碱	有釉砖	制造商应报告耐化学腐蚀性等级	
		无釉砖		
	耐高浓度酸和碱[f]		参见附录 Q	
	耐家庭化学试剂和游泳池盐类	有釉砖	不低于 GB 级	
		无釉砖	不低于 UB 级	
铅和镉的溶出量[f]			参见附录 Q	

注:a、b、c、d、e、f、g 同表 16-56 注。

(9)(附录 K)干压陶瓷砖(6%<E≤10% BⅡb 类)技术要求

表 16-63

项目		技术要求 名义尺寸 70mm≤N<150mm	技术要求 名义尺寸 N≥150mm
长度和宽度	每块砖(2 条或 4 条边)的平均尺寸相对于工作尺寸(W)的允许偏差(%)	±0.9mm	±0.6,最大值±2.0mm
	制造商选择工作尺寸应满足以下要求: 模数砖名义尺寸连接宽度允许为 2~5mm[a]; 非模数砖工作尺寸与名义尺寸之间的偏差不大于±2%,最大 5mm		
厚度[b] 厚度由制造商确定; 每块砖厚度的平均值相对于工作尺寸厚度的允许偏差(%)		±0.5mm	±5,最大值±0.5mm
边直度[c](正面) 相对于工作尺寸的最大允许偏差(%)		±0.75mm	±0.5,最大值±1.5mm
直角度[c] 相对于工作尺寸的最大允许偏差(%)		±0.75mm	±0.5,最大±2.0mm

续表 16-63

<table>
<tr><td colspan="3" rowspan="3">项　　目</td><td colspan="2">技 术 要 求</td></tr>
<tr><td colspan="2">名义尺寸</td></tr>
<tr><td>70mm≤N＜150mm</td><td>N≥150mm</td></tr>
<tr><td rowspan="4">表面平整度最大允许偏差(%)</td><td colspan="2">相对于由工作尺寸计算的对角线的中心弯曲度</td><td>±0.75mm</td><td>±0.5，最大值±2.0mm</td></tr>
<tr><td colspan="2">相对于工作尺寸的边弯曲度</td><td>±0.75mm</td><td>±0.5，最大值±2.0mm</td></tr>
<tr><td colspan="2">相对于由工作尺寸计算的对角线的翘曲度</td><td>±0.75mm</td><td>±0.5，最大值±2.0mm</td></tr>
<tr><td colspan="4">边长＞600mm 的砖，表面平整度用上凸和下凹表示，其最大偏差≤2.0mm</td></tr>
<tr><td rowspan="2">背纹(有要求时)</td><td colspan="2">深度 h(mm)</td><td colspan="2">h≥0.7</td></tr>
<tr><td colspan="2">形状</td><td colspan="2">背纹形状由制造商确定，示例如图 16-9 所示。
示例 1：$L_0-L_1>0$
示例 2：$L_0-L_2>0$
示例 3：$L_0-L_3>0$</td></tr>
<tr><td colspan="3">表面质量[d]</td><td colspan="2">至少砖的 95% 的主要区域无明显缺陷</td></tr>
<tr><td colspan="3">吸水率(质量分数)</td><td colspan="2">6%＜E≤10%，单个最大值≤11%</td></tr>
<tr><td rowspan="2">破坏强度(N)</td><td colspan="2">厚度(工作尺寸)≥7.5mm</td><td colspan="2">≥800</td></tr>
<tr><td colspan="2">厚度(工作尺寸)＜7.5mm</td><td colspan="2">≥600</td></tr>
<tr><td colspan="3">断裂模数(MPa)
不适用于破坏强度≥3 000N 的砖</td><td colspan="2">平均值≥18，单个值≥16</td></tr>
<tr><td rowspan="2">耐磨性</td><td colspan="2">无釉地砖耐磨损体积(mm^3)</td><td colspan="2">≤540</td></tr>
<tr><td colspan="2">有釉地砖表面耐磨性[e]</td><td colspan="2">报告陶瓷砖耐磨性级别和转数</td></tr>
<tr><td>线性热膨胀系数[f]</td><td colspan="2">从环境温度到 100℃</td><td colspan="2">参见附录 Q</td></tr>
<tr><td colspan="3">抗热震性[f]</td><td colspan="2">参见附录 Q</td></tr>
<tr><td colspan="3">有釉砖抗釉裂性[g]</td><td colspan="2">经试验应无釉裂</td></tr>
<tr><td colspan="3">抗冻性[f]</td><td colspan="2">参见附录 Q</td></tr>
<tr><td colspan="3">地砖摩擦系数</td><td colspan="2">单个值≥0.50</td></tr>
<tr><td colspan="3">湿膨胀[f](mm/m)</td><td colspan="2">参见附录 Q</td></tr>
<tr><td colspan="3">小色差[f]</td><td colspan="2">纯色砖
有釉砖：ΔE＜0.75
无釉砖：ΔE＜1.0</td></tr>
<tr><td colspan="3">抗冲击性[f]</td><td colspan="2">参见附录 Q</td></tr>
<tr><td rowspan="2">耐污染性</td><td colspan="2">有釉砖</td><td colspan="2">最低 3 级</td></tr>
<tr><td colspan="2">无釉砖[f]</td><td colspan="2">参见附录 Q</td></tr>
<tr><td rowspan="5">抗化学腐蚀性</td><td rowspan="2">耐低浓度酸和碱</td><td>有釉砖</td><td colspan="2" rowspan="2">制造商应报告耐化学腐蚀性等级</td></tr>
<tr><td>无釉砖</td></tr>
<tr><td colspan="2">耐高浓度酸和碱[f]</td><td colspan="2">参见附录 Q</td></tr>
<tr><td rowspan="2">耐家庭化学试剂和游泳池盐类</td><td>有釉砖</td><td colspan="2">不低于 GB 级</td></tr>
<tr><td>无釉砖</td><td colspan="2">不低于 UB 级</td></tr>
<tr><td colspan="3">铅和镉的溶出量[f]</td><td colspan="2">参见附录 Q</td></tr>
</table>

注：a、b、c、d、e、f、g 同表 16-56 注。

(10)(附录 *L*)干压陶瓷砖(E>10% *B*Ⅲ类)技术要求

表 16-64

<table>
<tr><td colspan="3" rowspan="3">项　目</td><td colspan="2">技术要求</td></tr>
<tr><td colspan="2">名义尺寸</td></tr>
<tr><td>70mm≤N<150mm</td><td>N≥150mm</td></tr>
<tr><td rowspan="2">长度和宽度</td><td colspan="2">每块砖(2 条或 4 条边)的平均尺寸相对于工作尺寸(W)的允许偏差(%)</td><td>±0.75mm</td><td>±0.5,最大值±2.0mm</td></tr>
<tr><td colspan="4">制造商选择工作尺寸应满足以下要求:
模数砖名义尺寸连接宽度允许为 1.5~5mm[a];
非模数砖工作尺寸与名义尺寸之间的偏差不大于±2%,最大 5mm</td></tr>
<tr><td colspan="3">厚度[b]
厚度由制造商确定;
每块砖厚度的平均值相对于工作尺寸厚度的允许偏差(%)</td><td>±0.5mm</td><td>±10,最大值±0.5mm</td></tr>
<tr><td colspan="3">边直度[c](正面)
相对于工作尺寸的最大允许偏差(%)</td><td>±0.5mm</td><td>±0.3,最大值±1.5mm</td></tr>
<tr><td colspan="3">直角度[c]
相对于工作尺寸的最大允许偏差(%)</td><td>±0.75mm</td><td>±0.5,最大±2.0mm</td></tr>
<tr><td rowspan="4">表面平整度
最大允许偏差
(%)</td><td colspan="2">相对于由工作尺寸计算的对角线的中心弯曲度</td><td>+0.75mm,−0.5mm</td><td>+0.5,−0.3 最大值
+2.0mm,−1.5mm</td></tr>
<tr><td colspan="2">相对于工作尺寸的边弯曲度</td><td>+0.75mm,−0.5mm</td><td>+0.5,−0.3 最大值
+2.0mm,−1.5mm</td></tr>
<tr><td colspan="2">相对于由工作尺寸计算的对角线的翘曲度</td><td>±0.75mm</td><td>±0.5,最大值±2.0mm</td></tr>
<tr><td colspan="4">边长>600mm 的砖,表面平整度用上凸和下凹表示,其最大偏差≤2.0mm</td></tr>
<tr><td rowspan="2">背纹(有要求时)</td><td colspan="2">深度 h(mm)</td><td colspan="2">h≥0.7</td></tr>
<tr><td colspan="2">形状</td><td colspan="2">背纹形状由制造商确定,示例如图 16-9 所示。
示例 1:$L_0-L_1>0$
示例 2:$L_0-L_2>0$
示例 3:$L_0-L_3>0$</td></tr>
<tr><td colspan="3">表面质量[d]</td><td colspan="2">至少砖的 95%的主要区域无明显缺陷</td></tr>
<tr><td colspan="3">吸水率(质量分数)</td><td colspan="2">当平均值>10%时,单个最小值>9%;
当平均值>20%时,制造商应说明</td></tr>
<tr><td rowspan="2">破坏强度(N)</td><td colspan="2">厚度(工作尺寸)≥7.5mm</td><td colspan="2">≥600</td></tr>
<tr><td colspan="2">厚度(工作尺寸)<7.5mm</td><td colspan="2">≥350</td></tr>
<tr><td colspan="3">断裂模数(MPa)
不适用于破坏强度≥3 000N 的砖</td><td colspan="2">平均值≥15,单个值≥12</td></tr>
<tr><td colspan="3">耐磨性
有釉地砖表面耐磨性[e]</td><td colspan="2">报告陶瓷砖耐磨性级别和转数</td></tr>
<tr><td>线性热膨胀系数[f]</td><td colspan="2">从环境温度到 100℃</td><td colspan="2">参见附录 Q</td></tr>
<tr><td colspan="3">抗热震性[f]</td><td colspan="2">参见附录 Q</td></tr>
<tr><td colspan="3">有釉砖抗釉裂性[g]</td><td colspan="2">经试验应无釉裂</td></tr>
<tr><td colspan="3">抗冻性[f]</td><td colspan="2">参见附录 Q</td></tr>
<tr><td colspan="3">地砖摩擦系数</td><td colspan="2">单个值≥0.50</td></tr>
<tr><td colspan="3">湿膨胀[g](mm/m)</td><td colspan="2">参见附录 Q</td></tr>
<tr><td colspan="3">小色差[f]</td><td colspan="2">纯色砖
有釉砖:$\Delta E<0.75$
无釉砖:$\Delta E<1.0$</td></tr>
</table>

续表 16-64

<table>
<tr><th colspan="2" rowspan="3">项　　目</th><th colspan="2">技 术 要 求</th></tr>
<tr><th colspan="2">名义尺寸</th></tr>
<tr><th>70mm≤N<150mm</th><th>N≥150mm</th></tr>
<tr><td colspan="2">抗冲击性[f]</td><td colspan="2">参见附录Q</td></tr>
<tr><td colspan="2">耐污染性
有釉砖</td><td colspan="2">最低3级</td></tr>
<tr><td rowspan="3">抗化学腐蚀性</td><td>耐低浓度酸和碱
有釉砖</td><td colspan="2">制造商应报告耐化学腐蚀性等级</td></tr>
<tr><td>耐高浓度酸和碱[f]</td><td colspan="2">参见附录Q</td></tr>
<tr><td>耐家庭化学试剂和游泳池盐类(有釉砖)</td><td colspan="2">不低于GB级</td></tr>
<tr><td colspan="2">铅和镉的溶出量[f]</td><td colspan="2">参见附录Q</td></tr>
</table>

注:a、b、c、d、e、f、g同表16-56注。

5. 干压陶瓷砖的厚度要求

表 16-65

干压陶瓷砖的表面积(cm^2)	厚度(mm)不大于	干压陶瓷砖的表面积(cm^2)	厚度(mm)不大于
≤900	10.0	>3 600～6 400	11.0
>900～1 800	10.0	>6 400	13.5
>1 800～3 600	10.0		

注:微晶石、干挂砖等特殊工艺和特殊要求的砖或有合同规定时,砖的厚度由供需双方商定。

6. 附录Q

试验方法说明

标准附录中涉及的试验方法是产品要求中所规定的,但该部分试验要求不是强制性的。本附录是对这些试验及其他相关信息的解释说明。

GB/T 3810.5　用恢复系数确定砖的抗冲击性

该试验使用在抗冲击性有特别要求的场所。一般轻负荷场所要求的恢复系数是0.55,重负荷场所则要求更高的恢复系数。

GB/T 3810.8　线性热膨胀的测定

大多陶瓷砖都有微小的线性热膨胀,若陶瓷砖安装在有高热变性的情况下,应进行该项试验。

GB/T 3810.9　抗热震性的测定

所有陶瓷砖都具有耐高温性,凡是有可能经受热震应力的陶瓷砖都应进行该项试验。

GB/T 3810.10　湿膨胀的测定

大多数有釉砖和无釉砖都有微小的自然湿膨胀,当正确铺贴(或安装)时,不会起铺贴问题。但在不规范安装和一定的湿度条件下,当湿膨胀大于0.06%时(0.66mm/m),就有可能出问题。

GB/T 3810.12　抗冻性的测定

对于明示并准备用在受冻环境中的产品必须通过该项试验,一般对明示不用于受冻环境中的产品不要求该项试验。

CB/T 3810.13　耐化学腐蚀性的测定

陶瓷砖通常都具有抗普通化学药品的性能。若准备将陶瓷砖在有可能受腐蚀的环境下使用时,应按GB/T 3810.13中4.3.2规定进行高浓度酸和碱的耐化学腐蚀性试验。

GB/T 3810.14　耐污染性的测定

该标准要求对有釉砖是强制的。对于无釉砖,若在有污染的环境下使用,建议制造商考虑耐污染性的问题。对于某些有釉砖因釉层下的坯体吸水而引起的暂时色差,本标准不适用。

GB/T 3810.15　有釉砖铅和镉溶出量的测定

当有釉砖是用于加工食品的工作台或墙面且砖的釉面与食品有可能接触的场所时,则要求进行该项试验。

GB/T3810.16　小色差的测定

标准只适用于在特定环境下的单色有釉砖,而且仅在认为单色有釉砖之间的小色差是重要的特定情况下,采用本标准方法。

附录M　摩擦系数的测定

该试验方法仅用于地砖。无论砖表面是干燥的或湿润的,其摩擦系数取决于砖的表面特征。接触不同类型材料如鞋和光脚,其使用结果亦不同。其要求的系数也取决于所铺地面使用的特点和地面大小。在铺设面积较大的工业或商业以及坡道等使用场所,特别是那些直接与室外相连接的场合时,其产品的摩擦系数值应高于在许多室内场合使用时的摩擦系数值。地砖铺贴前先进行摩擦系数的测定。包括陶瓷砖在内的地面铺贴材料对在受某些不合理或不适当保养的使用情况下,认为对摩擦系数的要求是不必要的,例如不利于使用中的地面清洁。

7.陶瓷砖的产品标记

(1)标记

砖和/或其包装上应有下列标志:

①制造商的标记和/或商标以及产地;

②质量标志;

③砖的种类及执行本标准的相应附录;

④名义尺寸和工作尺寸,模数(M)或非模数;

⑤表面特性,如有釉(GL)或无釉(UGL);

⑥烧成后表面处理情况,如抛光;

⑦砖和包装的总质量。

(2)产品特性

对用于地面的陶瓷砖,应说明有釉砖的耐磨性级别或使用的场所(见陶瓷砖的包装标记)。

(3)产品说明

产品说明中应包含以下信息:

①成型方法;

②陶瓷砖类别及执行本标准的相应附录;

③名义尺寸和工作尺寸,模数(M)和非模数;

④表面特性,如有釉(GL)或无釉(UGL);

⑤背纹(需要时)。

示例:①精细挤压砖,GB/T 4100—2015,附录A,AⅠa M 25cm×12.5cm(*W*240mm×115mm×10mm)GL。

②普通挤压砖,GB/T 4100—2015,附录B,AⅠb 15cm×15cm(*W*150mm×15mm×9.5mm)UGL。

③干压砖,GB/T 4100—2015,附录G,BⅠa M 25cm×12.5cm(*W*240mm×115mm×10mm)GL。

④干压砖,GB/T 4100—2015,附录L,BⅢ 15cm×15cm(*W*150mm×150mm×9.5mm)UGL。

注:名义尺寸——用来统称产品规格的尺寸。

工作尺寸——按制造结果而确定的尺寸(包括长、宽、厚)。实际尺寸与其之间的差应在规定的允许偏差之内。

配合尺寸——工作尺寸加上连接宽度。

模数尺寸——包括了尺寸为M(1M=100mm)、2M、3M和5M及它们的倍数或分数为基数的砖,不包括表面积小于9 000mm^{2}的砖。

非模数尺寸——不以模数M为基数的尺寸。

8.陶瓷砖的包装标记

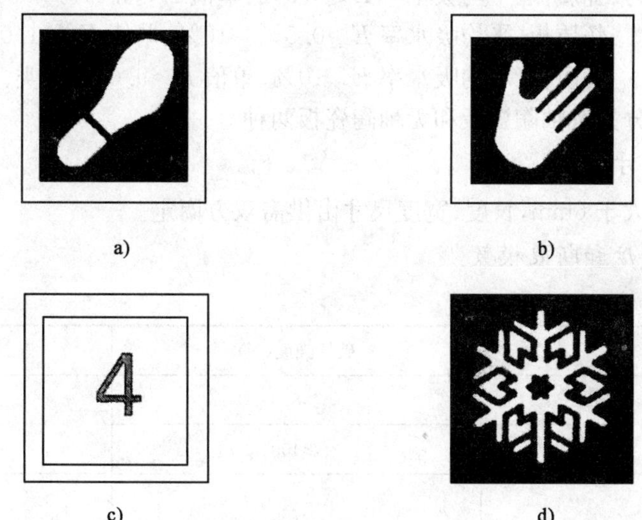

a) b) c) d)

图 a)适用于地面的砖;

图 b)适用于墙面的砖;

图 c)该数字 4 只是一个例子,它表示有釉地砖耐磨性的级别;

图 d)的标志表示具有抗冻性的砖。

9.陶瓷有釉地砖的耐磨性分级

本条仅提供了各级有釉地砖耐磨性(见 GB/T 3810.7)使用范围的指导性建议,对有特殊要求的产品不作为准确的技术要求。

0 级 该级有釉砖不适用于铺贴地面。

1 级 该级有釉砖适用于柔软的鞋袜或不带有划痕灰尘的光脚使用的地面(例如:没有直接通向室外通道的卫生间或卧室使用的地面)。

2 级 该级有釉砖适用于柔软的鞋袜或普通鞋袜使用的地面。大多数情况下,偶尔有少量划痕灰尘(例如:家中起居室,但不包括厨房、入口处和其他有较多来往的房间),该等级的砖不能用特殊的鞋,例如带平头钉的鞋。

3 级 该级有釉砖适用于平常的鞋袜,带有少量划痕灰尘的地面(例如:家庭的厨房、客厅、走廊、阳台、涂廊和平台)。该等级的砖不能用特殊的鞋,例如带平头钉的鞋。

4 级 该级有釉砖适用于有划痕灰尘,来往行人频繁的地面,使用条件比 3 类地砖恶劣(例如:入口处、饭店的厨房、旅店、展览馆和商店等)。

5 级 该级有釉砖适用于行人来往非常频繁并能经受划痕灰尘的地面,甚至于在使用环境较恶劣的场所(例如:公共场所如商务中心、机场大厅、旅馆门厅、公共过道和工业应用场所等)。

一般情况下,所给的使用分类是有效的,考虑到所穿的鞋袜、交通的类型和清洁方式,建筑物的地板清洁装置在进口处适当地防止划痕灰尘进入。

在交通繁忙和灰尘大的场所,可以使用吸水率 $E\leqslant3\%$ 中无釉方型地砖。

(十二)陶瓷板(GB/T 23266—2009)

陶瓷板是以黏土和其他无机非金属材料经成型、高温烧制等工艺制成的厚度不大于 6mm、上表面面积不小于 1.62m^2 的板状陶瓷制品。

陶瓷板适用于建筑物室内外墙面、地面的装饰铺砌。产品表面质量要求至少 95%的陶瓷板其主要区域无明显缺陷(表面人为装饰效果不算缺陷)。

1. 陶瓷板分类

陶瓷板按吸水率分为:瓷质板(平均吸水率 $E \leqslant 0.5\%$、单值 $E \leqslant 0.6\%$);

炻质板(平均吸水率 $E > 0.5\% \sim 10\%$、单值 $E \leqslant 11.0\%$);

陶质板(平均吸水率 $E > 10\%$、单值 $E > 9.0\%$)三类。

陶瓷板按表面特征分为有釉陶瓷板和无釉陶瓷板两种。

2. 陶瓷板的规格尺寸

产品的平均厚度不大于 6mm,长度、宽度尺寸由供需双方商定。

3. 陶瓷板的破坏强度和断裂模数

表 16-66

产品类别		破坏强度(N)	断裂模数(MPa)
瓷质板	厚度 $d \geqslant 4.0$mm	≥800	平均值≥45 单值≥40
	厚度 $d < 4.0$mm	≥400	
炻质板		≥750	平均值≥40 单值≥35
陶质板	厚度 $d \geqslant 4.0$mm	≥600	平均值≥40 单值≥35
	厚度 $d < 4.0$mm	≥400	平均值≥30 单值≥25

4. 陶瓷板的性能要求

表 16-67

项　目	指标和要求
耐磨性	地面用无釉陶瓷板耐磨损体积≤150mm³;地面用有釉陶瓷板表面耐磨性≥3 级(转数 750 转)
抗热震性	试验后无裂纹,无剥落
抗釉裂性	有釉陶瓷板试验后,釉面无裂纹,无剥落
抗冻性	用于受冻环境的陶瓷板试验后,无裂纹,无剥落
摩擦系数	用于地面的陶瓷板,厂方应报告产品的摩擦系数和试验方法
光泽度	抛光瓷质板的光泽度≥55(不包括半抛光和局部抛光的瓷质板)
耐化学腐蚀性	试验后,无釉陶瓷板不低于 UB 级,有釉陶瓷板不低于 GB 级。厂方应报告产品耐低浓度酸和碱的耐腐蚀级别,如陶瓷板可能在腐蚀环境下使用,应进行耐高浓度酸、碱试验并报告结果
耐污染性	有釉陶瓷板试验后应不低于 3 级,无釉陶瓷板耐污染性应报告等级
釉面铅、镉溶出量	有釉陶瓷板接触食品的台面、墙面、应报告其釉面铅和镉的表面溶出量
放射性核素限量	符合 GB 6566 规定
弹性限度	不小于 12mm
防滑坡度	用于潮湿、赤足行走的浴室、卫生间等地面时,陶瓷板的防滑坡度不小于 12°

注:生产厂应提供产品的使用说明,包括施工条件、施工方法、使用场所及注意事项。

(十三)烧结装饰板(GB/T 30018—2013)

烧结装饰板是以黏土、页岩或其他无机非金属材料为主要原料,经成型、干燥、烧结而成。烧结装饰板用于建筑物装饰及建筑幕墙。

1.烧结装饰板的分类

表 16-68

根据吸水率分类	根据生产工艺分类	根据用途分类	根据施工方式分类
Ⅰ类板	无釉烧结装饰板	空心烧结装饰板	湿贴烧结装饰板
Ⅱ类板	有釉烧结装饰板	实心烧结装饰板	干挂烧结装饰板
Ⅲ类板			
砖艺类烧结装饰板			

注:吸水率>12%~21%的,仅限于砖艺类烧结装饰板。

2.烧结装饰板的规格尺寸(mm)

表 16-69

长度(L)	允差	宽度(B)	允差	厚度(H)	允差
600、900、1 500	±2	300、600	±2	17、18、19、20、30、50	±1.5

3.烧结装饰板的外观质量要求

表 16-70

项 目	指 标
缺棱掉角:长宽度不超过 10mm×1mm,面积不超过 5mm×2mm	不多于 2 处
色差	不明显
裂纹(包括釉面板龟裂等)	不允许
缺釉、棕眼、釉泡等	不明显
表面平整度	≤2mm
对角线差	≤1.5mm
侧向弯曲	±2.5mm

4.烧结装饰板的物理性能要求

表 16-71

<table>
<tr><td colspan="3">物理性能</td><td colspan="3">要求</td></tr>
<tr><td colspan="3">吸水率(%)</td><td>Ⅰ类板≤6%</td><td>6%<Ⅱ类板≤10%</td><td>10%<Ⅲ类板≤12%</td></tr>
<tr><td colspan="3" rowspan="2">表观密度(kg/m³)</td><td colspan="2">空心烧结装饰板</td><td>实心烧结装饰板</td></tr>
<tr><td colspan="2">≤1 800</td><td>≤2 500</td></tr>
<tr><td colspan="2" rowspan="2">破坏强度(N)</td><td>厚度≥18mm</td><td colspan="3">平均值≥7 000　单块值≥6 500</td></tr>
<tr><td>厚度<18mm</td><td colspan="3">平均值≥2 800　单块值≥2 500</td></tr>
<tr><td colspan="2" rowspan="2">断裂模数(MPa)</td><td>厚度≥18mm</td><td colspan="3">平均值≥20　单块值≥16</td></tr>
<tr><td>厚度<18mm</td><td colspan="3">平均值≥15　单块值≥12</td></tr>
<tr><td colspan="2">抗热震性</td><td colspan="4">经 10 次试验无可见缺陷</td></tr>
<tr><td rowspan="5">抗冻性</td><td>使用条件</td><td>抗冻指标</td><td colspan="3">试验后每块板</td></tr>
<tr><td>夏热冬暖地区</td><td>F15</td><td colspan="3" rowspan="4">干质量损失≤5%
不允许出现分层、掉皮、缺棱掉角等冻坏现象</td></tr>
<tr><td>夏热冬冷地区</td><td>F25</td></tr>
<tr><td>寒冷地区</td><td>F35</td></tr>
<tr><td>严寒地区</td><td>F50</td></tr>
<tr><td colspan="3">放射性</td><td colspan="3">A类</td></tr>
</table>

5. 烧结装饰板耐撞击性能分级

表 16-72

分级指标		Ⅰ	Ⅱ	Ⅲ
室内侧	撞击能量 E(N·m)	≥900	>900	—
	降落高度 H(mm)	2 000	>2 000	—
室外侧	撞击能量 E(N·m)	≥500	≥800	>800
	降落高度 H(mm)	1 100	1 800	>1 800

注:①性能标注时应按:室内侧定级值/室外侧定级值。例如:Ⅰ/Ⅱ为室内Ⅰ级,室外Ⅱ级。
②当室内侧定级值为Ⅱ级时,标注撞击能量实际测试值;当室外侧定级值为Ⅲ级时,标注撞击能量实际测试值。例如:1 200/1 900为室内 1 200N·m,室外 1 900N·m。

6. 使用说明书

生产厂应提供产品的现场施工方法与要求。用作外墙保温时,应按照建筑节能标准要求对附件进行相应处理。

(十四)合成树脂装饰瓦(JG/T 346—2011)

合成树脂装饰瓦是以聚氯乙烯树脂为中间层(密度≤1.85g/cm^3)和底层(密度≤1.65g/cm^3)、丙烯酸类树脂为表面层,经三层共挤出成型,可有各种形状的屋面硬质装饰瓦。表面丙烯酸树脂一般包括ASA、PMMA,但不包括彩色 PVC。

合成树脂装饰瓦适用于工业和民用建筑的屋面铺设。

合成树脂装饰瓦应表面平整,颜色均匀,无裂纹、破孔、烧焦、气泡、明显麻点或异色点。

1. 合成树脂装饰瓦的分类、规格和标记

产品按表面层共挤材料分为 ASA 共挤合成树脂装饰瓦和 PMMA 共挤合成树脂装饰瓦两种。

产品规格:规格以长度×宽度×厚度(mm)表示。

产品标记:产品按分类、规格及标准号进行标记。

示例:表面共挤材料为 ASA、长度 6 000mm、宽度 720mm、厚度 3mm 的合成树脂装饰瓦标记为:ASA 6 000×720×3 JG/T 346—2011。

注:可在标记中加入商品名称。

2. 合成树脂装饰瓦的性能要求

表 16-73

项目	指标和要求
表面层厚度	≥0.15mm
加热后尺寸变化率	≤2%
加热后状态	不产生气泡、裂纹、麻点。表面层与中间层不出现分离
落锤冲击	试样的破裂个数≤1个
燃烧性能	合成树脂装饰瓦的氧指数不小于 32%
承载性能	挠度为跨距 3%时,承载力≥800N
耐应力开裂	试验后表面层和中间层应无裂纹,表面层与中间层不分离
老化性能	经 10 000h 老化后性能应符合以下要求: 外观:经人工加速老化试验后,不出现龟裂、斑点和粉化现象; 色差:单一颜色、表面平整的试样,颜色变化 ΔE≤5;特殊装饰的试样的颜色变化用灰度卡评定,灰度等级不小于 3 级
冲击强度保留率	老化试验后简支梁双 V 缺口冲击强度保留率不低于 60%

(十五)彩喷片状模塑料(SMC)瓦(JC/T 944—2005)

彩喷片状模塑料瓦以 SMC 为原料,经模压成型或手糊成型、表面喷漆制成,适用于覆盖屋面。

产品包括屋面瓦(T)和脊瓦(t)。瓦的表面应光滑,颜色均匀一致,无划伤、异物压入、纤维外露、裂纹、翘曲变形、穿透性针孔、分层等缺陷。

1.彩喷片状模塑料瓦的外形示意图

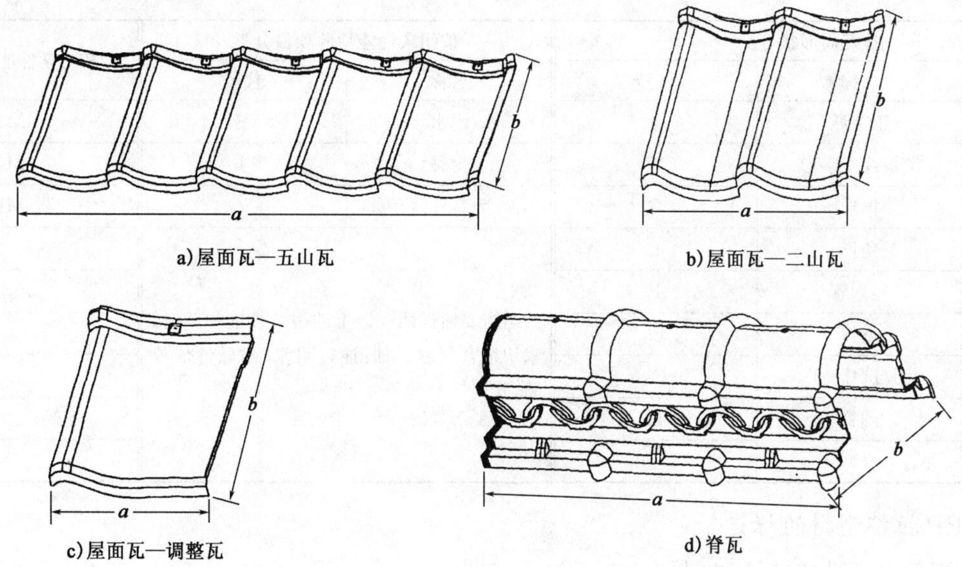

a)屋面瓦—五山瓦　b)屋面瓦—二山瓦　c)屋面瓦—调整瓦　d)脊瓦

图 16-10　屋面瓦和脊瓦主要产品的外形示意图

2.彩喷片状模塑料瓦的规格尺寸

表 16-74

项目	屋面瓦 (mm)		脊瓦 (mm)	
	公称尺寸	尺寸允许偏差	公称尺寸	尺寸允许偏差
长度	300～1 400	±2	250～1 000	±3
宽度	400～450	±2	200～450	±5
搭接	33.0	±2.5	—	—

3.彩喷片状模塑料瓦的标记

标记由产品代号、类别、规格尺寸与标准编号组成。

示例:彩喷 SMC 屋面瓦、规格尺寸为 1 382mm×420mm 应标记为:SMC T 1 382×420JC/T 944—2005

4.彩喷片状模塑料瓦的物理性能

表 16-75

项　目	指标和要求	项　目	指标和要求
玻璃纤维含量(%)	≥23	弯曲挠度(mm)	≤2.5
密度(g/cm³)	1.75±0.10	氧指数(%)	≥32
面密度(kg/m²)	4.55±0.50	导热系数[W/(m·k)]	≤0.82
吸水率(漆后)(%)	≤0.2	冲击性能	无裂纹、无变形
固化度(%)	≥90	漆面耐老化性能(500h)	失光率≤1 级、变色≤2 级

注:脊瓦对面密度和弯曲挠度不作要求。

(十六)结构用玻璃纤维增强复合材料拉挤型材(GB/T 31539—2015)

结构用玻璃纤维增强复合材料拉挤型材,代号 FRP 型材(简称 FRP 拉挤型材),是用无碱玻璃纤维及其制品和基体树脂(包括环氧树脂、乙烯基酯、不饱和聚酯树脂、酚醛树脂、聚氨酯树脂等),采用拉挤工艺生产制成,具有恒定截面形状。除特殊要求外,其横截面上任一壁厚不小于 3mm,有耐久性能要求的产品,壁厚不小于 5mm。其可作为承力结构部件,适用于建筑、桥梁、电力、化工等行业的承力结构。

1. FRP 拉挤型材的分类

表 16-76a)

按截面形状分类			按耐久性能检验项目分类		按力学性能要求分类
小类	名称	代号	名称	代号	
直边型	工字形	I	耐水	S	M30
	宽翼缘工字形	W	耐碱	J	M23
	槽形	C	耐紫外线	Z	M17
	角形	L	当需要通过两项以上的耐久性能检验时,采用组合代号。如:通过耐水、耐碱性能检验,其代号为 SJ		
	矩形管	B			
	方棒	Bs			
圆型	圆棒	Os			
	圆管	O			
异型	异型	Y			

2. FRP 拉挤型材的标记

直边型 FRP 型材的标记方法如下:

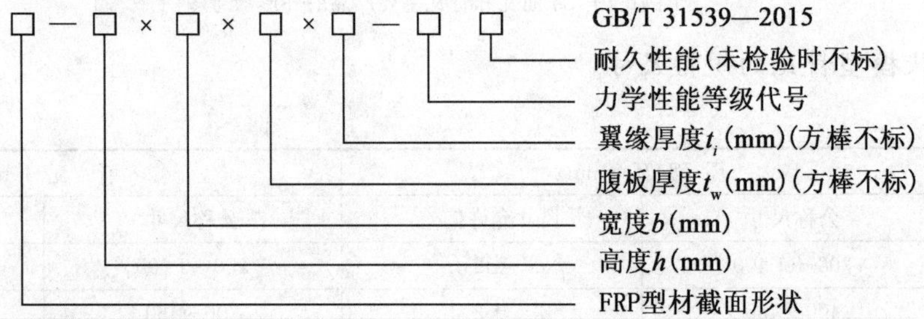

圆型 FRP 型材的标记方法如下:

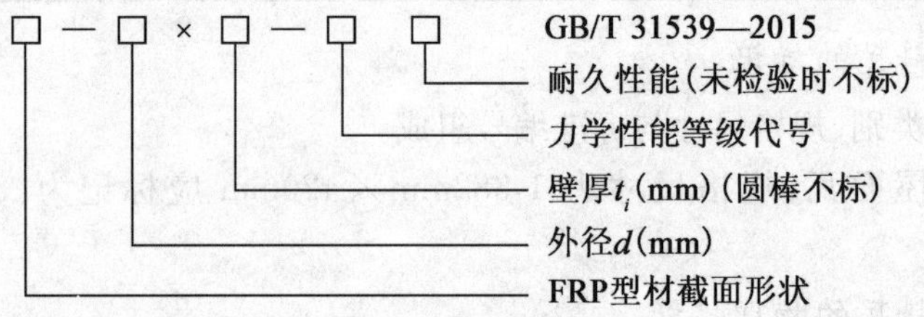

异型 FRP 型材的标记方法如下:

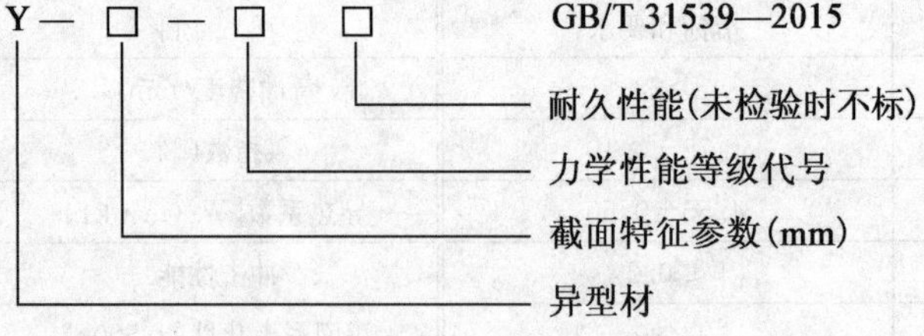

示例 1:截面高 150mm、宽 40mm、腹板厚度 4mm、翼缘厚度 5.5mm,力学性能等级为 M23,执行本标准的槽形 FRP 型材,标记为:C-150×40×4×5.5-M23 GB/T 31539—2015。

示例 2:高 200mm、宽 100mm、腹板和翼缘厚度均为 10mm,力学性能等级为 M30,分别通过耐水性能检验和紫外线耐久性能检验,执行本标准的工字形 FRP 型材,标记为:Ⅰ-200×100×10×10-30 SZ GB/T 31539—2015。

3. FRP 拉挤型材的尺寸及允许偏差(mm)

表 16-76b)

项　　目	设计尺寸	允许偏差
高度(h)、宽度(b)与外径(d) 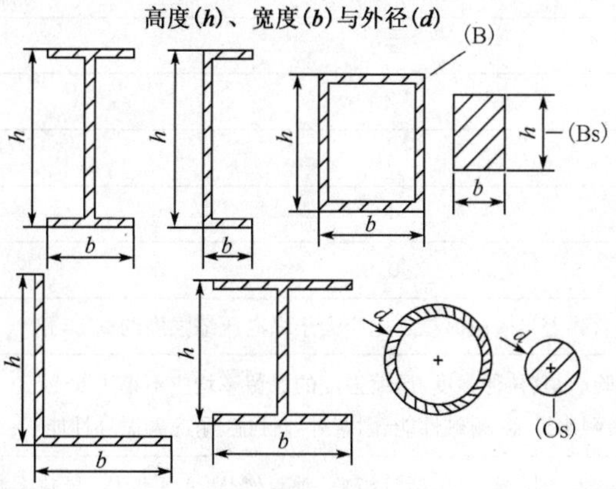	<40.0	±0.2
	40.0～150.0	±0.5%h ±0.5%b ±0.5%d
	>150.0	±0.8
壁厚(t_1) 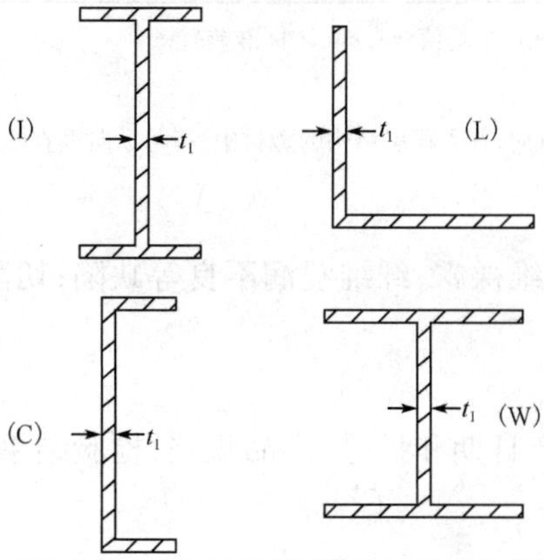	3.0～5.0	±0.2
	5.0～10.0	±0.3
	>10.0	±0.4
壁厚(t_2) 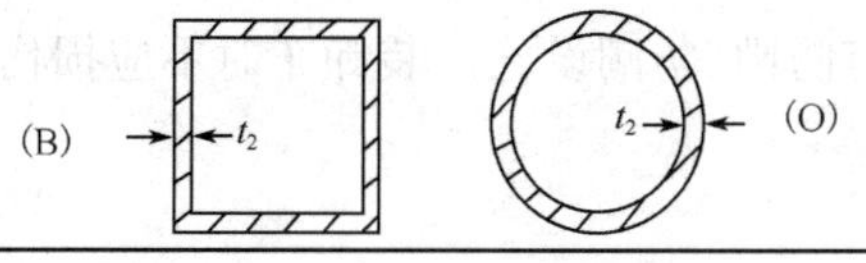	<5.0	±10.0%t_2
	≥5.0	±0.5

4. FRP 拉挤型材的性能要求

表 16-77

项　　目			单位	M30 级		M23 级		M17 级	
				纵向	横向	纵向	横向	纵向	横向
				指标和要求					
力学性能	拉伸强度	不小于	MPa	400	45	300	55	200	45
	拉伸弹性模量		GPa	30	7	23	7	17	5
	压缩强度		MPa	300	70	250	70	200	70
	压缩弹性模量		GPa	25	7	20	7	15	5
	弯曲强度			400	80	300	100	200	70
	螺栓挤压强度		MPa	180	120	150	100	100	70
	层间剪切强度			28		25		20	
	螺钉拔出承载力		kN	$kt/3$(t 为试件厚度,单位 mm;k 为系数,k=1kN/mm)					

续表 16-77

<table>
<tr><td colspan="3" rowspan="3">项　目</td><td rowspan="3">单位</td><td colspan="2">M30 级</td><td colspan="2">M23 级</td><td colspan="2">M17 级</td></tr>
<tr><td>纵向</td><td>横向</td><td>纵向</td><td>横向</td><td>纵向</td><td>横向</td></tr>
<tr><td colspan="6">指标和要求</td></tr>
<tr><td rowspan="7">物理性能</td><td>巴柯尔硬度</td><td rowspan="4">不小于</td><td></td><td colspan="6">50</td></tr>
<tr><td>纤维体积含量</td><td>%</td><td colspan="6">40</td></tr>
<tr><td>树脂不可溶份含量</td><td>%</td><td colspan="6">90</td></tr>
<tr><td>玻璃化转变温度</td><td>℃</td><td colspan="6">80</td></tr>
<tr><td colspan="2">吸水率　不大于</td><td>%</td><td colspan="6">0.6</td></tr>
<tr><td colspan="2">全截面压缩性能</td><td></td><td colspan="6">全截面压缩极限承载力与横截面积之比应大于纵向压缩强度的 0.85 倍</td></tr>
<tr><td colspan="2">有耐久性能要求的型材</td><td></td><td colspan="6">进行相应耐久试验后，其拉伸强度、压缩强度的保留率均应不小于 85%。
耐久性检验项目：耐水性能、耐碱性能、耐紫外线性能、耐冻融循环性能</td></tr>
<tr><td></td><td colspan="2">有功能性要求的型材</td><td></td><td colspan="6">应达到设计的功能性指标要求，包括氧指数、垂直燃烧、水平燃烧、导热系数、工频电气强度等</td></tr>
</table>

注：①表中弹性模量使用平均值。强度与承载力为具有 95%保证率的标准值(平均值－1.645×标准差)。

②纵向——指与型材拉挤成型的牵拉方向相同的方向。

③横向——在有积层结构的型材中，指与纵向垂直且与积层面平行的方向；在无积层结构的型材中，指与纵向垂直的方向。

5. FRP 拉挤型材的外观及储运要求

型材表面应光洁平整、颜色均匀，无裂纹、气泡、毛刺、纤维裸露、纤维浸润不良等缺陷；切割面应平齐，无分层。

(1)包装

出厂产品每批应附有合格证，合格证内容包括编号、生产日期和批号、产品规格、检验结果、制造商的名称、地址、检验人员签章。

运输前应用纸板、气泡膜、软木等软物垫衬，并拴紧扎牢。

(2)运输

运输时应用绳子拴紧扎牢。运输车辆以及堆放处应有防雨、防潮设施。装卸车时不应损伤包装，应避免磕碰、雨淋、浸水。

(3)储存

储存场地应干燥、通风、地面平整。储存时不应在产品上堆压重物，应避免雨淋以及阳光直射，远离热源、火源。

(十七)垃圾填埋场用高密度聚乙烯土工膜(CJ/T 234—2006)

垃圾填埋场用高密度聚乙烯土工膜是以中(高)密度聚乙烯树脂为主要原料，添加各类助剂所生产的，密度为 0.94 g/cm^3 或以上的土工膜，代号为 HDPE。适用于填埋场防渗、封场等工程中使用。

垃圾填埋场用高密度聚乙烯土工膜分为光面高密度聚乙烯土工膜(代号为 HDPE1)和糙面高密度聚乙烯土工膜(代号为 HDPE2)。其中，单糙面高密度聚乙烯土工膜，代号为 HDPE2－1；双糙面高密度聚乙烯土工膜，代号为 HDPE2－2。

垃圾填埋场用高密度聚乙烯土工膜单卷长度≥50m，宽度长为 3～9m。其中，整数宽度有 3、4、5、6、7、8、9m；厚度为光面土工膜 0.5～3.00mm，糙面土工膜 1.00～3.00mm。

使用时，底部防渗应选用厚度大于 1.5mm、宽度大于 5m 的土工膜，临时覆盖可选用厚度大于 0.5mm的土工膜，终场覆盖可选用厚度大于 1.0mm、宽度大于 3m 的土工膜。

1. 土工膜的外观质量

表 16-78

项 目	要 求
切口	平直，无明显锯齿现象
穿孔修复点	不允许
机械（加工）划痕	无或不明显
僵块	每平方米限于 10 个以内。直径小于或等于 2.0mm，截面上不允许有贯穿膜厚度的僵块
气泡和杂质	不允许
裂纹、分层、接头和断头	不允许
糙面膜外观	均匀，不应有结块、缺损等现象

2. 光面 HDPE1 土工膜技术性能

表 16-79

序号	指 标	测 试 值						
		0.75mm	1.00mm	1.25mm	1.50mm	2.00mm	2.50mm	3.00mm
1	最小密度（g/cm³）	0.939						
2	拉伸性能							
	屈服强度（应力）（N/mm）	11	15	18	22	29	37	44
	断裂强度（应力）（N/mm）	20	27	33	40	53	67	80
	屈服伸长率（%）	12						
	断裂伸长率（%）	700						
3	直角撕裂强度（N）	93	125	156	187	249	311	374
4	穿刺强度（N）	240	320	400	480	640	800	960
5	耐环境应力开裂（单点切口恒载拉伸法）（h）	300						
6	炭黑							
	炭黑含量（范围）（%）	2.0～3.0						
	炭黑分散度	10 个观察区域中的 9 次应属于第 1 级或第 2 级，属于第 3 级的不应多于 1 次						
7	氧化诱导时间（OIT）							
	标准 OIT（min）或	100						
	高压 OIT（min）	400						
8	85℃烘箱老化（最小平均值）							
	烘烤 90d 后，标准 OIT 的保留（%）或	55						
	烘烤 90d 后，高压 OIT 的保留（%）	80						
9	抗紫外线强度							
	紫外线照射 1 600h 后，标准 OIT 的保留（%）	50						
	或							
	紫外线照射 1 600h 后，高压 OIT 的保留（%）	50						
10	－70℃低温冲击脆化性能	通过						
11	水蒸气渗透系数（g·cm）/（cm²·s·Pa）	$\leqslant 1.0\times10^{-13}$						
12	尺寸稳定性（%）	±2						

3.糙面HDPE2土工膜的技术性能

表16-80

序号	指标	测试值					
		1.00mm	1.25mm	1.50mm	2.00mm	2.50mm	3.00mm
1	毛糙高度(mm)	0.25					
2	最小密度 g(/cm³)	0.939					
3	拉伸性能						
	屈服强度(应力)(N/mm)	15	18	22	29	37	44
	断裂强度(应力)(N/mm)	10	13	16	21	26	32
	屈服伸长率(%)	12					
	断裂伸长率(%)	100					
4	直角撕裂强度(N)	125	156	187	249	311	374
5	穿刺强度(N)	267	333	400	534	667	800
6	耐环境应力开裂(单点切口恒载拉伸法)(hr)	300					
7	炭黑						
	炭黑含量(范围)(%)	2.0~3.0					
	炭黑分散度	10次观察中的9次应属于第1级或第2级,属于第3级的不应多于1次					
8	氧化诱导时间(OIT)						
	标准OIT(min)或	100					
	高压OIT(min)	400					
9	85℃烘箱老化(最小平均值)						
	烘烤90d后,标准OIT的保留(%)或	55					
	烘烤90d后,高压OIT的保留(%)	80					
10	抗紫外线强度						
	紫外线照射1 600hr后,标准OIT的保留(%)或	50					
	紫外线照射1 600hr后,高压OIT的保留(%)	50					
11	−70℃低温冲击脆化性能	通过					
12	水蒸气渗透系数(g·cm)/(cm²·s·Pa)	$\leqslant 1.0 \times 10^{-13}$					
13	尺寸稳定性%	±2					

4.土工膜包装的特殊要求可由供需双方商定

运输中避免沾污、重压、强烈碰撞或割(刮)伤等。土工膜储存时间超过2年以上的,使用前应重新检验。

二、装饰用材料

(一)室内装饰装修材料有害物质释放限量

1.人造板及其制品中甲醛释放量试验方法及限量值(GB 18580—2001)

表16-81

产品名称	试验方法	限量值	使用范围	限量标志[b]
中密度纤维板、高密度纤维板、刨花板、定向刨花板等	穿孔萃取法	≤9mg/100 g	可直接用于室内	E_1
		≤30mg/100 g	必须饰面处理后可允许用于室内	E_2
胶合板、装饰单板贴面胶合板、细木工板等	干燥器法	≤1.5mg/L	可直接用于室内	E_1

续表 16-81

产品名称	试验方法	限量值	使用范围	限量标志[b]
胶合板、装饰单板贴面胶合板、细木工板等	干燥器法	≤5.0mg/L	必须饰面处理后可允许用于室内	E_2
饰面人造板(包括浸渍纸层压木质地板、实木复合地板、竹地板、浸渍胶膜纸饰面人造板等)	气候箱法[a]	≤0.12mg/m³	可直接用于室内	E_1
	干燥器法	≤1.5mg/L		

注:[a]仲裁时采用气候箱法。

[b] E_1 为可直接用于室内的人造板,E_2 为必须饰面处理后才允许用于室内的人造板。

2.溶剂型木器涂料中有害物质限量(GB 18581—2009)

表 16-82

项目		限量值				
		聚氨酯类涂料		硝基类涂料	醇酸类涂料	腻子
		面漆	底漆			
挥发性有机化合物(VOC)含量[a](g/L) ≤		光泽(60°)≥80,580 光泽(60°)<80,670	670	720	500	550
苯含量[a](%) ≤		0.3				
甲苯、二甲苯、乙苯含量总和[a](%) ≤		30		30	5	30
游离二异氰酸酯(TDI、HDI)含量总和[b](%) ≤		0.4		—	—	0.4 (限聚氨酯类腻子)
甲醇含量[a](%) ≤		—		0.3	—	0.3 (限硝基类腻子)
卤代烃含量[a,c](%) ≤		0.1				
可溶性重金属含量(限色漆、腻子和醇酸清漆)(mg/kg) ≤	铅 Pb	90				
	镉 Cd	75				
	铬 Cr	60				
	汞 Hg	60				

注:[a]按产品明示的施工配比混合后测定。如稀释剂的使用量为某一范围时,应按照产品施工配比规定的最大稀释比例混合后进行测定。

[b]如聚氨酯类涂料和腻子规定了稀释比例或由双组分或多组分组成时,应先测定固化剂(含游离二异氰酸酯预聚物)中的含量,再按产品明示的施工配比计算混合后涂料中的含量。如稀释剂的使用量为某一范围时,应按照产品施工配比规定的最小稀释比例进行计算。

[c]包括二氯甲烷、1,1-二氯乙烷、1,2-二氯乙烷、三氯甲烷、1,1,1-三氯乙烷、1,1,2-三氯乙烷、四氯化碳。

3.内墙涂料中有害物质限量(GB 18582—2008)

表 16-83

项目		限量值	
		水性墙面涂料[a]	水性墙面腻子[b]
挥发性有机化合物含量(VOC) ≤		120 g/L	15 g/kg
苯、甲苯、乙苯、二甲苯总和(mg/kg) ≤		300	
游离甲醛(mg/kg) ≤		100	
可溶性重金属(mg/kg) ≤	铅 Pb	90	
	镉 Cd	75	
	铬 Cr	60	
	汞 Hg	60	

注:[a]涂料产品所有项目均不考虑稀释配比。

[b]膏状腻子所有项目均不考虑稀释配比;粉状腻子除可溶性重金属项目直接测试粉体外,其余 3 项按产品规定的配比将粉体与水或胶粘剂等其他液体混合后测试。如配比为某一范围时,应按照水用量最小、胶粘剂等其他液体用量最大的配比混合后测试。

4.胶粘剂中有害物质限量(GB 18583—2008)

(1)溶剂型胶粘剂中有害物质限量值

表 16-84

<table>
<tr><th rowspan="2">项　目</th><th colspan="4">指　标</th></tr>
<tr><th>氯丁橡胶粘剂</th><th>SBS 胶粘剂</th><th>聚氨酯类胶粘剂</th><th>其他胶粘剂</th></tr>
<tr><td>游离甲醛(g/kg)</td><td colspan="2">≤0.50</td><td>—</td><td>—</td></tr>
<tr><td>苯(g/kg)</td><td colspan="4">≤5.0</td></tr>
<tr><td>甲苯十二甲苯(g/kg)</td><td>≤200</td><td>≤150</td><td>≤150</td><td>≤150</td></tr>
<tr><td>甲苯二异氰酸酯(g/kg)</td><td colspan="2">—</td><td>≤10</td><td>—</td></tr>
<tr><td>二氯甲烷(g/kg)</td><td rowspan="4">总量≤5.0</td><td>≤50</td><td rowspan="4">—</td><td rowspan="4">≤50</td></tr>
<tr><td>1,2-二氯乙烷(g/kg)</td><td rowspan="3">总量≤5.0</td></tr>
<tr><td>1,1,2-三氯乙烷(g/kg)</td></tr>
<tr><td>三氯乙烯(g/kg)</td></tr>
<tr><td>总挥发性有机物(g/L)</td><td>≤700</td><td>≤650</td><td>≤700</td><td>≤700</td></tr>
</table>

注:如产品规定了稀释比例或产品有双组分或多组分组成时,应分别测定稀释剂和各组分中的含量,再按产品规定的配比计算混合后的总量。如稀释剂的使用量为某一范围时,应按照推荐的最大稀释量进行计算。

(2)水基型胶粘剂中有害物质限量值

表 16-85

<table>
<tr><th rowspan="2">项　目</th><th colspan="5">指　标</th></tr>
<tr><th>缩甲醛类胶粘剂</th><th>聚乙酸乙烯酯胶粘剂</th><th>橡胶类胶粘剂</th><th>聚氨酯类胶粘剂</th><th>其他胶粘剂</th></tr>
<tr><td>游离甲醛(g/kg)</td><td>≤1.0</td><td>≤1.0</td><td>≤1.0</td><td>—</td><td>≤1.0</td></tr>
<tr><td>苯(g/kg)</td><td colspan="5">≤0.20</td></tr>
<tr><td>甲苯十二甲苯(g/kg)</td><td colspan="5">≤10</td></tr>
<tr><td>总挥发性有机物(g/L)</td><td>≤350</td><td>≤110</td><td>≤250</td><td>≤100</td><td>≤350</td></tr>
</table>

(3)本体型胶粘剂中有害物质限量值

表 16-86

项　目	指　标
总挥发性有机物(g/L)	≤100

5.木家具中有害物质限量(GB 18584—2001)

表 16-87

<table>
<tr><th colspan="2">项　目</th><th>限 量 值</th></tr>
<tr><td colspan="2">甲醛释放量(mg/L)</td><td>≤1.5</td></tr>
<tr><td rowspan="4">重金属含量(限色漆)
(mg/kg)</td><td>可溶性铅</td><td>≤90</td></tr>
<tr><td>可溶性镉</td><td>≤75</td></tr>
<tr><td>可溶性铬</td><td>≤60</td></tr>
<tr><td>可溶性汞</td><td>≤60</td></tr>
</table>

6. 壁纸中有害物质限量(GB 18585—2001)

表 16-88

有害物质名称		限量值(mg/kg)
重金属(或其他)元素	钡	≤1 000
	镉	≤25
	铬	≤60
	铅	≤90
	砷	≤8
	汞	≤20
	硒	≤165
	锑	≤20
氯乙烯单体		≤1.0
甲醛		≤120

7. 地毯、地毯衬垫及地毯用胶粘剂中有害物质释放限量(GB 18587—2001)

A 级为环保型产品,B 级为有害物质释放限量合格产品。

(1)地毯有害物质释放限量[mg/(m^2・h)]

表 16-89

序号	有害物质测试项目	限量	
		A 级	B 级
1	总挥发性有机化合物	≤0.500	≤0.600
2	甲醛	≤0.050	≤0.050
3	苯乙烯	≤0.400	≤0.500
4	4—苯基环己烯	≤0.050	≤0.050

(2)地毯衬垫有害物质释放限量[mg/(m^2・h)]

表 16-90

序号	有害物质测试项目	限量	
		A 级	B 级
1	总挥发性有机化合物	≤1.000	≤1.200
2	甲醛	≤0.050	≤0.050
3	丁基羟基甲苯	≤0.030	≤0.030
4	4—苯基环己烯	≤0.050	≤0.050

(3)地毯胶粘剂有害物质释放限量[mg/(m^2・h)]

表 16-91

序号	有害物质测试项目	限量	
		A 级	B 级
1	总挥发性有机化合物	≤10.000	≤12.000
2	甲醛	≤0.050	≤0.050
3	2-乙基己醇	≤3.000	≤3.500

8. 聚氯乙烯卷材地板中有害物质限量(GB 18586—2001)

(1)氯乙烯单体限量

卷材地板聚氯乙烯层中氯乙烯单体含量应不大于 5mg/kg。

(2)可溶性重金属限量

卷材地板中不得使用铅盐助剂；作为杂质，卷材地板中可溶性铅含量应不大于 20mg/m^2。卷材地板中可溶性镉含量应不大于 20mg/m^2。

(3)卷材地板中挥发物的限量(g/m^2)

表 16-92

发泡类卷材地板中挥发物的限量		非发泡类卷材地板中挥发物的限量	
玻璃纤维基材	其他基材	玻璃纤维基材	其他基材
≤75	≤35	≤40	≤10

(二)建筑材料放射性核素限量(GB 6566—2010)

建筑材料放射性核素限量适用于对放射性核素限量有要求的无机非金属类建筑材料。限量以内照射指数(I_{Ra})和外照射指数(I_r)表示。

内照射指数是指建筑材料中天然放射性核素镭－226 的放射性比活度与本标准中规定的限量值之比值。

外照射指数是指建筑材料中天然放射性核素镭－226、钍－232 和钾－40 的放射性比活度分别与其各单独存在时本标准规定的限量值之比值的和。

1.放射性核素的限量要求

1)建筑主体材料

建筑主体材料中天然放射性核素镭－226、钍－232、钾－40 的放射性比活度应同时满足 $I_{Ra}\leqslant1.0$ 和 $I_r\leqslant1.0$。

对空心率大于 25%的建筑主体材料，其天然放射性核素镭－226、钍－232、钾－40 的放射性比活度应同时满足 $I_{Ra}\leqslant1.0$ 和 $I_r\leqslant1.3$。

2)装饰装修材料

根据装饰装修材料放射性水平大小划分为以下三类：

(1)A 类装饰装修材料

装饰装修材料中天然放射性核素镭－226、钍－232、钾－40 的放射性比活度同时满足 $I_{Ra}\leqslant1.0$ 和 $I_r\leqslant1.3$ 要求的为 A 类装饰装修材料。A 类装饰装修材料产销与使用范围不受限制。

(2)B 类装饰装修材料

不满足 A 类装饰装修材料要求但同时满足 $I_{Ra}\leqslant1.3$ 和 $I_r\leqslant1.9$ 要求的为 B 类装饰装修材料。B 类装饰装修材料不可用于Ⅰ类民用建筑的内饰面，但可用于Ⅱ类民用建筑物、工业建筑内饰面及其他一切建筑的外饰面。

(3)C 类装饰装修材料

不满足 A、B 类装修材料要求但满足 $I_r\leqslant2.8$ 要求的为 C 类装饰装修材料。C 类装饰装修材料只可用于建筑物的外饰面及室外其他用途。

注：Ⅰ类民用建筑包括如住宅、老年公寓、托儿所、医院和学校、办公楼、宾馆等。

Ⅱ类民用建筑包括如商场、文化娱乐场所、书店、图书馆、展览馆、体育馆和公共交通等候室、餐厅、理发店等。

2.其他要求

材料生产企业按照标准要求，在其产品包装或说明书中注明其放射性水平类别。

在天然放射性本底较高地区，单纯利用当地原材料生产的建筑材料产品时，只要其放射性比活度不大于当地地表土壤中相应天然放射性核素平均本底水平的，可限在本地区使用。

3.放射性核素的计算式

(1)放射性比活度

物质中的某种核素放射性活度与该物质的质量之比值。

$$C = \frac{A}{m}$$

式中：C——放射性比活度，单位为贝克每千克(Bq/kg)；

A——核素放射性活度，单位为贝克(Bq)；

m——物质的质量，单位为千克(kg)。

(2)内照射指数

内照射指数，按照下式进行计算：

$$I_{\mathrm{Ra}} = \frac{C_{\mathrm{Ra}}}{200}$$

式中：I_{Ra}——内照射指数；

C_{Ra}——建筑材料中天然放射性核素镭－226 的放射性比活度，单位为贝克每千克(Bq/kg)；

200——仅考虑内照射情况下，标准规定的建筑材料中放射性核素镭－226 的放射性比活度限量，单位为贝克每千克(Bq/kg)。

(3)外照射指数

外照射指数按照下式计算：

$$I_{\mathrm{r}} = \frac{C_{\mathrm{Ra}}}{370} + \frac{C_{\mathrm{Th}}}{260} + \frac{C_{\mathrm{K}}}{4\ 200}$$

式中：　I_r——外照射指数；

C_{Ra}、C_{Th}、C_{K}——分别为建筑材料中天然放射性核素镭－226、钍－232、钾－40 的放射性比活度，单位为贝克每千克(Bq/kg)；

370、260、4 200——分别为仅考虑外照射情况下，本标准规定的建筑材料中天然放射性核素镭－226、钍－232、钾－40 在其各自单独存在时的限量，单位为贝克每千克(Bq/kg)。

(三)壁纸(墙纸)(QB/T 4034—2010)

壁纸按材质不同分为：

纯纸壁纸(纸面层壁纸)——以纸为原料直接涂布、印刷、轧花制成；

纯无纺纸壁纸——以无纺纸为原料直接涂布、印刷、轧花制成；

纸基壁纸——以纸为基材，以聚氯乙烯塑料、金属材料或两者的复合材料为面层，经压延或涂布、印刷、轧花或发泡复合制成。

无纺纸基壁纸——以无纺纸为基材，以聚氯乙烯塑料、金属材料或两者的复合材料为面层，经压延或涂布、印刷、轧花或发泡复合制成。

壁纸按产品质量分为优等品、一等品、合格品。

1.壁纸的规格尺寸

宽度：成品壁纸宽度为 500～530mm 或 600～1 400mm。500～530mm 宽度壁纸的面积应为 $(5.326\pm0.03)\mathrm{m}^2$。

每卷壁纸应标明长、宽，其长、宽允许偏差均应不超过额定尺寸的±1.5%。

每卷段数和段长：每卷 10m 的成品壁纸为一段。

每卷 15m 和每卷 50m 的成品壁纸，每卷段数和段长符合表 16-93 规定。

表 16-93

项　目	规　定		
	优等品	一等品	合格品
每卷段数(段)≤	2	3	5
最小段长(m)≥	5	3	3

2. 壁纸的物理性能要求

(1)成品纸基壁纸和无纺纸基壁纸的物理性能要求

表 16-94

指标名称			单位	规定					
				优等品		一等品		合格品	
				纸基壁纸	无纺纸基壁纸	纸基壁纸	无纺纸基壁纸	纸基壁纸	无纺纸基壁纸
褪色性			级	>4		≥4		≥3	
耐摩擦色牢度	干摩擦	纵向	级	>4		≥4		≥3	
		横向							
	湿摩擦	纵向		≥4		3~4		≥3	
		横向							
遮蔽性[a]		≥	级	4		3			
湿润拉伸负荷	≥	纵向	kN/m	0.33	0.67	0.20	0.53	0.13	0.33
		横向							
黏合剂可拭性[b]	横向		—	20次无外观上的损伤和变化					
可洗性[c]	可洗		—	30次无外观上的损伤和变化					
	特别可洗		—	100次无外观上的损伤和变化					
	可刷洗		—	40次无外观上的损伤和变化					

注:[a]对于粘贴后需再做涂饰的产品,其遮蔽性不作考核。

[b]可拭性是指粘贴壁纸的黏合剂附在壁纸的正面,在黏合剂未干时,应有可能用湿布或海绵拭去,而不留下明显痕迹。

[c]可洗性是壁纸在粘贴后的使用期内可洗涤的性能。

(2)成品纯纸壁纸和纯无纺纸壁纸的物理性能要求

表 16-95

指标名称			单位	规定					
				优等品		一等品		合格品	
				纯纸壁纸	纯无纺纸壁纸	纯纸壁纸	纯无纺纸壁纸	纯纸基壁	纯无纺纸壁纸
褪色性			级	>4		≥4		≥3	
耐摩擦色牢度	干摩擦	纵向	级	>4		≥4		≥3	
		横向							
	湿摩擦	纵向		≥4		3~4		≥3	
		横向							
遮蔽性[a]		≥	级	4		3			
湿润拉伸负荷	≥	纵向	kN/m	0.53	1.00	0.33	0.67	0.20	0.53
		横向							
吸水性		≤	g/m^2	20.0		50.0		50.0	
伸缩性		≤	%	1.2	0.6	1.2	1.0	1.5	1.5
黏合剂可拭性[b]	横向		—	20次无外观上的损伤和变化					
可洗性[c]	可洗		—	30次无外观上的损伤和变化					
	特别可洗		—	100次无外观上的损伤和变化					

注:[a]对于粘贴后需再做涂饰的产品,其遮蔽性不作考核。

[b]可拭性是指粘贴壁纸的黏合剂附在壁纸的正面,在黏合剂未干时,应有可能用湿布或海绵拭去,而不留下明显痕迹。

[c]可洗性是壁纸在粘贴后的使用期内可洗涤的性能。

3. 成品壁纸的外观质量

表 16-96

项 目	规 定		
	优等品	一等品	合格品
色差	不应有明显差异		允许有差异，但不影响使用
伤痕和皱折	不应有		允许基材有轻微折印，但成品表面不应有死折
气泡	不应有		不应有影响外观的气泡
套印精度	偏差不大于 1.5mm		偏差不大于 2mm
露底	不应有		露底不大于 2mm
漏印	不应有		不应有影响外观的漏印
污染点	不应有	不应有目视明显的污染点	允许有目视明显的污染点，但不应密集

注：壁纸中的有害物质限量应符合 GB 18585 的规定。

4. 壁纸包装和标志

(1)壁纸的标志符号

表 16-97

序号	说 明		符 号
1	裱糊时的可拭性		
2	可洗性	可洗	
		特别可洗	
		可刷洗	
3	褪色性	一般耐光 3 级	
		耐光良好≥4 级	
4	图案拼接	随意拼接	
		直接拼接（由于图案循环重复而形成的尺寸）	
		错位拼接（由于图案循环重复和位移而形成的尺寸）	
		换向交替拼接	
5	涂敷黏合剂方法	将黏合剂涂敷于壁纸	

(2)包装

幅宽 50～530mm 的壁纸一般为无芯卷，每卷用透明收缩薄膜包装，然后装纸箱。幅宽大于 600mm 的壁纸一般以纸管为芯子，外面用透明塑料薄膜包装。

(四)铝塑、铝木复合门窗的品种及功能分类(GB/T 29734,1~2—2013)

1. 门的品种按开启形式分类

表 16-98

类别	平开旋转类		推拉平移类			折　叠　类	
开启形式	平开	平开下悬	(水平)推拉	提升推拉	推拉下悬	折叠平开	折叠推拉
代号	P	PX	T	ST	TX	ZP	ZT

注:折叠门代号 Z。

2. 窗的品种按开启形式分类

表 16-99

类别	平开旋转类							
开启形式	平开	滑轴平开	上悬	下悬	中悬	滑轴上悬	平开下悬	立转
代号	P	HZP	SX	XX	ZX	HSX	PX	LZ

类别	推拉平移类					折叠类
开启形式	(水平)推拉	提升推拉	平开推拉	推拉下悬	提拉	折叠推拉
代号	T	ST	PT	TX	TL	ZT

注:百叶窗代号 Y;纱扇代号 S;固定窗代号 G。

3. 门的功能类型按使用功能分类

表 16-100

性 能 项 目	种　类		
	隔声型	保温型	遮阳型
抗风压性能(P_3)	◎	◎	◎
水密性能(ΔP)	◎	◎	◎
气密性能($q_1 q_2$)	◎	◎	◎
保温性能(K)	○	◎	—
空气声隔声性能(R_w)	◎	◎	○
遮阳性能(SC)	○	◎	◎
启闭力	◎	◎	◎
反复启闭性能	◎	◎	◎
撞击性能	◎	◎	◎
垂直荷载强度	◎	◎	◎
抗静扭曲性能	◎	◎	◎

注:◎为必需项目,○为选择项目。

4. 窗的功能类型按使用功能分类

表 16-101

性 能 项 目	种　类		
	隔声型	保温型	遮阳型
抗风压性能(P_3)	◎	◎	◎
水密性能(ΔP)	◎	◎	◎

续表 16-101

性能项目	种类		
	隔声型	保温型	遮阳型
气密性能(q_1q_2)	◎	◎	◎
保温性能(K)	○	◎	—
空气声隔声性能(R_w)	◎	◎	○
遮阳性能(SC)	○	◎	◎
采光性能	○	◎	○
启闭力	◎	◎	◎
反复启用性能	◎	◎	◎

注：◎为必需项目，○为选择项目。

(五)室内木质门(LY/T 1923—2010)

室内木质门是采用实木或其他木质材料作为主要材料，制作的门框、门扇并通过五金件组合而成。

1.室内木质门的分类

表 16-102

按门扇芯材分类	按材料构成分类		按饰面分类	按涂饰分类	
实心门	实木门	门扇、门框全部由相同树种或相近实木或集成材制作	饰面门	油漆饰面门	透明饰面
					不透明饰面
空心门	实木复合门	装饰单板为表面材，以实本拼板为门扇骨架，芯材为其他人造板	素板门	非油漆饰面门	浸渍胶膜纸
					装饰纸
	木质复合门	除实木门、实木复合门外，以木质人造板为主要材料制成			PVC等

2.室内木质门规格尺寸

门扇、门框的构造尺寸根据门洞口尺寸、门框结构和安装缝隙确定。

门扇厚度：常规厚度为35、38、40、45、50、55、60mm。

门框厚度按设计要求确定。门框与普通铰链连接处的厚度应≥25mm：与T型铰链连接处的厚度应≥18mm。优先选用28、30、38、40、45、50mm规格。

3.门扇、门框的允许偏差和组装精度

(1)门扇、门框允许偏差

表 16-103

项目	允许偏差	项目	允许偏差
门框、门扇厚度	±0.5mm	门扇部件拼接处高低差	≤0.5mm
门扇宽度	±1.0mm	门框、门扇垂直度和边缘直度	≤1.0mm/1m
门扇高度	±1.0mm	门扇表面平整度	≤1.0mm/500mm
门框部件连接处高低差	≤0.5mm	门扇翘曲度	≤0.15%

(2)木质门的组装精度

表 16-104

项目	留缝限值
门扇与上框间留缝	1.5～3.5mm
门扇与边框间留缝	1.5～3.5mm

续表 16-104

项　目		留缝限值
门扇与地面间留缝	卫生间门	8.0～10.0mm
	其他室内门	6.0～8.0mm
门框与门扇、门扇与门扇接缝高低差		≤1.0mm
门扇厚度大于 50mm 时，门扇与边框间留缝限值应符合设计要求		

4. 室内木质门的外观质量

(1)实木门及实木复合门的外观质量

表 16-105

检验项目			门　扇	门　框
装饰性		视觉	材色和花纹美观	
		花纹一致性	花纹近似或基本一致	
材色不匀、变褪色		色差	不明显	
死节、孔洞、夹皮、树脂道等	半活节、死节、孔洞，夹皮和树脂道、树胶道	每平方米板面上缺陷总个数	4	
	半活节	最大单个长径(mm)	10，小于 5 不计，脱落需填补	20，小于 5 不计，脱落需填补
	死节、虫孔、孔洞	最大单个长径(mm)	不允许	5，小于 3 不计，脱落需填补
	夹皮	最大单个长径(mm)	10，小于 5 不计	30，小于 10 不计
	树脂道、树胶道、髓斑	最大单个长径(mm)	10，小于 5 不计	30，小于 10 不计
腐朽			不允许	
裂缝		最大单个宽度(mm)	0.3，且需修补	
		最大单个长度(mm)	100	200
拼接离缝		最大单个宽度(mm)	0.3	0.3
		最大单个长度(mm)	200	300
叠层		最大单个宽度(mm)	不允许	0.5
鼓泡、分层			不允许	
凹陷、压痕、鼓包		最大单个面积(mm^2)	不允许	100
		每平方米板面上的个数		1
补条、补片		材色、花纹与板面的一致性	不易分辨	不明显
毛刺沟痕、刀痕、划痕			不明显	不明显
透砂		最大透砂宽度(mm)	3，仅允许在门边部位	8，仅允许在门边部位
其他缺损			不影响装饰效果	
加工波纹			不允许	
漆膜划痕*			不明显	
漆膜流挂*			不允许	
漆膜鼓泡*			不允许	
漏漆*			不明显	
污染(包括凹槽线型部分)			不允许	

续表 16-105

检验项目	门扇	门框
针孔*	色漆，直径小于等于 0.3mm，且少于等于 8 个/门	
表面漆膜皱皮*	不能超过门扇或门框总面积的 0.2%	
漆膜粒子及凹槽线型部分*	手感光滑	
框扇线型结合部分	框扇线型分界流畅、均匀、一致	
色差	不明显允许	一般允许
颗粒、麻点*	不允许	直径小于等于 1.0mm，且少于等于 8 个/框

注：①实木门不测叠层、鼓包、分层、拼接离缝。
②素板门不测油漆涂饰项目。
③表面为不透明涂饰时，只测与油漆有关的检验项目。“*”表示油漆涂饰项目。

(2)木质复合门(PVC、装饰纸、浸渍胶膜纸饰面)外观质量

表 16-106

缺陷名称	门扇	门框
色泽不均	轻微允许	不明显
颜色不匹配	明显的不允许	
鼓泡	不允许	任意 $1m^2$ 内小于等于 $10mm^2$ 允许 1 个
鼓包	不允许	
皱纹	轻微允许	不明显
疵点，污斑	任意 $1m^2$ 板面内小于等于 $3mm^2$ 允许 1 处	任意 $1m^2$ 板面内 3～$30mm^2$ 允许 1 处
压痕	轻微	最大面积不超过 $15mm^2$，每平方米板面不超过 3 处
划痕	不允许	宽度不超过 0.5mm，长度不超过 100mm，每平方米板面总长不超过 300mm
局部缺损、崩边	不允许	
表面撕裂	不允许	
干、湿花	不允许	
透底、透胶	不允许	轻微允许
表面孔隙	不允许	

注：①轻微指正常视力在距离板面 0.5m 以内可见，不明显指在距板面 1m 可见，明显指在 1m 以外可见。
②干、湿花是对浸渍胶膜纸饰面门的要求。
③木质复合门的单板饰面和油漆涂饰外观质量，还应满足表 16-105 中单板饰面和油漆涂饰部分的要求。

5.室内木质门表面理化性能(饰面的门扇、门框)

表 16-107

项目	指标值
表面胶合强度	≥0.4MPa
表面抗冲击	凹痕直径小于等于 10mm，且试件表面无开裂、剥离等
漆膜附着力	≥3 级
漆膜硬度	≥HB
表面耐洗涤液	无褪色、变色、鼓泡或其他缺陷

注：①非油漆涂饰的门不检测漆膜附着力、漆膜硬度。
②实木门不测表面胶合强度。
③木蜡油、开放漆等涂饰的门不测漆膜附着力、漆膜硬度。

6.室内木质门技术要求

表 16-108

项　　目	指 标 和 要 求
含水率	6%～14%
浸渍剥离	单个试件的浸渍剥离率≤25%
门扇整体抗冲击强度	经撞击试验后,门扇应保持完整、无变形、无开裂等
隔声性能	非必检项目,需方有要求时检测:门的空气声隔声性能符合 GB/T 8485 中Ⅵ级以上要求
阻燃性	非必检项目,需方有要求时检测;阻燃性应达到 GB 8624 中规定的建材制品的 C 级以上
反复启闭可靠性	家庭用,≥25 000 次;公共场所用,≥100 000 次后无松动、脱落、启闭不灵活等
甲醛释放量(mg/m^3)	按 GB 18580 相应要求
重金属含量(mg/kg)	按 GB 18584 相应要求。(仅不透明涂饰木质门有此要求)

(六)浸渍纸层压板饰面多层实木复合地板(GB/T 24507—2009)

浸渍纸层压板饰面多层实木复合地板是以浸渍纸层压板为饰面层,以胶合板为基材,经压合并加工制成的企口地板。

1.浸渍纸层压板饰面多层实木复合地板的分类

表 16-109

按表面模压形状分类	按甲醛释放量分类	按外观质量分等
浮雕面浸渍纸层压板饰面多层实木复合地板	E_0 级浸渍纸层压板饰面多层实木复合地板	优等品
平面浸渍纸层压板饰面多层实木复合地板	E_1 级浸渍纸层压板饰面多层实木复合地板	合格品

注:基材应不低于 LY/T 1738 中合格品的要求。

2.浸渍纸层压板饰面多层实木复合地板的规格尺寸(mm)

表 16-110

幅 面 尺 寸	厚　　度	榫 舌 宽 度
(450～2 430)×(60～600)	7～20	≥3

注:经双方商定可生产其他规格。

3.浸渍纸层压板饰面多层实木复合地板的外观质量要求

表 16-111

缺陷名称	正　　面		背　　面	
	优等品	合格品	贴纸	不贴纸
干、湿花	不允许	总面积不超过板面的3%,允许	总面积不超过板面的5%,允许	应不低于 LY/T 1738 中合格品对背板的要求
表面划痕	不允许		不允许露出基材	
表面压痕	不允许			
透底	不允许			
光泽不均	明显的不允许	总面积不超过板面的3%,允许	允许	
颜色不匹配	明显的不允许		允许	
污斑	不允许	≤$10mm^2$,允许 1 个/块	允许	
鼓泡	不允许	≤$10mm^2$,允许 1 个/块		
鼓包	不允许	≤$10mm^2$,允许 1 个/块		
纸张撕裂	不允许	≤$10mm^2$,允许 1 个/块		

续表 16-111

<table>
<tr><th rowspan="2">缺陷名称</th><th colspan="2">正　面</th><th colspan="2">背　面</th></tr>
<tr><th>优等品</th><th>合格品</th><th>贴纸</th><th>不贴纸</th></tr>
<tr><td>局部缺纸</td><td>不允许</td><td>≤20mm²,允许 1 个/块</td><td rowspan="2"></td><td rowspan="5">应不低于 LY/T 1738 中合格品对背板的要求</td></tr>
<tr><td>崩边</td><td>允许,但是不影响装饰效果</td><td>允许</td></tr>
<tr><td>表面龟裂</td><td colspan="3">不允许</td></tr>
<tr><td>分层</td><td colspan="3">不允许</td></tr>
<tr><td>榫舌及边角缺损</td><td colspan="3">不允许</td></tr>
</table>

4.浸渍纸层压板饰面多层实木复合地板的理化性能

表 16-112

检 验 项 目	单位	要　求
浸渍剥离	—	每一边的任一胶层开胶的累计长度不超过该胶层长度的 1/3(3mm 以下的不计)
静曲强度	MPa	≥30(背面开槽不测静曲强度)
弹性模量	MPa	≥3 500
含水率	%	6～14
表面耐冷热循环	—	无龟裂、无鼓泡
表面耐划痕	—	≥2.0N 表面无整圈连续划痕
尺寸稳定性	%	≤0.12
表面耐磨	r	≥2 000
表面耐香烟灼烧	—	无黑斑、裂纹或鼓泡
表面耐干热	—	无龟裂、无鼓泡
表面耐污染腐蚀	—	无污染、无腐蚀
表面耐龟裂	—	用 6 倍放大镜观察,表面无裂纹
甲醛释放量	mg/L	$E_0 \leqslant 0.5$
		$E_1 \leqslant 1.5$
耐光色牢度	级	≥灰度卡 4 级

5.复合地板的标志,包装和储运要求

(1)产品标记

产品入库前,应在产品适当的部位标记产品型号、商标、生产日期、厂检合格证、甲醛释放量、表面耐磨转数等。

(2)包装标记

包装上应有生产厂家名称、地址、产品名称、生产日期、商标、规格型号、类别、等级、甲醛释放量标志、表面耐磨转数、数量及防潮、防晒等。

(3)包装

产品出厂时应按产品类别、规格、等级分别包装。企业应根据自己产品的特点提供详细的中文安装和使用说明书。包装要做到产品免受磕碰、划伤或污损。包装要求亦可由供需双方商定。

(4)运输和储存

产品在运输和储存过程中应平整码放,防止污损,防止受潮、雨淋或曝晒。储存时应按类别、规格、等级分别堆放,每堆应有相应的标记。

(七)实木复合地板(GB/T 18103—2013)

实木复合地板是以实木拼板或单板(包括重组装饰单板)为面板,以实木拼板、单板或胶合板为芯层或底层,经不同组合层压加工而成的地板。实木复合地板以面板树种来确定地板树种名称(面板为不同树种的拼花地板除外)。实木复合地板适用于室内一般要求使用。

实木复合地板根据产品外观质量分为优等品、一等品、合格品。

1. 实木复合地板的分类

表 16-113

按面板材料分类	按结构分类	按涂饰方式分类
以天然整张单板为面板	两层实木复合地板	油饰面实木复合地板
以天然拼接(含拼花)单板为面板	三层实木复合地板	油漆饰面实木复合地板
以重组装饰单板为面板	多层实木复合地板	未涂饰实木复合地板
以调色单板为面板		

2. 实木复合地板的规格尺寸

长度:30～220cm;

宽度:6～22cm;

厚度:8～22mm。

3. 实木复合地板的材料要求

(1)面板:面板树种有栎木、核桃木、樱桃木、水曲柳、桦木、槭木、楸木、柚木、筒状非洲楝等常用树种。拼花地板的面板允许使用不同树种。

面板厚度:两层实木复合地板和三层实木复合地板的面板厚度应不小于 2mm;多层实木复合地板的面板厚度通常应不小于 0.6mm,也可根据买卖双方约定生产。

(2)三层实木复合地板芯层

同一批地板芯层木材的树种应一致或材性相近。

芯层板条之间的缝隙应不大于 5mm。

(3)实木复合地板用胶合板应符合 LY/T 1738 的规定。

4. 实木复合地板的理化性能要求

表 16-114

检验项目	单位	要　求
浸渍剥离	—	任一边的任一胶层开胶的累计长度不超过该胶层长度的 1/3,6 块试件中有 5 块试件合格即为合格
静曲强度	MPa	≥30
弹性模量	MPa	≥4 000
含水率	%	5～14
漆膜附着力	—	割痕交叉处允许有漆膜剥落,漆膜沿割痕允许有少量断续剥落
表面耐磨	9/100 r	≤0.15,且漆膜未磨透
漆膜硬度	—	≥2 H
表面耐污染	—	无污染痕迹
甲醛释放量	—	应符合 GB 18580 的要求(表 16-81)

注:①未涂饰实木复合地板和油饰面实木复合地板不测漆膜附着力、表面耐磨、漆膜硬度和表面耐污染。

②当使用悬浮式铺装时,面板与底层纹理垂直的两层实木复合地板和背面开横向槽的实术复合地板不测静曲强度和弹性模量。

5. 实木复合地板的外观质量要求

表 16-115

名称	项目	正面				背面
		优等品	一等品	合格品		
死节	最大单个长径(mm)	不允许	2	面板厚度小于 2mm	4	50,应修补
				面板厚度不小于 2mm	10	
			应修补,且任意两个死节之间距离不小于 50mm			
孔洞(含蛀孔)	最大单个长径(mm)	不允许		2,应修补		25,应修补
浅色夹皮	最大单个长度(mm)	不允许	20	30		不限
	最大单个宽度(mm)		2	4		
深色夹色	最大单个长度(mm)	不允许		15		不限
	最大单个宽度(mm)			2		
树脂囊和树脂(胶)道	最大单个长度(mm)	不允许		5,且最大单个宽度小于 1		不限
腐朽	—	不允许				[a]
真菌变色	不超过板面积的百分比(%)	不允许	5,板面色泽要协调	20,板面色泽要大致协调		不限
裂缝	—	不允许				不限
拼接离缝	最大单个宽度(mm)	0.1	0.2	0.5		—
	最大单个长度不超过相应边长的百分比(%)	5	10	20		
面板叠层	—	不允许				—
鼓泡、分层	—	不允许				
凹陷、压痕、鼓包	—	不允许	不明显	不明显		不限
补条、补片	—	不允许				不限
毛刺沟痕	—	不允许				不限
透胶、板面污染	不超过板面积的百分比(%)	不允许		1		不限
砂透	不超过板面积的百分比(%)	不允许				10
波纹	—	不允许		不明显		—
刀痕、划痕	—	不允许				不限
边、角缺损	—	不允许				[b]
榫舌缺损	不超过板长的百分比(%)	不允许	15			
漆膜鼓泡	最大单个直径不大于 0.5mm	不允许	每块板不超过 3 个			—
针孔	最大单个直径不大于 0.5mm	不允许	每块板不超过 3 个			—
皱皮	不超过板面积的百分比(%)	不允许		5		—
粒子	—	不允许		不明显		—
漏漆	—	不允许				—

注:①在自然光或光照度 300～600lx 范围内的近似自然光(例如 40W 日光灯)下,视距为 700～1 000mm 内,目测不能清晰地观察到的缺陷即为不明显。

②未涂饰或油饰面实木复合地板不检查地板表面油漆指标。

③重组装饰单板为面板的实木复合地板的正面外观质量应符合 LY/T 1654 的规定。

④[a] 允许有初腐。

⑤[b] 长边缺损不超过板长的 30%,且宽不超过 5mm,厚度不超过板厚的 1/3;短边缺损不超过板宽的 20%,且宽不超过 5mm,厚度不超过板厚的 1/3。

(八)木塑地板(GB/T 24508—2009)

木塑地板由木材等纤维材料、热塑性塑料分别制成加工单元,按一定比例混合后经成型加工制成。木塑地板根据正面外观质量分为优等品、合格品。

1.木塑地板的分类

表 16-116

按使用环境分类	按使用场所分类	按基材结构分类	按基材发泡与否分类	按表面处理状态分类
室外用木塑地板	公共场所用木塑地板	实芯木塑地板	基材发泡木塑地板	素面木塑地板
室内用木塑地板	非公共场所用木塑地板	空芯木塑地板	基材不发泡木塑地板	涂饰木塑地板
				贴面木塑地板

2.木塑地板的规格尺寸

表 16-117

项　目	尺　寸
通常幅面尺寸	(600～6 000)mm×(60～300)mm
厚度	8～60mm
有榫舌地板,其榫舌宽度	≥3mm
空芯木塑地板每米长度重量	不小于每米长度标称重量的 95%

3.木塑地板的正面外观质量

(1)素面木塑地板正面外观质量要求

表 16-118

缺陷名称	优等品	合格品
颜色不匹配	不明显	
板面凹凸	不允许	不明显
裂纹	不允许	
杂质	≤4mm²,每米长允许 1 个	≤4mm²,每米长允许 3 个
鼓包	不允许	
鼓泡	不允许	
痕纹	不允许	不明显
打磨不完整	不允许	
压花不清晰完整	不允许	
榫舌及边角缺损	不允许	

注:板面凹凸仅用于评判平面木塑地板。

(2)涂饰木塑地板正面外观质量要求

表 16-119

缺陷名称	优等品	合格品
颜色不匹配	不允许	不明显
光泽不均	不允许	总面积不超过板面的 3%
裂纹	不允许	
漆膜划痕	不允许	
漆膜鼓泡	不允许	
鼓包	不允许	

续表 16-119

缺陷名称	优等品	合格品
漏漆	不允许	
漆膜皱皮	不允许	总面积不超过板面的 5%
漆膜针孔	不允许	$\phi \leqslant 0.5$mm，每米长不超过 3 个
漆膜粒子	不允许	$\leqslant 4mm^2$，每米长允许 2 个
榫舌及边角缺损	不允许	

(3)贴面木塑地板正面外观质量要求

表 16-120

缺陷名称	优等品	合格品
干湿花	不允许	总面积不超过板面的 3%
表面划痕	不允许	
表面压痕	不允许	
透底	不允许	
光泽不均	不允许	总面积不超过板面的 3%
污斑	不允许	$\leqslant 10mm^2$，每米长允许 1 个
鼓泡	不允许	
鼓包	不允许	
纸张撕裂	不允许	
局部缺纸	不允许	
表面龟裂	不允许	
分层	不允许	
榫舌及边角缺损	不允许	

(4)木塑地板背面外观质量

地板背面应平滑，无明显的凹凸不平，无裂纹、无榫舌及边角缺损。允许有不影响使用的划痕、鼓泡、杂质、痕纹和色泽不均。

4. 室内用木塑地板有害物质限量

表 16-121

检验项目		单位	限量值
甲醛释放量		mg/L	E_0 级小于等于 0.5 E_1 级小于等于 1.5
基材氯乙烯单体		mg/kg	≤5
基材重金属	可溶性铅	mg/m^2	≤20
	可溶性镉		≤20
涂饰层重金属	可溶性铅	mg/kg	≤90
	可溶性镉		≤75
	可溶性铬		≤60
	可溶性汞		≤60
挥发物		g/m^2	基材发泡小于等于 75； 基材不发泡小于等于 40

注：基材氯乙烯单体仅用于评判用聚氯乙烯(PVC)塑料制成的木塑地板。

5. 木塑地板理化性能

表 16-122

检验项目		单位	指标		
			素面木塑地板	涂饰木塑地板	浸渍纸饰面木塑地板
弯曲破坏载荷		N	公共场所用大于等于2 500 非公共场所用大于等于1 800	公共场所用大于等于2 200 非公共场所用大于等于1 500	
常温落球冲击		mm	凹坑直径小于等于12		
密度		g/cm³	≥0.85		
吸水率		—	基材发泡小于等于10.0%； 基材不发泡小于等于3.0%		
低温落锤冲击		—	-10℃无裂纹	—	
吸水尺寸变化率		—	长度方向小于等于0.3%		
			宽度方向小于等于0.4%		
			厚度方向小于等于0.5%		
加热后尺寸变化率	正面、背面	—	±1.0%	±0.8%	
	两面尺寸变化率之差		≤0.5%	≤0.4%	
耐冷热循环	表面外观	—	无龟裂、无鼓泡		
	尺寸变化	mm	≤0.5		
抗冻融性		—	弯曲破坏载荷保留率大于等于80%		
表面耐染腐蚀		—	—	无明显变化	
表面胶合强度		MPa	—	—	平均值大干等于1.0 最小值大于等于0.8
表面耐划痕		—	—	—	4.0N表面装饰花纹未划破
漆膜附着力		—	—	不低于2级	—
表面耐磨		g/100 r	≤0.15	≤0.15且漆膜未磨透	—
		r	—	—	≥4 000
抗滑值		—	≥35		
蠕变恢复率		—	≥75%	—	
耐真菌腐蚀		—	重量损失率小于等于24%		
老化性能		—	弯曲破坏载荷保留率大于等于80%		
耐光色牢度(灰度卡)		级	≥4		

注：①用于楼梯使用的木塑地板，弯曲破坏载荷应大于等于3 338N。

②室内非高湿场所用木塑地板不要求抗冻融性和耐真菌腐蚀。

③非高湿场所用木塑地板不要求抗滑值。

④室内用木塑地板不要求老化性能。

⑤室外用木塑地板不要求耐光色牢度。

(九)竹地板(GB/T 20240—2006)

竹地板是用竹材加工成竹片后，以胶粘剂胶合、加工成的长条企口地板。用于室内铺设。

1. 竹地板的分类及分等

表 16-123

按结构分类	按表面涂饰分类	按表面颜色分类	按外观质量分类
多层胶合竹地板	涂饰竹地板	本色竹地板	优等品
单层侧拼竹地板	未涂饰竹地板	漂白竹地板	一等品
		炭化竹地板	合格品

2. 竹地板的规格尺寸

表 16-124

项 目	单 位	规 格 尺 寸	允 许 偏 差
面层净长 l	mm	900,915,920,950	公称长度 l_n 与每个测量值 l_m 之差的绝对值≤0.50mm
面层净宽 w	mm	90,92,95,100	公称宽度 w_n 与平均宽度 w_m 之差的绝对值≤0.15mm 宽度最大值 w_{max} 与最小值 w_{min} 之差≤0.20mm
厚度 t	mm	9,12,15,18	公称厚度 t_n 与平均厚度 t_m 之差的绝对值≤0.30mm 厚度最大值 t_{max} 与最小值 t_{min} 之差≤0.20mm
垂直度 q	mm		q_{max}≤0.15
边缘直度 s	mm/m		s_{max}≤0.20
翘曲度 f	%		宽度方向翘曲度 f_w≤0.20 长度方向翘曲度 f_l≤0.50
拼装高差 h	mm		拼装高差平均值 h_a≤0.15 拼装高差最大值 h_{max}≤0.20
拼装离缝 o	mm		拼装离缝平均值 o_a≤0.15 拼装离缝最大值 o_{max}≤0.20

3. 竹地板的理化性能

表 16-125

项 目		单 位	指 标 值
含水率		%	6.0～15.0
静曲强度	厚度≤15mm	MPa	≥80
	厚度>15mm		≥75
浸渍剥离试验		mm	任一胶层的累计剥离长度≤25
表面漆膜耐磨性	磨耗转数	r	磨 100 r 后表面留有漆膜
	磨耗值	g/100 r	≤0.15
表面漆膜耐污染性		—	无污染痕迹
表面漆膜附着力		—	不低于 3 级
甲醛释放量		mg/L	≤1.5
表面抗冲击性能		mm	压痕直径≤10,无裂纹

4. 竹地板外观质量要求

表 16-126

项 目		优等品	一等品	合格品
未刨部分和刨痕	表、侧面	不允许		轻微
	背面	不允许	允许	

续表 16-126

项目		优等品	一等品	合格品
榫舌残缺	残缺长度	不允许	≤全长的10%	≤全长的20%
	残缺宽度	不允许	≤榫舌宽度的40%	
腐朽		不允许		
色差	表面	不明显	轻微	允许
	背面	允许		
裂纹	表、侧面	不允许		允许1条 宽度≤0.2mm 长度≤200mm
	背面	腻子修补后允许		
虫孔		不允许		
波纹		不允许		不明显
缺棱		不允许		
拼接离缝	表、侧面	不允许		
	背面	允许		
污染		不允许		≤板面积的5%(累计)
霉变		不允许		不明显
鼓泡(ϕ≤0.5mm)		不允许	每块板不超过3个	每块板不超过5个
针孔(ϕ≤0.5mm)		不允许	每块板不超过3个	每块板不超过5个
皱皮		不允许		≤板面积的5%
漏漆		不允许		
粒子		不允许		轻微
胀边		不允许		轻微

注:①不明显——正常视力在自然光下,距地板0.4m,肉眼观察不易辨别。
②轻微——正常视力在自然光下,距地板0.4m,肉眼观察不显著。
③鼓泡、针孔、皱皮、漏漆、粒子、胀边为涂饰竹地板检测项目。

(十)半硬质聚氯乙烯块状地板(GB/T 4085—2005)

半硬质聚氯乙烯块状地板以聚氯乙烯树脂为主要原料,加入适当助剂制成,用于建筑物内的地面铺设。

1.半硬质聚氯乙烯块状地板的分类

表 16-127

按结构分类		按施工工艺分类		按耐磨性能分类	
名称	代号	名称	代号	名称	代号
同质地板	HT	拼接型地板	M	通用型地板	G
复合地板	CT	焊接型地板	W	耐用型地板	H

2.半硬质聚氯乙烯块状地板的标记

地板标记顺序为产品名称、结构分类、施工工艺、耐磨性级别、规格尺寸、标准号。

示例:尺寸为(300×300×1.0)mm的通用型的焊接聚氯乙烯块状同质地板表示为:聚氯乙烯块状地板 HT－W－G－(300×300×1.0)mm－GB/T 4085—2005

3. 半硬质聚氯乙烯块状地板的外观质量

表 16-128

缺陷名称	指标
缺损、龟裂、皱纹、孔洞	不允许
分层、剥离	不允许
杂质、气泡、擦伤、胶印、变色、异常凹痕、污迹等[a]	不明显

注：[a] 可按供需双方合同约定。

4. 半硬质聚氯乙烯块状地板的尺寸及允许偏差

块状地板的厚度：G 型 ≥1.0mm；

H 型 ≥1.5mm。

块状地板的直角度：地板边长≤400mm 的 直角度≤0.25mm

>400mm 的 直角度≤0.35mm

>400mm(焊接)的 直角度≤0.50mm

块状地板边长的平均值与公称值的允许偏差为±0.13%；单个边长值与边长平均值的允许偏差为±0.5mm。

5. 半硬质聚氯乙烯块状地板的有害物质限量

表 16-129

试验项目		指标	试验项目		指标
氯乙烯单体(mg/kg)	≤	5	可溶性镉(mg/m^2)	≤	20
可溶性铅(mg/m^2)	≤	20	挥发物的限量(g/m^2)	≤	10

6. 半硬质聚氯乙烯块状地板的物理性能要求

表 16-130

试验项目			指标	
			G 型	H 型
单位面积重量(%)			公称值$^{+13}_{-10}$	
密度/(kg/m^3)			公称值±50	
残余凹陷(mm)		≤	0.1	
色牢度(级)		≥	3	
纵、横向加热尺寸变化率(%)	M 型	≤	0.25	
	W 型	≤	0.40	
加热翘曲(mm)	M 型	≤	2	
	W 型	≤	8	
耐磨性[a]	HT 型(g/100 转)	≤	0.18	0.10
	CT 型(转)	≥	1 500	5 000

注：[a] 特殊用途可按供需双方约定。

(十一)家具用高分子材料台面板(GB/T 26696—2011)

家具用高分子材料台面板是以甲基丙烯酸甲酯(MMA)、不饱和聚酯树脂(UPR)或环氧树脂(EP)为基体，由石粉(如氢氧化铝、碳酸钙、二氧化硅等)为填料，加入颜料及其他辅助剂，经浇铸成型、真空模型、模压成型等制成。

家具用高分子材料台面板按用途分为实验室家具、厨房家具、餐厅家具、卫浴家具和一般用途家具。

1.家具用高分子材料台面板的成分要求

应对家具用高分子材料台面板的主要成分按百分比含量范围进行明示标识。

主要成分(高分子材料、主要填料)及其百分比含量应符合明示标识的要求,标识的百分比含量误差应在±5%范围内。

2.家具用高分子材料台面板的尺寸要求

产品尺寸应符合明示标识要求,厚度允许偏差±2mm。

边缘直线度应不大于0.5mm。

平整度应不大于0.2mm。

边缘垂直度应不大于0.5mm。

3.家具用高分子材料台面板的理化性能

表16-131

序号	检测项目	实验室家具	厨房家具	餐厅家具	卫浴家具	一般用途家具	试验结果总共分级
1	耐香烟灼烧(级)	≥1	≥2	≥3	≥2	≥3	5级
2	抗球冲击	无裂纹或破损					
3	耐水蒸气	应无突起、龟裂、变色等变化					
4	耐酸碱(级)	≥1				≥2	4级
5	耐高温(级)	≥1				≥2	3级
6	表面耐干热(级)	≥1				≥2	3级
7	耐沸水(%)	质量增加百分率:≤0.2;厚度增加百分率:≤0.2					
8	表面耐划痕(级)	≥1	≥2	≥2	≥2	≥2	4级
9	吸水率(%)	≤0.5					
10	耐污染(级)	≥1					4级
11	耐光色牢度(级)	≥4					
12	抗老化	试件表面无开裂,光泽变化不大于±10%					
13	弯曲强度(MPa)	≥30	≥20				
14	弯曲弹性模量(MPa)	≥5 000					
15	洛氏硬度,HRC	≥80					

注:除另有规定外,应将试件在温度(20±2)℃,相对湿度60%~70%的条件下放置48h以后方能进行试验。

(十二)卫生间用天然石材台面板(GB/T 23454—2009)

1.卫生间用天然石材台面板的分类

表16-132

按材质分类		按形状分类		按表面加工程度分类	
名称	代号	名称	代号	名称	代号
大理石台面板	M	普通台面板	P	镜面台面板	J
花岗石台面板	G	异形台面板	Y	细面台面板	X
石灰石台面板	L				

2. 普型台面板示意图

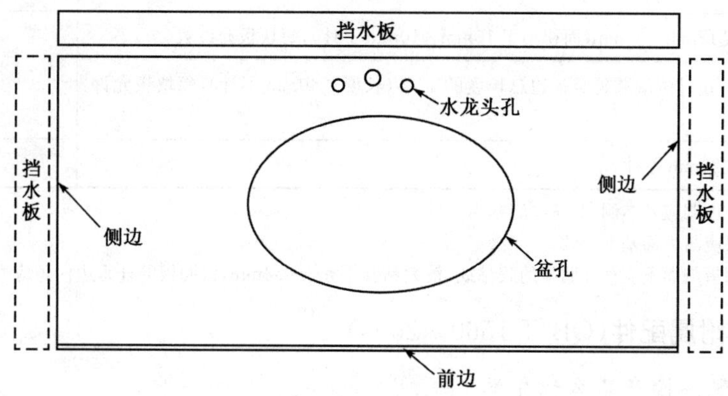

图 16-11　普型台面板示意图及各部位名称

3. 普型台面板的尺寸偏差要求(mm)

表 16-133

台面板的尺寸允许偏差(mm)			台面板的平面度允许偏差(mm)	
项目		指标	台面板长度 L	技术要求
长度、宽度		±1.5	≤800	0.35
厚度		±1.5		
水孔孔径		−0.5～+1.5	>800～1 200	0.65
盆孔孔径	台上	±5.0		
	台下	±3.0	>1 200	0.85
水孔与盆孔位置		±1.5		

注:台面板的角度允许偏差为 0.60mm。

4. 台面板的物理性能

表 16-134

项　目		技术要求		
		花岗石台面板	大理石台面板	石灰石台面板
体积密度(g/cm^3)≥		2.56	2.60	2.16
吸水率(%)		0.40	0.50	3.0
弯曲强度(MPa)≥	干燥	8.0	7.0	3.4
	水饱和			
台面板的镜向光泽度		≥80 光泽单位	≥70 光泽单位	供需双方商定

注:花岗石台面板使用的石材放射性应符合 GB 6566 A 类的规定。

5. 台面板的外观质量要求

表 16-135

缺陷名称	规定内容(台面板正面)	技术要求
缺棱	长度≥2mm,宽度≥1.0mm(长度<2mm,宽度<1.0mm 不计)	外露面不允许
缺角	沿台面板边长,长度≥2mm,宽度≥2mm(长度<2mm,宽度<2mm 不计)	

续表 16-135

缺陷名称	规定内容(台面板正面)	技 术 要 求
色斑	面积≤15mm×30mm(面积小于 10mm×10mm 不计),每块板允许数(个)	2
色线	长度不超过两端顺延至板边总长度的 1/10(长度<40mm 不计),每块板允许数(条)	
裂纹	长度<20mm 不计	不允许

注:①同一套台面板的色调应基本调和,花纹应基本一致。
②加工的侧边效果应与大面基本一致。
③加贴类型的台面板侧面不应存在明显的胶粘线,最大粘缝不大于 0.4mm,台面板的外露边棱角应光滑。

(十三)卫生间附属配件(QB/T 1560—2006)

1.卫生间附属配件按产品名称分类

表 16-136

产品名称	浴巾架	浴帘杆	浴缸拉手	毛巾架	毛巾环	皂盒	手纸架	化妆架	衣钩	镜夹	便刷	杯架
代号	YJ	YG	YL	MJ	MH	ZH	SJ	HJ	G	JJ	BS	BJ

2.卫生间附属配件按产品主体材料分类

表 16-137

材料	铜合金	不锈钢	锌合金	钢	铝合金	塑料
代号	T	B	X	G	L	S

3.卫生间附属配件的规格尺寸表示

表 16-138

产品名称	溶帘杆、溶缸拉手、毛巾架	浴巾架、皂盒、手纸架、化妆架	毛巾环	衣钩、镜夹、杯架	便刷
规格	外型长度尺寸	最大外形尺寸(长×宽×高)	最大外形尺寸	最外端距离固定面长度尺寸	刷子最大径向尺寸×刷子总长尺寸

4.卫生间附属配件的通用技术要求

(1)产品外形尺寸及允许偏差(mm)

表 16-139

外形长度尺寸	<100	100~499	500~1 000	>1 000
极限偏差	±1	±2	±4	±5

(2)产品应完整、光洁,安装后外露表面不得有飞边、毛刺、缩痕、翘曲、熔接痕缺陷。

(3)直杆件应挺直,不应有明显弯曲。

(4)镀、涂层表面光亮、色泽均匀,不应有脱皮、气泡、露底、龟裂或烧焦等缺陷。

(5)涂层应结合牢固。漆膜涂层附着力应为 1 级,喷塑层附着力应为 0 级。

(6)镀层的耐腐蚀性能要求

表 16-140

基 本 材 料	试验时间(h)	试 验 方 法	判定级别/级
铜合金	12	乙酸盐雾试验	10
钢			
锌合金			
铝合金			

(7)涂层厚度不低于0.06mm。

(8)涂层在承受4.9N·m冲击时,涂层无碎裂。

(9)产品所需零配件齐全,产品不倾斜。

5.卫生间附属配件的各项要求

(1)浴帘杆要求

产品在安装状态下,承受49N(5kgf)静载荷60s卸载后,变形量不大于被测杆件总长的1%,且各组件无松动,能正常使用。

(2)浴缸拉手要求

产品在安装状态下,承受1 176(120kgf)静载荷60s卸载后,变形量不大于被测杆件总长的1%,且各组件无松动,能正常使用。

(3)毛巾架要求

产品在安装状态下,承受39.2N(4kgf)静载荷60s卸载后,变形量不大于被测杆件总长的1%,且各组件无松动,能正常使用。

(4)浴巾架要求

产品在安装状态下,浴巾放置部位承受49N(5kgf)静载60s卸载后,承载受力的部件,变形量不大于被测杆件总长的1%,且各组件无松动,能正常使用。附带毛巾挂杆的部位,应符合毛巾架的要求。

(5)毛巾环要求

产品在安装状态下,承受39.2N(4kgf)静载荷60s卸载后,毛巾环应无脱落,且各组件无松动,能正常使用。

活动部件无卡阻。

(6)皂盒要求

产品在安装状态下,承受29.4N(3kgf)静载荷60s卸载后,各组件应无松动,能正常使用。皂盒内腔底部应有凸筋或漏水孔(槽)。

(7)手纸架要求

安装手纸的相关部件应拆装方便、牢固。

整卷手纸安装后,转动无卡阻。撕裂手纸时整卷手纸不准掉落。

(8)衣钩要求

单衣钩产品承受49N(5kgf)静载荷60s后,挂件应无掉落。且各组件无松动,能正常使用。

多衣钩中单钩承受49N(5kgf)静载荷60s后,衣钩不应转动,组件不应松动,挂件应无脱落。

(9)镜夹要求

产品承受19.6N(2kgf)静载荷60s后,镜子应无掉落。

(10)便刷要求

便刷杆承受20N·m扭矩后,应无断裂。

便刷刷毛平整、光滑,不得有脱落现象。对一束刷毛施加10N的拉力,刷毛不得脱落。

(11)杯架要求

单杯架承受19.6N(2kgf)静载荷60s后,产品各组件无松动,能正常使用。

多杯架中单边杯架承受19.6N(2kgf)静载荷60s后,杯架不应转动,组件不应松动。

(12)化妆架要求

产品在安装状态下,承受49N(5kgf)静载荷60s卸载后,各组件无松动、无明显的变形,能正常使用。

6.卫生间附属配件的形式图

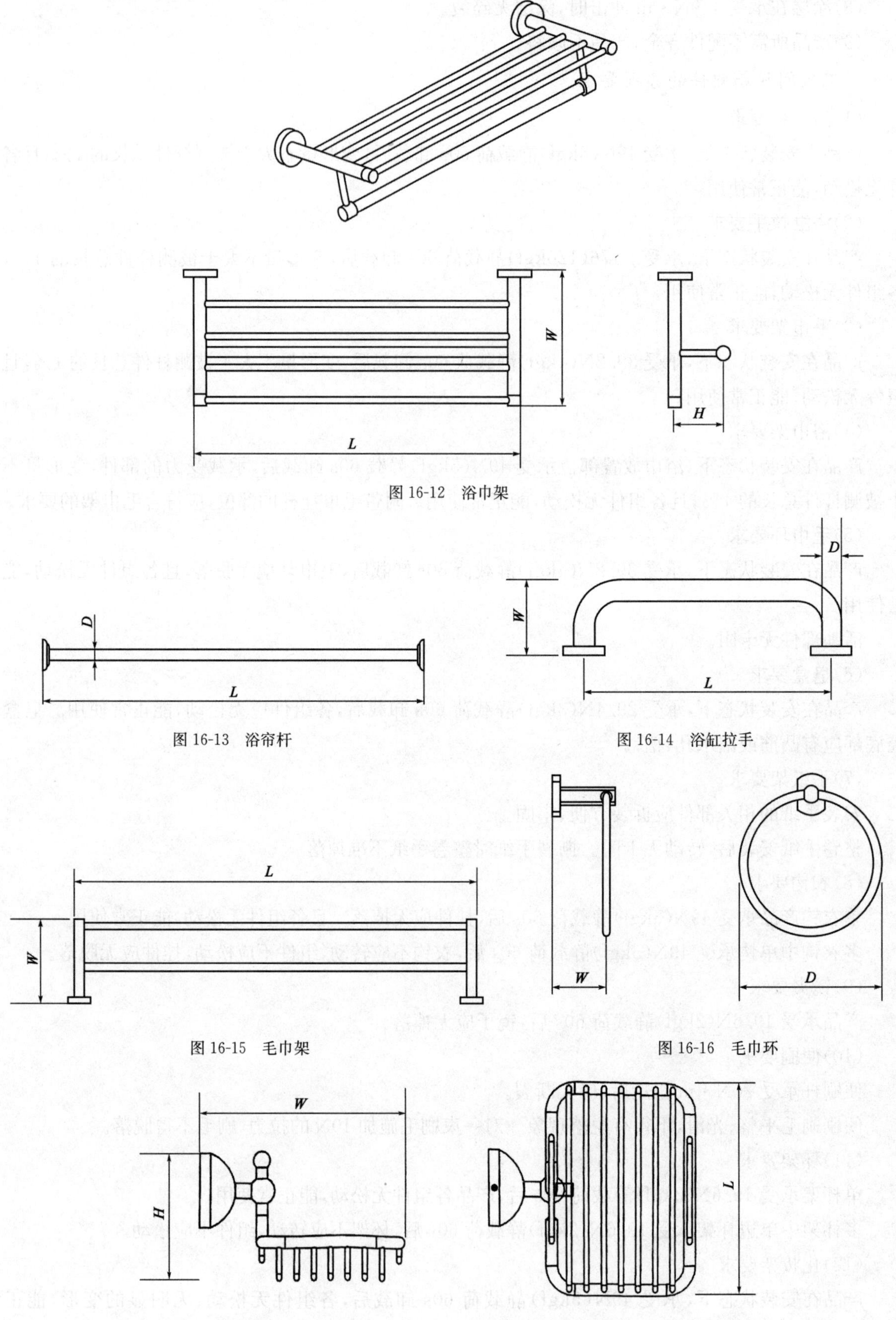

图 16-12　浴巾架

图 16-13　浴帘杆

图 16-14　浴缸拉手

图 16-15　毛巾架

图 16-16　毛巾环

图 16-17　皂盆

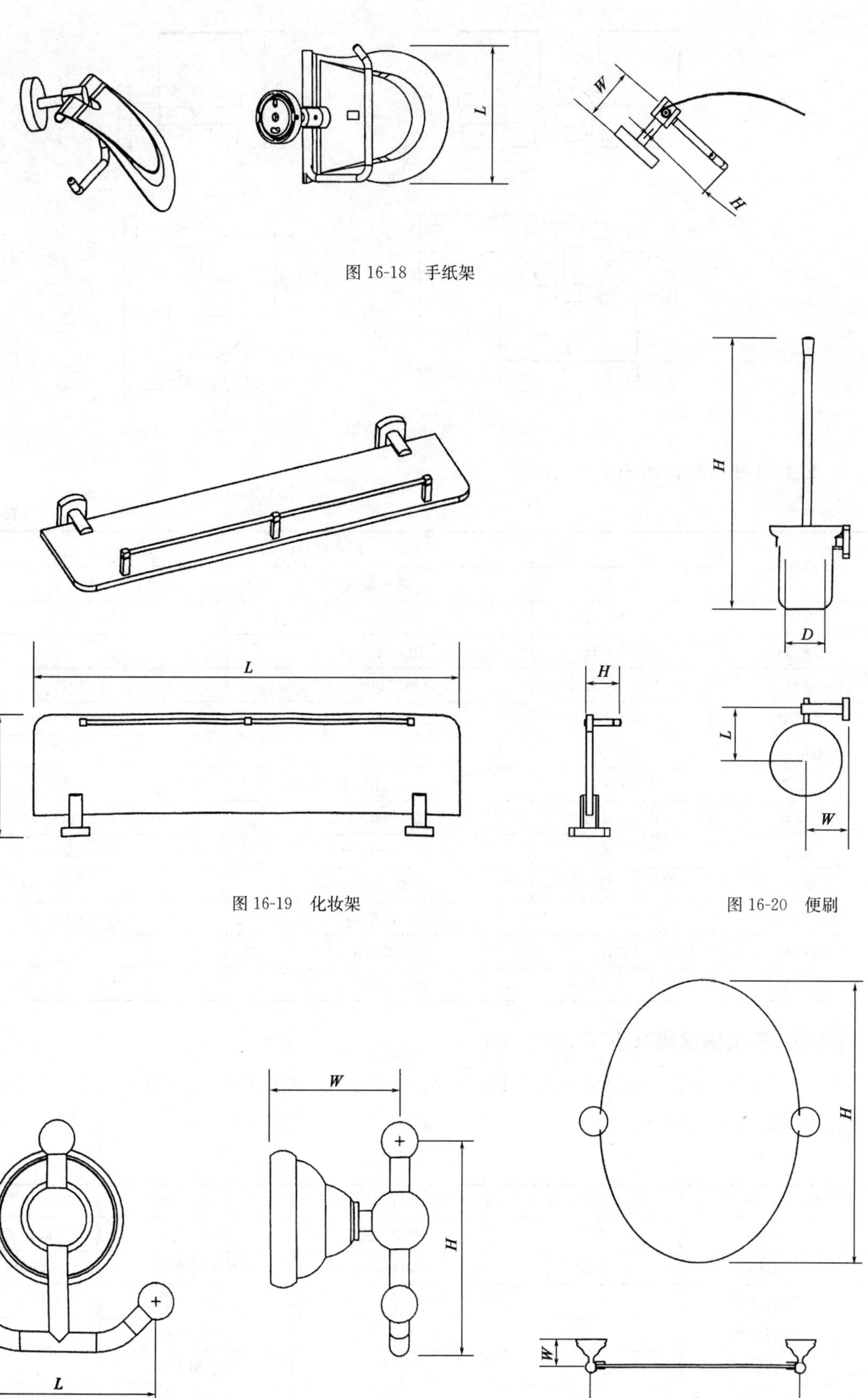

图 16-18　手纸架

图 16-19　化妆架

图 16-20　便刷

图 16-21　衣钩

图 16-22　镜夹

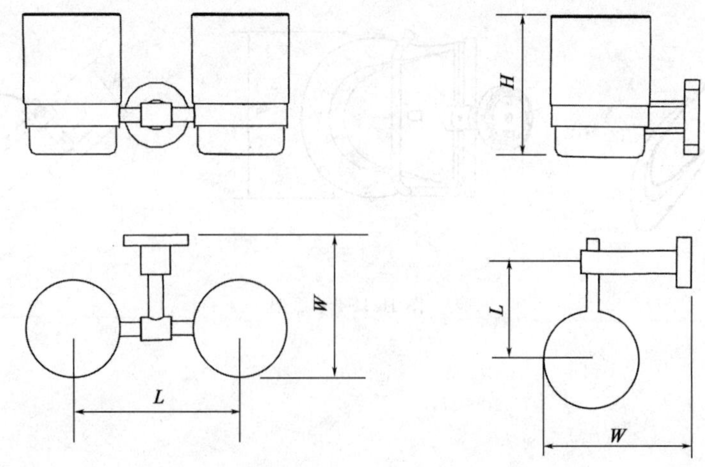

图 16-23　杯架

7. 卫生间附属配件的形式尺寸

表 16-141

产品种类	形式尺寸(mm)		
	代号	第一系列	第二系列
衣钩	$W\times L\times H$	54×82×92	
单杯架	$W\times L\times H$	100×66×95	
皂盒	$W\times L\times H$	145×140×80	
毛巾架	$W\times L$	125×500	125×600
毛巾环	$W\times D$	66×ϕ180	
手纸架	$W\times L\times H$	52×140×88	
化妆架	$W\times L\times H$	150×500×45	150×600×45
镜夹	$W\times L\times H$	45×420×500	60×480×600
便刷	$W\times L\times H\times D$	68×80×410×80	
浴缸拉手	$W\times L\times D$	90×300×ϕ25	90×400×ϕ25
浴帘杆	$L\times D$	1 500～2 000×ϕ25	
浴巾架	$W\times L\times H$	180×500×80	200×600×80

(十四)不锈钢水嘴(CJ/T 406—2012)

不锈钢水嘴适用于公称尺寸不大于 DN20、公称压力不大于 0.6MPa、水温不大于 90℃的场所。

1. 不锈钢水嘴的分类

表 16-142

按操作方式分类		按供水管路数量分类	按密封材料分类	按用途分类	按出水口形式分类
机械式	单柄式	单控式	陶瓷片式	普通水嘴	固定式出水口
	双柄式	双控式	非陶瓷片式	洗面器水嘴	旋转式出水口
非接触式	反射红外式			浴缸水嘴	
	遮挡红外式			淋浴水嘴	
	热释电式			洗衣机水嘴	
	微波反射式			净身器水嘴	
	超声波反射式			厨房水嘴	
	电磁感应式			直饮水嘴	

2. 单柄单控和单柄双控水嘴结构示意图

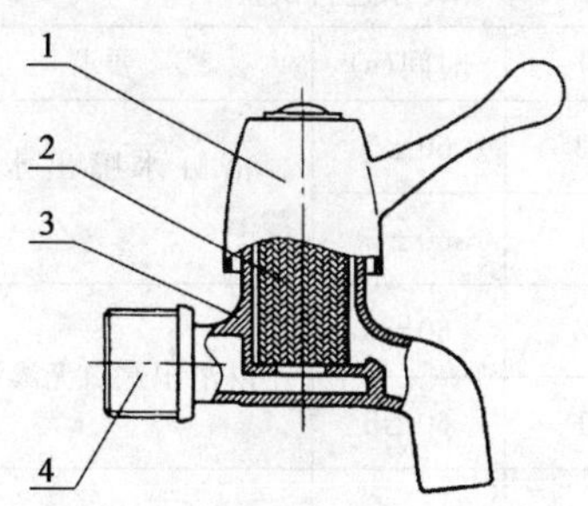

图 16-24 单柄单控水嘴结构示意图

1-手柄；2-阀芯；3-主体；4-进水口

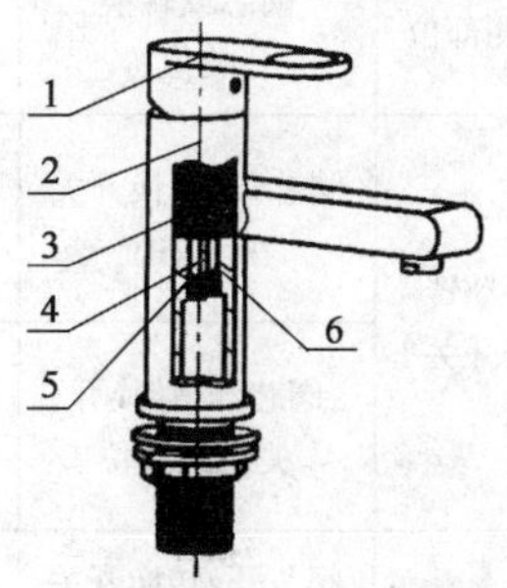

图 16-25 单柄双控水嘴结构示意图

1-手柄；2-主体；3-阀芯；4-冷、热水隔墙；5-冷水管；6-热水管

3. 不锈钢水嘴的技术要求

表 16-143

项　目	指标和要求
外观	水嘴表面应平滑光洁，无毛边、毛刺、凹陷、划痕、砂眼、锈蚀、发黄、发黑、色差等缺陷；抛光表面纹理方向应一致、协调，无乱纹
	冷热水标志清楚、明显、连接牢固；冷水标志在右，用蓝色标记或字母"C"或"冷"字表示：热水标志在左，用红色标记或字母"H"或"热"字表示
水嘴手柄开启方向的规定	单柄单控水嘴手柄逆时针方向转动为开启，顺时针方向转动为关闭
	双柄双控水嘴热水端手柄顺时针方向转动为开启，逆时针方向转动为关闭；冷水端手柄逆时针方向转动为开启，顺时针方向转动为关闭
	单柄双控水嘴手柄向左侧转动为热水端，向右侧转动为冷水端
	当水嘴手柄开启方向与上述规定不一致时，应有明确标识
耐腐蚀性能	产品经 24 小时乙酸盐雾试验后，表面无腐蚀
卫生要求	水嘴不应造成水质、外观、味觉、嗅觉等任何变化，水嘴的铅析出量应符合 JC/T 1043 的规定

4. 机械式不锈钢水嘴的主要使用性能

(1)水嘴阀体抗水压性能

表 16-144

检测部位		冷水试验		测试条件		技术要求
		阀芯位置	出水口状态	压力(MPa)	时间(s)	
阀芯上游		关	开	2.50±0.05	60±5	无永久性变形、渗漏
阀芯下游	带流量调节器	开	开	0.40±0.02		
	不带流量调节器	开	开	流量为 0.40 L/s 时的压力		

(2)水嘴的密封性能

表 16-145

水嘴用途	检测部位	阀芯或转换开关位置	出水口状态	用冷水进行试验		
				压力(MPa)	时间(s)	要求
普通、洗面器、浴缸、淋浴、洗衣机、净身器，厨房、直饮水嘴	阀芯及阀芯上游	关闭	打开	1.60±0.05	60±5	阀芯及上游过水管道无渗漏
	冷、热水隔墙			0.40±0.02	60±5	出水口及未连接的进水口无渗漏
	阀芯下游	打开	关闭	0.40±0.02	60±5	阀芯下游任何密封部件无渗漏
				0.05±0.01		

续表 16-145

水嘴用途	检测部位	阀芯或转换开关位置	出水口状态	用冷水进行试验		
				压力(MPa)	时间(s)	要求
普通、洗面器、浴缸、淋浴、洗衣机、净身器,厨房、直饮水嘴	手动转换开关	阀芯开,转换开关在淋浴位	堵住淋浴出水口打开浴缸出水口	0.40±0.02	60±5	浴缸水嘴出水口无渗漏
				0.05±0.01	60±5	
		阀芯开,转换开关在浴缸位	堵住浴缸出水口打开淋浴出水口	0.40±0.02	60±5	淋浴出水口无渗漏
				0.05±0.01	60±5	
浴缸	自动转换开关	阀芯开,转换开关在浴缸位	出水口均开启	0.4±0.02	60±5	淋浴出水口无渗漏
		阀芯开,转换开关在淋浴位		0.40±0.02	60±5	浴缸水嘴出水口无渗漏
				0.05±0.01	60±5	转换开关不得移动,浴缸出水口无渗漏
		关闭阀芯		—		转换开关自动转向浴缸出水模式
		阀芯开,转换开关在浴缸位		0.05±0.01	60±5	淋浴出水口无渗漏

(3)水嘴的流量(除直饮水嘴)

表 16-146

水 嘴 用 途	试验压力(MPa)	流量 Q(L/s)	
普通、洗面器、厨房、净身	动压:0.10±0.01	≤0.15	
浴缸	动压:0.10±0.01	浴缸位	冷水或热水位置≥0.10
			混合水位置(水温在34~44℃)≥0.11
		淋浴位	≥0.10(不带花洒)
			0.07≤Q≤0.15(带花洒)
淋浴		≥0.10(不带花洒)	
		0.07≤Q≤0.15(带花洒)	
洗衣机		≥0.15	

注:直饮水嘴流量应符合 CJJ 110 的规定。

(4)不锈钢水嘴的寿命

单柄双控水嘴开关寿命试验达到 70 000 次循环,单柄单控和双柄双控水嘴开关寿命试验为 200 000 次后,仍符合水嘴的密封性能要求(表 16-145);

转换开关寿命试验达到 30 000 次后,仍符合密封性能要求(表 16-145);

旋转式出水管寿命试验达到 80 000 次后,仍符合密封性能要求(表 16-145)。

(5)噪声级别

在 0.3MPa 压力下: Ⅰ级 ≤20dB

Ⅱ级 >20~30dB

U(不分级) >30dB

(6)执行标准

非接触式水嘴应符合 CJ/T 194 的规定。

(十五)卫生洁具及暖气管道用直角阀(GB/T 26712—2011)

1. 卫生洁具及暖气管道用直角阀的分类

表 16-147

产品类型		密封材料		阀体材料		进口端螺纹连接	
名称	代号	名称	代号	名称	代号	名称	代号
卫生洁具直角阀	JW	铜合金	T	铜合金	T	内螺纹	N
暖气管道直角阀	JN	橡胶	X	不锈钢	B	外螺纹	W
		尼龙塑料	N	铸铁	Z		
		合金钢	H	塑料	S		
		陶瓷	C	其他	Q		
		氟塑料	F				
		其他	Q				

2. 卫生洁具及暖气管道用直角阀的标记按类型代号、密封材料代号、阀体材料代号、螺纹连接形式代号、标准号顺序标记

3. 卫生洁具及暖气管道用直角阀的形式尺寸

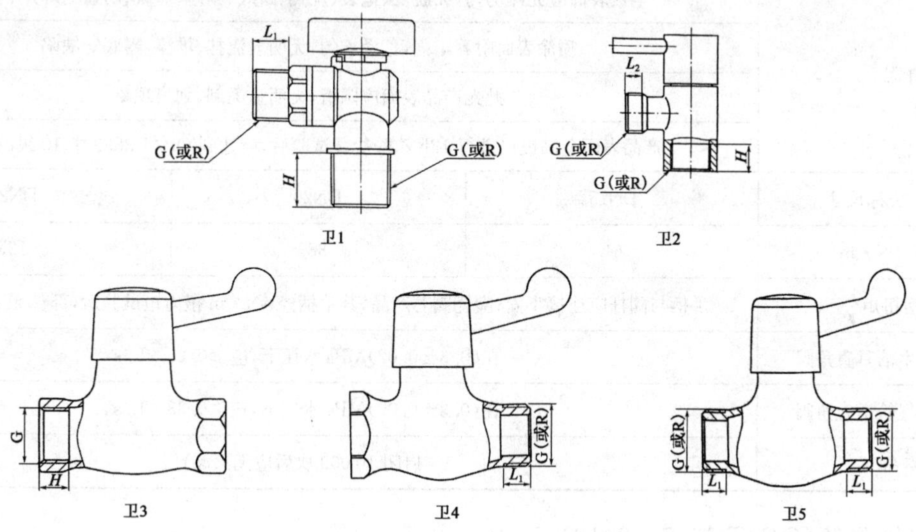

图 16-26 卫生洁具直角阀形式示意图

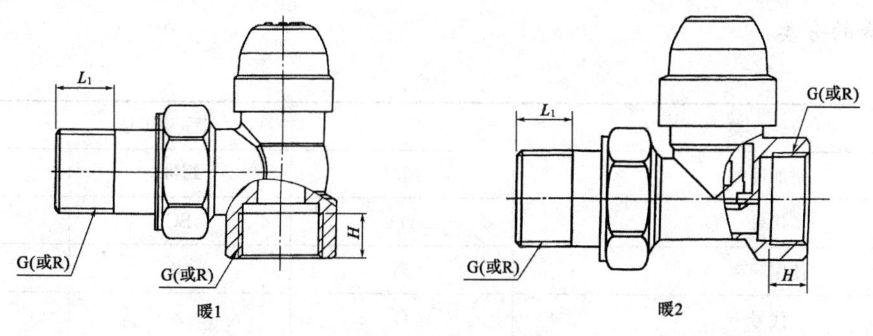

图 16-27 暖气管道直角阀示意图

4. 卫生洁具及暖气管道用直角阀的规格尺寸(mm)

表 16-148

产品名称	公称尺寸	螺纹特征代号	H	L_1	L_2
卫生洁具直角阀	DN 15	G或R	≥12	≥8	≥6
	DN 20	G或R	≥14	≥12	—
	DN 25	G或R	≥14.5	≥12	—
暖气管道直角阀	DN 15	G或R	≥10	≥16	—
	DN 20	G或R	≥14	≥16	—
	DN 25	G或R	≥14.5	≥18	—

5. 卫生洁具及暖气管道用直角阀技术要求

表 16-149

项目		指标和要求			
使用条件	产品类型	公称尺寸(mm)	公称压力(MPa)	介质	介质温度(℃)
	卫生洁具直角阀	DN15、DN20、DN25	1.0	冷、热水	≤90
	暖气管道直角阀	DN15、DN20、DN25	1.6	暖气	≤150
外观		电镀表面应光泽均匀,无脱皮、龟裂、烧焦、露底、剥落、黑斑、明显的麻点、毛刺			
		喷涂表面附着牢固,色泽均匀,无明显流挂、堆漆、露底等缺陷			
		抛光产品表面应圆滑,无明显毛刺、划痕现象			
		产品表面金属镀层进行 12h 乙酸盐雾试验后,应达到 QB/T 3832 中 10 级的要求			
管螺纹扭力矩	公称尺寸	DN15	DN20	DN25	
	(N·m)	61	88	129	
手柄扭矩		手柄与阀杆应连接牢固;陶瓷阀芯产品,其手柄经 4N·m 扭力矩试验后,部件无变形和损坏			
流量	卫生洁具直角阀	在(0.3±0.02)MPa 水压下,应≥0.25 L/s			
	暖气管道直角阀	在(0.3±0.02)MPa 水压下,应≥0.38 L/s			
寿命		启闭 10 000 次后应无渗漏			

(十六)地弹簧(QB/T 2697—2013)

地弹簧用于安装在平开门上部或下部作单、双向开门,使用温度为−15～40℃。

1. 地弹簧的分类

表 16-150

分类		名称及代号		
附加性能		延时	缓冲	有定位装置
代号		DA	BC	D
使用频率		高	中	低
代号		G	Z	D
寿命(万次)	达到	单向 100 或双向 50	单向 50 或双向 25	单向 20 或双向 10

2.地弹簧的规格系列

表 16-151

类别代号（规格）	关门力矩 $M_{关}$（N·m）	能效比（%）≥		规　格	
		液压地弹簧	电动地弹簧	试验门质量（kg）	推荐适用门最大宽度（mm）
1	$9 \leqslant M_{关} < 13$	45		15～30	750
2	$13 \leqslant M_{关} < 18$	50		25～45	850
3	$18 \leqslant M_{关} < 26$	55		40～65	950
4	$26 \leqslant M_{关} < 37$	60	65	60～85	1 100
5	$37 \leqslant M_{关} < 54$	60		80～120	1 250
6	$54 \leqslant M_{关} < 87$	65		100～150	1 400
7	$87 \leqslant M_{关} < 140$	65		130～180	1 600

3.特殊要求产品由供需双方商定。

（十七）闭门器（QB/T 2698—2013）

闭门器的使用温度为－15～40℃，用于平开门扇上部，单向开门。

1.闭门器的分类

表 16-152

分　类	名称及代号				
附加性能	延时	缓冲	有定位装置		
代号	DA	BC	D		
使用频率	高	中	低		
代号	G	Z	D		
寿命（万次）≥	100	50	20		

2.闭门器的规格系列

表 16-153

类别代号（规格）	关门力矩 $M_{关}$（N·m）	能效比（%）≥		规　格	
		液压闭门器	电动闭门器	试验门质量（kg）	推荐适用门最大宽度（mm）
1	$9 \leqslant M_{关} < 13$	45		15～30	750
2	$13 \leqslant M_{关} < 18$	50		25～45	850
3	$18 \leqslant M_{关} < 26$	55		40～65	950
4	$26 \leqslant M_{关} < 37$	60	65	60～85	1 100
5	$37 \leqslant M_{关} < 54$	60		80～120	1 250
6	$54 \leqslant M_{关} < 87$	65		100～150	1 400
7	$87 \leqslant M_{关} < 140$	65		130～180	1 600

(十八)地漏(GB/T 27710—2011)

1.地漏的分类及代号

表 16-154

分类	名称	代号	说明
按密封形式分类	水密式地漏	S	充水后在内部形成水密封
	机械密封式地漏	J	依靠机械构造来达到密封功能
	混合密封式地漏	H	兼有机械式密封和水封式密封功能
	其他	Q	
按使用功能或安装形式分类	直通式地漏	ZT	无任何阻止排水管道内气体返溢构造的地漏
	侧墙式地漏	CQ	箅子为垂直方向安装且具有侧向接纳并排除地面积水的功能
	密闭式地漏	MB	盖板在排水时可打开,不排水时可密闭
	带网框式地漏	WK	带有网框,可拦截杂物并可取出清洁
	防溢式地漏	FY	可防止废水在排放时冒溢,也可防止排水管道系统中废水返溢
	多通道式地漏	DT	具有多个入水通道,能接纳地面排水和多个器具排水
	直埋式地漏	ZM	安装在垫层且排出管不穿越楼层
	其他地漏	QT	

2.地漏的基本构造示意图

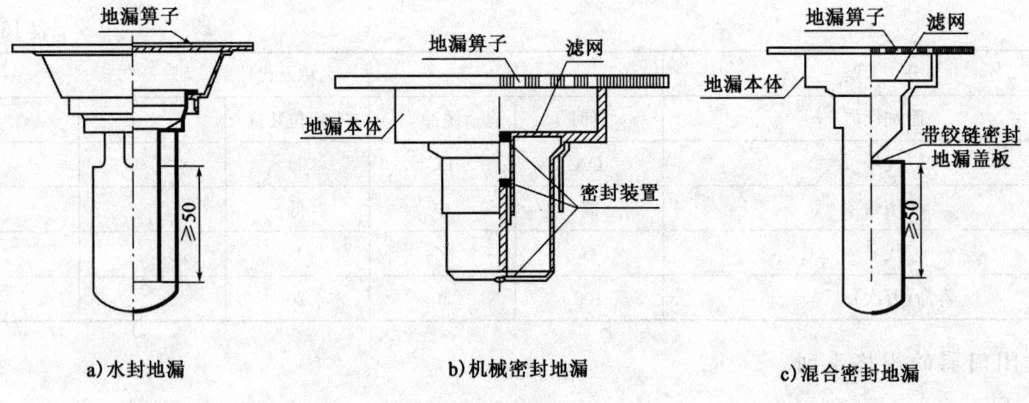

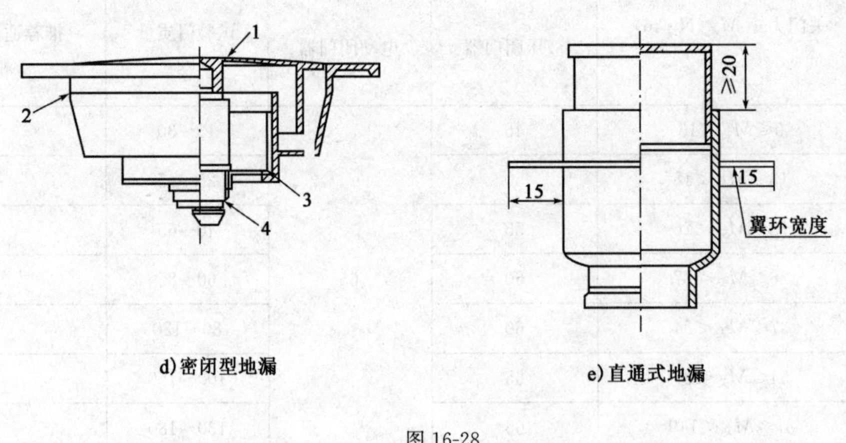

图 16-28

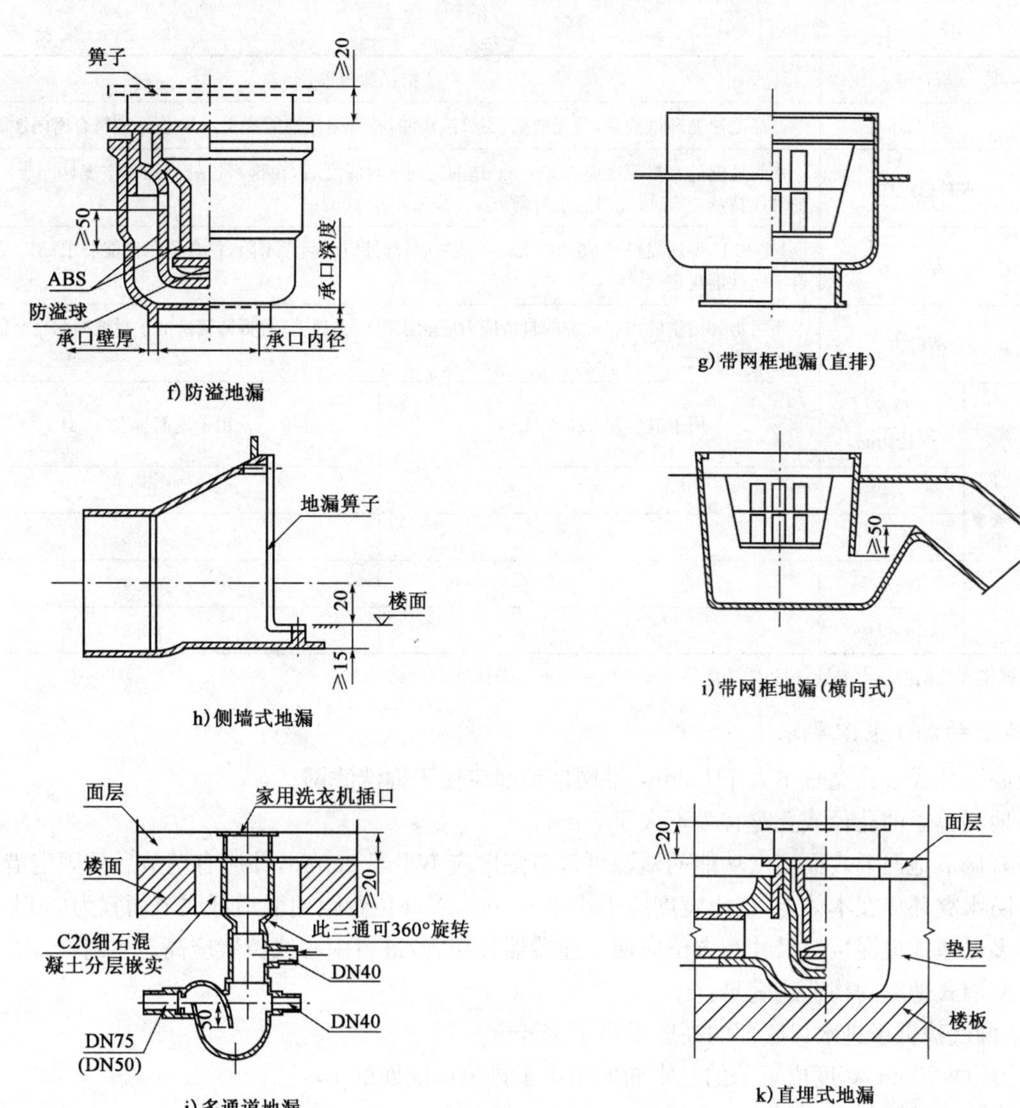

图 16-28 地漏基本构造示意图(单位:mm)

1-盖板;2-壳体;3-网框;4-芯子

3. 地漏性能要求

表 16-155

项目		指标和要求
外观		铸件表面无明显的砂眼、缩孔、裂纹或气孔
		塑料件表面应无明显的填料斑、波纹、溢料、缩痕、翘曲或熔接痕等
		电镀表面光泽均匀、无脱皮、龟裂、烧焦、露底、剥落、黑斑或明显的麻点等
耐腐蚀性能		涂、镀层进行 24h 乙酸盐雾试验后,应不低于 GB/T 6461 规定的 9 级要求
附着强度性能		产品外表面涂、镀层经附着力试验后不应出现起皮或脱落现象
使用性能	承载能力	地漏算子或盖板承载(750±5)N 的载荷(30±2)s 后,应无变形、裂纹等现象
	耐压性能	本体承受(0.2±0.01)MPa 水压,(30±2)s 后,无泄漏、无变形
	密闭性能	J 型和 MB 型地漏不排水时,其密闭性应能承受(40±1)kPa 水压 10min±50s 无溢水
	防返溢性能	有防返溢功能的地漏应能防止返溢水通过算子溢出,防返溢部件应灵活无卡阻。在(40±1)kPa 水压条件下,(30±2)min 不返溢

续表 16-155

项目			指标和要求	
使用性能	冷热循环		产品冷热循环试验后,应无变形、裂纹或渗漏,符合耐压性能规定;MB 型还应符合密闭性能规定	
	水封稳定性		水封地漏的水封深度应≥50mm。地漏达到水封深度后,在排水口处施加真空度(0.4±0.01)kPa 的气压持续 10s 时,地漏的水封剩余深度应不小于 20mm	
	寿命		J 型和 H 型地漏进行 30 000 次寿命测试后,部件应灵活无卡阻,符合耐压性能要求;MB 型还应符合密闭性能规定	
	自清能力		不可拆卸清洗的水封地漏的自清能力应能达到 90%以上;可拆卸清洗的水封地漏的自清能力应能达到 80%以上	
	排水流量	地漏承口内径(mm)	用于卫生器具排水(L/s)	用于地面排水(L/s)
		＜40	≥0.5	≥0.16
		40～＜50	≥0.5	≥0.3
		50～＜75	—	≥0.4
		75～＜100	—	≥0.5

注:多通道式地漏的排水流量,按相应功能最大尺寸的一个承口来计算。

4. *地漏的加工装配要求*

(1)滤网孔径或孔宽宜不大于 6mm。带网框地漏应便于拆洗滤网。

(2)地漏箅子的孔径或孔宽宜为不大于 8mm。

(3)有调节地漏上表面高度功能的地漏可调节高度应不小于 20mm,并应有调节后的固定措施。

(4)防水翼环应在本体上,最小宽度应不小于 15mm,翼环位置距地漏最低调节面宜为(20±1)mm。

(5)多通道式地漏接口尺寸和方位应便于连接器具接管,进口中心线位置应高于水封面。

(6)侧墙式地漏的构造应满足:

①地漏底边低于进水口底部的高度不小于 15mm;

②距地面 20mm 高度内箅子的过水断面不小于排出口断面的 75%。

(7)直埋式地漏总高度不宜大于 250mm。

三、保温吸声材料

(一)矿物棉喷涂绝热层(GB/T 26746—2011)

矿物棉喷涂绝热层是将岩棉、矿渣棉和玻璃棉混合黏结剂等绝热材料喷涂到使用表面而形成的绝热层。按材料的类型分为岩棉和矿渣棉喷涂绝热层、玻璃棉喷涂绝热层;按应用类型分为自承重型和非自承重型。岩棉、矿渣棉的纤维平均直径为≤6μm,渣球含量(粒径>0.25mm)≤6.0%;玻璃棉的纤维平均直径为≤5μm,渣球含量(粒径>0.25mm)≤3.0%。

1. *矿物棉喷涂绝热层的要求*

表 16-156

项目		要求			
一般性能	类型	厚度允许偏差(mm)	体积密度允许偏差(%)	导热系数[W/(m·K)](平均温度 25℃)	质量吸湿率(%)
	玻璃棉	+4 −3	±10	≤0.042	≤5.0
	岩棉、矿渣棉			≤0.044	

续表 16-156

项 目		要 求
燃烧性能[①]	炉内平均温升	≤50℃
	平均持续燃烧时间	≤20s
	平均质量损失率	≤50%
黏结强度		自承重型喷涂绝热层不小于能承受其5倍自重的强度[②]
甲醛释放		达到GB 18580中所规定的E1级的要求
特殊要求	降噪系数	有要求时，喷涂绝热层的降噪系数按混响室法（刚性壁）≥0.70；按阻抗管法（刚性壁）≥0.50
	腐蚀性	用于覆盖奥氏体不锈钢时，可溶出离子和浸出液pH值符合GB/T 17393的规定
		用于覆盖铝、铜、钢材时，腐蚀性试验采用90%置信度的秩和检验法，对照样的秩和<21
	防水性	有要求时，喷涂绝热层的憎水率≥98%，吸水率≤1.0 kg/m²，浸水黏结强度保留率≥60%
外观		表面基本平整，纤维分布均匀，成型后不得有开裂、脱落等影响使用的缺陷

注：应用领域的相关法律法规有燃烧性能等级要求时，应达到相应的燃烧性能等级。

能承受其5倍自重的强度指：5倍喷涂绝热层单位面积的质量乘以重力加速度（9.8m/s²），再除以单位面积所得到的强度值。

2. 产品运输时应采用干燥防雨的运输工具，且不得混入杂物。储存时，库房应干燥通风。

（二）建筑外墙外保温用岩棉板和岩棉带（GB/T 25975—2010）

建筑外墙外保温用岩棉板和岩棉带适用于薄抹灰的外墙外保温系统。产品应表面平整，无妨碍使用的伤痕、污迹或破损。

1. 外保温用岩棉板和岩棉带的分类及应用

产品按垂直于表面抗拉强度水平分为带：TR80；板：TR15：TR10；TR7.5。

岩棉板、岩棉带垂直于表面的抗拉强度水平及应用情况 表 16-157

抗拉强度水平	抗 拉 强 度	应 用 情 况
TR80	≥80kPa	岩棉带：采用黏结剂固定，可不附加锚栓
TR15	≥15kPa	岩棉板：黏结的同时需附加锚栓固定，也可采用型材法固定
TR10	≥10kPa	岩棉板：黏结的同时需附加锚栓固定
TR7.5	≥7.5kPa	岩棉板：黏结的同时需附加锚栓固定，锚栓应锚固在带有玻纤网布的增强防护层上

2. 外保温用岩棉板和岩棉带的标记

产品标记由三部分组成：产品名称、标准号和产品技术特征（垂直于表面的抗拉强度水平和尺寸等），商业代号也可列于其后。对于有透湿或吸声要求的产品，应在产品技术特征中说明其湿阻因子或降噪系数。有标称导热系数的产品，宜在产品技术特征中说明其标称值。

示例1：垂直于表面的抗拉强度水平为7.5kPa，长度×宽度×厚度为1200mm×600mm×60mm的岩棉板，其标记为：岩棉板GB/T 25975-TR7.5-1 200×600×60

示例2：垂直于表面的抗拉强度水平为80kPa，标称导热系数为0.045W/(m·K)，降噪系数为0.70，湿阻因子为10，长度×宽度×厚度为300mm×100mm×100mm的岩棉带，其标记为：岩棉带GB/T 25975－TR80 λ_D 0.045NRC0.70μ10－300×100×100

3. 外保温用岩棉板的规格尺寸(mm)

表 16-158

长　　度	长度允许偏差	宽　　度	宽度允许偏差	厚　　度	厚度允许偏差
910 1 000 1 200 1 500	+10 −3	500 600 630 910	+5 −3	30～200	+3 −3

岩棉带的允许偏差：长$^{+10}_{-3}$mm；宽±3mm；厚±2mm。

4. 外保温用岩棉板和岩棉带的技术要求

表 16-159

项　目	指　　标	项　目	指　　标
直角偏离度	≤5mm/m	导热系数 (平均温度 25℃)	板≤0.040W/(m·K)； 带≤0.048W/(m·K)； 板、带有标称值时，还应不大于其标称值
平整度偏差	≤6mm		
酸度系数	≥1.6		
尺寸稳定性	长度、宽度、厚度的相对变化率≤1.0%	燃烧性能	符合 GB 8624 中 A 级均质材料不燃性要求
质量吸湿率	≤1.0%	特殊要求 (有要求时)	湿阻因子≤10，有标称值时不大于标称值
憎水率	≥98.0%		降噪系数 NRC(刚性壁)≥0.6，有标称值时不小于标称值
短期吸水量	≤1.0 kg/m²		
压缩强度	不小于其标称水平，且≥40kPa		长期吸水量(部分浸入)≤3.0 kg/m²

(三)外墙外保温用钢丝网架模数聚苯乙烯板(GB 26540—2011)

外墙外保温用钢丝网架模数聚苯乙烯板(简称模数聚苯乙烯板)是工厂自动化设备生产的双面或单面钢线网架为骨架，以阻燃型模数聚苯乙烯(EPS)为绝热材料制成。适用于建筑外墙外保温系统。

模数聚苯乙烯板按腹丝的穿透形式分为：

FCT——非穿透型单面钢丝网架 EPS 板(以单面钢丝网片和焊接其上的未穿透 EPS 板的腹丝为骨架)；

CT——穿透型单面钢丝网架 EPS 板(以单面钢丝网片和焊接其上的穿透 EPS 板的腹丝为骨架)；

Z——穿透型双面钢丝网架 EPS 板(以之字条型腹丝或斜插腹丝和焊接其上的双面钢丝网片为骨架)。网片钢丝和腰丝的直径为 2mm。

1. 模数聚苯乙烯板的标记

产品应按以下方式进行标记：

产品名称—分类—燃烧性能分级—长度×宽度×厚度—标准号。

其中：

产品名称—外墙外保温用钢丝网架 EPS 板，标记为 WGJ。

板材长度、宽度和厚度以 mm 为单位。

示例：长度为 2 700mm、宽度为 1 200mm、网架板厚度为 50mm，燃烧性能分级为 A 级的穿透型单面钢丝网架 EPS 板可标记为：WGJ－CT－A－2 700×1 200×50－GB 26540

2. 模数聚苯乙烯板的外观质量

表 16-160

项　目	要　　求
外观	界面处理剂涂敷均匀，不得有漏涂或漏喷，与钢丝和 EPS 板附着牢固，干擦不掉粉；板面平整，不得有明显翘曲、变形；EPS 板不得掉角、破损；焊点区以外的钢丝不允许有锈点
EPS 板对接	板长 3 000mm 范围内 EPS 板对接不得多于两处，且对接处需要用胶粘剂粘牢

3. 模数聚苯乙烯板的规格尺寸(mm)

表 16-161

<table>
<tr><th colspan="3">项 目</th><th>规 格</th><th>允 许 偏 差</th></tr>
<tr><td colspan="3">长度</td><td>≤3 000</td><td>±5</td></tr>
<tr><td colspan="3">宽度</td><td>±1 200</td><td>±5</td></tr>
<tr><td colspan="3">EPS 板厚度</td><td>40、50、80、100</td><td>±2</td></tr>
<tr><td rowspan="3">网架板厚度</td><td colspan="2">非穿透型 FCT</td><td>50、60、90、110</td><td>±3</td></tr>
<tr><td rowspan="2">穿透型</td><td>CT</td><td>50、60、90、110</td><td>±3</td></tr>
<tr><td>Z</td><td>50、60、90、120</td><td>±4</td></tr>
<tr><td colspan="3">两对角线差</td><td></td><td>≤10</td></tr>
</table>

4. 模数聚苯乙烯板的热阻

表 16-162

分 类	网架板厚度(mm)	热阻($m^2 \cdot K/W$) ≥	分 类	网架板厚度(mm)	热阻($m^2 \cdot K/W$) ≥
FCT	50	0.90	CT	90	1.20
	60	1.00		110	1.50
	90	1.60	Z	60	0.55
	110	2.00		70	0.75
CT	50	0.60		100	1.20
	60	0.75		120	1.50

5. 模数聚苯乙烯板的制作及材料要求

表 16-163

项 目	指标和要求
EPS 密度	≥18kg/m³
EPS 导热系数	≤0.038W/(m·K)
钢丝网片距 EPS 板距离	钢丝网片纬向钢丝外缘距 EPS 板凸面的距离应为 10mm
腹丝穿透 EPS 板露出长度(CT)	CT 板腹丝穿透 EPS 板露出长度应为 40mm
腹丝未穿透 EPS 板(FCT)厚度	FCT 板腹丝未穿入 EPS 板的厚度应≤EPS 板厚度的 1/3
板边钢丝挑头	钢丝网片板边钢丝挑头≤6mm
腹丝挑头	腹丝露出钢丝网片挑头≤5mm
同方向腹丝中心距	同方向两相邻腹丝中心距为 100mm
同方向腹丝不平行度	同方向相邻腹丝不平行度≤3 度
电焊钢丝网网孔尺寸	应为 50mm×50mm
焊点抗拉力	≥330N
漏焊率	网片焊点漏焊率≤0.8%;腹丝与钢丝网片漏焊率≤3%且周边 200mm 内无漏焊
燃烧性能	按 GB 8624 分级,应符合标记中企业的明示指标

6. 模数聚苯乙烯板的储运要求

(1)运输

在装卸、起吊和运输过程中,应轻起轻放,严禁抛掷、碰撞或重压;吊装时应预防板边损坏。

(2)储存

储存时应按规格型号分类码垛平放,高度不宜超过 1.5m。

远离热源、火源。

不宜长期露天曝晒或雨淋,宜在干燥通风的环境内储存。

(四)建筑绝热用硬质聚氨酯泡沫塑料(GB/T 21558—2008)

建筑绝热用硬质聚氨酯泡沫塑料不同于喷涂硬质聚氨酯泡沫塑料和管道用硬质聚氨酯泡沫塑料。聚氨酯泡沫塑料产品按燃烧性能根据 GB 8624 的规定分为 B、C、D、E、F 级。

1. 硬质聚氨酯泡沫塑料按用途分为三类:

Ⅰ类——适用于无承载要求的场合。

Ⅱ类——适用于有一定承载要求,且有抗高温和抗压缩蠕变要求的场合。本类产品也可用于Ⅰ类产品的应用领域。

Ⅲ类——适用于有更高承载要求,且有抗压、抗压缩蠕变要求的场合。本类产品也可用于Ⅰ类和Ⅱ类产品的应用领域。

2. 硬质聚氨酯泡沫塑料的物理力学性能

表 16-164

项目	单位	性能指标		
		Ⅰ类	Ⅱ类	Ⅲ类
芯密度 ≥	kg/m³	25	30	35
压缩强度或形变 10%压缩应力 ≥	kPa	80	120	180
导热系数 初期导热系数 平均温度 10℃、28d 或 ≤ 平均温度 23℃、28d 或 ≤ 长期热阻 180d ≥	 W/(m·K) W/(m·K) (m²·K)/W	 — 0.026 供需双方协商	 0.022 0.024 供需双方协商	 0.022 0.024 供需双方协商
尺寸稳定性 高温尺寸稳定性 70℃、48h 长、宽、厚 ≤ 低温尺寸稳定性 -30℃、48h 长、宽、厚 ≤	%	 3.0 2.5	 2.0 1.5	 2.0 1.5
压缩蠕变 80℃、20kPa、48h 压缩蠕变 ≤ 70℃、40kPa、7d 压缩蠕变 ≤	%	 — —	 5 —	 — 5
水蒸气透过系数 ≤ (23℃/相对湿度梯度 0~50%)	ng/(Pa·m·s)	6.5	6.5	6.5
吸水率 ≤	%	4	4	3

3. 硬质聚氨酯泡沫塑料板材的尺寸允许偏差(mm)

表 16-165

长度、宽度			厚度	
尺寸	允许偏差	长宽面对角线差	尺寸	允许偏差
<1 000	±8	≤5	≤50	±2
≥1 000	±10	≤5	>50~100	±3
			>100	供需商定

注:板材产品外观表面基本平整,无严重凹凸不平。

(五)建筑用膨胀珍珠岩保温板(CBMF 3—2014)

建筑用膨胀珍珠岩保温板是以膨胀珍珠岩为主体材料,与非泡花碱类无机胶凝材料、外加剂等混合后,经压制、养护等工艺制成的保温板材。膨胀珍珠岩是以天然酸性玻璃质火山熔岩非金属矿(珍珠岩、松脂岩、黑曜岩等)在 1 000~1 300℃高温条件下其体积迅速膨胀 4~30 倍的颗粒,统称为膨胀珍珠岩。

建筑用膨胀珍珠岩保温板适用于建筑物外墙保温系统和防火隔离带用保温板。

1. 建筑用膨胀珍珠岩保温板按产品的干密度分为

Ⅰ型——干密度≤200kg/m³；Ⅱ型——干密度≤230kg/m³；Ⅲ型——干密度≤260kg/m³。

2. 建筑用膨胀珍珠岩保温板的规格尺寸

表 16-166

项目	尺寸(mm)	尺寸偏差(mm)
长度	500～600	±3.0
宽度	300～400	±3.0
厚度	30～120	±2.0
弯曲度		≤4.0
对角线偏差		≤4.0

3. 建筑用膨胀珍珠岩保温板的性能要求

表 16-167

序号	试验项目		要求		
			Ⅰ型	Ⅱ型	Ⅲ型
1	干密度(kg/m³)		≤200	≥201,≤230	≥231,≤260
2	体积含水率(%)		≤12.0	≤10.0	≤8.0
3	导热系数[W/(m·K)]		≤0.055	≤0.060	≤0.068
4	抗拉强度(MPa)		≥0.10	≥0.12	≥0.14
5	抗压强度(MPa)		≥0.30	≥0.40	≥0.50
6	燃烧性能		A级		
7	抗冻性[a](%)	质量损失率	≤5.0		
		抗压强度损失率	≤25.0		
8	憎水率(%)		≥98.0		
9	软化系数(%)		≥0.8		
10	线性收缩率(%)		≤0.30		
11	温热强度损失率(%)(70℃±2℃,2h)		≤50.0		
12	匀温灼烧性[b](750℃,0.5h)	线性收缩率	≤8%		
		质量损失率	≤25%		

注：[a]对不同气候区规定不同次的冻融循环(严寒地区50次、寒冷地区35次、夏热冬冷地区25次)。

[b]膨胀珍珠岩保温板用于防火隔离带时，应进行规定的匀温灼烧性检验。

4. 建筑用膨胀珍珠岩保温板的外观质量

表 16-168

项目		要求
外观质量	裂纹	不允许
	缺棱掉角	三个方向投影尺寸的最小值不大于15mm,最大值不应大于投影方向边长的1/4; 三个方向投影尺寸的最小值不大于15mm,最大值不大于投影方向边长的1/4,缺棱掉角总数不得超过5个

注：三个方向投影尺寸的最小值不大于4mm的棱损伤不作为缺棱，最小值不大于4mm的角损伤不作为掉角。

(六)聚氨酯硬泡复合保温板(JG/T 314—2012)

聚氨酯硬泡复合保温板是以硬泡聚氨酯为保温材料,复合单面或双面面层的预制保温板材。

复合的面层分为硬质面层和软质面层。硬质面层主要材料有钢板、铝板、石材板(天然花岗石、大理石、砂岩建筑板材)、纸面石膏板、纤维增强硅酸钙板、纤维增强低碱度水泥建筑平板、维纶纤维增强水泥平板等;软质面层主要有铝箔、牛皮纸等。

保温板根据复合面层不同分为自承重板和非承重板。

1.聚氨酯硬泡复合保温板分类

产品按面层状况分为双面层聚氨酯硬泡复合保温板和单面层聚氨酯硬泡复合保温板两类。

2.聚氨酯硬泡复合保温板的标记

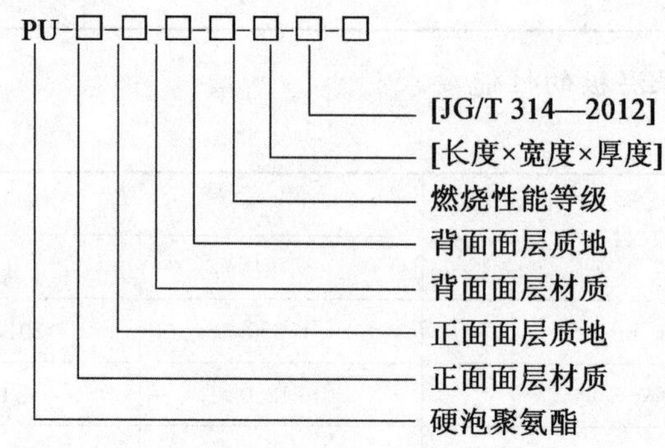

其中:

(1)面层材质分为金属面层和非金属面层两种,金属面层标记为M,非金属面层标记为NM;

(2)面层质地分为硬质面层和软质面层两种,硬质面层标记为R,软质面层标记为F;

(3)无背面面层时,背面面层材质和背面面层质地均标记为0;

(4)燃烧性能等能为A、B_1、B_2;

(5)长度、宽度和厚度以毫米为单位,厚度以最薄处为准;

(6)厚度应表示为(正面面层厚度+硬泡聚氨酯厚度+背面面层厚度),其中金属面层厚度精确到0.001mm,硬泡聚氨酯厚度和非金属面层厚度精确至0.1mm;

(7)长度和宽度精确至1mm。

示例1:长度为1 200mm、宽度为300mm、正面为0.525mm厚的金属硬质面层、背面无面层、硬泡聚氨酯厚度为40.0mm的单面层聚氨酯硬泡复合保温板可标记为:PU-M-R-0-0-[1 200×300×(0.525+40.0+0)]-[JG/T 314—2012]

示例2:长度为2 000mm、宽度为600mm、正面为6.0mm厚的非金属硬质面层、背面为0.080mm厚的金属软质面层、硬泡聚氨酯厚度为50.0mm的双面层聚氨酯硬泡复合保温板可标记为:PU-NM-R-M-F-[2 000×600×(6.0+50.0+0.080)]-[JG/T 314—2012]

3.聚氨酯硬泡复合保温板外观质量

表16-169

金属面层	产品边部应整齐,无毛刺、裂边。板材不应有开焊。外观应整洁,图案清晰、色泽基本一致,无明显擦伤和毛刺;正面不得有明显压痕、印痕和凹凸等痕迹;目视无明显色差
非金属面层	产品的正面不应有影响装饰效果的污痕、色彩不匀、图案不完整的缺陷。产品不得有裂纹、翘曲、扭曲,不得有妨碍使用的缺棱、缺角

注:保温板的翘曲度≤1.0%。

4.硬泡聚氨酯材料的性能指标

表 16-170

项目		指标	项目	指标
表观密度(kg/m^3)		≥32	导热系数(平均温度25℃)	≤0.024W/(m·K)
尺寸稳定性(%)	80℃,48h℃	≤1.0	拉伸强度(kPa)	≥150
	-30℃,48h	≤1.0	压缩强度(kPa)	≥150
吸水率(%)		≤3	燃烧性能	不低于 B_2 级

5.硬质金属面层聚氨酯硬泡复合保温板的技术性能

表 16-171

项目		自承重板	非承重板
硬泡聚氨酯		应符合表16-170的规定	
面层与保温材料拉伸黏结强度(kPa)		≥100	
抗弯承载力[a](kN/m^2)		≥0.5	—
挠度(mm)	屋面板	$\leqslant L_0/200$	—
	墙板	$\leqslant L_0/150$	—
剥离性能	黏结在金属面材上的芯材应均匀分布,并且每个剥离面的黏结面积应不小于85%		
耐冻融性能[b]	10次冻融循环后硬质金属面层表面无损伤,金属面层与保温层之间无空鼓、脱落。冻融循环后面层与保温层的拉伸黏结强度不小于100kPa		
燃烧性能	不低于 B_2 级		

注:①[a] $L_0 \leqslant 3\,500$mm(L_0 为支座间的距离)。

②当有下列情况之一者时,应符合 GB/T 23932 规定:

L_0 大于 3 500mm;屋面坡度小于 1/20;复合板作为承重结构构件时。

③[b] 当用于室内环境使用时,耐冻融性能可不测。

6.硬质非金属面层聚氨酯硬泡复合保温板的技术性能

表 16-172

项目	自承重板	非承重板
硬泡聚氨酯	应符合表16-170的规定	
面层与保温材料拉伸黏结强度(kPa)	≥100	
抗冲击能力[a]	建筑物首层墙面以及门窗口等易受碰撞部位:10J	
	建筑物二层以上墙面等不易受碰撞的部位:3J	
抗弯承载力,板自重倍数	≥1.5	—
吊挂力[b](N)	≥1 000	
耐冻融性能[c]	10次冻融循环后,面层表面无渗水、开裂、粉化和剥落。冻融循环后面层与保温层的拉伸黏结强度不小于100kPa	
燃烧性能	不低于 B_2 级	

注:[a]用于外墙外表面时要求测试抗冲击能力;用于其他部位时,可根据供需双方商定测试与否。

[b]用于内隔墙时要求测试吊挂力;用于其他部位时,可根据供需双方商定测试与否。

[c]当用于室内环境时,耐冻融性能可不测。

7.软质面层聚氨酯硬泡复合保温板的技术性能

表 16-173

项目	性能指标
硬泡聚氨酯	应符合表16-170的规定
面层与保温材料拉伸黏结强度(kPa)	≥100

续表 16-173

项　目		性能指标
尺寸稳定性	80℃,48h	≤1.0
	−30℃,48h	≤1.0
耐冻融性能		10 次冻融循环后,面层无渗水、开裂、空鼓或剥落,冻融循环后面层与保温层的拉伸黏结强度不小于 100kPa
燃烧性能		不低于 B_2 级

注:一个面层为软质面层、另一个面层为硬质面层的双面层聚氨酯硬泡复合保温板,应以硬质面层聚氨酯硬泡复合保温板的性能指标为准。

8. 产品中的石板材、水泥平板、硅酸钙板等的放射性核素限量应符合 GB 6566 的要求

(七)硬泡聚氨酯板薄抹灰外墙外保温系统材料(JG/T 420—2013)

硬泡聚氨酯板薄抹灰外墙外保温材料由硬泡聚氨酯板、胶粘剂、锚栓、厚度为 3～5mm 的抹面胶浆、玻璃纤维网布及饰面材料,必要时采用护角、托架等配件及防火构造等组成;置于建筑物外墙外侧,与基层墙体采用以粘为主、以锚为辅的固定方式。

1. 硬泡聚氨酯板外保温系统的基本结构

表 16-174

基层墙体①	系统基本构造					构造示意图
	黏结层②	保温层③	机械固定件④	防护层		
				抹面层⑤	饰面层⑥	
混凝土墙体或各种砌体墙体	胶粘剂	硬泡聚氨酯板	锚栓	抹面胶浆复合玻纤网	涂装材料	① ② ③ ④⑤⑥

注:①硬泡聚氨酯板出厂前应在室温条件下陈化,陈化时间不应少于 14d。
②硬泡聚氨酯板的界面层宜为水泥基材料。
③饰面层宜选用涂装饰面。涂装材料应与硬泡聚氨酯板外保温系统相容,并应符合国家现行相关标准的要求。
④应根据基层墙体的类别选用不同类型的锚栓,锚栓应符合 JG/T 366 的规定。
⑤硬泡聚氨酯板外保温系统的各种组成材料应配套供应。

2. 硬泡聚氨酯板外保温系统主要性能要求

表 16-175

项　目		性能指标
耐候性	外观	无可见裂缝,无粉化、空鼓、剥落现象,无 2mm 以上起梗
	拉伸黏结强度(MPa)	≥0.10,破坏发生在硬泡聚氨酯芯材中
吸水量(g/m^2)		≤500
抗冲击性	二层及以上	3J 级
	首层	10J 级
水蒸气透过湿流密度[$g/(m^2 \cdot h)$]		≥0.85
耐冻融性	外观	无可见裂缝,无粉化、空鼓、剥落现象
	拉伸黏结强度(MPa)	≥0.10,破坏发生在硬泡聚氨酯芯材中

3. 硬泡聚氨酯板外保温系统用胶粘剂性能指标

表 16-176

项目			性能指标
拉伸黏结强度(MPa)(与水泥砂浆)	原强度		≥0.6
	耐水强度	浸水 48h,干燥 2h	≥0.3
		浸水 48h,干燥 7d	≥0.6
拉伸黏结强度(MPa)(与硬泡聚氨酯板)	原强度		≥0.10,破坏发生在硬泡聚氨酯芯材中
	耐水强度	浸水 48h,干燥 2h	≥0.06
		浸水 48h,干燥 7d	≥0.10
可操作时间(h)			1.5～4.0

注:胶粘剂是由水泥基胶凝材料、高分子聚合物材料以及填料和添加剂等组成,专用于将硬泡聚氨酯板粘贴在基层墙体上的黏结材料,简称胶粘剂。

4. 硬泡聚氨酯板的主要性能指标

表 16-177

项目		性能指标 PIR	性能指标 PUR
硬泡聚氨酯芯材	密度(kg/m³)	≥30	≥35
	导热系数(平均温度 23℃),[W/(m·K)]	≤0.024	
	尺寸稳定性(%)	≤1.0	
硬泡聚氨酯板	尺寸稳定性(%)	≤1.0	
	吸水率(体积分数),(%)	≤3	
	压缩强度(压缩变形 10%),(kPa)	≥150	
	垂直于板面方向的抗拉强度(MPa)	≥0.10,破坏发生在硬泡聚氨酯芯材中	
	弯曲变形(mm)	≥6.5	
	透湿系数[ng/(m·s·Pa)]	≤6.5	
	燃烧性能等级	不低于 B_2 级	
	界面层厚度(mm)	≤0.8	

注:①氧指数应取芯材进行试验。

②硬泡聚氨酯板是以热固性材料硬泡聚氨酯(包括聚异氰脲酸酯硬质泡沫塑料和聚氨酯硬质泡沫塑料)为芯材,在工厂制成的、双面带有界面层的保温板。其标准尺寸为 1 200mm×600mm。

③聚异氰脲酸酯硬质泡沫塑料是由过量多亚甲基多苯基多异氰酸酯(简称 PMDI)自身三聚反应生成的聚异氰酸酯环状结构,与多元醇及助剂反应制成的以聚异氰脲酸酯结构为主的改性硬质泡沫塑料,简称 PIR。

④聚氨酯硬质泡沫塑料是由多亚甲基多苯基多异氰酸酯(简称 PMDI)和多元醇及助剂等反应制成的以聚氨基甲酸酯结构为主的硬质泡沫塑料,简称 PUR。

抹面胶浆主要性能指标 表 16-178

项目			性能指标
拉伸黏结强度(MPa)(与硬泡聚氨酯板)	原强度		≥0.10,破坏发生在硬泡聚氨酯芯材中
	耐水强度	浸水 48h,干燥 2h	≥0.06
		浸水 48h,干燥 7d	≥0.10
	耐冻融强度		≥0.10
压折比			≤3.0

续表 16-178

项　目	性能指标
抗冲击性	3J 级
吸水量(g/m^2)	≤500
不透水性	试样抹面层内侧无水渗透
可操作时间(h)	1.5～4.0

注:抹面胶浆是由水泥基胶凝材料、高分子聚合物材料以及填料和添加剂等组成,具有一定变形能力和良好黏结性能的抹面材料。

5.玻璃纤维网的主要性能指标

表 16-179

项　目	性 能 指 标
单位面积质量,(g/m^2)	≥160
耐碱断裂强力(经向、纬向),(N/50mm)	≥1 000
耐碱断裂强力保留率(经向、纬向),(%)	≥50
断裂伸长率(经向、纬向),(%)	≤5.0

注:玻璃纤维网布是表面经高分子材料涂覆处理的、具有耐碱功能的网格状玻璃纤维织物,作为增强材料内置于抹面胶浆中,用以提高抹面层的抗裂性,简称玻纤网。

(八)模塑聚苯板薄抹灰外墙外保温系统材料(GB/T 29906—2013)

模塑聚苯板薄抹灰外墙外保温材料由模塑聚苯板、胶粘剂、锚栓、厚度为 3～6mm 的抹面胶浆、玻璃纤维网布及饰面材料,必要时采用锚栓、护角、托架等配件及防火构造等组成;置于建筑物外墙外侧,与基层墙体采用黏结固定方式的保温系统(简称模塑板外保温系统)。

模塑聚苯板薄抹灰外墙外保温系统另一种方式为面砖饰面(简称面砖饰面系统),面砖可为陶瓷砖和陶瓷马赛克。应优先选用背面带 0.5mm 以上深度燕尾槽的面砖。

1.模塑聚苯板外保温系统的基本结构

(1)模塑板外保温系统基本构造

表 16-180

基层墙体①	系统基本构造				构造示意图
	黏结层②	保温层③	防护层		
			抹面层④	饰面层⑤	
混凝土墙体 各种砌体墙体	胶粘剂 (锚栓[a])	模塑板	抹面胶浆 复合 玻纤网	涂装材料	① ② ③ ④⑤

注:①[a] 当工程设计有要求时,可使用锚栓作为模塑板的辅助固定件。

②模塑板出厂前宜在自然条件下陈化 42d 或在温度(60±5)℃环境中陈化 5d。

③涂装材料应与模塑板外保温系统相容,并应符合国家现行相关标准的要求;应使用水性涂装材料,不应使用溶剂型涂装材料。

④应根据基层墙体的类别选用不同类型的锚栓,锚栓应符合 JG/T 366 的要求。

⑤模塑板外保温系统的各种组成材料应配套供应。

(2)面砖饰面系统基本构造

表 16-181

基层墙体①	系统基本构造				构造示意圈
	黏结层②	保温层③	防护层		
			抹面层④	饰面层⑤	
混凝土墙体 各种砌体墙体	胶粘剂 锚栓[a]	模塑板	抹面胶浆 复合玻纤网	面砖胶粘剂 面砖面砖填缝剂	①②③④⑤

注:[a] 锚栓圆盘应位于玻纤网外侧。

2.模塑聚苯板外保温系统主要性能要求

(1)模塑板外保温系统性能指标

表 16-182

项　目		性能指标
耐候性	外观	无可见裂缝,无粉化、空鼓、剥落现象
	拉伸黏结强度(MPa)	≥0.10
吸水量(g/m²)		≤500
抗冲击性	二层及以上	3J 级
	首层	10J 级
水蒸气透过湿流密度[g/(m²·h)]		≥0.85
耐冻融	外观	无可见裂缝,无粉化、空鼓、剥落现象
	拉伸黏结强度(MPa)	≥0.10

(2)面砖饰面系统性能指标

表 16-183

项　目		性能指标
耐候性	外观	无可见裂缝,无粉化,空鼓、剥落现象
	抹面层与模塑板拉伸黏结强度(MPa)	≥0.10
	面砖与抹面层拉伸黏结强度(MPa)	≥0.4
吸水量(g/m²)		≤500
水蒸气透过湿流密度[g/(m²·h)]		≥0.85
耐冻融	外观	无可见裂缝,无粉化、空鼓、剥落现象
	面砖与抹面层拉伸黏结强度(MPa)	≥0.4

3.模塑聚苯板外保温系统用胶粘剂性能指标

模塑聚苯板薄抹灰外墙外保温系统用胶粘剂各项指标参照 JG/T 420 中胶粘剂的要求,见表 16-176。

胶粘剂的产品形式主要有两种:一种是在工厂生产的液状胶粘剂,在施工现场按使用说明加入一定比例的水泥或由厂商提供的干粉料,搅拌均匀即可使用。另一种是在工厂里预混合好的干粉状胶粘剂,在施工现场只需按使用说明与一定比例的拌和用水混合,搅拌均匀即可使用。

4. 模塑聚苯板的主要性能指标

表 16-184

项　　目	性能指标	
	039 级	033 级
导热系数[W/(m·K)]	≤0.039	≤0.033
表观密度(kg/m³)	18～22	
垂直于板面方向的抗拉强度(MPa)	≥0.10	
尺寸稳定性(%)	≤0.3	
弯曲变形(mm)	≥20	
水蒸气渗透系数[ng/(Pa·m·s)]	≤4.5	
吸水率(体积分数)(%)	≤3	
燃烧性能等级	不低于 B_2 级	B_1 级

注:①模数聚苯板为绝热用阻燃型聚苯乙烯泡沫塑料制作的保温板材。

②模数板的基准尺寸有 1 200mm×600mm。

5. 模塑聚苯板薄抹灰外墙外保温系统抹面胶浆性能指标

表 16-185

项　　目			面砖饰面胶浆的性能指标	涂装饰面胶浆性能指标
拉伸黏结强度(MPa)(与模塑板)	原强度		≥0.10,破坏发生在模塑板中	
	耐水强度	浸水 48h,干燥 2h	≥0.06	
		浸水 48h,干燥 7d	≥0.10	
	耐冻融强度		≥0.10	
拉伸黏结强度(MPa)(与水泥砂浆)	原强度		≥0.5	—
	耐水强度	浸水 48h,干燥 2h	≥0.3	—
		浸水 48h,干燥 7d	≥0.5	—
	耐冻融强度		≥0.5	—
压折比			≤3.0	水泥基≤3.0
吸水量(g/m²)			≤500	
不透水性			试样抹面层内侧无水渗透	
可操作时间(h)			1.5～4.0	
开裂应变(非水泥基),(%)			—	≥1.5
抗冲击性			—	3J 级

注:①水泥基抹面胶浆的产品形式同胶粘剂,非水泥基抹面胶浆的产品形式主要为膏状。

②抹面胶浆由水泥基胶凝材料、高分子聚合物材料以及填料和添加剂等组成,具有一定变形能力和良好黏结性能的抹面材料。

6. 模塑聚苯板外墙保温用玻璃纤维网性能指标

表 16-186

项　　目	面砖饰面用玻纤网性能指标	涂装饰面用玻纤网性能指标
单位面积质量(g/m²)	≥160	≥130
耐碱断裂强力(经、纬向),(N/50mm)	≥1 000	≥750
耐碱断裂强力保留率(经、纬向),(%)	≥50	≥50
断裂伸长率(经、纬向),(%)	≤5.0	≤5.0

注:玻纤网是表面经高分子材料涂覆处理的、具有耐碱功能的玻璃纤维网布,作为增强材料内置于抹面胶浆中,用以提高抹面层的抗裂性。

7. 饰面用面砖的性能要求

表 16-187

项目		性能指标
重量(kg/m^2)		≤20
单块面积(cm^2)		≤150
长度或宽度(mm)		≤400
厚度(mm)		≤7
吸水率(%)	Ⅰ、Ⅵ、Ⅶ气候区	0.2～3
	Ⅱ、Ⅲ、Ⅳ、Ⅴ气候区	0.2～6
抗冻性	Ⅰ、Ⅵ、Ⅶ气候区	不少于50次冻融循环
	Ⅱ气候区	不少于40次冻融循环

注:气候区按GB 50178—1993的要求进行划分,见附录。

8. 面砖饰面系统用面砖胶粘剂性能要求

表 16-188

项目	性能指标
拉伸黏结原强度(MPa)	≥0.5
浸水后的拉伸黏结强度(MPa)	
热老化后的拉伸黏结强度(MPa)	
冻融循环后的拉伸黏结强度(MPa)	
晾置时间,20min拉伸黏结强度(MPa)	≥0.5
横向变形(mm)	≥1.5

9. 面砖饰面系统用面砖填缝剂性能要求

表 16-189

项目		性能指标
拉伸黏结原强度(MPa)		≥0.2
收缩值(mm/m)		≤2
抗折强度(MPa)	标准试验条件	≥3.5
	冻融循环后	≥3.5
吸水量(g)	30min	≤2.0
	240min	≤5.0
横向变形(mm)		≥1.5

(九)软质阻燃聚氨酯泡沫塑料(GA 303—2001)

软质阻燃聚氨酯泡沫塑料分为聚醚型(由聚醚多元醇与甲苯二异氰酸酯反应发泡)软质阻燃聚氨酯泡沫塑料(JMZ)和聚酯型(由聚酯多元醇与甲苯二异氰酸酯反应发泡)软质阻燃聚氨酯泡沫塑料(JZZ)两大类,属于开孔型软质泡沫塑料。

1. 软质阻燃聚氨酯泡沫塑料的外观质量

表 16-190

项目	要求
色泽	允许有杂色、黄芯
气孔	不允许有尺寸大于ϕ6mm的对穿孔和大于ϕ10mm的气孔

续表 16-190

项　　目	要　　求
裂缝	每平方米内弥合裂缝总长小于 200mm
两侧表面	片材两侧斜表皮宽度不超过 40mm
污染	不允许严重污染

2. 软质阻燃聚氨酯泡沫塑料物理力学性能

表 16-191

类别 \ 性能		聚醚型 JM(Z)	聚酯型 JZ(Z)
拉伸强度(kPa)		≥80	≥160
伸长率(%)		≥120	≥250
75%压缩永久变形(%)		≤10.0	<10.0
回弹率(%)		≥20	≥15
撕裂强度(N/cm)		≥1.5	≥4.0
压陷性能	压陷 25%时的硬度(N)	≥50	—
	压陷 65%时的硬度(N)	≥90	—
	65%/25%压陷比	≥1.4	—
吸潮率(%)		≤20	

3. 建筑用软质阻燃聚氨酯泡沫塑料的燃烧性能及分级

表 16-192

燃烧性能		级别	
		B_1 级	B_2 级
氧指数(%)		≥32	≥26
垂直燃烧试验	平均燃烧时间(s)	≤30	—
	平均燃烧高度(mm)	≤250	—
水平燃烧试验	平均燃烧时间(s)	—	≤90
	平均燃烧范围(mm)	—	≤50
烟密度等级(SDR)		≤75	—

(十)建筑用真空绝热板(JG/T 438—2014)

建筑用真空绝热板以纤维状、粉状无机轻质材料为芯材和吸气剂组成填充材料，使用复合阻气膜作为包裹材料，经抽真空、封装等工艺制成的建筑保温用的板状材料。

建筑用真空绝热板按导热系数分为Ⅰ型、Ⅱ型、Ⅲ型。

1. 建筑用真空绝热板的分类

表 16-193

产品类型	导热系数范围[W/(m·K)]	产品类型	导热系数范围[W/(m·K)]
Ⅰ型	≤0.005	Ⅲ型	>0.008 且≤0.012
Ⅱ型	>0.005 且≤0.008		

2. 建筑用真空绝热板的标记

建筑用真空绝热板标记由产品名称代码、类型、产品规格、本标准编号组成。

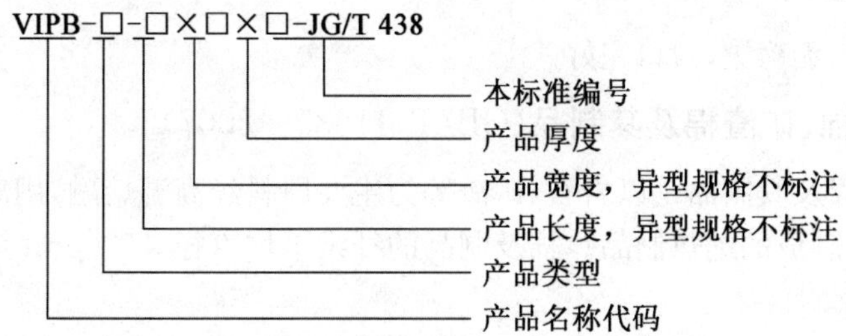

示例 1:长度 600mm、宽度 400mm. 厚度 10mm 的Ⅱ型建筑用真空绝热板标记为:VIPB-Ⅱ-600×400×10-JG/T 438

示例 2:厚度 15mm 的异型规格Ⅱ型建筑用真空绝热板标记为:VIPB-Ⅱ-15-JG/T 438

3. 建筑用真空绝热板的常用规格尺寸

建筑用真空绝热板常用规格　　表 16-194

项　目	尺 寸 (mm)	项　目	尺 寸 (mm)
长度	300,400,500,600	厚度	7,10,13,15,17,20,25,30
宽度	200,250,300,400,500,600		

注:长度、宽度、厚度均不包含建筑用真空绝热板的封边部分。

4. 建筑用真空绝热板的性能要求

表 16-195

项　目		指　标		
		Ⅰ型	Ⅱ型	Ⅲ型
导热系数[W/(m・K)]		≤0.005	≤0.008	≤0.012
穿刺强度(N)		≥18		
垂直于板面方向的抗拉强度(kPa)		≥80		
尺寸稳定性(%)	长度、宽度	≤0.5		
	厚度	≤3.0		
压缩强度(kPa)		≥100		
表面吸水量(g/m^2)		≤100		
穿刺后垂直于板面方向的膨胀率(%)		≤10		
耐久性(30 次循环)	导热系数[W/(m・K)]	≤0.005	≤0.008	≤0.012
	垂直于板面方向的抗拉强度(kPa)	≥80		
燃烧性能		A 级(A2 级)		

5. 建筑用真空绝热板的一般要求和外观质量

1)一般要求

(1)复合阻气膜应至少含有一层铝箔或镀铝膜,总厚度不应小于 100μm,外部增强材料的耐碱拉伸断裂强力保留率不应小于 50%。复合阻气膜的氧气透过量、水蒸气透过量应符合 GB/T 10004—2008 的要求。

(2)芯材各组成部分物理—化学性能应稳定,其导热系数应符合国家现行相关标准要求。

(3)正常使用条件下,建筑用真空绝热板使用周期内吸气剂应具有维持板内真空度的能力,其吸气量应符合国家现行相关标准要求。

(4)建筑用真空绝热板封边宽度不应大于 50mm。

2)外观

表面应无划痕损伤、无褶皱,封口完好。

(十一)绝热用岩棉、矿渣棉及其制品(GB/T 11835—2007)

绝热用岩棉、矿渣棉及其制品是以岩石、矿渣等为主要原料经高温熔融,用离心等方法制成棉,再以热固型树脂为黏结剂而制成的绝热制品。棉及制品的纤维平均直径≤7.0μm;其内的渣球含量(粒径大于0.25mm)应≤10%。

绝热用岩棉、矿渣棉及其制品按形状分为岩棉、矿渣棉;岩棉板、矿渣棉板,岩棉带、矿渣棉带;岩棉毡、矿渣棉毡:岩棉缝毡、矿渣棉缝毡,岩棉贴面毡、矿渣棉贴面毡(以纸、布或金属网做贴面材料);岩棉管壳、矿渣棉管壳。

1.绝热用岩棉、矿渣棉及其制品的标记

产品标记由三部分组成:产品名称、产品技术特征(密度、尺寸)、标准号,商业代号也可列于其后。

标记示例

示例1:矿渣棉

矿渣棉　GB/T 11835(商业代号)

示例2:密度为150kg/m^3,长度×宽度×厚度为1 000mm×800mm×60mm的岩棉板

岩棉板　150-1 000×800×60 GB/T 11835(商业代号)

示例3:密度为130kg/m^3,内径×长度×壁厚为ϕ89mm×910mm×50mm的矿渣棉管壳

矿渣棉管壳　130-ϕ89×910×50 GB/T 11835(商业代号)

2.绝热用岩棉、矿渣棉及其制品的规格尺寸

表16-196

产品名称	规格尺寸(mm)				外观质量要求
	长度	宽度	厚度	内径	
岩棉板、矿渣棉板	910 1 000 1 200 1 500	600 630 910	30~150	—	表面平整,不得有妨碍使用的伤痕、污迹、破损
岩棉带、矿渣棉带	1 200 2 400	910	30 50 75 100 150	—	表面平整,不得有妨碍使用的伤痕、污迹、破损,板条间隙均匀,无脱落
岩棉毡、矿渣棉毡: 岩棉缝毡、 矿渣棉缝毡; 岩棉贴面毡、 矿渣棉贴面毡	910 3 000 4 000 5 000 6 000	600 630 910	30~150	—	表面平整,不得有妨碍使用的伤痕、污迹、破损,贴面毡的贴面与基材的粘贴应平整、牢固
岩棉管壳、矿渣棉管壳	910 1 000 1 200	30 40	—	22~89	表面平整,不得有妨碍使用的伤痕、污迹、破损,轴向无翘曲并与端面垂直;管壳的偏心度应不大于10%
		50 60 80 100	—	102~325	

3. 绝热用岩棉、矿渣棉及其制品的物理性能

表 16-197

产品名称	密度（kg/m^3）	密度允许偏差（%）		导热系数[W/(m·K)]（平均温度 70^{+5}_{-0}℃）	有机物含量（%）	燃烧性能	热荷重收缩温度（℃）
		平均值与标称值	单值与平均值				
岩棉、矿渣棉	≤150	—	—	≤0.044	—	—	≥650
岩棉板、矿渣棉板	40～80	±15	±15	≤0.044	≤4.0	不燃材料	≥500
	81～100						≥600
	101～160			≤0.043			
	161～300			≤0.044			
岩棉带、矿渣棉带	40～100	±15	±15	≤0.052	≤4.0	不燃材料	≥600
	101～160			≤0.049			
岩棉毡、矿渣棉毡；岩棉缝毡、矿渣棉缝毡；岩棉贴面毡、矿渣棉贴面毡	40～100	±15	±15	≤0.044	≤1.5	不燃材料	≥400
	101～160			≤0.043			≥600
岩棉管壳、矿渣棉管壳	40～200	±15	±15	≤0.044	≤5.0	不燃材料	≥600

注：①带的燃烧性能是指基材。

②棉的密度是指表观密度，压缩包装密度不适用。

③有防水要求时，其质量吸湿率应不大于 5%，憎水率应不小于 98%，吸水性能指标由双方商定。

④制品的最高使用温度应不低于 600℃。

4. 缝毡的缝合质量要求

表 16-198

项　目	指　标	项　目	指　标
边线与边缘距离(mm)	≤75	开线根数(开线长度不小 160mm)(根)	≤3
缝线行距(mm)	≤100	针脚间距(mm)	≤80
开线长度(mm)	≤240		

注：①根据缝毡贴面的不同，缝合质量也可由供需双方商定。

②缝毡用基材应铺放均匀。

（十二）绝热用玻璃棉及其制品(GB/T 13350—2008)

绝热用玻璃棉及其制品包括玻璃棉、玻璃棉板、玻璃棉带、玻璃棉毯、玻璃棉毡、玻璃棉管壳。

1. 绝热用玻璃棉及其制品的分类

玻璃棉按纤维平均直径分为 1 号、2 号两个种类。1 号纤维平均直径≤5.0μm；2 号纤维平均直径≤8μm。

玻璃棉按成型工艺分为(a)火焰法、(b)离心法两种。

2. 玻璃棉及其制品(基材)的渣球含量

表 16-199

<table>
<tr><th colspan="2">玻璃棉种类</th><th>渣球含量(粒径>0.25mm)(%)</th><th>制品含水率(%)</th></tr>
<tr><td rowspan="2">火焰法</td><td>1a</td><td>≤1.0</td><td rowspan="3">≤1.0</td></tr>
<tr><td>2a</td><td>≤4.0</td></tr>
<tr><td>离心法</td><td>1b、2b</td><td>≤0.3</td></tr>
</table>

3. 玻璃棉的物理性能

表 16-200

<table>
<tr><th>玻璃棉种类</th><th>导热系数(平均强度 70^{+5}_{-2}℃)[W/(m·K)]</th><th>热荷重收缩温度(℃)</th></tr>
<tr><td>1 号</td><td>≤0.041</td><td rowspan="2">≤400</td></tr>
<tr><td>2 号</td><td>≤0.042</td></tr>
</table>

4. 玻璃棉板

(1)外观

表面应平整,不得有妨碍使用的伤痕、污迹、破损,树脂分布基本均匀,外覆层与基材的黏结平整牢固。

(2)板的尺寸及允许偏差

表 16-201

<table>
<tr><th rowspan="2">种类</th><th>密　度</th><th>厚　　度</th><th>允许偏差</th><th>宽　　度</th><th>允许偏差</th><th>长　　度</th><th>允许偏差</th></tr>
<tr><th>kg/m^3</th><th colspan="2">mm</th><th colspan="2">mm</th><th colspan="2">mm</th></tr>
<tr><td rowspan="6">2 号</td><td rowspan="3">24</td><td>25,30,40</td><td>$^{+5}_{-0}$</td><td rowspan="6">600</td><td rowspan="6">$^{+10}_{-3}$</td><td rowspan="6">1 200</td><td rowspan="6">$^{+10}_{-3}$</td></tr>
<tr><td>50,75</td><td>$^{+8}_{-0}$</td></tr>
<tr><td>100</td><td>$^{+10}_{-0}$</td></tr>
<tr><td>32,40</td><td>25,30,40,50,75,100</td><td rowspan="2">$^{-3}_{-2}$</td></tr>
<tr><td>48,64</td><td>15,20,25,30,40,50</td></tr>
<tr><td>80,96,120</td><td>12,15,20,25,30,40</td><td>±2</td></tr>
</table>

(3)板的物理性能指标

表 16-202

<table>
<tr><th>种类</th><th>密度(kg/m^3)</th><th>密度单值允许偏差(kg/m^3)</th><th>导热系数(平均温度 70^{+5}_{-2}℃)[W/(m·K)]</th><th>燃烧性能</th><th>热荷重收缩温度(℃)</th></tr>
<tr><td rowspan="8">2 号</td><td>24</td><td>±2</td><td>≤0.049</td><td rowspan="8">不燃</td><td>≥250</td></tr>
<tr><td>32</td><td>±4</td><td>≤0.046</td><td>≥300</td></tr>
<tr><td>40</td><td rowspan="2">$^{+4}_{-3}$</td><td>≤0.044</td><td rowspan="2">≥350</td></tr>
<tr><td>48</td><td>≤0.043</td></tr>
<tr><td>64</td><td>±6</td><td rowspan="4">≤0.042</td><td rowspan="4">≥400</td></tr>
<tr><td>80</td><td>±7</td></tr>
<tr><td>96</td><td>$^{+9}_{-8}$</td></tr>
<tr><td>120</td><td>±12</td></tr>
</table>

5. 玻璃棉带

(1)外观

表面应平整,不得有妨碍使用的伤痕、污迹、破损,树脂分布基本均匀,板条黏结整齐,无脱落。

(2)带的尺寸及允许偏差(mm)

表 16-203

种　类	长　度	长度允许偏差	宽　度	宽度允许偏差	厚　度	厚度允许偏差
2号	1 820	±20	605	±15	25	$^{+4}_{-2}$

(3)带的物理性能指标

表 16-204

种类	密度(kg/m^3)	密度单值允许偏差(%)	导热系数(平均温度 70^{+5}_{-2}℃)[W/(m·K)]	燃烧性能	热荷重收缩温度(℃)
2号	32	±15	≤0.052	不燃	≥300
	40				≥350
	48				≥350
	64				≥400
	80				≥400
	96				
	120				

6. 玻璃棉毯

(1)外观

表面应平整，边缘整齐，不得有妨碍使用的伤痕、污迹、破损。

(2)毯的尺寸及允许偏差(mm)

表 16-205

种　类	长　度	长度允许偏差	宽　度	宽度允许偏差	厚　度	厚度允许偏差
1号	2 500	不允许负偏差	600	不允许负偏差	25 30 40 50 75	不允许负偏差
2号	1 000 1 200	+10 −3	600	+10 −3	25 40 50 75 100	不允许负偏差
	5 000	不允许负偏差				

(3)毯的物理性能指标

表 16-206

种类	密度(kg/m^3)	密度单值允许偏差(%)	导热系数(平均温度 70^{+5}_{-2}℃)[W/(m·K)]	热荷重收缩温度(℃)
1号	≥24	+15 −10	≤0.047	≥350
2号	24～40		≤0.048	≥350
	41～120		≤0.043	≥400

7. 玻璃棉毡

(1)外观

表面应平整，不得有妨碍使用的伤痕、污迹、破损，覆面与基材的粘贴平整、牢固。

(2)毡的尺寸及允许偏差(mm)

表 16-207

<table>
<tr><th>种　类</th><th>长　度</th><th>长度允许偏差</th><th>宽　度</th><th>宽度允许偏差</th><th>厚　度</th><th>厚度允许偏差</th></tr>
<tr><td rowspan="2">2号</td><td>1 000
1 200
2 800</td><td>+10
−3</td><td rowspan="2">600
1 200
1 800</td><td rowspan="2">+10
−3</td><td rowspan="2">25
30
40
50
75
100</td><td rowspan="2">不允许负偏差</td></tr>
<tr><td>5 500
11 000
20 000</td><td>不允许负偏差</td></tr>
</table>

(3)毡的物理性能指标

表 16-208

<table>
<tr><th>种　类</th><th>密度(kg/m³)</th><th>密度单值允许偏差(%)</th><th>导热系数(平均温度 70^{+5}_{-3}℃)[W/(m·K)]</th><th>燃烧性能</th><th>热荷重收缩温度(℃)</th></tr>
<tr><td rowspan="7">2号</td><td>10</td><td rowspan="7">+20
−10</td><td>≤0.062</td><td rowspan="7">不燃</td><td rowspan="3">≥250</td></tr>
<tr><td>12
16</td><td>≤0.058</td></tr>
<tr><td>20</td><td>≤0.053</td></tr>
<tr><td>24</td><td rowspan="2">≤0.048</td><td>≥300</td></tr>
<tr><td>32
40</td><td>≥350</td></tr>
<tr><td>48</td><td>≤0.043</td><td>≥400</td></tr>
</table>

8. 玻璃棉管壳

(1)外观

表面应平整,纤维分布均匀,不得有妨碍使用的伤痕、污迹、破损,轴向无翘曲且与端面垂直。

(2)管壳尺寸及允许偏差(mm)

表 16-209

<table>
<tr><th>长　度</th><th>长度允许偏差</th><th>厚　度</th><th>厚度允许偏差</th><th>内　径</th><th>内径允许偏差</th></tr>
<tr><td rowspan="3">1 000</td><td rowspan="3">+5
−3</td><td>20
25
30</td><td>+3
−2</td><td>22,38
45,57,89</td><td>$^{+3}_{-1}$</td></tr>
<tr><td rowspan="2">40
50</td><td rowspan="2">+5
−2</td><td>108,133
159,194</td><td>$^{+4}_{-1}$</td></tr>
<tr><td>219,245
273,325</td><td>$^{+5}_{-1}$</td></tr>
</table>

(3)管壳物理性能指标

表 16-210

密度(kg/m³)	密度单值允许偏差(%)	导热系数(平均强度 70^{+5}_{-2}℃)[W/(m·K)]	燃烧性能	热荷重收缩温度(℃)
45~90	$^{+15}_{-0}$	≤0.043	不燃	≥350

注:管壳的偏心度应不大于10%。

9. 绝热用玻璃棉及其制品的标记

产品标记由产品名称、产品技术特性、标准编号组成。

其中:产品技术特性:玻璃棉种类用:1 或 2。

生产工艺用:a 或 b,后空一格。

产品密度：单位 kg/m^3，后接“—”。

产品尺寸(mm)：板、毡、毯、带以“长×宽×厚”表示；

管壳以“内径×长度×厚度”表示。

制造商标记，包括热阻 R 值、贴面等，用逗号隔开，放于圆括号内。

标记示例

示例 1：密度为 $48kg/m^3$，长度×宽度×厚度为 1 200mm×600mm×50mm，制造商标称热阻 R 值为 1.4m^2·K/W，外覆铝箔，纤维平均直径不大于 8.0μm 以离心法生产的玻璃棉板，标记为：玻璃棉板 2b—48—1 200×600×50(R1.4，铝箔)GB/T 13350—2008

示例 2：密度为 $64kg/m^3$，内径×长度×壁厚为 ϕ89mm×1 000mm×50mm，纤维直径不大于 5.0μm 以火焰法生产的玻璃棉管壳，标记为：玻璃棉管壳 1a 64—ϕ89×1 000×50 GB/T 13350—2008

10. 玻璃棉及其制品的特性要求

(1)特定要求

标记中有热阻 R 值时，其热阻 R 值(平均温度 25℃±5℃)应大于或等于生产商标称值的 95%。

(2)腐蚀性

用于覆盖铝、铜、钢材时，采用 90%置信度的秩和检验法，对照样的秩和应不小于 21。

用于覆盖奥氏体不锈钢时，应符合 GB/T 17393 的要求。

(3)有防水要求时，其质量吸湿率应不大于 5.0%，憎水率应不小于 98.0%，吸水性能指标由供需双方协商决定。

(4)对有机物含量有要求时，其指标由供需双方商定。

(5)有要求时，应进行最高使用温度的评估。试验给定的热面温度应为生产厂对最高使用温度的声称值，在该热面温度下，任何时刻试样内部温度不应超过热面温度，且试验后，试样总的质量、密度和热阻的变化应不大于±5.0%，外观除颜色外应无显著变化。

(十三)泡沫玻璃绝热制品(JC/T 647—2014)

泡沫玻璃绝热制品具有封闭气孔结构，适用于工业绝热、建筑绝热等领域。其使用温度范围为－200～400℃。

1. 泡沫玻璃绝热制品的分类

产品按密度分为Ⅰ型、Ⅱ型、Ⅲ型、Ⅳ型四个型号。

Ⅰ型——密度 98～140kg/m^3；

Ⅱ型——密度 141～160kg/m^3；

Ⅲ型——密度 161～180kg/m^3；

Ⅳ型——密度≥181kg/m^3。

产品按外形分为平板(代号 P)、管壳(代号 G)、弧形板(代号 H)三种。

产品按用途分为工业用(代号 GY)、建筑用(代号 JZ)两类。

2. 泡沫玻璃绝热制品的标记

产品按产品名称、标准号、产品技术特征(用途、外形、型号、密度、尺寸)顺序标记。

示例：长度 500mm，宽度 400mm，厚度 100mm，密度 120kg/m^3 建筑用Ⅰ型平板泡沫玻璃绝热制品标记为：泡沫玻璃制品 JC/T647 JZPⅠ120—500×400×100

3. 泡沫玻璃绝热制品的规格尺寸

平板泡沫玻璃绝热制品以长度×宽度×厚度(mm)表示；

管壳和弧形板泡沫玻璃绝热制品以长度×厚度×内径(mm)表示。

4.泡沫玻璃绝热制品的外观质量要求

表 16-211

缺陷	规　　定	技术指标
缺棱	长度>20mm 或深度>10mm,每个制品允许个数	不允许
	长度≤20mm 且深度≤10mm(深度小于 5mm 的缺棱不计),每个制品允许个数	1
缺角	长度、宽度>20mm 或深度>10mm,每个制品允许个数	不允许
	长度、宽度≤20mm 且深度≤10mm(深度小于 5mm 的缺角不计),每个制品允许个数	1
裂纹[a]	贯穿制品的裂纹及长度大于边长 1/3 的裂纹,每个制品允许个数	不允许
	长度小于边长 1/3 的裂纹,每个制品允许个数	1
孔洞	直径超过 10mm 同时深度超过 10mm 的不均匀孔洞,每个制品两个最大表面允许个数	不允许
	直径不大于 10mm 同时深度不大于 10mm 的不均匀孔洞(直径不大于 5mm 的不均匀孔洞不计),每个制品两个最大表面允许个数	16

注:①裂纹为在长度、宽度、厚度三个方向投影尺寸的最大值。

②产品的弯曲应不大于 3mm。

③平板的垂直度偏差应≤3mm;管壳、弧形板的垂直度偏差应≤5mm。

5.建筑用泡沫玻璃绝热制品的物理性能

表 16-212

项　目	指标和要求			
	Ⅰ型	Ⅲ型	Ⅲ型	Ⅳ型
密度允许偏差(%)	±5			
导热系数(25±2)℃,[W/(m·K)]	≤0.045	<0.058	≤0.062	≤0.068
抗压强度(MPa)	≥0.50	≥0.50	≥0.60	≥0.80
抗折强度(MPa)	≥0.40	≥0.50	≥0.60	≥0.80
透湿系数[ng/(Pa·s·m)]	≤0.007		≤0.05	
垂直于板面方向的抗拉强度(MPa)	≥0.12			
长、宽、厚方向尺寸稳定性 70℃,48h	≤0.3%			
吸水量(kg/m²)	≤0.3			
耐碱性(kg/m²)(外墙保温时)	≤0.5			
耐酸性	有要求时进行耐酸性试验,试验后试样耐酸性应不低于 96%			
抗热震性	有要求时进行抗热震性试验,三次试验后,无裂纹、剥落、断裂等			
抗冻性(严寒地区、寒冷地区墙体用)	试样经 15 次冻融循环后,质量损失率≤5%,抗压强度损失率≤25%			
燃烧性能	有要求时进行燃烧性能试验,应符合 GB 8624 中不燃材料 A(A1)级要求			
腐蚀性	用于覆盖奥氏体不锈钢时,其浸出液 pH 值和可溶出离子含量应符合 GB/T 17393 的要求			
最高使用温度(有要求时试验)	在厂方的最高使用温度下(热面温度),试样无裂纹,表面翘曲≤3mm			

(十四)吸声用玻璃棉制品(JC/T 469—2014)

吸声用玻璃棉制品按产品形态分为玻璃棉毡和玻璃棉板两种。

1.吸声用玻璃棉制品的标记

标记顺序为产品名称、标准号、产品技术特征(密度、尺寸、外覆层),商业代号也可列于其后。

示例 1:密度为 32kg/m³,长度为 1 200mm,宽度为 600mm,厚度为 25mm 的贴塑玻璃棉吸声板标记

为:玻璃棉板　JC/T 469—2014 32K1200×600×25(贴塑)(商业代号)

示例 2:密度为 16kg/m³,长度为 2 400mm,宽度为 600mm,厚度为 50mm 的玻璃棉吸声毡标记为:玻璃棉毡　JC/T 469—2014 16K2400×600×50(商业代号)

2.吸声用玻璃棉制品的规格和降噪系数要求

其降噪系数应满足混响室法的要求或驻波管法的要求。

(1)降噪系数要求(混响室法)

表 16-213

<table>
<tr><th>种　类</th><th>密度(kg/m³)</th><th>厚度(mm)</th><th>降噪系数(NRC)</th></tr>
<tr><td rowspan="5">吸声毡</td><td rowspan="3">16
20</td><td>25</td><td>≥0.40</td></tr>
<tr><td>40,50</td><td>≥0.60</td></tr>
<tr><td>75,100</td><td>≥0.80</td></tr>
<tr><td rowspan="2">24</td><td>25,40</td><td>≥0.60</td></tr>
<tr><td>50,75,100</td><td>≥0.80</td></tr>
<tr><td rowspan="14">吸声板</td><td rowspan="2">32</td><td>25,40</td><td>≥0.60</td></tr>
<tr><td>50,75,100</td><td>≥0.80</td></tr>
<tr><td rowspan="2">40</td><td>25,40</td><td>≥0.60</td></tr>
<tr><td>50</td><td>≥0.80</td></tr>
<tr><td rowspan="2">48</td><td>20,25</td><td>≥0.60</td></tr>
<tr><td>40,50</td><td>≥0.80</td></tr>
<tr><td rowspan="3">64</td><td>15</td><td>≥0.40</td></tr>
<tr><td>20,25</td><td>≥0.60</td></tr>
<tr><td>40,50</td><td>≥0.80</td></tr>
<tr><td rowspan="3">80</td><td>12,15</td><td>≥0.40</td></tr>
<tr><td>20,25</td><td>≥0.60</td></tr>
<tr><td>40</td><td>≥0.80</td></tr>
<tr><td rowspan="2">96</td><td>12,15</td><td>≥0.40</td></tr>
<tr><td>20,25</td><td>≥0.60</td></tr>
</table>

注:试样安装条件为刚性壁。

(2)降噪系数要求(阻抗管法)

表 16-214

<table>
<tr><th>种　类</th><th>密度(kg/m³)</th><th>厚度(mm)</th><th>降噪系数(NRC)</th><th>试样安装条件</th></tr>
<tr><td rowspan="11">吸声毡</td><td rowspan="4">16</td><td>25</td><td>≥0.35</td><td rowspan="11">刚性壁</td></tr>
<tr><td>40,50</td><td>≥0.40</td></tr>
<tr><td>75</td><td>≥0.60</td></tr>
<tr><td>100</td><td>≥0.80</td></tr>
<tr><td rowspan="4">20</td><td>25</td><td>≥0.35</td></tr>
<tr><td>40</td><td>≥0.40</td></tr>
<tr><td>50,75</td><td>≥0.60</td></tr>
<tr><td>100</td><td>≥0.80</td></tr>
<tr><td rowspan="3">24</td><td>25</td><td>≥0.40</td></tr>
<tr><td>40,50</td><td>≥0.60</td></tr>
<tr><td>75,100</td><td>≥0.80</td></tr>
</table>

续表 16-214

种　类	密度(kg/m³)	厚度(mm)	降噪系数(NRC)	试样安装条件
吸声板	32	25,40	≥0.60	后空腔 50mm
		50,75,100	≥0.80	
	40	25,40	≥0.60	
		50	≥0.80	
	48	20,25,40	≥0.60	
		50	≥0.80	
	64	15,20,25,40	≥0.60	
		50	≥0.80	
	80	12,15,20,25,40	≥0.60	
	96	12,15,20,25	≥0.60	

3. 吸声用玻璃棉的性能要求

表 16-215

项　目	指标和要求
外观	表面平整,边缘整齐,无伤痕、污迹、破损。树脂分布基本均匀,外覆层与基材黏结平整牢固
纤维平均直径	≤8μm
渣球含量	粒径大于 0.25mm 的渣球含量应≤0.3%
制品的含水率	≤1.0%
燃烧性能级别	不带贴面制品的应不低于 GB 8624—2012 中的 A(A_2)级;带贴面制品的应不低于 B_1(B)级
施工性能	按规定试验时 1min 不断裂。对于装卸、运输、安装施工,产品应有足够强度。带外覆层时无此要求
甲醛释放量	≤1.5mg/L
憎水性和吸水性	有防水要求时,质量吸湿率≤5%,憎水率≥98%。吸水率指标由供需双方商定
密度均匀性	最大面密度偏差值应≤30%
放射性核素	用户有要求时,应进行测试。制品应满足 A 类装修材料要求,即内照射指数 I_{Ra}≤1.0;外照射指数 I_r≤1.3

(十五)石英玻璃纤维布(JC/T 2244—2014)

石英玻璃纤维布(代号 QW)以不小于 99%二氧化硅的石英玻璃纤维纱经机械织造制成。

石英玻璃纤维布按二氧化硅含量、组织结构和浸润剂类型分类。

1. 石英玻璃纤维布的分类

表 16-216

按二氧化硅含量分类		按织物组织结构分类		按浸润剂类型分类	
类别	二氧化硅含量(%)	名称	代号	名称	代号
G 型	≥99.99	平纹	P	环氧型	H
A 型	≥99.95	2/2 斜纹	T	环氧 K 型	HK
Q 型	≥99.92	八枚三飞缎纹	S	氰酸酯型	CE
B 型	≥99.90	如有新组织结构,按其组织结构的首个英文字母编写		聚氨酯型	PU
C 型	≥99.00				

2. 石英玻璃纤维布的标记

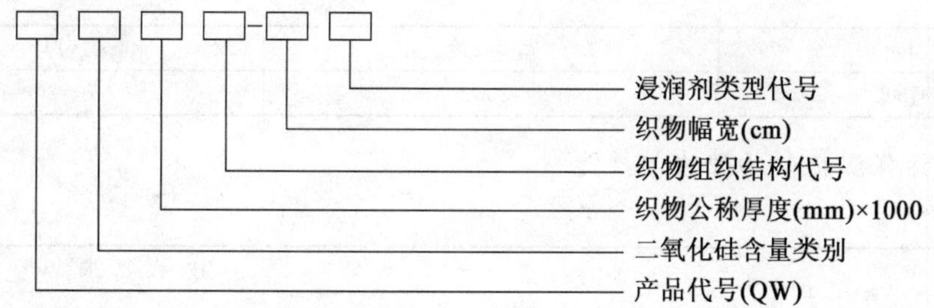

示例:公称厚度 0.12mm、2/2 斜纹、幅宽 100cm、二氧化硅含量类别为 B 型、浸润剂类型为环氧 K 型的石英玻璃纤维布标记为:QWB120T—100HK

3. 石英玻璃纤维布的性能要求

表 16-217

产品型号	厚度(mm)	幅宽(cm)	经纬密度(根/cm)		拉伸断裂强力(N/25mm)		单位面积重量(g/m^2)
			经向	纬向	经向	纬向	
QWX100P	0.10±0.02	100.0±2.0	20±1	20±1	≥500	≥550	108.0±11.0
QWX100T	0.10±0.02		20±1	20±1	≥500	≥550	108.0±11.0
QWX120T	0.12±0.012		20±1	20±1	≥550	≥600	112.0±12.0
QWX140P	0.14±0.02		14±1	14±1	≥700	≥700	143.0±15.0
QWX140T	0.14±0.02		16±1	14±1	≥700	≥650	130.0±14.0
QWX200P	0.20±0.02		10±1	10±1	≥900	≥950	190.0±19.0
QWX200T	0.20±0.02		16±1	14±1	≥1 150	≥1 050	216.0±22.0
QWX200S	0.20±0.02		16±1	14±1	≥1 150	≥1 050	216.0±22.0
QWX220S	0.22±0.022		16±1	16±1	≥1 600	≥1 500	230.0±23.0
QWX280S	0.28±0.028		36±1	20±1	≥1 800	≥1 100	285.0±28.5

注:①X 表示二氧化硅含量类别,依客户要求而定。
②石英玻璃纤维布的可燃物含量为 0.8%~1.2%。特殊情况可以由供需双方协商确定。

4. 产品的有效储存期为两年,过期应对性能进行复检,性能合格方可继续使用。

产品应存放在干燥、通风、相对湿度≤75%RH 的环境中。存放时避免重压。

(十六)水泥基泡沫保温板(JC/T 2200—2013)

水泥基泡沫保温板是以水泥、发泡剂、掺和料、增强纤维及外加剂等为原料经化学发泡方式制成的轻质多孔水泥板材,又称发泡水泥保温板、泡沫水泥保温板、泡沫混凝土保温板等,主要用于墙体保温。保温板在寒冷地区使用,需加强外层防护以保证其抗冻性。

保温板的外观质量要求:表面平整,无裂缝,无明显缺棱掉角,不允许有层裂或表面油污。

1. 水泥基泡沫保温板的分类

产品按表观密度分为Ⅰ型——表观密度≤180kg/m³;

Ⅱ型——表观密度≤250kg/m³。

2. 水泥基泡沫保温板的标记

产品标记顺序为产品名称、类型、规格和标准号。

示例:类型为Ⅰ型、规格为长 450mm、宽 300mm、厚 30mm 的保温板,标记为:FCTP—Ⅰ450×300×30JC/T 2200—2013

3. 水泥基泡沫保温板的规格尺寸(mm)

表 16-218

长　度	宽　度	厚　度
300、450、600	300	30～120

4. 水泥基泡沫保温板的物理力学性能

表 16-219

项　目	技术要求	
	Ⅰ型	Ⅱ型
表现密度(kg/m³)	≤180	≤250
抗压强度(MPa)	≥0.30	≥0.40
导热系数[平均温度(25±2)℃],[W/(m·K)]	≤0.055	≤0.065
干燥收缩值(浸水 24h),(mm/m)	≤3.5	≤3.0
垂直于板面的抗拉强度(kPa)	≥80	≥100
燃烧性能等级	A_1 级	
软化系数	≥0.70	
体积吸水率(%)	≤10	
碳化系数	≥0.70	
放射性	内照射指数 I_{Ra}≤1.0 且外照射指数 I_r≤1.0	

(十七)矿物棉装饰吸声板(GB/T 25998—2010)

矿物棉装饰吸声板是以矿渣棉、岩棉、玻璃棉等为原料,经湿法或干法工艺加工而成。吸声板的体积密度不大于 500kg/m³,质量含湿率不大于 3.0%。矿物棉装饰吸声板用于改善建筑物的声学性能。

1. 矿物棉装饰吸声板的分类

表 16-220

根据产品生产工艺不同分类	根据产品安装方式分类
干法板	复合粘贴板
湿法板	明暗架板
	暗架板
	明架板(平板、跌阶板)

2. 矿物棉装饰吸声板的规格尺寸及允许偏差

表 16-221

吸声板规格尺寸			吸声板尺寸允许偏差			
			复合粘贴板、暗架板	明架跌阶板	明架平板	明暗架板
长度	mm	600,1 200,1 800	±0.5	±1.5	±2.0	±2.0
宽度		300,400,600				±0.5
厚度		9,12,15,18,20	±0.5	±1.0	±1.0	±1.0
直角偏离度			≤1/1 000	≤2/1 000	≤3/1 000	

3. 矿物棉装饰吸声板的标记

当产品的公称尺寸和实际尺寸不同时,应同时标注公称尺寸和实际尺寸。

采用 RH 后加相对湿度值表示其产品适用的环境相对湿度。对于未标记的均视为 RH70。

注:RH 是指导产品使用的参考指标,生产商有责任对用户明示该指标;其含义是指产品适用的环境相对湿度的上限值,例如:标记为 RH80 的产品,只能在相对湿度 80%及以下的环境中使用。

标记顺序为产品名称、标准号、类别、规格尺寸，商业代号也可列于其后。

示例1：公称长度为600mm，实际长度为593mm，公称宽度为600mm，实际宽度为593mm，公称厚度为15mm，适用的环境相对湿度为70%及以下的矿物棉装饰吸声板：

矿物棉装饰吸声板 GB/T 25998 RH70 600(593)×600(593)×15(商业代号)

示例2：公称长度为600mm，实际长度为600mm，公称宽度为600mm，实际宽度为600mm，公称厚度为12mm，适用的环境相对湿度为90%及以下的矿物棉装饰吸声板：

矿物棉装饰吸声板 GB/T 25998 RH90 600×600×12(商业代号)

4.矿物棉装饰吸声板的外观质量

吸声板的正面不应有影响装饰效果的污迹、划痕、色彩不匀、图案不完整等缺陷。产品不得有裂纹、破损、扭曲，不得有影响使用及装饰效果的缺角缺棱。

5.矿物棉装饰吸声板的性能要求

(1)湿法吸声板的弯曲破坏荷载和热阻

表16-222

公称厚度(mm)	弯曲破坏载荷(N)	热阻[(m^2·K)/W](平均温度为25℃±1℃)
≤9	≥40	≥0.14
12	≥60	≥0.19
15	≥90	≥0.23
≥18	≥130	≥0.28

注：有凹凸花纹的吸声板，其弯曲破坏载荷和热阻应符合表中去除凹凸花纹后吸声板厚度对应的值。其他厚度的湿法吸声板的弯曲破坏载荷和热阻要求，不得低于表中按厚度由线性内插法确定的值。

(2)干法吸声板的弯曲破坏荷载和热阻

表16-223

类　别	弯曲破坏载荷(N)	热阻[(m^2·K)/W](平均温度为25℃±1℃)
玻璃棉干法板	≥40	≥0.40
岩棉、矿渣棉干法板	≥60	≥0.40

(3)吸声板的降噪系数

表16-224

类　别		降噪系数(NRC)	
		混响室法(刚性壁)	阻抗管法(后空腔50mm)
湿法板	滚花	≥0.50	≥0.25
	其他	≥0.30	≥0.15
干法板		≥0.60	≥0.30

注：吸声板在声称降噪系数时，应注明试验方法。

(4)吸声板的受潮挠度等性能要求

表16-225

项　目	指标和要求
受潮挠度	湿法吸声板≤3.5mm；干法吸声板≤1.0mm
燃烧性能	应达到GB 8624中的B1级要求
放射性核素限量	应达到GB 6566中的A类
甲醛释放量	≤1.5mg/L(E1级)
石棉物相	不得含有石棉纤维

6.矿物棉装饰吸声板产品的常见外形结构及尺寸标记

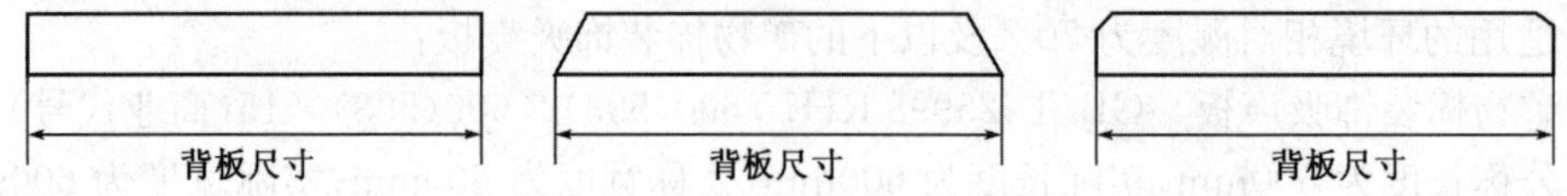

a)平板

注：一般包括明架平板和复合平贴板，一些产品的面板上可能还带有装饰效果的凹凸花纹。平板类吸声板长度和宽度的尺寸按背板尺寸标记。

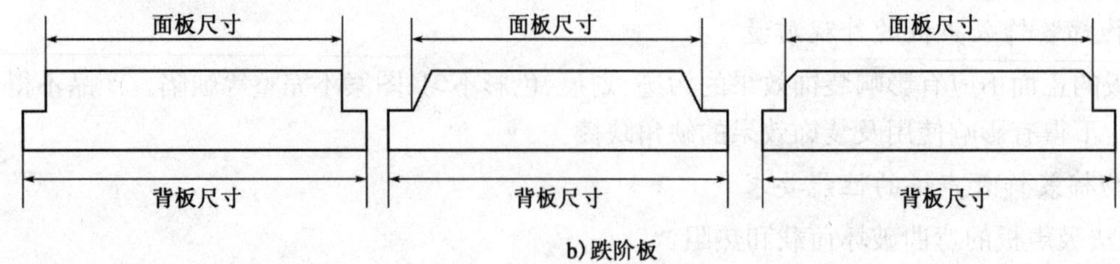

b)跌阶板

注：一般包括平边型、斜边型和倒角型，其长度和宽度的尺寸按背板尺寸标记。

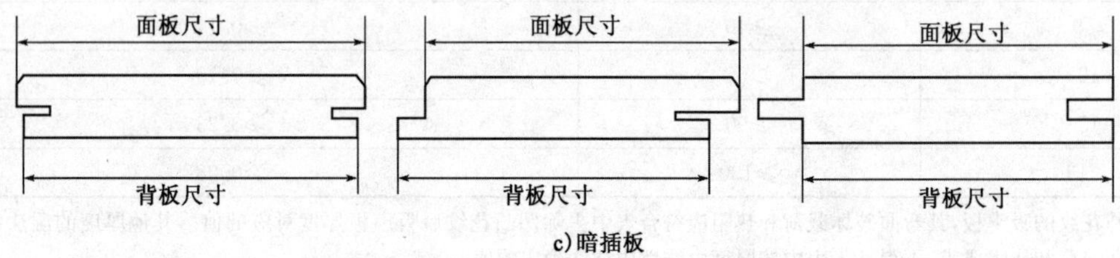

c)暗插板

注：暗插板长度和宽度的尺寸按产品最大外形尺寸标记。

d)面板没有凹凸花纹的吸声板

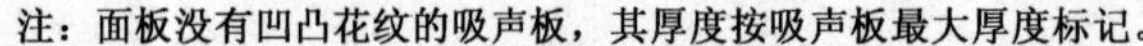

注：面板没有凹凸花纹的吸声板，其厚度按吸声板最大厚度标记。

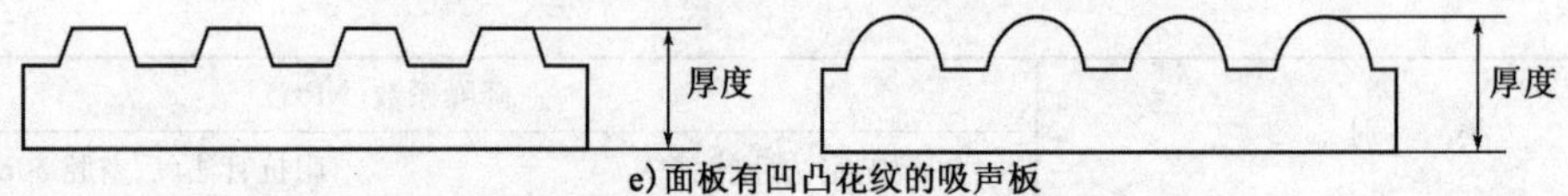

e)面板有凹凸花纹的吸声板

注：面板有凹凸花纹的吸声板，其厚度按吸声板最大厚度标记。

图 16-29　矿棉吸声板常见外形结构示意图

(十八)吸声用穿孔石膏板(JC/T 803—2007)

吸声用穿孔石膏板由基板(装饰石膏板和纸面石膏板)、背覆材料(粘贴于石膏板背面的透气性材料)、吸声材料(石膏板背后有较大吸声作用的多孔性材料)等组成。

穿孔石膏板材的含水率为平均值≤2.5%，最大值≤3.0%。

1.穿孔石膏板的基板与背覆材料的代号及组成

表 16-226

基板与代号	背覆材料代号	板类代号
装饰石膏板 K	无背覆材料 W 有背覆材料 Y	WK、YK
纸面石膏板 C		WC、YC

吸声用穿孔石膏板的棱边形状分为直角型、倒角型两种。

穿孔石膏板主要用于室内吊顶和墙体的吸声结构中，在潮湿环境中使用或对耐火性能有较高要求时，应采用相应的防潮、耐水、耐火基板。

2.吸声用穿孔石膏板的规格尺寸

边长：500mm×500mm 和 600mm×600mm。

厚度：9mm 和 12mm。

3.穿孔石膏板的孔径、孔距和穿孔率

表 16-227

孔径(mm)	孔距(mm)	穿孔率(%)	
		孔眼正方形排列	孔眼三角形排列
ϕ6	18	8.7	10.1
	22	5.8	6.7
	24	4.9	5.7
ϕ8	22	10.4	12.0
	24	8.7	10.1
ϕ10	24	13.6	15.7

4.穿孔石膏板的标记

标记顺序为产品名称、背覆材料、基板类型、边长、厚度、孔径与孔距和标准号。

示例：有背覆材料、边长 600mm×600mm、厚度 12mm、孔径 6mm、孔距 18mm 的吸声用穿孔纸面石膏板，标记为：吸声用穿孔纸面石膏板 YC 600×12－ϕ6/18 JC/T 803—2007

5.穿孔石膏板的外观质量

吸声用穿孔石膏板不应有影响使用和装饰效果的缺陷。对以纸面石膏板为基板的板材不应有破损、划伤、污痕、凹凸、纸面剥落等缺陷；对以装饰石膏板为基板的板材不应有裂纹、污痕、气孔、缺角、色彩不均匀等缺陷。

穿孔应垂直于板面。

6.穿孔石膏板的断裂荷载

表 16-228

孔径/孔距(mm)	厚 度 (mm)	技术指标(N)	
		平均值	最小值
ϕ6/18 ϕ6/22 ϕ6/24	9	130	117
	12	150	135
ϕ8/22 ϕ8/24	9	90	81
	12	100	90
ϕ10/24	9	80	72
	12	90	81

(十九)外墙保温用锚栓(JG/T 366—2012)

外墙保温用锚栓由膨胀件和膨胀套管组成，或仅由膨胀套管构成，依靠膨胀产生的摩擦力或机械锁定作用连接保温系统与基层墙体,简称锚栓。

1. 外墙保温用锚栓的分类

表 16-229

按锚栓构造方式分类		按锚栓安装方式分类		按锚栓承载机理分类		按膨胀件和膨胀套管材料分类	
名称	代号	名称	代号	名称	代号	名称	代号
圆盘锚栓	Y	旋入式锚栓	X	摩擦承载的锚栓	C	碳钢	G
凸缘锚栓	T	敲击式锚栓	Q	摩擦和机械锁定承载的锚栓	J	塑料	S
						不锈钢	B

2. 外墙保温用锚栓的标记

锚栓的标记由构造分类、安装方式、承载机理、锚栓代号、套管直径×套管总长、膨胀套管材料、膨胀件材料的代号组成。

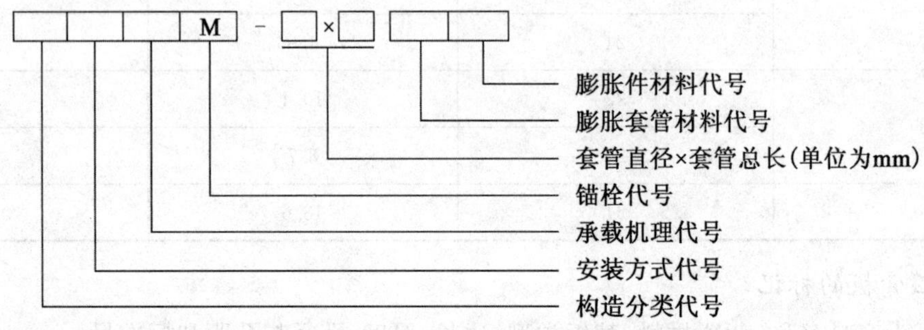

示例 1:敲击式圆盘锚栓,通过摩擦承载,膨胀套管直径 8mm,膨胀套管总长 90mm,塑料膨胀套管,塑料膨胀件,标记为:YQCM－8×90SS

示例 2:旋入式凸缘锚栓,通过摩擦和机械锁定承载,膨胀套管直径 8mm,膨胀套管总长 115mm,塑料膨胀套管,镀锌碳钢膨胀件,标记为:TXJM－8×115SG

3. 主要类型锚栓示意图

(1)摩擦承载凸缘锚栓

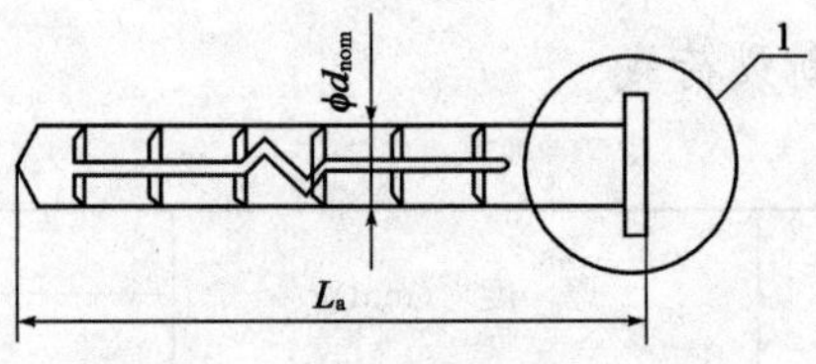

图 16-30　摩擦承载凸缘锚栓示意图

1-凸缘;ϕd_{nom}-膨胀套管直径;L_a-膨胀套管长度

(2)摩擦承载圆盘锚栓

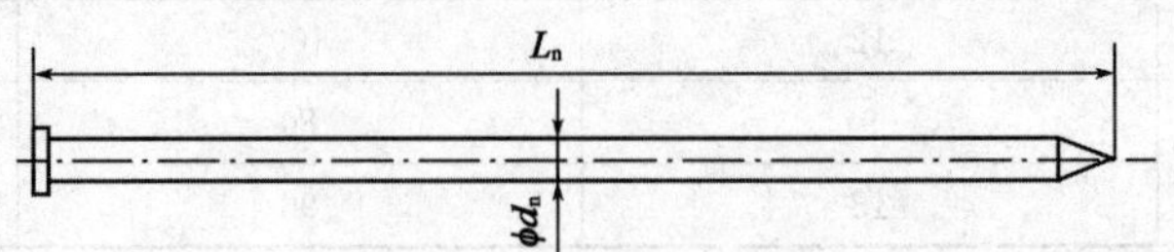

图 16-31　膨胀件示意图

注:ϕd_n-膨胀件直径;L_n-膨胀件长度

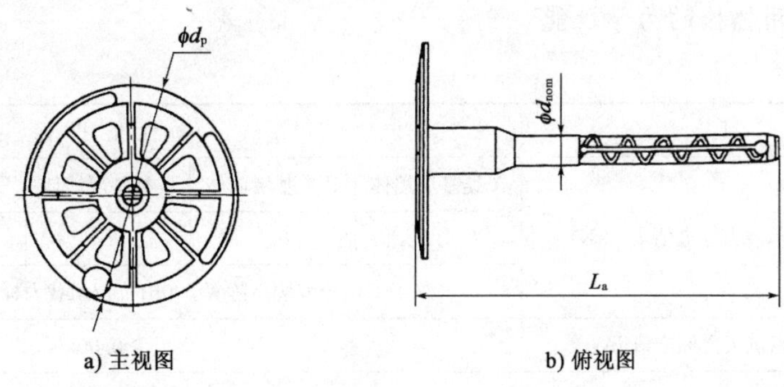

图 16-32　膨胀套管示意图

ϕd_p-圆盘直径；ϕd_{nom}-膨胀套管直径；L_a-膨胀套管长度

(3)摩擦和机械锁定圆盘锚栓

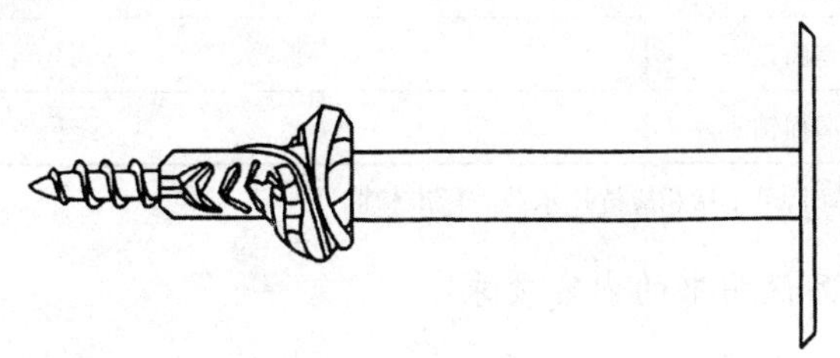

图 16-33　摩擦和机械锁定圆盘锚栓示意图

4. 外墙保温用锚栓的使用要求

(1)锚栓使用的各类墙体及代号

①普通混凝土基层墙体(A类)；

②实心砌体基层墙体(B类)，包括烧结普通砖、蒸压灰砂砖、蒸压粉煤灰砖砌体以及轻骨料混凝土墙体；

③多孔砖砌体基层墙体(C类)，包括烧结多孔砖、蒸压灰砂多孔砖砌体墙体；

④空心砌块基层墙体(D类)，包括普通混凝土小型空心砌块、轻集料混凝土小型空心砌块墙体；

⑤蒸压加气混凝土基层墙体(E类)。

(2)锚栓的使用要求

①不同类别的基层墙体，应选用不同类型的锚栓，并应符合下列要求：

C类基层墙体宜选用通过摩擦和机械锁定承载的锚栓。

D类基层墙体应选用通过摩擦和机械锁定承载的锚栓。

②用于岩棉外墙外保温系统时，宜选用圆盘直径为140mm的圆盘锚栓。

③安装锚栓的基层墙体的厚度，不应小于100mm；基层墙体的厚度不应包括找平层或饰面层厚度。

④锚栓的有效锚固深度不应小于25mm，最小允许边距为100mm，最小允许间距为100mm。

⑤当实际工程中的基层墙体在材料类型、强度等级、孔洞形状和位置、肋的数量和厚度等方面与规定的试验用基层墙体试块不同或者无法明确判定时，应通过在工程实际使用的墙体材料上进行拉拔试验，确定锚栓的抗拉承载力标准值。

⑥锚栓的最低安装温度应为0℃。

5. 外墙保温用锚栓的部分尺寸

圆盘锚栓的圆盘公称直径不应小于60mm，公差为±1.0mm。膨胀套管的公称直径不应小于8mm，公差为±0.5mm。

墙体锚栓孔用钻头的公称直径有6、7、8、10mm。

6. 外墙保温用锚栓的力学性能

表 16-230

<table>
<tr><th colspan="3">项　目</th><th colspan="5">性 能 指 标</th></tr>
<tr><td rowspan="4">标准试验条件下</td><td colspan="2" rowspan="3">锚栓抗拉承载力标准值 F_k(kN)</td><td>A类基层墙体</td><td>B类基层墙体</td><td>C类基层墙体</td><td>D类基层墙体</td><td>E类基层墙体</td></tr>
<tr><td>0.6</td><td>0.5</td><td>0.4</td><td>0.3</td><td>0.3</td></tr>
<tr><td colspan="5">锚栓安装后静置500h,抗拉承载力标准值不得低于 F_k</td></tr>
<tr><td colspan="2">锚栓圆盘抗拔力标准值 F_{Rk}</td><td colspan="5">≥0.50kN</td></tr>
<tr><td colspan="2" rowspan="2">不同环境温度下的锚栓抗拉承载力标准值</td><td>0℃</td><td colspan="5">$\geqslant F_k$</td></tr>
<tr><td>40℃</td><td colspan="5">$\geqslant 0.8F_k$</td></tr>
<tr><td colspan="3">旋入式锚栓的破坏扭矩</td><td colspan="5">破坏扭矩和安装扭矩的比值,10个试验结果中应≥1.3,且9个试验结果应≥1.5</td></tr>
<tr><td rowspan="3">钻头磨损对锚栓抗拉承载力标准值的影响</td><td colspan="2">钻头直径(mm)</td><td colspan="5">锚栓抗拉承载力标准值 F_k</td></tr>
<tr><td colspan="2">正公差新钻头</td><td colspan="5">$\geqslant 0.8F_k$</td></tr>
<tr><td colspan="2">严重磨损钻头</td><td colspan="5">$\geqslant F_k$</td></tr>
</table>

注:当锚栓不适用某类基层墙体时,可不做相应抗拉承载力标准检测。

7. 外墙保温用锚栓产品说明书的内容要求

(1)规格、尺寸

——规格型号;

——锚栓主要尺寸:膨胀套管外径、锚栓长度、圆盘直径、有效锚固深度、锚固厚度。

(2)锚栓主要零件材质和表面处理方式

——材质报告;

——表面处理报告。

(3)锚固性能参数(对不同基层墙体应分别给出)

——抗拉承载力标准值;

——允许的与基层墙体的最小边距、锚栓最小间距;

——最小基层墙体厚度。

(4)安装要求

——安装尺寸:钻孔深度、孔径、旋入式锚栓的安装扭矩;

——安装要求:如安装方式、安装步骤和注意事项(宜用图解);

——安装工具:如钻具、钻头、螺丝刀、锤子及专用工具。

(5)其他

——制造厂名、商标、厂址;

——产品图示;

——其他必要信息。

四、建筑胶

(一)建筑密封胶分级和要求(GB/T 22083—2008)

建筑密封胶根据其性能和用途进行分类及分级。

密封胶按用途分为G类——镶装玻璃接缝用密封胶;

F类——镶装玻璃以外的建筑接缝用密封胶。

1. 密封胶按照满足接缝密封功能的位移能力进行分级。

表 16-231

适用范围	级别	试验拉压幅度(%)	位移能力(%)	次级别		
适用于G类、F类密封胶	25	±25	25	按拉伸模量分	低模量：代号LM	高模量：代号HM
	20	±20	20			
适用于F类密封胶	12.5	±12,5	12.5	按弹性恢复率分	≥40%，代号E	<40%，代号P
	7.5	±7.5	7.5			

注：①25级、20级、12.5E级密封胶称为弹性密封胶；12.5P级、7.5P级密封胶称为塑性密封胶。

②按拉伸模量测试值超过以下规定值一项的，即为"高模量"。在23℃时0.4MPa；在-20℃时0.6MPa。

2. 建筑密封胶分级图

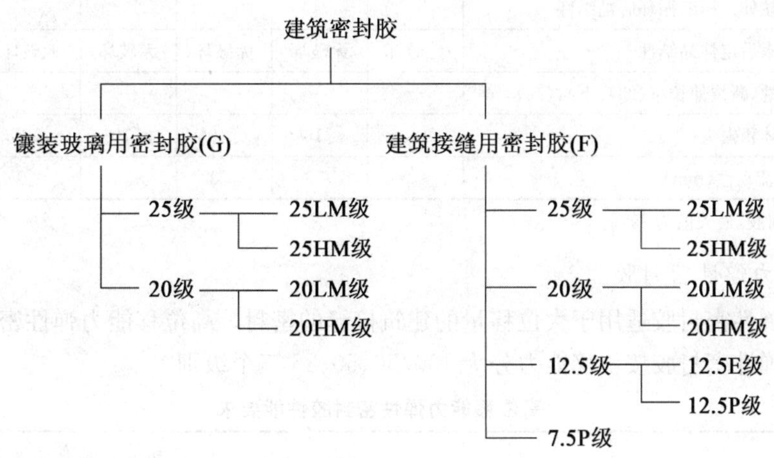

3. 建筑密封胶的性能要求

(1)镶装玻璃用密封胶(G类)性能要求

表 16-232

性能	指标			
	25LM	25HM	20LM	20HM
弹性恢复率(%)	≥60	≥60	≥60	≥60
拉伸黏结性，拉伸模量(MPa) 23℃下 -20℃下	≤0.4和 ≤0.6	>0.4或 >0.6	≤0.4和 ≤0.6	>0.4或 <0.6
定伸黏结性	无破坏	无破坏	无破坏	无破坏
冷拉-热压后黏结性	无破坏	无陂坏	无破坏	无破坏
经过热、透过玻璃的人工光源和水暴露后黏结性	无破坏	无破坏	无破坏	无破坏
浸水后定伸黏结性	无破坏	无破坏	无破坏	无破坏
压缩特性	报告	报告	报告	报告
体积损失(%)	≤10	≤10	≤10	≤10
流动性(mm)	≤3	≤3	≤3	≤3

(2)建筑接缝用密封胶(F类)性能要求

表 16-233

性能		指标						
		25LM	25HM	20LM	20HM	12.5E	12.5P	7.5P
弹性恢复率(%)		≥70	≥70	≥60	≥60	≥40	<40	<40
拉伸黏结性	a)拉伸模量(MPa) 23℃下 -20℃下	≤0.4和 ≤0.6	>0.4和 >0.6	≤0.4和 ≤0.6	>0.4或 >0.6	— —	— —	— —
	b)断裂伸长率(%) 23℃下	—	—	—	—	—	≥100	≥25
定伸黏结性		无破坏	无破坏	无破坏	无破坏	无破坏	—	—
冷拉-热压后黏结性		无破坏	无破坏	无破坏	无破坏	无破坏	—	—
同一温度下拉伸-压缩循环后黏结性		—				—	无破坏	无破坏
浸水后定伸黏结性		无破坏	无破坏	无破坏	无破坏	无破坏	—	—
浸水后拉伸黏结性,断裂伸长率(23℃下),(%)		—	—		—		≥100	≥25
体积损失(%)		≤10[a]	≤10[a]	≤10[a]	≤10[a]	≤25	≤25	≤25
流动性(mm)		≤3	≤3	≤3	≤3	≤3	≤3	≤3

注:[a] 对水乳型密封胶,最大值为25%。

4.高位移能力弹性密封胶

高位移能力弹性密封胶适用于大位移量的建筑接缝的密封。高位移能力弹性密封胶分为G类和F类两类。高位移弹性密封胶按位移能力分为100/50、50、35三个级别。

高位移能力弹性密封胶性能要求

表 16-234

性能	级别		
	100/50	50	35
	指标		
试验拉压幅度(%)	+100/-50	±50	±35
位移能力(%)	100/50	50	35
弹性恢复率(%)	≥70	≥70	≥70
定伸黏结性	无破坏	无破坏	无破坏
冷拉—热压后黏结性	无破坏	无破坏	无破坏
经过热、透过玻璃的人工光源和水暴露后黏结性	无破坏	无破坏	无破坏
浸水后定伸黏结性	无破坏	无破坏	无破坏
体积损失(%)	≤10	≤10	≤10
流动性(mm)	≤3	≤3	≤3

(二)混凝土结构工程用锚固胶(JG/T 340—2011)

混凝土结构工程用锚固胶是用于锚固件的锚固和传递结构间直接或间接作用力的胶结材料。

1.混凝土结构工程用锚固胶分为:

无机类锚固胶——以无机胶凝材料为主要原料,加入添加剂和填料制成(代号W)。

有机类锚固胶——以改性环氧树脂、改性乙烯基脂类聚合物或改性氨基甲酸酯树脂等为主要原料,加入添加剂和填料制成(代号Y)。有机类锚固胶按凝固速度分为快固型(K)和非快固型(F);按性能分为A级胶和B级胶。

2. 混凝土结构工程用锚固胶的性能要求

(1)无机类锚固胶性能要求

表 16-235

序号	项目			要求
1	外观质量			色泽均匀、无结块
2	使用温度范围			满足产品说明书标称的使用温度范围
3	拌合物性能	泌水率(%)		0
		凝结时间(min)	初凝	≥30
			终凝	≤120
		氯离子含量(%)		0.10
4	胶体性能	竖向膨胀率(%)	1d	≥0.1
			28d	≥0.1
		抗压强度(MPa)	6h	≥15.0
			1d	≥30.0
			28d	≥60.0
5	约束挺拔条件下带肋钢筋与混凝土的黏结强度(MPa)		C30 混凝土	≥8.5
			C60 混凝土	≥14.0
6	疲劳试验[a](万次)			≥200

注:[a] 用于铁路工程、桥梁工程及用户有要求的锚固胶,检测该项目。

(2)有机类锚固胶性能要求

表 16-236

序号	项目			要求	
				A级胶	B级胶
1	外观质量			无分层、结块、沉淀	
2	下垂流度(mm)			无滴落,≤10	
3	适用期(min)		快固型	10～25	
			非快固形	25～120	
4	使用温度范围			满足产品说明书标称的使用温度范围	
5	固化剂中乙二胺含量(%)			≤0.1	
6	不挥发物含量(%)			≥99	
7	黏结性能	钢一钢拉伸抗剪强度标准值(MPa)		≥16.0	≥13.0
		约束拉拔条件下带肋钢筋与混凝土的黏结强度(MPa)	C30 混凝土	≥11.0	≥8.5
			C60 混凝土	≥17.0	≥14.0
8	耐久性能	耐湿热老化性,钢一钢拉伸抗剪强度标准值降率(%)		≤10	≤15
		耐冻融性,钢一钢拉伸抗剪强度标准值降低率[a](%)		≤5	
		疲劳试验[b](万次)		≥200	—

注:①[a] 用于寒冷和严寒地区及用户有要求的锚固胶检测项目。

②[b] 用于铁路工程、桥梁工程及用户有要求的锚固胶,检测该项目。

(三)干挂石材幕墙用环氧胶粘剂(JC 887—2001)

干挂石材幕墙用环氧胶粘剂为双组分环氧型胶粘剂,适用于干挂石材幕墙(由金属框架、不锈钢挂件、幕墙石材组成)挂件与石材间黏结固定。

干挂石材幕墙用环氧胶粘剂按固化速度分为快固型(代号 K)和普通型(代号 P)两种。

外观:胶粘剂各组分分别搅拌后应为细腻、均匀黏稠液体或膏状物,不得有离析、颗粒或凝胶,各组分颜色应有明显差异。

1.干挂石材幕墙用环氧胶粘剂的物理力学性能

表16-237

序 号	项 目			技术指标	
				快固	普通
1	适用期*(min)			5～30	>30～90
2	弯曲弹性模量(MPa) ≥			2 000	
3	冲击强度(kJ/m²) ≥			3.0	
4	拉剪强度(MPa) ≥ 不锈钢—不锈钢			8.0	
5	压剪强度(MPa) ≥	石材—石材	标准条件48h	10.0	
			浸水168h	7.0	
			热处理80℃,168h	7.0	
			冻融循环50次	7.0	
		石材—不锈钢	标准条件48h	10.0	

注:*适用期指标也可由供需双方商定。

2.胶黏剂应在阴凉、干燥、通风的室内储存,分类分批堆放,严禁曝晒。产品自生产之日起,储存期不少于1年。超过保质期的产品经检验合格后方可使用。

(四)饰面石材用胶粘剂(GB 24264—2009)

饰面石材用胶粘剂适用于饰面石材产品的生产和产品的安装用。

1.饰面石材用胶粘剂的分类

表16-238

分类		名称	定义	代号
按用途分类	生产用胶粘剂	复合用胶粘剂	使用在石材复合板上的胶粘剂	V
		增强用胶粘剂	为加固目的在石材上粘贴金属筋、石条、玻璃纤维网等使用的胶粘剂	S
		修补用胶粘剂		M
		组合连接用胶粘剂	多块石材拼接或石材断裂面黏结时使用的胶粘剂	A
	安装用胶粘剂	地面粘贴用胶粘剂		F
		墙面粘贴用胶粘剂		W
		干挂用胶粘剂	见干挂石材幕墙用环氧胶粘剂	D
按组成分类		水泥基胶粘剂	由水硬性胶凝材料、矿物集料、有机外加剂组成的粉状物与水或其他液体按比例拌和。产品分为普通型和快速硬化型	C
		反应型树脂胶粘剂	由合成树脂、矿物填料和有机外加剂组成的单组分或多组分混合物,通过化学反应使其硬化	R

2.反应型树脂胶粘剂的外观质量要求

胶粘剂各组分分别搅拌后应为细腻、均匀黏稠液体或膏状物,不得有离析、颗粒或凝胶,各组分颜色应有明显差异。

胶粘剂的适用期一般应大于30min,快固性和特殊要求的由供需双方商定。

3.饰面石材用胶粘剂的技术要求

(1)水泥基胶粘剂的技术指标(MPa)

表 16-239

项目			普通地面	重负荷地面及墙面
普通型	拉伸黏结强度	≥	0.5	1.0
	浸水后拉伸黏结强度	≥		
	热老化后拉伸黏结强度	≥		
	冻融循环后拉伸黏结强度	≥		
	晾置 20min 后拉伸黏结强度	≥		
快速硬化型	拉伸黏结强度	≥	0.5	1.0
	早期拉伸黏结强度(24h)	≥		0.5
	浸水后拉伸黏结强度	≥		1.0
	热老化后拉伸黏结强度	≥		
	冻融循环后拉伸黏结强度	≥		
	晾置 10min 后拉伸黏结强度	≥		0.5

(2)反应型树脂胶粘剂的技术指标

表 16-240

项目		生产			安装	
		复合	增强	组合连接	地面	墙面
压剪黏结强度(MPa)	≥	5.0	5.0	10.0	2.0	10.0
浸水后压剪黏结强度(MPa)	≥			8.0		8.0
热老化后压剪黏结强度(MPa)	≥			8.0		8.0
高低温交变循环后压剪黏结强度(MPa)	≥	—	—	—		—
冻融循环后压剪黏结强度(MPa)	≥	4.0	4.0	8.0	—	8.0
拉剪黏结强度(石材—金属)(MPa)	≥	—	—	8.0	—	8.0
冲击强度(kJ/m^2)	≥	—	—	3.0	—	3.0
弯曲弹性模量(MPa)	≥	—	—	2 000	—	2 000

(五)非结构承载用石材胶粘剂(JC/T 989—2006)

非结构承载用石材胶粘剂(俗称云石胶)是以不饱和聚酯树脂或环氧树脂等为基体树脂、添加其他改性材料及固化剂制成。适用于石材定位、修补等非结构承载连接用途，不适用于永久性结构承载黏结用途。

云石胶通常为双组分分装：基体树脂组分代号为 A；固化剂组分代号为 B。

产品为色泽均匀、细腻的黏稠膏状物，不得有离析、粗颗粒或凝胶，搅拌无困难，各组分颜色或包装应有明显区别。产品保质期自生产之日起不少于 1 年。

1. 非结构承载用石材胶粘剂的分类

产品按基体树脂分为不饱和聚酯树脂型(UP)、环氧树脂型(EP)等。

产品按用途分为Ⅰ型——用于耐水要求较高的产品；

Ⅱ型——用于一般要求的产品。

2. 非结构承载用石材胶粘剂的标记

产品按下列顺序标记：产品名称、基体树脂、类型、组分代号、标准号。

示例：以不饱和聚酯树脂为基体树脂的Ⅰ型云石胶，其基体树脂组分的标记为：非结构承载用石材胶粘剂(云石胶)UP I AJC/T 989—2006；其固化剂组分的标记为：非结构承载用石材胶粘剂(云石胶)UP I BJC/T 989—2006。

3. 非结构承载用石材胶粘剂物理力学性能

表 16-241

<table>
<tr><th colspan="3" rowspan="2">项　目</th><th colspan="2">技术指标</th></tr>
<tr><th>Ⅰ型</th><th>Ⅱ型</th></tr>
<tr><td colspan="3">适用期</td><td colspan="2">符合标称值</td></tr>
<tr><td colspan="3">弯曲弹性模量(MPa) ≥</td><td>2 000</td><td>1 500</td></tr>
<tr><td colspan="3">冲击韧性(kJ/m²) ≥</td><td>3.0</td><td>2.0</td></tr>
<tr><td rowspan="5">压剪黏结强度,(MPa) ≥</td><td rowspan="4">石材—石材</td><td>标准条件</td><td>8.0</td><td>7.0</td></tr>
<tr><td>高温处理</td><td>7.0</td><td>7.0</td></tr>
<tr><td>浸水处理</td><td>6.0</td><td>3.0</td></tr>
<tr><td>冻融循环处理</td><td>5.0</td><td>3.0</td></tr>
<tr><td colspan="2">石材—不锈钢</td><td>8.0</td><td>7.0</td></tr>
</table>

(六)石材用建筑密封胶(GB/T 23261—2009)

石材用建筑密封胶用于建筑工程中天然石材接缝嵌填。

1. 石材用建筑密封胶的分类

产品按聚合物分为硅酮密封胶(SR)、改性硅酮密封胶(MS)、聚氨酯密封胶(PU)等。

产品按组分分为单组分型(1)、双组分型(2)。

产品按位移能力分为 12.5、20、25、50 四个级别。

产品的次级别:20.25、50 级密封胶按拉伸模量分为低模量(LM)和高模量(HM)两个次级别;12.5 级密封胶按弹性恢复率不小于 40%为弹性体(E),50、25、20、12.5E 级密封胶为弹性密封胶。

2. 石材用建筑密封胶的级别

表 16-242

级　别	试验拉压幅度(%)	位移能力(%)
12.5	±12.5	12.5
20	±20	20
25	±25	25
50	±50	50

3. 石材用建筑密封胶的标记

产品按下列顺序标记:名称、品种、级别、次级别、标准编号。

示例:高模量 25 级位移能力的石材用单组分硅酮密封胶标记为:石材密封胶 1 SR 25 HM GB/T 23261—2009。

4. 石材用建筑密封胶外观

密封胶应为细腻、均匀膏状物或黏稠体,不得有气泡、结块、结皮或凝胶,无不易分散的析出物。双组分密封胶各组分颜色应有明显差异。

5. 石材用建筑密封胶的物理力学性能

表 16-243

<table>
<tr><th rowspan="2">序号</th><th colspan="2" rowspan="2">项　目</th><th colspan="7">技术指标</th></tr>
<tr><th>50LM</th><th>50HM</th><th>25LM</th><th>25HM</th><th>20LM</th><th>20HM</th><th>12.5E</th></tr>
<tr><td rowspan="2">1</td><td rowspan="2">下垂度(mm)</td><td>垂直 ≤</td><td colspan="7">3</td></tr>
<tr><td>水平</td><td colspan="7">无变形</td></tr>
<tr><td>2</td><td colspan="2">表干时间(h) ≤</td><td colspan="7">3</td></tr>
</table>

续表 16-243

序号	项目		技术指标						
			50LM	50HM	25LM	25HM	20LM	20HM	12.5E
3	挤出性(mL/min) ≥		80						
4	弹性恢复率(%) ≥		80						40
5	拉伸模量(MPa)	+23℃ −20℃	≤0.4 和 ≤0.6	>0.4 或 >0.6	≤0.4 和 ≤0.6	>0.4 或 >0.6	≤0.4 和 ≤0.6	>0.4 或 >0.6	— —
6	定伸黏结性		无破坏						
7	冷拉热压后黏结性		无破坏						
8	浸水后定伸黏结性		无破坏						
9	质量损失(%) ≤		5.0						
10	污染性(mm)	污染宽度 ≤	2.0						
		污染深度 ≤	2.0						

6. 产品的储运要求同 GB 16776 硅酮结构密封胶

(七)建筑用硅酮结构密封胶(GB 16776—2005)

建筑用硅酮结构密封胶适用于建筑幕墙及其他结构黏结装配用。建筑用硅酮结构密封胶按产品适用的基材分为金属 (代号 M)、玻璃 (代号 G)、其他 (代号 Q)。产品按组分分为单组分和双组分。

1. 建筑用硅酮结构密封胶的外观

产品应为细腻、均匀膏状物,无气泡、结块、凝胶、结皮,无不易分散的析出物;双组分产品两组份的颜色应有明显区别。

2. 建筑用硅酮结构密封胶的物理力学性能

表 16-244

序号	项目			技术指标
1	下垂度		垂直放置(mm)	≤3
			水平放置	不变形
2	挤出性[a](s)			≤10
3	适用期[b](min)			≥20
4	表干时间(h)			≤3
5	硬度/Shore A			20～60
6	拉伸黏结性	拉伸黏结强度(MPa)	23℃	≥0.60
			90℃	≥0.45
			−30℃	≥0.45
			浸水后	≥0.45
			水—紫外线光照后	≥0.45
		黏结破坏面积(%)		≤5
		23℃时最大拉伸强度时伸长率(%)		≥100
7	热老化	热失重(%)		≤10
		龟裂		无
		粉化		无

注:[a]仅适用于单组分产品。

[b]仅适用于双组分产品。

3.硅酮密封胶的储运要求

本产品为非易燃易爆材料,可按一般非危险品运输。

储存运输中应防止日晒、雨淋,防止撞击、挤压产品包装。

储存温度不高于27℃,自生产之日起,有效储存期不少于6个月。

(八)木地板铺装用胶粘剂(HG/T 4223—2011)

木地板铺装用胶粘剂适用于面层木地板与水泥砂浆基础地面或基础结构的黏结,也适用于木地板基础结构层之间的黏结。

1.木地板铺装用胶粘剂的性能要求

表16-245

项目	单位	指标
外观	—	均匀黏稠体,无凝腔、结块
涂布性	—	容易涂布,梳齿不凌乱
剪切拉伸率	%	≥200
剪切强度	MPa	≥0.5
拉伸强度	MPa	≥1.0
操作时间(黏合前的施胶搁置最长时间)	h	≥0.5
热老化剪切强度(60℃)	MPa	≥0.5

2.木地板铺装用胶粘剂使用说明

储存期及储存条件和必要的图示。

标志应置于每个胶粘剂产品包装的明显位置。

标志的文字、图案必须清楚整齐。除生产批号及生产日期可采用打标方法外,其他内容不得采用标打、书写方式。粘贴必须牢固,并保持完整和清晰。

凡包装容器过小不能容纳上述标志内容时,以上条款内容可在包装中标明。

每个批号的胶粘剂产品交付使用单位时,应附有产品检验合格证。

3.木地板铺装用胶粘剂的储运要求

胶粘剂产品储存和运输前应验明包装容器完整不漏。

运输、装卸胶粘剂产品时应轻拿轻放。

胶粘剂产品运输和储存时,必须按性质分类分批堆放。

本产品应在温度10~25℃的环境下储存。

储存期限自胶粘剂产品生产之日算起6个月,超过储存期限的胶粘剂产品按各自的技术条件处理。

五、建筑排水

(一)检查井盖的分类及要求(GB/T 23858—2009)

检查井盖由井盖、支座(井座、盖座)、密封圈等组成,有防护支座的检查井加有内盖。

检查井盖适用于安装在绿化带、人行道、非机动车道、机动车道、停车场、码头、机场跑道等场所,用于连接、检查、维护管线和各种安装设备。

1. 检查井盖的分类

表 16-246

按承载能力分为六级	按使用场所分为六组	按规格尺寸分为人孔和非人孔		按井盖原材料分为
A15	第一组(最低用 A15):绿化带、人行道等非机动车区域	人孔(按井座净开孔 co)(mm)	600	灰口铸铁
B125	第二组(最低用 B125):人行道、非机动车道、小车停车场及地下停车场		700	球墨铸铁
			800	铸钢
C250	第三组(最低用 C250):住宅小区、背街小巷、轻机动车或小车行驶区域、道路两边路缘石开始 0.5m 以内		900	轧制钢
				聚合物高分子材料
D 400	第四组(最低用 D400):城市主路、公路、高等级公路、高速公路	非人孔	不规定	填充增强材料(如玻璃纤维)
E 600	第五组(最低用 E600):货运站、码头、机场等			钢纤维混凝土
F 900	第六组(最低用 F900):机场跑道等区域			其他

2. 检查井盖的结构形式

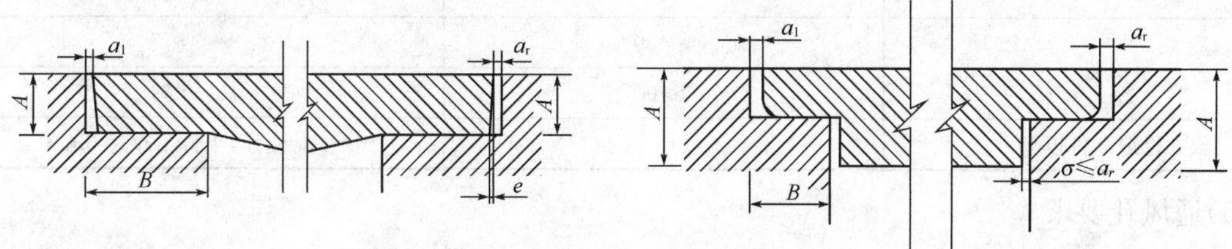

图 16-34　检查井盖结构示意图

注:嵌入深度(A)、井座支承面宽度(B)和斜度(e)。

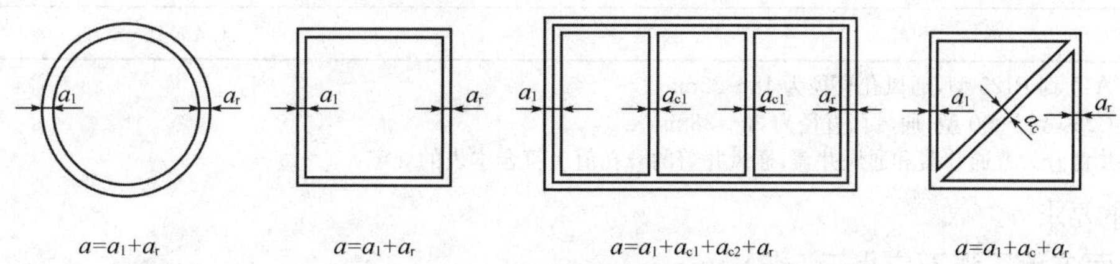

图 16-35　井盖总间隙(a)示意图(a_1 为左间隙,a_c 为中间间隙,a_r 为右间隙)

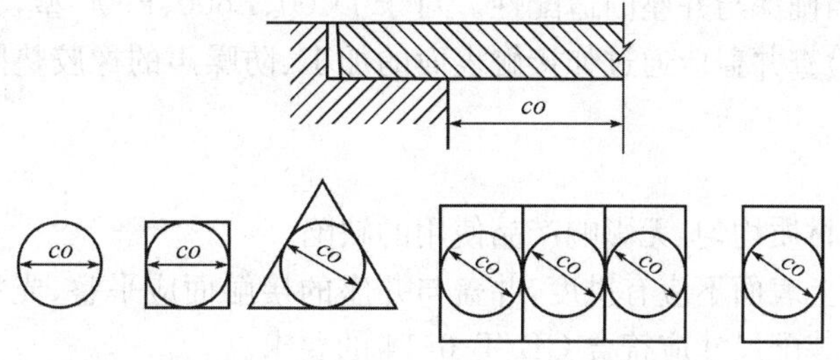

图 16-36　井座净开孔(co)示意图

3. 检查井盖的性能及外观要求

(1)检查井盖的承载能力

表 16-247

类别	A15	B125	C250	D400	E600	F900
试验荷载 F(kN)	15	125	250	400	600	900

注:对于井座净开孔(co)小于 250mm 井盖的试验荷载应按表所示乘以 $co/250$,但不小于 0.6 倍表的荷载。

(2)井座支承面的宽度

表 16-248

井座净开孔 co(mm)	井座支承面宽度 B(mm)
<600	≥20
≥600	≥24

(3)井盖的嵌入深度

表 16-249

类别	A15	B125	C250	D400	E600	F900
嵌入深度 A(mm)	≥20	≥30	≥30	≥50	≥50	≥50

(4)井盖总间隙

表 16-250

构 件 数 量	井座净开孔 co(mm)	总间隙 $a=(a_l+a_c+a_r)$(mm)
1 件	≤400	≤3
	>400	≤6
2 件	≤400	≤7
	>400	≤9
3 件或 3 件以上		≤15,单件不超过 5mm

(5)通风孔要求

表 16-251

井座净开孔 co(mm)	最小通风孔面积(mm^2)(所有开口面积之和)
≤600	为井座净开孔面积的 5%
>600	1.4×10^4

注:①对于 A15 到 B125 型,通风孔直径为 18~38mm。
②对于 C250 到 F900 型,通风孔直径为 30~38mm。
③检查井盖分为普通井盖和通风井盖,通风井盖的开孔值应符合本表的规定。

(6)井座要求

井座底面支承压强不应小于 7.5N/mm^2。

井座高度:D400、E600、F900 的井座其高度不应小于 100mm。

检查井盖的制造应当确保与井座的适配性。对于 D400、E600、F900 型,其井座的制造应当确保使用时的安静稳定。金属检查井盖应通过如接触表面的加工、防噪声的橡胶垫圈或三点接触的设计以确保无噪声。

(7)外观

井盖的表面应完整,材质均匀,无影响产品使用的缺陷。

盖座保持顶平,井盖上表面不应有拱度,井盖与井座的接触面应平整、光滑。铸铁井盖与井座应为同一种材质,井盖与井座装配尺寸应符合 GB/T 6414 的要求。

(8)结构尺寸

检查井盖上表面应有防滑花纹,高度为:对 A15、B125、C250 高度为 2~6mm;对 D400、E600、F900 高度为 3~8mm。凹凸部分面积与整个面积相比不应小于 10%,不应大于 70%。

铰接井盖的仰角不应小于 100°。

检查井盖的斜度 e 以 1∶10 为宜。

(二)铸铁检查井盖(CJ/T 3012—1993)

铸铁检查井盖由灰口铸铁或球墨铸铁制造。

铸铁检查井盖形状分为圆形、方形、矩形。结构形式分为单层、双层。

井盖按承载能力分为重型(Z)和轻型(Q)两个等级。重型用于机动车行驶、停放的道路和场地；轻型用于绿地、禁止机动车通行和停放的道路、场地。

1. 铸铁检查井盖的标记

铸铁检查井盖的编号由产品代号(JG)，结构形式：单层(D)、双层(S)，主要参数：圆形井盖的公称直径(mm)或方形、矩形井盖的长(mm)×宽(mm)，设计号四部分组成：

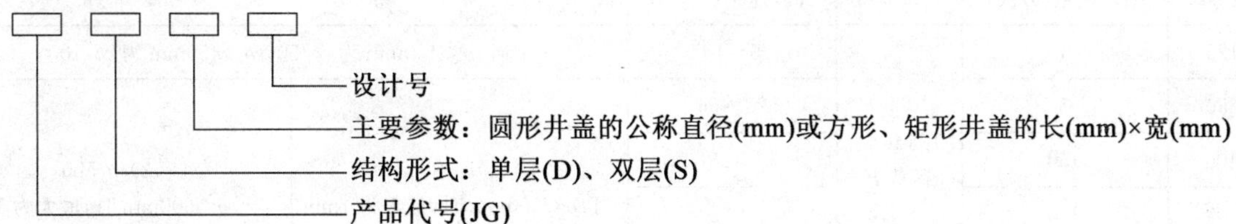

示例：JG—D—600

2. 铸铁检查井盖的结构示意图

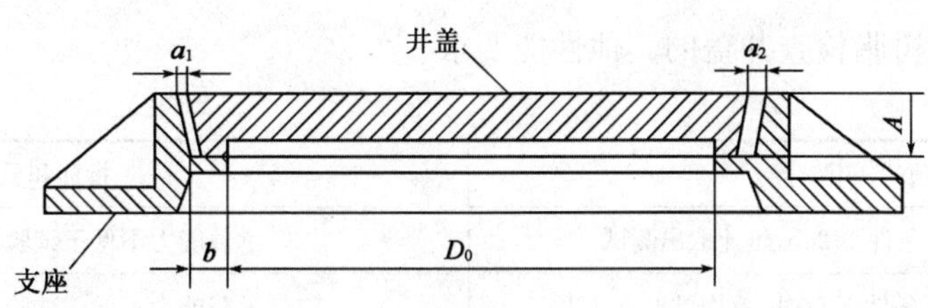

图 16-37　检查井盖结构示意图

3. 铸铁检查井盖的技术要求

表 16-252

项　目		要　求
外观		井盖与支座表面应铸造平整、光滑，无裂纹、冷隔、缩松等缺陷，不得焊补
		井盖表面应有凸起的防滑花纹，凸起高度应≥3mm
		井盖与支座的装配结构尺寸应符合 GB 6414 要求，保证井盖、支座的互换性
		井盖接触面与支座支承面应进行机加工，保证井盖与支座接触平稳
井盖与支座的缝宽	D_0	井盖与支座的缝宽 a_1+a_2(mm)
	<600	6±2
	≥600	$8\pm^{2}_{4}$
支座支撑面的宽度	D_0	支座支撑面的宽度 b(mm)
	<600	≥15
	≥600	≥20
井盖的嵌入深度 A		重型井盖≥40mm；轻型井盖≥30mm
允许残留变形		试验荷载(重型 360kN；轻型 210kN)后的允许残留变形不得超过井盖公称直径(孔口直径)的 1/500

注：井盖与支座宜采用镀锌链条连接或其他形式的锁定装置。

(三)球墨铸铁复合树脂检查井盖(CJ/T 327—2010)

球墨铸铁复合树脂检查井盖是利用球墨铸铁为骨架使用聚合物和各种填充物，通过一定工艺复合制成。

(1)检查井盖按承载能力分为 B125、C250、D400、E600、F900 五级,各级井盖的使用场所及人孔井盖的规格尺寸见表 16-246。

(2)检查井盖的结构形式、检查井盖的性能及外观要求符合 GB/T 23858—2009 的规定。

(3)球墨铸铁复合树脂检查井盖的抗疲劳性要求

表 16-253

<table>
<tr><th colspan="4">井盖的抗疲劳性试验</th><th colspan="2" rowspan="2">井盖允许的残留变形</th></tr>
<tr><th>承载等级</th><th>循环次数(万次)</th><th>测试荷载</th><th>加载速率(kN/s)</th></tr>
<tr><td>B125</td><td>1</td><td rowspan="5">1/3 试验荷载 F</td><td>5～10</td><td colspan="2">当 co<450mm 为 co/50,co≥450mm 为 co/100</td></tr>
<tr><td>C250</td><td>5</td><td>28～56</td><td rowspan="4">(1)co/300
当 co<300mm 时,最大为 1mm</td><td rowspan="4">(2)co/500
当 co<500mm 时,最大为 1mm</td></tr>
<tr><td>D400</td><td>150</td><td>>28</td></tr>
<tr><td>E600</td><td>150</td><td>>28</td></tr>
<tr><td>F900</td><td>150</td><td>>28</td></tr>
</table>

注:井盖允许的残留变形,对于 C250 到 F900 的产品:当采用锁定装置或特殊设计的安全措施时采用(1)要求;当产品未采取特殊安全措施仅依靠产品重量达到安全措施的采用(2)要求。

(4)球墨铸铁复合树脂检查井盖的其他性能要求

表 16-254

项　　目	指标和要求
耐热性,(70±2)℃条件下 24h,迅速取出测试	承载能力不低于试验荷载 F 的 95%
耐候性,在灯照及雨淋条件下 500h,室内常温下 24h	承载能力不低于试验荷载 F 的 95%
抗冻性,(−40±2)℃条件下 24h,取出后立即测试	承载能力不低于试验荷载 F 的 95%
巴氏硬度	≥35

(5)产品的储运码放层高不宜高于 10 层,远离明火和热源,环境温度不应高于 60℃。

(四)玻璃纤维增强塑料复合检查井盖(JC/T 1009—2006)

玻璃纤维增强塑料复合检查井盖(简称检查井盖)是以不饱和聚酯树脂或环氧树脂等,加入玻璃纤维增强塑料制成树脂混凝土,经成型工艺制成。

玻璃纤维增强塑料复合检查井盖适用于高等级公路、公路、城市道路和机动车行驶、停放的地面及人行道、绿化带等的检查井盖。检查井盖由支座和井盖组成,是通往地下设施(自来水、排水、通信、电力、燃气、消火栓、阀门、环境卫生等)的出入口。

检查井盖按其承载能力分为 A、B、C、D 四个等级。

检查井盖的形状主要有圆形和矩形。

1.检查井盖结构示意图

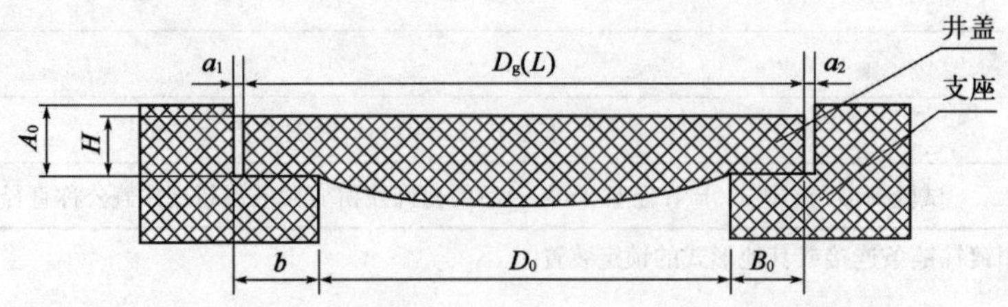

图 16-38　检查井盖示意图

A_0-支座支撑面高度;a_1、a_2-单边缝宽(井盖缝宽为 a_1 与 a_2 之和);B_0-井盖接触面宽度;b-支座支撑面宽度;$D_g(L)$-井盖公称直径(矩形井盖边长);D_0-检查井盖净宽;H-井盖嵌入深度

2.检查井盖的承载等级使用场所

表 16-255

等级标志	设置场合	试验荷载(kN)
A级	绿化带及机动车不能行驶、停放的小巷和场地	20
B经	居民住宅小区通道和人行道	125
C级	一般机动车行驶和停放的城市道路	250
D级	有重型机动车行驶、停放的城市道路、公路、高等级公路	380

注:经表列试验荷载后,井盖、支座不得出现裂纹。

3.检查井盖的标记

检查井盖按主要外形尺寸和承载等级进行标记。

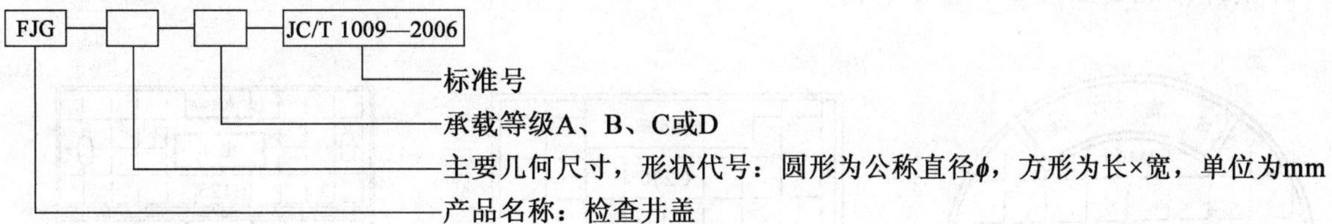

示例1:FJG-ϕ600-A-JC/T 1009—2006 表示圆形井盖,公称直径为 600mm,承载等级为 A 级,符合 JC/T 1009—2006 标准的玻璃纤维增强塑料复合检查井盖。

示例2:FJG-800×600-B-JC/T 1009—2006 表示矩形井盖,长为 800mm、宽为 600mm、承载等级为 B 级,符合 JC/T 1009—2006 标准的玻璃纤维增强塑料复合检查井盖。

4.检查井盖的外观及尺寸要求

表 16-256

项目		要求
外观		井盖表面无纤维外露,无裂纹、白化、分层,无明显的色泽不均,标记应清晰
		井盖表面应有凸起的防滑花纹,凸起高度应为 2～5mm
		井盖与支座的承载面应完整、光滑,相互接触应平稳无晃动
井盖与支座的缝宽	D_0	井盖与支座的缝宽 a_1+a_2(mm)
	<600	5±1
	≥600	6±2
支座支撑面的宽度	D_0	支座支撑面的宽度 b(mm)
	<600	≥15
	≥600	≥20
井盖的嵌入深度 H		A、B级井盖≥20mm,C级≥25mm,D级≥30mm;H 与 A_0 的差为 −1～2mm
井盖的巴氏硬度		≥35
疲劳性能		C级、D级井盖经 200 万次循环荷载试验后,检查井盖不得出现裂纹
允许残留变形		荷载试验后的允许残留变形不得超过井盖公称直径或宽度的 0.2%

(五)钢纤维混凝土检查井盖(GB 26537—2011)

钢纤维混凝土检查井盖是配有钢筋骨架用钢纤维混凝土浇筑成型的检查井盖，井盖四周用钢板或铸钢制成钢箍以增加井盖强度。

井盖用钢纤维混凝土的立方体抗压强度：F900、E600 级≥C80；D400、C250 级≥C50；B125、A15 级≥C40。严寒地区用混凝土井盖，应做抗冻性试验。

1.钢纤维混凝土检查井盖的分类

井盖按平面形状分为圆形、矩形两种。

井盖按剖面形状分为平底面的板式井盖、底面加肋的带肋井盖、底面为平底锅形的平底锅形井盖。

井盖按组合形式分为单块井盖、多块组合井盖(多门井盖、沟盖板)。

井盖按承载能力分为六级，见表 16-246。井盖的承载能力见表 16-247。井盖的裂缝荷载(缝宽 0.2mm 时)为≥50%承载能力。井盖的破坏荷载为≥承载能力(试验荷载)。

2.钢纤维混凝土检查井盖示意图

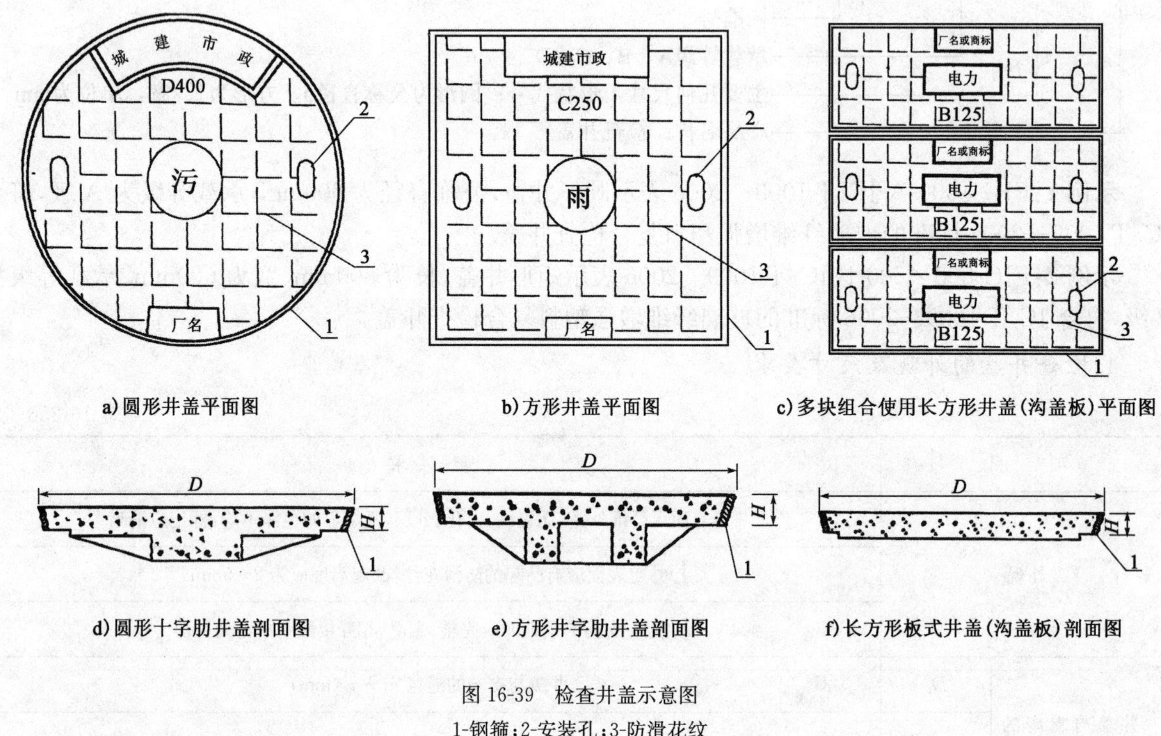

图 16-39 检查井盖示意图

1-钢箍;2-安装孔;3-防滑花纹

3.钢纤维混凝土检查井盖的标记

井盖按承载等级、井盖外径(或边长)、标准编号的顺序进行标记。

示例：D400 级井盖，圆形外径 770mm 的井盖，其标记为：D400－ϕ770 GB 26537—2011

D400 级井盖，矩形边长 600mm×600mm 的井盖，其标记为：D400－600×600 GB 26537—2011

4.钢纤维混凝土检查井盖外观质量

井盖表面应光洁、平整、无裂缝，防滑花纹、图案和标记应清晰。

井盖表面应有防滑花纹或图案.防滑花纹或图案的凹槽深度要求为：A15、B125 和 C250 级井盖≥2mm；D400、E600 和 F900 级井盖≥3mm。凹槽部分面积与整个井盖面积之比应不小于 10%。

单块井盖与井座间的缝宽 $a=(a_1+a_2)\leqslant 6$mm；多块井盖组合使用时，井盖间缝平均宽应不大于 3mm。

5. 钢纤维混凝土检查井盖的规格尺寸

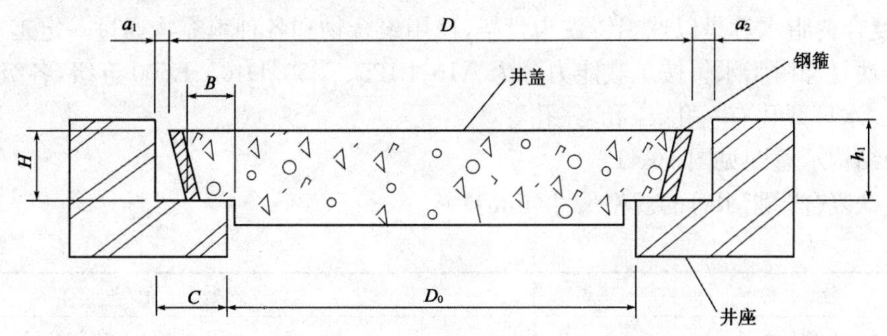

图 16-40 井盖结构示意图

单块井盖几何尺寸及允许偏差(mm) 表 16-257

等级	井口尺寸(D_0)	井盖外径或边长(D 或 L)		井盖搁置高度(H)			井盖搁置面宽(B)		钢箍最小厚度
	标准值	标准规定值≥	允许偏差	标准规定值≥		允许偏差	标准规定值≥	允许偏差	
A15	600	660	+0 −3	板式	30	0 −2	30	+5 −2	可设 ϕ10mm 的内钢筋箍
	650	710		板式	40				
	700	760		板式	40				
B125	600	670		带肋	40		35		3
				板式	50				
	650	720		带肋	40				
				板式	50				
	700	770		带肋	40				
				板式	50				
C250	600	670		带肋	50				4 或设钢筋箍
				板式	60				
	650	720		带肋	50				
				板式	60				
	700	770		带肋	50				
				板式	60				
D400	600	670		带肋	60				5 或设钢筋箍
				板式	70				
	650	720		带肋	60				
				板式	70				
	700	770		带肋	60				
				板式	70				
E600	600	680		带肋	70		40		6
	650	730		带肋	70				
	700	780		带肋	70				
F900	600	680		带肋	80				
	650	730		带肋	80				
	700	780		带肋	80				

注:①根据供需双方的协议,也可生产其他规格尺寸的井盖。

②如采用铸铁及钢板支座,则井盖搁置面宽(B)可以根据支座支承面宽而设定。

(六)球墨铸铁复合树脂水箅(CJ/T 328—2010)

球墨铸铁复合树脂水箅是以球墨铸铁为骨架,使用聚合物和各种填充物通过一定工艺复合制成。

(1)球墨铸铁复合树脂水箅桉承载能力分为A15、B125、C250、D400、E600五级,各级水箅的使用场所见表16-246。水箅开孔有一孔、二孔、三孔等。

(2)产品的结构示意图见图16-41。

(3)球墨铸铁复合树脂水箅的规格尺寸(mm)

表16-258

名　称	数　值
水箅公称尺寸长 L	400,450,500,550,600,650,700,750
水箅公称尺寸宽 W	300,350,400,450

注:如有特殊要求,水箅规格可根据用户要求调整。

(4)球墨铸铁复合树脂水箅的承载能力。

表16-259

水算等级	试验载荷(kN)	允许残留变形(mm)
A15,B125	125	$(1/500)D_1$
C250	250	$(1/500)D_1$
D400	400	$(1/500)D_1$
E600	600	$(1/500)D_1$

(5)球墨铸铁复合树脂水箅的抗疲劳性能。

表16-260

水箅的抗疲劳性试验				疲劳试验后,水箅的承载能力(kN)
承载等级	循环次数(万次)	测试荷载	加载速率(kN/s)	
A15	0.1	1/3试验荷载 F	1～5	125
B125	1		5～10	125
C250	5		28～56	250
D400	150		>28	400
E600	150		>28	600

(6)球墨铸铁复合树脂水箅的其他性能要求。

表16-261

项　目	指标和要求
耐热性,(70±2)℃条件下24h,迅速取出测试	承载能力不低于试验荷载 F 的95%
耐候性,在灯照及雨淋条件下500h,室内常温下24h	承载能力不低于试验荷载 F 的95%
抗冻性,(−40±2)℃条件下24h,取出后立即测试	承载能力不低于试验荷载 F 的95%
巴氏硬度	≥35

(7)球墨铸铁复合树脂水箅的外观及尺寸要求。

表16-262

项　目	要　求
支座支撑面的宽度	支座宽边支撑面的宽度 b(mm)
	不小于4%L
	支座长边支撑面的宽度 b(mm)

续表 16-262

项 目	指标和要求
支座支撑面的宽度	不小于 4%W
水箅的嵌入深度 A	A15、B125 应≥30mm C250、D400、E600 应≥50mm
外 观	箅子与支座表面应压制平整，无裂纹、凹凸不平等影响使用的缺陷
	水箅采用四面收水方式排水，排水孔宽度不应大于 32mm
	水箅的排水面积(排水孔面积之和)应占水箅净尺寸($D_1 \times D_2$)25%以上
	箅子上沿尺寸大于下沿尺寸，锥度为 1∶20～1∶5

注：水箅的总缝宽符合检查井盖表 16-250 的规定。

(七)聚合物基复合材料水箅(CJ/T 212—2005)

聚合物基复合材料水箅是利用聚合物(各种高分子材料及其再生品)和各种颗粒、纤维、金属等填充增强材料，加入添加剂，经一定工艺制成的由支座和箅子组成的排水设施。聚合物基复合材料水箅的形状主要为矩形。

聚合物基复合材料水箅适用于安装在各种路面上(包括道路、公路两旁及中间、绿地、厂房车间室内地面等)作为排水用。

聚合物基复合材料水箅按承载能力分为重型、普型、轻型三种。

1.聚合物基复合材料水箅结构示意图

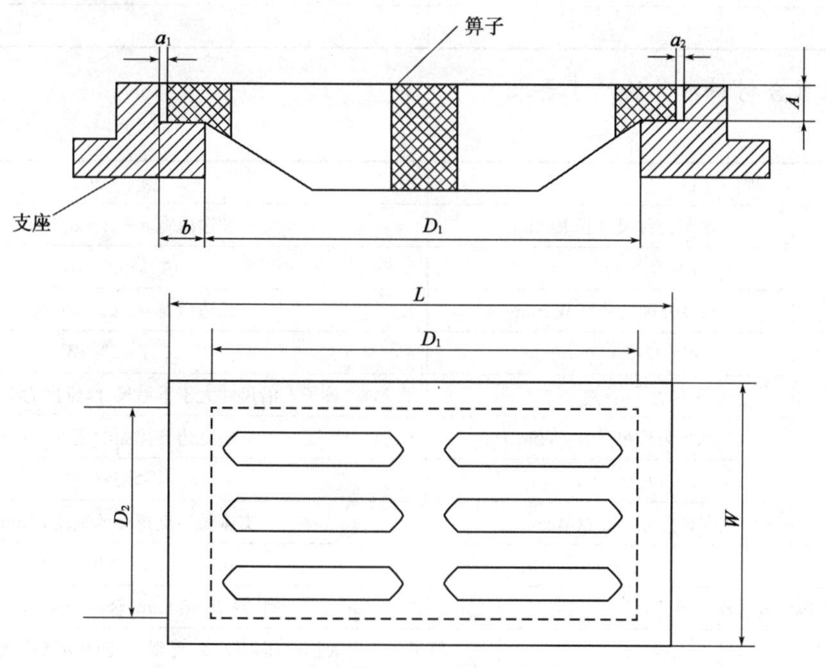

图 16-41 复合材料木箅示意图

2.聚合物基复合材料水箅的标记

聚合物基复合材料水箅的标记由产品代号(JSB)；主要参数：水箅公称尺寸长 L(mm)×宽 W(mm)；承载等级：重型(Z)、普型(P)、轻型(Q)三部分组成。

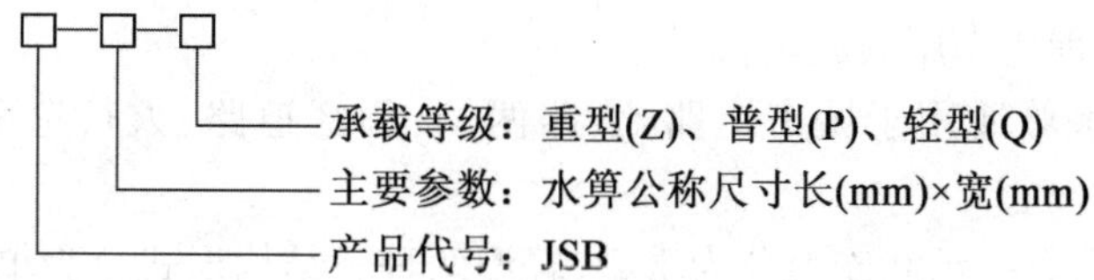

3.聚合物基复合材料水箅的规格尺寸

表 16-263

名　称	数　值　(mm)
水箅公称尺寸，长 L	400,450,500,550,600,650,700
水箅公称尺寸，宽 W	300,350,400

注：如有特殊需求，水箅规格可根据用户需求调整。

4.聚合物基复合材料水箅的承载等级

表 16-264

等级	标志	对应最高城市道路分类等级	参考设置场合
重型	Z	快速路以上	货运站、码头等重型车较多的道路、场地
普型	P	快速路	车流量大的机动车行驶、停放的道路、场地
轻型	Q	次干路Ⅰ级	小型车慢速行走的道路、场地，居民小区，绿地等一般场所

5.聚合物基复合材料水箅的破坏荷载要求

表 16-265

水 算 等 级	试验载荷(kN)	破坏载荷(kN)	允许残留变形(mm)
重型	90	≥130	$(1/500)D_1$
普型	70	≥100	$(1/500)D_1$
轻型	50	≥70	$(1/500)D_1$

6.聚合物基复合材料水箅的尺寸要求

表 16-266

项　目		要　求
箅子与支座的缝宽	水箅公称尺寸长 L(mm)	宽边缝宽 $a=a_1+a_2$(mm)
	$L=D_1+2b-a_1-a_2$	$(1\%\sim2\%)L$
	水箅公称尺寸宽 W(mm)	长边缝宽 $a=a_1+a_2$(mm)
	$W=D_2+2b-a_1-a_2$	$(1\%\sim2\%)W$
		箅子上沿尺寸大于下沿尺寸，锥度为 1：20～1：5
支座支撑面的宽度	水箅公称尺寸长 L(mm)	支座宽边支撑面的宽度 b(mm)
	$L=D_1+2b-a_1-a_2$	$\geqslant 4\%L$
	水箅公称尺寸宽 W(mm)	支座长边支撑面的宽度 b(mm)
	$W=D_2+2b-a_1-a_2$	$\geqslant 4\%W$
水箅的嵌入深度 A		重型、普型≥50mm，轻型≥30mm
外观		箅子与支座表面应压制平整，无裂纹、凹凸不平等影响使用的缺陷
		水箅采用四面收水方式排水，排水孔宽度不应大于 32mm
		水箅的排水面积(排水孔面积之和)应占水箅净尺寸($D_1\times D_2$)25%以上

(八)再生树脂复合材料水箅(CJ/T 130—2001)

再生树脂复合材料水箅是以热塑性再生树脂(聚乙烯、聚丙烯、ABS 等)和粉煤灰为主要原料，在一定温度压力下，经助剂的理化作用制成。

再生树脂复合材料水箅适用于城市道路、公路两侧、厂区道路、人行道两侧、厂房室内绿地等的排水。

再生树脂复合材料水箅按承载能力分为重型、轻型两种。结构形式分为单箅、双箅。

(1)再生树脂复合材料水箅结构示意图见图16-41。

(2)再生树脂复合材料水箅的规格尺寸(箅子的长×宽):750mm×450mm、500mm×400mm、500mm×300mm、450mm×350mm。

(3)再生树脂复合材料水箅的标记。

产品型号由产品代号、结构形式、承载等级、主要参数四部分组成。

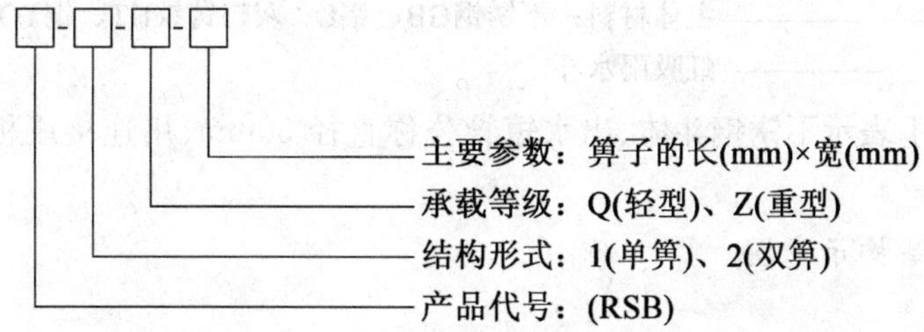

示例:500mm×400mm的重型单箅再生树脂复合材料水箅标记为:RSB-1-Z-500×400

(4)再生树脂复合材料水箅的承载等级

表16-267

等级	标志	设置场合	试验荷载(kN)
轻型	Q	禁止机动车通行的道路、停放场地、绿地和室内	20
重型	Z	机动车通行的道路或停放场地	130

注:再生树脂复合材料水箅试验荷载允许残留变形(1/500)d。

(5)再生树脂复合材料水箅的尺寸要求。

表16-268

项目		要求
箅子与支座的缝宽	水箅(mm)	缝宽a(mm)
	长≥500并宽≥400	7±3
	长<500并宽<400	6±2
支座支撑面的宽度	水箅(mm)	支座支撑面的宽度b(mm)
	长≥500并宽≥400	≥30
	长<500并宽<400	≥20
水箅的嵌入深度A		≥40mm
外观		箅子与支座表面应压制平整,无裂纹、凹凸不平等影响使用的缺陷
		水箅采用四面收水方式排水,排水孔宽度不应大于32mm
		箅子的接触面与支座的支撑面应保证接触平稳,并保证箅子与支座的互换性

(九)虹吸雨水斗(CJ/T 245—2007)

虹吸雨水斗由斗体、格栅罩、短管、连接压板(防水翼环)和反涡流装置组成。虹吸雨水斗用于建筑物屋面雨水排水系统。产品具有阻气或反涡流的作用,当斗前水位稳定达到设计水深时,系统内形成满管流和产生负压。虹吸雨水斗又称压力流雨水斗或有压流雨水斗。

产品内外表面应光滑、平整,无气泡、裂口、夹渣、毛刺或明显的痕纹、凹陷,浇口及溢边应平整。

虹吸雨水斗分为带集水斗型和无集水斗型两类。产品的规格按出水短管的公称直径表示。

1.虹吸雨水斗的标记

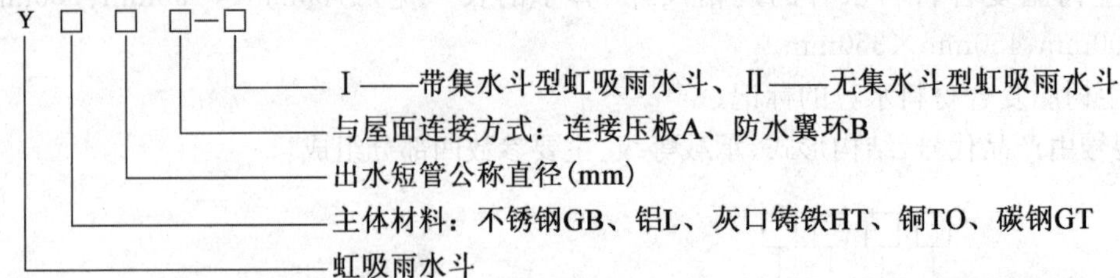

示例:YGB50A—Ⅰ表示不锈钢斗体、出水短管公称直径50mm、用连接压板与屋面密封的带集水斗型虹吸雨水斗。

2.虹吸雨水斗的结构示意图

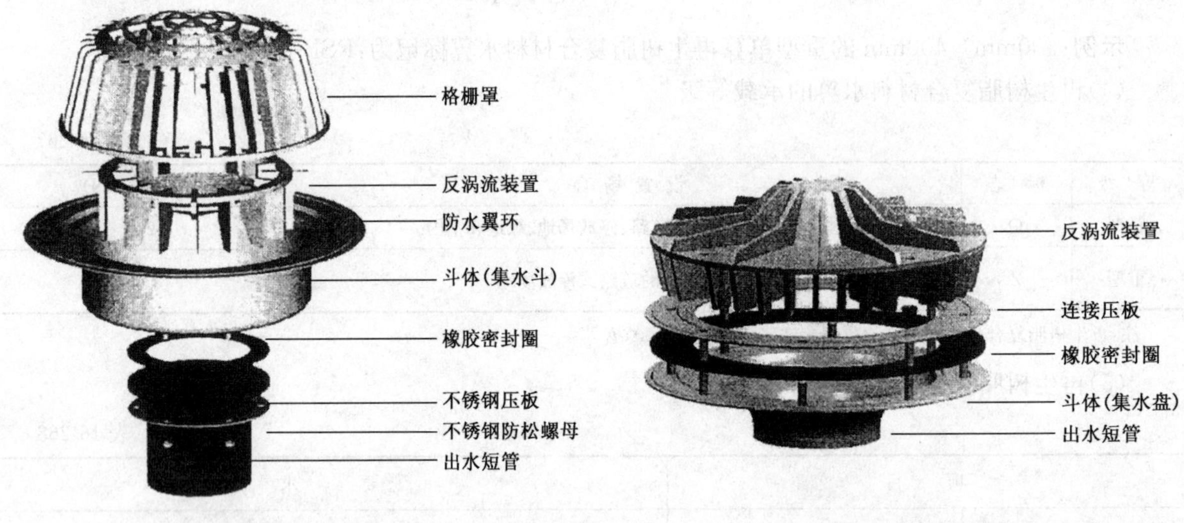

图16-42 虹吸雨水斗结构示意图

3.虹吸雨水斗的主要性能要求

(1)虹吸雨水斗的各个部件除斗体和防水翼环外,应便于拆卸。虹吸雨水斗的出水短管可兼作清扫口。

(2)虹吸雨水斗所有部件均应满足水平安装的要求。

(3)虹吸雨水斗进水部件的过水断面面积不宜小于出水短管断面面积的2倍。

(4)虹吸雨水斗应配有防止杂物进入管系的封堵件,并应在屋面工程竣工后拆去。

(5)格栅罩的缝隙尺寸不应小于6mm,不宜大于15mm,有级配砾石围护的可采用25mm。

(6)与柔性防水层黏合的防水翼环,其翼环最小有效宽度不宜小于100mm,与金属屋面焊接的防水翼环,其最小有效宽度不宜小于30mm,与屋面防水层或金属屋面相接带有橡胶密封垫的连接压板,其最小有效宽度不宜小于35mm。

(7)格栅罩的承受外荷载能力不应小于0.75kN。

(8)虹吸雨水斗斗体承受0.01MPa水压时,应不渗不漏。

(9)虹吸雨水斗各部件应能耐−20℃冰冻和不低于80℃的高温。

(10)制造虹吸雨水斗的材料达不到防腐要求的,应进行防腐处理。

(十)聚丙烯(PP-B)静音排水管(CJ/T 273—2012)

聚丙烯(PP-B)静音排水管内、外层均以耐冲击共聚聚丙烯(PP-B)树脂为主要原料,中间层为密度≥1 800kg/m³、熔体质量流动速率≤0.65的降噪吸声材料,采用三层共挤成型制成;管件承口经整体一次注射成型。

聚丙烯(PP-B)静音排水管材适用于建筑物内冷热水排水用;在材料满足耐化学性和耐温性条件下,也可用于工业排水。

聚丙烯静音排水管颜色一般为蓝灰色或供需双方商定:管材、管件颜色应一致。

1. 聚丙烯静音排水管外观质量

管材内外壁应光滑平整,无气泡、砂眼、裂口或明显的痕纹、杂质、凹陷、色泽不匀及分解变色线;管材端面应切割平整并与轴线垂直;管材中间层与内外层应无分脱现象。管件应完整无缺损,浇口及溢边应平整。

2. 聚丙烯管结构示意图

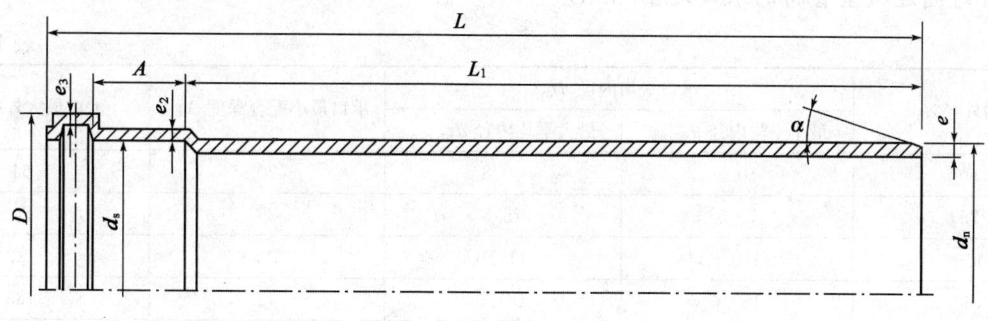

a)单承口密封圈连接型管材承口尺寸

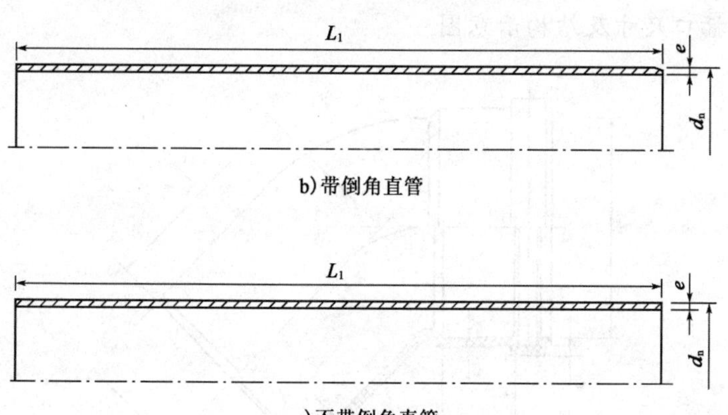

b)带倒角直管

c)不带倒角直管

图 16-43 聚丙烯(PP-B)管示意图

L-管全长;L_1-管有效长度;d_n-公称外径;e-公称壁厚;D-承口外径;A-承口配合深度

注:管材承口壁厚 e_2 不宜小于同规格管材壁厚 e 的 0.9 倍,密封圈槽壁厚 e_3 不宜小于同规格管材壁厚 e 的 0.75 倍。

3. 聚丙烯静音排水管的规格尺寸(mm)

表 16-269

公称外径 d_n	平均外径 d_{em}		壁厚		内、外层厚度	管材有效长度 L_1
	最小平均外径 $d_{em,min}$	最大平均外径 $d_{em,max}$	公称壁厚 e	允许偏差		
50	50.0	50.3	3.2	+0.3 0	0.3~0.5	4 000或6 000 (不允许负偏差)
75	75.0	75.3	3.8	+0.4 0	0.4~0.6	
110	110.0	110.4	4.5	+0.5 0	0.5~0.7	

续表 16-269

公称外径 d_n	平均外径 d_{em}		壁厚		内、外层厚度	管材有效长度 L_1
	最小平均外径 $d_{em,min}$	最大平均外径 $d_{em,max}$	公称壁厚 e	允许偏差		
160	160.0	160.5	5.0	+0.6 0	0.6～0.8	4 000 或 6 000 (不允许负偏差)
200	200.0	200.6	6.5	+0.6 0	0.8～1.0	

注:管端倒角应与管轴线成 13°～18°的角度,倒角后管端所保留的壁厚应不小于公称壁厚 d 的 1/3。当管端无倒角时,管端应去毛边。

4. 密封圈连接型管材的承口尺寸(mm)

表 16-270

公称外径 d_n	承口平均内径 d_{sm}		承口最小配合深度 A_{min}	承口最大外径 D_{max}
	最小平均内径 $d_{sm,min}$	最大平均内径 $d_{sm,max}$		
50	50.5	50.8	20	64
75	75.5	75.8	25	90
110	110.6	111.0	32	129
160	160.6	161.0	42	185
200	200.8	201.8	94	230

5. 管件的承口、插口尺寸及结构示意图

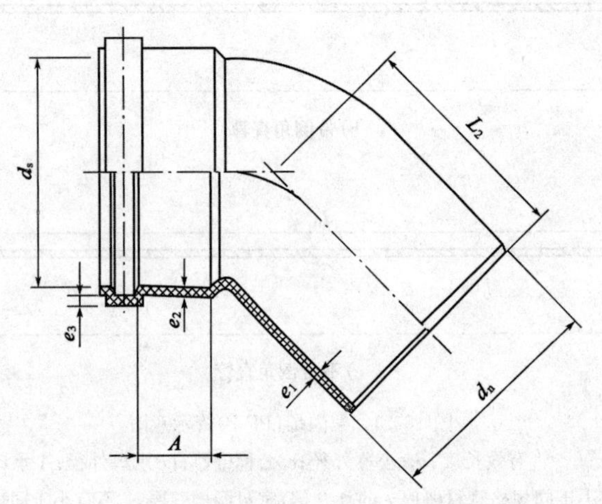

图 16-44 密封圈连接型管件承口和插口示意图

注:承口壁厚 e_2、密封圈槽 e_3、插口壁厚 e_1 不宜小于同规格管材的壁厚。

密封圈连接型管件承口和插口尺寸(mm) 表 16-271

公称外径 d_n	承口最小配合深度 A_{min}	插口最小长度 $L_{2,min}$	承口平均内径 d_{sm}		管件壁厚	
			最小平均内径 $d_{sm,min}$	最大平均内径 $d_{sm,max}$	公称壁厚 e	偏差
50	20	40	50.5	50.8	3.2	+0.3 0
75	25	45	75.5	75.8	3.8	+0.4 0
110	30	50	110.6	111.0	4.5	+0.5 0

续表 16-271

公称外径 d_n	承口最小配合深度 A_{min}	插口最小长度 $L_{2,min}$	承口平均内径 d_{sm}		管件壁厚	
			最小平均内径 $d_{sm,min}$	最大平均内径 $d_{sm,max}$	公称壁厚 e	偏差
160	35	55	160.6	161.0	5.0	+0.5 0
200	44	60	200.8	201.8	6.5	+0.6 0

注：承插口深度方向允许有 1°以下脱模锥度。

6. 聚丙烯管及管件的物理力学性能

表 16-272

项　目	管材要求		管件要求
	$d_n \leqslant 110$	$d_n > 110$	
密度(kg/m³)	1 200～1 800		1 200～1 800
环刚度(kN/m²)	≥12	≥6	—
扁平试验	不破裂、不分脱		—
落锤冲击试验/TIR(0℃)	≤10%		—
纵向回缩率(%)	≤3%，且不分裂、不分脱		—
维卡软化温度(℃)	≥143		≥143
坠落试验	—		不破裂

7. 聚丙烯管及管件的系统适用性试验

表 16-273

序　号	项　　目	要　　求
1	连接密封试验(0.05MPa，15min)	连接处不渗漏、不破裂
2	系统噪声测试/dB(A)	≤50

8. 聚丙烯静音排水管管件

(1)弯头的结构示意及尺寸

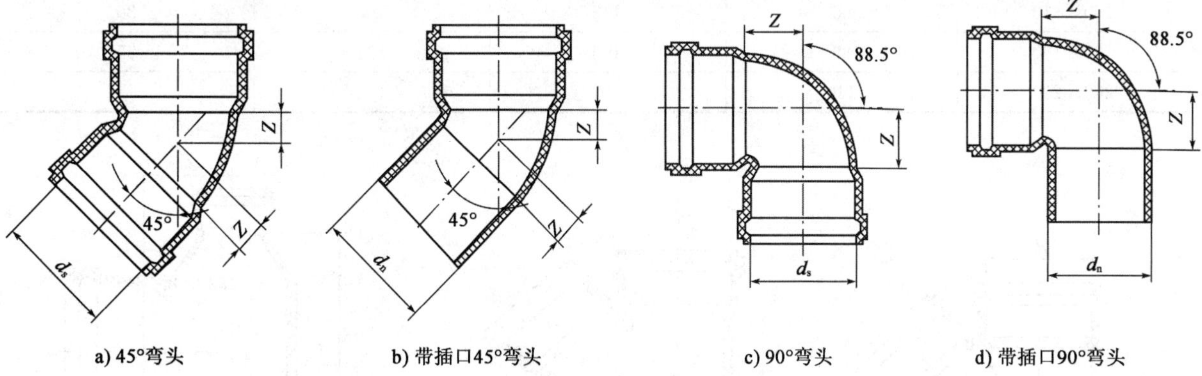

图 16-45　弯头的结构示意图

弯头的尺寸(mm)　　表 16-274

公称外径 d_n	45°弯头(带插口)	45°弯头	90°弯头(带插口)	90°弯头
	Z	Z	Z	Z
50	17	17	32	32
75	28	25	43	42

续表 16-274

公称外径 d_n	45°弯头(带插口)	45°弯头	90°弯头(带插口)	90°弯头
	Z	Z	Z	Z
110	28	38	58	58
160	42	50	88	88
200	—	74	—	132

(2)三通的结构示意及尺寸

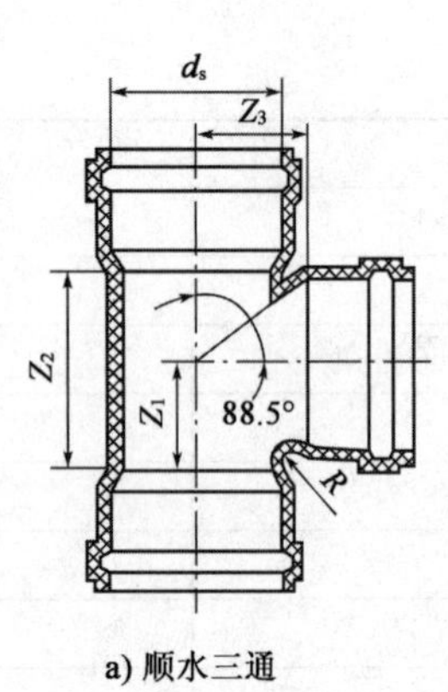

a) 顺水三通

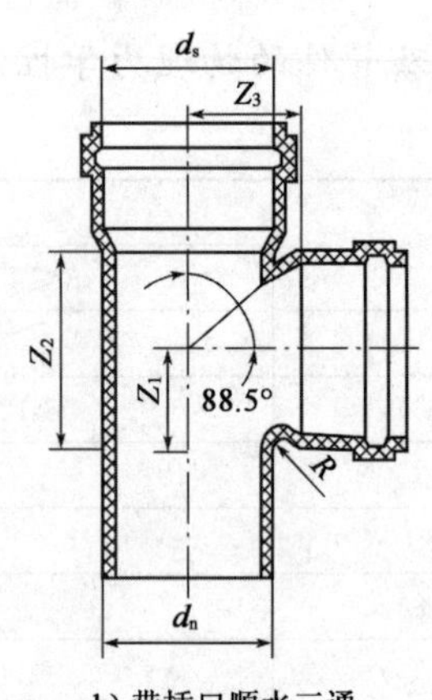

b) 带插口顺水三通

图 16-46 顺水三通结构示意图

顺水三通的尺寸(mm) 表 16-275

公称外径 d_n	Z_1	Z_2	Z_3	R
50×50	33	54	35	15
75×50	34	80	48	20
75×75	45	77	52	20
110×50	25	49	62	30
110×75	43	79	70	30
110×110	63	117	72	30
160×110	66	115	93	30
160×160	89	165	104	35
200×200	144	291	132	—

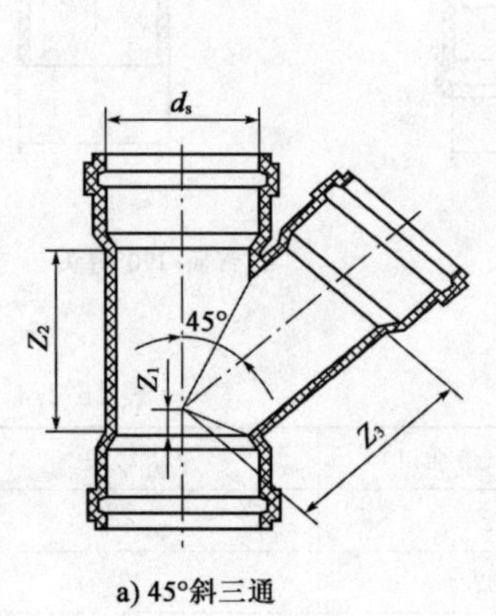

a) 45°斜三通

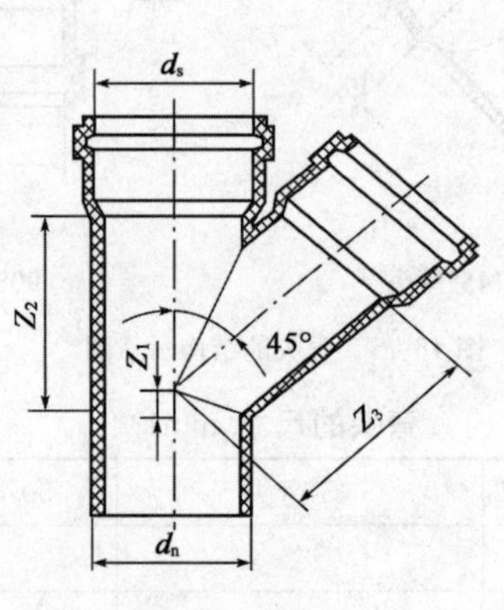

b) 带插口45°斜三通

图 16-47 45°斜三通结构示意图

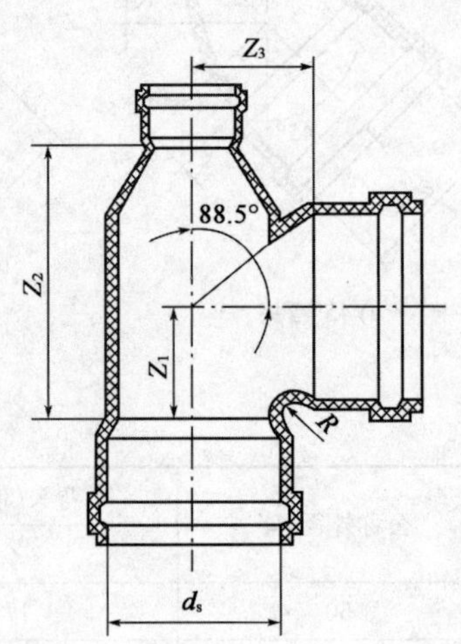

图 16-48 瓶颈顺水三通结构示意图

瓶颈三通及45°斜三通的尺寸(mm) 表 16-276

公称外径 d_n	Z_1		Z_2		Z_3		瓶颈三通 R
	45°斜三通	瓶颈三通	45°斜三通	瓶颈三通	45°斜三通	瓶颈三通	
50×50	10	—	71	—	64	—	
75×50	11	—	83	—	80	—	—
75×75	15	—	119	—	105	—	
110×50	−17	62	79	117	109	71	30
110×75	−2	62	125	118	128	63	30
110×110	23	—	157	—	134	—	
160×50	−46	—	75	—	150	—	
160×75	−32	—	102	—	134	—	—
160×110	0	—	164	—	174	—	
160×160	33	—	226	—	193	—	
200×200	242	—	69	—	242	—	

(3)四通的结构示意及尺寸

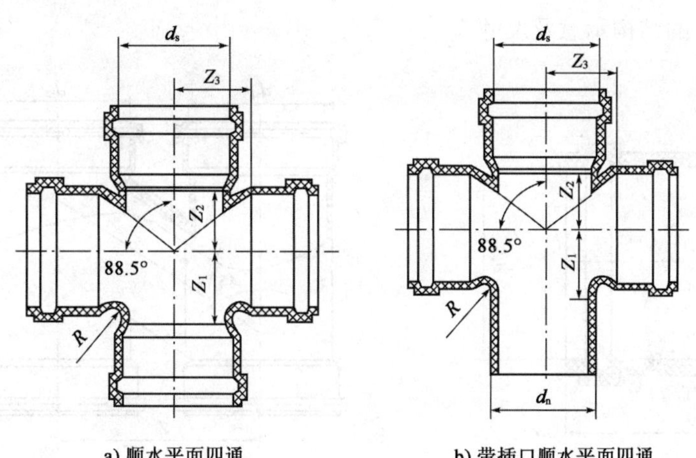

图 16-49 顺水平面四通结构示意图

顺水平面四通的尺寸(mm) 表 16-277

公称外径 d_n	Z_1	Z_2	Z_3	R
50×50	21	33	35	15
75×50	25	34	48	15
75×75	33	45	52	20
110×50	24	25	62	28
110×75	36	43	70	28
110×110	54	63	72	30
160×110	61	54	93	30
160×160	76	89	104	35

(4)异径直通的结构示意及尺寸

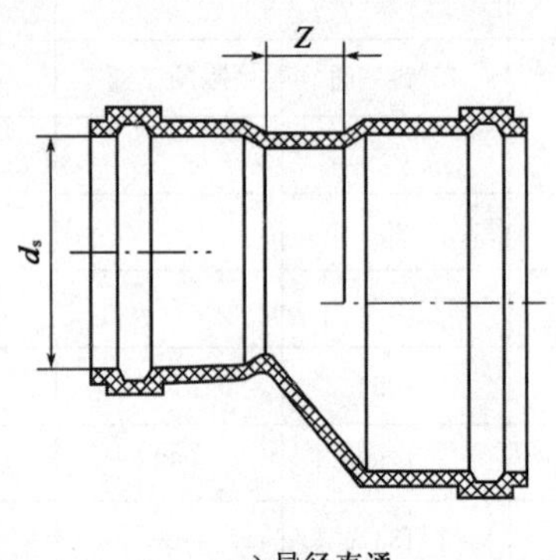

a) 异径直通

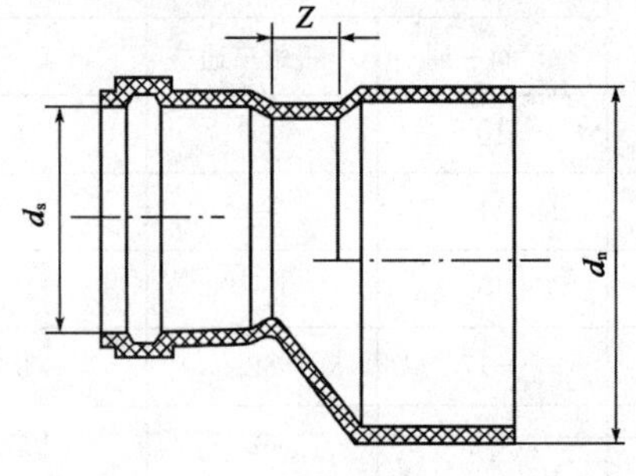

b) 带插口异径直通

图 16-50　异径直通结构示意图

异径直通的尺寸(mm)　表 16-278

公称外径 d_n	Z	公称直径 d_s	Z
75×50	30	110×75	34
110×50	48	160×110	52
200×160	46	—	—

(5)直通及 H 型管件的结构示意及尺寸

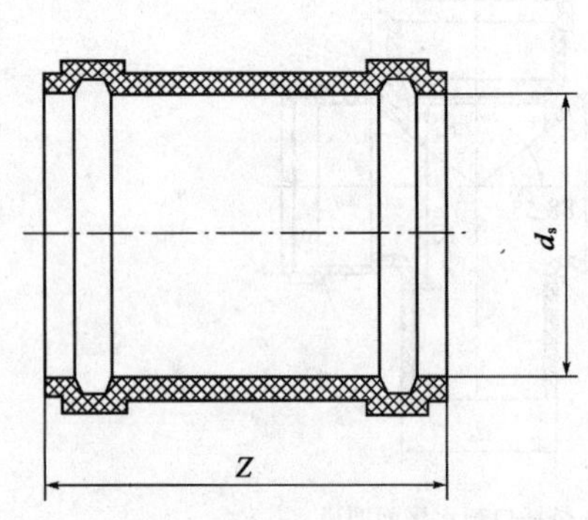

图 16-51　直通管件示意图

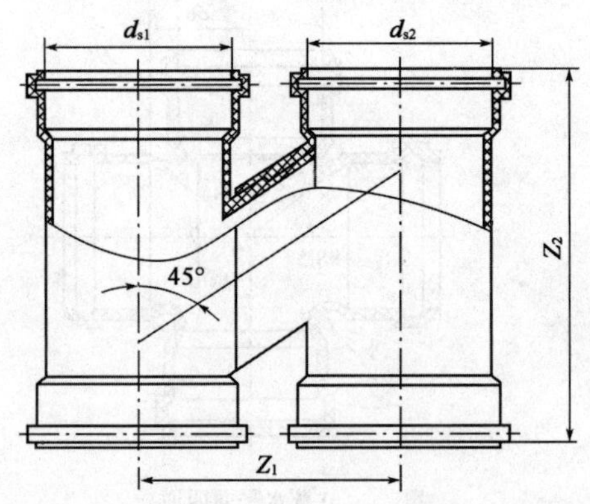

图 16-52　H 型管件示意图

直　通　尺　寸(mm)　表 16-279

公称外径 d_n	Z	公称外径 d_n	Z
50	106	110	117
75	109	160	150
200	150	—	—

H 型管件尺寸(mm)　表 16-280

公称外径 $d_{n1}\times d_{n2}$	Z_1	Z_2
75×75	180	346
110×75	180	346
110×110	180	346
160×110	180	460

9. 聚丙烯管的储运要求

产品在装卸和运输时，不应受到撞击、暴晒、抛摔或重压。

产品宜储存在库房内，合理堆放、远离热源。单承口管材交错悬出，管材堆放高度不宜超过 1.5m。

(十一)建筑排水用聚丙烯(PP)管(CJ/T 278—2008)

建筑排水用聚丙烯(PP)管是以熔体质量流动速率(230℃，2.16kg)MFR≤3g/10min 的均聚聚丙烯或共聚聚丙烯树脂为主要原料，加入必要的添加剂制成。

建筑排水用聚丙烯(PP)管适用于流体温度范围为 0～65℃，瞬间排水温度≤95℃的建筑物内污水、废水的重力排放和埋地管，在考虑耐化学性和耐热性的条件下也可用于工业排水。

1. 建筑排水用聚丙烯(PP)管的分类

建筑排水用聚丙烯管的管系列分为 S20、S16、S14 三个系列。

管材的管系列和应用分类　　表 16-281

公称外径(mm)	管系列	使用领域
32～315	S20	建筑物内污水、废水的重力排放(B)
75～315	S16、S14	建筑物内污水、废水的重力排放和埋地管(BD)

2. 建筑排水用聚丙烯管的外观颜色要求

管材、管件颜色一般为灰色、黑色或白色；色泽应均匀一致。

管材、管件内外表面应清洁、光滑，无气泡、明显的划伤、凹陷、杂货、颜色不均等缺陷。管材端头应平整并与管轴线垂直。

3. 建筑排水用聚丙烯管的规格尺寸

表 16-282

公称外径 d_n (mm)	壁厚 e (mm)						管材长度
	管系列						
	S20		S16		S14		
	e_{min}	$e_{m,max}$	e_{min}	$e_{m,max}$	e_{min}	$e_{m,max}$	
32	1.8	2.2	1.8	2.2	1.8	3.0	4m 或 6m，允许偏差 0～+40mm
40	1.8	2.2	1.8	2.2	1.8	3.0	
50	1.8	2.2	1.8	2.2	1.8	3.0	
63	1.8	2.2	2.0	2.4	2.2	3.1	
75	1.9	2.3	2.3	2.8	2.6	3.1	
90	2.2	2.7	2.8	3.3	3.1	3.7	
110	2.7	3.2	3.4	4.0	3.8	4.4	
125	3.1	3.7	3.9	4.5	4.3	5.0	
160	3.9	4.5	4.9	5.6	5.5	6.3	
200	4.9	5.6	6.2	7.1	—	—	
250	—	—	7.7	8.7	—	—	
315	—	—	9.7	10.9	—	—	

注：①管端倒角应与管轴线成 15°～45°的角度，管端的保留壁厚应至少是最小壁厚的 1/3。
②管端无倒角时，管端应去毛边。
③任一点壁厚不小于 e_{min}，平均壁厚 e_m 小于或等于规定的 $e_{m,max}$。

4. 建筑排水用聚丙烯管材、管件的物理机械性能

表 16-283

项　目			要　求
纵向回缩率(150℃±2℃)			≤2%,管材应无气泡、无裂纹
熔体质量流动速率 MFR(2.16kg、230℃)(g/10min)			MFR≤3.0 管材、管件的 MFR 与原料颗粒的 MFR 相差值不应超过 0.2
管件加热烘箱试验			符合 GB/T 8803—2001 的规定
管件坠落试验			无破裂
落锤冲击试验	无规共聚聚丙烯	试验温度:0℃±1℃[①]	TIR≤10%
		试验介质:水或空气	
	均聚聚丙烯	试验温度:23℃±2℃	
		试验介质:空气	
环刚度[②](kN/m^2)			≥4.0

注:[①]简介测试中,首选的温度是 23℃±2℃。

[②]仅适用于 BD 标识管材。

5. 建筑排水用聚丙烯管的系统适用性能

表 16-284

项目	要　求		
水密性	无泄漏		
气密性	无泄漏		
耐温升循环试验	测试前后无泄漏 d_n≤50,下垂≤3mm d_n>50,下垂≤0.05d_n		
弹性密封圈连接气密性[①]	条件 B:径向变形 连接密封处变形:5% 管材变形:10% 温度:23℃±5℃	较低的内部静液压(15min)0.005MPa	无泄漏
		较高的内部静液压(15min)0.05MPa	无泄漏
		内部气压(15min)0.03MPa	≤-0.027MPa
	条件 C:角度偏差 2° 温度:23℃±5℃	较低的内部静液压(15min)0.005MPa	无泄漏
		较高的内部静液压(15min)0.005MPa	无泄漏
		内部气压(15min)-0.03MPa	≤-0.027MPa

注:[①]仅适用于 BD 标识管材。

6. 建筑排水用聚丙烯(PP)管件

(1)弯头的结构示意及尺寸

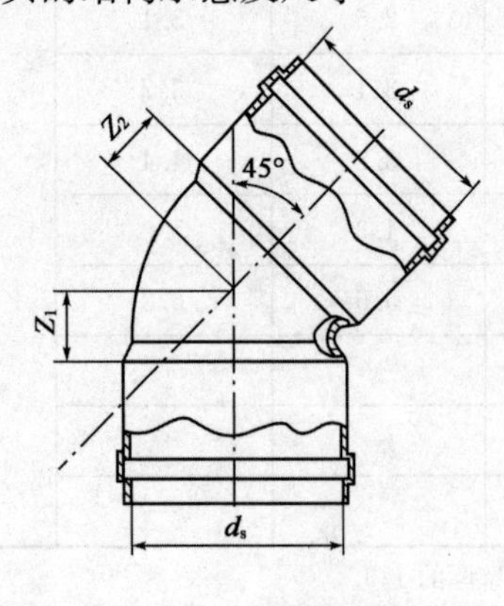

a)45°弯头

b)90°带插口弯头

图　16-53

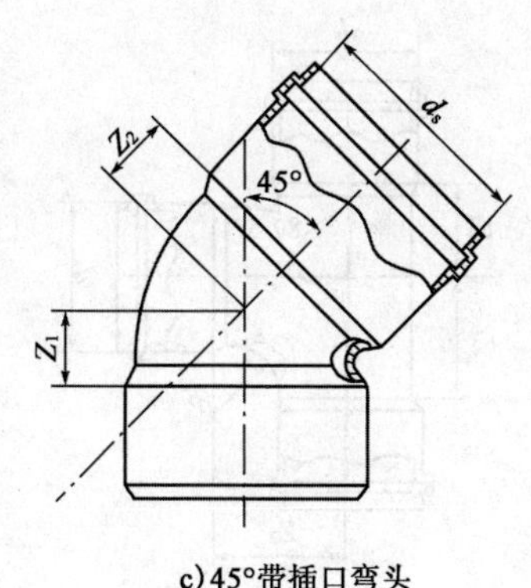

c)45°带插口弯头

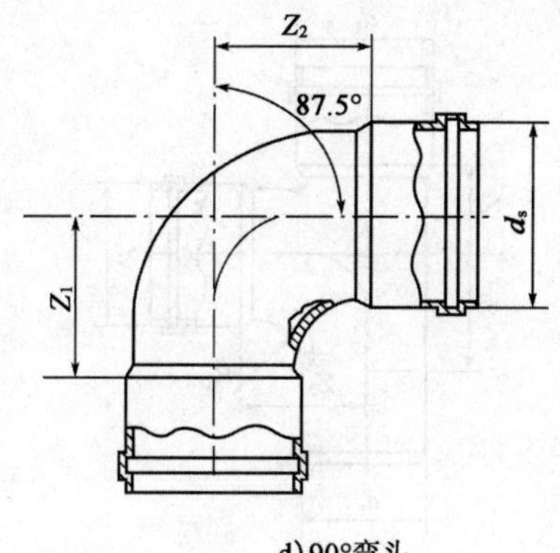

d)90°弯头

图 16-53　弯头结构示意图

弯 头 尺 寸　　　　表 16-285

公称外径 d_n	45°弯头	45°带插口弯头		90°弯头	90°带插口弯头	
	Z_{1min}和 Z_{2min}	Z_{1min}	Z_{2min}	Z_{1min}和 Z_{2min}	Z_{1min}	Z_{2min}
32	8	8	12	23	19	23
40	10	10	14	27	23	27
50	12	12	16	40	28	32
63	16	16	20	44	33	37
75	17	17	22	50	41	45
90	22	22	27	52	50	55
110	25	25	31	70	60	66
125	29	29	35	72	67	73
160	36	36	44	90	85	93
200	45	45	55	116	107	116
250	57	57	68	145	134	145
315	72	72	86	183	168	183

(2)三通的结构示意图及尺寸

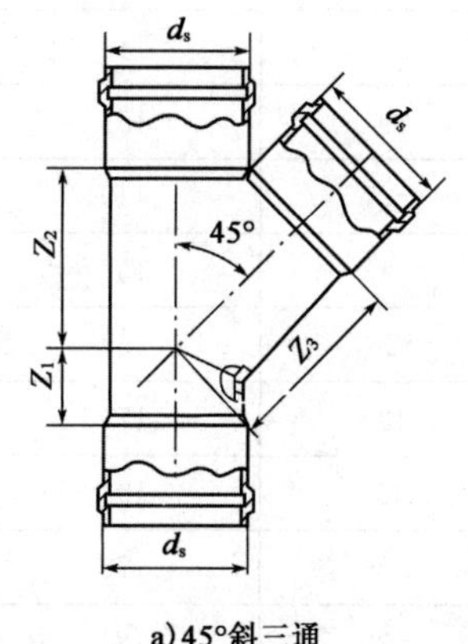

a)45°斜三通

b)45°带插口斜三通

图 16-54

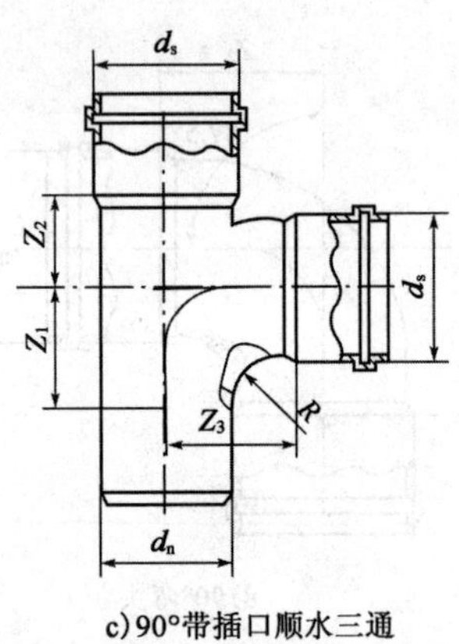

c)90°带插口顺水三通

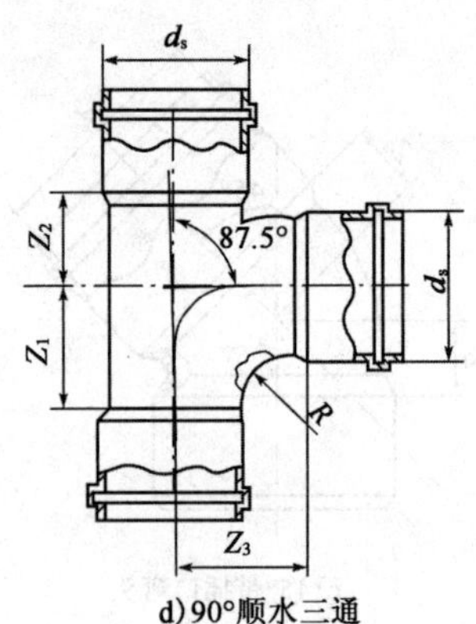

d)90°顺水三通

图16-54　三通结构示意图

45° 三 通 尺 寸　　表16-286

公称外径 d_n	45°斜三通			45°带插口斜三通		
	Z_{1min}	Z_{2min}	Z_{3min}	Z_{1min}	Z_{2min}	Z_{3min}
50×50	13	64	64	12	61	61
75×50	−1	75	80	0	79	74
75×63	14	68	90	10	86	89
75×75	18	94	94	17	91	91
90×50	−8	87	95	−6	88	82
90×63	12	102	104	5	94	100
90×75	16	105	107	11	103	105
90×90	19	115	115	21	109	109
110×50	−15	94	110	−15	102	92
110×63	−10	110	118	−10	105	115
110×75	−1	113	121	2	115	110
110×110	25	138	138	25	133	133
125×50	−26	104	120	−23	113	100
125×63	−4	124	127	−15	114	127
125×75	−9	122	132	−6	125	117
125×110	16	147	150	18	144	141
125×125	27	157	157	29	151	151
160×75	−26	140	158	−21	149	135
160×90	−16	151	165	−12	157	145
160×110	−1	165	175	2	167	159
160×125	9	175	183	13	175	169
160×160	34	199	199	36	193	193
200×75	−34	176	156	−39	176	156
200×90	−25	184	166	−30	184	166
200×110	−11	194	179	−16	194	179

续表 16-286

公称外径 d_n	45°斜三通			45°带插口斜三通		
	Z_{1min}	Z_{2min}	Z_{3min}	Z_{1min}	Z_{2min}	Z_{3min}
200×125	0	202	190	−5	202	190
200×160	24	220	214	18	220	214
200×200	51	241	241	45	241	241
250×75	−55	210	182	−61	210	182
250×90	−46	218	192	−52	218	192
250×110	−32	228	206	−38	228	206
250×125	−21	235	216	−27	235	216
250×160	2	253	240	−4	263	240
250×200	29	274	267	23	274	267
250×250	63	300	300	57	300	300
315×75	−84	253	216	−90	253	216
315×90	−74	261	226	−81	261	226
315×110	−60	272	239	−67	272	239
315×125	−50	279	250	−56	279	250
315×160	−26	297	274	−33	297	274
315×200	1	318	301	−6	318	301
315×250	35	344	334	28	344	334
315×315	78	378	378	72	378	378

90° 三 通 尺 寸

表 16-287

公称外径 d_n	90°顺水三通			90°带插口顺水三通		
	Z_{1min}	Z_{2min}	Z_{3min}	Z_{1min}	Z_{2min}	Z_{3min}
32×32	20	17	23	21	17	23
40×40	26	21	29	26	21	29
50×50	30	26	35	33	26	35
63×63	44	34	48	42	34	48
75×75	47	39	54	49	39	52
90×90	56	47	64	58	46	63
110×110	68	55	77	70	57	76
125×125	77	65	88	79	64	86
160×160	97	83	110	99	82	110
200×200	119	103	138	121	103	138
250×250	144	129	173	147	129	173
315×315	177	162	217	181	162	217

(3)四通的结构示意图及尺寸

四通的 Z 长度(见图 16-55)与同类型三通(图 16-54)的 Z 长度相同。

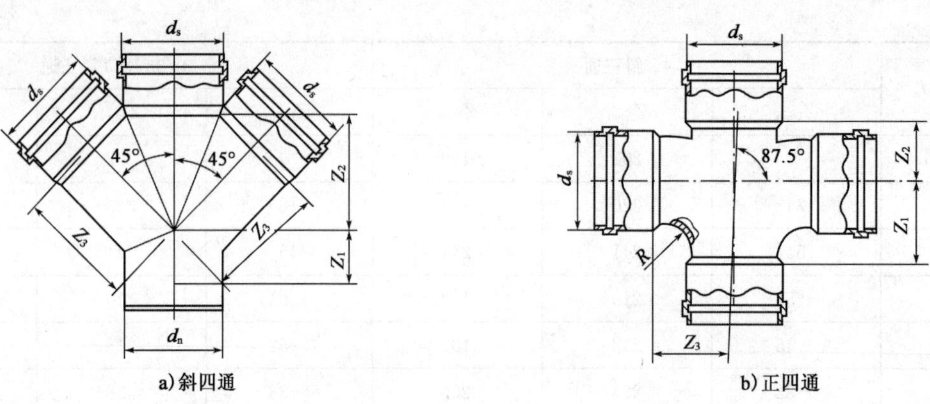

图 16-55　四通的结构示意图

(4)异径管箍、直通的结构示意图和尺寸

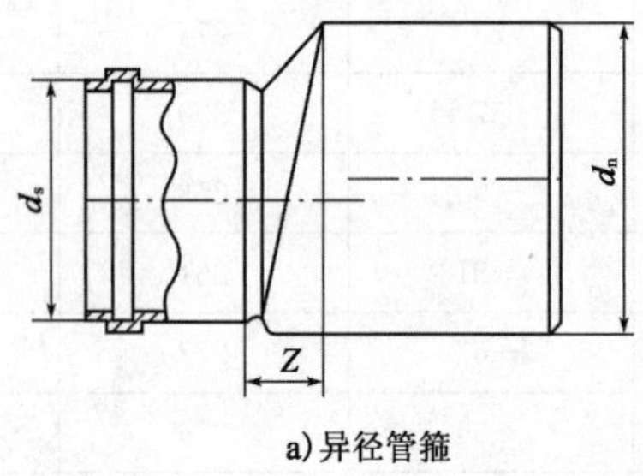

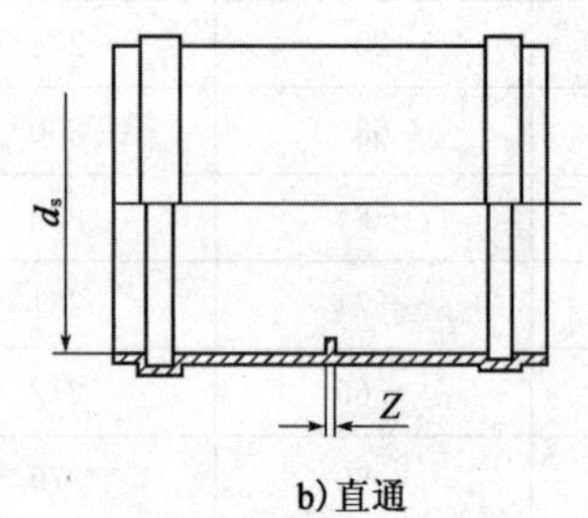

图 16-56　异径管箍、直通结构示意图

异径管箍尺寸　　表 16-288

公称外径 d_n	Z_{min}	公称外径 d_n	Z_{min}
75×50	20	200×50	89
75×63	10	200×63	82
90×50	28	200×75	75
90×63	18	200×90	69
90×75	14	200×110	58
110×50	39	200×125	49
110×63	30	200×160	32
110×75	25	250×75	103
110×90	19	250×90	96
125×50	48	250×110	85
125×63	39	250×125	77
125×75	34	250×160	59
125×90	28	250×200	39
125×110	17	315×75	139
160×50	67	315×90	132
160×63	59	315×110	121
160×75	53	315×125	112
160×90	47	315×160	95
160×110	36	315×200	74
160×125	27	315×250	49

直通尺寸　表 16-289

公称外径 d_n	Z_{min}	公称外径 d_n	Z_{min}	公称外径 d_n	Z_{min}
32	2	75	2	160	4
40	2	90	3	200	5
50	2	110	3	250	6
63	2	125	3	315	8

(十二)建筑用硬聚氯乙烯(PVC-U)雨落水管(QB/T 2480—2000)

建筑用硬聚氯乙烯(PVC-U)雨落水管以聚氯乙烯树脂为主要原料,加入添加剂,经挤出成型制成;管件由注射成型制成。

硬聚氯乙烯雨落水管适用于室外沿墙、柱敷设的雨水重力排放管材。

1.硬聚氯乙烯雨落水管的分类

硬聚氯乙烯雨落水管产品按外形分为矩形管材及管件、圆形管材及管件两类。

2.硬聚氯乙烯雨落水管的外观质量要求

颜色:管材颜色一般为白色。管件的颜色与管材的颜色应基本一致。

管材内外表面应光滑、平整,无凹陷、分解变色线或其他影响使用性能的表面缺陷。管材无可见杂质。

管材端口应切割平整且与轴线垂直。

管材的弯曲度不大于1.0%。

管件内外表面应光滑,无气泡、脱皮或严重冷斑、明显的痕纹和杂质及色泽不均等。

3.硬聚氯乙烯雨落水管的物理机械性能

表 16-290

项　　目			指　　标
拉伸强度(MPa)		≥	43
断裂伸长率(%)		≥	80
纵向回缩率(%)		≤	3.5
维卡软化温度(℃)		≥	75
落锤冲击试验(20℃)			A法:TIR≤10%
			B法:12次冲击,12次无破裂
耐候性	拉伸强度保持率(%)	≥	80
	颜色变化(级)	≥	3

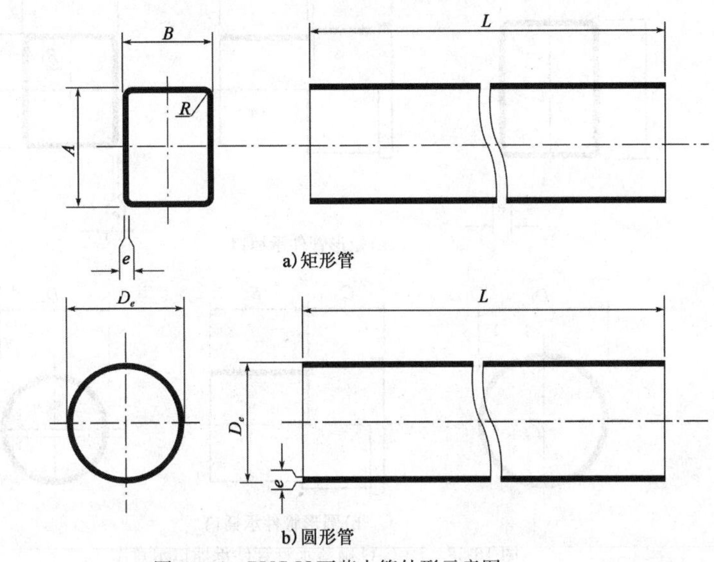

图 16-57　PVC-U 雨落水管外形示意图

4.硬聚氯乙烯雨落水管的外形示意图及规格尺寸

(1)矩形雨落水管规格尺寸(mm)

表 16-291

规 格	基本尺寸及偏差		壁 厚 e		转角半径 R	长度 L	
	A	B	基本尺寸	偏差		基本尺寸	偏差
63×42	$63.0^{+0.3}_{0}$	$42.0^{+0.3}_{0}$	1.6	$^{+0.2}_{0}$	4.6	3 000 4 000 5 000 6 000	−0.2%～+0.4%
75×50	$75.0^{+0.4}_{0}$	$50.0^{+0.4}_{0}$	1.8	$^{+0.2}_{0}$	5.3		
110×73	$110.0^{+0.4}_{0}$	$73.0^{+0.4}_{0}$	2.0	$^{+0.2}_{0}$	5.5		
125×83	$125.0^{+0.4}_{0}$	$83.0^{+0.4}_{0}$	2.4	$^{+0.2}_{0}$	6.4		
160×107	$160.0^{+0.5}_{0}$	$107.0^{+0.5}_{0}$	3.0	$^{+0.3}_{0}$	7.0		
110×83	$110.0^{+0.4}_{0}$	$83.0^{+0.4}_{0}$	2.0	$^{+0.2}_{0}$	5.5		
125×94	$125.0^{+0.4}_{0}$	$94.0^{+0.4}_{0}$	2.4	$^{+0.2}_{0}$	6.4		
160×120	$160.0^{+0.5}_{0}$	$120.0^{+0.5}_{0}$	3.0	$^{+0.3}_{0}$	7.0		

(2)圆形雨落水管规格尺寸(mm)

表 16-292

公称外径 D_e	允许偏差	壁 厚 e		长 度 L	
		基本尺寸	偏差	基本尺寸	偏差
50	$50.0^{+0.3}_{0}$	1.8	$^{+0.3}_{0}$	3 000 4 000 5 000 6 000	−0.2%～+0.4%
75	$75.0^{+0.3}_{0}$	1.9	$^{+0.4}_{0}$		
110	$110.0^{+0.3}_{0}$	2.1	$^{+0.4}_{0}$		
125	$125.0^{+0.4}_{0}$	2.3	$^{+0.5}_{0}$		
160	$160.0^{+0.5}_{0}$	2.8	$^{+0.5}_{0}$		

5.硬聚氯乙烯雨落水管件承插口的外形示意图及规格尺寸

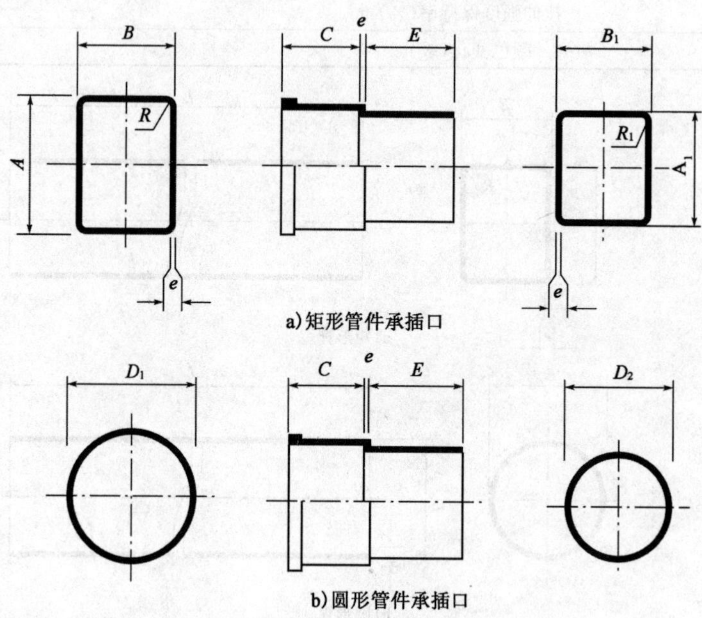

a)矩形管件承插口

b)圆形管件承插口

图 16-58 PVC-U 雨落水管管件承插口示意图

(1)矩形管件承插口规格尺寸(mm)

表 16-293

规　格	承口基本尺寸及偏差		插口基本尺寸及偏差		承插口壁厚 e 及偏差		转角半径		承口长度 C	插口长度 E
	A	B	A_1	B_1	壁厚	偏差	R	R_1		
63×42	$67.6^{+0.3}_{0}$	$46.6^{+0.3}_{0}$	$58.6^{+0.3}_{0}$	$37.6^{+0.3}_{0}$	1.8	$^{+0.3}_{0}$	6.9	2.5	35	40
75×50	$80.0^{+0.4}_{0}$	$55.0^{+0.4}_{0}$	$70.2^{+0.3}_{0}$	$45.2^{+0.3}_{0}$	2.0	$^{+0.3}_{0}$	7.8	3.0	40	45
110×73	$115.8^{+0.4}_{0}$	$78.8^{+0.4}_{0}$	$104.6^{+0.4}_{0}$	$67.6^{+0.4}_{0}$	2.2	$^{+0.4}_{0}$	8.4	2.8	50	55
125×83	$132.6^{+0.4}_{0}$	$90.6^{+0.4}_{0}$	$118.0^{+0.4}_{0}$	$76.0^{+0.4}_{0}$	2.8	$^{+0.4}_{0}$	10.2	3.0	60	70
160×107	$169.0^{+0.5}_{0}$	$116.0^{+0.5}_{0}$	$151.6^{+0.4}_{0}$	$98.6^{+0.4}_{0}$	3.5	$^{+0.4}_{0}$	11.5	3.0	80	90
110×83	$116.4^{+0.4}_{0}$	$89.4^{+0.4}_{0}$	$104.0^{+0.4}_{0}$	$77.0^{+0.4}_{0}$	2.5	$^{+0.4}_{0}$	8.7	2.8	50	55
125×94	$132.6^{+0.4}_{0}$	$101.6^{+0.4}_{0}$	$118.0^{+0.4}_{0}$	$87.0^{+0.4}_{0}$	2.8	$^{+0.4}_{0}$	10.2	3.0	60	70
160×120	$169.0^{+0.5}_{0}$	$129.0^{+0.5}_{0}$	$151.6^{+0.5}_{0}$	$111.6^{+0.4}_{0}$	3.5	$^{+0.4}_{0}$	11.5	3.0	80	90

注:承口加强部位的加强筋厚度及高度尺寸由生产企业决定。

(2)圆形管件承插口规格尺寸(mm)

表 16-294

公称外径 D_e	承口基本尺寸及偏差	插口基本尺寸及偏差	承插口壁厚尺寸及偏差		承口长度 C	插口长度 E
	D_1	D_2	基本尺寸 e	偏差		
50	$54.8^{+0.3}_{0}$	$45.2^{+0.3}_{0}$	2.0	$^{+0.3}_{0}$	35	40
75	$80.6^{+0.3}_{0}$	$69.0^{+0.3}_{0}$	2.4	$^{+0.3}_{0}$	40	45
110	$116.6^{+0.4}_{0}$	$103.4^{+0.4}_{0}$	2.8	$^{+0.4}_{0}$	50	55
125	$132.4^{+0.4}_{0}$	$117.6^{+0.4}_{0}$	3.2	$^{+0.4}_{0}$	60	70
160	$168.2^{+0.5}_{0}$	$151.8^{+0.4}_{0}$	3.6	$^{+0.4}_{0}$	80	90

注:承口加强部位的加强筋厚度及高度尺寸由生产企业决定。

6. PVC-U 雨落水管管件的规格尺寸

(1)矩形管 135°弯管

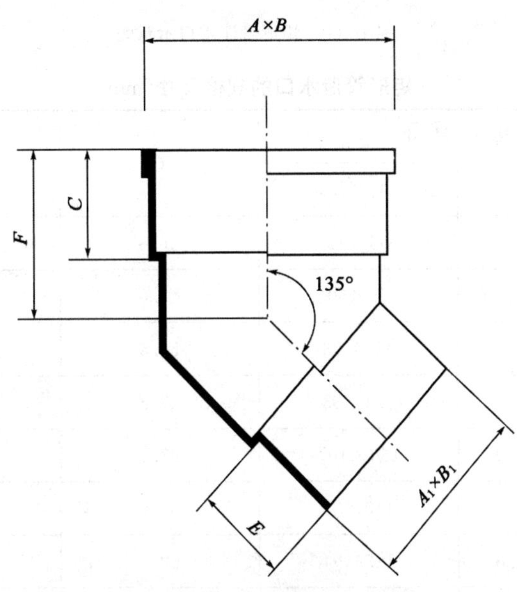

图 16-59　矩形管 135°弯管示意图

矩形管135°弯管的规格尺寸(mm) 表16-295

公称规格	基本尺寸		C	E	F
	A×B	$A_1×B_1$			
63×42	67.6×46.6	58.6×37.6	36.8	40	55
75×50	80.0×55.0	70.2×45.2	42.0	45	65
110×73	115.8×78.4	104.6×67.6	52.5	55	80
125×83	132.6×90.6	118.0×76.0	62.8	70	95
160×107	169.0×116.0	151.6×98.6	83.5	90	120
110×83	116.4×89.4	104.0×77.0	52.5	55	80
125×94	132.6×101.6	118.0×87.0	62.8	70	95
160×120	169.0×129.0	151.6×111.6	83.5	90	120

(2)矩形管泄水口

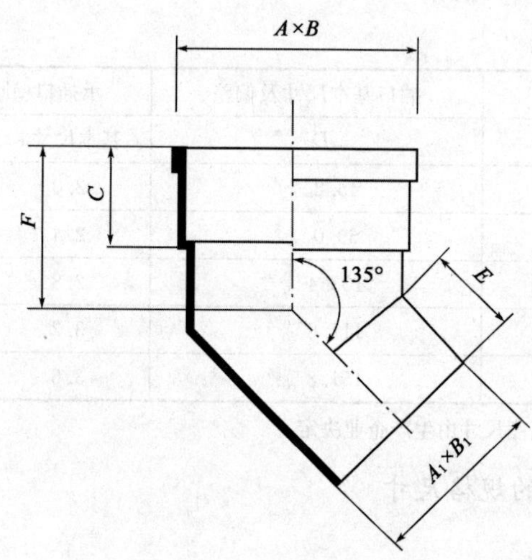

图16-60 矩形管泄水口示意图

矩形管泄水口的规格尺寸(mm) 表16-296

公称规格	基本尺寸		C	E	F
	A×B	$A_1×B_1$			
63×42	67.6×46.6	63×42	36.8	40	55
75×50	80.0×55.0	75×50	42.0	45	65
110×73	115.8×78.4	110×73	52.5	55	80
125×83	132.6×90.6	125×83	62.8	70	95
160×107	169.0×116.0	160×107	83.5	90	120
110×83	116.4×89.4	110×83	52.5	55	80
125×94	132.6×101.6	125×94	62.8	70	95
160×120	169.0×129.0	160×120	83.5	90	120

(3)矩形管落水斗

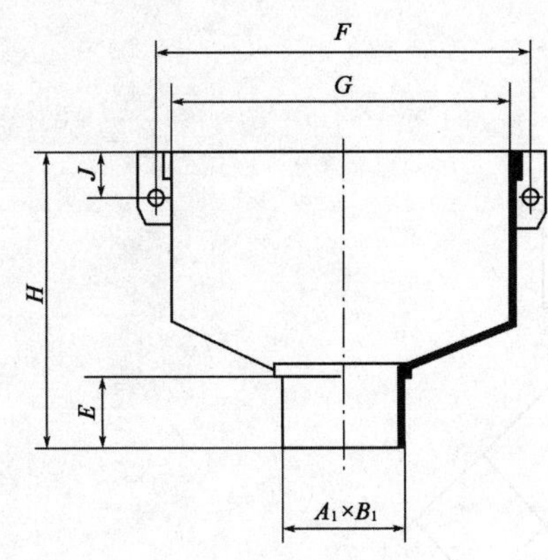

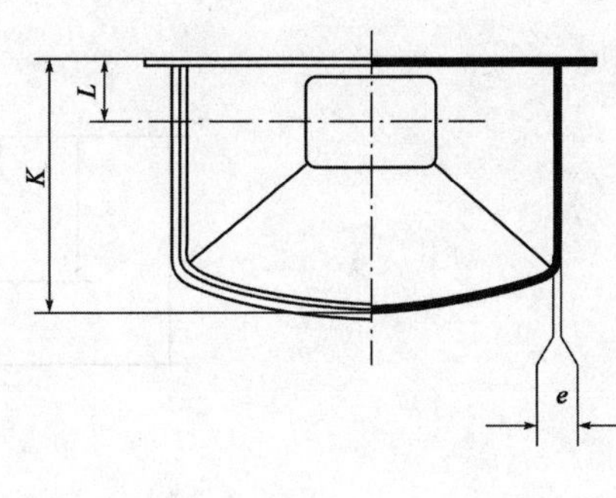

图 16-61　矩形管落水斗

矩形管落水斗的规格尺寸(mm)　　　　表 16-297

公称规格	插口尺寸 $A_1 \times B_1$	F	G	K	H	E	L	J	e
75	70.2×45.2	260	240	160	210	45	26.0	30	2.4
110	104.6×67.6	305	280	180	230	55	41.5	35	2.8
125	118.0×76.0	365	340	220	265	70	46.5	38	3.2
160	151.6×98.6	450	420	280	300	90	58.5	40	3.6
110	104.0×77.0	305	280	180	230	55	46.5	35	2.8
125	118.0×87.0	365	340	220	265	70	52.0	38	3.2
160	151.6×111.6	450	420	280	300	90	65.0	40	3.6

(4)圆形管 135°弯管

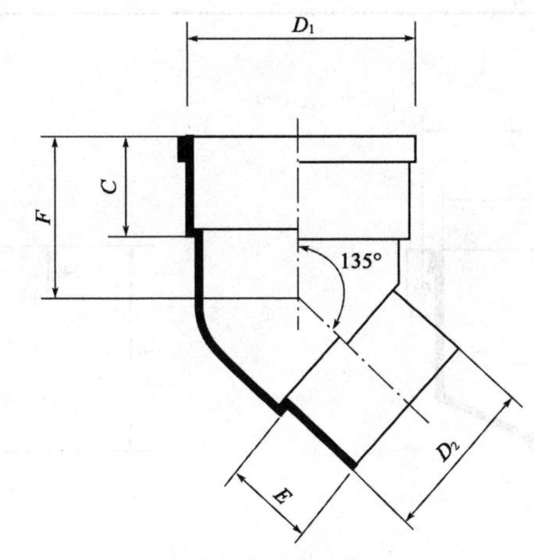

图 16-62　圆形管 135°弯管示意图

圆形管 135°弯管的规格尺寸(mm)　　　　表 16-298

公 称 规 格	基 本 尺 寸		C	E	F
	D_1	D_2			
50	54.8	$45.2^{+0.3}_{0}$	37.0	40	55
75	80.6	$69.0^{+0.3}_{0}$	42.4	45	65
110	116.6	$103.4^{+0.4}_{0}$	52.8	55	80
125	132.4	$117.6^{+0.4}_{0}$	63.2	70	95
160	168.2	$151.8^{+0.4}_{0}$	83.6	90	120

(5)圆形管泄水口

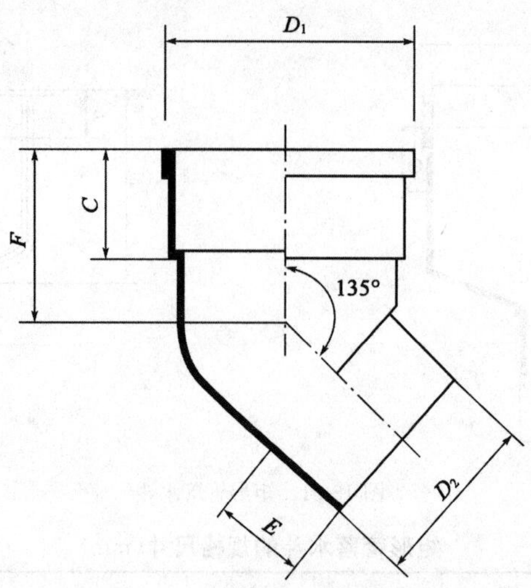

图 16-63　圆形管泄水口示意图

圆形管泄水口的规格尺寸(mm)　　表 16-299

公称规格	基本尺寸		C	E	F
	D_1	D_2			
50	54.8	50	37.0	40	55
75	80.6	75	42.4	45	65
110	116.6	110	52.8	55	80
125	132.4	125	63.2	70	95
160	168.2	160	83.6	90	120

(6)圆形管落水斗

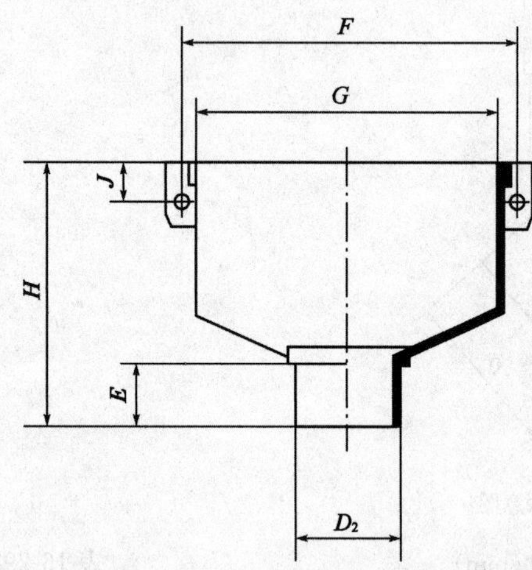

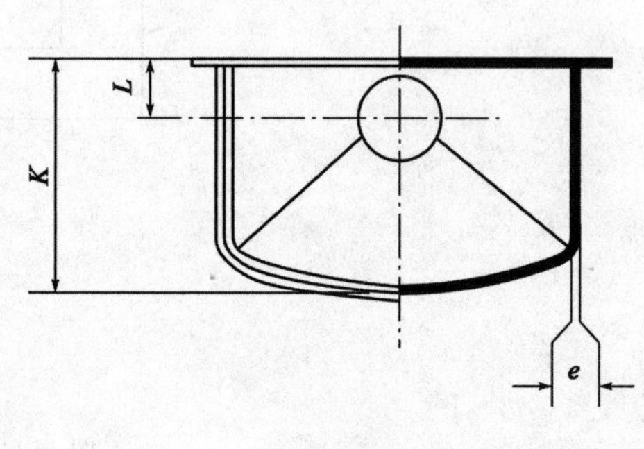

图 16-64　圆形管落水斗示意图

圆形管落水斗的规格尺寸　　表 16-300

公称规格	插口外径 D_2	F	G	K	H	E	L	J	e
75	69.0	260	240	160	210	45	42.5	30	2.4
110	103.4	305	280	180	230	55	60.0	35	2.8
125	117.6	365	340	220	265	70	67.5	38	3.2
160	151.8	450	420	280	300	90	85.0	40	3.6

(十三)建筑排水用硬聚氯乙烯(PVC-U)管材(GB/T 5836.1～2—2006)

建筑排水用硬聚氯乙烯(PVC-U)管材以不少于80%聚氯乙烯树脂为主要原料,管材经挤出成型,管件(PVC≥85%)经注塑成型制成,适用于建筑物内排水。在考虑材料许可的耐化学性和耐温性后,也可用于工业排水。

硬聚氯乙烯管材按连接形式不同分为胶粘剂连接型、弹性密封圈连接型两种。

1.硬聚氯乙烯管材外形及长度示意图见排水用芯层发泡硬聚氯乙烯(PVC-U)管材长度示意图(图16-74)。

2.硬聚氯乙烯管材的规格尺寸(mm)

表16-301

公称外径 d_n	平均外径		壁厚		管全长
	最小平均外径 $d_{em,min}$	最大平均外径 $d_{em,max}$	最小壁厚 e_{min}	最大壁厚 e_{max}	
32	32.0	32.2	2.0	2.4	4 000,6 000;(管长不允许有负偏差)
40	40.0	40.2	2.0	2.4	
50	50.0	50.2	2.0	2.4	
75	75.0	75.3	2.3	2.7	
90	90.0	90.3	3.0	3.5	
110	110.0	110.3	3.2	3.8	
125	125.0	125.3	3.2	3.8	
160	160.0	160.4	4.0	4.6	
200	200.0	200.5	4.9	5.6	
250	250.0	250.5	6.2	7.0	
315	315.0	315.6	7.8	8.6	

3.硬聚氯乙烯管材的承口尺寸(mm)

表16-302

弹性密封圈连接型管材			胶粘剂连接型管材			
公称外径	承口端部平均内径	承口配合深度	公称外径	承口中部平均内径		承口深度
				最小值	最大值	
32	32.3	16	32	32.1	32.4	22
40	40.3	18	40	40.1	40.4	25
50	50.3	20	50	50.1	50.4	25
75	75.4	25	75	75.2	75.5	40
90	90.4	28	90	90.2	90.5	46
110	110.4	32	110	110.2	110.6	48
125	125.4	35	125	125.2	125.7	51
160	160.5	42	160	160.3	160.8	58
200	200.6	50	200	200.4	200.9	60
250	250.8	55	250	250.4	250.9	60
315	316.0	62	315	315.5	316.0	60

注:同排水用芯层发泡硬聚氯乙烯(PVC-U)管材表16-349的注。

4.硬聚氯乙烯管材的物理力学性能

表 16-303

项　　目	要　　求
密度(kg/m^3)	1 350～1 550
维卡软化温度(VST)(℃)	≥79
纵向回缩率(%)	≤5
二氯甲烷浸渍试验	表面变化不劣于 4 L
拉伸屈服强度(MPa)	≥40
落锤冲击试验 TIR	TIR≤10%

5.硬聚氯乙烯管材的系统适用性能

弹性密封圈连接型接头,连接后应进行水密性和气密性的系统适用性试验。

项　　目	要　　求	项　　目	要　　求
水密性试验	无渗漏	气密性试验	无渗漏

弹性密封圈连接型管材用弹性密封圈性能应符合 GB/T 21873 的相关要求。

6.硬聚氯乙烯管材的外观质量

颜色:管材一般为白色或灰色或供需双方商定。

管材内外壁应光滑、平整,无气泡、裂口和明显的痕纹、凹陷、色泽不均及分解变色线。管材端口应平整且与轴线垂直,管材不圆度不大于 0.024d_n,管材的弯曲度应不大于 0.50%。

7.硬聚氯乙烯管材配套管件承插口的规格尺寸

(1)胶粘剂连接型管件承插口的直径和长度(mm)

表 16-304

胶粘剂连接型承口和插口	公称外径 d_n	插口的平均外径		承口中部平均内径		承口深度和插口长度 $L_{1,min}$ 和 $L_{2,min}$
		$d_{em,min}$	$d_{em,max}$	$d_{sm,min}$	$d_{sm,max}$	
	32	32.0	32.2	32.1	32.4	22
	40	40.0	40.2	40.1	40.4	25
	50	50.0	50.2	50.1	50.4	25
	75	75.0	75.3	75.2	75.5	40
	90	90.0	90.3	90.2	90.5	46
	110	110.0	110.3	110.2	110.6	48
	125	125.0	125.3	125.2	125.7	51
	160	160.0	160.4	160.3	160.8	58
	200	200.0	200.5	200.4	200.9	60
	250	250.0	250.5	250.4	250.9	60
	315	315.0	315.6	315.5	316.0	60

注:沿承口深度方向允许有不大于 30′脱模所必需的锥度。

(2)弹性密封圈连接型管件承插口的直径和长度(mm)

表 16-305

弹性密封圈连接型承口和插口	公称外径 d_n	插口的平均外径		承口端部平均内径 $d_{sm,min}$	承口配合深度和插口长度	
		$d_{em,min}$	$d_{em,max}$		A_{min}	$L_{2,min}$
	32	32.0	32.2	32.3	16	42
	40	40.0	40.2	40.3	18	44
	50	50.0	50.2	50.3	20	46
	75	75.0	75.3	75.4	25	51
	90	90.0	90.3	90.4	28	56
	110	110.0	110.3	110.4	32	60
	125	125.0	125.3	125.4	35	67
	160	160.0	160.4	160.5	42	81
	200	200.0	200.5	200.6	50	99
	250	250.0	250.5	250.8	55	125
	315	315.0	315.6	316.0	62	132

8. 硬聚氯乙烯管件的基本类型和安装长度 Z

(1)弯头

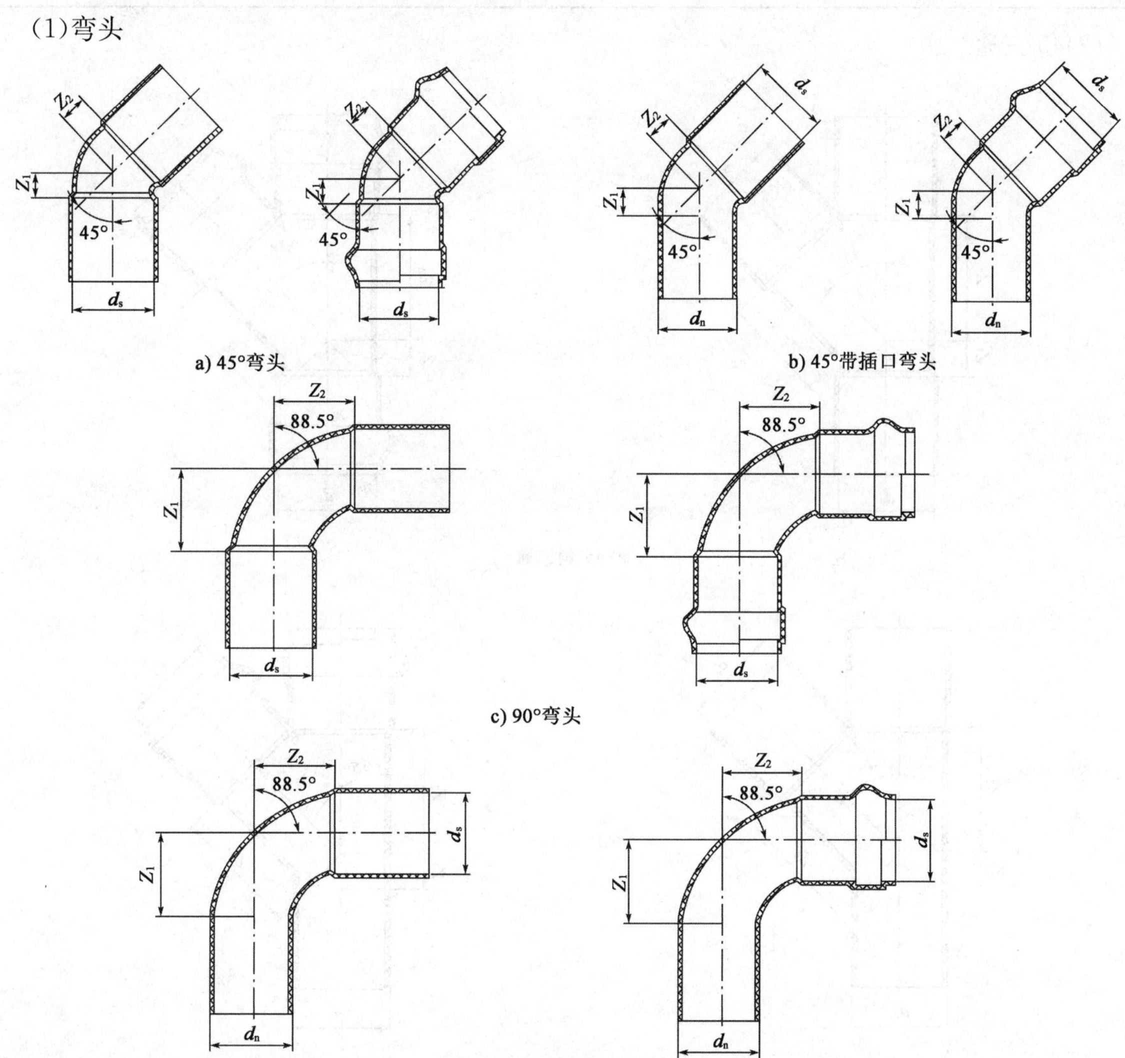

图 16-65 弯头类型示意图

弯头的安装长度(mm) 表 16-306

公称外径 d_n	45°弯头	45°带插口弯头		90°弯头	90°带插口弯头	
	$Z_{1,min}$和 $Z_{2,min}$	$Z_{1,min}$	$Z_{2,min}$	$Z_{1,min}$和 $Z_{2,min}$	$Z_{1,min}$	$Z_{2,min}$
32	8	8	12	23	19	23
40	10	10	14	27	23	27
50	12	12	16	40	28	32
75	17	17	22	50	41	45
90	22	22	27	52	50	55
110	25	25	31	70	60	66
125	29	29	35	72	67	73
160	36	36	44	90	86	93
200	45	45	55	116	107	116
250	57	57	68	145	134	145
315	72	72	86	183	168	183

(2)45°三通

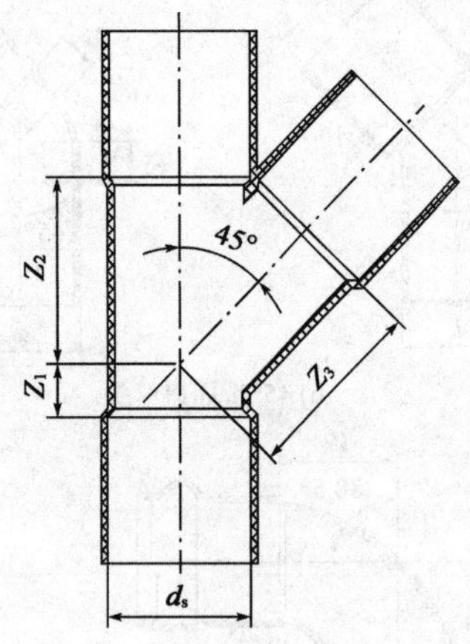

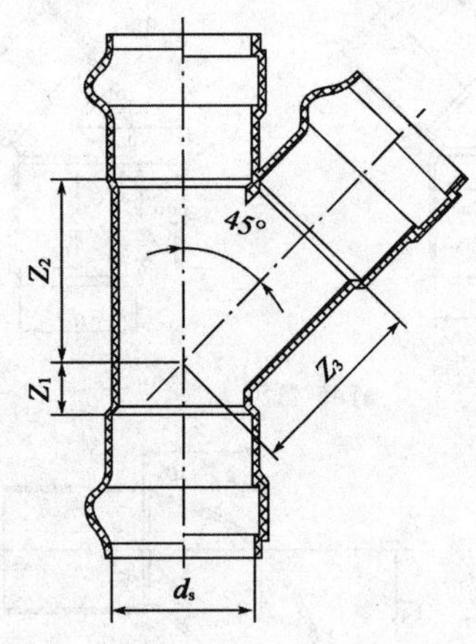

a) 45°斜三通

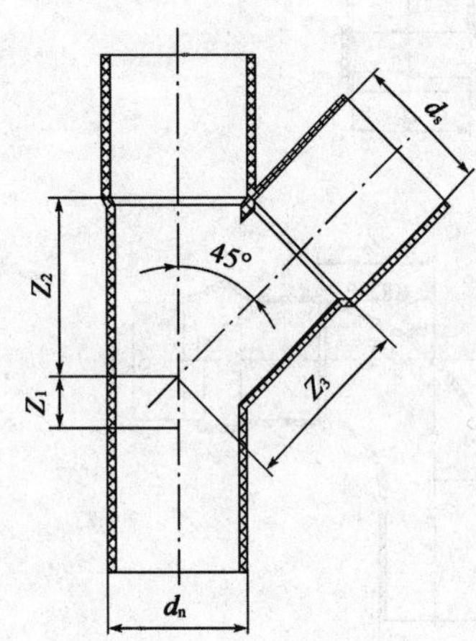

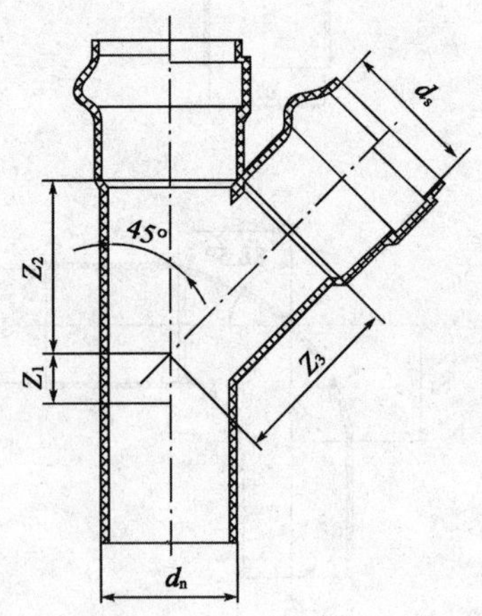

b) 45°带插口斜三通

图 16-66 45°三通示意图

45°三通安装尺寸(mm)　　表 16-307

公称外径 d_n	45°斜三通			45°带插口斜三通		
	$Z_{1,min}$	$Z_{2,min}$	$Z_{3,min}$	$Z_{1,min}$	$Z_{2,min}$	$Z_{3,min}$
50×50	13	64	64	12	61	61
75×50	−1	75	80	0	79	74
75×75	18	94	94	17	91	91
90×50	−8	87	95	−6	88	82
90×90	19	115	115	21	109	109
110×50	−16	94	110	−15	102	92
110×75	−1	113	121	2	115	110
110×110	25	138	138	25	133	133
125×50	−26	104	120	−23	113	100
125×75	−9	122	132	−6	125	117
125×110	16	147	150	18	144	141
125×125	27	157	157	29	151	151
160×75	−26	140	158	−21	149	135
160×90	−16	151	165	−12	157	145
160×110	−1	165	175	2	167	159
160×125	9	176	183	13	175	169
160×160	34	199	199	36	193	193
200×75	−34	176	156	−39	176	156
200×90	−25	184	166	−30	184	166
200×110	−11	194	179	−16	194	179
200×125	0	202	190	−5	202	190
200×160	24	220	214	18	220	214
200×200	51	241	241	45	241	241
250×75	−55	210	182	−61	210	182
250×90	−46	218	192	−52	218	192
250×110	−32	228	206	−38	228	206
250×125	−21	235	216	−27	235	216
250×160	2	253	240	−4	253	240
250×200	29	274	267	23	274	267
250×250	63	300	300	57	300	300
315×75	−84	253	216	−90	253	216
315×90	−74	261	226	−81	261	226
315×110	−60	272	239	−67	272	239
315×125	−50	279	250	−56	279	250
315×160	−26	297	274	−33	297	274
315×200	1	318	301	−6	318	301
315×250	35	344	334	28	344	334
315×315	78	378	378	72	378	378

(3)90°三通

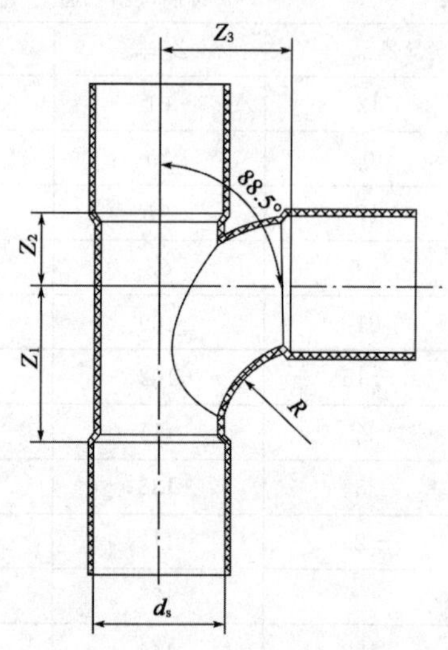

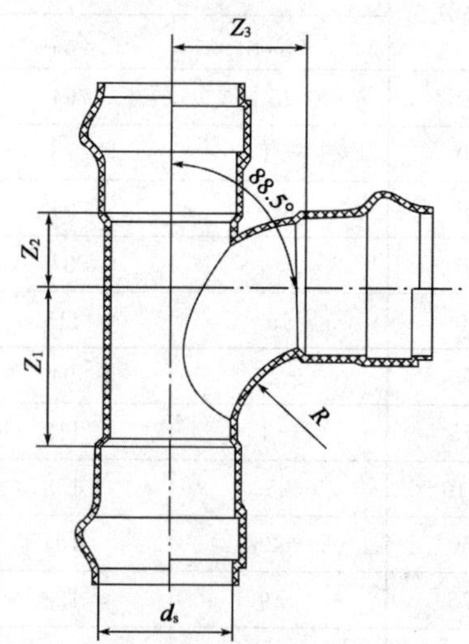

a) 90°顺水三通

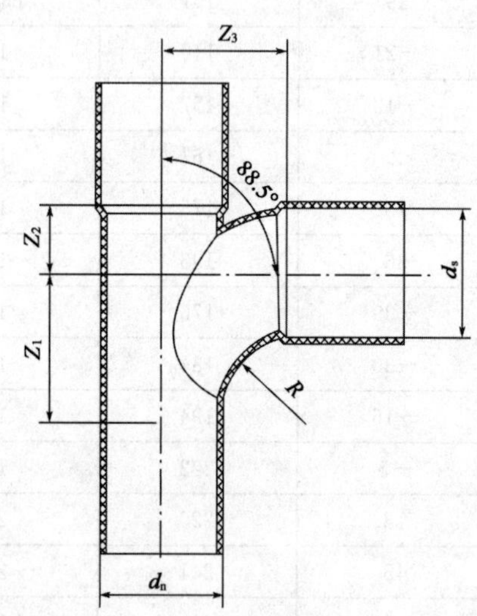

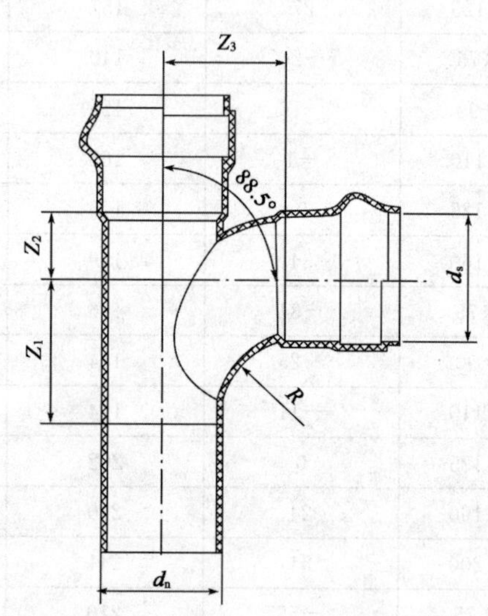

b) 90°带插口顺水三通

图 16-67　90°三通示意图

胶粘剂连接型 90°三通安装尺寸(mm)　　表 16-308

公称外径 d_n	90°顺水三通				90°带插口顺水三通			
	$Z_{1,\min}$	$Z_{2,\min}$	$Z_{3,\min}$	$R_{\min}$	$Z_{1,\min}$	$Z_{2,\min}$	$Z_{3,\min}$	$R_{\min}$
32×32	20	17	23	25	21	17	23	25
40×40	26	21	29	30	26	21	29	30
50×50	30	26	35	31	33	26	35	35
75×75	47	39	54	49	49	39	52	48
90×90	56	47	64	59	58	46	63	56
110×110	68	55	77	63	70	57	76	62
125×125	77	65	88	72	79	64	86	68
160×160	97	83	110	82	99	82	110	81
200×200	119	103	138	92	121	103	138	92
250×250	144	129	173	104	147	129	173	104
315×315	177	162	217	118	181	162	217	118

弹性密封圈连接型 90°三通安装尺寸(mm) 表 16-309

公称外径 d_n	90°顺水三通				90°带插口顺水三通			
	$Z_{1,min}$	$Z_{2,min}$	$Z_{3,min}$	R_{min}	$Z_{1,min}$	$Z_{2,min}$	$Z_{3,min}$	R_{min}
32×32	23	23	17	34	24	23	17	34
40×40	28	29	21	37	29	29	21	37
50×50	34	35	26	40	35	35	26	40
75×75	49	52	39	51	50	52	39	51
90×90	58	63	46	59	59	63	46	59
110×110	70	76	57	68	72	76	57	68
125×125	80	86	64	75	81	86	64	75
160×160	101	110	82	93	103	110	82	93
200×200	126	138	103	114	128	138	103	114
250×250	161	173	129	152	163	173	129	152
315×315	196	217	162	172	200	217	162	172

(4)四通

四通的 Z—长度(图 16-68～图 16-69)与同类型三通的 Z—长度(表 16-307～表 16-309)相同。

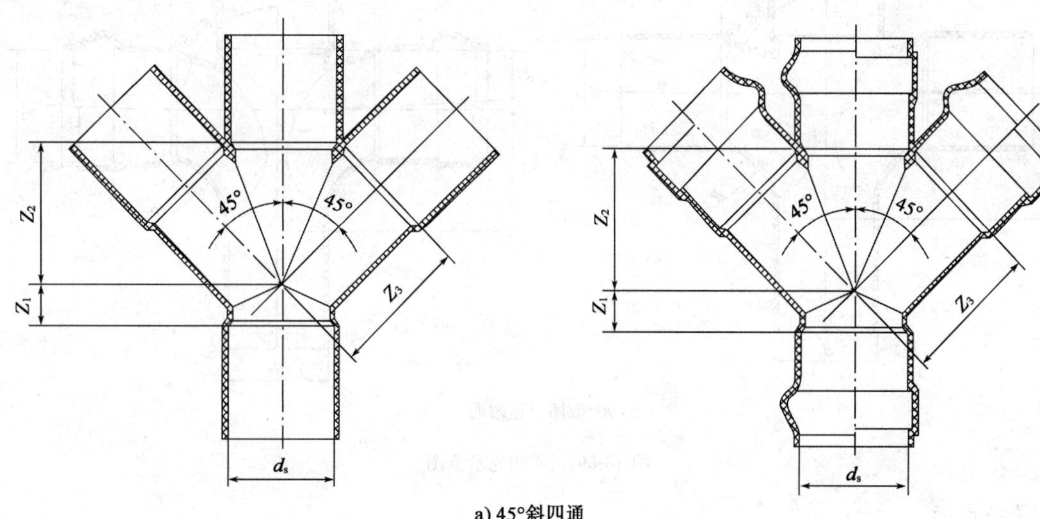

a) 45°斜四通

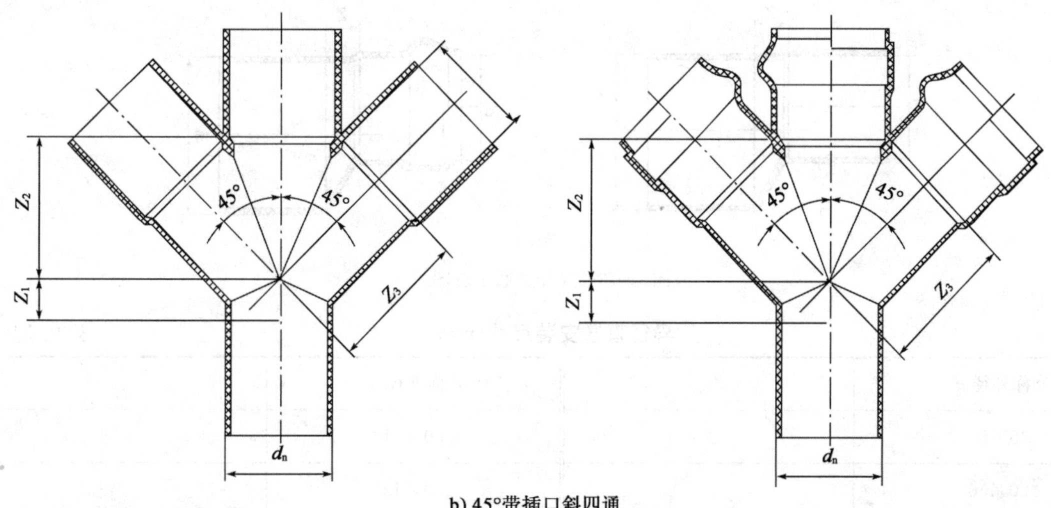

b) 45°带插口斜四通

图 16-68 45°四通示意图

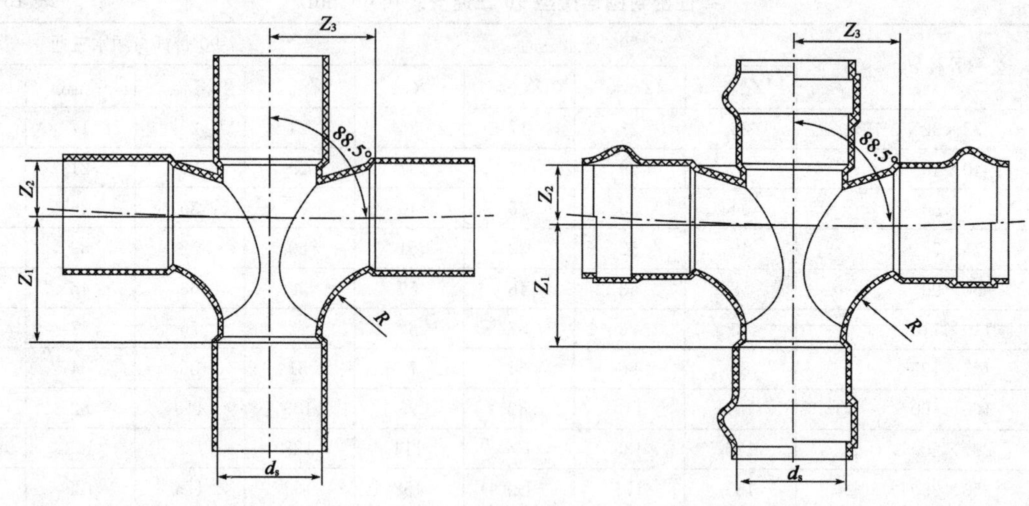

a) 90°正四通

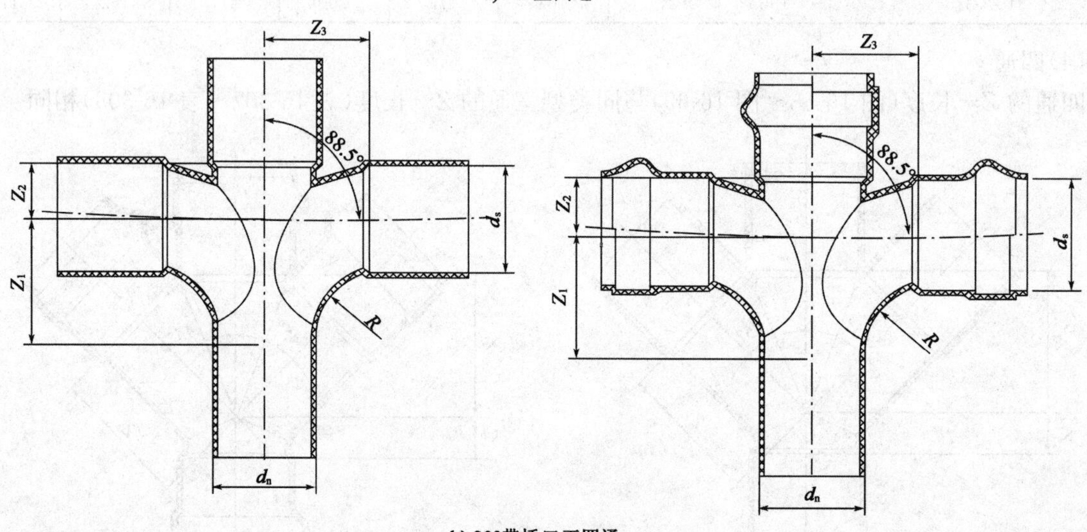

b) 90°带插口正四通

图 16-69　90°四通示意图

(5)异径直通

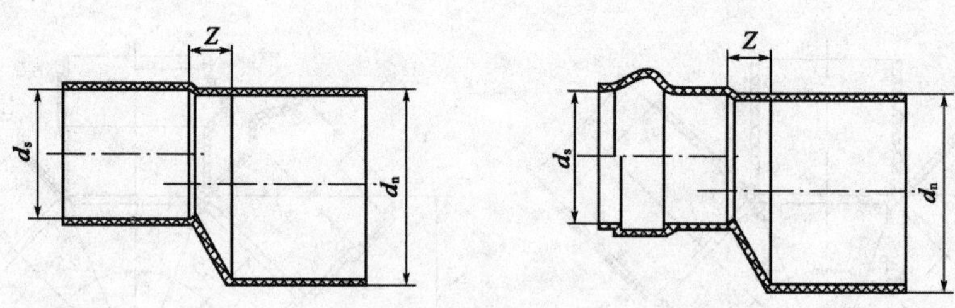

图 16-70　异径直通示意图

异径直通安装尺寸(mm)　　表 16-310

公称外径 d_n	Z_{min}	公称外径 d_n	Z_{min}
75×50	20	200×110	58
90×50	28	200×125	49
90×75	14	200×160	32

续表 16-310

公称外径 d_n	Z_{min}	公称外径 d_n	Z_{min}
110×50	39	250×50	116
110×75	25	250×75	103
110×90	19	250×90	96
125×50	48	250×110	85
125×75	34	250×125	77
125×90	28	250×160	59
125×110	17	250×200	39
160×50	67	315×50	152
160×75	53	315×75	139
160×90	47	315×90	132
160×110	36	315×110	121
160×125	27	315×125	112
200×50	89	315×160	95
200×75	75	315×200	74
200×90	69	315×250	49

(6)直通

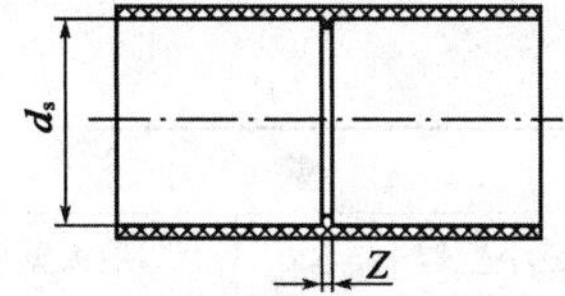

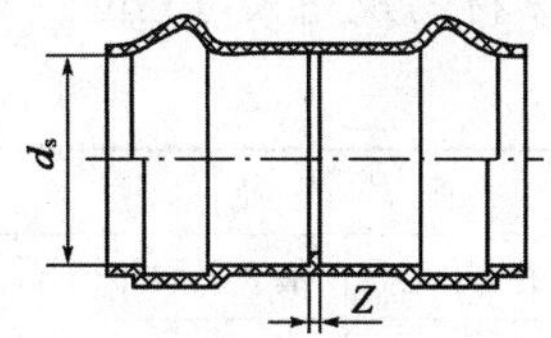

图 16-71 直通示意图

直通安装尺寸(mm) 表 16-311

公称外径 d_n	Z_{min}	公称外径 d_n	Z_{min}
32	2	125	3
40	2	160	4
50	2	200	5
75	2	250	6
90	3	315	8
110	3		

(十四)建筑物内排污、废水(高、低温)用氯化聚氯乙烯(PVC-C)管(GB/T 24452—2009)

建筑物内排污、废水(高、低温)用氯化聚氯乙烯(PVC-C)管以氯化聚氯乙烯为主要原料,加入添加剂,管材经挤出成型,管件经注塑制成。

氯化聚氯乙烯管材适用于建筑物内高、低温排污、排废水,不适用于埋地管网。

氯化聚氯乙烯管材的连接方式分为溶剂型胶粘剂粘接、弹性密封圈连接两种。其中弹性密封圈连接型承口配合深度的设计分为 N 型——用于管材长度≤3m 的管、L 型——用于管材长度 3～6m 的管。

氯化聚氯乙烯管材的形式有溶剂型胶粘剂粘接型承口管、弹性密封圈连接型承口管、带倒角平直管、不带倒角平直管。

1.氯化聚氯乙烯管示意图

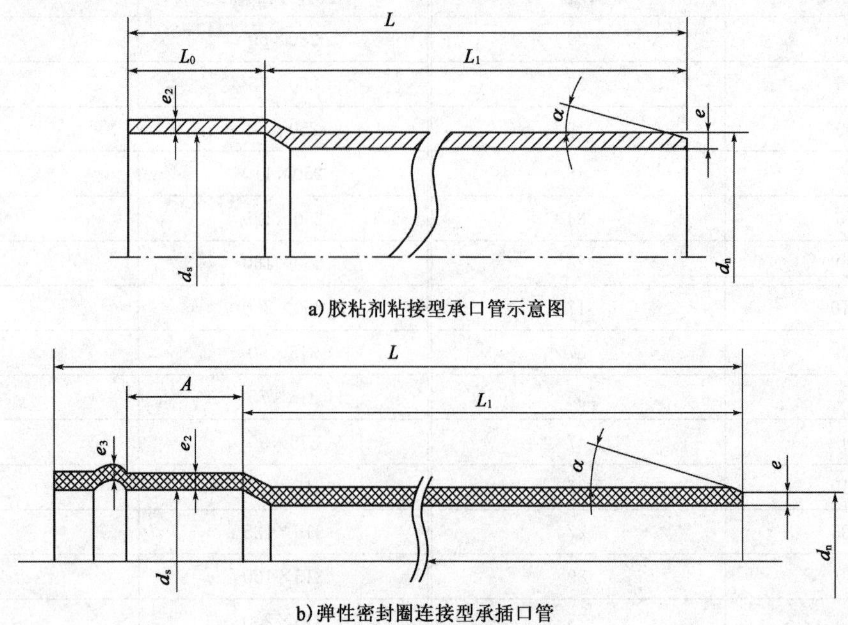

图 16-72 PVC-C 管示意图

L_0-承口深度;L-管材长度;L_1-管材有效长度;d_n-公称外径;d_s-承口中部内径;e-管材壁厚;e_2-承口壁厚;e_3-密封环槽壁厚;A-承口配合深度;α-倒角

2.氯化聚氯乙烯管材的规格尺寸(mm)

表 16-312

公称外径 d_n	平均外径		壁厚		管全长 L
	最小平均外径 $d_{em,min}$	最大平均外径 $d_{em,max}$	最小壁厚 e_{min}	最大壁厚 e_{max}	
32	32.0	32.2	1.8	2.2	4 000,6 000 (管长无负偏差)
40	40.0	40.2	1.8	2.2	
50	50.0	50.2	1.8	2.2	
75	75.0	75.3	1.8	2.2	
90	90.0	90.3	1.8	2.2	
110	110.0	110.3	2.2	2.7	
125	125.0	125.3	2.5	3.0	
160	160.0	160.4	3.2	3.8	

3.氯化聚氯乙烯管材的承口尺寸

(1)溶剂型胶粘剂粘接型管材承口尺寸(mm)

表 16-313

公称外径 d_n	承口中部平均内径		最小承口深度 $L_{0,min}$
	$d_{sm,min}$	$d_{sm,max}$	
32	32.1	32.5	17
40	40.1	40.5	18
50	50.1	50.5	20
75	75.1	75.5	25
90	90.1	90.5	28

续表 16-313

公称外径 d_n	承口中部平均内径		最小承口深度 $L_{0,min}$
	$d_{sm,min}$	$d_{sm,max}$	
110	110.2	110.7	30
125	125.2	125.8	35
160	160.2	160.9	42

注：管材承口壁厚不宜小于同规格管材壁厚的 0.75 倍。

(2)弹性密封圈连接管材的承口尺寸(mm)

表 16-314

公称外径 d_n	承口中部最小平均内径 $d_{sm,min}$	承口最小配合深度(N型)A_{min}	承口最小配合深度(L型)A_{min}
32	32.3	24	65
40	40.3	26	
50	50.3	28	
75	75.4	33	
90	90.4	36	
110	110.4	36	
125	125.4	38	
160	160.5	41	

注：管材承口壁厚 e_2 不宜小于同规格管材壁厚的 0.9 倍，密封环槽壁厚 e_3 不宜小于同规格管材壁厚的 0.75 倍。

4.氯化聚氯乙烯管材的物理力学性能

表 16-315

项目		要求
维卡软化温度(℃)	经(90±2)℃空气浴处理后[a]	≥90
	经(90±2)℃水浴中放置 16h	≥80
纵向回缩率(%)		≤5
吸水性(90±2)℃ 24h(%)		≤3
落锤冲击试验(0±1)℃		TIR≤10%
阶梯法冲击试验(0±1)℃[b]		H_{50}≥1m；低于 0.5m，最多破裂一个

注：[a]在温度为(90±2)℃的空气中放置 2h，然后在(23±2)℃和(50±5)%的相对湿度下，冷却(15±1)min，在低于预计维卡软化温度 50℃的环境中放置 5min，然后进行试验。

[b]当管材在低于−10℃区域使用时，增加阶梯法冲击试验。

5.氯化聚氯乙烯管材的系统适用性能

管材与管件或管件与管件连接后应进行系统适用性试验，其中溶剂型胶粘剂粘接型连接不进行水密性、气密性试验。

表 16-316

项目	要求
水密性试验	无渗漏
气密性试验	无渗漏
冷热水循环试验	无渗漏，d_n≤50，下垂≤3mm
	无渗漏，d_n>50，下垂≤0.05d_n

6. 氯化聚氯乙烯管材外观质量要求

颜色:一般为米黄色或灰色。其他颜色由供需双方商定。

外观:管材、管件内外壁应光滑,无气泡、裂口或明显的痕纹、凹陷、色泽不均及分解变色线。管件应完整无缺损,浇口及溢边应修除平整。

管材端口应切割平整且与轴线垂直。

管材的弯曲度不大于 0.5%。不圆度不大于 $0.024d_n$。

管件的安装长度(Z—长度)符合 GB/T 5836.2“硬聚氯乙烯管件的基本类型和安装长度 Z”。

(十五)建筑排水低噪声硬聚氯乙烯(PVC-U)管(CJ/T 442—2013)

建筑排水低噪声硬聚氯乙烯管是以聚氯乙烯树脂为主要原料,加入添加剂,通过增加管壁厚度或提高管材密度,经挤出成型制成。

1. 建筑排水低噪声硬聚氯乙烯管的分类

按连接形式分为胶粘剂连接型(代号 JN)、弹性密封圈连接型(代号 MF)。

按降低噪声的方式分为厚壁型降噪管材(代号 HB)、高密度型降噪管材(代号 GM)。

2. 建筑排水低噪声硬聚氯乙烯管的外观质量

颜色:管材内外表层一般为白色或灰色。其他颜色由供需双方商定。

管材内外壁应光滑,无气泡、裂口、明显的痕纹、凹陷、色泽不均及分解变色线;管材端面应切割平整,并与轴线垂直。管材不圆度不大于 $0.024d_n$;管材弯曲度不大于 0.50%。

3. 建筑排水低噪声硬聚氯乙烯管结构示意图

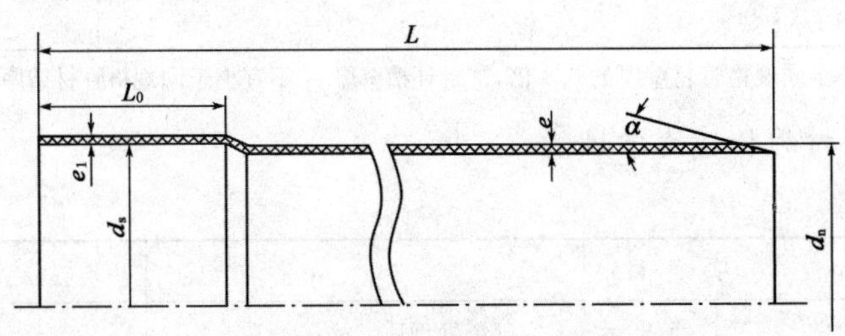

a)胶粘剂粘接型管材承口示意图

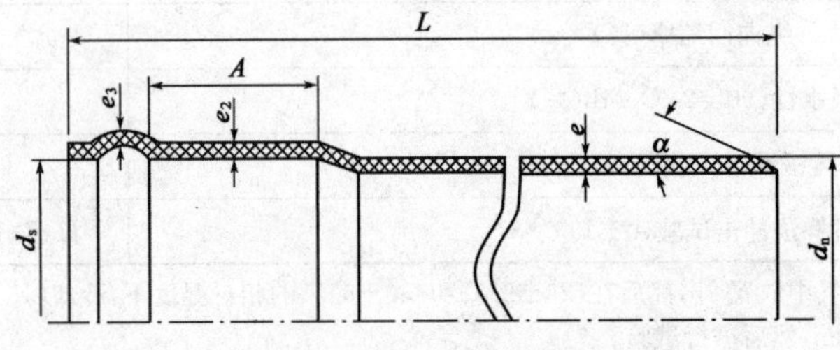

b)弹性密封圈连接型管材承口示意图

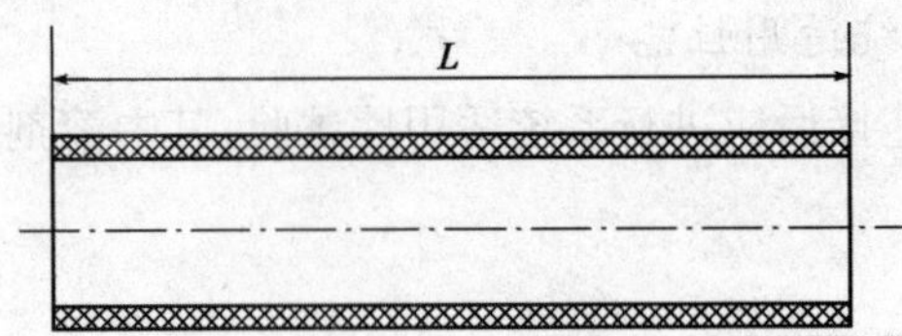

c)无承口管材示意图

图 16-73 低噪声 PVC-U 排水管示意图

L-管材长度;L_0-承口深度;d_n-公称外径;d_s-承口中部内径;e-管材壁厚;e_1、e_2-承口壁厚;e_3-密封圈槽壁厚;A-承口配合深度;α-倒角

4. 建筑排水低噪声硬聚氯乙烯管的规格尺寸

(1)厚壁型降噪管材平均外径、壁厚(mm)

表 16-317

公称外径 d_n	平均外径		壁厚		管材全长
	最小平均外径 $d_{em,min}$	最大平均外径 $d_{em,max}$	公称壁厚 e	允许偏差	
50	50.0	50.2	3.2	$^{+0.6}_{0}$	4 000,6 000;(管材长度不允许有负偏差)
75	75.0	75.3	4.0	$^{+0.6}_{0}$	
110	110.0	110.3	4.8	$^{+0.7}_{0}$	
125	125.0	125.3	4.8	$^{+0.7}_{0}$	
160	160.0	160.4	5.0	$^{+0.7}_{0}$	
200	200.0	200.5	6.5	$^{+0.8}_{0}$	

(2)高密度型降噪管材平均外径、壁厚(mm)

表 16-318

公称外径 d_n	平均外径		壁厚		管材全长
	最小平均外径 $d_{em,min}$	最大平均外径 $d_{em,max}$	公称壁厚 e	允许偏差	
50	50.0	50.2	2.0	$^{+0.4}_{0}$	4 000,6 000;(管材长度不允许有负偏差)
75	75.0	75.3	2.3	$^{+0.4}_{0}$	
110	110.0	110.3	3.2	$^{+0.6}_{0}$	
125	125.0	125.3	3.2	$^{+0.6}_{0}$	
160	160.0	160.4	4.0	$^{+0.6}_{0}$	
200	200.0	200.5	4.9	$^{+0.7}_{0}$	

5. 建筑排水低噪声硬聚氯乙烯管的接口尺寸

(1)胶粘剂粘接型管材承口尺寸(mm)

表 16-319

公称外径 d_n	承口中部平均内径		承口深度 $L_{0,min}$	承口壁厚 e_1
	最小平均内径 $d_{sm,min}$	最大平均内径 $d_{sm,max}$		
50	50.1	50.4	25	不小于管材壁厚的 0.75 倍
75	75.2	75.5	40	
110	110.2	110.6	48	
125	125.2	125.7	51	
160	160.3	160.8	58	
200	200.4	200.9	60	

注:倒角 α,见表 16-349 的注①。

(2)弹性密封圈连接型管材承口尺寸(mm)

表 16-320

公称外径 d_n	承口中部平均内径 $d_{sm,min}$	承口配合深度 A_{min}	承口壁厚 e_2,e_3
50	50.3	20	$e_2 \geqslant 0.9$,$e_3 \geqslant 0.75$ 的管材壁厚
75	75.4	25	
110	110.4	32	
125	125.4	35	
160	160.5	42	
200	200.6	50	

6.建筑排水低噪声硬聚氯乙烯管的物理力学性能

表 16-321

项　目		要　求
密度(kg/m³)	厚壁型	1 350～1 550
	高密度型	1 550～1 700
维卡软化温度(℃)		≥79
纵向回缩率(%)		≤5,且不分脱、不破裂
二氯甲烷浸渍试验		内外表面变化不劣于 4 L
拉伸屈服强度(MPa)		≥38
落锤冲击试验		TIR≤10%

7.建筑排水低噪声硬聚氯乙烯管噪声性能要求

表 16-322

公称外径 d_n	要　求	
	流量(L/s)	声压级 dB(A)
<110	1	≤50
110≤d_n<160	2	
≥160	4	

8.弹性密封圈连接型接头、管材与管材或管材与管件连接后应进行水密性、气密性的系统适用性试验,结果应无渗漏

(十六)建筑排水用高密度聚乙烯(HDPE)管(CJ/T 250—2007)

排水用高密度聚乙烯管材以密度为 0.941～0.955kg/m³ 的高密度聚乙烯树脂为主要原料,管材经挤出成型制成,管件经模具成型或二次加工制成。适用于建筑物内重力污水、废水排放和虹吸式屋面雨水排水。

在无压力条件下,管内的流体温度范围为 0～65℃,瞬间排水温度不超过 95℃;排水用高密度聚乙烯管的环境温度应用范围为－40～65℃。

1.排水用高密度聚乙烯管的分类

管材按管系列分为 S12.5、S16 两个系列。

管材的管系列和应用分类　　表 16-323

公称外径(mm)	管系列	使 用 领 域
200～315	S16	建筑物内污水、废水的重力排放(B)
32～315	S12.5	建筑物内或埋地管污水、废水的重力排放、虹吸式屋面雨水系统排水(BD)

2.排水用高密度聚乙烯管的外观质量要求

管材、管件颜色一般为黑色;色泽应均匀一致。

管材、管件内外表面应清洁、光滑,无气泡、明显的划伤、凹陷、杂货、颜色不均等缺陷。管材端头应平整并与管轴线垂直。管材的弯曲度不大于 0.2%。

3.排水用高密度聚乙烯管的规格尺寸

(1)S12.5 管系列尺寸

表 16-324

公称外径 d_n(mn)	平均外径 d_{em}(mm)		壁厚 e_y(mm)		管材长度(mm)
	d_{em},min	d_{em},max	e_y,min	e_y,max	
32	32	32.3	3.0	3.3	5 000, 允许偏差 0～+40
40	40	40.4	3.0	3.3	
50	50	50.5	3.0	3.3	
56	56	56.6	3.0	3.3	
63	63	63.6	3.0	3.3	
75	75	75.7	3.0	3.3	
90	90	90.8	3.5	3.9	
110	110	110.8	4.2	4.9	
125	125	125.9	4.8	5.5	
160	160	161.0	6.2	6.9	
200	200	201.1	7.7	8.7	
250	250	251.3	9.6	10.8	
315	315	316.5	12.1	13.6	

(2)S16 管系列尺寸

表 16-325

公称外径 d_n(mm)	平均外径 d_{em}(mm)		壁厚 e_y(mm)		管材长度(mm)
	d_{em},min	d_{em},max	e_y,min	e_y,max	
200	200	201.1	5.2	5.9	5 000, 允许偏差 0～+40
250	250	251.3	7.8	8.6	
315	315	316.5	9.8	10.8	

4. 排水用高密度聚乙烯管材、管件的物理、力学性能

表 16-326

序号	项目	要求
1	管材纵向回缩率(110℃)	≤3%,管材无分层、无裂或起泡
2	熔体流动速率 MFR(5kg、190℃)/(g/10min)	0.2≤MFR≤1.1 管材、管件的 MFR 与原料颗粒的 MFR 相差值不应超过 0.2
3	氧化诱导时间 OIT(200℃)/min	管材、管件的 OIT≥20
4	静液压强度试验(80℃,165h,4.6MPa)	管材、管件在试验期间不破裂,不渗漏
5	管材环刚度(S_R)/(kN/m^2),仅针对带有“BD”标识的管材	S_R≥4
6	管件加热试验(110℃±2℃,1h)	管件无分层、开裂和起泡

5. 排水用高密度聚乙烯管的系统适用性能

管材、管件连接后,应通过系统耐温升循环、水密性、接口气密性试验(焊接连接不需做该三项试验)。

管材、管件的系统适用性能 表 16-327

项目		指标
系统适用性	系统耐温升循环	不渗漏,d_n≤50,塌陷应≤3mm;d_n>50,塌陷应≤0.05d_n
	系统水密性	不渗漏
	系统接口气密性	不渗漏
管材、管件燃烧毒性指数		≤1

6.排水用高密度聚乙烯管件

排水用高密度聚乙烯管的连接方式有电熔连接方式和密封圈承插连接方式。

(1)电熔管箍示意图及承口尺寸(mm)

表 16-328

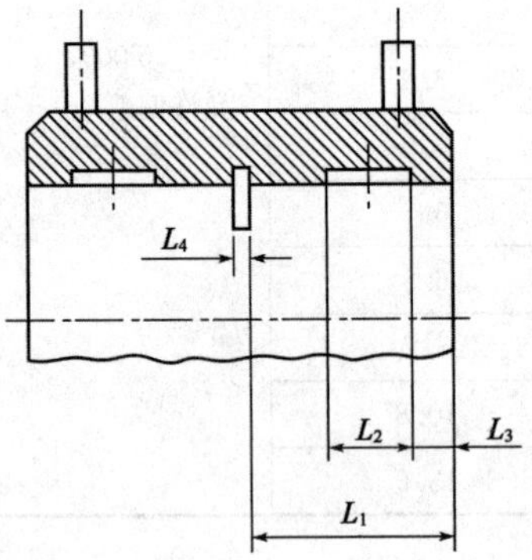

公称外径 d_n	外径 d_e	电熔管箍承插嵌入深度 $L_{1,min}$	电熔管箍熔融段长度 L_2 ,min	电熔管箍承口未加热段长度 L_3 ,min	电熔管箍限位段长度 L_4 ,min
40	52	20	10	5	3
50	52	20	10	5	3
56	68	20	10	5	3
63	76	23	10	5	3
75	89	25	10	5	3
90	104	25	10	5	3
110	125	28	15	5	3
125	142	28	15	5	3
150	178	28	15	5	3
200	224	50	25	5	—
250	275	60	25	5	—
315	343	70	25	5	—

(2)密封圈承插接头示意图及尺寸(mm)

表 16-329

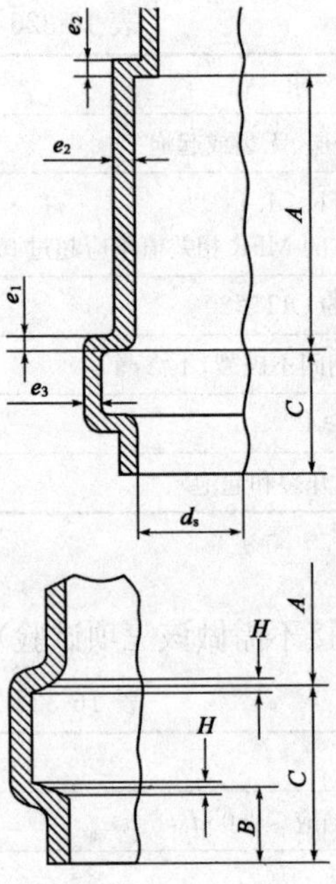

公称外径 d_n	膨胀伸缩节外径 d_r	密封圈承插拉头外径 d_r	承插节平均内径 d_{sm}	膨胀伸缩节接合长度 A_{min}	密封圈承插接头接合长度 A_{min}	引入长度 B_{min}	密封区深度 C_{min}
32	50	45	32.4	—	28	5	25
40	65	57	40.5	—	28	5	26
50	80	67	50.6	85	28	5	28
55	85	72	56.6	85	30	5	30
63	93	80	83.7	87	31	5	31
75	105	92	75.8	88	33	5	33
90	123	108	91.0	89	36	5	36
110	135	131	111.1	91	40	6	40
125	165	149	126.3	93	43	7	43
160	202	188	161.5	96	50	9	50
200	247	—	201.9	100	58	12	58
250	293	—	252.4	105	68	18	58
315	362	—	318.0	111	81	20	81

注:膨胀伸缩节和密封圈承插接头仅适用于应用范围为“B”建筑物内重力污、废水排放。

7. 排水用高密度聚乙烯管件的规格尺寸

(1)45°(135°)弯头

表 16-330

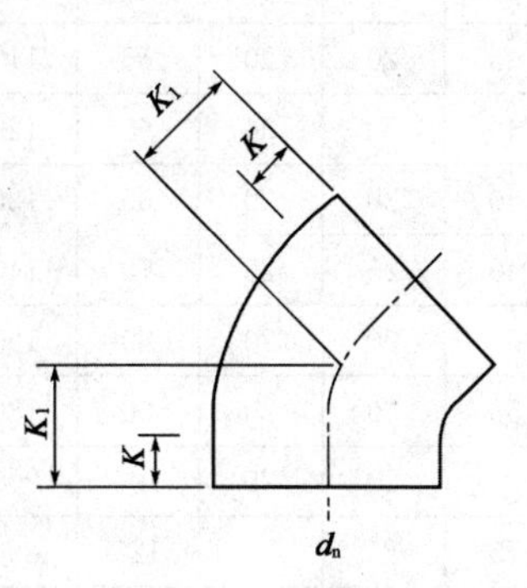

d_n(mm)	K(mm)	K_1(mm)
40	20	40
50	20	45
56	20	45
63	20	50
75	20	50
90	20	55
110	25	60
125	25	65
160	20	69

(2)91.5°(88.5°)弯头

表 16-331

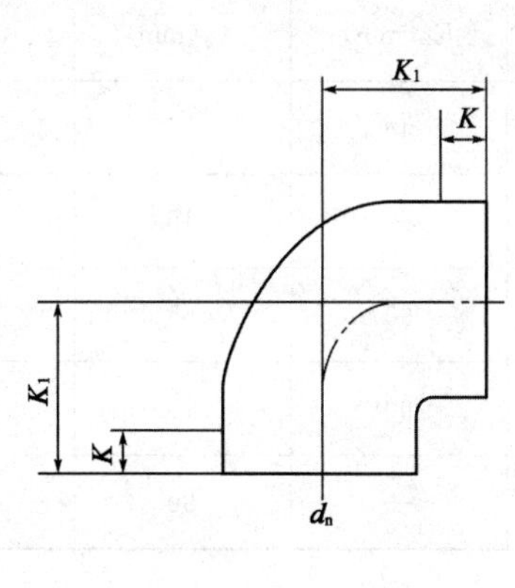

d_n(mm)	K(mm)	K_1(mm)
50	20	60
56	20	65
63	20	70
75	20	75
90	20	80
110	25	95
125	25	100
160	25	120

(3)45°(135°)长弯头

表 16-332

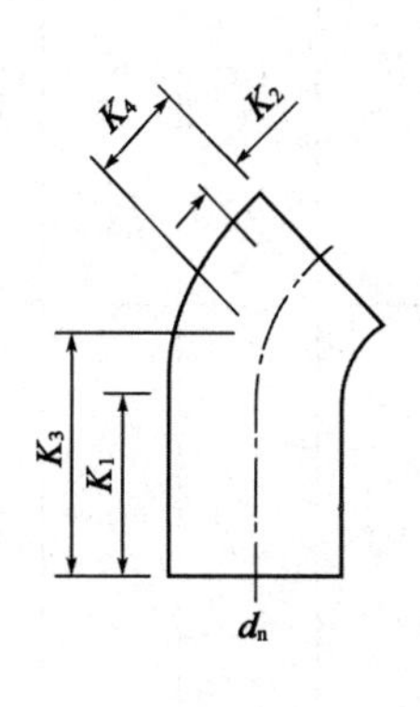

d_n(mm)	K_1(mm)	K_2(mm)	K_3(mm)	K_4(mm)
75	60	20	91	50
110	110	25	147	60

(4)45°(135°)三通(mm)

表 16-333

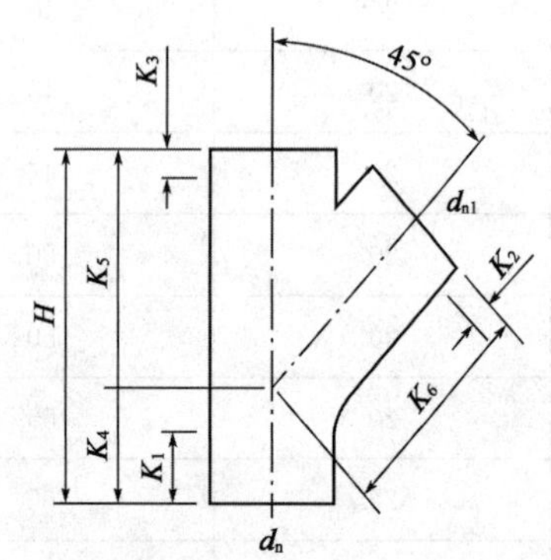

d_n	d_{n1}	H	K_1	K_2	K_3	K_4	K_5	K_6
32	32	105	20	20	20	35	70	70
40	40	135	25	30	30	45	90	90
50	50	165	35	20	20	55	110	110
56	56	180	40	30	30	60	120	120
63	63	195	40	20	20	65	130	130
75	75	210	40	25	25	70	140	140
90	90	240	50	20	20	80	160	160
110	110	270	55	20	20	90	180	180
125	125	300	60	20	20	100	200	200
160	160	375	75	25	25	125	250	250
200	200	540	85	10	10	180	380	360
250	250	660	115	55	55	220	440	440
315	315	840	160	95	95	280	560	560

(5)60°Y 型三通

表 16-334

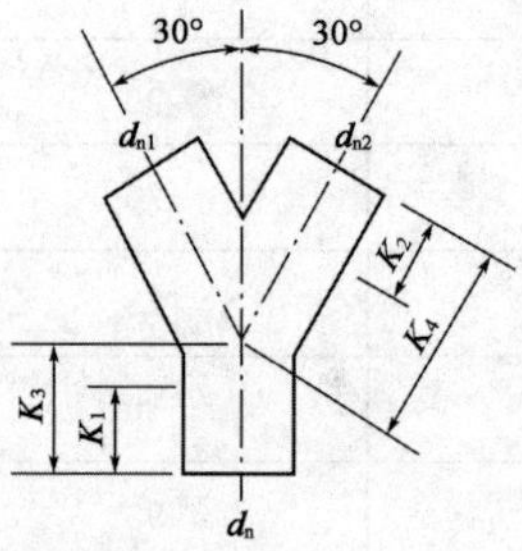

d_2(mm)	d_{n1}(mm)	K_1(mm)	K_2(mm)	K_3(mm)	K_4(mm)
50	50	30	40	55	110
55	56	—	—	18	53
63	56	40	60	65	130
75	63	50	60	70	140
110	110	—	—	90	102

(6)91.5°(88.5°)扫入式顺水三通(mm)

表 16-335

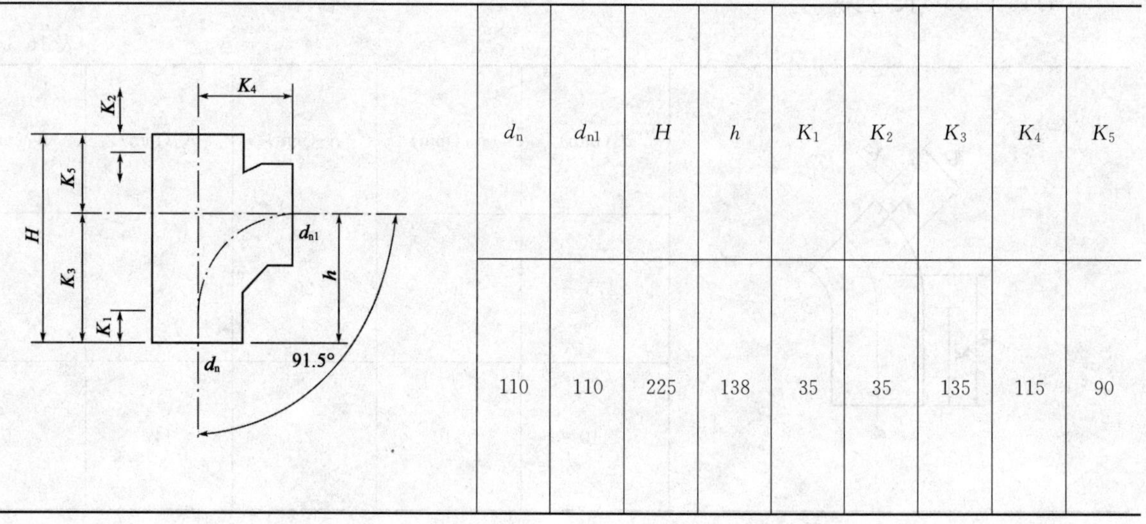

d_n	d_{n1}	H	h	K_1	K_2	K_3	K_4	K_5
110	110	225	138	35	35	135	115	90

(7)91.5°(88.5°)普通顺水三通(mm)

表 16-336

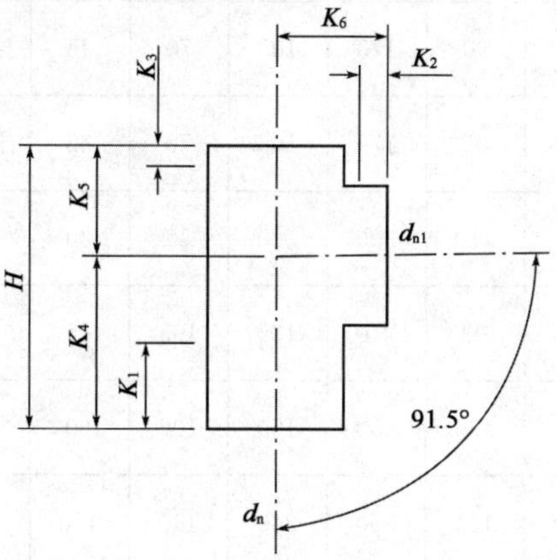

d_n	d_{n1}	H	K_1	K_2	K_3	K_4	K_5	K_6
32	32	85	25	10	10	50	35	35
40	40	130	45	35	25	75	55	55
50	50	150	55	25	25	90	60	60
56	56	175	65	30	30	105	70	70
63	63	175	60	30	30	105	70	70
75	75	175	55	25	25	105	70	70
90	90	200	65	25	25	120	80	80
110	110	225	65	20	20	135	90	90
125	125	250	70	20	20	150	100	100
160	160	350	105	35	30	210	140	140
200	200	400	25	30	25	200	200	200
250	250	480	40	40	40	240	240	240
315	315	560	70	65	70	280	280	280

(8)同心异径接头(mm)

表 16-337

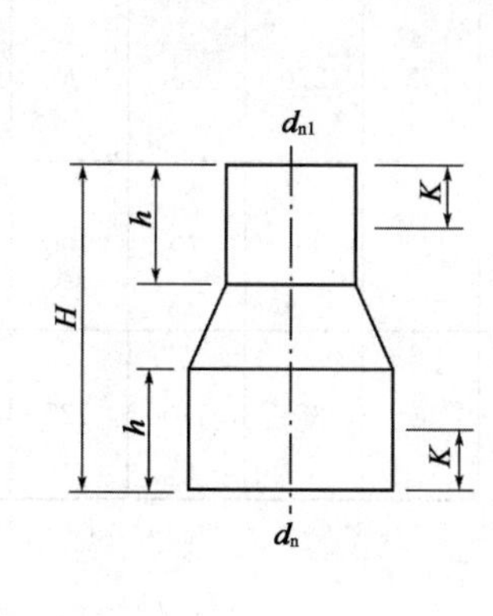

d_n	d_{n1}	H	h	K
40	32	80	30	15
50	40	80	30	15
56	50	80	30	15
63	56	80	30	15
75	63	80	30	15
90	75	80	30	15
110	90	80	30	15
125	110	80	30	15

(9)偏心异径接头(mm)

表 16-338

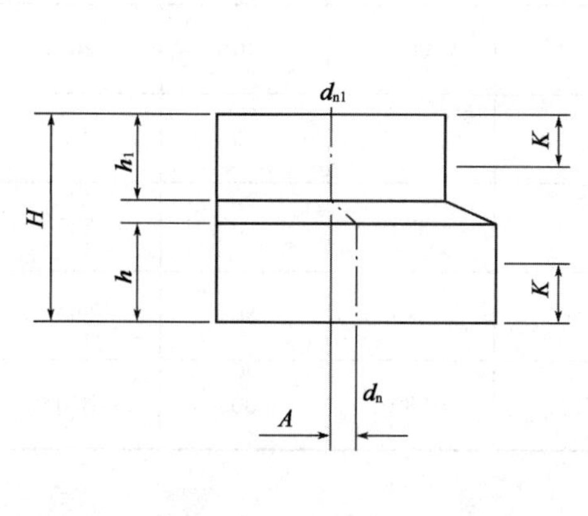

d_n	d_{n1}	A	H	h	h_1	K
50	40	5	80	37	35	20
56	50	3	80	37	35	20
63	56	3.5	80	37	35	20
75	63	6	80	37	35	20
90	75	7.5	80	37	35	20
110	90	9	80	37	35	20
125	110	7	80	37	35	20
160	125	16	80	37	35	20

(10)90°检查口(mm)

表 16-339

d_n	d_{n1}	A	H	h	h_1	K_1	K_2
63	63	90	175	105	70	45	10
75	75	95	175	105	70	35	—
90	90	110	200	120	80	30	—
110	110	90	240	135	105	45	—
125	110	130	250	150	100	60	10
160	110	150	350	210	140	120	40

(11)45°检查口(mm)

表 16-340

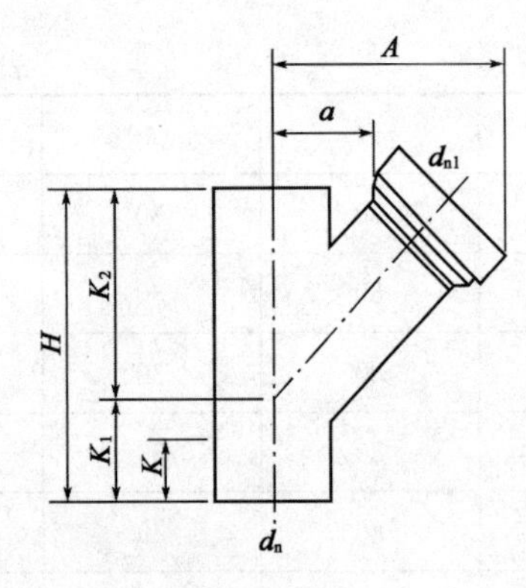

d_n	d_{n1}	A	a	H	K	K_1	K_2
110	110	195	65	270	55	90	180
125	110	200	70	300	70	100	200
160	110	220	90	375	110	125	250

(12)椭圆形检查口(mm)

表 16-341

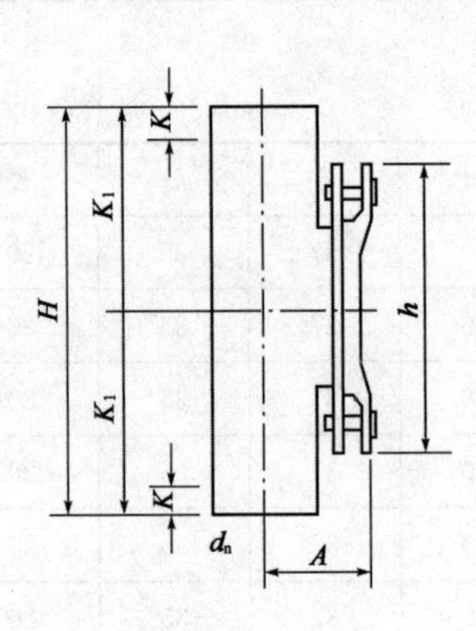

d_n	A	H	h	K	K_1
110	120	400	280	30	200
125	125	410	280	40	205
160	140	430	280	40	215
200	175	650	380	55	325
250	200	580	380	30	290
315	230	620	380	80	310

(13)电熔管箍

表 16-342

d_n(mm)	D(mm)	E(mm)	H(mm)	K(mm)
40	52	28	50	3
50	62	28	50	3
56	68	28	50	3
63	76	28	50	3
75	89	28	50	3
90	104	28	50	3
110	125	28	60	3
125	142	28	60	3
160	178	28	60	3
200	224	75	150	—
250	275	75	150	—
315	343	75	150	—

(14)膨胀伸缩节

表 16-343

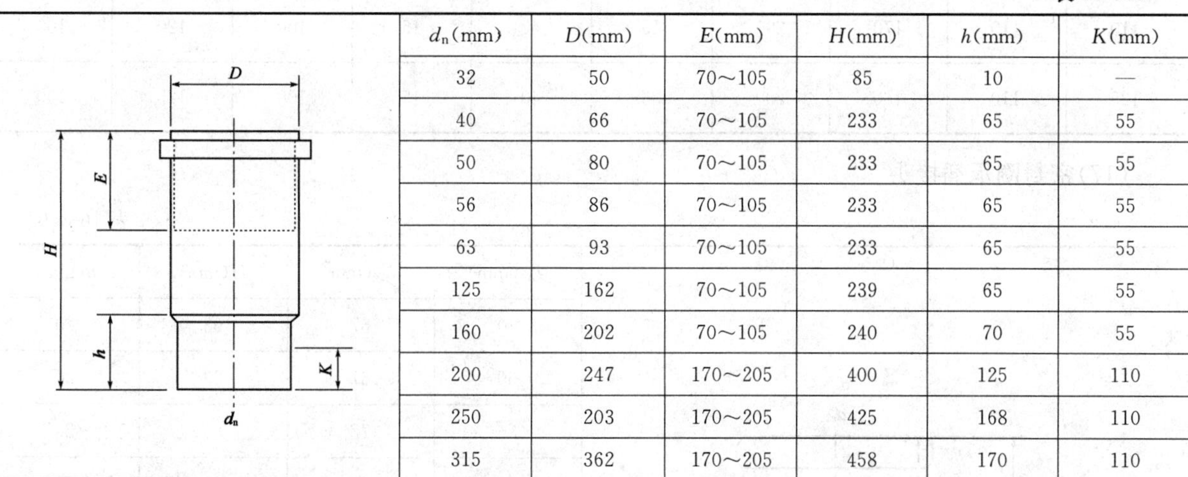

d_n(mm)	D(mm)	E(mm)	H(mm)	h(mm)	K(mm)
32	50	70～105	85	10	—
40	66	70～105	233	65	55
50	80	70～105	233	65	55
56	86	70～105	233	65	55
63	93	70～105	233	65	55
125	162	70～105	239	65	55
160	202	70～105	240	70	55
200	247	170～205	400	125	110
250	203	170～205	425	168	110
315	362	170～205	458	170	110

(15)苏维脱

表 16-344

d_n(mm)	d_{n1}(mm)	d_{n2}(mm)
110	110	75

(16)球形四通 91.5°(88.5°)、180°

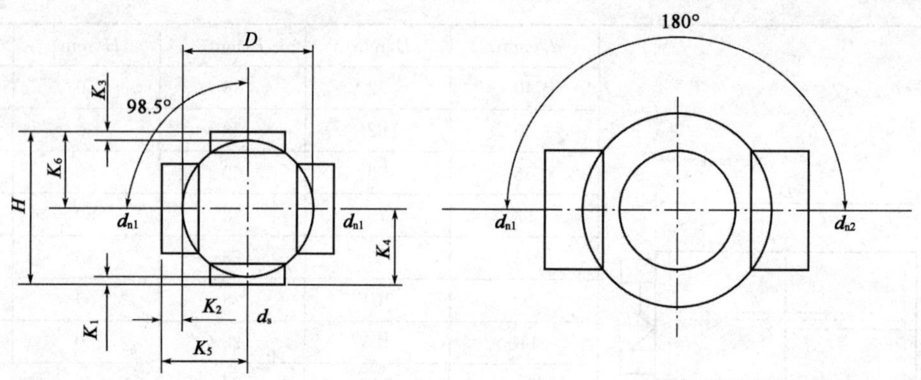

表 16-345

d_n(mm)	d_{n1}(mm)	D(mm)	H(mm)	K_1(mm)	K_2(mm)	K_3(mm)	K_4(mm)	K_5(mm)	K_6(mm)
63	63	100	160	15	45	15	80	100	80
75	75	120	160	15	35	15	80	100	80
110	110	170	200	15	40	15	100	120	100
125	110	180	200	35	40	15	100	125	100

(17)密封圈承插接头

表 16-346

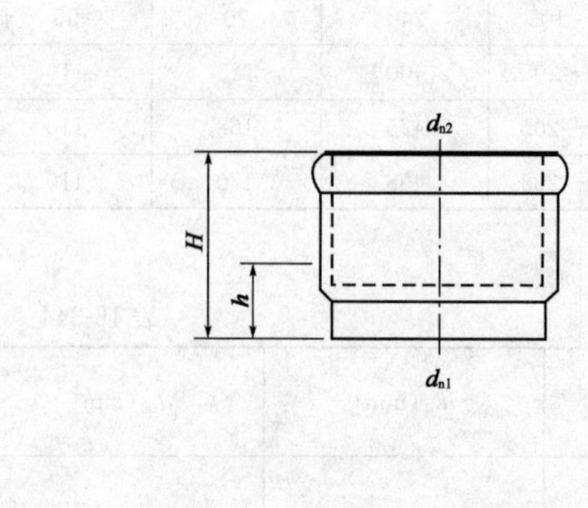

d_{n1}(mm)	d_{n2}(mm)	H(mm)	h(mm)
40	57	63	20
50	67	63	20
56	72	63	20
63	80	63	20
75	92	88	25
90	108	88	25
110	131	88	25
125	149	88	25
160	188	123	30

(十七)排水用芯层发泡硬聚氯乙烯(PVC-U)管材(GB/T 16800—2008)

排水用芯层发泡硬聚氯乙烯(PVC-U)管材是以不低于80%的聚氯乙烯树脂为主要原料,加入必要的添加剂,经共挤成型的芯层发泡复合管材。

排水用芯层发泡硬聚氯乙烯管材适用于建筑物内外或埋地无压排水用管;在考虑材料许可的耐化学性和耐温性后,也可用于工业排污。

芯层发泡硬聚氯乙烯管按环刚度分为S2(建筑物排水)、S4和S8(埋地及建筑物排水)三个级别。

芯层发泡硬聚氯乙烯管的连接方式分为胶粘剂粘接、弹性密封圈连接两种。

1. 芯层发泡硬聚氯乙烯管的长度及结构示意图

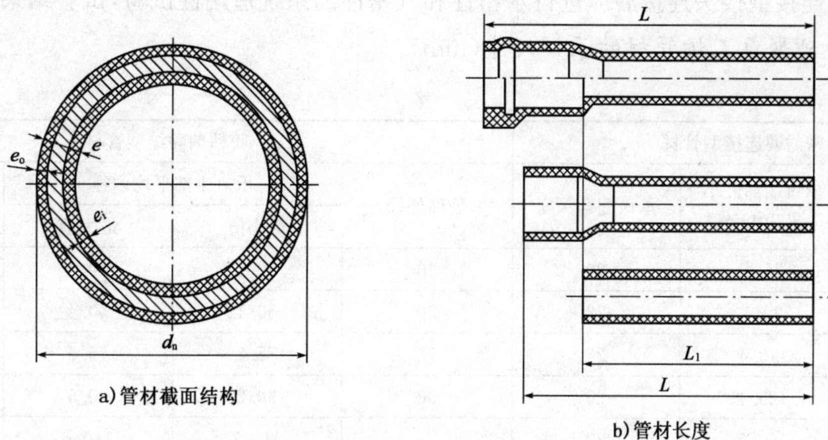

图 16-74 芯层发泡 PVC-U 管长度及结构示意图

2. 芯层发泡硬聚氯乙烯管的规格尺寸(mm)

表 16-347

公称外径 d_n	平均外径及偏差	壁厚 e 及偏差			管材长度 L
		S_2	S_4	S_8	
40	$400.0^{+0.3}_{0}$	$2.0^{+0.4}_{0}$	—	—	4 000,6 000;(管材长度不允许有负偏差)
50	$50.0^{+0.3}_{0}$	$2.0^{+0.4}_{0}$	—	—	
75	$75.0^{+0.3}_{0}$	$2.5^{+0.4}_{0}$	$3.0^{+0.5}_{0}$	—	
90	$90.0^{+0.3}_{0}$	$3.0^{+0.5}_{0}$	$3.0^{+0.5}_{0}$	—	
110	$110.0^{+0.4}_{0}$	$3.0^{+0.5}_{0}$	$3.2^{+0.5}_{0}$	—	
125	$125.0^{+0.4}_{0}$	$3.2^{+0.5}_{0}$	$3.2^{+0.5}_{0}$	$3.9^{+1.0}_{0}$	
160	$160.0^{+0.5}_{0}$	$3.2^{+0.5}_{0}$	$4.0^{+0.6}_{0}$	$5.0^{+1.3}_{0}$	
200	$200.0^{+0.6}_{0}$	$3.9^{+0.6}_{0}$	$4.9^{+0.7}_{0}$	$6.3^{+1.6}_{0}$	
250	$250.0^{+0.8}_{0}$	$4.9^{+0.7}_{0}$	$6.2^{+0.9}_{0}$	$7.8^{+1.8}_{0}$	
315	$315.0^{+1.0}_{0}$	$6.2^{+0.9}_{0}$	$7.7^{+1.0}_{0}$	$9.8^{+2.4}_{0}$	
400	$400.0^{+1.2}_{0}$	—	$9.8^{+1.5}_{0}$	$12.3^{+3.2}_{0}$	
500	$500.0^{+1.5}_{0}$	—	—	$15.0^{+4.2}_{0}$	

注:管材内表层与外表层最小壁厚不得小于 0.2mm。

3. 芯层发泡硬聚氯乙烯管材的物理力学性能

表 16-348

项　目	要　求		
	S_2	S_4	S_8
环刚度(kN/m^2)	≥2	≥4	≥8
表观密度(g/cm^3)	0.90~1.20		
扁平试验	不破裂、不分脱		
落锤冲击试验 TIR	≤10%		
纵向回缩率(%)	≤9%,且不分脱、不破裂		
二氯甲烷浸渍	内外表面不劣于 4 L		

4.芯层发泡硬聚氯乙烯管的系统适用性要求

弹性密封圈连接型接头连接后应进行水密性和气密性的系统适用性试验,试验结果应无渗漏。

5.芯层发泡硬聚氯乙烯管材的承口尺寸(mm)

表 16-349

弹性密封圈连接型管材			胶粘剂黏结型管材			
公称外径	承口端部最小平均内径	承口配合深度	公称外径	承口中部平均内径		承口深度
				最小值	最大值	
75	75.4	20	40	40.1	40.4	26
90	90.4	22	50	50.1	50.4	30
110	110.4	26	75	75.2	75.5	40
125	125.4	26	90	90.2	90.5	46
160	160.5	32	110	110.2	110.6	48
200	200.6	40	125	125.2	125.7	51
250	250.8	70	160	160.3	160.7	58
315	316.0	70	200	200.4	200.9	66
400	401.2	70	250	250.4	250.9	66
500	501.5	80	315	315.5	316.0	66

注:①当管材插口需要进行倒角时,倒角方向与管材轴线夹角 α 应为 15°～45°。倒角后管端所保留的壁厚应不小于最小壁厚 e_{min} 的 1/3。

②弹性密封圈连接管材承口壁厚 e_2 不宜小于同规格管材壁厚的 0.9 倍,密封圈槽壁厚 e_3 不宜小于同规格管材壁厚 0.75 倍。

③胶粘剂粘接型管材承口壁厚 e_1 不应小于同规格管材壁厚的 0.75 倍。

6.芯层发泡硬聚氯乙烯管材的外观质量

颜色:管材内外表层一般为白色或灰色,或供需双方商定。

管材内外壁应光滑、平整,无气泡、砂眼、裂口或明显的痕纹、杂质、色泽不均及分解变色线。管材端口应平整且与轴线垂直;管材芯层应与内外表层紧密熔接,无分脱现象。

管材不圆度不大于 0.024d_n。管材的弯曲度不大于 1.0%。

六、铝合金建筑型材

铝合金建筑型材为用于建筑的热挤压型材,包括基材(GB 5237.1—2008)、阳极氧化型材(GB 5237.2—2008)、电泳涂漆型材(GB 5237.3—2008)、粉末喷涂型材(GB 5237.4—2008)、氟碳漆喷涂型材(GB 5237.5—2008)和隔热型材(GB 5237.6—2012)共六部分。铝合金建筑型材主要为门、窗和幕墙用型材。

基材为表面未经处理的型材,其他型材是在基材上二次加工制得。

铝合金建筑型材的横截面规格尺寸符合 YS/T 436 标准规定(图 16-76 和表 16-359);也可以供需双方签订的技术图样确定。型材的供货长度由双方商定。

铝合金建筑型材除压条、压盖、扣板等需要弹性装配的型材之外,型材的最小公称壁厚不得小于 1.2mm。

铝合金建筑型材的标记:铝合金建筑型材以产品名称、合金牌号、供货状态、产品规格(由型材横截面代号与定尺长度组成)和标准编号组成。

如属:阳极氧化型材、电泳涂漆型材应加注颜色、膜厚级别;粉末喷涂型材、氟碳漆喷涂型材应加注颜色代号(规格后);隔热型材应加注隔热材料代号、隔热材料高度。

示例:

(1)用 6063 合金制造的,供应状态为 T5,型材代号为 421001、定尺长度为 6 000mm 的铝型材,标记为:

基材 6063－T5 421001×6 000 GB 5237.1—2008

(2)用6063合金制造的、供应状态为T5、表面经阳极氧化处理的铝合金型材与聚氨酯隔热胶PU(由Ⅰ级原胶制成、高度为9.53mm)复合制成的浇注型材(截面代号561001、定尺长度6 000mm),标记为:

浇注型材 GB 5237.6－561001PUI－6063T5/2－9.53×6 000

(一)铝合金建筑型材——基材(GB 5237.1—2008)

1.型材的合金牌号和供应状态

表16-350

合金牌号	供应状态
6005、6060、6063、6063A、6463、6463A	T5、T6
6061	T4、T6

注:①订购其他牌号或状态时,需供需双方协商。

②如果同一建筑结构型材同时选用6005、6060、6061、6063等不同合金(或同一合金不同状态),采用同一工艺进行阳极氧化,将难以获得颜色一致的阳极氧化表面,建议选用合金牌号和供应状态时,充分考虑颜色不一致性对建筑结构的影响。

2.6463、6463A牌号合金的化学成分

表16-351

牌号	质量分数(%)								
	Si	Fe	Cu	Mn	Mg	Zn	其他杂质		Al
							单个	合计	
6463	0.20～0.60	≤0.15	≤0.20	≤0.05	0.45～0.90	≤0.05	≤0.05	≤0.15	余量
6463A	0.20～0.60	≤0.15	≤0.25	≤0.05	0.30～0.90	≤0.05	≤0.05	≤0.15	余量

注:①含量有上下限者为合金元素;含量为单个数值者,铝为最低限。"其他杂质"一栏系指未列出或未规定数值的金属元素。铝含量应由计算确定,即由100.00%减去所有含量不小于0.010%的元素总和的差值而得,求和前各元素数值要表示到0.0×%。

②其他牌号的化学成分应符合GB/T 3190的规定。

3.型材用铝合金的室温力学性能

表16-352

合金牌号	供应状态		壁厚(mm)	拉伸性能				硬度		
				抗拉强度(R_m)(N/mm²)	规定非比例延伸强度($R_{p0.2}$)(N/mm²)	断后伸长率(%)		试样厚度(mm)	维氏硬度HV	韦氏硬度HW
						A	A_{50mm}			
				不小于						
6005	T5		≤6.3	260	240	—	8	—	—	—
	T6	实心型材	≤5	270	225	—	6	—	—	—
			>5～10	260	215	—	6	—	—	—
			>10～25	250	200	8	6	—	—	—
		空心型材	≤5	255	215	—	6	—	—	—
			>5～15	250	200	8	6	—	—	—
6060	T5		≤5	160	120	—	6	—	—	—
			>5～25	140	100	8	6	—	—	—
	T6		≤3	190	150	—	6	—	—	—
			>3～25	170	140	8	6	—	—	—
6061	T4		所有	180	110	16	16	—	—	—
	T6		所有	265	245	8	8	—	—	—

续表 16-352

合金牌号	供应状态	壁厚(mm)	拉伸性能				硬度		
			抗拉强度(R_m)(N/mm²)	规定非比例延伸强度($R_{p0.2}$)(N/mm²)	断后伸长率(%)		试样厚度(mm)	维氏硬度HV	韦氏硬度HW
					A	A_{50mm}			
			不小于						
6063	T5	所有	160	110	8	8	0.8	58	8
	T6	所有	205	180	8	8	—	—	—
6063A	T5	≤10	200	160	—	5	0.8	65	10
		>10	190	150	5	5	0.8	65	10
	T6	≤10	230	190	—	5	—	—	—
		>10	220	180	4	4	—	—	—
6463	T5	≤50	150	110	8	6	—	—	—
	T6	≤50	195	160	10	8	—	—	—
6463A	T5	≤12	150	110	—	6	—	—	—
	T6	≤3	205	170	—	6	—	—	—
		>3~12	205	170	—	8	—	—	—

注:①硬度仅作参考。

②取样部位的公称壁厚小于 1.20mm 时,不测定断后伸长率。

4.铝合金建筑型材供货状态(基材)

1)型材按加工精度分为普通级、高精级和超高精级,订货时合同应注明。

2)长度

(1)要求定尺时,应在合同中注明。公称长度小于或等于 6m 时,允许偏差为+15mm;长度大于 6m 时,允许偏差由双方协商确定。

(2)以倍尺交货的型材,其总长度允许偏差为+20mm,需要加锯口余量时,应在合同中注明。

3)端头切斜度

端头切斜度不应超过 2°。

型材端头允许有因锯切产生的局部变形,其纵向长度不应超过 10mm。

4)外观质量

型材表面应整洁,不允许有裂纹、起皮、腐蚀或气泡等缺陷存在。

型材表面上允许有轻微的压坑、碰伤、擦伤存在,其允许深度见表 16-353;模具挤压痕的深度见表 16-354。装饰面要在图纸中注明,未注明时按非装饰面执行。

型材表面缺陷允许深度 表 16-353

状 态	缺陷允许深度,不大于(mm)	
	装饰面	非装饰面
T5	0.03	0.07
T4、T6	0.06	0.10

模具挤压痕的允许深度 表 16-354

合金牌号	模具挤压痕深度,不大于(mm)
6005、6061	0.06
6060、6063、6063A、6463、6463A	0.03

(二)铝合金建筑型材——再加工型材

铝合金建筑型材横截面规格尺寸符合 YS/T 436 的规定或以供需双方签订的技术图样确定。

表 16-355

项目			型材名称						
			阳极氧化型材(GB 5237.2—2008)				电泳涂漆型材(GB 5237.3—2008)		
			指标						
型材定义			阳极氧化、电解着色或有机着色热挤压型材				阳极氧化和电泳涂漆复合处理热挤压型材		
膜厚	厚度级别		AA10	AA15	AA20	AA25	A	B	S
膜厚	平均厚度	μm ≥	10	15	20	24	—	—	—
膜厚	氧化膜局部	μm ≥	8	12	16	20	9		6
膜厚	漆膜局部	μm ≥	—	—	—	—	12	7	15
膜厚	复合膜局部	μm ≥	—	—	—	—	21	16	21
漆膜类型或表面处理方式			阳极氧化、阳极氧化+电解着色、阳极氧化+有机着色				有光或哑光透明漆		有光或哑光有色漆
典型用途			室内外建筑或车辆部件	室外苛刻环境下建筑部件				室外建筑或车辆部件	
封孔质量			硝酸预浸的磷铬酸试验,质量损失≤30mg/dm²				—	—	—
耐盐雾腐蚀 CASS	试验时间(h)		16	24	48	48	48	24	48
耐盐雾腐蚀 CASS	保护等级		≥9 级				≥9.5 级		
耐磨性	(落砂量 g)		—	—	—	—	≥3 300	≥3 000	≥2 400
耐磨性	磨耗系数 f(g/μm)		≥300				—	—	—
漆膜硬度(铅笔划痕)			—	—	—	—	3H		≥1H
漆膜干、湿附着性			—	—	—	—	0 级		
耐沸水性			—	—	—	—	应无皱纹、裂纹、气泡、脱落或变色现象		
耐盐酸性			—	—	—	—	试验后,复合膜表面无气泡或明显变化		
耐碱性			—	—	—	—	试验后,保护等级(R)≥9.5 级		
耐砂浆性			—	—	—	—	试验后,复合膜表面无脱落或明显变化		
耐溶剂性			—	—	—	—	试验后,铅笔硬度差值≤1H		
耐洗涤剂性			—	—	—	—	试验后,复台膜表面无气泡、脱落或明显变化		
耐湿热性			—	—	—	—	复合膜经 4 000h 湿热试验后,变化≤1 级		
加速耐候性	Ⅳ	氙灯照射试验时间 4 000h	—	—	—	—	粉化程度 0 级	光泽保持率 ≥80%	变色程度 ≤1 级
加速耐候性	Ⅲ	2 000h	—	—	—	—			
加速耐候性	Ⅱ	1 000h	—	—	—	—			
加速耐候性	313B 荧光紫外灯照射		电解着色膜变色应至少达到 1 级,有机着色膜变色应至少达到 2 级				— / —	— / —	— / —
外观质量			表面不允许有电灼伤、氧化膜脱落等缺陷,但距型材端头 80mm 以内允许局部无膜				漆膜应均匀、整洁,不允许有皱纹、裂纹、气泡、流痕、夹杂物、发黏或漆膜脱落,但距型材端头 80mm 以内允许局部无膜		

续表 16-355

项　目			型材名称					
			粉末喷涂型材(GB 5237.4—2008)			氟碳漆喷涂型材(GB 5237.5—2008)		
			指标					
型材定义			热固性有机聚合物粉末作涂层的热挤压型材			聚偏二氟乙烯漆作涂层的热挤压型材		
涂层漆膜厚度	涂层数		装饰面涂层最小局部厚度≥40			二涂(底漆+面漆)	三涂(底漆+面漆+清漆)	四涂(底漆+阻挡漆+面漆+清漆)
	局部膜厚	μm ≥				25	34	55
	平均膜厚					30	40	65
非装饰面			如需要喷涂漆,应在合同注明					
60°光泽值(光泽单位)			3～30,±5	31～70,±7	71～100,±10	按合同规定,±5		
硬度			涂层抗压痕性≥80			铅笔划痕试验,硬度≥1H		
涂层漆膜干、湿和沸水附着性			0级					
耐冲击性			经冲击试验,涂层无开裂无脱落现象			允许微小裂纹,但黏胶带上无粘落的涂层		
抗杯突性			经杯突试验,涂层无开裂无脱落现象			—	—	—
抗弯曲性			经抗弯曲试验,涂层无裂纹无脱落现象			—	—	—
耐磨性(落砂试验)			磨耗系数≥0.8 L/μm			磨耗系数≥16 L/μm		
耐沸水性			应无脱落、起皱现象,允许非常微小的气泡存在,并允许颜色和光泽稍有变化			—		
耐盐酸性			经试验后,涂层表面不应有气泡或其他明显变化					
耐硝酸性(单层涂层)			—	—	—	试验后,颜色变化 ΔE_{ab}≤5		
耐砂浆性			经试验后,涂层表面不应有脱落或其他明显变化					
耐溶剂性			试验结果为3级或4级			经试验后,涂层应无软化及其他明显变化		
耐洗涤剂性			经试验后,涂层表面应无起泡、脱落或其他明显变化					
耐湿热性			1 000h湿热试验后,涂层表面应无起泡、脱落或其他明显变化			4 000h湿热试验后,变化≤1级		
耐盐雾腐蚀			1 000h乙酸盐雾试验后,涂层表面应无起泡、脱落或其他明显变化,划痕两侧膜下单边渗透腐蚀宽度≤4mm			4 000h中性盐雾试验后,划线两侧膜下单边渗透腐蚀宽度≤2mm,划线两侧2mm以外部分的涂层不应有腐蚀现象		
氙灯照射加速耐候性	等级	试验时间	变色程度	光泽保持率		—	—	—
	Ⅰ	1 000h	ΔE_{ab}≤5	>50%		—	—	—
	Ⅱ	1 000h	ΔE_{ab}≤2.5	>90%		—	—	—
	2 000h氙灯照射		—	—	—	粉化现象0级;光泽保持率≥85%;变色程度至少达到1级		
外观质量			装饰面涂层应平滑、均匀,不允许有皱纹、裂纹、气泡、流痕等缺陷,允许有轻微的橘皮现象,程度由双方商定			装饰面涂层应平滑、均匀,不允许有皱纹、气泡、流痕、脱落等影响使用的缺陷		

注:①电泳涂漆型材和粉末喷涂型材的耐候性等级由需方选定,无要求时,粉末喷涂型材按Ⅰ级供货,电泳涂漆型材按Ⅱ级供货。
②需方要求自然耐候性时,其试验条件和验收标准由双方商定。
③颜色、色差应与供需双方商定基本一致。
④粉末喷涂型材的黑色、黄色、橙色等鲜艳色涂层的加速耐候性的试验时间和结果由供需双方商定。

(三)铝合金建筑型材——隔热型材(GB 5237.6—2012)

铝合金隔热型材再加工型材按复合方式分为穿条式隔热型材和浇注式隔热型材两类。

穿条式——通过开齿、穿条、滚压工序将条形隔热材料穿入铝合金型材穿条槽口内并被型材牢固咬合。

浇注式——是把液态隔热材料注入型材浇注槽内并固化。

型材产品横截面图样符合 YS/T 436 的规定，或由供需双方另行商定，见图 16-76 和表 16-359。

1. 隔热型材示意图

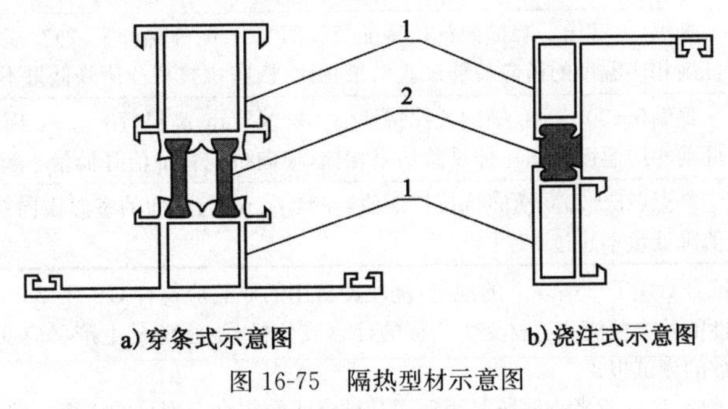

图 16-75 隔热型材示意图

1-铝合金型材；2-隔热材料

2. 穿条式隔热型材的性能

表 16-356

试验项目	试验结果						
	纵向抗剪特征值(N/mm)			横向抗拉特征值(N/mm)			隔热型材变形量平均值(mm)
	室温(23±2)℃	低温(−20±2)℃	高温(80±2)℃	室温(23±2)℃	低温(−20±2)℃	高温(80±2)℃	
纵向剪切试验	≥24			—	—	—	—
横向拉伸试验	—			≥24	—	—	—
高温持久荷载横向拉伸试验	—	—	—	—	≥24		≤0.6

注：①经供需双方商定，可不进行除室温纵向抗剪特征值以外的其他性能试验。对于这些不进行试验的性能，允许根据相似产品进行推断，而相似产品的性能试验结果应符合表中规定。

②需方对产品抗扭性能、产品室温、低温、高温弹性系数特性值(C_{1cR}、C_{1cL}、C_{1cH})以及产品的蠕变系数(A_2)有要求时，可供需双方商定，并在订货单(或合同)中注明。

3. 浇注式隔热型材的性能

表 16-357

试验项目		试验结果[a]						
		纵向抗剪特征值(N/mm)			横向抗拉特征值(N/mm)			隔热材料变形量平均值(mm)
		室温(23±2)℃	低温(−30±2)℃	高温(70±2)℃	室温(23±2)℃	低温(−30±2)℃	高温(70±2)℃	
纵向剪切试验		≥24			—	—	—	—
横向拉伸试验		—			≥24		≥12	—
热循环试验	60次热循环[b]	≥24	—	—	—	—	—	≤0.6
	90次热循环[c]							

注：①[a] 经供需双方商定，可不进行除室温纵向抗剪特征值以外的其他性能试验。对于这些不进行试验的性能，允许根据相似产品进行推断，而相似产品的性能试验结果应符合表中规定。

②[b] Ⅰ级原胶浇注的隔热型材进行 60 次热循环。

③[c] Ⅱ级原胶浇注的隔热型材进行 90 次热循环。

④需方对抗扭性能有要求时，可供需双方商定。

4. 隔热型材的外观质量

穿条型材复合部位允许涂层有轻微裂纹，但不允许铝基材有裂纹。

浇注型材的隔热材料表面应光滑、色泽均匀,去除金属临时连接桥时,切口应规则、平整。

5. 隔热型材用聚酰胺隔热条和聚氨酯隔热胶的性能要求

表 16-358

试验项目	复合方式	试验结果
水中浸泡试验	穿条式	低温(−20±2)℃横向抗拉特征值≥24N/mm、高温(80±2)℃横向抗拉特征值≥24N/mm,分别与此前相应温度的横向拉伸试验结果相比,横向抗拉特征值降低量不超过 30%
	浇注式	低温(−30±2)℃横向抗拉特征值≥24N/mm、高温(70±2)℃横向抗拉特征值≥12N/mm,分别与此前相应温度横向拉伸试验结果相比,横向抗拉特征值降低量不超过 30%
湿热试验	穿条式浇注式	室温(23±2)℃横向抗拉特征值≥24N/mm,与此前的室温横向拉伸试验结果相比,横向抗拉特征值降低量不超过 30%

注:①穿条型材用的隔热条应符合 GB/T 23615.1 的规定,浇注型材用的原胶应符合 GB/T 23615.2 的规定。

②为保证浇注型材的高温性能并方便浇注型材受力指标的计算或分析,浇注型材生产厂应要求原胶供应商提供隔热胶样板高温抗拉强度和线膨胀系数的测试报告。

③浇注型材生产厂选择原胶时,应注意考查原胶是否适用其被浇注的铝合金型材的表面处理方式,未知是否适用时,应按 GB/T 23615.2—2012 第 5.7 条规定的方法进行铝合金型材表面处理的适用性检验,应确保检验中得到的室温纵向抗剪特征值符合表 16-357 规定。

④穿条型材预期在低于−20℃环境下使用时,应注意考查隔热条的低温性能,低温性能试验结果应符合表 16-356 中低温(−20℃±2℃)性能规定。

(四)建筑门、窗、幕墙用铝合金型材(YS/T 436—2000)

YS/T 436 标准给出的建筑门、窗、幕墙用铝合金型材的牌号为 6063 铝合金 T5 状态。改用其他合金或状态,供需双方应另商定。

建筑门、窗、幕墙用铝合金型材从小到大,共 17 个系列。

1. 示意图图样(名称图号)的编号方法

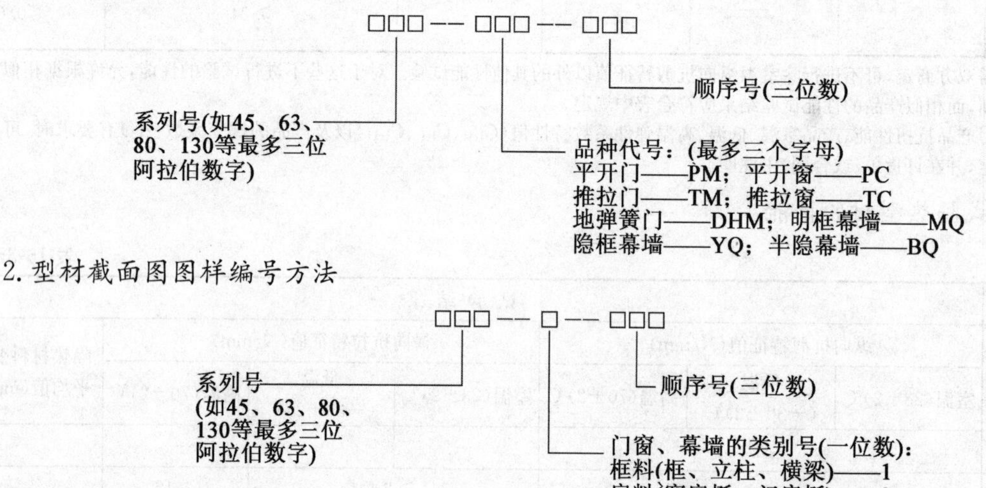

3. 图样说明

(1)每一种示意图编号表示一种门、窗或幕墙的示意图。

(2)每一种类型门、窗或幕墙组成所需要的型材均标注在示意图上,如需更换某种型材,由供需双方商定。

(3)每一种型材代号代表一种型材的标准截面图样。

(4)示意图样中,门、窗的外开扇为实线,内开扇为虚线。幕墙的明框为双细线,隐框为粗实线。

(5)示意图样中的#表示纱窗。

(6)对于在示意图上不能直接表示的芯管、角码、扣板、垫板等连接件型材,在示意图中剖面图上的该部位用 L 形表示,并拉出标注线,标注出该型材的代号。

(7)门、窗、幕墙的结构设计应关注×-×向、Y-Y 向与载荷方向保持一致。

(8)幕墙型材:立柱、芯套的壁厚均≥3mm。门型材:受力杆件壁厚≥2mm。窗型材:受力杆件壁厚≥1.2mm。

4.建筑铝合金门、窗、幕墙用型材示意图(YS/T 436—2000)

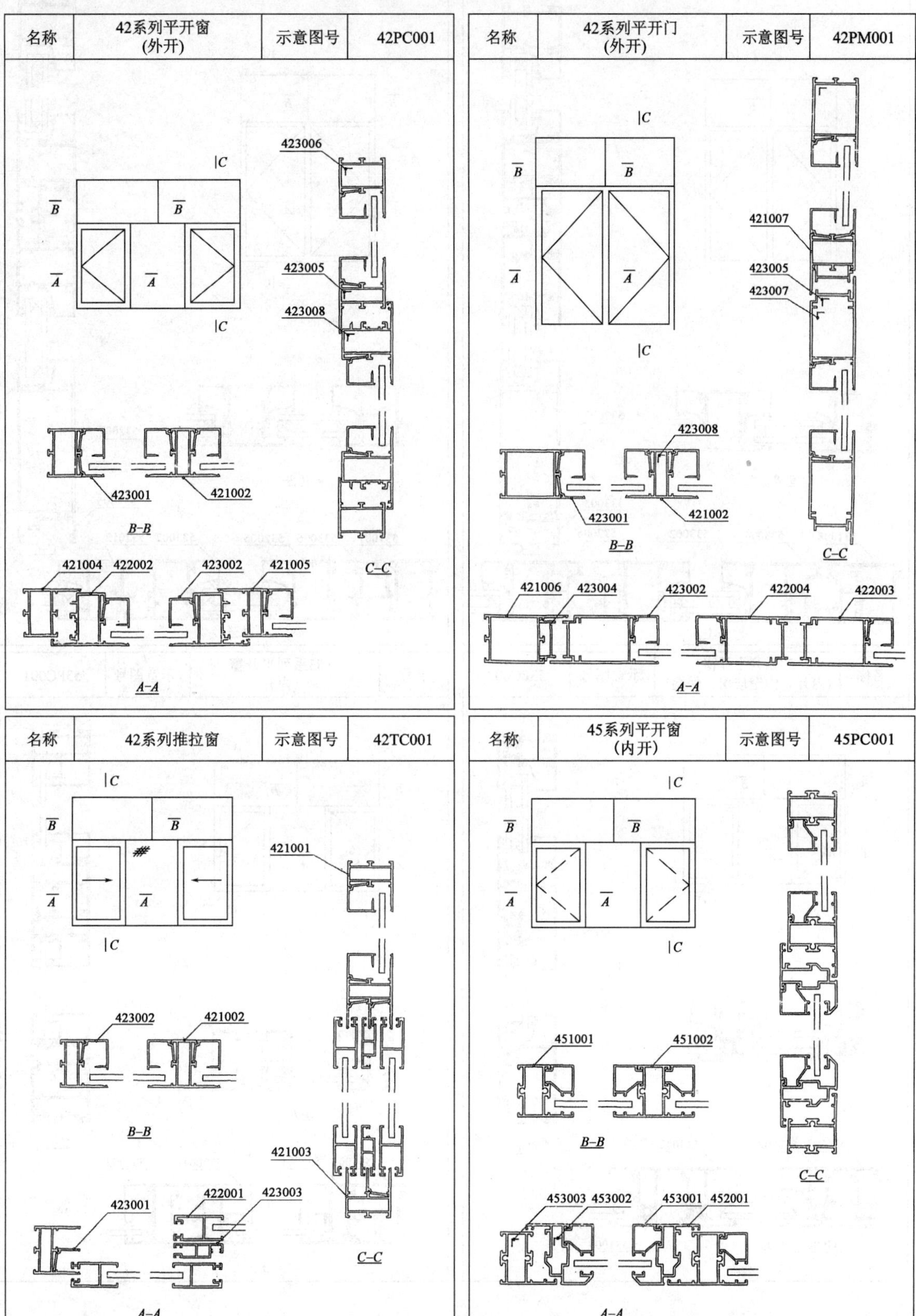

图 16-76

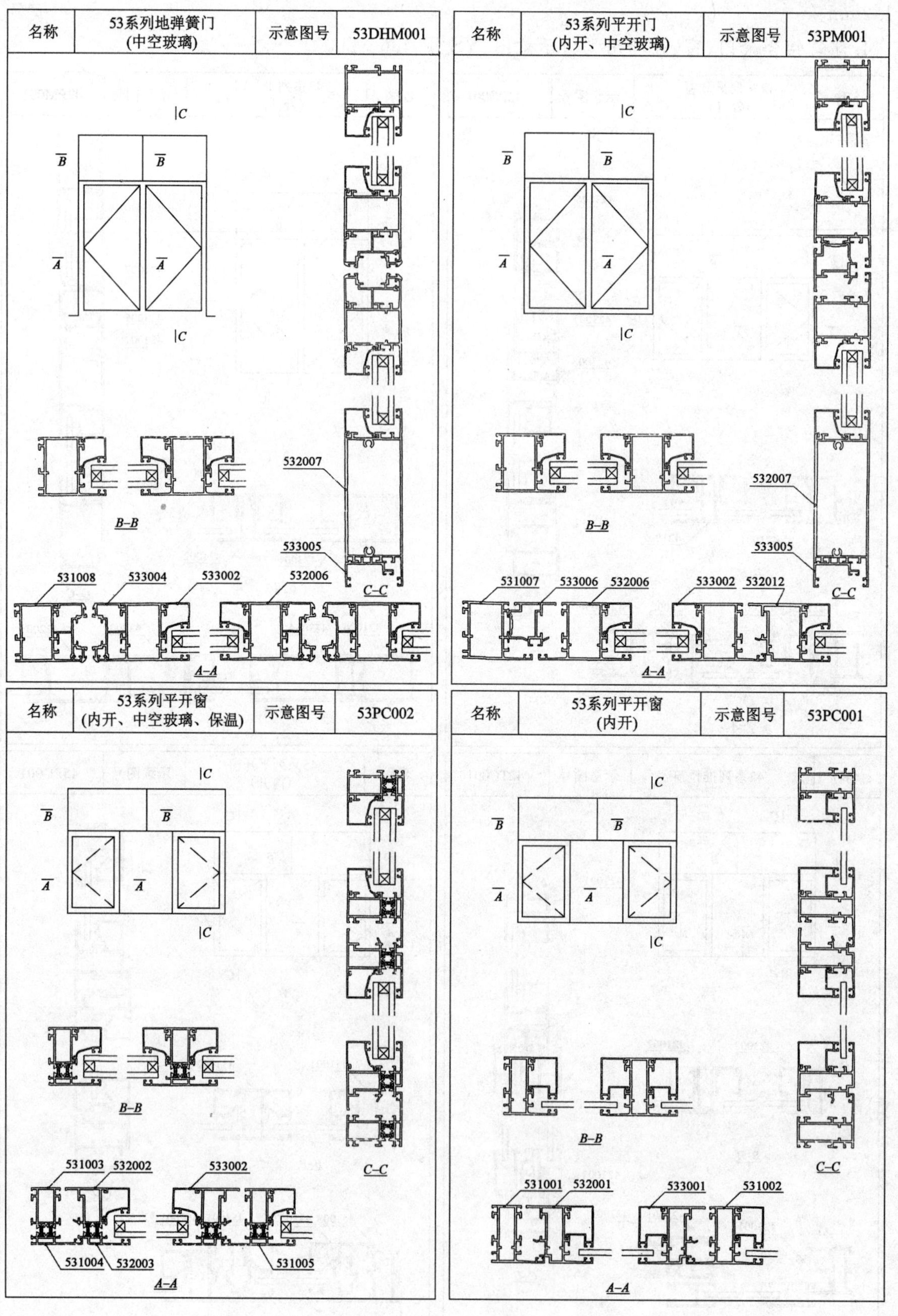

名称
53系列地弹簧门
(中空玻璃)
示意图号
53DHM001
B-B
C-C
A-A
532007
533005
531008
533004
533002
532006
名称
53系列平开门
(内开、中空玻璃)
示意图号
53PM001
532007
533005
531007
533006
532006
533002
532012
名称
53系列平开窗
(内开、中空玻璃、保温)
示意图号
53PC002
531003
532002
533002
531004
532003
531005
名称
53系列平开窗
(内开)
示意图号
53PC001
531001
532001
533001
531002

图 16-76

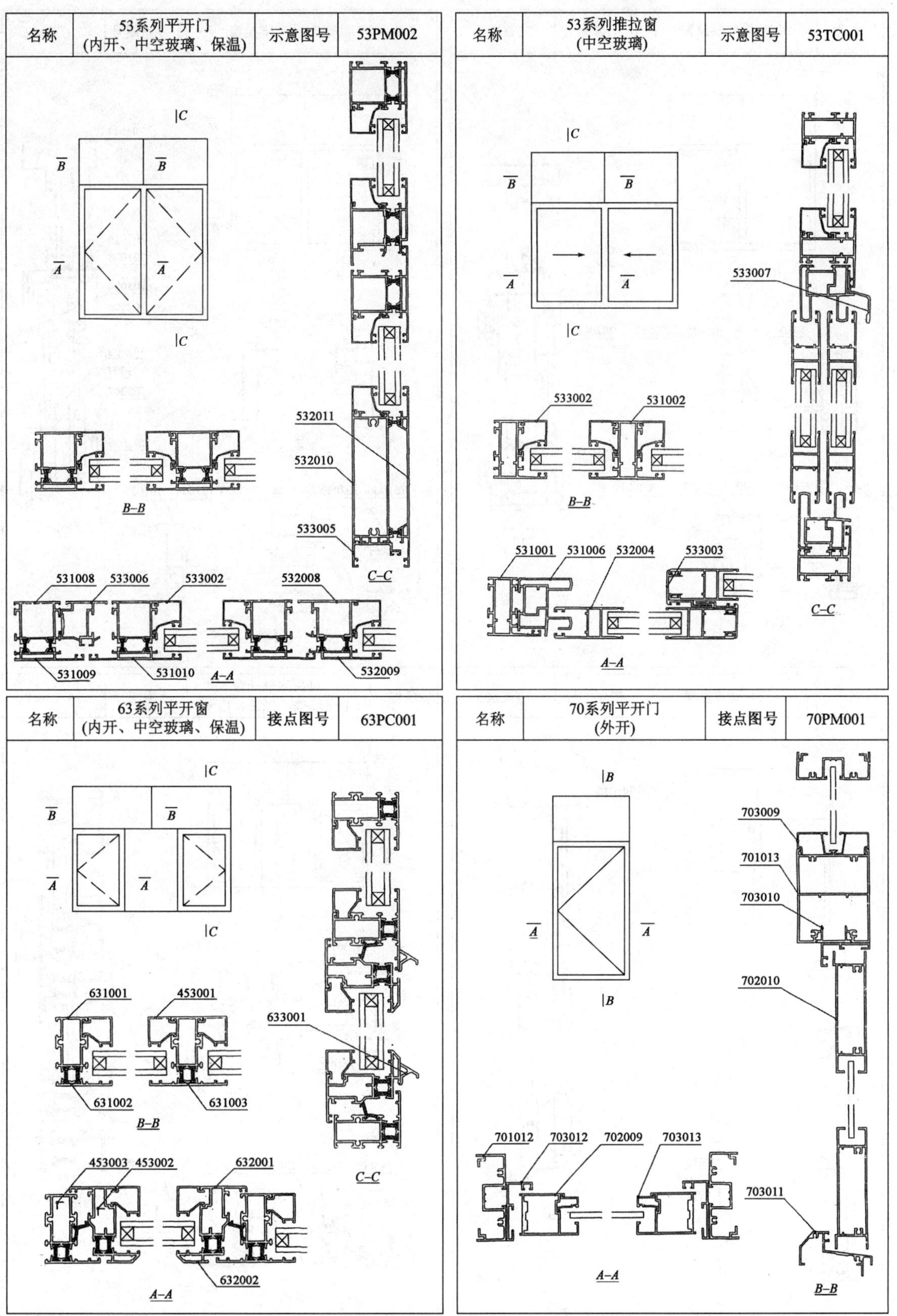
名称
53系列平开门
(内开、中空玻璃、保温)
示意图号
53PM002
B-B
C-C
A-A
532011
532010
533005
531008
533006
533002
532008
531009
531010
532009
名称
53系列推拉窗
(中空玻璃)
示意图号
53TC001
533007
533002
531002
B-B
531001
531006
532004
533003
A-A
C-C
名称
63系列平开窗
(内开、中空玻璃、保温)
接点图号
63PC001
631001
453001
631002
631003
B-B
633001
453003
453002
632001
632002
A-A
C-C
名称
70系列平开门
(外开)
接点图号
70PM001
703009
701013
703010
702010
701012
703012
702009
703013
A-A
703011
B-B

图　16-76

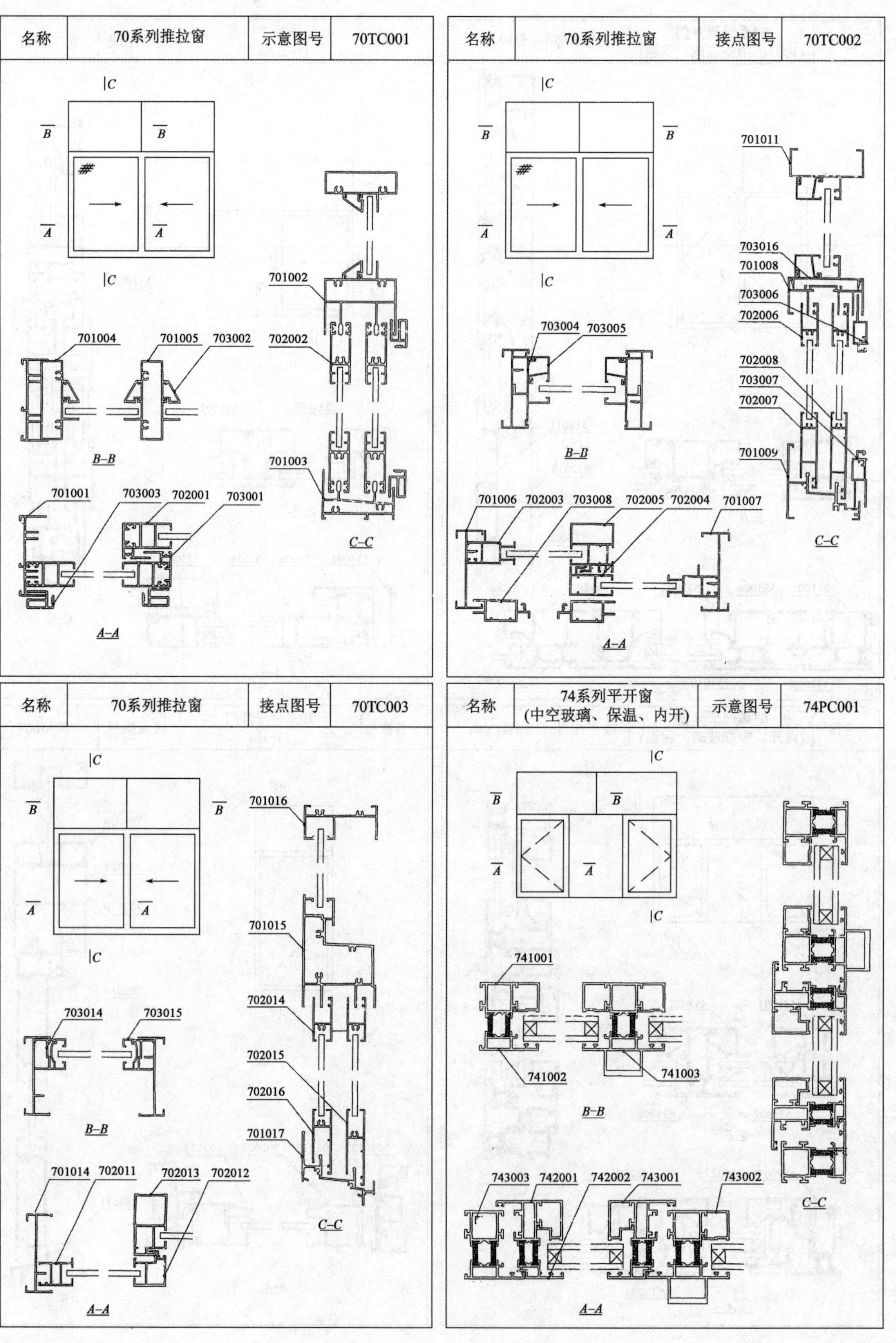

名称
70系列推拉窗
示意图号
70TC001
B–B
A–A
C–C
701002
701004
701005
703002
702002
701003
701001
703003
702001
703001
名称
70系列推拉窗
接点图号
70TC002
701011
703016
701008
703006
702006
703004
703005
702008
703007
702007
701009
701006
702003
703008
702005
702004
701007
名称
70系列推拉窗
接点图号
70TC003
701016
701015
702014
702015
702016
701017
703014
703015
701014
702011
702013
702012
名称
74系列平开窗
(中空玻璃、保温、内开)
示意图号
74PC001
741001
741002
741003
743003
742001
742002
743001
743002

图 16-76

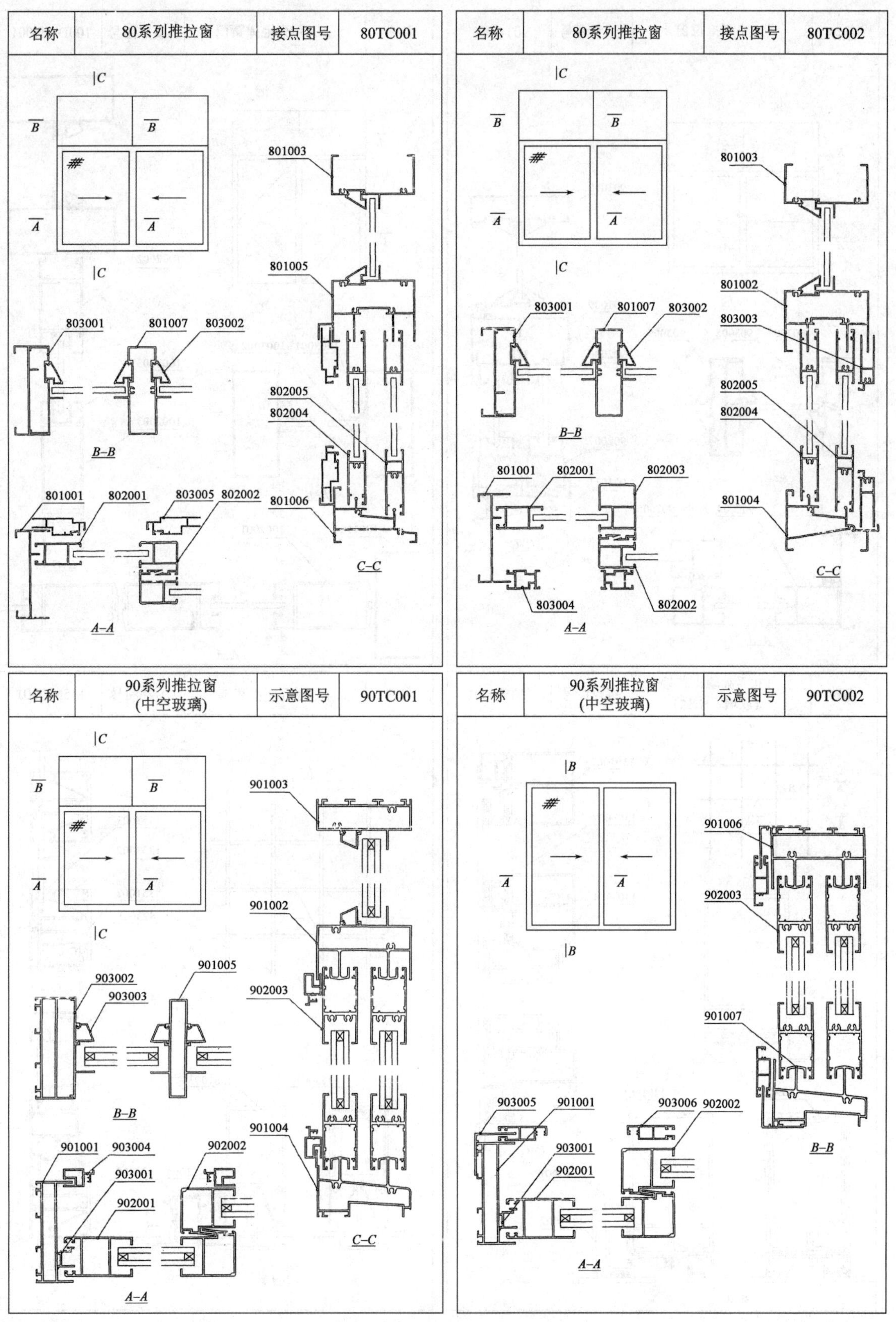
名称
80系列推拉窗
接点图号
80TC001
801003
801005
803001
801007
803002
B–B
802005
802004
801001
802001
803005
802002
801006
A–A
C–C
名称
80系列推拉窗
接点图号
80TC002
801003
801002
803003
803001
801007
803002
B–B
802005
802004
801001
802001
802003
801004
803004
802002
A–A
C–C
名称
90系列推拉窗
(中空玻璃)
示意图号
90TC001
901003
901002
901005
903002
903003
902003
B–B
901004
901001
903004
902002
903001
902001
A–A
C–C
名称
90系列推拉窗
(中空玻璃)
示意图号
90TC002
901006
902003
901007
903005
901001
903006
902002
903001
902001
B–B
A–A

图 16-76

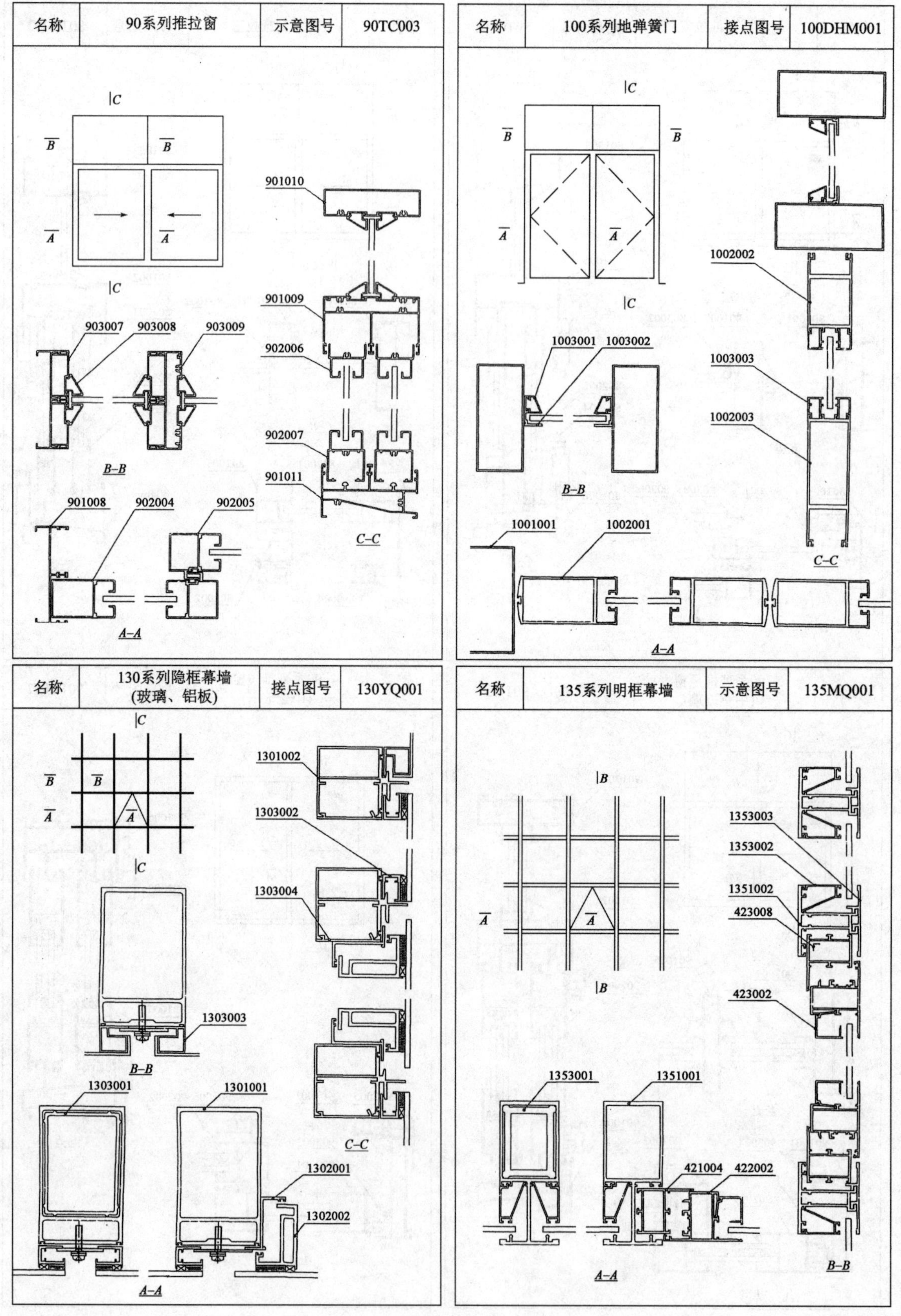
名称
90系列推拉窗
示意图号
90TC003
C
B
A
901010
901009
902006
902007
901011
903007
903008
903009
B–B
901008
902004
902005
A–A
C–C
名称
100系列地弹簧门
接点图号
100DHM001
1002002
1003001
1003002
1003003
1002003
B–B
1001001
1002001
A–A
C–C
名称
130系列隐框幕墙
(玻璃、铝板)
接点图号
130YQ001
1301002
1303002
1303004
1303003
B–B
1303001
1301001
1302001
1302002
A–A
C–C
名称
135系列明框幕墙
示意图号
135MQ001
1353003
1353002
1351002
423008
423002
1353001
1351001
421004
422002
A–A
B–B

图 16-76

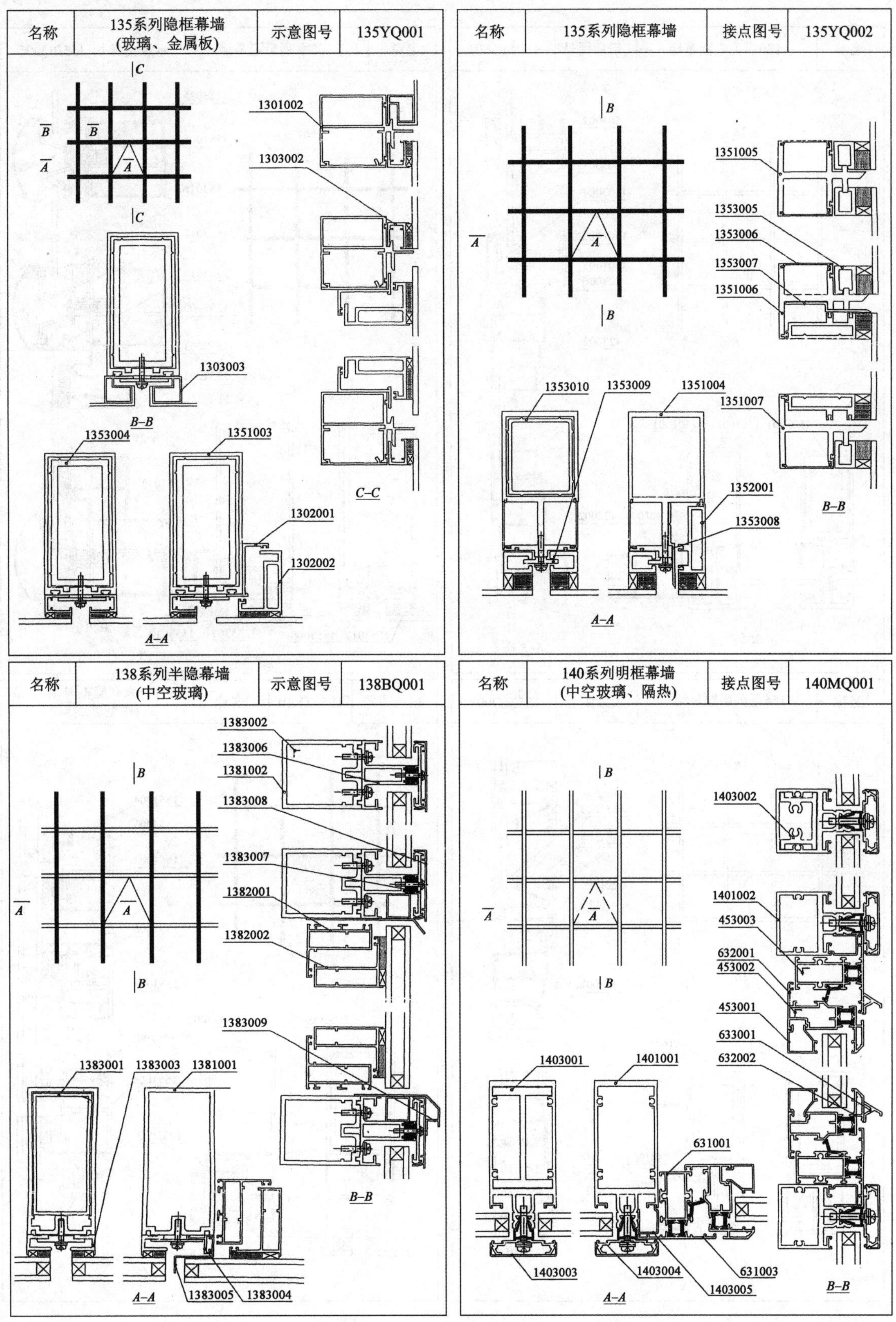
名称
135系列隐框幕墙
(玻璃、金属板)
示意图号
135YQ001
C
B
B
A
A
C
1301002
1303002
1303003
B–B
1353004
1351003
1302001
1302002
A–A
C–C
名称
135系列隐框幕墙
接点图号
135YQ002
B
A
A
B
1351005
1353005
1353006
1353007
1351006
1353010
1353009
1351004
1351007
1352001
1353008
A–A
B–B
名称
138系列半隐幕墙
(中空玻璃)
示意图号
138BQ001
1383002
1383006
1381002
1383008
1383007
1382001
1382002
1383009
B
A
A
B
1383001
1383003
1381001
1383005
1383004
A–A
B–B
名称
140系列明框幕墙
(中空玻璃、隔热)
接点图号
140MQ001
B
A
A
B
1403002
1401002
453003
632001
453002
453001
633001
632002
1403001
1401001
631001
1403003
1403004
631003
1403005
A–A
B–B

图 16-76

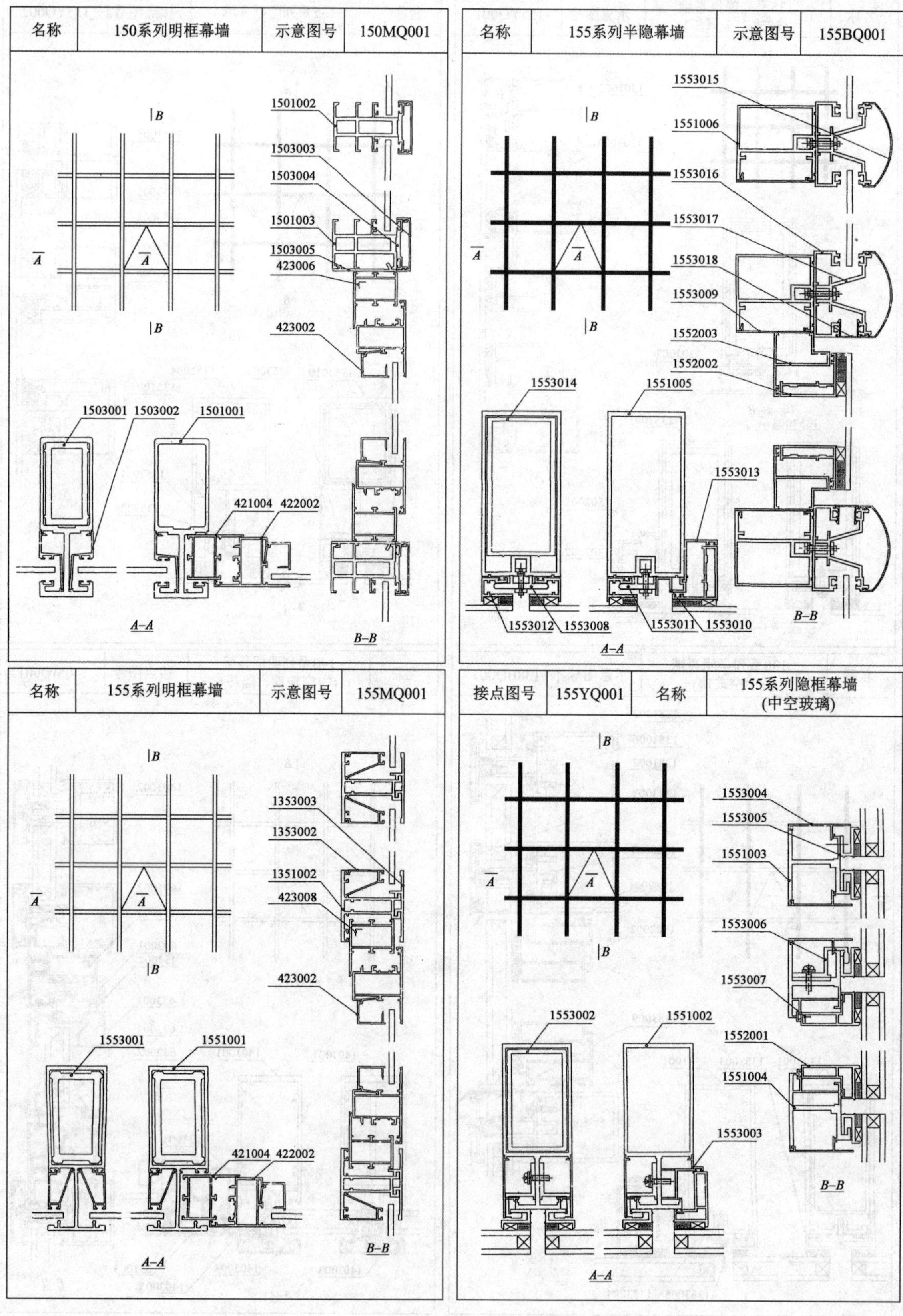
名称
150系列明框幕墙
示意图号
150MQ001
1501002
1503003
1503004
1501003
1503005
423006
423002
1503001 1503002 1501001
421004 422002
A–A
B–B
名称
155系列半隐幕墙
示意图号
155BQ001
1553015
1551006
1553016
1553017
1553018
1553009
1552003
1552002
1553014
1551005
1553013
1553012 1553008
1553011 1553010
A–A
B–B
名称
155系列明框幕墙
示意图号
155MQ001
1353003
1353002
1351002
423008
423002
1553001
1551001
421004 422002
A–A
B–B
接点图号
155YQ001
名称
155系列隐框幕墙
(中空玻璃)
1553004
1553005
1551003
1553006
1553007
1552001
1551004
1553002
1551002
1553003
A–A
B–B

图 16-76

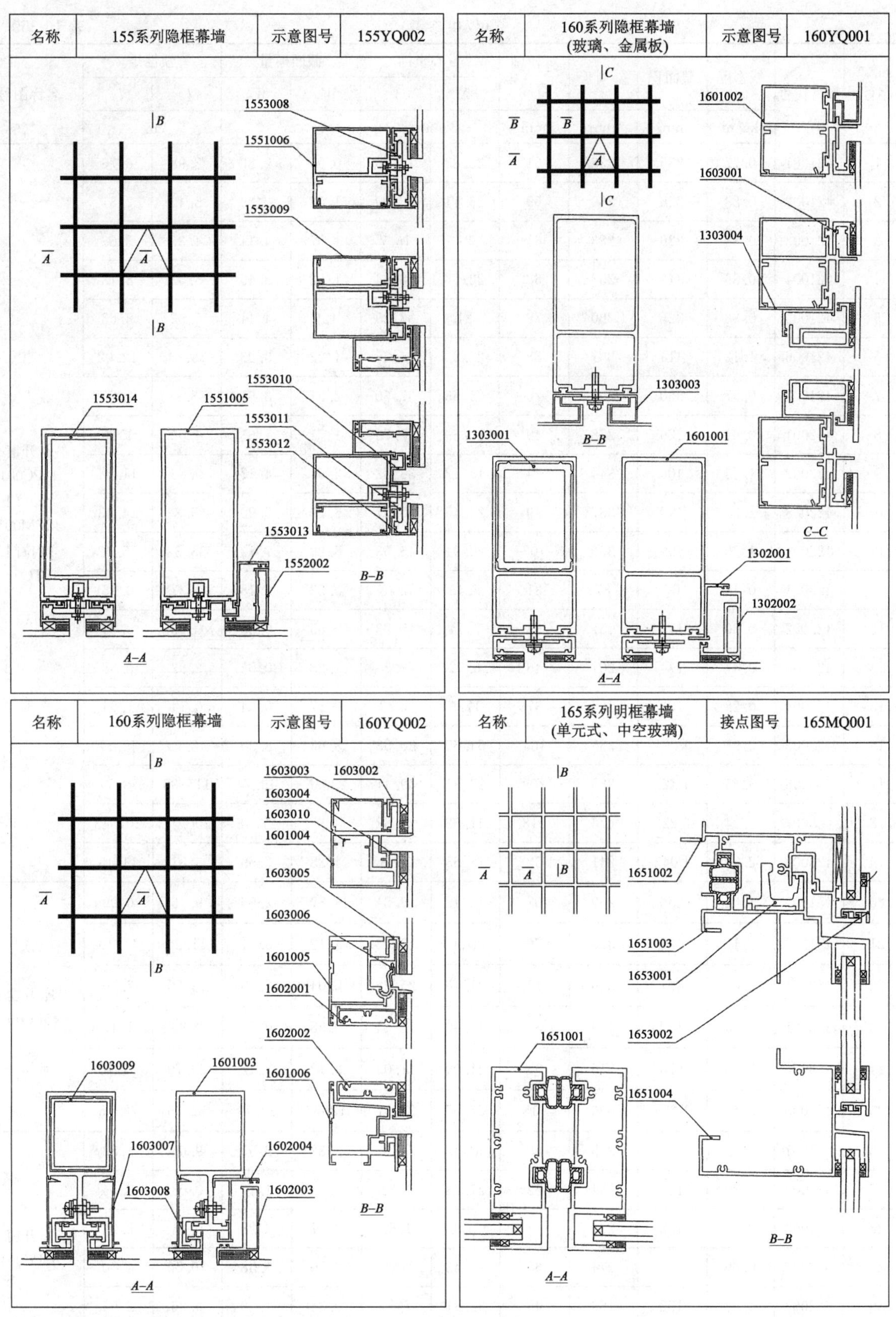

图 16-76　建筑铝合金门、窗、幕墙用型材

5. 建筑铝合金门、窗、幕墙用型材的技术参数(YS/T 436—2000)

(仅供参考)　　表16-359

序号	型材代号	线密度	截面积	外周长	外接圆直径	重心坐标		截面模量		惯性矩		名称图号
						X	Y	W_x	W_y	I_x	I_y	
		kg/m	mm^2	mm	mm	mm		cm^3		cm^4		
1	421001	0.77	285	238	61	23.88	14.36	0.99	2.83	2.98	6.76	平开窗 42PC001 平开门 42PM001 推拉门 42TC001
2	421002	0.88	326	280	69	26.11	33.19	1.63	2.99	5.42	7.81	
3	421003	0.88	326	283	61	21	16.7	1.57	4.11	4.35	8.63	
4	421004	0.86	318	253	68	23.58	18.84	1.62	3.45	5.52	8.13	
5	421005	0.88	325	280	79	21	33.25	1.6	4.11	5.32	8.63	
6	421006	1.12	414	301	88	22.99	31.25	4.22	5.23	19.31	12.02	
7	421007	0.97	360	297	76	25.63	37.50	2.37	3.61	8.9	9.25	
8	422001	0.61	226	278	49	10.69	20.73	1.71	1.63	4.08	1.85	
9	422002	1.10	406	344	74	18.12	33.82	2.54	4.17	9.68	11.84	
10	422003	1.35	499	337	99	24.45	45.51	6.23	5.90	33.33	14.43	
11	422004	1.35	499	336	107	20.91	45.53	6.23	7.12	33.33	15.02	
12	423001	0.18	67	87	31	5.43	8.48	0.22	0.18	0.37	0.25	
13	423002	0.30	113	157	33	9.74	15.83	0.63	0.50	0.99	0.81	
14	423003	0.47	174	201	46	6.92	22.78	1.28	0.55	2.92	0.38	
15	423004	0.28	103	126	37	17.9	8.28	0.17	0.94	0.14	1.74	
16	423005	2.95	1 091	335	104	54.69	20.53	8.63	8.39	46.99	45.87	
17	423006	3.85	1 427	380	109	20.81	49.41	23.35	13.74	115.36	79.11	
18	423007	5.94	2 222	476	218	41.62	70.62	46.70	27.48	200.42	201.43	
19	423008	2.82	1 043	241	52	18.65	15.6	4.38	7.59	9.81	14.18	
20	451001	1.04	386	269	68	18.43	19.81	3.87	2.06	9.75	6.90	平开窗 45PC001
21	451002	1.17	435	326	76	37.0	17.73	4.12	3.01	11.24	11.13	
22	452001	1.08	401	326	77	31.46	25.22	5.04	2.45	13.50	7.70	
23	453001	0.25	130	179	35	14.50	16.44	0.58	0.77	0.95	1.15	
24	453002	2.36	873	316	98	21.09	21.09	8.12	8.12	39.70	39.70	
25	453003	3.47	1 284	506	118	27.57	27.57	12.77	12.77	72.05	72.05	
26	631001	1.0	370	255	56	15.0	24.72	3.82	2.55	9.66	3.83	平开窗 63PC001
27	631002	0.39	143	164	52	27.73	1.81	0.06	1.17	0.03	3.24	
28	631003	0.52	192	221	74	37.0	1.69	0.07	2.23	0.04	8.24	
29	632001	0.99	365	274	65	28.43	21.43	3.70	1.58	10.56	4.50	
30	632002	0.52	192	163	45	22.81	7.54	0.34	1.28	0.26	2.93	
31	633001	0.22	81	81	24	10.76	10.58	0.16	0.21	1.70	2.26	

续表 16-359

序号	型材代号	线密度	截面积	外周长	外接圆直径	重心坐标		截面模量		惯性矩		名称图号
						X	Y	W_x	W_y	l_x	l_y	
		kg/m	mm^2	mm	mm	mm		cm^3		cm^4		
32	531001	1.08	398	349	73	17.16	23.62	4.86	1.72	14.27	5.67	地弹簧门 53DHM001 平开窗 53PC001 平开窗 53PC002 平开门 53PM001 平开门 53PM002 推拉窗 53TC001
33	531002	1.22	452	422	79	36.0	21.42	5.15	2.58	16.26	9.29	
34	531003	0.66	245	240	45	14.0	20.11	2.07	1.40	4.16	1.97	
35	531004	0.45	166	198	51	20.56	3.96	0.23	1.08	0.19	3.19	
36	531005	0.56	208	257	72	36.0	3.39	0.25	1.95	0.21	7.04	
37	531006	1.29	479	317	70	23.13	22.76	4.05	4.43	11.48	13.22	
38	531007	1.24	460	380	84	24.87	24.09	6.24	3.56	18.05	14.28	
39	531008	0.84	311	273	55	21.5	20.06	2.86	3.04	5.73	6.54	
40	531009	0.57	210	229	66	28.17	3.90	0.28	1.86	0.22	6.86	
41	531010	0.67	249	291	87	43.53	3.38	0.29	2.93	0.24	12.75	
42	532001	1.16	428	365	82	34.5	25.76	5.74	2.10	15.64	7.26	
43	532002	0.71	262	242	53	24.22	20.38	2.36	1.13	4.82	2.74	
44	532003	0.41	152	185	51	22.38	4.38	0.23	0.98	0.17	2.71	
45	532004	0.82	302	330	71	31.64	14.0	2.99	2.79	4.19	9.54	
46	532005	0.88	327	357	71	34.10	14.0	3.16	3.54	4.42	12.06	
47	532006	1.38	509	452	90	43.50	21.99	6.49	4.61	20.11	20.05	
48	532007	2.46	913	603	163	28.35	81.25	24.62	14.71	200.02	41.71	
49	532008	0.83	308	274	66	31.30	19.8	3.0	2.47	5.93	7.74	
50	532009	0.52	194	216	66	30.02	4.22	0.27	1.67	0.20	5.82	
51	532010	1.56	578	420	123	17.61	59.25	17.55	5.45	103.99	11.0	
52	532011	1.09	403	518	163	9.32	81.25	11.40	0.30	92.6	0.28	
53	532012	1.31	485	395	94	36.2	25.86	7.14	4.04	19.38	16.88	
54	533001	0.31	113	219	44	8.91	18.93	1.06	0.48	2.03	0.84	
55	533002	0.25	94	180	40	10.75	18.30	0.51	0.48	0.93	0.75	
56	533003	0.40	148	215	52	30.67	22.31	0.70	0.64	1.56	1.96	
57	533004	0.67	248	316	59	23.37	20.83	0.77	2.52	1.61	7.76	
58	533005	0.40	149	205	48	17.73	16.92	0.38	1.20	0.65	3.24	
59	533006	0.78	288	249	55	20.23	22.64	2.30	1.67	5.21	4.26	
60	533007	0.29	108	129	50	12.25	21.0	0.69	0.63	1.71	0.77	

续表 16-359

序号	型材代号	线密度	截面积	外周长	外接圆直径	重心坐标		截面模量		惯性矩		名称图号
						X	Y	W_x	W_y	l_x	l_y	
		kg/m	mm^2	mm	mm	mm		cm^3		cm^4		
61	701001	0.63	233	351	77	8.28	36.22	4.09	0.45	14.86	0.72	
62	701002	1.36	504	467	87	35.32	30.18	4.24	8.11	15.19	28.64	
63	701003	1.12	415	356	83	33.27	16.36	1.58	6.30	4.52	23.09	
64	701004	0.76	283	232	73	35.84	12.77	1.06	4.01	2.46	14.36	
65	701005	0.86	318	285	72	36.53	26.73	1.34	4.14	3.59	15.11	
66	201006	0.47	175	293	74	33.74	10.75	0.45	3.47	0.65	12.56	
67	701007	0.44	162	294	74	35.99	10.82	0.43	3.19	0.61	11.49	
68	701008	0.71	265	448	76	34.0	16.75	1.05	4.53	1.75	16.30	
69	701009	0.82	304	456	96	28.98	23.88	1.81	4.42	7.62	18.14	
70	701010	0.60	222	226	71	35.0	13.05	0.45	3.35	0.60	11.72	
71	701011	0.57	210	348	74	34.17	22.12	1.14	3.50	2.60	12.53	
72	701012	0.87	322	413	74	35.0	9.66	1.42	5.25	2.18	18.36	
73	701013	1.90	702	593	110	35.0	43.97	13.21	14.30	58.08	50.05	
74	701014	0.48	179	276	74	10.51	35.92	3.38	0.35	12.16	0.51	平开门 70PM001 推拉窗 70TC001 推拉窗 70TC002 推拉窗 70TC003
75	701015	1.93	717	553	122	40.93	45.85	10.16	9.77	55.03	39.99	
76	701016	0.73	272	383	76	37.96	16.8	1.14	4.41	1.92	16.72	
77	701017	0.83	306	391	89	40.44	27.23	1.54	4.28	5.86	17.32	
78	702001	0.57	210	243	49	23.57	11.30	1.55	1.44	1.75	3.40	
79	702002	0.68	250	333	58	10.0	27.86	2.36	1.62	6.58	1.62	
80	702003	0.50	184	242	49	22.15	10.91	0.61	1.34	1.25	3.07	
81	702004	0.48	179	211	48	23.44	14.15	1.01	1.21	1.43	2.83	
82	702005	0.80	295	302	62	18.86	25.33	2.96	2.55	7.49	5.40	
83	702006	0.35	130	220	41	8.12	18.21	0.77	0.64	1.49	0.52	
84	702007	0.56	208	257	69	7.16	36.13	2.16	1.03	7.81	0.86	
85	702008	0.56	209	279	79	7.18	40.75	2.55	1.09	10.39	0.91	
86	702009	0.83	307	215	60	19.16	18.12	2.52	2.30	4.56	7.09	
87	702010	1.33	491	363	114	53.35	17.33	4.28	10.82	7.41	61.29	
88	702011	0.40	147	187	41	17.38	14.36	0.77	0.74	1.10	1.28	
89	702012	0.46	171	197	40	16.97	17.12	1.02	0.93	1.75	1.58	
90	702013	0.77	287	224	62	13.57	28.80	3.20	2.06	9.21	3.39	

续表 16-359

序号	型材代号	线密度	截面积	外周长	外接圆直径	重心坐标		截面模量		惯性矩		名称图号
						X	Y	W_x	W_y	I_x	I_y	
		kg/m	mm^2	mm	mm	mm		cm^3		cm^4		
91	702014	0.38	142	236	43	8.76	18.03	0.78	0.82	1.64	0.76	平开门 70PM001 推拉窗 70TC001 70TC002 70TC003
92	702015	0.48	178	297	61	8.19	33.71	1.34	1.02	4.51	1.0	
93	702016	0.54	201	336	70	8.28	37.44	1.77	1.20	6.62	1.17	
94	703001	0.28	103	151	41	6.25	10.21	0.45	0.25	0.99	0.49	
95	703002	0.16	61	97	24	7.20	8.13	0.14	0.19	0.11	0.25	
96	703003	0.38	139	182	29	12.73	8.86	0.45	0.65	0.40	0.83	
97	703004	0.48	171	285	66	31.42	14.12	0.56	1.52	1.18	5.20	
98	703005	0.20	73	148	30	10.54	11.8	0.31	0.38	0.37	0.46	
99	703006	0.30	112	135	47	6.46	28.76	0.6	0.24	1.72	0.17	
100	703007	0.37	137	184	48	5.79	26.46	0.96	0.37	2.55	0.27	
101	703008	0.40	148	165	47	22.13	8.29	0.59	1.10	0.49	2.52	
102	703009	0.22	81	162	39	14.95	12.06	0.35	0.55	0.43	1.04	
103	703010	0.27	99	128	35	17.5	3.66	0.16	0.65	0.19	1.14	
104	703011	0.70	258	329	72	36.25	23.0	1.09	3.52	2.50	12.75	
105	703012	0.37	136	199	52	28.72	5.97	0.37	1.25	0.59	3.60	
106	703013	0.13	49	93	22	10.55	5.44	0.09	0.16	0.06	0.17	
107	703014	0.31	116	186	40	15.49	15.66	0.84	0.43	1.32	0.66	
108	703015	0.14	51	86	24	6.74	5.79	0.15	0.13	0.13	0.19	
109	703016	0.45	165	267	70	33.94	11.64	0.41	1.79	0.74	6.45	
110	741001	0.77	287	213	44	18.0	14.71	1.90	2.21	3.21	3.97	平开窗 74PC001
111	741002	0.64	237	213	56	31.30	5.81	0.57	1.80	0.65	5.64	
112	741003	1.47	543	323	76	38.0	17.63	3.78	4.02	8.27	15.29	
113	742001	0.98	362	295	57	28.22	16.95	2.82	1.48	6.52	4.18	
114	742002	0.51	188	176	46	18.71	10.54	0.46	1.06	0.49	2.68	
115	743001	0.40	149	176	40	16.77	16.92	0.45	1.23	0.76	2.24	
116	743002	0.32	119	141	34	12.0	16.47	0.41	0.91	0.67	1.27	
117	743003	6.03	2 234	291	90	24.69	45.10	18.02	17.82	81.27	80.21	

续表 16-359

序号	型材代号	线密度	截面积	外周长	外接圆直径	重心坐标		截面模量		惯性矩		名称图号
						X	Y	W_x	W_y	l_x	l_y	
		kg/m	mm²	mm	mm	mm		cm³		cm⁴		
121	801001	0.51	188	315	85	12.93	40.92	4.38	0.47	17.93	0.80	推拉窗 80TC001 推拉窗 80TC002
122	801002	1.24	460	481	96	38.6	33.3	4.03	8.64	13.97	34.48	
123	801003	0.64	238	388	86	38.93	21.72	1.30	5.32	3.45	21.06	
124	801004	0.99	367	418	97	34.62	25.47	2.35	5.34	6.72	28.83	
125	801005	1.33	493	535	106	48.68	31.96	4.28	8.52	15.42	41.45	
126	801006	0.92	340	405	100	41.11	21.2	1.78	4.54	5.11	22.95	
127	801007	0.87	323	282	82	25.5	40.23	4.72	1.68	18.98	4.29	
128	801008	0.78	288	461	86	38.26	21.07	1.33	5.56	2.79	22.37	
129	801009	1.19	441	410	101	36.94	38.24	4.95	6.76	19.44	34.92	
130	801010	1.48	547	595	118	36.98	42.16	7.04	8.69	32.98	44.86	
131	801011	0.86	320	514	97	46.74	20.21	1.52	6.18	3.07	28.88	
132	802001	0.43	158	189	47	20.6	9.77	1.07	1.18	1.07	2.61	
133	802002	0.62	230	219	45	15.21	11.08	1.47	1.24	2.86	2.45	
134	802003	0.84	310	257	60	15.79	21.10	3.26	2.16	9.42	4.14	
135	802004	0.44	163	266	52	8.30	22.83	1.26	0.94	3.30	0.82	
136	802005	0.55	203	286	61	8.39	27.28	1.73	1.16	5.46	1.00	
137	803001	0.46	169	281	81	14.45	40.81	2.97	0.34	12.13	0.55	
138	803002	0.13	49	101	24	8.02	7.80	0.11	0.17	0.09	0.21	
139	803003	0.43	161	201	52	8.06	28.5	1.13	0.57	3.23	0.46	
140	803004	0.34	127	149	35	15.51	8.22	0.57	0.70	0.49	1.09	
141	803005	0.31	114	223	51	7.23	27.39	0.88	0.41	2.42	0.33	
142	901001	1.18	438	373	98	45.8	12.68	1.45	9.91	3.23	45.40	推拉窗 90TC001 90TC002 90TC003
143	901002	1.92	713	609	101	44.46	38.53	5.54	13.70	21.36	60.91	
144	901003	1.38	513	390	93	43.49	15.51	2.30	9.30	6.78	41.6	
145	901004	1.69	627	569	104	41.27	27.78	5.17	10.59	16.67	51.5	
146	901005	1.09	405	327	90	42.66	25.0	1.31	6.35	3.28	28.9	
147	901006	2.03	750	661	103	44.10	25.61	7.83	15.01	22.32	66.24	
148	901007	1.85	686	563	103	39.74	27.51	5.59	11.52	18.15	55.81	
149	45AA 901008	0.78	289	386	97	14.77	46.2	6.93	0.87	32.02	1.32	
150	901009	1.15	425	553	106	46.2	30.83	2.83	10.72	8.74	49.5	

续表 16-359

序号	型材代号	线密度	截面积	外周长	外接圆直径	重心坐标		截面模量		惯性矩		名称图号
						X	Y	W_x	W_y	I_x	I_y	
		kg/m	mm²	mm	mm	mm		cm³		cm⁴		
151	901010	1.14	420	253	95	46.2	11.61	3.36	8.4	4.5	38.79	
152	901011	1.58	586	550	107	45.34	23.42	3.19	12.27	10.08	57.74	
153	902001	1.05	388	490	76	29.56	16.25	3.97	3.49	6.45	13.63	
154	902002	0.79	292	278	63	21.6	21.87	3.37	2.52	7.37	7.16	
155	902003	0.97	357	444	76	31.86	16.23	3.84	3.05	6.25	11.22	
156	902004	0.75	276	290	69	28.37	18.0	3.25	3.59	5.86	11.36	
157	902005	0.98	316	308	59	24.55	20.82	3.58	3.39	8.11	8.33	
158	902006	0.58	216	258	46	18.0	17.53	0.99	1.99	1.74	3.59	
159	902007	0.78	290	352	58	18.0	26.45	2.33	3.05	6.17	5.49	推拉窗 90TC001 90TC002 90TC003
160	903001	0.18	67	106	25	9.44	8.98	0.16	0.28	0.15	0.29	
161	903002	0.5	185	257	92	44.42	4.99	0.14	2.69	0.24	12.69	
162	903003	0.14	53	97	21	7.57	8.38	0.14	0.21	0.12	0.20	
163	903004	0.35	129	136	32	13.07	8.32	0.42	0.57	0.35	0.88	
164	903005	0.29	109	155	53	10.02	9.89	0.56	0.54	1.58	1.53	
165	903006	0.37	139	205	46	23.23	5.62	0.46	1.07	0.32	2.49	
166	903007	0.26	95	154	43	20.7	11.93	0.16	1.06	0.2	2.22	
167	903008	0.15	55	101	23	12.46	8.01	0.14	0.19	0.11	0.24	
168	903009	0.58	216	260	92	46.2	3.43	0.13	3.45	0.05	15.94	
169	1001001	1.15	426	290	110	22.0	50.50	11.13	7.01	56.2	15.41	
170	1002001	2.35	871	424	100	35.23	22.5	10.32	18.13	23.22	103.21	
171	1002002	1.59	588	380	84	20.0	38.69	8.27	6.99	31.98	13.98	
172	1002003	2.13	788	470	130	20.0	64.59	18.65	10.61	120.43	21.21	地弹簧门 100DHM001
173	1003001	0.12	44	89	20	7.44	9.38	0.15	0.09	0.14	0.07	
174	1003002	0.23	86	104	33	9.64	3.98	0.14	0.40	0.18	0.73	
175	1003003	0.19	71	115	23	7.28	11.62	0.26	0.24	0.30	0.18	
181	1301001	4.66	1 724	450	153	40.0	56.12	54.4	40.06	401.78	160.31	
182	1301002	2.18	809	506	106	44.66	37.65	7.59	12.91	28.57	64.33	
183	1302001	0.59	219	195	63	18.38	27.19	2.87	0.64	7.80	1.31	
184	1302002	1.47	546	270	71	27.46	12.52	2.52	6.43	6.90	21.58	
185	1303001	5.07	1 877	342	116	37.0	50.0	47.07	37.98	235.35	140.52	隐框幕墙 130YQ001
186	1303002	0.39	145	147	30	15.68	9.08	0.6	0.56	0.65	0.88	
187	1303003	0.53	197	140	37	12.76	14.31	1.12	1.07	1.60	1.57	
188	1303004	0.43	158	161	66	33.07	1.58	0.06	1.91	0.04	6.31	

续表 16-359

序号	型材代号	线密度	截面积	外周长	外接圆直径	重心坐标		截面模量		惯性矩		名称图号
						X	Y	W_x	W_y	I_x	I_y	
		kg/m	mm^2	mm	mm	mm		cm^3		cm^4		
189	1351001	3.32	1 228	569	146	27.5	71.15	37.24	16.7	264.95	45.93	
190	1351002	1.48	549	335	77	19.63	33.22	3.46	5.93	11.70	21.58	
191	1351003	3.63	1 346	434	151	33.5	62.61	47.55	29.51	344.18	98.85	
192	1351004	4.77	1 767	584	147	69.78	35.04	26.99	53.09	94.54	370.48	
193	1351005	3.14	1 163	497	98	33.6	35.96	6.62	14.42	23.8	71.22	
194	1351006	2.47	914	402	98	29.47	38.67	4.54	11.24	17.55	60.14	
195	1351007	2.52	934	415	98	30.02	34.0	5.21	11.61	18.74	61.50	
196	1352001	1.45	537	226	69	36.26	14.5	1.78	6.0	2.59	21.75	明框幕墙
197	1353001	4.10	1 520	278	99	24.5	44.5	31.9	19.16	141.95	46.93	135MQ001
198	1353002	0.32	120	186	44	17.57	19.81	0.82	0.44	1.63	0.78	135YQ001
199	1353003	0.56	208	192	67	10.26	34.88	1.88	0.16	6.55	0.17	135YQ002
200	1353004	5.45	2 018	372	135	30.5	61.64	58.56	34.06	371.01	102.17	
201	1353005	0.73	270	146	32	12.1	10.0	1.45	1.39	1.45	1.93	
202	1353006	0.18	66	111	47	24.88	5.6	0.02	0.56	0.01	1.40	
203	1353007	0.46	169	175	80	39.31	4.59	0.44	1.93	0.2	7.86	
204	1353008	0.43	160	169	80	39.6	2.80	0.19	1.93	0.05	7.78	
205	1353009	0.37	137	75	32	16.0	2.3	0.08	0.61	0.03	0.98	
206	1353010	2.09	776	271	92	31.5	37.5	15.68	13.94	58.79	43.91	
207	1381001	4.54	1 680	463	153	32.5	72.99	56.8	36.0	414.6	117.0	
208	1381002	3.21	1 188	337	99	40.17	32.5	21.83	22.98	70.96	92.33	
209	1382001	1.05	388	312	78	15.61	25.9	5.09	1.61	17.5	5.47	
210	1382002	0.97	361	244	77	13.41	28.2	4.74	1.55	16.98	5.20	
211	1383001	2.68	992	347	127	28.5	58.38	29.09	18.63	169.83	53.10	
212	1383002	3.78	1 398	353	88	33.78	28.44	20.67	19.91	58.78	74.17	
213	1383003	0.46	171	119	27	12.86	8.09	0.48	0.56	0.53	0.80	半隐幕墙
214	1383004	0.21	78	101	29	13.75	10.92	0.22	0.24	0.24	0.32	138BQ001
215	1383005	0.25	93	157	50	19.94	17.86	0.33	0.88	0.60	1.76	
216	1383006	1.54	569	318	68	17.4	32.5	5.67	3.73	18.42	10.1	
217	1383007	0.55	203	188	62	4.54	30.75	2.54	0.15	7.83	0.07	
218	1383008	0.31	114	192	68	9.86	33.77	1.79	0.10	6.05	0.10	
219	1383009	0.51	190	256	85	52.38	28.29	0.92	2.21	2.59	11.58	
220	1401001	4.47	1 663	532	146	30.0	67.97	49.47	26.74	353.79	80.22	
221	1401002	2.74	1 016	372	83	32.24	30.0	13.26	10.51	39.79	39.14	
222	1403001	3.31	1 225	395	109	26.75	47.5	37.64	7.41	178.78	19.83	
223	1403002	1.72	637	315	63	19.28	26.6	7.16	3.64	19.05	7.01	明框幕墙
224	1403003	0.32	120	168	61	30.0	10.75	0.11	1.65	0.12	4.95	140MQ001
225	1403004	0.53	198	195	58	28.5	5.18	0.34	2.74	0.31	7.80	
226	1403005	0.28	105	141	32	9.64	16.8	0.45	0.52	0.75	0.71	

续表 16-359

序号	型材代号	线密度	截面积	外周长	外接圆直径	重心坐标		截面模量		惯性矩		名称图号
						X	Y	W_x	W_y	l_x	l_y	
		kg/m	mm^2	mm	mm	mm		cm^3		cm^4		
227	1501001	4.48	1 658	610	157	25.0	69.4	55.25	18.94	445.32	47.36	明框幕墙 150MQ001
228	1501002	1.92	711	401	72	28.74	23.2	3.69	7.86	8.58	26.14	
229	1501003	1.95	721	379	77	30.15	23.69	3.87	9.52	9.17	30.32	
230	1503001	3.61	1 335	247	90	22.0	41.0	25.68	14.53	105.3	31.53	
231	1503002	0.44	163	184	60	10.51	30.46	1.01	1.01	3.13	1.22	
232	1503003	0.27	101	152	52	25.0	9.85	0.15	1.45	0.14	3.62	
233	1503004	0.47	176	162	47	23.4	3.39	0.11	1.41	0.08	3.29	
234	1503005	0.40	150	153	62	31.42	1.61	0.06	1.75	0.04	5.50	
235	1551001	3.64	1 348	601	164	27.5	80.63	46.51	19.65	375.05	54.03	半隐幕墙 155BQ001
236	1551002	3.99	1 479	541	164	32.0	75.37	50.77	23.69	404.3	75.8	
237	1551003	1.77	654	392	86	34.45	24.35	8.63	4.56	27.33	17.58	
238	1551004	2.37	878	377	86	41.21	21.57	9.33	7.36	32.11	30.33	
239	1551005	4.75	1 758	503	171	36.0	80.31	71.48	40.81	574.1	146.91	
240	1551006	2.52	935	438	102	40.81	29.95	9.69	17.9	40.73	73.05	
241	1551007	2.4	888	1 085	102	36.65	29.71	9.15	18.27	38.67	66.96	明框幕墙 155MQ001 隐框幕墙 155YQ001 155YQ002
242	1552001	0.92	341	186	60	11.22	30.19	2.83	1.54	8.54	3.50	
243	1552002	0.88	326	206	65	11.13	30.0	3.23	1.25	9.70	3.74	
244	1552003	0.87	323	328	70	30.51	33.47	2.04	3.6	6.84	11.0	
245	1553001	4.10	1 520	278	99	44.5	24.5	19.16	31.9	46.93	141.95	
246	1553002	3.11	1 151	307	109	48.75	28.75	20.24	28.36	58.2	138.26	
247	1553003	0.46	171	212	51	21.46	20.59	0.82	1.16	1.69	2.48	
248	1553004	0.32	119	165	58	30.52	2.77	0.14	1.03	0.19	3.15	
249	1553005	0.46	170	125	31	15.82	7.71	0.4	0.73	0.42	1.15	
250	1553006	0.85	314	189	57	29.35	12.57	2.13	2.14	3.29	6.29	
251	1553007	1.98	733	237	77	17.24	17.24	5.49	5.49	22.39	22.39	
252	1553008	0.77	287	134	50	25.0	8.62	0.23	2.09	0.2	5.23	
253	1553009	0.33	121	168	70	36.84	7.22	0.04	1.54	0.03	5.68	
254	1553010	0.39	145	149	31	13.94	7.11	0.36	0.95	0.36	1.34	
255	1553011	0.57	211	106	34	18.91	8.40	0.2	1.13	0.16	2.14	
256	1553012	0.49	183	165	34	9.59	10.86	0.70	0.73	1.20	0.91	
257	1553013	0.41	153	159	51	21.52	12.12	0.94	0.71	2.63	1.53	
258	1553014	4.18	1 548	391	144	32.25	65.75	47.76	33.39	314.05	107.69	
259	1553015	0.38	139	228	81	40.0	18.21	0.56	2.78	1.01	11.13	
260	1553016	1.0	369	331	82	40.0	9.71	1.72	8.41	2.46	33.64	
261	1553017	1.44	533	390	78	38.5	29.06	4.03	5.79	11.71	22.30	
262	1553018	0.17	64	124	27	11.5	10.93	0.2	0.34	0.22	0.39	

续表 16-359

序号	型材代号	线密度	截面积	外周长	外接圆直径	重心坐标		截面模量		惯性矩		名称图号
						X	Y	W_x	W_y	l_x	l_y	
		kg/m	mm^2	mm	mm	mm		cm^3		cm^4		
263	1601001	4.81	1 780	510	179	40.0	70.94	62.71	44.99	558.45	179.94	隐框幕墙 160YQ001 160YQ002
264	1601002	2.73	1 010	552	111	42.65	44.33	10.88	16.10	48.23	83.01	
265	1601003	4.23	1 566	534	168	80.64	32.5	24.73	56.21	80.37	453.31	
266	1601004	2.60	961	435	101	27.04	36.09	10.67	13.40	46.87	46.84	
267	1601005	2.23	828	400	97	32.34	51.78	8.68	10.94	44.94	35.38	
268	1601006	1.95	724	367	91	35.42	28.86	6.57	9.02	29.98	31.96	
269	1602001	1.37	507	287	77	33.77	15.9	2.7	5.3	9.46	19.46	
270	1602002	1.14	422	226	77	36.06	11.41	1.87	5.01	4.04	18.06	
271	1602003	1.03	381	240	81	25.94	36.36	4.63	2.29	16.82	5.94	
272	1602004	0.71	261	274	70	17.37	21.92	3.46	0.98	12.14	2.67	
273	1603001	2.61	965	316	72	24.05	17.36	7.15	9.0	16.19	32.52	
274	1603002	0.46	170	146	41	15.92	17.81	1.23	0.36	2.20	0.58	
275	1603003	0.34	125	187	61	23.89	21.7	0.5	1.31	1.09	3.87	
276	1603004	0.42	154	138	37	7.04	21.64	0.66	0.36	1.43	0.43	
277	1603005	0.38	142	121	35	6.14	21.05	0.61	0.37	1.29	0.29	
278	1603006	0.13	47	55	17	2.56	10.29	0.13	0.03	0.14	0.01	
279	1603007	0.4	148	218	64	32.42	20.34	0.25	1.72	0.5	5.59	
280	1603008	0.77	287	163	49	19.44	13.53	1.6	1.67	2.16	4.01	
281	1603009	2.47	914	321	113	51.0	29.3	16.54	23.61	48.46	120.42	
282	1603010	0.76	280	136	49	27.51	20.0	0.97	1.55	1.94	4.25	
283	1651001	5.61	2 079	581	174	82.59	28.95	28.21	72.4	81.67	597.96	明框幕墙 165MQ001
284	1651002	4.43	1 640	896	192	77.05	53.47	18.69	38.83	99.95	388.13	
285	1651003	4.20	1 557	945	183	76.46	49.29	16.86	43.86	85.51	388.34	
286	1651004	4.05	1 499	1 006	171	67.05	38.22	25.65	40.10	196.97	392.82	
287	1653001	1.99	738	242	59	27.12	16.79	3.74	6.30	9.80	17.11	
288	1653002	0.67	249	172	49	27.37	7.12	0.83	1.23	1.70	3.38	

第十七章　铁路专用材料

一、钢轨及附件

(一)热轧轻轨(GB/T 11264—2012)

热轧轻轨按每米重量分为9、12、15、18、22、24、30kg/m七种规格。

热轧轻轨的长度分为12、11.5、11、10.5、10、9.5、9、8.5、8、7.5、7、6.5、6、5.5、5m共15个级别。其中9、12、15kg/m钢轨的长度允许偏差为±15mm(经双方商定可为0～+30mm);18、22、24、30kg/m钢轨的长度允许偏差为±10mm(经双方商定可为0～+20mm)。

热轧轻轨以热轧状态按理论重量交货(钢密度为7.85g/cm³)。经双方商定也可按实际重量交货。不小于4m长的短尺轻轨的交货数量不得大于该批总重量的3%。

1. 热轧轻轨钢的牌号和化学成分

表17-1

牌　号	型号(kg/m)	化学成分(质量分数)(%)				
		C	Si	Mn	P	S
50Q	≤12	0.40～0.60	0.15～0.35	≥0.40	≤0.040	≤0.040
55Q	≤30	0.50～0.60	0.15～0.35	0.60～0.90	≤0.040	≤0.040
45SiMnP	≤12	0.35～0.55	0.50～0.80	0.60～1.00	≤0.120	≤0.040
50SiMnP	≤30	0.45～0.58	0.50～0.80	0.60～1.00	≤0.120	≤0.040

注:Cr、Ni、Cu为残余元素时,Cu≤0.25%,Cr≤0.25%,Ni≤0.30%。供方能保证符合规定时,可不进行这些元素的化学分析。

2. 热轧轻轨的力学性能

表17-2

牌　号	型号(kg/m)	抗拉强度R_m(MPa)	布氏硬度HBW
50Q	≤12	≥569	—
55Q	≤12	≥685	—
	15～30		≥197
45SiMnP	≤12	≥569	—
50SiMnP	≤12	≥685	—
	15～30		≥197

注:供方如能保证硬度合格,硬度可不做检验。

3. 热轧轻轨的表面质量

(1)轻轨断面不得有缩孔残余或分层。

(2)轻轨表面不应有裂纹、结疤、折叠、气泡、夹渣等对使用有害的缺陷。允许有深度不超过0.75mm的局部划痕、凹坑。在安装接头夹板(鱼尾板)区域外的轨腰及其相邻上下两斜面上,允许有高度不大于2mm的凸出部分;与接头夹板接触面内的凸出部分应予清除。

(3)轻轨表面局部缺陷允许清理,清理深度从实际尺寸算起不应超过 1.5mm。

(4)螺栓孔表面应平整,不应有裂纹,毛刺高度不应大于 2mm。

(5)轻轨每米弯曲度不应大于 3mm,总弯曲度不应大于总长度的 0.3%。

4.热轧轻轨截面形式及尺寸

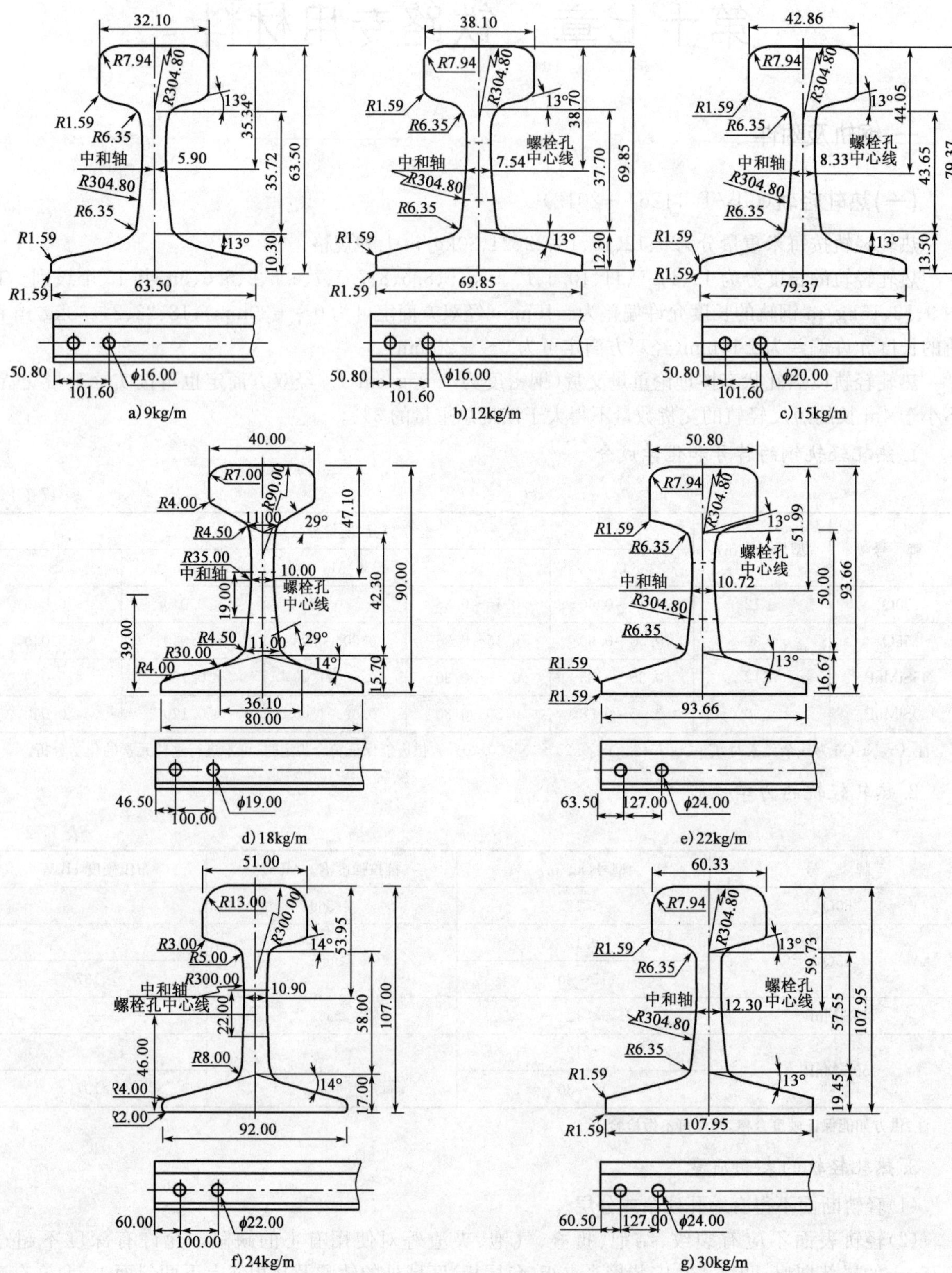

图 17-1 热轧轻轨截面尺寸图

5. 热轧轻轨截面尺寸及特性参数

表 17-3

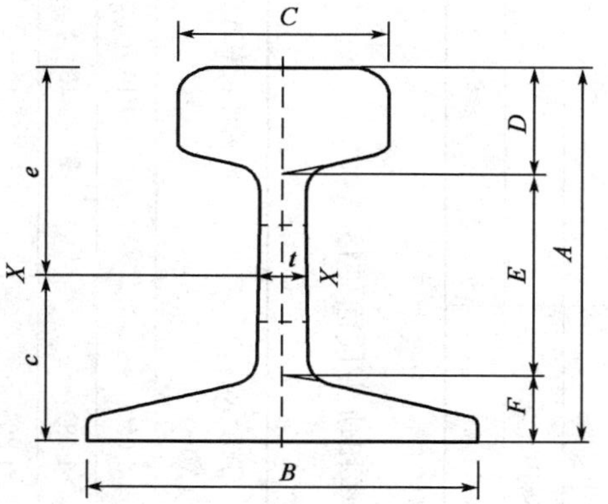

型号 (kg/m)	截面尺寸(mm)							截面面积 A	理论重量 W	截面特性参数				
	轨高	底宽	头宽	头高	腰高	底高	腰厚			重心位置		惯性矩	截面系数	回转半径
	A	B	C	D	E	F	t	cm^2	(kg/m)	c	e	I	W	i
										cm	cm	cm^4	cm^3	cm
9	63.50	63.50	32.10	17.48	35.72	10.30	5.90	11.39	8.94	3.09	3.26	62.41	19.10	2.33
12	69.85	69.85	38.10	19.85	37.70	12.30	7.54	15.54	12.20	3.40	3.59	98.82	27.60	2.51
15	79.37	79.37	42.86	22.22	43.65	13.50	8.33	19.33	15.20	3.89	4.05	156.10	38.60	2.83
22	93.66	93.66	50.80	26.99	50.00	16.67	10.72	28.39	22.30	4.52	4.85	339.00	69.60	3.45
30	107.95	107.95	60.33	30.95	57.55	19.45	12.30	38.32	30.10	5.21	5.59	606.00	108.00	3.98

型号 (kg/m)	截面尺寸(mm)							截面面积 A (cm^2)	理论重量 W (kg/m)	截面特性参数						
	轨高	底宽	头宽	头高	腰高	底高	腰厚			重心位置		惯性矩		截面系数		
	A	B	C	D	E	F	t			c	e	I_x	I_y	W_1 I_x/c	W_2 I_x/e	W_3 $I_y/0.5B$
										cm	cm	cm^4	cm^4	cm^3	cm^3	cm^3
18	90.00	80.00	40.00	32.00	42.30	15.70	10.00	23.07	18.06	4.29	4.71	240.00	41.10	56.10	51.00	10.30
24	107.00	92.00	51.00	32.00	58.00	17.00	10.90	31.24	24.46	5.31	5.40	486.00	80.46	91.64	90.12	17.49

6. 热轧轻轨的检收规则

轻轨应成批验收,每批应由同一牌号、同一熔炼炉号、同一型号的轻轨组成。也可由同一牌号、同一型号、同一冶炼方法的不同炉号的轻轨组成混合批,每批重量不应大于 200t,但各炉号的含碳量差不应大于 0.05%,含锰量差不应大于 0.15%。

(二)时速 160km/h 热轧钢轨(GB 2585—2007,TB/T 2344—2012)

时速 160km/h 及以下热轧钢轨简称热轧钢轨,以连铸坯生产。制造钢轨的连铸坯应采用氧气转炉或电炉冶炼的镇静钢。

热轧钢轨按每米重量分为 38、43、50、60、75kg/m 五种规格。

1. 热轧钢轨的长度

表 17-4

<table>
<tr><th colspan="2">标准钢轨定尺长度</th><th colspan="2" rowspan="2">曲线缩短钢轨的长度</th><th colspan="2" rowspan="2">短尺钢轨的长度</th><th colspan="2" rowspan="2">长度允许偏差(20℃时)</th></tr>
<tr><th>规格</th><th>定尺长度</th></tr>
<tr><td>38kg/m</td><td>12.5m</td><td rowspan="2">12.5m 轨</td><td rowspan="2">12.46m、12.42m、12.38m</td><td>12.5m 轨</td><td>12m、11.5m、11m、9.5m、9m</td><td rowspan="2">钻孔轨</td><td rowspan="2">长度≤25m,±6mm</td></tr>
<tr><td>43kg/m</td><td>12.5m、25m</td><td>25m 轨</td><td>24.5m、24m、23m、22m、21m</td></tr>
<tr><td>50kg/m
60kg/m</td><td>12.5m、25m、100m</td><td rowspan="2">25m 轨</td><td rowspan="2">24.96m、24.92m、24.84m</td><td>75m 轨</td><td>74m、73m、72m、71m</td><td rowspan="2">焊接轨</td><td>长度≤25m,±10mm</td></tr>
<tr><td>75kg/m</td><td>25m、75m、100m</td><td>100m 轨</td><td>99m、97m、96m、95m</td><td>长度>25m,双方商定</td></tr>
</table>

注:①短尺钢轨数量由双方商定,但不得大于订货总量的 10%。带螺栓孔的钢轨不得搭配短尺轨。

②定尺长度 75m 和 100m 的钢轨的曲线缩短轨长度和短尺轨长度由供需双方商定。

2. 热轧钢轨以热轧状态或在线热处理状态按理论重量交货

3. 热轧钢轨钢的力学性能

(1)热轧钢轨抗拉强度、断后伸长率和轨头顶面硬度

表 17-5

钢 牌 号	抗拉强度 R_m (MPa)	断后伸长率 A (%)	轨头顶面中心线硬度 HBW (HBW10/3000)
U71Mn	≥880	≥10	260~300
U75V	≥980	≥10	280~320
U77MnCr	≥980	≥9	290~330
U78CrV	≥1 080	≥9	310~360
U76CrRE	≥1 080	≥9	310~360

注:热锯取样检验时,允许断后伸长率比规定值降低 1 个百分点。

(2)热处理钢轨抗拉强度、断后伸长率和轨头顶面硬度

表 17-6

代 号	钢 牌 号	抗拉强度 R_m (MPa)	断后伸长率 A (%)	轨头顶面中心线硬度 HBW (HBW10/3000)
H320	U71Mn	≥1 080	≥10	320~380
H340	U75V	≥1 180	≥10	340~400
H370	U78CrV	≥1 280	≥10	370~420

4. 热轧钢轨的断面尺寸(mm)

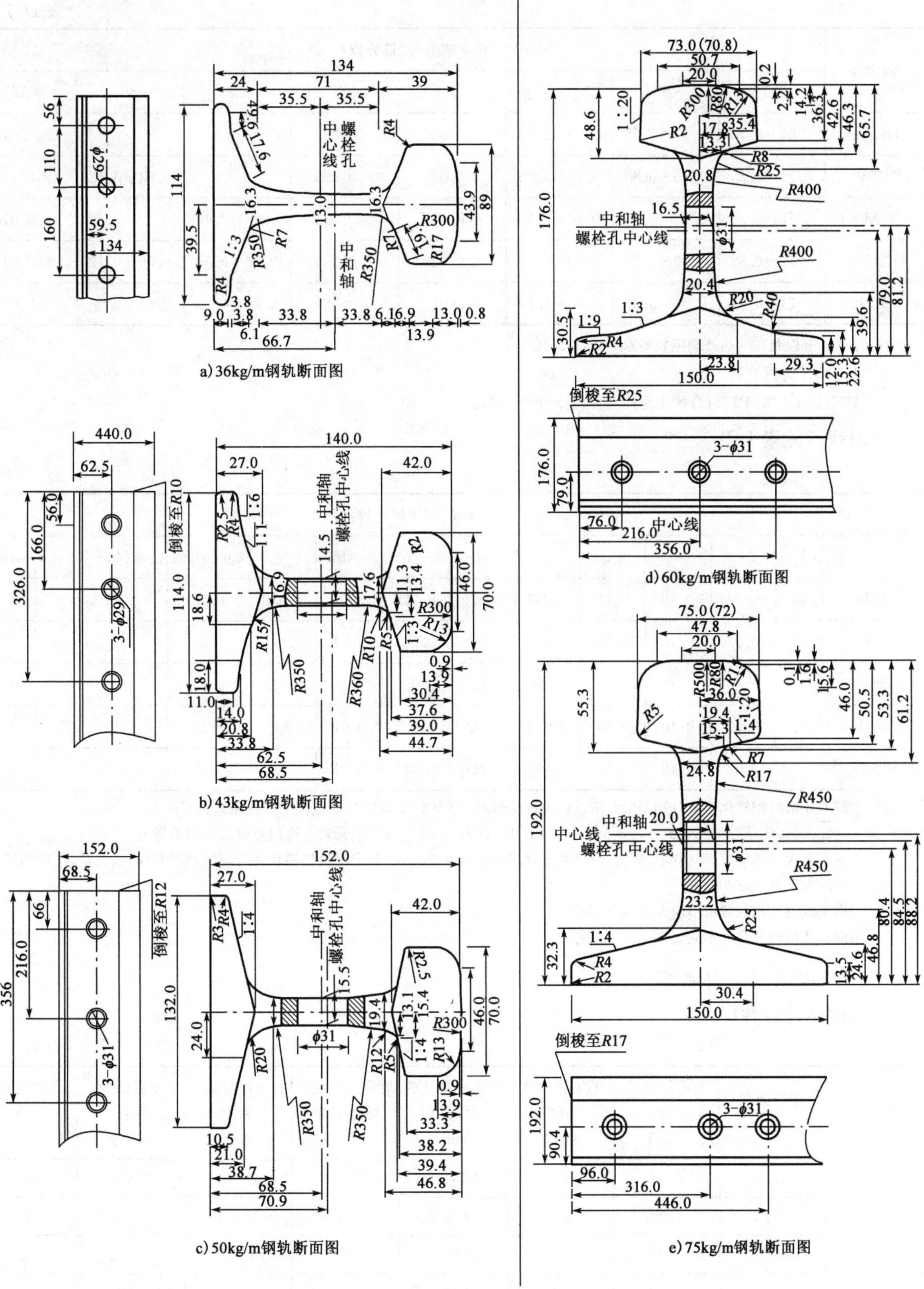

图 17-2　热轧钢轨的截面形式尺寸(单位:mm)

注:60kg/m 和 75kg/m 轨头顶端宽度,括号内数字为 GB/T 2344—2012 中断面图尺寸。

5. 热轧钢轨钢的牌号及化学成分

(1)钢牌号及化学成分(熔炼分析)

表 17-7

钢牌号	化学成分(质量分数)(%)							
	C	Si	Mn	P	S	Cr	V	Al
U71Mn	0.65～0.76	0.15～0.58	0.70～1.20	≤0.030	≤0.025	—	—	≤0.010
U75V[a]	0.71～0.80	0.50～0.80	0.75～1.05	≤0.030	≤0.025	—	0.04～0.12	≤0.010
U77MnCr	0.72～0.82	0.10～0.50	0.80～1.10	≤0.025	≤0.025	0.25～0.40	—	≤0.010
U78CrV[b]	0.72～0.82	0.50～0.80	0.70～1.05	≤0.025	≤0.025	0.30～0.50	0.04～0.12	≤0.010
U76CrRE[c]	0.71～0.81	0.50～0.80	0.80～1.10	≤0.025	≤0.025	0.25～0.35	0.04～0.08	≤0.010

注:[a]75kg/m 以及在线热处理钢轨要求 P≤0.025%。

[b]U78CrV 为原 PG4。

[c]U76CrRE 中的 RE(混合稀土元素)加入量大于 0.02%。

(2)残留元素上限

表 17-8

钢牌号	化学成分(质量分数)(%)											
	Cr	Mo	Ni	Cu	Sn	Sb	Ti	Nb	V	Cu+10Sn	Cr+Mo+Ni+Cu	Ni+Cu
U71Mn	0.15	0.02	0.10	0.15	0.030	0.020	0.025	0.01	0.030	0.35	0.35	—
U75V	0.15	0.02	0.10	0.15	0.030	0.020	0.025	0.01	—	0.35	0.35	—
U77MnCr	—	0.02	0.10	0.15	0.030	0.020	0.025	0.01	0.030	0.35	—	0.20
U78CrV	—	0.02	0.10	0.15	0.030	0.020	0.025	0.01	—	0.35	—	0.20
U76CrRE	—	0.02	0.10	0.15	0.030	0.020	0.025	0.01	—	0.35	—	0.20

注:①需方要求对钢轨化学成分和残留元素进行验证分析时,与表 17-7 规定成分范围的允许偏差为 C:±0.02%;Si:±0.02%;Mn:±0.05%;P:+0.005%;S:+0.005%;V:±0.01%;Cr:±0.03%;其他元素允许偏差应符合相关规定。

②钢水氢含量不应大于 0.000 25%。当钢水氢含量大于 0.000 25%时,应进行连铸坯缓冷,并检验钢轨的氢含量,钢轨的氢含量不应大于 0.000 20%。

③钢水或钢轨总氧含量不应大于 0.00 30%。

④钢水或钢轨氮含量不应大于 0.00 90%。

6. 热轧钢轨的计算数据

(1)钢轨计算数据

表 17-9

钢轨类型(kg/m)	横断面积(cm^2)	重心距轨底距离(cm)	重心距轨头距离(cm)	对水平轴线的惯性力矩(cm^4)	对垂直轴线的惯性力矩(cm^4)	下部断面系数(cm^3)	上部断面系数(cm^3)	底侧边断面系数(cm^3)
43	57.0	6.90	7.10	1 489.0	260.0	217.3	208.3	45.0
50	65.8	7.10	8.10	2 037.0	377.0	287.2	251.3	57.1
60	77.45	8.12	9.48	3 217	524	396.0	339.4	69.9
75	95.037	8.82	10.38	4 489	665	509	432	89
38	49.5	6.67	6.73	1 204.4	209.3	180.6	178.9	36.7

(2)钢轨的理论重量和金属分配

表 17-10

项　　目		钢轨类型				
		43kg/m	50kg/m	60kg/m	75kg/m	38kg/m
每米理论重量(kg/m)		44.75	51.65	60.80	74.60	38.733
钢轨的金属分配 (各部分占总面积的百分比) (%)	轨头	42.83	38.68	37.47	37.42	43.68
	轨腰	21.31	23.77	25.29	26.54	21.63
	轨底	35.86	37.55	37.24	36.04	34.69

注:①钢轨理论重量按钢的密度为 7.85g/cm³ 计算。

②38kg/m 轨理论重量选自非现行标准资料 GB 183—63,仅供参数。

③焊接钢轨不加工螺栓孔。需要螺栓孔时,应在合同中注明。钢轨螺栓孔边缘应予倒棱,尺寸为 0.8～1.5mm,角度为 45°。

7.热轧钢轨的技术要求

表面质量

(1)钢轨表面不得有裂纹、折叠或横向划伤。但在冷、热状态下形成的某些缺陷允许符合以下规定。

①热状态形成的钢轨纵向磨痕、热刮伤、纵裂、氧化皮压入等的缺陷深度不得大于 0.5mm。

②冷状态下形成的钢轨纵向或横向划痕、碰伤的深度;轨头踏面及轨底下表面不得大于 0.4mm(轨底下表面不应有横向划痕);钢轨其他部位不得大于 0.5mm。

(2)钢轨端面和螺栓孔表面不得有分层、裂纹,其边缘上的毛刺应予清除。

(3)钢轨踏面、轨底下表面及距钢轨端 1m 内影响接头夹板装配的所有凸出部分应予清除。

(4)钢轨表面缺陷允许用打磨方法清理,清理应沿纵向进行,清理宽度不得小于深度的 5 倍,清理后应保证钢轨的尺寸符合规定。钢轨修磨处应圆滑过渡,并且不影响显微组织。

残余应力

钢轨的轨底最大纵向残余拉应力应不大于 250MPa。

疲劳性能

总应变幅为 1 350$\mu\varepsilon$ 时,每个试样的疲劳寿命(即试样完全断裂时的循环次数)应大于 5×10^6 次。

断裂韧性

钢轨在试验温度－20℃下测得的断裂韧性 K_{1c} 的最小值及平均值分别不小于 26MPa・$m^{1/2}$ 和 29MPa・$m^{1/2}$。

8.热轧钢轨的标记和交货文件

1)标志

(1)在每根钢轨一侧的轨腰上至少每 4m 间隔应轧制出下列清晰、凸起的标志,字符高 20～28mm,凸起 0.5～1.5mm。

①生产厂标志;

②轨型;

③牌号;

④制造年(轧制年度末两位)、月。

(2)在每根钢轨的轨腰上,距轨端头不大于 0.6m 处、间隔不大于 15m,采用热压印机(不允许冷压印)压上下列清晰的标志,压印的字符应具有平直或圆弧形表面,字符高 10～16mm。深 0.5～1.5mm,宽 1～1.5mm。

①炉号;

②连铸流号;

③连铸坯号;

④钢轨顺序号(A、B、C……)。

(3)若热打印的标记漏打或有变动,则在轨腰上重新热打印或喷标。

(4)钢轨精整后,在钢轨一个端面头部贴上标签或打钢印,标签及钢印的内容应包括轨型、牌号、炉号、长度等。

(5)无标志或标志不清无法辨认时,不得交货。

(6)钢轨的涂色要求由供需双方协商。

2)质量证明书

交货钢轨应附有厂方质检部门开具的质量证明书,内容包括:制造厂名称;需方名称;轨型(钻孔轨或焊接轨);合同号;标准号;钢牌号,交货状态或热处理钢轨代号;数量、长度(定尺、短尺);炉号;标准规定的各项检验结果;出厂日期。

3)质量保证期限

钢轨从制造年度 N 生效起至 $N+5$ 年度的 12 月 31 日,供方应保证钢轨没有制造上的任何有害缺陷。若在此期间钢轨由于断裂或其他缺陷不能使用时,供需双方人员应在现场进行实物的抽查,必要时进行实验室检验或只进行实验室检验。

(三)高速铁路用 60kg/m 钢轨(TB/T 3276—2011)

高速铁路用 60kg/m 钢轨用钢有 U71MnG 和 U75VG 两个钢牌号。250km/h 以上高速铁路、200～250km/h高速客运铁路选用 U71MnG 钢轨,200～250km/h 高速客货混运铁路选用 U75VG 钢轨。钢轨以连铸坯生产,制造钢轨的连铸坯应采用氧气转炉或电弧炉冶炼,并经炉外精炼和真空脱气处理。

250km/h 以上高速铁路用钢轨非金属夹杂物应采用 A 级(硫化物类≤2,氧化铝类、硅酸盐类、球状氧化物类均≤1),200～250km/h 高速铁路用钢轨非金属夹杂物应采用 B 级(硫化物类≤2.5,氧化铝类、硅酸盐类、球状氧化物类均≤1.5)。订货时应注明非金属夹杂物等级。

高速铁路用钢轨的长度:标准轨定尺长度为 100m,短尺长度有 99m,97m,96m,95m。短尺轨的搭配数量应不大于一批订货总重量的 5%。

高速铁路钢轨按理论重量交货(钢的密度 7.85g/cm³)。焊接钢轨不加工螺栓孔,需要时应在合同中注明,螺栓孔的倒棱尺寸为 0.8～1.5mm,角度为 45°。

1)高速铁路用 60kg/m 钢轨的截面形式尺寸见图 17-2 中 60kg/m 钢轨。

2)高速铁路用 60kg/m 钢轨用钢牌号及化学成分。

(1)钢牌号及化学成分(熔炼分析)

表 17-11

钢牌号	化学成分(质量分数)(%)						
	C	Si	Mn	P	S	V	Al
U71MnG	0.65～0.75	0.15～0.58	0.70～1.20	≤0.025	≤0.025	≤0.030	≤0.004
U75VG	0.71～0.80	0.50～0.70	0.75～1.05	≤0.025	≤0.025	0.04～0.08	≤0.004

注:需方要求对钢轨化学成分和残留元素进行验证分析时,与本表规定成分范围的允许偏差为 C:±0.02%;Si:±0.02%;Mn:±0.05%;P:+0.005%;S:+0.005%;V:±0.01%;其他元素允许偏差应符合相关规定。

(2)残留元素上限

表 17-12

钢牌号	化学成分(质量分数)(%)									
	Cr	Mo	Ni	Cu	Sn	Sb	Ti	Nb	Cu+10Sn	Cr+Mo+Ni+Cu
U71MnG U75VG	0.15	0.02	0.10	0.15	0.030	0.020	0.025	0.01	0.35	0.35

注:①钢水氢含量不应大于 0.000 25%。当钢水氢含量大于 0.000 25%,应进行连铸坯缓冷,并检验钢轨的氢含量。钢轨的氢含量不应大于 0.000 20%。

②钢水或钢轨总含氧量不应大于 0.002 0%。

③钢水或钢轨氮含量不应大于 0.008 0%。

3)高速铁路用60kg/m钢轨的力学性能

表17-13

钢牌号	抗拉强度 R_m (MPa)	伸长率 A (%)	轨头顶面中心线硬度HBW (HBW10/3 000)
U71MnG	≥880	≥10	260～300
U75UG	≥980	≥10	280～320

注:①热锯取样检验时,允许断后伸长率比规定值降低1%(绝对值)。

②在同一根钢轨上,其硬度变化范围不应大于30HB。

4)高速铁路用60kg/m钢轨的计算数据

(1)钢轨计算数据

表17-14

钢轨断面类型(kg/m)	横断面积(cm^2)	重心距轨底距离(cm)	重心距轨头距离(cm)	对水平轴线的惯性力矩(cm^4)	对垂直轴线的惯性力矩(cm^4)	下部断面系数(cm^3)	上部断面系数(cm^3)	底侧边断面系数(cm^3)
60	77.45	8.12	9.48	3 217	524	396	339.4	69.9

(2)60kg/m钢轨的理论重量和金属分配

表17-15

理论重量(kg/m)	钢轨的金属分配(各部分占总面积的百分比)(%)		
	轨头	轨腰	轨底
60.80	37.47	25.29	37.24

5)高速铁路用60kg/m钢轨的技术要求

(1)表面质量

①钢轨表面不应有裂纹。

②钢轨走行面(即轨冠部位)、轨底下表面及距轨端1m内影响接头夹板安装的所有凸出部分(热轧标识除外)都应修磨掉。

③在热状态下形成的钢轨磨痕、热刮伤、纵向线纹、折叠、氧化皮压入、轧痕等的最大允许深度。

a.钢轨走行面:0.35mm;

b.钢轨其他部位:0.5mm。

在钢轨长度方向的任一部位,纵向导卫板刮伤最多只允许有2处,深度不超过规定,但在钢轨走行面上,只允许有1处。沿同一轴线重复发生导卫板刮伤可作为1处认可。

允许导卫板刮伤的最大宽度为4mm,宽度与深度之比大于等于3:1。

轧辊产生的周期性热轧痕可作为1处认可,并且可以修磨。

④在冷状态下形成的钢轨纵向及横向划痕等缺陷最大允许深度。

a.钢轨走行面和轨底下表面:0.3mm(轨底下表面不应有横向划痕);

b.钢轨其他部位:0.5mm。

⑤钢轨表面不应存在马氏体或白相组织的损伤,如有应予以消除。

⑥表面缺陷检测和修磨:表面缺陷深度应采用深度探测器进行检测,深度无法测量时,应通过试验进行确认。对表面缺陷进行修磨时,修磨面轮廓应圆滑,且应保证修磨后钢轨的显微组织不受影响。

最大允许修磨深度

a.钢轨走行面:0.35mm;

b.钢轨其他部位:0.5mm。

钢轨10m长范围内表面缺陷不应多于3处,每10m可修磨1处。钢轨轨冠部位周期性热轧痕的修磨处数每50m不应多于3处。修磨后钢轨的几何尺寸偏差和平直度应符合规定。

距轨端 1m 范围内,钢轨走行面和轨头侧面,除凸出部位外,不应修磨。

钢轨断面尺寸平直度不合格,除凸出部位外,不应采用修磨方式处理。

(2)超声波探伤

钢轨全长应连续进行超声波探伤检查,不应有超过 ϕ2.0mm 人工缺陷当量的缺陷。

(3)轨底残余应力

轨底的最大纵向残余拉应力应小于等于 250MPa。

(4)在温度-20℃下的断裂韧性 K_{IC}。

表 17-16

K_{IC}单个最小值(MPa・$m^{1/2}$)	K_{IC}最小平均值(MPa・$m^{1/2}$)
26	29

注:在某些情况下,K_Q 值可用于计算 K_{IC}平均值。

(5)疲劳裂纹扩展速率 da/dN

表 17-17

应力强度因子范围 ΔK	疲劳裂纹扩展速率 da/dN	应力强度因子范围 ΔK	疲劳裂纹扩展速率 da/dN
ΔK=10MPa・$m^{1/2}$	da/dN≤17m/Gc	ΔK=13.5MPa・$m^{1/2}$	da/dN≤55m/Gc

(6)疲劳

总应变幅为 1 350$\mu\varepsilon$ 时,每个试样的疲劳寿命(即试样完全断裂时的循环次数)应大于 5×10^6 次。

6)高速铁路用钢轨的标记和交货文件

(1)标志

高速铁路用钢轨的端面轨腰处涂色标志:

>250km/h 的钢轨　蓝色;200~250km/h 的钢轨　黄色。

每根钢轨都应标明适用速度范围。

标记的具体要求见本章(二)第 8 条规定。

(2)质量证明书

交货钢轨应附有厂方质检部门开具的质量证明书,内容包括:制造厂名称;需方名称;轨型(钻孔轨或焊接轨);适用速度范围;合同号;标准号;牌号;数量、长度(定尺、短尺);炉号;标准规定的各项检验结果;出厂日期。

(3)质量保证期限

高速铁路用钢轨质量保证期限参照本章(二)第 8 条规定。

(四)起重机钢轨(YB/T 5055—2014)

起重机钢轨以碱性转炉或电弧炉冶炼的钢轨钢连铸坯制造。为保证不产生白点,钢水需进行真空脱气或钢坯、钢轨缓冷处理,并在轧制过程中采用高压喷射除磷,以有效去除氧化铁皮。

起重机钢轨以热轧状态按理论重量交货(钢的密度按 7.85g/cm³),经双方商定可按实际重量交货。

起重机钢轨的定尺长度为 9、9.5、10、10.5、11、11.5、12、12.5m,允差±10mm。短尺钢轨长度有 6~8.9m(按 100mm 进级)。短尺钢轨由供需双方商定,但不大于一批订货总重量的 10%。

1.起重机钢轨用钢的牌号和化学成分(熔炼分析)

表 17-18

牌　号	化学成分(质量分数)(%)						
	C	Si	Mn	Cr	V	P	S
U71Mn	0.65~0.76	0.15~0.58	0.70~1.40	—	—	≤0.035	≤0.030
U75V	0.71~0.80	0.50~0.80	0.75~1.05	—	0.40~0.12	≤0.035	≤0.030

续表 17-18

牌号	化学成分(质量分数)(%)						
	C	Si	Mn	Cr	V	P	S
U78CrV	0.72～0.82	0.50～0.80	0.70～1.05	0.30～0.50	0.04～0.12	≤0.035	≤0.030
U77MnCr	0.72～0.82	0.10～0.50	0.80～1.10	0.25～0.40	—	≤0.035	≤0.025
U76CrRE	0.71～0.81	0.50～0.80	0.80～1.10	0.25～0.35	0.04～0.08	≤0.035	≤0.025

注：钢水氢含量不应大于 0.000 25%。当钢水氢含量大于 0.000 25%时，应进行连铸坯缓冷，并检验钢轨的氢含量。钢轨的氢含量不应大于 0.000 20%。若供方工艺能保证成品钢轨无白点，可不检验氢含量。

2. 起重机钢轨的拉伸性能

钢轨拉伸强度和断后伸长率　　表 17-19

牌号	抗拉强度 R_m(MPa)	断后伸长率 A(%)	牌号	抗拉强度 R_m(MPa)	断后伸长率 A(%)
U71Mn	≥880	≥9	U77MnCr	≥980	≥9
U75V	≥980	≥9	U76CrRE	≥1 080	≥9
U78CrV	≥1 080	≥8			

注：热锯取样检验时，允许断后伸长率比规定值降低 1%(绝对值)。

3. 起重机钢轨的断面尺寸

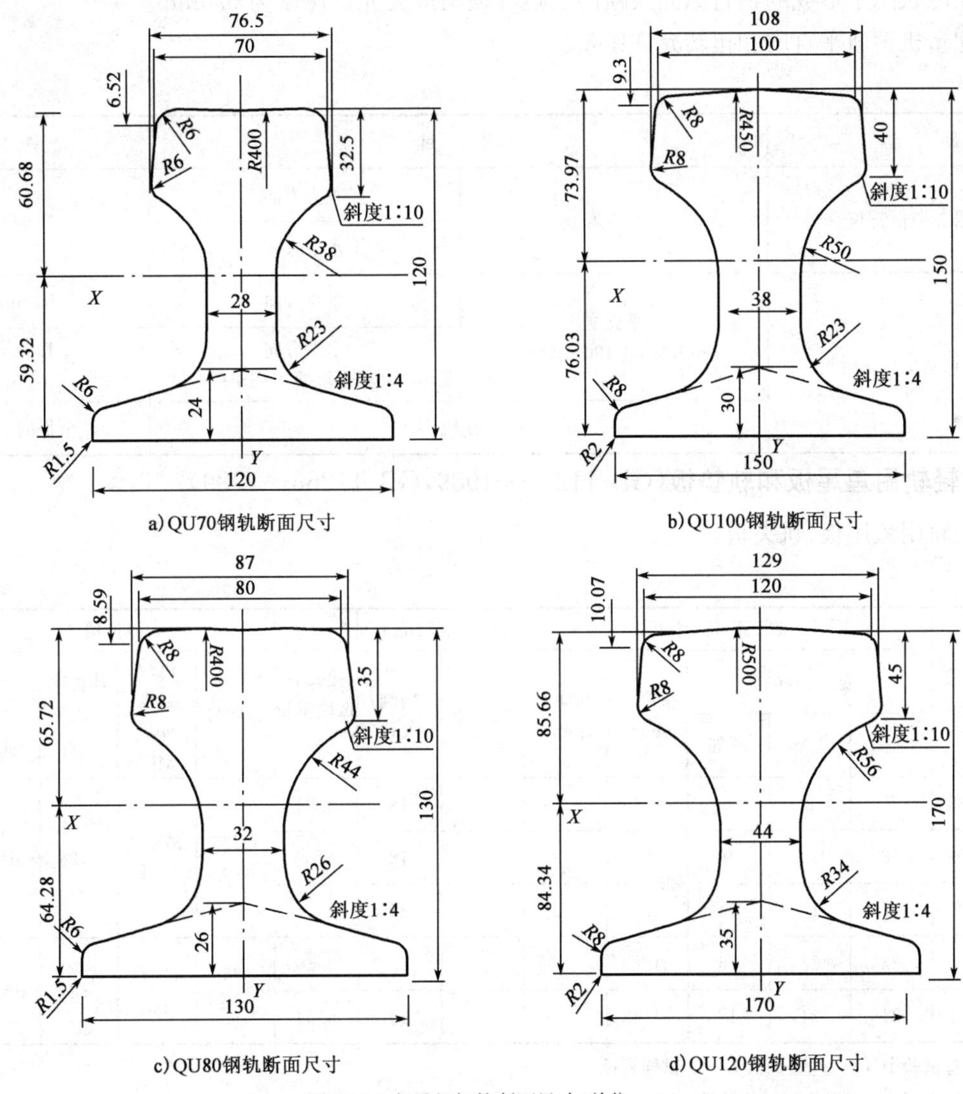

图 17-3　起重机钢轨断面尺寸(单位:mm)

4.起重机钢轨的理论重量及计算数据

表 17-20

型号	横断面积 (cm²)	理论重量 (kg/m)	重心距轨底距离	重心距轨头距离	对水平轴线的惯性力矩	对垂直轴线的惯性力矩	下部断面系数	上部断面系数	底侧边断面系数
			cm	cm	cm^4	cm^4	cm^3	cm^3	cm^3
QU70	67.22	52.77	5.93	6.07	1 083.25	319.67	182.80	178.34	53.28
QU80	82.05	64.41	6.49	6.51	1 530.12	472.14	235.95	234.86	72.64
QU100	113.44	89.05	7.63	7.37	2 806.11	919.70	367.87	380.64	122.63
QU120	150.95	118.50	8.70	8.30	4 796.71	1 677.34	551.41	577.85	197.33

5.起重机钢轨的表面主要质量要求

(1)钢轨表面不应有裂纹,轨底下表面不应有冷态横向划痕。

(2)在热状态下形成的钢轨磨痕、热刮伤、纵向线纹、折叠、氧化皮压入、轧痕等的最大允许深度为0.8mm。

(3)在冷状态下形成的钢轨纵向及横向划痕等缺陷最大允许深度为0.6mm。

(4)起重机钢轨平直度和扭转允许偏差。

表 17-21

部位	项目		允许偏差
轨端0～1m部位	平直度	垂直方向	≤1mm/1m
		水平方向	
钢轨全长	平直度 (不含QU120钢轨)	垂直方向	≤6mm
		水平方向 (不含轨端0～1m)	≤1.5mm/1m ≤8mm
	扭轨		≤全长的1/10 000

(五)轻轨用鱼尾板和轨垫板(GB 11265—1989,GB 11266—1989)

(1)轻轨用鱼尾板(轨夹板)

表 17-22

适用钢轨型号 (kg/m)	长度 (mm)	断面尺寸					螺栓孔径(mm)		扣除螺栓孔后每块重量 (kg)	机械性能				
		宽度(mm)			高 (mm)	断面积 (mm²)	圆孔径	椭圆大径		钢牌号	抗拉强度 σ_b (MPa)	伸长率 δ_s (%)	180°冷弯试验	布氏硬度 (HB)
		下部	上部	腰部										
9	385	8	8	6	43.13		—	18	0.81	Q235—A	375～500	≥26	d=a	
12	409	12	12	9	46.5		—	18	1.39					
15	409	17	17	14	53.54		—	24	2.20					
22	510	22	22	16	61.73		—	29	3.80	Q255—A	410～550	≥24	d=2a	
30	561	24	24	18	71.48		—	29	5.54					

注:①冷弯试验中 d——弯心直径,a——试样直径。

②轻轨夹板按热轧状态以理论重量交货,经供需双方协商,可按实际重量交货。

(2)轻轨用垫板

表 17-23

适用钢轨型号	垫板类型	道钉孔数	尺　寸　(mm)		理论重量(除钉孔)(kg/块)
			长(沿轨轴)	宽(沿枕轴)	
15kg/m		3	100	180	1.5
22kg/m			120	200	2.2
30kg/m			130	220	2.7

(六)重轨用鱼尾板(TB/T 2345—2008)

重轨用鱼尾板包括 38、43、50、60kg/m 各型钢轨用鱼尾板。重轨用鱼尾板以镇静钢制造，鱼尾板螺栓孔应在热状态下冲制，如采用钻孔时应倒棱。鱼尾板切成定尺长度并经高温水或油液中淬火自身回火状态交货。

鱼尾板又称钢轨接头夹板。

1. 鱼尾板钢材牌号和化学成分(熔炼分析)

表 17-24

钢号	化学成分(%)								
	C	Mn	Si	P	S	Cr	Ni	Cu	Nb
55	0.52～0.60	0.50～0.80	0.17～0.37	≤0.035	≤0.035	≤0.25	≤0.30	≤0.25	—
56Nb	0.50～0.62	0.50～0.80	0.20～0.40	≤0.035	≤0.035	—	—	—	0.015～0.050

2. 鱼尾板经过热处理后的力学性能

表 17-25

钢　号	抗拉强度 R_m	下屈服强度 $R_{eL}/R_{r0.2}$	伸长率 A	断面收缩率 Z	布氏硬度 HBW10/3 000	冷弯角落 $d=3a$
	MPa		%		HBW	°
55	≥785	≥520	≥9	≥20	227～388	30,完好
56Nb	≥845	≥530	≥10	≥30	235～388	30,完好

3. 鱼尾板的规格尺寸及计算参数

表 17-26

项　　目			规　　格			
			43kg/m	50kg/m	60kg/m	75kg/m
接头夹板长度(mm)			790	820	820	1 000
横断面面积(cm^2)			26.01	30.05	37.26	38.44
理论重量(kg)	每米长度的重量		20.37	23.53	29.17	30.10
	每块重量	未扣除螺栓孔	16.09	19.29	23.92	30.10
		扣除螺栓孔	15.57	18.72	23.32	29.47
重心至各处的距离(cm)		至顶部的距离 Y_1	4.89	5.37	6.37	6.36
		至下部的距离 Y_2	4.51	5.05	6.01	6.34
		至内侧的距离 X_3	2.09	2.38	2.22	—
		至外侧的距离 X_4	1.88	2.18	2.24	1.97
轴心线的倾斜角度(°)		Z_0 轴与水平轴的夹角 Φ	4.05	4.65	2.811 1	−3.433 3
		中和轴与 Z_0 轴的夹角 β	27.183 3	30.25	30.902 8	27.1

续表 17-26

项目			规格			
			43kg/m	50kg/m	60kg/m	75kg/m
惯性力矩(cm^4)	对 X_0 轴 I_x		190.0	281.0	496.3	519.8
	对 Y_0 轴 I_y		27.1	40.9	41.9	48.1
	对主轴	I_z	190.8	282.6	497.4	521.5
		I_u	26.3	39.3	40.8	46.4
离心惯性力矩 I_{xy}(cm^4)			−11.6	−19.7	−22.4	−28.38
断面系数(cm^3)		对顶部边缘 W_1	38.9	52.2	77.9	81.7
		对下部边缘 W_2	42.1	55.4	82.6	81.9
		对内侧边缘 W_3	13.0	17.2	18.9	—
		对外侧边缘 W_4	14.4	18.8	18.7	24.4

注:①钢轨接头夹板理论重量按钢的密度 7.83 计算。

②38kg/m 钢轨用鱼尾板同 43kg/m 轨(YB(T)58—1987)。

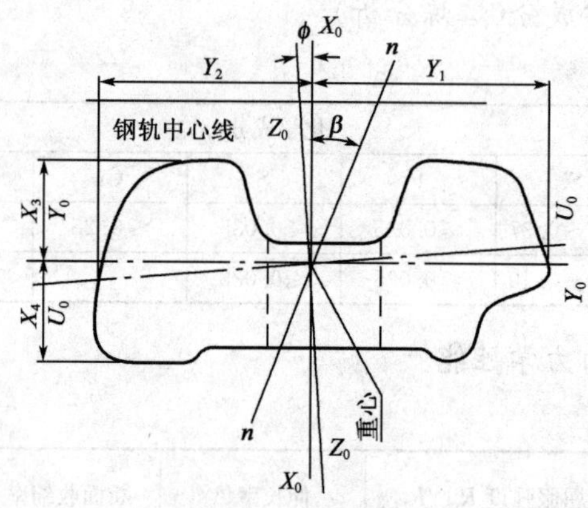

图 17-4 鱼尾板断面示意图

4. 鱼尾板的表面质量要求

钢轨接头夹板表面不应有裂纹、折叠、气泡、夹杂或结疤。

钢轨接头夹板头部靠近钢轨一侧不应有突出部分,在接头夹板两端面上不应有分层或缩孔的痕迹。缺陷不应进行填充或焊补。

钢轨接头夹板两端上下工作面,靠轨腰凸出部分及螺栓孔边缘不应有毛刺。

(七)重轨用垫板(TB/T 2343.1~3—1993)

重轨用垫板包括 43、50、60、75kg/m 钢轨用垫板和平垫板。

垫板以机加工状态按理论重量交货。

1. 重轨用垫板的牌号和化学成分

表 17-27

牌号	化学成分(%)				
	C	Mn	Si	P	S
				不大于	
B3F、BY3F、B3、BY3	0.11~0.22	0.30~0.60	≤0.07	0.045	0.050
		0.35~0.65	0.12~0.30		

注:①钢中铜含量不大于 0.40%。

②本表摘自非现行标准资料 YB(T)64—87,仅供参考。

2. 重轨用垫板的规格尺寸

表 17-28

<table>
<tr><th rowspan="3">垫板规格</th><th rowspan="3">截面面积(cm²)</th><th colspan="3">理论重量</th></tr>
<tr><th rowspan="2">每米重量(kg)</th><th colspan="2">每块重量(kg)</th></tr>
<tr><th>未知除道钉孔</th><th>扣除道钉孔</th></tr>
<tr><td>43kg/m 钢轨用垫板</td><td>42.995</td><td>33.751</td><td>6.075</td><td>5.849</td></tr>
<tr><td>43kg/m 钢轨用平垫板</td><td>49.529</td><td>38.880</td><td>6.998</td><td>6.735</td></tr>
<tr><td>50kg/m 钢轨用垫板</td><td>44.368</td><td>34.829</td><td>6.269</td><td>6.044</td></tr>
<tr><td>50kg/m 钢轨用平垫板</td><td>50.615</td><td>39.733</td><td>7.152</td><td>6.887</td></tr>
<tr><td>60～75kg/m 钢轨用垫板</td><td>51.037</td><td>40.064</td><td>7.212</td><td>6.952</td></tr>
</table>

注：本表钢轨用平垫板数据摘自非现行标准资料 YB(T)64—87，仅供参考。

3. 重轨用垫板的表面质量要求

垫板表面不得有裂纹、夹杂。允许有深度不大于 1mm 的气泡、发纹、结疤及折叠等缺陷。垫板与轨底的接触面上不得有毛刺、小凸块等突出物。

垫板端面上不得有分层或肉眼可见的缩孔。

垫板整块横向做 48°角(内角 132°)冷弯试验后，不得发生断裂和裂缝。冷弯试验角度允许偏差为±1°。

(八)铁路混凝土枕轨下用橡胶垫板(HG/T 3328—2006)

铁路混凝土枕轨下用橡胶垫板以天然橡胶或合成像胶为主制成。垫板按钢轨类型分类，同时垫板按使用环境温度分为普通垫板(使用温度－20～＋70℃)和耐寒垫板(使用温度＜－20℃)。

1. 橡胶垫板的规格尺寸和静刚度值

表 17-29

<table>
<tr><th rowspan="2">钢轨轨型
(kg/m)</th><th colspan="4">垫板外形尺寸与偏差(mm)</th><th rowspan="2">沟槽总数
(条)</th><th rowspan="2">标示</th><th rowspan="2">静刚度值
(kN/mm)</th></tr>
<tr><th>上部长度</th><th>定位角间距</th><th>宽度</th><th>厚度</th></tr>
<tr><td rowspan="2">43</td><td rowspan="4">185</td><td rowspan="7">170^{+3}_{-1}</td><td rowspan="2">113^{+1}_{-2}</td><td>$7^{+0.5}_{0}$</td><td>7</td><td>43—7—7</td><td>100～130</td></tr>
<tr><td>$10^{+0.5}_{0}$</td><td>7</td><td>43—10—7</td><td>80～110</td></tr>
<tr><td rowspan="2">50</td><td rowspan="2">113^{+1}_{-2}</td><td>$7^{+0.5}_{0}$</td><td>9</td><td>50—7—9</td><td>110～150</td></tr>
<tr><td>$10^{+0.5}_{0}$</td><td>9</td><td>50—10—9</td><td>90～130</td></tr>
<tr><td rowspan="3">60(或 75)</td><td>185</td><td rowspan="2">149^{+1}_{-2}</td><td>$10^{+0.5}_{0}$</td><td>11</td><td>60—10—11</td><td>90～120</td></tr>
<tr><td rowspan="2">190</td><td>$10^{+0.5}_{0}$</td><td>17</td><td>60—10—17</td><td>55～80</td></tr>
<tr><td></td><td>$12^{+0.5}_{0}$</td><td>17</td><td>60—12—11</td><td>40～60</td></tr>
</table>

注：①每米 60kg 与 75kg 轨下用垫板通用，均以“60”标示。

②耐寒垫板在标示前加“H”。

2. 橡胶垫板的物理机械性能

表 17-30

项　目	指　标
硬度　邵尔 A(度)	75～85
拉伸强度(MPa)　≥	12
扯断伸长率(%)　≥	250
阿克隆磨耗(cm³)　≤	0.6
200%定伸应力(MPa)　≥	9.5
恒定压缩永久变形(%)　≤	30

续表 17-30

项目		指标
工作电阻(Ω) ≥		1×10^6
热空气老化(100℃×72h)	拉伸强度(MPa) ≥	10
	扯断伸长率(%) ≥	150
脆性温度(耐寒型)(℃) ≤		−50

3. 橡胶垫板的外观质量要求

表 17-31

缺陷名称	橡胶垫板表面质量
缺角	在两端四个定位角上,不允许有体积大于一角的 1/3 的缺陷
缺胶	两个工作面上,因杂质、气泡、水纹、闷气造成的缺胶面积不大于 9mm^2,深度不得大于 1mm,每块不得超过两处
海绵	工作面上不允许有;四个定位角上不允许有体积大于一角的 1/3 的海绵状物
毛边	不大于 3mm

注:成品橡胶垫板表面应平整、修边整齐。

(九)高速铁路无砟轨道用土工布(TJ/GW 113—2013,中铁总公司标准)

高速铁路无砟轨道用土工布是适用于高速铁路 CRTS Ⅲ型无砟轨道隔离层用的聚丙烯非织造土工布,要求不得添加回收料和除消光剂、抗紫外线稳定剂之外的添加剂。

土工布按单位面积重量分为 700kg/m^2 和 600kg/m^2 两类。

1. 土工布的规格尺寸及物理力学性能

表 17-32

项目		单位	指标及要求	
			700g/m^2	600g/m^2
规格尺寸	单位面积重量允许偏差		−6%	−6%
	厚度	mm	3.5~4.5	2.0~2.5
	宽度	mm	2 600,允许偏差−0.5%	
物理力学性能	拉伸强度	kN/m	纵向、横向≥48	纵向、横向≥40
	伸长率	%	纵向、横向 70±20	纵向、横向 60±20
	顶破强力	kN	≥8.5	≥7.0
	梯形法撕破强力	N	纵向、横向≥900	纵向、横向≥700
	抗酸、碱性	%	强力保持率≥90;断裂伸长保持率≥90	
	抗磨损性能	%	强力损失率≤25	强力损失率≤20

2. 土工布的外观疵点评定

表 17-33

序号	疵点名称	轻缺陷	重缺陷	备注
1	布面不匀、折痕	轻微	严重	
2	杂物、僵丝	软质,粗≤3mm	硬质,软质,粗>3mm	
3	边不良	≤3 000mm 时,每 500mm 计一处	>3 000mm	
4	破损	≤5mm	>5mm;破洞	以疵点最大长度计
5	其他	参照相似疵点评定		

注:在一卷土工布上不应存在重缺陷,轻缺陷每 200m^2 应不超过 5 个。

(十)钢轨固定装置(JB/T 10543—2006)

钢轨固定装置适用于38、43、50kg/m钢轨和起重机钢轨的固定和对接。

钢轨固定装置的形式分为HDGY型和WJK型两种;钢轨对接装置有SGL1～6型(50kg/m钢轨采用鱼尾板对接)。

1. HDGY型钢轨固定装置规格尺寸

表17-34

型　号	钢轨型号	螺栓直径 d (mm)	h (mm)	H (mm)	重量 (kg)
HDGY1	38kg/m	16	64	134	1.4
HDGY2	38kg/m	20	69	134	1.73
HDGY3	43kg/m	20	70	140	1.73
HDGY4	QU70	20	70	120	1.89
HDGY5	QU80	24	72	130	1.89
HDGY6	QU100	24	72	150	2.34
HDGY7	QU120	24	74	170	2.55

2. 钢轨固定装置示意图

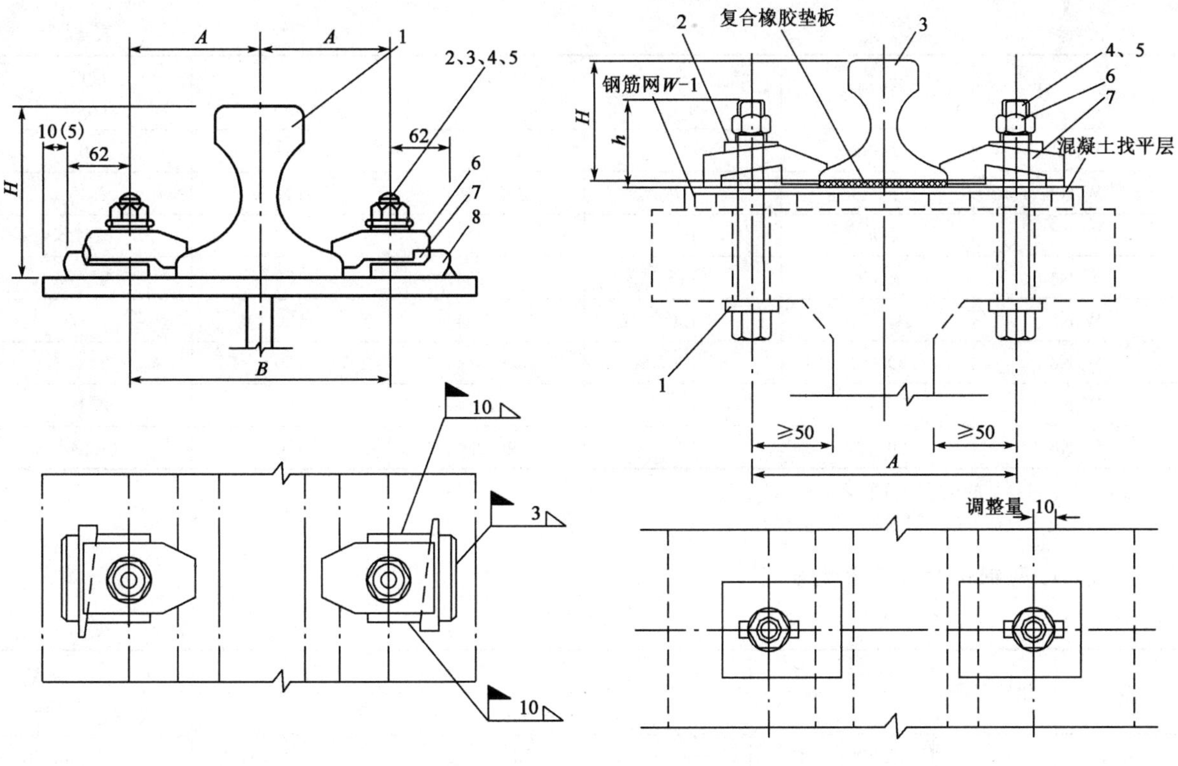

a) WJK型钢轨固定装置

1-钢轨;2-T形头螺栓(2件);3-螺母(2件);4-弹簧垫圈(2件);5-垫圈(2件);6-上盖板(2件);7-调整板(2件);8-底座板(2件)

b) HDGY固定装置

1-平垫圈(2件);2-楔形垫板(2件);3-钢轨;4-螺栓(2件);5-弹簧垫圈(2件);6-螺母(2件);7-压板(2件)

图17-5　钢轨固定装置示意图

注:A值见表17-37。

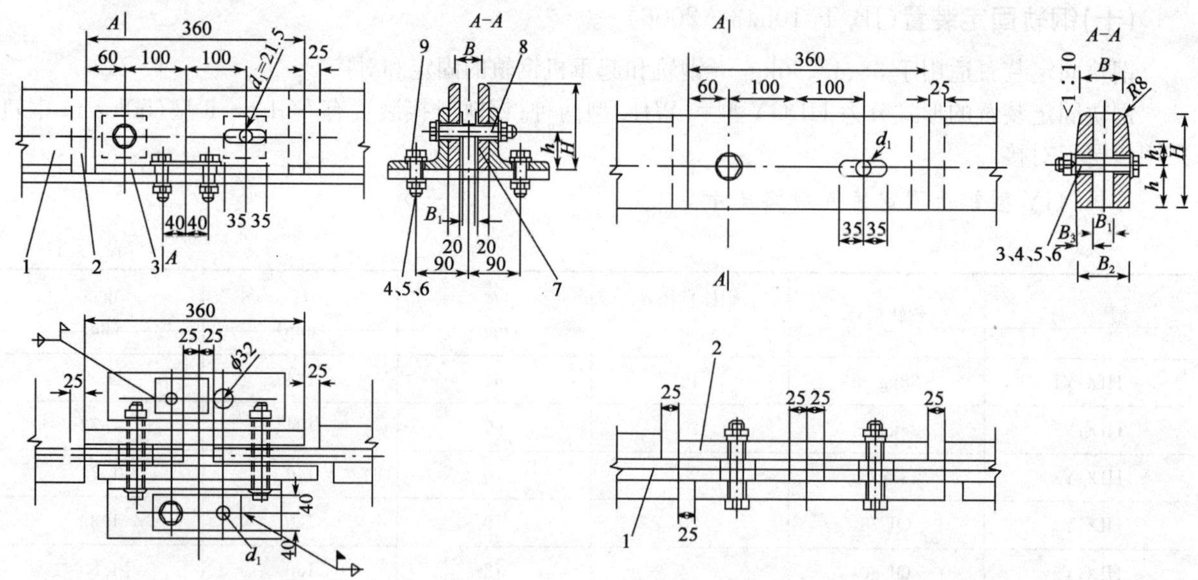

a) SGL1、SGL2钢轨对接装置

1-钢轨;2-夹板(2个);3-角钢(2个);4-螺母(6个);5-螺栓(4个);
6-弹簧垫圈(6个);7-垫板(4个);8-螺栓(2个);9-压板(2个)

b) SGL3~SGL6钢轨对接装置

1-钢轨;2-夹板(2个);3-螺栓(2个);4-螺母(2个);
5-平垫圈(2个);6-弹簧垫圈(2个)

图 17-6 钢轨对接装置示意图

3. WJK 型钢轨固定装置规格尺寸

表 17-35

型号	钢轨型号	A (mm)	B (mm)	H (mm)	重量 (kg)
WJK1	TG38	97	338(328)	134	2.07
WJK2	TG43	97	338(328)	140	2.15
WJK3	TG50	106	356(346)	152	2.1
WJK4	TG60	115	374(364)	176	2.14
WJK5	QU70	100	344(334)	120	2.37
WJK6	QU80	105	354(344)	130	2.34
WJK7	QU100	115	374(364)	150	2.34
WJK8	QU120	125	394(384)	170	2.34

注:①表中带括号的尺寸钢吊车梁上翼缘最小宽度。

②B 值未包括与吊车梁制动系统连接的尺寸。

4. SGL 型钢轨对接装置主要尺寸

表 17-36

型号	钢轨型号	B	B_1	B_2	B_3	H	h	h_1	d	d_1	重量 (kg)
		mm									
SGL1	38kg/m	43.9	13	—	—	134	59.5	—	21.5		33.37
SGL2	43kg/m	46	14.5	—	—	140	62.5	—	23.5		34.38
SGL3	QU70	70	28	76.4	24.2	120	48	39.5	—	21.5	17.37
SGL4	QU80	80	32	87	27.5	130	50	45	—		21.22
SGL5	QU100	100	38	108	35	150	58	52	—		31.02
SGL6	QU120	120	44	129	42.5	170	66	59	—	25.5	42.67

5. 钢轨固定装置的选型

表 17-37

型号	轨道联结型号	起重机梁上螺栓孔间距 A(mm)	钢轨型号	最大轮压设计值 P_{max} (kN)	适用范围					
					重级工作制 A6,A7 级		中级工作制 A4,A5 级		轻级工作制 A1～A3 级	
					起重量 (t)	跨度 (m)	起重量 (t)	跨度 (m)	起重量 (t)	跨度 (m)
HDGY1	DGL－6	200	38kg/m	≤330	—	—	5,10 16	10.5～31.5 10.5	5,10 16	10.5～31.5 13.5～16.5
	DGL－7	220								
	DGL－8	240								
	DGL－9	260								
HDGY2	DGL－10	220	38kg/m	≤510	5,10 16,20 32	10.5～31.5 10.5～31.5 10.5～13.5	16,20 32	13.5～31.5 10.5～19.5	16,20 32	19.5～31.5 10.5～25.5
	DGL－11	240								
	DGL－12	260								
	DGL－13	280								
HDGY3	DGL－14	240	43kg/m	≤690	32	16.5～31.5	32	22.5～31.5	32	28.5～31.5
	DGL－15	260								
	DGL－16	280								
HDGY4	DGL－14	240	QU70	≤690	32	16.5～31.5	32	22.5～31.5	32	28.5～31.5
	DGL－15	260								
	DGL－16	280								
HDGY5	DGL－17	240	QU80	≤860	50	10.5～22.5	50	10.5～28.5	—	—
	DGL－18	260								
	DGL－19	280								
	DGL－20	260		≤960	50	25.5～31.5	50	31.5	—	—
	DGL－21	280								
HDGY6	DGL－22	240	QU100	≤1 050	80～100t 桥式起重机					
	DGL－23	260								
	DGL－24	280								
HDGY7	DGL－25	260	QU120	≤1 200	125t 桥式起重机					
	DGL－26	280								

(十一)螺旋道钉(TB 564—1992)

螺旋道钉用于 70 型扣板式扣件和弹条Ⅰ型扣件。螺旋道钉上部螺纹为 M24,下部螺纹为特 M25.6×6－d24/25.6 螺纹,牙高 3.26mm。

螺旋道钉的规格尺寸　　表 17-38

规格尺寸 (mm)	道钉总长度	圆台上部丁杆长度	上部螺纹 直径	上部螺纹 长度	圆台下部白杆直径	圆台下部白杆长度	下部螺纹大径	圆台直径
	195	75	M24	45	≥ϕ22	20	25.6	28
机械性能	螺旋道钉应进行实物拉力试验,当荷载为 130kN 时,螺旋道钉不得拉断							
重量(个)	0.594kg							

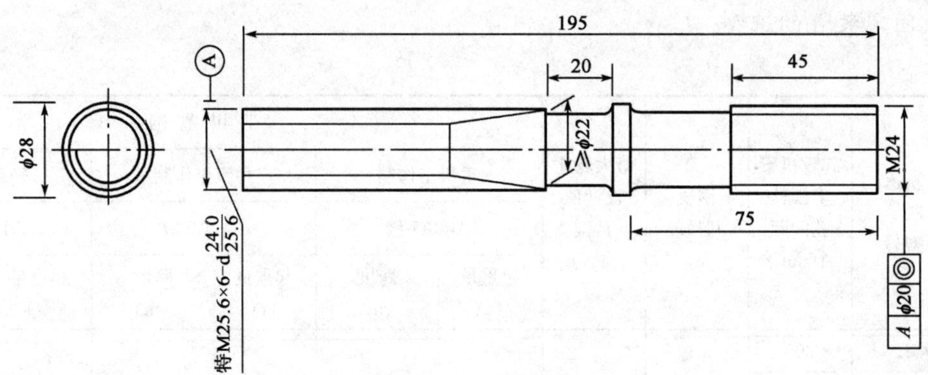

图 17-7 螺旋道钉

(十二)螺纹道钉(TB/T 3049—2002)

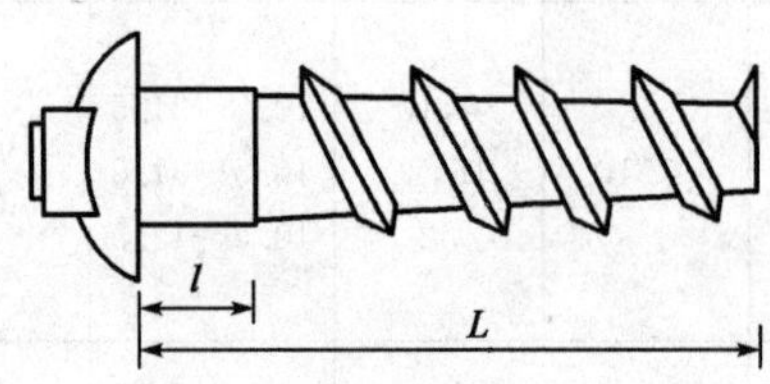

图 17-8 螺纹道钉

螺纹道钉规格尺寸 表 17-39

规格尺寸	L(mm)	145	155	165
	l(mm)	25	25	35
	重量(kg)	0.438	0.455	0.484
机械性能	抗拉强度 σ_b(MPa)	≥372.4		
	屈服强度 σ_s(MPa)	≥235.2		
	延伸率 δ_{10}(%)	≥22		

(十三)普通道钉(TB 1346—1979)

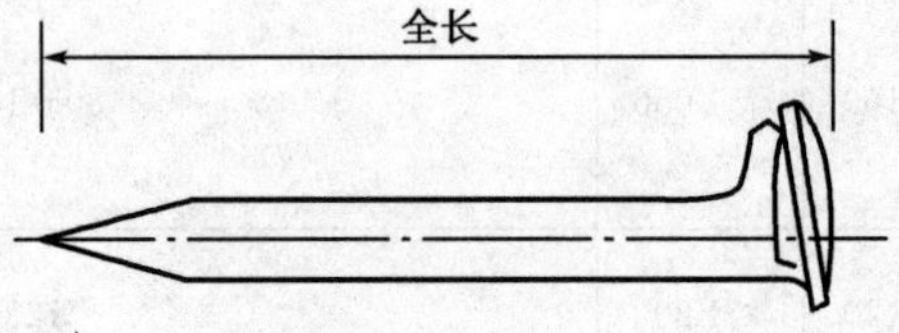

图 17-9 普通道钉

普通道钉规格尺寸 表 17-40

类型	普通道钉	冻 害 道 钉			
全长度(mm)	165	205	230	255	280
重量(kg)	0.379	0.459	0.509	0.559	0.610

(十四)钢轨用高强度接头螺栓与螺母(TB/T 2347—1993)

钢轨用高强度接头螺栓与螺母适用于43、50、60、75kg/m钢轨接头连接用。

螺栓按性能等级分为8.8级和10.9级两种(当材料为低碳马氏体钢时,性能等级代号下加一横线);螺母为10级。

螺栓按外形分,10.9级高强度接头螺栓为平锥头;10.9级高强度绝缘接头螺栓为六角头。8.8级高强度接头螺栓为半圆球头，头上加二圈凸棱。螺母在30°倒角面制出高、宽各1mm的凸圈。

螺纹公差：螺母为$7H$，螺栓为8g。

1.钢轨用高强度接头螺栓与螺母示意图

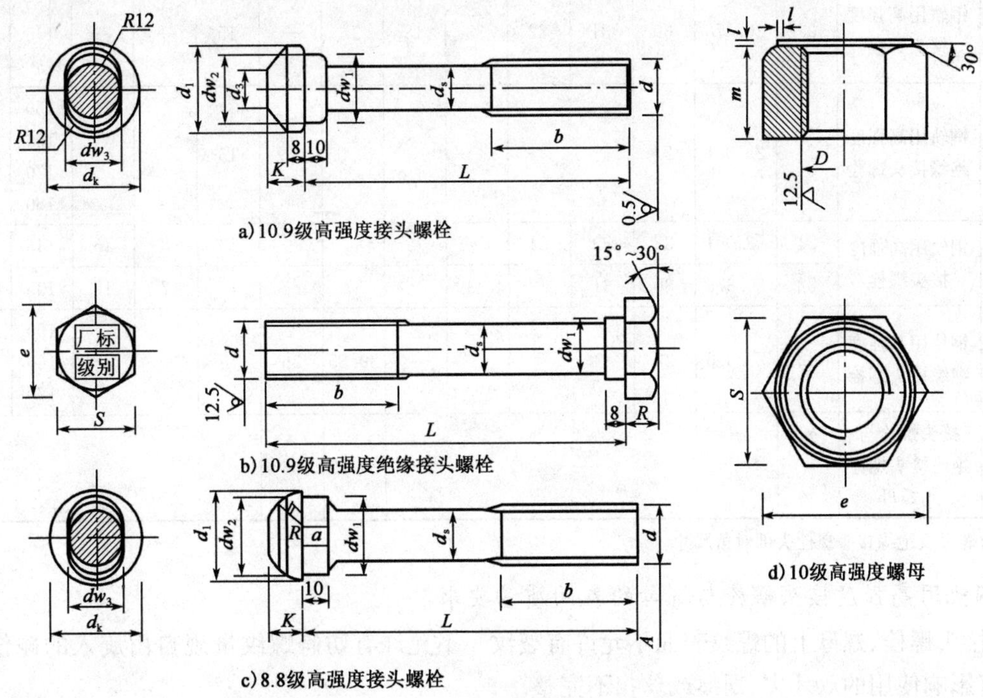

a) 10.9级高强度接头螺栓

b) 10.9级高强度绝缘接头螺栓

c) 8.8级高强度接头螺栓

d) 10级高强度螺母

图17-10　钢轨接头用螺栓、螺母示意图

2.钢轨接头用高强度螺栓与螺母的机械性能

表17-41

项　　目	螺　　栓		螺　　母	
	指标			
性能等级	8.8S	10.9S	10H	
公称直径(mm)	22,24		22	24
推荐材料	Q275	20MnSi	Q275,35	
抗拉强度σ_b(MPa)　≥	830	1 040	—	—
屈服强度$\sigma_{0.2}$(MPa)　≥	660	940	—	—
伸长率δ_5(%)　≥	12	9	—	—
洛氏硬度HRC	25～35	34～41	28～38	
保证荷载应力S_p(MPa)　≥	—	—	1 060	
保证荷载($A_s \times S_p$)(N)	—	—	321 200	374 200

3.钢轨用高强度接头螺栓与螺母的规格尺寸

表17-42

螺栓、螺母性能等级	类别	主要尺寸(mm)														
		$d(D)$	d_s	dw_1	dw_2	dw_3	d_1	d_3	$d_k(e)$	S	K	a	R	L	b	m
10.9S	钢轨用高强度接头螺栓	24	22.051	32	33	24	37	20	40	—	16	—	—	135 145 160	60	—

续表 17-42

螺栓、螺母性能等级	类别	主要尺寸(mm)														
		$d(D)$	d_s	dw_1	dw_2	dw_3	d_1	d_3	$d_k(e)$	S	K	a	R	L	b	m
10.9S	钢轨用高强度接头螺栓	22	20.376	30	31	22	33	18	37	—	15	—	—	135 145 150	60	—
10.9S	钢轨用高强度绝缘接头螺栓	24	22.051	24	—		—	—	39.55	36	15	—	—	150 165 170 180		
8.8S	钢轨用高强度接头螺栓	24	22.051	32	33	24	37	—	40	—	16	8	16	145	50	—
		22	20.376	30	31	22	33	—	37	—	15	7	15	135		
	钢轨用高强度绝缘接头螺栓	22	20.376	22	—		—	—	39.55	36	15	—	—	150 160 170	60	
10H	接头螺栓与绝缘接头螺栓用螺母	24	—						39.55	36	—					24
		22														22

注:e 为螺母及绝缘接头螺栓头部对角尺寸。

4.钢轨用高强度接头螺栓与螺母的表面质量要求

(1)接头螺栓、螺母上的螺纹表面不允许有裂纹。不允许有妨碍螺纹量规自由旋入的碰伤或毛刺,不允许有影响使用的双牙尖、划痕或丝扣不完整。

(2)接头螺栓、螺母表面不允许有影响使用的凹痕、毛刺、浮锈圆钝、飞边、烧伤或氧化皮;在螺母30°倒角处,不允许有影响使用的裂纹。

5.包装要求

接头螺栓、螺母组装成套,每箱内装50套。

接头螺栓、螺母表面应涂有中性防锈剂,以防止在运输和储存中受到腐蚀。

(十五)钢轨接头用弹性防松垫圈(TB/T 2348—1993)

钢轨接头用弹性防松垫圈按钢轨类型分为50、60、75kg/m三种,与钢轨接头用高强度螺栓、螺母配套使用。

垫圈以60Si2Mn热轧弹簧钢板制造,其热处理后的硬度为HRC41~HRC46。金相组织为均匀回火屈氏体与索氏体,心部允许有微量断续铁素体。

1.钢轨接头用弹性防松垫圈技术要求

表 17-43

项目		指标要求		
		50kg/m 钢轨用垫圈	60kg/m 钢轨用垫圈	75kg/m 钢轨用垫圈
外观质量要求		表面应光洁平整,无裂纹及影响使用的碰伤、毛刺、无斑痕或氧化皮		
		垫圈应进行防锈处理		
		垫圈不得有过烧现象,表面脱碳层深度不得大于0.2mm		
静压保载性能		经13.6t静压保载5s后,其永久变形不大于1.2mm		
垫圈内孔直径	mm	25		
置连接板处宽度(mm)	上部	30.5	30	34
	下部	32	32	34

续表 17-43

项　目		指 标 要 求		
		50kg/m 钢轨用垫圈	60kg/m 钢轨用垫圈	75kg/m 钢轨用垫圈
中部前后端翘起高度	mm	前 7,后 8		
外圈直径	mm	70		
厚度	mm	4		
孔洞轴度	mm	0.7		
每 1 000 件重量	kg	92		
垫圈的包装		同规格袋装或箱装,每件不超过 25kg,在正常条件下应保证发到用户时不生锈		

2. 钢轨接头用弹性防松垫圈的型号尺寸

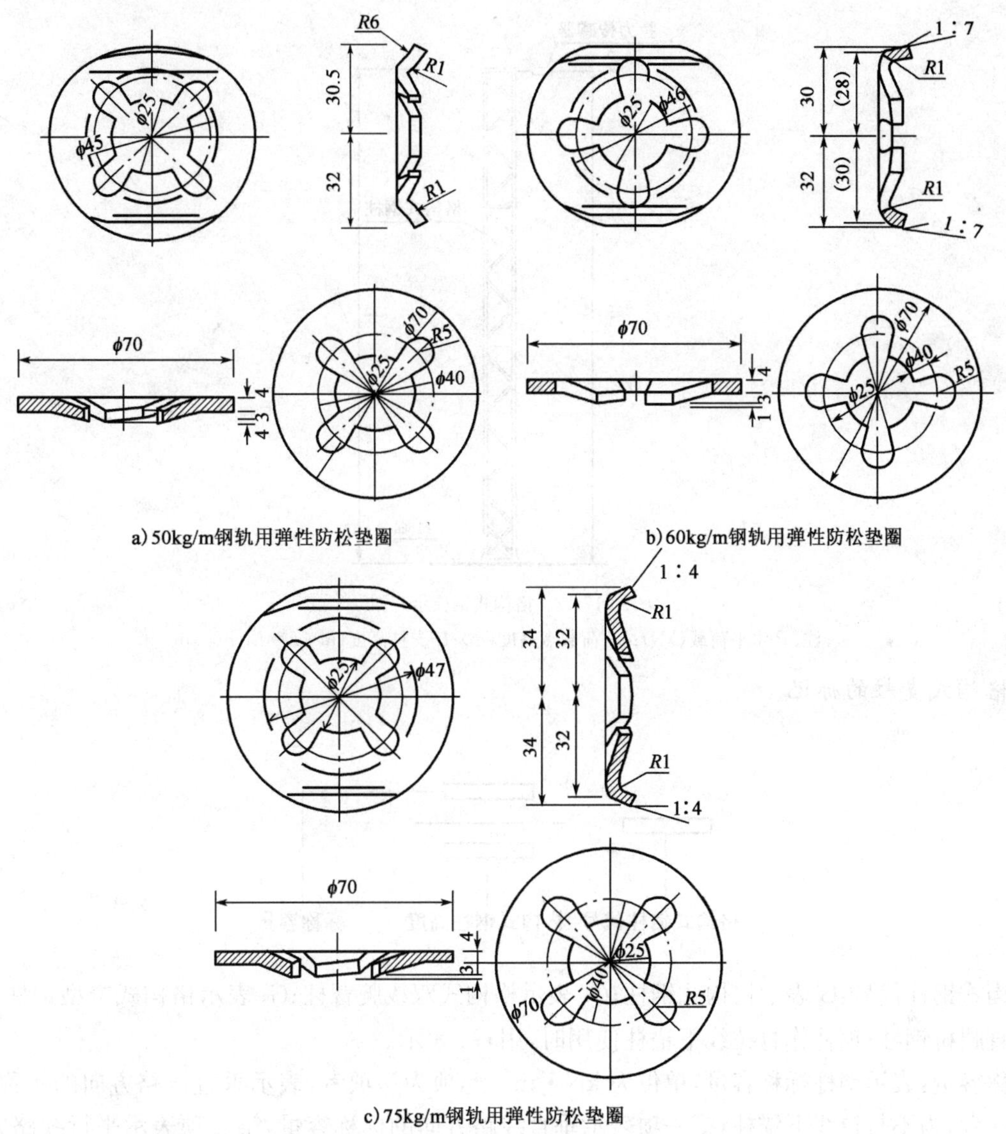

图 17-11　钢轨接头用弹性防松垫圈型号尺寸图

二、电气化铁路接触网用支柱

电气化铁路接触网支柱包括钢支柱和预应力混凝土支柱两大类。

电气化铁路接触网钢支柱包括格构式支柱、方形钢管支柱、环形钢管支柱和H型钢支柱四类。

支柱用钢材为Q235B、Q345、20号钢。H型钢不允许采用沸腾钢,其他支柱当工作温度低于-20℃时,也不得采用沸腾钢。各类支柱一般采用热浸镀锌防腐,锌层厚度:镀件厚度<5mm时,锌层厚度≥65μm;镀件厚度≥5mm时,锌层厚度≥86μm。镀锌后的方钢管支柱、圆钢管支柱、H型钢支柱有涂装要求时,可采用氟树脂涂料(氟碳涂料)来双重防腐,涂层干膜总厚度应≥80μm。

预应力混凝土支柱包括预应力混凝土横腹杆式支柱和预应力混凝土环形支柱两类。

(一)格构式钢支柱(GB/T 25020.1—2010)

格构式钢支柱为立体桁架结构,分为软横跨钢柱、直腿桥钢柱两种。格构式支柱不宜用于客运专线,城市轨道交通可参照使用。

1.格构式支柱结构示意图

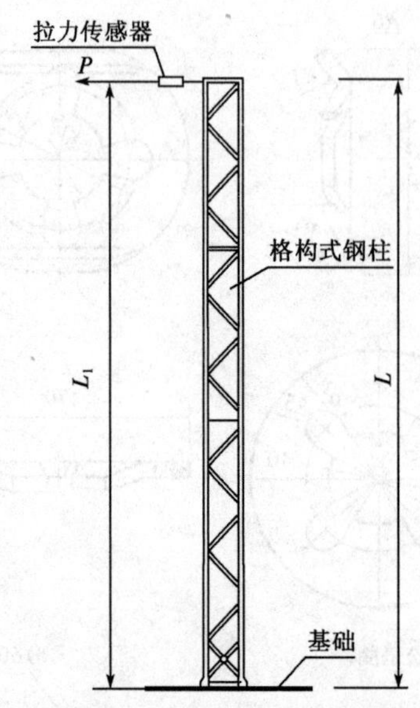

图17-12 格构式钢柱示意图

注:P-水平荷载(kN);L_1-荷载点高度(m);L-支柱高度(m),$L=L_1+0.1$m

2.格构式支柱的标记

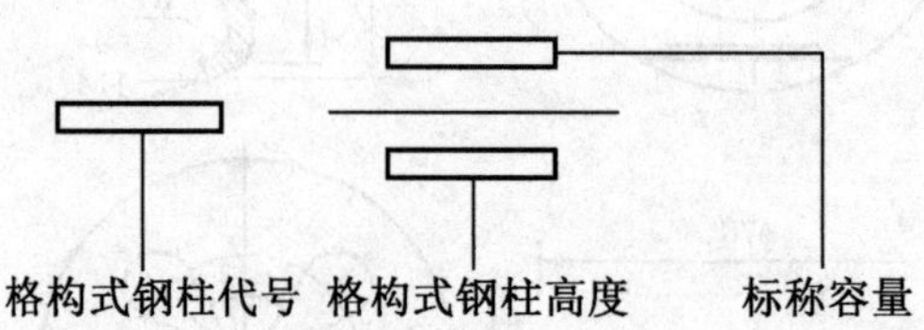

格构式钢柱代号:G表示格构式钢柱;G_s表示格构式双线腕臂柱;G_z表示格构式窄型钢柱;G_q表示格构式直腿桥钢柱;钢柱作打拉线下锚柱使用时,用G_m表示。

标称容量:表示钢柱标称容量,单位为kN·m。此项为一项者,表示垂直线路方向的标称容量;此项为两项者,为不打拉线下锚柱,第一项表示垂直线路方向的标称容量,第二项表示平行线路方向的标称容量。

格构式钢柱高度:表示格构式钢柱高度,单位为m。

示例:$G\frac{350}{15}$

表示标称容量为350kN·m的格构式钢柱,其柱高为15m。

3.格构式支柱的规格尺寸

(1)直腿桥钢柱的规格、外形尺寸及标准检验弯矩

表 17-44

钢柱规格	标准检验弯矩 M_k (kN·m)	柱高(m)	柱底尺寸(mm)		柱顶尺寸(mm)	
		L	h_1	b_1	h_2	b_2
$G_q\frac{80}{9}$	80	9	800	600	480	415
$G_q\frac{100}{9}$	100					
$G_q\frac{120}{9}$	120	9	800	600	480	415
$G_q\frac{200}{9}$	200					
$G_q\frac{80}{11.5}$	80	11.5	800	600	390	365
$G_q\frac{100}{11.5}$	100					
$G_q\frac{120}{11.5}$	120					
$G_q\frac{200}{11.5}$	200					
$G_q\frac{80}{12}$	80	12	800	600	370	355
$G_q\frac{100}{12}$	100					
$G_q\frac{120}{12}$	120					
$G_q\frac{200}{12}$	200					
$G_q\frac{80}{12.5}$	80	12.5	800	600	350	350
$G_q\frac{100}{12.5}$	100					
$G_q\frac{120}{12.5}$	120					
$G_q\frac{200}{12.5}$	200					

(2)软横跨钢柱的规格、外形尺寸及标准检验弯矩

表 17-45

钢柱规格	标准检验弯矩 M_k (kN·m)	柱高 (m)	柱底尺寸 (mm)		柱顶尺寸 (mm)	
		L	h_1	b_1	h_2	b_2
$G_s\frac{150}{13}$	150	13	1 000	600	500	400
$G_s\frac{200}{13}$	200					
$G\frac{150}{13}$	150					
$G\frac{200}{13}$	200					
$G\frac{250}{13}$	250					
$G\frac{200}{15}$	200	15	1 200	800	400	400
$G\frac{250}{15}$	250					
$G\frac{300}{15}$	200	15	1 200	800	400	400
$G\frac{350}{15}$	350					
$G\frac{400}{15}$	400					

续表 17-45

钢柱规格	标准检验弯矩 M_k (kN·m)	柱高 (m)	柱底尺寸 (mm)		柱顶尺寸 (mm)	
		L	h_1	b_1	h_2	b_2
G $\frac{450}{15}$	450	15	1 200	800	400	400
G $\frac{500}{15}$	500					
G $\frac{550}{15}$	550					
G $\frac{600}{15}$	600					
G $\frac{200}{15}$	200	15	800	600	400	300
G $\frac{250}{15}$	250					
G $\frac{300}{15}$	300					
G $\frac{350}{15}$	350					
G_z $\frac{400}{15}$	400					
G_z $\frac{450}{15}$	450					
G $\frac{250-250}{15}$	250—250	15	1 200	1 200	400	400
G $\frac{300-250}{15}$	300—250					
G $\frac{350-250}{15}$	350—250					
G $\frac{400-250}{15}$	400—250					
G $\frac{450-250}{15}$	450—250					
G $\frac{650}{20}$	650	20	1 800	1 000	600	600
G $\frac{800}{20}$	800					

(二)方形钢管支柱(GB/T 25020.2—2010)

1. 方形钢管支柱外形示意图

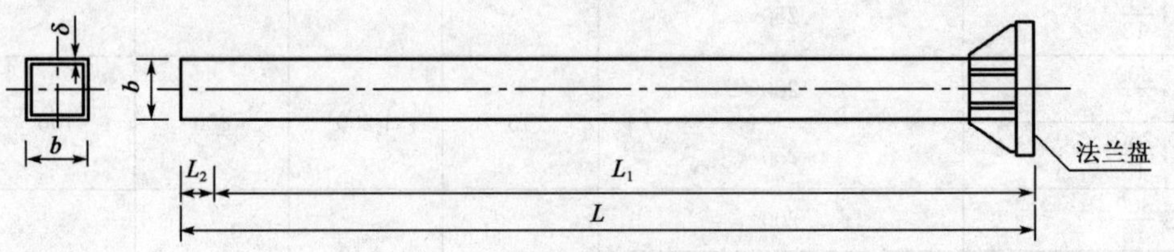

图 17-13 方钢管柱外形示意图

L-柱高;L_1-荷载点高度;L_2-柱顶至荷载点距离(0.25m);b-边长;δ-壁厚

2. 方形钢管支柱的标记

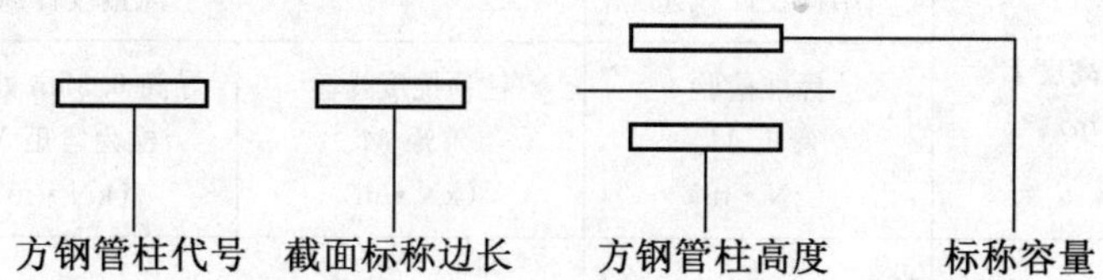

方钢管柱代号：G_f 表示方形钢管柱。

标称容量：表示方形钢管柱垂直线路方向的标称容量，单位为 kN·m。

截面标称边长：表示方形钢管柱截面标称边长，单位为 mm。

方钢管柱高度：表示方形钢管柱高度，单位为 m。

示例：$G_f260\frac{120}{9}$

表示标称容量为 120kN·m 的方形钢管柱，其柱高为 9m，截面标称边长 260mm。

3. 方形钢管支柱的规格尺寸

表 17-46

支柱规格	支柱高度 L (m)	结构设计风速	风偏设计风速		
		标准检验弯矩 M_k (kN·m)	柱顶挠度检验弯矩 M_s (kN·m)	导高 6.35m 处挠度检验弯矩 M_w (kN·m)	导高 7.5m 处挠度检验弯矩 M_w (kN·m)
$G_f240\frac{60}{L}$	8～11	60	49	32	25
$G_f240\frac{80}{L}$		80	59	40	30
$G_f240\frac{100}{L}$		100	66	47	36
$G_f240\frac{120}{L}$		120	72	48	36
$G_f240\frac{140}{L}$		140	77	53	39
$G_f240\frac{160}{L}$		160	88	61	45
$G_f240\frac{180}{L}$		180	100	68	50
$G_f240\frac{200}{L}$		200	110	74	56
$G_f260\frac{60}{L}$	8～11	60	48	32	24
$G_f260\frac{80}{L}$		80	64	42	32
$G_f260\frac{100}{L}$		100	75	52	37
$G_f260\frac{120}{L}$		120	78	52	40
$G_f260\frac{140}{L}$		140	91	63	47

续表 17-46

支柱规格	支柱高度 L (m)	结构设计风速	风偏设计风速		
		标准检验弯矩 M_k (kN·m)	柱顶挠度检验弯矩 M_s (kN·m)	导高 6.35m 处挠度检验弯矩 M_w (kN·m)	导高 7.5m 处挠度检验弯矩 M_w (kN·m)
$G_f260\frac{160}{L}$	8～11	160	100	66	50
$G_f260\frac{180}{L}$		180	109	72	54
$G_f260\frac{200}{L}$		200	122	82	62
$G_f280\frac{80}{L}$	8～11	80	60	40	29
$G_f280\frac{100}{L}$		100	80	53	40
$G_f280\frac{120}{L}$		120	84	56	43
$G_f280\frac{140}{L}$		140	98	66	50
$G_f280\frac{160}{L}$		160	104	70	53
$G_f280\frac{180}{L}$		180	117	79	59
$G_f280\frac{200}{L}$		200	134	90	68
$G_f300\frac{80}{L}$	8～11	80	72	51	37
$G_f300\frac{100}{L}$		100	99	66	47
$G_f300\frac{120}{L}$		120	96	64	46
$G_f300\frac{140}{L}$		140	105	67	53
$G_f300\frac{160}{L}$		160	120	80	60
$G_f300\frac{180}{L}$		180	130	86	64
$G_f300\frac{200}{L}$		200	148	98	74

注:支柱高度 $L \leqslant 9$m 时,按导高 6.35m 检验;支柱高度 $L > 9$m 时,按导高 7.5m 检验。

4. 锚柱

所有支柱都可作为打拉线下锚柱使用,但悬挂方向的弯矩与由于下锚所产生悬挂方向的附加弯矩之和应不大于支柱的标准检验弯矩,下锚所产生的垂直分力可忽略不计。

(三)环形钢管支柱(GB/T 25020.3—2010)

环形钢管支柱分为等径钢管支柱和锥形钢管支柱(锥度为 1∶100)两种。

1. 环形钢管支柱的结构示意图

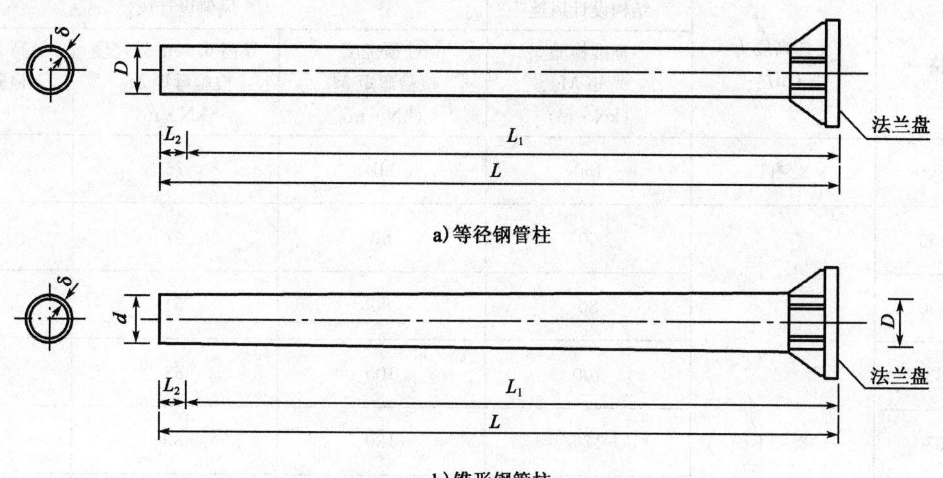

图 17-14 环形钢管支柱示意图

L-柱高；L_1-荷载点高度；L_2-柱顶至荷载点距离(0.25m)；D-底径或直径；d-梢径；δ-壁厚

2. 环形钢管支柱的标记

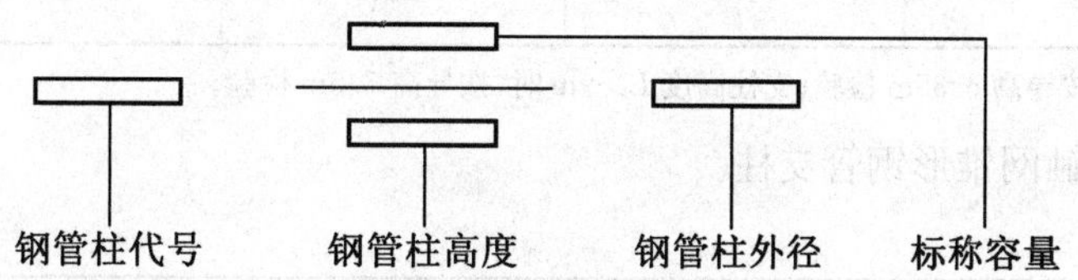

钢管柱代号：G_g 表示等径钢管支柱；G_{gz}表示锥形钢管支柱。

标称容量：表示钢管柱垂直线路方向的标称容量，单位为 kN·m。

钢管柱高度：表示钢管柱高度，单位为 m。

钢管柱外径：表示钢管柱外径，锥形钢管柱表示钢管柱底径，单位为 mm。

示例：$G_g\frac{100}{9}\phi350$

表示标称容量为 100kN·m 的等径钢管柱，其柱高为 9m，外径为 350mm。

3. 环形钢管支柱的规格尺寸

(1)电气化铁路接触网等径钢管支柱

表 17-47

支柱规格	支柱高度 L (m)	结构设计风速	风偏设计风速		
		标准检验弯矩 M_k (kN·m)	柱顶挠度检验弯矩 M_s (kN·m)	导高 6.35m 处挠度检验弯矩 M_w (kN·m)	导高 7.5m 处挠度检验弯矩 M_w (kN·m)
$G_g\frac{60}{L}\phi300$	8～11	60	56	39	28
$G_g\frac{80}{L}\phi300$		80	72	48	36
$G_g\frac{100}{L}\phi300$		100	80	53	40
$G_g\frac{120}{L}\phi300$		120	96	64	48
$G_g\frac{140}{L}\phi300$		140	100	70	51

续表 17-47

支柱规格	支柱高度 L (m)	结构设计风速	风偏设计风速		
		标准检验弯矩 M_k (kN·m)	柱顶挠度检验弯矩 M_s (kN·m)	导高 6.35m 处挠度检验弯矩 M_w (kN·m)	导高 7.5m 处挠度检验弯矩 M_w (kN·m)
$G_g\frac{160}{L}\phi300$	8~11	160	110	75	55
$G_g\frac{60}{L}\phi350$	8~11	60	60	47	36
$G_g\frac{80}{L}\phi350$		80	80	54	42
$G_g\frac{100}{L}\phi350$		100	100	63	46
$G_g\frac{120}{L}\phi350$		120	120	80	56
$G_g\frac{140}{L}\phi350$		140	140	93	65
$G_g\frac{160}{L}\phi350$		160	160	107	75
$G_g\frac{180}{L}\phi350$		180	180	115	85

注:支柱高度 $L\leqslant9$m 时,按导高 6.35m 检验;支柱高度 $L>9$m 时,按导高 7.5m 检验。

(2)电气化铁路接触网锥形钢管支柱

表 17-48

支柱规格	支柱高度 L (m)	结构设计风速	风偏设计风速		
		标准检验弯矩 M_k (kN·m)	柱顶挠度检验弯矩 M_s (kN·m)	导高 6.35m 处挠度检验弯矩 M_w (kN·m)	导高 7.5m 处挠度检验弯矩 M_w (kN·m)
$G_{gz}\frac{60}{L}\phi300$	8~11	60	40	32	23
$G_{gz}\frac{80}{L}\phi300$		80	50	40	28
$G_{gz}\frac{60}{L}\phi350$	8~11	60	55	40	30
$G_{gz}\frac{80}{L}\phi350$		80	70	54	38
$G_{gz}\frac{100}{L}\phi350$		100	85	65	48
$G_{gz}\frac{120}{L}\phi350$		120	100	78	56

注:①支柱高度 $L\leqslant9$m 时,按导高 6.35m 检验;支柱高度 $L>9$m 时,按导高 7.5m 检验。

②表中支柱锥度为 1∶100。

4.锚柱

所有钢管柱都可作为打拉线下锚柱使用,但悬挂方向的弯矩与由于下锚所产生悬挂方向的附加弯矩之和不应大于钢管柱的标准检验弯矩,下锚所产生的垂直分力可忽略不计。

(四)H 型钢支柱(GB/T 25020.4—2010)

H 型钢支柱分为系列 1、系列 2 两个系列。H 型钢柱不允许采用沸腾钢。H 型钢外形及表面质量应符合 GB/T 11263 的规定。

1. H 形钢支柱的标记

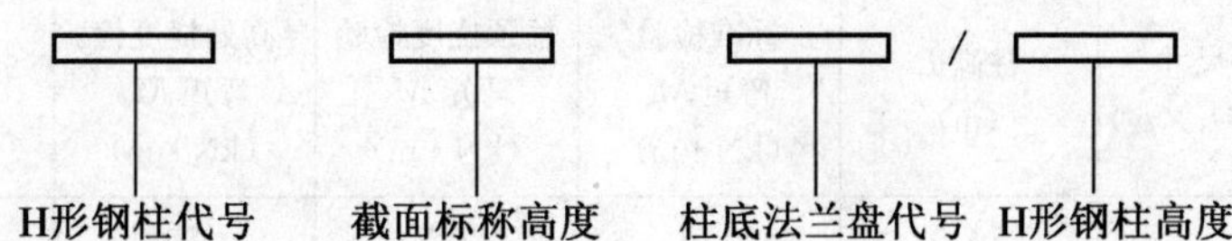

H 形钢柱代号:GH 和 GHT 表示符合系列 1 的 H 形钢柱;GHd 表示符合系列 2 的单 H 形钢柱;GHs 表示符合系列 2 的双 H 形钢柱。

截面标称高度:表示 H 形钢柱截面标称高度,单位为 mm。

柱底法兰盘代号:表示 H 形钢柱柱底法兰盘代号。

钢柱高度:表示 H 形钢柱高度,单位为 m。

示例:GH 240X/9.5

表示符合系列 1 的 H 形钢柱,其截面标称高度为 240mm,法兰盘型号为 X(X 按设计图纸确定,可为 A、B、C、D、E),柱高为 9.5m。

2. H 型钢支柱的规格尺寸

(1)电气化铁路接触网 H 形钢柱系列 1

表 17-49

钢柱规格	截面尺寸 ($h\times b\times t_1\times t_2$)	柱高 L (m)	标准检验弯矩 M_k (kN·m)	柱顶挠度检验弯矩 M_s (kN·m)	导高处挠度检验弯矩 M_w (kN·m)	扭矩标准值 (kN·m)	扭矩力臂 S (mm)
GH 240X/7.5	240×240×10×17	7.5	120	115	70	2	123
GH 240X/8		8.0	120	110	67	2	132
GH 240X/8.5		8.5	110	105	66	2	153
GH 240X/9		9.0	110	100	64	2	162
GH 240X/9.5		9.5	110	95	48	2	171
GH 240X/10		10.0	100	92	48	2	198
GH 240X/10.5		10.5	100	88	46	2	208
GH 240X/11		11.0	100	85	45	2	218
GH 260X/7.5	260×260×10×17.5	7.5	150	150	92	2	99
GH 260X/8		8.0	150	140	90	2	105
GH 260X/8.5		8.5	150	140	87	2	112
GH 260X/9		9.0	140	130	85	2	127
GH 260X/9.5		9.5	140	125	63	2	134
GH 260X/10		10.0	140	120	62	2	141
GH 260X/10.5		10.5	130	115	60	2	160
GH 260X/11		11.0	130	110	60	2	168
GH 280X/7.5	280×280×10.5×18	7.5	190	190	117	2	78
GH 280X/8		8.0	180	180	113	2	88
GH 280X/8.5		8.5	180	180	111	2	93
GH 280X/9		9.0	180	170	110	2	99
GH 280X/9.5		9.5	170	160	81	2	110

续表 17-49

钢柱规格	截面尺寸 ($h\times b\times t_1\times t_2$)	柱高 L (m)	标准检验 弯矩 M_k (kN·m)	柱顶挠度检验 弯矩 M_s (kN·m)	导高处挠度检验 弯矩 M_w (kN·m)	扭矩标准值 (kN·m)	扭矩力臂 S (mm)
GH 280X/10	280×280× 10.5×18	10.0	170	155	80	2	116
GH 280X/10.5		10.5	160	150	80	2	130
GH 280X/11		11.0	160	144	78	2	136
GH 300X/7.5	300×300× 11×19	7.5	230	230	151	4	129
GH 300X/8		8.0	230	230	150	4	137
GH 300X/8.5		8.5	220	220	145	4	153
GH 300X/9		9.0	220	220	143	4	162
GH 300X/9.5		9.5	220	210	106	4	171
GH 300X/10		10.0	210	200	105	4	189
GH 300X/10.5		10.5	210	195	102	4	198
GH 300X/11		11.0	200	190	102	4	218
GH T 240X/7.5	270×248× 18×32	7.5	240	240	145	10	308
GH T 240X/8		8.0	240	240	144	10	329
GH T 240X/8.5		8.5	240	225	139	10	350
GH T 240X/9		9.0	230	215	138	10	387
GH T 240X/9.5		9.5	230	205	100	10	409
GH T 240X/10		10.0	230	195	100	10	430
GH T 240X/10.5		10.5	220	185	100	10	473
GH T 240X/11		11.0	220	180	95	10	495

注:①表中截面尺寸:h 表示 H 形钢的截面高度,单位为 mm;b 表示截面宽度,单位为 mm;t_1 表示腹板厚度,单位为 mm;t_2 表示翼缘厚度,单位为 mm。

②表中检验弯矩按 10kN 轴力(不含自重)确定。

③支柱高度 $L\leqslant 9$m 时,按导高 6.15m 检验;支柱高度 $L>9$m 时,按导高 7.25m 检验。

(2)电气化铁路接触网 H 形钢柱系列 2

表 17-50

钢柱规格	截面尺寸 ($h\times b\times t_1\times t_2$)	柱高 L (m)	标准检验 弯矩 M_k (kN·m)	柱顶挠度检验 弯矩 M_s (kN·m)	导高处挠度检验 弯矩 M_w (kN·m)	扭矩标准值 (kN·m)	扭矩力臂 S (mm)
GHd 250X/8	250×250× 9×14	8.0	100	100	63	—	—
GHd 250X/9		9.0	100	95	60	—	—
GHd 294X/8	294×200× 8×12	8.0	60	60	60	—	—
GHd 294X/9		9.0	60	60	60	—	—
GHd 294X/11		11.0	40	40	40	—	—
GHd 300X/8	300×300× 10×15	8.0	170	170	119	—	—
GHd 300X/9		9.0	160	160	112	—	—
GHd 300X/11		11.0	150	150	82	—	—

续表 17-50

钢柱规格	截面尺寸 ($h\times b\times t_1\times t_2$)	柱高 L (m)	标准检验弯矩 M_k (kN·m)	柱顶挠度检验弯矩 M_s (kN·m)	导高处挠度检验弯矩 M_w (kN·m)	扭矩标准值 (kN·m)	扭矩力臂 S (mm)
GHd 340X/8	340×250×9×14	8.0	140	140	124	—	—
GHd 340X/9		9.0	130	130	117	—	—
GHd 340X/11		11.0	110	110	85	—	—
GHd 390X/8	390×300×10×16	8.0	240	240	223	—	—
GHd 390X/9		9.0	230	230	213	—	—
GHd 390X/11		11.0	200	200	150	—	—
GHs 300X/8	2×300×150×6.5×9	8.0	140	140	84	10	564
GHs 300X/9		9.0	140	125	81	10	636
GHs 300X/11		11.0	140	105	57	10	779
GHs 294X/8	2×294×200×8×12	8.0	230	215	128	10	344
GHs 294X/9		9.0	230	195	126	10	387
GHs 294X/11		11.0	220	165	90	10	496

注：①表中截面尺寸 h 表示 H 形钢的截面高度，单位为 mm；b 表示截面宽度，单位为 mm；t_1 表示腹板厚度，单位为 mm；t_2 表示翼缘厚度，单位为 mm。

②表中检验弯矩按 8kN 轴力(不含自重)确定。

③支柱高度 $L\leqslant 9$m 时，按导高 6.15m 检验；支柱高度 $L>9$m 时，按导高 7.25m 检验。

3. 锚柱

H 形钢柱用于打拉线下锚柱使用时，应考虑由于下锚所产生的附加弯矩和垂直力对 H 形钢柱的影响。

(五)预应力混凝土横腹杆式支柱(TB/T 2286.1—2015)

支柱按使用功能分为腕臂支柱、软横跨支柱两种。按结构设计风速分为 30m/s、35m/s、40m/s 三型，支柱的混凝土强度等级不低于 C50。三型结构外形相同。支柱适用于除客运专线以外的电气化铁路接触网。

1. 支柱规格的标记

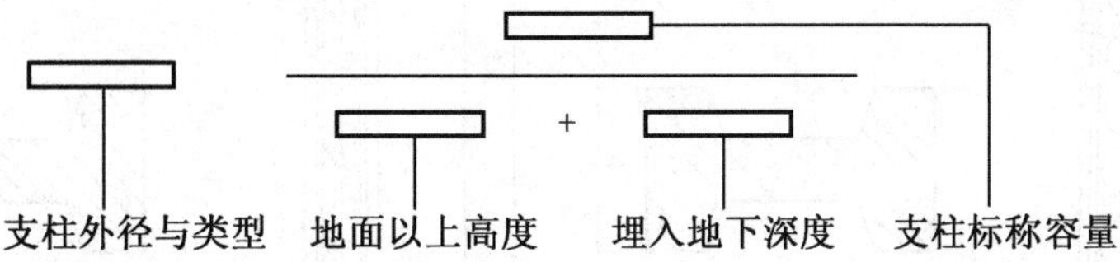

支柱代号：结构设计风速为 30m/s 的横腹杆式支柱用 H 表示；结构设计风速为 35m/s 的横腹杆式支柱用 H_{35} 表示；结构设计风速为 40m/s 的横腹杆式支柱用 H_{40} 表示。

支柱标称容量：表示支柱悬挂方向的标称容量，单位为 kN·m。

地面以上高度：表示支柱地面以上的高度，单位为 m。

埋入地下深度：表示支柱埋入地下的深度，单位为 m。无此项者表示带法兰盘支柱。

示例： $H\ \dfrac{60}{8.7+3.0}$

表示为结构设计风速为 30m/s 的横腹杆式支柱，其悬挂方向的标称容量为 60kN·m，地面以上高度 8.7m，埋入地下深度 3.0m。

2. 支柱的外形尺寸示意图

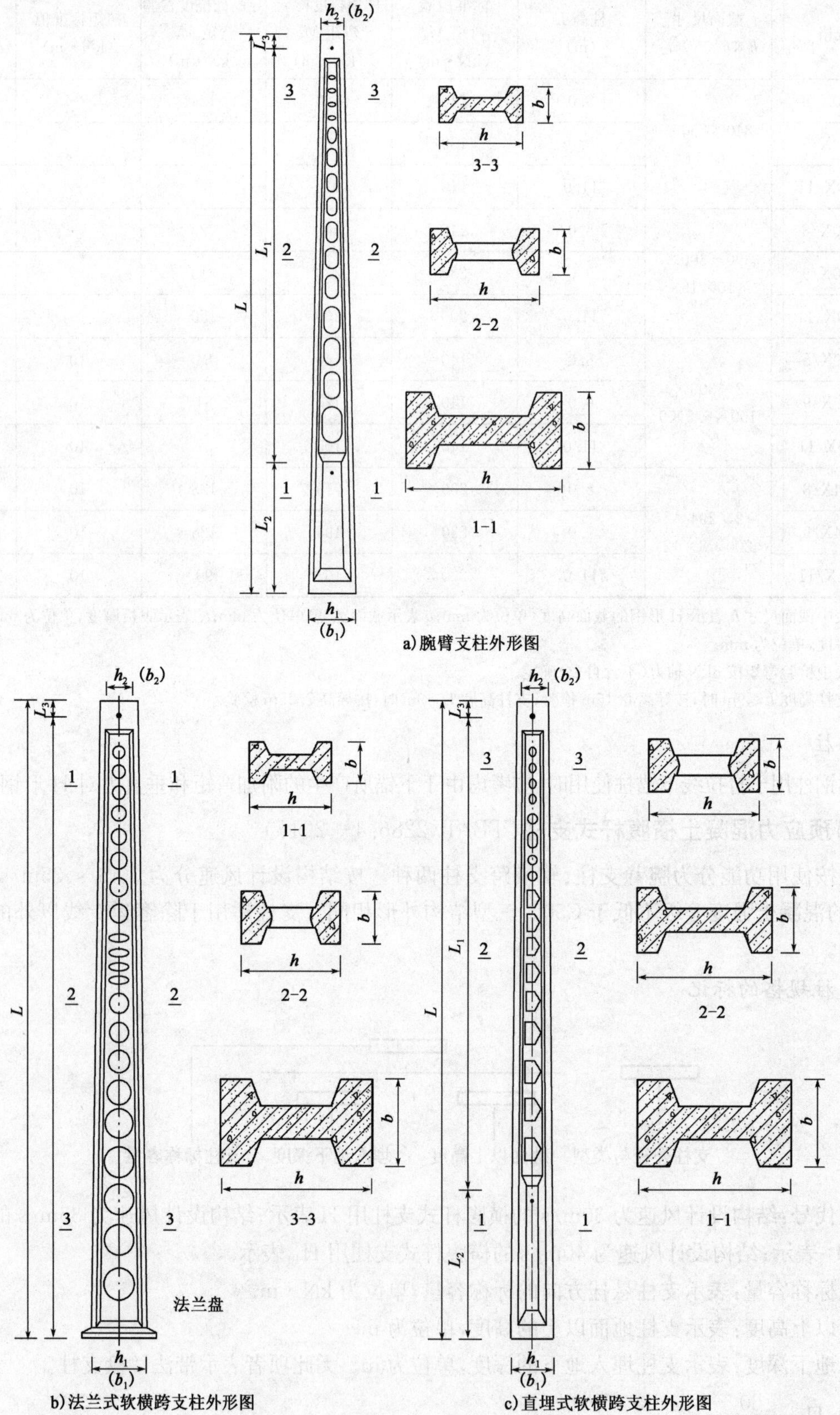

图 17-15　横腹杆式支柱外形尺寸示意图

L-柱高；L_1-荷载点高度；L_2-支持点高度(支柱埋入地下的深度)；L_3-柱顶至检验荷载点距离(为 0.1m)；h-支柱截面处的高度；h_1-柱底截面高度；h_2-柱顶截面高度；b-支柱截面处的宽度；b_1-柱底截面宽度；b_2-柱顶截面宽度

3.横腹杆式支柱的外形尺寸参数

(1)腕臂支柱外形尺寸参数

表 17-51

支柱规格	柱高(m)			柱底尺寸(mm)		柱顶尺寸(mm)		锥度	
	L	L_1+L_3	L_2	h_1	b_1	h_2	b_2	i_1	i_2
$H\frac{60}{8.5+3.0}$	11.5	8.5	3.0	705	291	418	214	$\frac{1}{40}$	$\frac{1}{150}$
$H\frac{60}{8.7+3.0}$	11.7	8.7	3.0	705	291	413	213	$\frac{1}{40}$	$\frac{1}{150}$
$H\frac{60}{9.0+3.0}$	12.0	9.0	3.0	705	291	405	211	$\frac{1}{40}$	$\frac{1}{150}$
$H\frac{60}{9.2+3.0}$	12.2	9.2	3.0	705	291	400	210	$\frac{1}{40}$	$\frac{1}{150}$
$H\frac{78}{8.5+3.0}$	11.5	8.5	3.0	705	291	418	214	$\frac{1}{40}$	$\frac{1}{150}$
$H\frac{78}{8.7+3.0}$	11.7	8.7	3.0	705	291	413	213	$\frac{1}{40}$	$\frac{1}{150}$
$H\frac{78}{9.0+3.0}$	12.0	9.0	3.0	705	291	405	211	$\frac{1}{40}$	$\frac{1}{150}$
$H\frac{78}{9.2+3.0}$	12.2	9.2	3.0	705	291	400	210	$\frac{1}{40}$	$\frac{1}{150}$
$H\frac{93}{8.5+3.0}$	11.5	8.5	3.0	705	291	418	214	$\frac{1}{40}$	$\frac{1}{150}$
$H\frac{93}{8.7+3.0}$	11.7	8.7	3.0	705	291	413	213	$\frac{1}{40}$	$\frac{1}{150}$
$H\frac{93}{9.0+3.0}$	12.0	9.0	3.0	705	291	405	211	$\frac{1}{40}$	$\frac{1}{150}$
$H\frac{93}{9.2+3.0}$	12.2	9.2	3.0	705	291	400	210	$\frac{1}{40}$	$\frac{1}{150}$
$H\frac{110}{8.5+3.0}$	11.5	8.5	3.0	705	291	418	214	$\frac{1}{40}$	$\frac{1}{150}$
$H\frac{110}{8.7+3.0}$	11.7	8.7	3.0	705	291	413	213	$\frac{1}{40}$	$\frac{1}{150}$
$H\frac{110}{9.0+3.0}$	12.0	9.0	3.0	705	291	405	211	$\frac{1}{40}$	$\frac{1}{150}$
$H\frac{110}{9.2+3.0}$	12.2	9.2	3.0	705	291	400	210	$\frac{1}{40}$	$\frac{1}{150}$

注:表中 i_1 为支柱正面(悬挂方向的支柱面)锥度,i_2 为支柱侧面(平行线路方向的支柱面)锥度。

(2)软横跨支柱外形尺寸参数

表 17-52

支柱规格	柱高(m)			柱底尺寸(mm)		柱顶尺寸(mm)		锥度	
	L	L_1+L_3	L_2	h_1	b_1	h_2	b_2	i_1	i_2
$H\frac{90}{12+3.5}$	15.5	12	3.5	920	403	300	300	$\frac{1}{25}$	$\frac{1}{150}$
$H\frac{130}{12+3.5}$	15.5	12	3.5	920	403	300	300	$\frac{1}{25}$	$\frac{1}{150}$

续表 17-52

支柱规格	柱高(m)			柱底尺寸(mm)		柱顶尺寸(mm)		锥度	
	L	L_1+L_3	L_2	h_1	b_1	h_2	b_2	i_1	i_2
H $\frac{170}{12+3.5}$	15.5	12	3.5	920	403	300	300	$\frac{1}{25}$	$\frac{1}{150}$
H $\frac{150}{13}$	13	13	0	820	387	300	300	$\frac{1}{25}$	$\frac{1}{150}$
H $\frac{150}{15}$	15	15	0	900	400	300	300	$\frac{1}{25}$	$\frac{1}{150}$
H $\frac{200}{13}$	13	13	0	820	387	300	300	$\frac{1}{25}$	$\frac{1}{150}$
H $\frac{200}{15}$	15	15	0	900	400	300	300	$\frac{1}{25}$	$\frac{1}{150}$
H $\frac{250}{13}$	13	13	0	820	387	300	300	$\frac{1}{25}$	$\frac{1}{150}$
H $\frac{250}{15}$	15	15	0	900	400	300	300	$\frac{1}{25}$	$\frac{1}{150}$
H $\frac{300}{15}$	15	15	0	900	400	300	300	$\frac{1}{25}$	$\frac{1}{150}$
H $\frac{350}{15}$	15	15	0	900	400	300	300	$\frac{1}{25}$	$\frac{1}{150}$
H $\frac{400}{15}$	15	15	0	900	400	300	300	$\frac{1}{25}$	$\frac{1}{150}$
H $\frac{450}{15}$	15	15	0	900	400	300	300	$\frac{1}{25}$	$\frac{1}{150}$

注:表中 i_1 为支柱正面(悬挂方向的支柱面)锥度,i_2 为支柱侧面(平行线路方向的支柱面)锥度。

4. 支柱的外观质量指标

表 17-53

序号	内容	项目类别	项目要求
1	裂缝	A	翼缘不允许有裂缝,但龟裂、水纹不在此限
			横腹杆不应有裂缝(包括支柱翼缘与横腹杆联结处),但当一根横腹杆裂缝数不超过 2 条,枝柱每侧横腹杆总裂缝数不超过 5 条且未贯通时,允许修补
			下部第一芯模孔下腹板处的裂缝不应超过 2 条,允许修补
			其他部位的裂缝(也包括紧靠矩形截面处的变截面段)不应多于 2 条,且裂缝宽度不应大于 0.1mm,长度不应延长到裂缝所在截面高度的 1/2,允许修补
2	碰伤掉角	B	翼缘不应有碰伤、掉角,但当碰伤深度不超过主筋保护层厚度时,允许修补
			其他部位不应有碰伤,但当碰伤面积不大于 100cm^2 时,允许修补
3	漏浆	B	翼缘不应漏浆,但当漏浆深度不大于主筋保护层厚度时,且累计长度不大于柱高的 5%时,允许修补
4	露筋	A	支柱表面不允许露筋,但不包括支柱端部的纵向预应力钢筋头
5	蜂窝	A	支柱表面不允许有蜂窝
6	麻面、粘皮	B	支柱表面不应有麻面或粘皮,但当局部麻面和粘皮面积不大于 25cm^2 并未露主筋时,允许修补
7	预留孔	B	预留孔不应倾斜,且应贯通

注:A 为关键项目,B 为主要项目。

5. 横腹杆式支柱的标准检验弯矩

(1)支柱结构设计风速 30m/s 的腕臂支柱标准检验弯矩(kN·m)

表 17-54

支柱规格		$H\frac{60}{8.5+3.0}$ $H\frac{60}{8.7+3.0}$	$H\frac{60}{9.0+3.0}$ $H\frac{60}{9.2+3.0}$	$H\frac{78}{8.5+3.0}$ $H\frac{78}{8.7+3.0}$	$H\frac{78}{9.0+3.0}$ $H\frac{78}{9.2+3.0}$	$H\frac{93}{8.5+3.0}$ $H\frac{93}{8.7+3.0}$	$H\frac{93}{9.0+3.0}$ $H\frac{93}{9.2+3.0}$
情况一	悬挂方向弯矩	65	65	85	85	100	100
情况二	悬挂方向弯矩	54	54	73	73	87	87
	平行线路方向弯矩	11.6	12.6	11.6	12.6	11.6	12.6
情况三	反悬挂方向弯矩	65	65	85	85	70	70
情况四	平行线路方向弯矩	20	21	20	21	18	19

(2)支柱结构设计风速 35m/s 的腕臂支柱标准检验弯矩(kN·m)

表 17-55

支柱规格		$H_{35}\frac{60}{8.5+3.0}$ $H_{35}\frac{60}{8.7+3.0}$	$H_{35}\frac{60}{9.0+3.0}$ $H_{35}\frac{60}{9.2+3.0}$	$H_{35}\frac{78}{8.5+3.0}$ $H_{35}\frac{78}{8.7+3.0}$	$H_{35}\frac{78}{9.0+3.0}$ $H_{35}\frac{78}{9.2+3.0}$	$H_{35}\frac{93}{8.5+3.0}$ $H_{35}\frac{93}{8.7+3.0}$	$H_{35}\frac{93}{9.0+3.0}$ $H_{35}\frac{93}{9.2+3.0}$
情况一	悬挂方向弯矩	65	65	85	85	100	100
情况二	悬挂方向弯矩	51	51	70	70	84	84
	平行线路方向弯矩	16	17	16	17	16	17
情况三	反悬挂方向弯矩	65	65	85	85	70	70
情况四	平行线路方向弯矩	22	23	22	23	20	21

(3)支柱结构设计风速 40m/s 的腕臂支柱标准检验弯矩(kN·m)

表 17-56

支柱规格		$H_{40}\frac{78}{8.5+3.0}$ $H_{40}\frac{78}{8.7+3.0}$	$H_{40}\frac{78}{9.0+3.0}$ $H_{40}\frac{78}{9.2+3.0}$	$H_{40}\frac{93}{8.5+3.0}$ $H_{40}\frac{93}{8.7+3.0}$	$H_{40}\frac{93}{9.0+3.0}$ $H_{40}\frac{93}{9.2+3.0}$	$H_{40}\frac{110}{8.5+3.0}$ $H_{40}\frac{110}{8.7+3.0}$	$H_{40}\frac{110}{9.0+3.0}$ $H_{40}\frac{110}{9.2+3.0}$
情况一	悬挂方向弯矩	85	85	100	100	115	115
情况二	悬挂方向弯矩	68	68	81	81	95	95
	平行线路方向弯矩	20.3	22.3	20.3	22.3	20.3	22.3
情况三	反悬挂方向弯矩	85	85	85	85	85	85
情况四	平行线路方向弯矩	25	27	25	27	25	27

(4)支柱结构设计风速 30m/s 的软横跨支柱标准检验弯矩(kN·m)

表 17-57

支柱规格		$H\frac{90}{12+3.5}$	$H\frac{130}{12+3.5}$	$H\frac{170}{12+3.5}$	$H\frac{150}{13}$ $H\frac{150}{15}$	$H\frac{200}{13}$ $H\frac{200}{15}$	$H\frac{250}{13}$ $H\frac{250}{15}$	$H\frac{300}{15}$	$H\frac{350}{15}$	$H\frac{400}{15}$	$H\frac{450}{15}$
情况一	悬挂方向弯矩	90	130	170	150	200	250	300	350	400	450
	平行线路方向弯矩(3°偏角产生的附加弯矩)	5	7	9	8	11	13	16	19	21	24

续表 17-57

支柱规格		$H\frac{90}{12+3.5}$	$H\frac{130}{12+3.5}$	$H\frac{170}{12+3.5}$	$H\frac{150}{13}$ $H\frac{150}{15}$	$H\frac{200}{13}$ $H\frac{200}{15}$	$H\frac{250}{13}$ $H\frac{250}{15}$	$H\frac{300}{15}$	$H\frac{350}{15}$	$H\frac{400}{15}$	$H\frac{450}{15}$
情况二	悬挂方向弯矩	78	115	150	130	170	220	260	300	360	400
	平行线路方向弯矩(30m/s 风速时产生的弯矩和 3°偏角产生的附加弯矩)	29	31	34	37.1 53.4	39.2 55.5	41.8 58.1	60.7	62.8	65.9	68.0
情况三	反悬挂方向弯矩	90	90	90	90	90	90	90	90	150	150
情况三	平行线路方向弯矩	45	45	45	55	55	55 58.1	60.7	62.8	65.9	68

注:情况二和情况三栏中有上下两行数字的,与支柱规格的上下行对应。

(5)支柱结构设计风速 35m/s 的软横跨支柱标准检验弯矩(kN·m)

表 17-58

支柱规格		$H_{35}\frac{90}{12+3.5}$	$H_{35}\frac{130}{12+3.5}$	$H_{35}\frac{170}{12+3.5}$	$H_{35}\frac{200}{13}$	$H_{35}\frac{250}{13}$	$H_{35}\frac{200}{15}$	$H_{35}\frac{250}{15}$	$H_{35}\frac{300}{15}$	$H_{35}\frac{350}{15}$	$H_{35}\frac{400}{15}$	$H_{35}\frac{450}{15}$
情况一	悬挂方向弯矩	90	130	170	200	250	200	250	300	350	400	450
	平行线路方向弯矩(3°偏角产生的附加弯矩)	5	7	9	11	13	11	13	16	19	21	24
情况二	悬挂方向弯矩	75	110	145	165	214	165	214	252	290	347	385
	平行线路方向弯矩(35m/s 风速时产生的弯矩和 3°偏角产生的附加弯矩)	38.5	40.5	44	49.8	52.4	71.8	74.4	77.4	79.4	82.4	84.4
情况三	反悬挂方向弯矩	90	90	90	90	90	150	150	150	150	150	150
情况三	平行线路方向弯矩	52	52	52	65	65	90	90	90	90	90	90

(6)支柱结构设计风速 40m/s 的软横跨支柱标准检验弯矩(kN·m)

表 17-59

支柱规格		$H_{40}\frac{130}{12+3.5}$	$H_{40}\frac{170}{12+3.5}$	$H_{40}\frac{200}{13}$	$H_{40}\frac{250}{13}$	$H_{40}\frac{200}{15}$	$H_{40}\frac{250}{15}$	$H_{40}\frac{300}{15}$	$H_{40}\frac{350}{15}$	$H_{40}\frac{400}{15}$	$H_{40}\frac{450}{15}$
情况一	悬挂方向弯矩	130	170	200	250	200	250	300	350	400	450
	平行线路方向弯矩(3°偏角产生的附加弯矩)	7	9	11	13	11	13	16	19	21	24
情况二	悬挂方向弯矩	100	135	160	208	160	208	245	280	335	370
	平行线路方向弯矩(40m/s 风速时产生的弯矩和 3°偏角产生的附加弯矩)	51	55	62	64.5	90.4	92.9	96.3	98.2	101	103
情况三	反悬挂方向弯矩	130	130	140	140	150	150	150	150	150	150
情况三	平行线路方向弯矩	65	65	70	70	110	110	110	110	110	110

总注:①所有支柱都可兼作打拉线下锚柱使用,但悬挂方向的弯矩与由下锚所产生的悬挂方向附加弯矩之和不应大于支持悬挂方向的标准检验弯矩,且垂直分力不应大于 65kN(不含自重)。

②表中情况一是用卧式悬臂试验检验支柱悬挂方向结构性能的标准检验弯矩。

表中情况二是用立式双向加载试验同时检验支柱悬挂方向和平行线路方向结构性能的标准检验弯矩。

表中情况四是用卧式悬臂试验检验支柱平行线路方向结构性能的标准检验弯矩。

6.横腹杆式支柱的储运要求

1)运输

(1)支柱起吊与运输时,均采用两支点法。装卸、起吊应轻起轻落,禁止抛掷或碰撞。

(2)支柱在运输过程中的支承要求应按照保管中有关规定。如不符合要求时,应根据实际支承情况验算支柱的抗裂性。

(3)支柱在装卸过程中,每次吊运数量,腕臂支柱不超过2根,软横跨支柱不超过1根。

(4)支柱运输时,腕臂支柱装车层数不应多于三层,软横跨支柱装车层数不应多于二层。

(5)支柱装车后应绑扎牢固,严防运输途中发生位移。

(6)不准溜放。

2)保管

(1)支柱按工字形截面正立方向堆置,堆放场地应平整。

(2)支柱采用两点堆放,支点应避开孔洞。支点位置如图17-16所示。但腕臂支柱左支点可向左移动2.3m,向右移动0.6m,右支点可左右移动0.8m;软横跨支柱左支点可左右移动1.1m,右支点可左右移动0.8m。

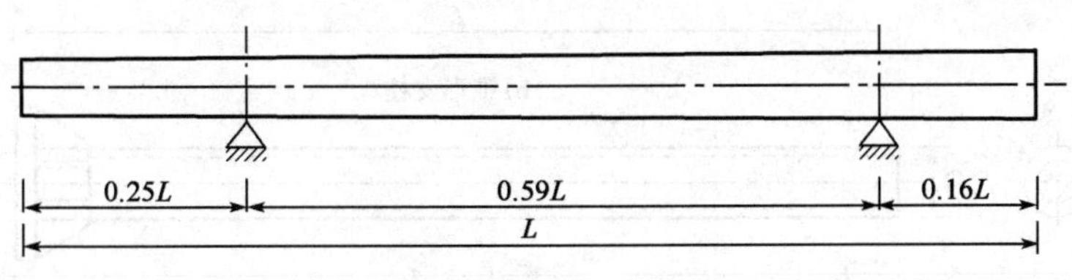

图17-16　支柱支点位置图

(3)支柱应按规格分别堆放。其堆放层数应根据支柱强度、地基耐压力及堆垛稳定性而定,在保证基础不下沉、不倾斜的情况下,软横跨支柱层数应不超过三层,腕臂支柱层数应不超过五层。

(4)支柱堆垛应一顺堆置。在支点上,层与层之间应放置不小于60mm×80mm的垫木,与地面接触的一层,应放置不小于100mm×200mm的垫木,带底座法兰盘的支柱垫木均不小于240mm×300mm。各层垫木位置在同一垂直线上。

(六)预应力混凝土环形支柱(TB/T 2286.2—2015)

环形支柱按外形分为等径环形支柱和锥形环形支柱(锥度1∶75)两类。按支柱导高处挠度的要求不同分为普通型支柱和T型支柱。支柱的混凝土强度等级不低于C50。

1.环形支柱规格的标记

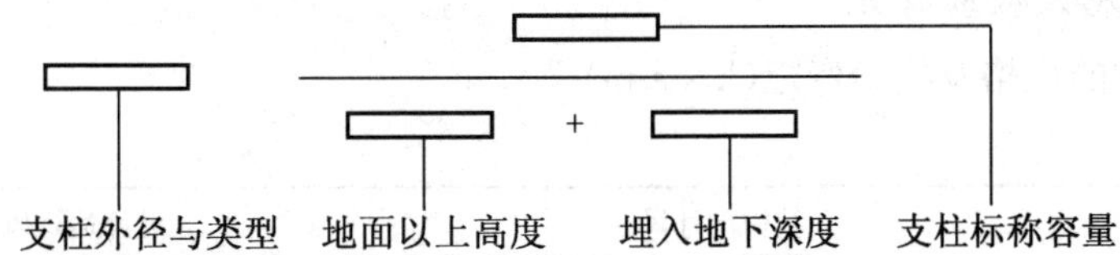

支柱类型:表示普通型支柱或T型支柱。

支柱外径:表示环形预应力混凝土支柱的外径(锥形支柱为梢径)(mm)。

支柱标称容量:表示支柱悬挂方向的标称容量(kN·m)。

地面以上高度:表示支柱地面以上的高度(m)。

埋入地下深度:表示支柱埋入地下的深度(m)。无此项者表示带法兰盘支柱。

示例1:$\phi 300\ \dfrac{120}{9+3}$

表示外径为300mm的环形等径预应力混凝土支柱,其悬挂方向的标称容量为120kN·m,地面以上高度9m,埋入地下深度3m。(在导高处挠度检验弯矩作用下,其导高处支柱挠度不大于50mm)。

示例 2:$\phi 350T\frac{200}{9+1.5}$

表示外径为 350mm 的 T 型环形等径预应力混凝土支柱(在导高处挠度检验弯矩作用下,其导高处支柱挠度不大于 25mm),其悬挂方向的标称容量为 200kN·m,地面以上高度 9m,埋入地下深度 1.5m。

2.环形支柱外形结构示意图

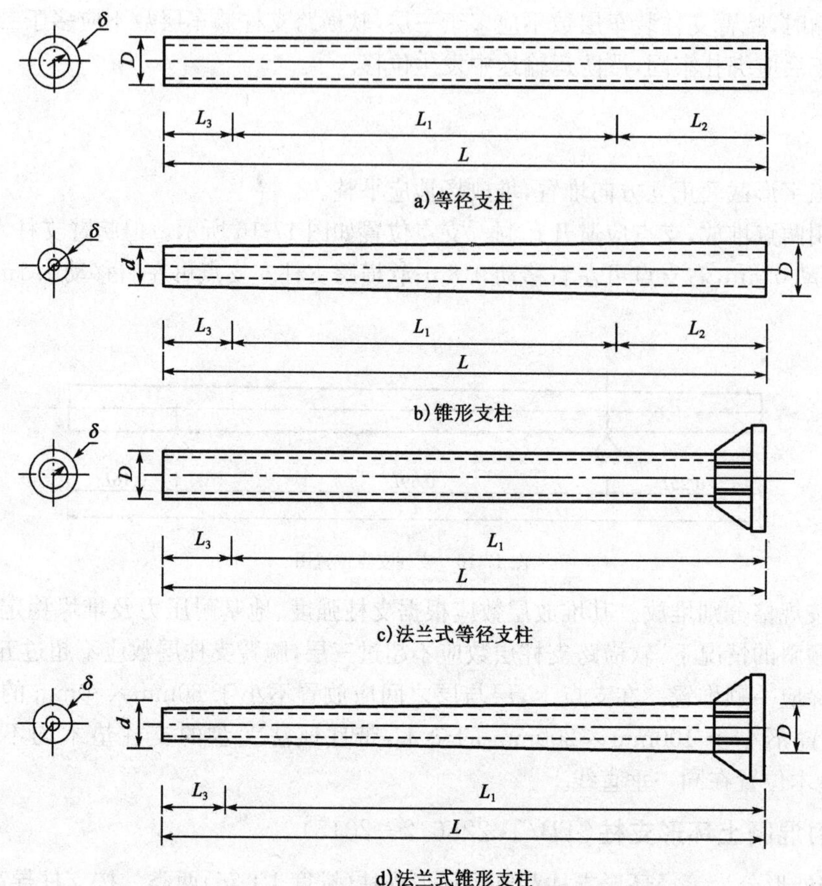

图 17-17 环形支柱结构外形示意图

L-柱高;L_1-荷载点高度;L_2-支持点高度;L_3-柱顶至荷载点距离(0.25m);D-根径或外径;δ-壁厚;d-梢径

3.环形支柱的规格及检验弯矩

(1)ϕ350T 型支柱的规格及检验弯矩(kN·m)

表 17-60

支柱规格	结构设计风速	设计运行风速		
	标准检验弯矩 M_k	柱顶挠度检验弯矩 M_s	导高 6.35m 处挠度的检验弯矩 M_w	导高 7.5m 处挠度的检验弯矩 M_w
$\phi 350T\frac{60}{9}$,$\phi 350T\frac{60}{9+1.5}$,$\phi 350T\frac{60}{9+3}$	60	60	45	—
$\phi 350T\frac{60}{10}$,$\phi 350T\frac{60}{10+1.5}$,$\phi 350T\frac{60}{10+3}$	60	60	—	34
$\phi 350T\frac{60}{11}$,$\phi 350T\frac{60}{11+1.5}$,$\phi 350T\frac{60}{11+3}$	60	60	—	33
$\phi 350T\frac{60}{12}$,$\phi 350T\frac{60}{12+1.5}$	60	60	—	32

续表 17-60

支 柱 规 格	结构设计风速	设计运行风速		
	标准检验弯矩 M_k	柱顶挠度检验弯矩 M_s	导高 6.35m 处挠度的检验弯矩 M_w	导高 7.5m 处挠度的检验弯矩 M_w
$\phi350T\frac{80}{9}$，$\phi350T\frac{80}{9+1.5}$，$\phi350T\frac{80}{9+3}$	80	80	48	—
$\phi350T\frac{80}{10}$，$\phi350T\frac{80}{10+1.5}$，$\phi350T\frac{80}{10+3}$	80	80	—	35
$\phi350T\frac{80}{11}$，$\phi350T\frac{80}{11+1.5}$，$\phi350T\frac{80}{11+3}$	80	80	—	34
$\phi350T\frac{80}{12}$，$\phi350T\frac{80}{12+1.5}$	80	80	—	33
$\phi350T\frac{100}{9}$，$\phi350T\frac{100}{9+1.5}$，$\phi350T\frac{100}{9+3}$	100	100	51	—
$\phi350T\frac{100}{10}$，$\phi350T\frac{100}{10+1.5}$，$\phi350T\frac{100}{10+3}$	100	100	—	36
$\phi350T\frac{100}{11}$，$\phi350T\frac{100}{11+1.5}$，$\phi350T\frac{100}{11+3}$	100	100	—	35
$\phi350T\frac{100}{12}$，$\phi350T\frac{100}{12+1.5}$	100	95	—	34
$\phi350T\frac{120}{9}$，$\phi350T\frac{120}{9+1.5}$，$\phi350T\frac{120}{9+3}$	120	120	54	—
$\phi350T\frac{120}{10}$，$\phi350T\frac{120}{10+1.5}$，$\phi350T\frac{120}{10+3}$	120	120	—	39
$\phi350T\frac{120}{11}$，$\phi350T\frac{120}{11+1.5}$，$\phi350T\frac{120}{11+3}$	120	120	—	38
$\phi350T\frac{120}{12}$，$\phi350T\frac{120}{12+1.5}$	120	110	—	37
$\phi350T\frac{140}{9}$，$\phi350T\frac{140}{9+1.5}$，$\phi350T\frac{140}{9+3.5}$	140	140	57	—
$\phi350T\frac{140}{10}$，$\phi350T\frac{140}{10+1.5}$，$\phi350T\frac{140}{10+3.5}$	140	140	—	42
$\phi350T\frac{140}{11}$，$\phi350T\frac{140}{11+1.5}$，$\phi350T\frac{140}{10.5+3.5}$	140	135	—	41
$\phi350T\frac{140}{12}$，$\phi350T\frac{140}{12+1.5}$	140	125	—	40
$\phi350T\frac{160}{9}$，$\phi350T\frac{160}{9+1.5}$，$\phi350T\frac{160}{9+3.5}$	160	160	60	—
$\phi350T\frac{160}{10}$，$\phi350T\frac{160}{10+1.5}$，$\phi350T\frac{160}{10+3.5}$	160	155	—	44
$\phi350T\frac{160}{11}$，$\phi350T\frac{160}{11+1.5}$，$\phi350T\frac{160}{10.5+3.5}$	160	145	—	43
$\phi350T\frac{160}{12}$，$\phi350T\frac{160}{12+1.5}$	160	130	—	42
$\phi350T\frac{180}{9}$，$\phi350T\frac{180}{9+1.5}$，$\phi350T\frac{180}{9+3.5}$	180	180	63	—
$\phi350T\frac{180}{10}$，$\phi350T\frac{180}{10+1.5}$，$\phi350T\frac{180}{10+3.5}$	180	165	—	45

续表 17-60

支柱规格	结构设计风速	设计运行风速		
	标准检验弯矩 M_k	柱顶挠度检验弯矩 M_s	导高 6.35m 处挠度的检验弯矩 M_w	导高 7.5m 处挠度的检验弯矩 M_w
ϕ350T $\frac{180}{11}$,ϕ350T $\frac{180}{11+1.5}$,ϕ350T $\frac{180}{10.5+3.5}$	180	150	—	44
ϕ350T $\frac{180}{12}$,ϕ350T $\frac{180}{12+1.5}$	180	135	—	43
ϕ350T $\frac{200}{9}$,ϕ350T $\frac{200}{9+1.5}$,ϕ350T $\frac{200}{9+3.5}$	200	200	66	—
ϕ350T $\frac{200}{10}$,ϕ350T $\frac{200}{10+1.5}$,ϕ350T $\frac{200}{10+3.5}$	200	180	—	48
ϕ350T $\frac{200}{11}$,ϕ350T $\frac{200}{11+1.5}$,ϕ350T $\frac{200}{10.5+3.5}$	200	200	—	47
ϕ350T $\frac{200}{12}$,ϕ350T $\frac{200}{12+1.5}$	200	140	—	46

注:①支柱地面以上高度小于或等于 9m 时,按导高 6.35m 检验;支柱地面以上高度大于 9m 时,按导高 7.5m 检验。

②支柱地面以上高度可按 0.25m 模数递减,检验弯矩按支柱高度上靠。

③表中支柱规格分母第二项为 1.5 者为采用杯型基础支柱,1.5 为插入杯口深度,无此项者表示带法兰盘支柱。

(2)ϕ300 普通型支柱的规格及检验弯矩(kN·m)

表 17-61

支柱规格	结构设计风速	设计运行风速		
	标准检验弯矩 M_k	柱顶挠度检验弯矩 M_s	导高 6.35m 处挠度的检验弯矩 M_w	导高 7.5m 处挠度的检验弯矩 M_w
ϕ300 $\frac{60}{9}$,ϕ300 $\frac{60}{9+1.5}$,ϕ300 $\frac{60}{9+3}$	60	60	45	—
ϕ300 $\frac{60}{10}$,ϕ300 $\frac{60}{10+1.5}$,ϕ300 $\frac{60}{10+3}$	60	60	—	33
ϕ300 $\frac{60}{11}$,ϕ300 $\frac{60}{11+1.5}$	60	60	—	32
ϕ300 $\frac{80}{9}$,ϕ300 $\frac{80}{9+1.5}$,ϕ300 $\frac{80}{9+3}$	80	80	50	—
ϕ300 $\frac{80}{10}$,ϕ300 $\frac{80}{10+1.5}$,ϕ300 $\frac{80}{10+3}$	80	70	—	36
ϕ300 $\frac{80}{11}$,ϕ300 $\frac{80}{11+1.5}$	80	65	—	35
ϕ300 $\frac{100}{9}$,ϕ300 $\frac{100}{9+1.5}$,ϕ300 $\frac{100}{9+3}$	100	88	55	—
ϕ300 $\frac{100}{10}$,ϕ300 $\frac{100}{10+1.5}$,ϕ300 $\frac{100}{10+3}$	100	80	—	40
ϕ300 $\frac{100}{11}$,ϕ300 $\frac{100}{11+1.5}$	100	73	—	39
ϕ300 $\frac{120}{9}$,ϕ300 $\frac{120}{9+1.5}$,ϕ300 $\frac{120}{9+3}$	120	98	60	—
ϕ300 $\frac{120}{10}$,ϕ300 $\frac{120}{10+1.5}$,ϕ300 $\frac{120}{10+3}$	120	88	—	44
ϕ300 $\frac{120}{11}$,ϕ300 $\frac{120}{11+1.5}$	120	78	—	42

注:①支柱地面以上高度小于或等于 9m 时,按导高 6.35m 检验;支柱地面以上高度大于 9m 时,按导高 7.5m 检验。

②支柱地面以上高度可按 0.25m 模数递减,检验弯矩按支柱高度上靠。

③表中支柱规格分母第二项为 1.5 者为采用杯型基础支柱,1.5 为插入杯口深度,无此项者表示带法兰盘支柱。

(3)ϕ350 普通型支柱的规格及检验弯矩(kN·m)

表 17-62

支柱规格	结构设计风速	设计运行风速		
	标准检验弯矩 M_k	柱顶挠度检验弯矩 M_s	导高 6.35m 处挠度的检验弯矩 M_w	导高 7.5m 处挠度的检验弯矩 M_w
$\phi350\frac{60}{9}$,$\phi350\frac{60}{9+1.5}$,$\phi350\frac{60}{9+3}$	60	60	45	—
$\phi350\frac{60}{10}$,$\phi350\frac{60}{10+1.5}$,$\phi350\frac{60}{10+3}$	60	60	—	40
$\phi350\frac{60}{11}$,$\phi350\frac{60}{11+1.5}$,$\phi350\frac{60}{11+3}$	60	60	—	40
$\phi350\frac{60}{12}$,$\phi350\frac{60}{12+1.5}$	60	60	—	40
$\phi350\frac{80}{9}$,$\phi350\frac{80}{9+1.5}$,$\phi350\frac{80}{9+3}$	80	80	55	—
$\phi350\frac{80}{10}$,$\phi350\frac{80}{10+1.5}$,$\phi350\frac{80}{10+3}$	80	80	—	50
$\phi350\frac{80}{11}$,$\phi350\frac{80}{11+1.5}$,$\phi350\frac{80}{11+3}$	80	80	—	50
$\phi350\frac{80}{12}$,$\phi350\frac{80}{12+1.5}$	80	80	—	50
$\phi350\frac{100}{9}$,$\phi350\frac{100}{9+1.5}$,$\phi350\frac{100}{9+3}$	100	100	60	—
$\phi350\frac{100}{10}$,$\phi350\frac{100}{10+1.5}$,$\phi350\frac{100}{10+3}$	100	100	—	55
$\phi350\frac{100}{11}$,$\phi350\frac{100}{11+1.5}$,$\phi350\frac{100}{11+3}$	100	100	—	55
$\phi350\frac{100}{12}$,$\phi350\frac{100}{12+1.5}$	100	90	—	55
$\phi350\frac{120}{9}$,$\phi350\frac{120}{9+1.5}$,$\phi350\frac{120}{9+3}$	120	120	80	—
$\phi350\frac{120}{10}$,$\phi350\frac{120}{10+1.5}$,$\phi350\frac{120}{10+3}$	120	120	—	65
$\phi350\frac{120}{11}$,$\phi350\frac{120}{11+1.5}$,$\phi350\frac{120}{11+3}$	120	120	—	60
$\phi350\frac{120}{12}$,$\phi350\frac{120}{12+1.5}$	120	110	—	60
$\phi350\frac{140}{9}$,$\phi350\frac{140}{9+1.5}$,$\phi350\frac{140}{9+3.5}$	140	140	95	—
$\phi350\frac{140}{10}$,$\phi350\frac{140}{10+1.5}$,$\phi350\frac{140}{10+3.5}$	140	135	—	70
$\phi350\frac{140}{11}$,$\phi350\frac{140}{11+1.5}$,$\phi350\frac{140}{10.5+3.5}$	140	125	—	70
$\phi350\frac{140}{12}$,$\phi350\frac{140}{12+1.5}$	140	115	—	65
$\phi350\frac{160}{9}$,$\phi350\frac{160}{9+1.5}$,$\phi350\frac{160}{9+3.5}$	160	160	100	—
$\phi350\frac{160}{10}$,$\phi350\frac{160}{10+1.5}$,$\phi350\frac{160}{10+3.5}$	160	145	—	75
$\phi350\frac{160}{11}$,$\phi350\frac{160}{11+1.5}$,$\phi350\frac{160}{10.5+3.5}$	160	135	—	75
$\phi350\frac{160}{12}$,$\phi350\frac{160}{12+1.5}$	160	120	—	70

注:①支柱地面以上高度小于或等于 9m 时,按导高 6.35m 检验;支柱地面以上高度大于 9m 时,按导高 7.5m 检验。

②支柱地面以上高度可按 0.25m 模数递减,检验弯矩按支柱高度上靠。

③表中支柱规格分母第二项为 1.5 者为采用杯型基础支柱,1.5 为插入杯口深度,无此项者表示带法兰盘支柱。

(4)锥形预应力混凝土支柱的规格及检验弯矩(kN·m)

表 17-63

支柱规格	结构设计风速	设计运行风速		
	标准检验弯矩 M_k	柱顶挠度检验弯矩 M_s	导高 6.35m 处挠度的检验弯矩 M_w	导高 7.5m 处挠度的检验弯矩 M_w
$\phi270\,\frac{60}{9+3}$	60	60	40	—
$\phi270\,\frac{80}{9+3}$	80	80	50	—
$\phi270\,\frac{100}{9+3}$	100	95	65	—
$\phi270\,\frac{120}{9+3}$	120	105	75	—
$\phi270\,\frac{60}{9+1.5}$	60	60	40	—
$\phi243\,\frac{60}{11+1.5}$	60	60	—	35
$\phi270\,\frac{80}{9+1.5}$	80	80	50	—
$\phi243\,\frac{80}{11+1.5}$	80	80	—	45
$\phi270\,\frac{100}{9+1.5}$	100	95	65	—
$\phi243\,\frac{100}{11+1.5}$	100	95	—	50
$\phi270\,\frac{120}{9+1.5}$	120	105	75	—
$\phi243\,\frac{120}{11+1.5}$	120	105	—	55
$\phi270\,\frac{60}{9}$	60	60	40	—
$\phi243\,\frac{60}{9}$	60	60	—	35
$\phi270\,\frac{80}{9}$	80	80	50	—
$\phi243\,\frac{80}{11}$	80	80	—	45
$\phi270\,\frac{100}{9}$	100	95	65	—
$\phi243\,\frac{100}{11}$	100	95	—	50
$\phi270\,\frac{120}{9}$	120	105	75	—
$\phi243\,\frac{120}{11}$	120	105	—	55

注:支柱地面以上高度小于或等于 9m 时,按导高 6.35m 检验;支柱地面以上高度大于 9m 时,按导高 7.5m 检验。

4.锚柱

所有支柱都可作为打拉线下锚柱使用,但悬挂方向的弯矩与由于下锚所产生悬挂方向的附加弯矩之和不应大于支柱的标准检验弯矩,且普通型支柱垂直分力应不大于 65kN(不含自重),T 型支柱垂直分力应不大于 75kN(不含自重)。

5.环形支柱的外观质量指标

表 17-64

序号	项目名称	项目类别	技术要求
1	裂缝	A	不得有环向或纵向裂缝，但龟裂、水纹和法兰盘上钢混结合部无规则裂纹不在此限
2	漏浆	B	合缝处不应漏浆，但漏浆深度不大于10mm，每处漏浆长度不大于300mm，累计长度不大于柱高的10%或对称漏浆的搭接长度不大于100mm时，允许修补； 法兰盘与柱身结合面不应漏浆，但漏浆深度不大于10mm，环向漏浆长度不大于周长1/4时，允许修补
3	碰伤	B	局部不应碰伤，但当深度不大于10mm、端部环向碰伤长度不大于周长的1/4，且纵向长度不大于50mm时，允许修补
4	露筋	A	内外表面均不应露筋，但不包括支柱端部的纵向预应力钢筋头
5	塌落	A	不允许
6	蜂窝	A	不允许
7	麻面、粘皮	B	不应有麻面或粘皮，但每米长度内麻面或粘皮总面积不大于相同长度外表面积的5%时，允许修补

注：A为关键项目，B为主要项目。

6.环形支柱的储运要求

1)运输

(1)支柱起吊与运输时，应采用两支点法，装卸、起吊应轻起轻放，不允许抛掷、碰撞。

(2)支柱在运输过程中的支撑要求应按照图17-18中有关规定执行，且支撑位置可向外移动1m，向内移动1.5m。

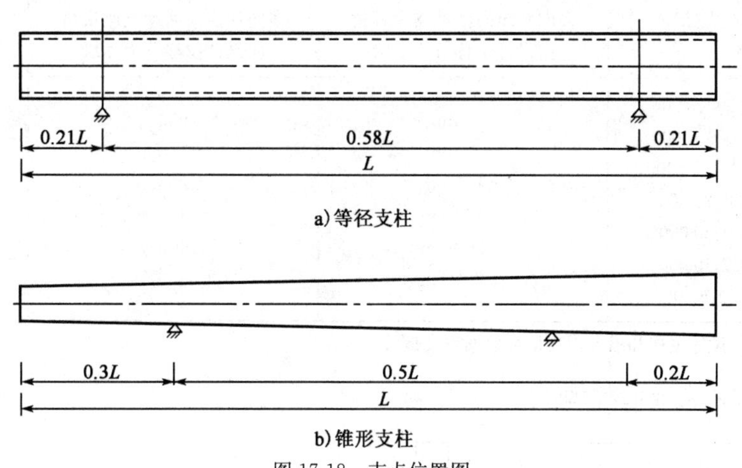

图17-18 支点位置图

(3)支柱装卸过程中，每次吊运数量不宜超过2根。

(4)支柱严禁由高处自由滚向低处。

(5)支柱支点处应套上软织物(草圈等)或用草绳等物捆扎，以防碰伤。

(6)不准溜放。

2)保管

(1)支柱堆放场地应平整。

(2)所有类型的支柱均采用两支点堆放，支点位置如图17-18所示。

(3)支柱应按规格分别堆放，堆放层数不宜超过六层。

(4)支柱堆垛应放在支垫物上，层与层之间用支垫物隔开，每层支撑点在同一平面上，各层支垫物位置在同一垂直面上，法兰型支柱堆放时，法兰盘不准受力。

三、桥梁支座及伸缩装置

(一)铁路桥梁盆式支座(TB/T 2331—2013)

铁路桥梁盆式支座适用于竖向设计承载为1 000～60 000kN、地震动峰值加速度不大于0.3g地区的铁路桥梁使用。其他桥梁及结构工程用盆式支座也可参照使用。

1.铁路桥梁盆式支座的分类

表17-65

按使用性能分类		按适用温度范围分类		按支座调高方式分类	
名称	代号	名称	代号	名称	代号
多向活动支座(承受竖向荷载,具有竖向转动和水平多向位移)	DX	常温型支座 (适用于－25～＋60℃)	C	垫板式调高(在支座本体与梁底之间加垫钢板调高)	—
纵向活动支座(承受竖向和横桥向水平荷载,具有竖向转动和顺桥向位移)	ZX				
横向活动支座(承受竖向和顺桥向水平荷载,具有竖向转动和横桥向位移)	HX	耐寒型支座 (适用于－40～＋60℃)	F	填充式调高(在支座本体密封腔体内压注聚氨酯等填充物实现无极调高)	—
固定支座(承受竖向和各向水平荷载,具有竖向转动性能,水平各向均无位移)	GD				

2.铁路桥梁盆式支座的规格

表17-66

支座按竖向设计承载力(kN)分为31级	多向和纵向活动支座顺桥向设计位移分为6级	多向和横向活动支座横桥向设计位移分为4级	支座最大调高量分为3级
1 000、1 500、2 000、2 500、3 000、3 500、4 000、4 500、5 000、5 500、6 000、7 000、8 000、9 000、10 000、12 500、15 000、17 500、20 000、22 500、25 000、27 500、30 000、32 500、35 000、37 500、40 000、45 000、50 000、55 000、60 000	±30mm ±50mm ±100mm ±150mm ±200mm ±250mm	±10mm ±20mm ±30mm ±40mm	20mm 40mm 60mm

注:当有特殊要求时,设计位移和最大调高量可根据需要调整。

3.铁路桥梁盆式支座的标记

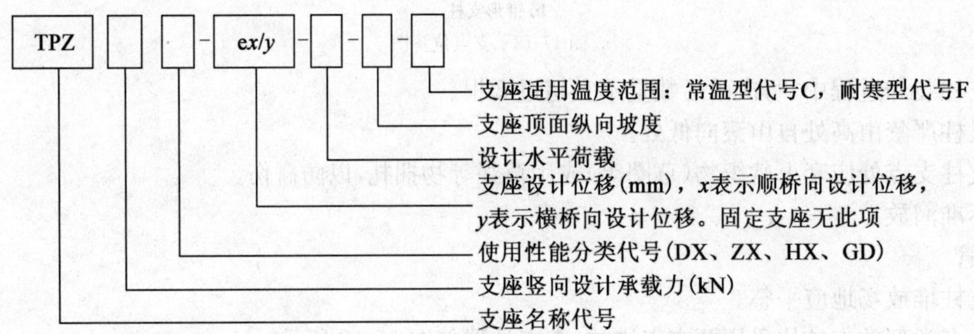

示例:TPZ 6000ZX-e100/0-0.1P-i8-F,表示竖向设计承载力6000kN、顺桥向设计移量±10mm、设计水平荷载为竖向设计承载力的10%(P为支座竖向设计承载力)、支座顶面纵向坡度8‰、耐寒型纵向活动铁路桥梁盆式支座。

4.铁路桥梁盆式支座的结构示意图

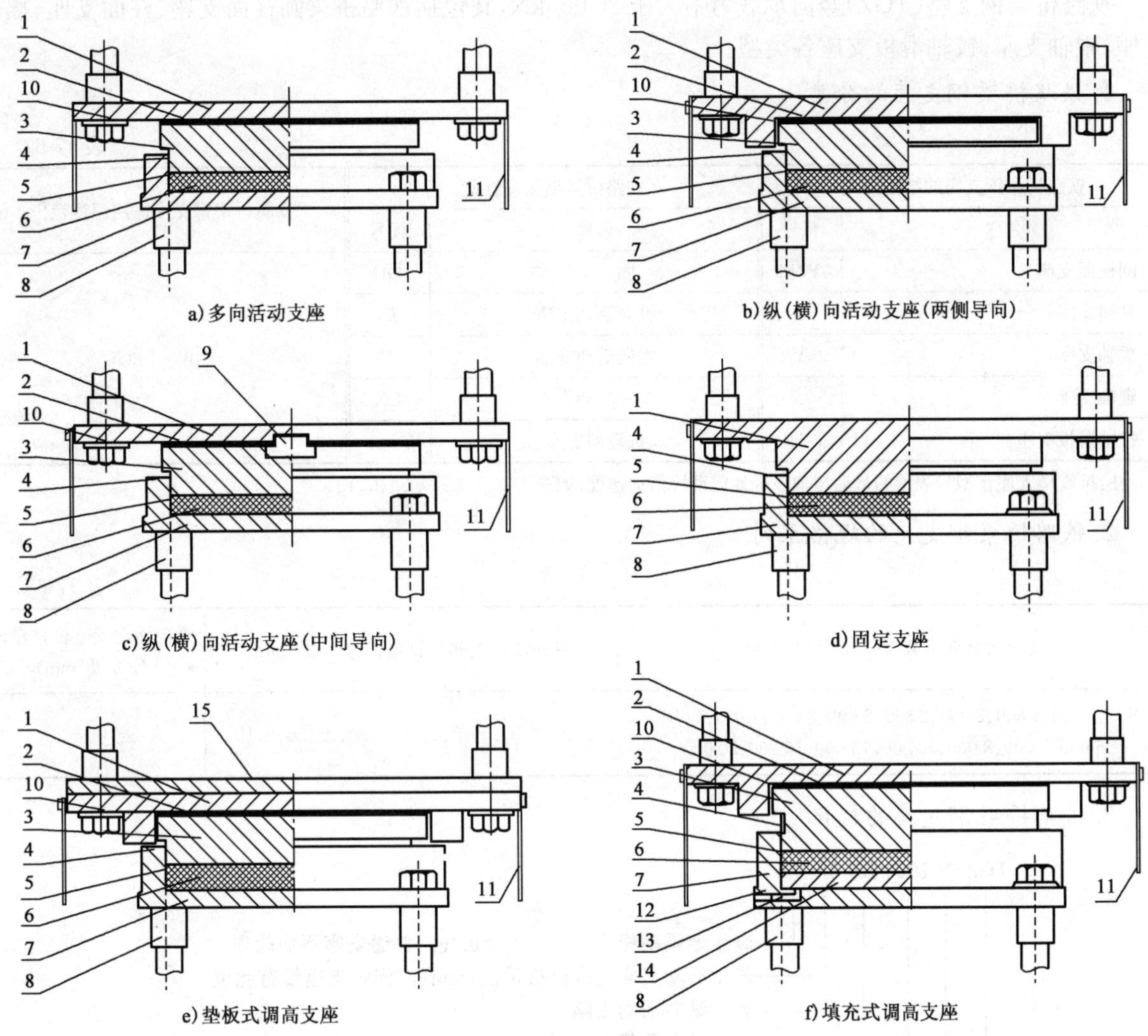

图 17-19　支座结构示意图

1-上支座板;2-滑板;3-中间钢衬板;4-橡胶密封圈 I;5-铜密封圈;6-橡胶承压板;7-下支座板;8-锚栓;9-中间导向块;10-橡胶密封圈 II;11-防尘围板;12-丝堵;13-压注通道;14-填充物;15-调高垫板

5.铁路桥梁盆式支座的技术要求

(1)支座在竖向设计承载力作用下,竖向压缩变形不大于支座高度的 2%,下支座板盆环外侧上口处径向变形不大于盆环外径的 0.5‰。

(2)固定支座水平各向、纵向活动支座横桥向、横向活动支座顺桥向的设计水平荷载应依据相关标准和规范的规定通过计算确定。一般情况下,设计水平荷载按与竖向设计承载力的比值分为 6 级:0.1P、0.15P、0.2P、0.25P、0.3P、0.4P(P 为支座的竖向设计承载力)。

(3)支座竖向设计转动角度不小于 0.02rad。

(4)在硅脂润滑条件下,活动支座摩擦系数 μ 应满足下列要求:

①−25℃～+60℃:$\mu \leqslant 0.03$

②−40℃～−25℃:$\mu \leqslant 0.05$

(5)填充式调高支座在填充及使用过程中应密封良好,填充物无渗漏、无堵塞。

6.支座的保修期,自出厂验收之日起 10 年。

(二)铁路桥梁钢支座(TB/T 1853—2006)

铁路桥梁钢支座(TGZ)竖向承载力不大于20 000kN,其包括铁路桥梁圆柱面支座、柱面支座、摇轴支座、辊轴支座、铰轴滑板支座各类型。

1.铁路桥梁钢支座的分类

表17-67

铁路桥梁钢支座的结构形式		铁路桥梁钢支座性能		铁路桥梁钢支座适用温度范围
名称	代号	名称	代号	
圆柱面支座	YZM	固定支座	GD	−40～+60℃
柱面支座	ZM	纵向活动支座	ZX	
摇轴支座	Y	横向活动支座	HX	
辊轴支座	G	多向活动支座	DX	
铰轴滑板支座	JZHB	抗震型支座		

柱:抗震型支座在型号表示的最后增加设计地震动峰值加速度,如0.15g、0.2g、0.3g、0.4g。

2.铁路桥梁钢支座的规格系列

表17-68

支座按竖向承载力(kN)分为16级	纵向活动支座位移量值分7级(mm)	横向活动支座位移量值分2级(mm)
800、1 200、1 600、2 000、2 300、2 600、3 000、4 000、5 000、6 000、7 000、8 000、10 000、13 000、16 000、20 000	±20、±30、±40、±50、±80、±120、±150	±10、±20

3.铁路桥梁钢支座的标记

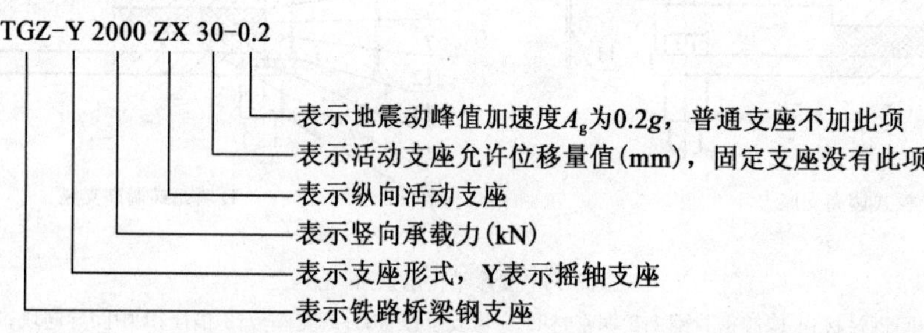

TGZ-Y2000ZX30-0.2表示铁路桥梁摇轴抗震型纵向活动支座,竖向承载力为2 000kN,纵向位移量为±30mm,适用地区的地震动峰值加速度为0.2g。

4.铁路桥梁钢式支座的技术要求

铁路桥梁钢支座的形式尺寸、材料、制造工艺应符合设计文件和有关标准的规定。其中锻件的机械性能要求如表17-69所示。

钢支座锻件的机械性能

表17-69

项　目	取样方向	35　号		45　号　钢	
		截面尺寸(mm)		截面尺寸(mm)	
		100～300	>300～500	100～300	>300～500
极限强度σ_b (N/mm^2)	纵向	500	480	580	560
	横向	450	430	520	500
	切向	480	460	550	530

续表 17-69

项　目	取样方向	35　号		45　号　钢	
		截面尺寸(mm)		截面尺寸(mm)	
		100～300	>300～500	100～300	>300～500
屈服强度 σ_b (N/mm^2)	纵向	260	240	290	280
	横向	230	220	260	250
	切向	250	230	290	280
延伸率 δ_s (%)	纵向	18	17	15	14
	横向	14	13	11	10
	切向	14	13	11	10
断面收缩率 Ψ (%)	纵向	40	37	35	32
	横向	28	26	24	22
	切向	30	28	26	24
冲击韧性 α_k (N·m/cm^2)	纵向	30.0	30.0	25.0	25.0
	横向	20.0	20.0	16.0	16.0
	切向	21.0	21.0	18.0	18.0
硬度 HB		143～187		162～217	

注:①截面尺寸,轴类指直径,板类指厚度。

②锻件径正火后回火热处理。

5.铁路桥梁钢支座的标志、包装和储运要求

(1)每个支座应有牢固固定的标牌,内容有支座产品名称、型号(分固定或活动支座)、生产厂名全称、制造年月。辊轴支座在经试装检验合格后,应将各部件标记其支座编号。

(2)对于辊轴支座,其辊轴及其承压面应涂以钙基润滑脂,并用包装纸包装。对摇轴支座应用铁丝捆成整体出厂,其主要承压面涂以钙基润滑脂。支座其他不涂装的机加工面应涂清油一道。圆柱面支座组装成整体后应临时连接固定。

(3)钢支座包装内层应防水,外层能防磕碰,捆扎牢固,便于装卸。

(4)包装时应有合格证。合格证应包括下列内容:

①制造厂名;

②钢支座型号;

③钢支座图纸号;

④材料及力学性能;

⑤出厂年月;

⑥检验员号。

(5)钢支座应储存在干燥通风场所,距离地面 30cm 以上,不允许日晒雨淋。钢支座运输装卸应轻起轻落,不允许从车上推下支座的方式卸车。

(三)铁路桥梁板式橡胶支座(TB/T 1893—2006)

铁路桥梁板式橡胶支座适用于跨度不大于 20m 的铁路桥梁支座。

1. 铁路桥梁板式橡胶支座的分类

表 17-70

按使用性能分类		按适用温度范围分类	
名称	代号	名称	代号
多向活动支座(承受竖向荷载,具有各向转动和各向水平位移)	DX	常温型支座 (适用于−25～+60℃)宜采用氯丁橡胶(CR)	—
纵向活动支座(承受竖向和横桥向水平荷载,具有各向转动及顺桥向水平位移)	ZX		
横向活动支座(承受竖向和顺桥向水平荷载,具有各向转动及横桥向水平位移)	HX	耐寒型支座 (适用于−40～+60℃)宜采用天然橡胶(NR)	—
固定支座(承受竖向和各向水平荷载,具有各向转动性能,水平各向均无位移)	GD		

2. 铁路桥梁板式橡胶支座规格系列

表 17-71

支座按竖向承载力(kN)分为 15 级	活动支座主位移方向的位移分 3 级	各类支座承受的水平力
300、400、500、600、750、875、1 000、1 250、1 500、1 750、2 000、2 250、2 500、2 750、3 000	±20mm、±30mm、±40mm。固定支座和单向活动支座(纵向活动和横向活动)在限位方向的最大允许位移≤±1mm	固定支座、纵向活动支座横桥向、横向活动支座顺桥向所受水平力宜为支座竖向设计承载力的 15%或 30%。特殊情况可另定

3. 铁路桥梁板式橡胶支座的结构示意图

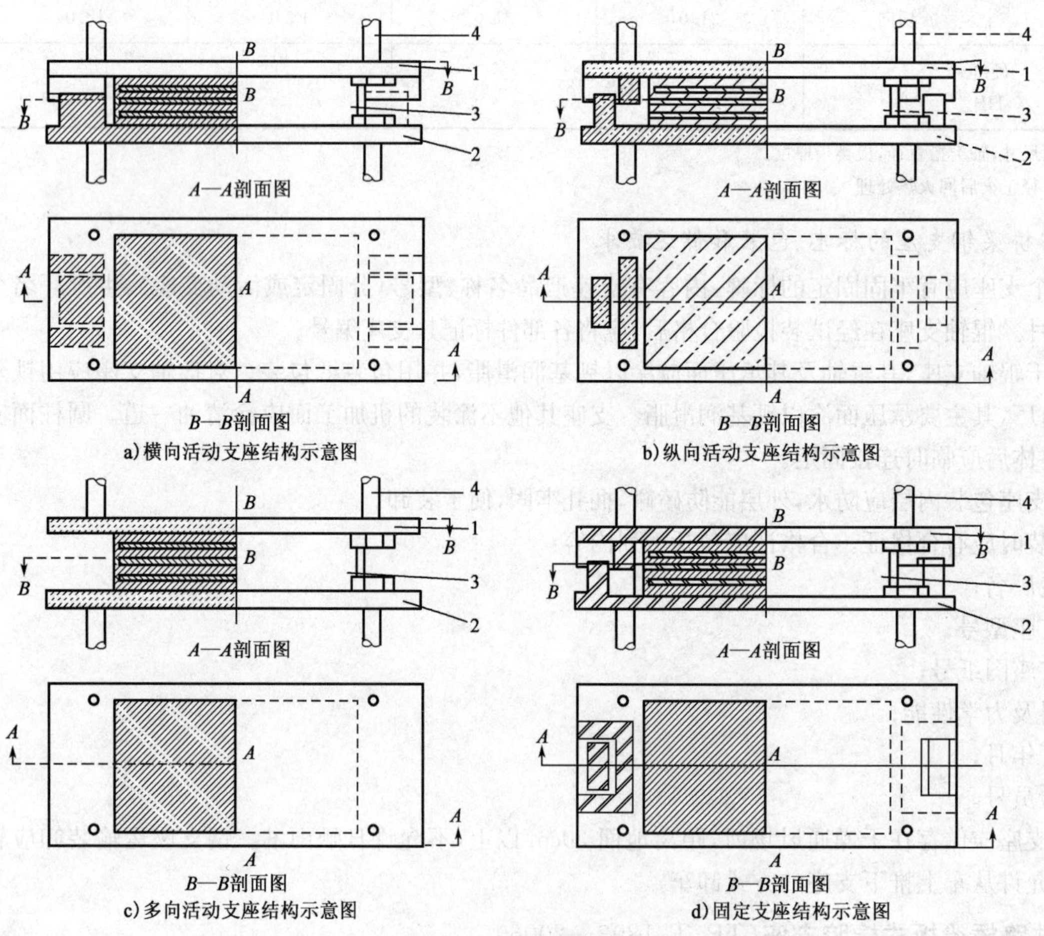

图 17-20 铁路板式橡胶支座结构示意图

1-上支座板;2-下支座板;3-承压橡胶板;4-锚栓

4.铁路桥梁板式橡胶支座的标记

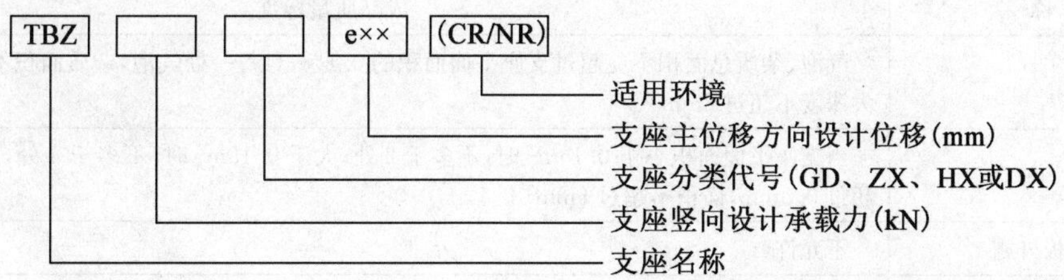

示例1:TBZ1000GD—(CR)表示竖向设计承载力为1 000kN的常温型固定板式橡胶支座。

示例2:TBZ2000ZX—e40(NR)表示竖向设计承载力为2 000kN,设计主位移为±40mm的耐寒型纵向活动板式橡胶支座。

5.铁路桥梁板式橡胶支座的技术要求

(1)板式橡胶支座的力学性能

表17-72

项　　目	指　　标
极限抗压强度 R_u(MPa)	≥60
抗压弹性模量 E_1(MPa)	$E \pm E \times 20\%$
抗剪弹性模量 G_1(MPa)	$G \pm G \times 15\%$
疲劳试验后的抗压弹性模量 E_2(MPa)	≤($E_1 \pm E_1 \times 5\%$)
老化后抗剪弹性模量 G_2(MPa)	$G_1 \pm 0.15$MPa
抗剪黏结性能(τ=2MPa时)	无橡胶开裂或脱胶现象

(2)板式橡胶支座抗压弹性模量 E(MPa)

表17-73

S	5	6	7	8	9	10	11	12	13
E	270	340	420	500	590	670	760	860	950
S	14	15							
E	1060	1180							

支座形状系数 S 应按下列公式计算:

$$S=\frac{ab}{2(a+b)h_i}$$

式中:S——支座的形状系数;

a——支座短边长度(mm);

b——支座长边长度(mm);

h_i——两层钢板之间橡胶厚度(mm)。

6.铁路桥梁板式橡胶支座的质量要求

(1)支座的外观质量(每块承压橡胶板)

表 17-74

名　　称	成品质量标准
气泡、杂质	气泡、杂质总面积不应超过支座平面面积的 0.1%，且每一处气泡，杂质面积不能大于 $50mm^2$，最大深度不超过 2mm
凹凸不平	当支座平面面积小于 $0.15m^2$ 时，不多于 2 处；大于 $0.15m^2$ 时，不多于 4 处，且每处凹凸高度不超过 0.5mm，面积不超过 $6mm^2$
四侧面裂纹、钢板外露	不允许
掉块、崩裂、机械损伤	不允许
钢板与橡胶结处开裂或剥离	不允许
表面平整度	承压橡胶板表面不平整不大于平面最大长度的 0.4%

注：支座钢件外露部分应按 TB/T 1527　第六套涂装体系的规定进行表面油漆防护。采用的涂料应符合 TB/T 1527 的要求。

(2)支座的内在质量(承压橡胶板)

表 17-75

名　　称	解剖检验标准
锯开胶层厚度	胶层厚度应均匀，t_1 为 5mm 或 8mm 时，其偏差为±0.4mm；t_1 为 11mm 时，其偏差不应大于±0.7mm
钢板与橡胶黏结	钢板与橡胶黏结应牢固，且无离层现象，其平面尺寸偏差为±1mm；上下保护层偏差为±0.5mm
剥离胶层（应按 HG/T 2198 规定制成试样）	剥离胶层后，测定的橡胶性能与表 17-73 的规定相比，拉伸强度的下降不应大于 15%，扯断伸长率的下降不应大于 20%

7.铁路桥梁板式橡胶支座的标志和储运要求

(1)标志

每个支座应有永久性标志，其内容应包括：产品名称、规格型号、主要技术指标(竖向承载力、位移量、转角)、生产厂名、出厂标号和生产日期。

(2)包装

支座应根据分类、规格分别包装。包装应牢固可靠，包装外面应注明产品名称、规格、出厂日期。包装内应附有产品合格证、材质、单层橡胶和钢板厚度、钢板平面尺寸、钢板层数、橡胶总厚度。

(3)储存

储存支座的库房应干燥通风，支座应堆放整齐，保持清洁，严禁与酸、碱、油类、有机溶剂等相接触，并应距热源 1m 以上，且不应与地面直接接触。

(4)运输

支座在运输中，应避免阳光直接曝晒、雨淋、雪浸，并应保持清洁，不应与影响橡胶质量的物质相接触。

(四)铁路桥梁球型支座(TB/T 3320—2013)

铁路桥梁球型支座包括普通球型支座、垫板调高球型支座、填充调高球型支座和减隔震球型支座。

铁路桥梁球型支座竖向设计承载力为 1 000～100 000kN，按竖向设计承载力分为 35 级。

1.铁路桥梁球型支座的分类

表 17-76

按使用性能分类		按适用温度范围分类		按支座调高方式分类	
名称	代号	名称	代号	名称	代号
多向活动支座(承受竖向荷载，具有竖向转动和水平多向位移)	DX	常温型支座（适用于－25～＋60℃）	C	垫板式调高(在支座本体与梁底之间加垫钢板调高)	—
纵向活动支座(承受竖向和横桥向水平荷载，具有竖向转动和顺桥向位移)	ZX				

续表 17-76

按使用性能分类		按适用温度范围分类		按支座调高方式分类	
名称	代号	名称	代号	名称	代号
横向活动支座(承受竖向和顺桥向水平荷载,具有竖向转动和横桥向位移)	HX	耐寒型支座(适用于−40～+60℃)	F	填充式调高(在支座本体密封腔体内压注填充物实现无极调高)	—
固定支座(承受竖向和各向水平荷载,具有竖向转动性能,水平各向均无位移)	GD				

2. 铁路桥梁球型支座的规格

表 17-77

支座按竖向设计承载力(kN)分为 35 级	多向和纵向活动支座顺桥向设计位移分为 7 级	多向和横向活动支座横桥向设计位移分为 4 级	支座最大调高量分为 3 级
1 000、1 500、2 000、2 500、3 000、3 500、4 000、4 500、5 000、5 500、6 000、7 000、8 000、9 000、10 000、12 500、15 000、17 500、20 000、22 500、25 000、27 500、30 000、32 500、35 000、37 500、40 000、45 000、50 000、55 000、60 000 70 000、80 000、90 000、100 000	±30mm ±50mm ±100mm ±150mm ±200mm ±250mm ±300mm	±10mm ±20mm ±30mm ±40mm	20mm 40mm 60mm

注:当有特殊要求时,设计位移和最大调高量可根据需要调整。

3. 铁路桥梁球型支座的标记

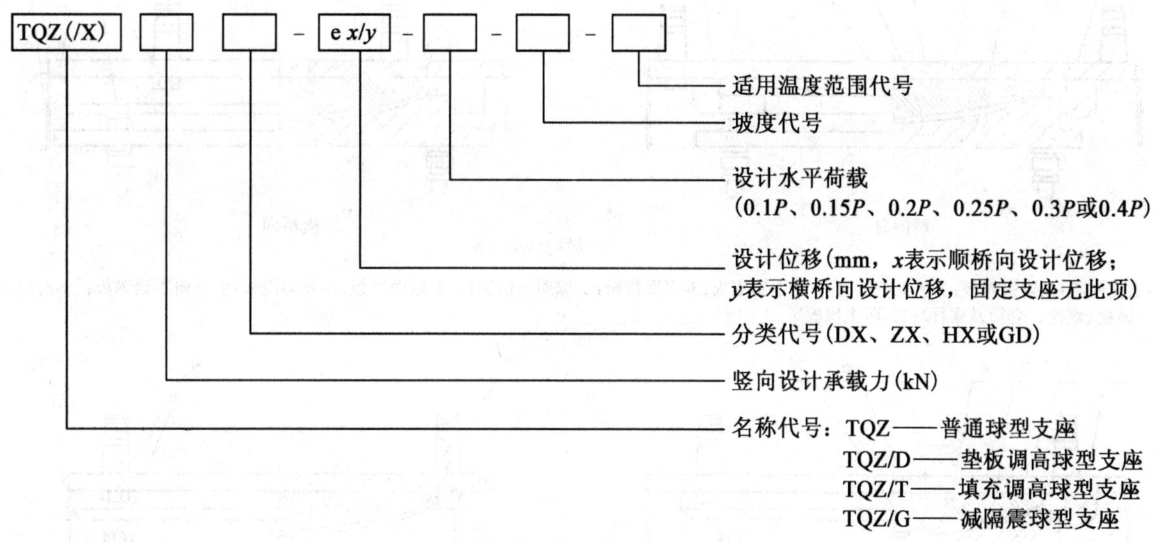

示例 1: TQZ/D 5000ZX-e60/0-0. 15P-i8-F,表示竖向设计承载力为 5 000kN、顺桥向设计位移为 60mm、设计水平荷载为竖向设计承载力的 15%、上支座板顶面坡度 8‰的铁路桥梁耐寒型垫板式调高纵向活动球型支座。

示例 2: TQZ/G 10000DX-e100/40-0. 2P-i0-C,表示竖向设计承载力为 10 000kN、顺桥向设计位移为 100mm、横桥向设计位移为 40mm、设计水平荷载为竖向设计承载力的 20%、上支座板顶面未设坡度的铁路桥梁常温型减隔震多向活动球型支座。

4. 铁路桥梁球型支座结构示意图

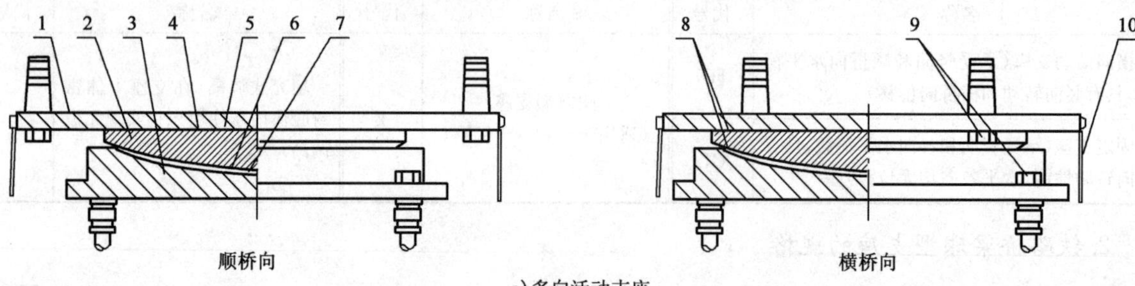

a)多向活动支座

1-上支座板;2-球冠衬板;3-下支座板;4-平面不锈钢板;5-平面滑板;6-球面不锈钢板;7-球面滑板;8-密封环;9-锚栓(螺栓、套筒及螺杆);10-防尘围板

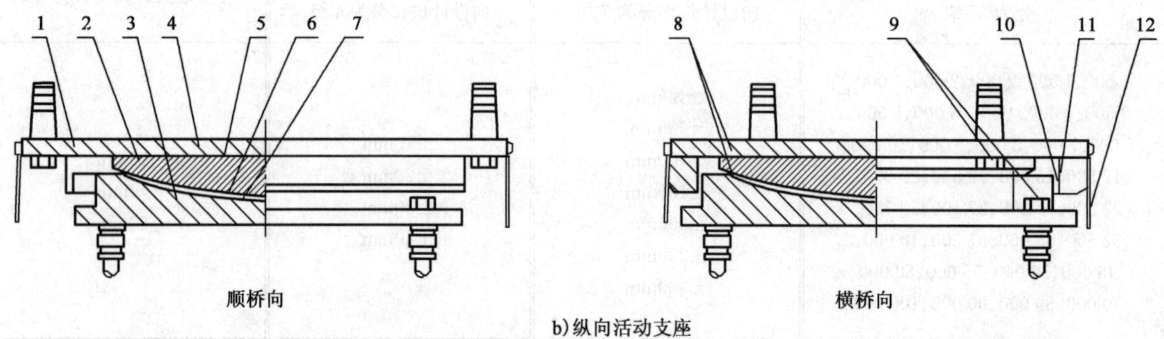

b)纵向活动支座

1-上支座板;2-球冠衬板;3-下支座板;4-平面不锈钢板;5-平面滑板;6-球面不锈钢板;7-球面滑板;8-密封环;9-锚栓(螺栓、套筒及螺杆);10-导向滑板;11-导向不锈钢板;12-防尘围板

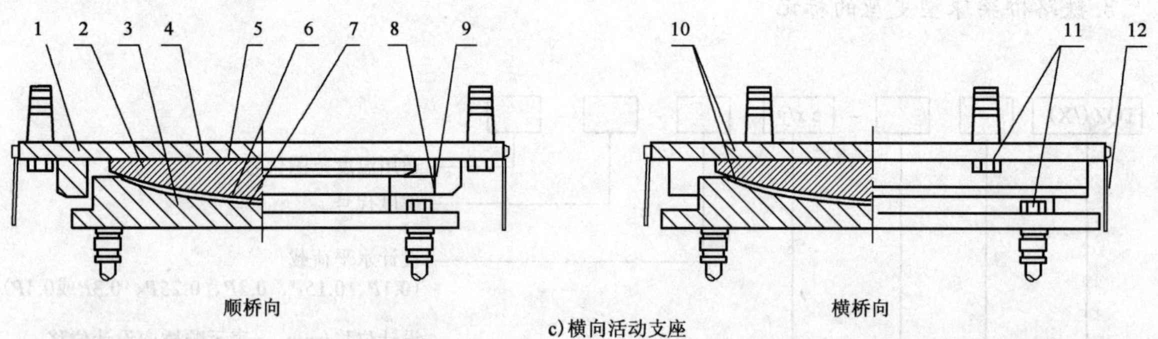

c)横向活动支座

1-上支座板;2-球冠衬板;3-下支座板;4-平面不锈钢板;5-平面滑板;6-球面不锈钢板;7-球面滑板;8-导向滑板;9-导向不锈钢板;10-密封环;11-锚栓(螺栓、套筒及螺杆);12-防尘围板

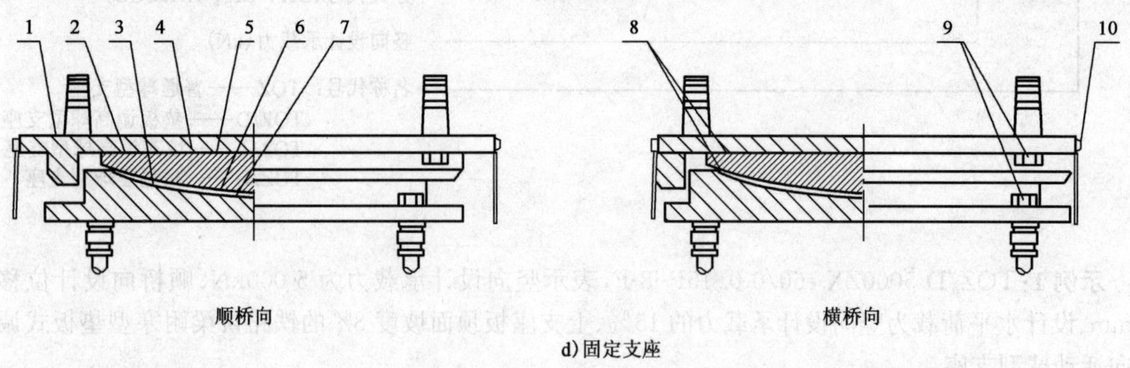

d)固定支座

1-上支座板;2-球冠衬板;3-下支座板;4-平面不锈钢板;5-平面滑板;6-球面不锈钢板;7-球面滑板;8-密封环;9-锚栓(螺栓、套筒及螺杆);10-防尘围板

图 17-21

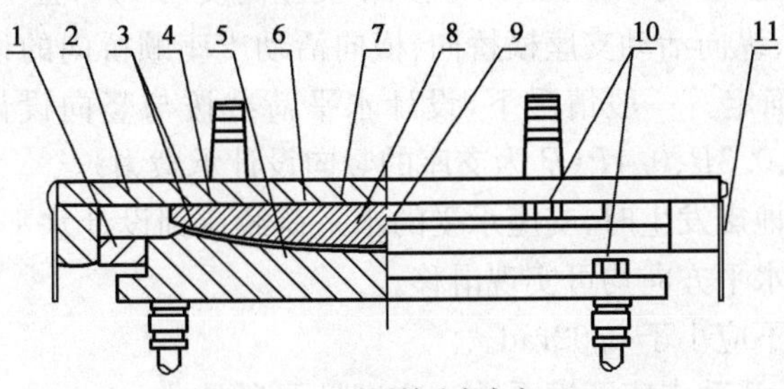

e)设置转动套支座

1-转动套;2-上支座板;3-密封环;4-球冠衬板;5-下支座板；6-平面不锈钢板;7-平面滑板;8-球面不锈钢板;9-球面滑板;10-锚栓(螺栓、套筒及螺杆);11-防尘围板

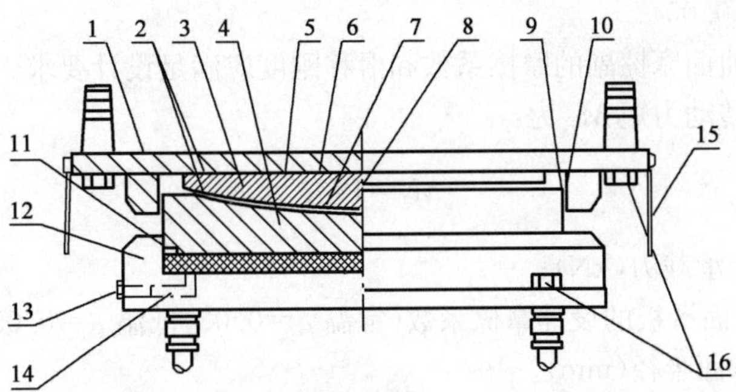

f)填充式调高支座

1-上支座板;2-密封环;3-球冠衬板;4-下支座板;5-平面不锈钢板;6-平面滑板;7-球面不锈钢板;8-球面滑板；9-导向滑板;10-导向不锈钢板;11-密封圈;12-底座板;13-丝堵;14-填充通道;15-防尘围板;16-锚栓(螺栓、套筒及螺杆)

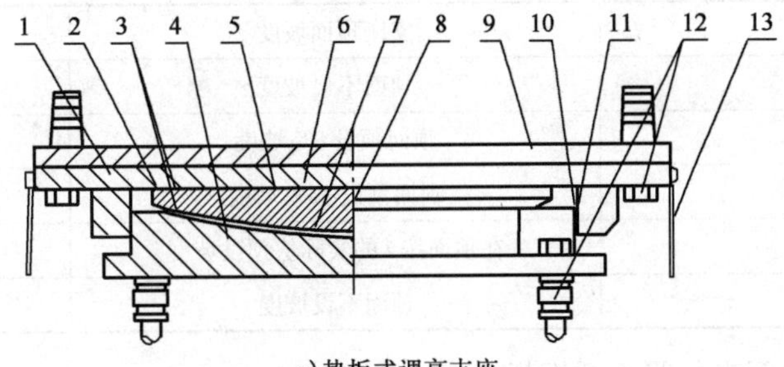

g)垫板式调高支座

1-上支座板;2-球冠衬板;3-密封环;4-一下支座板;5-平面不修钢拌;6-平面滑板;7-球面不修钢板;8-球面滑板;9-调高垫板;10-导向滑板;11-导向不修钢板；12-锚栓(螺栓、套筒及螺杆)；13-防尘围板

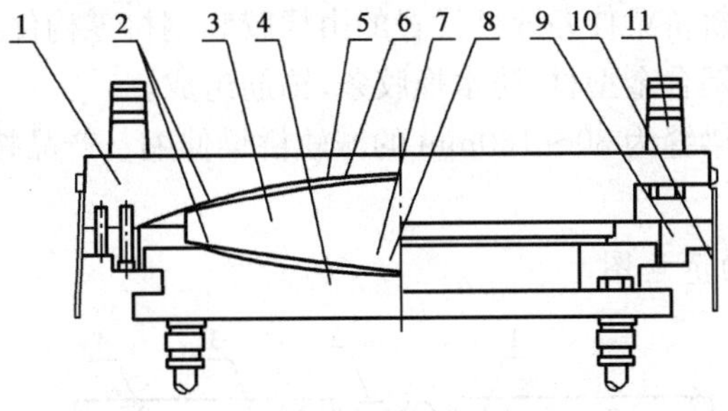

h)球型减隔震支座

1-上支座板;2-密封环;3-球冠衬板;4-下支座板;5-上曲面不锈钢板；6-上曲面滑板;7-下曲面不锈钢板；8-下曲面滑板;9-限位装置;10-防尘围板;11-锚栓(螺栓、套筒及螺杆)

图 17-21　球型支座结构示意图

5.铁路桥梁球型支座的性能要求

(1)在竖向设计承载力作用下,总高度不大于200mm的球型支座,竖向压缩变形不应大于2mm;总高度大于200mm的球型支座,竖向压缩变形不应大于支座高度的1%,且不应大于4mm。

(2)固定支座水平各向、纵向活动支座横桥向、横向活动支座顺桥向的设计水平荷载应依据相关标准和规范的规定通过计算确定。一般情况下,设计水平荷载按与竖向设计承载力的比值分为6级:0.1P、0.15P、0.2P、0.25P、0.3P、0.4P(P为支座的竖向设计承载力)。

(3)球型减隔震支座在地震发生时,支座承受的水平荷载达到设计水平荷载的1.0~1.25倍时,支座限位装置应当解除,支座水平方向均可实现滑移。

(4)支座竖向设计转角不应小于0.02rad。

(5)在硅脂润滑条件下,活动支座摩擦系数μ应满足下列要求:

①-25~+60℃:$\mu \leqslant 0.03$

②-40~-25℃:$\mu \leqslant 0.05$

(6)球型减隔震支座曲面摩擦副的摩擦系数和滑移刚度应满足设计要求。

(7)球型支座的设计转动力矩M_0为:

$$M_0 = P\mu R$$

式中:P——支座竖向设计承载力(kN);

μ——球冠衬板与球面滑板的设计摩擦系数(常温$\mu=0.03$,低温$\mu=0.05$);

R——球冠衬板的球面半径(mm)。

(8)填充式调高支座在填充及使用过程中应密封良好,填充物无渗漏。

(9)上支座板顶面需设坡度时,坡度分级如表17-78所示。

表17-78

代　号	支座顶面坡度	线路坡度 i
i0	顶面不设坡度	0~4‰
i8	顶面预设8‰坡度	>4‰~12‰
i16	顶面预设16‰坡度	>12‰~20‰
iXX	在顶面按i的实际值预设坡度	>20‰~30‰
—	顶面不设坡度	>30‰

(10)球冠衬板凸球面应包覆不锈钢板

(五)城轨桥梁伸缩装置(DB 13/T 1490—2011,河北省地方标准)

城轨桥梁伸缩装置是在城轨桥梁伸缩缝处设置的由橡胶和钢材零构件组成的能满足桥梁上部结构变形要求的桥梁部件。产品由铝合金型材、防水橡胶条、锚筋组成。

城轨桥梁伸缩装置适用于梁缝为30~160mm的城轨桥梁伸缩。产品按伸缩量分为30mm、60mm、100mm、160mm四级。

1.城轨桥梁伸缩装置结构示意图

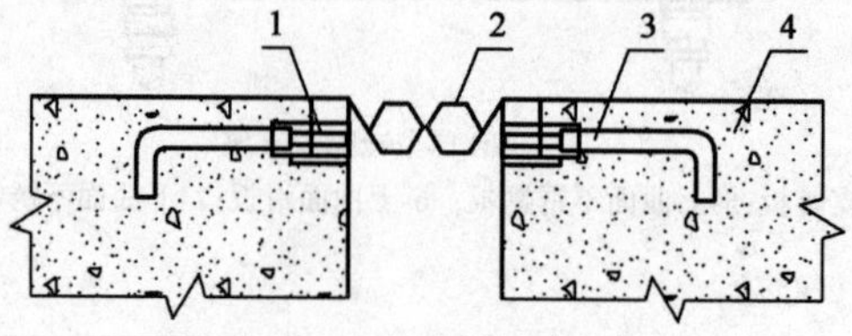

图17-22　伸缩装置结构示意图

1-铝合金型材;2-防水橡胶条;3-锚筋;4-梁体

2.城轨桥梁伸缩装置的标记

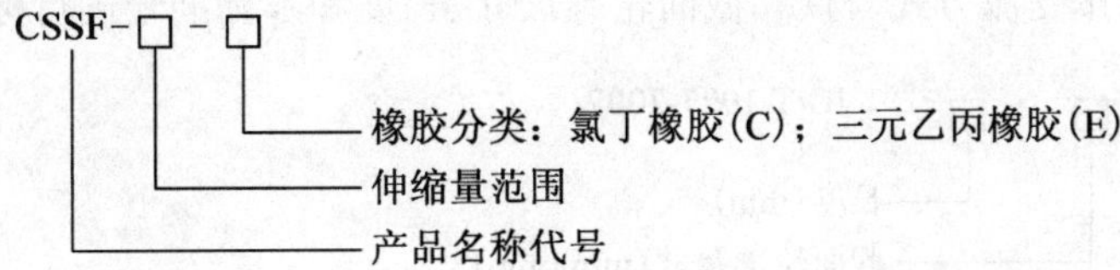

示例:CSSF-60-C,表示伸缩量为60mm的氯丁橡胶城轨桥梁伸缩装置。

3.城轨桥梁伸缩装置的整体性能要求

(1)伸缩装置的构造应能满足其两侧梁体必要的顺桥向、横桥向和竖向位移以及转动的需要。

(2)桥梁伸缩装置的型材与防水橡胶条之间的连接应具有一定的夹持性能,保证在拉伸3倍伸缩量条件下,持荷15min,夹持部位不脱离;或按照设计图要求进行夹持试验,夹持部位不脱离。

(3)伸缩装置在使用过程中必须具有良好的防水性能,其防水胶条在注满水24h后无渗漏。

4.城轨桥梁伸缩装置安装方法

(1)在桥面保护层施工后进行伸缩装置的安装。

(2)为防止伸缩装置变形,安装时可以进行分段安装,也可以在工地拼接后进行整体吊装。

(3)吊装铝合金型材,调整伸缩装置中心线与梁端间隙中心线基本重合,型材通过拉线调直后加拼接板栓接牢固,应保证伸缩装置型材与梁端横坡的吻合性。

(4)按梁体保护层顶面标高控制铝合金型材顶面标高。

(5)伸缩装置直接通过锚筋与桥面保护层纵向钢筋连接,或锚筋与梁体预埋件之间通过支撑钢筋焊接,然后解除固定伸缩装置间隙的卡具。

(6)用泡沫条填塞铝合金型材型腔,并用封箱胶带将型腔封贴,安装梁端模板。

(7)浇注混凝土保护层时,必须保护伸缩装置表面不受损伤,型腔内不得漏入砂浆。

(8)待混凝土达到设计强度的80%以上时清理型腔,嵌装防水橡胶条。嵌装防水橡胶条时,应用专用工具进行嵌装,不能损坏防水橡胶条,防水橡胶条必须完全嵌入到型材的型腔内。

(9)城轨桥梁伸缩装置的保修期自正式验收、交付使用之日起五年。

四、其他

(一)接触轨玻璃纤维增强塑料防护罩(JC/T 1027—2007)

接触轨玻璃纤维增强塑料防护罩(简称接触轨玻璃钢防护罩)是为城轨中专为电动车辆提供电源的金属导电轨道敷设的玻璃钢保护罩。

1.接触轨玻璃钢防护罩的分类

产品按受流方式不同分为上部受流、下部受流两种。产品按用户要求确定截面及长度尺寸。

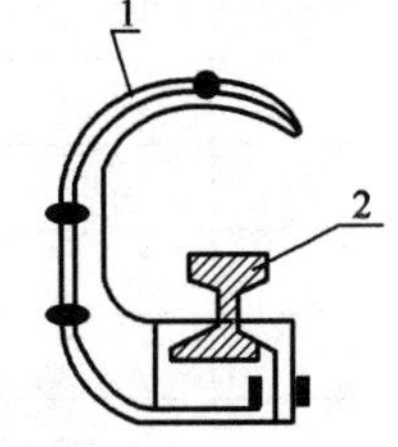

a)上部受流接触轨玻璃钢防护罩

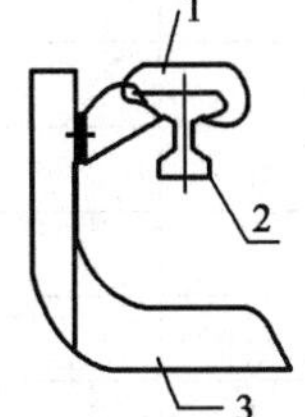

b)下部受流接触轨玻璃钢防护罩

图17-23　玻璃钢防护罩结构示意图

1-接触轨玻璃钢防护罩;2-接触轨;3-支架

2.接触轨玻璃钢防护罩的标记

接触轨玻璃钢防护罩按受流方式、材质、截面轮廓尺寸、长度和本标准号进行标记。

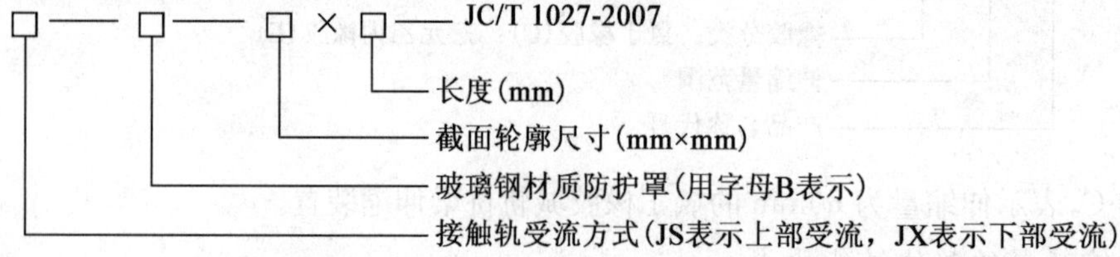

示例:JS B 359×265×2 240 JC/T 1027—2007 表示上部受流接触轨玻璃钢防护罩,截面尺寸为369mm×265mm,长度为 2 240mm,按本标准生产。

3.接触轨玻璃钢防护罩的外观质量

表 17-79

项目内容			要求(mm)
表面缺陷及损伤	外露纤维		无
	表面气泡		≤φ3.0
	纵向沟槽、压痕及划伤	连续长度	≤200
		深度	≤0.5
		宽度	≤2.0
综合缺陷指标	同一件产品表面缺陷及损伤数		不多于3个

注:接触轨玻璃钢防护罩外表面应均匀光滑,无毛刺、裂纹或凹凸不平,机械加工部位不应有开裂、分层现象,所有加工断面均应用树脂涂封。

4.接触轨玻璃钢防护罩结构性能

(1)上部受流接触轨玻璃钢防护罩

接触轨玻璃钢防护罩在跨距 2m 的工作支撑条件下,承受 1 500N 垂直载荷,其最大变形不大于12mm。

(2)下部受流接触轨玻璃钢防护罩

接触轨玻璃钢防护罩在跨距 4m(支撑块间距 0.6～0.9m)的工作支撑条件下,承受 1 500N 垂直载荷,不开裂或不与防护罩支架分离。

5.接触轨玻璃钢防护罩的材料性能

表 17-80

性能	单位	指标
密度	g/cm³	1.85～1.95
吸水率	%	≤0.2
苯乙烯残留量	%	≤2
玻璃纤维质量含量	%	45±5
弯曲强度	MPa	≥300
冲击强度	J/cm²	≥20
工频电气强度	kV/mm	≥5
耐漏电起痕指数	V	PTI 475
燃烧性能	—	FV—0 级

(二)轨道交通风道用纤维钢丝网水泥板(JC/T 2032—2010)

轨道交通风道用纤维钢丝网水泥板(简称纤维钢丝网水泥板)是以水泥和轻骨料为基材,以钢丝网和非石棉类纤维为主要增强材料，掺入少量辅助材料制成。

1. 纤维钢丝网水泥板的分类

轨道交通风道用纤维钢丝网水泥板按物理力学性能分为：

A 型板——主要用于推吸力较大的地铁风道；

B 型板——主要用于一般风道。

2. 纤维钢丝网水泥板的规格尺寸(mm)

表 17-81

项　目	公称尺寸	尺寸允许偏差
长度	1 200，1 800，2 000，2 380	±5
宽度	900，1 015，1 215	±5
厚度	18，20，22	±0.1e
厚度不均匀度(%)		<10

注：①厚度不均匀度系指同块板厚度的极差除以公称厚度。

②e 表示平板公称厚度。

3. 纤维钢丝网水泥板的标记

产品标记由代号、规格和标准号组成。其中代号以轨道交通风道用纤维钢丝网水泥板英文第 1 个大写字母(F)和产品类别(A、B)组成。

示例：规格为 2380mm×1215mm×20mm 的 A 型板标记为：

FA2380×1215×20 JC/T 2032—2010

4. 纤维钢丝网水泥板的外观质量

板的正表面应平整，边缘整齐。

经加工的板的边缘平直度，长或宽的偏差不应大于 2mm/m。

经加工的板的边缘垂直度的偏差不应大于 3mm/m。

厚度不大于 20mm 的表面不平整度不应超过 2mm，厚度在 20mm 以上到 25mm 的板不应超过 3mm。

掉角：长度小于等于 10mm，宽度小于等于 5mm，且一张板中应小于等于 1 处。

5. 纤维钢丝网水泥板的物理力学性能

表 17-82

项　目	类　别	
	A 型板	B 型板
承载力要求(kN/m²)	≥1.81	1.6～1.8
密度(g/cm³)	1.71～1.9	1.61～1.7
吸水率(%)≤	20.0	22.0
不透水性	经 24h 底面无水滴出现	—
干缩率(%)≤	0.25	0.25
不燃性	不燃 A 级	不燃 A 级

注：①试验龄期不小于 7d。

②测定 B 型板的承载力时采用气干的试件。

(三)中空锚杆(TB/T 3209—2008)

中空锚杆用于隧道支护工程。中空锚杆分为普通中空锚杆(由中空锚杆体、垫板、螺母、止浆塞、锚头等组成)和组合中空锚杆(由中空锚杆体、钢筋、连接套、垫板、螺母、止浆塞、锚头、排气管等组成)。

中空锚杆以热轧、正火热处理或正火加回火热处理状态交货。

1. 中空锚杆结构示意图

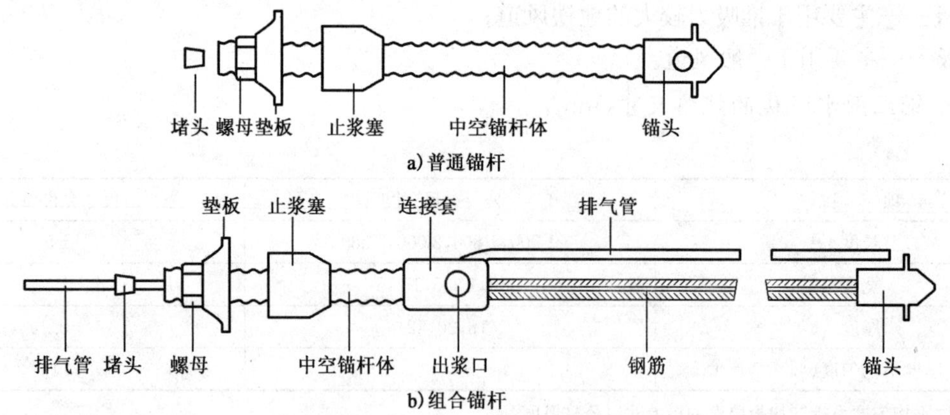

图 17-24　中空锚杆结构示意图

2. 中空锚杆的规格尺寸

表 17-83

普通中空锚杆		组合中空锚杆		
产品规格	杆体材料	产品规格	钢筋牌号	杆体材料
ϕ25×2	优先选用 Q345 的结构用无缝钢管	ϕ20	HRB335 或 HRB400	优先选用 Q345 的结构用无缝钢管
ϕ25×7		ϕ22		
ϕ28×5.5		ϕ25		
ϕ32×6				

3. 中空锚杆的标记

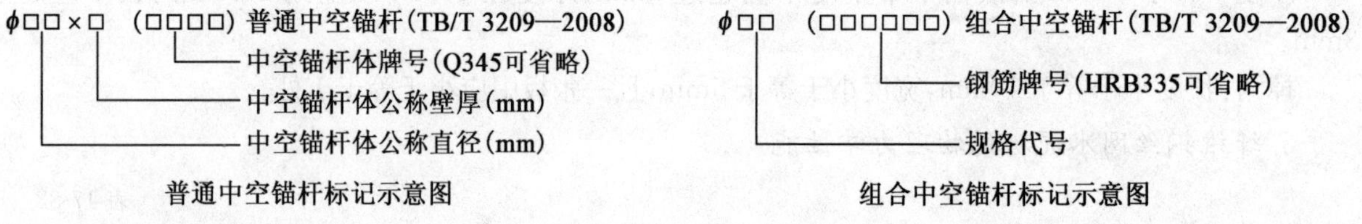

普通中空锚杆标记示意图　　组合中空锚杆标记示意图

4. 中空锚杆的使用注意事项

1)普通锚杆

(1)普通中空锚杆用于边墙或锚孔向下倾斜的部位时,应采用锚孔底出浆、锚孔口排气的排气注浆工艺,锚孔内的砂浆由里向外充盈,中空锚杆体兼进浆管用。

(2)普通中空锚杆用于拱部或锚孔向上倾斜,且仰角大于 30°的部位时,应采用锚孔口进浆、锚孔底排气的排气注浆工艺,锚孔内的砂浆由外向内充盈,砂浆由进浆管注入锚孔,中空锚杆体的中空内孔作排气回浆管用,锚孔内的空气从中空锚杆体的中空内孔排出,注浆完成后,应立即安装堵头。

(3)进浆管及兼进浆管用中空锚杆体的内径不应小于 16mm。

(4)进浆管露头端应有螺纹或其他注浆连接装置。

2)组合锚杆

(1)组合中空锚杆适用于拱部或锚孔向上倾斜的部位。

(2)组合中空锚杆用于锚孔向下倾斜的部位时,锚孔俯角不应大于 30°。

(3)组合中空锚杆注浆时,砂浆经中空锚杆的中空内孔从连接套上的出浆口进入锚孔,锚孔内的砂浆由外向里充盈，锚孔内的空气从排气管排出，注浆完成后，应立即安装堵头。

5. 中空锚杆的规格尺寸

表 17-84

类别	中空锚杆产品规格	中空锚杆体					钢筋			
		牌号	公称直径（mm）	公称壁厚（mm）	截面积（mm^2）	单位质量（kg/m）	公称直径（mm）	牌号	截面积（mm^2）	单位质量（kg/m）
普通中空锚杆	ϕ25×5	Q345	25	5	314.2	2.47				
	ϕ25×7		25	7	395.8	3.11				
	ϕ28×5.5		28	5.5	388.8	3.05				
	ϕ32×6		32	6	490.1	3.85				
组合中空锚杆	ϕ20	Q345	30	4	326.7	2.56	20	HRB335	314.2	2.47
	ϕ22		30	5	392.7	3.08	20	HRB400	314.2	2.47
							22	HRB335	380.1	2.98
	ϕ25		32	6	490.1	3.85	25	HRB335	490.9	3.85

注：根据用户要求，可提供公称直径 38mm、51mm 普通中空锚杆规格。

6. 中空锚杆的力学性能

表 17-85

类别	中空锚杆产品规格	中空锚杆体						钢筋					
		牌号	屈服强度	抗拉强度	屈服力（kN）	最大力（kN）	断后伸长率（%）	牌号	屈服强度	极限强度	屈服力（kN）	最大力（kN）	断后伸长率（%）
			MPa		不小于				MPa		不小于		
普通中空锚杆	ϕ25×5	Q345	325	490	102	153	21						
	ϕ25×7				128	193							
	ϕ28×5.5				126	190							
	ϕ32×6				159	240							
组合中空锚杆	ϕ20	Q345	325	490	106	160	21	HRB335	335	455	105	142	17
	ϕ22				127	192		HRB400	400	540	126	170	16
								HRB335	335	455	127	172	17
	ϕ25				159	240		HRB335	335	455	164	223	17

7. 中空锚杆体的标准长度

中空锚杆体标准长度为 2.5、3.0、3.5、4.0、4.5m，允许偏差±5mm。

中空锚杆体每米弯曲度应≤4mm；总弯曲度不大于锚杆体总长度的 0.3%。

锚杆体端部应剪切正直，端部螺纹长度应≥200mm。

8. 中空锚杆体的表面质量

中空锚杆体的内外表面不允许有裂缝、折叠、轧折、离层、结疤或锈斑等缺陷。

中空锚杆体内外表面油污应清除。

中空锚杆体和连续套的外表面应热镀锌或覆环氧树脂涂层；热镀锌应符合 JT/T 281 规定，镀锌层平均厚度不应小于 0.061mm；环氧树脂涂层应符合 JG 3042 规定。

9. 中空锚杆垫板

热板采用 Q235 热轧钢板冲压成碟形。规格尺寸为：150^2×6mm；150^2×8mm；200^2×10mm；200^2×

12mm。

(四)铁道润滑脂(硬干油)(NB/SH/T 0373—2013)

铁道润滑脂产品按锥入度分为 8 号和 9 号两个品种。

铁道润滑脂的技术要求　　表 17-86

项　目	质量要求	
	9号	8号
外观	绿褐至黑褐色半固体纤维状砖形油膏	
滴点(℃)	≥180	
块锥入度(0.1mm) 25℃ 75℃	20～35 50～75	35～45 75～100
游离有机酸含量(以油酸质量分数计)(%)	≤0.3	
游离碱含量(以 NaOH 质量分数计)(%)	≤0.3	
杂质含量(酸分解法,质量分数)(%)	≤0.2	
腐蚀(40 或 50 号钢片、59 号黄铜片,常温,24h)	合格	
水分含量(质量分数)(%)	≤0.5	
矿物油含量(质量分数)(%)	≥45	≥50

第十八章　附　录

一、施工常用轮胎（GB/T 2977—2008，GB/T 2980—2009，GB/T 10823—2009，GB/T 2982—2014）

（一）施工常用轮胎的规格表示

1. 载重汽车轮胎

示例1：

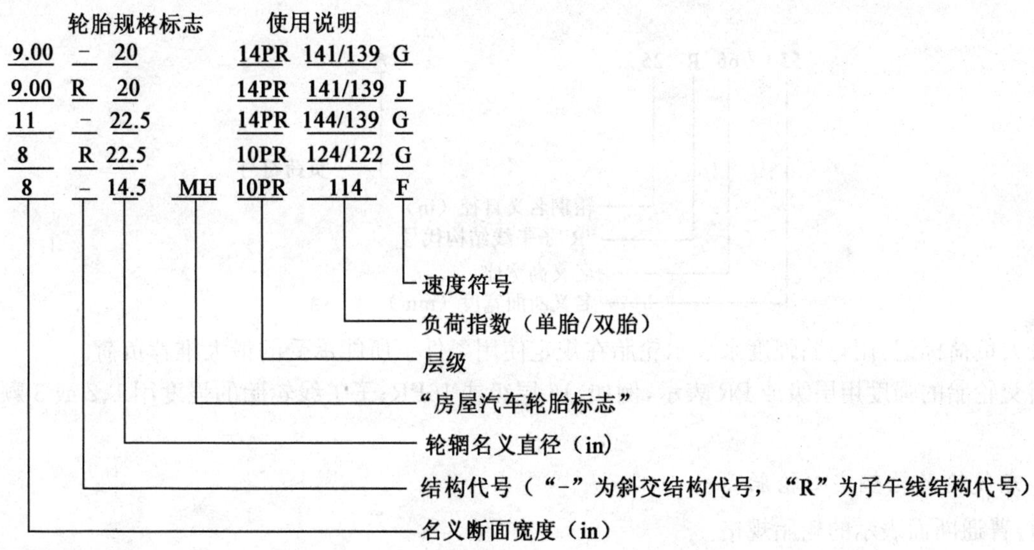

示例2：

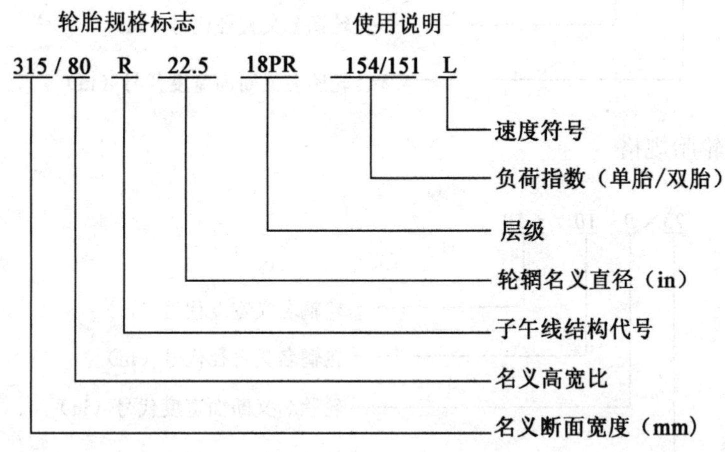

2. 工程机械轮胎

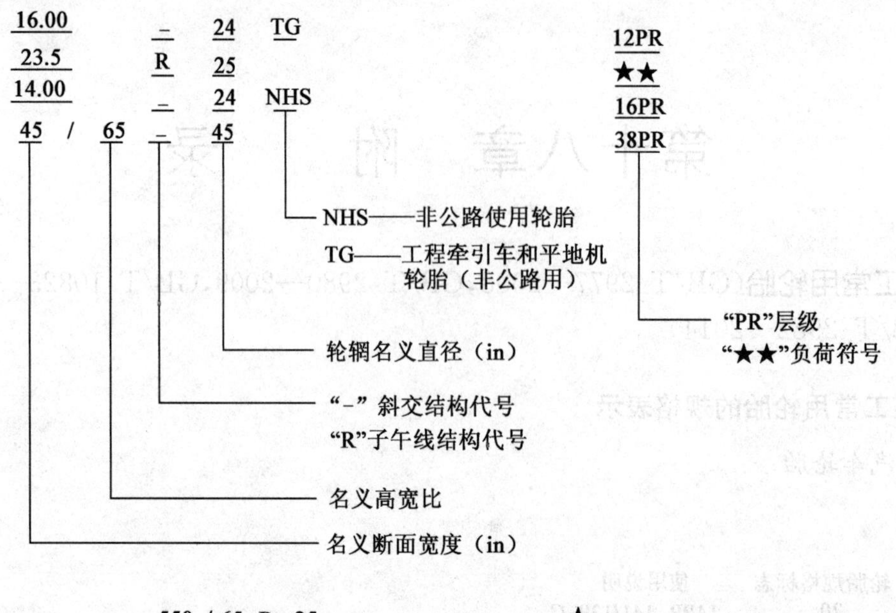

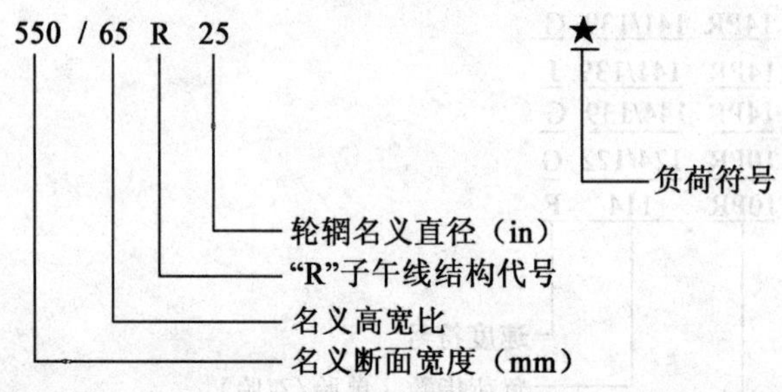

最大负荷标记:用轮胎强度来表示轮胎在规定使用条件下所能承受的最大推荐负荷。

斜交轮胎的强度用层级或PR表示,例如:16层级或16PR;子午线轮胎的强度用1、2或3颗星(★)表示。

3. 充气轮胎轮辋实心轮胎

(1)普通断面表示的轮胎规格

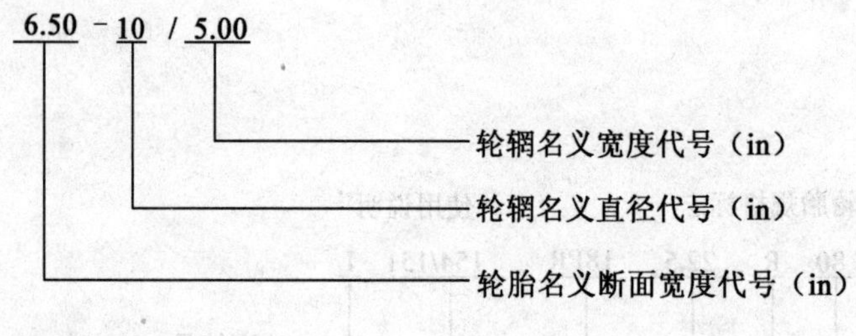

(2)宽断面表示的轮胎规格

示例1:

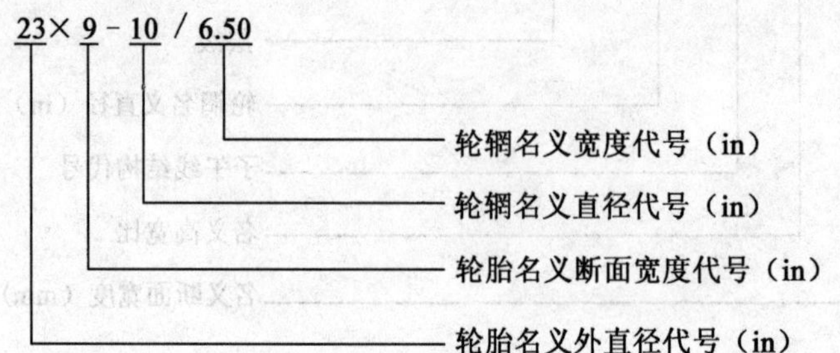

示例 2:

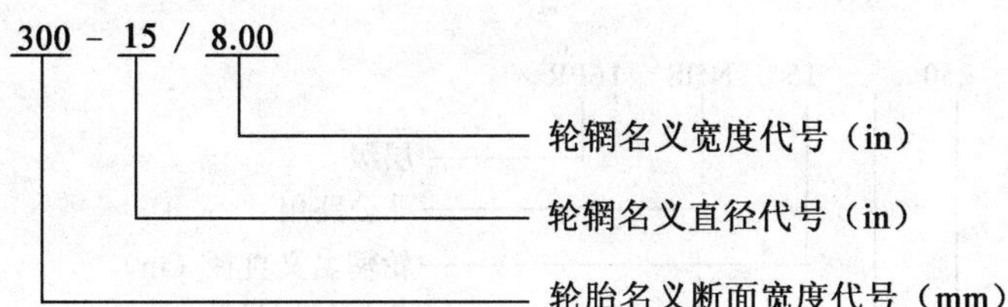

(3)公制系列表示的轮胎规格

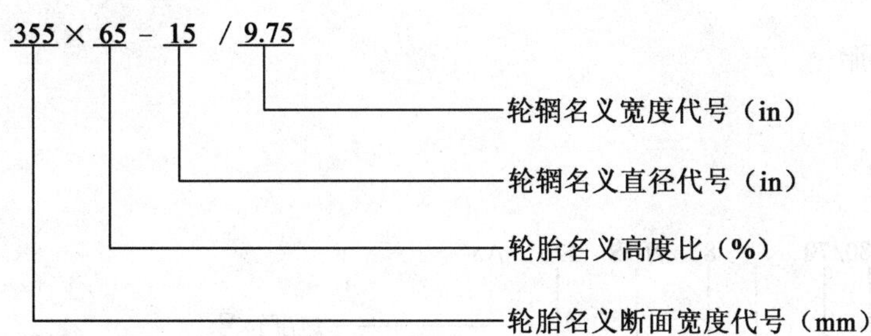

4. 工业车辆充气轮胎

(1)普通断面轮胎

示例 1:

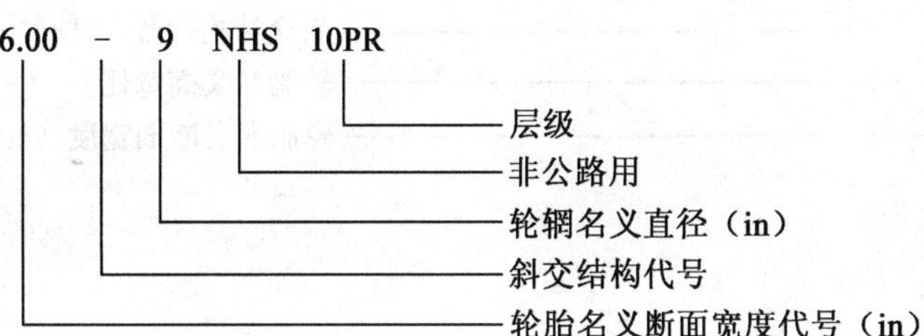

示例 2:

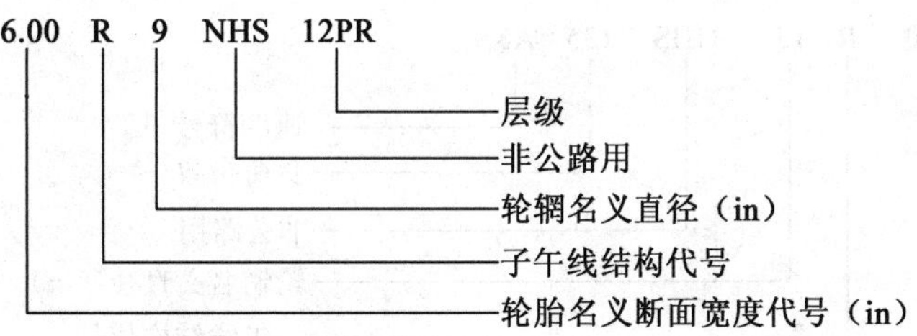

(2)低断面轮胎

示例 1:

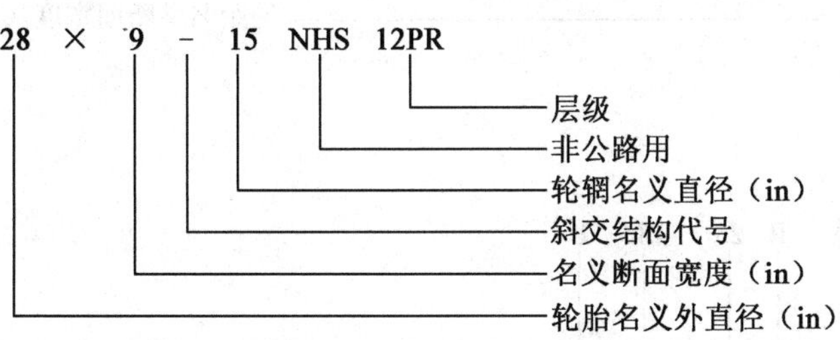

示例 2:

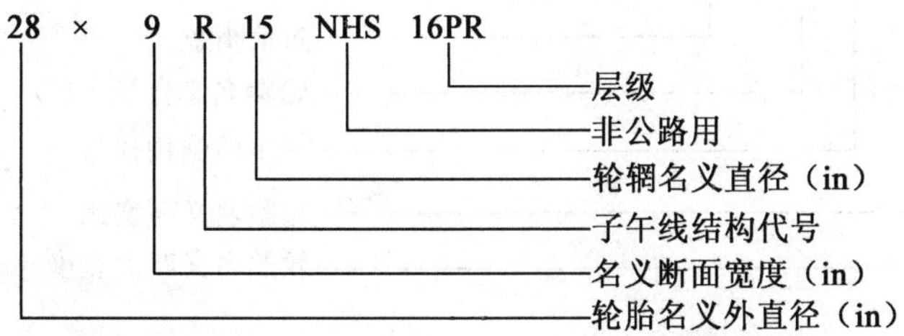

示例 3:

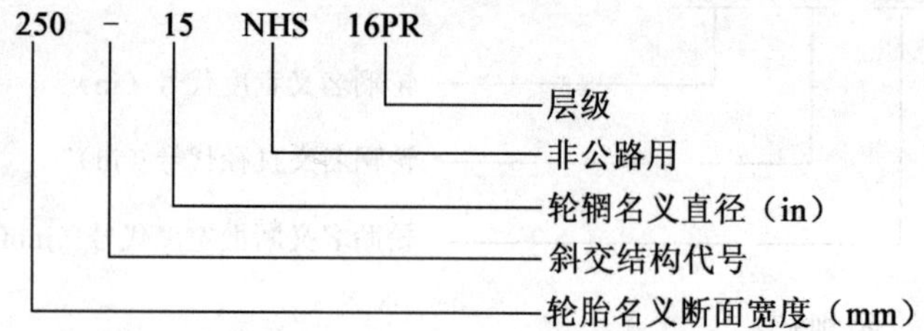

(3)公制系列轮胎

示例 1:

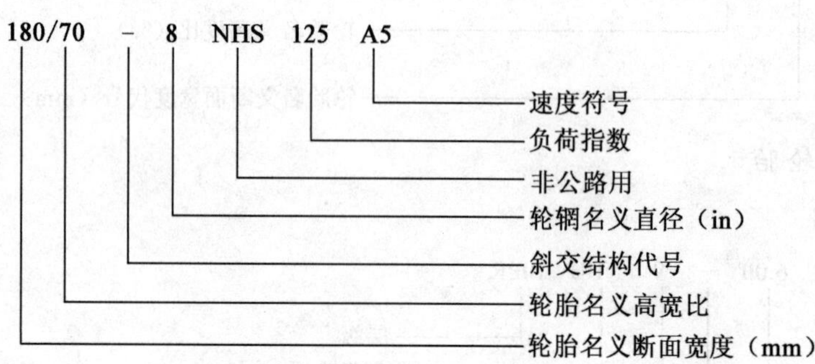

示例 2:

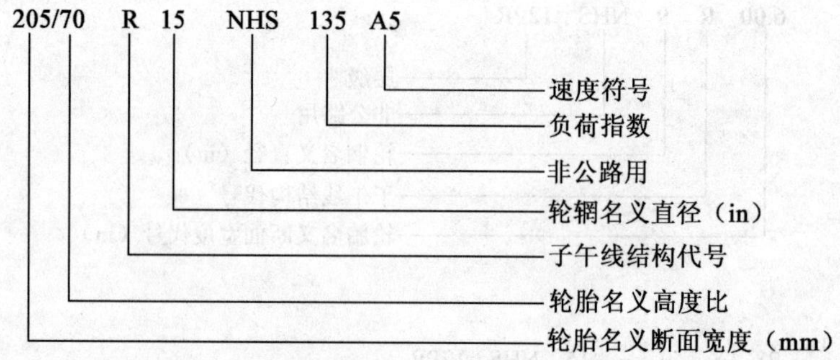

示例 3:

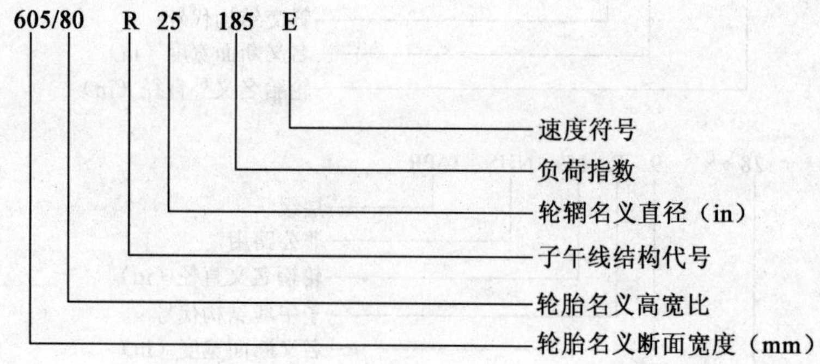

(二)载重汽车轮胎的规格尺寸(GB/T 2977—2008)

1. 公路型挂车特种专用ST公制轮胎(5°轮辋)

表 18-1

轮胎规格	层级	负荷指数	测量轮辋	新胎设计尺寸(mm)		轮胎最大使用尺寸(mm)		静负荷半径(mm)	负荷能力(kg)	充气压力(kPa)	允许使用轮辋	气门嘴型号
				断面宽度	外直径	总宽度	外直径					
235/85 * 16ST	6	116	6½J	235	806	249	822	—	1 250	350	6J,7J,7½J	CF01
235/85 * 16ST	8	121	6½J	235	806	249	822	—	1 450	450	6J,7J,7½J	CF01
235/85 * 16ST	10	125	6½J	235	806	249	822	—	1 650	550	6J,7J,7½J	CF01
235/85 * 16ST	12	128	6½J	235	806	249	822	—	1 800	660	6J,7J,7½J	CF01
155/80 * 13ST	4	76	4½J	157	578	167	588	—	400	250	5JB	CF01
155/80 * 13ST	6	84	4½J	157	578	167	588	—	500	350	5JB	CF01
165/80 * 13ST	4	80	4½J	165	594	175	604	—	450	250	5JB	CF01
165/80 * 13ST	6	88	4½J	165	594	175	604	—	560	350	5JB	CF01
175/80 * 13ST	4	84	5JB	177	610	188	620	—	500	250	4½JB,5½JB	CF01
175/80 * 13ST	6	91	5JB	177	610	188	620	—	615	350	4½JB,5½JB	CF01
185/80 * 13ST	4	87	5JB	184	626	195	638	—	545	250	4½JB,5½JB,6JB	CF01
185/80 * 13ST	6	94	5JB	184	626	195	638	—	670	350	4½JB,5½JB	CF01
215/80 * 16ST	6	108	6J	216	750	230	764	—	1 000	350	5½J,6½,7J	CF01
215/80 * 16ST	8	114	6J	216	750	230	764	—	1 180	450	5½J,6½J,7J	CF01
215/80 * 16ST	10	118	6J	216	750	230	764	—	1 320	550	5½J,6½J,7J	CF01
235/80 * 16ST	6	114	6½J	235	782	249	798	—	1 180	350	6J,7J,7½J	CF01
235/80 * 16ST	8	119	6½J	235	782	249	798	—	1 360	450	6J,7J,7½J	CF01
235/80 * 16ST	10	123	6½J	235	782	249	798	—	1 550	550	6J,7J,7½J	CF01
195/75 * 14ST	4	90	5½J	196	648	208	660	—	600	250	5J,6J	CF01
195/75 * 14ST	6	97	5½J	196	648	208	660	—	730	350	5J,6J	CF01
205/75 * 14ST	4	93	5½J	203	664	215	678	—	650	250	5J,6J,6½J	CF01
205/75 * 14ST	6	100	5½J	203	664	215	678	—	800	350	5J,6J,6½J	CF01
205/75 * 15ST	4	94	5½J	203	689	215	703	—	670	250	5J,6J,6½J	CF01
205/75 * 15ST	6	101	5½J	203	689	215	703	—	825	350	5J,6J,6½J	CF01

续表 18-1

轮胎规格	层级	负荷指数	测量轮辋	新胎设计尺寸(mm)		轮胎最大使用尺寸(mm)		静负荷半径(mm)	负荷能力(kg)	充气压力(kPa)	允许使用轮辋	气门嘴型号
				断面宽度	外直径	总宽度	外直径					
205/75 * 15ST	8	107	5½J	203	689	215	703	—	975	450	5J,6J,6½J	CF01
215/75 * 14ST	4	95	6J	216	678	230	692	—	690	250	5½J,6½J,7J	CF01
215/75 * 14ST	6	102	6J	216	678	230	692	—	850	350	5½J,6½J,7J	CF01
225/75 * 15ST	6	107	6J	223	719	237	733	—	975	350	6½J,7J	CF01
225/75 * 15ST	8	113	6J	223	719	237	733	—	1 150	450	6½J,7J	CF01
225/75 * 15ST	10	117	6J	223	719	237	733	—	1 285	550	6½J,7J	CF01
245/75 * 16ST	6	114	7J	248	774	263	788	—	1 180	350	6½J,7½J	CF01
245/75 * 16ST	8	119	7J	248	774	263	788	—	1 360	450	6½J,7½J	CF01
245/75 * 16ST	10	123	7J	248	774	263	788	—	1 550	550	6½J,7½J	CF01
235/60 * 14ST	4	93	7J	240	638	265	662	—	650	250	6½J,7½J,8J,8½J	CF01
235/60 * 14ST	6	100	7J	240	638	265	662	—	800	350	6½J,7½J,8J,8½J	CF01
235/60 * 14ST	8	106	7J	240	638	265	662	—	950	450	6½J,7½J,8J,8½J	CF01
235/60 * 15ST	4	95	7J	240	663	265	687	—	690	250	6½J,7½J,8J,8½J	CF01
235/60 * 15ST	6	102	7J	240	663	265	687	—	850	350	6½J,7½J,8J,8½J	CF01
235/60 * 15ST	8	108	7J	240	663	265	687	—	1 000	450	6½J,7½J,8J,8½J	CF01
235/60 * 16ST	4	96	7J	240	688	265	712	—	710	250	6½J,7½J,8J,8½J	CF01
235/60 * 16ST	6	103	7J	240	688	265	712	—	875	350	6½J,7½J,8J,8½J	CF01
235/60 * 16ST	8	109	7J	240	688	265	712	—	1 030	450	6½J,7½J,8J,8½J	CF01
285/60 * 16ST	4	108	8½J	292	748	321	776	—	1 000	250	8J,9J,9½J,10J	CF01
285/60 * 16ST	6	116	8½J	292	748	321	776	—	1 250	350	8J,9J,9½J,10J	CF01
285/60 * 16ST	8	121	8½J	292	748	321	776	—	1 450	450	8J,9J,9½J,10J	CF01

新胎最大断面宽度＝新胎设计断面宽度×a(斜交轮胎,a＝1.07;子午线轮胎,a＝1.05

新胎最小断面宽度＝新胎设计断面宽度×0.96

新胎最大外直径＝2×新胎设计断面高度×b＋轮辋名义直径(斜交轮胎,b＝1.07;子午线轮胎,b＝1.03)

新胎最小外直径＝2×新胎设计断面高度×0.97＋轮辋名义直径

注:①轮胎最大使用尺寸为使用参考数据。

②若要求采用其他型号气门嘴,使用方应与制造方协商解决。

* 轮胎规格包括“R”(子午线轮胎)和“－”或“D”(斜交轮胎)。

2. 载重汽车普通断面斜交轮胎(5°轮辋)

表 18-2

轮胎规格	层级	负荷指数		测量轮辋	新胎设计尺寸(mm)			轮胎最大使用尺寸(mm)			静负荷半径(mm)	负荷能力(kg)		充气压力(kPa)		最小双胎间距(mm)	允许使用轮辋	气门嘴型号
		单胎	双胎		断面宽度	外直径 公路型	外直径 牵引型	总宽度	外直径 公路型	外直径 牵引型		单胎	双胎	单胎	双胎			
7.00—20	8	117	112	5.5	200	904	920	216	940	956	430	1 285	1 120	530	460	230	6.0,6.00S	DG06C
7.00—20	10	121	117	5.5	200	904	920	216	940	956	430	1 450	1 285	630	560	230	6.0,6.00S	DG06C
7.00—20	12	124	120	5.5	200	904	920	216	940	956	430	1 600	1 400	740	670	230	6.0,6.00S	DG06C
7.00—20	14	127	123	5.5	200	904	920	216	940	956	430	1 750	1 550	840	770	230	9.0,6.00S	DG06C
7.50—20	8	121	116	6.0	215	935	952	232	972	991	445	1 450	1 250	530	460	247	6.5,6.50T	DG06C
7.50—20	10	125	121	6.0	215	935	952	232	972	991	445	1 650	1 450	630	560	247	6.5,6.50T	DG06C
7.50—20	12	128	124	6.0	215	935	952	232	972	991	445	1 800	1 600	740	670	247	6.5,6.50T	DG06C
7.50—20	14	130	126	6.0	215	935	952	232	972	991	445	1 900	1 700	810	740	247	6.5,6.50T	DG06C
8.25—20	10	129	124	6.5	236	974	992	254	1 013	1 032	464	1 850	1 600	600	530	270	6.50T,7.0,7.00T	DG06C
8.25—20	12	133	128	6.5	236	974	992	254	1 013	1 032	464	2 060	1 800	700	630	270	6.50T,7.0,7.00T	DG06C
8.25—20	14	136	131	6.5	236	974	992	254	1 013	1 032	464	2 240	1 950	810	740	270	6.50T,7.0,7.00T	DG06C
8.25—20	16	139	135	6.5	236	974	992	254	1 013	1 032	464	2 430	2 180	910	840	270	6.50T,7.0,7.00T	DG06C
9.00—20	10	134	129	7.0	259	1 018	1 038	280	1 059	1 080	485	2 120	1 850	560	490	298	7.00T,7.5,6.5,7.50V	DG07C
9.00—20	12	138	133	7.0	259	1 018	1 038	280	1 059	1 080	485	2 360	2 060	670	600	298	7.00T,7.5,6.5,7.50V	DG07C
9.00—20	14	141	137	7.0	259	1 018	1 038	280	1 059	1 080	485	2 575	2 300	770	700	298	7.00T,7.5,6.5,7.50V	DG07C
9.00—20	16	145	140	7.0	259	1 018	1 038	280	1 059	1 080	485	2 900	2 500	880	810	298	7.00T,7.5,6.5,7.50V	DG07C
10.00—20	12	140	135	7.5	278	1 055	1 073	300	1 097	1 119	502	2 500	2 180	600	530	320	7.50V,8.0	DG08C
10.00—20	14	144	139	7.5	278	1 055	1 073	300	1 097	1 119	502	2 800	2 430	700	630	320	7.50V,8.0	DG08C
10.00—20	16	146	142	7.5	278	1 055	1 073	300	1 097	1 119	502	3 000	2 650	810	740	320	7.50V,8.0	DG08C
10.00—20	18	150	145	7.5	278	1 055	1 073	300	1 097	1 119	502	3 350	2 900	910	840	320	7.50V,8.0	DG08C
11.00—20	12	143	138	8.0	293	1 085	1 105	316	1 128	1 150	517	2 725	2 360	600	530	337	8.00V,8.5	DG09C
11.00—20	14	146	142	8.0	293	1 085	1 105	316	1 128	1 150	517	3 000	2 650	700	630	337	8.00V,8.5	DG09C
11.00—20	16	150	145	8.0	293	1 085	1 105	316	1 128	1 150	517	3 350	2 900	810	740	337	8.00V,8.5	DG09C

续表 18-2

轮胎规格	层级	负荷指数		测量轮辋	新胎设计尺寸(mm)			轮胎最大使用尺寸(mm)			静负荷半径(mm)	负荷能力(kg)		充气压力(kPa)		最小双胎间距(mm)	允许使用轮辋	气门嘴型号
		单胎	双胎		断面宽度	外直径 公路型	外直径 牵引型	总宽度	外直径 公路型	外直径 牵引型		单胎	双胎	单胎	双胎			
11.00—20	18	153	148	8.0	293	1 085	1 105	316	1 128	1 150	517	3 650	3 150	910	840	337	8.00V,8.5	DG09C
11.00—22	12	145	141	8.0	293	1 135	1 150	316	1 180	1 195	540	2 900	2 575	600	530	337	7.5,8.5,8.5VM	DG09C
11.00—22	14	149	144	8.0	293	1 135	1 150	316	1 180	1 195	540	3 250	2 800	700	630	337	7.5,8.5,8.5VM	DG09C
11.00—22	16	152	147	8.0	293	1 135	1 150	316	1 180	1 195	540	3 550	3 075	810	740	337	7.5,8.5,8.5VM	DG09C
12.00—20	14	149	144	8.5	315	1 125	1 145	340	1 170	1 193	536	3 250	2 800	630	560	362	8.50V,9.0	DG09C
12.00—20	16	152	148	8.5	315	1 125	1 145	340	1 170	1 193	536	3 550	3 150	740	670	362	8.50V,9.0	DG09C
12.00—20	18	154	150	8.5	315	1 125	1 145	340	1 170	1 193	536	3 750	3 350	810	740	362	8.50V,9.0	DG09C
12.00—20	20	156	151	8.5	315	1 125	1 145	340	1 170	1 193	536	4 000	3 450	880	810	362	8.50V,9.0	DG09C
12.00—24	14	153	148	8.5	315	1 225	1 247	340	1 274	1 297	583	3 650	3 150	630	560	362	8.50V,9.0	DG09C
12.00—24	16	156	152	8.5	315	1 225	1 247	340	1 274	1 297	583	4 000	3 550	740	670	362	8.50V,9.0	DG09C
12.00—24	18	158	154	8.5	315	1 225	1 247	340	1 274	1 297	583	4 250	3 750	810	740	362	8.50V,9.0	DG09C
12.00—24	20	160	156	8.5	315	1 225	1 247	340	1 274	1 297	583	4 500	4 000	880	810	362	8.50V,9.0	DG09C
13.00—20	16	156	151	9.0	340	1 177	1 200	367	1 224	1 248	560	3 875	3 450	670	600	391	—	DG09C
13.00—20	18	158	154	9.0	340	1 177	1 200	367	1 224	1 248	560	4 250	3 750	770	700	391	—	DG09C
14.00—20	14	152	147	10.0	375	1 240	1 265	405	1 290	1 315	590	3 550	3 075	460	390	431	—	DG09C
14.00—20	16	157	152	10.0	375	1 240	1 265	405	1 290	1 315	590	4 125	3 550	560	490	431	—	DG09C
14.00—20	18	161	156	10.0	375	1 240	1 265	405	1 290	1 315	590	4 625	4 000	670	600	431	—	DG09C
14.00—20	20	164	159	10.0	375	1 240	1 265	405	1 290	1 315	590	5 000	4 375	770	700	431	—	DG09C

新胎最大断面宽度＝新胎设计断面宽度×1.06

新胎最小断面宽度＝新胎设计断面宽度×0.97

新胎最大外直径＝2×新胎设计断面高度×1.06＋轮辋名义直径

新胎最小外直径＝2×新胎设计断面高度×0.97＋轮辋名义直径

注:①静负荷半径和轮胎最大使用尺寸为使用参考数据。本表中的静负荷半径为轮胎单胎负荷下的静负荷半径,双胎负荷下的静负荷半径为表中数值＋1mm。

②若要求采用其他型号气门嘴,使用方应与制造方协商解决。

③上述说明和要求及注①、注②亦适用于表 18-3、表 18-11。

3. 载重汽车普通断面斜交轮胎(15°轮辋)

表 18-3

轮胎规格	层级	负荷指数		测量轮辋	新胎设计尺寸(mm)			轮胎最大使用尺寸(mm)			静负荷半径(mm)	负荷能力(kg)		充气压力(kPa)		最小双胎间距(mm)	允许使用轮辋	气门嘴型号
		单胎	双胎		断面宽度	外直径 公路型	外直径 牵引型	总宽度	外直径 公路型	外直径 牵引型		单胎	双胎	单胎	双胎			
11—22.5	12	140	135	8.25	279	1 054	1 073	305	1 097	1 118	503	2 500	2 180	590	520	318	7.50	DR07
11—22.5	14	144	139	8.25	279	1 254	1 073	305	1 097	1 118	503	2 800	2 430	690	620	318	7.50	DR07
11—22.5	16	146	142	8.25	279	1 054	1 073	305	1 097	1 118	503	3 000	2 500	790	720	318	7.50	DR07

4. 载重汽车宽基斜交轮胎(15°轮辋)

表 18-4

轮胎规格	层级	负荷指数	测量轮辋	新胎设计尺寸(mm)			轮胎最大使用尺寸(mm)			静负荷半径(mm)	负荷能力(kg)	充气压力(kPa)	允许使用轮辋	气门嘴型号
				断面宽度	外直径 公路型	外直径 牵引型	总宽度	外直径 公路型	外直径 牵引型					
18—22.5	14	156	14.00	457	1 156	1 172	494	1 197	1 214	549	4 000	480	13.00	CJ04,CJ06
18—22.5	16	160	14.00	457	1 156	1 172	494	1 197	1 214	549	4 500	590	13.00	CJ04,CJ06
18—22.5	18	164	14.00	457	1 156	1 172	494	1 197	1 214	549	5 000	690	13.00	CJ04,CJ06
18—22.5	20	167	14.00	457	1 156	1 172	494	1 197	1 214	549	5 450	790	13.00	CJ04,CJ06

新胎最大断面宽度＝新胎设计断面宽度×1.06

新胎最小断面宽度＝新胎设计断面宽度×0.97

新胎最大外直径＝2×新胎设计断面高度×1.06＋轮辋名义直径

新胎最小外直径＝2×新胎设计断面高度×0.97＋轮辋名义直径

注:①静负荷半径和轮胎最大使用尺寸为使用参考数据。

②若要求采用其他型号气门嘴,使用方应与制造方协商解决。

5. 载重汽车普通断面子午线轮胎(5°轮辋)

表 18-5

轮胎规格	层级	负荷指数		测量轮辋	新胎设计尺寸(mm)			轮胎最大使用尺寸(mm)			静负荷半径(mm)	负荷能力(kg)		充气压力(kPa)	最小双胎间距(mm)	允许使用轮辋	气门嘴型号
		单胎	双胎		断面宽度	外直径 公路型	外直径 牵引型	总宽度	外直径 公路型	外直径 牵引型		单胎	双胎				
7.00R20	8	117	115	5.5	200	904	915	216	920	931	422	1 285	1 215	550	236	6.0,6.00S	DG06C
7.00R20	10	121	119	5.5	200	904	915	216	920	931	422	1 450	1 360	660	236	6.0,6.00S	DG06C
7.00R20	12	124	122	5.5	200	904	915	216	920	931	422	1 600	1 500	760	236	6.0,6.00S	DG06C
7.00R20	14	126	124	5.5	200	904	915	216	920	931	422	1 700	1 600	830	236	6.0,6.00S	DG06C
7.50R20	8	121	119	6.0	215	935	947	232	952	964	435	1 450	1 360	550	254	6.5,6.50T	DG06C
7.50R20	10	124	122	6.0	215	935	947	232	952	964	435	1 600	1 500	660	254	6.5,6.50T	DG06C
7.50R20	12	128	126	6.0	215	935	947	232	952	964	435	1 800	1 700	760	254	6.5,6.50T	DG06C
7.50R20	14	130	128	6.0	215	935	947	232	952	964	435	1 900	1 800	830	254	6.5,6.50T	DG06C
8.25R20	10	129	127	6.5	236	974	986	255	993	1 005	452	1 850	1 750	620	278	6.50T,7.0,7.00T	DG06C
8.25R20	12	133	131	6.5	236	974	986	255	993	1 005	452	2 060	1 950	720	278	6.50T,7.0,7.00T	DG06C
8.25R20	14	136	134	6.5	236	974	986	255	993	1 005	452	2 240	2 120	830	278	6.50T,7.0,7.00T	DG06C
8.25R20	16	139	137	6.5	236	974	986	255	993	1 005	452	2 430	2 300	930	278	6.50T,7.0,7.00T	DG06C
9.00R20	10	134	132	7.0	259	1 019	1 030	280	1 039	1 051	471	2 120	2 000	590	306	7.00T,7.5	DG07C
9.00R20	12	138	136	7.0	259	1 019	1 030	280	1 039	1 051	471	2 360	2 240	690	306	7.00T,7.5	DG07C
9.00R20	14	141	139	7.0	259	1 019	1 030	280	1 039	1 051	471	2 575	2 430	790	306	7.00T,7.5	DG07C
9.00R20	16	144	142	7.0	259	1 019	1 030	280	1 039	1 051	471	2 800	2 650	900	306	7.00T,7.5	DG07C
10.00R20	12	140	138	7.5	278	1 054	1 065	300	1 075	1 088	486	2 500	2 360	620	328	7.50V,8.0	DG08C
10.00R20	14	144	142	7.5	278	1 054	1 065	300	1 075	1 088	486	2 800	2 650	720	328	7.50V,8.0	DG08C
10.00R20	16	146	143	7.5	278	1 054	1 065	300	1 075	1 088	486	3 000	2 725	830	328	7.50V,8.0	DG08C
10.00R20	18	149	146	7.5	278	1 054	1 065	300	1 075	1 088	486	3 250	3 000	930	328	7.50V,8.0	DG08C
11.00R20	12	143	141	8.0	293	1 085	1 096	317	1 108	1 120	499	2 725	2 575	620	346	8.00V,8.5	DG09C
11.00R20	14	146	143	8.0	293	1 085	1 096	317	1 108	1 120	499	3 000	2 725	720	346	8.00V,8.5	DG09C
11.00R20	16	150	147	8.0	293	1 085	1 096	317	1 108	1 120	499	3 350	3 075	830	346	8.00V,8.5	DG09C

续表 18-5

轮胎规格	层级	负荷指数		测量轮辋	新胎设计尺寸(mm)			轮胎最大使用尺寸(mm)			静负荷半径(mm)	负荷能力(kg)		充气压力(kPa)	最小双胎间距(mm)	允许使用轮辋	气门嘴型号
		单胎	双胎		断面宽度	外直径		总宽度	外直径			单胎	双胎				
						公路型	牵引型		公路型	牵引型							
11.00R20	18	152	149	8.0	293	1 085	1 096	317	1 108	1 120	499	3 550	3 250	930	346	8.00V,8.5	DG09C
11.00R22	12	145	142	8.0	293	1 135	1 147	317	1 158	1 171	525	2 900	2 650	620	346	8.00V,8.5	DG09C
11.00R22	14	149	146	8.0	293	1 135	1 147	317	1 158	1 171	525	3 250	3 000	720	346	8.00V,8.5	DG09C
11.00R22	16	152	149	8.0	293	1 135	1 147	317	1 158	1 171	525	3 550	3 250	830	346	8.00V,8.5	DG09C
11.00R22	18	154	151	8.0	293	1 135	1 147	317	1 158	1 171	525	3 750	3 450	930	346	8.00V,8.5	DG09C
12.00R20	14	149	146	8.5	315	1 125	1 136	340	1 149	1 162	516	3 250	3 000	660	372	8.50V,9.0	DG09C
12.00R20	16	152	149	8.5	315	1 125	1 136	340	1 149	1 162	516	3 550	3 250	760	372	8.50V,9.0	DG09C
12.00R20	18	154	151	8.5	315	1 125	1 136	340	1 149	1 162	516	3 750	3 450	830	372	8.50V,9.0	DG09C
12.00R20	20	156	153	8.5	315	1 125	1 136	340	1 149	1 162	516	4 000	3 650	900	372	8.50V,9.0	DG09C
12.00R24	14	153	150	8.5	315	1 226	1 238	340	1 251	1 263	572	3 650	3 350	660	372	8.50V,9.0	DG09C
12.00R24	16	156	153	8.5	315	1 226	1 238	340	1 251	1 263	572	4 000	3 650	760	372	8.50V,9.0	DG09C
12.00R24	18	158	155	8.5	315	1 226	1 238	340	1 251	1 263	572	4 250	3 875	830	372	8.50V,9.0	DG09C
12.00R24	20	160	157	8.5	315	1 226	1 238	340	1 251	1 263	572	4 500	4 125	900	372	8.50V,9.0	DG09C
13.00R20	16	155	152	9.0	340	1 177	1 189	368	1 204	1 216	538	3 875	3 550	690	401	—	DG09C
13.00R20	18	158	155	9.0	340	1 177	1 189	368	1 204	1 216	538	4 250	3 875	790	401	—	DG09C
14.00R20	14	152	149	10.0	375	1 240	1 253	405	1 271	1 283	565	3 550	3 250	480	443	—	DG09C
14.00R20	16	157	154	10.0	375	1 240	1 253	405	1 271	1 283	565	4 125	3 750	590	443	—	DG09C
14.00R20	18	161	158	10.0	375	1 240	1 253	405	1 271	1 283	565	4 625	4 250	690	443	—	DG09C
14.00R20	20	164	161	10.0	375	1 240	1 253	405	1 271	1 283	565	5 000	4 625	790	443	—	DG09C

新胎最大断面宽度＝新胎设计断面宽度×1.04

新胎最小断面宽度＝新胎设计断面宽度×0.96

新胎最大外直径＝2×新胎设计断面高度×1.03＋轮辋名义直径

新胎最小外直径＝2×新胎设计断面高度×0.97＋轮辋名义直径

注:①静负荷半径和轮胎最大使用尺寸为使用参考数据。本表中的静负荷半径为轮胎单胎负荷下的静负荷半径,双胎负荷下的静负荷半径为表中数值＋1mm。

②若要求采用其他型号气门嘴,使用方应与制造方协商解决。

③上述说明和要求及注①、注②亦适用于表 18-6～表 18-9。

6. 载重汽车普通断面子午线轮胎(15°轮辋)

表 18-6

轮胎规格	层级	负荷指数		测量轮辋	新胎设计尺寸(mm)			轮胎最大使用尺寸(mm)			静负荷半径(mm)	负荷能力(kg)		充气压力(kPa)	最小双胎间距(mm)	允许使用轮辋	气门嘴型号
		单胎	双胎		断面宽度	外直径 公路型	外直径 牵引型	总宽度	外直径 公路型	外直径 牵引型		单胎	双胎				
8R17.5	10	118	116	6.00	203	808	—	219	825	—	378	1 320	1 250	660	231	—	CJ05
8R17.5	12	122	120	6.00	203	808	—	219	825	—	378	1 500	1 400	760	231	—	CJ05
8R19.5	8	117	115	6.00	203	859	871	219	876	888	402	1 285	1 215	550	231	5.25,6.75	CJ05
8R19.5	10	121	119	6.00	203	859	871	219	876	888	402	1 450	1 360	660	231	5.25,6.75	CJ05
8R19.5	12	124	122	6.00	203	859	871	219	876	888	402	1 600	1 500	760	231	5.25,6.75	CJ05
8R22.5	10	124	122	6.00	203	935	947	219	952	964	440	1 600	1 500	660	231	5.25,6.75	—
8R22.5	12	128	126	6.00	203	935	947	219	952	964	440	1 800	1 700	760	231	5.25,6.75	—
8R22.5	14	130	128	6.00	203	935	947	219	952	964	440	1 900	1 800	830	231	5.25,6.75	—
9R17.5	12	126	124	6.75	229	847	—	247	866	—	394	1 700	1 600	720	261	6.00	CJ05
9R17.5	14	129	127	6.75	229	847	—	247	866	—	394	1 850	1 750	830	261	6.00	CJ05
9R17.5	16	132	130	6.75	229	847	—	247	866	—	394	2 000	1 900	930	261	6.00	CJ05
9R19.5	10	124	122	6.75	229	898	909	247	914	926	419	1 600	1 500	550	261	6.00,7.50	CJ05
9R19.5	12	128	126	6.75	229	898	909	247	914	926	419	1 800	1 700	660	261	6.00,7.50	CJ05
9R19.5	14	132	130	6.75	229	898	909	247	914	926	419	2 000	1 900	760	261	6.00,7.50	CJ05
9R22.5	10	129	127	6.75	229	974	986	247	993	1 005	457	1 850	1 750	620	261	6.00,7.50	DR06
9R22.5	12	133	131	6.75	229	974	986	247	993	1 005	457	2 060	1 950	720	261	6.00,7.50	DR06
9R22.5	14	136	134	6.75	229	974	986	247	993	1 005	457	2 240	2 120	830	261	6.00,7.50	DR05
10R17.5	10	127	125	7.50	254	892	—	274	912	—	394	1 750	1 650	590	290	6.75	CJ05
10R17.5	12	131	129	7.50	254	892	—	274	912	—	394	1 950	1 850	690	290	6.75	CJ05
10R17.5	14	135	133	7.50	254	892	—	274	912	—	394	2 180	2 060	790	290	6.75	CJ05
10R22.5	10	134	132	7.50	254	1 019	1 030	274	1 039	1 051	476	2 120	2 000	590	290	6.75	DR06

续表 18-6

轮胎规格	层级	负荷指数		测量轮辋	新胎设计尺寸(mm)			轮胎最大使用尺寸(mm)			静负荷半径(mm)	负荷能力(kg)		充气压力(kPa)	最小双胎间距(mm)	允许使用轮辋	气门嘴型号
		单胎	双胎		断面宽度	外直径		总宽度	外直径			单胎	双胎				
						公路型	牵引型		公路型	牵引型							
10R22.5	12	138	136	7.50	254	1 019	1 030	274	1 039	1 051	476	2 360	2 240	690	290	6.75	DR06
10R22.5	14	141	139	7.50	254	1 019	1 030	274	1 039	1 051	476	2 575	2 430	790	290	6.75	DR06
10R22.5	16	144	142	7.50	254	1 019	1 030	274	1 039	1 051	476	2 800	2 650	900	290	6.75	DR06
11R22.5	12	140	138	8.25	279	1 054	1 065	302	1 075	1 088	491	2 500	2 360	620	318	7.50	DR07
11R22.5	14	144	142	8.25	279	1 054	1 065	302	1 075	1 088	491	2 800	2 650	720	318	7.50	DR07
11R22.5	16	146	143	8.25	279	1 054	1 065	302	1 075	1 088	491	3 000	2 725	830	318	7.50	DR07
11R24.5	12	142	140	8.25	279	1 104	1 116	302	1 126	1 138	516	2 650	2 500	620	318	7.50	DR08
11R24.5	14	146	143	8.25	279	1 104	1 116	302	1 126	1 138	516	3 000	2 725	720	318	7.50	DR08
11R24.5	16	149	146	8.25	279	1 104	1 116	302	1 126	1 138	516	3 250	3 000	830	318	7.50	DR08
12R22.5	12	143	141	9.00	300	1 085	1 096	324	1 108	1 120	504	2 725	2 575	620	342	8.25	DR08
12R22.5	14	146	143	9.00	300	1 085	1 096	324	1 108	1 120	504	3 000	2 725	720	342	8.25	DR08
12R22.5	16	150	147	9.00	300	1 085	1 096	324	1 108	1 120	504	3 350	3 075	830	342	8.25	DR08
12R22.5	18	152	149	9.00	300	1 085	1 096	324	1 108	1 120	504	3 550	3 250	930	342	8.25	DR08
12R24.5	12	145	142	9.00	300	1 135	1 147	324	1 158	1 171	530	2 900	2 650	620	342	8.25	DR08
12R24.5	14	149	146	9.00	300	1 135	1 147	324	1 158	1 171	530	3 250	3 000	720	342	8.25	DR08
12R24.5	16	152	149	9.00	300	1 135	1 147	324	1 158	1 171	530	3 550	3 250	830	342	8.25	DR08
12R24.5	18	154	151	9.00	300	1 135	1 147	324	1 158	1 171	530	3 750	3 450	930	342	8.25	DR08
13R22.5	14	149	146	9.75	320	1 124	1 136	326	1 146	1 158	521	3 250	3 000	660	350	9.00	DR08
13R22.5	16	152	149	9.75	320	1 124	1 136	326	1 146	1 158	521	3 550	3 250	760	350	9.00	DR08
13R22.5	18	154	151	9.75	320	1 124	1 136	326	1 146	1 158	521	3 750	3 450	830	350	9.00	DR08

7. 载重汽车公制子午线轮胎(80系列,15°轮辋)

表 18-7

轮胎规格	层级	负荷指数		测量轮辋	新胎设计尺寸(mm)			轮胎最大使用尺寸(mm)			静负荷半径(mm)	负荷能力(kg)		充气压力(kPa)	最小双胎间距(mm)	允许使用轮辋	气门嘴型号
		单胎	双胎		断面宽度	外直径 公路型	外直径 牵引型	总宽度	外直径 公路型	外直径 牵引型		单胎	双胎				
275/80R22.5	16	147	144	8.25	276	1 012	1 018	290	1 030	1 036	473	3 075	2 800	830	311	7.50	DR07
295/80R22.5	16	150	147	9.00	298	1 044	1 050	313	1 062	1 068	487	3 350	3 075	830	335	8.25	DR08
295/80R22.5	18	152	149	9.00	298	1 044	1 050	313	1 062	1 068	487	3 550	3 250	900	335	8.25	DR08
315/80R22.5	14	148	145	9.00	312	1 076	1 082	328	1 096	1 101	500	3 150	2 900	660	351	9.75	DR08
315/80R22.5	16	151	148	9.00	312	1 076	1 082	328	1 096	1 101	500	3 450	3 150	760	351	9.75	DR08
315/80R22.5	18	154	151	9.00	312	1 076	1 082	328	1 096	1 101	500	3 750	3 450	830	351	9.75	DR08

8. 载重汽车公制子午线轮胎(75系列,15°轮辋)

表 18-8

轮胎规格	层级	负荷指数		测量轮辋	新胎设计尺寸(mm)			轮胎最大使用尺寸(mm)			静负荷半径(mm)	负荷能力(kg)		充气压力(kPa)	最小双胎间距(mm)	允许使用轮辋	气门嘴型号
		单胎	双胎		断面宽度	外直径 公路型	外直径 牵引型	总宽度	外直径 公路型	外直径 牵引型		单胎	双胎				
215/75R17.5	14	125	122	6.00	211	767	773	222	779	785	360	1 650	1 500	760	237	6.75	DR04
215/75R17.5	16	127	124	6.00	211	767	773	222	779	785	360	1 750	1 600	830	237	6.75	DR04
235/75R17.5	12	124	121	6.75	233	797	803	245	811	817	373	1 600	1 450	660	262	7.50	DR05
235/75R17.5	14	129	126	6.75	233	797	803	245	811	817	373	1 850	1 700	760	262	7.50	DR05
235/75R17.5	16	132	129	6.75	233	797	803	245	811	817	373	2 000	1 850	830	262	7.50	DR05
285/75R24.5	12	141	138	8.25	283	1 050	1 056	297	1 067	1 073	493	2 575	2 360	660	318	—	DR07
285/75R24.5	14	144	141	8.25	283	1 050	1 056	297	1 067	1 073	493	2 800	2 575	760	318	—	DR07
285/75R24.5	16	147	144	8.25	283	1 050	1 056	297	1 067	1 073	493	3 075	2 800	830	318	—	DR07
295/75R22.5	12	140	137	9.00	298	1 014	1 020	313	1 032	1 038	474	2 500	2 300	660	335	8.25	DR08
295/75R22.5	14	144	141	9.00	298	1 014	1 020	313	1 032	1 038	474	2 800	2 575	760	335	8.25	DR08
295/75R22.5	16	146	143	9.00	298	1 014	1 020	313	1 032	1 038	474	3 000	2 725	830	335	8.25	DR08

续表 18-8

轮胎规格	层级	负荷指数		测量轮辋	新胎设计尺寸(mm)			轮胎最大使用尺寸(mm)			静负荷半径(mm)	负荷能力(kg)		充气压力(kPa)	最小双胎间距(mm)	允许使用轮辋	气门嘴型号
		单胎	双胎		断面宽度	外直径		总宽度	外直径			单胎	双胎				
						公路型	牵引型		公路型	牵引型							
315/75R22.5	16	150	147	9.00	312	1 044	1 050	328	1 062	1 068	487	3 350	3 075	760	351	9.75	DR08
315/75R22.5	18	152	149	9.00	312	1 044	1 050	328	1 062	1 068	487	3 550	3 250	830	351	9.75	DR08
315/75R24.5	16	152	149	9.00	312	1 094	1 110	328	1 113	1 119	512	3 550	3 250	760	351	9.75	DR08
315/75R24.5	18	154	151	9.00	312	1 094	1 110	328	1 113	1 119	512	3 750	3 450	830	351	9.75	DR08

9. 载重汽车公制子午线轮胎(70 系列,15°轮辋)

表 18-9

轮胎规格	层级	负荷指数		测量轮辋	新胎设计尺寸(mm)			轮胎最大使用尺寸(mm)			静负荷半径(mm)	负荷能力(kg)		充气压力(kPa)	最小双胎间距(mm)	允许使用轮辋	气门嘴型号
		单胎	双胎		断面宽度	外直径		总宽度	外直径			单胎	双胎				
						公路型	牵引型		公路型	牵引型							
225/70R19.5	12	125	123	6.75	226	811	817	237	823	830	382	1 650	1 550	660	254	6.00	DR06
225/70R19.5	14	128	126	6.75	226	811	817	237	823	830	282	1 800	1 700	760	254	6.00	DR06
245/70R19.5	12	129	127	7.50	248	839	845	260	853	859	391	1 850	1 750	660	279	6.75	DR06
245/70R19.5	14	133	131	7.50	248	839	845	260	853	859	391	2 060	1 950	760	279	6.75	DR06
245/70R19.5	16	135	133	7.50	248	839	845	260	853	859	391	2 180	2 060	830	279	6.75	DR06
255/70R22.5	14	138	134	7.50	255	930	936	268	944	951	435	2 360	2 120	760	287	8.25	DR06
255/70R22.5	16	140	137	7.50	255	930	936	268	944	951	435	2 500	2 300	830	287	8.25	DR06
265/70R19.5	12	133	131	7.50	262	867	873	275	882	888	402	2 060	1 950	660	295	8.25	DR06
265/70R19.5	14	137	134	7.50	262	867	873	275	882	888	402	2 300	2 120	760	295	8.25	DR06
275/70R22.5	14	142	139	8.25	276	958	964	290	974	980	446	2 650	2 430	760	311	9.00	DR07
275/70R22.5	16	144	141	8.25	276	958	964	290	974	980	446	2 800	2 575	830	311	9.00	DR07
305/70R19.5	16	144	141	9.00	305	923	929	320	940	946	425	2 800	2 575	760	343	8.25	DR08
305/70R19.5	18	146	143	9.00	305	923	929	320	940	946	425	3 000	2 725	830	343	8.25	DR06
315/70R22.5	16	149	146	9.00	312	1 014	1 020	328	1 032	1 038	469	3 250	3 000	760	351	9.75	DR08
315/70R22.5	18	151	148	9.00	312	1 014	1 020	328	1 032	1 038	469	3 450	3 150	830	351	9.75	DR08

10. 载重汽车公制宽基子午线轮胎(65 系列,15°轮辋)

表 18-10

轮胎规格	层级	负荷指数	测量轮辋	新胎设计尺寸(mm)			轮胎最大使用尺寸(mm)			静负荷半径(mm)	负荷能力(kg)	充气压力(kPa)	允许使用轮辋	气门嘴型号
				断面宽度	外直径		总宽度	外直径						
					公路型	牵引型		公路型	牵引型					
385/65R22.5	18	158	11.75	389	1 072	1 078	420	1 091	1 098	494	4 250	830	12.25	—
385/65R22.5	20	160	11.75	289	1 072	1 078	420	1 091	1 098	494	4 500	900	12.25	—
425/65R22.5	18	162	12.25	422	1 124	1 130	456	1 147	1 152	515	4 750	760	11.75,13.00	—
425/65R22.5	20	164	12.25	422	1 124	1 130	456	1 147	1 152	515	5 000	830	11.75,13.00	
445/65R22.5	20	168	13.00	444	1 150	1 156	480	1 173	1 179	526	5 600	830	12.25,14.00	

新胎最大断面宽度＝新胎设计断面宽度×1.04

新胎最小断面宽度＝新胎设计断面宽度×0.96

新胎最大外直径＝2×新胎设计断面高度×1.03＋轮辋名义直径

新胎最小外直径＝2×新胎设计断面高度×0.97＋轮辋名义直径

注:①静负荷半径和轮胎最大使用尺寸为使用参考数据。

②若要求采用其他型号气门嘴,使用方应与制造方协商解决。

11. 保留生产的轮胎

表 18-11

轮胎规格	层级	测量轮辋	新胎设计尺寸(mm)			静负荷半径(mm)	负荷下断面宽度(mm)	负荷能力(kg)	充气压力(kPa)	允许使用轮辋	气门嘴型号
			断面宽度	外直径							
				公路型	牵引型						
7.50-17	10	5.00F	208	838	—	—	—	1 100	450	—	CG05C
7.50-17	12	5.00F	208	838	—	—	—	1 200	530	—	CJ01
9.75-18	12	6.00T	—	—	975	458	270	1 700	500	—	CG07C
12.00-18	10	9.00V	327	—	1 090	500	343	1 800	350	9.00T	CG10C
12.00-22	16	8.00V	310	1 170	—	550	325	3 100	600	7.33V,8.37V	CG10C

(三)工程机械轮胎的规格尺寸(GB/T 2980—2009)

1. 窄基斜交轮胎

表 18-12

轮胎规格	层级	测量轮辋	新胎设计尺寸(mm)			轮胎最大使用尺寸[a](mm)			不同速度下的负荷能力[b](kg)		不同速度下的充气压力(kPa)		允许使用轮辋	气门嘴型号	
			断面宽度	外直径		总宽度	外直径		10km/h	50km/h	10km/h	50km/h		有内胎	无内胎
				普通花纹	深花纹和超深花纹		普通花纹	深花纹和超深花纹							
12.00-20NHS	14	8.5	315	1 145	1 175	340	1 185	1 215	5 000	2 800	600	425	8.50V 8.5V5[a]	DG09C	—
	16	8.5	315	1 145	1 175	340	1 185	1 215	5 450	—	700	—			
12.00-24NHS	8	8.5	315	1 245	1 275	340	1 285	1 315	4 000	2 180	325	225	8.50V 8.5V5[a]	DG09C	—
	14	8.5	315	1 245	1 275	340	1 285	1 315	5 600	3 000	575	375			
	16	8.5	315	1 245	1 275	340	1 285	1 315	6 150	3 250	675	450			
	18	8.5	315	1 245	1 275	340	1 285	1 315	6 500	3 550	750	500			
	20	8.5	315	1 245	1 275	340	1 285	1 315	6 900	3 750	825	550			
12.00-25NHS	8	8.50/1.3	315	1 245	1 275	340	1 285	1 315	4 000	2 180	325	225	—	DG09C	—
	14	8.50/1.3	315	1 245	1 275	340	1 285	1 315	5 600	3 000	575	375			
	16	8.50/1.3	315	1 245	1 275	340	1 285	1 315	6 150	3 250	675	450			
	18	8.50/1.3	315	1 245	1 275	340	1 285	1 315	6 500	3 550	750	500			
	20	8.50/1.3	315	1 245	1 275	340	1 285	1 315	6 900	3 750	825	550			
13.00-24NHS	8	10.0	350	1 300	1 350	380	1 340	1 395	4 375	2 360	300	200	10.00W	DG09C	—
	12	10.0	350	1 300	1 350	380	1 340	1 395	5 600	3 000	450	300			
	18	10.0	350	1 300	1 350	380	1 340	1 395	7 100	3 875	675	450			
	20	10.0	350	1 300	1 350	380	1 340	1 395	7 500	4 000	750	500			
	22	10.0	350	1 300	1 350	380	1 340	1 395	8 000	4 250	825	550			
13.00-25NHS	8	10.00/1.5	350	1 300	1 350	380	1 340	1 395	4 375	2 360	300	200	—	DG09C	—
	12	10.00/1.5	350	1 300	1 350	380	1 340	1 395	5 600	3 000	450	300			
	18	10.00/1.5	350	1 300	1 350	380	1 340	1 395	7 100	3 875	675	450			

续表 18-12

轮胎规格	层级	测量轮辋	新胎设计尺寸(mm)			轮胎最大使用尺寸[a](mm)			不同速度下的负荷能力[b](kg)		不同速度下的充气压力(kPa)		允许使用轮辋	气门嘴型号	
			断面宽度	外直径		总宽度	外直径		10km/h	50km/h	10km/h	50km/h		有内胎	无内胎
				普通花纹	深花纹和超深花纹		普通花纹	深花纹和超深花纹							
13.00-25NHS	20	10.00/1.5	350	1 300	1 350	380	1 340	1 395	7 500	4 000	750	500	—	DG09C	—
	22	10.00/1.5	350	1 300	1 350	380	1 340	1 395	8 000	4 250	825	550			
14.00-20NHS	16	10.0	375	1 265	1 315	405	1 310	1 365	6 500	3 750	550	425	10.00W	DG09C	—
	20	10.0	375	1 265	1 315	405	1 310	1 365	7 500	4 375	700	525			
14.00-24NHS	8	10.0	375	1 370	1 420	405	1 415	1 470	4 875	2 575	275	175	10.00W	DG09C	—
	10	10.0	375	1 370	1 420	405	1 415	1 470	5 600	3 000	350	225			
	12	10.0	375	1 370	1 420	405	1 415	1 470	6 300	3 350	425	275			
	16	10.0	375	1 370	1 420	405	1 415	1 470	7 300	4 000	550	375			
	20	10.0	375	1 370	1 420	405	1 415	1 470	8 500	4 625	700	475			
	24	10.0	375	1 370	1 420	405	1 415	1 470	9 500	5 150	850	575			
	28	10.0	375	1 370	1 420	405	1 415	1 470	10 000	5 600	925	650			
1400-25NHS	8	10.00/1.5	375	1 370	1 420	405	1 415	1 470	4 875	2 575	275	175	—	DG09C	—
	10	10.00/1.5	375	1 370	1 420	405	1 415	1 470	5 600	3 000	350	225			
	12	10.00/1.5	375	1 370	1 420	405	1 415	1 470	6 300	3 350	425	275			
	16	10.00/1.5	375	1 370	1 420	405	1 415	1 470	7 300	4 000	550	375			
	20	10.00/1.5	375	1 370	1 420	405	1 415	1 470	8 500	4 625	700	475			
	24	10.00/1.5	375	1 370	1 420	405	1 415	1 470	9 500	5 150	850	575			
	28	10.00/1.5	375	1 370	1 420	405	1 415	1 470	10 000	5 600	925	650			
16.00-20NHS	16	11.25/2.0	430	1 390	1 445	480	1 460	1 520	—	4 375	—	325	—	DG09C	—
	20	11.25/2.0	430	1 390	1 445	480	1 460	1 520	—	5 150	—	425			
16.00-21NHS	16	11.25/2.0	430	1 390	1 445	480	1 460	1 520	—	4 375	—	325	—	DG09C	—
	20	11.25/2.0	430	1 390	1 445	480	1 460	1 520	—	5 150	—	425			

续表 18-12

轮胎规格	层级	测量轮辋	新胎设计尺寸(mm)			轮胎最大使用尺寸[a](mm)			不同速度下的负荷能力[b](kg)		不同速度下的充气压力(kPa)		允许使用轮辋	气门嘴型号	
			断面宽度	外直径		总宽度	外直径		10km/h	50km/h	10km/h	50km/h		有内胎	无内胎
				普通花纹	深花纹和超深花纹		普通花纹	深花纹和超深花纹							
16.00-24	12	11.25/2.0	430	1 495	1 550	480	1 565	1 625	7 100	3 875	325	225	—	DG09C	HZ01
	16	11.25/2.0	430	1 495	1 550	480	1 565	1 625	8 250	4 875	425	325			
	20	11.25/2.0	430	1 495	1 550	480	1 565	1 625	9 750	5 450	550	400			
	24	11.25/2.0	430	1 495	1 550	480	1 565	1 625	10 600	6 000	650	475			
	28	11.25/2.0	430	1 495	1 550	480	1 565	1 625	11 500	6 700	750	575			
	32	11.25/2.0	430	1 495	1 550	480	1 565	1 625	12 500	7 300	875	650			
16.00-25	12	11.25/2.0	430	1 495	1 550	480	1 565	1 625	7 100	3 875	325	225	—	DG09C	HZ01
	16	11.25/2.0	430	1 495	1 550	480	1 565	1 625	8 250	4 875	425	325			
	20	11.25/2.0	430	1 495	1 550	480	1 565	1 625	9 750	5 450	550	400			
	24	11.25/2.0	430	1 495	1 550	480	1 565	1 625	10 600	6 000	650	475			
	28	11.25/2.0	430	1 495	1 550	480	1 565	1 625	11 500	6 700	750	575			
	32	11.25/2.0	430	1 495	1 550	480	1 565	1 625	12 500	7 300	875	650			
	36	11.25/2.0	430	1 495	1 550	480	1 565	1 625	13 600	7 750	975	725			
	40	11.25/2.0	430	1 495	1 550	480	1 565	1 625	14 500	—	1 075	—			
18.00-24	12	13.00/2.5	500	1 615	1 675	555	1 695	1 760	8 250	4 750	275	200	—	DG09C	—
	16	13.00/2.5	500	1 615	1 675	555	1 695	1 760	10 000	5 600	375	275			
	20	13.00/2.5	500	1 615	1 675	555	1 695	1 760	11 500	6 500	475	350			
	24	13.00/2.5	500	1 615	1 675	555	1 695	1 760	12 500	7 300	550	425			
	28	13.00/2.5	500	1 615	1 675	555	1 695	1 760	13 600	8 000	650	500			
	32	13.00/2.5	500	1 615	1 675	555	1 695	1 760	15 000	8 750	750	575			
	36	13.00/2.5	500	1 615	1 675	555	1 695	1 760	16 000	9 250	850	625			
	40	13.00/2.5	500	1 615	1 675	555	1 695	1 760	17 000	9 750	950	700			

续表 18-12

轮胎规格	层级	测量轮辋	新胎设计尺寸(mm)			轮胎最大使用尺寸[a](mm)			不同速度下的负荷能力[b](kg)		不同速度下的充气压力(kPa)		允许使用轮辋	气门嘴型号	
			断面宽度	外直径		总宽度	外直径		10km/h	50km/h	10km/h	50km/h		有内胎	无内胎
				普通花纹	深花纹和超深花纹		普通花纹	深花纹和超深花纹							
18.00-25	12	13.00/2.5	500	1 615	1 675	555	1 695	1 760	8 250	4 750	275	200	—	DG09C	HZ01
	16	13.00/2.5	500	1 615	1 675	555	1 695	1 760	10 000	5 600	375	275			
	20	13.00/2.5	500	1 615	1 675	555	1 695	1 760	11 500	6 500	475	350			
	24	13.00/2.5	500	1 615	1 675	555	1 695	1 760	12 500	7 300	550	425			
	28	13.00/2.5	500	1 615	1 675	555	1 695	1 760	13 600	8 000	650	500			
	32	13.00/2.5	500	1 615	1 675	555	1 695	1 760	15 000	8 750	750	575			
	36	13.00/2.5	500	1 615	1 675	555	1 695	1 760	16 000	9 250	850	625			
	40	13.00/2.5	500	1 615	1 675	555	1 695	1 760	17 000	9 750	950	700			
	44	13.00/2.5	500	1 615	1 675	555	1 695	1 760	18 000	10 300	1 050	775			
18.00-33	28	13.00/2.5	500	1 820	1 875	555	1 895	1 960	16 000	9 250	650	500	—	—	HZ01
	32	13.00/2.5	500	1 820	1 875	555	1 895	1 960	17 500	10 000	750	575			
	36	13.00/2.5	500	1 820	1 875	555	1 895	1 960	18 500	10 600	850	625			
18.00-49	24	13.00/2.75	500	2 225	2 285	555	2 305	2 370	18 500	—	550	—	—	—	HZ01
	28	13.00/2.75	500	2 225	2 285	555	2 305	2 370	20 000	—	650	—			
	32	13.00/2.75	500	2 225	2 285	555	2 305	2 370	21 800	—	750	—			
21.00-24	16	15.00/3.0	570	1 750	1 800	635	1 840	1 895	11 800	6 900	325	250	—	DG09C	—
	20	15.00/3.0	570	1 750	1 800	635	1 840	1 895	13 200	7 750	400	300			
	24	15.00/3.0	570	1 750	1 800	635	1 840	1 895	15 000	8 750	500	375			
	28	15.00/3.0	570	1 750	1 800	635	1 840	1 895	16 500	9 500	575	425			
21.00-25	16	15.00/3.0	570	1 750	1 800	635	1 840	1 895	11 800	6 900	325	250	—	—	HZ01
	20	15.00/3.0	570	1 750	1 800	635	1 840	1 895	13 200	7 750	400	300			
	24	15.00/3.0	570	1 750	1 800	635	1 840	1 895	15 000	8 750	500	375			

续表 18-12

轮胎规格	层级	测量轮辋	新胎设计尺寸(mm)			轮胎最大使用尺寸[a](mm)			不同速度下的负荷能力[b](kg)		不同速度下的充气压力(kPa)		允许使用轮辋	气门嘴型号	
			断面宽度	外直径		总宽度	外直径		10km/h	50km/h	10km/h	50km/h		有内胎	无内胎
				普通花纹	深花纹和超深花纹		普通花纹	深花纹和超深花纹							
21.00-25	28	15.00/3.0	570	1 750	1 800	635	1 840	1 895	16 500	9 500	575	425	—	—	HZ01
	32	15.00/3.0	570	1 750	1 800	635	1 840	1 895	17 500	10 300	650	500			
	36	15.00/3.0	570	1 750	1 800	635	1 840	1 895	19 500	10 900	750	550			
	40	15.00/3.0	570	1 750	1 800	635	1 840	1 895	20 600	11 800	825	625			
21.00-35	28	15.00/3.0	570	2 005	2 050	635	2 090	2 145	19 500	11 200	575	425	—	—	HZ01
	32	15.00/3.0	575	2 005	2 050	635	2 090	2 145	21 200	12 150	650	500			
	36	15.00/3.0	570	2 005	2 050	635	2 090	2 145	23 000	12 850	750	550			
	40	15.00/3.0	570	2 005	2 050	635	2 090	2 145	24 300	14 000	825	625			
	44	15.00/3.0	570	2 005	2 050	635	2 090	2 145	25 000	14 500	900	675			
21.00-49	28	15.00/3.0	570	2 360	2 405	635	2 450	2 500	23 600	13 600	575	425	—	—	HZ01
	32	15.00/3.0	570	2 360	2 405	635	2 450	2 500	25 000	15 000	650	500			
	36	15.00/3.0	570	2 360	2 405	635	2 450	2 500	27 250	15 500	750	550			
	40	15.00/3.0	570	2 360	2 405	635	2 450	2 500	29 000	17 000	825	625			
	44	15.00/3.0	570	2 360	2 405	635	2 450	2 500	30 750	17 500	900	675			
24.00-25	24	17.00/3.5	655	1 875	1 920	725	1 975	2 025	18 000	10 300	425	325	—	—	HZ01
	30	17300/3.5	655	1 875	1 920	725	1 975	2 025	20 000	11 800	525	400			
24.00-29	24	17.00/3.5	655	1 975	2 025	725	2 075	2 130	19 000	11 200	425	325	—	—	HZ01
	30	17.00/3.5	655	1 975	2 025	725	2 075	2 130	21 800	12 500	525	400			
24.00-35	36	17.00/3.5	655	2 125	2 175	725	2 225	2 280	26 500	15 500	650	475	—	—	HZ01
	42	17.00/3.5	655	2 125	2 175	725	2 225	2 280	29 000	16 500	750	550			
	48	17.00/3.5	655	2 125	2 175	725	2 225	2 280	31 500	18 500	850	650			
	54	17.00/3.5	655	2 125	2 175	725	2 225	2 280	34 500	19 500	975	725			

续表 18-12

轮胎规格	层级	测量轮辋	新胎设计尺寸(mm)			轮胎最大使用尺寸[a](mm)			不同速度下的负荷能力[b](kg)		不同速度下的充气压力(kPa)		允许使用轮辋	气门嘴型号	
			断面宽度	外直径		总宽度	外直径		10km/h	50km/h	10km/h	50km/h		有内胎	无内胎
				普通花纹	深花纹和超深花纹		普通花纹	深花纹和超深花纹							
24.00-43	36	17.00/3.5	655	2 330	2 380	725	2 430	2 485	30 000	17 000	650	475	—	—	HZ01
	42	17.00/3.5	655	2 330	2 380	725	2 430	2 485	32 500	19 000	750	575			
	48	17.00/3.5	655	2 330	2 380	725	2 430	2 485	34 500	20 600	850	650			
24.00-49	36	17.00/3.5	655	2 485	2 530	725	2 585	2 635	32 500	18 500	650	475	—	—	HZ01
	42	17.00/3.5	655	2 485	2 530	725	2 585	2 635	34 500	20 000	750	500			
	48	17.00/3.5	655	2 485	2 530	725	2 585	2 635	37 500	21 800	850	650			
27.00-33	24	22.00/4.0	760	2 240	2 295	845	2 355	2 410	—	13 200	—	275	—	—	HZ01
	30	22.00/4.0	760	2 240	2 295	845	2 355	2 410	—	15 500	—	350			
	36	22.00/4.0	760	2 240	2 295	845	2 355	2 410	—	16 500	—	400			
27.00-49	36	19.50/4.0	735	2 650	2 700	815	2 760	2 815	36 500	21 200	575	425	—	—	HZ01
	42	19.50/4.0	735	2 650	2 700	815	2 760	2 815	40 000	23 000	675	500			
	48	19.50/4.0	735	2 650	2 700	815	2 760	2 815	43 750	25 000	775	575			
	54	19.50/4.0	735	2 650	2 700	815	2 760	2 815	46 250	26 500	875	650			
30.00-33	28	22.00/4.5	825	2 390	2 445	915	2 515	2 575	—	16 000	—	275	—	—	HZ01
	34	22.00/4.5	825	2 390	2 445	915	2 515	2 575	—	18 500	—	350			
	40	22.00/4.5	825	2 390	2 445	915	2 515	2 575	—	21 200	—	425			
30.00-51	40	22.00/4.5	825	2 845	2 905	915	2 970	3 035	45 000	25 750	575	425	—	—	HZ01
	46	22.00/4.5	825	2 845	2 905	915	2 970	3 035	48 750	29 000	650	500			
	52	22.00/4.5	825	2 845	2 905	915	2 970	3 035	53 000	30 000	750	550			
33.00-51	42	24.00/5.0	895	2 995	3 060	990	3 130	3 200	51 500	30 000	550	425	—	—	LS01
	50	24.00/5.0	895	2 995	3 060	990	3 130	3 200	56 000	33 500	650	500			
	58	24.00/5.0	895	2 995	3 060	990	3 130	3 200	61 500	35 500	750	575			
	66	24.00/5.0	895	2 995	3 060	990	3 130	3 200	65 000	37 500	850	650			

续表 18-12

轮胎规格	层级	测量轮辋	新胎设计尺寸(mm)			轮胎最大使用尺寸[a](mm)			不同速度下的负荷能力[b](kg)		不同速度下的充气压力(kPa)		允许使用轮辋	气门嘴型号	
			断面宽度	外直径		总宽度	外直径		10km/h	50km/h	10km/h	50km/h		有内胎	无内胎
				普通花纹	深花纹和超深花纹		普通花纹	深花纹和超深花纹							
36.00-51	42	26.00/5.0	990	3 165	3 235	1 100	3 315	3 390	58 000	34 500	500	375	—	—	LS01
	50	26.00/5.0	990	3 165	3 235	1 100	3 315	3 390	65 000	37 500	600	450			
	58	26.00/5.0	990	3 165	3 235	1 100	3 315	3 390	71 000	41 250	675	525			
37.00-57	68	27.00/6.0	1 015	3 370	3 440	1 125	3 525	3 600	—	46 250	—	525	—	—	—
	76	27.00/6.0	1 015	3 370	3 440	1 125	3 525	3 600	—	50 000	—	600			
40.00-57	68	29.00/6.0	1 095	3 525	3 595	1 215	3 690	3 765	92 500	54 500	725	550	—	—	—
	76	29.00/6.0	1 095	3 525	3 595	1 215	3 690	3 765	97 500	58 000	800	625			

注:①[a] 轮胎最大使用尺寸是指胀大的最大尺寸,用于工程机械制造设计轮胎间隙。

②[b]静态时的负荷调节:负荷(10km/h 的负荷)×1.60;

最高速度 65km/h 的负荷调节:负荷(50km/h 的负荷)×0.85;

最高速度 15km/h 的负荷调节:负荷(50km/h 的负荷)×1.12。

2.80、90 系列工程机械斜交轮胎

表 18-13

轮胎规格	层级	测量轮辋	新胎设计尺寸(mm)			轮胎最大使用尺寸[a](mm)			不同速度下的负荷能力[b](kg)		不同速度下的充气压力(kPa)		允许使用轮辋	气门嘴型号	
			断面宽度	外直径		总宽度	外直径		10km/h	50km/h	10km/h	50km/h		有内胎	无内胎
				普通花纹	深花纹和超深花纹		普通花纹	深花纹和超深花纹							
46/90-57	68	29.00/6.0	1 170	3 525	3 595	1 300	3 690	3 765	—	58 000	—	550	—	—	—
	76	29.00/6.0	1 170	3 525	3 595	1 300	3 690	3 765	—	63 000	—	625	—	—	—
50/80-57	68	36.00/6.0	1 255	3 480	3 555	1 395	3 640	3 725	90 000	—	650	—	—	—	—
52/80-57	68	36.00/6.0	1 320	—	3 580	1 465	—	3 750	92 500	—	600	—	—	—	—

续表 18-13

轮胎规格	层级	测量轮辋	新胎设计尺寸(mm)			轮胎最大使用尺寸[a](mm)			不同速度下的负荷能力[b](kg)		不同速度下的充气压力(kPa)		允许使用轮辋	气门嘴型号	
			断面宽度	外直径		总宽度	外直径		10km/h	50km/h	10km/h	50km/h		有内胎	无内胎
				普通花纹	深花纹和超深花纹		普通花纹	深花纹和超深花纹							
53/80-63	76	36.00/5.0	1 345	3 715	3 780	1 495	3 885	3 955	—	82 500	—	600	—	—	—
	84	36.00/5.0	1 345	3 715	3 780	1 495	3 885	3 955	—	87 500	—	675	—	—	—
59/80-63	84	44.00/5.0	1 500	4 000	4 070	1 665	4 190	4 270	—	100 000	—	600	—	—	—

注:[a]轮胎最大使用尺寸是指胀大的最大尺寸,用于工程机械制造设计轮胎间隙。
[b]静态时的负荷调节:负荷(10km/h 的负荷)×1.60;
最高速度 65km/h 的负荷调节:负荷(50km/h 的负荷)×0.85;
最高速度 15km/h 的负荷调节:负荷(50km/h 的负荷)×1.12。

3. 窄基子午线轮胎

表 18-14

轮胎规格	符号	测量轮辋	新胎设计尺寸(mm)			轮胎最大使用尺寸[a](mm)			不同速度下的负荷能力[b](kg)		不同速度下的充气压力(kPa)		允许使用轮辋	气门嘴型号	
			断面宽度	外直径		总宽度	外直径		10km/h	50km/h	10km/h	50km/h		有内胎	无内胎
				普通花纹	深花纹和超深花纹		普通花纹	深花纹和超深花纹							
12.00R24NHS	★	8.5	315	1 245	1 275	340	1 285	1 315	5 150	—	550	—	8.50V 8.5V5°	DG09C	—
	★★	8.5	315	1 245	1 275	340	1 285	1 315	6 900	4 000	800	650			
	★★★	8.5	315	1 245	1 275	340	1 285	1 315	7 300	4 250	950	700			
12.00R25NHS	★	8.50/1.3	315	1 245	1 275	340	1 285	1 315	5 150	—	550	—	—	DG09C	—
	★★	8.50/1.3	315	1 245	1 275	340	1 285	1 315	6 900	4 000	800	650			
	★★★	8.50/1.3	315	1 245	1 275	340	1 285	1 315	7 300	4 250	950	700			
13.00R24NHS	★★	10.0	350	1 300	1 350	380	1 340	1 395	8 000	4 750	800	650	10.00W	DG09C	—
	★★★	10.0	350	1 300	1 350	380	1 340	1 395	8 500	4 875	950	700			

续表 18-14

轮胎规格	层级	测量轮辋	新胎设计尺寸(mm)			轮胎最大使用尺寸[a](mm)			不同速度下的负荷能力[b](kg)		不同速度下的充气压力(kPa)		允许使用轮辋	气门嘴型号	
			断面宽度	外直径		总宽度	外直径		10km/h	50km/h	10km/h	50km/h		有内胎	无内胎
				普通花纹	深花纹和超深花纹		普通花纹	深花纹和超深花纹							
13.00R25NHS	★★	10.0/1.5	350	1 300	1 350	380	1 340	1 395	8 000	4 750	800	650	—	DG09C	—
	★★★	10.0/1.5	350	1 300	1 350	380	1 340	1 395	8 500	4 875	950	700			
14.00R20NHS	★	10.0	375	1 265	1 315	405	1 310	1 365	—	3 750	—	450	10.00W	DG09C	—
14.00R24NHS	★★	10.0	375	1 370	1 420	405	1 415	1 470	9 500	5 600	800	650	10.00W	DG09C	—
	★★★	10.0	375	1 370	1 420	405	1 415	1 470	10 000	5 800	950	700			
14.00R25NHS	★★	10.00/1.5	375	1 370	1 420	405	1 415	1 470	9 500	5 600	800	650	—	DG09C	—
	★★★	10.00/1.5	375	1 370	1 420	405	1 415	1 470	10 000	5 800	950	700			
16.00R20NHS	★	11.25/2.0	430	1 390	1 445	480	1 460	1 520	—	5 150	—	450	—	DG09C	—
	★★	11.25/2.0	430	1 390	1 445	480	1 460	1 520	—	6 900	—	650			
16.00R21NHS	★	11.25/2.0	430	1 390	1 445	480	1 460	1 520	—	5 150	—	450	—	DG09C	—
	★★	11.25/2.0	430	1 390	1 445	480	1 460	1 520	—	6 900	—	650			
16.00R24	★	11.25/2.0	430	1 495	1 550	480	1 565	1 625	9 000	5 450	550	450	—	DG09C	HZ01
	★★	11.25/2.0	430	1 495	1 550	480	1 565	1 625	12 150	7 300	800	650			
16.00R25	★	11.25/2.0	430	1 495	1 550	480	1 565	1 625	9 000	5 450	550	450	—	DG09C	HZ01
	★★	11.25/2.0	430	1 495	1 550	480	1 565	1 625	12 150	7 300	800	650			
18.00R24	★	13.00/2.5	500	1 615	1 675	555	1 695	1 760	11 800	7 100	550	450	—	DG09C	—
	★★	13.00/2.5	500	1 615	1 675	555	1 695	1 760	16 000	9 250	800	650			
18.00R25	★	13.00/2.5	500	1 615	1 675	555	1 695	1 760	11 800	7 100	550	450	—	—	—
	★★	13.00/2.5	500	1 615	1 675	555	1 695	1 760	16 000	9 250	800	650			
18.00R33	★★	13.00/2.5	500	1 820	1 875	555	1 895	1 960	18 500	10 900	800	650	—	—	HZ01
18.00R49	★★	13.00/2.75	500	2 225	2 285	555	2 305	2 370	23 000	13 600	800	650	—	—	HZ01

续表 18-14

轮胎规格	层级	测量轮辋	新胎设计尺寸(mm)			轮胎最大使用尺寸[a](mm)			不同速度下的负荷能力[b](kg)		不同速度下的充气压力(kPa)		允许使用轮辋	气门嘴型号	
			断面宽度	外直径		总宽度	外直径		10km/h	50km/h	10km/h	50km/h		有内胎	无内胎
				普通花纹	深花纹和超深花纹		普通花纹	深花纹和超深花纹							
21.00R24	★★	15.00/3.0	570	1 750	1 800	635	1 840	1 895	20 600	12 150	800	650	—	DG09C	—
21.00R25	★★	15.00/3.0	570	1 750	1 800	635	1 840	1 895	20 600	12 150	800	650	—	—	HZ01
21.00R33	★★	15.00/3.0	570	1 955	2 000	635	2 045	2 095	23 600	14 000	800	650	—	—	HZ01
21.00R35	★★	15.00/3.0	570	2 005	2 050	635	2 090	2 145	24 300	14 500	800	650	—	—	HZ01
21.00R49	★★	15.00/3.0	570	2 360	2 405	635	2 450	2 500	29 000	17 500	800	650	—	—	HZ01
24.00R35	★★	17.00/3.5	655	2 125	2 175	725	2 225	2 280	30 750	18 500	800	650	—	—	HZ01
24.00R43	★★	17.00/3.5	655	2 330	2 380	725	2 430	2 485	34 500	20 600	800	650	—	—	HZ01
24.00R49	★★	17.00/3.5	655	2 485	2 530	725	2 585	2 635	37 500	21 800	800	650	—	—	HZ01
27.00R33	★★	22.00/4.0	760	2 240	2 295	845	2 355	2 410	37 500	21 800	800	650	—	—	HZ01
27.00R49	★★	19.50/4.0	735	2 650	2 700	815	2 760	2 815	45 000	27 250	800	650	—	—	HZ01
30.00R51	★★	22.00/4.5	825	2 845	2 905	915	2 970	3 035	56 000	33 500	800	650	—	—	HZ01
33.00R51	★★	24.00/5.0	895	2 995	3 060	990	3 130	3 200	65 000	38 750	800	650	—	—	LS01
36.00R51	★★	26.00/5.0	990	3 165	3 235	1 100	3 315	3 390	80 000	46 250	800	650	—	—	LS01
37.00R57	★	27.00/6.0	1 015	3 370	3 440	1 125	3 525	3 600	61 500	38 750	550	475	—	—	LS01
	★★	27.00/6.0	1 015	3 370	3 440	1 125	3 525	3 600	82 500	53 000	800	725	—	—	LS01
40.00R57	★	29.00/6.0	1 095	3 525	3 595	1 215	3 690	3 765	75 000	45 000	550	475	—	—	LS01
	★★	29.00/6.0	1 095	3 525	3 595	1 215	3 690	3 765	100 000	60 000	800	725	—	—	LS01

注:[a]轮胎最大使用尺寸是指胀大的最大尺寸,用于工程机械制造设计轮胎间隙。

[b]静态时的负荷调节:负荷(10km/h 的负荷)×1.60;

最高速度 65km/h 的负荷调节:负荷(50km/h 的负荷)×0.88;

最高速度 15km/h 的负荷调节:负荷(50km/h 的负荷)×1.12。

4. 80 系列工程机械子午线轮胎

表 18-15

轮胎规格	符号	测量轮辋	新胎设计尺寸(mm)			轮胎最大使用尺寸[a](mm)			不同速度下的负荷能力[b](kg)		不同速度下的充气压力(kPa)		允许使用轮辋	气门嘴型号	
			断面宽度	外直径		总宽度	外直径		10km/h	50km/h	10km/h	50km/h		有内胎	无内胎
				普通花纹	深花纹和超深花纹		普通花纹	深花纹和超深花纹							
53/80R63	★★	36.00/5.0	1 345	3 715	3 780	1 480	3 780	3 845	—	82 500	—	600	—	—	—
55/80R63	★★	41.00/5.0	1 395	3 835	3 905	1 535	3 905	3 975	—	92 500	—	600	—	—	—
58/80R63	★★	44.00/5.0	1 475	3 830	3 890	1 625	3 895	3 960	—	95 000	—	600	—	—	—
59/80R63	★★	44.00/5.0	1 500	4 000	4 070	1 650	4 070	4 145	—	100 000	—	600	—	—	—

注：[a] 轮胎最大使用尺寸是指胀大的最大尺寸，用于工程机械制造设计轮胎间隙。

[b] 静态时的负荷调节：负荷(10km/h 的负荷)×1.60；

最高速度 65km/h 的负荷调节：负荷(50km/h 的负荷)×0.88；

最高速度 15km/h 的负荷调节：负荷(50km/h 的负荷)×1.12。

5. 平地机斜交轮胎(速度 10km/h)

表 18-16

轮胎规格	层级	测量轮辋	新胎设计尺寸(mm)			轮胎最大使用尺寸[a](mm)			负荷能力(kg)	充气压力(kPa)	允许使用轮辋	气门嘴型号	
			断面宽度	外直径		总宽度	外直径					有内胎	无内胎
				普通花纹	深花纹和超深花纹		普通花纹	深花纹和超深花纹					
12.00-24TG	10	8.00TG	310	1 225	1 265	335	1 260	1 305	4 500	400	—	DG09C	—
	12	8.00TG	310	1 225	1 265	335	1 260	1 305	5 150	500			
13.00-24TG	8	8.00TG	335	1 280	1 315	360	1 320	1 355	4 375	30	10.00VA	DG09C	HZ01
	10	8.00TG	335	1 280	1 315	360	1 320	1 355	5 000	375			
	12	8.00TG	335	1 280	1 315	360	1 320	1 355	5 600	450			
	14	8.00TG	335	1 280	1 315	360	1 320	1 355	6 150	525			
	16	8.00TG	335	1 280	1 315	360	1 320	1 355	6 500	600			

续表 18-16

轮胎规格	层级	测量轮辋	新胎设计尺寸(mm)			轮胎最大使用尺寸[a](mm)			负荷能力(kg)	充气压力(kPa)	允许使用轮辋	气门嘴型号	
			断面宽度	外直径		总宽度	外直径					有内胎	无内胎
				普通花纹	深花纹和超深花纹		普通花纹	深花纹和超深花纹					
14.00-24TG	8	8.00TG	360	1 350	1 390	390	1 395	1 435	4 875	275	10.00VA	DG09C	HZ01
	10	8.00TG	360	1 350	1 390	390	1 395	1 435	5 600	350			
	12	8.00TG	360	1 350	1 390	390	1 395	1 435	6 300	425			
	16	8.00TG	360	1 350	1 390	390	1 395	1 435	7 300	550			
16.00-24TG	12	10.00VA	425	1 460	1 505	470	1 530	1 575	7 100	325	—	DG09C	HZ01
	16	10.00VA	425	1 460	1 505	470	1 530	1 575	8 250	425			

注：[a] 轮胎最大使用尺寸是指胀大的最大尺寸，用于工程机械制造设计轮胎间隙。

6.平地机斜交轮胎(速度 40km/h)

表 18-17

轮胎规格	层级	测量轮辋	新胎设计尺寸(mm)			轮胎最大使用尺寸[a](mm)			负荷能力(kg)	充气压力(kPa)	允许使用轮辋	气门嘴型号	
			断面宽度	外直径		总宽度	外直径					有内胎	无内胎
				普通花纹	深花纹和超深花纹		普通花纹	深花纹和超深花纹					
10.00-24TG	8	8.00TG	285	1 150	—	310	1 180	—	1 700	250	—	DG09C	—
12.00-24TG	6	8.00TG	310	1 225	1 265	335	1 260	1 305	1 600	150	—	DG09C	—
	8	8.00TG	310	1 225	1 265	335	1 260	1 305	1 900	225			
	12	8.00TG	310	1 225	1 265	335	1 260	1 305	2 430	325			
13.00-24TG	8	8.00TG	335	1 280	1 315	360	1 320	1 355	2 060	200	10.00VA	DG09C	HZ01
	10	8.00TG	335	1 280	1 315	360	1 320	1 355	2 360	250			
	12	8.00TG	335	1 280	1 315	360	1 320	1 355	2 725	300			
	14	8.00TG	335	1 280	1 315	360	1 320	1 355	3 000	350			

续表 18-17

轮胎规格	层级	测量轮辋	新胎设计尺寸(mm)			轮胎最大使用尺寸[a](mm)			负荷能力(kg)	充气压力(kPa)	允许使用轮辋	气门嘴型号	
			断面宽度	外直径		总宽度	外直径					有内胎	无内胎
				普通花纹	深花纹和超深花纹		普通花纹	深花纹和超深花纹					
14.00-24TG	8	8.00TG	360	1 350	1 390	390	1 395	1 435	2 500	175	10.00VA	DG09C	HZ01
	10	8.00TG	360	1 350	1 390	390	1 395	1 435	2 800	225			
	12	8.00TG	360	1 350	1 390	390	1 395	1 435	3 075	275			
	14	8.00TG	360	1 350	1 390	390	1 395	1 435	3 450	325			
	16	8.00TG	360	1 350	1 390	390	1 395	1 435	3 650	375			
16.00-24TG	12	10.00VA	425	1 460	1 505	470	1 530	1 575	3 650	225	—	DT09C	HZ01
	14	10.00VA	425	1 460	1 505	470	1 530	1 575	4 000	275			
	16	10.00VA	425	1 460	1 505	470	1 530	1 575	4 500	325			
18.00-25	12	13.00/2.5	500	1 615	1 675	555	1 695	1 760	4 125	200	—	DG09C	—
	16	13.00/2.5	500	1 615	1 675	555	1 695	1 760	5 000	275			
15.50-25	8	12.00/1.3	395	1 275	1 325	435	1 325	1 380	1 950	150	—	DG09C	JZ01
	10	12.00/1.3	395	1 275	1 325	435	1 325	1 380	2 180	175			
	12	12.00/1.3	395	1 275	1 325	435	1 325	1 380	2 650	225			
17.5-25	8	14.00/1.5	445	1 350	1 400	495	1 405	1 460	2 120	125	14.00/1.3	DT09C	JZ01
	12	14.00/1.5	445	1 350	1 400	495	1 405	1 460	2 900	200			
	14	14.00/1.5	445	1 350	1 400	495	1 405	1 460	3 000	225			
	16	14.00/1.5	445	1 350	1 400	495	1 405	1 460	3 350	275			
	20	14.00/1.5	445	1 350	1 400	495	1 405	1 460	3 650	325			
20.5-25	12	17.00/2.0	520	1 490	1 550	575	1 560	1 625	3 550	175	17.00/1.7	DG09C	JZ01
	16	17.00/2.0	520	1 490	1 550	575	1 560	1 625	4 000	225			
	20	17.00/2.0	520	1 490	1 550	575	1 560	1 625	4 500	275			
23.5-25	12	19.50/2.5	595	1 615	1 675	660	1 695	1 760	4 000	150	—	DG09C	JZ01
	16	19.50/2.5	595	1 615	1 675	660	1 695	1 760	4 750	200			
	20	19.50/2.5	595	1 615	1 675	660	1 695	1 760	5 450	250			
25/65-25	12	20.00/2.0	635	1 485	1 525	705	1 555	1 595	3 350	125	19.50/2.0	DG09C	JZ01
	16	20.00/2.0	635	1 485	1 525	705	1 555	1 595	4 125	175			

注：[a] 轮胎最大使用尺寸是指胀大的最大尺寸，用于工程机械制造设计轮胎间隙。

7. 平地机子午线轮胎(速度 40km/h)

表 18-18

轮胎规格	符号	测量轮辋	新胎设计尺寸(mm)			轮胎最大使用尺寸[a](mm)			负荷能力(kg)	充气压力(kPa)	允许使用轮辋	气门嘴型号	
			断面宽度	外直径		总宽度	外直径					有内胎	无内胎
				普通花纹	深花纹和超深花纹		普通花纹	深花纹和超深花纹					
窄基子午线轮胎													
10.00R24TG	★	8.00TG	280	1 150	—	305	1 185	—	1 950	375	—	DG09C	—
12.00R24TG	★	8.00TG	310	1 225	1 265	335	1 260	1 305	2 575	375	—	DG09C	—
13.00R24TG	★	8.00TG	335	1 280	1 315	360	1 320	1 355	3 000	375	10.00VA	DG09C	HZ01
14.00R24TG	★	8.00TG	360	1 350	1 390	390	1 395	1 435	3 650	375	10.00VA	DG09C	HZ01
16.00R24TG	★	10.00VA	425	1 460	1 505	470	1 530	1 575	4 625	375	—	DG09C	HZ01
18.00R25	★	13.00/2.5	500	1 615	1 675	555	1 695	1 760	5 600	375	—	DG09C	—
宽基子午线轮胎													
15.5R25	★	12.00/1.3	395	1 275	1 325	435	1 325	1 380	3 000	300	—	DG09C	JZ01
17.5R25	★	14.00/1.5	445	1 350	1 400	495	1 405	1 460	3 650	300	14.00/1.3	DG09C	JZ01
20.5R25	★	17.00/2.0	520	1 490	1 550	575	1 560	1 625	4 625	300	17.00/1.7	DG09C	JZ01
23.5R25	★	19.50/2.5	595	1 615	1 675	660	1 695	1 760	6 000	300	—	DG09C	JZ01
65 系列子午线轮胎													
25/65R25	★	20.00/2.0	635	1 485	1 525	705	1 555	1 595	5 000	300	19.50/2.0	DG09C	JZ01
550/65R25	★	17.00/2.0	545	1 350	1 400	605	1 405	1 460	4 250	325	17.00/1.7	—	—
650/65R25	★	19.50/2.5	640	1 480	1 535	710	1 550	1 605	5 800	325	—	—	—
750/65R25	★	24.00/3.0	755	1 610	1 665	840	1 690	1 745	7 500	325	22.00/3.0、25.00/3.0	—	—
850/65R25	★	27.00/3.5	850	1 740	1 790	945	1 830	1 880	8 750	325	25.00/3.5	—	—

注:[a] 轮胎最大使用尺寸是指胀大的最大尺寸,用于工程机械制造设计轮胎间隙。

8. 压路机斜交轮胎(速度 10km/h)

表 18-19

轮胎规格	层级	测量轮辋	新胎设计尺寸(mm)		轮胎最大使用尺寸[a](mm)		负荷能力(kg)	充气压力(kPa)	允许使用轮辋	气门嘴型号	
			断面宽度	外直径	总宽度	外直径				有内胎	无内胎
7.50-15NHS	6	6.0	215	785	230	805	1 850	400	6.00GS,6.5	DG10	—
	12	6.0	215	785	230	805	2 650	750			
7.50-16NHS	6	6.0	215	810	230	830	1 900	400	6.00GS	DG05C	—
8.25-20NHS	10	6.5	235	970	255	1 000	3 250	600	6.0,7.0,6.50T	DG06C	—
	12	6.5	235	970	255	1 000	3 650	725			
	14	6.5	235	970	255	1 000	3 875	800			
9.00-20NHS	10	7.0	255	1 015	280	1 045	3 650	525	6.5,7.00T,7.5	DG07C	—
	12	7.0	255	1 015	2 80	1 045	4 000	625			
	14	7.0	255	1 015	280	1 045	4 375	725			
	16	7.0	255	1 015	280	1 045	4 750	825			
11.00-20NHS	12	8.0	290	1 080	315	1 115	4 750	550	7.5,8.00V,8.5,9.0	DG09C	—
	14	8.0	290	1 080	315	1 115	5 150	650			
	16	8.0	290	1 080	315	1 115	5 450	725			
	18	8.0	290	1 080	315	1 115	6 000	825			
	20	8.0	290	1 080	315	1 115	6 300	925			
	22	8.0	290	1 080	315	1 115	6 700	1 025			
12.00-16NHS	10	8.5	315	1 020	340	1 060	4 125	450	8.50V	DG09C	—
12.00-20NHS	14	8.5	315	1 120	340	1 160	5 600	600	8.50V	DG09C	—
13.00-24NHS	18	10.00W	350	1 275	380	1 315	8 000	700	9.0、9.00V	DG09C	—
18.00-24	12	13.00/2.5	500	1 615	555	1 695	8 250	275	—	DG09C	—
	14	13.00/2.5	500	1 615	555	1 695	9 000	325			
	16	13.00/2.5	500	1 615	555	1 695	10 000	375			
	20	13.00/2.5	500	1 615	555	1 695	11 500	475			
20.5-25	16	17.00/2.0	520	1 490	575	1 560	8 250	350	17.00/1.7	DG09C	JZ01
	18	17.00/2.0	520	1 490	575	1 560	9 000	400			

注:[a] 轮胎最大使用尺寸是指胀大的最大尺寸,用于工程机械制造设计轮胎间隙。

9. 宽基斜交轮胎

表 18-20

轮胎规格	层级	测量轮辋	新胎设计尺寸(mm)			轮胎最大使用尺寸[a](mm)			不同速度下的负荷能力[b](kg)		不同速度下的充气压力(kPa)		允许使用轮辋	气门嘴型号	
			断面宽度	外直径		总宽度	外直径		10km/h	50km/h	10km/h	50km/h		有内胎	无内胎
				普通花纹	深花纹和超深花纹		普通花纹	深花纹和超深花纹							
15.5-25	8	12.00/1.3	395	1 275	1 325	435	1 325	1 380	4 250	2 575	250	175	—	DT09C	JZ01
	10	12.00/1.3	395	1 275	1 325	435	1 325	1 380	4 875	3 000	325	225			
	12	12.00/1.3	395	1 275	1 325	435	1 325	1 380	5 600	3 250	400	250			
17.5-25	8	14.00/1.5	445	1 350	1 400	495	1 405	1 460	4 750	2 800	225	150	14.00/1.3	DG09C	JZ01
	12	14.00/1.5	445	1 350	1 400	495	1 405	1 460	6 150	3 650	350	225			
	16	14.00/1.5	445	1 350	1 400	495	1 405	1 460	7 300	4 250	475	300			
	20	14.00/1.5	445	1 350	1 400	495	1 405	1 460	8 250	5 000	575	400			
20.5-25	12	17.00/2.0	520	1 490	1 550	575	1 560	1 625	6 700	4 500	250	200	17.00/1.7	DG09C	JZ01
	16	17.00/2.0	520	1 490	1 550	575	1 560	1 625	8 250	5 450	350	275			
	20	17.00/2.0	520	1 490	1 550	575	1 560	1 625	9 500	6 000	450	325			
	24	17.00/2.0	520	1 490	1 550	575	1 560	1 625	10 300	6 700	525	400			
	28	17.00/2.0	520	1 490	1 550	575	1 560	1 625	11 500	7 500	625	475			
23.5-25	12	19.50/2.5	595	1 615	1 675	660	1 695	1 760	8 000	5 300	225	175	—	DG09C	JZ01
	16	19.50/2.5	595	1 615	1 675	660	1 695	1 760	9 500	6 150	300	225			
	20	19.50/2.5	595	1 615	1 675	660	1 695	1 760	10 900	7 300	375	300			
	24	19.50/2.5	595	1 615	1 675	660	1 695	1 760	12 500	8 000	475	350			
	28	19.50/2.5	595	1 615	1 675	660	1 695	1 760	13 600	8 750	550	400			
26.5-25	16	22.00/3.0	675	1 750	1 800	745	1 840	1 895	11 500	7 300	275	200	—	—	JZ01
	20	22.00/3.0	675	1 750	1 800	745	1 840	1 895	13 200	8 250	350	250			
	24	22.00/3.0	675	1 750	1 800	745	1 840	1 895	14 000	9 250	400	300			
	28	22.00/3.0	675	1 750	1 800	745	1 840	1 895	15 500	10 000	475	350			
	32	22.00/3.0	675	1750	1 800	745	1 840	1 895	17 000	11 200	550	425			

续表 18-20

轮胎规格	层级	测量轮辋	新胎设计尺寸(mm)			轮胎最大使用尺寸[a](mm)			不同速度下的负荷能力[b](kg)		不同速度下的充气压力(kPa)		允许使用轮辋	气门嘴型号	
			断面宽度	外直径		总宽度	外直径		10km/h	50km/h	10km/h	50km/h		有内胎	无内胎
				普通花纹	深花纹和超深花纹		普通花纹	深花纹和超深花纹							
26.5-29	18	22.00/3.0	675	1 850	1 900	745	1 940	1 995	12 850	8 250	300	225	—	—	JZ01
	22	22.00/3.0	675	1 850	1 900	745	1 940	1 995	14 500	9 250	375	275			
	26	22.00/3.0	675	1 850	1 900	745	1 940	1 995	16 000	10 300	450	325			
	30	22.00/3.0	675	1 850	1 900	745	1 940	1 995	17 500	11 200	525	375			
29.5-25	16	25.00/3.5	750	1 875	1 920	830	1 970	2 025	12 850	8 000	250	175	—	—	JS01C
	22	25.00/3.5	750	1 875	1 920	830	1 970	2 025	15 000	10 000	325	250			
	28	25.00/3.5	750	1 875	1 920	830	1 970	2 025	17 500	11 500	425	325			
29.5-29	16	25.00/3.5	750	1 975	2 025	830	2 070	2 130	14 000	8 500	250	175	—	—	JS01C
	22	25.00/3.5	750	1 975	2 025	830	2 070	2 130	16 000	10 600	325	250			
	28	25.00/3.5	750	1 975	2 025	830	2 070	2 130	19 000	12 150	425	325			
	34	25.00/3.5	750	1 975	2 025	830	2 070	2 130	21 200	14 000	525	400			
	40	25.00/3.5	750	1 975	2 025	830	2 070	2 130	23 600	15 000	625	475			
29.5-35	22	25.00/3.5	750	2 125	2 175	830	2 225	2 280	17 500	11 500	325	250	—	—	JS01C
	28	25.00/3.5	750	2 125	2 175	830	2 225	2 280	20 600	13 600	425	325			
	34	25.00/3.5	750	2 125	2 175	830	2 225	2 280	23 000	15 000	525	400			
33.25-29	26	27.00/3.5	845	2 090	2 145	935	2 195	2 260	20 600	13 600	350	275	—	—	JS01C
	32	27.00/3.5	845	2 090	2 145	935	2 195	2 260	23 600	15 000	450	325			
	38	27.00/3.5	845	2 090	2 145	935	2 195	2 260	25 750	17 000	525	400			
33.25-35	26	27.00/3.5	845	2 240	2 295	935	2 350	2 405	22 400	14 500	350	275	—	—	JS01C
	32	27.00/3.5	845	2 240	2 295	935	2 350	2 405	25 750	16 000	450	325			
	38	27.00/3.5	845	2 240	2 295	935	2 350	2 405	28 000	18 000	550	400			
33.5-33	26	28.00/4.0	850	2 240	2 295	940	2 350	2 410	22 400	15 000	350	275	—	—	JS01C
	32	28.00/4.0	850	2 240	2 295	940	2 350	2 410	25 750	16 500	425	325			
	38	28.00/4.0	850	2 240	2 295	940	2 350	2 410	29 000	18 500	525	400			

续表 18-20

轮胎规格	层级	测量轮辋	新胎设计尺寸(mm)			轮胎最大使用尺寸[a](mm)			不同速度下的负荷能力[b](kg)		不同速度下的充气压力(kPa)		允许使用轮辋	气门嘴型号	
			断面宽度	外直径		总宽度	外直径		10km/h	50km/h	10km/h	50km/h		有内胎	无内胎
				普通花纹	深花纹和超深花纹		普通花纹	深花纹和超深花纹							
33.5-39	26	28.00/4.0	850	2 395	2 450	940	2 505	2 565	24 300	16 000	360	275	—	—	JS01C
	32	28.00/4.0	850	2 395	2 450	940	2 505	2 565	27 250	18 000	425	325			
	38	28.00/4.0	850	2 395	2 450	940	2 505	2 565	30 750	20 000	525	400			
37.25-35	30	31.00/4.0	945	2 390	2 445	1 050	2 510	2 570	28 000	17 500	375	275	—	ZK01	—
	36	31.00/4.0	945	2 390	2 445	1 050	2 510	2 570	30 750	19 500	450	325			
	42	31.00/4.0	945	2 390	2 445	1 050	2 510	2 570	33 500	21 800	525	400			
37.5-33	30	32.00/4.5	950	2 390	2 445	1 055	2 515	2 575	28 000	18 000	375	275	—	ZK01	—
	36	32.00/4.5	950	2 390	2 445	1 055	2 515	2 575	31 500	20 000	450	325			
	42	32.00/4.5	950	2 390	2 445	1 055	2 515	2 575	34 500	22 400	525	400			
37.5-39	28	32.00/4.5	950	2 540	2 600	1 055	2 665	2 730	29 000	19 500	350	250	—	ZK01	—
	36	32.00/4.5	950	2 540	2 600	1 055	2 665	2 730	33 500	21 200	450	325			
	44	32.00/4.5	950	2 540	2 600	1 055	2 665	2 730	37 500	24 300	550	400			
	52	32.00/4.5	950	2 540	2 600	1 055	2 665	2 730	—	26 500	—	475			
37.5-51	28	32.00/4.5	950	2 845	2 905	1 055	2 970	3 035	33 500	20 600	350	250	—	ZK01	—
	36	32.00/4.5	950	2 845	2 905	1 055	2 970	3 035	38 750	24 300	450	325			
	44	32.00/4.5	950	2 845	2 905	1 055	2 970	3 035	42 500	27 250	525	400			
40.5/75-39	30	32.00/4.5	1 030	2 580	2 625	1 145	2 705	2 755	31 500	20 600	325	250	—	ZK01	—
	38	32.00/4.5	1 030	2 580	2 625	1 145	2 705	2 755	37 500	24 300	425	325			
	46	32.00/4.5	1 030	2 580	2 625	1 145	2 705	2 755	42 500	27 250	525	400			

注：[a]轮胎最大使用尺寸是指胀大的最大尺寸，用于工程机械制造设计轮胎间隙。

[b]静态时的负荷调节：负荷(10km/h 的负荷)×1.60；

最高速度 65km/h 的负荷调节：负荷(50km/h 的负荷)×0.83；

最高速度 15km/h 的负荷调节：负荷(50km/h 的负荷)×1.12。

10. 宽基子午线轮胎

表 18-21

轮胎规格	符号	测量轮辋	新胎设计尺寸(mm)			轮胎最大使用尺寸[a](mm)			不同速度下的负荷能力[b](kg)		不同速度下的充气压力(kPa)		允许使用轮辋	气门嘴型号	
			断面宽度	外直径		总宽度	外直径								
				普通花纹	深花纹和超深花纹		普通花纹	深花纹和超深花纹	10km/h	50km/h	10km/h	50km/h		有内胎	无内胎
15.5R25	★	12.00/1.3	395	1 275	1 325	435	1 325	1 380	5 800	3 550	475	350	—	DG09C	JZ01
15.5R25	★★	12.00/1.3	395	1 275	1 325	435	1 325	1 380	7 100	4 500	600	475	—	DG09C	JZ01
17.5R25	★	14.00/1.5	445	1 350	1 400	495	1 405	1 460	7 100	4 125	475	350	14.00/1.3	DG09C	JZ01
17.5R25	★★	14.00/1.5	445	1 350	1 400	495	1 405	1 460	8 500	5 450	600	475	14.00/1.3	DG09C	JZ01
20.5R25	★	17.00/2.0	520	1 490	1 550	575	1 560	1 625	9 500	5 600	475	350	17.00/1.7	DG09C	JZ01
20.5R25	★★	17.00/2.0	520	1 490	1 550	575	1 560	1 625	11 500	7 300	600	475	17.00/1.7	DG09C	JZ01
23.5R25	★	19.50/2.5	595	1 615	1 675	660	1 695	1 760	12 150	7 100	475	350	—	DG09C	JZ01
23.5R25	★★	19.50/2.5	595	1 615	1 675	660	1 695	1 760	12 150	9 250	600	475	—	DG09C	JZ01
26.5R25	★	22.00/3.0	675	1 750	1 800	745	1 840	1 895	15 000	9 000	475	350	—	—	JZ01
26.5R25	★★	22.00/3.0	675	1 750	1 800	745	1 840	1 895	18 500	11 500	600	475	—	—	JZ01
26.5R29	★	22.00/3.0	675	1 850	1 900	745	1 940	1 995	16 000	9 500	475	350	—	—	JZ01
26.5R29	★★	22.00/3.0	675	1 850	1 900	745	1 940	1 995	19 500	12 500	600	475	—	—	JZ01
29.5R25	★	25.00/3.5	750	1 875	1 920	830	1 970	2 025	18 000	10 900	475	350	—	—	JS01C
29.5R25	★★	25.00/3.5	750	1 875	1 920	830	1 970	2 025	22 400	14 000	600	475	—	—	JS01C
29.5R29	★	25.00/3.5	750	1 975	2 025	830	2 070	2 130	19 500	11 500	475	350	—	—	JS01C
29.5R29	★★	25.00/3.5	750	1 975	2 025	830	2 070	2 130	23 600	15 000	600	475	—	—	JS01C
29.5R35	★	25.00/3.5	750	2 125	2 175	830	2 225	2 280	21 200	12 500	475	350	—	—	JS01C
29.5R35	★★	25.00/3.5	750	2 125	2 175	830	2 225	2 280	25 750	16 000	650	500	—	—	JS01C
33.25R29	★	27.00/3.5	845	2 090	2 145	935	2 195	2 260	23 600	14 000	475	350	—	—	JS01C
33.25R29	★★	27.00/3.5	845	2 090	2 145	935	2 195	2 260	29 000	18 500	650	500	—	—	JS01C

续表 18-21

轮胎规格	符号	测量轮辋	新胎设计尺寸(mm)			轮胎最大使用尺寸[a](mm)			不同速度下的负荷能力[b](kg)		不同速度下的充气压力(kPa)		允许使用轮辋	气门嘴型号	
			断面宽度	外直径		总宽度	外直径		10km/h	50km/h	10km/h	50km/h		有内胎	无内胎
				普通花纹	深花纹和超深花纹		普通花纹	深花纹和超深花纹							
33. 25R35	★	27. 00/3. 5	845	2 240	2 295	935	2 350	2 405	25 750	15 500	475	350	—	—	JS01C
	★★	27. 00/3. 5	845	2 240	2 295	935	2 350	2 405	31 500	20 000	650	500			
33. 5R33	★	28. 00/4. 0	850	2 240	2 295	940	2 350	2 410	25 750	15 500	475	350	—	—	JS01C
	★★	28. 00/4. 0	850	2 240	2 295	940	2 350	2 410	31 500	20 000	650	500			
33. 5R39	★	28. 00/4. 0	850	2 395	2 450	940	2 505	2 565	28 000	16 500	475	350	—	—	JS01C
	★★	28. 00/4. 0	850	2 395	2 450	940	2 505	2 565	34 500	21 800	650	500			
37. 25R35	★	31. 00/4. 0	945	2 390	2 445	1 050	2 510	2 570	31 500	18 500	475	350	—	ZK01	—
	★★	31. 00/4. 0	945	2 390	2 445	1 050	2 510	2 570	37 500	23 600	650	500			
37. 5R33	★	32. 00/4. 5	950	2 390	2 445	1 055	2 515	2 575	31 500	18 500	475	350	—	ZK01	—
	★★	32. 00/4. 5	950	2 390	2 445	1 055	2 515	2 575	37 500	24 300	650	500			
37. 5R39	★	32. 00/4. 5	950	2 540	2 600	1 055	2 665	2 730	33 500	20 000	475	350	—	ZK01	—
	★★	32. 00/4. 5	950	2 540	2 600	1 055	2 665	2 730	41 250	25 750	650	500			
37. 5R51	★	32. 00/4. 5	950	2 845	2 905	1 055	2 970	3 035	37 500	22 400	475	350	—	ZK01	—
	★★	32. 00/4. 5	950	2 845	2 905	1 055	2 970	3 035	46 250	29 000	650	500			
40. 5/75R39	★	32. 00/4. 5	1 030	2 580	2 625	1 145	2 705	2 755	37 500	22 400	475	350	—	ZK01	JS01C—
	★★	32. 00/4. 5	1 030	2 580	2 625	1 145	2 705	2 755	46 250	29 000	650	500			

注:①[a] 轮胎最大使用尺寸是指胀大的最大尺寸,用于工程机械制造设计轮胎间隙。

②[b]静态时的负荷调节:负荷(10km/h 的负荷)×1. 60;

最高速度 65km/h 的负荷调节:负荷(50km/h 的负荷)×0. 88;

最高速度 15km/h 的负荷调节:负荷(50km/h 的负荷)×1. 12。

11. 压路机子午线轮胎(速度 10km/h)

表 18-22

轮胎规格	符号	测量轮辋	新胎设计尺寸(mm)		轮胎最大使用尺寸[a](mm)		负荷能力(kg)	充气压力(kPa)	允许使用轮辋	气门嘴型号	
			断面宽度	外直径	总宽度	外直径				有内胎	无内胎
7.50R15NHS	★	6.0	215	785	230	805	2 725	800	6.00GS,6.5	DG10	—
8.25R15NHS	★	6.5	235	845	255	875	3 000	800	6.0,7.0,6.50T	DG06C	—
10.00R20NHS	★★	7.5	275	1 050	300	1 080	5 300	950	7.0,8.0	DG08C	—
14.00R24NHS	★★★	10.0	375	1 340	405	1 380	10 300	900	10.00W	DG09C	—
11/80R20NHS	★★	8.00	280	920	305	980	4 625	1 000	—	DG09C	—
13/80R20NHS	★★	9.0	325	1 045	350	1 080	6 000	900	10.0	DG09C	—
17/80R24NHS	★★★	10.0	415	1 340	455	1 405	12 150	850	10.00W	DG09C	—

注:[a] 轮胎最大使用尺寸是指胀大的最大尺寸,用于工程机械制造设计轮胎间隙。

12. 低断面斜交轮胎

表 18-23

轮胎规格	层级	测量轮辋	新胎设计尺寸(mm)			轮胎最大使用尺寸[a](mm)			不同速度下的负荷能力(kg)		不同速度下的充气压力(kPa)		允许使用轮辋	气门嘴型号	
			断面宽度	外直径		总宽度	外直径							有内胎	无内胎
				普通花纹	深花纹和超深花纹		普通花纹	深花纹和超深花纹	10km/h	50km/h	10km/h	50km/h			
65 系列															
25/65-25	12	20.00/2.0	635	1 485	1 525	705	1 555	1 595	7 300	4 375	250	175	20.00/2.0	—	ZK01
	16	20.00/2.0	635	1 485	1 525	705	1 555	1 595	8 500	5 150	325	225			
	20	20.00/2.0	635	1 485	1 525	705	1 555	1 595	9 750	5 800	400	275			
30/65-25	16	24.00/3.0	760	1 655	1 700	845	1 735	1 785	10 900	6 700	275	200	—	—	ZK01
	20	24.00/3.0	760	1 655	1 700	845	1 735	1 785	12 500	7 500	350	250			
30/65-29	16	24.00/3.0	760	1 760	1 800	845	1 840	1 885	11 500	7 100	275	200	—	—	ZK01
	20	24.00/3.0	760	1 760	1 800	845	1 840	1 885	13 200	8 250	350	250			
	24	24.00/3.0	760	1 760	1 800	845	1 840	1 885	15 000	9 000	425	300			

续表 18-23

轮胎规格	层级	测量轮辋	新胎设计尺寸(mm)			轮胎最大使用尺寸[a](mm)			不同速度下的负荷能力(kg)		不同速度下的充气压力(kPa)		允许使用轮辋	气门嘴型号	
			断面宽度	外直径		总宽度	外直径		10km/h	50km/h	10km/h	50km/h		有内胎	无内胎
				普通花纹	深花纹和超深花纹		普通花纹	深花纹和超深花纹							
35/65-33	24	28.00/3.5	890	2 030	2 075	990	2 125	2 175	19 000	11 500	350	250	—	—	ZK01
	30	28.00/3.5	890	2 030	2 075	990	2 125	2 175	21 200	12 500	425	300			
	36	28.00/3.5	890	2 030	2 075	990	2 125	2 175	23 600	14 500	525	375			
	42	28.00/3.5	890	2 030	2 075	990	2 125	2 175	26 500	16 000	625	450			
40/65-39	30	32.00/4.0	1 015	2 350	2 405	1 125	2 460	2 520	27 250	—	375	—	—	—	ZK01
	36	32.00/4.0	1 015	2 350	2 405	1 125	2 460	2 520	30 000	—	450	—			
45/65-45	38	36.00/4.5	1 145	2 675	2 735	1 270	2 800	2 860	38 750	—	425	—	—	—	ZK01
	46	36.00/4.5	1 140	2 675	2 735	1 270	2 800	2 860	43 750	—	525	—			
	50	36.00/4.5	1 140	2 675	2 735	1 270	2 800	2 860	46 250	—	575	—			
	58	36.00/4.5	1 140	2 675	2 735	1 270	2 800	2 860	50 000	—	675	—			
50/65-51	46	40.00/4.5	1 270	2 995	3 060	1 410	3 130	3 200	53 000	—	475	—	—	—	ZK01
	54	40.00/4.5	1 270	2 995	3 060	1 410	3 130	3 200	58 000	—	575	—			
70 系列															
16/70-20	10	13(SDC)	410	1 075	—	455	1 120	—	4 250	2 430	325	250	—	DC09C	—
	14	13(SDC)	410	1 075	—	455	1 120	—	5 150	2 900	450	350			
	18	13(SDC)	410	1 075	—	455	1 120	—	5 800	3 350	550	450			
16/70-24	10	13(SDC)	410	1 175	—	455	1 220	—	4 750	2 800	325	250	—	DG09C	—
	14	13(SDC)	410	1 175	—	455	1 220	—	5 600	3 350	450	350			
22/70-24	12	16.00T(SDC)	545	1 390	1 445	605	1 450	1 510	6 150	4 250	275	250	—	DG09C	—
	14	16.00T(SDC)	545	1 390	1 445	605	1 450	1 510	7 100	5 000	350	325			
41.25/70-39	42	32.00/4.5	1 050	2 450	2 510	1 165	2 565	2 630	37 500	—	475	—	—	—	ZK01

注：[a] 轮胎最大使用尺寸是指胀大的最大尺寸，用于工程机械制造设计轮胎间隙。

13. 低断面子午线轮胎

表 18-24

轮胎规格	附号	测量轮辋	新胎设计尺寸(mm)			轮胎最大使用尺寸[a](mm)			不同速度下的负荷能力[b](kg)		不同速度下的充气压力(kPa)		允许使用轮辋	气门嘴型号	
			断面宽度	外直径		总宽度	外直径		10km/h	50km/h	10km/h	50km/h		有内胎	无内胎
				普通花纹	深花纹和超深花纹		普通花纹	深花纹和超深花纹							
20/65R25	★	16.00/1.5	510	1 315	1 350	565	1 370	1 405	7 100	3 875	475	325	—	—	—
	★★	16.00/1.5	510	1 315	1 350	565	1 370	1 405	8 750	5 150	625	425			
25/65R25	★	20.00/2.0	635	1 485	1 525	705	1 555	1 595	10 600	5 800	475	325	19.50/2.0	—	—
	★★	20.00/2.0	635	1 485	1 525	705	1 555	1 595	12 850	7 750	625	425			
30/65R29	★	24.00/3.0	760	1 760	1 800	845	1 840	1 885	16 000	8 500	475	325	22.00/3.0	—	—
	★★	24.00/3.0	760	1 760	1 800	845	1 840	1 885	19 000	11 500	625	425			
35/65R33	★	28.00/3.5	890	2 030	2 075	990	2 125	2 175	23 000	13 600	500	350	—	—	—
	★★	28.00/3.5	890	2 030	2 075	990	2 125	2 175	27 250	17 500	650	475			
40/65R39	★	32.00/4.0	1 015	2 350	2 405	1 125	2 460	2 520	31 500	18 500	500	350	—	—	—
	★★	32.00/4.0	1 015	2 350	2 405	1 125	2 460	2 520	37 500	23 600	650	475			
45/65R45	★	36.00/4.5	1 145	2 675	2 735	1 270	2 800	2 860	42 500	25 000	500	350	—	—	ZK01
	★★	36.00/4.5	1 145	2 675	2 735	1 270	2 800	2 860	50 000	31 500	650	475			
50/65R51	★	40.00/4.5	1 270	2 995	3 060	1 410	3 130	3 200	54 500	31 500	500	350	—	—	ZK01
	★★	40.00/4.5	1 270	2 995	3 060	1 410	3 130	3 200	65 000	40 000	650	475			
55/65R51	★	44.00/5.0	1 395	3 165	3 235	1 550	3 315	3 390	65 000	37 500	500	350	—	—	—
	★★	44.00/5.0	1 395	3 165	3 235	1 550	3 315	3 390	77 500	48 750	650	475			
65/65R51	★	52.00/5.5	1 650	3 510	3 575	1 830	3 685	3 755	87 500	51 500	500	350	—	—	—
	★★	52.00/5.5	1 650	3 510	3 575	1 830	3 685	3 755	106 000	67 000	650	475			

注：[a]轮胎最大使用尺寸是指胀大的最大尺寸，用于工程机械制造设计轮胎间隙。

[b]静态时的负荷调节：负荷(10km/h 的负荷)×1.60；

最高速度 65km/h 的负荷调节：负荷(50km/h 的负荷)×0.88；

最高速度 15km/h 的负荷调节：负荷(50km/h 的负荷)×1.12。

14. 低断面公制子午线轮胎

表 18-25

轮胎规格	附号	测量轮辋	新胎设计尺寸(mm)			轮胎最大使用尺寸[a](mm)			不同速度下的负荷能力[b](kg)		不同速度下的充气压力(kPa)		允许使用轮辋	气门嘴型号	
			断面宽度	外直径		总宽度	外直径		10km/h	50km/h	10km/h	50km/h		有内胎	无内胎
				普通花纹	深花纹和超深花纹		普通花纹	深花纹和超深花纹							
550/65R25	★	17.00/2.0	545	1 350	1 400	605	1 405	1 460	8 500	—	475	—	17.00/1.7	—	—
600/65R25	★	19.50/2.5	605	1 415	1 470	670	1 475	1 535	9 750	—	475	—	17.00/2.0,17.00/1.7	—	—
	★★	19.50/2.5	605	1 415	1 470	670	1 475	1 535	—	7 500	—	425			
650/65R25	★	19.50/2.5	640	1 480	1 535	710	1 550	1 605	11 500	—	475	—	—	—	—
	★★	19.50/2.5	640	1 480	1 535	710	1 550	1 605	—	8 000	—	425			
750/65R25	★	24.00/3.0	755	1 610	1 665	840	1 690	1 745	15 000	—	475	—	22.00/3.0,25.00/3.0	—	—
	★★	24.00/3.0	755	1 610	1 665	840	1 690	1 745	—	10 6000	—	425			
850/65R25	★	27.00/3.5	850	1 740	1 790	945	1 830	1 880	17 500	—	475	—	22.00/3.5	—	—
	★★	27.00/3.5	850	1 740	1 790	945	1 830	1 880	—	12 500	—	425			
575/65R29	★	18.00/2.5	575	1 485	1 540	640	1 545	1 605	10 000	—	475	—	—	—	—
675/65R29	★	22.00/3.0	685	1 615	1 670	760	1 685	1 745	13 200	—	475	—	—	—	—
	★★	22.00/3.0	685	1 615	1 670	760	1 685	1 745	—	10 000	—	425			
776/65R29	★	24.00/3.5	770	1 745	1 790	855	1 825	1 875	17 000	—	475	—	25.00/3.5	—	—
	★★	24.00/3.5	770	1 745	1 790	855	1 825	1 875	—	12 150	—	425			
875/65R29	★	28.00/3.5	880	1 875	1 920	975	1 965	2 015	21 200	—	475	—	27.00/3.5	—	—
	★★	28.00/3.5	880	1 875	1 920	975	1 965	2 015	—	15 500	—	425			

注:[a]轮胎最大使用尺寸是指胀大的最大尺寸,用于工程机械制造设计轮胎间隙。

[b]静态时的负荷调节:负荷(10km/h 的负荷)×1.60;

最高速度 65km/h 的负荷调节:负荷(50km/h 的负荷)×0.88;

最高速度 15km/h 的负荷调节:负荷(50km/h 的负荷)×1.12。

15. 沙地斜交轮胎

表 18-26

轮胎规格	层级	测量轮辋	新胎设计尺寸(mm)		不同速度下的负荷能力(kg)			不同速度下的充气压力(kPa)			允许使用轮辋	气门嘴型号	
			断面宽度	外直径	8km/h	50km/h	65km/h	8km/h	50km/h	65km/h		有内胎	无内胎
9.00-15	8	5.50F	235	840	1 650	—	950	245	—	245	5½K,6LB	DG08C	—
9.00-16	8	6.50H	245	890	1 700	—	975	245	—	245	—	DG05C	—
14.00-20	18	10.00W	375	1 220	4 125	—	2 360	245	—	245	—	DG15	—
16.00-16	16	6.50H	355	1 100	4 000	—	2 360	245	—	245	—	DG11	—
16.00-20	16	10.00W	420	1 370	5 450	—	3 150	245	—	245	—	DG15	—
16.00-24	16	10.00W	460	1 460	7 500	—	4 250	245	—	245	—	DG15	—
18.00-24	16	10.00W	470	1 545	7 750	—	4 375	245	—	245	—	DG15	—
18.00-25	16	10.00/1.5	470	1 575	7 750	—	4 375	245	—	245	—	DG15	—
21.00-25	16	15.00/3.0	570	1 685	10 000	—	5 800	245	—	245	—	ZK01	—
18-20	8	14.00T	455	1 090	—	3 650	—	—	240	—	—	DG09C	—
	14	14.00T	455	1 090	—	4 625	—	—	360	—	—		—
	20	14.00T	455	1 090	—	5 300	—	—	460	—	—		—
20-20	16	14.00T	505	1 180	—	6 000	—	—	360	—	—	DG09C	—
22-20	14	17.0	555	1 075	—	4 125	—	—	280	—	—	—	JZ01
24-21	16	18.00/1.5	610	1 370	—	3 875	—	—	140	—	—	JZ25	JZ01
27.25-21	16	19.50/1.5	685	1 510	—	5 800	—	—	170	—	—	—	ZR01
29.5-25	28	25.00/3.5	750	1 830	—	10 000	—	—	240	—	—	—	JS01C
36.00-51	42	26.00/5.0	990	3 075	—	26 500	—	—	240	—	—	—	LS01

16. 保留生产的工程机械轮胎[a]

表 18-27

轮胎规格	层级	测量轮辋	新胎设计尺寸(mm)		充气压力(kPa)	不同速度下的负荷能力(kg)			允许使用轮辋	气门嘴型号	
			断面宽度	外直径		10km/h	30km/h	50km/h		有内胎	无内胎
7.50-16	6	6.00G	215	815	400	1 650	—	—	5.50F 6.50H	DG04C	—
	8	6.00G	215	815	500	1 900					
	10	6.00G	215	815	600	2 180					
	12	6.00G	215	815	675	2 300					
7.50-20	8	6.0	215	950	500	2 240			6.5 6.50T	DG06C	
	10	6.0	215	950	600	2 500					
	12	6.0	215	950	700	2 725					
8.25-10	12	6.00F	230	710	550	1 800	—	—	—	DG05C	—
8.25-16	10	6.50H	235	865	550	1 800			6.00G 6.5	DG05C	
	12	6.50H	235	865	675	2 060					
	14	6.50H	235	865	800	2 300					
12.50-20	16	11.00	370	1 145	450	4 250	—	—	—	DG09C	—
	18	11.00	370	1 145	500	—	—	3 550			
13-20	16	11.00V	395	1 205	425	—	—	3 750	—	DG09C	—
13.00-20	16	10.00	340	1 200	700	5 600	—	—	—	DG09C	—
	20	9.00	340	1 200	525	4 125	—	3 650	—		
1300×530-533	10	17.5/2.0	560	1 300	400	—	—	5 600	—	DG09C	—
18-22.5	16	14.00	457	1 155	600	—	—	4 500	—	—	CR09
	18				700	—	—	5 000			
	20				800	—	—	5 450			
21.00-33	24	15.00/3.0	575	1 940	375	—	—	8 750	—	DG11C	—
	28				425	—	—	9 500			
	32				500	—	—	10 300			
	36				575	—	—	11 200			
23.1-26	8	DW20	595	1 500	140	4 000	—	—	—	DG01C	—
	12				200	5 150	—	—			
	14				230	5 600	—	—			
	16				260	6 150	—	—			

轮船使用的胀大尺寸,即轮胎胀大的最大总宽度和最大外直径,用于机械制造设计轮胎间隙。

最大总宽度=[设计新轮胎断面宽(S.W.)]×$(l+d)$

d:当S.W.<380mm时,为0.08

≥380mm时,为0.11

最大外直径=(设计新轮胎外直径-轮辋直径)×$(l+d)$+轮辋直径

d:当S.W.<380mm时,为0.06

≥380mm时,为0.08

注:表中所列的新胎设计尺寸,仅适用于轮胎设计。

注:[a] 新设计的车辆不推荐使用这些规格的轮胎。

17. 工程机械轮胎的花纹分类及使用条件

表 18-28

花纹代号	胎面花纹形式	使用类型	最高速度	最大单程距离
C——压路机轮胎				
C-1	光面	压路机	10km/h	不限
C-2	槽沟	压路机	10km/h	不限
E——铲运机和重型自卸车轮胎				
E-1	普通条形	搬运	65km/h	4km
E-2	普通牵引型	搬运	65km/h	4km
E-3	普通块状	搬运	65km/h	4km
E-4	加深块状	搬运	65km/h	4km
E-7	浮力型	搬运	65km/h	4km
G——平地机轮胎				
G-1	普通条形	平地	40km/h	不限
G-2	普通牵引型	平地	40km/h	不限
G-3	普通块状	平地	40km/h	不限
G-4	加深块状	平地	40km/h	不限
L——装载机和推土机轮胎				
L-2	普通牵引型	装载、推土	10km/h	75m
L-3	普通块状	装载、推土	10km/h	75m
L-4	加深块状	装载、推土	10km/h	75m
L-5	超深块状	装载、推土	10km/h	75m
L-3S	普通光面	装载、推土	10km/h	75m
L-4S	加厚光面	装载、推土	10km/h	75m
L-5S	超厚光面	装载、推土	10km/h	75m
IND——工业车辆轮胎				
IND-3	普通花纹	—	30km/h	不限
IND-4	加深花纹	—	30km/h	不限
IND-5	超加深花纹	—	30km/h	不限

注：轮胎花纹的适用范围、特点及性能参考：

1)铲运机和重型自卸车轮胎(E)

(1)条形花纹(E—1)

适用于部分工程机械车辆的从动轮和拖车各轮，该花纹可使车辆行驶平稳，导向和防侧滑性能好。

(2)牵引花纹(E—2)

适用于松软、泥泞和较滑地面上作业的铲运机，能发挥极大的牵引力，并有良好的自洁性。

(3)块状花纹(E—3)

适用于重型自卸车和铲运机，尤其在矿区和采石场等路况作业时，具有一定的抗切割和耐磨损性能。

(4)块状加深花纹(E—4)

适用于铲运机和重型自卸车，在矿区、隧道、采石场及建筑工地等较差路况作业时，具有良好的抗切割、耐磨损性能。

(5)浮力花纹(E—7)

适用于部分工程机械车辆在砂地和松散路况上作业；行驶平稳，具有良好的浮力和通过性能。

2)平地机轮胎(G)

(1)条形花纹(G—1)

适用于自行式平地机的导向轮，行驶平稳，防侧滑性好。

(2)牵引花纹(G—2)

适用于平地机在软土上作业，其牵引性能好。也可用于双向行车，并具有较好的抓着能力。

(3)块状花纹(G—3)

适用于在粗糙或碎石条件下作业的工程机械,具有较好的抗切割和耐磨损性能。

(4)块状加深花纹(G—4)

适用于在较苛刻条件下作业的重型平地机,具有良好的耐切割和抗刺穿性能,可延长轮胎的使用寿命。

3)装载机和推土机等轮胎(L)

(1)牵引花纹(L—2)

适用于装载机、挖掘机和推土机在松软、泥泞的地面作业,能发挥极大的牵引力,并有较好的自洁性。

(2)块状花纹(L—3)

适用于多种条件下作业的装载机、挖掘机和推土机,能有一定的耐磨耗和抗切割性能。

(3)块状加深花纹(L—4)

适用于在较苛刻条件下作业的推土机和装载机,具有较好的耐磨损和抗切割性能。

(4)块状超加深花纹(L—5)

适用于在多岩石等苛刻的条件下作业的载装机和推土机,具有较好的耐切割和抗刺穿性能。

(5)光面(L—3S)

适用于在井巷、隧道等对有花纹轮胎损伤严重的场合下作业的装载机,耐切割和抗穿透性能好。

(6)光面加厚(L—4S)

适用于在井巷、隧道等多岩石较为苛刻条件下作业的装载机,具有良好的耐切割和抗穿透性能。

(7)光面超加厚(L—5S)

适用于在井巷、隧道等多岩石苛刻条件下作业的装载机,具有较好的耐切割和抗刺穿性能。

4)压路机轮胎(C)

(1)光面(C—1)

适用于在多种筑路材料上作业的压路机,轮胎行驶平稳,能压平和压实路面。

(2)槽沟(C—2)

适用于压路机在路基、堤坝等较复杂的施工条件下作业,具有较好的通过性和自洁性。

18.工程机械轮胎设计花纹深度

表 18-29

名义断面宽度		花纹深度(mm)		
窄基、80、90 系列	宽基	普通	加深	超加深
12.00	—	22.5	33.5	47.5
13.00	15.5	24.5	43.0	59.5
14.00	17.5	25.5	45.5	63.5
16.00	20.5	28.5	51.5	71.0
18.00	23.5	31.5	54.0	78.5
21.00	26.5	35.0	54.0	87.5
24.00	29.5	38.0	57.0	95.0
—	33.25	42.5	—	106.0
27.00	33.5	42.5	63.5	106.0
—	37.25	46.5	—	—
30.00	37.5	46.5	69.5	116.5
33.00	41.5	50.5	75.0	—
36.00	45.5	54.5	82.0	—
37.00	—	54.5	82.0	—
40.00	—	54.5	82.0	—
42/90	—	—	82.0	—
46/90	—	—	82.0	—
50/90	—	—	82.0	—
50/80	—	54.5	82.0	—

续表 18-29

名义断面宽度		花纹深度(mm)		
窄基、80、90系列	宽基	普通	加深	超加深
52/80	—	—	97.0	—
53/80	—	—	88.0	—
55/80	—	—	88.0	118.0
59/80	—	—	88.0	—
65、70系列				
25		31.5	47.0	78.5
30		35.0	52.5	87.0
35		38.0	57.0	95.0
40		42.5	63.5	106.0
41.25		—	—	106.0
45		46.5	69.5	116.5
50		50.0	75.5	125.5
65		—	—	150.0

(四)充气轮胎轮辋实心轮胎的规格尺寸(GB/T 10823—2009)

1. 普通断面充气轮胎轮辋实心轮胎

表 18-30

轮胎规格	允许使用轮辋	新胎尺寸(mm)		负荷能力[a](kg)									
				平衡重式叉车						其他工业车辆			
		外直径	断面宽	10km/h		16km/h		25km/h[b]		静止	6km/h	10km/h	25km/h
				驱动轮	转向轮	驱动轮	转向轮	驱动轮	转向轮				
4.00-8/2.50	2.50C-8	423	121	910	700	830	640	765	590	945	765	695	590
4.00-8/3.00	3.00D-8	423	121	1 090	840	995	765	925	710	1 135	925	840	710
4.00-8/3.75	3.75-8	423	125	1 175	905	1 080	830	1 000	770	1 230	1 000	910	770
5.00-8/3.00	3.00D-8	469	146	1 255	965	1 145	880	1 060	815	1 305	1 060	960	815
5.00-8/3.25	3.25I-8	469	146	1 360	1 045	1 235	950	1 150	885	1 415	1 150	1 045	885
5.00-8/3.50	3.50D-8	469	146	1 465	1 125	1 335	1 025	1 235	950	1 520	1 235	1 120	950
6.00-9/4.00	4.00E-9	545	160	1 975	1 520	1 805	1 390	1 675	1 290	2 065	1 675	1 520	1 290
7.00-9/5.00	5.00S-9	578	186	2 670	2 055	2 440	1 875	2 260	1 740	2 785	2 260	2 055	1 740
6.50-10/5.00	5.00F-10	597	178	2 715	2 090	2 485	1 910	2 310	1 775	2 840	2 310	2 095	1 775
7.00-12/5.00	5.00S-12	683	192	3 105	2 390	2 835	2 180	2 635	2 025	3 240	2 635	2 390	2 025
8.25-12/5.00	5.00S-12	735	236	3 425	2 635	3 125	2 405	2 905	2 235	3 575	2 905	2 635	2 235
7.00-15/5.50	5.5-15	759	204	3 700	2 845	3 375	2 595	3 135	2 410	3 855	3 135	2 845	2 410
7.50-15/5.50	5.5-15	774	215	3 805	2 925	3 470	2 670	3 225	2 480	3 970	3 225	2 925	2 480
7.50-15/6.00	6.0-15	774	215	4 145	3 190	3 785	2 910	3 510	2 700	4 320	3 510	3 185	2 700

续表 18-30

轮胎规格	允许使用轮辋	新胎尺寸(mm)		负荷能力[a](kg)									
				平衡重式叉车						其他工业车辆			
		外直径	断面宽	10km/h		16km/h		25km/h[b]		静止	6km/h	10km/h	25km/h
				驱动轮	转向轮	驱动轮	转向轮	驱动轮	转向轮				
7.50-15/6.50	6.5-15	774	215	4 490	3 455	4 100	3 155	3 810	2 930	4 690	3 810	3 455	2 930
8.25-15/5.50	5.5-15	847	236	4 305	3 310	3 925	3 020	3 640	2 800	4 480	3 640	3 305	2 800
8.25-15/6.50	6.5-15	847	236	5 085	3 910	4 640	3 570	4 310	3 315	5 304	4 310	3 910	33 15
6.00-16/4.50	4.50E-16	711	167	2 685	2 065	2 450	1 885	2 275	1 750	2 800	2 275	2 065	1 750
6.50-16/5.50	5.50F-16	749	187	3 545	2 725	3 235	2 490	3 005	2 310	3 695	3 005	2 725	2 310
7.50-16/5.50	5.50F-16	820	220	4 035	3 105	3 685	2 835	3 425	2 635	4 215	3 425	3 110	2 635
7.50-16/6.00	6.00G-16	820	230	4 400	3 385	4 025	3 095	3 730	2 870	4 590	3 730	3 385	2 870
7.50-16/6.50	6.50H-16	820	230	4 770	3 670	4 355	3 350	4 045	3 110	4 975	4 045	3 670	3 110
8.00-16/5.50	5.50F-16	825	220	4 070	3 130	3 720	2 860	3 450	2 655	4 250	3 450	3 135	2 655
9.00-16/5.50	5.50F-16	884	259	4 480	3 445	4 090	3 145	3 795	2 920	4 670	3 795	3 445	2 920
9.00-16/6.50	6.50H-16	884	259	5 290	4 070	4 830	3 715	4 485	3 450	5 520	4 485	4 070	3 450
8.25-20/6.5	6.5-20	992	236	5 165	4 305	4 715	3 930	4 380	3 650	5 475	4 745	3 980	3 650
8.25-20/7.0	7.0-20	992	236	5 335	4 445	4 870	4 060	4 525	3 770	5 655	4 900	4 110	3 770
9.00-20/6.5	6.5-20	1 038	259	6 160	5 135	5 630	4 690	5 225	4 355	6 535	5 660	4 745	4 355
9.00-20/7.0	7.0-20	1 038	259	6 365	5 305	5 815	4 845	5 400	4 500	6 750	5 850	4 905	4 500
10.00-20/7.0	7.0-20	1 073	278	6 845	5 705	6 260	5 215	5 815	4 845	7 270	5 815	5 280	4 845
10.00-20/7.5	7.5-20	1 073	278	7 075	5 895	6 460	5 385	6 000	5 000	7 500	6 500	5 450	5 000
10.00-20/8.0	8.0-20	1 073	278	7 300	6 085	6 670	5 560	6 200	5 165	7 750	6 715	5 630	5 165
11.00-20/7.5	7.5-20	1 095	300	7 470	6 225	6 820	5 685	6 330	5 275	7 915	6 860	5 750	5 275
11.00-20/8.0	8.0-20	1 095	300	7 715	6 430	7 045	5 870	6 540	5 450	8 175	7 085	5 940	5 450
11.00-20/8.5	8.5-20	1 095	300	7 970	6 640	7 270	6 060	6 755	5 630	8 445	7 320	6 135	5 630
12.00-20/8.0	8.0-20	1 180	310	8 640	7 200	7 885	6 570	7 320	6 100	9 150	7 930	6 650	6 100
12.00-20/8.5	8.5-20	1 180	310	8 920	7 435	8 140	6 785	7 560	6 300	9 450	8 190	6 865	6 300
12.00-20/10.0	10.0-20	1 180	350	9 190	7 660	8 390	6 990	7 795	6 495	9 745	8 445	7 080	6 495
12.00-24/8.5	8.5-24	1 247	315	9 125	7 605	8 335	6 945	7 740	6 450	9 675	8 385	7 030	6 450
12.00-24/10.0	10.0-24	1 247	350	9 445	7 870	8 630	7 190	8 010	6 675	10 015	8 675	7 275	6 675
14.00-24/10.0	10.0-24	1 368	375	12 165	10 135	11 105	9 255	10 315	8 595	12 890	11 175	9 370	8 595

注:①用于间歇作业,单个作业行程最大距离为 2 000m。

②轮胎外直径下偏差为表中外直径的 5%,上偏差为 0。

③[a] 仅对间断使用有效,不包括由充气轮胎换成实心轮胎时增加的质量。

④[b] 空载叉车的最高速度。

2. 宽断面充气轮胎轮辋实心轮胎

表 18-31

轮胎规格	允许使用轮辋	新胎尺寸(mm)		负荷能力[a](kg)									
				平衡重式叉车						其他工业车辆			
		外直径	断面宽	10km/h		16km/h		25km/h[b]		静止	6km/h	10km/h	25km/h
				驱动轮	转向轮	驱动轮	转向轮	驱动轮	转向轮				
15×4½-8/2.50	2.50C-8	380	114	840	645	765	590	710	545	870	710	645	545
15×4½-8/3.00	3.00D-8	380	114	1 005	775	915	705	850	655	1 050	850	775	655
15×4½-8/3.25	3.25I-8	380	114	1 090	840	995	765	925	710	1 135	925	835	710
16×6-8/4.33	4.33R-8	418	162	1 545	1 190	1 410	1 085	1 305	1 005	1 610	1 305	1 185	1 005
18×7-8/4.33	4.33R-8	457	170	2 430	1 870	2 215	1 705	2 060	1 585	2 535	2 060	1 870	1 585
18×9-8/7.00	7.00E-8	460	210	2 845	2 190	2 600	2 000	2 410	1 855	2 970	2 410	2 190	1 855
21×8-9/6.00	6.00E-9	535	207	2 890	2 225	2 645	2 035	2 455	1 890	3 025	2 455	2 230	1 890
23×9-10/6.50	6.50F-10	595	225	3 730	2 870	3 405	2 620	3 160	2 430	3 890	3 160	2 865	2 430
23×10-12/8.00	8.00G-12	595	261	4 450	3 425	4 060	3 125	3 770	2 990	4 640	3 770	3 420	2 900
27×10-12/8.00	8.00G-12	683	261	4 595	3 535	4 200	3 230	3 900	3 000	4 800	3 900	3 540	3 000
28×9-15/7.0[c]	7.0-15	706	225	4 060	3 125	3 710	2 855	3 445	2 650	4 240	3 445	3 125	2 650
28×12.5-15/9.75	9.75-15	730	317	6 200	4 770	5 660	4 355	5 260	4 045	6 470	5 260	4 775	4 045
250-15/7.0	7.0-15	735	250	5 220	4 015	4 770	3 670	4 425	3 405	5 450	4 425	4 015	3 405
250-15/7.5	7.5-15	735	250	5 595	4 305	5 110	3 930	4 745	3 650	5 840	4 745	4 305	3 650
300-15/8.0	8.0-15	838	300	6 895	5 305	6 300	4 845	5 850	4 500	7 200	5 850	5 310	4 500
350-15/9.75	9.75-15	842	330	—	—	—	—	7 085	5 450	8 720	7 085	6 430	5 450
30×10-20/7.5	7.5-20	752	244	—	—	—	—	—	—	3 990	3 458	2 900	2 660
31×10-20/7.5	7.5-20	790	252	—	—	—	—	—	—	4 200	3 640	3 050	2 800
33×10.75-20/7.5	7.5-20	824	272	—	—	—	—	—	—	4 425	3 835	3 215	2 950
33×12-20/7.5	7.5-20	842	292	—	—	—	—	—	—	4 650	4 030	3 380	3 100

注:①用于间歇作业,单个作业行程最大距离为 2 000m。

②轮胎外直径下偏差为表中外直径的 5%,上偏差为 0。

③[a] 仅对间断使用有效,不包括由充气轮胎换成实心轮胎时增加的质量。

④[b] 空载叉车的最高速度。

⑤[c] 也可标注为 8.15-15/7.0。

3. 公制系列充气轮胎轮辋实心轮胎

表 18-32

轮胎规格	允许使用轮辋	新胎尺寸(mm)		负荷能力[a](kg)									
				平衡重式叉车						其他工业车辆			
		外直径	断面宽	10km/h		16km/h		25km/h[b]		静止	6km/h	10km/h	25km/h
				驱动轮	转向轮	驱动轮	转向轮	驱动轮	转向轮				
140/55-9/4.00	4.00E-9	375	147	1 380	1 060	1 260	970	1 170	900	1 440	1 170	1 060	900
200/50-10/6.50	6.50F-10	460	221	2 910	2 240	2 665	2 050	2 470	1 900	3 040	2 470	2 240	1 900
355/65-15/9.75	9.75-15	826	372	—	—	—	—	7 800	6 000	9 600	7 085	6 430	5 450
355/50-20/10.0	10.0-20	847	367	—	—	—	—	8 970	6 900	10 350	8 970	7 520	6 900

注:①用于间歇作业,单个作业行程最大距离为 2 000m。

②轮胎外直径下偏差为表中外直径的 5%,上偏差为 0。

③[a] 仅对间断使用有效,不包括由充气轮胎换成实心轮胎时增加的质量。

④[b] 空载叉车的最高速度。

(五)工业车辆充气轮胎的规格尺寸(GB/T 2982—2014)

1.普通断面斜交轮胎

表 18-33

轮胎规格	测量轮辋	新胎设计尺寸(mm)			轮胎最大使用尺寸(mm)			允许使用轮辋	气门嘴型号
		断面宽度	外直径		总宽度	外直径			
			普通花纹	加深花纹		普通花纹	加深花纹		
3.50—5NHS	3.00SP	99	294	—	107	309	—	—	CF01
4.00—8NHS	3.00D	112	415	—	121	434	—	2.50C	CF01 DF05C
4.50—12NHS	3.00B	122	548	—	132	570	—	3.00D、3.5J、3.50D、3.50B	CF01
5.00—8NHS	3.50D	137	470	—	148	494	—	3.00D	DG02C
5.50—15NHS	4.50E	157	670	—	170	696	—	—	DG02C
6.00—9NHS	4.00E	160	540	—	173	568	—	4.50E	DG02C
6.50—10NHS	5.00F	175	590	—	189	620	—	5.50F	DG02C
7.00—9NHS	5.00S	190	590	—	205	623	—	—	DG02C
7.00—12NHS	5.00S	190	676	685	205	709	719	5.50S	DG02C
7.00—20NHS	5.5	200	904	—	216	940	—	5.50S、6.0	DG06C
7.00—15NHS	5.5	200	750	—	216	783	—	6.0	DG03C
7.50—10NHS	5.50F	205	645	—	221	680	—	5.00F	DG02C
7.50—15NHS	6.0	215	780	—	232	816	—	6.5	DG03C
7.50—16NHS	6.00G	215	805	—	232	841	—	5，50F、6.50H	DG05C
7.50—20NHS	6.0	215	935	—	232	973	—	6.00T、6.5	DG06C
8.25—12NHS	6.5	235	765	—	254	806	—	—	DG03C
8.25—15NHS	6.5	235	840	—	254	881	—	6.50T	DG05C
8.25—20NHS	6.5	235	974	992	254	1 016	1 036	6.50T、7.0、7.00T	DG06C
9.00—15NHS	7.0	259	911	—	288	959	—	7.5、7.0	CG11 DG13
9.00—16NHS	6.50H	255	890	900	275	934	944	7.00N	DG05C
9.00—20NHS	7.0	259	1 018	1 038	280	1 064	1 086	7.00T、7.5、7.50V	DG07C
10.00—15NHS	7.5	280	935	—	302	985	—	7.50V、8.0	DG08C
10.00—20NHS	7.5	278	1 055	1 073	300	1 104	1 124	7.50V、8.0V、8.00V	DG08C
11.00—20NHS	8.0	293	1 085	1 105	316	1 137	1 159	7.50V、8.00V	DG09C
12.00—20NHS	8.5	315	1 125	1 145	340	1 181	1 202	8.50V、9.00V	DG09C
12.00—24NHS	8.5	315	1 225	1 247	340	1 280	1 304	8.50V、9.00V	DG09C
13.00—20NHS	9.0	340	1 177	—	367	1 237	—	9.00V	DG09C
13.00—24NHS	9.0	340	1 279	—	367	1 339	—	9.00V	DG09C
14.00—24NHS	10.00	375	1 343	1 370	405	1 409	1 438	10.00W	DG09C

新胎最大总宽度＝新胎设计断面宽度×1.07

新胎最小总宽度＝新胎设计断面宽度×0.97

新胎最大外直径＝2×新胎设计断面高度×1.07＋轮辋名义直径

新胎最小外直径＝2×新胎设计断面高度×0.97＋轮辋名义直径

注:①轮胎的最大使用尺寸供车辆厂设计轮胎间隙用。

②若要求采用其他型号的气门嘴,可由使用方与制造方协商解决。

③上述说明和要求及注亦适用于表 18-37、表 18-41、表 18-44、表 18-45。

1-1、普通断面斜交轮胎气压与负荷对应表 表 18-34

轮胎规格	层级	充气压力(kPa)	各类车辆在各种最高速度下的轮胎负荷(kg)							
			平衡配重式叉车				其他工业车辆			
			25km/h		35km/h					
			驱动轮	转向轮	驱动轮	转向轮	10km/h	25km/h	40km/h	50km/h
3.50—5NHS	6	860	380	320	355	280	—	—	—	—
4.00—8NHS	4	480	—	—	—	—	430	315	280	270
	6	720	640	540	595	475	540	400	355	345
	8	930	745	630	695	555	630	465	415	400
4.50—12NHS	6	690	—	—	—	—	800	590	525	505
	8	900	1 175	995	1 095	875	995	730	655	625
5.00—8NHS	6	590	—	—	—	—	710	520	465	445
	8	790	1 000	845	930	745	845	625	555	535
	10	1 000	1 150	970	1 065	850	—	—	—	—
5.50—15NHS	8	720	1 670	1 410	1 555	1 240	1 410	1 040	930	890
6.00—9NHS	6	520	—	—	—	—	945	695	620	595
	8	690	1 315	1 110	1 225	975	1 110	820	730	700
	10	860	1 505	1 275	1 400	1 120	1 275	940	835	805
	12	1 030	1 675	1 415	1 560	1 245	1 415	1 045	930	895
6.50—10NHS	8	660	—	—	—	—	1 250	920	825	790
	10	790	1 655	1 400	1 540	1 230	1 400	1 030	920	885
	12	1 000	1 895	1 600	1 765	1 410	—	—	—	—
7.00—9NHS	8	720	1 800	1 520	1 670	1 335	1 520	1 120	1 000	960
	10	860	1 995	1 685	1 850	1 480	1 685	1 240	1 105	1 065
7.00—12NHS	12	860	2 375	2 005	2 205	1 765	2 005	1 480	1 320	1 265
	14	1 000	2 590	2 190	2 405	1 925	2 190	1 610	1 440	1 380
7.00—15NHS	10	720	2 590	2 185	2 405	1 925	2 185	1 610	1 440	1 380
	12	860	2 870	2 420	2 665	2 130	2 420	1 785	1 595	1 530
	14	1 000	3 140	2 655	2 920	2 330	2 655	1 955	1 745	1 675
7.00—20NHS	10	690	3 140	2 655	2 920	2 330	2 655	1 955	1 745	1 675
7.50—10NHS	12	830	2 350	1 985	2 180	1 745	1 985	1 460	1 305	1 255
	14	970	2 570	2 170	2 385	1 905	2 170	1 600	1 425	1370
	16	1 030	2 665	2 245	2 470	1 975	2 245	1 655	1 480	1 420
7.50—15NHS	10	660	2 750	2 325	2 555	2 040	2 325	1 710	1 530	1 470
	12	790	3 075	2 680	2 860	2 285	2 680	1 915	1 710	1 640
	14	925	3 375	2 840	3 150	2 485	2 840	2 095	1 870	1 795
	16	1 000	3 550	2 980	3 300	2 665	2 975	2 190	1 960	1 880
7.50—16NHS	8	520	2 490	2 100	2 310	1 845	2 100	1 550	1 380	1 325
	10	660	2 855	2 415	2 655	2 120	2 415	1 780	1 585	1 525
	12	790	3 195	2 700	2 970	2 370	2 700	1 990	1 775	1 705
7.50—20NHS	10	660	—	—	—	—	2 855	2 125	1 900	1 820
	12	790	3 820	3 225	3 550	2 835	3 225	2 380	2 125	2 040

续表 18-34

轮胎规格	层级	充气压力(kPa)	各类车辆在各种最高速度下的轮胎负荷(kg)							
			平衡配重式叉车				其他工业车辆			
			25km/h		35km/h					
			驱动轮	转向轮	驱动轮	转向轮	10km/h	25km/h	40km/h	50km/h
8.25—12NHS	12	720	3 060	2 585	2 840	2 270	2 585	1 905	1 700	1 630
8.25—15NHS	12	720	3 490	2 945	3 240	2 590	2 945	2 170	1 940	1 860
	14	830	3 775	3 185	3 505	2 800	3 185	2 350	2 095	2 010
	16	925	4 050	3 450	3 600	3 010	3 450	2 520	2 250	2 160
	18	1 000	4 240	3 600	3 770	3 150	3 600	2 640	2 355	2 260
8.25—20NHS	12	720	4 230	3 575	3 930	3 140	3 575	2 635	2 350	2 255
	14	830	4 575	3 865	4 250	3 395	3 865	2 845	2 540	2 440
9.00—15NHS	14	690	4 135	3 490	3 675	3 070	3 490	2 575	2 300	2 205
9.00—16NHS	10	520	3 595	3 035	3 340	2 665	3 035	2 235	1 994	1 915
	14	760	4 495	3 795	4 175	3 335	3 795	2 800	2 500	2 400
	16	900	4 930	4 165	4 580	3 660	4 165	3 070	2 740	2 630
9.00—20NHS	12	660	4 765	4 025	4 430	3 540	4 025	2 965	2 650	2 540
	14	760	5 195	4 385	4 825	3 855	4 385	3 230	2 885	2 770
	16	860	5 595	4 725	5 200	4 155	4 725	3 480	3 110	2 985
10.00—15NHS	14	690	—	—	—	—	3 665	2 700	2 410	2 315
	16	830	—	—	—	—	4 790	3 530	3 150	3 025
10.00—20NHS	14	690	5 560	4 695	5 165	4 125	4 695	3 460	3 090	2 965
	16	790	6 030	5 090	5 600	4 475	2 090	3 750	3 350	3 215
	18	890	6 475	5 470	6 015	4 805	5 470	4 030	3 595	3 455
11.00—20NHS	14	660	5 875	4 960	5 460	4 360	4 960	3 655	3 265	3 135
	16	760	6 405	5 405	5 945	4 750	5 405	3 985	3 555	3 415
12.00—20NHS	16	690	6 915	5 840	6 420	5 130	5 840	4 300	3 840	3 685
	18	790	—	—	—	—	6 335	4 670	4 170	4 000
	20	900	7 400	6 325	6 905	5 615	6 325	4 785	4 325	4 170
12.00—24NHS	14	620	—	—	—	—	6 160	4 540	4 055	3 890
	16	720	7 985	6 740	7 415	5 925	6 740	4 970	4 435	4 260
	18	830	8 635	7 290	8 020	6 410	7 290	5 370	4 795	4 605
13.00—20NHS	20	830	—	—	—	—	8 220	6 615	5 675	5 090
13.00—24NHS	18	750	8 970	7 160	8 285	6 375	8 695	6 995	6 005	5 380
	20	830	9 470	7 575	8 760	6 740	9 195	7 400	6 350	5 690
14.00—24NHS	20	720	10 910	9 215	10 135	8 100	9 215	6 790	6 060	5 820
	24	860	12 080	10 205	11 225	8 965	10 205	7 520	6 710	6 445

注:①在松软或不规则的非平坦路面上使用时,不同最高速度下的轮胎最大负荷应与轮胎制造厂协商。

②上述注亦适用于表 18-36、表 18-38 和表 18-40。

2. 普通断面子午线轮胎

表 18-35

轮胎规格	测量轮辋	新胎设计尺寸(mm)			轮胎最大使用尺寸(mm)			允许使用轮辋	气门嘴型号
		断面宽度	外直径		总宽度	外直径			
			普通花纹	加深花纹		普通花纹	加深花纹		
5.00R8NHS	3.50D	137	470	—	148	480	—	3.00D	DG02C
6.00R9NHS	4.00E	160	540	—	173	552	—	4.50E	DG02C
6.50R10NHS	5.00F	175	590	—	189	603	—	5.50F	DG02C
7.00R12NHS	5.00S	190	676	—	205	691	—	5.50S	DG02C
7.00R15NHS	5.5	200	750	—	216	765	—	5.50T、6.0、6.00T	DG03C
7.50R15NHS	6.0	215	780	—	232	796	—	6.00T、6.5、6.50T	DG03C
8.25R15NHS	6.5	235	840	—	254	858	—	6.50T	DG05C
10.00R15NHS	7.5	280	935	—	302	957	—	7.50V、8.0	DG08C
10.00R20NHS	7.5	278	1 055	1 062	300	1 076	1 083	7.50V、8.0、8.00V	DG08C
12.00R20NHS	8.5	315	1 125	1 136	340	1 149	1 160	8.50V、9.00V	DG09C
12.00R24NHS	8.5	315	1 225	—	340	1 249	—	8.50V、9.00V	DG09C
14.00R24NHS	10.0	375	1 368	1 418	405	1 398	1 450	10.00W	DG09C

新胎最大总宽度＝新胎设计断面宽度×1.07

新胎最小总宽度＝新胎设计断面宽度×0.97

新胎最大外直径＝2×新胎设计断面高度×1.03＋轮辋名义直径

新胎最小外直径＝2×新胎设计断面高度×0.97＋轮辋名义直径

注：①轮胎的最大使用尺寸供车辆厂设计轮胎间隙用。

②若要求采用其他型号的气门嘴，可由使用方与制造方协商解决。

③上述说明和要求及注亦适用于表 18-39、表 18-42 和表 18-43。

2-1 普通断面子午线轮胎气压与负荷对应表

表 18-36

轮胎规格	层级	充气压力(kPa)	各类车辆在各种最高速度下的轮胎负荷(kg)							
			平衡配重式叉车				其他工业车辆			
			25km/h		35km/h					
			驱动轮	转向轮	驱动轮	转向轮	10km/h	25km/h	40km/h	50km/h
5.00R8NHS	10	1 000	1 150	970	1 065	850	—	—	—	—
6.00R9NHS	12	1 030	1 675	1 415	1 560	1 245	—	—	—	—
6.50R10NHS	12	970	1 860	1 570	1 725	1 380	—	—	—	—
7.00R12NHS	14	1 000	2 590	2 190	2 405	1 925	2 190	1 610	1 440	1 380
7.00R15NHS	12	860	2 870	2 420	2 665	2 130	2 420	1 785	1 595	1 530
	14	1 000	3 140	2 655	2 920	2 330	2 655	1 955	1 745	1 675
7.50R15NHS	10	660	2 750	2 325	2 555	2 040	2 325	1 710	1 530	1 470
	12	790	3 075	2 680	2 860	2 285	2 680	1 915	1 710	1 640
	14	925	3 375	2 840	3 150	2 485	2 840	2 095	1 870	1 795
	16	1 000	3 550	2 980	3 300	2 665	2 975	2 190	1 960	1 880
8.25R15NHS	12	720	3 490	2 945	3 240	2 590	2 945	2 170	1 940	1 860
	14	830	3 775	3 185	3 505	2 800	3 185	2 350	2 095	2 010
	16	925	4 050	3 450	3 600	3 010	3 450	2 520	2 250	2 160
	18	1 000	4 240	3 600	3 770	3 150	3 600	2 640	2 355	2 260

续表 18-36

轮胎规格	层级	充气压力(kPa)	各类车辆在各种最高速度下的轮胎负荷(kg)							
			平衡配重式叉车				其他工业车辆			
			25km/h		35km/h					
			驱动轮	转向轮	驱动轮	转向轮	10km/h	25km/h	40km/h	50km/h
10.00R15NHS	14	690	—	—	—	—	3 665	2 700	2 410	2 315
	16	830	—	—	—	—	4 790	3 530	3 150	3 025
10.00R20NHS	14	690	5 560	4 695	5 165	4 125	4 695	3 460	3 090	2 965
	16	790	6 030	5 090	5 600	4 475	5 090	3 750	3 350	3 215
12.00R20NHS	16	690	6 915	5 840	6 420	5 130	5 840	4 300	3 840	3 685
	18	790	—	—	—	—	6 335	4 670	4 170	4 000
	20	1 000	7 400	6 325	6 905	5 615	6 325	4 785	4 325	4 170
12.00R24NHS	14	620	—	—	—	—	6 160	4 540	4 055	3 890
	16	720	7 985	6 740	7 415	5 925	6 740	4 970	4 435	4 260
	18	830	8 635	7 290	8 020	6 410	7 290	5 370	4 795	4 605
14.00R24NHS	20	720	10 910	9 215	10 135	8 100	9 215	6 790	6 060	5 820
	24	860	12 080	10 205	11 225	8 965	10 205	7 520	6 710	6 445

3.低断面斜交轮胎

表 18-37

轮胎规格	测量轮辋	新胎设计尺寸(mm)		轮胎最大使用尺寸(mm)		允许使用轮辋	气门嘴型号
		断面宽度	外直径	总宽度	外直径		
15×4.5—8NHS	3.25I	122	385	132	401	—	DG02C
16×6—8NHS	4.33R	152	425	164	445	—	DG02C
18×7—8NHS	4.33R	173	465	187	489	—	DG02C
21×8—9NHS	6.00E	200	535	216	563	7.00E	DG05C
23×9—10NHS	6.50F	225	595	243	626	—	DG05C
23×10—12NHS	8.00G	254	597	282	623	—	DG04C
23.5×11—12NHS	8.75S	279	597	310	623	—	CG12 DG14
24×12—12NHS	9.00	305	610	338	637	—	CG12 DG14
27×10—12NHS	8.00G	255	690	275	725	—	DG04C
27×15—10NHS	13.00B	381	686	423	725	—	CG08 DG10
28×8—15NHS	6.50T	203	706	219	735	—	DG04C
28×9—15NHS	7.0	220	710	238	739	7.00T	DG07C
28×12—15NHS	9.75BD	305	711	338	741	—	CG08 DG10
28×13—15NHS	11.50	330	711	367	741	10.50、11.00BD	CG08 DG10
32×12—15NHS	9.75BD	305	826	338	866	—	CG08 DG10
32×15—15NHS	11.50	368	813	409	852	10.50、11.0	CG12 DG14
250—15NHS	7.5	250	735	270	767	—	DG08C
300—15NHS	8.0	300	840	324	881	—	DG08C

3-1 低断面斜交轮胎气压与负荷对应表 表 18-38

轮胎规格	层级	充气压力(kPa)	各类车辆在各种最高速度下的轮胎负荷(kg)							
			平衡配重式叉车				其他工业车辆			
			25km/h		35km/h					
			驱动轮	转向轮	驱动轮	转向轮	10km/h	25km/h	40km/h	50km/h
15×4.5—8NHS	8	720	695	590	645	515	—	—	—	—
	12	1 000	840	710	780	625	—	—	—	—
16×6—8NHS	10	860	1 085	920	1 010	805	—	—	—	—
18×7—8NHS	10	760	1 310	1 105	1 215	970	—	—	—	—
	14	970	1 505	1 270	1 400	1 120	—	—	—	—
	16	1 000	1 695	1 450	1 640	1 260	1 450	1 055	940	905
21×8—9NHS	10	620	1 545	1 305	1 435	1 145	1 305	960	860	825
	14	1 000	2 040	1 725	1 895	1 515	1 725	1 270	1 135	1 090
23×9—10NHS	12	760	2 345	1 980	2 175	1 740	1 980	1 460	1 300	1 250
	14	900	2 585	2 185	2 405	1 920	2 185	1 610	1 435	1 380
	16	1 030	2 810	2 370	2 610	2 085	2 370	1 750	1 560	1 500
23×10—12NHS	12	700	2 670	2 255	2 480	1 980	2 255	1 660	1 480	1 425
	14	830	2 950	2 495	2 620	2 185	2 495	1 835	1 640	1 570
	16	970	3 220	2 720	2 870	2 395	2 720	2 005	1 795	1 725
	18	1 030	3 355	2 835	2 990	2 495	2 835	2 095	1 870	1 795
23.5×11—12NHS	18	1 030	—	—	—	—	2 550	1 880	1 680	1 610
24×12—12NHS	20	1 030	—	—	—	—	3 130	2 305	2 060	1 980
27×10—12NHS	12	720	2 970	2 505	2 755	2 205	2 505	1 845	1 650	1 585
	14	860	3 285	2 775	3 050	2 440	2 775	2 045	1 825	1 750
	16	1 000	3 585	3 030	3 330	2 665	3 030	2 230	1 995	1 915
27×15—10NHS	20	860	—	—	—	—	3 470	2 555	2 345	2 250
	24	1 030	—	—	—	—	3 860	2 845	2 540	2 440
28×8—15NHS	12	760	2 355	1 985	2 185	1 745	1 985	1 465	1 305	1 255
28×9—15NHS	12	830	2 790	2 355	2 590	2 070	2 355	1 735	1 550	1 485
	14	970	3 050	2 575	2 835	2 265	2 575	1 900	1 695	1 625
	16	1 000	3 115	2 630	2 895	2 310	2 630	1 940	1 730	1 660
28×12—15NHS	16	860	—	—	—	—	3 015	2 220	1 985	1 905
	24	960	—	—	—	—	3 225	2 360	2 095	2 030
	28	1 030	—	—	—	—	3 355	2 475	2 205	2 120
28×13—15NHS	20	1 000	—	—	—	—	3 355	2 480	2 210	2 125
	28	1 030	—	—	—	—	3 425	2 525	2 255	2 165
32×12—15NHS	20	1 000	—	—	—	—	4 150	3 060	2 730	2 620
	24	1 030	—	—	—	—	4 240	3 125	2 790	2 680
32×15—15NHS	20	900	—	—	—	—	4 535	3 340	2 985	2 865
	24	1 030	—	—	—	—	4 945	3 645	3 255	3 125
250—15NHS	16	930	3 865	3 265	3 500	2 870	3 265	2 405	2 145	2 060
	18	1 030	4 110	3 470	3 820	3 050	3 470	2 555	2 285	2 190
300—15NHS	18	830	5 530	4 870	5 135	4 105	4 670	3 440	3 070	2 950
	20	930	5 940	4 990	5 485	4 375	4 990	3 675	3 290	3 155

4.低断面子午线轮胎

表 18-39

轮胎规格	测量轮辋	新胎设计尺寸(mm)		轮胎最大使用尺寸(mm)		允许使用轮辋	气门嘴型号
		断面宽度	外直径	总宽度	外直径		
15×4.5R8NHS	3.25I	122	385	132	392	—	DG02C
18×7R8NHS	4.33R	173	465	187	475	—	DG02C
21×8R9NHS	6.00E	200	535	216	547	7.00E	DG05C
28×9R15NHS	7.0	220	710	238	723	7.00T	DG07C

4-1、低断面子午线轮胎气压与负荷对应表

表 18-40

轮胎规格	层级	充气压力(kPa)	各类车辆在各种最高速度下的轮胎负荷(kg)							
			平衡配重式叉车				其他工业车辆			
			25km/h		35km/h					
			驱动轮	转向轮	驱动轮	转向轮	10km/h	25km/h	40km/h	50km/h
15×4.5R8NHS	12	1 000	840	710	780	625	—	—	—	—
18×7R8NHS	16	1 000	—	1 640	—	—	1 310	1 035	—	—
21×8R9NHS	14	1 000	2 040	1 725	1 895	1 515	1 725	1 270	1 135	1 090
28×9R15NHS	16	1 000	3 115	2 630	2 895	2 310	2 680	1 940	1 730	1 660

5.公制系列斜交轮胎

表 18-41

轮胎规格	负荷指数	测量轮辋	新胎设计尺寸(mm)		轮胎最大使用尺寸(mm)		轮胎负荷(kg)	充气压力(kPa)	允许使用轮辋	气门嘴型号
			断面宽度	外直径	总宽度	外直径				
355/65—15NHS	170	9.75	354	843	382	880	6 000	1 000	9.75	DG08C
180/70—8NHS	125	4.33R	173	455	186	475	1 650	1 000	4.33R	DG02C
250/70—15NHS	153	7.0	251	731	271	759	3 650	830	7.0、7.5	DG07C
315/70—15NHS	160	8.0	308	822	332	857	4 500	750	8.0	DG09C
	165						5 150	1 000		
200/75—9NHS	134	6.00E	205	529	221	553	2 120	1 000	6.00E	DG05C
225/75—10NHS	142	6.50F	228	591	246	618	2 650	1 000	6.50F	DG05C
250/75—12NHS	148	8.00G	261	680	281	710	3 150	830	8.00G	DG04C
	152						3 550	1 000		
180/85—10NHS	122	5.00F	180	560	194	584	1 500	800	5.00F	DG02C
	125						1 650	950		

注:①负荷指数是根据速度符号 A5 对应的基准速度 25km/h 选用的。

②不同最高速度(或速度符号)下的轮胎最大负荷见表 18-46。

③轮胎的最大使用尺寸供车辆厂设计轮胎间隙用。

④若要求采用其他型号的气门嘴,可由使用方与制造方协商解决。

⑤上述注亦适用于表 18-42。

6. 公制系列子午线轮胎

表 18-42

轮胎规格	负荷指数	测量轮辋	新胎设计尺寸(mm)		轮胎最大使用尺寸(mm)		轮胎负荷(kg)	充气压力(kPa)	允许使用轮辋	气门嘴型号
			断面宽度	外直径	总宽度	外直径				
180/70R8NHS	125	4.33R	173	455	186	475	1 650	1 000	4.33R	DG02C
205/70R15NHS	135	5.5	203	668	219	691	2 180	1 000	5.0、6.0	DG05C
250/70R15NHS	153	7.0	251	731	271	759	3 650	830	7.0、7.5	DG07C
315/70R15NHS	160	8.0	308	822	332	857	4 500	750	8.0	DG09C
	165						5 150	1 000		
125/75R8NHS	100	3.25I	123	391	133	406	800	1 000	3.00D、3.25I	DG02C
150/75R8NHS	113	4.33R	152	429	164	447	1 150	1 000	4.33R	DG02C
200/75R9NHS	134	6.00E	205	529	221	553	2 120	1 000	6.00E	DG05C
225/75R10NHS	142	6.50F	228	591	246	618	2 650	1 000	6.50F	DG05C
225/75R15NHS	149	7.0	233	719	252	746	3 250	1 000	7.0	DG07C
250/75R12NHS	152	8.00G	261	680	281	710	3 550	1 000	8.00G	DG04C
355/65R15NHS	170	9.75	355	843	382	861	6 000	1 000	9.75	DG08C

7. 移动式起重机子午线轮胎

表 18-43

轮胎规格	负荷指数	测量轮辋	新胎设计尺寸(mm)		轮胎最大使用尺寸(mm)		轮胎负荷(kg)	充气压力(kPa)	允许使用轮辋
			断面宽度	外直径	总宽度	外直径			
395/80R25	165	12.00/1.3	391	1 267	434	1 317	5 150	700	12.00/1.3
445/80R25	170	14.00/1.5	445	1 347	494	1 404	6 000	700	14.00/1.5
525/80R25	179	17.00/2.0	530	1 475	588	1 542	7 750	700	17.00/2.0
605/80R25	188	19.50/2.5	610	1 603	677	1 680	10 000	700	19.50/2.5
685/80R25	195	22.00/3.0	689	1 731	765	1 819	12 150	700	22.00/3.0
385/95R24	170	10.00/1.5	379	1 369	409	1 415	6 000	900	10.00/1.5
385/95R25	170	10.00/1.5	379	1 369	409	1 415	6 000	900	10.00/1.5
445/95R25	177	11.25/2.0	435	1 481	483	1 549	7 300	900	11.25/2.0
505/95R25	186	13.00/2.5	496	1 595	551	1 672	9 500	900	13.00/2.5
575/95R25	193	15.00/3.5	566	1 727	628	1 814	11 500	900	15.00/3.5

注:①负荷指数是根据速度符号 E 对应的基准速度 70km/h 选用的。

②不同最高速度(或速度符号)下的轮胎最大负荷见表 18-46。

③轮胎的最大使用尺寸供车辆厂设计轮胎间隙用。

8.装配15°深槽轮辋的宽基斜交轮胎

表18-44

轮胎规格	层级	测量轮辋	新胎设计尺寸(mm)		轮胎最大使用尺寸(mm)		轮胎负荷(kg)	充气压力(kPa)	允许使用轮辋	气门嘴型号
			断面宽度	外直径	总宽度	外直径				
10—16.5NHS	4	8.25	264	773	293	805	1 250	210	—	CJ07
	6						1 590	310		
	8						1 880	410		
	10						2 135	520		
	12						2 375	620		
12—16.5NHS	6	9.75	307	831	341	868	1 915	280	—	CJ07
	8						2 180	340		
	10						2 540	450		
	12						2 865	550		
	14						3 075	620		
14—17.5NHS	6	10.50	349	921	388	964	2 185	210	—	CJ01
	8						2 585	280		
	10						3 105	380		
	12						3 430	450		
	14						3 875	550		
15—19.5NHS	8	11.75	389	1 019	431	1 066	3 290	280	12.25	CJ05
	12						4 170	410		
	14						4 565	485		
	16						4 935	550		

注:①轮胎的最大使用尺寸供车辆厂设计轮胎间隙用。

②不同最高速度(或速度符号)下的轮胎最大负荷见表18-46。

9.保留产品

表18-45

轮胎规格	层级	测量轮辋	新胎设计尺寸(mm)		最大负荷(kg)		充气压力(kPa)	允许使用轮辋	气门嘴型号
			断面宽度	外直径	15km/h驱动轮	25km/h驱动轮			
7.00—15NHS	10	5.00F	200	750	—	2 590	720	5.00F、5.00S、6.00G	DG03C
	12				—	2 870	860		
7.50—15NHS	10	6.00G	215	780	—	2 750	660	6.00G、5.50F、6.50H	DG03C
	12				—	3 075	790		
8.25—12NHS	12	5.00S	210	728	2 000	—	700	5.00S	DG03C
6.00—15NHS	10	4.50E	170	705	—	1 860	830	4.50E	DG02C

注:①轮胎的最大使用尺寸供车辆厂设计轮胎间隙用。

②在松软或不规则的非平坦路面上使用时,不同最高速度下的轮胎最大负荷应与轮胎制造厂协商。

10. 不同最高速度下各型轮胎的最大负荷

表 18-46

公制系列轮胎速度及代号		公制系列轮胎			移动式起重机轮胎		装配 15°深槽轮辋的宽基斜交轮胎	
速度(km/h)	速度符号	适用		最大负荷/标准负荷(%)	最高行驶速度(km/h)	最大负荷/标准负荷(%)	最高行驶速度(km/h)	最大负荷/标准负荷(%)
10	A2	平衡配重式叉车 25km/h(A5)	驱动轮	130	30	130	10	100
15	A3		转向轮	100	40	124	15	79
20	A4	平衡配重式叉车 35km/h(A7)	驱动轮	125	50	118	30	68
25	A5		转向轮	92.5	60	112	40	66
30	A6	其他工业车辆速度(km/h)	10(A2)	130	70	100		
35	A7		25(A5)	100	80	82		
40	A8		40(A8)	89	90	70		
50	B		50(B)	84	100	60		

二、常用公路基本数据及定额(JTG/TB 06—02—2007)

(一)公路路面材料计算基础数据

1. 多种材料混合结构的压实混合料干密度(t/m^3)

表 18-47

路面名称	水泥稳定土基层								石灰稳定土基层						石灰、粉煤灰稳定土基层		
	水泥土	水泥砂	水泥砂砾	水泥碎石	水泥石屑	水泥石渣	水泥碎石土	水泥砂砾土	石灰土	石灰砂砾	石灰碎石	石灰砂砾土	石灰碎石土	石灰土砂砾	石灰土碎石	石灰粉煤灰	石灰粉煤灰土	石灰粉煤灰砂
干密度	1.750	2.050	2.233	2.277	2.140	2.100	2.150	2.111	1.712	2.100	2.141	1.948	1.975	1.948	1.975	1.170	1.504	1.680

路面名称	石灰、粉煤灰稳定土基层				石灰、煤渣稳定土基层						水泥石灰砂砾	水泥石灰碎(砾)石	水泥石灰土	水泥石灰土砂	水泥石灰砂砾土	水泥石灰碎石土	粒料改善	
	石灰粉煤灰砂砾	石灰粉煤灰碎石	石灰粉煤灰矿渣	石灰粉煤灰煤矸石	石灰煤渣	石灰煤渣土	石灰煤渣碎石	石灰煤渣砂砾	石灰煤渣矿渣	石灰煤渣碎石土							砂、黏土	砾石
干密度	1.982	2.049	1.650	1.700	1.280	1.480	1.800	1.800	1.600	1.800	2.142	2.184	1.749	1.907	1.992	2.020	1.900	2.100

路面名称	嵌锁级配型基、面层				磨 耗 层			沥 青 碎 石				沥 青 混 凝 土				抗 滑 表 层		沥青玛蹄脂(SMA)
	级配碎石	级配砾石	填隙碎石	泥结碎石	砂土	级配砂砾	煤渣	特粗式	粗粒式	中粒式	细粒式	粗粒式	中粒式	细粒式	砂粒式	中粒式	细粒式	
干密度	2.268	2.268	1.980	2.150	1.900	2.200	1.600	2.283	2.283	2.269	2.252	2.365	2.358	2.351	2.350	2.362	2.354	2.353

2. 各种路面材料松方干密度(t/m^3)

表 18-48

材料名称	粉煤灰	煤渣	土	矿渣	煤矸石	砂	碎石	石屑	碎石土	石渣	砾石	砂砾	砂砾土	黏土	风化石
干密度	0.750	0.800	1.240	1.200	1.400	1.510	1.521	1.530	1.600	1.500	1.620	1.650	1.700	1.300	1.330

3. 单一材料结构,按压实系数计算各种材料压实系数

表 18-49

材料名称	级配砾石	级配碎石	砾石	碎石	砂	砂土	砂砾	煤渣	矿渣	天然砂砾	风化石
压实系数	1.280	1.340	1.200	1.220	1.260	1.280	1.250	1.650	1.300	1.310	1.300

4. 各类沥青混合料油石比

表 18-50

沥青混合料类型	沥青碎石				沥青混凝土				抗滑表层		沥青玛蹄脂碎石
	特粗式	粗粒式	中粒式	细粒式	粗粒式	中粒式	细粒式	砂粒式	中粒式	细粒式	
油石比(%)	3.34	3.59	3.84	4.15	4.45	4.80	5.22	6.01	4.78	5.03	6.01

(二)公路沥青路面的定额用料

1. 每 1 000m² 沥青表面处治路面材料用量

表 18-51

材料名称		单位	石油沥青							乳化沥青		
			单层		双层			三层		单层	双层	三层
			表处厚度(cm)									
			1.0	1.5	1.5	2.0	2.5	2.5	3.0	0.5	1.0	3.0
石油沥青		t	1.133	1.545	2.678	2.884	3.090	4.223	4.429	—	—	—
乳化沥青		t	—	—	—	—	—	—	—	1.030	3.090	5.253
砂		m³	2.6									
石屑		m³	0.41	—	0.38	0.38	0.38	0.38	0.38	8.16	6.63	4.34
碎石	1.5cm	m³	7.75	13.26	20.53	9.87	10.17	22.77	20.94	—	8.67	15.61
	2.5cm	m³	—	—	—	14.74	16.47	17.14	2.81	—	—	2.65
	3.5cm	m³	—	—	—	—	—	—	18.21	—	—	18.21

注:用料数中已包括混合料拌和、运输、摊铺作业时的损耗。

2. 每 1 000m² 沥青贯入式路面材料用量

表 18-52

材料名称			单位	石油沥青					乳化沥青	
				压实厚度(cm)						
				4	5	6	7	8	4	5
面层	石油沥青		t	4.893	5.665	6.283	7.21	8.137	—	—
	乳化沥青		t	—	—	—	—	—	6.592	8.446
	砂		m³	2.6	2.6	2.6	2.6	2.6	5.2	5.2
	石屑		m³	5.74	5.2	6.22	5.71	5.71	11.48	12.19
	碎石	1.5cm	m³	9.38	13.9	11.83	11.73	10.71	11.04	19.66
		2.5cm	m³	11.27	16.47	14.74	6.17	6.27	11.27	11.12
		3.5cm	m³	46.03	—	8.11	26.11	16.07	41.18	—
		5cm	m³	—	55.72	—	—	14.92	—	50.87
		6cm	m³	—	—	65.18	—	—	—	—
		7cm	m³	—	—	—	73.70	—	—	—
		8cm	m³	—	—	—	—	84.53	—	—
基层或联结层	石油沥青		t	3.76	4.532	5.15	6.077	7.004	—	—
	乳化沥青		t	—	—	—	—	—	5.665	7.519
	砂		m³	—	—	—	—	—	2.6	2.6
	石屑		m³	1.66	1.12	1.12	0.61	0.61	6.38	7.09
	碎石	1.5cm	m³	9.38	13.9	11.83	11.73	10.71	11.04	19.66
		2.5cm	m³	11.27	16.47	14.74	6.17	6.27	11.27	11.12
		3.5cm	m³	46.03	—	8.11	26.11	16.07	41.18	—
		5cm	m³	—	55.72	—	—	14.92	—	50.87
		6cm	m³	—	—	65.18	—	—	—	—
		7cm	m³	—	—	—	73.70	—	—	—
		8cm	m³	—	—	—	—	84.53	—	—

注:用料数中已包括混合料拌和、运输、摊铺作业时的损耗。

3. 每 1 000m² 沥青上拌下贯式路面的下贯部分材料用量

表 18-53

材料名称		单位	石油沥青				乳化沥青	
			压实厚度(cm)					
			4	5	6	7	5	6
石油沥青		t	3.760	4.532	5.150	6.077	—	—
乳化沥青		t	—	—	—	—	5.665	7.519
砂		m³	—	—	—	—	2.60	2.60
石屑		m³	1.50	0.82	0.82	0.56	6.40	6.07
碎石	1.5cm	m³	8.52	11.14	9.08	10.91	15.38	13.18
	2.5cm	m³	11.27	16.47	14.74	6.02	14.69	13.01
	3.5cm	m³	46.03	—	8.11	26.11	—	23.08
	5cm	m³	—	55.72	—	—	48.20	—
	6cm	m³	—	—	65.18	—	—	48.2
	7cm	m³	—	—	—	73.70	—	—

注:①用料数中已包括混合料拌和、运输、摊铺作业时的损耗。

②上拌部分用料以压实方量按有关定额另行计算。

4. 每 1 000m³ 压实沥青路面实体的定额材料用量

表 18-54

材料名称		单位	沥青碎石混合料				沥青混凝土				抗滑表层沥青混凝土		沥青玛蹄脂碎石混合料
			特粗式	粗粒式	中粒式	细粒式	粗粒式	中粒式	细粒式	砂粒式	中粒式	细粒式	
拌和成品量		m³	1 020										1 020
石油沥青		t	77.521	83.123	88.153	94.275	105.857	113.465	122.536	139.969	—	—	—
改性沥青		t	—	—	—	—	—	—	—	—	113.205	118.440	144.320
砂		m³	154.74	170.93	221.97	264.92	296.66	389.79	471.22	893.59	254.33	346.40	119.38
矿粉		t	44.563	51.865	55.555	65.424	96.104	117.72	128.404	161.629	120.784	132.568	246.741
石屑		m³	112.52	130.68	183.65	308.92	168.13	226.75	261.18	537.84	263.20	310.60	126.56
碎石	1.5cm	m³	264.30	294.72	479.04	867.75	259.89	334.74	723.22	—	408.62	797.05	1 111.35
	2.5cm	m³	249.49	281.60	578.58	—	299.07	520.05	—	—	542.31	—	—
	3.5cm	m³	347.72	599.54	—	—	469.28	—	—	—	—	—	—
	5cm	m³	356.78	—	—	—	—	—	—	—	—	—	—
纤维稳定剂		t	—	—	—	—	—	—	—	—	—	—	7.344

注:用料数中已包括混合料拌和、运输、摊铺作业时的损耗。

5. 路面透层、黏层、封层的材料用量

表 18-55

材料名称	单位	透层				黏层				层铺法封层				乳化沥青稀浆封层		
		粒料基层		半刚性基层		沥青层		水泥混凝土		上封层		下封层				
		石油沥青	乳化沥青	石油沥青	乳化沥青	石油沥青	乳化沥青	石油沥青	乳化沥青	石油沥青	乳化沥青	石油沥青	乳化沥青	ES-1 型	ES-2 型	ES-3 型
石油沥青	t	1.082	—	0.824	—	0.412	—	0.309	—	1.082	—	1.185	—	—	—	—
乳化沥青	t	—	1.391	—	0.927	—	0.464	—	0.412	—	0.953	—	1.004	1.096	1.476	1.560
砂	m³	—	—	—	—	—	—	—	—	—	—	—	—	0.38	0.60	0.66
矿粉	t	—	—	—	—	—	—	—	—	—	—	—	—	0.265	0.278	0.318
石屑	m³	—	—	2.55	2.55	—	—	—	—	7.14	7.14	8.16	8.16	1.75	2.95	3.81

注:用料数中已包括混合料拌和、运输、摊铺作业时的损耗。

(三)砂浆及水泥混凝土配合比

1. 砂浆配合比表($1m^3$ 砂浆及水泥浆)

表 18-56

项　目	单位	水 泥 砂 浆									
		砂浆强度等级									
		M5	M7.5	M10	M12.5	M15	M20	M25	M30	M35	M40
32.5 级水泥	kg	218	266	311	345	393	448	527	612	693	760
生石灰	kg	—	—	—	—	—	—	—	—	—	—
中(粗)砂	m^3	1.12	1.09	1.07	1.07	1.07	1.06	1.02	0.99	0.98	0.95

项　目	单位	水 泥 砂 浆				混 合 砂 浆				石灰砂浆	水泥浆
		砂浆强度等级									
		1∶1	1∶2	1∶2.5	1∶3	M2.5	M5	M7.5	M10	M1	
32.5 级水泥	kg	780	553	472	403	165	210	253	290	—	1 348
生石灰	kg	—	—	—	—	127	94	61	29	207	—
中(粗)砂	m^3	0.67	0.95	1.01	1.04	1.04	1.04	1.04	1.04	1.1	—

注:表列用量已包括场内运输及操作损耗。

2. 混凝土配合比表($1m^3$ 混凝土)

表 18-57

项　目	单位	普通混凝土														
		碎(砾)石最大粒径(mm)														
		20														
		混凝土强度等级														
		C10	C15	C20	C25	C30		C35		C40			C45		C50	
		水泥强度等级														
		32.5	32.5	32.5	32.5	32.5	42.5	32.5	42.5	32.5	42.5	52.5	42.5	52.5	42.5	52.5
水泥	kg	238	286	315	368	406	388	450	405	488	443	399	482	439	524	479
中(粗)砂	m^3	0.51	0.51	0.49	0.48	0.46	0.48	0.45	0.47	0.43	0.45	0.47	0.45	0.45	0.44	0.42
碎(砾)石	m^3	0.85	0.82	0.82	0.8	0.79	0.79	0.78	0.79	0.78	0.79	0.79	0.77	0.79	0.75	0.79
片石	m^3	—	—	—	—	—	—	—	—	—	—	—	—	—	—	—

项　目	单位	普通混凝土														
		碎(砾)石最大粒径(mm)														
		20		40												
		混凝土强度等级														
		C55	C60	C10	C15	C20	C25	C30		C35		C40			C45	
		水泥强度等级														
		52.5	52.5	32.5	32.5	32.5	32.5	32.5	42.5	32.5	42.5	32.5	42.5	52.5	42.5	52.5
水泥	kg	516	539	225	267	298	335	377	355	418	372	461	415	359	440	399
中(粗)砂	m^3	0.42	0.41	0.51	0.5	0.49	0.48	0.46	0.46	0.45	0.46	0.43	0.44	0.46	0.44	0.44
碎(砾)石	m^3	0.74	0.71	0.87	0.85	0.84	0.83	0.83	0.84	0.82	0.83	0.81	0.83	0.84	0.81	0.84
片石	m^3	—	—	—	—	—	—	—	—	—	—	—	—	—	—	—

续表 18-57

项目	单位	普通混凝土						泵送混凝土								
		碎(砾)石最大粒径(mm)														
		40			80			20								
		混凝土强度等级														
		C50		C55	C10	C15	C20	C15	C20	C25	C30	C35		C40		C45
		水泥强度等级														
		42.5	52.5	52.5	32.5	32.5	32.5	32.5	32.5	32.5	32.5	32.5	42.5	32.5	42.5	42.5
水泥	kg	487	430	451	212	253	282	321	354	407	443	491	431	538	471	512
中(粗)砂	m^3	0.43	0.41	0.41	0.58	0.55	0.54	0.59	0.57	0.56	0.55	0.54	0.56	0.52	0.54	0.54
碎(砾)石	m^3	0.79	0.84	0.83	0.83	0.83	0.82	0.75	0.75	0.71	0.7	0.69	0.7	0.67	0.69	0.67
片石	m^3	—	—	—	—	—	—	—	—	—	—	—	—	—	—	—

项目	单位	泵送混凝土														
		碎(砾)石最大粒径(mm)														
		20			40											
		混凝土强度等级														
		C50	C55	C60	C10	C15	C20	C25	C30	C35		C40		C45	C50	C55
		水泥强度等级														
		42.5	52.5	52.5	32.5	32.5	32.5	32.5	32.5	32.5	42.5	32.5	42.5	42.5	42.5	52.5
水泥	kg	554	546	570	236	302	325	372	420	461	403	505	440	478	505	498
中(粗)砂	m^3	0.53	0.51	0.5	0.66	0.59	0.59	0.58	0.56	0.54	0.57	0.52	0.55	0.56	0.55	0.55
碎(砾)石	m^3	0.66	0.65	0.62	0.73	0.77	0.75	0.73	0.73	0.72	0.72	0.7	0.71	0.68	0.67	0.65
片石	m^3	—	—	—	—	—	—	—	—	—	—	—	—	—	—	—

项目	单位	水下混凝土				防水混凝土				喷射混凝土				片石混凝土		
		碎(砾)石最大粒径(mm)														
		40								20				80		
		混凝土强度等级														
		C20	C25	C30	C35	C25	C30	C35	C40	C15	C20	C25	C30	C10	C15	C20
		水泥强度等级														
		32.5	32.5	32.5	32.5	32.5	32.5	42.5	42.5	32.5	32.5	32.5	32.5	32.5	32.5	32.5
水泥	kg	368	398	385	434	368	427	460	505	435	445	469	510	180	215	240
中(粗)砂	m^3	0.49	0.46	0.47	0.46	0.52	0.51	0.51	0.49	0.61	0.61	0.6	0.59	0.49	0.47	0.46
碎(砾)石	m^3	0.8	0.84	0.83	0.81	0.71	0.69	0.67	0.66	0.58	0.57	0.57	0.56	0.71	0.71	0.7
片石	m^3	—	—	—	—	—	—	—	—	—	—	—	—	0.215	0.215	0.215

注：①采用细砂配制混凝土时，每 m^3 混凝土的水泥用量增加 4%。

②表列各种强度混凝土的水泥用量，是按机械捣固计算时；如采用人工捣固时，每 m^3 混凝土增加水泥用量 25kg。

③表列用量已包括场内运输及操作损耗；

④公路水下构造物每 m^3 混凝土水泥用量：机械捣固不应少于 240kg；人工捣固不应少于 265kg。

⑤每 $10m^3$ 混凝土拌和与养生用水为：

表 18-58

项目		单位	用水量(m^3)		项目	单位	用水量(m^3)	
			泵送混凝土	其他混凝土			泵送混凝土	其他混凝土
现浇	基础、下部构造	$10m^3$	18	12	预制	$10m^3$	22	16
	上部构造		21	15				

3.砌筑工程石料及砂浆消耗(1m^3 砌体及 100m^2 勾缝抹面面积)

表 18-59

项目	单位	浆砌工程						干砌工程	
		片石	卵石	块石	粗料石	细料石	青(红)砖	片石、卵石	块石
		1m^3 砌体							
片石、卵石	m^3	1.15	1.15	—	—	—	—	1.25	—
块石	m^3	—	—	1.05	—	—	—	—	1.15
粗料石	m^3	—	—	—	0.9	—	—	—	—
细料石	m^3	—	—	—	—	0.92	—	—	—
青(红)砖	千块	—	—	—	—	—	0.531	—	—
砂浆	m^3	0.35	0.38	0.27	0.2	0.13	0.24	—	—

项目	单位	水泥砂浆勾缝											
		平、立面								仰面			
		平凹缝				凸缝				平凹缝			
		片石	块石	料石	青(红)砖	片石	块石	料石	青(红)砖	片石	块石	料石	青(红)砖
		100m^2 勾缝面积											
砂浆	m^3	0.87	0.52	0.35	0.22	1.22	0.73	0.49	0.31	0.91	0.55	0.37	0.23

项目	单位	水泥砂浆勾缝				水泥砂浆抹面
		仰面				
		凸缝				厚 2cm
		片石	块石	料石	青(红)砖	
		100m^2 勾缝面积				100m^2 抹面面积
砂浆	m^3	1.27	0.77	0.52	0.32	2.60

注:①浆砌工程中的砂浆用量不包括勾缝用量。

②砌筑混凝土预制块同砌筑细料石。

③混凝土预制块勾缝同料石。

④表列用量已包括场内运输及操作损耗。

三、国外钢筋混凝土用钢筋

(一)美国　预应力混凝土用无涂层高强度钢筋(ASTM　A722/A722M—15)

钢筋的最小抗拉强度为 150 000psi(1 035MPa),钢的类型分为Ⅰ类是光面钢筋、Ⅱ类是变形钢筋。(psi 为磅/英寸^2)

1.Ⅰ类(光面)钢筋的规格

表 18-60

公称直径		公称质量		公称面积	
(in)	(mm)	(lb/ft)	(kg/m)	(in^2)	(mm^2)
3/4	19	1.50	2.23	0.44	284
7/8	22	2.04	3.04	0.60	387
1	25	2.67	3.97	0.78	503
1 1/8	29	3.38	5.03	0.99	639
1 1/4	32	4.17	6.21	1.23	749
1 3/8	35	5.05	7.52	1.48	955

注:钢筋直径允许偏差,+0.03in,−0.01in(+0.76mm,−0.25mm)。

2. Ⅱ类(变形)钢筋的规格

表 18-61

公称直径		公称质量		有效面积		横肋尺寸					
						最大平均间距		最小平均高度		最小投影面积	
in	mm	lb/ft	kg/m	in^2	m^2	in	mm	in	mm	in^2/in	mm^2/mm
5/8	15	0.98	1.46	0.28	181	0.44	11.1	0.03	0.7	0.09	2.4
3/4	20	1.49	2.22	0.42	271	0.52	13.3	0.04	1.0	0.13	3.4
1	26	3.01	4.48	0.85	548	0.70	17.8	0.05	1.3	0.17	4.4
1 1/4	32	4.39	6.54	1.25	806	0.89	22.5	0.06	1.6	0.21	5.4
1 3/8	36	5.56	8.28	1.58	1 019	0.99	25.1	0.07	1.8	0.24	6.1
1 3/4	46	9.10	13.54	2.58	1 664	1.19	30.1	0.09	2.2	0.29	7.3
1 1/2	65	18.20	27.10	5.16	3 331	1.75	44.5	0.11	2.9	0.38	9.7
3	75	24.09	35.85	6.85	4 419	2.00	50.8	0.13	3.3	0.46	11.7

注:①有效面积是以钢筋质量减去 3.5%肋的无效质量确定的。
②用英寸磅单位表示的值认为是标准值。
③公称质量允许偏差+3%,−2%。
④lb/ft 为磅/英尺。
⑤最小投影面积根据 MPa=$0.75\pi dh/s$ 计算。
式中:d——公称直径;
h——最小平均高度;
s——最大平均间距。

3. 钢筋的化学成分:生产厂对每炉钢在浇铸过程中,应取样进行熔炼分析,以测定碳、锰、磷、硫和所有合金元素

钢筋的硫磷含量 表 18-62

元素	熔炼分析(%),不大于	成品分析不超过熔炼分析(%)
磷	0.04	0.008
硫	0.05	0.008

4. 钢筋的力学性能

(1)抗拉强度:成品钢筋应具有 150 000psi(1 035Mpa)的最低极限抗拉强度。

(2)屈服强度:Ⅰ类钢筋的最低屈服强度不低于最低极限抗拉强度的 85%,Ⅱ类钢筋的最低屈服强度不低于最低极限抗拉强度的 80%,但是,用承受荷载伸长法时,总应变应为 0.7%,用永久变形应力测定法时,永久变形应为 0.2%。

(3)伸长率:在标距长度等于 20 倍钢筋直径时,破断后最小伸长率为 4%;在标距长度等于 10 倍钢筋直径时,最小伸长率应为 7%。

(4)断面收缩:有效面积的最小断面收缩应为 20%。

(5)钢筋的弯曲试验要求。

表 18-63

钢筋的公称直径		135°弯曲的弯心直径
(in)	(mm)	
5/8	15	6d
3/4	20	6d
1	26	6d

续表 18-63

钢筋的公称直径		135°弯曲的弯心直径
(in)	(mm)	
1 1/4	32	8d
1 3/8	36	8d
1 3/4	46	10d
2 1/2	65	10d
3	75	12d

注:d 是钢筋公称直径。

(6)钢筋的连接:对具有按一定方式排列的横肋的钢筋,允许用螺旋形连接器连接。钢筋生产厂应负责证明,在沿钢筋长度上任一点切割的钢筋都可以与任何其他长度钢筋相连接,并且连接的接头保证连接钢筋的极限破断强度。连接器类型应由钢筋生产厂提供或设计。

生产厂按规定测定的化学成分应报告给需方。

(二)美国　钢筋混凝土用变形(带肋)和光圆碳素钢筋(ASTM A615/ A615/M—2015)

本标准用英寸(in)—磅(Lb)单位制和国际单位制(写在括号内)并列表示。

钢筋按最小屈服强度分为 40 000psi[280MPa]、60 000psi[420MPa]、75 000psi[520MPa]、80 000psi[550MPa]、100 000psi[690MPa]五级。分别标识为 40[280]级、60[420]级、75[520]级、80[550]级和100[690]级。钢筋分为标准钢筋和备选钢筋。

钢筋由能识别炉批号的钢坯轧制而成。交货状态为直条或盘条。

1. 标准钢筋

1)变形钢筋代号、公称重量(质量)、公称尺寸和肋的要求

表 18-64

钢筋规格代号 NO.	公称重量 Lb/ft [公称质量,kg/m]	公称尺寸			肋的要求 in(mm)		
		直径 in (mm)	横截面积 in^2 (mm^2)	周长 in (mm)	最大平均间距	最小平均高度	最大间隙(公称周长的 12.5%的弦长)
3[10]	0.376[0.560]	0.375[9.5]	0.11[71]	1.178[29.9]	0.262[6.7]	0.015[0.38]	0.143[3.6]
4[13]	0.668[0.994]	0.500[12.7]	0.20[129]	1.571[39.9]	0.350[8.9]	0.020[0.51]	0.191[4.9]
5[16]	1.043[1.552]	0.625[15.9]	0.31[199]	1.963[49.9]	0.437[11.1]	0.028[0.71]	0.239[6.1]
6[19]	1.502[2.235]	0.750[19.1]	0.44[284]	2.536[59.8]	0.525[13.3]	0.038[0.97]	0.286[7.3]
7[22]	2.044[3.042]	0.875[22.2]	0.60[387]	2.749[69.8]	0.612[15.5]	0.044[1.12]	0.334[8.5]
8[25]	2.670[3.973]	1.000[25.4]	0.79[510]	3.142[79.8]	0.700[17.8]	0.050[1.27]	0.383[9.7]
9[29]	3.400[5.060]	1.128[28.7]	1.00[645]	3.544[90.0]	0.790[20.1]	0.056[1.42]	0.431[10.9]
10[32]	4.303[6.404]	1.270[32.3]	1.27[819]	3.990[101.3]	0.889[22.6]	0.064[1.63]	0.487[12.4]
11[36]	5.313[7.907]	1.410[35.8]	1.56[1 006]	4.430[112.5]	0.987[25.1]	0.071[1.80]	0.540[13.7]
14[43]	7.65[11.38]	1.693[43.0]	2.25[1 452]	5.32[135.1]	1.185[30.1]	0.085[2.16]	0.648[16.5]
18[57]	13.60[20.24]	2.257[57.3]	4.00[2 581]	7.09[180.1]	1.58[40.1]	0.102[2.59]	0.864[21.9]
20[64]	16.69[24.84]	2.500[63.5]	4.91[3 167]	7.85[199.5]	1.75[44.5]	0.113[2.86]	0.957[24.3]

注:①钢筋代号数是按钢筋公称直径内所包含的 1/8in 数确定的(钢筋代号近似钢筋公称直径毫米数)。

②变形钢筋的公称尺寸相当于与每英尺〔米〕变形钢筋重量〔质量〕相同的光圆钢筋的尺寸。

厂方应对每炉钢取样进行化学分析,测定 C、Mn、P、S 的百分率。P 含量不得大于 0.06%。

应根据买方要求提供所测定的化学成分。买方从成品钢筋取样进行化学成分分析,所测 P 含量不

得超过0.06%的1.25倍。

2)钢筋的拉伸性能要求

表18-65

项目		40[280级]	60[420级]	75[520级]	80[550级]	100[690级]
		指标和要求				
抗拉强度,psi[MPa]不小于		60 000[420]	90 000[620]	100 000[690]	105 000[725]	115 000[790]
屈服强度,psi[MPa]不小于		40 000[280]	60 000[420]	75 000[520]	80 000[550]	100 000[690]
标距8in[200mm]伸长率(%)不小于	钢筋规格代号	伸长率(%)				
	3[10]	11	9	7	7	7
	4,5[13,16]	12	9	7	7	7
	6[19]	12	9	7	7	7
	7,8[22,25]	—	8	7	7	7
	9,10,11[29,32,36]	—	7	6	6	6
	14,18,20[43,57,64]	—	7	6	6	6

注:40[280]级,只提供3~6[10~19]规格的棒材。

3)钢筋的弯曲试验要求

表18-66

钢筋规格代号NO.	弯曲试验用芯轴的直径[A]				
	40[280级]	60[420级]	75[520级]	80[550级]	100[690级]
3,4,5[10,13,16]	$3\frac{1}{2}d$[B]	$3\frac{1}{2}d$	5d	5d	5d
[19]	5d	5d	5d	5d	5d
7,8[22,25]	…	5d	5d	5d	5d
9,10,11[29,32,36]	…	7d	7d	7d	7d
14,18[43,57](90°)	…	9d	9d	9d	9d
20[64](90°)	…	10d	10d	10d	…

注:①[A] 除非另有指定,试验弯曲到180°(角)。

②[B]d=试样的名义直径。

③弯曲试样围绕弯芯经受弯曲后,其弯曲部分的外表面应无裂纹。

④当钢筋按盘交货时,试样在放入弯曲试验机之前应矫直。

4)钢筋的表面质量要求和标记

(1)表面质量

①棒材应不带有有害的表面缺陷。

②如果重量(质量)、公称尺寸、横截面积和手工钢丝刷擦拭过的试样的拉伸性能不低于本标准的要求时,则铁锈、裂痕、表面不规则性或轧制氧化皮不应成为拒收的理由。

③当试样含有如此的缺陷而使得它不能够符合拉伸性能或弯曲要求时,例如:包括但不只限于重皮、裂痕、疤痕、毛刺、冷却或铸造裂缝以及轧制或导向轧痕时,则除了在第(2)条中以外的表面缺陷或瑕疵外,应认作为有害的。

注:①变形钢筋作为环氧涂层用途的加强用棒材,应具有最低程度的尖锐棱边的表面,以便于获得良好的涂层。

②预定要机械—熔接(摩擦焊)或对接焊接的变形棒材可能要求一定程度的圆度,以便于拼接处充分地达到强度要求。

(2)钢筋的标记

最小屈服强度标识:对于60级[420]钢条,60[4]号或单条持续纵向线至少通过从钢条中心的5个变形空间;对于75级[520]钢条,75[5]号或两条持续纵向线至少通过每个方向从钢条中心的5个变形空间;对于 80 级[550]钢条,80[6]号或三条纵向线至少通过五个变形空间;对于 100 级[690]钢条,100[7]号或三条纵向线至少通过五个变形空间,或字母 C;40 级[280]钢条对标记标识不作要求。

(3)重量(质量)的允许偏差

变形加强筋,应依据名义重量(质量)来作评估。使用测量出试样的重量(质量)的方法来测量它的重量(质量),并按照 E29 实用规程,做圆整。圆整后,其量值应至少为表 18-64 中规定的单位长度适用重量(质量)数值的 94%。在任何场合下,任何变形棒材的超重(质量超过)不应成为拒收的理由。

2.备选钢筋

1)备选变形钢筋标识,名义重量[质量],名义尺寸和变形要求

表 18-67

钢筋规格代号 o.[A]	名义重量 lb/ft[B] [名义质量,kg/m][C]	名义尺寸[D]			变形要求,in(mm)		
		直径,in[mm]	横截面面积,in^2[mm^2]	周长,in[mm]	最大平均间距	最小平均高度	最大间隙(名义周长的 12.5% 弦长)
10	0.414[0.617]	0.394[10.0]	0.12[79]	1.237[31.4]	0.276[7.0]	0.016[0.40]	0.151[3.8]
12	0.597[0.888]	0.472[12.0]	0.18[113]	1.484[37.7]	0.331[8.4]	0.019[0.48]	0.181[4.6]
16	1.061[1.578]	0.630[16.0]	0.31[201]	1.979[50.3]	0.441[11.2]	0.028[0.72]	0.241[6.1]
20	0.657[2.466]	0.787[20.0]	0.49[314]	2.474[62.8]	0.551[14.0]	0.039[1.00]	0.301[7.7]
25	2.589[3.853]	0.984[25.0]	0.76[491]	3.092[78.5]	0.689[17.5]	0.049[1.25]	0.377[9.6]
28	3.248[4.834]	1.102[28.0]	0.95[616]	3.463[88.0]	0.772[19.6]	0.055[1.40]	0.422[10.7]
32	4.242[6.313]	1.260[32.0]	1.25[804]	3.958[100.5]	0.882[22.4]	0.063[1.06]	0.482[12.2]
36	5.369[7.990]	1.417[36.0]	1.58[1018]	4.453[113.1]	0.992[25.2]	0.071[1.80]	0.542[13.8]
40	6.629[9.865]	1.575[40.0]	1.95[1 257]	4.947[125.7]	1.102[28.0]	0.79[2.00]	0.603[15.3]
50	10.36[15.41]	1.969[50.0]	3.04[1 963]	6.184[157.1]	1.378[35.0]	0.098[2.50]	0.753[19.1]
60	14.91[22.20]	2.362[60.0]	4.38[2 827]	7.421[188.5]	1.654[42.0]	0.106[2.70]	0.904[23.0]

注:①[A] 钢筋标识以钢筋的名义直径的毫米数值为基础。

②[B] 按照规范 A6/A6M,假设一立方英尺的钢材重量为 490lb/ft^3。

③[C] 按照规范 A6/A6M,假设一立方米的钢材质量为 7 850kg/m^3。

④[D] 变形钢筋的名义尺寸等效于与变形钢筋具有相同的每英尺[米]重量[质量]的普通圆形钢筋的名义尺寸。

2)备选钢筋的拉伸性能要求

表 18-68

项目		40[280 级]	60[420 级]	75[520 级]	80[550 级]	100[690 级]
		指标和要求				
抗拉强度,psi[MPa]不小于		60 000[420]	90 000[620]	100 000[690]	105 000[725]	115 000[790]
屈服强度,psi[MPa]不小于		40 000[280]	60 000[420]	75 000[520]	80 000[550]	100 000[690]
标距 8in[200mm]伸长率(%)不小于	钢筋规格代号	伸长率(%)				
	10	11	9	7	7	7
	12,16	12	9	7	7	7
	20	12	9	7	7	7
	25	—	8	7	7	7
	28,32,36	—	7	6	6	6
	40,50,60	—	7	6	6	6

注:40[280]级,只提供 10~20 规格的钢筋规格。

3)备选钢筋的弯曲试验要求(弯曲部分外表面应无裂纹)

表 18-69

钢筋规格代号	弯曲试验用销子直径A				
	等级 40[280]	等级 60[420]	等级 75[520]	等级 80[550]	等级 100[690]
10,12,16	$3\frac{1}{2}d$B	$3\frac{1}{2}d$	$5d$	$5d$	$5d$
20	$5d$	$5d$	$5d$	$5d$	$5d$
25	—	$5d$	$5d$	$5d$	$5d$
28,32,36	—	$7d$	$7d$	$7d$	$7d$
40,50,60(90°)	—	$9d$	$9d$	$9d$	$9d$

注:A试验弯曲 180°,除非另有规定。

Bd=样本的名义直径。

(三)美国　混凝土增强用低合金钢变形(带肋)及光圆钢筋(ASTM A706/ A706M—2014)

混凝土增强用低合金钢变形(带肋)钢筋用英寸(in)—磅(Lb)单位制和国际单位制(写在括号内)并列表示。钢筋按最小屈服强度分为 60 000psi[420MPa]、80 000psi[550MPa]两个级别。标识为60[420]级和 80[550]级。

钢筋由能识别炉批号的钢坯轧制而成。交货状态为直条或盘条。钢筋分为标准钢筋和备选钢筋。

1. 标准钢筋

1)钢筋的化学成分

(1)钢筋的化学成分(熔炼分析)　表 18-70

元素	C	Si	Mn	P	S
含量(%)不大于	0.3	0.5	1.5	0.035	0.045

(2)钢筋的化学成分(成品分析)　表 18-71

元素	C	Si	Mn	P	S
含量(%)不大于	0.33	0.55	1.56	0.043	0.053

注:化学成分应测定,碳、锰、磷、硫、硅、铜、镍、钼、铬和钒的百分含量。

钢筋用于焊接,为保证其有可焊性,以碳当量(C. E)公式来规定化学成分控制。熔炼分析碳当量应不大于 0.55%。

$$C.E = \%C + \frac{\%Mn}{6} + \frac{\%Cu}{40} + \frac{\%Ni}{20} + \frac{\%Cr}{10} - \frac{\%Mo}{50} - \frac{\%V}{10}$$

每炉钢测定的化学成分和碳当量应报告给需方。

2)钢筋的拉伸性能要求

表 18-72

项　目		牌号 60[420]级	牌号 80[550]级
		指标和要求	
抗拉强度,psi[MPa]不小于		80 000[550]	100 000[690]
屈服强度,psi[MPa]不小于		60 000[420]	80 000[550]
屈服强度,psi[MPa]不大于		78 000[540]	98 000[675]
标距 8in[200mm]伸长率(%)不小于	钢筋规格代号		
	3,4,5,6[10,13,16,19]	14	12
	7,8,9,10,11[22,25,29,32,36]	12	12
	14,18[43,57]	10	10

注:抗拉强度应不低于 1.25 倍的实际屈服强度。

3)钢筋的弯曲试验要求(弯曲部位外侧不应产生破裂)

表 18-73

钢筋规格代号	180°弯曲试验所用芯轴直径	
	牌号 60[420]	牌号 80[550]
3,4,5[10,13,16]	$3d$[A]	$3\frac{1}{2}d$[A]
6,7,8[19,22,25]	$4d$	$5d$
9,10,11[29,32,36]	$6d$	$7d$
14,18[43,57]	$8d$	$9d$

注:[A]d=试样的标称直径。

4)变形钢筋标号、标称重量[质量]、标称尺寸和变形要求

表 18-74

钢筋标号(规格代号)	标称重量 lb/ft[质量,kg/m]	标称尺寸[A]			变形要求		
		直径,in[mm]	横截面面积,in^2[mm^2]	周长,in[mm]	最大平均间距	最小平均高度	最大间隙(标称周长的 12.5%的弦)
3[10]	0.376[0.560]	0.375[9.5]	0.11[71]	1.178[29.9]	0.262[6.7]	0.015[0.38]	0.143[3.6]
4[13]	0.668[0.944]	0.500[12.7]	0.20[129]	1.571[39.9]	0.350[8.9]	0.020[0.51]	0.191[4.9]
5[16]	1.043[1.552]	0.625[15.9]	0.31[199]	1.963[49.9]	0.437[11.1]	0.028[0.71]	0.239[6.1]
6[19]	1.502[2.235]	0.750[19.1]	0.44[284]	2.356[59.8]	0.525[13.3]	0.038[0.97]	0.286[7.3]
7[22]	2.044[3.042]	0.875[22.2]	0.60[387]	2.749[69.8]	0.612[15.5]	0.044[1.12]	0.334[8.5]
8[25]	2.670[3.973]	1.000[25.4]	0.79[510]	3.142[79.8]	0.700[17.8]	0.050[1.27]	0.383[9.7]
9[29]	3.400[5.060]	1.128[28.7]	1.00[645]	3.544[90.0]	0.790[20.1]	0.056[1.42]	0.431[10.9]
10[32]	4.303[6.404]	1.270[32.3]	1.27[819]	3.990[101.3]	0.889[22.6]	0.064[1.63]	0.487[12.4]
11[36]	5.313[7.907]	1.410[35.8]	1.56[1 006]	4.430[112.5]	0.987[25.1]	0.071[1.80]	0.540[13.7]
14[43]	7.65[11.38]	1.693[43.0]	2.25[1 452]	5.32[135.1]	1.185[30.1]	0.085[2.16]	0.648[16.5]
18[57]	13.60[20.24]	2.257[57.3]	4.00[2 581]	7.09[180.1]	1.58[40.1]	0.102[2.59]	0.864[21.9]

注:[A] 当变形钢筋每英尺[米]的重量[质量]与光面圆形的钢筋相同时,则变形钢筋的标称尺寸与光面圆形钢筋相同。

5)钢筋的表面质量要求,标记和重量允许偏差参照 ASTM A615/A615/M—2015 中相应级别钢筋。

2.备选钢筋

1)备选变形钢筋标识,名义重量[质量],名义尺寸和变形要求

表 18-75

钢筋规格代号 o.[A]	名义重量 lb/ft[B][名义质量,kg/m][C]	名义尺寸[D]			变形要求,in.[mm]		
		直径,in.[mm]	横截面面积,in.^{2}[mm^2]	周长,in.[mm]	最大平均间距	最小平均高度	最大间隙(名义周长的 12.5%弦长)
10	0.414[0.617]	0.394[10.0]	0.12[79]	1.237[31.4]	0.276[7.0]	0.016[0.40]	0.151[3.8]
12	0.597[0.888]	0.472[12.0]	0.18[113]	1.484[37.7]	0.331[8.4]	0.019[0.48]	0.181[4.6]
16	1.061[1.578]	0.630[16.0]	0.31[201]	1.979[50.3]	0.441[11.2]	0.028[0.72]	0.241[6.1]
20	0.657[2.466]	0.787[20.0]	0.49[314]	2.474[62.8]	0.551[14.0]	0.039[1.0]	0.301[7.7]
25	2.589[3.853]	0.984[25.0]	0.76[491]	3.092[78.5]	0.689[17.5]	0.049[1.25]	0.377[9.6]
28	3.248[4.834]	1.102[28.0]	0.95[616]	3.463[88.0]	0.772[19.6]	0.055[1.40]	0.422[10.7]
32	4.242[6.313]	1.260[32.0]	1.25[804]	3.958[100.5]	0.882[22.4]	0.063[1.06]	0.482[12.2]
36	5.369[7.990]	1.417[36.0]	1.58[1 018]	4.453[113.1]	0.992[25.2]	0.071[1.80]	0.542[13.8]

续表 18-75

钢筋规格代号 o.[A]	名义重量 lb/ft[B] [名义质量,kg/m][C]	名义尺寸[D]			变形要求,in.[mm]		
		直径,in.[mm]	横截面面积,in.^{2}[mm^2]	周长,in.[mm]	最大平均间距	最小平均高度	最大间隙(名义周长的12.5%弦长)
40	6.629[9.865]	1.575[40.0]	1.95[1 257]	4.947[125.7]	1.102[28.0]	0.79[2.00]	0.603[15.3]
50	10.36[15.41]	1.969[50.0]	3.04[1 963]	6.184[157.1]	1.378[35.0]	0.098[2.50]	0.753[19.1]
60	14.91[22.20]	2.362[60.0]	4.38[2 827]	7.421[188.5]	1.654[42.0]	0.106[2.70]	0.904[23.0]

注:[A]钢筋规格代号以钢筋的名义直径的毫米数值为基础。

[B]按照规范 A6/A6M,假设一立方英尺的钢材重量为 490lb/ft^3。

[C]按照规范 A6/A6M,假设一立方米的钢材质量为 7 850kg/m^3。

[D]变形钢筋的名义尺寸等效于与变形钢筋具有相同的每英尺[米]重量[质量]的普通圆形钢筋的名义尺寸。

2)备选钢筋的拉伸性能要求

表 18-76

项　　目		牌号 60[420]级	牌号 80[550]级
		指标和要求	
抗拉强度,psi[MPa]不小于		90 000[620]	1050 000[725]
屈服强度,psi[MPa]不小于		60 000[420]	80 000[550]
屈服强度,psi[MPa]不大于		78 000[540]	98 000[675]
标距 8in[200mm]伸长率(%)不小于	钢筋规格代号		
	10,12,16,20	14	12
	25,28,32,36	12	12
	40,50,60	10	10

注:抗拉强度应不低于 1.25 倍的实际屈服强度。

3)备选钢筋的弯曲试验要求(弯曲部位外侧不生产破裂)

表 18-77

钢筋规格代号	180°弯曲试验用销子直径	
	牌号 60[420]	牌号 80[550]
10,12,16	$3d$[A]	$3^1/_2d$[A]
20,25	$4d$	$5d$
28,32,36	$6d$	$7d$
40,50,60	$8d$	$9d$

注:[A]d=样本的名义直径。

(四)日本　钢筋混凝土用钢筋(JIS G3112—2010)

钢筋混凝土用钢筋为热轧生产,包括光圆钢筋和带肋钢筋(沿轴向凸起为纵肋,其他凸起为横肋),不包括再生钢筋。其对应的国际标准是 ISO 6935—1(2007)钢筋混凝土用钢——第一部分:光圆钢筋和 ISO6 935—2(2007)钢筋混凝土用钢——第二部分:带肋钢筋。整体评估:MOD。(与相应国际标准的符合性符号:IDT—等同;MOD—修改;NEQ—非等效)

1.钢筋混凝土用钢筋的牌号和化学成分(%)

表 18-78

类　别	牌号	C	Si	Mn	P	S	C+Mn/6
光圆钢筋	SR235	—	—	—	≤0.050	≤0.050	—
	SR295	—	—	—	≤0.050	≤0.050	—

续表 18-78

类　别	牌号	C	Si	Mn	P	S	C+Mn/6
带肋钢筋	SD295A	—	—	—	≤0.050	≤0.050	—
	SD295B	≤0.27	≤0.55	≤1.50	≤0.040	≤0.040	—
	SD345	≤0.27	≤0.55	≤1.60	≤0.040	≤0.040	≤0.50
	SD390	≤0.29	≤0.55	≤1.80	≤0.040	≤0.040	≤0.55
	SD490	≤0.32	≤0.55	≤1.80	≤0.040	≤0.040	≤0.60

注:非表中所列的合金元素可按需增加。

2.钢筋混凝土用钢筋的力学性能

表 18-79

牌号	屈服点或试验应力(MPa)	抗拉强度(MPa)	拉伸试样	伸长率[a](%)	弯曲性能	
					弯曲角度	弯曲内半径
SR235	≥235	380～520	2号	≥20	180°	1.5×公称直径
			14A号	≥22		
SR295	≥295	440～600	2号	≥18	180°	直径不大于16mm,1.5×公称直径
			14A号	≥19		直径大于16mm,2.0×公称直径
SD295A	≥295	440～600	等同2号	≥16	180°	直径不大于16mm,1.5×公称直径
			等同14A号	≥17		直径大于16mm,2.0×公称直径
SD295B	295～390	≥440	等同2号	≥16	180°	直径不大于16mm,1.5×公称直径
			等同14A号	≥17		直径大于16mm,2.0×公称直径
SD345	345～440	≥490	等同2号	≥18	180°	直径不大于16mm,1.5×公称直径
			等同14A号	≥19		直径>16～≤41mm,2.0×公称直径
SD390	390～510	≥560	等同2号	≥16	180°	2.5×公称直径
			等同14A号	≥17		
SD490	490～625	≥620	等同2号	≥12	90°	直径不大于25mm,2.5×公称直径
			等同14A号	≥13		直径大于25mm,3.0×公称直径

注:①[a] 对直径大于32mm的带肋钢筋,直径每增加3,表中伸长率数值应减2。但是,最多减4。

②对于弯曲性能,其弯曲部分的外表面不应出现明显裂纹。

③供需双方协商,可确定钢筋的屈服比(不含SD490)≤0.80。(屈服比为屈服点或试验应力与拉伸强度的比值)。

3.钢筋混凝土用钢筋的规格尺寸

(1)钢筋混凝土用带肋钢筋的规格尺寸。

表 18-80

代号	公称直径 d(mm)	公称周长[a] l(cm)	公称截面积[a] S(cm^2)	单位重量(kg/m)	平均肋间距的最大值[b](mm)	肋高		横肋间隙之和的最大值[c](mm)	横肋与轴线夹角	理论重量与实际重量允许偏差	
						最小值(mm)	最大值(mm)			单根钢筋	一组钢筋
D4	4.23	1.3	0.1405	0.110	3.0	0.2	0.4	3.3	≥45°	+未规定 −8%	±7%
D5	5.29	1.7	0.2198	0.173	3.7	0.2	0.4	4.3			
D6	6.35	2.0	0.3167	0.249	4.4	0.3	0.6	5.0			
D8	7.94	2.5	0.4951	0.389	5.6	0.3	0.6	6.3			
D10	9.53	3.0	0.7133	0.560	6.7	0.4	0.8	7.5		±6%	±15%
D13	12.7	4.0	1.267	0.995	8.9	0.5	1.0	10.0			

续表 18-80

代号	公称直径 d(mm)	公称周长[a] l(cm)	公称截面积[a] S(cm^2)	单位重量(kg/m)	平均肋间距的最大值[b](mm)	肋高		横肋间隙之和的最大值[c](mm)	横肋与轴线夹角	理论重量与实际重量允许偏差	
						最小值(mm)	最大值(mm)			单根钢筋	一组钢筋
D16	15.9	5.0	1.986	1.56	11.1	0.7	1.4	12.5	≥45°	±5%	±4%
D19	19.1	6.0	2.865	2.25	13.4	1.0	2.0	15.0			
D22	22.2	7.0	3.871	3.04	15.5	1.1	2.2	17.5			
D25	25.4	8.0	5.067	3.98	17.8	1.3	2.6	20.0			
D29	28.6	9.0	6.424	5.04	20.0	1.4	2.8	22.5		±4%	±3.5%
D32	31.8	10.0	7.942	6.23	22.3	1.6	3.2	25.0			
D35	34.9	11.0	9.566	7.51	24.4	1.7	3.4	27.5			
D38	38.1	12.0	11.40	8.95	26.7	1.9	3.8	30.0			
D41	41.3	13.0	13.40	10.5	28.9	2.1	4.2	32.5			
D51	50.8	16.0	20.27	15.9	35.6	2.5	5.0	40.0			

注：重量允许偏差中，一组钢筋的偏差数适用于供需双方事先商定。

[a]公称横截面积、公称周长和单位重量的计算方法如下：

$$\text{公称横截面积}(S)=\frac{0.785\,4d^2}{100}$$

$$\text{公称周长}(l)=0.314\,2d$$

$$\text{单位重量}=0.785S$$

[b]横肋平均间距最大值应为公称直径的70%，计算值应修约到小数点后1位。

[c]横肋间隙之和应不大于公称周长的25%，计算值应修约到小数点后1位。当纵肋和横肋互相分开或没有纵肋时，横肋间隙应为避开横肋位置的宽度，当纵肋和横肋相连时，应为纵肋宽度。

(2)钢筋混凝土用光圆钢筋的标准直径为5.5～50mm。

(3)光圆钢筋和带肋钢筋的长度及允许偏差。

钢筋的标准长度(m)：3.5；4.0；4.5；5.0；5.5；6.0；6.5；7.0；8.0；9.0；10.0；11.0；12.0。

长度允许偏差：长度不超过7m的0～+40mm；长度超过7m的，长度每增加1m或不到1m，在正偏差上增加5mm。但正偏差最大值不超过120mm。

4. 钢筋混凝土用钢筋的标志

表 18-81

牌号	牌号标识的标志方法	
	轧制标志	颜色标志
SR235	不适用	红(一侧截面)
SR295		白(一侧截面)
SD295A	没有轧制标志	不适用
SD295B	1或Ⅰ	白(一侧截面)
SD345	凸起数量，1件(·)	黄(一侧截面)
SD390	凸起数量，2件(··)	绿(一侧截面)
SD490	凸起数量，3件(···)	蓝(一侧截面)

光圆和带肋钢筋应使用适当的方法标志。内容包括：

(1)牌号

(2)炉号和检验号

(3)直径,公称直径或代号

(4)生产厂名或缩写

(五)英国　钢筋混凝土用可焊接带肋钢筋(BS 4449—2005+A2　2009)

钢筋混凝土用可焊接带肋钢筋有棒材、卷材和开卷产品(作为盘卷生产,后加工改直条)。

钢筋分B500A、B500B和B500C三个等级。钢筋的可焊性由化学成分和碳当量决定。

1. 可焊接带肋钢筋的化学成分和碳当量

表18-82

项　目		C	S	P	N	Cu	碳当量 C_{eq}
		指标(不大于)					
熔炼分析	质量分数(%)	0.22	0.05	0.05	0.012	0.8	0.50
产品分析		0.24	0.055	0.055	0.014	0.85	0.52

注:①碳含量允许超出≤0.03%,则碳当量的值减少0.03%。

②如果有足够可以束缚氮元素的元素,则氮含量可被允许更高。

③计算碳当量的公式(各值按百分比计)

$$碳当量值=C+\frac{Mn}{6}+\frac{Cr+Mo+V}{5}+\frac{Ni}{15}+\frac{Cu}{15}$$

2. 可焊接带肋钢筋的拉伸性能

表18-83

钢筋牌号	屈服强度 R_e(MPa)	拉伸强度 R_m/屈服强度 R_e(不小于)	最大应力下的总伸长率 A_{gt}(%)(不小于)
B 500A	500	1.05	2.5
B 500B	500	1.08	5.0
B 500C	500	1.15~<1.35	7.5

注:①直径<8mm时:R_m/R_e值为1.02;A_{gt}值为1.0%。

②R_e的值是在$P=0.95$的特定环境下;R_m/R_e和A_{gt}的值是在$P=0.90$的特定环境下。

③屈服强度R_e绝对最大允许值是650MPa。R_e应采用上屈服强度R_{eH},如没有屈服现象呈现,应通过0.2%的试验强度$R_{p0.2}$来决定。

④特性值是表示统计允许区间的下限或上限值(除非有其他说明),95%($p=0.95$)或者90%($p=0.90$)的值在下限值之上或在上限值之下的概率为90%($1-a=0.90$)。这个质量水平反映了长期生产质量水平。

3. 钢筋的耐疲劳性能

变形钢筋要经受5×10^6应力循环,其应力范围如表18-84所示。

表18-84

钢筋尺寸(mm)	应力范围(MPa)	钢筋尺寸(mm)	应力范围(MPa)
≤16	200	>25~32	160
>16~20	185	>32	150
>20~25	170		

4. 钢筋的弯曲性能

将试样围绕直径4d(钢筋直径≤16mm)或7d(钢筋直径>16mm)的弯芯弯曲90°,进行时效,然后反弯至少20°,试样无断裂或裂纹。

注:时效方法:将试样加热至100℃,保持此温度60^{+15}_{-0}分钟,然后将其在不流动空气中冷却至室温。加热方法应由生产厂自行决定。

5.带肋钢筋的外形示意图

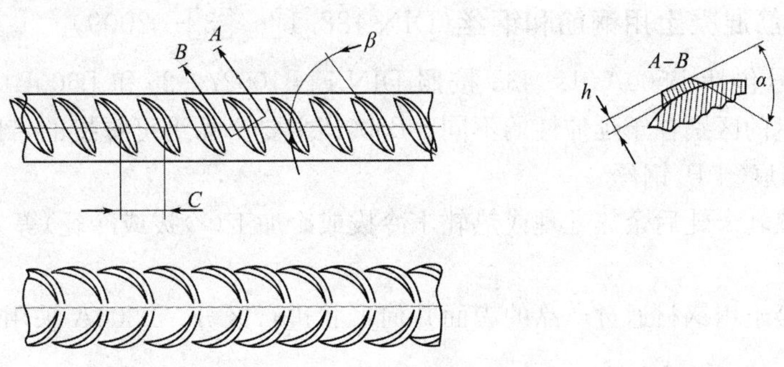

图 18-1 带肋钢筋示意图

6.带肋钢筋的规格尺寸

表 18-85

<table>
<tr><th rowspan="2">钢筋公称直径
(mm)</th><th rowspan="2">横截面积
(mm^2)</th><th rowspan="2">每米重量
(kg/m)</th><th rowspan="2">理论重量
允许偏差
(%)</th><th rowspan="2">长度及允许
偏差</th><th colspan="3">横　肋</th><th rowspan="2">相对肋面积</th></tr>
<tr><th>肋高 h</th><th>肋间距 C</th><th>肋倾角 β</th></tr>
<tr><td>6</td><td>28.3</td><td>0.222</td><td rowspan="3">±6%</td><td rowspan="12">钢筋长度由供需双方商定。长度允许偏差为0～100mm</td><td rowspan="12">0.03d～0.15d</td><td rowspan="12">0.4d～1.2d</td><td rowspan="12">35°～75°</td><td>0.035</td></tr>
<tr><td>7</td><td>38.5</td><td>0.302</td><td rowspan="5">0.040</td></tr>
<tr><td>8</td><td>50.3</td><td>0.395</td></tr>
<tr><td>9</td><td>63.6</td><td>0.499</td><td rowspan="9">±4.5%</td></tr>
<tr><td>10</td><td>78.5</td><td>0.617</td></tr>
<tr><td>12</td><td>113</td><td>0.888</td></tr>
<tr><td>16</td><td>201</td><td>1.58</td><td rowspan="6">0.056</td></tr>
<tr><td>20</td><td>314</td><td>2.47</td></tr>
<tr><td>25</td><td>491</td><td>3.85</td></tr>
<tr><td>32</td><td>804</td><td>6.31</td></tr>
<tr><td>40</td><td>1 257</td><td>9.86</td></tr>
<tr><td>50</td><td>1 963</td><td>15.4</td></tr>
</table>

注:①盘卷和开卷产品的公称直径范围为 6～16mm。
②钢的密度按 7.85g/cm^3。
③有纵肋的钢筋,其纵肋高度不得超过 0.10d。
④d——钢筋的公称直径。

7.带肋钢筋不同级别的标识

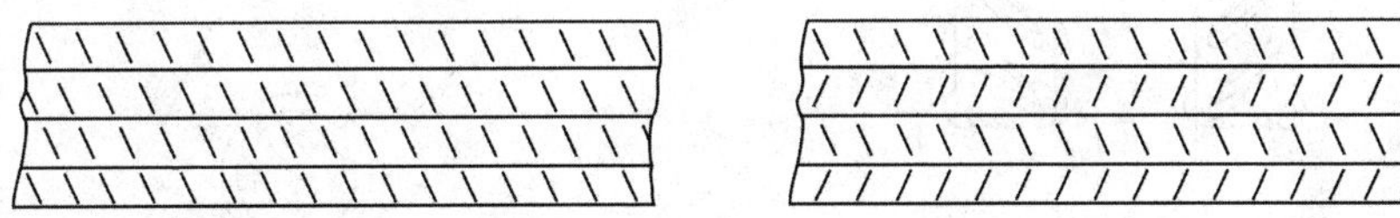

a)四排肋-B500A级的肋的示意图

b)四排肋-B500B级的肋的示意图

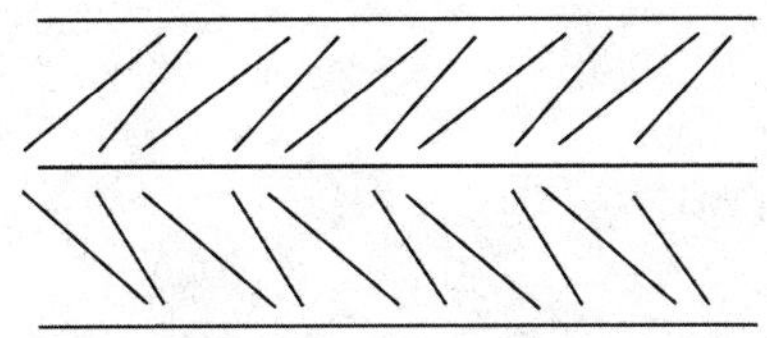

c)两排肋-B500C级的肋的示意图

图 18-2 钢筋级别标识示意图

以上排列形式适用于两排或更多排横肋的钢筋。

(六)德国　钢筋混凝土用钢筋和钢丝(DIN 488[1]~[3]—2009)

混凝土用钢牌号包括 B500A(1.0438 按照 DIN EN 10027—2)和 B500B(1.0439 按照 DIN EN 10027—2),这两种钢的区别在于延伸性的不同。B500B 主要产品为可焊接的带肋钢筋,B500A 主要产品为光圆(+G)和刻痕(+P)钢丝。

钢筋以热轧或热轧+轧后余热处理或热轧+冷拔或冷加工(冷拔或冷轧)等方式生产。混凝土用钢丝以冷加工法生产。

不同牌号的混凝土用钢材通过产品的表面几何形状进行区分。B500A 采用 3 行肋标识,B500B 用 2 或 4 行肋标识。

1. 混凝土用钢筋、钢丝外形示意图

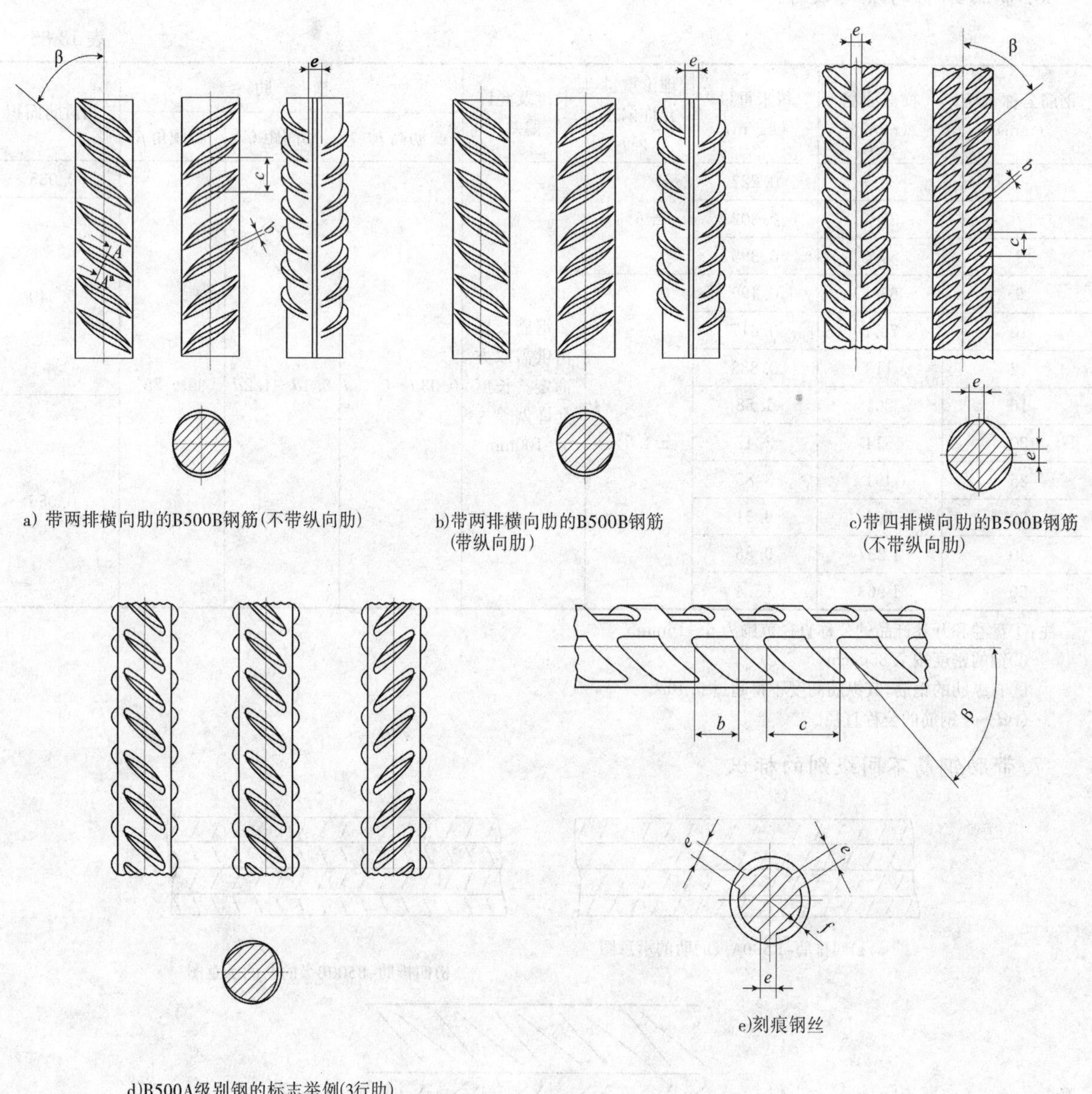

图 18-3　混凝土用钢筋、钢丝示意图

2. 混凝土用钢的钢种级别和性能

表 18-86

1	名　称	B500A	B500B	分位数 p(%)，$W=1-\alpha$(1面)
2	材质代码	1.043 8	1.043 9	
3	表面	带肋	带肋	
4	生产/交货形式	盘卷 开卷产品 钢丝网 格构梁	钢筋 盘卷 开卷产品 钢丝网 格构梁	
5	屈服强度 R_e(MPa)	500	500	5.0 的 $W=0.90$
6	强屈比 R_m/R_e	1.05	1.08	10.0 的 $W=0.90$
7	比率 $R_{e,act}/R_{e,nom}$	—	1.30	90.0 的 $W=0.90$
8	最大力总延伸率 A_{gt}(%)	2.5	5.0	10.0 的 $W=0.90$
9	应力范围 $2\sigma_a$，10σ 应力周期下的 S/N 曲线($0.6R_{e,nom}$的上限应力)的应力指数 k_1 和 k_2	175 $k_1=4$；$k_2=9$	$d\leqslant28.0$mm：175 $k_1=4$；$k_2=9$ $d>28$mm：145 $k_1=4$；$k_2=9$	5.0 的 $W=0.75$ (一面)
10	弯曲性能	试样 $d\leqslant32$mm 的再弯曲试验用棒芯直径；$d\leqslant16$mm 为 $5d$；$>16\sim28$mm 为 $8d$；$>28\sim32$mm 为 $10d$；试样 $d=40$mm 采用棒芯直径$=6d$ 进行一次弯曲试验。试样弯曲至少 90°后应无可见的断裂或裂纹迹象		最小值
11	公称截面积的公差 A_n%	+6/−4	+6/−4	95.0/5.0 的 $W=0.90$
12	钢丝网的焊点剪切力	$0.3\times A_n\times R_e$	$0.3\times A_n\times R_e$	5.0 的 $W=0.90$
13	相对肋面积 f_R	4.0～4.5：0.036 5.0～6.0：0.039 6.5～8.5：0.045 9.0～10.0：0.052 11.0～40.0：0.056		5.0 的 $W=0.90$
14	焊接性	$d\leqslant28$mm 时，$C_{eq}\leqslant0.50(0.52)$ $d>28$mm 时，$C_{eq}\leqslant0.47(0.49)$ C≤0.22(0.24)；P≤0.050(0.055)；S≤0.050(0.055)； N≤0.012(0.014)[a]；Cu≤0.60(0.65)[b]		

注：①屈服强度(及抗拉强度)＝产生屈服时的力(最大力)/公称截面积($A_n=\pi d^2/4$)。屈服强度用上屈服强度表示(R_{eH})。如果没有明显的屈服强度，则用 $R_{p0.2}$ 表示。

②焊点抗剪力下限为 $0.25\times A_n\times R_e$。

③焊接性数值(质量百分数%)可用于连铸分析。括号中的数适用于产品分析。

④$C_{eq}=C+Mn/6+(Cr+Mo+V)/5+(Ni+Cu)/15$。

⑤[a] 如果钢中具有足够的固 N 元素，N 元素的含量可以更高。

⑥[b] 如果可以提供专门验证，铜的含量可以提高到 0.80%(0.85%)。

⑦如果按照 DIN488-6 提供了一致性的评估，应力指数 k_1 和 k_2 认为是被证明的；指导应力周期的变异系数 $v<0.40$ 是假设的。

⑧B500A 钢主要用于盘卷和钢丝(光圆钢丝和刻痕钢丝)其公称直径为 4.0 和 5.5 的 $R_m/R_e\geqslant1.03$，$A_{ge}\geqslant2.0$。

3.钢筋混凝土用钢的品种及规格尺寸

表 18-87

公称直径(mm)	钢　筋	盘　卷	混凝土用钢丝[a]	公称截面积(mm)[2]	公称重量(kg/m)
4.0		X[a,b]	X	12.6	0.099
4.5		X[a,b]	X	15.9	0.125
5.0		X[a,b]	X	19.6	0.154
5.5		X[a,b]	X	23.8	0.187
6.0	X	X	X	28.3	0.222
6.5		X[b]	X	33.2	0.260
7.0		X[b]	X	38.5	0.302
7.5		X[b]	X	44.2	0.347
8.0	X	X	X	50.3	0.395
8.5		X[b]	X	56.7	0.445
9.0		X[b]	X	63.6	0.499
9.5		X[b]	X	70.9	0.556
10.0	X	X	X	78.5	0.617
11.0		X[b]	X	95.0	0.746
12.0	X	X	X	113	0.888
14.0	X	X[c]	X[d]	154	1.21
16.0	X	X[c]	X[d]	201	1.58
20.0	X			314	2.47
25.0	X			491	3.85
28.0	X			616	4.83
32.0	X			804	6.31
40.0	X			1 257	9.86

注:①[a]按照 DIN 1045-1 不使用;

[b]只用于钢丝网和格构梁生产;

[c]只用于 B500B;

[d]只用于光圆格构梁的上弦。

②钢的密度按 7.85g/cm³ 计算。

③钢筋的供货长度应在订货时确定。

4.刻痕钢丝的规格尺寸

表 18-88

公称直径 d(mm)	$t-0.05$(mm)	$b\pm0.05$(mm)	$c\pm1.0$(mm)	$\sum e$ 最大值(mm)
4.0	0.20	4.00	6.0	2.5
4.5				2.8
5.0				3.0
5.5				3.3
6.0				3.6
6.5	0.25	4.50	7.0	3.9
7.0				4.2
7.5				4.5
8.0				4.8
8.5				5.1
9.0				5.4
9.5	0.35	5.25	8.0	5.7
10.0				6.0
11.0	0.40	6.00	9.0	6.6
12.0				7.2

5. B500A带肋钢筋(钢丝)的横向肋尺寸

表18-89

公称直径 d (mm)	高　度		宽度[a] b (mm)	肋间距[b] c (mm)	相对肋面积[c] f_R
	中点处 a_m (mm)	1/4点处 $a_{1/4}$,$a_{3/4}$ (mm)			
4.0	0.30	0.24	0.40	4.0	0.036
4.5	0.30	0.24	0.45	4.0	0.036
5.0	0.32	0.26	0.50	4.0	0.039
5.5	0.35	0.30	0.55	5.0	0.039
6.0	0.35	0.30	0.60	5.0	0.039
6.5	0.46	0.37	0.65	5.0	0.045
7.0	0.46	0.37	0.70	5.0	0.045
7.5	0.50	0.40	0.75	5.7	0.045
8.0	0.50	0.40	0.80	5.7	0.045
8.5	0.50	0.40	0.85	5.7	0.045
9.0	0.65	0.55	0.90	6.1	0.052
9.5	0.65	0.55	0.95	6.1	0.52
10.0	0.65	0.55	1.0	6.5	0.52
11.0	0.75	0.62	1.1	7.5	0.056
12.0	0.80	0.65	1.2	7.5	0.056

注:[a]肋中点处允许宽度可达0.2d。

[b]允许偏差为+15%,−5%。

[c]5%量。

6. B500B带肋钢筋的横向肋尺寸

表18-90

公称直径 d (mm)	高度(参考值)		宽度[a](参考值) b(mm)	肋间距[b](参考值) c(mm)	相对肋面积[c,d] f_R
	中点处 a_m (mm)	1/4点处 $a_{1/4}$,$a_{3/4}$ (mm)			
6.0	0.39	0.28	0.6	5.0	0.039
7.0	0.45	0.32	0.7	5.3	0.045
8.0	0.52	0.36	0.8	5.7	0.045
9.0	0.59	0.41	0.9	6.1	0.052
10.0	0.65	0.45	1.0	6.5	0.052
11.0	0.72	0.50	1.1	6.8	0.056
12.0	0.78	0.54	1.2	7.2	0.056
14.0	0.91	0.63	1.4	8.4	0.056
16.0	1.04	0.72	1.6	9.6	0.056
20.0	1.30	0.90	2.0	12.0	0.056
25.0	1.63	1.13	2.5	15.0	0.056
28.0	1.82	1.26	2.8	16.8	0.056
32.0	2.08	1.44	3.2	19.2	0.056
40.0	2.60	1.80	4.0	24.0	0.056

注:[a]肋中点处允许宽度可达0.2d(垂直于横向肋测量)。

[b]允许偏差:±15%。

[c]5%量。

[d]相对肋面积为无量系数。

(七)国际　钢筋混凝土用热轧光圆钢筋(ISO/DIN 6935/1—2007)

钢筋混凝土用热轧光圆钢筋包括9种不用于焊接的钢筋级别,分别为B240A-P、B240B-P、B240C-P、B240D-P、B300A-P、B300B-P、B300C-P、B300D-P以及B420D-P,和1种用于焊接的钢筋级别:B420DWP。

1.钢筋的规格、公称质量及验收偏差

表18-91

公称直径 d(mm)	公称截面积 A_n(mm^2)	单位长度质量(重量)	
		公称质量(kg/m)	验收偏差(%)
6	28.3	0.222	±8
8	50.3	0.395	±8
10	78.5	0.617	±5
12	113	0.888	±5
14	154	1.21	±5
16	201	1.58	±5
20	314	2.47	±5
22	380	2.98	±5

注:①验收偏差是指单根钢筋。

②直径偏差,经供需双方协商,可用单位长度质量验收偏差代替。

③交货长度由供需双方协商。优先选用的标准长度,直条钢筋是6m或12m。长度偏差为0～100mm。

2.钢筋的机械性能

表18-92

拉伸等级	牌号	上屈服应力 R_{eH}(MPa)		抗拉强度 R_m(MPa)	伸长率(%)	
		最小值	最大值	最大值	A5最小值	A_{gt}最大值
A	B240A-P	240	—		20	2
	B300A-P	300	—		16	
B	B240B-P	240	—		20	5
	B300B-P	300	—		16	
C	B240C-P	240	—		20	7
	B300C-P	300	—		16	
D	B240D-P	240	—	520	22	8
	B300D-P	300	—	600	19	
	B420D-P	420	540		16	
	B420DWP					

注:经供需双方协商,伸长度可在A5至A_{gt}之间选择。如无特殊规定,则选用A_{gt}数值。

(八)国际　钢筋混凝土用带肋钢筋(ISO/DIN 6935/2—2007)

钢筋混凝土用带肋钢筋包括10种不用于焊接的钢筋级别,分别是B300A-R、B300B-R、B300C-R、B300D-R、B400A-R、B400B-R、B400C-R、B500A-R、B500B-R、B500C-R和11种用于焊接的钢筋级别,分别是B300DWR、B350DWR、B400AWR、B400BWR、B400CWR、B400DWR、B420DWR、B500AWR、B500BWR、B500CWR和B500DWR。钢筋按直条或盘卷供货。

牌号中:B——钢筋混凝土用钢筋;R——带肋;W——可焊。

1. 钢筋的规格、单位长度质量及验收偏差

表 18-93

公称直径 d(mm)	公称截面积 A_n(mm^2)	单位长度质量(重量)	
		公称质量(kg/m)	验收偏差(%)
6	28.3	0.222	±8
8	50.3	0.395	±8
10	78.5	0.617	±6
12	113	0.888	±6
14	154	1.21	±5
16	201	1.58	±5
20	314	2.47	±5
25	491	3.85	±4
28	616	4.84	±4
32	804	6.31	±4
40	1 257	9.86	±4
50	1 964	15.42	±4

注:①如果要求直径大于 50mm 的钢筋,验收偏差是该钢筋质量的±4%。

②验收偏差是指单根钢筋。

③交货长度由供需双方协商。优先选用的标准长度,直条钢筋是 6m、9m、12m 或 18m。长度偏差为 0～+100mm。

2. 钢筋肋的几何形状要求

表 18-94

	直径 d(mm)	等 高 肋	新 月 形 肋
肋高 a ≥	全部	$0.05d$	$0.065d$
肋间距 c	$6 \leqslant d < 10$, $D \geqslant 10$	$0.5d \leqslant c \leqslant 0.7d$ $0.5d \leqslant c \leqslant 0.7d$	$0.5d \leqslant c \leqslant 1.0d$ $0.5d \leqslant c \leqslant 0.8d$
横肋倾斜角 β	全部	$35° \leqslant \beta \leqslant 50°$	$35° \leqslant \beta \leqslant 75°$
横肋侧倾斜角 α	全部	$\alpha \geqslant 45°$	$\alpha \geqslant 45°$
无横肋周长 $\sum f_i$ ≤	全部		$0.25d\pi$

注:经供需双方协商,带肋钢筋的纵肋为任选。

3. 钢筋的机械性能

表 18-95

拉 伸 等 级	牌 号	上屈服应力 R_{eH}(MPa)		强屈比 R_m/R_{eH}	伸长率(%)	
		最小值	最大值	最大值	A5 最小值	A_{gt}最大值
A	B300A-R	300	—	1.02	16	2
	B400A-R B400AWR	400	—		14	
	B500A-R B500AWR	500	—			
B	B300B-R	300	—	1.08	16	5
	B400B-R B400BWR	400	—		14	
	B500B-R B500BWR	500	—			
C	B300C-R	300	—	1.15	16	7
	B400C-R B400CWR	400	—		14	
	B500C-R B500CWR	500	—			

续表 18-95

拉伸等级	牌号	上屈服应力 R_{eH}(MPa)		强屈比 R_m/R_{eH}	伸长率(%)	
		最小值	最大值	最大值	A5 最小值	A_{gt}最大值
D	B300D-R	300	—	1.25	17b	8
	B300DWR		≥1.3×R_{eH}			
	B350DWR	350				
	B400DWR	400				
	B420DWR	420			16b	
	B500DWR	500			13b	

注:①经供需双方协商,伸长度可在 A5 与 A_{gt}之间选择。如无特殊规定,则选用 A_{gt}数值。

②在拉伸等级为 D 中,钢筋直径超过 32mm 时,直径每增加 3mm,抗拉强度允许降低 2%,但最大不超过 4%。

③对于无明显屈服应力的钢,可采用规定非比例伸长应力 $R_{P0.2}$。

4. 钢筋的弯曲试验和反弯曲试验

钢筋弯曲试验应在规定的弯芯直径上弯曲 160°~180°;反弯曲试验是先正向弯曲 90°后再反向弯曲 20°,两个弯曲角度均应在去载之前测量。

如需方有要求,可对 B400A-R、B400B-R、B400C-R、B500A-R、B500B-R、B500C-R、B400AWR、B400BWR、B400CWR、B400DWR、B420DWR、B500AWR、B500BWR、B500CWR 和 B500DWR 进行反弯曲试验。

弯曲试验和反弯曲试验的弯芯直径 表 18-96

弯曲试验		反弯曲试验	
钢筋公称直径 d(mm)	弯曲试验弯芯直径	钢筋公称直径 d(mm)	反弯曲试验弯芯直径
≤16	$3d$	≤16	$5d$
$16<d\leq32$	$6d$	$16<d\leq25$	$8d$
$32<d\leq50$	$7d$	$25<d\leq50$	$10d$

注:钢筋直径大于 50mm 时,弯曲试验的弯芯直径由供需双方协商。

5. 钢的化学成分(熔炼分析)

表 18-97

牌号	C	Si	Mn	P	S	N	碳当量
B300A-R B300B-R B300C-R B400A-R B400B-R B400C-R B500A-R B500B-R B500C-R	—	—	—	0.060	0.060	—	—
B400AWR B400BWR B400CWR B500AWR B500BWR B500CWR	0.22	0.60	1.60	0.050	0.050	0.012	0.50

续表 18-97

牌　号	C	Si	Mn	P	S	N	碳当量
B300D-R	—	—	—	0.050	0.050	—	—
B300DWR	0.27	0.55	1.50	0.040	0.040	0.012	0.49
B350DWR	0.27	0.55	1.60	0.040	0.040	0.012	0.51
B400DWR	0.29	0.55	1.80	0.040	0.040	0.012	0.56
B420DWR	0.30	0.55	1.50	0.040	0.040	0.012	0.56
B500DWR	0.32	0.55	1.80	0.040	0.040	0.012	0.61

注：①B400AWR、B400BWR、B400CWR、B500AWR、B500BWR、B500CWR 直径大于 32mm 钢筋碳含量不大于 0.25%，碳当量不大于 0.55%。

②如果有足够数量的氮结合元素，则氮含量大于表中的规定也可应用。

③供需双方可共同协定碳当量使用公式。

④经供需双方协商，可增加合金元素的含量。

四、国外预应力混凝土用钢丝和钢绞线

(一)日本　预应力混凝土用钢丝和钢绞线(JIS G3536—2014)

钢丝分为圆形线和异形线(连续或以一定间隔具有同样的凸起或凹陷)，钢丝不能有焊接引起的焊缝，7 丝和 19 丝钢绞线中钢丝可以在以下生产工序中进行焊接：1)冷轧前的工序；2)离线钢丝韧化前后的工序，但在韧化后的冷轧中，只要通过了 1 次锻模，就不能进行焊接；3)绞合工序，但在 45m 长度范围内不能超过 1 处，绞合工序后钢绞线不能焊接。

1. 钢丝和钢绞线的种类和代号

表 18-98

种　　类			符号[a](代号)	截　　面
钢丝	圆形线	A 类	SWPR1AN,SWPR1AL	
		B 类[b]	SWPR1BN,SWPR1BL	
	异形线		SWPD1N,SWPD1L	
钢绞线	2 根绞线		SWPR2N,SWPR2L	
	异形 3 根绞线		SWPD3N,SWPD3L	
	7 根绞线[c]	A 类	SWPR7AN,SWPR7AL	
		B 类	SWPR7BN,SWPR7BL	
	19 根绞线[d]		SWPR19N,SWPR19L	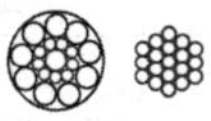

注：[a]根据松弛规格值，进一步分为通常品和低松弛品。通常品在符号末尾加上 N，低松弛品在符号末尾加上 L。

[b]圆线的 B 类具有比 A 类高的强度，拉伸强度为 100MPa。

[c]7 根绞线的 A 类的拉伸强度为 1 720MPa，B 类为 1 860MPa。

[d]19 根绞线中，28.6mm 的截面的种类是密封形和 Warrington 形，其他的 19 根绞线的截面只适用密封形。

2. 钢丝和钢绞线的规格和机械性能

表 18-99

符号(代号)	规　格	对 0.2%永久伸长率的试验力(kN)	最大试验力(kN)	伸长率(%)	松弛值(%)	
					N	L
SWPR1AN SWPR1AL SWPD1N SWPD1L	2.9mm	11.3 以上	12.7 以上	3.5 以上	8.0 以下	2.5 以下
	4mm	18.6 以上	21.1 以上	3.5 以上	8.0 以下	2.5 以下
	5mm	27.9 以上	31.9 以上	4.0 以上	8.0 以下	2.5 以下
	6mm	38.7 以上	44.1 以上	4.0 以上	8.0 以下	2.5 以下
	7mm	51.0 以上	58.3 以上	4.5 以上	8.0 以下	2.5 以下
	8mm	64.2 以上	74.0 以上	4.5 以上	8.0 以下	2.5 以下
	9mm	78.0 以上	90.2 以上	4.5 以上	8.0 以下	2.5 以下
SWPR1BN SWPR1BL	5mm	29.9 以上	33.8 以上	4.0 以上	8.0 以下	2.5 以下
	7mm	54.9 以上	62.3 以上	4.5 以上	8.0 以下	2.5 以下
	8mm	69.1 以上	78.9 以上	4.5 以上	8.0 以下	2.5 以下
SWPR2N SWPR2L	2.9mm 2 根绞线	22.6 以上	25.5 以上	3.5 以上	8.0 以下	2.5 以下
SWPD3N SWPD3L	2.9mm 3 根绞线	33.8 以上	38.2 以上	3.5 以上	8.0 以下	2.5 以下
SWPR7AN SWPR7AL	7 根绞线 9.5mm	75.5 以上	88.8 以上	3.5 以上	8.0 以下	2.5 以下
	7 根绞线 10.8mm	102 以上	120 以上	3.5 以上	8.0 以下	2.5 以下
	7 根绞线 12.4mm	136 以上	160 以上	3.5 以上	8.0 以下	2.5 以下
	7 根绞线 15.2mm	204 以上	240 以上	3.5 以上	8.0 以下	2.5 以下
SWPR7BN SWPR7BL	7 根绞线 9.5mm	86.8 以上	102 以上	3.5 以上	8.0 以下	2.5 以下
	7 根绞线 11.1mm	118 以上	138 以上	3.5 以上	8.0 以下	2.5 以下
	7 根绞线 12.7mm	156 以上	183 以上	3.5 以上	8.0 以下	2.5 以下
	7 根绞线 15.2mm	222 以上	261 以上	3.5 以上	8.0 以下	2.5 以下
SWPR19N SWPR19L	19 根绞线 17.8mm	330 以上	387 以上	3.5 以上	8.0 以下	2.5 以下
	19 根绞线 19.3mm	387 以上	451 以上	3.5 以上	8.0 以下	2.5 以下
	19 根绞线 20.3mm	422 以上	495 以上	3.5 以上	8.0 以下	2.5 以下
	19 根绞线 21.8mm	495 以上	573 以上	3.5 以上	8.0 以下	2.5 以下
	19 根绞线 28.6mm	807 以上	949 以上	3.5 以上	8.0 以下	2.5 以下

3. 钢丝和钢绞线的规格尺寸和单位重量

表 18-100

代号(符号)	规　格	标准直径[a] (mm)	容许差[b] (mm)	直径差(心线一侧线)[c](mm)	标称截面积 (mm^2)	单位重量 (kg/km)
SWPR1AN SWPR1AL SWPD1N SWPD1L	2.9mm	2.90	±0.03	—	6.605	51.8
	4mm	4.00	±0.04	—	12.57	98.7
	5mm	5.00	±0.05	—	19.64	154
	6mm	6.00	±0.05	—	28.27	222
	7mm	7.00	±0.05	—	38.48	302
	8mm	8.00	±0.06	—	50.27	395
	9mm	9.00	±0.06	—	63.62	499

续表 18-100

代号(符号)	规　格	标准直径[a] (mm)	容许差[b] (mm)	直径差(心线—侧线)[c] (mm)	标称截面积 (mm^2)	单位重量 (kg/km)
SWPR1BN SWPR1BL	5mm	5.00	±0.05		19.61	154
	7mm	7.00	±0.05		38.48	302
	8mm	8.00	±0.06		50.27	395
SWPR2N SWPR2L	2 根绞线 2.9mm	2.9	±0.03	—	13.21	104
SWPD3N SWPD3L	3 根绞线 2.9mm	2.9	—	—	19.82	156
SWPR7AN SWPR7AL	7 根绞线 9.3mm	9.3	+0.4 −0.2	0.05 以上	51.61	405
	7 根绞线 11.1mm	10.8	+0.4 −0.2	0.07 以上	69.68	546
	7 根绞线 12.7mm	12.4	+0.4 −0.2	0.08 以上	92.90	729
	7 根绞线 15.2mm	15.2	+0.4 −0.2	0.08 以上	138.7	1 101
SWPR7BN SWPR7BL	7 根绞线 9.5mm	9.5	+0.4 −0.2	0.05 以上	54.84	432
	7 根绞线 11.1mm	11.1	+0.4 −0.2	0.07 以上	74.19	580
	7 根绞线 12.7mm	12.7	+0.4 −0.2	0.08 以上	98.71	774
	7 根绞线 15.2mm	15.2	+0.4 −0.2	0.08 以上	138.7	1 101
SWPR19N SWPR19L	19 根绞线 17.8mm	17.8	+0.6 −0.25	—	208.4	1 652
	19 根绞线 19.3mm	19.3	+0.6 −0.25	—	243.7	1 931
	19 根绞线 20.3mm	20.3	+0.6 −0.25	—	270.9	2 149
	19 根绞线 21.8mm	21.8	+0.6 −0.25	—	312.9	2 482
	19 根绞线 28.6mm	28.6	+0.6 −0.25	—	532.4	4 229

注：[a]2 根绞线和 3 根绞线的直径是钢丝的直径，7 根绞线和 19 根绞线的直径是绞线的外接圆的直径。

[b]SWPD1N 和 SWPD1L 的容许差不做规定。

[c]7 根绞线的中心的钢丝称为芯线，外侧的钢丝称为侧线。此外，芯线直径减去侧线直径后的值称为直径差。

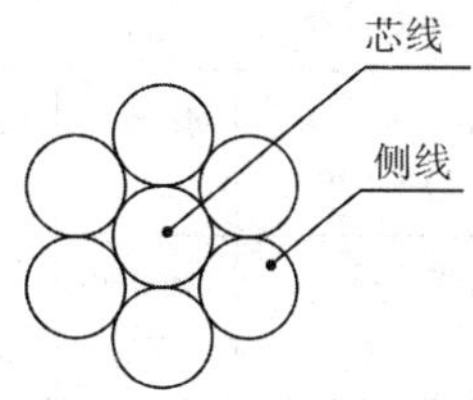

图 18-4　7 丝钢绞线截面示意图

4. 钢丝和钢绞线的外观质量

钢丝和钢绞线不能有有害的划痕或锈迹等缺陷。

钢绞线在不捆扎情况下切断时，不能散开。钢绞线的各部分扭绞长度必须相同。

(二)美国　预应力混凝土用无涂层光面7丝钢绞线(ASTM A416/A416M—2012a)

预应力混凝土用无涂层光面7丝钢绞线用英寸(in)—磅(Lb)单位制和国际单位制(写在括号内)并列表示。

钢绞线以七根碳素钢丝绞制而成(六根外层钢丝缠绕在较粗的中心钢线外面)。钢绞线不涂油、脂。

钢绞线按松弛值分两种类型:低松弛钢绞线、普通松弛钢绞线。低松弛钢绞线为标准类型,非特别订货或双方协议,则不提供普通松弛钢绞线。

钢绞线按最小极限强度分为两个级别:250级钢绞线[250 000psi(1 725MPa)]、270级钢绞线[270 000psi(1 860MPa)](注:psi为磅/英寸²)。

无涂层光面7丝钢绞线的规格尺寸和力学性能　　表18-101

级别	公称直径			公称面积 in²(mm²)	钢绞线破断负荷 1bf(kN)	钢绞线屈服负荷,1bf(kN)			伸长率(%)	低松弛钢绞线1 000h松弛值(20℃±2℃)	理论重量(kg/1 000m)	中间钢丝与外侧钢丝直径最小差值(mm)
	in	mm	允许偏差			初载	1%伸长时的最小载荷:普通松弛	1%伸长时的最小载荷:低松弛				
250级(1 725 MPa)	1/4 (0.250)	6.35	±0.4mm	0.036 (23.22)	9 000 (40.0)	900 (4.0)	7 650 (34.0)	8 100 (36.0)	≥3.5	当初始载荷为最小破断负荷的70%时,其松弛值不大于2.5%,或初始载荷为最小破断负荷的80%时,其松弛值不大于3.5%	182	0.025 4
	5/16 (0.313)	7.94		0.058 (37.42)	14 500 (64.5)	1 450 (6.5)	12 300 (54.7)	13 050 (58.1)			294	0.038
	3/8 (0.375)	9.53		0.080 (51.61)	20 000 (89.0)	2 000 (8.9)	17 000 (75.6)	18 000 (80.1)			405	0.051
	7/16 (0.438)	11.11		0.108 (69.68)	27 000 (120.1)	2 700 (12.0)	23 000 (102.3)	24 300 (108.1)			548	0.064
	1/2 (0.50)	12.70		0.144 (92.90)	36 000 (160.1)	3 600 (16.0)	30 600 (136.2)	32 400 (144.1)			730	0.076
	(0.600)	15.24		0.216 (139.35)	54 000 (240.2)	5 400 (24.0)	45 900 (204.2)	48 600 (216.2)			1 049	0.102
270级(1 860 MPa)	3/8 (0.375)	9.53	+0.65mm −0.15mm	0.085 (54.84)	23 000 (102.3)	2 300 (10.2)	19 550 (87.0)	20 700 (92.1)	≥3.5		430	0.051
	7/16 (0.438)	11.11		0.115 (74.19)	31 000 (137.9)	3100 (13.8)	26 350 (117.2)	27 900 (124.1)			580	0.064
	1/2 (0.500)	12.70		0.153 (98.71)	41 300 (183.7)	4 130 (18.4)	35 100 (156.1)	371 70 (165.3)			780	0.076
	(0.520)	13.2		0.167 (108)	45 000 (200)	4 500 (20)	38 250 (170.1)	40 500 (180.1)			840	0.076
	0.563	14.3		0.192 (124)	51 700 (230)	5 170 (23)	43 950 (195.5)	46 530 (207)			970	0.089
	0.600	15.24		0.217 (140.00)	58 600 (260.7)	5860 (26.1)	49 800 (221.5)	52 740 (234.6)			1 100	0.102
	0.620	15.7		0.231 (150)	62 800 (279)	6 280 (27.9)	53 380 (237.4)	56 520 (251.4)			1 200	0.102
	0.700	17.8		0.294 (190)	79 400 (353)	7 940 (35.3)	67 500 (300.2)	71 500 (318)			1 500	0.114

注:①买主不提出其他特殊要求,钢绞线按照最小轴径为610mm的有轴或无轴包装供货。每一包装钢绞线的长度应在订货时商定。

②钢绞线允许在45m长度范围内有不超过1个的单丝对焊接头。当特别订货要求"无焊接"时,应供给无焊接产品。

③钢绞线在无绑扎切割时应不松散或有松散可以用手复原。

(三)英国　预应力混凝土用高强度钢丝(BS 5896—2012)

高强度钢丝按外形分为光面钢丝、压痕钢丝两个类别:压痕钢丝分为两面压痕和三面压痕,压痕钢丝可按订单定尺交货。

高强钢丝不允许有焊接接头。

高强钢丝订货合同须注明:标准号和相应的章号(二)、名称、强度、直径、钢丝类别(光圆、压痕)、松弛级别、包装盒防护要求。

如需方要求,供方应提供钢材化学成分分析结果。熔炼分析中,硫、磷含量应各不大于0.04%。

三面压痕钢丝外形及公称尺寸　表18-102

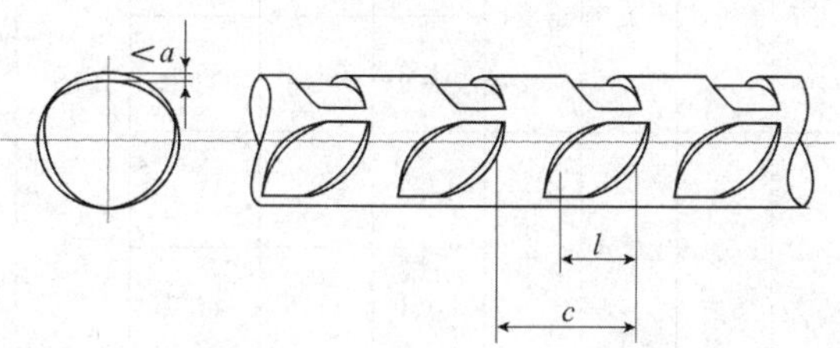

钢丝公称直径 d	压痕深度 a		压痕深度允许偏差	压痕长度 l	压痕间距 c
	起始	结束			
(mm)					
≤5.0	0.06	0.13	±0.03	3.5±0.5	5.5±0.3
>5.0～7.0	0.09	0.16	±0.04	5.0±0.3	8.0±0.3

两面压痕钢丝外形及公称尺寸　表18-103

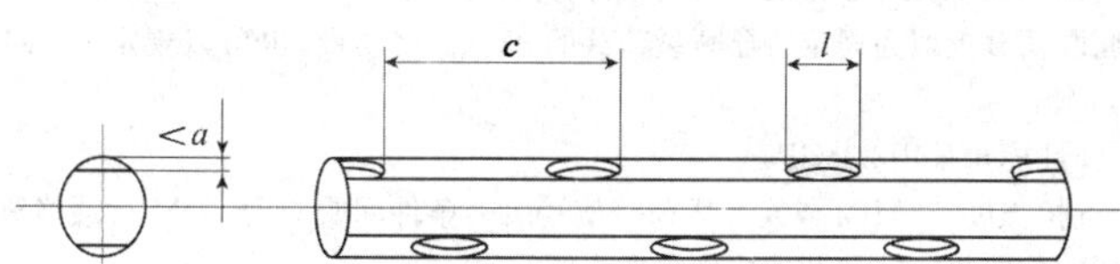

钢丝公称直径 d	压痕深度 a		压痕深度允许偏差	压痕长度 l	压痕间距 c
	起始	结束			
(mm)					
5.0	0.06	0.16	±0.04	5.0±1.0	8～18
7.0	0.09	0.16	±0.04	5.4±1.0	10～20

高强钢丝的尺寸与性能　表 18-104

公称直径(*1)(mm)	公称抗拉强度(*1,*3)(MPa)	公称1%条件屈服强度(*2,*3)(MPa)	公称截面积(*2)(mm²)	公称质量(*2)(g/m)	允许偏差			规定特征断裂荷载(*6,*7)(kN)	规定特征1%条件屈服荷载(*6,*7)(kN)	1%伸长率荷载(*4,*6,*7)(kN)	最大荷载下的最小伸长率 L_0=200mm	延性试验			松弛	
					直径(mm)	横截面积(mm²)	质量(g/m)					拉断时收缩	反复弯曲		初始荷载(实际断裂荷载的%)	1 000h最大松弛
													量少次数	弯曲半径(mm)		
7.0	1 570	1 300	38.5	300.7	±0.05	±0.55	±2.0	60.4	50.1	53.2	3.5	对所有钢丝均呈肉眼可见的延性断口	光面钢丝4次,压痕钢丝3次	20	70% 80%	2.5% 4.5%
7.0	1 670	1 390						64.3	53.4	56.6						
6.0	1 670	1 390	28.3	221.0	±0.05	±0.47	±2.0	47.3	39.3	41.6				15		
6.0	1 770	1 470						50.1	41.6	44.1						
5.0	1 670	1 390	19.6	153.1	±0.05	±0.39	±2.0	32.7	27.2	28.8				15		
5.0	1 770	1 470						34.7	28.8	30.5						
5.0	1 860							36.5	—	32.5				—		
4.5	1 620	1 350	15.9	124.2	±0.05	±0.35	±2.0	25.8	21.4	22.7				15		
4.0	1 670	1 390	12.6	98.4	±0.04	±0.25	±2.0	21.0	17.5	18.5				10		
4.0	1 770	1 470						22.3	18.5	19.6						

注:① *1:公称直径和公称抗拉强度仅表示钢丝牌号。

*2:公称 0.1%条件屈服应力、公称截面积和公称质量仅供参考。

*3:公称抗拉强度按公称截面积和规定特征断裂荷载计算(见*7)。

*4:规定的特征条件屈服荷载近似为规定特征断裂荷载的 83%。经协商,也可以规定 1%伸长时的特征荷载,它大约为规定特征断裂荷载的 85%。

*5:除非制造厂标明,弹性模量采用 205GPa。

*6:最大标准离差为:抗拉强度:55MPa 或换算成荷载值;0.1%条件屈服应力;60MPa 或换算成荷载值。

*7:为限制质量和面积的偏差规定特征荷载比规定应力要好。

②松弛值二组数字横向对应。

高强钢丝的疲劳性能:应在最大应力下(80%实际强度),承受 200 万次的脉动应力。

高强钢丝的脉动应力范围:光面钢丝　200MPa;压痕钢丝　180MPa。

说明:最大标准离差是指每一产品在一段足够长时期内,制造厂用同一工艺和技术生产的同一种产品的全部产量中标准离差的最大值。

(四)英国　预应力混凝土用钢绞线(BS 5896—2012)

钢绞线以高碳钢冷拔钢丝制造,7 丝钢绞线中心钢丝直径至少要比外层钢丝直径大 3%。钢绞线任意 50m 长度内的单线焊接接头不得多于 1 个。

钢绞线订货合同须注明:标准号和相应章号(三)、名称、强度、直径、松弛级别、包装盒防护要求。

钢绞线的尺寸与性能 表 18-105

钢绞线类型(*1)	公称直径(*1)(mm)	公称抗拉强度(*1)(MPa)	公称钢材面积(*2)(mm^2)	公称质量(*2)(g/m)	允许偏差			规定特征断裂荷载(*6,*7)(kN)	规定特征1%条件屈服荷载(*4,*6,*7)(kN)	1%伸长时荷载(*4,*6,*7)(kN)	最大荷载下最小伸长率 L≥500mm	拉断时收缩	松弛	
					直径(mm)	横截面面积(mm^2)	质量(g/m)						初始荷载(实际断裂荷载的%)	1 000h最大松弛
7股标准	15.2	1 670	139	1 086	+0.4 −0.2	+2% −2%	+2% −2%	232	197	204	3.5%	对所有钢丝均呈肉眼可见的延性断口	70% 80%	2.5% 4.5%
	12.5	1 770	93	726.3				165	139	145				
	11.0	1 770	71	546.7	+0.3 −0.15			124	106	109				
	9.3	1 770	52	406.1				92	78	81				
7股高级	15.7	1 770	150	1 172	+0.4 −0.2			266	225	234				
	15.7	1 860	150	1 172				279		246				
	15.2	1 860	139	1 086				259		228				
	12.9	1 860	100	781.0				186	158	164				
	12.5	1 860	93	726.3				173		152				
	11.3	1 860	75	590	+0.3 −0.15			139	118	122				
	9.6	1 860	55	432				102	87	90				
	9.3	1 860	52	406.1				96.7		85.1				
	8.0	1 860	38	298				70	59	61				
7股模拔	18.0	1 700	223	1 742	+0.4 −0.2			379	323	334				
	15.2	1 820	165	1 289				300	255	264				
	12.7	1 860	112	874.7				208	178	183				

注:① *1:钢绞线类型、公称直径和抗拉强度仅表示钢绞线牌号。

*2:公称钢材面积和公称质量数据仅供参考。

*3:公称抗拉强度按公称钢材面积规定特征断裂荷载计算(见 *7)。

*4:规定特征 1%条件荷载约为规定特征断裂荷载 85%。经供需双方协商,也可规定 1%伸长时的特征荷载,它约为规定特征断裂荷载的 88%。

*5:除非制造厂标明,弹性模量取 195GPa。

*6:最大标准离差为:抗拉强度:55MPa 或换算成荷载值:0.1%条件屈服应力;60MPa 或换算成荷载值。

*7:为限制质量和面积的偏差规定特征荷载比规定应力要好。

②松弛值二组数字横向对应。

疲劳性能:以允许偶尔出现破坏为前提,材料在最大应力下,承受 200 万次的脉动应力,该最大应力为相邻试件确定的实际强度 80%,脉动应力范围即两倍应力幅度,为 195MPa。

钢绞线盘径:钢绞线盘内径为 800±60mm 或 950±60mm;

钢绞线盘宽度为 600±50mm 或 750±50mm。

如需方要求,供方应提供钢材化学成分分析结果。熔炼分析中,硫、磷含量应各不大于 0.04%。

有关"规定特征值"的规定:

规定特征断裂荷载和规定特征 0.1%条件屈服荷载,有 95%的保证率,即在每一同类产品批中,实验结果低于规定特征值者不超过 5%,同时任一试验结果均不低于该值的 95%,则认为满足了该准则。

(五)国际 预应力混凝土用钢绞线(ISO 6934/4—1991)

钢绞线由符合 ISO 6934/1—1991 规定的高强钢丝制造。2 丝钢绞线和 3 线钢绞线用同直径钢丝绞制,7 丝钢绞线,其中心直线钢丝的直径至少应大于外层螺旋形钢丝直径的 2%。19 丝钢绞线结构应是 9+9+1 的西鲁式或 12+6+1 的瓦林吞式。钢绞线按松弛值分 1 级松弛和 2 级松弛。

钢绞线的规格和力学性能 表 18-106

钢绞线类型3)	公称直径3)(mm)	公称抗拉强度3)4)(MPa)	公称横截面积4)(mm²)	单位长度重量		特性			70%特性最大荷载下1 000h的松弛值		特性最大荷载下的伸长率(%)
				公称(g/m)	允许偏差(%)	最大荷载2)4)5)(kN)	0.1%屈服荷载1)2)5)(kN)	0.2%屈服荷载1)5)(kN)	1级松弛	2级松弛	
2—根钢丝 2×2.90	5.8	1 910	13.2	104		25.2	21.4	22.3			
3—根钢丝 3×2.40	5.2	1 770	13.6	107		24.0	20.4	21.1			
		1 960				26.7	22.7	23.5			
3×2.90	6.2	1 910	19.8	155		37.8	32.1	33.2			
3×3.50	7.5	1 770	29.0	288		51.2	43.5	45.0			
		1 860				54.0	45.9	47.0			
7—根钢丝—普通型	9.3	1720	51.6	4.05		88.0	72.8	75.4			
	9.5	1 860	54.8	432		102	83.6	86.6			
	10.8	1 720	69.7	546		120	98.4	102			
	11.1	1 860	74.2	580	+4 −2	138	113	117	≤8%	≤2.5%	≥3.5
	12.4	1 720	92.9	729		160	131	136			
	12.7	1 860	98.7	774		184	151	156			
	15.2	1 720	139	1101		225	185	191			
	15.2	1 860	139	1101		259	212	220			
7—根钢丝—紧密型	12.7	1 860	112	890		209	178	184			
	15.2	1 820	165	1 295		300	255	264			
	18.0	1 700	223	1 750		380	323	334			
19—根钢丝	17.8	1 860	208	1 652		387	317	329			
	19.3	1 860	244	1 931		454	372	386			
	20.3	1 810	271	2 149		491	403	417			
	21.8	1 810	313	2 482		567	465	482			

注:①0.1%屈服荷载是必须遵循的,0.2%屈服荷载仅供参考(见ISO 6934/1),另有协议时除外。

②应没有单个试验结果小于规定特性值的95%。

③绞线类型、公称直径和公称抗拉强度仅用于标记。

④公称抗拉强度由公称横截面积和规定特性最大荷载计算(见注释5)。

⑤鉴于单位长度重量允许偏差小,因此规定了特殊荷载而不是应力。

⑥如有要求,应测定规定特性最大荷载的60%和80%初始荷载下1 000h的松弛值应符合以下规定:

60%最大荷载 1级松弛为≤4.5%,2级松弛为≤1.0%;

80%最大荷载 1级松弛≤12.0%,2级松弛≤4.5%。

⑦经供需双方协商,钢绞线应经受2×10^6周次循环应力而没有断裂,该最大应力是公称抗拉强度的70%,应力范围是195MPa。

钢绞线在无绑扎切割时,应不松散,如果松散了,重新恢复原状没有困难,应属合格。

(1)钢绞线的焊接要求

2丝和3丝钢绞线不允许钢丝有焊点。

7丝和19丝钢绞线,如需方允许,在绞合制造期间,各钢丝可以进行对头焊接,但任何45m长钢绞线上,钢丝的焊头不得多于1个。

(2)钢绞线卷盘尺寸

钢绞线盘卷内径:(800±60)mm或(950±60)mm;

钢绞线盘卷宽度：(600±50)mm 或(750±50)mm。

(3)钢绞线的弯曲

自然平放在平面的钢绞线的内边最大弯曲高度不大于 25mm/m。

五、其他常用基础数据

(一)有关能耗计算(GB/T 2589—2008)

1. 各种能源折标准煤参考系数

表 18-107

能源名称		平均低位发热量	折标准煤系数
原煤		20 908kJ/kg(5 000kcal/kg)	0.714 3kgce/kg
洗精煤		26 344kJ/kg(6 300kcal/kg)	0.900 0kgce/kg
其他洗煤	洗中煤	8 363kJ/kg(2 000kcal/kg)	0.285 7kgce/kg
	煤泥	8 363～12 545kJ/kg (2 000～3 000kcal/kg)	0.285 7～0.428 6kgce/kg
焦炭		28 435kJ/kg(6 800kcal/kg)	0.971 4kgce/kg
原油		41 816kJ/kg(10 000kcal/kg)	1.428 6kgce/kg
燃料油		41 816kJ/kg(10 000kcal/kg)	1.428 6kgce/kg
汽油		43 070kJ/kg(10 300kcal/kg)	1.471 4kgce/kg
煤油		43 070kJ/kg(10 300kcal/kg)	1.471 4kgce/kg
柴油		42 652kJ/kg(10 200kcal/kg)	1.457 1kgce/kg
煤焦油		33 453kJ/kg(8 000kcal/kg)	1.142 9kgce/kg
渣油		41 816kJ/kg(10 000kcal/kg)	1.428 6kgce/kg
液化石油气		50 179kJ/kg(12 000kcal/kg)	1.714 3kgce/kg
炼厂干气		46 055kJ/kg(11 000kcal/kg)	1.571 4kgce/kg
油田天然气		38 931kJ/m^3(9 310kcal/m^3)	1.330 0kgce/m^3
气田天然气		35 544kJ/m^3(8 500kcal/m^3)	1.214 3kgce/m^3
煤矿瓦斯气		14 636～16 726kJ/m^3 (3 500～4 000kcal/m^3)	0.500 0～0.571 4kgce/m^3
焦炉煤气		16 726～17 981kJ/m^3 (4 000～4 300kcal/m^3)	0.571 4～0.614 3kgce/m^3
高炉煤气		3 763kJ/m^3	0.128 6kgce/kg
其他煤气	a)发生炉煤气	5 227kJ/m^3(1 250kcal/m^3)	0.178 6kgce/m^3
	b)重油催化裂解煤气	19 235kJ/m^3(4 600kcal/m^3)	0.657 1kgce/m^3
	c)重油热裂解煤气	35 544kJ/m^3(8 500kcal/m^3)	1.214 3kgce/m^3
	d)焦炭制气	16 308kJ/m^3(3 900kcal/m^3)	0.557 1kgce/m^3
	e)压力气化煤气	15 054kJ/m^3(3 600kcal/m^3)	0.514 3kgce/m^3
	f)水煤气	10 454kJ/m^3(2 500kcal/m^3)	0.357 1kgce/m^3
粗苯		41 816kJ/m^3(10 000kcal/m^3)	1.428 6kgce/m^3
热力(当量值)		—	0.034 12kgce/MJ
电力(当量值)		3 600kJ/(kW·h)[860kcal/(kW·h)]	0.122 9kgce/(kW·h)
电力(等价值)		按当年火电发电标准煤耗计算	
蒸汽(低压)		3 763MJ/t(900Mcal/t)	0.128 6kgce/kg

注：①能量的当量值：是指按物理学电热当量、热功当量、电功当量换标的各种能源所含的实际能量。

②用能单位实际消耗的燃料能源应以其低位发热量为基础计算为标准煤量。低位发热量等于 29 307kJ 的燃料，称为 1kg 标准煤。

2. 耗能工质能源等价值

表 18-108

品　种	单位耗能工质耗能量	折标准煤系数
新水	2.51MJ/t(600kcal/t)	0.085 7kgce/t
软水	14.23MJ/t(3 400kcal/t)	0.485 7kgce/t
除氧水	28.45MJ/t(6 800kcal/t)	0.971 4kgce/t
压缩空气	1.17MJ/m^3(280kcal/m^3)	0.040 0kgce/m^3
鼓风	0.88MJ/m^3(210kcal/m^3)	0.030 0kgce/m^3
氧气	11.72MJ/m^3(2 800kcal/m^3)	0.400 0kgce/m^3
氮气(做副产品时)	11.72MJ/m^3(2 800kcal/m^3)	0.400 0kgce/m^3
氮气(做主产品时)	19.66MJ/m^3(4 700kcal/m^3)	0.671 4kgce/m^3
二氧化碳气	6.28MJ/m^3(1 500kcal/m^3)	0.214 3kgce/m^3
乙炔	243.67MJ/m^3	8.314 3kgce/m^3
电石	60.92MJ/kg	2.078 6kgce/kg

注:①一次能源,主要包括原煤、原油、天然气、水力、风力、太阳能、生物质能等。
②二次能源,主要包括洗精煤、其他洗煤、型煤、焦炭、焦炉煤气、其他煤气、汽油、煤油、柴油、燃料油、液化石油气、炼厂干气、其他石油制品、其他焦化产品、热力、电力等。
③耗能工质消耗的能源也属于综合能耗计算种类。耗能工质主要包括新水、软化水、压缩空气、氧气、氮气、氦气、乙炔、电石等。

(二)内河航道尺度规定(GB 50139—2014)

1. 天然和渠化河流航道尺度

表 18-109

航道等级	船舶吨级(t)	代表船型尺度(m)(总长×型宽×设计吃水)	代表船舶、船队	船舶、船队尺度(m)(长×宽×设计吃水)	航道尺度(m)			
					水深	直线段宽度		弯曲半径
						单线	双线	
Ⅰ	3 000	驳船 90.0×16.2×3.5 货船 95.0×16.2×3.2	(1)	406.0×64.8×3.5	3.5～4.0	125	250	1 200
			(2)	316.0×48.6×3.5		100	195	950
			(3)	223.0×32.4×3.5		70	135	670
Ⅱ	2 000	驳船 75.0×16.2×2.6 货船 90.0×14.8×2.6	(1)	270.0×48.6×2.6	2.6～3.0	100	190	810
			(2)	186.0×32.4×2.6		70	130	560
			(3)	182.0×16.2×2.6		40	75	550

续表 18-109

航道等级	船舶吨级(t)	代表船型尺度(m)(总长×型宽×设计吃水)	代表船舶、船队	船舶、船队尺度(m)(长×宽×设计吃水)	航道尺度(m)			
					水深	直线段宽度		弯曲半径
						单线	双线	
Ⅲ	1 000	驳船 67.5×10.8×2.0 货船 85.0×10.8×2.0	(1) 	238.0×21.6×2.0	2.0～2.4	55	110	720
			(2) 	167.0×21.6×2.0		45	90	500
			(3) 	160.0×10.8×2.0		30	60	480
Ⅳ	500	驳船 45.0×10.8×1.6 货船 67.5×10.8×1.6	(1) 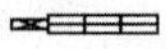	167.0×21.6×1.6	1.6～1.9	45	90	500
			(2) 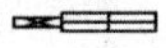	112.0×21.6×1.6		40	80	340
			(3) 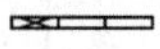	111.0×10.8×1.6		30	50	330
			(4) 	67.5×10.8×1.6				
Ⅴ	300	驳船 35.0×9.2×1.3 货船 55.0×8.6×1.3	(1) 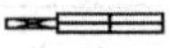	94.0×18.4×1.3	1.3～1.6	35	70	280
			(2) 	91.0×9.2×1.3		22	40	270
			(3) 	55.0×8.6×1.3				
Ⅵ	100	驳船 32.0×7.0×1.0 货船 45.0×5.5×1.0	(1) 	188.0×7.0×1.0	1.0～1.2	15	30	180
			(2) 	45.0×5.5×1.0				
Ⅶ	50	驳船 24.0×5.5×0.7 货船 32.5×5.5×0.7	(1) 	145.0×5.5×0.7	0.7～0.9	12	24	130
			(2) 	32.5×5.5×0.7				

注:①本表所列航道尺度不包含黑龙江水系和珠江三角洲至港澳线内河航道尺度。
②当船队推轮吃水等于或大于驳船吃水时,应按推轮设计吃水确定航道水深。
③流速 3m/s 以上、水势汹乱的航道,直线段航道宽度应在本表所列宽度的基础上适当加大。
④船舶吨级按船舶设计载重吨确定。
⑤通航 3 000t 级以上船舶的航道列入Ⅰ级航道。

2.黑龙江水系航道尺度

表 18-110

航道等级	船舶吨级(t)	代表船型尺度(m)(总长×型宽×设计吃水)	代表船队	船队尺度(m)(长×宽×设计吃水)	航道尺度(m)			
					水深	直线段宽度		弯曲半径
						单线	双线	
Ⅱ	2 000	驳船 91.0×15.0×2.0	(1)	218.0×30.0×2.0	2.0~2.3	65	125	650
			(2)	214.0×15.0×2.0		40	80	650
Ⅲ	1 000	驳船 65.9×13.0×1.6	(1)	167.0×26.0×1.6	1.6~1.9	50	100	500
			(2)	165.0×13.0×1.6		35	70	500
Ⅳ	500	驳船 57.0×11.0×1.4 货船 69.0×11.0×1.4	(1)	138.0×11.0×1.4	1.4~1.6	30	55	410
Ⅴ	300	驳船 45.0×10.0×1.1 货船 52.0×9.0×1.2	(1)	114.0×10.0×1.2	1.2~1.4	25	45	340
Ⅵ	100	驳船 29.0×8.5×0.8 货船 35.0×6.0×0.9	(1)	64.0×8.5×0.9	0.9~1.1	15	30	200

注:通航浅吃水船舶的类似航道,经论证可参照执行。

3.珠江三角洲至港澳线内河航道尺度

表 18-111

航道等级	船舶吨级(t)	代表船型尺度(m)(总长×型宽×设计吃水)	代表船舶、船队	船舶、船队尺度(m)(长×宽×设计吃水)	航道尺度(m)		
					水深	直线段双线宽度	弯曲半径
Ⅲ	1 000	货船 49.9×15.6×2.8 货船 49.9×12.8×2.6 驳船 67.5×10.8×2.0	(1)	49.9×15.6×2.8	3.5~4.0	70	480
			(2)	49.9×12.8×2.6		60	
			(3)	160.0×10.8×2.0		60	
Ⅳ	500	货船 49.9×10.6×2.5 货船 45.0×10.8×1.6	(1)	49.9×10.6×2.5	3.0~3.4	55	330
			(2)	111.0×10.8×1.6			
Ⅴ	300	货船 49.2×8.4×2.2 货船 35.0×9.2×1.3	(1)	49.9×8.4×2.2	2.5~2.8	45	270
			(2)	91.0×9.2×1.3			

注:仅通航货船的河段,航道最小弯曲半径可按其船型尺度研究确定。

4. 限制性航道尺度

表 18-112

航道等级	船舶吨级(t)	代表船型尺度(m)(总长×型宽×设计吃水)	代表船舶、船队	船舶、船队尺度(m)(长×宽×设计吃水)	航道尺度(m)		
					水深	直线段双线宽度	弯曲半径
Ⅱ	2 000	驳船 75.0×14.0×2.6 货船 90.0×15.4×2.6	(1) 	180.0×14.0×2.6	4.0	60	540
Ⅲ	1 000	驳船 67.5×10.8×2.0 货船 80.0×10.8×2.0	(1) 	160.0×10.8×2.0	3.2	45	480
Ⅳ	500	驳船 42.0×9.2×1.8 货船 47.0×8.8×1.9	(1) 	108.0×9.2×1.9	2.5	40	320
			(2) 	47.0×8.8×1.9			
Ⅴ	300	驳船 30.0×8.0×1.8 货船 36.7×7.3×1.9	(1) 	210.0×8.0×1.9	2.5	35	250
			(2) 	82.0×8.0×1.9			
			(3) 	36.7×7.3×1.9			
Ⅵ	100	驳船 25.0×5.5×1.5 货船 26.0×5.0×1.5	(1) 	298.0×5.5×1.5	2.0	20	110
			(2) 	26.0×5.0×1.5			
Ⅶ	50	驳船 19.0×4.5×1.2 货船 25.0×5.5×1.2	(1) 	230.0×4.7×1.2	1.5	16	100
			(2) 	25.0×5.5×1.2			

(三)水上过河建筑物通航净空的尺度规定(GB 50139—2014)

1. 天然和渠化河流水上过河建筑物通航净空尺度(m)

表 18-113

航道等级	代表船舶、船队	净高	单向通航孔			双向通航孔		
			净宽	上底宽	侧高	净宽	上底宽	侧高
Ⅰ	(1)4 排 4 列	24.0	200	150	7.0	400	350	7.0
	(2)3 排 3 列	18.0	160	120	7.0	320	280	7.0
	(3)2 排 2 列		110	82	8.0	220	192	8.0
Ⅱ	(1)3 排 3 列	18.0	145	108	6.0	290	253	6.0
	(2)2 排 2 列		105	78	8.0	210	183	8.0
	(3)2 排 1 列	10.0	75	56	6.0	150	131	6.0

续表 18-113

航道等级	代表船舶、船队	净高	单向通航孔			双向通航孔		
			净宽	上底宽	侧高	净宽	上底宽	侧高
Ⅲ	(1)3 排 2 列	18.0☆ 10.0	100	75	6.0	200	175	6.0
	(2)2 排 2 列	10.0	75	56	6.0	150	131	6.0
	(3)2 排 1 列		55	41	6.0	110	96	6.0
Ⅳ	(1)3 排 2 列	8.0	75	61	4.0	150	136	4.0
	(2)2 排 2 列		60	49	4.0	120	109	4.0
	(3)2 排 1 列		45	36	5.0	90	81	5.0
	(4)货船							
Ⅴ	(1)2 排 2 列	8.0	55	44	4.5	110	99	4.5
	(2)2 排 1 列	8.0 或 5.0▲	40	32	5.5 或 3.5▲	80	72	5.5 或 3.5▲
	(3)货船							
Ⅵ	(1)1 拖 5	4.5	25	18	3.4	40	33	3.4
	(2)货船	6.0			4.0			4.0
Ⅶ	(1)1 拖 5	3.5	20	15	2.8	32	27	2.8
	(2)货船	4.5						

注:①角注☆号的尺度仅适用于长江。

②角注▲号的尺度仅适用于通航拖带船队的河流。

2.黑龙江水系水上过河建筑物通航净空尺度(m)

表 18-114

航道等级	代 表 船 队	净高	单向通航孔			双向通航孔		
			净宽	上底宽	侧高	净宽	上底宽	侧高
Ⅱ	(1)2 排 2 列	10.0	115	86	6.0	230	201	6.0
	(2)2 排 1 列		75	56	6.0	150	131	6.0
Ⅲ	(1)2 排 2 列	10.0	95	71	6.0	190	166	6.0
	(2)2 排 1 列		65	48	6.0	130	113	6.0
Ⅳ	(1)2 排 1 列	8.0	50	41	5.0	100	91	5.0
Ⅴ	(1)2 排 1 列	8.0	50	41	5.5	100	91	5.5
Ⅵ	(1)1 顶 1	4.5	30	22	3.4	60	52	3.4

注:通航浅吃水船舶的类似航道,经论证可参照执行。

3.珠江三角洲至港澳线内河水上过河建筑物通航净空尺度(m)

表 18-115

航道等级	代表船舶、船队	净高	单向通航孔			双向通航孔		
			净宽	上底宽	侧高	净宽	上底宽	侧高
Ⅲ	(1)货船	10	55	41	6.0	110	96	6.0
	(2)货船							
	(3)2 排 1 列							
Ⅳ	(1)货船	8	45	36	5.0	90	81	5.0
	(2)2 排 1 列							
Ⅵ	(1)货船	8 或 5▲	40	32	4.5	80	72	4.5
	(2)2 排 1 列							

注:角注▲号的尺度仅适用于通航拖带船队的河流。

4. 限制性航道水上过河建筑物通航净空尺度(m)

表 18-116

航道等级	代表船舶、船队	净高	双向通航孔		
			净宽	上底宽	侧高
Ⅱ	(1)2排1列	10.0	70	52	6.0
Ⅲ	(1)2排1列	10.0	60	45	6.0
Ⅳ	(1)2排1列	8.0	55	45	4.0
	(2)货船				
Ⅴ	(1)1拖6	5.0	45	36	3.5
	(2)2排1列	8.0			5.0
	(3)货船				
Ⅵ	(1)1拖11	4.5	22	16	3.4
	(2)货船	6.0	30	22	3.6
Ⅶ	(1)1拖11	3.5	18	13	2.8
	(2)货船	4.5	25	18	2.8

注:三线及三线以上的航道,通航净宽应根据船舶通航要求研究确定。

(四)墙体用砖数量表

1. 普通砖直墙砌体用砖数量

表 18-117

灰缝(mm)	墙厚度(砖)				
	0.5	1	1.5	2	堆砖
	块/m^3 砌体				
5	612	599	595	593	586
6	600	584	580	577	569
7	586	570	566	562	555
8	575	555	549	546	537
9	564	545	536	532	522
10	552	529	522	518	508

注:砖的规格为 240mm×115mm×53mm。

2. 普通砖圆弧墙砌体用砖数量

表 18-118

灰缝(mm)	墙内径 1m				墙内径 3m				墙内径 6m				墙内径 8m			
	墙厚度(砖)															
	0.5	1	1.5	2	0.5	1	1.5	2	0.5	1	1.5	2	0.5	1	1.5	2
	块/m^3 砌体															
5	691	720	668	680	660	657	638	645	630	618	602	624	613	600	580	593
6	669	690	643	648	640	638	620	628	618	602	592	603	600	590	570	580
7	640	672	626	630	626	621	600	608	605	590	578	584	590	580	563	570
8	620	650	614	618	600	598	589	592	585	577	568	570	580	570	560	565

注:砖的规格为 240mm×115mm×53mm。

(五)各地区风险率为10%的最低气温(℃)

表18-119

项目	一月份	二月份	三月份	四月份	五月份	六月份	七月份	八月份	九月份	十月份	十一月份	十二月份
河北省	−14	−13	−5	1	8	14	19	17	9	1	−6	−12
山西省	−17	−16	−8	−1	5	11	15	13	6	−2	−9	−16
内蒙古自治区	−43	−42	−35	−21	−7	−1	4	1	−8	−19	−32	−41
黑龙江省	−44	−42	−35	−20	−6	1	7	4	−6	−20	−35	−43
吉林省	−29	−27	−17	−6	1	8	14	12	2	−6	−17	−26
辽宁省	−23	−21	−12	−1	6	12	18	15	6	−2	−12	−20
山东省	−12	−12	−5	2	8	14	19	18	11	4	−4	−10
江苏省	−10	−9	−3	3	11	15	20	20	12	5	−2	−8
安徽省	−7	−7	−1	5	12	18	20	20	14	7	0	−6
浙江省	−4	−3	1	6	13	17	22	21	15	8	2	−3
江西省	−2	−2	3	9	15	20	23	23	18	12	4	0
福建省	−4	−2	3	8	14	18	21	20	15	8	1	−3
台湾省[a]	3	0	2	8	10	16	19	19	13	10	1	2
广东省	1	2	7	12	18	21	23	23	20	13	7	2
海南省	9	10	15	19	22	24	24	23	23	19	15	12
广西壮族自治区	3	3	8	12	18	21	23	23	19	15	9	4
湖南省	−2	−2	3	9	14	18	22	21	16	10	1	−1
湖北省	−6	−4	0	6	12	17	21	20	14	8	1	−4
河南省	−10	−9	−2	4	10	15	20	18	11	4	−3	−8
四川省	−21	−17	−11	−7	−2	1	2	1	0	−7	−14	−19
贵州省	−6	−6	−1	3	7	9	12	11	8	4	−1	−4
云南省	−9	−8	−6	−3	1	5	7	7	5	−1	−5	−8
西藏自治区	−29	−25	−21	−15	−9	−3	−1	0	−6	−14	−22	−29
新疆维吾尔自治区	−40	−38	−28	−12	−5	−2	0	−2	−6	−14	−25	−34
青海省	−33	−30	−25	−18	−10	−6	−3	−4	−6	−16	−28	−33
甘肃省	−23	−23	−16	−9	−1	3	5	5	0	−8	−16	−22
陕西省	−17	−15	−6	−1	5	10	15	12	6	−1	−9	−15
宁夏回族自治区	−21	−20	−10	−4	2	6	9	8	3	−4	−12	−19

注:①[a] 台湾省所列的温度是绝对最低气温,即风险率为0的最低气温。

②各地区风险率为10%的最低气温是从中央气象局资料室编写的《石油产品标准的气温资料》中摘录编制的。某月风险率为10%的最低气温值,表示该月中最低气温低于该值的概率为0.1,或者说该月中最低气温高于该值的概率为0.9。

(六)常用线规号与公称直径对照表

表 18-120

线规号	SWG(英国线规代号)		BWG(伯明翰线规代号)		AWG(美国线规代号)	
	in(吋)	mm	in(吋)	mm	in(吋)	mm
3	0.252	6.401	0.259	6.58	0.229 4	5.83
4	0.232	5.893	0.238	6.05	0.204 3	5.19
5	0.212	5.385	0.220	5.59	0.181 9	4.62
6	0.192	4.877	0.203	5.16	0.162 0	4.11
7	0.176	4.470	0.180	4.57	0.144 3	3.67
8	0.160	4.064	0.165	4.19	0.128 5	3.26
9	0.144	3.658	0.148	3.76	0.114 4	2.91
10	0.128	3.251	0.134	3.40	0.101 9	2.59
11	0.116	2.946	0.120	3.05	0.090 74	2.30
12	0.104	2.642	0.109	2.77	0.080 81	2.05
13	0.092	2.337	0.095	2.41	0.071 96	1.83
14	0.080	2.032	0.083	2.11	0.064 08	1.63
15	0.072	1.829	0.072	1.83	0.057 07	1.45
16	0.064	1.626	0.065	1.65	0.050 82	1.29
17	0.056	1.422	0.058	1.47	0.045 26	1.15
18	0.048	1.219	0.049	1.24	0.040 30	1.02
19	0.040	1.016	0.042	1.07	0.035 89	0.91
20	0.036	0.914	0.035	0.89	0.031 96	0.812
21	0.032	0.813	0.032	0.81	0.028 46	0.723
22	0.028	0.711	0.028	0.71	0.025 35	0.644
23	0.024	0.610	0.025	0.64	0.022 57	0.573
24	0.022	0.559	0.022	0.56	0.020 10	0.511
25	0.020	0.508	0.020	0.51	0.017 90	0.455
26	0.018	0.457	0.018	0.46	0.015 94	0.405
27	0.016 4	0.416 6	0.016	0.41	0.014 20	0.361
28	0.014 8	0.375 9	0.014	0.36	0.012 64	0.321
29	0.013 6	0.345 4	0.013	0.33	0.011 26	0.286
30	0.012 4	0.315 0	0.012	0.30	0.010 03	0.255
31	0.011 6	0.294 6	0.010	0.25	0.008 928	0.227
32	0.010 8	0.274 3	0.009	0.23	0.007 950	0.202
33	0.010 0	0.254 0	0.008	0.20	0.007 080	0.180
34	0.009 2	0.233 7	0.007	0.18	0.006 304	0.160
35	0.008 4	0.213 4	0.005	0.13	0.005 615	0.143
36	0.007 6	0.193 0	0.004	0.10	0.005 000	0.127

(七)运动黏度、恩氏黏度、赛氏黏度、雷氏黏度简明对照表

表 18-121

运动黏度(mm^2/s)	恩氏黏度(°E)	赛氏黏度(SUS)(s)	雷氏黏度(RIS)(1号)(s)
1.0	1.00	—	—
2.0	1.14	32.6	30.95
3.0	1.22	36.0	33.45
4.0	1.30	39.2	35.95
5.0	1.40	42.3	38.45
6.0	1.48	45.5	41.05
7.0	1.56	48.7	43.7
8.0	1.65	52.0	46.35
9.0	1.74	55.4	49.1
10.0	1.83	58.8	52.0
11.0	1.92	62.3	55.0
12.0	2.02	65.9	58.1
13.0	2.12	69.6	61.3
14.0	2.21	73.4	64.55
15.0	2.32	77.2	67.9
16.0	2.43	81.1	71.4
17.0	2.54	85.1	74.85
18.0	2.64	89.2	78.45
19.0	2.75	93.3	82.1
20.0	2.87	97.5	85.75
21.0	2.98	101.7	89.5
22.0	3.10	106.0	93.25
23.0	3.21	110.3	97.05
24.0	3.33	114.6	100.9
25.0	3.45	118.9	104.7
26.0	3.57	123.3	108.6
27.0	3.69	127.7	112.5
28.0	3.82	132.1	116.5
29.0	3.94	136.5	120.4
30.0	4.07	140.9	124.4
31.0	4.19	145.3	128.3
32.0	4.32	149.7	132.3
33.0	4.44	154.2	136.3

续表 18-121

运动黏度(mm^2/s)	恩氏黏度(°E)	赛氏黏度(SUS)(s)	雷氏黏度(RIS)(1号)(s)
34.0	4.57	158.7	140.2
35.0	4.69	163.2	144.2
36.0	4.82	167.7	148.2
37.0	4.95	172.2	152.2
38.0	5.08	176.7	156.2
39.0	5.20	181.2	160.3
40.0	5.33	185.7	164.3
41.0	5.46	190.2	168.3
42.0	5.59	194.7	172.3
43.0	5.72	199.2	176.4
44.0	5.84	203.8	180.4
45.0	5.97	208.4	184.5
46.0	6.10	213.0	188.5
47.0	6.23	217.6	192.6
48.0	6.36	222.2	196.6
49.0	6.49	226.8	200.7
50.0	6.63	231.4	204.7
51.0	6.76	236.0	208.8
52.0	6.89	240.6	212.8
53.0	6.99	245.2	216.9
54.0	7.10	249.9	221.0
55.0	7.23	254.4	225.0
56.0	7.37	259.0	229.1
58.0	7.63	268.2	237.2
60.0	7.89	277.4	245.3
62.0	8.15	286.6	253.5
64.0	8.42	295.8	261.6
66.0	8.68	305.0	269.8
68.0	8.94	314.2	277.2
70.0	9.21	323.4	286.0
72.0	9.47	332.6	294.1
74.0	9.73	341.9	302.2
75.0	9.87	346.5	360
78.5	10.3	363	320
83.5	11.0	386	340
88.5	11.6	409	360
93.5	12.3	432	380

续表 18-121

运动黏度(mm^2/s)	恩氏黏度(°E)	赛氏黏度(SUS)(s)	雷氏黏度(RIS)(1号)(s)
98.5	13.0	455	400
110.5	14.6	512	450
123.0	16.2	569	500
135	17.8	626	550
147	19.4	683	600
160	21.0	739	650
172	22.7	796	700
184	24.3	853	750
197	25.9	910	800
209	27.5	967	850
221	29.2	1 024	900
246	32.4	1 138	1 000
270	35.6	1 251	1 100
295	39.0	1 365	1 200
320	42.0	1 479	1 300
369	48.0	1 706	1 500
393	52	1 820	1 600
442	58	2 048	1 800
491	65	2 275	2 000
540	71	2 503	2 200
590	78	2 730	2 400
639	84	2 958	2 600
688	91	3 185	2 800
737	97	3 413	3 000
786	103	3 641	3 200
835	110	3 868	3 400
860	113	3 982	3 500
909	120	4 210	3 700
983	130	4 551	4 000
1 106	146	5 119	4 500
1 229	162	5 688	5 000
1 351	178	6 257	5 500
1 474	194	6 826	6 000
1 597	211	7 395	6 500
1 720	227	7 964	7 000
1 843	243	8 532	7 500
1 966	259	9 101	8 000
2 200	293	10 000	8 460
5 500	734	25 000	21 154
11 000	1467	50 000	42 308

注:选自 NB/SH/T 0819—2010。

(八)平板玻璃换算

表 18-122

厚度(mm)	实物箱折算		标准箱折算		质量箱折算	
	每一实物箱折标准箱	每一实物箱折合平方米	每 $10m^2$ 折合标准箱	每标准箱折合平方米	每 $10m^2$ 折合重量箱	每 $10m^2$ 折合重量(kg)
2	3	30	1	10	1	50
2.5			1.25	8	1.25	62.5
3	4.8、3.2	30,20	1.60	6.25	1.50	75
4			2.50	4	2	100
5	7.0、5.25	20,15	3.50	2.86	2.50	125
6	6.75	15	4.50	2.22	3	150
8			6.50	1.54	4	200
10			8.50	1.17	5	250
12			10.50	0.95	6	300

注:①标准箱:厚度 2mm 的玻璃 $10m^2$ 算一标准箱。

②重量箱:厚度 2mm 的玻璃 $10m^2$(一标准箱)的重量为 1 重量箱。

计算式:$标准箱数=\frac{某厚度实际面积(m^2)}{10(m^2)}\times 每\ 10m^2\ 折合标箱数$

例:求 $30m^2$ 6mm 厚玻璃的标准箱数

$标准箱数=\frac{30}{10}\times 4.5=13.5$ 标箱

计算式:$实际面积数=\frac{10\times 标准箱数}{每\ 10m^2\ 折合标箱数}=标准箱数\times 每标准箱折合平方米数$

(九)高处作业分级(GB/T 3608—2008)

高处作业高度分为 2m 至 5m、5m 以上至 15m、15m 以上至 30m 及 30m 以上四个区段。

直接引起坠落的客观危险因素分为 11 种;不在这 11 种内的高处作业按 A 类法分级,属于 11 种内的高处作业按 B 类法分级(表 18-124)。

(1)阵风风力 5 级(风速 8.0m/s)以上;

(2)GB/T 4200—2008 规定的Ⅱ级或Ⅱ级以上的高温作业;

(3)平均气温等于或低于 5℃的作业环境;

(4)接触冷水温度等于或低于 12℃的作业;

(5)作业场地有冰、雪、霜、水、油等易滑物;

(6)作业场所光线不足,能见度差;

(7)作业活动范围与危险电压带电体的距离小于表 18-123 的规定;

作业活动范围与危险电压带电体的距离　　表 18-123

危险电压带电体的电压等级(kV)	距离(m)	危险电压带电体的电压等级(kV)	距离(m)
≤10	1.7	220	4.0
35	2.0	330	5.0
63～110	2.5	500	6.0

(8)摆动,立足处不是平面或只有很小的平面,即任一边小于 500mm 的矩形平面、直径小于 500mm

的圆形平面或具有类似尺寸的其他形状的平面，致使作业者无法维持正常姿势；

(9)GB 3869—1997 规定的Ⅲ级或Ⅲ级以上的体力劳动强度；

(10)存在有毒气体或空气中含氧量低于 0.195 的作业环境；

(11)可能会引起各种灾害事故的作业环境和抢救突然发生的各种灾害事故。

高处作业分级　　表 18-124

分类法	高处作业高度 h_w(m)			
	$2 \leqslant h_w \leqslant 5$	$5 < h_w \leqslant 15$	$15 < h_w \leqslant 30$	$h_w > 30$
A	Ⅰ	Ⅱ	Ⅲ	Ⅳ
B	Ⅱ	Ⅲ	Ⅳ	Ⅳ

(十)体力劳动强度分级表(GB 3869—1997)

表 18-125

体力劳动强度级别	体力劳动强度指数	体力劳动强度级别	体力劳动强度指数
Ⅰ	≤15	Ⅲ	>20～25
Ⅱ	>15～20	Ⅳ	>25

注：体力劳动强度指数，用于区分体力劳动强度等级。指数大，反映体力劳动强度大；指数小，反映体力劳动强度小。

(十一)材料产烟毒性危险分级(GB/T 20285—2006)

表 18-126

级别		安全级(AQ)		准安全级(ZA)			危险级(WX)
		AQ_1	AQ_2	ZA_1	ZA_2	ZA_3	
浓度(mg/L)		≥100	≥50.0	≥25.0	≥12.4	≥6.15	<6.15
要求	麻醉性	实验小鼠 30min 染毒期内无死亡(包括染毒后 1h 内)					
	刺激性	实验小鼠在染毒后 3 天内平均体重恢复					

注：以上分级不适用于非稳定产烟的烟气。

(十二)高温作业分级(GB/T 4200—2008)

1.高温作业分级

表 18-127

接触高温作业时间(min)	WBGT 指数(℃)									
	25～26	27～28	29～30	31～32	33～34	35～36	37～38	39～40	41～42	≥43
≤120	Ⅰ	Ⅰ	Ⅰ	Ⅰ	Ⅱ	Ⅱ	Ⅱ	Ⅲ	Ⅲ	Ⅲ
≥121	Ⅰ	Ⅰ	Ⅱ	Ⅱ	Ⅲ	Ⅲ	Ⅳ	Ⅳ	—	—
≥241	Ⅱ	Ⅱ	Ⅲ	Ⅲ	Ⅳ	Ⅳ	—	—	—	—
≥361	Ⅲ	Ⅲ	Ⅳ	Ⅳ	—	—	—	—	—	—

注：①按照工作地点 WBGT 指数和接触高温作业的时间将高温作业分为四级，级别越高表示热强度越大。

②WBGT 指数亦称湿球黑球温度，是综合评价人体接触作业环境热负荷的一个基本参量，单位为℃。高温作业即工作地平均 WBGT 指数≥25℃的作业。

2. 高温作业允许持续接触热时间限值(分钟)

表 18-128

工作地点温度(℃)	轻劳动	中等劳动	重劳动
30～32	80	70	60
>32	70	60	50
>34	60	50	40
>36	50	40	30
>38	40	30	20
>40	30	20	15
>42～44	20	10	10

注:①轻劳动为Ⅰ级,中等劳动为Ⅱ级,重劳动为Ⅲ级和Ⅳ级。

②已经确定为高温作业的工作地点,为便于用人单位管理和实际操作,提高劳动生产率,采用工作地点温度规定高温作业允许持续接触热时间限值。

③在不同工作地点温度、不同劳动强度条件下,允许持续接触热时间不宜超过本表所列数值。

(十三)优先数和优先数系(GB/T 321—2005)

1. 基本系列

表 18-129

基本系列(常用值)				序号	理论值		基本系列和计算值间的相对误差(%)
R5	R10	R20	R40		对数尾数	计算值	
(1)	(2)	(3)	(4)	(5)	(6)	(7)	(8)
1.00	1.00	1.00	1.00	0	000	1.000 0	0
			1.06	1	025	1.059 3	+0.07
		1.12	1.12	2	050	1.122 0	−0.18
			1.18	3	075	1.188 5	−0.71
	1.25	1.25	1.25	4	100	1.258 9	−0.71
			1.32	5	125	1.333 5	−1.01
		1.40	1.40	6	150	1.412 5	−0.88
			1.50	7	175	1.496 2	+0.25
1.60	1.60	1.60	1.60	8	200	1.584 9	+0.95
			1.70	9	225	1.678 8	+1.26
		1.80	1.80	10	250	1.778 3	+1.22
			1.90	11	275	1.883 6	+0.87
	2.00	2.00	2.00	12	300	1.995 3	+0.24
			2.12	13	325	2.113 5	+0.31
		2.24	2.24	14	350	2.238 7	+0.06
			2.36	15	375	2.371 4	−0.48

续表 18-129

基本系列(常用值)				序号	理论值		基本系列和计算值间的相对误差(%)
R5	R10	R20	R40		对数尾数	计算值	
(1)	(2)	(3)	(4)	(5)	(6)	(7)	(8)
2.50	2.50	2.50	2.50	16	400	2.5119	−0.47
			2.65	17	425	2.6607	−0.40
		2.80	2.80	18	450	2.8184	−0.65
			3.00	19	475	2.9854	+0.49
	3.15	3.15	3.15	20	500	3.1623	−0.39
			3.35	21	525	3.3497	+0.01
		3.55	3.55	22	550	3.5481	+0.05
			3.75	23	575	3.7584	−0.22
400	4.00	4.00	4.00	24	600	3.9811	+0.47
			4.25	25	625	4.2170	+0.78
		4.50	4.50	26	650	4.4668	+0.74
			4.75	27	675	4.7315	+0.39
	5.00	5.00	5.00	28	700	5.0119	−0.24
			5.30	29	725	5.3088	−0.17
		5.60	5.60	30	750	5.6234	−0.42
			6.00	31	775	5.9566	+0.73
6.30	6.30	6.30	6.30	32	800	6.3096	−0.15
			6.70	33	825	6.6834	+0.25
		7.10	7.10	34	850	7.0795	+0.29
			7.50	35	875	7.4989	+0.01
	8.00	8.00	8.00	36	900	7.9433	+0.71
			8.50	37	925	8.4140	+1.02
		9.00	9.00	38	950	8.9125	+0.98
			9.50	39	975	9.4406	+0.63
10.00	10.00	10.00	10.00	40	000	10.0000	0

2. 补充系列 R80

表 18-130

1.00	1.60	2.50	4.00	6.30
1.03	1.65	2.58	4.12	6.50
1.06	1.70	2.65	4.25	6.70
1.09	1.75	2.72	4.37	6.90
1.12	1.80	2.80	4.50	7.10
1.15	1.85	2.90	4.62	7.30
1.18	1.90	3.00	4.75	7.50
1.22	1.95	3.07	4.87	7.75
1.25	2.00	3.15	5.00	8.00
1.28	2.06	3.25	5.15	8.25
1.32	2.12	3.35	5.30	8.50
1.36	2.18	3.45	5.45	8.75
1.40	2.24	3.55	5.60	9.00
1.45	2.30	3.65	5.80	9.25
1.50	2.35	3.75	6.00	9.50
1.55	2.43	3.85	6.15	9.75

注：①优先数系是公比为$\sqrt[5]{10}$、$\sqrt[10]{10}$、$\sqrt[20]{10}$、$\sqrt[40]{10}$和$\sqrt[80]{10}$，且项值中含有10的整数幂的几何级数的常用圆整值。基本系列表和补充系列R80表中列出的1～10这个范围与其一致，这个优先数系可向两个方向无限延伸，表中值乘以10的正整数幂或负整数幂后即可得其他十进制项值。优先数以字母R表示。

②基本系列中的优先数常用值，对计算值的相对误差在+1.26%～−1.01%范围内。各系列的公比为：

R5：$q_5=(\sqrt[5]{10})\approx1.60$

R10：$q_{10}=(\sqrt[10]{10})\approx1.25$

R20：$q_{20}=(\sqrt[20]{10})\approx1.12$

R40：$q_{40}=(\sqrt[40]{10})\approx1.06$

$$\text{常用值的相对误差}=\frac{\text{常用值}-\text{计算值}}{\text{计算值}}\times100\%$$

③R5、R10、R20和R40四个系列是优先数系中的常用系列。

R80系列称为补充的系列，它的公比$q_{80}=(\sqrt[80]{10})\approx1.03$，仅在参数分级很细或基本系列中的优先数不能适应实际情况时，才可考虑采用。

(十四)建筑气候区划标准

建筑气候的区划系统分为一级区和二级区两级，一级区划分为7个区，二级区划分为20个区。

1. 一级区区划指标

表 18-131

区名	主要指标	辅助指标	各区辖行政区范围
Ⅰ	1月平均气温≤−10℃ 7月平均气温≤25℃ 7月平均相对湿度≥50%	年降水量200～800mm 年日平均气温≤5℃日数≥145d	黑龙江、吉林全境；辽宁大部；内蒙中、北部及陕西、山西、河北、北京北部的部分地区

续表 18-131

区名	主要指标	辅助指标	各区辖行政区范围
Ⅱ	1月平均气温 −10～0℃ 7月平均气温 18～28℃	年日平均气温≥25℃的日数<80d, 年日平均气温≤5℃的日数 145～90d	天津、山东、宁夏全境;北京、河北、山西、陕西大部;辽宁南部;甘肃中东部以及河南、安徽、江苏北部的部分地区
Ⅲ	1月平均气温 0～10℃ 7月平均气温 25～30℃	年日平均气温≥25℃的日数 40d～110d, 年日平均气温≤5℃的日数 90～0d	上海、浙江、江西、湖北、湖南全境;江苏、安徽、四川大部;陕西、河南南部;贵州东部;福建、广东、广西北部和甘肃南部的部分地区
Ⅳ	1月平均气温 >10℃ 7月平均气温 25～29℃	年日平均气温≥25℃的日数 100～200d	海南、台湾全境;福建南部;广东、广西大部以及云南西部和无江河谷地区
Ⅴ	7月平均气温 18～25℃ 1月平均气温 0～13℃	年日平均气温≤5℃的日数 0～90d	云南大部;贵州、四川西南部;西藏南部一小部分地区
Ⅵ	7月平均气温 <18℃ 1月平均气温 0～−22℃	年日平均气温≤5℃的日数 90～285d	青海全境;西藏大部;四川西部、甘肃西南部;新疆南部部分地区
Ⅶ	7月平均气温 ≥18℃ 1月平均气温 −20～−5℃ 7月平均相对湿度 <50%	年降水量 10～600mm, 年日平均气温≥25℃的日数<120d, 年日平均气温≤5℃的日数 110～180d	新疆大部;甘肃北部;内蒙古西部

2. 二级区区划指标

表 18-132

区名	指标	
	1月平均气温	冻土性质
ⅠA	≤−28℃	永冻土
ⅠB	−28～−22℃	岛状冻土
ⅠC	−22～−16℃	季节冻土
ⅠD	−16～−10℃	季节冻土
	7月平均气温	7月平均气温日较差
ⅡA	>25℃	<10℃
ⅡB	<25℃	≥10℃
	最大风速	7月平均气温日较差
ⅢA	>25m/s	26～29℃
ⅢB	<25m/s	≥28℃
ⅢC	<25m/s	<28℃
	最大风速	
ⅣA	≥25m/s	
ⅣB	<25m/s	

续表 18-132

区名	指标		
	1月平均气温		
ⅤA	≤5℃		
ⅤB	>5℃		
	7月平均气温	1月平均气温	
ⅥA	≥10℃	≤−10℃	
ⅥB	<10℃	≤−10℃	
ⅥC	≥10℃	>−10℃	
	1月平均气温	7月平均气温日较差	年降水量
ⅦA	≤−10℃	≥25℃	<200mm
ⅦB	≤−10℃	<25℃	200～600mm
ⅦC	≤−10℃	<25℃	50～200mm
ⅦD	>−10℃	≥25℃	10～200mm

六、钢桶(GB/T 325.1～5—2008、2010、2015)

钢桶的桶身、桶顶、桶底均由整张钢板采用电阻焊焊接制成,不允许拼接。桶身制成三种形式:具有2道环筋;两端有3～7道波纹;2道环筋,环筋至桶底、环筋至桶顶之间有3～7道波纹。桶身与桶顶、桶底的卷封采用两重卷边或三重卷边,并按需要填充密封填料。钢桶内外表面按需要涂镀保护层。

桶顶根据开口形式设置的封闭器(桶盖):

小开口钢桶——注入口设螺旋式封闭器一个或螺旋式注入口、透气口封闭器各一个;

中开口钢桶——揿压式封闭器或螺栓压紧式封闭器或螺旋顶压式封闭器;

直开口及开口缩颈钢桶——螺栓型封闭器或杠杆式封闭器。

1.钢桶分类

表 18-133

按性能要求分为Ⅰ、Ⅱ、Ⅲ级		按开口形式分为两类五种型式	
Ⅰ级	适用于盛装危险性较大的货物	闭口钢桶	小开口钢桶(含缩颈钢桶)
			中开口钢桶(含缩颈钢桶)
Ⅱ级	适用于盛装危险性中等的货物	全开口钢桶	直开口钢桶
			开口缩颈钢桶
Ⅲ级	适用于盛装危险性较小的货物和非危险性货物		开口锥型钢桶

2.钢桶的规格尺寸

(1)大于200L全开口钢桶规格尺寸(mm) 表 18-134

项目说明	A型桶		B型桶		C型桶	D型桶
总容量	最小210L	最小216.5L	最小210L	最小216.5L	最小208L	最小208L
内径	571.5±2	571.5±2	571.5±2	571.5±2	566±2	566±2
环筋外径	≤585	≤585	≤596	≤596	≤585	≤585
桶底外径	≤585	≤585	≤593	≤593	≤585	≤585

续表 18-134

项 目 说 明	A 型 桶		B 型 桶		C 型桶	D 型桶
封闭箍外径	≤585[a]	≤585[a]	≤610	≤610	≤585[a]	≤620
桶全高	878±5	888±5	878±5	888±5	890±5	890±5
去盖桶高	868±5	878±5	868±5	878±5	880±5	880±5
去盖深[b]	—	—	—	—	—	—
桶底间隙	≥4	≥4	≥4	≥4	≥4	≥4
环筋间距	280±3	280±3	280±3	280±3	300±3	300±3
注入口中心至透气口中心的距离	444±6 (或 451±1)	444±6 (或 451±1)	444±6 (或 451±1)	444±6 (或 451±1)	400±6	400±6
注入口 G2(50mm)中心至桶外壁的距离,离桶顶约 50mm 处测量	72±3	72±3	72±3	72±3	94±3	94±3

按照 GB/T 13251 具有螺纹 G2 封闭器的嵌入应该使中心线尽量垂直。

注:①表中 4 种类型的钢桶中,A 型桶和 C 型桶的最佳的外径应符合一个标准集装箱能并排堆放 4 个钢桶。

②对于 A 型桶和 C 型桶,桶顶卷边处的桶口外径可通过调整桶口结构的方式来实现,两种调整方式如下:

a)缩小桶口直径。通常情况下,A 型桶的桶口内径应缩至 545mm,C 型桶的桶口内径应缩至 536mm。

b)改变桶口封闭结构(圆边、桶盖和封闭箍)来确保 A 型桶的内径为 571.5mm、C 型桶的内径为 566mm 时,桶的外径尺寸不超过 585mm。

③桶身可制三道环筋,优先采用二道环筋。

④制桶钢板厚度为 0.6~1.6mm。

⑤桶盖可以是凸面、平面或凹面,配以适合材料的密封圈使用。

(2)大于 200L 闭口钢桶规格尺寸(mm) 表 18-135

项 目	A 型 桶		B 型 桶		C 型 桶
总容量	最小 216.5L	最小 230L	最小 216.5L	最小 230L	最小 212L
内径	571.5±2	571.5±2	571.5±2	571.5±2	566±2
环筋外径	≤585	≤585	≤596	≤596	≤585
卷封边缘外径	≤585	≤585	≤593	≤593	≤585
桶全高	878±5	932±5	878±5	932±5	890±5
去盖深[a]	满足封闭器不高于卷边的要求				
桶底间隙	≥4	≥4	≥4	≥4	≥4
环筋间距	280±3	280±3	280±3	280±3	300±3
注入口中心至透气口中心的距离	444±6 (或 451±1)	444±6 (或 451±1)	444±6 (或 451±1)	444±6 (或 451±1)	400±6
注入口 G2(50mm)中心至桶外壁的距离,离桶顶约 50mm 处测量	72±3	72±3	72±3	72±3	94±3

按照 GB/T 13251 具有螺纹 G2 封闭器的嵌入应该使中心线尽量垂直。

注:①对于桶盖为凹面的钢桶,为了达到规定的容量,桶全高可以增加 4mm。

②表中 3 种类型的钢桶中,A 型桶和 C 型桶的最佳的外径应符合一个标准集装箱能并排堆放 4 个钢桶。

③制桶钢板厚度为 0.6~1.6mm。

④桶身一般制成两道环筋,也可采用不同结构的环筋和波纹。

⑤桶底、桶盖的形状可以是凸面、平面或凹面。